2022 | 全国勘察设计注册工程师
执业资格考试用书

注册岩土工程师执业资格考试
基础考试复习教程

（上册）

注册工程师考试复习用书编委会 / 编

曹纬浚 / 主编

人民交通出版社股份有限公司

北京

内 容 提 要

本书根据最新公布考试大纲及近几年考试真题编写，内容贴合考试实际，是考生复习必备的经典教材。

本书编写人员全部是多年从事注册岩土工程师基础考试培训工作的专家、教授，本书内容吸取了多年考试培训的经验和考生回馈意见，以现行考试大纲为依据，以最新规范、教材为基础进行编写，指导考生复习，因此力求简明扼要，联系实际，着重于对概念和规范的理解运用，并注意突出重点。教程的小节后附有习题，每章后附有题解及答案。另出版有配套复习用书《2022 注册岩土工程师执业资格考试基础考试复习题集》《2022 注册岩土工程师执业资格考试基础考试试卷》，可作为考生检验复习效果和准备考试之用。

本书配有数字资源，考生可微信扫描上册封面二维码登录"注考大师"获取学习内容。

由于本书篇幅较大，分为上、下两册，以便于携带和翻阅。

本书适合参加 2022 年注册岩土工程师［也称注册土木工程师（岩土）］基础考试的人员使用。

图书在版编目（CIP）数据

2022 注册岩土工程师执业资格考试基础考试复习教程/曹纬浚主编.—北京：人民交通出版社股份有限公司，

2022.1

2022 全国勘察设计注册工程师执业资格考试用书

ISBN 978-7-114-17728-6

Ⅰ.①2… Ⅱ.①曹… Ⅲ.①岩土工程-资格考试-自学参考资料 Ⅳ.①TU4

中国版本图书馆 CIP 数据核字（2021）第 279543 号

2022 Zhuce Yantu Gongchengshi Zhiye Zige Kaoshi Jichu Kaoshi Fuxi Jiaocheng

书　名：**2022 注册岩土工程师执业资格考试基础考试复习教程**

著 作 者：曹纬浚

责任编辑：刘彩云

责任印制：刘高彤

出版发行：人民交通出版社股份有限公司

地　址：（100011）北京市朝阳区安定门外外馆斜街 3 号

网　址：http：//www.ccpcl.com.cn

销售电话：（010）59757973

总 经 销：人民交通出版社股份有限公司发行部

经　销：各地新华书店

印　刷：北京市密东印刷有限公司

开　本：880×1230　1/16

印　张：110

字　数：3400 千

版　次：2022 年 1 月　第 1 版

印　次：2022 年 1 月　第 1 次印刷

书　号：ISBN 978-7-114-17728-6

定　价：248.00 元（含上、下两册）

（有印刷、装订质量问题的图书，由本公司负责调换）

注册工程师考试复习用书

编 委 会

版权声明

本书所有文字、数据、图像、版式设计、插图及配套数字资源等，均受中华人民共和国宪法和著作权法保护。未经作者和人民交通出版社股份有限公司同意，任何单位、组织、个人不得以任何方式对本作品进行全部或局部的复制、转载、出版或变相出版，配套数字资源不得在人民交通出版社股份有限公司所属平台以外的任何平台进行转载、复制、截图、发布或播放等。

任何侵犯本书及配套数字资源权益的行为，人民交通出版社股份有限公司将依法严厉追究其法律责任。

举报电话：(010)85285150

人民交通出版社股份有限公司

前　言

原建设部（现住房和城乡建设部）和原人事部（现人力资源和社会保障部）从 2002 年起实施注册岩土工程师执业资格考试制度。

本教程前两版曾署名北京市注册工程师管理委员会编写，修订再版时根据《中华人民共和国行政许可法》，不再冠以注册工程师管理委员会的名义。

本教程的编写作者自 2002 年起就参加了北京市注册岩土工程师的考前辅导培训工作，他们都是本专业有较深造诣的教授和高级工程师，分别来自北京建筑大学、北京工业大学、北京交通大学、北京工商大学和北京市建筑设计研究院。为了帮助岩土工程师们准备考试，教师们根据多年教学实践经验和考生的回馈意见，依据考试大纲和现行教材、规范，以多年辅导培训的教案为基础，为学员们编写了这本教程，并于 2003 年正式出版了第一版。本教程的目的是指导复习，因此力求简明扼要，联系实际，着重对概念和规范的理解应用，并注意突出重点。本教程经多年的使用和不断修订完善，已经成为值得考生信赖的考前辅导和培训用书，深受大家欢迎。

本教程严格按现行考试大纲编写，并在多年教学实践中不断加以改进。为方便考生复习，本教程分上、下册出版，上册（第一章至第十一章）为上午段公共基础考试内容，下册（第十二章至第二十章）为下午段岩土专业基础考试内容。

每章的最前面有一篇"复习指导"，帮助考生在复习每章之前先了解该专业的考试大纲和复习重点。每章的习题按照其所考查的知识点分别放在各节之后，"题解"和"答案"放在每章最后面，考生可以在复习完每一节后，及时做题练习。

为了更好地服务考生，我们依托现行考试大纲和历年真题，配套了各个科目的辅导视频和富媒体电子书（书中含视频、习题），考生们可通过微信扫描上册封面二维码，登录"注考大师"获取资源（有效期自领取资源后一年）。

我们每年都根据考试题的实际情况对教程进行修订。本版主要是对一些知识点进行补充说明，对重要知识点进行明确标注，完善部分习题的解析，并对一些内容的顺序、位置进行了调整，以增加系统性。例如：

1.对"数学"一章中的一元函数微分学部分，调整了知识点的顺序，并补充了复合函数和分段函数的内容。

2.对"法律法规"一章中涉及《中华人民共和国民法典》"合同编"、《中华人民共和国安全生产法》的相关内容进行了更新，并对有关习题的题解做了修改。

3.在"土木工程施工与管理"一章中，补充完善了一些重要的知识点，如土方工程施工要求，模板的种类、特点、适用范围以及设计要点，吊装机械的特点与适用范围、多高层吊装机械的选择与布置、构件运输与堆放、装配式结构的吊装与连接，三时估算法等。同时，增加和强化了一些重要考点内容，如混凝土拌制、浇筑、养护，施工缝及后浇带的留设与处理、质量检验与评定，大体积混凝土浇筑，冬雨期施工，构件制作，预应力混凝土施工一般要求、材料设备、施工方法，施工组织设计中的施工部署、方案选择，网络计划资源优化等。

4.在"结构设计"一章中，因现行《建筑结构可靠性设计统一标准》调整了永久荷载分项系数和可变荷载分项系数，同时取消了"由永久荷载控制的组合，或由可变荷载控制的组合"，教程对相关内容做了修改，并在"钢结构基本构件"中补充了等效弯矩系数的计算方法。

5.在"结构设计"一章中增加了一节"配筋砖砌体构件"。

参加本教程 2022 版编写和修订工作的教师有：第一章第一至第七节刘明惠、吴昌泽，第一章第八节、第九节刘明惠、范元玮；第二章魏京花；第三章谢亚勃；第四章刘燕；第五章钱民刚；第六章毛军、李兆年；第七章、第八章许怡生；第九章许小重；第十章陈向东；第十一章、第十四章李魁元；第十二章侯云芬；第十三章杨松林；第十五章穆静波；第十六章刘世奎；第十七章冯东；第十八章王健；第十九章王连俊；第二十章乔春生。

参与或协助本书编写的老师还有蒋全科、贾玲华、毛怀珍、刘宝生、张翠兰、毛元钰、李平、邓华、陈庆年、李广秋、郭虹、楼香林、杨守俊、王志刚、何承奎、曹铎、吴莎莎、张文革、徐华萍、栾彩虹、孙国樑、张炳珍。

考生在复习本教程时，应结合阅读相应的教材、规范。本教程章节后附有习题，另有配套的《2022 注册岩土工程师执业资格考试基础考试复习题集》《2022 注册岩土工程师执业资格考试基础考试试卷》。建议考生在复习本教程的同时，多做习题，这将对考生巩固、检验复习效果和准备好考试大有帮助。

祝各位考生考试取得好成绩！

注册工程师考试复习用书编委会

2021 年 12 月

主编致考生

一、注册岩土工程师在专业考试之前进行基础考试是和国外接轨的做法。通过基础考试并达到职业实践年限后就可以申请参加专业考试。基础考试是考大学中的基础课程，按考试大纲的安排，上午考试段考 11 科，120 道题，4 个小时，每题 1 分，共 120 分；下午考试段考 9 科，60 道题，4 个小时，每题 2 分，共 120 分；上、下午共 240 分。试题均为 4 选 1 的单选题，平均每题时间上午 2 分钟，下午 4 分钟，因此不会有复杂的论证和计算，主要是检验考生的基本概念和基本知识。考生在复习时不要偏重难度大或过于复杂的知识，而应将复习的注意力主要放在弄清基本概念和基本知识方面。

二、考生在复习本教程之前，应认真阅读"考试大纲"，清楚地了解考试的内容和范围，以便合理制订自己的复习计划。复习时一定要紧扣"考试大纲"的内容，将全面复习与突出重点相结合。着重对"考试大纲"要求掌握的基本概念、基本理论、基本计算方法、计算公式和步骤，以及基本知识的应用等内容有系统、有条理地重点掌握，明白其中的道理和关系，掌握分析问题的方法。本教程中每章前均有一节"复习指导"，摘录了本章的考试大纲，具体说明本章的复习重点、难点和复习中要注意的问题，建议考生认真阅读每章的"复习指导"，参考"复习指导"的意见进行复习。在对基本概念、基本原理和基本知识有一个整体把握的基础上，对每章节的重点、难点进行重点复习和重点掌握。

三、注册岩土工程师基础考试上、下午试卷共计 240 分，上、下午不分段计算成绩，这几年及格线都是 55%，也就是说上、下午试卷总分达到 132 分就可以通过。因此，考生在准备考试时应注意扬长避短。从道理上讲，自己较弱的科目更应该努力复习，但毕竟时间和精力有限，如 2009 年新增加的"信号与信息技术"，据了解，土建非信息专业大多未学过，短时间内要掌握好比较困难，而"信号与信息技术"总共只有 6 道题，6 分，只占总分的 2.5%，也就是说，即使"信号与信息技术"一分未得，其他科目也还有 234 分，从 234 分中考 132 分是完全可以做到的。因此考生可以根据考试分科题量、分数分配和自己的具体情况，计划自己的复习重点和主要得分科目。当然一些主要得分科目是不能放松的，如"数学"24 题（上午段）24 分，"结构力学与结构设计"12 题（下午段）24 分，"工程地质"10 题（下午段）20 分，"岩体工程与基础工程"10 题（下午段）20 分，都是不能放松的；其他科目则可根据自己过去对课程的掌握情况有所侧重，争取在自己过去学得好的课程中多得分。

四、在考试拿到试卷时，建议考生不要顺着题序顺次往下做。因为有的题会比较难，有的题不很熟悉，耽误的时间会比较多，以致到最后时间不够，题做不完，有些题会做但时间来不及，这就太得不偿失了。建议考生将做题过程分为四遍：

1.首先用 15～20 分钟将题从头到尾看一遍，一是首先解答出自己很熟悉很有把握的题；二是将那些需要稍加思考估计能在平均答题时间里做出的题做个记号。这里说的平均答题时间，是指上午段 4

个小时考 120 道题，平均每题 2 分钟；下午段 4 个小时考 60 道题，平均每题 4 分钟，这个 2 分钟(上午)、4 分钟(下午)就是平均答题时间。将估计在这个时间里能做出来的题做上记号。

2.第二遍做这些做了记号的题，这些题应该在考试时间里能做完，做完了这些题可以说就考出了考生的基本水平，不管考生基础如何，复习得怎么样，考得如何，至少不会因为会做的题没做完而遗憾了。

3.这些会做或基本会做的题做完以后，如果还有时间，就做那些需要稍多花费时间的题，能做几个算几个，并适当抽时间检查一下已答题的答案。

4.考试时间将近结束时，比如还剩 5 分钟要收卷了，这时你就应看看还有多少道题没有答，这些题确实不会了，建议考生也不要放弃。既然是单选，那也不妨估个答案，答对了也是有分的。建议考生回头看看已答题目的答案，A、B、C、D 各有多少，虽然整个卷子四种答案的数量并不一定是平均的，但还是可以这样考虑，看看已答的题 A、B、C、D 中哪个答案最少，然后将不会做没有答的题按这个前边最少的答案通填，这样其中会有 1/4 可能还会多于 1/4 的题能得分，如果考生前边答对的题离及格正好差几分，这样一补充就能及格了。

五、基础考试是不允许带书和资料的，因此一些重要的公式、规定，考生一定要自己记住。

六、本教程每节后均附有习题，并在每章后附有题解及参考答案。另外，我们还专门为考生编写了《2022 注册岩土工程师执业资格考试基础考试复习题集》《2022 注册岩土工程师执业资格考试基础考试试卷》，多数习题提供有题解及参考答案。建议考生在复习好本教程内容的基础上，多做习题。多做习题能帮助巩固已学的概念、理论、方法和公式等，并能发现自己的不足，哪些地方理解得不正确，哪些地方没有掌握好；同时熟能生巧，提高解题速度。同时，建议考生在复习完本教程以后，集中时间，排除干扰，模拟考试气氛，将试卷中的试题全部做一遍，以接近实战地检验一下自己的复习效果。

如读者发现我们教程中有差错，欢迎来信发至邮箱 caowj0818@126.com，我们会尽快核查并回复。建议读者用我们的题集和试卷做练习，因这两本书中的题绝大多数附有题解，能帮助读者判断结果。

相信这本教程能帮助大家准备好考试。

最后，祝愿各位考生取得好成绩！

曹纬浚

2021 年 12 月

目录 CONTENTS

第一章　数　学

复 习 指 导

在注册工程师基础考试中，基础部分试卷试题总数为 120 道题，其中数学占 24 题。近几年，数学题高等数学部分有 18 道题，线性代数、概率论与数理统计各 3 道题。数学题的数量占上午试题总量的 1/5，因而复习好数学至关重要。

一、考试大纲

1.1　空间解析几何

向量的线性运算；向量的数量积、向量积及混合积；两向量垂直、平行的条件；直线方程；平面方程；平面与平面、直线与直线、平面与直线之间的位置关系；点到平面、直线的距离；球面、母线平行于坐标轴的柱面、旋转轴为坐标轴的旋转曲面的方程；常用的二次曲面方程；空间曲线在坐标面上的投影曲线方程。

1.2　微分学

函数的有界性、单调性、周期性和奇偶性；数列极限与函数极限的定义及其性质；无穷小和无穷大的概念及其关系；无穷小的性质及无穷小的比较；极限的四则运算；函数连续的概念；函数间断点及其类型；导数与微分的概念；导数的几何意义和物理意义；平面曲线的切线和法线；导数和微分的四则运算；高阶导数；微分中值定理；洛必达法则；一元函数的切线与法线，空间曲线的切线与法平面、曲面的切平面及法线；函数单调性的判别；函数的极值；函数曲线的凹凸性、拐点；偏导数与全微分的概念；二阶偏导数；多元函数的极值和条件极值；多元函数的最大、最小值及其简单应用。

1.3　积分学

原函数与不定积分的概念；不定积分的基本性质；基本积分公式；定积分的基本概念和性质（包括定积分中值定理）；积分上限的函数及其导数；牛顿-莱布尼兹公式；不定积分和定积分的换元积分法与分部积分法；有理函数、三角函数的有理式和简单无理函数的积分；广义积分；二重积分与三重积分的概念、性质、计算和应用；两类曲线积分的概念、性质和计算；求平面图形的面积、平面曲线的弧长和旋转体的体积。

1.4　无穷级数

数项级数的敛散性概念；收敛级数的和；级数的基本性质与级数收敛的必要条件；几何级数与 p 级数及其收敛性；正项级数敛散性的判别法；任意项级数的绝对收敛与条件收敛；幂级数及其收敛半径、收敛区间和收敛域；幂级数的和函数；函数的泰勒级数展开；函数的傅里叶系数与傅里叶级数。

1.5　常微分方程

常微分方程的基本概念；变量可分离的微分方程；齐次微分方程；一阶线性微分方程；全微分方程；可降阶的高阶微分方程；线性微分方程解的性质及解的结构定理；二阶常系数齐次线性微分方程。

1.6　线性代数

行列式的性质及计算；行列式按行按列展开定理的应用；矩阵的运算；逆矩阵的概念、性质及求法；矩阵的初等变换和初等矩阵；矩阵的秩；等价矩阵的概念和性质；向量的线性表示；向量组的线性相关和线性无关；线性方程组有解的判定；线性方程组求解；矩阵的特征值和特征向量的概念与性质；相似矩阵的概念和性质；矩阵的相似对角化；二次型及其矩阵表示；合同矩阵的概念和性质；二次型的秩；惯性定理；二次型及其矩阵的正定性。

1.7　概率论与数理统计

随机事件与样本空间；事件的关系与运算；概率的基本性质；古典型概率；条件概率；概率的基本公式；事件的独立性；独立重复试验；随机变量；随机变量的分布函数；离散型随机变量的概率分布；连续型随机变量的概率密度；常见随机变量的分布；随机变量的数学期望、方差、标准差及其性质；随机变量函数的数学期望；矩、协方差、相关系数及其性质；总体；个体；简单随机样本；统计量；样本均值；样本方差和样本矩；χ^2分布；t分布；F分布；点估计的概念；估计量与估计值；矩估计法；最大似然估计法；估计量的评选标准；区间估计的概念；单个正态总体的均值和方差的区间估计；两个正态总体的均值差和方差比的区间估计；显著性检验；单个正态总体的均值和方差的假设检验。

二、复习指导

在复习中，首先要熟悉大纲，按大纲的要求分清哪些属于考试要求，哪些不属于考试要求，有的放矢地做好复习工作。建议考生除了复习本复习教程上的内容外，还可结合同济大学编的《高等数学》上、下册（第六版或第七版）课本一起复习。由于复习教程篇幅所限，有的内容显得简单了，结合书本复习，可进一步充实相关的内容。另外，在教科书中还附有大量的习题，可在复习时做练习题用。

关于考试的试题基础部分在上午考，时间为 4 个小时，考题有 120 道，也就是要在 240 分钟内做完 120 道题，平均 2 分钟做 1 道题，这一点也是我们在复习中应该注意的。这样，大的定理证明、复杂的计算题、计算量大大超过 2 分钟的题目就不可能在试题中出现。试题的形式都是单选题，从给出的四个选项中挑一个。如果题目是以计算题形式给出的，可通过正确的计算选择其中一个答案。

有的从形式上看也是计算题，但涉及的内容有函数的特性，不妨先去判定一下。对常微分方程中的题目，如求二阶常系数线性非齐次方程的特解，可将给出的选项代入试题试算一下，求出方程的特解。对于线性代数中求可逆方阵的逆矩阵时，可将给出的选项代入试题，求出符合公式$AB = E$的逆矩阵等。这对提高计算速度，减少复杂的计算有帮助。有的题目属于概念题，应认真回顾所学过的概念，做出正确的选择，有的题目要求根据学过的定义、定理判定，要很好想一下这些定义、定理的具体内容，经分析后选出要求的答案。因而掌握书本的定义、定理性质是必要的。另外，熟悉一些题目的计算步骤，记住曾做过一些题目的结论也是必要的。并注意根据题目的要求，当能肯定选出某一选项后，其余三个选项，不论它所给出的内容是什么，都不再去验证它为什么错。有的题目给了四个选项，一时判定不了的，可以采取逐一排除的方法，得到最后的结论。这些做法在具体做题时需要灵活掌握。但可以肯定的是，选择题往往是从涉及概念性较强，计算比较灵活，而计算量又不很大的一类题目中选出。了解以上情况之后，从一开始复习就要加以注意。最后通过系统的复习达到对考试要求的内容有一个全面了解，应该记忆的定义、定理、性质和一些推导出来的结论要记住，应该记忆的公式要记牢，对各种类型的计算题解题的步骤要记住，只有这样，才能较好地应对这次考试。

下面按章、节讲一下每一部分的重点和难点，按复习教程所写的内容顺序进行。

（一）空间解析几何与向量代数

重点：（1）掌握利用向量的基本向量分解式或坐标表示式进行向量运算，如加法、减法、数乘、数量积、向量积、混合积的计算。

（2）熟练掌握利用两向量平行、两向量垂直坐标所具备的性质，设 $\vec{a}$，$\vec{b}$ 为非零向量，$\vec{a} = \{a_x, a_y, a_z\}$，$\vec{b} = \{b_x, b_y, b_z\}$，则 ① $\vec{a} /\!/ \vec{b} \Leftrightarrow \vec{a} \times \vec{b} = 0 \Leftrightarrow \vec{a} = \lambda \vec{b} \Leftrightarrow \frac{a_x}{b_x} = \frac{a_y}{b_y} = \frac{a_z}{b_z}$；② $\vec{a} \perp \vec{b} \Leftrightarrow \vec{a} \cdot \vec{b} = 0 \Leftrightarrow a_x b_x + a_y b_y + a_z b_z = 0$。会利用上述条件求直线方程、平面方程，或判定直线和平面间的某种位置关系，空间曲线在坐标面上的投影曲线。

（3）熟练掌握二次曲面类型的判别。

难点：利用两向量平行或垂直的条件求直线方程、平面方程，判定直线和平面的位置关系是其中的难点。

（二）一元函数微分学

重点：（1）掌握函数的概念，函数奇偶性、单调性、周期性、有界性的判定方法。

（2）熟练掌握求极限的方法，把利用极限的性质、极限运算法则、极限的存在准则、两个重要极限、等价无穷小求极限方法和洛必达法则求未定式极限等方法灵活地结合在一起。

（3）理解函数连续的概念，会判定函数的间断点及间断点类型，了解初等函数的连续性和闭区间上连续函数的性质。

（4）理解导数的概念，掌握利用导数定义求导数的方法，尤其是分段函数，会利用左、右导数定义判定其在分段点的可导性。掌握导数的几何意义，会求平面曲线的切线和法线。理解函数连续性与可导性之间的关系，掌握微分的定义。

（5）熟练掌握基本初等函数的求导公式，导数的四则运算法则，复合函数的求导法则，隐函数和参数方程所确定的函数的一阶、二阶导数，幂指函数的求导方法，高阶导数的计算。

（6）理解罗尔定理、拉格朗日中值定理。熟练掌握函数的极值概念，掌握用导数判断函数的单调性和求函数极值的方法，掌握函数最大值和最小值的求法及其简单应用。会用二阶导数判断函数图形的凹凸性，会求函数图形的拐点以及水平、铅直和斜渐近线。

难点：灵活运用各种方法求未定式极限，微分的定义，隐函数和参数方程所确定的函数的二阶导数的求法，幂指函数的求导方法，罗尔定理、拉格朗日中值定理的应用，极值的判断方法，图形的凹凸性。

（三）一元函数积分学

重点：（1）原函数与不定积分的概念。

（2）熟练掌握不定积分的基本积分公式，不定积分第一类换元法、第二类换元法和分部积分法。

（3）掌握积分上限的函数及其导数，牛顿-莱布尼兹公式，定积分的换元积分法，定积分的分部积分法。熟练掌握利用奇偶函数在对称区间上定积分的性质，简化定积分的运算。

（4）理解用定积分去解决实际问题的思想方法即定积分的元素法，学会用元素法计算平面图形的面积、旋转体体积、平面曲线的弧长。

（5）理解无穷限广义积分和无界函数广义积分的定义及计算。

难点：不定积分和定积分计算，以及元素法求面积、体积的正确运用。

（四）多元函数微分学

重点：（1）熟练掌握复合函数偏导数和全微分的计算，隐函数偏导数和全微分的计算。

（2）掌握二元函数在一点的连续性，偏导存在和全微分的概念及它们之间的联系。

（3）熟练掌握求空间曲线的切线和法平面、空间曲面的切平面和法线的方程的方法。

难点：二元函数连续性、偏导存在和可微概念之间的关系，求二元复合函数和隐函数的偏导、全微分是难点。

（五）多元函数积分学

重点：（1）熟练掌握二重积分的计算，并会在直角坐标系下把二重积分写成两种积分顺序下的二次积分，会把二重积分化为极坐标系下的二次积分。

（2）熟练掌握把三重积分化为在直角坐标系下、柱面坐标系下、球面坐标系下的三次积分（计算三重积分不是重点）。

（3）熟练掌握对弧长和坐标的曲线积分的计算。

难点：把三重积分化为直角、柱面、球面坐标系下的三次积分，对弧长的曲线积分。

（六）级数

重点：（1）熟练掌握数项级数敛散性的判定。

（2）熟练掌握幂级数的收敛半经和收敛区间的求法。

（3）熟练掌握利用已知函数展开式，采用间接展开法，把函数展开成幂级数。

（4）掌握用狄利克雷收敛定理确定傅里叶级数的和函数，求在某点傅里叶级数的和。

难点：（1）数项级数敛散性的判定。

（2）用间接展开法把函数展开成幂级数。

（七）常微分方程

重点：（1）熟练掌握一阶微分方程中可分离变量方程、一阶线性方程通解的求法。

（2）熟练掌握二阶常系数线性齐次方程通解的计算方法。

（3）掌握列微分方程、解应用题方法。

难点：列微分方程、解应用题。

技巧：对于常微分方程的考题，使用"代入选项试算法"会加快做题速度，不妨一试。

（八）线性代数

根据考试大纲的要求，线性代数需要掌握以下内容：行列式、矩阵、n维向量、线性方程组、矩阵的特征值与特征向量、二次型。

行列式是线性代数的基本工具，而高阶行列式的计算一般都要用到行列式的相关性质。

矩阵是线性代数研究的主要对象，是求解线性方程组的有力工具。除了掌握矩阵的基本运算外，还应会求逆矩阵、矩阵的秩，进而会求解矩阵方程。

在求解线性方程组时会涉及解向量的最大线性无关组的问题，对于向量组要会求它的最大线性无关组。能熟练利用齐次及非齐次线性方程组解的性质，写出方程组的通解。

特征值与特征向量是矩阵理论中最基本的概念之一，对此，应熟练掌握。

关于二次型，首先要会写出它的矩阵形式，即找出它所对应的实对称阵。将一般二次型化为标准型时，也会遇到求二次型所对应矩阵的特征根的问题。

（九）概率论与数理统计

概率论与数理统计需要掌握的内容如下。

随机事件与概率、古典概型、一维随机变量的分布和数字特征、数理统计的基本概念、参数估计、假设检验。

对事件运算、古典概型、全概率公式、独立重复试验要会灵活运用这些工具解决具体问题。

对于随机变量可以有三种描述工具：分布函数、离散型随机变量的分布律、连续型随机变量的概率密度，需要熟悉它们的定义、性质，并且要会使用。比如，概率密度$f(x)$中如果含未知数A，则可用$\int_{-\infty}^{+\infty} f(x)\mathrm{d}x = 1$定出$A$。而对正态$N(\mu,\sigma^2)$分布的随机变量要转化成标准正态$N(0,1)$分布才可查表。

数字特征可从某个侧面反映随机变量分布的特点，数学期望和方差的性质及有关计算公式属于基本内容，用它们可以解决一些实际问题，应该予以关注。

统计量，比如样本均值$\bar{X}$和方差S^2，抽样分布是参数估计、假设检验的基础。

总之，大家应在基本概念清晰的基础上，熟练掌握有关的计算问题，特别是比较简捷的计算。

第一节 空间解析几何与向量代数

一、空间直角坐标

（一）空间直角坐标系

在空间取定一点O，和以O为原点的两两垂直的三个数轴，依次记作x轴（横轴）、y轴（纵轴）、z轴（竖轴），构成一个空间直角坐标系（见图 1-1-1）。通常坐标轴正向符合右手规则，即以右手握住z轴，当右手的四个手指从正向x轴以$\frac{\pi}{2}$角度转向正向y轴时，大拇指的指向就是z轴的正向。并设$\vec{i}$、$\vec{j}$、$\vec{k}$为x轴、y轴、z轴上的单位向量，又称为$Oxyz$坐标系，或$[O,\vec{i},\vec{j},\vec{k}]$坐标系。

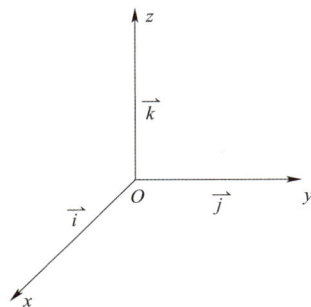

图 1-1-1

（二）两点间的距离

在空间直角坐标系中，$M_1(x_1,y_1,z_1)$与$M_2(x_2,y_2,z_2)$之间的距离为

$$d = \sqrt{(x_2 - x_1)^2 + (y_2 - y_1)^2 + (z_2 - z_1)^2} \tag{1-1-1}$$

（三）空间有向直线方向的确定

设有一条有向直线L，它与三个坐标轴正向的夹角分别为α、β、$\gamma(0 \leqslant \alpha,\beta,\gamma \leqslant \pi)$，称为直线$L$的方向角；$\{\cos\alpha,\cos\beta,\cos\gamma\}$称为直线$L$的方向余弦，三个方向余弦有以下关系

$$\cos^2\alpha + \cos^2\beta + \cos^2\gamma = 1 \tag{1-1-2}$$

二、向量代数

（一）向量的概念

既有大小又有方向的量称为向量，数学上常用一条有方向的线段，即有向线段来表示，以A为起点，B为终点的向量，记作$\overrightarrow{AB}$，或简记作$\vec{a}$。向量$\vec{a}$的长记作$|\vec{a}|$，又称为向量$\vec{a}$的模。两个向量$\vec{a}$和$\vec{b}$若满足：①$|\vec{a}| = |\vec{b}|$，②$\vec{a} /\!/ \vec{b}$，③$\vec{a}$、$\vec{b}$指向同一侧，即大小相同，方向完全重合，则称$\vec{a} = \vec{b}$。（经过平行移动后能完全重合的向量相等）

与$\vec{a}$方向一致的单位向量记作$\vec{a}^0$，则$\vec{a}^0 = \dfrac{\vec{a}}{|\vec{a}|}$。若$\vec{a}^0 = \{\cos\alpha, \cos\beta, \cos\gamma\}$，也即为$\vec{a}$的方向余弦。

（二）向量的运算

1. 两向量的和

以$\vec{a}$、$\vec{b}$为边的平行四边形的对角线（见图 1-1-2）所表示的向量$\vec{c}$，称向量$\vec{a}$与$\vec{b}$的和，记作

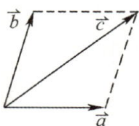

$$\vec{c} = \vec{a} + \vec{b} \tag{1-1-3}$$

一般说，n个向量$\vec{a}_1$，$\vec{a}_2$，$\cdots$，$\vec{a}_n$的和可定义如下：先作向量$\vec{a}_1$，再以$\vec{a}_1$的终点为起点作向量$\vec{a}_2$，$\cdots$，最后以向量$\vec{a}_{n-1}$的终点为起点作向量$\vec{a}_n$，则以向量$\vec{a}_1$的起点为起点、以向量$\vec{a}_n$的终点为终点的向量$\vec{b}$称为$\vec{a}_1$，$\vec{a}_2$，$\cdots$，$\vec{a}_n$的和，即

图　1-1-2

$$\vec{b} = \vec{a}_1 + \vec{a}_2 + \cdots + \vec{a}_n \tag{1-1-4}$$

2. 两向量的差

设$\vec{a}$为一向量，与$\vec{a}$的模相同，而方向相反的向量叫作$\vec{a}$的负向量，记作$-\vec{a}$，规定两个向量$\vec{a}$与$\vec{b}$的差为

$$\vec{a} - \vec{b} = \vec{a} + (-\vec{b}) \tag{1-1-5}$$

3. 向量与数的乘法

设λ是一个实数，向量$\vec{a}$与λ的乘积$\lambda\vec{a}$规定为：

当$\lambda > 0$时，$\lambda\vec{a}$表示一个向量，它的方向与$\vec{a}$的方向相同，模等于$|\vec{a}|$的λ倍，即$|\lambda\vec{a}| = \lambda|\vec{a}|$；

当$\lambda = 0$时，$\lambda\vec{a}$是零向量，即$\lambda\vec{a} = \vec{0}$；

当$\lambda < 0$时，$\lambda\vec{a}$表示一个向量，它的方向与$\vec{a}$的方向相反，模等于$|\vec{a}|$的$|\lambda|$倍，即$|\lambda\vec{a}| = |\lambda||\vec{a}|$。

4. 两向量的数量积

两向量的数量积为一数量，表示为

$$\vec{a} \cdot \vec{b} = |\vec{a}||\vec{b}|\cos(\widehat{a, b}) \tag{1-1-6}$$

5. 两向量的向量积

两向量的向量积为一向量，记作$\vec{a} \times \vec{b} = \vec{c}$。

①$|\vec{c}| = |\vec{a} \times \vec{b}| = |\vec{a}||\vec{b}|\sin(\widehat{a, b})$，$|\vec{c}|$的几何意义为以$\vec{a}$、$\vec{b}$为边作出的平行四边形的面积；②$\vec{c} \perp \vec{a}$，$\vec{c} \perp \vec{b}$；③$\vec{c}$的正向按右手规则即以四个手指从$\vec{a}$以不超过$\pi$的角度转向$\vec{b}$，则大拇指的指向即为$\vec{c}$的方向。

6. 三个向量的混合积

$(\vec{a} \times \vec{b}) \cdot \vec{c}$称为向量$\vec{a}$、$\vec{b}$、$\vec{c}$的混合积，记作$[\vec{a}\,\vec{b}\,\vec{c}]$，$|(\vec{a} \times \vec{b}) \cdot \vec{c}|$的几何意义表示以$\vec{a}$、$\vec{b}$、$\vec{c}$为棱的平行六面体的体积。可推出，当向量$\vec{a}$、$\vec{b}$、$\vec{c}$共面时，混合积$[\vec{a}\,\vec{b}\,\vec{c}] = 0$，即$(\vec{a} \times \vec{b}) \cdot \vec{c} = 0$。

（三）向量运算的性质（$\vec{a}$、$\vec{b}$为向量，λ、μ为数量）

交换律

$\vec{a} + \vec{b} = \vec{b} + \vec{a}$，$\lambda\vec{a} = \vec{a}\lambda$，$\vec{a} \cdot \vec{b} = \vec{b} \cdot \vec{a}$

结合律

$(\vec{a} + \vec{b}) + \vec{c} = \vec{a} + (\vec{b} + \vec{c})$，$(\lambda\mu)\vec{a} = \lambda(\mu\vec{a})$

$\lambda(\vec{a} \cdot \vec{b}) = (\lambda\vec{a}) \cdot \vec{b} = \vec{a} \cdot (\lambda\vec{b})$，$\lambda(\vec{a} \times \vec{b}) = (\lambda\vec{a}) \times \vec{b} = \vec{a} \times (\lambda\vec{b})$

分配律

$(\lambda + \mu)\vec{a} = \lambda\vec{a} + \mu\vec{a}$，$\lambda(\vec{a} + \vec{b}) = \lambda\vec{a} + \lambda\vec{b}$，$(\vec{a} + \vec{b}) \cdot \vec{c} = \vec{a} \cdot \vec{c} + \vec{b} \cdot \vec{c}$，$(\vec{a} + \vec{b}) \times \vec{c} = \vec{a} \times \vec{c} + \vec{b} \times \vec{c}$

向量的数量积满足交换律，即$\vec{a} \cdot \vec{b} = \vec{b} \cdot \vec{a}$；

向量的向量积不满足交换律，即 $\vec{a} \times \vec{b} \neq \vec{b} \times \vec{a}$，$\vec{a} \times \vec{b} = -\vec{b} \times \vec{a}$。

（四）向量在轴上的投影

给定向量 $\overrightarrow{AB}$ 及 u 轴，过 A、B 点分别向 u 轴作垂直平面，与 u 轴交于 A_1、B_1，则有向线段 $\overrightarrow{A_1B_1}$ 的值 A_1B_1 称为 $\overrightarrow{AB}$ 在 u 轴上的投影，记作 $\mathrm{Prj}_u\overrightarrow{AB}$，向量的投影是一个数量。

设 $\overrightarrow{AB}$ 与 u 轴的夹角为 α，则

$$\mathrm{Prj}_u\overrightarrow{AB} = \left|\overrightarrow{AB}\right| \cos\alpha$$

n 个向量的和在 u 轴上的投影为

$$\mathrm{Prj}_u(\vec{a}_1 + \vec{a}_2 + \cdots + \vec{a}_n) = \mathrm{Prj}_u\vec{a}_1 + \mathrm{Prj}_u\vec{a}_2 + \cdots + \mathrm{Prj}_u\vec{a}_n \tag{1-1-7}$$

（五）向量的投影表示

设 $\vec{a}$ 的起点 A 坐标为 (x_1, y_1, z_1)，终点 B 坐标为 (x_2, y_2, z_2)，则 $\vec{a} = \overrightarrow{AB} = \{x_2 - x_1, y_2 - y_1, z_2 - z_1\}$，记 $a_x = x_2 - x_1$，$a_y = y_2 - y_1$，$a_z = z_2 - z_1$，a_x、a_y、a_z 称为向量 $\vec{a}$ 在 x 轴、y 轴、z 轴上的投影。又设 $\vec{i}$、$\vec{j}$、$\vec{k}$ 依次为与 x、y、z 轴正向一致的单位向量，则

$$\vec{a} = a_x\vec{i} + a_y\vec{j} + a_z\vec{k} = (x_2 - x_1)\vec{i} + (y_2 - y_1)\vec{j} + (z_2 - z_1)\vec{k} \tag{1-1-8}$$

又可写成

$$\vec{a} = \{a_x, a_y, a_z\} = \{x_2 - x_1, y_2 - y_1, z_2 - z_1\} \tag{1-1-9}$$

式（1-1-8）又称为向量 $\vec{a}$ 按基本单位向量的分解式，式（1-1-9）又叫作向量 $\vec{a}$ 的坐标表示式。

（六）向量运算的坐标表示式

设 $\vec{a} = \{a_x, a_y, a_z\}$，$\vec{b} = \{b_x, b_y, b_z\}$，$\vec{c} = \{c_x, c_y, c_z\}$，则

$$\vec{a} \pm \vec{b} = \{a_x \pm b_x, a_y \pm b_y, a_z \pm b_z\}$$

$$\lambda\vec{a} = \{\lambda a_x, \lambda a_y, \lambda a_z\}$$

$$\vec{a} \cdot \vec{b} = a_x b_x + a_y b_y + a_z b_z$$

$$\vec{a} \times \vec{b} = \begin{vmatrix} \vec{i} & \vec{j} & \vec{k} \\ a_x & a_y & a_z \\ b_x & b_y & b_z \end{vmatrix} = \begin{vmatrix} a_y & a_z \\ b_y & b_z \end{vmatrix}\vec{i} - \begin{vmatrix} a_x & a_z \\ b_x & b_z \end{vmatrix}\vec{j} + \begin{vmatrix} a_x & a_y \\ b_x & b_y \end{vmatrix}\vec{k} \tag{1-1-10}$$

$$[\vec{a}\ \vec{b}\ \vec{c}] = (\vec{a} \times \vec{b}) \cdot \vec{c} = \begin{vmatrix} a_x & a_y & a_z \\ b_x & b_y & b_z \\ c_x & c_y & c_z \end{vmatrix} = \begin{vmatrix} b_y & b_z \\ c_y & c_z \end{vmatrix}a_x - \begin{vmatrix} b_x & b_z \\ c_x & c_z \end{vmatrix}a_y + \begin{vmatrix} b_x & b_y \\ c_x & c_y \end{vmatrix}a_z$$

向量的模和方向余弦的坐标表示式：

设 $\vec{a} = \{a_x, a_y, a_z\}$，$\alpha$、$\beta$、$\gamma$ 为 $\vec{a}$ 的方向角，则 $|\vec{a}| = \sqrt{a_x^2 + a_y^2 + a_z^2}$。

$$\cos\alpha = \frac{a_x}{|\vec{a}|} = \frac{a_x}{\sqrt{a_x^2 + a_y^2 + a_z^2}}$$

$$\cos\beta = \frac{a_y}{|\vec{a}|} = \frac{a_y}{\sqrt{a_x^2 + a_y^2 + a_z^2}} \tag{1-1-11}$$

$$\cos\gamma = \frac{a_z}{|\vec{a}|} = \frac{a_z}{\sqrt{a_x^2 + a_y^2 + a_z^2}}$$

且满足 $\cos^2\alpha + \cos^2\beta + \cos^2\gamma = 1$。

（七）两向量的夹角、平行与垂直坐标表示

设 $\vec{a} = \{a_x, a_y, a_z\}$，$\vec{b} = \{b_x, b_y, b_z\}$，则

$$\cos(\widehat{\vec{a}, \vec{b}}) = \frac{\vec{a} \cdot \vec{b}}{|\vec{a}||\vec{b}|} = \frac{a_x b_x + a_y b_y + a_z b_z}{\sqrt{a_x^2 + a_y^2 + a_z^2}\sqrt{b_x^2 + b_y^2 + b_z^2}}$$

$$0 \le (\widehat{\vec{a}, \vec{b}}) \le \pi \tag{1-1-12}$$

$$\vec{a} /\!/ \vec{b} \Leftrightarrow \vec{a} \times \vec{b} = \vec{0} \Leftrightarrow \vec{a} = \lambda \vec{b} \Leftrightarrow \frac{a_x}{b_x} = \frac{a_y}{b_y} = \frac{a_z}{b_z}$$

$$\vec{a} \perp \vec{b} \Leftrightarrow \vec{a} \cdot \vec{b} = 0 \Leftrightarrow a_x b_x + a_y b_y + a_z b_z = 0$$

注：上面两式要牢记，后面会经常用到。

三、平面

（一）平面的一般方程

$$Ax + By + Cz + D = 0$$

其中，平面法向量 $\vec{n} = \{A, B, C\}$。

（二）平面的点法式方程

过定点 (x_0, y_0, z_0)，以 $\vec{n} = \{A, B, C\}$ 为法线向量的平面方程为

$$A(x - x_0) + B(y - y_0) + C(z - z_0) = 0$$

称为平面的点法式方程。

（三）平面的截距式方程

设 a，b，c 分别为平面在 x 轴、y 轴、z 轴上的截距，则平面方程为：

$$\frac{x}{a} + \frac{y}{b} + \frac{z}{c} = 1 \tag{1-1-13}$$

该方程又称为平面的截距式方程。

（四）两平面的夹角

两平面法向量的夹角（通常指锐角），称为两平面的夹角。

设两平面方程为

$$\pi_1 \qquad A_1 x + B_1 y + C_1 z + D_1 = 0, \quad \vec{n}_1 = \{A_1, B_1, C_1\}$$

$$\pi_2 \qquad A_2 x + B_2 y + C_2 z + D_2 = 0, \quad \vec{n}_2 = \{A_2, B_2, C_2\}$$

则两平面夹角 φ 的余弦为

$$\cos \varphi = \frac{|A_1 A_2 + B_1 B_2 + C_1 C_2|}{\sqrt{A_1^2 + B_1^2 + C_1^2}\sqrt{A_2^2 + B_2^2 + C_2^2}} \quad (\text{即} \vec{n}_1, \vec{n}_2 \text{的夹角余弦}) \tag{1-1-14}$$

两平面平行的充分必要条件为

$$\frac{A_1}{A_2} = \frac{B_1}{B_2} = \frac{C_1}{C_2} \ne \frac{D_1}{D_2} \quad (\text{即} \vec{n}_1 /\!/ \vec{n}_2) \tag{1-1-15}$$

两平面垂直的充分必要条件为

$$A_1 A_2 + B_1 B_2 + C_1 C_2 = 0 \quad (\text{即} \vec{n}_1 \perp \vec{n}_2) \tag{1-1-16}$$

（五）三平面的交点

设三个平面方程为 $A_i x + B_i y + C_i z + D_i = 0$（其中，$i = 1$，2，3），若系数行列式 $D \ne 0$，则三平面有唯一交点，交点坐标即方程组的解。

（六）点到平面的距离

若平面方程为 $Ax + By + Cz + D = 0$，平面外一点 $M(x_1, y_1, z_1)$，则点 M 到平面的距离为

$$d = \frac{|Ax_1 + By_1 + Cz_1 + D|}{\sqrt{A^2 + B^2 + C^2}} \tag{1-1-17}$$

（七）点到直线的距离

设点 $M_0(x_0, y_0, z_0)$ 是直线 L 外的一点，$M_1(x_1, y_1, z_1)$ 是直线 L 上的任意取定的点，且直线 L 的方向向量为 $\vec{s}$，点 M_0 到直线 L 的距离为 d，设点 $M_0(x_0, y_0, z_0)$，直线 L 的方程为 $\frac{x-x_1}{m} = \frac{y-y_1}{n} = \frac{z-z_1}{p}$，则

$$d = \frac{|\overrightarrow{M_0M_1} \times \vec{s}|}{|\vec{s}|} = \frac{\left\| \begin{matrix} \vec{i} & \vec{j} & \vec{k} \\ x_1 - x_0 & y_1 - y_0 & z_1 - z_0 \\ m & n & p \end{matrix} \right\|}{\sqrt{m^2 + n^2 + p^2}} \tag{1-1-18}$$

四、空间直线

（一）空间直线的一般方程

空间直线 L 可以看作是两个平面 π_1 和 π_2 的交线，如果两个相交平面 π_1 和 π_2 的方程分别为 $A_1x + B_1y + C_1z + D_1 = 0$ 和 $A_2x + B_2y + C_2z + D_2 = 0$，则 L 的方程为

$$\begin{cases} A_1x + B_1y + C_1z + D_1 = 0 \\ A_2x + B_2y + C_2z + D_2 = 0 \end{cases} \tag{1-1-19}$$

（二）空间直线的点向式方程（或对称式方程）与参数方程

设直线 L 上一点 $M_0(x_0, y_0, z_0)$ 和它的一个方向向量 $\vec{s} = \{m, n, p\}$ 已知，则 L 的方程为

$$\frac{x - x_0}{m} = \frac{y - y_0}{n} = \frac{z - z_0}{p} \tag{1-1-20}$$

称为直线的点向式方程（或对称式方程）。

设 $\frac{x-x_0}{m} = \frac{y-y_0}{n} = \frac{z-z_0}{p} = t$，则空间直线 L 的参数方程为

$$x = x_0 + mt, \quad y = y_0 + nt, \quad z = z_0 + pt \tag{1-1-21}$$

在空间直线的点向式方程中，当 m、n、p 中有一个为 0，例如 $m = 0$，而 n、$p \neq 0$ 时，则方程组应理解为 $x - x_0 = 0$，$\frac{y-y_0}{n} = \frac{z-z_0}{p}$。此时直线与 x 轴垂直。

当 m、n、p 中有两个为 0，例如 $m = n = 0$，而 $p \neq 0$ 时，则方程组应理解为 $x - x_0 = 0$ 与 $y - y_0 = 0$ 联立。此时直线与 z 轴平行。

（三）两直线的夹角

两直线方向向量的夹角（通常指锐角），叫作两直线的夹角。

设两直线的方程分别为 $\frac{x-x_1}{m_1} = \frac{y-y_1}{n_1} = \frac{z-z_1}{p_1}$，$\frac{x-x_2}{m_2} = \frac{y-y_2}{n_2} = \frac{z-z_2}{p_2}$，则两直线间夹角的余弦为

$$\cos \varphi = \frac{|m_1m_2 + n_1n_2 + p_1p_2|}{\sqrt{m_1^2 + n_1^2 + p_1^2}\sqrt{m_2^2 + n_2^2 + p_2^2}} \tag{1-1-22}$$

直线平行的充分必要条件为

$$\frac{m_1}{m_2} = \frac{n_1}{n_2} = \frac{p_1}{p_2} \tag{1-1-23}$$

两条直线垂直的充分必要条件为

$$m_1m_2 + n_1n_2 + p_1p_2 = 0$$

（四）两直线共面（平行或相交）的条件

设两直线的方程分别为

$$\frac{x - x_1}{m_1} = \frac{y - y_1}{n_1} = \frac{z - z_1}{p_1}$$

$$\frac{x - x_2}{m_2} = \frac{y - y_2}{n_2} = \frac{z - z_2}{p_2}$$

则它们共面的条件为

$$\begin{vmatrix} x_2 - x_1 & y_2 - y_1 & z_2 - z_1 \\ m_1 & n_1 & p_1 \\ m_2 & n_2 & p_2 \end{vmatrix} = 0 \tag{1-1-24}$$

（五）直线与平面的夹角

当直线与平面不垂直时，和它在平面上投影直线的夹角 φ $\left(0 \leqslant \varphi < \frac{\pi}{2}\right)$，称为直线与平面的夹角。当直线与平面垂直时，规定直线与平面的夹角为 $\frac{\pi}{2}$。

设平面 π 的方程为 $Ax + By + Cz + D = 0$，直线 L 的方程为 $\frac{x-x_0}{m} = \frac{y-y_0}{n} = \frac{z-z_0}{p}$，则直线 L 和平面 π 间夹角 φ 的正弦为

$$\sin\varphi = \frac{|Am + Bn + Cp|}{\sqrt{A^2 + B^2 + C^2}\ \sqrt{m^2 + n^2 + p^2}} \tag{1-1-25}$$

直线与平面平行的条件为

$$Am + Bn + Cp = 0 \tag{1-1-26}$$

直线与平面垂直的条件为

$$\frac{A}{m} = \frac{B}{n} = \frac{C}{p} \tag{1-1-27}$$

（六）空间曲线在坐标面的投影曲线方程

设空间曲线 C 的一般方程为

$$\begin{cases} F(x,y,z) = 0 \\ G(x,y,z) = 0 \end{cases}$$

空间曲线在坐标面上的投影得到的曲线，称为空间曲线在坐标面上的投影曲线。

空间曲线 C 在 xOy 平面上的投影曲线可表示为 $\begin{cases} H(x,y) = 0 \\ z = 0 \end{cases}$，其中方程 $H(x,y) = 0$，由方程组 $\begin{cases} F(x,y,z) = 0 \\ G(x,y,z) = 0 \end{cases}$，消去字母 z 得到。$H(x,y) = 0$ 又称为曲线 C 在 xOy 平面的投影柱面方程，$z = 0$ 为 xOy 平面。

同理，消去方程组中变量 x 或变量 y，再分别和 $x = 0$ 或 $y = 0$ 联立，得到曲线 C 在 yOz 面或 xOz 面上的投影曲线方程。

$$\begin{cases} R(y,z) = 0 \\ x = 0 \end{cases} \quad \text{或} \quad \begin{cases} T(x,z) = 0 \\ y = 0 \end{cases}$$

五、柱面、锥面、旋转曲面、二次曲面

（一）柱面

动直线 L 平行于定直线并沿定曲线 C 移动形成的图形称为柱面，定曲线 C 叫作柱面的准线，动直线 L

叫作柱面的母线。只含 x、y 而缺 z 的方程 $F(x,y)=0$ 在空间直角坐标系中表示母线平行于 z 轴的柱面，其准线是 xOy 面上的曲线 $C：F(x,y)=0$。类似地，只含 x，z 而缺 y 的方程 $G(x,z)=0$ 和只含 y、z 而缺 x 的方程 $H(y,z)$ 分别表示母线平行于 y 轴和 x 轴的柱面。

（二）锥面

设直线 L 绕另一条与 L 相交的直线旋转一周，所得到的旋转曲面叫作圆锥面，两直线的交点叫作圆锥面的顶点，两直线的夹角 $\alpha\left(0<\alpha<\dfrac{\pi}{2}\right)$ 叫作圆锥面的半顶角。

如圆锥面方程 $x^2+y^2=z^2$，椭圆锥面方程 $3x^2+4y^2=z^2$。

（三）旋转曲面

一条平面曲线绕其平面上的一条直线旋转一周所形成的曲面叫作旋转曲面，这条定直线叫作旋转曲面的轴。若 yOz 平面上曲线 L 的方程是 $f(y,z)=0$，将此曲线绕 Oy 轴旋转一周，得旋转曲面方程为 $f(y,\pm\sqrt{x^2+z^2})=0$，将此曲线绕 Oz 轴旋转一周，旋转曲面方程为 $f(\pm\sqrt{x^2+y^2},z)=0$（即绕某一个轴旋转，该变量坐标量不变，另一个变量改写为另两个变量平方和，再开方的形式）。如曲线 $L：\begin{cases}f(x,y)=0\\z=0\end{cases}$，绕 x 轴旋转一周产生的旋转面方程为 $f(x,\pm\sqrt{y^2+z^2})=0$，绕 y 轴旋转一周产生的旋转面方程为 $f(\pm\sqrt{x^2+z^2},y)=0$。

（四）二次曲面

三元二次方程所表示的曲面叫作二次曲面。而将平面称为一次面。

常见的二次曲面（见图 1-1-3）有：

由方程

$$\frac{x^2}{a^2}+\frac{y^2}{b^2}+\frac{z^2}{c^2}=1$$

所表示的曲面叫作椭球面（见图 1-1-3a）。

当 $a=b=c$ 时，方程

$$x^2+y^2+z^2=a^2$$

表示的曲面叫作球面；当 $a=b\neq c$ 时，方程

$$\frac{x^2}{a^2}+\frac{y^2}{a^2}+\frac{z^2}{c^2}=1$$

表示的曲面叫作旋转椭球面。

由方程

$$\frac{x^2}{2p}+\frac{y^2}{2q}=z\quad(p\text{与}q\text{同号})$$

所表示的曲面叫作椭圆抛物面（见图 1-1-3b）。

由方程

$$-\frac{x^2}{2p}+\frac{y^2}{2q}=z\quad(p\text{与}q\text{同号})$$

所表示的曲面叫作双曲抛物面或马鞍形曲面（见图 1-1-3c）。

由方程

$$\frac{x^2}{a^2}+\frac{y^2}{b^2}-\frac{z^2}{c^2}=1\quad(a，b，c\text{均不为}0)$$

所表示的曲面叫作单叶双曲面（见图 1-1-3d）。

由方程

$$\frac{x^2}{a^2} - \frac{y^2}{b^2} + \frac{z^2}{c^2} = -1 \quad (a,\ b,\ c均不为0)$$

所表示的曲面叫作双叶双曲面（见图 1-1-3e）。

　　注：以上两式为双曲面标准式，等号左边两项正号、一项负号；等号右边+1 时是单叶双曲面，−1 时是双叶双曲面。曲面绕负项的轴。如等号左边两项负号、一项正号时，对等号两边均乘"−1"，将等号左边变成两项正号、一项负号的标准式，再根据等号右边是"+1"或"−1"来判断是单叶还是双叶双曲面。

　　由方程

$$z^2 = a^2(x^2 + y^2) \quad (a \neq 0)$$

所表示的曲面叫作圆锥面（见图 1-1-3f）。

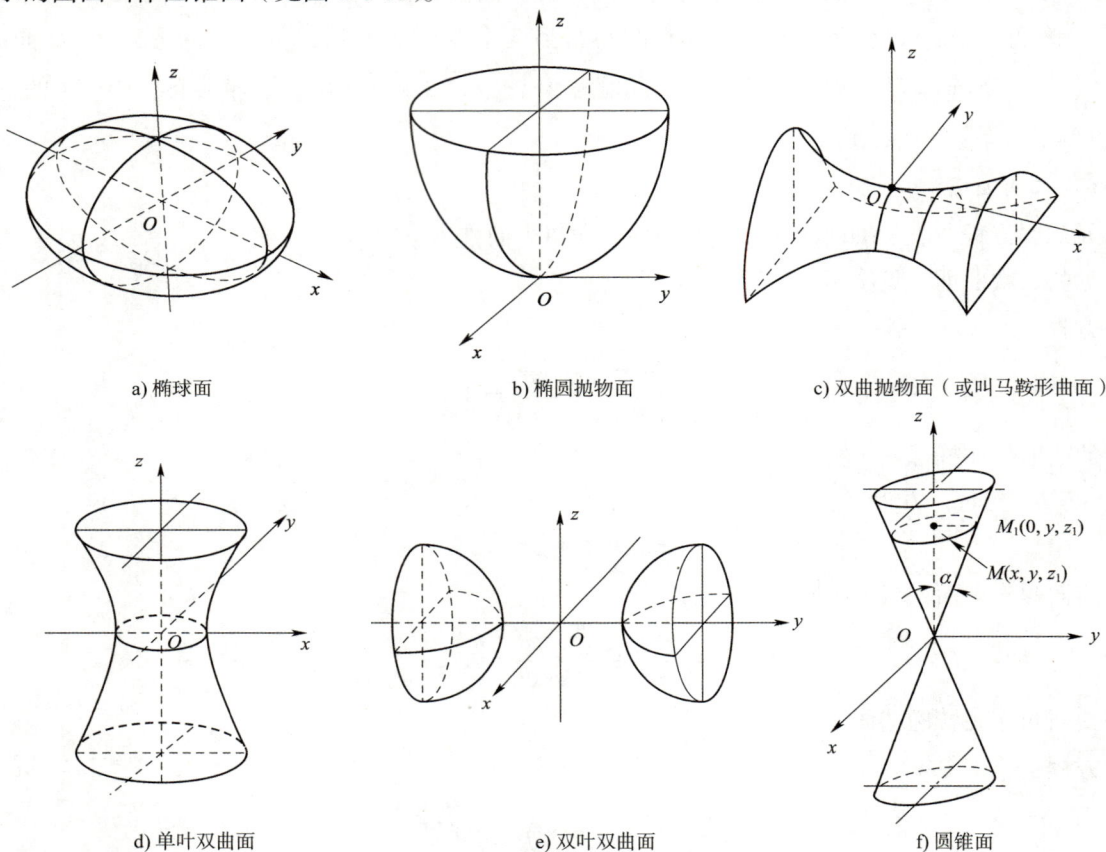

a) 椭球面　　　　　　　　　b) 椭圆抛物面　　　　　　　c) 双曲抛物面（或叫马鞍形曲面）

d) 单叶双曲面　　　　　　　e) 双叶双曲面　　　　　　　f) 圆锥面

图 1-1-3　常见的二次曲面

【例 1-1-1】 设 $\vec{a}$，$\vec{b}$ 向量互相平行，但方向相反，且 $|\vec{a}| > |\vec{b}| > 0$，则有：

A. $|\vec{a} + \vec{b}| = |\vec{a}| - |\vec{b}|$　　　　　　　　　　B. $|\vec{a} + \vec{b}| > |\vec{a}| - |\vec{b}|$

C. $|\vec{a} + \vec{b}| < |\vec{a}| - |\vec{b}|$　　　　　　　　　　D. $|\vec{a} + \vec{b}| = |\vec{a}| + |\vec{b}|$

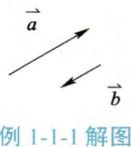

例 1-1-1 解图

　　解　由题设条件画出向量 $\vec{a}$、$\vec{b}$ 的示意图（见解图），根据向量的运算法则，两平行向量相加，取绝对值较大向量的方向。向量的模为绝对值较大向量的模减去绝对值较小向量的模。

　　答案：A

【例 1-1-2】 已知向量 $\vec{\alpha} = (-3, -2, 1)$，$\vec{\beta} = (1, -4, -5)$，则 $|\vec{\alpha} \times \vec{\beta}|$ 等于：

A. 0　　　　　　　　B. 6　　　　　　　　C. $14\sqrt{3}$　　　　　　　　D. $14i + 15j - 10k$

解 $\vec{\alpha} \times \vec{\beta} = \begin{vmatrix} \vec{i} & \vec{j} & \vec{k} \\ -3 & -2 & 1 \\ 1 & -4 & -5 \end{vmatrix} = 14\vec{i} - 14\vec{j} + 14\vec{k}$

$|\vec{\alpha} \times \vec{\beta}| = \sqrt{14^2 + 14^2 + 14^2} = \sqrt{3 \times 14^2} = 14\sqrt{3}$

答案： C

【例 1-1-3】 已知向量 $\vec{\alpha} = (2,1,-1)$，若向量 $\vec{\beta}$ 与 $\vec{\alpha}$ 平行，且 $\vec{\alpha} \cdot \vec{\beta} = 3$，则 $\vec{\beta}$ 为：

    A. $(2,1,-1)$ B. $\left(\frac{3}{2}, \frac{3}{4}, -\frac{3}{4}\right)$

    C. $\left(1, \frac{1}{2}, -\frac{1}{2}\right)$ D. $\left(1, -\frac{1}{2}, \frac{1}{2}\right)$

解 利用两向量平行的知识以及两向量数量积的运算法则计算。

已知 $\vec{\beta} // \vec{\alpha}$，则有 $\vec{\beta} = \lambda\vec{\alpha}$（$\lambda$ 为任意非零常数）

所以 $\vec{\alpha} \cdot \vec{\beta} = \vec{\alpha} \cdot \lambda\vec{\alpha} = \lambda(\vec{\alpha} \cdot \vec{\alpha}) = \lambda[2 \times 2 + 1 \times 1 + (-1) \times (-1)] = 6\lambda$

已知 $\vec{\alpha} \cdot \vec{\beta} = 3$，即 $6\lambda = 3$，$\lambda = \frac{1}{2}$。所以 $\vec{\beta} = \frac{1}{2}\vec{\alpha} = \left(1, \frac{1}{2}, -\frac{1}{2}\right)$

答案： C

【例 1-1-4】 求过已知点 $M_0(4,-1,3)$ 且平行于直线 $\frac{x-3}{2} = \frac{y}{1} = \frac{z-1}{5}$ 的直线方程。

解 已知 $M_0(4,-1,3)$，$\vec{s} = \{2,1,5\}$

则直线方程

$$\frac{x-4}{2} = \frac{y+1}{1} = \frac{z-3}{5}$$

【例 1-1-5】 过 z 轴和点 $(1,2,-1)$ 的平面方程是：

    A. $x + 2y - z - 6 = 0$ B. $2x - y = 0$

    C. $y + 2z = 0$ D. $x + z = 0$

解 如解图所示。取 z 轴的方向向量 $\vec{s} = \{0,0,1\}$，连接原点 $O(0,0,0)$ 和点 $M(1,2,-1)$ 的向量 $\overrightarrow{OM} = \{1,2,-1\}$，过 z 轴和 $\overrightarrow{OM}$ 的平面的法向量为

$$\vec{n} = \begin{vmatrix} \vec{i} & \vec{j} & \vec{k} \\ 0 & 0 & 1 \\ 1 & 2 & -1 \end{vmatrix} = -2\vec{i} + \vec{j}$$

过 z 轴和点 $M(1,2,-1)$ 的平面方程为

$$-2(x-1) + (y-2) = 0$$

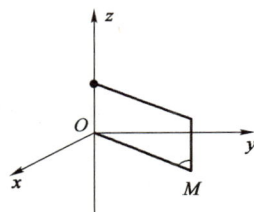

例 1-1-5 解图

化简得 $-2x + y = 0$，即 $2x - y = 0$。

答案： B

【例 1-1-6】 若向量 $\vec{\alpha}$，$\vec{\beta}$ 满足 $|\vec{\alpha}| = 2$，$|\vec{\beta}| = \sqrt{2}$，且 $\vec{\alpha} \cdot \vec{\beta} = 2$，则 $|\vec{\alpha} \times \vec{\beta}|$ 等于：

    A. 2   B. $2\sqrt{2}$ C. $2 + \sqrt{2}$ D. 不能确定

解 $|\vec{\alpha}| = 2$，$|\vec{\beta}| = \sqrt{2}$，$\vec{\alpha} \cdot \vec{\beta} = 2$

由 $\vec{\alpha} \cdot \vec{\beta} = |\vec{\alpha}||\vec{\beta}|\cos(\widehat{\vec{\alpha}, \vec{\beta}}) = 2 \times \sqrt{2}\cos(\widehat{\vec{\alpha}, \vec{\beta}}) = 2$，知 $\cos(\widehat{\vec{\alpha}, \vec{\beta}}) = \frac{\sqrt{2}}{2}$，$(\widehat{\vec{\alpha}, \vec{\beta}}) = \frac{\pi}{4}$

故 $|\vec{\alpha} \times \vec{\beta}| = |\vec{\alpha}||\vec{\beta}|\sin(\widehat{\vec{\alpha}, \vec{\beta}}) = 2 \times \sqrt{2} \times \frac{\sqrt{2}}{2} = 2$

答案： A

【例 1-1-7】 设向量 $\vec{\alpha} = (5,1,8)$，$\vec{\beta} = (3,2,7)$，若 $\lambda\vec{\alpha} + \vec{\beta}$ 与 oz 轴垂直，则常数 λ 等于：

    A. $\frac{7}{8}$ B. $-\frac{7}{8}$ C. $\frac{8}{7}$ D. $-\frac{8}{7}$

解 本题考查两向量的加法，向量与数量的乘法和运算，以及两向量垂直与坐标运算的关系。

已知 $\vec{\alpha} = (5,1,8)$，$\vec{\beta} = (3,2,7)$，$\lambda\vec{\alpha} + \vec{\beta} = \lambda(5,1,8) + (3,2,7) = (5\lambda + 3, \lambda + 2, 8\lambda + 7)$

设 oz 轴的单位正向量为 $\vec{\tau} = (0,0,1)$，已知 $\lambda\vec{\alpha} + \vec{\beta}$ 与 oz 轴垂直，由两向量数量积的运算：

$$\vec{a} \cdot \vec{b} = a_x b_x + a_y b_y + a_z b_z$$

$\vec{a} \perp \vec{b}$，则 $\vec{a} \cdot \vec{b} = 0$，即 $a_x b_x + a_y b_y + a_z b_z = 0$

所以 $(\lambda\vec{\alpha} + \vec{\beta}) \cdot \vec{\tau} = 0$，$0 + 0 + 8\lambda + 7 = 0$，得到 $\lambda = -\dfrac{7}{8}$

答案： B

【例 1-1-8】 设空间直线的点向式方程为 $\dfrac{x}{0} = \dfrac{y}{1} = \dfrac{z}{2}$，则该直线过原点且：

    A. 垂直于 Ox 轴

    B. 垂直于 Oy 轴，但不平行于 Ox 轴

    C. 垂直于 Oz 轴，但不平行于 Ox 轴

    D. 平行于 Ox 轴

解　**方法 1：** 由直线的点向式方程可知，直线过原点，方向向量 $\vec{s} = \{0,1,2\}$，方向向量在 x 轴的投影为 0，所以空间直线过原点且垂直于 Ox 轴。

方法 2： 直线方向向量 $\vec{s} = \{0,1,2\}$，Ox 轴方向向量 $\vec{\tau} = \{1,0,0\}$，$\vec{s} \cdot \vec{\tau} = 0$，所以直线垂直于 Ox 轴。

答案： A

【例 1-1-9】 过直线 L_1：$\dfrac{x+1}{1} = \dfrac{y-2}{2} = \dfrac{z+3}{1}$ 和直线 L_2：$\begin{cases} x = -t + 3 \\ y = -2t - 1 \\ z = -t + 1 \end{cases}$ 的平面方程是：

    A. $x + y - 1 = 0$ B. $-x + z + 2 = 0$

    C. $x + 2y - z = 0$ D. $2x + 2z - 1 = 0$

解　解题时，对于直线方程应考虑它的方向向量，对于平面要考虑它的法向量，切记！

已知直线 L_1 的方向向量 $\vec{s_1} = \{1,2,1\}$，直线 L_2：$\begin{cases} x = -t + 3 \\ y = -2t - 1 \\ z = -t + 1 \end{cases}$ 可化为 $\dfrac{x-3}{-1} = \dfrac{y+1}{-2} = \dfrac{z-1}{-1}$，其方向向量 $\vec{s_2} = \{-1,-2,-1\}$，因 $\vec{s_1}$、$\vec{s_2}$ 坐标成比例，故 $L_1 /\!/ L_2$。分别在 L_1、L_2 上取点 $M_1(-1,2,-3)$，$M_2(3,-1,1)$，$\overrightarrow{M_1M_2} = \{4,-3,4\}$，所求平面的法向量 $\vec{n} \perp L_1$，$\vec{n} \perp \overrightarrow{M_1M_2}$，法向量 $\vec{n} = \begin{vmatrix} \vec{i} & \vec{j} & \vec{k} \\ 1 & 2 & 1 \\ 4 & -3 & 4 \end{vmatrix} = 11\vec{i} - 0\vec{j} - 11\vec{k}$，可取 $\vec{n} = \{1,0,-1\}$。

已知 $M_1(-1,2,-3)$，$\vec{n} = \{1,0,-1\}$，则平面方程为

$$1(x+1) + 0(y-2) - 1(z+3) = 0$$

即 $-x + z + 2 = 0$

答案： B

【例 1-1-10】 已知直线 L_1：$\dfrac{x-1}{1} = \dfrac{y}{-4} = \dfrac{z+3}{1}$，直线 L_2：$\begin{cases} x = 2t \\ y = -2t - 2 \\ z = -t \end{cases}$，则这两条直线的夹角为：

    A. $\dfrac{\pi}{3}$ B. $\dfrac{\pi}{4}$ C. 0 D. $\dfrac{\pi}{2}$

解　L_1 的方向向量 $\vec{s_1} = \{1,-4,1\}$

L_2 写成点向式方程 $\dfrac{x}{2} = \dfrac{y+2}{-2} = \dfrac{z}{-1} = t$，$\vec{s_2} = \{2,-2,-1\}$

两直线的夹角通常指交成的锐角，设 L_1 和 L_2 的夹角为 φ，由计算公式

$$\cos\varphi = \frac{|1 \times 2 + (-4) \times (-2) + 1 \times (-1)|}{\sqrt{1^2 + (-4)^2 + 1^2}\sqrt{2^2 + (-2)^2 + (-1)^2}} = \frac{1}{\sqrt{2}}$$

得 $\varphi = \dfrac{\pi}{4}$

答案： B

【例 1-1-11】 设平面 π 的方程为 $3x-4y-5z-2=0$，以下选项中错误的是：

    A. 平面 π 过点 $(-1,0,-1)$

    B. 平面 π 的法向量为 $-3\vec{i}+4\vec{j}+5\vec{k}$

    C. 平面 π 在 z 轴的截距是 $-\dfrac{2}{5}$

    D. 平面 π 与平面 $-2x-y-2z+2=0$ 垂直

解　逐一验证选项 A、B、C 正确。

验证 D，两平面法向量为：$\vec{n}_1=\{3,-4,-5\}$，$\vec{n}_2=\{-2,-1,-2\}$。由条件知两平面垂直，那么两平面的法线向量也垂直，则 $\vec{n}_1\cdot\vec{n}_2=0$，但 $\vec{n}_1\cdot\vec{n}_2=-6+4+10=8\neq0$，选项 D 错误。

答案： D

【例 1-1-12】 已知直线 L：$\dfrac{x}{3}=\dfrac{y+1}{-1}=\dfrac{z-3}{2}$，平面 π：$-2x+2y+z-1=0$，则：

    A. L 与 π 垂直相交　　　　　　　　B. L 平行于 π，但 L 不在 π 上

    C. L 与 π 非垂直相交　　　　　　　D. L 在 π 上

解　$\vec{s}=\{3,-1,2\}$，$\vec{n}=\{-2,2,1\}$，$\vec{s}\cdot\vec{n}\neq0$，$\vec{s}$ 与 $\vec{n}$ 不垂直。

故直线 L 不平行于平面 π，从而选项 B、D 不成立；又因为 $\vec{s}$、$\vec{n}$ 坐标不成比例，从而 $\vec{s}$ 不平行于 $\vec{n}$，所以 L 不垂直于平面 π，选项 A 不成立。即直线 L 与平面 π 非垂直相交。

答案： C

【例 1-1-13】 方程 $y^2+z^2-4x+8=0$ 表示：

    A. 单叶双曲面　　　　　　　　　　　B. 双叶双曲面

    C. 锥面　　　　　　　　　　　　　　D. 旋转抛物面

解　将方程变形得 $y^2+z^2=4(x-2)$，而 $y^2+z^2=4x$ 表示顶点在 $(0,0,0)$，曲线 $y^2=4x$ 或 $z^2=4x$ 绕 x 轴旋转，得到的旋转抛物面，可知方程 $y^2+z^2=4(x-2)$ 为顶点在 $(2,0,0)$ 绕 x 轴旋转所得的旋转抛物面（见解图）。

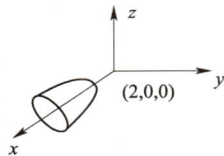

答案： D

例 1-1-13 解图

注：判断空间曲面的方法还可以使用截痕法（即可以令某一个坐标量 $z=0$，则可以观察图像在 xOy 平面上的投影，以此来判断整体图像的趋势），这不需要强行记忆上述公式，但需要较强的平面解析几何的功底，具体应用见后面的例题评注。

【例 1-1-14】 下列方程中代表锥面的是：

    A. $\dfrac{x^2}{3}+\dfrac{y^2}{2}-z^2=0$　　　　　　　　　　B. $\dfrac{x^2}{3}-\dfrac{y^2}{2}-z^2=1$

    C. $\dfrac{x^2}{3}+\dfrac{y^2}{2}-z^2=1$　　　　　　　　　　D. $\dfrac{x^2}{3}+\dfrac{y^2}{2}+z^2=1$

解　选项 A 等号左边两项正项、一项负项，等号右边为 0，是锥面（见注）。

选项 D 等号左边三项均为正项，等号右边为 1 或其他正数，是椭球面。如等号右边为 0，就是一个点了。

将选项 B 等号两边均乘以"-1"，变成双曲面的标准式，等号右边变成"-1"，可以看出，选项 B 为双叶双曲面（绕 x 轴），选项 C 为单叶双曲面（绕 z 轴）。

答案： A

例 1-1-14 解图

注：本题可以采用截痕法，在选项 A 中，令 $z=0$，可以看出，方程变为 $\dfrac{x^2}{3}+\dfrac{y^2}{2}=0$，这在 xOy 平面上是一个点，若令 $z=c$，c 为非零常数，则方程变为椭圆。再令 $x=0$，则方程变成 $\dfrac{y^2}{2}-z^2=0$，或者 $y=\pm\sqrt{2}z$，这是在 yOz 平面上从原点出发的两条对

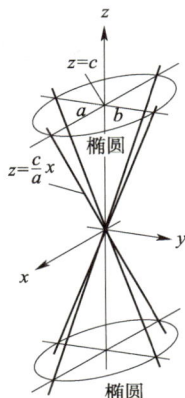

称直线，$y = 0$ 亦是如此。由此看来，这就是一个椭圆锥曲面，故选 A，其他选项类似做法，如解图所示。

习　题

1-1-1　设 $\vec{\alpha} = \vec{i} + 2\vec{j} + 3\vec{k}$，$\vec{\beta} = \vec{i} - 3\vec{j} - 2\vec{k}$，与 $\vec{\alpha}$，$\vec{\beta}$ 都垂直的单位向量为（　　）。

A. $\pm(\vec{i} + \vec{j} - \vec{k})$ 　　　　　　　　　　B. $\pm\frac{1}{\sqrt{3}}(\vec{i} - \vec{j} + \vec{k})$

C. $\pm\frac{1}{\sqrt{3}}(-\vec{i} + \vec{j} + \vec{k})$ 　　　　　　　D. $\pm\frac{1}{\sqrt{3}}(\vec{i} + \vec{j} - \vec{k})$

1-1-2　已知 $|\vec{a}| = 1$，$|\vec{b}| = \sqrt{2}$，且 $(\widehat{\vec{a}, \vec{b}}) = \frac{\pi}{4}$，则 $|\vec{a} + \vec{b}|$ 等于（　　）。

A. 1 　　　　　　B. $1 + \sqrt{2}$ 　　　　　　C. 2 　　　　　　D. $\sqrt{5}$

1-1-3　设 $\vec{a}$，$\vec{b}$，$\vec{c}$ 均为向量，下列等式中正确的是（　　）。

A. $(\vec{a} + \vec{b}) \cdot (\vec{a} - \vec{b}) = |\vec{a}|^2 - |\vec{b}|^2$ 　　　　　B. $\vec{a}(\vec{a} \cdot \vec{b}) = |\vec{a}|^2 \vec{b}$

C. $(\vec{a} \cdot \vec{b})^2 = |\vec{a}|^2 |\vec{b}|^2$ 　　　　　　　D. $(\vec{a} + \vec{b}) \times (\vec{a} - \vec{b}) = \vec{a} \times \vec{a} - \vec{b} \times \vec{b}$

1-1-4　已知两条空间直线 L_1：$\begin{cases} 3x + z = 4 \\ y + 2z = 9 \end{cases}$，直线 L_2：$\begin{cases} 6x - y = 7 \\ 3y + 6z = 1 \end{cases}$，这两直线的关系为（　　）。

A. 平行但不重合 　　　　　　　　　　B. 重合

C. 垂直 　　　　　　　　　　　　　　D. 相交但不垂直

1-1-5　直线 L：$\frac{x+3}{2} = \frac{y+4}{1} = \frac{z}{3}$ 与平面 π：$4x - 2y - 2z = 3$ 的位置关系为（　　）。

A. 相互平行 　　　　　　　　　　　　B. L 在 π 上

C. 垂直相交 　　　　　　　　　　　　D. 相交但不垂直

1-1-6　过点 $M_0(2,1,3)$ 且与直线 L：$\frac{x+1}{3} = \frac{y-1}{2} = \frac{z}{-1}$ 垂直相交的直线方程是（　　）。

A. $\frac{x-2}{-\frac{12}{7}} = \frac{y-1}{\frac{5}{7}} = \frac{z-3}{\frac{24}{7}}$ 　　　　　　B. $\frac{x-2}{3} = \frac{y-1}{-2} = \frac{z-3}{4}$

C. $\frac{x-2}{2} = \frac{y-1}{-1} = \frac{z-3}{4}$ 　　　　　　D. $\frac{x-2}{3} = \frac{y-1}{-1} = \frac{z-3}{4}$

1-1-7　过点 $M(3,-2,1)$ 且与直线 L：$\begin{cases} x - y - z + 1 = 0 \\ 2x + y - 3z + 4 = 0 \end{cases}$ 平行的直线方程是（　　）。

A. $\frac{x-3}{1} = \frac{y+2}{-1} = \frac{z-1}{-1}$ 　　　　　B. $\frac{x-3}{2} = \frac{y+2}{1} = \frac{z-1}{-3}$

C. $\frac{x-3}{4} = \frac{y+2}{-1} = \frac{z-1}{3}$ 　　　　　D. $\frac{x-3}{4} = \frac{y+2}{1} = \frac{z-1}{3}$

1-1-8　球面 $x^2 + y^2 + (z+3)^2 = 25$ 与平面 $z = 1$ 的交线是（　　）。

A. $x^2 + y^2 = 9$ 　　　　　　　　　B. $x^2 + y^2 + (z-1)^2 = 9$

C. $\begin{cases} x = 3\cos t \\ y = 3\sin t \end{cases}$ 　　　　　　　　D. $\begin{cases} x^2 + y^2 = 9 \\ z = 1 \end{cases}$

1-1-9　已知平面 π 过点 $(1,1,0)$，$(0,0,1)$，$(0,1,1)$，则与平面 π 垂直且过点 $(1,1,1)$ 的直线的对称式方程为（　　）。

A. $\frac{x-1}{1} = \frac{y-1}{0} = \frac{z-1}{1}$ 　　　　　B. $\frac{x-1}{-2} = \frac{y-1}{0} = \frac{z-1}{1}$

C. $\frac{x-1}{1} = \frac{z-1}{1}$ 　　　　　　　　D. $\frac{x-1}{1} = \frac{y-1}{0} = \frac{z-1}{-1}$

1-1-10 将椭圆 $\begin{cases} \dfrac{x^2}{9} + \dfrac{z^2}{4} = 1 \\ y = 0 \end{cases}$，绕 x 轴旋转一周所生成的旋转曲面的方程是（　　　）。

A. $\dfrac{x^2}{9} + \dfrac{y^2}{9} + \dfrac{z^2}{4} = 1$ 　　　　　　B. $\dfrac{x^2}{9} + \dfrac{z^2}{4} = 1$

C. $\dfrac{x^2}{9} + \dfrac{y^2}{4} + \dfrac{z^2}{4} = 1$ 　　　　　　D. $\dfrac{x^2}{9} + \dfrac{y^2}{4} + \dfrac{z^2}{9} = 1$

1-1-11 母线平行 x 轴且通过曲线 $\begin{cases} 2x^2 + y^2 + z^2 = 16 \\ x^2 - y^2 + z^2 = 0 \end{cases}$ 的柱面方程是（　　　）。

A. 椭圆柱面 $3x^2 + 2z^2 = 16$ 　　　　　　B. 椭圆柱面 $x^2 + 2y^2 = 16$

C. 双曲柱面 $3y^2 - z^2 = 16$ 　　　　　　D. 抛物柱面 $3y^2 - z = 16$

1-1-12 直线 L_0：$\dfrac{x-1}{3} = \dfrac{y-2}{2} = \dfrac{z-3}{1}$ 在 xOy 平面上的投影直线方程为（　　　）。

A. $\begin{cases} 2x + 3y + 4 = 0 \\ z = 0 \end{cases}$ 　　　　　　B. $\begin{cases} 2x - 3y + 4 = 0 \\ z = 0 \end{cases}$

C. $\begin{cases} y - 2z + 4 = 0 \\ z = 0 \end{cases}$ 　　　　　　D. $\begin{cases} y + 2z - 4 = 0 \\ z = 0 \end{cases}$

第二节　一元函数微分学

一、函数

（一）函数的定义

设 x 和 y 是两个变量，D 是给定的数集，如果对于每个数 $x \in D$，变量 y 按照一定的法则总有一个确定的数值与它对应，则称 y 是 x 的函数，记作 $y = f(x)$。数集 D 叫作这个函数的定义域，x 叫作自变量，y 叫作因变量。

函数定义中有两个要素：对应法则和定义域。

定义域的确定：一种是有实际背景的函数，根据实际背景中变量的实际意义确定；另一种是用算式表达的函数，通常约定函数的定义域是使算式有意义的一切实数组成的集合。

（二）函数的特性

1. 有界性

设函数 $f(x)$ 在区间 I 上有定义，若存在正数 M，使得对任何 $x \in I$，恒有 $|f(x)| \leq M$ 成立，则称 $f(x)$ 在区间 I 上是有界函数；否则，$f(x)$ 在区间 I 上是无界函数。

如果存在常数 M（不一定局限于正数），使函数 $f(x)$ 在区间 I 上恒有 $f(x) \leq M$，则称 $f(x)$ 在区间 I 上有上界，并且任意一个 $N \geq M$ 的数 N 都是 $f(x)$ 在区间 I 上的一个上界；如果存在常数 m，使 $f(x)$ 在区间 I 上恒有 $f(x) \geq m$，则称 $f(x)$ 在区间 I 上有下界，并且任意一个 $l \leq m$ 的数 l 都是 $f(x)$ 在区间 I 上的一个下界。

显然，函数 $f(x)$ 在区间 I 上有界的充分必要条件是 $f(x)$ 在区间 I 上既有上界又有下界。

2. 单调性

设函数 $f(x)$ 在区间 I 上有定义，在 I 上的任意两点 $x_1 < x_2$，都有 $f(x_1) < f(x_2)[或 f(x_1) > f(x_2)]$，则称 $y = f(x)$ 在区间 I 上为单调增加（或单调减少）的函数。

3. 奇偶性

设函数 $f(x)$ 的定义域 D 关于原点对称，即若 $x \in D$，必有 $-x \in D$，如果 D 上任意 x 满足 $f(-x) = f(x)$[或 $f(-x) = -f(x)$]，则称 $f(x)$ 为偶函数（或奇函数）。偶函数的图形是关于 y 轴对称的，奇函数的图形是关于原点对称的。

4. 周期性

设函数 $f(x)$ 的定义域为 D，如果存在一个非零常数 T，对一切的 $x \in D$，有 $(x \pm T) \in D$，且 $f(x + T) = f(x)$ 恒成立，则称函数 $f(x)$ 为周期函数，并把 T 称为 $f(x)$ 的周期。应当指出的是，通常讲的周期函数的周期，是指最小的正周期。

关于函数的性质，除了有界性与无界性之外，单调性、奇偶性、周期性都是函数的特殊性质，而不是每一个函数都一定具备的。

（三）复合函数与初等函数

1. 复合函数

设 $y = f(u)$，定义域 D_u，$u = \varphi(x)$，定义域为 D_x，值域为 W_u，当 $W_u \subset D_u$ 时，称 $y = f[\varphi(x)]$ 是由 $y = f(u)$ 和 $u = \varphi(x)$ 复合而成的复合函数，称 u 为中间变量。

2. 初等函数

幂函数、指数函数、对数函数、三角函数、反三角函数和常数称为基本初等函数。

由基本初等函数经过有限次的四则运算和有限次的复合步骤所构成的并用一个解析式表达的函数，称为初等函数。

在微积分运算中，常把一个初等函数分解为基本初等函数来研究，学会分析初等函数的结构是十分重要的。

在微积分中，常常见到一些非初等函数。函数 $f(x)$ 在自变量不同取值范围，用两个或两个以上表达式表示的函数关系叫分段函数。

二、极限

（一）数列的极限

（1）数列 $\{x_n\}$，$\lim\limits_{n \to \infty} x_n = a \Leftrightarrow \forall \varepsilon > 0$，$\exists$ 正整数 N，当 $n > N$ 时，有 $|x_n - a| < \varepsilon$ 成立。

（2）收敛数列的性质：

性质 1（极限的唯一性）：数列 $\{x_n\}$ 不能收敛于两个不同的极限值。

性质 2（收敛数列的有界性）：如果数列 $\{x_n\}$ 收敛，那么数列 $\{x_n\}$ 一定有界。

性质 3（收敛数列与其子数列间的关系）：如果数列 $\{x_n\}$ 收敛于 a，那么它的任一子数列也收敛，且极限也是 a。

（3）数列极限的四则运算：

设 $\lim\limits_{n \to \infty} x_n = A$，$\lim\limits_{n \to \infty} y_n = B$，则

$\lim\limits_{n \to \infty}(x_n \pm y_n) = A \pm B$；$\lim\limits_{n \to \infty}(x_n y_n) = AB$；$\lim\limits_{n \to \infty} \dfrac{x_n}{y_n} = \dfrac{A}{B}$　$(B \neq 0)$。

（4）数列极限存在的准则——夹逼准则，单调有界数列必有极限。

（二）函数的极限

1. 自变量趋于无穷大时函数的极限

（1）$\lim\limits_{x \to \infty} f(x) = A \Leftrightarrow \forall \varepsilon > 0$，$\exists X > 0$，当 $|x| > X$ 时，有 $|f(x) - A| < \varepsilon$ 成立。

（2）$\lim\limits_{x \to +\infty} f(x) = A \Leftrightarrow \forall \varepsilon > 0,\ \exists X > 0,\ 当 x > X 时,\ 有 |f(x) - A| < \varepsilon 成立。$

（3）$\lim\limits_{x \to -\infty} f(x) = A \Leftrightarrow \forall \varepsilon > 0,\ \exists X > 0,\ 当 x < -X 时,\ 有 |f(x) - A| < \varepsilon 成立。$

注：若 $\lim\limits_{x \to \infty} f(x) = A$，$x \to \infty$ 既表示趋于 $+\infty$，也表示趋于 $-\infty$。显然，$\lim\limits_{x \to \infty} f(x) = A$ 成立的充分必要条件是 $\lim\limits_{x \to +\infty} f(x) = \lim\limits_{x \to -\infty} f(x) = A$。

2. 自变量趋于有限值时函数的极限

（1）$\lim\limits_{x \to x_0} f(x) = A \Leftrightarrow \forall \varepsilon > 0,\ \exists \delta > 0,\ 当 0 < |x - x_0| < \delta 时,\ 有 |f(x) - A| < \varepsilon 成立。$

（2）$\lim\limits_{x \to x_0^+} f(x) = A \Leftrightarrow \forall \varepsilon > 0,\ \exists \delta > 0,\ 当 0 < x - x_0 < \delta 时,\ 有 |f(x) - A| < \varepsilon 成立。$

（3）$\lim\limits_{x \to x_0^-} f(x) = A \Leftrightarrow \forall \varepsilon > 0,\ \exists \delta > 0,\ 当 -\delta < x - x_0 < 0 时,\ 有 |f(x) - A| < \varepsilon 成立。$

显然，

$$\lim\limits_{x \to x_0} f(x) = A \Leftrightarrow \lim\limits_{x \to x_0^-} f(x) = \lim\limits_{x \to x_0^+} f(x) = A \tag{1-2-1}$$

3. 函数极限的性质

性质 1（极限的唯一性）：如果 $\lim\limits_{\substack{x \to x_0 \\ (x \to \infty)}} f(x)$ 存在，则极限值是唯一的。

性质 2（局部有界性）：如果 $\lim\limits_{x \to x_0} f(x) = A$，则 $f(x)$ 在 x_0（不含 x_0）附近有界。

如果 $\lim\limits_{x \to \infty} f(x) = A$，则 $f(x)$ 在 $|x|$ 充分大有界。

性质 3（保序性）：如果 $\lim\limits_{x \to x_0} f(x) = A$，$\lim\limits_{x \to x_0} g(x) = B$，若 $A < B$，则在 x_0 的某个去心领域有 $f(x) < g(x)$；如果在 x_0 的某个去心领域有 $f(x) \leqslant g(x)$，则有 $A \leqslant B$。当 $x \to \infty$ 时，有类似的结论。

4. 函数极限的运算法则

四则运算，夹逼定理（这两条法则与数列极限类似）。

复合函数的极限运算法则：设复合函数 $y = f[\varphi(x)]$ 在 x_0 的某个去心领域有定义，如果 $\lim\limits_{x \to x_0} \varphi(x) = u_0 (x \neq x_0, \varphi(x) \neq u_0)$ 且 $\lim\limits_{u \to u_0} f(u) = A$，则 $\lim\limits_{x \to x_0} f[\varphi(x)] = \lim\limits_{u \to u_0} f(u) = A$。

5. 两个重要极限

$$\lim\limits_{x \to 0} \frac{\sin x}{x} = 1;\quad \lim\limits_{x \to \infty} \left(1 + \frac{1}{x}\right)^x = e \left[或 \lim\limits_{x \to 0} (1 + x)^{\frac{1}{x}} = e\right]。$$

（三）无穷小量与无穷大量

1. 无穷小量与无穷大量的定义

定义 1：如果函数 $f(x)$ 当 $x \to x_0$（或 $x \to \infty$）时，极限为零，则称函数 $f(x)$ 是 $x \to x_0$（或 $x \to \infty$）时的无穷小量。

定义 2：如果函数 $f(x)$ 当 $x \to x_0$（或 $x \to \infty$）时，$|f(x)|$ 无限增大，则称 $f(x)$ 是 $x \to x_0$（或 $x \to \infty$）时的无穷大，记作 $\lim\limits_{\substack{x \to x_0 \\ (x \to \infty)}} f(x) = \infty$。

注：无穷大量、无穷小量的概念是反映变量的变化趋势，因此任何常量都不是无穷大量，任何非零常量都不是无穷小量，谈及无穷大量、无穷小量之时，首先应给出自变量的变化趋势。

2. 无穷小量与无穷大量的关系

在自变量的同一变化过程中，如果 $f(x)$ 为无穷大，则 $\dfrac{1}{f(x)}$ 为无穷小；反之，如果 $f(x)$ 为无穷小，且 $f(x) \neq 0$，则 $\dfrac{1}{f(x)}$ 为无穷大。

3. 无穷小量与函数极限的关系

$$\lim\limits_{\substack{x \to x_0 \\ (x \to \infty)}} f(x) = A \Leftrightarrow f(x) = A + \alpha(x),\ 其中 \lim\limits_{\substack{x \to x_0 \\ (x \to \infty)}} \alpha(x) = 0。 \tag{1-2-2}$$

4.无穷小量的性质

有限个无穷小的和也是无穷小。

有界函数与无穷小的乘积是无穷小。

有极限函数与无穷小的乘积是无穷小。

5.无穷小量的比较

当在给定的趋势下，变量 α、β 都是无穷小量，那么它们谁趋近于零的速度更快呢，我们给出如下定义：

如果 $\lim\frac{\beta}{\alpha}=0$，就说 β 是比 α 高阶的无穷小，记作 $\beta=o(\alpha)$；

如果 $\lim\frac{\beta}{\alpha}=\infty$，就说 β 是比 α 低阶的无穷小；

如果 $\lim\frac{\beta}{\alpha}=C\neq 0$，就说 β 是与 α 同阶的无穷小；

如果 $\lim\frac{\beta}{\alpha^k}=C\neq 0$，$k>0$，就说 β 是关于 α 的 k 阶无穷小；

如果 $\lim\frac{\beta}{\alpha}=1$，就说 β 与 α 是等价无穷小，记作 $\alpha\sim\beta$。

常用的等价无穷小，当 $x\to 0$ 时，$x\sim\sin x\sim\tan x\sim\arcsin x\sim\arctan x\sim e^x-1\sim\ln(1+x)$，$1-\cos x\sim\frac{1}{2}x^2$，$(1+x)^\alpha-1\sim\alpha x$。

6.等价无穷小替换定理

设某一过程中，$\alpha\sim\alpha'$，$\beta\sim\beta'$，且 $\lim\frac{\beta'}{\alpha'}$ 存在，则 $\lim\frac{\beta}{\alpha}=\lim\frac{\beta'}{\alpha'}$。

注：求极限过程中，一个无穷小量可以用与其等价的无穷小量代替，但只能在因式情况下使用，和、差情况不能用。

7.求极限常用的几种方法

分解因式消去零因子法；分子（分母）有理化法；化无穷大为无穷小法；无穷小量性质；极限的四则运算法则；复合函数的极限运算；单调有界数列必有极限；夹逼准则；等价无穷小替换；两个重要极限；函数的连续性；洛必达法则。

三、函数的连续性

（一）连续的定义

设函数 $y=f(x)$ 在 x_0 点的某一邻域内有定义，如果 $\lim\limits_{\Delta x\to 0}\Delta y=\lim\limits_{\Delta x\to 0}[f(x_0+\Delta x)-f(x_0)]=0$，则称函数 $y=f(x)$ 在 x_0 点连续。

它的另一等价定义是：设函数 $y=f(x)$ 在 x_0 点的某一邻域内有定义，如果 $\lim\limits_{x\to x_0}f(x)=f(x_0)$，则称函数 $y=f(x)$ 在 x_0 点连续。

（二）左连续及右连续

如果 $\lim\limits_{x\to x_0^-}f(x)=f(x_0)$，则称函数 $y=f(x)$ 在 x_0 点左连续；

如果 $\lim\limits_{x\to x_0^+}f(x)=f(x_0)$，则称函数 $y=f(x)$ 在 x_0 点右连续。

显然，$f(x)$ 在 x_0 点连续的充分必要条件是 $f(x)$ 在 x_0 点左连续和右连续。

在区间上每一点都连续的函数，叫做在该区间上的连续函数，或者说函数在该区间上连续。如果区间包括端点，那么函数在右端点连续是指左连续，在左端点连续是指右连续。连续函数的图形是一条连续而不间断的曲线。

（三）函数间断点及分类

设函数 $f(x)$ 在 x_0 点的某去心邻域内有定义。如果函数 $f(x)$ 有下列三种情形之一：①在 $x = x_0$ 没有定义；②虽在 $x = x_0$ 有定义，但 $\lim\limits_{x \to x_0} f(x)$ 不存在；③虽在 $x = x_0$ 有定义，且 $\lim\limits_{x \to x_0} f(x)$ 存在，但 $\lim\limits_{x \to x_0} f(x) \neq f(x_0)$，则函数 $f(x)$ 在 x_0 点不连续，而点 x_0 称为函数 $f(x)$ 的不连续点或间断点。

通常把间断点分成两类：如果 x_0 是函数 $f(x)$ 的间断点，但左极限 $f(x_0 - 0)$ 及右极限 $f(x_0 + 0)$ 都存在，那么 x_0 称为函数 $f(x)$ 的第一类间断点。不是第一类间断点的任何间断点，均称为第二类间断点。在第一类间断点中，左、右极限相等者称为可去间断点，不相等者称为跳跃间断点。无穷间断点和振荡间断点显然是第二类间断点。

（四）连续函数的运算性质

1. 四则运算

由函数在某点连续的定义和极限的四则运算法则，立即可得出：

（1）有限个在某点连续的函数的和是一个在该点连续的函数；

（2）有限个在某点连续的函数的乘积是一个在该点连续的函数；

（3）两个在某点连续的函数的商是一个在该点连续的函数，只要分母在该点不为零。

2. 复合函数的连续性

设函数 $u = g(x)$ 在 x_0 点连续，函数 $y = f(u)$ 在点 $u_0 = g(x_0)$ 连续，那么复合函数 $y = f[g(x)]$ 在 x_0 点也是连续的。

总之，一切初等函数在其定义区间内都是连续的。

（五）闭区间连续函数性质

1. 最大值和最小值定理

在闭区间上连续的函数在该区间上一定有最大值和最小值。

2. 有界性定理

在闭区间上连续的函数一定在该区间上有界。

3. 零点定理

设函数 $y = f(x)$ 在闭区间 $[a, b]$ 上连续，且 $f(a)$ 与 $f(b)$ 异号[即 $f(a) \cdot f(b) < 0$]，那么在开区间内至少有函数 $f(x)$ 的一个零点，即至少有一点 $x_0 \in (a, b)$ 使 $f(x_0) = 0$。

4. 介值定理

设函数 $y = f(x)$ 在闭区间 $[a, b]$ 上连续，且在这区间的端点取不同的函数值 $f(a) = A$ 及 $f(b) = B$，那么，对于 A 与 B 之间的任意一个数 C，在开区间 (a, b) 内至少有一点 x_0，使得 $f(x_0) = C$。

推论：在闭区间上连续的函数必取得介于最大值 M 与最小值 m 之间的任何值。

【例 1-2-1】 判定函数 $f(x) = \ln(x + \sqrt{x^2 + 1})$ 的奇偶性。

解　利用函数奇偶性定义判定

$$f(-x) = \ln\left[-x + \sqrt{(-x)^2 + 1}\right] = \ln\left(-x + \sqrt{x^2 + 1}\right)$$
$$= \ln\frac{x^2 + 1 - x^2}{\sqrt{x^2 + 1} + x} = \ln\frac{1}{\sqrt{x^2 + 1} + x} = \ln\left(x + \sqrt{x^2 + 1}\right)^{-1}$$
$$= -\ln\left(x + \sqrt{x^2 + 1}\right) = -f(x)$$

$f(-x) = -f(x)$，由定义可知函数是奇函数。

【例 1-2-2】 设 $f(e^{x-2}) = 3x + 1$，求 $f(x)$。

解 **方法 1,** 令 $u = e^{x-2}$,则 $x = \ln u + 2$, $f(u) = 3(\ln u + 2) + 1 = 3\ln u + 7$

$$f(x) = 3\ln x + 7 \quad (x > 0)$$

方法 2, 由 $f(e^{x-2}) = 3x + 1$,可得 $f(e^{x-2}) = 3(x-2) + 7 = 3\ln e^{x-2} + 7$

$$f(x) = 3\ln x + 7 \qquad (x > 0)$$

【例 1-2-3】假设当 $x \to +\infty$ 时, $f(x)$, $g(x)$ 都是无穷大量,则当 $x \to +\infty$ 时,下列结论正确的是:

    A. $f(x) + g(x)$ 是无穷大量　　　　　　　　B. $\frac{f(x)+g(x)}{f(x)g(x)} \to 0$

    C. $\frac{g(x)}{f(x)} \to 1$　　　　　　　　　　　　　D. $f(x) - g(x) \to 0$

解 $\lim\limits_{x \to +\infty} \frac{f(x)+g(x)}{f(x)g(x)} = \lim\limits_{x \to +\infty} \frac{1}{g(x)} + \lim\limits_{x \to +\infty} \frac{1}{f(x)} = 0$。

其他情况均可通过举例说明是错误的。

答案: B

【例 1-2-4】设 $f(x) = F(x)\left(\frac{1}{a^x-1} + \frac{1}{2}\right)$,其中 $a > 0$, $a \neq 1$, $F(x)$ 为奇函数,则 $f(x)$ 是:

    A. 偶函数　　　　　　　　　　　　　　B. 奇函数

    C. 非奇非偶函数　　　　　　　　　　　D. 奇偶性与 a 有关

解 $f(-x) = F(-x)\left(\frac{1}{a^{-x}-1} + \frac{1}{2}\right) = -F(x)\left(\frac{a^x}{1-a^x} + \frac{1}{2}\right)$

$$= F(x)\left(\frac{a^x}{a^x-1} - \frac{1}{2}\right) = F(x)\left(\frac{a^x-1+1}{a^x-1} - \frac{1}{2}\right) = F(x)\left(\frac{1}{a^x-1} + \frac{1}{2}\right) = f(x)$$

所以 $f(x)$ 是偶函数。

答案: A

【例 1-2-5】求极限 $\lim\limits_{n \to \infty} \frac{\sqrt[3]{n^2}\sin n!}{n+1}$

解 $\lim\limits_{n \to \infty} \frac{\sqrt[3]{n^2}\sin n!}{n+1} = \lim\limits_{n \to \infty} \frac{n^{\frac{2}{3}}}{n+1} \cdot \sin n!$

当 $n \to \infty$ 时, $\frac{n^{\frac{2}{3}}}{n+1} \to 0$, $|\sin n!| \leqslant 1$

故原式 $= 0$。

【例 1-2-6】若 $\lim\limits_{x \to 1} \frac{2x^2+ax+b}{x^2+x-2} = 1$,则必有:

    A. $a = -1$, $b = 2$　　　　　　　　　　B. $a = -1$, $b = -2$

    C. $a = -1$, $b = -1$　　　　　　　　　　D. $a = 1$, $b = 1$

解 因为 $\lim\limits_{x \to 1}(x^2 + x - 2) = 0$,故 $\lim\limits_{x \to 1}(2x^2 + ax + b) = 0$,即 $2 + a + b = 0$,得 $b = -2 - a$

代入原式:

$$\lim\limits_{x \to 1} \frac{2x^2 + ax - 2 - a}{x^2 + x - 2} = \lim\limits_{x \to 1} \frac{2(x+1)(x-1) + a(x-1)}{(x+2)(x-1)} = \lim\limits_{x \to 1} \frac{2 \times 2 + a}{3} = 1$$

故 $4 + a = 3$,得 $a = -1$, $b = -1$。

答案: C

注:本题体现了极限法则的逆用思想,因为题中 $x \to 1$ 时,分母极限为 0,则分子极限也是 0,比值极限才有可能等于 1,如果分子极限为非 0 常数,则比值极限一定是无穷大。

【例 1-2-7】若 $\lim\limits_{x \to 0}(1-x)^{\frac{k}{x}} = 2$,则常数 k 等于:

    A. $-\ln 2$　　　　　B. $\ln 2$　　　　　C. 1　　　　　D. 2

解 $\lim\limits_{x \to 0}(1-x)^{\frac{k}{x}} = 2$,利用基本极限公式 $\lim\limits_{x \to 0}(1+x)^{\frac{1}{x}} = e$ 变形

因 $\lim_{x\to 0}(1-x)^{\frac{k}{x}} = \lim_{x\to 0}[1+(-x)]^{-\frac{1}{x}(-k)} = \lim_{x\to 0}\left\{[1+(-x)]^{\frac{1}{-x}}\right\}^{-k} = e^{-k}$

所以 $e^{-k}=2$，$k=-\ln 2$

答案：A

注：本题体现了基本极限公式的用法。只有完全符合两个重要极限的形式，才能得到相应的结果，如 $\lim_{x\to 0}\dfrac{\sin x}{x}=1$，$\lim_{x\to 0}\dfrac{\sin kx}{x}=k$，$\lim_{x\to 0}(1+x)^{\frac{1}{x}}=e$，$\lim_{x\to\infty}\left(1+\dfrac{1}{x}\right)^{x}=e$，因此要拼凑它。

【例1-2-8】设 $f(x)=\dfrac{1+e^{\frac{1}{x}}}{2+3e^{\frac{1}{x}}}$，问 $x=0$ 是否为间断点，若是间断点，是什么类型的间断点？

解　因 $x=0$ 函数没有定义，所以 $x=0$ 是间断点。

又因

$$\lim_{x\to 0^+}f(x)=\lim_{x\to 0^+}\frac{e^{\frac{1}{x}}\left(\dfrac{1}{e^{\frac{1}{x}}}+1\right)}{e^{\frac{1}{x}}\left(\dfrac{2}{e^{\frac{1}{x}}}+3\right)}=\frac{1}{3}$$

$$\lim_{x\to 0^-}f(x)=\lim_{x\to 0^-}\frac{1+e^{\frac{1}{x}}}{2+3e^{\frac{1}{x}}}=\frac{1}{2}$$

左右极限存在但不相等，所以 $x=0$ 是第一类间断点，属跳跃间断点。

【例1-2-9】下列极限计算中，错误的是：

A. $\lim_{n\to\infty}\dfrac{2^n}{x}\sin\dfrac{x}{2^n}=1$ 　　　　　　　　　B. $\lim_{x\to\infty}\dfrac{\sin x}{x}=1$

C. $\lim_{x\to\infty}(1-x)^{\frac{1}{x}}=e^{-1}$ 　　　　　　　　　　D. $\lim_{x\to\infty}\left(1+\dfrac{1}{x}\right)^{2x}=e^2$

解　选项 A：$\lim_{n\to\infty}\dfrac{2^n}{x}\sin\dfrac{x}{2^n}=\lim_{n\to\infty}\dfrac{\sin\frac{x}{2^n}}{\frac{x}{2^n}}$，设 $\dfrac{x}{2^n}=t$，当 $n\to\infty$，$t\to 0$，原式 $=\lim_{t\to 0}\dfrac{\sin t}{t}=1$

选项 B：$\lim_{x\to\infty}\dfrac{\sin x}{x}=\lim_{x\to\infty}\dfrac{1}{x}\sin x=0$（无穷小量与有界函数的乘积为无穷小量）

注意：$\lim_{x\to 0}\dfrac{\sin x}{x}=1$

同理可验证选项 C：

由 $\lim_{x\to\infty}(1+kx)^{\frac{1}{x}}=\lim_{x\to\infty}(1+kx)^{\frac{1}{kx}\cdot k}=e^k$，知 $\lim_{x\to\infty}(1-x)^{\frac{1}{x}}=\lim_{x\to\infty}[1+(-1)x]^{\frac{1}{-x}(-1)}=e^{-1}$

选项 D：$\lim_{x\to\infty}\left(1+\dfrac{1}{x}\right)^{2x}=\lim_{x\to\infty}\left[\left(1+\dfrac{1}{x}\right)^{x}\right]^{2}=e^2$

答案：B

【例1-2-10】x 趋于 0 时，$\sqrt{1-x^2}-\sqrt{1+x^2}$ 与 x^k 是同阶无穷小，则常数 k 等于：

A. 2　　　　　　　　B. -1　　　　　　　　C. 1　　　　　　　　D. 1/2

解　利用同阶无穷小定义计算。

求极限 $\lim_{x\to 0}\dfrac{\sqrt{1-x^2}-\sqrt{1+x^2}}{x^k}$，只要当极限值为常数 C，且 $C\neq 0$ 时，即为同阶无穷小。

$$\lim_{x\to 0}\frac{\sqrt{1-x^2}-\sqrt{1+x^2}}{x^k}\xlongequal{\text{分子有理化}}\lim_{x\to 0}\frac{(\sqrt{1-x^2}-\sqrt{1+x^2})(\sqrt{1-x^2}+\sqrt{1+x^2})}{x^k(\sqrt{1-x^2}+\sqrt{1+x^2})}$$

$$=\lim_{x\to 0}\frac{-2x^2}{x^k(\sqrt{1-x^2}+\sqrt{1+x^2})}\xlongequal[\substack{\text{满足为常数}C，且C\neq 0}]{\text{只有}k=2\text{时，极限值才}}\lim_{x\to 0}\frac{-2x^2}{x^2(\sqrt{1-x^2}+\sqrt{1+x^2})}=-1$$

答案：A

【例 1-2-11】 已知 $\lim\limits_{x \to \infty}\left(\frac{x^2+1}{x+1} - ax + b\right) = 3$，则常数 a 与 b 的值是：

　　　　A. $a = -1$，$b = 2$ 　　　　　　　　　　B. $a = 1$，$b = 4$

　　　　C. $a = -1$，$b = 3$ 　　　　　　　　　　D. $a = 1$，$b = 3$

解　因为 $\lim\limits_{x \to \infty}\left(\frac{x^2+1}{x+1} - ax + b\right) = \lim\limits_{x \to \infty}\frac{(1-a)x^2+(b-a)x+1+b}{x+1} = 3$

有

$$\begin{cases} 1 - a = 0 \\ b - a = 3 \end{cases} \Rightarrow \begin{cases} a = 1 \\ b = 4 \end{cases}$$

答案：B

注：求有理多项式 $f(x)$ 极限时，若是讨论无穷大 $(x \to \infty)$，分子分母高次幂相等时，则观察高次幂的系数；若是讨论无穷小 $(x \to 0)$，分子分母低次幂相等时，则观察低次幂的系数。例如：$\lim\limits_{x \to 0}\frac{ax+bx^2}{x} = 2$，则 $a = 2$ 且 b 为任意实数。

【例 1-2-12】 当 $x \to x_0$ 时，若 $f(x)$ 有极限，$g(x)$ 无极限，则下列结论正确的是：

　　　　A. $f(x)g(x)$ 当 $x \to x_0$ 时，必无极限

　　　　B. $f(x)g(x)$ 当 $x \to x_0$ 时，必有极限

　　　　C. $f(x)g(x)$ 当 $x \to x_0$ 时，可能有极限，也可能无极限

　　　　D. $f(x)g(x)$ 当 $x \to x_0$ 时，若有极限，则极限必为 0

解　举例说明：

（1）$\lim\limits_{x \to 0} x = 0$，$\lim\limits_{x \to 0}\sin\frac{1}{x}$ 振荡无极限，而 $\lim\limits_{x \to 0} x\sin\frac{1}{x} = 0$（无穷小量乘有界函数的极限为 0）。

（2）$\lim\limits_{x \to 0} x = 0$，$\lim\limits_{x \to 0}\frac{1}{x^2}$ 无极限，$\lim\limits_{x \to 0} x \cdot \frac{1}{x^2} = \lim\limits_{x \to 0}\frac{1}{x} = \infty$ 无极限。

答案：C

四、导数与微分

（一）导数定义

设函数 $y = f(x)$ 在点 x_0 的某一邻域内有定义，当自变量 x 在点 x_0 处取得增量 Δx（$\Delta x \neq 0$）时，相应地函数取得增量 $\Delta y = f(x_0 + \Delta x) - f(x_0)$，如果当 $\Delta x \to 0$ 时这两个增量比的极限

$$\lim_{\Delta x \to 0}\frac{\Delta y}{\Delta x} = \lim_{\Delta x \to 0}\frac{f(x_0 + \Delta x) - f(x_0)}{\Delta x} \tag{1-2-3}$$

存在，则称这个极限值为函数 $y = f(x)$ 在点 x_0 的导数，并称函数 $y = f(x)$ 在 x_0 点可导。若上述极限不存在，则称函数 $y = f(x)$ 在 x_0 点不可导。

函数 $y = f(x)$ 在点 x_0 的导数可记为

$$f'(x_0) = \lim_{\Delta x \to 0}\frac{f(x_0 + \Delta x) - f(x_0)}{\Delta x} \tag{1-2-4}$$

也可记为 $y'\big|_{x=x_0}$，$\frac{dy}{dx}\big|_{x=x_0}$，$\frac{d}{dx}f(x)\big|_{x=x_0}$。

用导数定义求函数 $f(x)$ 在点 x_0 的导数还可用下式计算

$$f'(x_0) = \lim_{x \to x_0}\frac{f(x) - f(x_0)}{x - x_0} \tag{1-2-5}$$

（二）函数 $f(x)$ 在 $x = x_0$ 的单侧导数

$$f'_-(x_0) = \lim_{\Delta x \to 0^-}\frac{f(x_0 + \Delta x) - f(x_0)}{\Delta x} \text{ 或 } f'_-(x_0) = \lim_{x \to x_0^-}\frac{f(x) - f(x_0)}{x - x_0} \tag{1-2-6}$$

$$f'_+(x_0) = \lim_{\Delta x \to 0^+} \frac{f(x_0 + \Delta x) - f(x_0)}{\Delta x} \quad \text{或} f'_+(x_0) = \lim_{x \to x_0^+} \frac{f(x) - f(x_0)}{x - x_0} \tag{1-2-7}$$

分别称为函数$f(x)$在点x_0的左导数与右导数，统称为单侧导数。

函数$f(x)$在x_0处可导的充分必要条件是$f'_+(x_0) = f'_-(x_0)$。

函数$f(x)$在x_0处可导，则函数在x_0处必连续；反之，不一定成立。

（三）$f(x)$在点x_0处的导数$f'(x_0)$的几何意义与物理意义

导数$f'(x_0)$的几何意义表示曲线$y = f(x)$在对应点$(x_0, f(x_0))$处的切线斜率。

已知函数$y = f(x)$及其曲线上点(x_0, y_0)，则函数$f(x)$在点(x_0, y_0)处的切线方程为

$$y - y_0 = f'(x_0)(x - x_0)$$

法线方程为

$$y - y_0 = -\frac{1}{f'(x_0)}(x - x_0) \quad [f'(x_0) \neq 0]$$

函数在一点导数的物理意义为物体做变速直线运动，已知物体运动的距离s和时间t的函数：$s = s(t)$，导数$s'(t_0)$表示物体在t_0时刻的瞬时速度。

（四）函数的导函数及求导函数公式

如果函数$y = f(x)$在区间(a, b)内每一点都有导数，称这种对应关系所确定的函数为$y = f(x)$的导函数，记为$f'(x)$，y'，$\frac{dy}{dx}$，$\frac{d}{dx}f(x)$。即

$$f'(x) = \lim_{\Delta x \to 0} \frac{f(x + \Delta x) - f(x)}{\Delta x} \quad [x \in (a, b)] \tag{1-2-8}$$

（五）常用的求导方法

1. 利用导数的定义求导

特别是分段函数在交界点处的导数往往用在一点左、右导数的定义计算。

2. 利用基本导数公式表和导数的四则运算法则求导

基本导数公式：

$(c)' = 0$ $(\ln x)' = \frac{1}{x}$

$(x^\mu)' = \mu x^{\mu-1}$ （μ为实数） $(\arcsin x)' = \frac{1}{\sqrt{1-x^2}}$

$(\sin x)' = \cos x$ $(\arccos x)' = -\frac{1}{\sqrt{1-x^2}}$

$(\cos x)' = -\sin x$ $(\arctan x)' = \frac{1}{1+x^2}$

$(\tan x)' = \sec^2 x$ $(\text{arccot } x)' = -\frac{1}{1+x^2}$

$(\cot x)' = -\csc^2 x$ $(\text{sh} x)' = \text{ch} x$

$(\sec x)' = \sec x \tan x$ $(\text{ch} x)' = \text{sh} x$

$(\csc x)' = -\csc x \cot x$ $(\text{th} x)' = \frac{1}{\text{ch}^2 x}$

$(a^x)' = a^x \ln a$ （$a > 0$，$a \neq 1$） $(\text{arsh} x)' = \frac{1}{\sqrt{1+x^2}}$

$(e^x)' = e^x$ $(\text{arch} x)' = \frac{1}{\sqrt{x^2-1}}$

$(\log_a x)' = \frac{1}{x \ln a}$ （$a > 0$，$a \neq 1$） $(\text{arth} x)' = \frac{1}{1-x^2}$

函数和、差、积、商求导法则：

$$[f(x) \pm g(x)]' = f'(x) \pm g'(x)$$

$$[f(x) \cdot g(x)]' = f'(x)g(x) + f(x)g'(x)$$

$$\left[\frac{f(x)}{g(x)}\right]' = \frac{f'(x)g(x) - f(x)g'(x)}{[g(x)]^2} \qquad [g(x) \neq 0]$$

3. 利用复合函数的求导法则求导

若$u = \varphi(x)$在点x处可导，$y = f(u)$在相应点u处可导，则复合函数$f[\varphi(x)]$在x处可导，且$\frac{dy}{dx} = \frac{dy}{du} \cdot \frac{du}{dx}$或记为$\{f[\varphi(x)]\}' = f'[\varphi(x)] \cdot \varphi'(x)$。

4. 反函数求导法

如果函数$x = \varphi(y)$在区间I_y内单调、可导且$\varphi'(y) \neq 0$，那么它的反函数$y = f(x)$在对应区间$I_x = \{x | x = \varphi(y), y \in I_y\}$内也可导，且有$f'(x) = \frac{1}{\frac{dx}{dy}} = \frac{1}{\varphi'(y)}$。

若$y = f(x)$与$x = \varphi(y)$互为反函数，$f(x)$在x处可导，$\varphi(y)$在相应点y处可导，且$\frac{dx}{dy} = \varphi'(y) \neq 0$，则$\frac{dy}{dx} = \frac{1}{\frac{dx}{dy}}$。

5. 求函数的高阶导数

若$f'(x)$在(a, b)内可导，则它的导数称为$f(x)$的二阶导数。一般说来，$f(x)$的$n - 1$阶导数仍是x的函数，若它可导，则该导数称为函数$f(x)$的n阶导数，记为$y^{(n)}$，$f^{(n)}(x)$，$\frac{d^n y}{dx^n}$，$\frac{d^n f(x)}{dx^n}$。求$y = f(x)$的n阶导数，利用求一阶导数的法则逐次地往下求导即可，但在计算过程中，要注意分析归纳，找出规律，写出n阶导数的表示式。

6. 参数方程求导法

设$y = f(x)$的参数方程为$x = \varphi(t)$，$y = \psi(t)$时，$\varphi(t)$与$\psi(t)$均可导，$\varphi'(t) \neq 0$，则$\frac{dy}{dx} = \frac{dy/dt}{dx/dt} = \frac{dy}{dt} \cdot \frac{dt}{dx} = \frac{\psi'(t)}{\varphi'(t)}$。

7. 隐函数求导法

若方程$F(x, y) = 0$确定了隐函数$y = f(x)$，则由$F[x, f(x)] = 0$两边对x求导，并运用复合函数求导法则，就可求得$f'(x)$。

对隐函数求导应熟练掌握。还可以应用多元函数隐函数的方法计算，可能更简单，见多元函数微分法。

8. 取对数求导法

求幂指函数或某些含有复杂的乘、除、乘方、开方运算函数的导数时，可以采用先取对数后求导的方法进行。[幂指函数：形如$y = f(x)^{g(x)}$的函数]

9. 参数方程的二阶导数

若方程$x = \varphi(t)$，$y = \psi(t)$二阶可导，且$\varphi'(t) \neq 0$。在求出一阶导数$\frac{dy}{dx} = \frac{\psi'(t)}{\varphi'(t)}$后求二阶导数时，别忘乘$\frac{dt}{dx}$，即$\frac{d^2 y}{dx^2} = \frac{d}{dx}\left(\frac{dy}{dx}\right) = \frac{d}{dt}\left[\frac{\psi'(t)}{\varphi'(t)}\right] \cdot \frac{dt}{dx} = \frac{\psi'' \varphi' - \psi' \varphi''}{[\varphi'(t)]^3}$

10. 隐函数的二阶导数

若$F(x, y) = 0$，求出一阶导数后，在求二阶导数时，把式中的y作为中间变量来求导，然后代入y'，整理后得y''。

（六）函数微分及微分公式

1. 微分定义

设函数$y = f(x)$在某一区间I上有定义，x_0、$x_0 + \Delta x$在I上，如果$\Delta y = f(x_0 + \Delta x) - f(x_0)$可表示为

$$\Delta y = A\Delta x + o(\Delta x) \tag{1-2-9}$$

其中A是不依赖于Δx的常数，$o(\Delta x)$为比Δx高阶的无穷小，则称函数$f(x)$在x_0处可微。$dy = A\Delta x$称为$f(x)$在x_0处相应于自变量增量Δx的微分。$f(x)$在x_0处可微的充分必要条件是$f(x)$在x_0处可导。记$\Delta x = dx$，则$dy = A\Delta x = f'(x_0)dx$。

函数$y = f(x)$在任意点x的微分，称为函数的微分。记作$dy = f'(x)dx$。

函数的微分就是求出函数$f'(x)$乘以dx。函数的微分具有微分形式的不变性，即不论u是中间变量还是自变量，函数$f(u)$的一阶微分都具有相同的形式，即$df(u) = f'(u)du$。

2. 微分公式

$$d(x^\mu) = \mu x^{\mu-1}dx \qquad\qquad d(e^x) = e^x dx$$

$$d(\sin x) = \cos x\, dx \qquad\qquad d(\log_a x) = \frac{1}{x\ln a}dx$$

$$d(\cos x) = -\sin x\, dx \qquad\qquad d(\ln x) = \frac{1}{x}dx$$

$$d(\tan x) = \sec^2 x dx \qquad\qquad d(\arcsin x) = \frac{1}{\sqrt{1-x^2}}dx$$

$$d(\cot x) = -\csc^2 x dx \qquad\qquad d(\arccos x) = -\frac{1}{\sqrt{1-x^2}}dx$$

$$d(\sec x) = \sec x\tan x\, dx \qquad\qquad d(\arctan x) = \frac{1}{1+x^2}dx$$

$$d(\csc x) = -\csc x\cot x\, dx \qquad\qquad d(\text{arccot}\, x) = -\frac{1}{1+x^2}dx$$

$$d(a^x) = a^x\ln a\, dx$$

3. 函数和、差、积、商微分法则

$$d(u \pm v) = du \pm dv \qquad\qquad d(cu) = cd(u)\quad(c为常数)$$

$$d(uv) = vdu + udv \qquad\qquad d\left(\frac{u}{v}\right) = \frac{vdu - udv}{v^2}$$

【例 1-2-13】$y = 2^{\tan\frac{1}{x}}$，求y'。

解　该题为复合函数求导，注意求导时要有从外到里层层剥开的思想。该题即为函数$y = 2^{\tan\frac{1}{x}}$，由$y = 2^u$，$u = \tan V$，$V = \frac{1}{x}$复合而成，所以$y' = (2^u)'_u \cdot (\tan V)'_V \cdot \left(\frac{1}{x}\right)'$，即

$$y' = 2^{\tan\frac{1}{x}} \cdot \ln 2 \cdot \sec^2\frac{1}{x} \cdot \left(-\frac{1}{x^2}\right) = -\frac{\ln 2}{x^2} 2^{\tan\frac{1}{x}} \cdot \sec^2\frac{1}{x}$$

【例 1-2-14】$y = x^{\sin x}(x > 0)$，求y'。

解　本题属于幂指函数的求导问题，既不能使用幂函数的导数公式，也不能使用指数函数的导数公式。

方法 1：可利用对数求导法求解。即

$$\ln y = \sin x\ln x$$

$$\frac{1}{y} \cdot y' = \cos x\ln x + \frac{\sin x}{x}$$

$$y' = x^{\sin x}\left(\cos x\ln x + \frac{\sin x}{x}\right)$$

方法 2：$y = x^{\sin x} = e^{\sin x\ln x}$，则

$$y' = \left(e^{\sin x\ln x}\right)' = e^{\sin x\ln x}(\sin x\ln x)' = x^{\sin x}\left(\cos x\ln x + \frac{\sin x}{x}\right)$$

【例 1-2-15】已知$x^2 + y^2 - xy = 1$，求由方程确定的函数y的导数y'。

解 方法 1：两边对x求导，求导时，把式中字母y看作x的函数。

$$2x + 2y\frac{dy}{dx} - \left(y + x\frac{dy}{dx}\right) = 0$$

$$2x + 2y\frac{dy}{dx} - y - x\frac{dy}{dx} = 0$$

$$(2y - x)\frac{dy}{dx} = y - 2x$$

$$\frac{dy}{dx} = \frac{y - 2x}{2y - x}$$

方法 2：利用二元方程确定的隐函数求导法则计算，这时先将原式写成$F(x, y) = 0$的形式。（参见第四节多元函数微分学，隐函数的微分法）

$$x^2 + y^2 - xy - 1 = 0$$

设$F(x, y) = x^2 + y^2 - xy - 1$，则

$$F_x = 2x - y, \quad F_y = 2y - x$$

$$\frac{dy}{dx} = -\frac{F_x}{F_y} = -\frac{2x - y}{2y - x} = \frac{y - 2x}{2y - x}$$

注：用方法 2 求隐函数的导数显得简单，以后不妨用这种方法。

方法 3：利用微分运算法则，方程两边微分，得

$$d(x^2 + y^2 - xy) = 0 \Rightarrow 2xdx + 2ydy - ydx - xdy = 0 \Rightarrow (2x - y)dx = (x - 2y)dy$$

$$\frac{dy}{dx} = \frac{2x - y}{x - 2y}$$

【例 1-2-16】$y = \ln\left(x + \sqrt{x^2 - a^2}\right)$，求$\frac{dy}{dx}$，$\frac{d^2y}{dx^2}$。

解 在计算一阶导数后，注意将其化为最简形式，再求二阶导数。

$$\frac{dy}{dx} = \frac{1}{x + \sqrt{x^2 - a^2}}\left(1 + \frac{x}{\sqrt{x^2 - a^2}}\right) = \frac{1}{x + \sqrt{x^2 - a^2}} \cdot \frac{x + \sqrt{x^2 - a^2}}{\sqrt{x^2 - a^2}}$$

$$= \frac{1}{\sqrt{x^2 - a^2}}$$

$$\frac{d^2y}{dx^2} = -\frac{1}{2}(x^2 - a^2)^{-\frac{3}{2}} \cdot 2x = -\frac{x}{(x^2 - a^2)^{\frac{3}{2}}}$$

【例 1-2-17】设$\begin{cases} x = e^{2t} \\ y = t - e^{-t} \end{cases}$，求$\frac{dy}{dx}$，$\frac{d^2y}{dx^2}$。

解 求参数方程的二阶导数$\frac{d^2y}{dx^2}$时，应在公式后面乘上$\frac{dt}{dx}$一项。

$$\frac{dy}{dt} = 1 + e^{-t}, \quad \frac{dx}{dt} = 2e^{2t}$$

$$\frac{dy}{dx} = \frac{\frac{dy}{dt}}{\frac{dx}{dt}} = \frac{1 + e^{-t}}{2e^{2t}} = \frac{1}{2}(e^{-2t} + e^{-3t})$$

$$\frac{d^2y}{dx^2} = \frac{d}{dt}\left(\frac{dy}{dx}\right) \cdot \frac{dt}{dx} = \frac{1}{2}(-2e^{-2t} - 3e^{-3t})\frac{1}{\frac{dx}{dt}}$$

$$= \frac{1}{2}(-2e^{-2t} - 3e^{-3t})\frac{1}{2e^{2t}} = -\frac{1}{2}e^{-4t} - \frac{3}{4}e^{-5t}$$

【例 1-2-18】如果$f(x)$在x_0处可导，$g(x)$在x_0处不可导，则$f(x)g(x)$在x_0处：

A. 可能可导也可能不可导　　　　　　　　B. 不可导

C. 可导　　　　　　　　　　　　　　　　D. 连续

解　举例说明。

如$f(x) = x$在$x = 0$处可导，$g(x) = |x| = \begin{cases} x & x \geq 0 \\ -x & x < 0 \end{cases}$在$x = 0$处不可导。

则$f(x)g(x) = x|x| = \begin{cases} x^2 & x \geq 0 \\ -x^2 & x < 0 \end{cases}$

设$H(x) = x|x| = \begin{cases} x^2 & x \geq 0 \\ -x^2 & x > 0 \end{cases}$，则

$$H'_+(0) = \lim_{x \to 0^+} \frac{x^2 - 0}{x - 0} = 0, \quad H'_-(0) = \lim_{x \to 0^-} \frac{-x^2 - 0}{x - 0} = 0$$

通过计算，$H'_+(0) = H'_-(0) = 0$，可知$f(x)g(x)$在$x = 0$处可导。

又如$f(x) = 2$在$x = 0$处可导，$g(x) = |x| = \begin{cases} x & x \geq 0 \\ -x & x < 0 \end{cases}$在$x = 0$处不可导。则

$$f(x)g(x) = 2|x| = \begin{cases} 2x & x \geq 0 \\ -2x & x < 0 \end{cases}$$

设$Q(x) = 2|x| = \begin{cases} 2x & x \geq 0 \\ -2x & x < 0 \end{cases}$，则

$$Q'_+(0) = \lim_{x \to 0^+} \frac{2x - 0}{x - 0} = 2, \quad Q'_-(0) = \lim_{x \to 0^-} \frac{-2x - 0}{x - 0} = -2$$

通过计算，$Q'_+(0) = 2$，$Q'_-(0) = -2$，可知$f(x)g(x)$在$x = 0$处不可导。

答案： A

【例 1-2-19】曲线$y = x^3 - 6x$上切线平行于x轴的点是：

A. $(0,0)$　　　　　　　　　　　　　　　B. $(\sqrt{2}, 1)$

C. $(-\sqrt{2}, 4\sqrt{2})$和$(\sqrt{2}, -4\sqrt{2})$　　　D. $(1,2)$和$(-1,2)$

解　切线平行x轴，即切线的斜率为0。

设曲线的切点坐标为(x_0, y_0)，则

$$y = x^3 - 6x, \quad y' = 3x^2 - 6, \quad y'|_{x=x_0} = 3x_0^2 - 6$$

令$3x_0^2 - 6 = 0$，解得$x_0 = \pm\sqrt{2}$

所求切点坐标为$(\sqrt{2}, -4\sqrt{2})$，$(-\sqrt{2}, 4\sqrt{2})$

答案： C

【例 1-2-20】已知$f(x)$是二阶可导函数，$y = e^{2f(x)}$，则$\dfrac{d^2y}{dx^2}$为：

A. $e^{2f(x)}$　　　　　　　　　　　　　B. $e^{2f(x)}f''(x)$

C. $e^{2f(x)}[2f'(x)]$　　　　　　　　　D. $2e^{2f(x)}\left[2\left(f'(x)\right)^2 + f''(x)\right]$

解　利用复合函数求导法则，题中$f(x)$为x的二阶可导函数。

$y' = \left(e^{2f(x)}\right)' = 2f'(x)e^{2f(x)}$

$y'' = 2\left[f''(x)e^{2f(x)} + f'(x)e^{2f(x)} \cdot 2f'(x)\right] = 2e^{2f(x)}[2(f'(x))^2 + f''(x)]$

答案： D

【例 1-2-21】设$y = e^{\sin^2 x}$，则dy为：

A. $e^x d\sin^2 x$　　　　　　　　　　　B. $e^{\sin^2 x} d\sin^2 x$

C. $e^{\sin^2 x} \sin 2x \, d\sin x$　　　　　　D. $e^{\sin^2 x} d\sin x$

解　$dy = y' dx = e^{\sin^2 x} \cdot 2\sin x \cdot \cos x \, dx = e^{\sin^2 x} \cdot 2\sin x \, d\sin x = e^{\sin^2 x} d\sin^2 x$

答案：B

五、微分中值定理

微分中值定理是导数应用的理论基础，最重要的是拉格朗日中值定理，罗尔定理可看作它的特例，柯西定理是它的推广。

（一）罗尔定理

若$f(x)$在$[a, b]$连续，在(a, b)内可导，且$f(a) = f(b)$，则至少存在一点$\xi \in (a, b)$，使$f'(\xi) = 0$。

（二）拉格朗日中值定理

若$f(x)$在$[a, b]$连续，在(a, b)内可导，则至少存在一点$\xi \in (a, b)$，使得

$$f(b) - f(a) = f'(\xi)(b - a) \tag{1-2-10}$$

由拉格朗日中值定理可以证明：若$f(x)$在区间I上的导数恒等于零，则$f(x)$在I上为常数。

（三）柯西中值定理

若$f(x)$，$F(x)$在$[a, b]$连续，在(a, b)内可导，且$F'(x) \neq 0$，则至少存在一点$\xi \in (a, b)$，使得

$$\frac{f(b) - f(a)}{F(b) - F(a)} = \frac{f'(\xi)}{F'(\xi)} \tag{1-2-11}$$

（四）洛必达法则

若：（1）$\lim\limits_{x \to a(或\infty)} f(x) = \lim\limits_{x \to a(或\infty)} F(x) = 0(或\infty)$；（2）$f'(x)$及$F'(x)$在$0 < |x - x_0| < \delta(或|x| > X)$处存在，且$F'(x) \neq 0$，（3）$\lim\limits_{x \to a(或\infty)} \dfrac{f'(x)}{F'(x)}$存在(或$\infty$)，则

$$\lim_{x \to a(或\infty)} \frac{f(x)}{F(x)} = \lim_{x \to a(或\infty)} \frac{f'(x)}{F'(x)} = 存在(或\infty) \tag{1-2-12}$$

满足以上条件的两个函数比的极限等于两个函数导数比的极限，在利用洛必达法则时，三个条件中有一条不满足就不能应用。对于未定型$0 \cdot \infty$、$\infty - \infty$、0^0、∞^0、1^∞可化为$\frac{0}{0}$或$\frac{\infty}{\infty}$型的极限计算。在利用洛必达法则计算未定式的极限时，前面学过的计算极限的方法仍适用，例如等价无穷小替换，两个重要极限等。

（五）泰勒公式

若$f(x)$在(a, b)内具有$n + 1$阶导数，$x \in (a, b)$，则$\forall x \in (a, b)$有下面式子成立。

$$f(x) = f(x_0) + \frac{f'(x_0)}{1!}(x - x_0) + \cdots + \frac{f^{(n)}(x_0)}{n!}(x - x_0)^n + R_n(x) \tag{1-2-13}$$

该公式称为$f(x)$的n阶泰勒公式，$R_n(x)$称为余项，其中$R_n(x)$表达式为

$$R_n(x) = \frac{f^{(n+1)}(\zeta)}{(n + 1)!}(x - x_0)^{n+1} \tag{1-2-14}$$

这里ζ是介于x_0与x之间的某个值。

在泰勒公式（1-2-12）中取$x_0 = 0$，就得到工程中常用的麦克劳林公式

$$f(x) = f(0) + f'(0)x + \frac{f''(0)}{2!}x^2 + \cdots + \frac{f^{(n)}(0)}{n!}x^n + R_n(x) \tag{1-2-15}$$

其中$R_n(x) = \frac{f^{(n+1)}(\zeta)}{(n+1)!}x^{n+1}$，这里$\zeta$是介于$0$与$x$之间的某个值。

六、导数的应用

（一）判定函数的单调区间

设 $y = f(x)$ 在区间 (a,b) 上可导，$\forall x \in (a,b)$，若 $f'(x) > 0$（或 < 0）[在个别点亦可 $f'(x) = 0$]，则 $f(x)$ 在区间 (a,b) 上严格单调增加（或减小）。

（二）求函数的极值

若函数 $f(x)$ 在点 x_0 的某一邻域内的任何点 $x(x \neq x_0)$ 恒有 $f(x) < f(x_0)$[或 $f(x) > f(x_0)$]，则函数 $f(x)$ 在点 x_0 有极大值（或极小值），函数的极大值、极小值统称为函数的极值，点 x_0 为 $f(x)$ 的极值点。函数的极值是局部的概念，在某一邻域内函数的极大（小）值不一定是函数在定义域内的最大（小）值。

极值存在的必要条件：若 $f'(x_0)$ 存在，且 x_0 为 $f(x)$ 的极值点，则 $f'(x_0) = 0$。但逆命题不成立，即若 $f'(x_0) = 0$，但 x_0 不一定是函数 $f(x)$ 的极值点。导数为零的点称为函数的驻点。驻点以及连续但导数不存在的点称为函数可疑极值点。

极值存在的第一充分条件：设 $f(x)$ 在 x_0 的某一邻域内连续，且可导，若 $x < x_0$ 时，$f'(x) > 0$[或 $f'(x) < 0$]；若 $x > x_0$ 时，$f'(x) < 0$[或 $f'(x) > 0$]，则 $f(x)$ 在 x_0 取得极大值（或极小值）。对于连续但导数不存在的点的极值，同样要通过判定在该点两侧的导数符号来确定。

极值存在的第二充分条件：设 $f(x)$ 具有二阶导数，且在 x_0 点 $f'(x_0) = 0$，若 $f''(x_0) < 0$ 时，$f(x)$ 在 x_0 取得极大值，若 $f''(x_0) > 0$ 时，$f(x)$ 在 x_0 取得极小值。

（三）函数的最大值、最小值

函数 $f(x)$ 在 $[a,b]$ 上连续，则其在 $[a,b]$ 上的最大值和最小值可通过比较端点、驻点、一阶导数不存在的点的函数值的大小来确定，即

$$f_{最大值} = \max\{f(a), f(b), f(x_1), f(x_2), \cdots, f(x_n)\}$$
$$f_{最小值} = \min\{f(a), f(b), f(x_1), f(x_2), \cdots, f(x_n)\}$$

其中，x_1，x_2，$\cdots$，x_n 为 $f(x)$ 在 $[a,b]$ 内的所有可能极值点。

在求解实际问题时，经常用到下面结论：若 $f(x)$ 在 $[a,b]$ 上连续，且在 (a,b) 内只有唯一一个极值点 x_0，则当 $f(x_0)$ 为极大（小）值时，它就是 $f(x)$ 在 $[a,b]$ 上的最大（小）值。

若 $f(x)$ 在 $[a,b]$ 上单调增加（减少），则 $f(a)$ 为其最小（大）值，$f(b)$ 为其最大（小）值。

（四）凹凸性，拐点

设 $f(x)$ 在 $[a,b]$ 上连续，任给 x_1，$x_2 \in (a,b)$ 恒有 $f\left(\frac{x_1+x_2}{2}\right) > $（或 $<$）$\frac{f(x_1)+f(x_2)}{2}$，则称 $f(x)$ 在 $[a,b]$ 上是凸（或凹）的。若曲线在 x_0 两旁凹凸性改变，则称点 $(x_0, f(x_0))$ 为曲线的拐点。

函数凹凸性判别法则（充分条件）：设 $f''(x)$ 存在，若 $a < x < b$ 时，$f''(x) > 0$[或 $f''(x) < 0$]，在个别点 $f''(x)$ 可以为零，则曲线为凹（或凸）。

设 $f(x)$ 连续，若在点 x_0，$f''(x_0) = 0$ 或 $f''(x_0)$ 不存在，且在 x_0 两侧 $f''(x)$ 改变符号时，则点 $(x_0, f(x_0))$ 是拐点。

【例 1-2-22】求 $\lim\limits_{x \to \infty} x\left(e^{\frac{1}{x}} - 1\right)$。

解

$$原式 \overset{\infty \cdot 0}{=} \lim_{x \to \infty} \frac{e^{\frac{1}{x}} - 1}{\frac{1}{x}} \overset{\frac{0}{0}}{=} \lim_{x \to \infty} \frac{e^{\frac{1}{x}}\left(-\frac{1}{x^2}\right)}{-\frac{1}{x^2}} = \lim_{x \to \infty} e^{\frac{1}{x}} = 1$$

【例 1-2-23】 求 $\lim\limits_{x \to 0^+} x^{\sin x}$。

解　原式 $\overset{0^0}{=} \lim\limits_{x \to 0^+} e^{\ln x^{\sin x}} = \lim\limits_{x \to 0^+} e^{\sin x \ln x} = e^{\lim\limits_{x \to 0^+} \sin x \ln x}$

因　　$\lim\limits_{x \to 0^+} \sin x \ln x \overset{0 \cdot \infty}{=} \lim\limits_{x \to 0^+} \dfrac{\ln x}{\dfrac{1}{\sin x}} \overset{\frac{\infty}{\infty}}{=} \lim\limits_{x \to 0^+} -\dfrac{\sin^2 x}{x \cos x} = -\lim\limits_{x \to 0^+} \dfrac{x^2}{x \cos x}$

$$= 0 \qquad (x \to 0, \sin^2 x \sim x^2)$$

故　原式 $= e^0 = 1$

【例 1-2-24】 求函数 $y = x^2 e^{-x}$ 的单调区间、极值及此函数曲线的凹凸区间和拐点。

解　（1）D：$(-\infty, +\infty)$

（2）$y' = 2xe^{-x} - x^2 e^{-x} = xe^{-x}(2 - x)$

$y'' = 2e^{-x} - 2xe^{-x} - 2xe^{-x} + x^2 e^{-x} = e^{-x}(x^2 - 4x + 2)$

（3）令 $y' = 0$，得 $x_1 = 0$，$x_2 = 2$

令 $y'' = 0$，得 $x_3 = 2 - \sqrt{2}$，$x_4 = 2 + \sqrt{2}$

（4）列表。

例 1-2-24 解表

x	$(-\infty, 0)$	0	$(0, 2-\sqrt{2})$	$2-\sqrt{2}$	$(2-\sqrt{2}, 2)$	2	$(2, 2+\sqrt{2})$	$2+\sqrt{2}$	$(2+\sqrt{2}, +\infty)$
y'	$-$	0	$+$	$+$	$+$	0	$-$	$-$	$-$
y''	$+$	$+$	$+$	0	$-$	$-$	$-$	0	$+$

函数在 $(0, 2)$ 单增，在 $(-\infty, 0)$ 与 $(2, +\infty)$ 单减。

$$f_{极小}(0) = 0, \quad f_{极大}(2) = 4e^{-2}$$

$(-\infty, 2-\sqrt{2})$，$(2+\sqrt{2}, +\infty)$ 为凹区间，$(2-\sqrt{2}, 2+\sqrt{2})$ 为凸区间，点 $\left(2-\sqrt{2}, (2-\sqrt{2})^2 e^{\sqrt{2}-2}\right)$，$\left(2+\sqrt{2}, (2+\sqrt{2})^2 e^{-(2+\sqrt{2})}\right)$ 为拐点。

【例 1-2-25】 设函数 $f(x)$ 在 $(-\infty, +\infty)$ 内连续，其导函数的图形如图所示，则 $f(x)$ 有：

A. 一个极小值点和两个极大值点

B. 两个极小值点和一个极大值点

C. 两个极小值点和两个极大值点

D. 三个极小值点和一个极大值点

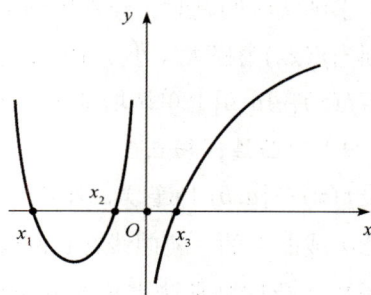

例 1-2-25 图

解　根据连续函数在 x_0 取得极值的充分条件：如果在 x_0 点两侧导数符号发生变化，则 x_0 一定是极值点。从解图可看出，在 x_1 和原点 O 两侧导数符号由正变负，因此 x_1 和原点 O 是两个极大值点；在 x_2 和 x_3 两侧导数符号由负变正，因此 x_2 和 x_3 是两个极小值点。

答案： C

【例 1-2-26】 下列极限式中，能够使用洛必达法则求极限的是：

A. $\lim\limits_{x \to 0} \dfrac{1+\cos x}{e^x - 1}$　　　B. $\lim\limits_{x \to 0} \dfrac{x - \sin x}{\sin x}$　　　C. $\lim\limits_{x \to 0} \dfrac{x^2 \sin \frac{1}{x}}{\sin x}$　　　D. $\lim\limits_{x \to \infty} \dfrac{x + \sin x}{x - \sin x}$

解　$\lim\limits_{x \to 0} \dfrac{x - \sin x}{\sin x} \overset{\frac{0}{0}}{=} \lim\limits_{x \to 0} \dfrac{1 - \cos x}{\cos x} = 0$

选项 A、C、D 均不能用洛必达法则求极限。

答案：B

【例 1-2-27】下列有关极限的命题中，正确的是：

　　　　A. 若 $y = f(x)$ 在 $x = x_0$ 处有 $f'(x_0) = 0$，则 $f(x)$ 在 $x = x_0$ 必取得极值

　　　　B. 极大值一定大于极小值

　　　　C. 若可导函数 $y = f(x)$ 在 $x = x_0$ 处取得极值，则必有 $f'(x_0) = 0$

　　　　D. 极大值就是最大值

解　选项 A，仅为 $y = f(x)$ 在 x_0 取得极值的必要条件，错误；

选项 B，函数的极大值不一定大于极小值，错误；

选项 D，极大值也不一定就是函数的最大值，错误。

答案：C

【例 1-2-28】下列说法中正确的是：

　　　　A. 若 $f'(x_0) = 0$，则 $f(x_0)$ 必是 $f(x)$ 的极值

　　　　B. 若 $f(x_0)$ 是 $f(x)$ 的极值，则 $f(x)$ 在 x_0 处可导，且 $f'(x_0) = 0$

　　　　C. 若 $f(x)$ 在 x_0 处可导，则 $f'(x_0) = 0$ 是 $f(x)$ 在 x_0 取得极值的必要条件

　　　　D. 若 $f(x)$ 在 x_0 处可导，则 $f'(x_0) = 0$ 是 $f(x)$ 在 x_0 取得极值的充分条件

解　函数 $f(x)$ 在点 x_0 处可导，则 $f'(x_0) = 0$ 是 $f(x)$ 在 x_0 取得极值的必要条件。

答案：C

【例 1-2-29】设函数 $f(x)$ 二阶可导，并且处处满足方程 $f''(x) + 3(f'(x))^2 + 2e^x f(x) = 0$，若 x_0 是该函数的一个驻点且 $f(x_0) < 0$，则 $f(x)$ 在点 x_0：

　　　　A. 取得极大值　　　　B. 取得极小值　　　　C. 不取得极值　　　　D. 不能确定

解　将 x_0 代入方程得 $f''(x_0) + 3(f'(x_0))^2 + 2e^{x_0} f(x_0) = 0$

因为 x_0 为该函数的一个驻点，所以 $f'(x_0) = 0$

$f''(x_0) + 2e^{x_0} f(x_0) = 0$，即 $f''(x_0) = -2e^{x_0} f(x_0) > 0$

利用函数取得极值的第二充分条件，$f(x)$ 在点 x_0 取得极小值。

答案：B

【例 1-2-30】设 $f(x) = x(x-1)(x-2)$，则方程 $f'(x) = 0$ 的实根个数是：

　　　　A. 3　　　　　　B. 2　　　　　　C. 1　　　　　　D. 0

解　$f(x) = x(x-1)(x-2)$

$f(x)$ 在 $[0,1]$ 连续，在 $(0,1)$ 可导，且 $f(0) = f(1)$

由罗尔定理可知，存在 $f'(\zeta_1) = 0$，ζ_1 在 $(0,1)$ 之间

$f(x)$ 在 $[1,2]$ 连续，在 $(1,2)$ 可导，且 $f(1) = f(2)$

由罗尔定理可知，存在 $f'(\zeta_2) = 0$，ζ_2 在 $(1,2)$ 之间

因为 $f'(x) = 0$ 是二次方程，所以 $f'(x) = 0$ 的实根个数为 2

答案：B

注：运用罗尔定理求解对于多数考生而言稍显困难，本题并非只能使用罗尔定理求解，还可以先将函数展开为 $f(x) = x^3 - 3x^2 + 2x$，求解出 $f'(x) = 3x^2 - 6x + 2 = 0$，这是一个一元二次方程，利用根的判别式 $b^2 - 4ac = (-6)^2 - 4 \times 3 \times 2 > 0$，故有 2 个根。

【例 1-2-31】 设函数 $f(x)$ 在 $(-\infty,+\infty)$ 上是偶函数，且在 $(0,+\infty)$ 内有 $f'(x)>0$，$f''(x)>0$，则在 $(-\infty,0)$ 内必有：

A. $f'(x)>0,f''(x)>0$ \qquad\qquad B. $f'(x)<0,f''(x)>0$

C. $f'(x)>0,f''(x)<0$ \qquad\qquad D. $f'(x)<0,f''(x)<0$

解　已知 $f(x)$ 在 $(-\infty,+\infty)$ 为偶函数，$f(x)$ 的图形关于 y 轴对称。又知 $f(x)$ 在 $(0,+\infty)$ 上，$f'(x)>0$，$f''(x)>0$，因而函数 $f(x)$ 在 $(0,+\infty)$ 上的图形单增且凹向。

由对称性可知，函数 $f(x)$ 在 $(-\infty,0)$ 上图形单减且凹向，所以在 $(-\infty,0)$ 上 $f'(x)<0$，$f''(x)>0$，选 B。

还可通过 $f(-x)=f(x)$，求出一阶、二阶导数，确定在 $(-\infty,0)$ 上，y'、y'' 的符号。

答案：B

【例 1-2-32】 对于曲线 $y=\frac{1}{5}x^5-\frac{1}{3}x^3$，下列说法不正确的是：

A. 有 3 个极值点 \qquad\qquad B. 有 3 个拐点

C. 有 2 个极值点 \qquad\qquad D. 对称原点

解　求曲线的极值点：

$$y=\frac{1}{5}x^5-\frac{1}{3}x^3，\quad y'=x^4-x^2=x^2(x+1)(x-1)$$

令 $y'=0$，驻点 $x=-1,\ 0,\ 1$，把定义域分成 $(-\infty,-1)$，$(-1,0)$，$(0,1)$，$(1,+\infty)$ 几个区间。列表。

例 1-2-32 解表

x	$(-\infty,-1)$	-1	$(-1,0)$	0	$(0,1)$	1	$(1,+\infty)$
$f'(x)$	+	0	−	0	−	0	+
$f(x)$	↗	极大点	↘	无极值	↘	极小点	↗

可知函数有 2 个极值点，选项 C 正确，选项 A 不正确。

本题选项 D 正确，因为 $f(x)$ 为奇函数，图形关于原点对称。

还可通过计算拐点的方法，确定选项 B 正确。

答案：A

【例 1-2-33】 方程 $x^3+x-1=0$：

A. 无实根 \qquad\qquad B. 只有一个实根

C. 有两个实根 \qquad\qquad D. 有三个实根

解　设 $f(x)=x^3+x-1=0$，$f'(x)=3x^2+1>0$，$x\in(-\infty,+\infty)$，所以 $f(x)$ 单调递增。又显然有 $f(0)=-1<0$，$f(1)=1>0$，$f(x)$ 连续，由零点定理，$f(x)$ 在 $(0,1)$ 上存在零点，且由单调性 $f(x)$ 在 $x\in(-\infty,+\infty)$ 内仅有唯一零点，即方程 $x^3+x-1=0$ 只有一个实根。

答案：B

习　题

1-2-1　设 $f(x)=\frac{x-1}{x}$ $(x\neq 0,1)$，求 $f\left[\frac{1}{f(x)}\right]$ 等于（　　　）。

A. $1-x$ \qquad B. $\frac{1}{1-x}$ \qquad C. $\frac{1}{x}$ \qquad D. x

1-2-2 $\lim\limits_{x\to\infty}\dfrac{3x^2+5}{5x+3}\sin\dfrac{2}{x}=$ （　　　）。

　A. 1　　　　　　　　　B. $\dfrac{6}{5}$　　　　　　　　　C. 2　　　　　　　　　D. -1

1-2-3 极限 $\lim\limits_{x\to\infty}\dfrac{x^3-2x+5}{3x^5+2x+3}(2+\cos x-3\sin x)$ 的值等于（　　　）。

　A. $\dfrac{2}{3}$　　　　　　　　B. 0　　　　　　　　　C. -1　　　　　　　　D. 不存在

1-2-4 若 $f(u)$ 在 u_0 处不可导，$u=g(x)$ 在 x_0 处可导，且 $u_0=g(x_0)$，则 $f[g(x)]$ 在 x_0 处（　　　）。

　A. 可导　　　　　　　　　　　　　　　　　B. 不可导

　C. 可能可导也可能不可导　　　　　　　　　D. 连续

1-2-5 极限 $\lim\limits_{x\to0}\dfrac{\ln(1-tx^2)}{x\sin x}$ 的值等于（　　　）。

　A. t　　　　　　　　　B. $-t$　　　　　　　　　C. 1　　　　　　　　　D. -1

1-2-6 当 $x\to0$ 时，$x^2-\sin x$ 是 x 的（　　　）。

　A. 高价无穷小　　　　　　　　　　B. 同阶无穷小但不是等价无穷小

　C. 低阶无穷小　　　　　　　　　　D. 等价无穷小

1-2-7 $\lim\limits_{x\to0}\dfrac{\sqrt{2-2\cos x}}{x}$ 的结果（　　　）。

　A. 不存在　　　　　　　　B. 1　　　　　　　　　C. $\sqrt{2}$　　　　　　　　D. 2

1-2-8 设 $f(x)=\begin{cases}\cos x+x\sin\dfrac{1}{x} & x<0\\ x^2+1 & x\geqslant0\end{cases}$，则 $x=0$ 是 $f(x)$ 的（　　　）。

　A. 可去间断点　　　　B. 跳跃间断点　　　　C. 振荡间断点　　　　D. 连续点

1-2-9 若当 $x\to x_0$ 时，$\alpha(x)$、$\beta(x)$ 都是无穷小（$\beta\neq0$），则 $x\to x_0$ 时，下列哪一个选项不一定是无穷小？（　　　）

　A. $|\alpha(x)|+|\beta(x)|$　　　　　　　　　B. $\alpha^2(x)+\beta^2(x)$

　C. $\ln[1+\alpha(x)\beta(x)]$　　　　　　　　D. $\dfrac{\alpha^2(x)}{\beta(x)}$

1-2-10 若在区间 (a,b) 内，$f'(x)=g'(x)$，则下列等式中错误的是（　　　）。

　A. $f(x)=cg(x)$　　　　　　　　　　B. $f(x)=g(x)+c$

　C. $\int\mathrm{d}f(x)=\int\mathrm{d}g(x)$　　　　　　　D. $\mathrm{d}f(x)=\mathrm{d}g(x)$

　（以上各式中，c 为任意常数）

1-2-11 已知函数在 x_0 处可导，且 $\lim\limits_{x\to0}\dfrac{x}{f(x_0-2x)-f(x_0)}=\dfrac{1}{4}$，则 $f'(x_0)=$ （　　　）。

　A. 4　　　　　　　　　B. -4　　　　　　　　　C. -2　　　　　　　　D. 2

1-2-12 函数 $f(x)=\dfrac{x+1}{x}$ 在 $[1,2]$ 上符合拉格朗日定理条件的 ξ 值为（　　　）。

　A. $\sqrt{2}$　　　　　　　　B. $-\sqrt{2}$　　　　　　　　C. $\dfrac{1}{\sqrt{2}}$　　　　　　　　D. $-\dfrac{1}{\sqrt{2}}$

1-2-13 点 $(0,1)$ 是曲线 $y=ax^3+bx^2+c$ 的拐点，则有（　　　）。

　A. $a=1$，$b=-3$，$c=1$

　B. a 为不等于 0 的实数，$b=0$，$c=1$

　C. $a=1$，$b=0$，c 为不等于 1 的任意实数

　D. a、b 为任意值，c 为不等于 1 的任意实数

1-2-14 曲线 $x^3+y^3+(x+1)\cos(\pi y)+9=0$，在 $x=-1$ 点处的法线方程是（　　　）。

　A. $y+3x+6=0$　　　　　　　　　B. $y-3x-1=0$

　C. $y-3x-8=0$　　　　　　　　　D. $y+3x+1=0$

1-2-15　设由抛物线$y = x^2$与三条直线$x = a$，$x = a + 1$，$y = 0$所围成的平面图形，当$a = $（　　　）时图形的面积最小。

  A. $a = 1$　　　　　　B. $a = -\frac{1}{2}$　　　　　　C. $a = 0$　　　　　　D. $a = 2$

1-2-16　若$f''(x)$存在，则函数$y = \ln[f(x)]$的二阶导数为（　　　）。

  A. $\dfrac{f''(x)f(x) - [f'(x)]^2}{[f(x)]^2}$　　　　　　　　　　B. $\dfrac{f''(x)}{f'(x)}$

  C. $\dfrac{f''(x)f(x) + [f'(x)]^2}{[f(x)]^2}$　　　　　　　　　　D. $\ln''[f(x)] \cdot f''(x)$

1-2-17　设参数方程$\begin{cases} x = f(t) - \ln f(t) \\ y = tf(t) \end{cases}$确定了$y$是$x$的函数，且$f'(t)$存在，$f(0) = 2$，$f'(0) = 2$，则当$t = 0$时，$\dfrac{\mathrm{d}y}{\mathrm{d}x}$的值等于（　　　）。

  A. $\dfrac{4}{3}$　　　　　　B. $-\dfrac{4}{3}$　　　　　　C. -2　　　　　　D. 2

1-2-18　设曲线$y = \ln(1 + x^2)$，M是曲线上的点，若曲线在M点的切线平行于已知直线$y - x + 1 = 0$，则M点的坐标是（　　　）。

  A. $(-2, \ln 5)$　　　　B. $(-1, \ln 2)$　　　　C. $(1, \ln 2)$　　　　D. $(2, \ln 5)$

1-2-19　设$f(x)$的二阶导数存在，且$f'(x) = f(1 - x)$，则（　　　）成立。

  A. $f''(x) + f'(x) = 0$　　　　　　　　　　B. $f''(x) - f'(x) = 0$

  C. $f''(x) + f(x) = 0$　　　　　　　　　　D. $f''(x) - f(x) = 0$

1-2-20　设函数$f(x) = \begin{cases} e^{-x} + 1 & x \leqslant 0 \\ ax + 2 & x > 0 \end{cases}$，若$f(x)$在$x = 0$处可导，则$a$的值是（　　　）。

  A. 1　　　　　　　　B. 2　　　　　　　　C. 0　　　　　　　　D. -1

1-2-21　设$f(x) = \begin{cases} x^2 \sin \frac{1}{x} & x > 0 \\ ax + b & x \leqslant 0 \end{cases}$在$x = 0$处可导，则$a$，$b$之值为（　　　）。

  A. $a = 1$，$b = 0$　　　　　　　　　　B. $a = 0$，b为任意常数

  C. $a = 0$，$b = 0$　　　　　　　　　　D. $a = 1$，b任意常数

1-2-22　已知$\begin{cases} x = \frac{1 - t^2}{1 + t^2} \\ y = \frac{2t}{1 + t^2} \end{cases}$，则$\dfrac{\mathrm{d}y}{\mathrm{d}x}$为（　　　）。

  A. $\dfrac{t^2 - 1}{2t}$　　　　　　B. $\dfrac{1 - t^2}{2t}$　　　　　　C. $\dfrac{x^2 - 1}{2x}$　　　　　　D. $\dfrac{2t}{t^2 - 1}$

1-2-23　设$y = (1 + x)^{\frac{1}{x}}$，则$y'(1)$等于（　　　）。

  A. 2　　　　　　　　B. e　　　　　　　　C. $\dfrac{1}{2} - \ln 2$　　　　D. $1 - \ln 4$

1-2-24　函数$f(x) = 10 \arctan x - 3 \ln x$的极大值是（　　　）。

  A. $10 \arctan 2 - 3 \ln 2$　　　　　　　　B. $\dfrac{5}{2}\pi - 3$

  C. $10 \arctan 3 - 3 \ln 3$　　　　　　　　D. $10 \arctan \dfrac{1}{3}$

1-2-25　设$f(x)$在$(-a, a)$是连续偶函数，且当$0 < x < a$时，$f(x) < f(0)$，则（　　　）。

  A. $f(0)$是$f(x)$在$(-a, a)$的极大值，但不是最大值

  B. $f(0)$是$f(x)$在$(-a, a)$的最小值

  C. $f(0)$是$f(x)$在$(-a, a)$的极大值，也是最大值

  D. $f(0)$是曲线$y = f(x)$的拐点的纵坐标

1-2-26　曲线$y = x^3(x - 4)$既单增且向上凹的区间为（　　　）。

  A. $(-\infty, 0)$　　　　B. $(0, +\infty)$　　　　C. $(2, +\infty)$　　　　D. $(3, +\infty)$

1-2-27 函数 $f(x) = \dfrac{x^2}{2} + 2x + \ln|x|$ 在 $[-4, -1]$ 上的最大值为（　　　）。

　　A. 2　　　　　　　　B. 1　　　　　　　　C. $\ln 4$　　　　　　　　D. $-\dfrac{3}{2}$

1-2-28 设函数 $f(x)$ 在 $(-\infty, +\infty)$ 二阶可导，并且处处满足方程 $xf''(x) + 3x(f'(x))^2 = 1 - e^{-x}$，若 $x_0 \neq 0$ 是该函数的一个驻点，则下列命题成立的是（　　　）。

　　A. $(x_0 f(x_0))$ 是曲线 $y = f(x)$ 的拐点

　　B. $f(x_0)$ 是 $f(x)$ 的极小值

　　C. $f(x_0)$ 是 $f(x)$ 的极大值

　　D. $f(x_0)$ 不是极值，$(x_0, f(x_0))$ 也不是曲线 $y = f(x)$ 的拐点

第三节　一元函数积分学

一、不定积分

（一）不定积分的概念

1. 原函数定义

定义在某区间 I 上的函数 $f(x)$，若存在函数 $F(x)$，使得该区间上的一切 x，均有 $F'(x) = f(x)$ 或 $\mathrm{d}F(x) = f(x)\mathrm{d}x$，则称 $F(x)$ 为 $f(x)$ 在区间 I 上的原函数。

若函数 $f(x)$ 存在两个原函数，那么它们只相差一个常数。由于常数的导数为零，所以函数 $f(x)$ 如果有原函数，则 $f(x)$ 就有无穷多个原函数，可表示为 $F(x) + C$。

2. 不定积分定义

函数 $f(x)$ 的全体原函数称为 $f(x)$ 的不定积分，记作 $\int f(x)\mathrm{d}x$。

若 $F(x)$ 是 $f(x)$ 的一个原函数，则 $\int f(x)\mathrm{d}x = F(x) + C$　（C 为任意常数）　　　　　　　（1-3-1）

3. 不定积分的性质

利用原函数的定义和不定积分的概念可得到下面性质

$$\int kf(x)\mathrm{d}x = k\int f(x)\mathrm{d}x \quad (\text{常数} k \neq 0)$$

$$\int [f(x) \pm g(x)]\mathrm{d}x = \int f(x)\mathrm{d}x \pm \int g(x)\mathrm{d}x$$

$$\mathrm{d}\int f(x)\mathrm{d}x = f(x)\mathrm{d}x, \quad \frac{\mathrm{d}}{\mathrm{d}x}\int f(x)\mathrm{d}x = f(x)$$

$$\int \mathrm{d}F(x) = F(x) + C, \quad \int F'(x)\mathrm{d}x = F(x) + C$$

（二）不定积分的计算

1. 利用原函数的定义计算不定积分

2. 利用积分公式计算不定积分

常用的不定积分公式有：

$$\int k\mathrm{d}x = kx + C \quad (k \text{是常数}) \qquad\qquad \int x^\mu \mathrm{d}x = \frac{x^{\mu+1}}{\mu+1} + C \quad (\mu \neq -1)$$

$$\int \frac{\mathrm{d}x}{x} = \ln|x| + C$$

$$\int \frac{\mathrm{d}x}{1 + x^2} = \arctan x + C \qquad \int \frac{\mathrm{d}x}{\sqrt{1 - x^2}} = \arcsin x + C$$

$$\int \cos x \, \mathrm{d}x = \sin x + C \qquad \int \sin x \, \mathrm{d}x = -\cos x + C$$

$$\int \frac{\mathrm{d}x}{\cos^2 x} = \int \sec^2 x \, \mathrm{d}x = \tan x + C \qquad \int \frac{\mathrm{d}x}{\sin^2 x} = \int \csc^2 x \, \mathrm{d}x = -\cot x + C$$

$$\int \sec x \tan x \, \mathrm{d}x = \sec x + C \qquad \int \csc x \cot x \, \mathrm{d}x = -\csc x + C$$

$$\int e^x \mathrm{d}x = e^x + C \qquad \int a^x \mathrm{d}x = \frac{a^x}{\ln a} + C \quad (a > 0, a \neq 1)$$

$$\int \mathrm{sh}x \, \mathrm{d}x = \mathrm{ch}x + C \qquad \int \mathrm{ch}x \, \mathrm{d}x = \mathrm{sh}x + C$$

$$\int \tan x \, \mathrm{d}x = -\ln|\cos x| + C \qquad \int \cot x \, \mathrm{d}x = \ln|\sin x| + C$$

$$\int \sec x \, \mathrm{d}x = \ln|\sec x + \tan x| + C \qquad \int \csc x \, \mathrm{d}x = \ln|\csc x - \cot x| + C$$

$$\int \frac{\mathrm{d}x}{a^2 + x^2} = \frac{1}{a}\arctan\frac{x}{a} + C \qquad \int \frac{\mathrm{d}x}{x^2 - a^2} = \frac{1}{2a}\ln\left|\frac{x - a}{x + a}\right| + C$$

$$\int \frac{\mathrm{d}x}{\sqrt{a^2 - x^2}} = \arcsin\frac{x}{a} + C \qquad \int \frac{\mathrm{d}x}{\sqrt{x^2 - a^2}} = \ln\left|x + \sqrt{x^2 - a^2}\right| + C$$

$$\int \frac{\mathrm{d}x}{\sqrt{x^2 + a^2}} = \ln\left(x + \sqrt{x^2 + a^2}\right) + C$$

3. 换元积分法

第一类换元积分法：设 $f(u)$ 具有原函数 $F(u)$，而 $u = \varphi(x)$ 可导，则有

$$\int f[\varphi(x)]\varphi'(x)\mathrm{d}x = \int f(u)\mathrm{d}u = F[\varphi(x)] + C \tag{1-3-2}$$

第二类换元积分法：设 $x = \varphi(t)$ 在区间 $[\alpha, \beta]$ 上单调可导，且 $\varphi'(t) \neq 0$，又设 $f[\varphi(t)]\varphi'(t)$ 具有原函数 $F(t)$，则有

$$\int f(x)\mathrm{d}x = \int f[\varphi(t)]\varphi'(t)\mathrm{d}t = F(t) + c = F[\varphi^{-1}(x)] + C \tag{1-3-3}$$

式中，$\varphi^{-1}(x)$ 为 $x = \varphi(t)$ 的反函数。

用式（1-3-3），在计算时可根据函数的特点适当选择代换函数。常用的代换有三角代换、根式代换、倒代换等。

三角代换，如被积函数 $f(x)$ 中含有

$$\sqrt{a^2 - x^2}，\text{可设}\ x = a\sin t \quad \left(-\frac{\pi}{2} < t < \frac{\pi}{2}\right)$$

$$\sqrt{x^2 + a^2}，\text{可设}\ x = a\tan t \quad \left(-\frac{\pi}{2} < t < \frac{\pi}{2}\right)$$

$$\sqrt{x^2 - a^2}，\text{可设}\ x = a\sec t \quad \left(0 < t < \frac{\pi}{2}\right)$$

根式代换，如 $\int \frac{1}{\sqrt{2x-1}+1}\mathrm{d}x$，可设 $\sqrt{2x-1} = t$

倒代换，如 $\int \frac{1}{x\sqrt{x^2-1}}\mathrm{d}x$，可设 $x = \frac{1}{t}(t > 0 \text{ 或 } t < 0)$

4. 分部积分法

设$u(x)$，$v(x)$有连续的一阶导数，且$\int v(x)\mathrm{d}u(x)$存在，由公式$\mathrm{d}(uv)=u\mathrm{d}v+v\mathrm{d}u$得到分部积分公式

$$\int u\mathrm{d}v=uv-\int v\mathrm{d}u$$

或

$$\int uv'\mathrm{d}x=uv-\int vu'\mathrm{d}x \tag{1-3-4}$$

利用分部积分公式计算不定积分的方法称为分部积分法。

分部积分法的关键是正确地选择u和v，选择u和v一般要考虑下面两点：①v要容易求；②$\int v\mathrm{d}u$要比$\int u\mathrm{d}v$易求。如果被积函数是正整数次幂函数与正（余）弦函数的乘积或是正整数次幂函数与指数函数的乘积时，设幂函数为u，其余的为v'。如果被积函数是正整数次幂函数与对数函数的乘积或是幂函数与反三角函数的乘积时，设对数函数或反三角函数为u，其余的为v'。掌握了这些规律，对解决一部分不定积分是有利的，对后面求定积分也是有用的。在定积分分部积分法中，设u和v'的方法与不定积分方法完全一致。

5. 有理函数积分

有理函数是指两个多项式的商所表示的函数，即

$$R(x)=\frac{P_n(x)}{Q_m(x)}=\frac{a_0x^n+a_1x^{n-1}+\cdots+a_n}{b_0x^m+b_1x^{m-1}+\cdots+b_m}$$

式中m，n为非负整数，$a_0\neq 0$，$b_0\neq 0$，$P_n(x)$与$Q_m(x)$无公因式。当次数$m>n$时称为真分式，次数$m\leqslant n$时称为假分式。计算时，先通过代数变形或多项式除法化假分式为一个多项式和真分式之和，再把真分式的分母在实数范围内因式分解，转换为部分分式之和，用比较同次幂或代特殊值法确定待定系数，再积分。

运用上述方法可将真分式的不定积分化为下面四类积分：

$$\text{I.}\int\frac{A}{x-a}\mathrm{d}x \qquad \text{II.}\int\frac{A}{(x-a)^n}\mathrm{d}x \qquad \text{III.}\int\frac{Mx+N}{x^2+Px+Q}\mathrm{d}x \qquad \text{IV.}\int\frac{Mx+N}{(x^2+Px+Q)^n}\mathrm{d}x$$

以上是解有理函数不定积分的一般步骤，但在解此类题之前应先考虑是否有更简便的方法，这一点应注意。

6. 三角函数有理式的积分

三角函数有理式的不定积分可通过三角代换设$\tan\frac{x}{2}=u$来解决，$\mathrm{d}x=\frac{2}{1+u^2}\mathrm{d}u$，$\sin x=\frac{2u}{1+u^2}$，$\cos x=\frac{1-u^2}{1+u^2}$化为有理函数的积分。对于三角函数的有理式积分，在解题前同样要考虑有没有更简便的方法来求解。

7. 简单无理函数的积分

$$\int R\left(x,\sqrt[n]{ax+b}\right)\mathrm{d}x\text{，}\qquad \int R\left(x,\sqrt[n]{\frac{ax+b}{cx+d}}\right)\mathrm{d}x$$

可通过变量替换，设$\sqrt[n]{ax+b}$，$\sqrt[n]{\frac{ax+b}{cx+d}}$为$u$，转化为以$u$为变量的有理函数，原积分即可化为有理函数的积分。

【例 1-3-1】 已知$\frac{\sin x}{1+x\sin x}$为$f(x)$的一个原函数，求$\int f(x)f'(x)\mathrm{d}x$。

解
$$\int f(x)f'(x)\mathrm{d}x = \int f(x)\mathrm{d}f(x) = \frac{1}{2}f^2(x) + C$$

由原函数定义可知

$$f(x) = \left(\frac{\sin x}{1 + x\sin x}\right)' = \frac{\cos x\,(1 + x\sin x) - \sin x\,(\sin x + x\cos x)}{(1 + x\sin x)^2} = \frac{\cos x - \sin^2 x}{(1 + x\sin x)^2}$$

$$原式 = \frac{1}{2}\left[\frac{\cos x - \sin^2 x}{(1 + x\sin x)^2}\right]^2 + C$$

【例 1-3-2】已知 $f(x)$ 为连续的偶函数，则 $f(x)$ 的原函数中：

　　A. 有奇函数　　　　　　　　　　　　B. 都是奇函数

　　C. 都是偶函数　　　　　　　　　　　D. 没有奇函数也没有偶函数

解　举例 $f(x) = x^2$，$\int x^2\mathrm{d}x = \frac{1}{3}x^3 + C$

当 $C = 0$ 时，$\int x^2\mathrm{d}x = \frac{1}{3}x^3$ 为奇函数；

当 $C = 1$ 时，$\int x^2\mathrm{d}x = \frac{1}{3}x^3 + 1$ 为非奇非偶函数。

答案：A

【例 1-3-3】$f'(e^x) = 1 + x$，则 $f(x)$ 等于：

　　A. $x + \frac{1}{2}x^2 + C$　　　　　　　　　B. $x\ln x + C$

　　C. $x + e^x + C$　　　　　　　　　　　D. $(1 + x)^2 + C$

解　**方法 1**：把式子转化为关于 $f(x)$ 形式的表达式，设 $e^x = t$，$x = \ln t$，则 $f'(t) = 1 + \ln t$，即 $f'(x) = 1 + \ln x$

$$\begin{aligned}
f(x) &= \int(1 + \ln x)\mathrm{d}x = x + \int \ln x\,\mathrm{d}x \\
&= x + x\ln x - \int 1\mathrm{d}x = x + x\ln x - x + C \\
&= x\ln x + C
\end{aligned}$$

方法 2：等式两边同乘以 e^x，即 $f'(e^x) \cdot e^x = (1 + x) \cdot e^x$，两边积分，可得

$$\begin{aligned}
f(e^x) &= \int(1 + x) \cdot e^x\mathrm{d}x = \int(1 + x)\mathrm{d}e^x \\
&= (1 + x) \cdot e^x - \int e^x\mathrm{d}x = (1 + x) \cdot e^x - e^x + C \\
&= xe^x + C
\end{aligned}$$

所以 $f(x) = x\ln x + C$

答案：B

【例 1-3-4】若 $\sec^2 x$ 是 $f(x)$ 的一个原函数，则 $\int xf(x)\mathrm{d}x$ 等于：

　　A. $\tan x + C$　　　　　　　　　　　B. $x\tan x - \ln|\cos x| + C$

　　C. $x\sec^2 x + \tan x + C$　　　　　　D. $x\sec^2 x - \tan x + C$

解　$\int xf(x)\mathrm{d}x = \int x\,\mathrm{d}\sec^2 x = x\sec^2 x - \int \sec^2 x\mathrm{d}x = x\sec^2 x - \tan x + C$

答案：D

【例 1-3-5】若 $\int f(x)\mathrm{d}x = x^3 + C$，则 $\int f(\cos x)\sin x\,\mathrm{d}x$ 等于：

　　A. $-\cos^3 x + C$　　　　　　　　　B. $\sin^3 x + C$

　　C. $\cos^3 x + C$　　　　　　　　　　D. $\frac{1}{3}\cos^3 x + C$

解　已知 $\int f(x)\mathrm{d}x = x^3 + C$，先将 $\int f(\cos x)\sin x\,\mathrm{d}x$ 换成已给式子形式。

设 $\cos x = u$，$\mathrm{d}u = -\sin x\,\mathrm{d}x$，$\sin x\,\mathrm{d}x = -\mathrm{d}u$，则

$$\int f(\cos x)\sin x\,\mathrm{d}x = -\int f(u)\mathrm{d}u = -u^3 + C = -(\cos x)^3 + C = -\cos^3 x + C$$

答案： A

【例 1-3-6】 下列积分式中，正确的是：

A. $\int \cos(2x+3)\,\mathrm{d}x = \sin(2x+3) + C$ 　　B. $\int e^{\sqrt{x}}\mathrm{d}x = e^{\sqrt{x}} + C$

C. $\int \ln x\,\mathrm{d}x = x\ln x - x + C$ 　　D. $\int \frac{1}{\sqrt{4-x^2}}\mathrm{d}x = \frac{1}{2}\arcsin\frac{x}{2} + C$

解 计算如下

选项 A，$\int \cos(2x+3)\,\mathrm{d}x = \frac{1}{2}\int \cos(2x+3)\,\mathrm{d}(2x+3) = \frac{1}{2}\sin(2x+3) + C$，错误。

选项 B，设 $\sqrt{x} = t$，$x = t^2$，$\mathrm{d}x = 2t\mathrm{d}t$，$\int e^{\sqrt{x}}\mathrm{d}x = 2\int e^t \cdot t\mathrm{d}t = 2(te^t - \int e^t\mathrm{d}t) = 2e^t(t-1) + C = 2e^{\sqrt{x}}(\sqrt{x}-1) + C$，错误。

选项 C，$\int \ln x\,\mathrm{d}x \xrightarrow{\text{分部积分}} x\ln x - \int \mathrm{d}x = x\ln x - x + C$，正确。

选项 D，$\int \frac{1}{\sqrt{4-x^2}}\mathrm{d}x \xrightarrow{\text{积分公式}} \arcsin\frac{x}{2} + C$，错误。

答案： C

【例 1-3-7】 不定积分 $\int \frac{x}{\sin^2(x^2+1)}\mathrm{d}x$ 等于：

A. $-\frac{1}{2}\cot(x^2+1) + C$ 　　B. $\frac{1}{\sin(x^2+1)} + C$

C. $-\frac{1}{2}\tan(x^2+1) + C$ 　　D. $-\frac{1}{2}\cot x + C$

解 本题可用第一类换元积分方法计算，也可用凑微分方法计算。

方法 1： 设 $t = x^2 + 1$，则有 $\mathrm{d}t = 2x\mathrm{d}x$

$$\int \frac{x}{\sin^2(x^2+1)}\mathrm{d}x = \int \frac{1}{\sin^2 t}\frac{1}{2}\mathrm{d}t = \frac{1}{2}\int \csc^2 t\mathrm{d}t = -\frac{1}{2}\cot t + C = -\frac{1}{2}\cot(x^2+1) + C$$

方法 2： $\int \frac{x}{\sin^2(x^2+1)}\mathrm{d}x = \frac{1}{2}\int \frac{1}{\sin^2(x^2+1)}\mathrm{d}(x^2+1) = -\frac{1}{2}\cot(x^2+1) + C$

答案： A

二、定积分

（一）定积分概念

定积分的引入是应实际的需要而产生的，如数学中计算曲边梯形的面积，物理中计算变速直线运动的物体在时间 $[t_1, t_2]$ 内所经过的路程等。

1. 定积分定义

设 $f(x)$ 是定义在 $[a, b]$ 上的有界函数，在 $[a, b]$ 中任意插入一些分点 $a = x_0 < x_1 < \cdots < x_n = b$，把 $[a, b]$ 分成 n 个小区间，每个小区间的长度为 $\Delta x_i = x_i - x_{i-1}(i = 1, 2, \cdots, n)$，在每个小区间 $[x_{i-1}, x_i]$ 上任意取一点 ξ_i，作函数值与小区间 Δx_i 的乘积 $f(\xi_i)\Delta x_i$（其中，$i = 1, 2, \cdots, n$），作和式 $\sum_{i=1}^{n} f(\xi_i)\Delta x_i$，令 $\lambda = \max\{\Delta x_i(i = 1, 2, \cdots, n)\} \to 0$，如果上式极限（这个极限与区间的分法及各小区间上 ξ_i 的取法无关）存在，则称此极限为函数 $f(x)$ 在 $[a, b]$ 上的定积分，记作 $\int_a^b f(x)\mathrm{d}x$，即

$$\int_a^b f(x)\mathrm{d}x = \lim_{\lambda \to 0}\sum_{i=1}^{n} f(\xi_i)\Delta x_i \tag{1-3-5}$$

2. 定积分的几何意义、物理意义

几何意义：

当在$[a,b]$上$f(x) \geqslant 0$，$\int_a^b f(x)\mathrm{d}x$表示由曲线$y = f(x)$，x轴和直线$x = a$、$x = b$所围成图形的面积；

当在$[a,b]$上$f(x) \leqslant 0$，$\int_a^b f(x)\mathrm{d}x$表示由曲线$y = f(x)$，x轴和直线$x = a$、$x = b$所围成图形的面积的负值；

当$f(x)$可正可负，$\int_a^b f(x)\mathrm{d}x$表示由曲线$y = f(x)$，x轴和直线$x = a$、$x = b$所围成图形的面积的代数和。

物理意义：$\int_a^b f(x)\mathrm{d}x$可以表示不同的物理量，如变速直线运动所经过的路程，变力所做的功。

为了以后计算和应用方便，对定积分作以下两点补充规定：

（1）当$a = b$时，$\int_a^b f(x)\mathrm{d}x = 0$；

（2）当$a > b$时，$\int_a^b f(x)\mathrm{d}x = -\int_b^a f(x)\mathrm{d}x$。

3. 定积分性质

（1）若$f(x)$在$[a,b]$上可积，k为常数，则

$$\int_a^b kf(x)\mathrm{d}x = k\int_a^b f(x)\mathrm{d}x \tag{1-3-6}$$

（2）若$f(x)$，$g(x)$在$[a,b]$上可积，则

$$\int_a^b [f(x) \pm g(x)]\mathrm{d}x = \int_a^b f(x)\mathrm{d}x \pm \int_a^b g(x)\mathrm{d}x$$

（3）如果$a < c < b$，则$f(x)$在$[a,b]$上可积，有

$$\int_a^b f(x)\mathrm{d}x = \int_a^c f(x)\mathrm{d}x + \int_c^b f(x)\mathrm{d}x \tag{1-3-7}$$

（4）如果在区间$[a,b]$上，$f(x) = 1$，则

$$\int_a^b 1\mathrm{d}x = \int_a^b \mathrm{d}x = b - a$$

（5）如果在区间$[a,b]$上$f(x)$可积，$f(x) \geqslant 0$，则$\int_a^b f(x)\mathrm{d}x \geqslant 0 (a < b)$。

（6）如果在区间$[a,b]$上$f(x)$、$g(x)$可积，$f(x) \leqslant g(x)$，则有

$$\int_a^b f(x)\mathrm{d}x \leqslant \int_a^b g(x)\mathrm{d}x$$

（7）设M及m分别是$f(x)$在区间$[a,b]$上的最大值及最小值，$f(x)$在$[a,b]$上可积，则

$$m(b-a) \leqslant \int_a^b f(x)\mathrm{d}x \leqslant M(b-a) \quad (a < b)$$

（8）定积分中值定理。如果函数$f(x)$在闭区间$[a,b]$上连续，则在积分区间$[a,b]$上至少存在一个点ξ，使下式成立

$$\int_a^b f(x)\mathrm{d}x = f(\xi)(b-a) \quad (a \leqslant \xi \leqslant b) \tag{1-3-8}$$

4. 积分上限函数

（1）设$f(x)$在$[a,b]$上连续，$x \in [a,b]$，称$\int_a^x f(t)\mathrm{d}t$为积分上限函数，记作$\Phi(x) = \int_a^x f(t)\mathrm{d}t$。

（2）若$f(x)$在$[a,b]$上连续，则积分上限函数的导数

$$\Phi'(x) = \left[\int_a^x f(t)\mathrm{d}t\right]' = f(x) \quad (a \leqslant x \leqslant b)$$

上式可说明积分上限函数$\int_a^x f(t)\mathrm{d}t$是$f(x)$的一个原函数。

（3）若$f(x)$在$[a,b]$上连续，且$g(x)$可导，则$\left[\int_a^{g(x)} f(t)\mathrm{d}t\right]' \xlongequal{u=g(x)} f(u) \cdot g'(x) = f[g(x)] \cdot g'(x)$。

注：如果给出的函数为积分下限函数，求导时，可利用定积分的性质，交换积分下限函数的上、下限，且改变原积分的符号，化为积分上限函数，再利用积分上限求导的方法计算。

（二）定积分的计算

（1）利用定义计算：即分割、取近似、求和、取极限的方法。

（2）利用牛顿-莱布尼兹公式计算：设函数$f(x)$在$[a,b]$上连续，$F(x)$为其原函数，则

$$\int_a^b f(x)\mathrm{d}x = F(x)\Big|_a^b = F(b) - F(a)$$

（3）利用换元法计算：若$f(x)$在$[a,b]$上连续，$x = \varphi(t)$满足条件：①$\varphi(\alpha) = a$，$\varphi(\beta) = b$；②$\varphi(t)$在$[\alpha,\beta]$（或$[\beta,\alpha]$）上具有连续导数，则

$$\int_a^b f(x)\mathrm{d}x = \int_\alpha^\beta f[\varphi(t)]\varphi'(t)\mathrm{d}t \tag{1-3-9}$$

（4）利用分部积分法计算：设$u = u(x)$、$v = v(x)$在$[a,b]$上连续可导，则

$$\int_a^b u(x)v'(x)\mathrm{d}x = u(x)v(x)\Big|_a^b - \int_a^b u'(x)v(x)\mathrm{d}x \tag{1-3-10}$$

或

$$\int_a^b u(x)\mathrm{d}v(x) = u(x)v(x)\Big|_a^b - \int_a^b v(x)\mathrm{d}u(x)$$

定积分的换元法、分部积分法与不定积分采用的方法是一致的，只多了上下限。不定积分的换元法有第一、二类之分，并且有不同的公式，而定积分换元法只有一个计算式，从公式（1-3-10）左往右推，就是第二类换元法，从公式（1-3-10）右往左推就是第一类换元法。定积分分部积分中u与$\mathrm{d}v$的取法与不定积分相同。

（5）利用定积分的性质计算。

（6）利用公式计算：

①$\int_0^{\frac{\pi}{2}} \sin^m x\,\mathrm{d}x = \int_0^{\frac{\pi}{2}} \cos^m x\,\mathrm{d}x$　（m为正整数）

$$= \begin{cases} \dfrac{m-1}{m} \times \dfrac{m-3}{m-2} \times \cdots \times \dfrac{5}{6} \times \dfrac{3}{4} \times \dfrac{1}{2} \times \dfrac{\pi}{2} & （m\text{为正偶数}） \\ \dfrac{m-1}{m} \times \dfrac{m-3}{m-2} \times \cdots \times \dfrac{6}{7} \times \dfrac{4}{5} \times \dfrac{2}{3} \times 1 & （m\text{为大于1的奇数}） \end{cases}$$

②$\int_0^\pi \sin^m x\,\mathrm{d}x = 2\int_0^{\frac{\pi}{2}} \sin^m x\,\mathrm{d}x$　（m为正整数）

③$\int_{-a}^a f(x)\mathrm{d}x = \begin{cases} 2\int_0^a f(x)\mathrm{d}x & f(x)\text{为偶函数} \\ 0 & f(x)\text{为奇函数} \end{cases}$

④$\int_a^{a+T} f(x)\mathrm{d}x = \int_0^T f(x)\mathrm{d}x$　[a为实数、T为周期函数$f(x)$的周期]

⑤$\int_0^\pi xf(\sin x)\mathrm{d}x = \dfrac{\pi}{2}\int_0^\pi f(\sin x)\mathrm{d}x$

【例 1-3-8】$\dfrac{\mathrm{d}}{\mathrm{d}x}\int_{2x}^0 e^{-t^2}\,\mathrm{d}t$等于：

　　　　A. e^{4x^2} 　　　　　　　B. $2e^{-4x^2}$ 　　　　　　　C. $-2e^{-4x^2}$ 　　　　　D. e^{-x^2}

解　$\dfrac{\mathrm{d}}{\mathrm{d}x}\int_{2x}^0 e^{-t^2}\,\mathrm{d}t = -\dfrac{\mathrm{d}}{\mathrm{d}x}\int_0^{2x} e^{-t^2}\,\mathrm{d}t = -e^{-4x^2} \cdot 2 = -2e^{-4x^2}$

答案：C

注：该题是积分下限函数求导，可以利用定积分的性质将其转化为积分上限函数，故有 $\int_{2x}^{0} e^{-t^2}\mathrm{d}t = -\int_{0}^{2x} e^{-t^2}\mathrm{d}t$，然后利用公式即可求出。

【例 1-3-9】 设$f(x)$在$(-\infty,+\infty)$连续，$x \neq 0$，则$\varphi(x) = \int_{0}^{\frac{1}{x}} f(t)\mathrm{d}t$的导数为：

A. $-\dfrac{1}{x^2}f\left(\dfrac{1}{x}\right)$ 　　　　B. $f\left(\dfrac{1}{x}\right)$ 　　　　C. $f(x)$ 　　　　D. $f\left(\dfrac{1}{x}\right)\ln x$

解 本题为积分上限函数，按前述公式计算。

$$\varphi'(x) = \frac{\mathrm{d}}{\mathrm{d}x}\int_{0}^{\frac{1}{x}} f(t)\mathrm{d}t = f\left(\frac{1}{x}\right)\left(-\frac{1}{x^2}\right) = -\frac{1}{x^2}f\left(\frac{1}{x}\right)$$

答案： A

【例 1-3-10】 设f连续，$f(0) = 1$，那么$\lim\limits_{x\to 0}\dfrac{\int_{0}^{x} tf(t)\mathrm{d}t}{x^2}$的值为：

A. 1 　　　　B. $\dfrac{1}{2}$ 　　　　C. $\dfrac{3}{2}$ 　　　　D. 2

解 $\lim\limits_{x\to 0}\dfrac{\int_{0}^{x} tf(t)\mathrm{d}t}{x^2} \overset{\frac{0}{0}}{=} \lim\limits_{x\to 0}\dfrac{xf(x)}{2x} = \lim\limits_{x\to 0}\dfrac{f(x)}{2} = \dfrac{1}{2}$

答案： B

【例 1-3-11】 计算$\int_{0}^{\pi} \sqrt{\sin^3 x - \sin^5 x}\,\mathrm{d}x$，其值为：

A. $\dfrac{4}{5}$ 　　　　B. 0 　　　　C. $\dfrac{2}{5}$ 　　　　D. 1

解

$$原式 = \int_{0}^{\pi} \sqrt{\sin^3 x(1-\sin^2 x)}\,\mathrm{d}x = \int_{0}^{\pi} (\sin x)^{\frac{3}{2}}|\cos x|\,\mathrm{d}x$$

$$= \int_{0}^{\frac{\pi}{2}} (\sin x)^{\frac{3}{2}}|\cos x|\,\mathrm{d}x + \int_{\frac{\pi}{2}}^{\pi} (\sin x)^{\frac{3}{2}}|\cos x|\,\mathrm{d}x$$

$$= \int_{0}^{\frac{\pi}{2}} (\sin x)^{\frac{3}{2}}\cos x\,\mathrm{d}x + \int_{\frac{\pi}{2}}^{\pi} (\sin x)^{\frac{3}{2}}(-\cos x)\,\mathrm{d}x$$

$$= \frac{2}{5}(\sin x)^{\frac{5}{2}}\Big|_{0}^{\frac{\pi}{2}} - \frac{2}{5}(\sin x)^{\frac{5}{2}}\Big|_{\frac{\pi}{2}}^{\pi} = \frac{4}{5}$$

答案： A

【例 1-3-12】 计算$\int_{-2}^{2}(|x|+x)e^{|x|}\mathrm{d}x$，其值为：

A. x 　　　　B. $2(e^2+1)$ 　　　　C. e^2 　　　　D. 无法确定

解 $$原式 = \int_{-2}^{2}|x|e^{|x|}\mathrm{d}x + \int_{-2}^{2}xe^{|x|}\mathrm{d}x$$

因$f(x) = xe^{|x|}$为奇函数，故$\int_{-2}^{2}xe^{|x|}\mathrm{d}x = 0$，则

$$原式 = 2\int_{0}^{2}|x|e^{|x|}\mathrm{d}x \quad [因f(x) = |x|e^{|x|}为偶函数]$$

$$= 2\int_{0}^{2}xe^x\mathrm{d}x = 2\int_{0}^{2}x\mathrm{d}e^x = 2\left(xe^x\Big|_{2}^{0} - \int_{0}^{2}e^x\mathrm{d}x\right)$$

$$= 2(2e^2 - e^2 + 1) = 2(e^2+1)$$

答案： B

【例 1-3-13】 下列定积分中，积分值为零的是：

A. $\int_{1}^{2}\ln x\,\mathrm{d}x$ 　　　　B. $\int_{-1}^{1}e^x\mathrm{d}x$ 　　　　C. $\int_{\frac{\pi}{2}}^{\frac{\pi}{2}}x\cos x\,\mathrm{d}x$ 　　　　D. $\int_{-1}^{1}x^2\mathrm{d}x$

解 选项 A，根据定积分的性质，$x \in [1,2]$时，且除了$x=1$点外，连续函数$\ln x > 0$，所以

$\int_1^2 \ln x \, dx > 0$。

选项 B，根据定积分的性质，$x \in [-1,1]$ 时，连续函数 $e^x > 0$，所以 $\int_{-1}^1 e^x dx > 0$。

选项 C，根据奇函数在对称区间的性质，被积函数 $f(x) = x \cos x$ 为奇函数，所以 $\int_{-\frac{\pi}{2}}^{\frac{\pi}{2}} x \cos x \, dx = 0$。

选项 D，根据定积分的性质，$x \in [-1,1]$ 时，且除了 $x = 0$ 点外，连续函数 $x^2 > 0$，所以 $\int_{-1}^1 x^2 dx > 0$。

答案： C

【例 1-3-14】 设 $f(x)$ 为 $(-\infty, +\infty)$ 上的连续函数，且满足 $f(x) = 3x^2 - x\int_0^1 f(x)dx$，则 $f(x)$ 的表达式为：

A. $\dfrac{2}{3}$ B. $3x^2$ C. $3x^2 - \dfrac{2}{3}x$ D. $3x^2 - \dfrac{2}{3}$

解　因为 $f(x)$ 在 $[0,1]$ 上连续，所以 $\int_0^1 f(x)\,dx$ 为一确定的值。

设 $\int_0^1 f(x)dx = A$，则 $f(x) = 3x^2 - xA$

两边积分

$$\int_0^1 f(x)dx = \int_0^1 3x^2 dx - \int_0^1 Ax dx$$

$$A = 1 - \frac{A}{2} \cdot x^2 \Big|_0^1, \quad A = 1 - \frac{A}{2}, \quad A = \frac{2}{3}$$

$$f(x) = 3x^2 - Ax = 3x^2 - \frac{2}{3}x$$

答案： C

注：该题的基本思想是将定积分（某个确定数字）设为未知量进行求解，最后再反代回原方程求出 $f(x)$ 的表达式。

【例 1-3-15】 设 $f''(u)$ 连续，已知 $n\int_0^1 xf''(2x)dx = \int_0^2 tf''(t)dt$，那么 n 为：

A. 2   B. 1   C. 3   D. 4

解　设 $2x = t$，$x = \dfrac{t}{2}$，$dx = \dfrac{1}{2}dt$，当 $x = 1$，$t = 2$；当 $x = 0$，$t = 0$。

左 $= n\int_0^2 \dfrac{t}{2} f''(t)\dfrac{1}{2}dt = \dfrac{n}{4}\int_0^2 tf''(t)dt$，右 $= \int_0^2 tf''(t)dt$，左 $=$ 右。

所以 $\dfrac{n}{4} = 1$，$n = 4$。

答案： D

三、广义积分

（一）无穷限积分

设 $f(x)$ 在 $[a, +\infty)$ 上连续，且对任何 $b > a$，若极限 $\lim\limits_{b \to +\infty} \int_a^b f(x)dx$ 存在，则定义

$$\int_a^{+\infty} f(x)dx = \lim_{b \to +\infty} \int_a^b f(x)dx \tag{1-3-11}$$

并说 $f(x)$ 在 $[a, +\infty)$ 上广义积分存在或收敛；若上述极限不存在，就说广义积分不存在或发散。同理可定义

$$\int_{-\infty}^b f(x)dx = \lim_{a \to -\infty} \int_a^b f(x)dx \tag{1-3-12}$$

$$\int_{-\infty}^{+\infty} f(x)dx = \int_{-\infty}^c f(x)dx + \int_c^{+\infty} f(x)dx \tag{1-3-13}$$

其中 c 为 $(-\infty, +\infty)$ 上任一点。只有当右边两个广义积分都存在时，广义积分才收敛。若有一个不存在，则广义积分发散。

（二）无界函数积分

设函数 $f(x)$ 在 $(a,b]$ 上有连续，在点 a 的右邻域内无界，取 $\varepsilon > 0$，如果极限 $\lim\limits_{\varepsilon \to 0^+} \int_{a+\varepsilon}^b f(x)\mathrm{d}x$ 存在，则称此极限为函数 $f(x)$ 在 $(a,b]$ 上的广义积分，仍然记作

$$\int_a^b f(x)\mathrm{d}x = \lim_{\varepsilon \to 0^+} \int_{a+\varepsilon}^b f(x)\mathrm{d}x \tag{1-3-14}$$

这时也称广义积分 $\int_a^b f(x)\mathrm{d}x$ 收敛。如果上述极限不存在，就称广义积分 $\int_a^b f(x)\mathrm{d}x$ 发散。

类似地，设函数 $f(x)$ 在 $[a,b)$ 上连续，而在点 b 的左邻域内无界，取 $\varepsilon > 0$，如果极限 $\lim\limits_{\varepsilon \to 0^+} \int_a^{b-\varepsilon} f(x)\mathrm{d}x$ 存在，则定义

$$\int_a^b f(x)\mathrm{d}x = \lim_{\varepsilon \to 0^+} \int_a^{b-\varepsilon} f(x)\mathrm{d}x \tag{1-3-15}$$

这时也称广义积分 $\int_a^b f(x)\mathrm{d}x$ 收敛。否则，就称广义积分 $\int_a^b f(x)\mathrm{d}x$ 发散。

设函数 $f(x)$ 在 $[a,b]$ 上除点 $c\,(a < c < b)$ 外连续，而在点 c 的邻域内无界，如果两个广义积分 $\int_a^c f(x)\mathrm{d}x$ 与 $\int_c^b f(x)\mathrm{d}x$ 都收敛，则定义

$$\int_a^b f(x)\mathrm{d}x = \int_a^c f(x)\mathrm{d}x + \int_c^b f(x)\mathrm{d}x = \lim_{\varepsilon \to 0^+} \int_a^{c-\varepsilon} f(x)\mathrm{d}x + \lim_{\varepsilon \to 0^+} \int_{c+\varepsilon}^b f(x)\mathrm{d}x \tag{1-3-16}$$

这时也称广义积分 $\int_a^b f(x)\mathrm{d}x$ 收敛。否则，就称广义积分 $\int_a^b f(x)\mathrm{d}x$ 发散。

上述广义积分，在计算中都是先通过计算定积分，再取极限求出最后的结果。在计算定积分时，常义积分所用的一切计算方法均能使用，在求极限时有时还要用到洛必达法则才能求出最后的极限。对于无界函数的积分，它很容易和常义积分混淆在一起，计算前要认真分析一下是常义积分还是广义积分，否则将会出现错误的结果。

【例 1-3-16】广义积分 $\int_e^{+\infty} \frac{1}{x(\ln x)^2}\mathrm{d}x$ 的值为：

A. 1　　　　　　　B. 0　　　　　　　C. 2　　　　　　　D. 发散

解　方法 1：

$$原式 = \lim_{b \to +\infty} \int_e^b \frac{1}{(\ln x)^2}\mathrm{d}\ln x = \lim_{b \to +\infty} \left(-\frac{1}{\ln x}\right)\Big|_e^b = -\lim_{b \to +\infty} \left(\frac{1}{\ln b} - \frac{1}{\ln e}\right) = 1$$

方法 2：

$$原式 = \int_e^{+\infty} \frac{1}{(\ln x)^2}\mathrm{d}\ln x = -\frac{1}{\ln x}\Big|_e^{+\infty} = -\left(\lim_{x \to +\infty} \frac{1}{\ln x} - 1\right) = 1$$

答案：A

【例 1-3-17】广义积分 $\int_{-1}^1 \frac{1}{x^3}\mathrm{d}x$ 的值为：

A. 0　　　　　　　B. 发散　　　　　　　C. 2　　　　　　　D. 1

解　$\lim\limits_{x \to 0} \frac{1}{x^3} = \infty$，$x = 0$ 为无穷不连续点。

方法 1：

$$原式 = \int_{-1}^0 \frac{1}{x^3}\mathrm{d}x + \int_0^1 \frac{1}{x^3}\mathrm{d}x$$

因

$$\int_0^1 \frac{1}{x^3}\mathrm{d}x = \lim_{\varepsilon \to 0^+} \int_\varepsilon^1 \frac{1}{x^3}\mathrm{d}x = \lim_{\varepsilon \to 0^+} \left(-\frac{1}{2}\right)\left(\frac{1}{x^2}\right)\Big|_\varepsilon^1 = -\frac{1}{2}\left(1 - \lim_{\varepsilon \to 0^+} \frac{1}{\varepsilon^2}\right) = +\infty$$

所以广义积分 $\int_{-1}^1 \frac{1}{x^3}\mathrm{d}x$ 发散。

方法 2： 因 $\int_0^1 \frac{1}{x^3}dx = -\frac{1}{2}\left(\frac{1}{x^2}\Big|_0^1\right) = -\frac{1}{2}\left(1 - \lim\limits_{x \to 0^+}\frac{1}{x^2}\right) = +\infty$，所以广义积分 $\int_{-1}^1 \frac{1}{x^3}dx$ 发散。

答案： B

注：在广义积分中，只要有一项发散则发散，即便是左右对称的情况，例如本题，$\int_0^1 \frac{1}{x^3}dx = +\infty$，而 $\int_{-1}^0 \frac{1}{x^3}dx = -\infty$，看似相加即可抵消，然而却不能用这种思维来处理本题，因为正无穷大与负无穷大之和未必是 0，这种情况就是发散。

【例 1-3-18】 下列广义积分收敛的是：

    A. $\int_1^{+\infty} \cos x\, dx$ B. $\int_1^{+\infty} \frac{1}{x^3}dx$ C. $\int_1^{+\infty} \ln x\, dx$ D. $\int_1^{+\infty} e^x\, dx$

解   对每一选项通过计算检验

    A. $\int_1^{+\infty} \cos x\, dx = \sin x\Big|_1^{+\infty} = \lim\limits_{x \to +\infty}\sin x - \sin 1$，振荡无极限

    B. $\int_1^{+\infty} \frac{1}{x^3}dx = -\frac{1}{2}x^{-2}\Big|_1^{+\infty} = -\frac{1}{2}\left(\lim\limits_{x \to +\infty}x^{-2} - 1\right) = \frac{1}{2}$

    C. $\int_1^{+\infty} \ln x\, dx = (x\ln x - x)\Big|_1^{+\infty} = x(\ln x - 1)\Big|_1^{+\infty} = \lim\limits_{x \to +\infty}x(\ln x - 1) + 1 = +\infty$

    D. $\int_1^{+\infty} e^x\, dx = e^x\Big|_1^{+\infty} = +\infty$

答案： B

【例 1-3-19】 下列命题或等式中，错误的是：

    A. 设 $f(x)$ 在 $[-a,a]$ 上连续且为偶函数，则 $\int_{-a}^a f(x)dx = 2\int_0^a f(x)dx$

    B. 设 $f(x)$ 在 $[-a,a]$ 上连续且为奇函数，则 $\int_{-a}^a f(x)dx = 0$

    C. 设 $f(x)$ 是 $(-\infty,+\infty)$ 上连续的周期函数，周期为 T，则 $\int_a^{a+T} f(x)dx = \int_0^T f(x)dx$

    D. $\int_{-1}^1 \frac{1}{x^2}dx = -\frac{1}{x}\Big|_{-1}^1 = -2$

解   由定积分公式计算可知选项 A、B 正确。选项 C 计算如下：

$$\int_a^{a+T} f(x)dx = \int_a^0 f(x)dx + \int_0^T f(x)dx + \int_T^{a+T} f(x)dx \qquad ①$$

将式子 $\int_T^{a+T} f(x)dx$ 变形，设 $x = t + T$，$dx = dt$。当 $x = T$ 时，$t = 0$；当 $x = a+T$ 时，$t = a$。

$$\int_T^{a+T} f(x)dx = \int_0^a f(t+T)dt = \int_0^a f(t)dt = \int_0^a f(x)dx = -\int_a^0 f(x)dx$$

代入式①，得 $\int_a^{a+T} f(x)dx = \int_0^T f(x)dx$，正确。

选项 D 是广义积分，计算如下：

$$\int_{-1}^1 \frac{1}{x^2}dx = \int_{-1}^0 \frac{1}{x^2}dx + \int_0^1 \frac{1}{x^2}dx \quad (x = 0 \text{ 为无穷间断点})$$

而 $\int_{-1}^0 \frac{1}{x^2}dx = \lim\limits_{\varepsilon \to 0^+}\int_{-1}^{0-\varepsilon} \frac{1}{x^2}dx = \lim\limits_{\varepsilon \to 0^+}\left(\frac{-1}{x}\right)\Big|_{-1}^{0-\varepsilon} = \lim\limits_{\varepsilon \to 0^+}\left(\frac{1}{\varepsilon} - 1\right) = +\infty$，错误。

答案： D

四、定积分的应用

应用定积分理论来分析和解决一些几何、物理中的问题，不仅要掌握一些具体公式，更重要的是会运用元素法将一个量表示成定积分的分析方法。

（一）用元素法解题的主要步骤

（1）确定积分变量及变量的变化区间；

（2）找出所求量的微分元素；

（3）在积分区间上积分。而选对积分变量及变量的变化区间、正确写出所求量的微分元素是微分元素法的关键。

（二）定积分的应用

1. 定积分的几何应用

计算平面图形的面积，旋转体和平行截面面积为已知的立体的体积，平面曲线的弧长。

（1）平面图形的面积

直角坐标方程：设曲边梯形由曲边 $y = f(x)$　$[f(x) \geqslant 0]$，直线 $x = a$，$x = b$ 以及 x 轴围成，如图 1-3-1 所示。则平面图形的面积为

$$A = \int_a^b f(x)\mathrm{d}x$$

参数方程：设曲边由参数方程 $\begin{cases} x = \varphi(t) \\ y = \psi(t) \end{cases}$ 给出，直线 $x = a$，$x = b$ 以及 x 轴围成，如图 1-3-2 所示。

则平面图形的面积为　$A = \int_a^b f(x)\mathrm{d}x = \int_{t_1}^{t_2} \psi(t)\varphi'(t)\mathrm{d}t$

（当 $x = a$ 时，$t = t_1$；当 $x = b$ 时，$t = t_2$）

极坐标方程：设曲边方程为 $r = r(\theta)$ 以及射线 $\theta = \alpha$，$\theta = \beta$ 围成的图形，如图 1-3-3 所示。

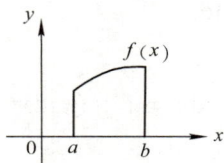

图　1-3-1

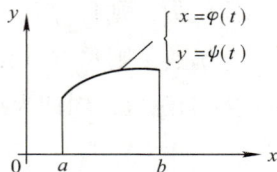

图　1-3-2

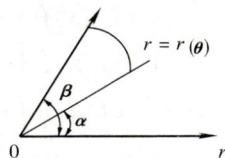

图　1-3-3

则平面图形的面积为：　$A = \int_\alpha^\beta \frac{1}{2} r^2(\theta)\mathrm{d}\theta$

（2）体积

旋转体的体积：设由曲线 $y = f(x)$，直线 $x = a$，$x = b$ 以及 x 轴围成的平面图形，如图 1-3-4 所示，绕 x 轴旋转一周而生成的旋转体的体积，则

$$V_x = \int_a^b \pi[f(x)]^2\mathrm{d}x$$

平行截面面积为已知的立体的体积：设立体由曲面 S，以及平面 $x = a$ 和 $x = b$ 所围成，过任一点 $x(a \leqslant x \leqslant b)$ 且垂直于 x 轴的平面截该立体所截得的截面 $A = A(x)$ 是已知的连续函数，如图 1-3-5 所示。则

$$V = \int_a^b A(x)\mathrm{d}x$$

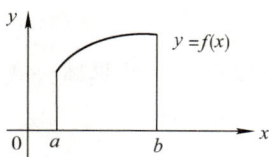

图 1-3-4

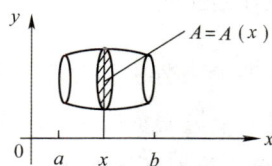

图 1-3-5

（3）平面曲线的弧长

直角坐标方程：曲线C的方程为$y = f(x)$，$a \leqslant x \leqslant b$，$f(x)$在$[a,b]$上具有一阶连续导数，则$s = \int_a^b \sqrt{1 + [f'(x)]^2}\,\mathrm{d}x$。

参数方程：曲线C的方程为$\begin{cases} x = \varphi(t) \\ y = \psi(t) \end{cases}$，$t_1 \leqslant t \leqslant t_2$，其中$\varphi(t)$、$\psi(t)$在$[t_1,t_2]$上具有连续导数，则$s = \int_{t_1}^{t_2} \sqrt{[\varphi'(t)]^2 + [\psi'(t)]^2}\,\mathrm{d}t$。

极坐标方程：曲线C的方程为$r = r(\theta)$，$\alpha \leqslant \theta \leqslant \beta$，$r(\theta)$在$[\alpha,\beta]$上具有一阶连续导数，则$s = \int_\alpha^\beta \sqrt{[r(\theta)]^2 + [r'(\theta)]^2}\,\mathrm{d}\theta$。

2. 定积分的物理应用

计算物体做变速直线运动所经过的路程及物体在变力作用下沿直线运动所做的功、水压力等。

【例 1-3-20】 计算抛物线$y^2 = 2x$与直线$y = x - 4$所围成平面图形的面积。

解 如解图所示，求交点$\begin{cases} y^2 = 2x \\ y = x - 4 \end{cases}$，得$(8,4)$和$(2,-2)$

选积分变量为y，则

$$A = \int_{-2}^4 \left(y + 4 - \frac{1}{2}y^2\right)\mathrm{d}y$$
$$= \left(\frac{1}{2}y^2 + 4y - \frac{1}{6}y^3\right)\Big|_{-2}^4 = 18$$

选积分变量为x，则

$$A = \int_0^2 [\sqrt{2x} - (-\sqrt{2x})]\mathrm{d}x + \int_2^8 [\sqrt{2x} - (x-4)]\mathrm{d}x$$
$$= \int_0^2 2\sqrt{2x}\,\mathrm{d}x + \int_2^8 (\sqrt{2x} - x + 4)\mathrm{d}x = 18$$

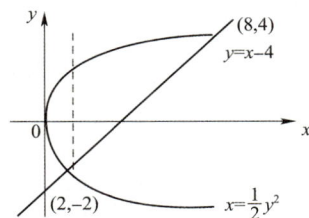

例 1-3-20 解图

【例 1-3-21】 曲线$y = \ln x$，$y = \ln a$，$y = \ln b\,(0 < a < b)$及y轴所围图形的面积为A（见图），则A等于：

A. $\int_{\ln a}^{\ln b} \ln x\,\mathrm{d}x$　　　　　B. $\int_{e^a}^{e^b} e^x\,\mathrm{d}x$

C. $\int_{\ln a}^{\ln b} e^y\,\mathrm{d}y$　　　　　D. $\int_{e^a}^{e^b} \ln x\,\mathrm{d}x$

例 1-3-21 图

解 选积分变量为y，$y \in [\ln a, \ln b]$，由$y = \ln x$，得$x = e^y$

则$\mathrm{d}A = e^y\mathrm{d}y$，即$A = \int_{\ln a}^{\ln b} e^y\mathrm{d}y$

答案： C

【例 1-3-22】 计算：（1）求由直线$x = 0$，$x = 2$，$y = 0$与抛物线$y = -x^2 + 1$所围成平面图形的面积S；（2）求上述平面图形绕x轴旋转一周所得的旋转体的体积V_x（见图）。

解 因为平面图形有一部分在x轴的上方，另有一部分在x轴下方，在计算面积I_2时需加一个负号。

（1）$S = \int_0^1 (-x^2 + 1)\mathrm{d}x + \int_1^2 -(-x^2 + 1)\mathrm{d}x$
$$= \left(-\frac{1}{3}x^3 + x\right)\Big|_0^1 + \left(\frac{1}{3}x^3 - x\right)\Big|_1^2 = 2$$

（2）$V_x = \int_0^1 \pi(-x^2 + 1)^2\mathrm{d}x + \int_1^2 \pi[-(-x^2+1)]^2\mathrm{d}x$
$$= \pi\int_0^2 (-x^2 + 1)^2\mathrm{d}x = \pi\int_0^2 (x^4 - 2x^2 + 1)\mathrm{d}x$$
$$= \pi\left(\frac{1}{5}x^5 - \frac{2}{3}x^3 + x\right)\Big|_0^2 = \frac{46}{15}\pi$$

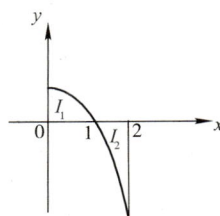

例 1-3-22 图

【例 1-3-23】 设在区间 $[a,b]$ 上，$f(x) > 0$，$f'(x) < 0$，$f''(x) > 0$，令 $S_1 = \int_a^b f(x)\mathrm{d}x$，$S_2 = f(b)(b-a)$，$S_3 = \frac{1}{2}[f(a) + f(b)](b-a)$，则：

A. $S_1 < S_2 < S_3$ B. $S_2 < S_1 < S_3$ C. $S_3 < S_1 < S_2$ D. $S_2 < S_3 < S_1$

解 在 $[a,b]$ 上，$y = f(x)$ 如解图所示。

由已知 $f(x) > 0$，图形在 x 轴上方

    $f'(x) < 0$，$f(x)$ 的图形单调减少

    $f''(x) > 0$，$f(x)$ 的图形为凹形

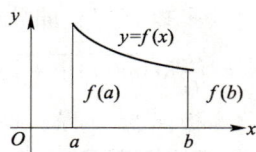

例 1-3-23 解图

$S_1 = \int_a^b f(x)\mathrm{d}x$ 为由 $y = f(x)$，$x = a$，$x = b$ 及 x 轴所围成的图形面积。

$S_2 = f(b)(b-a)$ 表示的是以最小值 $f(b)$ 为高，以 $(b-a)$ 为底的长方形面积。

$S_3 = \frac{1}{2}[f(a) + f(b)](b-a)$ 表示以 $f(a)$ 为下底，$f(b)$ 为上底，$(b-a)$ 为高的梯形面积。

由画出的图形可知，面积大小的顺序为 $S_2 < S_1 < S_3$。

答案： B

【例 1-3-24】 求由曲线 $y = 2 - x^2$ 与 $y = |x|$ 所围成图形的面积（见图）。下列表示式错误的是：

A. $\int_{-1}^0 (2 - x^2 + x)\mathrm{d}x + \int_0^1 (2 - x^2 - x)\mathrm{d}x$

B. $\int_0^1 2y\mathrm{d}y + \int_1^2 2\sqrt{2-y}\,\mathrm{d}y$

C. $2\int_0^1 (2 - x^2 - x)\mathrm{d}x$

D. $\int_{-1}^1 (2 - x^2 - x)\mathrm{d}x$

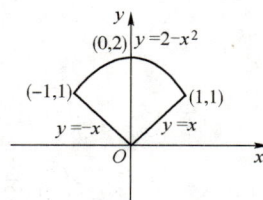

例 1-3-24 图

解 $\begin{cases} y = 2 - x^2 \\ y = x \end{cases}$ 与 $\begin{cases} y = 2 - x^2 \\ y = -x \end{cases}$ 的交点分别为 $(1,1)$、$(-1,1)$，经分析

A、B、C 列式均正确。

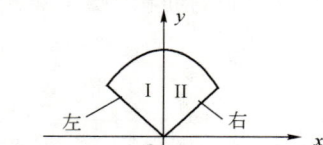

A.   为按左、右两部分分别列式计算面积。

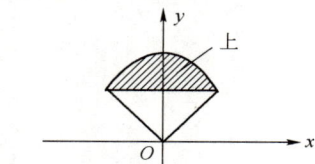

B.   利用图形关于 y 轴的对称式，按上、下两部分分别列式计算面积。

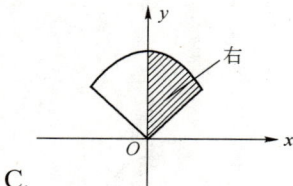

C.   利用图形关于 y 轴对称，面积为右半部面积的 2 倍列式计算面积。

D. 列式错误在于对曲线 $y = 2 - x^2$ 与 $y = |x|$ 所围成图形的理解有误。

$$y = |x| = \begin{cases} x & x \geqslant 0 \\ -x & x < 0 \end{cases}$$

两交点坐标应为 $(-1,1)$、$(1,1)$。选项 D 的被积函数 $f(x) = 2 - x^2 - x$ 是由计算曲线 $y = 2 - x^2$、$y = x$ 与 y 轴所围成图形面积元素的表达式。

答案： D

【例 1-3-25】 由交点为 (x_1, y_1) 及 (x_2, y_2)（其中 $x_1 < x_2$）的两曲线 $y = f(x) > 0$，$y = g(x) > 0 [f(x) \geqslant g(x)]$ 所围图形绕 x 轴旋转一周所得的旋转体体积 V 是：

A. $\int_{x_1}^{x_2} \pi [f(x) - g(x)]^2 \mathrm{d}x$

B. $\int_{x_1}^{x_2} \pi [f^2(x) - g^2(x)] \mathrm{d}x$

C. $\int_{x_1}^{x_2} [\pi f(x)]^2 \mathrm{d}x - \int_{x_1}^{x_2} [\pi g(x)]^2 \mathrm{d}x$

D. $\int_{x_1}^{x_2} [\pi f(x) - \pi g(x)] \mathrm{d}x$

解 如解图所示，$x \in [x_1, x_2]$

则 $\mathrm{d}V = \pi f^2(x)\mathrm{d}x - \pi g^2(x)\mathrm{d}x = \pi [f^2(x) - g^2(x)]\mathrm{d}x$

$$V = \int_{x_1}^{x_2} \pi [f^2(x) - g^2(x)] \mathrm{d}x$$

答案： B

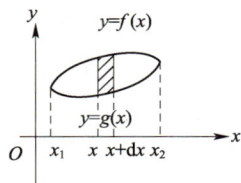

例 1-3-25 解图

习　题

1-3-1 下列各式中正确的是（C 为任意常数）（　　）。

A. $\int f'(3 - 2x)\mathrm{d}x = -\frac{1}{2}f(3 - 2x) + C$

B. $\int f'(3 - 2x)\mathrm{d}x = -f(3 - 2x) + C$

C. $\int f'(3 - 2x)\mathrm{d}x = f(x) + C$

D. $\int f'(3 - 2x)\mathrm{d}x = \frac{1}{2}f(3 - 2x) + C$

1-3-2 设 $F(x)$ 是 $f(x)$ 的一个原函数，则 $\int e^{-x}f(e^{-x})\mathrm{d}x$ 等于（　　）。

A. $F(e^{-x}) + C$

B. $-F(e^{-x}) + C$

C. $F(e^x) + C$

D. $-F(e^x) + C$

1-3-3 计算积分 $\int \frac{f'(\ln x)}{x\sqrt{f(\ln x)}} \mathrm{d}x =$（　　）。

A. $\sqrt{f(\ln x)} + C$

B. $-\sqrt{f(\ln x)} + C$

C. $2\sqrt{f(\ln x)} + C$

D. $-2\sqrt{f(\ln x)} + C$

1-3-4 设 $f(x)$ 的一个原函数为 $\cos x$，$g(x)$ 的一个原函数为 x^2，则 $f[g(x)] =$（　　）。

A. $\cos x^2$ 　　　　B. $-\sin x^2$ 　　　　C. $\cos 2x$ 　　　　D. $-\sin 2x$

1-3-5 如果 $\int \frac{f'(\ln x)}{x}\mathrm{d}x = x^2 + C$，则 $f(x) =$（　　）$+ C$。

A. $\frac{1}{x^2}$ 　　　　B. e^x 　　　　C. e^{2x} 　　　　D. xe^x

1-3-6 设 $f(x)$ 连续，则 $\lim\limits_{x \to a} \frac{x}{x-a}\int_a^x f(t)\mathrm{d}t$ 为（　　）。

A. 0 　　　　B. a 　　　　C. $af(a)$ 　　　　D. $f(a)$

1-3-7 设函数 $f(x)$ 在区间 $[a, b]$ 上连续，则下列结论不正确的是（　　）。

A. $\int_a^b f(x)\mathrm{d}x$ 是 $f(x)$ 的一个原函数

B. $\int_a^x f(t)\mathrm{d}t$ 是 $f(x)$ 的一个原函数 $(a < x < b)$

C. $\int_x^b f(t)\mathrm{d}t$ 是 $-f(x)$ 的一个原函数 $(a < x < b)$

D. $f(x)$ 在 $[a, b]$ 上是可积的

1-3-8　若$f(x)$为可导函数，且已知$f(0) = 0$，$f'(0) = 2$，则$\lim\limits_{x \to 0} \dfrac{\int_0^x f(t)\mathrm{d}t}{x^2} = ($　　　$)$。

　　　A. 0　　　　　　　　B. 1　　　　　　　　C. 2　　　　　　　　D. 不存在

1-3-9　广义积分$I = \int_e^{+\infty} \dfrac{\mathrm{d}x}{x(\ln x)^2}$，则（　　　）。

　　　A. $I = 1$　　　　　　B. $I = -1$　　　　　C. $I = \dfrac{1}{2}$　　　　　D. 此广义积分发散

1-3-10　下列广义积分中发散的是（　　　）。

　　　A. $\int_2^{+\infty} \dfrac{1}{x\ln^3 x}\mathrm{d}x$　　　B. $\int_0^{+\infty} e^{-x}\mathrm{d}x$　　　C. $\int_{-1}^0 \dfrac{2}{\sqrt{1-x^2}}\mathrm{d}x$　　　D. $\int_1^e \dfrac{1}{x\ln x}\mathrm{d}x$

1-3-11　设$Q(x) = \int_0^{x^2} te^{-t}\mathrm{d}t$，则$Q'(x) = ($　　　$)$。

　　　A. xe^{-x}　　　　　　B. $-xe^{-x}$　　　　　C. $2x^3 e^{-x^2}$　　　　D. $-2x^3 e^{-x^2}$

1-3-12　$\int_0^a f(x)\mathrm{d}x = ($　　　$)$。

　　　A. $\int_0^{\frac{a}{2}}[f(x) + f(x-a)]\mathrm{d}x$　　　　　　B. $\int_0^{\frac{a}{2}}[f(x) + f(a-x)]\mathrm{d}x$

　　　C. $\int_0^{\frac{a}{2}}[f(x) - f(a-x)]\mathrm{d}x$　　　　　　D. $\int_0^{\frac{a}{2}}[f(x) - f(x-a)]\mathrm{d}x$

1-3-13　设$f(x) = \begin{cases} 1 & 0 \leqslant x \leqslant \dfrac{1}{2} \\ 0 & \dfrac{1}{2} < x \leqslant 1 \end{cases}$，则$\xi$在等式$f(\xi) = \int_0^1 f(x)\mathrm{d}x$中的情况是（　　　）。

　　　A. 在$[0,1]$内至少有一点ξ，使该式成立

　　　B. 在$[0,1]$内不存在ξ，使该式成立

　　　C. 在$\left[0, \dfrac{1}{2}\right]$，$\left(\dfrac{1}{2}, 1\right)$都存在$\xi$，使该式成立

　　　D. 仅在$\left[0, \dfrac{1}{2}\right]$中存在$\xi$，使该式成立

1-3-14　下列结论中，错误的是（　　　）。

　　　A. $\int_{-a}^a f(x^2)\mathrm{d}x = 2\int_0^a f(x^2)\mathrm{d}x$　　　　　B. $\int_0^{2\pi} \sin^{10} x\mathrm{d}x = \int_0^{2\pi} \cos^{10} x\mathrm{d}x$

　　　C. $\int_{-\pi}^{\pi} \cos 5x \sin 7x\,\mathrm{d}x = 0$　　　　　　D. $\int_0^1 10^x\mathrm{d}x = 9$

1-3-15　设$f(x)$在$[-a, a]$上连续且为非零偶函数，则$\varphi(x) = \int_0^x f(t)\mathrm{d}t$是（　　　）。

　　　A. 偶函数　　　　　B. 奇函数　　　　　C. 非奇非偶函数　　　　D. 不存在

1-3-16　设函数$f(x)$在$[0, +\infty)$上连续，且满足$f(x) = xe^{-x} + e^x \int_0^1 f(x)\mathrm{d}x$，则$f(x)$是（　　　）。

　　　A. xe^{-x}　　　　　B. $xe^{-x} - e^{x-1}$　　　C. e^{x-1}　　　　　D. $(x-1)e^{-x}$

1-3-17　曲线$y^2 = 4 - x$与y轴所围成部分的面积为（　　　）。

　　　A. $\int_{-2}^2 (4 - y^2)\mathrm{d}y$　　　　　　　　　B. $\int_0^2 (4 - y^2)\mathrm{d}y$

　　　C. $\int_0^4 \sqrt{4-x}\,\mathrm{d}x$　　　　　　　　D. $\int_{-4}^4 \sqrt{4-x}\,\mathrm{d}x$

1-3-18　在区间$[0, 2\pi]$上，曲线$y = \sin x$与$y = \cos x$之间所围图形的面积是（　　　）。

　　　A. $\int_{\frac{\pi}{4}}^{\pi}(\sin x - \cos x)\mathrm{d}x$　　　　　　B. $\int_{\frac{\pi}{4}}^{\frac{5}{4}\pi}(\sin x - \cos x)\mathrm{d}x$

　　　C. $\int_0^{2\pi}(\sin x - \cos x)\mathrm{d}x$　　　　　　D. $\int_0^{\frac{5}{4}\pi}(\sin x - \cos x)\mathrm{d}x$

1-3-19 若$\int_0^x f(t)\mathrm{d}t = \frac{1}{2}x^4$，则$\int_0^4 \frac{1}{\sqrt{x}}f(\sqrt{x})\mathrm{d}x = ($　　$)$。

A. 2　　　　　　　　B. 4　　　　　　　　C. 8　　　　　　　　D. 16

第四节　多元函数微分学

一、多元函数的概念

（一）n元函数定义

设有集合$E \subset R^n$（R^n表示n维实数空间），如果对于E中每一点$P(x_1, x_2, \cdots, x_n)$，按照对应法则有唯一一个确定的u值与之对应，则称u为$(x_1, x_2, \cdots, x_n)$的n元函数(当$n \geqslant 2$时称为多元函数)。

在R^n中点$P_1(x_1, x_2, \cdots, x_n)$和点$P_2(y_1, y_2, \cdots, y_n)$间的距离公式为

$$|P_1 P_2| = \sqrt{(y_1 - x_1)^2 + \cdots + (y_n - x_n)^2} \tag{1-4-1}$$

与点P_0的距离小于$\delta(\delta > 0)$的点M的全体称为点P_0的δ邻域，记为$U(P_0, \delta)$。用$U(P_0)$表示点P_0的某一邻域；用$\overline{U}(P_0, \delta)$表示$P_0$点的$\delta$去心邻域。

（当$n = 2$时，即二元函数的定义，二维空间两点间的距离公式及点P_0的δ邻域的概念同上。）

（二）二元函数的极限

设二元函数$z = f(x, y)$的定义域为$D \subset R^2$，点$P(x_0, y_0)$为D的聚点（即在P_0的任一邻域内，总含有D中无限多个点，则称P_0为D的聚点）。若$\forall \varepsilon > 0$，$\exists \delta > 0$,使当$0 < \sqrt{(x - x_0)^2 + (y - y_0)^2} < \delta$时，有$|f(x, y) - A| < \varepsilon$成立，则称$A$为二元函数$f(x, y)$，当$(x, y) \to (x_0, y_0)$的极限，记为$\lim\limits_{\substack{x \to x_0 \\ y \to y_0}} f(x, y) = A$,其中点$(x, y) \to (x_0, y_0)$要求以任意方式进行，极限均存在且相等，仅个别路径不行，这是二元函数极限与一元函数极限最大的不同之处。

二元函数比一元函数多了一个自变量，求极限时注意它们的区别与联系。关于一元函数的极限的运算法则和计算公式，可以推广到二元函数，但形式要比一元函数复杂得多。

（三）二元函数的连续性

设$f(x, y)$的定义域为D，$M_0(x_0, y_0) \in D$，且为D的聚点，若有$\lim\limits_{\substack{x \to x_0 \\ y \to y_0}} f(x, y) = f(x_0, y_0)$，则称$f(x, y)$在点$M_0$连续。若$f(x, y)$在区域$D$中的每一点均连续，则称$f(x, y)$在$D$上连续。在有界闭区域上连续的二元函数，介值定理、最值定理仍成立。连续二元函数的和、差、积、商（分母不为零）仍为连续函数，二元连续函数的复合函数也具有相应的连续性。二元初等函数在定义区域上连续。这些性质都可推广到三元以上的函数中。

二、二元函数的偏导数和全微分

（一）偏导数

1. 二元函数在一点的偏导数

设$z = f(x, y)$在点$P_0(x_0, y_0)$的某一邻域内有定义，$P_1(x_0 + \Delta x, y_0)$为该邻域内的一点，若有

$$\lim_{\Delta x \to 0} \frac{f(x_0 + \Delta x, y_0) - f(x_0, y_0)}{\Delta x} \tag{1-4-2}$$

存在，则称此极限为$f(x,y)$在点P_0处对x的偏导数，记作$z_x'|_{(x_0,y_0)}$，$\frac{\partial z}{\partial x}\Big|_{(x_0,y_0)}$，$f_x'|_{(x_0,y_0)}$，$\frac{\partial f}{\partial x}\Big|_{(x_0,y_0)}$。

类似地，函数$z=f(x,y)$在点$P_0(x_0,y_0)$处对y的偏导数定义为

$$f_y'(x_0,y_0)=\lim_{\Delta y\to 0}\frac{f(x_0,y_0+\Delta y)-f(x_0,y_0)}{\Delta y}$$

记作$z_y'|_{(x_0,y_0)}$，$\frac{\partial z}{\partial y}\Big|_{(x_0,y_0)}$，$f_y'|_{(x_0,y_0)}$，$\frac{\partial f}{\partial y}\Big|_{(x_0,y_0)}$。

2. 二元函数偏导函数

若$z=f(x,y)$在定义域D内的每一点(x,y)处对x（或y）的偏导数都存在，称这种对应关系所确定的函数为函数z对x（对y）的偏导函数，记作$\frac{\partial z}{\partial x}$，$z_x'$，$\frac{\partial f}{\partial x}$，$f_x'\left(\frac{\partial z}{\partial y},z_y',\frac{\partial f}{\partial y},f_y'\right)$。

计算二元函数在一点的偏导数，可以用定义求，也可用先求出偏导函数再代值的方法计算。求二元函数的偏导函数时，只要把一个变量当作变量，另一个变量看作常数求导即可。对于二元分段函数，在分界点处的偏导数，必须用函数在一点的偏导数定义计算。

对于一元函数，曾有函数在一点可导，在这一点必连续的结论；对于二元函数，函数在一点存在对x、对y的偏导数，但不能保证函数在这一点连续。

3. 基本概念关系图（见图 1-4-1）

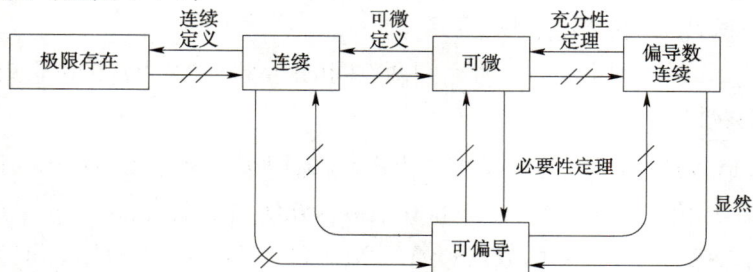

注：／／／表示"不一定"

图　1-4-1

反例就不一一列举了，请大家记住结论即可。

4. 二元函数高阶偏导

函数$z=f(x,y)$在D内的偏导数$\frac{\partial z}{\partial x}$和$\frac{\partial z}{\partial y}$仍是$x$，$y$的二元函数，如果$\frac{\partial z}{\partial x}$和$\frac{\partial z}{\partial y}$的偏导数也存在，则称它们的偏导数为$z=f(x,y)$的二阶偏导数，按求导数次序不同有

$$\frac{\partial^2 z}{\partial x^2}=\frac{\partial}{\partial x}\left(\frac{\partial z}{\partial x}\right)\qquad\qquad \frac{\partial^2 z}{\partial x\partial y}=\frac{\partial}{\partial y}\left(\frac{\partial z}{\partial x}\right)$$

$$\frac{\partial^2 z}{\partial y^2}=\frac{\partial}{\partial y}\left(\frac{\partial z}{\partial y}\right)\qquad\qquad \frac{\partial^2 z}{\partial y\partial x}=\frac{\partial}{\partial x}\left(\frac{\partial z}{\partial y}\right)$$

其中，$\frac{\partial^2 z}{\partial x\partial y}$与$\frac{\partial^2 z}{\partial y\partial x}$称为二阶混合偏导。类似可定义三阶、四阶以及$n$阶偏导。二阶及二阶以上的偏导数称为高阶偏导数。在$\frac{\partial^2 z}{\partial x\partial y}$与$\frac{\partial^2 z}{\partial y\partial x}$连续时，高阶混合偏导与求导的次序无关，即$\frac{\partial^2 z}{\partial x\partial y}=\frac{\partial^2 z}{\partial y\partial x}$。

（二）全微分

（1）二元函数全微分定义：

设$z=f(x,y)$在点$P(x,y)$的某一邻域内有定义，点$P_1(x+\Delta x,y+\Delta y)$在该邻域内，若全增量$\Delta z=f(x+\Delta x,y+\Delta y)-f(x,y)$可表示为

$$\Delta z=A\Delta x+B\Delta y+o(\rho)\qquad\qquad\qquad (1-4-3)$$

式中，A、B与Δx及Δy无关，而仅与x、y有关；$\rho=\sqrt{(\Delta x)^2+(\Delta y)^2}$，$o(\rho)$表示关于$\rho$的高阶无穷小。则称$f(x,y)$在$(x,y)$处可微。$A\Delta x+B\Delta y$为$f(x,y)$在点$(x,y)$处的全微分，记作$dz=A\Delta x+B\Delta y$。

若$z = f(x, y)$在区域D内每点均可微分，称$f(x, y)$在区域D内可微。

函数$z = f(x, y)$的全微分为

$$dz = \frac{\partial z}{\partial x}dx + \frac{\partial z}{\partial y}dy \tag{1-4-4}$$

（2）如果函数$z = f(x, y)$在点(x, y)处可微，则该函数在点(x, y)的偏导$\frac{\partial z}{\partial x}$、$\frac{\partial z}{\partial y}$都存在，且$dz = \frac{\partial z}{\partial x}dx + \frac{\partial z}{\partial y}dy$。

（3）二元函数在(x, y)点可微、偏导存在、连续之间的关系（见图1-4-2）：

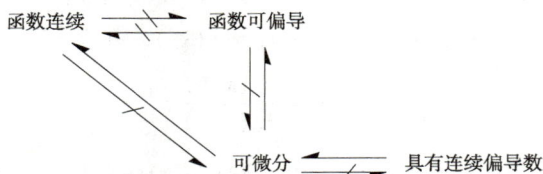

图　1-4-2

二元函数$z = f(x, y)$在(x, y)点可微，函数在点(x, y)的偏导一定存在；但偏导存在，二元函数在点(x, y)不一定可微。函数$z = f(x, y)$在点(x, y)可微，则函数在点(x, y)连续；但函数在点(x, y)连续，二元函数在这一点不一定可微。如果函数$z = f(x, y)$的偏导数$\frac{\partial z}{\partial x}$、$\frac{\partial z}{\partial y}$在点$(x, y)$连续，则二元函数在该点可微分。

这个结论一定要牢记，在考概念性题目中经常要用到。

（4）二元函数$f(x, y)$在一点(x_0, y_0)偏导的几何意义：

二元函数$z = f(x, y)$在$P_0(x_0, y_0)$对x的偏导数$f_x'(x_0, y_0)$的几何意义为由曲面$z = f(x, y)$与平面$y = y_0$交成的曲线C在点$M_0(x_0, y_0, z_0)$的切线斜率。对y的偏导数$f_y'(x_0, y_0)$表示由曲面$z = f(x, y)$与平面$x = x_0$交成的曲线C在点$M_0(x_0, y_0, z_0)$的切线斜率。

（三）复合函数的微分法

1. 复合函数全导数公式

设$u = \varphi(t)$，$v = \psi(t)$在点t可导，函数$z = f(u, v)$在对应点(u, v)具有连续偏导数，则复合函数$z = f[\varphi(t), \psi(t)]$在点$t$可导，且有

$$\frac{dz}{dt} = \frac{\partial z}{\partial u}\frac{du}{dt} + \frac{\partial z}{\partial v}\frac{dv}{dt} \tag{1-4-5}$$

推广：设$u = f(x, y, z, t)$，$x = u(t)$，$y = v(t)$，$z = \omega(t)$，则

$$\frac{du}{dt} = \frac{\partial u}{\partial x}\frac{dx}{dt} + \frac{\partial u}{\partial y}\frac{dy}{dt} + \frac{\partial u}{\partial z}\frac{dz}{dt} + \frac{\partial u}{\partial t} \tag{1-4-6}$$

式（1-4-5）、式（1-4-6）称函数z对t的全导数公式。

2. 复合函数偏导数公式

推广到多个中间变量，多个自变量的情况有下面公式：

（1）设$z = f(u, v)$，$u = \varphi(x, y)$，$v = \psi(x, y)$，则

$$\frac{\partial z}{\partial x} = \frac{\partial z}{\partial u} \cdot \frac{\partial u}{\partial x} + \frac{\partial z}{\partial v} \cdot \frac{\partial v}{\partial x} \qquad \frac{\partial z}{\partial y} = \frac{\partial z}{\partial u} \cdot \frac{\partial u}{\partial y} + \frac{\partial z}{\partial v} \cdot \frac{\partial v}{\partial y} \tag{1-4-7}$$

（2）设$z = f(u, x, y)$，$u = \varphi(x, y)$，则复合函数$z = f[\varphi(x, y), x, y]$的偏导数

$$\frac{\partial z}{\partial x} = \frac{\partial f}{\partial u} \cdot \frac{\partial u}{\partial x} + \frac{\partial f}{\partial x} \qquad \frac{\partial z}{\partial y} = \frac{\partial f}{\partial u} \cdot \frac{\partial u}{\partial y} + \frac{\partial f}{\partial y} \tag{1-4-8}$$

（3）设 $z = f(u, v, \omega)$，$u = \varphi(x, y)$，$v = \psi(x, y)$，$\omega = \omega(x, y)$，则

$$\frac{\partial z}{\partial x} = \frac{\partial z}{\partial u} \cdot \frac{\partial u}{\partial x} + \frac{\partial z}{\partial v} \cdot \frac{\partial v}{\partial x} + \frac{\partial z}{\partial \omega} \cdot \frac{\partial \omega}{\partial x} \qquad (1-4-9a)$$

$$\frac{\partial z}{\partial y} = \frac{\partial z}{\partial u} \cdot \frac{\partial u}{\partial y} + \frac{\partial z}{\partial v} \cdot \frac{\partial v}{\partial y} + \frac{\partial z}{\partial \omega} \cdot \frac{\partial \omega}{\partial y} \qquad (1-4-9b)$$

（四）隐函数的微分法

（1）设方程 $F(x, y) = 0$，满足 $F(x_0, y_0) = 0$，$F(x, y)$ 在点 (x_0, y_0) 的某一邻域内连续，且有连续的偏导数 $F'_x(x, y)$、$F'_y(x, y)$，$F'_y(x_0, y_0) \neq 0$，则方程 $F(x, y) = 0$ 在点 (x_0, y_0) 的邻域内恒能唯一确定一个单值连续且具有连续导数的函数 $y = f(x)$，它满足条件 $y_0 = f(x_0)$，并有

$$\frac{\mathrm{d}y}{\mathrm{d}x} = -\frac{F'_x(x, y)}{F'_y(x, y)} \qquad (1-4-10)$$

（2）设方程 $F(x, y, z) = 0$ 满足 $F(x_0, y_0, z_0) = 0$，$F(x, y, z)$ 在点 (x_0, y_0, z_0) 的某一邻域内连续且有连续偏导数 $F'_x(x, y, z)$、$F'_y(x, y, z)$、$F'_z(x, y, z)$，$F'_z(x_0, y_0, z_0) \neq 0$，则在点 (x_0, y_0, z_0) 的邻域内，方程 $F(x, y, z) = 0$ 恒能唯一确定一个单值且具有连续偏导数的函数 $z = f(x, y)$，它满足条件 $z_0 = f(x_0, y_0)$，并有

$$\frac{\partial z}{\partial x} = -\frac{F'_x(x, y, z)}{F'_z(x, y, z)}, \quad \frac{\partial z}{\partial y} = -\frac{F'_y(x, y, z)}{F'_z(x, y, z)} \qquad (1-4-11)$$

三、多元函数的应用

（一）空间曲线的切线与法平面

设空间曲线 γ 的参数方程为 $x = x(t)$，$y = y(t)$，$z = z(t)$，其中 $x(t)$，$y(t)$，$z(t)$ 均可微。曲线 γ 上的点 $M_0(x_0, y_0, z_0)$ 对应 $t = t_0$，且 $x'(t_0)$、$y'(t_0)$、$z'(t_0)$ 不同时为零，则曲线 γ 在点 M_0 处的切线方程为

$$\frac{x - x_0}{x'(t_0)} = \frac{y - y_0}{y'(t_0)} = \frac{z - z_0}{z'(t_0)} \qquad (1-4-12)$$

过点 M_0 与切线垂直的平面称为曲线 γ 在点 M_0 处的法平面，它的方程为

$$x'(t_0)(x - x_0) + y'(t_0)(y - y_0) + z'(t_0)(z - z_0) = 0$$

其中，$\{x'(t_0), y'(t_0), z'(t_0)\}$ 既是曲线 γ 在 M_0 处的切线的方向向量，又是 γ 在 M_0 处的法平面的法向量。

（二）曲面的切平面与法线

设曲面 $\sum$ 的方程为 $F(x, y, z) = 0$，$M_0(x_0, y_0, z_0)$ 为 $\sum$ 上的一点，$F(x, y, z)$ 在点 M_0 可微，且 $F'_x(x_0, y_0, z_0)$，$F'_y(x_0, y_0, z_0)$，$F'_z(x_0, y_0, z_0)$ 不同时为零，则曲面 $\sum$ 在点 M_0 处的切平面方程为

$$F'_x|_{M_0}(x - x_0) + F'_y|_{M_0}(y - y_0) + F'_z|_{M_0}(z - z_0) = 0 \qquad (1-4-13)$$

过点 M_0 与切平面垂直的直线称为曲面 $\sum$ 在 M_0 的法线，法线方程为

$$\frac{x - x_0}{F'_x(x_0, y_0, z_0)} = \frac{y - y_0}{F'_y(x_0, y_0, z_0)} = \frac{z - z_0}{F'_z(x_0, y_0, z_0)} \qquad (1-4-14)$$

其中，$\{F'_x, F'_y, F'_z\}_{M_0}$ 既是曲面 $\sum$ 在点 M_0 处的切平面的法向量，又是曲面 $\sum$ 在点 M_0 处的法线的方向向量。

（三）多元函数的极值

多元函数的极值问题分为无条件极值和条件极值两大类。对于自变量除了限定其在定义域内变化

外，没有其他任何限制的极值问题，称为无条件极值；如果自变量还要受一定的其他条件限制，则称为条件极值。

1. 无条件极值

设函数$z = f(x, y)$在点(x_0, y_0)的某个邻域内有定义，对于该邻域内异于点(x_0, y_0)的点(x, y)，恒有$f(x, y) < f(x_0, y_0)$［或$f(x, y) > f(x_0, y_0)$］，则称$f(x_0, y_0)$为$f(x, y)$的极大值（或极小值），则称点(x_0, y_0)为极大值点（或极小值点）。

函数的极大值和极小值统称为函数的极值。使$f(x, y)$的一阶偏导数均等于零的点称为$f(x, y)$的驻点。可偏导的函数在点(x_0, y_0)取得极值的必要条件是点(x_0, y_0)为它的驻点。

驻点和使$f(x, y)$的一阶偏导数不存在的点统称为函数的极值可疑点，判断驻点是否为函数的极值点的方法如下：

设函数$z = f(x, y)$在点(x_0, y_0)的某邻域内连续且有一阶及二阶连续偏导数，又$f_x'(x_0, y_0) = 0$，$f_y'(x_0, y_0) = 0$，记$A = f_{xx}''(x_0, y_0)$，$B = f_{xy}''(x_0, y_0)$，$C = f_{yy}''(x_0, y_0)$则

（1）$AC - B^2 > 0$时具有极值，且当$A < 0$时有极大值，当$A > 0$时有极小值；

（2）$AC - B^2 < 0$时没有极值；

（3）$AC - B^2 = 0$时可能有极值，也可能没有极值，需另找其他方法判断。

2. 条件极值

求解条件极值的基本方法是设法将它转化为无条件极值问题求解。常用的转化方法有两种：

（1）直接由约束条件找出变量之间的关系，代入目标函数将条件极值化为无条件极值；

（2）运用拉格朗日乘数法，构造辅助函数。

拉格朗日乘数法：求$z = f(x, y)$（目标函数）在约束条件$\varphi(x, y) = 0$下的极值，可构造函数

$$F(x, y, \lambda) = f(x, y) + \lambda\varphi(x, y) \tag{1-4-15}$$

将$F(x, y, \lambda)$分别对x、y、λ求偏导，并令其为零，得到方程组$\begin{cases} F_x' = f_x' + \lambda\varphi_x' = 0 \\ F_y' = f_y' + \lambda\varphi_y' = 0 \\ F_\lambda' = \varphi(x, y) = 0 \end{cases}$，解出$x$、$y$、$\lambda$。得到$F(x, y, \lambda)$的驻点$(x_0, y_0, \lambda_0)$，则$(x_0, y_0)$就是原问题的极值可疑点。对于实际问题可根据问题本身的性质确定该极值可疑点是否为极值点。

这种方法可以推广到自变量多于两个，条件多于一个的情况。

在实际问题中，如果多元函数只有唯一可能极值点，而根据问题的性质可知，最大值（或最小值）一定存在，那么在这个可能极值点处，取得函数的最大值（或最小值）。

【例 1-4-1】 $f(x, y) = \ln\left(x + \dfrac{y}{2x}\right)$，求$\left.\dfrac{\partial z}{\partial x}\right|_{(1,0)}$，$\left.\dfrac{\partial z}{\partial y}\right|_{(1,0)}$。

解

$$\frac{\partial z}{\partial x} = \frac{1}{x + \dfrac{y}{2x}}\left(1 - \frac{y}{2x^2}\right) = \frac{2x^2 - y}{x(2x^2 + y)}，则\left.\frac{\partial z}{\partial x}\right|_{(1,0)} = 1$$

$$\frac{\partial z}{\partial y} = \frac{1}{x + \dfrac{y}{2x}} \cdot \frac{1}{2x} = \frac{1}{2x^2 + y}，则\left.\frac{\partial z}{\partial y}\right|_{(1,0)} = \frac{1}{2}$$

【例 1-4-2】 设函数$z = \left(\dfrac{y}{x}\right)^x$，则全微分$\left.\mathrm{d}z\right|_{\substack{x=1 \\ y=2}} =$：

A. $\ln 2\mathrm{d}x + \dfrac{1}{2}\mathrm{d}y$　　　　　　　　B. $(\ln 2 + 1)\mathrm{d}x + \dfrac{1}{2}\mathrm{d}y$

C. $2\left[(\ln 2 - 1)\mathrm{d}x + \dfrac{1}{2}\mathrm{d}y\right]$　　　　D. $\dfrac{1}{2}\ln 2\mathrm{d}x + 2\mathrm{d}y$

解　利用二元函数求全微分公式$\mathrm{d}z = \dfrac{\partial z}{\partial x}\mathrm{d}x + \dfrac{\partial z}{\partial y}\mathrm{d}y$计算，代入$x = 1$，$y = 2$，求出$\left.\mathrm{d}z\right|_{\substack{x=1 \\ y=2}}$的值。

（1）计算$\frac{\partial z}{\partial x}$：

$$z = \left(\frac{y}{x}\right)^x$$

z对x求导，为幂指函数求导，两边取对数，得

$$\ln z = x \ln\left(\frac{y}{x}\right)$$

两边对x求导，得

$$\frac{1}{z} z_x = \ln\frac{y}{x} + x \cdot \frac{x}{y}\left(-\frac{y}{x^2}\right) = \ln\frac{y}{x} - 1$$

进而得

$$z_x = z\left(\ln\frac{y}{x} - 1\right) = \left(\frac{y}{x}\right)^x\left(\ln\frac{y}{x} - 1\right)$$

（2）计算$\frac{\partial z}{\partial y}$：

$$\frac{\partial z}{\partial y} = x\left(\frac{y}{x}\right)^{x-1}\frac{1}{x} = \left(\frac{y}{x}\right)^{x-1}$$

$$dz = \frac{\partial z}{\partial x}dx + \frac{\partial z}{\partial y}dy = \left(\frac{y}{x}\right)^x\left(\ln\frac{y}{x} - 1\right)dx + \left(\frac{y}{x}\right)^{x-1}dy$$

$$dz\Big|_{\substack{x=1 \\ y=2}} = 2(\ln 2 - 1)dx + dy = 2\left[(\ln 2 - 1)dx + \frac{1}{2}dy\right]$$

答案： C

【例 1-4-3】 设$z = z(x,y)$是由方程$xz - xy + \ln(xyz) = 0$所确定的可微函数，则$\frac{\partial z}{\partial y}$等于：

A. $\dfrac{-xz}{xz+1}$　　　　B. $-x + \dfrac{1}{2}$　　　　C. $\dfrac{z(-xz+y)}{x(xz+1)}$　　　　D. $\dfrac{z(xy-1)}{y(xz+1)}$

解　设函数$F(x,y,z) = xz - xy + \ln(xyz)$

$$F_x = z - y + \frac{yz}{xyz} = z - y + \frac{1}{x}, \quad F_y = -x + \frac{xz}{xyz} = -x + \frac{1}{y}, \quad F_z = x + \frac{xy}{xyz} = x + \frac{1}{z}$$

$$\frac{\partial z}{\partial y} = -\frac{F_y}{F_z} = -\frac{\dfrac{-xy+1}{y}}{\dfrac{xz+1}{z}} = -\frac{(1-xy)z}{y(xz+1)} = \frac{z(xy-1)}{y(xz+1)}$$

答案： D

【例 1-4-4】 设方程$x_2 + y_2 + z_2 = 4z$确定可微函数$z = z(x,y)$，则全微分dz等于：

A. $\dfrac{1}{2-z}(ydx + xdy)$　　　　B. $\dfrac{1}{2-z}(xdx + ydy)$

C. $\dfrac{1}{2+z}(dx + dy)$　　　　D. $\dfrac{1}{2-z}(dx - dy)$

解　设函数$F(x,y,z) = x_2 + y_2 + z_2 - 4z$，则

$$F_x = 2x, \quad F_y = 2y, \quad F_z = 2z - 4$$

$$\frac{\partial z}{\partial x} = -\frac{F_x}{F_z} = -\frac{2x}{2z-4} = -\frac{x}{z-2}, \quad \frac{\partial z}{\partial y} = -\frac{F_y}{F_z} = -\frac{2y}{2z-4} = -\frac{y}{z-2}$$

$$dz = \frac{\partial z}{\partial x}dx + \frac{\partial z}{\partial y}dy = -\frac{x}{z-2}dx - \frac{y}{z-2}dy = \frac{1}{2-z}(xdx + ydy)$$

答案： B

【例 1-4-5】 设$z = f\left(xy, \dfrac{x}{y}\right)$，函数$z = f(u,v)$具有连续偏导数，求$\dfrac{\partial z}{\partial x}$，$\dfrac{\partial z}{\partial y}$。

解
$$\frac{\partial z}{\partial x} = \frac{\partial z}{\partial u} \cdot y + \frac{\partial z}{\partial v} \cdot \frac{1}{y} = y\frac{\partial z}{\partial u} + \frac{1}{y}\frac{\partial z}{\partial v}$$

$$\frac{\partial z}{\partial y} = \frac{\partial z}{\partial u} \cdot x + \frac{\partial z}{\partial v}\left(-\frac{x}{y^2}\right) = x\frac{\partial z}{\partial u} - \frac{x}{y^2}\frac{\partial z}{\partial v}$$

【例 1-4-6】 求曲线 $x = t$，$y = t^2$，$z = t^3$ 在点 $(1,1,1)$ 处的切线和法平面。

解　将点 $(1,1,1)$ 代入曲线方程可得 $t = 1$

$$切向量 \vec{s} = \{1, 2t, 3t^2\}, \quad \vec{s}|_{t=1} = \{1, 2, 3\}$$

切线方程
$$\frac{x-1}{1} = \frac{y-1}{2} = \frac{z-1}{3}$$

法平面方程
$$(x-1) + 2(y-1) + 3(z-1) = 0$$

【例 1-4-7】 曲面 $x^2 - 4y^2 + 2z^2 = 6$ 上点 $(2,2,3)$ 处的法线方程是：

A. $x - 1 = \frac{y-6}{-4} = \frac{z}{3}$　　　　　　　　B. $\frac{x-2}{-1} = \frac{y-2}{-4} = \frac{z-3}{3}$

C. $\frac{x-1}{1} = \frac{y-6}{4} = \frac{z-1}{2}$　　　　　　　　D. $\frac{x-2}{1} = \frac{y-2}{-4} = \frac{z-3}{3}$

解　曲面 $x^2 - 4y^2 + 2z^2 - 6 = 0$

设函数
$$F(x,y,z) = x^2 - 4y^2 + 2z^2 - 6$$

则
$$F_x = 2x, \quad F_y = -8y, \quad F_z = 4z$$

$$\vec{n}_{切} = \{2x, -8y, 4z\}|_{(2,2,3)} = \{4, -16, 12\}$$

取切平面的法向量为法线的方向向量 $\vec{s} = \{4, -16, 12\}$

即法线方程为
$$\frac{x-2}{4} = \frac{y-2}{-16} = \frac{z-3}{12}$$

化简得
$$\frac{x-2}{1} = \frac{y-2}{-4} = \frac{z-3}{3}$$

答案： D

【例 1-4-8】 已知函数 $f\left(xy, \frac{x}{y}\right) = x^2$，则 $\frac{\partial f(x,y)}{\partial x} + \frac{\partial f(x,y)}{\partial y}$ 等于：

A. $2x + 2y$　　　　　　B. $x + y$　　　　　　C. $2x - 2y$　　　　　　D. $x - y$

解　题目中需要求解 $\frac{\partial f}{\partial x}$ 和 $\frac{\partial f}{\partial y}$，故联想到采用换元的形式，将函数 $f\left(xy, \frac{x}{y}\right)$ 变形为 $f(u,v)$ 的形式。此时求解 $\frac{\partial f}{\partial u}$ 和 $\frac{\partial f}{\partial v}$，即可认为是求解 $\frac{\partial f}{\partial x}$ 和 $\frac{\partial f}{\partial y}$，再换写成 $f(x,y)$ 的形式。若不进行换元，将无法进行偏导数计算。

设 $u = xy$，$v = \frac{x}{y}$，那么 $x = \frac{u}{y}$，$x = yv$

$$x^2 = \frac{u}{y} \cdot yv = u \cdot v$$

原函数化为 $f(u,v) = uv$，即 $f(x,y) = xy$

$$f'_x(x,y) = y, \quad f'_y(x,y) = x$$

$$\frac{\partial f}{\partial x} + \frac{\partial f}{\partial y} = y + x$$

答案： B

【例 1-4-9】 函数 $z = f(x,y)$ 在点 (x_0, y_0) 处具有偏导数是它在该点存在全微分的：

A. 必要不充分条件　　　　　　　　B. 充分不必要条件

C. 充分必要条件　　　　　　　　　D. 既不充分也不必要条件

解　可通过图 1-4-1 "基本概念关系图" 得到结果。

答案： A

【例 1-4-10】 对于二元函数 $z = f(x,y)$ 在点 (x_0, y_0) 处连续是它在该点处偏导数存在的：

A. 必要不充分条件　　　　　　　　　　B. 充分不必要条件

C. 充分必要条件　　　　　　　　　　　D. 既不充分也不必要条件

解　可通过图 1-4-1 "基本概念关系图"得到结果。

答案： D

【例 1-4-11】 函数 $f(x,y)$ 在点 $P_0(x_0,y_0)$ 处有一阶偏导数是函数在该点连续的：

　　A. 必要条件　　　　　　　　　　　　B. 充分条件

　　C. 充分必要条件　　　　　　　　　　D. 既不充分也不必要条件

解　可通过图 1-4-1 "基本概念关系图"得到结果。$f(x,y)$ 在点 $P_0(x_0,y_0)$ 处有一阶偏导数，不能说明 $f(x,y)$ 在点 $P_0(x_0,y_0)$ 处连续；同样，$f(x,y)$ 在点 $P_0(x_0,y_0)$ 处连续，也不能确定 $f(x,y)$ 在点 $P_0(x_0,y_0)$ 处有一阶偏导数。

答案： D

习　题

1-4-1　设 $z = u^2 \ln v$，而 $u = \varphi(x,y)$，$v = \psi(y)$ 均为可导函数，则 $\frac{\partial z}{\partial y}$ 为（　　　）。

　　A. $2u \ln v + u^2 \cdot \frac{1}{v}$ 　　　　　　　　B. $2\varphi'_y \ln v + u^2 \cdot \frac{1}{v}$

　　C. $2u\varphi'_y \ln v + u^2 \cdot \frac{1}{v} \cdot \psi'$ 　　　　D. $2u\psi'_y \cdot \frac{1}{v} \cdot \psi'$

1-4-2　已知 $y = y(x,z)$，由方程 $xyz = e^{x+y}$ 确定，则 $\frac{\partial y}{\partial x}$ 是（　　　）。

　　A. $\frac{y(x-1)}{x(1-y)}$ 　　　　B. $\frac{y}{x(1-y)}$ 　　　　C. $\frac{yz}{1-y}$ 　　　　D. $\frac{y(1-xz)}{x(1-y)}$

1-4-3　若函数 $z = \frac{\ln(xy)}{y}$，则当 $x = e$，$y = e^{-1}$ 时，全微分 $\mathrm{d}z$ 等于（　　　）。

　　A. $e\mathrm{d}x + \mathrm{d}y$ 　　　　　　　　　B. $e^2\mathrm{d}x - \mathrm{d}y$

　　C. $\mathrm{d}x + e^2\mathrm{d}y$ 　　　　　　　　　D. $e\mathrm{d}x + e^2\mathrm{d}y$

1-4-4　在曲线 $x = t$，$y = t^2$，$z = t^3$ 上某点的切线平行于平面 $x + 2y + z = 4$，则该点的坐标为（　　　）。

　　A. $\left(-\frac{1}{3}, \frac{1}{9}, -\frac{1}{27}\right)$，$(-1,1,-1)$ 　　　　B. $\left(-\frac{1}{3}, \frac{1}{9}, -\frac{1}{27}\right)$，$(1,1,1)$

　　C. $\left(\frac{1}{3}, \frac{1}{9}, \frac{1}{27}\right)$，$(1,1,1)$ 　　　　　　D. $\left(\frac{1}{3}, \frac{1}{9}, \frac{1}{27}\right)$，$(-1,1,-1)$

1-4-5　曲面 $z = x^2 - y^2$ 与平面 $x - y - z - 1 = 0$ 平行的切平面方程是（　　　）。

　　A. $x - y - z - 1 = 0$ 　　　　　　B. $x - y - z + 1 = 0$

　　C. $x - y - z = 0$ 　　　　　　　　D. $x - y - z - 2 = 0$

1-4-6　二元函数 $z = x^3 - y^3 + 3x^2 + 3y^2 - 9x$ 的极大值点是（　　　）。

　　A. $(1,0)$ 　　　　B. $(1,2)$ 　　　　C. $(-3,0)$ 　　　　D. $(-3,2)$

1-4-7　曲面 $xyz = 1$ 上平行于 $x + y + z + 3 = 0$ 的切平面方程是（　　　）。

　　A. $x + y + z = 0$ 　　　　　　　　B. $x + y + z = 1$

　　C. $x + y + z = 2$ 　　　　　　　　D. $x + y + z = 3$

1-4-8　曲面 $z = x^2 - y^2$ 在点 $(\sqrt{2}, -1, 1)$ 处的法线方程是（　　　）。

　　A. $\frac{x-\sqrt{2}}{2\sqrt{2}} = \frac{y+1}{-2} = \frac{z-1}{-1}$ 　　　　　　B. $\frac{x-\sqrt{2}}{2\sqrt{2}} = \frac{y+1}{-2} = \frac{z-1}{1}$

C. $\frac{x-\sqrt{2}}{2\sqrt{2}} = \frac{y+1}{2} = \frac{z-1}{-1}$ \qquad\qquad D. $\frac{x-\sqrt{2}}{2\sqrt{2}} = \frac{y+1}{2} = \frac{z-1}{1}$

1-4-9　对于二元函数$z = f(x,y)$，下列有关偏导数和全微分关系中正确的命题是（　　　）。

    A. 偏导数不连续，则全微分必不存在

    B. 偏导数连续，则全微分必存在

    C. 全微分存在，则偏导数必连续

    D. 全微分存在，而偏导数不一定存在

1-4-10　若二元函数$z = f(x,y)$在点$P_0(x_0,y_0)$处的两个偏导数$\frac{\partial z}{\partial x}$，$\frac{\partial z}{\partial y}$存在，则（　　　）。

    A. $f(x,y)$在点P_0处连续 \qquad\qquad B. $z = f(x,y_0)$在点P_0处连续

    C. $\mathrm{d}z = \frac{\partial z}{\partial x}\Big|_{P_0}\mathrm{d}x + \frac{\partial z}{\partial y}\Big|_{P_0}\mathrm{d}y$ \qquad\qquad D. 上述选项都不对

第五节　多元函数积分学

一、二重积分

（一）二重积分的概念与性质

1. 二重积分的定义

设$f(x,y)$为有界闭区域D上的有界函数，将D分割成n个小区域$\Delta\sigma_1$，$\Delta\sigma_2$，$\cdots$，$\Delta\sigma_n$，$\Delta\sigma_i$也表示第i个小区域的面积，用λ_i表示$\Delta\sigma_i(i = 1,2,\cdots,n)$的直径（$\Delta\sigma_i$上任意两点间距离的最大值），在每一$\Delta\sigma_i$上任取一点$(x_i,y_i)$，作积分和$\sum\limits_{i=1}^{n} f(x_i,y_i)\Delta\sigma_i$，如果$\|\lambda\| \to 0$时，（$\|\lambda\| = \max\{\lambda_1,\cdots,\lambda_n\}$）积分和有极限$I$，即

$$\lim_{\|\lambda\|\to 0}\sum_{i=1}^{n} f(x_i,y_i)\Delta\sigma_i = I \tag{1-5-1}$$

则称I为二元函数$f(x,y)$在闭区域D上的二重积分，记作$\iint\limits_D f(x,y)\mathrm{d}\sigma$。

2. 二重积分存在的充分条件

若$f(x,y)$在D上连续，则二重积分$\iint\limits_D f(x,y)\mathrm{d}\sigma$一定存在。

3. 二重积分的几何意义

若$f(x,y) \geqslant 0$，则二重积分$\iint\limits_D f(x,y)\mathrm{d}\sigma$表示以曲面$z = f(x,y)$为顶，以区域$D$为底，以$D$的边界为准线，母线平行于$Oz$轴的柱面围成的曲顶柱体的体积。当$f(x,y) = 1$时，$\iint\limits_D 1\mathrm{d}x\mathrm{d}y$表示$D$的面积。

4. 二重积分的性质

（1）$\iint\limits_D kf(x,y)\mathrm{d}\sigma = k\iint\limits_D f(x,y)\mathrm{d}\sigma$　（k为常数）。

（2）$\iint\limits_D [f(x,y) \pm g(x,y)]\mathrm{d}\sigma = \iint\limits_D f(x,y)\mathrm{d}\sigma \pm \iint\limits_D g(x,y)\mathrm{d}\sigma$。

（3）$\iint\limits_D f(x,y)\mathrm{d}\sigma = \iint\limits_{D_1} f(x,y)\mathrm{d}\sigma + \iint\limits_{D_2} f(x,y)\mathrm{d}\sigma$　（其中$D = D_1 + D_2$）。

（4）在D上，$f(x,y) = 1$，σ为D的面积，则$\iint\limits_D 1\mathrm{d}\sigma = \iint\limits_D \mathrm{d}\sigma = \sigma$。

（5）在D上，$f(x,y) \leqslant g(x,y)$，则$\iint\limits_D f(x,y)\mathrm{d}\sigma \leqslant \iint\limits_D g(x,y)\mathrm{d}\sigma$。

（6）设M，m分别为$f(x,y)$在闭区域D上的最大值、最小值，σ是D的面积，则

$$m\sigma \leqslant \iint\limits_{D} f(x,y)\mathrm{d}\sigma \leqslant M\sigma。$$

（7）设 $f(x,y)$ 在闭区域 D 上连续，σ 是 D 的面积，则在 D 上至少存在一点 (ξ,η) 使 $\iint\limits_{D} f(x,y)\mathrm{d}\sigma = f(\xi,\eta)\sigma$。

（二）二重积分的计算

1. 直角坐标系

计算二重积分时，可根据被积函数 $f(x,y)$ 和区域 D 的形状选择积分顺序，是先 y 后 x，还是先 x 后 y，把 D 用不等式组表示，再将二重积分化为累次积分计算。

若 $D = \{(x,y)|a\leqslant x\leqslant b, y_1(x)\leqslant y\leqslant y_2(x)\}$，则

$$\iint\limits_{D} f(x,y)\mathrm{d}x\mathrm{d}y = \int_a^b \mathrm{d}x \int_{y_1(x)}^{y_2(x)} f(x,y)\,\mathrm{d}y \tag{1-5-2}$$

若 $D = \{(x,y)|c\leqslant y\leqslant d, x_1(y)\leqslant x\leqslant x_2(y)\}$，则

$$\iint\limits_{D} f(x,y)\mathrm{d}x\mathrm{d}y = \int_c^d \mathrm{d}y \int_{x_1(y)}^{x_2(y)} f(x,y)\,\mathrm{d}x \tag{1-5-3}$$

2. 极坐标系

如果积分区域 D 的边界曲线用极坐标方程表示比较方便（如圆周等），且被积函数用极坐标表示也较方便（如含有 $x^2 + y^2$ 等），则可以利用直角坐标与极坐标的关系式 $x = r\cos\theta$，$y = r\sin\theta$，面积元素 $\mathrm{d}x\mathrm{d}y = r\mathrm{d}r\mathrm{d}\theta$，将二重积分转化为极坐标计算

$$\iint\limits_{D} f(x,y)\mathrm{d}x\mathrm{d}y = \iint\limits_{D} f(r\cos\theta, r\sin\theta)r\mathrm{d}r\mathrm{d}\theta \tag{1-5-4}$$

在极坐标系下，若

（1）$D = \{(r,\theta)|\alpha\leqslant\theta\leqslant\beta, \varphi_1(\theta)\leqslant r\leqslant\varphi_2(\theta)\}$，则

$$\iint\limits_{D} f(r\cos\theta, r\sin\theta)r\mathrm{d}r\mathrm{d}\theta = \int_\alpha^\beta \mathrm{d}\theta \int_{\varphi_1(\theta)}^{\varphi_2(\theta)} f(r\cos\theta, r\sin\theta)r\mathrm{d}r \tag{1-5-5}$$

（2）$D = \{(r,\theta)|\alpha\leqslant\theta\leqslant\beta, 0\leqslant r\leqslant\varphi(\theta)\}$，则

$$\iint\limits_{D} f(r\cos\theta, r\sin\theta)r\mathrm{d}r\mathrm{d}\theta = \int_\alpha^\beta \mathrm{d}\theta \int_0^{\varphi(\theta)} f(r\cos\theta, r\sin\theta)r\mathrm{d}r \tag{1-5-6}$$

式中，α、$\beta \in [0,2\pi]$ 且 $\alpha < \beta$；$\varphi(\theta)$、$\varphi_1(\theta)$、$\varphi_2(\theta)$ 均为连续函数。式（1-5-5）对应于极点位于积分区域 D 外部的情况；式（1-5-6）对应于极点位于积分区域 D 内部或边界上的情形。

二、三重积分

（一）三重积分的一般概念

1. 三重积分的定义

设 $f(x,y,z)$ 是空间有界闭区域 Ω 上的有界函数，用任意分法将 Ω 分成 n 份 ΔU_1，ΔU_2，$\cdots$，ΔU_n（同时用它表示子区域的体积），在 ΔU_i 内任取一点 (x_i,y_i,z_i) 作积分和 $\sum\limits_{i=1}^{n} f(x_i,y_i,z_i)\Delta U_i$，若当 $n\to\infty$，$\|\lambda\|\to 0$ 时［$\|\lambda\|$ 表示 $\Delta U_i(i=1,2,\cdots,n)$ 的最大直径］极限 $\lim\limits_{\substack{n\to\infty \\ \|\lambda\|\to 0}} \sum\limits_{i=1}^{n} f(x_i,y_i,z_i)\Delta U_i$ 存在，则称此极限值为 $f(x,y,z)$ 在 Ω 上的三重积分，记作 $\iiint\limits_{\Omega} f(x,y,z)\mathrm{d}U$。

2. 三重积分存在的充分条件

在有界闭区域 Ω 上连续函数 $f(x,y,z)$ 在 Ω 上必定可积。

3. 三重积分的性质

三重积分也有类似二重积分的 7 个性质（不再赘述）。

（二）三重积分的计算

三重积分的计算，也是根据被积函数和积分区域 Ω 的情况，选择一种合适的坐标系和积分顺序，将它化为累次积分进行计算。

1. 直角坐标

设 $\Omega = \{(x,y,z)|a \le x \le b, y_1(x) \le y \le y_2(x), z_1(x,y) \le z \le z_2(x,y)\}$，则

$$\iiint\limits_{\Omega} f(x,y,z)\mathrm{d}x\mathrm{d}y\mathrm{d}z = \int_a^b \mathrm{d}x \int_{y_1(x)}^{y_2(x)} \mathrm{d}y \int_{z_1(x,y)}^{z_2(x,y)} f(x,y,z)\,\mathrm{d}z \qquad (1\text{-}5\text{-}7)$$

同理可写出其他顺序，将三重积分化为三次积分。（在直角坐标系下，体积元素 $\mathrm{d}v = \mathrm{d}x\mathrm{d}y\mathrm{d}z$）

2. 柱坐标

设 $\Omega = \{(x,y,z)|\alpha \le \theta \le \beta, r_1(\theta) \le r \le r_2(\theta), z_1(r,\theta) \le z \le z_2(r,\theta)\}$，则

$$\iiint\limits_{\Omega} f(x,y,z)\mathrm{d}x\mathrm{d}y\mathrm{d}z = \int_\alpha^\beta \mathrm{d}\theta \int_{r_1(\theta)}^{r_2(\theta)} r\mathrm{d}r \int_{z_1(r,\theta)}^{z_2(r,\theta)} f(r\cos\theta, r\sin\theta, z)\,\mathrm{d}z \qquad (1\text{-}5\text{-}8)$$

同理也可写出其他顺序，将三重积分化为三次积分。

在柱坐标系下，体积元素 $\mathrm{d}v = r\mathrm{d}r\mathrm{d}\theta\mathrm{d}z$，直角坐标和柱坐标的关系 $x = r\cos\theta$，$y = r\sin\theta$，$z = z$。

3. 球面坐标

设 $\Omega = \{(x,y,z)|\alpha \le \theta \le \beta, \varphi_1(\theta) \le \varphi \le \varphi_2(\theta), r_1(\theta,\varphi) \le r \le r_2(\theta,\varphi)\}$，则

$$\iiint\limits_{\Omega} f(x,y,z)\mathrm{d}x\mathrm{d}y\mathrm{d}z = \int_\alpha^\beta \mathrm{d}\theta \int_{\varphi_1(\theta)}^{\varphi_2(\theta)} \sin\varphi\mathrm{d}\varphi \int_{r_1(\theta,\varphi)}^{r_2(\theta,\varphi)} f(r\sin\varphi\cos\theta, r\sin\varphi\sin\theta, r\cos\varphi) r^2\mathrm{d}r$$

$$(1\text{-}5\text{-}9)$$

在球坐标系下，体积元素 $\mathrm{d}v = r^2\sin\varphi\mathrm{d}r\mathrm{d}\theta\mathrm{d}\varphi$，直角坐标和球面坐标的关系 $x = r\sin\varphi\cos\theta$，$y = r\sin\varphi\sin\theta$，$z = r\cos\varphi$。

在计算三重积分时，当积分区域 Ω 为圆柱形（或柱形）区域，或 Ω 的投影为圆域时，被积函数具有 $f(x^2+y^2)$ 的形式，一般可采用柱面坐标计算；当积分区域为球形区域或锥面与球面围成的区域，被积函数具有 $f(x^2+y^2+z^2)$ 的形式，用球面坐标计算较为方便。

【例 1-5-1】 设 D 域为 $0 \le x \le y$，$0 \le y \le 1$，则 $\iint\limits_{D} \mathrm{d}x\mathrm{d}y$ 为：

A. 1　　　　　　　B. $\frac{1}{2}$　　　　　　　C. 2　　　　　　　D. 3

解　画出 D 域图形（见解图）

$\iint\limits_{D} \mathrm{d}x\mathrm{d}y$ 中被积函数 $f(x,y) = 1$

二重积分在数值上等于 D 的面积，所以

$\iint\limits_{D} \mathrm{d}x\mathrm{d}y = \frac{1}{2} \times 1 \times 1 = \frac{1}{2}$

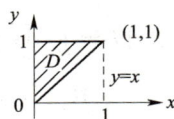

例 1-5-1 解图

答案： B

【例 1-5-2】 若 D 域是以 $(0,0)$，$(1,0)$，$(0,1)$ 为顶点的三角形区域，由二重积分的几何意义知，$\iint\limits_{D}(1-x-y)\mathrm{d}\sigma$ 的值等于：

A. $\frac{1}{3}$　　　　　　　B. $\frac{1}{2}$　　　　　　　C. 1　　　　　　　D. $\frac{1}{6}$

解　由二重积分的几何意义知，$\iint\limits_{D}(1-x-y)\mathrm{d}\sigma$表示以$z=1-x-y$为曲

顶、D为底的曲顶柱体的体积。

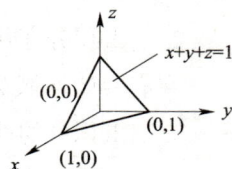

曲顶柱体见解图，曲顶为一平面，方程$z=1-x-y$，该二重积分表示正三

棱锥的体积，所以

$$\iint\limits_{D}(1-x-y)\mathrm{d}\sigma=\frac{1}{3}\times\text{底面积}\times\text{高}=\frac{1}{3}\times\frac{1}{2}\times1\times1\times1=\frac{1}{6}$$

例 1-5-2 解图

答案：D

【**例 1-5-3**】 将二重积分$\iint\limits_{D}f(x,y)\mathrm{d}x\mathrm{d}y$化为直角坐标系下的二次积分，其中$D$由$x+y=1$，$x-y=1$及$y$轴围成（见图），要求用两种积分顺序表示。

解　（1）先y后x

$$D:\begin{cases}0\leqslant x\leqslant1\\x-1\leqslant y\leqslant-x+1\end{cases}$$

$$\iint\limits_{D}f(x,y)\mathrm{d}x\mathrm{d}y=\int_{0}^{1}\mathrm{d}x\int_{x-1}^{1-x}f(x,y)\mathrm{d}y$$

（2）先x后y

由于右边界曲线由两个方程给出，把D分为D_1，D_2两部分，见图。

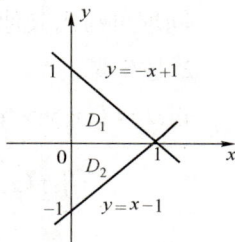

$$\iint\limits_{D}=\iint\limits_{D_1+D_2}=\iint\limits_{D_1}+\iint\limits_{D_2}$$

$$D_1:\begin{cases}0\leqslant y\leqslant1\\0\leqslant x\leqslant1-y\end{cases}\qquad D_2:\begin{cases}-1\leqslant y\leqslant0\\0\leqslant x\leqslant1+y\end{cases}$$

例 1-5-3 图

$$\iint\limits_{D}f(x,y)\mathrm{d}x\mathrm{d}y=\int_{0}^{1}\mathrm{d}y\int_{0}^{1-y}f(x,y)\mathrm{d}x+\int_{-1}^{0}\mathrm{d}y\int_{0}^{1+y}f(x,y)\mathrm{d}x$$

注：计算二重积分时，确定积分上下限：若x的范围简单（从 0 到 1），则y的范围一定会变难（利用函数表示从$x-1$到$1-x$），反之亦然。

【**例 1-5-4**】 设D：$|x|\leqslant\pi$，$0\leqslant y\leqslant1$，则$\iint\limits_{D}(2+xy)\mathrm{d}\sigma$等于：

　　A. 0　　　　　　　B. 2π　　　　　　　C. 1　　　　　　　D. 4π

解　画出积分区域D的图形（见解图）。

$$\iint\limits_{D}(2+xy)\mathrm{d}\sigma=\iint\limits_{D}2\mathrm{d}\sigma+\iint\limits_{D}xy\mathrm{d}\sigma$$

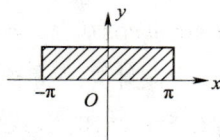

首先，利用二重积分的对称性及二重积分的几何意义计算，积分区域D关于y

轴对称，函数$f(x,y)$满足$f(-x,y)=-f(x,y)$，为关于变量x的奇函数，因而

例 1-5-4 解图

$$\iint\limits_{D}xy\mathrm{d}\sigma=0$$

其次，$\iint\limits_{D}2\mathrm{d}\sigma=2\iint\limits_{D}\mathrm{d}\sigma=2\times D\text{的面积}=2\times2\pi\times1=4\pi$，故原式$=4\pi$。

答案：D

【**例 1-5-5**】 已知二重积分$I=\int_{0}^{1}\mathrm{d}x\int_{x}^{\sqrt{x}}\frac{\sin y}{y}\mathrm{d}y$，其值等于：

　　A. $2-\sin1$　　　　B. $1-\sin2$　　　　C. 0　　　　　　D. $1-\sin1$

解　如解图所示，先对y积分时，被积函数无初等函数表示的原函数，需要改变积分顺序后再计算。先作出曲线$y=x$，$y=\sqrt{x}$，求交点$(0,0)$、$(1,1)$，再作直线$x=0$、$x=1$把积分区域还原。

按先x后y的顺序

$$D:\begin{cases}0\leqslant y\leqslant1\\y^2\leqslant x\leqslant y\end{cases}$$

$$I = \int_0^1 dy \int_{y^2}^{y} \frac{\sin y}{y} dx = \int_0^1 \frac{\sin y}{y} x \Big|_{y^2}^{y} dy$$

$$= \int_0^1 \frac{\sin y}{y}(y - y^2) dy = \int_0^1 (1 - y)\sin y dy$$

$$= \int_0^1 (\sin y - y\sin y) dy = \int_0^1 \sin y dy - \int_0^1 y\sin y dy$$

$$= -\cos y \Big|_0^1 + \int_0^1 y d\cos y = -(\cos 1 - 1) + y\cos y \Big|_0^1 - \int_0^1 \cos y dy$$

$$= -(\cos 1 - 1) + \cos 1 - \sin y \Big|_0^1$$

$$= -\cos 1 + 1 + \cos 1 - (\sin 1 - 0) = 1 - \sin 1$$

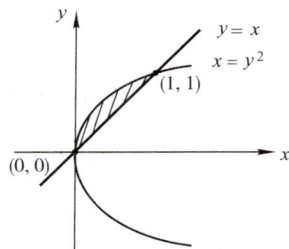

例 1-5-5 解图

答案： D

注：这是一个交换积分次序的题目，先根据所给出的积分上下限画出积分区域，再按正确的积分次序写出二次积分的积分上下限。

【例 1-5-6】 若 D 域是 $x^2 + y^2 \leq 4$，$y \geq 0$，则 $\iint\limits_{D} \sin(x^3 y^2) d\sigma$ 的值等于：

A. 0   B. 2   C. 3   D. 无法计算

解 画出积分区域 D 的图形，D 为上半圆和 x 轴围成的图形（见解图），图形关于 y 轴对称，方程 $f(x,y) = \sin(x^3 y^2)$ 满足 $f(-x, y) = -f(x, y)$，为关于变量 x 的奇函数，由二重积分几何意义可知 $\iint\limits_{D} \sin(x^3 y^2) d\sigma = 0$。

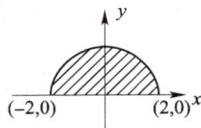

例 1-5-6 解图

答案： A

【例 1-5-7】 二次积分 $\int_0^1 dx \int_{x^2}^{x} f(x,y) dy$ 交换积分次序后的二次积分是：

A. $\int_{x^2}^{x} dy \int_0^1 f(x,y) dx$ B. $\int_0^1 dy \int_{y^2}^{y} f(x,y) dx$

C. $\int_{y}^{\sqrt{y}} dy \int_0^1 f(x,y) dx$ D. $\int_0^1 dy \int_{y}^{\sqrt{y}} f(x,y) dx$

解 根据给出的二重积分的上下限 $0 \leq x \leq 1$，$x^2 \leq y \leq x$ 画出积分区域 D，再写出先 x 后 y 的积分表达式。

D：$0 \leq y \leq 1$，$y \leq x \leq \sqrt{y}$ （见解图）

$y = x$，即 $x = y$；$y = x^2$，得 $x = \sqrt{y}$

所以二次积分交换积分顺序后为 $\int_0^1 dy \int_{y}^{\sqrt{y}} f(x,y) dx$。

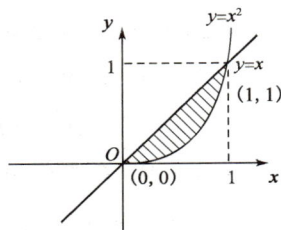

答案： D

例 1-5-7 解图

【例 1-5-8】 $I = \int_0^1 dy \int_0^{\sqrt{1-y}} 3x^2 y^2 dx$，则交换积分次序后得：

A. $I = \int_0^1 dx \int_0^{\sqrt{1-x}} 3x^2 y^2 dy$ B. $I = \int_0^{\sqrt{1-y}} dx \int_0^1 3x^2 y^2 dy$

C. $I = \int_0^1 dx \int_0^{1-x^2} 3x^2 y^2 dy$ D. $I = \int_0^1 dx \int_0^{1+x^2} 3x^2 y^2 dy$

解 画出积分区域 D（见解图），写出先 y 后 x 的积分表达式。

由 $x = \sqrt{1-y}$，得 $x^2 = 1 - y$，$y = 1 - x^2$

D：$\begin{cases} 0 \leq x \leq 1 \\ 0 \leq y \leq 1 - x^2 \end{cases}$

故 $I = \int_0^1 dx \int_0^{1-x^2} 3x^2 y^2 dy$。

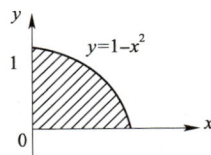

例 1-5-8 解图

答案： C

【例 1-5-9】 区域 D 由 x 轴，圆 $x^2 + y^2 - 2x = 0 (y \geq 0)$ 的内部及直线 $x + y = 2$ 下方所围成，$f(x,y)$ 是连续函数，化 $\iint\limits_{D} f(x,y) dx dy$ 为二次积分是：

A. $\int_0^{\frac{\pi}{4}} \mathrm{d}\varphi \int_0^{2\cos\varphi} f(\rho\cos\varphi, \rho\sin\varphi)\rho\mathrm{d}\rho$ 　　　　B. $\int_0^1 \mathrm{d}y \int_{1-\sqrt{1-y^2}}^{2-y} f(x,y)\mathrm{d}x$

C. $\int_0^{\frac{\pi}{2}} \mathrm{d}\varphi \int_0^1 f(\rho\cos\varphi, \rho\sin\varphi)\rho\mathrm{d}\rho$ 　　　　D. $\int_0^1 \mathrm{d}x \int_0^{\sqrt{2x-x^2}} f(x,y)\mathrm{d}y$

解 积分区域D为$x^2 + y^2 - 2x = 0$，即$(x-1)^2 + y^2 = 1$。由解图可知，选项A、C积分变量ρ、φ的取值均有错误。

在化为直角坐标计算时，按先x后y的顺序积分

由$(x-1)^2 + y^2 = 1$，$(x-1)^2 = 1 - y^2$，$x - 1 = \pm\sqrt{1-y^2}$，

$x = 1 \pm \sqrt{1-y^2}$，取方程$x = 1 - \sqrt{1-y^2}$。

$D:\begin{cases} 0 \leqslant y \leqslant 1 \\ 1 - \sqrt{1-y^2} \leqslant x \leqslant 2 - y \end{cases}$

$\iint\limits_D f(x,y)\mathrm{d}x\mathrm{d}y = \int_0^1 \mathrm{d}y \int_{1-\sqrt{1-y^2}}^{2-y} f(x,y)\mathrm{d}x$

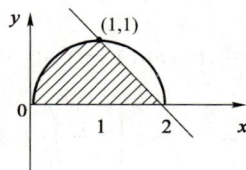
例 1-5-9 解图

答案： B

【例 1-5-10】 设D是由直线$y = x$和圆$x^2 + (y-1)^2 = 1$所围成且在直线$y = x$下方的平面区域，则二重积分$\iint\limits_D x\mathrm{d}x\mathrm{d}y$等于：

A. $\int_0^{\frac{\pi}{2}} \cos\theta\mathrm{d}\theta \int_0^{2\cos\theta} \rho^2\mathrm{d}\rho$ 　　　　B. $\int_0^{\frac{\pi}{2}} \sin\theta\mathrm{d}\theta \int_0^{2\sin\theta} \rho^2\mathrm{d}\rho$

C. $\int_0^{\frac{\pi}{4}} \sin\theta\mathrm{d}\theta \int_0^{2\sin\theta} \rho^2\mathrm{d}\rho$ 　　　　D. $\int_0^{\frac{\pi}{4}} \cos\theta\mathrm{d}\theta \int_0^{2\sin\theta} \rho^2\mathrm{d}\rho$

解 本题考查将直角坐标系下的二重积分化为极坐标系下的二次积分的知识。关键是把区域D写成极坐标系下的不等式组，其中将圆的方程$x^2 + (y-1)^2 = 1$化为极坐标系下的表达式又是关键的关键。如解图所示。

$x^2 + (y-1)^2 = 1$，即$x^2 + y^2 - 2y = 0$

直角坐标和极坐标的关系为：

$x = \rho\cos\theta$，$y = \rho\sin\theta$

代入方程$x^2 + (y-1)^2 = 1$，得：

$$\rho^2 - 2\rho\sin\theta = 0, \quad \rho(\rho - 2\sin\theta) = 0$$

所以$\rho = 0$，$\rho = 2\sin\theta$

积分区域D的极坐标表达式为$\begin{cases} 0 \leqslant \theta \leqslant \dfrac{\pi}{4} \\ 0 \leqslant \rho \leqslant 2\sin\theta \end{cases}$

面积元素$\mathrm{d}x\mathrm{d}y = \rho\mathrm{d}\rho\mathrm{d}\theta$，

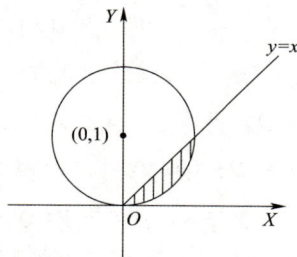
例 1-5-10 解图

$\iint\limits_D x\mathrm{d}x\mathrm{d}y = \int_0^{\frac{\pi}{4}} \mathrm{d}\theta \int_0^{2\sin\theta} \rho \cdot \sin\theta \cdot \rho\mathrm{d}\rho = \int_0^{\frac{\pi}{4}} \sin\theta\mathrm{d}\theta \int_0^{2\sin\theta} \rho^2\mathrm{d}\rho$

答案： C

【例 1-5-11】 设D是由$y = x^2 - 4$和$y = 0$围成的平面区域（见图），则$I = \iint\limits_D (ax + y)\mathrm{d}x\mathrm{d}y$：

A. $I > 0$

B. $I = 0$

C. $I < 0$

D. I的符号与参数a有关

解 $\underset{D}{\iint} (ax + y)\mathrm{d}x\mathrm{d}y = \underset{D}{\iint} ax\mathrm{d}x\mathrm{d}y + \underset{D}{\iint} y\mathrm{d}x\mathrm{d}y$

（Ⅰ）　　　　　（Ⅱ）

（Ⅰ）由于积分区域D关于y轴对称，被积函数满足$f(-x,y) = -f(x,y)$，故$\iint\limits_D ax\mathrm{d}x\mathrm{d}y = 0$。

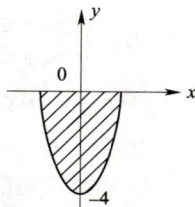
例 1-5-11 图

（Ⅱ）由于在积分区域D内，被积函数$y \leq 0$，故$\iint\limits_{D} y \mathrm{d}x \mathrm{d}y < 0$。

答案： C

【例 1-5-12】 计算由曲面$z = 2 - x^2 - y^2$及$z = \sqrt{x^2 + y^2}$所围成立体的体积（见图）。

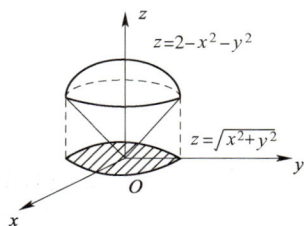
例 1-5-12 图

解 利用三重积分计算（本题也可用二重积分计算）

投影区域D_{xy}

$$\begin{cases} z = 2 - x^2 - y^2 \\ z = \sqrt{x^2 + y^2} \end{cases} \overset{\text{消字母}z}{\Longrightarrow} D_{xy}: \ x^2 + y^2 \leq 1$$

利用柱面坐标计算，将$x = r\cos\theta$，$y = r\sin\theta$代入方程，即

$z = 2 - x^2 - y^2$，得$z = 2 - r^2$，又由$z = \sqrt{x^2 + y^2}$，可得$z = r$，Ω: $\begin{cases} r \leq z \leq 2 - r^2 \\ 0 \leq r \leq 1 \\ 0 \leq \theta \leq 2\pi \end{cases}$

$$V = \iiint\limits_{\Omega} \mathrm{d}V = \int_0^{2\pi} \mathrm{d}\theta \int_0^1 r \mathrm{d}r \int_r^{2-r^2} \mathrm{d}z = \frac{5}{6}\pi$$

【例 1-5-13】 计算由曲面$z = \sqrt{x^2 + y^2}$及$z = x^2 + y^2$所围成的立体体积的三次积分为：

  A. $\int_0^{2\pi} \mathrm{d}\theta \int_0^1 r \mathrm{d}r \int_{r^2}^r \mathrm{d}z$ B. $\int_0^{2\pi} \mathrm{d}\theta \int_0^1 r \mathrm{d}r \int_r^1 \mathrm{d}z$

  C. $\int_0^{2\pi} \mathrm{d}\theta \int_0^{\frac{\pi}{4}} \sin\varphi \, \mathrm{d}\varphi \int_0^1 r^2 \mathrm{d}r$ D. $\int_0^{2\pi} \mathrm{d}\theta \int_{\frac{\pi}{4}}^{\frac{\pi}{2}} \sin\varphi \mathrm{d}\varphi \int_0^1 r^2 \mathrm{d}r$

解 由已知条件画出积分区域，如解图所示。

将直角坐标系方程化为球坐标系下的方程：

$z = \sqrt{x^2 + y^2} \Rightarrow \varphi = \dfrac{\pi}{4}$；$z = x^2 + y^2 \Rightarrow r\cos\varphi = r^2 \sin^2 \varphi \Rightarrow r = \dfrac{\cos\varphi}{\sin^2 \varphi}$

所以，球坐标系下三次积分为$\int_0^{2\pi} \mathrm{d}\theta \int_{\frac{\pi}{4}}^{\frac{\pi}{2}} \sin\varphi \, \mathrm{d}\varphi \int_0^{\frac{\cos\varphi}{\sin^2\varphi}} r^2 \mathrm{d}r$，选项 C、D 错。

化柱面坐标计算，求D_{xy}，消z。由$\begin{cases} z = \sqrt{x^2 + y^2} \\ z = x^2 + y^2 \end{cases}$，得$D_{xy}: \ x^2 + y^2 \leq 1$

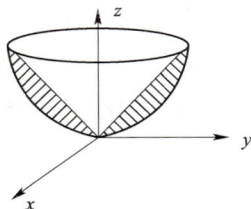
例 1-5-13 解图

Ω化为柱面坐标为$\begin{cases} r^2 \leq z \leq r \\ 0 \leq r \leq 1 \\ 0 \leq \theta \leq 2\pi \end{cases}$，$\mathrm{d}V = r\mathrm{d}r\mathrm{d}\theta\mathrm{d}z$

$$V = \iiint\limits_{\Omega} 1 \mathrm{d}V = \int_0^{2\pi} \mathrm{d}\theta \int_0^1 r\mathrm{d}r \int_{r^2}^r 1\mathrm{d}z$$

答案： A

【例 1-5-14】 设函数$f(x, y)$在$x^2 + y^2 \leq 1$范围内连续，使下式

$$\iint\limits_{x^2+y^2 \leq 1} f(x, y)\mathrm{d}x\mathrm{d}y = 4\int_0^1 \mathrm{d}x \int_0^{\sqrt{1-x^2}} f(x, y)\mathrm{d}y$$

成立的充分条件是：

  A. $f(-x, y) = f(x, y)$，$f(x, -y) = -f(x, y)$

  B. $f(-x, y) = f(x, y)$，$f(x, -y) = f(x, y)$

  C. $f(-x, y) = -f(x, y)$，$f(x, -y) = -f(x, y)$

  D. $f(-x, y) = -f(x, y)$，$f(x, -y) = f(x, y)$

解 如解图所示，因为积分区域D关于y轴对称，函数$f(x, y)$满足$f(-x, y) = f(x, y)$，所以

$$\iint\limits_{D} f(x, y)\mathrm{d}x\mathrm{d}y = 2\iint\limits_{D_1} f(x, y)\mathrm{d}x\mathrm{d}y$$

又因D_1关于x轴对称，函数$f(x, y)$满足$f(x, -y) = f(x, y)$，则

$$\iint\limits_{D_1} f(x, y)\mathrm{d}x\mathrm{d}y = 2\iint\limits_{D_2} f(x, y)\mathrm{d}x\mathrm{d}y$$

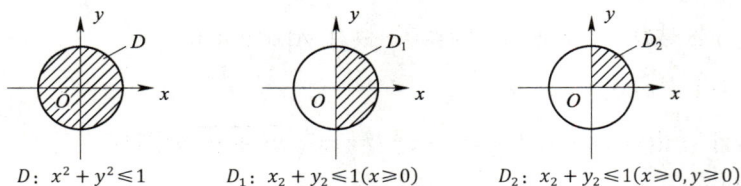

$D: x^2 + y^2 \leqslant 1$　　$D_1: x_2 + y_2 \leqslant 1(x \geqslant 0)$　　$D_2: x_2 + y_2 \leqslant 1(x \geqslant 0, y \geqslant 0)$

例 1-5-14 解图

故 $\displaystyle\iint\limits_{x^2+y^2 \leqslant 1} f(x,y)\mathrm{d}x\mathrm{d}y = 4\iint\limits_{D_2} f(x,y)\mathrm{d}x\mathrm{d}y$，$D_2:\begin{cases} 0 \leqslant x \leqslant 1 \\ 0 \leqslant y \leqslant \sqrt{1-x^2} \end{cases}$

所以 $\displaystyle\iint\limits_{x^2+y^2 \leqslant 1} f(x,y)\mathrm{d}x\mathrm{d}y = 4\int_0^1 \mathrm{d}x \int_0^{\sqrt{1-x^2}} f(x,y)\mathrm{d}y$

答案：B

三、对弧长的曲线积分

（一）对弧长的曲线积分的概念

设 L 是平面上的可求长曲线，$f(x,y)$ 是定义在 L 上的有界函数，将 L 任意地分为 n 个小弧段 $\overparen{M_{i-1}M_i}(i=1,2,\cdots,n)$，设 $\overparen{M_{i-1}M_i}$ 的长为 Δs_i，在 $\overparen{M_{i-1}M_i}$ 上任意取一点 (ξ_i,η_i) 作积分和 $\sum\limits_{i=1}^{n} f(\xi_i,\eta_i)\Delta s_i$，若 $\lambda = \max\{\Delta s_i, (i=1,2,\cdots,n)\} \to 0$，上述和式极限存在，则称此极限为 $f(x,y)$ 在 L 上对弧长的曲线积分，记作 $\int_L f(x,y)\mathrm{d}s$。

（二）对弧长的曲线积分的性质

（1）$\int_L kf(x,y)\mathrm{d}s = k\int_L f(x,y)\mathrm{d}s$（$k$ 为常数）

（2）可加性：$\int_{\overparen{AB}} f(x,y)\mathrm{d}s = \int_{\overparen{AC}} f(x,y)\mathrm{d}s + \int_{\overparen{CB}} f(x,y)\mathrm{d}s$（$C$ 为 $\overparen{AB}$ 上的任一点）

（3）与路径方向无关性：$\int_{\overparen{AB}} f(x,y)\mathrm{d}s = \int_{\overparen{BA}} f(x,y)\mathrm{d}s$

（三）对弧长的曲线积分的计算

（1）设曲线的参数方程为 $x = \varphi(t)$、$y = \psi(t)$，$\alpha \leqslant t \leqslant \beta$ 且 $\psi(t)$、$\varphi(t)$ 在 $[\alpha,\beta]$ 上具有连续导数，则

$$\int_L f(x,y)\mathrm{d}s = \int_\alpha^\beta f[\varphi(t),\psi(t)]\sqrt{[\varphi'(t)]^2 + [\psi'(t)]^2}\mathrm{d}t \qquad (1\text{-}5\text{-}10)$$

（2）设曲线方程为 $y = y(x)$，$a \leqslant x \leqslant b$ 且 $y(x)$ 在 $[a,b]$ 上具有连续导数，则

$$\int_L f(x,y)\mathrm{d}s = \int_a^b f[x,y(x)]\sqrt{1 + [y'(x)]^2}\mathrm{d}x$$

式中，当 $f(x,y) = 1$ 时，$\int_L \mathrm{d}s = \int_a^b \sqrt{1 + [f'(x)]^2}\mathrm{d}x$，可用它计算平面曲线的弧长，与一元定积分应用求弧长公式一样。

（3）设曲线方程为 $x = x(y)$，$c \leqslant y \leqslant d$，且 $x(y)$ 在 $[c,d]$ 上具有连续导数，则

$$\int_L f(x,y)\mathrm{d}s = \int_c^d f[x(y),y]\sqrt{1 + [x'(y)]^2}\mathrm{d}y \qquad (1\text{-}5\text{-}11)$$

在计算对弧长的曲线积分时，由于 $\mathrm{d}s > 0$，化为定积分后，积分下限必须小于积分上限。

四、对坐标的曲线积分

（一）对坐标的曲线积分的概念和性质

设 L 为平面上的有向曲线，$P(x,y)$ 是定义在 L 上的有界函数，自 L 的起点至终点任意分 L 为 n 个弧段

$\widehat{M_{i-1}M_i}(i=1,2,\cdots,n)$，$\widehat{M_{i-1}M_i}$ 在 x 轴 上 的 投 影 为 Δx_i，在 $\widehat{M_{i-1}M_i}$ 上 任 取 一 点 (ξ_i,η_i) 作 积 分 和 $\sum_{i=1}^{n}P(\xi_i,\eta_i)\Delta x_i$，如果 $\lambda = \max|\Delta x_i|$，$(i=1,2,\cdots,n)\} \to 0$，上述和式的极限存在，则称此极限为函数 $P(x,y)$ 沿曲线 L 对坐标 x 的曲线积分，记作 $\int_L P(x,y)\mathrm{d}x$，即

$$\int_L P(x,y)\mathrm{d}x = \lim_{\lambda \to 0}\sum_{i=1}^{n}P(\xi_i,\eta_i)\Delta x_i$$

同理，可以定义函数 $Q(x,y)$ 沿曲线 L 对坐标 y 的曲线积分

$$\int_L Q(x,y)\mathrm{d}y = \lim_{\lambda \to 0}\sum_{i=1}^{n}Q(\xi_i,\eta_i)\Delta y_i$$

一般平面曲线 L 对坐标的曲线积分表达式为

$$\int_L P(x,y)\mathrm{d}x + Q(x,y)\mathrm{d}y$$

对坐标的曲线积分具有以下性质：

1. 可加性

$$\int_L P\mathrm{d}x + Q\mathrm{d}y = \int_{L_1} P\mathrm{d}x + Q\mathrm{d}y + \int_{L_2} P\mathrm{d}x + Q\mathrm{d}y$$

其中，$L = L_1 + L_2$。

2. 与积分曲线的方向有关

$$\int_L P(x,y)\mathrm{d}x + Q(x,y)\mathrm{d}y = -\int_{-L} P(x,y)\mathrm{d}x + Q(x,y)\mathrm{d}y \qquad (1-5-12)$$

其中，L 和 $-L$ 方向相反。

（二）计算

（1）设曲线 L 的参数方程为 $x = \varphi(t)$，$y = \psi(t)$，L 的起点与终点所对应的参数依次为 α 与 β，且 $P(x,y)$、$Q(x,y)$ 连续，$\psi(t)$、$\varphi(t)$ 连续可微，则

$$\int_L P(x,y)\mathrm{d}x + Q(x,y)\mathrm{d}y = \int_{\alpha}^{\beta}\{P[\varphi(t),\psi(t)]\varphi'(t) + Q[\varphi(t),\psi(t)]\psi'(t)\}\mathrm{d}t \qquad (1-5-13)$$

（2）设曲线 L 的方程 $y = y(x)$ 连续可微，起点与终点的横坐标依次为 a、b，则

$$\int_L P(x,y)\mathrm{d}x + Q(x,y)\mathrm{d}y = \int_{a}^{b}\{P[x,y(x)] + Q[x,y(x)]y'(x)\}\mathrm{d}x \qquad (1-5-14)$$

（3）设曲线 L 的方程 $x = x(y)$ 连续可微，起点与终点的纵坐标依次为 c、d，则

$$\int_L P(x,y)\mathrm{d}x + Q(x,y)\mathrm{d}y = \int_{c}^{d}\{P[x(y),y]x'(y) + Q[x(y),y]\}\mathrm{d}y \qquad (1-5-15)$$

五、多元积分学的应用

（一）平面图形的面积

设 D 为 xOy 平面上的有界闭区域，则 D 的面积 A 为

$$A = \iint_D \mathrm{d}x\mathrm{d}y \qquad (1-5-16)$$

（二）几何体的体积

设 Ω 为三维空间里的几何体，则 Ω 的体积 V 为

$$V = \iiint_\Omega \mathrm{d}x\mathrm{d}y\mathrm{d}z \qquad (1-5-17)$$

（三）曲顶柱体体积

设曲面$\sum$的方程为$z = f(x,y) \geqslant 0$，$(x,y) \in D$，则D上以$\sum$为顶的曲顶柱体体积V为

$$V = \iint\limits_{D} f(x,y)\mathrm{d}x\mathrm{d}y \tag{1-5-18}$$

多元积分可用于计算曲面面积、平面薄片和空间物体的质量、重心、转动惯量、对质点的引力等。曲线积分可用于计算曲线形构件的质量、重心、转动惯量、引力、变力沿曲线运动所做的功等。

【例 1-5-15】已知$\int_L \sqrt{y}\mathrm{d}s$，其中$L$是抛物线$y = x^2$上点$A(0,0)$与点$B(1,1)$之间的一段弧（见图），其值为：

A. $\dfrac{1}{12}\left(5\sqrt{5} - 1\right)$　　　B. $5\sqrt{5} - 1$　　　C. $\dfrac{1}{12}$　　　D. $\dfrac{5}{12}\sqrt{5}$

解　用对弧长的曲线积分的方法，计算如下：

抛物方程为$y = x^2$，故$y' = 2x$

利用公式$\int_L f(x,y)\mathrm{d}s = \int_a^b f[x,y(x)]\sqrt{1 + y'^2(x)}\mathrm{d}x$

$L: \begin{cases} x = x \\ y = x^2 \end{cases}$，$\mathrm{d}s = \sqrt{1^2 + (2x)^2}\mathrm{d}x = \sqrt{1 + 4x^2}\mathrm{d}x$　$(0 \leqslant x \leqslant 1)$

有：$\int_L \sqrt{y}\mathrm{d}s = \int_0^1 \sqrt{x^2}\sqrt{1 + 4x^2}\mathrm{d}x$

$\qquad\qquad = \int_0^1 x\sqrt{1 + 4x^2}\mathrm{d}x = \dfrac{1}{12}\left(5\sqrt{5} - 1\right)$

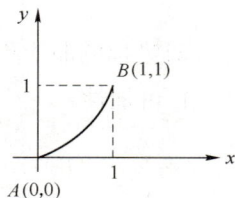
例 1-5-15 图

答案：A

【例 1-5-16】设L是从$A(1,0)$至$B(-1,2)$的线段，则$\int_L (x + y)\mathrm{d}s$等于：

A. $-2\sqrt{2}$　　　　B. $2\sqrt{2}$　　　　C. 2　　　　D. 0

解　如解图所示，线段AB的方程为

$$y - 2 = \frac{-2}{2}(x + 1), \quad y = -x + 1$$

L参数方程：$\begin{cases} y = -x + 1 \\ x = x \end{cases}$ $(-1 \leqslant x \leqslant 1)$，$\mathrm{d}s = \sqrt{1 + 1}\mathrm{d}x = \sqrt{2}\mathrm{d}x$

故$\int_L (x + y)\mathrm{d}s = \int_{-1}^1 [x + (-x + 1)]\sqrt{2}\mathrm{d}x = \int_{-1}^1 \sqrt{2}\mathrm{d}x = \sqrt{2}x\Big|_{-1}^1 = 2\sqrt{2}$

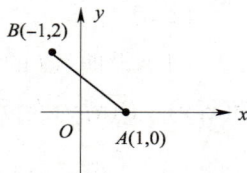
例 1-5-16 解图

答案：B

【例 1-5-17】已知$\int_L (x + y)\mathrm{d}x + (x - y)\mathrm{d}y$，其中$L$为直线$y = 2x - 1$上从$(1,1)$到$(2,3)$的有向线段（见图）。其值为：

A. 0　　　　B. $\dfrac{5}{2}$　　　　C. 1　　　　D. 2

解　本题为对坐标的曲线积分，计算方法如下：

通过计算直线方程为$y = 2x - 1$，直线L的参数方程为$\begin{cases} x = x \\ y = 2x - 1 \end{cases}$ $(x : 1 \to 2)$。将原式中所有的y替换为x的表达式，则：

$$\int_L (x + y)\mathrm{d}x + (x - y)\mathrm{d}y \quad (x : 1 \to 2)$$

$$= \int_1^2 (x + 2x - 1)\mathrm{d}x + (x - 2x + 1)2\mathrm{d}x$$

$$= \int_1^2 (x + 1)\mathrm{d}x = \frac{5}{2}$$

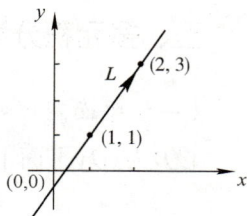
例 1-5-17 图

答案：B

【例 1-5-18】设L是椭圆$\begin{cases} x = a\cos\theta \\ y = b\sin\theta \end{cases}$ $(a > 0, b > 0)$的上半椭圆周，沿顺时针方向，则曲线积分$\int_L y^2\mathrm{d}x$等于：

A. $\frac{5}{3}ab^2$　　　　　　　B. $\frac{4}{3}ab^2$　　　　　　　C. $\frac{2}{3}ab^2$　　　　　　　D. $\frac{1}{3}ab^2$

解　本题考查了参数方程形式的对坐标的曲线积分（也称第二类曲线积分），注意绕行方向为顺时针。

积分路径L沿顺时针方向，取椭圆上半周，则角度θ的取值范围为π到0。

根据$x = a\cos\theta$，可知$dx = -a\sin\theta d\theta$，因此原式有：

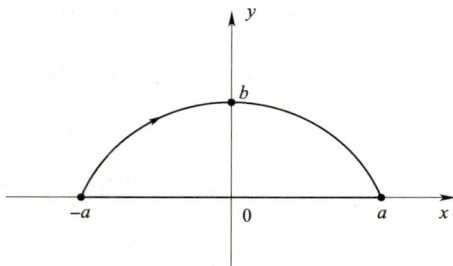

$$\int_L y^2 dx = \int_\pi^0 (b\sin\theta)^2(-a\sin\theta)d\theta = \int_0^\pi ab^2\sin^3\theta\, d\theta$$

$$= ab^2\int_0^\pi \sin^2\theta\, d(-\cos\theta)$$

$$= -ab^2\int_0^\pi (1-\cos^2\theta)d(\cos\theta) = \frac{4}{3}ab^2$$

答案： B

例 1-5-18 解图

注： 对坐标的曲线积分应注意积分路径的方向，然后写出积分变量的上下限，本题若取逆时针为绕行方向，则θ的范围应从0到π。简单作图即可观察和验证。

【例 1-5-19】 设L是曲线$y = \ln x$上从点$(1,0)$至点$(e,1)$的一段曲线，则曲线积分$\int_L \frac{2y}{x}dx + xdy$等于：

　　　　A. e　　　　　　　B. $e+2$　　　　　　　C. 2　　　　　　　D. $e-1$

解　见解图。

L_1：$\begin{cases} y = \ln x \\ x = x \end{cases}$　　$(x: 1 \to e)$

原式$= \int_1^e \frac{2\ln x}{x}dx + x\cdot\frac{1}{x}dx = \int_1^e \left(\frac{2\ln x}{x} + 1\right)dx$

$= \left[(\ln x)^2 + x\right]\Big|_1^e = (1+e) - (0+1) = e$

答案： A

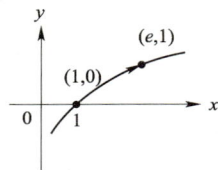

例 1-5-19 解图

【例 1-5-20】 设圆周曲线L：$x^2 + y^2 = 1$取逆时针方向，则对坐标的曲线积分$\int_L \frac{ydx - xdy}{x^2+y^2}$等于：

　　　　A. 2π　　　　　　　B. -2π　　　　　　　C. π　　　　　　　D. 0

解　本题考查对坐标的曲线积分的计算方法。应注意对坐标的曲线积分与曲线的积分路径方向有关，积分变量的变化区间应从起点所对应的参数积到终点所对应的参数。

L：$x^2 + y^2 = 1$

参数方程可表示为$\begin{cases} x = \cos\theta \\ y = \sin\theta \end{cases}$　$(0\leqslant\theta\leqslant 2\pi)$，则

$$\int_L \frac{ydx - xdy}{x^2 + y^2} = \int_0^{2\pi} \frac{\sin\theta(-\sin\theta) - \cos\theta\cos\theta}{\cos^2\theta + \sin^2\theta}d\theta = \int_0^{2\pi}(-1)d\theta = -\theta\Big|_0^{2\pi} = -2\pi$$

答案： B

习　题

1-5-1　设D为由$y=x$，$x=0$，$y=1$所围成的区域，则$\iint\limits_D e^{-y}dxdy = (\quad\quad)$。

　　　　A. $\frac{1}{2}(e^{-1})$　　　　　　　B. $-\frac{1}{2e}$　　　　　　　C. $\frac{1}{2}(1+e)$　　　　　　　D. $1-\frac{2}{e}$

1-5-2　化二次积分为极坐标系下的二次积分，$\int_0^1 dx\int_0^{x^2} f(x,y)dy = (\quad\quad)$。

　　　　A. $\int_0^{\frac{\pi}{3}} d\theta\int_0^{\sec\theta\tan\theta} f(r\cos\theta, r\sin\theta)rdr$　　　　B. $\int_0^{\frac{\pi}{4}} d\theta\int_0^{\sec\theta\tan\theta} f(r\cos\theta, r\sin\theta)rdr$

C. $\int_0^{\frac{\pi}{3}} d\theta \int_{\sec\theta\tan\theta}^{\sec\theta} f(r\cos\theta, r\sin\theta)r\mathrm{d}r$ 　　　　D. $\int_0^{\frac{\pi}{4}} d\theta \int_{\sec\theta\tan\theta}^{\sec\theta} f(r\cos\theta, r\sin\theta)r\mathrm{d}r$

1-5-3　设D为圆域$x^2 + y^2 \leqslant 4$，则下列式子中正确的是（　　　　）。

A. $\iint\limits_D \sin(x^2 + y^2)\mathrm{d}x\mathrm{d}y = \iint\limits_D \sin 4\mathrm{d}x\mathrm{d}y$

B. $\iint\limits_D \sin(x^2 + y^2)\mathrm{d}x\mathrm{d}y = \int_0^{2\pi} \mathrm{d}\theta \int_0^4 \sin r^2 \mathrm{d}r$

C. $\iint\limits_D \sin(x^2 + y^2)\mathrm{d}x\mathrm{d}y = \int_0^{2\pi} \mathrm{d}\theta \int_0^2 r\sin r^2 \mathrm{d}r$

D. $\iint\limits_D \sin(x^2 + y^2)\mathrm{d}x\mathrm{d}y = \int_0^{2\pi} \mathrm{d}\theta \int_0^2 \sin r^2 \mathrm{d}r$

1-5-4　$I = \iint\limits_D xy\mathrm{d}\sigma$，$D$由$y^2 = x$及$y = x - 2$所围成，则化为二次积分后的结果为（　　　　）。

A. $I = \int_0^4 \mathrm{d}x \int_{y+2}^{y^2} xy\mathrm{d}y$ 　　　　B. $I = \int_{-1}^2 \mathrm{d}y \int_{y^2}^{y+2} xy\mathrm{d}x$

C. $I = \int_{-1}^1 \mathrm{d}x \int_{-\sqrt{x}}^{\sqrt{x}} xy\mathrm{d}y + \int_1^4 \mathrm{d}x \int_{x-2}^x xy\mathrm{d}y$ 　　　　D. $I = \int_{-1}^2 \mathrm{d}x \int_{y^2}^{y+2} xy\mathrm{d}y$

1-5-5　改变积分次序$\int_0^3 \mathrm{d}y \int_y^{6-y} f(x, y)\mathrm{d}x$，则有（　　　　）。

A. $\int_0^3 \mathrm{d}x \int_x^{6-x} f(x, y)\mathrm{d}y$ 　　　　B. $\int_0^3 \mathrm{d}x \int_0^x f(x, y)\mathrm{d}y + \int_3^6 \mathrm{d}x \int_0^{6-x} f(x, y)\mathrm{d}y$

C. $\int_0^3 \mathrm{d}x \int_0^x f(x, y)\mathrm{d}y$ 　　　　D. $\int_3^6 \mathrm{d}x \int_0^{6-x} f(x, y)\mathrm{d}y$

1-5-6　曲线$y = \frac{2}{3} x^{\frac{3}{2}}$上相应于$x$从$0$到$1$的一段弧的长度是（　　　　）。

A. $\frac{2}{3}(\sqrt[3]{4} - 1)$ 　　　　B. $\frac{4}{3}\sqrt{2}$ 　　　　C. $\frac{2}{3}(2\sqrt{2} - 1)$ 　　　　D. $\frac{4}{15}$

1-5-7　设L是连接$A(1,0)$，$B(0,1)$，$C(-1,0)$的折线，则曲线积分$\int_{ABC} \frac{\mathrm{d}x + \mathrm{d}y}{|x| + |y|} = $（　　　　）。

A. 0 　　　　B. -2 　　　　C. 2 　　　　D. 4

1-5-8　两个圆柱体$x^2 + y^2 \leqslant R^2$，$x^2 + z^2 \leqslant R^2$公共部分的体积V为（　　　　）。

A. $2\int_0^R \mathrm{d}x \int_0^{\sqrt{R^2-x^2}} \sqrt{R^2 - x^2}\mathrm{d}y$ 　　　　B. $8\int_0^R \mathrm{d}x \int_0^{\sqrt{R^2-x^2}} \sqrt{R^2 - x^2}\mathrm{d}y$

C. $\int_{-R}^R \mathrm{d}x \int_{-\sqrt{R^2-x^2}}^{\sqrt{R^2-x^2}} \sqrt{R^2 - x^2}\mathrm{d}y$ 　　　　D. $4\int_{-R}^R \mathrm{d}x \int_{-\sqrt{R^2-x^2}}^{\sqrt{R^2-x^2}} \sqrt{R^2 - x^2}\mathrm{d}y$

1-5-9　设平面闭区域D由$x = 0$，$y = 0$，$x + y = \frac{1}{2}$，$x + y = 1$所围成，$I_1 = \iint\limits_D [\ln(x + y)]^3\mathrm{d}x\mathrm{d}y$，$I^2 = \iint\limits_D (x + y)^3\mathrm{d}x\mathrm{d}y$，$I^3 = \iint\limits_D [\sin(x + y)]^3\mathrm{d}x\mathrm{d}y$，则$I_1$，$I_2$，$I_3$之间的关系应是（　　　　）。

A. $I_1 < I_2 < I_3$ 　　　　B. $I_1 < I_3 < I_2$ 　　　　C. $I_3 < I_2 < I_1$ 　　　　D. $I_3 < I_1 < I_2$

第六节　级　数

一、常数项级数及其敛散性

（一）常数项级数的概念

1.常数项级数定义

由无穷数列$\{a_n\}$组成的表达式

$$\sum_{n=1}^\infty a_n = a_1 + a_2 + \cdots + a_n + \cdots \tag{1-6-1}$$

称为常数项无穷级数，简称常数项级数。a_n称为级数的通项（或一般项）。

2. 常数项级数敛散性定义

$$S_n = \sum_{i=1}^{n} a_i = a_1 + a_2 + \cdots + a_n$$

称为级数式（1-6-1）的前 n 项和，简称部分和。若 $\lim_{n \to \infty} S_n = S$ 存在，则称级数 $\sum_{n=1}^{\infty} a_n$ 收敛，S 为该级数的

和，即 $S = \sum_{n=1}^{\infty} a_n$。若 $\lim_{n \to \infty} S_n$ 不存在，则称级数 $\sum_{n=1}^{\infty} a_n$ 发散。

由于 $a_n = S_n - S_{n-1}$，可以得到级数 $\sum_{n=1}^{\infty} a_n$ 收敛的必要条件 $\lim_{n \to \infty} a_n = 0$。

（二）常数项级数的性质

（1）如果级数 $\sum_{n=1}^{\infty} a_n$ 收敛于和 S，c 为常数，则 $\sum_{n=1}^{\infty} ca_n$ 收敛，其和为 cS。

（2）如果级数 $\sum_{n=1}^{\infty} a_n$、$\sum_{n=1}^{\infty} b_n$ 都收敛，其和分别为 A、B，则 $\sum_{n=1}^{\infty} (a_n \pm b_n)$ 收敛，其和为 $A \pm B$。

（3）一个级数收敛，另一个级数发散，则它们对应项的和或差所得的级数发散。

（4）两个发散级数对应项的和或差所得的级数敛散性不定。

（5）在级数中去掉、加上或改变有限项不会改变级数的收敛性。在收敛时和要改变。

（6）如果级数 $\sum_{n=1}^{\infty} a_n$ 收敛，则对其任意加括号后所得的级数仍收敛且其和不变。若加括号后所成的级数发散，则原级数也发散。

二、正项级数敛散性判别法

各项为正数的级数 $\sum_{n=1}^{\infty} a_n = a_1 + a_2 + \cdots + a_n + \cdots (a_n \geqslant 0)$ 称为正项级数，各项符号相同的级数都可以归入正项级数（负项级数各项乘以 -1 可化为正项级数来判定）。正项级数的部分和 S_n 构成一个单调增加（或不减少）的数列 $\{S_n\}$。由极限存在准则可知，正项级数收敛的充要条件是其部分和数列 $\{S_n\}$ 有上界。

（一）利用级数收敛的必要条件判别

设 $\sum_{n=1}^{\infty} a_n$，其中 $a_n \geqslant 0 (n = 1, 2, \cdots)$。若 $\lim_{n \to \infty} a_n \neq 0$，则 $\sum_{n=1}^{\infty} a_n$ 发散。

（二）正项级数收敛的基本定理

正项级数收敛的充要条件是其部分和数列有界。

（三）常用的正项级数敛散法

1. 比较判别法

设 $\sum_{n=1}^{\infty} a_n$、$\sum_{n=1}^{\infty} b_n$ 为两个正项级数，且 $0 \leqslant a_n \leqslant b_n (n = 1, 2, \cdots)$，那么若 $\sum_{n=1}^{\infty} b_n$ 收敛，则 $\sum_{n=1}^{\infty} a_n$ 收敛；若 $\sum_{n=1}^{\infty} a_n$ 发散，则 $\sum_{n=1}^{\infty} b_n$ 发散。

2. 比较判别法的极限形式

设 $\sum_{n=1}^{\infty} a_n$、$\sum_{n=1}^{\infty} b_n$ 为两个正项级数，若 $\lim_{n \to \infty} \frac{a_n}{b_n} = c$，则当：

（1）$0 < c < +\infty$ 时，$\sum_{n=1}^{\infty} a_n$ 与 $\sum_{n=1}^{\infty} b_n$ 具有相同的敛散性；

（2）$c = 0$ 时，$\sum_{n=1}^{\infty} b_n$ 收敛，则 $\sum_{n=1}^{\infty} a_n$ 也收敛；

（3）$c = +\infty$ 时，$\sum_{n=1}^{\infty} b_n$ 发散，则 $\sum_{n=1}^{\infty} a_n$ 也发散。

在运用比较判别法时，常用下面三个级数作为比较的级数：①等比级数 $\sum_{n=1}^{\infty} aq^{n-1}$，当 $|q| < 1$ 时级

数收敛，当$|q| \geq 1$时发散。②调和级数$\sum\limits_{n=1}^{\infty} \frac{1}{n}$，这是一个发散的级数。③$p$级数$\sum\limits_{n=1}^{\infty} \frac{1}{n^p}$（$p > 0$，实数），当$p > 1$时，$p$级数收敛；当$p \leq 1$时，$p$级数发散。

3. 比值判别法

设$\sum\limits_{n=1}^{\infty} a_n$为正项级数，若$\lim\limits_{n \to \infty} \frac{a_{n+1}}{a_n} = \rho$，则当$\rho < 1$时，级数收敛；当$\rho > 1$（包括$+\infty$）时，级数发散，当$\rho = 1$时，级数的敛散性不确定。

4. 根值判别法

设$\sum\limits_{n=1}^{\infty} a_n$为正项级数，若$\lim\limits_{n \to \infty} \sqrt[n]{a_n} = \rho$，则当$\rho < 1$时，级数收敛；当$\rho > 1$（包括$\rho = \infty$）时，级数发散，当$\rho = 1$时，级数的敛散性不确定。

三、任意项级数敛散性的判定

（一）交错级数敛散性的判定（莱布尼茨定理）

设交错级数$\sum\limits_{n=1}^{\infty} (-1)^{n-1} a_n (a_n > 0, n = 1, 2, \cdots)$，即$a_1 - a_2 + a_3 - a_4 + a_5 \cdots$组成的级数，满足条件：①$\lim\limits_{n \to \infty} a_n = 0$；②$a_n \geq a_{n+1}(n = 1, 2, \cdots)$。则交错级数收敛，且其和$S \leq a_1$。

（二）一般异号级数敛散性的判定

若一个级数$\sum\limits_{n=1}^{\infty} a_n$各项为任意实数，$a_n(n = 1, 2, \cdots)$可正、可负和零，构成的级数，称为一般异号级数。一般异号级数敛散性的判定方法：

把级数各项取绝对值，化为正项级数判定。

设$\sum\limits_{n=1}^{\infty} a_n$，其中项$a_n(n = 1, 2, \cdots)$为任意实数，若$\sum\limits_{n=1}^{\infty} |a_n|$收敛，则$\sum\limits_{n=1}^{\infty} a_n$也收敛；若各项取绝对值的级数$\sum\limits_{n=1}^{\infty} |a_n|$采用比值法或根值法判定得到级数发散，则原级数$\sum\limits_{n=1}^{\infty} a_n$一定发散。

设级数$\sum\limits_{n=1}^{\infty} a_n$为一般异号级数，若$\lim\limits_{n \to \infty} a_n \neq 0$，则$\sum\limits_{n=1}^{\infty} a_n$发散。

（三）绝对收敛与条件收敛

设$\sum\limits_{n=1}^{\infty} a_n$，其中项$a_n(n = 1, 2, \cdots)$为任意实数，若$\sum\limits_{n=1}^{\infty} |a_n|$收敛，则称$\sum\limits_{n=1}^{\infty} a_n$绝对收敛；若$\sum\limits_{n=1}^{\infty} |a_n|$发散，但$\sum\limits_{n=1}^{\infty} a_n$收敛，则称$\sum\limits_{n=1}^{\infty} a_n$条件收敛。

已知级数$\sum\limits_{n=1}^{\infty} a_n$，如果级数$\sum\limits_{n=1}^{\infty} a_n$绝对收敛，则级数$\sum\limits_{n=1}^{\infty} a_n$必定收敛。

四、幂级数及其敛散性

（一）幂级数

（1）形如$a_0 + a_1 x + a_2 x^2 + \cdots + a_n x^n + \cdots$的级数称为幂级数，常数$a_0$，$a_1$，$\cdots$，$a_n$，$\cdots$称为幂级数的系数。对于形如$a_0 + a_1(x - x_0) + a_2(x - x_0)^2 + \cdots + a_n(x - x_0)^n + \cdots$的幂级数，令$z = x - x_0$就可把它化为上面的形式。

（2）阿贝尔定理：如果级数$\sum\limits_{n=0}^{\infty} a_n x^n$在$x = x_0(x_0 \neq 0)$时收敛，则适合不等式$|x| < |x_0|$的一切$x$使该幂级数绝对收敛。反之，如果级数$\sum\limits_{n=0}^{\infty} a_n x^n$在$x = x_0$时发散，则适合不等式$|x| > |x_0|$的一切$x$使该幂级数发散。

（3）形如 $\sum\limits_{n=0}^{\infty} a_n x^n$ 幂级数的收敛区间、收敛域：

①存在一个正数 $R(0 < R < \infty)$，当 $|x| < R$ 时，幂级数收敛；当 $|x| > R$ 时，幂级数发散。称开区间 $(-R, R)$ 为幂级数的收敛区间。再通过判定端点 $x = \pm R$ 的敛散性，得到级数的收敛域。有下列几种情况：$(-R, R)$ 或 $(-R, R]$ 或 $[-R, R)$ 或 $[-R, R]$。

②对任何实数 x 幂级数都收敛，幂级数的收敛区间、收敛域均为 $(-\infty, +\infty)$。

③除 $x = 0$ 外幂级数均发散，收敛域只有一点 $x = 0$。

对于情况①，常数 R 称为幂级数的收敛半径；情况②，幂级数的收敛半径 $R = +\infty$；情况③，收敛半径 $R = 0$。

（二）幂级数收敛半径 R 的求法

1. 不缺项的幂级数

（1）设 $\sum\limits_{n=0}^{\infty} a_n x^n$，若 $\lim\limits_{n\to\infty} \left| \dfrac{a_{n+1}}{a_n} \right| = \rho$，则：①当 $0 < \rho < \infty$ 时，$R = \dfrac{1}{\rho}$；②当 $\rho = 0$ 时，$R = +\infty$；③当 $\rho = +\infty$ 时，$R = 0$。其中，a_{n+1}、a_n 为幂级数连续两项的系数。

（2）对于形如 $\sum\limits_{n=0}^{\infty} a_n (x - x_0)^n$ 的幂级数，令 $y = x - x_0$，将它化为 $\sum\limits_{n=0}^{\infty} a_n y^n$ 的形式，再利用上面方法求出 R 值，回代 $y = x - x_0$，解不等式得到 x 的收敛范围。

2. 缺项的幂级数

对于 $\sum\limits_{n=0}^{\infty} a_n x^n$ 级数中，缺少 x 的乘方次数为奇数次的项或缺少 x 的乘方次数为偶数次的项时，例如 $\sum\limits_{n=0}^{\infty} a_n x^{2n}$、$\sum\limits_{n=0}^{\infty} a_n x^{2n-1}$，可把级数看作为函数项级数，用比值法计算，即 $\lim\limits_{n\to\infty} \left| \dfrac{U_{n+1}(x)}{U_n(x)} \right| =$

$\rho(x) \begin{cases} < 1，解出 |x| < R，级数绝对收敛。 \\ > 1，解出 |x| > R，级数发散。 \end{cases}$

则 R 值为级数的收敛半径。

$\big[$ 其中 $U_{n+1}(x)$，$U_n(x)$ 为幂级数的相邻两项 $\big]$

注：求幂级数的收敛半径 R，重点应放在"1. 不缺项的幂级数"这一部分。

（三）幂级数的运算

1. 幂级数的四则运算

设 $\sum\limits_{n=0}^{\infty} a_n x^n$ 与 $\sum\limits_{n=0}^{\infty} b_n x^n$ 的收敛半径分别为 R 与 R'，则：

（1）$\sum\limits_{n=0}^{\infty} a_n x^n \pm \sum\limits_{n=0}^{\infty} b_n x^n = \sum\limits_{n=0}^{\infty} (a_n \pm b_n) x^n$，其收敛半径 $R = \min\{R, R'\}$；

（2）$\sum\limits_{n=0}^{\infty} a_n x^n$ 与 $\sum\limits_{n=0}^{\infty} b_n x^n$ 的积所得级数的收敛半径 $R = \min\{R, R'\}$；

（3）$\sum\limits_{n=0}^{\infty} a_n x^n$ 与 $\sum\limits_{n=0}^{\infty} b_n x^n (b_0 \neq 0)$ 的商所得到的级数，在比 R、R' 小得多的范围内收敛。

2. 幂级数的分析运算法

设幂级数 $\sum\limits_{n=0}^{\infty} a_n x^n$ 的收敛半径为 R，和函数为 $S(x)$，则：

（1）$S(x)$ 在其收敛区间上连续。

（2）$S(x)$ 在 $(-R, R)$ 上可积，$\forall_x \in (-R, R)$，有逐项积分公式

$$\int_0^x S(x)\mathrm{d}x = \int_0^x \sum_{n=0}^{\infty} a_n x^n \mathrm{d}x = \sum_{n=0}^{\infty} \int_0^x a_n x^n \mathrm{d}x \tag{1-6-2}$$

（3）$S(x)$在$(-R,R)$上可导，且有逐项求导公式

$$S'(x) = \left(\sum_{n=0}^{\infty} a_n x^n\right)' = \sum_{n=0}^{\infty} (a_n x^n)' = \sum_{n=1}^{\infty} n a_n x^{n-1} \tag{1-6-3}$$

逐项积分和逐项微分后的级数的收敛半径仍为R，但端点$x = \pm R$的敛散性可能会发生变化。

利用幂级数的四则运算和分析运算的性质以及一些函数幂级数的展开式可求出幂级数的和函数，并由此可求出一些常数项级数的和。

（四）函数的幂级数展开式

1. 函数的泰勒级数与麦克劳林级数

设$f(x)$在$x = x_0$的各阶导数都存在，$a_n = \frac{1}{n!}f^{(n)}(x_0)\ (n = 1,2,\cdots)$，称为函数$f(x)$的泰勒系数，以这些系数写成的幂级数称为$f(x)$的泰勒级数，记为

$$f(x_0) + \frac{f'(x_0)}{1!}(x - x_0) + \cdots + \frac{1}{n!}f^{(n)}(x_0)(x - x_0)^n + \cdots \tag{1-6-4}$$

但此级数不一定收敛于$f(x)$，只有当函数$f(x)$在包含$x = x_0$的某区间I内无限次可导，而且泰勒公式中的余项$R_n(x)$，当$x \in I$时，满足条件

$$\lim_{n \to \infty} R_n(x) = 0 \tag{1-6-5}$$

其中$R_n(x) = \frac{f^{(n+1)}(\xi)}{(n+1)!}(x - x_0)^{n+1}$，$\xi$是介于$x$与$x_0$之间的某个值。则$f(x)$的泰勒级数，当$x \in I$时，收敛于$f(x)$，即

$$f(x) = f(x_0) + \frac{f'(x_0)}{1!}(x - x_0) + \cdots + \frac{1}{n!}f^{(n)}(x_0)(x - x_0)^n + \cdots \tag{1-6-6}$$

称为$f(x)$在$x = x_0$的泰勒级数展开式。当$x_0 = 0$时，称为$f(x)$的麦克劳林级数展开式

$$f(x) = f(0) + \frac{f'(0)}{1!}x + \frac{f''(0)}{2!}x^2 + \cdots + \frac{1}{n!}f^n(0)x^n + \cdots \tag{1-6-7}$$

2. 函数的幂级数展开式

通常用直接展开法和间接展开法将函数展开成幂级数。直接展开法是先求出$f^{(n)}(x)(n = 1,2,\cdots)$，写出$f(x)$的幂级数，求出收敛半径$R$，然后再讨论在$(-R,R)$内泰勒公式中的余项$R_n(x) \to 0(n \to \infty)$，得到幂级数在该区间内收敛于$f(x)$。间接展开法是利用一些已知函数的幂级数展开式如$e^x$、$\sin x$、$\cos x$、$\ln(1+x)$、$(1+x)^m$等的展开式作为基础，再利用幂级数的四则运算和分析运算的性质，以及函数幂级数展开式的唯一性定理将函数展开成幂级数。

常用的函数展开式有

$e^x = 1 + x + \frac{1}{2!}x^2 + \cdots + \frac{1}{n!}x^n + \cdots = \sum_{n=0}^{\infty} \frac{x^n}{n!}\quad (-\infty, +\infty)$

$\sin x = x - \frac{1}{3!}x^3 + \frac{1}{5!}x^5 + \cdots + (-1)^n \frac{x^{2n+1}}{(2n+1)!} + \cdots = \sum_{n=0}^{\infty} (-1)^n \frac{x^{2n+1}}{(2n+1)!}\quad (-\infty, +\infty)$

$\cos x = 1 - \frac{1}{2!}x^2 + \frac{1}{4!}x^4 + \cdots + (-1)^n \frac{x^{2n}}{(2n)!} + \cdots \sum_{n=0}^{\infty} (-1)^n \frac{x^{2n}}{(2n)!}\quad (-\infty, +\infty)$

$\ln(1+x) = x - \frac{x^2}{2} + \frac{x^3}{3} - \cdots + (-1)^n \frac{x^{n+1}}{(n+1)} + \cdots = \sum_{n=1}^{\infty} (-1)^{n-1} \frac{x^n}{n}\quad (-1,1]$

$(1+x)^m = 1 + mx + \frac{m(m-1)}{2!}x^2 + \cdots + \frac{m(m-1)\cdots(m-n+1)}{n!}x^n + \cdots\quad (m为任意常数)$

当$m > 0$时，收敛于$[-1,1]$；当$-1 < m < 0$时，收敛于$(-1,1]$；当$m \leqslant -1$时，收敛于$(-1,1)$。

$$\frac{1}{1+x} = 1 - x + x^2 - \cdots + (-1)^n x^n + \cdots = \sum_{n=0}^{\infty} (-1)^n x^n \quad (-1,1)$$

$$\frac{1}{1-x} = 1 + x + x^2 + \cdots + x^n + \cdots = \sum_{n=0}^{\infty} x^n \quad (-1,1)$$

函数 $\frac{1}{1+x}$、$\frac{1}{1-x}$ 的展开式应特别关注，在求函数展开式中经常用到。

五、傅里叶级数

（一）傅里叶系数、傅里叶级数

若周期为 2π 的函数 $f(x)$ 可积，则

$$a_n = \frac{1}{\pi} \int_{-\pi}^{\pi} f(x) \cos nx \, dx \qquad (n = 0,1,2,\cdots)$$

$$b_n = \frac{1}{\pi} \int_{-\pi}^{\pi} f(x) \sin nx \, dx \qquad (n = 1,2,\cdots)$$

$$(1\text{-}6\text{-}8)$$

称为 $f(x)$ 的傅里叶系数。以傅里叶系数为系数写出的级数

$$\frac{a_0}{2} + \sum_{n=1}^{\infty} (a_n \cos nx + b_n \sin nx) \tag{1-6-9}$$

称为 $f(x)$ 的傅里叶级数。函数的傅里叶级数不一定收敛，即使收敛，它的和函数也不一定就是 $f(x)$，这一点值得注意。

（二）狄利克雷收敛定理

狄利克雷收敛定理：若 $f(x)$ 是周期为 2π 的周期函数，且满足在一个周期内连续或只有有限个第一类间断点，并且至多只有有限个极值点，则 $f(x)$ 的傅里叶级数收敛，并且当 x 是 $f(x)$ 的连续点时，级数收敛于 $f(x)$，当 x 是 $f(x)$ 的间断点时，级数收敛于 $\frac{f(x-0)+f(x+0)}{2}$。

只要函数满足狄利克雷收敛条件，那么傅里叶级数在连续点处收敛于函数在该点的函数值，在间断点处，收敛于函数在该点左极限与右极限的算术平均值。

（三）函数展开成傅里叶级数

（1）设函数 $f(x)$ 为以 2π 为周期函数，且满足狄利克雷收敛定理条件，则系数

$$a_0 = \frac{1}{\pi} \int_{-\pi}^{\pi} f(x) dx$$

$$a_n = \frac{1}{\pi} \int_{-\pi}^{\pi} f(x) \cos nx \, dx \qquad (n = 1,2,\cdots)$$

$$b_n = \frac{1}{\pi} \int_{-\pi}^{\pi} f(x) \sin nx \, dx \qquad (n = 1,2,\cdots)$$

它的傅里叶级数为

$$f(x) = \frac{a_0}{2} + \sum_{n=1}^{\infty} (a_n \cos nx + b_n \sin nx) \qquad [在 f(x) 连续点处收敛]$$

（2）若周期为 2π 的连续函数 $f(x)$ 是奇函数，则

$$a_n = 0 \qquad (n = 0,1,2,\cdots)$$

$$b_n = \frac{2}{\pi} \int_{0}^{\pi} f(x) \sin nx \, dx \qquad (n = 1,2,\cdots)$$

它的傅里叶级数只含有正弦项，即

$$f(x) = \sum_{n=1}^{\infty} b_n \sin nx \qquad [在 f(x) 连续点处收敛]$$

若周期为2π的连续函数$f(x)$是偶函数，则

$$a_n = \frac{2}{\pi}\int_0^\pi f(x)\cos nx\,\mathrm{d}x \qquad (n = 0,1,2,\cdots)$$
$$b_n = 0 \qquad (n = 1,2,\cdots)$$

它的傅里叶级数只含有常数项和余弦项，即

$$f(x) = \frac{a_0}{2} + \sum_{n=1}^\infty a_n\cos nx \qquad [在f(x)连续点处收敛]$$

分别称这样的级数为正弦级数和余弦级数。

（3）如果$f(x)$在$[-\pi,\pi]$上有定义，通过周期延拓，变成以2π为周期的周期函数，然后展开成傅里叶级数，在$(-\pi,\pi)$上的展式即为$f(x)$的展式，端点$x = -\pi$、$x = \pi$由延拓后的函数来确定。若在该点连续，包括在内；若在该点间断，不包括在内。只定义在$[0,\pi]$上的函数$f(x)$，可先通过奇延拓（或偶延拓），再周期延拓得到以2π为周期的周期函数，展开成傅里叶级数，在$(0,\pi)$上的展式即为$f(x)$的展式，$x = 0$、$x = \pi$点由延拓后的函数来确定，若在该点连续，包括在内；若在该点间断，不包括在内。

（4）周期为$2l$的函数，也有相关的收敛定理，它的系数的计算公式为

$$
\begin{aligned}
a_n &= \frac{1}{l}\int_{-l}^l f(x)\cos\frac{n\pi x}{l}\,\mathrm{d}x \qquad (n = 0,1,2,\cdots) \\
b_n &= \frac{1}{l}\int_{-l}^l f(x)\sin\frac{n\pi x}{l}\,\mathrm{d}x \qquad (n = 1,2,\cdots)
\end{aligned}
\tag{1-6-10}
$$

傅里叶级数为

$$f(x) = \frac{a_0}{2} + \sum_{n=1}^\infty \left(a_n\cos\frac{n\pi x}{l} + b_n\sin\frac{n\pi x}{l}\right) \qquad (确定收敛域) \tag{1-6-11}$$

周期为$2l$的奇（或偶）函数，定义在$[-l,l]$上的函数及定义在$[0,l]$上的函数可仿照周期为2π的函数，定义在$[-\pi,\pi]$上的函数及定义在$[0,\pi]$上的函数来处理。

【例 1-6-1】 级数$\sum\limits_{n=1}^\infty \frac{(-1)^n}{a_n}(a_n > 0)$满足下列什么条件时收敛：

A. $\lim\limits_{n\to\infty} a_n = \infty$ 　　　　　　　　　　B. $\lim\limits_{n\to\infty}\frac{1}{a_n} = 0$

C. 发散 　　　　　　　　　　　　　　　　D. $\{a_n\}$单调递增且$\lim\limits_{n\to\infty} a_n = +\infty$

解 本题考查级数收敛的充分条件。

注意本题有$(-1)^n$，显然$\sum\limits_{n=1}^\infty \frac{(-1)^n}{a_n}(a_n > 0)$是一个交错级数。

交错级数收敛，即$\sum\limits_{n=1}^\infty (-1)^n a_n$，只要满足：①$a_n > a_{n+1}$，②$a_n \to 0(n\to\infty)$。

在选项 D 中，已知a_n单调递增，即$a_n < a_{n+1}$，所以$\frac{1}{a_n} > \frac{1}{a_{n+1}}$

已知$\lim\limits_{n\to\infty} a_n = +\infty$，所以$\lim\limits_{n\to\infty}\frac{1}{a_n} = 0$

故级数$\sum\limits_{n=1}^\infty \frac{(-1)^n}{a_n}(a_n > 0)$收敛

其他选项均不符合交错级数收敛的判别方法。

答案：D

【例 1-6-2】 级数$\sum\limits_{n=1}^\infty (-1)^n \frac{1}{n^{p-1}}$：

A. 当$1 < p \leqslant 2$时条件收敛 　　　　　　B. 当$p > 2$时条件收敛

C. 当$p < 1$时条件收敛 　　　　　　　　D. 当$p > 1$时条件收敛

解 $\sum_{n=1}^{\infty}(-1)^n\frac{1}{n^{p-1}}$级数条件收敛应满足条件：①取绝对值后级数发散；②原级数收敛。

$\sum_{n=1}^{\infty}\left|(-1)^n\frac{1}{n^{p-1}}\right|=\sum_{n=1}^{\infty}\frac{1}{n^{p-1}}$，取绝对值后的级数为$p$级数，当$0<p-1\leqslant1$时，即$1<p\leqslant2$，取绝对值后级数发散，原级数$\sum_{n=1}^{\infty}(-1)^n\frac{1}{n^{p-1}}$为交错级数。

在$1<p\leqslant2$时，取绝对值后的级数发散，而当$p>1$时，满足莱布尼兹定理条件：①$\frac{1}{n^{p-1}}>\frac{1}{(n+1)^{p-1}}$；②$\lim\limits_{n\to\infty}\frac{1}{n^{p-1}}=0$，原级数收敛〔因幂函数$y=x^p$，当$p>0$在$(0,+\infty)$递增，即有$n^p<(n+1)^p$，$\frac{1}{n^p}>\frac{1}{(n+1)^p}$。本题中，$p>1$，则有$p-1>0$，进而有上面结论$\frac{1}{n^{p-1}}>\frac{1}{(n+1)^{p-1}}$成立〕。

综合以上结论$1<p\leqslant2$和$p>1$，应为$1<p\leqslant2$。

答案： A

【例 1-6-3】 幂级数$x-\frac{x^2}{2}+\frac{x^3}{3}-\cdots+(-1)^{n-1}\frac{x^n}{n}+\cdots$的收敛半径和收敛域为：

A. 2；$(-2,2]$　　　　B. 2；$(-2,2)$　　　　C. 1；$(-1,1]$　　　　D. 1；$(-1,1)$

解

$$\rho=\lim\limits_{n\to\infty}\left|\frac{a_{n+1}}{a_n}\right|=\lim\limits_{n\to\infty}\frac{\frac{1}{n+1}}{\frac{1}{n}}=1$$

$R=\frac{1}{\rho}=1$，即$|x|<1$收敛

当$x=1$时，代入级数得：

$1-\frac{1}{2}+\frac{1}{3}-\cdots+(-1)^{n-1}\frac{1}{n}+\cdots$为交错级数，满足莱布尼兹定理条件，收敛。

当$x=-1$时，代入级数得：

$-1-\frac{1}{2}-\frac{1}{3}-\cdots-\frac{1}{n}\cdots=-\left(1+\frac{1}{2}+\frac{1}{3}+\cdots+\frac{1}{n}+\cdots\right)$为调和级数，发散。

收敛域$(-1,1]$

答案： C

注：在求级数的收敛域时，要注意对两个端点的讨论。本题中，要对端点$x=1$，$x=-1$加以讨论。

【例 1-6-4】 函数$f(x)=\frac{1}{x}$，将其展开为$x-3$的幂级数为：

A. $\frac{1}{3}\sum_{n=0}^{\infty}(-1)^n\left(\frac{x-3}{3}\right)^n$　$(0,6)$　　　　B. $\frac{1}{2}\sum_{n=0}^{\infty}(-1)^n\left(\frac{x-3}{4}\right)^n$　$(0,6)$

C. $\frac{1}{4}\sum_{n=0}^{\infty}(-1)^n\left(\frac{x-3}{4}\right)^n$　$(0,6)$　　　　D. $\sum_{n=0}^{\infty}(-1)^n\left(\frac{x-3}{3}\right)^n$　$(0,6)$

解

$$\frac{1}{x}=\frac{1}{3+x-3}=\frac{1}{3}\times\frac{1}{1+\frac{x-3}{3}}$$

利用已知$\frac{1}{1+x}=1-x+x^2-x^3+\cdots$，$x\in(-1,1)$，展开式得到

$$\frac{1}{3}\times\frac{1}{1+\frac{x-3}{3}}=\frac{1}{3}\times\left[1-\frac{x-3}{3}+\left(\frac{x-3}{3}\right)^2-\left(\frac{x-3}{3}\right)^3+\cdots\right]$$

由$-1<x<1$，代入$-1<\frac{x-3}{3}<1$，得$0<x<6$

$$\frac{1}{x}=\frac{1}{3}\times\left[1-\frac{x-3}{3}+\left(\frac{x-3}{3}\right)^2-\cdots\right]\quad(0,6)$$

答案： A

【例 1-6-5】 函数$f(x)=e^{2x-1}$的麦克劳林级数展开式的前三项是：

A. $e^{-1} + e^{-2}x + e^{-3}x^2$
B. $e + 2ex + 4ex^2$
C. $e^{-1} + 2e^{-1}x + 2e^{-1}x^2$
D. $e^{-1} + 2e^{-2}x + 4e^{-3}x^3$

解　方法1： 函数展开成麦克劳林级数的一般形式为：

$$f(x) = f(0) + \frac{f'(0)}{1!}x + \frac{f''(0)}{2!}x^2 + \cdots + \frac{f^{(n)}(0)}{n!}x^n + R_n(x)$$

其中，$R_n(x) = \frac{f^{(n+1)}(\xi)}{(n+1)!}x^{n+1}$（$\xi$是介于 0 与 x 之间的某个数）

本题函数 $f(x) = e^{2x-1}$，则 $f'(x) = 2e^{2x-1}$，$f''(x) = 4e^{2x-1}$

代入 $x = 0$，则 $f(0) = e^{-1}$，$f'(0) = 2e^{-1}$，$f''(0) = 4e^{-1}$

其麦克劳林级数展开式的前三项为：$f(0) + f'(0)x + \frac{f''(0)}{2!}x^2$

代入 $e^{-1} + \frac{2e^{-1}}{1!}x + \frac{4e^{-1}}{2!}x^2 = e^{-1} + 2e^{-1}x + 2e^{-1}x^2$

即 $f(x)$ 的前三项为 $e^{-1} + 2e^{-1}x + 2e^{-1}x^2$

方法2： 利用间接法展开

$$f(x) = e^{2x-1} = e^{-1}e^{2x} = e^{-1}\left[1 + \frac{2x}{1!} + \frac{(2x)^2}{2!} + \cdots\right] = e^{-1} + 2e^{-1}x + 2e^{-1}x^2 + \cdots$$

即 $f(x)$ 麦克劳林级数展开式的前三项为 $e^{-1} + 2e^{-1}x + 2e^{-1}x^2$

答案： C

【例 1-6-6】 下列各级数发散的是：

A. $\sum\limits_{n=1}^{\infty} \sin\frac{1}{n}$
B. $\sum\limits_{n=1}^{\infty} (-1)^{n-1}\frac{1}{\ln(n+1)}$
C. $\sum\limits_{n=1}^{\infty} \frac{n+1}{3^{\frac{n}{2}}}$
D. $\sum\limits_{n=1}^{\infty} (-1)^{n-1}\left(\frac{2}{3}\right)^n$

**解　** 选 A。分析如下：

$\sum\limits_{n=1}^{\infty} \sin\frac{1}{n}$ 为正项级数，对于 $\lim\limits_{n\to\infty} \frac{\sin\frac{1}{n}}{\frac{1}{n}}$，因 $\lim\limits_{x\to\infty} \frac{\sin\frac{1}{x}}{\frac{1}{x}} \xlongequal{\text{设}t=\frac{1}{x},\text{当}x\to\infty\text{时},t\to0} \lim\limits_{t\to0} \frac{\sin t}{t} = 1$，故 $\lim\limits_{n\to\infty} \frac{\sin\frac{1}{n}}{\frac{1}{n}} = 1$
而 $\sum\limits_{n=1}^{\infty} \frac{1}{n}$ 发散，所以 $\sum\limits_{n=1}^{\infty} \sin\frac{1}{n}$ 发散

选项 B，$\sum\limits_{n=1}^{\infty} (-1)^{n-1}\frac{1}{\ln(n+1)}$ 为交错级数，可用莱布尼兹定理判定：①$u_n \geqslant u_{n+1}$；②$\lim\limits_{n\to\infty} u_n = 0$。级数收敛。

选项 C，$\sum\limits_{n=1}^{\infty} \frac{n+1}{3^{\frac{n}{2}}}$ 为正项级数，用比值判别法 $\lim\limits_{n\to\infty} \frac{u_{n+1}}{u_n} = \frac{1}{\sqrt{3}} < 1$，收敛。

选项 D，$\sum\limits_{n=1}^{\infty} (-1)^{n-1}\left(\frac{2}{3}\right)^n = \frac{2}{3} - \left(\frac{2}{3}\right)^2 + \left(\frac{2}{3}\right)^3 + \left(\frac{2}{3}\right)^4 + \cdots$ 为等比级数，公比 $q = -\frac{2}{3}$，$|q| < 1$，收敛。

答案： A

【例 1-6-7】 级数 $\sum\limits_{n=1}^{\infty} u_n$ 收敛的充要条件是：

A. $\lim\limits_{n\to\infty} u_n = 0$
B. $\lim\limits_{n\to\infty} \frac{u_{n+1}}{u_n} = r < 1$
C. $u_n \leqslant \frac{1}{n^2}$
D. $\lim\limits_{n\to\infty} S_n$ 存在，其中 $S_n = u_1 + \cdots + u_n$

**解　** 选项 A 错误：$\sum\limits_{n=1}^{\infty} u_n$ 收敛 $\Rightarrow \lim\limits_{n\to\infty} u_n = 0$ 仅是级数收敛的必要条件，而非充分条件。例如调和级数 $\sum\limits_{n=1}^{\infty} \frac{1}{n}$，满足 $\lim\limits_{n\to\infty} u_n = \lim\limits_{n\to\infty} \frac{1}{n} = 0$，但级数发散。

选项 B 错误：$\lim\limits_{n\to\infty} \frac{u_{n+1}}{u_n} = r < 1$ 为正项级数收敛的充分条件，但所给级数并未说明是什么类型的级数。

选项 C 错误：此条件仅对正项级数收敛适用。

选项 D 正确：$\lim\limits_{n\to\infty}S_n$ 存在是级数 $\sum\limits_{n=1}^{\infty}u_n$ 收敛的充分必要条件，这是判定级数敛散性的基本定理。

答案： D

【例 1-6-8】 设部分和 $S_n=\sum\limits_{k=1}^{n}a_k$，则数列 $\{S_n\}$ 有界，是级数 $\sum\limits_{n=1}^{\infty}a_n$ 收敛的：

  A. 充分不必要条件   B. 必要不充分条件

  C. 充分必要条件   D. 既不充分条件也不必要条件

解 正项极数收敛的充要条件是其部分和数列 $\{S_n\}$ 有上界，但在本题中数列 $\{a_n\}$ 的 a_n 未给出 $a_n\geqslant0$ 的条件，所以选项 C 不成立。部分数列 $\{S_n\}$ 有界仅是级数收敛的必要条件，但非充分条件。

例如：级数 $\sum\limits_{n=1}^{\infty}n$，$S_n=1+2+\cdots+n=\dfrac{n(n+1)}{2}$，部分数列 $\{S_n\}$ 无界，级数一定发散；例如：极数 $\sum\limits_{n=1}^{\infty}(-1)^{n+1}$，$S_n=1-1+1\cdots+(-1)^{n+1}$，$|S_n|\leqslant1$ 有界，但级数发散，选项 A、D 也不成立。所以选项 B 成立。

答案： B

【例 1-6-9】 级数 $\sum\limits_{n=1}^{\infty}\dfrac{\sin\frac{n\pi}{2}}{\sqrt{n^3}}$ 的收敛性是：

  A. 绝对收敛   B. 发散   C. 条件收敛   D. 无法判定

解 级数各项取绝对值，即 $\sum\limits_{n=1}^{\infty}\left|\dfrac{\sin\frac{n\pi}{2}}{\sqrt{n^3}}\right|$，因 $\left|\dfrac{\sin\frac{n\pi}{2}}{\sqrt{n^3}}\right|\leqslant\dfrac{1}{n^{\frac{3}{2}}}$，而级数 $\sum\limits_{n=1}^{\infty}\dfrac{1}{n^{\frac{3}{2}}}$，$p=\dfrac{3}{2}>1$，收敛，由正项级数比较法知，级数 $\sum\limits_{n=1}^{\infty}\left|\dfrac{\sin\frac{n\pi}{2}}{\sqrt{n^3}}\right|$ 收敛，所以原级数 $\sum\limits_{n=1}^{\infty}\dfrac{\sin\frac{n\pi}{2}}{\sqrt{n^3}}$ 绝对收敛。

答案： A

【例 1-6-10】 已知数列 $\{b_n\}$，有 $\lim\limits_{n\to\infty}b_n=\infty$，且 $b_n\neq0(n=1,2,3,\cdots)$，则级数 $\sum\limits_{n=1}^{\infty}\left(\dfrac{1}{b_n}-\dfrac{1}{b_{n+1}}\right)$ 的和为：

  A. $\dfrac{1}{b_1}$ B. $\dfrac{1}{2b_1}$ C. $\dfrac{1}{b_1b_2}$ D. ∞

解 $S_n=\left(\dfrac{1}{b_1}-\dfrac{1}{b_2}\right)+\left(\dfrac{1}{b_2}-\dfrac{1}{b_3}\right)+\cdots+\left(\dfrac{1}{b_n}-\dfrac{1}{b_{n+1}}\right)=\dfrac{1}{b_1}-\dfrac{1}{b_{n+1}}$

   $\lim\limits_{n\to\infty}S_n=\lim\limits_{n\to\infty}\left(\dfrac{1}{b_1}-\dfrac{1}{b_{n+1}}\right)=\dfrac{1}{b_1}$ $(b_1\neq0)$

注：$\lim\limits_{n\to\infty}b_n=\infty$，$\lim\limits_{n\to\infty}b_{n+1}=\infty$，$\lim\limits_{n\to\infty}\dfrac{1}{b_{n+1}}=0$。

答案： A

【例 1-6-11】 级数 $\sum\limits_{n=1}^{\infty}n\left(\dfrac{1}{2}\right)^{n-1}$ 的和是：

  A. 1   B. 2   C. 3   D. 4

解 考虑级数 $\sum\limits_{n=1}^{\infty}nx^{n-1}$，收敛区间 $(-1,1)$，则

$$S(x)=\sum_{n=1}^{\infty}nx^{n-1}=\sum_{n=1}^{\infty}(x^n)'=\left(\sum_{n=1}^{\infty}x^n\right)'=\left(\dfrac{x}{1-x}\right)'=\dfrac{1}{(1-x)^2}$$

故 $\sum\limits_{n=1}^{\infty}n\left(\dfrac{1}{2}\right)^{n-1}=S\left(\dfrac{1}{2}\right)=4$

答案： D

【例 1-6-12】 函数 e^x 展开成为 $x-1$ 的幂级数是：

  A. $\sum\limits_{n=0}^{\infty}\dfrac{(x-1)^n}{n!}$ B. $e\sum\limits_{n=0}^{\infty}\dfrac{(x-1)^n}{n!}$ C. $\sum\limits_{n=0}^{\infty}\dfrac{(n-1)^n}{n}$ D. $\sum\limits_{n=0}^{\infty}\dfrac{(x-1)^n}{ne}$

解 $e^x=e^{x-1+1}=ee^{x-1}$

已知 $e^x = 1 + \frac{1}{1!}x + \frac{1}{2!}x^2 + \cdots + \frac{1}{n!}x^n + \cdots \quad (-\infty, +\infty)$

$e^{x-1} = 1 + \frac{1}{1!}(x-1) + \frac{1}{2!}(x-1)^2 + \cdots + \frac{1}{n!}(x-1)^n + \cdots = \sum\limits_{n=0}^{\infty} \frac{1}{n!}(x-1)^n \quad (-\infty, +\infty)$

$e^x = e \sum\limits_{n=0}^{\infty} \frac{1}{n!}(x-1)^n \quad (-\infty, +\infty)$

答案： B

注：求函数 $f(x)$ 的展开式时，一般都是用间接展开法，即利用已知函数的幂级数展开式计算。常用的 $\frac{1}{1+x}$、$\frac{1}{1-x}$ 及 e^x 函数的展开式应牢记，是近几年来的热门考点。

【例 1-6-13】 级数 $\sum\limits_{n=1}^{\infty} \frac{(2x+1)^n}{n}$ 的收敛域是：

  A. $(-1,1)$ B. $[-1,1]$ C. $[-1,0)$ D. $(-1,0)$

解 设 $2x+1 = z$，级数为 $\sum\limits_{n=1}^{\infty} \frac{z^n}{n}$。

$\lim\limits_{n \to \infty} \left| \frac{a_{n+1}}{a_n} \right| = \lim\limits_{n \to \infty} \frac{\frac{1}{n+1}}{\frac{1}{n}} = 1$，$\rho = 1$，$R = \frac{1}{\rho} = 1$

当 $z=1$ 时，$\sum\limits_{n=1}^{\infty} \frac{1}{n}$ 发散；当 $z=-1$ 时，$\sum\limits_{n=1}^{\infty} \frac{(-1)^n}{n}$ 收敛。

所以 $-1 \leqslant z < 1$ 收敛，即 $-1 \leqslant 2x+1 < 1$，$-1 \leqslant x < 0$。

答案： C

【例 1-6-14】 若级数 $\sum\limits_{n=1}^{\infty} b_n$ 收敛，且 $\lim\limits_{n \to \infty} \frac{a_n}{b_n} = 1$，则级数 $\sum\limits_{n=1}^{\infty} a_n$：

  A. 收敛   B. 发散

  C. 收敛且其和与 $\sum\limits_{n=1}^{\infty} b_n$ 的和相等   D. 不一定收敛

解 如果 $\sum\limits_{n=1}^{\infty} a_n$ 和 $\sum\limits_{n=1}^{\infty} b_n$ 都是正项级数，且 $\lim\limits_{n \to \infty} \frac{a_n}{b_n} = 1$，由正项级数的比较判别法极限形式，可判定 $\sum\limits_{n=1}^{\infty} a_n$ 一定收敛，但如果 $\sum\limits_{n=1}^{\infty} a_n$ 和 $\sum\limits_{n=1}^{\infty} b_n$ 不是正项级数，则结论不一定成立。

例如：$b_n = (-1)^n \frac{1}{\sqrt{n}}$，$a_n = (-1)^n \frac{1}{\sqrt{n}} + \frac{1}{n}$

可判定 $\sum\limits_{n=1}^{\infty} b_n$ 收敛，而 $\lim\limits_{n \to \infty} \frac{(-1)^n \frac{1}{\sqrt{n}} + \frac{1}{n}}{(-1)^n \frac{1}{\sqrt{n}}} = \lim\limits_{n \to \infty} \left[1 + (-1)^n \frac{1}{\sqrt{n}} \right] = 1$

但 $\sum\limits_{n=1}^{\infty} a_n$ 发散。因为 $\sum\limits_{n=1}^{\infty} (-1)^n \sqrt{\frac{1}{n}}$ 收敛，$\sum\limits_{n=1}^{\infty} \frac{1}{n}$ 发散，对应项之和所得到的级数发散。

答案： D

【例 1-6-15】 下列命题中，正确的是：

  A. 周期函数 $f(x)$ 的傅里叶级数收敛于 $f(x)$

  B. 若 $f(x)$ 有任意阶导数，则 $f(x)$ 的泰勒级数收敛于 $f(x)$

  C. 正项级数收敛的充分必要条件是级数的部分和数列有界

  D. 若正项级数收敛，则级数 $\sum\limits_{n=1}^{\infty} \sqrt{a_n}$ 必收敛

解 选项 A 错误。由迪利克雷收敛定理知，周期函数在满足一定的条件下，展开成的傅里叶级数才收敛于 $f(x)$。

选项 B 错误。若 $f(x)$ 有任意阶导数，$f(x)$ 的泰勒级数在 $\lim\limits_{n \to \infty} R_n(x) = 0$ 的条件下才收敛于 $f(x)$。

选项 D 错误。举例说明，$\sum\limits_{n=1}^{\infty} \frac{1}{n^2}$ 收敛 $(p>1)$，但 $\sum\limits_{n=1}^{\infty} \frac{1}{n}$ 为调和级数，发散。

选项 C 正确。正项级数收敛的充分必要条件是级数的部分和数列有界，这是正项级数收敛的基本定理。

答案: C

【例 1-6-16】 关于级数 $\sum\limits_{n=1}^{\infty}(-1)^{n-1}\dfrac{1}{n^p}$ 收敛性的正确结论是:

A. $0 < p \le 1$ 时发散   B. $p > 1$ 时条件收敛

C. $0 < p \le 1$ 时绝对收敛   D. $0 < p \le 1$ 时条件收敛

解 本题考查级数条件收敛、绝对收敛的有关概念,以及判定级数收敛与发散的基本方法。

将级数 $\sum\limits_{n=1}^{\infty}(-1)^{n-1}\dfrac{1}{n^p}$ 各项取绝对值,得 p 级数 $\sum\limits_{n=1}^{\infty}\dfrac{1}{n^p}$。当 $p > 1$ 时,原级数 $\sum\limits_{n=1}^{\infty}(-1)^{n-1}\dfrac{1}{n^p}$ 绝对收敛; 当 $0 < p \le 1$ 时,级数 $\sum\limits_{n=1}^{\infty}\dfrac{1}{n^p}$ 发散。所以,选项 B、C 均不成立。

再判定原级数 $\sum\limits_{n=1}^{\infty}(-1)^{n-1}\dfrac{1}{n^p}$ 在 $0 < p \le 1$ 时的敛散性。

级数 $\sum\limits_{n=1}^{\infty}(-1)^{n-1}\dfrac{1}{n^p}$ 为交错级数,记 $u_n = \dfrac{1}{n^p}$。当 $p > 0$ 时,$n^p < (n+1)^p$,$\dfrac{1}{n^p} > \dfrac{1}{(n+1)^p}$,则 $u_n > u_{n+1}$,又 $\lim\limits_{n\to\infty}u_n = 0$,所以级数 $\sum\limits_{n=1}^{\infty}(-1)^{n-1}\dfrac{1}{n^p}$ 在 $0 < p \le 1$ 时条件收敛。

答案: D

【例 1-6-17】 设级数 $\sum\limits_{n=1}^{\infty}a_n(x-2)^n$ 在 $x = 0$ 处收敛,在 $x = 4$ 处发散,则级数的收敛域为:

A. $[0,4)$ B. $(0,4)$ C. $[0,4]$ D. $[-2,2]$

解 设 $x - 2 = t$,级数 $\sum\limits_{n=1}^{\infty}a_n t^n$,当 $x = 0$,$t = -2$,级数收敛

由阿贝尔定理可知,$\sum\limits_{n=1}^{\infty}a_n t^n$ 在 $(-2,2)$ 收敛,因当 $t = -2$ 时收敛,所以在 $[-2,2)$ 收敛

又当 $x = 4$,$t = 2$ 时,级数发散,由阿贝尔定理可知,$\sum\limits_{n=1}^{\infty}a_n t^n$ 在 $(-\infty,-2)$ 和 $(2,+\infty)$ 上发散

因当 $t = 2$ 时级数发散,所以 $\sum\limits_{n=1}^{\infty}a_n t^n$ $(-\infty,-2)$ 和 $[2,+\infty)$ 上发散,在 $[-2,2)$ 上收敛

所以级数 $\sum\limits_{n=1}^{\infty}a_n t^n$ 的收敛域取公共部分为 $[-2,2)$

把 t 值代入 $x - 2 = t$,当 $t = 2$,$x = 4$;当 $t = -2$,$x = 0$

则原级数 $\sum\limits_{n=1}^{\infty}a_n(x-2)^n$ 的收敛域为 $[0,4)$

答案: A

【例 1-6-18】 周期为 2 的函数 $f(x)$,它在一个周期内的表达式为 $f(x) = x (-1 \le x < 1)$,设它的傅里叶级数的和函数为 $S(x)$,则 $S\left(\dfrac{3}{2}\right)$ 等于:

A. 1   B. $-\dfrac{1}{2}$ C. -1 D. $\dfrac{1}{2}$

解 设函数 $f(x)$ 的傅里叶级数为

$$\frac{a_0}{2} + \sum_{n=1}^{\infty}a_n\cos\frac{n\pi x}{l} + b_n\sin\frac{n\pi x}{l}$$

由狄利克雷收敛可知,$x = \dfrac{3}{2}$ 是函数 $f(x)$ 的连续点(见解图),级数的和函数 $S(x)$ 收敛于 $x = \dfrac{3}{2}$ 对应的函数值。

因为 $f(x)$ 是周期为 2 的周期函数,则

$$S\left(\frac{3}{2}\right) = S\left(-\frac{1}{2}\right) = f\left(-\frac{1}{2}\right) = x\bigg|_{x=-\frac{1}{2}} = -\frac{1}{2}$$

答案: B

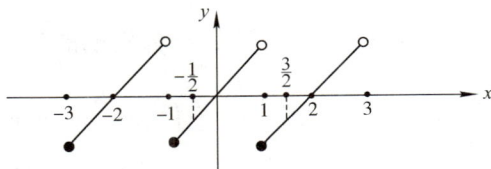

例 1-6-18 解图

习　题

1-6-1　下列级数中，发散的级数是（　　　）。

A. $\sum\limits_{n=1}^{\infty}(-1)^n\dfrac{1}{\sqrt{n}}$ 　　　　　　　　　　　B. $\sum\limits_{n=1}^{\infty}\dfrac{n}{2^n}$

C. $\sum\limits_{n=1}^{\infty}\left(\dfrac{1}{n}-\dfrac{1}{n+1}\right)$ 　　　　　　　　　D. $\sum\limits_{n=1}^{\infty}\sin\dfrac{n\pi}{3}$

1-6-2　函数 $\sum\limits_{n=1}^{\infty}\dfrac{(-1)^{n-1}}{n}$ 的收敛性是（　　　）。

A. 绝对收敛 　　　　　　　　　　　B. 条件收敛

C. 等比级数收敛 　　　　　　　　　D. 发散

1-6-3　设级数 $\sum\limits_{n=1}^{\infty}U_n$ 是条件收敛的，又设 $U_n^*=\dfrac{U_n+|U_n|}{2}$，$U_n^{**}=\dfrac{U_n-|U_n|}{2}$，则级数 $\sum\limits_{n=1}^{\infty}U_n^*$ 和 $\sum\limits_{n=1}^{\infty}U_n^{**}$（　　　）。

A. $\sum\limits_{n=1}^{\infty}U_n^*$ 和 $\sum\limits_{n=1}^{\infty}U_n^{**}$ 都是收敛的 　　　　B. $\sum\limits_{n=1}^{\infty}U_n^*$ 和 $\sum\limits_{n=1}^{\infty}U_n^{**}$ 都是发散的

C. $\sum\limits_{n=1}^{\infty}U_n^*$ 发散，但 $\sum\limits_{n=1}^{\infty}U_n^{**}$ 收敛 　　　　D. $\sum\limits_{n=1}^{\infty}U_n^*$ 收敛，但 $\sum\limits_{n=1}^{\infty}U_n^{**}$ 发散

1-6-4　已知幂级数 $\sum\limits_{n=1}^{\infty}\dfrac{a^n-b^n}{a^n+b^n}x^n(0<a<b)$，则所给级数的收敛半径 R 等于（　　　）。

A. b 　　　　　　　　　　　　　　B. $\dfrac{1}{a}$

C. $\dfrac{1}{b}$ 　　　　　　　　　　　　D. R 的值与 a，b 无关

1-6-5　级数 $\sum\limits_{n=1}^{\infty}\left(x^n+\dfrac{1}{2^nx^n}\right)$ 的收敛域为（　　　）。

A. $|x|<1$ 　　　　　B. $|x|>\dfrac{1}{2}$ 　　　　　C. $\dfrac{1}{2}<|x|<1$ 　　　　D. 无法确定

1-6-6　设 $f(x)=\begin{cases}x & -\pi\leqslant x<0\\1 & 0\leqslant x\leqslant\pi\end{cases}$ 的傅里叶级数展开式为 $\dfrac{a_0}{2}+\sum\limits_{n=1}^{\infty}(a_n\cos nx+b_n\sin nx)$，则其中的系数 $a_3=$（　　　）。

A. $\dfrac{1}{\pi}$ 　　　　　　　B. $\dfrac{2}{\pi}$ 　　　　　　　C. $\dfrac{2}{9\pi}$ 　　　　　　　D. 0

1-6-7　幂级数 $x^2-\dfrac{1}{2}x^3+\dfrac{1}{3}x^4-\cdots+\dfrac{(-1)^{n+1}}{n}x^{n+1}+\cdots(-1<x\leqslant1)$ 的和是（　　　）。

A. $x\sin x$ 　　　　　　B. $\dfrac{x^2}{1+x^2}$ 　　　　　C. $x\ln(1-x)$ 　　　　D. $x\ln(1+x)$

1-6-8　若 $\lim\limits_{n\to\infty}\left|\dfrac{C_n}{C_{n+1}}\right|=3$，则幂级数 $\sum\limits_{n=0}^{\infty}C_n(x-1)^n$ 的敛散性为（　　　）。

A. 必在 $|x|>3$ 时发散 　　　　　　　B. 必在 $|x|\leqslant3$ 时发散

C. 在 $x=-3$ 处敛散性不定 　　　　　D. 其收敛半径为 3

1-6-9　函数 $f(x)=\dfrac{x}{x^2-5x+6}$ 展开成 $(x-5)$ 的级数的收敛区间是（　　　）。

A. $(10,1)$ 　　　　　　B. $(-1,1)$ 　　　　　C. $(3,7)$ 　　　　　D. $(4,5)$

1-6-10　设 $f(x)$ 是以 2π 为周期的奇函数，它在 $[0,\pi]$ 上的表达式为 $f(x)=\begin{cases}x & 0\leqslant x\leqslant\dfrac{\pi}{2}\\\pi & \dfrac{\pi}{2}<x<\pi\end{cases}$，$S(x)=\sum\limits_{n=1}^{\infty}b_n\sin nx$，其中 $b_n=\dfrac{2}{\pi}\int_0^{\pi}f(x)\sin nx\mathrm{d}x$，则 $S\left(-\dfrac{\pi}{2}\right)$ 的值是（　　　）。

A. $\dfrac{\pi}{2}$ 　　　　　　B. $\dfrac{3\pi}{4}$ 　　　　　C. $-\dfrac{3\pi}{4}$ 　　　　　D. 0

第七节　常微分方程

一、微分方程的基本概念

凡含有未知函数的导数（或微分）的方程，称为微分方程。未知函数是一元函数的方程，称为常微分方程。方程中所出现的导数的最高阶数，称为微分方程的阶。代入微分方程能使方程成为恒等式的函数，称为微分方程的解。微分方程的解中含有独立个任意常数，且任意常数的个数与微分方程的阶数相同，称为微分方程的通解。用来确定任意常数的条件，称为初始条件。确定了通解中任意常数以后的解，称为微分方程的特解。

二、一阶微分方程的解法

（一）可分离变量的微分方程

如果一阶微分方程$F(x, y, y') = 0$可以写成$y' = f(x)g(y)$，易化为形式$\psi(y)dy = \varphi(x)dx$，两端积分，可得通解

$$\int \psi(y)dy = \int \varphi(x)dx + C \tag{1-7-1}$$

设函数$G(y)$和$F(x)$是依次为$\psi(y)$和$\varphi(x)$的原函数，则$G(y) = F(x) + C$为微分方程的通解，C为任意常数。

（二）齐次方程

形如$\dfrac{dy}{dx} = f\left(\dfrac{y}{x}\right)$的微分方程称为齐次方程。作变量代换 $u = \dfrac{y}{x}$ ，$y = xu$，$y' = u + xu'$，代入方程可化为$u + xu' = f(u)$，分离变量后，两边积分，得

$$\int \frac{du}{f(u) - u} = \int \frac{dx}{x} + C \tag{1-7-2}$$

其中，C为任意常数。求出积分后，再把$u = \dfrac{y}{x}$代入，得到齐次方程通解。

若一阶微分方程可化为$\dfrac{dx}{dy} = f\left(\dfrac{x}{y}\right)$的形式，也称为齐次方程，类似可设$v = \dfrac{x}{y}$求通解。

（三）一阶线性方程

若一阶方程$F(x, y, y') = 0$可化为

$$y' + P(x)y = Q(x) \tag{1-7-3}$$

其中，$P(x)$、$Q(x)$是x的函数或常数，则该方程称为一阶线性微分方程，当$Q(x) \neq 0$时，称为一阶线性非齐次方程。当$Q(x) = 0$时，$y' + P(x)y = 0$称为一阶线性齐次微分方程。解一阶线性非齐次方程时，可先解对应的齐次方程，求出一阶线性齐次方程通解$y = Ce^{-\int P(x)dx}$，然后常数变易，将解中的c写成$C(x)$，代入求出$C(x) = \int Q(x)e^{\int P(x)dx}dx + C$，最后得到非齐次的通解

$$y = e^{-\int P(x)dx}\left[\int Q(x)e^{\int P(x)dx}\,dx + C\right] \tag{1-7-4}$$

通常可以直接利用式（1-7-4），求出一阶线性非齐次方程的通解。

将式（1-7-4）写成$y = e^{-\int P(x)dx}\int Q(x)e^{\int P(x)dx}\,dx + Ce^{-\int P(x)dx}$形式，得到一阶非齐次方程的通解=（第一项）非齐线性方程的一个特解+（第二项）线性齐次方程的通解。

（四）全微分方程

若一阶微分方程 $P(x,y)dx + Q(x,y)dy = 0$ 的左端恰好是某一函数 $u = u(x,y)$ 的全微分，称为全微分方程。即

$$du(x,y) = P(x,y)dx + Q(x,y)dy$$

这里，$\dfrac{\partial u}{\partial x} = P(x,y)$，$\dfrac{\partial u}{\partial y} = Q(x,y)$

那么 $u(x,y) = C$ 就是全微分方程的通解。

通解的求法：

当 $P(x,y)$、$Q(x,y)$ 在单连通域 G 内具有一阶连续偏导数，$\dfrac{\partial P}{\partial y} = \dfrac{\partial Q}{\partial x}$ 在区域 G 内恒成立，那么全微分方程的通解可通过计算下面积分求出

$$u(x,y) = \int_{x_0}^{x} P(x,y)dx + \int_{y_0}^{y} Q(x_0,y)dy = C \qquad (1-7-5)$$

或

$$u(x,y) = \int_{x_0}^{x} P(x,y_0)dx + \int_{y_0}^{y} Q(x,y)dy = C \qquad (1-7-6)$$

其中，x_0、y_0 是在区域 G 内适当选定的点 $M_0(x_0,y_0)$ 的坐标。

三、可降阶的高阶微分方程

（一）$y^{(n)} = f(x)$ 型

这种方程只需逐次积分，求出其通解。每次积分，方程的阶数降低一次，出现一个任意常数。

（二）$y'' = f(x,y')$ 型

微分方程中不显含 y。

应牢记用下面方法变形，然后计算。

令 $y' = P(x)$，则 $y'' = P'(x)$，方程化为 $\dfrac{dP}{dx} = f(x,P)$，解微分方程求出 $P = \varphi(x,C_1)$，代入 $y' = P(x)$，从而把方程化为 $\dfrac{dy}{dx} = \varphi(x,C_1)$，运用分离变量法，求得原方程的通解为

$$y = \int \varphi(x,C_1)dx + C_2 \qquad (1-7-7)$$

（三）$y'' = f(y,y')$ 型

微分方程中不显含 x。

令 $y' = P(y)$，则 $y'' = \dfrac{dP}{dx} = \dfrac{dP}{dy} \cdot \dfrac{dy}{dx} = P\dfrac{dP}{dy}$，从而可将原方程化为 $P\dfrac{dP}{dy} = f(y,P)$，设其通解为 $P = \varphi(y,C_1)$，再运用分离变量法，求得原方程的通解为

$$\int \frac{dy}{\varphi(y,C_1)} = x + C_1 \qquad (1-7-8)$$

【例 1-7-1】 对于微分方程 $y'' + 2y' + y = 0$，则 $y = Cxe^{-x}$（其中 C 为任意常数）是：

    A. 通解　　　　　　B. 特解　　　　　　C. 方程的解　　　　　　D. 不是解

解 将 $y = Cxe^{-x}$ 代入微分方程验证是方程的解，因为 $y = Cxe^{-x}$ 含有任意常数 C，故非特解，但含有独立的任意常数的个数只有一个，而微分方程的阶数是二，所以不是通解。

答案：C

【例 1-7-2】 判别一阶微分方程 $(e^{x+y} - e^x)dx + (e^{x+y} + e^y)dy = 0$ 的类型，并求其通解。

解
$$e^x(e^y - 1)dx + e^y(e^x + 1)dy = 0$$
$$\frac{e^x}{e^x + 1}dx + \frac{e^y}{e^y - 1}dy = 0$$

微分方程为一阶可分离变量方程。

$$\int \frac{e^x}{e^x + 1}dx + \int \frac{e^y}{e^y - 1}dy = \ln c$$
$$\ln(e^x + 1) + \ln(e^y - 1) = \ln c$$
$$\ln(e^x + 1)(e^y - 1) = \ln c$$
$$(e^x + 1)(e^y - 1) = C$$

通解为$(e^x + 1)(e^y - 1) = C$

【例 1-7-3】 微分方程$ydx + (y^2x - e^y)dy = 0$是：

    A. 可分离变量方程　　　　　　　　　B. 可化为一阶线性的微分方程

    C. 全微分方程　　　　　　　　　　　D. 齐次方程

解　将方程变形：

$$ydx + (y^2x - e^y)dy = 0，\quad y\frac{dx}{dy} + y^2x - e^y = 0$$
$$y\frac{dx}{dy} + y^2x = e^y，\quad \frac{dx}{dy} + yx = \frac{1}{y}e^y$$

答案： B

【例 1-7-4】 微分方程$xy' - y = x^2e^{2x}$通解y等于：

    A. $x\left(\frac{1}{2}e^{2x} + C\right)$　　　　　　　　　　B. $x(e^{2x} + C)$

    C. $x\left(\frac{1}{2}x^2e^{2x} + C\right)$　　　　　　　　　D. $x^2e^{2x} + C$

解　$xy' - y = x^2e^{2x}，\quad y' - \frac{1}{x}y = xe^{2x}$

$$P(x) = -\frac{1}{x}，\quad Q(x) = xe^{2x}$$
$$y = e^{-\int\left(-\frac{1}{x}\right)dx}\left[\int xe^{2x}e^{\int\left(-\frac{1}{x}\right)dx}dx + C\right] = e^{\ln x}\left(\int xe^{2x}e^{-\ln x}dx + C\right)$$
$$= x\left(\int e^{2x}dx + C\right) = x\left(\frac{1}{2}e^{2x} + C\right)$$

答案： A

【例 1-7-5】 设$f(x)$满足关系式$f(x) = \int_0^{2x} f\left(\frac{t}{2}\right)dt + \ln 2$，则$f(x)$等于：

    A. $e^x \ln 2$　　　　　　B. $e^{2x} \ln 2$　　　　　　C. $e^x + \ln 2$　　　　　　D. $e^{2x} + \ln 2$

解　**方法 1：** 将所给选项代入关系式直接验算，可得到选项 B 正确。

方法 2： 对积分关系式两边求导化为微分方程，并注意到由所给关系式在特殊点可确定出微分方程所应满足的初始条件。

将关系式$f(x) = \int_0^{2x} f\left(\frac{t}{2}\right)dt + \ln 2$两边求导，$f'(x) = f\left(\frac{2x}{2}\right) \cdot 2 \Rightarrow f'(x) = 2f(x)$，分离变量$\frac{df(x)}{f(x)} = 2dx$，两边积分$\ln f(x) = 2x + \ln C$，即$f(x) = Ce^{2x}$。由原关系式$f(0) = \ln 2$，得$C = \ln 2$，所以$f(x) = e^{2x} \ln 2$。

答案： B

注： 一般未知函数中含有变上限的积分时，常可通过对关系式两边求导化为微分方程再找出初始条件而解之。

【例 1-7-6】 设$\int_0^x f(t)dt = 2f(x) - 4$，且$f(0) = 2$，则$f(x)$是：

A. $e^{\frac{x}{2}}$ B. $e^{\frac{x}{2}+1}$ C. $2e^{\frac{x}{2}}$ D. $\frac{1}{2}e^{2x}$

解 方程左边是积分上限函数，可利用积分上限函数求导的方法计算。

方程两边求导，得$f(x) = 2f'(x)$

设$f(x) = y$，$f'(x) = y'$，方程化为$2y' = y$，解方程$\frac{2}{y}dy = dx$，得$2\ln y = x + C_1 \Rightarrow \ln y = \frac{x}{2} + \frac{C_1}{2}$，$y = e^{\frac{x}{2}+\frac{1}{2}} = Ce^{\frac{x}{2}}$，其中$C = e^{\frac{1}{2}}$

代入初始条件$x = 0$，$y = 2$，得$C = 2$

所以$y = 2e^{\frac{x}{2}}$，即$f(x) = 2e^{\frac{x}{2}}$

答案： C

【例 1-7-7】 已知微分方程$y' + p(x)y = q(x)[q(x) \neq 0]$有两个不同的特解$y_1(x)$，$y_2(x)$，$C$为任意常数，则该微分方程的通解是：

A. $y = C(y_1 - y_2)$ B. $y = C(y_1 + y_2)$

C. $y = y_1 + C(y_1 + y_2)$ D. $y = y_1 + C(y_1 - y_2)$

解 $y' + p(x)y = q(x)$，$y_1(x) - y_2(x)$为对应齐次方程的解。

微分方程$y' + p(x)y = q(x)$的通解为$y = y_1 + C(y_1 - y_2)$

其中y_1为一阶非齐次方程的一个特解，$C(y_1 - y_2)$为一阶齐次方程的通解。

答案： D

【例 1-7-8】 设$p(x)$在$(-\infty, +\infty)$连续且不恒等于 0，$y_1(x)$、$y_2(x)$是微分方程$y' + p(x)y = 0$的两个不同特解，则下列结论中不成立的是：

A. $\frac{y_2(x)}{y_1(x)} \equiv$常数 $[$假设其中$y_1(x) \neq 0]$

B. $C(y_1 - y_2)$构成方程的通解

C. $(y_1 - y_2) =$常数

D. $y_1(x) - y_2(x)$在任意一点不等于 0

解 因为$p(x)$不恒等于 0，非零常数不可能是微分方程$y' + p(x)y = 0$的解。因为$y_1(x)$，$y_2(x)$是方程两个不同的解，则$y_1(x) - y_2(x)$也是这个方程的解，而$(y_1 - y_2)$为非零常数，所以$C(y_1 - y_2)$构成方程的通解，选项 B 成立。

一阶线性齐次方程$y' + p(x)y = 0$任意两个解，只差一个常数因子，所以$\frac{y_2(x)}{y_1(x)} \equiv$常数，选项 A 成立。

对于一阶微分方程$y' + p(x)y = 0$两个不同的解不能满足在相同的初始条件下使函数值相同，所以$y_1(x) - y_2(x)$在任意一点不等于 0，选项 D 成立。

因为$y_1(x)$，$y_2(x)$只差一个常数因子，$y_1 - y_2 \neq$常数，选项 C 不成立。

答案： C

四、高阶线性微分方程

（一）线性微分方程解的结构

二阶和二阶以上的微分方程称为高阶微分方程。形如

$$y'' + P(x)y' + Q(x)y = f(x) \tag{1-7-9}$$

其中$P(x)$、$Q(x)$为x的函数或常数。当$f(x) \neq 0$时，方程称为二阶线性非齐次方程。

当$f(x) = 0$时，对应的方程

$$y'' + P(x)y' + Q(x)y = 0 \qquad (1-7-10)$$

称为二阶线性齐次方程。

1. 二阶线性齐次微分方程（1-7-10）解的结构

（1）如果函数$y_1(x)$与$y_2(x)$是方程（1-7-10）的两个解，那么$y = C_1y_1 + C_2y_2$也是方程（1-7-10）的解，其中C_1、C_2是任意常数。

（2）如果$y_1(x)$与$y_2(x)$是方程（1-7-10）的两个线性无关的解，那么$y = C_1y_1 + C_2y_2$就是方程（1-7-10）的通解。

2. 二阶线性非齐次方程（1-7-9）解的结构

（1）若y^*是二阶非齐次线性方程（1-7-9）的一个特解，Y是对应的线性齐次方程（1-7-10）的通解，那么$y = Y + y^*$是二阶非齐次线性微分方程（1-7-9）的通解。

（2）若非齐次线性方程（1-7-9）的右端$f(x)$是几个函数的和，如

$$y'' + P(x)y' + Q(x)y = f_1(x) + f_2(x) \qquad (1-7-11)$$

而y_1^*与y_2^*分别是方程$y'' + P(x)y' + Q(x)y = f_1(x)$与$y'' + P(x)y' + Q(x)y = f_2(x)$的特解，那么$y_1^* + y_2^*$就是方程（1-7-11）的特解。

（二）二阶常系数线性齐次方程通解的计算

（1）定义：当二阶线性齐次方程$y'' + P(x)y' + Q(x)y = 0$中$P(x)$、$Q(x)$为常数时，即$y'' + py' + qy = 0$（其中，p、q为常数），该方程称为二阶常系数线性齐次方程。

（2）二阶常系数线性齐次方程通解的计算：设二阶常系数线性齐次方程

$$y'' + py' + qy = 0 \qquad (1-7-12)$$

（其中，p、q均为常数）

求方程解（1-7-12）的步骤如下：

①写出对应的特征方程

$$r^2 + pr + q = 0 \qquad (1-7-13)$$

②求出特征根（即特征方程的根）

$$r_{1,2} = \frac{-p \pm \sqrt{p^2 - 4q}}{2} \qquad (1-7-14)$$

③按下面规则写出方程（1-7-12）的通解

若$r_1 \neq r_2$，为两个不同的实特征根，则方程的通解为

$$y = C_1e^{r_1x} + C_2e^{r_2x} \qquad (1-7-15)$$

若$r_1 = r_2$，为重特征根，则方程的通解为

$$y = e^{r_1x}(C_1 + C_2x) \qquad (1-7-16)$$

若$r_{1,2} = \alpha \pm i\beta$，为一对共轭复根，则方程的通解为

$$y = e^{\alpha x}(C_1\cos\beta x + C_2\sin\beta x) \qquad (1-7-17)$$

（三）二阶常系数线性非齐次方程简介

$y'' + py' + qy = f(x)$中，$f(x) = P_m(x) \cdot e^{\lambda x}$[$P_m(x)$为某个多项式，乘指数函数$e^{\lambda x}$]时方程通解的求法：

（1）二阶常系数线性非齐次方程的通解为

$$y = \overline{y}（二阶常系数线性齐次方程的通解）+ y^*（二阶常系数线性非齐次方程的一个特解）$$

（2）二阶常系数线性齐次方程$y'' + py' + qy = 0$的通解按"（二）二阶常系数线性齐次方程通解的计算"求出。

（3）当自由项$f(x) = P_m(x)e^{\lambda x}$[$P_m(x)$为某个多项式，乘指数函数$e^{\lambda x}$]时，方程有形如$y^* = x^k Q_m(x)e^{\lambda x}$的特解，其中$Q_m(x)$与$P_m(x)$为同次多项式，其系数待定，而$k$按$\lambda$不是特征方程的根、是特征方程的单根或是特征方程的重根，依次取为0、1或2。

注：考试大纲中没有"二阶常系数非齐次方程"，但2013年、2017年试题中均出现过，应该是超纲了。为了帮助考生了解二阶常系数非齐次方程，我们特意加了一点简介。

【例1-7-9】 求二阶线性齐次方程（1）$y'' - y' - 6y = 0$；（2）$y'' + 9y = 0$；（3）$y'' + 2y' + y = 0$的通解。

解 （1）$r^2 - r - 6 = 0$

$$r_1 = 3，\ r_2 = -2$$

$$y = C_1 e^{3x} + C_2 e^{-2x}$$

（2）$r^2 + 9 = 0$

$$r_1 = \pm 3i \quad (\alpha = 0, \beta = 3)$$

$$y = C_1 \cos 3x + C_2 \sin 3x$$

（3）$r^2 + 2r + 1 = 0$

$$r = -1 \quad （重根）$$

$$y = e^{-x}(C_1 + C_2 x)$$

【例1-7-10】 二阶微分方程$xy'' + y' = 0$的通解是：

    A. $C_1 x^3 + C_2$ B. $C_1 \ln x + C_2$ C. $C_1 e^x + C_2$ D. 不存在

解 本题为可降阶的高阶微分方程，不显含变量y：

设　　　　　　　　　　$y' = P，\ y'' = P'$

方程转化为　　　　　$xP' + P = 0，\ x\dfrac{\mathrm{d}P}{\mathrm{d}x} = -P，\ \dfrac{1}{P}\mathrm{d}P = -\dfrac{1}{x}\mathrm{d}x$

积分　　　　$\ln P = -\ln x + \ln C_1，\ P = \dfrac{C_1}{x}，\ 即\dfrac{\mathrm{d}y}{\mathrm{d}x} = \dfrac{C_1}{x}，\ y = C_1 \ln x + C_2$

故$y = C_1 \ln x + C_2$

答案： B

【例1-7-11】 微分方程$y'' - 4y' + 3y = 0$，$y|_{x=0} = 6$，$y'|_{x=0} = 10$，满足初始条件的特解：

    A. $y = 4e^x + e^{3x}$ B. $y = e^x + 2e^{3x}$

    C. $y = 4e^x + 2e^{3x}$ D. $y = 2e^x + 4e^{3x}$

解 方程的特征方程为$r^2 - 4r + 3 = 0$，解得$r_1 = 1$，$r_2 = 3$

则通解为$y = C_1 e^x + C_2 e^{3x}$

求导$y' = C_1 e^x + 3C_2 e^{3x}$

代入初始条件$\begin{cases} C_1 + C_2 = 6 \\ C_1 + 3C_2 = 10 \end{cases} \Rightarrow C_1 = 4，\ C_2 = 2$

方程的特解为$y = 4e^x + 2e^{3x}$

答案： C

【例1-7-12】 由微分方程$y'' - y' = 0$所确定的积分曲线方程，使其在点$M(0,0)$和直线$y = x$相切，则曲线方程为：

    A. $y = C_1 + C_2 e^x$ B. $y = -1 + e^x$ C. $y = 1 + e^x$ D. $y = 2 + e^{2x}$

解 $y'' - y' = 0$ 的特征方程为：$r^2 - r = 0$，解得 $r_1 = 0$，$r_2 = 1$

故通解为 $y = C_1 e^{0x} + C_2 e^x$，即 $y = C_1 + C_2 e^x$，$y' = C_2 e^x$

初始条件为：$y|_{x=0} = 0$，$y'|_{x=0} = 1$

代入通解，得：$C_1 + C_2 = 0$，$C_2 = 1$

所以 $C_2 = 1$，$C_1 = -1$，$y = -1 + e^x$

答案： B

【例 1-7-13】 已知函数 $y_1(x)$，$y_2(x)$，$y_3(x)$ 都是方程 $y''(x) + P_1(x)y'(x) + P_2(x)y(x) = Q(x)$（以下称方程①）的特解，其中 P_1，P_2，Q 为已知非零连续函数，且 $\frac{y_1 - y_2}{y_2 - y_3} \neq$ 常数，方程①的通解是：

 A. $y = C_1 y_1 + C_2 y_2 + y_3$ B. $y = C_1 y_1 + C_2(y_1 - y_3) + y_2$

 C. $y = C_1(y_2 - y_3) + C_2 y_1 + y_1$ D. $y = (C_1 + 1)y_1 + (C_2 - C_1)y_2 - C_2 y_3$

（其中 C_1、C_2 为常数）

解 验证：$y_1 - y_2$，$y_2 - y_3$ 是方程①对应的齐次方程的解，如将 $y_1 - y_2$ 代入方程，$(y_1'' - y_2'') + P_1(y_1' - y_2') + P_2(y_1 - y_2) = y_1'' + P_1 y_1' + P_2 y_1 - (y_2'' + P_1 y_2' + P_2 y_2) = Q(x) - Q(x) = 0$。

所以 $y_1 - y_2$ 是方程①对应齐次方程的解。

同样验证 $y_2 - y_3$ 也是方程①对应齐次方程的解。

而已知 $\frac{y_1 - y_2}{y_2 - y_3} \neq$ 常数，所以 $y_1 - y_2$，$y_2 - y_3$ 是方程①对应齐次方程的两个线性无关的解。可知方程①对应齐次方程的通解为：$y = C_1(y_1 - y_2) + C_2(y_2 - y_3)$

所以方程①的通解是：$y = C_1(y_1 - y_2) + C_2(y_2 - y_3) + y_1$

解整理得：$y = (C_1 + 1)y_1 + (C_2 - C_1)y_2 - C_2 y_3$

答案： D

【例 1-7-14】 已知 y_0 是微分方程 $y'' + py' + qy = 0$ 的解，y_1 是微分方程 $y'' + py' + qy = f(x)[f(x) \neq 0]$ 的解，则下列函数中的微分方程 $y'' + py' + qy = f(x)$ 的解是：

 A. $y = y_0 + C_1 y_1$（C_1 是任意常数）   B. $y = C_1 y_1 + C_2 y_0$（C_1、C_2 是任意常数）

 C. $y = y_0 + y_1$ D. $y = 2y_1 + 3y_0$

解 本题考查微分方程解的基本知识。可将选项代入微分方程，满足微分方程的才是解。

已知 y_1 是微分方程 $y'' + py' + qy = f(x)[f(x) \neq 0]$ 的解，即将 y_1 代入后，满足微分方程 $y_1'' + py_1' + qy_1 = f(x)$，但对任意常数 $C_1(C_1 \neq 1)$，$C_1 y_1$ 得到的解均不满足微分方程，验证如下：

设 $y = C_1 y_1(C_1 \neq 1)$，求导 $y' = C_1 y_1'$，$y'' = C_1 y_1''$，并将 $y = C_1 y_1$ 代入方程得：

$$C_1 y_1'' + p C_1 y_1' + q C_1 y_1 = C_1(y_1'' + p y_1' + q y_1) = C_1 f(x) \neq f(x)$$

所以 $C_1 y_1$ 不是微分方程的解。

因而在选项 A、B、D 中，含有常数 $C_1(C_1 \neq 1)$ 乘 y_1 的形式，即 $C_1 y_1$ 这样的解均不满足方程解的条件，所以选项 A、B、D 均不成立。

可验证选项 C 成立，已知 $y = y_0 + y_1$，$y' = y_0' + y_1'$，$y'' = y_0'' + y_1''$，代入方程得

$$(y_0'' + y_1'') + p(y_0' + y_1') + q(y_0 + y_1) = y_0'' + p y_0' + q y_0 + y_1'' + p y_1' + q y_1$$
$$= 0 + f(x) = f(x)$$

注意：本题只是验证选项中哪一个解是微分方程的解，不是求微分方程的通解。

答案： C

【例 1-7-15】 微分方程 $\frac{d^2 y}{dx^2} + 2y = 1$ 的通解为：

A. $\frac{1}{2} + C_1 \cos \sqrt{2}x + C_2 \sin \sqrt{2}x$ 　　　　　B. $\frac{1}{2} + C_1 e^{\sqrt{2}}x + C_2 e^{-\sqrt{2}x}$

C. $C_1 \cos \sqrt{2}x + C_2 \sin \sqrt{2}x$ 　　　　　D. $C_1 e^{\sqrt{2}}x + C_2 e^{-\sqrt{2}x}$

解　可直接看出 $y^* = \frac{1}{2}$ 是二阶线性非齐次方程的一个特解，

二阶线性齐次方程 $\frac{d^2y}{dx^2} + 2y = 0$ 的特征方程为：$r^2 + 2 = 0$，解得 $r_{1,2} = \pm\sqrt{2}i$

故齐次线性方程的通解为 $y = C_1 \cos \sqrt{2}x + C_2 \sin \sqrt{2}x$

原方程的通解为：$y = y^* + y$，即 $y = \frac{1}{2} + C_1 \cos \sqrt{2}x + C_2 \sin \sqrt{2}x$

答案： A

【例 1-7-16】 微分方程 $y'' - 6y' + 9y = (x+1)e^{3x}$ 的待定特解的形式是：

A. $x^2(Ax + B)$ 　　　　　B. $x^2(x+1)e^{3x}$

C. Axe^{3x} 　　　　　D. $x^2(Ax + B)e^{3x}$

解　二阶线性非齐次方程对应的齐次方程的特征方程为 $r^2 - 6r + 9 = 0$，$r_{1,2} = 3$。

$f(x) = (x+1)e^{3x}$，$r = 3$ 为对应齐次方程的特征方程的二重根。

故微分方程特解形式为 $y^* = x^2(Ax + B)e^{3x}$。

答案： D

习　题

1-7-1　判断下列一阶微分方程中可化为一阶线性方程的是（　　　）。

A. $(5 - 2xy - y^2)dx - (x+y)^2dy = 0$ 　　　　　B. $(x^2 + y^2)dx - xydy = 0$

C. $(x^2e^y - 2y)dy + e^{-y}dx = 0$ 　　　　　D. $dy - e^x dx = -2xydx$

1-7-2　微分方程 $y' = \frac{x}{y} + \frac{y}{x}$，$y|_{x=1} = 2$ 的特解为（　　　）。

A. $y^2 = x^2(2 + \ln x)$ 　　　　　B. $y^2 = 4\ln x$

C. $y^2 = 2x^2(2 + \ln x)$ 　　　　　D. $y^2 = x^2(4 + \ln x)$

1-7-3　若方程 $y' + p(x)y = 0$ 的一个特解为 $y = \cos 2x$，则该方程满足初始条件 $y|_{x=0} = 2$ 的特解为（　　　）。

A. $\cos 2x + 2$ 　　　　B. $\cos 2x + 1$ 　　　　C. $2\cos x$ 　　　　D. $2\cos 2x$

1-7-4　设函数 $p(x)$，$q(x)$，$f(x)$ 都连续，$f(x) \neq 0$，y_1，y_2，y_3 都是 $y'' + p(x)y' + q(x)y = f(x)$ 的解，则它必定有解（　　　）。

A. $y_1 + y_2 + y_3$ 　　　　　B. $-y_1 - y_2 - y_3$

C. $y_1 + y_2 - y_3$ 　　　　　D. $y_1 - y_2 - y_3$

1-7-5　微分方程 $(1 + x^2)y'' = 2xy'$ 满足初始条件 $y|_{x=0} = 1$，$y'|_{x=0} = 3$ 的特解是（　　　）。

A. $x^3 + 3x + 2$ 　　　　　B. $9x^3 + 3x + 1$

C. $x^3 + 3x + 1$ 　　　　　D. $9x^3 + 3x + 2$

1-7-6　下列函数中不是方程 $y'' - 2y' + y = 0$ 的解的函数是（　　　）。

A. x^2e^x 　　　　B. e^x 　　　　C. xe^x 　　　　D. $(x+2)e^x$

1-7-7　已知 $r_1 = 3$，$r_2 = -3$ 是方程 $y'' + py' + qy = 0$（p 和 q 是常数）的特征方程的两个根，则该微分方程是（　　　）。

A. $y'' + 9y' = 0$ 　　　B. $y'' - 9y' = 0$ 　　　C. $y'' + 9y = 0$ 　　　D. $y'' - 9y = 0$

1-7-8　函数 $y = C_1 e^x + C_2 e^{-2x} + xe^x$ 满足的一个微分方程是（　　　）。

A. $y'' - y' - 2y = 3xe^x$ 　　　　　　　　B. $y'' - y' - 2y = 3e^x$

C. $y'' + y' - 2y = 3xe^x$ 　　　　　　　　D. $y'' + y' - 2y = 3e^x$

第八节　线性代数

一、行列式及其计算

二阶行列式：$\begin{vmatrix} a_{11} & a_{12} \\ a_{21} & a_{22} \end{vmatrix} = a_{11}a_{22} - a_{12}a_{21}$

三阶行列式：$\begin{vmatrix} a_{11} & a_{12} & a_{13} \\ a_{21} & a_{22} & a_{23} \\ a_{31} & a_{32} & a_{33} \end{vmatrix}$

$$= a_{11}a_{22}a_{33} + a_{12}a_{23}a_{31} + a_{13}a_{21}a_{32} - a_{11}a_{23}a_{32} - a_{12}a_{21}a_{33} - a_{13}a_{22}a_{31}$$

它们有以下特点：

（1）展开式有 $n!$ 项（$n = 2,3$），每项都是 n 个元素相乘，这 n 个元素既位于不同的行又位于不同的列。

（2）每项带有正号或负号，当这 n 个元素所在行按自然顺序排定后，若相应的列号的排列是偶排列时，该项取正号；反之，即其列号的排列是奇排列时，该项取负号。

定义：设有 n^2 个数 a_{ij} $(i, j = 1, 2, \cdots, n)$，令

$$\begin{vmatrix} a_{11} & a_{12} & \cdots & a_{1n} \\ a_{21} & a_{22} & \cdots & a_{2n} \\ \vdots & \vdots & & \vdots \\ a_{n1} & a_{n2} & \cdots & a_{nn} \end{vmatrix} = \sum_{p_1 p_2 \cdots p_n} (-1)^t a_{1p_1} a_{2p_2} \cdots a_{np_n}$$

这里 $\sum\limits_{p_1 p_2 \cdots p_n}$ 对所有 n 阶排列 $p_1 p_2 \cdots p_n$ 求和，共有 $n!$ 项，叫作一个 n 阶行列式，记作 $|A|$，也记作 $\det A$。n 阶行列式中共有 $n!$ 项求和。

特别地，当 $n = 1$ 时，一阶行列式就是 $|a| = a$，注意不要与绝对值符号相混淆；当 $n = 2$、3 时，与上面的二阶、三阶行列式展开式一致。

（一）行列式的展开定理与推论

1. 定义：将行列式 D_n 中 a_{ij} 所在的行与列划去，剩下的元素按原顺序排成的低一阶行列式，叫作元素 a_{ij} 的余子式，记作 M_{ij}。称 $A_{ij} = (-1)^{i+j} M_{ij}$ 为元素 a_{ij} 的代数余子式。

2. 定理：n 阶行列式

$$D = \begin{vmatrix} a_{11} & a_{12} & \cdots & a_{1n} \\ a_{21} & a_{22} & \cdots & a_{2n} \\ \vdots & \vdots & & \vdots \\ a_{n1} & a_{n2} & \cdots & a_{nn} \end{vmatrix}$$

的值等于它的任意一行（列）的各元素与其对应代数余子式的乘积的和。

即　　　$\begin{aligned} D &= a_{i1}A_{i1} + a_{i2}A_{i2} + \cdots + a_{in}A_{in} \quad (i = 1, 2, \cdots, n) \\ D &= a_{1j}A_{1j} + a_{2j}A_{2j} + \cdots + a_{nj}A_{nj} \quad (j = 1, 2, \cdots, n) \end{aligned}$　　　(1-8-1)

三角行列式 $\begin{vmatrix} a_{11} & a_{12} & \cdots & a_{1n} \\ 0 & a_{22} & \cdots & a_{2n} \\ 0 & 0 & \ddots & \vdots \\ 0 & 0 & \cdots & a_{nn} \end{vmatrix} = \begin{vmatrix} a_{11} & 0 & \cdots & 0 \\ a_{21} & a_{22} & \cdots & 0 \\ \vdots & \vdots & \ddots & \vdots \\ a_{n1} & a_{n2} & \cdots & a_{nn} \end{vmatrix} = a_{11}a_{22} \cdots a_{nn}$

3. 推论： n 阶行列式 $\boldsymbol{D}$ 的某一行（列）的各元素与另一行（列）对应元素的代数余子式的乘积之和等于零。

即

$$a_{i1}A_{j1} + a_{i2}A_{j2} + \cdots + a_{in}A_{jn} = 0 \quad (i \neq j;\ i,j = 1,2,\cdots,n)$$

$$a_{1i}A_{1j} + a_{2i}A_{2j} + \cdots + a_{ni}A_{nj} = 0 \quad (i \neq j;\ i,j = 1,2,\cdots,n)$$

$$\text{(1-8-2)}$$

（二）行列式的性质

（1）行列式与它的转置行列式相等。

（2）对换行列式的任意两行（列），行列式仅改变符号。

（3）行列式的一行（列）的所有元素同乘以数 k，等于该行列式乘以数 k［一行（列）元素的公因数可以提到行列式外］。

（4）如果行列式中有两行（列）元素成比例，则行列式为零。

（5）若行列式某一行（列）的各元素是两个数之和，则该行列式等于按此行（列）分成的两个相应行列式的和。

例如

$$\begin{vmatrix} a_{11} + a'_{11} & a_{12} + a'_{12} \\ a_{21} & a_{22} \end{vmatrix} = \begin{vmatrix} a_{11} & a_{12} \\ a_{21} & a_{22} \end{vmatrix} + \begin{vmatrix} a'_{11} & a'_{12} \\ a_{21} & a_{22} \end{vmatrix}$$

（6）将行列式的某一行（列）的各元素同乘以一个数后加到另一行（列）对应元素上，行列式值不变。

行列式的计算可根据行列式的元素及其排列特点灵活运用性质和展开定理。三、四阶行列式和简单的高阶行列式是重点。

（三）克莱姆法则

设方程组① $\begin{cases} a_{11}x_1 + a_{12}x_2 + \cdots + a_{1n}x_n = b_1 \\ a_{21}x_1 + a_{22}x_2 + \cdots + a_{2n}x_n = b_2 \\ \qquad\qquad\cdots \\ a_{n1}x_1 + a_{n2}x_2 + \cdots + a_{nn}x_n = b_n \end{cases}$，用矩阵记为 $\boldsymbol{Ax} = \boldsymbol{b}$（见"五、线性方程组"）

若线性方程组①的系数行列式 $\boldsymbol{D} = |\boldsymbol{A}| \neq 0$，则该方程组有唯一解

$$x_j = \frac{D_j}{D} \quad (j = 1,2,\cdots,n)$$

其中 $\boldsymbol{D}_j$ 是将 $\boldsymbol{D}$ 中的第 j 列用方程组的常数列 $\boldsymbol{b}$ 替换后得到的 n 阶行列式。

在变量个数较少且 $|\boldsymbol{A}| \neq 0$ 时，可用克莱姆法则求解。（一般解法见"五、线性方程组"）

【例 1-8-1】 解方程 $\begin{vmatrix} 1 & 1 & 1 & 1 \\ 1 & x & 2 & 2 \\ 2 & 2 & x & 3 \\ 3 & 3 & 3 & x \end{vmatrix} = 0$。

解　由于 $\begin{vmatrix} 1 & 1 & 1 & 1 \\ 1 & x & 2 & 2 \\ 2 & 2 & x & 3 \\ 3 & 3 & 3 & x \end{vmatrix} \xrightarrow[\substack{-2r_1+r_3 \\ -3r_1+r_4}]{-r_1+r_2} \begin{vmatrix} 1 & 1 & 1 & 1 \\ 0 & x-1 & 1 & 1 \\ 0 & 0 & x-2 & 1 \\ 0 & 0 & 0 & x-3 \end{vmatrix} \xrightarrow{\text{三角行列式}} (x-1)(x-2)(x-3)$

所以方程的解为 $x = 1$，$x = 2$，$x = 3$［$-3r_1+r_4$ 表示第 1 行元素乘（-3）加到第 4 行］

【例 1-8-2】 计算行列式 $\boldsymbol{D} = \begin{vmatrix} 0 & 3 & 0 & 1 \\ a & d & e & f \\ 0 & 1 & b & 2 \\ 0 & 0 & 0 & c \end{vmatrix}$。

解

$$D \xrightarrow{\text{按} r_1 \text{展开}} (-1)^{1+2} 3 \begin{vmatrix} a & e & f \\ 0 & b & 2 \\ 0 & 0 & c \end{vmatrix} + (-1)^{1+4} \begin{vmatrix} a & d & e \\ 0 & 1 & b \\ 0 & 0 & 0 \end{vmatrix} \xrightarrow{\text{三角行列式}} -3abc$$

或

$$D \xrightarrow{\text{按} c_1 \text{展开}} (-1)^{2+1} a \begin{vmatrix} 3 & 0 & 1 \\ 1 & b & 2 \\ 0 & 0 & c \end{vmatrix} \xrightarrow{\text{按} r_3 \text{展开}} -ac \begin{vmatrix} 3 & 0 \\ 1 & b \end{vmatrix} = -3abc \quad (c_1 \text{表示第 1 列})$$

【例 1-8-3】 设 $D = \begin{vmatrix} -1 & 5 & 7 & -8 \\ 1 & 1 & 1 & 1 \\ 2 & 0 & -9 & 6 \\ -3 & 4 & 3 & 7 \end{vmatrix}$，则 $A_{41} + A_{42} + A_{43} + A_{44} =$：

A. 2　　　　　　　　B. 1　　　　　　　　C. −1　　　　　　　　D. 0

解　**方法 1**：将行列式第 4 行换成（1　1　1　1）

得行列式 $D_1 = \begin{vmatrix} -1 & 5 & 7 & -8 \\ 1 & 1 & 1 & 1 \\ 2 & 0 & -9 & 6 \\ 1 & 1 & 1 & 1 \end{vmatrix} = 0$ ［行列式性质（4）］

把 D_1 按第 4 行展开，$D_1 = 1 \cdot A_{41} + 1 \cdot A_{42} + 1 \cdot A_{43} + 1 \cdot A_{44} = 0$。

方法 2：D 的第二行元素与第四行元素代数余子式乘积之和等于 0。

答案：D

【例 1-8-4】 在函数 $f(x) = \begin{vmatrix} 2x & 1 & -1 \\ -x & -x & x \\ 1 & 2 & x \end{vmatrix}$ 中 x^3 的系数是：

A. 1　　　　　　　　B. −2　　　　　　　　C. −1　　　　　　　　D. 3

解　将行列式按第一行展开

$$f(x) = 2x \begin{vmatrix} -x & x \\ 2 & x \end{vmatrix} + 1 \times (-1)^{1+2} \begin{vmatrix} -x & x \\ 1 & x \end{vmatrix} + (-1) \times (-1)^{1+3} \begin{vmatrix} -x & -x \\ 1 & 2 \end{vmatrix}$$

可以看出，在展开式中含有 x^3 的项仅有 $2x \begin{vmatrix} -x & x \\ 2 & x \end{vmatrix} = 2x(-x^2 - 2x) = -2x^3 - 4x^2$，其余均不含 x^3 的项。

所以 x^3 的系数为 −2。

答案：B

【例 1-8-5】 行列式 D 非零的充分条件是：

　　A. D 的所有元素非零

　　B. D 至少有几个元素非零

　　C. D 的任意两行元素之间不成比例

　　D. 以 D 为系数行列式的齐次线性方程组有唯一解

解　**方法 1**（举反例）：

$\begin{vmatrix} 1 & 1 \\ 1 & 1 \end{vmatrix} = 0$，选项 A 错；$\begin{vmatrix} 1 & 1 \\ 0 & 0 \end{vmatrix} = 0$，选项 B 错；$\begin{vmatrix} 1 & 1 & 0 \\ 0 & 1 & 1 \\ 0 & 0 & 0 \end{vmatrix} = 0$，选项 C 错。

方法 2［利用"五、线性方程组"中（一）3 结论（2）］：

A 为 n 阶方阵时，齐次线性方程组 $Ax = 0$ 只有零解（有唯一解）的充要条件是 $|A| \neq 0$。

选项 D 成立。

答案：D

二、矩阵及其运算

（一）矩阵的概念

由 $m \times n$ 个数 $a_{ij}(i = 1,2,\cdots,m;\ j = 1,2,\cdots,n)$ 排成 m 行 n 列的数表

$$A_{m \times n} = \begin{bmatrix} a_{11} & a_{12} & \cdots & a_{1n} \\ a_{21} & a_{22} & \cdots & a_{2n} \\ \vdots & \vdots & & \vdots \\ a_{m1} & a_{m2} & \cdots & a_{mn} \end{bmatrix} = (a_{ij})_{m \times n}$$

叫作 m 行 n 列矩阵，a_{ij} 叫作矩阵 $\boldsymbol{A}$ 的第 i 行第 j 列元素。

若 $m = n$，则 $\boldsymbol{A}$ 为 n 阶方阵。

只有一行的矩阵称为行矩阵（或行向量），只有一列的矩阵称为列矩阵（或列向量）。

元素都是零的矩阵称为零矩阵，记作 $\boldsymbol{0}$。

主对角线上的元素为 1，其他元素全为 0 的 n 阶方阵，称为 n 阶单位矩阵，记作 $\boldsymbol{E}$，即

$$E = \begin{bmatrix} 1 & & \\ & \ddots & \\ & & 1 \end{bmatrix}$$

除主对角线外，其他元素全部为零的方阵称为对角方阵，记作 $\boldsymbol{\Lambda}$，即 $\Lambda = \begin{bmatrix} a_{11} & & 0 \\ & \ddots & \\ 0 & & a_{nn} \end{bmatrix}$。

矩阵

$$\begin{bmatrix} a_{11} & \cdots & a_{1n} \\ & \ddots & \vdots \\ 0 & & a_{nn} \end{bmatrix} \text{和} \begin{bmatrix} a_{11} & & 0 \\ \vdots & \ddots & \\ a_{n1} & \cdots & a_{nn} \end{bmatrix}$$

分别称为上三角矩阵和下三角矩阵。

（二）矩阵的运算

1. 矩阵相等

如果两个 $m \times n$ 矩阵 $\boldsymbol{A} = (a_{ij})$，$\boldsymbol{B} = (b_{ij})$ 的对应元素相等，即

$$a_{ij} = b_{ij} \quad (i = 1,2,\cdots,m;\ j = 1,2,\cdots,n)$$

则称矩阵 $\boldsymbol{A}$ 与矩阵 $\boldsymbol{B}$ 相等，记作 $\boldsymbol{A} = \boldsymbol{B}$。

2. 矩阵的运算

（1）
$$\boldsymbol{A} \pm \boldsymbol{B} = \begin{bmatrix} a_{11} \pm b_{11} & \cdots & a_{1n} \pm b_{1n} \\ a_{21} \pm b_{21} & \cdots & a_{2n} \pm b_{2n} \\ \vdots & & \vdots \\ a_{m1} \pm b_{m1} & \cdots & a_{mn} \pm b_{mn} \end{bmatrix}$$

设 $\boldsymbol{A}$、$\boldsymbol{B}$、$\boldsymbol{C}$ 均为 $m \times n$ 矩阵，则

$\boldsymbol{A} + \boldsymbol{B} = \boldsymbol{B} + \boldsymbol{A}$

$\boldsymbol{A} + \boldsymbol{B} + \boldsymbol{C} = (\boldsymbol{A} + \boldsymbol{B}) + \boldsymbol{C} = \boldsymbol{A} + (\boldsymbol{B} + \boldsymbol{C})$

（2）设 λ 为数
$$\lambda \boldsymbol{A} = \begin{bmatrix} \lambda a_{11} & \cdots & \lambda a_{1n} \\ \lambda a_{21} & \cdots & \lambda a_{2n} \\ \vdots & & \vdots \\ \lambda a_{m1} & \cdots & \lambda a_{mn} \end{bmatrix}$$

注意：数乘矩阵是用这个数乘矩阵的每一个元素，而数乘行列式是用这个数乘行列式的某一行（列）的每个元素。

设 $\boldsymbol{A}$、$\boldsymbol{B}$ 均为 $m \times n$ 矩阵，λ、μ 为数，则

$\lambda(\boldsymbol{A} + \boldsymbol{B}) = \lambda \boldsymbol{A} + \lambda \boldsymbol{B}$

$(\lambda + \mu)\boldsymbol{A} = \lambda\boldsymbol{A} + \mu\boldsymbol{A}$

（3）
$$\boldsymbol{A}_{m \times n}\boldsymbol{B}_{n \times p} = \begin{bmatrix} a_{11} & \cdots & a_{1n} \\ a_{21} & \cdots & a_{2n} \\ \vdots & & \vdots \\ a_{m1} & \cdots & a_{mn} \end{bmatrix}\begin{bmatrix} b_{11} & \cdots & b_{1p} \\ b_{21} & \cdots & b_{2p} \\ \vdots & & \vdots \\ b_{n1} & \cdots & b_{np} \end{bmatrix} = \begin{bmatrix} c_{11} & \cdots & c_{1p} \\ c_{21} & \cdots & c_{2p} \\ \vdots & & \vdots \\ c_{m1} & \cdots & c_{mp} \end{bmatrix} = \boldsymbol{C}_{m \times p}$$

其中$c_{ij} = a_{i1}b_{1j} + a_{i2}b_{2j} + \cdots + a_{in}b_{nj}(i = 1,2,\cdots,m$；$j = 1,2,\cdots,p)$。

c_{ij}是左矩阵$\boldsymbol{A}$的第i个行向量与右矩阵$\boldsymbol{B}$的第j个列向量的数量积（内积）。$c_{ij} = 0$表示两向量正交（垂直）。

注意：矩阵相乘时，必须满足左矩阵的列数与右矩阵的行数相同。

假设运算均是可行的，则

$(\boldsymbol{AB})\boldsymbol{C} = \boldsymbol{A}(\boldsymbol{BC})$

$\boldsymbol{A}(\boldsymbol{B} + \boldsymbol{C}) = \boldsymbol{AB} + \boldsymbol{AC}$

$(\boldsymbol{B} + \boldsymbol{C})\boldsymbol{A} = \boldsymbol{BA} + \boldsymbol{CA}$

$\lambda(\boldsymbol{AB}) = (\lambda\boldsymbol{A})\boldsymbol{B} = \boldsymbol{A}(\lambda\boldsymbol{B})$　　（λ为数）

$\boldsymbol{AE} = \boldsymbol{A}$，$\boldsymbol{EA} = \boldsymbol{A}$

注意：

①矩阵的乘法不满足交换律，即$\boldsymbol{AB} \neq \boldsymbol{BA}$。

②矩阵乘法不满足消去律，即由$\boldsymbol{AB} = \boldsymbol{AC}$，且$\boldsymbol{A} \neq \boldsymbol{0}$，不能推出$\boldsymbol{B} = \boldsymbol{C}$，只有当$\boldsymbol{A}$为可逆方阵时，由$\boldsymbol{AB} = \boldsymbol{AC}$可推出$\boldsymbol{B} = \boldsymbol{C}$。

③由$\boldsymbol{AB} = \boldsymbol{0}$不能推出$\boldsymbol{A} = \boldsymbol{0}$或$\boldsymbol{B} = \boldsymbol{0}$。例如$\begin{bmatrix} 1 & 1 \\ -1 & -1 \end{bmatrix}\begin{bmatrix} -1 & -1 \\ 1 & 1 \end{bmatrix} = \begin{bmatrix} 0 & 0 \\ 0 & 0 \end{bmatrix}$。

$\boldsymbol{AB} = \boldsymbol{0}$表示$\boldsymbol{A}$的每个行向量与$\boldsymbol{B}$的每个列向量正交（垂直）。

（4）设$\boldsymbol{A}$是n阶方阵，k个$\boldsymbol{A}$相乘记作$\boldsymbol{A}^k$，称为$\boldsymbol{A}$的k次幂。
$$\boldsymbol{A}^k\boldsymbol{A}^l = \boldsymbol{A}^{k+l}, \quad (\boldsymbol{A}^k)^l = \boldsymbol{A}^{kl}$$

注意：

①由$\boldsymbol{A}^2 = \boldsymbol{A}$不能推出$\boldsymbol{A} = \boldsymbol{0}$或$\boldsymbol{A} = \boldsymbol{E}$，仅当方阵$\boldsymbol{A}$可逆时，可以推出$\boldsymbol{A} = \boldsymbol{E}$；仅当$\boldsymbol{A} - \boldsymbol{E}$可逆时，可以推出$\boldsymbol{A} = \boldsymbol{0}$。

②由$\boldsymbol{A}^2 = \boldsymbol{0}$，不能推出$\boldsymbol{A} = \boldsymbol{0}$。例如$\boldsymbol{A} = \begin{bmatrix} 1 & -1 \\ 1 & -1 \end{bmatrix}$，$\boldsymbol{A}^2 = \begin{bmatrix} 1 & -1 \\ 1 & -1 \end{bmatrix}\begin{bmatrix} 1 & -1 \\ 1 & -1 \end{bmatrix} = \begin{bmatrix} 0 & 0 \\ 0 & 0 \end{bmatrix}$。

（三）转置矩阵

1. 定义：把矩阵$\boldsymbol{A}$的所有行换成相应的列所得的矩阵，称为矩阵$\boldsymbol{A}$的转置矩阵，记作$\boldsymbol{A}^{\mathrm{T}}$。

若
$$\boldsymbol{A} = \begin{bmatrix} a_{11} & a_{12} & \cdots & a_{1n} \\ a_{21} & a_{22} & \cdots & a_{2n} \\ \vdots & \vdots & & \vdots \\ a_{m1} & a_{m2} & \cdots & a_{mn} \end{bmatrix}$$

则
$$\boldsymbol{A}^{\mathrm{T}} = \begin{bmatrix} a_{11} & a_{21} & \cdots & a_{m1} \\ a_{12} & a_{22} & \cdots & a_{m2} \\ \vdots & \vdots & & \vdots \\ a_{1n} & a_{2n} & \cdots & a_{mn} \end{bmatrix}$$

2. 性质：

$(\boldsymbol{A}^{\mathrm{T}})^{\mathrm{T}} = \boldsymbol{A}$

$(\lambda\boldsymbol{A})^{\mathrm{T}} = \lambda\boldsymbol{A}^{\mathrm{T}}$　　（λ为数）

$(\boldsymbol{A} + \boldsymbol{B})^{\mathrm{T}} = \boldsymbol{A}^{\mathrm{T}} + \boldsymbol{B}^{\mathrm{T}}$

$$(AB)^T = B^T A^T$$

$$(AB \cdots C)^T = C^T \cdots B^T A^T$$

3. 定义：若n阶方阵A满足$A = A^T$，则称A为对称矩阵；若n阶方阵满足$A = -A^T$，则称A为反对称矩阵。

（四）方阵的行列式

1. 定义：由n阶方阵A的元素按原次序组成的行列式叫作方阵A的行列式，记作$|A|$或 $\det A$。

① 设A、B是两个n阶方阵，则：$|A^T| = |A|$，$|kA| = k^n |A|$（k为数），$|AB| = |A||B|$，$|A^k| = |A|^k$（k为正整数）；② 设A为m阶方阵，B为n阶方阵，则$(m + n)$阶行列式$\begin{vmatrix} A & 0 \\ 0 & B \end{vmatrix} = |A||B|$。

2. 定义：若n阶方阵A，满足$|A| \neq 0$，则称A为非奇异矩阵；如果$|A| = 0$，则称A为奇异矩阵。

三、可逆矩阵、矩阵的秩与矩阵的初等变换

（一）可逆矩阵

1. 定义：设A为n阶方阵，若存在n阶方阵B，使

$$AB = BA = E$$

则称A是可逆矩阵，并称B为A的逆矩阵，记作$A^{-1} = B$。

所以

$$AA^{-1} = A^{-1}A = E$$

方阵A的逆矩阵A^{-1}若存在，则必唯一。因为若B、C都是A的逆矩阵，则$B = BE = BAC = EC = C$。

2. 结论：设A、B均为n阶方阵，若$AB = E$或$BA = E$，则A、B均可逆，且互为逆矩阵，即$A^{-1} = B$，$B^{-1} = A$（利用此结论不仅可验证n阶方阵A、B是否互为逆矩阵，还可证明逆矩阵公式）。

（1）若A可逆，则A^{-1}亦可逆，且$(A^{-1})^{-1} = A$。

（2）若A可逆，数$\lambda \neq 0$，则λA可逆，且$(\lambda A)^{-1} = \frac{1}{\lambda} A^{-1}$，因为$(\lambda A)\left(\frac{1}{\lambda} A^{-1}\right) = E$。

（3）若A可逆，则A^T亦可逆，且$(A^T)^{-1} = (A^{-1})^T$，因为$A^T (A^{-1})^T = (A^{-1} A)^T = E^T = E$。

（4）若A、B为同阶方阵且均可逆，则AB亦可逆，且$(AB)^{-1} = B^{-1} A^{-1}$，因为$(AB)(B^{-1} A^{-1}) = AEA^{-1} = E$。

（5）设A为m阶可逆矩阵，B为n阶可逆矩阵，则$\begin{bmatrix} A & 0 \\ 0 & B \end{bmatrix}^{-1} = \begin{bmatrix} A^{-1} & 0 \\ 0 & B^{-1} \end{bmatrix}$，$\begin{bmatrix} 0 & A \\ B & 0 \end{bmatrix}^{-1} = \begin{bmatrix} 0 & B^{-1} \\ A^{-1} & 0 \end{bmatrix}$。

（6）$|A^{-1}| = \frac{1}{|A|}$。因为$AA^{-1} = E$，$|A| \cdot |A^{-1}| = |AA^{-1}| = |E| = 1$。

3. 定义：设A为n阶方阵，如果$A^T A = AA^T = E$，则称A为正交矩阵（A^T也是正交矩阵）。

① 若A为正交矩阵，则$A^{-1} = A^T$，$(A^T)^{-1} = A$。

② A为正交矩阵的充要条件是A的行（列）向量是两两正交的单位向量组。

4. 伴随矩阵

定义：设$A = \begin{bmatrix} a_{11} & a_{12} & \cdots & a_{1n} \\ a_{21} & a_{22} & \cdots & a_{2n} \\ \vdots & \vdots & & \vdots \\ a_{n1} & a_{n2} & \cdots & a_{nn} \end{bmatrix}$

A_{ij}是方阵的行列式$|A|$中元素a_{ij}的代数余子式，则称矩阵$A^* = \begin{bmatrix} A_{11} & A_{21} & \cdots & A_{n1} \\ A_{12} & A_{22} & \cdots & A_{n2} \\ \vdots & \vdots & & \vdots \\ A_{1n} & A_{2n} & \cdots & A_{nn} \end{bmatrix}$为矩阵$A$的伴

随矩阵。注意：元素a_{ij}的代数余子式A_{ij}在$\boldsymbol{A}^*$中的第j行第i列。

结论：

（1）$\boldsymbol{A}\boldsymbol{A}^* = \boldsymbol{A}^*\boldsymbol{A} = |\boldsymbol{A}|\boldsymbol{E}$（由行列式展开定理和推论可得）。

（2）设$\boldsymbol{A}$为n阶方阵，则$|\boldsymbol{A}^*| = |\boldsymbol{A}|^{n-1}$。

（3）方阵$\boldsymbol{A}$可逆（$\boldsymbol{A}^{-1}$存在）的充要条件是$|\boldsymbol{A}| \neq 0$（$\boldsymbol{A}$为非奇异方阵），且

$$\boldsymbol{A}^{-1} = \frac{1}{|\boldsymbol{A}|}\boldsymbol{A}^* \tag{1-8-3}$$

用此式求$\boldsymbol{A}^{-1}$要算一个n阶行列式和n^2个$n-1$阶行列式，计算量较大，后面会介绍简便算法。［见初等变换的应用（4）］

对于二阶矩阵$\boldsymbol{A} = \begin{bmatrix} a & b \\ c & d \end{bmatrix}$，当$|\boldsymbol{A}| = ad - bc \neq 0$时，$\boldsymbol{A}^{-1} = \frac{1}{ad-bc}\begin{bmatrix} d & -b \\ -c & a \end{bmatrix}$。

另外，当$a_{11}a_{22}\cdots a_{nn} \neq 0$时，$\begin{bmatrix} a_{11} & & & \\ & a_{22} & & \\ & & \ddots & \\ & & & a_{nn} \end{bmatrix}^{-1} = \begin{bmatrix} 1/a_{11} & & & \\ & 1/a_{22} & & \\ & & \ddots & \\ & & & 1/a_{nn} \end{bmatrix}$。

（4）若$\boldsymbol{A}$可逆，则$\boldsymbol{A}^* = |\boldsymbol{A}|\boldsymbol{A}^{-1}$，$(\boldsymbol{A}^*)^{-1} = \frac{\boldsymbol{A}}{|\boldsymbol{A}|}$。

【例1-8-6】 设$\boldsymbol{A}$为4阶矩阵，且$|\boldsymbol{A}| = 2$，则$\left|\frac{1}{2}\boldsymbol{A}\right|$为：

A. $\frac{1}{8}$　　　　　　　B. 4　　　　　　　C. 1　　　　　　　D. 0

解　利用公式$|k\boldsymbol{A}| = k^n|\boldsymbol{A}|$，则$\left|\frac{1}{2}\boldsymbol{A}\right| = \left(\frac{1}{2}\right)^4 \cdot |\boldsymbol{A}| = \frac{1}{16} \times 2 = \frac{1}{8}$

答案： A

【例1-8-7】 设$\boldsymbol{A}$为3阶方阵，且$|\boldsymbol{A}| = \frac{1}{2}$，则$|(2\boldsymbol{A}^*)^{-1}| =$：

A. $\frac{1}{2}$　　　　　　　B. $\frac{1}{4}$　　　　　　　C. 1　　　　　　　D. 2

解　利用公式$|\boldsymbol{A}^{-1}| = \frac{1}{|\boldsymbol{A}|}$，$|k\boldsymbol{A}| = k^n|\boldsymbol{A}|$，$|\boldsymbol{A}^*| = |\boldsymbol{A}|^{n-1}$，

$$|(2\boldsymbol{A}^*)^{-1}| = \frac{1}{|2\boldsymbol{A}^*|} \xrightarrow[\text{行列式}]{|\boldsymbol{A}^*|\text{为三阶}} \frac{1}{8|\boldsymbol{A}^*|} \xrightarrow[\text{矩阵}]{\boldsymbol{A}\text{为三阶}} \frac{1}{8}\frac{1}{|\boldsymbol{A}|^{3-1}} = \frac{1}{8}\frac{1}{|\boldsymbol{A}|^2} = \frac{1}{8} \times 4 = \frac{1}{2}$$

答案： A

【例1-8-8】 设$\boldsymbol{A}$、$\boldsymbol{B}$均为三阶矩阵，且行列式$|\boldsymbol{A}| = 1$，$|\boldsymbol{B}| = -2$，$\boldsymbol{A}^{\mathrm{T}}$为$\boldsymbol{A}$的转置矩阵，则行列式$|-2\boldsymbol{A}^{\mathrm{T}}\boldsymbol{B}^{-1}|$等于：

A. -1　　　　　　　B. 1　　　　　　　C. -4　　　　　　　D. 4

解　利用公式$|k\boldsymbol{A}| = k^n|\boldsymbol{A}|$，$|\boldsymbol{A}\boldsymbol{B}| = |\boldsymbol{A}||\boldsymbol{B}|$，$|\boldsymbol{A}^{\mathrm{T}}| = |\boldsymbol{A}|$，$|\boldsymbol{A}^{-1}| = \frac{1}{|\boldsymbol{A}|}$

$$|-2\boldsymbol{A}^{\mathrm{T}}\boldsymbol{B}^{-1}| = (-2)^3|\boldsymbol{A}^{\mathrm{T}}\boldsymbol{B}^{-1}| = (-8)|\boldsymbol{A}^{\mathrm{T}}| \cdot |\boldsymbol{B}^{-1}| = (-8)|\boldsymbol{A}| \cdot \frac{1}{|\boldsymbol{B}|} = -8 \times 1 \times \frac{1}{-2} = 4$$

答案： D

【例1-8-9】 设$\boldsymbol{A}$，$\boldsymbol{B}$为三阶方阵，且行列式$|\boldsymbol{A}| = -\frac{1}{2}$，$|\boldsymbol{B}| = 2$，$\boldsymbol{A}^*$是$\boldsymbol{A}$的伴随矩阵，则行列式$|2\boldsymbol{A}^*\boldsymbol{B}^{-1}|$等于：

A. 1　　　　　　　B. -1　　　　　　　C. 2　　　　　　　D. -2

解　$|2\boldsymbol{A}^*\boldsymbol{B}^{-1}| = 2^3|\boldsymbol{A}^*\boldsymbol{B}^{-1}| = 2^3|\boldsymbol{A}^*| \cdot |\boldsymbol{B}^{-1}| = 2^3|\boldsymbol{A}|^{3-1}\frac{1}{|\boldsymbol{B}|} = 1$

答案： A

【例1-8-10】 设$\boldsymbol{A}$为3阶矩阵，且$|\boldsymbol{A}| = \frac{1}{2}$，则$\left|\frac{3}{2}\boldsymbol{A}^{-1} + 7\boldsymbol{A}^*\right|$等于：

A. 10　　　　　　　　　B. 125　　　　　　　　　C. 500　　　　　　　　　D. 250

解　因为 $A^{-1} = \frac{1}{|A|}A^*$

$$\left|\frac{3}{2}A^{-1} + 7A^*\right| = \left|\frac{3}{2}\frac{1}{|A|}A^* + 7A^*\right| = |3A^* + 7A^*| = |10A^*| \underset{\text{三阶矩阵}}{\overset{A^* \text{为}}{=\!=\!=\!=\!=}} 10^3|A^*|$$

$$\underset{\text{公式}|A^*|=|A|^{n-1}}{=\!=\!=\!=\!=\!=\!=\!=\!=} 10^3|A|^{3-1} = 10^3|A|^2 = 10^3 \times \frac{1}{4} = 250$$

答案： D

（二）矩阵的秩

1. 定义：在 $m \times n$ 矩阵 A 中任取 k 行、k 列 $(k \leq \min\{m,n\})$，位于这些行列交叉处的 k^2 个元素按其原来的次序构成一个 k 阶行列数，称为矩阵 A 的 k 阶子式。

矩阵 A 中不为零的子式的最高阶数，称为矩阵 A 的秩，记为 $R(A)$。

规定零矩阵的秩为零，即 $R(0) = 0$。

（1）矩阵的秩 $R(A) \geq r$ 的充分必要条件是 A 中至少有一个 r 阶子式不为零。

矩阵的秩 $R(A) \leq r$ 的充分必要条件是 A 中所有 $r+1$ 阶子式全为零。

如果矩阵 A 中至少有一个 r 阶子式不为零，而所有 $r+1$ 阶子式全为零，则 $R(A) = r$。

（2）当 n 阶方阵 A 的秩 $R(A) = n$ 时，称方阵 A 为满秩阵。

n 阶方阵 A 的秩 $R(A) = n$ 的充分必要条件是 $|A| \neq 0$（A 为满秩阵的充要条件是 A 为非奇异矩阵）。

2. 结论：

（1）$R(A) = R(A^{\mathrm{T}})$。

（2）若 A 为 $m \times n$ 矩阵，$A \neq 0$，则 $0 < R(A) \leq \min\{m,n\}$。

（3）$R(A+B) \leq R(A) + R(B)$。

（4）若 $A + B = kE(k \neq 0)$，则 $R(A) + R(B) \geq n$，其中 A、B 为 n 阶方阵。

（5）$R(AB) \leq \min[R(A), R(B)]$。

（6）若 $AB = 0$，则 $R(A) + R(B) \leq n$，其中 A 为 $m \times n$ 矩阵，B 为 $n \times s$ 矩阵。

（7）若 A 可逆，则 $R(AB) = R(B)$，若 B 可逆，则 $R(AB) = R(A)$。

（8）设 A 为 n 阶方阵，A^* 为 A 的伴随矩阵，则

① $R(A) = n \Leftrightarrow R(A^*) = n$

② $R(A) = n-1 \Leftrightarrow R(A^*) = 1$

③ $R(A) \leq n-2 \Leftrightarrow R(A^*) = 0$，即 $A^* = 0$。

【例 1-8-11】 设 A、B 是 n 阶矩阵，且 $B \neq 0$，满足 $AB = 0$，则以下选项中错误的是：

A. $R(A) + R(B) \leq n$　　　　　　　　　B. $|A| = 0$ 或 $|B| = 0$

C. $0 \leq R(A) < n$　　　　　　　　　　D. $A = 0$

解　由矩阵乘法运算法则可知，两个非零矩阵之积可以是零矩阵。所以由 $AB = 0$，得 $A = 0$ 是错误的，即选项 D 错误。$AB = 0$ 表明 A 的行向量与 B 的列向量正交（垂直）。正交向量可以是非零向量。

选项 A、B、C 可由矩阵的秩的性质判定。

若 $AB = 0$，则 $R(A) + R(B) \leq n$，选项 A 正确。

已知 $AB = 0$，$|AB| = |0|$，$|A||B| = 0$，所以 $|A| = 0$ 或 $|B| = 0$，选项 B 正确。

另外，因 $AB = 0$，所以 $R(A) + R(B) \leq n$ 成立，而 $B \neq 0$，所以 $1 \leq R(B) \leq n$，$0 \leq R(A) < n$，选项

C 正确。

答案： D

【例 1-8-12】 设矩阵 A 中有一个 $(k-1)$ 阶子式不为零，且所有 $(k+1)$ 阶子式全为零，则 A 的秩 r 必为：

      A. k B. $k-1$ C. $k+1$ D. $k-1$ 或 k

解 A 中所有 $(k+1)$ 阶子式全为零，故 $R(A) < k+1$，又因为 A 中有一个 $(k-1)$ 阶子式不为零，故 $R(A) \geqslant k-1$，由此可知，$r = k-1$ 或 $r = k$。

答案： D

【例 1-8-13】 已知矩阵 $A = \begin{bmatrix} 1 & 1 & 2 & -2 \\ 1 & 3 & -x & -2x \\ 1 & -1 & 6 & 0 \end{bmatrix}$ 的秩为 2，则 $x =$：

      A. 1   B. 2   C. 4   D. -1

解 $R(A) = 2$ 说明矩阵 A 的一切三阶子式都为 0，

故 $\begin{vmatrix} 1 & 1 & 2 \\ 1 & 3 & -x \\ 1 & -1 & 6 \end{vmatrix} = 0$

而 $\begin{vmatrix} 1 & 1 & 2 \\ 1 & 3 & -x \\ 1 & -1 & 6 \end{vmatrix} \xrightarrow[r_1 \times (-1) + r_3]{r_1 \times (-1) + r_2} \begin{vmatrix} 1 & 1 & 2 \\ 0 & 2 & -x-2 \\ 0 & -2 & 4 \end{vmatrix} = \begin{vmatrix} 2 & -2-x \\ -2 & 4 \end{vmatrix}$

$= 8 - (4 + 2x) = 4 - 2x = 0$，即 $x = 2$。

答案： B

（三）矩阵的初等变换、初等矩阵

1. 矩阵的初等变换

（1）对调两行（对调 i、j 两行，记作 $r_i \leftrightarrow r_j$）；

（2）以数 $k \neq 0$ 乘以某一行中所有元素（第 i 行乘 k 记作 $r_i \times k$）；

（3）把某一行元素的 k 倍加到另一行对应元素上（第 j 行的 k 倍加到第 i 行上，记作 $kr_j + r_i$）。

以上是矩阵的初等行变换。

如果把其中的"行"换成"列"，即得矩阵的初等列变换（其中记号"r"换成"c"即可）。

矩阵的初等行（列）变换，统称为矩阵的初等变换。

2. 初等矩阵

由单位矩阵 $E = \begin{bmatrix} 1 & 0 & 0 & \cdots & 0 \\ 0 & 1 & 0 & \cdots & 0 \\ 0 & 0 & 1 & \cdots & 0 \\ \vdots & \vdots & \vdots & & \vdots \\ 0 & 0 & 0 & \cdots & 1 \end{bmatrix}$ 经过一次初等变换得到的矩阵称为初等矩阵。

三种初等变换对应着三种初等矩阵。

（1）对调两行或对调两列

交换 n 阶单位矩阵的第 i 行（列）和第 j 行（列）所得初等矩阵，可记作 $E(i, j)$。

$$E \xrightarrow[(c_i \leftrightarrow c_j)]{r_i \leftrightarrow r_j} E(i, j) = \begin{bmatrix} 1 & 0 & \cdots & 0 & \cdots & 0 \\ \vdots & \vdots & & \vdots & & \vdots \\ 0 & 0 & \cdots & 1 & \cdots & 0 \\ \vdots & \vdots & & \vdots & & \vdots \\ 0 & 1 & \cdots & 0 & \cdots & 0 \\ \vdots & \vdots & & \vdots & & \vdots \\ 0 & 0 & \cdots & 0 & \cdots & 1 \end{bmatrix} \begin{matrix} \\ \\ i \\ \\ j \\ \\ \end{matrix}$$

（2）以数 $k \neq 0$ 乘某行或某列

把n阶单位矩阵第i行（列）乘以一个非零常数k所得的初等矩阵可记作$\boldsymbol{E}[i(k)]$。

$$\boldsymbol{E} \xrightarrow[kc_i]{kr_i} \boldsymbol{E}[i(k)] = \begin{bmatrix} 1 & & & & & & \\ & \ddots & & & & & \\ & & 1 & & & & \\ & & & k & & & \\ & & & & 1 & & \\ & & & & & \ddots & \\ & & & & & & 1 \end{bmatrix} \begin{matrix} \\ \\ \\ i \\ \\ \\ \\ \end{matrix}$$

（3）以数k乘某行（列）加到另一行（列）上去

把n阶单位矩阵的第j行（第i列）所有元素乘以k，加到第i行（第j列）所得初等矩阵可记作$\boldsymbol{E}[i,j(k)]$。

$$\boldsymbol{E} \xrightarrow[kc_i+c_j]{kr_j+r_i} \boldsymbol{E}[i,j(k)] = \begin{bmatrix} 1 & & & & & \\ & \ddots & & & & \\ & & 1 & k & & \\ & & & \ddots & & \\ & & & & 1 & \\ & & & & & \ddots \\ & & & & & & 1 \end{bmatrix} \begin{matrix} \\ \\ i \\ \\ j \\ \\ \\ \end{matrix}$$

初等矩阵都是可逆的，其逆矩阵仍是初等矩阵，且有

$$[\boldsymbol{E}(i,j)]^{-1} = \boldsymbol{E}(i,j)$$
$$[\boldsymbol{E}(i(k))]^{-1} = \boldsymbol{E}\left[i\left(\frac{1}{k}\right)\right]$$
$$[\boldsymbol{E}(i,j(k))]^{-1} = \boldsymbol{E}[i,j(-k)]$$

3. 结论：

（1）方阵$\boldsymbol{A}$可逆的充要条件是$\boldsymbol{A}$等于若干个初等矩阵的乘积。

（2）矩阵的初等变换与初等矩阵有下面关系：矩阵$\boldsymbol{A}$左乘一个初等矩阵，相当于对矩阵$\boldsymbol{A}$作一次与初等矩阵同类型的初等行变换；矩阵$\boldsymbol{A}$右乘一个初等矩阵，相当于对矩阵$\boldsymbol{A}$作了一次与初等矩阵同类型的初等列变换。设$\boldsymbol{A}$为$m \times n$矩阵，$\boldsymbol{P}$为m阶可逆矩阵，$\boldsymbol{Q}$为n阶可逆矩阵，则$\boldsymbol{PA}$表示对$\boldsymbol{A}$进行若干次初等行变换，$\boldsymbol{AQ}$表示对$\boldsymbol{A}$进行若干次初等列变换。

（3）初等变换不改变矩阵的秩。

设$\boldsymbol{A}$为$m \times n$矩阵，$\boldsymbol{P}$为m阶可逆矩阵，$\boldsymbol{Q}$为n阶可逆矩阵，则$R(\boldsymbol{PAQ}) = R(\boldsymbol{PA}) = R(\boldsymbol{AQ}) = R(\boldsymbol{A})$。

4. 应用

（1）求$R(\boldsymbol{A})$

利用初等行变换求矩阵的秩时，只需把矩阵化为行阶梯形，非零行的个数即为矩阵的秩。

$\boldsymbol{A} \xrightarrow{\text{初等行变换}} \boldsymbol{B}$（行阶梯形矩阵），$R(\boldsymbol{A}) = R(\boldsymbol{B})$。

如$\boldsymbol{B} = \begin{bmatrix} 1 & 2 & -1 & 0 & 2 \\ 0 & 3 & 2 & 2 & -1 \\ 0 & 0 & 0 & -3 & 1 \\ 0 & 0 & 0 & 0 & 0 \end{bmatrix}$就是行阶梯形矩阵，其特征是：

①可以画出一个阶梯折线，线的左侧、下侧全是0；

②每个阶梯只占一个非零行；

③每个非零行在阶梯线右侧第一个数不为0。

矩阵$\boldsymbol{B}$中，$b_{11} = 1$，$b_{22} = 3$，$b_{34} = -3$。$\boldsymbol{B}$有3个非零行，$R(\boldsymbol{B}) = 3$。

【例 1-8-14】已知矩阵$\boldsymbol{A} = \begin{bmatrix} 1 & 0 & 0 \\ 0 & 1 & 2 \\ 0 & 2 & 4 \end{bmatrix}$，则$\boldsymbol{A}$的秩$R(\boldsymbol{A})$等于：

A. 0 　　　　　　　B. 1 　　　　　　　C. 2 　　　　　　　D. 3

解　$A = \begin{bmatrix} 1 & 0 & 0 \\ 0 & 1 & 2 \\ 0 & 2 & 4 \end{bmatrix} \xrightarrow{(-2)r_2 + r_3} \begin{bmatrix} 1 & 0 & 0 \\ 0 & 1 & 2 \\ 0 & 0 & 0 \end{bmatrix}$

行阶梯形矩阵的非零行向量的个数为 2，所以 $R(A) = 2$。

答案： C

【例 1-8-15】 设 $A = \begin{bmatrix} 1 & -1 & 2 \\ 2 & 1 & 1 \\ -1 & 1 & -2 \end{bmatrix}$，$B = \begin{bmatrix} 2 & a & 1 \\ 0 & 3 & a \\ 0 & 0 & -1 \end{bmatrix}$，则秩 $R(AB - A)$ 等于：

A. 1 　　　　　　　B. 2 　　　　　　　C. 3 　　　　　　　D. 与 a 的取值有关

解　**方法 1：** $AB - A = AB - AE = A(B - E)$

$= \begin{bmatrix} 1 & -1 & 2 \\ 2 & 1 & 1 \\ -1 & 1 & -2 \end{bmatrix}\begin{bmatrix} 1 & a & 1 \\ 0 & 2 & a \\ 0 & 0 & -2 \end{bmatrix} = \begin{bmatrix} 1 & a-2 & -a-3 \\ 2 & 2a+2 & a \\ -1 & -a+2 & a+3 \end{bmatrix} \xrightarrow[r_1+r_3]{-2r_1+r_2}$

$\begin{bmatrix} 1 & a-2 & -a-3 \\ 0 & 6 & 3a+6 \\ 0 & 0 & 0 \end{bmatrix}$（两个非零行）

所以 $R(AB - A) = 2$

方法 2： $AB - A = A(B - E)$

$B - E = \begin{bmatrix} 1 & a & 1 \\ 0 & 2 & a \\ 0 & 0 & -2 \end{bmatrix}$，$|B - E| \xlongequal{\text{三角行列式}} -4 \neq 0$

所以矩阵 $B - E$ 可逆

利用矩阵秩的性质：若 A 可逆，则 $R(AB) = R(B)$

$R[A(B - E)] = R(A)$

而 $A = \begin{bmatrix} 1 & -1 & 2 \\ 2 & 1 & 1 \\ -1 & 1 & -2 \end{bmatrix} \xrightarrow[r_1+r_3]{-2r_1+r_2} \begin{bmatrix} 1 & -1 & 2 \\ 0 & 3 & -3 \\ 0 & 0 & 0 \end{bmatrix}$

$R(A) = 2$，所以 $R(AB - A) = 2$

答案： B

（2）求向量组的秩和最大线性无关组（详见"四、向量组的线性相关性"）

$$A \xrightarrow{\text{初等行变换}} B\text{（行阶梯形矩阵）}$$

（3）解矩阵方程 $AX = B$ 和 $XA = B$

若 A 可逆，$A^{-1}AX = A^{-1}B$，$X = A^{-1}B$。

注意 $A^{-1}A = E$ 与 $A^{-1}B = X$ 表示对 A 与 B 进行了相同的初等行变换，A 化为 E 时 B 就化为 X。

$$(A|B) \xrightarrow{\text{初等行变换}} (E|X)$$

解 $XA = B$ 时，可先化为 $A^T X^T = B^T$，$(A^T|B^T) \xrightarrow{\text{初等行变换}} (E|X^T)$，再求 X。

【例 1-8-16】 设 $A = \begin{bmatrix} 2 & 5 \\ 1 & 3 \end{bmatrix}$，$B = \begin{bmatrix} 4 & -6 \\ 2 & 1 \end{bmatrix}$，求解矩阵方程 $AZ = B$。

解　**方法 1：** 方程两边左乘 A^{-1}，得 $Z = A^{-1}B$

$$A^{-1} = \frac{1}{|A|}A^* = \frac{1}{6-5}\begin{bmatrix} 3 & -5 \\ -1 & 2 \end{bmatrix} = \begin{bmatrix} 3 & -5 \\ -1 & 2 \end{bmatrix}$$

所以　　$Z = \begin{bmatrix} 3 & -5 \\ -1 & 2 \end{bmatrix}\begin{bmatrix} 4 & -6 \\ 2 & 1 \end{bmatrix} = \begin{bmatrix} 2 & -23 \\ 0 & 8 \end{bmatrix}$

方法 2： $[A|B] = \begin{bmatrix} 2 & 5 & 4 & -6 \\ 1 & 3 & 2 & 1 \end{bmatrix} \xrightarrow{r_1 \leftrightarrow r_2} \begin{bmatrix} 1 & 3 & 2 & 1 \\ 2 & 5 & 4 & -6 \end{bmatrix} \xrightarrow{-2r_1+r_2} \begin{bmatrix} 1 & 3 & 2 & 1 \\ 0 & -1 & 0 & -8 \end{bmatrix} \xrightarrow[-1 \times r_2]{3r_2+r_1} \begin{bmatrix} 1 & 0 & 2 & -23 \\ 0 & 1 & 0 & 8 \end{bmatrix}$

$$Z = \begin{bmatrix} 2 & -23 \\ 0 & 8 \end{bmatrix}$$

（4）求 A^{-1}（解方程 $AX = E$）

$$(A|E) \xrightarrow{\text{初等行变换}} (E|A^{-1})$$

【例 1-8-17】已知矩阵 $A = \begin{bmatrix} 1 & 2 & -1 \\ 3 & 4 & -2 \\ 5 & -4 & 1 \end{bmatrix}$，则 A^{-1} 为：

A. $\begin{bmatrix} -4 & 2 & 0 \\ -13 & 6 & -1 \\ -32 & 14 & -2 \end{bmatrix}$　　B. $\begin{bmatrix} -4 & -13 & -32 \\ 2 & 6 & 14 \\ 0 & -1 & -2 \end{bmatrix}$　　C. $\begin{bmatrix} -2 & 1 & 0 \\ -13 & 3 & -\frac{1}{2} \\ -16 & 7 & -1 \end{bmatrix}$　　D. $\begin{bmatrix} -2 & 1 & 0 \\ -\frac{13}{2} & 3 & -\frac{1}{2} \\ -16 & 7 & -1 \end{bmatrix}$

解　方法 1：$A^{-1} = \frac{1}{|A|} A^*$

$$|A| = \begin{vmatrix} 1 & 2 & -1 \\ 3 & 4 & -2 \\ 5 & -4 & 1 \end{vmatrix} = \begin{vmatrix} 1 & 2 & -1 \\ 0 & -2 & 1 \\ 0 & -14 & 6 \end{vmatrix} = 2 \neq 0$$

$$A^* = \begin{bmatrix} -4 & -13 & -32 \\ 2 & 6 & 14 \\ 0 & -1 & -2 \end{bmatrix}^{\mathrm{T}} = \begin{bmatrix} -4 & 2 & 0 \\ -13 & 6 & -1 \\ -32 & 14 & -2 \end{bmatrix}, \quad A^{-1} = \frac{1}{2} A^* = \begin{bmatrix} -2 & 1 & 0 \\ -\frac{13}{2} & 3 & -\frac{1}{2} \\ -16 & 7 & -1 \end{bmatrix}$$

方法 2：

$$(A|E) = \left[\begin{array}{ccc|ccc} 1 & 2 & -1 & 1 & 0 & 0 \\ 3 & 4 & -2 & 0 & 1 & 0 \\ 5 & -4 & 1 & 0 & 0 & 1 \end{array} \right] \xrightarrow[-5r_1+r_3]{-3r_1+r_2} \left[\begin{array}{ccc|ccc} 1 & 2 & -1 & 1 & 0 & 0 \\ 0 & -2 & 1 & -3 & 1 & 0 \\ 0 & -14 & 6 & -5 & 0 & 1 \end{array} \right] \xrightarrow{-\frac{1}{2}r_2}$$

$$\left[\begin{array}{ccc|ccc} 1 & 2 & -1 & 1 & 0 & 0 \\ 0 & 1 & -\frac{1}{2} & \frac{3}{2} & -\frac{1}{2} & 0 \\ 0 & -14 & 6 & -5 & 0 & 1 \end{array} \right] \xrightarrow[14r_2+r_3]{-2r_2+r_1}$$

$$\left[\begin{array}{ccc|ccc} 1 & 0 & 0 & -2 & 1 & 0 \\ 0 & 1 & -\frac{1}{2} & \frac{3}{2} & -\frac{1}{2} & 0 \\ 0 & 0 & -1 & 16 & -7 & 1 \end{array} \right] \xrightarrow[-r_3]{-\frac{1}{2}r_3+r_2} \left[\begin{array}{ccc|ccc} 1 & 0 & 0 & -2 & 1 & 0 \\ 0 & 1 & 0 & -\frac{13}{2} & 3 & -\frac{1}{2} \\ 0 & 0 & 1 & -16 & 7 & -1 \end{array} \right]$$

$$A^{-1} = \begin{bmatrix} -2 & 1 & 0 \\ -\frac{13}{2} & 3 & -\frac{1}{2} \\ -16 & 7 & -1 \end{bmatrix}$$

方法 3：矩阵 A 与选项中矩阵相乘，乘积应为单位矩阵。矩阵 A 乘选项 D 的矩阵得 E，那么选项 D 为 A 的逆矩阵。该方法是选择题比较适用的做题方法。

答案：D

【例 1-8-18】已知矩阵 $A = \begin{bmatrix} 1 & 2 & -1 \\ 3 & 4 & -2 \\ 5 & -4 & 1 \end{bmatrix}$，且 $A^2 - AB = E$，则矩阵 B 为：

A. $\begin{bmatrix} 3 & 1 & -1 \\ \frac{19}{2} & 1 & -\frac{3}{2} \\ 21 & -11 & 2 \end{bmatrix}$　　B. $\begin{bmatrix} 3 & 1 & -1 \\ 4 & \frac{3}{2} & -3 \\ 21 & -11 & 2 \end{bmatrix}$　　C. $\begin{bmatrix} 2 & 1 & -1 \\ \frac{19}{2} & 1 & -\frac{3}{2} \\ 21 & -11 & 2 \end{bmatrix}$　　D. $\begin{bmatrix} 3 & 1 & -1 \\ \frac{19}{2} & 1 & -\frac{3}{2} \\ 12 & -11 & 2 \end{bmatrix}$

解　因为 $A^2 - AB = E$，$A(A - B) = E$，所以 A 与 $(A - B)$ 互为逆阵，$A - B = A^{-1}$，由上例，

$$A^{-1} = \begin{bmatrix} -2 & 1 & 0 \\ -\frac{13}{2} & 3 & -\frac{1}{2} \\ -16 & 7 & -1 \end{bmatrix}$$

$$B = A - A^{-1} = \begin{bmatrix} 1 & 2 & -1 \\ 3 & 4 & -2 \\ 5 & -4 & 1 \end{bmatrix} - \begin{bmatrix} -2 & 1 & 0 \\ -\dfrac{13}{2} & 3 & -\dfrac{1}{2} \\ -16 & 7 & -1 \end{bmatrix} = \begin{bmatrix} 3 & 1 & -1 \\ \dfrac{19}{2} & 1 & -\dfrac{3}{2} \\ 21 & -11 & 2 \end{bmatrix}$$

答案：A

（5）解方程组 $Ax = 0$ 和 $Ax = b$　$(b \neq 0)$（详见"五、线性方程组"）

（四）等价矩阵与矩阵的标准形

1.定义：如果矩阵 A 经有限次初等变换变成矩阵 B，就称矩阵 A 与 B 等价，记作 $A \cong B$。或设 A、B 均为 $m \times n$ 矩阵，P 为 m 阶可逆矩阵，Q 为 n 阶可逆矩阵，若 $PAQ = B$ 或 $PA = B$ 或 $AQ = B$，则称矩阵 A 与矩阵 B 等价。

矩阵之间的等价关系具有下列性质：

（1）反身性：$A \cong A$；

（2）对称性：若 $A \cong B$，则 $B \cong A$；

（3）传递性：若 $A \cong B$，$B \cong C$，则 $A \cong C$。

（4）若 $A \cong B$，则 $R(A) = R(B)$。

2.定义：形如 $\begin{bmatrix} E_r & 0 \\ 0 & 0 \end{bmatrix}$ 的矩阵，称为矩阵的标准形，其中 $E_r = \begin{bmatrix} 1 & & \\ & \ddots & \\ & & 1 \end{bmatrix}$ 为 r 阶单位矩阵。矩阵标准形中单位矩阵 E_r 的阶数 r 为矩阵的秩。

结论：

（1）任何矩阵都可经过一系列的初等行、列变换化为标准形，所以矩阵与它的标准形等价。

（2）每个非零矩阵都有唯一的等价标准形。

（3）有相同标准形的矩阵是等价的。

（4）n 阶方阵 A 可逆的充要条件是 $A \cong E$。

四、向量组的线性相关性

（一）n 维向量

1.定义：由 n 个数组成的有序数组 $(a_1, a_2, \cdots, a_n)$，称为 n 维向量，称 $\boldsymbol{\alpha} = (a_1, a_2, \cdots, a_n)$ 为 n 维行向量，$\boldsymbol{\alpha}^{\mathrm{T}} = \begin{bmatrix} a_1 \\ a_2 \\ \vdots \\ a_n \end{bmatrix}$ 为 n 维列向量。其中 a_i 称作 $\boldsymbol{\alpha}$ 的第 i 个坐标（分量）$(i = 1, 2, \cdots, n)$。

分量全为实数的向量称为实向量。我们只讨论实向量。

分量全为 0 的向量称为零向量，记作 $\boldsymbol{0}$，即 $\boldsymbol{0} = (0, 0, \cdots, 0)$

向量 $-\boldsymbol{\alpha} = (-a_1, -a_2, \cdots, -a_n)$，称为 $\boldsymbol{\alpha}$ 的负向量。

2.运算：设 $\boldsymbol{\alpha} = (a_1, a_2, \cdots, a_n)$，$\boldsymbol{\beta} = (b_1, b_2, \cdots, b_n)$

当 $a_i = b_i (i = 1, 2, \cdots, n)$ 时，称 $\boldsymbol{\alpha}$ 与 $\boldsymbol{\beta}$ 相等，记作 $\boldsymbol{\alpha} = \boldsymbol{\beta}$。

向量加法定义：

$$\boldsymbol{\alpha} + \boldsymbol{\beta} = (a_1 + b_1, a_2 + b_2, \cdots, a_n + b_n)$$

向量减法定义：

$$\boldsymbol{\alpha} - \boldsymbol{\beta} = \boldsymbol{\alpha} + (-\boldsymbol{\beta}) = (a_1 - b_1, a_2 - b_2, \cdots, a_n - b_n)$$

数与向量$\boldsymbol{\alpha}$乘积定义：k为实数，则$k\boldsymbol{\alpha} = (k\alpha_1, k\alpha_2, \cdots, k\alpha_n)$

n维向量的加法和数乘运算满足下面性质（设$\boldsymbol{\alpha}$、$\boldsymbol{\beta}$、$\boldsymbol{\gamma}$为n维向量，k、l为实数）。

（1）$\boldsymbol{\alpha} + \boldsymbol{\beta} = \boldsymbol{\beta} + \boldsymbol{\alpha}$；

（2）$(\boldsymbol{\alpha} + \boldsymbol{\beta}) + \boldsymbol{\gamma} = \boldsymbol{\alpha} + (\boldsymbol{\beta} + \boldsymbol{\gamma})$；

（3）$\boldsymbol{\alpha} + \mathbf{0} = \boldsymbol{\alpha}$；

（4）$\boldsymbol{\alpha} + (-\boldsymbol{\alpha}) = \mathbf{0}$；

（5）$k(\boldsymbol{\alpha} + \boldsymbol{\beta}) = k\boldsymbol{\alpha} + k\boldsymbol{\beta}$；

（6）$(k + l)\boldsymbol{\alpha} = k\boldsymbol{\alpha} + l\boldsymbol{\alpha}$。

（二）向量的线性表示

定义：设$\boldsymbol{\alpha}_1$，$\boldsymbol{\alpha}_2$，$\cdots$，$\boldsymbol{\alpha}_s$，$\boldsymbol{\beta}$均为n维向量，若存在一组数k_1，k_2，$\cdots$，k_s，使得$\boldsymbol{\beta} = k_1\boldsymbol{\alpha}_1 + k_2\boldsymbol{\alpha}_2 + \cdots + k_s\boldsymbol{\alpha}_s$，则称向量$\boldsymbol{\beta}$是向量组$\boldsymbol{\alpha}_1$，$\boldsymbol{\alpha}_2$，$\cdots$，$\boldsymbol{\alpha}_s$的一个线性组合，也称向量$\boldsymbol{\beta}$可由向量组$\boldsymbol{\alpha}_1$，$\boldsymbol{\alpha}_2$，$\cdots$，$\boldsymbol{\alpha}_s$线性表示。

说明：$\boldsymbol{\beta}$可由$\boldsymbol{\alpha}_1$，$\boldsymbol{\alpha}_2$，$\cdots$，$\boldsymbol{\alpha}_s$线性表示与方程组$x_1\boldsymbol{\alpha}_1 + x_2\boldsymbol{\alpha}_2 + \cdots + x_s\boldsymbol{\alpha}_s = \boldsymbol{\beta}$有解一致。

（三）向量组的线性相关性

1. 定义：对于m个n维向量$\boldsymbol{\alpha}_1$，$\boldsymbol{\alpha}_2$，$\cdots$，$\boldsymbol{\alpha}_m$，若存在不全为零的m个数k_1，k_2，$\cdots$，k_m，使得

$$k_1\boldsymbol{\alpha}_1 + k_2\boldsymbol{\alpha}_2 + \cdots + k_m\boldsymbol{\alpha}_m = \mathbf{0}$$

则称这m个向量线性相关；否则，称它们线性无关。

说明：$\boldsymbol{\alpha}_1$，$\boldsymbol{\alpha}_2$，$\cdots$，$\boldsymbol{\alpha}_m$线性相关与齐次线性方程组$x_1\boldsymbol{\alpha}_1 + x_2\boldsymbol{\alpha}_2 + \cdots + x_m\boldsymbol{\alpha}_m = \mathbf{0}$有非零解一致。$\boldsymbol{\alpha}_1$，$\boldsymbol{\alpha}_2$，$\cdots$，$\boldsymbol{\alpha}_m$线性无关与齐次线性方程组$x_1\boldsymbol{\alpha}_1 + x_2\boldsymbol{\alpha}_2 + \cdots + x_m\boldsymbol{\alpha}_m = \mathbf{0}$只有零解一致。

2. 结论：

（1）单独一个零向量线性相关；

（2）含有零向量的向量组线性相关；

（3）单独一个非零向量线性无关；

（4）n个n维标准单位向量$\boldsymbol{\varepsilon}_1 = (1,0,0,\cdots,0)$，$\boldsymbol{\varepsilon}_2 = (0,1,0,\cdots,0)$，$\cdots$，$\boldsymbol{\varepsilon}_n = (0,\cdots,0,1)$线性无关。

3. 判别向量组的线性相关性还有下面几个重要定理：

（1）若$\boldsymbol{\alpha}_1$，$\boldsymbol{\alpha}_2$，$\cdots$，$\boldsymbol{\alpha}_s$线性无关，而$\boldsymbol{\alpha}_1$，$\boldsymbol{\alpha}_2$，$\cdots$，$\boldsymbol{\alpha}_s$，$\boldsymbol{\beta}$线性相关，则$\boldsymbol{\beta}$可由$\boldsymbol{\alpha}_1$，$\boldsymbol{\alpha}_2$，$\cdots$，$\boldsymbol{\alpha}_s$线性表示，且表示法唯一。

（2）如果一个向量组中有一部分向量线性相关，那么这个向量组线性相关。（相关组增加向量还相关）

（3）如果一个向量组线性无关，那么它的任何一部分向量组也线性无关。（无关组减少向量还无关）

（4）如果向量组$\boldsymbol{\alpha}_i = (a_{1i},a_{2i},a_{3i},\cdots,a_{ji})$，$i = 1$，$2$，$\cdots$，$s$，线性无关，那么在每一个向量上添一个分量所得到的向量组$\boldsymbol{\beta}_i = (a_{1i},a_{2i},a_{3i},\cdots,a_{ji},a_{(j+1)i})$，$i = 1$，$2$，$\cdots$，$s$，也线性无关。

（5）$n + 1$个n维向量线性相关。（推广：m个n维向量$\boldsymbol{\alpha}_1$，$\boldsymbol{\alpha}_2$，$\cdots$，$\boldsymbol{\alpha}_m$，当$m > n$时，$\boldsymbol{\alpha}_1$，$\boldsymbol{\alpha}_2$，$\cdots$，$\boldsymbol{\alpha}_m$线性相关。）

（6）向量组$\boldsymbol{\alpha}_1$，$\boldsymbol{\alpha}_2$，$\cdots$，$\boldsymbol{\alpha}_s(s \geqslant 2)$线性相关的充要条件是其中至少有一个向量可由其余向量线性表示。

向量组$\boldsymbol{\alpha}_1$，$\boldsymbol{\alpha}_2 \cdots \boldsymbol{\alpha}_s(s \geqslant 2)$线性无关的充要条件是向量组中任一向量都不能由其余向量线性表示。

（7）n个n维向量$\boldsymbol{\alpha}_i = (a_{i1}, a_{i2}, \cdots, a_{in})$, $i = 1, 2, \cdots, n$，线性无关的充要条件是行列式

$$\begin{vmatrix} a_{11} & a_{12} & \cdots & a_{1n} \\ \vdots & \vdots & & \vdots \\ a_{n1} & a_{n2} & \cdots & a_{nn} \end{vmatrix} \neq 0$$

（8）n个n维向量$\boldsymbol{\alpha}_i = (a_{i1}, a_{i2}, \cdots, a_{in})$, $i = 1, 2, \cdots, n$，线性相关的充要条件是行列式

$$\begin{vmatrix} a_{11} & a_{12} & \cdots & a_{1n} \\ \vdots & \vdots & & \vdots \\ a_{n1} & a_{n2} & \cdots & a_{nn} \end{vmatrix} = 0$$

（9）设$\boldsymbol{A}$为$m \times n$矩阵，则

①m个n维行向量线性相关的充要条件是$R(\boldsymbol{A}) < m$，n个m维列向量线性相关的充要条件是$R(\boldsymbol{A}) < n$。

②m个n维行向量线性无关的充要条件是$R(\boldsymbol{A}) = m$，n个m维列向量线性无关的充要条件是$R(\boldsymbol{A}) = n$。

【例 1-8-19】 设$\boldsymbol{\beta} = (0, k, k^2)$能由$\boldsymbol{\alpha}_1 = (1+k, 1, 1)$, $\boldsymbol{\alpha}_2 = (1, 1+k, 1)$, $\boldsymbol{\alpha}_3 = (1, 1, 1+k)$唯一线性表示，则$k$的取值为：

A. $k \neq 0$ 　　　　　B. $k = 0$或1 　　　　　C. $k \neq 1$ 　　　　　D. $k \neq 0$, -3

解　$\boldsymbol{\beta}$可由$\boldsymbol{\alpha}_1$, $\boldsymbol{\alpha}_2$, $\boldsymbol{\alpha}_3$唯一线性表示，即仅存在一组数x_1, x_2, x_3使$x_1\boldsymbol{\alpha}_1 + x_2\boldsymbol{\alpha}_2 + x_3\boldsymbol{\alpha}_3 = \boldsymbol{\beta}$，即方程组$(\boldsymbol{\alpha}_1^{\mathrm{T}}, \boldsymbol{\alpha}_2^{\mathrm{T}}, \boldsymbol{\alpha}_3^{\mathrm{T}})\begin{bmatrix} x_1 \\ x_2 \\ x_3 \end{bmatrix} = \boldsymbol{\beta}^{\mathrm{T}}$有唯一解。那么系数行列式

$$|\boldsymbol{\alpha}_1^{\mathrm{T}}, \boldsymbol{\alpha}_2^{\mathrm{T}}, \boldsymbol{\alpha}_3^{\mathrm{T}}| = \begin{vmatrix} 1+k & 1 & 1 \\ 1 & 1+k & 1 \\ 1 & 1 & 1+k \end{vmatrix} \xrightarrow[c_3+c_1]{c_2+c_1} \begin{vmatrix} 3+k & 1 & 1 \\ 3+k & 1+k & 1 \\ 3+k & 1 & 1+k \end{vmatrix} \xrightarrow[-r_1+r_3]{-r_1+r_2} \begin{vmatrix} 3+k & 1 & 1 \\ 0 & k & 0 \\ 0 & 0 & k \end{vmatrix}$$
$$= k^2(3+k) \neq 0$$

即$k \neq 0$, -3。

答案：D

【例 1-8-20】 若向量组$\boldsymbol{\alpha}$、$\boldsymbol{\beta}$、$\boldsymbol{\gamma}_1$线性无关，$\boldsymbol{\alpha}$、$\boldsymbol{\beta}$、$\boldsymbol{\gamma}_2$线性相关，则：

A. $\boldsymbol{\alpha}$必可由向量组$\boldsymbol{\beta}$, $\boldsymbol{\gamma}_1$, $\boldsymbol{\gamma}_2$线性表示

B. $\boldsymbol{\beta}$必不可由$\boldsymbol{\alpha}$, $\boldsymbol{\gamma}_1$, $\boldsymbol{\gamma}_2$线性表示

C. $\boldsymbol{\gamma}_2$必可由$\boldsymbol{\alpha}$, $\boldsymbol{\beta}$, $\boldsymbol{\gamma}_1$线性表示

D. $\boldsymbol{\gamma}_2$必不可由$\boldsymbol{\alpha}$, $\boldsymbol{\beta}$, $\boldsymbol{\gamma}_1$线性表示

解　因为$\boldsymbol{\alpha}$、$\boldsymbol{\beta}$、$\boldsymbol{\gamma}_1$线性无关，所以$\boldsymbol{\alpha}$, $\boldsymbol{\beta}$线性无关［定理（3）］，而$\boldsymbol{\alpha}$、$\boldsymbol{\beta}$、$\boldsymbol{\gamma}_2$线性相关，故$\boldsymbol{\gamma}_2$必可由$\boldsymbol{\alpha}$, $\boldsymbol{\beta}$线性表示［定理（1）］，从而$\boldsymbol{\gamma}_2$必可由$\boldsymbol{\alpha}$、$\boldsymbol{\beta}$、$\boldsymbol{\gamma}_1$线性表示($\boldsymbol{\gamma}_2 = k_1\boldsymbol{\alpha} + k_2\boldsymbol{\beta} = k_1\boldsymbol{\alpha} + k_2\boldsymbol{\beta} + 0 \cdot \boldsymbol{\gamma}_1$)。

答案：C

【例 1-8-21】 设$\boldsymbol{\alpha}$, $\boldsymbol{\beta}$, $\boldsymbol{\gamma}$, $\boldsymbol{\delta}$是n维向量，已知$\boldsymbol{\alpha}$, $\boldsymbol{\beta}$线性无关，$\boldsymbol{\gamma}$可以由$\boldsymbol{\alpha}$, $\boldsymbol{\beta}$线性表示，$\boldsymbol{\delta}$不能由$\boldsymbol{\alpha}$, $\boldsymbol{\beta}$线性表示，则以下选项中正确的是：

A. $\boldsymbol{\alpha}$, $\boldsymbol{\beta}$, $\boldsymbol{\gamma}$, $\boldsymbol{\delta}$线性无关 　　　　　B. $\boldsymbol{\alpha}$, $\boldsymbol{\beta}$, $\boldsymbol{\gamma}$线性无关

C. $\boldsymbol{\alpha}$, $\boldsymbol{\beta}$, $\boldsymbol{\delta}$线性相关 　　　　　D. $\boldsymbol{\alpha}$, $\boldsymbol{\beta}$, $\boldsymbol{\delta}$线性无关

解　已知$\boldsymbol{\gamma}$可以由$\boldsymbol{\alpha}$, $\boldsymbol{\beta}$线性表示，根据"3"定理（6）可推出$\boldsymbol{\alpha}$, $\boldsymbol{\beta}$、$\boldsymbol{\gamma}$线性相关，所以选项 B 错误。用定理（2），由$\boldsymbol{\alpha}$, $\boldsymbol{\beta}$, $\boldsymbol{\gamma}$相关，推出$\boldsymbol{\alpha}$, $\boldsymbol{\beta}$, $\boldsymbol{\gamma}$, $\boldsymbol{\delta}$也相关，所以选项 A 错误。

选项 C 可用反证法证明它是错误的。假设$\boldsymbol{\alpha}$, $\boldsymbol{\beta}$, $\boldsymbol{\delta}$线性相关，已知$\boldsymbol{\alpha}$, $\boldsymbol{\beta}$线性无关，根据定理（1），$\boldsymbol{\delta}$可由$\boldsymbol{\alpha}$, $\boldsymbol{\beta}$线性表示，与已知$\boldsymbol{\delta}$不能由$\boldsymbol{\alpha}\boldsymbol{\beta}$线性表示矛盾，所以$\boldsymbol{\alpha}$, $\boldsymbol{\beta}$, $\boldsymbol{\delta}$线性无关，选项 C 错误。

注意：不相关就无关，不无关就相关。在选项 C、D 中必有一个对，一个错。

答案：D

（四）最大线性无关组

定义（1）：设有两个向量组，A：α_1，α_2，$\cdots$，α_s，B：β_1，β_2，$\cdots$，β_t，如果向量组A中每个向量都能由向量组B线性表示，则称向量组A能由向量组B线性表示。

定义（2）：如果向量组A能由向量组B线性表示，且向量组B也能由向量组A线性表示，则称两个向量组等价，记作$A \cong B$。

注意这里的A、B不是矩阵，是向量组。A组与B组等价，向量维数必须相同，但向量个数可以不同。矩阵A、B等价时，行数相同，列数相同。

1.向量组等价性质

（1）反身性：$A \cong A$。

（2）对称性：若$A \cong B$，则$B \cong A$。

（3）传递性：若$A \cong B$，$B \cong C$，则$A \cong C$。

2.定义：设有向量组A：α_1，α_2，$\cdots$，α_s，而向量组B：α_{i1}，α_{i2}，$\cdots$，$\alpha_{ir}(r \leq s)$是向量组A的一个部分向量组。如果：①向量组B线性无关；②向量组A中的每一个向量都可由向量组B线性表示，则称向量组B是向量组A的一个最（极）大线性无关组。

由定义可知，向量组的一个最大线性无关组与向量组本身是等价的。

一般地，向量组的最大线性无关组不是唯一的。一个向量组的任意两个极大线性无关组可以互相线性表示，因此它们是等价的。两个等价的线性无关的向量组各自所含的向量的个数必定相等。因而一个向量组的最大线性无关向量组所含向量的个数是个不变数，它由向量组本身确定。

（五）向量组的秩

1.定义：向量组的最大线性无关组中所含向量的个数，称为向量组的秩。

结论：

（1）设向量组A的秩为r_1，向量组B的秩为r_2，若向量组A可以由向量组B线性表示，则$r_1 \leq r_2$。若向量组B可以由向量组A线性表示，则$r_2 \leq r_1$。

（2）等价向量组有相同的秩。

2.定义：设A是$m \times n$矩阵，将矩阵的每个行看作行向量，矩阵的m个行向量构成一个向量组，该向量组的秩称为矩阵的行秩。

将矩阵的每个列看作列向量，矩阵的n个列向量构成一个向量组，该向量组的秩称为矩阵的列秩。

定理：矩阵的行秩=矩阵的列秩=矩阵的秩。

3.求向量组的秩和最大线性无关组的步骤：

（1）当α_1，α_1，$\cdots$，α_m是列向量时，记矩阵$A = (\alpha_1, \alpha_1, \cdots, \alpha_m)$；当$\alpha_1$，$\alpha_1$，$\cdots$，$\alpha_m$是行向量时，记矩阵$A = (\alpha_1^T, \alpha_2^T, \cdots, \alpha_m^T)^T$。

（2）$A \xrightarrow{\text{初等行变换}} B$（行阶梯形矩阵），向量组的秩$r = R(A) = R(B) = B$中非零行的行数。

（3）在矩阵B的r个阶梯上各取一个非零的数（分布在不同的r列上），它们在矩阵A上对应的r个列向量构成最大线性无关组。

【例1-8-22】已知向量组$\alpha_1 = (3,2,-5)^T$，$\alpha_2 = (3,-1,3)^T$，$\alpha_3 = \left(1,-\dfrac{1}{3},1\right)^T$，$\alpha_4 = (6,-2,6)^T$，则该向量组的一个极大线性无关组是：

A.α_2，α_4　　　　B.α_3，α_4　　　　C.α_1，α_2　　　　D.α_2，α_3

解　α_1、α_2、α_3、α_4为列向量作矩阵A，进行初等行变换。

$$A = \begin{bmatrix} 3 & 3 & 1 & 6 \\ 2 & -1 & -\frac{1}{3} & -2 \\ -5 & 3 & 1 & 6 \end{bmatrix} \xrightarrow{-r_1+r_3} \begin{bmatrix} 3 & 3 & 1 & 6 \\ 2 & -1 & -\frac{1}{3} & -2 \\ -8 & 0 & 0 & 0 \end{bmatrix} \xrightarrow[\text{（第3行只有一个数非零）}]{-\frac{1}{8}r_3}$$

$$\begin{bmatrix} 3 & 3 & 1 & 6 \\ 2 & -1 & -\frac{1}{3} & -2 \\ 1 & 0 & 0 & 0 \end{bmatrix} \xrightarrow[(-2)r_3+r_2]{(-3)r_3+r_1} \begin{bmatrix} 0 & 3 & 1 & 6 \\ 0 & -1 & -\frac{1}{3} & -2 \\ 1 & 0 & 0 & 0 \end{bmatrix} \xrightarrow{3r_2+r_1}$$

$$\begin{bmatrix} 0 & 0 & 0 & 0 \\ 0 & -1 & -\frac{1}{3} & -2 \\ 1 & 0 & 0 & 0 \end{bmatrix} \xrightarrow{r_1 \leftrightarrow r_3} \begin{bmatrix} 1 & 0 & 0 & 0 \\ 0 & -1 & -\frac{1}{3} & -2 \\ 0 & 0 & 0 & 0 \end{bmatrix} = B$$

（说明：利用第二个矩阵第三行的特点，可不经计算直接写出第四个矩阵。）

注意：$b_{11} = 1$ 与 $b_{22} = -1$ 不为 0，又不同行、不同列，$b_{11} = 1$ 与 $b_{23} = -\frac{1}{3}$ 不为 0，又不同行、不同列，$b_{11} = 1$ 与 $b_{24} = -2$ 不为 0，又不同行、不同列。

极大无关组可取 α_1、α_2 或 α_1、α_3 或 α_1、α_4。（说明：直接观察 α_2、α_3、α_4 成比例，可判断选项 A、B、D 错误。）

答案：C

五、线性方程组

（一）齐次线性方程组

1. 三种表达

（1）
$$\begin{cases} a_{11}x_1 + a_{12}x_2 + \cdots + a_{1n}x_n = 0 \\ a_{21}x_1 + a_{22}x_2 + \cdots + a_{2n}x_n = 0 \\ \cdots \\ a_{m1}x_1 + a_{m2}x_2 + \cdots + a_{mn}x_n = 0 \end{cases} \qquad (1\text{-}8\text{-}4)$$

可用矩阵形式表示为

（2）　　　　　$Ax = 0$ ［表示解向量 x 与 A 的每个行向量都正交（垂直）］

其中，A 为系数矩阵

$$A = \begin{bmatrix} a_{11} & a_{12} & \cdots & a_{1n} \\ a_{21} & a_{22} & \cdots & a_{2n} \\ \vdots & \vdots & & \vdots \\ a_{m1} & a_{m2} & \cdots & a_{mn} \end{bmatrix}; \quad x = \begin{bmatrix} x_1 \\ x_2 \\ \vdots \\ x_n \end{bmatrix}$$

若将 A 的第 j 列元素看作是向量 $\alpha_j = \begin{bmatrix} a_{1j} \\ a_{2j} \\ \vdots \\ a_{mj} \end{bmatrix} (j = 1,2,\cdots,n)$，则方程组（1-8-4）可用向量形式表示为

（3）　　　　　$x_1\alpha_1 + x_2\alpha_2 + \cdots + x_n\alpha_n = 0$

显然 $A0 = 0$，即 $Ax = 0$ 必有零解。

因此 $Ax = 0$ 有唯一解就是只有零解。

2. $Ax = 0$ 解的性质

（1）设 ξ_1，ξ_2 均为齐次线性方程组 $Ax = 0$ 的解，则 $\xi_1 + \xi_2$ 也是方程组 $Ax = 0$ 的解。

（2）设 ξ 为齐次线性方程组 $Ax = 0$ 的解，则 $k\xi$（k 为任意常数）也是方程组 $Ax = 0$ 的解。

（3）若 ξ_1，ξ_2，$\cdots$，ξ_t 均为齐次线性方程组 $Ax = 0$ 的解，则 $k_1\xi_1 + k_2\xi_2 + \cdots + k_t\xi_t$（$k_1$，$k_2$，$\cdots$，$k_t$ 为任意常数）也是方程组 $Ax = 0$ 的解。

显然，$Ax = 0$ 有非零解就是有无穷多解。

3. 结论

（1）设 A 为 $m \times n$ 矩阵，则

$Ax = 0$ 只有零解的充要条件是 $R(A) = n$；

$Ax = 0$ 有非零解的充要条件是 $R(A) < n$。

（2）设 A 为 n 阶方阵，则

$Ax = 0$ 只有零解的充要条件是 $|A| \neq 0$；

$Ax = 0$ 有非零解的充要条件是 $|A| = 0$。

4. 定义

设 β_1，β_2，$\cdots$，β_l 是 $Ax = 0$ 的 l 个解向量，若：

（1）β_1，β_2，$\cdots$，β_l 线性无关；

（2）$Ax = 0$ 的任意解向量都是 β_1，β_2，$\cdots$，β_l 的线性组合。

则称 β_1，β_2，$\cdots$，β_l 是 $Ax = 0$ 的基础解系。

$Ax = 0$ 的基础解系就是所有解向量的最大线性无关组。只有零解时，没有基础解系。

5. 结论

（1）设 A 为 $m \times n$ 矩阵，且 $R(A) = r < n$，则 $Ax = 0$ 的基础解系由 $n - r$ 个线性无关的解向量构成。

（2）设 ξ_1，ξ_2，$\cdots$，ξ_{n-r} 为 $Ax = 0$ 的一组基础解系，则通解 $x = k_1 \xi_1 + k_2 \xi_2 + \cdots + k_{n-r} \xi_{n-r}$（其中 k_1，k_2，$\cdots$，k_{n-r} 为任意常数）。

6. 解法

（1）$A \xrightarrow{\text{初等行变换}} B$（行阶梯形矩阵），求 $R(A)$，判断解是否唯一。

（2）若 $R(A) < n$，有非零解，$B \xrightarrow{\text{初等行变换}} C$（简化行阶梯形），得 $Ax = 0$ 的同解方程组 $Cx = 0$，求出基础解系和通解。

【例 1-8-23】求线性齐次方程组 $\begin{cases} x_1 - x_2 - x_3 + x_4 = 0 \\ x_1 - x_2 + x_3 - 3x_4 = 0 \\ x_1 - x_2 - 2x_3 + 3x_4 = 0 \end{cases}$ 的通解。

解

$$A = \begin{bmatrix} 1 & -1 & -1 & 1 \\ 1 & -1 & 1 & -3 \\ 1 & -1 & -2 & 3 \end{bmatrix} \xrightarrow[-r_1 + r_3]{-r_1 + r_2} \begin{bmatrix} 1 & -1 & -1 & 1 \\ 0 & 0 & 2 & -4 \\ 0 & 0 & -1 & 2 \end{bmatrix} \xrightarrow{\frac{1}{2} r_2}$$

$$\begin{bmatrix} 1 & -1 & -1 & 1 \\ 0 & 0 & 1 & -2 \\ 0 & 0 & -1 & 2 \end{bmatrix} \xrightarrow[r_2 + r_3]{r_2 + r_1} \begin{bmatrix} 1 & -1 & 0 & -1 \\ 0 & 0 & 1 & -2 \\ 0 & 0 & 0 & 0 \end{bmatrix} = C(\text{简化行阶梯形})$$

同解方程组为 $\begin{cases} x_1 - x_2 - x_4 = 0 \\ x_3 - 2x_4 = 0 \end{cases}$，$\begin{cases} x_1 = x_2 + x_4 \\ x_3 = 2x_4 \end{cases}$

$\begin{bmatrix} x_2 \\ x_4 \end{bmatrix}$ 取 $\begin{bmatrix} 1 \\ 0 \end{bmatrix}$，$\begin{bmatrix} 0 \\ 1 \end{bmatrix}$，则 $\begin{bmatrix} x_1 \\ x_3 \end{bmatrix}$ 为 $\begin{bmatrix} 1 \\ 0 \end{bmatrix}$，$\begin{bmatrix} 1 \\ 2 \end{bmatrix}$

基础解系 $\xi_1 = \begin{bmatrix} 1 \\ 1 \\ 0 \\ 0 \end{bmatrix}$，$\xi_2 = \begin{bmatrix} 1 \\ 0 \\ 2 \\ 1 \end{bmatrix}$；通解 $x = C_1 \begin{bmatrix} 1 \\ 1 \\ 0 \\ 0 \end{bmatrix} + C_2 \begin{bmatrix} 1 \\ 0 \\ 2 \\ 1 \end{bmatrix}$（其中 C_1，C_2 为任意实数）。

【例1-8-24】 设B是3阶非零矩阵，已知B的每一列都是方程组$\begin{cases} x_1 + 2x_2 - 2x_3 = 0 \\ 2x_1 - x_2 + tx_3 = 0 \\ 3x_1 + x_2 - x_3 = 0 \end{cases}$的解，则$t$等于：

A. 0　　　　　　　　B. 2　　　　　　　　C. -1　　　　　　　　D. 1

解 已知B是3阶非零矩阵，即在B中至少有一列为非零向量。可知方程组应有非零解。因而方程组系数矩阵的行列式$\begin{vmatrix} 1 & 2 & -2 \\ 2 & -1 & t \\ 3 & 1 & -1 \end{vmatrix} = 0$

计算$\begin{vmatrix} 1 & 2 & -2 \\ 2 & -1 & t \\ 3 & 1 & -1 \end{vmatrix} \xrightarrow[\substack{(-2)r_1+r_2 \\ (-3)r_1+r_3}]{} \begin{vmatrix} 1 & 2 & -2 \\ 0 & -5 & 4+t \\ 0 & -5 & 5 \end{vmatrix} \xrightarrow[\substack{(-1)r_2+r_3}]{} \begin{vmatrix} 1 & 2 & -2 \\ 0 & -5 & 4+t \\ 0 & 0 & 1-t \end{vmatrix} = -5(1-t) = 0 \Rightarrow t = 1$

答案： D

【例1-8-25】 设$A = \begin{bmatrix} 1 & 2 & -2 \\ 4 & t & 3 \\ 3 & -1 & 1 \end{bmatrix}$，$B$为三阶非零矩阵，且$AB = 0$，则参数$t$等于：

A. -3　　　　　　　　B. 1　　　　　　　　C. 4　　　　　　　　D. -1

解 **方法1：** 因为B是三阶非零矩阵，设$B = (b_1, b_2, b_3)$，则b_1，b_2，b_3中至少有一个为非零向量，由$AB = 0$，有$A(b_1, b_2, b_3) = 0$，即$(Ab_1, Ab_2, Ab_3) = 0$

从而有$Ab_1 = 0$，$Ab_2 = 0$，$Ab_3 = 0$，即方程组$Ax = 0$有非零解。

由方程组$Ax = 0$有非零解的充要条件是$|A| = 0$，得：

$$|A| = \begin{vmatrix} 1 & 2 & -2 \\ 4 & t & 3 \\ 3 & -1 & 1 \end{vmatrix} \xrightarrow[\substack{r_1 \times (-4)+r_2 \\ r_1 \times (-3)+r_3}]{} \begin{vmatrix} 1 & 2 & -2 \\ 0 & t-8 & 11 \\ 0 & -7 & 7 \end{vmatrix} = 7(t-8) + 77$$

$$= 7t - 56 + 77 = 0, \quad 7t + 21 = 0, \quad t = -3$$

方法2： 因为$AB = 0$，所以$R(A) + R(B) \leqslant n = 3$。

又因为B为非零矩阵，所以$R(B) > 0$，则有$R(A) \leqslant 2$。

故$|A| = 0$，$t = -3$。

答案： A

【例1-8-26】 设A为矩阵，$\alpha_1 = \begin{bmatrix} 1 \\ 0 \\ 2 \end{bmatrix}$，$\alpha_2 = \begin{bmatrix} 0 \\ 1 \\ -1 \end{bmatrix}$都是线性方程组$Ax = 0$的解，则矩阵$A$为：

A. $\begin{bmatrix} 0 & 1 & -1 \\ 4 & -2 & -2 \\ 0 & 1 & 1 \end{bmatrix}$　　　　B. $\begin{bmatrix} 2 & 0 & -1 \\ 0 & 1 & 1 \end{bmatrix}$　　　　C. $\begin{bmatrix} -1 & 0 & 2 \\ 0 & 1 & -1 \end{bmatrix}$　　　　D. $(-2 \ \ 1 \ \ 1)$

解 **方法1：**（验算）

$\begin{bmatrix} 0 & 1 & -1 \\ 4 & -2 & -2 \\ 0 & 1 & 1 \end{bmatrix} \begin{bmatrix} 1 \\ 0 \\ 2 \end{bmatrix} = \begin{bmatrix} -2 \\ * \\ * \end{bmatrix} \neq 0 \rightarrow$选项A错误。

$\begin{bmatrix} 2 & 0 & -1 \\ 0 & 1 & 1 \end{bmatrix} \begin{bmatrix} 1 \\ 0 \\ 2 \end{bmatrix} = \begin{bmatrix} 0 \\ 2 \end{bmatrix} \neq 0 \rightarrow$选项B错误。

$\begin{bmatrix} -1 & 0 & 2 \\ 0 & 1 & -1 \end{bmatrix} \begin{bmatrix} 1 \\ 0 \\ 2 \end{bmatrix} = \begin{bmatrix} 3 \\ * \end{bmatrix} \neq 0 \rightarrow$选项C错误。

$(-2 \ \ 1 \ \ 1) \begin{bmatrix} 1 \\ 0 \\ 2 \end{bmatrix} = 0$，$(-2 \ \ 1 \ \ 1) \begin{bmatrix} 0 \\ 1 \\ -1 \end{bmatrix} = 0 \rightarrow$选项D正确。

方法2： 已知α_1、α_2是方程组$Ax = 0$的解，而α_1、α_2线性无关，未知数个数$n = 3$，方程组$Ax = 0$的基础解系解向量的个数$= n - R(A) = 3 - R(A) \geqslant 2$，$R(A) \leqslant 1$，选项D正确。

答案： D

（二）非齐次线性方程组

1. 三种表达

（1）$\begin{cases} a_{11}x_1 + a_{12}x_2 + \cdots + a_{1n}x_n = b_1 \\ a_{21}x_1 + a_{22}x_2 + \cdots + a_{2n}x_n = b_2 \\ \qquad\qquad\qquad \cdots \\ a_{m1}x_1 + a_{m2}x_2 + \cdots + a_{mn}x_n = b_m \end{cases}$ （1-8-5）

（常数b_1，b_2，$\cdots$，b_m不全为 0 ）

用矩阵形式表示为

（2）$\qquad\qquad \boldsymbol{Ax} = \boldsymbol{b}，\boldsymbol{b} = (b_1, b_2, \cdots, b_m)^{\mathrm{T}} \neq \boldsymbol{0}$

$\boldsymbol{A}$为方程组的系数矩阵。

或用向量形式表示为

（3）$\qquad\qquad x_1\boldsymbol{\alpha}_1 + x_2\boldsymbol{\alpha}_2 + \cdots + x_n\boldsymbol{\alpha}_n = \boldsymbol{b}(\boldsymbol{b} \neq \boldsymbol{0})$ （1-8-6）

向量$\boldsymbol{\alpha}_j = (a_{1j}, a_{2j}, \cdots, a_{mj})^{\mathrm{T}}(j = 1,2,\cdots,n)$为$\boldsymbol{A}$的第$j$列。

2. 定义

$$\text{记}\widetilde{\boldsymbol{A}} = \begin{bmatrix} a_{11} & a_{12} & \cdots & a_{1n} & b_1 \\ a_{21} & a_{22} & \cdots & a_{2n} & b_2 \\ \cdots & \cdots & \cdots & \cdots & \cdots \\ a_{m1} & a_{m2} & \cdots & a_{mn} & b_m \end{bmatrix} = (\boldsymbol{A}|\boldsymbol{b})$$

称$\widetilde{\boldsymbol{A}}$为$\boldsymbol{Ax} = \boldsymbol{b}$的增广矩阵。

3. 结论

设$\boldsymbol{A}$为$m \times n$矩阵，则

（1）$\boldsymbol{Ax} = \boldsymbol{b}$有解的充要条件是$R(\boldsymbol{A}) = R(\widetilde{\boldsymbol{A}})$。

（2）$\boldsymbol{Ax} = \boldsymbol{b}$有唯一解的充要条件是$R(\boldsymbol{A}) = R(\widetilde{\boldsymbol{A}}) = n$；

$\boldsymbol{Ax} = \boldsymbol{b}$有无穷多解的充要条件是$R(\boldsymbol{A}) = R(\widetilde{\boldsymbol{A}}) < n$。

（3）若y_1，y_2是方程组$\boldsymbol{Ax} = \boldsymbol{b}$的解，则$y_1 - y_2$是对应齐次方程组$\boldsymbol{Ax} = \boldsymbol{0}$的解。

（4）若y_1，y_2，$\cdots$，y_s为$\boldsymbol{Ax} = \boldsymbol{b}$的解，$k_1$，$k_2$，$\cdots$，$k_s$为常数，则

①$k_1y_1 + k_2y_2 + \cdots + k_sy_s$为$\boldsymbol{Ax} = \boldsymbol{0}$的解的充要条件是$k_1 + k_2 + \cdots + k_s = 0$；

②$k_1y_1 + k_2y_2 + \cdots + k_sy_s$为$\boldsymbol{Ax} = \boldsymbol{b}$的解的充要条件是$k_1 + k_2 + \cdots + k_s = 1$。

（5）若y是方程组$\boldsymbol{Ax} = \boldsymbol{b}$的解，$\boldsymbol{\xi}$是$\boldsymbol{Ax} = \boldsymbol{0}$的解，则$y + \boldsymbol{\xi}$是方程组$\boldsymbol{Ax} = \boldsymbol{b}$的解。

（6）若$R(\boldsymbol{A}) = R(\widetilde{\boldsymbol{A}}) = r < n$时，$\boldsymbol{Ax} = \boldsymbol{b}$有无穷多解，则其通解为

$$x = y^* + k_1\boldsymbol{\xi}_1 + k_2\boldsymbol{\xi}_2 + \cdots + k_{n-r}\boldsymbol{\xi}_{n-r}$$

其中y^*为$\boldsymbol{Ax} = \boldsymbol{0}$的一个解，$\boldsymbol{\xi}_1$，$\boldsymbol{\xi}_2$，$\cdots$，$\boldsymbol{\xi}_{n-r}$为$\boldsymbol{Ax} = \boldsymbol{0}$的一组基础解系，$k_1$，$k_2$，$\cdots$，$k_{n-r}$为任意常数。

4. 解法

（1）$\widetilde{\boldsymbol{A}} = (\boldsymbol{A}|\boldsymbol{b}) \xrightarrow{\text{初等行变换}} \boldsymbol{B}$（行阶梯形矩阵），求$R(\boldsymbol{A})$（不看$\boldsymbol{B}$的最后一列）、$R(\widetilde{\boldsymbol{A}})$，判断是否有解，解是否唯一。

（2）若$R(\boldsymbol{A}) = R(\widetilde{\boldsymbol{A}}) = r \leqslant n$，$\boldsymbol{B} \xrightarrow{\text{初等行变换}} \boldsymbol{C}$（简化行阶梯形）。

（3）按矩阵$\boldsymbol{C}$还原出一个线性方程组（原方程组的同解方程组），解这个同解方程组。

【例 1-8-27】设y_1，y_2，$\cdots$，y_s是方程组$\boldsymbol{Ax} = \boldsymbol{b}$的解，若$k_1y_1 + k_2y_2 + \cdots + k_sy_s$也是$\boldsymbol{Ax} = \boldsymbol{b}$的

解，则 $k_1 + k_2 + \cdots + k_s$ 等于：

        A. 2   B. 1   C. −1   D. 不存在

解　若 $k_1 y_1 + k_2 y_2 + \cdots + k_s y_s$ 是方程组的解，则 $\boldsymbol{A}(k_1 y_1 + k_2 y_2 + \cdots + k_s y_s) = \boldsymbol{b}$

即 $\boldsymbol{A} k_1 y_1 + \boldsymbol{A} k_2 y_2 + \cdots + \boldsymbol{A} k_s y_s = k_1 \boldsymbol{A} y_1 + k_2 \boldsymbol{A} y_2 + \cdots + k_s \boldsymbol{A} y_s = k_1 \boldsymbol{b} + k_2 \boldsymbol{b} + \cdots + k_s \boldsymbol{b}$

$$= (k_1 + k_2 + \cdots + k_s)\boldsymbol{b} = \boldsymbol{b}$$

因 $\boldsymbol{b} \neq \boldsymbol{0}$，所以 $k_1 + k_2 + \cdots + k_s = 1$［可直接用结论（4）中的②判定］

答案： B

【例 1-8-28】 设方程组 $\begin{cases} x_1 - x_2 + 6x_3 = 0 \\ 4x_2 - 8x_3 = -4 \\ x_1 + 3x_2 - 2x_3 = a \end{cases}$，问 a 取何值时，方程组有解：

        A. −4   B. 2   C. 1   D. −1

解

$$\widetilde{\boldsymbol{A}} = \begin{bmatrix} 1 & -1 & 6 & 0 \\ 0 & 4 & -8 & -4 \\ 1 & 3 & -2 & a \end{bmatrix} \xrightarrow{-r_1 + r_3} \begin{bmatrix} 1 & -1 & 6 & 0 \\ 0 & 4 & -8 & -4 \\ 0 & 4 & -8 & a \end{bmatrix} \xrightarrow{-r_2 + r_3} \begin{bmatrix} 1 & -1 & 6 & 0 \\ 0 & 4 & -8 & -4 \\ 0 & 0 & 0 & a+4 \end{bmatrix}$$

$a = -4$ 时，$R(\boldsymbol{A}) = R(\widetilde{\boldsymbol{A}})$，方程组有解。

答案： A

【例 1-8-29】 设非齐次线性方程组 $\begin{cases} x_1 - x_2 - x_3 + x_4 = 0 \\ x_1 - x_2 + x_3 - 3x_4 = 1 \\ x_1 - x_2 - 2x_3 + 3x_4 = -\dfrac{1}{2} \end{cases}$，求方程组通解。

解
$$\widetilde{\boldsymbol{A}} = \begin{bmatrix} 1 & -1 & -1 & 1 & 0 \\ 1 & -1 & 1 & -3 & 1 \\ 1 & -1 & -2 & 3 & -\frac{1}{2} \end{bmatrix} \xrightarrow[(-1)r_1 + r_3]{(-1)r_1 + r_2} \begin{bmatrix} 1 & -1 & -1 & 1 & 0 \\ 0 & 0 & 2 & -4 & 1 \\ 0 & 0 & -1 & 2 & -\frac{1}{2} \end{bmatrix}$$

$$\xrightarrow{\frac{1}{2}r_2} \begin{bmatrix} 1 & -1 & -1 & 1 & 0 \\ 0 & 0 & 1 & -2 & \frac{1}{2} \\ 0 & 0 & -1 & 2 & -\frac{1}{2} \end{bmatrix} \xrightarrow{1 \cdot r_2 + r_3} \begin{bmatrix} 1 & -1 & -1 & 1 & 0 \\ 0 & 0 & 1 & -2 & \frac{1}{2} \\ 0 & 0 & 0 & 0 & 0 \end{bmatrix} = B$$

$$\xrightarrow{1 \cdot r_2 + r_1} \begin{bmatrix} 1 & -1 & 0 & -1 & \frac{1}{2} \\ 0 & 0 & 1 & -2 & \frac{1}{2} \\ 0 & 0 & 0 & 0 & 0 \end{bmatrix} = \boldsymbol{C}$$

$R(\boldsymbol{A}) = R(\widetilde{\boldsymbol{A}}) = 2 < 4$，方程组有解且有无穷多组解。

同解方程组为 $\begin{cases} x_1 - x_2 - x_4 = \dfrac{1}{2} \\ x_3 - 2x_4 = \dfrac{1}{2} \end{cases}$

变形 $\begin{cases} x_1 = x_2 + x_4 + \dfrac{1}{2} \\ x_3 = 2x_4 + \dfrac{1}{2} \end{cases}$ （x_2，x_4 为自由未知量）

令 $x_2 = C_1$，$x_4 = C_2$

$$\begin{cases} x_1 = C_1 + C_2 + \dfrac{1}{2} \\ x_2 = C_1 \\ x_3 = 2C_2 + \dfrac{1}{2} \\ x_4 = C_2 \end{cases}$$

方程组通解 $\begin{bmatrix} x_1 \\ x_2 \\ x_3 \\ x_4 \end{bmatrix} = C_1 \begin{bmatrix} 1 \\ 1 \\ 0 \\ 0 \end{bmatrix} + C_2 \begin{bmatrix} 1 \\ 0 \\ 2 \\ 1 \end{bmatrix} + \begin{bmatrix} \frac{1}{2} \\ 0 \\ \frac{1}{2} \\ 0 \end{bmatrix}$（$C_1$，$C_2$ 为任意常数）

六、方阵的特征值与特征向量

（一）定义

1. 对于 n 阶方阵 $\boldsymbol{A}$，如果存在常数 λ 和 n 维非零列向量 x 满足

$$\boldsymbol{A}x = \lambda x$$

则数 λ 称为方阵 $\boldsymbol{A}$ 的特征值，非零向量 x 称为方阵 $\boldsymbol{A}$ 对应特征值 λ 的特征向量。

2. 上式可写成

$$(\boldsymbol{A} - \lambda\boldsymbol{E})x = \boldsymbol{0} \quad 或 \quad (\lambda\boldsymbol{E} - \boldsymbol{A})x = \boldsymbol{0}$$

该齐次线性方程组有非零解的充要条件是系数行列式

$$|\boldsymbol{A} - \lambda\boldsymbol{E}| = 0 \quad 或 \quad |\lambda\boldsymbol{E} - \boldsymbol{A}| = 0 \quad 或 \quad R(\lambda\boldsymbol{E} - \boldsymbol{A}) < n \tag{1-8-7}$$

即

$$\begin{vmatrix} a_{11} - \lambda & a_{12} & \cdots & a_{1n} \\ a_{21} & a_{22} - \lambda & \cdots & a_{2n} \\ \vdots & \vdots & & \vdots \\ a_{n1} & a_{n2} & \cdots & a_{nn} - \lambda \end{vmatrix} = 0 \quad 或 \quad \begin{vmatrix} \lambda - a_{11} & -a_{12} & \cdots & -a_{1n} \\ -a_{21} & \lambda - a_{22} & \cdots & -a_{2n} \\ \vdots & \vdots & & \vdots \\ -a_{n1} & -a_{n2} & \cdots & \lambda - a_{nn} \end{vmatrix} = 0$$

$|\boldsymbol{A} - \lambda\boldsymbol{E}|$ 或 $|\lambda\boldsymbol{E} - \boldsymbol{A}|$ 是关于 λ 的 n 次多项式称作方阵 $\boldsymbol{A}$ 的特征多项式。$|\boldsymbol{A} - \lambda\boldsymbol{E}| = 0$ 或 $|\lambda\boldsymbol{E} - \boldsymbol{A}| = 0$ 是以 λ 为未知数的一元 n 次方程，叫作方阵 $\boldsymbol{A}$ 的特征方程。特征方程的解，就是方阵 $\boldsymbol{A}$ 的特征值，在复数范围内 n 阶方阵有 n 个特征值（包括重根）。

3. 设 $\lambda = \lambda_i$ 为 $\boldsymbol{A}$ 的一个特征值，则方程

$$(\lambda_i\boldsymbol{E} - \boldsymbol{A})x = \boldsymbol{0}$$

的非零解 $x = \boldsymbol{p}_i$ 就是方阵 $\boldsymbol{A}$ 对应于特征值 λ_i 的特征向量。

（二）求 n 阶矩阵 $\boldsymbol{A}$ 的特征值与特征向量的步骤

（1）求 $\boldsymbol{A}$ 的特征方程 $|\lambda\boldsymbol{E} - \boldsymbol{A}| = 0$ 的全部根 λ_1，λ_2，$\cdots$，λ_n。

（2）将 $\lambda = \lambda_i$ 代入 $(\lambda\boldsymbol{E} - \boldsymbol{A})x = \boldsymbol{0}$，得齐次线性方程组 $(\lambda_i\boldsymbol{E} - \boldsymbol{A})x = \boldsymbol{0}$。

（3）方程组 $(\lambda_i\boldsymbol{E} - \boldsymbol{A})x = \boldsymbol{0}$ 的基础解系，就是 $\boldsymbol{A}$ 对应于 λ_i 的线性无关的特征向量，通解（$\boldsymbol{0}$ 除外）就是 $\boldsymbol{A}$ 对应于 $\lambda = \lambda_i$ 的全部特征向量。

若有 $\lambda = 0$，那么 $\boldsymbol{A}x = \boldsymbol{0}$ 的所有非零解向量，即为特征值 $\lambda = 0$ 对应的特征向量。

（三）特征值和特征向量的重要性质

（1）如果 n 阶方阵 $\boldsymbol{A}$ 的全部特征值是 λ_1，λ_2，$\cdots$，λ_n，那么

① $\lambda_1 + \lambda_2 + \cdots + \lambda_n = a_{11} + a_{22} + \cdots + a_{nn}$（其中 a_{11}，a_{22}，$\cdots$，a_{nn} 为方阵 $\boldsymbol{A}$ 主对角线上的元素）。

② $\lambda_1\lambda_2\cdots\lambda_n = |\boldsymbol{A}|$。

（2）方阵 $\boldsymbol{A}$ 可逆的充要条件是 $\boldsymbol{A}$ 的特征值全不为 0。

（3）若 λ 为 $\boldsymbol{A}$ 的特征值，则矩阵 $k\boldsymbol{A}$、$a\boldsymbol{A} + b\boldsymbol{E}$（$a$，$b$ 是不为零的常数）、$\boldsymbol{A}^2$、$\boldsymbol{A}^m$、$\boldsymbol{A}^{-1}$、$\boldsymbol{A}^*$ 分别有特征值 $k\lambda$、$a\lambda + b$、λ^2、λ^m、$\frac{1}{\lambda}$、$\frac{|\boldsymbol{A}|}{\lambda}$（$\lambda \neq 0$），且特征向量相同。

（4）$\boldsymbol{A}^{\mathrm{T}}$ 与 $\boldsymbol{A}$ 有相同的特征值（特征向量一般不同）。

（5）若线性无关的向量 x_1，$\cdots$，x_m 都是矩阵 $\boldsymbol{A}$ 的属于特征值 λ 的特征向量，则对任意不全为零的数 k_1，$\cdots$，k_m，则向量 $k_1x_1 + \cdots + k_mx_m$ 也是矩阵 $\boldsymbol{A}$ 的属于特征值 λ 的特征向量。

（6）方阵 $\boldsymbol{A}$ 的属于不同特征值的特征向量是线性无关的，即如果 λ_1，λ_2，$\cdots$，λ_m 是方阵 $\boldsymbol{A}$ 的两两互不相同的特征值，向量 x_1，x_2，$\cdots$，x_m 是依次与之对应的特征向量，那么向量组 x_1，x_2，$\cdots$，x_m 一定

线性无关。注意：常数k_1，k_2，$\cdots$，k_m中至少有两个不为0时，$k_1 x_1 + k_2 x_2 + \cdots + k_m x_m$不是$A$的特征向量。

【例 1-8-30】 求矩阵$A = \begin{bmatrix} -2 & 1 & 1 \\ 0 & 2 & 0 \\ -4 & 1 & 3 \end{bmatrix}$的特征值与特征向量。

解　（1）求特征值

$$|\lambda E - A| = \begin{vmatrix} \lambda+2 & -1 & -1 \\ 0 & \lambda-2 & 0 \\ 4 & -1 & \lambda-3 \end{vmatrix} \xlongequal{按 r_2 展开} (\lambda-2) \begin{vmatrix} \lambda+2 & -1 \\ 4 & \lambda-3 \end{vmatrix} = (\lambda-2)^2(\lambda+1) = 0$$

所以$\lambda_1 = \lambda_2 = 2$，$\lambda_3 = -1$

（2）求特征向量

将$\lambda = 2$代入得$(2E - A)x = 0$

$$2E - A = \begin{bmatrix} 4 & -1 & -1 \\ 0 & 0 & 0 \\ 4 & -1 & -1 \end{bmatrix} \xrightarrow{-r_1+r_3} \begin{bmatrix} 4 & -1 & -1 \\ 0 & 0 & 0 \\ 0 & 0 & 0 \end{bmatrix} \xrightarrow{\frac{1}{4}r_1} \begin{bmatrix} 1 & -\frac{1}{4} & -\frac{1}{4} \\ 0 & 0 & 0 \\ 0 & 0 & 0 \end{bmatrix} = C$$

$x_1 = \frac{1}{4}x_2 + \frac{1}{4}x_3$

$x_2 = 1$，$x_3 = 0$时，$x_1 = \frac{1}{4}$；$x_2 = 0$，$x_3 = 1$时，$x_1 = \frac{1}{4}$

$\lambda = 2$，对应的全部特征向量是$k_1 \begin{bmatrix} \frac{1}{4} \\ 1 \\ 0 \end{bmatrix} + k_2 \begin{bmatrix} \frac{1}{4} \\ 0 \\ 1 \end{bmatrix}$（常数$k_1$、$k_2$不同时为0）

$$= C_1 \begin{bmatrix} 1 \\ 4 \\ 0 \end{bmatrix} + C_2 \begin{bmatrix} 1 \\ 0 \\ 4 \end{bmatrix}（C_1, C_2 是不同时为零的任意常数）$$

求$\lambda_3 = -1$对应的特征向量，解$(\lambda_3 E - A)x = 0$

$$-E - A = \begin{bmatrix} 1 & -1 & -1 \\ 0 & -3 & 0 \\ 4 & -1 & -4 \end{bmatrix} \xrightarrow{-4r_1+r_3} \begin{bmatrix} 1 & -1 & -1 \\ 0 & -3 & 0 \\ 0 & 3 & 0 \end{bmatrix} \xrightarrow{r_2+r_3} \begin{bmatrix} 1 & -1 & -1 \\ 0 & -3 & 0 \\ 0 & 0 & 0 \end{bmatrix} \xrightarrow[-\frac{1}{3}r_2]{-\frac{1}{3}r_2+r_1} \begin{bmatrix} 1 & 0 & -1 \\ 0 & 1 & 0 \\ 0 & 0 & 0 \end{bmatrix}$$

所以$\begin{cases} x_1 = x_3 \\ x_2 = 0 \end{cases}$，当$x_3 = 1$时，$x_2 = 0$，$x_1 = 1$，特征向量$\xi = \begin{bmatrix} 1 \\ 0 \\ 1 \end{bmatrix}$

$\lambda_3 = -1$对应的全部特征向量为$C \begin{bmatrix} 1 \\ 0 \\ 1 \end{bmatrix}$（其中$C$为不等于0的任意常数）。

【例 1-8-31】 设三阶方阵有3个特征值λ_1，λ_2，λ_3，若$|A| = 36$，$\lambda_1 = 2$，$\lambda_2 = 3$，则λ_3为：

A. 6　　　　　　　B. 3　　　　　　　C. 2　　　　　　　D. 4

解　由方阵A的行列式与特征值的关系$|A| = \lambda_1 \lambda_2 \lambda_3$，得：$\lambda_1 \lambda_2 \lambda_3 = 36$

又$\lambda_1 = 2$，$\lambda_2 = 3$，所以$\lambda_3 = \frac{36}{\lambda_1 \lambda_2} = \frac{36}{2 \times 3} = 6$。

答案：A

【例 1-8-32】 设A是3阶矩阵，$\alpha_1 = (1,0,1)^T$，$\alpha_2 = (1,1,0)^T$是A的属于特征值为1的特征向量。$\alpha_3 = (0,1,2)^T$是A的属于特征值为-1的特征向量，则：

　　　　　A. $\alpha_1 - \alpha_2$是A的属于特征值为1的特征向量

　　　　　B. $\alpha_1 - \alpha_3$是A的属于特征值为1的特征向量

　　　　　C. $\alpha_1 - \alpha_3$是A的属于特征值为2的特征向量

　　　　　D. $\alpha_1 + \alpha_2 + \alpha_3$是$A$的属于特征值为1的特征向量

解　方法1：根据矩阵的特征值和特征向量的定义，α_1，α_2是矩阵A特征值1对应的特征向量，就

有 $\begin{cases} A\alpha_1 = 1 \cdot \alpha_1 & ① \\ A\alpha_2 = 1 \cdot \alpha_2 & ② \end{cases}$ 成立。

①式–②式得 $A(\alpha_1 - \alpha_2) = 1 \cdot (\alpha_1 - \alpha_2)$，而 $\alpha_1 - \alpha_2$ 为非零向量，由定义可知，$\alpha_1 - \alpha_2$ 是 A 的属于特征值为1的特征向量，选项 B、C、D 均不成立。

方法2：可通过特征值和特征向量的重要性质（5）和（6）中的"注意"直接判定。

答案：A

【例 1-8-33】 已知3维列向量 α、β 满足 $\beta \neq k\alpha$（k 为常数），$\alpha^T\beta = 4$，设3阶矩阵 $A = \beta\alpha^T$，则：

　　A. β 是 A 的属于特征值 0 的特征向量

　　B. α 是 A 的属于特征值 0 的特征向量

　　C. β 是 A 的属于特征值 4 的特征向量

　　D. α 是 A 的属于特征值 4 的特征向量

解　因为 $\alpha^T\beta = 4$，所以 $\alpha \neq 0$，$\beta \neq 0$。

因为 $A\beta = \beta\alpha^T\beta = \beta(\alpha^T\beta) = 4\beta$，选项 C 成立。

$A\alpha \xrightarrow[A=\beta\alpha^T]{代入} \beta\alpha^T\alpha = \beta|\alpha|^2 = |\alpha|^2\beta \neq |\alpha|^2 k\alpha$，即 $A\alpha \neq \lambda\alpha$，$\alpha$ 不是 A 的特征向量，选项 B、D 不成立。

答案：C

七、相似矩阵的概念和性质

（一）相似矩阵的概念

定义设 A、B 都是 n 阶矩阵，若有可逆矩阵 P，使 $P^{-1}AP = B$，则称 A 和 B 相似，或说 A 相似于 B，记作 $A \sim B$，可逆矩阵 P 称为**相似变换矩阵**。

若 $A \sim B$，则 $A \cong B$（相似必等价，等价未必相似）。

（二）相似矩阵的性质

（1）$A \sim A$。

（2）若 $A \sim B$，则 $B \sim A$。

（3）若 $A \sim B$ 且 $B \sim C$，则 $A \sim C$。

（4）设 n 阶方阵 A 和 B 相似，则有：

①$R(A) = R(B)$；

②$|A| = |B|$；

③A 和 B 的特征多项式相同，即 $|\lambda E - A| = |\lambda E - B|$；

④A 和 B 的特征值相同。

⑤A 和 B 主对角线元素之和相等，即 $\sum\limits_{i=1}^{n} a_{ii} = \sum\limits_{i=1}^{n} b_{ii}$。

【例 1-8-34】 设 $A = \begin{bmatrix} 1 & x & 1 \\ x & 1 & y \\ 1 & y & 1 \end{bmatrix}$，$B = \begin{bmatrix} 0 & 0 & 0 \\ 0 & 1 & 0 \\ 0 & 0 & 2 \end{bmatrix}$，且 A 与 B 相似，则下列结论中成立的是：

　　A. $x = y = 0$ 　　　　B. $x = 0$，$y = 1$ 　　　　C. $x = 1$，$y = 0$ 　　　　D. $x = y = 1$

解　因为 A 与 B 相似，所以 $|A| = |B| = 0$，且 $R(A) = R(B) = 2$。

方法 1：当 $x = y = 0$ 时，$|A| = \begin{vmatrix} 1 & 0 & 1 \\ 0 & 1 & 0 \\ 1 & 0 & 1 \end{vmatrix} = 0$，$A = \begin{bmatrix} 1 & 0 & 1 \\ 0 & 1 & 0 \\ 1 & 0 & 1 \end{bmatrix} \xrightarrow{-r_1+r_3} \begin{bmatrix} 1 & 0 & 1 \\ 0 & 1 & 0 \\ 0 & 0 & 0 \end{bmatrix}$

$R(A) = R(B) = 2$

方法 2：$|A| = \begin{vmatrix} 1 & x & 1 \\ x & 1 & y \\ 1 & y & 1 \end{vmatrix} \xrightarrow[-r_1+r_3]{-xr_1+r_2} \begin{vmatrix} 1 & x & 1 \\ 0 & 1-x^2 & y-x \\ 0 & y-x & 0 \end{vmatrix} = -(y-x)^2$

令 $|A| = 0$，得 $x = y$

当 $x = y = 0$ 时，$|A| = |B| = 0$，$R(A) = R(B) = 2$；

当 $x = y = 1$ 时，$|A| = |B| = 0$，但 $R(A) = 1 \neq R(B)$。

答案：A

八、矩阵的相似对角化

1. 定义：对 n 阶方阵 A，若存在可逆矩阵 P，使

$$P^{-1}AP = \begin{bmatrix} \lambda_1 & & & \\ & \lambda_2 & & \\ & & \ddots & \\ & & & \lambda_n \end{bmatrix} = (\text{对角矩阵}) \tag{1-8-8}$$

则称 A 相似于对角矩阵，也称矩阵 A 可相似对角化。

2. 结论

（1）若有可逆矩阵 P，使得

$$P^{-1}AP = \begin{bmatrix} \lambda_1 & & & \\ & \lambda_2 & & \\ & & \ddots & \\ & & & \lambda_n \end{bmatrix}$$

则 λ_1，λ_2，$\cdots$，λ_n 为 A 的 n 个特征值，而矩阵 P 的 n 个列向量是矩阵 A 的对应于这些特征值 λ_1，λ_2，$\cdots$，λ_n 的 n 个线性无关的特征向量。

（2）n 阶矩阵 A 相似于对角矩阵 Λ 的充要条件是 A 有 n 个线性无关的特征向量。

（3）如果 n 阶方阵 A 有 n 个不同的特征值，则 A 一定可以相似对角化。

（4）如果 A 有重特征值，且对每一个重特征值，其重数和对应的线性无关的特征向量的个数都相等，则 A 一定可以相似对角化。

（5）如果对应方阵 A 的某个特征值 λ 线性无关的特征向量的个数小于该特征值 λ 的重数，造成方阵 A 的线性无关的特征向量个数小于 n，从而 A 不可相似对角化。

3. 实对称矩阵的相似对角化

定义：如果 n 阶方阵 A 等于它的转置矩阵，即 $A = A^{\mathrm{T}}$，则称 A 为对称矩阵。所有元素为实数的对称矩阵，称为实对称矩阵。

性质：

（1）n 阶实对称矩阵有 n 个实特征值（重根按重数计算）。

（2）实对称矩阵对应于不同特征值的特征向量必正交。

定理：设 A 为 n 阶实对称矩阵，则必存在正交矩阵 P，使

$$P^{-1}AP = P^{T}AP = \Lambda = \begin{bmatrix} \lambda_1 & & & \\ & \lambda_2 & & \\ & & \ddots & \\ & & & \lambda_n \end{bmatrix}$$

其中λ_1，λ_2，$\cdots$，λ_n是A的特征值，P的列向量是A的分别与λ_1，λ_2，$\cdots$，λ_n对应的两两正交的单位特征向量。

4. 给定实对称矩阵A，求正交矩阵P使A相似对角化的步骤

（1）解特征方程$|\lambda E - A| = 0$，求出A的全部特征值λ_1，λ_2，$\cdots$，λ_n（做完这一步，就可以求出A的相似对角矩阵Λ）。

（2）解齐次线性方程组$(\lambda_i E - A)x = 0$，求出基础解系，如果特征值λ_i是单根，就对应一个特征向量，如果特征值λ_i是k重根，就对应k个线性无关的特征向量。

（3）特征值是单根时，对求出的这个特征向量单位化。

（4）特征值是k重根时，对它所对应的那组k个线性无关的特征向量进行正交化再单位化（或称正交规范化）。

（5）将所有经过正交化、单位化的两两正交的单位特征向量q_1，q_2，$\cdots$，q_n（依次对应特征值λ_1，λ_2，$\cdots\lambda_n$）排成一个矩阵，$P = (q_1, q_2, \cdots, q_n)$，那么$P$是正交矩阵，而且有$P^{-1}AP = P^{T}AP = \Lambda = \begin{bmatrix} \lambda_1 & & & \\ & \lambda_2 & & \\ & & \ddots & \\ & & & \lambda_n \end{bmatrix}$。

注意：$P = (q_1, q_2, \cdots, q_n)$中，$q_1$，$q_2$，$\cdots$，$q_n$的排列顺序应和特征值$\lambda_1$，$\lambda_2$，$\cdots$，$\lambda_n$的排列顺序一致，即$q_i(i = 1, \cdots, n)$恰好是$\lambda_i$对应的特征向量。

【例 1-8-35】已知矩阵$A = \begin{bmatrix} 1 & -1 & 1 \\ 2 & 4 & -2 \\ -3 & -3 & 5 \end{bmatrix}$与$B = \begin{bmatrix} \lambda & 0 & 0 \\ 0 & 2 & 0 \\ 0 & 0 & 2 \end{bmatrix}$相似，则$\lambda$等于：

　A. 6　　　　　　　　B. 5　　　　　　　　C. 4　　　　　　　　D. 14

解　因为A与B相似，由相似矩阵性质（4）⑤A与B主对角线元素之和相等，即$1 + 4 + 5 = \lambda + 2 + 2$，得$\lambda = 6$。

答案：A

【例 1-8-36】已知二阶实对称矩阵A的一个特征值为1，而A对应特征值1的特征向量为$\begin{bmatrix} 1 \\ -1 \end{bmatrix}$，若$|A| = -1$，则$A$的另一个特征值及其对应的特征向量是：

　　A. $\lambda = 1$，$x = (1,1)^{T}$　　　　　　　　　　B. $\lambda = -1$，$x = (1,1)^{T}$

　　C. $\lambda = -1$，$x = (-1,1)^{T}$　　　　　　　　D. $\lambda = -1$，$x = (1,-1)^{T}$

解　利用公式$|A| = \lambda_1 \lambda_2 \cdots \lambda_n$，当$A$为二阶方阵时，$|A| = \lambda_1 \lambda_2$

则有$\lambda_2 = \dfrac{|A|}{\lambda_1} = \dfrac{-1}{1} = -1$。

根据实对称矩阵性质（2），实对称矩阵对应不同特征值的特征向量正交。

$\begin{bmatrix} 1 \\ 1 \end{bmatrix}^{T} \cdot \begin{bmatrix} 1 \\ -1 \end{bmatrix} = [1,1] \cdot \begin{bmatrix} 1 \\ -1 \end{bmatrix} = 0$，所以$\begin{bmatrix} 1 \\ 1 \end{bmatrix}$与$\begin{bmatrix} 1 \\ -1 \end{bmatrix}$正交。

答案：B

【例 1-8-37】设$\lambda_1 = 6$，$\lambda_2 = \lambda_3 = 3$为三阶实对称矩阵$A$的特征值，属于$\lambda_2 = \lambda_3 = 3$的特征向量为$\xi_2 = (-1,0,1)^{T}$，$\xi_3 = (1,2,1)^{T}$，则属于$\lambda_1 = 6$的特征向量是：

A. $(1, -1, 1)^T$　　　　B. $(1, 1, 1)^T$　　　　C. $(0, 2, 2)^T$　　　　D. $(2, 2, 0)^T$

解　实对称矩阵的不同特征值对应的特征向量必正交。$\lambda_1 = 6$对应的特征向量$\boldsymbol{\xi}_1$必定与λ_2和λ_3所对应的特征向量$\boldsymbol{\xi}_2$和$\boldsymbol{\xi}_3$分别正交，故有$\boldsymbol{\xi}^T_1 \cdot \boldsymbol{\xi}_2 = \boldsymbol{\xi}^T_1 \cdot \boldsymbol{\xi}_3 = 0$，代入选项只有A满足。

答案：A

九、合同矩阵的概念和性质

（一）合同矩阵

定义：设$\boldsymbol{A}$、$\boldsymbol{B}$为n阶方阵，若存在n阶可逆矩阵$\boldsymbol{P}$，使$\boldsymbol{P}^T\boldsymbol{A}\boldsymbol{P} = \boldsymbol{B}$，则称$\boldsymbol{A}$合同于$\boldsymbol{B}$或$\boldsymbol{A}$与$\boldsymbol{B}$合同，记作$\boldsymbol{A} \simeq \boldsymbol{B}$。

若$\boldsymbol{A} \simeq \boldsymbol{B}$，则$\boldsymbol{A} \cong \boldsymbol{B}$（合同必等价，等价未必合同）。

（二）合同矩阵的性质

合同是方阵之间的又一个等价关系，它具有下列性质：

（1）自反性：$\boldsymbol{A} \simeq \boldsymbol{A}$。

（2）对称性：若$\boldsymbol{A} \simeq \boldsymbol{B}$，则$\boldsymbol{B} \simeq \boldsymbol{A}$。

（3）传递性：若$\boldsymbol{A} \simeq \boldsymbol{B}$且$\boldsymbol{B} \simeq \boldsymbol{C}$，则$\boldsymbol{A} \simeq \boldsymbol{C}$。

（4）若$\boldsymbol{A} \simeq \boldsymbol{B}$，则$R(\boldsymbol{A}) = R(\boldsymbol{B})$（合同变换不改变矩阵的秩）。

（5）设$\boldsymbol{A}$为对称矩阵，若$\boldsymbol{A} \simeq \boldsymbol{B}$，则$\boldsymbol{B}$也为对称矩阵。

结论：任何一个实对称矩阵$\boldsymbol{A}$都合同于对角矩阵，即存在正交矩阵$\boldsymbol{P}$，使得

$$\boldsymbol{P}^T\boldsymbol{A}\boldsymbol{P} = \begin{bmatrix} \lambda_1 & & & \\ & \lambda_2 & & \\ & & \ddots & \\ & & & \lambda_n \end{bmatrix} \text{（其中}\lambda_1, \lambda_2, \cdots, \lambda_n\text{为实对称矩阵}\boldsymbol{A}\text{的特征值）} \tag{1-8-9}$$

十、二次型

（一）二次型定义

含有n个变量$x_1, x_2, \cdots, x_n$的二次齐次函数（即每项都是二次的多项式）

$f(x_1, x_2, \cdots, x_n) = a_{11}x_1^2 + a_{22}x_2^2 + \cdots + a_{nn}x_n^2 + 2a_{12}x_1x_2 + 2a_{13}x_1x_3 + \cdots + 2a_{n-1,n}x_{n-1}x_n$称为一个$n$元二次型，简称二次型。当$a_{ij}$都是实数时，称为实二次型。

（二）实二次型的矩阵表示（令$a_{ij} = a_{ji}$）

$f(x_1, x_2, \cdots, x_n) = x_1(a_{11}x_1 + a_{12}x_2 + \cdots + a_{1n}x_n) + x_2(a_{21}x_1 + a_{22}x_2 + \cdots + a_{2n}x_n) + \cdots +$

$$\begin{aligned} & x_n(a_{n1}x_1 + a_{n2}x_2 + \cdots + a_{nn}x_n) \\ = & (x_1, x_2, \cdots, x_n)\begin{bmatrix} a_{11}x_1 + a_{12}x_2 + \cdots + a_{1n}x_n \\ a_{21}x_1 + a_{22}x_2 + \cdots + a_{2n}x_n \\ \vdots \qquad \vdots \qquad \qquad \vdots \\ a_{n1}x_1 + a_{n2}x_2 + \cdots + a_{nn}x_n \end{bmatrix} \\ = & (x_1, x_2, \cdots, x_n)\begin{bmatrix} a_{11} & a_{12} & \cdots & a_{1n} \\ a_{21} & a_{22} & \cdots & a_{2n} \\ \vdots & \vdots & & \vdots \\ a_{n1} & a_{n2} & \cdots & a_{nn} \end{bmatrix}\begin{bmatrix} x_1 \\ x_2 \\ \vdots \\ x_n \end{bmatrix} \end{aligned} \tag{1-8-10}$$

记
$$\boldsymbol{A} = \begin{bmatrix} a_{11} & a_{12} & \cdots & a_{1n} \\ a_{21} & a_{22} & \cdots & a_{2n} \\ \vdots & \vdots & & \vdots \\ a_{n1} & a_{n2} & \cdots & a_{nn} \end{bmatrix}, \quad \boldsymbol{x} = \begin{bmatrix} x_1 \\ x_2 \\ \vdots \\ x_n \end{bmatrix}$$

则二次型可记作

$$f = \boldsymbol{x}^{\mathrm{T}} \boldsymbol{A} \boldsymbol{x}$$

其中，$\boldsymbol{A}$为实对称矩阵。

对称矩阵$\boldsymbol{A}$叫作二次型f的矩阵。$\boldsymbol{A}$的秩叫作二次型f的秩。

例如二次型$f = x^2 - 3z^2 - 4xy + yz$用矩阵表示，就是

$$f = (x, y, z) \begin{bmatrix} 1 & -2 & 0 \\ -2 & 0 & \dfrac{1}{2} \\ 0 & \dfrac{1}{2} & -3 \end{bmatrix} \begin{bmatrix} x \\ y \\ z \end{bmatrix}$$

任给一个实二次型，就唯一地确定一个实对称矩阵；反之，任给一个实对称矩阵，也可唯一地确定一个实二次型。一个实二次型和一个实对称矩阵是一一对应的。

（三）二次型的标准形和规范形

1.定义：形如$f = \varphi_1 x_1^2 + \varphi_2 x_2^2 + \cdots + \varphi_n x_n^2$的二次型称为二次型的标准形。在标准形中，如果平方项的系数$\varphi_i (i = 1, 2, \cdots, n)$为1，-1或0，即$f = x_1^2 + x_2^2 + \cdots + x_p^2 - x_{p+1}^2 - \cdots - x_r^2$，则称其为二次型的规范形。

正交变换定义：如果$\boldsymbol{P}$为正交矩阵，则线性变换$\boldsymbol{x} = \boldsymbol{P} \boldsymbol{y}$称为正交变换。

2.定理：任给实二次型$f(x_1, x_2, \cdots, x_n) = \boldsymbol{x}^{\mathrm{T}} \boldsymbol{A} \boldsymbol{x}$（其中$\boldsymbol{A} = \boldsymbol{A}^{\mathrm{T}}$），一定有正交变换$\boldsymbol{x} = \boldsymbol{P} \boldsymbol{y}$（$\boldsymbol{P}^{\mathrm{T}} = \boldsymbol{P}^{-1}$），使$f = \lambda_1 y_1^2 + \lambda_2 y_2^2 + \cdots + \lambda_n y_n^2 = \boldsymbol{y}^{\mathrm{T}} \begin{bmatrix} \lambda_1 & & & \\ & \lambda_2 & & \\ & & \ddots & \\ & & & \lambda_n \end{bmatrix} \boldsymbol{y}$。

其中λ_1，λ_2，$\cdots$，λ_n是$\boldsymbol{A}$的特征值，而$\boldsymbol{P}$的列向量就是对应于λ_1，λ_2，$\cdots$，λ_n的两两正交的单位特征向量。

3.用正交变换化实二次型为标准形的计算步骤：

（1）写出二次型的矩阵$\boldsymbol{A}$。

（2）求出矩阵$\boldsymbol{A}$的特征值λ_1，λ_2，$\cdots$，λ_n，二次型的标准形为$\lambda_1 y_1^2 + \lambda_2 y_2^2 + \cdots + \lambda_n y_n^2$。

如果需要，则求出正交变换$\boldsymbol{x} = \boldsymbol{P} \boldsymbol{y}$。

（3）求特征值对应的线性无关的特征向量。

（4）将单特征值对应的一个特征向量单位化。

将k重特征值对应的k个线性无关的特征向量先正交化再单位化（称为正交规范化），得到两两正交的k个单位特征向量。

（5）将这些两两正交的单位向量按$\lambda_1, \lambda_2, \cdots, \lambda_n$对应的顺序排列成矩阵，得到正交矩阵$\boldsymbol{P}$，这时有

$$\boldsymbol{P}^{\mathrm{T}} \boldsymbol{A} \boldsymbol{P} = \boldsymbol{P}^{-1} \boldsymbol{A} \boldsymbol{P} = \boldsymbol{\Lambda} = \begin{bmatrix} \lambda_1 & & & \\ & \lambda_2 & & \\ & & \ddots & \\ & & & \lambda_n \end{bmatrix}$$

在正交变换$\boldsymbol{x} = \boldsymbol{P} \boldsymbol{y}$下，$f = \boldsymbol{x}^{\mathrm{T}} \boldsymbol{A} \boldsymbol{x} = (\boldsymbol{P} \boldsymbol{y})^{\mathrm{T}} \boldsymbol{A} \boldsymbol{P} \boldsymbol{y} = \boldsymbol{y}^{\mathrm{T}} \boldsymbol{P}^{\mathrm{T}} \boldsymbol{A} \boldsymbol{P} \boldsymbol{y} = \boldsymbol{y}^{\mathrm{T}} \boldsymbol{\Lambda} \boldsymbol{y} = \lambda_1 y_1^2 + \lambda_2 y_2^2 + \cdots + \lambda_n y_n^2$。

说明：用配方法也可以求二次型的标准形，这时线性变换$\boldsymbol{x} = \boldsymbol{P} \boldsymbol{y}$是可逆变换（$\boldsymbol{P}$为可逆矩阵），平

方项的系数未必是特征值。

【例 1-8-38】 求二次型 $f(x_1, x_2, x_3) = 4x_1^2 + x_2^2 - 3x_3^2 + 4x_1x_2$ 的秩，并把它化为标准形、规范形。

解 f 对应矩阵 $A = \begin{bmatrix} 4 & 2 & 0 \\ 2 & 1 & 0 \\ 0 & 0 & -3 \end{bmatrix}$

$A \xrightarrow{\text{初等行变换}} \begin{bmatrix} 2 & 1 & 0 \\ 0 & 0 & -3 \\ 0 & 0 & 0 \end{bmatrix}$，$R(A) = 2$，二次型的秩为 2。

方法 1：（正交变换化为标准形）

①求特征值并写出标准形：

$$|\lambda E - A| = \begin{vmatrix} \lambda - 4 & -2 & 0 \\ -2 & \lambda - 1 & 0 \\ 0 & 0 & \lambda + 3 \end{vmatrix} = (\lambda + 3)(\lambda^2 - 5\lambda) = 0$$

$\lambda_1 = 5$，$\lambda_2 = -3$，$\lambda_3 = 0$

$R(A) = 2$，A 有两个特征值不为 0，f 有标准形 $5y_1^2 - 3y_2^2 + 0y_3^2$

②求正交矩阵 P（本题可以省略这一步）：

$5E - A = \begin{bmatrix} 1 & -2 & 0 \\ -2 & 4 & 0 \\ 0 & 0 & 8 \end{bmatrix} \rightarrow \begin{bmatrix} 1 & -2 & 0 \\ 0 & 0 & 1 \\ 0 & 0 & 0 \end{bmatrix}$，$p_1 = \begin{bmatrix} 2 \\ 1 \\ 0 \end{bmatrix}$，单位化 $q_1 = \begin{bmatrix} \frac{2}{\sqrt{5}} \\ \frac{1}{\sqrt{5}} \\ 0 \end{bmatrix}$

$-3E - A = \begin{bmatrix} -7 & -2 & 0 \\ -2 & -4 & 0 \\ 0 & 0 & 0 \end{bmatrix} \rightarrow \begin{bmatrix} 1 & 0 & 0 \\ 0 & 1 & 0 \\ 0 & 0 & 0 \end{bmatrix}$，$p_2 = \begin{bmatrix} 0 \\ 0 \\ 1 \end{bmatrix}$，单位化 $q_2 = \begin{bmatrix} 0 \\ 0 \\ 1 \end{bmatrix}$

$0E - A = \begin{bmatrix} -4 & -2 & 0 \\ -2 & -1 & 0 \\ 0 & 0 & 3 \end{bmatrix} \rightarrow \begin{bmatrix} 2 & 1 & 0 \\ 0 & 0 & 1 \\ 0 & 0 & 0 \end{bmatrix}$，$p_3 = \begin{bmatrix} 1 \\ -2 \\ 0 \end{bmatrix}$，单位化 $q_3 = \begin{bmatrix} \frac{1}{\sqrt{5}} \\ -\frac{2}{\sqrt{5}} \\ 0 \end{bmatrix}$

正交矩阵 $P = \begin{bmatrix} \frac{2}{\sqrt{5}} & 0 & \frac{1}{\sqrt{5}} \\ \frac{1}{\sqrt{5}} & 0 & -\frac{2}{\sqrt{5}} \\ 0 & 1 & 0 \end{bmatrix}$

$f \x（frac）{x=Py} 5y_1^2 - 3y_2^2 + 0y_3^2 \xrightarrow[z_3=y_3]{z_1=\sqrt{5}y_1,\ z_2=\sqrt{3}y_2} z_1^2 - z_2^2 + 0z_3^2$（规范形）

方法 2：（可逆变换化为标准形）（配方法）

$f = 4x_1^2 + 4x_1x_2 + x_2^2 - 3x_3^2 = (2x_1 + x_2)^2 - 3x_3^2$

令 $\begin{cases} y_1 = 2x_1 + x_2 \\ y_2 = x_3 \\ y_3 = x_2 \end{cases}$，则 $\begin{bmatrix} y_1 \\ y_2 \\ y_3 \end{bmatrix} = \begin{bmatrix} 2 & 1 & 0 \\ 0 & 0 & 1 \\ 0 & 1 & 0 \end{bmatrix} \begin{bmatrix} x_1 \\ x_2 \\ x_3 \end{bmatrix}$，即 $y = Qx$，$x = Q^{-1}y$

$f = x^{\mathrm{T}}Ax \xrightarrow{x=Q^{-1}y} y^{\mathrm{T}} \begin{bmatrix} 1 & 0 & 0 \\ 0 & -3 & 0 \\ 0 & 0 & 0 \end{bmatrix} y = y_1^2 - 3y_2^2$（标准形）

$\xrightarrow{z_1=y_1} z_1^2 - z_2^2 + 0z_3^2$（规范形）

$z_2 = \sqrt{3}y_2$，$z_3 = y_3$

说明：本题不要求变换矩阵，配方后可直接写出标准形和规范形。

（本题二次型的正惯性指数为 1，负惯性指数为 1）

（四）惯性定理

惯性定理： 设 n 元实二次型 $f = x^{\mathrm{T}}Ax$ 的秩 $R(A) = r$。两个实的可逆变换 $x = Py$ 及 $x = Qz$（P、Q 为 n 阶可逆矩阵），使

$$f \overset{\boldsymbol{x} = \boldsymbol{P}\boldsymbol{y}}{=\!=\!=\!=} k_1 y_1^2 + k_2 y_2^2 + \cdots + k_r y_r^2 \quad (k_i \neq 0)$$

及

$$f \overset{\boldsymbol{x} = \boldsymbol{Q}\boldsymbol{z}}{=\!=\!=\!=} \lambda_1 z_1^2 + \lambda_2 z_2^2 + \cdots + \lambda_r z_r^2 \quad (\lambda_i \neq 0)$$

则k_1，$\cdots$，k_r中正数的个数与λ_1，$\cdots$，λ_r中正数的个数相等。

在标准形中，正平方项个数p称为正惯性指数，负平方项个数q称为负惯性指数，$p + q = r$。

（五）二次型及其矩阵的正定性

1. 定义：设有实二次型$f(\boldsymbol{x}) = \boldsymbol{x}^{\mathrm{T}} \boldsymbol{A} \boldsymbol{x}$，如果对任何$\boldsymbol{x} \neq \boldsymbol{0}$，都有$f(\boldsymbol{x}) > 0$，则称$f$为正定二次型，并称实对称矩阵$\boldsymbol{A}$是正定矩阵；如果对任何$\boldsymbol{x} \neq \boldsymbol{0}$，都有$f(\boldsymbol{x}) < 0$，则称$f$为负定二次型，并称实对称矩阵$\boldsymbol{A}$是负定矩阵。

2. 几个充要条件：

（1）实二次型$f = \boldsymbol{x}^{\mathrm{T}} \boldsymbol{A} \boldsymbol{x}$为正定的充分必要条件是正惯性指数等于未知数的个数。

（2）实二次型$f = \boldsymbol{x}^{\mathrm{T}} \boldsymbol{A} \boldsymbol{x}$为正定的充分必要条件是对称矩阵$\boldsymbol{A}$的特征值全为正。

（3）实二次型$f = \boldsymbol{x}^{\mathrm{T}} \boldsymbol{A} \boldsymbol{x}$为正定的充分必要条件是$\boldsymbol{A}$的各阶顺序主子式都为正，即

$$a_{11} > 0, \quad \begin{vmatrix} a_{11} & a_{12} \\ a_{21} & a_{22} \end{vmatrix} > 0, \quad \cdots, \quad \begin{vmatrix} a_{11} & \cdots & a_{1n} \\ \vdots & & \vdots \\ a_{n1} & \cdots & a_{nn} \end{vmatrix} > 0$$

（4）实对称矩阵$\boldsymbol{A}$为负定的充分必要条件是$\boldsymbol{A}$的奇数阶顺序主子式为负，而偶数阶顺序主子式为正，即

$$(-1)^r \begin{vmatrix} a_{11} & \cdots & a_{1r} \\ \vdots & & \vdots \\ a_{r1} & \cdots & a_{rr} \end{vmatrix} > 0 \quad (r = 1, 2, \cdots, n)$$

（5）实二次型$f = \boldsymbol{x}^{\mathrm{T}} \boldsymbol{A} \boldsymbol{x}$为正定的充分必要条件是对称矩阵$\boldsymbol{A}$合同于单位矩阵$(\boldsymbol{A} \simeq \boldsymbol{E})$。

（6）设$\boldsymbol{A}$、$\boldsymbol{B}$均为n阶实对称矩阵，$\boldsymbol{A} \simeq \boldsymbol{B}$（$\boldsymbol{A}$与$\boldsymbol{B}$合同），则$\boldsymbol{A}$为正定矩阵的充要条件是$\boldsymbol{B}$为正定矩阵。

【例 1-8-39】 实二次型$f(x_1, x_2, x_3) = x_1^2 + 2x_1 x_2 + t x_2^2 + 3x_3^2$，当$t = (\quad)$时，$f$的秩为2。

    A. 0   B. 1   C. 2   D. 3

解 实二次型对应的矩阵$\boldsymbol{A} = \begin{bmatrix} 1 & 1 & 0 \\ 1 & t & 0 \\ 0 & 0 & 3 \end{bmatrix}$

对$\boldsymbol{A}$进行初等行变换

$$\begin{bmatrix} 1 & 1 & 0 \\ 1 & t & 0 \\ 0 & 0 & 3 \end{bmatrix} \rightarrow \begin{bmatrix} 1 & 1 & 0 \\ 0 & t-1 & 0 \\ 0 & 0 & 3 \end{bmatrix}$$

因为$\boldsymbol{R}(\boldsymbol{A}) = 2$，故$t - 1 = 0$，$t = 1$

答案： B

【例 1-8-40】 判别二次型$f_1 = 2x_1^2 + 3x_2^2 + x_3^2 + 2\sqrt{2} x_1 x_2$，$f_2 = -x_1^2 - x_2^2 - 3x_3^2 - 2x_1 x_3 - 2x_2 x_3$是正定的，还是负定的？

解 （1）f_1对应矩阵$\boldsymbol{A} = \begin{bmatrix} 2 & \sqrt{2} & 0 \\ \sqrt{2} & 3 & 0 \\ 0 & 0 & 1 \end{bmatrix}$

顺序主子式$\boldsymbol{D}_1 = 2 > 0$，$\boldsymbol{D}_2 = \begin{vmatrix} 2 & \sqrt{2} \\ \sqrt{2} & 3 \end{vmatrix} = 6 - 2 > 0$，$\boldsymbol{D}_3 = \begin{vmatrix} 2 & \sqrt{2} & 0 \\ \sqrt{2} & 3 & 0 \\ 0 & 0 & 1 \end{vmatrix} = 1 \times \begin{vmatrix} 2 & \sqrt{2} \\ \sqrt{2} & 3 \end{vmatrix} > 0$

f_1是正定的。

（2）f_2对应矩阵$\boldsymbol{A} = \begin{bmatrix} -1 & 0 & -1 \\ 0 & -1 & -1 \\ -1 & -1 & -3 \end{bmatrix}$

顺序主子式$\boldsymbol{D}_1 = -1 < 0$，$\boldsymbol{D}_2 = \begin{vmatrix} -1 & 0 \\ 0 & -1 \end{vmatrix} = 1 > 0$，$\boldsymbol{D}_3 = \begin{vmatrix} -1 & 0 & -1 \\ 0 & -1 & -1 \\ -1 & -1 & -3 \end{vmatrix} = -1 < 0$

f_2是负定的。

【例 1-8-41】 若实二次型$f(x_1, x_2, x_3) = x_1^2 + 4x_2^2 + 2x_3^2 + 2tx_1x_2 + 2x_1x_3$是正定的，则$t$应满足：

    A. $-2 < t < 2$ B. $-\sqrt{2} < t < \sqrt{2}$

    C. $-\sqrt{2} < t < 2$ D. $-2 < t < \sqrt{2}$

解 二次型f的矩阵为$\begin{bmatrix} 1 & t & 1 \\ t & 4 & 0 \\ 1 & 0 & 2 \end{bmatrix}$

要使二次型正定，其各阶顺序主子式应满足

$$|\boldsymbol{A}_1| = 1 > 0, \quad |\boldsymbol{A}_2| = \begin{vmatrix} 1 & t \\ t & 4 \end{vmatrix} = 4 - t_2 > 0, \quad |\boldsymbol{A}_3| = \begin{vmatrix} 1 & t & 1 \\ t & 4 & 0 \\ 1 & 0 & 2 \end{vmatrix} = 4 - 2t_2 > 0$$

解不等式组$\begin{cases} 4 - t^2 > 0 \Rightarrow t^2 < 4 \Rightarrow -2 < t < 2 \\ 4 - 2t^2 > 0 \Rightarrow t^2 < 2 \Rightarrow -\sqrt{2} < t < \sqrt{2} \end{cases}$

取公共部分得：$-\sqrt{2} < t < \sqrt{2}$。

答案：B

【例 1-8-42】 已知三元二次型$f = ax_1^2 + ax_2^2 + x_3^2 - 2ax_2x_3$，$a$满足以下哪个条件时，$f$是正定二次型？

    A. $a > 1$ B. $0 < a < 1$ C. $-1 < a < 0$ D. $a > 0$

解 二次型的矩阵$\boldsymbol{A} = \begin{bmatrix} a & 0 & 0 \\ 0 & a & -a \\ 0 & -a & 1 \end{bmatrix}$

f为正定的充要条件：

$$a > 0, \quad \begin{vmatrix} a & 0 \\ 0 & a \end{vmatrix} > 0, \quad \begin{vmatrix} a & 0 & 0 \\ 0 & a & -a \\ 0 & -a & 1 \end{vmatrix} > 0$$

即$\begin{cases} a > 0 \\ a^2 > 0 \\ a^2(1-a) > 0 \end{cases} \Rightarrow 0 < a < 1$

答案：B

习 题

1-8-1 行列式$\boldsymbol{D}_1 = \begin{vmatrix} 1 & 3 & 1 \\ 2 & 2 & 3 \\ 3 & 1 & 5 \end{vmatrix}$，$\boldsymbol{D}_2 = \begin{vmatrix} \lambda & 0 & 1 \\ 0 & \lambda-1 & 1 \\ 1 & 0 & \lambda \end{vmatrix}$，若$\boldsymbol{D}_1 = \boldsymbol{D}_2$，则$\lambda$的值为（   ）。

    A. 0，1   B. 0，2   C. -1，1   D. -1，2

1-8-2 已知行列式$\begin{vmatrix} & & & \lambda_1 \\ & & \lambda_2 & \\ & \ddots & & \\ \lambda_n & & & \end{vmatrix}$，其中$\lambda_i \neq 0 (i = 1, 2, \cdots, n)$，则行列式的值为（   ）。

    A. $\lambda_1\lambda_2\lambda_3\cdots\lambda_n$ B. 0

    C. $-\lambda_1\lambda_2\cdots\lambda_n$ D. $(-1)^{\frac{n(n-1)}{2}}\lambda_1\lambda_2\cdots\lambda_n$

1-8-3　设A是4×5矩阵，B是5×4矩阵，则下列结论中不正确的是（　　　）。

　　A. $|AB| \neq 0$　　　　　　　　　　　　　　B. $|A^{\mathrm{T}}B^{\mathrm{T}}|$有意义

　　C. $R(A) = R(A^{\mathrm{T}}) \leqslant 4$　　　　　　　　　D. $R(AB) \leqslant 4$

1-8-4　已知$\boldsymbol{\alpha}_1 = \begin{bmatrix} 2 \\ 0 \\ 0 \end{bmatrix}$，$\boldsymbol{\alpha}_2 = \begin{bmatrix} 0 \\ 0 \\ -3 \end{bmatrix}$，下列向量中是$\boldsymbol{\alpha}_1$，$\boldsymbol{\alpha}_2$的线性组合的是（　　　）。

　　A. $\boldsymbol{\beta} = \begin{bmatrix} -3 \\ 0 \\ 4 \end{bmatrix}$　　　　　B. $\boldsymbol{\beta} = \begin{bmatrix} 0 \\ 1 \\ 0 \end{bmatrix}$　　　　　C. $\boldsymbol{\beta} = \begin{bmatrix} 1 \\ 1 \\ 0 \end{bmatrix}$　　　　　D. $\boldsymbol{\beta} = \begin{bmatrix} 0 \\ -1 \\ 1 \end{bmatrix}$

1-8-5　向量组的秩为r的充要条件是（　　　）。

　　A. 该向量组所含向量的个数必大于r

　　B. 该向量组中任何r个向量必线性无关，任何$r+1$个向量必线性相关

　　C. 该向量组中有r个向量线性无关，有$r+1$个向量线性相关

　　D. 该向量组中有r个向量线性无关，任何$r+1$个向量必线性相关

1-8-6　利用初等行变换求矩阵$\begin{bmatrix} 1 & 1 & 2 & 2 & 1 \\ 0 & 2 & 1 & 5 & -1 \\ 2 & 0 & 3 & -1 & 3 \\ 1 & 1 & 0 & 4 & -1 \end{bmatrix}$的列向量组的一个最大无关组为（　　　）。

　　A. 第1、2列　　　　　B. 第2、3列　　　　　C. 第4、5列　　　　　D. 第1、2、3列

1-8-7　设$A = \begin{bmatrix} a_1b_1 & a_1b_2 & \cdots & a_1b_n \\ a_2b_1 & a_2b_2 & \cdots & a_2b_n \\ \vdots & \vdots & & \vdots \\ a_nb_1 & a_nb_2 & \cdots & a_nb_n \end{bmatrix}$，其中$a_i \neq 0$，$b_i \neq 0(i = 1,2,\cdots,n)$，则矩阵$A$的秩等于（　　　）。

　　A. n　　　　　　　　B. 0　　　　　　　　C. 1　　　　　　　　D. 2

1-8-8　设$\boldsymbol{\alpha}_1$，$\boldsymbol{\alpha}_2$，$\boldsymbol{\alpha}_3$是四元非齐次线性方程组$Ax = b$的三个解向量，且$R(A) = 3$，$\boldsymbol{\alpha}_1 = (1,2,3,4)^{\mathrm{T}}$，$\boldsymbol{\alpha}_2 + \boldsymbol{\alpha}_3 = (0,1,2,3)^{\mathrm{T}}$，$C$表示任意常数，则线性方程组$Ax = b$的通解$x$为（　　　）。

　　A. $\begin{bmatrix} 1 \\ 2 \\ 3 \\ 4 \end{bmatrix} + C\begin{bmatrix} 1 \\ 1 \\ 1 \\ 1 \end{bmatrix}$　　　B. $\begin{bmatrix} 1 \\ 2 \\ 3 \\ 4 \end{bmatrix} + C\begin{bmatrix} 0 \\ 1 \\ 2 \\ 3 \end{bmatrix}$　　　C. $\begin{bmatrix} 1 \\ 2 \\ 3 \\ 4 \end{bmatrix} + C\begin{bmatrix} 2 \\ 3 \\ 4 \\ 5 \end{bmatrix}$　　　D. $\begin{bmatrix} 1 \\ 2 \\ 3 \\ 4 \end{bmatrix} + C\begin{bmatrix} 3 \\ 4 \\ 5 \\ 6 \end{bmatrix}$

1-8-9　可逆矩阵A（即$|A| \neq 0$）与矩阵（　　　）有相同的特征值。

　　A. A^{T}　　　　　　　B. A^{-1}　　　　　　　C. A^2　　　　　　　D. $A + E$

1-8-10　设A、B均为n阶矩阵，则下列各式中正确的是（　　　）。

　　A. $(A + B)(A - B) = A^2 - B^2$　　　　　　B. $(AB)^2 = A^2B^2$

　　C. 由$AC = BC$，必可推出$A = B$　　　　　D. $A^2 - E = (A + E)(A - E)$

1-8-11　设A、B、C均为n阶方阵，且$ABC = E$，则（　　　）。

　　A. $ACB = E$　　　　　B. $CBA = E$　　　　　C. $BAC = E$　　　　　D. $BCA = E$

1-8-12　设A为三阶矩阵，$|A| = \frac{1}{2}$，则$|(2A)^{-1} - 5A^*|$为（　　　）。

　　A. 0　　　　　　　　B. -16　　　　　　　C. 4　　　　　　　　D. -8

1-8-13　设A为n阶方阵，且$|A| = a \neq 0$，则$|A^*| = $（　　　）。

　　A. a　　　　　　　　B. $\frac{1}{a}$　　　　　　　C. a^{n-1}　　　　　　　D. a^n

1-8-14　设三阶方阵A的特征值为 1，2，-2，它们所对应的特征向量分别为$\boldsymbol{\alpha}_1$，$\boldsymbol{\alpha}_2$，$\boldsymbol{\alpha}_3$，令$P = (\boldsymbol{\alpha}_1, \boldsymbol{\alpha}_2, \boldsymbol{\alpha}_3)$，则$P^{-1}AP = $（　　　）。

A. $\begin{bmatrix} 1 & & \\ & 2 & \\ & & -2 \end{bmatrix}$　　B. $\begin{bmatrix} 2 & & \\ & 1 & \\ & & -2 \end{bmatrix}$　　C. $\begin{bmatrix} -1 & & \\ & -2 & \\ & & 2 \end{bmatrix}$　　D. $\begin{bmatrix} -2 & & \\ & 1 & \\ & & 2 \end{bmatrix}$

1-8-15 设$\lambda = 2$是可逆矩阵$\boldsymbol{A}$的一个特征值，则矩阵$\boldsymbol{E} + \left(\frac{1}{2}\boldsymbol{A}^3\right)^{-1}$有一个特征值等于（　　　　）。

A. $\frac{1}{4}$　　　　　　B. $\frac{5}{4}$　　　　　　C. 5　　　　　　D. $\frac{4}{5}$

1-8-16 设$\boldsymbol{A}$为n阶方阵，则以下结论正确的是（　　　　）。

A. 若$\boldsymbol{A}$可逆，则$\boldsymbol{A}$的对应于λ的特征向量也是$\boldsymbol{A}^{-1}$对应于特征值$\frac{1}{\lambda}$的特征向量

B. $\boldsymbol{A}$的特征向量的任一线性组合仍是$\boldsymbol{A}$的特征向量

C. 若λ是方阵$\boldsymbol{A}$对应特征向量$\boldsymbol{x}$的特征值，那么$\boldsymbol{A}^*$对应于特征向量$\boldsymbol{x}$的特征值为$\lambda|\boldsymbol{A}|$

D. $\boldsymbol{A}$的特征向量为方程组$(\boldsymbol{A} - \lambda\boldsymbol{E})\boldsymbol{x} = 0$的全部解向量

1-8-17 已知向量$\boldsymbol{\alpha} = (1,a,1)^{\mathrm{T}}$，$\boldsymbol{\beta} = (-1,-1,-b)^{\mathrm{T}}$，$\boldsymbol{\gamma} = (b,2,0)^{\mathrm{T}}$为三阶实对称矩阵$\boldsymbol{A}$的 3 个不同特征值对应的特征向量，则（　　　　）。

A. $a = 1, b = -2$　　　　　　　　B. $a = -2, b = 1$

C. $a = -1, b = 2$　　　　　　　　D. $a = 2, b = -1$

1-8-18 已知三阶矩阵$\boldsymbol{A}$的特征值为-1，1，2，则矩阵$\boldsymbol{B} = (\boldsymbol{A}^*)^{-1}$（其中$\boldsymbol{A}^*$为$\boldsymbol{A}$的伴随矩阵）的特征值为（　　　　）。

A. 1，-1，-2　　　　　　　　B. $\frac{1}{2}$，$-\frac{1}{2}$，-1

C. $-\frac{1}{4}$，$\frac{1}{4}$，$\frac{1}{2}$　　　　　　　　D. $-\frac{1}{3}$，$\frac{1}{3}$，$\frac{2}{3}$

1-8-19 设$\boldsymbol{A}$是一个三阶实矩阵，如果对于任一三维列向量$\boldsymbol{x}$，都有$\boldsymbol{x}^{\mathrm{T}}\boldsymbol{A}\boldsymbol{x} = 0$，那么（　　　　）。

A. $|\boldsymbol{A}| = 0$　　　　　　　　B. $|\boldsymbol{A}| > 0$

C. $|\boldsymbol{A}| < 0$　　　　　　　　D. 以上都不成立

1-8-20 n阶实对称矩阵$\boldsymbol{A}$为正定矩阵，则下列不成立的是（　　　　）。

A. 所有K阶子式为正$(K = 1,2,\cdots,n)$

B. $\boldsymbol{A}$的所有特征值全为正

C. $\boldsymbol{A}^{-1}$为正定矩阵

D. 秩$(\boldsymbol{A}) = n$

第九节 概率论与数理统计

一、随机事件与概率

（一）随机事件与样本空间

随机试验（记作E）具有以下特点：每次试验结果不可能事先确定，但试验的全部可能结果是可知的，在相同条件下试验可以重复进行。

随机试验E的每个可能结果称为一个基本事件，试验E的所有可能结果的集合称为E的样本空间，记作Ω。

随机事件可以由E的某些基本事件组成，通常用A，B，C，…表示。

每次试验必然发生的事件，称作必然事件，记作Ω；每次试验必不发生的事件，称作不可能事

件，记作∅。用图形表示事件，可使分析直观方便，图1-9-1中方形区域表示Ω。

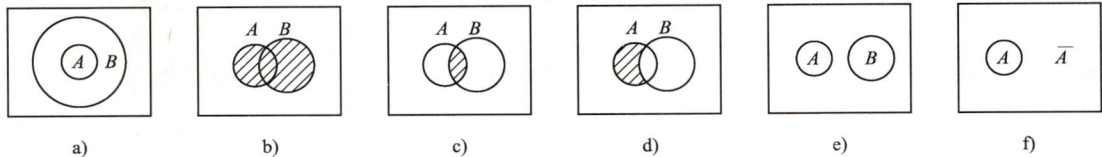

图 1-9-1

（二）随机事件的关系及运算

1. 包含与相等

若事件A发生必然导致事件B发生，则称事件B包含事件A或A被B包含，记作$B \supset A$或$A \subset B$（见图1-9-1a）。若$A \subset B$且$B \subset A$，则称事件A与事件B相等，记作$A = B$。

2. 和事件

事件A与B中至少有一个发生的事件称作事件A与B的和事件，记作$A \cup B$或$A + B$（见图1-9-1b）。

3. 积事件

事件A与B同时发生的事件称作事件A与B的积事件，记作AB或$A \cap B$（见图1-9-1c）。

4. 差事件

事件A发生而事件B不发生，这样的事件称作事件A与B的差事件，记作$A - B$（见图1-9-1d）。

5. 互不相容事件

若事件A与B不能同时发生，即$AB = \emptyset$，则称事件A与B互不相容或互斥（见图1-9-1e）。

6. 对立事件

若在一次实验中，事件A与B中必有且仅有一个发生，即$A \cup B = \Omega$且$AB = \emptyset$，则称A与B互为对立事件（或逆事件）。A的对立事件记为$\overline{A}$，所以$A \cup \overline{A} = \Omega$，$A\overline{A} = \emptyset$（见图1-9-1f）。注意"$A$不发生"即"$\overline{A}$发生"，所以$A - B = A\overline{B}$。

事件的运算律：

① $A \cup B = B \cup A$

② $A \cup (B \cup C) = (A \cup B) \cup C$

③ $AB = BA$

④ $(AB)C = A(BC)$

⑤ $A(B \cup C) = (AB) \cup (AC)$

⑥ $A \cup (BC) = (A \cup B)(A \cup C)$

⑦ $\overline{A \cup B} = \overline{A}\,\overline{B}$

⑧ $\overline{AB} = \overline{A} \cup \overline{B}$

【例1-9-1】 有A、B、C三个事件，下列选项中与事件A互斥的是：

  A. $\overline{B \cup C}$ 　　　　　 B. $\overline{A \cup B \cup C}$ 　　　　 C. $\overline{A}B + AC$ 　　　　 D. $A(B + C)$

解　 $A(\overline{B \cup C}) = A\overline{B}\,\overline{C}$可能发生，选项A错。

$A(\overline{A \cup B \cup C}) = A\overline{A}\,\overline{B}\,\overline{C} = \emptyset$，选项B对。

或见解图：

图a），$\overline{B \cup C}$（斜线区域）与A有交集。

图b），$\overline{A \cup B \cup C}$（斜线区域）与$A$无交集。

答案：B

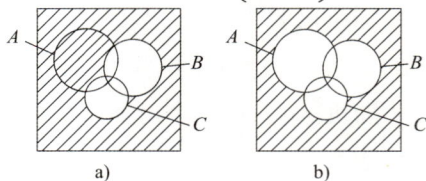

例 1-9-1 解图

（三）概率及其性质

1. 概率的统计定义

若在n次重复试验中事件A出现了m次，则比值$\frac{m}{n}$称为事件A在这n次试验中出现的频率，记为$f_n(A) = \frac{m}{n}$。

当试验次数n无限增大时，$f_n(A)$就稳定于某个常数p，则数p称为A的概率，记作$P(A)$。$P(A)$表示事件A发生的可能性有多大。在图示法中，可把$P(A)$看作A区域的面积（表示Ω的方形区域面积为1）。

2. 概率的性质（公式）

（1）对任意事件A，有$0 \le P(A) \le 1$。$P(\Omega) = 1$，$P(\emptyset) = 0$。

（2）对任意两事件A、B（见图 1-9-1b），有$P(A \cup B) = P(A) + P(B) - P(AB)$。

（3）对互不相容事件A、B（见图 1-9-1e），有$P(A \cup B) = P(A) + P(B)$。

（4）$P(A) + P(\overline{A}) = 1$，$P(\overline{A}) = 1 - P(A)$（见图 1-9-1f）。

（5）$P(AB) + P(A\overline{B}) = P(A)$，$P(A\overline{B}) = P(A - B) = P(A) - P(AB)$（见图 1-9-1d）。

当$B \subset A$时，$AB = B$，$P(A - B) = P(A) - P(B)$。

【例 1-9-2】 若$P(A) = 0.8$，$P(A\overline{B}) = 0.2$，则$P(\overline{A} \cup \overline{B})$等于：

    A. 0.4   B. 0.6   C. 0   D. 0.3

解 因
$$P(AB) + P(A\overline{B}) = P(A)$$
所以
$$P(AB) = P(A) - P(A\overline{B}) = 0.6$$
$$P(\overline{A} \cup \overline{B}) = P(\overline{AB}) = 1 - P(AB) = 1 - 0.6 = 0.4$$

答案：A

3. 概率的古典定义

设随机试验的全部可能结果是n个等可能发生的基本事件，其中有且仅有m个基本事件被随机事件A包含，则事件A的概率

$$P(A) = \frac{m}{n}$$

例如，在一批N个产品中有M个次品。设事件A是"从这批产品中任取n个产品，其中恰有m个次品"，那么

$$P(A) = \frac{C_M^m \cdot C_{N-M}^{n-m}}{C_N^n}$$

【例 1-9-3】 袋中有 5 个球，其中 3 个是白球，2 个是红球，一次随机地取出 3 个球，其中恰有 2 个是白球的概率是：

    A. $\left[\frac{3}{5}\right]^2 \frac{2}{5}$ B. $C_5^3 \left[\frac{3}{5}\right]^2 \frac{1}{5}$ C. $\left[\frac{3}{5}\right]^2$ D. $\frac{C_3^2 C_2^1}{C_5^3}$

答案：D

（四）条件概率

1. 条件概率

定义：设A、B为两个事件，$P(A) > 0$，则称$P(B|A) = \frac{P(AB)}{P(A)}$为事件$A$发生的条件下，事件$B$发生的条件概率。

说明：①$P(B) = \frac{P(B)}{P(\Omega)}$表示在$\Omega$范围内$B$发生的可能性大小；$P(B|A) = \frac{P(AB)}{P(A)}$表示在$A$范围内$B$（就是$AB$）发生的可能性大小。

②求条件概率有时不用此式，而用压缩样本空间方法，把思考范围从Ω压缩到A的范围内。

条件概率性质（公式）：设 A、B、C 为随机事件，$P(C) > 0$，则：

（1）$0 \leqslant P(A|C) \leqslant 1$；

（2）$P(A \cup B|C) = P(A|C) + P(B|C) - P(AB|C)$；

（3）$AB = \varnothing$ 时，$P(A \cup B|C) = P(A|C) + P(B|C)$；

（4）$P(A|C) + P(\overline{A}|C) = 1$；

（5）$P(AB|C) + P(A\overline{B}|C) = P(A|C)$。

2. 乘法公式

$$P(A) > 0 \text{ 时，} P(AB) = P(A)P(B|A) \tag{1-9-1}$$

$$P(B) > 0 \text{ 时，} P(AB) = P(B)P(A|B)$$

3. 全概率公式

设事件组 A_1，A_2，$\cdots$，A_n 互不相容，且 $A_1 \cup A_2 \cup \cdots \cup A_n = \Omega$，$P(A_i) > 0$，$i = 1$，2，$\cdots$，$n$。则对任一事件 B 有

$$P(B) = \sum_{i=1}^{n} P(B|A_i)P(A_i) \tag{1-9-2}$$

4. 贝叶斯（Bayes）公式

在全概率公式条件下，且 $P(B) > 0$，则有

$$P(A_i|B) = \frac{P(A_i)P(B|A_i)}{\sum\limits_{k=1}^{n} P(A_k)P(B|A_k)} \qquad (i = 1, 2, \cdots, n) \tag{1-9-3}$$

【例 1-9-4】 设有一箱产品由三家工厂生产，第一家工厂生产总量的 $\frac{1}{2}$，其他两厂各产总量的 $\frac{1}{4}$，又知各厂次品率分别为 2%、2%、4%，现从此箱任取一件产品，（1）问取到正品的概率是多少？（2）如果已知取到的这件产品恰为正品，问它是由第二家工厂生产的概率是多少？

解 注意：$\frac{1}{2}$、$\frac{1}{4}$、$\frac{1}{4}$ 为概率，分别设对应的一个事件；2%、2%、4% 为条件概率，分别设对应的两个事件。设 A_i 为"取到一件第 i 厂产品"，$i = 1$，2，3；B 为"取到一件正品"，$\overline{B}$ 为"取到一件次品"。

$P(A_1) = \frac{1}{2}$，$P(A_2) = P(A_3) = \frac{1}{4}$，$P(\overline{B}|A_1) = 0.02$，$P(\overline{B}|A_2) = 0.02$，$P(\overline{B}|A_3) = 0.04$。

（1）由全概率公式　　$P(B) = \sum\limits_{i=1}^{3} P(A_i)P(B|A_i)$

且 $P(B|A_i) = 1 - P(\overline{B}|A_i)$ $(i = 1, 2, 3)$

$$P(B) = \frac{1}{2} \times 0.98 + \frac{1}{4} \times 0.98 + \frac{1}{4} \times 0.96 = 0.975$$

或

$$P(\overline{B}) = \frac{1}{2} \times 0.02 + \frac{1}{4} \times 0.02 + \frac{1}{4} \times 0.04 = 0.025$$

$$P(B) = 1 - P(\overline{B}) = 0.975$$

（2）由贝叶斯公式可知

$$P(A_2|B) = \frac{\frac{1}{4} \times 0.98}{\frac{1}{2} \times 0.98 + \frac{1}{4} \times 0.98 + \frac{1}{4} \times 0.96} \approx 0.2513$$

（五）独立性

1. 相互独立

定义：若事件A、B满足$P(AB) = P(A)P(B)$，则称A与B相互独立。

结论：

（1）如果A、B相互独立，则A与$\overline{B}$、$\overline{A}$与B、$\overline{A}$与$\overline{B}$均相互独立。

（2）如果A、B独立，$0 < P(A) < 1$，则$P(B|A) = P(B|\overline{A}) = P(B)$（A发生与否不影响B发生的概率）。A、B独立的含意是"A发生与否"同"B发生与否"在概率上互不影响。

【例1-9-5】 已知事件A与B相互独立，且$P(\overline{A}) = 0.4$，$P(\overline{B}) = 0.5$，则$P(A \cup B)$等于：

        A. 0.6   B. 0.7   C. 0.8   D. 0.9

解 因为A与B独立，所以$\overline{A}$与$\overline{B}$独立。

$P(A \cup B) = 1 - P(\overline{A \cup B}) = 1 - P(\overline{A}\,\overline{B}) = 1 - P(\overline{A})P(\overline{B}) = 0.8$

或者$P(A \cup B) = P(A) + P(B) - P(AB)$

由于A与B相互独立，则$P(AB) = P(A)P(B)$

而$P(A) = 1 - P(\overline{A}) = 0.6$，$P(B) = 1 - P(\overline{B}) = 0.5$

故$P(A \cup B) = 0.6 + 0.5 - 0.6 \times 0.5 = 0.8$

答案：C

【例1-9-6】 若$P(A) > 0$，$P(B) > 0$，$P(\overline{B}) > 0$，$P(A|B) = P(A)$，则下列各式不成立的是：

        A. $P(B|A) = P(B)$ B. $P(A|\overline{B}) = P(A)$

        C. $P(AB) = P(A)P(B)$ D. $AB = \emptyset$

解 因$P(AB) = P(B)P(A|B) = P(A)P(B) > 0$，而$AB = \emptyset$时，$P(AB) = 0$。选项D不成立。

或因$P(AB) = P(B)P(A|B) = P(A)P(B)$，选项C成立；A、B相互独立，所以选项A、B也成立。

答案：D

定义：对于三个事件A、B、C，如果有

$$P(AB) = P(A)P(B)$$
$$P(AC) = P(A)P(C)$$
$$P(BC) = P(B)P(C)$$
$$P(ABC) = P(A)P(B)P(C)$$

则称三事件A、B、C相互独立。

定义：对于n个事件A_1、A_2、$\cdots$、A_n，如果对任何整数$k(2 \leq k \leq n)$，任意$1 \leq i_1 < i_2 < \cdots < i_k \leq n$，有$P(A_{i1}A_{i2} \cdots A_{ik}) = P(A_{i1})P(A_{i2}) \cdots P(A_{ik})$成立，则称$A_1$、$A_2$、$\cdots$、$A_n$相互独立。

2. 独立重复试验（贝努利概型）

设一次试验中，事件A发生的概率为$p(0 < p < 1)$，则在n次独立重复试验（n重贝努利试验）中A发生k次的概率

$$P_k = C_n^k p^k q^{n-k} \qquad (q = 1 - p; k = 0,1,2,\cdots,n)$$

【例1-9-7】 在一小时内一台车床不需要工人看管的概率为 0.8，一个工人看管三台车床，三台车床工作相互独立，求在一小时内三台车床中至少有一台不需要人看管的概率。

解 设A表示"一小时内一台车床不需要看管"，看管三台车床相当于3次独立重复试验。

B表示"一小时内三台车床中至少有一台不需要看管"；

B_k表示"一小时内三台车床中恰有k台不需要看管"，$k = 0$，1，2，3。

由题意可知 $\qquad p = P(A) = 0.8$

方法 1： $\qquad P(B_k) = C_3^k 0.8^k 0.2^{3-k} \qquad (k = 0,1,2,3)$

$$P(B) = P(B_1) + P(B_2) + P(B_3) = \sum_{k=1}^{3} C_3^k 0.8^k 0.2^{3-k} = 0.992$$

方法 2： $\qquad P(B) = 1 - P(\overline{B}),\ P(\overline{B}) = P(B_0) = 0.2^3,\ P(B) = 1 - 0.2^3 = 0.992$

由此可见，借助性质 $P(A) = 1 - P(\overline{A})$ 有时可简化计算。

二、随机变量

为了进一步研究随机现象，需要将随机试验的结果数量化，为此先定义随机变量。

（一）随机变量及其分布函数

1. 如果对于随机试验的每一个可能结果 ω，变量 X 都有一确定实数与它对应，则称 X 为随机变量。含随机变量的等式、不等式表示随机事件，如 $X = 0$，$X \leqslant 2$ 等。

2. 对任意实数 x，称函数

$$F(x) = P\{X \leqslant x\} \qquad (-\infty < x < +\infty)$$

为随机变量 X 的分布函数。

3. 分布函数性质：

（1） $0 \leqslant F(x) \leqslant 1 (-\infty < x < +\infty)$；$\lim\limits_{x \to +\infty} F(x) = 1$，$\lim\limits_{x \to -\infty} F(x) = 0$；

（2） $F(x)$ 是非减函数，即 $x_1 < x_2$ 时，$F(x_1) \leqslant F(x_2)$；

（3） $F(x)$ 是右连续的，即 $\lim\limits_{x \to a^+} F(x) = F(a)$；

（4） $P\{a < X \leqslant b\} = F(b) - F(a)$，$P(X > a) = 1 - F(a)$。

（二）离散型随机变量

1. 离散型随机变量的全部可能取值为有限多个（记为 x_1，x_2，$\cdots$，x_n）或可数多个（记为 x_1，x_2，$\cdots$，x_n，$\cdots$）。

离散型随机变量的分布律为

$$P\{X = x_k\} = P_k \qquad (k = 1,2,\cdots,n,\cdots)$$

也可用表格表示

X	x_1	x_2	$\cdots$	x_n	$\cdots$
P_k	P_1	P_2	$\cdots$	P_n	$\cdots$

2. 分布律的性质：

（1）非负性，$P_k \geqslant 0 (k = 1,2,\cdots)$；

（2）全部概率的和为 1，即 $\sum\limits_{k=1}^{\infty} P_k = 1$。

（3） $P(a < X \leqslant b) = \sum\limits_{a < x_k \leqslant b} P_k$。

3. 离散型随机变量的分布函数：

$$F(x) = P\{X \leqslant x\} = \sum_{x_k \leqslant x} P\{X = x_k\}$$

【例 1-9-8】 离散型随机变量 X 的分布律为 $P(X = k) = C\lambda^k (k = 0,1,2,\cdots)$，则下列不成立的是：

$\qquad$ A. $C > 0$ $\qquad$ B. $0 < \lambda < 1$ $\qquad$ C. $C = 1 - \lambda$ $\qquad$ D. $C = \dfrac{1}{1-\lambda}$

解 由分布律性质知 $C\lambda^k \geqslant 0 (k = 0,1,2,\cdots)$，$\sum\limits_{k=0}^{\infty} C\lambda^k = \dfrac{C}{1-\lambda} = 1$。所以 $C > 0$，$\lambda > 0$，$|\lambda| < 1$，

$C = 1 - \lambda$。

答案： D

（三）连续型随机变量

1. 定义：对于随机变量X，如果存在非负函数$f(x)$，使对任意实数x有

$$F(x) = P\{X \leqslant x\} = \int_{-\infty}^{x} f(t)\mathrm{d}t$$

则称X为连续型随机变量，称$f(x)$为X的概率密度。此时，$F(x)$为连续函数。

2. 概率密度$f(x)$性质：

（1）$\int_{-\infty}^{+\infty} f(x)\mathrm{d}x = 1$（其中$f(x) \geqslant 0$）；

（2）在$f(x)$连续点有$F'(x) = f(x)$；

（3）$P\{a < X \leqslant b\} = F(b) - F(a) = \int_a^b f(x)\mathrm{d}x$（等于曲边梯形面积）。

注意：连续型随机变量X取任一定值a的概率$P\{X = a\} = 0$，但"$X = a$"有时并非不可能事件。

【例 1-9-9】 下列函数中，可以作为连续型随机变量的分布函数的是：

A. $\varPhi(x) = \begin{cases} 0 & x < 0 \\ 1 - e^x & x \geqslant 0 \end{cases}$ 　　　 B. $F(x) = \begin{cases} e^x & x < 0 \\ 1 & x \geqslant 0 \end{cases}$

C. $G(x) = \begin{cases} e^{-x} & x < 0 \\ 1 & x \geqslant 0 \end{cases}$ 　　　 D. $H(x) = \begin{cases} 0 & x < 0 \\ 1 + e^{-x} & x \geqslant 0 \end{cases}$

解 分布函数［记为$Q(x)$］性质为：①$0 \leqslant Q(x) \leqslant 1$，$Q(-\infty) = 0$，$Q(+\infty) = 1$；②$Q(x)$是非减函数；③$Q(x)$是右连续的。

$\varPhi(+\infty) = -\infty$；$F(x)$满足分布函数的性质①、②、③；

$G(-\infty) = +\infty$；$x \geqslant 0$时，$H(x) > 1$。

答案： B

【例 1-9-10】 设随机变量X的概率密度为$f(x) = \begin{cases} Axe^{-\frac{x^2}{2\sigma^2}} & x \geqslant 0 \\ 0 & x < 0 \end{cases}$，求常数$A$。

解 由$\int_{-\infty}^{+\infty} f(x)\mathrm{d}x = 1$，可知$\int_0^{+\infty} Axe^{-\frac{x^2}{2\sigma^2}}\mathrm{d}x = -A\sigma^2 \int_0^{+\infty} e^{-\frac{x^2}{2\sigma^2}}\mathrm{d}\left(-\frac{x^2}{2\sigma^2}\right) = A\sigma^2 = 1$，得$A = \frac{1}{\sigma^2}$。

【例 1-9-11】 设连续型随机变量X的分布函数为

$$F(x) = A + B\arctan x \quad (-\infty < x < +\infty)$$

求：（1）常数A与B；

（2）随机变量X在$(-1,1)$内取值的概率；

（3）随机变量X的概率密度。

解 （1）因$F(+\infty) = A + \frac{\pi}{2}B = 1$，$F(-\infty) = A - \frac{\pi}{2}B = 0$

所以$A = \frac{1}{2}$，$B = \frac{1}{\pi}$，$F(x) = \frac{1}{2} + \frac{1}{\pi}\arctan x$

（2）$P\{-1 < X < 1\} = F(1) - F(-1) = \frac{1}{\pi}\arctan 1 - \frac{1}{\pi}\arctan(-1) = \frac{1}{2}$

（3）$f(x) = F'(x) = \frac{1}{\pi(1+x^2)} \quad (-\infty < x < +\infty)$

（四）常用概率分布

1. 0-1分布

分布律

$$P\{X = k\} = p^k q^{1-k} \quad (k = 0,1)$$

或 　　　　　　　 $\dfrac{X}{P_k}\begin{array}{|c|c|} \hline 0 & 1 \\ \hline q & p \\ \hline \end{array} \quad (0 < p < 1, q = 1 - p)$

2. 二项分布 $B(n,p)$

分布律

$$P\{X = k\} = C_n^k p^k q^{n-k} \qquad (0 < p < 1, q = 1-p; k = 0,1,2,\cdots,n)$$

说明：（1）$0-1$ 分布就是 $B(1,p)$。

（2）当 X 表示"n 次独立重复试验中，事件 A 发生的次数"时，$X \sim B(n,p)$，$p = P(A)$。

3. 泊松分布 $P(\lambda)$

分布律

$$P\{X = k\} = \frac{e^{-\lambda}\lambda^k}{k!} \qquad (参数\lambda为正常数, k = 0,1,2,\cdots)$$

4. 均匀分布 $U(a,b)$

概率密度

$$f(x) = \begin{cases} \dfrac{1}{b-a} & a \leqslant x \leqslant b \\ 0 & 其他 \end{cases}$$

5. 指数分布 $E(\lambda)$

概率密度

$$f(x) = \begin{cases} \lambda e^{-\lambda x} & x \geqslant 0 \\ 0 & x < 0 \end{cases} \qquad (参数\lambda为正常数)$$

6. 正态分布 $N(\mu, \sigma^2)$

概率密度

$$f(x) = \frac{1}{\sqrt{2\pi}\sigma} e^{-\frac{(x-\mu)^2}{2\sigma^2}} \qquad (-\infty < x < +\infty, \mu为常数, \sigma为正常数)$$

标准正态分布 $N(0,1)$

概率密度

$$\varphi(x) = \frac{1}{\sqrt{2\pi}} e^{-\frac{x^2}{2}} \qquad (-\infty < x < +\infty) \tag{1-9-4}$$

分布函数　$\Phi(x) = \dfrac{1}{\sqrt{2\pi}} \displaystyle\int_{-\infty}^{x} e^{-\frac{t^2}{2}} \mathrm{d}t$

$\Phi(x)$ 为图 1-9-2 斜线部分面积值。显然

$$\Phi(0) = 0.5$$

$$\Phi(-a) = 1 - \Phi(a) \qquad （见图 1-9-3）$$

$$a > 0时, P\{|X| < a\} = 2\Phi(a) - 1 \qquad （见图 1-9-3）$$

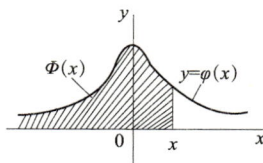 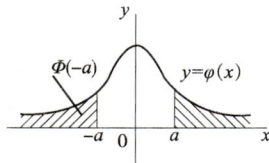

图 1-9-2　　　　　图 1-9-3

结论：设 $X \sim N(\mu, \sigma^2)$，则

（1）$\dfrac{X-\mu}{\sigma} \sim N(0,1)$　（X 的标准化）

（2）$P(a < X \leqslant b) = P\left(\dfrac{a-\mu}{\sigma} < \dfrac{X-\mu}{\sigma} \leqslant \dfrac{b-\mu}{\sigma}\right) = \Phi\left(\dfrac{b-\mu}{\sigma}\right) - \Phi\left(\dfrac{a-\mu}{\sigma}\right)$

（3）当 a、b 为常数，$a \neq 0$ 时，$aX + b \sim N(a\mu + b, a^2\sigma^2)$。

【例 1-9-12】 设 $X \sim N(1, 2^2)$，$\Phi(0.5) = 0.69$，$\Phi(1) = 0.84$，求 $P\{-1 < X^3 < 8\}$。

解 $P\{-1 < X^3 < 8\} = P\{-1 < X < 2\}$
$$= \Phi\left(\frac{2-1}{2}\right) - \Phi\left(\frac{-1-1}{2}\right) = \Phi(0.5) - \Phi(-1)$$
$$= \Phi(0.5) - [1 - \Phi(1)] = 0.69 - (1 - 0.84) = 0.53$$

为了便于应用，对于标准正态分布，我们引入上 α 分位数的定义：

设 $X \sim N(0,1)$，若数 z_α 满足条件（见图 1-9-4）
$$P\{X > z_\alpha\} = \alpha \qquad (0 < \alpha < 1) \tag{1-9-5}$$

则称数 z_α 为标准正态分布上 α 分位数。$\Phi(z_\alpha) = P(X \leqslant z_\alpha) = 1 - \alpha$，由于概率

密度 $\varphi(x)$ 为偶函数，所以 $z_{1-\alpha} = -z_\alpha$。（有的书不用 z_α 而用 u_α）

查表可知 $z_{0.05} = 1.645$，$z_{0.025} = 1.96$，$z_{0.95} = -1.645$。

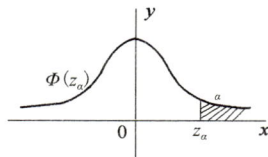

图 1-9-4

7. 二维离散型随机变量

（1）联合分布律

定义：设随机变量 X 可能取值为 x_1，x_2，$\cdots$，x_m，$\cdots$，随机变量 Y 可能取值为 y_1，y_2，$\cdots$，y_n，$\cdots$，把 $X = x_i$ 与 $Y = y_j$ 的积事件的概率 $P(X = x_i, Y = y_j) = p_{ij}(i = 1,2,\cdots,m,\cdots; j = 1,2,\cdots,n,\cdots)$ 称为 (X,Y) 的联合分布律（简称分布律）。

性质：① $p_{ij} \geqslant 0 (i = 1,2,\cdots,m,\cdots; j = 1,2,\cdots,n,\cdots)$；② $\sum\limits_{i=1}^{\infty} \sum\limits_{j=1}^{\infty} p_{ij} = 1$。

（2）边缘分布律

定义：设 (X,Y) 的联合分布律为 $P(X = x_i, Y = y_j) = p_{ij}(i = 1,2,\cdots,m,\cdots; j = 1,2,\cdots,n,\cdots)$，称 $P(X = x_i) = \sum\limits_{j=1}^{\infty} p_{ij} = p_{i\cdot}(i = 1,2,\cdots,m,\cdots)$ 为关于 X 的边缘分布律，称 $P(Y = y_j) = \sum\limits_{i=1}^{\infty} p_{ij} = p_{\cdot j}(j = 1,2,\cdots,n,\cdots)$ 为关于 Y 的边缘分布律。

（3） X 与 Y 相互独立的充要条件是 $P(X = x_i, Y = y_j) = P(X = x_i)P(Y = y_j)$ 恒成立，即 $p_{ij} \equiv p_{i\cdot}p_{\cdot j}$。

【例 1-9-13】 设二维随机变量 (X,Y) 的分布律为

例 1-9-13 表

Y	X		
	1	2	3
1	$\frac{1}{6}$	$\frac{1}{9}$	$\frac{1}{18}$
2	$\frac{1}{3}$	β	α

X 与 Y 相互独立，则 α 与 β 的取值为：

A. $\alpha = \frac{1}{6}$，$\beta = \frac{1}{6}$　　　　　　　　B. $\alpha = 0$，$\beta = \frac{1}{3}$

C. $\alpha = \frac{2}{9}$，$\beta = \frac{1}{9}$　　　　　　　　D. $\alpha = \frac{1}{9}$，$\beta = \frac{2}{9}$

解 **方法 1：** 利用性质 $\sum\limits_{i=1}^{\infty} \sum\limits_{j=1}^{\infty} p_{ij} = 1$ 和 X 与 Y 相互独立的充要条件 $p_{ij} \equiv p_{i\cdot}p_{\cdot j}$ 建立两个方程。

$$\begin{cases} \frac{1}{6} + \frac{1}{9} + \frac{1}{18} + \frac{1}{3} + \beta + \alpha = 1 \\ P(X = 2, Y = 1) = P(X = 2)P(Y = 1) \end{cases}，即 \begin{cases} \alpha + \beta = \frac{1}{3} \\ \frac{1}{9} = \left(\frac{1}{9} + \beta\right)\left(\frac{1}{6} + \frac{1}{9} + \frac{1}{18}\right) \end{cases}$$

$$\alpha = \frac{1}{9}，\beta = \frac{2}{9}$$

方法2：利用 $p_{ij} \equiv p_{i.}p_{.j}$ 导出比例关系。

$$\frac{P(X=i,Y=1)}{P(X=i,Y=2)} = \frac{P(X=i)P(Y=1)}{P(X=i)P(Y=2)} = \frac{P(Y=1)}{P(Y=2)} \quad (i=1,2,3)$$

得 $\frac{1/6}{1/3} = \frac{1/9}{\beta} = \frac{1/18}{\alpha}$（两个方程），即 $\alpha = \frac{1}{9}$，$\beta = \frac{2}{9}$

答案：D

注：二维离散型随机变量 X 与 Y 相互独立时，联合分布律（矩阵）任意两行（列）对应成比例，考试时不必推导，直接使用。

8. 二维连续型随机变量

（1）二维连续型随机变量 X、Y 的联合概率密度 $f(x,y)$ 的性质

$f(x,y) \geq 0$ 且 $\int_{-\infty}^{+\infty}\int_{-\infty}^{+\infty} f(x,y)\mathrm{d}x\mathrm{d}y = 1$

（2）边缘概率密度

关于 X 的边缘概率密度：$f_X(x) = \int_{-\infty}^{+\infty} f(x,y)\mathrm{d}y \quad (-\infty < x < +\infty)$

关于 Y 的边缘概率密度：$f_Y(y) = \int_{-\infty}^{+\infty} f(x,y)\mathrm{d}x \quad (-\infty < y < +\infty)$

（3）X 与 Y 相互独立的充要条件是

$f(x,y) = f_X(x) \cdot f_Y(y)$ 处处成立（严格地讲应是"几乎处处成立"）

如设 X、Y 的联合概率密度为：

$$f(x,y) = \begin{cases} 6xy^2 & 0 \leq x \leq 1,\ 0 \leq y \leq 1 \\ 0 & \text{其他} \end{cases}$$

则

$$f_X(x) = \begin{cases} \int_0^1 6xy^2\mathrm{d}y = 2x \cdot y^3\big|_0^1 = 2x & 0 \leq x \leq 1 \\ 0 & \text{其他} \end{cases}$$

$$f_Y(y) = \begin{cases} \int_0^1 6xy^2\mathrm{d}x = 3y^2 \cdot x^2\big|_0^1 = 3y^2 & 0 \leq y \leq 1 \\ 0 & \text{其他} \end{cases}$$

因为 $f(x,y) = f_X(x) \cdot f_Y(y)$ 处处成立，所以 X 与 Y 相互独立。

【例 1-9-14】 设二维随机变量 (X,Y) 的概率密度为 $f(x,y) = \begin{cases} e^{-2ax+by} & x>0,\ y>0 \\ 0 & \text{其他} \end{cases}$，则常数 a，b 应满足的条件是：

A. $ab = -\frac{1}{2}$，且 $a>0$，$b<0$ 　　　　B. $ab = \frac{1}{2}$，且 $a>0$，$b>0$

C. $ab = -\frac{1}{2}$，$a<0$，$b<0$ 　　　　D. $ab = \frac{1}{2}$，且 $a<0$，$b<0$

解　方法1：利用联合概率密度的性质，$\int_{-\infty}^{+\infty}\int_{-\infty}^{+\infty} f(x,y)\mathrm{d}x\mathrm{d}y = 1$

$$\int_0^{+\infty}\int_0^{+\infty} e^{-2ax+by}\mathrm{d}y\mathrm{d}x = \int_0^{+\infty} e^{-2ax}\mathrm{d}x \cdot \int_0^{+\infty} e^{by}\mathrm{d}y = 1$$

当 $a>0$ 时，$\int_0^{+\infty} e^{-2ax}\mathrm{d}x = \frac{-1}{2a}e^{-2ax}\big|_0^{+\infty} = \frac{1}{2a}$

当 $b<0$ 时，$\int_0^{+\infty} e^{by}\mathrm{d}y = \frac{1}{b}e^{by}\big|_0^{+\infty} = \frac{-1}{b}$

$\frac{1}{2a} \times \frac{-1}{b} = 1$，$ab = -\frac{1}{2}$

方法2：$x>0$，$y>0$ 时

$$f(x,y) = e^{-2ax+by} = 2ae^{-2ax} \cdot (-b)e^{by} \cdot \frac{-1}{2ab}$$

当 $\frac{-1}{2ab} = 1$，即 $ab = -\frac{1}{2}$ 时，X 服从参数 $\lambda = 2a(a > 0)$ 的指数分布，Y 服从参数 $\lambda = -b(b < 0)$ 的指数分布，X 与 Y 相互独立。

答案： A

（4）二维正态分布 $N(\mu_1, \mu_2, \sigma_1^2, \sigma_2^2, \rho)$

①若 X 与 Y 的联合概率密度为

$$f(x,y) = \frac{1}{2\pi\sigma_1\sigma_2\sqrt{1-\rho^2}} e^{-\frac{1}{2(1-\rho^2)}\left[\frac{(x-\mu_1)^2}{\sigma_1^2} - 2\rho\frac{(x-\mu_1)(y-\mu_2)}{\sigma_1\sigma_2} + \frac{(y-\mu_2)^2}{\sigma_2^2}\right]}$$

（μ_1，μ_2 为常数，σ_1、σ_2 为正常数，$|\rho| < 1$）

则称 (X,Y) 服从二维正态分布，记为 $(X,Y) \sim N(\mu_1, \mu_2, \sigma_1^2, \sigma_2^2, \rho)$

②设 $(X,Y) \sim N(\mu_1, \mu_2, \sigma_1^2, \sigma_2^2, \rho)$，则

a.$X \sim N(\mu_1, \sigma_1^2)$，$Y \sim N(\mu_2, \sigma_2^2)$

b.X 与 Y 相互独立的充要条件是 $\rho = 0$（X,Y 不相关），即

$$f(x,y) = \frac{1}{\sqrt{2\pi}\sigma_1} e^{-\frac{(x-\mu_1)^2}{2\sigma_1^2}} \cdot \frac{1}{\sqrt{2\pi}\sigma_2} e^{-\frac{(y-\mu_2)^2}{2\sigma_2^2}}$$

三、随机变量的数字特征

（一）随机变量的数字特征

1.数学期望（均值）

（1）定义：设离散型随机变量 X 的分布律为 $P\{X = x_k\} = P_k(k = 1, 2, \cdots, n, \cdots)$。若 $\sum\limits_{k=1}^{\infty} x_k P_k$ 绝对收敛，则称 $\sum\limits_{k=1}^{\infty} x_k P_k$ 为 X 的数学期望，记作 $E(X)$，即 $E(X) = \sum\limits_{k=1}^{\infty} x_k P_k$。

设连续型随机变量 X 的概率密度为 $f(x)$，若 $\int_{-\infty}^{+\infty} xf(x)\mathrm{d}x$ 绝对收敛，则称 $\int_{-\infty}^{+\infty} xf(x)\mathrm{d}x$ 为 X 的数学期望，记作 $E(X)$，即 $E(X) = \int_{-\infty}^{+\infty} xf(x)\mathrm{d}x$。

（2）性质：

①$E(c) = c$（c 为常数）；

②$E(kX) = kE(X)$（k 为常数）；

③$E(kX + b) = kE(X) + b$（k, b 均为常数）；

④$E(X_1 + X_2 + \cdots + X_m) = E(X_1) + E(X_2) + \cdots + E(X_m)$。

⑤设 X_1，X_2，$\cdots$，X_m 相互独立，则 $E(X_1 X_2 \cdots X_m) = E(X_1)E(X_2)\cdots E(X_m)$。

（3）随机变量函数的数学期望：

①设 X 为离散型，分布律为 $P(X = x_i) = P_i(i = 1, 2, \cdots)$，$Y = g(X)$，则随机变量 Y 的数学期望为

$$E(Y) = E[g(X)] = \sum_{i=1}^{\infty} g(x_i)P_i \quad (绝对收敛)$$

②设 X 为连续型，概率密度为 $f(x)$，$Y = g(X)$，则随机变量 Y 的数学期望为

$$E(Y) = E[g(X)] = \int_{-\infty}^{+\infty} g(x)f(x)\mathrm{d}x \quad (绝对收敛)$$

③设 (X,Y) 的联合分布律为 $P(X = x_i, Y = y_j) = p_{ij}(i = 1, 2, \cdots, m, \cdots; j = 1, 2, \cdots, n, \cdots)$，$Z = g(X,Y)$，则

$$E(Z) = E[g(X,Y)] = \sum_{i=1}^{\infty} \sum_{j=1}^{\infty} g(x_i, y_j) p_{ij}$$

④设(X,Y)的联合概率密度为$f(x,y)$，$Z = g(X,Y)$，则

$$E(Z) = E[g(X,Y)] = \int_{-\infty}^{+\infty} \int_{-\infty}^{+\infty} g(x,y) f(x,y) \mathrm{d}x\mathrm{d}y$$

2. 方差

（1）定义：称$E[(X - E(X))^2]$为X的方差，记为$D(X)$，即$D(X) = E[(X - E(X))^2]$，方差用于刻画随机变量取值分散程度。称$\sqrt{D(X)}$为X的标准差或均方差。

设离散型随机变量X的分布律为$P(X = x_k) = P_k\ (k = 1, 2, \cdots)$，则

$$D(X) = \sum_{k=1}^{\infty} [x_k - E(X)]^2 P_k$$

设连续型随机变量X的概率密度为$f(x)$，则

$$D(X) = \int_{-\infty}^{+\infty} [x - E(X)]^2 f(x) \mathrm{d}x$$

计算方差有时用公式

$$D(X) = E(X^2) - [E(X)]^2 \tag{1-9-6}$$

（2）性质：

①$D(C) = 0$　（C为常数）；

②$D(CX) = C^2 D(X)$，$D(X \pm C) = D(X)$　（C为常数）；

③设随机变量X_1，X_2相互独立，则

$$D(X_1 \pm X_2) = D(X_1) + D(X_2)$$

设随机变量X_1，X_2，$\cdots$，X_n相互独立，C_1，C_2，$\cdots$，C_n为常数，则$D(\sum_{i=1}^{n} C_i X_i) = \sum_{i=1}^{n} C_i^2 D(X_i)$。

特别对独立同分布的随机变量X_1，$\cdots$，X_n，如果$E(X_i) = \mu$，$D(X_i) = \sigma^2\ (i = 1, 2, \cdots, n)$，令$\overline{X} = \frac{1}{n} \sum_{i=1}^{n} X_i$，则

$$E(\overline{X}) = E(\frac{1}{n} \sum_{i=1}^{n} X_i) = \mu$$

$$D(\overline{X}) = D(\frac{1}{n} \sum_{i=1}^{n} X_i) = \frac{1}{n} \sigma^2$$

【例 1-9-15】 已知$E(X) = 2$，$D(X) = 1$，$Y = X^2$，求$E(Y)$。

解　$E(Y) = E(X^2) = D(X) + [E(X)]^2 = 1 + 2^2 = 5$。

（二）常用概率分布的期望和方差（见表 1-9-1）

表 1-9-1

X服从的分布	$E(X)$	$D(X)$
参数p的$0 - 1$分布，$q = 1 - p$	p	pq
二项分布$B(n,p)$，$q = 1 - p$	np	npq
参数λ的泊松分布$P(\lambda)$	λ	λ
(a,b)上的均匀分布$U(a,b)$	$\dfrac{a+b}{2}$	$\dfrac{(b-a)^2}{12}$
参数λ的指数分布$E(\lambda)$	$\dfrac{1}{\lambda}$	$\dfrac{1}{\lambda^2}$
正态分布$N(\mu, \sigma^2)$	μ	σ^2

【例 1-9-16】 设随机变量 X 服从参数为 2 的泊松分布，则随机变量 $Z = 3X + 2$ 的标准差是：

   A. 18   B. $3\sqrt{2}$ C. 6   D. 4

解 $\sqrt{D(Z)} = \sqrt{9D(X)} = \sqrt{9 \times 2} = 3\sqrt{2}$

答案： B

（三）矩、协方差、相关系数及其性质

（1）设 k 为正整数，称 $E(X^k)$ 为 X 的 k 阶原点矩，$E(X)$ 存在时，称 $E[(X - E(X))^k]$ 为 X 的 k 阶中心矩。X 的方差 $D(X)$ 为 X 的二阶中心矩。

（2）设 X、Y 为随机变量，$E(X)$、$E(Y)$ 存在，则称 $E[(X - E(X))(Y - E(Y))]$ 为 X 与 Y 的协方差，记作 $Cov(X、Y)$，即 $Cov(X、Y) = E[(X - E(X))(Y - E(Y))]$。

因为 $[X - E(X)][Y - E(Y)] = XY - XE(Y) - YE(X) + E(X)E(Y)$，所以

$$Cov(X, Y) = E(XY) - E(X) \cdot E(Y)$$

协方差性质：

①$Cov(X, Y) = Cov(Y, X)$；

②$Cov(X_1 + X_2, Y) = Cov(X_1, Y) + Cov(X_2, Y)$；

③$Cov(aX, bY) = abCov(X, Y)$，其中 a、b 为常数；

④若 X 与 Y 相互独立，则 $Cov(X, Y) = 0$。

（3）设 $D(X) > 0$，$D(Y) > 0$，则称 $\dfrac{Cov(X,Y)}{\sqrt{D(X)D(Y)}}$ 为 X 与 Y 的相关系数，记作 ρ_{XY}。

相关系数性质：

①$|\rho_{XY}| \leqslant 1$；

②$|\rho_{XY}| = 1$ 的充分必要条件是存在常数 a、$b(a \neq 0)$，使 $P\{Y = aX + b\} = 1$。

ρ_{XY} 描述 X 和 Y 之间线性相关关系的密切程度。$|\rho_{XY}|$ 接近 1，说明 X、Y 之间有密切的线性相关关系；$\rho_{XY} = 0$ 时称 X 与 Y 不相关，说明 X 与 Y 之间没有线性相关关系。

四、数理统计的基本概念

（一）总体与样本

在统计学中，我们把研究对象的全体（或某项指标 X）称为总体，组成总体的基本单元称为个体。总体可以用随机变量 X 表示。例如 X 表示钢筋强度、灯泡寿命等。

从一个总体 X 中，随机地抽取 n 个个体称为样本，记为 X_1，X_2，$\cdots$，X_n。若样本 X_1，X_2，$\cdots$，X_n 相互独立，且与 X 有相同的概率分布，则称 X_1，X_2，$\cdots$，X_n 是来自总体 X 的容量为 n 的（简单随机）样本。每次具体抽样，所得数据为样本观察值，用 x_1，x_2，$\cdots$，x_n 表示。

如果总体的概率密度为 $f(x)$，则 $(X_1, X_2, \cdots, X_n)$ 有联合密度 $f(x_1)f(x_2)\cdots f(x_n)$。

（二）统计量

设 X_1，X_2，$\cdots$，X_n 是来自总体 X 的样本，则不含未知参数的连续函数 $g(X_1, X_2, \cdots, X_n)$ 称为统计量。

常用统计量有：

（1）样本均值 $\overline{X} = \dfrac{1}{n}\sum\limits_{i=1}^{n} X_i$；

（2）样本方差 $S^2 = \dfrac{1}{n-1}\sum\limits_{i=1}^{n}(X_i - \overline{X})^2$；

（3）样本标准差$S = \sqrt{\frac{1}{n-1} \sum\limits_{i=1}^{n} (X_i - \overline{X})^2}$。

如果$E(X) = \mu$，$D(X) = \sigma^2$，则$E(\overline{X}) = \mu$，$D(\overline{X}) = \frac{1}{n}\sigma^2$且$E(S^2) = \sigma^2$。

（4）样本k阶原点矩　　　　　$A_k = \frac{1}{n} \sum\limits_{i=1}^{n} X_i^k$　　　$(k = 1,2,\cdots)$

样本k阶中心矩　　　　　$B_k = \frac{1}{n} \sum\limits_{i=1}^{n} (X_i - \overline{X})^k$　　　$(k = 1,2,\cdots)$

（三）正态总体样本均值与样本方差的分布

1. 数理统计中常用的分布

（1）χ^2分布

设Z_1，Z_2，$\cdots$，Z_n相互独立且都服从$N(0,1)$分布，则称

$$Y = \sum_{i=1}^{n} Z_i^2$$

服从自由度为n的χ^2分布，记作$Y \sim \chi^2(n)$。

若数$\chi_\alpha^2(n)$满足$P\{Y > \chi_\alpha^2(n)\} = \alpha(0 < \alpha < 1)$，则称数$\chi_\alpha^2(n)$为$\chi^2(n)$分布的上$\alpha$分位数（见图 1-9-5）。

χ^2分布的性质：

①设$X \sim \chi^2(n)$，则$E(X) = n$，$D(X) = 2n$。

②可加性：设$X \sim \chi^2(n_1)$，$Y \sim \chi^2(n_2)$，且X，Y相互独立，则$X + Y \sim \chi^2(n_1 + n_2)$。

（2）t分布

设X、Y相互独立，且$X \sim N(0,1)$，$Y \sim \chi^2(n)$，则称

$$T = \frac{X}{\sqrt{\dfrac{Y}{n}}}$$

服从自由度为n的t分布，记作$T \sim t(n)$。

若数$t_\alpha(n)$满足

$$P\{T > t_\alpha(n)\} = \alpha \qquad (0 < \alpha < 1)$$

则称数$t_\alpha(n)$为$t(n)$分布的上α分位数（见图 1-9-6）。

$t(n)$分布的概率密度$f(x)$为偶函数，因而有

$$t_{1-\alpha}(n) = -t_\alpha(n)$$

（3）F分布

设X、Y相互独立，且$X \sim \chi^2(n_1)$、$Y \sim \chi^2(n_2)$，则称

$$F = \frac{X/n_1}{Y/n_2}$$

服从F分布，记作$F \sim F(n_1, n_2)$，n_1、n_2分别为第一、第二自由度。

若数$F_\alpha(n_1, n_2)$满足

$$P\{F > F_\alpha(n_1, n_2)\} = \alpha \qquad (0 < \alpha < 1)$$

则称数$F_\alpha(n_1, n_2)$为$F(n_1, n_2)$分布的上α分位数（见图 1-9-7）。

若$F \sim F(n_1, n_2)$，则$\frac{1}{F} \sim F(n_2, n_1)$，由此可得$F_{1-\alpha}(n_1, n_2) = \frac{1}{F_\alpha(n_2, n_1)}$。

若$T \sim t(n)$，则$T^2 \sim F(1, n)$，$\frac{1}{T^2} \sim F(n, 1)$。

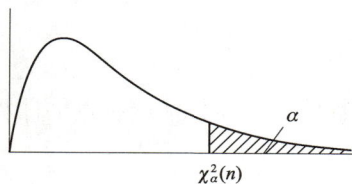

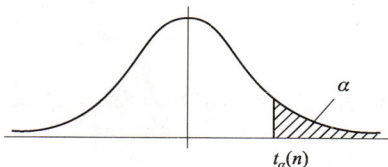

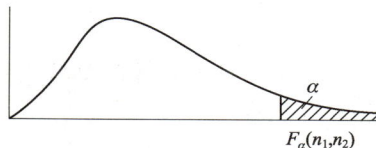

图 1-9-5　　　　　　　　　　图 1-9-6　　　　　　　　　　图 1-9-7

2. 正态总体常用抽样分布

结论（1）：设X_1，X_2，$\cdots$，X_n是来自总体$N(\mu,\sigma^2)$的样本，$\overline{X}$为样本均值，S^2为样本方差，则

①$\overline{X}$与S^2相互独立。

②$\overline{X}\sim N\left(\mu,\dfrac{\sigma^2}{n}\right)$，$\dfrac{\overline{X}-\mu}{\frac{\sigma}{\sqrt{n}}}\sim N(0,1)$。

③$Y=\dfrac{(n-1)S^2}{\sigma^2}=\dfrac{\sum\limits_{i=1}^{n}\left(X_i-\overline{X}\right)^2}{\sigma^2}\sim\chi^2(n-1)$。

④$T=\dfrac{\overline{X}-\mu}{\frac{S}{\sqrt{n}}}\sim t(n-1)$。

结论（2）：设X_1，X_2，$\cdots$，X_m和Y_1，Y_2，$\cdots$，Y_n是分别来自总体$N(\mu_1,\sigma_1^2)$和$N(\mu_2,\sigma_2^2)$的样本，且X_1，X_2，$\cdots$，X_m；Y_1，Y_2，$\cdots$，Y_n相互独立，$\overline{X}$，$\overline{Y}$分别为两样本均值，S_1^2、S_2^2分别为两样本方差，则

①当$\sigma_1{}^2=\sigma_2{}^2=\sigma^2$时，记$S_{\mathrm{w}}=\sqrt{\dfrac{(m-1)S_1^2+(n-1)S_2^2}{m+n-2}}$，

$$\dfrac{(\overline{X}-\overline{Y})-(\mu_1-\mu_2)}{\sqrt{\dfrac{m+n}{mn}}S_{\mathrm{w}}}\sim t(m+n-2)$$

②$\dfrac{\sigma_2^2 S_1^2}{\sigma_1^2 S_2^2}\sim F(m-1,n-1)$

【例 1-9-17】设X_1，X_2，$\cdots$，X_n与Y_1，Y_2，$\cdots$，Y_n是来自正态总体$X\sim N(\mu,\sigma^2)$的样本，并且相互独立，$\overline{X}$与$\overline{Y}$分别是其样本均值，则$\dfrac{\sum\limits_{i=1}^{n}\left(X_i-\overline{X}\right)^2}{\sum\limits_{i=1}^{n}\left(Y_i-\overline{Y}\right)^2}$服从的分布是：

A. $t(n-1)$　　　　　　　　　　　　B. $F(n-1,n-1)$

C. $\chi^2(n-1)$　　　　　　　　　　　D. $N(\mu,\sigma^2)$

解　设$S_1^2=\dfrac{1}{n-1}\sum\limits_{i=1}^{n}(X_i-\overline{X})^2$，因为总体$X\sim N(\mu,\sigma^2)$

所以$\dfrac{\sum\limits_{i=1}^{n}\left(X_i-\overline{X}\right)^2}{\sigma^2}=\dfrac{(n-1)S_1^2}{\sigma^2}\sim\chi^2(n-1)$，同理$\dfrac{\sum\limits_{i=1}^{n}\left(Y_i-\overline{Y}\right)^2}{\sigma^2}\sim\chi^2(n-1)$

又因为两样本相互独立，所以$\dfrac{\sum\limits_{i=1}^{n}\left(X_i-\overline{X}\right)^2}{\sigma^2}$与$\dfrac{\sum\limits_{i=1}^{n}\left(Y_i-\overline{Y}\right)^2}{\sigma^2}$相互独立

$$\dfrac{\sum\limits_{i=1}^{n}\left(X_i-\overline{X}\right)^2}{\sum\limits_{i=1}^{n}\left(Y_i-\overline{Y}\right)^2}=\dfrac{\dfrac{\sum\limits_{i=1}^{n}\left(X_i-\overline{X}\right)^2}{(n-1)\sigma^2}}{\dfrac{\sum\limits_{i=1}^{n}\left(Y_i-\overline{Y}\right)^2}{(n-1)\sigma^2}}\sim F(n-1,n-1)$$

答案： B

说明：如果知道$\sum\limits_{i=1}^{n}\left(X_i-\overline{X}\right)^2$与$\chi^2$分布有关，$\dfrac{\sum\limits_{i=1}^{n}\left(X_i-\overline{X}\right)^2}{\sum\limits_{i=1}^{n}\left(Y_i-\overline{Y}\right)^2}$与$F$分布有关，而本题只有一个选项是$F$分布，不用推导即可判定。

五、参数估计

用样本来估计总体的某些未知参数（主要是期望和方差），这就是参数估计。参数估计有点估计和区间估计两种。

（一）点估计

设总体 X 的分布函数为 $F(x,\theta)$，θ 是未知参数，构造一个统计量 $g(X_1, X_2 \cdots, X_n)$，用它的值 $g(x_1, x_2, \cdots, x_n)$ 估计参数 θ，称为参数的点估计问题。称统计量 $g(X_1, X_2 \cdots, X_n)$ 为 θ 的估计量，称 $g(x_1, x_2, \cdots, x_n)$ 为 θ 的估计值，θ 的估计量和估计值可记为 $\hat{\theta}$。

1. 矩估计法

设 X_1，X_2，$\cdots$，X_n 是 X 的样本，X 的分布中含 k 个待估计参数 θ_1，θ_2，$\cdots$，θ_k。如果总体矩 $\mu_l = E(X^l)\,(l=1,2,\cdots,k)$ 存在，相应的样本矩 $A_l = \frac{1}{n}\sum_{i=1}^{n} X_i^l\,(l=1,2,\cdots,k)$，令 $\mu_l = A_l\,(l=1,2,\cdots,k)$，$\theta_1$，$\theta_2$，$\cdots$，$\theta_k$ 的解 $\hat{\theta}_1$，$\hat{\theta}_2$，$\cdots$，$\hat{\theta}_k$ 分别为 θ_1，θ_2，$\cdots$，θ_k 的矩估计量。

样本均值 $\qquad\qquad\qquad\qquad\qquad \overline{X} = \frac{1}{n}\sum_{i=1}^{n} X_i$

样本二阶中心矩 $\qquad\qquad\qquad\qquad S_n^2 = \frac{1}{n}\sum_{i=1}^{n}(X_i - \overline{X})^2$

$\overline{X}$、S_n^2 分别是总体参数 $E(X)$、$D(X)$ 的矩估计量。

【例 1-9-18】 设总体 X 服从均匀分布 $U(1,\theta)$，$\overline{X} = \frac{1}{n}\sum_{i=1}^{n} X_i$，则 θ 的矩估计为：

  A. $\overline{X}$ B. $2\overline{X}$ C. $2\overline{X} - 1$ D. $2\overline{X} + 1$

解 因为 $X \sim U(1,\theta)$，所以 $E(X) = \frac{1+\theta}{2}$，则 $\theta = 2E(X) - 1$，用 $\overline{X}$ 代替 $E(X)$，得 θ 的矩估计 $\hat{\theta} = 2\overline{X} - 1$。

答案：C

【例 1-9-19】 设总体 X 的概率密度 $f(x) = \begin{cases} (\theta+1)x^\theta & 0 < x < 1 \\ 0 & \text{其他} \end{cases}$，其中 $\theta > -1$ 是未知参数，X_1，X_2，$\cdots$，X_n 是来自总体 X 的样本，则 θ 的矩估计量是：

  A. $\overline{X}$ B. $\frac{2\overline{X}-1}{1-\overline{X}}$ C. $2\overline{X}$ D. $\overline{X} - 1$

解 $E(X) = \int_0^1 x(\theta+1)x^\theta \mathrm{d}x = \frac{\theta+1}{\theta+2}$，$\theta = \frac{2E(X)-1}{1-E(X)}$，用 $\overline{X}$ 替换 $E(X)$，得 $\hat{\theta} = \frac{2\overline{X}-1}{1-\overline{X}}$。

答案：B

【例 1-9-20】 设总体 X 的概率分布为：

X	0	1	2	3
P	θ^2	$2\theta(1-\theta)$	θ^2	$1-2\theta$

其中 $\theta\,(0 < \theta < \frac{1}{2})$ 是未知参数，利用样本值 3，1，3，0，3，1，2，3，所得 θ 的矩估计值是：

  A. $\frac{1}{4}$ B. $\frac{1}{2}$ C. 2   D. 0

解 $E(X) = 1 \times 2\theta(1-\theta) + 2\theta^2 + 3(1-2\theta) = 3 - 4\theta$，$\theta = \frac{3-E(X)}{4}$，用 $\overline{X}$ 替换 $E(X)$，得估计量 $\hat{\theta} = \frac{3-\overline{X}}{4}$。

因为 $\overline{X} = \frac{3+1+3+3+1+2+3}{8} = 2$，得估计值 $\hat{\theta} = \frac{3-2}{4} = \frac{1}{4}$。

答案：A

2. 最（极）大似然估计法

（1）似然函数

设总体 X 的分布律为 $P(X = x_k) = P_k(\theta)\,(k=1,2,\cdots)$，其中含有未知参数 θ，x_1，x_2，$\cdots$，x_n 为一

组样本值，则函数 $L(\theta) = \prod\limits_{i=1}^{n} P(X = x_i)$ 称为似然函数。

设总体 X 的概率密度 $f(x, \theta)$ 已知，其中 θ 为未知参数，Θ 为 θ 的取值范围。对于样本 X_1，X_2，$\cdots$，X_n 的一组样本值 x_1，x_2，$\cdots$，x_n，

则函数
$$L(\theta) = \prod_{i=1}^{n} f(x_i, \theta), \ \theta \in \Theta \tag{1-9-7}$$

称为似然函数。未知参数可以是一个也可以是多个。

（2）最（极）大似然估计

如果似然函数 $L(\theta)$ 在 $\hat{\theta}$ 上取得最大值，则称 $\hat{\theta}$ 为 θ 的最（极）大似然估计。一般来说，求 θ 的最（极）大似然估计 $\hat{\theta}$ 可以通过求解下面方程

$$\frac{\mathrm{d} L(\theta)}{\mathrm{d} \theta} = 0 \quad \text{或} \quad \frac{d}{d\theta} \ln L(\theta) = 0$$

求得，当概率密度中含多个未知参数 θ_1，$\cdots$，θ_k 时，可用类似方法求得 $\hat{\theta}_1$，$\cdots$，$\hat{\theta}_k$。

【例 1-9-21】设总体 X 服从指数分布，概率密度为

$$f(x) = \begin{cases} \lambda e^{-\lambda x} & x > 0 \\ 0 & x \leq 0 \end{cases} \qquad (\lambda > 0)$$

其中 λ 为未知数，如果取得样本观察值为 x_1，x_2，$\cdots$，x_n，求参数 λ 的极大似然估计。

解　似然函数

$$L(\lambda) = \prod_{i=1}^{n} \lambda e^{-\lambda x_i} = \lambda^n e^{-\lambda \sum\limits_{i=1}^{n} x_i} \quad (\lambda > 0)$$

$$\ln L(\lambda) = n \ln \lambda - \lambda \sum_{i=1}^{n} x_i$$

$$\frac{\mathrm{d}}{\mathrm{d}\lambda} \ln L(\lambda) = \frac{n}{\lambda} - \sum_{i=1}^{n} x_i = 0$$

所以，λ 的极大似然估计为

$$\hat{\lambda} = \frac{n}{\sum\limits x_i} = \frac{1}{\bar{x}} \ (\text{估计值}), \ \hat{\lambda} = \frac{1}{\bar{X}} \ (\text{估计量})$$

（二）估计量的评选标准

1. 无偏性

设 $\hat{\theta} = \hat{\theta}(X_1, X_2, \cdots, X_n)$ 是参数 θ 的估计量，若 $E(\hat{\theta}) = \theta$，则称 $\hat{\theta}$ 是 θ 的无偏估计量。

结论：$\bar{X} = \frac{1}{n} \sum\limits_{i=1}^{n} X_i$ 是 $E(X)$ 的无偏估计量。

$S^2 = \frac{1}{n-1} \sum\limits_{i=1}^{n} (X_i - \bar{X})^2$ 是 $D(X)$ 的无偏估计量。

【例 1-9-22】设 $\hat{\theta}$ 是参数 θ 的一个无偏估计量，又方差 $D(\hat{\theta}) > 0$，下面结论中正确的是：

　　A. $\hat{\theta}^2$ 是 θ^2 的无偏估计量

　　B. $(\hat{\theta})^2$ 不是 θ^2 的无偏估计量

　　C. 不能确定 $(\hat{\theta})^2$ 是不是 θ^2 的无偏估计量

　　D. $(\hat{\theta})^2$ 不是 θ^2 的估计量

解　因为 $\hat{\theta}$ 是 θ 的一个无偏估计量，所以 $E(\hat{\theta}) = \theta$。

$$E[(\hat{\theta})^2] = D(\hat{\theta}) + [E(\hat{\theta})]^2 = D(\hat{\theta}) + \theta^2$$

又因 $D(\hat{\theta}) > 0$，所以 $E[(\hat{\theta})^2] > \theta^2$，$(\hat{\theta})^2$ 不是 θ^2 的无偏估计量。

答案： B

2. 有效性

设 $\hat{\theta}_1$、$\hat{\theta}_2$ 都是 θ 的无偏估计量，若 $D(\hat{\theta}_1) < D(\hat{\theta}_2)$，则称 $\hat{\theta}_1$ 比 $\hat{\theta}_2$ 有效。

例如，设 $\mu = E(X)$，$\sigma^2 = D(X) > 0$，X_1、X_2 为总体 X 的样本，μ 的两个估计量为

$$\hat{\mu}_1 = \frac{1}{2}X_1 + \frac{1}{2}X_2, \quad \hat{\mu}_2 = \frac{1}{3}X_1 + \frac{2}{3}X_2$$

因为
$$E(\hat{\mu}_1) = \frac{1}{2}E(X_1) + \frac{1}{2}E(X_2) = \mu$$

$$E(\hat{\mu}_2) = \frac{1}{3}E(X_1) + \frac{2}{3}E(X_2) = \mu$$

所以 $\hat{\mu}_1$、$\hat{\mu}_2$ 都是 μ 的无偏估计量。

但是
$$D(\hat{\mu}_1) = \frac{1}{4}D(X_1) + \frac{1}{4}D(X_2) = \frac{1}{2}\sigma^2$$

$$D(\hat{\mu}_2) = \frac{1}{9}D(X_1) + \frac{4}{9}D(X_2) = \frac{5}{9}\sigma^2$$

$$D(\hat{\mu}_1) < D(\hat{\mu}_2)$$

所以 $\hat{\mu}_1$ 比 $\hat{\mu}_2$ 有效。

结论：设 X_1，X_2，$\cdots$，X_n 是总体 X 的样本，$E(X) = \mu$，$D(X) = \sigma^2$，C_1，C_2，$\cdots$，C_n 为常数。

则：（1）$\hat{\mu} = \sum\limits_{i=1}^{n} C_i X_i$ 是 μ 的无偏估计量的充要条件是 $\sum\limits_{i=1}^{n} C_i = 1$。

（2）$\overline{X} = \frac{1}{n}\sum\limits_{i=1}^{n} X_i$ 在（1）的所有无偏估计量当中最有效。

3. 一致性

设 $\hat{\theta}(X_1, X_2, \cdots, X_n)$ 是 θ 的估计量，若对任一给定的 $\varepsilon > 0$ 和一切 $\theta \in \Theta$（Θ 为 θ 的可能取值范围，称为参数空间），均有 $\lim\limits_{n \to \infty} P(|\hat{\theta} - \theta| > \varepsilon) = 0$，则称 $\hat{\theta}$ 是 θ 的一致估计量。

结论：设 X_1，X_2，$\cdots$，X_n 是总体 X 的一个样本，$E(X) = \mu$，$D(X) > 0$，则样本均值 $\overline{X}$ 是 μ 的一致估计量。

（三）区间估计

点估计不能反映估计的可靠性和精确性，由此产生了区间估计。

设总体 X 的分布含有未知参数 θ。若由样本 X_1，X_2，$\cdots$，X_n 确定的两个统计量 $\theta_1(X_1, X_2, \cdots, X_n)$ 及 $\theta_2(X_1, X_2, \cdots, X_n)$，对于给定的值 $\alpha(0 < \alpha < 1)$ 满足

$$P\{\theta_1(X_1, X_2, \cdots, X_n) < \theta < \theta_2(X_1, X_2, \cdots, X_n)\} = 1 - \alpha \qquad (1\text{-}9\text{-}8)$$

则称随机区间 (θ_1, θ_2) 为 θ 的置信度为 $(1 - \alpha)$ 的置信区间。θ_1 和 θ_2 分别称为置信下限和置信上限。

式（1-9-8）的意义是：随机抽样得到的区间 (θ_1, θ_2) 包含 θ 真值的概率为 $(1 - \alpha)$，不含 θ 值的概率为 α。

置信度 $1 - \alpha$ 就是区间估计的可靠性，α 小则置信度高。区间长度 $\theta_2 - \theta_1$ 反映区间估计的精确性，$\theta_2 - \theta_1$ 小表示估计精度高。当 n 一定时，提高置信度（α 取值小）则降低估计精度（$\theta_2 - \theta_1$ 的值大）。

求置信区间的方法：

（1）先找一个与待估参数有关的统计量，一般找 θ 的一个良好的点估计量 $\hat{\theta}$。

（2）设法找出表达式中含此统计量 $\hat{\theta}$ 和待估参数 θ 的一个随机变量 U，其分布已知且与 θ 无关。

（3）对于给定的置信度 $(1 - \alpha)$，选取常数 a、b，使 $P(a < U < b) = 1 - \alpha$。一般取 b 为 U 的分布的上 $\frac{\alpha}{2}$ 分位数，取 a 为 U 的分布的上 $(1 - \frac{\alpha}{2})$ 分位数。

（4）把不等式 $a < U < b$ 改写为等价的形式 $\theta_1 < \theta < \theta_2$，其中 θ_1、θ_2 与 a、b 和样本 X_1，X_2，$\cdots$，X_n

有关，而与θ无关，于是有$P(\theta_1 < \theta < \theta_2) = 1 - \alpha$，随机区间$(\theta_1, \theta_2)$就是参数$\theta$的一个置信度为$(1 - \alpha)$的置信区间。

1. 正态总体均值μ的区间估计

设总体$X \sim N(\mu, \sigma^2)$。

（1）σ^2已知，求μ的置信区间

取$\hat{\mu} = \overline{X}$，由于$U = \dfrac{\overline{X} - \mu}{\sigma/\sqrt{n}} \sim N(0,1)$，$P\left\{-z_{\frac{\alpha}{2}} < \dfrac{\overline{X} - \mu}{\sigma}\sqrt{n} < z_{\frac{\alpha}{2}}\right\} = 1 - \alpha$

$$P\left\{\overline{X} - z_{\frac{\alpha}{2}}\frac{\sigma}{\sqrt{n}} < \mu < \overline{X} + z_{\frac{\alpha}{2}}\frac{\sigma}{\sqrt{n}}\right\} = 1 - \alpha$$

总体均值μ的$(1 - \alpha)$置信区间为

$$\left(\overline{X} - z_{\frac{\alpha}{2}}\frac{\sigma}{\sqrt{n}}, \overline{X} + z_{\frac{\alpha}{2}}\frac{\sigma}{\sqrt{n}}\right) \tag{1-9-9}$$

说明：置信上下限为$\overline{X} \pm z_{\frac{\alpha}{2}}\dfrac{\sigma}{\sqrt{n}}$。

（2）σ^2未知，求μ的置信区间

$$S^2 = \frac{1}{n-1}\sum_{i=1}^{n}\left(X_i - \overline{X}\right)^2$$

取$\hat{\mu} = \overline{X}$，由于$U = \dfrac{\overline{X} - \mu}{S/\sqrt{n}} \sim t(n-1)$，$P\left\{-t_{\frac{\alpha}{2}}(n-1) < \dfrac{\overline{X} - \mu}{S}\sqrt{n} < t_{\frac{\alpha}{2}}(n-1)\right\} = 1 - \alpha$

总体均值μ的$(1 - \alpha)$置信区间为

$$\left(\overline{X} - t_{\frac{\alpha}{2}}(n-1)\frac{S}{\sqrt{n}}, \overline{X} + t_{\frac{\alpha}{2}}(n-1)\frac{S}{\sqrt{n}}\right) \tag{1-9-10}$$

说明：公式（1-9-10）与公式（1-9-9）对比记。

2. 正态总体方差σ^2的区间估计（μ未知）

取$\hat{\sigma}^2 = S^2$，由于$U = \dfrac{(n-1)S^2}{\sigma^2} \sim \chi^2(n-1)$，

$$P\left\{\chi_{1-\frac{\alpha}{2}}^2(n-1) < \frac{(n-1)S^2}{\sigma^2} < \chi_{\frac{\alpha}{2}}^2(n-1)\right\} = 1 - \alpha$$

总体方差σ^2的$(1 - \alpha)$置信区间为$\left(\dfrac{(n-1)S^2}{\chi_{\frac{\alpha}{2}}^2(n-1)}, \dfrac{(n-1)S^2}{\chi_{1-\frac{\alpha}{2}}^2(n-1)}\right)$ $\tag{1-9-11}$

3. 两个正态总体均值差和方差比的区间估计

设X_1，X_2，$\cdots$，X_m和Y_1，Y_2，$\cdots$，Y_n分别是总体$N(\mu_1, \sigma_1^2)$和$N(\mu_2, \sigma_2^2)$的两个相互独立的样本。$\overline{X}$和$\overline{Y}$为两样本均值，S_1^2和S_2^2为两样本方差。

（1）σ_1^2和σ_2^2已知时，$(\mu_1 - \mu_2)$的置信区间

由于$\overline{X} - \overline{Y} \sim N\left(\mu_1 - \mu_2, \dfrac{\sigma_1^2}{m} + \dfrac{\sigma_2^2}{n}\right)$，$\dfrac{(\overline{X} - \overline{Y}) - (\mu_1 - \mu_2)}{\sqrt{\dfrac{\sigma_1^2}{m} + \dfrac{\sigma_2^2}{n}}} \sim N(0,1)$

$(\mu_1 - \mu_2)$的$(1 - \alpha)$置信区间为

$$\left(\overline{X} - \overline{Y} - z_{\frac{\alpha}{2}}\sqrt{\frac{\sigma_1^2}{m} + \frac{\sigma_2^2}{n}}, \overline{X} - \overline{Y} + z_{\frac{\alpha}{2}}\sqrt{\frac{\sigma_1^2}{m} + \frac{\sigma_2^2}{n}}\right)$$

（2）σ_1^2、σ_2^2未知，但知$\sigma_1^2 = \sigma_2^2$时，$(\mu_1 - \mu_2)$的置信区间

记

$$S_{\mathrm{w}} = \sqrt{\frac{(m-1)S_1^2 + (n-1)S_2^2}{m+n-2}}$$

由于
$$\frac{(\overline{X}-\overline{Y})-(\mu_1-\mu_2)}{\sqrt{\frac{m+n}{mn}}S_{\mathrm{w}}}\sim t(m+n-2)$$

所以$(\mu_1-\mu_2)$的$(1-\alpha)$置信区间为

$$\left(\overline{X}-\overline{Y}-t_{\frac{\alpha}{2}}(m+n-2)\sqrt{\frac{m+n}{mn}}S_{\mathrm{w}},\overline{X}-\overline{Y}+t_{\frac{\alpha}{2}}(m+n-2)\sqrt{\frac{m+n}{mn}}S_{\mathrm{w}}\right)$$

【例 1-9-23】甲、乙两工人生产同一零件，甲 8 天的日产量是 628、583、510、554、612、523、530、615，乙 10 天的日产量是 535、433、398、470、567、480、498、560、503、426。

假定日产量均服从正态分布，且方差相同，试求两工人日平均产量之差的置信区间。$(\alpha=0.05)$

解　记甲日产量为X，乙日产量为Y，$m=8$，$n=10$。

$$\overline{X}=569.38,\ S_1^2=2110.55$$
$$\overline{Y}=487.00,\ S_2^2=3256.22$$

$$S_{\mathrm{w}}=\sqrt{\frac{(m-1)S_1^2+(n-1)S_2^2}{m+n-2}}=\sqrt{\frac{7\times2110.55+9\times3256.22}{16}}=52.488$$

$$t_{0.025}(16)=2.1199$$

$$t_{\frac{\alpha}{2}}(m+n-2)\sqrt{\frac{m+n}{mn}}S_{\mathrm{w}}=2.1199\times\sqrt{\frac{18}{80}}\times52.488=52.78$$

则$(\mu_1-\mu_2)$的 0.95 置信区间为$(29.60,135.16)$。

（3）σ_1^2/σ_2^2的置信区间

由于
$$\frac{\sigma_2^2 S_1^2}{\sigma_1^2 S_2^2}\sim F(m-1,n-1)$$

$$P\left\{F_{1-\frac{\alpha}{2}}(m-1,n-1)<\frac{\sigma_2^2 S_1^2}{\sigma_1^2 S_2^2}<F_{\frac{\alpha}{2}}(m-1,n-1)\right\}=1-\alpha$$

所以σ_1^2/σ_2^2的$(1-\alpha)$置信区间为

$$\left(\frac{S_1^2}{S_2^2}\cdot\frac{1}{F_{\frac{\alpha}{2}}(m-1,n-1)},\frac{S_1^2}{S_2^2}\cdot\frac{1}{F_{1-\frac{\alpha}{2}}(m-1,n-1)}\right)$$

六、假设检验

假设检验是根据样本信息，通过构造适当的统计量，对原假设是否为真作出统计推断，得出拒绝或接受的决定。假设检验的基本思想是：小概率事件（例如发生概率小于 0.01 的事件）在一次观察中可以认为几乎不可能发生。

（一）假设检验的一般步骤

（1）根据问题的要求，设立一个待检验的原假设H_0（也称零假设）及对立假设H_1（也称备择假设），这里H_0、H_1是首先必须明确给出的。假设检验分为参数假设检验（对总体未知参数提出假设）和非参数假设检验（如检验总体是否服从正态分布）。参数假设检验时，H_0中一定有等号，H_1中一定没有等号。设θ为未知参数，θ_0为已知常数：①检验θ与θ_0是否有（显著）差异时，$H_0:\theta=\theta_0$，$H_1:\theta\neq\theta_0$；②检验θ是否比θ_0（显著）大时，$H_0:\theta\leqslant\theta_0$（或$\theta=\theta_0$），$H_1:\theta>\theta_0$；③检验$\theta$是否比

θ_0（显著）小时，H_0：$\theta \geqslant \theta_0$（或 $\theta = \theta_0$），H_1：$\theta < \theta_0$。

（2）选一个检验"统计量"$T(X_1, X_2, \cdots, X_n)$，在假设 H_0 成立（等号成立）的条件下，其分布是完全已知的。[严格地讲，$T(X_1, X_2, \cdots X_n)$ 在 H_0 中等号成立时，才是统计量]

（3）选一检验显著性水平 α（小概率值）并确定 H_0 的一个否定域（或拒绝域）W_α，使 H_0 成立时，$P(T \in W_\alpha) = \alpha$。

（4）由样本具体数据算出 $T(X_1, X_2, \cdots, X_n)$ 的实际值 $T(x_1, x_2, \cdots, x_n)$，若 $T \in W_\alpha$，则否定 H_0 接受 H_1，这时可能犯第一类错误（弃真），其概率为 α。若 $T \notin W_\alpha$，则接受 H_0。这时可能犯第二类错误（取伪）。

（二）正态总体参数的假设检验

设总体 $X \sim N(\mu, \sigma^2)$，X_1，X_2，$\cdots$，X_n 是来自 X 的一个样本，$\overline{X}$ 为样本均值，S^2 为样本方差，显著性水平为 α。

1. σ^2 已知时，总体均值 μ 的假设检验（见表 1-9-2）

H_0：$\mu = \mu_0$，H_1：$\mu \neq \mu_0$（μ_0 为已知常数）

H_0 成立时，统计量 $U = \dfrac{\overline{X} - \mu_0}{\sigma} \sqrt{n} \sim N(0,1)$

当 $|U| = \dfrac{|\overline{X} - \mu_0|}{\sigma} \sqrt{n} > z_{\frac{\alpha}{2}}$ 时（用 $\overline{X}$ 代替 μ 与 μ_0 比较，$\overline{X}$ 与 μ_0 差别大，推断 μ 与 μ_0 差别大），否定 H_0；当 $|U| \leqslant z_{\frac{\alpha}{2}}$ 时，接受 H_0。

表 1-9-2

H_0	H_1	统计量及其分布	拒绝（H_0）域
$\mu = \mu_0$	$\mu \neq \mu_0$		$|U| > z_{\frac{\alpha}{2}}$
$\mu \leqslant \mu_1$	$\mu > \mu_0$	$U = \dfrac{\overline{X} - \mu_0}{\sigma} \sqrt{n} \sim N(0,1)$	$U > z_\alpha$
$\mu \geqslant \mu_0$	$\mu < \mu_0$		$U < -z_\alpha$

2. σ^2 未知时，总体均值 μ 的假设检验（见表 1-9-3）

H_0：$\mu \leqslant \mu_0$，H_1：$\mu > \mu_0$（μ_0 为已知常数）

$\mu = \mu_0$ 时，统计量 $T = \dfrac{\overline{X} - \mu_0}{S} \sqrt{n} \sim t(n-1)$

当 $T = \dfrac{\overline{X} - \mu_0}{S} \sqrt{n} > t_\alpha(n-1)$ 时（$\overline{X}$ 比 μ_0 显著大，推断 μ 比 μ_0 显著大），否定 H_0；当 $T \leqslant t_\alpha(n-1)$ 时，接受 H_0。

表 1-9-3

H_0	H_1	统计量及其分布	拒绝（H_0）域
$\mu = \mu_0$	$\mu \neq \mu_0$		$|T| > t_{\frac{\alpha}{2}}(n-1)$
$\mu \leqslant \mu_1$	$\mu > \mu_0$	$T = \dfrac{\overline{X} - \mu_0}{S} \sqrt{n} \sim t(n-1)$	$T > t_\alpha(n-1)$
$\mu \geqslant \mu_0$	$\mu < \mu_0$		$T < -t_\alpha(n-1)$

3. μ 未知时，总体方差 σ^2 的假设检验（见表 1-9-4）

H_0：$\sigma^2 \geqslant \sigma_0^2$，$H_1$：$\sigma^2 < \sigma_0^2$（$\sigma_0$ 为已知常数）

$\sigma^2 = \sigma_0^2$ 时，统计量

$$\chi^2 = \frac{1}{\sigma_0^2} \sum_{i=1}^{n} \left(X_i - \overline{X}\right)^2 = \frac{(n-1)S^2}{\sigma_0^2} \sim \chi^2(n-1)$$

当$\chi^2 < \chi^2_{1-\alpha}(n-1)$时，否定$H_0$（$\sigma^2$比$\sigma_0^2$显著小）；否则，接受$H_0$。

表 1-9-4

H_0	H_1	统计量及其分布	拒绝(H_0)域
$\sigma^2 = \sigma_0^2$	$\sigma^2 \neq \sigma_0^2$		$\chi^2 < \chi^2_{1-\frac{\alpha}{2}}(n-1)$或$\chi^2 < \chi^2_{\frac{\alpha}{2}}(n-1)$
$\sigma^2 \leqslant \sigma_0^2$	$\sigma^2 > \sigma_0^2$	$\chi^2 = \dfrac{(n-1)S^2}{\sigma_0^2} \sim \chi^2(n-1)$	$\chi^2 > \chi^2_{\alpha}(n-1)$
$\sigma^2 \geqslant \sigma_0^2$	$\sigma^2 < \sigma_0^2$		$\chi^2 < \chi^2_{1-\alpha}(n-1)$

【例 1-9-24】 根据长期经验和资料的分析，某砖瓦厂生产的砖的抗断强度X服从正态分布，方差$\sigma^2 = 1.21$，今从该厂生产的一批砖中随机抽取 6 块，测得抗断强度分别为（单位：kg/cm²）：32.56，29.66，31.64，30.00，31.87，31.03。

问：这批砖的平均抗断强度可否认为是32.50kg/cm²？（$\alpha = 0.05$）

解　假设H_0：$\mu = 32.50$，H_1：$\mu \neq 32.50$

根据所给样本值，计算统计量U的值

$$U = \frac{\overline{x} - 32.50}{\sigma/\sqrt{n}} = \frac{31.13 - 32.50}{\sqrt{1.21/6}} = \frac{-1.37}{1.1} \times \sqrt{6} \approx -3$$

$z_{0.025} = 1.96$，而$|U| = 3 > 1.96$，故应在显著性水平$\alpha = 0.05$下否定H_0，即不能认为平均抗断强度是32.50kg/cm²。

【例 1-9-25】 设X_1，X_2，$\cdots$，X_n是来自总体$N(\mu, \sigma^2)$的样本，μ、σ^2未知，$\overline{X} = \frac{1}{n}\sum_{i=1}^{n} X_i$，$Q^2 = \sum_{i=1}^{n}(X_i - \overline{X})^2$，$Q > 0$。则检验假设$H_0$：$\mu = 0$时应选取的统计量是：

A. $\sqrt{n(n-1)}\dfrac{\overline{X}}{Q}$　　　　B. $\sqrt{n}\dfrac{\overline{X}}{Q}$　　　　C. $\sqrt{n-1}\dfrac{\overline{X}}{Q}$　　　　D. $\sqrt{n}\dfrac{\overline{X}}{Q^2}$

解　当σ^2未知时检验假设H_0：$\mu = \mu_0$，应选取统计量$T = \frac{\overline{X} - \mu_0}{S}\sqrt{n}$，本题$S^2 = \frac{1}{n-1} \cdot \sum_{i=1}^{n}(X_i - \overline{X})^2 = \frac{1}{n-1}Q^2$，$S = \frac{Q}{\sqrt{n-1}}$，取$\mu_0 = 0$，$T = \frac{\overline{X}}{Q}\sqrt{n(n-1)}$。

答案：A

习　题

1-9-1　设A、B为随机事件，$A \cup B = B$，则错误的是（　　　　）。

A. $A \subset B$　　　　B. $\overline{B} \subset \overline{A}$　　　　C. $A\overline{B} = \varnothing$　　　　D. $\overline{A}B = \varnothing$

1-9-2　设$P(A) = P(B) = \frac{1}{2}$，则正确的是（　　　　）。

A. $P(A \cup B) = 1$　　　　　　　　　　B. $P(\overline{AB}) = \frac{1}{4}$

C. $P(AB) = \frac{1}{2}$　　　　　　　　　　D. $P(AB) = P(\overline{A}\,\overline{B})$

1-9-3　设$P(A) > 0$，则$P(B|A) = 1$成立的充分条件是（　　　　）。

A. $A = \Omega$　　　　B. $B \subset A$　　　　C. $A \subset B$　　　　D. $P(B|\overline{A}) = 0$

1-9-4　两台机床加工同样的零件，第一台出现废品的概率是 0.03，第二台出现废品的概率是0.02，第一台加工的零件比第二台加工的零件多一倍，将加工出来的零件放在一起，则任意取出一零件是合格品的概率是（　　　　）。

A. 0.027　　　　　　B. 0.973　　　　　　C. 0.954　　　　　　D. 0.982

1-9-5 两个小组生产同样的零件，第一组的废品率是2%，第二组的产量是第一组的2倍而废品率是3%。若两组生产的零件放在一起，从中任抽取一件，经检查是废品，则这件废品是第一组生产的概率为（ ）。

  A. 15%   B. 25%   C. 35%   D. 45%

1-9-6 设随机事件A与B相互独立，且$P(A) = 0.4$，$P(B) = 0.3$，则$P(A \cup B)$是（ ）。

  A. 0.48   B. 0.58   C. 0.50   D. 0.70

1-9-7 设A、B相互独立，$P(A) = 0.2$，$P(B) = 0.4$，则$P(\overline{A}|B)$等于：

  A. 0.2   B. 0.4   C. 0.6   D. 0.8

1-9-8 设A、B相互独立，$P(A) > 0$，$P(B) > 0$，则一定有$P(A \cup B)$等于：

  A. $P(A) + P(B)$ B. $P(A)P(B)$ C. $1 - P(\overline{A})P(\overline{B})$ D. $1 + P(\overline{A})P(\overline{B})$

1-9-9 设$0 < P(A) < 1$，$0 < P(B) < 1$，$P(A|B) + P(\overline{A}|\overline{B}) = 1$，则正确的是（ ）。

  A. A、B互斥 B. A、B对立 C. A、B独立 D. A、B不独立

1-9-10 某人射击，每次击中目标的概率为0.8，射击3次，至少击中2次的概率约为（ ）。

  A. 0.7   B. 0.8   C. 0.5   D. 0.9

1-9-11 设X的分布律为

X	0	1	2	3
P	0.4	a	b	0.1

，已知随机事件$\{X \leq 1\}$与$\{0 < X < 3\}$相互独立，则（ ）。

  A. $a = 0.2$ $b = 0.3$ B. $a = 0.4$ $b = 0.1$

  C. $a = 0.3$ $b = 0.2$ D. $a = 0.1$ $b = 0.4$

1-9-12 设随机变量X的概率密度$f(x)$为偶函数，X的分布函数为$F(x)$，则对任意实数a，有（ ）。

  A. $F(-a) = 1 - \int_0^a f(x)\mathrm{d}x$ B. $F(-a) = \frac{1}{2} - \int_0^a f(x)\mathrm{d}x$

  C. $F(-a) = F(a)$ D. $F(-a) = 2F(a) - 1$

1-9-13 下列函数中，（ ）可作为随机变量的概率密度。

  A. $f(x) = \begin{cases} x & -1 < x < 1 \\ 0 & \text{其他} \end{cases}$ B. $f(x) = \begin{cases} x^2 & -1 < x < 1 \\ 0 & \text{其他} \end{cases}$

  C. $f(x) = \begin{cases} \frac{1}{2} & -1 < x < 1 \\ 0 & \text{其他} \end{cases}$ D. $f(x) = \begin{cases} 2 & -1 < x < 1 \\ 0 & \text{其他} \end{cases}$

1-9-14 设X服从参数$\lambda = 3$的指数分布，其分布函数为$F(x)$，则$F\left(\frac{1}{3}\right)$等于：

  A. $\frac{1}{3e}$ B. $\frac{e}{3}$ C. $1 - e^{-1}$ D. $1 - \frac{1}{3}e^{-1}$

1-9-15 设$X \sim N(\mu, \sigma^2)$，则σ增大时，$P(|X - \mu| < \sigma)$（ ）。

  A. 增大   B. 减小   C. 不变   D. 变化情况不确定

1-9-16 设随机变量X服从正态$N(1, 2^2)$，$a = P\{12 < X \leq 16\}$，$b = P\{14 < X \leq 18\}$，则a与b之间的关系是（ ）。

  A. $a < b$ B. $a > b$ C. $a = b$ D. $a \leq b$

1-9-17 设X的分布律为

X	-2	1	a
P	$\frac{1}{4}$	b	$\frac{1}{4}$

，$E(X) = 1$，则常数a、b分别为：

A. 2，$\frac{1}{2}$　　　　　B. 4，$\frac{1}{2}$　　　　　C. 6，$\frac{1}{4}$　　　　　D. 8，$\frac{1}{3}$

1-9-18 设 X 的分布函数 $F(x) = \frac{1}{2} + \frac{1}{\pi}\arctan x$，则 $E(X) = ($ 　 $)$。

A. 0　　　　　B. $\frac{1}{2}$　　　　　C. $\frac{1}{\pi}$　　　　　D. 不存在

1-9-19 设 X 表示 4 次独立射击命中次数，已知 4 次射击至少命中一次的概率为 $\frac{15}{16}$，则 $E(X^2) = ($ 　 $)$。

A. 2　　　　　B. 3　　　　　C. 4　　　　　D. 5

1-9-20 设 $E(X) = E(Y) = \frac{1}{3}$，$E(X^2) = E(Y^2) = \frac{1}{6}$，$E(XY) = \frac{1}{12}$，则 X 与 Y 的相关系数 $\rho = ($ 　 $)$。

A. $\frac{1}{3}$　　　　　B. $-\frac{1}{3}$　　　　　C. $\frac{1}{2}$　　　　　D. $-\frac{1}{2}$

1-9-21 设总体 X 的分布律为

X	0	1
P	$1-p$	p

（$0 < p < 1$），X_1，X_2，$\cdots$，X_n 为样本，则样本均值 $\overline{X}$ 的标准差为：

A. $\sqrt{\frac{p(1-p)}{n}}$　　　　B. $\frac{p(1-p)}{n}$　　　　C. $\sqrt{np(1-p)}$　　　　D. $np(1-p)$

1-9-22 设 X_1，X_2，$\cdots$，X_{16} 为正态总体 $N(\mu, 4)$ 的一个样本，样本均值 $\overline{X} = \frac{1}{16}\sum\limits_{i=1}^{16} X_i$，则 $E\left[\left(\overline{X} - \mu\right)^2\right] = ($ 　 $)$。

A. $\frac{1}{8}$　　　　　B. $\frac{1}{4}$　　　　　C. $\frac{1}{16}$　　　　　D. $\frac{1}{12}$

1-9-23 设 X_1，X_2，$\cdots$，X_{16} 为正态总体 $N(\mu, 4)$ 的一个样本，样本均值 $\overline{X} = \frac{1}{16}\sum\limits_{i=1}^{16} X_i$，则 $P\left(\left|\overline{X} - \mu\right| < 1\right) = ($ 　 $)$。[$\Phi(2) = 0.977\,2$]

A. $0.954\,4$　　　　B. $0.931\,2$　　　　C. $0.960\,7$　　　　D. $0.972\,2$

1-9-24 设总体 $X \sim N(0, \sigma^2)$，X_1，X_2，$\cdots$，X_n 是样本，$Y = C\left(\sum\limits_{i=1}^{n} X_i\right)^2 \sim \chi^2(1)$，则 $C = ($ 　 $)$。

A. n　　　　　B. $n\sigma$　　　　　C. $\frac{1}{\sigma}$　　　　　D. $\frac{1}{n\sigma^2}$

1-9-25 设 X、Y 是两个方差相等的正态总体，$(X_1, \cdots, X_{n_1})$、$(Y_1, \cdots, Y_{n_2})$ 分别是 X、Y 的样本，两样本独立，样本方差分别为 S_1^2、S_2^2，则统计量 $F = \frac{S_1^2}{S_2^2}$ 服从 F 分布，它的自由度为（ 　 ）。

A. $(n_1 - 1, n_2 - 1)$　　　　　　　B. (n_1, n_2)

C. $(n_1 + 1, n_2 + 1)$　　　　　　　D. $(n_1 + 1, n_2 - 1)$

1-9-26 设总体 X 的概率密度 $f(x) = \begin{cases} \lambda x^{-(\lambda+1)} & x > 1 \\ 0 & x \leqslant 1 \end{cases}$　（$\lambda > 1$）。X_1，X_2，$\cdots$，X_n 为样本，$\overline{X}$ 为样本均值，则 λ 的矩估计量是（ 　 ）。

A. $\frac{\overline{X}}{\overline{X}+1}$　　　　B. $\frac{\overline{X}}{\overline{X}-1}$　　　　C. $\frac{\overline{X}+1}{\overline{X}}$　　　　D. $\frac{\overline{X}-1}{\overline{X}}$

1-9-27 设总体 $X \sim N(\mu, \sigma^2)$，μ，σ^2 均未知，X_1，X_2，$\cdots$，X_n 为样本，则 σ^2 的无偏估计是：

A. $\frac{1}{n-1}\sum\limits_{i=1}^{n}\left(X_i - \overline{X}\right)^2$　　B. $\frac{1}{n-1}\sum\limits_{i=1}^{n}(X_i - \mu)^2$　　C. $\frac{1}{n}\sum\limits_{i=1}^{n}\left(X_i - \overline{X}\right)^2$　　D. $\frac{1}{n}\sum\limits_{i=1}^{n}(X_i - \mu)^2$

1-9-28 设总体 $X \sim P(\lambda)$（参数 λ 的泊松分布），λ 未知，X_1，X_2，$\cdots$，X_n 是样本，$\overline{X}$ 是样本均值，S^2 是样本方差，$\hat{\lambda} = a\overline{X} + (2 - 3a)S^2$ 为 λ 的无偏估计，则 $a = ($ 　 $)$。

A. -1　　　　　B. 0　　　　　C. $\frac{1}{2}$　　　　　D. 1

1-9-29 设X_1、X_2是总体X的样本，$E(X) = \mu$未知，$D(X) = \sigma^2$，则下列μ的估计量中最有效的估计量是（　　）。

A. $\frac{2}{3}X_1 + \frac{1}{3}X_2$　　　　B. $\frac{1}{4}X_1 + \frac{3}{4}X_2$　　　　C. $\frac{2}{5}X_1 + \frac{3}{5}X_2$　　　　D. $\frac{1}{2}X_1 + \frac{1}{2}X_2$

1-9-30 设总体$X \sim N(\mu, \sigma^2)$，μ未知，σ^2已知，X_1，X_2，$\cdots$，X_n是样本，下列选项中能提高μ的区间估计精度（置信区间长度L小，估计精度高）的做法是（　　）。

A. 减小α，增大n　　　　　　　　B. 减小α，减小n

C. 增大α，增大n　　　　　　　　D. 增大α，减小n

1-9-31 某厂家广告宣称，饮用其产品一个月可平均减体重大于 3kg。为考察广告的真实性，检验部门随机抽取 30 名饮用者，测得一个月平均减体重 2.8kg。设月减体重$X \sim N(\mu, \sigma^2)$，原假设H_0和对立假设应写成（　　）。

A. $H_0: \mu \leqslant 3$，$H_1: \mu > 3$　　　　　　B. $H_0: \mu \geqslant 3$，$H_1: \mu < 3$

C. $H_0: \mu \leqslant 2.8$，$H_1: \mu > 2.8$　　　　D. $H_0: \mu \geqslant 2.8$，$H_1: \mu < 2.8$

1-9-32 某厂生产合金弦线，其抗拉强度服从均值为 10 560MPa 的正态分布$N(\mu, \sigma^2)$。现从一批产品中随机抽出 10 根，得样本均值$\bar{x} = 10\,631.4$，样本方差$S^2 = \frac{1}{n-1}\sum_{i=1}^{n}(x_i - \bar{x})^2 = 6\,560.4$，现检验这批产品的平均抗拉强度有无显著变化$(\alpha = 0.05)$。

检验假设$H_0: \mu = 10\,560$，$H_1: \mu \neq 10\,560$

问：在H_0成立时采用统计量$\frac{\bar{X} - 10\,560}{S/\sqrt{10}}$服从（　　）。

A. $t(9)$分布　　　　B. $t(10)$分布　　　　C. 正态分布　　　　D. $\chi^2(9)$分布

1-9-33 对单个正态总体$N(\mu, \sigma^2)$作假设检验时，在下列（　　）情况下采用t检验法（检验统计量服从t分布）。

A. σ^2已知，$H_0: \mu = \mu_0$（μ_0为已知常数）

B. σ^2未知，$H_0: \mu = \mu_0$（μ_0为已知常数）

C. μ已知，$H_0: \sigma^2 = \sigma_0^2$（$\sigma_0$为已知正常数）

D. μ未知，$H_0: \sigma^2 = \sigma_0^2$（$\sigma_0$为已知正常数）

习题题解及参考答案

第一节

1-1-1　**解：** 利用向量积求出与$\vec{\alpha}$、$\vec{\beta}$都垂直的向量，$\vec{\alpha} \times \vec{\beta} = \begin{vmatrix} \vec{i} & \vec{j} & \vec{k} \\ 1 & 2 & 3 \\ 1 & -3 & -2 \end{vmatrix} = 5(\vec{i} + \vec{j} - \vec{k})$，

$|\vec{\alpha} \times \vec{\beta}| = 5\sqrt{3}$，因单位向量$\vec{\alpha}^0 = \frac{\vec{\alpha}}{|\alpha|}$，所以$\vec{\alpha}^0 = \pm\frac{1}{\sqrt{3}}(\vec{i} + \vec{j} - \vec{k})$。

答案： D

1-1-2　**解：** 利用数量积计算公式$\vec{a} \cdot \vec{a} = |\vec{a}|^2$，求出$|\vec{a}|^2$，即得到$|\vec{a}|$。$|\vec{a} + \vec{b}|^2 = (\vec{a} + \vec{b}) \cdot (\vec{a} + \vec{b}) = \vec{a} \cdot \vec{a} + 2\vec{a} \cdot \vec{b} + \vec{b} \cdot \vec{b} = 5$，所以$|\vec{a} + \vec{b}| = \sqrt{5}$。

答案： D

1-1-3　**解：** 运用数量积和向量积的定义及它们的运算性质计算，$(\vec{a} + \vec{b}) \cdot (\vec{a} - \vec{b}) = \vec{a} \cdot \vec{a} + \vec{b} \cdot$

$\vec{a} - \vec{a} \cdot \vec{b} - \vec{b} \cdot \vec{b} = |\vec{a}|^2 - |\vec{b}|^2$，选项 A 成立。选项 B、C、D 均不成立。

答案： A

1-1-4　**解：** 利用已知的两直线方程计算出它们各自的方向向量。

例如 $\begin{cases} 3x + z = 4 \\ y + 2z = 9 \end{cases}$，$\vec{s_1} = \vec{n_1} \times \vec{n_2} = \begin{vmatrix} \vec{i} & \vec{j} & \vec{k} \\ 3 & 0 & 1 \\ 0 & 1 & 2 \end{vmatrix} = -\vec{i} - 6\vec{j} + 3\vec{k}$，同理求出 $\vec{s_2} =$
$-6\vec{i} - 36\vec{j} + 18\vec{k}$。$\vec{s_1}$、$\vec{s_2}$ 对应坐标成比例，故 $\vec{s_1} /\!/ \vec{s_2}$，则 $\vec{L_1} /\!/ \vec{L_2}$ 或重合，在 L_1 上取一点 $(1,7,1)$，代入 L_2 方程，不满足 L_2 方程，因而 L_1、L_2 平行但不重合。

答案： A

1-1-5　**解：** 直线 L 的方向向量 $\vec{s} = \{2,1,3\}$，平面 π 的法向量 $\vec{n} = \{4,-2,-2\}$，$\vec{s} \cdot \vec{n} = 0$，则 $\vec{s} \perp \vec{n}$，直线与平面平行或重合，取 L 上一点 $(-3,-4,0)$ 代入平面 π 方程得 $4 \times (-3) - 2 \times (-4) + 0 = -4 \neq 3$，不满足平面方程，故直线 $/\!/$ 平面。

答案： A

1-1-6　**解：** 见解图，取已知直线的方向向量为与其垂直平面的法向量，取 $\vec{n} = \vec{s} = \{3,2,-1\}$，$M_0(2,1,3)$。过 M_0 与 L 垂直的平面方程：$3(x-2) + 2(y-1) - (z-3) = 0$，化简得 $3x + 2y - z - 5 = 0$。求出已知直线和垂直平面的交点，L 的参数方程为 $x = 3t - 1$，$y = 2t + 1$，$z = -t$，代入平面方程 $3(3t-1) + 2(2t+1) + t - 5 = 0$，解出 $t = \dfrac{3}{7}$，交点为 $M_1\left(\dfrac{2}{7}, \dfrac{13}{7}, -\dfrac{3}{7}\right)$。连接 $M_0 M_1$，$\overrightarrow{M_0 M_1} = \left\{-\dfrac{12}{7}, \dfrac{6}{7}, -\dfrac{24}{7}\right\} = -\dfrac{6}{7}\{2,-1,4\}$，取 $\vec{s}_{M_0 M_1} = \{2,-1,4\}$，与已知直线垂直相交的直线方程为 $\dfrac{x-2}{2} = \dfrac{y-1}{-1} = \dfrac{z-3}{4}$。

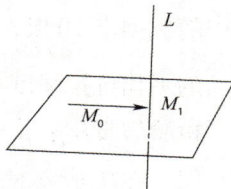

题 1-1-6 解图

答案： C

1-1-7　**解：** 利用给出的直线方程，求出直线方程的方向向量
$\vec{n_1} = \{1,-1,-1\}$，$\vec{n_2} = \{2,1,-3\}$
$\vec{n_1} \times \vec{n_2} = \begin{vmatrix} \vec{i} & \vec{j} & \vec{k} \\ 1 & -1 & -1 \\ 2 & 1 & -3 \end{vmatrix} = \vec{i} \begin{vmatrix} -1 & -1 \\ 1 & -3 \end{vmatrix} - \vec{j} \begin{vmatrix} 1 & -1 \\ 2 & -3 \end{vmatrix} + \vec{k} \begin{vmatrix} 1 & -1 \\ 2 & 1 \end{vmatrix} = 4\vec{i} + \vec{j} + 3\vec{k}$
取 $\vec{s} = \{4,1,3\}$
利用 $\vec{s} = \{4,1,3\}$，点 $M(3,-2,1)$ 写出 L 的方程：$\dfrac{x-3}{4} = \dfrac{y+2}{1} = \dfrac{z-1}{3}$。

答案： D

1-1-8　**解：** 通过方程组 $\begin{cases} x^2 + y^2 + (z+3)^2 = 25 \\ z = 1 \end{cases}$ 消去 z，得 $x^2 + y^2 = 9$，为空间曲线在 xOy 平面上的投影柱面。联立 $\begin{cases} x^2 + y^2 = 9 \\ z = 1 \end{cases}$，为球面与平面 $z = 1$ 的交线。

答案： D

1-1-9　**解：** 设点 $M_1(1,1,0)$，$M_2(0,0,1)$，$M_3(0,1,1)$，分别写出向量 $\overrightarrow{M_1 M_2} = \{-1,-1,1\}$，$\overrightarrow{M_1 M_3} = \{-1,0,1\}$，平面 π 的法向量 $\vec{n} = \overrightarrow{M_1 M_2} \times \overrightarrow{M_1 M_3} = -\vec{i} + 0\vec{j} - \vec{k} = \{-1,0,1\}$，取 $\vec{s} = \vec{n} = \{1,0,1\}$，点 $M(1,1,1)$，所求直线对称式方程为：$\dfrac{x-1}{1} = \dfrac{y-1}{0} = \dfrac{z-1}{1}$。

答案： A

1-1-10　**解：** 在 xOz 平面上的曲线 $f(x,z) = 0$，绕 x 轴旋转一周，旋转曲面方程为 $f(x, \pm\sqrt{y^2 + z^2}) = 0$。则旋转曲面方程为 $\dfrac{x^2}{9} + \dfrac{y^2 + z^2}{4} = 1$。

答案： C

1-1-11 **解：** $\begin{cases} 2x^2 + y^2 + z^2 = 16 & ① \\ x^2 - y^2 + z^2 = 0 & ② \end{cases}$

消x，由②式×2得$2x^2 - 2y^2 + 2z^2 = 0$　③

①式-③式得　$3y^2 - z^2 = 16$

答案： C

1-1-12 **解：方法1**，已知直线L_0，点$M_0(1,2,3)$，$\vec{S}\{3,2,1\}$

xOy平面方程为$z = 0$，法向量$\vec{n} = \{0,0,1\}$

设直线L_0在xOy平面上投影平面的法向量为$\vec{n}_{投影平面}$，则

$$\vec{n}_{投影平面} = \vec{s} \times \vec{n} = \begin{vmatrix} \vec{i} & \vec{j} & \vec{k} \\ 3 & 2 & 1 \\ 0 & 0 & 1 \end{vmatrix} = \{2, -3, 0\}$$

过点M_0在xOy平面上投影平面为$2(x-1) - 3(y-2) = 0$，即$2x - 3y + 4 = 0$

L_0在xOy平面上投影直线方程为$\begin{cases} 2x - 3y + 4 = 0 \\ z = 0 \end{cases}$

方法 2，也可以用L_0方程中前面部分$\dfrac{x-1}{3} = \dfrac{y-2}{2}$所表示的平面和$z = 0$所表示的平面表示$L_0$

在xOy平面上的投影直线方程，即$\begin{cases} \dfrac{x-1}{3} = \dfrac{y-2}{2} \\ z = 0 \end{cases}$，整理得$\begin{cases} 2x - 3y + 4 = 0 \\ z = 0 \end{cases}$

答案： B

第二节

1-2-1 **解：** 因为$\dfrac{1}{f(x)} = \dfrac{x}{x-1}$，所以

$$f\left[\frac{1}{f(x)}\right] = \frac{\dfrac{1}{f(x)} - 1}{\dfrac{1}{f(x)}} = \frac{\dfrac{x}{x-1} - 1}{\dfrac{x}{x-1}} = \frac{1}{x}$$

答案： C

1-2-2 **解：**

$$\lim_{x \to \infty} \frac{3x^2 + 5}{5x + 3} \sin\frac{2}{x} = \lim_{x \to \infty} \frac{x\left(3x + \dfrac{5}{x}\right)}{5x + 3} \sin\frac{2}{x}$$

$$= \lim_{x \to \infty} \frac{3x + \dfrac{5}{x}}{5x + 3} \times \frac{\sin\dfrac{2}{x}}{\dfrac{2}{x}} \times 2 = \frac{3}{5} \times 1 \times 2 = \frac{6}{5}$$

答案： B

1-2-3 **解：** 因为$\lim\limits_{x \to \infty} \dfrac{x^3 - 2x + 5}{3x^5 + 2x + 3} = 0$，$|2 + \cos x - 3\sin x| \leqslant 6$

所以$\lim\limits_{x \to \infty} \dfrac{x^3 - 2x + 5}{3x^5 + 2x + 3}(2 + \cos x - 3\sin x) = 0$

答案： B

1-2-4 **解：** 举例说明：

设$f(u) = |u|$，在$u = 0$处不可导，取$u = g(x) = \sin x$在$x = 0$处可导，$f[g(x)]$在$x = 0$处不可导，选项 A 错。

取$u = g(x) = x^4$，$f[g(x)] = |x^4| = x^4$在$x = 0$处可导，选项 B 错，所以选项 C 正确。

另设$f(u) = \begin{cases} 1 & u \geqslant 0 \\ -1 & u < 0 \end{cases}$，在$u = 0$处既不可导也不连续，$u = g(x) = x^3$在$x = 0$可导，

$$f\big(g(x)\big) = \begin{cases} 1 & x \geq 0 \\ -1 & x < 0 \end{cases} \text{在} x = 0 \text{处不连续，选项 D 错。}$$

答案： C

1-2-5　　**解：** $x \to 0$ 利用等价无穷小计算

$$\ln(1 - tx^2) \sim -tx^2, \quad x^2 \sim x \sin x$$

$$\text{原式} = \lim_{x \to 0} \frac{-tx^2}{x^2} = -t$$

答案： B

1-2-6　　**解：** $\lim\limits_{x \to 0} \dfrac{x^2 - \sin x}{x} = \lim\limits_{x \to 0} \left(x - \dfrac{\sin x}{x} \right) = -1 (\neq 0)$，为同阶无穷小，但不是等价无穷小。

答案： B

1-2-7　　**解：** $\lim\limits_{x \to 0} \dfrac{\sqrt{2 - 2\cos x}}{x} = \lim\limits_{x \to 0} \dfrac{\sqrt{4 \sin^2 \frac{x}{2}}}{x} = \lim\limits_{x \to 0} \dfrac{2\left| \sin \frac{x}{2} \right|}{x}$

当 $x \to 0^+$ 时

$$\lim_{x \to 0^+} \frac{2\left| \sin \frac{x}{2} \right|}{x} = \lim_{x \to 0^+} \frac{\sin \frac{x}{2}}{\frac{x}{2}} = 1$$

当 $x \to 0^-$ 时

$$\lim_{x \to 0^-} \frac{2\left| \sin \frac{x}{2} \right|}{x} = \lim_{x \to 0^-} \frac{-2 \sin \frac{x}{2}}{\frac{x}{2}} = -1$$

答案： A

1-2-8　　**解：** 在 $x = 0$ 处，当满足 $\lim\limits_{x \to 0^+} f(x) = \lim\limits_{x \to 0^-} f(x) = f(0)$ 时，$f(x)$ 在 $x = 0$ 处连续。

计算：$x = 0$，$f(0) = 1$，$\lim\limits_{x \to 0^-} \left(\cos x + x \sin \frac{1}{x} \right) = 1$，$\lim\limits_{x \to 0^+} (x^2 + 1) = 1$，所以在 $x = 0$ 处，$f(x)$ 连续。

答案： D

1-2-9　　**解：** 举列说明

① $\alpha(x) = x$，$\beta(x) = x^4$，在 $x \to 0$ 时为无穷小

$$\lim_{x \to 0} \frac{x^2}{x^4} = \lim_{x \to 0} \frac{1}{x^2} = \infty$$

② $\alpha(x) = x^2$，$\beta(x) = x^4$，在 $x \to 0$ 时为无穷小

$$\lim_{x \to 0} \frac{(x^2)^2}{x^4} = 1$$

答案： D

1-2-10　　**解：** 可以验证 $f(x) = Cg(x)$ 错误，求导 $f'(x) = Cg'(x)$。

答案： A

1-2-11　　**解：** 利用函数在一点可导的定义计算

$$f'(x_0) = \lim_{\Delta x \to 0} \frac{f(x_0 + \Delta x) - f(x_0)}{\Delta x}$$

$$\text{原式} = \lim_{x \to 0} \frac{1}{\dfrac{f(x_0 - 2x) - f(x_0)}{x}} = \lim_{x \to 0} \frac{1}{\dfrac{f(x_0 - 2x) - f(x_0)}{-2x} \times (-2)} = \frac{1}{-2 f'(x_0)} = \frac{1}{4}$$

求出 $f'(x_0) = -2$

答案： C

1-2-12　**解：** 验证$f(x)$在区间$[1,2]$上满足拉格朗日中值定理的条件，即有

$$f(2) - f(1) = f'(\xi)(2-1), \quad 1 < \xi < 2$$

$$\frac{3}{2} - 2 = -\frac{1}{x^2}\Big|_{x=\xi}(2-1), \quad -\frac{1}{2} = -\frac{1}{\xi^2}, \quad \xi^2 = 2, \quad \xi = \sqrt{2}$$

　　答案： A

1-2-13　**解：** 利用点$(0,1)$是曲线$y = ax^3 + bx^2 + c$拐点的条件，$y' = 3ax^2 + 2bx$，$y'' = 6ax + 2b$，令$y'' = 0$，$6ax + 2b = 0$，$x = \frac{-2b}{6a} = -\frac{1}{3}\frac{b}{a}$。

因拐点横坐标为0，即$x = 0$，则$b = 0$。

将$b = 0$代入曲线方程，$y = ax^3 + C$，$y'' = 6ax$，当$a \neq 0$时，$(-\infty, 0)$，$(0, +\infty)$两侧y''异号，再将拐点坐标$x = 0$，$y = 1$代入$y = ax^3 + bx^2 + c$，$c = 1$，所以$b = 0$，$c = 1$，a为不等于0的任何实数。

　　答案： B

1-2-14　**解：** 利用多元隐函数方法求导，$F(x, y) = 0$，求出F_x、F_y

则$\frac{dy}{dx} = -\frac{F_x}{F_y}$，$F_x = 3x^2 + \cos(\pi y)$，$F_y = 3y^2 + (x+1)[-\sin(\pi y) \cdot \pi]$

$$\frac{dy}{dx} = -\frac{F_x}{F_y} = -\frac{3x^2 + \cos(\pi y)}{3y^2 + (x+1)[-\pi\sin(\pi y)]}$$

当$x = -1$时，代入原方程$y = -2$

切线斜率$K_{切} = \frac{dy}{dx}\Big|_{\substack{x=-1 \\ y=-2}} = -\frac{3+1}{3\times 4} = -\frac{1}{3}$

法线斜率$K_{法} = 3$

法线方程$y + 2 = 3(x+1)$，即$y - 3x - 1 = 0$。

　　答案： B

1-2-15　**解：** 面积$A = \int_a^{a+1} x^2 dx = \frac{1}{3}[(a+1)^3 - a^3]$

利用导数知识求在面积最小时的a值

$$A' = \frac{1}{3}[3(a+1)^2 - 3a^2] = 2a + 1$$

令$A' = 0$，$a = -\frac{1}{2}$，$A'' = 2 > 0$，所以当$a = -\frac{1}{2}$取得面积最小。

　　答案： B

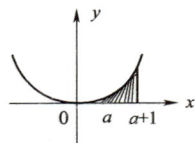

题 1-2-15 解图

1-2-16　**解：** 用复合函数求导法则计算

$$y' = \frac{1}{f(x)} \cdot f'(x) = \frac{f'(x)}{f(x)}$$

再利用函数商的求导法则

$$y'' = \frac{f'' \cdot f - f' \cdot f'}{f^2(x)} = \frac{f \cdot f'' - (f')^2}{f^2}$$

　　答案： A

1-2-17　**解：** $\frac{dy}{dt} = f(t) + tf'(t)$，$\frac{dx}{dt} = f'(t) - \frac{f'(t)}{f(t)}$

$$\frac{dy}{dx} = \frac{\frac{dy}{dt}}{\frac{dx}{dt}} = \frac{f^2(t) + tf(t)f'(t)}{f(t)f'(t) - f'(t)}$$

将$t = 0$，$f(0) = 2$，$f'(0) = 2$代入得：

$$\frac{\mathrm{d}y}{\mathrm{d}x}\bigg|_{\substack{t=0 \\ f(0)=2 \\ f'(0)=2}} = \frac{2^2+0}{2\times 2-2} = 2$$

答案： D

1-2-18　**解：** $\frac{\mathrm{d}y}{\mathrm{d}x} = \frac{2}{1+x^2}$，已知直线 $y = x-1$，斜率 $k = 1$，$\frac{2x}{1+x^2} = 1$，$x^2-2x+1 = 0$，解出 $x = 1$，二重根。当 $x = 1$ 时，$y = \ln 2$。

答案： C

1-2-19　**解：** 已知 $f'(x) = f(1-x)$，两边求导，有：$f''(x) = -f'(1-x)$　　　　①

在式 $f'(x) = f(1-x)$ 中，当 x 取 $1-x$ 时，有：$f'(1-x) = f(x)$　　　　②

将②式代入①式：$f''(x) = -f(x)$，$f''(x) + f(x) = 0$。

答案： C

1-2-20　**解：** 已知 $f(x)$ 在 $x = 0$ 可导，即左导 $f'_-(0) =$ 右导 $f'_+(0)$，则

$$f'_+(0) = \lim_{x\to 0^+}\frac{f(x)-f(0)}{x-0} = \lim_{x\to 0^+}\frac{ax+2-2}{x-0} = a$$

$$f'_-(0) = \lim_{x\to 0^-}\frac{f(x)-f(0)}{x-0} = \lim_{x\to 0^-}\frac{e^{-x}+1-2}{x} = \lim_{x\to 0^-}\frac{e^{-x}-1}{x}$$

$$= \lim_{x\to 0^-}\frac{-x}{x} = -1 \qquad (\text{当}\, x\to 0 \,\text{时}, e^{-x}-1 \sim -x)$$

答案： D

1-2-21　**解：** $f(x)$ 在 $x = 0$ 可导，所以在 $x = 0$ 必连续，即

$$\lim_{x\to 0^+} f(x) = \lim_{x\to 0^-} f(x) = f(0), \quad f(0) = b$$

$$\lim_{x\to 0^+} x^2\sin\frac{1}{x} = 0, \quad \lim_{x\to 0^-}(ax+b) = b$$

得到 $b = 0$

利用 $f(x)$ 在 $x = 0$ 可导，$f'_+(0) = f'_-(0)$，而

$$f'_+(0) = \lim_{x\to 0^+}\frac{x^2\sin\frac{1}{x}-b}{x-0} = \lim_{x\to 0^+}\frac{x^2\sin\frac{1}{x}}{x} = \lim_{x\to 0^+} x\sin\frac{1}{x} = 0, \quad f'_-(0) = \lim_{x\to 0^-}\frac{ax+b-b}{x} = a$$

得到 $a = 0$，$b = 0$

答案： C

1-2-22　**解：** $\frac{\mathrm{d}x}{\mathrm{d}t} = \frac{-4t}{(1+t^2)^2}$，$\frac{\mathrm{d}y}{\mathrm{d}t} = \frac{2-2t^2}{(1+t^2)^2}$

则 $\frac{\mathrm{d}y}{\mathrm{d}x} = \frac{\frac{\mathrm{d}y}{\mathrm{d}t}}{\frac{\mathrm{d}x}{\mathrm{d}t}} = \frac{t^2-1}{2t}$

答案： A

1-2-23　**解：** $f(x)$ 为幂指函数，利用对数求导法计算，两边取对数，即

$$\frac{1}{y}\frac{\mathrm{d}y}{\mathrm{d}x} = -\frac{1}{x^2}\ln(1+x) + \frac{1}{x(1+x)}$$

$$\frac{\mathrm{d}y}{\mathrm{d}x} = (1+x)^{\frac{1}{x}}\left[-\frac{1}{x^2}\ln(1+x) + \frac{1}{x(1+x)}\right]$$

$$\frac{\mathrm{d}y}{\mathrm{d}x}\bigg|_{x=1} = 2\times\left[(-1)\ln 2 + \frac{1}{2}\right] = -2\ln 2 + 1 = 1-\ln 4$$

答案： D

1-2-24 **解：** 定义域$(0,+\infty)$

$$f'(x) = \frac{10}{1+x^2} - \frac{3}{x} = \frac{-3x^2+10x-3}{x(1+x^2)}$$

令$f'(x) = 0$，$-3x^2+10x-3 = 0$，得到$x = 3$，$x = \frac{1}{3}$，分割定义域，判定$x = \frac{1}{3}$，$x = 3$邻近两侧一阶导数的符号。当$x < 3$时，$f'(x) > 0$，$x > 3$时，$f'(x) < 0$；当$x < \frac{1}{3}$时，$f'(x) < 0$，$x > \frac{1}{3}$时，$f'(x) > 0$。确定$x = 3$处取得极大值$f(3)$。

答案： C

1-2-25 **解：** 画示意图

已知当$0 < x < a$时，$f(x) < f(0)$，函数是连续偶函数，

所以当$-a < x < 0$时，$f(0) > f(x)$，即$f(0)$是$f(x)$在$(-a,a)$上

的极大值，也是最大值。

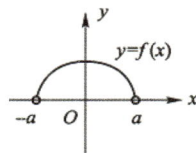
题 1-2-25 解图

答案： C

1-2-26 **解：** 定义域$(-\infty,+\infty)$，$y = x^3(x-4) = x^4-4x^3$，$y' = 4x^2(x-3) = 0$，得到$x = 0$，$x = 3$。则由$y'' = 12(x-2)x = 0$，得到$x = 0$，$x = 2$。列表如下。

题 1-2-26 解表

x	$(-\infty,0)$	0	$(0,2)$	2	$(2,3)$	3	$(3,+\infty)$
y'	$-$	0	$-$	$-$	$-$	0	$+$
y''	$+$	0	$-$	0	$+$	$+$	$+$
y	↘	拐	↘	拐	↘	极值	↗

确定单增且向上凹的区间为$(3,+\infty)$。

答案： D

1-2-27 **解：** 定义域$[-4,-1]$

$$f'(x) = x + 2 + \frac{1}{x} = \frac{x^2+2x+1}{x}$$

可作为公式记住，$(\ln|x|)' = \frac{1}{x}$

令$f'(x) = 0$，即$x^2+2x+1 = 0$，$x = -1$为驻点，端点$x = -4$，$x = -1$，比较$f(-1)$与$f(-4)$函数值的大小，确定最大值。

答案： C

1-2-28 **解：** 将x_0代入方程$x_0 f''(x_0) + 3x_0(f'(x_0))^2 = 1 - e^{-x_0}$，已知$x_0$是函数的一个驻点，则$f'(x_0) = 0$，化简，得：

$$x_0 f''(x_0) = 1 - e^{-x_0}, \quad f''(x_0) = \frac{1-e^{-x_0}}{x_0} = \frac{e^{x_0}-1}{x_0 e^{x_0}} > 0$$

由极值存在的第二充分条件，可知$f(x_0)$是$f(x)$的极小值。

[注：当$x_0 > 0$时，$e^{x_0}-1 > 0$，$x_0 e^{x_0} > 0$，所以$f''(x_0) > 0$；当$x_0 < 0$时，$e^{x_0}-1 < 0$，$x_0 e^{x_0} < 0$，所以$f''(x_0) > 0$。]

答案： B

第三节

1-3-1 **解：** 利用凑微分方法，即

$$\int f'(3-2x)\mathrm{d}x = \frac{-1}{2}\int f'(3-2x)\mathrm{d}(-2x+3) = -\frac{1}{2}f(3-2x)+C$$

答案： A

1-3-2 　**解：** 利用第一类换元积分法（凑微分法），即

$$\int e^{-x}f(e^{-x})\mathrm{d}x = -\int f(e^{-x})\mathrm{d}e^{-x} = -F(e^{-x})+C$$

答案： B

1-3-3 　**解：** 凑微分，即

$$\int \frac{f'(\ln x)}{x\sqrt{f(\ln x)}}\mathrm{d}x = \int \frac{f'(\ln x)}{\sqrt{f(\ln x)}}\mathrm{d}\ln x = \int \frac{1}{\sqrt{f(\ln x)}}\mathrm{d}f(\ln x) = 2\sqrt{f(\ln x)}+C$$

答案： C

1-3-4 　**解：** 利用函数原函数的定义计算。

$$(x^2)' = 2x,\ g(x) = 2x,\ (\cos x)' = -\sin x,\ f(x) = -\sin x$$

所以 $f[g(x)] = -\sin[g(x)] = -\sin 2x$。

答案： D

1-3-5 　**解：** 计算函数的积分，即左 $=\int f'(\ln x)\mathrm{d}\ln x = f(\ln x)+C_1$，而右 $=x^2+C_2$，则 $f(\ln x)+C_1 = x^2+C_2$，设 $t=\ln x$，$x=e^t$，代入得 $f(t)+C_1 = e^{2t}+C_2$，则 $f(x) = e^{2x}+C$（其中 $C = C_2 - C_1$）。

答案： C

1-3-6 　**解：** $\lim\limits_{x\to a}\frac{x}{x-a}\int_a^x f(t)\mathrm{d}t = \lim\limits_{x\to a}\frac{x\int_a^x f(t)\mathrm{d}t}{x-a} \overset{\frac{0}{0}}{=} \lim\limits_{x\to a}\frac{\int_a^x f(t)\mathrm{d}t+xf(x)}{1} = af(a)\left(\text{因} \int_a^a f(t)\mathrm{d}t = 0\right)$。

答案： C

1-3-7 　**解：** $f(x)$ 在 $[a,b]$ 连续，$f(x)$ 在 $[a,b]$ 可积，定积分 $\int_a^b f(x)\mathrm{d}x$ 为一确定常数。

答案： A

1-3-8 　**解：** $\lim\limits_{x\to 0}\frac{\int_0^x f(t)\mathrm{d}t}{x^2} \overset{\frac{0}{0}}{=} \lim\limits_{x\to 0}\frac{f(x)}{2x} = \frac{1}{2}\lim\limits_{x\to 0}\frac{f(x)-f(0)}{x-0} = \frac{1}{2}f'(0) = \frac{2}{2} = 1$。

答案： B

1-3-9 　**解：** $I = \int_e^{+\infty}\frac{1}{x(\ln x)^2}\mathrm{d}x = \int_e^{+\infty}\frac{1}{(\ln x)^2}\mathrm{d}\ln x = -\frac{1}{\ln x}\Big|_e^{+\infty} = -\left(\lim\limits_{x\to +\infty}\frac{1}{\ln x}-\frac{1}{\ln e}\right) = 1$

答案： A

1-3-10 　**解：** 逐一计算各个选项来确定。

选项 A：$\int_2^{+\infty}\frac{1}{x\ln^3 x}\mathrm{d}x = \int_2^{+\infty}\frac{1}{\ln^3 x}\mathrm{d}(\ln x) = -\frac{1}{2}\frac{1}{\ln^2 x}\Big|_2^{+\infty} = -\frac{1}{2}\left(\lim\limits_{x\to +\infty}\frac{1}{\ln^2 x}-\frac{1}{\ln^2 2}\right) = \frac{1}{2\ln^2 2}$，收敛。

选项 B：$\int_0^{+\infty}e^{-x}\mathrm{d}x = -e^{-x}\Big|_0^{+\infty} = -\left(\lim\limits_{x\to +\infty}e^{-x}-1\right) = 1$，收敛。

选项 C：因 $x=-1$ 为无穷不连续点，则 $\int_{-1}^0\frac{2}{\sqrt{1-x^2}}\mathrm{d}x = 2\arcsin x\Big|_{-1}^0 = 2\left(0-\lim\limits_{x\to -1^+}\arcsin x\right) = \pi$，收敛。

选项 D：因 $x=1$ 为函数的无穷不连续点，则 $\int_1^e\frac{1}{x\ln x}\mathrm{d}x = \int_1^e\frac{1}{\ln x}\mathrm{d}\ln x = \ln\ln x\Big|_1^e = \ln\ln e - \lim\limits_{x\to 1^+}\ln\ln x = \infty$，发散。

答案： D

1-3-11　**解：**积分上限函数求导数，$Q'(x) = x^2 e^{-x^2} \cdot 2x = 2x^3 e^{-x^2}$。

答案： C

1-3-12　**解：** $\int_0^a f(x)\mathrm{d}x = \int_0^{\frac{a}{2}} f(x)\mathrm{d}x + \int_{\frac{a}{2}}^a f(x)\mathrm{d}x$。

将 $\int_{\frac{a}{2}}^a f(x)\mathrm{d}x$ 变形，设 $x = a - t$，$\mathrm{d}x = -\mathrm{d}t$。

当 $x = a$ 时，$t = 0$；当 $x = \frac{a}{2}$ 时，$t = \frac{a}{2}$。

$\int_{\frac{a}{2}}^a f(x)\mathrm{d}x = \int_{\frac{a}{2}}^0 f(a-t)(-\mathrm{d}t) = \int_0^{\frac{a}{2}} f(a-t)\mathrm{d}t = \int_0^{\frac{a}{2}} f(a-x)\mathrm{d}x$。

答案： B

1-3-13　**解：** 计算 $\int_0^1 f(x)\mathrm{d}x = \int_0^{\frac{1}{2}} 1\mathrm{d}x + \int_{\frac{1}{2}}^1 0\mathrm{d}x = \frac{1}{2}$，因此在 $[0,1]$ 内不存在 ξ，使等式成立。

答案： B

1-3-14　**解：** 可以验证选项 A、B、C 均成立，例如 $\int_{-a}^a f(x^2)\mathrm{d}x = \int_{-a}^0 f(x^2)\mathrm{d}x + \int_0^a f(x^2)\mathrm{d}x$，设 $x = -t$，$\mathrm{d}x = -\mathrm{d}t$，$\int_{-a}^0 f(x^2)\mathrm{d}x = \int_a^0 f[(-t)^2](-\mathrm{d}t) = \int_0^a f(t^2)\mathrm{d}t = \int_0^a f(x^2)\mathrm{d}x$，从而 $\int_{-a}^a f(x)\mathrm{d}x = 2\int_0^a f(x^2)\mathrm{d}x$。

选项 D：$\int_0^1 10^x\mathrm{d}x = \frac{1}{\ln 10} 10^x\Big|_0^1 = \frac{1}{\ln 10}(10 - 1) = \frac{9}{\ln 10}$。

答案： D

1-3-15　**解：** $\varphi(-x) = \int_0^{-x} f(t)\mathrm{d}t$

设 $t = -u$，$\mathrm{d}t = -\mathrm{d}u$

当 $t = -x$ 时，$u = x$；当 $t = 0$ 时，$u = 0$

$\varphi(-x) = \int_0^{-x} f(t)\mathrm{d}t = \int_0^x f(-u)(-\mathrm{d}u) \xrightarrow{f\text{为偶函数}} -\int_0^x f(u)\mathrm{d}u = -\int_0^x f(t)\mathrm{d}t = -\varphi(x)$

即 $\varphi(-x) = -\varphi(x)$，所以 $\varphi(x)$ 为奇函数。

答案： B

1-3-16　**解：** 已知 $f(x)$ 在 $[0,+\infty)$ 连续，$f(x)$ 在 $[0,1]$ 上可积，定积分 $\int_0^1 f(x)\mathrm{d}x$ 为一常数。

设 $A = \int_0^1 f(x)\mathrm{d}x$，则 $f(x) = xe^{-x} + Ae^x$，两边在 $[0,1]$ 区间上作定积分，得

$$\int_0^1 f(x)\mathrm{d}x = \int_0^1 xe^{-x}\mathrm{d}x + \int_0^1 Ae^x\mathrm{d}x$$

$$A = \int_0^1 xe^{-x}\mathrm{d}x + A\int_0^1 e^x\mathrm{d}x \qquad ①$$

而 $\int_0^1 xe^{-x}\mathrm{d}x = -\int_0^1 x\,\mathrm{d}e^{-x} = -\left(xe^{-x}\Big|_0^1 - \int_0^1 e^{-x}\mathrm{d}x\right) = -\left(\frac{2}{e} - 1\right)$，$\int_0^1 e^x\mathrm{d}x = e - 1$

代入①式

$$A = -\left(\frac{2}{e} - 1\right) + (e - 1)A$$

求出 $A = -\frac{1}{e}$，则

$$f(x) = xe^{-x} - \frac{1}{e}e^x = xe^{-x} - e^{x-1}$$

答案： B

1-3-17　**解：** 见解图，$y^2 = 4 - x$，$x = 4 - y^2$，当 $x = 0$ 时，$y = \pm 2$，$S = \int_{-2}^2 (4 - y^2)\mathrm{d}y$。

答案： A

1-3-18　**解：** 画解图，x：$\left[\frac{\pi}{4}, \frac{5}{4}\pi\right]$

$$A = \int_{\frac{1}{4}\pi}^{\frac{5}{4}\pi} (\sin x - \cos x)\mathrm{d}x$$

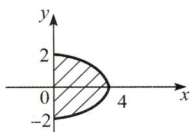

题 1-3-17 解图

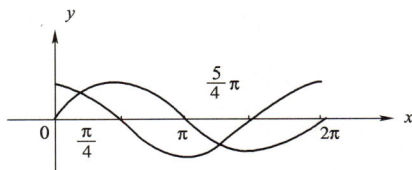

题 1-3-18 解图

答案： B

1-3-19　**解：** 因为积分上限函数 $F(x) = \int_0^x f(t)\,\mathrm{d}t = \frac{1}{2}x^4$ 是 $f(x)$ 的一个原函数。所以

$$\int_0^4 \frac{1}{\sqrt{x}} f(\sqrt{x})\,\mathrm{d}x = \int_0^4 2f(\sqrt{x})\,\mathrm{d}\sqrt{x} = 2F(\sqrt{x})\Big|_0^4 = 2[F(2) - F(0)] = 2 \times \frac{1}{2} \times (2)^4 = 16$$

答案： D

第四节

1-4-1　**解：** 利用二元复合函数，求偏导的方法计算。

$$\frac{\partial z}{\partial y} = \frac{\partial z}{\partial u} \cdot \frac{\partial u}{\partial y} + \frac{\partial z}{\partial v} \cdot \frac{\partial v}{\partial y} = 2u\varphi_y' \ln v + \frac{u^2}{v}\varphi'$$

答案： C

1-4-2　**解：** $xyz - e^{x+y} = 0$，设函数 $F(x,y,z) = xyz - e^{x+y}$，$F_x = yz - e^{x+y}$，$F_y = xz - e^{x+y}$。

$$\frac{\partial y}{\partial x} = -\frac{F_x}{F_y} = -\frac{yz - e^{x+y}}{xz - e^{x+y}} \xrightarrow[xyz = e^{x+y}]{\text{由原方程可知}} -\frac{yz - xyz}{xz - xyz} = -\frac{z(y - xy)}{z(x - xy)} = -\frac{y(1-x)}{x(1-y)}$$

答案： A

1-4-3　**解：** $\frac{\partial z}{\partial x} = \frac{1}{y} \cdot \frac{1}{xy} \cdot y = \frac{1}{xy}$，$\frac{\partial z}{\partial x}\Big|_{y=e^{-1}}^{x=e} = 1$

$$\frac{\partial z}{\partial y} = \frac{\frac{1}{xy}xy - \ln(xy)}{y^2} = \frac{1 - \ln xy}{y^2}，\quad \frac{\partial z}{\partial y}\Big|_{y=e^{-1}}^{x=e} = e^2$$

$\mathrm{d}z = \mathrm{d}x + e^2\mathrm{d}y$

答案： C

1-4-4　**解：** 曲线切线的方向向量 $\vec{s} = \{1, 2t, 3t^2\}$，平面法向量 $\vec{n} = \{1, 2, 1\}$，切线与平面平行，那么切线的方向向量应与平面的法向量垂直。

$\vec{s} \perp \vec{n}$，则 $\vec{s} \cdot \vec{n} = 0$，即 $1 + 4t + 3t^2 = 0$，解方程 $3t^2 + 4t + 1 = 0$，$t_1 = -\frac{1}{3}$，$t_2 = -1$，得对应点 $\left(-\frac{1}{3}, \frac{1}{9}, -\frac{1}{27}\right)$，$(-1, 1, -1)$。

答案： A

1-4-5　**解：** 求曲面 $z = x^2 - y^2$ 的切平面的法向量，$x^2 - y^2 - z = 0$，设函数 $F(x,y,z) = x^2 - y^2 - z$，$\vec{n} = \{F_x, F_y, F_z\} = \{2x, -2y, -1\}$，已知平面法向量 $\vec{n}_{已知} = \{1, -1, -1\}$，两平面平行，法向量平行，$\vec{n} // \vec{n}_{已知}$，对应坐标成比例，有 $\frac{2x}{1} = \frac{-2y}{-1} = \frac{-1}{-1} = 1$，得 $x = \frac{1}{2}$，$y = \frac{1}{2}$，代入方程得 $z = 0$，求出切点坐标 $M_0\left(\frac{1}{2}, \frac{1}{2}, 0\right)$。已知 $\vec{n} = \{1, -1, -1\}$，切平面方程 $\left(x - \frac{1}{2}\right) - \left(y - \frac{1}{2}\right) - (z - 0) = 0$，化简为 $x - y - z = 0$。

答案： C

1-4-6　**解：** 利用二元函数求极值的充分条件计算

$$\begin{cases} z'_x = 3x^2 + 6x - 9 = 0,\ 得\ x_1 = -3,\ x_2 = 1 \\ z'_y = -3y^2 + 6y = 0,\ 得\ y_1 = 0,\ y_2 = 2 \end{cases}$$

求出驻点 $M_1(-3,0)$，$M_2(-3,2)$，$M_3(1,0)$，$M_4(1,2)$，再求出 z_{xx}，z_{xy}，z_{yy}，逐一判定在哪一点取得极大值，如 $M_2(-3,2)$，设 $A = z_{xx} = 6x + 6$，$B = z_{xy} = 0$，$C = z_{yy} = -6y + 6$，代入 $A = -12$，$B = 0$，$C = -6$，$AC - B^2 > 0$，$A < 0$，在该点取得极大值。

答案： D

1-4-7 **解：** $xyz - 1 = 0$，设函数 $F(x,y,z) = xyz - 1$，计算 F_x、F_y、F_z，即 $F_x = yz$，$F_y = xz$，$F_z = xy$，$\vec{n} = \{yz, xz, xy\}$。已知平面法向量 $\vec{n} = \{1,1,1\}$，因两平面平行，平面法向量平行，对应坐标成比例，即 $\dfrac{yz}{1} = \dfrac{xz}{1} = \dfrac{xy}{1}$，解出 $y = x = z$，代入得 $x^3 = 1$，$x = 1$，即 $x = y = z = 1$。

M_0 点坐标 $(1,1,1)$，$\vec{n} = \{1,1,1\}$，切平面方程 $(x-1) + (y-1) + (z-1) = 0$，$x + y + z - 3 = 0$。

答案： D

1-4-8 **解：** $z = x^2 - y^2$，$M_0(\sqrt{2}, -1, 1)$，$x^2 - y^2 - z = 0$，

$\vec{n} = \{2x, -2y, -1\}|_{(\sqrt{2}, -1, 1)} = \{2\sqrt{2}, 2, -1\}$，取 $\vec{s} = \vec{n} = \{2\sqrt{2}, 2, -1\}$，$M_0(\sqrt{2}, -1, 1)$，法线方程为

$$\frac{x - \sqrt{2}}{2\sqrt{2}} = \frac{y + 1}{2} = \frac{z - 1}{-1}$$

答案： C

1-4-9 **解：** 可通过图 1-4-1 基本概念关系图得到正确答案为 B。

答案： B

1-4-10 **解：** 偏导数 $\dfrac{\partial z}{\partial x}\Big|_{(x_0, y_0)}$ 存在，表示一元函数 $z = f(x, y_0)$ 在点 $x = x_0$ 处可导，所以 $z = f(x, y_0)$ 在 P_0 点连续，即选项 B 正确。

选项 A 对于二元函数在某一点存在偏导数，即使是存在所有偏导，也不能推出函数在该点连续，所以 A 错误。

选项 C 对于二元函数在某一点存在所有偏导数也推不出函数在该点可微，所以 C 错误，D 也错误。

答案： B

第五节

1-5-1 **解：** 求交点 $\begin{cases} y = x \\ y = 1 \end{cases}$，$(1,1)$，先对 y 积分，再对 x 积分

$D: \begin{cases} 0 \leqslant x \leqslant 1 \\ x \leqslant y \leqslant 1 \end{cases}$

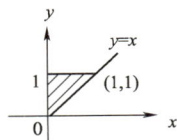

题 1-5-1 解图

$$\iint\limits_D e^{-y} \mathrm{d}x\mathrm{d}y = \int_0^1 \mathrm{d}x \int_x^1 e^{-y}\mathrm{d}y = -\int_0^1 \left(\frac{1}{e} - e^{-x}\right)\mathrm{d}x = -\left(\frac{1}{e}\cdot x + e^{-x}\right)\Big|_0^1$$

$$= -\left(\frac{2}{e} - 1\right) = -\frac{2}{e} + 1$$

答案： D

1-5-2 **解：** 还原积分区域 D，如解图所示，D 在极坐标下不等式组为：

$$\begin{cases} 0 \leqslant \theta \leqslant \dfrac{\pi}{4} \\ \tan x \sec \theta \leqslant r \leqslant \sec \theta \end{cases}$$

利用直角坐标与极坐标的关系式 $x = r\cos\theta$ ，$y = r\sin\theta$ 变形

其中 $y = x^2$ ，化为 $r\sin\theta = (r\cos\theta)^2$ ，$r = \dfrac{\sin\theta}{\cos^2\theta} = \tan\theta\sec\theta$ 。

$x = 1$ ，化为 $r\cos\theta = 1$ ，$r = \sec\theta$ ，面积元素 $dxdy = rdrd\theta$ ，

原式 $= \int_0^{\frac{\pi}{4}} d\theta \int_{\tan\theta\sec\theta}^{\sec\theta} f(r\cos\theta, \sin\theta) r dr$

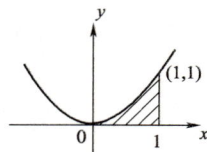

题 1-5-2 解图

答案： D

1-5-3　**解：** G 为圆域 $\iint\limits_G \sin(x^2 + y^2)dxdy$ ，用 $x = r\cos\theta$ ，$y = r\sin\theta$ ，$dxdy = rdrd\theta$ 代入积分式，

原式 $= \iint\limits_D \sin r^2 \cdot rdrd\theta = \int_0^{2\pi} d\theta \int_0^2 r\sin r^2 dr$　　$D: \begin{cases} 0 \leqslant \theta \leqslant 2\pi \\ 0 \leqslant r \leqslant 2 \end{cases}$

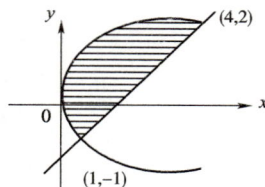

答案： C

1-5-4　**解：** 求交点 $\begin{cases} y^2 = x \\ y = x - 2 \end{cases}$ ，$(4,2)$ ，$(1,-1)$

先对 x 积分，后对 y 积分，$D: \begin{cases} -1 \leqslant y \leqslant 2 \\ y^2 \leqslant x \leqslant y + 2 \end{cases}$ ，$I = \int_{-1}^2 dy \int_{y^2}^{y+2} xydx$

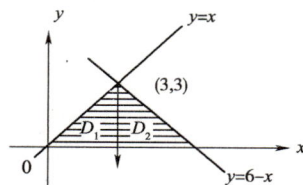

题 1-5-4 解图

答案： B

1-5-5　**解：** 复原积分区域画出图形。

求交点 $\begin{cases} y = 6 - x \\ y = x \end{cases}$ ，交点为 $(3,3)$ ，因围成区域 D 的上面曲线由两个方程组成，因而分成

两个部分计算。

$D_1: \begin{cases} 0 \leqslant x \leqslant 3 \\ 0 \leqslant y \leqslant x \end{cases}$ ，$D_2: \begin{cases} 3 \leqslant x \leqslant 6 \\ 0 \leqslant y \leqslant 6 - x \end{cases}$

原式 $= \iint\limits_D f(x,y)dxdy = \iint\limits_{D_1} f(x,y)dxdy + \iint\limits_{D_2} f(x,y)dxdy$

$= \int_0^3 dx \int_0^x f(x,y)dy + \int_3^6 dx \int_0^{6-x} f(x,y)dy$

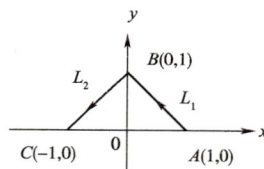

题 1-5-5 解图

答案： B

1-5-6　**解：** $L: \begin{cases} y = \dfrac{2}{3} x^{\frac{3}{2}}, \\ x = x \end{cases}$ 　　$0 \leqslant x \leqslant 1$

$$ds = \sqrt{1 + [y'(x)]^2}dx = \sqrt{1 + x}dx$$

$$S = \int_L 1 \cdot ds = \int_0^1 \sqrt{1 + x}dx = \dfrac{2}{3}(2\sqrt{2} - 1)$$

答案： C

1-5-7　**解：** 此题为对坐标的曲线积分

$$\int_{ABC} \dfrac{dx + dy}{|x| + |y|} = \int_{L_1} + \int_{L_2}$$

$L_1: \begin{cases} y = -x + 1 \\ x = x \end{cases}$ ，$x: 1 \to 0$ ，$\int_{L_1} = \int_1^0 \dfrac{1 + (-1)}{x + (-x + 1)}dx = 0$

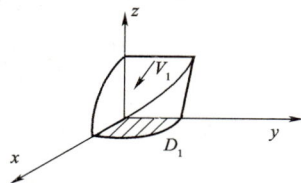

题 1-5-7 解图

$L_2: \begin{cases} y = x + 1 \\ x = x \end{cases}$ ，$x: 0 \to -1$ ，$\int_{L_2} = \int_0^{-1} \dfrac{1 + 1}{-x + (x + 1)}dx = \int_0^{-1} 2dx = -2\int_{-1}^0 dx = -2$

答案： B

1-5-8　**解：** 画出公共部分图形，V 由八块相等的部分构成，只要求出一块即可。

计算 V_1 ，体积 $V = 8V_1$ ，D_1 由 $x^2 + y^2 = R^2$ ，$x = 0$ ，$y = 0$ 围成

由 $x^2 + z^2 = R^2$ ，得 $z = \sqrt{R^2 - x^2}$

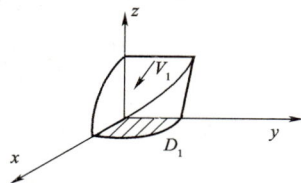

题 1-5-8 解图

$V_1 = \iint\limits_{D_1} \sqrt{R^2 - x^2}dxdy$ ，$D_1: \begin{cases} 0 \leqslant x \leqslant R \\ 0 \leqslant y \leqslant \sqrt{R^2 - x^2} \end{cases}$

$$V_1 = \int_0^R dx \int_0^{\sqrt{R^2-x^2}} \sqrt{R^2-x^2}\, dy$$

则 $V = 8\int_0^R dx \int_0^{\sqrt{R^2-x^2}} \sqrt{R^2-x^2}\, dy$

答案： B

1-5-9 **解：** 在 D 内 $\frac{1}{2} \leqslant x+y \leqslant 1$，$\ln(x+y) \leqslant 0$，$[\ln(x+y)]^3 \leqslant 0$，已知当 $0 < x < \frac{\pi}{2}$ 时，$\sin x < x$，在 D 内的点满足 $0 < x+y < \frac{\pi}{2}$，所以 $0 < \sin(x+y) < x+y$ 成立，即 $0 < \sin^3(x+y) < (x+y)^3$，在 D 上满足 $\ln^3(x+y) < \sin^3(x+y) < (x+y)^3$，则 $\iint\limits_{D} \ln^3(x+y)\, dxdy < \iint\limits_{D} \sin^3(x+y)\, dxdy < \iint\limits_{D}(x+y)^3 dxdy$，即 $I_1 < I_3 < I_2$。

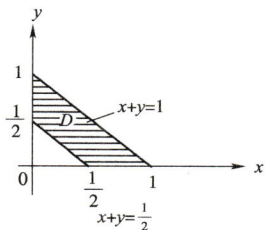

答案： B

题 1-5-9 解图

第六节

1-6-1 **解：** 可验证选项 A、B、C 均收敛。

$\sum\limits_{n=1}^{\infty}(-1)^n \frac{1}{\sqrt{n}}$，因 $u_n \geqslant u_{n+1}$，$\lim\limits_{n\to\infty} u_n = 0$，交错级数收敛。

$\sum\limits_{n=1}^{\infty} \frac{n}{2^n}$，因 $\lim\limits_{n\to\infty} \frac{u_{n+1}}{u_n} = \lim\limits_{n\to\infty} \frac{\frac{n+1}{2^{n+1}}}{\frac{n}{2^n}} = \lim\limits_{n\to\infty} \frac{n+1}{n} \cdot \frac{1}{2} = \frac{1}{2} < 1$，级数收敛。

$\sum\limits_{n=1}^{\infty} \left(\frac{1}{n} - \frac{1}{n+1}\right)$，因 $\frac{1}{n} - \frac{1}{n+1} = \frac{1}{n(n+1)} < \frac{1}{n^2}$，而 $\sum\limits_{n=1}^{\infty} \frac{1}{n^2}$ 收敛，所以 $\sum\limits_{n=1}^{\infty} \left(\frac{1}{n} - \frac{1}{n+1}\right)$ 收敛。

$\sum\limits_{n=1}^{\infty} \sin\frac{n\pi}{3}$，因 $\lim\limits_{n\to\infty} u_n = \lim\limits_{n\to\infty} \sin\frac{n\pi}{3} \neq 0$，级数发散。

答案： D

1-6-2 **解：** $\sum\limits_{n=1}^{\infty} \left|(-1)^{n-1}\frac{1}{n}\right| = \sum\limits_{n=1}^{\infty} \frac{1}{n}$ 发散，而原级数 $\sum\limits_{n=1}^{\infty}(-1)^{n-1}\frac{1}{n}$ 满足 $u_n \geqslant u_{n+1}$，且 $\lim\limits_{n\to\infty} u_n = 0$，级数 $\sum\limits_{n=1}^{\infty} \frac{(-1)^{n-1}}{n}$ 收敛，所以级数 $\sum\limits_{n=1}^{\infty}(-1)^{n-1}\frac{1}{n}$ 条件收敛。

答案： B

1-6-3 **解：** $\sum\limits_{n=1}^{\infty} U_n$ 条件收敛，即 $\sum\limits_{n=1}^{\infty} |U_n|$ 发散，$\sum\limits_{n=1}^{\infty} U_n$ 收敛，所以 $\frac{1}{2}\sum\limits_{n=1}^{\infty} U_n$ 收敛，$\frac{1}{2}\sum\limits_{n=1}^{\infty} |U_n|$ 发散。

而 $U^* = \frac{1}{2}U_n + \frac{1}{2}|U_n|$，$\sum\limits_{n=1}^{\infty} U^*$ 发散。（注：常数项级数性质 3）

$U^{**} = \frac{1}{2}U_n - \frac{1}{2}|U_n|$，$\sum\limits_{n=1}^{\infty} U^{**}$ 发散。（注：常数项级数性质 3）

根据常数项级数的性质。

答案： B

1-6-4 **解：**

$$\lim_{n\to\infty} \left|\frac{a_{n+1}}{a_n}\right| = \lim_{n\to\infty} \frac{\frac{a^{n+1}-b^{n+1}}{a^{n+1}+b^{n+1}}}{\frac{a^n-b^n}{a^n+b^n}} = \lim_{n\to\infty} \frac{a^{n+1}-b^{n+1}}{a^n-b^n} \cdot \frac{a^n+b^n}{a^{n+1}+b^{n+1}}$$

$$= \lim_{n\to\infty} \frac{b^{n+1}\left[\left(\frac{a}{b}\right)^{n+1}-1\right]}{b^n\left[\left(\frac{a}{b}\right)^n-1\right]} \cdot \frac{b^n\left[\left(\frac{a}{b}\right)^n+1\right]}{b^{n+1}\left[\left(\frac{a}{b}\right)^{n+1}+1\right]}$$

因为 $0 < a < b$，$0 < \frac{a}{b} < 1$，$\lim\limits_{n\to\infty}\left(\frac{a}{b}\right)^n = 0$，所以 $\lim\limits_{n\to\infty}\left|\frac{a_{n+1}}{a_n}\right| = b \cdot \frac{1}{b} = 1$

$R = \frac{1}{\rho} = 1$

答案： D

1-6-5　**解：** $\sum\limits_{n=1}^{\infty}\left(x^n+\dfrac{1}{2^nx^n}\right)=\sum\limits_{n=1}^{\infty}x^n+\sum\limits_{n=1}^{\infty}\dfrac{1}{2^nx^n}$

级数 $\sum\limits_{n=1}^{\infty}x^n$ 为公比 $q=x$ 的等比级数，当 $|x|<1$ 时，级数收敛

级数 $\sum\limits_{n=1}^{\infty}\dfrac{1}{2^nx^n}=\sum\limits_{n=1}^{\infty}\left(\dfrac{1}{2x}\right)^n$ 为公比 $q=\dfrac{1}{2x}$ 的等比级数，

当 $\left|\dfrac{1}{2x}\right|<1$ 时，级数收敛，即 $|x|>\dfrac{1}{2}$ 时收敛

因此，级数 $\sum\limits_{n=1}^{\infty}x^n$，$\sum\limits_{n=1}^{\infty}\left(\dfrac{1}{2x}\right)^n$ 的和在 $\dfrac{1}{2}<|x|<1$ 收敛

答案： C

1-6-6　**解：** $f(x)=\begin{cases}x & -\pi\leqslant x<0\\1 & 0\leqslant x\leqslant\pi\end{cases}$，利用公式求出 a_3 的值。

$a_3=\dfrac{1}{\pi}\int_{-\pi}^{\pi}f(x)\cos 3x\mathrm{d}x=\dfrac{1}{\pi}\left(\int_{-\pi}^{0}x\cos 3x\mathrm{d}x+\int_{0}^{\pi}\cos 3x\mathrm{d}x\right)$

$=\dfrac{1}{\pi}\left(\dfrac{1}{3}\int_{-\pi}^{0}x\mathrm{d}\sin 3x+0\right)=\dfrac{1}{\pi}\left[\dfrac{1}{3}\left(x\sin 3x\Big|_{-\pi}^{0}-\int_{-\pi}^{0}\sin 3x\mathrm{d}x\right)\right]$

$=\dfrac{1}{9\pi}\cos 3x\Big|_{-\pi}^{0}=\dfrac{1}{9\pi}[1-(-1)]=\dfrac{2}{9\pi}$

答案： C

1-6-7　**解：** 原级数 $=x\left(x-\dfrac{1}{2}x^2+\dfrac{1}{3}x^3-\cdots+\dfrac{(-1)^{n+1}}{n}x^n+\cdots\right)$

已知 $\ln(1+x)=x-\dfrac{1}{2}x^2+\dfrac{1}{3}x^3-\cdots$，$-1<x\leqslant 1$，幂级数和为 $x\ln(1+x)$。

答案： D

1-6-8　**解：** 设 $x-1=z$，原幂级数 $=\sum\limits_{n=0}^{\infty}C_nz^n$

因为 $\lim\limits_{n\to\infty}\left|\dfrac{C_{n+1}}{C_n}\right|=\lim\limits_{n\to\infty}\left|\dfrac{1}{\frac{C_n}{C_{n+1}}}\right|=\dfrac{1}{3}$

所以 $R=3$，$\sum\limits_{n=0}^{\infty}C_nz^n$ 在 $-3<z<3$ 收敛，即原幂级数在 $-2<x<4$ 收敛。

只有选项 D 正确。

答案： D

1-6-9　**解：** 利用 $f(x)=\dfrac{x}{(x-2)(x-3)}=\dfrac{A}{x-2}+\dfrac{B}{x-3}$，计算出 $A=-2$，$B=3$。

$f(x)=\dfrac{-2}{x-2}+\dfrac{3}{x-3}$，函数 $\dfrac{-2}{x-2}=-2\dfrac{1}{x-5+3}=-\dfrac{2}{3}\dfrac{1}{1+\frac{x-5}{3}}$，展开成 $x-5$ 的幂级数后，收敛区间

通过下式计算：由 $-1<\dfrac{x-5}{3}<1$，解出 $2<x<8$。

同理，函数 $\dfrac{3}{x-3}=3\times\dfrac{1}{x-5+2}=\dfrac{3}{2}\times\dfrac{1}{1+\frac{x-5}{2}}$，展开成 $x-5$ 的幂级数后，求出收敛区间 $3<x<7$，故公共部分 $3<x<7$。

答案： C

1-6-10　**解：** 奇延拓，周期延拓，作出 $f(x)$ 的图形，由迪利克雷收敛定理可知，因 $x=-\dfrac{\pi}{2}$ 为函数的间断点，且 $f(x)$ 是以 2π 为周期的奇函数，则

$$S\left(-\dfrac{\pi}{2}\right)=-S\left(\dfrac{\pi}{2}\right)$$

$$=-\dfrac{f\left(\dfrac{\pi}{2}-0\right)+f\left(\dfrac{\pi}{2}+0\right)}{2}$$

$$=-\dfrac{\dfrac{\pi}{2}+\pi}{2}=-\dfrac{3}{4}\pi$$

答案： C

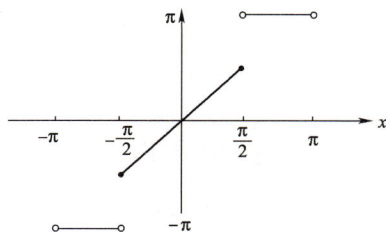

题 1-6-10 解图

第七节

1-7-1 **解：** $dy - e^x dx = -2xy dx$，$\dfrac{dy}{dx} - e^x = -2xy$，$\dfrac{dy}{dx} + 2xy = e^x$。

答案： D

1-7-2 **解：** 本题为一阶齐次方程。

设 $u = \dfrac{y}{x}$，$y = xu$，$\dfrac{dy}{dx} = u + x\dfrac{du}{dx}$，代入方程 $y' = \dfrac{x}{y} + \dfrac{y'}{x}$

得 $u + x\dfrac{du}{dx} = \dfrac{1}{u} + u$，$x\dfrac{du}{dx} = \dfrac{1}{u}$，$u\,du = \dfrac{1}{x}dx$，$\dfrac{1}{2}u^2 = \ln x + C$

通解 $\dfrac{1}{2}\dfrac{y^2}{x^2} = \ln x + C$，代入初始条件 $x = 1$，$y = 2$，$C = 2$，特解 $y^2 = 2x^2(2 + \ln x)$。

答案： C

1-7-3 **解：** **方法 1**，可将 $y = \cos 2x$ 代入原方程求出 $p(x)$，计算如下：

$y = \cos 2x$，$y' = -2\sin 2x$，代入 $-2\sin 2x + p(x)\cos 2x = 0$，则 $p(x) = 2\tan 2x$

再把求出的 $p(x)$ 代入原方程得：

$$y' + 2(\tan 2x)y = 0，\quad \frac{dy}{dx} = -2(\tan 2x) \cdot y$$

$$\frac{1}{y}dy = -2\tan 2x\,dx，\quad \ln y = \ln \cos 2x + \ln C$$

通解 $y = C\cos 2x$，代入初始条件 $x = 0$，$y = 2$，解出 $C = 2$，选项 D 正确。

方法 2，因为一阶线性齐次方程 $y' + p(x)y = 0$ 任意两个解只差一个常数因子，所以选项 A、B、C 都不是该方程的解。

答案： D

1-7-4 **解：** 已知 y_1, y_2, y_3 都是 $y'' + p(x)y' + q(x)y = f(x)$ 的解，即 $y_1'' + p(x)y_1' + q(x)y_1 = f(x)$，

$y_2'' + p(x)y_2' + q(x)y_2 = f(x)$，$y_3'' + p(x)y_3' + q(x)y_3 = f(x)$

则 $(y_1 + y_2 - y_3)'' + p(x)(y_1 + y_2 - y_3)' + q(x)(y_1 + y_2 - y_3) = 2f(x) - f(x) = f(x)$

即 $y_1 + y_2 - y_3$ 是方程 $y'' + p(x)y' + q(x)y = f(x)$ 的解。

答案： C

1-7-5 **解：** 方程是 $y'' = f(x, y')$ 不显含字母 y，设 $y' = p(x)$，$y'' = p'$，代入方程 $(1 + x^2)p' = 2xp$，$(1 + x^2)dp = 2xp\,dx$，分离变量得 $\dfrac{dp}{p} = \dfrac{2x}{1+x^2}dx$，两边积分，$\ln p = \ln(1 + x^2) + \ln C_1$，$p = C_1(1 + x^2)$，即 $y' = C_1(1 + x^2)$，由条件 $y'|_{x=0} = 3$，知 $C_1 = 3$，得 $y' = 3(1 + x^2)$，两边积分 $y = x^3 + 3x + C_2$，由条件 $y|_{x=0} = 1$，得 $C_2 = 1$，特解 $y = x^3 + 3x + 1$。

答案： C

1-7-6 **解：** $y'' - 2y' + y = 0$。

方法 1，对应特征方程 $r^2 - 2r + 1 = 0$，$r = 1$，二重根。

通解 $y = (C_1 + C_2 x)e^x$，其中 C_1、C_2 为任意常数。

当 $C_1 = 0$，$C_2 = 1$ 时，解 $y = xe^x$，选项 C 成立。

当 $C_1 = 2$，$C_2 = 1$ 时，解为 $y = (x + 2)e^x$，选项 D 成立。

当 $C_1 = 1$，$C_2 = 0$ 时，解为 $y = e^x$，选项 B 也成立，选项 A 不是方程的解。

方法 2，将选项 A、B、C、D 逐个代入方程检验，选项 A 代入后不满足方程，计算如下：

$y = x^2 e^x$，$y' = (2x + x^2)e^x$，$y'' = (2 + 4x + x^2)e^x$

把 y、y'、y'' 代入原方程不成立，所以选项 A 不是方程的解函数。选项 B、C、D 代入均

成立。

方法3，在方程的通解$y = (C_1 + C_2 x)e^x$中，常数C_1、C_2取任意数，选项 A 均不成立。

答案： A

1-7-7　**解：** 已知$r_1 = 3$，$r_2 = -3$，从而可知二阶线性齐次方程对应的特征方程为$(r - 3) \cdot (r + 3) = 0$，即$r^2 - 9 = 0$，反推知二阶常系数线性齐次方程为$\dfrac{\mathrm{d}^2 y}{\mathrm{d}x^2} - 9y = 0$。

答案： D

1-7-8　**解：方法1**，将函数代入所给选项关系式直接验算，知选项 D 正确。

方法2，可将函数$y = C_1 e^x + C_2 e^{-2x} + xe^x$看作为二阶常系数线性非齐次微分方程的通解。$y = C_1 e^x + C_2 e^{-2x}$是对应线性齐次微分方程的通解，可得方程的特征根为$r_1 = 1$，$r_2 = -2$，特征方程$r^2 + r - 2 = 0$，则对应二阶常系数齐次微分方程为$y'' + y' - 2y = 0$，可设线性非齐次微分方程的形式为$y'' + y' - 2y = Q(x)$，它的一个特解为$y^* = xe^x$，且$y^{*\prime} = (x + 1)e^x$，$y^{*\prime\prime} = (x + 2)e^x$，代入到方程中，可得$Q(x) = 3e^x$。

答案： D

第八节

1-8-1　**解：** 分别求出行列式D_1，D_2的值。

即$D_1 = 0$，$D_2 = (\lambda + 1)(\lambda - 1)^2$，从而$\lambda$值取$-1$，$1$。

答案： C

1-8-2　**解：** 利用行列式的性质将第一行按顺序与第二行、第三行互换，一直换到第n行，一共交换$n - 1$次，变号次数$(n - 1)$次，再将原行列式第二行按顺序换到第$n - 1$行，交换$(n - 2)$次，依次进行，最后将原行列式第$n - 1$行和第n行交换，得

$$\begin{vmatrix} & & \lambda_1 \\ & \lambda_2 & \\ & \ddots & \\ \lambda_n & & \end{vmatrix} = (-1)^{n-1}(-1)^{n-2}\cdots(-1)^1 \begin{vmatrix} \lambda_n & & \\ & \lambda_{n-1} & \\ & & \ddots \\ & & & \lambda_1 \end{vmatrix}$$

$$= (-1)^{1+2+\cdots+(n-1)} \begin{vmatrix} \lambda_n & & \\ & \lambda_{n-1} & \\ & & \ddots \\ & & & \lambda_1 \end{vmatrix} = (-1)^{\frac{n(n-1)}{2}} \begin{vmatrix} \lambda_n & & \\ & \lambda_{n-1} & \\ & & \ddots \\ & & & \lambda_1 \end{vmatrix}$$

$$= (-1)^{\frac{n(n-1)}{2}} \lambda_1 \lambda_2 \cdots \lambda_n$$

答案： D

1-8-3　**解：** 矩阵AB可能为奇异矩阵，也可能为非奇异矩阵；若AB为奇异矩阵，则有$|AB| = 0$。如$A = 0$时，$AB = 0$，$|AB| = 0$，故选项 A 不成立。或$A^T B^T$为 5×5 方阵，选项 B 正确。$R(A) = R(A^T) \leqslant \min\{4,5\} = 4$，选项 C 正确。$AB$为 4×4 方阵，$R(AB) \leqslant 4$，选项 D 正确。

答案： A

1-8-4　**解：方法1**，若β是α_1，α_2的线性组合，则β，α_1，α_2线性相关，于是$|\beta, \alpha_1, \alpha_2| = 0$。选项 A 计算如下：$\begin{vmatrix} -3 & 2 & 0 \\ 0 & 0 & 0 \\ 4 & 0 & -3 \end{vmatrix} = 0$，其余选项计算行列式的值均不为 0，故选项 A 成立。

方法2，由于α_1与α_2的第 2 个分量为 0，所以α_1、α_2线性组合的第 2 个分量还为 0，选 A。

答案： A

1-8-5　**解：** 向量组的秩为r，即它的最大线性无关组向量个数为r，因此选项 D 正确。

答案： D

1-8-6　**解：** 将矩阵作行的初等变换化为行阶梯形，找出不为零的最高阶子式对应的列向量。

$$\begin{bmatrix} 1 & 1 & 2 & 2 & 1 \\ 0 & 2 & 1 & 5 & -1 \\ 2 & 0 & 3 & -1 & 3 \\ 1 & 1 & 0 & 4 & -1 \end{bmatrix} \xrightarrow[-r_1+r_4]{-2r_1+r_3} \begin{bmatrix} 1 & 1 & 2 & 2 & 1 \\ 0 & 2 & 1 & 5 & -1 \\ 0 & -2 & -1 & -5 & 1 \\ 0 & 0 & -2 & 2 & -2 \end{bmatrix} \xrightarrow{r_2+r_3}$$

$$\begin{bmatrix} 1 & 1 & 2 & 2 & 1 \\ 0 & 2 & 1 & 5 & -1 \\ 0 & 0 & 0 & 0 & 0 \\ 0 & 0 & -2 & 2 & -2 \end{bmatrix} \xrightarrow{r_3 \leftrightarrow r_4} \begin{bmatrix} 1 & 1 & 2 & 2 & 1 \\ 0 & 2 & 1 & 5 & -1 \\ 0 & 0 & -2 & 2 & -2 \\ 0 & 0 & 0 & 0 & 0 \end{bmatrix}, \quad \text{因为} \begin{vmatrix} 1 & 1 & 2 \\ 0 & 2 & 1 \\ 0 & 0 & -2 \end{vmatrix} \neq 0。$$

注意：第1、2、4列或第1、2、5列也是最大线性无关组。

答案： D

1-8-7　**解：** **方法1**，$A \xrightarrow[\cdots]{-\frac{a^2}{a_1}r_1+r_2} \begin{bmatrix} a_1b_1 & a_1b_2 & \cdots & a_1b_n \\ 0 & 0 & \cdots & 0 \\ \cdots & \cdots & \cdots & \cdots \\ 0 & 0 & \cdots & 0 \end{bmatrix}$，则 $R(A)=1$

方法2，令 $B = \begin{bmatrix} a_1 \\ a_2 \\ \vdots \\ a_n \end{bmatrix}_{n\times 1}$，$C = (b_1, b_2, \cdots, b_n)_{1\times n}$，则 $A = B_{n\times 1} \cdot C_{1\times n} \neq 0$

因 $R(B_n \times 1) = 1$，$R(C_{1\times n}) = 1$，$0 < R(A) = R(BC) \leqslant \min\{R(B)、R(C)\}$，则 $R(A) = 1$

答案： C

1-8-8　**解：** **方法1**，验证 $\alpha = \frac{\alpha_2+\alpha_3}{2}$ 是非齐次方程组 $Ax = b$ 的解。

代入方程 $A\alpha = A\frac{\alpha_2+\alpha_3}{2} = \frac{1}{2}(A\alpha_2 + A\alpha_3) = \frac{1}{2}(b+b) = b$，$\alpha = \frac{\alpha_2+\alpha_3}{2} = \begin{bmatrix} 0 \\ \frac{1}{2} \\ 1 \\ \frac{3}{2} \end{bmatrix}$，因 α_1 是非齐

次线性方程组的解，α 也是非齐次线性方程组的解，可以验证 $\alpha_1 - \alpha$ 是对应齐次方程组 $Ax = 0$ 的解，代入方程组 $A(\alpha_1 - \alpha) = A\alpha_1 - A\alpha = b - b = 0$。

设 $\xi = \alpha_1 - \alpha = \begin{bmatrix} 1 \\ \frac{3}{2} \\ 2 \\ \frac{5}{2} \end{bmatrix}$，而对应齐次线性方程组 $Ax = 0$ 基础解系中向量个数=未知数个数−

$R(A) = 4 - 3 = 1$，所以对应齐次线性方程组的通解为 $C\xi$（C 为任意常数），非齐次方程组 $Ax = b$ 的通解为：

$x = \alpha_1 + C\xi$（非齐次的一个特解 + 齐次的通解）

$$= \begin{bmatrix} 1 \\ 2 \\ 3 \\ 4 \end{bmatrix} + C\begin{bmatrix} 1 \\ \frac{3}{2} \\ 2 \\ \frac{5}{2} \end{bmatrix} = \begin{bmatrix} 1 \\ 2 \\ 3 \\ 4 \end{bmatrix} + C\frac{1}{2}\begin{bmatrix} 2 \\ 3 \\ 4 \\ 5 \end{bmatrix}$$

$$即 x = \begin{bmatrix} 1 \\ 2 \\ 3 \\ 4 \end{bmatrix} + C_1\begin{bmatrix} 2 \\ 3 \\ 4 \\ 5 \end{bmatrix} \quad \left(C_1 = \frac{C}{2}\right)$$

方法2，观察四个选项，发现它们唯一不同之处是 C 后面的向量，因此解题的关键是判定任意常数 C 后面哪个向量是 $Ax = 0$ 的基础解系（$Ax = 0$ 的一个非零解向量）。利用结论：

设 y_1，y_2，$\cdots$，y_s 为 $\boldsymbol{Ax}=\boldsymbol{b}$ 的解，则 $\sum\limits_{i=1}^{s} k_i y_i$ 是 $\boldsymbol{Ax}=\boldsymbol{0}$ 的解的充要条件是 $\sum\limits_{i=1}^{s} k_i = 0$。

$2\alpha_1-(\alpha_2+\alpha_3)=\begin{bmatrix}2\\3\\4\\5\end{bmatrix}\neq\boldsymbol{0}$，是 $\boldsymbol{Ax}=\boldsymbol{0}$ 的基础解系。

答案：C

1-8-9　**解**：矩阵对应的特征多项式相同，则有相同的特征值。

因 $|\lambda\boldsymbol{E}-\boldsymbol{A}^{\mathrm{T}}|=|(\lambda\boldsymbol{E}-\boldsymbol{A})^{\mathrm{T}}|=|\lambda\boldsymbol{E}-\boldsymbol{A}|$，所以 $\boldsymbol{A}^{\mathrm{T}}$ 与 $\boldsymbol{A}$ 的特征多项式相同，因而有相同的特征值。或直接用特征值和特征向量的性质（4）$\boldsymbol{A}^{\mathrm{T}}$ 与 $\boldsymbol{A}$ 有相同特征值。

答案：A

1-8-10　**解**：运算中应注意矩阵的乘法不满足交换律，即 $\boldsymbol{AB}\neq\boldsymbol{BA}$，逐个验证选项 A、B、C、D，计算如下：

选项 A，$(\boldsymbol{A}+\boldsymbol{B})(\boldsymbol{A}-\boldsymbol{B})=\boldsymbol{A}^2+\boldsymbol{BA}-\boldsymbol{AB}+\boldsymbol{B}^2\neq\boldsymbol{A}^2-\boldsymbol{B}^2$。

选项 B，$(\boldsymbol{AB})^2=(\boldsymbol{AB})(\boldsymbol{AB})=\boldsymbol{ABAB}\neq\boldsymbol{A}^2\boldsymbol{B}^2$。

选项 C，$\boldsymbol{AC}=\boldsymbol{BC}$，只有当矩阵 $\boldsymbol{C}$ 可逆时，选项 C 才成立，但矩阵 $\boldsymbol{C}$ 是否可逆，未知。

选项 D，$(\boldsymbol{A}+\boldsymbol{E})(\boldsymbol{A}-\boldsymbol{E})=\boldsymbol{A}^2+\boldsymbol{EA}-\boldsymbol{AE}-\boldsymbol{E}^2=\boldsymbol{A}^2-\boldsymbol{E}$，成立。

答案：D

1-8-11　**解**：因 $\boldsymbol{A}$、$\boldsymbol{B}$、$\boldsymbol{C}$ 均为 n 阶方阵，且 $\boldsymbol{ABC}=\boldsymbol{E}$，取行列式 $|\boldsymbol{ABC}|=1$，即 $|\boldsymbol{A}||\boldsymbol{B}||\boldsymbol{C}|=1$，可知 $|\boldsymbol{A}|$、$|\boldsymbol{B}|$、$|\boldsymbol{C}|$ 均不为 0，所以 $\boldsymbol{A}$、$\boldsymbol{B}$、$\boldsymbol{C}$ 均可逆。

等式 $\boldsymbol{ABC}=\boldsymbol{E}$ 两边左乘 $\boldsymbol{A}^{-1}$，得 $\boldsymbol{BC}=\boldsymbol{A}^{-1}\boldsymbol{E}$，$\boldsymbol{BC}=\boldsymbol{E}\boldsymbol{A}^{-1}$，等式两边再右乘 $\boldsymbol{A}$ 得 $\boldsymbol{BCA}=\boldsymbol{E}\boldsymbol{A}^{-1}\boldsymbol{A}=\boldsymbol{E}$。

注：此题可用一个小技巧，$\boldsymbol{ABC}=\boldsymbol{E}$，记住 $\boldsymbol{A}$ 后面是 $\boldsymbol{B}$，$\boldsymbol{B}$ 后面是 $\boldsymbol{C}$，$\boldsymbol{C}$ 后面是 $\boldsymbol{A}$，就对了，$\boldsymbol{BCA}=\boldsymbol{CAB}=\boldsymbol{E}$。推广：设 $\boldsymbol{A}_1$，$\boldsymbol{A}_2$，$\cdots$，$\boldsymbol{A}_k$ 均为 n 阶方阵，$\boldsymbol{A}_1\boldsymbol{A}_2\cdots\boldsymbol{A}_k=\boldsymbol{E}$，记住 $\boldsymbol{A}_1$ 后面是 $\boldsymbol{A}_2$，$\boldsymbol{A}_2$ 后面是 $\boldsymbol{A}_3$，$\cdots$，$\boldsymbol{A}_k$ 后面是 $\boldsymbol{A}_1$，如 $\boldsymbol{A}_{k-1}\boldsymbol{A}_k\boldsymbol{A}_1\cdots\boldsymbol{A}_{k-2}=\boldsymbol{E}$。

答案：D

1-8-12　**解**：因 $\boldsymbol{A}^{-1}=\dfrac{1}{|\boldsymbol{A}|}$，所以 $\boldsymbol{A}^*=|\boldsymbol{A}|\boldsymbol{A}^{-1}$

再用公式 $(\lambda\boldsymbol{A})^{-1}=\dfrac{1}{\lambda}\boldsymbol{A}^{-1}$，$|k\boldsymbol{A}|=k^n|\boldsymbol{A}|$，$|\boldsymbol{A}^{-1}|=\dfrac{1}{|\boldsymbol{A}|}$

$$|(2\boldsymbol{A})^{-1}-5\boldsymbol{A}^*|=\left|\frac{1}{2}\boldsymbol{A}^{-1}-5\,|\boldsymbol{A}|\,\boldsymbol{A}^{-1}\,\right|=\left|\frac{1}{2}\boldsymbol{A}^{-1}-\frac{5}{2}\boldsymbol{A}^{-1}\right|$$
$$=|-2\boldsymbol{A}^{-1}|=(-2)^3|\boldsymbol{A}^{-1}|=-8\times2=-16$$

答案：B

1-8-13　**解**：$|\boldsymbol{A}^*|=|\boldsymbol{A}|^{n-1}=a^{n-1}$。

答案：C

1-8-14　**解**：若 $\boldsymbol{P}^{-1}\boldsymbol{AP}=\begin{bmatrix}\lambda_1&&\\&\lambda_2&\\&&\lambda_3\end{bmatrix}$，$\boldsymbol{P}$ 的列向量的排列顺序与对角矩阵主对角线上特征值的排列顺序之间存在着对应关系。$\boldsymbol{P}$ 中的 α_1 对应对角矩阵中的 $\lambda_1=1$，$\boldsymbol{P}$ 中的 α_2 对应对角矩阵中的 $\lambda_2=2$，$\boldsymbol{P}$ 中的 α_3 对应对角矩阵中的 $\lambda_3=-2$。

答案：A

1-8-15　**解**：$\boldsymbol{A}$ 有一个特征值 λ，$\boldsymbol{A}^3$ 有特征值 λ^3，$\dfrac{1}{2}\boldsymbol{A}^3$ 有特征值 $\dfrac{1}{2}\lambda^3$，$\left(\dfrac{1}{2}\boldsymbol{A}^3\right)^{-1}$ 有特征值 $\dfrac{2}{\lambda^3}$，$\boldsymbol{E}+\left(\dfrac{1}{2}\boldsymbol{A}^3\right)^{-1}$ 有特征值 $1+\dfrac{2}{\lambda^3}$，代入 $\lambda=2$。或一步写出答案，$\boldsymbol{E}$ 改为 1（$\boldsymbol{E}$ 的特征值为 1），$\boldsymbol{A}$ 改

为$\lambda = 2$，即可得$1 + \left(\frac{1}{2} \times 2^3\right)^{-1}$。

答案：B

1-8-16　**解**：选项 A，设可逆阵A的特征值λ对应的特征向量为α，则$A\alpha = \lambda\alpha$，$\lambda \neq 0$，所以$\alpha = A^{-1}\lambda\alpha = \lambda A^{-1}\alpha$，$A^{-1}\alpha = \frac{1}{\lambda}\alpha$，所以$\alpha$也是$A^{-1}$对应特征值$\frac{1}{\lambda}$的特征向量。

选项 B，设λ_1，λ_2为n阶方阵A的两个不相等特征值。x_1，x_2分别为λ_1，λ_2对应的特征向量，则线性组合$x_1 + x_2$不是A的特征向量，选项 B 不成立。

选项 C，可逆方阵A对应特征向量x的特征值$\lambda \neq 0$，那么$A^* = |A|A^{-1}$对应于特征向量x的特征值为$\frac{|A|}{\lambda}$，$\lambda \neq 0$，选项 C 不成立。

选项 D，由于A的特征向量为非零向量，故方程组$(A - \lambda E)x = 0$的零解不是A的特征向量，选项 D 不成立。

答案：A

1-8-17　**解**：实对称矩阵对应于不同特征值的特征向量必正交。

$\alpha^T \cdot \beta = 0$，即$(1, a, 1)\begin{bmatrix} -1 \\ -1 \\ -b \end{bmatrix} = -1 - a - b = 0$，$a + b + 1 = 0$，选项 C、D 错误。

$\beta^T\gamma = 0$，即$(-1, -1, -b)\begin{bmatrix} b \\ 2 \\ 0 \end{bmatrix} = -b - 2 = 0$，$b = -2$，只能选 A。

$\alpha^T\gamma = 0$，即$(1, a, 1)\begin{bmatrix} b \\ 2 \\ 0 \end{bmatrix} = b + 2a = 0$；（可省略）

解方程组$\begin{cases} a + b + 1 = 0 \\ b + 2 = 0 \\ b + 2a = 0 \end{cases}$，解出$a = 1$，$b = -2$。（可省略）

答案：A

1-8-18　**解**：设A有特征值λ_1，λ_2，λ_3，则有$|A| = \lambda_1\lambda_2\lambda_3 = -1 \times 1 \times 2 = -2 \neq 0$。

$AA^* = |A|E$，$\frac{AA^*}{|A|} = E$，$(A^*)^{-1} = \frac{A}{|A|}$

$(A^*)^{-1}$有特征值$\frac{\lambda_1}{|A|} = \frac{1}{2}$，$\frac{\lambda_2}{|A|} = -\frac{1}{2}$，$\frac{\lambda_3}{|A|} = -1$。

答案：B

1-8-19　**解**：**方法1**，已知对任一三维列向量x，有$x^T A x = 0$，所以$(x^T A x)^T = x^T A^T x = 0$，

$x^T A x + x^T A^T x = x^T (A + A^T) x = 0$

因$(A + A^T)^T = (A)^T + (A^T)^T = A^T + A = A + A^T$，所以$A + A^T$为实对称矩阵。

设$A + A^T = B = \begin{bmatrix} a_{11} & a_{12} & a_{13} \\ a_{12} & a_{22} & a_{23} \\ a_{13} & a_{23} & a_{33} \end{bmatrix}$，即有$(x_1, x_2, x_3)\begin{bmatrix} a_{11} & a_{12} & a_{13} \\ a_{12} & a_{22} & a_{23} \\ a_{13} & a_{23} & a_{33} \end{bmatrix}\begin{bmatrix} x_1 \\ x_2 \\ x_3 \end{bmatrix} = 0$，

也就是$a_{11}x_1^2 + a_{22}x_2^2 + a_{33}x_3^2 + 2a_{12}x_1x_2 + 2a_{13}x_1x_3 + 2a_{23}x_2x_3 = 0$，

代入$\begin{bmatrix} 1 \\ 0 \\ 0 \end{bmatrix}$、$\begin{bmatrix} 0 \\ 1 \\ 0 \end{bmatrix}$、$\begin{bmatrix} 0 \\ 0 \\ 1 \end{bmatrix}$、$\begin{bmatrix} 1 \\ 1 \\ 0 \end{bmatrix}$、$\begin{bmatrix} 1 \\ 0 \\ 1 \end{bmatrix}$、$\begin{bmatrix} 0 \\ 1 \\ 1 \end{bmatrix}$，可得$a_{11}$，$a_{22}$，$a_{33}$，$a_{12}$，$a_{13}$，$a_{23}$皆为 0，所以$A + A^T = 0$，$A = -A^T$

所以A为三阶反对称矩阵。　　　　　　　　　　　　　　　　　　　　　　①

①式取行列式：$|A| = |-A^T| = (-1)^3|A^T| = -|A^T| = -|A|$，得$2|A| = 0$，则$|A| = 0$。

说明：解题过程最后一段可以得出一个结论：设A为奇数阶反对称矩阵，则$|A| = 0$。

方法 2，设 $A = \begin{bmatrix} a_{11} & a_{12} & a_{13} \\ a_{21} & a_{22} & a_{23} \\ a_{31} & a_{32} & a_{33} \end{bmatrix}$，$x = \begin{bmatrix} x_1 \\ x_2 \\ x_3 \end{bmatrix}$

$x^T A x = a_{11}x_1^2 + a_{22}x_2^2 + a_{33}x_3^2 + (a_{12}+a_{21})x_1x_2 + (a_{13}+a_{31})x_1x_3 + (a_{23}+a_{32})x_2x_3$

因为对任一 x，都有 $x^T A x = 0$，代入 $x_1 = 1$，$x_2 = x_3 = 0$，可得 $a_{11} = 0$，同理 $a_{22} = a_{33} = 0$；代入 $x_1 = x_2 = 1$，$x_3 = 0$，可得 $a_{12} + a_{21} = 0$，同理 $a_{13} + a_{31} = a_{23} + a_{32} = 0$

则 $A = \begin{bmatrix} 0 & a_{12} & a_{13} \\ -a_{12} & 0 & a_{23} \\ -a_{13} & -a_{23} & 0 \end{bmatrix}$，$|A| = a_{12}a_{23}(-a_{13}) + a_{13}(-a_{12})(-a_{23}) = 0$

注意：不可把 A 设成对称矩阵。

答案：A

1-8-20 **解**：**方法 1**，已知 n 阶实对称矩阵 A 为正定矩阵，所以 A 的所有特征值皆正，选项 B 成立。

设 A 的特征值为 λ_1，λ_2，$\cdots$，λ_n，可知 A^{-1} 的特征值为 $\frac{1}{\lambda_1}$，$\frac{1}{\lambda_2}$，$\cdots$，$\frac{1}{\lambda_n}$。因 λ_1，λ_2，$\cdots$，λ_n 均大于 0，则 $\frac{1}{\lambda_1}$，$\frac{1}{\lambda_2}$，$\cdots$，$\frac{1}{\lambda_n}$ 均大于 0，所以 A^{-1} 为正定矩阵，选项 C 成立。

又由于 A 为正定，其所有顺序主子式全大于零，因而矩阵 A 的行列式大于 0，$R(A) = n$，选项 D 成立，故选项 A 不成立。

方法 2，（举反例）$A = \begin{bmatrix} 1 & 0 & 0 \\ 0 & 1 & 0 \\ 0 & 0 & 1 \end{bmatrix}$ 为正定矩阵，但二阶子式 $\begin{vmatrix} 0 & 0 \\ 1 & 0 \end{vmatrix} = 0$，选项 A 错误。

答案：A

第九节

1-9-1 **解**：$A \subset (A \cup B) = B$，$\overline{B} = (\overline{A\,B}) \subset \overline{A}$，$AB = A\overline{(A \cup B)} = A\,\overline{A}\,\overline{B} = \varnothing$，选项 A、B、C 均正确。

答案：D

1-9-2 **解**：$P(A \cup B) = P(A) + P(B) - P(AB) = 1 - P(AB) \leqslant 1$

$P(\overline{A}\,\overline{B}) = P(\overline{A \cup B}) = 1 - P(A \cup B) = 1 - [P(A) + P(B) - P(AB)] = P(AB)$。

答案：D

1-9-3 **解**：$A = \Omega$ 时，$AB = B$，$P(B|A) = \frac{P(AB)}{P(A)} = \frac{P(B)}{P(\Omega)} = P(B) \leqslant 1$

$B \subset A$ 时，$AB = B$ 且 $P(B) \leqslant P(A)$，$P(B|A) = \frac{P(AB)}{P(A)} = \frac{P(B)}{P(A)} \leqslant 1$

$A \subset B$ 时，$AB = A$，$P(B|A) = \frac{P(AB)}{P(A)} = \frac{P(A)}{P(A)} = 1$。

答案：C

1-9-4 **解**：注意 0.03 和 0.02 是条件概率，作为条件的事件与不作条件的事件要分别设。

设 A_i 为"取到第 i 台加工的零件"（$i = 1,2$），B 为"废品"，则 $\overline{B}$ 为合格品。

$P(A_1) = \frac{2}{3}$，$P(A_2) = \frac{1}{3}$，$P(B|A_1) = 0.03$，$P(B|A_2) = 0.02$，应用全概率公式

$P(\overline{B}) = 1 - P(B) = 1 - [P(A_1)P(B|A_1) + P(A_2)P(B|A_2)]$

$\qquad = 1 - \left(\frac{2}{3} \times 0.03 + \frac{1}{3} \times 0.02\right) = \frac{292}{300} \approx 0.973$

答案：B

1-9-5 **解**：设 A_i 为"取到第 i 组生产的零件"，$i = 1$、2，B 为"废品"，则 $P(A_1) = \frac{1}{3}$，$P(A_2) = \frac{2}{3}$，$P(B|A_1) = 0.02$，$P(B|A_2) = 0.03$，求 $P(A_1|B)$，显然可用贝叶斯公式，

$$P(A_1|B) = \frac{P(A_1B)}{P(B)} = \frac{P(A_1)P(B|A_1)}{P(A_1)P(B|A_1) + P(A_2)P(B|A_2)} = \frac{\frac{1}{3} \times 0.02}{\frac{1}{3} \times 0.02 + \frac{2}{3} \times 0.03} = \frac{1}{4}$$

答案：B

1-9-6　解：A 与 B 相互独立，即 $P(AB) = P(A)P(B)$

$$P(A \cup B) = P(A) + P(B) - P(AB) = P(A) + P(B) - P(A)P(B)$$

或　　$P(A \cup B) = 1 - P(\overline{A \cup B}) = 1 - P(\overline{A}\,\overline{B}) = 1 - P(\overline{A})P(\overline{B})$

$$= 1 - [1 - P(A)][1 - P(B)] = 1 - (1 - 0.4)(1 - 0.3)$$

$$= 0.58$$

答案：B

1-9-7　解：因为 A、B 相互独立，所以 $\overline{A}$、B 相互独立，则

$$P(\overline{A}|B) = P(\overline{A}) = 1 - P(A) = 0.8$$

答案：D

1-9-8　解：$P(A \cup B) = P(A) + P(B) - P(AB) = P(A) + P(B) - P(A)P(B)$，选项 A、B 错误；

$1 + P(\overline{A})P(\overline{B}) \geqslant 1$，选项 D 错误。

$P(A \cup B) = 1 - P(\overline{A \cup B}) = 1 - P(\overline{A}\,\overline{B}) = 1 - P(\overline{A})P(\overline{B})$，选项 C 正确。

答案：C

1-9-9　解：注意从 $P(A) = 0$ 推不出 $A = \varnothing$，从 $P(A) \leqslant P(B)$ 推不出 $A \subset B$，从 $P(B) = 1$ 推不出 $B = \Omega$，单从概率值推不出互斥、包含、对立关系，选项 A、B 错误。从选项内容看，答案一定在选项 C 和 D 中。

$P(A|B) + P(\overline{A}|\overline{B}) = 1$，$P(A|B) = 1 - P(\overline{A}|\overline{B}) = P(A|\overline{B})$

注意：$P(A|B) = P(A|\overline{B})$ 表示 B 发生或不发生对 A 发生的概率无影响，所以可由此式判断 A、B 独立。推导过程如下：

$$\frac{P(AB)}{P(B)} = \frac{P(A\overline{B})}{P(\overline{B})} = \frac{P(A) - P(AB)}{1 - P(B)}$$

$P(AB) - P(AB)P(B) = P(B)P(A) - P(B)P(AB)$，$P(AB) = P(A)P(B)$。

答案：C

1-9-10　解：这是 3 次独立重复试验，设 A 为"每次命中目标"，$P(A) = 0.8$，至少击中两次的概率为：

$$P = C_3^2 0.8^2 \times 0.2 + C_3^3 0.83^3 = 0.896 \approx 0.9$$

或设 X 为"3 次射击命中的次数"，则 $X \sim B(3, 0.8)$

$$P(X \geqslant 2) = P(X = 2) + P(X = 3)$$

答案：D

1-9-11　解：由分布律的性质可知 $0.4 + a + b + 0.1 = 1$，即 $a + b = 0.5$

$$\{X \leqslant 1\} \cap \{0 < X < 3\} = \{X = 1\}$$

由独立性 $P\{X = 1\} = P\{X \leqslant 1\} \cdot P\{0 < X < 3\}$

即 $a = (0.4 + a)(a + b)$，得出 $a = 0.4$，$b = 0.1$

答案：B

1-9-12　解：因 $f(-x) = f(x)$，所以 $F(0) = \int_{-\infty}^{0} f(x)\mathrm{d}x = \int_{0}^{+\infty} f(t)\mathrm{d}t = 0.5$

$$F(-a) = \int_{-\infty}^{-a} f(x)dx \xrightarrow{x=-t} -\int_{+\infty}^{a} f(-t)dt = \int_{a}^{+\infty} f(t)dt$$

$$= \int_{0}^{+\infty} f(x)dx - \int_{0}^{a} f(x)dx = 0.5 - \int_{0}^{a} f(x)dx$$

也可把$f(x)$的积分值理解为曲边梯形面积（见解图）并利用图形对称性来判定。

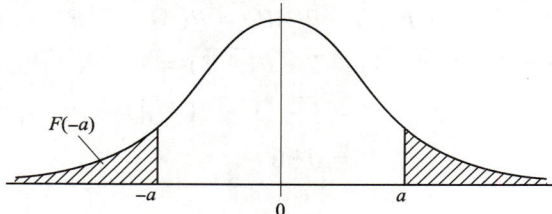

题 1-9-12 解图

答案： B

1-9-13 **解：** 用概率密度性质$f(x) \geqslant 0$且$\int_{-\infty}^{+\infty} f(x)dx = 1$去核对。

选项 A 中$f(x)$不满足$f(x) \geqslant 0$。

选项 B、D 中$f(x)$不满足$\int_{-\infty}^{+\infty} f(x)dx = 1$。

选项 C 中$f(x)$满足$f(x) \geqslant 0$，且$\int_{-\infty}^{+\infty} f(x)dx = 1$。

也可以由均匀分布的概率密度函数$f(x) = \begin{cases} \dfrac{1}{b-a} & a < x < b \\ 0 & 其他 \end{cases}$直接判定选项 C 正确。

答案： C

1-9-14 **解：** $F\left(\dfrac{1}{3}\right) = P\left(X \leqslant \dfrac{1}{3}\right) = \int_{0}^{\frac{1}{3}} 3e^{-3x}dx = -e^{-3x} \big|_{0}^{\frac{1}{3}} = 1 - e^{-1}$

答案： C

1-9-15 **解：** $X \sim N(\mu, \sigma^2)$，$\dfrac{X-\mu}{\sigma} \sim N(0,1)$，$P(|X - \mu| < \sigma) = P\left(\left|\dfrac{X-\mu}{\sigma}\right| < 1\right) = 2\Phi(1) - 1$

答案： C

1-9-16 **解：** $f(x) > 0$，且$x > 1$时，$f(x)$单调减少（见解图）。

$a = \int_{12}^{16} f(x)dx$等于区间[12,16]上曲边梯形面积。

$b = \int_{14}^{18} f(x)dx$等于区间[14,18]上曲边梯形面积。

显然$a > b$，或

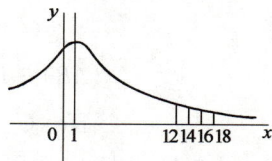

题 1-9-16 解图

$$b = \int_{14}^{18} f(x)dx \xrightarrow{x=t+2} \int_{12}^{16} f(t+2)dt = \int_{12}^{16} f(x+2)dx$$

$$a - b = \int_{12}^{16} f(x)dx - \int_{12}^{16} f(x+2)dx = \int_{12}^{16} [f(x) - f(x+2)]dx$$

因为$x > 1$时，$f(x)$严格单调减少，所以在［12,16］上$f(x) - f(x+2) > 0$

故$a - b > 0$，$a > b$。

答案： B

1-9-17 **解：** 由分布律性质$\dfrac{1}{4} + b + \dfrac{1}{4} = 1$，得$b = \dfrac{1}{2}$

由$E(X) = -2 \times \dfrac{1}{4} + 1 \times \dfrac{1}{2} + a \times \dfrac{1}{4} = 1$，得$a = 4$。

答案： B

1-9-18 **解：** $f(x) = F'(x) = \dfrac{1}{\pi(1+x^2)}$

$$E(X) = \int_{-\infty}^{+\infty} \frac{x}{\pi(1+x^2)} \, dx = \frac{1}{2\pi} \int_{-\infty}^{+\infty} \frac{1}{1+x^2} \, d(1+x^2) = \frac{1}{2\pi} \ln(1+x^2) \Big|_{-\infty}^{+\infty} \left(\text{发散}\right)$$

答案： D

注意：本题如果根据$f(x)$为偶函数，判定$E(X) = 0$就错了。

1-9-19 **解：** $X \sim B(4, p)$，$P(X \geqslant 1) = \frac{15}{16}$，$P(X = 0) = (1-p)^4 = \frac{1}{16}$，$p = \frac{1}{2}$

$E(X^2) = D(X) + [E(X)]^2 = np(1-p) + (np)^2$，代入$n = 4$，$p = \frac{1}{2}$

答案： D

1-9-20 **解：** $D(X) = E(X^2) - [E(X)]^2 = \frac{1}{18}$，$D(Y) = \frac{1}{18}$，

$\text{Cov}(X, Y) = E(XY) - E(X)E(Y) = -\frac{1}{36}$，$\rho = \frac{\text{Cov}(X,Y)}{\sqrt{D(X)D(Y)}} = -\frac{1}{2}$。

答案： D

1-9-21 **解：** X服从0-1分布，$D(X) = p(1-p)$

$$D(\overline{X}) = \frac{D(X)}{n} = \frac{p(1-p)}{n}, \quad \sqrt{D(\overline{X})} = \sqrt{\frac{p(1-p)}{n}}$$

答案： A

1-9-22 **解：** 因为$E(\overline{X}) = E(X) = \mu$，所以$E\left[\left(\overline{X} - \mu\right)^2\right] = D(\overline{X}) = \frac{D(X)}{n} = \frac{\sigma^2}{n} = \frac{4}{16} = \frac{1}{4}$。

答案： B

1-9-23 **解：** $X \sim N(\mu, \sigma^2)$，$\overline{X} \sim N\left(\mu, \frac{\sigma^2}{n}\right)$，$\frac{\overline{X} - \mu}{\frac{\sigma}{\sqrt{n}}} = 2(\overline{X} - \mu) \sim N(0, 1)$，

$P\left(|\overline{X} - \mu| < 1\right) = P\left(\left|2(\overline{X} - \mu)\right| < 2\right) = 2\Phi(2) - 1 = 0.954\,4$。

答案： A

1-9-24 **解：** 当$W \sim N(0, 1)$时，$W^2 \sim \chi^2(1)$。

要使$Y = C\left(\sum\limits_{i=1}^{n} X_i\right)^2 = \left(\sum\limits_{i=1}^{n} \sqrt{C} X_i\right)^2 \sim \chi^2(1)$，应使$\sum\limits_{i=1}^{n} \sqrt{C} X_i \sim N(0, 1)$，应使$D\left(\sum\limits_{i=1}^{n} \sqrt{C} X_i\right) = 1$

即$\sum\limits_{i=1}^{n} CD(X_i) = nCD(X) = nC\sigma^2 = 1$，$C = \frac{1}{n\sigma^2}$。

答案： D

1-9-25 **解：** 注意对两个正态总体的样本，有$\frac{\sigma_2^2 S_1^2}{\sigma_1^2 S_2^2} \sim F(n_1 - 1, n_2 - 1)$，两总体方差相等，即$\sigma_1^2 = \sigma_2^2$时，$\frac{\sigma_2^2 S_1^2}{\sigma_1^2 S_2^2} = \frac{S_1^2}{S_2^2} \sim F(n_1 - 1, n_2 - 1)$。

答案： A

1-9-26 **解：** $E(X) = \int_1^{+\infty} x\lambda x^{-(\lambda+1)} \, dx = \frac{\lambda}{\lambda - 1}$，$\lambda = \frac{E(X)}{E(X) - 1}$，用$\overline{X}$替换$E(X)$，得$\lambda$的矩估计量$\hat{\lambda} = \frac{\overline{X}}{\overline{X} - 1}$。

答案： B

1-9-27 **解：** 根据无偏性的结论$S^2 = \frac{1}{n-1} \sum\limits_{i=1}^{n} \left(X_i - \overline{X}\right)^2$，$E(S^2) = D(X) = \sigma^2$。

注意：选项 B 和 D 中μ是未知参数，所以不是估计量。

答案： A

说明：选项 B、D 中含有未知参数μ，不是统计量，因而不是估计量。选项 C 是σ^2的矩估计量，但不是无偏估计量。

1-9-28 **解：** 因$\overline{X}$，S^2分别为$E(x)$，$D(x)$的无偏估计：

$E(\hat{\lambda}) = aE(\overline{X}) + (2 - 3a)E(S^2) = aE(X) + (2 - 3a)D(X)$

$\quad\quad = a\lambda + (2 - 3a)\lambda = (2 - 2a)\lambda = \lambda$

$2 - 2a = 1$，$a = \frac{1}{2}$。

答案： C

1-9-29 **解：** 用有效性结论：当 $\sum_{i=1}^{n} C_i = 1$ 时，$\sum_{i=1}^{n} C_i X_i$ 是 $E(X)$ 的无偏估计，在这些无偏估计中 $\overline{X}$ 的方差最小，$\overline{X}$ 最有效。或仿有效性中的例子做。

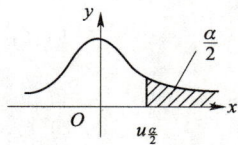

题 1-9-30 解图

答案： D

1-9-30 **解：** μ 的 $(1-\alpha)$ 置信区间是 $\left(\overline{X} - u_{\frac{\alpha}{2}} \frac{\sigma}{\sqrt{n}}, \overline{X} + u_{\frac{\alpha}{2}} \frac{\sigma}{\sqrt{n}}\right)$

区间长 $L = 2u_{\frac{\alpha}{2}} \frac{\sigma}{\sqrt{n}}$

提高精度（应减小 L），应减小 $u_{\frac{\alpha}{2}}$，增大 n；而减小 $u_{\frac{\alpha}{2}}$ 应增大 α（见解图）。

答案： C

说明：标准正态分布上 α 分位数可记为 z_α，有时也记为 u_α。

1-9-31 **解：** 月减体重 $X \sim N(\mu, \sigma^2)$，μ 为月平均减体重。广告宣称的月平均减体重大于 3kg，即 $\mu > 3$。检验 $\mu > 3$ 是真是伪（没有等号应作为 H_1），H_0 应写成 $\mu \leqslant 3$ 或 $\mu = 3$（2.8 是样本均值 $\overline{X}$ 的观测值 $\overline{x}$）。

答案： A

1-9-32 **解：** 总体 $X \sim N(\mu, \sigma^2)$，σ^2 未知时，$\frac{\overline{X} - \mu}{\frac{s}{\sqrt{n}}} \sim t(n-1)$，在 $H_0 : \mu = \mu_0$ 成立时，检验统计量 $\frac{\overline{X} - \mu_0}{\frac{s}{\sqrt{n}}} \sim t(n-1)$。本题 $n = 10$，$\mu_0 = 10\,560$。

答案： A

1-9-33 **解：** 选项 A，H_0 成立时，统计量 $U = \frac{\overline{X} - \mu_0}{\sigma} \sqrt{n} \sim N(0,1)$（称为 u 检验法）；

选项 B，H_0 成立时，统计量 $T = \frac{\overline{X} - \mu_0}{s} \sqrt{n} \sim t(n-1)$（称为 t 检验法）；

选项 C，H_0 成立时，统计量 $\sum_{i=1}^{n} \left(\frac{X_i - \mu}{\sigma_0}\right)^2 \sim \chi^2(n)$（称为 χ^2 检验法）；

选项 D，H_0 成立时，统计量 $\frac{(n-1)S^2}{\sigma_0^2} \sim \chi^2(n-1)$（称为 χ^2 检验法）。

答案： B

第二章　普 通 物 理

复 习 指 导

一、考试大纲

2.1　热学

气体状态参量；平衡态；理想气体状态方程；理想气体的压强和温度的统计解释；自由度；能量按自由度均分原理；理想气体内能；平均碰撞频率和平均自由程；麦克斯韦速率分布律；方均根速率；平均速率；最概然速率；功；热量；内能；热力学第一定律及其对理想气体等值过程的应用；绝热过程；气体的摩尔热容量；循环过程；卡诺循环；热机效率；净功；制冷系数；热力学第二定律及其统计意义；可逆过程和不可逆过程。

2.2　波动学

机械波的产生和传播；一维简谐波表达式；描述波的特征量；波面，波前，波线；波的能量、能流、能流密度；波的衍射；波的干涉；驻波；自由端反射与固定端反射；声波；声强级；多普勒效应。

2.3　光学

相干光的获得；杨氏双缝干涉；光程和光程差；薄膜干涉；光疏介质；光密介质；迈克尔逊干涉仪；惠更斯-菲涅尔原理；单缝衍射；光学仪器分辨本领；衍射光栅与光谱分析；X 射线衍射；布拉格公式；自然光和偏振光；布儒斯特定律；马吕斯定律；双折射现象。

二、复习指导

（一）热学

热学包含两部分内容：气体分子运动论和热力学基础。

气体分子运动论主要是研究宏观热现象的本质，对大量分子运用统计平均方法揭示压强、温度的微观本质，进而讨论三个统计规律，即分子平均动能按自由度均分的统计规律，分子速率分布的统计规律，分子碰撞的统计规律。

其中，理想气体状态方程，气体的压强和温度公式及其推导，理想气体的内能，麦克斯韦分子速率分布为重点。本部分内容公式较多，但切不可死记公式，必须弄清公式的来龙去脉和公式的物理意义。

热力学部分的核心是热力学第一定律、热力学第二定律，尤以热力学第一定律及其在各等值过程、绝热过程中的应用为重点。此外，对循环过程（包括卡诺循环）热机效率也应予以足够的重视。

热力学部分习题主要是根据热力学第一定律来计算理想气体的几种典型过程的功、热量、内能变化以及循环过程的效率等问题。解题前应首先弄清是什么过程（等温、等压、等容、绝热）及这一过程的特点。因为功、热量都是过程量，其值与过程的性质有关。

（二）波动学

这一节主要讨论机械波的产生、描述、能量和干涉。其中平面简谐波的波动方程和波的干涉为本节重点。

理解波动方程$y(x,t)$时要特别注意理解建立波动方程的思路，要从三个不同角度，即x=常量，t=常量以及x和t都变化的三个方面去理解波动方程的物理意义。

学习波的干涉时，要注意掌握相干条件并运用相位差或波程差的概念分析相干波的叠加后振幅极大、极小问题。

此外，由于机械振动是产生机械波的根源，因此有必要复习机械振动的有关概念：谐振动方程、相位、同方向同频率谐振动的合成。

（三）光学

光学（波动光学）含有三部分内容：光的干涉、光的衍射、光的偏振。

光的干涉是波动光学的基础，在光的衍射、偏振中都要用到。

在光的干涉中，以分波阵面干涉（双缝）和分振幅干涉（薄膜、劈尖）为重点。但不管是分波阵面干涉还是分振幅干涉，最重要的是要善于分析光路，掌握好光程的概念及在垂直入射的情况下光程差的计算。此外，在光程差的计算中，应注意因界面反射条件不同而产生的附加光程差$\lambda/2$（半波损失）。

光的衍射以夫琅禾费单缝衍射为重点。要特别注意不要把单缝衍射暗纹公式$a\sin\theta=k\lambda$与双缝干涉明纹公式$\delta=k\lambda$相混淆，二者形式相似而结果相反，前者表示单缝边缘光线的光程差，后者是两束相干光的光程差。

此外，式中k是一可变的整数，具体取值视问题的条件而定。

在光的偏振中，以马吕斯定律和布儒斯特定律为重点。理解马吕斯定律时应注意，定律中的光强I_0为入射偏振片前的偏振光的光强，而自然光通过偏振片后光强减小为入射光强度一半。

第一节　热　　学

一、平衡态、气体状态参量

热学的研究对象是由大量原子、分子组成的宏观物质系统，称为热力学系统。关于分子数目的典型常数是阿伏伽德罗常数$N_0=6.022\times10^{23}$个分子/mol，即 1mol 的任何物质含有6.022×10^{23}个分子。热学的研究内容：热现象所遵循的普遍规律，即热力学第一定律和热力学第二定律，以及（热力学）系统的物理性质与冷热现象的关系。

（一）平衡态

系统的宏观物理性质不随时间变化的状态，称系统处于平衡态，或称为静态。

（二）气体状态参量

系统的宏观物理性质，是由经过定义的物理量来描述。经长期研究发现，当一定量的气体处于平衡态时，用它的体积V、压强p、温度T来描述它的物理状态，这些描述气体状态的物理量，称为气体平衡状态参量，简称状态参量。

体积（V），指气体分子可到达的空间。在容器中气体的体积，也就是容器体积（容积）。体积的国际单位是立方米（m^3）。有时也用升（L），$1L=10^{-3}m^3$。

压强（p），是指气体作用于外界（例如容器壁）每单位面积上的正压力。压强的国际单位称为帕斯卡，简称帕（Pa），即牛顿/米^2（N/m^2）。实际应用中经常会出现大气压的压强单位，1atm = 1.013 × 10^{5}Pa。

温度（T），是热学中特有的表示系统冷热程度的物理量，温度的数值表示叫温标，采用热力学温标（开尔文温标）时，温度用T表示，而用摄氏温标时，温度用t表示，热力学温度T与摄氏温度t的关系为

$$T(K) = 273.15 + t \quad (℃)$$

二、理想气体状态方程

严格遵守波义耳-马略特定律、盖吕萨克定律、查理定律和阿伏伽德罗定律的气体称为理想气体，与气体的化学成分无关。实际中的各种气体只是在压强较低（或稀薄气体）的情况下才能视为理想气体。

综合上述理想气体遵守的四条定律，可导出理想气体状态参量之间的一个在任何情况下都成立的关系式，叫理想气体状态方程。

$$pV = \frac{m}{M}RT \tag{2-1-1}$$

式中：m ——气体的质量；

M ——摩尔质量；

R ——摩尔气体常量，值为8.31J/(mol·K)。

理想气体状态方程还可化为另一种形式，设质量为m的气体的分子数为N，1 mol 气体的分子数为N_0（阿伏伽德罗常数），$\left(\frac{m}{M}\right)$mol 气体的分子数为$N = \frac{m}{M}N_0$。

即
$$\frac{m}{M} = \frac{N}{N_0} \tag{2-1-2}$$

把它代入式（2-1-1），有$pV = \frac{N}{N_0}RT = N\frac{R}{N_0}T$，即

$$p = \frac{N}{V}\frac{R}{N_0}T \tag{2-1-3}$$

令
$$n = \frac{N}{V}, \quad k = \frac{R}{N_0} \tag{2-1-4}$$

于是
$$p = nkT \tag{2-1-5}$$

式中：n ——单位体积内的分子数，称分子数密度；

k ——1.38 × 10^{-23}J/K，称玻尔兹曼常数。

【例 2-1-1】 有两种理想气体，第一种的压强为p_1，体积为V_1，温度为T_1，总质量为M_1，摩尔质量为μ_1；第二种的压强为p_2，体积为V_2，温度为T_2，总质量为M_2，摩尔质量为μ_2。当$V_1 = V_2$，$T_1 = T_2$，$M_1 = M_2$时，则$\frac{\mu_1}{\mu_2}$：

A. $\frac{\mu_1}{\mu_2} = \sqrt{\frac{p_1}{p_2}}$ B. $\frac{\mu_1}{\mu_2} = \frac{p_1}{p_2}$ C. $\frac{\mu_1}{\mu_2} = \sqrt{\frac{p_2}{p_1}}$ D. $\frac{\mu_1}{\mu_2} = \frac{p_2}{p_1}$

解 理想气体状态方程$pV = \frac{M}{\mu}RT$，因为$V_1 = V_2$，$T_1 = T_2$，$M_1 = M_2$，所以$\frac{\mu_1}{\mu_2} = \frac{p_2}{p_1}$。

答案： D

三、理想气体的压强和温度的统计解释

（一）理想气体的微观图景

从微观图景来看，理想气体是由数目巨大的运动着的分子组成。各运动着的分子之间，以及分子与

容器壁之间会发生频繁的碰撞，使每个分子的运动速率和方向发生频繁的变化，这样，从整体来看，理想气体是一个这样的群体：其中每一个分子都做杂乱无章的运动，或者说，分子做热运动。

（二）理想气体分子模型

最简单的分子模型是把分子看成一个直径可忽略不计的、具有一定质量（分子质量）m'的弹性小球。所谓直径可以忽略是指小球之间的距离远大于小球直径，这样，可把小球当作质点来处理。小球与器壁间碰撞，视为完全弹性碰撞。

（三）压强的统计解释

理想气体对容器壁产生的压强，是大量分子不断撞击器壁的结果。根据完全弹性碰撞的力学知识，以及处于平衡态的理想气体的压强特征——对容器各面施加的压强相等，可推导出一个重要的压强公式

$$p = \frac{2}{3} n \overline{\omega} \tag{2-1-6}$$

式中，$n = N/V$，即分子数密度，N是分子总数，$\overline{\omega}$称为分子的平均平动动能，它等于全体分子的平动动能之和除以全体分子总数，即

$$\overline{\omega} = \left(\frac{1}{2} m' v_1^2 + \frac{1}{2} m' v_2^2 + \cdots + \frac{1}{2} m' v_N^2 \right) / N = \frac{1}{2} m' \overline{v}^2 \tag{2-1-7}$$

$\overline{v}^2$为分子速率平方的平均值。请注意，各分子间的频繁碰撞使每个分子的速率v_1，v_2，$\cdots$，v_N在发生频繁的变化，但$\overline{v}^2$及$\overline{\omega}$却不随时间变化（因为压强p不随时间变化），这是大量做热运动分子集体的统计规律性的表现。所谓统计规律性，是指以平动动能为例，一个特定的分子，例如编号为i的分子，它的平动动能$\omega_i = \frac{1}{2} m' v_i^2$是随时（或随机）变化的，而大量分子的平均平动动能$\overline{\omega}$却表现出不变的规律性，即统计规律性。

（四）温度的统计解释

联立理想气体状态方程（2-1-5）及压强公式（2-1-6）

$$\begin{cases} p = nkT \\ p = \frac{2}{3} n \overline{\omega} \end{cases}$$

由上两式消去p得

$$\overline{\omega} = \frac{3}{2} kT \tag{2-1-8}$$

上式把热学中特有的量——温度与大量分子的平均平动动能联系起来，这使我们摆脱了温度是冷热程度这种无法定量描述的经验之谈，而把温度看作是大量分子热运动强度的标志。温度越高，分子的总体表现是热运动越激烈。

【例 2-1-2】 关于温度的意义，有下列几种说法：

（1）气体的温度是分子平均平动动能的量度；

（2）气体的温度是大量气体分子热运动的集体体现，具有统计意义；

（3）温度的高低反映物质内部分子运动剧烈程度的不同；

（4）从微观上看，气体的温度表示每个分子的冷热程度。

这些说法中正确的是：

A.（1），（2），（4）　　　　　　　B.（1），（2），（3）

C.（2），（3），（4）　　　　　　　D.（1），（3），（4）

解 本题考核气体分子运动论。气体的温度是分子平均平动动能的量度，气体的温度是大量气体分子热运动的集体体现，具有统计意义，温度的高低反映物质内部分子运动剧烈程度的不同，正是因为它的统计意义，单独说某个分子的温度是没有意义的。

答案： B

四、能量按自由度均分原理

（一）自由度数目 i

气体中每一个分子可由单个原子或多个原子组成，称单原子分子或多原子分子，由单原子分子组成的气体如氦气（He）、氖气（Ne）等，由双原子分子组成的气体如氧气（O_2）、氮气（N_2）等，至于甲烷气（CH_4），自然是由五原子分子组成的气体了。

自由度数目 i 是指决定某物体在空间的位置所需要的独立坐标数目。

据此，把构成气体分子的每一个原子看成一质点，且各原子之间的距离固定不变（称刚性分子，即视为刚体）。那么，单原子分子的自由度 $i = 3$，即有三个平动自由度；刚性双原子分子的自由度 $i = 5$，即有三个平动自由度和两个转动自由度；由三个及以上原子组成的刚性多原子分子 $i = 6$，有三个平动自由度和三个转动自由度。

（二）能量按自由度均分原理

它的内容是：在温度为 T 的平衡态下，每一个分子的每一个自由度都具有相同的平均动能，其值为 $\frac{1}{2}kT$（请特别注意"平均"两字）。

据此，一个单原子分子有三个平均自由度，单原子分子的平均（平动）动能 $\bar{\omega} = 3 \cdot \frac{1}{2}kT$，这正是式（2-1-8）。刚性双原子分子 $i = 5$，它的平均动能 $\bar{\varepsilon} = \frac{5}{2}kT$（细说起来，即三个平动自由度对应平均平动动能为 $\frac{3}{2}kT$，两个转动自由度对应平均转动动能为 $\frac{2}{2}kT$）。一般说来，若一个分子的自由度数为 i，那么，据能量按自由度均分原理，该分子的平均动能为

$$\bar{\varepsilon} = \frac{i}{2}kT$$

五、理想气体内能

从微观上讲，理想气体是指分子之间相互作用势能小到可以忽略不计的气体，因为各分子的热运动动能远大于它们之间相互作用势能。这样，整个理想气体具有的机械能量，就等于每个分子热运动动能之和，设理想气体分子总数为 N，一个分子的动能用 ε 表示，则理想气体的内能 E 可表示为

$$E = \varepsilon_1 + \varepsilon_2 + \cdots + \varepsilon_N = N \cdot \frac{\varepsilon_1 + \varepsilon_2 + \cdots + \varepsilon_N}{N} = N\bar{\varepsilon}$$

式中，$\bar{\varepsilon}$ 为每一分子的平均动能，应为 $\frac{i}{2}kT$，故

$$E = \frac{i}{2}NkT \tag{2-1-9}$$

$$N = \left(\frac{m}{M}\right)N_0$$

$$N_0 k = R$$

$$E = \frac{i}{2}\left(\frac{m}{M}\right)RT \tag{2-1-10}$$

由于理想气体状态方程 $pV = \left(\dfrac{m}{M}\right)RT$，$E$ 还可表示为

$$E = \frac{i}{2}pV \tag{2-1-11}$$

理想气体每单位体积的内能，即内能密度为

$$E/V = \frac{i}{2}p \tag{2-1-12}$$

【**例 2-1-3**】 在标准状态下，当氢气和氦气的压强与体积都相等时，氢气和氦气的内能之比为：

A. $\dfrac{5}{3}$ B. $\dfrac{3}{5}$ C. $\dfrac{1}{2}$ D. $\dfrac{3}{2}$

解 由 $E = \dfrac{m}{M}\dfrac{i}{2}RT = \dfrac{i}{2}pV$，注意到氢为双原子分子，氦为单原子分子，即 $i(\mathrm{H_2}) = 5$，$i(\mathrm{He}) = 3$，又 $p(\mathrm{H_2}) = p(\mathrm{He})$，$V(\mathrm{H_2}) = V(\mathrm{He})$，故 $\dfrac{E(\mathrm{H_2})}{E(\mathrm{He})} = \dfrac{i(\mathrm{H_2})}{i(\mathrm{He})} = \dfrac{5}{3}$。

答案： A

六、麦克斯韦速率分布律

（一）速率分布函数

设理想气体分子总数为 N，各分子的速率自然有大有小，现以 $\mathrm{d}N$ 表示速率在 $v \to v + \mathrm{d}v$ 区间内的分子数，定义速率分布函数为

$$f(v) = \frac{\mathrm{d}N}{N\mathrm{d}v} \tag{2-1-13}$$

从速率分布函数的定义式可知，它的意义是在单位速率间隔内分子的百分数，当理想气体处于平衡态时，分布函数与时间无关，而与速率 v 有关。式（2-1-13）可改写为

$$\mathrm{d}N = Nf(v)\mathrm{d}v \tag{2-1-14}$$

如要表示速率在 $v_1 \to v_2$ 区间内的分子数，可将上式积分

$$\int_{v_1}^{v_2} \mathrm{d}N = \Delta N = \int_{v_1}^{v_2} Nf(v)\mathrm{d}v$$

故

$$\int_{v_1}^{v_2} f(v)\mathrm{d}v = \frac{\Delta N}{N} \tag{2-1-15}$$

表示速率在 $v_1 \to v_2$ 区间内的分子数占总分子数的百分率。由于全体分子速率分布总在 $0 \to \infty$ 区间内，把式（2-1-14）从 $v = 0$ 到 $v \to \infty$ 积分得

$$\int_0^\infty f(v)\mathrm{d}v = 1 \tag{2-1-16}$$

上式说明，$\int_0^\infty f(v)dv =$ 分布曲线下总面积 $= 1$，速率分布函数应满足归一化条件。

（二）麦克斯韦速率分布函数

理论和实践都证实，处于温度为 T 的理想气体，速率分布函数的具体数学形式是

$$f(v) = \left(\frac{m'}{2\pi kT}\right)^{3/2} e^{\frac{-m'v^2}{2kT}} 4\pi v^2 \tag{2-1-17}$$

式中各文字的意义都已交代过。此式称为麦克斯韦速率分布函数。若以 v 为横坐标，以 $f(v)$ 为纵坐标，此函数的大致图形，如图 2-1-1 所示，温度越高，分布曲线的最高点越向速率大的方向移动。

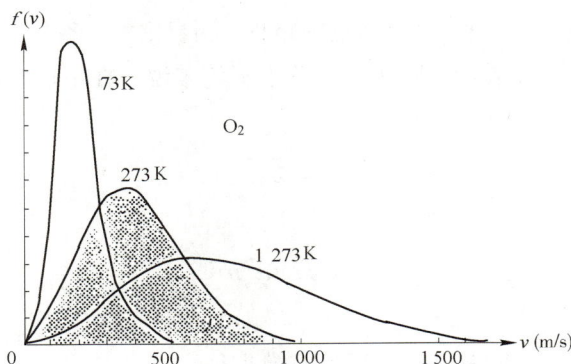

图 2-1-1　不同温度下速率分布曲线

（三）三种速率

知道了麦克斯韦速率分布函数后，可求出全体分子的三种速率。

（1）最可几速率 v_p（最概然速率）：与 $f(v)$ 的极大值相对应的速率。

由 $\dfrac{\mathrm{d}f(v)}{\mathrm{d}v}=0$，得

$$v_p=\sqrt{\frac{2kT}{m'}}=\sqrt{\frac{2RT}{M}} \tag{2-1-18}$$

M 为气体的摩尔质量。

（2）平均速率 $\bar{v}$：大量分子速率的算术平均值。

$$\bar{v}=\frac{1}{N}\int_0^\infty v\mathrm{d}N=\int_0^\infty vf(v)\mathrm{d}v=\sqrt{\frac{8kT}{\pi m'}}=\sqrt{\frac{8RT}{\pi M}} \tag{2-1-19}$$

【例 2-1-4】假定氧气的热力学温度提高一倍，氧分子全部离解为氧原子，则氧原子的平均速率是氧分子平均速率的：

A. 4 倍　　　　　　　B. 2 倍　　　　　　　C. $\sqrt{2}$ 倍　　　　　　　D. $\dfrac{1}{\sqrt{2}}$

解　$\bar{v}=\sqrt{\dfrac{8RT}{\pi M}}$，$\bar{v}_{O_2}=\sqrt{\dfrac{8RT}{\pi M}}=\sqrt{\dfrac{8RT}{\pi\cdot32}}$

氧气的热力学温度提高一倍，氧分子全部离解为氧原子，$T_O=2T_{O_2}$

$\bar{v}_O=\sqrt{\dfrac{8RT_O}{\pi M_0}}=\sqrt{\dfrac{8R\cdot2T}{\pi\cdot16}}$，则 $\dfrac{\bar{v}_O}{\bar{v}_{O_2}}=\sqrt{\dfrac{8R\cdot2T}{\pi\cdot16}}\Big/\sqrt{\dfrac{8RT}{\pi\cdot32}}=2$

答案： B

（3）方均根速率 $\sqrt{\bar{v}^2}$：大量分子速率二次方平均值的平方根。

$$\bar{v}^2=\frac{1}{N}\int_0^\infty v^2f(v)\mathrm{d}v=\frac{3kT}{m'} \tag{2-1-20}$$

$$\sqrt{\bar{v}^2}=\sqrt{\frac{3kT}{m'}}=\sqrt{\frac{3RT}{M}}$$

七、平均碰撞频率 $\bar{Z}$ 和平均自由程 $\bar{\lambda}$

气体分子间在做频繁的相互碰撞，一个分子在单位时间内的碰撞次数 Z 简称为碰撞次数，或称碰撞频率。由于分子热运动的无规则性，没有理由说各分子的 Z 是一样的，Z 对全体分子的平均值 $\bar{Z}$，称平均碰撞频率（次数）。

一个分子在相继的两次碰撞之间所自由通过的路程，叫自由程。各分子的自由程各不相同，对全体分子取平均，叫平均自由程，以$\bar{\lambda}$表示。对于一个分子平均来说，在单位时间内自由通过的路程为平均速率$\bar{v}$，所以下式成立

$$\bar{v} = \bar{Z}\,\bar{\lambda} \tag{2-1-21}$$

研究表明

$$\bar{Z} = \sqrt{2}\pi d^2 n \bar{v} \tag{2-1-22}$$

式中：n ——分子数密度；

d ——分子有效直径，不同分子有不同的有效直径。

$$\bar{\lambda} = \frac{\bar{v}}{\bar{Z}} = \frac{1}{\sqrt{2}\pi d^2 n} = \frac{kT}{\sqrt{2}\pi d^2 p} \tag{2-1-23}$$

上式中最后一等式利用了理想气体状态方程$p = nkT$。式（2-1-23）表明在T一定时，$\bar{\lambda}$与p成反比。$\bar{\lambda}$在对气体内迁移现象（包括热传导、扩散、黏滞等）讨论时起重要作用。

【例 2-1-5】 容积恒定的容器内盛有一定量的某种理想气体，分子的平均自由程为$\bar{\lambda}_0$，平均碰撞频率为$\bar{Z}_0$，若气体的温度降低为原来的1/4，则此时分子的平均自由程$\bar{\lambda}$和平均碰撞频率$\bar{Z}$为：

　　A. $\bar{\lambda} = \bar{\lambda}_0$，$\bar{Z} = \bar{Z}_0$　　　　　　　　B. $\bar{\lambda} = \bar{\lambda}_0$，$\bar{Z} = \frac{1}{2}\bar{Z}_0$

　　C. $\bar{\lambda} = 2\bar{\lambda}_0$，$\bar{Z} = 2\bar{Z}_0$　　　　　　　D. $\bar{\lambda} = \sqrt{2}\lambda_0$，$\bar{Z} = 4\bar{Z}_0$

解 气体分子的平均碰撞频率$Z_0 = \sqrt{2}n\pi d^2 \bar{v} = \sqrt{2}n\pi d^2 \sqrt{\frac{8RT}{\pi M}}$，平均自由程$\bar{\lambda}_0 = \frac{\bar{v}}{\bar{Z}_0} = \frac{1}{\sqrt{2}n\pi d^2}$，$T' = \frac{1}{4}T$，$\bar{\lambda} = \bar{\lambda}_0$，$\bar{Z} = \frac{1}{2}\bar{Z}_0$。

答案： B

八、热力学第一定律

（一）准静态过程

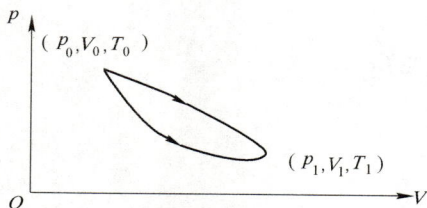

图 2-1-2

热力学系统在与外界发生相互作用时，它（以及外界）的状态要发生变化，状态变化的过程，叫热力学过程。以理想气体为例，系统从初态（p_0，V_0，T_0）变化到终态（p_1，V_1，T_1），可通过各种不同过程实现（参看示意图 2-1-2），不同的过程体现了系统与外界的不同相互作用。

要使原先处于平衡态的理想气体状态发生变化，首先要破坏它原先的平衡态。也即系统要历经一非平衡态（非静态）情形。但若过程进行得如此缓慢，使过程进行中系统的状态都近似达到平衡态，这种理想化的过程叫准静态过程。在准静态过程中，气体的状态都可用平衡态（静态）参量（p，V，T）来描述。

（二）理想气体内能的改变ΔE

一定量理想气体的内能E由式（2-1-10）确定。故理想气体经历任何过程从温度为T_1的状态变到温度为T_2的状态时，内能的增量为

$$\Delta E = E_2 - E_1 = \frac{m}{M}\frac{i}{2}R(T_2 - T_1) = \frac{m}{M}\frac{i}{2}R\Delta T \tag{2-1-24}$$

显然，一定量理想气体的内能增量只取决于系统的初、终态，而与联系初、终态的过程无关，这一结论十分重要。或者可说，内能本身是状态的单值函数。

（三）功 A

利用力学中功的概念，计算气缸中气体在准静态过程中所做的功。设气体的压强为 p，活塞面积为 S，气体对活塞的压力 $f = pS$（见图 2-1-3），当活塞移动微小距离 dL 时，气体体积变化 $dV = SdL$，过程中所做微功 $dA = fdL = pSdL = pdV$。当气体体积从 V_1 膨胀到 V_2 时，气体对外（活塞）做功为

$$A = \int_{V_1}^{V_2} pdV \tag{2-1-25}$$

当过程用 p-V 图上一条曲线表示时（见图 2-1-4），功 A 即表示曲边梯形的面积。可见，若以不同的曲线（代表不同的变化过程）连接相同的初态（V_1）、终态（V_2），功 A 不同，功与过程有关。注意，若 $V_2 > V_1$，气体体积随过程膨胀，气体对外做正功（$A > 0$）；反之，若 $V_2 < V_1$，气体被压缩，气体对外做负功。还要注意，功 A 的表达式（2-1-25）只对准静态过程成立，对非准静态过程不成立。如气体向真空膨胀，对外做功 $A = 0$。

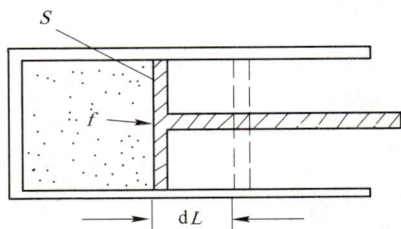

图 2-1-3

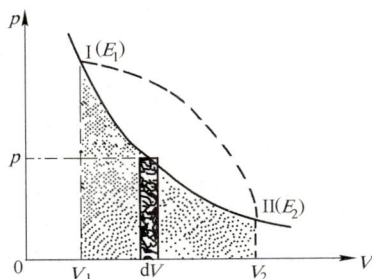

图 2-1-4

（四）热量 Q

气体对外做正功或负功（外界对气体做正功），都会使气体（及外界）状态发生变化。改变系统状态，不仅可采取做功的方式，也可采取热量交换的方式。气体从外界吸收热量或放热给外界，都会使气体（及外界）状态发生变化。气体从外界吸收（或放热给外界）的热量多少，不仅取决于气体的初、终态，也取决于联系两态的变化过程，这一点在热力学第一定律中会清楚地看出。

（五）热力学第一定律

设一热力学系统与外界相互作用，使系统从某一初态 a 经过一个系统状态变化过程到达终态 b，无数试验事实总结出下面的热力学第一定律（即能量守恒与转换定律）

$$Q_{a \to b} = E_b - E_a + A_{a \to b}$$

或简写为

$$Q = \Delta E + A \tag{2-1-26}$$

式中：Q ——过程中系统从外界吸收的热量（若 $Q > 0$ 为吸热，$Q < 0$ 为放热）；

A ——过程中系统对外界做功（可正可负，负功表示外界对系统做正功）；

ΔE ——系统内能的增量，即系统终态内能与初态内能的差。

若过程的初、终态一定，则 ΔE 一定，而 A 与过程有关，故 Q 也与过程有关。

对于一个微小变化过程，热力学第一定律可写成微分形式

$$dQ = dE + dA$$

热力学第一定律不仅适用于理想气体，而且还适用于液体、固体等一切热力学系统。

【例 2-1-6】 一定量的理想气体由 a 状态经过一过程到达 b 状态，吸热为 335J，系统对外做功 126J；若系统经过另一过程由 a 状态到达 b 状态，系统对外做功 42J，则过程中传入系统的热量为：

A. 530J
B. 167J
C. 251J
D. 335J

解　两过程都是由 a 状态到达 b 状态，内能是状态量，内能增量 $\Delta E = \frac{m}{M}\frac{i}{2}R(T_b - T_a)$ 相同。

由热力学第一定律 $Q = (E_2 - E_1) + W = \Delta E + W$，有 $Q_1 - W_1 = Q_2 - W_2$，即 $335 - 126 = Q_2 - 42$，可得 $Q_2 = 251J$。

答案： C

九、热力学第一定律对理想气体等值过程和绝热过程的应用

$\left(\frac{m}{M}\right)$ mol 的理想气体，从初态（p_1，V_1，T_1）经某一过程变化到终态（p_2，V_2，T_2），如何计算热力学第一定律中的 Q、ΔE、A？

首先要注意 ΔE 与过程无关，它由式（2-1-24）确定

$$\Delta E = \left(\frac{m}{M}\right)\frac{i}{2}R(T_2 - T_1)$$

功 A 可通过式（2-1-25）计算，那么过程吸热 Q 可以从热力学第一定律算出。

（一）等容过程

过程方程：$V =$ 恒量，或 $p/T =$ 恒量

$$A = \int_{V_1}^{V_2} pdV = 0 \qquad (dV = 0)$$

$$Q_V = \Delta E + A = \left(\frac{m}{M}\right)\frac{i}{2}R(T_2 - T_1) \tag{2-1-27}$$

（二）等压过程

过程方程：$p =$ 恒量，或 $T/V =$ 恒量

$$A = \int_{V_1}^{V_2} pdV = p(V_2 - V_1)$$

利用状态方程 $pV = \left(\frac{m}{M}\right)RT$，可将上式写成

$$A = \left(\frac{m}{M}\right)R(T_2 - T_1) \tag{2-1-28}$$

$$Q_p = \Delta E + A = \left(\frac{m}{M}\right)\left(\frac{i+2}{2}\right)R(T_2 - T_1) \tag{2-1-29}$$

比较式（2-1-29）和式（2-1-27）可知，等压过程吸热量比等容过程吸热量多。

【例 2-1-7】　一定量的理想气体，经过等体过程，温度增量 ΔT，内能变化 ΔE_1，吸收热量 Q_1；若经过等压过程，温度增量也为 ΔT，内能变化 ΔE_2，吸收热量 Q_2，则一定是：

A. $\Delta E_2 = \Delta E_1$，$Q_2 > Q_1$ 　　　　　　B. $\Delta E_2 = \Delta E_1$，$Q_2 < Q_1$

C. $\Delta E_2 > \Delta E_1$，$Q_2 > Q_1$ 　　　　　　D. $\Delta E_2 < \Delta E_1$，$Q_2 < Q_1$

解　两过程温度增量均为 ΔT，内能增量 $\Delta E = \frac{m}{M}\frac{i}{2}R\Delta T$ 相同，即 $\Delta E_2 = \Delta E_1$。

由热力学第一定律，等体过程不做功，$W_1 = 0$，$Q_1 = \Delta E_1 = \frac{m}{M}\frac{i}{2}R\Delta T$；

对于等压过程，$Q_2 = \Delta E_2 + W_2 = \frac{m}{M}\left(\frac{i}{2} + 1\right)R\Delta T$，所以 $Q_2 > Q_1$。

答案： A

【例 2-1-8】　有 1mol 刚性双原子分子理想气体，在等压过程中对外做功 W，则其温度变化 ΔT 为：

A. $\frac{R}{W}$
B. $\frac{W}{R}$
C. $\frac{2R}{W}$
D. $\frac{2W}{R}$

解　等压过程由 $W = p\Delta V = p(V_2 - V_1) = \frac{m}{M} R\Delta T$，今 $\frac{m}{M} = 1$，故 $\Delta T = \frac{W}{R}$。

答案： B

（三）等温过程

过程方程：T=恒量，或 pV=恒量

$$A = \int_{V_1}^{V_2} p\mathrm{d}V = \int_{V_1}^{V_2} \frac{\left(\frac{m}{M}\right) RT}{V} \mathrm{d}V = \left(\frac{m}{M}\right) RT \int_{V_1}^{V_2} \frac{\mathrm{d}V}{V}$$

$$A = \left(\frac{m}{M}\right) RT \ln\frac{V_2}{V_1} = \left(\frac{m}{M}\right) RT \ln\frac{p_1}{p_2} \tag{2-1-30}$$

而 $\Delta E = 0$（因 $T_2 = T_1$）

$$Q_{\mathrm{T}} = A = \left(\frac{m}{M}\right) RT \ln\frac{V_2}{V_1} = \left(\frac{m}{M}\right) RT \ln\frac{p_1}{p_2} \tag{2-1-31}$$

可见等温过程中，理想气体从外界吸收的热量 Q，全部转化为气体对外做功。

【例 2-1-9】 一定量理想气体由初态（p_1，V_1，T_1）经等温膨胀到达终态（p_2，V_2，T_1），则气体吸收的热量 Q 为：

A. $Q = p_1 V_1 \ln\frac{V_2}{V_1}$ 　　　　　　　　B. $Q = p_1 V_2 \ln\frac{V_2}{V_1}$

C. $Q = p_1 V_1 \ln\frac{V_1}{V_2}$ 　　　　　　　　D. $Q = p_2 V_1 \ln\frac{p_2}{p_1}$

解　等温过程 $\Delta E = 0$，吸收的热量等于对外做功，$Q = \frac{m}{M} RT \ln\frac{V_2}{V_1} = p_1 V_1 \ln\frac{V_2}{V_1}$。

答案： A

（四）绝热过程

$$Q = 0$$

$$A = -\Delta E = -\left(\frac{m}{M}\right) \frac{i}{2} R(T_2 - T_1) \tag{2-1-32}$$

绝热过程中，气体对外做功，是以减少自己的内能为代价的。绝热过程的方程将在第十一节中介绍。

【例 2-1-10】 一定量的理想气体对外做了 500J 的功，如果过程是绝热的，气体内能的增量为：

A. 0 　　　　　　　B. 500J 　　　　　　　C. −500J 　　　　　　　D. 250J

解　由热力学第一定律 $Q = W + \Delta E$ 知，绝热过程做功等于内能增量的负值，$\Delta E = -W = -500\mathrm{J}$。

答案： C

十、热容量

（一）热容量定义

一系统每升高单位温度所吸收的热量，称为系统的热容量。即

$$C = \mathrm{d}Q/\mathrm{d}T \tag{2-1-33}$$

当系统为 1mol 时，它的热容量称摩尔热容量，单位为 J/(mol·K)。系统热容量 C 等于摩尔热容量乘以摩尔数。

（二）定容摩尔热容量 C_{V} 与定压摩尔热容量 C_{p}

1mol 系统在等容过程中，每升高单位温度所吸收的热量，称定容摩尔热容量 C_{V}。1mol 系统在等压过程中，每升高单位温度所吸收的热量，称定压摩尔热容量 C_{p}，即

$$C_V = \frac{dQ}{dT}\bigg|_{V=恒量}, \qquad C_p = \frac{dQ}{dT}\bigg|_{p=恒量} \qquad (2-1-34)$$

对 1mol 理想气体而言，由式（2-1-27）及式（2-1-29）可得

$$C_V = \frac{Q}{T_2 - T_1} = \frac{i}{2}R, \; C_p = \frac{Q}{T_2 - T_1} = \frac{i+2}{2}R \qquad (2-1-35)$$

由此可知

$$C_p - C_V = R \qquad (2-1-36)$$

此式也称为迈耶公式。

令

$$\gamma = C_p/C_V = (i+2)/i \qquad (2-1-37)$$

γ 为比热容比，亦为绝热系数。

对单原子分子，自由度 $i = 3$，故 $\gamma = 5/3$；对刚性双原子分子，$i = 5$，故 $\gamma = 7/5$。

引入 C_v 与 C_p 后，式（2-1-27）可表示为 $Q_V = \left(\frac{m}{M}\right)C_V(T_2 - T_1)$，式（2-1-29）可表示为 $Q_p = \left(\frac{m}{M}\right)C_p(T_2 - T_1)$。

十一、绝热过程方程

理想气体的绝热过程方程可由热力学第一定律式（2-1-26）通过积分求得，结果是

$$V^{\gamma-1}T = 恒量 \qquad (2-1-38)$$

利用理想气体状态方程还可把上式改写为以下两种形式

$$pV^{\gamma} = 恒量, \; p^{\gamma-1}T^{-\gamma} = 恒量 \qquad (2-1-39)$$

绝热过程做功已由式（2-1-32）给出。也可根据理想气体状态方程 $pV = \frac{m}{M}RT$ 改写为

$$A = \frac{i}{2}(p_1 V_1 - p_2 V_2)$$

由式（2-1-37）知 $\frac{i}{2} = \frac{1}{\gamma-1}$，故

$$A = \frac{1}{\gamma-1}(p_1 V_1 - p_2 V_2) \qquad (2-1-40)$$

这是绝热过程做功的另一计算公式。此公式可直接由功的表达式得到

$$A = \int_{V_1}^{V_2} p dV = p_1 V_1^{\gamma} \int_{V_1}^{V_2} \frac{dV}{V^{\gamma}} = p_1 V_1^{\gamma}\left(\frac{V_2^{1-\gamma}}{1-\gamma} - \frac{V_1^{1-\gamma}}{1-\gamma}\right) = \frac{1}{\gamma-1}(p_1 V_1 - p_2 V_2)$$

十二、循环过程、热机效率、卡诺循环

（一）循环过程

系统从某一状态开始经一系列变化过程又回到原来状态，这个变化过程叫循环过程。在过程的 $p\text{-}V$ 图上，循环过程必为一封闭曲线。系统经一循环后，由于返回原来状态，故系统内能不变，这是循环过程的重要特性。

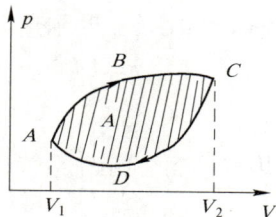

在如图 2-1-5 所示的循环过程中，系统从 A 态出发，在过程 $A \to B \to C$ 中，系统对外做正功；在过程 $C \to D \to A$ 中，系统对外做负功（外界对系统做正功）。因此，整个循环过程系统对外做的净功为循环过程曲线所包围的面积（图中阴影部分），把热力学第一定律应用

图　2-1-5

于循环过程，因$\Delta E = 0$，故有

$$A = Q(循环过程) \tag{2-1-41}$$

即系统对外做的净功应等于系统从外界吸收的净热量。循环是顺时针的，则$A > 0$，称为热机。

（二）热机效率η

式（2-1-41）中Q表示系统在循环过程中从外界吸收的净热量，可把它改写成$Q = Q_1 - Q_2$，Q_1表示吸热，Q_2表示放热，热机效率η被定义为

$$\eta = \frac{A}{Q_1} = \frac{Q_1 - Q_2}{Q_1} = 1 - \frac{Q_2}{Q_1} \tag{2-1-42}$$

（三）致冷系数ω

如果工作物质做逆循环，系统从低温热源吸收热量Q_2，向高温热源放出热量Q_1，而外界必须做功A，这样的循环为制冷机，致冷系数定义为：

$$\omega = \frac{Q_2}{A} = \frac{Q_2}{Q_1 - Q_2} \tag{2-1-43}$$

（四）卡诺循环

卡诺循环是在两个恒定的高温（T_1）热源和低温（T_2）热源之间工作的热机的一个特殊循环过程。它由两个等温过程、两个绝热过程组成。以理想气体为工作物质的卡诺循环如图 2-1-6 所示。

过程 1→2 为等温吸热过程，系统从高温热源吸热Q_1由式（2-1-31）确定

$$Q_1 = \frac{m}{M} R T_1 \ln \frac{V_2}{V_1}$$

过程 3→4 为等温放热过程，系统放热给低温热源Q_2为

$$Q_2 = \frac{m}{M} R T_2 \ln \frac{V_3}{V_4}$$

又因 2→3 及 4→1 均为绝热过程，故有

$$T_1 V_1^{\gamma-1} = T_2 V_4^{\gamma-1}$$

$$T_1 V_2^{\gamma-1} = T_2 V_3^{\gamma-1}$$

$$\frac{V_2}{V_1} = \frac{V_3}{V_4}$$

于是，卡诺循环效率为

$$\eta = \frac{Q_1 - Q_2}{Q_1} = \frac{T_1 - T_2}{T_1} = 1 - \frac{T_2}{T_1} \tag{2-1-44}$$

若使卡诺循环逆时针方向进行：1→4→3→2→1，如图 2-1-7 所示。气体将从低温热源吸热Q_2，又接受外界做功A，向高温热源放热$Q_1 = A + Q_2$，这是卡诺制冷循环。

由致冷系数定义

$$\omega = \frac{Q_2}{A} = \frac{Q_2}{Q_1 - Q_2}$$

因此卡诺制冷机的制冷系数为

$$\omega_{卡诺} = \frac{T_2}{T_1 - T_2} \tag{2-1-45}$$

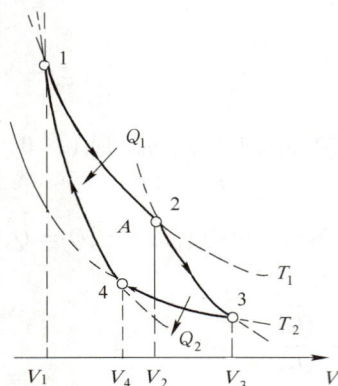

图 2-1-6

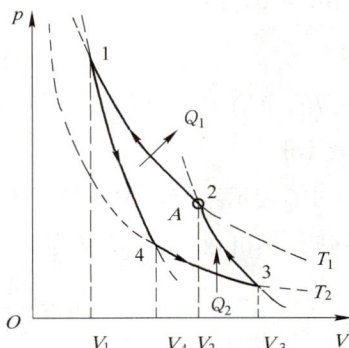

图 2-1-7

【例 2-1-11】 两个卡诺热机的循环曲线如图所示，一个工作在温度为 T_1 与 T_3 的两个热源之间，另一个工作在温度为 T_2 与 T_3 的两个热源之间，已知这两个循环曲线所包围的面积相等，由此可知：

A. 两个热机的效率一定相等

B. 两个热机从高温热源所吸收的热量一定相等

C. 两个热机向低温热源所放出的热量一定相等

D. 两个热机吸收的热量与放出的热量（绝对值）的差值
   一定相等

例 2-1-11 图

解 此题考查卡诺循环。卡诺循环的热机效率 $\eta = 1 - \dfrac{T_2}{T_1}$，由图看出高温热源 T_1 与 T_2 不同，低温热源 T_3 相同，所以效率不同。两个循环曲线所包围的面积相等，净功相等，$W = Q_1 - Q_2$，即两个热机吸收的热量与放出的热量（绝对值）的差值一定相等。

答案： D

【例 2-1-12】 一卡诺热机，低温热源的温度为 27℃。热机效率为 40%，其高温热源温度为：

A. 500K   B. 45℃   C. 400K   D. 500℃

解 卡诺循环的热机效率 $\eta = 1 - \dfrac{T_2}{T_1} = 1 - \dfrac{273+27}{T_1} = 40\%$，$T_1 = 500$K

此题注意开尔文温度与摄氏温度的变换。

答案： A

【例 2-1-13】 卡诺致冷机工作于温度为 300K 和 400K 的两个热源之间，此致冷机的致冷系数为：

A. 2   B. 1/2   C. 1/3   D. 3

解 卡诺致冷机 $\omega = \dfrac{T_2}{T_1 - T_2} = \dfrac{300}{400-300} = 3$

答案： D

十三、可逆过程和不可逆过程

系统在外界作用下经过一个过程从初态变到终态，外界同时要发生变化：也从初态变到终态，现使系统发生的变化过程逆向进行，即从终态到初态，若外界同时也从终态恢复到初态，那么系统（及外界）发生的过程叫可逆过程。所谓可逆过程是指逆过程可以抹去正过程所留下的一切变化，好像世界上什么事情都没有发生过一样，不满足可逆过程条件的一切过程，称为不可逆过程。

功、热转换过程是不可逆的：功可以完全转变成热量；但在不引起其他任何变化的条件下（外界也同时复原），热不能完全变化为功。热量可以自动地从高温物体传到低温物体。但在不引起其他任何变化的条件下（即不能自动地），热量不能从低温物体传到高温物体。气体分子可自动地从密度大处向密度小处扩散，而自动的逆过程不行。动、植物的生老病死等等都是不可逆过程。

十四、热力学第二定律及其统计意义

上节提到的许多不可逆过程实例，说明自然界所发生的千变万化的过程有单向性（不可逆性），可以证明，各种单向性过程是相互沟通的，即从某一过程的单向性可推得另一过程的单向性。因此，要说明这种单向性的变化规律，只要任选一实例即可。有以下两种典型表述，并称之为热力学第二定律。

（1）开尔文表述：不可能制造出一种循环工作的热机，它只从单一热源吸热使之完全变为功而不使外界发生任何变化。

（2）克劳修斯表述：热量不能自动地从低温物体传向高温物体而不引起外界变化。

人们把从单一热源吸热并使之全部变成功而不引起其他变化的机器叫第二类永动机。这种永动机不违背热力学第一定律，但违背热力学第二定律，故不能制成。

电冰箱是克劳修斯表述的很好注释。热量不是不能从低温物体（冰箱内部）传向高温物体（箱外），而是不能自动地进行。冰箱不插上电源就不会制冷。

自（动）发（生）过程的单向性可以用系统处于某一状态的几率予以解释，这称为热力学第二定律的统计意义（或统计解释）。我们举一个气体向真空膨胀（扩散）的具体例子，来说明热力学第二定律的统计意义。假定气体由N个分子组成，处在体积为V的容器中，但一开始全部气体被隔板挡在只占容器$1/n$的空间中。当隔板被抽掉时，气体会自动扩散到均匀占满整个容器空间为止，这是个不可逆过程。

系统的初态几率为$(1/n)^N$，扩散过程使气体分子占据越来越大空间，即n减小，几率变大，最后当$n = 1$时，即气体分布在整个容器中时，几率达最大，自发过程终止，系统达平衡态。系统内部进行的自发过程，总是由几率小的宏观状态向几率大的宏观状态进行，这就是热力学第二定律的统计意义。由于分子总数N极大，n与 1 的任何有限偏离，例如$n = 1.1$，则此宏观态的概率为$(1/1.1)^N \to 0$，因此，要使系统自动返回初态的可能性几近乎零，即实际上过程是不可逆的。

习　题

2-1-1　两容器内分别装有氢气和氦气，若它们的温度和质量分别相等，则（　　　）。

    A. 两种气体分子的平均平动动能相等

    B. 两种气体分子的平均动能相等

    C. 两种气体分子的平均速率相等

    D. 两种气体的内能相等

2-1-2　若理想气体的体积为V，压强为p，温度为T，一个分子的质量为m'，k为玻兹曼常量，R为摩尔气体常量，则该理想气体的分子数为（　　　）。

    A. pV/m'　　　　　　B. $pV/(kT)$　　　　　　C. $pV/(RT)$　　　　　　D. $pV/(m'T)$

2-1-3　一瓶氦气和一瓶氮气密度相同，分子平均平动动能相同，而且它们都处于平衡状态，则它们（　　　）。

    A. 温度相同、压强相同

　　B. 温度、压强都不相同

　　C. 温度相同，但氦气的压强大于氮气的压强

　　D. 温度相同，但氦气的压强小于氮气的压强

2-1-4　压强为p、体积为V的氦气（He，视为刚性分子理想气体）的内能为（　　　）。

　　A. $\frac{3}{2}pV$ 　　　　　B. $\frac{5}{2}pV$ 　　　　　C. $\frac{1}{2}pV$ 　　　　　D. $3pV$

2-1-5　在容积$V = 8 \times 10^{-3}\text{m}^3$的容器中，装有压强$p = 5 \times 10^2\text{Pa}$的理想气体，则容器中气体分子的平动动能总和为（　　　）。

　　A. 2J 　　　　　B. 3J 　　　　　C. 5J 　　　　　D. 6J

2-1-6　某容器内储有 1mol 氢气和 1mol 氦气，设两种气体各自对器壁产生的压强分别为p_1和p_2，则两者的大小关系是（　　　）。

　　A. $p_1 > p_2$ 　　　　　B. $p_1 = p_2$ 　　　　　C. $p_1 < p_2$ 　　　　　D. 不确定

2-1-7　两瓶不同的气体，一瓶是氧，另一瓶是一氧化碳，若它们的压强和温度相同，但体积不同，则下列量相同的是：①单位体积中的分子数，②单位体积的质量，③单位体积的内能，其中正确的是（　　　）。

　　A. ①② 　　　　　B. ②③ 　　　　　C. ①③ 　　　　　D. ①②③

2-1-8　两种理想气体的温度相等，则它们的：①分子的平均动能相等，②分子的转动动能相等，③分子的平均平动动能相等，④内能相等，以上论断中，正确的是（　　　）。

　　A. ①②③④ 　　　　　B. ①②④ 　　　　　C. ①④ 　　　　　D. ③

2-1-9　一定量氢气和氧气，都可视为理想气体，它们分子的平均平动动能相同，那么它们分子的平均速率之比$\overline{v}_{H_2}:\overline{v}_{O_2}$为（　　　）。

　　A. $1:16$ 　　　　　B. $16:1$ 　　　　　C. $1:4$ 　　　　　D. $4:1$

2-1-10　一定量的理想气体，在容积不变的条件下，当温度升高时，分子平均碰撞次数$\overline{Z}$及平均自由程$\overline{\lambda}$的变化情况是（　　　）。

　　A. $\overline{Z}$增大，$\overline{\lambda}$不变 　　　　　　　　B. $\overline{Z}$不变，$\overline{\lambda}$增大

　　C. $\overline{Z}$增大，$\overline{\lambda}$增大 　　　　　　　　D. $\overline{Z}$、$\overline{\lambda}$都不变

2-1-11　理想气体的密度ρ在某一过程中与绝对温度T成反比关系，则该过程为（　　　）。

　　A. 等容过程 　　　　B. 等压过程 　　　　C. 等温过程 　　　　D. 绝热过程

2-1-12　两个相同的容器，一个装氦气，一个装氧气（视为刚性分子），开始时它们的温度和压强都相同。现将 9J 的热量传给氦气，使之升高一定温度。若使氧气也升高同样的温度，则应向氧气传递的热量是（　　　）。

　　A. 9J 　　　　　B. 15J 　　　　　C. 18J 　　　　　D. 6J

2-1-13　1mol 氧气和 1mol 水蒸气（均视为刚性分子理想气体），若在体积不变的情况下吸收相等的热量，则它们的（　　　）。

　　A. 温度升高相同，压强增加相同 　　　　　　B. 温度升高不同，压强增加不同

　　C. 温度升高相同，压强增加不同 　　　　　　D. 温度升高不同，压强增加相同

2-1-14　在常温条件下，压强、体积、温度都相同的氮气和氦气在等压过程中吸收了相等的热量，则它们对外做功之比为（　　　）。

　　A. $5:9$ 　　　　　B. $5:7$ 　　　　　C. $1:1$ 　　　　　D. $9:5$

2-1-15 如图所示，理想气体由初态a经acb过程变到终态b。则（　　）。

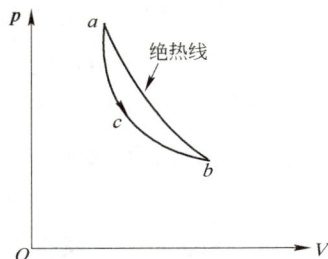

题 2-1-15 图

    A. 内能增量为正，对外做功为正，系统吸热为正

    B. 内能增量为负，对外做功为正，系统吸热为正

    C. 内能增量为负，对外做功为正，系统吸热为负

    D. 不能判断

2-1-16 一定量理想气体，从状态A开始，分别经历等压、等温、绝热三种过程（AB、AC、AD），其容积由V_1都膨胀到$2V_1$，其中（　　）。

    A. 气体内能增加的是等压过程，气体内能减少的是等温过程

    B. 气体内能增加的是绝热过程，气体内能减少的是等压过程

    C. 气体内能增加的是等压过程，气体内能减少的是绝热过程

    D. 气体内能增加的是绝热过程，气体内能减少的是等温过程

2-1-17 一定量的理想气体，起始温度为T，体积为V_0，后经历绝热过程，体积变为$2V_0$，再经过等压过程，温度回升到起始温度，最后再经过等温过程，回到起始状态，则在此循环过程中（　　）。

    A. 气体从外界净吸的热量为负值   B. 气体对外界净做的功为正值

    C. 气体从外界净吸的热量为正值   D. 气体内能减少

2-1-18 设高温热源的热力学温度是低温热源热力学温度的n倍，则理想气体在一次卡诺循环中，传给低温热源的热量是从高温热源吸取的热量的（　　）。

    A. n倍   B. $n-1$倍   C. $1/n$ D. $(n+1)/n$倍

2-1-19 热力学第二定律可表述为（　　）。

    A. 功可以全部转换为热，但热不能全部转换为功

    B. 热量不能从低温物体传到高温物体

    C. 热可以全部转换为功，但功不能全部转换为热

    D. 热量不能自动地从低温物体传到高温物体

2-1-20 "理想气体和单一热源接触做等温膨胀时，吸收的热量全部用来对外做功。"对此说法，有如下几种评论，哪种是正确的？（　　）。

    A. 不违反热力学第一定律，但违反热力学第二定律

    B. 不违反热力学第二定律，但违反热力学第一定律

    C. 不违反热力学第一定律，也不违反热力学第二定律

    D. 违反热力学第一定律，也违反热力学第二定律

第二节 波 动 学

一、机械波的产生和传播

（一）一些基本概念

振动（状态）的传播过程称为波动。机械振动在弹性媒质中的传播过程称为机械波。变化的电磁场

在空间的传播过程称为电磁波。本节研究的是机械波，但许多基本规律都适用于电磁波。

产生波动要有两个条件：第一要有振动源，第二要有传播振动的弹性媒质。

如果质点振动方向与波的传播方向垂直，这种波叫横波（如手握长绳一端上下抖动，振动沿水平方向传播出去，绳上形成横波）。如果质点振动方向与波的传播方向一致，这种波叫纵波（如空气中传播的声波是纵波）。

波从波源出发，在媒质中向各个方向传播，那些振动相位相同的点的集合称为波（阵）面。波面为平面的称为平面波，波面为球面的称为球面波等。传到最前面的那个波面称为波前。波的传播方向称为波线。在各向同性的媒质中，波线与波面垂直。

（二）波速、波长、频率

波速是单位时间内振动状态传播的距离，以u表示。u取决于媒质的物理性质，对机械波来说，取决于媒质的惯性与弹性，具体结论如下。

在弹性固体中，横波与纵波的速度分别是

$$u = \sqrt{G/\rho} \qquad （横波）$$
$$u = \sqrt{Y/\rho} \qquad （纵波）$$

式中，G和Y分别为媒质的切变弹性模量和杨氏弹性模量，ρ为媒质密度。

在气体和液体中，不能传播横波，因为它们的切变弹性模量为零。而纵波在气体和液体中的传播速度为

$$u = \sqrt{B/\rho} \qquad （纵波）$$

式中，B为媒质容变弹性模量。在理想气体中，声速为

$$u = \sqrt{\gamma p/\rho} = \sqrt{\gamma RT/M}$$

式中，$\gamma = C_\mathrm{p}/C_\mathrm{V}$，$p$为压强，$\rho$为密度，$M$为摩尔质量。

波长λ：波动传播时，同一波线上的两个相邻的相位相差为2π的质点，它们之间的距离称为波长λ。

周期T和频率ν：振动状态传播一个波长的距离所需的时间为一个周期T。频率$\nu = 1/T$，单位为1/秒（1/s），或称赫兹（Hz）。

二、平面简谐波的波动方程

波面为平面、媒质中各点均做简谐振动（简谐振动的传播过程）的波，叫平面简谐波。

设在无吸收的均匀媒质中，有一平面简谐波沿x轴正向以波速u传播。各质点振动位移方向与x轴垂直（横波），即y方向，设在$x = 0$处质点的振动方程为

$$y = A\cos(\omega t + \varphi_0)$$

式中，A为振幅，ω为圆频率（角频率），y是$x = 0$处的质点在t时刻偏离平衡位置的位移。设媒质中某点P的x坐标为x_P，由于P点的振动是由$x = 0$处的振动以波速u传过来的，故应比$x = 0$处的质点晚振动x_P/u的时间，P点的振动方程应为

$$y_\mathrm{P} = A\cos[\omega(t - x_\mathrm{P}/u) + \varphi_0]$$

略去P，即媒质中任一坐标为x的质点，其振动方程，亦即平面简谐波的波动方程为

$$y = A\cos\left[\omega\left(t - \frac{x}{u}\right) + \varphi_0\right] \qquad (2-2-1)$$

利用 $\omega = 2\pi\nu$，$\nu = 1/T$，$u = \lambda/T$ 等，可将波动方程变为如下形式

$$y = A\cos\left(2\pi\nu t - \frac{2\pi x}{\lambda} + \varphi_0\right) \qquad (2-2-2)$$

$$y = A\cos\left[2\pi\left(\frac{t}{T} - \frac{x}{\lambda}\right) + \varphi_0\right] \qquad (2-2-3)$$

$$y = A\cos\left[\frac{2\pi}{\lambda}(ut - x) + \varphi_0\right] \qquad (2-2-4)$$

波动方程的意义：

（1）当 x 一定时（即波线上某一点），波动方程表示坐标为 x 的质点的振动方程。

（2）当 t 一定时（即某一瞬时），波动方程表示 t 时刻各质点的位移，即 t 时刻的波形。

（3）当 x、t 都变时，波动方程表示整个波形以波速 u 向 x 正方向传播。

如果波沿 x 轴负向传播，仍设 $x = 0$ 处振动方程为

$$y = A\cos(\omega t + \varphi_0)$$

任一坐标为 x 的质点要比 $x = 0$ 处的质点早振动 x/u 这么多时间，即相位超前 $\omega\dfrac{x}{u}$。因此，任一坐标为 x 的质点振动方程，即波动方程为

$$y = A\cos\left[\omega\left(t + \frac{x}{u}\right) + \varphi_0\right] = A\cos\left(2\pi\nu t + \frac{2\pi x}{\lambda} + \varphi_0\right)$$

$$= A\cos\left[2\pi\left(\frac{t}{T} + \frac{x}{\lambda}\right) + \varphi_0\right] = A\cos\left[\frac{2\pi}{\lambda}(ut + x) + \varphi_0\right] \qquad (2-2-5)$$

又若设 $x = x_0$ 处质点的振动方程为

$$y = A\cos(\omega t + \Phi)$$

则沿 x 正向传播，波速为 u 的波动方程为

$$y = A\cos\left[\omega\left(t - \frac{x - x_0}{u}\right) + \Phi\right] \qquad (2-2-6)$$

沿 x 轴负向传播的波动方程为

$$y = A\cos\left[\omega\left(t + \frac{x - x_0}{u}\right) + \Phi\right] \qquad (2-2-7)$$

【例 2-2-1】 一平面简谐波沿 x 轴正方向传播，振幅 $A = 0.02$m，周期 $T = 0.5$s，波长 $\lambda = 100$m，原点处质元的初相位 $\varphi = 0$，则波动方程的表达式为：

A. $y = 0.02\cos 2\pi\left(\dfrac{t}{2} - 0.01x\right)$（SI）

B. $y = 0.02\cos 2\pi(2t - 0.01x)$（SI）

C. $y = 0.02\cos 2\pi\left(\dfrac{t}{2} - 100x\right)$（SI）

D. $y = 0.02\cos 2\pi(2t - 100x)$（SI）

解 当初相位 $\varphi = 0$ 时，波动方程的表达式为 $y = A\cos\left[\omega\left(t - \frac{x}{u}\right) + \varphi_0\right]$，利用 $\omega = 2\pi\nu$，$\nu = \frac{1}{T}$，$u = \lambda\nu$，波动方程可写为 $y = A\cos\left[2\pi\left(\frac{t}{T} - \frac{x}{\lambda}\right) + \varphi_0\right]$，令 $A = 0.02$m，$T = 0.5$s，$\lambda = 100$m，则得 $y = 0.02\cos 2\pi(2t - 0.01x)$（SI）。

答案：B

【例 2-2-2】 一横波沿一根弦线传播，其方程为 $y = -0.02\cos\pi(4x - 50t)$（SI），该波的振幅与波长分别为：

A. 0.02cm，0.5cm

B. −0.02m，−0.5m

C. −0.02m，0.5m

D. 0.02m，0.5m

解　①波动方程标准式：$y = A\cos\left[\omega\left(t - \frac{x-x_0}{u}\right) + \varphi_0\right]$

②本题方程：$y = -0.02\cos\pi(4x - 50t) = 0.02\cos[\pi(4x - 50t) + \pi]$

$$= 0.02\cos[\pi(50t - 4x) + \pi] = 0.02\cos\left[50\pi\left(t - \frac{4x}{50}\right) + \pi\right]$$

$$= 0.02\cos\left[50\pi\left(t - \frac{x}{\frac{50}{4}}\right) + \pi\right]$$

故 $\omega = 50\pi = 2\pi\nu$，$\nu = 25\text{Hz}$，$u = \frac{50}{4}$，波长 $\lambda = \frac{u}{\nu} = 0.5\text{m}$，振幅 $A = 0.02\text{m}$。

答案： D

【例 2-2-3】 已知平面简谐波的方程为 $y = A\cos(Bt - Cx)$，式中 A、B、C 为正常数，此波的波长和波速分别为：

　　　　A. $\frac{B}{C}$，$\frac{2\pi}{C}$　　　　　　B. $\frac{2\pi}{C}$，$\frac{B}{C}$　　　　　　C. $\frac{\pi}{C}$，$\frac{2B}{C}$　　　　　　D. $\frac{2\pi}{C}$，$\frac{C}{B}$

解　此题考查波动方程基本关系。

$$y = A\cos(Bt - Cx) = A\cos B\left(t - \frac{x}{B/C}\right)$$

$$u = \frac{B}{C},\quad \omega = B,\quad T = \frac{2\pi}{\omega} = \frac{2\pi}{B}$$

$$\lambda = u \cdot T = \frac{B}{C} \cdot \frac{2\pi}{B} = \frac{2\pi}{C}$$

答案： B

【例 2-2-4】 一平面简谐波的波动方程为 $y = 2 \times 10^{-2}\cos 2\pi\left(10t - \frac{x}{5}\right)$（SI）。$t = 0.25\text{s}$ 时，处于平衡位置，且与坐标原点 $x = 0$ 最近的质元的位置是：

　　　　A. $\pm 5\text{m}$　　　　　　　B. 5m　　　　　　　C. $\pm 1.25\text{m}$　　　　　　D. 1.25m

解　在 $t = 0.25\text{s}$ 时刻，处于平衡位置，$y = 0$

由简谐波的波动方程 $y = 2 \times 10^{-2}\cos 2\pi\left(10 \times 0.25 - \frac{x}{5}\right) = 0$，可知 $\cos 2\pi\left(10 \times 0.25 - \frac{x}{5}\right) = 0$

则 $2\pi\left(10 \times 0.25 - \frac{x}{5}\right) = (2k + 1)\frac{\pi}{2}$，$k = 0, \pm 1, \pm 2, \cdots$

由此可得 $x = \frac{5}{4}(9 - 2k)$

当 $x = 0$ 时，$k = 4.5$。所以 $k = 4$，$x = 1.25$ 或 $k = 5$，$x = -1.25$ 时，与坐标原点 $x = 0$ 最近。

答案： C

【例 2-2-5】 一横波的波动方程是 $y = 2 \times 10^{-2}\cos 2\pi\left(10t - \frac{x}{5}\right)$（SI），$t = 0.25\text{s}$ 时，距离原点（$x = 0$）处最近的波峰位置为：

　　　　A. $\pm 2.5\text{m}$　　　　　　B. $\pm 7.5\text{m}$　　　　　　C. $\pm 4.5\text{m}$　　　　　　D. $\pm 5\text{m}$

解　所谓波峰，其纵坐标 $y = +2 \times 10^{-2}\text{m}$，亦即要求 $\cos 2\pi\left(10t - \frac{x}{5}\right) = 1$，即 $2\pi\left(10t - \frac{x}{5}\right) = \pm 2k\pi$；

当 $t = 0.25\text{s}$ 时，$20\pi \times 0.25 - \frac{2\pi x}{5} = \pm 2k\pi$，$x = (12.5 \mp 5k)$。

距原点最近的点取 $x = 0$，得 $k = 2.5$。则当 $k = 2$，$x = 2.5$；$k = 3$，$x = -2.5$。

答案： A

三、波的能量、能流密度

（一）波的能量

当弹性媒质中有振动传播时，各质元要发生振动，因而有动能。各质元也要发生弹性形变，因而有势能，振动传播时，媒质中各质元由近及远一层层振动起来，所以能量也逐层传播出去。能量随波动而传播，这是波动的重要特征。

设在质量密度为ρ的弹性媒质中，有一平面简谐波以速度u沿x轴正向传播，初相$\varphi_0 = 0$，其波动方程设为式（2-2-1）[注：也可设为式（2-2-5），结果一样]

$$y = A\cos\omega\left(t - \frac{x}{u}\right)$$

在x处取一小块媒质，体积为ΔV，质量为$\Delta m = \rho\Delta V$（质元），此质元做简谐振动，其动能W_K为

$$W_k = \frac{1}{2}\Delta mv^2 = \frac{1}{2}\rho\Delta V\left(\frac{\partial y}{\partial t}\right)^2 = \frac{1}{2}\rho A^2\omega^2\sin^2\left[\omega\left(t - \frac{x}{u}\right)\right]\Delta V$$

可以证明，质元的弹性形变势能$W_p = W_k$，所以在质元（或体元）内总机械能为

$$W = W_k + W_p = \rho A^2\omega^2\sin^2\left[\omega\left(t - \frac{x}{u}\right)\right]\Delta V \tag{2-2-8}$$

说明两点：

（1）由于$\sin^2[\omega(t - \frac{x}{u})] = \sin^2[\frac{2\pi}{T}(t - \frac{x}{u})]$随时间$t$在0~1之间变化。当$\Delta V$中机械能增加时，说明上一个邻近体元传给它能量；当$\Delta V$中机械能减少时，说明它的能量传给下一个邻近体元。这正符合能量传播图。

（2）体元ΔV中动能与势能同时达最大值（当体元处在平衡位置$y = 0$时）及最小值（当体元处在最大位移$y = A$时）。

（二）能量密度、能流密度

能量（体）密度是指媒质中每单位体积具有的机械能，按式（2-2-8），应为

$$w = W/\Delta V = \rho A^2\omega^2\sin^2\left[\omega\left(t - \frac{x}{u}\right)\right] \tag{2-2-9}$$

可见ω也随时间而变化。能量密度在一个周期内的平均值叫平均能量密度，用$\bar{\omega}$表示，即

$$\bar{\omega} = \frac{1}{T}\int_0^T \rho A^2\omega^2\sin^2\left[\omega\left(t - \frac{x}{u}\right)\right]\mathrm{d}t = \frac{1}{2}\rho A^2\omega^2 \tag{2-2-10}$$

从上式可看出，对平面简谐波而言，$\bar{\omega}$与体元所在位置无关，是个恒量。它的单位是J/m^3。

为了定量地描述能量随波动而传播，引进能流密度这一物理量，它的定义是：单位时间内通过垂直于波传播方向每单位截面面积的平均能量，用I表示。

参见图2-2-1，在垂直于波传播方向上取一截面积S，并以波速u为高作一柱体，该柱体内含有能量平均为

$$\overline{W} = \bar{\omega}\Delta V = \frac{1}{2}\rho A^2\omega^2 Su$$

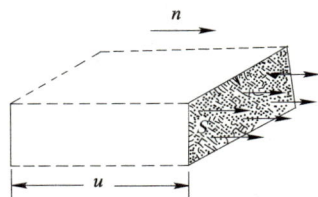

图 2-2-1

在单位时间内，这些能量都应传过S面，根据能流密度I的定义应为

$$I = \overline{W}/S = \frac{1}{2}\rho A^2\omega^2 u \tag{2-2-11}$$

定义能流密度矢量I，它的方向为波的传播方向，即波速$\boldsymbol{u}$的方向，故

$$\boldsymbol{I} = \frac{1}{2}\rho A^2\omega^2\boldsymbol{u} \tag{2-2-12}$$

能流密度又称为波强。它的单位是$J/(m^2\cdot s)$，或W/m^2（瓦/米^2）。

【例2-2-6】 一平面简谐波的波动方程为$y = 2\times10^{-2}\cos2\pi\left(10t - \frac{x}{5}\right)$（SI），对$x = 2.5m$处的质元，在$t = 0.25s$时，它的：

  A. 动能最大，势能最大　　　　　　　B. 动能最大，势能最小

  C. 动能最小，势能最大　　　　　　　D. 动能最小，势能最小

解　简谐波在弹性媒质中传播时媒质质元的能量不守恒，任一质元 $W_p = W_k$，平衡位置时动能及势能均为最大，最大位移处动能及势能均为零。

将 $x = 2.5\text{m}$，$t = 0.25\text{s}$ 代入波动方程 $y = 2 \times 10^{-2} \cos 2\pi \left(10 \times 0.25 - \frac{2.5}{5}\right) = 0.02\text{m}$，为波峰位置，动能及势能均为零。

答案：D

四、波的衍射

波在传播过程中遇到障碍物时，能够绕过障碍物的边缘，在障碍物的阴影区内继续传播，这种现象称为波的衍射。

五、波的干涉

（一）波的叠加原理

从几个波源发出的波在同一媒质中传播时，不论相遇与否，都各自保持原有特性（频率、波长、振动方向、传播方向等），按各自原来的传播方向前进。在相遇区域中，各质点同时参与几种振动，各质点的振动位移等于各振动引起位移的矢量和。上述结论，称为波的叠加原理。

（二）波的干涉现象

由两个（或多个）频率相同、振动方向相同、相位差恒定的波源发出的波叫相干波。满足上述条件的波源叫相干波源。在相干波相遇的区域内，各质点（同时参与两种振动）的振动将有恒定的振幅，但有的质点振幅大，即振动加强；有的质点振幅小，即振动减弱。这种现象称为波的干涉现象。

（三）干涉条件

设两相干波源 S_1 及 S_2 的振动方程为

$$y_1 = A_1 \cos(\omega t + \Phi_1)$$
$$y_2 = A_2 \cos(\omega t + \Phi_2)$$

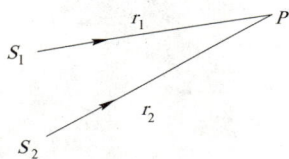

由两波源发出的两列平面简谐波在媒质中经 r_1、r_2 的波程分别传到 P 点相遇（参见图 2-2-2）。在 P 点引起的分振动分别为

$$y_{1P} = A_1 \cos\left(\omega t + \Phi_1 - \frac{2\pi r_1}{\lambda}\right)$$
$$y_{2P} = A_2 \cos\left(\omega t + \Phi_2 - \frac{2\pi r_2}{\lambda}\right)$$

图　2-2-2

P 点的合振动方程为

$$y_P = y_{1P} + y_{2P} = A \cos(\omega t + \Phi) \tag{2-2-13}$$

其中

$$A = \sqrt{A_1^2 + A_2^2 + 2A_1 A_2 \cos\left[\Phi_2 - \Phi_1 - \frac{2\pi(r_2 - r_1)}{\lambda}\right]} \tag{2-2-14}$$

$$\tan\Phi = \frac{A_1 \sin\left(\Phi_1 - \frac{2\pi r_1}{\lambda}\right) + A_2 \sin\left(\Phi_2 - \frac{2\pi r_2}{\lambda}\right)}{A_1 \cos\left(\Phi_1 - \frac{2\pi r_1}{\lambda}\right) + A_2 \cos\left(\Phi_2 - \frac{2\pi r_2}{\lambda}\right)} \tag{2-2-15}$$

由式（2-2-14）可看出，当两分振动在P点的相位差$\Delta\Phi = \Phi_2 - \Phi_1 - 2\pi(r_2 - r_1)/\lambda$为$2\pi$的整数倍时，合振幅最大，$A = A_1 + A_2$；当$\Delta\Phi$为$\pi$的奇数倍时，合振幅最小，$A = |A_1 - A_2|$。即：

$\Delta\Phi = \pm 2k\pi$　　$(k = 0,1,2,\cdots)$干涉加强条件。

$\Delta\Phi = \pm(2k+1)\pi$　　$(k = 0,1,2,\cdots)$干涉减弱条件。

干涉加强及减弱条件也可用波程差$\delta = r_2 - r_1$来表示：

当$\delta = r_2 - r_1 = \pm k\lambda - (\Phi_2 - \Phi_1)\lambda/(2\pi)$时，干涉加强。

当$\delta = r_2 - r_1 = \pm(2k+1)\lambda/2 - (\Phi_2 - \Phi_1)\lambda/(2\pi)$时，干涉减弱。

如果两相干波源的振动初相位相等，即$\Phi_1 = \Phi_2$，则：

当$\delta = r_2 - r_1 = \pm k\lambda$时，干涉加强；

当$\delta = r_2 - r_1 = \pm(2k+1)\lambda/2$时，干涉减弱。

波的干涉加强及减弱条件，在讨论光的干涉现象时会用到。

【例 2-2-7】 两列相干波，其表达式分别为$y_1 = 2A\cos 2\pi\left(\nu t - \dfrac{x}{2}\right)$和$y_2 = A\cos 2\pi\left(\nu t + \dfrac{x}{2}\right)$，在叠加后形成的合成波中，波中质元的振幅范围是：

　　　A. $A\sim0$　　　　　　B. $3A\sim0$　　　　　　C. $3A\sim -A$　　　　　D. $3A\sim A$

解　两列振幅不相同的相干波，在同一直线上沿相反方向传播，叠加的合成波振幅为：

$$A^2 = A_1^2 + A_2^2 + 2A_1A_2\cos\Delta\varphi$$

当$\cos\Delta\varphi = 1$时，合振幅最大，$A' = A_1 + A_2 = 3A$；

当$\cos\Delta\varphi = -1$时，合振幅最小，$A' = |A_1 - A_2| = A$。

此题注意振幅没有负值，要取绝对值。

答案： D

六、驻波

（一）驻波的形成

两频率相同、振动方向相同、振幅相同，沿相反方向传播的平面简谐波，叠加起来形成驻波，这是一种具体的干涉现象。

如图 2-2-3 所示，左边放一音叉，音叉末端系一水平细绳AB，细绳经过滑轮悬一重物。音叉振动时，绳上产生波动向右传播到达B点，在B点反射产生反射波向左传播。这样入射波和反射波在同一绳子上沿相反方向传播，它们相互干涉产生驻波。这里波在绳子固定端B处反射，反射波在分界处产生相位跃变π，入射波与反射波相位相反，因而在反射处形成波节（振幅为零）。如果波在绳子自由端反射，那么反射处形成波腹（振幅最大）。所谓自由端反射，是指反射端是自由不受限制的，波在该点反射不存在半波损失，入射波与反射波同相，反射点为波腹。

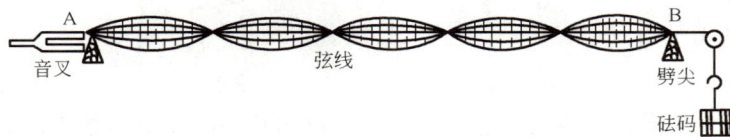

图 2-2-3　驻波试验

（二）驻波方程

设一列平面简谐波沿x正向传播，另一列沿x负向传播，波动方程分别设为

$$y_1 = A \cos 2\pi \left(vt - \frac{x}{\lambda} \right)$$

$$y_2 = A \cos 2\pi \left(vt + \frac{x}{\lambda} \right)$$

合成波的波动方程为

$$y = y_1 + y_2 = A \cos 2\pi \left(vt - \frac{x}{\lambda} \right) + A \cos 2\pi \left(vt + \frac{x}{\lambda} \right)$$

利用三角公式

$$\cos \alpha + \cos \beta = 2 \cos \left(\frac{\alpha + \beta}{2} \right) \cos \left(\frac{\alpha - \beta}{2} \right)$$

可得

$$y = 2A \cos \frac{2\pi x}{\lambda} \cos 2\pi vt \qquad (2-2-16)$$

上式为驻波方程。

（三）驻波的特点

1. 振幅分布特点

驻波中各质点的振幅$\left| 2A \cos 2\pi \frac{x}{\lambda} \right|$随各质点的位置$x$而变化。

当$2\pi x/\lambda = k\pi(k = 0, \pm 1, \pm 2, \cdots)$时，即

$$x = k\lambda/2 \qquad (k = 0, \pm 1, \pm 2, \cdots)$$

各处的振幅最大（$2A$），这些点称为波腹。

当$2\pi x/\lambda = (2k + 1)\pi/2(k = 0, \pm 1, \pm 2, \cdots)$时，即

$$x = (2k + 1)\lambda/4 \qquad (k = 0, \pm 1, \pm 2, \cdots)$$

各处的振幅为零，即质点不动，这些点称为波节。可见，相邻两波节（或波腹）间距为半波长$\lambda/2$。

2. 位相分布特点

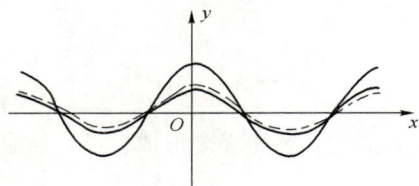

图 2-2-4

从驻波方程式（2-2-16）看，有$\cos 2\pi vt$，似乎各点相位都为$2\pi vt$，即各点相位似乎相同。其实不然。因$2A \cos(2\pi x/\lambda)$是随x的变化而有正、负之分，而在相邻两节点间各质点因为$2A \cos(2\pi x/\lambda)$有相同的符号，所以各质点相位相同；在同一节点的两侧各质点因$2A \cos(2\pi x/\lambda)$有相反的符号，故节点两侧的质点相位相反（即相位相关为π）。也就是说，驻波被波节点分成若干长度为$\lambda/2$的小段，每一小段上各质点相位相同；相邻两段上各质点相位相反。概貌见图 2-2-4。

3. 能量传播特点

驻波是由方向相反的两列波叠加而成。由能流密度矢量$I = \frac{1}{2}\rho A^2 \omega^2 u$知，驻波的能流密度矢量$I^1 + I^2 = 0$，故驻波不传播能量。

【例 2-2-8】 两列相干波，其表达式$y_1 = A \cos 2\pi \left(vt - \frac{x}{\lambda} \right)$和$y_2 = A \cos 2\pi \left(vt + \frac{x}{\lambda} \right)$，在叠加后形成的驻波中，波腹处质元振幅为：

A. A B. $-A$ C. $2A$ D. $-2A$

解 两列振幅相同的相干波，在同一直线上沿相反方向传播，叠加的结果即为驻波。

叠加后形成的驻波的波动方程为$y = y_1 + y_2 = \left(2A \cos 2\pi \frac{x}{\lambda} \right) \cos 2\pi vt$，驻波的振幅是随位置变化的，$A' = 2A \cos 2\pi \frac{x}{\lambda}$，波腹处有最大振幅$2A$。

答案：C

七、声波、声强级

在弹性媒质中传播的机械纵波，其频率在 20~20 000Hz 之间，能引起人的听觉，这种波叫声波；频率高于 20 000Hz 的波叫超声波，低于 20Hz 的叫次声波。

（一）声强

声强就是声波的能流密度，即

$$I = \frac{1}{2}\rho A^2\omega^2 u \tag{2-2-17}$$

由上式可知，频率越高，越容易获得较大的声强。

（二）声强级

能引起听觉的声波，不仅有频率范围，而且还有声强范围。对于每个可闻频率，声强都有上下两个限值，低于下限的声强不能引起听觉，称为听阈声强，高于上限的声强也不能引起听觉，太高了只能引起痛觉，称为痛阈声强。在 1 000Hz 频率时，一般正常人听觉的最高声强为 10^{-4}W/m²，最低声强为 10^{-12}W/m²，规定声强 $I_0 = 10^{-12}$W/m² 作为测定声强的标准，由于声强的数量级相差悬殊，所以常用对数标度作为声强级的量度，声强级 I_L 定义为

$$I_L = \lg\frac{I}{I_0}\text{（B）} \tag{2-2-18}$$

声强级单位为贝尔（B），1 贝尔=10 分贝（dB），故声强级也可定义为

$$I_L = 10\lg\frac{I}{I_0}\text{（dB）} \tag{2-2-19}$$

【例 2-2-9】 两人轻声谈话的声强级为 40dB，热闹市场上噪声的声强级为 80dB。市场上噪声的声强与轻声谈话的声强之比为：

　　　　A. 2　　　　　　　　B. 20　　　　　　　　C. 10^2　　　　　　　　D. 10^4

解　声强级为 $L = 10\lg\frac{I}{I_0}$，其中 $I_0 = 10^{-12}$W/m² 为测定基准，I 的单位为 B（贝尔）。轻声谈话的声强级为 40dB（分贝），dB 为 B（贝尔）的 1/10，即为 4B（贝），则由 $4 = \lg\frac{I_1}{I_0}$，得轻声谈话声强 $I_1 = I_0 \times 10^4$W/m²，同理可得热闹市场上声强 $I_2 = I_0 \times 10^8$W/m²，可知市场上噪声的声强与轻声谈话的声强之比 $\frac{I_2}{I_1} = \frac{I_0 \times 10^8}{I_0 \times 10^4} = 10^4$。

答案： D

八、多普勒效应

当波源、观察者（接收器）相对媒质静止时，观察者接收到的频率是波源的频率 ν_0。

当波源或观察者相对媒质运动，或两者都相对媒质运动时，观察者接收到的频率 ν' 和声源频率 ν_0 不同，这种现象称为多普勒效应。

为简明计，设声源和观察者在同一直线上运动（这种限制并非必要，下面要说明的）。以 ν_S 表示波源（相对于媒质）的运动速度，ν_B 表示观察者（相对于媒质）的运动速度，u 表示波在媒质中的传播速度，下面分三种情况讨论。

（一）声源不动，观察者以 ν_B 运动

若观察者向着波源运动，表示 $\nu_B > 0$（规定）。此时，相当于波以 $u + \nu_B$ 的速度通过观察者，所以单位时间内通过观察者的完整波数，即观察者接收到的波的频率为

$$\nu' = \frac{u + v_B}{\lambda} = \left(1 + \frac{v_B}{u}\right)\nu_0 \tag{2-2-20}$$

可见，若观察者向着波源运动，$v_B > 0$，$\nu' > \nu_0$；反之若观察者背离波源运动，$v_B < 0$，$\nu' < \nu_0$。

（二）观察者静止，波源以v_S运动

若波源向着观察者运动，表示$v_S > 0$。由于波速u与波源运动无关，波在一周期内传播距离总等于波长λ，但在一周期内波源向前移动了$v_S T$的距离，其效果相当于波长缩短为

$$\lambda' = \lambda - v_S T$$

因此，观察者接收到的频率ν'由于波长缩短而增大为

$$\nu' = \frac{u}{\lambda - v_S T} = \frac{u}{(u - v_S)T} = \frac{u}{u - v_S}\nu_0 \tag{2-2-21}$$

若波源背离观察者运动，$v_S < 0$，$\nu' < \nu_0$。

（三）波源、观察者同时运动

综上（一）、（二）所述，此时观察者接收到的频率为

$$\nu' = \frac{u}{u - v_S}\left(1 + \frac{v_B}{u}\right)\nu_0 = \frac{u + v_B}{u - v_S}\nu_0 \tag{2-2-22}$$

最后要说明，如果波源与观察者不在同一直线上运动，则以上公式中v_B、v_S代表观察者及波源速度在两者连线上的分量。

【例 2-2-10】　一声波波源相对媒质不动，发出的声波频率是ν_0。设以观察者的运动速度为波速的$1/2$，当观察者远离波源运动时，他接收到的声波频率是：

A. ν_0 　　　　　　B. $2\nu_0$ 　　　　　　C. $\nu_0/2$ 　　　　　　D. $3\nu_0/2$

解　本题考查声波的多普勒效应公式。注意波源不动，$v_S = 0$，观察者远离波源运动，ν_0前取负号。设波速为u，则：

$$\nu' = \frac{u - v}{u}\nu_0 = \frac{u - \frac{1}{2}u}{u}\nu_0 = \frac{1}{2}\nu_0$$

答案： C

习　　题

2-2-1　一横波沿绳子传播时的波动方程为$y = 0.05\cos(4\pi x - 10\pi t)$（SI），则（　　　）。

A. 波长为 0.05m 　　　　　　　　　　B. 波长为 0.5m

C. 波速为 25m/s 　　　　　　　　　　D. 波速为 5m/s

2-2-2　一平面简谐波在弹性媒质中传播，在某一瞬时，媒质中某质元正处于平衡位置，此时它的能量是（　　　）。

A. 动能为零，势能为零 　　　　　　　B. 动能最大，势能最大

C. 动能为零，势能最大 　　　　　　　D. 动能最大，势能为零

2-2-3　一平面简谐波沿x轴正向传播，已知$x = L(L < \lambda)$处质点的振动方程为$y = A\cos\omega t$，波速为u，那么$x = 0$处质点的振动方程为（　　　）。

A. $y = A\cos(\omega t + L/u)$ 　　　　　　B. $y = A\cos(\omega t - L/u)$

C. $y = A\cos\omega(t + L/u)$ 　　　　　　D. $y = A\cos\omega(t - L/u)$

2-2-4　一振幅为A、周期为T、波长为λ的平面简谐波沿x轴负向传播，在$x = \lambda/2$处，$t = T/4$时，振

动相位为π，则此平面简谐波的波动方程为（　　　）。

    A. $y = A\cos(2\pi t/T - 2\pi x/\lambda - \pi/2)$

    B. $y = A\cos(2\pi t/T + 2\pi x/\lambda + \pi/2)$

    C. $y = A\cos(2\pi t/T + 2\pi x/\lambda - \pi/2)$

    D. $y = A\cos(2\pi t/T - 2\pi x/\lambda + \pi)$

2-2-5　在下面几种说法中，正确的说法是（　　　）。

    A. 波源不动时，波源的振动周期与波动周期在数值上是不同的

    B. 波源振动的速度与波速相同

    C. 在波传播方向上的任一质点的振动相位总是比波源的相位滞后

    D. 在波传播方向上的任一质点的振动相位总是比波源的相位超前

2-2-6　一平面简谐波在媒质中沿x轴正方向传播，传播速度$u = 15\text{cm/s}$，波的周期$T = 2\text{s}$，沿波线上A、B两点相距5.0cm，当波传播时，B点的振动相位比A点落后（　　　）。

    A. $\pi/2$　　　　　　　B. $\pi/3$　　　　　　　C. $\pi/6$　　　　　　　D. $3\pi/2$

2-2-7　一平面简谐波在弹性媒质中传播，在媒质质元从最大位移处回到平衡位置的过程中（　　　）。

    A. 它的势能转换成动能

    B. 它的动能转换成势能

    C. 它从相邻一段媒质元获得能量，其能量逐渐增加

    D. 它把自己的能量传给相邻的一段媒质元，其能量逐渐减少

2-2-8　在驻波中，两个相邻波节间各质点的振动（　　　）。

    A. 振幅相同，相位相同　　　　　　　　　　B. 振幅不同，相位相同

    C. 振幅相同，相位不同　　　　　　　　　　D. 振幅不同，相位不同

2-2-9　两列相干平面简谐波振幅都是4cm，两波源相距30cm，相位差为π，在两波源连线的中垂线上任意一点P，两列波叠加后合振幅为（　　　）。

    A. 8cm　　　　　　　B. 16cm　　　　　　　C. 30cm　　　　　　　D. 0

2-2-10　两振幅均为A的相干波源S_1和S_2（见图）相距$3\lambda/4$（λ为波长），若在S_1、S_2的连线上，S_1右侧的各点合振幅均为$2A$，则两波的初相位差$\Phi_{02} - \Phi_{01}$是（　　　）。

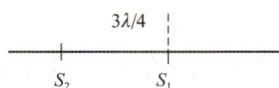

题 2-2-10 图

    A. 0　　　　　　　　B. $\pi/2$　　　　　　　C. π　　　　　　　D. $3\pi/2$

2-2-11　在波长为λ的驻波中两个相邻波节之间的距离为（　　　）。

    A. λ　　　　　　　　B. $\lambda/2$　　　　　　　C. $3\lambda/4$　　　　　　　D. $\lambda/4$

第三节　光　　学

    光波是电磁波，是电磁量E、H（E为电场强度，H为磁场强度）的扰动在空间的传播。它不依赖于空间是否存在媒质，光的传播速度为$c = 3.0 \times 10^8\text{m/s}$，在媒质中的传播速度为$u = c/n$，$n$为媒质的折射率。光波是横波，其中$E$、$H$矢量的振动方向与光的传播方向总是垂直的（见图2-3-1）。

由于对人眼和光学仪器起作用的主要是由矢量E，故称E为光矢量。

一、相干光波的叠加

几列光波在媒质中传播而相遇时，通常满足波的叠加原理。我们首先讨论的是同方向、同频率、有恒定初相差的两个单色光源（称相干光源）所发出的两列光波的叠加（即相干光的叠加）。

在场点P，由相干光源S_1、S_2（见图2-3-2）所发出的两列相干光波引起的光扰动分别为

$$y_1 = A_1 \cos\left(\omega t - 2\pi\frac{r_1}{\lambda} + \varphi_1\right)$$

$$y_2 = A_2 \cos\left(\omega t - 2\pi\frac{r_2}{\lambda} + \varphi_2\right)$$

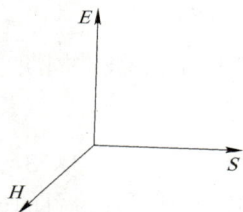

图 2-3-1

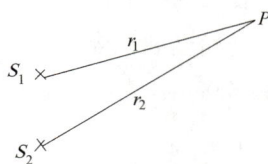

图 2-3-2

在P点合扰动的振幅满足

$$A^2 = A_1^2 + A_2^2 + 2A_1 A_2 \cos\left(\varphi_2 - \varphi_1 - 2\pi\frac{r_2 - r_1}{\lambda}\right)$$

相应地，P点的光强为

$$I = I_1 + I_2 + 2\sqrt{I_1 I_2}\cos\Delta\Phi \tag{2-3-1}$$

式中，$I_1 = A_1^2$，$I_2 = A_2^2$，$2\sqrt{I_1 I_2}\cos\Delta\Phi$为干涉项，它决定了空间干涉场的光强分布。

当$\Delta\Phi = \pm 2k\pi$时$(k = 0,1,2,\cdots)$，有$I_{\max} = I_1 + I_2 + 2\sqrt{I_1 I_2}$，此时场点光强最大、亮点。

当$\Delta\Phi = \pm(2k+1)\pi$时$(k = 0,1,2,\cdots)$，则有$I_{\min} = I_1 + I_2 - 2\sqrt{I_1 I_2}$，此时场点光强最小、暗点。

在干涉场中，凡具有相同相位差的所有亮点（或暗点）的轨迹，就形成同一k级的（或暗）条纹，k称干涉条纹的级次。

当$\Delta\Phi$为其他值，该对应点光强介于$I_{\max}$与$I_{\min}$之间。

当$I_1 = I_2$时，则合光强为

$$I = 2I_1 + 2I_1\cos\Delta\Phi = 2I_1(1 + \cos\Delta\Phi) = 4I_1\cos^2\frac{\Delta\Phi}{2} \tag{2-3-2}$$

当$\Delta\Phi = \pm 2k\pi$时，$I_{\max} = 4I_1$；

当$\Delta\Phi = \pm(2k+1)\pi$时，$I_{\min} = 0$。

若相干光源的初相位相同，即$\varphi_1 = \varphi_2$，则

$$\Delta\Phi = 2\pi\frac{r_1 - r_2}{\lambda} \tag{2-3-3}$$

当波程差$\delta = r_1 - r_2$满足以下条件时，即

$$\delta = r_1 - r_2 = \begin{cases} \pm k\lambda & \text{有最大光强} \\ & (k = 0,1,2,\cdots) \\ \pm(2k+1)\dfrac{\lambda}{2} & \text{有最小光强} \end{cases} \tag{2-3-4}$$

二、光程与光程差

在实际问题中经常遇到相干的两束光在不同媒质中传播的情形，此时须引入光程的概念。

若两相干光分别在折射率为n_1、n_2的媒质中传播r_1、r_2的几何路程，因光在媒质中的传播速度u是真空中光速c的$\frac{1}{n}$，而在媒质中的波长λ_n与真空中波长λ的关系为$\lambda_n = \lambda/n$，一个波长对应2π的相位改变。故有

$$2\pi r_1/\lambda_1 = 2\pi n_1 r_1/\lambda$$

$$2\pi r_2/\lambda_2 = 2\pi n_2 r_2/\lambda$$

将媒质的折射率n与光在媒质中通过的几何路程r的乘积叫光程(nr)。于是

$$\Delta\Phi = \varphi_2 - \varphi_1 + \frac{2\pi}{\lambda}(n_1 r_1 - n_2 r_2) \tag{2-3-5}$$

通常两束相干光源取自同一波阵面上，有$\varphi_2 = \varphi_1$，则两束相干光在空间各点的相位差仅取决于光程差δ，即

$$\Delta\Phi = \frac{2\pi}{\lambda}(n_1 r_1 - n_2 r_2) = \frac{2\pi}{\lambda}\delta \tag{2-3-6}$$

当

$$\Delta\Phi = \frac{2\pi}{\lambda}\delta = \begin{cases} \pm 2k\pi & \text{加强} \\ & (k = 0,1,2,\cdots) \\ \pm(2k+1)\pi & \text{减弱} \end{cases} \tag{2-3-7}$$

或

$$\delta = \begin{cases} \pm k\lambda & \text{加强} \\ & (k = 0,1,2,\cdots) \\ \pm(2k+1)\dfrac{\lambda}{2} & \text{减弱} \end{cases} \tag{2-3-8}$$

三、相干光的获得

前面提到通过分离光波，可得到相干光。有两种方法：分割波阵面及分割振幅。

$$\text{相干光的获得}\begin{cases} \text{分割波阵面法}\begin{cases}\text{杨氏双缝干涉}\\\text{双面镜干涉}\\\text{洛埃镜干涉}\end{cases} \\ \\ \text{分割振幅法——薄膜干涉}\begin{cases}\text{等倾——迈克尔逊干涉仪}\\\text{等厚}\begin{cases}\text{劈尖干涉}\\\text{牛顿环}\end{cases}\\\text{增透膜}\\\text{增反膜}\end{cases} \end{cases}$$

四、光的干涉

（一）杨氏双缝干涉

如图 2-3-3 所示，杨氏用单色光从S发出的光波波阵面到达离S等远的双缝S_1、S_2时，S_1、S_2为同一

波阵面上的两点，可视为两相干波源（称分波阵面法），从S_1、S_2发出的两列波分别经r_1、r_2传到屏上P点，产生干涉条纹的明暗条件由光程差δ决定。

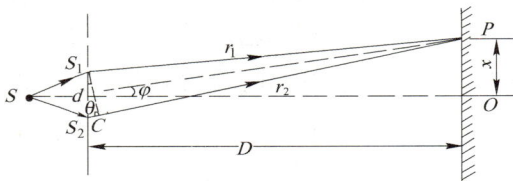

图 2-3-3　双狭缝干涉条纹分布计算用图

1. 干涉条纹分布的特点

（1）屏幕上出现的是平行、等距的明、暗相间的直条纹，条纹间距与D成正比，与缝距d成反比，条纹间距随入射波长的增大而变大。

（2）以白光入射，除中央条纹为白色外，两侧的干涉条纹将按波长从中间向两侧对称排列，对同级彩色条纹，紫光靠正中央明纹，红光远离中央明纹。

（3）由于不同波长与其相应的干涉条纹的间距不同，故当级次增加时，不同级的条纹可能发生重叠。

（4）干涉条纹不仅出现在屏幕上，凡是两束光重叠的区域都存在干涉场，场内均可观察到干涉条纹，故杨氏双缝干涉属于非定域干涉。

2. 明、暗纹条件、位置及间距

在折射率为n的媒质中，两束相干光在干涉场中任一点P的光程差为$\delta = n(r_2 - r_1)$

当

$$\delta = \begin{cases} \pm k\lambda & \text{出现明条纹} \\ & (k = 0,1,2,\cdots) \\ \pm(2k+1)\dfrac{\lambda}{2} & \text{出现暗条纹} \end{cases}$$

式中：　λ ——光在真空中的波长。

由图 2-3-3 知　　　　　　　　$r_2 - r_1 \approx d\sin\theta \approx xd/D$

所以　　　　　　　　　　　$\delta = nd\sin\theta = nxd/D$

故明、暗的位置为

$$x_{明} = \pm kD\lambda/(nd)$$
$$x_{暗} = \pm(2k+1)D\lambda/(2nd) \qquad (k = 0,1,2,\cdots) \qquad (2-3-9)$$

相邻明（或暗）纹的间距为

$$\Delta x = D\lambda/(nd) \qquad (2-3-10)$$

【例 2-3-1】 在空气中用波长为λ的单色光进行双缝干涉实验时，观测到相邻明条纹的间距为1.33mm，当把实验装置放入水中（水的折射率为$n = 1.33$）时，则相邻明条纹的间距变为：

　　A. 1.33mm　　　　　　B. 2.66mm　　　　　　C. 1mm　　　　　　D. 2mm

解　由杨氏双缝干涉条纹间距公式知，空气中$\Delta x = \dfrac{D}{d}\lambda$，放入水中$\Delta x_n = \dfrac{D}{d}\lambda_n = \dfrac{\Delta x}{n} = \dfrac{1.33}{1.33} = 1$。

答案： C

（二）薄膜干涉

1. 等倾干涉

图 2-3-4 为厚度均匀，折射率为n_2的薄膜，置于折射率为n_1的媒质中，一单色光经薄膜上下表面反

射后得到 1 和 2 两条光线，它们相互平行，并且是相干的。由反射、折射定律可得到两光束的光程差为

$$\delta = 2d\sqrt{n_2^2 - n_1^2 \sin^2 i} = 2n_2 d \cos\gamma$$

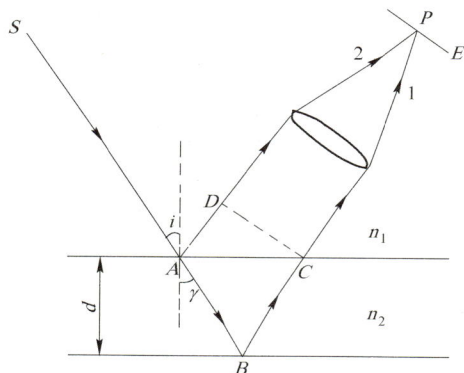

图 2-3-4

由上式可知，光程差取决于入射角 i 的大小，理论证明，当光从光疏媒质射向光密媒质，在分界面反射时有半波损失。在我们讨论的问题中，不论 $n_1 < n_2$，还是 $n_1 > n_2$，1 与 2 两条光线之一总有半波损失出现，因而在光程差中必须计及这个半波损失。1 与 2 两条光线的光程差最后应表示为

$$\delta = 2n_2 d \cos\gamma + \frac{\lambda}{2} \tag{2-3-11}$$

而光线的干涉图样由下式决定

$$\delta = 2n_2 d \cos\gamma + \frac{\lambda}{2} = \begin{cases} 2k\dfrac{\lambda}{2} & (k = 1,2,\cdots) \quad \text{相长干涉(明纹)} \\ (2k+1)\dfrac{\lambda}{2} & (k = 0,1,2,\cdots) \quad \text{相消干涉(暗纹)} \end{cases} \tag{2-3-12}$$

要注意的是，引时干涉图样不是在薄膜面上，而是在无穷远，若用透镜进行观察，在置于透镜焦平面的屏上，可以看到干涉图样。因干涉图样中同一干涉条纹是来自膜面的等倾角光线经透镜聚焦后的轨迹，故称为等倾干涉条纹。

当 $i = 0$ 时，光垂直入射，有

$$\delta = 2n_2 d + \frac{\lambda}{2} = \begin{cases} 2k\dfrac{\lambda}{2} & (k = 1,2,\cdots) \quad \text{反射光加强，透射光减弱} \\ (2k+1)\dfrac{\lambda}{2} & (k = 0,1,2,\cdots) \quad \text{反射光相消，透射光加强} \end{cases} \tag{2-3-13}$$

2. 等厚干涉

劈尖薄膜的厚度不均匀而形成如图 2-3-5 所示的劈尖形的膜层，称之为劈尖。

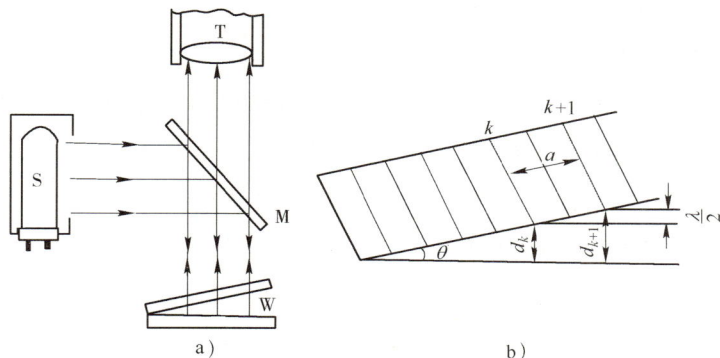

图 2-3-5

从单色光源S发出的光经光学系统成为平行光束，经平玻璃片M反射后垂直入射到空气壁尖W，由劈尖上、下表面反射的光速进行相干叠加，形成干涉条纹，通过显微镜T进行观察、测量。

根据式（2-3-13）知

$$\delta = 2d + \frac{\lambda}{2} = \begin{cases} 2k\frac{\lambda}{2} & (k = 1,2,\cdots) \quad \text{明条纹} \\ (2k+1)\frac{\lambda}{2} & (k = 0,1,2,\cdots) \quad \text{暗条纹} \end{cases} \qquad (2-3-14)$$

显然，同一明（或暗）条纹对应相同厚度的空气层，因而是等厚条纹。

由式（2-3-14）得，两相邻明（或暗）条纹对应的空气层厚度差都等于$\lambda/2$，见图 2-3-5b）。

$$d_{k+1} - d_k = \lambda/2$$

设劈尖的夹角为θ，则相邻明（或暗）纹之间距a应满足关系式

$$a\sin\theta = \lambda/2 \qquad (2-3-15)$$

从式（2-3-15）看出，θ角越小，条纹分布越疏；反之，θ角越大，条纹分布越密。当θ角大到一定程度，干涉条纹将密得无法分辨，这时将看不到干涉条纹。

从式（2-3-15）可知，如已知夹角θ，测出条纹间距a，就可算出波长λ。反之，如λ已知，测出条纹，就可算出微小角度θ。

【例 2-3-2】 在玻璃（折射率$n_3 = 1.60$）表面镀一层MgF_2（折射率$n_2 = 1.38$）薄膜作为增透膜，为了使波长为 500nm（$1\text{nm} = 10^{-9}\text{m}$）的光从空气（$n_1 = 1.00$）正入射时尽可能少反射，$MgF_2$薄膜的最小厚度应是：

A. 78.1nm B. 90.6nm C. 125nm D. 181nm

解 此题考查光的干涉。薄膜上下两束反射光的光程差：$\delta = 2n_2 e$

增透膜要求反射光相消：$\delta = 2n_2 e = (2k+1)\frac{\lambda}{2}$

$k = 0$时，膜有最小厚度，$e = \frac{\lambda}{4n_2} = \frac{500}{4\times 1.38} = 90.6\text{nm}$

答案：B

【例 2-3-3】 在空气中有一肥皂膜，厚度为$0.32\mu\text{m}(1\mu\text{m} = 10^{-6}\text{m})$，折射率$n = 1.33$，若用白光垂直照射，通过反射，此膜呈现的颜色大体是：

A. 紫光（430nm） B. 蓝光（470nm）

C. 绿光（566nm） D. 红光（730nm）

解 此题考查光的干涉。薄膜上下两束反射光的光程差：$\delta = 2ne + \frac{\lambda}{2}$

反射光加强：$\delta = 2ne + \frac{\lambda}{2} = k\lambda$，$\lambda = \frac{2ne}{k-\frac{1}{2}} = \frac{4ne}{2k-1}$

$k = 2$时，$\lambda = \frac{4ne}{2k-1} = \frac{4\times 1.33 \times 0.32 \times 10^3}{3} = 567\text{nm}$

答案：C

【例 2-3-4】 波长为λ的单色光垂直照射在折射率为n的劈尖薄膜上，在由反射光形成的干涉条纹中，第五级明条纹与第三级明条纹所对应的薄膜厚度差为：

A. $\frac{\lambda}{2n}$ B. $\frac{\lambda}{n}$ C. $\frac{\lambda}{5n}$ D. $\frac{\lambda}{3n}$

解 相邻两条纹的厚度差为介质中的半个波长，第五级明条纹与第三级明条纹所对应的薄膜厚度差为$2\cdot\frac{\lambda}{2n} = \frac{\lambda}{n}$。

答案：B

3.迈克尔逊干涉仪

如图 2-3-6 所示迈克尔逊干涉仪结构示意图。M_1、M_2 为平面反射镜，G_1、G_2 为两块相同材料制成的等厚平行玻璃板，在 G_1 的一面镀有半透明的薄银层，称为分束板，G_2 为光路补偿板。G_1、G_2 与 M_1、M_2 均成 45°交角。

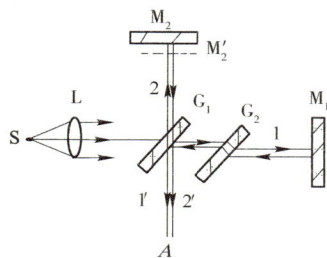

图 2-3-6　迈克尔逊干涉仪光路示意图

平行光束射入 G_1 后到达半透明银膜层，分成两束，其中一束 I_1 透过银层到达 G_2，穿过 G_2 传向 M_1，经 M_1 反射后又穿过 G_2，再经 G_1 的薄银层反射传向 A 处；另一束 I_2 经镀银层反射，经 G_1 射出向 M_2 传播，经 M_2 反射后再穿过 G_1 传向 A 处。I_1、I_2 满足相干条件，故在 A 处通过望远镜可以看到干涉条纹。

由图可知，从 M_1 上反射的光，可以看成是从 M_1 在 G_1 的薄银层产生的虚像 M' 处发出的，故 I_1、I_2 之间的光程差由 M_2 与 M_1' 之间距离 Δd 决定。

当 M_1 与 M_2 不严格垂直时，M_1' 与 M_2 构成劈尖，产生明暗相间的等厚干涉条纹。

当 M_1 与 M_2 严格垂直时，M_1' 与 M_2 平行，产生等倾干涉条纹。

当移动 M_2 时，Δd 改变，干涉条纹移动。当 M_2 移动 $\frac{\lambda}{2}$ 的距离，视场中看到干涉条纹移动 1 条，若条纹移动 ΔN 条，则 M_2 移动的距离为

$$\Delta d = \Delta N \frac{\lambda}{2} \qquad (2-3-16)$$

依此可测光波波长；反之，若已知波长 λ，可测微小长度 Δd。

【例 2-3-5】 若在迈克尔逊干涉仪的可动反射镜 M 移动了 0.620mm 的过程中，观察到干涉条纹移动了 2 300 条，则所用光波的波长为：

　　A. 269nm　　　　　　B. 539nm　　　　　　C. 2 690nm　　　　　　D. 5 390nm

解　由迈克尔逊干涉仪公式 $\Delta d = k \cdot \frac{\lambda}{2}$，可得 $\lambda = \frac{2 \times 0.62 \times 10^6}{2\,300} = 539\text{nm}$。

答案：B

注：此题由可见光范围（400~760nm）可不用计算直接得出结论。

【例 2-3-6】 在空气中做牛顿环实验，当平凸透镜垂直向上缓慢平移而远离平面镜时，可以观察到这些环状干涉条纹：

　　A. 向右平移　　　　B. 静止不动　　　　C. 向外扩张　　　　D. 向中心收缩

解　牛顿环的环状干涉条纹为等厚干涉条纹，当平凸透镜垂直向上缓慢平移而远离平面镜时，原 k 级条纹向环中心移动，故这些环状干涉条纹向中心收缩。

答案：D

五、光的衍射

光沿直线传播是建立几何光学的基本依据，在通常情况下，光表现出直线传播的性质。但是，当光通过很窄的单缝时，却表现出与直线传播不同的现象，一部分光线绕过单缝的边缘到达偏离直线传播的区域在屏上出现明、暗相间的条纹，这种现象称为光的衍射现象。它与光的干涉现象一样，显示了光的波的特性。

（一）惠更斯-菲涅耳原理

惠更斯原理可以解释光偏离直线传播的现象，但它不能解释为什么在屏上会出现明、暗条纹。菲涅

耳接受了惠更斯的次波概念，并提出各次波都是相干的，从而发展了惠更斯原理，后称惠更斯-菲涅耳原理。其要点可定性表述为：从同一波源上各点发出的次波是相干波，经过传播在空间某点相遇时的叠加是相干叠加。

（二）夫琅禾费单缝衍射

平行光线的衍射现象，叫夫琅禾费衍射。

在不透明的平面物体上开一条狭缝K（缝长远大于缝宽），用一束平行光线垂直地照射在狭缝上，当缝宽a与入射光波长的数量级相近时，经单缝衍射的光线，通过透镜L会聚在屏幕E上，出现与狭缝平行的明暗相间的衍射条纹。

采用菲涅耳"半波带法"可以说明衍射图样的形成。如图 2-3-7a）所示，AB为狭缝截面，缝宽为a。一束平行单色光垂直狭缝平面入射，通过狭缝的光发生衍射，衍射角φ相同的平行光束经透镜L_2会聚于放置在透镜焦平面处的屏上，会聚点P的光强取决于同一衍射角φ的平行光束中各光线之间的光程差。

如图 2-3-7b）所示，对应于某衍射角φ，把缝上波前S沿着与狭缝平行方向分成一系列宽度相等的窄条ΔS，并使从相邻ΔS各对应点发出的光线的光程差为半个波长，这样的ΔS称为半波带。由图 2-3-7 可知，对应于衍射角为φ的屏上P点，缝边缘两条光线之间的光程差为

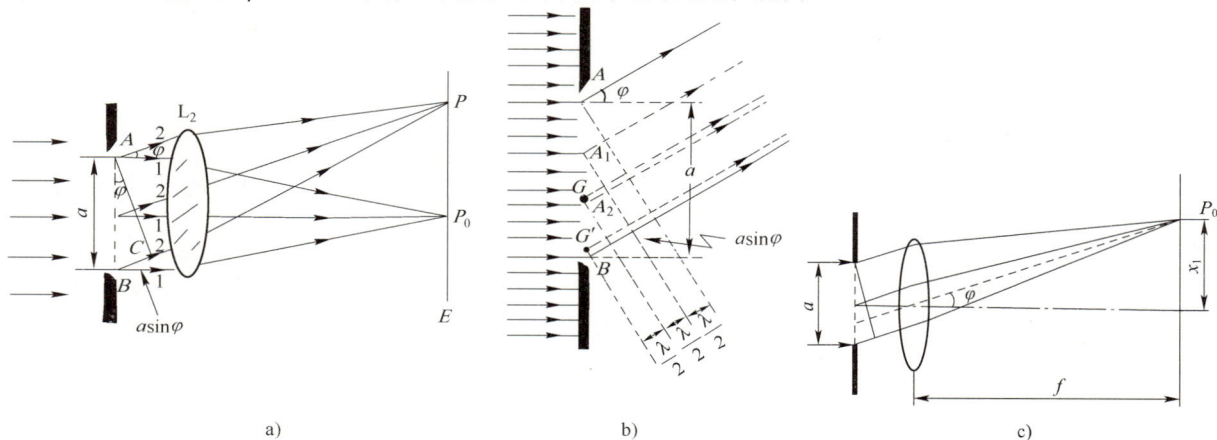

图　2-3-7

$$\delta = BC = a\sin\varphi$$

因而半波带的数目N为

$$N = 2a\sin\varphi/\lambda$$

当N恰好为偶数时，因相邻半波带各对应点的光线的光线差都是λ/2，即相位差为π，因而两相邻半波带的光线在P点都干涉相消，P点的光强为零，即P点为暗点；当N为奇数时，因相邻半波带发出的光两两干涉相消后，剩下一个半波带发出的光未被抵消，因此P点为明点。由此可得单缝夫琅和费衍射条纹的明暗纹条件为

$$a\sin\varphi = \begin{cases} \pm 2k\lambda/2 & (k=1,2,\cdots) \quad 暗纹 \\ \pm(2k+1)\lambda/2 & (k=0,1,2,\cdots) \quad 明纹 \end{cases} \tag{2-3-17}$$

当φ = 0时，有

$$a\sin\varphi = 0 \quad 中央明纹中心$$

式中k为衍射级，中央明纹是零级明纹，因所有光线到达中央明纹中心P_0点的光程相同，光程差为零，故中央明纹中心P_0处光强最大。明暗以中央明纹为中心两边对称分布，依次是第一级（k = 1），第

二级（$k = 2$），……暗纹和明纹。中央明纹宽度是由紧邻中央明纹两侧的暗纹（$k = 1$）决定，即

$$-\lambda < a \sin \varphi < \lambda$$

当半波带数 N 不是整数时，P 点的光强介于明暗之间，实际上屏上光强的分布是连续变化的。对一定波长的单色光，缝宽 a 越小，各级条纹的衍射角 φ 越大，在屏上相邻条纹的间隔也越大，即衍射效果越显著。反之，a 越大，φ 越小，各级衍射条纹向中央明纹靠拢；当 a 增大到分辨不清各级条纹时，衍射现象消失，此时相当于光直线传播的情况。

中央明纹的宽度由紧邻中央明纹两侧的暗纹（$k = 1$）决定。如图 2-3-7c）所示，通常衍射角 φ 很小。由暗纹条件 $a \sin \varphi = 1 \times \lambda (k = 1)$，得 $\varphi \approx \frac{\lambda}{a}$，$x_1 = \varphi f$。

第一级暗纹距中心 P_0 的距离为 $x_1 = \varphi f = \frac{\lambda}{a} f$，所以中央明纹的宽度 $l_0 = 2x_1 = \frac{2\lambda f}{a}$。

其他明纹宽度是中央明纹宽度的一半，即 $l = \frac{l_0}{2} = \frac{\lambda f}{a}$。

【例 2-3-7】 在单缝夫琅禾费衍射实验中，波长为 λ 的单色光垂直入射到单缝上，对应衍射角为 30°的方向上，若单缝处波阵面可分成 3 个半波带，则缝宽 a 为：

    A. λ B. 1.5λ C. 2λ D. 3λ

解 由单缝夫琅禾费衍射明纹条件，对应衍射角为 30°的方向上，单缝处波面可分成 3 个半波带，即 $\delta = a \sin 30° = (2k+1)\frac{\lambda}{2} = 3 \cdot \frac{\lambda}{2}$，可得 $a = 3\lambda$。

答案： D

【例 2-3-8】 在单缝夫琅禾费衍射实验中，屏上第三级暗纹对应的单缝处波面可分成的半波带的数目为：

    A. 3   B. 4   C. 5   D. 6

解 由单缝夫琅禾费衍射暗纹条件，$a \sin \varphi = 2k \cdot \frac{\lambda}{2} = 6 \cdot \frac{\lambda}{2}$，半波纹的数目为 6。

答案： D

【例 2-3-9】 在单缝夫琅禾费衍射实验中，单缝宽度 $a = 1 \times 10^{-4}$m，透镜焦距 $f = 0.5$m。若用 $\lambda = 400$nm 的单色平行光垂直入射，中央明纹的宽度为：

    A. 2×10^{-3}m   B. 2×10^{-4}m   C. 4×10^{-4}m   D. 4×10^{-3}m

解 单缝夫琅禾费衍射中央明纹的宽度为：

$$l_0 = \frac{2\lambda f}{a} = \frac{2 \times 400 \times 10^{-9} \times 0.5}{1 \times 10^{-4}} = 4 \times 10^{-3} \text{m}$$

答案： D

（三）光学仪器的分辨本领

若夫琅禾费单缝衍射中的狭缝用直径为 D 的圆孔代替，则衍射图样的中央是一明亮的圆斑，外围是一组同心暗环和明环，如图 2-3-8 所示。

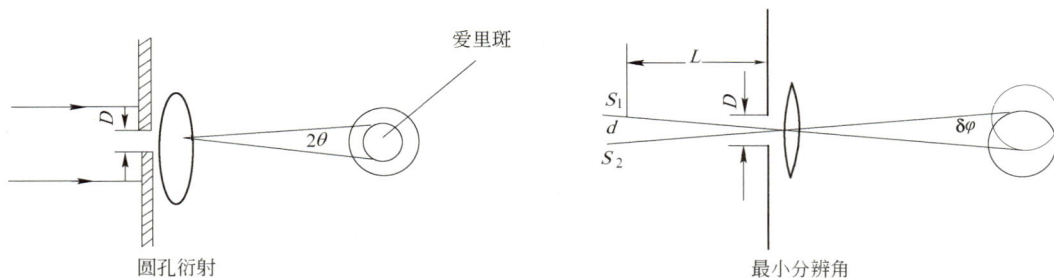

图 2-3-8

由第一暗环所包围的中央亮斑称爱里斑，其光强占整个入射光强的 84%，理论计算可得爱里斑的半角宽度为

$$\theta = 1.22\lambda/D \tag{2-3-18}$$

通常，光学仪器中所用的光阑和透镜都是圆形的，点光源通过透镜所成的像因圆孔衍射其结果不是一个清晰的像点，而是一个衍射光斑。

当用光学仪器观察物体时，物体上靠得很近的两物点（或靠得很近的两物体）S_1、S_2发出的光通过直径为D的透镜时，形成了两个一定大小的爱里斑，如图 2-3-8 所示。瑞利指出，若一个点光源的爱里斑中心恰好与另一点光源的爱里斑的第一暗环相重合，这两个点光源恰好能为光学仪器所分辨，这就是瑞利准则。

两物点的像的最小分辨角$\delta\varphi$恰等于爱里斑的半角宽度，即

$$\delta\varphi = \theta = 1.22\lambda/D \tag{2-3-19}$$

分辨角$\delta\varphi$越小，说明光学仪器的分辨率越高，常取$1/\delta\varphi$表示光学仪器的分辨本领R，即

$$R = D/1.22\lambda \tag{2-3-20}$$

例如，人眼的瞳孔直径$D \approx 2mm$，入射光平均波长$\lambda = 550nm$，可算得最小分辨角$\delta\varphi \approx 3.4 \times 10^{-4}rad$，即约$1'$；而世界上最大天文望远镜物镜的孔径有 6m，可算得$\delta\varphi = 1.12 \times 10^{-7}rad$，比人眼的分辨能力提高 3 000 倍。

【例 2-3-10】 通常亮度下，人眼睛瞳孔的直径约为 3mm，视觉感受到最灵敏的光波波长为550nm($1nm = 1 \times 10^{-9}m$)，则人眼睛的最小分辨角约为：

        A. $2.24 \times 10^{-3}rad$ B. $1.12 \times 10^{-4}rad$

        C. $2.24 \times 10^{-4}rad$ D. $1.12 \times 10^{-3}rad$

解　人眼睛的最小分辨角：

$$\theta = 1.22\frac{\lambda}{D} = \frac{1.22 \times 550 \times 10^{-6}}{3} = 2.24 \times 10^{-4}rad$$

答案：C

（四）衍射光栅

单缝衍射形成的明条纹尚不够理想，为使明纹本身既窄又亮且相邻明纹分得很开，通常都使用衍射光栅。例如我们在玻璃片上刻划出许多等距离等宽度的平行直线，刻痕处不透光，而两刻痕间可以透光，相当于一个单缝，这样就构成了透射式平面衍射光栅。由大量等宽、等间距的平行狭缝所组成的光学元件称衍射光栅。光栅和棱镜一样是一种分光装置，主要用来形成光谱（见图 2-3-9）。

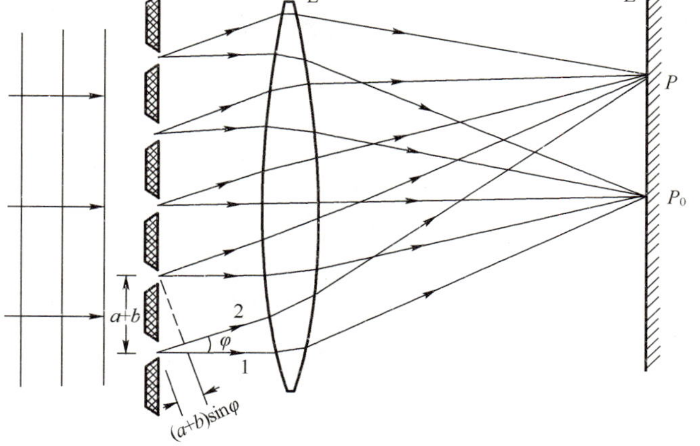

图 2-3-9　衍射光栅

缝的宽度a和刻痕（不透光）的宽度b之和，即$a+b$称为光栅常数。

一束平行单色光垂直照射在光栅上，光线经过透镜L后将在屏幕E上呈现各级衍射条纹，如图 2-3-9 所示。

对光栅中每一条透光缝，由于衍射都将在屏幕上呈现衍射图样，而各缝发出的衍射光都是相干光，所以缝与缝之间的光波相互干涉，光栅衍射条纹是单缝衍射和多缝干涉的总效果。

$$(a+b)\sin\varphi = \pm k\lambda \quad (k=0,1,2,\cdots) \tag{2-3-21}$$

当衍射角φ满足条件时，即形成明条纹。显然，光栅上狭缝的条数愈多，条纹就愈明亮。上式中整数k表示条纹的级数，上述明条纹称为光栅的衍射条纹。式（2-3-21）称为光栅公式。

一般来说，当φ满足式（2-3-21）时，是合成光强为最大的必要条件，这些明条纹，细窄而明亮，称为主极大。可以证明，各主极大明条纹之间充满大量的暗条纹，当光栅狭缝数很大时，在主极大明条纹之间实际上形成一片黑暗的背景。当多缝干涉明纹与单缝衍射暗纹位置重叠时，会产生缺级现象。

【例 2-3-11】 波长$\lambda=550nm(1nm=10^{-9}m)$的单色光垂直入射于光栅常数为$2\times10^{-4}cm$的平面衍射光栅上，可能观察到光谱线的最大级次为：

A. 2　　　　　　　B. 3　　　　　　　C. 4　　　　　　　D. 5

解 光栅公式　　　$d\sin\theta = \pm k\lambda \quad (k=1,2,3,\cdots)$

在波长、光栅常数不变的情况下，要使k最大，$\sin\theta$必最大，取$\sin\theta=1$，此时

$$d=\pm k\lambda,\ k=\pm\frac{d}{\lambda}=\pm\frac{2\times10^{-4}\times10^{-2}}{550\times10^{-9}}=3.636$$

取整后可得最大级次为 3。

答案： B

（五）光谱分析

由式（2-3-21）可知，在给定光栅常数情况下，衍射角φ的大小和入射光的波长有关，白光通过光栅后，各单色光将产生相应的各自分开的条纹，形成光栅的衍射光谱。中央明纹（零级）仍为白色，而在中央条纹两侧，对称地排列着第一级、第二级等光谱，如图 2-3-10 所示。

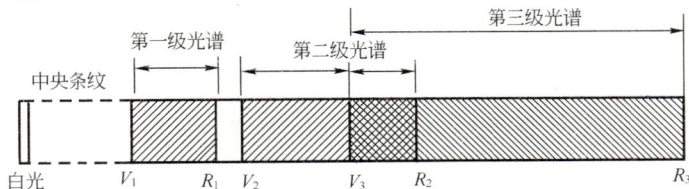

图 2-3-10　衍射光谱

由于不同元素（或化合物）各有自己特定的光谱，所以由谱线的成分可以分析出发光物质所含的元素和化合物，还可以从谱线的强度定量地分析出元素的含量，这种分析方法叫作光谱分析。

（六）伦琴射线的衍射

伦琴射线又叫X射线，它是一种波长为 0.1nm 数量级电磁波。1912 年德国物理学家劳厄用晶格常数d（晶体中相邻原子间距）作衍射光栅，获得了X射线的衍射图样，开创了X射线作晶体结构分析的重要应用。

英国科学家布喇格把晶体中周期性排列的原子看成为一系列互相平行的原子层，如图 2-3-11 所示，当一束平行的X射线照射到晶体上时，晶体中各原子都成为向各方向散射子波的波源，各层间的散射线相互叠加产生相干现象。

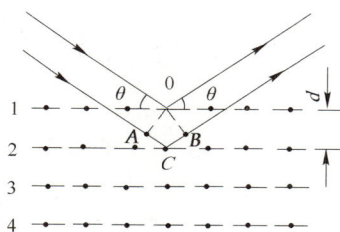

图 2-3-11 布喇格方法

如图 2-3-11 所示，设原子层之间距离为d，当一束平行的相干 X射线以与晶面夹角θ入射时，相邻两层反射线的光程差为

$$AC + CB = 2d\sin\theta$$

显然，当符合以下条件

$$2d\sin\theta = k\lambda \quad (k = 1,2,3,\cdots) \qquad (2\text{--}3\text{--}22)$$

时，各原子层的反射线都将相互加强，光强极大，上式就是著名的布喇格公式。

晶体对X射线的衍射应用很广，若已知晶体的晶格常数，就可用来测定X射线的波长，这一方面的工作叫X射线的光谱分析；若用已知波长的X射线在晶体上衍射，就可测定晶体的晶格常数，这类工作叫X光结构分析。

六、光的偏振

（一）自然光和偏振光

光矢量只限于单一方向振动的光称线偏振光。一般光源（如电灯、太阳等）的发光机理是由为数众多的原子或分子等的自发辐射，它们之间，无论在发光的前后次序（相位），振动的取向和大小（偏振和振幅），以及发光的持续时间（波列的长短）都相互独立。所以从垂直光传播方向的平面上看，几乎各个方向都有大小不等、前后参差不齐而变化很快的光矢量的振动，按统计平均而言，无论哪一个方向的振动都不比其他方向占优势，这种光就是自然光。

自然光中任一方向的光振动，都可分解成某两个相互垂直方向的振动，它们在每个方向上的时间平均值相等，但无固定的相位关系，不能合成一个线偏振光。通常把自然光用两个相互独立的、等振幅的、振动方向互相垂直的线偏振光表示，如图 2-3-12 所示，这两个线偏振光的光强等于自然光光强度的一半。

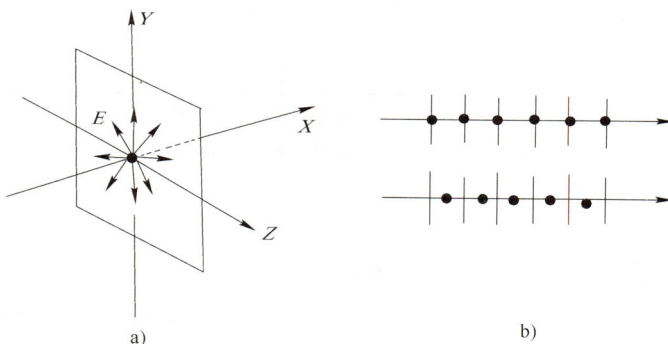

图　2-3-12

线偏振光传播方向与振动方向构成的平面叫振动面。由于线偏振光的$\boldsymbol{E}$总在振动面内，故又称平面偏振光如图 2-3-13a）所示。

若光矢量$\boldsymbol{E}$可取任意方向，但在各方向上振幅不同，这种光叫部分偏振光，如图 2-3-13b）所示。

（二）起偏和检偏，马吕斯定律

1. 偏振片的起偏和检偏

使自然光转变成偏振光叫起偏，能使自然光变成偏振光的装置叫偏振器。

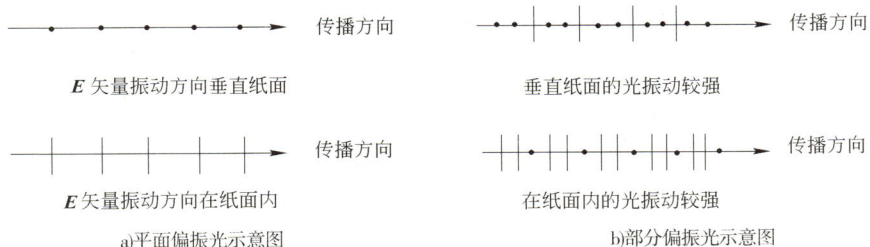

图 2-3-13

起偏器只能透过沿某方向振动的光矢量或光矢量振动沿该方向的分量，而不能透过与该方向垂直振动的光矢量或光矢量振动与该方向垂直的分量。这个透光方向称为偏振化方向或起偏方向。自然光透过偏振片后，透光强变为入射光强的一半，透射光即变为偏振光。由偏振片的特性可知，它既可用作起偏器，也可用作检偏器，检验向它入射的光是否为线偏振光。

自然光透过偏振片后，逆着光的传播方向观察透射光的强弱，当转动偏振片时，光强不变。若线偏振光入射偏振片，则透射光的强弱在转动偏振片时要发生周期性变化。光矢量振动方向与偏振光方向平行时透射光量最强，垂直时最暗。

图 2-3-14 表示利用偏振片起偏与检偏的情况，图中A、B分别为起偏器和检偏器。

2. 马吕斯定律

若入射线偏振光的光强为 I_0，透过检偏器后，透射光强（不计检偏器对光的吸收）为 I，则

$$I = I_0 \cos^2 \alpha \tag{2-3-23}$$

式中，α 是线偏振光振动方向和检偏器偏振化方向之间的夹角。上式即为马吕斯定律（参见图 2-3-15）。

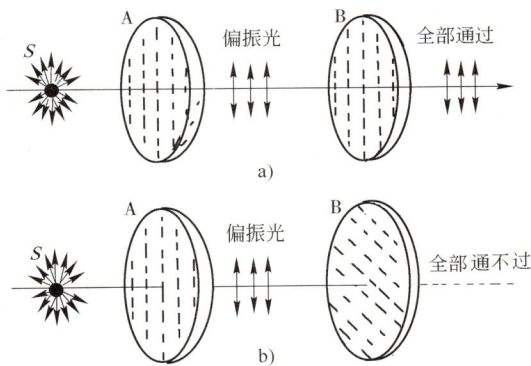

图 2-3-14

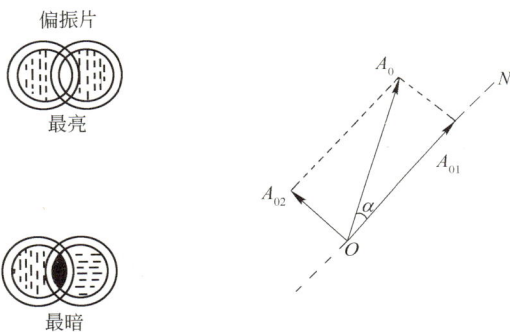

图 2-3-15

由式上可知，当 $\alpha = 0°$(或 $180°$)时，$I = I_0$；$\alpha = 90°$(或 $270°$)时，$I = 0$，此时无光从检偏器射出。

【例 2-3-12】 两偏振片叠放在一起，欲使一束垂直入射的线偏振光经过两个偏振片后振动方向转过 $90°$，且使出射光强尽可能大，则入射光的振动方向与前后两偏振片的偏振化方向夹角分别为：

　　　　　A. 45°和90°　　　　　B. 0°和90°　　　　　C. 30°和90°　　　　　D. 60°和90°

解　注意题目给定入射光为线偏振光，由马吕斯定律：

经过第一个偏振片后　$I = I_0 \cos^2 \alpha$

经过第二个偏振片后　$I' = I \cos^2 \left(\dfrac{\pi}{2} - \alpha \right) = \dfrac{I_0}{4} \sin^2(2\alpha)$

出射光强最大 $I' = \dfrac{I_0}{4} \sin^2(2\alpha) = \dfrac{I_0}{4}$，　$\sin(2\alpha) = 1$，$\alpha = \dfrac{\pi}{4}$

答案：A

【例 2-3-13】 一束自然光垂直穿过两个偏振片，两个偏振片的偏振化方向成 $45°$。已知通过此两偏

振片后光强为I，则入射至第二个偏振片的线偏振光强度。

    A. I B. $2I$ C. $3I$ D. $I/2$

解 注意题目的问题为入射至第二个偏振片的线偏振光强度。

由马吕斯定律：$I = I_0 \cos^2 \alpha = I_0 \cos^2 45°$，则 $I_0 = 2I$。

答案： B

【例 2-3-14】 一束自然光通过两块叠放在一起的偏振片，若两偏振片的偏振化方向间夹角由 α_1 转到 α_2，则前后透射光强度之比为：

    A. $\dfrac{\cos^2 \alpha_2}{\cos^2 \alpha_1}$ B. $\dfrac{\cos \alpha_2}{\cos \alpha_1}$ C. $\dfrac{\cos^2 \alpha_1}{\cos^2 \alpha_2}$ D. $\dfrac{\cos \alpha_1}{\cos \alpha_2}$

解 此题考查马吕斯定律。

$$I = I_0 \cos^2 \alpha$$

光强为 I_0 的自然光通过第一个偏振片的光强为入射光强的一半，即 $I_1 = \dfrac{1}{2} I_0 \cos^2 \alpha_1$，通过第二个偏振片的光强为 $I_2 = \dfrac{I_0}{2} \cos^2 \alpha_2$，则：

$$\frac{I_1}{I_2} = \frac{\frac{1}{2} I_0 \cos^2 \alpha_1}{\frac{1}{2} I_0 \cos^2 \alpha_2} = \frac{\cos^2 \alpha_1}{\cos^2 \alpha_2}$$

答案： C

（三）反射、折射产生的偏振、布儒斯特定律

当一束自然光在两种媒质 n_1、n_2 的分界面上反射和折射时，反射光和折射光都是部分偏振光。实验表明：反射光中垂直入射面的光振动较强，折射光中平行于入射面的光振动较强，它们随入射角的变化而变化，参见图 2-3-16。

1815 年，布儒斯特发现：当入射角 i 增大至某一特定值 i_0，且满足

$$\tan i_0 = n_2 / n_1 = n_{21} \tag{2-3-24}$$

时，反射光为光振动垂直入射面的线偏振光，折射光仍为部分偏振光。i_0 称为布儒斯特角。上式即布儒斯特定律的数学表达式，式中，n_1、n_2 为媒质的折射率。

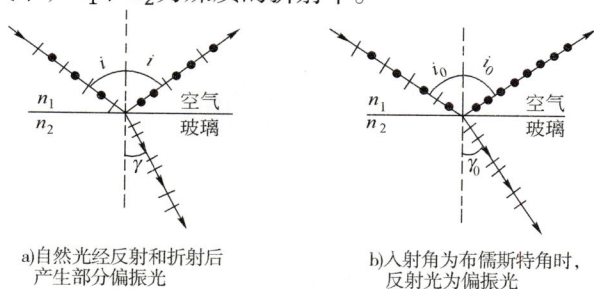

a)自然光经反射和折射后　　　　b)入射角为布儒斯特角时，
产生部分偏振光　　　　　　　　反射光为偏振光

图 2-3-16 反射和折射时的偏振现象

由折射定律，入射角 i_0 与折射角 γ 的关系

$$\frac{\sin i_0}{\sin r} = \frac{n_2}{n_1} = \tan i_0 = \frac{\sin i_0}{\cos i_0}$$

故

$$i_0 + \gamma = \pi/2 \tag{2-3-25}$$

【例 2-3-15】 一束自然光从空气投射到玻璃板表面上，当折射角为 30°时，反射光为完全偏振光，则此玻璃的折射率为：

    A. 2   B. 3   C. $\sqrt{2}$ D. $\sqrt{3}$

解　依据布儒斯特定律，折射角为 30° 时，入射角为 60°，则 $\tan 60° = \dfrac{n_2}{n_1} = \sqrt{3}$。

答案： D

七、双折射现象

（一）概述

当一束自然光射向各向异性媒质时，在界面折入晶体内部的折射光线常分为传播方向不同的两束折射光线，如图 2-3-17 所示，这种现象称为晶体的双折射现象。

试验发现，两束折射光具有如下特性：

（1）两束折射光是光振动方向不同的线偏振光。

（2）其中一束折射光始终在入射面内，并遵守折射定律，称为寻常光，简称 o 光；另一束折射光一般不在入射面内，且不遵从折射定律，称为非常光，简称 e 光。在入射角 $i = 0$ 时，寻常光沿原方向传播（$\gamma_0 = 0$），而非常光一般不沿原方向传播（$\gamma_0 \neq 0$），如图 2-3-18 所示，此时当以入射光为轴转动晶体时，o 光不动，而 e 光绕轴旋转。

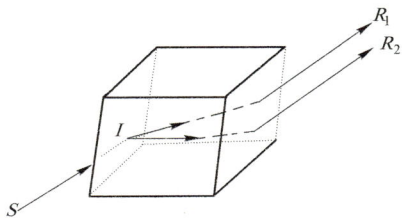

图　2-3-17

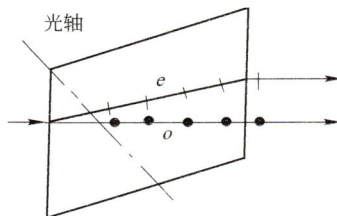

图　2-3-18

（3）在方解石一类晶体内存在一个特殊方向，光线沿该方向传播时，不产生双折射现象，这个特殊的方向称为晶体的光轴。光轴仅标志双折射晶体的一个特定方向，任何平行于这个方向的直线都是晶体的光轴。只有一个光轴方向的晶体，称为单轴晶体，为方解石、石英等；有两个光轴方向的晶体，称为双轴晶体，如云母、硫磺等。

当光线沿晶体的某一表面入射时，此表面的法线与晶体的光轴所构成的平面叫做主截面，方解石的主截面是一平行四边形，自然光沿如图 2-3-18 所示的方向入射时，入射面就是主截面，由检偏器可以检测到 o 光、e 光都是偏振光，o 光的光振动垂直于主截面，而 e 光的光振动则在主截面内。

（二）偏振光的干涉

振幅为 A 的偏振光通过晶体后形成 o、e 光，这两束光频率相同，存在一定相位差，只是由于振动方向相互垂直而不相干，于是利用偏振片 N 偏振化方向与偏振片 M 的偏振化方向正交，如图 2-3-19 所示把 o、e 光的振动方向引到同一方向，这样就成为两束相干的偏振光。

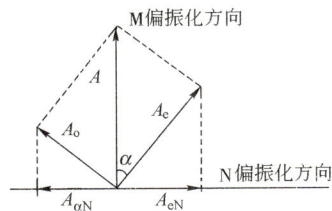

图 2-3-19　偏振光的干涉

习　　题

2-3-1　在真空中波长为 λ 的单色光，在折射率为 n 的透明介质中从 A 沿某路径传播到 B，若 A、B 两点相位差为 3π，则此路径 AB 的光程为（　　　）。

A. 1.5λ B. $1.5n\lambda$ C. 3λ D. $\dfrac{1.5\lambda}{n}$

2-3-2 用白光光源进行双缝实验，若用一个纯红色的滤光片遮盖一条缝，用一个纯蓝色的滤光片遮盖另一条缝，则（　　）。

A. 干涉条纹的宽度将发生改变 B. 产生红光和蓝光的两套彩色干涉条纹

C. 干涉条纹的亮度将发生改变 D. 不产生干涉条纹

2-3-3 在双缝干涉实验中，若用透明的云母片遮住上面的一条缝，则（　　）。

A. 干涉图样不变 B. 干涉图样下移

C. 干涉图样上移 D. 不产生干涉条纹

2-3-4 双缝间距为 2mm，双缝与屏幕相距 300cm，用波长 600nm 的光照射时，屏幕上干涉条纹的相邻两明纹的距离是（单位：mm）（　　）。

A. 5.0 B. 4.5 C. 4.2 D. 0.9

2-3-5 一束波长为 λ 的单色光从空气垂直入射到折射率为n的透明薄膜上，要使反射光线得到加强，薄膜最小厚度应为（　　）。

A. $\dfrac{\lambda}{4}$ B. $\dfrac{\lambda}{4n}$ C. $\dfrac{\lambda}{2}$ D. $\dfrac{\lambda}{2n}$

2-3-6 真空中波长为λ的单色光，在折射率为n的均匀透明媒质中，从A点沿某一路径传播到B点，路径长度为L，A、B两点光振动相位差记为$\Delta\Phi$，则（　　）。

A. $L = 3\lambda/2$ 时，$\Delta\Phi = 3\pi$ B. $L = 3\lambda/(2n)$时，$\Delta\Phi = 3n\pi$

C. $L = 3\lambda/(2n)$时，$\Delta\Phi = 3\pi$ D. $L = 3n\lambda/2$ 时，$\Delta\Phi = 3n\pi$

2-3-7 两块平玻璃构成空气壁尖，左边为棱边。用单色平行光垂直入射。若上面的玻璃慢慢向上平移，则干涉条纹（　　）。

A. 向棱边方向平移，条纹间隔变小 B. 向棱边方向平移，条纹间隔变大

C. 向棱边方向平移，条纹间隔不变 D. 向离开棱边方向平移，条纹间隔不变

2-3-8 用波长为λ的单色光垂直照射到空气劈尖上，从反射光中观察干涉条纹，距顶点L处是暗纹。使劈尖角θ连续增大，直到该处再次出现暗纹时（见图），劈尖角的改变量$\Delta\theta$是（　　）。

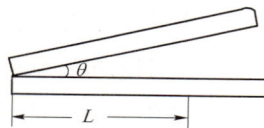

题 2-3-8 图

A. $\dfrac{\lambda}{2L}$ B. $\dfrac{\lambda}{L}$

C. $\dfrac{2\lambda}{L}$ D. $\dfrac{\lambda}{4L}$

2-3-9 在单缝夫琅和费衍射实验中波长为λ的单色光垂直入射到单缝上，对应于衍射角$\Phi = 30°$的方向上，若单缝处波阵面可划分为 4 个半波带，则单缝的宽度$a = $（　　）。

A. 6λ B. 4λ C. 3λ D. λ

2-3-10 在单缝夫琅和费衍射实验中，若将缝宽缩小一半，原来第三级暗纹处将是（　　）。

A. 第一级暗纹 B. 第一级明纹

C. 第二级暗纹 D. 第二级明纹

2-3-11 汽车两前灯相距约 1.2m，夜间人眼瞳孔直径为 5mm，车灯发出波长为0.5μm的光，则人眼夜间能区分两前车灯的最大距离为（　　）。

A. 10km B. 3km C. 2km D. 4km

2-3-12 在两个偏振化方向正交的偏振片P_1和P_2之间，平行地插入第三个偏振片P，P_1与P的偏振化方

向间的夹角为 60°。若入射自然光的光强为 I_0，不考虑偏振片的吸收与反射，则出射光的光强为（　　）。

  A. $I_0/4$ B. $3I_0/32$ C. $3I_0/8$ D. $I_0/16$

2-3-13 一束自然光以布儒斯特角入射到平板玻璃上，则（　　）。

  A. 反射光束垂直于入射面偏振，透射光束平行于入射面偏振且为完全偏振光

  B. 反射光束平行于入射面偏振，透射光束为部分偏振光

  C. 反射光束是垂直于入射面的线偏振光，透射光束是部分偏振光

  D. 反射光束和透射光束都是部分偏振光

2-3-14 假设某一介质对于空气的临界角是 45°，则光从空气射向此介质时的布儒斯特角是（　　）。

  A. 45°   B. 90°   C. 35.2°   D. 54.7°

2-3-15 某单色光垂直入射到一个每一毫米有 800 条刻痕线的光栅上，如果第一级谱线的衍射角为 30°，则入射光的波长应为（　　）。

  A. 0.625μm   B. 1.25μm   C. 2.5μm   D. 5μm

2-3-16 波长 $\lambda = 0.55\mu m$ 的单色光垂直入射于光栅常数 $(a+b) = 2 \times 10^{-6}$m 的平面衍射光栅上，可能观察到的光谱线的最大级次为（　　）。

  A. 第二级   B. 第三级   C. 第四级   D. 第五级

2-3-17 一束自然光从空气投射到玻璃表面上（空气折射率为 1），当折射角为 30°时，反射光是完全偏振光，则此玻璃板的折射率等于（　　）。

  A. 1.33   B. $\sqrt{2}$ C. $\sqrt{3}$ D. 1.5

习题题解及参考答案

第一节

2-1-1 **解**：用 $\overline{\omega} = \frac{3}{2}kT$，平均动能 $= \frac{i}{2}kT$，平均速率 $\overline{v} \propto \sqrt{\dfrac{RT}{M}}$，$E_{内} = \frac{m}{M}\frac{i}{2}RT$ 分析，注意到 $M(H_2) \neq M(He)$，$i(H_2) \neq i(He)$。

  答案：A

2-1-2 **解**：$p = nkT$，分子数密度 $n = \dfrac{N(分子数)}{V}$，即 $p = \dfrac{N}{V}kT$，则 $N = \dfrac{pV}{kT}$。

  答案：B

2-1-3 **解**：由 $\overline{\omega} = \frac{3}{2}kT$ 知，若两气体分子平均平动动能相同，则 $T(He) = T(N_2)$，又根据 $pV = \dfrac{m}{M}RT$ 得 $p = \dfrac{\frac{m}{V}}{M}RT$，式中 $\dfrac{m}{V}$ 即气体密度，由于摩尔质量 $M(He) < M(N_2)$，故 $p(He) > p(N_2)$。

  答案：C

2-1-4 **解**：$E = \dfrac{i}{2}\dfrac{m}{M}RT = \dfrac{i}{2}pV$。氦气自由度 $i = 3$，则 $E = \dfrac{3}{2}pV$。

  答案：A

2-1-5 **解**：气体分子的平动自由度 $i = 3$，平动动能的总和即气体由于平动产生的部分内能

$$E = \frac{3}{2}\frac{m}{M}RT = \frac{3}{2}pV = \frac{3}{2} \times 5 \times 10^2 \times 8 \times 10^{-3} = 6J$$

  答案：D

2-1-6　**解：** 用 $p = nkT$ 或 $pV = \frac{m}{M}RT$ 分析。注意到氢气、氨气都在同一容器中，温度相同，单位体积的分子数相同。

　　　　答案： B

2-1-7　**解：** 1.用 $p = nkT$ 分析①，单位体积内分子数 n 应相同。

　　　　2. 用 $pV = \frac{m}{M}RT$ 分析②，单位体积内的质量 $\frac{m}{V} = \frac{pM}{RT}$ 不同（摩尔质量 M 不同）。

　　　　3. 用内能 $E = \frac{i}{2}\frac{m}{M}RT = \frac{i}{2}pV$ 分析③，单位体积内的内能 $\frac{E}{V} = \frac{i}{2}p$ 应相同，因为氧和一氧化碳都是双原子分子，自由度 i 相同。

　　　　答案： C

2-1-8　**解：** 1.平均动能 = 平均平动动能 + 平均转动动能 = $\frac{3}{2}kT + \frac{i(转动)}{2}kT$。

　　　　2. 内能 $E = \frac{i}{2}\frac{m}{M}RT$。温度相同，平均平动动能相等。

　　　　答案： D

2-1-9　**解：** 由 $\overline{\omega} = \frac{3}{2}kT$，知：$T(H_2) = T(O_2)$

　　　　又平均速率 $\overline{v} \propto \sqrt{\frac{RT}{M}}$，$\frac{\overline{v}_{H_2}}{\overline{v}_{O_2}} = \sqrt{\frac{M(O_2)}{M(H_2)}} = \sqrt{\frac{32}{2}} = \frac{4}{1}$。

　　　　答案： D

2-1-10　**解：** 平均碰撞次数 $\overline{Z} = \sqrt{2}\pi d^2 n\overline{v}$，平均速率 $\overline{v} = 1.6\sqrt{\frac{RT}{M}}$，平均自由程 $\overline{\lambda} = \frac{\overline{v}}{\overline{Z}} = \frac{1}{\sqrt{2}\pi d^2 n}$。

　　　　答案： A

2-1-11　**解：** 由 $pV = \frac{m}{M}RT$，可得 $p = \frac{\rho}{M}RT$；当 p 不变时，ρ 与 T 成反比。

　　　　答案： B

2-1-12　**解：** 由 $pV = \frac{m}{M}RT$，知：$\frac{m}{M}(He) = \frac{m}{M}(O_2)$

　　　　对He，有 $\frac{m}{M}\frac{3}{2}R\Delta T = 9J$，即 $\frac{m}{M}R\Delta T = 6J$

　　　　对 O_2，有 $\frac{m}{M}\frac{5}{2}R\Delta T = \frac{5}{2} \times 6 = 15J$

　　　　答案： B

2-1-13　**解：** $Q_V = \frac{m}{M}\frac{i}{2}R\Delta T$

　　　　本题，$Q_V = \frac{m}{M}\frac{i(O_2)}{2}R\Delta T (O_2) = \frac{m}{M}\frac{i(H_2O)}{2}R\Delta T(H_2O)$

　　　　因 $i(O_2) \neq i(H_2O)$，则 $\Delta T(H_2) \neq \Delta T(H_2O)$，又由 $pV = \frac{m}{M}RT$，知 V 不变时，$\Delta p(O_2) \neq \Delta p(H_2O)$。

　　　　答案： B

2-1-14　**解：** $Q_p = \frac{m}{M}(\frac{i}{2} + 1)R\Delta T = (\frac{i}{2} + 1)p\Delta V$

$$A_p = p\Delta V$$

$$\frac{7}{2}p\Delta V(N_2) = \frac{5}{2}p\Delta V'(He)$$

$$\frac{A(N_2)}{A(He)} = \frac{p\Delta V}{p\Delta V'} = \frac{5}{7}$$

　　　　答案： B

2-1-15　**解：** ①由图知 $T_a > T_b$，所以沿 acb 过程内能减少（内能增量为负）。

　　　　②由图知沿 acb 过程 $A > 0$。

　　　　③$Q_{acb} = E_b - E_a + A_{acb}$，又 $E_b - E_a = -A_{绝热} = -(绝热曲线下面积)$。

　　　　比较 $A_{绝热}$ 和 A_{acb}，知 $Q_{acb} < 0$。

　　　　答案： C

2-1-16 **解：** 画p-V图，当容积增加时，等压过程内能增加（T增加），绝热过程内能减少。而等温过程内能不变。

答案： C

2-1-17 **解：** 画p-V图，此循环为逆循环（制冷机），Q(循环) $= A$(净)，A(净) < 0。

答案： A

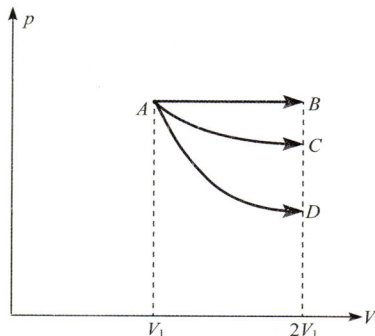

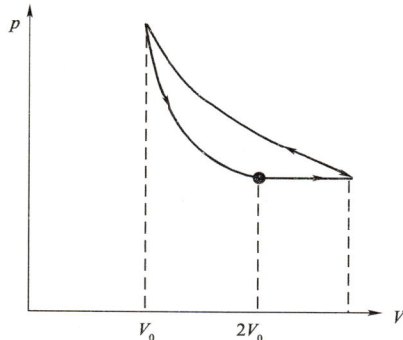

题 2-1-16 解图   题 2-1-17 解图

2-1-18 **解：** $\eta_{卡诺} = 1 - \dfrac{T_2}{T_1} = 1 - \dfrac{Q_2}{Q_1}$，$T_1 = nT_2$，$\dfrac{1}{n} = \dfrac{Q_2}{Q_1}$，$Q_2 = \dfrac{1}{n}Q_1$

答案： C

2-1-19 **解：** 注意对热力学第二定律的全面理解，选项 A 表述不完整，选项 B、C 不正确，选项 D 表明热传导过程的不可逆性。

答案： D

2-1-20 **解：** 热力学第二定律开尔文表述：不可能制成一种循环动作的热机，只从一个热源吸取热量，使之完全变为有用功而不产生出其他影响，而本题叙述的是单一的"等温过程"，不是循环，不违反热力学第二定律。

答案： C

第二节

2-2-1 **解：** 将波动方程化为标准形式，再比较计算。并注意到$\cos\varphi = \cos(-\varphi)$，

$$y = 0.05\cos(4\pi x - 10\pi t) = 0.05\cos(10\pi t - 4\pi x) = 0.05\cos\left[10\pi\left(t - \frac{x}{2.5}\right)\right]$$

故$\omega = 10\pi = 2\pi\nu$，波速$u = 2.5\text{m/s}$，波长$\lambda = \dfrac{u}{\nu} = \dfrac{2.5}{5} = 0.5\text{m}$。

答案： B

2-2-2 **解：** 在波动中，质元的动能和势能变化是同相位的，它们同时达到最大值，又同时达到最小值。本题中"质元正处于平衡位置"，此时速度最大。

答案： B

2-2-3 **解：** 以$x = L$处为原点，写出波动方程

$$y_{\text{L}} = A\cos\omega\left(t - \frac{x}{u}\right)$$

再令$x = -L$代入波动方程，得$x = 0$处质点的振动方程。

答案： C

2-2-4 **解：** 设负向传播波动方程为

$$y = A\cos\left(\omega t + \frac{\omega x}{u} + \varphi_0\right) = A\cos\left(\frac{2\pi}{T}t + \frac{2\pi x}{\lambda} + \varphi_0\right)$$

因

$$\frac{2\pi}{T} \times \frac{T}{4} + \frac{2\pi \times \frac{\lambda}{2}}{\lambda} + \varphi_0 = \pi$$

所以

$$\varphi_0 = -\frac{\pi}{2}$$

答案： C

2-2-5　**解：** 波动周期等于波源的振动周期，沿波传播方向上任一点总是比波源的相位滞后。

答案： C

2-2-6　**解：** $\Delta\Phi = \frac{2\pi(\Delta x)}{\lambda}$，波速 $u = \lambda\nu = \lambda\frac{1}{T}$，故

$$\Delta\Phi = \frac{2\pi}{u \cdot T} \cdot \Delta x = \frac{2\pi \cdot 5}{15 \times 2} = \frac{\pi}{3}$$

答案： B

2-2-7　**解：** 在波动中动能和势能的变化是同相位的，它们同时达到最大值，又同时达到最小值。对任意质元来说，它的机械能是不守恒的，即沿着波动的传播方向，该质元不断地从后面的质元获得能量（质元从一端点向平衡位置移动时），又不断地把能量传递给前面的质元（质元从平衡位置向端点移动时）。

答案： C

2-2-8　**解：** 由驻波性质：驻波两相邻波节间各点振幅不同，相位相同。合振幅为 $\left|2A\cos 2\pi\frac{x}{\lambda}\right|$。

答案： B

2-2-9　**解：** 由干涉减弱条件，$\Delta\Phi = \Phi_{02} - \Phi_{01} - \frac{2\pi(r_2 - r_1)}{\lambda} = \pm(2k+1)\pi$　$(k = 0,1,2,\cdots)$

现 $\varphi_{02} - \varphi_{01} = \pi$，$r_2 - r_1 = 0$，故 $\Delta\varphi = \pi$，$A = |A_1 - A_2| = 0$。

答案： D

2-2-10　**解：** 按题意作解图，S_1 右侧任取 P 点，可见 $r_2 - r_1 = \frac{3\lambda}{4}$，又知 S_1 右侧的各点合振幅均为 $2A$，说明 S_1 右侧各点干涉加强，即 $\Delta\Phi = 0$（取 $k = 0$）。

$$\Delta\Phi = \Phi_{02} - \Phi_{01} - \frac{2\pi(r_2 - r_1)}{\lambda} = 0 \quad (k = 0)$$

得

$$\Phi_{02} - \Phi_{01} = \frac{2\pi\left(\frac{3\lambda}{4}\right)}{\lambda} = \frac{3}{2}\pi$$

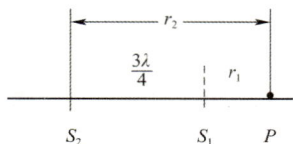

题 2-2-10 解图

答案： D

2-2-11　**解：** 波节的位置 $x = (2k+1)\frac{\lambda}{4}$　$(k = 0, \pm1, \pm2, \cdots)$

令 $k = 0$ 和 $k = 1$，相邻两波节之间距离 $x_1 - x_0 = \frac{\lambda}{2}$。

同理，两相邻波腹间的距离亦为 $\frac{\lambda}{2}$。

答案： B

第三节

2-3-1　**解：** $\Delta\Phi = \frac{2\pi\delta}{\lambda}$（$\delta$ 指光程差）。$\delta = \frac{3\pi}{2\pi}\lambda = \frac{3}{2}\lambda$。

答案： A

2-3-2　**解：** 考虑相干光源（波源）的条件，从两滤光片出来的光不是相干光。白光是复色光源，红色滤光片与蓝色滤光片透射光频率不同，不能相干。

答案：D

2-3-3　**解**：考查零级明纹向哪一方向移动，遮板后上缝较下缝到原中央明纹处光程增加了 $(n-1)e$。

答案：C

2-3-4　**解**：$\Delta x = \frac{D}{d}\lambda = \frac{3\,000}{2} \times 600 \times 10^{-6} = 0.9\text{mm}$。

答案：D

2-3-5　**解**：$2ne + \frac{\lambda}{2} = k\lambda\ (k = 1)$，式中 $\frac{\lambda}{2}$ 为附加光程差（半波损失）。

答案：B

2-3-6　**解**：$\Delta\Phi = \frac{2\pi\delta}{\lambda}$（$\delta$ 指光程差），依本题题意 $\delta = nL$，即 $\Delta\Phi = \frac{2\pi nL}{\lambda}$。

答案：C

2-3-7　**解**：见解图，同一明纹（暗纹）对应相同厚度的空气层，间距为 $\frac{\lambda}{2\sin\theta}$。

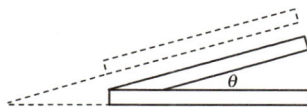

题 2-3-7 解图

答案：C

2-3-8　**解**：$\theta \approx \frac{e}{L}$（$e$ 为空气层厚度），$\Delta\theta = \frac{\Delta e}{L}$，又相邻两明（暗）纹对应的空气层厚度差 $\Delta e = e_{k+1} - e_k = \frac{\lambda}{2}$。

答案：A

2-3-9　**解**：$a\sin\varphi = k\lambda = 2k\frac{\lambda}{2}$，今 $a\sin 30° = 4 \times \frac{\lambda}{2}$。

答案：B

2-3-10　**解**：由 $a\sin\varphi = k\lambda$（暗纹），知 $a\sin\varphi = 3\lambda$，现 $a'\sin\varphi = \frac{3}{2}\lambda\ \left(a' = \frac{a}{2}\right)$，应满足明纹条件，即 $a'\sin\varphi = \frac{3}{2}\lambda = (2k+1)\frac{\lambda}{2} \Rightarrow k = 1$。

答案：B

2-3-11　**解**：最小分辨角 $\delta\varphi = 1.22\frac{\lambda}{D}$，两车灯对瞳孔中心张角为 $\frac{\Delta x(\text{车灯距})}{L(\text{人车距离})}$，故

$$1.22\frac{\lambda}{D(\text{孔径})} = \frac{\Delta x}{L}，\quad L = \frac{D \cdot \Delta x}{1.22 \cdot \lambda} = \frac{5 \times 10^{-3} \times 1.2}{1.22 \times 0.5 \times 10^{-6}} \approx 10 \times 10^3\text{m}$$

答案：A

2-3-12　**解**：由 $I = I_0\cos^2\alpha$，并注意到"自然光通过偏振片后，光强减半"，则

$$I = \frac{I_0}{2}\cos^2 60° \cos^2 30° = \frac{3I_0}{32}$$

答案：B

2-3-13　**解**：自然光以布儒斯特角入射，反射光为垂直于入射面的线偏振光，折射光（透射光束）为部分偏振光。

答案：C

2-3-14　**解**：如解图所示，按临界角的概念，光必须从光密介质射向光疏介质才可能发生全反射，即 $\frac{\sin 45°}{\sin 90°} = \frac{n_1}{n_2}$，而光从空气射向介质时，布儒斯特角应满足 $\tan i_0 = \frac{n_2}{n_1}$，故 $\tan i_0 = \frac{n_2}{n_1} = \frac{1}{\sin 45°} = \sqrt{2}$，$i_0 = 54.7°$。

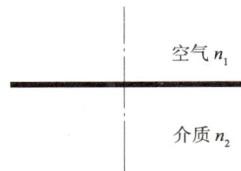

空气 n_1

介质 n_2

题 2-3-14 解图

答案：D

2-3-15　**解：** 注意到光栅常数 $a + b = \frac{1}{800}$ mm，由 $(a + b) \sin \varphi = k\lambda$，$\frac{1}{800} \sin 30° = 1 \times \lambda$，$1\mu m = 10^{-6}$m。

　　　　答案： A

2-3-16　**解：** 由 $(a + b) \sin \varphi = k\lambda$，令 $2 \times 10^{-6} \sin 90° = k \times 0.55 \times 10^{-6}$，$k = 3.6$，$k$ 只能取整数。

　　　　答案： B

2-3-17　**解：** 由 $\tan i_0 = \frac{n_2}{n_1}$，又 $i_0 + \gamma_0 = 90°$，$\tan 60° = n_2$。

　　　　答案： C

第三章 普通化学

复习指导

一、考试大纲

3.1 物质的结构和物质状态

原子结构的近代概念；原子轨道和电子云；原子核外电子分布；原子和离子的电子结构；原子结构和元素周期律；元素周期表；周期、族；元素性质及氧化物及其酸碱性。离子键的特征；共价键的特征和类型；杂化轨道与分子空间构型；分子结构式；键的极性和分子的极性；分子间力与氢键；理想气体状态方程；分压定律；晶体与非晶体；晶体类型与物质性质。

3.2 溶液

溶液的浓度；非电解质稀溶液通性；渗透压；弱电解质溶液的解离平衡；解离常数；同离子效应；缓冲溶液；水的离子积及溶液的 pH 值；盐类的水解及溶液的酸碱性；溶度积常数；溶度积规则。

3.3 化学反应速率及化学平衡

反应热与热化学方程式；化学反应速率；温度和反应物浓度对反应速率的影响；活化能的物理意义；催化剂；化学反应方向的判断；化学平衡的特征；化学平衡移动原理。

3.4 氧化还原反应与电化学

氧化还原的概念；氧化剂与还原剂；氧化还原电对；氧化还原反应方程式的配平；原电池的组成和符号；电极反应与电池反应；标准电极电势；电极电势的影响因素及应用；金属腐蚀与防护。

3.5 有机化学

有机物特点、分类及命名；官能团及分子构造式；同分异构；有机物的重要反应：加成、取代、消除、氧化、催化加氢、聚合反应、加聚与缩聚；基本有机物的结构、基本性质及用途：烷烃、烯烃、炔烃、芳烃、卤代烃、醇、苯酚、醛和酮、羧酸、酯；合成材料：高分子化合物、塑料、合成橡胶、合成纤维、工程塑料。

二、复习指导

普通化学中基本概念和基本理论较多，而计算方面的问题比较简单，所以在复习时应特别注意对基本概念及理论的理解。

（一）物质结构和物质状态

本节内容多、概念多，考生复习时不易掌握。若将其分类，可包括以下两个方面的内容。

1. 原子结构

核外电子到底是如何运动的？它涉及原子轨道、波函数、量子数、电子云等基本概念。考生必须明确一个波函数就是一个原子轨道，它由三个量子数（n、l、m）正确组合来决定，在每个轨道上只能容纳二个自旋相反的电子（即$m_s = \pm\frac{1}{2}$），在此基础上才能进行包括原子、离子的核外电子排布，进一步了解原子核外电子的排布与周期表的关系，以及元素性质、元素氧化物及其水合物酸碱性的递变规律。

2. 化学键与晶体结构

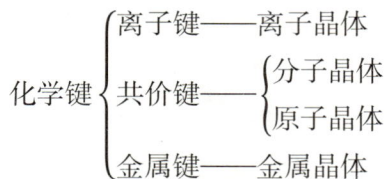

$$化学键\begin{cases}离子键——离子晶体\\[1mm]共价键——\begin{cases}分子晶体\\原子晶体\end{cases}\\[2mm]金属键——金属晶体\end{cases}$$

（1）不同的化学键有不同的形成和特征。例如共价键：①形成；②特征；③类型；④键的极性和分子的极性。

（2）不同的晶体结构有不同的物理特性。

（3）分子间力与氢键。

（4）杂化轨道理论，这部分内容是难点但不是重点，只要求对给出的分子能确定它的杂化类型和分子的空间构型即可。

本节其余部分作为一般了解。

（二）溶液

溶液中包括溶质和溶剂。

溶液的浓度是指一定量溶剂（或溶液）中含有的溶质量，常用的有"物质的量"浓度和质量摩尔浓度。

溶剂可以是水、乙醇、苯、四氯化碳等。

溶质按其在水中是否电离分电解质和非电解质，本节讨论非电解质稀溶液的通性。

电解质按其电离的程度分强电解质和弱电解质，本节讨论弱电解质的电离平衡及其移动。

电解质按其溶解的程度分易溶电解质和难溶电解质，本节讨论后者的溶解平衡及其移动。

1. 稀溶液的通性

稀溶液的通性是指难挥发非电解质的稀溶液的蒸气压下降、沸点升高、凝固点下降以及渗透压等。计算不是重点，但对浓溶液和电解质溶液要求会定性分析。

2. 电离平衡、溶解平衡及其移动

这是本节的重点。内容较多，但不难掌握，可按以下思路复习。

（1）电离平衡

①弱电解质的电离平衡；

②水的离子积及 pH 值；

③水解平衡。

以上要求掌握电离平衡常数的表达式，它与电离度的关系，溶液的c_{H^+}、c_{OH^-}和 pH 值的计算。

（2）电离平衡的移动

①单相同离子效应；

②缓冲溶液：缓冲溶液的组成、溶液 pH 值的计算。

（3）溶解平衡

①溶度积（K_{sp}）；

②溶度积与溶解度（S）的关系；

③溶度积规则及应用。

（三）化学反应速率和化学平衡

本节讨论三个问题，重点是后两者。同时提出几个要点：

1. 书写热化学方程式时注意物质的状态、反应条件、计量系数，$\Delta H < 0$ 为放热；$\Delta H > 0$ 为吸热。

2. 平均速率与瞬时速率均能表示反应速率，但以不同物质的浓度变化表示反应速率时其数值不一定相等。

3. 影响速率的因素主要有物质的本性（对给定反应体现在活化能上）、反应温度、反应物浓度及催化剂。

（1）浓度的影响

除必须掌握质量作用定律以外，还要明确基元反应、非基元反应、反应级数、速度常数等基本概念。

（2）温度的影响

主要反应在温度对速度常数的影响上，公式不用死记，但温度升高时速率常数升高、反应速度增加的结论必须掌握，而且这结论对吸热反应、放热反应、正反应的速率常数、逆反应的速率常数均适用。

（3）催化剂的影响

使用催化剂能降低活化能从而提高反应速率。明确活化能、活化分子等概念，反应热与正、逆反应活化能的关系。

4. 化学平衡

除明确平衡时的特征外，还必须写出平衡时的特征常数——平衡常数表达式。掌握平衡常数物理意义、影响因素、特征和应用。

在化学平衡的移动方面，掌握浓度、温度、压强改变对移动的影响。

总之除掌握质量作用定律表达式和平衡常数表达式外，还要掌握浓度、温度、压力、催化剂对速率、速率常数、平衡常数及平衡移动的影响。

（四）氧化还原与电化学

本节没有难点，基本概念与要记忆的较多，要求掌握以下五个方面。

1. 基本概念

如氧化数、氧化剂、还原剂、氧化反应、还原反应等，以及它们之间的关系。如：

氧化剂在发生还原反应过程中氧化数降低。

还原剂在发生氧化反应过程中氧化数升高。

2. 原电池

自发的氧化还原反应（即原电池中的电池反应）可以组成原电池，原电池中有正、负极，两极上发生不同的电极反应。原电池的电动势 $E = \varphi_正 - \varphi_负$，最后落实到原电池符号。

3. 电极电势

影响电极电势的因素中，温度的影响一般不大，常将温度定在 298K；浓度、介质与物质的本性对电极电势的影响，可从能斯特方程看出。例如半反应

$$MnO_4^- + 8H^+ + 5e \Longrightarrow Mn^{2+} + 4H_2O$$

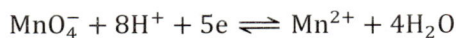

能斯特方程为

$$\varphi_{MnO_4^-/Mn^{2+}} = \varphi_{MnO_4^-/Mn^{2+}}^{\Theta} + \frac{0.059}{5}lg\frac{C_{MnO_4^-} \cdot C_{H^+}^8}{C_{Mn^{2+}}}$$

由上式可见氧化态的浓度升高、介质的酸度升高，能使电极电势升高。至于物质本性的影响体现在φ^{Θ}数值的大小上。

电极电势应用很广，可用来判断原电池的正、负极；氧化剂、还原剂的相对强弱；氧化还原反应的方向和进行的程度。

4. 电解

电解池中发生的氧化还原反应是不自发的，因此电解池中两极名称、两极反应不同于原电池，除要掌握这些之外，还要明确分解电压、超电势的概念及形成的原因，判断电解的产物。

5. 金属腐蚀及防止

了解电化学腐蚀的目的是如何防止金属的腐蚀。

（五）有机化合物

重点掌握：

（1）有机物的特点、分类和命名。

（2）有机物的重要反应包括取代、加成、消去、氧化还原、加聚、缩聚反应和定位效应、不对称加成规则及查氏规则。

（3）重要的高分子材料，如PVC、ABS、环氧树脂、橡胶等。

第一节　物质结构和物质状态

物质结构与性质之间有着必然的联系，要深入了解物质的宏观性质，必须探究其微观性质。分子是保持物质化学性质的最小微粒，由原子组成。所以本节主要学习原子结构理论，在此基础上，讨论分子结构和晶体结构的基本内容。

一、原子核外电子排布

（一）核外电子运动的特性

核外电子运动具有两大特性，即量子化和波粒二象性，这也是一切实物微粒运动的共同特性。

1. 能量的量子化

实验证明，辐射能的吸收和发射只能是一小份一小份的，是不连续的。这一小份不连续能量的基本单位叫量子。物质吸收或发射能量只能是量子的整数倍。量子的能量E与频率ν成正比。即

$$E = h\nu \tag{3-1-1}$$

式中，h为普朗克常数，等于$6.626 \times 10^{-34}J \cdot s$。

原子中电子的能量是量子化的，当电子从高能量状态$E_{高}$跃迁到低能量状态$E_{低}$时，就以光量子的形式发射能量；反之吸收能量，其频率为

$$\nu = \frac{E_{\text{高}} - E_{\text{低}}}{h} \tag{3-1-2}$$

由于电子的能量是量子化的，所以光量子的能量和波长也是不连续的，这就是原子光谱是线状的原因所在。

2. 波粒二象性

一切实物微粒（光子、电子、中子、质子等）运动时，既有粒子的性质又有波的性质，即为波粒二象性。电子在核外运动也有波粒二象性。粒子性表现在电子与实物相互作用时有能量的吸收或发射，如能量E和动量p；波动性表现在电子在传播过程中有干涉和衍射现象，如波长λ和频率ν。

波粒二象性的内在联系是

$$E = h\nu \tag{3-1-3}$$

$$p = \frac{h}{\lambda} \tag{3-1-4}$$

$$\lambda = \frac{h}{p} = \frac{h}{m\nu} \tag{3-1-5}$$

式中，m为实物粒子的质量；ν为实物粒子的运动速度；p为动量。

此式就是著名的德布罗意（de Broglie）关系式，它把微观粒子的粒子性和波动性统一起来。人们把这种与微观粒子相联系的波，叫作德布罗意波或物质波。

3. 测不准原理

宏观物体运动时，人们可以依据经典物理定律准确确定其在任何指定时刻的位置和速度。而对于微观粒子则不同，对运动中的微观粒子来说，不可能同时准确确定它的位置和动量。这就是海森堡（Heisenberg）不确定原理。其关系式为

$$\Delta p \cdot \Delta x \geqslant \frac{h}{4\pi} \tag{3-1-6}$$

式中，Δp为微观粒子动量的不确定度；Δx为微观粒子位置的不确定度。

它表明，微观粒子位置的不确定度Δx越小，相应它的动量的不确定度Δp就越大。对电子来说，当电子位置确定的误差越小，相应的动量的测定误差就越大，反之亦然。也就是说，电子的位置若能准确的测定，其动量就不可能准确的测定。电子运动有它特殊的规律。

（二）核外电子运动状态的描述

可用波函数和电子云来描述核外电子运动的状态。

1. 波函数与原子轨道

描述核外电子运动规律的方程叫薛定谔方程，对单电子体系该方程可写成下列形式

$$\frac{\partial^2 \psi}{\partial x^2} + \frac{\partial^2 \psi}{\partial y^2} + \frac{\partial^2 \psi}{\partial z^2} + \frac{8\pi^2 m}{h^2}(E - V)\psi = 0 \tag{3-1-7}$$

式中，ψ为描述电子运动情况的波函数，m为电子质量，E为电子的总能量，V为电子的势能。

求解该方程，可得到波函数ψ和总能量E。在求解过程中必须引入三种量子数n、l、m，才能解出一系列符合量子数条件的波函数ψ_1、ψ_2、$\cdots$，以及相应的能量E_1、E_2、$\cdots$。

波函数是描述波的数学函数式，表示核外电子的运动状态；波函数是空间坐标的函数$\psi(x,y,z)$或$\psi(\gamma,\theta,\Phi)$。在量子力学里，将描述原子中单个电子运动状态的函数式称为波函数，习惯上又称为原子轨道。每一个波函数代表核外电子的一种运动状态，表示一个原子轨道。所以不同波函数$\psi_{n,l,m}$就可以表示电子在核外出现的不同原子轨道或运动状态。

2. 量子数

波函数 ψ 是描述原子处于定态时电子运动状态的数学函数式。求解薛定谔方程时，要得到合理的波函数解，要求方程中的一些参数满足一定的条件，为此引进取分立值的三个参数（量子数），即主量子数 n、角量子数 l、磁量子数 m。三个量子数取值不是任意的，有一定限制条件。一组允许的量子数 n、l、m 取值对应一个合理的波函数 $\psi_{n,l,m}$，即可以确定一个原子轨道。电子除轨道运动外，还有自旋运动，所以，描述一个电子的运动状态除以上三个量子数外，还需第四个量子数，即自旋量子数 m_s。量子数的物理意义及取值的限制描述如下：

（1）主量子数 n

n 的取值：$n=1$，2，3，$\cdots$，目前稳定原子中 n 最大为 7。

n 的意义：

①代表电子层，$n=1$，2，$\cdots$，分别为第一电子层，第二电子层，$\cdots\cdots$，分别用 K，L，M，N，$\cdots$ 表示；

②代表电子离核的平均距离（$r \propto n^2$）；

③决定原子轨道的能级（$E \propto n$）。

所以 n 越大能级越高（$E_1 < E_2 < E_3 < \cdots$），电子离核的平均距离越远（$r_1 < r_2 < r_3 < \cdots$）。

（2）角量子数 l

l 的取值：$l=0$，1，2，$\cdots$，$n-1$，目前 l 最大为 3。

n 与 l 的关系为：$n=1$，$l=0$；$n=2$，$l=0$，1；$n=3$，$l=0$，1，2；$n=4$，$l=0$，1，2，3，$\cdots$

l 的意义：

①表示电子亚层，$l=0$，1，2，3，分别为 s，p，d，f 亚层，其轨道分别叫 s，p，d，f 轨道，轨道上的电子分别叫 s，p，d，f 电子。

②确定轨道的形状：$l=0$，1，2，$\cdots$，轨道的形状分别为球形、双球形、四橄榄形$\cdots\cdots$。

③在多电子原子中 l 还决定亚层的能量，当 n 一定时，l 越大亚层能量也越大，同一亚层的原子轨道能量相等，故叫等价（简并）轨道。

（3）磁量子数 m

m 的取值：$m=0$，± 1，± 2，± 3，$\cdots$，$\pm l$，由于 l 最大为 3，所以 m 只有前 7 个取值。

l 与 m 的关系为：$l=0$，$m=0$；$l=1$，$m=0$，± 1；$l=2$，$m=0$、± 1、± 2；$l=3$，$m=0$、± 1、± 2、± 3。

m 的意义：

①确定轨道在空间的取向。

②确定亚层中轨道的数目。m 的每一个取值代表轨道在空间的一种取向，即一条轨道。如 $l=1$ 的 p 亚层，m 为 0，± 1 三个取值，所以 p 亚层在空间有三种取向，有三条 p 轨道。

③在无外加磁场的情况下，轨道能量与 m 无关。

（4）自旋量子数 m_s

m_s 决定电子自旋方向，可取 $+\frac{1}{2}$ 和 $-\frac{1}{2}$ 两个值。每一套（n，l，m），m_s 可取 $\pm\frac{1}{2}$ 两个值。

量子数与核外电子运动状态列于表 3-1-1。

量子数与核外电子运动状态 表 3-1-1

主量子数 n	主层符号	角量子数 l	亚层符号	磁量子数 m	亚层轨道数	电子层中轨道数	自旋量子数 m_s	电子层中电子容量
1	K	0	1s	0	1	1	±1/2	2
2	L	0	2s	0	1	4	±1/2	8
		1	2p	0, ±1	3		±1/2	
3	M	0	3s	0	1	9	±1/2	18
		1	3p	0, ±1	3		±1/2	
		2	3d	0, ±1, ±2	5		±1/2	
4	N	0	4s	0	1	16	±1/2	32
		1	4p	0, ±1	3		±1/2	
		2	4d	0, ±1, ±2	5		±1/2	
		3	4f	0, ±1, ±2, ±3	7		±1/2	

【例 3-1-1】 下列量子数正确组合的是:

A. $n = 1$，$l = 1$，$m = 0$　　　　　　　B. $n = 2$，$l = 0$，$m = 1$

C. $n = 3$，$l = 2$，$m = 3$　　　　　　　D. $n = 4$，$l = 3$，$m = 2$

解 三个量子数取值不是任意的，有一定限制条件。n 的取值: $n = 1$，2，3，…，目前稳定原子中 n 最大为 7；l 的取值: $l = 0$，1，2，…，$n-1$，目前 l 最大为 3；m 的取值: $m = 0$，±1，±2，±3，…，±l，由于 l 最大为 3，所以 m 只有前 7 个取值。选项 A 中，n 取 1，l 可取 0；选项 B 中，l 取 0，m 可取 0；选项 C 中，l 取 2，m 可取 0，±1，±2。

答案: D

【例 3-1-2】 量子数 $n = 4$，$l = 2$，$m = 0$ 的原子轨道数目是:

A. 1　　　　　　B. 2　　　　　　C. 3　　　　　　D. 4

解 一组允许的量子数 n、l、m 取值对应一个合理的波函数，即可以确定一个原子轨道。量子数 $n = 4$，$l = 2$，$m = 0$ 为一组合理的量子数，确定一个原子轨道。

答案: A

【例 3-1-3】 决定原子轨道取向的量子数和确定原子轨道形状的量子数分别是:

A. 主量子数、角量子数　　　　　　B. 角量子数、磁量子数

C. 磁量子数、角量子数　　　　　　D. 自旋量子数、主量子数

解 三个量子数的物理意义分别为:

主量子数 n: ①代表电子层；②代表电子离原子核的平均距离；③决定原子轨道的能量。

角量子数 l: ①表示电子亚层；②确定原子轨道形状；③在多电子原子中决定亚层能量。

磁量子数 m: ①确定原子轨道在空间的取向；②确定亚层中轨道数目。

答案: C

【例 3-1-4】 多电子原子中同一电子层原子轨道能级（量）最高的亚层是:

A. s 亚层　　　　　B. p 亚层　　　　　C. d 亚层　　　　　D. f 亚层

解 多电子原子中原子轨道的能级取决于主量子数 n 和角量子数 l: 主量子数 n 相同时，l 越大，能量越高；角量子数 l 相同时，n 越大，能量越高。同一电子层中的原子轨道 n 相同，l 越大，能量越高。

答案: D

【例 3-1-5】 主量子数 $n=3$ 的原子轨道最多可容纳的电子总数是:

A. 10　　　　　　B. 8　　　　　　C. 18　　　　　　D. 32

227

解　主量子数为n的电子层中原子轨道数为n^2，最多可容纳的电子总数为 $2n^2$。主量子$n=3$，原子轨道最多可容纳的电子总数为 $2\times3^2 = 18$。

答案：C

3. 概率密度与电子云

概率是核外电子在空间出现的机会。概率密度是电子在核外空间某处单位体积内出现的概率。根据实验和理论的研究已经证实，电子的概率密度等于波函数的平方，即ψ^2。为了形象地表示电子在原子中的概率密度分布情况，在化学上引入电子云的概念。电子云是用黑点的疏密度来表示核外空间各点电子概率密度大小的具体图像。例如基态氢原子的 1s 电子云呈球状。

4. 原子轨道和电子云的角度分布图

用数学方法把$\psi(\gamma,\theta,\varPhi)$分成两个函数的乘积，即

$$\psi(\gamma,\theta,\varPhi) = R(r) \cdot Y(\theta,\varPhi) \tag{3-1-8}$$

式中：　$R(r)$ ——波函数的径向分布部分；

　　$Y(\theta,\varPhi)$ ——波函数的角度分布部分。

角度分布图：波函数的角度分布部分(Y)随角度$(\theta,\varPhi)$变化的图形。原子轨道和电子云的角度分布平面示意图见图 3-1-1 和图 3-1-2。两图的作法、外形和空间取向相似，区别在于前者比后者"胖"些；前者有"+"、"−"之分，后者则没有。

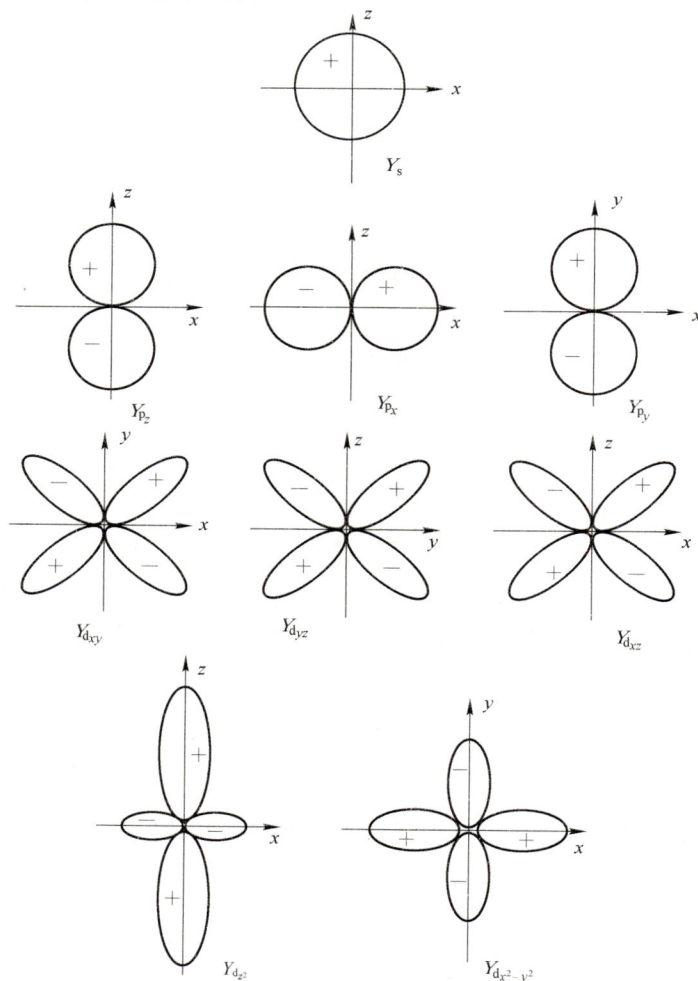

图 3-1-1　s、p、d 原子轨道角度分布平面示意图

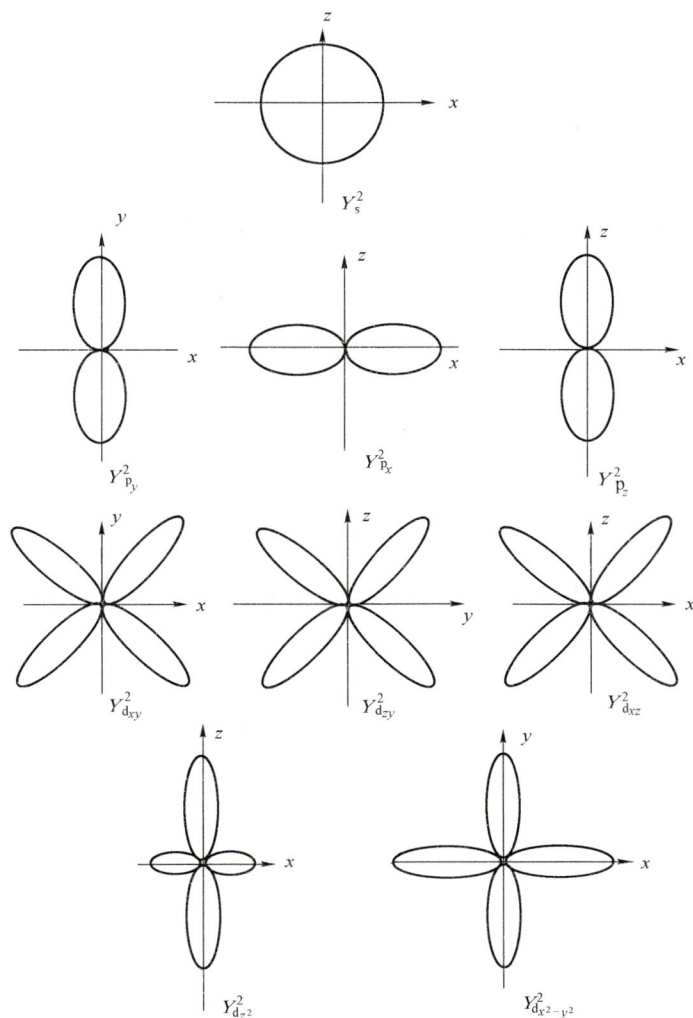

图 3-1-2　s、p、d 电子云角度分布平面示意图

（三）核外电子的分布

1. 原子轨道的近似能级顺序

在多电子原子中，原子轨道的能级不仅与主量子数有关，与角量子数也有关系。我国化学家徐光宪教授，根据光谱试验数据的结果归纳出一个近似规律：在多电子原子中各原子轨道的能量由 $n + 0.7l$ 来决定，数值越大，能量越高，见表 3-1-2。

多电子原子的能级顺序表　　　　　　　　　　　　　　　　　　表 3-1-2

轨道符号	1s	2s	2p	3s	3p	4s	3d	4p	5s	4d	5p	6s	4f	5d	6p	7s	5f	⋯
$n + 0.7l$	1.0	2.0	2.7	3.0	3.7	4.0	4.4	4.7	5.0	5.4	5.7	6.0	6.1	6.4	6.7	7.0	7.1	
能级高低顺序				--------→ 从左到右、依次升高														

由表 3-1-2 可知：

（1）当 l 不变时，E 随 n 增大而增大。如 $E_{1s} < E_{2s} < E_{3s} < \cdots$，$E_{2p} < E_{3p} < E_{4p} < \cdots$。

（2）当 n 不变时，E 随 l 增大而增大。如 $E_{4s} < E_{4p} < E_{4d} < E_{4f}$。

（3）当 n、l 均变化时，出现能级交错。如 $E_{4s} < E_{3d} < E_{4p}$，$E_{5s} < E_{4d} < E_{5p}$，$E_{6s} < E_{4f} < E_{5d} < E_{6p}$。

2. 屏蔽效应

在多电子原子中，核电荷（Z）对某个电子的吸引力，由于其他电子对该电子的排斥而被削弱的作用称为屏蔽效应，若削弱部分为σ（叫屏蔽常数），则有效核电荷$Z^* = Z - \sigma$。屏蔽作用越大，核电荷减小越多，核对电子的引力越小，电子能级越高，屏蔽作用的大小为$K > L > M > N\cdots$，所以当l相同时，能级随n增大而升高。

3. 钻穿效应

外层电子穿过内层钻入核附近，减少内层电子对它的屏蔽作用而使能级降低的现象称为钻穿效应。钻穿效应越大，轨道能级越低。钻穿效应的大小顺序为$ns > np > nd > nf$，所以当n不变时，轨道能级随l增大而升高。

至于能量出现交错如$E_{4s} < E_{3d}$，是因为 4s 电子钻穿效应比 3d 大，受其他电子的屏蔽作用小，故使得 4s 电子的能级比 3d 还低。同理可解释$E_{6s} < E_{4f} < E_{5d} < E_{6p}$。

4. 核外电子排布的规则

原子中的电子按一定规则排布在各原子轨道上。人们根据原子光谱实验和量子力学理论，总结出三个排布原则：泡利不相容原理、能量最低原理和洪特规则。

（1）泡利不相容原理

在同一原子中，不可能有四个量子数完全相同的两个电子存在。每一个轨道上最多只能容纳两个自旋相反的电子。每个电子层中电子的最大容量为$2n^2$。

（2）能量最低原理

电子总是尽先占据能级较低的轨道。电子进入轨道的先后顺序为：ns、$(n-2)f$、$(n-1)d$、np，即按 1s、2s、2p、3s、3p、4s、3d、4p、5s、4d、5p、6s、4f、5d、6p、7s、5f、6d、7p 的顺序填充。

（3）洪特规则

在等价轨道（如 3 个 p 轨道、5 个 d 轨道、7 个 f 轨道）上，电子尽可能分占不同的轨道，而且自旋方向相同。同一电子亚层，电子处于全充满（p^6、d^{10}、f^{14}）、半充满（p^3、d^5、f^7）状态时较稳定。

5. 核外电子分布式和外层电子分布式

原子的核外电子分布式是电子按n和l增大的顺序在各个轨道上分布的式子。例如，25 号元素 Mn 原子的核外电子分布式为 $1s^2 2s^2 2p^6 3s^2 3p^6 3d^5 4s^2$。

外层电子（价电子）是指那些对元素性质有显著影响的电子，它们在各个轨道上分布的式子叫作外层电子分布式，或外层（价层）电子构型。例如，Mn 的外层电子构型为 $3d^5 4s^2$，又如 K 是 $4s^1$。

原子得到或失去电子后便是离子。应当指出，当原子失去电子而成为正离子时，一般是能量较高的最外层的电子先失去，而且往往引起电子层数的减少。原子成为负离子时，原子所得的电子总是分布在它的最外电子层上。Mo^{2+}和I^-离子的核外电子分布式及外层电子分布式为：

离子	离子的核外电子分布式	离子的外层电子分布式
Mo^{2+}	$1s^2 2s^2 2p^6 3s^2 3p^6 3d^{10} 4s^2 4p^6 4d^4$	$4s^2 4p^6 4d^4$
I^-	$1s^2 2s^2 2p^6 3s^2 3p^6 3d^{10} 4s^2 4p^6 4d^{10} 5s^2 5p^6$	$5s^2 5p^6$

正确书写核外电子分布式，可先根据三个分布规则和近似能级顺序将电子依次填入相应轨道，再按电子层顺序整理一下分布式，按n由小到大自左向右排列各原子轨道，相同电子层的轨道排在一起。

例如，4s 轨道的能级比 3d 轨道低，在填入电子时，先填入 4s，后填入 3d，但 4s 是比 3d 更外层的轨道，因而在正确书写原子的电子分布式时，3d 总是写在 4s 前面。

例如，第 29 号元素铜，Cu $1s^22s^22p^63s^23p^63d^{10}4s^1$。

对于核外电子比较多的元素，由光谱测定的核外电子分布，并不完全与理论预测的一致。对于这些特例，应以实验事实为准。

【例 3-1-6】下列基态原子的核外电子分布式错误的是：

A. $1s^22s^22p^63s^23p^3$

B. $1s^22s^22p^63s^13p^1$

C. $1s^22s^22p^63s^23p^4$

D. $1s^22s^22p^63s^23p^5$

解　选项 B 中的核外电子分布式不是基态原子的核外电子分布式。正确的是 $1s^22s^22p^63s^2$。

答案：B

二、原子结构与元素周期律

原子核外电子分布的周期性是元素周期律的基础，元素周期表是周期律的表现形式。

（一）核外电子的排布与元素周期表的关系

首先分析周期表中各元素最后一个电子填充的电子亚层，见表 3-1-3。

电子填充与周期表的关系　　　　表 3-1-3

周期	IA IIA	IIIB~VIIB、VIII、IB、IIB	IIIA~0	元素的数目	电子填充的亚层	最高主量子数 n	原子的电子层数
1	$1s^1$		$1s^2$	2	1s	1	1
2	$2s^{1\sim2}$		$2p^{1\sim6}$	8	2s、2p	2	2
3	$3s^{1\sim2}$		$3p^{1\sim6}$	8	3s、3p	3	3
4	$4s^{1\sim2}$	$3d^{1\sim10}4s^{1\sim2}$	$4p^{1\sim6}$	18	4s、3d、4p	4	4
5	$5s^{1\sim2}$	$4d^{1\sim10}5s^{1\sim2}$	$5p^{1\sim6}$	18	5s、4d、5p	5	5
6	$6s^{1\sim2}$	$4f^{1\sim14}5d^{1\sim10}6s^{1\sim2}$	$6p^{1\sim6}$	32	6s、4f、5d、6p	6	6

由表 3-1-3 可看到：

（1）在周期表中各同周期或同族元素的外层电子排布是有规律的。如同主族元素，原子的最外层电子数相等；同周期主族元素最外层电子数由 1 逐渐增加到 8 个电子。

（2）核外电子排布与划分周期有关。如元素所在周期数等于该元素原子的电子层数，等于原子中最高主量子数。

（3）核外电子排布与族的关系，由表 3-1-3 可见：

主族、IB 和 IIB 的族数等于（$ns + np$）层上的电子数，n 为最高主量子数。

IIIB~VIIB 的族数等于 $[(n-1)d + ns]$ 层上的电子数。

VIII 族元素的电子数为 $[(n-1)d + ns]$ 层上的电子数，即 8~10 个电子。

（4）元素在周期表中的分区：

s 区：包括 IA、IIA 族元素。外层电子构型为 ns^1 和 ns^2（n 是最高主量子数）。

p 区：包括 IIIA 至 VIIA 和零族元素。外层电子构型为 ns^2np^1 至 ns^2np^6（He 为 $1s^2$）。

d 区：包括 IIIB 至 VIIB 和 VIII 族元素。外层电子构型一般为 $(n-1)d^1ns^2$ 至 $(n-1)d^8ns^2$，但有例外。

ds 区：包括 IB、IIB 族元素。外层电子构型为 $(n-1)d^{10}ns^1$ 和 $(n-1)d^{10}ns^2$。d 区和 ds 区元素叫过渡元素。

f 区：包括镧系中的 57~71 号元素和锕系中的 89~103 号元素。外层电子构型为 $(n-2)f^{0\sim14}(n-1)d^{0\sim2}ns^2$。

【例3-1-7】 锰原子的核外电子排布式为 $1s^2 2s^2 2p^6 3s^2 3p^6 3d^5 4s^2$，锰所在的：（1）周期数为（　　）；（2）族数为（　　）。

（1）A. 2　　　　　　B. 4　　　　　　C. 3　　　　　　D. 5

（2）A. VIIA　　　　B. IIA　　　　　C. VIIB　　　　D. IIB

解 周期数为最高主量子数；价电子构型 $3d^5 4s^2$，为 d 区副族元素，族数为价电子数。

答案：（1）B；（2）C

（二）周期表中元素性质的递变规律

元素的性质决定于原子结构。由于原子的电子层结构呈周期性变化，所以元素的基本性质如原子半径、电离能、电子亲和能、电负性等也呈周期性变化，元素的化合物如氧化物及其水合物的酸碱性也呈递变性规律变化。

1. 原子半径

原子半径包括共价半径、金属半径、范德华半径。共价半径是同种元素的两原子以共价单键结合时两原子核间距的一半；金属半径是金属晶体中相邻两原子核间距的一半；在分子晶体中，分子间是以范德华力结合的。例如稀有气体形成的单原子分子晶体中，两个同种原子核间距离的一半就是范德华半径。

在周期表中，原子半径的变化规律为：同一周期主族元素从左到右有效核电荷 E^* 依次增加，原子半径依次减小，副族元素的原子半径略有减小；同一族元素从上到下，主族元素原子半径递增，副族元素略有增大但不明显，特别是五、六周期的元素，由于镧系收缩使得它们的原子半径相差很小。

2. 电离能（I）

定义：基态的气态原子失去一个电子形成+1 价气态离子所需要的最低能量为该原子的第一电离能（I_1）；从+1 价气态离子再失去一个电子形成+2 价气态离子时所需最低能量为第二电离能（I_2）；依此类推。随失去电子数的增加，电离能依次增加，即 $I_1 < I_2 < I_3 < \cdots$。通常所说的电离能是指 I_1，单位为 kJ/mol。

变化规律：同一周期从左到右，主族元素的有效核电荷数依次增加，原子半径依次减小，电离能依次增大；同一主族元素从上到下原子半径依次增大，电离能依次减小，副族元素的变化不如主族元素那样有规律。

意义：电离能可用来衡量单个气态原子失去电子的难易程度。元素的电离能越小，越易失去电子，金属性越强。

3. 电子亲和能（Y）

基态的气态原子得到一个电子形成-1 价气态离子所放出的能量称为该元素的电子亲和能。电子亲和能越大，越容易获得电子，元素的非金属性越强。

4. 电负性（X）

为了衡量分子中各原子吸引电子的能力，泡利在 1932 年引入了电负性的概念。电负性数值越大，表明原子在分子中吸引电子的能力越强；电负性数值越小，表明原子在分子中吸引电子的能力越弱。元素的电负性较全面反映了元素的金属性和非金属性的强弱。

变化规律：同一周期从左到右，主族元素的电负性逐渐增大；同一主族从上到下元素的电负性逐渐减小。副族元素的电负性规律性较差。金属元素的电负性一般小于 2.0（金和铂除外）；非金属元素的电负性一般大于 2.0（硅除外）。

【例 3-1-8】 下列元素中第一电离能最小的是：

　　　　A. H　　　　　　　　B. Li　　　　　　　　C. Na　　　　　　　　D. K

解　第一电离能是基态的气态原子失去一个电子形成+1 价气态离子所需要的最低能量。变化规律：同一周期从左到右，主族元素的有效核电荷数依次增加，原子半径依次减小，电离能依次增大；同一主族元素从上到下原子半径依次增大，电离能依次减小。

答案： D

【例 3-1-9】 下列元素，电负性最大的是：

　　　　A. F　　　　　　　　B. Cl　　　　　　　　C. Br　　　　　　　　D. I

解　周期表中元素电负性的递变规律：同一周期从左到右，主族元素的电负性逐渐增大；同一主族元素从上到下电负性逐渐减小。

答案： A

【例 3-1-10】 下列几种元素中原子半径最小的是：

　　　　A. Na　　　　　　　　B. Al　　　　　　　　C. F　　　　　　　　D. Bi

解　原子半径的变化规律为：同一周期主族元素从左到右原子半径依次减小，同一主族元素从上到下原子半径依次增加。Na、Al、P、Cl 是同一周期主族元素，原子半径 Na > Al>P >Cl；P 和 Bi 是同一主族元素，原子半径 Bi>P；F 和 Cl 是同一主族元素，原子半径 Cl>F。所以题中四个元素原子半径最小的是 F。

答案： C

5. 对角线规则和镧系收缩

在 s 区和 p 区元素中，除了同族元素的性质相似外，还有一些元素及其化合物的性质呈现出"对角线"相似性。所谓对角线相似，即 IA 族的 Li 与 IIA 族的 Mg、IIA 族的 Be 与 IIIA 族的 Al、IIIA 族的 B 与 IVA 族的 Si，这三对元素在周期表中处于对角线位置，相应的两元素及其化合物的性质有许多相似之处。这种相似性称为对角线规则。

镧系元素的原子半径和离子半径的递变趋势是随着原子序数的增大而缓慢的减小，这种现象称为镧系收缩。随着原子序数的增加，镧系元素的原子半径虽然只是缓慢的变小，但是经过从 La 到 Yb 的 14 种元素的原子半径递减的积累却减小了 14pm 之多，从而造成了镧系后边 Lu，Hf 和 Ta 的原子半径与同族的 Y，Zr 和 Nb 的原子半径极为接近。

（三）元素的氧化物及其水合物酸碱性递变规律

1. 分类

（1）碱性氧化物——活泼金属的氧化物。

（2）酸性氧化物——主要是非金属氧化物。

（3）两性氧化物——主要是 Be、Al、Pb、Sb 等对角线上元素的氧化物和一些金属氧化物，如 TiO_2、Cr_2O_3 等。

（4）惰性氧化物或称不成盐氧化物，即不与水、酸、碱反应的氧化物，如 CO、NO 等。

2. 一般规律

（1）同周期元素最高价态氧化物及其水合物从左到右酸性递增、碱性递减。例如第三周期主族元素的氧化物及其水合物的酸碱性变化规律如下：

氧化物	Na_2O	MgO	Al_2O_3	SiO_2	P_2O_5	SO_3	Cl_2O_7
氧化物的水合物	$NaOH$	$Mg(OH)_2$	$Al(OH)_3$	H_2SiO_3	H_3PO_4	H_2SO_4	$HClO_4$
酸碱性	强碱	中强碱	两性	弱酸	中强酸	强酸	最强酸

酸性递增、碱性递减 →

又如第四周期副族：

氧化物	Sc_2O_3	TiO_2	V_2O_5	CrO_3	Mn_2O_7
氧化物的水合物	$Sc(OH)_3$	$Ti(OH)_4$	HVO_3	H_2CrO_4	$HMnO_4$
酸碱性	碱性	两性	弱酸	中强酸	高强酸

酸性递增、碱性递减 →

（2）同一主族元素相同价态的氧化物及其水合物，从上至下酸性减弱、碱性增强。例如 VA 族：

碱	N_2O_3	HNO_2	中强酸	酸
性	P_2O_3	H_3PO_3	中强酸	性
增	As_2O_3	H_3AsO_3	两性偏酸	增
强	Sb_2O_3	$Sb(OH)_3$	两性偏碱	强
	Bi_2O_3	$Bi(OH)_3$	碱性	

又例如VIB 族：

酸性 $H_2CrO_4 > H_2MoO_4 > H_2WO_4$

（3）同一元素不同价态的氧化物及其水合物，依价态升高的顺序酸性增强，碱性减弱。
例如：

CrO	Cr_2O_3	CrO_3
$Cr(OH)_2$	$Cr(OH)_3$	H_2CrO_4
碱性	两性	酸性

酸性增强 →

3. 氧化物及其水合物的酸碱性与结构的关系

（1）R—O—H 规则

以下分四点简要说明规则内容：

①氧化物的水合物不论是酸还是碱，其结构中均含有 R—O—H 部分。如：

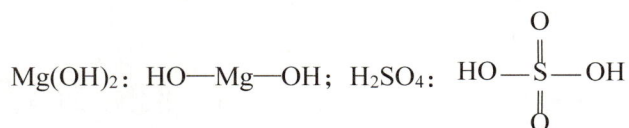

$Mg(OH)_2$：HO—Mg—OH；H_2SO_4：

$$HO-\underset{\underset{\displaystyle O}{\|}}{\overset{\overset{\displaystyle O}{\|}}{S}}-OH$$

②规则把 R、O、H 都看成离子，即 R^{n+}、O^{2-}、H^+。

③R—O—H 有两种电离方式，即：

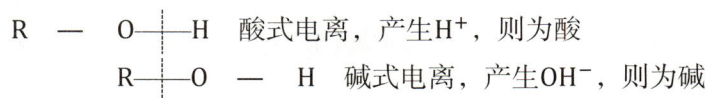

R — O ┊ H　酸式电离，产生H^+，则为酸

R ┊ O — H　碱式电离，产生OH^-，则为碱

④采取何种方式电离取决于 R^{n+} 与 O^{2-} 和 O^{2-} 与 H^+ 之间作用力的大小。若 R^{n+} 的电荷多、半径小，

则 R^{n+} 与 O^{2-} 的引力将大于 O^{2-} 与 H^+ 的引力，则发生酸式电离呈酸性；若 R^{n+} 电荷少，半径大，具有 8 电子构型，R^{n+} 与 O^{2-} 的引力将小于 O^{2-} 与 H^+ 的引力，则发生碱式电离呈碱性；如果 R^{n+} 与 O^{2-} 的引力近似等于 O^{2-} 与 H^+ 的引力，既可发生酸式电离，也可以发生碱式电离，该水合物具有两性。以第三周期氧化物之水合物的酸碱性递变规律说明如下：

R^{n+}	Na^+	Mg^{2+}	Al^{3+}	Si^{4+}	P^{5+}	S^{6+}	Cl^{7+}
R^{n+} 电荷数	+1	+2	+3	+4	+5	+6	+7
R^{n+} 半径（Pm）	90	65	50	41	34	29	26
$R(OH)_n$	NaOH	$Mg(OH)_2$	$Al(OH)_3$	H_2SiO_3	H_3PO_4	H_2SO_4	$HClO_4$
酸碱性	强碱	中强碱	两性	弱酸	中强酸	强酸	最强酸

R^{n+} 的电荷数递增，半径递减，R^{n+} 与 O^{2-} 引力递增，酸式电离递增，酸性增强。 →

（2）鲍林规则

为了说明含氧酸酸性的相对强弱，鲍林将含氧酸写成 $(HO)_mRO_n$，n 为不与 H 结合的氧原子数。鲍林认为：n 值越大，酸性越强。例如：

$HClO_4$	写成 $HOClO_3$	$n=3$	
H_2SO_4	写成 $(HO)_2SO_2$	$n=2$	n 值下降
HNO_2	写成 $HONO$	$n=1$	酸性减弱
H_3BO_3	写成 $(HO)_3B$	$n=0$	↓

【例 3-1-11】 下列物质中酸性最弱的是：

A. H_3PO_4 B. $HClO_4$ C. H_3AsO_4 D. H_3AsO_3

解 同一周期元素最高价态氧化物及其水合物从左到右酸性递增、碱性递减，酸性 $HClO_4 > H_3PO_4$；同一元素不同价态的氧化物及其水合物，依价态升高的顺序酸性增强、碱性减弱。酸性 $H_3PO_4 > H_3AsO_4 > H_3AsO_3$。所以题中最弱酸是 H_3AsO_3。

答案：D

三、化学键

化学键是分子或晶体中原子或离子间的强烈作用力。键能约为 100~800 kJ/mol，是决定分子和晶体的化学性质的主要因素。一般分为共价键、离子键和金属键三大类。

（一）离子键

1.离子键的形成和特性

电负性大的非金属原子（如VIIA 元素）和电负性小的金属原子（如 IA 元素）相互靠近时发生电子转移形成正负离子，正负离子借静电作用形成离子键。由离子键结合而成的化合物或晶体叫离子型化合物或离子晶体。

离子键的特征是没有饱和性和方向性。离子键的实质是静电引力。离子的电荷数取决于形成离子时原子得失电子数。

2. 离子半径

离子半径是反映离子大小的一个物理量。在离子型化合物中，相邻两正、负离子的核间距也就是正、负离子半径之和。离子半径的导出以正、负离子半径之和等于相邻两正、负离子的核间距（离子键键长）这一原理为基础，从大量 X 射线晶体结构分析实测键长值中推引出离子半径。离子半径的大小主要取决于离子所带电荷和离子本身的电子分布，但还要受离子化合物结构类型的影响。其变化规律为：同周期不同元素离子的半径随离子电荷代数值增大而减小，如 $S^{2-}>Cl^->Na^+>Mg^{2+}>Al^{3+}>Si^{4+}>P^{5+}$。同族元素电荷数相同的离子半径随电子层数增加而增大，如 $Be^{2+}<Mg^{2+}<Ca^{2+}<Sr^{2+}<Ba^{2+}$，$F^-<Cl^-<Br^-<I^-$。同种元素的离子半径随电荷数的增大而减小，如 $Fe^{2+}>Fe^{3+}$，$Pb^{2+}>Pb^{4+}$等。

3. 离子的电子构型

在离子型化合物中，对简单的负离子来讲都具有稀有气体原子的稳定结构，如 Cl^-（$3s^23p^6$）、O^{2-}（$2s^22p^6$）等，对正离子来讲具有：

（1）2 电子构型，如 Li^+、Be^{2+}（$1s^2$）。

（2）8 电子构型，如 Na^+、Mg^{2+}、Al^{3+}、Ca^{2+}（ns^2np^6）。

（3）9~17 电子构型，如 Fe^{2+}、Cr^{3+}、Cu^{2+}、Mn^{2+}（$ns^2np^6nd^{1\sim9}$）。

（4）18 电子构型，如 Cu^+、Zn^{2+}、Ag^+、Cd^{2+}（$ns^2np^6nd^{10}$）。

（5）18+2 电子构型，如 Sn^{2+}、Pb^{2+}、Sb^{3+}[$(n-1)s^2(n-1)p^6(n-1)d^{10}ns^2$]。

4. 晶格能（U）

在离子晶体中表示离子键的强度和晶格的牢固程度可用晶格能衡量。晶格能是指在 298K、100kPa 压力下，由气态正负离子生成 1 摩尔离子晶体时所放出的能量。由此可见晶格能值越大，放出的能量越大，离子晶体越稳定，破坏其晶格时耗费的能量也越大。

影响晶格能的因素主要有正负离子的电荷数和其半径，它们的关系可粗略表示为

$$U \propto \frac{|Z_+ \cdot Z_-|}{r_+ + r_-} \tag{3-1-9}$$

对于晶体构型相同的离子晶体，离子电荷越多，半径越小，晶格能越大，离子键越强，晶格越牢固。

5. 离子的极化

离子在外电场或另一离子作用下，发生变形产生诱导偶极的现象叫离子极化。正负离子相互极化的强弱取决于离子的极化力和变形性。

离子的极化力是指某离子使其他离子变形的能力，极化力取决于：

（1）离子的电荷。电荷数越多，极化力越强。

（2）离子的半径。半径越小，极化力越强。

（3）离子的电子构型。当电荷数相等、半径相近时，极化力的大小为：18 或 18+2 电子构型>9~17 电子构型>8 电子构型。

离子的变形性是指某离子在外电场作用下电子云变形的程度。影响变形性的因素有：

（1）离子的电荷。正离子电荷越多，变形性越小；负离子电荷越多，变形性越大，如

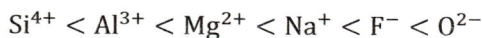

$$Si^{4+} < Al^{3+} < Mg^{2+} < Na^+ < F^- < O^{2-}$$

（2）离子半径。半径越大，变形性越大。如

$$I^- > Br^- > Cl^- > F^-$$

（3）离子的电子构型。8电子构型的离子其变形性小于其他电子构型。

每种离子都具有极化力与变形性，但在一般情况下，主要考虑正离子的极化力和负离子的变形性，只有当正离子也容易变形时才考虑正负离子间的相互极化作用。

由于离子的极化作用，使负离子的电子云向正离子偏移，导致电子云的重叠，键的极性减弱，使离子键向共价键过渡，离子晶体向分子晶体过渡。例如d区、ds区、p区金属元素的氯化物、氧化物等晶体的过渡就是离子极化作用的结果。

【例3-1-12】 在 $NaCl$，$MgCl_2$，$AlCl_3$，$SiCl_4$ 四种物质中，离子极化作用最强的是：

    A. $NaCl$ B. $MgCl_2$ C. $AlCl_3$ D. $SiCl_4$

解 离子的极化作用是指离子的极化力，离子的极化力为某离子使其他离子变形的能力。极化力取决于：①离子的电荷，电荷数越多，极化力越强；②离子的半径，半径越小，极化力越强；③离子的电子构型，当电荷数相等、半径相近时，极化力的大小为：18或18+2电子构型>9~17电子构型>8电子构型。每种离子都具有极化力和变形性，一般情况下，主要考虑正离子的极化力和负离子的变形性。离子半径的变化规律：同周期不同元素离子的半径随离子电荷代数值增大而减小。四个化合物中 $SiCl_4$ 是分子晶体。$NaCl$、$MgCl_2$、$AlCl_3$ 中的阴离子相同，都为 Cl^-，阳离子分别为 Na^+、Mg^{2+}、Al^{3+}，离子半径逐渐减小，离子电荷逐渐增大，极化力逐渐增强，对 Cl^- 的极化作用逐渐增强，所以离子极化作用最强的是 $AlCl_3$。

答案：C

（二）共价键

1. 共价键的形成

当非金属元素和电负性相差不大的原子之间相互靠近时，通过电子相互配对形成的化学键为共价键。由共价键形成的化合物叫共价型化合物。共价型化合物的晶体有原子晶体和分子晶体。

共价键理论包括价键理论和杂化轨道理论。

2. 价键理论的要点

（1）两原子靠近时，自旋相反的未成对电子可以配对形成共价键（所以价键理论也称电子配对法）。

（2）成键电子的原子轨道必须发生最大限度的重叠。轨道重叠越多，共价键越牢固。

3. 共价键的特征

（1）具有**饱和性**。一个原子含有 n 个未成对电子，只能和 n 个自旋方向相反的电子配对成键。如 $:\dot{N}\cdot$ 可形成3个共价单键，或形成一个共价叁键；$:\dot{O}:$ 可形成2个共价单键，或形成一个共价双键；$:\ddot{F}\cdot$ 只能形成一个共价单键。

（2）具有**方向性**。轨道重叠时成键电子的原子轨道总是沿一定的方向进行重叠。

4. 共价键的类型——σ键和π键

σ键：成键轨道沿键轴（两原子核间连线）方向以"头碰头"的方式重叠。重叠部分以键轴为对称轴呈圆柱形对称分布。故σ键重叠程度大、键能大、稳定性高。

π键：成键轨道沿键轴方向以"肩并肩"方式重叠。重叠部分垂直于键轴镜面反对称。π键重叠程度较σ键小，π键没有σ键牢固，稳定性较差，易发生化学反应。共价单键一般为σ键，双键中含一个σ键一个π键，叁键中一个σ键两个π键。

【例3-1-13】 $H_2C=HC—CH=CH_2$ 分子中所含化学键共有：

A. 4个 σ 键，2个 π 键　　　　　　　　　B. 9个 σ 键，2个 π 键

C. 7个 σ 键，4个 π 键　　　　　　　　　D. 5个 σ 键，4个 π 键

解　共价键的类型分 σ 键和 π 键。共价单键均为 σ 键；共价双键中含1个 σ 键，1个 π 键；共价三键中含1个 σ 键，2个 π 键。

丁二烯分子中，碳氢间均为共价单键，碳碳间含1个碳碳单键，2个碳碳双键。结构式为：

$$H_2C=CH—CH=CH_2$$

答案： B

5. 杂化轨道理论要点

杂化轨道理论是在价键理论基础上发展起来的，能较好的解释多原子分子的空间构型。其主要论点为：

（1）原子轨道在成键过程中并不是一成不变的。原子（一般为中心原子）在成键时，受外力作用使原子中能级相近的原子轨道重新组合成新的原子轨道，这一过程称为轨道杂化，简称杂化。新组合成的原子轨道叫杂化轨道。

（2）杂化轨道的数目取决于参加杂化的轨道数（见表3-1-4），即一个原子中能量相近的 n 个原子轨道，可以而且只能形成 n 个杂化轨道。

杂化类型与分子空间构型　　　　　　　　　　　　　　　表 3-1-4

杂化类型	sp	sp^2	sp^3	sp^3 不等性
参加杂化轨道数	1个 s、1个 p	1个 s、2个 p	1个 s、3个 p	1个 s、3个 p
杂化轨道数	2	3	4	4
轨道间夹角	180°	120°	109°28'	<109°28'　　　　<109°28'
空间构型	直线形	平面三角形	正四面体	三角锥形　　　　"V"字形
实例	$BeCl_2$、$HgCl_2$	BF_3、BCl_3	CH_4、SiF_4	NH_3、PH_3　　　H_2O、H_2S

（3）杂化轨道的形状：杂化后使轨道的正瓣变大，更能满足最大重叠原理，从而提高成键能力，使分子更稳定。

（4）杂化轨道的空间构型决定分子的空间构型（见表3-1-4）。sp^3 杂化轨道中含孤电子对数不同，分子的空间构型不同。

（5）杂化轨道分等性杂化轨道和不等性杂化轨道。凡能量相等、成分相同的杂化轨道叫等性杂化轨道；凡原子中有孤对电子占据杂化轨道而不成键的杂化叫不等性杂化，所形成的杂化轨道的成分不完全等同，故称不等性杂化轨道。

6. 杂化类型的确定

对于 AB_n 型的分子、离子，且限于只有 s、p 参与的杂化，下面介绍如何确定中心原子的杂化类型。

（1）确定 A 的价电子对数（ x ）

若 AB_n 为分子：$x = \dfrac{1}{2}$（A 的价电子数+B 提供的电子总数），见表3-1-5。

表 3-1-5

族数	H	IIA、IIB	IIIA	IVA	VA	VIA	VIIA
A 的价电子数	—	2	3	4	5	6	7
B 提供的电子数	1	—	—	—	—	0	1

若 AB_n^{m+} 为正离子：$x = \frac{1}{2}$（A 的价电子数+B 提供的电子总数−离子的电荷数）

若 AB_n^{m-} 为负离子：$x = \frac{1}{2}$（A 的价电子数+B 提供的电子总数+离子的电荷数）

离子的电荷数即 m 值。

（2）确定杂化类型（见表 3-1-6）

表 3-1-6

价电子对数	2	3	4
杂化类型	sp 杂化	sp^2 杂化	sp^3 杂化

【例 3-1-14】 PCl_3 分子空间几何构型及中心原子杂化类型分别为：

　　　　A. 正四面体，sp^3 杂化　　　　　　　　B. 三角锥形，不等性 sp^3 杂化

　　　　C. 正方形，dsp^2 杂化　　　　　　　　D. 正三角形，sp^2 杂化

　解　PCl_3 分子中心原子 P 的价电子对数 $x = \frac{1}{2}(5+3) = 4$，中心原子 P 与三个 Cl 形成三个 σ 键，且中心原子 P 还有一个孤对电子，所以中心原子 P 为不等性 sp^3 杂化，PCl_3 分子空间几何构型为三角锥形。

答案：B

（三）金属键

金属中自由电子与原子（或正离子）之间的作用力称为金属键。

1. 金属键的形成

金属元素的原子半径一般较大，而最外层电子数又较少，因此，金属晶体中最外层电子易从金属原子上脱落，在晶体内自由运动，成为自由电子。原子脱落电子后形成正离子。在整个金属晶体中的原子（或离子）与自由电子所形成的化学键称为金属键。又称改性共价键，即将自由电子看成是金属原子或离子的共有电子，所有原子都参与的一种特殊的共价键。金属的一些特性，如传热性、导电性、延展性等，都与自由电子的存在与运动有关。

2. 金属键的特征

无方向性和无饱和性。

3. 金属键的强度

决定于金属的价电子数和原子半径。价电子数越多，原子半径越小，金属键越强。

离子键通常存在于离子晶体中，共价键存在于共价型单质或共价型化合物中，金属键存在于金属及合金中。

四、分子间的力和氢键

（一）共价键的极性

共价键有无极性取决于相邻两原子间共用电子对有无偏移。有偏移的是极性共价键；没有偏移的是非极性共价键。采用电负性差值来判别时：电负性差等于零为非极性共价键；电负性差不等于零为极性共价键。

（二）分子的极性

分子是否有极性取决于分子中正负电荷中心是否重合。重合的为非极性分子；不重合的为极性分子。分子是否有极性或分子极性的大小也可用分子的偶极矩来判断。

偶极矩 μ 等于极上电荷 q 乘以偶极长度 l。μ 等于零为非极性分子；μ 不等于零为极性分子，而且 μ 值越大，分子的极性越大。

对双原子分子，分子的极性决定于键的极性。对于多原子分子，分子的极性决定于键的极性和分子的空间构型，若键有极性，而分子空间构型对称，则分子无极性，如 CO_2、$HgCl_2$、BF_3、CCl_4 等；若键有极性，而分子空间构型不对称，则分子有极性，如 NH_3、H_2O、$SiHCl_3$ 等。

多原子分子（AB_n 型）极性的判断：

A 的氧化数的绝对值与 A 的价电子数是否相等，相等为非极性分子，不等为极性分子。

总之，共价键是否有极性，取决于相邻两原子间共用电子对是否偏移；而分子是否有极性，取决于整个分子中正、负电荷中心是否重合。

上述讨论分子极性时，只是考虑孤立分子中电荷的分布情况。如果把分子置于外加电场中，由于同性相斥，异性相吸，非极性分子原来重合的正、负电荷中心被分开，极性分子原来不重合的正、负电荷中心也被进一步分开。这种正、负两"极"（即电中心）分开的过程叫极化。由此产生的偶极叫诱导偶极。分子被极化的难易程度用分子的极化率来表示，极化率由试验测定，它反映分子在外电场作用下变形的性质。分子的变形性与分子大小有关，分子越大，包含的电子越多，就会有较多的电子被吸引得较松，分子的变形性也越大。

分子以原子核为骨架，电子受到骨架的吸引。但是，原子核和电子无时无刻不在运动。所谓分子构型其实只表现了在一段时间内的大体情况，每一瞬间都是不平衡的。因此，所谓的正、负电荷中心的位置只是在一段时间的统计结果。在某一瞬间，正、负电荷中心可能离开它的平衡位置，由此产生的偶极叫瞬时偶极。

（三）分子间力

在分子与分子之间存在的作用力称分子间力，也称范德华力。分子间力是分子间一种较弱的相互作用力，比化学键小 1~2 个数量级。

1. 分子间力的产生

任何分子都有正、负电荷中心，非极性分子也有正、负电荷中心，不过是重合在一起。任何分子都有变形的性能。分子的极性和变形性是当分子互相靠近时分子间产生吸引作用的根本原因。

（1）色散力

色散力是瞬时偶极与瞬时偶极之间产生的作用力。瞬时偶极是由于每一瞬间分子的正、负电荷中心不重合产生的偶极。分子量越大，产生的瞬时偶极也越大，色散力越大。色散力存在于非极性分子与非极性分子之间，也存在于非极性分子与极性分子、极性分子与极性分子之间。

（2）诱导力

诱导力是由诱导偶极和固有偶极之间产生的作用力。诱导偶极是由于在极性分子的固有偶极的影响下产生的偶极。固有偶极越大，产生的诱导偶极也越大，诱导力也就越大。诱导力存在于非极性分子与极性分子之间，也存在于极性分子与极性分子之间。

诱导偶极也可在外电场的作用下产生。

（3）取向力

取向力是由固有偶极和固有偶极之间产生的作用力。固有偶极即极性分子原有的偶极。分子的极性越大，取向力越大。取向力存在于极性分子与极性分子之间。

分子间力是色散力、诱导力、取向力的总称。

2. 影响分子间力的因素

分子间力以色散力为主，只有当分子的极性特别大时（如 H_2O）才以取向力为主。

在同类型分子中，色散力正比于分子的摩尔质量，正比于分子半径。所以分子间力正比于分子的摩尔质量，正比于分子半径。

3. 分子间力的特征

（1）没有方向性和饱和性；

（2）分子间力比化学键小 1~2 个数量级；

（3）分子间力的作用范围 0.3~0.5nm。

分子间力主要影响物质的熔点、沸点和硬度等。对同类型分子，分子量越大，色散力越大，分子间力越大，物质的熔、沸点相对要高，硬度要大。

（四）氢键

氢原子与电负性大、半径小、有孤对电子的原子 X（如 F、O、N）形成强极性共价键（H—X）后，还能吸引另一个电负性较大的原子 Y（如 F、O、N）中的孤对电子而形成氢键（X—H…Y），点线表示氢键。氢键具有饱和性和方向性，其键能比共价键的键能小得多，与分子间力更为接近些。氢键分为分子内氢键和分子间氢键，分子间氢键使物质熔点、沸点升高，分子内氢键使物质溶、沸点降低。若溶质分子与溶剂分子之间可以形成氢键，则溶质的溶解度增大。

【例 3-1-15】下列分子中属极性分子的是：

    A. $SiCl_4$　　　　　　　B. NH_3　　　　　　　C. CO_2　　　　　　　D. BF_3

解　对于多原子分子，分子的极性取决于键的极性和分子的空间构型，若键有极性，而分子的空间构型对称，则分子无极性；若键有极性，而分子的空间构型不对称，则分子有极性。$SiCl_4$、NH_3、CO_2、BF_3 四个分子中的共价键都是极性键，但 $SiCl_4$、CO_2、BF_3 三个分子空间构型对称，为非极性分子，而 NH_3 是三角锥形分子，为极性分子。

答案：B

【例 3-1-16】下列每组分子中只存在色散力的是：

    A. H_2 和 CO_2　　　　　　　　　　　　B. HCl 和 SO_3

    C. H_2O 和 O_2　　　　　　　　　　　　D. SO_2 和 H_2S

解　非极性分子与非极性分子间只存在色散力，极性分子与非极性分子间存在色散力和诱导力；极性分子与极性分子间存在色散力、诱导力和取向力。H_2 和 CO_2 都为非极性分子，只存在色散力。

答案：A

【例 3-1-17】下列分子中存在氢键的是：

    A. CO_2　　　　　　　B. HBr　　　　　　　C. NH_3　　　　　　　D. CH_4

解　当分子中的氢原子与电负性大、半径小、有孤对电子的原子（如 N、O、F）形成强极性共价键后，还能吸引另一个电负性较大原子（如 N、O、F）中的孤对电子而形成氢键。

答案：C

【例 3-1-18】下列分子中键的极性最大的是：

　　　　A. HF　　　　　　　　B. HCl　　　　　　　　C. HBr　　　　　　　　D. HI

解　两个原子间形成共价键时，两原子电负性差值越大，共价键极性越大。F原子电负性最大。

答案： A

【**例 3-1-19**】下列化合物中，含极性键的非极性分子是：

　　　　A. Cl_2　　　　　　　B. H_2S　　　　　　　C. CH_4　　　　　　　D. H_2O

解　不同原子间形成的共价键为极性共价键。对于多原子分子，分子的极性取决于键的极性和分子的空间构型，若键有极性，而分子的空间构型对称，则分子无极性。CH_4为正四面体构型，为非极性分子。

答案： C

五、理想气体定律

气体的基本特征是它的扩散性和压缩性。

气体的密度小，分子之间的空隙很大，这正是气体具有较大压缩性的原因，也是不同气体可以任何比例混合成为均匀混合物的原因。

温度与压力对气体体积的影响很大，联系体积、压力和温度之间关系的方程式称为状态方程。

（一）理想气体状态方程

理想气体体积、温度和压力之间的关系式为理想气体状态方程式，即为

$$pV = nRT \tag{3-1-10}$$

式中，R称为摩尔气体常数。在国际单位制中，p以 Pa、V以 m^3、T以 K 为单位，则 $R = 8.314 J/(mol \cdot K)$。

对真实气体，该式实际上是一个近似方程式，只有在分子本身体积极小（接近于没有体积）和分子间相互作用力极小（可忽略）的情况下，上述方程式才是准确的。真实气体分子本身有体积，分子之间有相互作用力，但在较高温度（不低于 0℃）、较低压强（不高于 101.3kPa）的情况下，这两个因素可忽略不计，用上式进行计算的结果能接近实际情况。

（二）混合气体分压定律

（1）分体积：指相同温度下，组分气体i具有和混合气体相同压强时所占的体积V_i。若混合气体中有组分 1，2，3，$\cdots$，i种气体，则混合气体的体积$V_总 = V_1 + V_2 + \cdots + V_i$。

（2）体积分数：指某组分i的分体积V_i与总体积$V_总$之比，即$X_i = V_i/V_总$。

（3）分压强：在恒温时，某组分气体i占据与混合气体相同体积时，对容器所产生的压强，即为该组分气体的分压强p_i，也称分压。

（4）分压定律：

由实验结果得出：混合气体的总压强$p_总$为各组分气体的分压之和，即

$$p_总 = p_1 + p_2 + \cdots + p_i \tag{3-1-11}$$

混合气体中每一种气体都分别遵守理想气体状态方程式，即

$$p_i V_总 = n_i RT \tag{3-1-12}$$

由以上两点可引出两条重要推论，即

$$p_i = p_总 \times \frac{V_i}{V_总} \tag{3-1-13}$$

$$p_i = p_总 \times \frac{n_i}{n_总} \tag{3-1-14}$$

所以混合气体分压定律为：混合气体的总压强$p_总$等于组分气体分压之和；某组分气体分压p_i的大小和它在气体混合物中的体积分数$V_i/V_总$（或摩尔分数$n_i/n_总$）成正比。

（三）有关计算

根据分压定律，可以计算混合气体的总压，也可根据总压和体积分数计算组分气体的分压。

【例 3-1-20】 在298K时，将压强为$3.33 \times 10^4 Pa$的氮气0.2L和压强为$4.67 \times 10^4 Pa$的氧气0.3L移入0.3L的真空容器，问混合气体中各组分气体的分压强、分体积和总压强各为多少？从答案中可得到什么结论？

解　由题意可知，两气体混合过程中温度不变，又知两气体在298K时不发生化学反应，混合前后物质的量不变。所以

$$(pV)_{混合前} = (pV)_{混合后}$$

对氮气

$$3.33 \times 10^4 \times 0.2 = P_{N_2} \times 0.3，\quad p_{N_2} = 2.22 \times 10^4 Pa$$

对氧气

$$4.67 \times 10^4 \times 0.3 = p_{O_2} \times 0.3，\quad p_{O_2} = 4.67 \times 10^4 Pa$$

$$p_总 = (2.22 + 4.67) \times 10^4 = 6.89 \times 10^4 Pa$$

根据分压定律

$$p_i = p_总 \times V_i/V_总，\quad V_i = p_i \times V_总/P_总$$

对氮气

$$V_{N_2} = 2.22 \times 10^4 \times 0.3 \div (6.89 \times 10^4) = 0.097L$$

对氧气

$$V_{O_2} = 4.67 \times 10^4 \times 0.3 \div (6.89 \times 10^4) = 0.203L$$

则氮气和氧气的分压分别为$2.22 \times 10^4 Pa$和$4.67 \times 10^4 Pa$，分体积分别为0.097L和0.203L，总压强为$6.89 \times 10^4 Pa$。可见分体积并不一定是混合前气体的体积。

【例 3-1-21】 将1体积氮气和3体积氢气的混合物放入反应器中，在总压强为$1.42 \times 10^6 Pa$的压强下开始反应，当原料气有9%反应时，各组分的分压和混合气体的总压各为多少？

解　①先求反应前各物质的分压，根据

$$p_i = p_总 \times \frac{V_i}{V_总}$$

对氮气

$$p_{N_2} = 1.42 \times 10^6 \times \frac{1}{1+3} = 3.55 \times 10^5 Pa$$

对氢气

$$p_{H_2} = 1.42 \times 10^6 \times \frac{3}{1+3} = 1.065 \times 10^6 Pa$$

②求反应后各物质的分压，由于氮气和氢气已有9%起了反应，故它们的分压比反应前减小9%，即：

对氮气

$$p_{N_2} = 3.55 \times 10^5 \times (1 - 9\%) = 3.23 \times 10^5 Pa$$

对氢气
$$p_{H_2} = 1.065 \times 10^6 \times (1 - 9\%) = 9.69 \times 10^5 Pa$$

对氨气：根据化学反应方程式

$$N_2 + 3H_2 = 2NH_3$$

氨的生成量为氮消耗量的 2 倍，因此生成的氨的分压为氮分压减少值的 2 倍，即

$$p_{NH_3} = 2 \times (3.55 - 3.23) \times 10^5 = 6.40 \times 10^4 Pa$$

因此混合气体的总压强

$$p_{总} = p_{H_2} + p_{N_2} + p_{NH_3} = (3.23 + 9.69 + 0.64) \times 10^5 = 1.36 \times 10^6 Pa$$

则氮的分压为 $3.23 \times 10^5 Pa$，氢的分压为 $9.69 \times 10^5 Pa$，氨的分压 $6.40 \times 10^4 Pa$；混合气体的总压为 $1.36 \times 10^6 Pa$。

六、液体蒸气压、沸点、汽化热

同气体相比，液体是不可压缩的；液体分子的扩散也比气体分子缓慢得多。

（一）液体的蒸气压

蒸气压是饱和蒸气压的简称，指在一定温度下与液体相互平衡的蒸气所具有的压强。

在某温度下，若将某液体放置在密封的容器中，液体分子将迅速蒸发，随气相中蒸气分子的浓度增加，凝聚速度 V_1 逐渐增加而接近蒸发速度 V_2

$$液体 \underset{凝聚}{\overset{蒸发}{\rightleftharpoons}} 蒸气$$

当 $V_1 = V_2$ 时，液气之间达成动态平衡，此时蒸气分子的浓度和蒸气压均达到某一恒定值。只要有液体与蒸气共存，蒸气压与容器的体积无关。当温度升高时，蒸气压升高。如 80℃时水的蒸气压为 47.4kPa，100℃时为 101.3kPa。

（二）液体的沸点

液体在其蒸气压与液面上压强相等时的温度下沸腾，如果此压强为一个标准大气压（101.3kPa），液体沸腾时的温度就为该液体的正常沸点。即一种液体的正常沸点就是它的平衡蒸气压恰好等于 101.3kPa 时的温度。在 101.3kPa 下的水，正常沸点是 100℃，苯的正常沸点是 80℃。若液面上的压强降低，液体的沸点低于正常沸点，如水面压强降到 3.2kPa，水在 25℃就沸腾，水的沸点为 25℃。反之，水面压强高于 101.3kPa，水的沸点高于正常沸点 100℃，如高压锅中沸水的温度就高于 100℃。

（三）液体的汽化热

为使一种液体能在恒温下蒸发，必须向此液体供给充分的热量。所以把在恒温下使单位质量的液体蒸发所必须供给的热能叫作汽化热。如水的汽化热在 100℃时为 40.6kJ/mol，50℃时为 42.7kJ/mol。

七、晶体类型与物质的性质

（一）晶体的基本类型及物理性质

大多数固体物质都是晶体。晶体是具有规则几何多面体外形的固体。由于晶格结点上的粒子不同，粒子间作用力不同，可将晶体分为离子晶体、原子晶体、分子晶体和金属晶体四种基本类型。

1.离子晶体

在离子晶体中，组成晶格的微粒是正、负离子，它们交错地排列在晶格结点上，彼此以离子键相

结合，离子键的键能较大，因此离子晶体具有较高的熔点、沸点，硬而较脆，易溶于极性溶剂，固态时不导电，熔融状态或水溶液中能导电。

绝大多数盐类（如 NaCl、CaF_2、K_2SO_4 等）、强碱（如 NaOH、KOH 等）和许多金属氧化物（如 MgO、CaO、Na_2O 等）都属于离子晶体的结构类型。

离子晶体的熔点、硬度与晶格的牢固程度与晶格能的大小有关。晶格能是指在 298.15K 和标准压力下，由气态正、负离子生成 1mol 离子晶体所释放出来的能量。

离子电荷与离子半径对离子晶体熔点和硬度的影响：晶格能的大小与正、负离子的电荷（分别以 q^+、q^- 表示）及正、负离子的半径（分别用 r^+、r^- 表示）有关。离子电荷数越多、离子半径越小时，产生的静电强度越大，与相反电荷离子的结合力就越强，相应离子的晶格能就越大，熔点就越高，硬度也越大。

2. 原子晶体

在原子晶体中，组成晶格的粒子是原子。原子间以共价键相结合，由于共价键的结合力极强，所以这类晶体的熔点极高，硬度极大，延展性差，不能导电，不溶于大多数溶剂中。

周期表中第 IVA 族元素碳（金刚石）、硅、锗、灰锡等单质的晶体是原子晶体。周期表中第 IIIA、IVA、VA 族元素彼此组成的化合物如碳化硅（SiC）、氮化铝（AlN）等化合物也是原子晶体。

3. 分子晶体

在分子晶体中，组成晶格的粒子是分子，分子内部虽以共价键相结合，但分子之间则仅靠分子间作用力结合成晶体。由于分子间力比化学键力弱得多，因此，分子晶体的熔点、沸点都很低，在常温下多为气体、液体或低熔点固体。

在分子晶体中，不存在离子或自由电子，所以无论是固态、还是液态都不导电。

分子晶体的物种极多，许多单质如 H_2、O_2、N_2、I、硫（S_3）、白磷（P_4）等和数以万计的化合物如冰（H_2O）、氨（NH_3）、氯化氢（HCl）等在一定条件下形成的固体都属于分子晶体。

4. 金属晶体

在金属晶体的晶格结点上排列着金属的原子和正离子，在它们之间存在着从金属原子脱落下来的自由电子。由于自由电子的存在使金属具有导电性。它的导电性随着温度的升高而降低，它还具有良好的传热性和延展性。

以上四种晶体的结构特征及物理特性，归纳于表 3-1-7。

四种晶体的结构特征与物理特性　　　　　　　　表 3-1-7

晶体类型		离子晶体	原子晶体	分子晶体	金属晶体
晶格结点上粒子		正、负离子	原子	分子	原子、正离子
粒子间作用力		离子键	共价键	分子间力（氢键）	金属键
物理特性	熔点	较高	高	低	多数高、少数低
	硬度	较硬	大	小	多数大、少数小
	导电性	熔融或溶解后导电	差	差	良
	延展性	差	差	差	良
实例		NaCl、MgO、KNO_3、CsCl	金刚石、Si、SiC、GaAs、BN	CO_2、H_2、I_2、H_2O、SO_2	金属及合金

（二）过渡型晶体

过渡型晶体又叫混合型晶体。晶体内部质点间有多种作用力。

1.层状结构晶体

如石墨，层内碳原子间作用力是 sp^2-$sp^2\sigma$键和大π键，层与层之间是分子间力。故石墨耐高温，有金属光泽和良好的传热性、导电性及润滑性。

2.链状结构晶体

如石棉，链内原子之间是共价键，链与链之间作用力是弱静电引力。故石棉易撕裂成纤维状。

（三）推测晶体某些物理特性的一般方法

1.根据元素的性质确定键型和晶型

（1）绝大多数金属为金属键，属金属晶体。

（2）在共价化合物中，先区分原子晶体。原子晶体为数不多，如金刚石（C）、Si、Ge、灰Sn，化合物有 SiC、SiO_2、$GaAs$、AlN、BN 等。

（3）区分离子晶体和分子晶体。位于周期表左下角的金属元素与右上角的非金属元素形成的晶体是典型的离子晶体；一般金属元素与非金属元素形成的晶体是过渡型晶体；非金属元素的单体及其化合物除少数为原子晶体外，其余都是分子晶体。

2.根据各类晶体的特性预测其物理性能

注意区分分子晶体中原子间作用力（即化学键力）和分子间作用力（包括分子间力和氢键），同类型分子晶体随摩尔质量增大，分子间力增大，熔沸点升高。有氢键的分子晶体，熔沸点有所升高但仍低于离子晶体、原子晶体和金属晶体。

不同的金属晶体金属键强度差别较大，IA 族金属原子半径较大、价电子最少，因此金属键较弱，金属晶体熔点低，硬度小，VIB 族原子未成对的外电子数多，原子半径小，金属键较强，元素单质的熔沸点最高。

【例 3-1-22】下列物质中熔点最高的是：

　　　　A. NaCl　　　　　　B. NaF　　　　　　　C. NaBr　　　　　　D. NaI

解　四个化合物都是离子晶体，离子晶体晶格能越大，熔点越高。晶格能大小与正、负离子电荷和半径有关，离子电荷数越多、离子半径越小，晶格能越大。四个化合物正、负离子电荷数相同，氟离子半径最小，NaF 的晶格能最大，熔点最高。

答案：B

【例 3-1-23】下列物质中熔点最高的是：

　　　　A. $AlCl_3$　　　　　　B. $SiCl_4$　　　　　　C. SiO_2　　　　　　D. H_2O

解　四种晶体类型中，原子晶体熔点最高。题中四种物质，SiO_2 是原子晶体，熔点最高。

答案：C

习　题

3-1-1　下列各套量子数中不合理的是（　　）。

　　　　A. $n = 2$，$l = 1$，$m = -1$　　　　　　　　B. $n = 3$，$l = 1$，$m = 0$

　　　　C. $n = 2$，$l = 2$，$m = -2$　　　　　　　　D. $n = 4$，$l = 3$，$m = 3$

3-1-2 下列原子或离子的外层电子分布式中不正确的是（　　　）。

A. V^{2+}　$3s^2$　$3p^6$　$3d^3$　　　　　　　B. Fe^{2+}　$3d^4$　$4s^2$

C. Cu^{2+}　$3s^2$　$3p^6$　$3d^9$　　　　　　　D. Cl　$3s^2$　$3p^5$

3-1-3 属于第五周期的某一元素的原子失去三个电子后，在角量子数为 2 的外层轨道上电子恰好处于半充满状态，该元素的原子序数为（　　　）。

A. 26　　　　　　B. 41　　　　　　C. 76　　　　　　D. 44

3-1-4 量子数 $n = 4$、$l = 2$ 的轨道上允许容纳的最多电子数是（　　　）。

A. 8　　　　　　B. 10　　　　　　C. 18　　　　　　D. 32

3-1-5 下列各组原子和离子半径变化的顺序中，不正确的一组是（　　　）。

A. $P^{3-}>S^{2-}>Cl^->F^-$　　　　　　　　B. $K^+>Ca^{2+}>Fe^{2+}>Ni^{2+}$

C. $Al>Si>Mg>Ca$　　　　　　　　　　D. $V>V^{2+}>V^{3+}>V^{4+}$

3-1-6 下列元素电负性大小顺序中正确的是（　　　）。

A. $Be>B>Al>Mg$　　　　　　　　B. $B>Al>Be≈Mg$

C. $B>Be≈Al>Mg$　　　　　　　　D. $B≈Al<Be<Mg$

3-1-7 下列含氧酸中酸性最弱的是（　　　）。

A. $HClO_3$　　　　　B. $HBrO_3$　　　　　C. H_2SO_4　　　　　D. H_2CO_3

3-1-8 下列氢氧化物中碱性最强的是（　　　）。

A. $Sr(OH)_2$　　　　B. $Fe(OH)_3$　　　　C. $Ca(OH)_2$　　　　D. $Sc(OH)_3$

3-1-9 下列共价型化合物中键有极性、分子没有极性的是（　　　）。

A. H_2O　　　　　B. $CHCl_3$　　　　　C. BF_3　　　　　D. PCl_3

3-1-10 OF_2 分子中氧原子的杂化轨道是（　　　）。

A. sp^3 杂化　　　　　　　　　　B. dsp^2 杂化

C. sp^2 杂化　　　　　　　　　　D. sp^3 不等性杂化

3-1-11 下列各组判断中不正确的是（　　　）。

A. $SiCl_4$、CH_4、CO_2、BCl_3 均为非极性分子

B. H_2O、H_2S、OF_2、SO_2 均为非极性分子

C. $SnCl_2$、HCl、H_2S、PCl_3 均为极性分子

D. CO、HI、NH_3、HF 均为极性分子

3-1-12 SO_2 分子之间存在着（　　　）。

A. 色散力　　　　　　　　　　　B. 色散力、诱导力

C. 色散力、取向力　　　　　　　　D. 取向力、诱导力、色散力

3-1-13 下列化合物中，分子间具有氢键的是（　　　）。

A. SiH_4　　　　　B. HF　　　　　C. H_2S　　　　　D. C_2H_6

3-1-14 下列晶体熔化时要破坏共价键力的是（　　　）。

A. SiC　　　　　B. MgO　　　　　C. CO_2　　　　　D. Cu

第二节 溶 液

溶液是由一种或几种物质以分子、原子或离子状态分散到另一种物质中形成均匀而稳定的体系。后者称溶剂，一般为液体；前者为溶质，可为固体、液体、气体。

一、溶液的浓度及计算

溶液的浓度是指一定量的溶剂（或溶液）中含有的溶质量。

（一）质量百分比浓度（A%）

溶液中组分 A 的质量百分比浓度可表示为

$$A\% = \frac{A\ 的质量}{溶液总质量} \times 100\% \qquad (3-2-1)$$

例如，36%的浓盐酸即为 100g 浓盐酸中含 36g 氯化氢和 64g 水。

（二）"物质的量"浓度（C_A）

在溶液的单位体积V中，含有溶质 A 的"物质的量"n_A。表达式为

$$C_A = \frac{n_A(\text{mol})}{V(\text{L})} \qquad (3-2-2)$$

（三）物质的量分数（或摩尔分数）（X_A）

溶液中组分 A 的"物质的量"（或组分 A 的摩尔数）n_A，与各组分的"物质的量"总和（或各组分的总摩尔数）$n_A + n_B$之比，可表达为

$$X_A = \frac{n_A}{n_A + n_B} \qquad (3-2-3)$$

（四）质量摩尔浓度（m_A）

1 000g 溶剂中溶质 A 的"物质的量"为n_A，则m_A可表示为

$$m_A = n_A / 1\,000\text{g} \qquad (3-2-4)$$

【例 3-2-1】 现有 100mL 浓硫酸，测得其质量分数为 98%，密度为 1.84g·mL^{-1}，其物质的量浓度为：

   A. 18.4mol·L^{-1} B. 18.8mol·L^{-1} C. 18.0mol·L^{-1} D. 1.84mol·L^{-1}

解 100mL 浓硫酸中 H_2SO_4 的物质的量$n = 100 \times 1.84 \times 0.98 / 98 = 1.84$mol

物质的量浓度$C = 1.84 / 0.1 = 18.4$mol·L^{-1}

答案：A

二、稀溶液通性

稀溶液的通性是指溶液的蒸气压降低、沸点升高、凝固点下降以及渗透压等。这些性质只与溶质的粒子数有关，与溶质本性无关，所以又叫依数性。

（一）溶液的蒸气压下降

蒸气压是指在一定温度下，液体与它的蒸气处于平衡时蒸气所具有的压强。所谓溶液的蒸气压，

实际上是指溶液中溶剂的蒸气压。在相同温度下，溶液的蒸气压总是低于纯溶剂的蒸气压。纯溶剂的蒸气压 p^* 与溶液蒸气压 $p_{溶液}$ 之差叫溶液蒸气压的降低 Δp。

$$\Delta p = p^* - p_{溶液} \tag{3-2-5}$$

其定量关系为拉乌尔定律

$$\Delta p = \frac{n_A}{n_A + n_B} \times p^* \quad 或 \quad \Delta p = \frac{n_A}{n_B} \times p^* \tag{3-2-6}$$

式中，n_A、n_B 分别表示溶质、溶剂物质的量。$\frac{n_A}{n_A + n_B}$（或 $\frac{n_A}{n_B}$）称溶质 A 的物质的量分数。该式表示：难挥发非电解质稀溶液的蒸气压下降与溶质的物质的量分数成正比。

（二）溶液的沸点上升和凝固点下降

沸点就是液相蒸气压等于外压时的温度，而凝固点则是固相蒸气压等于液相蒸气压时的温度。一切纯物质都有一定的沸点和凝固点。例如当纯水的蒸气压等于 101.325kPa 时，它的沸点（正常沸点）就是 100℃，而 0℃ 即为水的凝固点，此时 $p_{H_2O}(s) = p_{H_2O}(L) = 0.611kPa$，冰水共存。

由于溶液的蒸气压下降，使得它的沸点高于纯溶剂的沸点。而溶液的凝固点都低于纯溶剂的凝固点。溶液沸点上升和凝固点下降的定量关系为拉乌尔定律。

$$\Delta T_{bp} = k_{bp} \cdot m \tag{3-2-7}$$

$$\Delta T_{fp} = k_{fp} \cdot m \tag{3-2-8}$$

上述式中：ΔT_{bp}、ΔT_{fp} ——分别表示沸点升高度数和凝固点降低度数；

k_{bp}、k_{fp} ——分别表示溶剂的沸点上升常数和凝固点下降常数；

m ——质量摩尔浓度，在近似计算中也可用物质的量浓度（C）代替。

沸点升高用于热处理，凝固点下降一般作制冷剂的防冻剂。

【例 3-2-2】 将 3.0g 尿素 $CO(NH_2)_2$ 溶于 200g 水中，计算此溶液的沸点和凝固点。已知水的 $k_{bp} = 0.52$，$k_{fp} = 1.86$。

解　尿素的摩尔质量为 60g/mol，尿素的 $n = 3.0/60 = 0.05mol$

质量摩尔浓度

$$m = \frac{0.05}{200} \times 1\ 000 = 0.25\ mol/kg$$

$$\Delta T_{bp} = k_{bp} \cdot m = 0.52 \times 0.25 = 0.13℃$$

此溶液的沸点为

$$100 + 0.13 = 100.13℃$$

$$\Delta T_{fp} = k_{fp} \cdot m = 1.86 \times 0.25 = 0.47℃$$

此溶液的凝固点为

$$0.00 - 0.47 = -0.47℃$$

【例 3-2-3】 下列溶液凝固点最高的是：

A. 1mol/L HAc　　　　　　　　　　　　B. 0.1mol/L $CaCl_2$

C. 1mol/L H_2SO_4　　　　　　　　　　D. 0.1mol/L HAc

解　根据拉乌尔定律，溶液凝固点下降的度数与溶液中所有溶质粒子的质量摩尔浓度（近似等于物质量浓度）成正比。四种溶液中溶质粒子浓度大小顺序为：C>A>B>D，所以选项 D 溶液凝固点下降最小，凝固点最高。

答案：D

（三）渗透压

只允许溶剂分子通过，不允许溶质分子通过的薄膜叫半透膜。溶剂分子透过半透膜进入溶液的现象叫渗透。阻止溶剂分子通过半透膜进入溶液所施加于溶液的最小额外压力叫渗透压。渗透压的大小可用范托夫公式表示

$$p_{渗} = \frac{n}{V}RT = CRT \tag{3-2-9}$$

式中：R ——取值为 $8.31[Pa \cdot m^3/(mol \cdot K)]$；

$\quad\quad T$ ——绝对温度（K）。

难挥发非电解质稀溶液的性质（Δp、ΔT_{bp}、ΔT_{fp}、$p_{渗}$）与一定量溶剂中所溶解溶质的物质的量成正比，与溶质本性无关。

稀溶液定律并不适用于浓溶液和电解质溶液，但可做到定性比较。例如下列水溶液的凝固点，由高到低的排列顺序为：$0.1mol/L\ C_6H_{12}O_6 > 0.1mol/L\ HAc > 0.1mol/L\ NaCl > 0.1\ mol/L\ CaCl_2 > 1mol/L\ C_6H_{12}O_6 > 1\ mol/L\ HAc > 1mol/L\ NaCl > 1\ mol/L\ H_2SO_4$。

【例 3-2-4】下列溶液中渗透压最高的是：

A. $0.1mol/L\ C_2H_5OH$ B. $0.1mol/L\ NaCl$

C. $0.1mol/L\ HAc$ D. $0.1mol/L\ Na_2SO_4$

解 根据范托夫公式 $p_{渗} = CRT$，四种溶液中粒子浓度顺序为：D>B>C>A，所以选项 D 溶液的渗透压最大。

答案：D

三、电解质溶液

在水溶液中或在熔融状态下能形成离子，因而能导电的物质称电解质。在水溶液中能完全电离的电解质称为强电解质；仅能部分电离的称为弱电解质。

（一）一元弱酸、弱碱的电离平衡

$$AB \rightleftharpoons A^+ + B^-$$

平衡时

$$K_i = \frac{[C_{A^+}/C^{\ominus}][C_{B^-}/C^{\ominus}]}{[C_{AB}/C^{\ominus}]} 或 K_i = \frac{C_{A^+} \cdot C_{B^-}}{C_{AB}} \tag{3-2-10}$$

式中：K_i ——电离常数，K_i是温度的函数，与物质的浓度无关；对类型相同的酸或碱可用K_i值的大小衡量它们电离程度的大小，并比较其酸性或碱性的相对强弱。

当弱电解质在溶液中达到电离平衡时，已电离的分子数占溶质分子总数的百分比叫作电离度（解离度），常用α表示，即

$$\alpha = \frac{已电离的溶质分子数}{溶质的分子总数} \times 100\% \tag{3-2-11}$$

α与K_i都能表示弱电解质的电离能力，都可用来比较弱电解质的相对强弱，不同的是电离度受温度和浓度的影响。

电离度α与K_i的关系

$$K_i = \frac{C\alpha^2}{1-\alpha} \tag{3-2-12}$$

式中： C ——AB 的起始浓度。

当 $C/K_i \geqslant 500$ 时，α 很小，上式可改写为

$$K_i = C\alpha^2 或 \alpha = \sqrt{\frac{K_i}{C}} \quad （稀释定律）\tag{3-2-13}$$

它表明浓度越稀，电离度越大。

当 AB 为弱酸时，$K_i = K_a$；$C_{A^+} = C_{H^+}$

$$C_{H^+} = C \cdot \alpha = \sqrt{K_a \cdot C}\tag{3-2-14}$$

当 AB 为弱碱时，$K_i = K_b$；$C_{B^-} = C_{OH^-}$

$$C_{OH^-} = C \cdot \alpha = \sqrt{K_b \cdot C}\tag{3-2-15}$$

当 AB 是 H_2O 时，$C_{H^+} = C_{A^+}$；$C_{OH^-} = C_{B^-}$

则

$$C_{H^+} \cdot C_{OH^-} = K_i \cdot C_{H_2O} = K_w\tag{3-2-16}$$

K_w 为 H_2O 的离子积，298K 纯水中 $C_{H^+} = C_{OH^-} = 1 \times 10^{-7}$ mol/L，所以 $K_w = 1 \times 10^{-14}$。

令

$$-\lg C_{H^+} = pH \quad （酸度）\tag{3-2-17}$$

$$-\lg C_{OH^-} = pOH \quad （碱度）\tag{3-2-18}$$

则

$$-\lg C_{H^+} - \lg C_{OH^-} = -\lg K_w$$

$$pH + pOH = 14\tag{3-2-19}$$

【例 3-2-5】 已知 $K_b^{\ominus}(NH_3 \cdot H_2O) = 1.8 \times 10^{-5}$，0.1mol·L^{-1} 的 $NH_3 \cdot H_2O$ 溶液的 pH 为：

 A. 2.87 B. 11.13 C. 2.37 D. 11.63

解 $NH_3 \cdot H_2O$ 为一元弱碱，

$$C_{OH^-} = \sqrt{K_b \cdot C} = \sqrt{1.8 \times 10^{-5} \times 0.1} \approx 1.34 \times 10^{-3} mol/L$$

$$C_{H^+} = 10^{-14}/C_{OH^-} \approx 7.46 \times 10^{-12}, \quad pH = -\lg C_{H^+} \approx 11.13$$

答案：B

（二）多元弱酸的电离平衡

多元弱酸的电离是分级进行的，每一级有一个电离常数，且 $K_{a1} > K_{a2}$，以硫化氢为例：

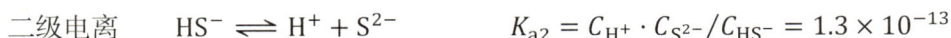

一级电离 $H_2S \rightleftharpoons H^+ + HS^-$ $K_{a1} = C_{H^+} \cdot C_{HS^-}/C_{H_2S} = 1.0 \times 10^{-7}$

二级电离 $HS^- \rightleftharpoons H^+ + S^{2-}$ $K_{a2} = C_{H^+} \cdot C_{S^{2-}}/C_{HS^-} = 1.3 \times 10^{-13}$

计算溶液中 C_{H^+} 时，可采用与一元弱酸计算 C_{H^+} 相似的计算方法，如 H_2S 水溶液中

$$C_{H^+} = C_{HS^-} = \sqrt{K_{a1} \cdot C}\tag{3-2-20}$$

因此，比较多元弱酸的强弱时，或与一元弱酸比较强弱时，只需比较 K_{a1} 的大小即可。

计算 $C_{S^{2-}}$ 时用 K_{a2}

$$C_{S^{2-}} = K_{a2} \cdot \frac{C_{HS^-}}{C_{H^+}} = K_{a2}\tag{3-2-21}$$

以上两级电离平衡符合多重平衡规则：两电离平衡方程式相加得总平衡式，总式的 K_a 等于 $K_{a1} \cdot K_{a2}$，即

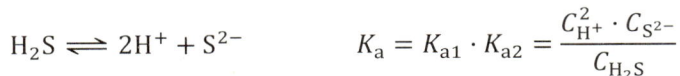

$$H_2S \rightleftharpoons 2H^+ + S^{2-} \quad K_a = K_{a1} \cdot K_{a2} = \frac{C_{H^+}^2 \cdot C_{S^{2-}}}{C_{H_2S}}$$

或

$$C_{S^{2-}} = K_{a1} \cdot K_{a2} \cdot \frac{C_{H_2S}}{C_{H^+}^2}\tag{3-2-22}$$

该关系式表明：只要调节 H_2S 饱和溶液中的 pH 值就可以控制 S^{2-} 的浓度。室温时 H_2S 饱和溶液的浓度可视为 0.1mol/L。

（三）单相同离子效应

在弱电解质溶液中，加入与其具有共同离子的强电解质时，导致弱电解质电离度降低的现象称为单相同离子效应。它是离子浓度的改变引起电离平衡移动的结果。例如在 HAc 溶液中加入 NaAc，由于增加了 Ac^- 离子的浓度，使 HAc 电离平衡向左移动，从而降低了 HAc 的电离度。

【例 3-2-6】往 0.1mol/L 的 $NH_3 \cdot H_2O$ 溶液中加入一些 NH_4Cl 固体并使其完全溶解后，则：

A. 氨的电离度增加　　　　　　　　　B. 氨的电离度减小

C. 溶液的 pH 值增加　　　　　　　　D. 溶液的 H^+ 浓度下降

解　$NH_3 \cdot H_2O$ 溶液中存在如下电离平衡：$NH_3 \cdot H_2O \rightleftharpoons NH_4^+ + OH^-$，加入一些 NH_4Cl 固体并使其完全溶解后，溶液中的 NH_4^+ 浓度增加，平衡逆向移动，氨的电离度减小，溶液的 pH 值减小。

答案：B

（四）缓冲溶液

缓冲溶液是弱酸及弱酸盐（或弱碱及弱碱盐）的混合液，其 pH 值能在一定范围内不受少量酸或碱或稀释的影响而发生显著的变化。缓冲溶液的缓冲原理就是单相同离子效应。

【例 3-2-7】下列各组溶液能作缓冲溶液的是：

A. KOH 溶液—KNO_3 溶液

B. 0.1mol/L 20mL $NH_3 \cdot H_2O$—0.1mol/L 30mL HCl 溶液

C. 0.5mol/L 50mL HAc 溶液—0.5mol/L 25mL NaOH 溶液

D. 0.5mol/L 50mL HCl 溶液—0.5mol/L 25mL NaOH 溶液

解　缓冲溶液是由弱酸及弱酸盐（或弱碱及弱碱盐）的混合液。选项 C 中 HAc 的物质的量是 NaOH 的 2 倍，两种溶液混合后反应生成 NaAc，形成 HAc—NaAc 缓冲溶液。

答案：C

缓冲溶液 pH 值的计算方法：

酸性缓冲溶液

$$C_{H^+} = K_a \cdot C_{酸}/C_{盐}$$
$$pH = pK_a - \lg(C_{酸}/C_{盐}) \tag{3-2-23}$$

式中

$$pK_a = -\lg K_a$$

碱性缓冲溶液

$$C_{OH^-} = K_b \cdot C_{碱}/C_{盐}$$
$$pH = 14 - pK_b + \lg(C_{碱}/C_{盐}) \tag{3-2-24}$$

式中

$$pK_b = -\lg K_b$$

【例 3-2-8】20mL 0.1mol/L 氨水与 10mL 0.1mol/L HCl 混合。求 pH 值（$K_b = 1.77 \times 10^{-5}$）。

解　两种溶液混合后，生成 NH_4Cl，其浓度为 $C_{NH_4^+} = 10 \times 0.1/30 = \frac{1}{30}$ mol/L，剩余的氨浓度为 $C_{NH_3} = (20 \times 0.1 - 10 \times 0.1)/30 = \frac{1}{30}$ mol/L。所以该体系为 NH_3—NH_4^+ 体系，其 pH 值为 $pH = 14 - pK_b + \lg C_{碱}/C_{盐} = 14 - 4.75 = 9.25$。

缓冲溶液的选择与配制：

缓冲溶液的 pH 值首先取决于 pK_a 或 pK_b，其次是 $C_{酸}/C_{盐}$ 或 $C_{碱}/C_{盐}$ 的比值。在配制一定 pH 值的缓冲溶液时，所选择弱酸的 pK_a（或弱碱的 pK_b）要尽可能与要求的 pH 值（或 pOH 值）接近，然后调节 $C_{酸}/C_{盐}$（或 $C_{碱}/C_{盐}$）的比值，当比值为 1 时缓冲能力最大。这时溶液的 pH=pK_a（pOH=pK_b）。例如配制 pH 值为 5 的缓冲溶液时，可选择 HAc–NaAc（因 pK_{HAc}=4.75），然后再确定 HAc 和 NaAc 的用量。

【例 3-2-9】 将 0.2mol/L的醋酸与 0.2mol/L的醋酸钠溶液混合，为使溶液的 pH 维持在 4.05，则加入酸和盐的体积比为（K_a=1.76×10^{-5}）：

　　　　　A. 6：1　　　　　B. 4：1　　　　　C. 5：1　　　　　D. 10：1

解　弱酸和弱酸盐组成的缓冲溶液 pH = pK_a − lg $C_{酸}/C_{盐}$

所以 $4.05 = -\lg 1.76 \times 10^{-5} - \lg C_{酸}/C_{盐}$

$\lg C_{酸}/C_{盐} = -\lg 1.76 \times 10^{-5} - 4.05 \approx 0.704$，$C_{酸}/C_{盐} \approx 5.0$

设加入酸的体积为 $V_{酸}$，加入盐的体积为 $V_{盐}$，则

$$\frac{\left(0.2 \times V_{酸}\right) \div \left(V_{酸} + V_{盐}\right)}{\left(0.2 \times V_{盐}\right) \div \left(V_{酸} + V_{盐}\right)} = 5$$

即 $V_{酸}/V_{盐} = 5:1$

答案： C

（五）盐类的水解

盐类的水解是指盐类的离子与水作用生成弱酸或弱碱的反应。由于这个反应的发生，破坏了水的电离平衡，使溶液具有酸性或碱性。

盐类的水解由水的电离平衡和弱电解质的电离平衡组成。其水解常数 K_h 可由多重平衡规则导出。如 NaAc 的水解平衡，可由下列两个电离平衡相减得到

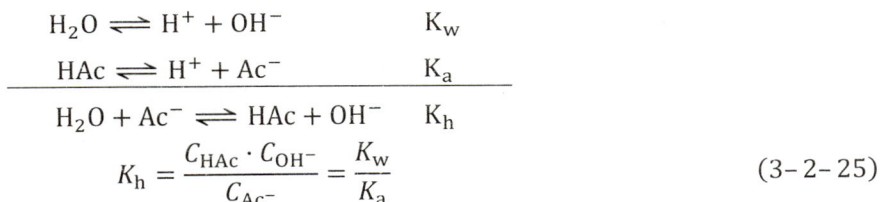

$$H_2O \rightleftharpoons H^+ + OH^- \qquad K_w$$
$$\underline{HAc \rightleftharpoons H^+ + Ac^- \qquad K_a}$$
$$H_2O + Ac^- \rightleftharpoons HAc + OH^- \qquad K_h$$

$$K_h = \frac{C_{HAc} \cdot C_{OH^-}}{C_{Ac^-}} = \frac{K_w}{K_a} \tag{3-2-25}$$

同理可推导出一元弱碱强酸盐、弱酸弱碱盐及多元弱酸强碱盐的水解常数（见表 3-2-1）。

各类盐的水解常数、C_{H^+} 或 C_{OH^-} 及溶液的酸碱性　　　　　表 3-2-1

盐的种类	水解平衡实例	水解常数	C_{H^+} 或 C_{OH^-}	酸碱性
强碱弱酸盐	$Ac^- + H_2O \rightleftharpoons HAc + OH^-$	K_w/K_a	$C_{OH^-} = \sqrt{C \cdot K_w/K_a}$	碱性
强酸弱碱盐	$NH_4^+ + H_2O \rightleftharpoons NH_3 \cdot H_2O + H^+$	K_w/K_b	$C_{H^+} = \sqrt{C \cdot K_w/K_b}$	酸性
弱酸弱碱盐	$NH_4^+ + Ac^- + H_2O \rightleftharpoons NH_3 \cdot H_2O + HAc$	$K_w/K_a \cdot K_b$	$C_{H^+} = \sqrt{K_a \cdot K_w/K_b}$	$K_a = K_b$ 中性 $K_a > K_b$ 酸性 $K_a < K_b$ 碱性
多元弱酸盐	$CO_3^{2-} + H_2O \rightleftharpoons HCO_3^- + OH^-$ $HCO_3^- + H_2O \rightleftharpoons H_2CO_3 + OH^-$	K_w/K_{a2} K_w/K_{a1}	$C_{OH^-} = \sqrt{\dfrac{K_w \cdot C}{K_{a2}}}$	碱性

盐类水解的程度可用水解常数来衡量，K_h 越大（或 K_a 或 K_b 越小），盐类的水解程度越大；也可用水解度 h 来衡量。

$$h = \frac{已水解盐的物质的量(或浓度)}{起始盐物质的量(或浓度)} \times 100\% \quad (3-2-26)$$

多元弱酸强碱盐的水解是分级进行的。如 Na_2CO_3 按下面两级进行水解：

一级水解　　　　$CO_3^{2-}+H_2O \rightleftharpoons HCO_3^-+OH^-$ 　　　　$K_{h1} = 1.8 \times 10^{-4}$

二级水解　　　　$HCO_3^-+H_2O \rightleftharpoons H_2CO_3+OH^- \rightleftharpoons H_2CO_3 + OH^-$ 　　　　$K_{h2} = 2.3 \times 10^{-8}$

由于 $K_{h1} \geqslant K_{h2}$，所以计算该类盐溶液的 pH 值时，一般只考虑一级水解即可。

影响水解平衡移动的因素有：水解离子的本性、温度、盐的浓度、溶液的酸度等。

【例 3-2-10】已知 K_b（$NH_3·H_2O$）$=1.8\times10^{-5}$，将 $0.2mol·L^{-1}$ 的 $NH_3·H_2O$ 溶液和 $0.2mol·L^{-1}$ 的 HCl 溶液等体积混合，其混合溶液 pH 为：

　　　　A. 5.12　　　　　　　B. 8.87　　　　　　　C. 1.63　　　　　　　D. 9.73

解　将 $0.2mol·L^{-1}$ 的 $NH_3·H_2O$ 与 $0.2mol·L^{-1}$ 的 HCl 溶液等体积混合生成 $0.1mol·L^{-1}$ 的 NH_4Cl 溶液，NH_4Cl 为强酸弱碱盐，可以水解，

溶液 $C_{H^+} = \sqrt{C · K_W/K_b} = \sqrt{0.1 \times 10^{-14}/(1.8 \times 10^{-5})} \approx 7.5 \times 10^{-6}$，$pH = -\lg C_H^+ = 5.12$

答案： A

【例 3-2-11】浓度均为 $0.1mol·L^{-1}$ 的 NH_4Cl、NaCl、NaOAc、Na_3PO_4 溶液，其 pH 值从小到大顺序正确的是：

　　　　A. NH_4Cl，NaCl，NaOAc，Na_3PO_4　　　　　　B. Na_3PO_4，NaOAc，NaCl，NH_4Cl

　　　　C. NH_4Cl，NaCl，Na_3PO_4，NaOAc　　　　　　D. NaOAc，Na_3PO_4，NaCl，NH_4Cl

解　NH_4Cl 为强酸弱碱盐，水解显酸性；NaCl 不水解；NaOAc 和 Na_3PO_4 均为强碱弱酸盐，水解显碱性，因为 $K_a(HAc) > K_{a3}(H_3PO_4)$，所以 Na_3PO_4 的水解程度更大，碱性更强。

答案： A

（六）多相离子平衡

一定温度下的难溶电解质饱和溶液中未溶解的固体与溶液中离子之间的平衡叫多相离子平衡，简称溶解平衡。平衡时离子浓度的乘积为一常数，称溶度积。

1. 溶度积（K_{sp}）

$$A_nB_m(s) \rightleftharpoons nA^{m+} + mB^{n-}$$

溶度积的表达式为

$$K_{sp(A_nB_m)} = C_{A^{m+}}^n · C_{B^{n-}}^m \quad (3-2-27)$$

溶度积和溶解度 S（单位：mol/L）都可表示物质的溶解能力。如用 K_{sp} 直接比较，仅限于同类型的难溶电解质。K_{sp} 与 S 的关系如下：

对 AB 型物质：如 AgX、$BaSO_4$、$CaCO_3$ 等。

$$S = \sqrt{K_{sp(AB)}} \quad (3-2-28)$$

对 A_2B（或 AB_2）型物质：如 Ag_2CrO_4、Mg（OH）$_2$ 等。

$$S = \sqrt[3]{\frac{K_{sp(A_2B)}}{4}} \quad (3-2-29)$$

对同类型的难溶物质，其溶度积大，则溶解度也一定大。但对于不同类型的难溶物质，溶度积大的，溶解度不一定大，所以要求出溶解度方可比较溶解能力的大小。

【例 3-2-12】 能正确表示 $HgCl_2$ 的 S 与 K_{sp} 之间的关系式是：

A. $S = \sqrt{\dfrac{K_{sp}}{2}}$ 　　　　　　　　　　　　B. $S = \sqrt{K_{sp}}$

C. $S = \sqrt[3]{K_{sp}}$ 　　　　　　　　　　　　D. $S = \sqrt[3]{\dfrac{K_{sp}}{4}}$

解　$HgCl_2$ 为 AB_2 型物质，S 与 K_{sp} 的关系为 D 式。

答案： D

2. 溶度积规则

对于难溶电解质 A_nB_m，在任意状态时

$$C_{A^{m+}}^n \cdot C_{B^{n-}}^m = Q(离子积) \tag{3-2-30}$$

若 $Q > K_{sp}$ 　为过饱和溶液，有沉淀析出；

若 $Q = K_{sp}$ 　为饱和溶液，处于平衡状态；

若 $Q < K_{sp}$ 　为不饱和溶液，无沉淀析出。

3. 多相同离子效应

在难溶电解质饱和溶液中加入含有相同离子的强电解质，使难溶电解质溶解度降低的现象称多相同离子效应。利用同离子效应可使某些离子沉淀更完全。离子沉淀完全的条件是被沉淀离子的浓度 $\leqslant 10^{-5} mol/L$。

4. 沉淀的溶解

根据溶度积规则，沉淀溶解的必要条件是 $Q < K_{sp}$。因此，一切能降低离子浓度的方法都会促使溶解平衡向溶解的方向移动，沉淀就会溶解。通常采用的方法有酸碱溶解法、氧化还原法、配合溶解法等。

5. 沉淀的转化

由一种沉淀向另一种沉淀转化的过程称沉淀的转化。向沉淀物中加入另一沉淀剂后，沉淀转化的可能性和限度，由平衡常数 K 确定。

例如 　　　　$Ag_2CrO_4(s) + 2Cl^- \rightleftharpoons 2AgCl(s) + CrO_4^{2-}$

$$K = \frac{C_{CrO_4^{2-}}}{C_{Cl^-}^2} = \frac{C_{CrO_4^{2-}} \cdot C_{Ag^+}^2}{C_{Cl^-}^2 \cdot C_{Ag^+}^2} = \frac{K_{sp(Ag_2CrO_4)}}{K_{sp(AgCl)}^2}$$

$$K = \frac{9 \times 10^{-12}}{(1.56 \times 10^{-10})^2} = 3.7 \times 10^8 > 1 \times 10^7$$

K 值较大，沉淀转化可以实现。对同一类型的难溶电解质，反应物的 K_{sp} 与生成物的 K_{sp} 的比值越大，沉淀转化越完全。

6. 分步沉淀

若溶液中含有多种离子，加入沉淀剂时，离子积先超过 K_{sp} 的离子先沉淀，后超过者后沉淀。这种先后沉淀的现象叫分步沉淀。分步沉淀不仅与 K_{sp} 有关，而且还与被沉淀的离子浓度有关。当离子浓度相同时，对同类型难溶电解质，K_{sp} 越小者越先沉淀。

分步沉淀可用来分离或提纯物质。如果被分离的几种物质 K_{sp} 相差越大，则分离就越完全。

【例 3-2-13】 在 $BaSO_4$ 饱和溶液中，加入 $BaCl_2$，利用同离子效应使 $BaSO_4$ 的溶解度降低，体系中 $C(SO_4^{2-})$ 的变化是：

A. 增大 　　　　B. 减小 　　　　C. 不变 　　　　D. 不能确定

解　在 $BaSO_4$ 饱和溶液中，存在 $BaSO_4 = Ba^{2+} + SO_4^{2-}$ 平衡，加入 $BaCl_2$，溶液中 Ba^{2+} 增加，平衡向

左移动，SO_4^{2+} 的浓度减小。

答案： B

【例 3-2-14】 AgCl 固体在下列哪一种溶液中的溶解度最大：

    A. 0.01mol/L 氨水溶液   B. 0.01mol/L 氯化钠溶液

    C. 纯水   D. 0.01mol/L 硝酸银溶液

解 AgCl 溶液中存在如下沉淀溶解平衡：$AgCl（s）\rightleftharpoons Ag^+ + Cl^-$。加入氯化钠和硝酸银溶液都会使 AgCl 的溶解度降低（多相同离子效应）；加入纯水对 AgCl 溶解度没影响；加入氨水后，Ag^+ 与 NH_3 形成配合物，使平衡向右移动，从而使 AgCl 溶解度增大。

答案： A

【例 3-2-15】 下列水溶液中 pH 值最大的是：

    A. $0.1mol/dm^3$ HCN

    B. $0.1mol/dm^3$ NaCN

    C. $0.1mol/dm^3$ HCN + $0.1mol/dm^3$ NaCN

    D. $0.1mol/dm^3$ NaAc

解 HCN 和 HAc 两个弱酸的解离常数分别为 $5.8×10^{-10}$ 和 $1.76×10^{-5}$

选题 A 溶液为一元弱酸，$C_{H^+} = \sqrt{K_a \cdot C} = \sqrt{5.8 × 10^{-11}} \approx 7.6 × 10^{-6} mol \cdot L^{-1}$

选项 C 溶液为缓冲溶液，$C_{H^+} = K_a × C_{酸}/C_{盐} = K_a = 5.8 × 10^{-10} mol \cdot L^{-1}$

选项 B、D 均为强碱弱酸盐，可以水解，溶液显碱性。

选项 B 溶液的 $C_{OH^-} = \sqrt{C × \frac{K_W}{K_a}} = \sqrt{0.1 × \frac{10^{-14}}{5.8×10^{-10}}} \approx 1.3 × 10^{-3} mol \cdot L^{-1}$

则 $C_{H^+} = \frac{K_W}{c_{OH^-}} \approx 7.7 × 10^{-12} mol \cdot L^{-1}$

选项 D 溶液的 $C_{OH^-} = \sqrt{C × \frac{K_W}{K_a}} = \sqrt{0.1 × \frac{10^{-14}}{1.76×10^{-5}}} \approx 7.5 × 10^{-6} mol \cdot L^{-1}$

则 $C_{H^+} = \frac{K_W}{c_{OH^-}} \approx 1.3 × 10^{-9} mol \cdot L^{-1}$

总结：一元弱酸溶液显酸性；一元弱酸及弱酸盐组成的缓冲溶液显酸性；强碱弱酸盐显碱性，弱酸的解离常数越小，强碱弱酸盐的碱性越强。

答案： B

7. 多相离子平衡计算举例

【例 3-2-16】 计算 $Mg(OH)_2$：①在纯水中；②在 0.01mol/L $MgCl_2$ 溶液中；③在 0.2mol/L NH_4Cl 和 0.5mol/L 氨水混合溶液中的溶解度。已知 $K_{sp[Mg(OH)_2]} = 1.8 × 10^{-11}$，$K_{b[NH_3 \cdot H_2O]} = 1.77 × 10^{-5}$。

解 设 $Mg(OH)_2$ 的溶解度为 x mol/L

①在纯水中

$$Mg(OH)_2(s) \rightleftharpoons Mg^{2+} + 2OH^-$$

平衡浓度(mol/L) x $2x$

$$K_{sp} = C_{Mg^{2+}} \cdot C_{OH^-}^2 = 4x^3$$

$$x = \sqrt[3]{\frac{K_{sp[Mg(OH)_2]}}{4}} = \sqrt[3]{\frac{1.8 × 10^{-11}}{4}} = 1.65 × 10^{-4} mol/L$$

②在$MgCl_2$溶液中

$$Mg(OH)_2(s) \rightleftharpoons Mg^{2+} + 2OH^-$$

平衡浓度(mol/L) $0.01 + x$ $2x$

$$K_{sp} = (0.01 + x)(2x)^2 = 1.8 \times 10^{-11}$$

按近似计算，$0.01 + x \approx 0.01$，则$x = 2.12 \times 10^{-5} mol/L$

③在混合溶液中

$$Mg(OH)_2(s) + 2NH_4^+ \rightleftharpoons Mg^{2+} + 2NH_3 \cdot H_2O$$

平衡浓度(mol/L) $0.2 - 2x$ x $0.5 + 2x$

该式的K

$$K = K_{sp[Mg(OH)]_2}/K_b^2 = 1.8 \times 10^{-11}/(1.77 \times 10^{-5})^2 = 0.057$$

$$K = C_{Mg^{2+}} \cdot C_{NH_3 \cdot H_2O}^2/C_{NH_4^+}^2 = x(0.5 + 2x)^2/(0.2 - 2x)^2 = 0.057$$

按近似计算，$0.5 + 2x \approx 0.5$，则$x = 9.12 \times 10^{-3} mol/L$

因$2x$远小于0.2，故可忽略$2x$。

【例 3-2-17】 向含有0.1mol/L $CuSO_4$和1.0mol/L HCl混合液中不断通入 H_2S 气体，计算溶液中残留的 Cu^{2+} 离子浓度。已知$K_{a1} = 1.1 \times 10^{-7}$，$K_{a2} = 1.3 \times 10^{-13}$，$K_{sp(CuS)} = 6.3 \times 10^{-36}$，$H_2S$ 饱和溶液的浓度为 0.1mol/L。

解 设反应后溶液中残留的 Cu^{2+}浓度为$x$mol/L

$$Cu^{2+} + H_2S \rightleftharpoons CuS(s) + 2H^+$$

平衡浓度(mol/L) x 0.1 $1.2 - 2x$

$$K = \frac{K_{a1} \cdot K_{a2}}{K_{sp}} = \frac{1.1 \times 10^{-7} \times 1.3 \times 10^{-13}}{6.3 \times 10^{-36}} = 2.27 \times 10^{15}$$

$$2.27 \times 10^{15} = C_{H^+}^2/C_{Cu^{2+}} \cdot C_{H_2S} = (1.2 - 2x)^2/x \times 0.1$$

按近似计算，$1.2 - 2x \approx 1.2$

$$x = 1.2^2/(0.1 \times 2.27 \times 10^{15}) = 6.3 \times 10^{-15} mol/L$$

【例 3-2-18】 在 0.1mol/L $FeCl_3$溶液中加入等体积 0.2mol/L氨水和 2.0mol/L NH_4Cl 混合液，能否产生 $Fe(OH)_3$ 沉淀？已知$K_{sp[Fe(OH)_3]} = 4.0 \times 10^{-38}$，$K_{b(NH_3 \cdot H_2O)} = 1.77 \times 10^{-5}$。

解 加入等体积的 $NH_3 \cdot H_2O$ 和 NH_4Cl 溶液后，各物质浓度将降低一半。即

$C_{Fe^{3+}} = 0.05 mol/L$，$C_{NH_3 \cdot H_2O} = 0.1 mol/L$，$C_{NH_4Cl} = 1.0 mol/L$

$$C_{OH^-} = K_b \cdot \frac{C_碱}{C_盐} = 1.77 \times 10^{-5} \times \frac{0.1}{1.0} = 1.77 \times 10^{-6} mol/L$$

$$Q = C_{Fe^{3+}} \cdot C_{OH^-}^3 = 0.05 \times (1.77 \times 10^{-6})^3 = 2.8 \times 10^{-19} > 4.8 \times 10^{-38}$$

所以有 $Fe(OH)_3$ 沉淀析出。

习 题

3-2-1 在 120cm³ 的水溶液中含糖（$C_{12}H_{22}O_{11}$）15.0g，溶液密度为 1.047g/cm³，该溶液的质量百分比浓度（%）、物质的量浓度（mol/L）、质量摩尔浓度（mol/kg）、物质的量分数分别为（   ）。

A. 11.1%、0.366mol/L、0.347mol/kg，7.09×10^{-3}

B. 11.9%、0.366mol/L、0.397mol/kg，$7.09×10^{-3}$

C. 11.9%、0.044mol/L、0.347mol/kg，$7.09×10^{-3}$

D. 11.1%、0.044mol/L、0.397mol/kg，$6.20×10^{-3}$

3-2-2　在20℃时，将15.0g葡萄糖（$C_6H_{12}O_6$）溶于200g水中，该溶液的冰点（$K_{fp}=1.86$）、正常沸点（$K_{bp}=0.52$）、渗透压（设$C=m$）分别是（　　　　）。

A. $-0.776℃$、100.22℃、$1.02×10^3Pa$

B. 0.776℃、99.78℃、$1.02×10^3kPa$

C. $-0.776℃$、100.22℃、$1.02×10^3kPa$

D. 273.93℃、72.93℃、$1.02×10^6Pa$

3-2-3　下列酸溶液的C_{H^+}、电离度分别为（　　　　）。

（1）0.25mol/L氢溴酸；（2）0.25mol/L次氯酸（$K_a=3.2×10^{-8}$）。

A. （1）0.25mol/L，0%；（2）$8.9×10^{-5}$mol/L，0.036

B. （1）0.25mol/L，50%；（2）$8.0×10^{-9}$mol/L，$3.2×10^{-6}$

C. （1）0.25mol/L，100%；（2）$8.0×10^{-9}$mol/L，$3.2×10^{-6}$%

D. （1）0.25mol/L，100%；（2）$8.9×10^{-5}$mol/L，0.036%

3-2-4　H_2S饱和溶液浓度为0.1mol/L，已知$K_{a1}=1.32×10^{-7}$，$K_{a2}=7.1×10^{-15}$，该溶液的C_{H^+}、C_{HS^-}、$C_{S^{2-}}$和pH值分别为（　　　　）。

A. $1.15×10^{-4}$、$1.15×10^{-4}$、$7.1×10^{-15}$、3.94

B. $1.15×10^{-4}$、$7.1×10^{-15}$、$2.3×10^{-4}$、3.94

C. $3.6×10^{-15}$、0、$7.1×10^{-15}$、14.4

D. $2.3×10^{-4}$、$1.15×10^{-4}$、$1.15×10^{-4}$、3.64

3-2-5　在0.1mol/L醋酸溶液中，下列说法不正确的是（　　　　）。

A. 加入少量氢氧化钠溶液，醋酸的电离平衡向右移动

B. 加入水稀释后，醋酸的电离度增加

C. 加入冰醋酸，由于增加反应物的浓度，使醋酸的电离平衡向右移动，电离度增加

D. 加入少量盐酸，使醋酸电离度减小

3-2-6　在含有0.1mol/L氨水与0.1mol/L NH_4Cl的溶液中，C_{H^+}为（　　　　）（已知$K_{bNH_3·H_2O}=1.8×10^{-5}$）。

A. $1.34×10^{-3}$mol/L　　　　　　　　　　B. $9.46×10^{-12}$mol/L

C. $1.8×10^{-5}$mol/L　　　　　　　　　　D. $5.56×10^{-10}$mol/L

3-2-7　50mL、0.1mol/L的某一元弱酸HA溶液与20mL、0.10mol/L的KOH溶液混合，并加水稀释至100mL，测得该溶液的pH=5.25。此一元弱酸的电离常数为（　　　　）。

A. $5.6×10^{-6}$　　　　　　　　　　　　B. $3.7×10^{-6}$

C. $8.4×10^{-6}$　　　　　　　　　　　　D. $6.3×10^{-6}$

3-2-8　AgCl在（1）纯水中；（2）NaCl溶液中；（3）$Na_2S_2O_3$溶液中的溶解度大小的顺序是（　　　　）。

A. （1）＞（2）＞（3）　　　　　　　　B. （3）＞（2）＞（1）

C. （3）＞（1）＞（2）　　　　　　　　D. （1）＞（3）＞（2）

3-2-9　0.025mol/L NaAc 溶液的 pH 值及水解度分别为（　　　　）（$K_a = 1.76 \times 10^{-5}$）。

A. 5.42，1.06×10^{-4}　　　　　　　　B. 8.58，0.015%

C. 8.58，1.06×10^{-4}　　　　　　　　D. 5.42，0.015%

第三节　化学反应速率与化学平衡

一、热化学

（一）系统和环境、状态和状态函数

1. 系统和环境

系统：人们将其作为研究对象的那部分物质世界，即被研究的物质和它们所占有的空间。

环境：系统之外并与系统有密切联系的其他物质或空间。

系统和环境之间可以有物质和能量的传递。按传递情况不同，将系统分为：

（1）敞开系统：与环境之间既有物质交换又有能量交换的系统。

（2）封闭系统：与环境之间没有物质交换，但有能量交换的系统。

（3）隔离系统：与环境之间既无物质交换又无能量交换的系统。

2. 状态和状态函数

状态：即系统的物理和化学性质的综合表现。系统的状态由状态量进行描述。状态量就是描述系统有确定值的物理量。如以气体为系统时，n、p、V、T等。

状态函数：确定体系状态的物理量。

状态函数的特点：状态函数是状态的单值函数。当系统的状态发生变化时，状态函数的变化量只与系统的始、末态有关，而与变化的实际途径无关。

（二）化学反应计量式和反应进度

根据质量守恒定律，用规定的化学符号和化学式来表示化学反应的式子，叫作化学反应方程式或化学反应计量式。

书写化学反应计量式时应做到：

（1）根据实验事实，正确写出反应物和产物的化学式；

（2）反应前后原子的种类和数量保持不变，即满足原子守恒，如果是离子方程式还要满足电荷守恒；

（3）要表明物质的聚集状态，g 表示气态，l 表示液态，s 表示固态，aq 表示水溶液。

一般用化学反应计量式表示化学反应中的质量守恒关系，通式为

$$0 = \sum_B \nu_B B \qquad (3-3-1)$$

ν_B 称为 B 的化学计量数，量纲为一。并规定，反应物的化学计量数为负，产物的化学计量数为正。对任一反应

$$aA + bB = yY + zZ$$

$$\nu_A = -a；\nu_B = -b；\nu_Y = y；\nu_Z = z$$

例如，合成氨的化学反应计量式为

$$N_2 + 3H_2 = 2NH_3$$

则$\nu(N_2) = -1$；$\nu(H_2) = -3$；$\nu(NH_3) = 2$

化学计量数与化学反应方程式的写法有关，如合成氨的化学反应计量式写为

$$\frac{1}{2}N_2 + \frac{3}{2}H_2 = NH_3$$

则$\nu(N_2) = -\frac{1}{2}$；$\nu(H_2) = -\frac{3}{2}$；$\nu(NH_3) = 1$

ν_B的物理意义：表示按计量反应方程式反应时各物质转化的比例数。

反应进度：为了描述化学反应进行的程度，引入一个新物理量——反应进度。反应进度ξ的定义为式

$$d\xi = \nu_B^{-1}dn_B \tag{3-3-2}$$

式中，n_B为物质B的物质的量，ν_B为B的化学计量数。反应进度ξ的单位为mol。

对于有限的变化，有$\Delta\xi = \Delta n_B / \nu_B$

对于化学反应，一般选尚未反应时，$\xi = 0$，因此

$$\xi = [n_B(\xi) - n_B(0)]/\nu_B \tag{3-3-3}$$

式中，$n_B(0)$为$\xi = 0$时物质B的物质的量，$n_B(\xi)$为$\xi = \xi$时物质B的物质的量。

引入反应进度这个量的最大优点，是在反应进行到任意时刻时，可用任一反应物或产物来表示反应进行的程度，所得的值总是相等的。

应用反应进度时应注意：

（1）反应进度与化学计量式匹配；

（2）对于同一化学反应计量式，用任何物质的量的变化量来计算反应进度都是相等的。

$\xi = 1$mol的物理意义：反应按所给反应式的系数比例进行了一个单位的化学反应。

（三）热和功

热和功是系统发生变化时与环境进行能量交换的两种形式。

（1）热。系统与环境之间因温度不同而交换或传递的能量称为热，表示为Q。规定：系统从环境吸热时，Q为正值；系统向环境放热时，Q为负值。Q与具体的变化途径有关，不是状态函数。

（2）功。除了热之外，其他被传递的能量叫作功，表示为W。规定：环境对系统做功时，W为正值；系统对环境做功时，W为负值。功与途径有关，不是状态函数。功分体积功和非体积功（表面功、电功等）。

等外压过程中，体积功为

$$W_体 = -p_外(V_2 - V_1) = -p_外\Delta V \tag{3-3-4}$$

（四）热力学能

热力学能为系统内部运动能量的总和。内部运动包括分子的平动、转动、振动以及电子运动和核运动，用U表示。

由于分子内部运动的相互作用十分复杂，因此目前尚无法测定内能的绝对数值。

内能的特征：状态函数、无绝对数值、广度性质。

（五）热力学第一定律

当系统由始态变化到终态时，系统与环境间传递的热量Q和功W之和等于系统的热力学能的变化量ΔU。即

$$\Delta U = Q + W \tag{3-3-5}$$

这就是热力学第一定律的数学表达式。

例如，某封闭系统在某一过程中从环境中吸收了50kJ的热量，对环境做了30kJ的功，则系统在过程中热力学能的变化为：$\Delta U_{体系} = （+50kJ）+（-30kJ）=20kJ$。系统热力学能净增为20kJ。

（六）化学反应的反应热

化学反应热是指等温过程热，即当反应发生后，使反应产物的温度回到反应前始态的温度，化学反应过程中吸收或放出的热量，简称反应热。

根据反应条件的不同，反应热又可分为恒容反应热和恒压反应热两种。

1. 恒容反应热

恒容过程，体积功$W_{体} = 0$，不做非体积功$W' = 0$时，所以

$$W = W_{体} + W' = 0，Q_{V} = \Delta U \tag{3-3-6}$$

2. 恒压反应热

恒压过程，不做非体积功时，$W_{体} = -p(V_2 - V_1)$，所以$Q_{p} = \Delta U + p(V_2 - V_1)$

（七）焓和焓变

在封闭系统中等压反应条件下进行化学反应时，反应热为

$$Q_{p} = \Delta U + p(V_2 - V_1) = (U_2 - U_1) + p(V_2 - V_1) = (U_2 + p_2V_2) - (U_1 + p_1V_1) \tag{3-3-7}$$

定义：$H = U + pV$，H称为焓。则$Q_{p} = H_2 - H_1 = \Delta H$。

H是一个重要的热力学函数，是状态函数，但不能知道它的绝对数值。

公式$Q_{p} = \Delta H$的意义：

（1）等压热效应即为焓的增量，故Q_{p}也只取决于始终态，而与途径无关；

（2）可以通过ΔH的计算求出的Q_{p}值。

通常，许多化学反应是在"敞口"容器中进行的，系统压力与环境压力相等，这时的反应热称为定压反应热。定压反应热以ΔH表示，单位：kJ/mol。并规定，当反应放出热量时（放热反应），$\Delta H < 0$；当反应吸收热量时（吸热反应），$\Delta H > 0$。

（八）热化学方程式

热化学方程式：表示化学反应与其热效应关系的化学方程式。

如：$2H_2(g) + O_2(g) = 2H_2O(g)$；$\Delta_r H_m^{\ominus}(298) = -483.6kJ/mol$

表示在298K、100kPa下，当反应进度为1mol时，放出483.6kJ的热量。

r表示反应（reaction），$\Delta_r H_m$表示反应的摩尔焓变，m表示反应进度为1mol，$\ominus$表示热力学标准态。

热力学中对标准态（$\ominus$）的规定：气态物质的标准态是标准压力$p^{\ominus}=100kPa$时表现出理想气体性质的纯气体物质的状态；液体、固体物质的标准态是指处于标准压力下纯液体或纯固体的状态；溶液中溶质的标准态是在标准压力下，质量摩尔浓度为1mol/kg时的状态。标准状态时温度不作规定。

书写热化学方程式时应注意以下几个问题：

（1）注明反应物与生成物的聚集状态。g表示气态，l表示液态，s表示固态。

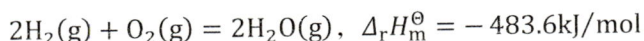

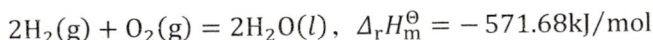

$$2H_2(g) + O_2(g) = 2H_2O(g)，\Delta_r H_m^{\ominus} = -483.6kJ/mol$$

$$2H_2(g) + O_2(g) = 2H_2O(l)，\Delta_r H_m^{\ominus} = -571.68kJ/mol$$

（2）不同计量系数的同一反应，其摩尔反应热不同。

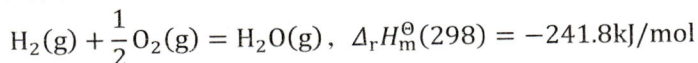

$$H_2(g) + \frac{1}{2}O_2(g) = H_2O(g)，\Delta_r H_m^{\ominus}(298) = -241.8kJ/mol$$

$$2H_2(g) + O_2(g) = 2H_2O(g), \quad \Delta_r H_m^{\ominus}(298) = -483.6\text{kJ/mol}$$

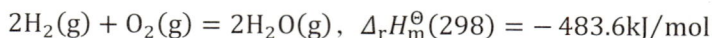

（3）正逆反应的反应热效应数值相等，符号相反。

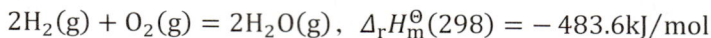

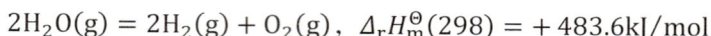

$$2H_2(g) + O_2(g) = 2H_2O(g), \quad \Delta_r H_m^{\ominus}(298) = -483.6\text{kJ/mol}$$

$$2H_2O(g) = 2H_2(g) + O_2(g), \quad \Delta_r H_m^{\ominus}(298) = +483.6\text{kJ/mol}$$

（4）注明反应的温度和压力。

（九）盖斯定律

盖斯定律，即化学反应的恒压或恒容反应热只与物质的始态或终态有关而与变化的途径无关。换句话说，一个化学反应如果分几步完成，则总反应的反应热等于各步反应的反应热之和。

应用盖斯定律通过计算不仅可以得到某些恒压反应热，从而减少大量实验测定工作，而且可以计算出难以或无法用实验直接测定的某些反应的反应热。

（十）标准摩尔生成焓

标准状态时，由指定单质生成单位物质的量的纯物质 B 时反应的焓变，称为标准摩尔生成焓，记作 $\Delta_f H_m^{\ominus}$。上标 $\ominus$ 表示标准状态，下标"f"（formation 的词头）表示生成。$\Delta_f H_m^{\ominus}$ 的单位为 kJ/mol，通常使用的是 298.15K 的摩尔生成焓数据。

指定单质通常指标准压力和该温度下最稳定的单质。如 C：石墨（s）；Hg：Hg（l）等。但 P 为白磷（s），即 P（s，白）。

显然，标准态指定单质的标准生成焓为 0。生成焓的负值越大，表明该物质键能越大，对热越稳定。

由标准摩尔生成焓（$\Delta_f H_m^{\ominus}$）计算标准摩尔反应焓变（$\Delta_r H_m^{\ominus}$）：根据标准摩尔生成焓的定义，应用盖斯定律可以导出，化学反应的标准摩尔反应焓变等于生成物的标准摩尔生成焓的总和减去反应物的标准摩尔生成焓的总和。

【例3-3-1】 在298K，100kPa下，反应$2H_2(g) + O_2(g) = 2H_2O(l)$的$\Delta_r H_m^{\ominus} = -572\text{kJ} \cdot \text{mol}^{-1}$，则$H_2O$（l）的$\Delta_f H_m^{\ominus}$是：

  A. $572\text{kJ} \cdot \text{mol}^{-1}$ B. $-572\text{kJ} \cdot \text{mol}^{-1}$ C. $286\text{kJ} \cdot \text{mol}^{-1}$ D. $-286\text{kJ} \cdot \text{mol}^{-1}$

解　由物质的标准摩尔生成焓$\Delta_r H_m^{\ominus}$和反应的标准摩尔反应焓变$\Delta_r H_m^{\ominus}$的定义可知，H_2O（l）的标准摩尔生成焓$\Delta_f H_m^{\ominus}$为反应$H_2(g) + \frac{1}{2}O_2(g) = H_2O(l)$的标准摩尔反应焓变$\Delta_r H_m^{\ominus}$。反应$2H_2(g) + O_2(g) = 2H_2O(l)$的标准摩尔反应焓变是反应$H_2(g) + \frac{1}{2}O_2(g) = H_2O(l)$的标准摩尔反应焓变的 2 倍，即$H_2(g) + \frac{1}{2}O_2(g) = H_2O(l)$的$\Delta_f H_m^{\ominus} = \frac{1}{2} \times (-572) = -286\text{kJ} \cdot \text{mol}^{-1}$。

答案：D

【例3-3-2】 反应 $A(s) + B(g) \rightleftharpoons 2C(g)$ 在体系中达到平衡，如果保持温度不变，升高体系的总压（减小体积），平衡向左移动，则$K^{\ominus}$的变化是：

  A. 增大   B. 减小   C. 不变   D. 无法判断

解　对于指定反应，平衡常数$K^{\ominus}$的值只是温度的函数，与参与平衡的物质的量、浓度、压强等无关。

答案：C

二、化学反应速率

（一）化学反应速率的表示方法

化学反应速率通常是用单位时间内反应物或生成物浓度的变化量来表示。时间单位常用 s（秒）、

min（分）或 h（小时），浓度单位一般用 mol/L。

$$\overline{v}_i = \Delta C_i / \Delta t \,(\text{平均速率}) \tag{3-3-8}$$

对同一反应，用不同物质的浓度变化表示 $\overline{v}$ 时，其数值不一定相等。如

$$N_2(g) + 3H_2(g) \rightleftharpoons 2NH_3(g)$$

当 $\overline{v}_{NH_3}=0.2\,mol/(L \cdot s)$ 时，$\overline{v}_{H_2}=0.3\,mol/(L \cdot s)$，而 $\overline{v}_{N_2}=0.1\,mol/(L \cdot s)$。它们的比值恰好等于反应方程中各物质的化学计量数之比，即

$$\overline{v}_{N_2} : \overline{v}_{H_2} : \overline{v}_{NH_3} = 0.1 : 0.3 : 0.2 = 1 : 3 : 2$$

所以当反应速率以数值表达时应注明以哪种物质的浓度变化为标准。

实际速率为瞬时速率 v_i，即

$$v_i = \lim_{\Delta t \to 0} \frac{\Delta C_i}{\Delta t} = \frac{dC_i}{dt} \tag{3-3-9}$$

瞬时速率可通过试验，并经作图法求得。

用反应进度定义的反应速率：单位体积内反应进度随时间的变化率。即

$$v = \frac{1}{V} \frac{d\xi}{dt} \tag{3-3-10}$$

因为 $d\xi = v_B^{-1} dn_B$，对于恒容反应 $dC_B = dn_B/V$，上式可写成反应速率的常用定义式

$$v = \frac{1}{v_B} \cdot \frac{dC_B}{dt} \tag{3-3-11}$$

v 的 SI 单位：$mol/(dm^3 \cdot s)$。

例如，对于合成氨反应 $N_2(g) + 3H_2(g) == 2NH_3(g)$

其反应速率：

$$v = \frac{1}{2} \frac{dC(NH_3)}{dt} = -\frac{dC(N_2)}{dt} = -\frac{1}{3} \frac{dC(H_2)}{dt}$$

显然，用反应进度定义的反应速率的量值与表示速率物质的选择无关，亦即一个反应就只有一个反应速率值，但与计量系数有关，所以在表示反应速率时，必须写明相应的化学计量方程式。

（二）反应速率方程

浓度是影响反应速率的重要因素之一，表明反应物浓度与反应速率之间的定量关系的方程称为反应速率方程，简称速率方程。

1. 基元反应的速率方程——质量作用定律

实验证明，浓度越大，速率越快，对基元反应（一步完成的反应）

$$aA + bB \longrightarrow C$$

其反应速率方程或质量作用定律表达式为

$$v = kC_A^a \cdot C_B^b \tag{3-3-12}$$

即基元反应的反应速率与以化学计量数为方次的反应物浓度的乘积成正比，这就是质量作用定律，也叫速率定律。

a、b 分别是反应物 A、B 的化学计量数，表示反应级数。对于 A 是 a 级反应，对于 B 是 b 级反应，对整个反应或总反应的级数为 $(a + b)$ 级。一个一级反应就是 $a + b = 1$ 的反应，依此类推。

k 为速率常数，它表示反应物均为单位浓度时的反应速率。k 的大小取决于反应物的本质及反应温度，而与浓度无关。

质量作用定律只适用于基元反应。

2.非基元反应的速率方程

非基元反应即由几个基元反应组成的复杂反应，质量作用定律虽适用于其中每一个基元反应，但往往不适用于总的反应，其速率方程必须由实验测得反应速度才能确定。对于反应式

$$aA + bB \longrightarrow cC + dD$$

其速率方程为

$$v = kC_A^x \cdot C_B^y$$

式中，x、y的值通常由实验测定，可为零、整数或小数。

上述定量关系式，除适用于气体反应外，也适用于溶液中的反应。液态和固态纯物质由于浓度不变，在式中通常不表达出来。气体压力的改变相当于浓度的影响。

【例 3-3-3】 某基元反应的速率方程为$v = kC_A \cdot C_B^2$，当$C_A' = 2C_A$；$C_B' = 2C_B$时，其速率方程为：

    A. $v' = v$ B. $v' = 4v$ C. $v' = 8v$ D. $v' = 16v$

解 $v' = k(2C_A)(2C_B)^2 = 8kC_A \cdot C_B^2 = 8v$

答案：C

（三）温度对速率的影响——阿仑尼乌斯公式

温度对化学反应速率的影响主要体现在速率常数k上。温度升高，k值增大。两者的定量关系可用阿仑尼乌斯公式表示

$$k = Ze^{\frac{-\varepsilon}{RT}}$$

或

$$\lg k = -\frac{\varepsilon}{2.303RT} + \lg Z \tag{3-3-13}$$

式中：ε ——给定的反应活化能；

    Z ——给定的指前因子。

由公式可知：

（1）对某反应温度越高，速率常数就越大，所以速率也越大；温度一定时，活化能越大，速率常数就越小，速率也越小。

（2）以$\lg k$对$\frac{1}{T}$作图可得一直线，其斜率为$-\varepsilon/2.303R$，截距为$\lg Z$。因此，由作图法可求给定反应的活化能和指前因子，以及给定温度下的速率常数值。ε也可由下式求得

$$\lg \frac{k_2}{k_1} = \frac{\varepsilon}{2.303R}\left(\frac{T_2 - T_1}{T_1 \cdot T_2}\right) \tag{3-3-14}$$

（四）催化剂对速率的影响

化学反应过程的实质是旧的化学键断裂，新的化学键建立的过程，在此过程中必定伴随着能量的变化。首先需足够的能量使旧的化学键断裂。

1.化学反应活化能和活化分子

根据气体运动理论，只有具有足够能量的分子（或原子）的碰撞才有可能发生反应。这种能够发生反应的碰撞叫有效碰撞。这种具有足够能量可以发生有效碰撞而发生反应的分子叫作活化分子。活化分子所具有的平均能量与反应物分子的平均能量之差称为活化能。活化能的大小，由反应物自身性质所决定。活化分子占反应分子总数的百分比叫活化分子百分数。反应的活化能越高，活化分子百分数越小，反应越慢，反之反应越快。

2. 催化剂

催化剂是一种能改变反应速率而本身在反应前后的质量和化学性质都不改变的物质。催化剂之所以加快反应的速率，是因为它改变了反应的历程，降低了反应活化能，增加了活化分子百分数，如图3-3-1所示。

图 3-3-1 表明有催化剂时和无催化剂时活化能的差别。图中A和B分别为反应物分子和生成物分子的平均能量；C和C'分别表示无催化剂和有催化剂时活化分子的平均能量；ε_1和ε_2分别为无催化剂和有催化剂时的活化能，显然$\varepsilon_1 > \varepsilon_2$。

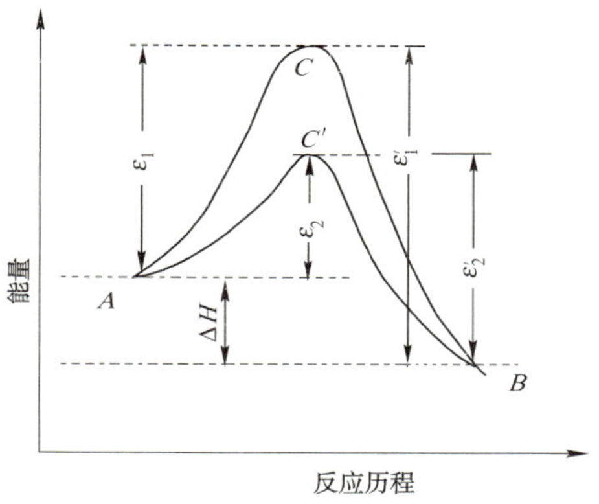

图 3-3-1 有催化与无催化的反应活化能比较

一般化学反应的活化能在 40~420kJ/mol 之间，大多数反应在 60~240kJ/mol 之间。

对可逆反应，ε_1 为正反应活化能，ε_1' 为逆反应活化能，则正反应的热效应$\Delta H_正$和逆反应的热效应$\Delta H_逆$可表示为

$$\Delta H_正 = \varepsilon_1 - \varepsilon_1' = -\Delta H_逆 \tag{3-3-15}$$

由以上讨论可见：浓度、温度、催化剂对反应速率的影响都可归结为活化分子数的改变，但改变的原因各不相同。浓度的影响是通过增加单位体积内的分子总数；温度的影响是通过能量的变化改变活化分子百分数；而催化剂是通过改变反应机理，降低反应活化能增加活化分子的百分数。

【例 3-3-4】 催化剂可加快反应速率的原因，下列叙述正确的是：

    A. 降低了反应的$\Delta_r H_m^{\ominus}$ B. 降低了反应的$\Delta_r G_m^{\ominus}$

    C. 降低了反应的活化能   D. 使反应的平衡常数$K^{\ominus}$减小

解 催化剂之所以加快反应的速率，是因为它改变了反应的历程，降低了反应的活化能，增加了活化分子百分数。

答案： C

三、化学反应的方向

（一）化学反应的自发性

在给定条件下能自动进行的反应或过程叫自发反应或自发过程。

自发过程具有以下共同特征：

（1）具有不可逆性——单向性；

（2）有一定的限度；

（3）可由一定物理量判断变化的方向和限度。

化学反应在指定条件下自发进行的方向和限度问题，是科学研究和生产实践中极为重要的理论问题之一。

（二）化学反应方向的判据

1. 化学反应方向和焓变

化学反应中，许多放热反应都能自发的进行。例如：

$$H_2(g) + \frac{1}{2}O_2(g) = H_2O(l)，\Delta_r H_m^\ominus(298K) = -285.83\text{kJ/mol}$$

$$H^+(aq) + OH^-(aq) = H_2O(l)，\Delta_r H_m^\ominus(298K) = -55.84\text{kJ/mol}$$

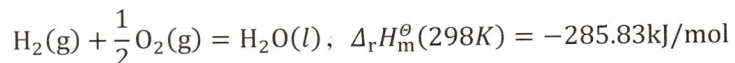

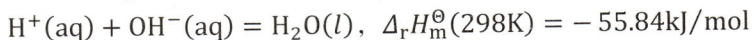

显然，能量越低，体系的状态就越稳定。化学反应一般也符合上述能量最低原理。的确，很多化学反应自发朝着放热的方向进行。据此，有人曾试图以反应的焓变（$\Delta_r H_m$）作为反应自发性的判据。认为，在等温等压条件下，当$\Delta_r H_m < 0$时，化学反应自发进行。

但是，试验表明，有些吸热过程（$\Delta_r H_m > 0$）也能自发进行。例如：

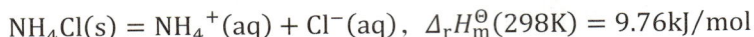

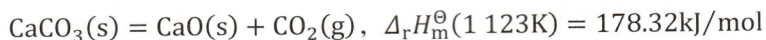

$$NH_4Cl(s) = NH_4^+(aq) + Cl^-(aq)，\Delta_r H_m^\ominus(298K) = 9.76\text{kJ/mol}$$

$$CaCO_3(s) = CaO(s) + CO_2(g)，\Delta_r H_m^\ominus(1\,123K) = 178.32\text{kJ/mol}$$

$$H_2O(l) = H_2O(g)，\Delta_r H_m^\ominus(298K) = 44\text{kJ/mol}$$

这些吸热反应在一定条件下均能自发进行。说明放热（$\Delta_r H_m < 0$）只是有助于反应自发进行的因素之一，而不是唯一的因素。当温度升高时，另外一个因素变得更重要，热力学上，将决定反应自发性的另一个状态函数称为熵。

2. 化学反应与熵变

研究发现，自然界中的物理和化学的自发过程一般都朝着混乱程度增大的方向进行。热力学上，用一个新的状态函数"熵"来表示体系的混乱度。熵是系统内部质点混乱程度或无序程度的量度，以"S"表示。系统的混乱度愈大，熵愈大。熵是状态函数。熵的变化只与始态、终态有关，而与途径无关。

热力学第二定律的统计表达：在隔离系统中发生的自发进行的反应必伴随着熵的增加，或隔离系统的熵总是趋向于极大值。这就是自发过程的热力学准则，称为熵增加原理。这就是隔离系统的熵判据。

热力学第三定律：系统内物质微观粒子的混乱度与物质的聚集状态和温度等有关。在绝对零度时，理想晶体内分子的各种运动都将停止，物质微观粒子处于完全整齐有序的状态。人们根据一系列低温实验事实和推测，总结出一个经验定律——热力学第三定律。

在绝对零度时，一切纯物质的完美晶体的熵值都等于零，即$S(0K) = 0$。

知道某一物质从绝对零度到指定温度下的一些化学数据，就可以求出此温度的熵值，称为这一物质的规定熵。

标准摩尔熵：单位物质的量的纯物质在标准状态下的规定熵叫作该物质的标准摩尔熵，以S_m（或简写为S）表示。注意S_m的 SI 单位为 J/(mol·K)。

根据上述讨论并比较物质的标准熵值，可以得出下面一些规律：对于同一种物质，$S_g > S_l > S_s$；同一物质在相同的聚集状态时，其熵值随温度的升高而增大，$S_{高温} > S_{低温}$。对于不同种物质，$S_{复杂分子} > S_{简单分子}$。对于混合物和纯净物，$S_{混合物} > S_{纯物质}$。

熵变的计算：熵是状态函数，反应或过程的熵变$\Delta_r S$，只跟始态和终态有关，而与变化的途径无关。反应的标准摩尔熵变$\Delta_r S_m^\ominus$（或简写为$\Delta S^\ominus$），其计算及注意点与$\Delta_r H_m$的相似。

$$\Delta_r S_m^\ominus = \sum v_i S_m^\ominus(生成物) - \sum v_i S_m^\ominus(反应物)$$

应当指出，虽然物质的标准熵随温度的升高而增大，但只要温度升高没有引起物质聚集状态的改变时，则可忽略温度的影响，近似认为反应的熵变基本不随温度而变。

虽然熵增加有利于反应的自发进行，但与反应焓变一样，一般情况不能仅用熵变作为反应自发进行的判据。要判断反应自发进行的方向，必须将这两个因素综合考虑。

3. 反应自发性的判据——反应的吉布斯函数变

为了确定反应自发性的判据，1875年，美国化学家吉布斯（Gibbs）首先提出一个把焓和熵归并在一起的热力学函数——G（现称吉布斯自由能或吉布斯函数），并定义：$G = H - TS$。

对于等温过程：

$$\Delta G = \Delta H - T\Delta S \tag{3-3-16}$$

ΔG表示反应和过程的吉布斯函数变，简称吉布斯函数变，式（3-3-16）称为吉布斯等温方程。

反应自发性的判据：根据热力学推导得出，对于恒温、恒压不做非体积功的一般反应，其自发性的判断标准（称为最小自由能原理）为：

$\Delta G < 0$，自发过程，过程能向正方向进行。

$\Delta G = 0$，平衡状态。

$\Delta G > 0$，非自发过程，过程能向逆方向进行。

这一规律表明：等温、等压的封闭体系内，不做非体积功的条件下，任何自发过程总是朝着吉布斯函数减小的方向进行。系统不会自发地从吉布斯函数小的状态向吉布斯函数大的状态进行。

恒温、恒压下化学反应自发进行方向的判据是化学反应的ΔG，ΔG的大小取决于反应的ΔH、ΔS和温度T。表3-3-1给出了ΔH、ΔS和T对反应自发性的影响。

ΔH、ΔS和T对反应自发性的影响   表 3-3-1

反应实例	ΔH	ΔS	$\Delta G = \Delta H - T\Delta S$	反应情况
$H_2(g) + Cl_2(g) = 2HCl(g)$	−	+	−	自发（任何温度）
$2CO(g) = 2C(s) + O_2(g)$	+	−	+	非自发（任何温度）
$CaCO_3(s) = CaO(s) + CO_2(s)$	+	+	升高至某温度时由正值变为负值	升高温度有利于反应自发进行
$N_2(g) + 3H_2(g) = 2NH_3(g)$	−	−	降低至某温度时由正值变为负值	降低温度有利于反应自发进行

4. 反应的摩尔吉布斯函数变的计算及应用

（1）标准状态下摩尔吉布斯函数变的计算

标准摩尔生成吉布斯函数：在标准状态时，由指定单质生成单位物质的量的纯物质时反应的吉布斯函数变，叫作该物质的标准摩尔生成吉布斯函数，用$\Delta_f G_m^{\ominus}$表示，常用单位为 kJ/mol。

任何指定单质（注意磷为白磷）：$\Delta_f G_m^{\ominus} = 0$

298.15K 时的物质的$\Delta_f G_m^{\ominus}$可以查到。

反应的标准摩尔吉布斯函数变以$\Delta_r G_m^{\ominus}$表示。

298.15K 时，反应的标准摩尔吉布斯函数变的计算公式为

$$\Delta_r G_m^{\ominus}(298.15K) = \sum v_i \Delta_f G_m^{\ominus}(生成物) - \sum v_i \Delta_f G_m^{\ominus}(反应物)$$

利用物质的$\Delta_f H_m^{\ominus}(298.15K)$和$S_m^{\ominus}(298.15K)$的数据求算：先计算得到反应的$\Delta_r H_m^{\ominus}$和$\Delta_r S_m^{\ominus}$，然后利用下列公式计算反应的$\Delta_r G_m^{\ominus}(298.15K)$

$$\Delta_r G_m^{\ominus}(298.15K) = \Delta_r H_m^{\ominus}(298.15K) - 298.15\Delta_r S_m^{\ominus}(298.15K)$$

需要指出，上式计算得到的$\Delta_r G_m^{\ominus}$为 298.15K 时的值，而$\Delta_r G_m^{\ominus}$值随温度不同而改变。但由于温度对大多数反应的焓变和熵变影响较小，对这些反应可看作：$\Delta_r H_m^{\ominus}(T) \approx \Delta_r H_m^{\ominus}(298.15K)$，$\Delta_r S_m^{\ominus}(T) \approx \Delta_r S_m^{\ominus}(298.15K)$，所以任一温度$T$时的标准摩尔吉布斯函数变可按下式近似计算

$$\Delta_r G_m^{\ominus}(T) = \Delta_r H_m^{\ominus}(T) - T\Delta_r S_m^{\ominus}(T)$$
$$\approx \Delta_r H_m^{\ominus}(298.15K) - T\Delta_r S_m^{\ominus}(298.15K)$$

（2）非标准状态下摩尔吉布斯函数变的计算

许多化学反应是在等温等压非标准状态下进行的，此时反应的 $\Delta_r G_m$ 可根据实际条件用热力学等温方程进行计算

$$\Delta_r G_m(T) = \Delta_r G_m^{\ominus}(T) + RT\ln Q \tag{3-3-17}$$

式中，Q 为反应熵。

【例3-3-5】 已知反应 $N_2(g) + 3H_2(g) \rightarrow 2NH_3(g)$ 的 $\Delta_r H_m < 0$，$\Delta_r S_m < 0$，则该反应为：

    A. 低温易自发，高温不易自发　　　　　　B. 高温易自发，低温不易自发

    C. 任何温度都易自发　　　　　　　　　　D. 任何温度都不易自发

解　由公式 $\Delta G = \Delta H - T\Delta S$ 可知，当 ΔH 和 ΔS 均小于零时，ΔG 在低温时小于零，所以低温自发，高温非自发。

答案： A

【例3-3-6】 某化学反应在任何温度下都可以自发进行，此反应需满足的条件是：

    A. $\Delta_r H_m < 0$，$\Delta_r S_m > 0$　　　　　　　　B. $\Delta_r H_m > 0$，$\Delta_r S_m < 0$

    C. $\Delta_r H_m < 0$，$\Delta_r S_m < 0$　　　　　　　　D. $\Delta_r H_m > 0$，$\Delta_r S_m > 0$

解　由公式 $\Delta G = \Delta H - T\Delta S$ 可知，当 $\Delta H < 0$ 和 $\Delta S > 0$ 时，ΔG 在任何温度下都小于零，都能自发进行。

答案： A

【例3-3-7】 金属钠在氯气中燃烧生成氯化钠晶体，其反应的熵变是：

    A. 增大　　　　　　B. 减少　　　　　　C. 不变　　　　　　D. 无法判断

解　反应方程式为 $2Na(s) + Cl_2(g) == 2NaCl(s)$。气体分子数增加的反应，其熵值增大；气体分子数减小的反应，熵值减小。

答案： B

四、化学平衡

（一）化学平衡时的特征

当 $v_{正} = v_{逆}$ 时，化学反应达到平衡状态。化学平衡的特征：

（1）外观上反应"停顿"了，实质是动态平衡；

（2）当外界条件不变时，反应物和生成物浓度不再随时间改变；

（3）平衡状态可以从正逆两方向到达。

（二）化学平衡常数表达式

1. 经验平衡常数（或实验平衡常数）

对任何可逆反应

$$aA + bB \rightleftharpoons dD + gG$$

在一定温度下，反应达到平衡时生成物浓度的乘积与反应物浓度乘积之比是一个常数

$$\frac{C_G^g \cdot C_D^d}{C_A^a \cdot C_B^b} = K_c \tag{3-3-18}$$

K_c叫浓度平衡常数，简称平衡常数。上式为化学平衡常数表达式。

对气体反应，平衡常数既可用浓度表示，也可用平衡时各气体的分压表示。

$$K_p = \frac{p_G^g \cdot p_D^d}{p_A^a \cdot p_B^b}$$ (3-3-19)

K_p叫分压平衡常数（或压力平衡常数）。K_p与K_c的关系为

$$K_p = K_c (RT)^{\Delta n}$$ (3-3-20)

式中，$\Delta n = (g+d) - (a+b)$，$R = 8.314 \text{Pa} \cdot \text{m}^3 / (\text{K} \cdot \text{mol})$。注意计算时$p$、$C$与$R$的单位一致。

2. 标准平衡常数K^Θ

在K_c与K_p表达式中，浓度或分压均为用平衡时物质的绝对浓度或绝对分压来表示的；而标准平衡常数，则是用平衡时物质的相对浓度或相对分压来表示。如

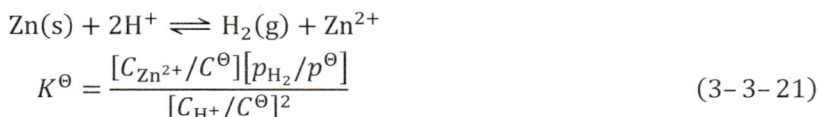

$$Zn(s) + 2H^+ \rightleftharpoons H_2(g) + Zn^{2+}$$

$$K^\Theta = \frac{[C_{Zn^{2+}}/C^\Theta][p_{H_2}/p^\Theta]}{[C_{H^+}/C^\Theta]^2}$$ (3-3-21)

式中：C^Θ——标准浓度，$C^\Theta = 1.0 \text{mol/L}$；

p^Θ——标准压强，$p^\Theta = 100 \text{kPa}$。

热力学上，标准平衡常数简称平衡常数，是一无量纲的量。平衡常数是表征化学反应进行到最大程度时反应进行程度的一个常数。对于同一类型的反应，在给定反应条件下，K^Θ值越大，表明正反应进行得越完全。在一定温度下，不同反应，各有其特定的K^Θ值。对于指定反应，其平衡常数K^Θ的值只是温度的函数，而与参与平衡的物质的量无关。

书写平衡常数表达式时应注意：

（1）平衡常数表达式与反应历程无关，但必须是平衡时的相对浓度或相对压力，化学计量数为其指数；

（2）纯固体、纯液体的浓度不列入表达式；

（3）平衡常数表达式与反应方程的书写形式有关，例如在 373K 时

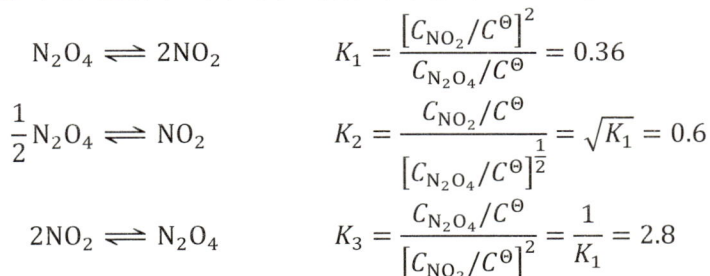

$$N_2O_4 \rightleftharpoons 2NO_2 \qquad K_1 = \frac{\left[C_{NO_2}/C^\Theta\right]^2}{C_{N_2O_4}/C^\Theta} = 0.36$$

$$\frac{1}{2}N_2O_4 \rightleftharpoons NO_2 \qquad K_2 = \frac{C_{NO_2}/C^\Theta}{\left[C_{N_2O_4}/C^\Theta\right]^{\frac{1}{2}}} = \sqrt{K_1} = 0.6$$

$$2NO_2 \rightleftharpoons N_2O_4 \qquad K_3 = \frac{C_{N_2O_4}/C^\Theta}{\left[C_{NO_2}/C^\Theta\right]^2} = \frac{1}{K_1} = 2.8$$

【例 3-3-8】 下列反应的标准平衡常数可用p^Θ/p_{H_2}表示的是：

A. $H_2(g) + S(g) \rightleftharpoons H_2S(g)$ B. $H_2(g) + S(s) \rightleftharpoons H_2S(g)$

C. $H_2(g) + S(s) \rightleftharpoons H_2S(l)$ D. $H_2(l) + S(s) \rightleftharpoons H_2S(s)$

解 选项 A、B、C、D 的标准平衡常数分别为：

$$K_1^\Theta = \frac{p_{H_2S}/p^\Theta}{p_{H_2}/p^\Theta \cdot p_S/p^\Theta} = \frac{p_{H_2S} \cdot p^\Theta}{p_{H_2} \cdot p_S}$$

$$K_2^\Theta = \frac{p_{H_2S}/p^\Theta}{p_{H_2}/p^\Theta} = \frac{p_{H_2S}}{p_{H_2}}$$

$$K_3^\Theta = \frac{1}{p_{H_2}/p^\Theta} = \frac{p^\Theta}{p_{H_2}}$$

$$K_4^\Theta = \frac{1}{1} = 1$$

答案： C

3. 平衡常数的物理意义和特征

（1）平衡常数是可逆反应进行程度的特征常数，其值越大，表明正反应趋势越大，反应物的平衡转化率也越高，见表 3-3-2。

（2）平衡常数只是温度的函数。表 3-3-2 中，反应 I 的 K 值，随温度的升高而减少，此反应为放热反应，$\Delta H < 0$；反应 II 的 K 值，随温度的升高而增大，此反应为吸热反应，$\Delta H > 0$。

平衡常数与转化率　　　　　　　　　　　　　　　　　　　　表 3-3-2

反应 I：$SO_2(g) + \frac{1}{2}O_2(g) \rightleftharpoons SO_3(g)$				反应 II：$CH_4(g) + H_2O(g) \rightleftharpoons CO(g) + 3H_2(g)$			
$T(K)$	400	500	600	$T(K)$	600	700	900
K	442.4	50.5	9.37	K	0.38	7.4	1.3×10^3
SO_2 转化率（%）	99.2	93.5	73.6	CH_4 转化率（%）	65	92	99

（3）符合多重平衡规则。当 n 个反应相加（或相减）得总反应时，总反应的 K 等于各个反应平衡常数的乘积（或商）。如

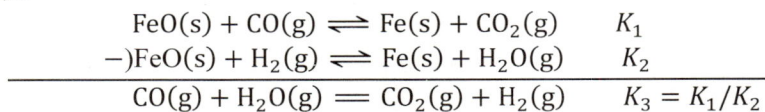

$$\begin{array}{ll} FeO(s) + CO(g) \rightleftharpoons Fe(s) + CO_2(g) & K_1 \\ -)FeO(s) + H_2(g) \rightleftharpoons Fe(s) + H_2O(g) & K_2 \\ \hline CO(g) + H_2O(g) = CO_2(g) + H_2(g) & K_3 = K_1/K_2 \end{array}$$

【例 3-3-9】 已知反应（1）$H_2(g) + S(s) \rightleftharpoons H_2S(g)$，其平衡常数为 K_1^Θ，

（2）$S(s) + O_2(g) \rightleftharpoons SO_2(g)$，其平衡常数为 K_2^Θ，则反应

（3）$H_2(g) + SO_2(s) \rightleftharpoons O_2(g) + H_2S(g)$ 的平衡常数为 K_3^Θ 是：

　　A. $K_1^\Theta + K_2^\Theta$ 　　　　　 B. $K_1^\Theta \cdot K_2^\Theta$ 　　　　　 C. $K_1^\Theta - K_2^\Theta$ 　　　　　 D. K_1^Θ/K_2^Θ

解 多重平衡规则：当 n 个反应相加（或相减）得总反应时，总反应的 K 等于各个反应平衡常数的乘积（或商）。题中反应（3）=（1）-（2），所以 $K_3^\Theta = K_1^\Theta/K_2^\Theta$。

答案： D

4. 平衡常数的应用

（1）判断反应进行的方向

对于反应　　　　　　　　　　　$aA + bB \rightleftharpoons gG + dD$

体系处于任意状态，浓度商和分压商分别为

$$Q_c = \frac{[C_G/C^\Theta]^g \cdot [C_D/C^\Theta]^d}{[C_A/C^\Theta]^a \cdot [C_B/C^\Theta]^b} \qquad Q_p = \frac{[p_G/p^\Theta]^g \cdot [p_D/p^\Theta]^d}{[p_A/p^\Theta]^a \cdot [p_B/p^\Theta]^b} \qquad (3-3-22)$$

Q_c 与 Q_p 总称反应商 Q。

当 $Q = K$ 时，处于平衡状态；

当 $Q < K$ 时，反应正向进行；

当 $Q > K$ 时，反应逆向进行。

这就是化学反应进行方向的反应商判据。

（2）进行有关的计算

①已知K和各反应物的起始浓度，可求各物质的平衡浓度及某反应物的转化率。平衡转化率为

$$\alpha = \frac{某物已转化浓度}{该物起始浓度} \times 100\% \tag{3-3-23}$$

②已知某温度下各物质的平衡浓度（分压）或各反应物的起始浓度（分压）和某一物质的转化率，求K。

③用多重平衡规则求另一平衡的K

【例3-3-10】 在313K时，$N_2O_4 \rightleftharpoons 2NO_2$反应的压力为506.625kPa，$K=0.9$，求该温度下$N_2O_4$的平衡转化率。

解 设N_2O_4的起始量为$n$mol，平衡转化率为α。　　　$N_2O_4 \rightleftharpoons 2NO_2$

起始物质的量（mol）	n	0
平衡物质的量（mol）	$n-n\alpha$	$2n\alpha$
平衡时总物质的量（mol）	$n-n\alpha+2n\alpha = n(1+\alpha)$	
平衡时物质的量分数	$\frac{1-\alpha}{1+\alpha}$	$\frac{2\alpha}{1+\alpha}$
平衡时分压（Pa）	$\frac{1-\alpha}{1+\alpha} \cdot p$	$\frac{2\alpha}{1+\alpha} \cdot p$

$$K = \frac{[p_{NO_2}/p^\ominus]^2}{[p_{N_2O_4}/p^\ominus]} = \frac{4\alpha^2 p}{(1-\alpha^2)p^\ominus} = 0.9$$

$$\frac{20\alpha^2}{1-\alpha^2} = 0.9 \Rightarrow \alpha = 0.208 = 20.8\%$$

标准平衡常数可由吉布斯等温方程式导出。

在化学热力学中，推导出了$\Delta_r G_m$与系统组成间的关系

$$\Delta_r G_m(T) = \Delta_r G_m^\ominus(T) + RT\ln Q \tag{3-3-24}$$

当反应达到平衡时$\Delta_r G_m = 0$，$Q = K^\ominus$

$$\Delta_r G_m^\ominus(T) = -RT\ln K^\ominus$$

$$\ln K^\ominus = \frac{\Delta_r G_m^\ominus}{-RT} \tag{3-3-25}$$

上式反映了标准平衡常数$K^\ominus$与$\Delta_r G_m^\ominus$之间的关系。

（三）化学平衡的移动

化学平衡是相对的、暂时的、有条件的。当外界条件（浓度、压强、温度）改变时，可逆反应从一个平衡状态向另一个平衡状态转化的过程称化学平衡的移动。

1.浓度对平衡的影响

对处于平衡状态的可逆反应，若保持其他条件不变，则增加反应物浓度或减少生成物浓度，使$Q < K$，平衡向右移动；同理减少反应物浓度或增加生成物浓度，使$Q > K$，平衡向左移动。

2.压强对平衡的影响

对有气体参加的反应，改变总压强（各气体反应物和生成物分压之和）时，如果反应前后气体分子数相等，平衡不移动；如果反应前后气体分子总数不等，平衡就会移动。例如

$$N_2 + 3H_2 \rightleftharpoons 2NH_3$$

平衡时各气体分压（Pa）　　　　a　　　b　　　c

$$K = \frac{c^2}{a \cdot b^3}(p^\Theta)^2$$

总压增大 2 倍时（Pa）　　　　$2a$　　$2b$　　$2c$

$$Q = \frac{c^2}{4a \cdot b^3}(p^\Theta)^2$$

$Q < K$，平衡向右移动

所以增加总压强时，平衡向气体分子总数减少的方向移动；降低总压强时，平衡向气体分子数增加的方向移动。

【例 3-3-11】 在一容器中，反应 $2SO_2(g) + O_2(g) \rightleftharpoons 2SO_3(g)$ 达平衡后，在恒温下加入一定量氮气，并保持总压不变，平衡将会：

A. 正向移动　　　　　　　　　　　　　B. 逆向移动

C. 无明显变化　　　　　　　　　　　　D. 不能判断

解　加入氮气，总压不变，各气体分压减小，平衡向气体分子数增加方向移动，逆向移动。

答案：B

3. 温度对平衡的影响

温度对平衡的影响与反应的热效应有关。对放热反应（$\Delta H < 0$），升高温度，K 下降（使 $K < Q$），平衡向吸热方向移动；对吸热反应（$\Delta H > 0$），升高温度，K 升高（使 $K > Q$），平衡向吸热反应方向移动。总之，温度升高，平衡向吸热方向移动；温度降低，平衡向放热方向移动。正反应为放热反应，则逆反应为吸热反应；若正反应为吸热反应，则逆反应为放热反应。

4. 吕查德原理

如果改变平衡体系的条件之一（浓度、压强和温度），平衡就向着削弱这种改变的方向移动（见表 3-3-3）。

外界条件对反应速率、平衡常数和平衡移动的影响　　　　　　　表 3-3-3

影响因素	v	k	K	平衡移动方向
增加反应物浓度	增加	不变	不变	向正反应方向移动
增加气体分子总压强	增加	不变	不变	向气体分子总数减小方向移动
升高反应温度	增加	增大	正反应吸热 K 增大，正反应放热 K 减小	向吸热方向移动
加催化剂	增加	增大	不变	不移动

【例 3-3-12】 已知反应 $C_2H_2(g) + 2H_2(g) \rightleftharpoons C_2H_6(g)$ 的 $\Delta_rH_m < 0$，当反应达平衡后，欲使反应向右进行，可采取的方法是：

A. 升温，升压　　　　　　　　　　　　B. 升温，减压

C. 降温，升压　　　　　　　　　　　　D. 降温，减压

解　此反应为气体分子数减小的反应，升压，反应向右进行；反应的 $\Delta_rH_m < 0$，为放热反应，降温，反应向右进行。

答案：C

【例 3-3-13】 反应 $A(S) + B(g) \rightleftharpoons C(g)$ 的 $\Delta H < 0$，欲增大其平衡常数，可采取的措施是：

A. 增大 B 的分压　　　　　　　　　　　B. 降低反应温度

C. 使用催化剂　　　　　　　　　　　　D. 减小 C 的分压

解　此反应为放热反应。平衡常数只是温度的函数，对于放热反应，平衡常数随着温度升高而减

小。相反，对于吸热反应，平衡常数随着温度的升高而增大。

答案： B

习　题

3-3-1　升高温度可以增加反应速率的主要原因是（　　）。

　　A. 增加了分子总数　　　　　　　　B. 降低了活化能

　　C. 增加了活化分子百分数　　　　　D. 分子平均动能增加

3-3-2　某放热反应的正反应活化能为 15kJ/mol，逆反应的活化能是（　　）。

　　A. --15kJ/mol　　　　　　　　　　B. 大于 15kJ/mol

　　C. 小于 15kJ/mol　　　　　　　　　D. 无法判断

3-3-3　对于一个给定条件下的反应，随着反应的进行（　　）。

　　A. 正反应速率降低　　　　　　　　B. 速率常数变小

　　C. 平衡常数变大　　　　　　　　　D. 逆反应速率降低

3-3-4　下列不正确的说法是（　　）。

　　A. 质量作用定律只适用于基元反应

　　B. 对吸热反应温度升高，平衡常数减小

　　C. 非基元反应是由若干个基元反应组成

　　D. 反应速率常数的大小取决于反应物的本性及反应温度

3-3-5　某温度下，下列反应的平衡常数的关系是（　　）。

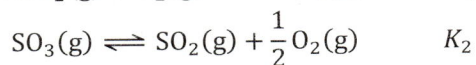

$$2SO_2(g) + O_2(g) \rightleftharpoons 2SO_3(g) \qquad K_1$$

$$SO_3(g) \rightleftharpoons SO_2(g) + \frac{1}{2}O_2(g) \qquad K_2$$

　　A. $K_1 = K_2$　　　　B. $K_1 = \frac{1}{(K_2)^2}$　　　　C. $(K_2)^2 = K_1$　　　　D. $K_2 = 2K_1$

3-3-6　在 298K，总压强为 100kPa 的混合气体中，含有 N_2、H_2、He、CO_2 四种气体，其质量均为 1g，它们分压的大小顺序是（　　）。

　　A. $H_2 > He > N_2 > CO_2$　　　　　B. $CO_2 > N_2 > He > H_2$

　　C. $He > N_2 > CO_2 > H_2$　　　　　D. $CO_2 > He > N_2 > H_2$

3-3-7　某气相反应 $2NO(g) + O_2(g) \rightleftharpoons 2NO_2(g)$ 是放热反应，反应达到平衡时，使平衡向右移动的条件是（　　）。

　　A. 升高温度和增加压力　　　　　　B. 降低温度和压力

　　C. 降低温度和增加压力　　　　　　D. 升高温度和降低压力

3-3-8　已知在一定温度下

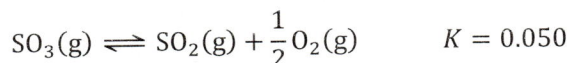

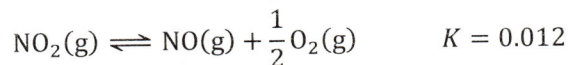

$$SO_3(g) \rightleftharpoons SO_2(g) + \frac{1}{2}O_2(g) \qquad K = 0.050$$

$$NO_2(g) \rightleftharpoons NO(g) + \frac{1}{2}O_2(g) \qquad K = 0.012$$

则反应 $SO_2(g) + NO_2(g) \rightleftharpoons SO_3(g) + NO(g)$ 的 K 为（　　）。

　　A. 4.2　　　　　B. 0.038　　　　　C. 0.24　　　　　D. 0.062

第四节　氧化还原反应与电化学

一、氧化还原反应的基本概念

化学反应中有电子转移的反应称氧化还原反应，反应前后反应物和生成物的氧化数发生了变化。

（一）氧化数（又称氧化值）

元素的氧化数是划分氧化还原反应和非氧化还原反应的主要依据，也是定义氧化剂、还原剂的重要概念。

1. 氧化数的概念

氧化数是某元素一个原子的电荷数，这种电荷数可由假设把每个键中的电子指定给电负性更大的原子而求得。

2. 确定氧化数的规则

（1）在离子型化合物中，氧化数等于离子电荷。

（2）在共价化合物中，把共用电子对指定给电负性大的原子后，原子的表观电荷数就是该原子的氧化数。

（3）分子或离子的总电荷数等于各元素氧化数的代数和。分子的总电荷数为零。

3. 一些已知元素氧化数的习惯规定

（1）在单质中，元素的氧化数均为零。

（2）除在金属氢化物中H的氧化数为-1外，氢在其他化合物中的氧化数均为$+1$。

（3）除在过氧化物中氧的氧化数为-1，在氟化物中氧的氧化数为$+1$或$+2$（分别如O_2F_2和OF_2）外，氧的氧化数一般为-2。

（4）在化合物中，碱金属的氧化数为$+1$，碱土金属的氧化数为$+2$，F的氧化数为-1。

（二）氧化剂和还原剂

在氧化还原反应中，某元素的原子失去电子，使该元素的氧化数增加；相反，某元素的原子得到电子，其氧化数减少。

失去电子的物质为还原剂，在反应中被氧化；得到电子的物质为氧化剂，在反应中被还原。

例如

$$\underset{\text{还原剂}}{Zn} + \underset{\text{氧化剂}}{Cu^{2+}} = Zn^{2+} + Cu$$

失电子，氧化数升高（氧化）

得电子，氧化数降低（还原）

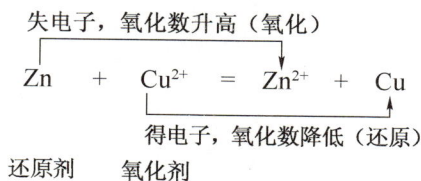

氧化、还原是指反应过程。

（三）氧化还原方程的配平

1. 配平原则

还原剂失电子总数等于氧化剂的电子总数，反应前后各元素原子总数相等。

2. 配平的步骤

（1）写出未配平的离子方程，如$MnO_4^- + SO_3^{2-} + H^+ \longrightarrow Mn^{2+} + SO_4^{2-} + H_2O$

（2）将离子方程写成氧化、还原半反应式，并配平，即

还原反应 $MnO_4^- + 8H^+ + 5e^- = Mn^{2+} + 4H_2O$

氧化反应 $SO_3^{2-} + H_2O - 2e^- = SO_4^{2-} + 2H^+$

（3）将两个半反应式各乘以适当系数，使得失电子数相等，然后将两个半反应式合并得到一个配平的氧化还原方程，即

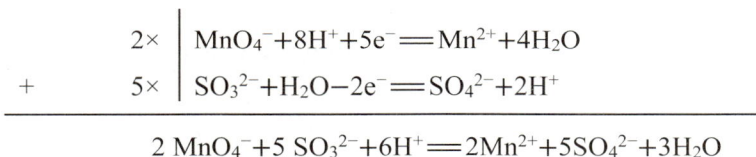

$$
\begin{array}{r|l}
2\times & MnO_4^- + 8H^+ + 5e^- = Mn^{2+} + 4H_2O \\
+ \quad 5\times & SO_3^{2-} + H_2O - 2e^- = SO_4^{2-} + 2H^+ \\
\hline
\end{array}
$$

$$2\,MnO_4^- + 5\,SO_3^{2-} + 6H^+ = 2Mn^{2+} + 5SO_4^{2-} + 3H_2O$$

二、原电池

原电池是借助氧化还原反应产生电流的装置。

（一）原电池的组成、电极反应和电池反应

1. 原电池的组成

原电池由三部分组成。

（1）半电池或称电极（包括导体）。

（2）金属导线：组成外电路。

（3）盐桥：盐桥的作用为沟通内电路，保持溶液电中性，使电流持续产生，例如铜锌原电池是由两个半电池组成，一个为锌半电池或叫锌电极；另一个为铜半电池或叫铜电极。

2. 电极反应和电池反应

对于铜锌原电池：

锌电极上发生的电极反应为

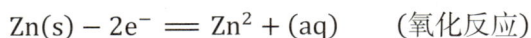

$$Zn(s) - 2e^- = Zn^{2+}(aq) \qquad （氧化反应）$$

铜电极上发生的电极反应为

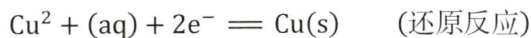

$$Cu^{2+}(aq) + 2e^- = Cu(s) \qquad （还原反应）$$

原电池中发生的电池反应为

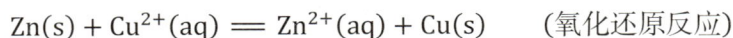

$$Zn(s) + Cu^{2+}(aq) = Zn^{2+}(aq) + Cu(s) \qquad （氧化还原反应）$$

电极反应也称半反应，每一个半反应都有两类物质：一类可作还原剂的物质，称为还原态物质，如 Cu、Zn 等；另一类可作氧化剂的物质，称为氧化态物质，如 Cu^{2+}、Zn^{2+}等。氧化态和相应的还原态物质组成电对，称氧化还原电对，可表示为氧化态/还原态，如 Cu^{2+}/Cu 和 Zn^{2+}/Zn。一些电极反应、电极符号见表 3-4-1。

电极种类和电极符号 表 3-4-1

电极种类	电极反应	电极符号	
		负极	正极
I.金属—金属离子	$Zn^{2+} + 2e^- \rightleftharpoons Zn$	$Zn\|Zn^{2+}$	$Zn^{2+}\|Zn$
II.同种金属不同价态离子	$Fe^{3+} + e^- \rightleftharpoons Fe^{2+}$	$Pt\|Fe^{3+},\ Fe^{2+}$	$Fe^{2+},\ Fe^{3+}\|Pt$
III.非金属—非金属离子	$2H^+ + 2e^- \rightleftharpoons H_2$	$Pt\|H_2\|H^+$	$H^+\|H_2\|Pt$
IV.金属—金属难溶盐—负离子	$AgCl(s) + e^- \rightleftharpoons Ag + Cl^-$	$Ag\|AgCl(s)\|Cl^-$	$Cl^-\|AgCl(s)\|Ag$

在铜半电池中，氧化剂 Cu^{2+} 发生还原反应，所以是正极；在锌半电池中，还原剂 Zn 发生氧化反应，所以是负极。原电池中电子流动方向由负极流向正极，电流方向刚好相反。原电池电动势为

$$E = \varphi_正 - \varphi_负 = \varphi_{氧化剂} - \varphi_{还原剂} \tag{3-4-1}$$

（二）原电池的符号（图式）

原电池的装置可用符号表示，如铜锌原电池表示为

$$(-)Zn|ZnSO_4(C_1)||CuSO_4(C_2)|Cu(+)$$

按规定负极写在左边，正极写在右边，以双垂线（||）表示盐桥，单线（|）表示两相之间的界面，盐桥两边应是半电池组成中的溶液，若离子浓度不是标准浓度（1mol/L），则需标明。除金属及其对应的金属盐溶液组成的半电池外，其余几种电极在组成半电池时需外加导电体材料如铂、石墨等。

【例 3-4-1】 两个电极组成原电池，下列叙述正确的是：

　　A. 作正极的电极的 $\varphi_正$ 值必须大于零

　　B. 作负极的电极的 $\varphi_负$ 值必须小于零

　　C. 必须是 $\varphi_正^\ominus > \varphi_负^\ominus$

　　D. 电极电势 φ 值大的是正极，φ 值小的是负极

解　电对的电极电势越大，其氧化态的氧化能力越强，越易得电子发生还原反应，做正极；电对的电极电势越小，其还原态的还原能力越强，越易失电子发生氧化反应，做负极。

答案： D

【例 3-4-2】 将下列反应组成原电池，并用原电池符号表示

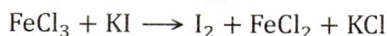

$$FeCl_3 + KI \longrightarrow I_2 + FeCl_2 + KCl$$

解　①由氧化数变化确定氧化剂和还原剂

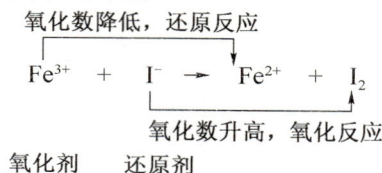

②确定正负极，并选择电极

氧化剂发生还原反应为正极；还原剂发生氧化反应为负极。正极选择第Ⅱ类电极；负极选择第Ⅲ类电极。

③组成原电池并用原电池符号表示

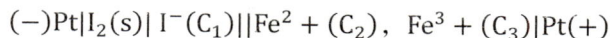

$$(-)Pt|I_2(s)|I^-(C_1)||Fe^{2+}(C_2), Fe^{3+}(C_3)|Pt(+)$$

三、电极电势

（一）标准电极电势

当温度为 298K，离子浓度为 1mol/L，气体的分压为 100kPa，固体为纯固体，液体为纯液体，此状态称标准状态。标准状态时的电极电势称标准电极电势，用 $\varphi^\ominus$ 表示，非标准状态下的电势就称电极电势，用 φ 表示。标准电极电势标志着物质氧化还原能力的大小，是判断氧化剂、还原剂强弱以及氧化还原反应方向的基本依据。$\varphi^\ominus$ 值的大小只取决于物质的本性，与物质的数量和电极反应的方向无关。例如

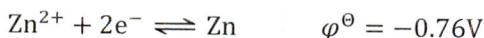

$$Zn^{2+} + 2e^- \rightleftharpoons Zn \qquad \varphi^\ominus = -0.76V$$

$$2Zn^{2+} + 4e^- \rightleftharpoons 2Zn \qquad \varphi^\Theta = -0.76V$$

$$Zn \rightleftharpoons Zn^2 + 2e^- \qquad \varphi^\Theta = -0.76V$$

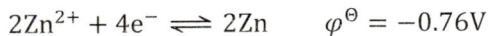

电极电势的物理意义和注意事项：

（1）φ^Θ代数值越大，表明电对的氧化态越易得电子，即氧化态就是越强的氧化剂；φ^Θ代数值越小，表明电对的还原态越易失电子，即还原态就是越强的还原剂。如：$\varphi^\Theta(Cl_2/Cl^-) = 1.3583V$，$\varphi^\Theta(Br_2/Br^-) = 1.066V$，$\varphi^\Theta(I_2/I^-) = 0.5355V$。可知：$Cl_2$氧化性较强，而$I^-$还原性较强。

（2）φ^Θ代数值与电极反应中化学计量数的选配无关。如 $Zn^{2+}+2e^-=Zn$ 与 $2Zn^{2+}+4e^-=2Zn$，φ^Θ数值相同。

（3）φ^Θ代数值与半反应的方向无关。无论电对物质在实际反应中的转化方向如何，其φ^Θ代数值不变。如 $Cu^{2+}+2e^-=Cu$ 与 $Cu=Cu^{2+}+2e^-$，φ^Θ数值相同。

（二）浓度对电极电势的影响——能斯特方程

电极电势与物质的本性、物质的浓度、温度有关，一般温度的影响较小，对某一电对而言，浓度的影响可用能斯特方程表示

$$a_{\text{氧化型}} + ne^- \rightleftharpoons b_{\text{还原型}}$$

在 25℃时
$$\varphi = \varphi^\Theta + \frac{0.059}{n}\lg\frac{C_{\text{氧化型}}^a}{C_{\text{还原型}}^b} \tag{3-4-2}$$

式中，φ为指定浓度下的电极电势；φ^Θ为标准电极电势；n为电极反应中得失电子数；$C_{\text{还原型}}$为还原态物质的浓度；$C_{\text{氧化型}}$为氧化态物质的浓度。

利用该方程可计算不同离子浓度或不同分压时的φ值，但使用时须注意：

（1）纯固体、纯液体不列入方程；

（2）电极反应式中，化学计量数为浓度或分压的指数；

（3）参加电极反应的 H^+ 或 OH^- 或其他离子的浓度也应列入方程；水的浓度不必写入式中。

【例 3-4-3】 计算当 H^+ 浓度为 3.0mol/L，其他离子浓度为 1mol/L 时，电对 $Cr_2O_7^{2-}/Cr^{3+}$ 的电极电势。已知 $\varphi^\Theta_{Cr_2O_7^{2-}/Cr^{3+}} = 1.33V$。

解
$$Cr_2O_7^{2-} + 14H^+ + 6e^- \rightleftharpoons 2Cr^{3+} + 7H_2O$$

能斯特方程
$$\varphi_{Cr_2O_7^{2-}/Cr^{3+}} = \varphi^\Theta_{Cr_2O_7^{2-}/Cr^{3+}} + \frac{0.059}{n}\lg\frac{C_{Cr_2O_7^{2-}} \cdot C_{H^+}^{14}}{C_{Cr^{3+}}^2}$$

$$= 1.33 + \frac{0.059}{6}\lg 3^{14}$$

$$= 1.40V$$

【例 3-4-4】 向原电池 $(-)Ag, AgCl|Cl^-||Ag^+|Ag(+)$ 的负极中加入 NaCl，则原电池电动势的变化是：

A. 变大   B. 变小   C. 不变   D. 不能确定

解 负极氧化反应：$Ag+Cl^-=AgCl+e^-$

正极还原反应：$Ag^++e^-=Ag$

电池反应：$Ag^++Cl^-=AgCl$

原电池负极能斯特方程式为：$\varphi_{AgCl/Ag} = \varphi^\Theta_{AgCl/Ag} + 0.059\lg\frac{1}{C_{Cl^-}}$ 由于负极中加入 NaCl，Cl^-浓度增加，则负极电极电势减小，正极电极电势不变，因此电池的电动势增大。

答案： A

【例 3-4-5】 有原电池$(-)Zn|ZnSO_4(c_1)||CuSO_4(c_2)|Cu(+)$，如向铜半电池中通入硫化氢，则原电池电动势变化趋势是：

A. 变大　　　　　　　B. 变小　　　　　　　C. 不变　　　　　　　D. 无法判断

解　铜电极通入 H_2S，生成 CuS 沉淀，Cu^{2+} 浓度减小。

铜半电池反应为：$Cu^{2+}+2e^-\!=\!\!=Cu$，根据电极电势的能斯特方程式

$$\varphi = \varphi^{\Theta} + \frac{0.059}{2}\lg\frac{C_{氧化型}}{C_{还原型}} = \varphi^{\Theta} + \frac{0.059}{2}\lg C_{Cu^{2+}}$$

$C_{Cu^{2+}}$ 减小，电极电势减小。原电池的电动势 $E = \varphi_{正} - \varphi_{负}$，$\varphi_{正}$ 减小，$\varphi_{负}$ 不变，则电动势 E 减小。

答案： B

【例 3-4-6】 下列各电对的电极电势与 H^+ 浓度有关的是：

A. Zn^{2+}/Zn　　　　　B. Br_2/Br　　　　　C. AgI/Ag　　　　　D. MnO_4^-/Mn^{2+}

解　四个电对的电极反应分别为：

$Zn^{2+}+2e^-\!=\!\!=Zn$；　$Br_2+2e^-\!=\!\!=2Br^-$

$AgI+e^-\!=\!\!=Ag+I^-$

$MnO_4^-+8H^++5e^-\!=\!\!=Mn^{2+}+4H_2O$

只有 MnO_4^-/Mn^{2+} 电对的电极反应与 H^+ 的浓度有关。

根据电极电势的能斯特方程式，MnO_4^-/Mn^{2+} 电对的电极电势与 H^+ 的浓度有关。

答案： D

（三）电极电势的应用

（1）判断原电池正负极，计算原电池电动势，φ 值较大的为正极，φ 值较小的为负极。当两极处于标准状态时，直接用 φ^{Θ} 来判断和计算。

（2）判断氧化剂和还原剂的相对强弱。φ^{Θ} 值或 φ 值越大，表示电对中氧化态的氧化能力越强，是强氧化剂；φ^{Θ} 值或 φ 值越小，表示电对中还原态的还原能力越强，是强还原剂。

（3）判断氧化还原反应的方向

$$E = \varphi_{氧化剂} - \varphi_{还原剂} > 0 \quad 反应正向进行$$

$$E = \varphi_{氧化剂} - \varphi_{还原剂} = 0 \quad 处于平衡状态$$

$$E = \varphi_{氧化剂} - \varphi_{还原剂} < 0 \quad 反应逆向进行$$

（4）判断反应进行的程度

氧化还原反应达到平衡时，平衡常数 K^{Θ} 与标准电动势 E^{Θ} 之间的关系为

$$\lg K^{\Theta} = \frac{nE^{\Theta}}{0.059} = \frac{n\left(\varphi^{\Theta}_{氧化剂} - \varphi^{\Theta}_{还原剂}\right)}{0.059} \tag{3-4-3}$$

式中，n 为氧化还原反应中转移的电子数。K 越大，反应进行的程度越大。

【例 3-4-7】 在 298K 时，对反应

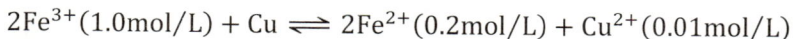

$$2Fe^{3+}(1.0mol/L) + Cu \rightleftharpoons 2Fe^{2+}(0.2mol/L) + Cu^{2+}(0.01mol/L)$$

已知 $\varphi^{\Theta}_{Cu^{2+}/Cu} = 0.34V$，$\varphi^{\Theta}_{Fe^{3+}/Fe^{2+}} = 0.77V$。

①将该反应设计成原电池，并用符号表示；

②写出两极反应；

③判断反应进行方向；

④计算 298K 时反应的平衡常数 $K^\ominus$。

解 ①设计原电池

$$\varphi_{Fe^{3+}/Fe^{2+}} = 0.77 + \frac{0.059}{1}\lg\frac{1.0}{0.2} = 0.81V$$

$$\varphi_{Cu^{2+}/Cu} = 0.34 + \frac{0.059}{2}\lg 0.01 = 0.28V$$

原电池符号：$(-)Cu|Cu^{2+}(0.01mol/L)\|Fe^{2+}(0.2mol/L)，Fe^{3+}(1.0mol/L)|Pt(+)$

②写出两极反应

正极电极反应 $\qquad Fe^{3+} + e^- \rightleftharpoons Fe^{2+}$

负极电极反应 $\qquad Cu - 2e^- \rightleftharpoons Cu^{2+}$

③判断反应方向

$$E = \varphi_{氧化剂} - \varphi_{还原剂} = 0.81 - 0.28 = 0.53V > 0(反应正向进行)$$

计算平衡常数

$$\lg K^\ominus = \frac{nE^\ominus}{0.059} = \frac{2 \times (0.77 - 0.34)}{0.059} = 14.58$$

$$K^\ominus = 3.80 \times 10^{14}$$

【例 3-4-8】 已知：$\varphi^\ominus_{Fe^{3+}/Fe^{2+}} = 0.77V$；$\varphi^\ominus_{Zn^{2+}/Zn} = -0.76V$；$\varphi^\ominus_{Cu^{2+}/Cu} = 0.34V$。

氧化型物质的氧化能力由强到弱的排列次序正确的是：

A. $Fe^{3+}>Zn^{2+}>Cu^{2+}$ $\qquad\qquad\qquad$ B. $Zn^{2+}>Fe^{3+}>Cu^{2+}$

C. $Cu^{2+}>Fe^{3+}>Zn^{2+}$ $\qquad\qquad\qquad$ D. $Fe^{3+}>Cu^{2+}>Zn^{2+}$

解 $\varphi^\ominus$值或φ值越大，表示电对中氧化态的氧化能力越强；$\varphi^\ominus$值或φ值越小，表示电对中还原态的还原能力越强。三个电对中氧化型物质的氧化能力由强到弱的顺序为：$Fe^{3+}>Cu^{2+}>Zn^{2+}$。

答案：D

【例 3-4-9】 反应 Zn^{2+}（1.0mol/L）$+Fe\rightleftharpoons Zn+Fe^{2+}$（0.1mol/L）自发进行的方向是：

A. 正向 $\qquad\qquad$ B. 逆向 $\qquad\qquad$ C. 平衡状态 $\qquad\qquad$ D. 不能判断

解

$$\varphi_{Zn^{2+}/Zn} = \varphi^\ominus_{Zn^{2+}/Zn} + \frac{0.059}{2}\lg C_{Zn^{2+}} = -0.76V$$

$$\varphi_{Fe^{2+}/Fe} = \varphi^\ominus_{Fe^{2+}/Fe} + \frac{0.059}{2}\lg C_{Fe^{2+}} = -0.44 - 0.029\ 5 \approx -0.47V$$

$$E = \varphi_{Zn^{2+}/Zn} - \varphi^\ominus_{Fe^{2+}/Fe} = -0.76 + 0.47 = -0.29V < 0(反应逆向进行)$$

答案：B

【例 3-4-10】 上题反应的 $\lg K^\ominus$ 是：

A. $\frac{-2\times 0.32}{0.059}$ $\qquad\qquad$ B. $\frac{2\times 0.32}{0.059}$ $\qquad\qquad$ C. $\frac{-2\times 0.29}{0.059}$ $\qquad\qquad$ D. $\frac{2\times 0.29}{0.059}$

解 $\lg K^\ominus = \frac{nE^\ominus}{0.059} = \frac{2\times(-0.76+0.44)}{0.059} = \frac{-2\times 0.32}{0.059}$

答案：A

（四）元素电势图

当某元素可以形成三种或三种以上氧化值的物质时，这些物质可以组成多种不同的电对，各电对的标准电极电势可用图的形式表示出来，这种图叫作元素电势图。元素电势图一般按元素的氧化值由高到低的顺序，把各物质的化学式从左到右写出来，各不同氧化值物质之间用直线连接起来，在直线上表明两种不同氧化值物质所组成的电对的标准电极电势。例如氧元素在酸性溶液中的电势图为：

$$O_2 \xrightarrow{\quad 0.6945 \quad} H_2O_2 \xrightarrow{\quad 1.763 \quad} H_2O$$
$$\underset{1.229}{\rule{0pt}{0pt}}$$

元素电势图的应用：

（1）判断歧化反应。对于元素电势图$A \xrightarrow{\varphi_{左}^{\ominus}} B \xrightarrow{\varphi_{右}^{\ominus}} C$，若$\varphi_{右}^{\ominus} > \varphi_{左}^{\ominus}$，B即是电极电势大的电对的氧化型，可作氧化剂，又是电极电势小的电对的还原型，也可作还原剂，B的歧化反应能够发生；若$\varphi_{右}^{\ominus} < \varphi_{左}^{\ominus}$，B的歧化反应不能发生。

（2）计算标准电极电势。根据元素电势图，可以从已知某些电对的标准电极电势计算出另一电对的标准电极电势。假如有一元素电势图为：$A \xrightarrow[(z_1)]{\varphi_1^{\ominus}} B \xrightarrow[(z_2)]{\varphi_2^{\ominus}} C$，$\underset{(z_x)}{\overset{\varphi_x^{\ominus}}{\rule{0pt}{0pt}}}$，则$\varphi_x^{\ominus} = \dfrac{z_1\varphi_1^{\ominus} + z_2\varphi_2^{\ominus}}{z_x}$（$z$为电对中具有变价的元素的一个原子氧化值的变化数）。

如在酸性溶液中，铜元素的电势图为$Cu^{2+} \xrightarrow{0.16V} Cu^+ \xrightarrow{0.52V} Cu$，则计算得：$\varphi_{Cu^{2+}/Cu}^{\ominus} = \dfrac{\varphi_{Cu^{2+}/Cu^+}^{\ominus} + \varphi_{Cu^+/Cu}^{\ominus}}{2} = \dfrac{0.16 + 0.52}{2} = 0.34V$。

四、电解

电流通过电解液在电极上引起氧化还原反应的过程叫电解。

（一）电解池的组成和电极反应

电解池是将电能转变成化学能的装置。电解池中有两极，与外电源负极相连的极叫阴极，与外电源正极相连的极叫阳极。电解时阴极上发生还原反应，阳极上发生氧化反应。

（二）分解电压与超电压

使电解顺利进行时所需最小外加电压叫实际分解电压，理论分解电压是电解产物形成原电池时所产生的电动势，它与外加电压方向相反。一般情况下实际分解电压总是大于理论分解电压。主要原因是电极的极化。电极极化又分浓差极化和电化学极化两类。

浓差极化是由电极反应速度快，而离子扩散速度慢，使电极表面离子浓度低于整体的离子浓度所造成的极化现象。阴极表面离子浓度降低将使阴极电势更负，阳极表面离子浓度降低将使阳极电势更正，分解电压将增大。浓差极化可用加热和搅拌等方法消除。

电化学极化是电极反应速度慢所引起的极化现象。其结果也是使阴极电势变得更负，阳极电势更正。实际析出电势与理论析出电势之差叫超电势（η表示），统一规定超电势取正值。即

$$\eta_{阴} = \varphi_{阴、理} - \varphi_{阴、实} \tag{3-4-4}$$

$$\eta_{阳} = \varphi_{阳、实} - \varphi_{阳、理} \tag{3-4-5}$$

阴极超电势与阳极超电势之和等于超电压，即

$$E_{超} = \eta_{阴} + \eta_{阳} \tag{3-4-6}$$

（三）电解产物的一般规律

电解产物析出的先后顺序由它们的析出电势来决定。而析出电势又与标准电极电势、离子浓度、超电势等有关。但总的原则是：析出电势代数值较大的氧化型物质首先在阴极还原；析出电势代数值较小的还原型物质首先在阳极氧化。一般规律是：

阴极　　　　　　　　当$\varphi^{\ominus} > \varphi_{Al^{3+}/Al}^{\ominus}$时　　　　$M^{n+} + ne^- \rightleftharpoons M$

$$当\varphi^{\ominus} < \varphi^{\ominus}_{Al^{3+}/Al}时 \qquad 2H^+ + 2e^- \rightleftharpoons H_2$$

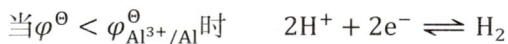

阳极　　可溶性电极　　　　　　$M - ne^- \rightleftharpoons M^{n+}$

惰性电极　简单负离子，如 Cl^-、Br^-、I^-、S^{2-} 分别析出 Cl_2、Br_2、I_2、S。

复杂离子，如 $4OH^- - 4e^- \rightleftharpoons O_2 + 2H_2O$。

【例 3-4-11】 电解 NaCl 水溶液时，阴极上放电的离子是：

A. H^+　　　　　　　　B. OH^-　　　　　　　　C. Na^+　　　　　　　　D. Cl^-

解　电解产物析出顺序由它们的析出电势决定。析出电势与标准电极电势、离子浓度、超电势有关。总的原则：析出电势代数值较大的氧化型物质首先在阴极还原，析出电势代数值较小的还原型物质首先在阳极氧化。

阴极：当 $\varphi^{\ominus} > \varphi^{\ominus}_{Al^{3+}/Al}$ 时，$M^{n+} + ne^- \rightleftharpoons M$

当 $\varphi^{\ominus} < \varphi^{\ominus}_{Al^{3+}/Al}$ 时，$2H^+ + 2e^- \rightleftharpoons H_2$

因 $\varphi^{\ominus}_{Na^+/Na} < \varphi^{\ominus}_{Al^{3+}/Al}$ 时，所以 H^+ 首先放电析出。

答案： A

五、金属的腐蚀及其防止

（一）金属的腐蚀

金属腐蚀是指金属表面与周围介质发生化学或电化学作用而遭受的破坏。金属腐蚀分化学腐蚀和电化学腐蚀两大类。

单纯由化学作用引起的腐蚀叫化学腐蚀。其特点是腐蚀过程中没有水汽的参与。如金属与干燥的 O_2、H_2S、Cl_2、SO_2 等气体和石油中的有机硫化物作用生成相应的化合物，高温时尤为显著。

金属与电解质溶液接触时发生电化学腐蚀。在腐蚀过程中形成许多微小的腐蚀电池。杂质等电极电势较大的物质作为阴极发生还原反应，电极电势较小的物质在阳极上发生氧化反应而被腐蚀。由于腐蚀介质的不同，电化学腐蚀又可分为下列三种类型。

1. 析氢腐蚀

在酸性介质中（以 Fe 为例）

阳极　　　　　　　　　　　　　$Fe - 2e^- \rightleftharpoons Fe^{2+}$

阴极（导电杂质）　　　　　　　$2H^+ + 2e^- \rightleftharpoons H_2$

电池反应　　　　　　　　　　　$Fe + 2H^+ \rightleftharpoons Fe^{2+} + H_2$

或　　　　　　　　　　　　　　$Fe + 2H_2O \rightleftharpoons Fe(OH)_2 + H_2$

2. 吸氧腐蚀

在弱碱性或中性介质中（以 Fe 为例）：

阳极　　　　　　　　　　　　　$Fe - 2e^- \rightleftharpoons Fe^{2+}$

阴极（导电杂质）　　　　　　　$\frac{1}{2}O_2 + H_2O + 2e^- \rightleftharpoons 2OH^-$

总反应　　　　　　　　　　　　$Fe + H_2O + \frac{1}{2}O_2 \rightleftharpoons Fe(OH)_2$

$Fe(OH)_2$ 在空气中进一步氧化脱水成为铁锈 Fe_2O_3，钢铁在大气中的腐蚀主要是吸氧腐蚀。

3. 差异充气腐蚀

当金属表面氧气分布不均时发生差异充气腐蚀，实际上是吸氧腐蚀的一种。

$$O_2 + 2H_2O + 4e^- \rightleftharpoons 4OH^-$$

$$\varphi = \varphi^\ominus + \frac{0.059}{4}\lg\frac{p_{O_2}}{c_{OH^-}^4}$$

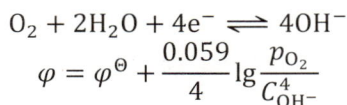

可见，p_{O_2} 小的部位，φ 值小，作为阳极被腐蚀。这种腐蚀的危害极大，多发生在金属表面不光滑或加工的接口处等。

【例 3-4-12】 在差异充气腐蚀中，氧气浓度大和小部分的名称分别为：

　　　　A. 阳极和阴极　　　　　　　　　　B. 阴极和阳极

　　　　C. 正极和负极　　　　　　　　　　D. 负极和正极

解　差异充气腐蚀中，$\varphi = \varphi^\ominus + \frac{0.059}{4}\lg\frac{p_{O_2}}{c_{OH^-}^4}$，所以，$p_{O_2}$ 大的部分，φ 值大，为阴极；p_{O_2} 小的部分，φ 值小，为阳极，被腐蚀。

答案：B

（二）金属腐蚀的防止

防止金属腐蚀的方法很多，常用的有组成合金法、表面涂层法、缓蚀剂法、阴极保护法等。

缓蚀剂法是在腐蚀介质中加入少量物质来延缓腐蚀速率的方法，所加的物质叫缓蚀剂。缓蚀剂分为无机缓蚀剂和有机缓蚀剂两大类，在中性或碱性介质中常加无机缓蚀剂，如亚硝酸盐、铬酸盐、重铬酸盐、磷酸盐等；在酸性介质中加入有机缓蚀剂，如乌洛托品［六次甲基四胺$(CH_2)_6N_4$］、若丁（其主要成分为苯基硫脲）等来减缓钢铁的腐蚀。

阴极保护法分为两种。

1. 牺牲阳极保护法

将活泼金属与被保护金属组成原电池，使活泼金属作为腐蚀电池的阳极而被腐蚀，被保护的金属作为阴极得到保护。此法常用于保护海轮外壳、锅炉及海底设备。

2. 外加电流法

这是在直流电源作用下，将被保护的金属与另一附加电极组成电解池，被保护金属作为电解池的阴极而达到保护的目的。这种方法用于防止土壤、河水和海水中的金属设备被腐蚀。

【例 3-4-13】 下列防止金属腐蚀的方法中错误的是：

　　　　A. 在金属表面涂刷油漆

　　　　B. 在外加电流保护法中，被保护金属直接与电源正极相连

　　　　C. 在外加电流保护法中，被保护金属直接与电源负极相连

　　　　D. 为了保护铁制管道，可使其与锌片相连

解　在外加电流保护法中，被保护金属作为电解池的阴极得到保护，与电源负极相连。

答案：B

六、原电池、电解池、腐蚀电池的比较

（一）原电池中发生自发的氧化还原反应（表 3-4-2）

表 3-4-2

电极名称	电势	电极反应
正极	高	还原反应
负极	低	氧化反应

（二）电解池中发生强制的氧化还原反应（表3-4-3）

表 3-4-3

电极名称	电势	电极反应
阳极	高	氧化反应
阴极	低	还原反应

（三）腐蚀电池中发生自发的氧化还原反应（表3-4-4）

表 3-4-4

电极名称	电势	电极反应
阴极	高	还原反应
阳极	低	氧化反应

习　题

3-4-1　在 $KMnO_4+HCl \longrightarrow KCl+MnCl_2+Cl_2+H_2O$ 反应中，配平后各物种前的化学计量数从左到右依次为（　　）。

A. 2、8、2、2、3、8　　　　　　　　　　B. 2、16、2、2、5、8

C. 2、4、1、2、3、8　　　　　　　　　　D. 2、16、2、2、5、4

3-4-2　在上题反应中，作为氧化剂的是（　　）。

A. HCl　　　　　　B. $MnCl_2$　　　　　　C. Cl_2　　　　　　D. $KMnO_4$

3-4-3　下列两电极反应

$$Cu^{2+} + 2e^- \rightleftharpoons Cu$$

$$I_2 + 2e^- \rightleftharpoons 2I^-$$

当离子浓度增大时，电极电势变化正确的是（　　）。

A. $\varphi_{Cu^{2+}/Cu}$ 变小，φ_{I_2/I^-} 变大　　　　　　B. $\varphi_{Cu^{2+}/Cu}$ 变大，φ_{I_2/I^-} 变大

C. $\varphi_{Cu^{2+}/Cu}$ 变小，φ_{I_2/I^-} 变大　　　　　　D. $\varphi_{Cu^{2+}/Cu}$ 变大，φ_{I_2/I^-} 变小

3-4-4　已知 $\varphi^{\ominus}_{MnO_4^-/Mn^{2+}} = 1.51V$，$\varphi^{\ominus}_{MnO_4^-/MnO_2} = 1.68V$，$\varphi^{\ominus}_{MnO_4^-/MnO_4^{2-}} = 0.56V$，则还原型物质的还原性由强到弱排列的次序是（　　）。

A. $MnO_4^- > MnO_2 > Mn^{2+}$　　　　　　B. $Mn^{2+} > MnO_4^- > MnO_2$

C. $MnO_4^- > Mn^{2+} > MnO_2$　　　　　　D. $MnO_2 > MnO_4^- > Mn^{2+}$

3-4-5　下列两反应能自发进行

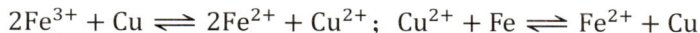

$$2Fe^{3+} + Cu \rightleftharpoons 2Fe^{2+} + Cu^{2+}; \quad Cu^{2+} + Fe \rightleftharpoons Fe^{2+} + Cu$$

由此比较 a：$\varphi_{Fe^{3+}/Fe^{2+}}$，b：$\varphi_{Cu^{2+}/Cu}$，c：$\varphi_{Fe^{2+}/Fe}$ 的代数值大小顺序为（　　）。

A. $a > b > c$　　　　B. $c > b > a$　　　　C. $b > a > c$　　　　D. $a > c > b$

3-4-6　反应 $A+B^{2+} \Longrightarrow A^{2+}+B$ 的标准平衡常数是 10^4，则该反应组成原电池时，该原电池的电动势是（　　）。

A. 0.118V　　　　B. 1.20V　　　　C. 0.07V　　　　D. 0.236V

3-4-7　用铜作电极电解 $CuCl_2$ 水溶液时，阳极的主要反应是（　　）。

A. $4OH^- - 4e^- \rightleftharpoons 2H_2O + O_2$　　　　　　B. $2Cl^- - 2e^- \Longrightarrow Cl_2$

C. $2H^+ + 2e^- \rightleftharpoons H_2$　　　　　　　　　　　D. $Cu - 2e^- = Cu^{2+}$

3-4-8　将钢管一部分埋在沙土中，另一部分埋在黏土中，埋入黏土中的钢管成为腐蚀电池的（　　）。

A. 正极　　　　　　B. 负极　　　　　　C. 阴极　　　　　　D. 阳极

第五节　有机化合物

一、有机化合物的特点、分类及命名

有机化合物在结构和性质上的特点如下：

（一）结构特点

（1）碳原子之间可以形成 C—C 单键、C=C 双键和 C≡C 叁键。碳原子的连接方式有长短不等的直链、支链和首尾相连的环链。例如

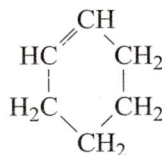

$$CH_3 - C \equiv CH \qquad\qquad CH_3(CH_2)_{16}CH_3$$

丙烷　　　　　　　　　　　　正十八烷　　　　　　　　　　环己烯

（2）普遍存在同分异构现象。一种分子式往往可以表示几种性能完全不同的化合物，这些化合物叫同分异构体。例如正丁烷与异丁烷的分子式都是 C_4H_{10}，而它们的结构式分别为

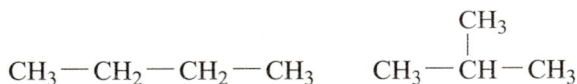

正丁烷　　　　　　　　　　　　　　　异丁烷

这种由于碳原子的连接方式不同形成的异构体叫碳骼异构体。又如分子式都是 C_2H_6O 的乙醇和甲醚结构式分别为

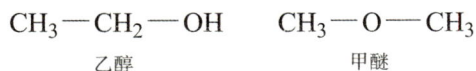

乙醇　　　　　　甲醚

这种由于官能团的不同形成的异构体叫官能团异构体。因此，为了准确地表示一个有机化合物，通常采用结构式而不用分子式。

（二）性质特点

（1）容易燃烧。除 CCl_4 外都可以燃烧，目前所用的固体、液体、气体燃料几乎都是有机物。

（2）熔点、沸点低。绝大多数有机化合物都是共价化合物，晶体类型属分子晶体，分子间作用力较弱。故大多数有机物的熔点、沸点较低，一般熔点在 573K 以下。

（3）难溶于水，易溶于有机溶剂。大多数有机化合物是非极性或弱极性的分子，根据"相似相溶"原则，都可溶于酒精、乙醚、丙酮、煤油、汽油等有机溶剂。

（4）反应速率慢、产物种类多。有机物之间的反应速率慢，常要用加热加压或加催化剂的方法来

加速反应。有机反应进行时，常有副反应发生，产物种类多。

（5）绝缘性能好。绝大多数有机物是非电解质，在溶解和熔融状态下不导电，是优良的绝缘材料。

（三）有机物的分类

1. 按碳原子的连接方式分类

（1）开链化合物

碳原子相互连接成两端张开的链，开链化合物又叫脂肪类化合物。如

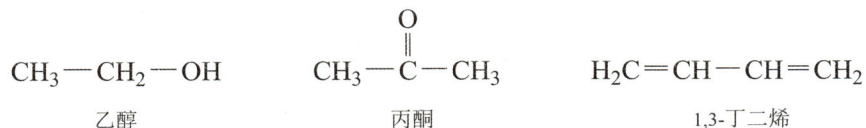

$$CH_3—CH_2—OH \qquad CH_3—\overset{\overset{\textstyle O}{\|}}{C}—CH_3 \qquad H_2C=CH—CH=CH_2$$

乙醇 丙酮 1,3-丁二烯

（2）碳环化合物

碳原子相互连接成环状。碳环化合物又分三类：

脂环化合物，性质与链状化合物相似，主要存在于石油和煤焦油中，如：

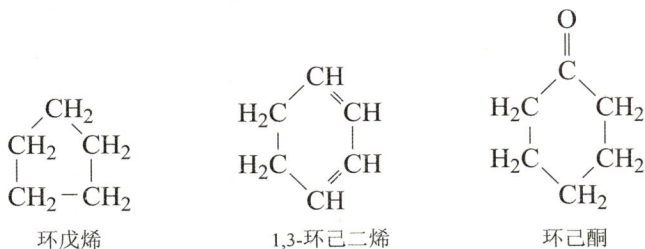

环戊烯 1,3-环己二烯 环己酮

芳香族化合物，这类化合物分子中都含有苯环结构，如：

苯 甲苯 苯酚 萘

③杂环化合物，环上除有碳原子外，还有其他原子（如 O、N、S），如：

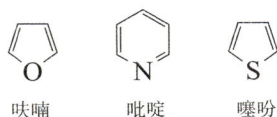

呋喃 吡啶 噻吩

2. 按官能团分类

将含有相同官能团和化学性质基本相似的化合物划分为一类。表3-5-1列出了一些主要化合物的类别、官能团的名称及通式等。表中 R、R'表示烷基，Ar 表示芳烃基，X 表示卤素。

一些主要有机物的类型 表 3-5-1

类 别	通 式	官能团	名 称	例 子
烷烃	C_nH_{2n+2}			CH_4 甲烷
烯烃	C_nH_{2n}	$\diagdown C=C \diagup$	双键	$CH_2=CH_2$ 乙烯
炔烃	C_nH_{2n-2}	$—C\equiv C—$	叁键	$CH\equiv CH$ 乙炔
卤代烃	$R—X$	$—X$	卤素原子	C_6H_5Br 溴苯

类别	通式	官能团	名称	例子
醇或酚	R—OH 或 Ar—OH	—OH	羟基	CH_3CH_2OH　乙醇，C_6H_5OH　苯酚
醚	R—O—R'	—O—	醚键	C_2H_5—O—C_2H_5　乙醚
醛	R—CHO	$\overset{H}{\underset{}{-\!C\!=\!O}}$	醛基	$CH_3\!-\!\overset{O}{\overset{\|}{C}}\!-\!H$　乙醛
酮	$R\!-\!\overset{O}{\overset{\|}{C}}\!-\!R'$	$\overset{O}{\overset{\|}{-\!C\!-}}$	羰基	$CH_3\!-\!\overset{O}{\overset{\|}{C}}\!-\!CH_3$　丙酮
羧酸	RCOOH	$\overset{O}{\overset{\|}{-\!C\!-\!OH}}$	羧基	CH_3COOH　乙酸
酯	RCOOR'	$\overset{O}{\overset{\|}{-\!C\!-\!O\!-\!R'}}$	烷氧羰基	$CH_3COOCH_2CH_3$　乙酸乙酯
胺	R—NH_2	—NH_2	氨基	$H_2NCH_2CH_2NH_2$　乙二胺
酰胺	$R\!-\!\overset{O}{\overset{\|}{C}}\!-\!NH_2$	$\overset{O}{\overset{\|}{-\!C\!-\!NH_2}}$	氨基甲酰基	$CH_3\!-\!\overset{O}{\overset{\|}{C}}\!-\!NH_2$　乙酰胺
腈	R—CN	—CN	氰基	$H_2C\!=\!CHCN$　丙烯腈
硝基化合物	R—NO_2 或 Ar—NO_2	—NO_2	硝基	$C_6H_5NO_2$　硝基苯
磺酸	R—SO_3H	—SO_3H	磺酸基	$C_6H_5SO_3H$　苯磺酸

（四）有机物的命名

有机物的命名方法有习惯命名法、衍生物命名法、系统命名法。重点介绍系统命名法。

1. 链烃及其衍生物的命名原则

（1）选择主链

选择最长碳链或含有官能团的最长碳链为主链，以主链作为母体，主链中的碳原子数用甲、乙、……壬、癸、十一、十二……表示，称某烷、某烯、某炔、某醇、某醛、某酸等，支链、卤原子、硝基则视为取代基。

（2）主链编号

从距取代基或官能团最近的一端开始，对碳原子依次用1，2，3，…进行编号，来表明取代基或官能团的位置。但要尽可能采用最小数目。有 n 个取代基时，简单的在前，复杂的在后，相同的取代基和官能团的数目，用二、三、…表示。

（3）写出全称

将取代基的位置编号、数目和名称写在前面，将母体化合物的名称写在后面，例如

$$\overset{6}{CH_3}-\overset{5}{CH_2}-\overset{4}{CH}-\overset{3}{CH_2}-\overset{2}{C}-\overset{1}{CH_3}$$

（下方支链 CH_2CH_3 及 CH_2 ）

2-甲基-4-乙基-1-乙烯

$$\overset{7}{CH_3}-\overset{6}{\underset{CH_3}{C}}-\overset{5}{\underset{CH_3CH_2CH_3}{CH}}-\overset{4}{C}\equiv\overset{3}{C}-\overset{2}{\underset{CH_3}{C}}-\overset{1}{CH_3}$$

2,2,6,6-四甲基-5-乙基-3-庚炔

$$\overset{6}{CH_3}-\overset{5}{CH}=\overset{4}{CH}-\overset{3}{\underset{O}{C}}-\overset{2}{\underset{Cl}{C}}-\overset{1}{CH_3}$$

2-氯-2-甲基-4-己烯-3-酮

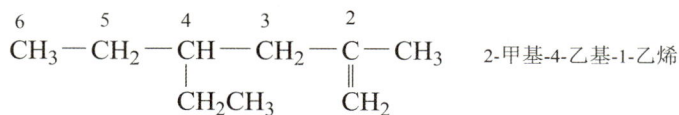

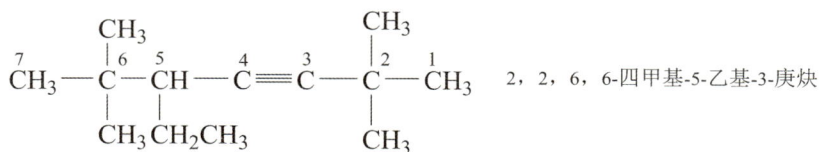

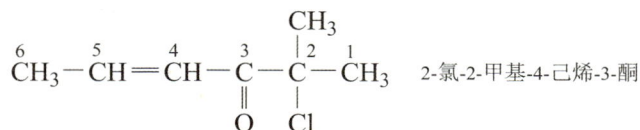

2.芳香烃及其衍生物的命名原则

（1）选择母体

选择苯环上所连官能团（ ——OR 、 ——NH$_2$ 、 ——OH 、 $-\overset{O}{\overset{\|}{C}}-$ 、 ——CN 、 $-\overset{O}{\overset{\|}{C}}-H$ 、

$-\overset{O}{\overset{\|}{C}}-NH_2$ 、 $-\overset{O}{\overset{\|}{C}}-X$ 、 ——SO$_3$H 、 $-\overset{O}{\overset{\|}{C}}-OR$ 、 $-\overset{O}{\overset{\|}{C}}-OH$ 、 $\overset{}{C}=\overset{}{C}$ 、 ——C≡C—— ）或

带官能团最长的碳链为母体，把苯环视为取代基。当苯环上有简单的烃基（分子量较小的烃基）、卤原子、硝基时，把苯环当做母体。

（2）编号

将母体中碳原子依次用 1，2，…编号，使官能团或取代基位次具有最小值。当苯环上含有两个或三个取代基时，可分别用邻-、间-、对-或连-、均-、偏-等词头表示。例如：

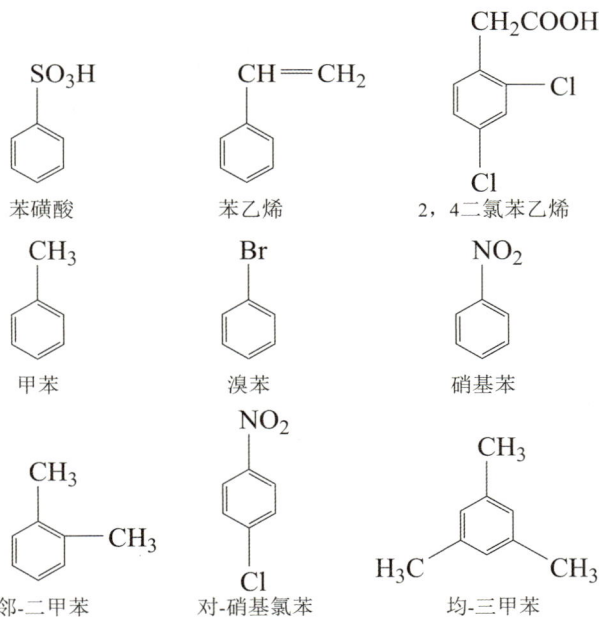

苯磺酸 （SO$_3$H-苯环）　　苯乙烯 （CH=CH$_2$-苯环）　　2,4-二氯苯乙烯 （CH$_2$COOH, Cl, Cl-苯环）

甲苯 （CH$_3$-苯环）　　溴苯 （Br-苯环）　　硝基苯 （NO$_2$-苯环）

邻-二甲基 （CH$_3$, CH$_3$-苯环）　　对-硝基氯苯 （NO$_2$, Cl-苯环）　　均-三甲苯 （CH$_3$, H$_3$C, CH$_3$-苯环）

【例 3-5-1】 下列物质中，不属于醇类的是：

A. C$_4$H$_9$OH　　　　B. 甘油　　　　　C. C$_6$H$_5$CH$_2$OH　　　　D. C$_6$H$_5$OH

解 羟基与烷基直接相连为醇，通式为 R—OH（R 为烷基）；羟基与芳香基直接相连为酚，通式为

Ar—OH（Ar 为芳香基）。

答案：D

【例 3-5-2】 下列有机物中，对于可能处在同一平面上的最多原子数目的判断，正确的是：

A. 丙烷最多有 6 个原子处于同一平面上

B. 丙烯最多有 9 个原子处于同一平面上

C. 苯乙烯（ 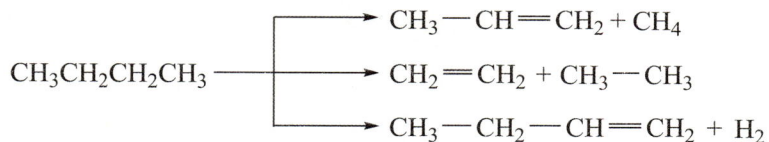 ）最多有 16 个原子处于同一平面上

D. CH_3CH＝CH—C≡C—CH_3 最多有 12 个原子处于同一平面上

解　丙烷最多 5 个原子处于一个平面，丙烯最多 7 个原子处于一个平面，苯乙烯最多 16 个原子处于一个平面，CH_3CH＝CH—C≡C—CH_3 最多 10 个原子处于一个平面。

答案：C

二、有机物的重要反应

（一）裂化反应

有机化合物在高温下分解叫热解，烷烃的热解叫裂化反应，裂化反应的实质是 C—C 键和 C—H 键的断裂。反应产物是混合物，碳原子越多的有机物热解时产物越复杂。丁烷的裂化反应如下

$$CH_3CH_2CH_2CH_3 \longrightarrow \begin{cases} CH_3-CH=CH_2 + CH_4 \\ CH_2=CH_2 + CH_3-CH_3 \\ CH_3-CH_2-CH=CH_2 + H_2 \end{cases}$$

在催化裂化下，除有 C—C 键的断裂外还伴随着异构化、环化、芳香化、聚合、缩合等反应发生。

（二）取代反应

在反应中，反应物分子的一个原子或原子团被其他原子或原子团替代的反应。例如：在日光或加热下，CH_4 与 Cl_2 发生的取代反应生成 HCl 和氯甲烷（CH_3Cl）、二氯甲烷（CH_2Cl_2）、三氯甲烷（$CHCl_3$）、四氯化碳（CCl_4）。

芳香烃有以下几种重要取代反应：

（1）氯化

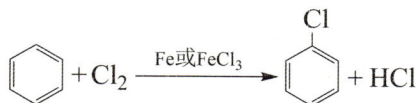

（2）硝化

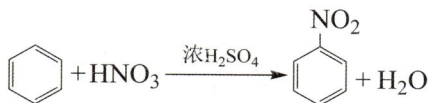

（3）磺化

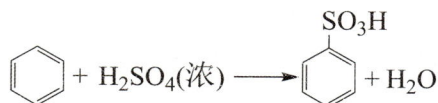

当苯环上已有一个取代基，再进入第二个取代基时，按苯环的结构可以进入邻位、间位和对位形

成三种异构体。但事实上这三个不同的位置取代的机会是不均等的，第二个取代基进入的位置决定于苯环上原有取代基，与新进入的取代基关系不大，把苯环上原有取代基对新进入取代基的定位作用叫取代基的定位效应。根据实验结果一般把定位基分为两类：

（1）邻位、对位定位基

定位效应的大小顺序：—NH₂>—OH>—CH₃>Cl>Br>I>—C₆H₅，同时使苯环活化。例如：

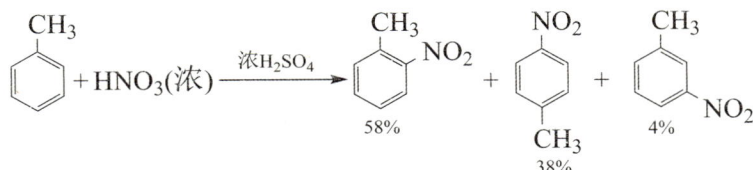

（2）间位定位基

其定位效应大小顺序：—NO₂>—CN>—SO₃H>—CHO>—COOH，同时使苯环钝化。例如：

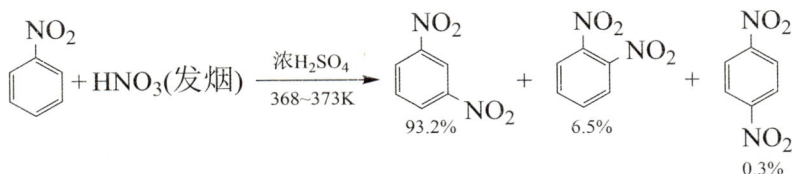

（三）加成反应

不饱和分子中的双键、叁键打开，即分子中的π键断裂，两个一价的原子或原子团加到不饱和键的两个碳原子上，这种反应叫加成反应，重要的加成反应有以下两种类型。

1. 不饱和烃的加成反应

如烯烃的加成反应

像这种结构不对称的烯烃与水、卤化氢等极性试剂加成时，主要是试剂中带负电荷的部分加到双键含氢较少的或不含氢的碳原子上，而带正电荷部分加到双键含氢较多的碳原子上，这一规律称不对称加成规则，此经验规律也称马尔可夫尼克夫规则，简称马氏规则。合成高分子的原料如氯乙烯、乙酸乙烯酯、丙烯腈等都是通过加成反应得到的。例如：乙炔与 HCl 的加成得氯乙烯

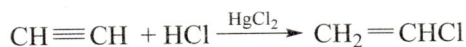

乙炔与乙酸的加成得乙酸乙烯酯

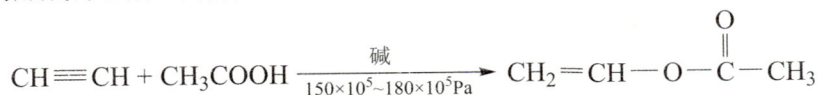

乙炔与 HCN 的加成得丙烯腈

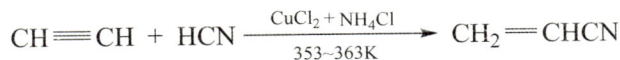

2. 醛和酮的加成反应

醛和酮的分子中都含有羰基（ —C— 中的 ），羰基中 C＝O 双键也能发生加成反应。当醛酮与结构

对称的试剂加成时，反应情况类似烯烃加成；当与结构不对称的试剂加成时，由于

$$\underset{}{\overset{\delta+}{}}\text{C}\!=\!\overset{\delta-}{\text{O}}$$

试剂分子中带负电荷的部分加到碳原子上，带正电荷部分加到氧原子上。如醛、酮与 HCN 的加成反应

$$\underset{H}{\overset{R}{}}\overset{\delta+}{\text{C}}\!=\!\overset{\delta-}{\text{O}} + \overset{\delta+}{\text{H}}\overset{\delta-}{\text{CN}} \longrightarrow \underset{H}{\overset{R}{}}\text{C}\underset{CN}{\overset{OH}{}}$$

$$\underset{R}{\overset{R'}{}}\text{C}\!=\!\text{O} + \text{HCN} \longrightarrow \underset{R}{\overset{R'}{}}\text{C}\underset{CN}{\overset{OH}{}}$$

（四）消去反应

从有机化合物分子中消去一个小分子化合物如 HX、H_2O 等的作用叫消去反应，重要的消去反应有卤代烷的消去反应和醇的消去反应等。

1. 卤代烷的消去反应

卤代烷与 NaOH 的乙醇溶液共热时，可发生消去反应

$$\text{R}\!-\!\underset{H}{\overset{|}{\text{CH}}}\!-\!\underset{X}{\overset{|}{\text{CH}_2}} + \text{NaOH} \xrightarrow{\text{C}_2\text{H}_5\text{OH}} \text{RCH}\!=\!\text{CH}_2 + \text{NaX} + \text{H}_2\text{O}$$

叔卤代烷最容易脱卤化氢，仲卤代烷次之，伯卤代烷最难。仲、叔卤代烷脱卤化氢时，氢原子主要是从含氢较少的碳原子上脱去，如 2-溴丁烷的消去反应

$$\text{CH}_3\!-\!\underset{H}{\overset{|}{\text{CH}}}\!-\!\underset{Br}{\overset{|}{\text{CH}}}\!-\!\underset{H}{\overset{|}{\text{CH}_2}} + \text{KOH} \xrightarrow{\text{C}_2\text{H}_5\text{OH}} \underset{81\%}{\text{CH}_3\text{CH}\!=\!\text{CHCH}_3} + \underset{19\%}{\text{CH}_3\text{CH}_2\text{CH}\!=\!\text{CH}_2}$$

2. 醇的消去反应

醇在有催化剂和一定高温下能发生消去反应，使醇分子脱去水而变成烯烃，例如

$$\underset{H}{\overset{|}{\text{CH}_2}}\!-\!\underset{OH}{\overset{|}{\text{CH}_2}} \xrightarrow[\text{(或Al}_2\text{O}_3\text{，360℃)}]{\text{浓H}_2\text{SO}_4\text{，170℃}} \text{H}_2\text{C}\!=\!\text{CH}_2 + \text{H}_2\text{O}$$

醇脱水时主要从含氢较少的碳原子上脱去氢原子，这样形成的烯烃比较稳定，此规律叫作查依采夫规律，简称查氏规则，例如

$$\text{CH}_3\!-\!\text{CH}_2\!-\!\text{CH}_2\!-\!\underset{OH}{\overset{|}{\text{CH}}}\!-\!\text{CH}_3 \xrightarrow[-\text{H}_2\text{O}]{\text{酸}} \begin{cases} \text{CH}_3\text{CH}_2\!-\!\text{CH}\!=\!\text{CH}\!-\!\text{CH}_3 \\ \text{2-戊烯 (主要产物)} \\ \text{CH}_3\!-\!\text{CH}_2\!-\!\text{CH}_2\!-\!\text{CH}\!=\!\text{CH}_2 \\ \text{1-戊烯 (次要产物)} \end{cases}$$

（五）氧化还原反应

有机化学中把分子中加入氧或失去氢的反应叫氧化反应，把分子中失去氧或加入氢的反应叫还原反应。

1. 烷烃的氧化

烷烃在常温下是稳定的，但在高温催化下可氧化成醇、醛、酮、酸，例如甲烷氧化可得到甲醛、甲酸

$$CH_4 + O_2 \xrightarrow[873K]{Ni} HCHO + H_2O$$

2. 不饱和烃的氧化

烯烃分子中由于存在双键，比烷烃容易氧化，冷的稀高锰酸钾碱性溶液能使烯烃氧化为二元醇

$$3\,CH_2\!\!=\!\!CH_2 + 2\,KMnO_4 + 4H_2O \longrightarrow 3\,\underset{\underset{OH}{|}}{CH_2}\!\!-\!\!\underset{\underset{OH}{|}}{CH_2} + 2\,KOH + 2\,MnO_2$$

在较强的氧化剂作用下（如酸性高锰酸钾溶液），可进一步氧化而使碳链在原双键处完全断裂，氧化结果可简单表示如下

即当原双键碳原子上连有两个氢原子时，氧化后 CH_2 就变成甲酸或进一步氧化成 CO_2 和 H_2O；当原双键碳原子上连有一个氢原子和一个烷基时，氧化后 RCH 就变成 $RCOOH$（羧酸）；当原双键碳原子上连有两个烷基时，氧化后 R_2C 就变成 $R\!-\!\overset{\overset{O}{\|}}{C}\!-\!R$（酮）。

炔烃最易被氧化，一般叁键完全断裂，如乙炔被 $KMnO_4$ 氧化

$$3\,CH\!\!\equiv\!\!CH + 10KMnO_4 + 2H_2O \longrightarrow 6\,CO_2 + 10KOH + 10MnO_2\downarrow$$

3. 芳烃的氧化

芳香烃中苯环较稳定，普通情况下与氧化剂不作用。但苯环带有侧链时，不论侧链长短如何，都是侧链中直接与苯环连接的碳原子被氧化变为羧基（—COOH），例如

4. 醇的氧化

醇的氧化随分子中—OH 的位置不同而难易程度不同：伯醇（R—OH）氧化最初得到醛，继续氧化可得到羧酸，例如

$$CH_3CH_2OH \xrightarrow{[O]} CH_3CHO \xrightarrow{[O]} CH_3COOH$$

仲醇（$\underset{R}{\overset{R}{\diagup}}CH\!\!-\!\!OH$）氧化得到酮，一般不再被氧化，例如

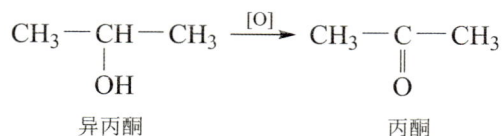

$$CH_3-\underset{\underset{OH}{|}}{CH}-CH_3 \xrightarrow{[O]} CH_3-\underset{\underset{O}{\|}}{C}-CH_3$$

异丙酮　　　　　　丙酮

5. 醛的氧化

醛非常容易氧化成酸。弱氧化剂（$CuSO_4$ 及酒石酸钾钠的碱溶液）可将醛氧化成酸，但与酮不能反应。

（六）加聚反应

由低分子化合物（单体）通过加成反应，相互结合成为高聚物的反应叫加聚反应。在此反应过程中，没有产生其他副产物，因此高聚物具有与单体相同的成分。发生加聚反应的单体必须含有不饱和键，乙烯类单体的加聚反应如下

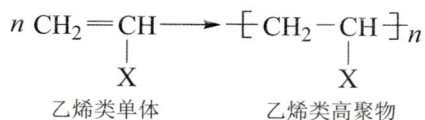

$$n\ CH_2=\underset{\underset{X}{|}}{CH} \longrightarrow \overset{}{+}CH_2-\underset{\underset{X}{|}}{CH}\overset{}{+}_n$$

乙烯类单体　　　　乙烯类高聚物

反应式中 $+CH_2-\underset{\underset{X}{|}}{CH}+_n$ 为链节，n 为聚合度，X 可以是 H、R、Cl、CN、Ar 等。

常见的单体和加聚而成的高聚物见表 3-5-2。

常见单体和高聚物　　　　　　　　　　　　表 3-5-2

单体	高聚物
$CH_2=CH_2$　乙烯	$+CH_2-CH_2+_n$　聚乙烯
$CH_2=CH-CH_3$　丙烯	$+CH_2-\underset{\underset{CH_3}{\|}}{CH}+_n$　聚丙烯
$CH_2=CHCl$　氯乙烯	$+CH_2-CHCl+_n$　聚氯乙烯
$CH_2=CH-CH=CH_2$　1,3-丁二烯	$+CH_2-CH=CH-CH_2+_n$　聚丁二烯
$CH_2=CHCN$　丙烯腈	$+CH_2-\underset{\underset{CN}{\|}}{CH}+_n$　聚丙烯腈
$CF_2=CF_2$　四氟乙烯	$+CF_2-CF_2+_n$　聚四氟乙烯
$CH_2=CH-C_6H_5$　苯乙烯	$+CH-CH_2+_n$　聚苯乙烯
$CH_2=\underset{\underset{CH_3}{\|}}{C}-COOCH_3$　2-甲基丙烯酸甲酯	$+CH_2-\underset{\underset{COOCH_3}{\overset{\overset{CH_3}{\|}}{C}}}{}+_n$　聚 2-甲基丙烯酸甲酯（有机玻璃）
$CH_2=CH-O-\underset{\underset{O}{\|}}{C}-CH_3$　乙酸乙烯酯	$+CH_2-\underset{\underset{O-C-CH_3}{\|}}{CH}+_n$　聚乙酸乙烯酯

（七）缩聚反应

由一种或多种单体互相缩合成为高聚物，同时析出其他低分子物质（如水、氨、醇、卤化氢等）的反应叫缩聚反应，所生成的高聚物的成分与单体不同，例如

（聚酰胺 66，即尼龙 66）

一般而言，含有两个官能团的单体缩聚形成线型高聚物，如聚酰胺 66；含有三个官能团的单体缩聚形成体型高聚物，如丙三醇与邻苯二甲酸酐缩聚形成醇酸树脂，反应如下

（八）催化加氢

催化加氢是指在催化剂作用下，还原剂氢等与不饱和化合物的加成反应。

1. 碳-碳重键的加氢反应

催化加氢方法几乎能使各种类型的碳-碳双键或叁键，无论是孤立的还是共轭的，以不同的难易程度加氢成为饱和键（示例如下）。常用的催化剂有钯、铂、镍等。该方法具有成本低、操作简单、收率高、产品质量好和选择性好等优点，因此它在精细有机合成和工业生产中成为广泛采用的方法。

$$CH_2{=\!\!=}CH_2 \xrightarrow[\text{催化剂}]{H_2} CH_3{-\!\!}CH_3$$

2. 芳香环系的加氢反应

芳香族化合物也能进行催化加氢，转变成饱和的脂肪族环系。但它要比脂肪族化合物中的烯键加氢困难得多。例如，异丙烯基苯在很温和的条件下（常温、常压），侧链上的烯键就能够被加氢，而苯环保持不变。

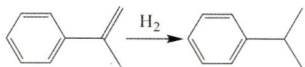

芳香环系催化加氢示例

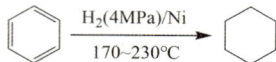

【例 3-5-3】 在下列有机物中，经催化加氢反应后不能生成 2-甲基戊烷的是：

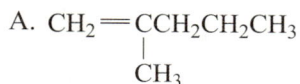

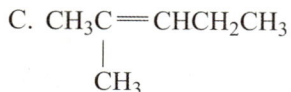

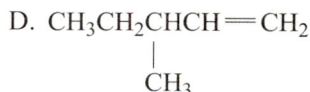

A. $CH_2=CCH_2CH_2CH_3$
    $|$
    CH_3

B. $(CH_3)_2CHCH_2CH=CH_2$

C. $CH_3C=CHCH_2CH_3$
    $|$
    CH_3

D. $CH_3CH_2CHCH=CH_2$
          $|$
          CH_3

解 选项 A、B、C 催化加氢均生成 2-甲基戊烷，选项 D 催化加氢生成 3-甲基戊烷。

答案： D

三、典型有机物的分子式、性质和用途

（一）烷烃

烷烃是只有碳-碳单键的饱和链烃。烷烃的通式为 C_nH_{2n+2}。随着相对分子质量的增加，烷烃的熔沸点有规律地升高，它们的密度也由小变大。烷烃都不溶于水，易溶于有机溶剂。烷烃的化学性质较稳定，常温下与强酸、强碱、强氧化剂及还原剂都不易反应，所以除作为燃料外，还常用作溶剂、润滑油。在较特殊的条件下，烷烃也显示一定的反应能力，而这些化学性质在基本有机原料工业及石油化工中都非常重要。

甲烷（CH_4）是最简单的烷烃。甲烷是无色、无味的可燃性气体，比空气轻，微溶解于水，燃烧热 $3.97×10^4kJ/m^3$，可被液化和固化；性质稳定，在适当条件下能发生氧化、卤化、热解等反应；甲烷与空气的混合气体在点燃时会发生爆炸，爆炸极限 5.3%~14.0%（体积）。

甲烷在工业上主要用于制造乙炔以及经转化制成氢气或合成氨和有机合成的原料气，也用于制备炭黑、硝基甲烷、一氯甲烷、二氯甲烷、三氯甲烷（氯仿）、二硫化碳、四氯化碳和氢氰酸等，也可直接用作燃料。

（二）烯烃

烯烃是指含碳-碳双键（烯键）的碳氢化合物，属于不饱和烃。烯烃的通式为 C_nH_{2n}。随着相对分子质量的增加，烯烃的熔沸点逐渐升高。烯烃最重要的反应是双键上的亲电加成反应。不饱和烯烃通过聚合反应可以形成聚合物。烯烃双键两边 C 原子均通过共价键与不同基团连接时，有顺反异构体。

（三）炔烃

炔烃是含碳-碳叁键的一类不饱和脂肪烃。炔烃的通式为 C_nH_{2n-2}。炔烃的熔沸点低，密度小，难溶于水，易溶于有机溶剂。炔烃的化学活性比烯烃弱，能被高锰酸钾氧化，产物为羧酸。

（四）芳烃

芳烃是芳香烃的简称，是指分子结构中含有一个或者多个苯环的烃类化合物。最简单和最重要的芳烃是苯及其同系物甲苯、二甲苯、乙苯等。芳烃的物理性质和其他烃类类似，它们都没有极性，不溶于水，密度比水小。

苯（⬡）是无色、易挥发、易燃烧的液体，有芳香气味；有毒，比水轻；熔点 5.5℃，沸点 80.1℃，溶于乙醇、乙醚等许多有机溶剂；苯蒸气与空气形成爆炸性混合物，爆炸极限 1.5%~8.0%（体积）；在适当情况下，分子中的氢能被卤素、硝基、磺酸基等置换；也能与氯、氢等起加成反应。

苯是染料、塑料、合成橡胶、合成树脂、合成纤维、合成药物和农药等的重要原料，也可用作动力燃料以及涂料、橡胶、胶水等的溶剂。

苯的来源：工业上由焦炉气（煤气）和炼焦油的轻油部分中回收，近年来随石油化工的发展，将由石油产品的芳构化得到。

甲苯（⬡—CH₃）是无色易挥发的液体，有芳香气味，比水轻，熔点-95℃，沸点 110.8℃，不溶于水，溶于乙醇、乙醚和丙酮，化学性质与苯相似；蒸气与空气形成爆炸性混合物，爆炸极限 1.2%~7.0%（体积）；用于制造糖精、染料、药物和炸药等，并用作溶剂；由分馏煤焦油的轻油部分或由催化重整轻汽油馏分而制得。

（五）卤代烃

卤代烃是指烃分子中的氢原子被卤素（氟、氯、溴、碘）取代后生成的化合物。绝大多数卤代烃不溶于水或在水中溶解度很小，但能溶于很多有机溶剂，有些可以直接作为溶剂使用。卤代烃大都具有一种特殊气味，多卤代烃一般都难燃或不燃。卤代烃是一类重要的有机合成中间体，是许多有机合成的原料。

（六）醇

醇的官能团是羟基。醇的沸点比含同数碳原子的烷烃、卤代烷高。在同系列中醇的沸点也是随着碳原子数的增加而有规律地上升。低级的醇能溶于水，相对分子质量增加，溶解度就降低。含有三个以下碳原子的一元醇，可以和水混溶。醇也能溶于强酸。醇在强酸水溶液中溶解度要比在纯水中大。醇的用途极广，是有机合成工业的原料，也是用得最多最普遍的溶剂。

乙醇为无色透明易挥发的液体，比水轻，熔点-117.3℃，沸点 78.4℃，能溶于水、甲醇、乙醚和氯仿等溶剂，也能作为溶剂溶解有机化合物和若干无机化合物；乙醇与水能形成共沸混合物，普通的酒精中含乙醇 95.57%（质量）在 78.10℃时馏出；乙醇是易燃的液体，其蒸气与空气混合能形成爆炸性混合物，爆炸极限 3.5%~18%（体积）。

乙醇的用途很广，是一种重要的溶剂，并用于制染料、涂料、药物、合成橡胶、洗涤剂等。

长期以来乙醇是由淀粉、纤维素以及某些植物的糖通过发酵来制取的。

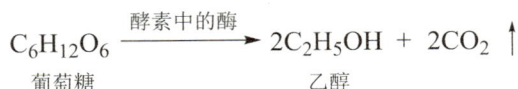

$$C_6H_{12}O_6 \xrightarrow{\text{酶素中的酶}} 2C_2H_5OH + 2CO_2 \uparrow$$
$$\text{葡萄糖} \qquad\qquad\qquad \text{乙醇}$$

由发酵得来的醇溶液含有 8%~12%的乙醇，通过分馏可得 95%的乙醇。在 CaO 或 BaO 上进行蒸馏可除去残余水而得到绝对酒精，即无水酒精。

大量乙醇是由乙烯按直接或间接方法生产的

$$CH_2=CH_2 + H_2O \xrightarrow{H^+} CH_3CH_2OH$$

（七）酚

酚是—OH 基与芳烃基直接连接的化合物，通式为 Ar—OH（Ar 为芳烃基）。根据分子中所含羟基的数目可分为一元酚：分子中含一个羟基，如苯酚 C_6H_5OH；二元酚：分子中含二个羟基，如苯二酚

$C_6H_4(OH)_2$；多元酚：分子中含三个或三个以上羟基，如苯三酚 $C_6H_3(OH)_3$ 和苯六酚 $C_6(OH)_6$。

酚类大多数是无色晶体，难溶于水，易溶于乙醇和乙醚，和醇相比，酚有显著酸性，能和碱直接作用形成酚盐（如苯酚钠 C_6H_5ONa），大多能与三氯化铁溶液作用而发生特殊颜色，可资鉴别。

苯酚 ⬡—OH（俗名石碳酸），无色或白色晶体，有特殊气味，有毒，具有腐蚀性，在空气中变成粉红色，比水重，熔点 42~43℃，沸点 182℃，在室温时稍溶于水，65℃以上时能与水混溶，易溶于乙醇、乙酸、氯仿、甘油、二硫化碳等溶剂，苯酚的水溶液与三氯化铁溶液作用呈紫色；苯酚与醛类缩聚生成酚醛树脂，商业上称电木。

苯酚除用作防腐剂、医药品、增塑剂外，还用于制染料、合成树脂、塑料、合成纤维和农药等。

（八）醛和酮

醛和酮是含有羰基的化合物。一般来说，醛和酮比烯烃的沸点高，比醇和羧酸的沸点低。小于或等于 5 个碳原子的低级醛和酮在水中的溶解度较高，醛和酮一般能溶于有机溶剂。很大程度上，醛和酮都有芳香性气味，是芬芳气味天然物质中的主要活性成分。基于此，一些醛和酮被用作香水和香料。

乙醛（CH_3CHO）为无色流动的液体，有辛辣刺激性的气味，比水轻，熔点 −123.5℃，沸点 20.2℃；能与水、乙醇、乙醚、氯仿相混合，易燃、易挥发，蒸气与空气形成爆炸性混合物，爆炸极限 4.0%~57.0%（体积），易氧化成乙酸，与碱作用时发生许多复杂的变化，于浓硫酸或盐酸存在下聚合成三聚乙醛。

乙醛用于制造醋酸、乙酸乙酯、正丁醇、合成树脂等。

（九）羧酸

羧酸是一类通式为 RCOOH 或 $R(COOH)_n$ 的化合物，式中 R 为脂烃基或芳烃基，分别称为脂肪（族）酸或芳香（族）酸。羧酸的沸点比多数相对分子质量相近的烃、卤代烃都要高，甚至比相对分子质量相当的醇、醛、酮的沸点还要高。羧酸在水中可以电离出氢离子，它的酸性比醇和酚要强得多。羧酸在自然界中分布广泛，在有机合成中有着重要的作用。

（十）酯

酯是指由酸（羧酸或无机含氧酸）与醇起反应生成的一类有机化合物。酯类都难溶于水，易溶于乙醇和乙醚等有机溶剂，密度一般比水小。低级酯是具有芳香气味的液体。在有酸或有碱存在的条件下，酯能发生水解反应生成相应的酸或醇。相对分子质量小的酯可用作溶剂，相对分子质量较大的酯是良好的增塑剂。

乙酸乙酯（$CH_3COOC_2H_5$）为无色可燃性液体，有果子香味，熔点−83.6℃，沸点 77.1℃；易着火，微溶于水，溶于乙醇、乙醚、氯仿和苯等溶剂，易起水解和皂化作用，蒸气与空气形成爆炸性混合物，爆炸极限 2.2%~11.2%（体积）。

乙酸乙酯用作清漆、稀薄剂、人造革、硝酸纤维素塑料等的溶剂，也用作制染料、药物、香料等的原料。

四、几种重要的高分子合成材料

高分子合成材料的主要成分是合成树脂，其次为增强和改善材料的某些性能，还常加入一些填料、增塑剂、固定剂、润滑剂、抗静电剂等。主要的合成树脂有聚乙烯、聚苯乙烯、聚氯乙烯、聚酰胺、环氧树脂、ABS 树脂、聚碳酸酯等，下面简要介绍：

（一）聚乙烯 $\text{+CH}_2-\text{CH}_2\text{+}_n$

聚乙烯是由单体乙烯加聚而成的加聚物，有低分子量和高分子量两种。

低分子量聚乙烯一般为无色、无臭、无味、无毒的液体；比水轻；不溶于水，微溶于松节油、甲苯等溶剂；耐水和大多数化学品；可用作高级润滑油和涂料等。

高分子量聚乙烯的纯品是乳白色蜡状固体粉末，经加入稳定剂后可加工成粒状；在常温下不溶于已知溶剂中，但在脂肪烃、芳香烃、卤代烃中长期接触时能溶胀；在 70℃以上时可稍溶于甲苯、醋酸、戊酯等溶剂中，具热塑性；在空气中加热和受日光影响，发生氧化作用；能耐大多数酸碱的侵蚀，吸水性小；在低温时可保持柔软性，电绝缘性高。

聚乙烯主要用于制造塑料制品，如包装薄膜、容器、管道、日用品、电视和雷达的高频电绝缘材料，也用于抽丝成纤维，以及用作金属、木材和织物的涂层等。

（二）聚氯乙烯 $\text{+CH}_2-\text{CHCl}\text{+}_n$

聚氯乙烯是由单体氯乙烯 $CH_2\!=\!CHCl$ 经加聚而成的高聚物。

聚氯乙烯有热塑性；工业品是白色或浅黄色粉末；相对密度约 1.4，含氯量 56%~58%；低分子量的易溶于酮类、酯类、氯化烃类溶剂，高分子量的则难溶解；具有极好的耐化学腐蚀性，但热稳定性和耐光性较差，在 140℃开始分解出氯化氢，在制造塑料时需加稳定剂；电绝缘性优良，不会燃烧。

聚氯乙烯用于制造塑料、涂料、合成纤维等。根据所加增塑剂的多少，可制得软质和硬质塑料，前者可用于制成薄膜（如雨衣、台布、包装材料、农业用薄膜等）、人造革和电线套层等，后者可用于制板材、管道和阀等。

（三）聚丙烯腈 $\text{+CH}_2-\underset{\underset{\text{CN}}{|}}{\text{CH}}\text{+}_n$

聚丙烯腈是由单体丙烯腈 $CH_2\!=\!CH\!—\!CN$ 经加聚而成的高分子化合物。

聚丙烯腈为白色粉末，溶于二甲基甲酰胺或硫氰酸盐等溶液；耐老化强度高，绝热性能好。

聚丙烯腈主要用于制造合成纤维（如人造羊毛）。

（四）聚酰胺（尼龙）

聚酰胺树脂是具有许多重复的酰胺基 $—\overset{\overset{\text{O}}{\|}}{\text{C}}—\overset{\overset{\text{H}}{|}}{\text{N}}—$ 的高聚物的总称，商品名尼龙。它是由二元胺与二元酸缩聚而成或由内酰胺聚合而成的，例如尼龙 66（聚己二酰己二胺）是由己二胺 $H_2N—(CH_2)_6—NH_2$ 和己二酸[$HOOC(CH_2)_4COOH$]缩聚而成的。

尼龙 6（聚己内酰胺）是由氨基酸或其内酰胺缩聚而成的，尼龙 1010（聚癸二酰癸二胺）则是癸二酸与癸二胺的缩聚物。

聚酰胺为白色至淡黄色的不透明固体，熔点 180~280℃；不溶于乙醇、丙酮、醋酸乙酯等普通溶剂，但溶于酚类、硫酸、甲酸、醋酸和某些无机盐溶液；有良好的韧性、耐油和耐溶剂性、优异的机械性能、耐磨性，一定的吸水性和耐温性。

主要用于制合成纤维、工程塑料、涂料和胶黏剂等。

（五）聚碳酸酯

聚碳酸酯的结构式为：$\text{+O}\!-\!\!\!\left\langle\ \right\rangle\!\!\!-\!\overset{\overset{\text{CH}_3}{|}}{\underset{\underset{\text{CH}_3}{|}}{\text{C}}}\!-\!\!\!\left\langle\ \right\rangle\!\!\!-\!\text{O}\!-\!\overset{\overset{\text{O}}{\|}}{\text{C}}\text{+}_n$

它是由二酚基丙烷 HO—⟨苯环⟩—C(CH₃)(CH₃)—⟨苯环⟩—OH 的钠盐与光气 Cl—C(=O)—Cl 在常温常压下缩聚而成的。或由二酚基丙烷与碳酸二苯酯 ⟨苯环⟩—O—C(=O)—O—⟨苯环⟩ 经酯交换和缩聚而制得。

聚碳酸酯是透明几乎无色或淡黄色的固体，相对密度为 1.2，熔点等于或大于 220℃，软化点高；能耐低温；溶于二氯甲烷，稍溶于芳香烃和酮等；吸水性小；熔化与冷却后变成透明的玻璃状物；能耐盐类、无机稀酸、有机稀酸、弱碱等，但被碱破坏、在甲醇中溶胀。聚碳酸酯可用作工程塑料，特别适用于制造外形复杂的摩擦件，如齿轮和其他机械零件、电子元件、精密仪器零件等；可用作医疗用具、光学仪器、家具日用品等，还可用作薄膜、泡沫体和玻璃纤维增强塑料等。

（六）ABS 树脂

ABS 树脂又称丙丁苯树脂，学名丙烯腈-丁二烯-苯乙烯共聚物。即它是由丙烯腈（A）与丁二烯（B）、苯乙烯（S）共聚而制成。其结构式为

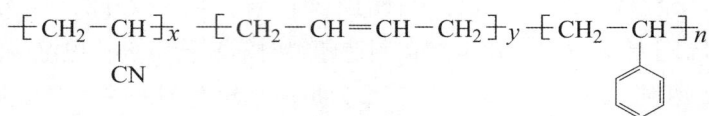

$$\{CH_2-CH\}_x\ \{CH_2-CH=CH-CH_2\}_y\ \{CH_2-CH\}_n$$

（CN、苯环侧基）

ABS 树脂兼有丙烯腈较高的强度、耐热和耐油性；苯乙烯的透明、坚硬、良好的电绝缘性和机械加工性；以及丁二烯的弹性和抗冲击性等优良的综合性能。

ABS 树脂可用作工程塑料，制造齿轮、轴承、仪表壳、冰箱门框衬里、汽车零件、电话机、行李箱、水管、煤气管、工具零件等。

（七）橡胶

天然橡胶是由异戊二烯互相结合起来而成的高聚物。

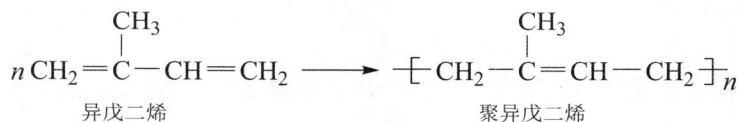

$$n\ CH_2=C(CH_3)-CH=CH_2 \longrightarrow \{CH_2-C(CH_3)=CH-CH_2\}_n$$

异戊二烯　　　　　　　　　　聚异戊二烯

合成橡胶是由 1，3-丁二烯或与其他单体聚合而成的丁二烯类高聚物。

1. 丁二烯类合成橡胶

在催化剂作用下，1，3-丁二烯可聚合成顺丁橡胶。

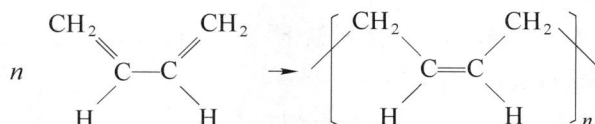

$$n\ \begin{matrix}CH_2 & & CH_2\\ \| & & \|\\ C & — & C\\ | & & |\\ H & & H\end{matrix} \longrightarrow \{\begin{matrix}CH_2 & & CH_2\\ | & & |\\ C & = & C\\ | & & |\\ H & & H\end{matrix}\}_n$$

顺丁橡胶的弹性虽好，但抗拉强度和塑性都不如天然橡胶。

由 1，3-丁二烯与苯乙烯共聚可得丁苯橡胶，一般可用下式表示

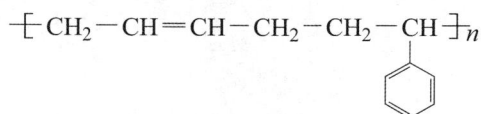

$$\{CH_2-CH=CH-CH_2-CH_2-CH\}_n$$

（苯环侧基）

丁苯橡胶的机械性能和耐磨性接近天然橡胶，绝缘性较好，但不耐油和有机溶剂。

由丁二烯与丙烯腈共聚则可得丁腈橡胶，可用下式表示

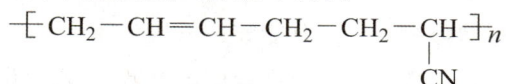

$$\left[CH_2-CH=CH-CH_2-CH_2-CH \right]_n$$
$$\qquad\qquad\qquad\qquad\qquad |$$
$$\qquad\qquad\qquad\qquad\qquad CN$$

丁腈橡胶的最大优点是耐油，抗拉强度比丁苯橡胶好，耐磨性、耐热性比天然橡胶好，但塑性低，加工较难。

顺丁橡胶用于制造胶鞋、胶管、胶板、胶布和模型等制品；丁苯橡胶主要用于制造轮胎和其他橡胶等工业制品，苯乙烯含量约 10% 的丁苯橡胶用于制造耐寒橡胶制品；丁腈橡胶用于制造耐油胶管、飞机油箱、密封热圈、胶黏剂等橡胶制品。

2. 硅橡胶

硅橡胶是含有硅原子的特种合成橡胶的总称，结构式示意如下

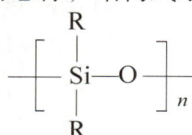

$$\left[\begin{array}{c} R \\ | \\ Si-O \\ | \\ R \end{array} \right]_n$$

式中，R 主要是甲基 CH_3，部分是乙基 C_2H_5、乙烯基 $CH=CH_2$、苯基 C_6H_5 或其他有机基团，以改进胶的性能。

硅橡胶是一种线形的聚硅氧烷，它是由有机硅单体部分水解后缩聚而成的。例如：

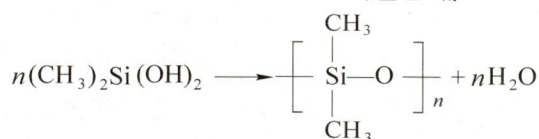

$$(CH_3)_2SiCl_2 + 2H_2O \longrightarrow (CH_3)_2Si(OH)_2 + 2HCl$$
二甲基二氯硅烷　　　　　　　　　　二甲基硅二醇

$$n(CH_3)_2Si(OH)_2 \longrightarrow \left[\begin{array}{c} CH_3 \\ | \\ Si-O \\ | \\ CH_3 \end{array} \right]_n + nH_2O$$

硅橡胶的种类很多，具有不同技术性能和用途。一般在 -60~250℃ 仍能保持良好的弹性，耐热、耐油、防水、不易老化、绝缘性能好，但机械性能较差，耐碱性不及其他橡胶。

硅橡胶用于制造火箭、导弹、飞机的零件和绝缘材料，也用于制造高温和低温下使用的垫圈，密封零件，高温高压设备的衬垫、油管衬里等。

（八）环氧树脂

环氧树脂是含有环氧基团 $-\overset{O}{\overset{\displaystyle\diagup\diagdown}{C-C}}-$ 的树脂的总称。环氧树脂品种很多，目前应用较广的是由环

氧氯丙烷 $-\overset{O}{\overset{\displaystyle\diagup\diagdown}{C-C}}-$ 和双酚 A 即二酚基丙烷 $HO-\!\!\left\langle\!\!\bigcirc\!\!\right\rangle\!\!-\overset{CH_3}{\underset{CH_3}{\overset{|}{C}}}-\!\!\left\langle\!\!\bigcirc\!\!\right\rangle\!\!-OH$，在碱性催化作用下缩

聚而成的线形高聚物，结构简示如下

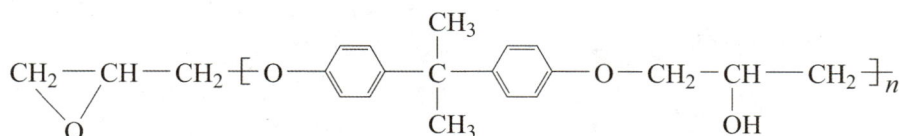

$$CH_2-CH-CH_2\left[O-\!\!\left\langle\!\!\bigcirc\!\!\right\rangle\!\!-\overset{CH_3}{\underset{CH_3}{\overset{|}{C}}}-\!\!\left\langle\!\!\bigcirc\!\!\right\rangle\!\!-O-CH_2-CH-CH_2 \right]_n$$
$$\overset{\diagdown\diagup}{O}\qquad\qquad\qquad\qquad\qquad\qquad\qquad\qquad\qquad\quad OH$$

根据不同配比和制法，可得不同相对分子质量的产品。相对分子质量小的是黄色或琥珀色高黏度透明液体，相对分子质量大的是固体，熔点一般在 145~155℃；溶于丙酮、乙二醇、甲苯和苯乙烯等

溶剂；无臭无味，耐碱和大部分溶剂；与多元胺、有机酸酐、其他固化剂反应变成坚硬的体型高聚物；耐热性、绝缘性、硬度和柔韧性都好；对金属和非金属具有优异的黏合力。

环氧树脂是目前广泛使用的黏合剂，俗称万能胶，可作金属和非金属材料（如陶瓷、玻璃、木材等）的黏合剂，也可用以制造涂料、增强塑料或浇铸成绝缘制品等，还可用于处理纺织品，起防皱、防缩、防水等作用。

【例 3-5-4】某液体烃与溴水发生加成反应生成 2，3-二溴-2-甲基丁烷，该液体烃是：

    A. 2-丁烯   B. 2-甲基-1-丁烷

    C. 3-甲基-1-丁烷   D. 2-甲基-2-丁烯

解　加成反应生成 2，3-二溴-2-甲基丁烷，该烃在 2，3 位碳碳间有双键，所以该烃为 2-甲基-2-丁烯。

答案： D

【例 3-5-5】下列各组物质在一定条件下反应，可以制得比较纯净的 1，2-二氯乙烷的是：

    A. 乙烯通入浓盐酸中   B. 乙烷与氯气混合

    C. 乙烯与氯气混合   D. 乙烯与卤化氢气体混合

解　乙烯与氯气混合，可以发生加成反应：$C_2H_4 + Cl_2 = CH_2Cl—CH_2Cl$。

答案： C

【例 3-5-6】下列有机物中，既能发生加成反应和酯化反应，又能发生氧化反应的化合物是：

    A. $CH_3CH=CHCOOH$ B. $CH_3CH=CHCOOC_2H_5$

    C. $CH_3CH_2CH_2CH_2OH$ D. $HOCH_2CH_2CH_2OH$

解　选项 A 为丁烯酸，烯烃能发生加成反应和氧化反应，酸可以发生酯化反应。

答案： A

【例 3-5-7】人造象牙的主要成分是 $\mathbf{-\!\!+\!CH_2-O\!+\!\!-}_n$，它是经加聚反应制得的。合成此高聚物的单体是：

    A. $(CH_3)_2O$ B. CH_3CHO

    C. $HCHO$ D. $HCOOH$

解　由低分子化合物（单体）通过加成反应，相互结合成高聚物的反应称为加聚反应。加聚反应没有产生副产物，高聚物成分与单体相同，单体含有不饱和键。HCHO 为甲醛，加聚反应为：

$$n\,H_2C=O \longrightarrow \mathbf{-\!\!+\!CH_2-O\!+\!\!-}_n$$

答案： C

【例 3-5-8】人造羊毛的结构简式为：$\mathbf{-\!\!+\!CH_2-CH\!+\!\!-}_n$，它属于：
$$\underset{\big|}{}$$
$$CN$$

①共价化合物；②无机化合物；③有机化合物；④高分子化合物；⑤离子化合物。

    A. ②④⑤   B. ①④⑤   C. ①③④   D. ③④⑤

解　人造羊毛为聚丙烯腈，由单体丙烯腈通过加聚反应合成，为高分子化合物。分子中存在共价键，为共价化合物，同时为有机化合物。

答案： C

习　　题

3-5-1　下列化合物属于芳香族化合物的是（　　　　）。

A. H_2C B. CH_3

C. $CH_2\!=\!CH\!-\!CH\!=\!CH_2$ D. O

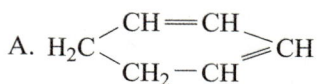

3-5-2 下列化合物属于醛类的有机物是（ ）。

A. RCHO B. $R\!-\!\underset{\underset{O}{\|}}{C}\!-\!R'$ C. $R\!-\!OH$ D. RCOOH

3-5-3 下列化合物叫 2，4-二氯苯乙酸的物质是（ ）。

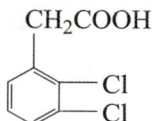

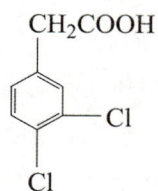

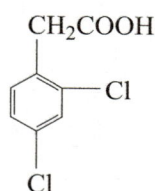

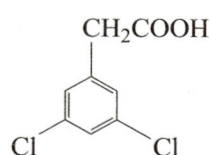

A. B. C. D.

3-5-4 下列反应属于取代反应的是（ ）。

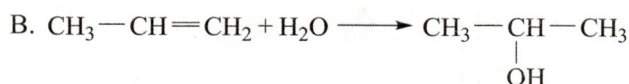

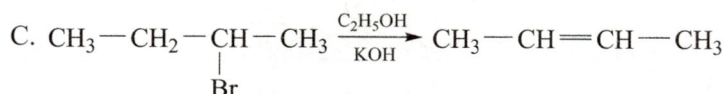

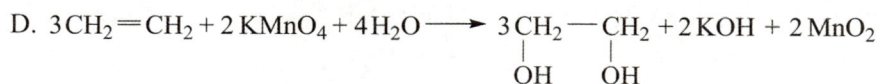

A. $+ H_2SO_4(浓) \longrightarrow$ SO_3H $+ H_2O$

B. $CH_3\!-\!CH\!=\!CH_2 + H_2O \longrightarrow CH_3\!-\!\underset{\underset{OH}{|}}{CH}\!-\!CH_3$

C. $CH_3\!-\!CH_2\!-\!\underset{\underset{Br}{|}}{CH}\!-\!CH_3 \xrightarrow[\text{KOH}]{\text{C}_2\text{H}_5\text{OH}} CH_3\!-\!CH\!=\!CH\!-\!CH_3$

D. $3CH_2\!=\!CH_2 + 2KMnO_4 + 4H_2O \longrightarrow 3\underset{\underset{OH}{|}}{CH_2}\!-\!\underset{\underset{OH}{|}}{CH_2} + 2KOH + 2MnO_2$

3-5-5 苯乙烯与丁二烯反应后的产物是（ ）。

A. 尼龙 66 B. 丁苯橡胶 C. 环氧树脂 D. 聚苯乙烯

3-5-6 ABS 是下列哪一组单体的共聚物（ ）。

A. 苯乙烯、氯丁烯、丙烯腈 B. 丁二烯、氯乙烯、苯烯腈

C. 苯烯腈、丁二烯、苯乙烯 D. 丁二烯、苯乙烯、丙烯腈

3-5-7 聚酰胺树脂中含有下列哪种结构（ ）。

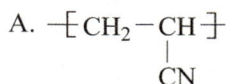

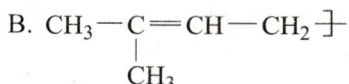

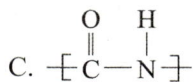

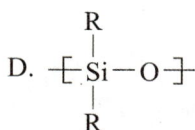

A. $+CH_2\!-\!\underset{\underset{CN}{|}}{CH}\!+$ B. $CH_3\!-\!\underset{\underset{CH_3}{|}}{C}\!=\!CH\!-\!CH_2\!+$

C. $+\underset{\underset{O}{\|}}{C}\!-\!\overset{H}{N}\!+$ D. $+\underset{\underset{R}{|}}{\overset{\overset{R}{|}}{Si}}\!-\!O\!+$

3-5-8 双酚 A 与环氧氯丙烷作用后的产物为（ ）。

A. 尼龙 66 B. 聚碳酸酯

C. 顺丁橡胶 D. 环氧树脂

习题题解及参考答案

第一节

3-1-1 **解**：三个量子数取值不是任意的。n的取值：$n = 1, 2, 3, \cdots$，目前稳定原子中n最大为7；l的取值：$l = 0, 1, 2, \cdots, n-1$，目前l最大为 3；m的取值：$m = 0, \pm1, \pm2, \pm3, \cdots, \pm l$，由于$l$最大为 3，所以$m$只有前 7 个取值。选项 C 中$n$取 2 时，$l$可以取 0，1。

答案：C

3-1-2 **解**：原子得到或失去电子后便是离子。当原子失去电子而成为正离子时，一般是能量较高的最外层的电子先失去，而且往往引起电子层数的减小。Fe 原子基态时外层电子分布式为 $3d^64s^2$，Fe^{2+} 的外层电子分布式为 $3s^23p^63d^6$。

答案：B

3-1-3 **解**：据题意该元素三价正离子的外层电子分布式为 $4s^24p^64d^5$，故该元素原子基态外层电子分布式为 $4d^65s^2$。所以该元素原子序数为 44。

答案：D

3-1-4 **解**：$n = 4$，$l = 2$为 4d 轨道，d 轨道为 5 个等价的原子轨道，每个轨道可以容纳两个自旋相反的电子，所以 4d 轨道最大容纳 10 个电子。

答案：B

3-1-5 **解**：原子半径变化规律：同一周期从左到右，主族元素的有效核电荷数依次增加，原子半径依次减小；同一主族元素从上到下原子半径依次增加。

离子半径变化规律：同周期不同元素离子的半径随离子电荷代数值增大而减小，同族元素电荷数相同的离子半径随电子层数增加而增大，同种元素的离子半径随电荷数代数值增大而减小。

答案：C

3-1-6 **解**：同一周期从左到右，主族元素的电负性逐渐增大，同一主族元素从上到下电负性逐渐减小。根据对角线规则，Be 与 Al 的性质相似。

答案：C

3-1-7 **解**：元素氧化物及其水合物酸碱性变化规律：同周期元素最高价态氧化物及其水合物从左到右酸性递增、碱性递减；同一主族元素相同价态的氧化物及其水合物，从上至下酸性减弱、碱性增强；同一元素不同价态的氧化物及其水合物，依价态升高的顺序酸性增强、碱性减弱。

答案：D

3-1-8 **解**：根据元素氧化物及其水合物酸碱性变化规律（同题 3-1-7）。

答案：A

3-1-9 **解**：不同元素原子间形成的共价键为极性共价键。分子的极性取决于键的极性和分子的空间构型。若键有极性，而分子的空间构型对称，则分子无极性；若键有极性，而分子空间构型不对称，则分子有极性。BF_3中 B 与 F 间为极性共价键，而分子为平面三角形分子，为非极性分子。

答案：C

3-1-10　**解：** OF_2 中 O 原子的价电子对数 $x = \frac{1}{2}(6+2) = 4$，中心原子 O 的杂化类型与 H_2O 中的氧原子类似，为 sp^3 不等性杂化。

答案：D

3-1-11　**解：** 分子的极性取决于键的极性和分子的空间构型。若键有极性，而分子的空间构型对称，则分子无极性；若键有极性，而分子空间构型不对称，则分子有极性。B 项中四个化合物均为极性分子。

答案：B

3-1-12　**解：** 分子间力包括色散力、诱导力和取向力。非极性分子与非极性分子间只有色散力，极性分子与非极性分子间存在诱导力和色散力，极性分子间存在取向力、诱导力和色散力。SO_2 为极性分子，极性分子间存在取向力、诱导力和色散力。

答案：D

3-1-13　**解：** 氢键形成条件：当分子中的氢原子与电负性大、半径小、有孤对电子的原子（如 N、O、F）形成强极性共价键后，还能吸引另一个电负性较大原子（如 N、O、F）中的孤对电子而形成氢键。

答案：B

3-1-14　**解：** 原子晶体融化时要破坏共价键。SiC 为原子晶体。

答案：A

第二节

3-2-1　**解：** 糖水溶液质量=120×1.047≈125.6g

糖水中水的质量=125.6−15.0=110.6g

糖水中糖和水的物质的量 $n_{糖} = \frac{15.0}{342} \approx 0.043\,9mol$，$n_{水} = \frac{110.6}{18} \approx 6.14mol$

质量百分比浓度=$\frac{15.0}{125.6} \times 100\% \approx 11.9\%$

物质的量浓度 $C_{糖} = \frac{0.043\,9}{0.12} \approx 0.366mol/L$

质量摩尔浓度 $m_{糖} = \frac{0.043\,9}{110.6} \times 1000 \approx 0.397mol/kg$

物质的量分数 $x_{糖} = \frac{0.043\,9}{0.043\,9+6.14} \approx 7.09 \times 10^{-3}$

答案：B

3-2-2　**解：** 葡萄糖水溶液的质量摩尔浓度 $m = \frac{\frac{15.0}{180}}{200} \times 1\,000 \approx 0.417mol/kg$

根据拉乌尔定律，$\Delta T_{fp} = k_{fp} \cdot m = 1.86 \times 0.417 \approx 0.776℃$

则溶液冰点为−0.776℃

$\Delta T_{bp} = k_{bp} \cdot m = 0.52 \times 0.417 \approx 0.220℃$

则溶液沸点为 100.22℃

溶液渗透压 $p_{渗} = CRT \approx mRT = 0.417 \times 8.31 \times 293 \approx 1.02 \times 10^3kPa$

答案：C

3-2-3　**解：** 氢溴酸是强酸，水溶液中完全电离，所以 0.25mol/L 氢溴酸的氢离子浓度和电离度分别为 0.25mol/L、100%。

次氯酸为一元弱酸，0.25mol/L 次氯酸的 $C_{H^+} = \sqrt{K_a \cdot C} = \sqrt{3.2 \times 10^{-8} \times 0.25}$
$$\approx 8.9 \times 10^{-5} mol/L$$

电离度 $\alpha = \frac{8.9 \times 10^{-5}}{0.25} \times 100\% \approx 0.036\%$

答案： D

3-2-4 **解：** 因为 H_2S 的 $K_{a1} \gg K_{a2}$，计算 C_{H^+} 时，按一元弱酸处理，

所以 $C_{H^+} = C_{HS^-} = \sqrt{K_{a1} \cdot C} = \sqrt{1.32 \times 10^{-7} \times 0.1} \approx 1.15 \times 10^{-4} mol/L$

计算 $C_{S^{2-}}$ 时用二级电离 $HS^- \rightleftharpoons H^+ + S^{2-}$

$C_{S^{2-}} = K_{a2} \cdot \frac{C_{HS^-}}{C_{H^+}} = 7.1 \times 10^{-15} mol/L$

$pH = -\lg 1.15 \times 10^{-4} \approx 3.94$

答案： A

3-2-5 **解：** 根据公式 $\alpha = \sqrt{\frac{K_a}{C}}$，加入冰醋酸，浓度增大，电离度减小。

答案： C

3-2-6 **解：** 氨水和氯化铵组成缓冲溶液

$C_{OH^-} = K_b \cdot \frac{C_{碱}}{C_{盐}} = 1.8 \times 10^{-5} \times \frac{0.1}{0.1} = 1.8 \times 10^{-5} mol/L$

$C_{H^+} = \frac{K_W}{C_{OH^-}} = \frac{10^{-14}}{1.8 \times 10^{-5}} \approx 5.56 \times 10^{-10} mol/L$

答案： D

3-2-7 **解：** HA 过量，反应后形成 HA—KA 缓冲溶液，溶液中 HA 和 KA 的浓度分别为：

$C_{HA} = \frac{(0.05 - 0.02) \times 0.1}{0.1} = 0.03 mol/L$

$C_{KA} = \frac{0.02 \times 0.1}{0.1} = 0.02 mol/L$

$pH = 5.25$，则 $C_{H^+} = 5.62 \times 10^{-6} mol/L$

根据公式 $C_{H^+} = K_a \times \frac{C_{酸}}{C_{盐}}$

则 $K_a = \frac{C_{H^+} \times C_{盐}}{C_{酸}} = \frac{5.62 \times 10^{-6} \times 0.02}{0.03} \approx 3.7 \times 10^{-6}$

答案： B

3-2-8 **解：** 在 NaCl 溶液中由于同离子效应，AgCl 溶解度降低；在 $Na_2S_2O_3$ 溶液中，由于形成 $Ag_2S_2O_3$ 沉淀，AgCl 溶解度增大。

答案： C

3-2-9 **解：** NaAc 为强碱弱酸盐，发生水解

$C_{OH^-} = \sqrt{C \times \frac{K_W}{K_a}} = \sqrt{0.025 \times \frac{10^{-14}}{1.76 \times 10^{-5}}} \approx 3.77 \times 10^{-6} mol/L$

$C_{H^+} = \frac{K_W}{C_{OH^-}} = \frac{10^{-14}}{3.77 \times 10^{-6}} \approx 2.65 \times 10^{-9} mol/L$

$pH = -\lg 2.65 \times 10^{-9} \approx 8.58$

水解度 $\alpha = \frac{C_{OH^-}}{C_{盐}} = \frac{3.77 \times 10^{-6}}{0.025} \approx 0.015\%$

答案： B

第三节

3-3-1 **解：** 升高温度，分子获得能量，活化分子百分数增加。

答案： C

3-3-2 **解：** $\Delta H = \varepsilon - \varepsilon'$，$\Delta H$ 为正反应热效应，ε 为正反应活化能，ε' 为逆反应活化能。正反应为放热反应，$\Delta H < 0$，则 $\varepsilon - \varepsilon' < 0$，$\varepsilon' > \varepsilon = 15kJ/mol$。

答案： B

3-3-3 **解：** 随着反应进行，反应物浓度降低，生成物浓度升高，正反应速度降低，逆反应速度升高，速率常数和平衡常数不变。

答案： A

3-3-4 **解：** 对放热反应，温度升高，平衡常数减小；对吸热反应，温度升高，平衡常数增大。

答案： B

3-3-5 **解：** 反应方程式 1 为反应方程式 2 的逆反应乘以 2。

根据多重平衡规则，$K_1 = \left(\dfrac{1}{K_2}\right)^2 = \dfrac{1}{(K_2)^2}$

答案： B

3-3-6 **解：** 四种气体质量相等，分子量越小，物质的量越大。四种气体分子量大小顺序为：$H_2 < He < N_2 < CO_2$，所以物质的量的大小顺序为：$CO_2 < N_2 < He < H_2$。根据分压定律可知分压大小顺序为：$H_2 > He > N_2 > CO_2$。

答案： A

3-3-7 **解：** 放热反应，降低温度，平衡向右移动；气体分子数减小的反应，增大压力，平衡向右移动。

答案： C

3-3-8 **解：** 反应 3 为反应 2 减反应 1 得到的。

根据多重平衡规则，$K_3 = \dfrac{K_2}{K_1} = \dfrac{0.012}{0.050} = 0.24$

答案： C

第四节

3-4-1 **解：** 按氧化还原配平法配平。

答案： B

3-4-2 **解：** Mn 的氧化数由 +7（反应物 $KMnO_4$）降低到 +2（生成物 $MnCl_2$），得电子，$KMnO_4$ 为氧化剂。

答案： D

3-4-3 **解：** 两个电极的电极电势分别为：

$\varphi_{Cu^{2+}/Cu} = \varphi^{\Theta}_{Cu^{2+}/Cu} + \dfrac{0.059}{2}\lg C_{Cu^{2+}}$

$\varphi_{I_2/I^-} = \varphi^{\Theta}_{I_2/I^-} + \dfrac{0.059}{2}\lg\dfrac{1}{(C_{I^-})^2} = \varphi^{\Theta}_{I_2/I^-} - 0.059\lg C_{I^-}$

所以，当离子浓度增大时，$\varphi_{Cu^{2+}/Cu}$ 变大，φ_{I_2/I^-} 变小。

答案： D

3-4-4 **解：** φ^{Θ} 值或 φ 值越大，表示电对中氧化态的氧化能力越强，φ^{Θ} 值或 φ 值越小，表示电对中还原态的还原能力越强。三个电对中还原型物质的还原能力由强到弱的顺序为选项 C。

答案： C

3-4-5 **解：** 两个反应能自发进行，所以两个反应的电动势都大于零，即正极电极电势大于负极电极电势。由反应 1 可知：$\varphi_{Fe^{3+}/Fe^{2+}} > \varphi_{Cu^{2+}/Cu}$；由反应 2 可知：$\varphi_{Cu^{2+}/Cu} > \varphi_{Fe^{2+}/Fe}$。

答案： A

3-4-6 **解**：根据 $\lg K^{\Theta} = \dfrac{nE^{\Theta}}{0.059}$，知 $E^{\Theta} = \dfrac{0.059 \times \lg K^{\Theta}}{n} = \dfrac{0.059 \times \lg 10^4}{2} = 0.118\text{V}$。

答案：A

3-4-7 **解**：电解池中，与外电源负极相连的极叫阴极，与外电源正极相连的极叫阳极。电解时阴极发生还原反应，阳极发生氧化反应。析出电势代数值较大的氧化型物质首先在阴极还原，析出电势代数值较小的还原型物质首先在阳极氧化。电解时，阳极如果是可溶性电极，可溶性电极首先被氧化，阳极如果是惰性电极，简单负离子被氧化，如 Cl^-、Br^-、I^-、S^{2-} 分别析出 Cl_2、Br_2、I_2、S。

答案：D

3-4-8 **解**：为差异充气腐蚀，埋在黏土中的钢管表面氧气浓度小，作为阳极。

答案：D

第五节

3-5-1 **解**：芳香族类化合物分子中含有苯环结构。选项 A 为脂环化合物，选项 D 为杂环化合物。

答案：B

3-5-2 **解**：选项 A 为醛，选项 B 为酮，选项 C 为醇，选项 D 为酸。

答案：A

3-5-3 **解**：根据芳香烃及其衍生物命名原则，选项 A 为 2，3-二氯苯乙酸，选项 B 为 3，4-二氯苯乙酸，选项 C 为 2，4-二氯苯乙酸，选项 D 为 3，5-二氯苯乙酸。

答案：C

3-5-4 **解**：选项 A 为苯环上的磺化反应，相当于苯环上的氢被磺酸基取代；选项 B 为加成反应；选项 C 为消去反应；选项 D 为氧化反应。

答案：A

3-5-5 **解**：1，3-丁二烯与苯乙烯共聚可得丁苯橡胶。

答案：B

3-5-6 **解**：ABS 树脂又称丙丁苯树脂，学名丙烯腈-丁二烯-苯乙烯共聚物。

答案：D

3-5-7 **解**：聚酰胺树脂，商品名尼龙，是具有许多重复的酰胺基的高聚物。

答案：C

3-5-8 **解**：环氧树脂是含有环氧基团的树脂，品种很多，目前应用较广的是双酚 A 与环氧氯丙烷在碱性催化作用下缩聚而成的线性高聚物。

答案：D

第四章 理 论 力 学

复 习 指 导

一、考试大纲

4.1 静力学

平衡；刚体；力；约束及约束力；受力图；力矩；力偶及力偶矩；力系的等效和简化；力的平移定理；平面力系的简化；主矢；主矩；平面力系的平衡条件和平衡方程式；物体系统（含平面静定桁架）的平衡；摩擦力；摩擦定律；摩擦角；摩擦自锁。

4.2 运动学

点的运动方程；轨迹；速度；加速度；切向加速度和法向加速度；平动和绕定轴转动；角速度；角加速度；刚体内任一点的速度和加速度。

4.3 动力学

牛顿定律；质点的直线振动；自由振动微分方程；固有频率；周期；振幅；衰减振动；阻尼对自由振动振幅的影响——振幅衰减曲线；受迫振动；受迫振动频率；幅频特性；共振；动力学普遍定理；动量；质心；动量定理及质心运动定理；动量及质心运动守恒；动量矩；动量矩定理；动量矩守恒；刚体定轴转动微分方程；转动惯量；回转半径；平行轴定理；功；动能；势能；动能定理及机械能守恒；达朗贝尔原理；惯性力；刚体作平动和绕定轴转动（转轴垂直于刚体的对称面）时惯性力系的简化；动静法。

二、基本要求

（一）静力学

熟练掌握并能灵活运用静力学中的基本概念及公理分析相关问题，特别是对物体的受力分析；掌握不同力系的简化方法和简化结果；能够根据各种力系和滑动摩擦的特性，定性或定量地分析和解决物体系统的平衡问题。

（二）运动学

熟练运用直角坐标法和自然法求解点的各运动量；能根据刚体的平行移动（平动）、绕定轴转动和平面运动的定义及其运动特征，求解刚体的各运动量；掌握刚体上任一点的速度和加速度的计算公式及刚体上各点速度和加速度的分布规律。

（三）动力学

能应用动力学基本定律列出质点运动微分方程；能正确理解并熟练地计算动力学普遍定理中各基本物理量（如动量、动量矩、动能、功、势能等），熟练掌握动力学普遍定理（包括动量定理、质心运动定理、动量矩定理、刚体定轴转动微分方程、动能定理）及相应的守恒定理；掌握刚体转动惯量的计算公式及方法，熟记杆、圆盘及圆环的转动惯量，并会利用平行移轴定理计算简单组合形体的转动惯量；能正确理解惯性力的概念，并能正确表示出各种不同运动状态的刚体上惯性力系主矢和主矩的大小、方向、作用点，能应用动静法求解质点、质点系的动力学问题；能应用质点运动微分方程列出单自由度系统线性振动的微分方程，并会求其周期、频率和振幅。掌握阻尼对自由振动振幅的影响及受迫振动的幅频特性和共振的概念。

三、重点难点分析

（一）静力学

静力学所研究的是物体受力作用后的平衡规律，重点包括以下三部分内容：

（1）静力学的基本概念（平衡、刚体、力、力偶等）和公理；约束的类型及约束力的确定；物体的受力分析和受力图。这一部分的难点就是物体的受力分析。在画受力图时除根据约束的类型确定约束力的方向外，还要会利用二力平衡原理、三力汇交平衡定理、力偶的性质等，来确定铰链或固定铰支座约束力的方向。

（2）各种力系的简化方法及简化结果。其难点在于主矢和主矩的概念及计算。可通过力的平移定理加深对主矢、主矩、合力、合力偶的认识，通过熟练掌握力的投影，力对点之矩和力对轴之矩的计算，来得到主矢和主矩的正确结果。

（3）各种力系的平衡条件及与之相对应的平衡方程，平衡方程的不同形式及对应的附加条件。难点在于物体及物体系统（包括考虑摩擦）平衡问题的求解。解题时要灵活选取合适的研究对象进行受力分析，列平衡方程时要选取适当的投影轴和矩心（矩轴），使问题能够得到快速准确的解答。

（二）运动学

运动学研究物体运动的几何性质。重点是：

（1）描述点的运动的矢量法、直角坐标法和自然法。要明确用不同的方法所表示的同一个点的运动量，形式不同，但不同形式的结果之间是相互有关系的，要熟练掌握这些关系，并将这些关系应用到解题当中去。

（2）刚体的平动及其运动特征（尤其是作曲线平动的刚体）；作定轴转动刚体的转动方程、角速度和角加速度及刚体内各点速度、加速度的计算方法。这是运动学的基本内容，在物理学中都学习过，正是这些看似简单的问题，却往往容易出现概念性错误且不能熟练应用。解决的方法是在认真分析刚体运动形式的基础上，根据其运动特征，选择相应的计算公式。

（3）点的复合运动。解题时首先要明确一个动点、两个坐标系以及与之相应的三种运动，合理选择动点、动系，其原则是相对运动轨迹易于判断。这一部分的难点是牵连点的概念，以及牵连速度、牵连加速度的判断与计算。要把动系看成是$x'O'y'$平面，在此平面上与所选动点相重合的点，即为牵连点，该点相对于定参考系的速度、加速度，称为牵连速度和牵连加速度，解题时一定要深刻理解这一定义。

（4）刚体的平面运动。要会正确判断机构中作平面运动的刚体，熟练掌握并能灵活运用求平面运动刚体上点的速度的三种方法——基点法、瞬心法和速度投影法；会应用基点法求平面运动刚体上点的加速度。特别要熟悉刚体瞬时平动时的运动特征为：刚体的角速度为零，角加速度不为零；刚体上各点的速度相同，加速度不同，但其上任意两点的加速度在该两点连线上的投影相等。

（三）动力学

动力学研究物体受力作用后的运动规律。重点是：

（1）会应用动力学基本定律（牛顿第二定律）和动力学普遍定理（动量定理、动量矩定理和动能定理）列出质点和质点系（包括平动、定轴转动、平面运动的刚体）的运动微分方程，解微分方程时要注意初始条件只能用于确定微分方程解中的积分常数；要熟练掌握动量、动量矩、动能、势能、功的概念与计算方法，正确选择及综合应用动力学普遍定理求解质点系动力学问题；动力学普遍定理的综合应用，大体上包含两方面含义：一是对几个定理，即动量定理、质心运动定理、动量矩定理、定轴转动微分方程、平面运动微分方程和动能定理的特点、应用条件、可求解何类问题等有透彻的了解，能根据不同类型问题的已知条件和待求量，选择适当的定理，包括各种守恒情况的判断，相应守恒定理的应用。二是对比较复杂的问题，应能采用多个定理联合求解。此外，求解动力学问题，往往需要进行运动分析，以提供运动学补充方程。因而对动力学普遍定理的综合应用，须熟悉有关定理及应用范围和条件，多做练习，通过比较总结（包括一题多解的讨论），从中摸索出规律。其解题步骤是：首先选取研究对象，对其进行受力分析和运动分析；其次是根据分析的结果，针对物体不同的运动选择不同的定理，通常可先应用动能定理求解系统的各运动量（速度、加速度、角速度和角加速度），再应用质心运动定理或动量矩定理（定轴转动微分方程）求解未知力。

（2）刚体系统惯性力系的简化及达朗贝尔原理的应用。这一部分的关键是要分析物体的运动形式，并根据其运动形式确定惯性力并将其画在受力图上，根据受力图列平衡方程，求解未知量。要注意的是：因为达朗贝尔原理是采用静力平衡方程求解未知量，故未知量的数目不能超过独立的平衡方程数。未知量中包括速度、加速度、角速度、角加速度、约束力等，若未知量数目超过了独立的平衡方程数，则需要建立补充方程，在多数情况下，是建立运动学的补充方程。当单独使用达朗贝尔原理解题出现计算上的困难（如需解微分方程）时，由于质点系的达朗贝尔原理实际是动量定理、动量矩定理的另一种表达形式，故可联合应用达朗贝尔原理与动能定理求解质点系的动力学问题。

第一节　静　力　学

静力学研究物体在力作用下的平衡规律，主要包括物体的受力分析、力系的等效简化、力系的平衡条件及其应用。

一、静力学的基本概念及基本原理

（一）基本概念

1. 力的概念

力是物体间相互的机械作用，这种作用将使物体的运动状态发生变化——运动效应，或使物体的形状发生变化——变形效应。力的量纲为牛顿（N）。力的作用效果取决于力的三要素：力的大小、方向、作用点。力是矢量，满足矢量的运算法则。当求共点二力之合力时，采用力的平行四边形法则：其合力可由两个共点力为边构成的平行四边形的对角线确定，见图 4-1-1a）。或者说，合力矢等于此二力的几何和，即

$$F_R = F_1 + F_2 \qquad\qquad (4-1-1)$$

显然，求 F_R 时，只需画出平行四边形的一半就够了，即以力矢 F_1 的尾端 B 作为力矢 F_2 的起点，连接

AC所得矢量即为合力$\boldsymbol{F}_R$。如图 4-1-1b）所示三角形ABC称为力三角形。这种求合力的方法称为力的三角形法则。

多个共点力的合成可采用力的多边形规则：若有汇交于点A的四个力$\boldsymbol{F}_1$、$\boldsymbol{F}_2$、$\boldsymbol{F}_3$、$\boldsymbol{F}_4$，如图 4-1-2a）所示，求合力时可任取一点a，先作力三角形求出$\boldsymbol{F}_1$与$\boldsymbol{F}_2$的合力$\boldsymbol{F}_{R1}$，再作力三角形求出$\boldsymbol{F}_{R1}$与$\boldsymbol{F}_3$的合力$\boldsymbol{F}_{R2}$，最后作力三角形合成$\boldsymbol{F}_{R2}$与$\boldsymbol{F}_4$即得合力$\boldsymbol{F}_R$，如图 4-1-2b）所示。多边形abcde称为此汇交力系的力多边形，而封闭边ae则表示此汇交力系合力$\boldsymbol{F}_R$的大小和方向，显然$\boldsymbol{F}_R$的作用线必过汇交点A。利用力多边形法简化力系时，求$\boldsymbol{F}_{R1}$和$\boldsymbol{F}_{R2}$的中间过程可略去，只需将组成力多边形的各分力首尾相连，而合力则由第一个分力的起点指向最后一个分力的终点（矢端）即可。根据矢量相加的交换率，任意变换各分力矢的作图次序，可得形状不同的力多边形，但其合力矢仍然不变，如图 4-1-2c）所示。

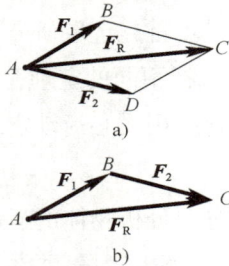

图 4-1-1　力的平行四边形法则

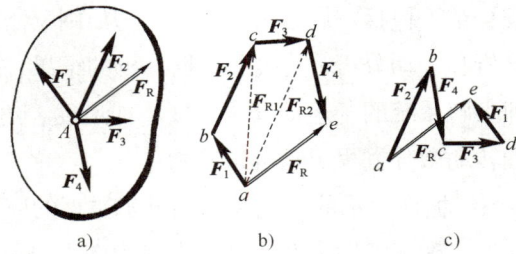

图 4-1-2　力的多边形规则

【例 4-1-1】 平面汇交力系（$\boldsymbol{F}_1,\boldsymbol{F}_2,\boldsymbol{F}_3,\boldsymbol{F}_4,\boldsymbol{F}_5$）的力多边形如图所示，则该力系的合力$\boldsymbol{F}_R$等于：

A. $\boldsymbol{F}_3$ 　　　　　　　　　B. $-\boldsymbol{F}_3$

C. $\boldsymbol{F}_2$ 　　　　　　　　　D. $-\boldsymbol{F}_2$

解　根据力的多边形规则，当$\boldsymbol{F}_1$、$\boldsymbol{F}_2$、$\boldsymbol{F}_3$、$\boldsymbol{F}_4$、$\boldsymbol{F}_5$各分力首尾相连时，合力应由第一个分力$\boldsymbol{F}_1$的起点指向最后一个分力$\boldsymbol{F}_5$的终点（矢端）。

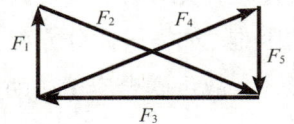

例 4-1-1 图

答案：B

（1）力对点之矩

力使物体绕某支点（或矩心）转动的效果可用力对点之矩度量。设力$\boldsymbol{F}$作用于刚体上的A点，如图 4-1-3 所示，用$\boldsymbol{r}$表示空间任意点O到A点的矢径，于是，力$\boldsymbol{F}$对O点的力矩定义为矢径$\boldsymbol{r}$与力矢$\boldsymbol{F}$的矢量积，记为$\boldsymbol{M}_O(\boldsymbol{F})$。即

$$\boldsymbol{M}_O(\boldsymbol{F}) = \boldsymbol{r} \times \boldsymbol{F} \tag{4-1-2}$$

式（4-1-2）中点O称作力矩中心，简称矩心。力$\boldsymbol{F}$使刚体绕O点转动效果的强弱取决于：①力矩的大小；②力矩的转向；③力和矢径所组成平面的方位。因此，力矩是一个矢量，矢量的模即力矩的大小为

$$|\boldsymbol{M}_O(\boldsymbol{F})| = |\boldsymbol{r} \times \boldsymbol{F}| = rF\sin\theta = Fd \tag{4-1-3}$$

矢量的方向与OAB平面的法线$\boldsymbol{n}$一致，按右手螺旋法则来确定。力矩的单位为 N·m 或 kN·m。

（2）力对轴之矩

如图 4-1-4 所示，力$\boldsymbol{F}$对任意轴z的矩用$M_z(\boldsymbol{F})$表示，称为力对轴之矩。其值为

$$M_z(\boldsymbol{F}) = M_O(\boldsymbol{F}_{xy}) = \pm F_{xy}d \tag{4-1-4}$$

力对轴的矩是力使刚体绕某轴转动效果的度量，是代数量。其正负号按右手螺旋法则确定。从力对轴之矩的定义可得其性质：

①当力沿其作用线移动时，力对轴之矩不变。

②当力的作用线与某轴平行（如与z轴平行，则$F_{xy}=0$）或相交（$d=0$）时，力对该轴之矩为零。

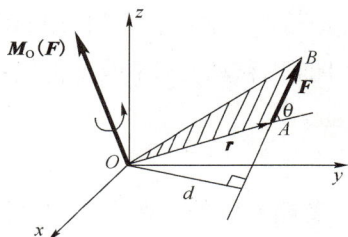

图 4-1-3　力对点之矩

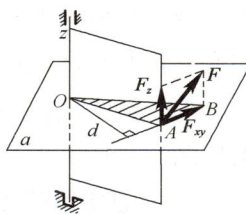

图 4-1-4　力对轴之矩

（3）力矩关系定理

力对任意点的矩矢在通过该点的任一轴上的投影，等于此力对该轴的矩。即

$$[\boldsymbol{M}_O(\boldsymbol{F})]_z = M_z(\boldsymbol{F}) \tag{4-1-5}$$

（4）合力矩定理

汇交力系的合力对某点（或某轴）之矩等于力系中各分力对同一点（或同一轴）之矩的矢量和（或代数和）。即

$$\boldsymbol{M}_O(\boldsymbol{F}_R) = \sum\boldsymbol{M}_O(\boldsymbol{F}_i) \tag{4-1-6a}$$

或

$$M_z(\boldsymbol{F}_R) = \sum M_z(\boldsymbol{F}_i) \tag{4-1-6b}$$

【例 4-1-2】 如图所示结构直杆 BC，受荷载 $\boldsymbol{F}$、q 作用，$BC = L$，$F = qL$，其中 q 为均布荷载，单位 N/m，集中力以 N 计，长度以 m 计。则该主动力系对 O 点的合力矩为：

A. $M_O = 0$

B. $M_O = qL^2/2 \, \text{N·m}\ (\curvearrowleft)$

C. $M_O = 3qL^2/2 \, \text{N·m}\ (\curvearrowleft)$

D. $M_O = qL^2 \, \text{N·m}\ (\curvearrowright)$

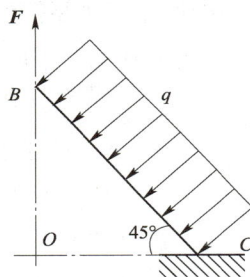

例 4-1-2 图

解　根据合力矩定理，主动力系对 O 点的合力矩等于各分力对 O 点的力矩之代数和，即：$M_O(\boldsymbol{F}_R) = M_O(\boldsymbol{F}) + M_O(qL)$。由于 $\boldsymbol{F}$ 力和均布荷载 q 的合力作用线均通过 O 点，故合力矩为零。

答案：A

2. 力偶的概念

大小相等、方向相反、作用线互相平行但不重合的两个力所组成的力系（见图 4-1-5），称为力偶，记为 $(\boldsymbol{F}, \boldsymbol{F}')$，且 $\boldsymbol{F} = -\boldsymbol{F}'$。力偶与力同是力学中的基本元素。力偶没有合力，故只能使物体产生转动并将改变其转动状态。力偶对物体的转动效果取决于力偶矩矢 $\boldsymbol{M}$。$\boldsymbol{M}$ 定义为组成力偶的两个力对任一点之矩的矢量和，即

$$\boldsymbol{M} = \boldsymbol{M}_O(\boldsymbol{F}) + \boldsymbol{M}_O(\boldsymbol{F}') = \boldsymbol{r}_A \times \boldsymbol{F} + \boldsymbol{r}_B \times \boldsymbol{F}' = \boldsymbol{r}_{BA} \times \boldsymbol{F} \tag{4-1-7}$$

力偶矩矢与矩心 O 无关。力偶的三要素为

（1）力偶矩的大小；

（2）力偶的转向；

（3）力偶作用面的方位。

力偶矩矢的大小为

$$|\boldsymbol{M}| = Fd \tag{4-1-8}$$

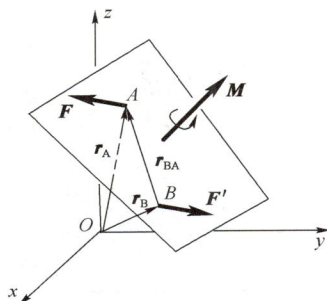

图 4-1-5　力偶矩矢量

其中，d 为力偶中两个力之间的垂直距离，称为力偶臂。方向按右手螺旋法则确定。

力偶的作用效果仅取决于力偶矩矢，故只要保持力偶矩矢不变，力偶可在其作用面内任意移动和转动，或同时改变力偶中力的大小和力偶臂的长短，或在平行平面内移动，都不改变力偶对同一刚体的作用效果。

3. 刚体的概念

在物体受力以后的变形对其运动和平衡的影响小到可以忽略不计的情况下，便可把物体抽象成为不变形的力学模型——刚体。

4. 平衡的概念

平衡是指物体相对惯性参考系静止或作匀速直线平行移动的状态。

（二）基本原理

1. 二力平衡原理

不计自重的刚体在二力作用下平衡的必要和充分条件是：二力沿着同一作用线，大小相等，方向相反。仅受两个力作用且处于平衡状态的物体，称为二力体，又称二力构件。

2. 加减平衡力系原理

在作用于刚体的力系中，加上或减去任意一个平衡力系，不改变原力系对刚体的作用效应。

推论 I：力的可传性。作用于刚体上的力可沿其作用线滑移至刚体内任意点而不改变力对刚体的作用效应。

推论 II：三力平衡汇交定理。作用于刚体上三个相互平衡的力，若其中两个力的作用线汇交于一点，则此三力必在同一平面内，且第三个力的作用线通过汇交点。

【例 4-1-3】作用在一个刚体上的两个力 F_1、F_2，满足 $F_1 = -F_2$ 的条件，则该二力可能是：

A. 作用力和反作用力或一对平衡的力　　B. 一对平衡的力或一个力偶

C. 一对平衡的力或一个力和一个力偶　　D. 作用力和反作用力或一个力偶

解 因为作用力和反作用力分别作用在两个不同的刚体上，故选项 A、D 是错误的；而当 $F_1 = -F_2$ 时，两个力不可能合成为一个力，选项 C 也不正确。

答案：B

注：作用力与反作用力、一对平衡的力和一个力偶中的两个力均可用矢量表达式 $F_1 = -F_2$ 表示，一定要分清三者的不同之处。

（三）约束与约束力

阻碍物体运动的限制条件称为约束，约束对被约束物体的机械作用称为约束力。

工程中常见的几种典型约束的性质以及相应约束力的确定方法见表 4-1-1。

几种典型约束的性质及相应约束力的确定方法　　　　表 4-1-1

约束的类型	约束的性质	约束力的确定
	柔体约束只能限制物体沿着柔体的中心线伸长方向的运动，而不能限制物体沿其他方向的运动	
柔体约束（如绳索、胶带、链条等）		约束力必定沿柔体的中心线，且背离被约束的物体

约束的类型	约束的性质	约束力的确定
光滑接触约束	光滑接触约束只能限制物体沿接触面的公法线指向支承面的运动，而不能限制物体沿接触面或离开支承面的运动	光滑接触面的约束力通过接触点，沿接触面的公法线并指向被约束的物体
圆柱铰链与铰链支座	铰链约束只能限制物体在垂直于销钉轴线的平面内任意方向的运动，而不能限制物体绕销钉的转动	约束力作用在垂直于销钉轴线平面内，通过销钉中心，而方向待定
可动铰支座（辊轴支座）	可动铰支座不能限制物体绕销钉的转动和沿支承面的运动，而只能限制物体在支承面垂直方向的运动	可动铰支座的约束力通过销钉中心且垂直于支承面，指向待定
固定端约束	固定端约束既能限制物体移动，又能限制物体绕固定端转动	约束力可表示为两个互相垂直的分力和一个约束力偶，指向均待定

（四）受力分析与受力图

分析力学问题时，往往必须首先根据问题的性质、已知量和所要求的未知量，选择某一物体（或几个物体组成的系统）作为研究对象，并假想地将所研究的物体从与之接触或连接的物体中分离出来，即解除其所受的约束而代之以相应的约束力。解除约束后的物体，称为分离体。分析作用在分离体上的全部主动力和约束力，画出分离体的受力简图——受力图。这一过程即为受力分析。

受力分析是求解静力学和动力学问题的重要基础，具体步骤如下：

（1）选定合适的研究对象，确定分离体；

（2）画出所有作用在分离体上的主动力（一般皆为已知力）；

（3）在分离体的所有约束处，根据约束的性质画出约束力。

【例4-1-4】 如图所示构架由AC、BD、CE三杆组成，A、B、C、D处为铰接，E处光滑接触。已知：$F_p = 2kN$，$\theta = 45°$，杆及轮重均不计，则E处约束力的方向与x轴正向所成的夹角为：

　　　　A. 0°　　　　　　　　B. 45°　　　　　　　　C. 90°　　　　　　　　D. 225°

解 E处为光滑接触面约束，根据约束的性质，约束力应垂直于支撑面，指向被约束物体。

答案： B

【例 4-1-5】 结构如图所示，杆 *DE* 的点 *H* 由水平闸拉住，其上的销钉 *C* 置于杆 *AB* 的光滑直槽中，各杆自重均不计，已知 $F_p = 10kN$。销钉 *C* 处约束力的作用线与 *x* 轴正向所成的夹角为：

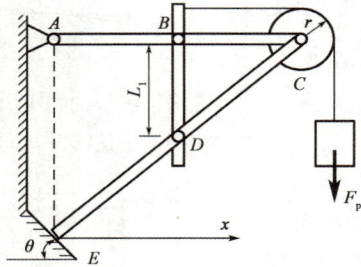

例 4-1-4 图

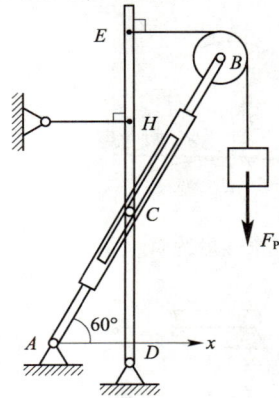

例 4-1-5 图

A. 0°　　　　　　　B. 90°　　　　　　　C. 60°　　　　　　　D. 150°

解　销钉 *C* 处为光滑接触约束，约束力应垂直于 *AB* 光滑直槽，由于 F_p 的作用，直槽的左上侧与销钉接触，故其约束力的作用线与 *x* 轴正向所成的夹角为 150°。

答案： D

【例 4-1-6】 在如图 a）所示结构中，如果将作用于构件 *AC* 上的力偶 *M* 搬移到构件 *BC* 上，则根据力偶的性质（力偶可在其作用面内任意移动和转动，不改变力偶对同一刚体的作用效果），*A*、*B*、*C* 三处的约束力：

A. 都不变　　　　B. 仅 *C* 处改变　　　　C. 都改变　　　　D. 仅 *C* 处不变

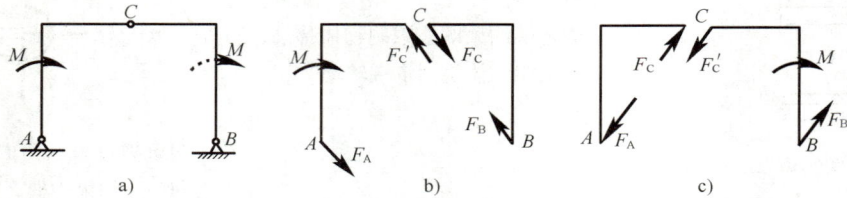

例 4-1-6 图

解　若力偶 *M* 作用于构件 *AC* 上，则 *BC* 为二力构件，*AC* 满足力偶的平衡条件，受力图如图 b）所示；若力偶 *M* 作用于构件 *BC* 上，则 *AC* 为二力构件，*BC* 满足力偶的平衡条件，受力图如图 c）所示。从图中看出，两种情况下 *A*、*B*、*C* 三处约束力的方向都发生了变化，这与力偶的性质并不矛盾，因为力偶在其作用面内移动后（从构件 *AC* 移至构件 *BC*），并未改变其使系统整体（*ACB*）产生顺时针转动趋势的作用效果。

答案： C

【例 4-1-7】 图示三铰刚架中，若将作用于构件 *BC* 上的力 *F* 沿其作用线移至构件 *AC* 上，则 *A*、*B*、*C* 处约束力的大小：

A. 都不变

B. 都改变

C. 只有 *C* 处改变

D. 只有 *C* 处不改变

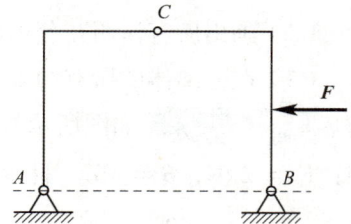

例 4-1-7 图

解　若力 *F* 作用于构件 *BC* 上，则 *AC* 为二力构件，满足二力平衡条件，*BC* 满足三力平衡条件，受力图如解图 a）所示。

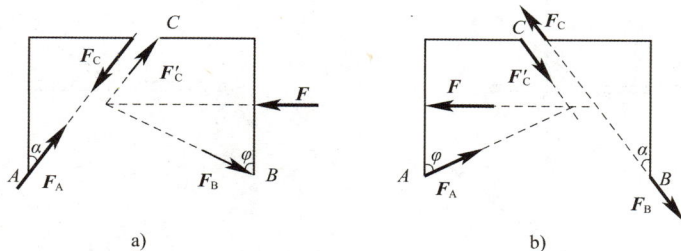

例 4-1-7 解图

对 BC 列平衡方程：

$$\sum F_x = 0, \quad F - F_B \sin\varphi - F_C' \sin\alpha = 0$$

$$\sum F_y = 0, \quad F_C' \cos\alpha - F_B \cos\varphi = 0$$

解得：

$$F_C' = \frac{F}{\sin\alpha + \cos\alpha\tan\varphi} = F_A, \quad F_B = \frac{F}{\tan\alpha\cos\varphi + \sin\varphi}$$

若力 F 移至构件 AC 上，则 BC 为二力构件，而 AC 满足三力平衡条件，受力图如解图 b）所示。

对 AC 列平衡方程：

$$\sum F_x = 0, \quad F - F_A \sin\varphi - F_C' \sin\alpha = 0$$

$$\sum F_y = 0, \quad F_A \cos\varphi - F_C' \cos\alpha = 0$$

解得：

$$F_C' = \frac{F}{\sin\alpha + \cos\alpha\tan\varphi} = F_B, \quad F_A = \frac{F}{\tan\alpha\cos\varphi + \sin\varphi}$$

由此可见，两种情况下，只有 C 处约束力的大小没有改变，而 A、B 处约束力的大小都发生了改变。

答案： D

注：此题问的是约束力大小的变化，这就需要在数值上计算一下，不像前一道例题，问的是约束力的变化，这就需要考虑力的三要素，其中一个要素有变化，约束力就改变了。所以一定要注意题目问的是什么。

【例 4-1-8】 如图 a）所示将大小为 100N 的力 F 沿 x、y 方向分解，若 F 在 x 轴上的投影为 50N，而沿 x 方向的分力的大小为 200N，则 F 在 y 轴上的投影为：

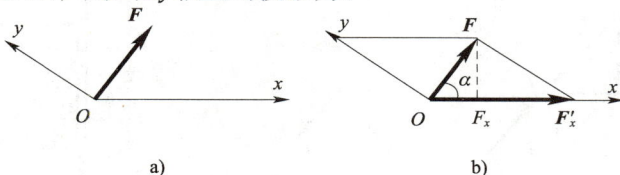

例 4-1-8 图

A. 0　　　　　　B. 50N　　　　　　C. 200N　　　　　　D. 100N

解 如图 b）所示，根据力的投影公式，$F_x = F\cos\alpha = 50N$，故 $\alpha = 60°$。而分力 F_x' 的大小是力 F 大小的 2 倍，因此力 F 与 y 轴垂直，在 y 轴的投影为零。

答案： A

【例 4-1-9】 试确定如图 a）、b）所示系统中 A、B 处约束力的方向。

解 在图 a）中，BC 为二力杆，根据二力平衡原理，B 处约束力 F_B 必沿杆 BC 方向；因为系统整体受三个力作用，由三力平衡汇交定理知，A 处约束力 F_A 与力 F_B、F 汇交于一点，见图 c）。

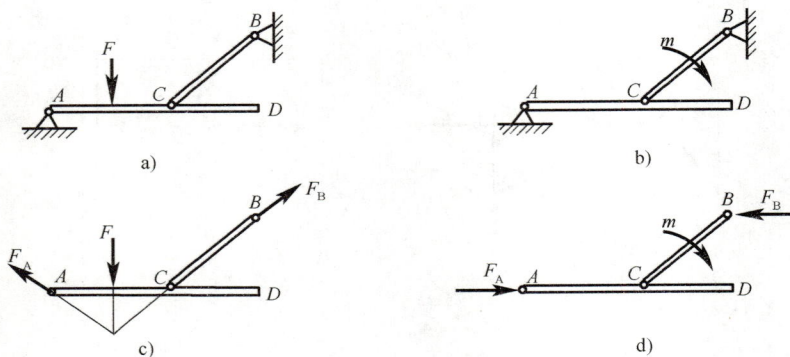

例 4-1-9 图

在图 b）中，AC 为二力杆（只在 A、C 处受力），根据二力平衡原理，A 处约束力 F_A 必沿杆 AC 方向；由力偶的性质（力偶只能与力偶平衡）知，B 处约束力 F_B 应与力 F_A 组成一力偶，与 m 平衡，其受力如图 d）所示。

【例 4-1-10】 图示结构由直杆 AC，DE 和直角弯杆 BCD 所组成，自重不计，受载荷 F 与 $M = Fa$ 作用。则 A 处约束力的作用线与 x 轴正向所成的夹角为：

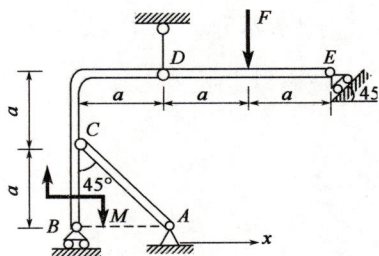

例 4-1-10 图

    A. 135°　　　　　　　　　B. 90°

    C. 0°　　　　　　　　　　D. 45°

解　首先分析杆 DE，E 处为活动铰链支座，约束力垂直于支撑面如解图 a）所示，杆 DE 的铰链 D 处的约束力可按三力汇交原理确定；其次分析铰链 D，D 处铰接了杆 DE、直角弯杆 BCD 和连杆，连杆的约束力 F_D 沿杆为铅垂方向，杆 DE 作用在铰链 D 上的力为 $F'_{D右}$，按照铰链 D 的平衡，其受力图如解图 b）所示；最后分析直杆 AC 和直角弯杆 BCD，直杆 AC 为二力杆，A 处约束力沿杆方向，根据力偶的平衡，由 F_A 与 $F'_{D左}$ 组成的逆时针转向力偶与顺时针转向的主动力偶 M 组成平衡力系，故 A 处约束力的指向如解图 c）所示。

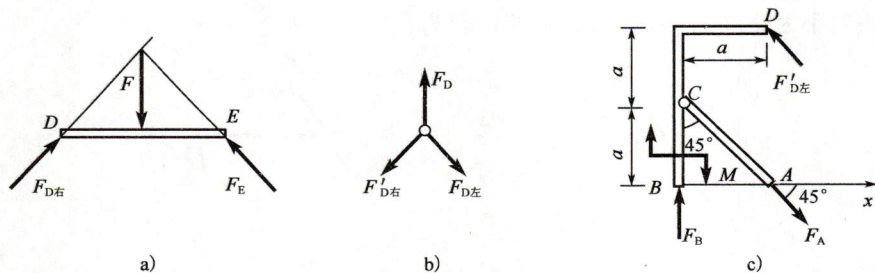

例 4-1-10 解图

答案： D

二、力系的简化

将作用在物体上的一个力系用另一个与其对物体作用效果相同的力系来代替，则这两个力系互为等效力系。若用一个简单力系等效地替换一个复杂力系，则称为力系的简化。

（一）力的平移定理

作用在刚体上的力可以向任意点O平移，但必须同时附加一个力偶，这一附加力偶的力偶矩等于平移前的力对平移点O之矩。

（二）任意力系的简化

考察作用在刚体上的任意力系$(\boldsymbol{F}_1, \boldsymbol{F}_2, \cdots, \boldsymbol{F}_n)$，如图4-1-6a）所示。若在刚体上任取一点$O$（简化中心），应用力的平移定理，将力系中的各力$\boldsymbol{F}_1$，$\boldsymbol{F}_2$，$\cdots$，$\boldsymbol{F}_n$逐个向简化中心平移，最后得到汇交于$O$点的，由$\boldsymbol{F}'_1$，$\boldsymbol{F}'_2$，$\cdots$，$\boldsymbol{F}'_n$组成的汇交力系，以及由所有附加力偶$\boldsymbol{M}_1$，$\boldsymbol{M}_2$，$\cdots$，$\boldsymbol{M}_n$组成的力偶系，如图4-1-6b）所示。

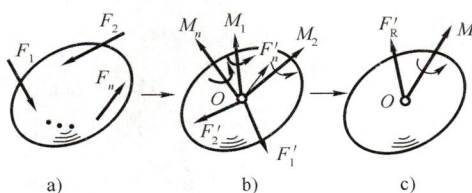

图4-1-6 任意力系的简化

平移后得到的汇交力系和力偶系，可以分别合成一个作用于O点的合力$\boldsymbol{F}'_\mathrm{R}$，以及合力偶$\boldsymbol{M}_O$，如图4-1-6c）所示。其中

$$\left.\begin{array}{l} \boldsymbol{F}'_\mathrm{R} = \sum_{i=1}^{n} \boldsymbol{F}_i \\ \boldsymbol{M}_O = \sum_{i=1}^{n} \boldsymbol{M}_i = \sum_{i=1}^{n} \boldsymbol{M}_O(\boldsymbol{F}_i) \end{array}\right\} \tag{4-1-9}$$

任意力系中所有各力的矢量和$\boldsymbol{F}'_\mathrm{R}$，称为该力系的主矢；而诸力对于任选简化中心$O$之矩的矢量和$\boldsymbol{M}_O$，称为该力系对简化中心的主矩。

上述结果表明：任意力系向任选一点O简化，可得一个力和一个力偶，这个力等于该力系的主矢，作用线通过简化中心；简化所得力偶的力偶矩矢等于该力系对简化中心O的主矩。注意：任意力系的主矢与简化中心的选择无关，而其主矩与简化中心的选择有关。

（三）平面力系的简化结果

平面力系的简化结果见表4-1-2。

平面力系简化的最后结果   表4-1-2

$\boldsymbol{F}'_\mathrm{R}$（主矢）	M_O（主矩）	最 后 结 果	说 明
$\boldsymbol{F}'_\mathrm{R} \neq \boldsymbol{0}$	$M_O \neq 0$	合力	合力作用线到简化中心O的距离为 $d = \dfrac{\lvert \boldsymbol{M}_O \rvert}{\boldsymbol{F}'_\mathrm{R}}$
	$M_O = 0$	合力	合力作用线通过简化中心
$\boldsymbol{F}'_\mathrm{R} = \boldsymbol{0}$	$M_O \neq 0$	合力偶	此时主矩与简化中心无关
	$M_O = 0$	平衡	

【例4-1-11】 如图所示边长为a的正方形物块$OABC$。已知：各力的大小$=F$，力偶矩$M_1 = M_2 = Fa$。该力系向O点简化后的主矢及主矩应为：

A. $F_\mathrm{R} = 0\mathrm{N}$，$M_O = 4Fa$（↷）

B. $F_R = 0N$，$M_O = 3Fa$（ ↰ ）

C. $F_R = 0N$，$M_O = 2Fa$（ ↰ ）

D. $F_R = 0N$，$M_O = 2Fa$（ ↱ ）

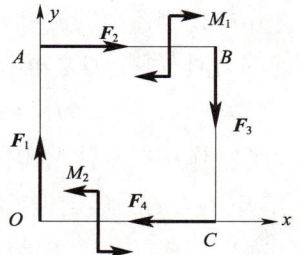

例 4-1-11 图

解　四个分力构成自行封闭的四边形（F_1 与 F_3 等值反向、F_2 与 F_4 等值反向），故主矢为零：$F_R = 0N$；M_1 与 M_2 等值反向，F_1 与 F_3、F_2 与 F_4 构成顺时针转向的两个力偶，每个力偶的力偶矩大小均为 Fa，故主矩为：$M_O = M_2 - M_1 - Fa - Fa = -2Fa$（顺时针）。

答案： D

注：平面力系若不平衡，简化的最后结果只可能是合力或合力偶。

【**例 4-1-12**】平面力系不平衡，其简化的最后结果为：

A. 合力 　　　　　　　　　　　　　　B. 合力偶

C. 合力或合力偶 　　　　　　　　　　D. 合力和合力偶

解　对于平面力系，若主矢为零，力系简化的最后结果为合力偶；若主矢不为零，无论主矩是否为零，力系简化的最后结果均为合力。

答案： C

注：平面力系若不平衡，简化的最后结果只可能是合力或合力偶。

【**例 4-1-13**】图示平面力系中，已知 $q = 10kN/m$，$M = 20kN \cdot m$，$a = 2m$。则该主动力系对 B 点的合力矩为：

A. $M_B = 0$

B. $M_B = 20kN \cdot m$（ ↰ ）

C. $M_B = 40kN \cdot m$（ ↰ ）

D. $M_B = 40kN \cdot m$（ ↱ ）

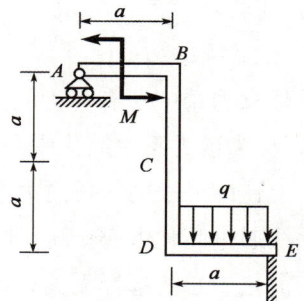

解　将主动力系对 B 点取矩求代数和：

$$M_B = M - qa^2/2 = 20 - 10 \times 2^2/2 = 0$$

答案： A

例 4-1-13 图

三、力系的平衡

力系平衡的充分必要条件是力系的主矢与主矩同时等于零。

（一）平面力系的平衡

1. 平面力系的平衡方程

根据平衡条件 $F'_R = 0$，$M_O = 0$，可得平面任意力系和平面特殊力系的几种不同形式的平衡方程（见表 4-1-3）。

平面力系的平衡方程　　　　　　　　　　　　　　　　　　　　　　　　表 4-1-3

力（偶）系	平面任意力系	平面汇交力系	平面平行力系 （取 y 轴与各力作用线平行）	平面力偶系
平衡条件	主矢、主矩同时为零 $F'_R = 0$，$M_O = 0$	合力为零 $F_R = 0$	主矢、主矩同时为零 $F'_R = 0$，$M_O = 0$	合力偶矩为零 $M = 0$

力（偶）系	平面任意力系	平面汇交力系	平面平行力系（取y轴与各力作用线平行）	平面力偶系
基本形式平衡方程	$\sum F_x = 0$ $\sum F_y = 0$ $\sum m_O(\boldsymbol{F}) = 0$	$\sum F_x = 0$ $\sum F_y = 0$	$\sum F_y = 0$ $\sum m_O(\boldsymbol{F}) = 0$	$\sum m = 0$
二力矩形式平衡方程	$\sum F_x = 0$（或$\sum F_y = 0$） $\sum m_A(\boldsymbol{F}) = 0$ $\sum m_B(\boldsymbol{F}) = 0$ A、B两点连线不垂直于x轴（或y轴）	$\sum m_A(\boldsymbol{F}) = 0$ $\sum m_B(\boldsymbol{F}) = 0$ A、B两点与力系的汇交点不在同一直线上	$\sum m_A(\boldsymbol{F}) = 0$ $\sum m_B(\boldsymbol{F}) = 0$ A、B两点连线不与各力平行	无
三力矩形式平衡方程	$\sum m_A(\boldsymbol{F}) = 0$ $\sum m_B(\boldsymbol{F}) = 0$ $\sum m_C(\boldsymbol{F}) = 0$ A、B、C三点不在同一直线上	无	无	无

【例 4-1-14】平面平行力系处于平衡，应有独力平衡方程的个数为：

    A. 1 个   B. 2 个   C. 3 个   D. 4 个

解 对于平面平行力系，向一点简化的结果仍为一主矢和一主矩，但主矢的作用线与平行力系中的力平行，若要令其等于零，只需一个平衡方程。而主矩为零应和任意力系一样需要一个平衡方程。

答案： B

【例 4-1-15】如图 a）所示平面构架，不计各杆自重。已知：物块M重力的大小为F_P，悬挂如图所示，不计小滑轮D的尺寸与重量，A、E、C均为光滑铰链，$L_1 = 1.5\text{m}$，$L_2 = 2\text{m}$。则支座B的约束力为：

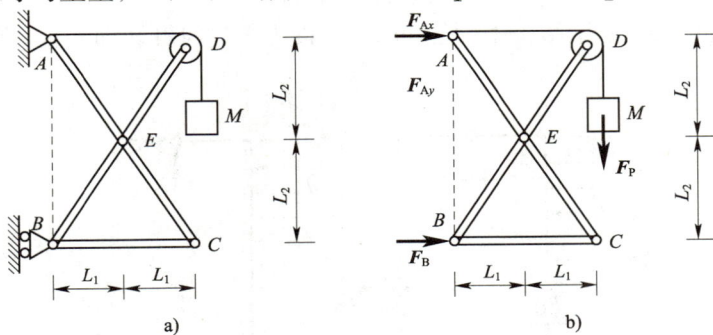

例 4-1-15 图

    A. $F_B = 3F_P/4$（→）   B. $F_B = 3F_P/4$（←）

    C. $F_B = F_P$（←）   D. $F_B = 0$

解 取构架整体为研究对象，根据约束的性质，B处为活动铰链支座，约束力为水平方向（图 b）。列平衡方程：$\sum M_A(F) = 0$，$F_B \cdot 2L_2 - F_P \cdot 2L_1 = 0$，$F_B = 3F_P/4$。

答案： A

【例 4-1-16】重力为$\boldsymbol{W}$的圆球置于光滑的斜槽内，如图所示。右侧斜面B处对球的约束力$\boldsymbol{F}_{NB}$的大小为：

    A. $F_{NB} = W/(2\cos\theta)$ B. $F_{NB} = W/\cos\theta$

C. $F_{NB} = W\cos\theta$ D. $F_{NB} = W\cos\theta/2$

解 以圆球为研究对象，沿 OA、OB 方向有约束力 $\boldsymbol{F}_{NA}$ 和 $\boldsymbol{F}_{NB}$，由对称性可知两约束力大小相等，对圆球列铅垂方向的平衡方程

$$\sum F_y = 0, \quad F_{NA}\cos\theta + F_{NB}\cos\theta - W = 0, \quad F_{NB} = \frac{W}{2\cos\theta}$$

答案： A

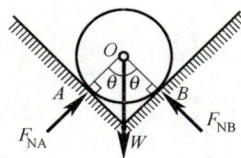

例 4-1-16 图

2. 物体系统的平衡

由两个或两个以上的物体（构件）通过一定的约束方式连接在一起而组成的系统，称为物体系统，简称物系。

当物系整体平衡时，系统中每一个物体也都平衡。系统内各物体间相互的作用力，称为内力；系统以外的物体作用于系统的力，称为外力。

通常情况下，每一个处于平衡状态的物体在平面力系作用下，具有三个独立的平衡方程，若物体系统由 n 个物体组成，则系统便具有 $3n$ 个独立的平衡方程（在特殊力系作用下，物系中独立的平衡方程数目可由表 4-1-3 确定），可解 $3n$ 个未知量。若物系中实际存在的未知量数目为 k，则当 $k = 3n$ 时，应用全部独立的平衡方程就可求得全部未知量，此类问题称为静定问题；当 $k > 3n$ 时，应用全部独立的平衡方程不能求出全部未知量，此类问题称为静不定问题，或称为超静定问题。

求解物体系统平衡问题的方法及步骤：

（1）首先判断物系的静定性。只有肯定了所给物系是静定的，才着手求解。

（2）选取研究对象。尽可能通过整体平衡，求得某些未知约束力，再根据具体所要求的未知量，选择合适的局部或单个物体作为研究对象。

（3）进行受力分析。根据约束的性质及作用与反作用定律，严格区分施力体与受力体，内力与外力（只分析所选研究对象受到的外力），画出研究对象的受力图。

（4）建立平衡方程，求解未知量。

【例 4-1-17】 在如图 a）所示结构中，已知 q、L，设力偶逆时针转向为正。则固定端 B 处约束力的值为：

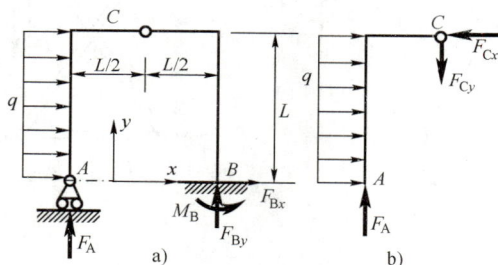

例 4-1-17 图

A. $F_{Bx} = qL$，$F_{By} = qL$，$M_B = -3qL^2/2$

B. $F_{Bx} = -qL$，$F_{By} = qL$，$M_B = 3qL^2/2$

C. $F_{Bx} = qL$，$F_{By} = -qL$，$M_B = 3qL^2/2$

D. $F_{Bx} = -qL$，$F_{By} = -qL$，$M_B = 3qL^2/2$

解 选 AC 为研究对象，受力如图 b）所示，列平衡方程

$$\sum m_C(\boldsymbol{F}) = 0, \quad qL \cdot \frac{L}{2} - F_A \cdot \frac{L}{2} = 0, \quad F_A = qL$$

再选结构整体为研究对象，受力如图a）所示，列平衡方程

$$\sum F_x = 0,\ F_{Bx} + qL = 0,\ F_{Bx} = -qL$$

$$\sum F_y = 0,\ F_A + F_{By} = 0,\ F_{By} = -qL$$

$$\sum m_B(\boldsymbol{F}) = 0,\ M_B - qL \cdot \frac{L}{2} - F_A \cdot L = 0,\ M_B = \frac{3}{2}qL^2$$

答案： D

【例 4-1-18】 图示多跨梁由AC和CD铰接而成，自重不计。已知$q = 10\text{kN/m}$，$M = 40\text{kN·m}$，$F = 2\text{kN}$作用在AB中点，且$\theta = 45°$，$L = 2\text{m}$。则支座D的约束力为：

    A. $F_D = 10\text{kN}$（铅垂向上）   B. $F_D = 15\text{kN}$（铅垂向上）

    C. $F_D = 40.7\text{kN}$（铅垂向上）   D. $F_D = 14.3\text{kN}$（铅垂向下）

解 以CD为研究对象，其受力如解图所示，列平衡方程：

$$\sum M_C(F) = 0,\ 2L \cdot F_D - M - q \cdot L \cdot \frac{L}{2} = 0$$

代入数值得：$F_D = 15\text{kN}$（铅垂向上）

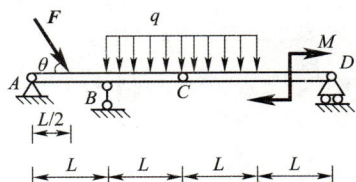
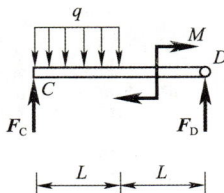

例 4-1-18 图   例 4-1-18 解图

答案： B

【例 4-1-19】 如图a）所示水平梁AB由铰A与杆BD支撑。在梁上O处用小轴安装滑轮，轮上跨过软绳，绳一端水平地系于墙上，另一端悬挂重力为$\boldsymbol{W}$的物块。构件均不计自重。铰A的约束力大小为：

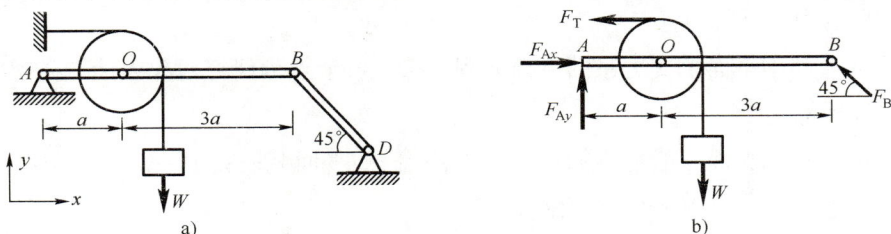

例 4-1-19 图

    A. $F_{Ax} = 5W/4$，$F_{Ay} = 3W/4$ B. $F_{Ax} = W$，$F_{Ay} = W/2$

    C. $F_{Ax} = 3W/4$，$F_{Ay} = W/4$ D. $F_{Ax} = W/2$，$F_{Ay} = W$

解 取杆AB及滑轮为研究对象，受力如图b）所示。列平衡方程：

$\sum m_A(\boldsymbol{F}) = 0,\ F_B \cos 45° \times 4a + F_T \cdot r - W(a + r) = 0$

因为$F_T = W$，$F_B \cos 45° = F_B \sin 45° = W/4$

$\sum F_x = 0,\ F_{Ax} - F_T - F_B \cos 45° = 0,\ F_{Ax} = 5W/4$

$\sum F_y = 0,\ F_{Ay} - W + F_B \sin 45° = 0,\ F_{Ay} = 3W/4$

答案： A

【例 4-1-20】 在如图a）所示机构中，已知：F_P，$L = 2\text{m}$，$r = 0.5\text{m}$，$\theta = 30°$，$BE = EG$，$CE = EH$。则支座A的约束力为：

    A. $F_{Ax} = F_P$（←），$F_{Ay} = 1.75F_P$（↓）

B. $F_{Ax} = 0$, $F_{Ay} = 0.75F_P$（↓）

C. $F_{Ax} = 0$, $F_{Ay} = 0.75F_P$（↑）

D. $F_{Ax} = F_P$（→）, $F_{Ay} = 1.75F_P$（↑）

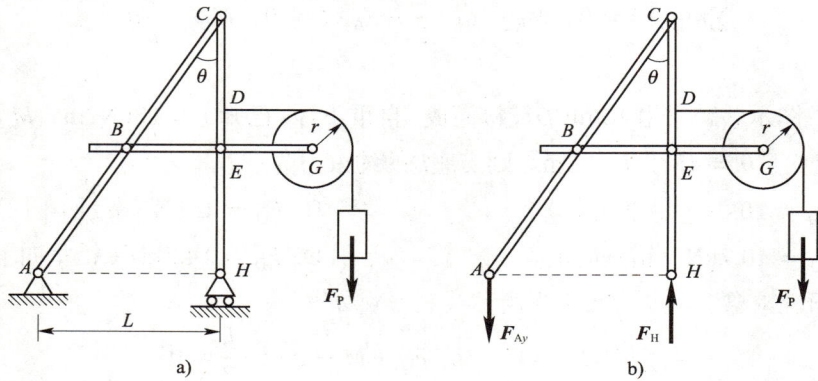

例 4-1-20 图

解 对系统进行整体分析，外力有主动力 F_P，A、H 处约束力，由于 F_P 与 H 处约束力均为铅垂方向，故 A 处也只有铅垂方向约束力（图 b），列平衡方程 $\sum M_H(F) = 0$，$F_{Ay} \cdot L - F_P(0.5L + r) = 0$，$F_{Ay} = 0.75F_P$。

答案： B

（二）平面静定桁架

桁架是一种由若干直杆在两端彼此用铰链连接而成的杆系结构，其特点是受力后几何形状不变。若桁架所有的杆件都在同一平面内，称其为平面桁架，各杆间的铰接点称作节点；各杆自重不计，所受荷载均作用于节点上，或平均分配在杆件两端的节点上。所以桁架中的各杆均为二力杆。

平面静定桁架的内力计算方法：

（1）节点法——利用平面汇交力系的平衡方程，选取各节点为研究对象，计算桁架中各杆之内力；常用于结构的设计计算。

（2）截面法——利用平面一般力系的平衡方程，用假想平面截取其中一部分桁架作为研究对象，计算桁架中指定杆件之内力；常用于结构的校核计算。

【例 4-1-21】 如图所示不计自重的水平梁与桁架在 B 点铰接。已知：荷载 F_1、F 均与 BH 垂直，$F_1 = 8\text{kN}$，$F = 4\text{kN}$，$M = 6\text{kN} \cdot \text{m}$，$q = 1\text{kN/m}$，$L = 2\text{m}$。则杆件 1 的内力为：

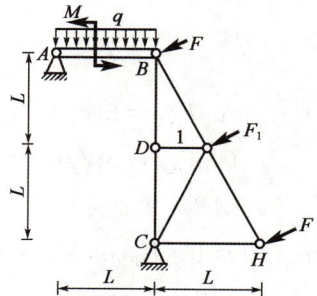

例 4-1-21 图

A. $F_1 = 0$

B. $F_1 = 8\text{kN}$

C. $F_1 = -8\text{kN}$

D. $F_1 = -4\text{kN}$

解 取节点 D 分析其平衡，可知 1 杆为零杆。

答案： A

【例 4-1-22】 不经计算，通过直接判定得出如图所示桁架中内力为零的杆数为：

A. 2 根   B. 3 根

C. 4 根   D. 5 根

解　根据节点法，由节点*E*的平衡，可判断出杆*EC*、*EF*为零杆，再由节点*C*和*G*，可判断出杆*CD*、*GD*为零杆；由系统的整体平衡可知：支座*A*处只有铅垂方向的约束力，故通过分析节点*A*，可判断出杆*AD*为零杆。

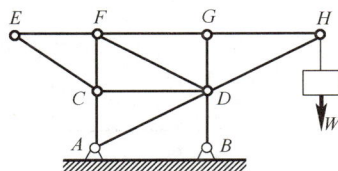

例 4-1-22 图

答案： D

注：判断零杆时，首先分析无外荷载作用的两杆节点和其中两杆在同一直线上的三杆节点。

（三）滑动摩擦

在主动力作用下，当两物体接触处有相对滑动或有相对滑动趋势时，在接触处的公切面内将受到一定的阻力阻碍其相对滑动，这种现象称为滑动摩擦。

1. 各种摩擦力的计算公式

图 4-1-7 中所示力P、F_T为主动力，摩擦力F可根据物体的运动状态分为三类。其计算公式见表 4-1-4。

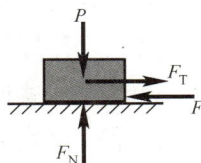

图 4-1-7　滑动摩擦

摩擦力计算一览表　　　　　　　　　　　表 4-1-4

类　别	静摩擦力F_s	最大静摩擦力F_{max}	动摩擦力F_d
产生条件	物体接触面之间有相对滑动趋势，但物体仍保持静止	物体接触面之间有相对滑动趋势，但物体处于要滑而未滑的临界平衡状态	物体接触面之间开始相对滑动
方向	与相对滑动趋势方向相反	与相对滑动趋势方向相反	与相对滑动方向相反
大小	$0 \leqslant F_s \leqslant F_{max}$ F_s之值由平衡方程确定 $F_s = F_T$	$F_{max} = f_s F_N$ 式中，F_N为接触面的法向约束力（也称法向正压力）；f_s称作静滑动摩擦因数，其值可从工程手册中查找	$F_d = f_d F_N$ 式中，F_N为接触面法向反力；f_d为动滑动摩擦因数

2. 摩擦曲线

摩擦力F与主动力F_T之间的关系以及物体的运动状态，可用如图 4-1-8 所示的摩擦曲线来表示。

3. 摩擦角与自锁

静摩擦力F_s与法向约束力F_N的合力F_{RA}称为全约束力，其作用线与接触面的公法线成一偏角φ，见图 4-1-9a）。当物块处于平衡的临界状态时，静摩擦力达到最大值F_{max}，偏角φ也达到最大值φ_f，见图 4-1-9b）。全约束力与法线间夹角的最大值φ_f称为摩擦角。由图可得

$$\tan \varphi_f = \frac{F_{max}}{F_N} = \frac{f_s F_N}{F_N} = f_s \qquad (4-1-10)$$

即摩擦角的正切等于静摩擦因数。

因静摩擦力F_s总是小于或等于最大静摩擦力F_{max}，故全约束力与支承面法线间的夹角φ，总是小于或等于摩擦角φ_f，其变化范围为

$$0 \leqslant \varphi \leqslant \varphi_f \qquad (4-1-11)$$

如图 4-1-10a）所示，若设作用于物块上主动力的合力F_R与接触面法线的夹角为θ，全约束力F_{RA}与接触面法线间的夹角为φ，则当F_R的作用线在摩擦角之内（$\theta < \varphi_f$）时，无论这个力怎样大，都会产生与之满足二力平衡条件的全约束力$F_{RA}(\varphi = \theta < \varphi_f)$，使物块保持静止，这种现象称为自锁现象。

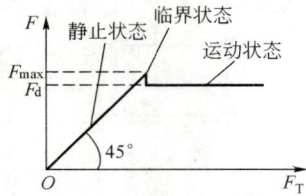

图 4-1-8 摩擦曲线

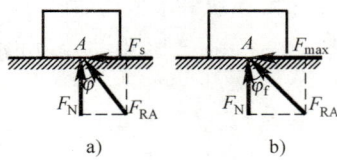

图 4-1-9 摩擦角

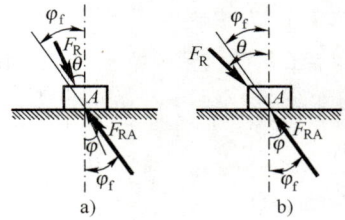

图 4-1-10 自锁现象

反之，如图 4-1-10b）所示，当 $\boldsymbol{F}_R$ 的作用线在摩擦角之外（$\theta > \varphi_f$）时，无论这个力怎样小，物块一定会滑动。$\theta = \varphi_f$ 时，物块处于临界平衡状态。

4. 考虑滑动摩擦时物体系统的平衡

考虑摩擦时平衡问题的特点是：在受力分析时必须考虑摩擦力。考虑摩擦力后，物体系统除满足力系的平衡条件（平衡方程）外，还需满足物理条件，即

$$F_s \leqslant f_s F_N \quad 或 \quad \theta \leqslant \varphi_f$$

【例 4-1-23】 重力大小为 W 的物块自由地放在倾角为 α 的斜面上，如图 a）所示。且 $\sin \alpha = 3/5$，$\cos \alpha = 4/5$。物块上作用一水平力 $\boldsymbol{F}$，且 $F = W$。若物块与斜面间的静摩擦系数 $f = 0.2$，则该物块的状态为：

    A. 静止状态   B. 临界平衡状态

    C. 滑动状态   D. 条件不足，不能确定

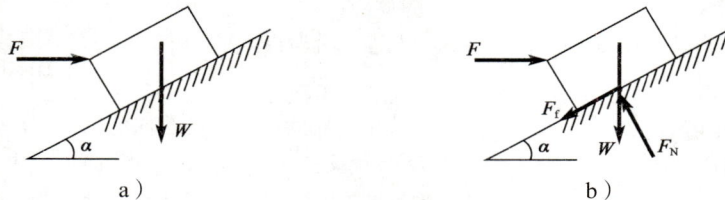

例 4-1-23 图

解 如图 b）所示，若物块平衡，沿斜面方向有 $F_f = F \cos \alpha - W \sin \alpha = 0.2F$

而最大静摩擦力 $F_{fmax} = f \cdot F_N = f(F \sin \alpha + W \cos \alpha) = 0.28F$

因 $F_{fmax} > F_f$，所以物块静止。

答案： A

【例 4-1-24】 杆 AB 的 A 端置于光滑水平面上，AB 与水平面夹角为 30°，杆重力大小为 P 如图所示。B 处有摩擦，则杆 AB 平衡时，B 处的摩擦力与 x 方向的夹角为：

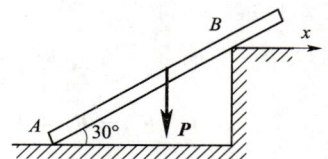

例 4-1-24 图

    A. 90°   B. 30°

    C. 60°   D. 45°

解 在重力作用下，杆 A 端有向左侧滑动的趋势，故 B 处摩擦力应沿杆指向右上方向。

答案： B

【例 4-1-25】 如图 a）所示结构中，已知：B 处光滑，杆 AC 与墙间的静摩擦因数 $f_s = 1$，$\theta = 60°$，$BC = 2AB$，杆自重不计。试问在垂直于杆 AC 的力 $\boldsymbol{F}$ 作用下，杆能否平衡？为什么？

解 本例已知静摩擦因数以及外加力方向，求保持静止的条件，因此需用平衡方程与物理条件联合求解，现用解析法与几何法分别求解。

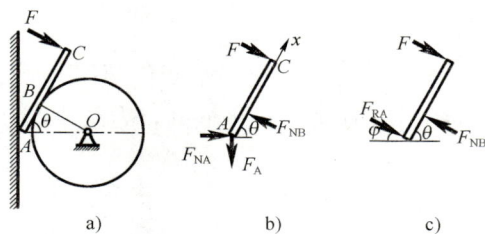

例 4-1-25 图

（1）解析法

以杆 AC 为研究对象，其受力图如图 b）所示。注意到，杆在 A 处有摩擦，B 处光滑。应用平面力系平衡方程和 A 处摩擦力的物理方程，有

$$\sum \boldsymbol{F}_x = 0, \quad F_{NA}\cos 60° - F_A\sin 60° = 0 \qquad ①$$

$$F_A \leqslant f_s F_{NA} \qquad ②$$

由①式得

$$\frac{F_A}{F_{NA}} = \frac{\cos 60°}{\sin 60°} = \cot 60° = 0.577 \qquad ③$$

由②式得

$$\frac{F_A}{F_{NA}} \leqslant f_s = 1 \qquad ④$$

比较③式和④式，满足平衡条件，所以系统平衡。

（2）几何法

因为杆 AC 在 C、B 两处的力均垂直于杆，故杆若平衡，A 处的全反力 $\boldsymbol{F}_{RA}$ 必与杆垂直，见图 c），其中 $\boldsymbol{F}_{RA} = \boldsymbol{F}_A + \boldsymbol{F}_{NA}$。由于 $\boldsymbol{F}_{RA}$ 与 $\boldsymbol{F}_{NA}$ 的夹角 $\varphi = 30°$，而 A 处的摩擦角为

$$\varphi_f = \arctan f_s = \arctan 1 = 45°$$

由此可得 $\varphi < \varphi_f$，满足自锁条件，所以系统平衡。

注：若已知条件为摩擦角而非摩擦因数时，尽量应用自锁条件求解摩擦问题。

习　题

4-1-1　如图所示三力矢 $\boldsymbol{F}_1$、$\boldsymbol{F}_2$、$\boldsymbol{F}_3$ 的关系是（　　）。

　　A. $\boldsymbol{F}_1 + \boldsymbol{F}_2 + \boldsymbol{F}_3 = 0$

　　B. $\boldsymbol{F}_3 = \boldsymbol{F}_1 + \boldsymbol{F}_2$

　　C. $\boldsymbol{F}_2 = \boldsymbol{F}_1 + \boldsymbol{F}_3$

　　D. $\boldsymbol{F}_1 = \boldsymbol{F}_2 + \boldsymbol{F}_3$

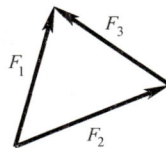

题 4-1-1 图

4-1-2　作用在一个刚体上的两个力 $\boldsymbol{F}_A$、$\boldsymbol{F}_B$，满足 $\boldsymbol{F}_A = -\boldsymbol{F}_B$ 的条件，则该二力可能是（　　）。

　　A. 作用力和反作用力或一对平衡的力

　　B. 一对平衡的力或一个力偶

　　C. 一对平衡的力或一个力和一个力偶

　　D. 作用力和反作用力或一个力偶

4-1-3　两直角刚杆 AC、CB 支承如图所示，在铰 C 处受力 $\boldsymbol{P}$ 作用，则 A、B 两处约束反力与 x 轴正向所

成的夹角 α =（　　　），β =（　　　）。

　　　　　　A. 30°，45°　　　　　　B. 45°，135°　　　　　　C. 90°，30°　　　　　　D. 135°，90°

4-1-4　已知 F_1、F_2、F_3、F_4 为作用于刚体上的平面共点力系，其力矢关系如图所示为平行四边形，由此可知（　　　）。

　　　　A. 力系可合成为一个力偶　　　　　　B. 力系可合成为一个力

　　　　C. 力系简化为一个力和一力偶　　　　D. 力系的合力为零，力系平衡

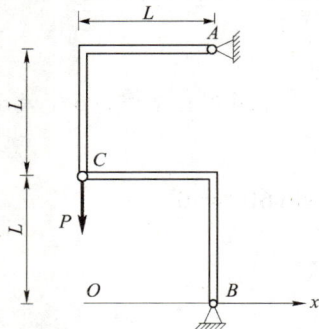

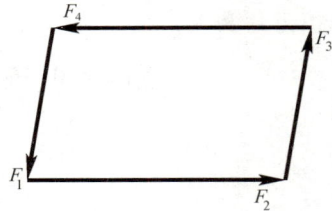

　　　　题 4-1-3 图　　　　　　　　　　　　　　题 4-1-4 图

4-1-5　设力 F 在 x 轴上的投影为 F，则该力在与 x 轴共面的任一轴上的投影（　　　）。

　　　　A. 一定不等于零　　　　　　B. 不一定等于零

　　　　C. 一定等于零　　　　　　　D. 等于 F

4-1-6　如图所示结构受力 P 作用，杆重不计，则 A 支座约束力的大小为（　　　）。

　　　　A. $P/2$　　　　　　　　　　B. $\sqrt{3}P/2$

　　　　C. $P/\sqrt{3}$　　　　　　　D. 0

4-1-7　如图所示一等边三角形板，边长为 a，沿三边分别作用有力 F_1、F_2 和 F_3，且 $F_1 = F_2 + F_3$，则此三角形板处于（　　　）状态。

　　　　A. 平衡　　　　　　　　　　B. 移动

　　　　C. 转动　　　　　　　　　　D. 既移动又转动

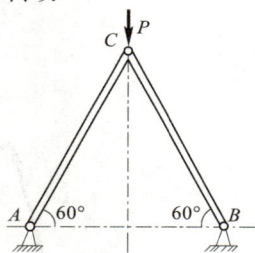

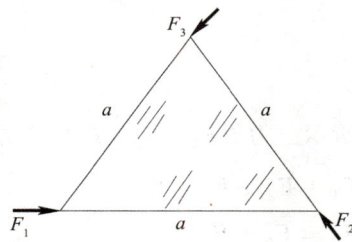

　　　　题 4-1-6 图　　　　　　　　　　　　　　题 4-1-7 图

4-1-8　在如图所示结构中，如果将作用于构件 AC 上的力偶 m 搬移到构件 BC 上，则 A、B、C 三处的反力（　　　）。

　　　　A. 都不变　　　　　　　　　　B. A、B 处反力不变，C 处反力改变

　　　　C. 都改变　　　　　　　　　　D. A、B 处反力改变，C 处反力不变

4-1-9　杆 AF、BE、EF、CD 相互铰接，并支承如图所示，今在 AF 杆上作用一力偶（P、P'），若不计各杆自重，则 A 支座反力的作用线（　　　）。

　　　　A. 过 A 点平行力 P　　　　　　B. 过 A 点平行 BG 连线

C. 沿AG直线   D. 沿AH直线

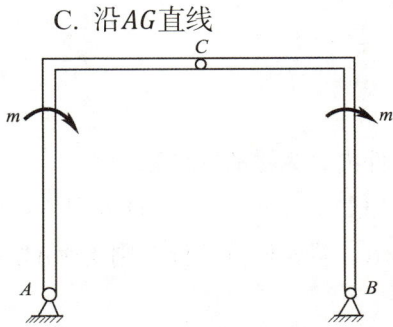

题 4-1-8 图

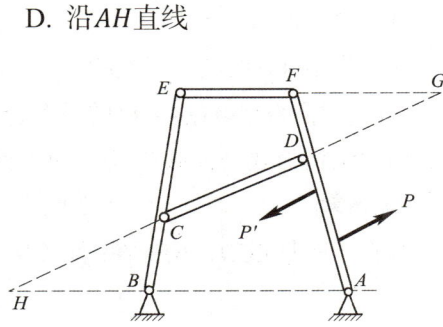

题 4-1-9 图

4-1-10 力F_1，F_2共线且方向相反，大小为$F_1 = 2F_2$，其合力为F_R可表示为（   ）。

    A. $F_R = F_1 - F_2$ B. $F_R = F_2 - F_1$

    C. $F_R = F_1/2$ D. $F_R = F_2$

4-1-11 平面力系向点 1 简化时，主矢$R' = 0$，主矩$M_1 \neq 0$，如将该力系向另一点 2 简化，则（   ）。

    A. $R' \neq 0$，$M_2 \neq 0$ B. $R' \neq 0$，$M_2 \neq M_1$

    C. $R' \neq 0$，$M_2 = M_1$ D. $R' \neq 0$，$M_2 = M_1$

4-1-12 五根等长的细直杆铰接成图所示杆系结构，各杆重量不计，若$P_A = P_C = P$，且垂直BD，则杆BD的内力S_{BD}为（   ）。

    A. $-P$（压）   B. $-\sqrt{3}P$（压）   C. $-\sqrt{3}P/3$（压）   D. $-\sqrt{3}P/2$（压）

4-1-13 在如图所示系统中，绳DE能承受的最大拉力为 10kN，杆重不计，则力P的最大值为（   ）。

    A. 5kN   B. 10kN   C. 15kN   D. 20kN

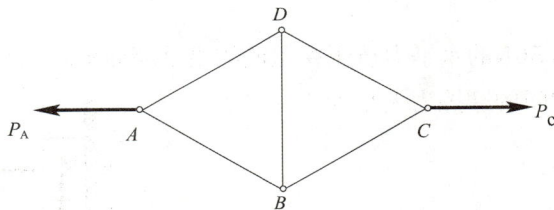

题 4-1-12 图

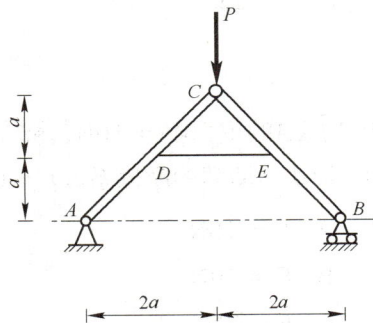

题 4-1-13 图

4-1-14 力系简化时若取不同的简化中心，则（   ）。

    A. 力系的主矢、主矩都会改变

    B. 力系的主矢不会改变，主矩一般会改变

    C. 力系的主矢会改变、主矩一般不改变

    D. 力系的主矢、主矩都不会改变，力系简化时与简化

       中心无关

4-1-15 某平面任意力系向O点简化后，得到如图所示的一个力R和一个力偶矩为M_O的力偶，则该力系的最后合成结果是（   ）。

    A. 作用在O点的一个合力

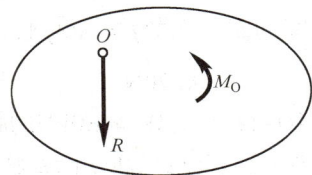

题 4-1-15 图

B. 合力偶

C. 作用在O点左边某点的一个合力

D. 作用在O点右边某点的一个合力

4-1-16 桁架结构形式与荷载$\boldsymbol{F}_P$均已知（见图）。结构中杆件内力为零的杆件数为（　　）。

A. 零根　　　　　　　　B. 2 根　　　　　　　　C. 4 根　　　　　　　　D. 6 根

4-1-17 两直角刚杆ACD，BEC在C处铰接，并支承如图所示。若各杆重不计，则支座A处约束力的方向为（　　）。

A. $\boldsymbol{F}_A$的作用线沿水平方向

B. $\boldsymbol{F}_A$的作用线沿铅垂方向

C. $\boldsymbol{F}_A$的作用线平行于B、C连线

D. $\boldsymbol{F}_A$的作用线方向无法确定

4-1-18 带有不平行两槽的矩形平板上作用一力偶M，如图所示。今在槽内插入两个固定于地面的销钉，若不计摩擦则有（　　）。

A. 平板保持平衡　　　　　　　　　　B. 平板不能平衡

C. 平衡与否不能判断　　　　　　　　D. 上述三种结果都不对

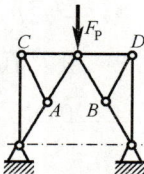

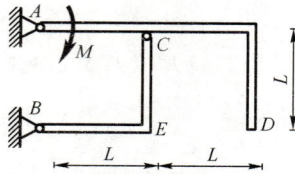

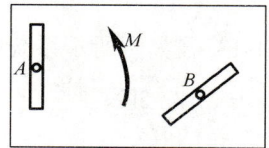

题 4-1-16 图　　　　　　　　题 4-1-17 图　　　　　　　　题 4-1-18 图

4-1-19 物块A的重力$W = 10N$，被大小为$F_P = 50N$的水平力挤压在粗糙的铅垂墙面B上，且处于平衡（见图）。物块与墙间的摩擦系数$f = 0.3$。A与B间的摩擦力大小为（　　）。

A. $F = 15N$

B. $F = 10N$

C. $F = 3N$

D. 只依据所给条件则无法确定

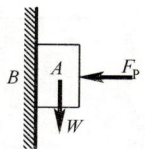

题 4-1-19 图

4-1-20 物块重力的大小为 5kN，与水平面间的摩擦角为$\varphi_m = 35°$，今用与铅垂线成 60°角的力$\boldsymbol{P}$推动物块，如图所示，若$P = 5kN$，则物块将（　　）。

A. 不动　　　　　　　　　　　　　　B. 滑动

C. 处于临界状态　　　　　　　　　　D. 滑动与否无法确定

4-1-21 物块重力的大小为$G = 20N$，用$P = 40N$的力按如图所示方向把物块压在铅直墙上，物块与墙之间的摩擦系数$f = \sqrt{3}/4$，则作用在物块上的摩擦力等于（　　）

A. 20N　　　　　　　　B. 15N　　　　　　　　C. 0　　　　　　　　D. $10\sqrt{3}$N

4-1-22 重力$W = 80kN$的物体自由地放在倾角为 30°的斜面上，如图所示，若物体与斜面间的静摩擦系数$f = \sqrt{3}/4$，动摩擦系数$f' = 0.4$，则作用在物体上的摩擦力的大小为（　　）。

A. 30kN　　　　　　　　B. 40kN　　　　　　　　C. 27.7kN　　　　　　　　D. 0

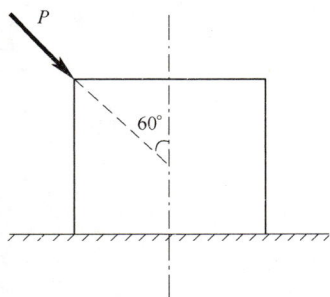

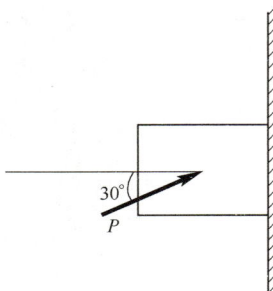

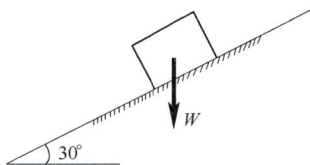

题 4-1-20 图   题 4-1-21 图   题 4-1-22 图

4-1-23 物A重力的大小为 100kN，物B重力的大小为 25kN，A物与地面摩擦系数为 0.2，滑轮处摩擦不计，如图所示，则物体A与地面间的摩擦力为（   ）。

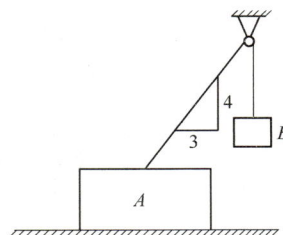

  A. 20kN   B. 16kN

  C. 15kN   D. 12kN

题 4-1-23 图

第二节 运 动 学

  运动学是用几何学的观点来研究物体的运动规律，即物体运动的描述（其在空间的位置随时间变化的规律）、运动的速度和加速度，而不涉及引起物体运动的物理原因。

一、点的运动学

  点的运动学主要研究点相对于某一参考系的运动量随时间的变化规律，包括点的运动方程的建立、运动轨迹的描述、速度和加速度的确定。

（一）描述点的运动的基本方法与基本公式

  描述点的运动常用的基本方法有矢量法、直角坐标法、自然法。现将这三种方法及其应用范围归纳于表 4-2-1 中。

研究点的运动的基本方法   表 4-2-1

方　法	矢　量　法	直角坐标法	自　然　法
特点与用途	简明、直观，常用于理论推导	便于代数及微积分运算，常用于轨迹未知的情况	速度、切向加速度、法向加速度的算式简单、物理意义明确，常用于轨迹已知的情况
参考系			
参考系	以参考体上任一固定点O为参考点	以直角坐标系的三个坐标轴为参考坐标轴	在轨迹上任选一点O为参考点
运动方程	$\boldsymbol{r} = \boldsymbol{r}(t)$	$x = f_1(t)$，$y = f_2(t)$，$z = f_3(t)$	$s = f(t)$
轨迹	矢径r的矢端曲线	从上式中消去时间"t"即可得轨迹方程：$F_1(x, y) = 0$，$F_2(y, z) = 0$	事先已知

用上述三种方法描述的点的速度、加速度的基本公式见表 4-2-2。

速度、加速度计算公式 表 4-2-2

基本方法	速度	加速度分量	全加速度	备注
矢量法	$\boldsymbol{v} = \dfrac{\mathrm{d}\boldsymbol{r}}{\mathrm{d}t} = \dot{\boldsymbol{r}}$		$\boldsymbol{a} = \dfrac{\mathrm{d}\boldsymbol{v}}{\mathrm{d}t} = \dfrac{\mathrm{d}^2\boldsymbol{r}}{\mathrm{d}t^2} = \ddot{\boldsymbol{r}}$	
直角坐标法	$v_x = \dfrac{\mathrm{d}x}{\mathrm{d}t}$, $v_y = \dfrac{\mathrm{d}y}{\mathrm{d}t}$, $v_z = \dfrac{\mathrm{d}z}{\mathrm{d}t}$ $v = \sqrt{v_x^2 + v_y^2 + v_z^2}$ $\cos(\boldsymbol{v}, \boldsymbol{i}) = \dfrac{v_x}{v}$ $\cos(\boldsymbol{v}, \boldsymbol{j}) = \dfrac{v_y}{v}$ $\cos(\boldsymbol{v}, \boldsymbol{k}) = \dfrac{v_z}{v}$	$a_x = \dfrac{\mathrm{d}v_x}{\mathrm{d}t} = \ddot{x}$ $a_y = \dfrac{\mathrm{d}v_y}{\mathrm{d}t} = \ddot{y}$ $a_z = \dfrac{\mathrm{d}v_z}{\mathrm{d}t} = \ddot{z}$	$a = \sqrt{a_x^2 + a_y^2 + a_z^2}$ $\cos(\boldsymbol{a}, \boldsymbol{i}) = \dfrac{a_x}{a}$ $\cos(\boldsymbol{a}, \boldsymbol{j}) = \dfrac{a_y}{a}$ $\cos(\boldsymbol{a}, \boldsymbol{k}) = \dfrac{a_z}{a}$	
自然法	$v = \dfrac{\mathrm{d}s}{\mathrm{d}t} = \dot{s}$ 或 $\boldsymbol{v} = \dot{s}\boldsymbol{\tau}$	$a_\tau = \dfrac{\mathrm{d}v}{\mathrm{d}t} = \ddot{s}$ 沿切线方向 $a_n = \dfrac{v^2}{\rho} = \dfrac{(\dot{s})^2}{\rho}$ 恒指向曲率中心	$a = \sqrt{a_\tau^2 + a_n^2}$, $\tan\beta = \dfrac{|a_\tau|}{a_n}$ β 为 $\boldsymbol{a}$ 与法线轴 n 正向间的夹角	加速度恒指向曲线凹的一侧

（二）三种基本方法之间的相互关系（见表 4-2-3）

三种基本方法之间的相互关系 表 4-2-3

运动方程	速度	加速度
$\boldsymbol{r} = x\boldsymbol{i} + y\boldsymbol{j} + z\boldsymbol{k}$	$\boldsymbol{v} = v_x\boldsymbol{i} + v_y\boldsymbol{j} + v_z\boldsymbol{k} = \dot{s}\boldsymbol{\tau}$ $v = \dot{s} = \sqrt{v_x^2 + v_y^2 + v_z^2}$	$\boldsymbol{a} = a_x\boldsymbol{i} + a_y\boldsymbol{j} + a_z\boldsymbol{k} = \ddot{s}\boldsymbol{\tau} + \dfrac{\dot{s}^2}{\rho}\boldsymbol{n}$ $a = \sqrt{a_x^2 + a_y^2 + a_z^2} = \sqrt{\ddot{s}^2 + \dfrac{\dot{s}^4}{\rho^2}}$

【**例 4-2-1**】 如图所示点 P 沿螺线自外向内运动。它走过的弧长与时间的一次方成正比。关于该点的运动，有以下 4 种答案，请判断哪一个答案是正确的：

A. 速度越来越快　　　　　B. 速度越来越慢

C. 加速度越来越大　　　　D. 加速度越来越小

解 因为运动轨迹的弧长与时间的一次方成正比，所以有

$$s = kt$$

其中 k 为比例常数。对时间求一次导数后得到点的速度

$$v = \dot{s} = k$$

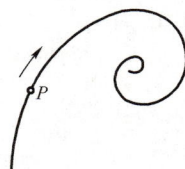
例 4-2-1 图

可见该点做匀速运动。但这只是指速度的大小。由于运动的轨迹为曲线，速度的方向不断改变，所以，还需要作加速度分析。于是，有

$$a_\tau = \frac{\mathrm{d}v}{\mathrm{d}t} = 0, \quad a_n = \frac{v^2}{\rho}$$

总加速度

$$a = \sqrt{a_\tau^2 + a_n^2} = a_n = \frac{v^2}{\rho}$$

当点由外向内运动时，运动轨迹的曲率半径 ρ 逐渐变小，所以加速度 a 越来越大。

答案： C

【**例 4-2-2**】点在铅垂平面 Oxy 内的运动方程为 $\begin{cases} x = v_0 t \\ y = gt^2/2 \end{cases}$，式中，$t$ 为时间，v_0、g 为常数。点的运动轨迹应为：

　　　　A. 直线　　　　　　　　　　　　　B. 圆弧曲线

　　　　C. 抛物线　　　　　　　　　　　　D. 直线与圆连线

解　由第一个方程可得 $t = x/v_0$，将其代入第二个方程，可得抛物线方程 $y = gx^2/(2v_0^2)$。

答案：C

【**例 4-2-3**】点沿直线运动，其速度 $v = 20t + 5$，已知：当 $t = 0$ 时，$x = 5\text{m}$，则点的运动方程为：

　　　　A. $x = 10t^2 + 5t + 5$　　　　　　　B. $x = 20t + 5$

　　　　C. $x = 10t^2 + 5t$　　　　　　　　D. $x = 20t^2 + 5t + 5$

解　因为速度 $v = \dfrac{\mathrm{d}x}{\mathrm{d}t}$，积一次分，即：$\int_5^x \mathrm{d}x = \int_0^t (20t + 5)\mathrm{d}t$，$x - 5 = 10t^2 + 5$。

答案：A

【**例 4-2-4**】已知动点的运动方程为 $x = t$，$y = 2t^2$，则其轨迹方程为：

　　　　A. $x = t^2 - t$　　　　　　　　B. $y = 2t$

　　　　C. $y - 2x^2 = 0$　　　　　　　D. $y + 2x^2 = 0$

解　将运动方程中的参数 t 消去：$t = x$，$y = 2x^2$。

答案：C

【**例 4-2-5**】一炮弹以初速度和仰角 α 射出。对于如图所示直角坐标的运动方程为 $x = v_0 \cos \alpha t$，$y = v_0 \sin \alpha t - gt^2/2$，则当 $t = 0$ 时，炮弹的速度和加速度的大小分别为：

　　　　A. $v = v_0 \cos \alpha$，$a = g$　　　　　B. $v = v_0$，$a = g$

　　　　C. $v = v_0 \sin \alpha$，$a = -g$　　　　D. $v = v_0$，$a = -g$

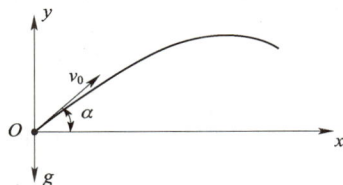

例 4-2-5 图

解　分别对运动方程 x 和 y 求时间 t 的一阶、二阶导数，即：$\dot{x} = v_0 \cos \alpha$，$\dot{y} = v_0 \sin \alpha - gt$；$\ddot{x} = 0$，$\ddot{y} = -g$；当 $t = 0$ 时，速度的大小 $v = \sqrt{\dot{x}^2 + \dot{y}^2} = v_0$，加速度的大小 $a = |\ddot{y}| = g$。

答案：B

【**例 4-2-6**】动点 A 和 B 在同一坐标系中的运动方程分别为 $\begin{cases} x_A = t \\ y_A = 2t^2 \end{cases}$，$\begin{cases} x_B = t^2 \\ y_B = 2t^4 \end{cases}$，其中 x、y 以 cm 计，t 以 s 计，则两点相遇的时刻为：

　　　　A. $t = 1\text{s}$　　　　B. $t = 0.5\text{s}$　　　　C. $2s$　　　　D. $t = 1.5\text{s}$

解　两点相遇时应具有相同的坐标，即 $x_A = x_B$，$y_A = y_B$，根据运动方程有 $t = t^2$，$2t^2 = 2t^4$，解得 $t = 1\text{s}$。

答案：A

【**例 4-2-7**】一动点沿直线轨道按照 $x = 3t^3 + t + 2$ 的规律运动（x 以 m 计，t 以 s 计），则当 $t = 4\text{s}$ 时，动点的位移、速度和加速度分别为：

　　　　A. $x = 54\text{m}$，$v = 145\text{m/s}$，$a = 18\text{m/s}^2$

　　　　B. $x = 198\text{m}$，$v = 145\text{m/s}$，$a = 72\text{m/s}^2$

　　　　C. $x = 198\text{m}$，$v = 49\text{m/s}$，$a = 72\text{m/s}^2$

　　　　D. $x = 192\text{m}$，$v = 145\text{m/s}$，$a = 12\text{m/s}^2$

解　将 x 对时间 t 求一阶导数为速度，即：$v = 9t^2 + 1$；再对时间 t 求一阶导数为加速度，即 $a = $

$18t$，将$t = 4\text{s}$代入，可得：$x = 198\text{m}$，$v = 145\text{m/s}$，$a = 72\text{m/s}^2$。

答案： B

二、刚体的基本运动

刚体的基本运动包括刚体的平行移动和刚体绕定轴转动这两种简单的运动形式。

（一）刚体的平行移动

1. 定义

刚体运动时，其上任意直线始终平行于其初始位置，刚体的这种运动称为平行移动，简称平移。

2. 平移刚体的运动分析

若在平移刚体内任选两点A、B（见图 4-2-1），其矢径分别为$\boldsymbol{r}_A$和$\boldsymbol{r}_B$，则两条矢端曲线就是这两点的轨迹。根据图中的几何关系，有：$\boldsymbol{r}_A = \boldsymbol{r}_B + \boldsymbol{r}_{BA}$，且$\boldsymbol{r}_{BA}$为常矢量，则类似地，有

$$\dot{\boldsymbol{r}}_A = \dot{\boldsymbol{r}}_B，即\boldsymbol{v}_A = \boldsymbol{v}_B \tag{4-2-1}$$

$$\dot{\boldsymbol{v}}_A = \dot{\boldsymbol{v}}_B，即\boldsymbol{a}_A = \boldsymbol{a}_B \tag{4-2-2}$$

式（4-2-1）和式（4-2-2）表明：刚体平移时，其上各点的运动轨迹形状相同；同一瞬时，刚体上各点的速度、加速度均相同。因此平移时，可以用刚体上任一点（如质心）的运动表示刚体的运动。于是，研究平移刚体的运动可归结为研究点的运动。

（二）刚体绕定轴转动

1. 定义

刚体运动时，若其上（或其扩展部分）有一条直线始终保持不动，则称这种运动为绕定轴转动，简称转动。这条固定的直线称为转轴（见图 4-2-2）。轴线上各点的速度和加速度均恒为零，其他各点均围绕轴线做圆周运动。

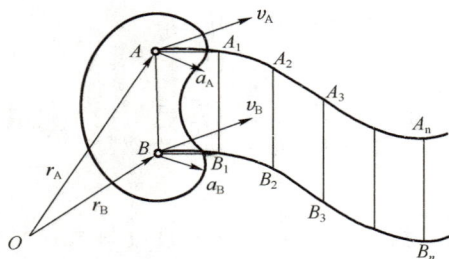

图 4-2-1 平移刚体的运动分析

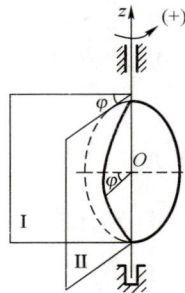

图 4-2-2 刚体绕定轴转动

2. 转动刚体的运动分析

（1）转动方程

如图 4-2-2 所示绕定轴z转动的刚体，设通过转轴z所作的平面 I 固定不动（称为定平面），平面 II 与刚体固连随刚体一起转动（称为动平面）。任一瞬时刚体的位置，可由动平面 II 与定平面 I 的夹角φ确定。角φ称为转角，单位是弧度（rad），为代数量。当刚体转动时，转角φ随时间t变化，它是时间的单值连续函数，即

$$\varphi = f(t) \tag{4-2-3}$$

上式称为刚体的转动方程，它反映了刚体绕定轴转动的规律。

（2）角速度

刚体的转角对时间的一阶导数，称为角速度，用于度量刚体转动的快慢和转动方向，用字母 ω 表示。即

$$\omega = \frac{\mathrm{d}\varphi}{\mathrm{d}t} = \dot{\varphi} \tag{4-2-4}$$

角速度的单位是弧度/秒（rad/s）。在工程中很多情况还用转速 n（转/分）来表示刚体转动的快慢。此时，ω 与 n 之间的换算关系为

$$\omega = \frac{2n\pi}{60} = \frac{n\pi}{30} \tag{4-2-5}$$

（3）角加速度

刚体的角速度对时间的一阶导数，称为角加速度，用于度量角速度的快慢和转动方向，用字母 α 表示。即

$$\alpha = \frac{\mathrm{d}\omega}{\mathrm{d}t} = \dot{\omega} = \ddot{\varphi} \tag{4-2-6}$$

角加速度的单位为弧度/秒^2（rad/s^2）。角速度和角加速度都是描述刚体整体运动的物理量。

3. 定轴转动刚体上各点的速度和加速度

在转动刚体上任取一点 M，设其到转轴 O 的垂直距离为 r 称为转动半径，如图 4-2-3 所示。显然，M 点的运动是以 O 为圆心、r 为半径的圆周运动。若转动刚体的角速度为 ω，角加速度为 α，弧坐标原点为 O'，则当刚体转过角度 φ 时，点 M 的弧坐标为

$$s = r\varphi \tag{4-2-7}$$

点 M 速度的大小为

$$v = \frac{\mathrm{d}s}{\mathrm{d}t} = \frac{\mathrm{d}}{\mathrm{d}t}(r\varphi) = r\frac{\mathrm{d}\varphi}{\mathrm{d}t} = r \cdot \omega \tag{4-2-8}$$

点 M 的切向加速度和法向加速度的大小分别为

$$a_\tau = \frac{\mathrm{d}v}{\mathrm{d}t} = \frac{\mathrm{d}}{\mathrm{d}t}(r\omega) = r\frac{\mathrm{d}\omega}{\mathrm{d}t} = r \cdot \alpha \tag{4-2-9}$$

$$a_n = \frac{v^2}{\rho} = \frac{(r\omega)^2}{\rho} = r \cdot \omega^2 \tag{4-2-10}$$

所以刚体上任一 M 点的加速度大小为

$$\left.\begin{aligned} a &= \sqrt{a_\tau^2 + a_n^2} = r\sqrt{\alpha^2 + \omega^4} \\ \tan\theta &= \frac{|a_\tau|}{a_n} = \frac{|\alpha|}{\omega^2} \end{aligned}\right\} \tag{4-2-11}$$

方向

式中：θ——加速度 $\boldsymbol{a}$ 与法向加速度的夹角。

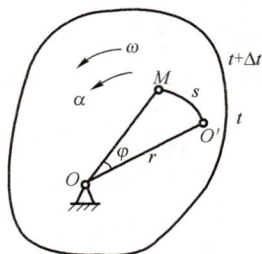

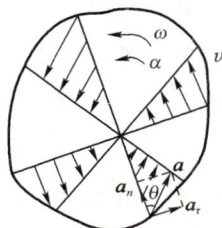

图 4-2-3　转动刚体上 M 点的运动分析　　图 4-2-4　转动刚体上各点速度、加速度分布

由公式（4-2-8）与式（4-2-11）可得以下结论：

①在任意瞬时，转动刚体内各点的速度、切向加速度、法向加速度和全加速度的大小与各点的转动半径成正比。

②在任意瞬时，转动刚体内各点的速度方向与各点的转动半径垂直，各点的全加速度的方向与各点转动半径的夹角全部相同。所以，刚体内任一条通过且垂直于轴的直线上各点的速度和加速度呈线性分布，如图 4-2-4 所示。

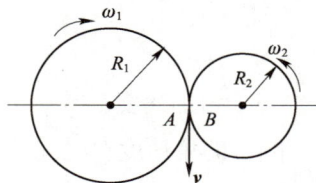

【例 4-2-8】 两摩擦轮如图所示。则两轮的角速度与半径关系的表达式为：

    A. $\omega_1/\omega_2 = R_1/R_2$ B. $\omega_1/\omega_2 = R_2/R_1^2$

    C. $\omega_1/\omega_2 = R_1/R_2^2$ D $\omega_1/\omega_2 = R_2/R_1$

解　两轮啮合点 A、B 的速度相同，且 $v_A = R_1\omega_1 = v_B = R_2\omega_2$，所以有 $\omega_1/\omega_2 = R_2/R_1$。

例 4-2-8 图

答案： D

【例 4-2-9】 一定轴转动刚体，其运动方程为 $\varphi = a - bt^2/2$，其中 a、b 均为常数，则知该刚体作：

    A. 匀加速转动   B. 匀减速转动   C. 匀速转动   D. 减速转动

解　根据角速度和角加速度的定义，$\omega = \dot{\varphi} = -bt$，$\alpha = \dot{\omega} = \ddot{\varphi} = -b$，因为角加速度与角速度同为负号，且为常量，所以刚体作匀加速转动。

答案： A

注：分析此题时很容易因为角加速度为负，错判选项 B 为正确答案。刚体作定轴转动时，只要角速度与角加速度同符号，则刚体加速转动，反之异号时，刚体减速转动。

【例 4-2-10】 杆 $OA = l$，绕固定轴 O 转动，某瞬时杆端 A 点的加速度 a 如图所示，则该瞬时杆 OA 的角速度及角加速度为：

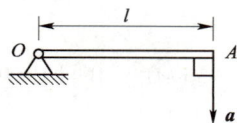

    A. 0，$\dfrac{a}{l}$ B. $\sqrt{\dfrac{a\cos\alpha}{l}}$，$\dfrac{a\sin a}{l}$

    C. $\sqrt{\dfrac{a}{l}}$，0 D. 0，$\sqrt{\dfrac{a}{l}}$

例 4-2-10 图

解　根据定轴转动刚体上一点加速度与转动角速度、角加速度的关系：$a_n = \omega^2 l$，$a_\tau = \alpha l$，而题中 $a_n = 0 = \omega^2 l$，$a_\tau = a = \alpha l$，所以有杆的角速度 $\omega = 0$，角加速度 $\alpha = \dfrac{a}{l}$。

答案： A

【例 4-2-11】 物体作定轴转动的转动方程为 $\varphi = 4t - 3t^2$（φ 以 rad 计，t 以 s 计），则此物体内转动半径 $r = 0.5\text{m}$ 的一点，在 $t = 1\text{s}$ 时的速度和切向加速度的大小分别为：

    A. -2m/s，-20m/s^2 B. -1m/s，-3m/s^2

    C. -2m/s，-8.54m/s^2 D. 0m/s，-20.2m/s^2

解　物体的角速度及角加速度分别为：$\omega = \dot{\varphi} = 4 - 6t\,\text{rad/s}$，$\alpha = \ddot{\varphi} = -6\,\text{rad/s}^2$，则 $t = 1\text{s}$ 时物体内转动半径 $r = 0.5\text{m}$ 点的速度为：$v = \omega r = -1\text{m/s}$，切向加速度为：$a_\tau = a_r = -3\text{m/s}^2$。

答案： B

【例 4-2-12】 滑轮半径 $r = 50\text{mm}$，安装在发动机上旋转，其皮带的运动速度为 20m/s，加速度为 6m/s²。扇叶半径 $R = 75\text{mm}$，如图所示。则扇叶最高点 B 的速度和切向加速度分别为：

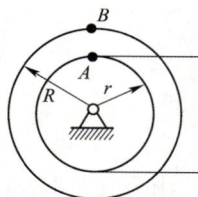

    A. 30m/s，9m/s²   B. 60m/s，9m/s²

例 4-2-12 图

C. 30m/s，6m/s²　　　　　　　　　　D. 60m/s，18m/s²

解　滑轮上A点的速度和切向加速度与皮带相应的速度和加速度相同，根据定轴转动刚体上速度、切向加速度的线性分布规律，可得B点的速度$v_B = 20R/r = 30\text{m/s}$，切向加速度$a_{Bt} = 6R/r = 9\text{m/s}^2$。

答案： A

【例 4-2-13】 一绳缠绕在半径为r的鼓轮上，绳端系一重物M，重物M以速度v和加速度a向下运动（如图所示）。则绳上两点A、D和轮缘上两点B、C的加速度是：

A. A、B两点的加速度相同，C、A两点的加速度相同

B. A、B两点的加速度不相同，C、D两点的加速度不相同

C. A、B两点的加速度相同，C、D两点的加速度不相同

D. A、B两点的加速度相同，C、D两点的加速度相同

解　绳上各点的加速度大小均为a，而轮缘上各点的加速度大小为$\sqrt{a^2 + \left(\dfrac{v^2}{r}\right)^2}$。

答案： B

【例 4-2-14】 图示机构中，三杆长度相同，且$AC /\!/ BD$，则AB杆的运动形式为：

A. 绕点C的定轴转动　　　　　　　　B. 平行移动

C. 绕点O的定轴转动　　　　　　　　D. 圆周运动

解　因为A、B两点的速度方向相同，大小相等，根据刚体作平行移动时的特性，可作判断。

答案： B

【例 4-2-15】 图示机构中，曲柄$OA = r$，以常角速度ω转动。则滑动构件BC的速度、加速度的表达式为：

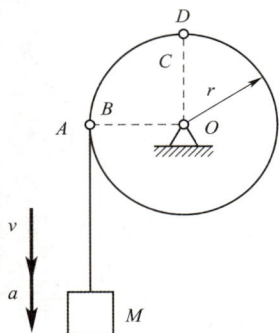

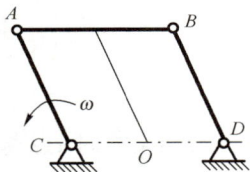

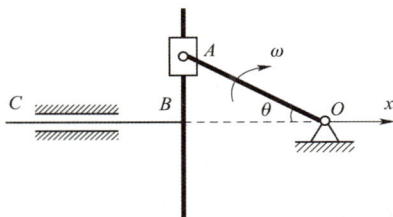

例 4-2-13 图　　　　　　　　　　例 4-2-14 图　　　　　　　　　　例 4-2-15 图

A. $r\omega\sin\omega t$，$r\omega\cos\omega t$　　　　　　　　B. $r\omega\cos\omega t$，$r\omega^2\sin\omega t$

C. $r\sin\omega t$，$r\omega\cos\omega t$　　　　　　　　D. $r\omega\sin\omega t$，$r\omega^2\sin\omega t$

解　构件BC是平行移动刚体，根据其运动特性，构件上各点有相同的速度和加速度，用其上一点B的运动即可描述整个构件的运动，点B的运动方程为：

$$x_B = -r\cos\theta = -r\cos\omega t$$

则其速度为$v_{BC} = \dot{x}_B = r\omega\sin\omega t$，加速度的表达式为$a_{BC} = \ddot{x}_B = r\omega^2\cos\omega t$。

答案： D

习　　题

4-2-1　点M沿半径为R的圆周运动，其速度的大小为$v = kt$，k是有量纲的常数，则点M的全加速度的大小为（　　　）。

A. $(k^2t^2/R) + k^2$ 　　　　　　　　　　B. $[(k^2t^2/R^2) + k^2]^{\frac{1}{2}}$

C. $[(k^4t^4/R^2) + k^2]^{\frac{1}{2}}$ 　　　　　　　D. $[(k^4t^2/R^2) + k^2]^{\frac{1}{2}}$

4-2-2　已知点 P 在 xOy 平面内的运动方程为 $\begin{cases} x = 4\sin\dfrac{\pi}{3}t \\ y = 4\cos\dfrac{\pi}{3}t \end{cases}$ ，则点的运动轨迹为（　　　）。

A. 直线运动　　　　　B. 圆周运动　　　　　C. 椭圆运动　　　　　D. 不能确定

4-2-3　圆轮绕固定轴 O 转动，某瞬时轮缘上一点的速度 v 和加速度 a 如图所示，试问（　　　）情况是不可能的。

A. 图 a）、图 b）的运动是不可能的　　　　　B. 图 a）、图 c）的运动是不可能的

C. 图 b）、图 c）的运动是不可能的　　　　　D. 均不可能

4-2-4　直角刚杆 OAB 在如图所示瞬时有 $\omega = 2\text{rad/s}$，$\alpha = 5\text{rad/s}^2$，若 $OA = 40\text{cm}$，$AB = 30\text{cm}$，则 B 点的速度大小为（　　　）cm/s。

A. 100　　　　　　B. 160　　　　　　C. 200　　　　　　D. 250

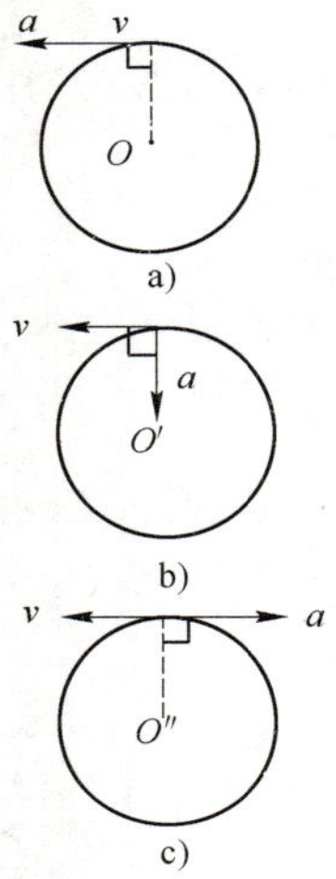

题 4-2-3 图 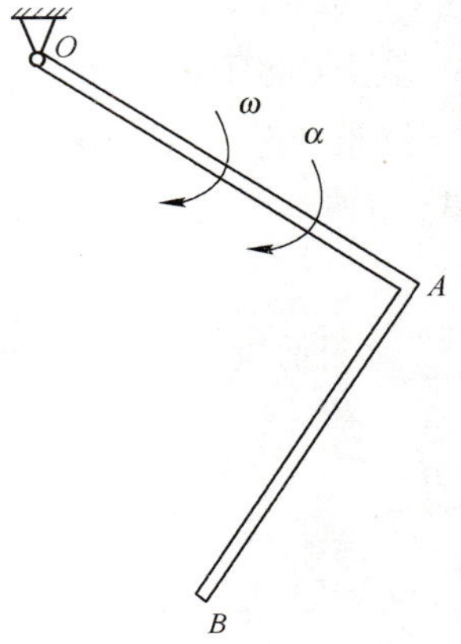　　　　　　　　　　　　　　题 4-2-4 图

4-2-5　直角刚杆 $AO = 2\text{m}$，$BO = 3\text{m}$，已知某瞬时 A 点速度的大小 $v_A = 6\text{m/s}$，而 B 点的加速度与 BO 成 $\theta = 60°$ 角，如图所示，则该瞬时刚杆的角加速度 α 为（　　　）rad/s^2。

A. 3　　　　　　B. $\sqrt{3}$　　　　　　C. $5\sqrt{3}$　　　　　　D. $9\sqrt{3}$

4-2-6　直角刚杆 OAB 可绕固定轴 O 在图示平面内转动，已知 $OA = 40\text{cm}$，$AB = 30\text{cm}$，$\omega = 2\text{rad/s}$，$\alpha = 1\text{rad/s}^2$，则如图所示瞬时，B 点加速度在 y 方向的投影为（　　　）cm/s^2。

A. 40　　　　　　B. 200　　　　　　C. 50　　　　　　D. -200

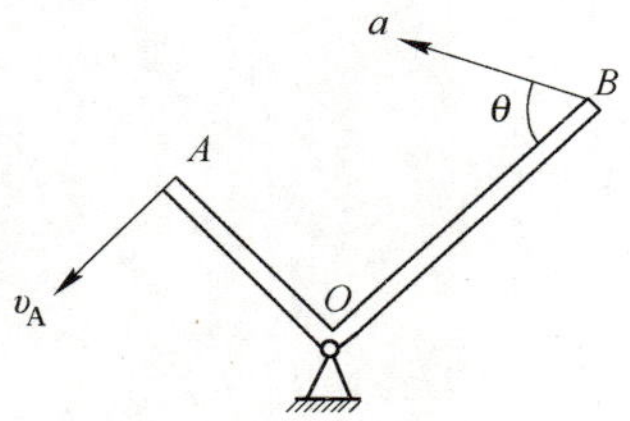

题 4-2-5 图 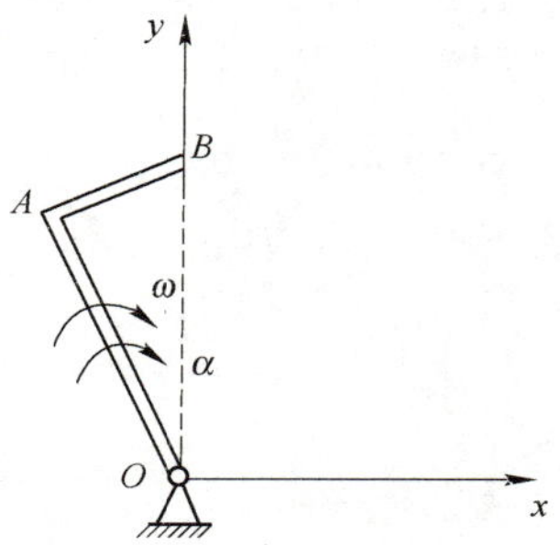　　　　　　　　题 4-2-6 图 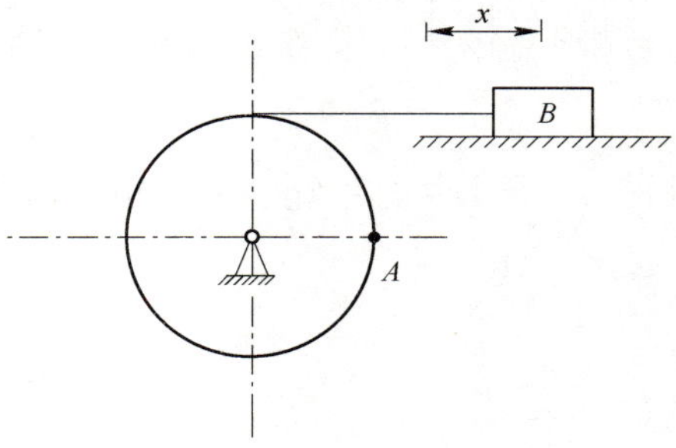　　　　　　　　题 4-2-7 图

4-2-7　绳子的一端绕在滑轮上，另一端与置于水平面上的物块 B 相连，如图所示，若物 B 的运动方

程为 $x = kt^2$，其中 k 为常数，轮子半径为 R，则轮缘上 A 点的加速度的大小为（　　　）。

A. $2k$

B. $(4k^2t^2/R)^{\frac{1}{2}}$

C. $(4k^2 + 16k^4t^4/R^2)^{\frac{1}{2}}$

D. $2k + 4k^2t^2/R$

4-2-8　圆盘某瞬时以角速度 ω，角加速度 α 绕 O 轴转动，其上 A、B 两点的加速度分别为 $\boldsymbol{a}_A$ 和 $\boldsymbol{a}_B$，与半径的夹角分别为 θ 和 φ，如图所示，若 $OA = R$，$OB = R/2$，则（　　　）。

A. $a_A = a_B$，$\theta = \varphi$

B. $a_A = a_B$，$\theta = 2\varphi$

C. $a_A = 2a_B$，$\theta = \varphi$

D. $a_A = 2a_B$，$\theta = 2\varphi$

4-2-9　两个相啮合的齿轮，A、B 分别为齿轮 O_1、O_2 上的啮合点（见图），则 A、B 两点的加速度关系是（　　　）。

A. $a_{A\tau} = a_{B\tau}$，$a_{An} = a_{Bn}$

B. $a_{A\tau} = a_{B\tau}$，$a_{An} \neq a_{Bn}$

C. $a_{A\tau} \neq a_{B\tau}$，$a_{An} = a_{Bn}$

D. $a_{A\tau} \neq a_{B\tau}$，$a_{An} \neq a_{Bn}$

| 题 4-2-8 图 | 题 4-2-9 图 | 题 4-2-10 图 |

4-2-10　单摆由长 l 的摆杆与摆锤 A 组成（见图），其运动规律 $\varphi = \varphi_0 \sin \omega t$。锤 A 在 $t = \dfrac{\pi}{4\omega}$ s 时的速度、切向加速度与法向加速度在自然坐标系中的投影分别为（　　　）。

A. $v = \frac{1}{2}l\varphi_0\omega$，$a_\tau = -\frac{1}{2}l\varphi_0\omega^2$，$a = \frac{\sqrt{2}}{2}l\varphi_0^2\omega^2$

B. $v = \frac{1}{2}l\varphi_0\omega$，$a_\tau = \frac{1}{2}l\varphi_0\omega^2$，$a = -\frac{\sqrt{2}}{2}l\varphi_0^2\omega^2$

C. $v = \frac{\sqrt{2}}{2}l\varphi_0\omega$，$a_\tau = -\frac{\sqrt{2}}{2}l\varphi_0\omega^2$，$a = \frac{1}{2}l\varphi_0^2\omega^2$

D. $v = \frac{\sqrt{2}}{2}l\varphi_0\omega$，$a_\tau = \frac{\sqrt{2}}{2}l\varphi_0\omega^2$，$a = -\frac{1}{2}l\varphi_0^2\omega^2$

4-2-11　每段长度相等的直角折杆在图示的平面内绕 O 轴转动，角速度 ω 为顺时针转向，M 点的速度方向应是图中的（　　　）。

A.　　　　B.　　　　C.　　　　D.

第三节　动　力　学

动力学所研究的是物体的运动与其所受力之间的关系。

一、动力学基本定律及质点运动微分方程

（一）动力学基本定律

动力学的全部理论都是建立在动力学基本定律基础之上的。而动力学基本定律就是牛顿运动定律，或曰牛顿三定律。其中最重要的是牛顿第二定律，即质量为 m 的质点在合力 $\boldsymbol{F}_R$ 的作用下所产生的加速度 $\boldsymbol{a}$ 满足下列关系式

$$\boldsymbol{F}_R = m\boldsymbol{a} \tag{4-3-1}$$

式（4-3-1）称为动力学基本方程。

（二）质点运动微分方程

若将式（4-3-1）中的加速度表示为矢径对时间的二阶导数，便得质点运动微分方程为

$$m\frac{\mathrm{d}^2\boldsymbol{r}}{\mathrm{d}t^2} = \boldsymbol{F}_R \quad 或 \quad m\ddot{\boldsymbol{r}} = \boldsymbol{F}_R \tag{4-3-2}$$

将式（4-3-2）投影到固定的直角坐标轴上，得到直角坐标形式的质点运动微分方程为

$$m\ddot{x} = F_{Rx}, \ m\ddot{y} = F_{Ry}, \ m\ddot{z} = F_{Rz} \tag{4-3-3}$$

将式（4-3-2）投影到质点轨迹的自然轴系上，得到质点自然形式的运动微分方程为

$$m\ddot{s} = F_{R\tau}, \ m\frac{\dot{s}^2}{\rho} = F_{Rn}, \ 0 = F_{Rb} \tag{4-3-4}$$

应用式（4-3-3）和式（4-3-4）可求解质点动力学的两类问题。第一类问题是：已知质点的运动，求作用于该质点的力；第二类问题是：已知作用于质点的力，求该质点的运动。由式（4-3-2）可知，第一类问题只需进行微分运算，而第二类问题则需要解微分方程（进行积分运算），借已知的运动初始条件确定积分常数后，才能完全确定质点的运动。

【例 4-3-1】 设物块 A 为质点，其重力大小 $W = 10$N，静止在一个可绕 y 轴转动的平面上，如图所示。绳长 $l = 2$m，取重力加速度 $g = 10$m/s^2。当平面与物块以常角速度 2rad/s 转动时，则绳中的张力是：

A. 11N　　　　　　B. 8.66N　　　　　　C. 5.00N　　　　　　D. 9.51N

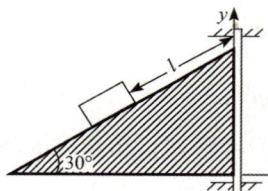
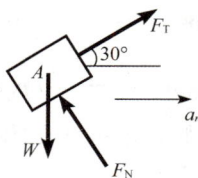

例 4-3-1 图　　　　　　　　　　　　　例 4-3-1 解图

解 物块围绕 y 轴做匀速圆周运动，其加速度为指向 y 轴的法向加速度 a_n，其运动及受力分析如解图所示。

根据质点运动微分方程 $m\boldsymbol{a} = \boldsymbol{F}$，将方程沿着斜面方向投影有：

$$\frac{W}{g}a_n\cos 30° = F_T - W\sin 30°$$

将 $a_n = \omega^2 l\cos 30°$ 代入，解得：$F_T = 6 + 5 = 11$N。

答案： A

【例 4-3-2】 放在弹簧平台上的物块 A，重力为 $\boldsymbol{W}$，做上下往复运动，当经过图示位置的 1、0、2 时（0 为静平衡位置），平台对 A 的约束力分别为 $\boldsymbol{P}_1$、$\boldsymbol{P}_2$、$\boldsymbol{P}_3$，它们之间的大小关系为：

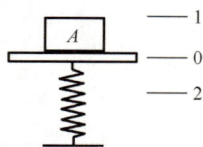

例 4-3-2 图

A. $P_1=P_2=W=P_3$ B. $P_1>P_2=W>P_3$

C. $P_1<P_2=W<P_3$ D. $P_1<P_3=W>P_2$

解 物块A在位置 1 时，其加速度向下，应用牛顿第二定律，$Wa/g = W - P_1$，则$P_1 = W(1 - a/g)$；而在静平衡位置 0 时，物块A的加速度为零，即$P_2 = W$；同理，物块A在位置 2 时，其加速度向上，故$P_3 = W(1 + a/g)$。

答案： C

【例 4-3-3】 质量为m的物块A，置于与水平面成θ角的斜面B上，如图 a）所示，A与B间的摩擦系数为f，为保持A与B一起以加速度$\boldsymbol{a}$水平向右运动，则所需的加速度$\boldsymbol{a}$最大是：

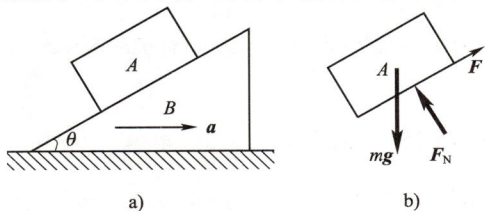

例 4-3-3 图

A. $a = \dfrac{g(f\cos\theta + \sin\theta)}{\cos\theta + f\sin\theta}$ B. $a = \dfrac{gf\cos\theta}{\cos\theta + f\sin\theta}$

C. $a = \dfrac{g(f\cos\theta - \sin\theta)}{\cos\theta + f\sin\theta}$ D. $a = \dfrac{gf\sin\theta}{\cos\theta + f\sin\theta}$

解 物块A的受力如图 b）所示，应用牛顿第二定律，沿斜面方向有：$ma\cos\theta = F - mg\sin\theta$，垂直于斜面方向有：$ma\sin\theta = mg\cos\theta - F_{\mathrm{N}}$；所以当摩擦力$F = ma\cos\theta + mg\sin\theta \leqslant F_{\mathrm{N}}f$时可保证$A$与$B$一起以加速度$a$水平向右运动。式中$F_{\mathrm{N}} = mg\cos\theta - ma\sin\theta$，代入后可求：$a \leqslant \dfrac{g(f\cos\theta - \sin\theta)}{\cos\theta + f\sin\theta}$。

答案： C

【例 4-3-4】 质量为m的物体M在地面附近自由降落，它所受的空气阻力的大小为$F_{\mathrm{R}} = Kv^2$，其中K为阻力系数，v为物体速度，该物体所能达到的最大速度为：

     A. $v = \sqrt{mg/K}$ B. $v = \sqrt{mgK}$ C. $v = \sqrt{g/K}$ D. $v = \sqrt{gK}$

解 按照牛顿第二定律，在铅垂方向有$ma = F_{\mathrm{R}} - mg = Kv^2 - mg$，当$a = 0$（速度$v$的导数为零）时有速度最大，为$v = \sqrt{mg/K}$。

答案： A

二、动力学普遍定理

由有限个或无限个质点通过约束联系在一起的系统，称为质点系。工程实际中的机械和结构物以及刚体均为质点系。对于质点系，没有必要研究其中每个质点的运动。

动力学普遍定理（包括动量定理、动量矩定理、动能定理）建立了表明质点系整体运动的物理量（如动量、动量矩、动能）与表明力作用效果的量（如冲量、力、力矩、力的功）之间的关系。应用动力学普遍定理能够有效地解决质点系的动力学问题。

（一）动力学普遍定理中各物理量的概念及定义

1. 质心

质心为质点系的质量中心，其位置可通过下列公式确定

$$x_{\mathrm{C}} = \frac{\sum m_i x_i}{\sum m_i} = \frac{\sum m_i x_i}{m}, \quad y_{\mathrm{C}} = \frac{\sum m_i y_i}{\sum m_i} = \frac{\sum m_i y_i}{m}, \quad z_{\mathrm{C}} = \frac{\sum m_i z_i}{\sum m_i} = \frac{\sum m_i z_i}{m} \tag{4-3-5}$$

若令质点系质心的矢径为 $r_C = x_C\boldsymbol{i} + y_C\boldsymbol{j} + z_C\boldsymbol{k}$，第 i 个质点的矢径为 $r_i = x_i\boldsymbol{i} + y_i\boldsymbol{j} + z_i\boldsymbol{k}$；则质点系质心坐标的公式还可表示为

$$r_C = \frac{\sum m_i r_i}{\sum m_i} = \frac{\sum m_i r_i}{m} \qquad (4-3-6)$$

2. 转动惯量

转动惯量的定义、计算公式及常用简单形体的转动惯量见表 4-3-1 及表 4-3-2。

转动惯量的定义及计算公式   表 4-3-1

名称	定 义	计 算 公 式
转动惯量	刚体内各质点的质量与质点到轴的垂直距离平方的乘积之和，是刚体转动惯性的度量	$J_z = \sum_{i=1}^{n} m_i r_i^2$
	刚体的质量与回转半径平方的乘积	$J_z = m\rho_z^2$
平行移轴定理	刚体对任一轴的转动惯量等于其对通过质心并与该轴平行的轴的转动惯量，加上刚体质量与两轴间距离平方的乘积	$J_z = J_{Cz} + md^2$

常用简单均质物体的转动惯量及回转半径   表 4-3-2

物体形状	简 图	转 动 惯 量	回 转 半 径
细直杆		$J_y = \frac{1}{12}ml^2$	$\rho_y = \frac{1}{\sqrt{12}}l$
细圆环		$J_x = J_y = \frac{1}{2}mr^2$ $J_z = J_O = mr^2$	$\rho_x = \rho_y = \frac{1}{\sqrt{2}}r$ $\rho_z = r$
薄圆盘		$J_x = J_y = \frac{1}{4}mr^2$ $J_z = J_O = \frac{1}{2}mr^2$	$\rho_x = \rho_y = \frac{1}{2}r$ $\rho_z = \frac{1}{\sqrt{2}}r$

3. 其他基本物理量

动力学普遍定理中各基本物理量（如动量、动量矩、动能、冲量、功、势能等）的概念、定义及表达式见表 4-3-3。

动力学普遍定理中各物理量的概念、定义及表达式   表 4-3-3

物 理 量	概念及定义	表 达 式		量纲及单位
		质 点	质 点 系	
动量	物体的质量与其速度的乘积，是物体机械运动强弱的一种度量	$m\boldsymbol{v}$	$\boldsymbol{p} = \sum m_i \boldsymbol{v}_i = m\boldsymbol{v}_C$	$[M][L][T]^{-1}$ kg·m/s
冲量	力与其作用时间的乘积，用以度量作用于物体的力在一段时间内对其运动所产生的累计效应	$\boldsymbol{I} = \int_{t_1}^{t_2} \boldsymbol{F}\,\mathrm{d}t$	$\boldsymbol{I} = \sum \int_{t_1}^{t_2} \boldsymbol{F}_i\,\mathrm{d}t = \sum \boldsymbol{I}_i$	$[M][L][T]^{-1}$ kg·m/s

物 理 量		概 念 及 定 义	表 达 式		量纲及单位
			质　点	质点系	
动量矩	质点	质点的动量对任选固定点O之矩，用以度量质点绕该点运动的强弱	$M_O(mv) = r \times mv$ $[M_O(mv)]_z = M_z(mv)$		$[M][L]^2[T]^{-1}$ kg·m²/s 或 N·m·s
	质系	质点系中所有各质点的动量对于任选固定点O之矩的矢量和	$L_O = \sum M_O(m_i v_i) = \sum r_i \times m_i v_i$		
	平移刚体	刚体的动量对于任选固定点O之矩	$L_O = M_O(m v_C) = r_C \times m v_C$		
	转动刚体	刚体的转动惯量与角速度的乘积	$L_z = J_z \omega$		
动能	质点	质点的质量与速度平方的乘积之半，是由于物体的运动而具有的能量	$T = \dfrac{1}{2} m v^2$		$[M][L]^2[T]^{-2}$ J 或 N·m 或 kg·m²/s²
	质系	质点系中所有各质点动能之和	$T = \sum \dfrac{1}{2} m_i v_i^2$		
	平移刚体	刚体的质量与质心速度的平方之半	$T = \dfrac{1}{2} m v_C^2$		
	转动刚体	刚体的转动惯量与角速度的平方之半	$T = \dfrac{1}{2} J_z \cdot \omega^2$		
	平面运动刚体	随质心平移的动能与绕质心转动的动能之和	$T = \dfrac{1}{2} m v_C^2 + \dfrac{1}{2} J_C \omega^2$		
功		力在其作用点的运动路程中对物体作用的累积效应，功是能量变化的度量	$W_{12} = \displaystyle\int_{M_1}^{M_2} F \cdot dr$ $= \displaystyle\int_{M_1}^{M_2} \left(F_x dx + F_y dy + F_z dz \right)$		$[M][L]^2[T]^{-2}$ J 或 N·m 或 kg·m²/s²
		重力的功只与质点起、止位置有关	$W_{12} = mg(z_1 - z_2)$		
		弹性力的功只与质点起、止位置的变形量有关	$W_{12} = \dfrac{k}{2}(\delta_1^2 - \delta_2^2)$		
		定轴转动刚体上作用力的功 若$m_z(F) =$常量,则表达式表示如右栏	$W_{12} = \displaystyle\int_{\varphi_1}^{\varphi_2} m_z(F) d\varphi$ $W_{12} = m_z(F)(\varphi_2 - \varphi_1)$		
势能		质点从某位置至零势点有势力所做的功	$V = \displaystyle\int_M^{M_0} F \cdot dr$		$[M][L]^2[T]^{-2}$ J 或 N·m 或 kg·m²/s²
		重力势能：空间直角坐标系原点为零势点	$V = mg z_C$		
		弹性势能：弹簧原长为零势点	$V = \dfrac{1}{2} k \delta^2$		

（二）动力学三大普遍定理

动力学普遍定理（包括动量定理、质心运动定理，对固定点和相对质心的动量矩定理、动能定理）及相应的守恒定理的表达式及适用范围见表 4-3-4。

动力学普遍定理的表达式及适用范围 | 表 4-3-4

定理		表 达 式		守 恒 情 况	说 明
动量定理	质点	$\dfrac{\mathrm{d}}{\mathrm{d}t}(m\boldsymbol{v}) = \boldsymbol{F}$		若 $\sum \boldsymbol{F}^{(\mathrm{e})} = 0$，则 $\boldsymbol{p}$ = 恒量 若 $\sum F_x^{(\mathrm{e})} = 0$，则 $\boldsymbol{p}_x$ = 恒量	主要阐明了刚体作平动或质系随质心平动部分的运动规律，常用于研究平动部分、质心的运动及约束力的求解
	质系	$\dfrac{\mathrm{d}}{\mathrm{d}t}\boldsymbol{p} = \sum \boldsymbol{F}^{(\mathrm{e})}$		若 $\sum \boldsymbol{F}^{(\mathrm{e})} = 0$，则 $\boldsymbol{v}_{\mathrm{C}}$ = 恒量；当 $\boldsymbol{v}_{\mathrm{C0}} = 0$ 时，$\boldsymbol{r}_{\mathrm{C}}$ = 恒量，即质心位置不变	
	质心运动定理	$m\boldsymbol{a}_{\mathrm{C}} = \sum \boldsymbol{F}^{(\mathrm{e})}$		若 $\sum F_x^{(\mathrm{e})} = 0$，则 $v_{\mathrm{C}x}$ = 恒量；当 $v_{\mathrm{C}x0} = 0$ 时，x_{C} = 恒量，即质心 x 坐标不变	
动量矩定理	质点	$\dfrac{\mathrm{d}}{\mathrm{d}t}\boldsymbol{M}_{\mathrm{O}}(m\boldsymbol{v}) = \boldsymbol{M}_{\mathrm{O}}(\boldsymbol{F})$ $\dfrac{\mathrm{d}}{\mathrm{d}t}M_z(m\boldsymbol{v}) = M_z(\boldsymbol{F})$		若 $\boldsymbol{M}_{\mathrm{O}}(\boldsymbol{F}) = 0$，则 $\boldsymbol{M}_{\mathrm{O}}(m\boldsymbol{v})$ = 恒量 若 $M_z(\boldsymbol{F}) = 0$，则 $M_z(m\boldsymbol{v})$ = 恒量	主要阐明了刚体作定轴转动或质系绕质心转动部分的运动规律，常用于研究定轴转动及绕质心转动部分的运动
	质系	$\dfrac{\mathrm{d}\boldsymbol{L}_{\mathrm{O}}}{\mathrm{d}t} = \boldsymbol{M}_{\mathrm{O}}^{(\mathrm{e})} = \sum \boldsymbol{M}_{\mathrm{O}}(\boldsymbol{F}^{(\mathrm{e})})$ $\dfrac{\mathrm{d}L_z}{\mathrm{d}t} = M_z^{(\mathrm{e})} = \sum M_z(\boldsymbol{F}^{(\mathrm{e})})$ 注：矩心 O 可以是任意固定点，亦可是质心		若 $\sum \boldsymbol{M}_{\mathrm{O}}(\boldsymbol{F}^{\mathrm{e}}) = 0$，则 $\boldsymbol{L}_{\mathrm{O}}$ = 恒量 若 $\sum M_z(\boldsymbol{F}^{(\mathrm{e})}) = 0$，则 L_z = 恒量	
	定轴转动刚体	$J_z\alpha = \sum M_z(\boldsymbol{F}^{(\mathrm{e})})$		若 $\sum M_z(\boldsymbol{F}^{(\mathrm{e})}) = 0$，则 $\alpha = 0$，ω = 恒量，刚体绕 z 轴作匀角速度转动	
	平面运动刚体	$m\boldsymbol{a}_{\mathrm{C}} = \sum \boldsymbol{F}^{(\mathrm{e})}$ $J_{\mathrm{C}}\alpha = \sum M_{\mathrm{C}}(\boldsymbol{F}^{(\mathrm{e})})$		若 $\sum M_z(\boldsymbol{F}^{(\mathrm{e})})$ = 恒量，则 α = 恒量，刚体绕 z 轴作匀变速度转动	
动能定理		微分形式	积分形式	若质点或质系只在有势力作用下运动，则机械能守恒 $E = T + V$ = 常值	由于能量的概念更为广泛，所以此定理能阐明平动、转动、平面运动等运动规律，故常用于解各物体有关的运动量（$\boldsymbol{v}$、$\boldsymbol{a}$、ω、α）
	质点	$\mathrm{d}\left(\dfrac{1}{2}mv^2\right) = \delta W$	$\dfrac{1}{2}mv_2^2 - \dfrac{1}{2}mv_1^2 = W_{12}$		
	质系	$\mathrm{d}T = \sum \delta W_i$	$T_2 - T_1 = \sum W_{12i}$		

【例 4-3-5】 如图所示丁字杆 $OABD$ 的 OA 及 BD 段质量均为 m，且 $AD = AB = OA/2 = l/2$，已知丁字杆在图示位置的角速度为 ω，求此瞬时丁字杆的动量，对 O 轴的动量矩及动能。

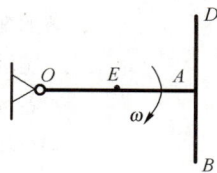
例 4-3-5 图

解 丁字杆作定轴转动，按照定义可求如下物理量。

（1）动量

根据公式 $\boldsymbol{p} = \sum m_i \boldsymbol{v}_i = \sum \boldsymbol{p}_i = m\boldsymbol{v}_{\mathrm{C}}$，可将丁字杆分为 OA 和 BD 两部分，则整体的动量大小为

$$p = p_{OA} + p_{BD} = mv_{\mathrm{E}} + mv_{\mathrm{A}} = m\frac{l}{2}\omega + ml\omega = \frac{3}{2}ml\omega \quad （方向铅垂向下）$$

亦可求出丁字杆质心 C 的位置，即

$$x_{\mathrm{C}} = \frac{m\dfrac{l}{2} + ml}{2m} = \frac{3}{4}l$$

丁字杆的动量为

$$p = 2mv_C = 2m \cdot \frac{3}{4}l\omega = \frac{3}{2}ml\omega$$

（2）对O轴的动量矩

$$L_O = J_O\omega$$

其中转动惯量J_O为

$$J_O = \frac{1}{3}ml^2 + \frac{1}{12}ml^2 + ml^2 = \frac{17}{12}ml^2$$

所以对O轴的动量矩为

$$L_O = \frac{17}{12}ml^2\omega$$

（3）动能

$$T = \frac{1}{2}J_O\omega^2 = \frac{17}{24}ml^2\omega^2$$

注：求解刚体的动量时，主要是求出刚体质心的速度；而求解刚体的动量矩和动能时，则首先需要判断刚体的运动形式，再应用相应的公式求解。

【例 4-3-6】 图示均质圆轮，质量m，半径R，由挂在绳上的重力大小为W的物块使其绕O运动。设物块速度为v，不计绳重，则系统动量、动能的大小为：

A. $\frac{W}{g} \cdot v$；$\frac{1}{2} \cdot \frac{v^2}{g}\left(\frac{1}{2}mg + W\right)$

B. mv；$\frac{1}{2} \cdot \frac{v^2}{g}\left(\frac{1}{2}mg + W\right)$

C. $\frac{W}{g} \cdot v + mv$；$\frac{1}{2} \cdot \frac{v^2}{g}\left(\frac{1}{2}mg - W\right)$

D. $\frac{W}{g} \cdot v - mv$；$\frac{W}{g} \cdot v + mv$

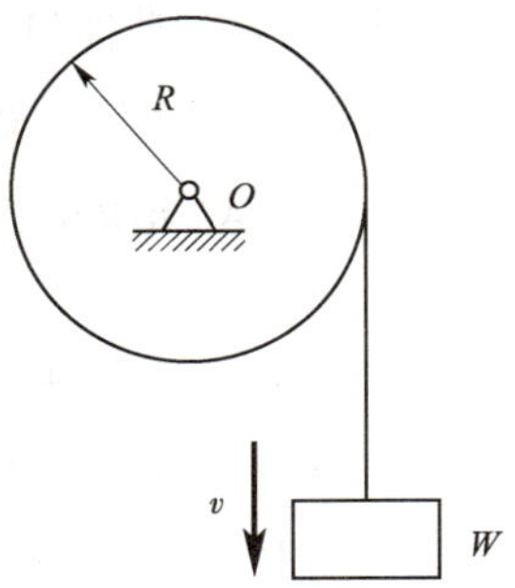

例 4-3-6 图

解　根据动量的公式：$p = mv_C$，则圆轮质心速度为零而动量为零，故系统的动量只有物块的$\frac{W}{g} \cdot v$。

又根据动能的公式：圆轮的动能为$\frac{1}{2} \cdot \frac{1}{2}mR^2\omega^2 = \frac{1}{4}mR^2\left(\frac{v}{R}\right)^2 = \frac{1}{4}mv^2$，物块的动能为$\frac{1}{2} \cdot \frac{W}{g}v^2$，二者相加为$\frac{1}{2} \cdot \frac{v^2}{g}\left(\frac{1}{2}mg + W\right)$。

答案： A

【例 4-3-7】 A块与B块叠放如图所示，各接触面处均考虑摩擦。当B块受力F作用沿水平面运动时A块仍静止于B块上，于是：

A. 各接触面处的摩擦力均做负功

B. 各接触面处的摩擦力均做正功

C. A块上的摩擦力做正功

D. B块上的摩擦力做正功

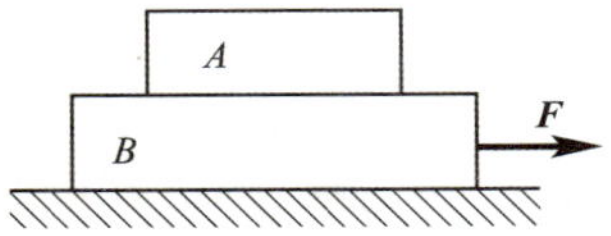

例 4-3-7 图

解　作用在物块B上下两面的摩擦力均水平向左，而物块B向右运动，其摩擦力做负功；而作用在物块A上的摩擦力水平向右，使其向右运动，做正功。

答案： C

【例 4-3-8】 质量m_1与半径r均相同的三个均质滑轮，在绳端作用有力或挂有重物，如图所示。已知均质滑轮的质量为$m_1 = 2\text{kN} \cdot \text{s}^2/\text{m}$，重物的质量分别为$m_2 = 0.2\text{kN} \cdot \text{s}^2/\text{m}$，$m_3 = 0.1\text{kN} \cdot \text{s}^2/\text{m}$，重力加速度按$g = 10\text{m/s}^2$计算，则各轮转动的角加速度$\alpha$间的关系是：

A. $\alpha_1 = \alpha_3 > \alpha_2$ 　　　　　　　　　　B. $\alpha_1 < \alpha_2 < \alpha_3$

C. $\alpha_1 > \alpha_3 > \alpha_2$ D. $\alpha_1 \neq \alpha_2 = \alpha_3$

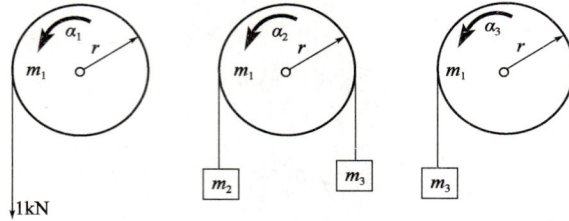

例 4-3-8 图

解 根据动量矩定理：$J\alpha_1 = 1 \times r$（J 为滑轮的转动惯量）；$J\alpha_2 + m_2 r^2 \alpha_2 + m_3 r^2 \alpha_2 = (m_2 g - m_3 g)r = 1 \times r$；$J\alpha_3 + m_3 r^2 \alpha_3 = m_3 g r = 1 \times r$，则

$$\alpha_1 = \frac{1 \times r}{J}; \quad \alpha_2 = \frac{1 \times r}{J + m_2 r^2 + m_3 r^2}; \quad \alpha_3 = \frac{1 \times r}{J + m_3 r^2}$$

答案： C

【例 4-3-9】 如图所示圆环以角速度 ω 绕铅直轴 AC 自由转动，圆环的半径为 R，对转轴 z 的转动惯量为 I。在圆环中的 A 点放一质量为 m 的小球，设由于微小的干扰，小球离开 A 点。忽略一切摩擦，则当小球达到 B 点时，圆环的角速度为：

A. $mR^2\omega/(I + mR^2)$ B. $I\omega/(I + mR^2)$

C. ω D. $2I\omega/(I + mR^2)$

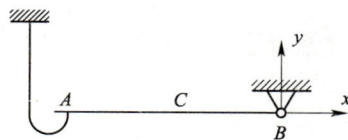

例 4-3-9 图

解 系统在转动中对转动轴 z 的动量矩守恒，即：$I\omega = (I + mR^2)\omega_t$（设 ω_t 为小球达到 B 点时圆环的角速度），则 $\omega_t = I\omega/(I + mR^2)$。

答案： B

【例 4-3-10】 质量为 m，长为 $2l$ 的均质细杆初始位于水平位置，如图 a）所示。A 端脱落后，杆绕轴 B 转动，当杆转到铅垂位置时，AB 杆 B 处的约束力大小为：

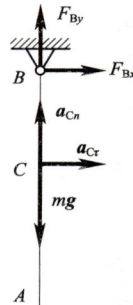

例 4-3-10 图

A. $F_{Bx} = 0$；$F_{By} = 0$ B. $F_{Bx} = 0$；$F_{By} = mg/4$

C. $F_{Bx} = l$；$F_{By} = mg$ D. $F_{Bx} = 0$；$F_{By} = 5mg/2$

解 根据动能定理，当杆从水平位置转动到铅垂位置时（图 b）

初动能 $T_1 = 0$；末动能 $T_2 = \frac{1}{2}J_B\omega^2 = \frac{1}{2} \cdot \frac{1}{3}m(2l)^2\omega^2 = \frac{2}{3}ml^2\omega^2$

重力的功 $W_{12} = mgl$

代入动能定理 $T_2 - T_1 = W_{12}$，得 $\omega^2 = \frac{3g}{2l}$，$\omega = \sqrt{\frac{3g}{2l}}$

根据定轴转动微分方程：$J_B\alpha = M_B(F) = 0$，$\alpha = 0$

杆质心的加速度 $a_{C\tau} = l\alpha = 0$，$a_{Cn} = l\omega^2 = \frac{3g}{2}$

由质心运动定理：$m\boldsymbol{a}_C = \sum \boldsymbol{F}$

可得：$ml\omega^2 = F_{By} - mg$，则 $F_{By} = \frac{5}{2}mg$，$F_{Bx} = 0$

答案： D

【例 4-3-11】 如图所示均质链条传动机构的大齿轮以角速度 ω 转动，已知大齿轮半径为 R，质量为 m_1，小齿轮半径为 r，质量为 m_2，链条质量不计，则此系统的动量为：

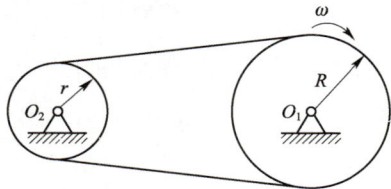

例 4-3-11 图

A. $(m_1 + 2m_2)v \rightarrow$　　　　　　　　　　B. $(m_1 + m_2)v \rightarrow$

C. $(2m_2 - m_1)v \rightarrow$　　　　　　　　　　D. 0

解　根据动量的定义，系统的动量 $p = m_i v_i$，而两轮质心的速度均为零，故动量为零，链条不计质量，所以此系统的动量为零。

答案： D

【例 4-3-12】 均质圆柱体半径为 R，质量为 m，绕关于对纸面垂直的固定水平轴自由转动，初瞬时静止（质心 G 在 O 轴的铅垂线上，$\theta = 0$），如图所示。则圆柱体在位置 $\theta = 90°$ 时的角速度是：

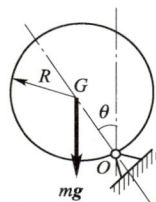

例 4-3-12 图

A. $\sqrt{\dfrac{g}{3R}}$　　　　B. $\sqrt{\dfrac{2g}{3R}}$　　　　C. $\sqrt{\dfrac{4g}{3R}}$　　　　D. $\sqrt{\dfrac{g}{2R}}$

解　根据动能定理：$T_2 - T_1 = W_{12}$，其中 $T_1 = 0$（初瞬时静止），$T_2 = \frac{1}{2} \cdot \frac{3}{2} mR^2\omega^2$，$W_{12} = mgR$，

代入动能定理：$\frac{3}{4} mR^2\omega^2 - 0 = mgR$，可得 $\omega = \sqrt{\dfrac{4g}{3R}}$。

答案： C

三、达朗贝尔原理

达朗贝尔原理提供了研究非自由质点系动力学问题的一种普遍方法，即通过引入惯性力，将动力学问题在形式上转化为静力学问题，用静力学中求解平衡问题的方法求解动力学问题，故亦称动静法。

（一）惯性力的概念

当质点受到力的作用而要其改变运动状态时，由于质点具有保持其原有运动状态不变的惯性，将会体现出一种抵抗能力，这种抵抗力，就是质点给予施力物体的反作用力，而这个反作用力称为惯性力，用 $\boldsymbol{F}_\text{I}$ 表示。质点惯性力的大小等于质点的质量与加速度的乘积，方向与质点加速度方向相反。即

$$\boldsymbol{F}_\text{I} = -m\boldsymbol{a} \tag{4-3-7}$$

需要特别指出的是，质点的惯性力是质点对改变其运动状态的一种抵抗，它并不作用于质点上，而是作用在使质点改变运动状态的施力物体上，但由于惯性力反映了质点本身的惯性特征，所以其大小、方向又由质点的质量和加速度来度量。

（二）刚体惯性力系的简化

对于刚体，可以将其细分而作为无穷多个质点的集合。如果我们研究刚体整体的运动，可以运用静

力学中所述力系简化的方法，将刚体无穷多质点上虚加的惯性力向一点简化，并利用简化的结果来等效原来的惯性力系。其简化结果见表 4-3-5。

刚体惯性力系的简化结果　　　　　　　　　　　　　　表 4-3-5

刚体的运动形式	表　达　式	备　注	
平移刚体	$F_I = -ma_C$，$M_{IC} = 0$	惯性力合力的作用点在质心，适用于任意形状的刚体	
定轴转动刚体	$F_I = -ma_C$，$M_{IO} = -J_O\alpha$	惯性力的作用点在转动轴O处	只适用于转动轴垂直于质量对称平面的刚体
	$F_I = -ma_C$，$M_{IC} = -J_C\alpha$	惯性力的作用点在质心C处	
平面运动刚体	$F_I = -ma_C$，$M_{IC} = -J_C\alpha$	惯性力的作用点在质心C处	

（三）达朗贝尔原理的含义

当质点（系）上施加了恰当的惯性力后，从形式上看，质点（系）运动的任一瞬时，作用于质点上的主动力、约束力，以及质点的惯性力构成一平衡力系。这就是质点（系）的达朗贝尔原理。应用该原理求解动力学问题的方法，称为动静法。达朗贝尔原理的方程见表 4-3-6。

达朗贝尔原理基本方程　　　　　　　　　　　　　　表 4-3-6

方　法	方　程	备　注
质点的达朗贝尔原理	$F + F_N + F_I = 0$	由牛顿第二定律推出，只具有平衡方程的形式，而没有平衡的实质。特别适用于已知质点（系）的运动求约束力的情形。对质点系的动静法，只需考虑外力的作用
质点系的达朗贝尔原理	$\sum_{i=1}^{n} F_i + \sum_{i=1}^{n} F_{Ni} + \sum_{i=1}^{n} F_{Ii} = 0$ $\sum_{i=1}^{n} M_O(F_i) + \sum_{i=1}^{n} M_O(F_{Ni}) + \sum_{i=1}^{n} M_O(F_{Ii}) = 0$	

【例 4-3-13】 如图所示均质圆盘作定轴转动，其中图 a）、图 c）的转动角速度为常量，而图 b）、图 d）的角速度不为常量。则（　　）的惯性力系简化结果为平衡力系。

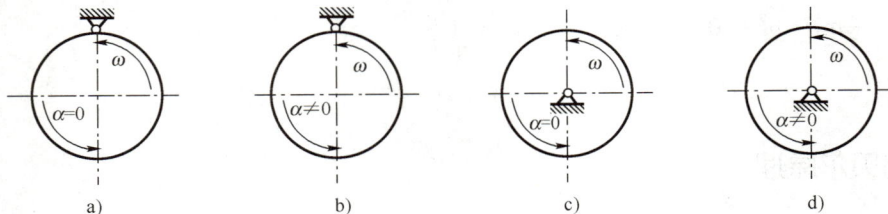

例 4-3-13 图

A. 图 a）　　　　　B. 图 b）　　　　　C. 图 c）　　　　　D. 图 d）

解　根据定轴转动刚体惯性力系的简化结果，上述圆盘的惯性力系均可简化为作用于质心的一个力F_I和一力偶矩为M_{IC}的力偶，且

$$F_I = -ma_C，\quad M_{IC} = -J_C\alpha$$

在图 c）中，$a_C = 0$，$\alpha = 0$，故$F_I = 0$，$M_{IC} = 0$，惯性力系成为平衡力系。

答案：C

【例 4-3-14】 质量为m，半径为R的均质圆盘，绕垂直于图面的水平轴O转动，其角速度为ω，在图示瞬时，角加速度为零，盘心C在其最低位置，此时将圆盘的惯性力系向O点简化，其惯性力主矢和惯性力主矩的大小分别为：

A. $m\dfrac{R}{2}\omega^2$；0　　　　　　　　　　B. $mR\omega^2$；0

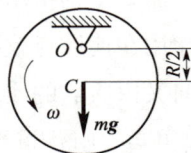

例 4-3-14 图

C. 0；0   D. 0；$\frac{1}{2}mR^2\omega^2$

解 根据定轴转动刚体惯性力系的简化结果，求惯性力主矢和主矩大小的公式分别为 $F_I = ma_C$，$M_{IO} = J_O\alpha$，此题中：$a_C = \frac{1}{2}R\omega^2$，$a = 0$，代入公式可得：$F_I = m\frac{R}{2}\omega^2$，$M_I = 0$。

答案： A

【例 4-3-15】 均质直杆 OA 的质量为 m，长为 l，以匀角速度 ω 绕 O 轴转动如图示。此时将 OA 杆的惯性力系向 O 点简化，其惯性力主矢和惯性力主矩的大小分别为：

A. 0，0   B. $\frac{1}{2}ml\omega^2$，$\frac{1}{3}ml^2\omega^2$

C. $ml\omega^2$，$\frac{1}{2}ml^2\omega^2$ D. $\frac{1}{2}ml\omega^2$，0

例 4-3-15 图

解 根据定轴转动刚体惯性力系的简化结果分析，匀角速度转动（$\alpha = 0$）刚体的惯性力主矢和主矩的大小分别为：$F_I = ma_C = \frac{1}{2}ml\omega^2$，$M_{IO} = J_O\alpha = 0$。

答案： D

【例 4-3-16】 质量不计的水平细杆 AB 长为 L，在沿垂图面内绕 A 轴转动，其另一端固连质量为 m 的质点 B，在图 a）示水平位置静止释放。则此瞬时质点 B 的惯性力为：

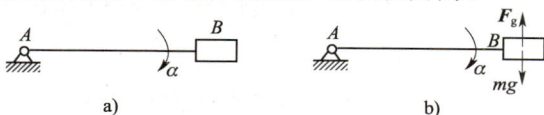

例 4-3-16 图

A. $F_g = mg$ B. $F_g = \sqrt{2}mg$ C. 0   D. $F_g = \frac{\sqrt{2}}{2}mg$

解 杆水平瞬时，其角速度为零，加在物块上的惯性力铅垂向上（图 b），列平衡方程 $\sum M_O(F) = 0$，则有 $(F_g - mg)l = 0$，所以 $F_g = mg$。

答案： A

【例 4-3-17】 三角形物块沿水平地面运动的加速度为 a，方向如图 a）所示。物块倾斜角为 θ。重力大小为 W 的小球在斜面上用细绳拉住，绳另端固定在斜面上。设物块运动中绳不松软，则小球对斜面的压力 F_N 的大小为：

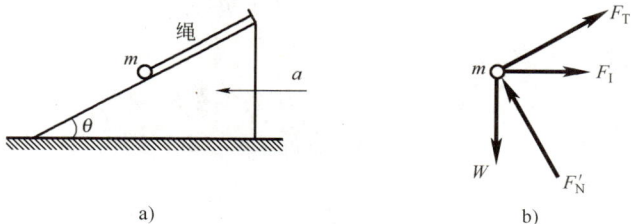

例 4-3-17 图

A. $F_N < W\cos\theta$ B. $F_N > W\cos\theta$

C. $F_N = W\cos\theta$ D. 只根据所给条件则不能确定

解 应用达朗贝尔原理，在小球上加一水平向右的惯性力 F_I，使其与重力 W、绳的拉力 F_T 及斜面的约束力 F_N' 形成形式上的平衡状态，受力如图 b）所示。将小球所受之力沿垂直于斜面的方向列力的投影平衡方程，有

$$F_N' - F_I\sin\theta - W\cos\theta = 0$$

则 $F_N' = F_N = F_I\sin\theta + W\cos\theta$

答案： B

【例 4-3-18】 物块A的质量为8kg，静止放在无摩擦的水平面上。另一质量为4kg的物块B被绳系住，如图所示，滑轮无摩擦。若物块A的速度$a = 3.3\text{m/s}^2$，则物块B的惯性力为：

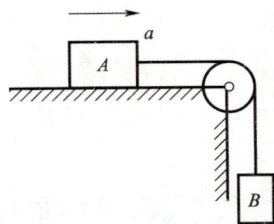

例 4-3-18 图

  A. 13.2N(铅垂向上)

  B. 13.2N(铅垂向下)

  C. 26.4N(铅垂向上)

  D. 26.4N(铅垂向下)

解 根据惯性力的定义：$F_\text{I} = -ma$，物块B的加速度与物块A的加速度大小相同，且向下，故物块B的惯性力$F_{B\text{I}} = 4 \times 3.3 = 13.2\text{N}$，方向与其加速度方向相反，即铅垂向上。

答案： A

四、质点的直线振动

物体在某一位置附近作往复运动，这种运动称为振动。常见的振动有钟摆的运动、汽缸中活塞的运动等。

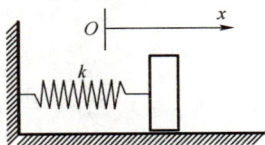

图 4-3-1　单自由度系统自由振动模型

（一）自由振动微分方程

质量块受初始扰动，仅在恢复力作用下产生的振动称为自由振动。考查如图 4-3-1 所示之弹簧振子，设物块的质量为m，弹簧的刚度为k，由牛顿定律

$$m\frac{\text{d}^2 x}{\text{d}t^2} = -kx$$

令$\omega_0^2 = \dfrac{k}{m}$，则有

$$\frac{\text{d}^2 x}{\text{d}t^2} + \omega_0^2 x = 0 \tag{4-3-8}$$

此式称为无阻尼自由振动微分方程的标准形式。其解为

$$x = A\sin(\omega_0 t + \varphi) \tag{4-3-9}$$

（二）振动周期、固有频率和振幅

若初始$t = 0$时，$x = x_0$，$v = v_0$，则式（4-3-9）中各参数的物理意义及计算公式列于表 4-3-7 中。

自由振动的参数   表 4-3-7

	振　幅	初　相　角	固有圆频率	周　期
公式	$A = \sqrt{x_0^2 + \dfrac{v_0^2}{\omega_0^2}}$	$\varphi = \arctan\dfrac{\omega_0 x_0}{v_0}$	$\omega_0 = \sqrt{\dfrac{k}{m}}$	$T = \dfrac{2\pi}{\omega_0}$
定义	相对于振动中心的最大位移	初相角决定质点运动的起始位置	2π秒内的振动次数	振动一次所需要的时间

（三）求固有频率的方法

1. 列微分方程

化振动微分方程为标准形式（4-3-8）后，取位移坐标x前的系数，即为固有频率ω_0的平方。

2. 利用弹簧的静变形δ_st

在静平衡位置，刚度为k的弹簧产生的弹性力与物块的重力mg相等，即$k\delta_\text{st} = mg$，将其代入表 4-3-7 中固有圆频率的表达式，有

$$\omega_0 = \sqrt{\frac{k}{m}} = \sqrt{\frac{mg}{m\delta_{st}}} = \sqrt{\frac{g}{\delta_{st}}} \tag{4-3-10}$$

3. 等效弹簧刚度

图 4-3-2a）为两个弹簧并联的模型，图 4-3-2b）为弹簧串联模型，这两种模型均可简化为如图 4-3-2c）所示弹簧-质量系统。

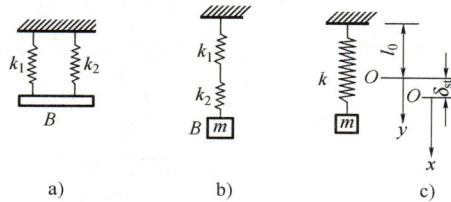

图 4-3-2 弹簧的并联和串联模型

弹簧并联

$$k = k_1 + k_2 \tag{4-3-11}$$

系统的固有频率

$$\omega_0 = \sqrt{\frac{k}{m}} = \sqrt{\frac{k_1 + k_2}{m}}$$

弹簧串联

$$k = \frac{k_1 k_2}{k_1 + k_2} \tag{4-3-12}$$

系统的固有频率

$$\omega_0 = \sqrt{\frac{k}{m}} = \sqrt{\frac{k_1 k_2}{m(k_1 + k_2)}}$$

4. 能量法

因为自由振动系统为保守系统，故运动过程中，系统的机械能守恒。若设系统的静平衡位置（振动中心）为零势能位置，则在此位置，物块的速度达到最大，系统具有最大动能，势能为零；当物块偏离振动中心极端位置时，位移最大，速度为零，系统具有最大势能，动能为零。因此在这两个位置机械能守恒，有

$$T_{max} = V_{max} \tag{4-3-13}$$

根据式（4-3-9）可得 $T_{max} = \frac{1}{2}m\dot{x}_{max}^2 = \frac{1}{2}mA^2\omega_0^2$，$V_{max} = \frac{1}{2}kA_{max}^2 = \frac{1}{2}kA^2$

则有

$$\omega_0 = \sqrt{\frac{k}{m}}$$

所得结果与表 4-3-7 中固有频率的公式相同。

（四）衰减振动

振动中的阻力，习惯上称为阻尼。这里仅考虑阻力的大小与运动速度成正比，阻力的方向与速度矢量的方向相反这种类型的阻力，即

$$\boldsymbol{F}_d = -c\boldsymbol{v} \tag{4-3-14}$$

如图 4-3-3 所示为弹簧振子的有阻尼自由振动的力学模型，根据牛顿定律

$$m\frac{d^2x}{dt^2} = -kx - c\frac{dx}{dt}$$

令 $n = c/(2m)$，上述方程可以整理成

$$\frac{d^2x}{dt^2} + 2n\frac{dx}{dt} + \omega_0^2 x = 0 \tag{4-3-15}$$

对于不同的n值，上述方程的解有以下三种不同形式。

1. 弱阻尼状态（或欠阻尼状态）

此时，$n < \omega_0$，方程（4-3-15）的解为

$$x = Ae^{-nt} \sin\left(\sqrt{\omega_0^2 - n^2}\, t + \varphi\right) \tag{4-3-16}$$

式中，A、φ为积分常数，由初始条件决定。如图 4-3-4 所示为振子的位移与时间的关系。此时振子的运动是一种振幅按指数规律衰减的振动。图中振幅的包络线的表达式为Ae^{-nt}，相邻的两个振幅之比称为减缩系数，记作η。

$$\eta = \frac{A_m}{A_{m+1}} = \frac{Ae^{-nt_m}}{Ae^{-n(t_m + T_d)}} = e^{nT_d} \tag{4-3-17}$$

其中$T_d = \dfrac{2\pi}{\omega_d} = \dfrac{2\pi}{\sqrt{\omega_0^2 - n^2}}$为阻尼振动的周期。为应用方便，常引入对数减缩率，记作Λ。

$$\Lambda = \ln\left(\frac{A_m}{A_{m+1}}\right) = nT_d \tag{4-3-18}$$

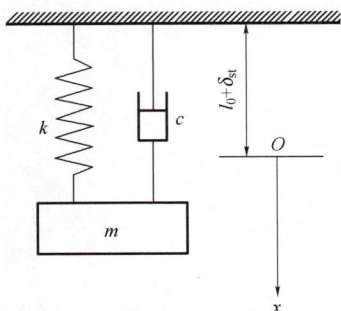

图 4-3-3 弹簧振子的有阻尼自由振动模型

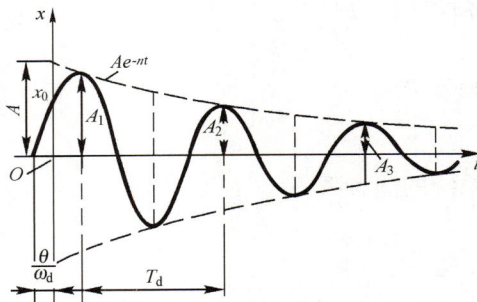

图 4-3-4 弱阻尼状态振子的位移与时间的关系

2. 过阻尼状态

此时$n > \omega_n$，方程（4-3-15）的解为

$$x = C_1 e^{\lambda_1 t} + C_2 e^{\lambda_2 t} \tag{4-3-19}$$

式中，C_1、C_2为积分常数，由初始条件决定。此时已不能振动，系统缓慢回到平衡状态。

3. 临界阻尼状态

此时$n = \omega_n$，方程（4-3-15）的解为

$$x = e^{-nt}(C_1 + C_2 t) \tag{4-3-20}$$

系统也不能振动且较快地回到平衡位置。

（五）受迫振动

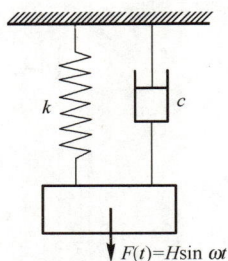

图 4-3-5 弹簧振子的强迫振动模型

受迫振动是系统在外界激励下所产生的振动，如图 4-3-5 所示为强迫振动的力学模型，系统在激振力$\boldsymbol{F}$作用下发生振动。

外激振力一般为时间的函数，最简单的形式是简谐激振力

$$F = H\sin\omega t \tag{4-3-21}$$

对质点应用牛顿第二定律，有

$$m\frac{d^2 x}{dt^2} = -kx - c\frac{dx}{dt} + H\sin\omega t$$

令 $h = H/m$，上述方程变为

$$\frac{\mathrm{d}^2 x}{\mathrm{d}t^2} + 2n\frac{\mathrm{d}x}{\mathrm{d}t} + \omega_0^2 x = h\sin\omega t \qquad (4-3-22)$$

这一方程称为有阻尼受迫振动微分方程的标准形式，若其中第二项（即阻尼项）为零，则为无阻尼受迫振动。方程（4-3-20）的通解为

$$x = Ae^{-nt}\sin\left(\sqrt{\omega_0^2 - n^2}\,t + \varphi\right) + B\sin(\omega t - \varepsilon) \qquad (4-3-23)$$

其中 A 和 φ 为积分常数，由运动初始条件确定；B 为受迫振动的振幅，ε 为受迫振动的相位差，可由下列公式表示

$$B = \frac{h}{\sqrt{(\omega_0^2 - \omega^2)^2 + 4n^2\omega^2}} \qquad (4-3-24)$$

$$\tan\varepsilon = \frac{2n\omega}{\omega_0^2 - \omega^2} \qquad (4-3-25)$$

可见有阻尼受迫振动的解由两部分组成，第一部分是衰减振动，第二部分是受迫振动。通常将第一部分称为瞬态过程，第二部分称为稳态过程，稳态过程是研究的重点。

受迫振动的振幅达到极大值的现象称为共振。

在稳态过程中，受迫振动的一个重要特征是：振幅、相位差的取值与激振力的频率、系统的自由振动固有频率和阻尼有关。其关系曲线如图 4-3-6、图 4-3-7 所示。采用量纲为 1 的形式，图中横轴表示频率比 $s = \omega/\omega_0$，纵轴表示振幅比 $\beta = B/B_0$（$B_0 = H/k$），阻尼的改变用阻尼比 $\zeta = n/\omega_0$ 的改变来表示。

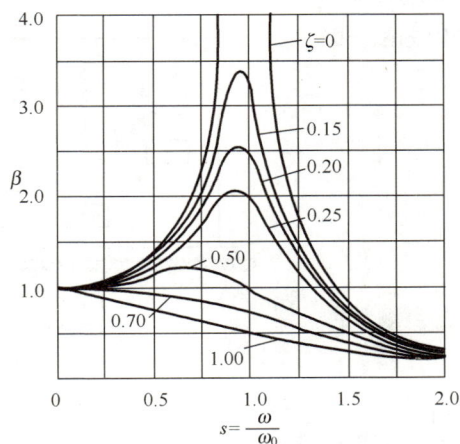

图 4-3-6　幅频特性曲线

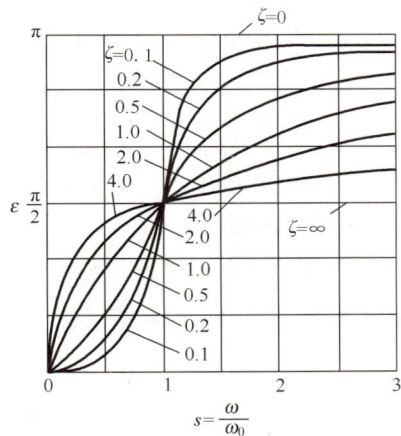

图 4-3-7　相频特性曲线

将式（4-3-24）对 ω 求一次导数并令其等于零，可以发现，此时振幅 B 有极大值，即共振固有圆频率 ω_r 为

$$\omega_r = \sqrt{\omega_0^2 - 2n^2} \qquad (4-3-26)$$

当阻尼为零时，共振固有圆频率为

$$\omega_r = \omega_0 \qquad (4-3-27)$$

即无阻尼强迫振动时，只要激振力频率与自由振动频率相等，便发生共振，由式（4-3-20）可知，此时的振幅 B 为无穷大。

共振是受迫振动中常见的现象，共振时，振幅随时间的增加不断增大，有时会引起系统的破坏，应

设法避免；利用共振也可制造各种设备，如超声波发生器、核磁共振仪等，造福于人类。实际问题中，由于阻尼的存在，振幅不会无限增大。

【例 4-3-19】如图所示，弹簧-物块直线振动系统位于铅垂面内。弹簧刚度系数为k，物块质量为m。若已知物块的运动微分方程为$m\ddot{x} + kx = 0$，则描述运动坐标Ox的坐标原点应为：

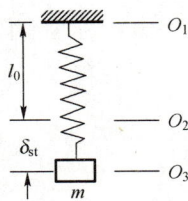

A. 弹簧悬挂处之点O_1

B. 弹簧原长l_0处之点O_2

C. 弹簧由物块重力引起静伸长δ_{st}之点O_3

D. 任意点皆可

例 4-3-19 图

解 列振动微分方程时，把坐标原点设在物体静平衡的位置处，列出的方程才是齐次微分方程。

答案：C

【例 4-3-20】单摆作微幅摆动的周期与质量m和摆长l的关系是：

A. $\dfrac{1}{2\pi}\sqrt{\dfrac{g}{l}}$ 　　　B. $\dfrac{1}{2\pi}\sqrt{\dfrac{l}{g}}$ 　　　C. $2\pi\sqrt{\dfrac{g}{l}}$ 　　　D. $2\pi\sqrt{\dfrac{l}{g}}$

解 单摆的运动微分方程为$ml\ddot{\varphi} = -mg\sin\varphi$

因为是微幅摆动，$\sin\varphi \approx \varphi$，则有$\ddot{\varphi} + \dfrac{g}{l}\varphi = 0$

所以，单摆的圆频率$\omega = \sqrt{\dfrac{g}{l}}$，而周期$T = \dfrac{2\pi}{\omega} = 2\pi\sqrt{\dfrac{l}{g}}$

答案：D

【例 4-3-21】图示振动系统中$m = 200\text{kg}$，弹簧刚度$k = 10\,000\text{N/m}$，设地面振动可表示为$y = 0.1\sin(10t)$（y以 cm、t以 s 计）。则：

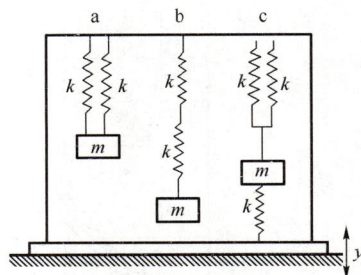

A. 装置 a 振幅最大

B. 装置 b 振幅最大

C. 装置 c 振幅最大

D. 三种装置振动情况一样

例 4-3-21 图

解 此系统为无阻尼受迫振动，装置 a、b、c 的自由振动频率分别为

$$\omega_{0a} = \sqrt{\frac{2k}{m}} = \sqrt{\frac{20\,000}{200}} = 10\text{rad/s}$$

$$\omega_{0b} = \sqrt{\frac{k}{2m}} = \sqrt{\frac{10\,000}{400}} = 5\text{rad/s}$$

$$\omega_{0c} = \sqrt{\frac{3k}{m}} = \sqrt{\frac{30\,000}{200}} = 12.25\text{rad/s}$$

由于外加激振y的频率为 10rad/s，与ω_{0a}相等，故装置 a 会发生共振，从理论上讲振幅将无穷大。

答案：A

【例 4-3-22】质量为 110kg 的机器固定在刚度为$2\times10^6\text{N/m}$的弹性基础上，当系统发生共振时，机器的工作频率为：

A. 66.7rad/s 　　　B. 95.3rad/s 　　　C. 42.6rad/s 　　　D. 134.8rad/s

解　发生共振时，系统的工作频率与其固有频率相等，为 $\sqrt{\dfrac{k}{m}} = \sqrt{\dfrac{2 \times 10^6}{110}} = 134.8\text{rad/s}$

答案： D

【**例 4-3-23**】如图所示系统中，当物块振动的频率

比为 1.27 时，k 的值是：

A. $1 \times 10^5\text{N/m}$

B. $2 \times 10^5\text{N/m}$

C. $1 \times 10^4\text{N/m}$

D. $1.5 \times 10^5\text{N/m}$

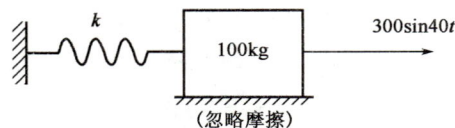

例 4-3-23 图

解　已知频率比 $\dfrac{\omega}{\omega_0} = 1.27$，且 $\omega = 40\text{rad/s}$，$\omega_0 = \sqrt{\dfrac{k}{m}}$ （$m = 100\text{kg}$），所以

$$k = \left(\frac{40}{1.27}\right)^2 \times 100 = 9.9 \times 10^4 \approx 1 \times 10^5\text{N/m}$$

答案： A

【**例 4-3-24**】一无阻尼弹簧—质量系统受简谐激振力作用，当激振频率为 $\omega_1 = 6\text{rad/s}$ 时，系统发生共振。给质量块增加 1kg 的质量后重新试验，测得共振频率为 $\omega_2 = 5.86\text{rad/s}$。则原系统的质量及弹簧刚度系数是：

A. 19.68kg，623.55N/m　　　　　　　B. 20.68kg，623.55N/m

C. 21.68kg，744.53N/m　　　　　　　D. 20.68kg，744.53N/m

解　当激振频率与系统的固有频率相等时，系统发生共振，即：

$$\omega_0 = \sqrt{\frac{k}{m}} = \omega_1 = 6\text{rad/s}; \quad \sqrt{\frac{k}{1+m}} = \omega_2 = 5.86\text{rad/s}$$

联立求解可得：$m = 20.68\text{kg}$，$k = 744.53\text{N/m}$

答案： D

习　　题

4-3-1　已知 A 物重力的大小 $P = 20\text{N}$，B 物重力的大小 $Q = 30\text{N}$，滑轮 C、滑轮 D 不计质量，并略去各处摩擦，如图所示，则绳水平段的拉力为（　　　）。

A. 30N　　　　　　　B. 20N　　　　　　　C. 16N　　　　　　　D. 24N

4-3-2　求解质点动力学问题时，质点的初条件是用来（　　　）。

A. 分析力的变化规律　　　　　　　B. 建立质点运动微分方程

C. 确定积分常数　　　　　　　　　D. 分离积分变量

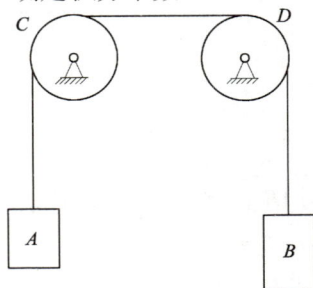

题 4-3-1 图

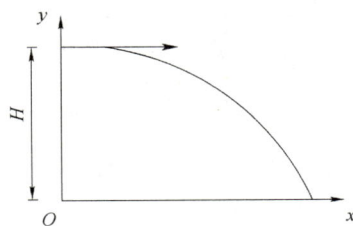

题 4-3-3 图

4-3-3　质量为m的物体自高H处水平抛出，如图所示，运动中受到与速度一次方成正比的空气阻力$\boldsymbol{R}$作用，$\boldsymbol{R} = -km\boldsymbol{v}$，$k$为常数。则其运动微分方程为（　　　）。

A. $m\ddot{x} = -km\dot{x}$，$m\ddot{y} = -km\dot{y} - mg$

B. $m\ddot{x} = km\dot{x}$，$m\ddot{y} = km\dot{y} - mg$

C. $m\ddot{x} = -km\dot{x}$，$m\ddot{y} = km\dot{y} - mg$

D. $m\ddot{x} = -km\dot{x}$，$m\ddot{y} = -km\dot{y} + mg$

4-3-4　汽车以匀速率v在不平的道路上行驶，如图所示，当汽车通过A、B、C三个位置时，汽车对路面的压力分别为$\boldsymbol{N}_A$、$\boldsymbol{N}_B$、$\boldsymbol{N}_C$，则下述关系式（　　　）成立。

A. $N_A = N_B = N_C$　　　　　　　　B. $N_A < N_B < N_C$

C. $N_A > N_B > N_C$　　　　　　　　D. $N_A = N_B > N_C$

4-3-5　质量分别为$m_1 = m$，$m_2 = 2m$的两个小球M_1，M_2用长为L而重量不计的刚杆相连，现将M_1置于光滑水平面上，且$M_1 M_2$与水平面成$60°$角，如图所示，则当无初速释放、M_2球落地时，M_1球移动的水平距离为（　　　）。

A. $L/3$　　　　　　B. $L/4$　　　　　　C. $L/6$　　　　　　D. 0

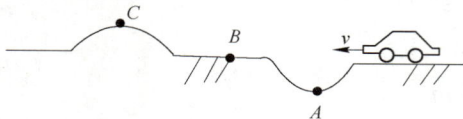

题 4-3-4 图

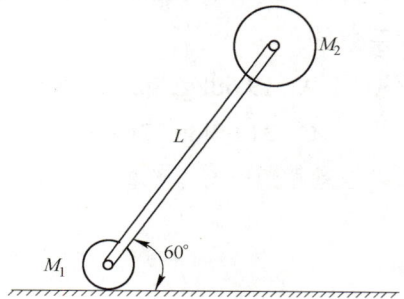

题 4-3-5 图

4-3-6　设有质量相等的两物体A、B，在同一段时间内，A物发生水平移动，而B物发生铅直移动，则此两物体的重力在这段时间内的冲量（　　　）。

A. 不同　　　　　　　　　　　　　　B. 相同

C. A物重力的冲量大　　　　　　　　D. B物重力的冲量大

4-3-7　匀质杆质量为m，长$OA = l$，在铅垂面内绕定轴O转动。杆质心C处连接刚度系数k较大的弹簧，弹簧另端固定。图示位置为弹簧原长，当杆由此位置逆时针方向转动时，杆上A点的速度为v_A，若杆落至水平位置的角速度为零，则v_A的大小应为（　　　）。

A. $\sqrt{\frac{1}{2}\left(2 - \sqrt{2}\right)^2 \frac{k}{m} l^2 - 2gl}$

B. $\sqrt{\frac{1}{4}\left(2 - \sqrt{2}\right)^2 \frac{k}{m} l^2 - gl}$

C. $\sqrt{\frac{1}{2}\left(2 - \sqrt{2}\right)^2 \frac{k}{m} l^2 - 8gl}$

D. $\sqrt{\frac{3}{4}\left(2 - \sqrt{2}\right)^2 \frac{k}{m} l^2 - 3gl}$

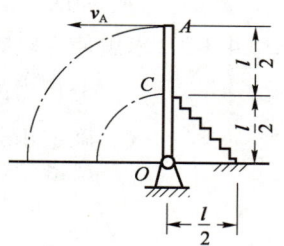

题 4-3-7 图

4-3-8　在光滑的水平面上，放置一静止的均质直杆AB，当AB上受一力偶m作用时，如图所示，AB将绕（　　　）点转动。

A. A点　　　　　　　　　　　　　　B. B点

C. C点　　　　　　　　　　　　　　D. 先绕A点转动，然后绕C点转动

4-3-9 如图所示，两种不同材料的均质细长杆焊接成直杆ABC，AB段为一种材料，长度为a，质量为m_1，BC段为另一种材料，长度为b，质量为m_2，杆ABC以匀角速度ω转动，则其对A轴的动量矩大小为（   ）。

  A. $L_A = (m_1 + m_2)(a+b)^2 \omega/3$

  B. $L_A = [m_1 a^2/3 + m_2 b^2/12 + m_2(b/2+a)^2]\omega$

  C. $L_A = (m_1 a^2/3 + m_2 b^2/3 + m_2 a^2)\omega$

  D. $L_A = m_1 a^2 \omega/3 + m_2 b^2 \omega/3$

4-3-10 如图所示，直角均质弯杆ABC，$AB = BC = L$，每段质量记作M_{AB}、M_{BC}，则弯杆对过A且垂直于图平面的A轴的转动惯量为（   ）。

  A. $J_A = M_{AB}L^2/3 + M_{BC}L^2/3 + M_{BC}L^2$

  B. $J_A = M_{AB}L^2/3 + M_{BC}L^2/3 + M_{BC}\sqrt{2}L^2$

  C. $J_A = M_{AB}L^2/3 + M_{BC}L^2/12 + M_{BC}L^2/4$

  D. $J_A = M_{AB}L^2/3 + M_{BC}L^2/12 + 5M_{BC}L^2/4$

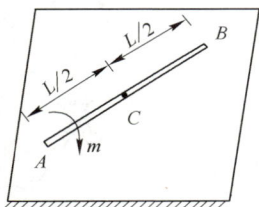
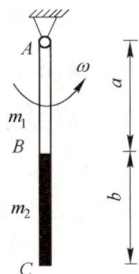
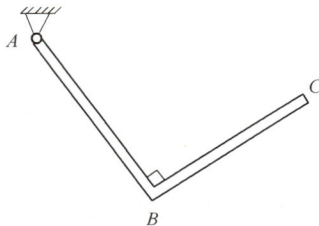

题 4-3-8 图   题 4-3-9 图   题 4-3-10 图

4-3-11 如图所示，刚体的质量m，质心为C，对定轴O的转动惯量为J_O，对质心的转动惯量为J_C，若转动角速度为ω，则刚体对O轴的动量矩H_O为（   ）。

  A. $mv_C \cdot OC$ B. $J_O \omega$ C. $J_C \omega$ D. $J_O \omega^2$

4-3-12 一端固结于O点的弹簧，如图所示，另一端可自由运动，弹簧的原长$L_0 = 2b/3$，弹簧的弹性系数为k，若以B点处为零势能面，则A处的弹性势能为（   ）。

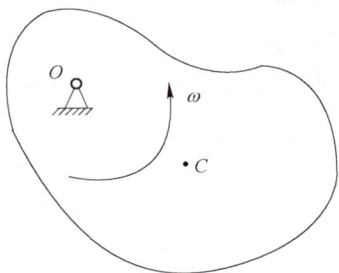
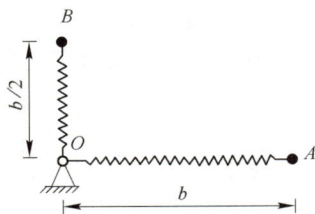

题 4-3-11 图   题 4-3-12 图

  A. $kb^2/24$ B. $5kb^2/18$ C. $3kb^2/8$ D. $-3kb^2/8$

4-3-13 某弹簧的弹性系数为k，在 I 位置弹簧的变形为δ_1，在 II 位置弹簧的变形为δ_2。若取 II 位置为零势能位置，则在 I 位置弹性力的势能为（   ）。

  A. $k(\delta_1^2 - \delta_2^2)$ B. $k(\delta_2^2 - \delta_1^2)$ C. $\frac{1}{2}k(\delta_1^2 - \delta_2^2)$ D. $\frac{1}{2}k(\delta_2^2 - \delta_1^2)$

4-3-14 半径为R，质量为m的均质圆盘在其自身平面内作平面运动。在如图所示位置时，若已知图形上A、B两点的速度方向如图所示，$\alpha = 45°$，且知B点速度大小为v_B。则圆轮的动能为（　　　）。

    A. $mv_B^2/16$　　　　　B. $3mv_B^2/16$　　　　　C. $mv_B^2/4$　　　　　D. $3mv_B^2/4$

4-3-15　已知曲柄OA长r，以角速度ω转动，均质圆盘半径为R，质量为m，在固定水平面上作纯滚动，则如图所示瞬时圆盘的动能为（　　　）。

    A. $2mr^2\omega^2/3$　　　　　B. $mr^2\omega^2/3$　　　　　C. $4mr^2\omega^2/3$　　　　　D. $mr^2\omega^2$

4-3-16　如图所示，一弹簧常数为k的弹簧下挂一质量为m的物体，若物体从静平衡位置（设静伸长为δ）下降Δ距离，则弹性力所做的功为（　　　）。

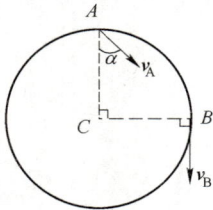
题 4-3-14 图

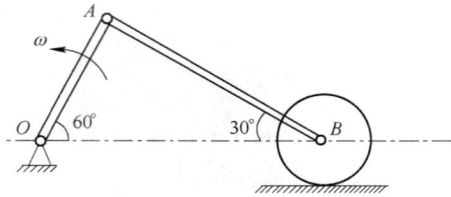
题 4-3-15 图

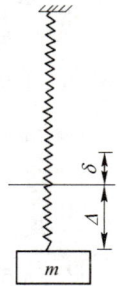
题 4-3-16 图

    A. $\frac{1}{2}k\Delta^2$　　　　　　　　　B. $\frac{1}{2}k(\delta + \Delta)^2$

    C. $\frac{1}{2}k[(\Delta + \delta)^2 - \delta^2]$　　　　D. $\frac{1}{2}k[\delta^2 - (\Delta + \delta)^2]$

4-3-17　如图所示，忽略质量的细杆$OC = l$，其端部固结均质圆盘，杆上点C为圆盘圆心，盘质量为m，半径为r，系统以角速度ω绕轴O转动，系统的动能是（　　　）。

    A. $T = \frac{1}{2}m(l\omega)^2$　　　　　　B. $T = \frac{1}{2}m[(l + r)\omega^2]$

    C. $T = \frac{1}{2}\left(\frac{1}{2}mr^2\right)\omega^2$　　　　D. $T = \frac{1}{2}\left(\frac{1}{2}mr^2 + ml^2\right)\omega^2$

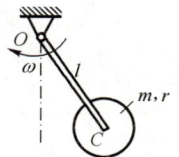
题 4-3-17 图

4-3-18　两重物的质量均为m，分别系在两软绳上（见图）。此两绳又分别绕在半径各为r与$2r$并固结一起的两圆轮上。两圆轮构成之鼓轮的质量亦为m，对轴O的回转半径为ρ_0。两重物中一铅垂悬挂，一置于光滑平面上。当系统在左重物重力作用下运动时，鼓轮的角加速度α为（　　　）。

    A. $\alpha = 2gr/(5r^2 + \rho_0^2)$　　　　B. $\alpha = 2gr/(3r^2 + \rho_0^2)$

    C. $\alpha = 2gr/\rho_0^2$　　　　　　　D. $\alpha = gr/(5r^2 + \rho_0^2)$

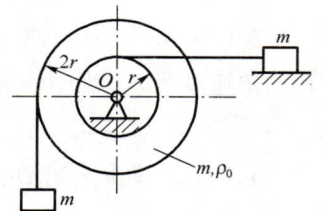
题 4-3-18 图

4-3-19　如图所示，均质圆盘作定轴转动，其中图 a）、图 c）的转动角速度为常数（$\omega = C$），而图 b）、图 d）的角速度不为常数（$\omega \neq C$），则（　　　）的惯性力系简化的结果为平衡力系。

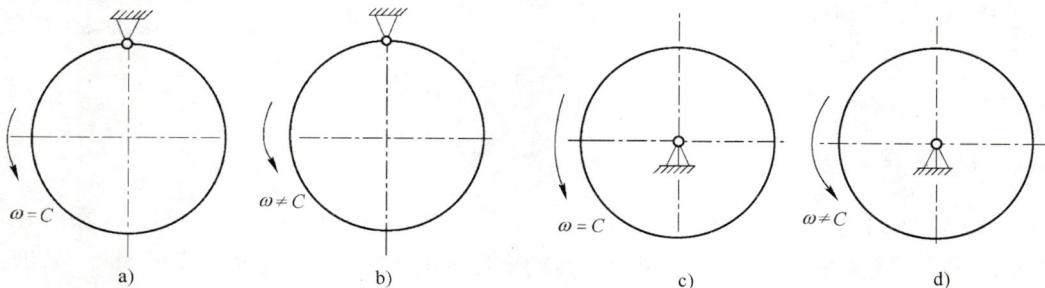
题 4-3-19 图

    A. 图a）　　　　　B. 图b）　　　　　C. 图c）　　　　　D. 图d）

4-3-20 均质细杆AB重力大小为P、长$2L$，支承如图所示水平位置。当B端细绳突然剪断瞬时，AB杆的角加速度的大小为（　　　）。

A. 0　　　　　　　B. $3g/(4L)$　　　　　　C. $3g/(2L)$　　　　　　D. $6g/L$

4-3-21 如图所示，在倾角为α的光滑斜面上置一弹性系数为k的弹簧，一质量为m的物块沿斜面下滑s距离与弹簧相碰，碰后弹簧与物块不分离并发生振动，则自由振动的固有圆频率为（　　　）。

A. $(k/m)^{\frac{1}{2}}$　　　　　　　　　　　　　　B. $[k/(ms)]^{\frac{1}{2}}$

C. $[k/(m\sin\alpha)]^{\frac{1}{2}}$　　　　　　　　　D. $(k\sin\alpha/m)^{\frac{1}{2}}$

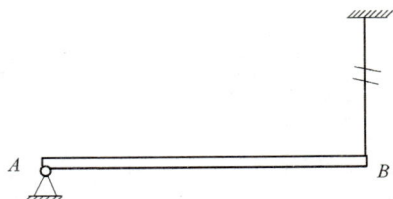

题 4-3-20 图

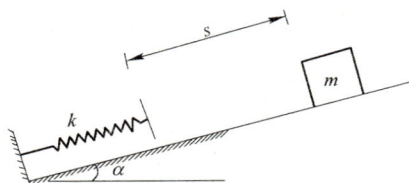

题 4-3-21 图

4-3-22 设如图所示 a）、b）、c）三个质量弹簧系统的固有频率分别为ω_1、ω_2、ω_3，则它们之间的关系是（　　　）。

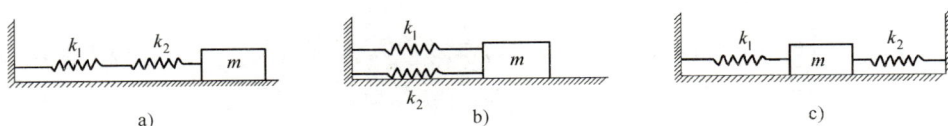

a)　　　　　　　　　　b)　　　　　　　　　　c)

题 4-3-22 图

A. $\omega_1 < \omega_2 = \omega_3$　　　B. $\omega_2 < \omega_3 = \omega_1$　　　C. $\omega_3 < \omega_1 = \omega_2$　　　D. $\omega_1 = \omega_2 = \omega_3$

习题题解及参考答案

第一节

4-1-1　**解**：根据力多边形法则：各分力首尾相连，而合力则由第一个分力的起点指向最后一个分力的终点（矢端），题中$\boldsymbol{F}_2$、$\boldsymbol{F}_3$首尾相连为分力，而$\boldsymbol{F}_1$由$\boldsymbol{F}_2$的起点指向$\boldsymbol{F}_3$的终点为两分力的合力，所以表达式为：$\boldsymbol{F}_1 = \boldsymbol{F}_2 + \boldsymbol{F}_3$。

答案：D

4-1-2　**解**：作用力与反作用力分别作用在两个不同的物体上，所以选项A、D不对。而由于一个刚体上的两个力满足$\boldsymbol{F}_A = -\boldsymbol{F}_B$，故无合力，选项C亦错。

答案：B

4-1-3　**解**：AC与BC均为二力构件，故A处约束力沿AC方向，B处约束力沿BC方向；分析铰链C的平衡，其受力如解图所示。

答案：B

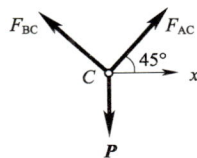

题 4-1-3 解图

4-1-4　**解**：题中四个力为作用于同一刚体上的平面共点力系，其力矢关系图构成了首尾相连自行封闭的平行四边形,满足平面共点力系平衡的几何条件，所以力系平衡。

答案： D

4-1-5 **解：** 因为 F 与 x 轴平行，故 F 除在与 x 轴垂直的轴上投影为零外，在其他轴上的投影均不为零。

答案： B

4-1-6 **解：** AC 与 BC 均为二力杆，铰链 C 的受力图见解图，列平衡方程：$\sum F_x = 0$，可得 $F_A = F_B$；$\sum F_y = 0$，$F_A \sin 60° + F_B \sin 60° - P = 0$，解得：$F_A = P/\sqrt{3}$。

答案： C

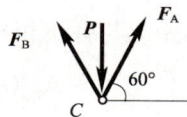

题 4-1-6 解图

4-1-7 **解：** 将各力向 F_1 力作用点平移进行简化，简化后的主矢为零（各力首尾相连），F_2 平移后将附加一力偶（F_1 不动 F_3 沿作用线移动），使三角形板转动。

答案： C

4-1-8 **解：** 力偶作用在 AC 杆时，BC 杆是二力构件，B、C 处约束力沿 BC 连线方向；再考虑整体平衡，A、B 处约束力应组成一力偶与主动力偶 m 平衡，故 A 处约束力的方向与 B 处约束力反向平行。若将外力偶搬移至 BC 杆，则 AC 杆是二力构件，同理：A、B、C 处约束力的方向均沿 AC 连线方向。由此可知，力偶作用在不同的刚体上，约束力的作用线方向都改变了。

答案： C

4-1-9 **解：** 题中杆 CD、EF 为二力杆，故 C 处约束力沿 CD 方向，E 处约束力沿 EF 方向，分析 BE 杆，应用三力平衡汇交定理得 B 处约束力的作用线应汇交于 G 点（也是 C、E 两处约束力的汇交点）；再分析结构整体平衡，A、B 处约束力应组成一力偶与主动力偶（P，P'）平衡，故 A 处约束力的方向与 B 处约束力反向平行（平行于 BG 连线）。

答案： B

4-1-10 **解：** 按矢量的表达式应该表示为：$F_R = F_1 + F_2$，如解图所示，合力的方向应与 F_1 相同，大小等于 F_1 的一半。

答案： C

$$\overset{F_2 \quad\quad O \quad\quad F_1}{\longleftarrow \quad\quad\quad \longrightarrow}$$

题 4-1-10 解图

4-1-11 **解：** 根据平面任意力系的简化结果分析，主矢为零时，力系简化的最后结果为一合力偶，合力偶矩与简化中心的位置无关。

答案： C

4-1-12 **解：** 截面法（见解图）：设 y 轴与 BC 垂直，则

$\sum F_y = 0$，$P_C \cos 60° + F_{DB} \cos 30° = 0$

$F_{DB} = -\sqrt{3}P/3$（压）

答案： C

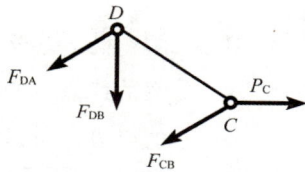

题 4-1-12 解图

4-1-13 **解：** 根据整体的对称性，A、B 处的约束力均垂直向上，大小为 $F_A = F_B = \dfrac{P}{2}$。以 BC 为研究对象，受力如解图所示，列平衡方程：

$$\sum M_C(F) = 0,\ F_B \cdot 2a - T_E \cdot a = 0$$

将 $T_E = 10\text{kN}$ 代入，得：$P = 10\text{kN}$。

答案： B

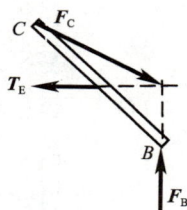

题 4-1-13 解图

4-1-14 **解：** 根据主矢和主矩的性质，主矢与简化中心无关，主矩一般与简化中心有关。

答案： B

4-1-15　**解：** 根据力的平移定理，若主矢 $\boldsymbol{R}$ 向 O 点左边某点 O' 平移后，将附加一顺时针转向的力偶 $M_O' = Rd$（d 为垂直于 R 的 OO' 距离），其中 $d = M_0/R$，这样，力系最后合成的结果是作用于 O' 点的合力。

答案： C

4-1-16　**解：** 应用桁架零杆判断的方法，先分析 A、B 节点，可知 AC、BD 杆为零杆，再分析 C、D 节点，两节点分别连接的是两根互相垂直的杆件，若要节点平衡，则两节点连接的杆均为零杆。

答案： D

4-1-17　**解：** 因为 BEC 为二力构件，故 B 处约束力的方向应是沿 BC 连线，对结构整体分析，A、B 处的约束力必须组成一力偶，才能与作用在结构上的外力偶 M 组成平衡力系。

答案： C

4-1-18　**解：** A、B 槽均为光滑接触面约束，其约束力均垂直于槽壁，由于两约束力的作用线不平行，无法组成力偶与外力偶 M 平衡，故平板不能平衡。

答案： B

4-1-19　**解：** 物块平衡，受力如解图所示，最大摩擦力为 $F_{max} = f \cdot F_N = 0.3 \times 50 = 15\text{N}$，而主动力 $W = 10\text{N}$，所以摩擦力可按铅垂方向力的平衡来计算，即：$F = W = 10\text{N}$。

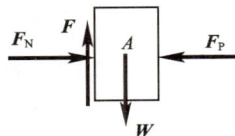

题 4-1-19 解图

答案： B

4-1-20　**解：** 主动力（大小相等的重力与 P 力）合力的作用线与接触面法线的夹角为 $30°$，小于摩擦角 $35°$，故物块自锁。

答案： A

4-1-21　**解：** 在铅垂方向主动力合力为：$P\sin 30° - G = 40 \times 0.5 - 20 = 0$，物块无滑动趋势，故摩擦力为零。

答案： C

4-1-22　**解：** 摩擦角 $\varphi_m = \arctan f = 23.4° < 30°$（斜面的倾角），故物块不自锁而滑动，摩擦力为
$$F = W\cos 30° f' = 80 \times 0.866 \times 0.4 = 27.7\text{kN}$$

答案： C

4-1-23　**解：** 物 A 所受正压力 $F_N = 100 - 25 \times 4/5 = 80\text{kN}$，$F_{max} = F_N \cdot f = 16\text{kN}$，而水平方向的主动力为 $2.5 \times \dfrac{3}{5} = 15\text{kN}$，故物体处于平衡状态，摩擦力按平衡方程来计算。

答案： C

第二节

4-2-1　**解：** 因为 $a_\tau = \dfrac{dv}{dt} = k$，$a_n = v^2/R = (kt)^2/R$，所以 $a = \sqrt{a_\tau^2 + a_n^2} = \sqrt{k^2 + (k^4 t^4/R^2)}$。

答案： C

4-2-2　**解：** 将两个运动方程平方相加，有 $x^2 + y^2 = 4^2\left(\sin^2\dfrac{\pi}{3}t + \cos^2\dfrac{\pi}{3}t\right) = 4^2$。

答案： B

4-2-3　**解：** 轮缘上一点做圆周运动，必有法向加速度，所以图 a)、c）的运动是不可能的。

答案： B

4-2-4　**解**：曲杆OAB为定轴转动刚体，点B的速度为转动半径OB与角速度的乘积，即：$v_B = OB \cdot \omega = 50 \times 2 = 100\text{cm/s}$。

答案：A

4-2-5　**解**：由$v_A = \omega \cdot OA$，所以$\omega = 6/2 = 3\text{rad/s}$；再由$\tan\theta = \alpha/\omega^2$，求得$\alpha = 3^2 \times \tan 60° = 9\sqrt{3}\text{rad/s}^2$。

答案：D

4-2-6　**解**：曲杆OAB为定轴转动刚体，点B的加速度在y轴上的投影即为其法向加速度，点B的转动半径为OB，故$a_{By} = -\omega^2 \cdot OB = -2^2 \times 50 = -200\text{cm/s}^2$。

答案：D

4-2-7　**解**：轮缘点A的速度与物块B的速度相同，即：$v_A = v_B = \dfrac{dx}{dt} = 2kt$；轮缘点$A$的切向加速度与物块$B$的加速度相同，即：$a_{A\tau} = a_B = \dfrac{dv_B}{dt} = 2k$。所以，$a_{An} = v_A^2/R = 4k^2t^2/R$，而$a_A = \sqrt{a_{A\tau}^2 + a_{An}^2} = \sqrt{4k^2 + 16k^4t^4/R^2}$。

答案：C

4-2-8　**解**：定轴转动刚体内各点加速度的分布为$a = r\sqrt{\alpha^2 + \omega^4}$，其中$r$为点到转动轴的距离；而各点加速度与转动半径的夹角均相同，即$\tan\theta = \tan\varphi = \dfrac{\alpha}{\omega^2}$，所以，$a_A = 2a_B$，$\theta = \varphi$。

答案：C

4-2-9　**解**：根据两啮合齿轮运动的性质，A、B两点无相对滑动，故两点速度和切向加速度相同，而法向加速度分别为$a_{An} = v_A^2/r_1$，$a_{Bn} = v_B^2/r_2$，由于$v_A = v_B$，$r_1 \neq r_2$，所以两点法向加速度不同。

答案：B

4-2-10　**解**：摆杆的角速度为$\dot\varphi = \varphi_0\omega\cos\omega t$

角加速度为$\ddot\varphi = -\varphi_0\omega^2\sin\omega t$

将$t = \dfrac{\pi}{4\omega}\text{s}$代入，则有：$\dot\varphi = \dfrac{\sqrt{2}}{2}\varphi_0\omega$，$\ddot\varphi = -\dfrac{\sqrt{2}}{2}\varphi_0\omega^2$

摆锤A的速度为$v = \dot\varphi l = \dfrac{\sqrt{2}}{2}l\varphi_0\omega$

切向加速度为$a_\tau = \ddot\varphi l = -\dfrac{\sqrt{2}}{2}l\varphi_0\omega^2$，法向加速度为$a_n = l\dot\varphi^2 = \dfrac{1}{2}l\varphi_0^2\omega^2$

答案：C

4-2-11　**解**：根据定轴转动刚体内点的速度分析，M点速度的方向应垂直于转动半径OM。

答案：A

第三节

4-3-1　**解**：设绳的拉力为$\boldsymbol{F}_T$且处处相等（因为滑轮质量及各处摩擦不计），对A、B物块分别使用牛顿第二定律：$\dfrac{P}{g}a_A = F_T - P$；$\dfrac{Q}{g}a_B = Q - F_T$，且$a_A = a_B$，解得：$F_T = 24\text{N}$。

答案：D

4-3-2　**解**：初始条件反映的是质点某一时刻的运动，只能用来确定解质点运动微分方程时出现的积分常数。

答案：C

4-3-3　**解**：质点在运动过程中受重力和阻力作用，应用直角坐标形式的质点运动微分方程，而阻力在直角坐标系中可表示为：$\boldsymbol{R} = -km\dot{x}\boldsymbol{i} - km\dot{y}\boldsymbol{j}$。

答案： A

4-3-4 **解：** 汽车匀速行驶，切向加速度为零，途经 A、B、C 三点时的法向加速度分别为铅垂向上、零、铅垂向下，可加惯性力用达朗贝尔原理进行分析，在 A、B、C 三点所加惯性力分别为铅垂向下、零、铅垂向上，由此可知，汽车对路面的压力 $N_A > N_B > N_C$。

答案： C

4-3-5 **解：** 系统在水平方向受力为零，且初始为静止，故质心在水平方向守恒，其运动轨迹为铅垂线，而系统质心到 M_1 的距离为 $2L/3$。

答案： A

4-3-6 **解：** 同样力的冲量只取决于作用时间，与位移无关。

答案： B

4-3-7 **解：** 应用动能定理 $T_2 - T_1 = W_{12}$

其中，$T_2 = 0$

$$T_1 = \frac{1}{2}J_O\omega^2 = \frac{1}{2} \cdot \frac{1}{3}ml^2 \frac{v_A^2}{l^2} = \frac{1}{6}mv_A^2$$

$$W_{12} = mg\frac{l}{2} - \frac{k}{2}\left(l - \frac{\sqrt{2}}{2}l\right)^2 = mg\frac{l}{2} - \frac{k}{8}(2 - \sqrt{2})^2 l^2$$

答案： D

4-3-8 **解：** 根据质心运动定理，在水平面上直杆受力为零，故质心不运动，且动量矩定理 $J_C\alpha = m$，故 AB 杆绕质心 C 转动。

答案： C

4-3-9 **解：** $L_A = J_A\omega$，其中 $J_A = J_{(AB)A} + J_{(BC)A}$，且 $J_{AB(A)} = m_1 a^2/3$

求 $J_{(BC)A}$ 时要使用平行移轴定理，即：

$$J_{(BC)A} = \frac{1}{12}m_2 b^2 + m_2\left(a + \frac{b}{2}\right)^2$$

答案： B

4-3-10 **解：** $J_A = J_{(AB)A} + J_{(BC)A}$，其中 $J_{(AB)A} = M_{AB}L^2/3$

求 $J_{(BC)A}$ 时要使用平行移轴定理，即：

$$J_{(BC)A} = \frac{1}{12}M_{BC}L^2 + M_{BC}\left(L^2 + \frac{L^2}{4}\right)$$

答案： D

4-3-11 **解：** 根据定轴转动刚体动量矩的定义 $H_0 = J_0 \cdot \omega$。

答案： B

4-3-12 **解：** 根据势能的定义 $U = k(\delta_A^2 - \delta_B^2)/2$，式中 δ_A、δ_B 分别为 A、B 位置弹簧的变形量，$\delta_A = b - L_0 = b/3$，$\delta_B = L_0 - b/2 = b/6$，代入势能公式得：$U = kb^2/24$。

答案： A

4-3-13 **解：** 根据势能的定义，弹性力从 I 位置到 II 位置所做的功即为弹性力在 I 位置的势能。

答案： C

4-3-14 **解：** 根据 v_A、v_B 的方向可求出圆盘的瞬时速度中心在 BC 延长线与轮缘左侧的交点，故圆盘的角速度为：$\omega = v_B/(2R)$，质心的速度为：$v_C = v_B/2$，再由动能的定义 $T = mv_C^2/2 + J_C\omega^2/2$ 求解，其中：$J_C = mR^2/2$。

答案： B

4-3-15　**解：** 应用速度投影定理通过 A 点速度求出 B 点速度，即：$v_A = r\omega = v_B \cos 30°$，进而求出圆轮的角速度 $\omega = v_B / R$，并由 $T = m v_B^2 / 2 + J_B \omega^2 / 2$ 求动能，其中：$J_B = mR^2 / 2$。

答案： D

4-3-16　**解：** 弹性力的功 $W_{12} = k(\delta_1^2 - \delta_2^2) / 2$。其中，初始位置 $\delta_1 = \delta$，末态位置 $\delta_2 = \Delta + \delta$。

答案： D

4-3-17　**解：** 圆盘绕轴 O 作定轴转动，其动能为 $T = J_O \omega^2 / 2$。其中，$J_O = mr^2 / 2 + ml^2$。

答案： D

4-3-18　**解：** 应用动能定理：$T_2 - T_1 = W_{12}$。若设重物 A 下降 h 时鼓轮的角速度为 ω_O，则系统的动能为 $T_2 = m v_A^2 / 2 + m v_B^2 / 2 + J_O \omega_O^2 / 2$，$T_1 = $ 常量。其中 $v_A = 2r\omega_O$，$v_B = r\omega_O$，$J_O = m\rho_0^2$。力所做的功为 $W_{12} = mgh$。

答案： A

4-3-19　**解：** 因为只有图 c）质心的加速度和轮的角加速度均为零，故惯性力系的主矢和主矩皆为零。

答案： C

4-3-20　**解：** 将惯性力系向 A 点简化，其运动和受力分析如解图所示，图中

$$M_{IA} = J_A \alpha = \frac{1}{3}\frac{P}{g}(2L)^2 \alpha$$

通过平衡方程 $\sum M_A(F) = 0$，$M_{IA} - PL = 0$ 可求出角速度。

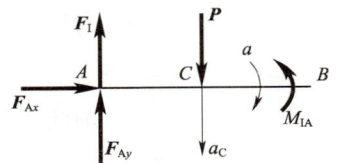

题 4-3-20 解图

答案： B

4-3-21　**解：** 物块的自由振动固有圆频率为 $\sqrt{\dfrac{k}{m}}$，与其他条件无关。

答案： A

4-3-22　**解：** 因为 $\omega = \sqrt{\dfrac{k}{m}}$，所以只要系统等效的弹簧刚度大，固有频率就大。按弹簧的串、并联计算其等效的弹簧刚度。图 a）两弹簧为串联，$k = k_1 k_2 / (k_1 + k_2)$；图 b）和 c）两弹簧均为并联，$k = k_1 + k_2$。

答案： A

第五章 材料力学

复习指导

一、考试大纲

5.1 材料在拉伸、压缩时的力学性能

低碳钢、铸铁拉伸、压缩试验的应力-应变曲线；力学性能指标。

5.2 拉伸和压缩

轴力和轴力图；杆件横截面和斜截面上的应力；强度条件；虎克定律；变形计算。

5.3 剪切和挤压

剪切和挤压的实用计算；剪切面；挤压面；剪切强度；挤压强度；剪切虎克定律。

5.4 扭转

扭矩和扭矩图；圆轴扭转切应力；切应力互等定理；圆轴扭转的强度条件；扭转角计算及刚度条件。

5.5 截面几何性质

静矩和形心；惯性矩和惯性积；平行轴公式；形心主轴及形心主惯性矩概念。

5.6 弯曲

梁的内力方程；剪力图和弯矩图；分布荷载、剪力、弯矩之间的微分关系；正应力强度条件；切应力强度条件；梁的合理截面；弯曲中心概念；求梁变形的积分法、叠加法。

5.7 应力状态

平面应力状态分析的解析法和应力圆法；主应力和最大切应力；广义虎克定律；四个常用的强度理论。

5.8 组合变形

拉/压-弯组合、弯-扭组合情况下杆件的强度校核；斜弯曲。

5.9 压杆稳定

压杆的临界荷载；欧拉公式；柔度；临界应力总图；压杆的稳定校核。

二、复习指导

根据"考试大纲"的要求，结合以往的考试，考生在复习材料力学部分时，应注意以下几点。

（1）轴向拉伸和压缩部分的内容重点考察基本概念，考试题以概念类、记忆类、简单计算类为主。

（2）剪切和挤压实用计算部分，受力分析和破坏形式是重点，剪切面和挤压面的区分是难点，挤压面面积的计算容易混淆，考试题以概念题、比较判别题和简单计算题为主。

（3）扭转部分考试题以概念、记忆和一般计算为主，对于实心圆截面和空心圆截面两种情形，截面上剪应力的分布、极惯性矩与抗扭截面系数计算要严格区分。

（4）截面的几何性质部分的考试题，侧重于平行移轴公式的应用，形心主轴概念的理解和有一对称轴的组合截面惯性矩的计算步骤与计算方法。

（5）弯曲内力部分考试题主要考察作Q、M图的熟练程度，熟练掌握用简便法计算指定截面的Q、M和用简便法作Q、M图是这部分的关键所在。

（6）弯曲应力部分考试题重点考察：①正应力最大的危险截面，剪应力最大的危险截面的确定；②梁受拉侧、受压侧的判断，对于 U 形、T 形等截面中性轴为非对称轴的情形尤其重要；③焊接工字形截面梁三类危险点的确定，即除了正应力危险点，剪应力危险点外，还有一类危险点，即在M、Q均较大的截面上腹板与翼缘交界处的点，但该类危险点处于复杂应力状态，需要用强度理论进行强度计算。题型以分析、计算为主。

（7）弯曲变形部分考试题重点考察给定梁的边界条件和连续条件的正确写法和用叠加法求梁的位移的灵活应用。叠加法有三方面的应用：①荷载分解，变形或位移叠加，这是叠加法的直接应用；②计算梁不变形部分的位移的叠加法，就是变形部分的位移叠加上不变形部分的位移；③逐段刚化法，是上面两种方法的进一步延拓。

（8）应力状态与强度理论部分考试题重点测试：①应力状态的有关概念；②主应力、最大剪应力的计算；③主应力、最大剪应力计算与强度理论的综合应用；④在各种应力状态下尤其是单向应力状态、纯剪切应力状态下材料的破坏原因分析。考试题多属于概念理解、分析计算类。

（9）组合变形部分考试题重点考察：①各种基本变形组合时的分析方法；②对于有两根对称轴、四个角点的截面杆，在斜弯曲、拉（压）-弯曲、偏心拉（压）时最大正应力计算；③用强度理论解决弯-扭组合变形的强度计算问题。

（10）压杆稳定部分考试题重点测试：①压杆稳定性的概念。压杆的极限应力不但与材料有关，而且与λ有关，而λ又与长度、支承情况、截面形状和尺寸有关；②压杆临界应力的计算思路，即先计算压杆在两个形心主惯性平面内的柔度，取其中最大的一个作为依据，再根据该最大柔度的范围选择适当的临界应力计算公式计算临界应力。考试题多属概念类和比较判别类。

本章的重点是弯曲内力、弯曲应力、应力状态与强度理论，其他各部分均有考题，覆盖了全部内容。

材料力学本身概念性很强，基本内容要求相当熟练，少部分内容如应力状态分析和压杆稳定则还要求能深入进行分析，一般来说，计算都不复杂。尤其是注册结构工程师基础考试，题量大，时间紧，更不会涉及很复杂的计算。

第一节　概　论

材料力学是研究各种类型构件（主要是杆）的强度、刚度和稳定性的学科，它提供了有关的基本理论、计算方法和试验技术，使我们能合理地确定构件的材料、尺寸和形状，以达到安全与经济的设计要求。

一、材料力学的基本思路

（一）理论公式的建立

理论公式的建立思路如图 5-1-1 所示。

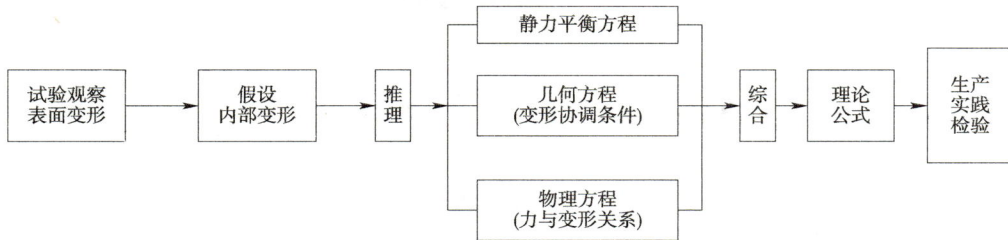

图 5-1-1

（二）分析问题和解决问题

分析问题和解决问题思路如图 5-1-2 所示。

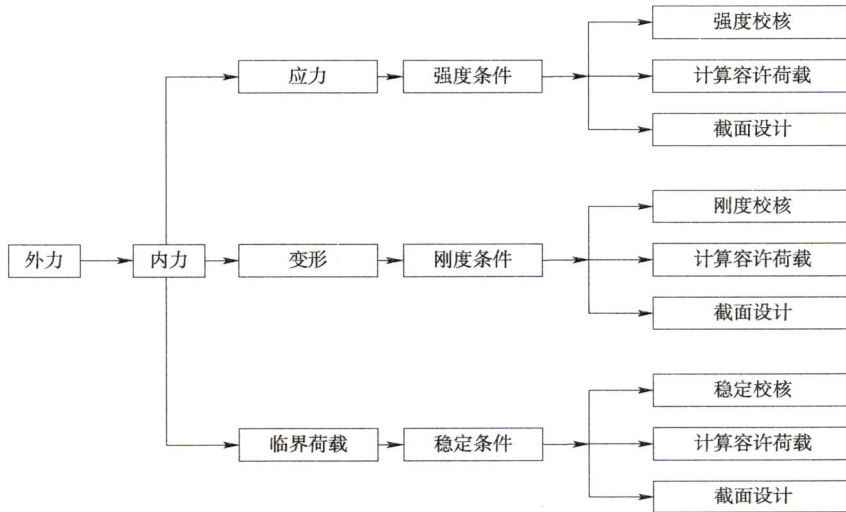

图 5-1-2

二、杆的四种基本变形

杆的四种基本变形见表 5-1-1。

杆的四种基本变形　　　　　　　　　　　　表 5-1-1

类型	轴向拉伸（压缩）	剪切	扭转	平面弯曲	
外力特点					
横截面内力	轴力 N 等于截面一侧所有轴向外力代数和	剪力 Q 等于 P	扭矩 T 等于截面一侧对 x 轴外力偶矩代数和	弯矩 M 等于截面一侧外力对截面形心力矩代数和	剪力 Q 等于截面一侧所有竖向外力代数和
应力分布情况					
	均布	假设均布	线性分布	线性分布	抛物线分布

类型	轴向拉伸（压缩）	剪 切	扭 转	平 面 弯 曲	
应力公式	$\sigma = \dfrac{N}{A}$	$\tau = \dfrac{Q}{A_s}$ $\sigma_{bs} = \dfrac{P_{bs}}{A_{bs}}$	$\tau_\rho = \dfrac{T}{I_p}\rho$	$\sigma = \dfrac{M}{I_z}y$	$\tau = \dfrac{QS_z^*}{bI_z}$
强度条件	$\sigma_{max} = \dfrac{N_{max}}{A} \leqslant [\sigma]$	$\tau = \dfrac{Q}{A_s} \leqslant [\tau]$ $\sigma_{bs} = \dfrac{P_{bs}}{A_{bs}} \leqslant [\sigma_{bs}]$	$\tau_{max} = \dfrac{T_{max}}{W_p} \leqslant [\tau]$	$\sigma_{max} = \dfrac{M_{max}}{W_z} \leqslant [\sigma]$	$\tau_{max} = \dfrac{Q_{max}S_{zmax}^*}{bI_z} \leqslant [\tau]$
变形公式	$\Delta l = \dfrac{Nl}{EA}$		$\Phi = \dfrac{Tl}{GI_p}$	$f_c = \dfrac{5ql^4}{384EI_z}$	$\theta_A = \dfrac{ql^3}{24EI_z}$
刚度条件			$\varphi_{max} = \dfrac{T_{max}}{GI_p} \leqslant [\varphi]$	$\dfrac{f_{max}}{l} \leqslant \left[\dfrac{f}{l}\right]$	$\theta_{max} \leqslant [\theta]$
应变能	$U = \dfrac{N^2l}{2EA}$		$U = \dfrac{T^2l}{2GI_p}$	纯弯 $U = \dfrac{M^2l}{2EI_z}$	非纯弯 $U = \displaystyle\int_l \dfrac{M^2(x)}{2EI_z}dx$

三、材料的力学性质

在表 5-1-1 所列的强度条件中，为确保构件不致因强度不足而破坏，应使其最大工作应力 σ_{max} 不超过材料的某个限值。显然，该限值应小于材料的极限应力 σ_u，可规定为极限应力 σ_u 的若干分之一，并称之为材料的许用应力，以 $[\sigma]$（或 $[\tau]$）表示，即

$$[\sigma] = \frac{\sigma_u}{n} \tag{5-1-1}$$

式中，n 是一个大于 1 的系数，称为安全系数，其数值通常由设计规范规定；而极限应力 σ_u 则要通过材料的力学性能试验才能确定。这里主要介绍典型的塑性材料——低碳钢和典型的脆性材料——铸铁在常温、静载下的力学性能。

（一）低碳钢材料拉伸和压缩时的力学性质

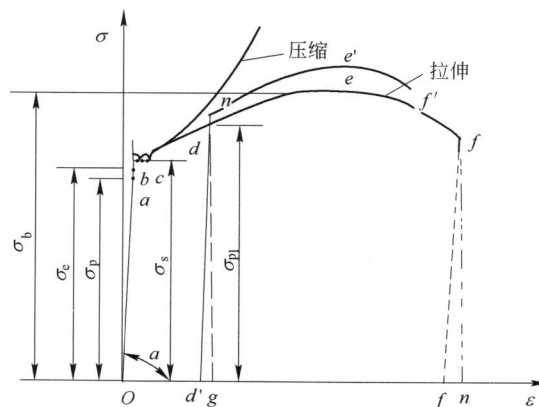

图 5-1-3　低碳钢拉伸、压缩的力学性质

低碳钢（通常将含碳量在 0.3% 以下的钢称为低碳钢，也叫软钢）材料拉伸和压缩时的σ-ε曲线如图 5-1-3 所示。

从图 5-1-3 中拉伸时的σ-ε曲线可看出，整个拉伸过程可分为以下四个阶段。

1. 弹性阶段（Ob段）

在该段中的直线段（Oa）称线弹性段，其斜率即为弹性模量E，对应的最高应力值σ_p为比例极限。在该段应力范围（即$\sigma \leq \sigma_p$）内，虎克定律$\sigma = E\varepsilon$成立。而ab段，即为非线性弹性段，在该段内所产生的应变仍是弹性的，但它与应力已不成正比。b点相对应的应力σ_e称为弹性极限。

2. 屈服阶段（bc段）

该段内应力基本上不变，但应变却在迅速增长，而且在该段内所产生的应变成分，除弹性应变外，还包含了明显的塑性变形，该段的应力最低点σ_s称为屈服极限。这时，试件上原光滑表面将会出现与轴线大致成 45° 的滑移线，这是由于试件材料在 45° 的斜截面上存在着最大剪应力而引起的。对于塑性材料来说，由于屈服时所产生的显著的塑性变形将会严重地影响其正常工作，故σ_s是衡量塑性材料强度的一个重要指标。对于无明显屈服阶段的其他塑性材料，工程上将产生 0.2% 塑性应变时的应力作为名义屈服极限，并用$\sigma_{0.2}$表示。

3. 强化阶段（ce段）

在该段，应力又随应变增大而增大，故称强化。该段中的最高点e所对应的应力乃材料所能承受的最大应力σ_b，称为强度极限，它是衡量材料强度（特别是脆性材料）的另一重要指标。在强化阶段中，绝大部分的变形是塑性变形，并发生"冷作硬化"的现象。

4. 局部变形阶段（ef段）

在应力到达e点之前，试件标距内的变形是均匀的；但当到达e点后，试件的变形就开始集中于某一较弱的局部范围内进行，该处截面纵向急剧伸长，横向显著收缩，形成"颈缩"；最后至f点试件被拉断。

试件拉断后，可测得以下两个反映材料塑性性能的指标。

（1）延伸率

$$\delta = \frac{l_1 - l_0}{l_0} \times 100\% \tag{5-1-2}$$

式中：l_0——试件原长；

l_1——试件拉断后的长度。

工程上规定$\delta \geq 5\%$的材料称为塑性材料，$\delta < 5\%$的称为脆性材料。

（2）截面收缩率

$$\psi = \frac{A_0 - A_1}{A_0} \times 100\% \tag{5-1-3}$$

式中：A_0——变形前的试件横截面面积；

A_1——试件拉断后的最小截面积。

对比低碳钢压缩时与拉伸时的σ-ε曲线可知，低碳钢压缩时的弹性模量E、比例极限σ_p和屈服极限σ_s与拉伸时大致相同。

（二）铸铁拉伸与压缩时的力学性质

铸铁拉伸与压缩时的σ-ε曲线如图 5-1-4 所示。

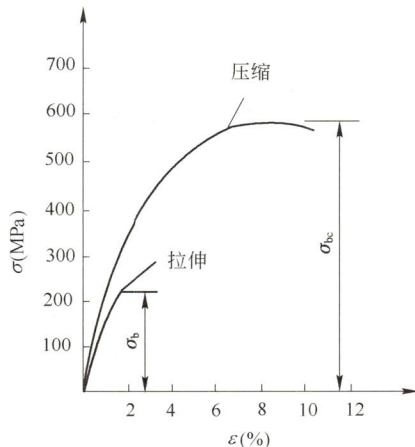

图 5-1-4

从铸铁拉伸时的σ-ε曲线中可以看出，它没有明显的直线部分。因其拉断前的应变很小，因此工程上通常取其σ-ε曲线的一条割线的斜率，作为其弹性模量。它没有屈服阶段，也没有颈缩现象（故衡量铸铁拉伸强度的唯一指标就是它被拉断时的最大应力σ_b），在较小的拉应力作用下即被拉断，且其延伸率很小，故铸铁是一种典型的脆性材料。

铸铁压缩时的σ-ε曲线与拉伸相比，可看出这类材料的抗压能力要比抗拉能力强得多，其塑性变形也较为明显。破坏断口为斜断面，这表明试件是因τ_{max}而剪坏的。

对于塑性材料制成的杆，通常取屈服极σ_s（或名义屈服极限$\sigma_{0.2}$）作为极限应力σ_u的值；而对脆性材料制成的杆，应该取强度极限σ_b作为极限应力σ_u的值。

【例5-1-1】 图示四种材料的应力-应变曲线中，强度最大的材料是：

A. A

B. B

C. C

D. D

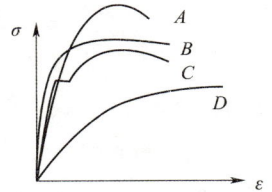

例 5-1-1 图

解　由图可知，曲线A的强度失效应力最大，故 A 材料强度最高。

答案： A

习　　题

5-1-1　在低碳钢拉伸实验中，冷作硬化现象发生在（　　）。

A. 弹性阶段

B. 屈服阶段

C. 强化阶段

D. 局部变形阶段

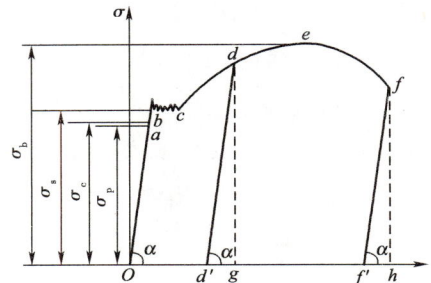

题 5-1-1 图

第二节　轴向拉伸与压缩

一、轴向拉伸与压缩的概念

（一）力学模型

轴向拉压杆的力学模型如图 5-2-1 所示。

（二）受力特征

作用于杆两端外力的合力，大小相等、方向相反，并沿杆件轴线作用。

（三）变形特征

杆件主要产生轴线方向的均匀伸长（缩短）。

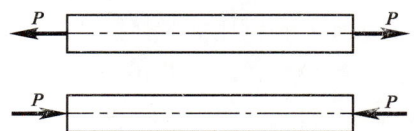

图 5-2-1　轴向拉压杆的力学模型

P-轴向拉力或压力

二、轴向拉伸（压缩）杆横截面上的内力

（一）内力

由外力作用而引起的构件内部各部分之间的相互作用力。

（二）截面法

截面法是求内力的一般方法，用截面法求内力的步骤如下。

（1）截开。在需求内力的截面处，假想地沿该截面将构件截分为二。

（2）代替。任取一部分为研究对象，称为脱离体。用内力代替弃去部分对脱离体的作用。

（3）平衡。对脱离体列写平衡条件，求解未知内力。

截面法示意图如图 5-2-2 所示。

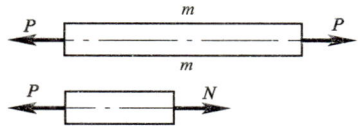

图 5-2-2　截面法示意图

（三）轴力

轴向拉压杆横截面上的内力，其作用线必定与杆轴线相重合，称为轴力，以 N 表示。轴力 N 规定以拉力为正，压力为负。

（四）轴力图

轴力图表示沿杆件轴线各横截面上轴力变化规律的图线。

【例 5-2-1】 试作如图 a）所示等直杆的轴力图。

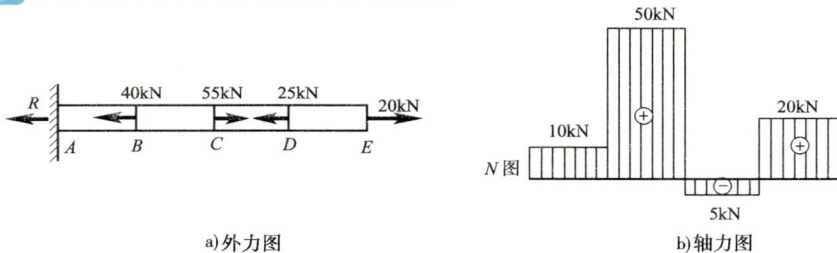

a)外力图　　　　　　　b)轴力图

例 5-2-1 图

解　先考虑外力平衡，求出支反力 $R = 10$kN

显然　　$N_{AB} = 10$kN，$N_{BC} = 50$kN，$N_{CD} = -5$kN，$N_{DE} = 20$kN

由图 b）可见，某截面上外力的大小等于该截面两侧内力的变化。

三、轴向拉压杆横截面上的应力

分布规律：轴向拉压杆横截面上的应力垂直于截面，为正应力，且正应力在整个横截面上均匀分布，如图 5-2-3 所示。

正应力公式

$$\sigma = \frac{N}{A} \tag{5-2-1}$$

式中：N——轴力（N）；

　　　A——横截面面积（m^2）。

应力单位为 N/m^2，即 Pa，也常用 MPa，$1MPa = 10^6 Pa = 1N/mm^2$。

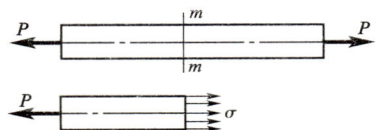

图 5-2-3　正应力在整个横截面上均匀分布

四、轴向拉压杆斜截面上的应力

斜截面上的应力均匀分布，如图 5-2-4 所示，其总应力及应力分量如下。

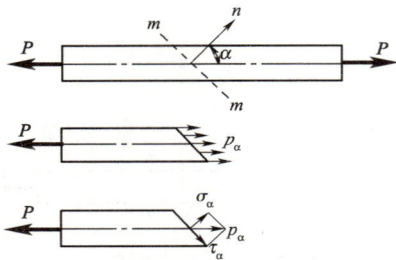

图 5-2-4　斜截面上的应力均匀分布

总应力

$$p_\alpha = \frac{N}{A_\alpha} = \sigma_0 \cos \alpha \qquad (5-2-2)$$

正应力

$$\sigma = p_\alpha \cos \alpha = \sigma_0 \cos^2 \alpha \qquad (5-2-3)$$

剪应力

$$\tau_\alpha = p_\alpha \sin \alpha = \frac{\sigma_0}{2} \sin 2\alpha \qquad (5-2-4)$$

上述式中：α ——由横截面外法线转至斜截面外法线的夹角，以逆时针转动为正；

A_α ——斜截面 m-m 的截面积；

σ_0 ——横截面上的正应力。

σ_α 拉应力为正，压应力为负。τ_α 以其对截面内一点产生顺时针力矩时为正，反之为负。

轴向拉压杆中最大正应力发生在 $\alpha = 0°$ 的横截面上，最小正应力发生在 $\alpha = 90°$ 的纵截面上，其值分别为

$$\sigma_{\alpha max} = \sigma_0, \quad \sigma_{\alpha min} = 0$$

最大剪应力发生在 $\alpha = \pm45°$ 的斜截面上，最小剪应力发生在 $\alpha = 0°$ 的横截面和 $\alpha = 90°$ 的纵截面上，其值分别为

$$|\tau_\alpha|_{max} = \frac{\sigma_0}{2}, \quad |\tau_\alpha|_{min} = 0$$

五、强度条件

（一）许用应力

材料正常工作容许采用的最高应力，由极限应力除以安全系数求得。

1. 塑性材料

$$[\sigma] = \frac{\sigma_s}{n_s} \qquad (5-2-5)$$

2. 脆性材料

$$[\sigma] = \frac{\sigma_b}{n_b} \qquad (5-2-6)$$

上两式中：σ_s ——屈服极限；

σ_b ——抗拉强度；

n_s、n_b ——安全系数。

（二）强度条件

构件的最大工作应力不得超过材料的许用应力。轴向拉压杆的强度条件为

$$\sigma_{max} = \frac{N_{max}}{A} \leqslant [\sigma] \qquad (5-2-7)$$

强度计算的三类问题：

（1）强度校核：

$$\sigma_{max} = \frac{N_{max}}{A} \leqslant [\sigma]$$

（2）截面设计：

$$A \geqslant \frac{N_{max}}{[\sigma]}$$

（3）确定许可荷载 $N_{max} \leqslant [\sigma]A$，再根据平衡条件，由 N_{max} 计算 $[P]$。

【例 5-2-2】 图示结构的两杆许用应力均为 $[\sigma]$，杆 1 的面积为 A，杆 2 的面积为 $2A$，则该结构的许用载荷是：

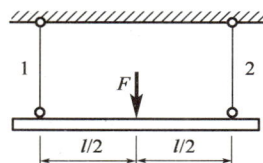

例 5-2-2 图

A. $[F] = A[\sigma]$　　　　　　　B. $[F] = 2A[\sigma]$

C. $[F] = 3A[\sigma]$　　　　　　　D. $[F] = 4A[\sigma]$

解 此题受力是对称的，故 $F_1 = F_2 = \frac{F}{2}$

由杆 1，得 $\sigma_1 = \frac{F_1}{A_1} = \frac{\frac{F}{2}}{A} = \frac{F}{2A} \leqslant [\sigma]$，故 $F \leqslant 2A[\sigma]$

由杆 2，得 $\sigma_2 = \frac{F_2}{A_2} = \frac{\frac{F}{2}}{2A} = \frac{F}{4A} \leqslant [\sigma]$，故 $F \leqslant 4A[\sigma]$

从两者取最小的，所以 $[F] = 2A[\sigma]$。

答案： B

六、轴向拉压杆的变形——虎克定律

（一）轴向拉压杆的变形

杆件在轴向拉伸时，轴向伸长，横向缩短，见图 5-2-5；而在轴向压缩时，轴向缩短，横向伸长。

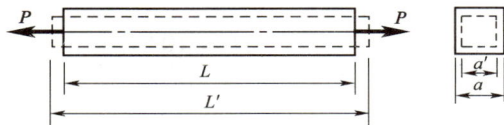

图 5-2-5 轴向拉杆的变形

轴向变形

$$\Delta L = L' - L \tag{5-2-8}$$

轴向线应变

$$\varepsilon = \frac{\Delta L}{L} \tag{5-2-9}$$

横向变形

$$\Delta a = a' - a \tag{5-2-10}$$

横向线应变

$$\varepsilon' = \frac{\Delta a}{a} \tag{5-2-11}$$

（二）虎克定律

当应力不超过材料比例极限时，应力与应变成正比，即

$$\sigma = E\varepsilon \tag{5-2-12}$$

式中：E ——材料的弹性模量。

或用轴力及杆件变形量表示为

$$\Delta L = \frac{NL}{EA} \tag{5-2-13}$$

式中：EA——杆的抗拉（压）刚度，表示杆件抵抗拉、压弹性变形的能力。

【例 5-2-3】 变截面杆AC受力如图所示。已知材料弹性模量为E，杆BC段的截面积为A，杆AB段的截面积为$2A$，则杆C截面的轴向位移是：

  A. $FL/(2EA)$

  B. $FL/(EA)$

  C. $2FL/(EA)$

  D. $3FL/(EA)$

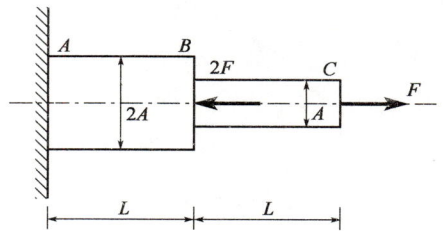

例 5-2-3 图

解 用直接法求轴力，可得：$N_{AB} = -F, N_{BC} = F$

杆C截面的位移是

$$\delta_C = \Delta l_{AB} + \Delta l_{BC} = -Fl/(E \cdot 2A) + Fl/(EA) = Fl/(2EA)$$

答案：A

（三）泊松比

当应力不超过材料的比例极限时，横向线应变ε'与纵向线应变ε之比的绝对值，即为泊松比，即

$$\mu = \left| \frac{\varepsilon'}{\varepsilon} \right| = -\frac{\varepsilon'}{\varepsilon} \tag{5-2-14}$$

泊松比μ是材料的弹性常数之一，无量纲。

【例 5-2-4】 已知拉杆横截面积$A = 100\text{mm}^2$，弹性模量$E = 200\text{GPa}$，横向变形系数$\mu = 0.3$，轴向拉力$F = 20\text{kN}$，拉杆的横向应变是：

  A. $\varepsilon' = 0.3 \times 10^{-3}$ B. $\varepsilon' = -0.3 \times 10^{-3}$

  C. $\varepsilon' = 10^{-3}$ D. $\varepsilon' = -10^{-3}$

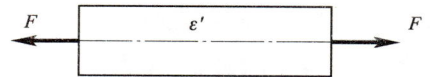

例 5-2-4 图

解 $\varepsilon' = -\mu\varepsilon = -\mu\dfrac{\sigma}{E} = -\mu\dfrac{F_N}{AE} = -0.3\dfrac{20 \times 10^3\text{N}}{100\text{mm}^2 \times 200 \times 10^3\text{MPa}} = -0.3 \times 10^{-3}$

答案：B

习　题

5-2-1 等截面杆轴向受力如图所示。杆的最大轴力是（　　　）kN。

  A. 8   B. 5   C. 3   D. 13

5-2-2 如图所示，拉杆承受轴向拉力P的作用，设斜截面$m-m$的面积为A，则$\sigma = P/A$为（　　　）。

  A. 横截面上的正应力   B. 斜截面上的正应力

  C. 斜截面上的应力   D. 斜截面上的剪应力

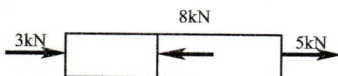

题 5-2-1 图

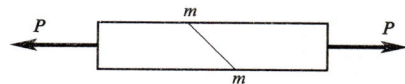

题 5-2-2 图

5-2-3 两拉杆的材料和所受拉力都相同，且均处在弹性范围内，若两杆长度相等，横截面面积$A_1 > A_2$，则（　　　）。

  A. $\Delta l_1 < \Delta l_2$，$\varepsilon_1 = \varepsilon_2$ B. $\Delta l_1 = \Delta l_2$，$\varepsilon_1 < \varepsilon_2$

C. $\Delta l_1 < \Delta l_2$，$\varepsilon_1 < \varepsilon_2$ D. $\Delta l_1 = \Delta l_2$，$\varepsilon_1 = \varepsilon_2$

5-2-4 等直杆的受力情况如图所示，则杆内最大拉力 N_1 和最大压力 N_2 分别为（   ）。

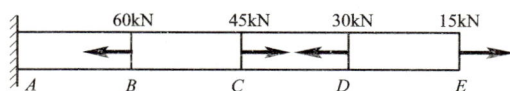

题 5-2-4 图

A. $N_1 = 60\text{kN}$，$N_2 = 15\text{kN}$ B. $N_1 = 60\text{kN}$，$N_2 = -15\text{kN}$

C. $N_1 = 30\text{kN}$，$N_2 = -30\text{kN}$ D. $N_1 = 90\text{kN}$，$N_2 = -60\text{kN}$

5-2-5 如图所示，刚梁 AB 由杆 1 和杆 2 支承。已知两杆的材料相同，长度不等，横截面面积分别为 A_1 和 A_2，若荷载 P 使刚梁平行下移，则其截面面积为（   ）。

A. $A_1 < A_2$ B. $A_1 = A_2$

C. $A_1 > A_2$ D. A_1、A_2 为任意

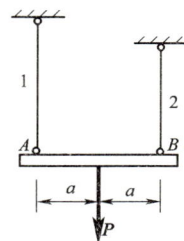

题 5-2-5 图

5-2-6 如图所示变截面杆中，AB 段、BC 段的轴力为（   ）。

A. $N_{AB} = -10\text{kN}$，$N_{BC} = 4\text{kN}$ B. $N_{AB} = 6\text{kN}$，$N_{BC} = 4\text{kN}$

C. $N_{AB} = -6\text{kN}$，$N_{BC} = 4\text{kN}$ D. $N_{AB} = 10\text{kN}$，$N_{BC} = 4\text{kN}$

5-2-7 变形杆如图所示，其中在 BC 段内（   ）。

A. 有位移，无变形   B. 有变形，无位移

C. 既有位移，又有变形   D. 既无位移，又无变形

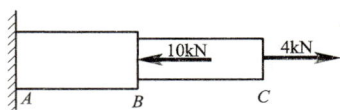

题 5-2-6 图

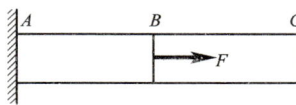

题 5-2-7 图

5-2-8 已知如图所示等直杆的轴力图（N图），则该杆相应的荷载图如（   ）所示。（图中集中荷载单位均为 kN，分布荷载单位均为 kN/m）

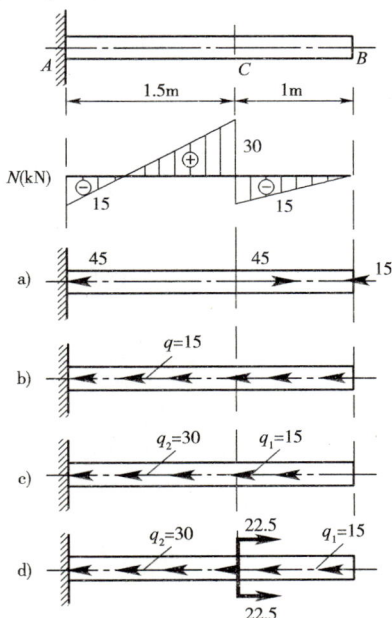

题 5-2-8 图

A. 图 a) B. 图 b) C. 图 c) D. 图 d)

5-2-9　有一横截面面积为A的圆截面杆件受轴向拉力作用，在其他条件不变时，若将其横截面改为面积仍为A的空心圆，则杆为（　　）。

A. 内力、应力、轴向变形均增大

B. 内力、应力、轴向变形均减少

C. 内力、应力、轴向变形均不变

D. 内力、应力不变、轴向变形增大

5-2-10　如图所示桁架，在结点C沿水平方向受P力作用。各杆的抗拉刚度相等。若结点C的铅垂位移以V_C表示，BC杆的轴力以N_{BC}表示，则（　　）。

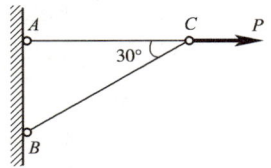

A. $N_{BC} = 0$，$V_C = 0$

B. $N_{BC} = 0$，$V_C \neq 0$

C. $N_{BC} \neq 0$，$V_C = 0$

D. $N_{BC} \neq 0$，$V_C \neq 0$

题 5-2-10 图

第三节　剪切和挤压

一、剪切的实用计算

（一）剪切的概念

力学模型如图 5-3-1 所示。

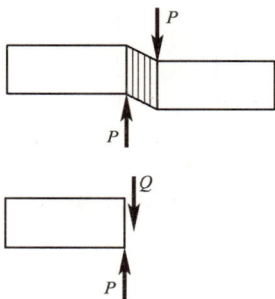

图 5-3-1　剪切的力学模型

（1）受力特征。构件上受到一对大小相等、方向相反，作用线相距很近，且与构件轴线垂直的力作用。

（2）变形特征。构件沿两力的分界面有发生相对错动的趋势。

（3）剪切面。构件将发生相对错动的面。

（4）剪力Q。剪切面上的内力，其作用线与剪切面平行。

（二）剪切实用计算

（1）名义剪应力。假定剪应力沿剪切面是均匀分布的，若A_Q为剪切面面积，Q为剪力，则

$$\tau = \frac{Q}{A_Q} \qquad (5-3-1)$$

（2）许用剪应力。按实际构件的受力方式，用试验的方法求得名义剪切极限应力τ^0，再除以安全系数n。

（3）剪切强度条件。剪切面上的工作剪应力不得超过材料的许用剪应力

$$\tau = \frac{Q}{A_Q} \leqslant [\tau] \qquad (5-3-2)$$

【例 5-3-1】　直径$d = 0.5$m的圆截面立柱，固定在直径$D = 1$m的圆形混凝土基座上，圆柱的轴向压力$F = 1\ 000$kN，混凝土的许用应力$[\tau] = 1.5$MPa。假设地基对混凝土板的支反力均匀分布，为使混凝土基座不被立柱压穿，混凝土基座所需的最小厚度t应是：

A. 159mm　　　　B. 212mm　　　　C. 318mm　　　　D. 424mm

解　混凝土基座与圆截面立柱的交接面，即圆环形基座板的内圆柱面即为剪切面，如解图所示。

$$A_Q = \pi d t$$

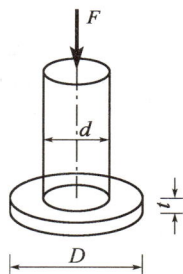

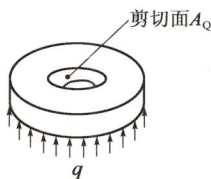

例 5-3-1 图　　　　　　　　　　　　　　例 5-3-1 解图

圆形混凝土基座上的均布压力（面荷载）为：

$$q = \frac{1\,000 \times 10^3 \mathrm{N}}{\frac{\pi}{4} \times 1\,000^2 \mathrm{mm}^2} = \frac{4}{\pi}\mathrm{MPa}$$

作用在剪切面上的剪力为：

$$Q = q \cdot \frac{\pi}{4}\left(1\,000^2 - 500^2\right) = 750\mathrm{kN}$$

由剪切强度条件：

$$\tau = \frac{Q}{A_{\mathrm{Q}}} = \frac{Q}{\pi dt} \leqslant [\tau]$$

可得：

$$t \geqslant \frac{Q}{\pi d [\tau]} = \frac{750 \times 10^3 \mathrm{N}}{\pi \times 500\mathrm{mm} \times 1.5\mathrm{MPa}} = 318.3\mathrm{mm}$$

答案： C

二、挤压的实用计算

（一）挤压的概念

（1）挤压。两构件相互接触的局部承压作用。

（2）挤压面。两构件间相互接触的面。

（3）挤压力 P_{bs}。承压接触面上的总压力。

（二）挤压实用计算

（1）名义挤压应力。假设挤压力在名义挤压面上均匀分布，即

$$\sigma_{\mathrm{bs}} = \frac{P_{\mathrm{bs}}}{A_{\mathrm{bs}}} \tag{5-3-3}$$

式中：A_{bs}——名义挤压面面积。

当挤压面为平面时，名义挤压面面积等于实际的承压接触面面积；当挤压面为曲面时，则名义挤压面面积取为实际承压接触面在垂直挤压力方向的投影面积。

（2）许用挤压应力。根据直接试验结果，按照名义挤压应力公式计算名义极限挤压应力，再除以安全系数。

（3）挤压强度条件。挤压面上的工作挤压应力不得超过材料的许用挤压应力，即

$$\sigma_{\mathrm{bs}} = \frac{P_{\mathrm{bs}}}{A_{\mathrm{bs}}} \leqslant [\sigma_{\mathrm{bs}}] \tag{5-3-4}$$

【例 5-3-2】已知铆钉的许用切应力为 $[\tau]$，许用挤压应力为 $[\sigma_{\mathrm{bs}}]$，钢板的厚度为 t，则图示铆钉直

径 d 与钢板厚度 t 的合理关系是：

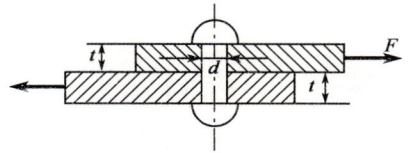

例 5-3-2 图

A. $d = \dfrac{8t[\sigma_{bs}]}{\pi[\tau]}$　　　　　B. $d = \dfrac{4t[\sigma_{bs}]}{\pi[\tau]}$

C. $d = \dfrac{\pi[\tau]}{8t[\sigma_{bs}]}$　　　　　D. $d = \dfrac{\pi[\tau]}{4t[\sigma_{bs}]}$

解　由铆钉的剪切强度条件：

$$\tau = \frac{F_s}{A_s} = \frac{F}{\dfrac{\pi}{4}d^2} = [\tau]$$

可得：

$$\frac{4F}{\pi d^2} = [\tau] \tag{①}$$

由铆钉的挤压强度条件：

$$\sigma_{bs} = \frac{F_{bs}}{A_{bs}} = \frac{F}{dt} = [\sigma_{bs}]$$

可得：

$$\frac{F}{dt} = [\sigma_{bs}] \tag{②}$$

d 与 t 的合理关系应使两式同时成立，②式除以①式，得到

$$\frac{\pi d}{4t} = \frac{[\sigma_{bs}]}{[\tau]}$$

即

$$d = \frac{4t[\sigma_{bs}]}{\pi[\tau]}$$

答案： B

三、剪应力互等定理与剪切虎克定律

（一）纯剪切

若单元体各个侧面上只有剪应力而无正应力，称为纯剪切。

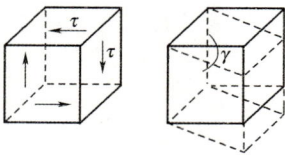

图 5-3-2　纯剪切单元体

纯剪切引起剪应变 γ，即相互垂直的两线段间角度的改变。

（二）剪应力互等定理

在互相垂直的两个平面上，垂直于两平面交线的剪应力，总是大小相等，且共同指向或背离这一交线（见图 5-3-2），即

$$\tau = -\tau' \tag{5-3-5}$$

（三）剪切虎克定律

当剪应力不超过材料的剪切比例极限时，剪应力 τ 与剪应变 γ 成正比，即

$$\tau = G\gamma \tag{5-3-6}$$

式中：G——材料的剪切弹性模量。

对各向同性材料，E、G、μ 间只有两个独立常数，即

$$G = \frac{E}{2(1+\mu)} \tag{5-3-7}$$

习　题

5-3-1　钢板用两个铆钉固定在支座上，铆钉直径为 d，在图示荷载下，铆钉的最大切应力是（　　）。

A. $\tau_{\max} = \dfrac{4F}{\pi d^2}$ B. $\tau_{\max} = \dfrac{8F}{\pi d^2}$ C. $\tau_{\max} = \dfrac{12F}{\pi d^2}$ D. $\tau_{\max} = \dfrac{2F}{\pi d^2}$

5-3-2 螺钉受力如图所示，一直螺钉和钢板的材料相同，拉伸许用应力$[\sigma]$是剪切许可应力$[\tau]$的 2 倍，即$[\sigma] = 2[\tau]$，钢板厚度t是螺钉头高度h的 1.5 倍，则螺钉直径d的合理值为（   ）。

A. $d = 2h$ B. $d = 0.5h$ C. $d^2 = 2Dt$ D. $d^2 = Dt$

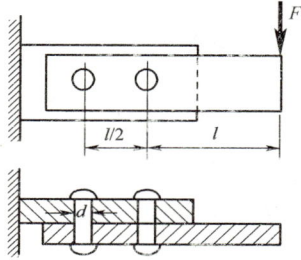
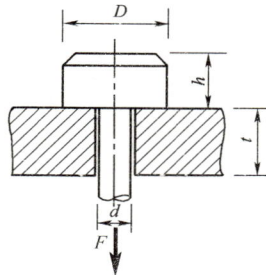

题 5-3-1 图　　　　　　　　题 5-3-2 图

5-3-3 图示连接件，两端受拉力$\boldsymbol{P}$作用，接头的挤压面积为（   ）。

A. ab B. cb C. lb D. lc

5-3-4 如图所示，在平板和受拉螺栓之间垫上一个垫圈，可以提高（   ）。

A. 螺栓的拉伸强度　　　　　　　　B. 螺栓的剪切强度

C. 螺栓的挤压强度　　　　　　　　D. 平板的挤压强度

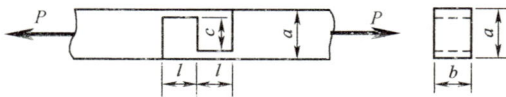
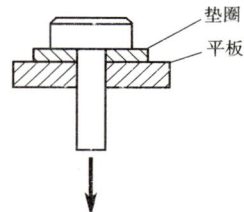

题 5-3-3 图　　　　　　　　题 5-3-4 图

5-3-5 图示铆接件，设钢板和铝铆钉的挤压应力分别为$\sigma_{jy,1}$、$\sigma_{jy,2}$，则两者的大小关系是（   ）。

A. $\sigma_{jy,1} < \sigma_{jy,2}$ B. $\sigma_{jy,1} = \sigma_{jy,2}$

C. $\sigma_{jy,1} > \sigma_{jy,2}$ D. 不确定的

5-3-6 如图所示，插销穿过水平放置平板上的圆孔，在其下端受有一拉力$\boldsymbol{P}$，该插销的剪切面积和挤压面积分别为（   ）。

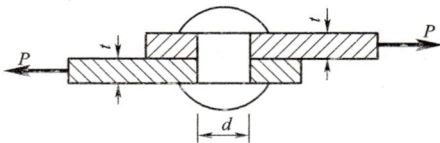
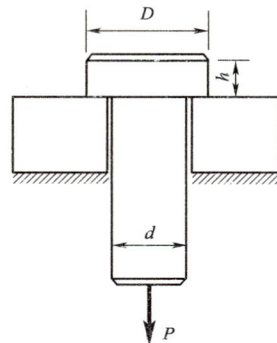

题 5-3-5 图　　　　　　　　题 5-3-6 图

A. πdh，$\pi D^2/4$

B. πdh，$\pi(D^2 - d^2)/4$

    C. πDh，$\pi D^2/4$

    D. πDh，$\pi(D^2-d^2)/4$

5-3-7　要用冲床在厚度为t的钢板上冲出一圆孔，则冲力大小（　　　）。

    A. 与圆孔直径的平方成正比

    B. 与圆孔直径的平方根成正比

    C. 与圆孔直径成正比

    D. 与圆孔直径的三次方成正比

第四节　扭　转

一、扭转的概念

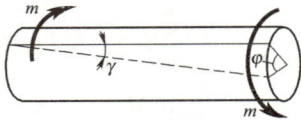

图 5-4-1　扭转力学模型

（一）扭转的力学模型

扭转的力学模型，如图 5-4-1 所示。

（1）受力特征。杆两端受到一对力偶矩相等，转向相反，作用平面与杆件轴线相垂直的外力偶作用。

（2）变形特征。杆件表面纵向线变成螺旋线，即杆件任意两横截面绕杆件轴线发生相对转动。

（3）扭转角φ。杆件任意两横截面间相对转动的角度。

（二）外力偶矩的计算

轴所传递的功率、转速与外力偶矩（kN·m）间有如下关系

$$m = 9.55\frac{P}{n} \tag{5-4-1}$$

式中：　P ——传递功率（kW）；

    n ——转速（r/min）。

二、扭矩及扭矩图

（1）扭矩。受扭杆件横截面上的内力是一个在截面平面内的力偶，其力偶矩称为扭矩，用T表示，如图 5-4-2 所示，其值用截面法求得。

（2）扭矩符号。扭矩T的正负号规定，以右手法则表示扭矩矢量，若矢量的指向与截面外向法线的指向一致时扭矩为正，反之为负。如图 5-4-2 所示，扭矩均为正号。

（3）扭矩图。表示沿杆件轴线各横截面上扭矩变化规律的图线。扭矩图实例见本节后习题 5-4-6。

三、圆杆扭转时的剪应力与强度条件

（一）横截面上的剪应力

（1）剪应力分布规律。横截面上任一点的剪应力，其方向垂直于该点所在的半径，其值与该点到圆心的距离成正比，如图 5-4-3 所示。

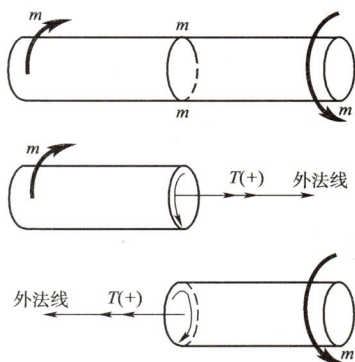

图 5-4-2 扭矩及其正负号规定

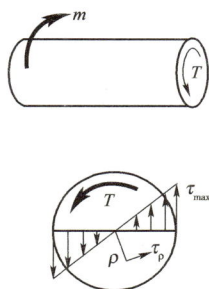

图 5-4-3 圆杆扭转时横截面上的剪应力

（2）剪应力计算公式。横截面上距圆心为 ρ 的任一点的剪应力 τ_ρ 为

$$\tau_\rho = \frac{T}{I_p}\rho \tag{5-4-2}$$

横截面上的最大剪应力发生在横截面周边各点处，其值为

$$\tau_{\max} = \frac{T}{I_p}R = \frac{T}{W_p} \tag{5-4-3}$$

（3）剪应力公式的讨论：

①公式适用于线弹性范围（$\tau_{\max} \leqslant \tau_\rho$），小变形条件下的等截面实心或空心圆直杆。

②T 为所求截面上的扭矩。

③I_p 称为极惯性矩，W_p 称为抗扭截面系数，其值与截面尺寸有关。

实心圆截面（见图 5-4-4a）

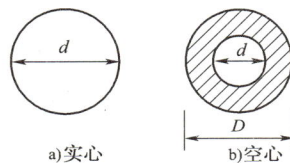

a) 实心　　b) 空心

图 5-4-4　圆截面

$$\left.\begin{array}{l} I_p = \dfrac{\pi d^4}{32} \\[2mm] W_p = \dfrac{\pi d^3}{16} \end{array}\right\} \tag{5-4-4}$$

空心圆截面（见图 5-4-4b）

$$\left.\begin{array}{l} I_p = \dfrac{\pi D^4}{32}(1-\alpha^4) \\[2mm] W_p = \dfrac{\pi D^3}{16}(1-\alpha^4) \end{array}\right\} \tag{5-4-5}$$

其中 $\alpha = d/D$

【例 5-4-1】 图示两根圆轴，横截面积相同，但分别为实心圆和空心圆。在相同的扭矩 T 作用下，两轴最大切应力的关系是：

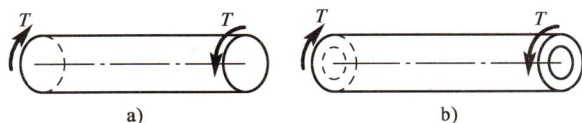

例 5-4-1 图

　　A. $\tau_a < \tau_b$ 　　　　B. $\tau_a = \tau_b$ 　　　　C. $\tau_a > \tau_b$ 　　　　D. 不能确定

解　设实心圆直径为 d，空心圆外径为 D，空心圆内外径之比为 α，因两者横截面积相同，故有 $\frac{\pi}{4}d^2 = \frac{\pi}{4}D^2(1-\alpha^2)$，即 $d = D(1-\alpha^2)^{\frac{1}{2}}$。

$$\frac{\tau_a}{\tau_b} = \frac{\dfrac{T}{\dfrac{\pi}{16}d^3}}{\dfrac{T}{\dfrac{\pi}{16}D^3(1-\alpha^4)}} = \frac{D^3(1-\alpha^4)}{d^3} = \frac{D^3(1-\alpha^2)(1+\alpha^2)}{D^3(1-\alpha^2)(1-\alpha^2)^{\frac{1}{2}}} = \frac{1+\alpha^2}{\sqrt{1-\alpha^2}} > 1$$

答案： C

【**例 5-4-2**】 已知实心圆轴按强度条件可承担的最大扭矩为 T，若改变该轴的直径，使其横截面积增加 1 倍，则可承担的最大扭矩为：

    A. $\sqrt{2}T$ B. $2T$ C. $2\sqrt{2}T$ D. $4T$

解 由强度条件 $\tau_{max} = T/W_p \leq [\tau]$，可知直径为 d 的圆轴可承担的最大扭矩为 $T \leq [\tau]W_p = [\tau]\pi d^3/16$。若改变该轴直径为 d_1，使 $A_1 = \pi d_1^2/4 = 2A = 2\pi d^2/4$，则有 $d_1^2 = 2d^2$，即 $d_1 = \sqrt{2}d$。

故其可承担的最大扭矩为：$T_1 = [\tau]\pi d_1^3/16 = 2\sqrt{2}[\tau]\pi d^3/16 = 2\sqrt{2}T$

答案： C

（二）圆杆扭转时的强度条件

强度条件： 圆杆扭转时横截面上的最大剪应力不得超过材料的许用剪应力，即

$$T_{max} = \frac{T_{max}}{W_p} \leq [\tau] \tag{5-4-6}$$

由强度条件可对受扭杆进行强度校核、截面设计和确定许可荷载三类问题的计算。

四、圆杆扭转时的变形及刚度条件

（一）圆杆的扭转变形计算

单位长度扭转角 θ（rad/m）

$$\theta = \frac{d\varphi}{dx} = \frac{T}{GI_p} \tag{5-4-7}$$

扭转角 φ（rad）

$$\varphi = \int_L \frac{T}{GI_p} dx \tag{5-4-8}$$

若在长度 L 内，T、G、I_p 均为常量时

$$\varphi = \frac{TL}{GI_p} \tag{5-4-9}$$

式（5-4-9）适用于线弹性范围，小变形下的等直圆杆。GI_p 表示圆杆抵抗扭转弹性变形的能力，称为抗扭刚度。

【**例 5-4-3**】 图示圆轴在扭转力矩作用下发生扭转变形，该轴 A、B、C 三个截面相对于 D 截面的扭转角间满足：

    A. $\phi_{DA} = \phi_{DB} = \phi_{DC}$ B. $\phi_{DA} = 0$，$\phi_{DB} = \phi_{DC}$

    C. $\phi_{DA} = \phi_{DB} = 2\phi_{DC}$ D. $\phi_{DA} = 2\phi_{DC}$，$\phi_{DB} = 0$

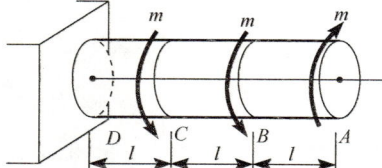

例 5-4-3 图

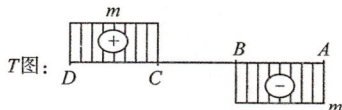

例 5-4-3 解图

解　根据该轴的外力和反力可得其扭矩图如解图所示。故

$$\phi_{DA} = \phi_{DC} + \phi_{CB} + \phi_{BA} = \frac{ml}{GI_p} + 0 - \frac{ml}{GI_p} = 0$$

$$\phi_{DB} = \phi_{DC} + \phi_{CB} = \phi_{DC} + 0$$

答案：B

（二）圆杆扭转时的刚度条件

即刚度条件：圆杆扭转时的最大单位长度扭转角不得超过规定的许可值$[\theta]$（°/m），即

$$\theta_{max} = \frac{T_{max}}{GI_p} \times \frac{180°}{\pi} \leqslant [\theta] \tag{5-4-10}$$

由刚度条件，同样可对受扭圆杆进行刚度校核、截面设计和确定许可荷载三类问题的计算。

习　题

5-4-1　直径为d的实心圆轴受扭，为使扭转最大切应力减少一半，圆轴的直径应改为（　　　）。

　　A. $2d$　　　　　　B. $0.5d$　　　　　　C. $\sqrt{2}d$　　　　　　D. $\sqrt[3]{2}d$

5-4-2　圆轴直径为d，剪切弹性模量为G，在外力作用下发生扭转变形，现测得单位长度扭转角为θ，圆轴的最大切应力是（　　　）。

　　A. $\tau = 16\theta G/(\pi d^3)$　　B. $\tau = \theta G \pi d^3/16$　　　C. $\tau = \theta G d$　　　　　　D. $\tau = \theta G d/2$

5-4-3　图a）所示圆轴抗扭截面模量为W_p，切变模量为G，扭转变形后，圆轴表面A点处截取的单元体互相垂直的相邻边线改变了γ角，如图b）所示。圆轴承受的扭矩T为（　　　）。

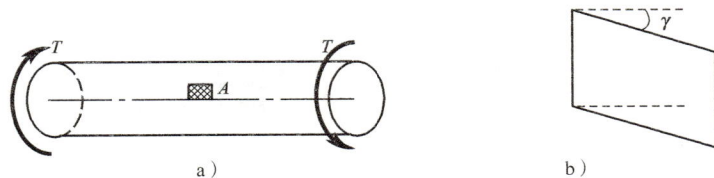

题 5-4-3 图

　　A. $T = G\gamma W_p$　　　　　B. $T = G\gamma/W_p$　　　　C. $T = \gamma W_p/G$　　　　D. $T = W_p/(G\gamma)$

5-4-4　直径为d的实心圆轴受扭，若使扭转角减小一半，圆轴的直径需变为（　　　）。

　　A. $\sqrt[4]{2}d$　　　　　　B. $\sqrt[3]{\sqrt{2}}d$　　　　C. $0.5d$　　　　　　D. $2d$

5-4-5　如图所示，左端固定的直杆受扭转力偶作用，在截面1-1和1-2处的扭矩为（　　　）。

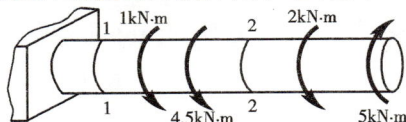

题 5-4-5 图

　　A. 12.5kN·m，−3kN·m　　　　　　　　　B. −2.5kN·m，−3kN·m

　　C. −2.5kN·m，3kN·m　　　　　　　　　　D. 2.5kN·m，−3kN·m

5-4-6　如图所示，圆轴的扭矩图为（　　　）。

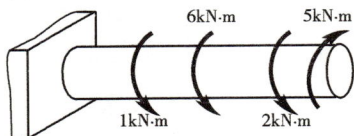

题 5-4-6 图

A.

B.

C.

D.

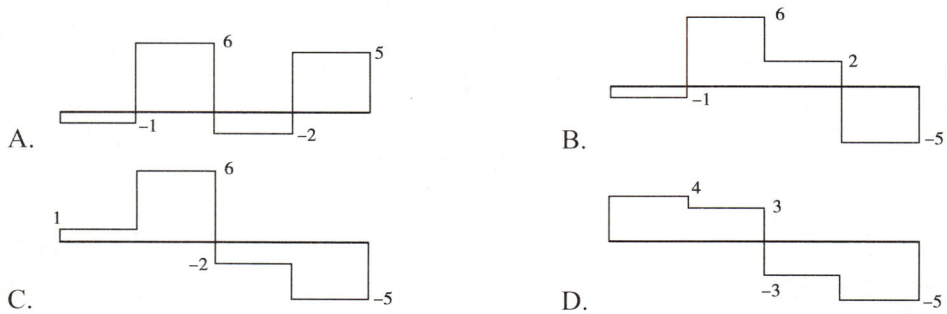

5-4-7　直径为 D 的实心圆轴，两端受扭转力矩作用，轴内最大剪应力为 τ。若轴的直径改为 $D/2$，则轴内的最大剪应力应为（　　　）。

　　A. 2τ　　　　　　　　B. 4τ　　　　　　　　C. 8τ　　　　　　　　D. 16τ

5-4-8　如图所示，直杆受扭转力偶作用，在截面 1-1 和 2-2 处的扭矩为（　　　）。

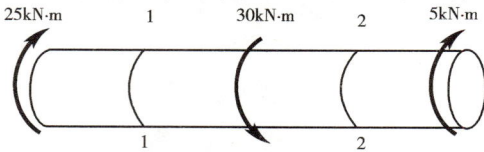

题 5-4-8 图

　　A. 5kN·m，5kN·m　　　　　　　　　　B. 25kN·m，−5kN·m

　　C. 35kN·m，−5kN·m　　　　　　　　　D. −25kN·m，25kN·m

5-4-9　两端受扭转力偶矩作用的实心圆轴，不发生屈服的最大许可荷载为 M_0，若将其横截面面积增加 1 倍，则最大许可荷载为（　　　）。

　　A. $\sqrt{2}M_0$　　　　　　B. $2M_0$　　　　　　C. $2\sqrt{2}M_0$　　　　　　D. $4M_0$

5-4-10　空心圆轴和实心圆轴的外径相同时，截面的抗扭截面模量较大的是（　　　）。

　　A. 空心轴　　　　　B. 实心轴　　　　　C. 一样大　　　　　D. 不能确定

5-4-11　受扭实心等直圆轴，当直径增大 1 倍时，其最大剪应力 τ_{2max} 和两端相对扭转角 φ_2 与原来的 τ_{1max} 和 φ_1 的比值为（　　　）。

　　A. $\tau_{2max}:\tau_{1max}=1:2$，$\varphi_2:\varphi_1=1:4$　　　　　B. $\tau_{2max}:\tau_{1max}=1:4$，$\varphi_2:\varphi_1=1:8$

　　C. $\tau_{2max}:\tau_{1max}=1:8$，$\varphi_2:\varphi_1=1:16$　　　　D. $\tau_{2max}:\tau_{1max}=1:4$，$\varphi_2:\varphi_1=1:16$

第五节　截面图形的几何性质

一、静矩与形心

对图 5-5-1 所示截图

$$S_z = \int_A y\,\mathrm{d}A \atop S_y = \int_A z\,\mathrm{d}A \Bigg\}$$

$$\left.\begin{array}{c} S_z = \displaystyle\int_A y\,\mathrm{d}A \\ S_y = \displaystyle\int_A z\,\mathrm{d}A \end{array}\right\} \tag{5-5-1}$$

静矩的量纲为长度的三次方。

对于由几个简单图形组成的组合截面

$$S_z = A_1y_1 + A_2y_2 + A_3y_3 + \cdots = A \cdot y_c \left.\right\}$$
$$S_y = A_1z_1 + A_2z_2 + A_3z_3 + \cdots = A \cdot z_c \left.\right\} \qquad (5-5-2)$$

形心坐标

$$y_c = \frac{A_1y_1 + A_2y_2 + A_3y_3 + \cdots}{A_1 + A_2 + A_3 + \cdots} = \frac{S_z}{A} \left.\right\}$$
$$z_c = \frac{A_1z_1 + A_2z_2 + A_3z_3 + \cdots}{A_1 + A_2 + A_3 + \cdots} = \frac{S_y}{A} \left.\right\} \qquad (5-5-3)$$

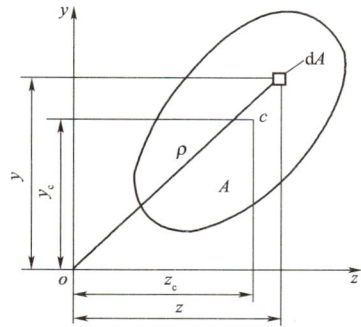

显然，若z轴过形心，$y_c = 0$，则有$S_z = 0$，反之亦然；若y轴过形心，$z_c = 0$，则有$S_y = 0$，反之亦然。

图 5-5-1　截面图形

二、惯性矩、惯性半径、极惯性矩、惯性积

对图 5-5-1 所示截面，对z轴和y轴的惯性矩为

$$I_z = \int_A y^2 \mathrm{d}A \; ; \; I_y = \int_A z^2 \mathrm{d}A \qquad (5-5-4)$$

惯性矩总是正值，其量纲为长度的四次方，亦可写成

$$I_z = Ai_z^2 \; ; \; I_y = Ai_y^2 \qquad (5-5-5)$$

$$i_z = \sqrt{\frac{I_z}{A}} \; ; \; i_y = \sqrt{\frac{I_y}{A}} \qquad (5-5-6)$$

i_z、i_y称为截面对z、y轴的惯性半径，其量纲为长度的 1 次方。

截面对o点的极惯性矩为

$$I_p = \int_A \rho^2 \mathrm{d}A \qquad (5-5-7)$$

因$\rho^2 = y^2 + z^2$，故有$I_p = I_z + I_y$，显然I_p也恒为正值，其量纲为长度的 4 次方。

截面对y、z轴的惯性积为

$$I_{yz} = \int_A yz\mathrm{d}A \qquad (5-5-8)$$

I_{yz}可以为正值，也可以为负值，也可以是零，其量纲为长度的 4 次方。若y、z两坐标轴中有一个为截面的对称轴，则其惯性积I_{yz}恒等于零。

常用截面的几何性质见表 5-5-1。

常用截面的几何性质 表 5-5-1

项目	矩　形	图　形	空　心　圆	箱　形
截面图形				

项目	矩　形	图　形	空　心　圆	箱　形
截面的几何性质	$A = bh$ $I_z = \dfrac{bh^3}{12}$ $I_y = \dfrac{hb^3}{12}$ $I_{yz} = 0$ $i_z = \dfrac{h}{2\sqrt{3}}$ $i_y = \dfrac{b}{2\sqrt{3}}$ $W_z = \dfrac{bh^2}{6}, W_y = \dfrac{hb^2}{6}$	$A = \dfrac{\pi}{4}D^2$ $I_z = I_y = \dfrac{\pi}{64}D^4$ $I_p = \dfrac{\pi}{32}D^4$ $I_{yz} = 0$ $W_z = W_y = \dfrac{\pi}{32}D^3$ $W_p = \dfrac{\pi}{16}D^3$	$A = \dfrac{\pi}{4}D^2(1-\alpha^2)$ $I_z = I_y = \dfrac{\pi}{64}D^4(1-\alpha^4)$ $I_p = \dfrac{\pi}{32}D^4(1-\alpha^4)$ $I_{yz} = 0, \alpha = \dfrac{d}{D}$ $i_z = i_y = \dfrac{\sqrt{D^2+d^2}}{4}$ $W_z = W_y = \dfrac{\pi}{32}D^3(1-\alpha^4)$ $W_p = \dfrac{\pi}{16}D^3(1-\alpha^4)$	$A = BH - bh$ $I_z = \dfrac{BH^3 - bh^3}{12}$ $I_y = \dfrac{HB^3 - hb^3}{12}$ $I_{yz} = 0$

注：图形中的 c 为截面形心；公式中 W_z、W_y 为抗弯截面系数，W_p 为抗扭截面系数。

【例 5-5-1】 如图所示，空心圆轴的外径为 D，内径为 d，其极惯性矩 I_p 是：

A. $I_p = \pi(D^3 - d^3)/16$

B. $I_p = \pi(D^3 - d^3)/32$

C. $I_p = \pi(D^4 - d^4)/16$

D. $I_p = \pi(D^4 - d^4)/32$

解　根据极惯性矩 I_p 的定义：$I_p = \int_A \rho^2 \mathrm{d}A$，可知极惯性矩是一个定积分，具有可加性，所以：$I_p = \pi D^4/32 - \pi d^4/32 = \pi(D^4 - d^4)/32$。

答案： D

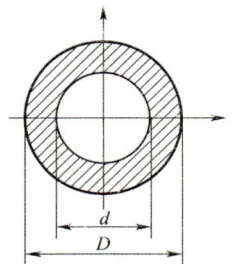
例 5-5-1 图

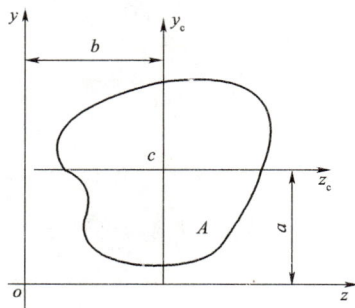
图 5-5-2　具有平行轴的截面图形

三、平行移轴公式

若已知任一截面图形（见图 5-5-2）形心为 c，面积为 A，对形心轴 z_c 和 y_c 的惯性矩为 I_{zc} 和 I_{yc}、惯性积为 I_{yczc}，则该图形对于与 z_c 轴平行且相距为 a 的 z 轴，及与 y_c 轴平行且相距为 b 的 y 轴的惯性矩和惯性积分别为

$$\left.\begin{array}{l} I_z = I_{zc} + a^2 A \\ I_y = I_{yc} + b^2 A \\ I_{yz} = I_{yczc} + abA \end{array}\right\} \tag{5-5-9}$$

显然，在图形对所有互相平行的惯性矩中，以形心轴的惯性矩为最小。

四、主惯性轴和主惯性矩、形心主（惯性）轴和形心主（惯形）矩

若截面图形对通过某点的某一对正交坐标轴的惯性积为零，则称这对坐标轴为图形在该点的**主惯性轴**，简称**主轴**。图形对主惯性轴的惯性矩称为**主惯性矩**。显然，当任意一对正交坐标轴中之一轴为图形的对称轴时，图形对该两轴的惯性积必为零，故这对轴必为主轴。

过截面形心的主惯性轴，称为**形心主轴**。截面对形心主轴的惯性矩称为**形心主矩**。杆件的轴线与横

截面形心主轴所组成的平面，称为形心主惯性平面。

习　题

5-5-1　图示矩形截面对z_1轴的惯性矩I_{z_1}为（　　　）。

A. $I_{z_1} = bh^3/12$　　　B. $I_{z_1} = bh^3/3$　　　C. $I_{z_1} = 7bh^3/6$　　　D. $I_{z_1} = 13bh^3/12$

5-5-2　矩形截面挖去一个边长为a的正方形，如图所示，该截面对z轴的惯性矩I_z为（　　　）。

A. $I_z = bh^3/12 - a^4/12$　　　　　　B. $I_z = bh^3/12 - 13a^4/12$

C. $I_z = bh^3/12 - a^4/3$　　　　　　D. $I_z = bh^3/12 - 7a^4/12$

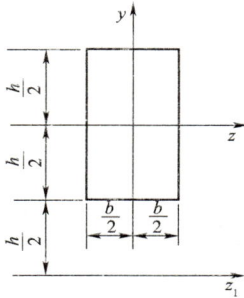　　　　　　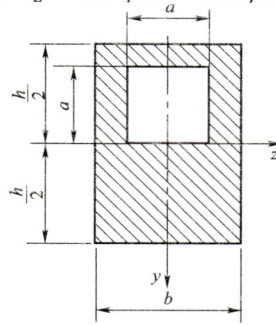

题 5-5-1 图　　　　　　题 5-5-2 图

5-5-3　面积相等的两个图形分别如图所示。它们与对称轴y、z的惯性矩之间的关系为（　　　）。

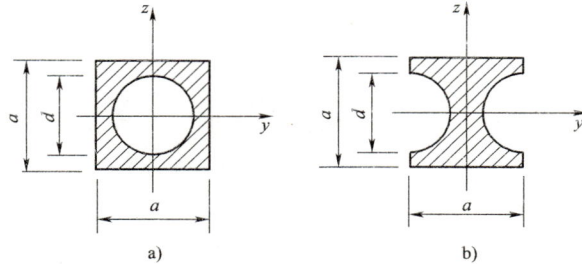

题 5-5-3 图

A. $I_z^a < I_z^b$, $I_y^a = I_y^b$　　　　　　　　B. $I_z^a > I_z^b$, $I_y^a = I_y^b$

C. $I_z^a = I_z^b$, $I_y^a = I_y^b$　　　　　　　　D. $I_z^a = I_z^b$, $I_y^a > I_y^b$

5-5-4　在yoz正交坐标系中，设图形对y、z轴的惯性矩分别为I_y和I_z，则图形对坐标原点极惯性矩为（　　　）。

A. $I_p = 0$　　　　B. $I_p = I_z + I_y$　　　　C. $I_p = \sqrt{I_z^2 + I_y^2}$　　　　D. $I_p = I_z^2 + I_y^2$

5-5-5　图示矩形截面，$m\text{-}m$线以上部分和以下部分对形心轴z的两个静矩（　　　）。

A. 绝对值相等，正负号相同　　　　　　B. 绝对值相等，正负号不同

C. 绝对值不等，正负号相同　　　　　　D. 绝对值不等，正负号不同

5-5-6　直径为d的圆形对其形心轴的惯性半径i等于（　　　）。

A. $d/2$　　　　　B. $d/4$　　　　　C. $d/6$　　　　　D. $d/8$

5-5-7　图示的矩形截面和正方形截面具有相同的面积。设它们对对称轴y的惯性矩分别为I_y^a、I_y^b，对对称轴z的惯性分别为I_z^a、I_z^b，则（　　　）。

A. $I_z^a > I_z^b$, $I_y^a < I_y^b$　　　　　　　　B. $I_z^a > I_z^b$, $I_y^a > I_y^b$

C. $I_z^a < I_z^b$，$I_y^a > I_y^b$ 　　　　　　D. $I_z^a < I_z^b$，$I_y^a < I_y^b$

5-5-8　在图形对通过某点的所有轴的惯性矩中，图形对主惯性轴的惯性矩一定（　　　）。

A. 最大　　　　　　　　　　　B. 最小

C. 最大或最小　　　　　　　　D. 为零

5-5-9　如图所示的截面，其轴惯性矩的关系为（　　　）。

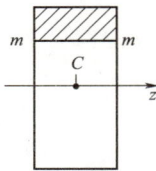　　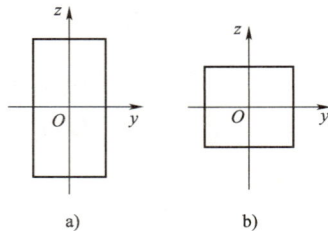　　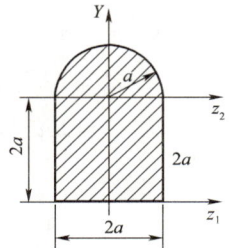

题 5-5-5 图　　　　　　　　题 5-5-7 图　　　　　　　题 5-5-9 图

A. $I_{z_1} = I_{z_2}$　　　　　　　　　　B. $I_{z_1} > I_{z_2}$

C. $I_{z_1} < I_{z_2}$　　　　　　　　　　D. 不能确定

第六节　弯曲梁的内力、应力和变形

一、平面弯曲的概念

弯曲变形是杆件的基本变形之一。以弯曲为主要变形的杆件通常为梁。

（1）弯曲变形特征。任意两横截面绕垂直杆轴线的轴做相对转动，同时杆的轴线也弯成曲线。

（2）平面弯曲。荷载作用面（外力偶作用面或横向力与梁轴线组成的平面）与弯曲平面（即梁轴线弯曲后所在平面）相平行或重合的弯曲。

产生平面弯曲的条件：

（1）梁具有纵对称面时，只要外力（横向力或外力偶）都作用在此纵对称面内。

（2）非对称截面梁。

纯弯曲时，只要外力偶作用在与梁的形心主惯平面（即梁的轴线与其横截面的形心主惯性轴所构成的平面）平行的平面内。

横力弯曲时，横向力必须通过截面的弯曲中心，并在与梁的形心主惯性平面平行的平面内。

二、梁横截面上的内力分量——剪力与弯矩

（一）剪力与弯矩

（1）剪力。梁横截面上切向分布内力的合力，称为剪力，以 Q 表示。

（2）弯矩。梁横截面上法向分布内力形成的合力偶矩，称为弯矩，以 M 表示。

（3）剪力与弯矩的符号。考虑梁微段 dx，使右侧截面对左侧截面产生向下相对错动的剪力为正，反之为负；使微段产生凹向上的弯曲变形的弯矩为正，反之为负，如图 5-6-1 所示。

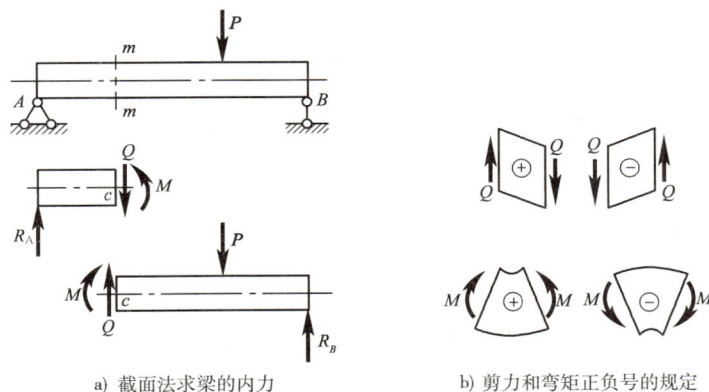

a) 截面法求梁的内力　　　　　b) 剪力和弯矩正负号的规定

图 5-6-1　梁的内力

（4）剪力与弯矩的计算。由截面法可知，梁的内力可用直接法求出：

①横截面上的剪力，其值等于该截面左侧（或右侧）梁上所有外力在横截面方向的投影代数和，且左侧梁上向上的外力或右侧梁上向下的外力引起正剪力，反之则引起负剪力。

②横截面上的弯矩，其值等于该截面左侧（或右侧）梁上所有外力对该截面形心的力矩代数和，且向上外力均引起正弯矩，左侧梁上顺时针转向的外力偶及右侧梁上逆时针转向的外力偶引起正弯矩，反之则产生负弯矩，如图 5-6-2 所示。

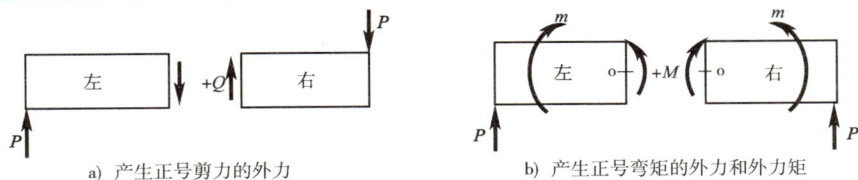

a) 产生正号剪力的外力　　　　　b) 产生正号弯矩的外力和外力矩

图 5-6-2　直接法求梁的内力

【例 5-6-1】　如图所示，求 1-1 截面和 2-2 截面的内力。

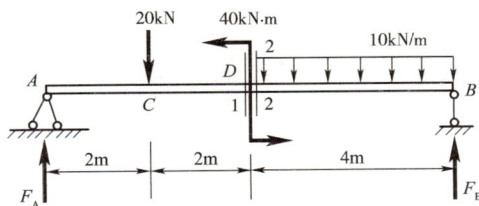

例 5-6-1 图

解　先求支反力，$\sum M_B = 0$

$$F_A \times (2 + 2 + 4) = 20 \times 6 + 40 + (10 \times 4) \times 2, \quad F_A = 30 \text{kN}$$

$$\sum F_y = 0, F_A + F_B = 20 + 10 \times 4, \quad F_B = 30 \text{kN}$$

直接法求内力，$Q_1 = F_A - 20 = 30 - 20 = 10 \text{kN}$

$$M_1 = F_A \times 4 - 20 \times 2 = 30 \times 4 - 40 = 80 \text{kN} \cdot \text{m}$$

$$Q_2 = 10 \times 4 - F_B = 40 - 30 = 10 \text{kN}$$

$$M_2 = F_B \times 4 - (10 \times 4) \times 2 = 30 \times 4 - 80 = 40 \text{kN} \cdot \text{m}$$

（二）内力方程——剪力方程与弯矩方程

（1）剪力方程。表示沿杆轴各横截面上剪力随截面位置变化的函数，称为剪力方程，表示为

$$Q = Q(x)$$

（2）弯矩方程。表示沿杆轴各横截面上弯矩随截面位置变化的函数，称为弯矩方程，表示为

$$M = M(x)$$

（三）剪力图与弯矩图

（1）剪力图。表示沿杆轴和横截面上剪力随截面位置变化的图线，称为剪力图。

（2）弯矩图。表示沿杆轴各横截面上弯矩随截面位置变化的图线，称为弯矩图。

图 5-6-3 给出了常用梁的剪力图和弯矩图。

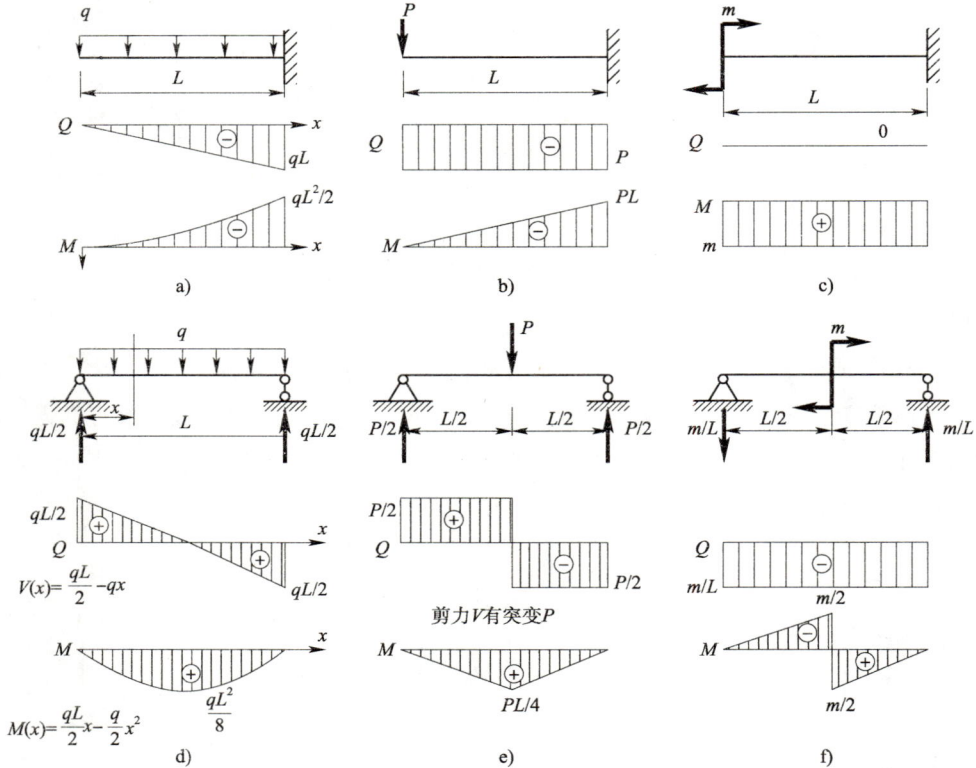

图　5-6-3

三、荷载集度与剪力、弯矩间的关系及应用

（一）微分关系

若规定荷载集度 q 向上为正，则梁任一横截面上的剪力、弯矩与荷载集度间的微分关系

$$\frac{\mathrm{d}Q}{\mathrm{d}x} = q; \quad \frac{\mathrm{d}M}{\mathrm{d}x} = Q; \quad \frac{\mathrm{d}^2M}{\mathrm{d}x^2} = q \tag{5-6-1}$$

当以梁的左端为 x 轴原点，且以向右为 x 正轴，并规定剪力图以向上为正轴，而弯矩图则取向下为正轴时，可将工程上常见的外力与剪力图和弯矩图之间的关系列在表 5-6-1 中。

几种常见外力与剪力图和弯矩图间的关系　　　　　　　　　　表 5-6-1

梁上外力情况	$q=0$（无外力段）	$q=$ 常量<0	$q=$ 常量>0	集中力 P	集中力偶 m	特殊点
	水平直线	水平直线	水平直线			
剪力图 Q	$Q=$ 常量 水平直线	下斜直线 $Q=0$	上斜直线 $Q=0$	在集中力作用处发生突变，突变方向、大小与 P 相同	无影响	无集中力作用的端点 $Q=0$
弯矩图 M	斜直线	M_{max} 抛物线	M_{min} 抛物线	在集中力作用处发生转折（斜率改变）	在 m 作用处发生突变，突变大小与 m 相同	无集中偶作用的简支端、自由端、中间铰 $M=0$

利用表 5-6-1 可以快速地作出剪力图和弯矩图。

【例 5-6-2】 悬臂梁的荷载如图所示，若有集中力 m 在梁上移动，梁的内力变化情况是：

A. 剪力图、弯矩图均不变

B. 剪力图、弯矩图均改变

C. 剪力图不变，弯矩图改变

D. 剪力图改变，弯矩图不变

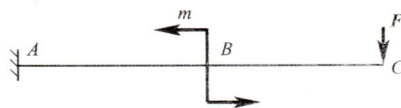
例 5-6-2 图

解 集中力偶 m 在梁上移动，对剪力图没有影响，但是受集中力偶作用的位置其弯矩图会发生突变，故力偶 m 位置的变化会引起弯矩图的改变。

答案： C

（二）快速作图法

（1）求支反力，并校核。

（2）根据外力不连续点分段。

（3）定形：根据各段梁上的外力，确定其 Q、M 图的形状。

（4）定量：用直接法计算各分段点、极值点的 Q、M 值。

【例 5-6-3】 作图 a）所示悬臂梁的剪力图、弯矩图。

解 见图 b）、c）。

【例 5-6-4】 由图 b）所示梁的剪力图，画出梁的荷载图和弯矩图。（梁上无集中力偶作用）

解 见图 a）、c）。

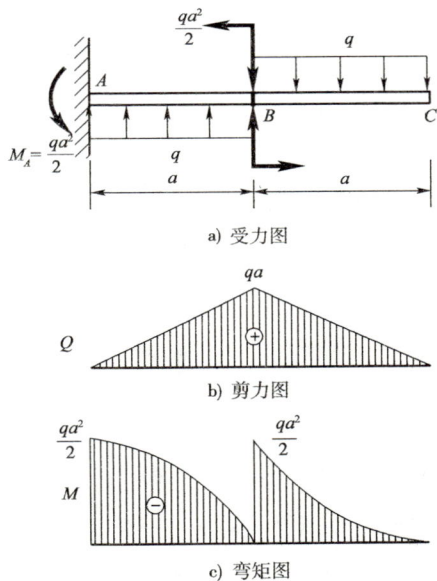
例 5-6-3 图

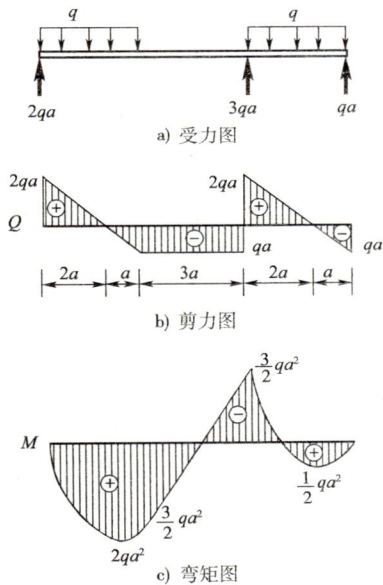
例 5-6-4 图

【例 5-6-5】 简支梁 AB 的剪力图和弯矩图如图所示。该梁正确的受力图是：

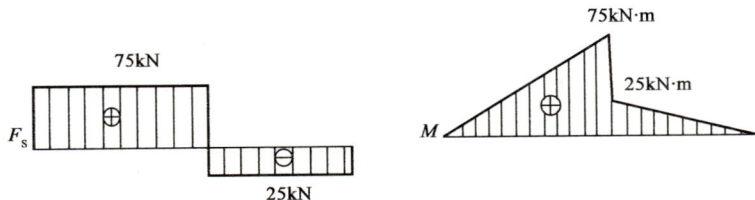
例 5-6-5 图

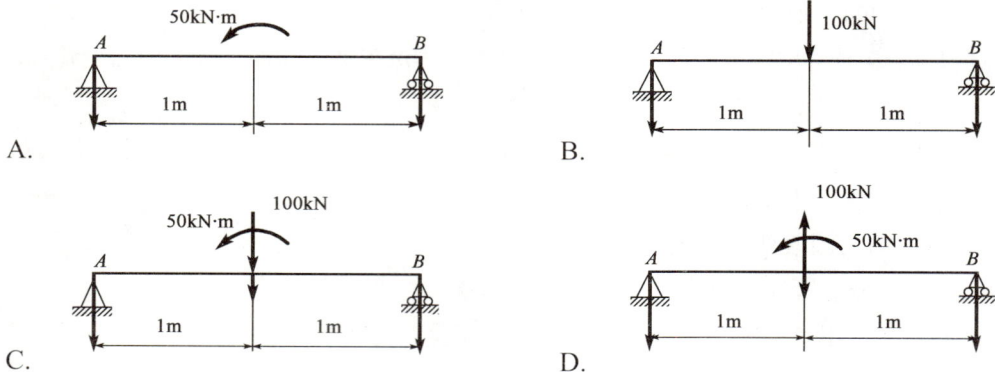

A.   B.

C.   D.

解 从剪力图看梁跨中有一个向下的突变，对应于一个向下的集中力，其值等于突变值 100kN；从弯矩图看梁的跨中有一个突变值 50kN·m，对应于一个外力偶矩 50kN·m，所以只能选 C 图。

答案： C

【例 5-6-6】 梁 AB 的弯矩图如图所示，梁上荷载 F、m 的值为：

A. $F = 8kN$，$m = 14kN \cdot m$

B. $F = 8kN$，$m = 6kN \cdot m$

C. $F = 6kN$，$m = 8kN \cdot m$

D. $F = 6kN$，$m = 14kN \cdot m$

解 由最大负弯矩为 8kN·m，可以反推：$M_{max} = F \times 1m$，故 $F = 8kN$

再由支座 C 处（即外力偶矩 m 作用处）两侧的弯矩的突变值是 14kN·m，可知外力偶矩 $m = 14kN·m$

答案： A

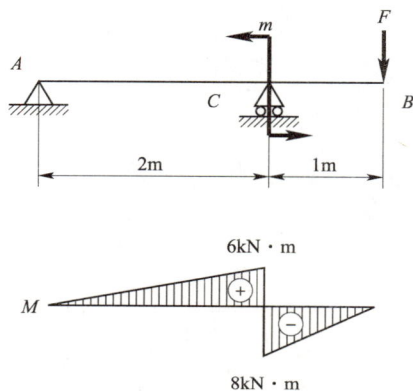

例 5-6-6 图

四、弯曲正应力、正应力强度条件

（一）纯弯曲

梁的横截面上只有弯矩而无剪力时的弯曲，称为纯弯曲。

（二）中性层与中性轴

（1）中性层。杆件弯曲变形时既不伸长也不缩短的一层。

（2）中性轴。中性层与横截面的交线，即横截面上正应力为零的各点的连线。

（3）中性轴位置。当杆件发生平面弯曲，且处于线弹性范围时，中性轴通过横截面形心，且垂直于荷载作用平面。

（4）中性层的曲率。杆件发生平面弯曲，中性层（或杆轴）的曲率与弯矩间的关系为

$$\frac{1}{\rho} = \frac{M}{EI_z} \tag{5-6-2}$$

式中： ρ ——变形后中性层（或杆轴）的曲率半径；

EI_z ——杆的抗弯刚度，轴 z 为横截面的中性轴。

（三）平面弯曲杆件横截面上的正应力

分布规律：正应力与大小与该点至中性轴的垂直距离成正比，中性轴一侧为拉应力，另一侧为压应

力，如图 5-6-4 所示。

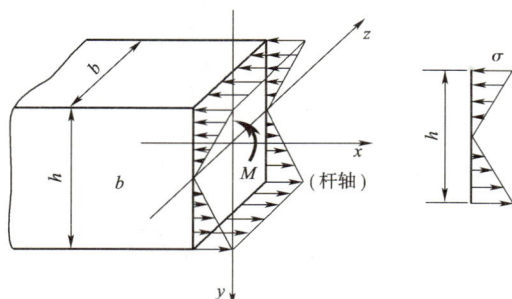

图 5-6-4 弯曲梁横截面上正应力分布

计算公式如下，任一点应力

$$\sigma = \frac{M}{I_z} y \tag{5-6-3}$$

最大应力

$$\sigma_{\max} = \frac{M}{I_z} y_{\max} = \frac{M}{W_z} \tag{5-6-4}$$

其中

$$W_z = \frac{I_z}{y_{\max}} \tag{5-6-5}$$

式中：M ——截面上的弯矩；

I_z ——截面对其中性轴的惯性矩；

W_z ——抗弯截面系数，其量纲为长度的三次方，常用截面 W_z 的计算公式，见表 5-2；

y ——计算点与中性轴间的距离。

【例 5-6-7】 图示矩形截面简支梁中点承受集中力 $F = 100$kN。若 $h = 200$mm，$b = 100$mm，梁的最大弯曲正应力是：

A. 75MPa   B. 150MPa   C. 300MPa   D. 50MPa

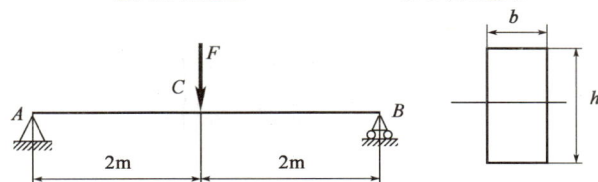

例 5-6-7 图

解 梁两端的支座反力为 $F/2 = 50$kN，梁中点最大弯矩 $M_{\max} = 50 \times 2 = 100$kN·m

最大弯曲正应力

$$\sigma_{\max} = \frac{M_{\max}}{W_z} = \frac{M_{\max}}{\dfrac{bh^2}{6}} = \frac{100 \times 10^6 \text{N·mm}}{\dfrac{1}{6} \times 100 \times 200^2 \text{mm}^3} = 150 \text{MPa}$$

答案： B

【例 5-6-8】 承受竖直向下荷载的等截面悬臂梁，结构分别采用整块材料、两块材料并列、三块材料并列和两块材料叠合（未黏结）四种方案，对应横截面如图所示。在这四种横截面中，发生最大弯曲正应力的截面是：

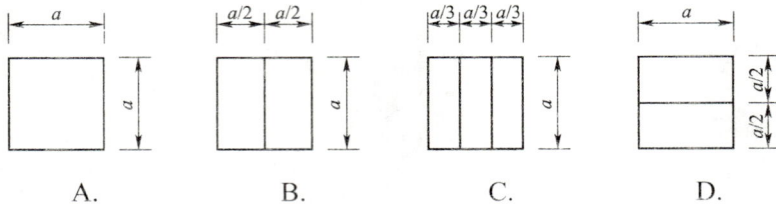

A.　　　　　B.　　　　　C.　　　　　D.

解　A 图看整体：

$$\sigma_{max} = \frac{M}{W_z} = \frac{M}{\frac{a^3}{6}} = \frac{6M}{a^3}$$

B 图看一根梁：

$$\sigma_{max} = \frac{M}{W_z} = \frac{0.5M}{\frac{0.5a^3}{6}} = \frac{M}{\frac{a^3}{6}} = \frac{6M}{a^3}$$

C 图看一根梁：

$$\sigma_{max} = \frac{M}{W_z} = \frac{\frac{1}{3}M}{\frac{\frac{1}{3}a^3}{6}} = \frac{M}{\frac{a^3}{6}} = \frac{6M}{a^3}$$

D 图看一根梁：

$$\sigma_{max} = \frac{M}{W_z} = \frac{0.5M}{\frac{a \times (0.5a)^2}{6}} = \frac{2M}{\frac{a^3}{6}} = \frac{12M}{a^3}$$

答案：D

（四）梁的正应力强度条件

在危险截面上

$$\sigma_{max} = \frac{M}{W_z} \leqslant [\sigma] \tag{5-6-6}$$

或

$$\left.\begin{array}{l} \sigma_{max}^+ = \dfrac{M}{I_z} y_{max}^+ \leqslant [\sigma_t] \\[2mm] \sigma_{max}^- = \dfrac{M}{I_z} y_{max}^- \leqslant [\sigma_c] \end{array}\right\} \tag{5-6-7}$$

式中：　　$[\sigma]$——材料的许用弯曲正应力；

　　　　　$[\sigma_t]$——材料的许用拉应力；

　　　　　$[\sigma_c]$——材料的许用压应力；

y_{max}^+、y_{max}^-——分别为最大拉应力σ_{max}^+和最大压应力σ_{max}^-所在的截面边缘到中性轴z的距离。

【例 5-6-9】 图示悬臂梁 AB，由三根相同的矩形截面直杆胶合而成，材料的许可应力为$[\sigma]$。若胶合面开裂，假设开裂后三根杆的挠曲线相同，接触面之间无摩擦力，则开裂后的梁承载能力是原来的：

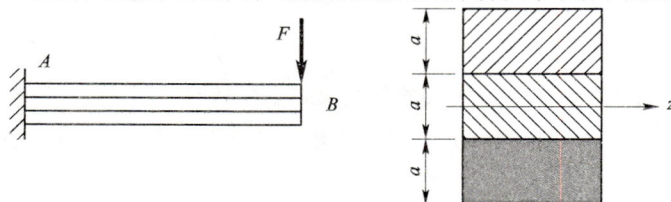

例 5-6-9 图

A. 1/9　　　　　B. 1/3　　　　　C. 两者相同　　　　　D. 3 倍

解　开裂前，由整体梁的强度条件 $\sigma_{\max} = M/W_g \leqslant [\sigma]$，可知

$$M \leqslant [\sigma]W_g = [\sigma]\frac{b(3a)^2}{6} = \frac{3}{2}ba^2[\sigma]$$

胶合面开裂后，每根梁承担总弯矩 M_1 的 $1/3$，由单根梁的强度条件

$$\sigma_{1\max} = \frac{M_1}{W_{g1}} = \frac{\dfrac{M_1}{3}}{W_{g1}} = \frac{M_1}{3W_{g1}} \leqslant [\sigma]$$

可知

$$M_1 \leqslant 3[\sigma]W_{g1} = 3[\sigma]\frac{ba^2}{6} = \frac{1}{2}ba^2[\sigma]$$

故开裂后每根梁的承载能力是原来的 $1/3$。

答案： B

五、弯曲剪应力与剪应力强度条件

（一）矩形截面梁的剪应力

两个假设：

（1）剪应力方向与截面的侧边平行。

（2）沿截面宽度剪应力均匀分布（见图 5-6-5）。

计算公式

$$\tau = \frac{QS_z^*}{bI_z} \tag{5-6-8}$$

式中：Q ——横截面上的剪力；

　　 b ——横截面的宽度；

　　 I_z ——整个横截面对中性轴的惯性矩；

　　 S_z^* ——横截面上距中性轴为 y 处横线一侧的部分截面对中性轴的静矩。

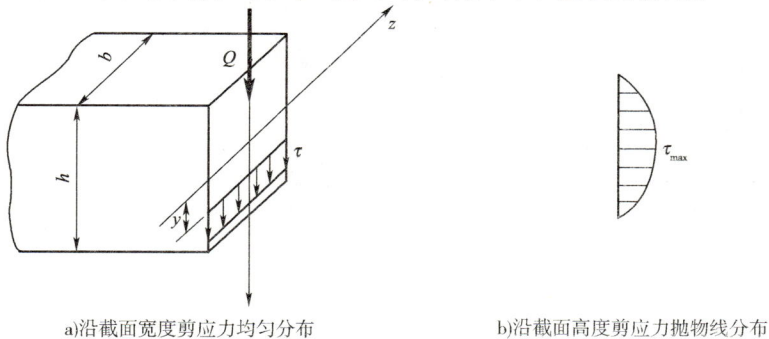

a)沿截面宽度剪应力均匀分布　　　　　　b)沿截面高度剪应力抛物线分布

图 5-6-5　矩形截面梁剪应力的分布

最大剪应力发生在中性轴处

$$\tau_{\max} = \frac{3}{2}\frac{Q}{bh} = \frac{3}{2}\frac{Q}{A} \tag{5-6-9}$$

（二）其他常用截面梁的最大剪应力

工字形截面

$$\tau_{\max} = \frac{QS_{z\max}^*}{I_z d} \tag{5-6-10}$$

其中，d 为腹板厚度，工字型钢中，$I_z/S_{z\max}^*$ 可查型钢表。

圆形截面

$$\tau_{\max} = \frac{4}{3}\frac{Q}{A} \tag{5-6-11}$$

环形截面

$$\tau_{\max} = 2\frac{Q}{A} \tag{5-6-12}$$

最大剪应力均发生在中性轴上。

（三）剪应力强度条件

梁的最大工作剪应力不得超过材料的许用剪应力，即

$$\tau_{\max} = \frac{Q_{\max}S_{z\max}^*}{bI_z} \leqslant [\tau] \tag{5-6-13}$$

式中：$Q_{\max}$ ——全梁的最大剪力；

$S_{z\max}^*$ ——中性轴一边的横截面面积对中性轴的静矩；

b ——横截面在中性轴处的宽度；

I_z ——整个横截面对中性轴的惯矩。

【例 5-6-10】梁的横截面是由狭长矩形构成的工字形截面，如图 a）所示，z 轴为中性轴，截面上的剪力竖直向下，该截面上的最大切应力在：

  A. 腹板中性轴处　　　　　　　　　　B. 腹板上下缘延长线与两侧翼缘相交处

  C. 截面上下缘　　　　　　　　　　　D. 腹板上下缘

解　矩形截面切应力的分布是一个抛物线形状（见图 b），最大切应力在中性轴子上，图 a）示梁的横截面可以看作是一个中性轴，附近梁的宽度 b 突然变大的矩形截面。根据弯曲切应力的计算公式：

$$\tau = \frac{QS_g^*}{gI_g}$$

在 b 突然变大的情况下，中性轴附近的 τ 突然变小，切应力分布图沿 y 方向的分布如图 b）所示。所以最大切应力该在 2 点。

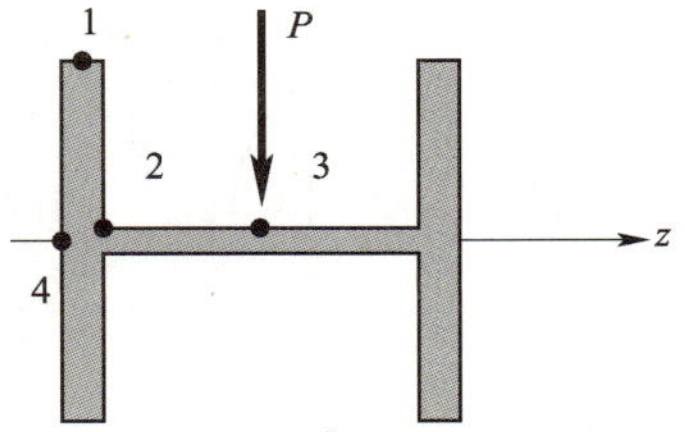

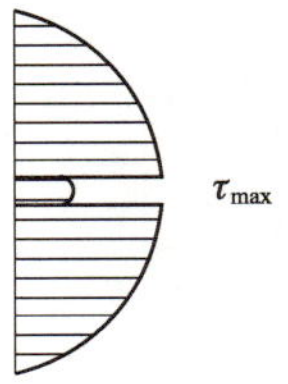

例 5-6-10 图

答案：B

六、梁的合理截面

梁的强度通常是由横截面上的正应力控制的。由弯曲正应力强度条件 $\sigma_{\max} = \frac{M_{\max}}{W_z} \leqslant [\sigma]$ 可知，在截面积 A 一定的条件下，截面图形的抗弯截面系数越大，梁的承载能力就越大，故截面就越合理。因此就 W_z/A 而言，对工字形、矩形和圆形三种形状的截面，工字形最为合理，矩形次之，圆形最差。此外对于 $[\sigma_t] = [\sigma_c]$ 的塑性材料，一般采用对称于中性轴的截面，使截面上、下边缘的最大拉应力和最大压应力

同时达到许用应力。对于$[\sigma_t] \neq [\sigma_c]$的脆性材料，一般采用不对称于中性轴的截面，如$T$形、$\sqcap$形等，使最大拉应力$\sigma_{tmax}$和最大压应力$\sigma_{cmax}$同时达到$[\sigma_t]$和$[\sigma_c]$，如图 5-6-6 所示。

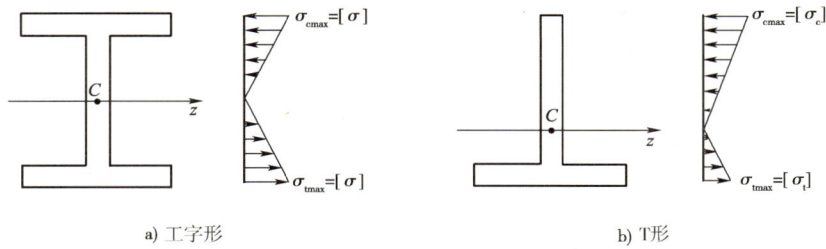

a) 工字形　　　　　　　　　　　　　　b) T形

图 5-6-6　横截面上正应力的分布

七、弯曲中心的概念

在横向力作用下，梁分别在两个形心主惯性平面xy和xz的内弯曲时，横截面上剪力Q_y和Q_z作用线的交点，称为截面的弯曲中心，也称为剪切中心。

当梁上的横向力不能过截面的弯曲中心时，梁除了发生弯曲变形外还要发生扭转变形。

弯曲中心的位置仅取决于截面的几何形状和大小，它与外力的大小和材料的力学性质无关。弯曲中心实际上是截面上弯曲剪应力的合力作用点，见表 5-6-2。

几种薄壁截面的弯心位置　　　　　　　　　　　　　表 5-6-2

项次	1	2	3	4	5	6	7
截面形状							
弯心 A 的位置	与形心重合	$e = \dfrac{b_1^2 < h_1^2 < 2t}{4I_z}$	$e = r_0$	在两个狭长矩形中线的交点			与形心重合

因此，弯曲中心的位置有以下特点。

（1）具有两个对称轴或反对称轴的截面，其弯曲中心与形心重合。

（2）有一个对称轴的截面，其弯曲中心必在此对称轴上。

（3）若薄壁截面的中心线是由相交于一点的若干直线段所组成，则此交点就是截面的弯曲中心。

八、梁的变形——挠度与转角

（一）挠曲线

在外力作用下，梁的轴线由直线变为光滑的弹性曲线，梁弯曲后的轴线称为挠曲线。在平面弯曲下，挠曲线为梁形心主惯性平面内的一条平面曲线$v = f(x)$，如图 5-6-7 所示。

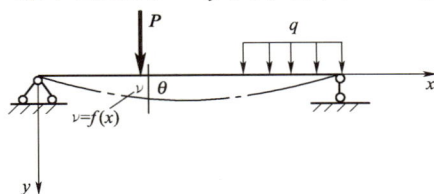

图 5-6-7　梁的挠度与转角

【例 5-6-11】 图示ACB用积分法求变形时，确定积分常数的条件是：（式中V为梁的挠度，θ为梁横截面的转角，ΔL为杆DB的伸长变形）

A. $V_A = 0$，$V_B = 0$，$V_{C左} = V_{C右}$，$\theta_C = 0$

B. $V_A = 0$，$V_B = \Delta L$，$V_{C左} = V_{C右}$，$\theta_C = 0$

C. $V_A = 0$，$V_B = \Delta L$，$V_{C左} = V_{C右}$，$\theta_{C左} = \theta_{C右}$

D. $V_A = 0$，$V_B = \Delta L$，$V_C = 0$，$\theta_{C左} = \theta_{C右}$

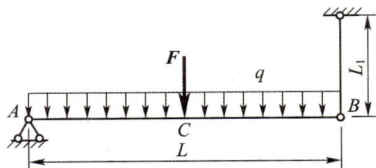

例 5-6-11 图

解　A处为固定铰链支座，挠度总是等于0，即$V_A = 0$

B处挠度等于BD杆的变形量，即$V_B = \Delta L$

C处有集中力F作用，挠度方程和转角方程将发生转折，但是满足连续光滑的要求，即：$V_{C左} = V_{C右}$，$\theta_{C左} = \theta_{C右}$。

答案： C

（二）挠度与转角

梁弯曲变形后，梁的每一个横截面都要产生位移，它包括挠度和转角两部分。

（1）挠度。梁横截面形心在垂直于轴线方向的线位移，称为挠度，记作v。沿梁轴各横截面挠度的变化规律，即为梁的挠曲线方程，即

$$v = f(x)$$

（2）转角。横截面相对原来位置绕中性轴所转过的角度，称为转角，记作θ。小变形情况下

$$\theta \approx \tan\theta = \frac{\mathrm{d}v}{\mathrm{d}x} = v'$$

此外，横截面形心沿梁轴线方向的位移，小变形条件下可忽略不计。

（三）挠曲线近似微分方程

在线弹性范围、小变形条件下，挠曲线近似微分方程为

$$\frac{\mathrm{d}^2 v}{\mathrm{d}x^2} = -\frac{M(x)}{EI_z} \tag{5-6-14}$$

挠度v向下为正，转角θ顺时针转为正。

九、积分法计算梁的变形

根据挠曲线近似微分方程（5-6-14），积分两次，即得梁的转角方程和挠度方程

$$\theta = \frac{\mathrm{d}v}{\mathrm{d}x} = -\int \frac{M(x)}{EI_i}\mathrm{d}x + C$$

$$v = -\iint \frac{M(x)}{EI_z}\mathrm{d}x\mathrm{d}x + Cx + D$$

其中，积分常数C、D可由梁的边界条件来确定。当梁的弯矩方程需分段列出时，挠曲线微分方程也需分段建立、分段积分。于是全梁的积分常数数目将为分段数目的2倍。为了确定全部积分常数，除利用边界条件外，还需利用分段处挠曲线的连续条件（在分界点处左、右两段梁的转角和挠度均应相等）。

十、用叠加法求梁的变形

（一）叠加原理

几个荷载同时作用下梁的任一截面的挠度或转角，等于各个荷载单独作用下同一截面挠度或转角

的总和。

（二）叠加原理的适用条件

叠加原理仅适用于线性函数。要求挠度、转角为梁上荷载的线性函数，必须满足以下条件：

（1）材料为线弹性材料。

（2）梁的变形为小变形。

（3）结构为几何线性。

（三）叠加法的特征

（1）各荷载同时作用下的挠度、转角等于各荷载单独作用下挠度、转角的总和，应该是几何和，同一方向的几何和即为代数和。

（2）梁的简单荷载作用下的挠度、转角应为已知或可查手册，见表5-6-3。

（3）叠加法适宜于求梁某一指定截面的挠度和转角。

几种常用梁在简单荷载作用下的变形　　　　　　　　　　　　　　　　　表 5-6-3

序号	支承和荷载作用情况	梁端转角	最大挠度
1		$\theta_B = \dfrac{ml}{EI}$	$f_B = \dfrac{ml^2}{2EI}$
2		$\theta_B = \dfrac{Pl^2}{2EI}$	$f_B = \dfrac{Pl^3}{3EI}$
3		$\theta_B = \dfrac{ql^3}{6EI}$	$f_B = \dfrac{ql^4}{8EI}$
4		$\theta_A = \dfrac{Ml}{3EI}$ $\theta_B = -\dfrac{Ml}{6EI}$	$x = \left(1 - \dfrac{1}{\sqrt{3}}\right)l$ 处，$f_{max} = \dfrac{Ml^2}{9\sqrt{3}EI}$ $x = \dfrac{l}{2}$ 处，$f_C = \dfrac{Ml^2}{16EI}$
5		$\theta_A = -\theta_B = \dfrac{Pl^2}{16EI}$	$x = \dfrac{l}{2}$ 处，$f_C = \dfrac{Pl^3}{48EI}$
6		$\theta_A = -\theta_B = \dfrac{ql^3}{24EI}$	$x = \dfrac{l}{2}$ 处，$f_C = \dfrac{5ql^4}{384EI}$

【例 5-6-12】 图示悬臂梁自由端承受集中力偶M_g。若梁的长度减少一半，梁的最大挠度是原来的：

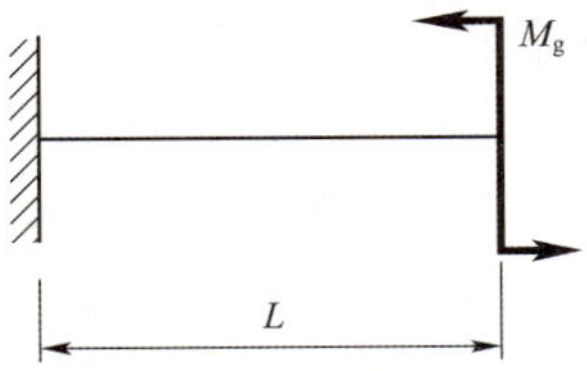

A. 1/2 　　　　　　　　　　　　B. 1/4

C. 1/8 　　　　　　　　　　　　D. 1/16

解　由悬臂梁的最大挠度计算公式$f_{max} = \dfrac{M_g L^2}{2EI}$，可知$f_{max}$与$L^2$成正比，故有：

$$f_{1max} = \frac{M_g \left(\dfrac{L}{2}\right)^2}{2EI} = \frac{1}{4} f_{max}$$

答案： B

例 5-6-12 图

习　　题

5-6-1　图示外伸梁，在C、D处作用相同的集中力F，截面A的剪力和截面C的弯矩分别是（　　　）。

A. $F_{SA} = 0$，$M_C = 0$ 　　　　　　　　B. $F_{SA} = F$，$M_C = Fl$

C. $F_{SA} = F/2$，$M_C = Fl/2$ 　　　　　　D. $F_{SA} = 0$，$M_C = 2Fl$

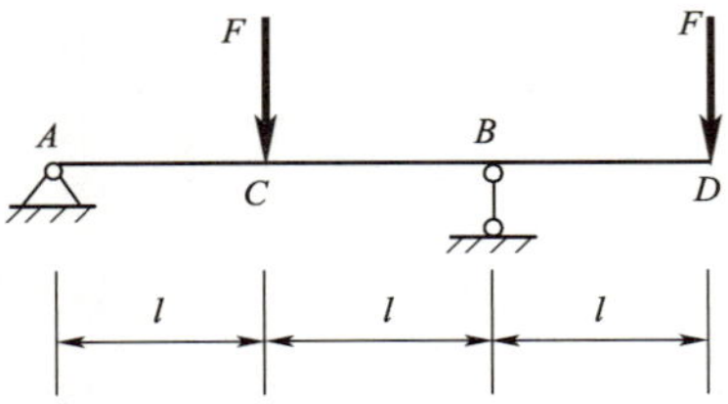

题 5-6-1 图 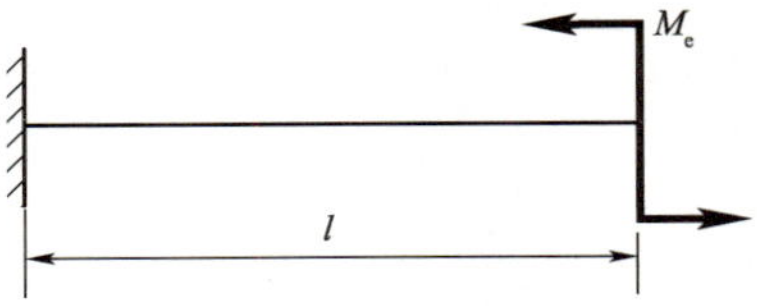　　　　　　　　　　　　　　　　题 5-6-2 图

5-6-2　图示悬臂梁自由端承受集中力偶M_e，若梁的长度减少一半，梁的最大挠度是原来的（　　　）。

A. 1/2 　　　　　B. 1/4 　　　　　C. 1/8 　　　　　D. 1/16

5-6-3　如图所示，悬臂梁AB由两根相同的矩形截面梁胶合而成。若胶合面全部开裂，假设开裂后两杆的弯曲变形相同，接触面之间无摩擦力，则开裂后梁的最大挠度是原来的（　　　）。

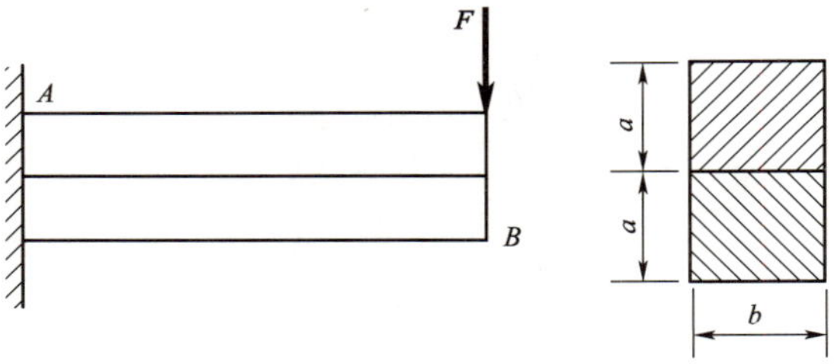

题 5-6-3 图

A. 两者相同 　　　　　B. 2 倍 　　　　　C. 4 倍 　　　　　D. 8 倍

5-6-4　图示外伸梁，A截面的剪力为（　　　）。

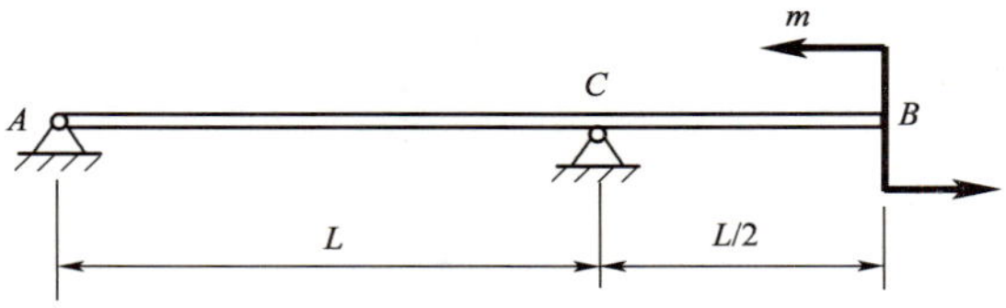

题 5-6-4 图

A. 0 　　　　　　B. $3m/(2L)$ 　　　　　C. m/L 　　　　　D. $-m/L$

5-6-5 两根梁长度、截面形状和约束条件完全相同，一根材料为钢，另一根为铝。在相同的外力作用下发生弯曲形变，两者不同之处为（   ）。

    A. 弯曲内力   B. 弯曲正应力   C. 弯曲切应力   D. 挠曲线

5-6-6 图示四个悬臂梁中挠曲线是圆弧的（   ）。

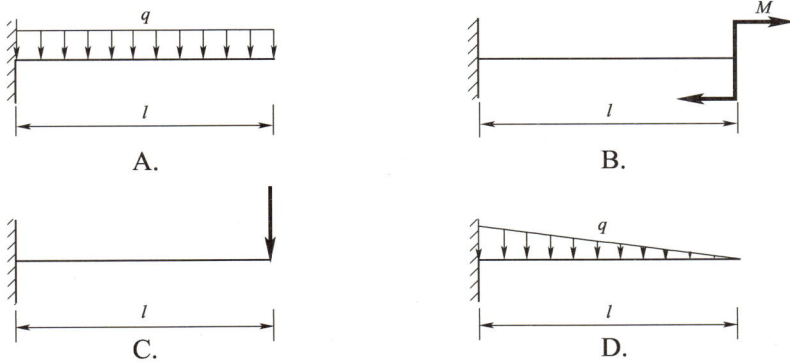

5-6-7 带有中间铰的静定梁受载情况如图所示，则（   ）。

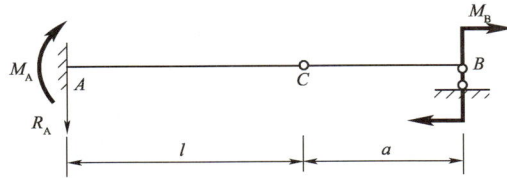

题 5-6-7 图

    A. a越大，则M_A越大   B. l越大，M_A则越大

    C. a越大，则R_A越大   D. l越大，R_A则越大

5-6-8 设图示两根圆截面梁的直径分别为d和$2d$，许可荷载分别为$[P_1]$和$[P_2]$。若两梁的材料相同，则$[P_2]/[P_1]$等于（   ）。

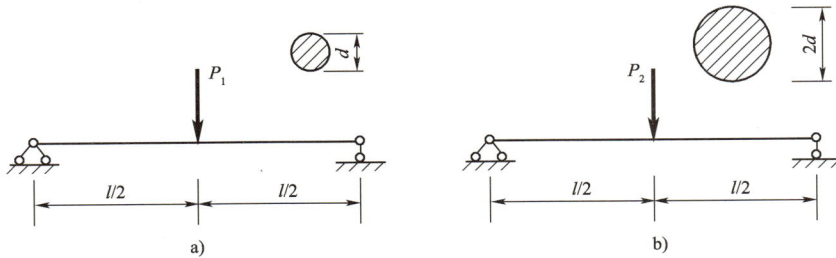

题 5-6-8 图

    A. 2   B. 4   C. 8   D. 16

5-6-9 悬臂梁受载情况如图所示，在截面C上（   ）。

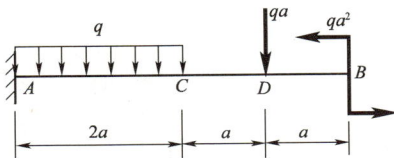

题 5-6-9 图

    A. 剪力为零，弯矩不为零   B. 剪力不为零，弯矩为零

    C. 剪力和弯矩均为零   D. 剪力和弯矩不为零

5-6-10 已知图示两梁的抗弯截面刚度EI相同，若两者自由端的挠度相等，则P_1/P_2等于（　　　　）。

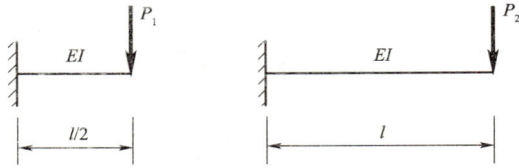

题 5-6-10 图

    A. 2   B. 4   C. 8   D. 16

5-6-11 矩形截面梁横力弯曲时，在横截面的中性轴处（　　　　）。

    A. 正应力最大，剪应力为零   B. 正应力为零，剪应力最大

    C. 正应力和剪应力均最大   D. 正应力和剪应力均为零

5-6-12 一跨度为l的简支架，若仅承受一个集中力P，当P在梁上任意移动时，梁内产生的最大剪力Q_{max}和最大弯矩M_{max}分别满足（　　　　）。

    A. $Q_{max} \leqslant P$，$M_{max} = Pl/4$ B. $Q_{max} \leqslant P/2$，$M_{max} \leqslant Pl/4$

    C. $Q_{max} \leqslant P$，$M_{max} \leqslant Pl/4$ D. $Q_{max} \leqslant P/2$，$M_{max} = Pl/2$

5-6-13 图示梁的剪力等于零的截面位置x之值为（　　　　）。

    A. $5a/6$ B. $6a/5$ C. $6a/7$ D. $7a/6$

5-6-14 梁的横截面形状如图所示，则截面对z轴的抗弯截面模量W_z为（　　　　）。

    A. $(BH^3 - bh^3)/12$ B. $(BH^2 - bh^2)/6$

    C. $(BH^3 - bh^3)/(6H)$ D. $(BH^3 - bh^3)/(6h)$

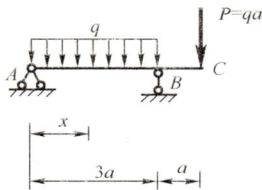 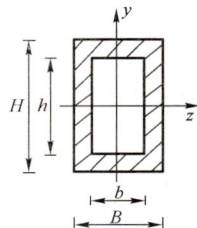

题 5-6-13 图   题 5-6-14 图

5-6-15 就正应力强度而言，如图所示的梁，以下列哪个图所示的加载方式最好？（　　　　）

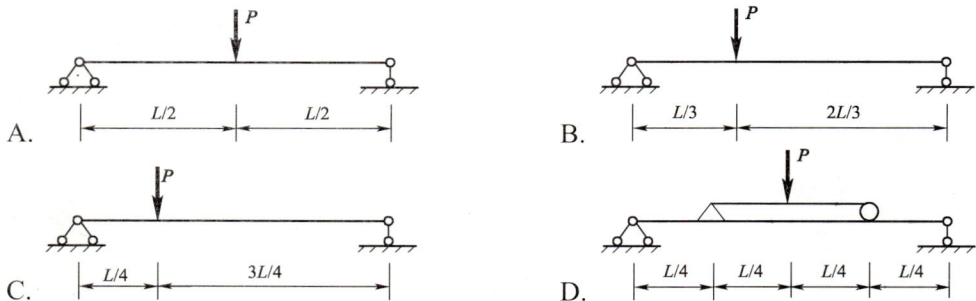

5-6-16 在等直梁平面弯曲的挠曲线上，曲率最大值发生在（　　　　）的截面上。

    A. 挠度最大   B. 转角最大   C. 弯矩最大   D. 剪力最大

第七节 应力状态与强度理论

一、点的应力状态及其分类

（1）定义：受力后构件上任一点沿各个不同方向上应力情况的集合，称为一点的应力状态。

（2）单元体选取方法：

①分析构件的外力和支座反力；

②过研究点取横截面，分析其内力；

③确定横截面上该点的 σ、τ 的大小和方向。

（3）主平面：过某点的无数多个截面中，最大（或最小）正应力所在的平面称为主平面，主平面上剪应力必为零。

（4）主应力：主平面上的最大（或最小）正应力。

（5）点的应力状态分类：对任一点总可找到三对互相垂直的主平面，相应地存在三个互相垂直的主应力，按代数值大小排列为 $\sigma_1 \geqslant \sigma_2 \geqslant \sigma_3$。若这三个主应力中，仅一个不为零，则该应力状态称为单向应力状态；如有两个不为零，称为二向应力状态；当三个主应力均不为零时，称为三向应力状态。

二、二向应力状态

（一）斜截面上的应力

平面应力状态如图 5-7-1 所示，设其 σ_x、σ_y、τ_x 为已知，则任意斜截面（其外法线 n 与 x 轴夹角为 α）上的正应力和剪应力分别为

$$\left.\begin{array}{l} \sigma_\alpha = (\sigma_x + \sigma_y)/2 + \cos 2\alpha(\sigma_x - \sigma_y)/2 - \tau_x \sin 2\alpha \\ \tau_\alpha = \sin 2\alpha(\sigma_x - \sigma_y)/2 + \tau_x \cos 2\alpha \end{array}\right\} \tag{5-7-1}$$

式（5-7-1）中应力的符号规定为：正应力以拉应力为正，压应力为负；剪应力对单元体内任意点的矩为顺时针者为正，反之为负。α 的符号规定为：由 x 轴转到外法线 n 为逆时针者为正，反之为负。

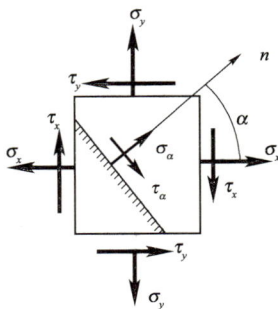

图 5-7-1 平面应力状态单元体

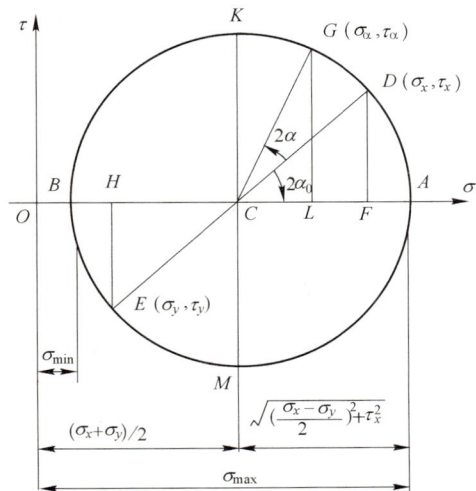

图 5-7-2 应力圆

首先，按下列方法画应力圆，如图 5-7-2 所示。按一定比例尺在 σ 轴上取横坐标 $\overline{OF} = \sigma_x$，在 τ 轴上取纵坐标 $\overline{FD} = \tau_x$，得 D 点；量取 $\overline{OH} = \sigma_y$，$\overline{HE} = \tau_y$，得 E 点；连接 D、E 两点的直线，与 x 轴交于 C 点（此点即为应力圆的圆心）；以 C 点为圆心，$\overline{CD}$ 或 $\overline{CE}$ 为半径作圆，此圆即为应力圆。

然后，以 CD 为单元体 x 轴的基准线，沿逆时针方向量 2α 角度，画其射线，此射线与应力圆的交点 G 的横坐标和纵坐标，即为单元体 α 斜截面上的正应力 σ_α 和剪应力 τ_α。

图解法的步骤可以用 16 个字概括如下：点面对应，先找基准，转向相同，夹角两倍。

（二）主应力、主平面

根据理论推导，平面应力状态（见图 5-7-2）的主应力计算公式为

$$\begin{matrix} \sigma_{\max} \\ \sigma_{\min} \end{matrix} = \frac{\sigma_x + \sigma_y}{2} \pm \sqrt{\left(\frac{\sigma_x - \sigma_y}{2}\right)^2 + \tau_x^2} \qquad (5-7-2)$$

主平面所在截面的方位 α_0 可由下式确定

$$\tan 2\alpha_0 = \frac{-2\tau_x}{\sigma_x - \sigma_y} \qquad (5-7-3)$$

同时满足该式的两个角度 α_1 和 α_3 相差 90°，其中 α_1 和 α_3 分别对应于主应力 α_1 和 α_3（设 $\alpha_2 = 0$，则 $\alpha_1 = \sigma_{\max}$，$\alpha_3 = \sigma_{\min}$，否则按代数值排列）。若式（5-7-2）中的负号放在分子上，按 $\tan 2\alpha_0$ 的定义确定 $2\alpha_0$ 的象限，即设 $\theta = \arctan\left(\frac{-2\tau_x}{\sigma_x - \sigma_y}\right)$，则 $2\alpha_0$ 分别为 θ（第 I 象限），$180° - \theta$（第 II 象限），$180° + \theta$（第 III 象限）和 $-\theta$（第 IV 象限），这样得到的 α_0 即为 α_1 的值。

在图 5-7-2 中，$\overline{OA} = \sigma_{\max}$，$\overline{OB} = \sigma_{\min}$，由图可见，在应力圆上 D 点（代表法线为 x 轴的平面）到 A 点所对的圆心角为 $2\alpha_0$（顺时针方向），相应地，在单元体上由 x 轴顺时针方向量取 α_0，就是 $\sigma_{\max}$ 所在平面的法线位置。

【例 5-7-1】 两单元体分别如图 a）、b）所示。关于其主应力和主方向，下面论述中正确的是：

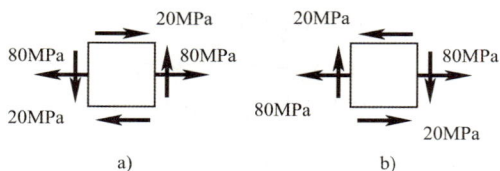

例 5-7-1 图

A. 主应力大小和方向均相同　　　　　　B. 主应力大小相同，但方向不同

C. 主应力大小和方向均不同　　　　　　D. 主应力大小不同，但方向均相同

解 图 a）、图 b）两单元体中 $\sigma_y = 0$，用解析法公式：

$$\begin{matrix} \sigma_1 \\ \sigma_3 \end{matrix} = \frac{\sigma}{2} \pm \sqrt{\left(\frac{\sigma}{2}\right)^2 + \tau^2} = \frac{80}{2} \pm \sqrt{\left(\frac{80}{2}\right)^2 + 20^2} = \begin{matrix} 84.72 \\ -4.72 \end{matrix} \text{MPa}$$

则 $\sigma_1 = 84.72\text{MPa}$，$\sigma_2 = 0\text{MPa}$，$\sigma_3 = -4.72\text{MPa}$，两单元体主应力大小相同。

两单元体主应力的方向可以用观察法判断。

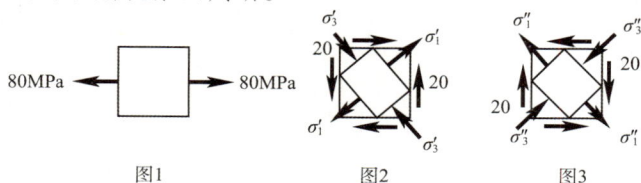

例 5-7-1 解图

图 a）主应力的方向可以看成是解图 1 和图 2 两个单元体主应力方向的叠加，显然主应力 σ_1 的方向在第一象限。

图 b）主应力的方向可以看成是解图 1 和图 3 两个单元体主应力方向的叠加，显然主应力 σ_1 的方向在第四象限。

所以两单元体主应力的方向不同。

答案： B

（三）最大（最小）剪应力

图 5-7-2 中应力圆上 K、M 点的纵坐标即分别为 τ_{max} 和 τ_{min}

$$\begin{matrix} \tau_{max} \\ \tau_{min} \end{matrix} = \pm\sqrt{\left(\frac{\sigma_x - \sigma_y}{2}\right)^2 + \tau_x^2} \tag{5-7-4}$$

显然，最大（最小）剪应力所在平面与主平面夹角为 $45°$。

三、三向应力状态、广义虎克定律

（一）斜截面上应力、最大剪应力

在 σ-τ 直角坐标系下，代表单元体任何截面上应力的点，必定在由 σ_1 和 σ_2、σ_2 和 σ_3、σ_3 和 σ_1 所组成的三个应力圆（见图 5-7-3）的圆周上，或由它们所围成的阴影范围内。

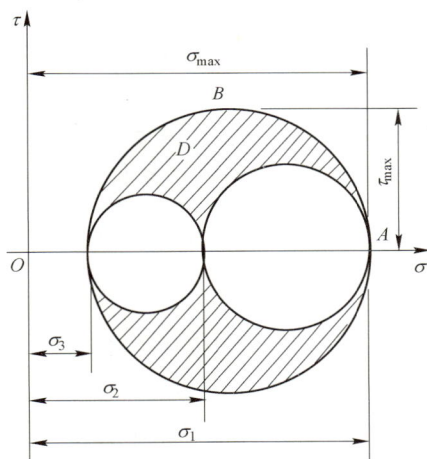

图 5-7-3　三向应力状态的应力圆

理论分析证明了在三向应力状态中，最大剪应力的作用面与最大主应力 σ_1 和最小主应力 σ_3 所在平面成 $45°$，而与 σ_2 所在平面垂直，其值为

$$\tau_{max} = \frac{\sigma_1 - \sigma_3}{2} \tag{5-7-5}$$

（二）广义虎克定律

对各向同性材料，在线弹性范围内，复杂应力状态下的应力与应变之间存在着如下的关系，这种关系称为广义虎克定律，即

$$\left.\begin{array}{l} \varepsilon_x = \dfrac{1}{E}\left[\sigma_x - \mu(\sigma_y + \sigma_z)\right] \\[2mm] \varepsilon_y = \dfrac{1}{E}\left[\sigma_y - \mu(\sigma_z + \sigma_x)\right] \\[2mm] \varepsilon_z = \dfrac{1}{E}\left[\sigma_z - \mu(\sigma_x + \sigma_y)\right] \end{array}\right\} \tag{5-7-6}$$

以及

$$\tau_{xy} = G\gamma_{xy} \quad \tau_{yz} = G\gamma_{yz} \quad \tau_{zx} = G\gamma_{zx} \tag{5-7-7}$$

在平面应力状态下，$\sigma_z = 0$，式（5-7-5）成为

$$\left. \begin{array}{l} \varepsilon_x = \dfrac{1}{E}\left(\sigma_x - \mu\sigma_y\right) \\[2mm] \varepsilon_y = \dfrac{1}{E}\left(\sigma_y - \mu\sigma_x\right) \\[2mm] \varepsilon_z = -\dfrac{\mu}{E}\left(\sigma_x + \sigma_y\right) \end{array} \right\} \tag{5-7-8}$$

由式（5-7-7）可以反解出

$$\left. \begin{array}{l} \sigma_x = \dfrac{E}{1-\mu^2}\left(\varepsilon_x + \mu\varepsilon_y\right) \\[2mm] \sigma_y = \dfrac{E}{1-\mu^2}\left(\varepsilon_y + \mu\varepsilon_x\right) \end{array} \right\} \tag{5-7-9}$$

四、强度理论

强度理论实质上是利用简单拉压的试验结果，建立复杂应力状态下的强度条件的一些假说。这些假说认为，复杂应力状态下的危险准则，是某种决定因素达到单向拉伸时同一因素的极限值。强度理论分为两类：一类是解释材料发生脆性断裂破坏原因的，例如，最大拉应力理论（第一强度理论）和最大伸长线应变理论（第二强度理论）；另一类是解释塑性屈服破坏原因的，例如，最大剪应力理论（第三强度理论）和最大形状改变比能理论（第四强度理论）。这四种常用的强度理论的强度条件为

$$\sigma_{r1} = \sigma_1 \leqslant [\sigma] \tag{5-7-10}$$

$$\sigma_{r2} = \sigma_1 - \mu(\sigma_2 + \sigma_3) \leqslant [\sigma] \tag{5-7-11}$$

$$\sigma_{r3} = \sigma_1 - \sigma_3 \leqslant [\sigma] \tag{5-7-12}$$

$$\sigma_{r4} = \sqrt{\sigma_1^2 + \sigma_2^2 + \sigma_3^2 - \sigma_1\sigma_2 - \sigma_2\sigma_3 - \sigma_3\sigma_1} \leqslant [\sigma] \tag{5-7-13}$$

式中： $\sigma_{ri}(i = 1,2,3,4)$ ——相当应力；

      σ_1、σ_2、σ_3 ——分别为复杂应力状态下的主应力；

      $[\sigma]$ ——材料单向拉伸的许用应力。

在平面应力状态下（如 $\sigma_2 = 0$），第四强度理论可简化为

$$\sigma_{r4} = \sqrt{\sigma_1^2 + \sigma_3^2 - \sigma_1\sigma_3} \leqslant [\sigma] \tag{5-7-14}$$

若平面应力状态如图 5-7-4 所示，即 $\sigma_x = \sigma$，$\sigma_y = 0$，$\tau_x = \tau_y = \tau$ 时

$$\sigma_{r3} = \sqrt{\sigma^2 + 4\tau^2} \leqslant [\sigma] \tag{5-7-15}$$

$$\sigma_{r4} = \sqrt{\sigma^2 + 3\tau^2} \leqslant [\sigma] \tag{5-7-16}$$

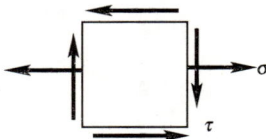

图 5-7-4 $\sigma_y = 0$时的平面应力状态

梁中任一点的应力状态，以及弯扭组合或拉扭组合变形时危险点的应力状态都可以归结为上述情况。

此外，对于抗拉和抗压强度不等的材料，还有根据综合试验结果建立的莫尔强度理论，其强度条件为

$$\sigma_m = \sigma_1 - \dfrac{[\sigma_t]}{[\sigma_c]}\sigma_3 \leqslant [\sigma_t] \tag{5-7-17}$$

式中： σ_m ——莫尔强度理论的相当应力；

$[\sigma_t]$、$[\sigma_c]$——分别为材料的单向拉伸和单向压缩时的许用拉应力和许用压应力。

【例 5-7-2】已知某点的应力状态如图 a）所示，求该点的主应力大小及方位。

解

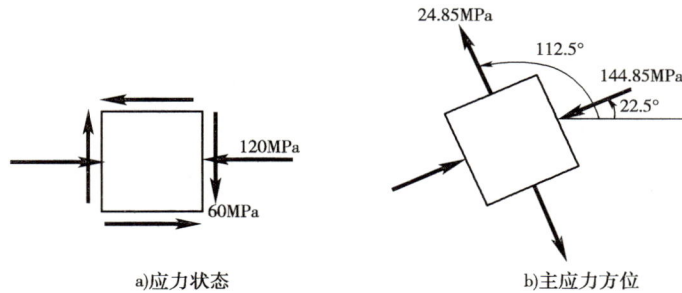

例 5-7-2 图

$$\begin{aligned}\sigma_{max}\\\sigma_{min}\end{aligned} = \frac{\sigma_x+\sigma_y}{2}\pm\sqrt{\left(\frac{\sigma_x-\sigma_y}{2}\right)^2+\tau_x^2}=\frac{-120+0}{2}\pm\sqrt{\left(\frac{-120-0}{2}\right)^2+60^2}=\begin{aligned}24.85\text{MPa}\\-144.85\text{MPa}\end{aligned}$$

$$\sigma_1=24.85\text{MPa},\quad \sigma_2=0\text{MPa},\quad \sigma_3=-144.85\text{MPa}$$

$$\tan 2\alpha_1=\frac{-2\tau_x}{\sigma_x-\sigma_y}=\frac{-2\times60}{-120-0}=1$$

$$2\alpha_1=180°+45°=225°$$

$$\alpha_1=112.5°,\quad \alpha_3=112.5°-90°=22.5°$$

主应力方位如图 b）所示。

思考：主应力方向位能否用观察法确定。

【例 5-7-3】按照第三强度理论，图示两种应力状态的危险程度是：

 A. 无法判断　　　　B. 两者相同　　　　C. a）更危险　　　　D. b）更危险

解 图 a）中：

$$\sigma_1=200\text{MPa},\quad \sigma_2=0,\quad \sigma_3=0$$

$$\sigma_{r3}^a=\sigma_1-\sigma_3=200\text{MPa}$$

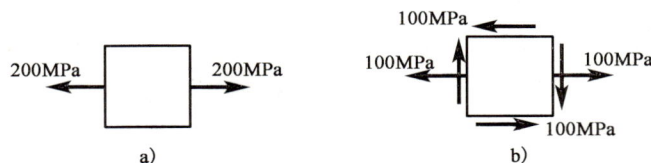

例 5-7-3 图

图 b）中：

$$\sigma_1=\frac{100}{2}+\sqrt{\left(\frac{100}{2}\right)^2+100^2}=161.8\text{MPa},\quad \sigma_2=0,\quad \sigma_3=\frac{100}{2}-\sqrt{\left(\frac{100}{2}\right)^2+100^2}=-61.8\text{MPa}$$

$$\sigma_{r3}^b=\sigma_1-\sigma_3=223.6\text{MPa}$$

故图 b）更危险。

答案： D

【例 5-7-4】在图示 xy 坐标系下，单元体的最大主应力 σ_1 大致指向：

 A. 第一象限，靠近 x 轴

B. 第一象限，靠近 y 轴

C. 第二象限，靠近 x 轴

D. 第二象限，靠近 y 轴

解　图示单元体的最大主应力 σ_1 的方向，可以看作是 σ_x 的方向（沿 x 轴）和纯剪切单元体的最大拉应力的主方向（在第一象限沿 45°向上），叠加后的合应力的指向。

答案： A

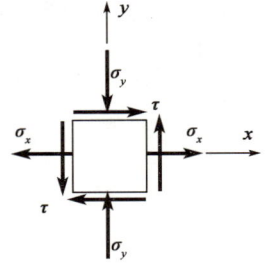

例 5-7-4 图

习　题

5-7-1　在图示四种应力状态中，最大切应力值最大的应力状态是（　　　　）。

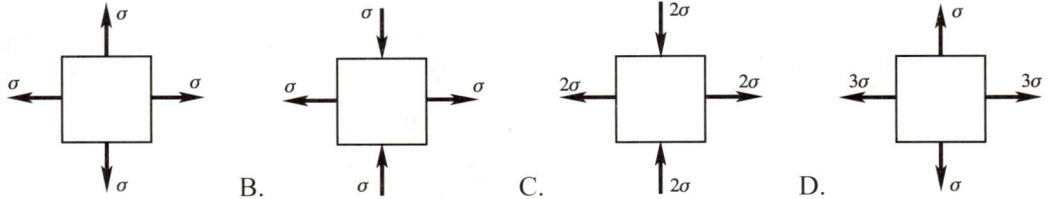

5-7-2　受力体一点处的应力状态如图所示，该点的最大主应力 σ_1 为（　　　）MPa。

A. 70　　　　　　B. 10　　　　　　C. 40　　　　　　D. 50

5-7-3　设受扭圆轴中的最大剪应力为 τ，则最大正应力（　　　　）。

A. 出现在横截面上，其值为 τ

B. 出现在 45°斜截面上，其值为 2τ

C. 出现在横截面上，其值为 2τ

D. 出现在 45°斜截面上，其值为 τ

5-7-4　图示为三角形单元体，已知 ab、ca 两斜布的正应力为 σ，剪应力为零。在竖直面 bc 上有（　　　　）。

A. $\sigma_x = \sigma$，$\tau_{xy} = 0$

B. $\sigma_x = \sigma$，$\tau_{xy} = \sigma \sin 60° - \sigma \sin 45°$

C. $\sigma_x = \sigma \cos 60° + \sigma \cos 45°$，$\tau_{xy} = 0$

D. $\sigma_x = \sigma \cos 60° + \sigma \cos 45°$，$\tau_{xy} = \sigma \sin 60° - \sigma \sin 45°$

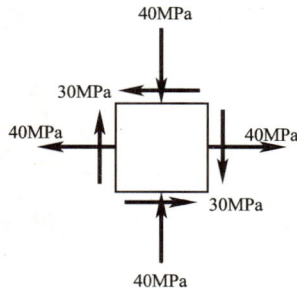

题 5-7-2 图

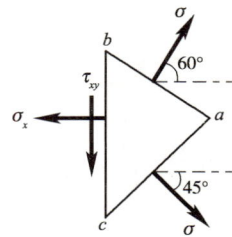

题 5-7-4 图

5-7-5　四种应力状态分别如图所示，按照第三强度理论，其相当应力最大的是（　　　　）。

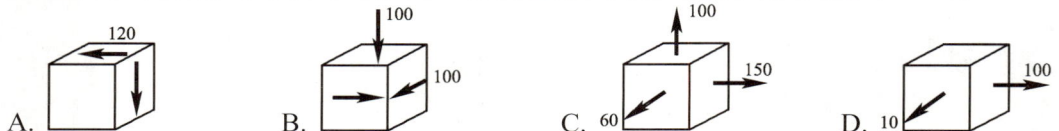

5-7-6 图示为等腰直角三角形单元体，已知两直角边表示的截面上只有剪应力，且等于τ_0，则底边表示的截面上的正应力σ和剪应力τ分别为（　　　）。

A. $\sigma = \tau_0$，$\tau = \tau_0$　　　　　　　　　　B. $\sigma = \tau_0$，$\tau = 0$

C. $\sigma = \sqrt{2}\tau_0$，$\tau = \tau_0$　　　　　　　　D. $\sigma = \sqrt{2}\tau_0$，$\tau = 0$

5-7-7 单元体的应力状态如图所示，若已知其中一个主应力为 5MPa，则另一个主应力为（　　　）MPa。

A. −85　　　　　　B. 85　　　　　　C. −75　　　　　　D. 75

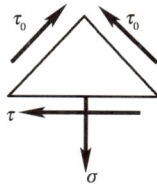

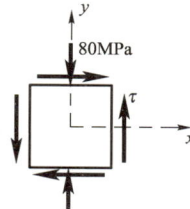

题 5-7-6 图　　　　　　　　　　　题 5-7-7 图

5-7-8 如图所示悬臂梁，给出了 1、2、3、4 点处的应力状态如图所示，其中应力状态错误的位置点是（　　　）。

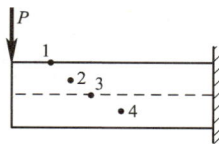

a ）　　　　　　　　　　　　　　　　　　b ）

题 5-7-8 图

A. 1 点　　　　　　B. 2 点　　　　　　C. 3 点　　　　　　D. 4 点

5-7-9 单元体的应力状态如图所示，其σ_1的方向（　　　）。

　A. 在第一、三象限内，且与x轴成小于 45° 的夹角

　B. 在第一、三象限内，且与y轴成小于 45° 的夹角

　C. 在第二、四象限内，且与x轴成小于 45° 的夹角

　D. 在第二、四象限内，且与y轴成小于 45° 的夹角

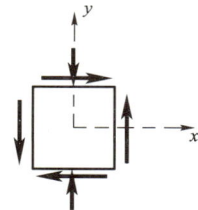

题 5-7-9 图

5-7-10 对于平面应力状态，以下说法正确的是（　　　）。

　A. 主应力就是最大正应力

　B. 主平面上无剪应力

　C. 最大剪应力作用的平面上正应力必为零

　D. 主应力必不为零

5-7-11 三种平面应力状态如图所示（图中用σ和τ分别表示正应力和剪应力），它们之间的关系是（　　　）。

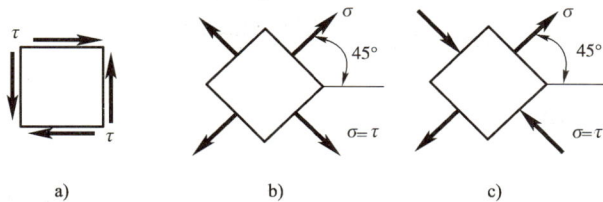

a ）　　　　　　b ）　　　　　　c ）

题 5-7-11 图

A. 全部等价　　　　B. a ）与 b ）等价　　　　C. a ）与 c ）等价　　　　D. 都不等价

第八节　组合变形

在小变形和材料服从虎克定律的前提下，组合变形问题的解法思路如图 5-8-1 所示。

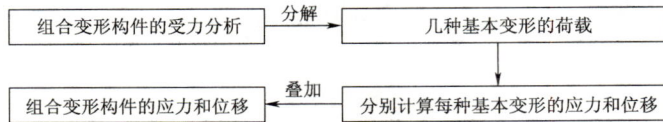

图 5-8-1　组合变形问题的解法思路

一、斜弯曲

当梁上的横向荷载与形心主惯性平面不平行时，梁将发生斜弯曲，其特点为：

（1）斜弯曲可看作两个相互垂直平面内的平面弯曲的叠加。

（2）斜弯曲后，梁的挠曲线所在平面不再与荷载所在平面相重合。

（3）其危险点为单向应力状态，最大正应力为两个方向平面弯曲正应力的代数和。

①对于有棱角的截面，如矩形、工字形、槽形等，危险点在凸角处，具体位置可用观察法确定。其强度条件为

$$\sigma_{max} = \frac{M_{ymax}}{W_y} + \frac{M_{zmax}}{W_z} \leqslant [\sigma] \tag{5-8-1}$$

式中：　M_{ymax}、M_{zmax} ——分别为危险截面上两个表心主惯性平面内的弯矩；

　　　　W_y、W_z ——分别为截面对 y 轴、z 轴的抗弯截面模量。

②对没有凸角的截面，则必须先确定中性轴的位置，斜弯曲梁的中性轴是一条过截面形心的斜线，其与 z 轴的夹角 α 可根据下式确定

$$\tan \alpha = \frac{I_z M_y}{I_y M_z} \tag{5-8-2}$$

式中：　M_y、M_z ——分别为梁危险截面上两个形心主惯性平面内的弯矩；

　　　I_y、I_z ——分别为危险截面对 y 轴、z 轴的惯性矩。

设截面上距中性轴最远的危险点 a 的坐标为 y_a、z_a，则其强度条件为

$$\sigma_{max} = \frac{M_{ymax}}{I_y} z_a + \frac{M_{zmax}}{I_z} y_a \leqslant [\sigma] \tag{5-8-3}$$

③对圆轴截面（或正多边形截面），因为任一形心轴均为形心主轴，所以最大弯矩的方向即为最大应力的方向，其强度条件为

$$\sigma_{max} = \frac{M_{max}}{W} = \frac{32\sqrt{M_y^2 + M_z^2}}{\pi d^3} \leqslant [\sigma] \tag{5-8-4}$$

二、拉（压）弯组合变形

当构件同时受到轴向力和横向力作用，或构件上仅作用有轴向力，但其作用线未与轴线重合，即偏心拉伸（压缩）时，都会产生拉（压）弯组合变形。其强度条件都可用式（5-8-5）表示

$$\begin{aligned}\sigma_{tmax}\\\sigma_{cmax}\end{aligned}=\frac{N}{A}\pm\frac{M_y}{W_y}\pm\frac{M_z}{W_z}\leqslant\begin{aligned}[\sigma_t]\\[\sigma_c]\end{aligned} \qquad (5-8-5)$$

式中：　　　N、M_y、M_z——分别为危险截面上的轴力、弯矩；

$[\sigma_t]$、$[\sigma_c]$——分别为材料的许用拉应力、许用压应力。

其危险点在危险截面的上、下边缘，为单向应力状态，最大拉应力和最大压应力为轴向拉压正应力和两个方向平面弯曲正应力的代数和。式（5-8-5）中各项的正负号可由观察法确定。

对于有棱角的截面，危险点在凸角处；对没有凸角的截面，则必须先确定中性轴的位置。偏心压缩构件危险截面上的中性轴是一条不通过截面形心的斜直线，它在y轴、z轴上的截距分别为

$$a_y=-\frac{i_z^2}{y_P};\quad a_z=-\frac{i_y^2}{z_P} \qquad (5-8-6)$$

式中：　i_z、i_y——分别为截面对z轴、y轴的惯性半径；

z_P、y_P——分别为轴向力P的作用点距y轴、z轴的偏心距。

【例5-8-1】 图示矩形截面受压杆，杆的中间段右侧有一槽，如图a）所示，若在杆的左侧，即槽的对称位置也挖出同样的槽（见图b），则图b）杆的最大压应力是图a）最大压应力的：

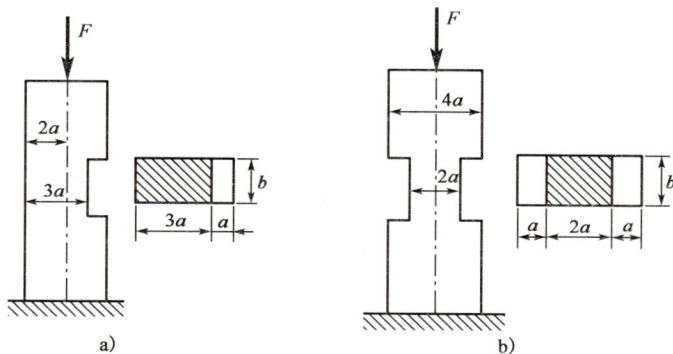

例 5-8-1 图

　　A. 3/4　　　　　　　B. 4/3　　　　　　　C. 3/2　　　　　　　D. 2/3

解 题图a）是偏心受压，在中间段危险截面上，外力作用点O与被削弱的截面形心C之间的偏心距 $e=a/2$（见解图），产生的附加弯矩$M=F\cdot a/2$，故题图a）中的最大应力：

$$\sigma_a=-\frac{F_N}{A_a}-\frac{M}{W}=-\frac{F}{3ab}-\frac{F\frac{a}{2}}{\frac{b}{6}(3a)^2}=-\frac{2F}{3ab}$$

题图b）虽然截面面积小，但却是轴向压缩，其最大压应力：

$$\sigma_b=-\frac{F_N}{A_b}=-\frac{F}{2ab}$$

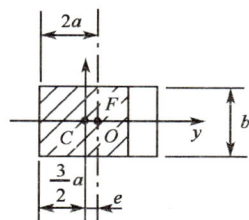

例 5-8-1 解图

故$\sigma_b/\sigma_a=3/4$

答案： A

【例5-8-2】 图示正方形截面杆AB，力F作用在xOy平面内，与x轴夹角α，杆距离B端为a的横截面上最大正应力在$\alpha=45°$时的值是$\alpha=0$时值的：

　　A. $7\sqrt{2}/2$倍　　　B. $3\sqrt{2}$倍　　　C. $5\sqrt{2}/2$倍　　　D. $\sqrt{2}$倍

解 当$\alpha=0°$时，杆是轴向受位：

$$\sigma_{\max}^{0°} = \frac{F_N}{A} = \frac{F}{a^2}$$

当 $\alpha = 45°$ 时，杆是轴向受拉与弯曲组合变形：

$$\sigma_{\max}^{45°} = \frac{F_N}{A} + \frac{M_g}{W_g} = \frac{\frac{\sqrt{2}}{2}F}{a^2} + \frac{\frac{\sqrt{2}}{2}F \cdot a}{\frac{a^3}{6}} = \frac{7\sqrt{2}}{2}\frac{F}{a^2}$$

可得

$$\frac{\sigma_{\max}^{45°}}{\sigma_{\max}^{0°}} = \frac{\frac{7\sqrt{2}}{2}\frac{F}{a^2}}{\frac{F}{a^2}} = \frac{7\sqrt{2}}{2}$$

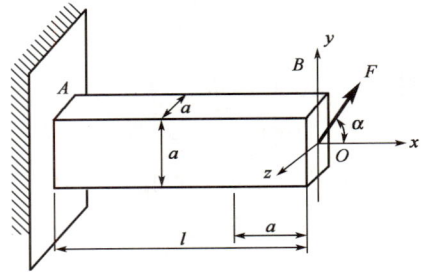

例 5-8-2 图

答案： A

三、弯扭组合变形

弯扭组合变形（或拉压、弯、扭组合变形）时的危险截面是最大弯矩 $M_{\max}$（或最大轴力 $N_{\max}$）与最大扭矩同时作用的截面，危险点是 $\sigma_{\max}$（弯曲正应力或拉压应力）和 $\tau_{\max}$（扭转剪应力）同时作用的点。该点属复杂应力状态，因此其第三和第四强度理论的强度条件仍可由式（5-7-15）、式（5-7-16）来表示

$$\sigma_{r3} = \sqrt{\sigma^2 + 4\tau^2}$$

$$\sigma_{r4} = \sqrt{\sigma^2 + 3\tau^2}$$

式中：σ、τ——分别在危险点处的最大弯曲（或拉压）正应力、最大扭转剪应力。

对于圆截面杆，在弯扭组合变形时，可以用下式计算

$$\sigma_{r3} = \frac{\sqrt{M^2 + T^2}}{W} \leqslant [\sigma] \tag{5-8-7}$$

其中

$$W = \frac{\pi d^3}{32}; \quad \sigma_{r4} = \frac{\sqrt{M^2 + 0.75T^2}}{W} \leqslant [\sigma] \tag{5-8-8}$$

式中：M——危险截面上的弯矩或合成弯矩，$M = \sqrt{M_y^2 + M_z^2}$；

T——危险截面上的扭矩；

W——抗弯截面系数。

习　题

5-8-1　矩形截面杆 AB，A 端固定，B 端自由，B 端右下角处承受力与轴线平行的集中力 F（见图），杆的最大正应力是（　　　）。

    A. $\sigma = 3F/(bh)$　　　B. $\sigma = 4F/(bh)$　　　C. $\sigma = 7F/(bh)$　　　D. $\sigma = 13F/(bh)$

5-8-2　图示圆轴固定端最上缘 A 点的单元体的应力状态是（　　　）。

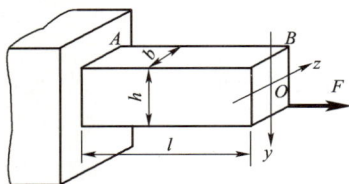

题 5-8-1 图

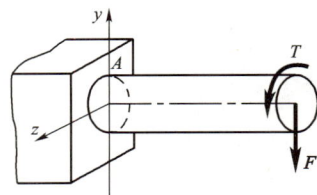

题 5-8-2 图

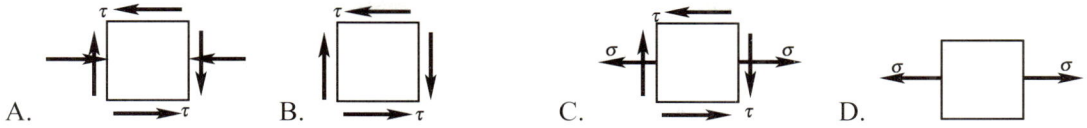

A.　　　　B.　　　　C.　　　　D.

5-8-3　图示为T形截面杆，一端固定、一端自由，自由端的集中力F作用在截面的左下角点，并与杆件的轴线平行。该杆发生的变形为（　　　　）。

A. 绕y和z轴的双向弯曲

B. 轴向拉伸和绕y、z轴的双向弯曲

C. 轴向拉伸和绕z轴弯曲

D. 轴向拉伸和绕y轴弯曲

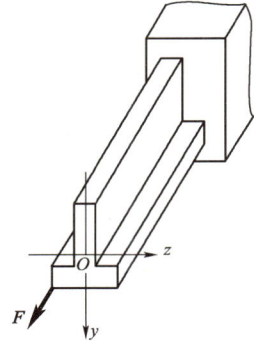

题 5-8-3 图

5-8-4　图示圆轴，在自由端圆周边界承受竖直向下的集中力F，按第三强度理论，危险截面的相当力σ_{r3}为（　　　　）。

A. $\sigma_{r3} = \frac{16}{\pi d^3} \sqrt{(FL)^2 + 4\left(\frac{Fd}{2}\right)^2}$

B. $\sigma_{r3} = \frac{16}{\pi d^3} \sqrt{(FL)^2 + \left(\frac{Fd}{2}\right)^2}$

C. $\sigma_{r3} = \frac{32}{\pi d^3} \sqrt{(FL)^2 + 4\left(\frac{Fd}{2}\right)^2}$

D. $\sigma_{r3} = \frac{32}{\pi d^3} \sqrt{(FL)^2 + \left(\frac{Fd}{2}\right)^2}$

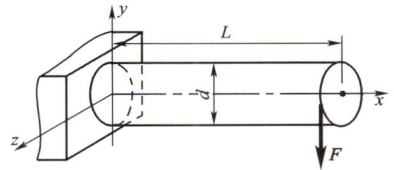

题 5-8-4 图

5-8-5　图示为正方形截面等直杆，抗弯截面模量为W，在危险截面上，弯矩为M，扭矩为M_n，A点处有最大正应力σ和最大剪应力τ。若材料为低碳钢，则其强度条件为（　　　　）。

A. $\sigma \leqslant [\sigma], \tau \leqslant [\tau]$　　　　　　B. $\frac{1}{W}\sqrt{M^2 + M_n^2} \leqslant [\sigma]$

C. $\frac{1}{W}\sqrt{M^2 + 0.75M_n^2} \leqslant [\sigma]$　　　D. $\sqrt{\sigma^2 + 4\tau^2} \leqslant [\sigma]$

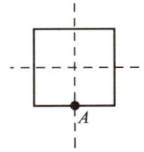

题 5-8-5 图

5-8-6　工字形截面梁在图示荷载作用下，截面m-m上的正应力分布为（　　　　）。

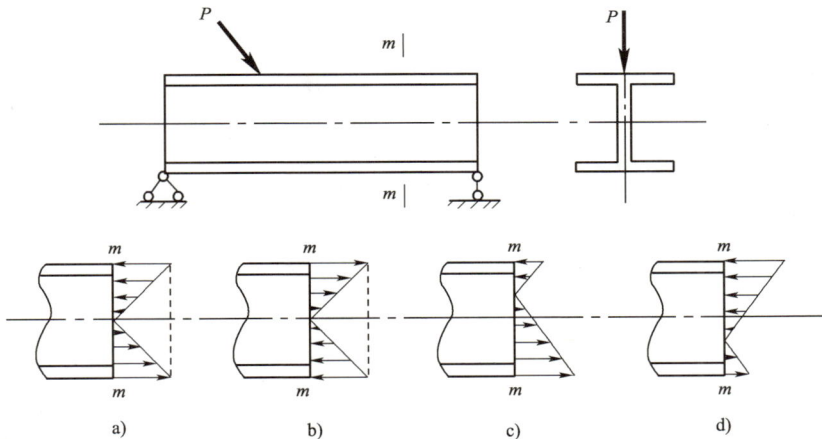

题 5-8-6 图

A. 图a）　　　　B. 图b）　　　　C. 图c）　　　　D. 图d）

5-8-7　矩形截面杆的截面宽度沿杆长不变，杆的中段高度为2α，左、右段高度为3α，在图示三角形分布荷载作用下，杆的截面m-m和截面n-n分别发生（　　　　）。

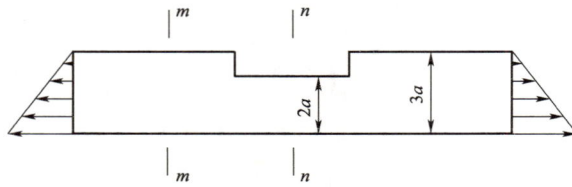

题 5-8-7 图

  A. 单向拉伸、拉弯组合变形　　　　　B. 单向拉伸、单向拉伸变形

  C. 拉弯组合、单向拉伸变形　　　　　D. 拉弯组合、拉弯组合变形

  5-8-8　一正方形截面短粗立柱（图 a），若将其底面加宽 1 倍（图 b），原厚度不变，则该立柱的强度（　　　）。

  A. 提高 1 倍　　　　　　　　　　　　B. 提高不到 1 倍

  C. 不变　　　　　　　　　　　　　　D. 降低

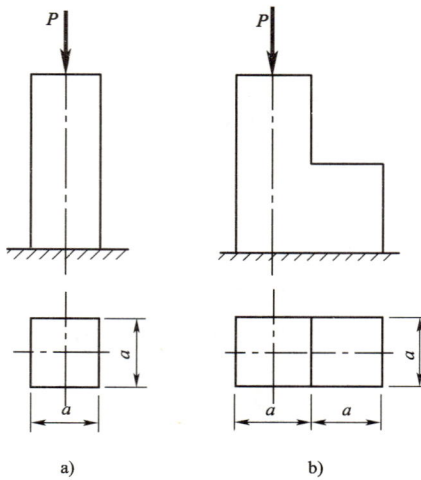

题 5-8-8 图

  5-8-9　图示应力状态为其危险点的应力状态，则杆件为（　　　）。

  A. 斜弯曲变形　　　　　　　　　　　B. 偏心拉弯变形

  C. 拉弯组合变形　　　　　　　　　　D. 弯扭组合变形

  5-8-10　折杆受力如图所示，以下结论中错误的为（　　　）。

  A. 点 B 和 D 处于纯剪状态

  B. 点 A 和 C 处为二向应力状态，两点处 $\sigma_1 > 0$，$\sigma_2 = 0$，$\sigma_3 < 0$

  C. 按照第三强度理论，点 A 及 C 比点 B 及 D 危险

  D. 点 A 及 C 的最大主应力 σ_1 数值相同

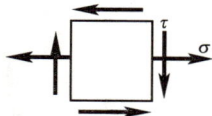

题 5-8-9 图

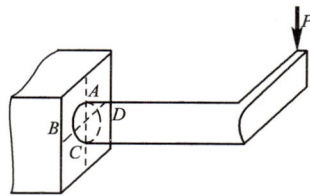

题 5-8-10 图

第九节 压杆稳定

一、细长压杆的临界力——欧拉公式

欧拉公式如下

$$P_{cr} = \frac{\pi^2 EI}{(\mu l)^2} \tag{5-9-1}$$

式中：P_{cr}——压杆的临界力；

E——压杆材料的弹性模量；

I——截面的主惯性矩；

μ——长度系数；

μl——压杆失稳时挠曲线中一个"半波正弦曲线"的长度，称为相当长度，此相当长度等于压杆失稳时挠曲线上两个弯矩零点之间的长度。

常用的四种杆端约束压杆的长度系数μ：

（1）一端固定、一端自由，$\mu = 2$；

（2）两端铰支，$\mu = 1$；

（3）一端固定、一端铰支，$\mu = 0.7$；

（4）两端固定，$\mu = 0.5$。

工程实际中压杆的杆端约束往往比较复杂，不能简单地将它归于哪一类，要对其做具体分析，从而定出与实际较接近的μ值。

【例 5-9-1】 图示细长压杆AB的A端自由，B端固定在简支梁上。该压杆的长度系数μ是：

  A. $\mu > 2$ B. $2 > \mu > 1$ C. $1 > \mu > 0.7$ D. $0.7 > \mu > 0.5$

解 杆端约束越弱，μ越大，在两端固定（$\mu = 0.5$），一端固定、一端铰支（$\mu = 0.7$），两端铰支（$\mu = 1$）和一端固定、一端自由（$\mu = 2$）这四种杆端约束中，一端固定、一端自由的约束最弱，μ最大。而图示细长压杆AB一端自由、一端固定在简支梁上，其杆端约束比一端固定、一端自由（$\mu = 2$）时更弱，故μ比2更大。

答案：A

【例 5-9-2】 一端固定另端自由的细长（大柔度）压杆，长度为L（图 a），当杆的长度减少一半时（图 b），其临界载荷是原来的：

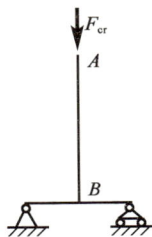

例 5-9-1 图

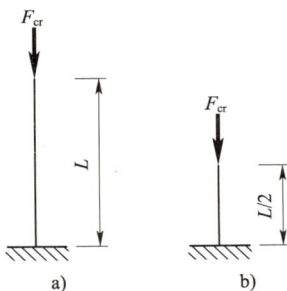

例 5-9-2 图

A. 4 倍 　　　　　　　 B. 3 倍 　　　　　　　 C. 2 倍 　　　　　　　 D. 1 倍

解　由一端固定、另端自由的细长压杆的临界力计算公式$F_{cr} = \dfrac{\pi^2 EI}{(2l)^2}$，可知$F_{cr}$与$L^2$成反比。故有：

$$F_{cr1} = \frac{\pi^2 EI}{\left(2 \cdot \dfrac{L}{2}\right)^2} = 4\frac{\pi^2 EI}{(2L)^2} = 4F_{cr}$$

答案： A

二、临界应力、柔度、欧拉公式的适用范围

（一）临界应力、柔度

$$\sigma_{cr} = \frac{P_{cr}}{A} = \frac{\pi^2 EI}{(\mu l)^2 A} = \frac{\pi^2 E i^2}{(\mu l)^2} = \frac{\pi^2 E}{\left(\dfrac{\mu l}{i}\right)^2} = \frac{\pi^2 E}{\lambda^2} \tag{5-9-2}$$

其中$i = \sqrt{\dfrac{I}{A}}$，$\lambda = \dfrac{\mu l}{i}$

式中：　i ——惯性半径，它是反映截面形状和尺寸的一个几何量；

　　　　λ ——压杆的柔度，又称为长细比，它是一个无量纲量，综合地反映了杆长、杆端约束以及截面形状和尺寸对临界应力的影响。

可见，柔度λ是一个极其重要的量。

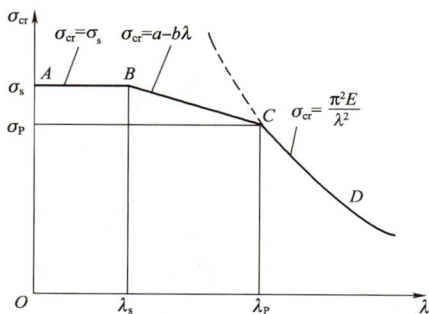

图 5-9-1　压杆临界应力总图

（二）临界应力总图、欧拉公式的适用范围

根据压杆的柔度值可将所有压杆分为三类：$\lambda \geq \lambda_p$的压杆为细长杆或大柔度杆，其临界应力可按欧拉公式计算；$\lambda_s < \lambda < \lambda_p$的压杆为中长杆或中柔度杆，其临界应力可按经验公式$\sigma_{cr} = a - b\lambda$计算；$\lambda \leq \lambda_s$的压杆则为短杆或小柔度杆，应按强度问题处理，用$\sigma_{cr} = \sigma_s$来计算其临界应力。图5-9-1 表示出这三种压杆的临界应力σ_{cr}随柔度λ的变化关系，称为临界应力总图，由图 5-9-1 中可以看到欧拉公式的使用条件是$\sigma_{cr} = \dfrac{\pi^2 E}{\lambda^2} \leq \sigma_p$，亦即

$$\lambda \geq \sqrt{\frac{\pi^2 E}{\sigma_p}} = \lambda_p \tag{5-9-3}$$

中长杆与短杆的柔度分界值为（a、b是由试验得到的材料常数）

$$\lambda_s = \frac{a - \sigma_s}{b} \tag{5-9-4}$$

三、压杆的稳定计算

（一）安全系数法

$$P \leq \frac{P_{cr}}{[n_{st}]} \quad 或 \quad n_{st} = \frac{P_{cr}}{P} \geq [n_{st}] \tag{5-9-5}$$

式中：　P ——压杆所受的实际轴向压力；

　　　　P_{cr} ——压杆的临界力；

n_{st} ——压杆的工作稳定安全系数；

$[n_{st}]$ ——规定的稳定安全系数。

（二）折减系数法（土建结构规范中常用）

$$\sigma = \frac{P}{A} \leqslant [\sigma_{st}] = \varphi[\sigma] \quad 或 \quad \frac{P}{\varphi A} \leqslant [\sigma] \qquad (5\text{-}9\text{-}6)$$

式中：$[\sigma]$ ——强度许用应力；

$\quad A$ ——压杆横截面面积；

$\quad [\sigma_{st}]$ ——稳定许用应力；

$\quad \varphi$ ——$[\sigma_{st}]$ 与 $[\sigma]$ 的比值，称为折减系数，是一个小于 1 的系数，其值可根据有关材料的 φ-λ 关系曲线或折减系数表查得，或由经验公式算得。

对折减系数表中没有的非整数 λ 所对应值的 φ 值，可用线性插值公式计算

$$\varphi = \varphi_1 - \frac{\lambda - \lambda_1}{\lambda_2 - \lambda_1}(\varphi_1 - \varphi_2) \qquad (5\text{-}9\text{-}7)$$

式中：λ_1、λ_2 ——整数的柔度；

$\quad \varphi_1$、φ_2 ——分别为 λ_1、λ_2 所对应的折减系数。

利用式（5-9-5）、式（5-9-6）两个稳定条件，除了可用来对压杆的稳定性进行校核，确定压杆的允许荷载外，还可用试算法确定压杆的截面尺寸。

若压杆横截面上两个形心主惯性轴方向 μ 和 i 各不相同，则应用公式 $\lambda = \mu l / i$ 分别计算 λ_y 和 λ_z，求出最大柔度 λ_{max} 作为计算的依据。

四、提高压杆稳定性的措施

（1）减小压杆长度 l，或在压杆的中间增加支承。

（2）改善杆端约束，使长度系数 μ 值减小。

（3）选择合理的截面形状：

①尽可能将材料分布的离截面形心较远，以增大惯性矩 I；

②尽可能使压杆在两个形心主惯性平面内有相等或相近的稳定性，即 $\lambda_z \approx \lambda_y$。

（4）合理选用材料。

对大柔度杆，在弹性模量 E 值相同或相近的材料中，没有必要选用高强度钢。对中柔度杆和小柔度杆，选用高强度钢能提高其稳定性。

习　　题

5-9-1　图示三根压杆均为细长（大柔度），且弯曲刚度均为 EI。三根压杆的临界荷载 F_{cr} 的关系为（　　）。

A. $F_{cra} > F_{crb} > F_{crc}$ 　　　　　　　　B. $F_{crb} > F_{cra} > F_{crc}$

C. $F_{crc} > F_{cra} > F_{crb}$ 　　　　　　　　D. $F_{crb} > F_{crc} > F_{cra}$

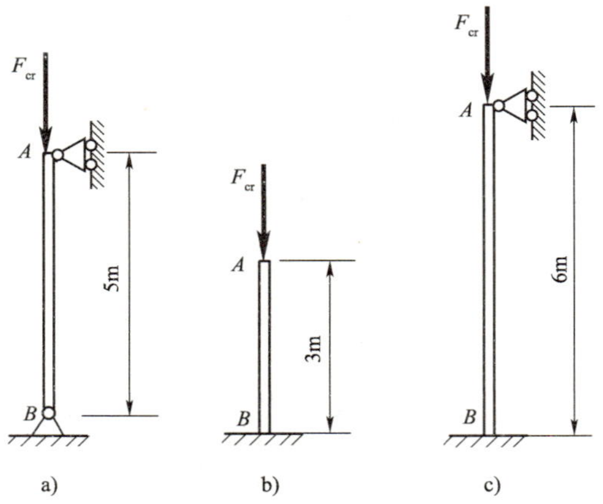

题 5-9-1 图

5-9-2　两根安全相同的细长（大柔度）压杆AB和CD如图所示，杆的下端为固定铰链约束，上端与刚性水平杆固结。两杆的弯曲刚度均为EI，其临界荷载F_a为（　　　）。

A. $2.04 \times \pi^2 EI/L^2$　　　　　　　　　　B. $4.08 \times \pi^2 EI/L^2$

C. $8 \times \pi^2 EI/L^2$　　　　　　　　　　　D. $2 \times \pi^2 EI/L^2$

5-9-3　圆截面细长压杆的材料和杆端约束保持不变，若将其直径缩小一半，则压杆的临界压力的原压杆的（　　　）。

A. 1/2　　　　　　B. 1/4　　　　　　C. 1/8　　　　　　D. 1/16

5-9-4　压杆下端固定，上端与水平弹簧相连，如图所示，该杆长度系数μ值为（　　　）。

A. $\mu < 0.5$　　　　　　　　　　　　　B. $0.5 < \mu < 0.7$

C. $0.7 < \mu < 2$　　　　　　　　　　　D. $\mu > 2$

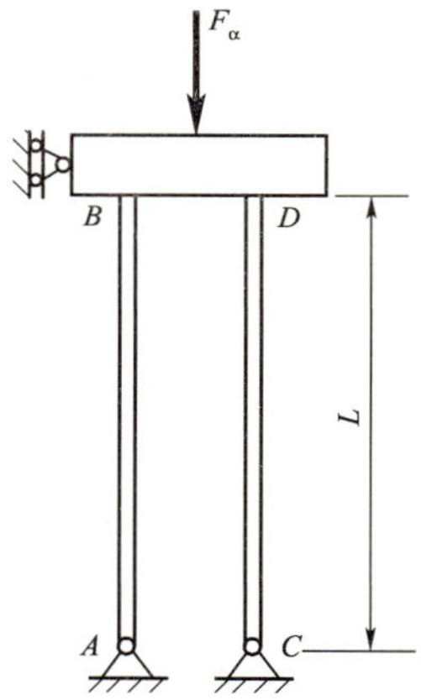

题 5-9-2 图 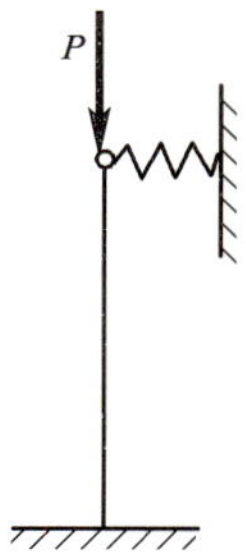　　　　　　　　　　　　题 5-9-4 图

5-9-5　压杆失稳是指压杆在轴向压力作用下（　　　）。

A. 局部横截面的面积迅速变化

B. 危险截面发生屈服或断裂

C. 不能维持平衡状态而突然发生运动

D. 不能维持直线平衡状态而突然变弯

5-9-6　假设图示三个受压结构失稳时临界压力分别为P_{cr}^a、P_{cr}^b、P_{cr}^c，比较三者的大小，则（　　　）。

A. P_{cr}^a最小　　　　B. P_{cr}^b最小　　　　C. P_{cr}^c最小　　　　D. $P_{cr}^a = P_{cr}^b = P_{cr}^c$

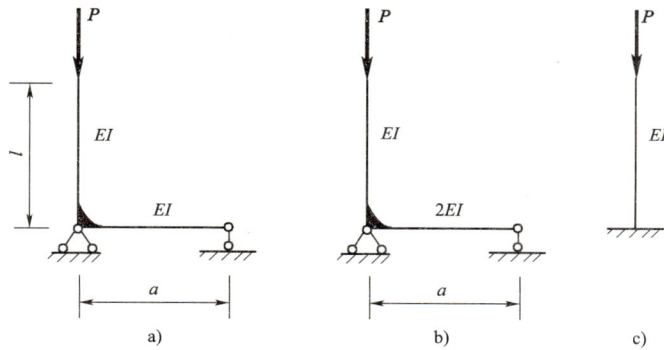

题 5-9-6 图

5-9-7 图示两端铰支压杆的截面为矩形，当其失稳时，（　　　）。

　　A. 临界压力 $P_{cr} = \pi^2 EI_y/l^2$，挠曲线位于 xy 面内

　　B. 临界压力 $P_{cr} = \pi^2 EI_y/l^2$，挠曲线位于 xz 面内

　　C. 临界压力 $P_{cr} = \pi^2 EI_z/l^2$，挠曲线位于 xy 面内

　　D. 临界压力 $P_{cr} = \pi^2 EI_z/l^2$，挠曲线位于 xz 面内

5-9-8 在材料相同的条件下，随着柔度的增大（　　　）。

　　A. 细长杆的临界应力是减小的，中长杆不是

　　B. 中长杆的临界应力是减小的，细长杆不是

　　C. 细长杆和中长杆的临界应力均是减小的

　　D. 细长杆和中长杆的临界应力均不是减小的

5-9-9 如图所示，一端固定，一端为球形铰的大柔度压杆，横截面为矩形，则该杆临界力 P_{cr} 为（　　　）。

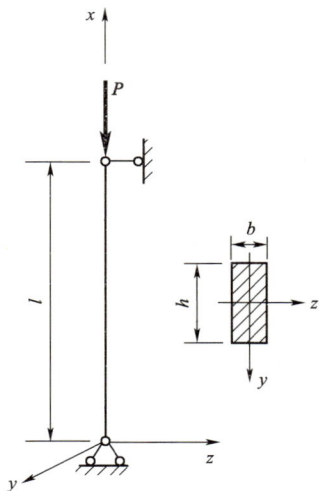

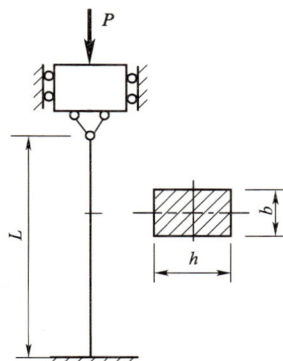

题 5-9-7 图　　　　　　　　题 5-9-9 图

A. $1.68 Ebh^3/L^2$　　　　B. $3.29 Ebh^3/L^2$　　　　C. $1.68 Eb^3h/L^2$　　　　D. $0.82 Eb^3h/L^2$

习题题解及参考答案

第一节

5-1-1　**解：** 低碳钢拉伸试验时的应力—应变曲线如图 5-1-3 所示。当材料拉伸到强化阶段（ ce 段）后，卸除荷载时，应力和应变按直线规律变化，如图 5-1-3 中直线 dd' 。当再次加载时，沿 $d'd$ 直线上升，材料的比例极限提高到 d 而塑性减少，此现象称为冷作硬化。

答案： C

第二节

5-2-1　**解：** 用直接法求轴力，可得左段轴力为−3kN，而右段轴力为 5kN。

答案： B

5-2-2　**解：** 由于 A 是斜截面 $m\text{-}m$ 的面积，轴向拉力 P 沿斜截面是均匀分布的，所以 $\sigma = P/A$ 应为斜截面上沿轴线方向的总应力，而不是垂直于斜截面的正应力。

答案： C

5-2-3　**解：** $\Delta l_1 = \dfrac{F_N l}{E A_1} l$ ，$\Delta l_2 = \dfrac{F_N l}{E A_2}$

因为 $A_1 > A_2$ ，所以 $\Delta l_1 < \Delta l_2$ 。又

$$\varepsilon_1 = \frac{\Delta l_1}{l}, \quad \varepsilon_2 = \frac{\Delta l_2}{l}$$

故 $\varepsilon_1 < \varepsilon_2$ 。

答案： C

5-2-4　**解：** 用直接法求轴力，可得 $N_{AB} = -30\text{kN}$ ，$N_{BC} = 30\text{kN}$ ，$N_{CD} = -15\text{kN}$ ，$N_{DE} = 15\text{kN}$ 。

答案： C

5-2-5　**解：** $N_1 = N_2 = \dfrac{P}{2}$ ，若使刚梁平行下移，则应使两杆位移相同，即 $\Delta l_2 = \dfrac{2}{E}\dfrac{l_1}{A_1} = \Delta l_2 \dfrac{\frac{P}{2}l_2}{EA_2}$ ，则 $A_1/A_2 = l_1/l_2 > 1$ 。

答案： C

5-2-6　**解：** 用直接法求轴力，可得 $N_{AB} = -6\text{kN}$ ，$N_{BC} = 4\text{kN}$ 。

答案： C

5-2-7　**解：** 用直接法求内力，可得 AB 段轴力为 F ，既有变形，又有位移；BC 段没有轴力，所以没有变形，但是由于 AB 段的位移使 BC 段有一个向右的位移。

答案： A

5-2-8　**解：** 由轴力图（ N 图）可见，轴力沿轴线是线性渐变的，所以杆上必有沿轴线分布的均布荷载，同时在 C 截面两侧轴力的突变值是 45kN，故在 C 截面上一定对应有集中力 45kN。

答案： D

5-2-9　**解：** 受轴向拉力作用杆件的内力 $F_N = \sum F_x$ （截面一侧轴向外力代数和），应力 $\sigma = F_N/A$ ，轴向变形 $\Delta l = F_N l/(EA)$ ，若横截面面积 A 和其他条件不变，则内力、应力、轴向变形均不变。

答案： C

5-2-10　**解：** 由零杆判别法可知BC杆为零杆，$N_{BC} = 0$。但是AC杆受拉伸长后与BC杆仍然相连，由杆的小变形的威利沃特法（williot）可知变形后C点移到C'点，如解图所示。

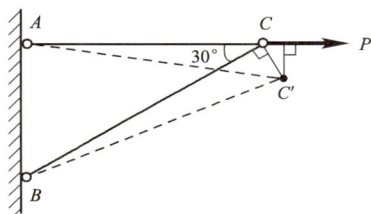

题 5-2-10 解图

答案： B

第三节

5-3-1　**解：** 把F平移到铆钉群中心O点，并加一个附加力偶m，如解图所示。

$$\sum M_O = 0，Q_1 \cdot \frac{1}{2} = F \cdot \frac{5}{4}l = m，Q_1 = \frac{5}{2}F$$

$$\sum M_y = 0，Q_2 = \frac{F}{2}$$

式中，Q_1为力偶m产生的剪力，Q_2为平移后的F力产生的剪力。显然铆钉B比铆钉A受的剪力大，

$$F_{smax} = Q_1 + Q_2 = 3F$$

$$\tau_{max} = \frac{F_{smax}}{A_s} = \frac{3F}{\frac{\pi}{4}d^2} = \frac{12F}{\pi d^2}$$

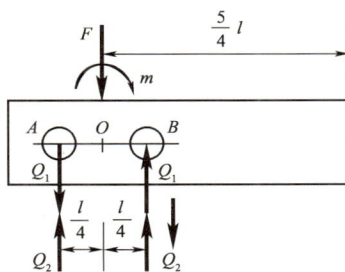

题 5-3-1 解图

答案： C

5-3-2　**解：** 由螺杆的拉伸强度条件，得

$$\sigma = \frac{F_N}{A} = \frac{F}{\frac{\pi}{4}d^2} = \frac{4F}{\pi d^2} = [\sigma]$$

由螺母的剪切强度条件，得

$$\tau = \frac{F_s}{A_s} = \frac{F}{\pi dh} = [\tau]$$

把以上两式代入$[\sigma] = 2\tau$，得

$$\frac{4F}{\pi d^2} = 2\frac{F}{\pi dh}$$

即$d = 2h$

答案： A

5-3-3　**解：** 当挤压的接触面为平面时，接触面面积cb就是挤压面积。

答案： B

5-3-4　**解：** 加垫圈后，螺栓的剪切面、挤压面、拉伸面积都无改变，只有平板的挤压面积增加了，平板的挤压强度提高了。

答案： D

5-3-5　**解：** 挤压应力等于挤压力除以挤压面积。钢板和铝铆钉的挤压力互为作用力和反作用力，大小相等、方向相反；而挤压面积就是相互接触面的正投影面积，也相同。

答案： B

5-3-6　**解：** 插销中心部分有向下的趋势，插销帽周边部分受平板支撑有向上的趋势，故插销的剪切面积是一个圆柱面积πdh，而插销帽与平板的接触面积就是挤压面积，为一个圆环面积$\frac{\pi}{4}(D^2 - d^2)$。

答案： B

5-3-7　**解：** 在钢板上冲断的圆孔板，如解图所示。设冲力为F，剪力为Q，钢板的剪切强度极限为τ_b，圆孔直径为d。则有$\tau = \dfrac{Q}{\pi dt} = \tau_\mathrm{b}$，故冲力$F = Q = \tau dt\tau_\mathrm{b}$。

答案： C

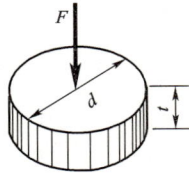

题 5-3-7 解图

第四节

5-4-1　**解：** 为使$\tau_1 = \tau/2$，应使

$$\frac{T}{\dfrac{\pi}{16}d_1^3} = \frac{1}{2}\frac{T}{\dfrac{\pi}{16}d^3}$$

即$d_1^3 = 2d^3$，$d_1 = \sqrt[3]{2}d$。

答案： D

5-4-2　**解：** 由$\theta = T/(GI_\mathrm{p})$，得$T/I_\mathrm{p} = \theta G$，故

$$\tau_{\max} = \frac{T}{I_\mathrm{p}}\frac{d}{2} = \frac{\theta Gd}{2}$$

答案： D

5-4-3　**解：** 根据剪应力计算公式$\tau = T/W_\mathrm{p}$，可得$T = \tau W_\mathrm{p}$，又由剪切胡克定律$\tau = G\gamma$，有$T = G\gamma W_\mathrm{p}$。

答案： A

5-4-4　**解：** 设圆轴的直径变为d_1，则有$\phi_1 = \phi/2$，即

$$\frac{Tl}{GI_{\mathrm{p}1}} = \frac{1}{2}\frac{Tl}{GI_\mathrm{p}}$$

所以$I_{\mathrm{p}1} = 2I_\mathrm{p}$，则$\dfrac{\pi}{64}d_1^4 = 2\times\dfrac{\pi}{64}d^4$，得到$d_1 = \sqrt[4]{2}d$。

答案： A

5-4-5　**解：** 首先考虑整体平衡，设左端反力偶m由外向里转，则有

$$\sum M_x = 0,\ m - 1 - 4.5 - 2 + 5 = 0,\ m = 2.5\mathrm{kN\cdot m}$$

再由截面法平衡求出：$T_1 = m = 2.5\mathrm{kN\cdot m}$，$T_2 = 2 - 5 = -3\mathrm{kN\cdot m}$

答案： D

5-4-6　**解：** 首先考虑整体平衡，设左端反力偶m在外表面由外向里转，则有

$$\sum M_x = 0,\ m - 1 - 6 - 2 + 5 = 0,\ m = 4\mathrm{kN\cdot m}$$

再由直接法求出各段扭矩，从左至右各段扭矩分别为$4\mathrm{kN\cdot m}$、$3\mathrm{kN\cdot m}$、$-3\mathrm{kN\cdot m}$、$-5\mathrm{kN\cdot m}$，在各集中力偶两侧截面上扭矩的变化量就等于集中力偶矩的大小。显然符合这些规律的扭矩图只有 D 图。

答案： D

5-4-7　**解：** 设直径为D的实心圆轴最大剪应力

$$\tau = \frac{T}{\dfrac{\pi}{16}D^3}$$

则直径为$D/2$的实心圆轴最大剪应力

$$\tau_1 = \frac{T}{\dfrac{\pi}{16}\left(\dfrac{D}{2}\right)^3} = 8\frac{T}{\dfrac{\pi}{16}D^3} = 8\tau$$

答案：C

5-4-8　**解：** 用截面法（或直接法）可求出截面 1-1 处的扭矩为 25kN·m，截面 2-2 处的扭矩为 −5kN·m。

答案：B

5-4-9　**解：** 设实心圆原来横截面面积为 $A = \frac{\pi}{4}d^2$，增大后面积 $A_1 = \frac{\pi}{4}d_1^2$，则有：$A_1 = 2A$，即 $\frac{\pi}{4}d_1^2 = 2\frac{\pi}{4}d^2$，所以 $d_1 = \sqrt{2}d$。

原面积不发生屈服时

$$\tau_{\max} = \frac{M_0}{W_p} = \frac{M_0}{\frac{\pi}{16}d^3} \leqslant \tau_s, \quad M_0 \leqslant \frac{\pi}{16}d^3\tau_s$$

将面积增大后

$$\tau_{\max 1} = \frac{M_1}{W_{p1}} = \frac{M_1}{\frac{\pi}{16}d_1^3} \leqslant \tau_s$$

最大许可荷载

$$M_1 \leqslant \frac{\pi}{16}d_1^3\tau_s = 2\sqrt{2}\frac{\pi}{16}d^3\tau_s = 2\sqrt{2}M_0$$

答案：C

5-4-10　**解：** 实心圆轴截面的抗扭截面模量 $W_{p1} = \frac{\pi}{16}D^3$，空心圆轴截面的抗扭截面模量 $W_{p2} = \frac{\pi}{16}D^3\left(1 - \frac{d^4}{D^4}\right)$，当外径 D 相同时，显然 $W_{p1} > W_{p2}$。

答案：B

5-4-11　**解：**

$$\tau_{2\max} = \frac{T}{\frac{\pi}{16}(2d)^3} = \frac{1}{8}\frac{T}{\frac{\pi}{16}d^3} = \frac{1}{8}\tau_{1\max}$$

$$\phi_2 = \frac{Tl}{G\frac{\pi}{32}(2d)^4} = \frac{1}{16}\frac{Tl}{G\frac{\pi}{32}d^4} = \frac{1}{16}\phi_1$$

答案：C

第五节

5-5-1　**解：** 图示矩形截面形心轴为 z 轴，z_1 轴到 z 轴距离是 h，由移轴定理可得

$$I_{z1} = I_z + a^2A = \frac{bh^3}{12} + h^2 \cdot bh = \frac{13}{12}bh^3$$

答案：D

5-5-2　**解：** 正方形的形心轴距 z 轴是 $\frac{a}{2}$，如解图所示。用移轴定理得 $I_z^{方} = I_{zc} + \left(\frac{a}{2}\right)^2 A = \frac{a^4}{12} + \frac{a^2}{4} \cdot a^2 = \frac{a^4}{3}$，整个组合截面的惯性矩为

$$I_z = I_z^{矩} - I_z^{方} = \frac{bh^3}{12} - \frac{a^4}{3}$$

答案：C

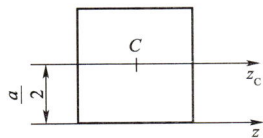

题 5-5-2 解图

5-5-3　**解：** 由定义 $I_z = \int_A y^2\mathrm{d}A$ 和 $I_y = \int_A z^2\mathrm{d}A$，可知 a）、b）两图图形面积相同，但图 a）中的面积距离 z 轴较远，因此 $I_z^a > I_z^b$；而两图面积距离 y 轴远近相同，故 $I_y^a = I_y^b$。

答案： B

5-5-4　**解：** 由定义 $I_p = \int_A \rho^2 dA$，$I_z = \int_A y^2 dA$，$I_y = \int_A z^2 dA$，以及勾股定理 $\rho^2 = y^2 + z^2$，两边积分就可得 $I_p = I_z + I_y$。

答案： B

5-5-5　**解：** 根据静矩定义 $S_z = \int_A y dA$，图示矩形截面的静矩等于 m-m 线以上部分和以下部分静矩之和，即 $S_z = S_z^{\perp} + S_z^{\top}$，又由于 z 轴是形心轴，$S_z = 0$，故 $S_z^{\perp} + S_z^{\top} = 0$，$S_z^{\perp} = -S_z^{\top}$。

答案： B

5-5-6　**解：**

$$i = i_y = i_z = \sqrt{\frac{I_z}{A}} = \sqrt{\frac{\frac{\pi}{64} d^4}{\frac{\pi}{4} d^2}} = \frac{d}{4}$$

答案： B

5-5-7　**解：** 根据惯性矩的定义 $I_z = \int_A y^2 dA$，$I_y = \int_A z^2 dA$，可知惯性矩的大小与面积到轴的距离有关。面积分布离轴越远，其惯性矩越大；面积分布离轴越近，其惯性矩越小。可见 I_y^a 最大，I_z^a 最小。

答案： C

5-5-8　**解：** 图形对主惯性轴的惯性积为零，对主惯性轴的惯性矩是对通过某点的所有轴的惯性矩中的极值，也就是最大或最小的惯性矩。

答案： C

5-5-9　**解：** 由移轴定理 $I_z = I_{zc} + a^2 A$ 可知，在所有与形心轴平行的轴中，距离形心轴越远，其惯性矩越大。图示截面为一个正方形与一半圆形的组合截面，其形心轴应在正方形形心和半圆形形心之间。所以 z_1 轴距离截面形心轴较远，其惯性矩较大。

答案： B

第六节

5-6-1　**解：** 对 B 点取力矩：$\sum M_B = 0$，$F_A = 0$。应用直接法求剪力和弯矩，得 $F_{SA} = 0$，$M_C = 0$。

答案： A

5-6-2　**解：** 原来 $f = \dfrac{Ml^2}{2EI}$，梁长减半后

$$f_1 = \frac{M\left(\frac{l}{2}\right)^2}{2EI} = \frac{1}{4} f$$

答案： B

5-6-3　**解：** 开裂前 $f = Fl^3/(3EI)$，其中 $I = b(2a)^3/12 = 8ba^3/12 = 8I_1$

开裂后

$$f_1 = \frac{\frac{F}{2} l^3}{3EI_1} = \frac{\frac{1}{2} Fl^3}{3E \cdot \frac{I}{8}} = 4 \frac{Fl^3}{3EI} = 4f$$

答案： C

5-6-4　**解：** 设 F_A 向上，取整体平衡：$\sum M_C = 0$，$m - F_A L = 0$，所以 $F_A = m/l$。用直接法求 A 截面

剪力 $F_{SA} = F_A = m/l$。

答案： C

5-6-5 **解：** 因为钢和铝的弹性模量不同，而只有挠度涉及弹性模量，所以选挠曲线。

答案： D

5-6-6 **解：** 由挠曲线方程 $v = Mx^2/(2EI)$ 可以得到正确答案。

答案： B

5-6-7 **解：** 由中间铰链 C 处断开，分别画出 AC 和 BC 的受力图（见解图）。

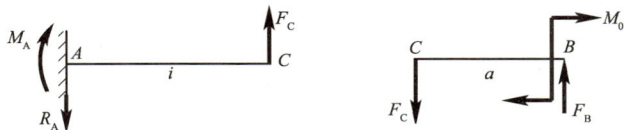

题 5-6-7 解图

先取 BC 杆，$\sum M_B = 0$，$F_C a = M_0$，$F_C = M_O/a$

再取 AC 杆，$\sum M_y = 0$，$R_A = F_C = M_O/a$

$$\sum M_A = 0, \quad M_A = F_C l = M_O l/a$$

可见只有选项 B 是正确的。

答案： B

5-6-8 **解：** 从题图 a）可知，$M_{max} = P_1 l/4$

$$\sigma_{max} = \frac{M_{max}}{W_z} = \frac{\frac{P_1 l}{4}}{\frac{\pi}{32}d^3} = \frac{8P_1 l}{\pi d^3} \leqslant [\sigma]$$

所以 $P_1 \leqslant \pi d^3 [\sigma]/(8l)$

从题图 b）可知，$M_{max} = P_2 l/4$，同理，$P_2 \leqslant \pi (2d)^3 [\sigma]/(8l)$

可见 $P_2/P_1 = (2d)^3/d^3 = 8$

答案： C

5-6-9 **解：** 用直接法，取截面 C 右侧计算比较简单：$F_{SC} = qa$，$M_C = qa^2 - qa \cdot a = 0$。

答案： B

5-6-10 **解：** 设

$$f_1 = \frac{P_1 \left(\frac{l}{2}\right)^3}{3EI}, \quad f_2 = \frac{P_2 l^3}{3EI}$$

令 $f_1 = f_2$，则有

$$P_1 \left(\frac{l}{2}\right)^3 = P_{2l}^3, \quad \frac{P_1}{P_2} = 8$$

答案： C

5-6-11 **解：** 矩形截面梁横力弯曲时，横截面上的正应力 σ 沿截面高度线性分布，如解图 a）所示，在上下边缘 σ 最大，在中性轴上正应力为零。横截面上的剪应力 τ 沿截面高度呈抛物线分布，如解图 b）所示，在上下边缘 τ 为零，在中性轴处剪应力最大。

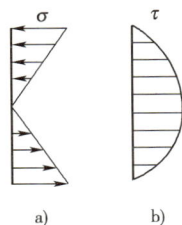

题 5-6-11 解图

答案： B

5-6-12　解： 经分析可知，移动荷载作用在跨中 $l/2$ 处时，有最大弯矩 $M_{max} = Pl/4$，支反力和弯矩图如解图 a）所示。当移动荷载作用在支座附近、无限接近支座时，见解图 b）有最大剪力 Q_{max} 趋近于 P 值。

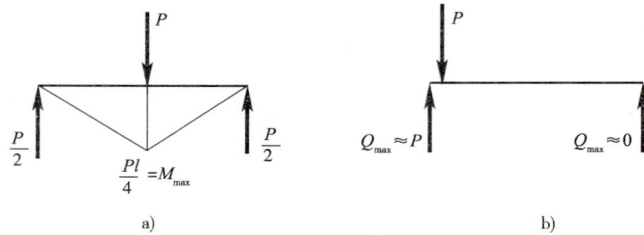

题 5-6-12 解图

答案： A

5-6-13　解： 首先求支反力，设 F_A 向上，取整体平衡：

$$\sum M_B = 0, \quad F_A \cdot 3a + qa \cdot a = 3qa \cdot \frac{3}{2}a$$

所以 $F_A = 7qa/6$

由 $F_S(x) = F_A = qx = 0$，得 $x = \frac{F_A}{q} = \frac{7}{6}a$

答案： D

5-6-14　解： 根据定义

$$W_z = \frac{I_z}{y_{max}} = \frac{\dfrac{BH^3}{12} - \dfrac{bh^3}{12}}{\dfrac{H}{2}} = \frac{BH^3 - bh^3}{6H}$$

答案： C

5-6-15　解： 题图所示四个梁，其支反力和弯矩图如解图所示。

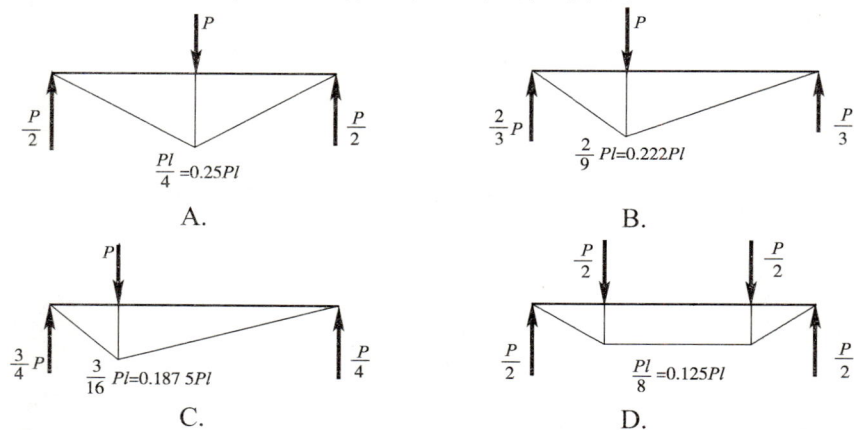

题 5-6-15 解图

就梁的正应力强度条件而言，$\sigma_{max} = M_{max}/W_z \leqslant [\sigma]$，$M_{max}$ 越小，σ_{max} 越小，梁就越安全。上述四个弯矩图中显然 D 图的 M_{max} 最小。

答案： D

5-6-16　解： 根据公式梁的弯曲曲率 $1/\rho = M/(EI)$ 与弯矩成正比，故曲率的最大值发生在弯矩最大的截面上。

答案： C

第七节

5-7-1　**解：** 选项 A，图中 $\sigma_1 = \sigma$，$\sigma_2 = \sigma$，$\sigma_3 = 0$；选项 B，图中 $\sigma_1 = \sigma$，$\sigma_2 = 0$，$\sigma_3 = -\sigma$

选项 C，图中 $\sigma_1 = 2\sigma$，$\sigma_2 = 0$，$\sigma_3 = -2\sigma$；选项 D，图中 $\sigma_1 = 3\sigma$，$\sigma_2 = \sigma$，$\sigma_3 = 0$

根据最大切应力公式 $\tau_{\max} = (\sigma_1 - \sigma_3)/2$，显然 C 图 $\tau_{\max} = [2\sigma - (-2\sigma)]/2 = 2\sigma$ 最大。

答案： C

5-7-2　**解：** 图中，$\sigma_x = 40\text{MPa}$，$\sigma_y = -40\text{MPa}$，$\tau_x = 30\text{MPa}$，由公式

$$\sigma_{\max} = \frac{\sigma_x + \sigma_y}{2} + \sqrt{\left(\frac{\sigma_x - \sigma_y}{2}\right)^2 + \tau_x^2} = \frac{40 + (-40)}{2} + \sqrt{\left[\frac{40 - (-40)}{2}\right]^2 + 30^2} = 50\text{MPa}$$

故 $\sigma_1 = 50\text{MPa}$

答案： D

5-7-3　**解：** 受扭圆轴最大剪应力 τ 发生在圆轴表面，是纯剪切应力状态（解图 a），而其主应力 $\sigma_1 = \tau$ 出现在 45°斜截面上（解图 b），其值为 τ。

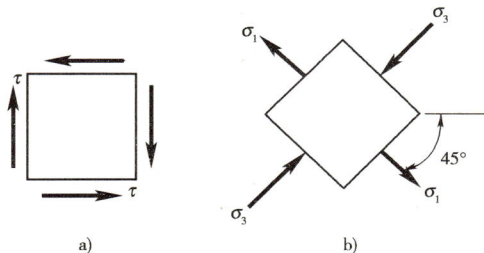

题 5-7-3 解图

答案： D

5-7-4　**解：** 设单元体厚度为 1，则 ab、bc、ac 三个面的面积就等于 ab、

bc、ac；在单元体图上作辅助线 ad，则

从图中可以看出如下几何关系：

$ad = ab \sin 60° = ac \sin 45°$

$bc = bd + dc = ac \cos 60° + ac \cos 45°$

由单元体的整体平衡方程，可得：

$\sum F_x = 0$，$\sigma_x \cdot bc = \sigma \cos 60° \cdot ab + \sigma \cos 45° \cdot ac = \sigma(bd + dc) = \sigma \cdot bc$

$\sigma_x = \sigma$

$\sum F_y = 0$，$\tau_{xy} \cdot bc = \sigma \sin 60° \cdot ab - \sigma \sin 45° \cdot ac = \sigma(ad - ad) = 0$

$\tau_{xy} = 0$

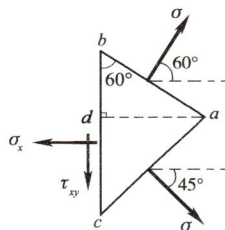

题 5-7-4 解图

答案： A

5-7-5　**解：**

状态 A，$\sigma_{r3} = \sigma_1 - \sigma_3 = 120 - (-120) = 240$

状态 B，$\sigma_{r3} = \sigma_1 - \sigma_3 = 100 - (-100) = 200$

状态 C，$\sigma_{r3} = \sigma_1 - \sigma_3 = 150 - 60 = 90$

状态 D，$\sigma_{r4} = \sigma_1 - \sigma_3 = 100 - 0 = 100$

显然状态 A 相当应力 σ_{r3} 最大。

答案： A

5-7-6　**解：**该题有两种解法。

方法 1，对比法

把图示等腰三角形单元体与纯剪切应力状态对比。把两上直角边看作是纯剪切应力状态中单元体的两个边，则 σ 和 τ 所在截面就相当于纯剪切单元体的主平面，故 $\sigma = \tau_0$，$\tau = 0$。

方法 2，小块平衡法

设两个直角边截面面积为 A，则底边截面面积为 $\sqrt{2}A$。由平衡方程

$\sum F_y = 0$，$\sigma \cdot \sqrt{2}A = 2\tau_0 A \cdot \sin 45°$，$\sigma = \tau_0$

$\sum F_x = 0$，$\tau \cdot \sqrt{2}A + \tau_0 A \cos 45° = \tau_0 A \cdot \cos 45°$，$\tau = 0$

答案：B

5-7-7　**解：**图示单元体应力状态类同于梁的应力状态：$\sigma_2 = 0$ 且 $\sigma_x = 0$（或 $\sigma_y = 0$），故其主应力的特点与梁相同，即有如下规律

$$\sigma_1 = \frac{\sigma}{2} + \sqrt{\left(\frac{\sigma}{2}\right)^2 + \tau^2} > 0 \, ; \quad \sigma_3 = \frac{\sigma}{2} - \sqrt{\left(\frac{\sigma}{2}\right)^2 + \tau^2} < 0$$

已知其中一个主应力为 $5\text{MPa} > 0$，即

$$\sigma_1 = \frac{-80}{2} + \sqrt{\left(\frac{-80}{2}\right)^2 + \tau^2} = 5\text{MPa}$$

所以

$$\sqrt{\left(\frac{-80}{2}\right)^2 + \tau^2} = 45\text{MPa}$$

则另一个主应力必为

$$\sigma_3 = \frac{-80}{2} - \sqrt{\left(\frac{-80}{2}\right)^2 + \tau^2} = -85\text{MPa}$$

答案：A

5-7-8　**解：**首先分析各横截面上的内力——剪力 Q 和弯矩 M，如解图 a）所示。再分析各横截面上的正应力 σ 和剪应力 τ 沿高度的分布，如解图 b）和图 c）所示。可见 4 点的剪应力方向不对。

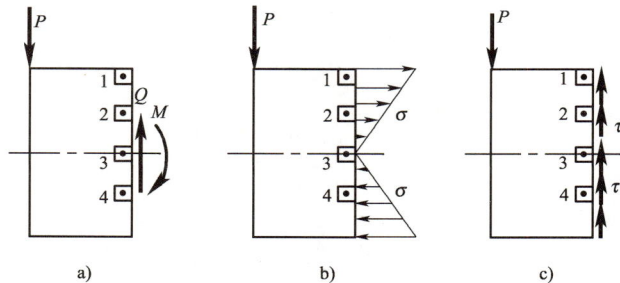

题 5-7-8 解图

答案：D

5-7-9　**解：**题图单元体的主方向可用叠加法判断。把图中单元体看成是单向压缩和纯剪切两种应力状态的叠加，如解图 a）、b）所示。

其中解图 a）主压应力σ_3'的方向即为σ_y的方向（沿y轴），而解图 b）与解图 c）等价，其主压应力σ_3'的方向沿与y轴成 45°的方向。因此题中单元体主压应力σ_3的方向应为σ_3'和σ_3''的合力方向。根据求合力的平行四边形法则，σ_3与y轴的夹角α必小于 45°，而σ_1与σ_3相互垂直，故σ_1与x轴夹角也是$\alpha < 45°$，如解图 d）所示。

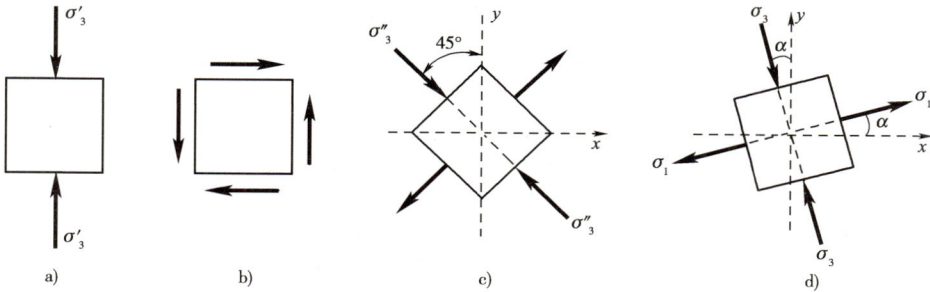

题 5-7-9 解图

答案： A

5-7-10　**解：** 根据定义，剪应力等于零的平面为主平面，主平面上的正应力为主应力。可以证明，主应力为该点各平面中的最大或最小正应力。主应力可以是零。

答案： B

5-7-11　**解：** 图 a）为纯剪切应力状态，经分析可知其主应力为$\sigma_1 = \tau$，$\sigma_2 = 0$，$\sigma_3 = -\tau$，方向如图 c）所示。

答案： C

第八节

5-8-1　**解：** 把力F平移到截面形心，加两个附加力偶M_y和M_z，AB杆的变形为轴向拉伸和对y、z轴双向弯曲。最大拉应力

$$\sigma_{\max}^+ = \frac{F_N}{A} + \frac{M_z}{W_z} + \frac{M_y}{W_y} = \frac{F}{bh} + \frac{F\dfrac{h}{2}}{\dfrac{bh^2}{6}} + \frac{F\dfrac{b}{2}}{\dfrac{hb^2}{6}} = 7\frac{F}{bh}$$

答案： C

5-8-2　**解：** 图示圆轴为弯扭组合变形。力F产生的弯矩引起A点的拉应力σ，力偶T产生的扭矩引起A点的切应力τ。

答案： C

5-8-3　**解：** 这显然是偏心拉伸，而且对y、z轴都有偏心。把F力平移到截面形心O点，要加两个附加力偶矩，该杆要发生轴向拉伸和绕y、z轴的双向弯曲。

答案： B

5-8-4　**解：** 把F力向轴线x平移并加一个附加力偶，则使圆轴产生弯曲和扭转组合变形。最大弯矩$M = Fl$，最大扭矩$T = Fd/2$。由公式

$$\sigma_{r3} = \frac{\sqrt{M^2 + T^2}}{W_z} = \frac{\sqrt{(Fl)^2 + \left(\dfrac{Fd}{2}\right)^2}}{\dfrac{\pi}{32}d^3}$$

可知正确答案为 D。

答案： D

5-8-5　**解：** 在弯扭组合变形情况下，A 点属于复杂应力状态，既有最大正应力，又有最大剪应 τ（见解图）。和梁的应力状态相同：

$$\sigma_y = 0, \quad \sigma_2 = 0, \quad \sigma_1 = \frac{\sigma}{2} + \sqrt{\left(\frac{\sigma}{2}\right)^2 + \tau^2}, \quad \sigma_3 = \frac{\sigma}{2} - \sqrt{\left(\frac{\sigma}{2}\right)^2 + \tau^2}$$

$$\sigma_{r3} = \sigma_1 - \sigma_3 = \sqrt{\sigma^2 + 4\tau^2}$$

选项中 A 为单向应力状态，B、C 只适用于圆截面。

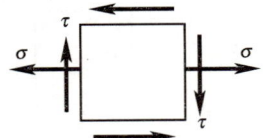

答案： D

题 5-8-5 解图

5-8-6　**解：** 从截面 m-m 截开后取右侧部分分析可知，右边只有一个铅垂的反力，只能在 m-m 截面上产生题图 a）所示的弯曲正应力。

答案： A

5-8-7　**解：** 图中三角形分布荷载可简化为一个合力，其作用线距离杆的截面下边缘的距离为 $\frac{3a}{3} = a$，所以这个合力对 m-m 截面是一个偏心拉力，m-m 截面要发生拉弯组合变形，而这个合力作用线正好通过 n-n 截面发生单向拉伸变形。

答案： C

5-8-8　**解：** 题图 a）是轴向受压变形，最大压应力 $\sigma_{max}^a = -P/a^2$

题图 b）底部是偏心受压变形，偏心矩为 $a/2$，最大压应力

$$\sigma_{max}^b = \frac{F_N}{A} - \frac{M_z}{W_z} = -\frac{P}{2a^2} - \frac{P \cdot \dfrac{a}{2}}{\dfrac{a}{6}(2a)^2} = -\frac{5P}{4a^2}$$

显然题图 b）最大压应力大于题图 a），该立柱的承载力降低了。

答案： D

5-8-9　**解：** 斜弯曲、偏心拉弯和拉弯组合变形中单元体上只有正应力没有剪应力，只有弯扭组合变形中才既有正应力 σ，又有剪应力 τ。

答案： D

5-8-10　**解：** 把力 P 平移到圆轴轴线上，再加一个附加力偶，可见圆轴为弯扭组合变形。其中 A 点的应力状态如解图 a）所示，C 点的应力状态如解图 b）所示。A、C 两点的应力状态与梁中各点相同，而 B、D 两点位于中性轴上，为纯剪切应力状态。但由于 A 点的正应力为拉应力，而 C 点的正应力为压应力，所以最大拉力

$$\sigma_1 = \frac{\sigma}{2} + \sqrt{\left(\frac{\sigma}{2}\right)^2 + \tau^2}$$

计算中，σ 的正负号不同，σ_1 的数值也不相同。

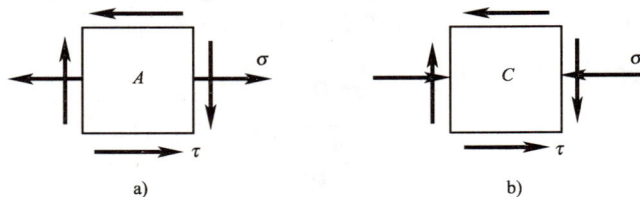

题 5-8-10 解图

答案： D

第九节

5-9-1　**解**：题图 a ）：$\mu l = 1 \times 5 = 5\text{m}$

题图 b ）：$\mu l = 2 \times 3 = 6\text{m}$

题图 c ）：$\mu l = 0.7 \times 6 = 4.2\text{m}$

由公式

$$F_{cr} = \pi^2 EI / (\mu l)^2$$

可知题图 b ）中F_{crb}最小，题图 c ）中F_{crc}最大。

答案：C

5-9-2　**解**：题图所示结构的临界荷载应该是使压杆AB和CD同时到达临界荷载，也就是压杆AB（或CD）临界荷载的 2 倍，故有

$$F_a = 3F_{cr} = 2 \times \frac{\pi^2 EI}{(0.7l)^2} = 4.08 \times \frac{\pi^2 EI}{l^2}$$

答案：B

5-9-3　**解**：细长压杆临界力

$$P_{cr} = \frac{\pi^2 EI}{(\mu l)^2}$$

对圆截面$I = \pi d^4 / 64$，当直径d缩小一半，变为$d/2$时，压杆的临界力P_{cr}为压杆的$\left(\frac{1}{2}\right)^4 = \frac{1}{16}$。

答案：D

5-9-4　**解**：从常用的四种杆端约束压杆的长度系数μ的值变化规律中可看出，杆端约束越强，μ值越小（压杆的临界力越大）。图示压杆的杆端约束一端固定、一端弹性支承，比一端固定、一端自由时（$\mu = 2$）强，但又比一端固定、一端铰支时（$\mu = 0.7$）弱，故$0.7 < \mu < 2$，即为选项 C 的范围内。

答案：C

5-9-5　**解**：根据压杆稳定的概念，压杆稳定是指压杆直线平衡的状态在微小外力干扰去除后自我恢复的能力，因此只有选项 D 是正确的。

答案：D

5-9-6　**解**：根据压杆临界压力的公式

$$P_{cr} = \frac{\pi^2 EI}{(\mu l)^2}$$

可知，当EI相同时，杆端约束越强，μ值越小，压杆的临界压力越大。题图 a ）中压杆下边杆端约束最弱（刚度为EI），题图 c ）中杆端约束最强（刚度为无穷大），故P_{cr}^a最小。

答案：A

5-9-7　**解**：临界压力是指压杆由稳定开始转化为不稳定的最小轴向压力。

由公式

$$P_{cr} = \frac{\pi^2 EI}{(\mu l)^2}$$

可知，当压杆截面对某轴惯性矩最小时，则压杆截面绕该轴转动并发生弯曲最省力，即这时的轴向压力最小。显然图示矩形截面中I_y是最小惯性矩，而挠曲线应位于xz面内。

答案：B

5-9-8 **解：** 不同压杆的临界应力总图如解图所示。解图中 *AB* 段表示短杆的临界应力，*BC* 段表示中长杆的临界应力，*CD* 段表示细长杆的临界应力。从解图中可以看出，在材料相同的条件下，随着柔度的增大，细长杆和中长杆的临界应力均是减小的。

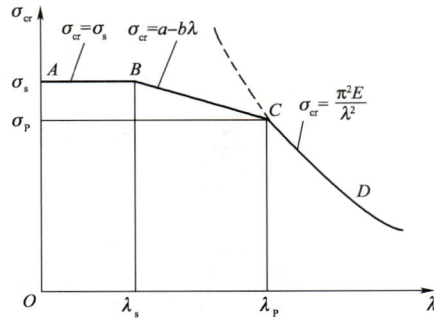

题 5-9-8 解图

答案： C

5-9-9 **解：** 压杆临界力公式中的惯性矩应取压杆横截面上的最小惯性矩 I_{max}，故

$$P_{cr} = \frac{\pi^2 E I_{min}}{(\mu l)^2} = \frac{\pi^2 E \frac{1}{12} h b^3}{(0.7L)^2} = 1.68 \frac{Eb^3 h}{L^2}$$

答案： C

第六章 流 体 力 学

复 习 指 导

一、考试大纲

6.1 流体的主要物性与流体静力学

流体的压缩性与膨胀性；流体的黏性与牛顿内摩擦定律；流体静压强及其特性；重力作用下静水压强的分布规律；作用于平面的液体总压力的计算。

6.2 流体动力学基础

以流场为对象描述流动的概念；流体运动的总流分析；恒定总流连续性方程、能量方程和动量方程的运用。

6.3 流动阻力和能量损失

沿程阻力损失和局部阻力损失；实际流体的两种流态——层流和紊流；圆管中层流运动；紊流运动的特征；减小阻力的措施。

6.4 孔口、管嘴管道流动

孔口自由出流、孔口淹没出流；管嘴出流；有压管道恒定流；管道的串联和并联。

6.5 明渠恒定流

明渠均匀水流特性；产生均匀流的条件；明渠恒定非均匀流的流动状态；明渠恒定均匀流的水力计算。

6.6 渗流、井和集水廊道

土壤的渗流特性；达西定律；井和集水廊道。

6.7 相似原理和量纲分析

力学相似原理；相似准数；量纲分析法。

二、复习指导

注册工程师基础课程考试的特点是题型固定（均为单项选择题），每题做题时间短（平均每 2 分钟应做完一道题），知识覆盖面宽且侧重于基本概念、基本理论、基本公式的应用，较少涉及艰深复杂的理论和数量大的计算。根据以上特点，在复习时应注意对基本概念的准确理解，以提高分析判断能力。例如，下面节后习题 6-2-1，其中的 B 项中有"剪切变形"，而 D 项中有"剪切变形速度"，两者只差"速度"两字，如果对牛顿内摩擦定律有准确的理解，可立刻判断出 D 项为正确答案。在单选题中有一部分是数字答案供选择，这部分题是需要经过计算后确定的，所以在复习时应记住重要的基本公式，并掌握其运用方法，结合第四节提供的复习题灵活运用，勤加练习，例如习题 6-3-2，就是应用静水压强基本方程和压强的三种表示方法解答的。在单选题中有一部分题是要靠记住一些基本结论去回答的，例如习题6-5-2、习题6-5-4，是要记住层流与紊流核心区的流速分布图才能正确选择。所以复习时对一些重要结论应该加强记忆。在单选题中，还有一部分题是要用基本原理或基本方程去分析的题，例如圆柱形外管嘴流量增加的原因，就是要用能量方程去分析，证明管内收缩断面处存在真空值，产生吸力，增加了作用水头，从而使流量增加。如果理解了能量方程的物理意义，就能解释在位能不变的条件下，流速增加的地方，压强将减小。所以在复习基本方程时，不仅要记住其表达式，更重要的是应理解其物理意义，并学会应用这些方程分析问题。

下面按考试大纲的顺序列出一部分需要准确理解、熟练掌握、灵活运用的基本概念、基本理论和基本方程，供复习时参考。

连续介质，流体的黏性及牛顿内摩擦定律，$\tau = \mu \dfrac{du}{dy}$。

静水压强及其特性；静水压强的基本方程：$p = p_0 + \rho gh$；压强分布图；测管水头$z + \dfrac{p}{\rho g}$的物理意义；等压面的性质和画法以及运用等压面求解压力计算题的方法；平面总压力的大小、方向和作用点（公式$P = \gamma h_c A$，$y_D = y_c + \dfrac{J_c}{y_c A}$，或图解法公式$P = \Omega b$）；曲面总压力水平分力和垂直分力的计算公式$P_x = \gamma h_c A_z$，$P_z = \gamma V$，$\theta = \arctan \dfrac{P_z}{P_x}$。

流线、元流、总流的性质，过流断面及水力要素；流量、平均流速关系式：$Q = VA$；连续性方程：$v_1 A_1 = v_2 A_2$；能量方程：$z_1 + \dfrac{p_1}{\gamma} + \dfrac{\alpha_1 v_1^2}{2g} = z_2 + \dfrac{p_2}{\gamma} + \dfrac{\alpha_2 v_2^2}{2g} + h_w$的物理意义，应用范围，应用方法（选断面、基准面、选点）；动量方程$\sum F = \rho Q(\alpha_{02} v_2 - \alpha_{01} v_1)$的物理意义，应用范围和应用方法（选控制体、选坐标），总水头线、测压管水头线的画法和变化规律。

层流与紊流的判别标准，沿程损失的基本公式（$h_f = \lambda \dfrac{L}{d} \dfrac{v^2}{2g}$）和圆管层流的流速分布；紊流的流速分布和紊流沿程阻力系数的变化规律（尼古兹图）；局部水头损失产生的原因及计算公式（$h_m = \zeta \dfrac{v^2}{2g}$），突扩及突缩局部阻力系数公式；边界层及边界层的分离现象，绕流阻力。

孔口及管嘴出流的流速、流量公式（$v = \phi \sqrt{2gH_0}$，$Q = \mu A \sqrt{2gH_0}$）；流速系数、收缩系数、流量系数之间的相互关系；圆柱形外管嘴流量增加的原因；串联管路总水头；并联管路水头损失相等、流量与阻抗平方根成反比等概念。

明渠均匀流水力坡度、水面坡度、渠底坡度相等的概念，发生明渠均匀流的条件；谢才公式$v = C\sqrt{Ri}$与曼宁公式$C = \dfrac{1}{n} R^{\frac{1}{6}}$公式的联合运用；梯形断面水力要素的计算，水力最佳断面概念。

渗流模型必须遵循的条件；达西定律（$v = KJ$，$Q = KAJ$）的物理意义，应用范围；潜水井、承压井、廊道的流量计算。

基本量纲与导出量纲，量纲和谐原理的应用，无量纲量的组合方法，π定理；两个流动力学相似的条件；重力、黏性力、压力相似准则的物理意义；在何种情况下选用何种相似准则。

流速、压强、流量的量测仪器和量测方法。

第一节 流体力学定义及连续介质假设

流体力学是研究流体宏观机械运动规律及其在工程上应用方法的科学。本章所研究的流体仅限于不可压缩流体，即以水为代表的液体和密度变化较小的低流速气体。

流体力学原理在水利、土木、环保、航天、化工、机械等工程上均有广泛的应用，是土木工程师、结构工程师所应具有的基础理论知识。

流体是由大量的分子所组成，分子间具有一定的空隙，每个分子都在不断地作不规则运动，因此流体的微观结构和运动，在空间和时间上都是不连续的。由于流体力学是研究流体的宏观运动，没有必要对流体进行以分子为单元的微观研究，因而假设流体为连续介质，即认为流体是由微观上充分大而宏观上充分小的质点所组成，质点之间没有空隙，连续地充满流体所占有的空间。将流体运动作为由无数个流体质点所组成的连续介质的运动，它们的物理量在空间和时间上都是连续的。这样就可以摆脱研究分子运动的复杂性，运用数学分析中的连续函数这一有力工具。根据连续介质假设所得的理论结果，在很多情况下与相应的实验结果很符合，因此这一假设已普遍地被采用，只是在某些特殊情况，例如高空的稀薄气体不能作为连续介质来处理。此外，在深入探讨流体黏滞性产生机理时，仍不能不考虑到流体实际存在着分子运动。

【例 6-1-1】 连续介质假设意味着是：

　　A. 流体分子相互紧连　　　　　　　B. 流体的物理量是连续函数

　　C. 流体分子间有间隙　　　　　　　D. 流体不可压缩

解 根据连续介质假设可知，流体的物理量是连续函数。

答案： B

习　　题

6-1-1　连续介质假设既可摆脱研究流体分子运动的复杂性，又可（　　　）。

　　A. 不考虑流体的压缩性

　　B. 不考虑流体的黏性

　　C. 运用数学分析中的连续函数理论分析流体运动

　　D. 不计及流体的内摩擦力

第二节　流体的主要物理性质

流体运动的外因是流体所受到的外力和外部边界的作用，流体运动的内因则是流体自身的物理性质。为了研究流体的运动规律，必须对两方面有所探讨，本节首先介绍流体所具有的主要的物理性质。

一、易流动性

固体在静止时，可以承受切应力，流体在静止时不能承受切应力，只要在微小切应力作用下，就发生流动而变形。流体在静止时不能承受切应力、抵抗剪切变形的性质称为易流动性。这是因为流体分子之间距离远大于固体，流体也被认为不能承受拉力，而只能承受压力。

二、质量、密度

物体中所含物质数量，称为质量，单位体积流体中所含流体的质量称为密度，以 ρ 表示。对于均质

流体，设体积为V的流体具有的质量为m，则其密度为

$$\rho = \frac{m}{V} \tag{6-2-1}$$

对于非均质流体，由连续介质假设可得

$$\rho = \lim_{\Delta V \to 0} \frac{\Delta m}{\Delta V} \tag{6-2-2}$$

密度的国际单位为 kg/m^3。

流体密度随温度与压强而变，对于液体和低流速气体，可认为密度是一个常数。在一个标准大气压下，不同温度的水和空气的物理性质分别见表 6-2-1 及表 6-2-2。4℃左右水的密度$\rho = 1\,000 kg/m^3$，可以作为标准状态下水的密度，一般的冷水也可采用此值，温度较高的热水要考虑密度的变化。

水的物理特性（在一个标准大气压下）

表 6-2-1

温度 （℃）	重度 γ （kN/m^3）	密度 ρ （kg/m^3）	黏度 $\mu \times 10^3$ （$N \cdot s/m^2$）	运动黏度 $\nu \times 10^6$ （m^2/s）	表面张力 σ （N/m）	汽化压强 p_v （kN/m^2） 绝对	体积模量 $K \times 10^{-6}$ （kN/m^2）
0	9.805	999.8	1.781	1.785	0.075 6	0.61	2.02
5	9.807	1000.0	1.518	1.519	0.074 9	0.87	2.06
10	9.804	999.7	1.307	1.396	0.074 2	1.23	2.10
15	9.798	999.1	1.139	1.139	0.073 5	1.70	2.15
20	9.789	998.2	1.002	1.003	0.072 8	2.34	2.18
25	9.777	997.0	0.890	0.893	0.072 0	3.17	2.22
30	9.764	995.7	0.798	0.800	0.071 2	4.24	2.25
40	9.730	992.2	0.653	0.658	0.069 6	7.38	2.28
50	9.689	988.0	0.547	0.553	0.067 9	12.33	2.29
60	9.642	983.2	0.466	0.474	0.066 2	19.92	2.28
70	9.589	977.8	0.404	0.413	0.064 4	31.16	2.25
80	9.530	971.8	0.354	0.364	0.062 6	46.34	2.20
90	9.466	965.3	0.315	0.326	0.060 8	70.10	2.14
100	9.399	958.4	0.282	0.294	0.058 9	101.33	2.07

空气的物理特性（在一个标准大气压下）

表 6-2-2

温度（℃）	密度ρ （kg/m^3）	重度γ （N/m^3）	黏度$\mu \times 10^5$ （$N \cdot s/m^2$）	运动黏度$\nu \times 10^5$ （m^2/s）
-40	1.515	14.86	1.49	0.98
-20	1.395	13.68	1.61	1.15
0	1.293	12.68	1.71	1.32
10	1.248	12.24	1.76	1.41
20	1.205	11.82	1.81	1.50
30	1.165	11.43	1.86	1.60

温度（℃）	密度ρ （kg/m³）	重度γ （N/m³）	黏度$\mu \times 10^5$ （N·s/m²）	运动黏度$\nu \times 10^5$ （m²/s）
40	1.128	11.06	1.90	1.68
60	1.060	10.40	2.00	1.87
80	1.000	9.81	2.09	2.09
100	0.946	9.28	2.18	2.31
200	0.747	7.33	2.58	3.45

三、重力、重度

地球对流体的引力，即为重力，单位体积流体内所具有的重力称为容重或重度，以γ表示。对于均质流体，设体积为V的流体具有的重力为G，则重度

$$\gamma = \frac{G}{V} \tag{6-2-3}$$

对于非均质流体，由连续介质假设可得

$$\gamma = \lim_{\Delta V \to 0} \frac{\Delta G}{\Delta V} \tag{6-2-4}$$

由牛顿运动定律知：$G=mg$，g为重力加速度，一般采用$g=9.8\text{m/s}^2$，由式（6-2-3）可得

$$\gamma = \rho g \tag{6-2-5}$$

重度γ的单位为 N/m³，亦随压力和温度而变，在一个标准大气压下水的重度随温度而变化的值见表6-2-1。一般冷水的重度可视为常数，可用$\gamma =9\,800\text{N/m}^3$（重度$\gamma$均可用$\rho g$代替）。

四、黏性

流体在运动时，具有抵抗剪切变形速度的性质，称为黏性，它是由于流体内部分子的黏聚力及分子运动的动量输运所引起。当某流层对其邻流层发生相对位移而引起剪切变形时，在流层间产生的切力（即流层间内摩擦力）就是黏性的表现。由实验知，在二维平行直线流动中，流层间切力（即内摩擦力）T的大小与流体的黏性有关，并与速度梯度$\frac{\mathrm{d}u}{\mathrm{d}y}$（即剪切变形速度）和接触面积$A$成正比，而与接触面上压力无关，即

$$T = \mu A \frac{\mathrm{d}u}{\mathrm{d}y} \tag{6-2-6}$$

单位面积上的切力称为切应力，以τ表示，有

$$\tau = \mu \frac{\mathrm{d}u}{\mathrm{d}y} \tag{6-2-7}$$

上式为牛顿内摩擦定律的表达式，式中μ称为动力黏度（或动力黏性系数），单位为 Pa·s（帕·秒）或N·s/m²，动力黏度与密度的比值称为运动黏度（或运动黏性系数），以ν表示，即

$$\nu = \frac{\mu}{\rho} \tag{6-2-8}$$

ν的单位为 m²/s，或 cm²/s，动力黏度μ与运动黏度ν的值均随温度t和流体种类而变，水、空气的μ及ν值随温度t的变化可查表6-2-1 和表6-2-2。水的运动黏度ν可用下列经验公式求得

$$\nu = \frac{0.017\,75}{1 + 0.033\,7t + 0.000\,221t^2} \tag{6-2-9}$$

式中： ν ——运动黏度（cm²/s），在后面的计算中，采用单位 m²/s；

t ——水温（℃）。

由上式可知水的运动黏度随温度升高而减少，而空气的运动黏度随温度升高而增加。

【例 6-2-1】 水的运动黏性系数随温度的升高而：

    A. 增大   B. 减小   C. 不变   D. 先减小然后增大

解 水的运动黏性系数随温度的升高而减小。

答案：B

式（6-2-6）中的速度梯度 $\dfrac{\mathrm{d}u}{\mathrm{d}y}$ 也就是剪切变形速度 $\dfrac{\mathrm{d}\alpha}{\mathrm{d}t}$ ，可证明如下：

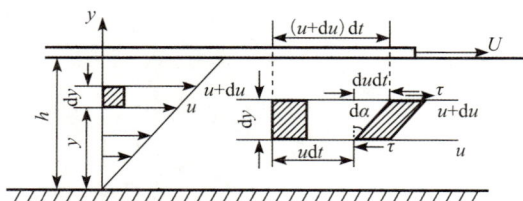

图 6-2-1

从图 6-2-1 可看出，原为正方形的微元体，由于速度梯度的存在，上边运动快于下边，经时间 dt 后，正方形变为平行四边形，直角变形为锐角，产生一剪切变形角 dα，当 dα 角度很小时，$\mathrm{d}\alpha \approx \tan \mathrm{d}\alpha = \dfrac{\mathrm{d}u\mathrm{d}t}{\mathrm{d}y}$ 。

即

$$\frac{\mathrm{d}u}{\mathrm{d}y} = \frac{\mathrm{d}\alpha}{\mathrm{d}t}$$

$\dfrac{\mathrm{d}\alpha}{\mathrm{d}t}$ 为单位时间内的剪切变形角度，故称为剪切变形速度，或剪切变形率。

凡是符合牛顿内摩擦定律的流体称为牛顿流体，例如水、酒精和一般气体。凡 τ 与 $\dfrac{\mathrm{d}u}{\mathrm{d}y}$ 不成线性关系的流体称为非牛顿流体，例如泥浆、血液、胶溶液、聚合物液体等。本章主要讨论牛顿流体。

【例 6-2-2】 某固定不动平板水平放置，其上有一层厚度为 10mm 的油层，油的黏度 $\mu = 9.81 \times 10^{-2}\mathrm{Pa \cdot s}$ ，油层液面上漂浮一水平滑移平板，已知其水平移动速度 $u = 1\mathrm{m/s}$ ，试求作用在移动平板上单位面积的切应力 τ ；又若油层厚度增加至 80mm，且沿铅直方向油层断面上的流速分布式为：$u = 4y - y^2$ ，式中 y 为从固定平板起算的铅直坐标，此时平板移动速度改变，再求移动平板单位面积切应力 τ （参见图 6-2-1）。

解 （1）当油层厚度为 10mm 时，由于厚度小流速分布可近似为直线分布，此时沿铅直方向的流速梯度

$$\frac{\mathrm{d}u}{\mathrm{d}y} \approx \frac{u}{y} = \frac{1\mathrm{m/s}}{0.01\mathrm{m}} = 100\mathrm{s}^{-1}$$

切应力

$$\tau = \mu \frac{\mathrm{d}u}{\mathrm{d}y} = 9.81 \times 10^{-2} \times 100 = 9.81\mathrm{Pa}$$

（2）当厚度增至 80mm，流速分布为 $u = 4y - y^2$ ，则有

$$\tau = \mu \frac{\mathrm{d}u}{\mathrm{d}y} = \mu(4 - 2y) = 9.81 \times 10^{-2} \times (4 - 2 \times 0.08) = 0.376\,7\mathrm{Pa}$$

五、压缩性与热胀性

当作用在流体上的压力增大时，流体的体积减小；压力减小时，体积增大的性质称为流体的压缩性或流体的弹性。液体的压缩性一般以体积压缩系数 β 或弹性系数 K 来量度，设液体体积为 V ，压强增加 $\mathrm{d}p$ 后，体积减小 $\mathrm{d}V$ ，则压缩系数

$$\beta = -\frac{\frac{dV}{V}}{dp} \tag{6-2-10}$$

式中，负号表示压强增大，体积减小；β 的单位为 m^2/N。

压缩系数的倒数称为体积弹性模量 K，即

$$K = \frac{1}{\beta} = -V\frac{dp}{dV} \tag{6-2-11}$$

体积弹性模量的单位为 N/m^2 或 Pa。β 及 K 均为正值，不同的液体有不同的 β 及 K 值，水的体积弹性模量 K 可近似地取为 2×10^9Pa。若压强增量 dp 为一个大气压，则体积的相对变化 $\Delta V/V$ 约为 $1/20\,000$，因此在 dp 不大时，水的体积压缩性可忽略不计，此种液体称为不可压缩流体。

气体的压缩性较大，对于理想气体体积与压强、温度的关系，一般遵循理想气体的状态方程式

$$\frac{p}{\rho} = RT \tag{6-2-12}$$

式中：　p ——压强(Pa)；

　　　　ρ ——密度(kg/m^3)；

　　　　T ——流体温度(K)；

　　　　R ——气体常数$[m \cdot N/(kg \cdot K)]$，与气体的分子量有关，对空气 $R = 287m \cdot N/(kg \cdot K)$。

当气体的流速小于 50m/s 时，密度变化为 1%，可作为未压缩气体来处理。

流体温度升高体积膨胀的性质称为热胀性，可用热胀系数 α 来量度，$\alpha = \frac{dV}{VdT}$ 或 $\alpha = -\frac{d\rho}{\rho dT}$。

六、表面张力特性

在流体自由液面的分子作用半径范围内，由于分子的引力大于斥力，在表层沿表面产生极其微小的拉力，称为表面张力。其大小可用表面张力系数 σ 来量度，σ 是自由液面单位长度上所受到的张力，单位为 N/m。

由于表面张力的作用，如果把细管竖立在液体中，液体就会在细管中上升（如水）或下降（如水银），这种现象称为毛细管现象。毛细管内外液面高差 h 与液体的种类及毛细管直径 d 有关。对于水，由于黏聚力小于水与管壁的附着力，因此毛细管内液面上升，实验得知

$$h = \frac{29.8}{d} \tag{6-2-13}$$

对于水银，黏聚力大于附着力，管中水面下降，其液面差

$$h = \frac{10.5}{d} \tag{6-2-14}$$

式中，h 和 d 均以 mm 计。

后文将要介绍的玻璃测压管，为了避免表面张力毛细现象的影响，其管径 d 应大于 10mm。

七、汽化压强与空蚀现象

液体分子逸出液面，向空间扩散的过程称汽化，液体汽化为蒸气；汽化的逆过程为凝结，蒸气凝结为液体。在液体中，汽化与凝结同时存在，当这两个过程达到平衡时，宏观的汽化现象停止，此时液面压强称为饱和蒸气压强或汽化压强，水的汽化压强列于表 6-2-3。当液体某处的压强低于汽化压时，该

处即产生汽化。液体汽化处，将发生空泡，当空泡流入高压区时，会突然破裂溃灭，周围水则以极高速度充填其间并产生很高的冲击压力。如空泡在固壁处溃灭，则使壁面承受很高的冲压，使壁面受到破坏，同时汽化时逸出的活泼气体，也有化学腐蚀的作用，因此液体在汽化时易引起固壁的所谓空蚀现象。水泵或建筑物中发生空蚀时，往往伴有振动、噪声、断流等现象，应尽量避免。

水 的 汽 化 压 强 表 6-2-3

水温（℃）	0	5	10	15	20	25	30
汽化压强（kN/m²）	0.61	0.87	1.23	1.70	2.34	3.17	4.21
水温（℃）	40	50	60	70	80	90	100
汽化压强（kN/m²）	7.38	12.33	19.92	31.16	47.34	70.10	101.33

【例 6-2-3】 半径为R的圆管中，横截面上流速分布为$u = 2(1 - r^2/R^2)$，其中r表示到圆管轴线的距离，则在$r_1 = 0.2R$处的黏性切应力与$r_2 = R$处的黏性切应力大小之比为：

A. 5   B. 25   C. 1/5   D. 1/25

解 切应力$\tau = \mu \dfrac{\mathrm{d}u}{\mathrm{d}y}$，而$y = R - r$，$\mathrm{d}y = -\mathrm{d}r$，故$\dfrac{\mathrm{d}u}{\mathrm{d}y} = -\dfrac{\mathrm{d}u}{\mathrm{d}r}$

题设流速$u = 2\left(1 - \dfrac{r^2}{R^2}\right)$，故$\dfrac{\mathrm{d}u}{\mathrm{d}y} = -\dfrac{\mathrm{d}u}{\mathrm{d}r} = \dfrac{2 \times 2r}{R^2} = \dfrac{4r}{R^2}$

题设$r_1 = 0.2R$，故切应力$\tau_1 = \mu\left(\dfrac{4 \times 0.2R}{R^2}\right) = \mu\left(\dfrac{0.8}{R}\right)$

题设$r_2 = R$，则切应力$\tau_2 = \mu\left(\dfrac{4R}{R^2}\right) = \mu\left(\dfrac{4}{R}\right)$

切应力大小之比$\dfrac{\tau_1}{\tau_2} = \dfrac{\mu\left(\dfrac{0.8}{R}\right)}{\mu\left(\dfrac{4}{R}\right)} = \dfrac{0.8}{4} = \dfrac{1}{5}$

答案： C

习   题

6-2-1 与牛顿内摩擦定律直接有关的因素是（   ）。

     A. 压强、速度和黏度   B. 压强、黏度、剪切变形

     C. 切应力、温度和速度   D. 黏度、切应力与剪切变形速度

6-2-2 水的动力黏度随温度的升高而（   ）。

     A. 增大   B. 减小   C. 不变   D. 不定

第三节 流体静力学

一、作用在流体上的力

作用在流体上的力可分为两大类。

（一）质量力

作用于每一个流体质点上与流体质量成正比的力，称质量力；在均质流体中它与体积成正比，又称为体积力。常见的质量力有重力和惯性力，重力等于质量m与重力加速度g的乘积，惯性力则等于质量

与加速度的乘积，方向与加速度方向相反。在分析流体运动时，常引用单位质量流体所受质量力，称为单位质量力，以 F/m 表示，具有加速度 a 的量纲。设单位质量在直角坐标系三个轴上的分量，以 X、Y、Z 表示，则单位质量力的表达式为 $\vec{f} = X\vec{i} + Y\vec{j} + Z\vec{k}$。$X = F_x/m$，$Y = F_y/m$，$Z = F_z/m$。对于仅受重力作用的流体，其单位质量力在三个轴上的分量分别为

$$X = 0，Y = 0，Z = -g$$

（二）表面力

作用于流体的表面，与作用的面积成比例的力称表面力。表面力又可以分为垂直于作用面的压力和沿作用面切线方向的切力；表面力既可以是作用于流体边界面上的压力、切力，例如大气压力、活塞压力，也可以是一部分流体质点作用于另一部分流体质点上的压力和切力；表面力的单位为 N。

作用在单位面积上的表面力称为表面应力，例如压应力和切应力，在连续介质中可用下式表示

$$p = \lim_{\Delta A \to 0} \frac{\Delta p}{\Delta A} \tag{6-3-1}$$

$$\tau = \lim_{\Delta A \to 0} \frac{\Delta T}{\Delta A} \tag{6-3-2}$$

式中： p ——压应力或压强（Pa）；

τ ——切应力（Pa）。

在静止流体中，没有切应力，只有压强。静水压强有两个特性：垂直于作用面，且同一点上的静水压强在各个方向上相等，与作用面的方位无关。

二、欧拉平衡微分方程

1755 年，欧拉（Euler）以平衡流体中取出的正六面体作为隔离体，经过微元分析，在外力平衡条件下得出了欧拉平衡微分方程

$$\begin{cases} X - \dfrac{1}{\rho}\dfrac{\partial p}{\partial x} = 0 \\[2mm] Y - \dfrac{1}{\rho}\dfrac{\partial p}{\partial y} = 0 \\[2mm] Z - \dfrac{1}{\rho}\dfrac{\partial p}{\partial z} = 0 \end{cases} \tag{6-3-3}$$

式中： X、Y、Z ——分别代表 x、y、z 方向上流体所受的单位质量力；

ρ ——流体密度；

$\dfrac{1}{\rho}\dfrac{\partial p}{\partial x}$、$\dfrac{1}{\rho}\dfrac{\partial p}{\partial y}$、$\dfrac{1}{\rho}\dfrac{\partial p}{\partial z}$ ——分别为 x、y、z 三个方向上的单位质量表面力，$\dfrac{\partial p}{\partial x}$、$\dfrac{\partial p}{\partial y}$、$\dfrac{\partial p}{\partial z}$ 分别为三个轴向的压强变化率。

改写欧拉平衡微分方程，可得

$$\begin{cases} X = \dfrac{1}{\rho}\dfrac{\partial p}{\partial x} \\[2mm] Y = \dfrac{1}{\rho}\dfrac{\partial p}{\partial y} \\[2mm] Z = \dfrac{1}{\rho}\dfrac{\partial p}{\partial z} \end{cases}$$

对于不可压缩流体，其密度 ρ 为常数，上式表明质量力与压强变化率同号，即质量力作用的方向即为压强增加的方向。仅受重力作用的静水中，压强沿地心引力的方向增加，所以静水中越往下，水深越

大压强也越大。上式还表明，如果任两个轴向的单位质量力为零，则此两轴构成的面为等压面；等压面上压强不变。例如仅受重力作用的静水，$X = 0$、$Y = 0$，则X，Y轴构成的面为等压面，即仅受重力作用的静水中，等压面是与重力垂直的面，在小范围内是水平面。将欧拉平衡方程（6-3-3）各式分别乘以dx、dy、dz相加后可得

$$dp = \rho(Xdx + Ydy + Zdz) \tag{6-3-4}$$

式中：dp —— 压强的全微分；

其余符号意义同前。

上式是欧拉平衡微分方程的又一形式。

三、仅受重力作用时静水压强基本方程

将欧拉平衡微分方程（6-3-4）对仅受重力作用的静水积分即可得静水压强基本方程。

以$X = Y = 0$，$Z = -g$代入上式得

$$dp = -\rho g dz = -\gamma dz$$

两边作不定积分得

$$p = -\gamma z + C$$

或

$$z + \frac{p}{\gamma} = C \tag{6-3-5}$$

式中：C —— 积分常数，可根据边界条件定出。

以如图 6-3-1 所示静水容器中表面压强为p_0，自液面向下计算的水深为$h = z_0 - z$，则由式（6-3-5）

$$z + \frac{p}{\gamma} = z_0 + \frac{p_0}{\gamma}$$

则有

$$p = p_0 + \gamma(z_0 - z)$$

或

$$p = p_0 + \gamma h = p_0 + \rho g h \tag{6-3-6}$$

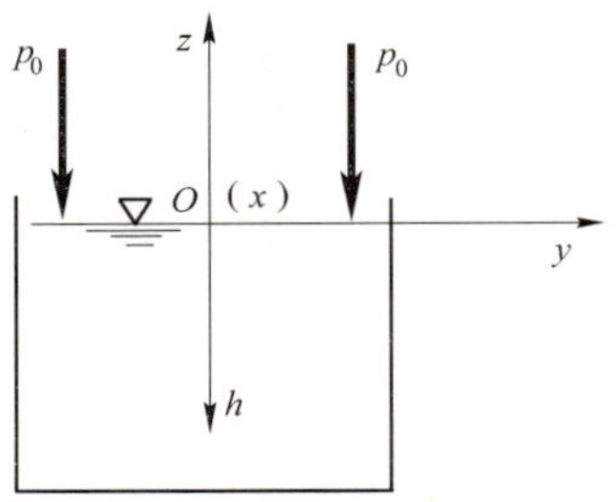

图 6-3-1

式（6-3-6）称为静水压强基本方程，可用来计算液面下某一水深处的流体静压强p。

式中表面压强p_0在敞口容器中为大气压强p_a，大气压强p_a的值与海拔标高有关，通常海拔高度不大处，一般采用$p_a = 98kPa$，即为一个工程大气压（用 at 表示），$1at = 98kPa$。这不同于海平面处的标准大气压，一个标准大气压为 101.325kPa（以 atm 表示）。

式（6-3-6）表明水下任一点静压强由表面压强p_0与水柱重力所构成的压强γh两部分组成，且水面压强p_0均匀传播到水中所有各点，与水深无关，这正是读者熟知的帕斯卡原理。

四、压强的两种基准和三种表示方法

（一）两种基准

压强的基准是指压强的起算点，如以绝对真空为零点起算的压强称为绝对压强p'；绝对压强最小为零，无负压强。

如以当地大气压为零起算则称为相对压强p，它与绝对压强p'只相差一当地大气压p_a，即

$$p = p' - p_a \tag{6-3-7}$$

相对压强可正可负，当相对压强小于当地大气压时则出现负压，此时称为出现部分真空现象，真空值用p_v表示，其大小可用下式求出

$$p_v = p_a - p' \tag{6-3-8}$$

或

$$p_v = -p \tag{6-3-9}$$

真空值所对应的液柱高度为h_v，称真空度，真空度始终为正值，即

$$h_v = \frac{p_v}{\gamma} \tag{6-3-10}$$

（二）压强的三种表示方法❶

第一种表示压强的方法是从压强的基本定义出发，以单位面积上的压力来表示，在国际单位制中为N/m^2或Pa，$1N/m^2 = 1Pa$。第二种表示方法是用工程大气压的倍数表示，$1at = 9.8 \times 10^4 Pa = 98kPa$。第三种表示方法是用液柱高度$h$来表示，常用水柱高度或水银柱高度来表示，其单位是$mH_2O$或$mmHg$。与压强$p$的关系可用$h = p/\gamma$确定，例如一个工程大气压所对应的水柱高度$h$应为

$$h = \frac{p}{\gamma} = \frac{9.8 \times 10^4}{9.8 \times 10^3} = 10mH_2O$$

记住下面一组数据，有助于以心算法进行压强单位的换算，即$1mH_2O = 0.1$个工程大气压$= 9.8kPa$。

【例6-3-1】 密闭水箱如图所示，已知水深$h = 1m$，自由面上的压强$p_0 = 90kN/m^2$，当地大气压$p_a = 101kN/m^2$，则水箱底部A点的真空度为：

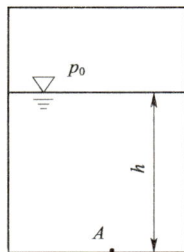

例6-3-1 图

  A. $-1.2kN/m^2$ B. $9.8kN/m^2$

  C. $1.2kN/m^2$ D. $-9.8kN/m^2$

解 真空度$p_v = p_a - p' = 101 - (90 + 9.8) = 1.2kN/m^2$

答案：C

五、静水压强基本方程的物理意义

（一）几何意义

 z ——位置高度，即计算点距基准面的铅直高度，以 m 计；

 $\dfrac{p}{\gamma}$ ——压强高度或测压管高度，即计算点至测压管中液面的铅直高度，以 m 计，见图6-3-2；

 $z + \dfrac{p}{\gamma}$ ——测压管水头，即从基准面到测压管中液面的高度，以 m 计。在静止液体中$z + \dfrac{p}{\gamma} = C$，即静水中各点的测压管水头相等，各点测压管水头上端构成的线或面称为测压管水头线（或面）。静水中测压管水头线是一水平线。

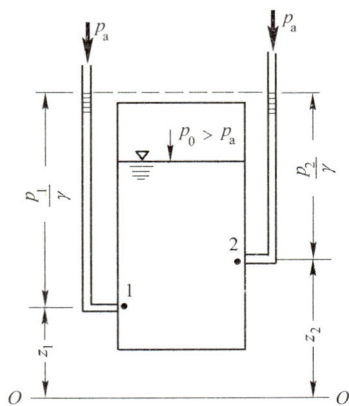

图 6-3-2

---

❶《中华人民共和国法定计量单位》中规定，标准大气压和毫米汞（水）柱两种压强的表示方法（即本款所述的第二、第三种方法），属于废除单位。但在目前工程实用上，仍有大量资料应用后两种单位，故此处仍编入。

（二）能量意义

z ——单位重量流体的位能，因为 $z = \dfrac{mg \cdot z}{mg}$ ，简称单位位能；

$\dfrac{p}{\gamma}$ ——单位重量流体的压能，因为 $\dfrac{p}{\gamma} = \dfrac{mg \cdot \frac{p}{\gamma}}{mg}$ ，简称单位压能；

$z + \dfrac{p}{\gamma}$ ——单位重量流体的势能，简称单位势能。在静水中 $z + \dfrac{p}{\gamma} = C$ ，表明静水中各点单位势能相

等，为能量守恒定律的一种反映。

在图 6-3-2 中，$z_1 + \dfrac{p_1}{\gamma} = z_2 + \dfrac{p_2}{\gamma}$ 。此外，在水力学中习惯上将高度称为水头，所以 z 又可称为位置水头，$\dfrac{p}{\gamma}$ 称为压强水头。

六、压强分布图

在实际工程中常把静压强的分布用作图法表示出来，便于形象直观地分析问题。从静压强基本方程 $p = p_0 + \gamma h$ 可知，当容器为敞口时，表面压强 $p_0 = p_a$，容器外壁同时作用着大气压强 p_a，两者抵消后，容器所受到的有效压强为相对压强。此外 $p = \gamma h$，即与水深 h 为一线性关系，所以压强沿水深的变化为一直线，在液面处 $\gamma h = 0$，在水深为 H 处为 γH，此两点连一直线，即为压强分布图。作图时应注意力矢的方向要与作用面成直角，因为静水压强的特性之一是与作用面垂直，各种情况下的压强分布如图 6-3-3 所示。如在密闭容器中 $p_0 \neq p_a$ 时，则要计及 p_0 的作用，但因 p_0 在传递时是等值的，与 h 无关，所以只要几何地叠加即可。

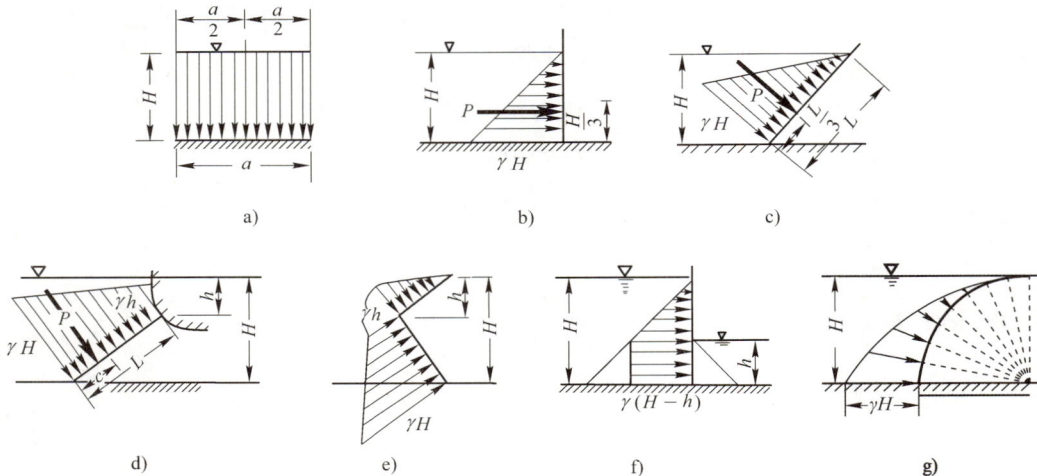

图 6-3-3

七、测压计

测量流体静压强的方法、仪器种类很多，并日趋现代化。下面介绍常用的液柱式测压计及其原理，其余将在流体参数的量测一节中再讲。

（一）玻璃测压管

测压管是一根两端开口的玻璃管，一端与所测流体连通，另一端与大气连通，管内液体在压强作用下上升至某一高度 h_A，见图 6-3-4a），则被测点流体压强 $p_A = \gamma h_A$。当压强较大时，测压管太长，使用不便，可采用 U 形水银压力计测压。

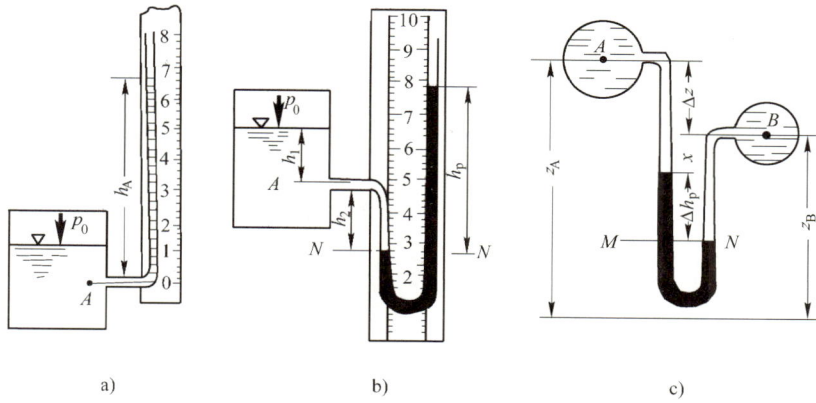

图 6-3-4

（二）U 形水银压力计

此种压力计如图 6-3-4b）所示，在 U 形玻璃管中盛以与水不相混掺的某种液体，例如水银。在测量气体压强时，可盛水或酒精。被测点压强 $p_A = \gamma_{Hg} h_p - \gamma h_2$，液面压强 $p_0 = \gamma_{Hg} h_p - \gamma(h_1 + h_2)$。

（三）压差计

水银压差计如图 6-3-4c）所示，可测出液体中两点的压差 Δp 或两点测压管水头差。仅受重力作用的等压面为水平面如图 6-3-4 中的 MN 平面，等压面上压强处处相等。利用等压面原理可导出图中 A、B 两点压差为

$$p_B - p_A = \Delta p = \gamma \Delta z + \left(\frac{\gamma_{Hg}}{\gamma} - 1\right) \gamma \Delta h_p$$

两点测压管水头差为

$$\left(z_B + \frac{p_B}{\gamma}\right) - \left(z_A + \frac{p_A}{\gamma}\right) = \left(\frac{\gamma_{Hg}}{\gamma} - 1\right) \Delta h_p$$

若水的重度 $\gamma = 9.8\text{kN/m}^3$，水银的重度 $\gamma_{Hg} = 133.28\text{kN/m}^3$，则压差为

$$\Delta p = \gamma \Delta z + 12.6\gamma \Delta h_p$$

两点测压管水头差为

$$\left(z_B + \frac{p_B}{\gamma}\right) - \left(z_A + \frac{p_A}{\gamma}\right) = 12.6\Delta h_p$$

八、液体的相对平衡

液体相对于地球运动，但液体质点之间及液体与容器壁之间无相对运动时，称为液体的相对平衡或相对静止状态。例如相对于地面作等加速直线运动的洒水车和容器中的液体绕中心轴作等角速旋转运动，在运动经历一定时间后就会达到这种相对平衡状态。

现在用达伦伯原理，取坐标系在运动容器上，液体相对于这一坐标系是静止的，这样可使这种运动问题作为静止问题来处理。如图 6-3-5a）所示为一水平等加速运动的洒水车，取直角坐标系 x、y、z 在自由液面上，此时车中液体在重力及水平惯性力共同作用处于相对平衡状态，作用在液体质点上的单位质量力在各个轴向的分量分别为

$$X = -a, \ Y = 0, \ Z = -g$$

代入 Euler 平衡方程 $dp = \rho(Xdx + Ydy + Zdz)$，有

$$dp = \rho(-adx - gdz)$$

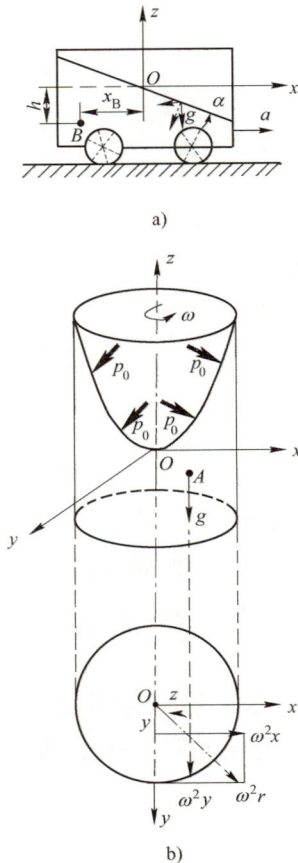

图　6-3-5

积分后得

$$p = -(\rho ax + \rho gz) + C$$

或

$$p = -\gamma \left(\frac{a}{g} x + z \right) + C$$

当$x = 0$，$z = 0$时，$p = p_0$代入上式可得$C = p_0$，最后得

$$p = p_0 - \gamma \left(\frac{a}{g} x + z \right)$$

其中，p_0为液面压强，$\gamma = \rho g$为液体重度。自由液面上$p = p_0$，即$ax/g + z = 0$，或$ax + gz = 0$，液面倾角为α，则$\tan \alpha = -z/x = a/g$，当水平加速度增加时，液面倾角增大。

又如图 6-3-5b）为绕容器纵轴作等角速旋转之相对平衡，此时各轴向的单位质量力分别为

$$X = \omega^2 x, \quad Y = \omega^2 y, \quad Z = -g$$

代入 Euler 平衡方程后积分得

$$p = p_0 + \gamma \left(\frac{\omega^2 r^2}{2g} - z \right)$$

式中：ω——旋转角速度；

$\quad\quad r$——质点距轴心的旋转半径。

自由液面上$p = p_0$，由上式可得自由液面方程为

$$z = \frac{\omega^2 r^2}{2g}$$

所以自由液面为一旋转抛物面，旋转越快，液面上高度越大。在同一转速下，边壁处液面上升最高。

九、作用在平面上的液体总压力

（一）平面静水总压力的大小

如图 6-3-6 所示一倾斜置于水下的任意形状平面，总面积为A，与水平线的交角为α，围绕面上M点取一微小面积dA，淹没深度为h，作用在dA上的静水总压力为dP，则

$$dP = pdA = \gamma h dA$$

而全面积A上的静水总压为P，则

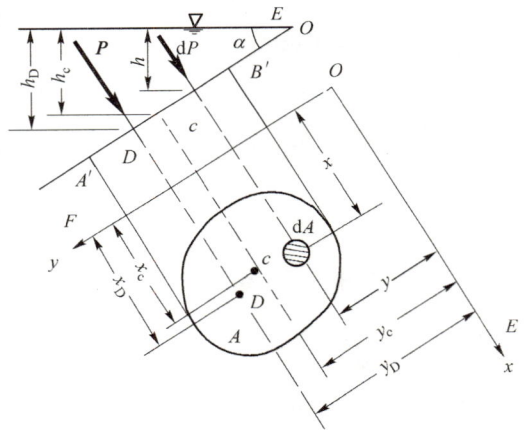

图　6-3-6

$$P = \int_A dP = \int_A \gamma h dA = \int_A \gamma y \sin \alpha dA = \gamma \sin \alpha \int_A y dA = \gamma \sin \alpha y_c A = \gamma h_c A = p_c A$$

即

$$P = \gamma h_c A = p_c A \tag{6-3-11}$$

式中：h_c——面积A形心点c处的水深；

$\quad\quad p_c$——形心点c处的静压强。

上式表明平面总压力的大小等于形心点压强乘以平面受压面积。

（二）平面总压力的方向和作用点

由静水压强特性知，总压力垂直于受压平面，总压力作用点可根据合力对某一轴的力矩等于各分力对同一轴力矩之和求得。设总压力对x轴的力矩为$P \cdot y_D$，y_D为总压力作用点D至x轴的距离，则有

$$P \cdot y_D = \int y dP = \int_A y \gamma y \sin \alpha dA = \gamma \sin \alpha \int_A y^2 dA$$
$$= \gamma \sin \alpha J_x = \gamma \sin \alpha (J_c + y_c^2 A)$$

又因为$P = \gamma y \sin \alpha A$，代入上式后求得$y_D$

$$y_D = y_c + \frac{J_c}{y_c A} \tag{6-3-12}$$

式中：y_c——面积形心c点至x轴的距离；

J_c——过形心c轴的受压面积A的惯性矩，可查有关表格，例如矩形面积$J_c = bh^3/12$，圆形面积$J_c = \pi r^4/4$。

（三）平面总压力的图解法

对于垂直置于水中的矩形平面，见图 6-3-3b），总压力可应用图解法求得，其大小等于压强分布图的面积S乘以受压面的宽度b，即$p = b \cdot S$。总压力的作用线通过压强分布图的形心，作用线与受压面的交点，即为总压力的作用点。

十、作用在曲面上的液体总压力

如图 6-3-7a）所示一二维受压曲面，取曲面上一点M并绕M取微小面积dA，作用在微小面积dA上的总压力为$dP = pdA = \gamma h dA$，dP垂直于dA，与水平方向成θ角，将dP分解为水平分力dP_x及铅垂分力dP_z，分别为

$$dP_x = dP \cos \theta = \gamma h dA \cos \theta = \gamma h dA_x$$
$$dP_z = dP \sin \theta = \gamma h dA \sin \theta = \gamma h dA_z$$

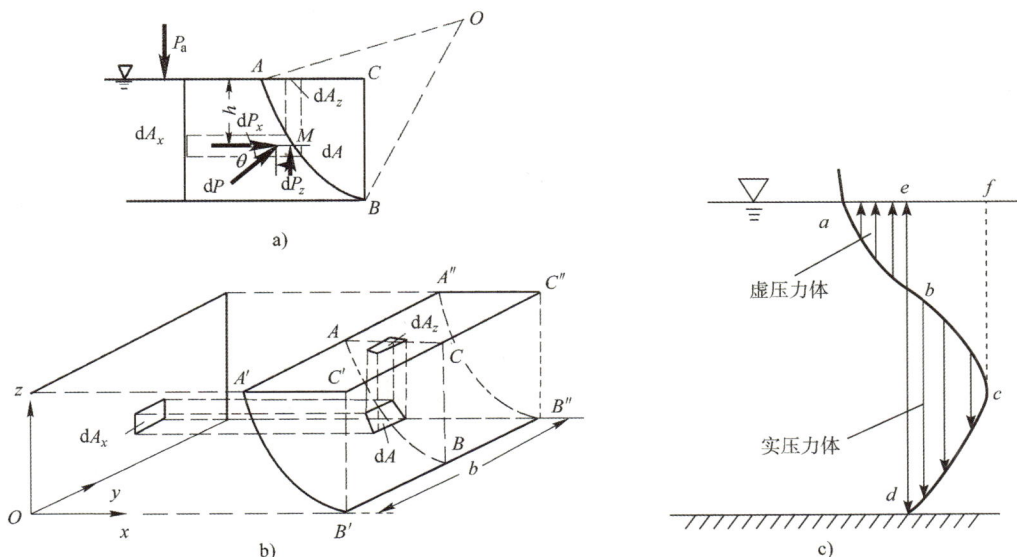

图 6-3-7

作用在全部曲面上的水平总分力为

$$P_x = \int dP_x = \int_A \gamma h dA \cos \theta = \int_{A_x} \gamma h dA_x = \gamma h_c A_x$$

即
$$P_x = \gamma h_c A_x \tag{6-3-13}$$

式中：h_c——曲面在铅垂面上投影面积A_x的形心点水深。

作用在全部曲面上的铅垂总分力为

$$P_z = \int dP_z = \int_A \gamma \, h dA \sin\theta = \int_{A_z} \gamma \, h dA_z = \gamma \int_{A_z} h \, dA_z$$

积分式$\int_{A_z} h dA_z$为曲面以上与自由液面（或其延长面）以下铅垂柱体的体积，称为压力体的体积V，如图6-3-7b）所示$A'B'C'A''B''C''$的体积，所以曲面总压力的铅垂分力为

$$P_z = \gamma V \tag{6-3-14}$$

即铅垂分力$\boldsymbol{P_z}$等于压力体内液体的重力γV。若压力体内有液体压力体与液体在曲面同一侧则为实压力体，$\boldsymbol{P_z}$方向向下，若压力体内无液体，液体在曲面的另一侧，则为虚压力体，此时$\boldsymbol{P_z}$的方向向上，称为浮力，参见图6-3-7c）。曲面总压力的合力$\boldsymbol{P}$可用$\boldsymbol{P_x}$及$\boldsymbol{P_z}$求得

$$P = \sqrt{P_x^2 + P_z^2} \tag{6-3-15}$$

曲面总压力与水平线的夹角θ

$$\theta = \arctan\frac{P_z}{P_x} \tag{6-3-16}$$

对于对称的几何图形，总压力作用点均应在水平对称轴上。

【例6-3-2】设有一弧形闸门，如图所示，已知闸门宽度$b = 3m$，半径$r = 2.828m$，$\varphi = 45°$，闸门转动轴O点距底面高度$H = 2m$，门轴O在水面延长线上，试求当闸门前水深$h = 2m$时，作用在闸门上的静水总压力。

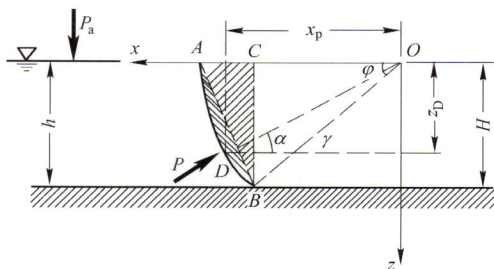

例6-3-2 图

解 水平分力

$$P_x = \gamma h_c A_x = 9.8 \times 10^3 \times \frac{1}{2} \times 2 \times 2 \times 3$$
$$= 58.8 \times 10^3 N = 58.8kN$$

铅直分力

$$P_z = \gamma V = \gamma \left(\frac{\varphi}{360°} \times \pi \times r^2 - \frac{1}{2} h \times r \cos\varphi \right) \times b$$

V是图中阴影线部分体积，为虚压力体，$\boldsymbol{P_z}$方向向上，为浮力。

$$P_z = 9.8 \times 10^3 \left(\frac{45°}{360°} \times \pi \times 2.828^2 - \frac{1}{2} \times 2 \times 2.828 \times \cos45° \right) \times 3$$
$$= 33.52 \times 10^3 N = 33.52kN$$

合力

$$P = \sqrt{P_x^2 + P_z^2} = \sqrt{(58.8 \times 10^3)^2 + (33.52 \times 10^3)^2}$$
$$= 67.68 \times 10^3 N = 67.68kN$$

与水平线夹角为

$$\theta = \arctan\frac{P_z}{P_x} = \arctan\frac{33.52 \times 10^3}{58.8 \times 10^3} = 30°$$

十一、浮力和潜体及浮体的稳定性

浸没于液体中的物体称为潜体，漂浮在液体自由表面的物体称为浮体。无论是潜体还是浮体，也无论物体表面形状是如何的复杂多变，它们均受到液体对其施加的铅直向上的托举力的作用，此力称为浮力或浮托力。浮力的大小可用上述曲面总压力铅垂分力计算法计算。如图 6-3-8 所示一浸没于水中的潜体沿潜体表面作铅直切线 AA'、BB'……，这些切线组成切于潜体表面的垂直向上的柱状体，该柱面与潜体表面的交线，把潜体表面分为 AFB、AHB 上下两部分，上半部分 AFB 表面所受到静水总压力铅垂分力 P_z，应等于曲面 AFB 上压力体内液体的重力，方向向下，下半部分 AHB 表面所受到的静水总压力铅垂分力 P_{z2} 等于曲面 AHB 以上压力体的重力，方向向上为浮力。作用在整个潜体表面上的铅垂分力 $P_z = P_{z2} - P_{z1}$，亦即等于潜体自身体积大小的液体重力，所以潜体所受浮力应等于潜体所排开的同体积的液体重力。潜体所受的水平分力 P_x，左右前后均大小相等方向相反，水平分力的合力 $P_x = 0$，故潜体所受总压力的合力，只有铅垂向上的浮力。计算潜体浮力的原理就是人们熟知的阿基米德（Archimeds）原理，此原理对浮体也同样适用。

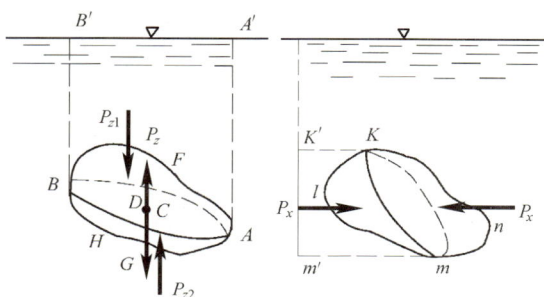

图 6-3-8

浮力的作用点称为浮心，浮心显然与所排开液体体积的形心重合。

潜体除了浮力作用外，还同时受到重力的作用，当潜体重力 G 大于浮力 P_z 时，物体下沉；当 $G = P_z$ 时，物体可在液体中任意深度保持平衡。当 $G < P_z$ 时，物体上升，减少在液体中浸没体积，从而减小浮力，直至浮力与重力相等时为止，此时潜体就变为浮体了。

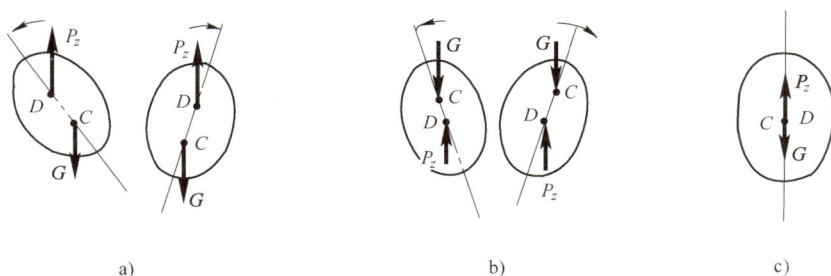

a)　　　　　　　　b)　　　　　　　　c)

图 6-3-9

现探讨潜体的稳定性。潜体在倾斜后恢复其原来平衡位置的能力，称为潜体的稳定性。按照重心 C 与浮心 D 在同一铅垂线上的相对位置，有三种可能性：①重心 C 位于浮心 D 之下，如图 6-3-9a）所示，潜体如有倾斜，重力 G 与浮力 P_z 形成一个使潜体恢复原来平衡位置的转动力矩，使潜体能恢复原位，称为稳定平衡。②重心 C 位于浮心 D 之上，如图 6-3-9b）所示，潜体如有倾斜，重力 G 与浮力 P_z 将产生一个使潜体继续倾斜的转动力矩，潜体不能恢复其原位，称为不稳定平衡。③重心 C 与浮心 D 相重合，如图 6-3-9c）

所示，潜体如有倾斜，重力**G**与浮力**P**$_z$不产生转动力矩，潜体处于随遇平衡状态。即潜体在任意位置均可随意平衡，不需恢复原有状态。

浮体平衡的稳定性要求与潜体有所不同，浮体重心**C**在浮心**D**之上时，其平衡仍有可能是稳定的。设有两浮体如图 6-3-10 所示，浮体处于平衡位置时重心**C**与浮心**D**的连线垂直于浮面（浮体在平衡位置时与自由液面交线），称为浮轴，浮心与重心均在浮轴上；倾斜后重心**C**位置一般不改变，但浮心及浮力和浮轴不重合，改变了位置。设浮力与浮轴的交点为**M**，称定倾中心，定倾中心到原浮心**D**的距离称定倾半径，以ρ表示。重心**C**和原浮心**D**的距离称为偏心距，以e表示。浮体倾斜后能否恢复其原平衡位置，取决于重心**C**与定倾中心**M**的相对位置，有三种可能性：①$\rho > e$，即**M**点高于**C**点，如图 6-3-10a）所示，这时重力**G**与倾斜后的浮力**P**$'_z$构成一扶正力矩，使浮体恢复到原位，浮体处于稳定平衡；②$\rho < e$，即**M**点低于**C**点，如图 6-3-10b）所示，这时重力**G**与倾斜后浮力**P**$'_z$构成一倾覆力矩，使浮体继续倾斜，浮体处于不稳定平衡；③$\rho = e$，即**M**与**C**重合，这时**G**与**P**$'_z$不产生力矩，浮体处于随遇平衡。

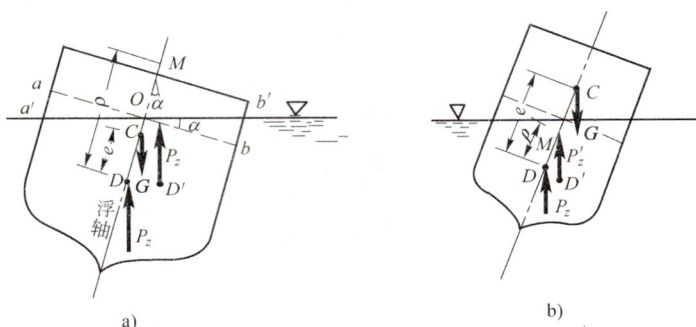

图　6-3-10

【例 6-3-3】 密闭水箱如图所示，已知水深$h = 2m$，自由面上的压强$p_0 = 88kN/m^2$，当地大气压强$p_a = 101kN/m^2$，则水箱底部A点的绝对压强与相对压强分别为：

A. $107.6kN/m^2$ 和$-6.6kN/m^2$

B. $107.6kN/m^2$ 和$6.6kN/m^2$

C. $120.6kN/m^2$ 和$-6.6kN/m^2$

D. $120.6kN/m^2$ 和$6.6kN/m^2$

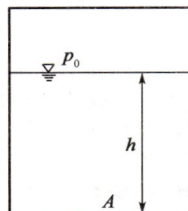

例 6-3-3 图

解　A点绝对压强$p'_A = p_0 + \rho gh = 88 + 1 \times 9.8 \times 2 = 107.6kPa$

　　　　A点相对压强$p_A = p'_A - p_a = 107.6 - 101 = 6.6kPa$。

答案： B

习　　题

6-3-1　单位质量力的国际单位是（　　　）。

　　　A. 牛（N）　　　　　　B. 帕（Pa）　　　　　　C. 牛/千克（N/kg）　　D. 米/秒^2（m/s^2）

6-3-2　与大气相连通的自由水面下 5m 处的相对压强为（　　　）。

　　　A. 5at　　　　　　　B. 0.5at　　　　　　　C. 98kPa　　　　　　　D. 40kPa

6-3-3　某点的相对压强为$-39.2kPa$，则该点的真空值与真空高度分别为（　　　）。

A. 39.2kPa，4mH₂O B. 58.8kPa，6mH₂O

C. 34.3kPa，3.5mH₂O D. 19.6kPa，2mH₂O

6-3-4 密闭容器内自由表面压强p_0 =9.8kPa 液面下水深 2m 处的绝对压强为（　　　　）。

A. 19.6kPa B. 29.4kPa C. 205.8kPa D. 117.6kPa

6-3-5 用 U 形水银压力计测容器中某点水的相对压强，如已知水和水银的重度分别为γ及γ'，压力计中液面差为Δh，被测点至内侧低水银液面的高差为h_1，则被测点的相对压强为（　　　　）。

A. $\gamma'\Delta h$ B. $(\gamma' - \gamma)\Delta h$ C. $\gamma'(h_1 + \Delta h)$ D. $\gamma'\Delta h - \gamma h_1$

6-3-6 圆形木桶，顶部与底部用环箍紧，桶内盛满液体，顶箍与底箍所受张力之比为（　　　　）。

A. 2 B. 1/2 C. 2/3 D. 1/4

6-3-7 一垂直立于水中的矩形平板闸门，门宽 4m，门前水深 2m，该闸门所受静水总压强为（　　　　），压力中心距自由液面的铅直距离为（　　　　）。

A. 60kPa，1m B. 78.4kN，4/3m C. 85kN，1.2m D. 70kN，1m

第四节　流体动力学

一、流体运动学基本概念

表征流体运动的各种物理量，如速度、加速度、压强、密度、动量、能量等，称为运动要素。流体运动学就是要研究流体运动要素随时间、空间而变化的规律。由于描述流体运动的方法不同，运动要素的表示式也有不同。在流体力学中，有两种描述流体运动方法，即拉格朗日（Largange）法和欧拉（Euler）法。

拉格朗日是从分析流体质点的运动着手，设法描述出每一个流体质点自始至终的运动过程，即它们的位置随时间变化的规律。如所有流体质点的运动轨迹均知道了，则整个流体运动的状况也就清楚了。为了区分不同的流体质点，拉格朗日采用起始时刻$t = t_0$时每个质点的空间坐标(a, b, c)作为标志，然后表达出每一流体质点在任意时刻t在空间的坐标位置，在直角坐标系它们皆是拉格朗日变量a、b、c和时间t的连续函数，即

$$\begin{cases} x = x(a, b, c, t) \\ y = y(a, b, c, t) \\ z = z(a, b, c, t) \end{cases}$$

由上式可知，若a，b，c为常数，t为变数，可得某个指定质点运动轨迹方程；如果t为常数，a、b、c为变数，可得某一瞬时不同质点在空间分布位置。如a、b、c、t全都是变量时，则方程所表达的是任意质点的运动轨迹。流体质点在任何时刻的速度，可从上式对时间取偏导数得到，即

$$u_x = \frac{\partial x}{\partial t} = \frac{\partial x(a, b, c, t)}{\partial t}$$

$$u_y = \frac{\partial y}{\partial t} = \frac{\partial y(a, b, c, t)}{\partial t}$$

$$u_z = \frac{\partial z}{\partial t} = \frac{\partial z(a, b, c, t)}{\partial t}$$

任意流体质点在任何时刻的加速度，可从上式对时间取偏导数得到，即

$$a_x = \frac{\partial u_x}{\partial t} = \frac{\partial^2 x(a,b,c,t)}{\partial t^2}$$

$$a_y = \frac{\partial u_y}{\partial t} = \frac{\partial^2 y(a,b,c,t)}{\partial t^2}$$

$$a_z = \frac{\partial u_z}{\partial t} = \frac{\partial^2 z(a,b,c,t)}{\partial t^2}$$

当加速度确定后，可通过牛顿第二定律，建立运动和作用于该点上力的关系，反之亦然。

由于流体不同于固体，流体微团运动中有线变形、角变形，互相间位置不固定，因此运动轨迹极其复杂多变，要想求出这些函数，常导致数学上的困难；其次，在实际工程上，多数情况下并不需要知道每一质点的运动轨迹及其速度等要素的变化；再次，测量流体运动要素，要跟着流体质点移动测量仪器，以测出不同瞬时的数值，这种测量方法是很难实现的。因此不常采用拉格朗日方法，而多采用欧拉方法。

欧拉方法是从分析通过流场中某固定空间点上流体质点的运动着手，设法描述出每一个空间点上流体质点的运动随时间变化的规律。如果知道了所有空间点上质点的运动规律，那么整个流动情况也就清楚了。至于流体质点在到达某空间点之前是从哪里来的，到达某空间点后又将到那里去，则不予研究。在直角坐标系中，选取坐标(x,y,z)将每一空间点区分开来。在一般情况下，同一时刻，不同空间点上流体质点的速度也是不同的，所以任意时刻任意空间点在流体质点的速度u将是空间坐标和时间的函数，写成向量形式为

$$u = u(x,y,z,t)$$

投影到x，y，z各个轴向的速度分量为

$$u_x = u_x(x,y,z,t)$$
$$u_y = u_y(x,y,z,t)$$
$$u_z = u_z(x,y,z,t)$$

同样，其他运动要素如压强p和密度ρ可写为

$$p = p(x,y,z,t)$$
$$\rho = \rho(x,y,z,t)$$

由上式可知，当t为常数，(x,y,z)为变数，则可得同一瞬时，通过不同空间点各流体质点速度分布情况，是某瞬时空间的流速向量场。若(x,y,z)为常数，t为变量，则可得不同瞬时，通过空间某固定点流体质点速度变化的情况。

现讨论流体质点加速度的表达式。从欧拉法的观点来看，在流动中不仅处于不同空间点上的质点可以具有不同的速度，就是同一空间点上的质点，也因时间先后的不同可以有不同的速度。所以流体质点的加速度由两部分组成，一是由于时间过程而使空间点上的质点速度发生变化的加速度，称当地加速度（或时变加速度），另一是流动中质点位置移动而引起的速度变化所形成的加速度，称为迁移加速度（或位变加速度）。以欧拉法求加速度时，x，y，z，t均看成是自变量，以复合函数求导法则，求流速u的全导数，各轴加速度的分量为

$$a_x = \frac{\mathrm{d}u_x}{\mathrm{d}t} = \frac{\partial u_x}{\partial t} + \frac{\partial u_x}{\partial x}\frac{\mathrm{d}x}{\mathrm{d}t} + \frac{\partial u_x}{\partial y}\frac{\mathrm{d}y}{\mathrm{d}t} + \frac{\partial u_x}{\partial z}\frac{\mathrm{d}z}{\mathrm{d}t}$$

$$a_y = \frac{\mathrm{d}u_y}{\mathrm{d}t} = \frac{\partial u_y}{\partial t} + \frac{\partial u_y}{\partial x}\frac{\mathrm{d}x}{\mathrm{d}t} + \frac{\partial u_y}{\partial y}\frac{\mathrm{d}y}{\mathrm{d}t} + \frac{\partial u_y}{\partial z}\frac{\mathrm{d}z}{\mathrm{d}t}$$

$$a_z = \frac{\mathrm{d}u_z}{\mathrm{d}t} = \frac{\partial u_z}{\partial t} + \frac{\partial u_z}{\partial x}\frac{\mathrm{d}x}{\mathrm{d}t} + \frac{\partial u_z}{\partial y}\frac{\mathrm{d}y}{\mathrm{d}t} + \frac{\partial u_z}{\partial z}\frac{\mathrm{d}z}{\mathrm{d}t}$$

上式中$\mathrm{d}x$、$\mathrm{d}y$、$\mathrm{d}z$是流体质点在$\mathrm{d}t$时段内在空间的位移在各个轴的投影，因此

$$\frac{\mathrm{d}x}{\mathrm{d}t} = u_x \quad \frac{\mathrm{d}y}{\mathrm{d}t} = u_y \quad \frac{\mathrm{d}z}{\mathrm{d}t} = u_z$$

代入上式得欧拉法流体质点加速度的表达式

$$\left.\begin{array}{l}a_x = \dfrac{\partial u_x}{\partial t} + u_x \dfrac{\partial u_x}{\partial x} + u_y \dfrac{\partial u_x}{\partial y} + u_z \dfrac{\partial u_x}{\partial z} \\[2mm] a_y = \dfrac{\partial u_y}{\partial t} + u_x \dfrac{\partial u_y}{\partial x} + u_y \dfrac{\partial u_y}{\partial y} + u_z \dfrac{\partial u_y}{\partial z} \\[2mm] a_z = \dfrac{\partial u_z}{\partial t} + u_x \dfrac{\partial u_z}{\partial x} + u_y \dfrac{\partial u_z}{\partial y} + u_z \dfrac{\partial u_z}{\partial z} \end{array}\right\} \qquad (6-4-1)$$

工程上大多采用欧拉法,因多数情况下,感兴趣的只是某些固定位置上流体质点的运动情况,并不一定要知道流体质点运动情况的历史演变。其次,测量流体的运动要素,用欧拉法时可将测试仪表固定在指定的空间点上即可,较易进行量测。

二、迹线、流线、元流、总流等基本概念

（一）迹线

迹线是一个流体质点在一段连续时间内在空间运动的轨迹线,它是拉格朗日法研究流体的几何表示。

（二）流线

流线是这样的曲线,对于某一固定时刻而言,曲线上任一点的速度方向与曲线在该点的切线方向重合;流线描绘出同一时刻不同位置上流体质点的速度方向。可以把流体运动想象为流线族构成的几何图像,如图 6-4-1 所示。这是欧拉法研究流体运动的几何表示方式。

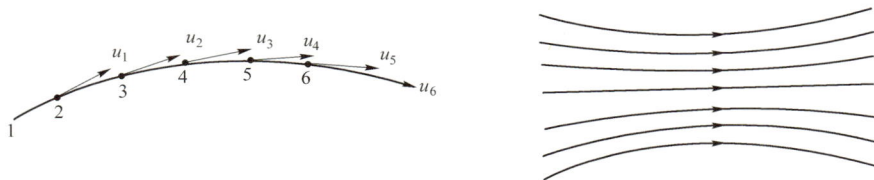

图　6-4-1

由流线的定义可知,流线有这样一些性质:过空间某点在同一时刻只能作一根流线;流线不能转折,因为折点处会有两个流速向量,流线只能是光滑的连续曲线;对流速不随时间变化的恒定流动,流线形状不随时间改变,与迹线重合,对非恒定流流线形状随时间而改变;流线密处流速快,流线疏处流速慢。

由于流速向量与切线向量重合,两向量方向余弦相同,方向平行,所以两向量的向量积

$$u \times \mathrm{d}s = 0$$

从而可得

$$\frac{\mathrm{d}x}{u_x} = \frac{\mathrm{d}y}{u_y} = \frac{\mathrm{d}z}{u_z} = \frac{\mathrm{d}s}{u} \qquad (6-4-2)$$

上式称为流线微分方程,式中,$\mathrm{d}x$、$\mathrm{d}y$、$\mathrm{d}z$ 为流线上微小长度 $\mathrm{d}s$ 在三个坐标轴上的投影,u_x、u_y、u_z 为相应的流速分量,解上式可得到流线方程。

【例 6-4-1】 关于流线,下列说法错误的是:

A. 流线不能相交

B. 流线可以是一条直线,也可以是光滑的曲线,但不可能是折线

C. 在恒定流中,流线与迹线重合

D. 流线表示不同时刻的流动趋势

解　流线表示同一时刻的流动趋势。

答案： D

（三）流管、流束、过流断面、元流、总流

在流场中，任意取一非流线且不自相交的封闭曲线，从这封闭曲线上各点绘出流线，组成管状曲面，称为流管，如图 6-4-2 所示的虚线所示流管内的流体称为流束。在流束上取一横断面，使它与流线正交，这一断面称为过流断面，当流体为水时称为过水断面。过流断面为无限小的流束称为元流，元流同一断面上各点的运动要素如流速，压强等可以认为是相等的。过流断面面积有一定大小的流束称为总流，总流可以看成是由无限多个元流所组成，总流断面上各点的流速、压强不一定相等。

（四）流量、断面平均流速

单位时间内流过过流断面的流体数量称为流量，它可以用体积流量 Q、质量流量 Q_m、重力流量 Q_G 表示，单位分别为 m³/s、kg/s、N/s 等。对不可压缩流体，一般均用体积流量 Q 表示；对于元流而言，流速为 u，断面上各点相等，断面积为 dA，则体积流量为

$$dQ = udA \qquad (6-4-3)$$

对于总流而言，通过断面积为 A 的体积流量为

$$Q = \int_A dQ = \int_A udA \qquad (6-4-4)$$

当点流速 u 在断面上的分布函数已知时，可用上式直接积分求出流量。当总流断面各点流速 u 的变化未知时，需利用断面平均流速 v 来计算总流量。断面平均流速 v 是假想的，在断面上均匀分布的流速，以此流速计算的流量，应与各点以实际流速通过的流量相等。如图 6-4-3 所示。

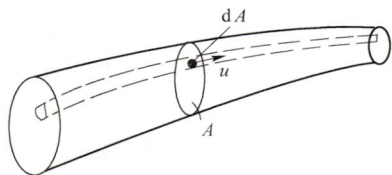
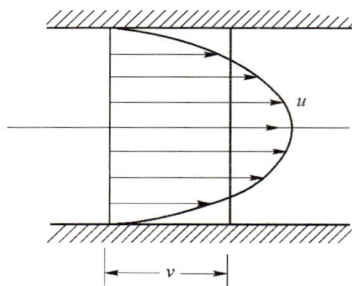

图　6-4-2　　　　　　　　　　　　图　6-4-3

将平均流速代入式（6-4-4）中可求得总流的流量 Q，即

$$Q = \int_A dQ = \int_A udA = \int_A vdA = v\int_A dA = vA$$

即

$$Q = vA \qquad (6-4-5)$$

或

$$v = \frac{Q}{A} \qquad (6-4-6)$$

已知体积流量 Q，可以用下面式子求出质量流量 Q_m 和重力流量 Q_G

$$Q_m = \rho Q \qquad (6-4-7)$$

$$Q_G = \gamma Q \qquad (6-4-8)$$

式中：ρ、γ——分别为流体的密度和重度。

（五）流体运动的分类

按各点运动要素（流速、压强等）是否随时间而变化，可将流体运动分为恒定流和非恒定流。各点运动要素不随时间而变化的流体运动称为恒定流，例如常水头孔口出流即是恒定流的一种。各点运动要

素随时间而变化的流体运动称为非恒定流，变水头孔口出流即是一例。

按各点运动要素是否随位置而变化，可将流体运动分成均匀流和非均匀流。在给定的某一时刻，各点流速都不随位置而变的流动称为均匀流；反之，则称为非均匀流。按此严格定义的均匀流，工程上甚少出现。在经常使用的管道渠道中，一般定义均匀流是按各断面相应点流速相等为均匀流，或流线为平行直线的流动为均匀流，例如直径不变的长直管道内离进口较远处的流动，即是实际均匀流的一种。反之如流线不平行或相应点流速不相等的流动为非均匀流。

按流线是否接近于平行直线，又可将非均匀流分成渐变流和急变流。各流线之间的夹角很小，即各流线几乎是平行的，且各流线曲率半径很大，即各流线几乎是直线的流体运动称为渐变流；反之，则称为急变流。顶角很小的渐变圆锥形管道中的流动，可视为渐变流。

按限制总流的边界情况，可将流体运动分为有压流、无压流和射流。边界全部为固体所限没有自由液面的流动称为有压流，例如水泵的压水管道中的流动。边界部分为固体、部分为大气，具有自由液面的流体运动称为无压流，例如河流、引水明渠中的流动。流体经由孔口或管嘴喷射到某一空间，在充满气体或其他流体的空间继续喷射流动，其边界不受固体限制而与其他流体接触，这种流动称为射流，例如消防水枪的喷射流动即是射流的一种。

按决定流体的运动要素所需空间坐标的维数，可将流动分为一维、二维、三维流动，或称一元、二元、三元流动。长管、明渠以断面平均运动要素而言，主流方向只有一个，故可视为平均意义上的一维流动。

三、恒定流连续方程

连续性方程是根据质量守恒定理与连续介质假设推导而得。取一元流如图 6-4-4 所示，设为恒定流，流管形状不变，在 $\mathrm{d}t$ 时间内由 $\mathrm{d}A_1$ 流入的质量为 $\rho_1 u_1 \mathrm{d}A_1 \mathrm{d}t$，从 $\mathrm{d}A_2$ 流出的质量为 $\rho_2 u_2 \mathrm{d}A_2 \mathrm{d}t$，由于流体为连续介质，流管内充满无空隙的流体，根据质量守恒原理，流入的质量必与流出的质量相等，可得

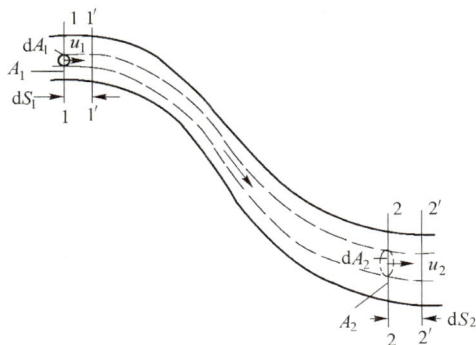

图 6-4-4

$$\rho_1 u_1 \mathrm{d}A_1 \mathrm{d}t = \rho_2 u_2 \mathrm{d}A_2 \mathrm{d}t$$

消去 $\mathrm{d}t$ 得

$$\rho_1 u_1 \mathrm{d}A_1 = \rho_2 u_2 \mathrm{d}A_2 \qquad (6-4-9)$$

对于不可压缩流体 $\rho_1 = \rho_2 = \rho$，有

$$u_1 \mathrm{d}A_1 = u_2 \mathrm{d}A_2 \qquad (6-4-10)$$

式（6-4-9）、式（6-4-10）为元流连续性方程。将式（6-4-10）积分，可得不可压缩流体总流连续性方程。即

$$\int_{A_1} u_1 \mathrm{d}A_1 = \int_{A_2} u_2 \mathrm{d}A_2$$
$$Q_1 = Q_2$$
$$v_1 A_1 = v_2 A_2 \qquad (6-4-11)$$

将式（6-4-9）对总流积分可得

$$\rho_1 v_1 A_1 = \rho_2 v_2 A_2 \qquad (6-4-12)$$

由式（6-4-11）可写出

$$\frac{v_1}{v_2} = \frac{A_2}{A_1}$$

上式表明在同一总流上，各断面的断面平均流速 v 与断面面积成反比，即断面增大时流速减少，反之亦然。

四、欧拉运动微分方程

由牛顿第二运动定律：$F = ma$，两边除以质量 m，对单位质量而言，有

$$\frac{F}{m} = a$$

即单位质量的外力合力等于加速度，比拟欧拉平衡方程的形式，将上式写成应用于流体微元的三维表达式

$$\left. \begin{array}{l} X - \dfrac{1}{\rho}\dfrac{\partial p}{\partial x} = \dfrac{\mathrm{d}u_x}{\mathrm{d}t} \\[2mm] Y - \dfrac{1}{\rho}\dfrac{\partial p}{\partial y} = \dfrac{\mathrm{d}u_y}{\mathrm{d}t} \\[2mm] Z - \dfrac{1}{\rho}\dfrac{\partial p}{\partial z} = \dfrac{\mathrm{d}u_z}{\mathrm{d}t} \end{array} \right\} \tag{6-4-13}$$

上式即为欧拉运动微分方程，仅适用于理想流体，因为没有计及流体的黏性切应力。

欧拉方程有四个未知数 u_x、u_y、u_z、p，它与连续性微分方程一起有四个方程式，所以从原则上讲欧拉方程是可解的，但因为它是一阶非线性偏微分方程，至今仍未找到一般解，只是在几种特殊情况下得到了它的解，水力学中最常见的是在重力场中的伯诺里（Bernoulli）积分。

五、恒定流能量方程（或伯努利方程）

（一）理想流体元流的能量方程

理想流体，即无黏性流体，无内摩擦力和能量损失。

将欧拉方程在下列条件下积分：

恒定流：$\frac{\partial u}{\partial t} = 0$，$\frac{\partial p}{\partial t} = 0$，则

$$\mathrm{d}p = \frac{\partial p}{\partial x}\mathrm{d}x + \frac{\partial p}{\partial y}\mathrm{d}y + \frac{\partial p}{\partial z}\mathrm{d}z$$

不可压缩流体：$\rho =$ 常数

仅受重力作用：$X = Y = 0$，$Z = -g$

沿流线积分：$\mathrm{d}x = u_x\mathrm{d}t$，$\mathrm{d}y = u_y\mathrm{d}t$，$\mathrm{d}z = u_z\mathrm{d}t$

将式（6-4-13）分别乘以 $\mathrm{d}x$，$\mathrm{d}y$，$\mathrm{d}z$，相加后得

$$(X\mathrm{d}x + Y\mathrm{d}y + Z\mathrm{d}z) - \frac{1}{\rho}\left(\frac{\partial p}{\partial x}\mathrm{d}x + \frac{\partial p}{\partial y}\mathrm{d}y + \frac{\partial p}{\partial x}\mathrm{d}z\right) = \frac{\mathrm{d}u_x}{\mathrm{d}t}\mathrm{d}x + \frac{\mathrm{d}u_y}{\mathrm{d}t}\mathrm{d}y + \frac{\mathrm{d}u_z}{\mathrm{d}t}\mathrm{d}z$$

利用上述积分条件可得

$$-g\mathrm{d}z - \frac{1}{\rho}\mathrm{d}p = u_x\mathrm{d}u_x + u_y\mathrm{d}u_y + u_z\mathrm{d}u_z$$

$$= \frac{1}{2}\mathrm{d}(u_x^2 + u_y^2 + u_z^2) = \mathrm{d}\left(\frac{u^2}{2}\right)$$

因为 $\rho =$ 常数，上式变为

$$\mathrm{d}\left(gz + \frac{p}{\rho} + \frac{u^2}{2}\right) = 0$$

积分得

$$gz + \frac{p}{\rho} + \frac{u^2}{2} = 常数$$

两边除以重力加速度g，并且因$\rho g = \gamma$得

$$z + \frac{p}{\gamma} + \frac{u^2}{2g} = 常数 \tag{6-4-14}$$

上式即为伯诺里积分或理想流体元流伯诺里方程，对同一元流的任意二断面可将式（6-4-14）写成

$$z_1 + \frac{p_1}{\gamma} + \frac{u_1^2}{2g} = z_2 + \frac{p_2}{\gamma} + \frac{u_2^2}{2g} \tag{6-4-15a}$$

上式以$\gamma = \rho g$代入，可写成

$$z_1 + \frac{p_1}{\rho g} + \frac{u_1^2}{2g} = z_2 + \frac{p_2}{\rho g} + \frac{u_2^2}{2g} \tag{6-4-15b}$$

（二）理想流体元流能量方程的物理意义

z——位置高度或位置水头，单位位能；

$\dfrac{p}{\gamma}$——压强高度或压强水头，单位压能；

$\dfrac{u^2}{2g}$——流速水头，单位动能，因为单位动能等于动能$\frac{1}{2}mu^2$除以流体重力mg，即单位动能＝$\dfrac{\frac{1}{2}mu^2}{mg} = \dfrac{u^2}{2g}$；

$z + \dfrac{p}{\gamma}$——测压管水头，单位势能，各断面测压管水头的连线称测管水头线，如图6-4-5所示，测压管水头线沿流向可升、可降、可水平；

$z + \dfrac{p}{\gamma} + \dfrac{u^2}{2g}$——总水头，单位重力流体的总机械能，简称单位能，沿流各断面总水头的连线为总水头线，理想流体的总水头线是一水平线，反映了理想流体运动时各断面单位能守恒，是能量守恒定律在流体运动中的一种体现。因任一断面三种单位能之和为一常数，如果其中某一种单位能发生变化，则另两种必定也会跟着转变。例如对一水平管道，单位位能z各断面相同，当管道断面变小处，该处流速加快（连续性方程），单位动能$\dfrac{u^2}{2g}$加大，则该处压强水头或单位压能$\dfrac{p}{\gamma}$必然降低，当动能加大到一定程度，该处将出现负压，可将气体或其他流体吸入，这就是喷射器（或射流泵）能抽水的原因。这也表明流体运动过程中，不仅遵循能量守恒原理，同时能量也可从一种形式转化为另一种形式，体现了能量转化原理。

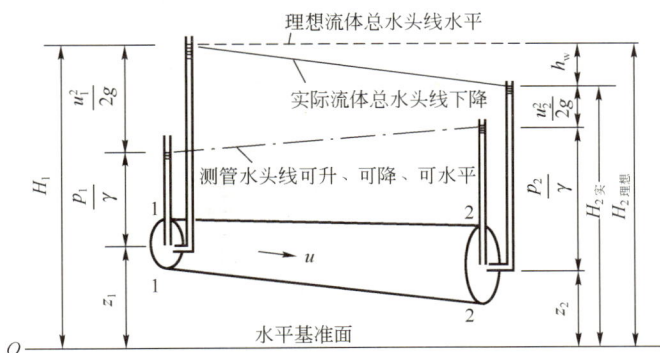

图 6-4-5

人们利用元流能量方程原理，制造出简便的测量流体某处流速u的仪器，这就是工程上常用的毕托（Pitot）管，毕托管构造示意于图6-4-6。毕托管是一有90°弯曲的细管，其顶端开孔截面正对迎面液流，放在测定点A处，在来流势能、动能共同作用下，流体沿弯管上升至一定高度$\frac{p'}{\gamma}$后保持稳定，此时A点的运动质点由于受到测速管的阻滞，流速变为零。测压管置于和A同一断面的壁上，其液柱高度为$\frac{p}{\gamma}$。未放测速毕托管前A处的总单位能为$z+\frac{p}{\gamma}+\frac{u^2}{2g}$，放入测速毕托管后，动能全部转化为压能，故总单位能为$z+\frac{p'}{\gamma}$。

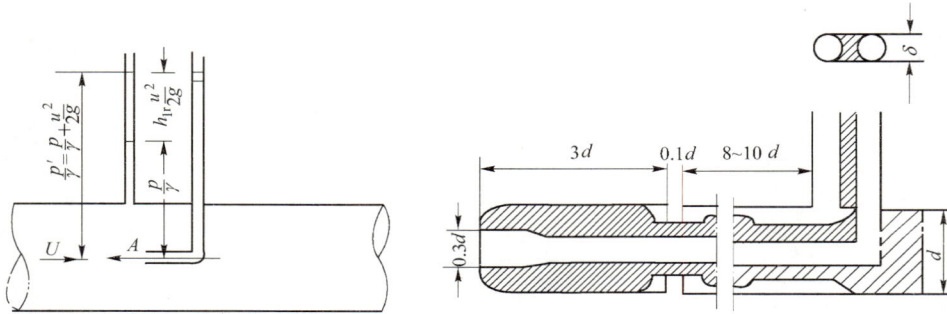

图 6-4-6

对于恒定流，当测管很少影响流场时，A点的单位能应保持不变，故

$$z+\frac{p}{\gamma}+\frac{u^2}{2g}=z+\frac{p'}{\gamma}$$

$$\frac{u^2}{2g}=\frac{p'}{\gamma}-\frac{p}{\gamma}=h_{\mathrm{u}}$$

式中，h_{u}为测速管与测压管二者水头差，反映了被测点的流速水头大小，而流速u可按下式求得

$$u=\sqrt{2gh_{\mathrm{u}}}=\sqrt{2g\left(\frac{p'-p}{\gamma}\right)} \tag{6-4-16}$$

毕托管细部构造亦示意于图6-4-6中，由于放入毕托管后流场受到干扰，而实际流体的黏性亦有影响，所以使用式（6-4-16）时需加一修正系数C，称毕托管修正系数。由实验确定，$C=1\sim1.04$，近似可取$C=1.0$。此时流速为

$$u=C\sqrt{2g\left(\frac{p'-p}{\gamma}\right)} \tag{6-4-17}$$

（三）实际流体元流能量方程

对于实际流体，黏性切应力阻碍流体运动，为克服阻力将损失机械能，单位重量流体损失的机械能称为单位能损失，所对应的水柱高度称为水头损失。令元流断面 1 至断面 2 的水头损失为$h'_{\mathrm{w}1\text{-}2}$，则实际流体元流的能量方程为

$$z_1+\frac{p_1}{\gamma}+\frac{u_1^2}{2g}=z_2+\frac{p_2}{\gamma}+\frac{u_2^2}{2g}+h'_{\mathrm{w}1\text{-}2} \tag{6-4-18}$$

实际流体元流的总水头线是一条沿流下降的斜坡线，又称为水力坡度线。总水头线的坡度称为水力坡度J，水力坡度可用单位长度上的水头损失计算，对线性变化的水力坡度

$$J=\frac{h'_{\mathrm{w}}}{L} \tag{6-4-19}$$

L为发生水头损失流段的流长，当非线性变化时，水力坡度为

$$J = \frac{\mathrm{d}h'_\mathrm{w}}{\mathrm{d}L} \tag{6-4-20}$$

（四）实际流体总流的能量方程

根据实际流体元流的能量方程（6-4-18）对总流过水断面积分，即可得到实际流体总流的能量方程。在积分时需做一些假设，除了要满足伯诺里积分时的四个假设之外，还需满足无能量输入或输出总流之中和所取过水断面处满足渐变流条件。由于渐变流中加速度很小，加速度形成的惯性力可不计，质量力仅为重力，因而同一过水断面上动压按静压分布，即同一断面上的$z + \frac{p}{\gamma} =$常数，即同一断面的各点测压管水头相等。

根据式（6-4-18），单位时间内通过元流两过水断面的总能量的关系式为

$$\left(z_1 + \frac{p_1}{\gamma} + \frac{u_1^2}{2g}\right)\gamma\mathrm{d}Q = \left(z_2 + \frac{p_2}{\gamma} + \frac{u_2^2}{2g}\right)\gamma\mathrm{d}Q + h'_{\mathrm{w}_{1-2}}\gamma\mathrm{d}Q$$

而由连续性方程知$\mathrm{d}Q = u_1\mathrm{d}A_1 = u_2\mathrm{d}A_2$，代入上式后并对总流两断面进行积分

$$\int_{A_1}\left(z_1 + \frac{p_1}{\gamma} + \frac{u_1^2}{2g}\right)\gamma u_1\mathrm{d}A_1 = \int_{A_2}\left(z_2 + \frac{p_2}{\gamma} + \frac{u_2^2}{2g}\right)\gamma u_2\mathrm{d}A_2 + \int_Q h'_{\mathrm{w}_{1-2}}\gamma\mathrm{d}Q$$

上式中第一种形式的积分为

$$\int_A \left(z + \frac{p}{\gamma}\right)\gamma\mathrm{d}Q = \gamma\left(z + \frac{p}{\gamma}\right)\int_A \mathrm{d}Q = \gamma Q\left(z + \frac{p}{\gamma}\right)$$

第二种形式的积分为

$$\int_A \gamma\frac{u^3}{2g}\mathrm{d}A = \frac{\gamma}{2g}\int_A u^3\mathrm{d}A = \frac{\gamma}{2g}\int_A (v + \Delta u)^3\mathrm{d}A$$

$$= \frac{\gamma}{2g}\int_A (v^3 + 3v^2\Delta u + 3v\Delta u^2 + \Delta u^3)\mathrm{d}A$$

$$= \frac{\gamma}{2g}\left(v^3 A + 3v^2\int_A \Delta u\mathrm{d}A + 3v\int_A \Delta u^2\mathrm{d}A + \int_A \Delta u^3\mathrm{d}A\right)$$

$$= \frac{\gamma}{2g}\left(v^3 A + 3v\int \Delta u^2\mathrm{d}A\right) = \frac{\gamma}{2g}(\alpha v^3 A) = \gamma Q\frac{\alpha v^2}{2g}$$

因为$\int_A \Delta u\mathrm{d}A = 0$，而$\int_A \Delta u^3\mathrm{d}A$可略去，括号内$3v\int \Delta u^2\mathrm{d}A$项为正值，故$\int_A u^3\mathrm{d}A > v^3 A$。

令$\alpha = \frac{\int u^3\mathrm{d}A}{v^3 A}$，则知$\alpha > 1$，称为动能改正系数，由试验知$\alpha = 1.0\sim1.1$，通常取$\alpha = 1.0$。第三种积分为$\int_Q h'_\mathrm{w}\gamma\mathrm{d}Q'$，若令$h_\mathrm{w}$为单位质量流体从断面1流至断面2能量损失的平均值，上积分可写成

$$\int_Q h'_\mathrm{w}\gamma\mathrm{d}Q = \gamma Q h_\mathrm{w}$$

将上述三种积分结果汇总化简后可得

$$\left(z_1 + \frac{p_1}{\gamma}\right)\gamma Q + \frac{\alpha_1 v_1^2}{2g}\gamma Q = \left(z_2 + \frac{p_2}{\gamma}\right)\gamma Q + \frac{\alpha_2 v_2^2}{2g}\gamma Q + h_\mathrm{w}\gamma Q$$

以重量流量γQ除以各项，得到以单位重量流体表示的总流能量方程

$$z_1 + \frac{p_1}{\gamma} + \frac{\alpha_1 v_1^2}{2g} = z_2 + \frac{p_2}{\gamma} + \frac{\alpha_2 v_2^2}{2g} + h_{\mathrm{w}1\text{-}2} \tag{6-4-21a}$$

以$\gamma = \rho g$代入，上式亦可写为

$$z_1 + \frac{p_1}{\rho g} + \frac{\alpha_1 v_1^2}{2g} = z_2 + \frac{p_2}{\rho g} + \frac{\alpha_2 v_2^2}{2g} + h_{\mathrm{w}1\text{-}2} \tag{6-4-21b}$$

与元流能量方程比较可见，以平均流速流速水头与动能改正系数乘积$\frac{\alpha v^2}{2g}$代替了$\frac{u^2}{2g}$，又以总流的水

头损失 h_w 代替了元流的水头损失 h'_w，其余各项不变。

（五）总流能量方程的应用范围和应用举例

由能量方程推导过程可知，能量方程必须满足这些条件方可应用，即恒定流、不可压缩流体、仅受重力作用、所取断面必须是渐变流、两断面间无机械能的输入或输出、也无流量的汇入或分出。

如果欲用于有机械能的输入或输出，则可修正如下

$$z_1 + \frac{p_1}{\gamma} + \frac{\alpha_1 v_1^2}{2g} \pm H = z_2 + \frac{p_2}{\gamma} + \frac{\alpha_2 v_2^2}{2g} + h_w \qquad (6-4-22)$$

上式中 H 为输入或输出的单位机械能以液柱高度表示的水头，输入时用正号，输出时用负号。如果欲用于有流量分出或汇入的情况，则按单位能的意义作如下处理，对于如图 6-4-7a）所示的情况有

$$\left.\begin{array}{l} z_1 + \dfrac{p_1}{\gamma} + \dfrac{\alpha_1 v_1^2}{2g} = z_2 + \dfrac{p_2}{\gamma} + \dfrac{\alpha_2 v_2^2}{2g} + h_{w1\text{-}2} \\[2mm] z_1 + \dfrac{p_1}{\gamma} + \dfrac{\alpha_1 v_1^2}{2g} = z_3 + \dfrac{p_3}{\gamma} + \dfrac{\alpha_3 v_3^2}{2g} + h_{w1\text{-}3} \\[2mm] \qquad\qquad Q_1 = Q_2 + Q_3 \end{array}\right\} \qquad (6-4-23)$$

对于如图 6-4-7b）所示的情况有

$$\left.\begin{array}{l} z_1 + \dfrac{p_1}{\gamma} + \dfrac{\alpha_1 v_1^2}{2g} = z_3 + \dfrac{p_3}{\gamma} + \dfrac{\alpha_3 v_3^3}{2g} + h_{w1\text{-}3} \\[2mm] z_2 + \dfrac{p_2}{\gamma} + \dfrac{\alpha_2 v_2^2}{2g} = z_3 + \dfrac{p_3}{\gamma} + \dfrac{\alpha_3 v_3^2}{2g} + h_{w2\text{-}3} \\[2mm] \qquad\qquad Q_1 + Q_2 = Q_3 \end{array}\right\} \qquad (6-4-24)$$

在使用能量方程时，应注意配合应用连续方程。

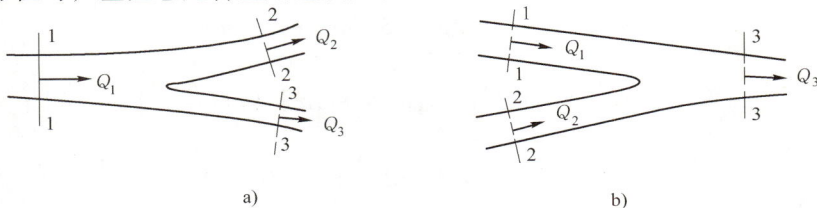

图 6-4-7

【例 6-4-2】用一根直径 d 为 100mm 的管道从恒定水位的水箱引水，如图所示。若所需引水流量 Q 为 30L/s，水箱至管道出口的总水头损失 h_w =3m，水箱水面流速很小可忽略不计，试求水面至出口中心点的水头 H。

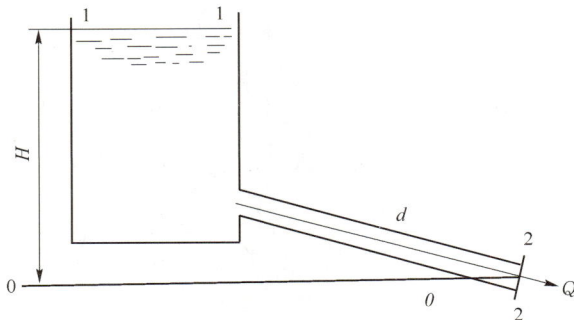

例 6-4-2 图

解 选水箱水面为断面 1-1，管道出口断面为断面 2-2，过断面 2-2 中点取一水平面为基准面 0-0，对此二断面写能量方程

$$z_1 + \frac{p_1}{\gamma} + \frac{\alpha_1 v_1^2}{2g} = z_2 + \frac{p_2}{\gamma} + \frac{\alpha_2 v_2^2}{2g} + h_{\text{w}1\text{-}2}$$

$$H + 0 + 0 = 0 + 0 + \frac{\alpha_2 v_2^2}{2g} + h_{\text{w}1\text{-}2}$$

因两断面均与大气相连，压强为当地大气压，所以 $p_1 = p_2 = 0$，水面流速 $v_1 \approx 0$，现取 $\alpha_2 = 1.0$，则有

$$H = \frac{v_2^2}{2g} + h_{\text{w}1\text{-}2}$$

管道出口流速 $v_2 = \frac{Q}{A_2} = \frac{Q}{\frac{\pi}{4} d^2} = 3.82\text{m/s}$，所以水头 H 为

$$H = \frac{3.82^2}{2 \times 9.8} + 3 = 3.74\text{m}$$

【例 6-4-3】 试导出如图所示的文丘里（Venturi）流量计的流量公式，若已测出测压管水头差 $\Delta h = 0.5\text{mH}_2\text{O}$，流量系数 $\mu = 0.98$；管道直径 $d_1 = 100\text{mm}$，文丘里管的喉管直径 $d_2 = 50\text{mm}$，求此时管内通过的流量 Q。

解 如图在测压管所在位置选取与流线垂直的断面 1-1 及 2-2，基准面选在管道下方任一位置。对断面 1-1 及 2-2 写能量方程，则

$$z_1 + \frac{p_1}{\gamma} + \frac{\alpha_1 v_1^2}{2g} = z_2 + \frac{p_2}{\gamma} + \frac{\alpha_2 v_2^2}{2g} + h_{\text{w}1\text{-}2}$$

令 $\alpha_1 = \alpha_2 \approx 1.0$，因文丘里管两断面相距很近且很光滑，阻力很小，$h_\text{w}$ 可先忽略不计，再用实验得到的流量系数校正。

$$\left(z_1 + \frac{p_1}{\gamma} \right) - \left(z_2 + \frac{p_2}{\gamma} \right) = \frac{v_2^2 - v_1^2}{2g}$$

等号左端为断面 1-1 与断面 2-2 测压管水头差 Δh，所以

$$v_2^2 - v_1^2 = 2g\Delta h$$

利用连续方程 $v_1 A_1 = v_2 A_2$，可将 v_2 换算成 v_1

$$v_2 = v_1 \frac{A_1}{A_2} = v_1 \left(\frac{d_1}{d_2} \right)^2$$

代入上式

$$v_1^2 \left(\frac{d_1}{d_2} \right)^4 - v_1^2 = 2g\Delta h$$

故

$$v_1 = \sqrt{\frac{2g\Delta h}{\left(\dfrac{d_1}{d_2} \right)^4 - 1}}$$

流量

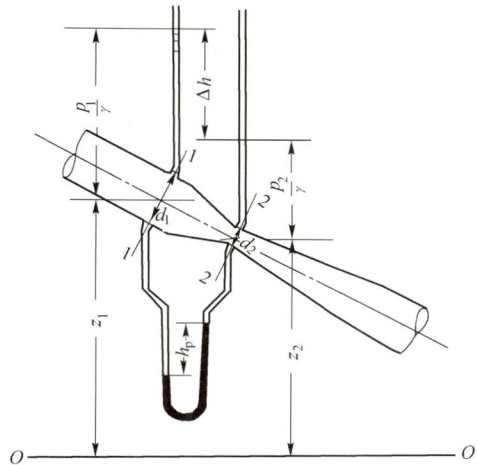

例 6-4-3 图

$$Q = v_1 A_1 = \frac{\pi}{4} d_1^2 \sqrt{\frac{2g\Delta h}{\left(\frac{d_1}{d_2}\right)^4 - 1}} \tag{6-4-25}$$

对某一已知的文丘里流量计，直径d_1及d_2为已定常数，$g = 9.8\text{m/s}^2$也是常数，所以$\frac{\pi}{4} d_1^2 \times \sqrt{\frac{2g}{\left(\frac{d_1}{d_2}\right)^4 - 1}}$

也是一常数，令$K = \frac{\pi}{4} d_1^2 \sqrt{\frac{2g}{\left(\frac{d_1}{d_2}\right)^4 - 1}}$，则有

$$Q = K\sqrt{\Delta h} \tag{6-4-26}$$

代入本题数据得

$$K = \frac{\pi}{4} (0.1)^2 \sqrt{\frac{2 \times 9.8}{\left(\frac{0.1}{0.05}\right)^4 - 1}} \approx 0.008\,97\text{m}^{\frac{5}{2}}/\text{s}$$

$$Q = \mu K \sqrt{\Delta h} = 0.98 \times 0.008\,97 \times \sqrt{0.5} = 0.006\,22\text{m}^3/\text{s}$$

【例 6-4-4】设在供水管路中有一水泵，如图所示，已知吸水池水面与水塔水面高差$z = 30\text{m}$，从断面 1-1 流至断面 2-2 的总水头损失$h_{\text{w}_{1-2}}$为 5m。求水泵所需要的水头或水泵扬程。

解 因为在流程中有水泵的机械能输入，所以采用式（6-4-21），选断面 1 及 2 写能量方程

$$z_1 + \frac{p_1}{\gamma} + \frac{\alpha_1 v_1^2}{2g} + H = z_2 + \frac{p_2}{\gamma} + \frac{\alpha_2 v_2^2}{2g} + h_{\text{w}_{1-2}}$$

水泵扬程H为

$$H = (z_2 - z_1) + \frac{p_2 - p_1}{\gamma} + \frac{\alpha_2 v_2^2 - \alpha_1 v_1^2}{2g} + h_{\text{w}_{1-2}}$$

$z_2 - z_1 = z$为两水面高差，1-1 及 2-2 液面均为当地大气压，相对压强为零，$p_1 = p_2 = 0$，令$\alpha_1 = \alpha_2 = 1.0$，且因水面流速很小可不计，$v_1 = v_2 \approx 0$，所以

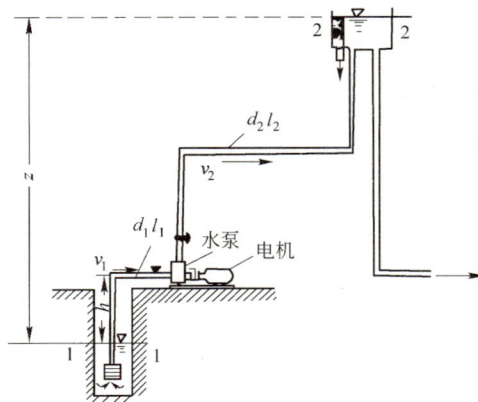

例 6-4-4 图

$$H = z + h_{\text{w}_{1-2}}$$

代入本题数据后得

$$H = 30 + 5 = 35\text{m}$$

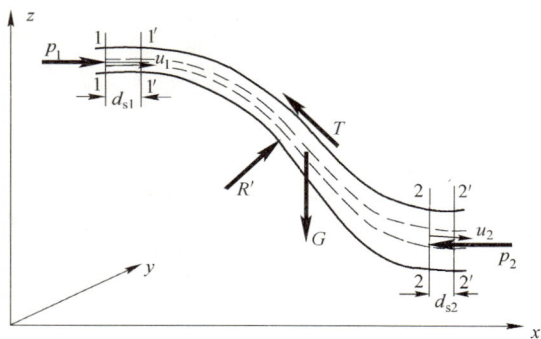

图 6-4-8

六、恒定流动量方程

流体像其他物体一样遵循动量定律，即动量对于时间的变化率$\frac{\text{d}K}{\text{d}t}$等于作用于物体上各外力的合力$F$。现将此定理运用于如图 6-4-8 所示的元流和总流推导出恒定流动量方程，取过流断面 1-1 及 2-2，作为控制面，流体由 1-1 向 2-2 流动，先取一条元流（图中虚线所示）分析。经过时间$\text{d}t$后断面从 1-1 移至 1'-1'，2-2 移至 2'-2'，元流的动量增量应为 1-1' 段和 2-2' 段

的动量之差，即等于流出控制面的动量减去流入控制面的动量，因为中间一段 1'-2 动量无变化，所以

$$d\boldsymbol{K} = \rho dS_2 dA_2 \boldsymbol{u}_2 - \rho dS_1 dA_1 \boldsymbol{u}_1$$

$$= \rho dQ dt(\boldsymbol{u}_2 - \boldsymbol{u}_1)$$

动量的变化率 $\frac{d\boldsymbol{K}}{dt} = \rho dQ(\boldsymbol{u}_2 - \boldsymbol{u}_1)$，按动量定律

$$\rho dQ(\boldsymbol{u}_2 - \boldsymbol{u}_1) = \boldsymbol{F}$$

将上式对总流积分，即可得总流动量方程

$$\int_{A_2} \rho \boldsymbol{u}_2 u_2 dA_2 - \int_{A_1} \rho \boldsymbol{u}_1 u_1 dA_1 = \sum \boldsymbol{F}$$

现分析 $\int_A u^2 dA$ 的积分形式

$$\int_A u^2 dA = \int_A (v + \Delta u)^2 dA = \int_A (v^2 + 2v\Delta u + \Delta u^2) dA = v^2 A + \int_A \Delta u^2 dA = \alpha_0 v^2 A$$

因为 $\int_A \Delta u dA = 0$，且 $\int \Delta u^2 dA$ 为正数，故 $\int_A u^2 dA > v^2 A$，$\alpha_0 > 1$，$\alpha_0 = \frac{\int_A u^2 dA}{v^2 A}$ 称动量改正系数，由试验确定，$\alpha_0 = 1.0 \sim 1.05$，一般可取 $\alpha_0 \approx 1.0$。将此代入原积分式后有

$$\alpha_{02} \rho v_2 v_2 A_2 - \alpha_{01} \rho v_1 v_1 A_1 = \sum F$$

因

$$v_2 A_2 = v_1 A_1 = Q$$

得

$$\sum F = \rho Q(\alpha_{02} v_2 - \alpha_{01} v_1) \tag{6-4-27}$$

上式即为以向量形式表示的动量方程，如果投影到三个坐标轴上分别计算，则有

$$\begin{cases} \sum F_x = \rho Q(\alpha_{02} v_{2x} - \alpha_{01} v_{1x}) \\ \sum F_y = \rho Q(\alpha_{02} v_{2y} - \alpha_{01} v_{1y}) \\ \sum F_z = \rho Q(\alpha_{02} v_{2z} - \alpha_{01} v_{1z}) \end{cases} \tag{6-4-28}$$

动量方程中的力 F 和速度 $\boldsymbol{v}$ 均是向量，即使应用式（6-4-27），应注意方向和正负号。并且牢记脚标"2"代表流出控制体的断面，脚标"1"代表流入控制体的断面，且动量的增量要用"2"减去"1"，次序不能颠倒。

动量方程主要用于求流体与固体边界的相互作用力。

【例 6-4-5】 求水平放置的等截面弯头所受到的水流推力，如图所示，弯管直径 $d = 200mm$，管中流速 $v = 4m/s$，压强为 $p = 98kPa$，不计水头损失。

解 取二维坐标 x、y 如图所示，选控制面为 1-1、2-2，令管壁对水流的反力在两个轴上投影分别为 R'_x、R'_y，先对 x 轴应用式（6-4-28）

$$\sum F_x = \rho Q(\alpha_{02} v_{2x} - \alpha_{01} v_{1x})$$

设 $\alpha_{02} = \alpha_{01} = 1.0$，则

$$-R'_x - p_2 A_2 \cos\theta + p_1 A_1 = \rho Q(v_2 \cos\theta - v_1)$$

由于是等截面，所以 $A_1 = A_2 = A$，得

$$R'_x = A(p_1 - p_2 \cos\theta) - \rho Q(v_2 \cos\theta - v_1)$$

由于等截面，又不计水头损失，所以 $v_1 = v_2 = v = 4m/s$，

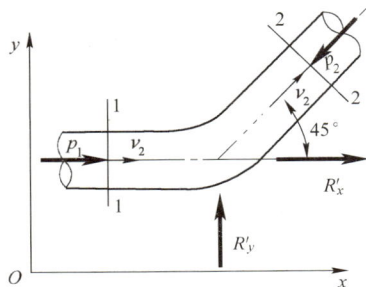

例 6-4-5 图

$p_1 = p_2 = p = 98\text{kPa}$，$Q = \dfrac{\pi}{4}d^2 v = \dfrac{\pi}{4}0.2^2 \times 4 = 0.126\text{m}^3/\text{s}$。将数字代入求得

$$R'_x = \dfrac{\pi}{4}0.2^2 \times (98 \times 10^3 - 98 \times 10^3 \cos 45°) - 1\,000 \times 0.126 \times (4 \times \cos 45° - 4)$$
$$= 1\,049.7\text{N}$$

再对 y 轴应用式（6-4-28）

$$\sum F_y = \rho Q(\alpha_{02} v_{2y} - \alpha_{01} v_{1y})$$

$$R'_y - p_2 A_2 \sin\theta = \rho Q(v_2 \sin\theta - 0)$$

$$R'_y = p_2 A_2 \sin\theta + \rho Q v_2 \sin 45°$$

$$= 98 \times 10^3 \times \dfrac{\pi}{4}0.2^2 \times \sin 45° + 1\,000 \times 0.126 \times 4 \sin 45° = 2\,533\text{N}$$

合力 $R = \sqrt{R_x^2 + R_y^2} = \sqrt{1\,049.7^2 + 2\,533^2} = 2\,741.9\text{N}$

管道所受推力 $\boldsymbol{P}$ 与此大小相等方向相反，$\boldsymbol{P} = -\boldsymbol{R}$。

习　题

6-4-1　理想流体是指（　　　）的流体。

  A. 密度为常数   B. 黏度不变   C. 不可压缩   D. 无黏性

6-4-2　恒定流是指（　　　）。

  A. 当地加速度 $\dfrac{\partial u}{\partial t} = 0$ B. 迁移加速度 $\dfrac{\partial u}{\partial s} = 0$

  C. 当地加速度 $\dfrac{\partial u}{\partial t} \neq 0$ D. 迁移加速度 $\dfrac{\partial u}{\partial s} \neq 0$

6-4-3　均匀流是指（　　　）。

  A. 当地加速度为零   B. 合加速度为零

  C. 流线为平行直线   D. 流线为平行曲线

6-4-4　伯努利方程中 $z + \dfrac{p}{\gamma} + \dfrac{\alpha v^2}{2g}$ 表示（　　　）。

  A. 单位重量流体的势能   B. 单位重量流体的动能

  C. 单位重量流体的机械能   D. 单位质量流体的机械能

6-4-5　毕托管测速比压计中的水头差是（　　　）。

  A. 单位动能与单位压能之差   B. 单位动能与单位势能之差

  C. 测压管水头与流速水头之差   D. 总水头与测压管水头之差

6-4-6　黏性流体测压管水头线的沿程变化是（　　　）。

  A. 沿程下降   B. 沿程上升

  C. 保持水平   D. 前三种情况都有可能

6-4-7　变直径有压圆管流动，上游断面 1 的直径 $d_1 = 150\text{mm}$，下游断面 2 的直径 $d_2 = 300\text{mm}$，断面 1 的平均流速 $v_1 = 6\text{m/s}$，断面 2 的平均流速 v_2 为（　　　）。

  A. 3m/s   B. 2m/s   C. 1.5m/s   D. 1m/s

6-4-8　已知倾斜放置的文丘里流量计的测压管水头差 $\Delta h = 0.6\text{mH}_2\text{O}$，如例 6-4-2 图所示，收缩前粗管直径 $d_1 = 100\text{mm}$，喉管直径 $d_2 = 50\text{mm}$，流量校正系数 $\mu = 0.98$，流量 Q 为（　　　）。

  A. 0.008m³/s   B. 0.006 51m³/s   C. 0.007 5m³/s   D. 0.006 81m³/s

第五节　流动阻力和能量损失

本节主要研究由于流体黏性的作用而产生的流动阻力和由于克服阻力而消耗的能量损失。对于液体，常用单位重量液体的能量损失即水头损失 h_w 来表示；对于气体，常用单位体积的能量损失即压强损失 $p_w = \gamma h_w$ 来表示。

水头损失可分为沿程水头损失和局部水头损失两种类型。当流体作流线平行的均匀流动时，水流阻力只有沿程不变的切应力，称为沿程阻力，由于克服沿程阻力消耗能量而产生的水头损失称为沿程水头损失 h_f，如图 6-5-1 所示直管段部分的水头损失即是此种水头损失；当限制流体的固体边界急剧改变，从而引起流体流速分布、内部结构变化、形成漩涡等一系列现象，因此产生的阻力称为局部阻力，由于克服局部阻力消耗能量而产生的水头损失称为局部水头损失 h_m，如图 6-5-1 所示流经"弯头""缩小""放大"及"闸门"等处的水头损失即为局部损失。

图 6-5-1 流段两断面间的全部水头损失 h_w 可以表示为两断面间所有沿程损失和所有局部损失的总和，即

$$h_w = \sum h_f + \sum h_m$$

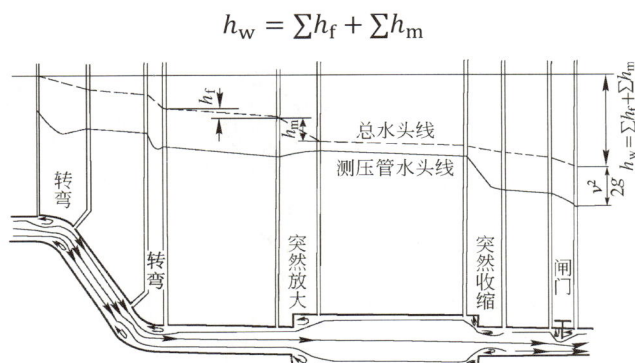

图　6-5-1

一、两种流态——层流和紊流

1883 年英国物理学家奥斯本·雷诺（Osborne Reynotds）经实验研究发现，水头损失和流体流动状态有关，而流动状态又可分为层流和紊流两种类型。

（一）层流

流体呈层状流动，各层的质点互不混掺；层流时水头损失 h_f 与平均流速的一次方成比例，即 $h_f = k_1 v$；层流一般发生在低流速、细管径、高黏性的流体流动中。

（二）紊流

流体的质点互相混掺，迹线紊乱的流动；紊流时水头损失 h_f 与平均流速的 1.75～2 次方成比例，即 $h_f = k_2 v^{1.75\sim2}$；紊流发生在流速较快、断面较大、黏性小的流体流动中。

（三）层流与紊流的判别标准

雷诺经大量实验研究后提出用一个无量纲数 $\frac{vd}{v}$ 来区别流态。后人为纪念他，称之为下临界雷诺数，并以雷诺名字的头两个字母表示，即

$$\mathrm{Re}_k = \frac{v_k d}{\nu} = 2\,000 \tag{6-5-1}$$

若管道中实际的雷诺数$\mathrm{Re} = \frac{vd}{\nu} < 2\,000$为层流，$\mathrm{Re} > 2\,000$为紊流。

【**例6-5-1**】直径为20mm的管流，平均流速为9m/s，已知水的运动黏性系数$\nu = 0.011\,4\mathrm{cm}^2/\mathrm{s}$，则管中水流的流态和水流流态转变的层流流速分别是：

   A. 层流，19cm/s   B. 层流，11.4cm/s

   C. 紊流，19cm/s   D. 紊流，11.4cm/s

解 管中雷诺数$\mathrm{Re} = \frac{v \cdot d}{\nu} = \frac{2 \times 900}{0.011\,4} = 157\,894.74 \gg \mathrm{Re}_k$，为紊流。

欲使流态转变为层流时的流速$v_k = \frac{\mathrm{Re}_k \cdot \nu}{d} = \frac{2\,000 \times 0.011\,4}{2} = 11.4\mathrm{cm/s}$。

答案：D

二、均匀流基本方程

在均匀流条件下可导出切应力τ与水力坡度J的关系式

$$\tau = \rho g R J = \rho g \frac{r}{2} J$$

上式表明圆管中切应力与半径r成正比，为线性分布，如图6-5-2a）所示。

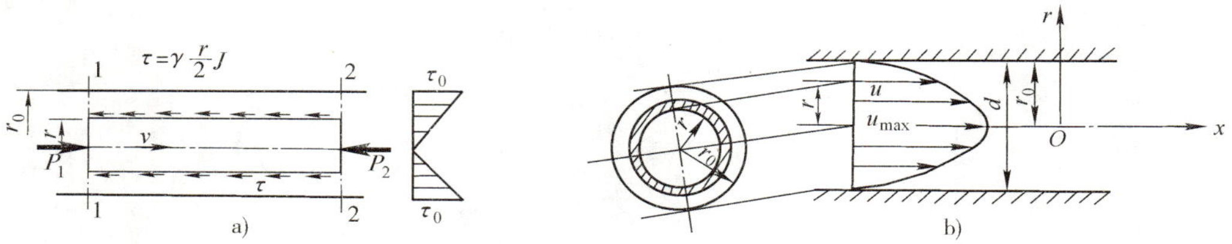

图 6-5-2

三、圆管中的层流运动及沿程损失计算

当圆管中的流态为层流时，断面上各点的流速u可用下式计算

$$u = \frac{\gamma J}{4\mu}(r_0^2 - r^2) \tag{6-5-2}$$

式中： γ——重度；

   J——水力坡度；

   μ——动力黏度；

   r_0——水管内半径；

   r——断面上任一点半径。

由上式可知，层流时圆管断面流速分布为二次抛物线，如图6-5-2b）所示。最大流速$u_{\max}$发生在$r = 0$的管轴心处，$u_{\max} = \frac{\gamma J}{4\mu}r_0^2$；断面平均流速$v = \frac{Q}{A} = \frac{\int_A u \mathrm{d}A}{A}$经积分计算后可得$v = \frac{\gamma J}{8\mu}r_0^2$，所以$v = \frac{1}{2}u_{\max}$，即平均流速是最大流速的一半。而动能改正系数$\alpha = 2$，动量改正系数$\alpha_0 = 1.33$。

若以$u_m = \frac{\gamma J}{4\mu}r_0^2$代入式（6-5-2）中可得：$u = u_m\left[1 - \left(\frac{r}{r_0}\right)^2\right]$。

圆管层流时水头损失h_f的计算公式可导出为

$$h_f = \lambda \frac{L}{d}\frac{v^2}{2g} \tag{6-5-3}$$

上式称达西-魏斯巴赫（Darcy-Weisbach），公式中L为流长，d为管内径，v为断面平均流速，g为重力加速度，λ为沿程阻力系数，在圆管层流时可按下式计算

$$\lambda = \frac{64}{Re} \tag{6-5-4}$$

上式只能在 Re<2 300 时应用。

对于非圆断面的管道，可以用水力半径R来代替式中的管径d，水力半径为断面面积A与湿周χ之比，即

$$R = \frac{A}{\chi} \tag{6-5-5}$$

对有压圆管其水力半径按式（6-5-5）可求得为

$$R = \frac{\frac{\pi}{4}d^2}{\pi d} = \frac{d}{4}$$

将此关系代入式（6-5-3）可得

$$h_f = \lambda \frac{L}{4R} \frac{v^2}{2g} \tag{6-5-6}$$

上式称达西公式，比式（6-5-3）应用范围更广。

【例 6-5-2】 一直径为 50mm 的圆管，运动黏性系数v =0.18cm²/s，密度ρ =0.85g/cm³ 的油在管内以v =5cm/s 的速度做层流运动，则沿程损失系数是：

　　　　A. 0.09　　　　　　B. 0.461　　　　　　C. 0.1　　　　　　D. 0.13

解　有压圆管层流运动的沿程损失系数$\lambda = \frac{64}{Re}$

而雷诺数$Re = \frac{vd}{v} = \frac{5 \times 5}{0.18} = 138.89$，$\lambda = \frac{64}{138.89} = 0.461$

答案： B

【例 6-5-3】 半圆形明渠，半径r_0 =4m，水力半径为：

　　　　A. 4m　　　　　　B. 3m　　　　　　C. 2m　　　　　　D. 1m

解　水力半径R等于过流面积除以湿周，即$R = \frac{\pi r_0^2}{2\pi r_0}$

代入题设数据，可得水力半径$R = \frac{\pi \times 4^2}{2 \times \pi \times 4} = 2m$

答案： C

四、紊流运动及沿程损失计算

（一）紊流的脉动现象

在紊流中由于质点的混掺及旋涡的转移，使紊流中某点的流速、压强均随时间t而围绕某一时间平均值上下跳动，此现象称为脉动现象。图 6-5-3a）表示紊流流速u_x随时间t而脉动的情况，由于紊流脉动是一个随机过程，从瞬时来看没有规律，给研究带来困难。但从较长的时间过程来看，它又有一定规律，它可以看成是一个时间平均流动和脉动的叠加，而时均流动是恒定的。例如时均流速$\overline{u}_x = \frac{1}{T}\int u_x dt$，在图 6-5-3 中$\overline{u}_x$是一条水平线。

（二）紊流的阻力

紊流除由于黏性而产生的黏性切应力之外，更主要的是由于质点混掺、动量交换而形成的惯性切应力$\overline{\tau}_2 = -\rho \overline{u'_x u'_y}$。根据普朗德（Prandtl）混掺长度半经验理论，惯性切应力

$$\tau_2 = \rho l^2 \left(\frac{du_x}{dy}\right)^2$$

式中，l 为混掺长度。据卡门（Kazman）的研究：$l = ky$，$k = 0.36 \sim 0.435$，平均值取 $k = 0.4$。所以紊流阻力由两部分叠加，得

$$\tau = \mu \frac{du_x}{dy} + \rho l^2 \left(\frac{du_x}{dy}\right)^2$$

根据上述紊流阻力公式，可导出紊流核心区紊流速分布公式为

$$u = \frac{1}{k} v^* \cdot \ln y + C \tag{6-5-7}$$

由上式知紊流核心区流速分布为对数分布，远较层流均匀，如图 6-5-3b）所示，式中 $v_* = \sqrt{\frac{\tau_0}{\rho}}$ 称为切应力流速，y 为距壁面的距离。式中积分常数与固壁壁面的粗糙度 Δ 高低有关，所以紊流的阻力、流速分布、水头损失，不仅与黏性有关，与雷诺数 Re 有关，而且还与边壁粗糙度 Δ 和相对粗糙度 $\frac{\Delta}{d}$ 有关。

在壁面附近的黏性底层中，紊流流速分布为直线分布。

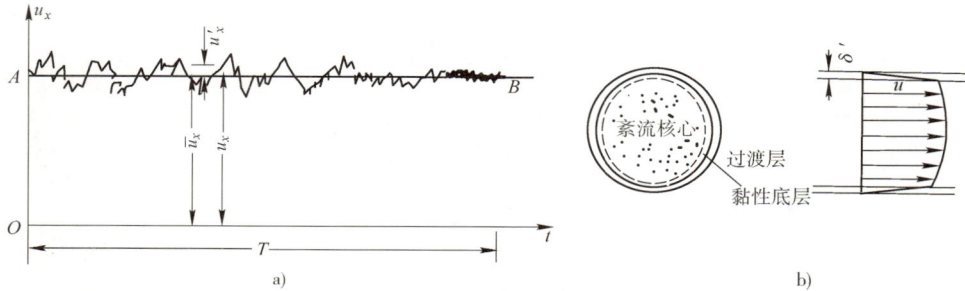

图　6-5-3

（三）紊流的沿程阻力系数

紊流与层流一样，计算沿程损失的公式仍可用达西公式（6-5-3）或公式（6-5-6），但沿程阻力系数随流态不同及所在流区不同而用不同公式计算。根据尼柯拉兹（Nikuradse）在人工粗糙（黏沙粒）管中的试验，流区可划分如下：

1. 层流区

Re $< 2\,000$，$\lambda = \frac{64}{Re}$，参见图 6-5-4。

2. 紊流光滑区

$4\,000 <$ Re $< 10^5$，管壁绝对粗糙度 $\Delta < 0.4\delta$，而黏性底层厚度 $\delta = \frac{32.8d}{Re\sqrt{\lambda}}$，此时黏性底层厚度遮盖了边壁粗糙度，沿程阻力系数仅随雷诺数而变，$\lambda = \lambda(Re)$，可用伯拉休斯（Blasince）公式计算

$$\lambda = \frac{0.316\,4}{Re^{0.25}} \tag{6-5-8}$$

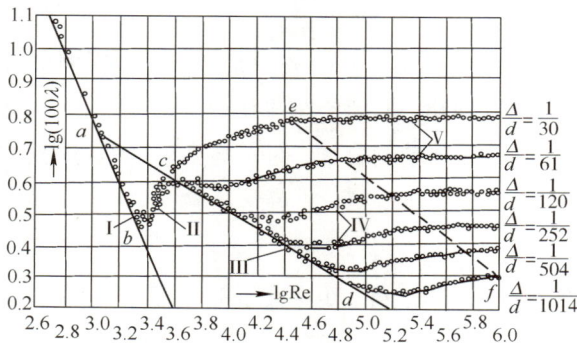

图　6-5-4

也可用尼柯拉兹光滑管公式计算

$$\frac{1}{\sqrt{\lambda}} = 2\lg(\mathrm{Re}\sqrt{\lambda}) - 0.8 \tag{6-5-9}$$

【例 6-5-4】 尼古拉兹实验曲线中，当某管路流动在紊流光滑区内时，随着雷诺数的 Re 增大，其沿程损失系数λ将：

   A. 增大   B. 减小   C. 不变   D. 增大或减小

解 由尼古拉兹实验曲线图可知，在紊流光滑区，随着雷诺数 Re 的增大，沿程损失系数将减小。

答案： B

3. 紊流过渡区

由水力光滑区向水力粗糙区的过渡，此时 $0.4\delta < \Delta < 6\delta$，沿程阻力系数λ可按柯列布洛克（Colebrook）公式计算，此时λ与Re、$\frac{\Delta}{d}$均有关，即

$$\frac{1}{\sqrt{\lambda}} = -2\lg\left(\frac{\Delta}{3.7d} + \frac{2.51}{\mathrm{Re}\sqrt{\lambda}}\right) \tag{6-5-10}$$

本流区的沿程阻力系数也可用阿尔特苏尔经验公式计算：$\lambda = 0.11\left(\frac{\Delta}{d} + \frac{68}{\mathrm{Re}}\right)^{0.25}$。

4. 紊流粗糙区（或称阻力平方区）

因为此时阻力系数λ只与相对粗糙度$\frac{\Delta}{d}$有关，与 Re 无关，h_{f}与v^2成正比。阻力系数有多种计算公式，最著名的有尼柯拉兹粗糙区公式和谢才（Chegy）公式。尼氏公式如下

$$\lambda = \frac{1}{\left(2\lg 3.7\frac{d}{\Delta}\right)^2} \tag{6-5-11}$$

应用范围为$\Delta > 6\delta$。

谢才公式如下

$$v = C\sqrt{RJ} \tag{6-5-12}$$

式中： v ——平均流速；

   C ——谢才系数；

   R ——水力半径，$R = A/\chi$；

   J ——水力坡度，$J = h_{\mathrm{f}}/L$，或者$h_{\mathrm{f}} = LJ$。

谢才系数有多种计算公式，其中工程上常用的有曼宁（Manning）公式

$$C = \frac{1}{n}R^{\frac{1}{6}} \tag{6-5-13}$$

式中：n——边壁粗糙系数，可查表6-5-1。

粗 糙 系 数 n 值   表 6-5-1

序号	壁面性质及状况	n
1	特别光滑的黄铜管、玻璃管	0.009
2	精致水泥浆抹面，安装及连接良好的新制的清洁铸铁管及钢管，精刨木板	0.011
3	正常情况下无显著水锈的给水管，非常清洁的排水管，最光滑的混凝土面	0.012
4	正常情况的排水管，略有积污的给水管，良好的砖砌体	0.013
5	积污的给水管和排水管，中等情况下渠道的混凝土砌面	0.014
6	良好的块石圬工，旧的砖砌体，比较粗制的混凝土砌面，特别光滑、仔细开挖的岩石面	0.017

序号	壁面性质及状况	n
7	坚实黏土的渠道，不密实淤泥层（有的地方是中断的）覆盖的黄土、砾石及泥土的渠道，良好养护情况下的大土渠	0.022 5
8	良好的干砌坏工，中等养护情况的土渠，情况极良好的河道（河床清洁、顺直、水流畅通、无塌岸深潭）	0.025
9	养护情况中等标准以下的土渠	0.027 5
10	情况较坏的土渠（如部分渠底有杂草、卵石或砾石、部分岸坡崩塌等），情况良好的天然河道	0.030
11	情况很坏的土渠（如断面不规则，有杂草、块石、水流不畅等），情况较良好的天然河道，但有不多的块石和野草	0.035
12	情况特别坏的土渠（如有不少深潭及塌岸，杂草丛生，渠底有大石块等），情况不大良好的天然河道（如杂草、块石较多，河床不甚规则而有弯曲，有不少深潭和塌岸）	0.040

比较达西公式与谢才公式，可得

$$\left. \begin{array}{l} C = \sqrt{\dfrac{8g}{\lambda}} \\[2mm] \lambda = \dfrac{8g}{C^2} \end{array} \right\} \tag{6-5-14}$$

谢才公式对水力粗糙区的明渠、管道均可用，对明渠应用尤为方便。

5. 第一过渡区（流态过渡区）

由层流向紊流过渡，该区域很窄，且 λ 无定量公式。

此后，柯列布洛克（Co Lebrook）等人，对工业上实用管道进行研究，得出了计算紊流过渡区的阻力系数公式［式（6-5-10）］，式中 Δ 为实用管道的当量粗糙度，所谓当量粗糙度，就是指和实用管道紊流粗糙区 λ 值相等的、管径相同的尼古拉兹人工粗糙管的砂粒粒径高度。见表 6-5-2。1944 年莫迪（Moody L.F）在式（6-5-10）的基础上绘制了实用管道的 λ 与 Re、$\dfrac{\Delta}{d}$ 之间关系图，称莫迪图，如图 6-5-5 所示。根据已知的 Re 与 $\dfrac{\Delta}{d}$ 可由莫迪图查出沿程阻力系数 λ 值。

实用管道当量粗糙度 Δ 值   表 6-5-2

序 号	边界种类	当量粗糙度 Δ 值（mm）
1	钢板制风管	0.15（引自全国通用通风管道计算表）
2	塑料板制风管	0.10（引自全国通用通风管道计算表）
3	表面光滑砖风道	4.0（引自采暖通风设计手册）
4	矿渣混凝土板风道	1.5（引自采暖通风设计手册）
5	钢丝网抹灰风道	10~15（引自采暖通风设计手册）
6	胶合板风道	1.0（引自采暖通风设计手册）
7	铅管、铜管、玻璃管	0.01（引自莫迪当量粗糙度图等）
8	镀锌钢管	0.15（引自莫迪当量粗糙度图等）
9	铸铁管	0.25（引自莫迪当量粗糙度图等）
10	混凝土管	0.3~3（引自莫迪当量粗糙度图等）
11	旧的生锈金属管	0.60（引自莫迪当量粗糙度图等）
12	污秽的金属管	0.75~0.97（引自莫迪当量粗糙度图等）

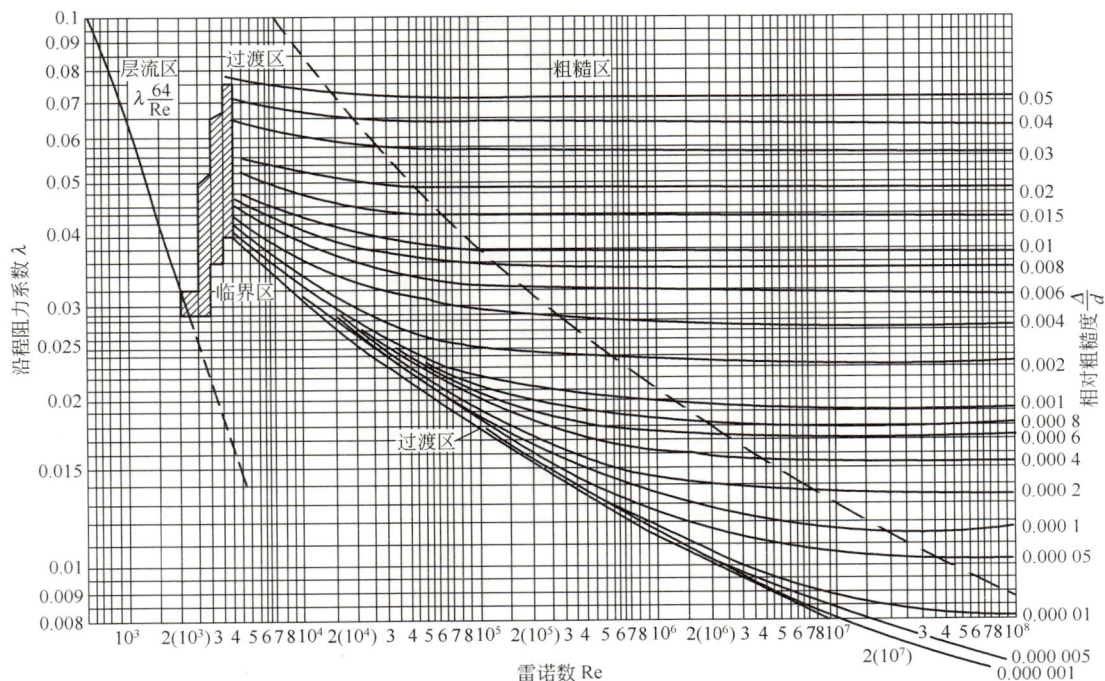

图 6-5-5

【例 6-5-5】 设有一恒定均匀有压管流，管径 d =200mm，绝对粗糙度 Δ =0.2mm，水的运动黏度 ν =0.15×10⁻⁵m²/s，流量 Q =5L/s，试求该管的沿程阻力系数 λ 及每米管长沿程损失 h_f。

解 为判别流态，先求断面平均流速 v

$$v = \frac{Q}{A} = \frac{4Q}{\pi d^2} = \frac{4 \times 0.005}{\pi \times 0.2^2} = 0.16\text{m/s}$$

雷诺数 $Re = \frac{vd}{\nu} = \frac{0.16 \times 0.2}{0.15 \times 10^{-5}} = 21\,333 > 2\,000$ 紊流，但 $Re < 10^5$。

设紊流处于水力光滑区，按伯拉休斯公式求沿程阻力的系数 $\lambda = \frac{0.316\,4}{Re^{0.25}} = \frac{0.316\,4}{21\,333^{0.25}} = 0.026$。验证是否在水力光滑区，为此先求黏性底层厚度

$$\delta = \frac{32.8d}{Re\sqrt{\lambda}} = \frac{32.8 \times 0.2}{21\,333\sqrt{0.026}} = 1.95\text{mm}$$

$$0.4\delta = 0.4 \times 1.95 = 0.78\text{mm} > 0.2\text{mm}$$

是光滑区，假设正确。

$$h_f = \lambda \frac{L}{d} \cdot \frac{v^2}{2g} = 0.026 \times \frac{1}{0.2} \times \frac{0.16^2}{19.6} = 1.7 \times 10^{-4}\text{m}$$

【例 6-5-6】 略有积污的给水管，管径 d 为 600mm，通过流量 Q 为 352L/s，管长 7.5km，绝对粗糙度 Δ =1.5mm，平均水温 10℃，求沿程损失 h_f。

解 流速

$$v = \frac{4Q}{\pi d^2} = \frac{4 \times 0.352}{\pi 0.6^2} = 1.245\text{m/s}$$

雷诺数

$$Re = \frac{vd}{\nu} = \frac{1.245 \times 0.6}{1.306 \times 10^{-6}} = 571\,950 > 2\,000$$

因 Re 较大且粗糙度较大，设在水力粗糙区用尼氏粗糙公式（6-5-11）求沿程阻力系数 λ

$$\lambda = \frac{1}{\left(2\lg 3.7\frac{d}{\Delta}\right)^2} = \frac{1}{\left(2\lg 3.7 \times \frac{600}{1.5}\right)^2} = 0.024\,9$$

验证是否在水力粗糙区，求黏性底层厚度

$$\delta = \frac{32.8d}{Re\sqrt{\lambda}} = \frac{32.8 \times 0.6}{571\,950 \times \sqrt{0.024\,9}} = 0.218\text{mm}$$

$$6\delta = 6 \times 0.218 = 1.308\text{mm}$$

$\Delta = 1.5\text{mm} > 6\delta$，是在水力粗糙区。

$$h_f = \lambda \frac{L}{d}\frac{v^2}{2g} = 0.024\,9 \times \frac{7\,500}{0.6} \times \frac{1.245^2}{2 \times 9.8} = 24.61\text{m}$$

用谢才公式再求一次，按略有积污的给水管查表 6-5-1 得粗糙系数 $n = 0.013$，代入曼宁公式

$$C = \frac{1}{n}R^{\frac{1}{6}} = \frac{1}{0.013}\left(\frac{0.6}{4}\right)^{\frac{1}{6}} = 56.071\sqrt{\text{m}}/\text{s}$$

$$\lambda = \frac{8g}{C^2} = \frac{8 \times 9.8}{56.071^2} = 0.024\,94$$

与用尼氏式计算基本相同，在以上计算中关键是要把粗糙系数及绝对粗糙度选好，其次选用流区公式要正确。

五、局部水头损失

局部水头损失计算的普遍公式为

$$h_m = \zeta\frac{v^2}{2g} \tag{6-5-15}$$

式中：ζ——局部阻力系数，视局部阻力形式而定，其数值由试验确定，可查局部阻力系数图表。

但对突然放大的局部损失（见图 6-5-6），可用理论导出局部阻力系数。

$$\zeta_1 = \left(1 - \frac{A_1}{A_2}\right)^2, \quad h_m = \zeta_1\frac{v_1^2}{2g}$$

相应于放大前流速 v_1。

$$\zeta_2 = \left(\frac{A_2}{A_1} - 1\right)^2, \quad h_m = \zeta_2\frac{v_2^2}{2g}$$

相应于放大后流速 v_2

对于突然缩小的局部损失，其局部阻力系数为

$$\zeta = 0.5\left(1 - \frac{A_2}{A_1}\right), \quad h_m = \zeta\frac{v_2^2}{2g}$$

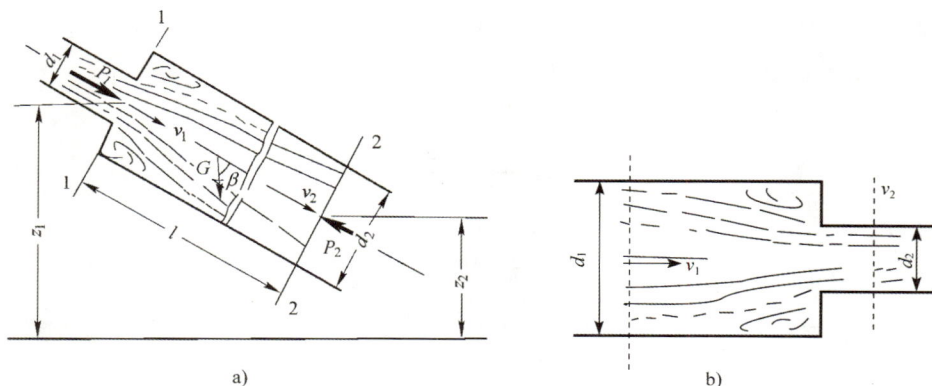

图 6-5-6

六、边界层基本概念和线流阻力

（一）边界层的定义和分类

当应用理想流体运动微分方程即欧拉运动方程来求解低黏性大雷诺数的实际流动时与实验结果出现有较大的差别，在圆柱绕流问题上甚至出现谬误，但完全应用黏性流体运动方程，即纳维-斯托克司（Navier-Stokes）方程求解整个流场时又有数学上的困难。直到 1904 年普朗德（L Prandtl）提出了边界层理论，为解决实际流体的流动开拓了新的境界，现以如图 6-5-7 所示的平板边界层为例加以说明。当实际流体以某一速度 u_0 流向平板时，不论其雷诺数多么大，由于黏性作用紧贴固定边界上的流速必为零，但沿边界法线方向（图中 y 方向）流速迅速增大，这样，在边界附近的流区存在着相当大的流速梯度，此区内的黏性切应力就不能忽略，边界附近的这一流体层就称为边界层。边界层外的流区，因流速梯度小，黏性作用可略去，按理想流体处理。普朗德又根据边界层内流动的具体条件，运用量级对比法，把实际流体运动微分方程（N-S）方程加以简化，成为边界层方程，为解决边界层内的流动创造了条件。

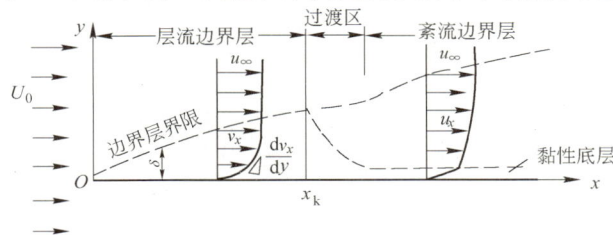

图　6-5-7

边界层的厚度 δ 从理论上讲，应该是由平板的表面流速为零处沿平板外法线方向一直到流速达到来流流速 u_0 的地方，这样厚度 δ 将是无穷大。实际观察发现，在离平板法向很小距离内流速就恢复到接近来流的速度。因此，一般规定当 $u_x = 0.99U_0$ 时的地方，即是边界层的外边界，所以边界层的厚度 δ 是随距平板前端 0 点处的水平距离 x 而变的，在 $x = 0$ 即平板前端处 $\delta = 0$，然后随 x 之增大 δ 也随之增大；在 $x = x_k$ 以前为层流边界层，在 $x > x_k$ 以后经一很短的过渡段就发展为紊流边界层。层流边界层转变为紊流边界层的转变点称为转掠点，转掠点的雷诺数为 $\mathrm{Re}_k = u_0 x_k / \nu$，对于光滑平板 Re_k 的范围为 $3 \times 10^5 < \mathrm{Re}_k < 3 \times 10^6$。在紊流边界层内紧靠壁面处，流速较小，黏性仍起作用，近于层流运动，这一极薄层称为黏性底层（或近壁层流层）。

伯拉休斯（Blasiuce）于 1908 年求得边界层方程在层流边界时的精确解，边界层厚度 δ 与 x 坐标的关系如下

$$\delta = 5 \sqrt{\frac{Lx}{\mathrm{Re}_L}} = 5 \frac{x}{\sqrt{\mathrm{Re}_x}} \qquad (6\text{--}5\text{--}16)$$

式中：　L ——平板长度；

　　　　x ——水平距离；

　　Re_L ——平板末端断面的雷诺数，$\mathrm{Re}_L = \frac{u_0 L}{\nu}$；

　　Re_x ——距起点 x 距离断面的雷诺数，$\mathrm{Re}_x = \frac{u_0 x}{\nu}$。

由式（6-5-16）可知平板末端层流边界层的厚度

$$\delta = 5 \frac{L}{\sqrt{\mathrm{Re}_L}} \qquad (6\text{--}5\text{--}17)$$

当平板边界层已发展为紊流边界层时，则需用卡门（Kazman）动量积分方程求近似解。

（二）边界层的分离现象

当流体不是流经平板，而是流向曲面物体时，可能产生边界层分离现象。现以圆柱绕流为例加以分析，如图 6-5-8a）所示一圆柱绕流的平面图。流体由A至B流动时，断面收缩，流速加快，压强减少（$\frac{\partial p}{\partial x}<0$）是加速减压段，此顺流的压差足以克服边界层内的阻力和主流动能的增加，边界层内流速不会减至零。但在流过B点以后，由于断面扩大，流体处于减速增压段（$\frac{\partial p}{\partial x}>0$），这时动能部分恢复为压能，为克服边界层内的阻力，也消耗了动能，此双重原因，使边界层内质点流速迅速降低，到一定地点，如图 6-5-8b）所示的贴近柱面的C点流速降到了零，流体质点将在C点停滞下来，继续流来的流体质点被迫脱离原来的流线，沿CE方向流去，从而使边界层脱离了柱面，这种现象即为边界层分离现象。C点称为分离点，它不是指柱面上流速为零的点而是指贴近柱面流速为零的点。由于分离点下游的逆流向压差，使边界层分离后的液体反向回流，形成旋涡区。绕流物体边界层分离后的旋涡区称为绕流物体的尾流区，尾流区是充斥旋涡体的负压力，这使绕流体上下游形成"压差阻力"。尾流区的大小取决于边界层分离点的位置，而分离点的位置又取决于绕流物体的形状、粗糙度、雷诺数等。如流体遇到绕流体的锐缘时，分离点就在锐缘，如遇到流线形状的绕流体，则尾流区大大减小，所以"压差阻力"又称为"形状阻力"。

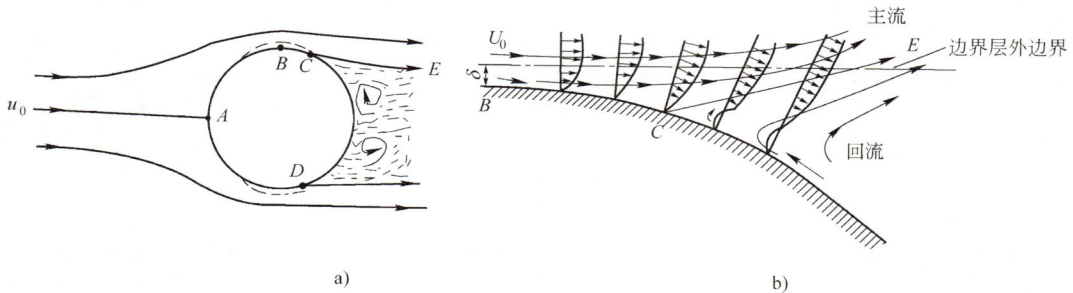

图 6-5-8

（三）绕流阻力

绕流阻力是指物体受到的绕其流过的流体所给予的阻力，绕流阻力由摩擦阻力和压差阻力（或称形状阻力）两部分所组成。1726 年牛顿提出绕流阻力计算公式为

$$D = C_D A \frac{\rho u_0^2}{2} \qquad (6-5-18)$$

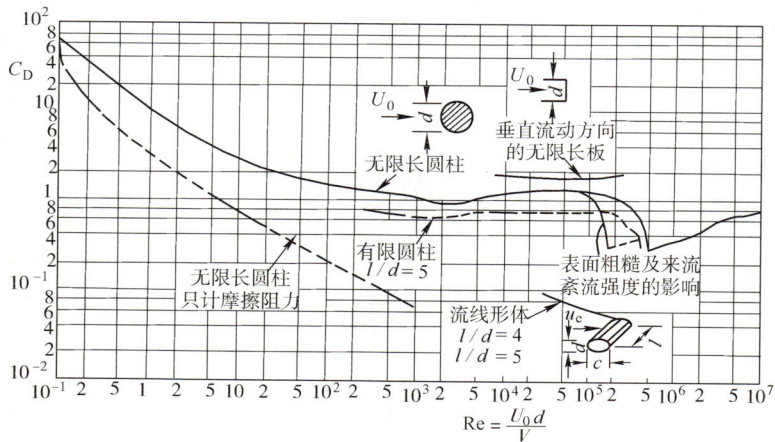

图 6-5-9

式中： D ——绕流阻力；

ρ ——流体密度；

u_0 ——来流流体未受物体影响前相对于物体的流速；

A——绕流物体与流体流向正交的断面投影面积；

C_D——绕流阻力系数，主要取决于被绕流体的形状、流体雷诺数、物面粗糙度及来流紊流强度，依靠试验来确定（参见图 6-5-9）。

1851 年斯托克司（Stokes）研究了微小圆球形颗粒在流体中极慢流动（蠕动）时的阻力，它利用黏性流体运动微分方程（N-S 方程）忽略了惯性项，进行理论分析，得到了绕流阻力公式

$$D = 3\pi\mu v d \tag{6-5-19}$$

式中：D——圆球绕流阻力；

μ——流体动力黏度；

d——圆球颗粒直径；

v——颗粒与流体的相对流速。

当泥沙颗粒在水中下沉时，重力与浮力及绕流阻力三者达到平衡，颗粒将均匀下沉，此时相对速度即为沉降速度 v，重力与浮力之差为 $\frac{\pi}{6}d^3(\gamma'-\gamma)$，$\gamma'$ 与 γ 分别为颗粒重度与流体重度。此两力差与式（6-5-19）所表示之绕流阻力平衡后可求得沉速 $v = \frac{1}{3\pi\mu d}\frac{\pi}{6}d^3(\gamma'-\gamma)$，即

$$v = \frac{d^2}{18\mu(\gamma'-\gamma)} \tag{6-5-20}$$

上式在 Re < 1 时适用。

将圆球阻力公式（6-5-19）与牛顿提出的绕流阻力普遍公式（6-5-18）比较，可得圆球阻力系数 C_D 的理论公式为

$$C_D A \frac{\rho u_0^2}{2} = 3\pi\mu u_0 d$$

$$C_D \times \frac{\pi}{4}d^2 \frac{\rho u_0^2}{2} = 3\pi\mu u_0 d$$

化简后得

$$C_D = \frac{24}{Re} \tag{6-5-21}$$

式中：Re——雷诺数，$Re = \frac{u_0 d}{\nu}$。

上式在 Re < 1 时与实验符合很好。在 Re = 10～10^3 时，$C_D \approx \frac{13}{\sqrt{Re}}$，当 Re = 10^3～2×10^5 时，可采用平均值 $C_D = 0.45$。而且当 Re > 1 时，沉降速度用下式计算

$$v = \sqrt{\frac{4}{3C_D}\left(\frac{\gamma'-\gamma}{\gamma}\right)gd} \tag{6-5-22}$$

为了减小绕流阻力可将物体设计成流线型使边界层分离点后移，尾流区缩小，减少形状阻力；使物体表面光滑平顺及吸走边界层停滞点处的流体，也可达到减阻的目的。

七、减小阻力的措施

长期以来，减小阻力就是工程流体力学中的一个重要的研究课题。这方面的研究成果，对国民经济和国防建设的很多部门都有十分重大的意义。例如，对于在流体中航行的各种运载工具（飞机、轮船等），减小阻力就意味着减小发动机的功率和节省燃料消耗，或者在可能提供的动力条件下提高航行速度。这一点在军事上具有更大的意义。长距离输送像原油这类黏性很大的液体，需要消耗巨大的能量，如能将原油的管输摩阻大幅度降低，会给国民经济带来很大好处。对于经常运转的其他管道系统，减阻在节约

能源上的意义也是不容忽视的。因此近年来减阻问题的研究，日益引起各有关领域的重视。

减小管中流体运动的阻力有两条完全不同的途径：一是改进流体外部的边界，改善边壁对流动的影响；另一是在流体内部投加极少量的添加剂，使其影响流体运动的内部结构来实现减阻。

添加剂减阻是近二十年才迅速发展起来的减阻技术。虽然到目前为止，它在工业技术中还没有得到广泛的应用，但就当前了解的试验研究成果和少数生产使用情况来看，它的减阻效果是很突出的。此外，添加剂减阻又和紊流机理这个流体力学中的基本理论问题密切相关。通过对添加剂减阻机理的研究，必将推动紊流理论的进一步发展。添加剂减阻已成为流体力学中一项富有生命力的研究课题。

下面介绍改善边壁的减阻措施。

要降低粗糙区或过渡区内的紊流沿程阻力，最容易想到的减阻措施是减小管壁的粗糙度。此外，用柔性边壁代替刚性边壁也可能减少沿程阻力。水槽中的拖曳试验表明，高雷诺数下的柔性平板的摩擦阻力比刚性平板小 50%。对安放在另一管道中间的弹性软管进行过阻力试验，两管间的环形空间充满液体，结果比同样条件的刚性管道的沿程阻力小 35%。环形空间内液体的黏性愈大，软管的管壁愈薄，减阻效果愈好。

减小紊流局部阻力的着眼点在于防止或推迟流体与壁面的分离，避免旋涡区的产生或减小旋涡区的大小和强度。下面选几种典型的常用配件为例来说明这个问题。

（一）管道进口

图 6-5-10 表明，平顺的管道进口可以减小局部损失系数 90%以上。

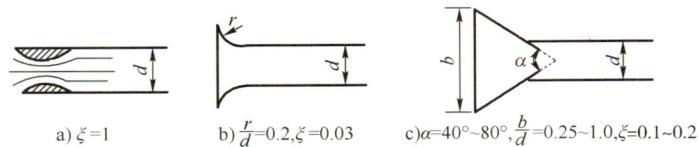

a) $\xi=1$ b) $\dfrac{r}{d}=0.2,\xi=0.03$ c) $\alpha=40°\sim80°,\dfrac{b}{d}=0.25\sim1.0,\xi=0.1\sim0.2$

图 6-5-10　几种进口阻力系数

（二）渐扩管和突扩管

扩散角大的渐扩管阻力系数较大，如制成图 6-5-11a）示的形式，在扩散角 $\alpha<25°$ 的条件下，阻力系数约减小一半。突扩管如制成图 6-5-11b）示的台阶式，阻力系数也可能有所减小。

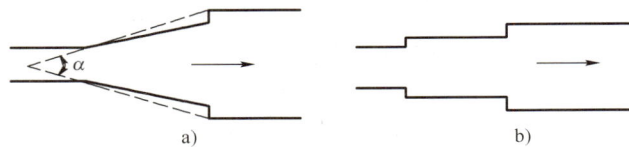

图 6-5-11　复合式渐扩管和台阶式突扩管

（三）弯管

弯管的阻力系数在一定范围内随曲率半径 R 的增大而减小。表 6-5-3 给出了 90°弯管在不同 R/d 时的 ξ 值。

不同 R/d 时 90°弯管的 ξ 值（Re=10^6）　　　　　　　　表 6-5-3

R/d	0	0.5	1	2	3	4	6	10
ξ	1.14	1.00	0.246	0.159	0.145	0.167	0.20	0.24

由表可知，如 $R/d<1$，ξ 值随 R/d 的减小而急剧增加，这与旋涡区的出现和增大有关。如 $R/d>3$，ξ 值又随 R/d 的加大而增加，这是由于弯管加长后，摩阻增大造成的。因此弯管的 R 最好在（1~4）d 的范

围内。

断面大的弯管，往往只能采用较小的R/d，可在弯管内部布置一组导流叶片，以减小旋涡区和二次流，降低弯管的阻力系数。愈接近内侧，导流叶片应布置得愈密些。如图 6-5-12 所示的弯管，装上圆弧形导流叶片后，阻力系数由 1.0 减小到 0.3 左右。

（四）三通

尽可能地减小支管与合流管之间的夹角，或将支管与合流管连接处的折角改缓，都能改进三通的工作，减小局部阻力系数。例如将 90°T 形三通的折角切割成如图 6-5-13 所示的 45°斜角，则合流时的ξ_{1-3}和ξ_{2-3}减小 30%~50%，分流时的ξ_{3-1}减小 20%~30%。但对分流的ξ_{3-2}影响不大。如将切割的三角形加大，阻力系数还能显著下降。

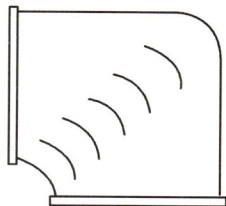

图 6-5-12 装有导叶的弯管　　图 6-5-13 切割折角的 T 形三通

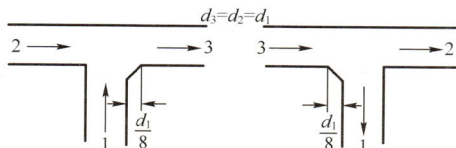

配件之间的不合理衔接，也会使局部阻力加大。例如在既要转 90°，又要扩大断面的流动中，如均选用$R/d=1$的弯管和$A_2/A_1=2.28$、$l_d/r_1=4.1$的渐扩管，在直接连接（$l_s=0$）的情况下，先弯后扩的水头损失为先扩后弯的水头损失的 4 倍。即使中间都插入一段$l_0=4d$的短管，也仍然大 2.4 倍。因此，如果没有其他原因，先弯后扩是不合理的。

习　题

6-5-1　有压圆管均匀流切应力τ沿断面的分布为（　　）。

　　A. 断面上各点τ相等　　　　　　　B. 管壁处是零，向管轴线性增大

　　C. 管轴处是零，与半径成正比　　　D. 按抛物线分布

6-5-2　圆管层流运动的流速分布图是（　　）。

　　A. 直线分布　　　　　　　　　　　B. 对数曲线分布

　　C. 抛物线分布　　　　　　　　　　D. 双曲线分布

6-5-3　圆管层流运动，轴心处最大流速与断面平均流速的比值是（　　）。

　　A. 1　　　　　　B. 2　　　　　　C. 3/2　　　　　　D. 3

6-5-4　圆管紊流核心区的流速分布是（　　）。

　　A. 直线分布　　　B. 抛物线分布　　C. 对数曲线分布　　D. 双曲线分布

6-5-5　有压圆管流动，若断面 1 的直径是其下游断面 2 直径的 2 倍，则断面 1 与断面 2 雷诺数的关系是（　　）。

　　A. $Re_1=0.5Re_2$　　　B. $Re_1=Re_2$　　　C. $Re_1=1.5Re_2$　　　D. $Re_1=2Re_2$

6-5-6　有压圆管层流的沿程阻力系数λ在莫迪图上随着雷诺数 Re 的增加而（　　）。

　　A. 增加　　　　　　B. 线性的减少　　　　C. 不变　　　　D. 以上答案均不对

6-5-7　层流的沿程损失与平均流速的（　　）成正比。

A. 2 次方　　　　　　B. 1.75 次方　　　　　C. 1 次方　　　　　　D. 1.85 次方

6-5-8　有压圆管流动，紊流粗糙区的沿程阻力系数λ（　　　　）。

　　A. 与相对粗糙度有关　　　　　　　　　B. 与雷诺数有关

　　C. 与相对粗糙度及雷诺数均有关　　　　D. 与雷诺数及管长有关

6-5-9　谢才公式仅适用于（　　　　）。

　　A. 水力光滑区　　　　　　　　　　　　B. 水力粗糙区或阻力平方区

　　C. 紊流过渡区　　　　　　　　　　　　D. 第一过渡区

6-5-10　若一管道的绝对粗糙度Δ不改变，只要改变管中流动参数，也能使其由水力粗糙管变成水力光滑管，这是（　　　　）。

　　A. 因为加大流速后，黏性底层变厚了

　　B. 减小管中雷诺数，黏性底层变厚遮住了绝对粗糙度

　　C. 流速加大后，把管壁冲得光滑了

　　D. 其他原因

6-5-11　流体绕固体流动时所形成的绕流阻力，除了黏性摩擦力外，更主要的是因为（　　　　）形成的形状阻力。

　　A. 流速和密度的加大

　　B. 固体表面粗糙

　　C. 雷诺数加大，表面积加大

　　D. 有尖锐边缘的非流线形物体，产生边界层的分离和漩涡区

6-5-12　如例 6-4-4 图所示的水泵供水管路，水池与水塔液面高差$z=15\text{m}$，两液面间吸水管及压水管系统总阻力系数$\zeta_s=\sum\lambda\dfrac{L}{d}+\sum\zeta=65$，管中流速$v=1\text{m/s}$，水泵所需的最小扬程$H$为（　　　　）。

　　A. 16mH₂O　　　　　B. 20mH₂O　　　　　C. 17.31mH₂O　　　　D. 18.32mH₂O

第六节　孔口、管嘴及有压管流

一、孔口出流

（一）孔口出流的分类

容器壁上开一孔口有液体流出称孔口出流。如壁厚对出流现象无影响，孔壁与液流仅在一条周线上接触，这种孔口称为薄壁孔口，反之称为非薄壁孔口。当孔口高度$e<\dfrac{H}{10}$时称为小孔口，式中H为孔口形心上的水头，小孔口断面上各点水头近似相等可用形心点水头代表。若孔口高度$e\geq\dfrac{H}{10}$就称为大孔口。孔口前水头H恒定不变时，称为常水头孔口，如孔口前水头随时间而改变时称为变水头孔口出流。液体经孔口流入大气称自由出流孔口，液体经孔口流入液面以下称为淹没出流孔口。

（二）常水头薄壁小孔口自由出流

如图 6-6-1 所示，取基准面 0-0 过孔口中心，并取上游自由液面为断面 1-1，孔口外收缩断面（距壁$e/2$处）$c\text{-}c$为下游断面，写能量方程

$$H+0+\frac{\alpha_1 v_0^2}{2g}=0+0+\frac{\alpha_2 v_c^2}{2g}+h_w$$

令 $H_0 = H + \dfrac{\alpha_1 v_0^2}{2g}$，$v_0$ 为上游水面流速，H_0 称自由出流小孔口水头。当 v_0 很小时 $H_0 \approx H$，孔口水头损失 $h_w = \zeta_c \dfrac{v_c^2}{2g}$，$\zeta_c$ 为小孔口阻力系数，由试验确定。代入上式后得 $H = (\alpha_c + \zeta_c)\dfrac{v_c^2}{2g}$，故收缩断面平均流速

$$v_c = \frac{1}{\sqrt{\alpha_c + \zeta_c}}\sqrt{2gH_0} = \varphi\sqrt{2gH_0} \qquad (6\text{-}6\text{-}1)$$

式中，$\varphi = \dfrac{1}{\sqrt{\alpha_c + \zeta_c}}$ 为小孔口流速系数，可由试验确定，据前人研究 $\varphi = 0.97$，$\zeta_c = 0.06$，$\alpha_c = 1.0$。

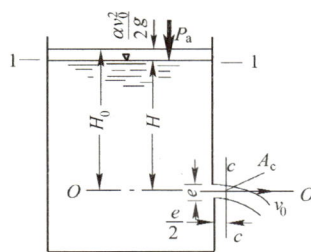

图　6-6-1

设收缩断面面积与孔口断面面积比值为 $\varepsilon = A_c / A$，称为收缩系数，小孔口的收缩系数 $\varepsilon = 0.64$（当收缩为充分、完善圆形时），故小孔口的出流流量

$$Q = V_c A_c = \varphi\sqrt{2gH_0} \times \varepsilon A = \varepsilon\varphi A\sqrt{2gH_0}$$

令 $\mu = \varepsilon\varphi$，称小孔口流量系数，则有

$$Q = \mu A\sqrt{2gH_0} \qquad (6\text{-}6\text{-}2)$$

对充分收缩的圆形小孔口，$\mu = 0.97 \times 0.64 \approx 0.62$，收缩是否充分和完善与孔口至容器壁的距离有关，当孔口距壁的距离大于相应的孔口边长的 3 倍时，为充分完善收缩，否则为不充分完善收缩。

（三）常水头薄壁小孔口淹没出流

如图 6-6-2 所示，取上游自由液面为断面 1-1，下游过水断面 2-2，能量方程为

$$H_1 + 0 + \frac{\alpha_1 v_0^2}{2g} = H_2 + 0 + \frac{\alpha_2 v_2^2}{2g} + h_w$$

水头损失包括水流经孔口的局部损失及经收缩面后放大的损失两项，即 $h_w = (\zeta_1 + \zeta_2)\dfrac{v_c^2}{2g}$。

令 $H_0 = (H_1 - H_2) + \dfrac{\alpha_1 v_0^2}{2g} - \dfrac{\alpha_2 v_2^2}{2g}$，代入上式可得

$$H_0 = (\zeta_1 + \zeta_2)\frac{v_c^2}{2g}$$

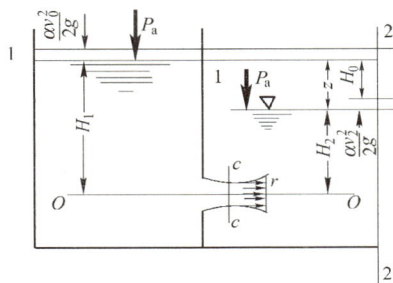

图　6-6-2

因 A_2 远大于 A_c，故 $\zeta_2 = 1$，所以流速

$$v_c = \frac{1}{\sqrt{1 + \zeta_1}}\sqrt{2gH_0} = \varphi\sqrt{2gH_0}$$

孔口流量

$$Q = \varepsilon\varphi A\sqrt{2gH_0} = \mu A\sqrt{2gH_0}$$

上式与小孔口自由出流形式完全相同，但应注意孔口的水头 H_0 的意义有所不同，此处的 H_0 是孔口上下游断面总水头之差，当上下游断面流速水头可不计时，即为上下游液面高差 Z。

（四）薄壁大孔口出流

上述关于小孔口出流的公式可以用于大孔口，只是流量系数 μ 值要大于小孔口，随孔口型式而变，大约为 $\mu = 0.65 \sim 0.9$，详见水力学手册有关表格。

二、管嘴出流

管嘴出流是在孔口处连接长为 3~4 倍孔口直径的短管后形成的液体出流，与孔口类似可以分为常水头、变水头、自由出流、淹没出流等，并根据外形可以将管嘴分为如图 6-6-3 所示的圆柱形、圆锥形

和流线型管嘴等类型。

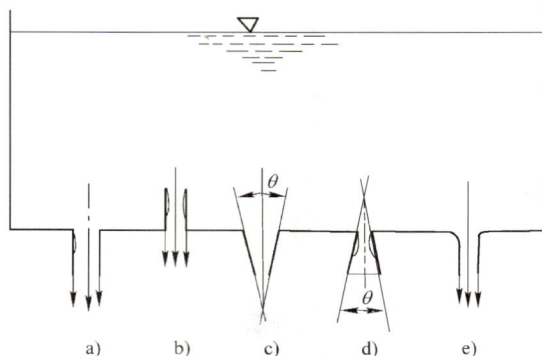

图　6-6-3

管嘴出流很多地方与孔口类似，故流速流量公式可应用与孔口相同的公式，但流速系数φ及流量系数μ与孔口不同，现以圆柱形外管嘴为例加以说明。圆柱形管嘴进口处先收缩，形成一收缩断面，收缩断面后流线扩张至出口处充满断面，无收缩，故出口断面的收缩系数$\varepsilon=1$，流速系数φ与流量系数相等，其值为$\varphi=\mu=0.82$，远大于小孔口的流量系数。与相同直径、水头的小孔口相比较，其出流量约为小孔口的$0.82/0.62=1.32$倍。流量增加的原因是在收缩断面处存在真空，其真空度$p_v/\gamma=0.75H_0$，这就使管嘴比孔口的作用总水头加大，从而加大了出流量。圆柱形管嘴必须满足的工作条件是：$H<9mH_2O$，管嘴长度$L=3\sim4d$。

其余各种管嘴的φ、μ、ε值均可查有关水力计算手册确定。

三、有压管流

（一）有压管流的分类及简单短管水力计算

按水头损失所占比例不同可将有压管分为长管和短管。长管是指该管流中的能量损失以沿程损失为主，局部损失和流速水头所占比重很小，可以忽略不计的管道；短管是指局部损失和流速水头所占比重较大，计算时不能忽略的管道。根据管道布置与连接情况又可将有压管道分为简单管道与复杂管道两类，前者指没有分支的等直径管道，后者指由两条以上的管道组成的管系。复杂管又可分为串联、并联管道和枝状、环状管网，如图 6-6-4 所示。

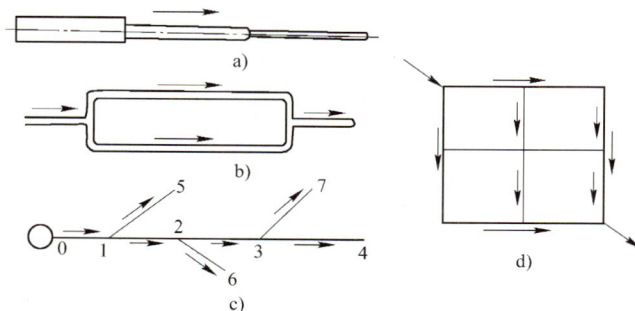

图　6-6-4

【例 6-6-1】 在长管水力计算中：

A. 只有速度水头可忽略不计

B. 只有局部水头损失可忽略不计

C. 速度水头和局部水头损失均可忽略不计

D. 两断面的测压管水头差并不等于两断面间的沿程水头损失

解 在长管水力计算中，速度水头和局部水头损失均可忽略不计。

答案： C

1. 短管自由出流

若短管中的液体经出口流入大气中，称为自由出流，如图 6-6-5 所示。

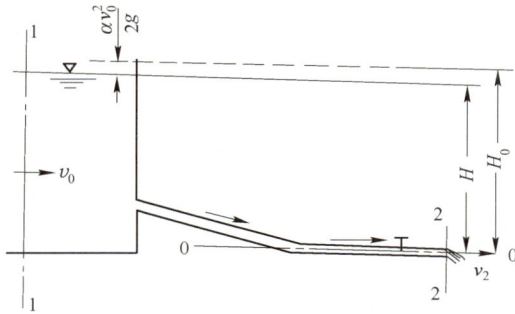

图 6-6-5

选上游过流断面 1-1 和管道出口过流断面 2-2，其能量方程为

$$H + 0 + \frac{\alpha_1 v_0^2}{2g} = 0 + 0 + \frac{\alpha_2 v_0^2}{2g} + h_{w1\text{-}2}$$

令 $H_0 = H + \frac{\alpha_1 v_0^2}{2g}$，称作用水头，则

$$H_0 = \frac{\alpha v_2}{2g} + h_w \tag{6-6-3}$$

水头损失 $h_w = \sum h_f + \sum h_m = \sum \lambda \frac{L}{d} \frac{v^2}{2g} + \sum \zeta \frac{v^2}{2g} = \zeta_c \frac{v^2}{2g}$，$\zeta_c = \sum \lambda \frac{L}{d} + \sum \zeta$ 为短管的总阻力系数，代入式（6-6-3）中得

$$H_0 = (\alpha + \zeta_c) \frac{v^2}{2g} \tag{6-6-4}$$

取 $\alpha = 1$ 得

$$v = \frac{1}{\sqrt{1 + \zeta_c}} \sqrt{2gH_0} = \varphi_c \sqrt{2gH_0} \tag{6-6-5}$$

$\varphi_c = \frac{1}{\sqrt{1+\zeta_c}}$ 称为短管的流速系数。

短管的流量为

$$Q = vA = \varphi_c A \sqrt{2gH_0} = \mu_c A \sqrt{2gH_0} \tag{6-6-6}$$

式中： A ——短管过流断面积；

$\varphi_c = \mu_c$ ——短管流量系数。

2. 短管淹没出流

若短管中流体经出口流入下游自由液面之下的液体中，则称为淹没出流，如图 6-6-6 所示。以下游自由液面为基准面，对断面 1-1 及 2-2 写能量方程，即

$$H + 0 + \frac{\alpha_0 v_0^2}{2g} = 0 + 0 + \frac{\alpha_2 v_2^2}{2g} + h_w$$

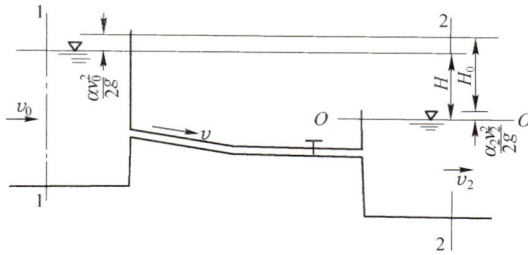

图 6-6-6

令 $H_0 = z + \dfrac{\alpha_0 v_0^2}{2g} - \dfrac{\alpha_2 v_2^2}{2g}$，则得

$$H_0 = h_{\mathrm{w}} = h_{\mathrm{f}} + h_{\mathrm{m}} \tag{6-6-7}$$

H_0 为淹没出流短管上下游断面总水头之差，式中的水头损失可按 $h_{\mathrm{w}} = \zeta_{\mathrm{c}} \dfrac{v^2}{2g}$ 计算，$\zeta_{\mathrm{c}} = \sum \lambda \dfrac{L}{d} + \sum \zeta$，式中 $\sum \zeta$ 比自由出流多一出口，损失 $\zeta_{\text{出口}} = 1.0$ 代入式（6-6-7）中，有

$$H_0 = \zeta_{\mathrm{c}} \frac{v^2}{2g}$$

或

$$v = \frac{1}{\sqrt{\zeta_{\mathrm{c}}}} \sqrt{2gH_0} = \varphi_{\mathrm{c}} \sqrt{2gH_0} \tag{6-6-8}$$

短管的流量

$$Q = vA = \varphi_{\mathrm{c}} A \sqrt{2gH_0} = \mu_{\mathrm{c}} A \sqrt{2gH_0} \tag{6-6-9}$$

式中，$\mu_{\mathrm{c}} = \varphi_{\mathrm{c}} = \dfrac{1}{\sqrt{\zeta_{\mathrm{c}}}}$。比较与自由出流短管的差别主要在于总水头不同，淹没出流用的是总水头之差。当上下游水面流速很小时，$H_0 = H$，即可用液面高差代替总水头之差。

3. 简单短管水力计算几类问题

应用简单短管基本公式于工程实际的水力计算，一般有以下几类问题。

（1）已知水头、管径、管长、管道壁面性质和局部阻力的组成，求流量和流速。这类问题多属校核性质，可直接代入短管的流量、流速公式求解。

（2）已知流量、管径、管长、管壁性质及局部阻力组成，求作用水头。

（3）已知流量、水头、管长、管壁性质及局部阻力组成，求管径。这类问题直接用前述各短管公式求解有一定困难，因为式中阻力系数及断面面积中均包含有管径，所以一般用试算法求解。解得的管径尺寸，与标准管径的规格可能不一致，要选用相近的且稍大的标准管径。

（4）计算各过流断面的压强。对于位置固定的管道，绘制测压管水头线，便可解决此类问题。有时为了防止短管最高点处，由于真空而产生汽蚀、汽化，需求出短管最高点允许的安装高度。

【例 6-6-2】 离心泵管道系统如图所示。已知水泵流量 $Q = 25\,\mathrm{m^3/h}$，吸水管长 $L_1 = 5\,\mathrm{m}$，压水管长 $L_2 = 20\,\mathrm{m}$，水泵提水高度 $z = 18\,\mathrm{m}$，最大允许的真空度不超过 $\dfrac{p_v}{\gamma} = 6\,\mathrm{mH_2O}$。试确定吸水管直径 d_{a}、压水管直径 d_{p} 和水泵允许的安装高度 h_{s} 以及水泵的总扬程 H。

解 由给排水设计手册查得水泵吸水管允许的经济流速 $v_{\mathrm{a}} = 1 \sim 1.6\,\mathrm{m/s}$，现采用 $v_{\mathrm{a}} = 1.6\,\mathrm{m/s}$，则吸水管径：

$$d_{\mathrm{a}} = \frac{4Q}{\pi v_{\mathrm{a}}} = \frac{4 \times 25}{\pi \times 1.6 \times 3\,600} = 0.074\,\mathrm{m} = 74\,\mathrm{mm}$$

选取标准管径 $d_{\mathrm{a}} = 75\,\mathrm{mm}$，相应的 v_{a} 为

$$v_a = \frac{4 \times 25}{\pi \times 0.075^2 \times 3\,600} = 1.57 \text{m/s}$$

对吸水池液面 1-1 及水泵吸入口断面 2-2 写能量方程，得水泵吸水管最高点安装高度（水泵轴线高度），即

$$h_s = \frac{p_v}{\gamma} - \frac{\alpha_2 v_2^2}{2g} - h_{w1-2}$$

给水管粗糙系数 $n = 0.012\,5$，用曼宁公式求谢才系数 $C = \frac{1}{n}R^{\frac{1}{6}} = \frac{1}{0.012\,5} \times \left(\frac{0.075}{4}\right)^{\frac{1}{6}} = 41.23\sqrt{m}/\text{s}$，沿程阻力系数 $\lambda = \frac{8g}{C^2} = \frac{8 \times 9.8}{41.23^2} = 0.046\,1$。吸水管的局部阻力系数有滤水网底阀 $\zeta_1 = 8.5$，弯头 $\zeta_2 = 0.29$。水泵入口前的渐缩管 $\zeta_3 = 0.1$，将数据代入求安装高度，即

例 6-6-2 图

$$h_s = 6 - \frac{1.57^2}{2 \times 9.8} - \left(0.046\,1 \times \frac{5}{0.075} + 8.5 + 0.29 + 0.1\right) \times \frac{1.57^2}{2 \times 9.8} = 4.37 \text{m}$$

如压水管选取相同的经济流速，可得相同的管径，即 $d_p = 0.075\text{m} = 75\text{mm}$，$v_p = 1.57\text{m/s}$，$\lambda = 0.046\,1$。压水管的局部阻力系数有两个弯头，一个出口即 $\zeta_{弯头} = 0.29$，$\zeta_{出口} = 1.0$。压水管水头损失

$$h_{wp} = \left(0.046 \times \frac{20}{0.075} + 2 \times 0.29 + 1\right) \times \frac{1.57^2}{2 \times 9.8} = 1.74 \text{m}$$

吸水管水头损失

$$h_{wa} = \left(0.046\,1 \times \frac{5}{0.075} + 8.5 + 0.29 + 0.1\right) \times \frac{1.57^2}{2 \times 9.8} = 1.5 \text{m}$$

水泵总扬程

$$H = z + h_w = z + h_{wp} + h_{wa} = 18 + 1.74 + 1.5 = 21.24 \text{m}$$

（二）有压长管中的恒定流

1. 简单长管

图 6-6-7 为一简单长管示意图。由于不考虑流速水头，总水头线与测管水头线重合。又因不计局部损失，对断面 1-1 及 2-2 写能量方程可得

$$H = h_f = \lambda \frac{L}{d} \frac{v^2}{2g} = \lambda \frac{L}{d} \frac{\left(\frac{4Q}{\pi d^2}\right)^2}{2g} = \frac{8\lambda}{\pi^2 g d^5} L Q^2$$

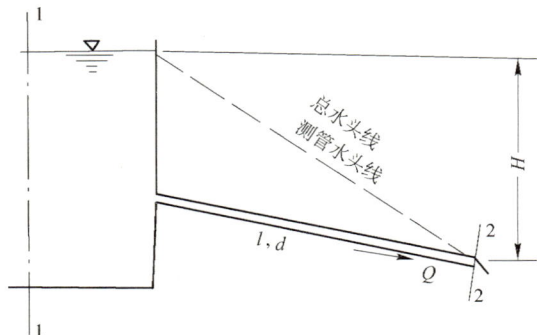

图 6-6-7

令 $S_0 = \frac{8\lambda}{\pi^2 g d^5}$，称为管道的比阻，为单位流量通过单位长度管道所损失的水头。S_0 的单位为 s^2/m^6，$S_0 = f(\lambda, d)$，当管壁性质已知时，S_0 仅与 d 有关，可制成表格备查。将比阻代入长管公式可得

$$H = h_f = S_0 L Q^2 = S Q^2 \qquad (6\text{-}6\text{-}10)$$

上式即为简单长管的基本公式,它可解Q、H、d各类问题,式中$S = S_0 L$称为管道的阻抗。S的单位为s^2/m^5。

【例6-6-3】　如图所示由大体积水箱供水,且水位恒定,水箱顶部压力表读数 19 600Pa,水深 $H = 2\text{m}$,水平管道长$l = 100\text{m}$,直径$d = 200\text{mm}$,沿程损失系数0.02,忽略局部损失,则管道通过流量是:

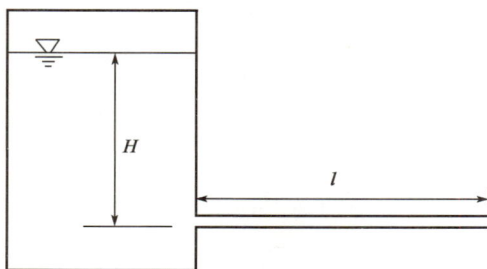

例6-6-3图

  A. 83.8L/s   B. 196.5L/s   C. 59.3L/s   D. 47.4L/s

解　对水箱自由液面与管道出口写能量方程:

$$H + \frac{p}{\rho g} = \frac{v^2}{2g} + h_f = \frac{v^2}{2g}\left(1 + \lambda\frac{L}{d}\right)$$

代入题设数据并化简:

$$2 + \frac{19\,600}{9\,800} = \frac{v^2}{2g}\left(1 + 0.02 \times \frac{100}{0.2}\right)$$

计算得流速$v = 2.67\text{m/s}$

流量$Q = v \times \dfrac{\pi}{4}d^2 = 2.67 \times \dfrac{\pi}{4} \times 0.2^2 = 0.083\,84\text{m}^3/\text{s} = 83.84\text{L/s}$

答案: A

2. 串联管道

由不同直径的管段顺次联结而成的管道系统称为串联管系,如图6-6-8所示。

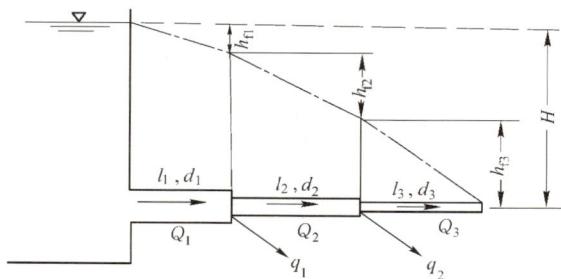

图 6-6-8

各管段流量关系,由连续性方程可得

$$Q_i = Q_{i+1} + q_i \qquad (6\text{-}6\text{-}11)$$

总水头

$$H = \sum h_f = \sum_{i=1}^{n} S_{0i} L_i Q_i^2 = \sum_{i=1}^{n} S_i Q^2 \qquad (6\text{-}6\text{-}12)$$

将上两式联立可解Q、H、d等问题。

3. 并联管道

两条以上的管道在一处分流，以后又在另一处汇流，这样组成的管系称为并联管系，如图 6-6-9 所示。

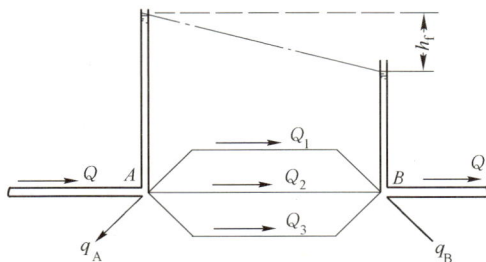

图　6-6-9

并联管道分流点与汇流点之间各管段水头损失皆相等，即

$$h_{f_1} = h_{f_2} = h_{f_3} = \cdots = h_f$$

或

$$h_f = S_1 Q_1^2 = S_2 Q_2^2 = S_3 Q_3^2 = \cdots = S_i Q_i^2 \tag{6-6-13}$$

而每一并联管段中的流量

$$Q_i = \sqrt{\frac{h_f}{S_i}} \tag{6-6-14}$$

分流点 A 之前的总流量

$$Q = Q_1 + Q_2 + Q_3 + \cdots + Q_n + q_A$$

或

$$Q = \sum_{i=1}^{n} Q_i + q_A \tag{6-6-15}$$

当已知总流量 Q，欲求各并联管流量时可用下式

$$Q_i = (Q - q_A) \sqrt{\frac{S_p}{S_i}} \tag{6-6-16}$$

式中，S_p 可按下式求解

$$\frac{1}{\sqrt{S_p}} = \frac{1}{\sqrt{S_1}} + \frac{1}{\sqrt{S_2}} + \cdots + \frac{1}{\sqrt{S_n}}$$

由式（6-6-13）可看出任两分路流量之比，等于该两管段阻抗反比之平方根，即

$$\frac{Q_1}{Q_2} = \sqrt{\frac{S_2}{S_1}}$$

【例 6-6-4】 并联长管 1、2，两管的直径相同，沿程阻力系数相同，长度 $L_2 = 3L_1$，通过的流量为：

　　　　A. $Q_1 = Q_2$ 　　　　B. $Q_1 = 1.5Q_2$ 　　　　C. $Q_1 = 1.73Q_2$ 　　　　D. $Q_1 = 3Q_2$

解 并联长管路的水头损失相等，即 $S_1 Q_1^2 = S_2 Q_2^2$

式中管路阻抗

$$S_1 = \frac{8\lambda \dfrac{L_1}{d_1}}{g\pi^2 d_1^4}, \quad S_2 = \frac{8\lambda \dfrac{3L_1}{d_2}}{g\pi^2 d_2^4}$$

又因 $d_1 = d_2$，所以得：

$$\frac{Q_1}{Q_2} = \sqrt{\frac{S_2}{S_1}} = \sqrt{\frac{3L_1}{L_1}} = 1.732, \quad Q_1 = 1.732Q_2$$

答案： C

【**例 6-6-5**】 主干管在 A、B 间是由两条支管组成的一个并联管路，两支管的长度和管径分别为 $l_1 = 1\,800\text{m}$，$d_1 = 150\text{mm}$，$l_2 = 3\,000\text{m}$，$d_2 = 200\text{mm}$，两支管的沿程阻力系数 λ 均为 0.01，若主干管流量 $Q = 39\text{L/s}$，则两支管流量分别为：

    A. $Q_1 = 12\text{L/s}$，$Q_2 = 27\text{L/s}$　　　　B. $Q_1 = 15\text{L/s}$，$Q_2 = 24\text{L/s}$

    C. $Q_1 = 24\text{L/s}$，$Q_2 = 15\text{L/s}$　　　　D. $Q_1 = 27\text{L/s}$，$Q_2 = 12\text{L/s}$

解　$Q_1 + Q_2 = 39\text{L/s}$

$$\frac{Q_1}{Q_2} = \sqrt{\frac{S_2}{S_1}} = \sqrt{\frac{8\lambda L_2}{\pi^2 g d_2^5} \Big/ \frac{8\lambda L_1}{\pi^2 g d_1^5}} = \sqrt{\frac{L_2 \cdot d_1^5}{L_1 \cdot d_2^5}} = \sqrt{\frac{3\,000}{1\,800} \times \left(\frac{0.15}{0.20}\right)^5} = 0.629$$

即 $0.629Q_2 + Q_2 = 39\text{L/s}$，得 $Q_2 = 24\text{L/s}$，$Q_1 = 15\text{L/s}$

答案： B

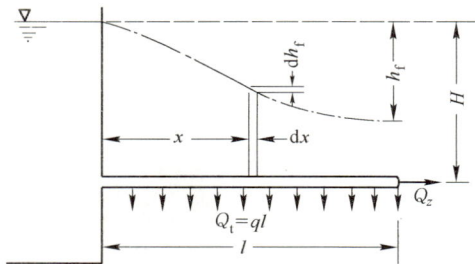

图 6-6-10　沿程均匀泄流管道

（三）沿程均匀泄流长管

沿程均匀泄流管道如图 6-6-10 所示。

距进口 x 距离处的通过流量 Q_x 与转输流 Q_z 及途泄流量 Q_t 的关系如下

$$Q_x = Q_z + Q_t - \frac{Q_t}{L}x$$

在 dx 长度上的沿程损失为 $dh_f = S dx Q_x^2$，即 $dh_f = S_0 \left(Q_z + Q_t - \frac{Q_t}{L}x\right)^2 dx$，全长水头损失

$$h_f = \int_0^L dh_f = S_0 L \left(Q_z^2 + Q_z Q_t + \frac{1}{3}Q_t^2\right) \tag{6-6-17}$$

当转输流量 $Q_z = 0$，即仅有途泄流量时，则

$$h_f = \frac{1}{3}S_0 L Q_t^2 \tag{6-6-18}$$

表明当全程均匀泄流时的水头损失，等于全部流量在末端泄出时的水头损失的 1/3。式（6-6-17）还可用下列近似公式代替

$$h_f = S_0 L (Q_z + 0.55Q_t)^2 = S_0 L Q_c^2 \tag{6-6-19}$$

Q_c 称为计算流量，而

$$Q_c = Q_z + 0.55Q_t \tag{6-6-20}$$

（四）枝状管网

枝状管网是由多条管段串联而成的干管和与干管相连的多条支管组成，如图 6-6-11 所示。

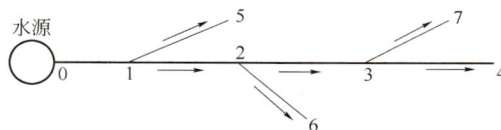

图　6-6-11

枝状管网水力计算主要是求干管起点水头及管径。计算顺序是先由经济流速求干管管径，再求干线

起点水头和各节点水头，最后由各节点水头和支管流量求支管管径。经济流速可查设计手册求得，在初步计算时，可参考下列数值：管径$d=100\sim200\text{mm}$，流速$v=0.6\sim1.0\text{m/s}$，管径$d=200\sim400\text{mm}$，流速$v=1.0\sim1.4\text{m/s}$。

干管是指从水源开始到供水条件最不利点的管道，其余则为支线。供水条件最不利点一般是指距水源远、地形高、建筑物层数多、需用流量大的供水点。为克服沿途阻力和满足供水的其他要求，在水流到达最不利点之后，应保留一定的剩余水头（或称自由水头），由图6-6-12可推得干管起点水塔水面距地面的总水头H为

$$H = \sum h_\text{f} + H_z + z - z_0 \tag{6-6-21}$$

式中：H_z——供水条件最不利点所需自由水头，由用户提出需要，对于楼房建筑可参考表6-6-1；

　　　z——最不利点高程；

　　　z_0——起点地面高程。

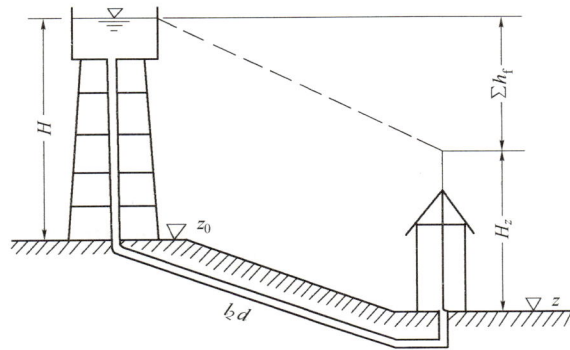

图　6-6-12

表6-6-1

建筑物层数	1	2	3	4	5	6	7	8
自由水头（m）	10	12	16	20	24	28	32	36

（五）环状管网

环状管网是由多条管段互相连接成为闭合形状的管道系统，其优点是增加了供水的可靠性，缺点是增加了管长从而也增加了造价。将有两个环的管网示意于图6-6-13。

根据工程要求先进行管线布置，管长和各节点流量均是已知的。环网计算主要求各管段通过流量、管径和管段水头损失，管径当通过流量已知时可用选定的经济流速求出，与管段数相等的通过流量是待求的未知数，管段数、节点数与环数有下列关系

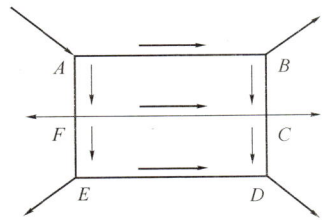

图　6-6-13

$$n_\text{p} = n_j + n_\text{c} - 1 \tag{6-6-22}$$

式中：n_p——管段总数；

　　　n_j——节点数；

　　　n_c——环数。

如图6-6-13所示两个环网的管段数$n_\text{p}=6+2-1=7$。

下面探讨一下是否能列n_p个方程求解n_p个未知流量。由环网特性，必须满足下列两个水力计算原则。

（1）节点流量的代数和为零，即

$$\sum Q_{节点} = 0 \qquad (6-6-23)$$

因为流入某一节点的流量必须等于同时流出该节点的流量（连续性要求）。如以流入为正流出为负，则节点流量正负相消代数和为零。

（2）沿任一闭合环路水头损失的代数和为零，即

$$\sum h_{f沿环} = 0 \qquad (6-6-24)$$

任一闭合环路均可视为分流点与汇流点两边的并联管道，因此沿分流点两个方向至汇流点的水头损失应相等，如以顺时针方向为正，逆时针方向为负，则沿环一周水头损失代数和为零。就以图 6-6-13 中的上一环为例有

$$h_{fABC} - h_{fAFC} = 0$$

根据水力计算第一原则可列出 $(n_j - 1)$ 个方程，根据第二原则可列出 n_c 个方程，共可列出 $n_j + n_c - 1 = n_p$ 个方程，方程数与管段数相等，正好求解 n_p 个未知数。但当环数增多，方程个数很多时手工计算工作量很大，目前多用电脑辅助计算。对于环数较少的简单环网，可用哈代-克罗斯（Hardy-Cross）逐步渐近法求解较好，该法实质上是解环方程方法，其计算步骤如下。

（1）初步拟定水流方向，并按 $\sum Q_{节} = 0$ 分配各管段通过流量。

（2）按初分流量和所选经济流速求管径 d，$d = \sqrt{\dfrac{4Q}{\pi v}}$，选接近的标准直径。

（3）根据 d、n 或 λ 求比阻 S_0，再求出各段水头损失 $h_f = S_0 L Q^2 = S Q^2$，S 为阻抗。

（4）求每一环的水头损失代数和 $\sum h_{f沿环}$，视其是否满足 $\sum h_{f沿环} = 0$，如不满足，则其值 $\sum h_{f沿环} = \Delta h$ 为闭合差；然后看 $|\Delta h|$ 是否小于允许的误差 ε，如 $|\Delta h| > \varepsilon$，则需校正初步分配的流量。

（5）求各环的校正流量。

设各环的校正流量为 ΔQ，则

$$\Delta Q = -\frac{\sum h_f}{2 \sum \dfrac{h_f}{Q}} = \frac{-\Delta h}{2 \sum \dfrac{h_f}{Q}} \qquad (6-6-25)$$

当流量校正后需从步骤（3）开始重复计算，直到每一环的闭合差 Δh 均趋于零或小于允许的误差。

（六）有压管路中的水击（水锤）

1. 水击现象

在有压管道中，由于某种原因（如迅速关闭或开启阀门、水泵机组突然停机等）使得管中水流速度发生突然变化，从而引起管内压强急剧升高和降低的交替变化及水体、管壁压缩与膨胀的交替变化，并以波的形式在管中往返传播的现象称为水击（或水锤），因其声音犹如用锤锤击管道的声音一样。水击可能导致强烈的振动、噪声和气穴，有时甚至引起管道的变形、爆裂或阀门的损坏。因此水击问题，影响工程的安全与经济，应给予足够的重视。

水击现象产生的外因是边界条件的突然变化，内因则是水流运动的惯性和水体的压缩性以及管壁的弹性。

2. 水击波的发展过程

水击波的发展过程如图 6-6-14 所示，约为四个过程，现以关闭阀门水击为例加以说明。

（1）升压波向上游传播

如图 6-6-14a）所示，在 $0 < t < L/c$ 时间段，水击压力升高水头 $\Delta H = \Delta p / \gamma$，以很高波速 c（钢管中

约 1 000m/s）从阀门处开始逆流而上，在$t = L/c$时传到水箱处。

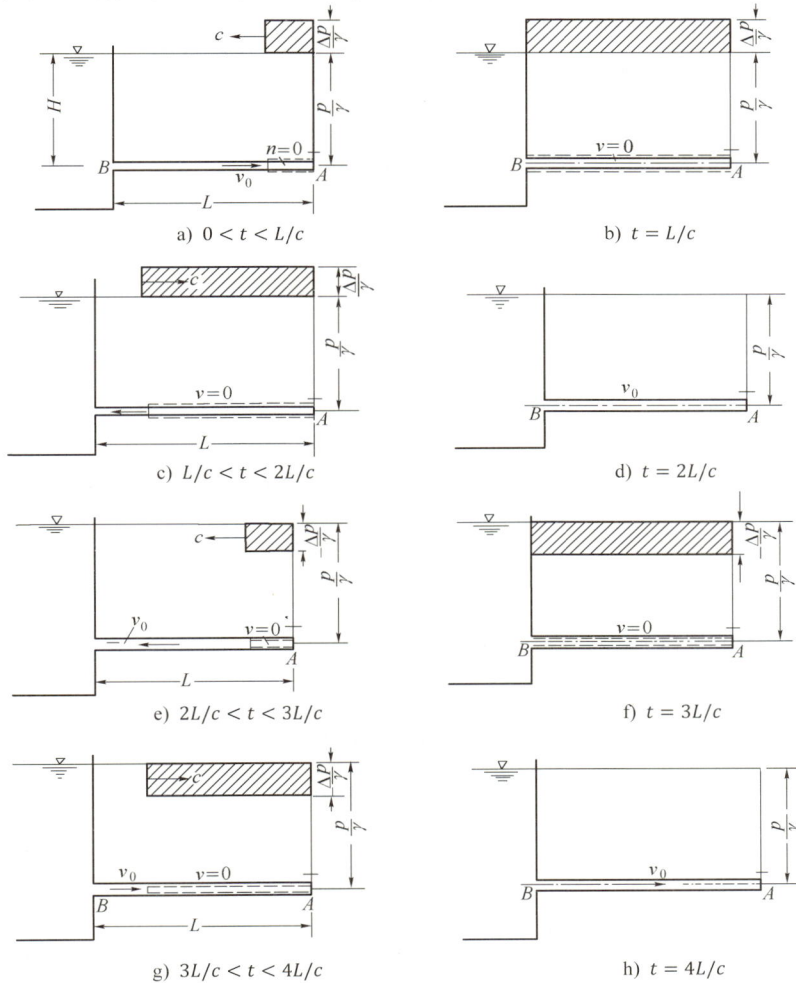

图 6-6-14　水击波的发展过程

（2）降压反射波向下游传播

如图 6-6-14c）所示，当$t = L/c$时，升压波到达水箱，由于水箱水位不变，管中压力大于水箱水位，使高压水向水箱流去产生一反向流速v，即产生一降压反射波使管中压力恢复正常；在$2L/c < t < 3L/c$时段一直持续着；当$t = 2L/c$时到达阀门。

（3）降压波向上游传播

如图 6-6-14e）所示，当$t = 2L/c$时，降压反射波到达阀门后，因惯性使阀门处水流反向流动，在阀门处形成一降压波向上游传播；在$2L/c < t < 3L/c$时段一直持续着；当$t = 3L/c$时，降压波到达水箱，并且压力低于水箱中水位，这使水箱中水向阀门流动，流速由零变为v，这就开始了第四过程。

（4）升压反射波向下游传播

如图 6-6-14g）所示，在$3L/c < t < 4L/c$过程中，升压反射波一直向阀门传播，反射波传到处，压强即由负压恢复到正常；在$t = 4L/c$，传到了阀门处，完成了一个传播周期，此后又重复上述过程，直到能量消耗殆尽为止。

水击波往返传播一次的时间称为相长，$2L/c$为半周期，周期为$4L/c$。

3. 水击的分类和直接水击压强的计算

水击按关闭阀门时间T_s与相长$2L/c$比较可以分为直接水击和间接水击两种。

（1）直接水击

$T_S < 2L/c$，此时降压反射波尚未回到阀门处，水击压力升高已经完成，所以未受到降压的抵消作用，因此直接水击压力升高大，最为危险，须尽量避免和防止。直接水击压力升高计算式已于 1898 年被儒柯夫斯基导出，即

$$\Delta p = \rho c v_0 \qquad (6\text{-}6\text{-}26)$$

或以水头表示

$$\Delta H = \frac{c v_0}{g} \qquad (6\text{-}6\text{-}27)$$

式中：v_0 ——阀门全开时的流速；

g ——重力加速度；

c ——水击传播速度（m/s）。

而

$$c = \frac{c_0}{\sqrt{1 + \dfrac{K}{E}\dfrac{D}{\delta}}} = \frac{1\,435}{\sqrt{1 + \dfrac{K}{E}\dfrac{D}{\delta}}} \qquad (6\text{-}6\text{-}28)$$

式中：c_0 ——液体中声波传播速度，在 1~25 个大气压时，$c_0 = 1\,435\text{m/s}$；

K ——水的弹性模量，在水温 10℃，1 个标准大气压时，$K = 2.10 \times 10^5 \text{N/cm}^2$；

E ——管壁材料的弹性模量，钢管的 $E = 2.06 \times 10^7 \text{N/cm}^2$；

D ——管内直径；

δ ——壁厚。

对于一般钢管 $D/\delta \approx 100$，$K/E \approx 0.01$，代入式（6-6-27），得 $c \approx 1\,000\text{m/s}$。如管内关阀前流速 $v_0 = 1\text{m/s}$，则直接水击压力升高水头 $\Delta H = c v_0 / g = 1\,000 \times 1 / 9.8 = 102\text{mH}_2\text{O}$。

（2）间接水击

$T_S \geqslant 2L/c$，此时降压反射波已回到阀门处，抵消了部分压力升高值，此种水击称间接水击，间接水击压力小于直接水击。间接水击压力的精确计算，涉及水击波的叠加，较为复杂，但可按下式作近似的估算

$$\Delta p = \rho c v_0 \frac{T}{T_S} \qquad (6\text{-}6\text{-}29)$$

$$\Delta H = \frac{c v_0}{g} \frac{T}{T_S} \qquad (6\text{-}6\text{-}30)$$

式中：T ——水击波相长，$T = 2L/c$；

T_S ——阀门关闭的时间；

其余符号意义同前。

4. 水击危害的预防

一般来说，可从延长关闭阀门时间，缩短水击波传播长度，减小管内流速，以及在管路上设置减压、缓冲装置等方面着手。

习 题

6-6-1 环状管网水力计算的原则是（ ）。

A. 各节点的流量与各管段流量代数和为零，水头损失相等

B. 各管段水头损失代数和为零，流量相等

C. 流入为正、流出为负，每一节点流量的代数和为零；顺时针为正，逆时针为负，沿环一周水头损失的代数和为零

D. 其他

6-6-2 水头与直径均相同的圆柱形外管嘴和小孔口，前者的通过流量是后者的（　　　）倍，原因是（　　　）。

A. 1.75，前者收缩断面处有真空存在　　　　B. 0.75，后者的阻力比前者小

C. 1.82，前者过流面积大　　　　　　　　　D. 1.32，前者收缩断面处有真空存在

6-6-3 某常水头薄壁小孔口的水头$H_0 = 5\text{m}$，孔口直径$d = 10\text{mm}$，流量系数$\mu = 0.62$，该小孔口的出流量Q为（　　　）。

A. 0.61L/s　　　　B. $7.82 \times 10^{-4}\text{m}^3/\text{s}$　　　　C. 0.58L/s　　　　D. $4.82 \times 10^{-4}\text{m}^3/\text{s}$

第七节　明渠恒定流

一、明渠均匀流特性及其发生条件

明渠均匀流是水深、断面平均流速、断面流速分布均沿流程不变的具有自由液面的明渠流，如图 6-7-1 所示。

由于河底坡度线与水面线及水力坡度线三条线平行，所以三线的坡度相等，即

$$J = J_z = i \tag{6-7-1}$$

式中：J——水力坡度，$J = h_f/L$；

J_z——水面坡度；

$$J_z = \frac{(z_1 + h_1) - (z_2 + h_2)}{L}$$

i——河底坡度，$i = (z_1 - z_2)/L$，$i = \sin\theta$，当 $\theta < 6°$时，$\sin\theta \approx \tan\theta$，$i = \Delta z/(Lx)$。

水力坡度=水面坡度=河底坡度，是明渠均匀流的特性。产生明渠均匀流必须满足以下这些条件：渠中流量保持不变；渠道为长直棱柱体；顺坡渠道（即河底高程沿水流方向降低）；渠壁粗糙系数沿程不变，没有局部损失，以及底坡不变、断面形状与面积不变等。所以均匀流多在人工明渠中产生，天然河流的顺直渠段，可近似作为均匀流来处理。

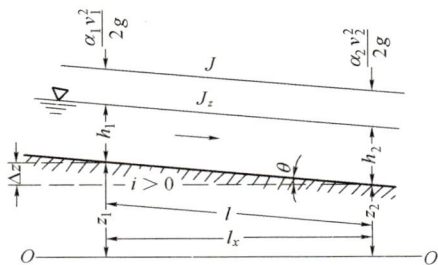

图　6-7-1

二、明渠均匀流基本公式及断面水力要素

明渠流断面尺寸大，流速快，壁面粗糙，一般均属于大雷诺数的水力粗糙区，其水力计算的基本公式用谢才公式

$$v = C\sqrt{RJ}$$

但在均匀流时由明渠均匀流特性知$J = i$，可用渠底坡度i代替J，应用更加方便，此时

$$\left.\begin{array}{c} v = C\sqrt{Ri} \\ Q = CA\sqrt{Ri} = K\sqrt{i} \\ K = CA\sqrt{R} \end{array}\right\} \tag{6-7-2}$$

式中，K称为流量模数，单位为 m³/s，与流量同。为了使用谢才公式，必须配合断面水力要素的计算公式和谢才系数C的计算公式，例如前面介绍的$C = \frac{1}{n}R^{\frac{1}{6}}$的曼宁公式。

断面水力要素的计算公式常用的有矩形、梯形和未充满的圆形断面以及复式断面几种，如图 6-7-2 所示，现分别介绍。

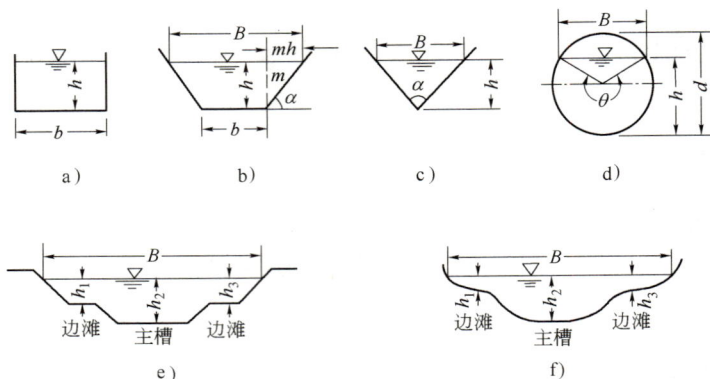

图 6-7-2

（一）矩形断面水力要素

$$\left.\begin{array}{c} A = bh \\ \chi = b + 2h \\ R = \dfrac{A}{\chi} \end{array}\right\} \tag{6-7-3}$$

（二）梯形断面水力要素

$$\left.\begin{array}{c} A = (b + mh)h \\ \chi = b + 2h\sqrt{1 + m^2} \\ R = \dfrac{A}{\chi} \\ B = b + 2mh \end{array}\right\} \tag{6-7-4}$$

上式中$m = \cot\alpha$，称为边坡系数，α为边坡角，见图 6-7-2b)，当$\alpha = 90°$时，$m = 0$，梯形变为矩形，式（6-7-3）是式（6-7-4）的一个特例。

【例 6-7-1】 一梯形断面明渠，水力半径$R = 1$m，底坡$i = 0.0008$，粗糙系数$n = 0.02$，则输水流速度为：

A. 1m/s   B. 1.4m/s   C. 2.2m/s   D. 0.84m/s

解 由明渠均匀流谢才公式知流速$v = C\sqrt{Ri}$，$C = \frac{1}{n}R^{\frac{1}{6}}$

代入题设数据，得：$C = \frac{1}{0.02}1^{\frac{1}{6}} = 50\sqrt{m}/s$

流速$v = 50\sqrt{1 \times 0.0008} = 1.41$m/s

答案： B

（三）未充满的圆形断面水力要素

$$A = \frac{d^2}{8}(\theta - \sin\theta) \left.\begin{array}{l} \\ \\ \\ \\ \end{array}\right\}$$

$$\chi = \frac{d}{2}\theta$$

$$R = \frac{d}{4}\left(1 - \frac{\sin\theta}{\theta}\right)$$

$$B = d\sin\frac{\theta}{2}$$

$$(6-7-5)$$

上式中θ为圆心角，与管内液体的充满度h/d有关，h为充水深度，见图6-7-2d）。因此

$$\frac{h}{d} = \sin^2\frac{\theta}{4} \qquad (6-7-6)$$

当已知充满度h/d后可用上式求出θ，再由直径d和θ用式（6-7-5）求各种水力要素。

（四）复式断面水力要素

可将其分解为几个简单的几何图形叠加求解，注意湿周只计入固体与液体接触的边长，液体与液体接触部分不计入。断面各部分水力坡度J不变，则

$$Q = (K_1 + K_2 + \cdots)\sqrt{J}$$

【例6-7-2】 两条明渠过水断面面积相等，断面形状分别为（1）方形，边长为a；（2）矩形，底边宽为$2a$，水深为$0.5a$，它们的底坡与粗糙系数相同，则两者的均匀流流量关系式为：

      A. $Q_1 > Q_2$ B. $Q_1 = Q_2$ C. $Q_1 < Q_2$ D. 不能确定

解 由明渠均匀流谢才-曼宁公式$Q = \frac{1}{n}R^{\frac{2}{3}}i^{\frac{1}{2}}A$可知：在题设条件下面积$A$，粗糙系数$n$，底坡$i$均相同，则流量$Q$的大小取决于水力半径$R$的大小。对于方形断面，其水力半径$R_1 = \frac{a^2}{3a} = \frac{a}{3}$，对于矩形断面，其水力半径为$R_2 = \frac{2a \times 0.5a}{2a + 2 \times 0.5a} = \frac{a^2}{3a} = \frac{a}{3}$，即$R_1 = R_2$。故$Q_1 = Q_2$。

答案： B

三、明渠的水力最佳断面和允许流速

（一）水力最佳断面

当过水断面积A、粗糙系数n、底坡i一定时，通过流量Q或过水能力最大时的断面形状，称为水力最佳断面。由谢才公式和曼宁公式可得

$$Q = CA\sqrt{Ri} = \frac{1}{n}R^{\frac{1}{6}}AR^{\frac{1}{2}}i^{\frac{1}{2}} = \frac{1}{n}\left(\frac{A}{\chi}\right)^{\frac{2}{3}}Ai^{\frac{1}{2}} = \frac{1}{n}R^{\frac{2}{3}}Ai^{\frac{1}{2}}$$

即

$$Q = \frac{i^{\frac{1}{2}}}{n}A^{\frac{5}{3}}\chi^{-\frac{2}{3}} \qquad (6-7-7)$$

由式（6-7-7）可知，当A、n、i一定时，湿周χ最小，Q才最大，故圆形是最佳的形状。但在明渠中，圆形施工不便，往往用梯形。梯形的边坡系数取决于土壤的性质，当边坡系数m按土壤性质已确定时，梯形的水力最佳断面条件，可由$\frac{\mathrm{d}\chi}{\mathrm{d}h}=0$求$\chi$极小值的办法求出。

$$\chi = \frac{A}{h} - mh + 2h\sqrt{1+m^2}$$

$$\frac{\mathrm{d}\chi}{\mathrm{d}h} = -\frac{A}{h^2} - m + 2\sqrt{1+m^2} = 0$$

将$A = (b+mh)h$代入上式并整理后可得

$$\beta = \frac{b}{h} = 2\left(\sqrt{1+m^2} - m\right) \tag{6-7-8}$$

式中，$\beta = b/h$ 为水力最佳宽深比。将式（6-7-8）依次代入 A 及 χ 公式，最后求得水力最佳的水力半径为

$$R = \frac{h}{2} \tag{6-7-9}$$

对于矩形断面 $m = 0$，代入式（6-7-8）得水力最佳矩形断面宽深比为 $\beta = 2$，即 $b = 2h$ 的扁矩形。对于小型土渠，工程造价主要取决于土方量，因此水力最佳断面，可能是经济实用的。对于大型渠道，按水力最佳梯形决定的断面，往往是太过窄而深，深挖高填式施工，未必是经济合理的，就不一定采用水力最佳断面。

（二）明渠的允许流速

明渠中流速过大会引起渠道的冲刷，过小又会导致水中悬浮泥沙在渠中淤积，且易使河滩上滋生杂草，从而影响渠道的输水能力。因此，在设计渠道时，应使其断面平均流速 v 在允许范围内，即

$$v_{\max} > v > v_{\min}$$

式中：　　$v_{\max}$ ——渠道最大不冲刷流速或最大允许流速；

　　　　　$v_{\min}$ ——渠道最小不淤积流速或最小允许流速。

最大允许流速取决于渠道土壤或加固材料性质，最小允许流速取决于悬浮泥沙颗粒大小，可查有关手册或用经验公式计算。

四、明渠均匀流水力计算的几类问题

（一）已知 b、h、m、n、i 要求渠道的通过流量 Q

这类问题往往是对已建成渠道进行的校核验算，可直接代入谢才公式求解。

（二）已知 Q、b、h、m、i，求粗糙系数 n

可联合用谢才、曼宁两式解出 n

$$n = \frac{A}{Q} R^{\frac{2}{3}} i^{\frac{1}{2}}$$

直接代入数据即可。

（三）已知 Q、b、h、m、n，设计渠道底坡 i

先求出流量模数 $K = AC\sqrt{R}$，之后再代入谢才公式求底坡 $i = Q^2/K^2$，或求出流速再用 $i = v^2/(C^2 R)$ 求底坡。在实际工程中，由此计算而得的底坡数值，只是一个参考值，还要综合考虑地形、地质、施工等因素后才能确定。

（四）已知 Q、m、n、i，设计渠道过水断面的尺寸 b 和 h

此时，在基本公式中出现两个未知数，解答不确定。为了使问题有唯一确定的解，须结合工程要求和经济条件，先定出其中的一个 b 或 h 值，或是宽深比 β 值，再行设计，现分述如下。

1. 设定渠道底宽 b，求均匀流水深 h_0

首先由已知的流量 Q 及底坡 i，算出所设计的渠道断面应具有的流量模数 $K_0 = Q/\sqrt{i}$；然后根据 $K = AC\sqrt{R} = (b+mh)h\frac{1}{n}\left[\frac{(b+mh)h}{b+2h\sqrt{1+m^2}}\right]^{\frac{2}{3}} = f(h)$ 公式，用试算法或图解法求解。以试算为例，就要多次设定一系列的 h，求对应的 K，当此 K 值恰好等于 K_0 时，此时的 h 就是所要求的水深 h_0。如以所设定的一系列的水深 h 为纵标，以所对应的 K 作为横标，可绘出 $K = f(h)$ 曲线；再以 $K_0 = Q/\sqrt{i}$ 为横坐标，作垂线交 $K =$

$f(h)$曲线于一点，由交点引水平线截取纵坐标于一点，此点的h值即为所求的均匀流水深h_0。

2. 设定渠道水深h_0，求相应的渠道底宽b

这种情况与上面的相似，可用试算法或图解法求解。设定一系列b，求对应的K，作出$K = f(b)$曲线；再求出$K_0 = Q/\sqrt{i}$，在$K = f(b)$曲线上找出对应于此K_0的b值，即为所求的底宽b。

3. 设定渠道宽深比β，求相应的h_0和b值

由于补充了一个条件，设定了β，使h_0和b转变成互相依赖的一个变量，使方程有确定的解。按上面介绍的方法，求得h_0或b后，即可由$\beta = b/h_0$求得另一个。

4. 根据允许流速求断面尺寸

先求面积$A = \dfrac{Q}{v_{max}}$，再求水力半径$R = \left(\dfrac{nv_{max}}{\sqrt{i}}\right)^{\frac{3}{2}}$。

五、圆形断面无压排水管水力计算

现行《室外排水设计规范》（GB 50014—2006）（2016年版）规定，雨水管道与合流管道，可按满流设计。而污水管道应按不满流设计，其最大设计充满度$\alpha = h/d$按表6-7-1规定采用。

表6-7-1

最大设计充满度

管径d（mm）	最大设计充满度$\alpha\left(\dfrac{h}{d}\right)$	管径d（mm）	最大设计充满度$\alpha\left(\dfrac{h}{d}\right)$
150~300	0.60	500~900	0.75
350~450	0.70	≥1 000	0.80

在进行排水管水力计算时，首先确定其充满度$\alpha = h/d$值，然后由$h/d = \sin^2\dfrac{\theta}{4}$，解出圆心角$\theta$，再由$d$及$\theta$用式（6-7-5）求出水力要素，最后由谢才公式求解所要解的问题。

排水管水力计算问题的类型，与明渠均匀流相似，也是求流量Q、粗糙系数n、底坡i和管径d或水深h。现举例说明。

【例6-7-3】 某圆形污水管管径d =600mm，管壁粗糙系数n =0.014，管道底坡i =0.0024，求最大设计充满度时的流速和流量。

解 由表6-7-1查出，d =600mm时最大设计充满度$\alpha = \dfrac{h}{d}$ =0.75，代入式（6-7-6），解出$\theta = \dfrac{4}{3}\pi$

由式（6-7-5）可得：

面积$A = \dfrac{d^2}{8}(\theta - \sin\theta) = \dfrac{0.6^2}{8} \times \left(\dfrac{4}{3}\pi - \sin\dfrac{4}{3}\pi\right) = 0.227\,5\text{m}^2$

湿周$\chi = \dfrac{d}{2}\theta = \dfrac{0.6}{2} \times \dfrac{4}{3}\pi = 1.256\,6\text{m}$

水力半径$R = \dfrac{A}{\chi} = \dfrac{0.227\,5}{1.256\,6} = 0.181\,0\text{m}$

谢才系数$C = \dfrac{1}{n}R^{\frac{1}{6}} = \dfrac{1}{0.014} \times (0.181)^{\frac{1}{6}} = 53.722\sqrt{\text{m}}/\text{s}$

流速$v = C\sqrt{Ri} = 53.722 \times \sqrt{0.181 \times 0.002\,4} = 1.12\text{m/s}$

流量$Q = vA = 1.12 \times 0.227\,5 = 0.254\,8\text{m}^3/\text{s}$

在实际工作中，为了简便，还制定了各种图表，载于各种手册中，此处就省略了。

排水管水力最优充满度为h/d =0.95，θ =308°，此时流量最大；当h/d =0.81时，流速最快。但这两个充满度均大于最大设计充满度，不宜作为设计充满度采用。

六、明渠非均匀流基本概念

（一）明渠非均匀流发生的条件

无论是天然河流或人工渠道，由于地形、地质情况复杂多变，河槽本身的边界条件是不断变化的，而且在河渠上往往有各种形式的水工建筑物（如闸、坝、跌水、桥、涵等）。在河槽边界发生变化的地方和有水工建筑物的地方，破坏了均匀流形成的条件，就会产生非均匀流的水流现象。例如闸、坝挡水后使上游水位壅高，水深增加，流速变小；而在陡坡或跌水的上游则水位降低，水深逐渐减小，流速变大。

对非均匀流现象进行研究具有重要的实际意义，如计算壅水曲线，可正确估计闸、坝壅水对上游淹没影响的范围；对水跃现象的研究，有助于正确设计下游消能防冲措施。

（二）明渠非均流的特点和几类现象

明渠非均匀流的特点是水深、流速不断地沿程变化，而在此变化中又可分为渐变流和急变流。

属于渐变流的有以下两类水力现象：

1. 壅水现象

如在河流或渠道中的水流遇到闸、坝等挡水建筑物时，上游水位壅高，水深沿流增加，流速逐渐减少，这种现象称为壅水现象，其水面曲线称为壅水曲线，如图 6-7-3 所示。

2. 降水现象

如在河底坡度突然变陡的陡坡上游或河底高程突然下降的跌水上游，水深沿流不断减小，水面高程逐渐下降的现象称为降水现象，其水面曲线，如图 6-7-4 所示。

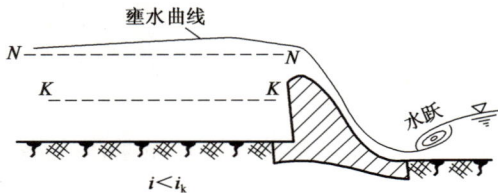

图 6-7-3　壅水曲线

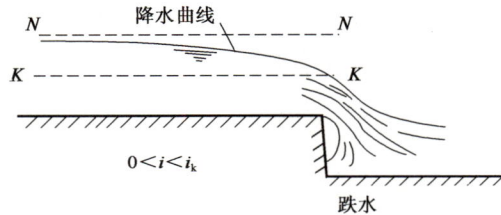

图 6-7-4　降水曲线与跌水

属于急变流的有以下两类水力现象：

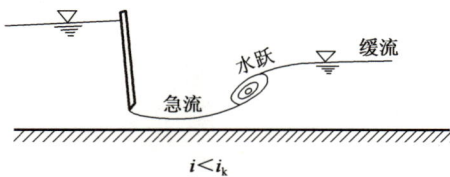

图 6-7-5　水跃现象

1. 水跃现象

当水流由水深小、流速大的急流状态急剧转变为水深大、流速小的缓流时，将发生强烈的旋滚和消耗巨大的能量，这就是水跃现象，如图 6-7-5 所示。

2. 跌水现象

在底坡突然下降或由缓坡变陡处，水面骤然下降，流速剧增的现象称为跌水现象，如图 6-7-4 所示。

（三）明渠非均匀流的流态（急流、缓流、临界流）

本段所讨论的是以微弱扰动波在水中传播的速度为判别标准的一种流动分类。这种流态的划分，对明渠非均匀流运动规律的分析，很有帮助。

1. 明渠中弱扰动波传播速度

由于明渠的自由液面没有固体边界的限制，受扰动后可改变水面标高以适应扰动，因而能在水面形成一微微隆起的波（简称微幅波），此波形成后将以某一速度向四周传播，称为微幅波的传播波速 c，它的快慢与水流深度有关。现在我们对矩形断面渠道中静止水中的波速c的计算方法进行分析（见图 6-7-6）。

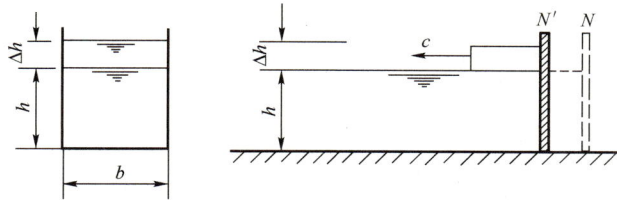

图 6-7-6 微幅波的传播

将平板N向左拨动到N'时，水面将产生一隆起的微幅波，并以波速c向左传播。设波高Δh很小，与水深相比可以忽略不计，波移动时的摩擦阻力也可忽略不计，呈非恒定流。现取移动坐标，以速度c与波一起向左移动，此时波就固定不动，而渠中的水则有了向右的速度c，呈恒定流。由伯努利方程可知

$$h + \frac{c^2}{2g} = 常数$$

另一方面，对单位宽度而言，连续性方程可写成

$$ch = 常数$$

将上两式微分后为

$$
\begin{cases}
\mathrm{d}h + \dfrac{c\mathrm{d}c}{g} = 0 \\
c\mathrm{d}h + h\mathrm{d}c = 0
\end{cases}
$$

将上述方程组联立求解，得

$$\frac{c^2 \mathrm{d}c}{g} - h\mathrm{d}c = 0$$

$$\left(\frac{c^2}{g} - h\right)\mathrm{d}c = 0$$

$$\frac{c^2}{g} = h$$

故
$$c = \pm\sqrt{gh} \tag{6-7-10}$$

对梯形等棱柱形断面，可用平均水深$\overline{h} = A/B$代入，式中A为过水断面面积，B为水面宽度，则上式变为

$$c = \pm\sqrt{g\overline{h}}$$

如果在明渠流中，水流流速为v，则波的传递速度与水流流速叠加后即为波的实际传播速度c'，即

$$c' = v \pm \sqrt{g\overline{h}}$$

当微波顺水流方向传播时，上式右端第二项取正号；逆水流方向传播时，取负号。

2. 急流、缓流、临界流

我们以波速c与流速v的相互关系来区分明渠中水流的缓急。

当明渠中水流流速较大而波速较小，满足不等式$v > c$或$v > \sqrt{g\overline{h}}$时，则微幅波速与流速叠加后的波速为正值，说明干扰只能顺水流方向向下游传播，不能逆水流方向朝上游传播，这种流动称为急流。

当明渠中水流流速较小而波速较大，满足不等式$v < c$或$v < \sqrt{g\overline{h}}$时，则叠加后的波速值可能有正有负。说明干扰既能向下游传播，也能向上游传播，这种流动称为缓流。

当明渠中水流流速v正好等于波速c时，即满足等式$v = c$时，干扰向上游传播的速度为零，正是急流与缓流的分界，称为临界流。此时的水流流速称为临界流速$v_c = \sqrt{g\bar{h}}$，可用来判别流态的缓急。$v > v_c$为急流，$v < v_c$为缓流，$v = v_c$为临界流。

3. 弗劳德数

如果把流态判别式的等号两边都除以$\sqrt{g\bar{h}}$可得

$$\left.\begin{array}{ll} \dfrac{v}{\sqrt{g\bar{h}}} > 1 & \text{急流} \\[3mm] \dfrac{v}{\sqrt{g\bar{h}}} = 1 & \text{临界流} \\[3mm] \dfrac{v}{\sqrt{g\bar{h}}} < 1 & \text{缓流} \end{array}\right\} \tag{6-7-11}$$

等号左边为无量纲数，称为弗劳德数，以符号 Fr 表示，Fr 可作为判断流态缓急的判别准则。

$$\left.\begin{array}{ll} \text{Fr} > 1 & \text{急流} \\ \text{Fr} = 1 & \text{临界流} \\ \text{Fr} < 1 & \text{缓流} \end{array}\right\} \tag{6-7-12}$$

4. 临界水深和临界底坡

为了区别渠中流态的缓、急，还可以运用临界水深和临界底坡的概念。

（1）临界水深h_k是断面比能（$h + \dfrac{\alpha v^2}{2g}$）最小时的水深，对矩形断面可用下式计算

$$h_k = \sqrt[3]{\dfrac{\alpha q^2}{g}} \tag{6-7-13}$$

式中，q为单宽流量；α为动能改正系数，一般取 1~1.1。

设明渠中产生均匀流的水深为正常水深h_0，则有

$$\left.\begin{array}{ll} h_0 < h_k & \text{急流} \\ h_0 = h_k & \text{临界流} \\ h_0 > h_k & \text{缓流} \end{array}\right\} \tag{6-7-14}$$

（2）临界底坡i_k，当通过一定流量时的正常水深恰好等于临界水深，此时的底坡称为临界底坡。临界底坡可用下式计算

$$i_k = \dfrac{Q^2}{K_k^2} \tag{6-7-15}$$

式中，Q为通过流量；K_k为临界流时的流量模数，$K_k = C_k A_k \sqrt{R_k}$。

设明渠中形成均匀流时的底坡为i，则有

$$\left.\begin{array}{ll} i > i_k & \text{急流} \\ i = i_k & \text{临界流} \\ i < i_k & \text{缓流} \end{array}\right\} \tag{6-7-16}$$

习 题

6-7-1 明渠均匀流的特征是（   ）。

     A. 断面面积、壁面粗糙度沿流程不变   B. 流量不变的长直渠道

     C. 底坡不变、粗糙度不变的长渠   D. 水力坡度、水面坡度、渠底坡度皆相等

6-7-2 某梯形断面明渠均匀流，渠底宽度 $b = 2.0\text{m}$，水深 $h = 1.2\text{m}$，边坡系数 $m = 1.0$，渠道底坡 $i = 0.0008$，粗糙系数 $n = 0.025$，则渠中的通过流量 Q 应为（   ）。

     A. $5.25\text{m}^3/\text{s}$ B. $3.46\text{m}^3/\text{s}$ C. $2.52\text{m}^3/\text{s}$ D. $1.95\text{m}^3/\text{s}$

第八节 渗流定律、井和集水廊道

一、渗流及渗流模型

流体在孔隙介质中的流动称为渗流，水在土壤孔隙中的流动是渗流典型的例子。工程中水源井、集水廊道出水量的计算，以滤池为代表的各种过滤设备中流经多孔介质的渗流速度、渗流系数的确定，地下水资源、油气资源的开发利用等方面，均需应用渗流理论的有关知识。在土木工程上，主要是研究以水为代表的液体，在土壤孔隙中的流动。水在土壤孔隙中的流动，是极不规则的迂回曲折运动，要详细考察每一孔隙中的流动状况是非常困难的，一般也无此必要。工程中所关心的主要是宏观的平均效果，为了研究方便，常用简化的渗流模型来代替实际的渗流运动。所谓渗流模型，是设想流体作为连续介质连续地充满渗流区的全部空间，包括土壤颗粒骨架所占据的空间；渗流的运动要素可作为渗流区全部空间的连续函数来研究。以渗流模型取代实际渗流，必须要遵循这几个原则：①通过渗流模型某一断面的流量必须与实际渗流通过该断面的流量相等；②渗流模型某一确定作用面上的压力，要与实际渗流在该作用面上的真实压力相等；③渗流模型的阻力与实际渗流的阻力相等，即能量损失相等。

渗流模型中的渗流流速 u 为渗流模型中微小过流断面面积 ΔA 除通过该面积的真实渗流量 ΔQ，即

$$u = \frac{\Delta Q}{\Delta A}$$

因为上式中 ΔA 内有一部分面积为土粒所占据，所以孔隙的过流断面面积 $\Delta A'$ 要比 ΔA 小，$\Delta A' = n\Delta A$，n 为土壤孔隙率（为孔隙体积与土壤总体积之比）。因此孔隙中真实渗流速度为

$$u' = \frac{\Delta Q}{\Delta A'} = \frac{\Delta Q}{n\Delta A} = \frac{u}{n}$$

由于孔隙率 $n < 1$，所以 $u' > u$。引入渗流模型之后，把渗流视为连续介质运动，前面各章关于分析连续介质空间场运动要素的各种方法和概念就可直接应用于渗流中。例如按运动要素是否随时间变化，可分为恒定渗流和非恒定渗流；按运动要素是否沿流程变化，可分为均匀渗流和非均匀渗流等。非均匀渗流又可分为渐变渗流和急变渗流；从有无地下水自由浸润面可分为无压渗流和有压渗流等。

二、渗流基本定律——达西定律

1852~1855 年，达西对均质沙土中的渗流，做了大量的试验研究，总结得出了渗流能量损失与渗流流速、流量之间的关系式为

$$Q = kAJ \qquad (6-8-1)$$

式中：　Q ——渗流流量；

k ——渗透系数，表示土壤在透水方面的物理性质，具有速度的量纲；

J ——水力坡度，$J = h_w/L \approx (H_1 - H_2)/L$；

H_1、H_2 ——分别为渗流上、下游断面的测压管水头。

如图 6-8-1 所示。因渗流速极小，流速水头可忽略不计，测压管水头差就可代替总水头差。$J = -\dfrac{\mathrm{d}H}{\mathrm{d}L}$，所以用负号是因 H 沿 L 减少。

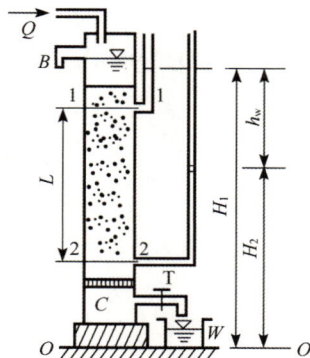

图　6-8-1

渗流断面平均流速为

$$v = \frac{Q}{A} = kJ \qquad (6-8-2)$$

上式表明渗流速度与水力坡度一次方成正比，亦即与水头损失一次方成正比，并与土壤的透水性有关。由此得知渗流遵循层流运动的规律，所以达西渗流定律也称为渗流线性定律。

对于均质土壤试样，其中产生的是均匀渗流，可认为各点的流动状态相同，点流速 u 与断面平均流速 v 相同，所以达西定律也可写为

$$u = kJ \qquad (6-8-3)$$

对于非均质土壤，u 与 J 均与位置有关，u 与 v 不一定相同，达西定律只能以式（6-8-3）的形式表示。

对于渐变渗流，裴皮幼（Dupuit）认为流线曲率很小，两断面间任一流线长度 $\mathrm{d}S$ 近似相等，水力坡度相同，断面上各点流速均匀分布，即

$$u = v = kJ = -k\frac{\mathrm{d}H}{\mathrm{d}S}$$

也可以应用达西定律。

达西定律的适用范围为线性渗流，其雷诺数 $\mathrm{Re} = \dfrac{vd}{\nu} < 1 \sim 10$。式中，$d$ 为土壤颗粒有效粒径，可用 d_{10} 代表，d_{10} 表示筛分后占 10%质量的土粒所能通过的筛孔直径。

三、集水廊道

集水廊道既是采集地下水作水源的给水建筑物，又是排泄地下水降低附近地下水位的排水建筑物。如图 6-8-2 所示一水平底的集水廊道，底部为不透水层，侧面为透水性均质土壤，上为地面，在廊道未取水前土壤中天然无压地下水水面（称浸润面），为一水平线，如图中虚线所示，取水后水面降落为曲率极小的缓降曲线，为一渐变渗流，可以用达西定律。

集水廊道主要解决两类问题：一是求出每一侧面单位长度的出流量 q、总流量 Q；另一是求出地下水降落曲面的坐标 x 及 z 的关系式，以便确定取水后各处的水位 z 值。x 为距廊道侧壁的水平距离，z 为从廊道底部算起的水面铅垂高度，即地下水水位。设 h 为廊道内水深，根据达西定律，$Q = kAJ$，单位长流量

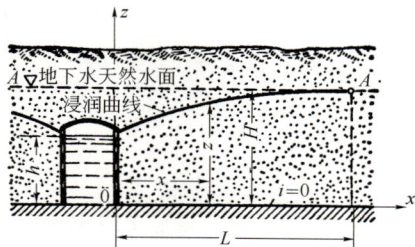

图　6-8-2

$$q = kz\frac{\mathrm{d}z}{\mathrm{d}x}$$

$$\frac{q}{k}\int_0^x \mathrm{d}x = \int_h^z z\,\mathrm{d}z$$

$$\frac{q}{k}x = \frac{1}{2}(z^2 - h^2)$$

或 $$z^2 - h^2 = \frac{2q}{k}x \tag{6-8-4}$$

上式为地下廊道采水后地下水浸润线方程，若q及h已知，k是渗流系数，为常数，则任一距离x处的水位z可求得，并可绘出水面曲线。

为了求单长流量q，可利用其边界条件，当水平距离$x \to L$时，地下水位$z \to H$，H为取水前地下水天然水平面到不透水层的高度，亦称含水层厚度，代入式（6-8-4）可得

$$q = \frac{k(H^2 - h^2)}{2L} \tag{6-8-5}$$

式中，L称为集水廊道的影响长度（沿x方向），即在L之外水面不再降落，恢复天然地下水位，不受取水的影响。

集水廊道两侧的总流量为Q，则

$$Q = 2qL_0 \tag{6-8-6}$$

式中：L_0——垂直于纸面的廊道纵向长度。

四、管井涌水量的计算

（一）潜水井（普通完全井）

具有自由液面的无压地下水称潜水。潜水井用来汲取无压地下水，井的断面通常为圆形，水由透水的井壁渗入井中。潜水井又可分为完全井与不完全井两类，井底深达不透水层的称为完全井，如图6-8-3所示，按达西定律其流量为

$$Q = kAJ = k2\pi rz\frac{\mathrm{d}z}{\mathrm{d}r}$$

分离变量后积分上式，得

$$\int z\mathrm{d}z\& = \frac{Q}{2\pi k}\int \frac{\mathrm{d}r}{r}$$

$$z^2 = \frac{Q}{\pi k}\ln r + c$$

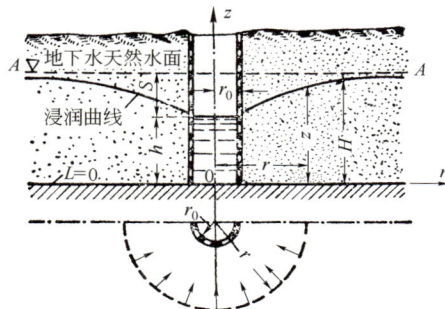

图 6-8-3

式中：c——积分常数。

当$r = r_0$时，$z = h$，代入上式得积分常数$c = h^2 - \frac{Q}{\pi k}\ln r_0$，将积分常数$c$再代回原式有

$$z^2 - h^2 = \frac{Q}{\pi k}\ln \frac{r}{r_0} \tag{6-8-7}$$

换成常用对数后得

$$z^2 - h^2 = \frac{0.73Q}{k}\lg \frac{r}{r_0} \tag{6-8-8}$$

式中： h ——井中水深；

r_0 ——井的半径。

上式表明潜水井取水时井外地下水浸润线方程，即r与z的关系式。从理论上说，当某井取水，四周形成漏斗状浸润面后，水面降落的影响应该延伸到无穷远处。但从工程实用观点来看，当水面降落的浸润线延伸到某一距离R之后，水面即接近含水层原有的厚度。即当$r \to R$后，$z \to H$，R称为井的影响半

径，将此边界条件代入式（6-8-8）中，可求出潜水井涌水量公式

$$Q = 1.366 \frac{k(H^2 - h^2)}{\lg \frac{R}{r_0}} \qquad (6-8-9)$$

式中的影响半径 R 可由试验方法求得。当无试验资料，初步计算时可用经验公式估算

$$R = 3\,000 S\sqrt{k} \qquad (6-8-10)$$

式中，$S = H - h$，为抽水稳定后，井中水面降落深度以米（m）计。k 为渗流系数，以 m/s 计。

【例 6-8-1】 潜水完全井抽水量大小与相关物理量的关系是：

A. 与井半径成正比   B. 与井的影响半径成正比

C. 与含水层厚度成正比   D. 与土体渗透系数成正比

解 根据公式（6-8-9）可知，潜水完全井抽水量与渗透系数 k 和含水层厚度 H 有关，且与渗透系数 k 成正比。

答案：D

（二）自流井（承压井）

如含水层位于两不透水层之间，其中渗流所受的压强大于大气压强，这样的含水层称为自流层，由自流层供水的井为自流井。设一井底直至不透水层的完全自流井如图 6-8-4 所示。在未抽水时，井中水位将升高至 H 高度处，此 H 值即为天然状态下含水层的测压管水头，它大于含水层的厚度 t，有时甚至高出地面，使水从井口中自动流出。当抽水经过相当长的时间后，井四周的测管水头线，将形成一稳定的轴对称的漏斗状曲线，如图 6-8-4 所示。取距井中心轴为 r 处的渗流过水断面，该面面积 $A = 2\pi r t$，它与测管水头无关，该处水力坡度 $J = \dfrac{\mathrm{d}z}{\mathrm{d}r}$，为该处测管水头线的坡度，则该断面渗流流量 Q 按达西公式，有

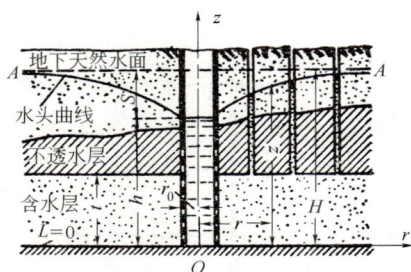

图 6-8-4

$$Q = k 2\pi r t \frac{\mathrm{d}z}{\mathrm{d}r}$$

分离变量并积分得

$$z = \frac{Q}{2\pi k t} \ln r + c$$

式中，c 为积分常数，由边界条件确定。当 $r = r_0$ 时，$z = h$，代入上式得 $c = h - \dfrac{Q}{2\pi k t} \ln r_0$，将 c 代入原式有

$$z - h = \frac{Q}{2\pi k t} \ln \frac{r}{r_0} \qquad (6-8-11)$$

或转换成常用对数

$$z - h = 0.366 \frac{Q}{k t} \lg \frac{r}{r_0} \qquad (6-8-12)$$

此即自流井水头曲线方程。引入井的影响半径概念，令上式中的 $r = R$ 时，$z = H$，就可得到自流井的涌水量公式

$$Q = 2.73 \frac{k t (H - h)}{\lg \frac{R}{r_0}} \qquad (6-8-13)$$

井中水面降落深度 $S = H - h$，上式可写成

$$Q = 2.73 \frac{ktS}{\lg \dfrac{R}{r_0}} \tag{6-8-14}$$

五、大口井涌水量

大口井是汲取浅层地下水的一种井，井径较大，大致为 2~10m 或更大些。大口井一般是不完全井，下接含水量丰富的透水层，底部进水成为涌水量的重要部分。如图 6-8-5 所示一底部为半球形，井壁四周为不透水层，主要由底部进水的大口井，利用达西公式可推得其流量 Q 的计算公式

$$Q = \frac{2\pi kS}{\dfrac{1}{r_0} - \dfrac{1}{R}} \tag{6-8-15}$$

因 $R \gg r_0$，所以上式近似为

$$Q = 2\pi k r_0 S \tag{6-8-16}$$

对于平底大口井，福希海梅认为过流断面是半椭球面，渗流流线是双曲线，如图 6-8-6 所示。其涌水量 Q 的公式为

$$Q = 4k r_0 S \tag{6-8-17}$$

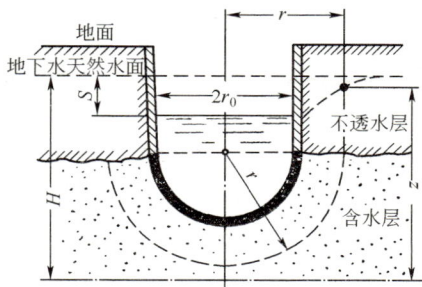

图　6-8-5

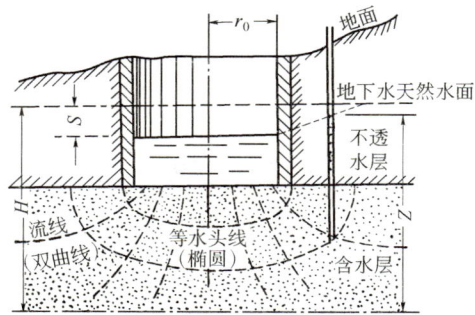

图　6-8-6

六、井群的涌水量

（一）潜水井井群

如图 6-8-7 所示一潜水井井群平面图，在水平不透水层上有 n 个完全潜水井，由于各井之间距离较近，因此各井的出水量和浸润曲线的形状均相互影响，所以井群计算与单井不同，需应用势流叠加原理。经分析推导得潜水井群的浸润线方程为

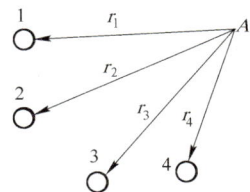

图　6-8-7

$$z^2 = H^2 - 0.732 \frac{Q}{k} \left[\lg R - \frac{1}{n} \lg(r_1 r_2 r_3 \cdots r_n) \right] \tag{6-8-18}$$

式中：　　　　z ——潜水井井群影响范围内某点的浸润线水头；

　　　　　　　H ——未抽水时含水层水位；

　　　　　　　Q ——井群总流量；

　　　　　　　n ——井的总数；

r_1、r_2、r_3、…、r_n ——各个井到计算点的半径；

　　　　　　　R ——井群的影响半径可用经验公式（6-8-19）计算或做抽水试验确定。

$$R = 575S\sqrt{Hk} \tag{6-8-19}$$

井群的总流量公式为

$$Q = 1.366 \frac{k(H^2 - z^2)}{\lg R - \dfrac{1}{n}\lg(r_1 r_2 r_3 \cdots r_n)} \tag{6-8-20}$$

（二）自流井井群

与潜水井类似，用势流叠加原理可导出自流井井群的水头线方程和流量公式。水头线方程为

$$z = H - \frac{0.366Q}{kt}\left[\lg R - \frac{1}{n}(r_1 r_2 r_3 \cdots r_n)\right] \tag{6-8-21}$$

自流井井群的流量为

$$Q = 2.73 \frac{kt(H - z)}{\lg R - \dfrac{1}{n}\lg(r_1 r_2 r_3 \cdots r_n)} \tag{6-8-22}$$

【例 6-8-2】 设某圆形基坑，其周围布置了 6 个潜水完全井，如图所示。各井距基坑中心点距离 r 为 30m，含水层厚度 H 为 15m，渗流系数 $k = 0.0008$m/s，井群影响半径 $R = 300$m，欲使基坑中心点水位下降 $S = 5$m，求各井的抽水量。

解 $r_1 = r_2 = r_3 = \cdots = r_n = 30$m，代入式（6-8-16）得总流

$$Q = 1.366 \frac{0.000\,8 \times (15^2 - 10^2)}{\lg 300 - \dfrac{1}{6}\lg(30^6)} = 0.136\,\text{m}^3/\text{s}$$

每口井抽出量为

$$\frac{Q}{n} = \frac{0.136}{6} = 0.022\,7\,\text{m}^3/\text{s} = 22.7\,\text{L/s}$$

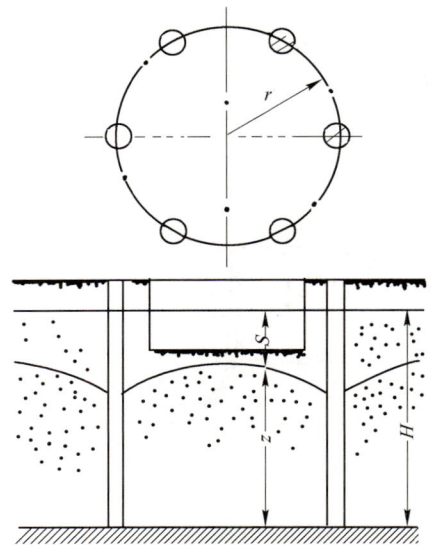

例 6-8-2 图

习　　题

6-8-1　达西渗透定律表明渗流量与（　　　）成正比，与（　　　）有关。

A. 过流面积、流速，介质颗粒大小

B. 过流面积、水力坡度，水的黏性

C. 过流面积、水头损失，土壤均匀程度

D. 过流面积、水力坡度一次方，渗透系数

6-8-2　潜水井是指（　　　）。

A. 全部潜没在地下水中的井　　　　　　B. 从有自由表面潜水含水层中开凿的井

C. 井底直达不透水层的井　　　　　　　D. 从两不透水层之间汲取有压地下水的井

6-8-3　某一井底直达不透水层的潜水井，井的半径 $r_0 = 0.2$m，含水层的水头 $H = 10$m，渗透系数 $k = 0.000\,6$m/s，影响半径 $R = 294$m，抽水稳定后井中水深为 $h = 6$m，此时该井的出水流量 Q 为（　　　）。

A. 20.51L/s　　　　　　B. 18.5L/s　　　　　　C. 16.56L/s　　　　　　D. 14.55L/s

第九节　量纲分析和相似原理

一、量纲分析

（一）量纲和单位

描述流体运动的物理量如长度、时间、质量、速度、加速度等，都可按其性质不同而加以分类，表征各种物理量性质和类别的标志称为物理量的量纲（或因次）。例如长度、时间、质量是三个性质完全不同的物理量，因而具有三种不同的量纲。我们注意到这三种量纲是互不依赖的，即其中任一量纲，不能从其他两个推导出来，这种互不依赖，互相独立的量纲称为基本量纲。通常表示量纲的符号用方括号将字母括起来，这三个基本量纲可分别表示为：长度［L］、时间［T］、质量［M］。其他物理量的量纲，均可用基本量纲推导出来，称为导出量纲，例如速度量纲就是导出量纲，$[v] = \frac{[L]}{[T]}$。各种导出量纲，一般可用基本量纲指数乘积的形式来表示，$[v] = [LT^{-1}]$。如以[x]表任一物理量的导出量纲，则

$$[x] = [L^a T^b M^c] \tag{6-9-1}$$

例如力 F 的量纲为导出量纲$[F] = [LT^{-2}M]$，则其量纲指数$a = 1$，$b = -2$，$c = 1$；又如前面导出的速度量纲，其量纲指数$a = 1$，$b = -1$，$c = 0$。导出量纲按照其基本量纲的指数可分成以下三类：

（1）如果$a \neq 0$，$b = 0$，$c = 0$为几何学的量；

（2）如果$a \neq 0$，$b \neq 0$，$c = 0$为运动学的量；

（3）如果$c \neq 0$为动力学的量。

除现在所选择的三种基本量纲[L]、[T]、[M]（国际单位制 SI）之外，以往在工程上曾广泛使用过工程单位制，其基本量纲的选择为[L]、[T]、[F]，质量反而成为导出量纲。

为了比较同一类物理量的大小，可以选择与其同类的标准量加以比较，此标准量称为单位。例如要比较长度的大小，可以选择 m、cm 或市尺为单位。但由于选择的单位不同，同一长度可以用不同的数值表示，可以是 1（以 m 为单位），也可以是 100（以 cm 为单位），也可以是 3（以市尺为单位）。可见有量纲量的数值大小是不确定的，随所选用单位不同而变化的。当基本量纲指数$a = b = c = 0$时，则

$$[x] = [L^0 T^0 M^0] = [1]$$

[x]为无量纲纯数，或量纲为 1 的量，它的数值大小，与所选用单位无关。使实验成果无量纲化，往往更具普遍意义。例如要反映沿程机械能减少情况，用水力坡度$J = hw/L$这一无量纲值（$[J] = [LL^{-1}] = [1]$）要比用水头损失值更能反映其普遍性。因为后者随所选单位不同而变化，而前者不论所选择的是何种长度单位，只要形成该水力坡度的物理条件不变，则J的值也不会变。又如判别流态的雷诺数$\mathrm{Re} = \frac{vd}{\nu}$，其量纲式为

$$[\mathrm{Re}] = \frac{[LT^{-1}][L]}{[L^2 T^{-1}]} = [L^0 T^0 M^0] = [1]$$

为无量纲数。

前已指出下临界雷诺数$\mathrm{Re}_k = 2\,000$，就是判别流态的普适性常数，不论单位是英制还是国际单位制$\mathrm{Re}_k = 2\,000$不变，均是判别流态是层流还是紊流的标准数值。

（二）量纲和谐原理

一个正确的、完整的反映客观规律的物理方程中，各项的量纲是一致的，这就是量纲一致性原理，

或称量纲和谐原理。

量纲和谐原理用途广泛，是量纲分析的基础，它首先可以判断物理方程是否正确。人们熟知水动力学三大方程是正确的，这三个方程的量纲每一个均是和谐的。连续方程等号前后是流量的量纲，能量方程每一项皆为长度量纲，动量方程每一项皆为力的量纲。

量纲和谐原理还可用来确定方程式中系数的量纲以及分析经验公式的结构是否合理。

量纲和谐原理还表明，量纲相同的量才可以相加减；量纲不同的量不能相加减，也不能相等，但可以相乘除。

量纲和谐原理最主要的用途还在于将各有关的物理量的函数关系，以各物理量指数乘积的形式表达出来，并确定其指数，以便将实验结果建立起一个结构合理、正确反映客观规律的力学方程或物理方程，此种分析方法称为量纲分析法。

（三）量纲分析法

量纲分析法有两种：一种适用于影响因素间的关系为单项指数形式的场合，称瑞利（RayLeigh）法；另一种为具有普遍性的方法，称π定理。下面分别介绍。

1. 瑞利法

首先列出影响该物理过程的主要因素x_1、x_2、x_3、$\cdots$、x_n之间待定的函数关系

$$y = f(x_1, x_2, x_3, \cdots, x_n)$$

由于各因素的量纲只能由基本量纲的积和商导出而不能相加减，因此函数关系式可写成指数乘积的形式为

$$y = k x_1^{a_1} x_2^{a_2} x_3^{a_3} \cdots x_n^{a_n}$$

式中：　　　　　　k ——无量纲系数；

x_1、x_2、$\cdots$、x_n ——待定指数。

再将上式用基本量纲表示为

$$[L^a T^b M^c] = [L^{a_1} T^{b_1} M^{c_1}]\alpha_1 [L^{a_2} T^{b_2} M^{c_2}]\alpha_2 \cdots [L^{a_n} T^{b_n} M^{c_n}]\alpha_n$$

由量纲和谐原理可得

[L]　　　　　　　　　$a = a_1\alpha_1 + a_2\alpha_2 + \cdots a_n\alpha_n$

[T]　　　　　　　　　$b = b_1\alpha_1 + b_2\alpha_2 + \cdots b_n\alpha_n$

[M]　　　　　　　　　$c = c_1\alpha_1 + c_2\alpha_2 + \cdots c_n\alpha_n$

解上述联立方程组，可求出待定α_1、α_2、$\cdots$、α_n，从而确定函数关系。但因方程组中的方程数只有三个，当待定指数个数$n > 3$时，则有（$n-3$）个指数需用其他指数的函数来表示。

【例 6-9-1】 实验指出判别层流、紊流的下临界流速v_k与管径d、流体密度ρ、流体黏度μ有关，试用量纲分析法求出它们间的函数关系。

解

$$v_k = f(d, \rho, \mu)$$

或

$$v_k = k d^{a_1} \rho^{a_2} \mu^{a_3}$$

再写成量纲式

$$[LT^{-1}M^0] = [LT^0M^0]\alpha_1 [L^{-3}T^0M]\alpha_2 [L^{-1}T^{-1}M]\alpha_3$$

由量纲和谐得

$$
\begin{array}{ll}
\text{[L]} & 1 = \alpha_1 - 3\alpha_2 - \alpha_3 \\
\text{[T]} & -1 = -\alpha_3 \\
\text{[M]} & 0 = \alpha_2 + \alpha_3
\end{array}\Biggr\} \text{解得} \alpha_3 = 1,\ \alpha_2 = -1,\ \alpha_1 = -1
$$

将指数 α_1、α_2、α_3 回代入指数乘积函数关系式，有

$$
v_k = k\frac{\mu}{\rho d} = k\frac{v}{d}
$$

上式化为无量纲形式后有

$$
k = \frac{v_k d}{\nu}
$$

此无量纲数 k 即为下临界雷诺数

$$
\mathrm{Re}_k = \frac{v_k d}{\nu}
$$

2. π定理

π定理在 1915 年由布金汉（E Buckingham）首先提出，所以又称为布金汉原理。

设有 n 个变量的物理方程式

$$
f(x_1, x_2, x_3, \cdots, x_n) = 0
$$

其中可选出 m 个变量在量纲上是互相独立的，那么此方程式必然可以表示为（$n-m$）个无量纲数（以π表示）的物理方程，即

$$
F(\pi_1, \pi_2, \pi_3, \cdots, \pi_{n-m}) = 0
$$

在应用π定理时，要注意所选取的 m 个量纲独立的物理量，应使它们不能组成一个无量纲数。设所选择的物理量为 x_1、x_2、x_3，它们的量纲式可用基本量纲表示为

$$
\left.\begin{array}{l}
[x_1] = [\mathrm{L}^{a_1}\mathrm{T}^{b_1}\mathrm{M}^{c_1}] \\
[x_2] = [\mathrm{L}^{a_2}\mathrm{T}^{b_2}\mathrm{M}^{c_2}] \\
[x_3] = [\mathrm{L}^{a_3}\mathrm{T}^{b_3}\mathrm{M}^{c_3}]
\end{array}\right\} \tag{6-9-2}
$$

为使 x_1、x_2、x_3 互相独立、不能组合成无量纲数，就要使它们的指数乘积不能为零，也就要求式（6-9-2）中的指数行列式不等于零（证明略去），即

$$
\begin{vmatrix}
a_1 & b_1 & c_1 \\
a_2 & b_2 & c_2 \\
a_3 & b_3 & c_3
\end{vmatrix} \neq 0 \tag{6-9-3}
$$

现以 x_1 为长度，x_2 为时间，x_3 为质量，即 $a_1 = 1$，$b_2 = 1$，$c_3 = 1$，其余均为零代入式（6-9-3）

$$
\begin{vmatrix}
1 & 0 & 0 \\
0 & 1 & 0 \\
0 & 0 & 1
\end{vmatrix} = 1 \neq 0
$$

所以上述三个基本物理量的量纲是互相独立的。如果我们所选择的物理量分别属于此三种类型，则容易满足相互独立的条件。在实践中常分别选几何学的量（管径 d，水头 H 等）、运动学的量（速度 v，加速度 g 等）和动力学的量（密度 ρ，黏度 μ 等）各一个，作为独立的变量。

无量纲的π项的组成，可以从所选用的独立变量之外的其余变量中，每次轮取一个，与所选的独立变量组合而成，即

$$
\left.\begin{array}{l}
\pi_1 = x_1^{\alpha_1} x_2^{\beta_1} x_3^{\gamma_1} x_4 \\
\pi_2 = x_1^{\alpha_2} x_2^{\beta_2} x_3^{\gamma_2} x_5 \\
\cdots\cdots \\
\pi_{n-m} = x_1^{\alpha(n-m)} x_2^{\beta(n-m)} x_3^{\gamma(n-m)} x_n
\end{array}\right\} \tag{6-9-4}
$$

式中：α_i、β_i、γ_i——待定指数。

根据量纲和谐原理，可以求出式（6-9-4）中的指数 α_i、β_i、γ_i，因左端各 π 项的指数为零（π 为无量纲数）。

二、流动相似的概念

为了能用模型试验的结果去预测原型流将要发生的情况，必须使模型流动与原型流动满足力学相似条件，所谓力学相似包括几何相似、运动相似、动力相似、初始条件与边界条件相似几个方面。在下面的讨论中，原型中的物理量标以下标 p，模型中的物理量标以下标 m。

（一）几何相似

几何相似是指两个流动的对应线段长度成比例，对应角度相等，对应的边界性质相同或边界条件相似（指固体边界的粗糙度和自由液面等），亦即原型和模型两个流动的几何形状相似。

$$\theta_p = \theta_m$$

式中，θ 表示两线段之间的夹角。

两个流动的长度比尺、面积比尺、体积比尺可分别表示为

$$\left.\begin{aligned} \lambda_L &= \frac{L_p}{L_m} \\ \lambda_A &= \frac{A_p}{A_m} = \lambda_L^2 \\ \lambda_V &= \frac{v_p}{v_m} = \lambda_L^3 \end{aligned}\right\} \tag{6-9-5}$$

长度比尺视试验场地大小，试验要求不同而取不同的值，通常水工模型 $\lambda_L = 10 \sim 100$。当长、宽、高三个方向长度比尺相同时称为正态模型，否则称为变态模型。几何相似是力学相似的前提。

（二）运动相似

运动相似是指两个流场对应点上同名的运动学的量成比例，主要是流速场、加速度场相似。时间比尺、速度比尺、加速度比尺可分别表示为

$$\left.\begin{aligned} \lambda_t &= \frac{t_p}{t_m} \\ \lambda_v &= \frac{v_p}{v_m} \\ \lambda_a &= \frac{a_p}{a_m} \end{aligned}\right\} \tag{6-9-6}$$

作为特例，重力加速度比尺 $\lambda_g = g_p/g_m$，如果原型与模型均在同一星球上，$\lambda_g \approx 1$。

（三）动力相似

动力相似是指两个流场对应点上同名的动力学的量成比例，即力场相似。密度比尺、动力黏度比尺、作用力比尺可分别表示为

$$\left.\begin{aligned} \lambda_\rho &= \frac{\rho_p}{\rho_m} \\ \lambda_\mu &= \frac{\mu_p}{\mu_m} \\ \lambda_F &= \frac{F_p}{F_m} \end{aligned}\right\} \tag{6-9-7}$$

作用在流体上的外力通常有重力 G、黏性切力 T、压力 P、弹性力 E、表面张力 S 等，其比尺为

$$\lambda_F = \frac{G_p}{G_m} = \frac{T_p}{T_m} = \frac{P_p}{P_m} = \frac{E_p}{E_m} = \frac{S_p}{S_m}$$

对非恒定流还应满足初始条件相似。

（四）边界条件与初始条件相似

初始条件和边界条件的相似是保证两个流动相似的充分条件，正如初始条件和边界条件是微分方程的定解条件一样。

对于非恒定流，初始条件是必需的；对于恒定流，初始条件则失去了实际意义。

边界条件相似，是指两个流动相应边界性质相同，如固体边界上的法向流速都为零；自由液面上的压强均等于大气压强等等，对于原型和模型来说都是一样的。

当然，如果把边界条件相似归类于几何相似，对于恒定流动来说，又无需考虑初始条件相似问题，这样流体运动的力学相似就只包括几何相似、运动相似和动力相似三个方面了。

（五）牛顿一般相似原理

设作用在流体上的外力合力F，使流体产生的加速度为a，流体的质量为m，则由牛顿第二定律惯性力$F = ma$可知，力的比尺λ_F也可表示为

$$\lambda_F = \frac{F_p}{F_m} = \frac{M_p a_p}{M_m a_m} = \frac{\rho_p L_p^2 v_p^2}{\rho_m L_m^2 v_m^2} \tag{6-9-8}$$

或

$$\frac{F_p}{\rho_p L_p^2 v_p^2} = \frac{F_m}{\rho_m L_m^2 v_m^2} \tag{6-9-9}$$

式中，$\frac{F}{\rho L^2 v^2}$为一无量纲数，以Ne表示有

$$Ne = \frac{F}{\rho L^2 v^2} \tag{6-9-10}$$

Ne称为牛顿数。式（6-9-10）可表示为

$$(Ne)_p = (N_e)_m$$

两流动动力相似，归结为牛顿数相等。以比尺表示可得

$$\frac{\lambda_F}{\lambda_\rho \lambda_L^2 \lambda_v^2} = 1 \tag{6-9-11}$$

三、相似准则

要使流动完全满足牛顿相似准则，牛顿数相等，就要求相应点上所有的同名力均有同一比尺，实际上很难做到。在某一具体流动中，占主导地位的作用力往往只有一种，因此在做模型试验时，只要让主要作用力满足相似条件即可。下面介绍只考虑一种主要作用力的相似准则。

（一）重力相似准则

当外力只有重力G时，则牛顿数中的外力合力$F = G$，考虑式（6-9-8）有

$$\lambda_F = \frac{G_p}{G_m} = \frac{\rho_p L_p^3 g_p}{\rho_m L_m^3 g_m} = \frac{\rho_p L_p^2 v_p^2}{\rho_m L_m^2 v_m^2}$$

化简后得

$$\frac{v_p^2}{g_p L_p} = \frac{v_m^2}{g_m L_m} \tag{6-9-12}$$

上式中$\frac{v^2}{gL}$为一无量纲数，称为弗劳德（Fraude）数，以Fr表示，则重力相似，归结为弗劳德数相等，即

$$(Fr)_p = (Fr)_m \tag{6-9-13}$$

以相似比尺表示

$$\frac{\lambda_v^2}{\lambda_g \lambda_L} = 1 \tag{6-9-14}$$

一般$\lambda_g = 1$，所以在重力相似时，流速比尺与长度比尺的关系为

$$\lambda_v = \lambda_L^{\frac{1}{2}} \tag{6-9-15}$$

据此，可推得流量比尺λ_Q

$$\lambda_Q = \lambda_v \lambda_A = \lambda_L^{\frac{1}{2}} \lambda_L^2$$

所以

$$\lambda_Q = \lambda_L^{\frac{5}{2}} \tag{6-9-16}$$

同理可导出时间比尺λ_t

$$\lambda_t = \frac{\lambda_L}{\lambda_v} = \lambda_L^{\frac{1}{2}} \tag{6-9-17}$$

弗劳德数的物理意义为惯性力与重力之比。

（二）黏性切力相似准则

当主要作用力为黏性切力T时，$F = T$，代入式（6-9-8）有

$$\lambda_F = \frac{T_p}{T_m} = \frac{\mu_p L_p v_p}{\mu_m L_m v_m} = \frac{\rho_p L_p^2 v_p^2}{\rho_m L_m^2 v_m^2}$$

考虑到运动黏度$\nu_p = \frac{\mu_p}{\rho_p}$，$\nu_m = \frac{\mu_m}{\rho_m}$

化简后得

$$\frac{v_p L_p}{\nu_p} = \frac{v_m L_m}{\nu_m} \tag{6-9-18}$$

式中$\frac{vL}{\nu}$为一无量纲数，为雷诺数，以Re表示，则黏性切力相似准则归结为雷诺数相等，即

$$(Re)_p = (Re)_m \tag{6-9-19}$$

以比尺表示为

$$\frac{\lambda_v \lambda_L}{\lambda_\nu} = 1 \tag{6-9-20}$$

如原型与模型均用同一种流体且温度也相近，则黏度比尺$\lambda_\nu = 1$，所以黏性力相似时，速度比尺、流量比尺及时间比尺有以下关系

$$\left. \begin{array}{l} \lambda_v = \dfrac{1}{\lambda_L} \\ \lambda_Q = \lambda_L \\ \lambda_t = \lambda_L^2 \end{array} \right\} \tag{6-9-21}$$

雷诺数的物理意义为惯性力与黏性力之比。

一般来说，当影响流速的主要因素是黏滞力时，就可用雷诺准则设计模型，例如有压管流，当其阻力处于层流区、水力光滑区，主要考虑使原型与模型的雷诺数相等，在紊流过渡区，既要雷诺数相等，又要相对粗糙度$\frac{\Delta}{d}$相似。但在紊流粗糙区或称阻力平方区时，阻力主要取决于相对粗糙度$\frac{\Delta}{d}$，而与黏性关

系很少，故只要保持原型与模型几何相似、相对糙度相似即可达到力学相似，而不需要雷诺数相等，这一区域称为自动模型区。在阻力平方区的明渠也只要考虑重力相似准则和几何相似准则，而不必考虑雷诺准则。

若要同时满足弗劳德准则和雷诺准则是很困难的，因为必须使这两个准则等价，即

$$\frac{\lambda_v^2}{\lambda_g \lambda_L} = \frac{\lambda_v \lambda_L}{\lambda_v}$$

$\lambda_g = 1$，代入上式有

$$\lambda_v = \frac{\lambda_L^2}{\lambda_v} = \frac{\lambda_L^2}{\lambda_L^{\frac{1}{2}}} = \lambda_L^{\frac{3}{2}}$$

要使流体的黏度正好满足上式很难做到。

（三）压力相似准则

$$\lambda_F = \frac{P_p}{P_m} = \frac{p_p L_p^2}{p_m L_m^2} = \frac{\rho_p L_p^2 v_p^2}{\rho_m L_m^2 v_m^2}$$

化简后得

$$\frac{p_p}{\rho_p v_p^2} = \frac{p_m}{\rho_m v_m^2} \tag{6-9-22}$$

式中：$\frac{p}{\rho v^2}$——无量纲数，称欧拉（Euler）数，以Eu表示，则压力相似归结为欧拉数相等。

$$(Eu)_p = (Eu)_m \tag{6-9-23}$$

写成比尺形式

$$\frac{\lambda_p}{\lambda_\rho \lambda_v^2} = 1 \tag{6-9-24}$$

欧拉准则不是独立准则，当佛劳德准则与雷诺准则满足时，欧拉准则自动满足。Eu也可用压差形式表示为

$$Eu = \frac{\Delta p}{\rho v^2} \tag{6-9-25}$$

（四）其他各种准则

除上述三种主要的相似准数外，尚有柯西（Canchy）数、马赫（Mach）数、韦伯（Weber）数和斯特鲁哈（Strohae）数等准数，分别表示弹性力、高速气流弹性力、表面张力、惯性力（非恒定性）等起的作用。土木工程上较少应用，此处不再详述。

【例 6-9-2】 烟气在加热炉回热装置中流动，拟用空气介质进行实验。已知空气黏度$\nu_{空气} = 15 \times 10^{-6} m^2/s$，烟气运动黏度$\nu_{烟气} = 60 \times 10^{-6} m^2/s$，烟气流速$v_{烟气} = 3 m/s$，如若实际长度与模型长度的比尺$\lambda_L = 5$，则模型空气的流速应为：

    A. 3.75m/s　　　　B. 0.15m/s　　　　C. 2.4m/s　　　　D. 60m/s

解　按雷诺模型，$\frac{\lambda_v \lambda_L}{\lambda_v} = 1$，流速比尺$\lambda_v = \frac{\lambda_\nu}{\lambda_L}$

按题设$\lambda_\nu = \frac{60 \times 10^{-6}}{15 \times 10^{-6}} = 4$，长度比尺$\lambda_L = 5$，因此流速比尺$\lambda_v = \frac{4}{5} = 0.8$

$\lambda_v = \frac{v_{烟气}}{v_{空气}}$，$v_{空气} = \frac{v_{烟气}}{\lambda_v} = \frac{3m/s}{0.8} = 3.75m/s$

答案： A

【例 6-9-3】 新设计汽车的迎风面积为 1.5m²，最大行驶速度为 108km/h，拟在风洞中进行模型试验。已知风洞试验段的最大风速为 45m/s，则模型的迎风面积为：

A. 0.67m² 　　　　B. 2.25m² 　　　　C. 3.6m² 　　　　D. 1m²

解　模型在风洞中用空气进行试验，则黏滞阻力为其主要作用力，应按雷诺准则进行模型设计，即

$$(Re)_p = (Re)_m 或 \frac{\lambda_v \lambda_L}{\lambda_v} = 1$$

因为模型与原型都是使用空气，假定空气温度也相同，可以认为运动黏度 $\nu_p = \nu_m$，所以，$\lambda_v = 1$，$\lambda_v \lambda_L = 1$

已知汽车原型最大速度 $\nu_p = 108$km/h $= 30$m/s，模型最大风速 $\nu_m = 45$m/s

于是，线性比尺

$$\lambda_L = \frac{1}{\lambda_v} = \frac{1}{\nu_p/\nu_m} = \frac{\nu_m}{\nu_p} = \frac{45}{30} = 1.5$$

面积比尺 $\lambda_A = \lambda_L^2 = 1.5^2 = 2.25$

已知汽车迎风面积 $A_p = 1.5$m²，$\lambda_A = A_p/A_m$，可求得模型的迎风面积为：

$$A_m = \frac{A_p}{\lambda_A} = \frac{1.5}{2.25} = 0.667 \text{m}^2$$

由上述计算可知，线性比尺大于 1，模型的迎风面积应小于原型汽车的迎风面积，所以选项 B 和 C 可以被排除。若选择选项 D，模型面积过小，原型与模型的面积比尺及线性比尺均增大，则速度比尺减小，所需的风洞风速会过大，超过风洞所能提供的最大风速，因此，可使得模型的迎风面积略大于计算值 0.667m²，选择选项 A 较为合理。

答案：A

习　　题

6-9-1　量纲和谐原理用途很多，其中最重要的一种是（　　　）。

　　A. 判断物理方程是否正确

　　B. 确定经验公式中系数的量纲

　　C. 分析经验公式结构是否合理

　　D. 作为量纲分析原理探求物理量间的函数关系

6-9-2　模型设计中的自动模型区是指（　　　）。

　　A. 只要原型与模型雷诺数相等，即自动相似的区域

　　B. 只要模型与原型弗劳德数相等，即自动相似的区域

　　C. 处于水力光滑区时，两个流场雷诺数不需要相等即自动相似

　　D. 在紊流粗糙区，只要满足几何相似，即可自动满足力学相似

习题题解及参考答案

第一节

6-1-1　**解：**运用高等数学中连续函数理论分析流体运动。

　　答案：C

第二节

6-2-1 **解：** 与牛顿内摩擦定律直接有关的因素是黏度、切应力、与剪切变形速度。

答案： D

6-2-2 **解：** 水的动力黏度随温度的升高而减少。

答案： B

第三节

6-3-1 **解：** 单位质量力具有加速度的量纲。

答案： D

6-3-2 **解：** 与大气连通的自由液面下 5m 水深处的相对压强为 0.5at。

答案： B

6-3-3 **解：** 真空高度 $h_v = \frac{p_v}{\rho g} = \frac{39.2\text{kPa}}{9.8\text{kN/m}^3} = 4\text{m H}_2\text{O}$，真空值 $p_v = 39.2\text{kPa}$

答案： A

6-3-4 **解：** 绝对压强 $p' = p_0 + \rho gh = 9.8\text{kPa} + 9.8 \times 2\text{kPa} = 29.4\text{kPa}$

答案： B

6-3-5 **解：** 被测点的相对压强为 $\gamma' \Delta h - \gamma h_1$。

答案： D

6-3-6 **解：** 设桶顶部所受张力为 T_1，底部所受张力为 T_2，总压力 p 作用于距底部1/3水深 h 处，由静力矩原量可知：$T_1 \cdot 2h/3 = T_2 \cdot h/3$，则有 $T_1/T_2 = 1/2$，则张力之比为 $1/2$。

答案： B

6-3-7 **解：** 总压力 $p = \rho g h_c A = 9.8\text{kN/m}^3 \times 1\text{m} \times 4\text{m} \times \pi\text{m} = 78.4\text{kN}$

压力中心距液面为 $2h/3 = 2/3 \times 2\text{m} = \frac{4}{3}\text{m}$

答案： B

第四节

6-4-1 **解：** 理想流体是指无黏性流体。

答案： D

6-4-2 **解：** 恒定流是指当地加速度 $\frac{\partial u}{\partial t} = 0$ 的流动。

答案： A

6-4-3 **解：** 均匀流指流线为平行直线的流动。

答案： C

6-4-4 **解：** 伯努利方程中 $z + \frac{p}{\gamma} + \frac{\alpha v^2}{2g}$ 表示单位重量流体的机械能。

答案： C

6-4-5 **解：** 毕托管比压计中的水头差是总水头与测压管水头之差。

答案： D

6-4-6 **解：** 黏性流体测压管水头线的沿程变化：可升、可降、可水平。

答案： D

6-4-7 **解：** 由连续方程可得：

$$v_2 = v_1 \left(\frac{A_1}{A_2}\right) = v_1 \left(\frac{d_1}{d_2}\right)^2 = 6\text{m/s} \times \left(\frac{150\text{mm}}{300\text{mm}}\right)^2 = 1.5\text{m/s}$$

答案： C

6-4-8　　**解：** 文丘里流量计的流量：

$$Q = \mu \frac{\pi}{4} d_1^2 \sqrt{\frac{2g\Delta h}{\left(\frac{d_1}{d_2}\right)^4 - 1}}$$

代入数据后：

$$Q = 0.98 \times \frac{\pi}{4} \times 0.1^2 \times \sqrt{\frac{2 \times 9.8 \times 0.6}{\left(\frac{0.1}{0.05}\right)^4 - 1}} = 0.006\,81\text{m}^3/\text{s}$$

答案： D

第五节

6-5-1　　**解：** 有压圆管均匀流切应力τ沿断面的分布为管轴处是0，与半径成正比。

答案： C

6-5-2　　**解：** 圆管层流的流速分布是抛物线分布。

答案： C

6-5-3　　**解：** 圆管层流轴心处最大流速是断面平均流速的2倍。

答案： B

6-5-4　　**解：** 圆管紊流核心区的流速分布为对数分布曲线。

答案： C

6-5-5　　**解：** 由题设条件得：$d_1 = 2d_2$

由连续方程知：

$$v_1 = v_2 \left(\frac{d_2}{d_1}\right)^2 = v_2 \left(\frac{d_2}{2d_2}\right)^2 = \frac{v_2}{4}$$

代入雷诺数公式：

$$\text{Re}_1 = \frac{v_1 d_1}{\nu} = \frac{\frac{v_2}{4} \cdot 2d_2}{\nu} = \frac{1}{2}\frac{v_2 d_2}{\nu} = \frac{1}{2}\text{Re}_2 = 0.5\text{Re}_2$$

答案： A

6-5-6　　**解：** 有压圆管层流的沿程阻力系数：$\lambda = \frac{64}{\text{Re}}$，随Re的增加阻力系数$\lambda$线性减少。

答案： B

6-5-7　　**解：** 层流的沿程损失与平均流速的1次方成正比。

答案： C

6-5-8　　**解：** 有压圆管流动，紊流粗糙区的沿程阻力系数与相对粗糙度有关。

答案： A

6-5-9　　**解：** 谢才公式仅适用于水力粗糙区即阻力平方区。

答案： B

6-5-10　**解：** 随雷诺数的减少，黏性底层变厚，遮住了绝对粗糙度。

答案：B

6-5-11　解：由于边界层分离形成漩涡区，增大了压差阻力。

答案：D

6-5-12　解：水泵所需扬程 $H = z + h_w = 15\text{m} + 65 \times \dfrac{1^2}{2 \times 9.8}\text{m} = 18.33\text{m}$

答案：D

第六节

6-6-1　解：每一节点流量代数和为 0，即 $\sum Q_{\text{节点}} = 0$；沿环一周水头损失的代数和为 0，即 $\sum h_{w\text{沿环}} = 0$。

答案：C

6-6-2　解：水头与直径均相同的圆柱形外管嘴过流量是小孔口过流量的 1.32 倍。

答案：D

6-6-3　解：小孔口出流量：

$$Q = \mu A \sqrt{2gH_0} = 0.62 \times \frac{\pi}{4} \times (0.01)^2 \times \sqrt{2 \times 9.8 \times 5} = 4.82 \times 10^{-4}\text{m}^3/\text{s}$$

答案：D

第七节

6-7-1　解：明渠均匀流的特征是：水力坡度=水面坡度=渠底坡度。

答案：D

6-7-2　解：明渠均匀流的流量：$Q = CA\sqrt{Ri}$，$C = \dfrac{1}{n}R^{\frac{1}{6}}$，其中：

面积 $A = (b + mh)h = (2 + 1 \times 1.2) \times 1.2 = 3.84\text{m}^2$

湿周 $\chi = b + 2h\sqrt{1 + m^2} = 2 + 2 \times 1.2\sqrt{1 + 1^2} = 5.394\text{m}$

水力半径 $R = A/\chi = 3.84/5.394 = 0.711\,9\text{m}$

谢才系数 $C = \dfrac{1}{n}R^{\frac{1}{6}} = 1/0.025 \times 0.711\,9^{\frac{1}{6}} = 37.8\sqrt{\text{m}}/\text{s}$

代入流量公式：

$$Q = CA\sqrt{Ri} = 37.8 \times 3.84 \times \sqrt{0.711\,9 \times 0.000\,8} = 3.463\text{m}^3/\text{s}$$

答案：B

第八节

6-8-1　解：渗流量与过流面积 A、水力坡度 J 的一次方成正比，与土壤的渗透系数 k 有关。

答案：D

6-8-2　解：潜水井是指从有自由液面的潜水含水层中开凿的井。

答案：B

6-8-3　解：潜水井流量公式：

$$Q = 1.366\frac{k(H^2 - h^2)}{\lg\dfrac{R}{r_0}}$$

代入数据：

$$Q = 1.366 \frac{0.000\,6 \times (10^2 - 6^2)}{\lg \frac{294}{0.2}} = 0.016\,56\mathrm{m}^3/\mathrm{s} = 16.56\mathrm{L/s}$$

答案：C

第九节

6-9-1 **解**：纲和谐原量最重要一种用途是：探求物理量间的函数关系。

答案：D

6-9-2 **解**：紊流粗糙区为自动模型区。

答案：D

第七章　电工电子技术

复 习 指 导

一、考试大纲

7.1　电磁学概念

电荷与电场；库仑定律；高斯定理；电流与磁场；安培环路定律；电磁感应定律；洛仑兹力。

7.2　电路知识

电路组成；电路的基本物理过程；理想电路元件及其约束关系；电路模型；欧姆定律；基尔霍夫定律；支路电流法；等效电源定理；叠加原理；正弦交流电的时间函数描述；阻抗；正弦交流电的相量描述；复数阻抗；交流电路稳态分析的相量法；交流电路功率；功率因数；三相配电电路及用电安全；电路暂态；R-C、R-L 电路暂态特性；电路频率特性；R-C、R-L 电路频率特性。

7.3　电动机与变压器

理想变压器；变压器的电压变换、电流变换和阻抗变换原理；三相异步电动机接线、起动、反转及调速方法；三相异步电动机运行特性；简单继电-接触控制电路。

7.5　模拟电子技术

晶体二极管；极型晶体三极管；共射极放大电路；输入阻抗与输出阻抗；射极跟随器与阻抗变换；运算放大器；反相运算放大电路；同相运算放大电路；基于运算放大器的比较器电路；二极管单相半波整流电路；二极管单相桥式整流电路。

7.6　数字电子技术

与、或、非门的逻辑功能；简单组合逻辑电路；D 触发器；JK 触发器数字寄存器；脉冲计数器。

二、复习指导

本章内容可以分为电场与磁场、电路分析方法、电机及拖动基础、模拟电子技术和数字电子技术五个部分。复习重点及要点如下。

（一）电场与磁场

该部分属于物理学中电学部分的内容，是分析电学现象的基础，主要包括库仑定律、高斯定律、安培环路定律、电磁感应定律。利用这些定理分析电磁场问题时物理概念一定要清楚，要注意所用公式、定律的使用条件和公式中各物理量的意义。

（二）电路分析方法

1.直流电路重点

重点内容包括电路的基本元件、欧姆定律、基尔霍夫定律、叠加原理、戴维南定理。

电路分析的任务是分析线性电路的电压、电流及功率关系。重点是要弄清有源元件（电压源和电流源）和无源元件（电阻、电感和电容）在电路中的作用；电路中电压、电流受克希霍夫电压定律和电流定律约束，欧姆定律控制了电路元件中电压电流关系；使用公式时必须注意电路图中电压、电流正方向和实际方向的关系。叠加原理和戴维南定理是分析线性电路重要定理，必须通过大量的练习灵活地处理电路问题。

2.正弦交流电路重点

重点内容包括正弦量的表示方法、单相和三相电路计算、功率及功率因数、串联与并联谐振的概念。

交流电路与直流电路的分析方法相同，关键是建立正弦交流电路大小、相位和频率的概念和正确地表示正弦量的最大值、有效值、初相位、相位差和角频率，熟悉各种表示方法间的关系并进行转换；能用相量法和复数法计算正弦交流电路。

交流电路的无功功率反映电路中储能元件与电源进行能量交换的规模，有功功率才是电路中真正消耗掉的功率，它不仅与电路中电压和电流的大小有关，还与功率因数$\cos\phi$有关。

谐振是交流电路中电压的相位与电流的相位相同时的特殊现象。此时电路对外呈电阻性质，注意掌握串联谐振和并联谐振的条件和电压电流特征。

三相电路中负载连接的原则是保证负载上得到额定电压，分清对称性负载和非对称性负载的条件，并会计算对称性负载三相电路中电压电流和有功功率的大小；注意星形接法中中线的作用。

3.一阶电路的暂态过程

理解暂态过程出现的条件和物理意义。含有储能元件C、L的电路中，电容电压和电感电流不会发生跃变。电路换路（如开关动作）时必须经过一段时间，各物理量才会从旧的稳态过渡到新的稳态。重点是建立电路暂态的概念，用一阶电路三要素法分析电路换路时，电路的电压电流的变化规律。关键在于确定电压电流的初始值、稳态值和时间常数，并用典型公式计算。

（三）电机及拖动基础

主要内容：变压器、三相异步电动机的基本工作原理和使用方法、常用继电器-接触器控制电路、安全用电常识。

了解变压器的基本结构、工作原理，单相变压器原副边电压、电流、阻抗关系及变压器额定值的意义，经济运行条件。了解三相交流异步电动机中转速、转矩、功率关系、名牌数据的意义，特别是电动机的常规使用方法。例如，对三相交流异步电动机启动进行控制的目的是限制电动机的起动电流。正常运行为三角形接法的电动机，起动时采用星形接法，起动电流减少的程度可根据三相电路理论，将三相电动机视为一个三相对称形负载便可确定。

掌握常用低压电气控制电路的绘图方法，必须明确，控制电路图中控制电器符号是按照电器未动作的状态表示的。阅读继电接触器控制电路图时要特别注意自锁、联锁的作用，了解过载，短路和失压保护的方法。

安全用电属于基本用电知识，重点是了解接零、接地的区别和应用场合。

（四）模拟电子技术

主要内容：二极管及二极管整流电路、电容电感滤波原理、稳压电路的基本结构；三极管及单管电压放大电路，能够确定三极管电压放大器的主要技术指标。

了解半导体器件结构、原理、伏安特性、主要参数及使用方法。学习半导体器件的重点是要掌握PN结的单向导电性，难点是正确理解和应用二极管的非线性、三极管的电流控制关系。

能正确计算二极管整流电路中输入电压的有效值和整流输出电压平均值的大小关系，理解电容滤波电路的滤波原理和稳压管稳压电路的原理和对电路输出电压的影响。

分析分离元件放大电路的基础在于正确读懂放大电路图（静态偏置、交流耦合、反馈环节的主要特点），正确计算放大电路的静态参数，并会用微变等效电路分析放大器的动态指标（放大倍数、输入电阻、输出电阻）。

分析理想运算放大器组成的线性运算电路（比例、加法、减法和积分运算电路）的基础是正确理解应用运算放大器的理想条件（虚短路——同相输入端和反向输入端的电位相同，虚断路——运放的输入电流为零，输出电阻很小——恒压输出），然后根据线性电路理论分析输出电压（电流）与输入电压（电流）的关系。

（五）数字电子技术

数字电路是利用晶体管的开关特性工作的，分析数字电路时要注意输入和输出信号的逻辑关系，而不是大小关系。复习要点是正确对电路进行化简，并会用波形图和逻辑代数式表示电路输出和输入逻辑关系。基础元件是与门、或门、与非门和异或门电路。学员必需熟练地应用这些器件的逻辑功能，组合逻辑电路就是这些元件的逻辑组合，组合电路没有记忆功能，输出只与当前的输入逻辑有关。

时序逻辑电路有保持、记忆和计数功能，这种触发器主要有三种：R-S、D、J-K 型触发器。分析时序电路时必须注意时钟作用时刻，复习时必须记住这三种触发器的逻辑状态表，会分析时序电路输入、输出信号的时序关系。

第一节　电场与磁场

（一）库仑定律

库仑定律是研究两个静止的点电荷在真空中相互作用规律的，内容如下：

在真空中两个静止点电荷间的相互作用力，方向沿两个点电荷的连线，同种电荷相斥，异种电荷相吸；大小正比于两点电荷电量大小的乘积，反比于两点电荷间距离的平方。

该定律可用矢量公式表示为

$$\boldsymbol{F}_{21} = -\boldsymbol{F}_{12} = \frac{1}{4\pi\varepsilon_0} \frac{q_1 q_2}{r_{12}^3} \boldsymbol{r}_{12} \tag{7-1-1}$$

式中：$\boldsymbol{F}_{12}$——点电荷 2 作用于点电荷 1 上的力（N）；

$\boldsymbol{F}_{21}$——点电荷 1 作用于点电荷 2 上的力（N）；

r_{12}——点电荷 1 和 2 之间的距离（m）；

$\boldsymbol{r}_{12}$——点电荷 1 指向点电荷 2 的矢量（m）；

q_1、q_2——分别为点电荷 1 和 2 的电量（C），含正负；

ε_0——真空的介电常数，大小为 $8.85 \times 10^{-12} \text{C}^2/$（N·m²）。

（二）电场强度

传递电力的中介物质是电场。置于电场中某点的试验电荷 q_0 将受到源电荷作用的电力 $\boldsymbol{F}$，定义该点电场强度（简称场强）

$$\boldsymbol{E} = \frac{\boldsymbol{F}}{q_0} \quad \text{(N/C)} \tag{7-1-2}$$

作为描写电场的场量。E是矢量，可以叠加。

若场源是电量为q（含正负）的点电荷，由计算可知，在观察点P的电场强度为

$$E = \frac{q}{4\pi\varepsilon_0 r^3} r \tag{7-1-3}$$

式中：　E ——点电荷q产生的电场强度（N/C）；

　　　　r ——点电荷q至观察点P的距离（m）；

　　　　r ——点电荷q指向P的矢径（m）。

【例 7-1-1】 真空中，点电荷q_1和q_2的空间位置如图所示，q_1为正电荷，且$q_2 = -q_1$，则A点的电场强度的方向是：

　　　　A. 从A点指向q_1

　　　　B. 从A点指向q_2

　　　　C. 垂直于q_1q_2连线，方向向上

　　　　D. 垂直于q_1q_2连线，方向向下

例 7-1-1 图

解　点电荷q_1、q_2电场作用的方向分布为：始于正电荷（q_1），终止于负电荷（q_2）。

答案： B

【例 7-1-2】 两个等量异号的点电荷$+q$和$-q$，间隔为l，求如图所示考察点P在两点电荷连线的中垂线上时，P点的电场强度。

解　正负电荷单独在P点产生的电场的场强分别为

$$E_+ = \frac{1}{4\pi\varepsilon_0} \frac{q}{r^2 + \left(\frac{l}{2}\right)^2}; \quad E_- = \frac{1}{4\pi\varepsilon_0} \frac{q}{r^2 + \left(\frac{l}{2}\right)^2}$$

方向如图所示，故P点总场强大小为$E_p = E_+\cos\alpha + E_-\cos\alpha = 2E_+\cos\alpha$，而 $\cos\alpha = \frac{l}{2\sqrt{r^2 + \left(\frac{l}{2}\right)^2}}$，当$r \gg l$时，注意到强场方向，有$E_p = -\frac{1}{4\pi\varepsilon_0} \frac{ql}{r^3}$（其中，$l$为负电荷指向正电荷的矢量）。

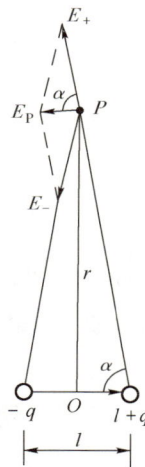

例 7-1-2 图

（三）高斯定理

高斯定理指出了电场强度的分布与场源之间的关系：静电场对任意封闭曲面的电通量只决定于被包围在该曲面内部的电量，且等于被包围在该曲面内的电量代数和除以ε_0，即

$$\oint_A E \cdot dA = \frac{1}{\varepsilon_0} \sum q \tag{7-1-4}$$

式中：　E ——电场强度（N/C）；

　　　　dA ——面积元矢量，大小等于dA（A为封闭曲面），方向是dA的正法线方向（由内指向外）；

　　　　ε_0 ——真空介电常数；

　　　　$\sum q$ ——封闭曲面内电量代数和（C）。

【例 7-1-3】 用高斯定理计算场强。如图所示，无限长带电直导线，电荷密度为η，求其电场。

解　任取一考查点P，到导线距离为R，过P作一封闭圆柱面，柱面高l，底面半径R，轴线与导线重合。由对称性知，P点场强方向沿半径方向，设其大小为E，按高斯定理，有

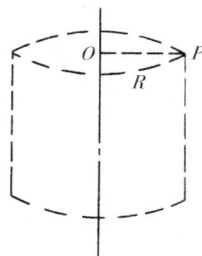

例 7-1-3 图

$$2\pi Rl \cdot E = \frac{1}{\varepsilon_0} \eta \cdot l$$

所以

$$E = \frac{1}{\varepsilon_0} \eta \cdot \frac{1}{2\pi R}$$

考虑方向，有 $\boldsymbol{E} = \frac{1}{2\pi\varepsilon_0} \frac{\eta}{R} < \boldsymbol{R}^0$（$\boldsymbol{R}^0$ 为由 O 点指向 P 的单位矢量）。

（四）电场力做功

电荷从 a 点移至 b 点，电场力做功

$$A_{ab} = \int_a^b \boldsymbol{F} \cdot \mathrm{d}\boldsymbol{l} \tag{7-1-5}$$

式中：$\boldsymbol{F}$——电场对电荷的作用力。

可以证明，A_{ab} 的大小仅与试验电荷电量以及 a、b 点的位置有关，而与路径无关，即静电场力是保守力。

基于静电场是保守力场，可以定义电场空间位置的标量函数：电势，其量值等于单位正电荷从该点经任意路径到无穷远处时电场力所做的功，单位为伏特（V）。静电场中，任意两点 a 和 b 的电势之差叫电势差，也叫电压。

（五）磁感应强度，磁场强度，磁通

（1）静止的电荷产生静电场；而运动电荷周围不仅存在电场，也存在磁场。对于电场曾以作用在试验电荷上的电力定义了场强 $\boldsymbol{E}$，仿此，研究作用在运动电荷上的磁力来引入描写磁场的物理量：磁感应强度（又称磁通密度）$\boldsymbol{B}$，单位为特斯拉（T）。在各向同性的磁介质中，再定义辅助量磁场强度 $\boldsymbol{H}$（A/m），即

$$\boldsymbol{H} = \frac{\boldsymbol{B}}{\mu} \tag{7-1-6}$$

式中：μ——磁介质的相对磁导率，在空气中 $\mu = \mu_0 = 4\pi \times 10^{-7} \mathrm{H/m}$。

举例来说，如图 7-1-1 所示无限长直导线电流强度大小为 I，方向向上，则距导线 a 处磁感应强度大小为 $\frac{I\mu}{2\pi a}$，磁场强度大小为 $H = \frac{I}{2\pi a}$，两者方向皆垂直半径，与电流方向成右手螺旋。

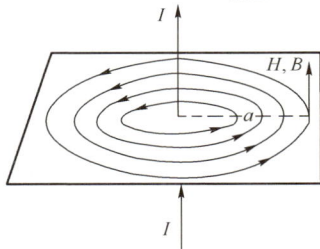

图 7-1-1 无限长直导线的磁感应强度与磁场强度

例 7-1-4 图

【例 7-1-4】 由图示长直导线上的电流产生的磁场：

    A. 方向与电流方向相同

    B. 方向与电流方向相反

    C. 顺时针方向环绕长直导线（自上向下俯视）

    D. 逆时针方向环绕长直导线（自上向下俯视）

解 电流与磁场的方向可以根据右手螺旋定则确定，即让右手大拇指指向电流的方向，那么四指的

指向就是磁感线的环绕方向。

答案：D

（2）定义通过有限曲面S的磁通量（Wb）为

$$\Phi_m = \int_S \boldsymbol{B} \cdot \mathrm{d}\boldsymbol{S} \tag{7-1-7}$$

（六）安培力

磁场中的载流导体会受到磁场力的作用，称为安培力，考查电流元所受安培力，有

$$\mathrm{d}\boldsymbol{F} = I\mathrm{d}\boldsymbol{l} \times \boldsymbol{B} \tag{7-1-8}$$

式中：$I\mathrm{d}\boldsymbol{l}$——电流元；

$\boldsymbol{B}$——磁感应强度。

至于任意形状载流导体在磁场中所受安培力，应等于各电流元所受安培力之和（矢量和）

$$\boldsymbol{F} = \int_L \mathrm{d}\boldsymbol{F} = \int I\mathrm{d}\boldsymbol{l} \times \boldsymbol{B} \tag{7-1-9}$$

显然，长为l的直线电流在匀强磁场$\boldsymbol{B}$中所受安培力为

$$\boldsymbol{F} = I\boldsymbol{l} \times \boldsymbol{B} \tag{7-1-10}$$

【例 7-1-5】 一载流直导线AB如图所示放置，电流大小为i_0，方向从A至B，磁感应强度$\boldsymbol{B}_0$方向沿x轴正向，大小为B_0，求AB导线受力。

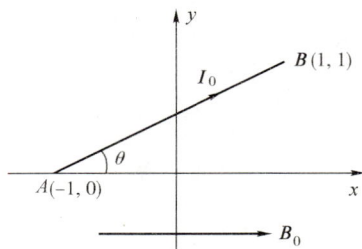

解

$$\boldsymbol{F} = i_0\overrightarrow{AB} \times \boldsymbol{B}_0$$

$$|\boldsymbol{F}| = i_0 B|\overrightarrow{AB}|\sin\theta = i_0 B_0 \sqrt{5} \times \frac{1}{\sqrt{5}} = i_0 B_0$$

$\boldsymbol{F}$方向可以用左手判定，垂直纸面向内。

例 7-1-5 图

（七）安培环路定理

在稳恒电流产生的磁场中，不管载流回路形状如何，对任意闭合路径，磁感应强度的线积分（即环流）仅取决于被闭合路径所圈围的电流的代数和

$$\oint_L \boldsymbol{B} \cdot \mathrm{d}\boldsymbol{l} = \mu_0 \sum I \tag{7-1-11}$$

式中：$\boldsymbol{B}$——磁感应强度（T）；

μ_0——真空磁导率（H/m）；

$\sum I$——被闭合路径圈围的电流代数和（A）。

亦可表示成

$$\oint_L \boldsymbol{H} \cdot \mathrm{d}\boldsymbol{l} = \sum I \tag{7-1-12}$$

式中：$\boldsymbol{H}$——磁场强度。

电流的正负，由积分时在闭合曲线上所取绕行方向按右手螺旋法则决定。

【例 7-1-6】 磁场由若干互相平行的无限长载流直导线产生，各导线电流分别记为I_1、I_2、I_3、I_4、I_5、I_6，大小分别为i_1、i_2、i_3、i_4、i_5、i_6，方向如图所示，求磁感应强度$\boldsymbol{B}$对闭合回路C的线积分，绕行方向如图所示。

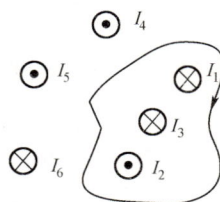

例 7-1-6 图

解　根据安培环路定理

$$\oint_C \boldsymbol{B} \cdot \mathrm{d}\boldsymbol{l} = \mu_0(i_1 - i_2 + i_3)$$

【例 7-1-7】 运动的电荷在穿越磁场时会受到力的作用，这种力称为：

　　　A. 库仑力　　　　　　B. 洛伦兹力　　　　　　C. 电场力　　　　　　D. 安培力

解　洛伦兹力是运动电荷在磁场中所受的力。这个力既适用于宏观电荷，也适用于微观电荷粒子。电流元在磁场中所受安培力就是其中运动电荷所受洛伦兹力的宏观表现。

库仑力指在真空中两个静止的点电荷之间的作用力。

电场力是指电荷之间的相互作用，只要有电荷存在就会有电场力。

安培力是通电导线在磁场中受到的作用力。

答案： B

（八）电磁感应定律

当空间磁场随时间发生变化时，就在周围空间激起感应电场，这个感应电场作用于导体回路，在导体回路中产生感应电动势，并形成感应电流。

法拉第电磁感应定律指出：不论任何原因，使通过回路面积的磁通量发生变化时，回路中产生的感应电动势与磁通量对时间的变化率成正比，即

$$\varepsilon = -\frac{\mathrm{d}\Phi}{\mathrm{d}t} \tag{7-1-13}$$

如果感应回路不止一匝，而是 N 匝，则有：

任意规定回路"绕行正方向"如下

$$\varepsilon = -N\frac{\mathrm{d}\Phi}{\mathrm{d}t} \tag{7-1-14}$$

使用式（7-1-13）及式（7-1-14）时，要先在回路上任意规定一个绕行方向作为回路正方向，再用右手螺旋法则确定回路面积正法线方向。

【例 7-1-8】 如图所示，均匀磁场中，磁感应强度方向向上，大小为 5T，圆环半径 0.5m，电阻 5Ω，现磁感应强度以 1T/s 速度均匀减小，问圆环内电流的大小及方向。

解　确定绕行方向如图所示，则

$$\boldsymbol{\Phi} = \int_S \boldsymbol{B} \cdot \mathrm{d}S = B \cdot \pi r^2$$

$$\varepsilon = -\frac{\mathrm{d}\Phi}{\mathrm{d}t} = -\frac{\mathrm{d}B}{\mathrm{d}t} \cdot \pi r^2 = \frac{\pi}{4}$$

所以圆环内电流大小 $i = \dfrac{\varepsilon}{R} = \dfrac{\pi}{20}$，方向与绕行方向一致。

【例 7-1-9】 图示铁芯线圈通以直流电流 I，并在铁芯中产生磁通 Φ，线圈的电阻为 R，那么线圈两端的电压为：

　　　A. $U = IR$ 　　　　　　　　　　　　　　B. $U = N\dfrac{\mathrm{d}\theta}{\mathrm{d}t}$

　　　C. $U = -N\dfrac{\mathrm{d}\theta}{\mathrm{d}t}$ 　　　　　　　　　　D. $U = 0$

解　线圈中通入直流电流 I，铁芯中磁通 Φ 为常量，根据电磁感应定律：$e = -N\dfrac{\mathrm{d}\phi}{\mathrm{d}t} = 0$，因此本题中电压电流关系仅受线圈的电阻 R 影响。所以 $U = IR$。

答案： A

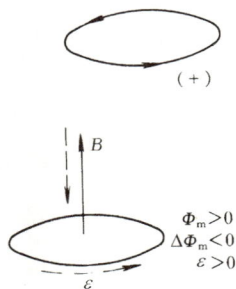

例 7-1-8 图

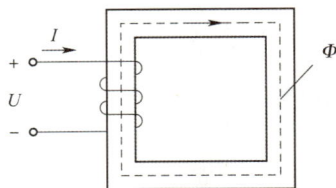

例 7-1-9 图

习 题

7-1-1 无限大平行板电容器，两极板相隔 5cm，板上均匀带电，$\sigma = 3\times10^{-6}$c/m²，若将负极板接地，则正极板的电势为（　　）。

A. $\dfrac{7.5}{\varepsilon_0}\times10^{-8}$V　　　　B. $\dfrac{15}{\varepsilon_0}\times10^{-8}$V　　　　C. $\dfrac{30}{\varepsilon_0}\times10^{-6}$V　　　　D. $\dfrac{7.5}{\varepsilon_0}\times10^{-6}$V

7-1-2 如图所示导体回路处在一均匀磁场中，$B = 0.5$T，$R = 2\Omega$，ab 边长 $L = 0.5$m，可以滑动，$\alpha = 60°$，现以速度 $v = 4$m/s 将 ab 边向右匀速平行移动，通过 R 的感应电流为（　　）。

A. 0.5A　　　　　　B. −1A　　　　　　C. −0.86A　　　　　　D. 0.43A

7-1-3 如图所示电路中，磁性材料上绕有两个导电线圈，若上方线圈加的是 100V 的直流电压，则（　　）。

A. 下方线圈两端不会产生磁感应电动势

B. 下方线圈两端产生方向为左"−"右"+"的磁感应电动势

C. 下方线圈两端产生方向为左"+"右"−"的磁感应电动势

D. 磁性材料内部的磁通取逆时针方向

7-1-4 在图中，线圈 a 的电阻为 R_a，线圈 b 的电阻为 R_b，两者彼此靠近如图示，若外加激励 $u = U_M\sin\omega t$，则（　　）。

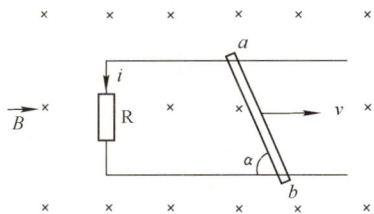

题 7-1-2 图

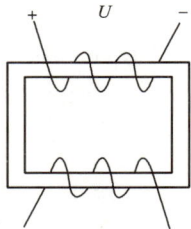

题 7-1-3 图

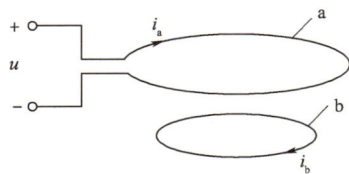

题 7-1-4 图

A. $i_a = \dfrac{u}{R_a}$，$i_b = 0$　　　　　　　　　　B. $i_a \neq \dfrac{u}{R_a}$，$i_b \neq 0$

C. $i_a = \dfrac{u}{R_a}$，$i_b \neq 0$　　　　　　　　　　D. $i_a \neq \dfrac{u}{R_a}$，$i_b = 0$

第二节 电路的基本概念和基本定律

一、电路的作用和基本物理量

（一）电路的作用

电路是电流流通的路径。它是人们为实现某种要求，将必要的元件、设备按一定的方式组合起来的物理系统。

电路的作用大体上可以分为两类：实现能量的传输与分配和传递并处理信息。但无论电路的作用属于前者或是后者，从电路的具体结构中都可以分为电源、负载和中间环节这三部分。

电源：将非电能转变为电能的物理装置（如发电机、电池、传感器等），作用是为电路提供电能或信号。

负载：将电能转变为非电能的物理装置（如电炉、电动机、扬声器等）。

中间环节：对电能量进行传输，分配和控制的部分（如开关等）。

为便于对实际电路进行分析，可以用数学语言来说明电路现象，根据问题要求，突出电路的电、磁性质，用电路符号和连线组合起来的图形就是电路模型，如图 7-2-1 所示。

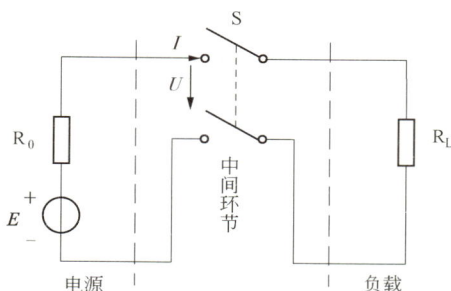

图 7-2-1 电路模型

（二）电路的基本物理量

1. 电流

反映电荷定向流动的物理现象。

（1）电流的大小用**电流强度**表示，简称**电流**，单位是安培（A）。

电流用公式表示为：

$$i = \frac{dq}{dt} \tag{7-2-1}$$

当 $i = I$（常数）时，称为直流电流。

（2）电流的实际方向定义为正电荷移动的方向，在电工理论中为解题方便常常采用"正方向"的概念。

即：在解题中先人为假定正方向，用箭头标在电路图中，然后根据假定的正方向求解，最后根据电流数值的正负号判定电流的真实方向。

如图 7-2-2 所示电路中，求解电流为 $I = 3A > 0$，说明假定电流正方向与电流实际方向一致；反之，如果 $I = -3A < 0$，说明假设的电流正方向与实际的电流方向是相反的。

图 7-2-2 电路图

2. 电压与电位差

电压是衡量电场力对电荷做功的物理量，其大小用电场力将单位正电荷从高电位点移动到另一低电位点所做的功。

电位是电路中某一点对于参考点之间的电压，电路中由a点到b点之间的电压U_{ab}可以表示为：

$$U_{ab} = U_a - U_b \tag{7-2-2}$$

式中，U_a，U_b分别表示电路中a，b两点的电位。

电压、电位的基本单位是伏特（V）。

3. 电动势

电动势是反映电源内部非电力做功的物理量，在数值上等于非静电力将单位正电荷从低电位点推向高电位点所做的功。

电动势E的正方向是从低电位指向高电位，如图 7-2-3 所示。

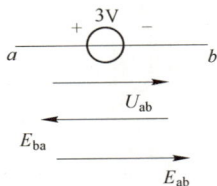

图 7-2-3　电压与电动势方向

$$\left.\begin{array}{l} E_{ba} = 3V \\ U_{ab} = 3V \\ E_{ab} = -3V \end{array}\right\} \begin{array}{l} U_{ab} = E_{ba} \\ U_{ab} = -E_{ab} \end{array}$$

在分析电源问题时用电动势表示与用电压表示是一样的，注意的是E与U的箭头指向一致时数值相反，两者箭头指向相反时数值相同。

同样，在解题过程人们很难事先确定电压、电动势的实际方向。因此，与电流一样，在实际电路中也是用"正方向"的概念求解电压和电动势的。

4. 电功率

当电路中某部分的电压电流正方向一致时，根据$P = UI$计算出的功率若为正值，表示该电路在吸收功率；若计算出的功率为负值，则认为该电路是发出功率的，起电源的作用。

【例 7-2-1】分析如图所示电路的功率分配情况。

解　根据

$$I = \frac{U}{R} = \frac{10}{2} = 5A$$

且

$$P_R = RI^2 = 2 \times 5^2 = 50W > 0$$

可见负载 R 消耗功率。

10V 电源功率为：

$$P_s = -UI = -10 \times 5 = -50W < 0$$

可见，该电压源发出功率。

全部电路的功率关系：

$$\sum P = P_R + P_s = 50 + (-50) = 0W$$

说明该电路的功率平衡。

【例 7-2-2】图示电路消耗电功率 2W，则下列表达式中正确的是：

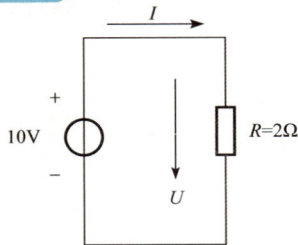

例 7-2-1 图

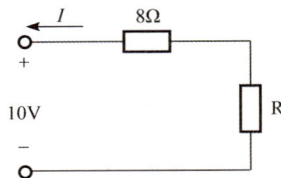

例 7-2-2 图

A. $(8+R)I^2 = 2$，$(8+R)I = 10$

  B. $(8 + R)I^2 = 2$，$-(8 + R)I = 10$

  C. $-(8 + R)I^2 = 2$，$-(8 + R)I = 10$

  D. $-(8 + R)I = 10$，$(8 + R)I = 10$

解　电路的功率关系 $P = UI = I^2 R$ 以及欧姆定律 $U = RI$，是在电路的电压、电流的正方向一致时成立；当方向不一致时，前面增加"–"号。

答案： B

二、基本电路元件

电路中的元件必须能正确反映电路的两种性质：电源性质和负载性质。

（一）电源元件

电源的作用是满足负载要求的电压、电流和功率。电源的外特性（电压、电流关系）称为电源的"V-A 特性"，它可以表示电源的端电压和端电流关系。实际电源的物理结构可以不同，但是对外电路的作用都可以用电压源模型或者是电流源模型来表示。

1. 电压源模型

电动势（U_s）与电阻（R_0）串联组成如图 7-2-4a）所示，电压源端电压可用下式计算

$$U = U_s - R_0 I \tag{7-2-3}$$

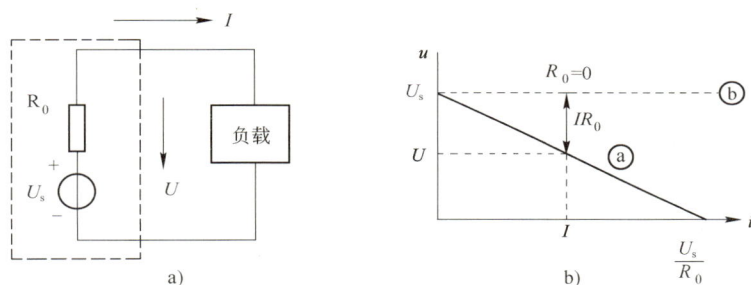

图 7-2-4　电源模型与 V-A 特性

可以得出如图 7-2-4b）所示的"V-A 特性"。可见，负载电流增加时电源端电压减少的过程，并且电压减少的程度与 R_0 的大小有关。为减少电源内部的能量消耗，我们希望实际电压源的内阻 R_0 越小越好。

$R_0 = 0$ 的电压源称为理想电压源，如图 7-2-4b）所示曲线ⓑ，理想电压源的特点是：$U = E_s =$ 常数，与负载电流的大小无关，理想电压源供出电流大小是由负载控制的：$I = U_s/R$。

2. 电流源模型

电流源（I_s）与电源内阻（R_0）并联组成。如图 7-2-5a）所示，电流源输出电流的大小可以用下式表示：

$$I = I_s - \frac{U}{R_0} \tag{7-2-4}$$

"V-A 特性"如图 7-2-5b）所示，可见实际电流源的电流随负载电压的增加而减少，为减少电流源内部损耗，电流源内阻 R_0 越大越好。

$R_0 = \infty$ 的电流源称为理想电流源，如图 7-2-5b）所示曲线。

理想电流源的特点是 $I = I_s =$ 常数，即输出电流与负载的大小无关；而理想电流源两端的电压大小

由负载电阻决定：$U = R \cdot I_s$。

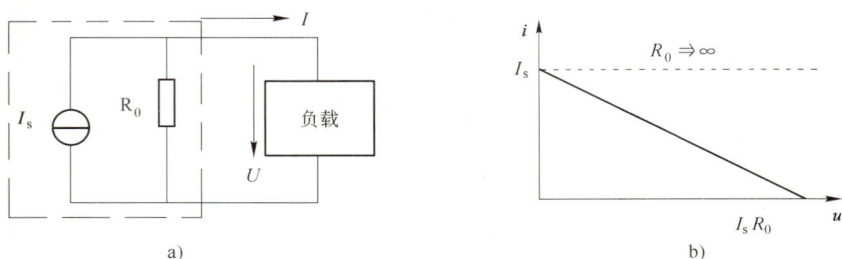

图 7-2-5 电流源模型及外特性

3. 两种电源的等效变换

在实际中，用电压源或电流源符号表示电源的作用没有本质的区别，因为两种电源模型对外部（负载）作用是完全等效的。

电压源与电流源的变换方法：电压源和电流源中电阻R_0的数值相同。

且$U_s = R_0 I_s$，则公式（7-2-3）可改写为

$$U = R_0 I_s - R_0 I \qquad\qquad (7-2-5)$$

进而可改写为

$$I = I_s - \frac{U}{R_0}$$

与式（7-2-4）一致。

两种电源的外特性方程一致，它们对外电路的作用是一样的，这就是等效变换的概念。

【例 7-2-3】 将如图所示的电压源变换为电流源，并证明两个电源对负载R_L的作用相同。

解 将电压源图 a）转换为电流源图 b），其中

$$R_0 = 1\Omega, \quad I_s = \frac{U_s}{R_0} = \frac{5}{1} = 5A$$

$$I = \frac{U_s}{R_0 + R_L} = 1A \qquad\qquad\qquad I = I_s \frac{R_0}{R_0 + R_L} = 1A$$
$$U = R_L I = 4V \qquad\qquad\qquad\qquad U = R_L I = 4V$$

可见两个电源在电阻R_L上产生的电压、电流相同，$P_R = UI = 4 \times 1 = 4W$。

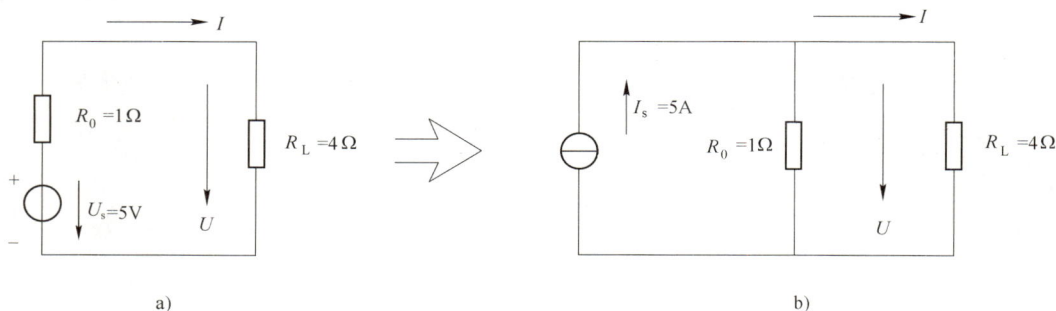

例 7-2-3 图 电压源转变为电流源

这里有三点需要注意：

（1）理想电压源与理想电流源不能等效变换；

（2）所谓等效变换是指端电压U、端电流I的等效，即对外部负载等效，不对内部电路等效；

（3）变换以后电流源I_s正方向与电源U_s的方向相反。

（二）负载元件

1. 电阻元件

电阻元件是反映电路中消耗电能多少的元件，其端电压u的大小与流过该电阻电流i的大小成比例。

线性电阻：$u/i = r = R =$ 常数（见图 7-2-6 中曲线ⓐ）；非线性电阻：$u/i = r \neq$ 常数（见图 7-2-6 中曲线ⓑ）。

2. 电感元件

电感元件是反映储存磁场能量多少的元件，由物理学中电磁感应定律（Ψ 为电感元件中的磁通量），即

$$e_1 = -\frac{d\Psi}{dt} = -\left(\frac{d\Psi}{di}\right)\frac{di}{dt}$$

当 $\frac{d\Psi}{di} =$ 常数 $= L$，称为线性电感（见图 7-2-7 中曲线ⓐ），可写出电压电流关系式

$$u = -e = L\frac{di}{dt}\left(\text{或} i = \frac{1}{L}\int u dt\right)$$

当 $\frac{d\Psi}{di} \neq$ 常数，称为非线性电感（见图 7-2-7 中曲线ⓑ）。

3. 电容元件

电容元件是反映储存电场能量多少的元件。

根据 $i = \frac{dq}{dt} = \frac{dq}{du} \cdot \frac{du}{dt}$，当 $\frac{dq}{du} = C =$ 常数时，为线性电容，见图 7-2-8 中曲线ⓐ，即

$$i = C\frac{du}{dt} \quad \text{或} \quad u = \frac{1}{C}\int i dt$$

当 $\frac{dq}{du} \neq$ 常数时，为非线性电容，见图 7-2-8 中曲线ⓑ。

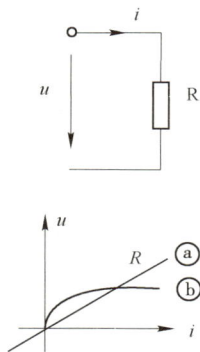

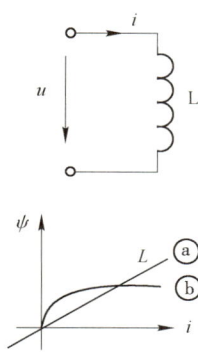

图 7-2-6　电阻元件　　　　图 7-2-7　线性电感　　　　图 7-2-8　电容元件

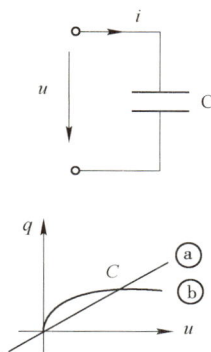

电路基础部分是以分析线性电路为主。

线性电路是由独立电源和线性元件构成的。即使在后边遇到非线性元件（二极管、三极管……），也是将非线性元件线性化以后，用线性电路的解题方法处理。

独立电源——电压源 E_s、电流源 I_s 的数值为常数，与其供出的电流和电压无关。

线性元件——R、L、C 线性元件。

三、电路的工作状态

如图 7-2-9 所示为最简单的电源向负载供电路：通过开关 S_1、S_2 的适当组合，电路将工作于三种状态（有载工作状态、开路和短路工作状态）。

电源端电压关系 $\qquad U = U_s - R_0 I \qquad$［得图 7-2-9b）中曲线①］ $\qquad$ (7-2-6)

负载电压关系 $\qquad U = R_L I \qquad$［得图 7-2-9b）中曲线②］ $\qquad$ (7-2-7)

图 7-2-9b）中①、②曲线交点 I_Q、U_Q 是实际电路的工作电压和工作电流。

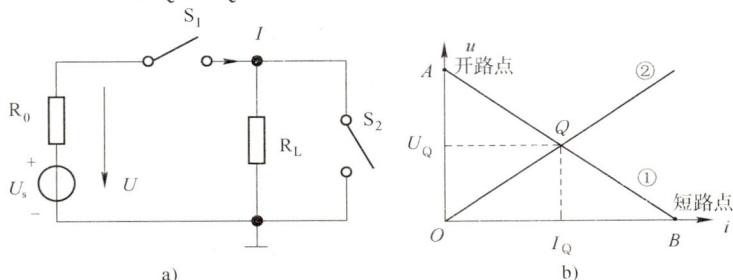

图 7-2-9 工作电路

（一）有载工作状态（S_1 合，S_2 分）

这时电源与负载接通向负载供电，供电的多少与负载电阻 R_L 有关。

由式（7-2-6）和式（7-2-7）可知 $\qquad U_s - R_0 I = R_L I$

变为功率方程 $\qquad U_s I - R_0 I^2 = R_L I^2$

即

$$P_s - \Delta P = P_L \qquad (7-2-8)$$

电源电动势发出的功率 P_s 减去电源内阻 R_0 上消耗的功率 ΔP 以后，才是负载上实际得到的功率 P_L。

当电源或负载电压、电流、功率都达到规定值（生产厂家规定的标称值）时，称电源或负载运行为额定工作状态。

（二）开路状态

指电源与负载断开（S_1 分），即

$$I = 0, \quad U = U_s, \quad P_L = 0$$

此时称电路的开路状态，电源不向负载供电（空载）。

（三）短路状态

指电源电流不流经负载，直接由导线返回电源的情况。对电压源来说短路时，$U = 0$，$I = U_s/R_0$，$P_L = 0$（图 7-2-9 中 B 点）。但电源电动势产生的功率很大（$P_s = IU_s$），该功率全部消耗在电源内阻 R_0 上，使电源严重发热。电压源短路是一种事故状态，实际中必须避免。

四、电路的基本定律

电路一旦构成，应注意如何分析电路中的电压、电流和功率的大小。分析电路的依据有两个：一是元件本身的规律；二是这些元件组成电路以后，电路中电压、电流的规律（即基尔霍夫电压、电流定律）。

（一）基尔霍夫电流定律

根据电流连续性质，基尔霍夫电流定律是用来处理节点（三条或三条以上通电导线汇合点）电流关系的定律。

定义：任一电路，任何时刻，任一节点电流的代数和为 0，即

$$\sum i = 0 \qquad (7-2-9)$$

一般流入节点电流为正，流出节点电流为负。

如图 7-2-10 所示电路中，节点 a 的电流关系为

$$I_1 + I_2 - I_3 = 0$$

基尔霍夫电流定律也可以用来分析闭合曲面的电流关系，如图 7-2-11 所示电路，$I' = I$。

当 S 打开时，$I = 0$。

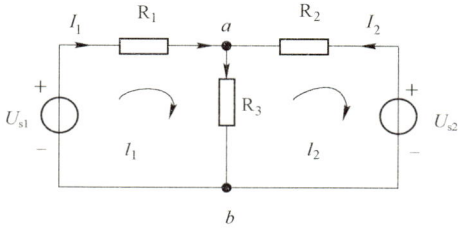

图　7-2-10

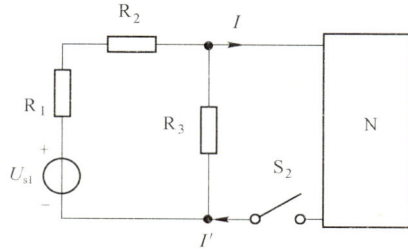

图　7-2-11

（二）基尔霍夫电压定律

根据能量守恒性质，基尔霍夫电压定律可以确定回路中各部分电压关系。

定义：任一电路，任何时刻，回路电压降的代数和为 0，即

$$\sum u = 0 \tag{7-2-10}$$

如图 7-2-10 所示电路 l_1、l_2 回路（取顺时针方向），有

$$l_1: \quad -U_{s1} + I_1R_1 + I_3R_3 = 0$$

$$l_2: \quad -I_3R_3 - I_2R_2 + U_{s2} = 0$$

同样基尔霍夫定律也可以从闭合回路推广应用于开路的情况。

【例 7-2-4】 已知电路如图 a）所示，其中电流 I 等于：

　　　　A. 0.1A　　　　　　B. 0.2A　　　　　　C. −0.1A　　　　　　D. −0.2A

解　见图 b），设 2V 电压源电流为 I'，则：$I = I' + 0.1$

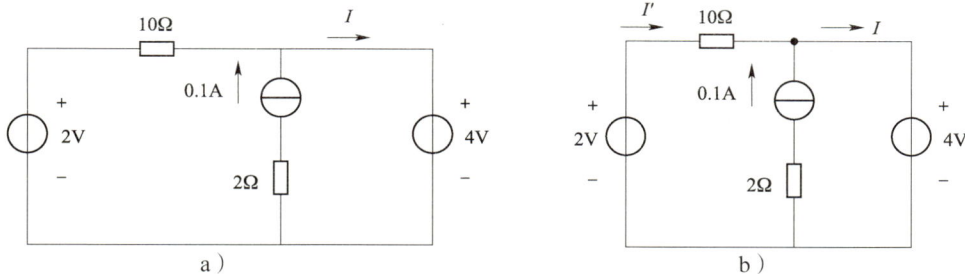

例 7-2-4 图

$$10I' = 2 - 4 = -2\text{V}, \quad I' = -0.2\text{A}$$

$$I = -0.2 + 0.1 = -0.1\text{A}$$

答案：C

习　　题

7-2-1　如图所示电阻电路中 a、b 端的等效电阻为（　　　）。

　　　　A. 6Ω　　　　　　B. 12Ω　　　　　　C. 3Ω　　　　　　D. 9Ω

7-2-2　某电热器的额定功率为 2W，额定电压为 100V。拟将它串联一电阻后接在额定电压为 200V 的直流电源上使用，则该串联电阻 R 的阻值和额定功率 P_N 分别应为（　　）。

  A. R=5kΩ，P_N=1W   B. R=5kΩ，P_N=2W

  C. R=10kΩ，P_N=2W   D. R=10kΩ，P_N=1W

7-2-3　在如图所示的电路中，用量程为 10V、内阻为 20kΩ/V 级的直流电压表，测得 A、B 两点间的电压 U_{AB} 为（　　）。

  A. 6V   B. 5V   C. 4V   D. 3V

7-2-4　如图所示电路中，已知：$U_1 = U_2 =12V$，$R_1 = R_2 =4kΩ$，$R_3 =16kΩ$。S 断开后 A 点电位 U_{AO} 和 S 闭合后 A 点电位 U_{AS} 分别是（　　）。

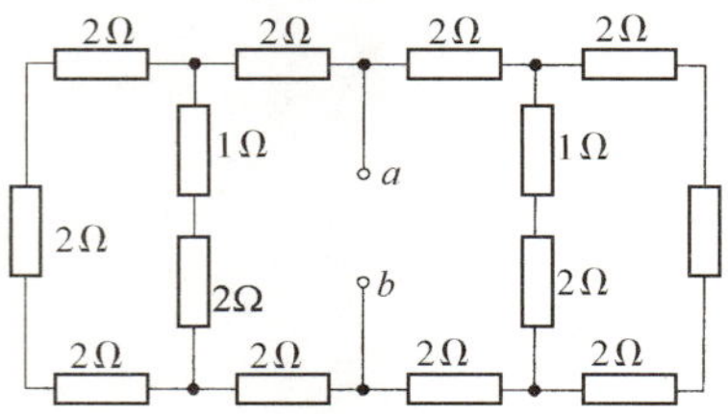

题 7-2-1 图 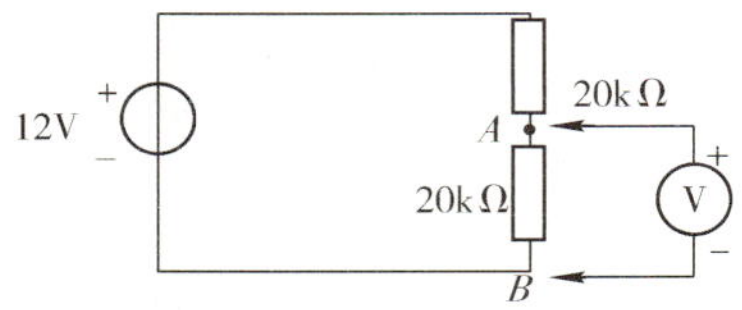　　　　　　　　　　　题 7-2-3 图 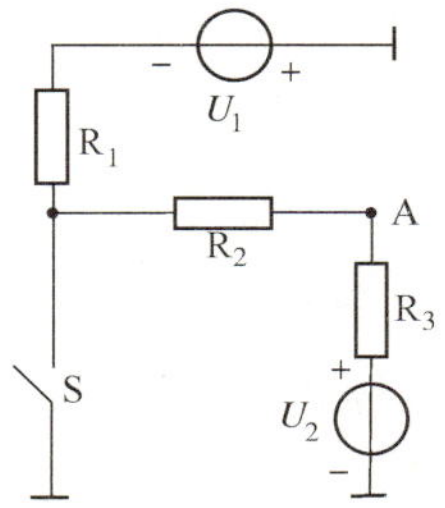　　　　　　　　　　　题 7-2-4 图

  A. −4V，3.6V   B. 6V，0V

  C. 4V，−2.4V   D. −4V，2.4V

7-2-5　在如图所示的电路中，$I_{s1} =3A$，$I_{s2} =6A$。当电流源 I_{s1} 单独作用时，流过 $R =1Ω$ 电阻的电流 $I' =1A$，则流过电阻 R 的实际电流 I 值为（　　）。

  A. −1A   B. +1A   C. −2A   D. +2A

7-2-6　观察如图所示的直流电路，可知，在该电路中（　　）。

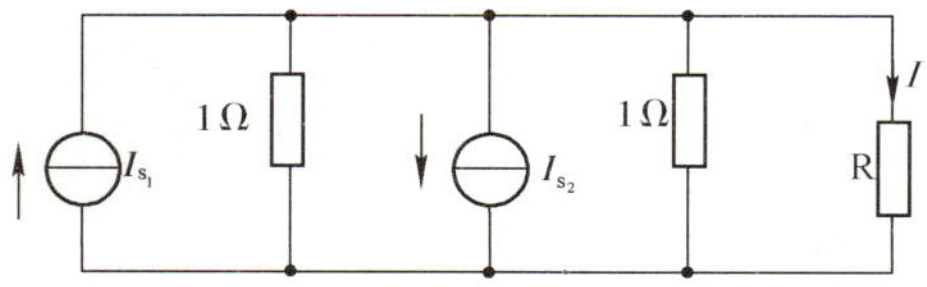

题 7-2-5 图 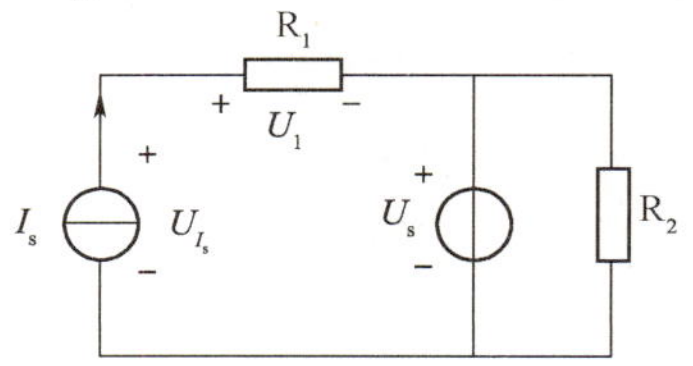　　　　　　　　　　　题 7-2-6 图

  A. I_s 和 R_1 形成一个电流源模型，U_s 和 R_2 形成一个电压源模型

  B. 理想电流源 I_s 的端电压为 0

  C. 理想电流源 I_s 的端电压由 U_1 和 U_2 共同决定

  D. 流过理想电压源的电流与 I_s 无关

第三节　直流电路的解题方法

  电路分析的目的是找出电路中 U、I、P 的关系。在线性电路中解决问题的常用方法是叠加原理和戴维南定理。

  对于不能用简单串并联方法求解的复杂电路，要根据电路的特点去寻找更合适的求解方法。本部分总结几种最常用的电路分析方法：电源变换法、支路电流法、叠加原理和戴维南定理。

一、电源等效变换法

由上节电源元件的介绍，可知电压源模型的外特性和电流源模型的外特性是相同的。因此，电源的两种模型互相等效，可以进行等效变换。但是，电压源模型和电流源模型的等效关系只是对外电路而言的，对电源内部则不等效。

例如在图 7-3-1a）中，当电压源开路时，$I = 0$，电源内阻 R_0 上不损耗功率；但在图 7-3-1b）中电流源开路时，电源内部仍有电流，内阻 R_0 上有功率损耗。

电源等效电阻不限于电源内部内阻 R_0，只要一个电压为 U_s 的理想电压源和某个电阻 R_0 串联的电路，都可以化为一个电流为 I_s 的理想电流源和这个电阻并联的电路图 7-3-2，两者是等效的。

其中 $$I_s = \frac{U_s}{R_0} \quad 或 \quad U_s = R_0 I_s \tag{7-3-1}$$

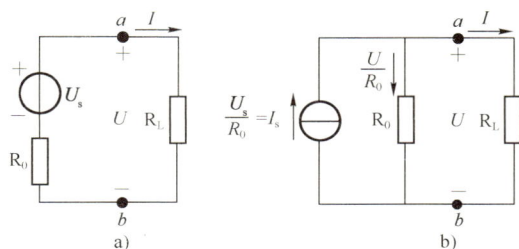

图　7-3-1

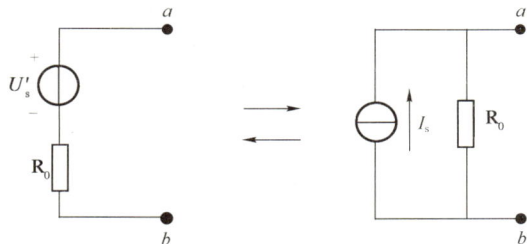

图　7-3-2

在分析复杂电路时，也可以用电源等效变换的方法。

【例 7-3-1】 用电源变换法求如图所示电路中的电流。

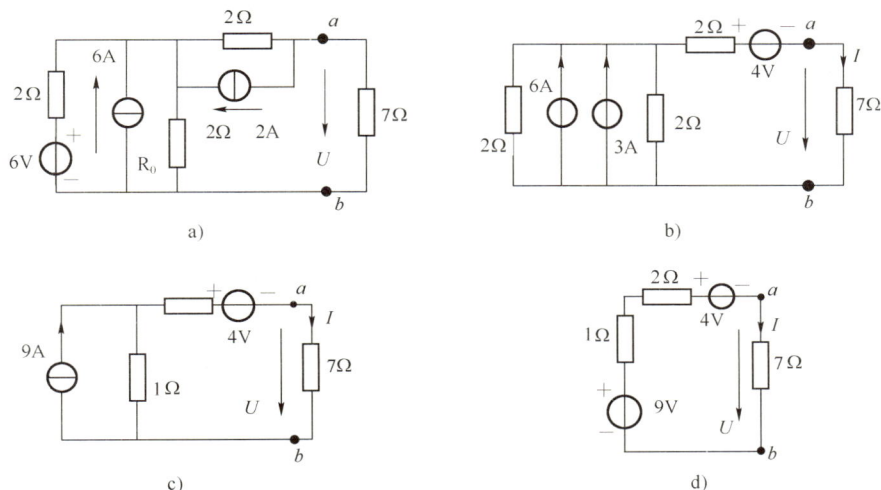

例 7-3-1 图

解　电源变换过程如图 b）、c）、d）所示，由图 d）得出 $I = \dfrac{9-4}{1+2+7} = 0.5A$。

二、支路电流法

在计算复杂电路的各种方法中，支路电流法是最基本的。它是应用基尔霍夫电流定律和电压定律分别对结点和回路列出所需要的方程组，而后解出各未知支路电流。

支路电流法的解题步骤：

（1）选定支路并标出各支路电流的参考方向，并对选定的回路标出回路循行方向。

（2）应用 KCL 列出$(n-1)$个独立的结点电流方程。

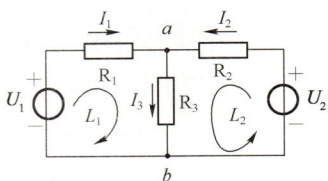

图 7-3-3

（3）应用 KVL 列出$b-(n-1)$个独立的回路电压方程。

（4）联立求解b个方程，求出各支路电流。

今以如图 7-3-3 所示的两个电源并联的电路为例说明支路电流法的应用。在本电路中，支路数$b=3$，结点数$n=2$，共要列出三个独立方程。

对结点a和回路L_1、回路L_2列 KCL 方程及 KVL 方程

$$I_1 + I_2 - I_3 = 0$$
$$U_1 = R_1 I_1 + R_3 I_3$$
$$U_2 = R_2 I_2 + R_3 I_3$$

(7-3-2)

最后对三个方程联立求解，就可以得出支路电流I_1、I_2、I_3。

三、叠加原理

1. 内容

在有多个电源共同作用的线性电路中，各支路电流（或元件的端电压）等于各个电源单独作用时，在该支路中产生电流（或电压）的代数和。

2. 方法

当一个电源单独作用时，其他不作用的电源令其数值为 0。即不作用的电压源电压$E_s = 0$（短路），不作用的电流源$I_s = 0$（断路）。电路其他部分结构参数不变的情况下求其响应。

对单个电源作用的响应求代数和时，要注意各电源单独作用时支路电流（或电压）的方向是否与原图一致，一致时此项取"+"号，相反时该项为"-"号。

【例 7-3-2】 用叠加原理求图中的电流I。

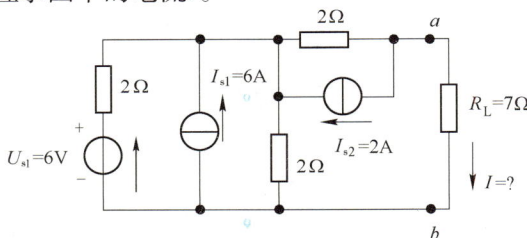

例 7-3-2 图　电路图（叠加原理）

分析　该图有三个独立电源共同作用，且为线性电阻，该电路为线性电路，可以用叠加原理求。

解　第一步：将原图改画为单一电源作用的简单电路，如解图所示。

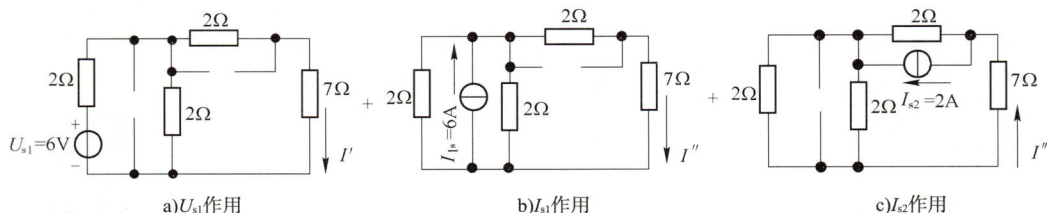

a)U_{s1}作用　　　　b)I_{s1}作用　　　　c)I_{s2}作用

例 7-3-2 解图　简单电路图

第二步：求分电路中电流I'、I''和I'''。

$$I' = \frac{U_{s1}}{2 + 2 /\!/ (2 + 7)} \cdot \frac{2}{2 + (7 + 2)} = \frac{6}{2 + (2 /\!/ 9)} \cdot \frac{2}{11} = 0.3\text{A}$$

$$I'' = I_{s1} \frac{2}{2 + 2 /\!/ (2 + 7)} \cdot \frac{2}{2 + (7 + 2)} = \frac{6 \times 2}{2 + (2 /\!/ 9)} \cdot \frac{2}{2 + 9} = 0.6\text{A}$$

$$I''' = I_{s2} \frac{2}{[(2 /\!/ 2) + 7] + 2} = 2 \times \frac{2}{1 + 7 + 2} = 0.4\text{A}$$

（这里"$/\!/$"为电阻并联符号，如$2 /\!/ 9 = \frac{2 \times 9}{2 + 9}$）

第三步：求各电源单独作用时响应的代数和。

$$I = I' + I'' - I''' = 0.3 + 0.6 - 0.4 = 0.5\text{A}$$

【例 7-3-3】 已知电路如图 a）所示，其中，响应电流I在电压源单独作用时的分量为：

  A. 0.375A   B. 0.25A   C. 0.125A   D. 0.187 5A

解 根据叠加原理，写出电压源单独作用时的电路模型，如图 b）所示。

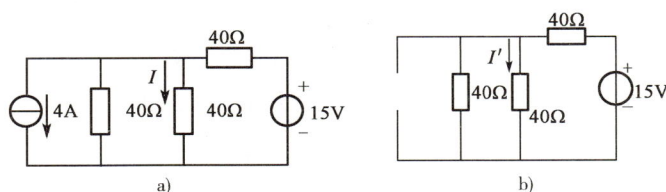

例 7-3-3 图

$$I' = \frac{15}{40 + 40 /\!/ 40} \times \frac{40}{40 + 40} = \frac{15}{40 + 20} \times \frac{1}{2} = 0.125\text{A}$$

答案： C

四、戴维南定理

1. 内容

任何一个线性有源二端网络，对外部电路来说总可以用一个电压为U_s的理想电压源和一个电阻R_0串联的电路表示，如图 7-3-4 所示。

2. 方法

理想电压源电压为原来电路在图 7-3-4a）中a、b点断开的开路电压

$$U_s = U_{oc}$$

等效电阻 R_0 的数值：由电路开路端口（图 7-3-4 中a、b点）向线性有源二端网络内部看过去的除源电阻（除源——去除电源作用，将电压源短路、电流源断路即可）。

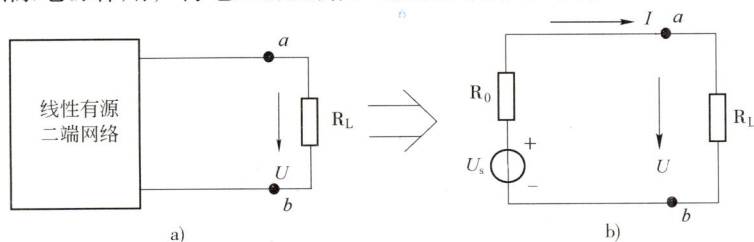

图 7-3-4　线性有源二端网络简化

【例 7-3-4】 用戴维南定理求图中 7Ω 电阻中的电流 I。

解　第一步：移去待求电流支路，将图中 a、b 点断开，构成线性有源二端网络。

第二步：求等效电压源电压 U_s 和内阻 R_0。

（1）用叠加原理求 U_{oc}（见图 a）

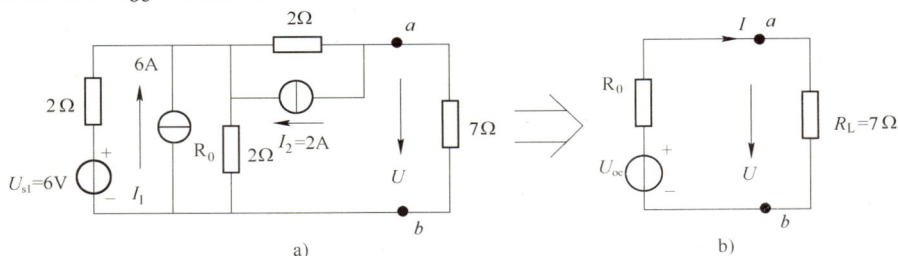

例 7-3-4 图　电路图（戴维南定理）

$$U_{oc} = U_{s1}\frac{2}{2+2} + I_1\left(2 /\!/ 2\right) - I_2 \cdot 2 = 6 \times \frac{2}{4} + 6 \times 1 - 2 \times 2 = 5V$$

（2）求 R_0

将有源二端网络除源后，求端口电阻 R_{ab}，见解图。

$$R_{ab} = 2 + (2 /\!/ 2) = 3\Omega$$

第三步：画等效电路图，如图 b）所示，求 I。

$$R_0 = R_{ab} = 3\Omega, \quad U_s = U_{oc} = 5V$$

$$I = \frac{U_s}{R_0 + R_L} = \frac{5}{3 + 7} = 0.5A$$

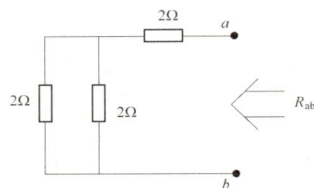

例 7-3-4 解图　等效电阻

习　　题

7-3-1　在如图 a）所示电路中的电流为 I 时，可将图 a）等效为图 b），其中等效电压源电动势 E_s 和等效电源内阻 R_0 分别为（　　）。

A. $-1V$，5.143Ω　　　B. $1V$，5Ω　　　C. $-1V$，5Ω　　　D. $1V$，5.143Ω

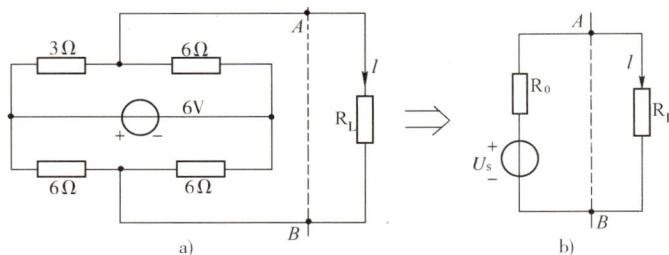

题 7-3-1 图

7-3-2　如图所示电路中，已知：$U_{s1} = 100V$，$U_{s2} = 80V$，$R_2 = 2\Omega$，$I = 4A$，$I_2 = 2A$，则可用基尔霍夫定律求得电阻 R_1 和供给负载 N 的功率分别为（　　）。

A. 16Ω，$304W$　　　B. 16Ω，$272W$　　　C. 12Ω，$304W$　　　D. 12Ω，$0W$

7-3-3　电路如图所示，用叠加定理求得电阻 R_L 消耗的功率为（　　）。

A. $1/24W$　　　B. $3/8W$　　　C. $1/8W$　　　D. $1/12W$

7-3-4　如图所示电路中，电压源 U'_{s2} 单独作用时，电流源端电压分量 U'_{Is} 为（　　）。

A. $U_{s2} - I_s R_2$ B. U_{s2} C. 0   D. $I_s R_2$

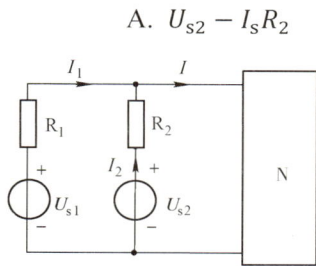
题 7-3-2 图

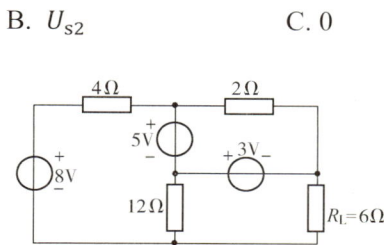
题 7-3-3 图

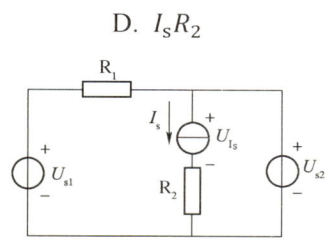
题 7-3-4 图

第四节　正弦交流电路的解题方法

如果电路中的电压、电流随时间按正弦规律变化，该电路便称为"正弦交流电路"，电网上输送的电能都是以正弦交流形式工作的。

一、正弦交流电的三要素表示法

（一）正弦交流电的三要素

已知正弦电流随时间的变化规律如图 7-4-1 所示，写成瞬时值表达式为

$$i(t) = I_m \sin(\omega t + \psi_i) \, (\text{A})$$

其中，I_m、ω 和 ψ_i 分别表示正弦电流的大小、变化速度和在时间轴上的位置，称为正弦交流电的三要素。

1. 幅值与有效值

幅值 I_m 表示正弦量在变化的过程中可能出现的最高峰值。

有效值 I 是从交流电流与直流电流在同一元件上产生的热效应相等条件考虑的，交流电的有效值为

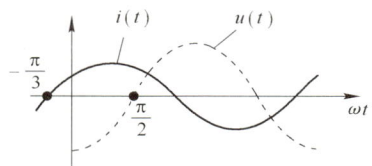
图 7-4-1　正弦电流电压随时间变化规律

$$I = \sqrt{\frac{1}{T} \int_0^T i^2(t) \mathrm{d}t}$$

当 $i(t)$ 是正弦交流电时，$i(t) = I_m \sin(\omega t + \psi i)$，则

$$I = I_m / \sqrt{2} = 0.707 I_m \tag{7-4-1}$$

此结论也适用于正弦交流电压，电动势的有效值计算。

2. 频率与周期

角频率

$$\omega = \frac{2\pi}{T} \quad (\text{rad/s})$$

其中

$$T = \frac{1}{f} \tag{7-4-2}$$

式中：f（频率）——反映正弦量每秒钟变化的次数（Hz）；

T（周期）——反映正弦量变化一次所用的时间（s）。

对于工频电源$f = 50\text{Hz}$，$T = 1/f = 0.02\text{s}$，$\omega = 2\pi f = 314\text{rad/s}$。

3. 初相位和相位差

ψ叫作正弦量的初相位（当时间$t = 0$时正弦量的相位）。

相位差是两个正弦量的相位之差，反映正弦量在时间上的先后关系，当两个正弦量的频率相同时，相位差也就是初相位之差。

相位差

$$\varphi = (\omega t + \psi_u) - (\omega t + \psi_i) = \psi_u - \psi_i \qquad (7-4-3)$$

如图 7-4-1 所示

$$i(t) = I_m \sin\left(\omega t + \frac{\pi}{3}\right)$$

$$u(t) = U_m \sin\left(\omega t - \frac{\pi}{2}\right)$$

$$\varphi = \left(-\frac{\pi}{2}\right) - \frac{\pi}{3} = -\frac{5}{6}\pi$$

$\varphi < 0$说明电压$u(t)$滞后于$i(t)\frac{5}{6}\pi$。正弦量的初相位ψ与计时点有关，而相位差φ与计时起点无关；并且只有同频率的正弦量才有相位差可言。

（二）正弦量的表示法

有四种方法可以表示正弦量：

（1）三角函数，$i(t) = I_m \sin(\omega t + \psi_i)$；

（2）波形图，如图 7-4-1 所示；

（3）相量表示法；

（4）复数表示法。

前面两种方法都直观地表示了正弦量的三要素，但是对电路进行定量分析时很不方便，后面两种方法是定量求解正弦交流电路的常用方法。

可以证明，线性电路中各部分电压电流的频率与电源频率相同。因此在计算时，只要解出各正弦量的大小关系（幅值或有效值）和相对位置（初相位或相位差）即可。

1. 相量表示法

相量是一个特殊矢量，与空间矢量不同的是相量表示的是在特定时刻正弦量的大小和位置，即幅值（或有效值）与初相位关系。线性电路中的u，i频率已由电源频率确定，利用相量法求解线性交流电路将使计算大大简化。

当$t = 0$时

$$i(t) = I_m \sin\psi_i$$

写成相量式为

$$\dot{I}_m = I_m \underline{/\psi_i}$$

相量图如图 7-4-2 所示。

频率相同的正弦量可以画在同一张相量图上，这样可以直观地反映多个正弦量之间的大小及其相位关系。

相量也可用有效值表示 $\qquad \dot{I} = I \underline{/\psi_i}$

即 $\qquad \dot{I}_m = \dot{I}_m/\sqrt{2}$

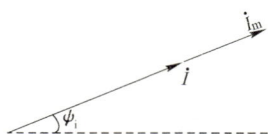

图 7-4-2 相量图

2. 复数表示法

在数学中，可以用复数来表示矢量，既然正弦量表示为特殊矢量（相量），那么正弦相量就可用复数表示。

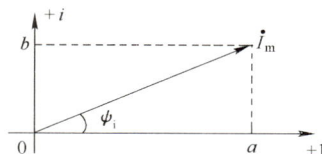

图 7-4-3 复数图

对于如图 7-4-3 所示的电流相量用复数坐标表示后，如图 7-4-3 所示，可以写为三种对应的复数表达式。

代数式

$$\dot{I}_m = a + jb \tag{7-4-4}$$

极坐标式

$$\dot{I}_m = I_m \angle \psi_i \tag{7-4-5}$$

指数式

$$\dot{I}_m = I_m e^{j\psi_i} \tag{7-4-6}$$

变换公式如下

$$\left. \begin{aligned} I_m &= \sqrt{a^2 + b^2} \\ \psi_i &= \arctan\frac{b}{a} \end{aligned} \right\} \tag{7-4-7}$$

$$\left. \begin{aligned} a &= I_m \cos\psi_i \\ b &= I_m \sin\psi_i \end{aligned} \right\} \tag{7-4-8}$$

【例 7-4-1】 已知有效值为 10V 的正弦交流电压的相量图如图所示，则它的时间函数形式是：

A. $u(t) = 10\sqrt{2}\sin(\omega t - 30°)$V

B. $u(t) = 10\sin(\omega t - 30°)$V

C. $u(t) = 10\sqrt{2}\sin(-30°)$V

D. $u(t) = 10\cos(-30°) + 10\sin(-30°)$V

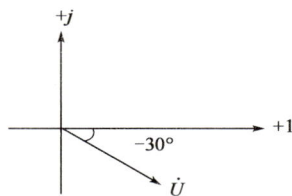

例 7-4-1 图

解 本题注意正弦交流电的三个特征（大小、相位、速度）和描述方法。

由相量图可分析，电压最大值为 $10\sqrt{2}$V，初相位为$-30°$，角频率用ω表示，正确描述为：

$$u(t) = 10\sqrt{2}\sin(\omega t - 30°)\,\text{V}$$

答案： A

二、单相交流电路

在交流电路中由于电压、电流随时间变化，那么电路中储存的电磁场能量也都是随时间变化的，因此交流电路分析时不仅要分析电阻（R）元件的消耗电能情况，还要注意电感（L）元件和电容（C）元件对电场磁场储能的变化情况。

（一）纯电阻电路（见图 7-4-4）

1. u_R-i关系

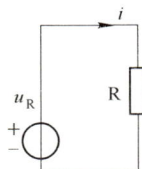

由 $u_R = Ri$，设 $i(t) = I_m \sin(\omega t + \psi_i)$

$$u_R = RI_m\sin(\omega t + \psi_i) = U_{Rm}\sin(\omega t + \psi_u)$$

大小关系 $\quad U_{Rm} = RI_m \quad$（或 $U_R = RI$）

图 7-4-4 纯电阻电路

相位关系　　　　　　　　$\psi_u = \psi_i,\ \varphi = \psi_u - \psi_i = 0$

纯电阻元件中电压电流的相位相同。

复数表达式　　　　　　　　　　　$\dot{I}_m = I_m \angle \psi_i$

$$\dot{U}_{Rm} = U_{Rm} \angle \psi_u = RI_m \angle \psi_i = R\dot{I}_m$$

即　　　　$\dot{U}_{Rm} = R\dot{I}_m$（或$\dot{U}_R = R\dot{I}$）

相量图（设$\psi_i = 0$）如图 7-4-5a）所示，波形图如图 7-4-5b）所示。

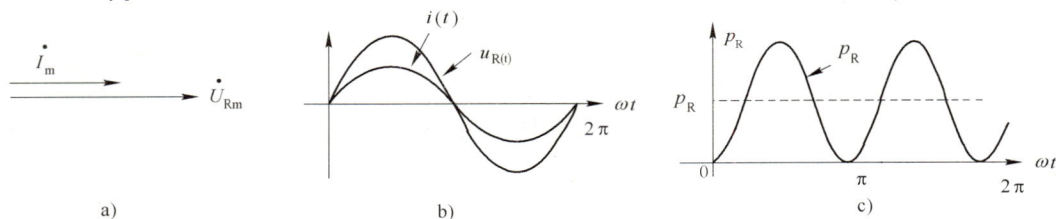

图 7-4-5　纯电阻电路中u_R-i关系

2. 功率关系

瞬时功率

$$p_R = u_R i = U_{Rm} \sin(\omega t + \psi_u) I_m \sin(\omega t + \psi_i)$$

令$\psi_i = 0$，则$\psi_u = 0$

$$p_R = U_R I(1 - \cos 2\omega t)$$

图 7-4-5c）表示瞬时功率波形图，$p_R > 0$电阻元件任何瞬时都在消耗功率。

瞬时功率形象反映任意时刻电阻消耗功率情况，但我们平时用功率表测量的功率是电路中平均消耗功率的多少，定为平均功率（有功功率）。

平均功率

$$P_R = \frac{1}{T}\int_0^T p_R \mathrm{d}t = U_R I = RI^2 = U_R^2/R \tag{7-4-9}$$

（二）纯电感电路（见图 7-4-6）

1. u_L-i关系

$$u_L = L\frac{\mathrm{d}}{\mathrm{d}t}i(t) \tag{7-4-10}$$

设　　　　　　　　　　　$i(t) = I_m \sin(\omega t + \psi_i)$

$$u_L = L\frac{\mathrm{d}}{\mathrm{d}t}[I_m \sin(\omega t + \psi_i)] = (\omega L)I_m \sin(\omega t + 90° + \psi_i) = U_{Lm}\sin(\omega t + \psi_u)$$

大小关系　　　　　　　　$U_{Lm} = (\omega L)I_m$

定义　　　　　　　　　$X_L = \omega L = 2\pi f L\ [\Omega]$

称X_L为电路的感抗。

相位关系（见图 7-4-7）　　　　　$\psi_u = \psi_i + 90°$

$$\varphi = \psi_u - \psi_i = 90°$$

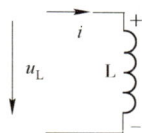

图 7-4-6　纯电感电路

图 7-4-7　纯电感电路相量图

电感元件两端电压u_L比通过电感元件的电流$i(t)$在相位上超前90°。

复数表达式

$$\dot{U}_{Lm} = U_{Lm} \underline{/\psi_u} = X_L I_m \underline{/\psi_i + 90°}$$
$$= (X_L e^{j90°})(I_m e^{j\psi_i}) = jX_L \cdot \dot{I}_m \qquad (7-4-11)$$

相量图（设$\psi_i = 0°$）如图7-4-7所示。

电感元件的电压$u_L(t)$和电流$i(t)$波形图如图7-4-8a）所示。

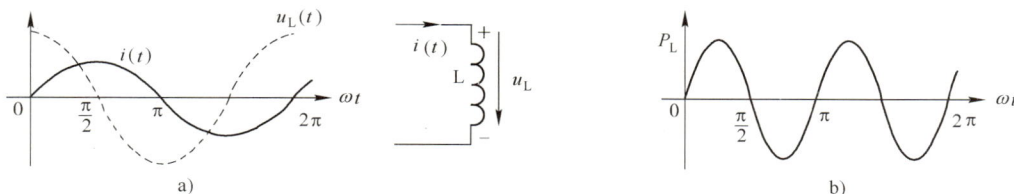

图7-4-8　纯电感电路中各电量关系

2. 功率关系

瞬时功率　　　$p_L = u_L i = U_{Lm}\sin(\omega t + 90°)I_m\sin(\omega t) = U_L I \sin(2\omega t)$

得到波形如图7-4-8b）所示。

下面分析电感元件中磁场能量转化情况。

在图7-4-8a）中 0~$\frac{\pi}{2}$：$u_L(t) > 0$，且$i(t) > 0$，说明此时间内电感元件的实际电压、电流方向就是假定的正方向。

$$p_L(t) = u_L(t)i(t) > 0$$

电感元件的作用相当于负载，它将电源能量吸收后变成磁场能量储存。

$\frac{\pi}{2}$~π：$u_L(t) < 0$，但$i(t) > 0$

$$p_L(t) = u_L(t) \cdot i(t) < 0$$

电感元件的作用相当于电源，它是把已经储存的磁场能量还给电源。

在 0~π 内，纯电感元件吸收的能量与发出的能量相等。

平均功率

$$P_L = \frac{1}{T}\int_0^T p_L(t)dt = 0 \qquad (7-4-12)$$

可见，理想电感元件不消耗能量。

为了衡量电感元件与电源之间进行能量交换的规模，定义无功功率用符号"Q_L"表示，单位为"乏"，记为 var，即

$$Q_L = U_L I = I_2 X_L = U_L^2/X_L \quad (\text{var}) \qquad (7-4-13)$$

（三）纯电容电路（见图7-4-9）

1. u_C-i关系

$$i = C\frac{du_C}{dt}$$

设$u_C = U_{Cm}\sin(\omega t + \psi_u)$，则

$$i = C\frac{d}{dt}[U_{Cm}\sin(\omega t + \psi_u)] = (\omega C)U_{Cm}\sin(\omega t + \psi_u + 90°) = I_m\sin(\omega t + \psi_i)$$

大小关系　　　　　　　　　　$I_m = U_{Cm}/\left(\frac{1}{\omega C}\right)$

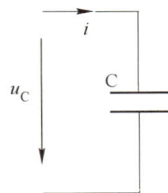

图7-4-9　纯电容电路

定义 "$X_C = \dfrac{1}{\omega C}$" 为电路的 "容抗"，单位为 Ω。

则 $\qquad\qquad\qquad\qquad\qquad I_m = U_{Cm}/X_C$

或 $\qquad\qquad\qquad\qquad\qquad I = U_C/X_C$

相位关系 $\qquad\qquad\qquad\qquad \psi_i + \psi_u + 90°$

$\qquad\qquad\qquad\qquad\qquad \varphi = \psi_u - \psi_i = -90°$

即：电容元件中的电流 $i(t)$ 比电压 u_C 超前 $90°$［或元件的端电压 $u_C(t)$ 滞后电流 $i(t)$ $90°$］。

用复数表示电容元件电压、电流的大小和相位关系。

$$\dot{I}_m = I_m \angle \psi_i = \frac{U_{Cm}}{X_C} \angle \psi_u + 90° = \left(\frac{1}{X_C} e^{j90°}\right) \cdot U_{Cm} = \frac{1}{-jX_C} \dot{U}_{Cm}$$

$$\dot{U}_{Cm} = -jX_C \dot{I}_m \ (\text{或} \dot{I}_C = -jX_C \dot{I})$$

相量图和波形图如图 7-4-10 所示，其中 $\psi_u = 0°$。

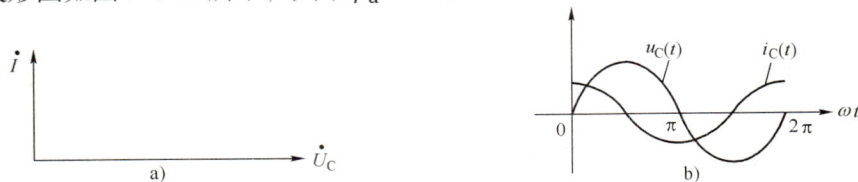

图 7-4-10 纯电容电路的相量图和波形图

2. 功率关系

瞬时功率

$$p_C(t) = u_C(t)i(t) = U_{Cm}\sin(\omega t) I_m \sin(\omega t + 90°) = U_C I \sin 2(\omega t)$$

平均功率

$$P_C = \frac{1}{T}\int_0^T p_C(t)\mathrm{d}t = 0$$

无功功率

$$Q_C = U_C I = I^2 X_C = U_C^2/X_C$$

为将 P 与 Q 对应，平均功率 P 又称为电路的 "有功功率"。

（四）RLC 串联的正弦交流电路

1. u-i 关系

RLC 串联交流电路如图 7-4-11 所示。

设

$$i = I_m \sin \omega t$$

由克希荷夫电压定律可知

$$
\begin{aligned}
u &= u_R + u_L + u_C = Ri + L\frac{\mathrm{d}i}{\mathrm{d}t} + \frac{1}{C}\int i\mathrm{d}t \\
&= RI_m \sin \omega t + L\omega I_m \sin(\omega t + 90°) + \frac{I_m}{\omega C}\sin(\omega t - 90°) \\
&= U_m \sin(\omega t + \psi_u)
\end{aligned}
\tag{7-4-14}
$$

相量关系

$$
\begin{aligned}
\dot{U} &= \dot{U}_R + \dot{U}_L + \dot{U}_C = R\dot{I} + jX_L\dot{I} - jX_C\dot{I} \\
&= [R + j(X_L - X_C)]\dot{I} = Z\dot{I}
\end{aligned}
\tag{7-4-15}
$$

假设：$X_L > X_C$，作出相量图如图 7-4-12 所示。

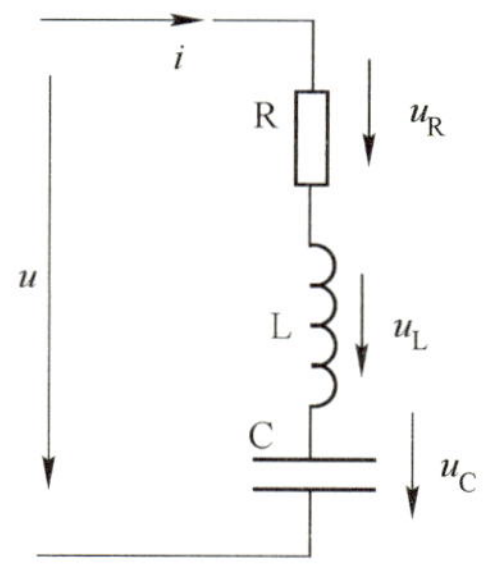

图 7-4-11　RLC 串联电路 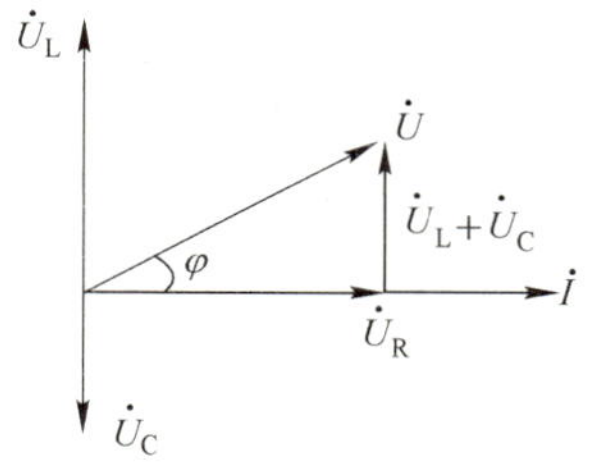　　　　　图 7-4-12　RLC 串联电路的相量图

可见，$\dot{U}$、$\dot{U}_R$、$\dot{U}_L + \dot{U}_C$组成一个直角三角形，称为电压三角形，利用它可知$\dot{U}$的大小和相位关系

$$U = \sqrt{U_R^2 + (U_L - U_C)^2} = \sqrt{(IR)^2 + (IX_L - IX_C)^2} = I\sqrt{R^2 + (X_L - X_C)^2}$$

$\dfrac{U}{I} = \sqrt{R^2 + (X_L - X_C)^2}$，称为电路的阻抗，用$|Z|$表示，单位"欧姆"。

相位差φ可以用下式分析

$$\varphi = \arctan\frac{U_L - U_C}{U_R} = \arctan\frac{X_L - X_C}{R}$$

已知X_L、X_C、R参数后，完全可以确定u、i的大小和相位关系，即可以将$\dot{U}$、$\dot{I}$表示如下

$$\frac{\dot{U}}{\dot{I}} = Z = |Z|\underline{/\psi} = \sqrt{R^2 + (X_L - X_C)^2} \tag{7-4-16}$$

定义：$Z = |Z|\underline{/\psi}$为电路的复阻抗，由此作出的三角形称为阻抗三角形，如图 7-4-13a）所示（注意：Z并不是表示正弦量的相量，阻抗三角形各边只能用直线段表示不要画"箭头"）。

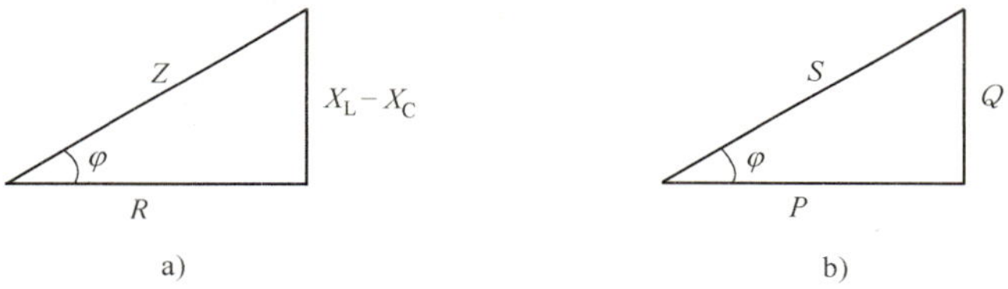

图 7-4-13　阻抗三角形和功率三角形

交流电路中欧姆定律的复数表达式为

$$\dot{U} = Z\dot{I} \tag{7-4-17}$$

$$\varphi = \psi_u - \psi_i$$

φ表示电压超前电流的角度。

当$X_L > X_C$时，$\varphi > 0$，电压超前于电流，该电路具有感性性质，称感性电路。

当$X_L < X_C$时，$\varphi < 0$，电压滞后于电流，该电路具有容性性质，称容性电路。

当$X_L = X_C$时，$\varphi = 0$，电压与电流同相位，该电路具有阻性性质，称阻性电路。

【例 7-4-2】图示电路中，$Z_1 = 6 + j8\,\Omega$，$Z_2 = -jX_C\,\Omega$，为使I取得最大值，X_C的数值为：

A. 6　　　　　　　　　B. 8

C. -8　　　　　　　　D. 0

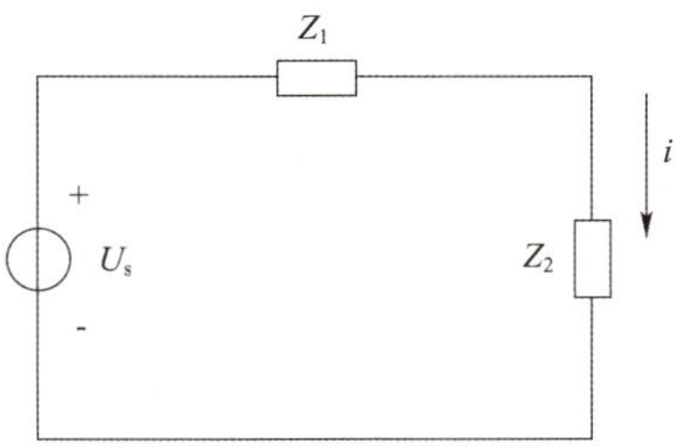

解　根据电路可以分析，总阻抗$Z = Z_1 + Z_2 = 6 + j8 - jX_C$，

当$X_C = 8$时，Z有最小值，电流I有最大值（电路出现谐振，呈现电

例 7-4-2 图

阻性质）。

答案： B

2. 功率关系

在*RLC*串联的交流电路中，有耗能元件*R*又有储能元件*L*和*C*，即在消耗能量的过程中又与电源不断进行能量交换，既有有功功率，又有无功功率。

有功功率（平均功率）

$$P = U_R I = UI \cos\varphi \quad (\text{W}) \tag{7-4-18}$$

无功功率

$$Q = (U_L - U_C)I = Q_L - Q_C = UI \sin\varphi \quad (\text{var}) \tag{7-4-19}$$

视在功率

$$S = UI = UI\sqrt{\cos^2\varphi + \sin^2\varphi} = \sqrt{(UI\cos\varphi)^2 + (UI\sin\varphi)^2}$$
$$S = \sqrt{(P^2 + Q^2)} \tag{7-4-20}$$

由此形成的功率关系用功率三角形表示（见图7-4-13b），其中$S = UI$表示电源做功能力，消耗的功率为$P = S\cos\varphi$，这里$\cos\varphi$称为电路的功率因数，在交流电路中是个重要概念。

（五）交流电路的计算

计算交流电路的方法与直流电路的计算方法相同，以叠加原理和戴维南定理为主要解题方法。注意的是由于交流电路中电压电流相位不同，我们不仅要注意电压电流的大小关系，也同样要注意它们之间的相位关系，所以交流电路的计算是采用相量图和复数运算相结合的办法。

简单地说，在计算交流电路时只要把直流电路中的*R*，*U*，*I*，*P*参数分别改写为相应的Z，$\dot{U}$，$\dot{I}$，S即可。

欧姆定律

$$\dot{U} = Z\dot{I} \tag{7-4-21}$$

基尔霍夫电压定律：$\sum \dot{U} = 0$

基尔霍夫电流定律：$\sum \dot{I} = 0$

视在功率

$$S = UI \tag{7-4-22}$$

有功功率

$$P = UI \cos\varphi \tag{7-4-23}$$

无功功率

$$Q = UI \sin\varphi \tag{7-4-24}$$

【例7-4-3】 电路如图所示，已知：$u(t) = 220\sqrt{2}\sin 314t$（V），求$i$，$i_1$，$i_2$，并分析功率关系。

解 （1）相量分析

i_1支路为感性，i_1滞后u，i_2支路为容性，i_2超前u，将u写为复数$\dot{U} = 220\angle 0°$（V）。

定性作相量图如解图所示。

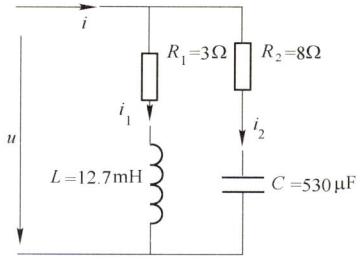

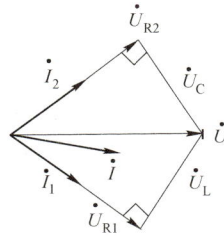

例 7-4-3 图　电路图　　　　　　　　　　　　例 7-4-3 解图　相量图

（2）复数计算

$$Z_1 = R_1 + jX_{L1} = 3 + j(314 \times 1.27 \times 10^{-3}) = 3 + j4 = 5\angle 53.1°\,\Omega$$

$$Z_2 = R_2 - jX_{C1} = 8 - j\frac{10^6}{314 \times 530} = 8 - j6 = 10\angle -36.9°\,\Omega$$

$$\dot{I}_1 = \frac{\dot{U}}{Z_1} = \frac{220\angle 0°}{5\angle 53.1°} = 44\angle -53.1°\,\mathrm{A}$$

$$\dot{I}_2 = \frac{\dot{U}}{Z_2} = \frac{220\angle 0°}{10\angle -36.9°} = 22\angle 36.9°\,\mathrm{A}$$

$$\dot{I} = \dot{I}_1 + \dot{I}_2 = 44\angle -53.1° + 22\angle 36.9°$$
$$= 44\cos(-53.1°) + j44\sin(-53.1°) + 22\cos 36.9° + j22\sin 36.9°$$
$$= 49.2\angle -26.5°$$

电流计算结果可见与相量图的分析是一致的。

【例 7-4-4】 用仪表测得图示电路的电压 $u(t)$ 和电流 $i(t)$ 的结果是 10V 和 0.2A，设电流 $i(t)$ 的初相位为 10°，电压与电流呈反相关系，则如下关系成立的是：

　　A. $\dot{U} = 10\angle 10°\mathrm{V}$　　　　　　　　　　B. $\dot{U} = -10\angle 10°\mathrm{V}$

　　C. $\dot{U} = 10\sqrt{2}\angle 170°\mathrm{V}$　　　　　　　　D. $\dot{U} = 10\angle 170°\mathrm{V}$

解　画相量图分析（见解图），电压表和电流表读数为有效值。

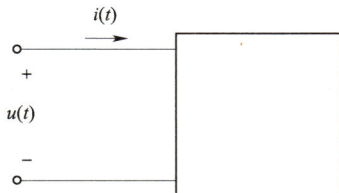

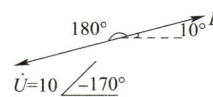

例 7-4-4 图　　　　　　　　　　　　　　　例 7-4-4 解图

答案：D

【例 7-4-5】 一交流电路由 R、L、C 串联而成，其中，$R = 10\Omega$，$X_L = 8\Omega$，$X_C = 6\Omega$。通过该电路的电流为 10A，则该电路的有功功率、无功功率和视在功率分别为：

　　A. 1kW，1.6kvar，2.6kV·A　　　　　　　B. 1kW，200var，1.2kV·A

　　C. 100W，200var，223.6V·A　　　　　　D. 1kW，200var，1.02kV·A

解　交流电路的功率关系为：

$$S^2 = P^2 + Q^2$$

式中：S——视在功率反映设备容量；

P——耗能元件消耗的有功功率；

Q——储能元件交换的无功功率。

本题中：$P = I^2 R = 1\,000\text{W}$，$Q = I^2(X_L - X_C) = 200\text{var}$

$S = \sqrt{P^2 + Q^2} = 1\,019 \approx 1\,020\text{V·A}$

答案： D

（六）交流电路的谐振

在有 R、L、C 三种元件存在的交流电路中，电压电流的大小和相位关系除了与这三个参数有关以外，还与电源频率有关，即

$$\frac{\dot{U}}{\dot{I}} = Z = F(R,\ L,\ C,\ f)$$

如果调节电路参数使 $\varphi = 0$（电路出现纯电阻性质），我们就说该电路出现谐振。这是交流电的特殊现象，在电子技术中非常有用，而在强电系统中要防止电路中出现过高电压，过大电流必须避免电路出现谐振。因此我们必须充分认识电路的谐振现象，对它进行合理的应用和控制。

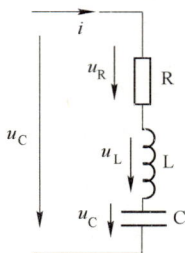

图 7-4-14　RLC 串联电路

阻抗最小

电流最大

电压谐振，因

定义品质因数

所以

1. 串联谐振（见图 7-4-14）

（1）串联谐振条件

根据 $Z = R + j(X_L - X_C) = \sqrt{R^2 + (X_L - X_C)^2} \underline{/\arctan\frac{X_L - X_C}{R}}$

可知：当 $X_L = X_C$ 时 $\varphi = 0$ 电路出现纯电阻性质，即

$$\omega_0 L = (\omega_0 C)^{-1}$$

$$\omega_0 = \frac{1}{\sqrt{LC}} \quad \text{或} \quad f_0 = \frac{1}{2\pi\sqrt{LC}} \tag{7-4-25}$$

（2）串联电路谐振特点

$$Z_0 = R = Z_{\min}$$

$$I_0 = \frac{U}{|Z_0|} = \frac{U}{Z_{\min}} = I_{\max}$$

$$U_C = I_0 X_C = \frac{U}{R}X_C = \left(\frac{X_C}{R}\right) \cdot U$$

$$Q = \frac{X_C}{R}$$

$$U_C = QU$$

$$U_L = U_C = QU \tag{7-4-26}$$

当 $Q \gg 1$ 时，分电压（U_L 或 U_C）可能比总电压大许多倍，故称为电压谐振。

2. 并联谐振

这里主要分析电感线圈与电容器并联的实际情况，一般电容器的漏电流很小，可以设电容器为纯电容元件，得如图 7-4-15 所示电路图。同样，当 $u(t)$ 和 $i(t)$ 的相位相同时（$\varphi = 0$），电路谐振。

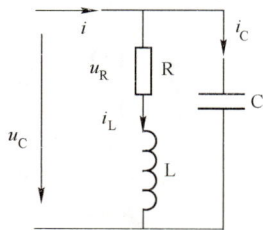

图 7-4-15　LC 并联电路

（1）并联谐振条件

根据

$$\frac{\dot{I}}{\dot{U}} = \frac{1}{Z} = \frac{1}{R + jX_L} + \frac{1}{-jX_C} = \frac{R - jX_L}{R^2 + X_L^2} + j\frac{1}{X_C}$$
$$= \frac{R}{R^2 + X_L^2} + j\left(\frac{1}{X_C} - \frac{X_2}{R^2 + X_L^2}\right)$$

令：上式的虚部为 0，则可实现 $\varphi = 0$ 的要求（且设电感线圈的电阻 R 比其感抗 X_L 小许多）。

$$\frac{1}{X_C} = \frac{X_L}{R^2 + X_L^2} \approx \frac{1}{X_L}$$

可得并联电路谐振条件为：

$$\omega_0 C = \frac{1}{\omega_0 L}$$

$$\omega_0 = \frac{1}{\sqrt{LC}} \quad \text{或} \quad f_0 = \frac{1}{2\pi\sqrt{LC}}$$

（2）并联电路谐振特点

阻抗最大

$$Z_0 = \frac{R^2 + X_L^2}{R} = Z_{\max}$$

电流最小

$$I_0 = \frac{U}{|Z_0|} = \frac{U}{|Z_{\max}|} = I_{\min}$$

电流谐振

$$I_0 = \frac{U}{Z_0} = \frac{UR}{R^2 + X_L^2} \approx \frac{UR}{X_L^2} = \frac{U}{X_C} \cdot \frac{R}{X_L} = \frac{I_C}{Q}$$

$$I_C = QI_0$$

当 $Q = \frac{X_C}{R} \gg 1$ 时，电路中电容支路的分电流 I_C 可能会比总电流大许多，这就是"电流谐振"的含义。

三、三相交流电路

（一）三相交流电源（见图 7-4-16）

三相交流电是目前广泛使用的输、配电方式，其原因是三相电源应用方便，且经济性能也比较理想。在用电方面三相电的负载主要是三相交流电动机。

三相交流电源是三相交流发电机产生的，三相发电机内部有三相定子绕组，电机中每套绕组电动势分别为

图 7-4-16　三相交流电源

$$\left.\begin{array}{l} e_A = E_m \sin(\omega t) \\ e_B = E_m \sin(\omega t - 120°) \\ e_C = E_m \sin(\omega t + 120°) \end{array}\right\} \tag{7-4-27}$$

这种具有有效值（或幅值）相等、频率相等、相位上互差 120° 的三相电动势，称为对称三相电动势，具有这一性质的电源就是我们常说的三相电源。

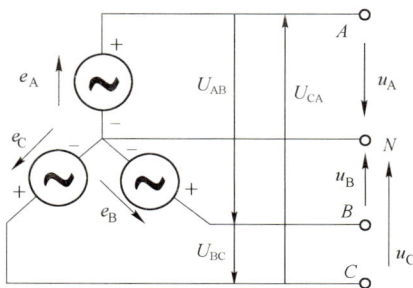

1. 两种端线

（1）火线：各电动势的正向（绕组首端）引出线（A，B，C）；

（2）中线：各相电动势的尾端公共线（N）。

2. 两种端电压

（1）相电压：火线与中线之间的电压（U_A，U_B，U_C），简记为"U_P"；

（2）线电压：火线与火线间的电压（U_{AB}，U_{BC}，U_{CA}），简记为"U_L"。

一般相电压的有效值可以用U_P表示。两种电压之间的关系分析如下

$$\left.\begin{array}{l}\dot{U}_A = \dot{E}_A = U_P\angle 0°\\ \dot{U}_B = U_P\angle -120°\\ \dot{U}_C = U_P\angle 120°\end{array}\right\} \tag{7-4-28}$$

同理

$$\left.\begin{array}{l}\dot{U}_{AB} = \dot{U}_A - \dot{U}_B = (\sqrt{3}U_P\angle 30°)\\ \dot{U}_{BC} = (\sqrt{3}\angle 30°)\dot{U}_B\\ \dot{U}_{BA} = (\sqrt{3}\angle 30°)\dot{U}_C\end{array}\right\} \tag{7-4-29}$$

通常，三相交流电器的电压标称值是线电压U_L。

（二）三相交流负载

负载与电源之间的接线原则是：使负载上得到额定电压，具体接法分为两种。

（1）星形接法：负载上得到电源的相电压。

（2）三角形接法：负载上得到电源的线电压。

就负载本身性质分析，又可以将负载划分为两类，对称性负载（$Z_A = Z_B = Z_C$）和不对称负载（不符合对称关系的负载）。三相电动机和三相变压器是属于三相对称性负载，使用时必须接在三相电源上方能工作。而白炽灯、日光灯及普通家用电器为单相用电器，使用时是接在三相源的其中一相上，在分析三相电路时，这类负载对三相电源的关系为不对称负载。

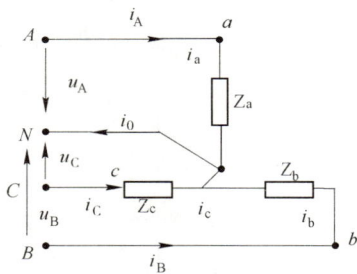

图 7-4-17 三相负载星形连接

1. 三相负载的星形（Y）连接

由图 7-4-17 可知，星形连接时负载上得到的电压是电源的相电压，数值为$U_{Load} = U_P = U_L/\sqrt{3}$，流过负载的电流$i_a$、$i_b$、$i_c$叫作相电流，用$I_P$表示相电流的有效值；在输电线流过的电流$i_A$、$i_B$、$i_C$叫作线电流，用$I_L$表示线电流的有效值。

在负载为星形接法的三相电路中，各个相电流与线电流相等，即

$$I_P = I_L \tag{7-4-30}$$

如果是三相对称性电路，则只取一相计算即可，如

$$I_L = I_P = I_A = \frac{U_A}{|Z_A|}$$

可以证明：采用三相四线制（有中线）星形连接的三相对称性负载，中线电流$I_N = 0$；此时使中线断开，负载的相电压仍旧保持三相对称关系，也就是说星形接法的对称性三相电路中，可以采用三相三线制（无中线）供电体系。但是当负载不对称时中线电流不为零（$I_N \neq 0$），为了保证负载的电压对称，中线不允许断开，所以在不对称负载、星形接法的三相电路中，中线上不许接熔断器或刀闸开关，并且中线应选用强度较好的钢线。

2.三相负载的三角形（△）连接

当三相负载采用三角形接法时，负载上得到的电压是电源的线电压：

$$U_{Load} = U_L \qquad (7-4-31)$$

如果负载是对称的，三角形接法的线电流是相电流的$\sqrt{3}$倍：

$$I_L = \sqrt{3}I_P = \sqrt{3}\frac{U_{AB}}{|Z_{AB}|} \qquad (7-4-32)$$

三角形接法（见图 7-4-18）的负载不能引中线，因此，它只有一种三相三线制供电体系。

在实际中应采用何种方法将负载与三相电源连接，主要取决于负载额定电压的大小。例如：三个额定电压为 220V 的负载，接入 380V 的三相电源中，必须以星形连接方式与电源接通，并且应使三个负载分别接在电源的三相中，以便保证三相电源平衡分配。

三相电路的有功功率P和无功功率Q可以分相计算，对称式三相电路的功率关系为

有功功率

$$P = 3U_P I_P \cos\varphi = \sqrt{3}U_L I_L \cos\varphi$$

无功功率

$$Q = 3U_P I_P \sin\varphi = \sqrt{3}U_L I_L \sin\varphi$$

视在功率

$$S = 3U_P I_P = \sqrt{3}U_L I_L$$

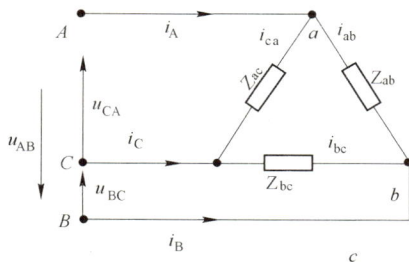

图 7-4-18 三相负载三角形连接

【例 7-4-6】 额定容量为 20kV·A、额定电压为 220V 的某交流电源，有功功率为 8kW、功率因数为 0.6 的感性负载供电后，负载电流的有效值为：

    A. $20 \times 10^3/220 = 90.9A$ B. $8 \times 10^3/(0.6 \times 220) = 60.6A$

    C. $8 \times 10^3/220 = 36.36A$ D. $20 \times 10^3/(0.6 \times 220) = 151.5A$

解 交流电路中电压、电流与有功功率的基本关系为：

$$P = UI\cos\varphi \qquad (\cos\varphi\text{是功率因数})$$

可知，$I = P/(U\cos\varphi) = 8\,000/(220 \times 0.6) = 60.6A$

答案： B

习　　题

7-4-1 如图所示正弦交流电路中，各电压表读数均为有效值。已知电压表 V、V_1 和 V_2 的读数分别为 10V、6V 和 3V，则电压表 V_3 读数为（   ）。

    A. 1V   B. 5V   C. 4V   D. 11V

7-4-2 如图所示电路中，已知 Z_1 是纯电阻负载，电流表 A、A_1、A_2 的读数分别为 5A、4A、3A，那么 Z_2 负载一定是（   ）。

    A. 电阻性的   B. 纯电感性或纯电容性质

    C. 电感性的   D. 电容性的

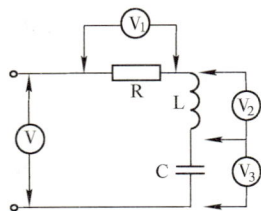

题 7-4-1 图

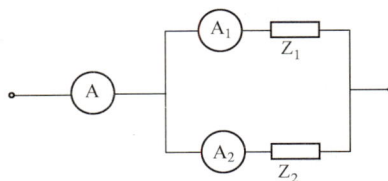

题 7-4-2 图

7-4-3 已知无源二端网络如图所示，输入电压和电流按下式计算

$$u(t) = 220\sqrt{2}\sin(314t + 30°)\,(V)$$

$$i(t) = 4\sqrt{2}\sin(314t - 25°)\,(V)$$

则该网络消耗的电功率为（　　　）。

　　A. 721W　　　　　　B. 880W　　　　　　C. 505W　　　　　　D. 850W

7-4-4 如图所示正弦交流电路中，已知 $u = 100\sin(10t + 45°)$ V，$i_1 = i = 10\sin(10t + 45°)$ A，$i_2 = 20\sin(10t + 135°)$ A，元件 1、2、3 的等效参数值分别为（　　　）。

　　A. $R = 5\Omega$，$L = 0.5H$，$C = 0.02F$　　　　B. $L = 0.5H$，$C = 0.02F$，$R = 20\Omega$

　　C. $R_1 = 10\Omega$，$R_2 = 10H$，$C = 5F$　　　　D. $R = 10\Omega$，$C = 0.02F$，$L = 0.5H$

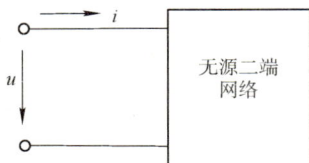

题 7-4-3 图

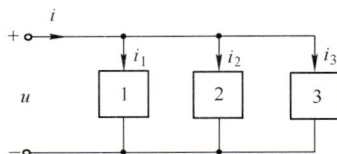

题 7-4-4 图

7-4-5 某三相电路中，三个线电流分别为

$$i_A = 18\sin(314t + 23°)\,(A)$$

$$i_R = 18\sin(314t - 97°)\,(A)$$

$$i_C = 18\sin(314t + 143°)\,(A)$$

当 $t = 10$s 时，三个电流之和为（　　　）。

　　A. 18A　　　　　　B. 0A　　　　　　C. $18\sqrt{2}$A　　　　　　D. $18\sqrt{3}$A

7-4-6 如图所示 RLC 串联电路原处于感性状态，今保持频率不变欲调节可变电容使其进入谐振状态，则电容 C 值（　　　）。

　　A. 必须增大　　　　B. 必须减小

　　C. 不能预知其增减　　D. 先增大后减小

题 7-4-6 图

7-4-7 在三相对称电路中，负载每相的复阻抗为 Z，且电源电压保持不变。若负载接成 Y 形时消耗的有功功率为 P_Y，接成△形时消耗的有功功率为 $P_\triangle$，则两种连接法的有功功率关系为（　　　）。

　　A. $P_\triangle = 3P_Y$　　　　B. $P_\triangle = 1/3P_Y$　　　　C. $P_\triangle = P_Y$　　　　D. $P_\triangle = 1/2P_Y$

7-4-8 有三个 100Ω 的线性电阻接成△形三相对称负载，然后挂接在电压为 220V 的三相对称电源上，这时供电线路上的电流应为（　　　）A。

　　A. 6.6　　　　　　B. 3.8　　　　　　C. 2.2　　　　　　D. 1.3

7-4-9 中性点接地的三相五线制电路中，所有单相电气设备电源插座的正确接线是图中的（　　　）。

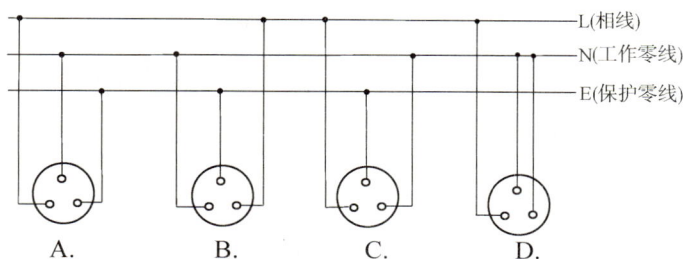

A.   B.   C.   D.

7-4-10 在如图所示的三相四线制低压供电系统中，如果电动机 M_1 采用保护接中线，电动机 M_2 采用保护接地。当电动机 M_2 的一相绕组的绝缘破坏导致外壳带电，则电动机 1 的外壳与地的电位（　　）。

    A. 相等或不等   B. 不相等   C. 不能确定   D. 相等

7-4-11 当如图所示电路的激励电压 $u_i = \sqrt{2}U_i \sin(\omega t + \varphi)$ 时，电感元件上的响应电压 u_L 的初相位为（　　）。

    A. $90° - \arctan\dfrac{\omega L}{R}$ B. $90° - \arctan\dfrac{\omega L}{R} + \varphi$

    C. $\arctan\dfrac{\omega L}{R}$ D. $\varphi - \arctan\dfrac{\omega L}{R}$

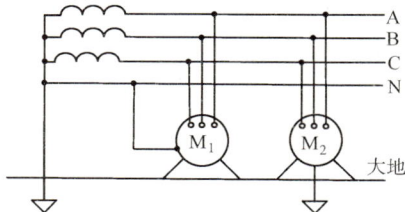

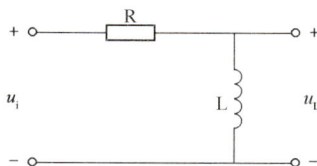

题 7-4-10 图   题 7-4-11 图

第五节　电路的暂态过程

    电路的结构发生变化（如开关动作），电路就要从一种稳定状态向另一种稳定状态过渡。在有储能元件的电路中（有 L、C 元件），转换需要有一定的时间才能完成，这种物理过程就是电路的暂态过程。

    如果电路中只有一个储能元件（L 或 C），而元件的伏安关系为积分或微分关系，那么描述这一电路的方程就是一阶微分方程，我们将这种电路的暂态过程称为"一阶电路的暂态过程"。

    （一）电路的响应

    电路中的电源（电压源或电流源）称为电路的激励，它推动电路工作；由激励作用在电路中各部分产生的电压和电流称为电路的响应。

    根据电路储能元件的不同分为 RC 电路响应和 RL 电路响应，同时每种响应都可以划分为三种基本响应方式。

    1. 零输入响应

    电路换路以后，无外加激励，暂态过程仅由初始能量产生。

    2. 零状态响应

    电路的初始能量为零，仅由外加激励产生响应。

    3. 全响应

    电路的响应由储能元件（L、C）的初始能量和外加激励共同产生。

（二）换路定则

换路定则用来确定电路暂态过程的电压、电流的初始值。根据能量不跃变原则，能量的积累和衰减都要经过一段时间，否则相应的电功率 $p = \dfrac{\mathrm{d}w}{\mathrm{d}t}$ 就趋向无限大（即 $\mathrm{d}t \to 0$，而 $\mathrm{d}w \neq 0$）一般电路是做不到功率无限大的。

已知

$$磁场能量 \qquad W_{\mathrm{L}} = \frac{1}{2}Li_{\mathrm{L}}^2$$

$$电场能量 \qquad W_{\mathrm{C}} = \frac{1}{2}Cu_{\mathrm{C}}^2$$

既然能量（W_{L}、W_{C}）不会跃变，i_{L} 和 u_{C} 也不能出现跃变，由此可得出换路定则的两个公式

$$I_{\mathrm{L}(t_0+)} = I_{\mathrm{L}(t_0-)} \qquad\qquad (7-5-1)$$
$$U_{\mathrm{C}(t_0+)} = U_{\mathrm{C}(t_0-)} \qquad\qquad (7-5-2)$$

（三）求解一阶电路的三要素法

对于一阶电路（RL 或 RC），响应不论是电压还是电流都由稳态分量和暂态分量两部分合成，即

$$f(t) = f(\infty) + [f(t_0+) - f(\infty)]e^{-t/\tau} \qquad\qquad (7-5-3)$$

式中：　　　　　　 $f(t)$ ——电压、电流的全响应；

　　　　　　　　 $f(\infty)$ ——电压、电流的稳分量；

$[f(t_0+) - f(\infty)]e^{-t/\tau}$ ——电压、电流的暂态分量；

　　　　　　　　　 τ ——暂态过程的时间常数。

可见，只要能解出 $f(\infty)$、$f(t_0+)$ 和 τ 这三个要素，就可以求出暂态过程中的电压或电流响应。下面通过一个具体例子加以说明。

【例 7-5-1】 如图所示电路中已知 $U_{\mathrm{s}} = 4\mathrm{V}$，$R_1 = 2\mathrm{k}\Omega$，$R_2 = 2\mathrm{k}\Omega$，$R_3 = 1\mathrm{k}\Omega$，$C = 1\mu\mathrm{F}$。开关 S 在 t_0 时刻突然闭合，电容电压的初始值为 $U_{\mathrm{C}(0-)} = 1\mathrm{V}$，试求 $i_2(t)$，$u_{\mathrm{C}}(t)$，并画出 $U_{\mathrm{C}}(t)$ 的暂态过程曲线。

解　（1）确定初始值 $f(0+)$

根据换路定则　　　　　　　　　　　　 $U_{\mathrm{C}(0+)} = U_{\mathrm{C}(0-)} = 1\mathrm{V}$

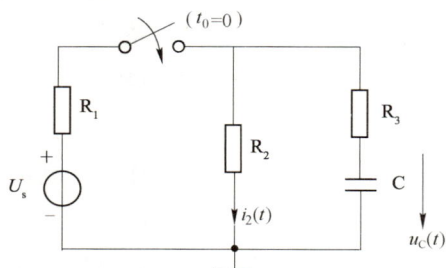

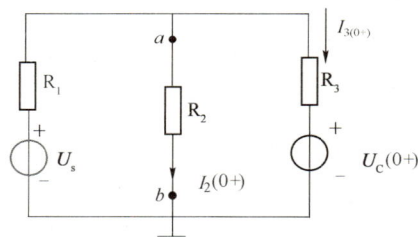

例 7-5-1 图　电路图　　　　　　　　　　例 7-5-1 解图 1　$t=0+$ 时的电路图

将 $t = 0+$ 的电路表示为如解图 1 所示，这时 $U_{\mathrm{C}(0+)}$ 的作用与独立电源的作用相同（其数值与当前电路结构无关，仅由 $U_{\mathrm{C}(0-)}$ 决定）。

求 $I_{2(0+)}$ 时可以用戴维南定理，具体做法是：将 R_2 电阻两端 a、b 点分开，求除去 R_2 以后，a、b 两端除源电阻 R_0，即

$$R_0 = R_1 /\!/ R_3 = \frac{1 \times 2}{1 + 2} = \frac{2}{3}\mathrm{k}\Omega$$

求 ab 端的开路电压 U_{ab0}，即

$$U_{ab0} = U_{C(0+)} + I_{3(0+)}R_3 = U_{C(0+)} + \frac{U_s - U_{C(0+)}}{R_1 + R_3} \cdot R_3$$

$$= 1 + \frac{4-1}{2+1} \times 1 = 2\text{V}$$

R_2 电阻与等效电压源接通以后（见解图 2），求实际 R_2 电阻中通过的电流 $I_{2(0+)}$，即：

$$I_{2(0+)} = \frac{U_{2ab0}}{R_0 + R_2} = \frac{2}{\frac{2}{3} + 2} = 0.75\text{mA}$$

（2）确定稳态值 $f(\infty)$

在稳态时，电容元件相当于开路，电路如解图 3 所示。

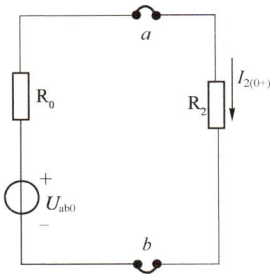

例 7-5-1 解图 2　R_2 等效电路

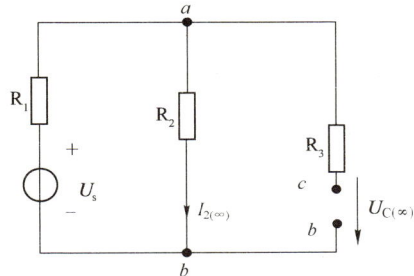

例 7-5-1 解图 3　$t \to \infty$ 稳态电路

$$I_{2(\infty)} = \frac{U_s}{R_1 + R_2} = \frac{4}{2+2} = 1\text{mA}$$

$$U_{2(\infty)} = R_2 I_{2(\infty)} = 2 \times 1 = 2\text{V}$$

$$U_{C(\infty)} = U_{2(\infty)} = 2\text{V}$$

（3）确定时间常数 τ

$$\tau = R \cdot C \tag{7-5-4}$$

R 是由电容 C 两端向电路其他部分看的除源等效电阻，如解图 4 所示。

$$R = R_3 + (R_1 /\!/ R_2) = 1 + (2 /\!/ 2) = 2\text{k}\Omega$$

$$\tau = R \cdot C = 2 \times 1 \times 10^{-3} = 2\text{ms}$$

（4）将三要素参数代入公式

$$u_C(t) = U_{C(\infty)} + \left(U_{C(0+)} - U_{C(\infty)}\right)e^{-t/\tau} = 2 + (1-2)e^{-t/2\times10^{-3}} \text{(V)}$$

$$i_2(t) = I_{2(\infty)} + \left(I_{2(0+)} - I_{2(\infty)}\right)e^{-t/\tau} = 1 + (0.75-1)e^{-t/2\times10^{-3}} \text{(mA)}$$

（5）绘制 $u_C(t)$ 的暂态过程曲线（见解图 5）

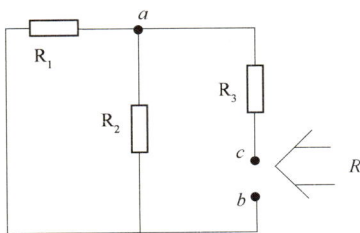

例 7-5-1 解图 4　等效电阻

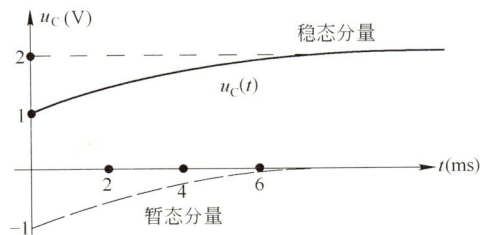

例 7-5-1 解图 5　电容电压 $u_C(t)$ 的波形图

这里，我们只分析了 RC 电路，RL 电路的暂态过程分析方法不变，但有如表 7-5-1 所示三点区别。

表 7-5-1

序号	区 别	RC 电 路	RL 电 路
1	时间常数	$\tau = RC$	$\tau = L/R$
2	在稳态电路中	电容元件开路	电感元件短路
3	在 $t_0 +$ 电路中	$U_{C(t_{0+})} = U_{C(t_{0-})}$ 电容初始电压按理想电压源处理	$I_{L(t_{0+})} = I_{L(t_{0-})}$ 电感初始电流按理想电流源处理

【例 7-5-2】 图示电路中，电感及电容元件上没有初始储能，开关 S 在 $t = 0$ 时刻闭合，那么，在开关闭合瞬间（$t = 0$），电路中取值为 10V 的电压是：

    A. u_L

    B. u_C

    C. $u_{R1} + u_{R2}$

    D. u_{R2}

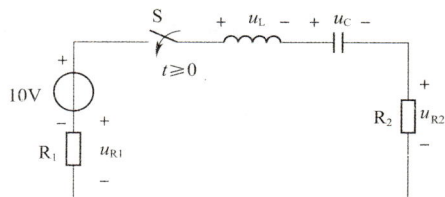

例 7-5-2 图

解 在开关 S 闭合时刻：

$$U_{C(0+)} = 0V, \quad I_{L(0+)} = 0A$$

则 $U_{R_1(0+)} = U_{R_2(0+)} = 0V$

根据电路的回路电压关系：$\sum U_{(0+)} = -10 + U_{L(0+)} + U_{C(0+)} + U_{R1(0+1)} + U_{R2(0+)} = 0$

代入数值，得 $U_{L(0+)} = 10V$

答案： A

【例 7-5-3】 已知电路如图所示，设开关在 $t = 0$ 时刻断开，那么：

    A. 电流 i_C 从 0 逐渐增长，再逐渐衰减为 0

    B. 电压从 3V 逐渐衰减到 2V

    C. 电压从 2V 逐渐增长到 3V

    D. 时间常数 $\tau = 4C$

解 开关未动作前，$u = U_{C(0-)}$

在直流稳态电路中，电容为开路状态时，$U_{C(0-)} = \frac{1}{2} \times 6 = 3V$

电源充电进入新的稳压时

$$U_{C(\infty)} = \frac{1}{3} \times 6 = 2V$$

因此换路电器电压逐步衰减到 2V。

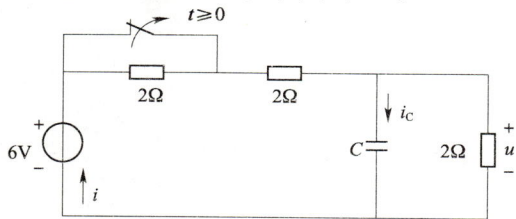

例 7-5-3 图

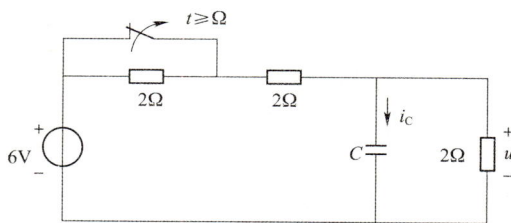

例 7-5-3 解图

答案： B

习 题

7-5-1 在开关 S 闭合瞬间，如图所示电路中的 i_R、i_L、i_C 和 i 这四个量中，发生跃变的量是（   ）。

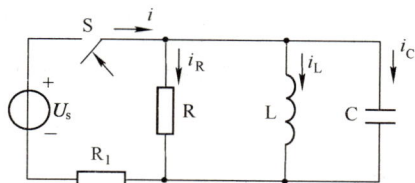

题 7-5-1 图

A. i_R 和 i_C B. i_C 和 i C. i_C 和 i_L D. i_R 和 i

7-5-2 如图所示电路在开关 S 闭合后的时间常数 τ 值为（   ）。

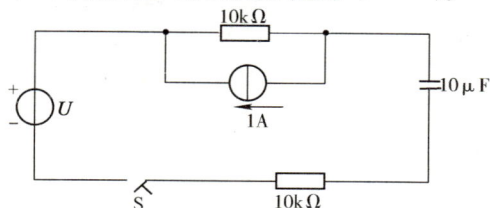

题 7-5-2 图

A. 0.1s   B. 0.2s   C. 0.3s   D. 0.5s

7-5-3 如图所示电路当开关 S 在位置 "1" 时已达稳定状态。在 $t = 0$ 时将开关 S 瞬间合到位置 "2"，则在 $t > 0$ 后电流 i_e 应（   ）。

A. 与图示方向相同且逐渐增大

B. 与图示方向相反且逐渐衰减到零

C. 与图示方向相同且逐渐减少

D. 与图示方向相同且逐渐衰减到零

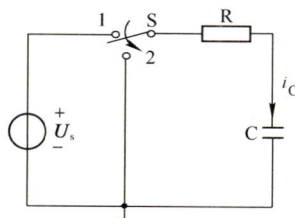

题 7-5-3 图

7-5-4 如图所示电路中，$R = 1k\Omega$，$C = 1\mu F$，$U_1 = 1V$，电容无初始储能，如果开关 S 在 $t = 0$ 时刻闭合，则给出输出电压波形的是（   ）。

A. a）   B. b）   C. c）   D. d）

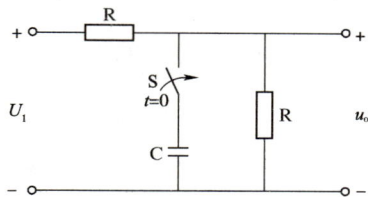

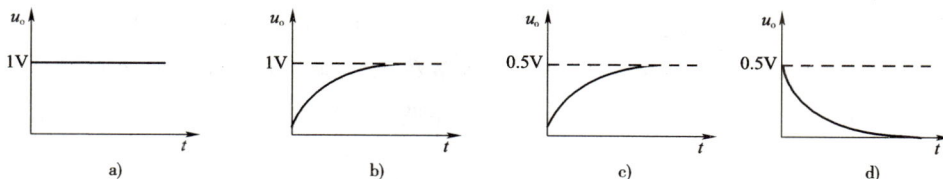

题 7-5-4 图

第六节 变压器、电动机及继电接触控制

一、磁路基础知识

在变压器、电机以及其他含有铁磁元件的电路中，不仅有电路问题，而且有磁路问题，两者是互相

关联的，只有同时掌握了电路和磁路的基本知识，才能对这些元件或电路进行分析。

磁路和电路有许多相似之处，现在将两者的情况对照于表 7-6-1。

磁路与电路对照图 表 7-6-1

	磁　路	电　路
物理量	磁动势 $F = NI$ 磁通 Φ 磁感应强度 $B = \dfrac{\Phi}{S}$ 磁阻 $R_m = \dfrac{l}{\mu S}$	电动势 E 电流 I 电流密度 J 电阻 $R = \dfrac{l}{\rho S}$
模型		
计算公式	$\Phi = \dfrac{F}{R_m} = \dfrac{NI}{R_m}$	$I = \dfrac{E}{R}$

分析磁路的一般做法是将磁路关系转化为电路关系，这就要用到磁场电流定律——安培环路定律

$$\oint H \mathrm{d}l = \sum I \tag{7-6-1}$$

由此可以得出两个关系式

$$\Phi = \dfrac{NI}{\dfrac{l}{\mu S}} = \dfrac{F}{R_m} \tag{7-6-2}$$

该式在形式上与电路的欧姆定律相似，称为"磁路欧姆定律"。由于磁导率 μ 不是常数（与电流 I 有关），则该公式不作为定量公式，只能用来定性分析。

$$\sum I = NI = H_1 l_1 + H_2 l_2 + \cdots = \sum (Hl)$$

式中，$H_1 l_1$，$H_2 l_2 \cdots$ 是磁路各段的磁压降，从形式看，它可以称为磁路的克希荷夫定律，可以直接计算磁路。

本课程的重点在于用磁路基础分析电动机和变压器的性质。

二、变压器

变压器是一种常用的交流电气设备，在电力系统和电子线路中应用广泛。

变压器的一般构造包括闭合铁芯和高压、低压绕组等主要部分，其中绕组是变压器的电路部分，铁芯是变压器的磁路部分。对于绕组来说，与电源相连的称为原绕组（或称初级绕组、一次绕组），与负载相连的称为副绕组（或称次级绕组、二次绕组）。变压器的工作基于电磁感应原理，图 7-6-1 为变压器的原理示意图。

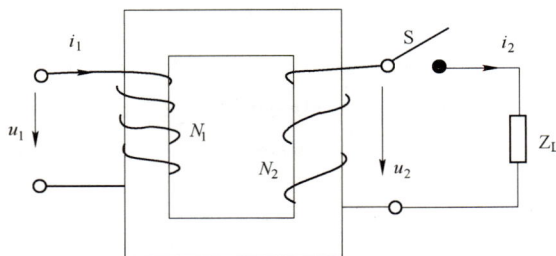

图 7-6-1　变压器原理示意图

（一）电压变换

若原绕组接交流电源，电压有效值为U_1，则副绕组空载电压为U_{2o}。

则：

$$\frac{U_1}{U_{2o}} = \frac{N_1}{N_2} = K \tag{7-6-3}$$

式中，K为变压器的变化，亦即原绕组匝数N_1与副绕组匝数N_2的比。

式（7-6-3）说明，空载时，变压器原、副绕组的电压之比等于匝数比。当电源电压U_1一定时，只要改变匝数比，就可以得到不同的输出电压U_{2o}，这就是变压器的电压变换作用。当变压器有载工作时，负载电压U_2与空载电压U_{2o}近似相等。

（二）电流变换

若原绕组的电流为I_1，副绕组的电流为I_2，则

$$\frac{I_1}{I_2} = \frac{N_2}{N_1} = \frac{1}{K} \tag{7-6-4}$$

式（7-6-4）说明，变压器原、副绕组电流有效值之比近似等于它们匝数比的倒数，这就是变压器的电流变换作用。

（三）阻抗变换

当把阻抗为Z_L的负载接到变压器副边，则

$$|Z_L| = \frac{U_2}{I_2}$$

对电源来说，它所接的负载等效阻抗为

$$|Z_L'| = \frac{U_1}{I_1} = \frac{KU_2}{I_2/K} = K^2\frac{U_2}{I_2} = K^2|Z_L| \tag{7-6-5}$$

式（7-6-5）说明，当把阻抗为$|Z_L|$的负载接到变压器副边，对电源来说，相当于接上一个阻抗为$|Z_L'| = K^2|Z_L|$的负载。这就是变压器的阻抗变换作用，在电子电路中就可以根据这一功能实现阻抗"匹配"。

【例 7-6-1】 图示变压器为理想变压器，且$N_1 = 100$匝，若希望$I_1 = 1$A 时，$P_{R2} = 40$W，则N_2应为：

A. 50 匝   B. 200 匝

C. 25 匝   D. 400 匝

解 根据理想变压器关系有

$$I_2 = \sqrt{\frac{P_2}{R_2}} = \sqrt{\frac{40}{10}} = 2\text{A} \ ,\ K = \frac{I_2}{I_1} = 2 \ ,\ N_2 = \frac{N_1}{K} = \frac{100}{2} = 50 \text{匝}$$

答案： A

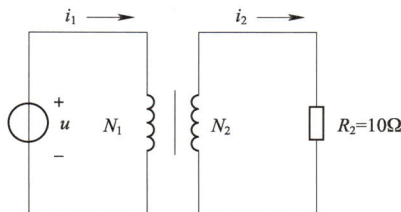

例 7-6-1 图

【例 7-6-2】 设图示变压器为理想器件，且$u_s = 90\sqrt{2}\sin\omega t$ V，开关 S 闭合时，信号源的内阻R_1与信号源右侧电路的等效电阻相等，那么，开关 S 断开后，电压：

A. u_1，因变压器的匝数比k及电阻R_L、R_1未知而无法确定

B. $u_1 = 45\sqrt{2}\sin\omega t$ V

C. $u_1 = 60\sqrt{2}\sin\omega t$ V

D. $u_1 = 30\sqrt{2}\sin\omega t$ V

解 图示电路可以等效为解图，其中，$R_L' = k^2 R_L$

S 闭合时，$2R_1 /\!/ R_L' = R_1$，可知$R_L' = 2R_1$

如果开关 S 打开，则$u_1 = \frac{R_L'}{R_1 + R_L'}u_s = \frac{2}{3}u_s = 60\sqrt{2}\sin\omega t$V

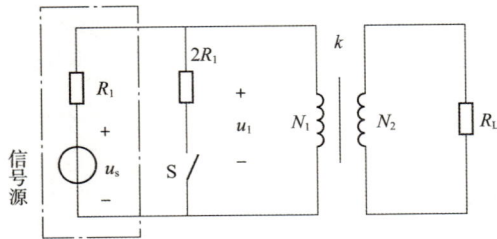

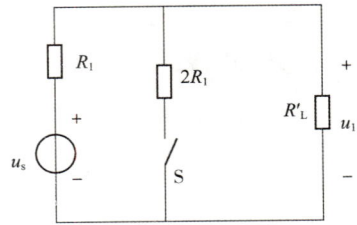

例 7-6-2 图　　　　　　　　　　　　　　　例 7-6-2 解图

答案： C

三、三相交流异步电动机

电动机是一种能将电能转化为机械能的旋转机械，电动机按照电源的种类不同，可分为交流电动机和直流电动机。交流电动机又分为异步电动机（或称感应电动机）和同步电动机。异步电动机按结构又分为鼠笼式异步电动机和绕线异式步电动机。三相异步电动机是在工农业生产、科研和国防等部门得到最广泛应用的一种电动机。

三相异步电动机主要由固定不动的定子和可转动的转子以及其他零部件组成。无论是定子还是转子，都包括绕组和铁芯两个主要部分。

（一）三相异步电动机基本关系

1. 转速和转向

三相异步电动机的转速 n 是转子转速，其大小取决于定子绕组通以三相交流电后产生的旋转磁场的转速 n_0（称为同步转速），同步转速可用下式计算

$$n_0 = \frac{60f_1}{P} \quad (\text{转}/\text{分}，\text{r/min}) \tag{7-6-6}$$

式中：f_1 —— 电源频率；

P —— 电动机的磁极对数。

异步电动机的转速 $n < n_0$，转差率 s 是用来表示 n 与 n_0 相差程度的量，即

$$s = \frac{n_0 - n}{n_0} \tag{7-6-7}$$

一般异步电动机在额定负载时的转差率为 1%~9%，而在起动开始瞬间由于 $n = 0$ 而 $s = 1$ 为最大，式（7-6-7）也可写成

$$n = (1-s)n_0 \tag{7-6-8}$$

表 7-6-2 为三相异步电动机的磁极对数 P 与同步转速 n_0 以及电动机转速 n（当 $s = 3\%$）之间的数量关系。

P 与 n_0 及 n 的关系　　　　　　　　　　　　　　　　　　　　　表 7-6-2

P（极对数）	1	2	3	4	5	6
n_0（r/min）	3 000	1 500	1 000	750	600	500
n（r/min）	2 910	1 455	970	728	582	485

三相异步电动机的型号中，最后一位数字是表示磁极数的，例如 Y132-4 型号说明了该电动机为 4 极（即 $P = 2$）电机。根据这个数字就可以判断电动机的转速，反过来也可以根据转速确定磁极数。

异步机的转向与旋转磁场的转向相同。要改变电动机转向，只要任意对调两根定子绕组连接电源的导线即可。

2. 机械特性曲线和电磁转矩

（1）机械特性曲线

在一定的电源电压和转子电阻下，转速与电磁转矩的关系曲线$n = f(T)$称为电动机的机械特性曲线。如图 7-6-2 所示。

机械特性曲线上的AB段是电动机的稳定工作段。在AB段，当负载有所变动，电动机能自动调节转速和转矩来适应负载的变化。例如当负载增大，电动机会沿着AB段下行，降低转速（仍高于临界转速）而发出更大的电磁转矩来满足负载，电动机仍能稳定工作。AB段较平坦，电动机从空载到额定负载转速下降很少，也就是说异步电动机的机械特性是硬特性。

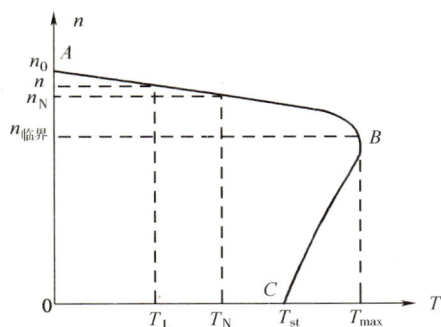

图 7-6-2　电动机的机械特性曲线和电磁转矩

BC段则是不稳定段。假如负载转矩增大到超过电动机的最大转矩，那么电动机的转速下降超过临界转速，于是它发出的电磁转矩也减小，直至电动停转发生堵转（闷车），时间一长则电动机烧毁。

（2）电磁转矩

异步电动机的电磁转矩是由旋转磁场的每极磁通与转子电流相互作用而产生的。转矩与定子电压的平方成正比，并与转子回路的电阻和感抗、转差率以及电动机的结构有关。

①额定转矩T_N

电动机在额定负载时的转矩

$$T_N = 9\,550 \frac{P_{2N}}{n_N} \qquad （牛·米，N·m） \qquad (7-6-9)$$

式中：P_{2N}——电动机的额定输出功率（kW）；

　　　n_N——电动机的额定转速（r/min）。

②负载转矩T_L

电动机在实际负载下发出的实际转矩

$$T_L = 9\,550 \frac{P_2}{n} \qquad （N·m） \qquad (7-6-10)$$

式中：P_2——电动机的实际输出功率（kW）；

　　　n——电动机的实际转速（r/min）。

③最大转矩T_{max}

电动机能发出的最大转矩

$$T_{max} = \lambda T_N \qquad (7-6-11)$$

式中，λ为电动机的过载系数，一般为 1.8~2.2。电动机发出最大转矩时对应的转速为临界转速$n_{临界}$。

起动转矩T_{st}

电动机刚起动时发出的转矩，一般有

$$T_{st} = (1.0\sim2.2)T_N \qquad (7-6-12)$$

3. 星形接法和三角形接法

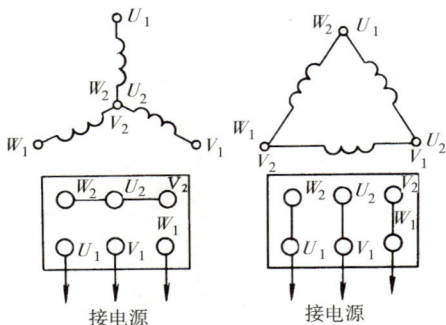

图 7-6-3　定子绕组的星形连接和三角形连接

鼠笼式异步电动机接线盒内有 6 根引出线，分别标以 U_1、U_2、V_1、V_2、W_1 和 W_2。其中 U_1 和 U_2 是定子第一相绕组的首末端，V_1 和 V_2、W_1 和 W_2 分别是第二相和第三相绕组的首末端。定子三相绕组的连接法有星形和三角形两种，见图 7-6-3。

4. 功率、效率和功率因数

电动机的输入功率

$$P_1 = \sqrt{3}U_L I_L \cos\varphi \tag{7-6-13}$$

式中：U_L、I_L ——分别为线电压、线电流；

$\cos\varphi$ ——电动机的功率因数。

电动机的输出功率 $P_2 < P_1$，其差值为电动机本身的功率损耗，包括铜损、铁损以及机械损耗，电动机的效率

$$\eta = \frac{P_2}{P_1} \tag{7-6-14}$$

一般为 72%~93%。

电动机的功率因数在额定负载时为 0.7~0.9，轻载和空载时为 0.2~0.3。故应适当选用电动机容量，避免"大马拉小车"，更要缩短空载运行时间。

（二）三相异步电动机的应用

1. 起动

将三相异步电动机接到三相电源上，它的转速从零开始，直到匀速转动的过程为起动。三相异步电动机起动转矩的大小与定子电压 U_1 和转子电阻 R_2 有关，当定子电压减小时起动转矩减小，在一定条件下转子电阻 R_2 增加时起动转矩增加。

三相异步电动机起动时的电流很大，定子边的起动电流为额定电流的 5~7 倍，但起动转矩却较小。因此，为了减小异步电动机的起动电流（有时也为了提高起动转矩）必须采用适当的起动方法。

（1）直接起动

直接起动（也称全压起动）是利用闸刀开关或接触器，将电动机直接接到具有额定电压的电源上，这种起动方法最为简单经济。电动机能否直接起动，应按各地区电业部门的规定执行，30kW 以下的异步电动机一般都可以采用直接起动。

（2）降压起动

在不允许直接起动的场合，可以采用降低定子绕组电压的方法来减小起动电流称为降压起动，主要有以下几种方法。

①星形-三角形换接起动

正常工作时采用三角形接法的异步电动机，起动时先接成星形，待转速上升到接近额定转速时，再换接成三角形，这种方法叫星-角（Y-△）换接起动。

由于电动机的转矩与电压的平方成正比，所以采用 Y-△ 换接起动时，起动电流、起动转矩都减小到直接起动时的 $\left(1/\sqrt{3}\right)^2 = 1/3$。

这种方法虽然使起动电流受到控制，但也使起动转矩减小很多，故只适应于空载或轻载起动的电动机。

②自耦变压器降压起动

对于容量较大，且正常运行时做星形连接的鼠笼式异步电动机，可利用三相自耦变压器来降压起动，称为自耦变压器降压起动。

这种方法适用于起动不频繁的场合。由于起动设备较笨重且费用高，故本方法仅适用于较大容量的鼠笼式异步电动机。

自耦变压器起动时电动机的起动电流和起动转矩均为直接起动时的$1/K^2$，其中K为自耦变压器的变比。

③转子串电阻起动

由于绕线式异步电动机的结构特点，绕线式异步电动机可采用在转子电路中串入附加电阻的方法来起动。

起动时，转子电路串入附加电阻，起动完毕后，将附加电阻短接。这种方法不仅可以减小起动电流，还可以使起动转矩提高，因此，广泛应用于要求起动转矩较大的生产机械，如起重机、卷扬机等。

2. 调速

调速就是在同一负载下得到不同转速，以满足生产过程的要求。改变电动机的转速有三种可能，即改变电源的频率调速，改变电动机极对数调速，以及改变电动机转差率调速，前两者是鼠笼式异步电动机的调速方法，后者是绕线式异步电动机的调速方法。随着近年来电子技术的迅速发展，变频调速技术发展很快。

3. 制动

因为电动机的转动部分有惯性，所以把电源切断后，电动机还继续转动一定时间，然后停止。为了缩短辅助工时，提高生产机械的生产率，并为了安全起见，往往要求电动机能够迅速停车，这就需要对电动机制动。电动机制动，也就是要求它产生一个与转子转动方向相反的制动转矩。

异步电动机的制动常用下列几种方法。

（1）能耗制动

这种制动方法就是在切断三相电源的同时，接通直流电源，使直流通入定子绕组从而生产制动转矩。

因为这种方法是用消耗转子的动能来进行制动的，所以称为能耗制动。这种制动能量消耗小，制动平稳，但需要直流电源。

（2）反接制动

在电动机停车时，可将定子绕组接到电源的三根导线中的任意两根对调位置，从而产生制动转矩的制动方法。

这种制动比较简单，效果较好，但能量消耗较大，且当转速接近零时，应利用某种控制电器将电源自动切断，否则电动机将反转。

（3）发电反馈制动

当转子的转速超过旋转磁场的转速时，这时的转矩也是制动的。例如，当起重机快速下放重物时，就会发生这种情况。实际上这时电动机已转入发电机运行，将重物的位能转换为电能而反馈到电网里去，所以称为发电反馈制动。

四、电动机的继电接触器控制

采用继电器、接触器及按钮等控制电器来实现对电动机的自动控制称为电动机的继电器、接触器控制。

（一）常用控制电器

1. 组合开关

组合开关有单极、双极、三极和四极几种，额定持续电流有 10A、25A、60A 和 100A 等多种。可以用作电源的引入开关，也可以用它来直接起动和停止小容量的电动机或使电动机正反转等。

2. 按钮

按钮通常用来接通或断开控制电路，从而控制电动机的运行。

按钮的特点是靠外力（手按）动作（常闭断开或常开闭合），但当外力消失时可以自己复位，按钮结构原理图及符号如图 7-6-4 所示。

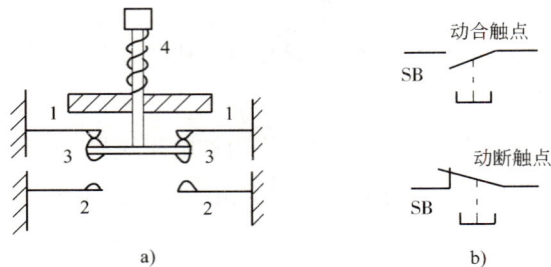

图 7-6-4　按钮结构原理及符号

3. 行程开关

行程开关（即限位开关）是利用生产机械的某些运动部件碰撞而使其动作，从而接通或断开控制电路的一种电器，行程开关结构及符号如图 7-6-5 所示。

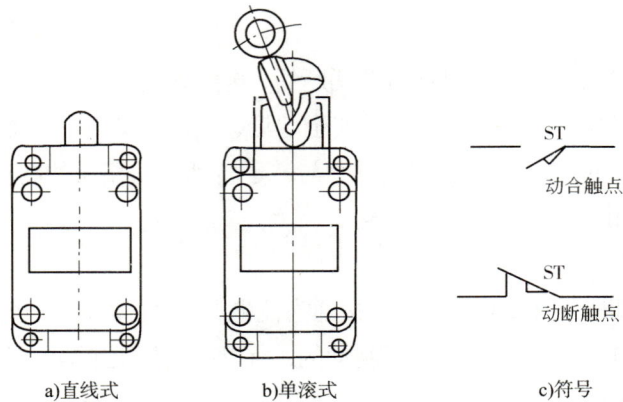

a)直线式　　　　b)单滚式　　　　c)符号

图 7-6-5　行程开关结构及符号

4. 交流接触器

交流接触器常用来接通或断开电动机的主电路。

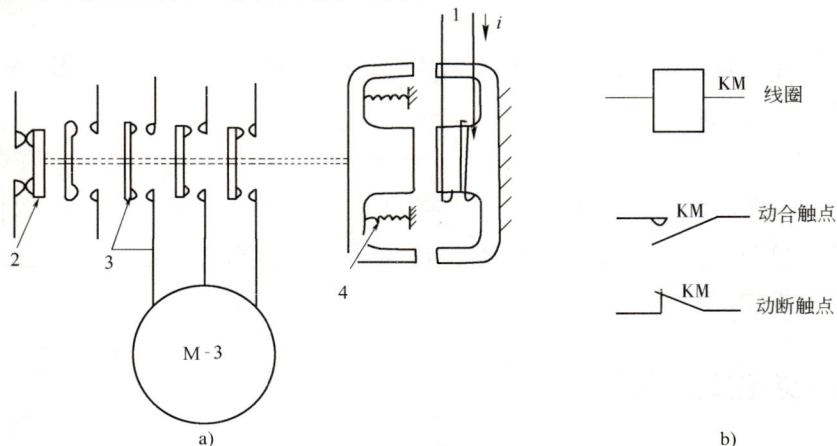

图 7-6-6　接触器结构图及电器符号

接触器是利用电磁吸力来工作的，主要由电磁铁和触点两部分组成，其结构原理图及电器符号如图7-6-6 所示。当线圈 1 得电产生电磁吸力使触点 2、3 动作（常开闭合，或常闭断开）；当线圈失电，触点靠弹簧 4 拉力而复位。图 7-6-6b）为交流接触器的电器符号。

5. 热继电器

热继电器是用于电动机过载保护的一种电器，它的动作原理基于电流的热效应，其结构图及符号如图 7-6-7 所示。发热元件串接在电动机的主电路中，当电动机长期过载时，发热元件通过电流大于容许值，其热量使双金属片受热弯曲，从而脱扣，使动断（常闭）触点断开，切断电路达到保护电器的目的。

由于热惯性，热继电器不能立即动作，因此不能作短路保护。

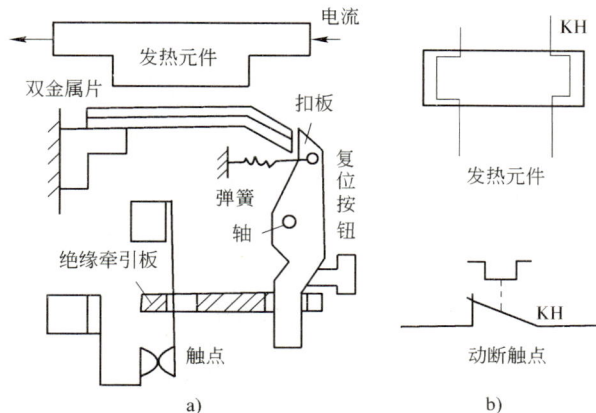

图 7-6-7　热继电器结构图及电器符号

6. 熔断器

熔断器（常说的"保险丝"）是最常用的简便有效的保护电器，熔断器的熔体用电阻率较高的易熔合金制成。

7. 自动空气断路器

自动空气断路器又名自动空气开关。它兼有刀开关和熔断器的功能，其特点是动作后不要更换元件，动作电流可整定，切断电流大，断开时间短，工作安全可靠。

（二）三相异步电动机的基本控制电路

这里主要分析的是鼠笼电机的控制电路。在看电气控制原理图时，要分清主电路和控制电路。主电路是从电源到电动机，其中接有开关（闸门开关、组合开关等）、熔断器、接触器的主触头、热断电器的发热元件等；控制电路中接有按钮、接触器的线圈和辅助触头（如自锁和互锁触头）、热继电器的常闭触头和其他控制电器的触头和线圈。

在电气原理图中各种电器都有规定的符号（下面分别介绍）和文字表示。为读图方便，同一电器的线圈和触点虽然按需要分画在电路的不同部分（主电路和辅电路），但必须用同一符号说明；另外还要说明的是各种触点的状态全表示在电气未通电的状态。

1. 直接起动控制电路

控制原理图如图 7-6-8 所示。

电路的工作过程：先将组合开关 Q 闭合，为电动机起动作准备。当按下起动钮 SB_2 时，交流接触器 KM 的线圈得电，动铁心被吸合而将三个主触点闭合，电动机 M 起动。当松开 SB_2 时，起动按钮复位，但是由于与起动按钮并联的辅助触点和主触点同时闭合，因此接触器线圈的电路仍然接通，而使接触器触点保持在闭合的位置，这个辅助触点称为自锁触点。如将停止按钮 SB_1 按下，则将线圈的电路切断，动铁心和触点恢复到断开的位置而使电动机停机。

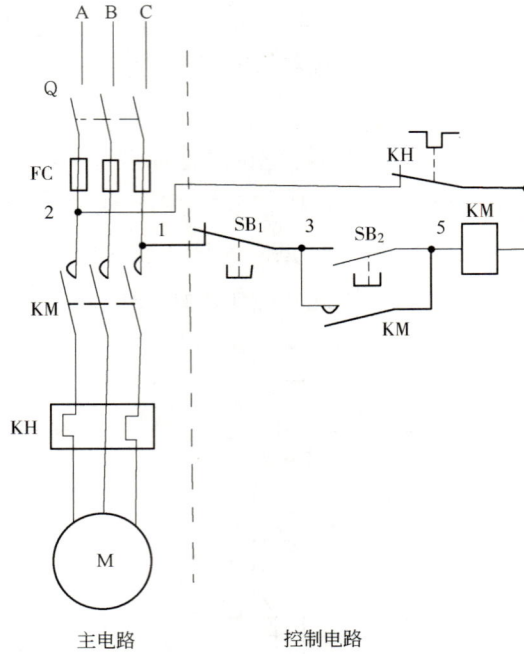

图 7-6-8　直接起动控制电路

上述控制线路中，熔断器 FU 起短路保护，热继电器 KH 起过载保护，交流接触器 KM 起零压和失压保护作用。

2. 正反转控制电路

控制电路原理图如图 7-6-9 所示。

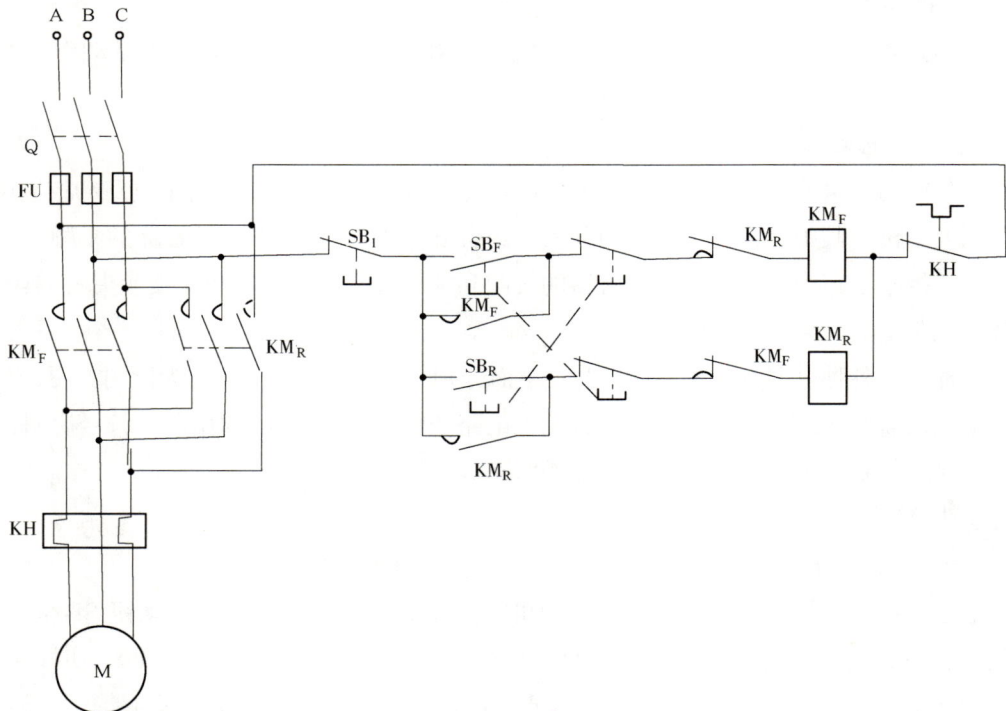

图 7-6-9　鼠笼式电动机正反转的控制电路

按下正转起动按钮 SB_F，正转接触器 KM_F 通电，电动机 M 正转；按下反转起动按钮 SB_R，反转接触器 KM_R 通电，电动机 M 反转。按下停机按钮 SB_1，正反转接触器 KM_F 和 KM_R 均失电，电动机停止运行。

上述控制电路中，正转接触器 KM_F 的一个常闭辅助触点串接在反转接触器 KM_R 的线圈电路中，而反转接触器的一个常闭辅助触点串接在正转接触器的线圈电路中，这两个常闭触点称为联锁触点。联锁触点可防止正反转两个接触器同时闭合，以免造成电源短路。

【例 7-6-3】 为实现对电动机的过载保护，除了将热继电器的热元件串接在电动机的供电电路中外，还应将其：

    A. 常开触点串接在控制电路中   B. 常闭触点串接在控制电路中

    C. 常开触点串接在主电路中   D. 常闭触点串接在主电路中

解 实现对电动机的过载保护，除了将热继电器的热元件串联在电动机的主电路的解，还应将热继电器的常闭触点串接在控制电路中。

当电机过载时，这个常闭触点断开，控制电路供电通路断开。

答案：B

【例 7-6-4】 三相电路如图所示，设电灯 D 的额定电压为三相电源的相电压，用电设备 M 的外壳线 a 及电灯 D 另一端线 b 应分别接到：

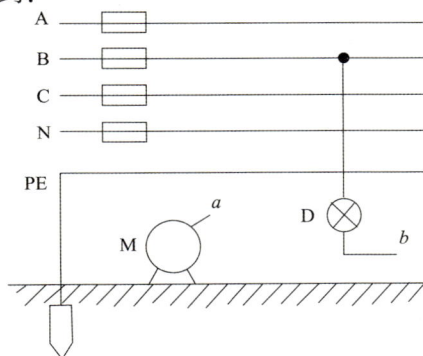

例 7-6-4 图

    A. PE 线和 PE 线   B. N 线和 N 线

    C. PE 线和 N 线   D. N 线和 PE 线

解 用电设备 M 的外壳线 a 接到保护地线 PE 上，电灯 D 的 b 线应接到电源中性点 N 上。说明如下：

三相四线制：相线 A、B、C，保护零线 PEN（图示的 N 线）。PEN 线上有工作电流通过，PEN 线在进入用电建筑物处要做重复接地；我国民用建筑采用该配电方式。

三相五线制：相线 A、B、C，零线 N，保护接地线 PE。N 线有工作电流通过，PE 线平时无电流（仅在出现对地漏电或短路时有故障电流）。

零线和地线的根本差别在于一个构成工作回路，一个起保护作用（叫作保护接地），一个回电网，一个回大地，在电子电路中这两个概念要区别开，工程中也要求这两根线分开接。

答案：C

五、安全用电

为了人身安全和电力系统工作的需要，要求电气设备采取接地措施。

（一）工作接地

将电力系统的中性点接地，如图 7-6-10 所示，这种接地方式称为工作接地。

工作接地有下列目的：

（1）降低触电电压；

（2）迅速切断故障设备；

（3）降低电气设备对地的绝缘水平。

（二）保护接地

保护接地就是将电气设备正常情况下不带电的金属外壳接地，如图 7-6-11 所示，保护接地适用于中性点不接地的低压系统。

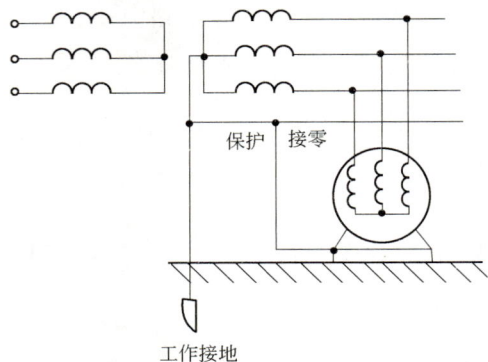

图 7-6-10　工作接地、保护接零

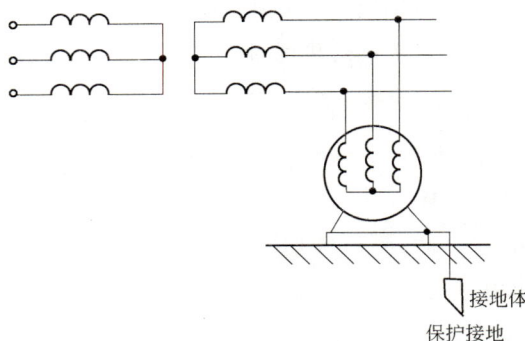

图 7-6-11　保护接地

（三）保护接零

保护接零就是将电气设备的金属外壳接到零线（或称中线）上，如图 7-6-10 所示，保护接零宜用于中性点接地的低压系统中。

习　题

7-6-1　有一容量为 10kV·A 的单相变压器，电压为 3 300/220V，变压器在额定状态下运行。在理想的情况下副边可接 40W、220V、功率因数$\cos\varphi$ =0.44 的日光灯（　　　）盏。

    A. 110　　　　　　　B. 200　　　　　　　C. 250　　　　　　　D. 50

7-6-2　三相异步电动机的转动方向由（　　　）决定。

    A. 电源电压的大小　　　　　　　　B. 电源频率

    C. 定子电流相序　　　　　　　　　D. 起动瞬间定转子相对位置

7-6-3　三相异步电动机空载起动与满载起动时的起动转矩关系是（　　　）。

    A. 二者相等　　　B. 满载起动转矩大　　C. 空载起动转矩大　　D. 无法估计

7-6-4　针对三相异步电动机起动的特点，采用 Y-△换接起动可减小起动电流和起动转矩，以下说法中正确的是（　　　）。

    A. Y 连接的电动机采用 Y-△换接起动，起动电流和起动转矩都是直接起动的1/3

    B. Y 连接的电动机采用 Y-△换接起动，起动电流是直接起动的1/3，起动转矩是直接起动的$1/\sqrt{3}$

C. △连接的电动机采用 Y-△换接起动，起动电流是直接起动的$1/\sqrt{3}$，起动转矩是直接起动的$1/\sqrt{3}$

D. △连接的电动机采用 Y-△换接起动，起动电流和起动转矩都是直接起动的1/3

7-6-5　三相异步电动机在额定负载下，欠压运行，定子电流将（　　　）。

A. 小于额定电流　　　B. 大于额定电流　　　C. 等于额定电流　　　D. 不变

7-6-6　如图所示的控制电路中，SB 为按钮，KM 为接触器，若按动 SB$_2$，试判断下述哪个结论正确？（　　　）

A. 接触器 KM$_2$ 通电动作后 KM$_1$ 跟着动作

B. 只有接触器 KM$_2$ 动作

C. 只有接触器 KM$_1$ 动作

D. 以上都不对

7-6-7　如图所示为两台电动机 M$_1$、M$_2$ 的控制电路，两个交流接触器 KM$_1$、KM$_2$ 的主常开触头分别接入 M$_1$、M$_2$ 的主电路，该控制电路所起的作用是（　　　）。

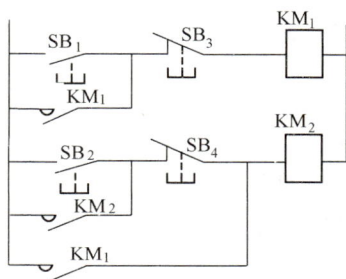

题 7-6-6 图

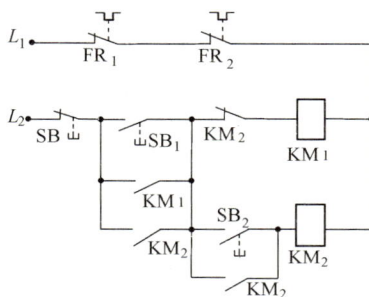

题 7-6-7 图

A. 必须 M$_1$ 先起动，M$_2$ 才能起动，然后两机连续运转

B. M$_1$、M$_2$ 可同时起动，必须 M$_1$ 先停机，M$_2$ 才能停机

C. 必须 M$_1$ 先起动、M$_2$ 才能起动，M$_2$ 起动后，M$_1$ 自动停机

D. 必须 M$_2$ 先起动，M$_1$ 才能起动，M$_1$ 起动后，M$_2$ 自动停机

7-6-8　额定转速为 1 450r/min 的三相异步电动机，空载运行时转差率为（　　　）。

A. $s = \dfrac{1\,500-1\,450}{1\,500} = 0.033$　　　　　　　B. $s = \dfrac{1\,500-1\,450}{1\,450} = 0.035$

C. $0.033 < s < 0.035$　　　　　　　D. $s < 0.033$

7-6-9　在电动机的继电接触控制电路中，具有短路保护、过载保护、欠压保护和行程保护，其中，需要同时接在主电路和控制电路中的保护电器是（　　　）。

A. 热继电器和行程开关　　　　　　　B. 熔断器和行程开关

C. 接触哭和行程开关　　　　　　　　D. 接触器和热继电器

第七节　二极管及其应用

半导体材料与导体、绝缘体最大的不同之处在于它的导电能力在一定条件下可以转化，当温度变化或掺入杂质以后它的导电能力会发生明显的改变。

常用的半导体材料是硅（Si）和锗（Ge），它们都是四价元素，我们称纯净的半导体材料为本征半导体。如果我们在本征半导体的一侧掺入五价元素（如磷）将生成大量的自由电子，构成 N 型半导体；在另一侧掺入三价元素（如硼）就会产生大量的空穴。这样在 P 型区和 N 型区的交界处就形成 PN 结，PN 结是构成各种半导体器件的基础。

当不加电源时，在半导体内部由于 P 型区和 N 型区的浓度差别出现扩散过程。扩散的结果在 PN 结交界处形成"空间电荷区"，这个空间电荷区产生一个内电场，内电场的方向由 N 区指向 P 区。

二极管的核心就是 PN 结，由 P 区引出的电极叫作阳极，N 区引出的电极叫作阴极。我们把阳极电位高于阴极电位的情况叫作二极管的正向偏置状态，简称"正偏"，如图 7-7-1a）所示，而把阳极电位低于阴极电位的状态叫作二极管的反向偏置状态，如图 7-7-1b）所示。

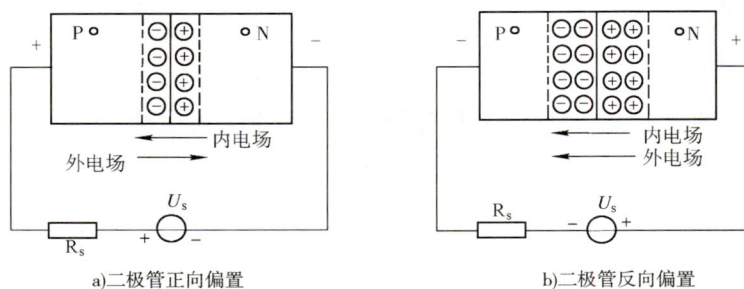

a)二极管正向偏置　　　　　　　　b)二极管反向偏置

图　7-7-1

当二极管加上正偏电源时，外电场与内电场方向相反，空间电荷区变薄，半导体的导电能力增加，外部产生较大的正向电流I_F。当二极管加上反向偏置的外部电源时外电场与内部电场方向相同，使 PN 结处的空间电荷区加宽，半导体的导电能力削弱，产生的反向电流I_R远小于正向电流I_F。

可见二极管具有单向导电性。

二极管符号如图 7-7-2 所示。

图 7-7-2　二极管符号

一、二极管

二极管的伏安特性如图 7-7-3 所示。

由图可见，当外加正向电压很低时，正向电流很小，几乎为零。当正向电压超过一定数值后，电流增长很快，这个一定数值的正向电压称为死区电压，死区电压U_T的大小与材料及环境温度有关。通常，硅管的死区电压约为 0.5V，锗管约为 0.2V；二极管正常工作电压U_F硅管为 0.6~1V，锗管工作电压为 0.2~0.3V。

当外加反向电压时，只有很小的反向电流。反向电流随温度的上升增长很快；在反向电压不超过某一范围时基本恒定，而与反向电压的高低无关，故通常称它为反向饱和电流。当外加反向电压过高时，反向电流将突然增加，二极管失去单向导电性，这种现象称为击穿，二极管被击穿后，一般不能恢复原来的性能而损坏。

二、稳压管

稳压管是一种特殊的面接触型半导体硅二极管，由于它在电路中与适当数值的电阻配合后能起稳定电压的作用，故称为稳压管。

稳压管的伏安特性曲线与普通二极管类似，如图 7-7-4 所示。其差异是稳压管的反向特性曲线比较陡，且电压较低。

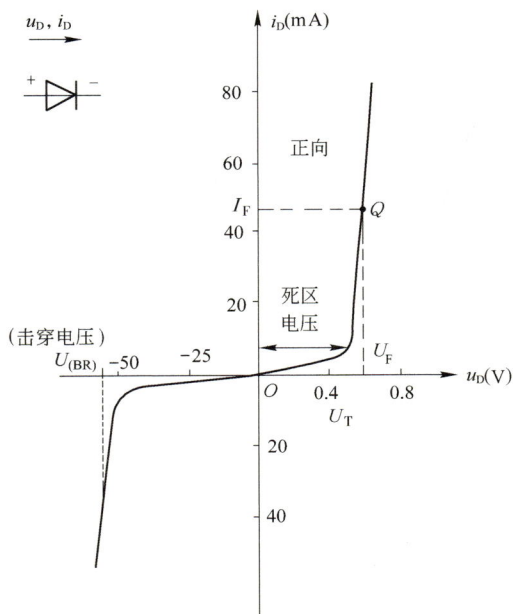

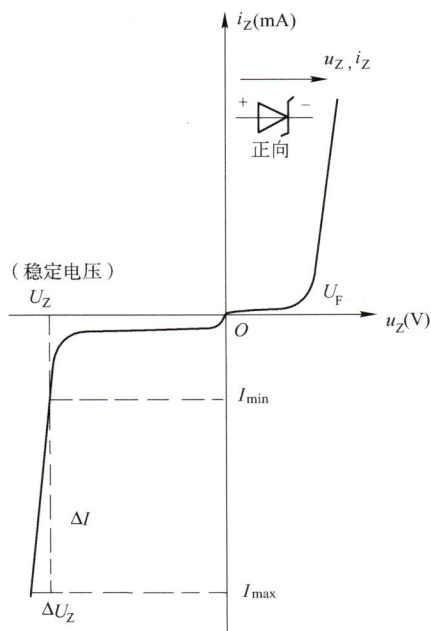

图 7-7-3　2CP10 硅二极管的伏安特性曲线　　　图 7-7-4　稳压管的伏安特性曲线

稳压管工作于反向击穿区，从反向特性曲线上可见，在反向击穿区，虽然电流在很大范围内变化，但稳压管两端的电压变化很小，正是利用这一特性实现稳压。稳压管与普通二极管不同的是反向击穿是可逆的，去掉反向电压之后，稳压管可恢复正常。当然，如果反向电流超过允许范围，稳压管也将会发生热击穿而损坏。

三、二极管应用电路

（一）整流电路

整流电路的作用是将交流电变为单方向变化的直流电，目前主要采用单相半波整流电路和桥式整流电路。

1. 单相半波整流电路

如图 7-7-5 所示为单相半波整流电路，由整流变压器 T_r、整流元件 D（二极管）及负载电阻 R_L 组成。

设整流变压器副边的电压为

$$u = \sqrt{2}U \sin \omega t$$

其波形如图 7-7-6a）所示。

由于二极管具有单向导电性，只有当它的阳极电位高于阴极电位时才能导通。在变压器副边电压 u 的正半周，a 点的电位高于 b 点，二极管因承受正向电压而导通，二极管的正向压降可以忽略不计，这时负载电阻 R_L 上的电压 u_0 的正半波和 u 的正半波是相同的，通过的电流为 i_0。在电压 u 的负半周，a 点的电位低于 b 点，二

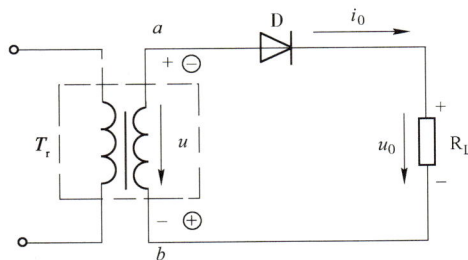

图 7-7-5　单相半波整流电路

极管因承受反向电压而截止，负载电阻 R_L 上没有电压，因此，在负载电阻 R_L 上得到的是半波整流电压 u_0，如图 7-7-6 负载上整流电压的平均值

$$U_0 = \frac{1}{2\pi} \int_0^\pi \sqrt{2}\, U \sin \omega t\, d(\omega t) = \frac{\sqrt{2}}{\pi} U = 0.45U \tag{7-7-1}$$

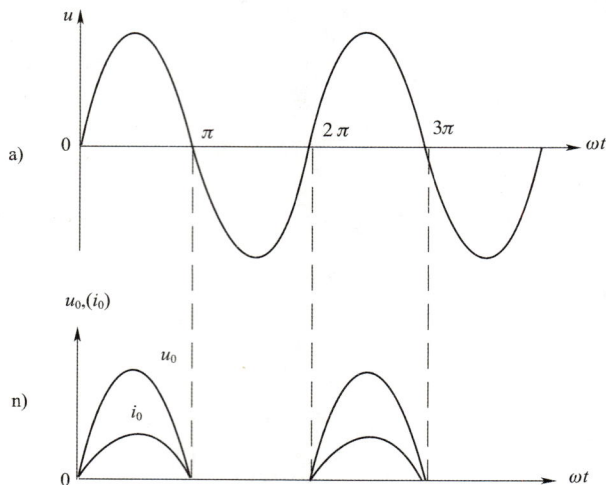

图 7-7-6　单相半波整流电路的电压与电流的波形

负载上整流电流平均值

$$I_0 = \frac{U_0}{R_L} = 0.45 \frac{U}{R_L} \tag{7-7-2}$$

二极管不导通时，承受的最高反向电压和平均电流为

$$\left. \begin{array}{l} U_{DRM} = U_m = \sqrt{2}U \\[2mm] I_D = I_0 = 0.45 \dfrac{U}{R_L} \end{array} \right\} \tag{7-7-3}$$

这样，根据 U_0、I_0 和 U_{DRM}、I_D 就可确定整流电路输出电压、电流的大小，并可以选择合适的整流元件。

2. 单相桥式整流电路

单相桥式整流电路如图 7-7-7 所示。

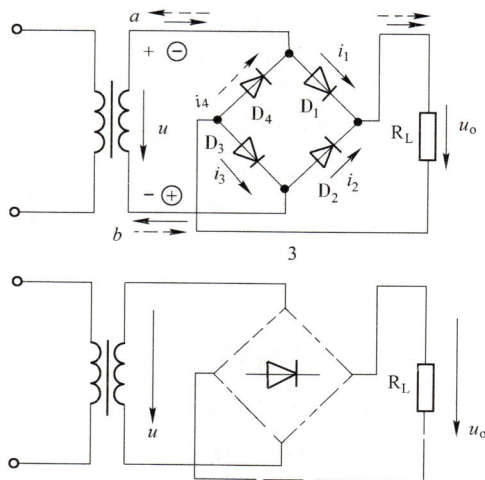

图 7-7-7　单相桥式整流电路

在变压器副边电压 u 的正半周，a 点的电位高于 b 点，二极管 D_1 和 D_3 导通，D_2 和 D_4 截止；电流 i_1 的通路是 $a \to D_1 \to R_L \to D_3 \to b$。这时，负载电阻 R_L 上得到一个半波电压，如图 7-7-8b）所示的 $0\sim\pi$ 段所示。

在电压 u 的负半周，b 点的电位高于 a 点；因此，D_1 和 D_3 截止，D_2 和 D_4 导通，电流 i_2 的通路是 $b \to D_2 \to R_L \to D_4 \to a$；同样，在负载电阻上得到一个半波电压，如图 7-7-8b）所示的 $\pi\sim2\pi$ 段所示。

因此，单相桥式整流电路的整流电压的平均值 U_o 比半波整流时增加了 1 倍，即

$$U_o = 2 \times 0.45U = 0.9U \tag{7-7-4}$$

负载电阻中的直流电流为：

$$I_o = \frac{U_o}{R_L} = 0.9\frac{U}{R_L} \tag{7-7-5}$$

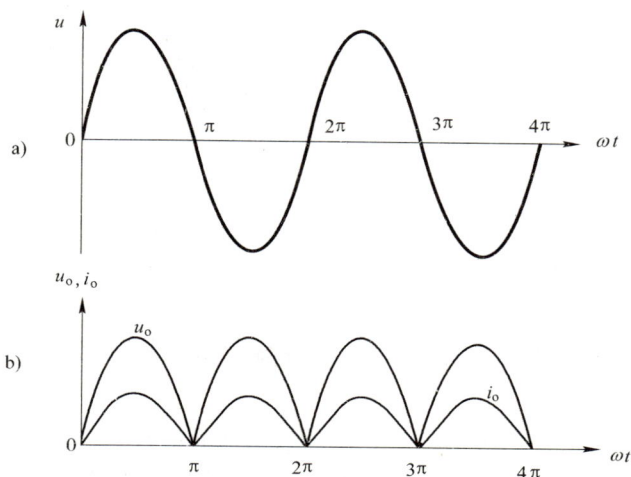

图 7-7-8　单相桥式整流电路的电压与电流的波形

由于四个二极管是交替导通的，故每个二极管中流过的平均电流只有负载电流的一半，即

$$I_D = \frac{1}{2}I_o = 0.45\frac{U}{R_L} \tag{7-7-6}$$

二极管截止时所承受的最高反向电压就是电源电压的最大值，即

$$U_{DRM} = \sqrt{2}U \tag{7-7-7}$$

【例 7-7-1】 二极管应用电路如图所示，设二极管为理想器件，当 $u_1 = 10\sin\omega t$ V时，输出电压 u_o 的平均值 U_o 等于：

A. 10V
B. $0.9 \times 10 = 9V$
C. $0.9 \times \dfrac{10}{\sqrt{2}} = 6.36V$
D. $-0.9 \times \dfrac{10}{\sqrt{2}} = -6.36V$

解　本题采用全波整流电路结构与二极管连接方式结合分析。

输出直流电压 U_o 与输入交流有效值 U_i 的关系为：

$$U_o = -0.9U_i$$

本题 $U_i = \dfrac{10}{\sqrt{2}}$ V，代入上式得 $U_o = -0.9 \times \dfrac{10}{\sqrt{2}} = -6.36$ V。

答案： D

（二）滤波电路

整流电路虽然可以把交流电转换为直流电，但是这种直流电压是脉动电压。为了改善输出电压的脉动程度，整流电路中还要接滤波器。

常用的滤波电路有：

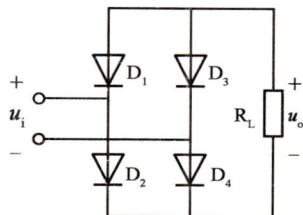

例 7-7-1 图

1. 电容滤波器（C 滤波器）

负载两端并联电容器就是一个最简单的滤波器，如图 7-7-9 所示。电容滤波器是根据电容器的端电压在电路状态改变时不能跃变的原理制成的。

电容滤波器电路简单，一般用于输出电压 U_o 较高，并且负载变化较小的场合。

2. 电感电容滤波器（LC 滤波器）

为了减小输出电压的脉动程度，在滤波电容之前串接一个铁芯电感线圈 L，这样就组成了电感电容滤波器，如图 7-7-10 所示。

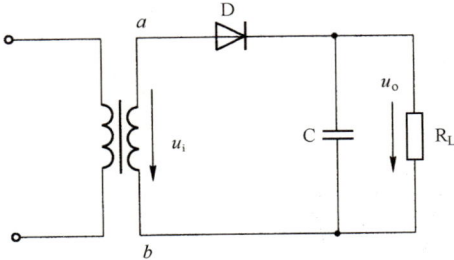

图 7-7-9　接有电容滤波器的单相半波整流电路

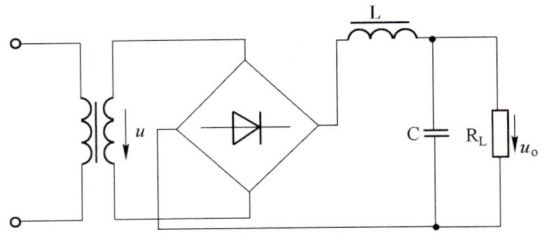

图 7-7-10　电感电容滤波电路

由于当通过电感线圈的电流发生变化时，线圈中要产生自感电动势阻碍电流的变化，因而使负载电流和负载电压的脉动大为减小。

具有 LC 滤波器的整流电路适用于电流较大，要求输出电压脉动很小的场合。

3. π 形滤波器

如果要求输出电压的脉动更小，可以在 LC 滤波器的前面再并联一滤波电容，这样便构成 π 形 LC 滤波器。它的滤波效果比 LC 滤波器更好，但整流二极管冲击电流较大。

π 形滤波电路主要适用于负载电流较小而又要求输出电压脉动很小的场合。

（三）稳压电路

经整流和滤波后的电压往往会随交流电源电压的波动和负载的变化而变化，因此需要设置稳压电路。最简单的直流稳压电路是采用稳压管的稳压电路，如图 7-7-11 所示。

引起电压不稳定的原因是交流电源电压的波动和负载电流的变化。通过稳压管与电阻 R 的调整作用，可以维持输出电压的稳定。

稳压管稳压电路的稳压效果不够理想，它一般适用于稳压性能要求不高，并且负载电流较小的场合。串联型晶体管稳压电路是性能较好的一种稳压电路，目前广泛采用的集成稳压电路也都是以晶体管串联稳压电路为基础的。

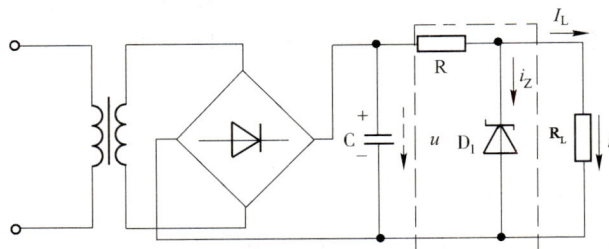

图 7-7-11　稳压管稳压电路

习　题

7-7-1　如果把一个小功率二极管直接同一个电源电压为 1.5V、内阻为零的电池实行正向连接，电路如图所示，则后果是该管（　　　）。

A. 击穿　　　　　　　B. 电流为零　　　　　　C. 电流正常　　　　D. 电流过大使管子烧坏

7-7-2　在如图所示的二极管电路中，设二极管 D 是理想的（正向电压为 0V，反向电流为 0A），且电压表内阻为无限大，则电压表的读数为（　　　　）。

　　　　　A. 15V　　　　　　　　B. 3V　　　　　　　　　C. −18V　　　　　　　D. −15V

7-7-3　如图所示电路中，A 点和 B 点的电位分别是（　　　　）。

　　　　　A. 2V，−1V　　　　　B. −2V，1V　　　　　　C. 2V，1V　　　　　　D. 1V，2V

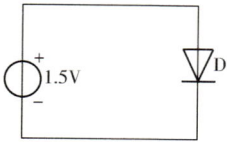

題 7-7-1 图

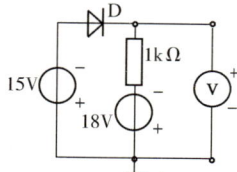

題 7-7-2 图

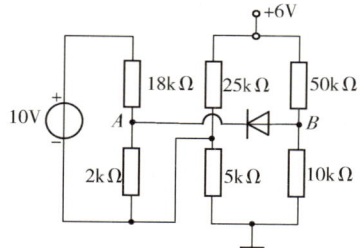

題 7-7-3 图

7-7-4　单相桥式整流电路如图 a）所示，变压器副边电压 u_2 的波形如图 b）所示，设四个二极管均为理想元件，则二极管 D_1 两端的电压 u_{D_1} 的波形为图 c）中的（　　　　）图。

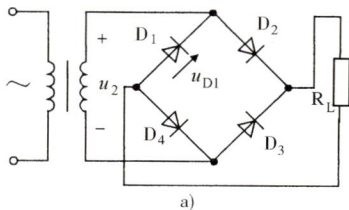

a)

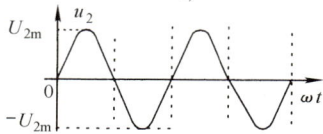

b)

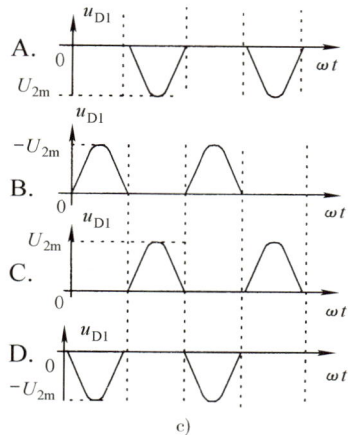

c)

題 7-7-4 图

7-7-5　整流滤波电路如图所示，已知 $U_1 = 30V$，$U_0 = 12V$，$R = 2k\Omega$，$R_L = 4k\Omega$，稳压管的稳定电流 $I_{zmin} = 5mA$ 与 $I_{zmax} = 18mA$，通过稳压管的电流和通过二极管的平均电流分别是（　　　　）。

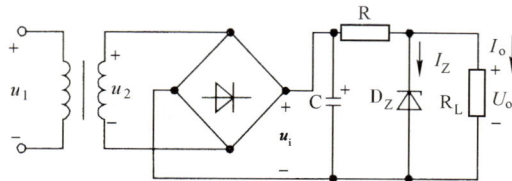

題 7-7-5 图

　　　　　A. 5mA，2.5mA　　　　B. 8mA，8mA　　　　　C. 6mA，2.5mA　　　　D. 6mA，4.5mA

7-7-6　如图所示电路中，若输入电压 $U_i = 10\sin(\omega t + 30°)V$，则输出电压的平均值 U_o 为（　　　　）V。

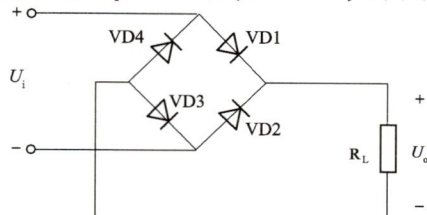

題 7-7-6 图

A. 3.18　　　　　　B. 5　　　　　　　C. 6.36　　　　　　D. 10

第八节　三极管及其基本放大电路

一、晶体三极管

三极管（又称晶体管）是一种重要的半导体材料，它的出现使半导体技术出现了重大的飞越，三极管的种类很多，根据三极管的工作频率分，可以分为高频管和低频管；根据功率分，可以分为大功率管和小功率管；按材料分，可以分为硅管和锗管。

（一）三极管结构

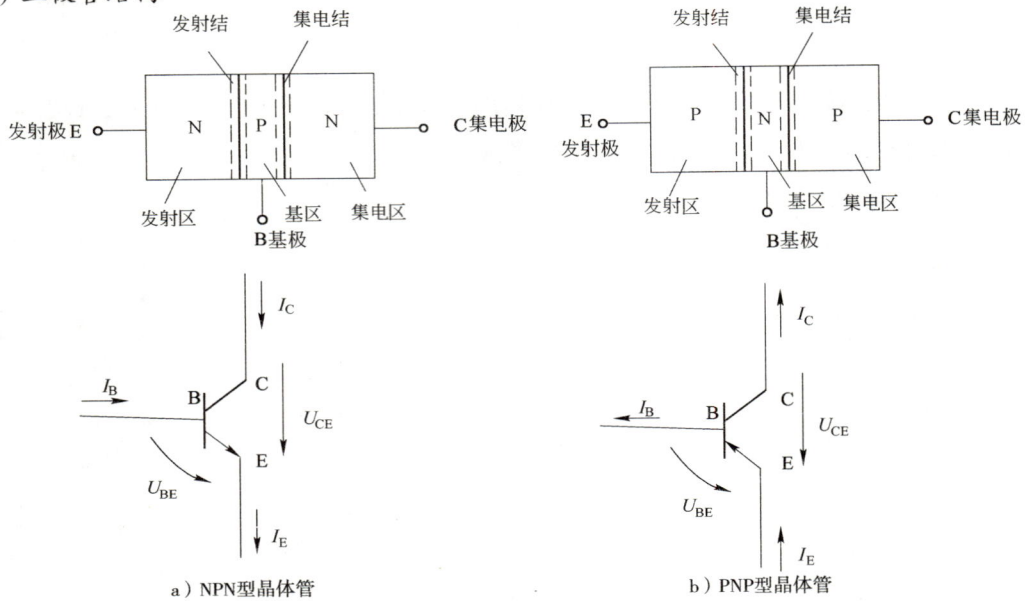

图 7-8-1　三极管的结构示意图和表示符号

三极管在结构上可以分为 NPN 型和 PNP 型两类，其结构示意图和符号如图 7-8-1 所示。

每一类都分成基区、发射区和集电区，分别引出基极 B、发射极 E 和集电极 C；三极管内部有两个 PN 结，基区和发射区之间的 PN 结称为发射结，基区和集电区之间的 PN 结称为集电结。

（二）三极管的特性曲线

三极管的特性曲线反映了三极管各电极上的电压和电流之间的函数关系。常用的是三极管共发射极接法的特性曲线，分为输入特性曲线和输出特性曲线。

NPN 管的特性曲线分析如下，见图 7-8-2 晶体管试验电路。

1. 输入特性曲线

三极管的输入特性曲线是指当集-射极电压 U_{CE} 为常数时，输入电路中基极电流 i_B 与基-射极电压 u_{BE} 之间的关系曲线，其表达式为

$$i_B = f(u_{BE})\big|U_{CE} = 常数 \tag{7-8-1}$$

如图 7-8-3 所示，三极管输入特性曲线与二极管的伏安特性一样。

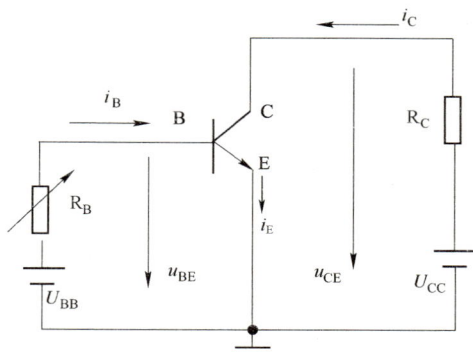

图 7-8-2　晶体管实验电路

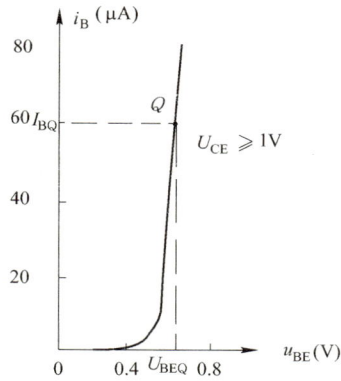

图 7-8-3　3DG6 三极管的输入特性曲线

2.输出特性曲线

输出特性曲线是指基极电流I_B为常数时，集电极电流i_C与集-射极电压u_{CE}之间的关系曲线，其表达式为

$$i_C = f(u_{CE})\Big|_{I_B} = 常数 \qquad (7-8-2)$$

如图 7-8-4 所示，不同的I_B下，可得出不同的曲线，所以三极管的输出特性曲线是一族曲线。

通常把三极管的输出特性曲线分为三个工作区。

（1）截止区

$I_B = 0$的曲线以下的区域称为截止区。此时$I_B = 0$、$I_C \approx 0$，相当于三极管的三个极处于断开状态。其特点是发射结和集电结均处于反向偏置状态。

（2）放大区

输出特性曲线近似水平，且各曲线之间又相互平

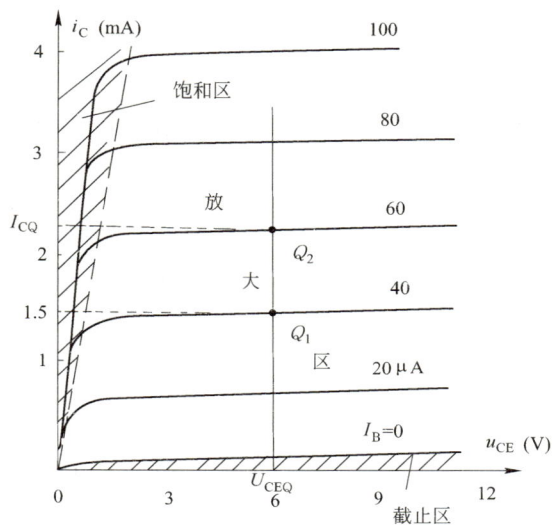

图 7-8-4　3DG6 三极管的输出特性曲线

行的部分是放大区。此时，I_C和I_B成正比例关系，即$I_C = \beta I_B$（β为电流放大系数），这就是三极管的电流放大作用。三极管工作于放大状态时，发射结处于正向偏置，集电结处于反向偏置。

（3）饱和区

当$U_{CE} < U_{BE}$时，集电结处于正向偏置，三极管工作于饱和区，此时I_B的变化对I_C的影响较小。其特点是发射结和集电结均处于正向偏置状态。

二、基本放大电路

三极管放大电路是将模拟信号进行放大的电路系统，对放大电路的基本要求是能够不失真地放大信号。

放大电路的框图，如图 7-8-5 所示。

图 7-8-5 中①-①′左端是等效信号源，是放大器处理的对象，②-②′右端是放大器的负载。放大器的基本任务是：在输入信号的控制下把电源的能量无失真地传递给负载。

放大器内的三极管是主要控制元件，它必须工作在放大状态。

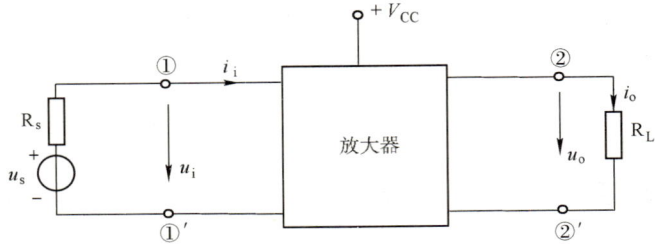

图 7-8-5

这部分内容的复习要求是能确定放大器在没有信号输入时三极管的静态工作点（I_{BQ}，I_{CQ}，V_{CEQ}），并能正确估算放大器的动态指标（电压放大倍数A_u，输入电阻r_i，输出电阻r_o）。

（一）放大电路的组成

利用三极管的电流放大作用，可以组成多种类型的放大电路，常见的有共射极接法的单管电压放大电路，如图 7-8-6 所示。

需要放大的输入电压u_i接在三极管的基极和发射极之间，负载电阻 R_L 接在三极管的集电极和发射极之间，被放大的输出电压u_o从 R_L 两端取出。

（二）放大电路的静态分析

静态是指放大电路输入信号为零时的工作状态。静态分析是要确定放大电路的静态值（直流值）I_B、I_C、U_{BE}和U_{CE}，以保证三极管工作在放大区。

因为静态值是直流，故用放大电路的直流通路分析计算。绘制放大电路直流通路的原则是电路中的电容视为开路，图 7-8-6 电路的直流通路如图 7-8-7 所示。

由图 7-8-7 的直流通路，可得出

$$I_B = \frac{U_{CC} - U_{BE}}{R_B} \approx \frac{U_{CC}}{R_B} \qquad (7-8-3)$$

硅管的U_{BE}为 0.6~0.7V，相对于U_{CC}较小，计算时可以将U_{BE}忽略。

$$I_C = \beta I_B \qquad (7-8-4)$$

$$U_{CE} = U_{CC} - I_C R_C \qquad (7-8-5)$$

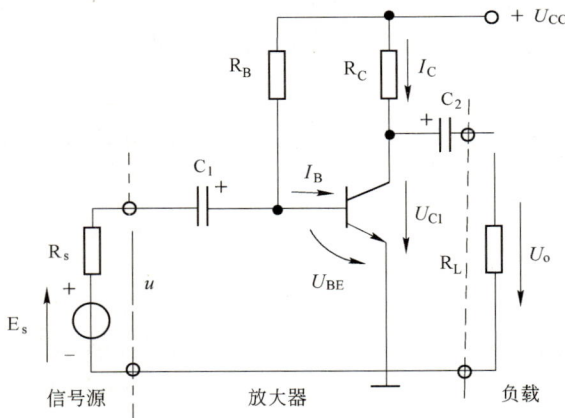

图 7-8-6　基本交流放大电路

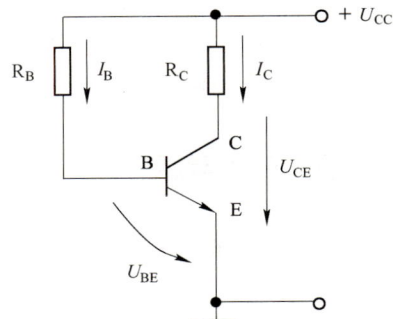

图 7-8-7　图 7-8-5 示交流放大器的直流通路

（三）放大电路的动态分析

动态是放大电路有输入信号时的工作状态，动态分析要确定放大电路的电压放大倍数A_u、输入电阻

r_i和输出电阻r_o等。它是在静态值确定后分析动态信号的传输情况，考虑的只是电流和电压的动态信号分量，常用的分析方法是微变等效电路法。

1. 微变等效电路

所谓放大电路的微变等效电路，是把非线性电路等效为一个线性电路，即把三极管线性化，图7-8-8a）示三极管的微变等效电路如图7-8-8b）所示。

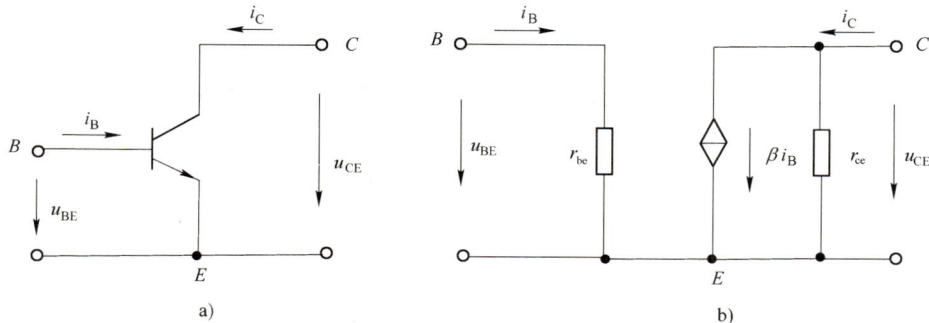

图 7-8-8　三极管及其微变等效电路

其中输入电阻r_{be}的估算公式为

$$r_{be} = r_{bb} + (\beta + 1)\frac{26(\text{mV})}{I_E(\text{mA})} \tag{7-8-6}$$

式中，r_{bb}为三极管的体电阻，其数值在$200\sim300\,\Omega$之间。

将三极管用微变等效电路代替后可得出放大电路的微变等效电路。画放大器的微变等效电路时要把电路中的电容及直流电源视为短路，如图7-8-9b）所示。

2. 电压放大倍数A_u

根据图7-8-9b），当放大电路输入正弦交流信号时，可将电压和电流用相量表示，分析如下

$$\dot{U}_i = \dot{I}_B r_{be}$$
$$\dot{U}_o = -\dot{I}_C R_L' = -\beta \dot{I}_B R_L'$$

式中

$$R_L' = R_C /\!/ R_L$$

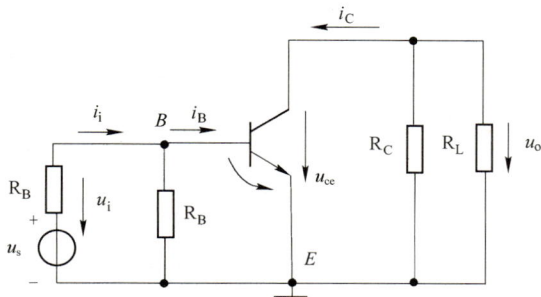

a）图7-8-5所示放大器的交流通路

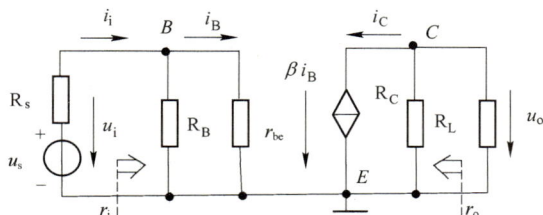

b）微变等效电路

图　7-8-9

整理后可知放大电路的电压放大倍数

$$\dot{A}_{\mathrm{u}} = \frac{\dot{U}_{\mathrm{o}}}{\dot{U}_{\mathrm{i}}} = -\beta \frac{R'_{\mathrm{L}}}{r_{\mathrm{be}}}$$
(7-8-7)

3. 输入电阻r_{i}

放大电路的输入电阻r_{i}是从信号源u_{i}向放大器看进去的电阻

$$r_{\mathrm{i}} = \frac{\dot{U}_{\mathrm{i}}}{\dot{I}_{\mathrm{i}}} = R_{\mathrm{B}} /\!/ r_{\mathrm{be}} \approx r_{\mathrm{be}}$$
(7-8-8)

通常放大器的基极电阻R_{B}远大于三极管输入电阻r_{be}（约1kΩ），分析时可认为放大器的输入电阻就是r_{be}的数值。

r_{i}是对交流而言的动态电阻，通常希望电压放大电路的输入电阻能高一些。

4. 输出电阻r_{o}

放大电路的输出电阻就是放大电路的输出端向左看的等效电阻

$$r_{\mathrm{o}} \approx R_{\mathrm{c}}$$
(7-8-9)

通常，希望放大电路的输出电阻r_{o}越小越好。

（四）静态工作点和静态工作点稳定的放大电路

放大电路应有合适的静态工作点，以保证有较好的放大效果，否则将引起非线性失真。

在图7-8-6的基本交流放大电路中

$$I_{\mathrm{B}} = \frac{U_{\mathrm{CC}} - U_{\mathrm{BE}}}{R_{\mathrm{B}}} \approx \frac{U_{\mathrm{CC}}}{R_{\mathrm{B}}}$$

当R_{B}一经选定后，I_{B}也就固定下来，故该电路称为固定偏置电路。

固定偏置电路虽然简单和容易调整，但在外部因素的影响下，将引起静态工作点的变动，严重时使放大电路不能正常工作，其中影响最大的是温度变化。

为使静态工作点稳定，常采用图7-8-10所示的分压偏置式放大电路。

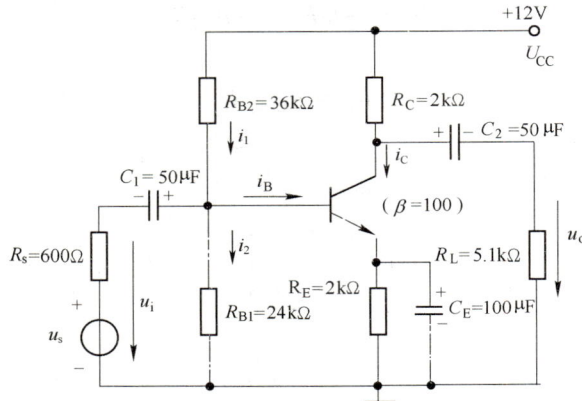

图7-8-10　分压式偏置放大电路

分压偏置放大电路的特点有两个：第一是在输入端用R_{B1}、R_{B2}两分压电阻使B点电位U_{B}不变；第二是用了R_{E}电阻使温度发生变化时，U_{E}电位变化，从而U_{BE}改变，调节I_{B}后，使I_{C}稳定。

当温度变化时，导致放大电路的I_{C}变化，只要稳定了I_{C}，也就稳定了静态工作点。分压式偏置电路稳定静态工作点的物理过程如下

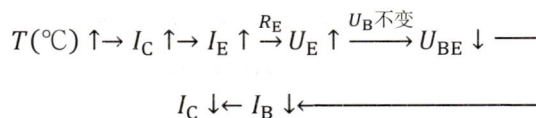

$$T(\text{℃}) \uparrow \to I_{\mathrm{C}} \uparrow \to I_{\mathrm{E}} \uparrow \xrightarrow{R_{\mathrm{E}}} U_{\mathrm{E}} \uparrow \xrightarrow{U_{\mathrm{B}}\text{不变}} U_{\mathrm{BE}} \downarrow$$

$$I_{\mathrm{C}} \downarrow \leftarrow I_{\mathrm{B}} \downarrow$$

【例 7-8-1】 设如图所示放大电路的输入信号u_i为正弦信号，可见，该电路具有稳定I_C的作用。电路参数如图上所注。试求：（1）放大电路的输入电阻和输出电阻；（2）放大电路的电压放大倍数。

解 因放大器的动态参数与静态工作点有关，故应先分析放大器的静态工作点，先画出放大电路的直流通路，如解图 1a）所示。从三极管基极端与接地端往左看，R_{B1}、R_{B2}和电源 U_{CC} 组成一个有源两端网络。应用戴维南定理，此有源两端网络可用一个等效电压源表示，如解图 1b）所示。其中U_0为有源两端网络的开路电压，即

$$U_B = \frac{R_{B1}}{R_{B1} + R_{B2}} U_{CC} = \frac{24 \times 10^3}{(24 + 36) \times 10^3} \times 12 = 4.8V$$

R_0为除源网络的等效电阻，将电压源短路（除源）得

$$R_B = \frac{R_{B1}R_{B2}}{R_{B1} + R_{B2}} = \frac{24 \times 10^3 \times 36 \times 10^3}{(24 + 36) \times 10^3} = 14.4k\Omega$$

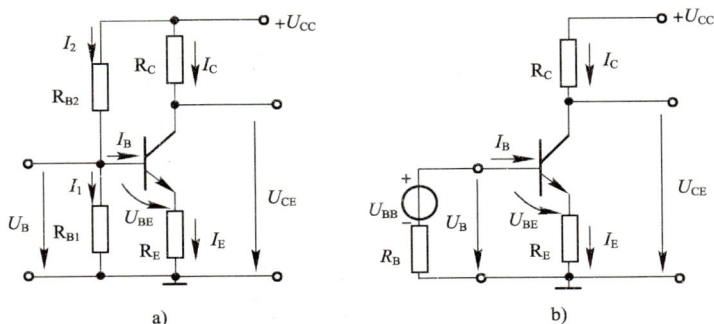

例 7-8-1 解图 1　放大电路的直流通路

由此，列出基极回路的 KVL 方程

$$U_B = I_B R_B + U_{BE} + I_E R_E = I_B R_B + U_{BE} + (1 + \beta)I_B R_E$$

所以，基极电流

$$I_B = \frac{U_{BB} - U_{BE}}{R_B + (1 + \beta)R_E} = \frac{4.8 - 0.7}{14.4 \times 10^3 + (1 + 100) \times 2 \times 10^3} = 19\mu A$$

发射极电流

$$I_E = (1 + \beta)I_B = (1 + 100) \times 19 \times 10^{-6} = 1.92mA$$

三极管的输入电阻

$$r_{be} = 300 + (\beta + 1)\frac{26(mV)}{I_E(mA)} = 300 + (100 + 1) \times \frac{26}{1.92} = 1.668k\Omega$$

在实际放大电路中，一般取$I_1 \gg I_B [I_1 \geqslant (5\sim10)I_B]$，用以保证$U_B$不随$I_B$而变，所以$I_1 \approx I_2$。在近似估算时，可认为基极对地电位

$$U_B \approx \frac{R_{B1}}{R_{B1} + R_{B2}} U_{CC} = 4.8V$$

发射极电流

$$I_E = \frac{U_B - U_{BE}}{R_E} = \frac{4.8 - 0.7}{2 \times 10^3} = 2mA$$

三极管的输入电阻

$$r_{be} = 300 + (\beta + 1) \times \frac{26(mV)}{I_E(mA)} = 300 + (100 + 1) \times \frac{26}{2} = 1.6k\Omega$$

从上可见，应用估算法与应用戴维南定理的精确计算法相比，r_{be}稍小些（本例小于 4%），这在工程计算中是允许的。

（1）为了求出放大电路的输入电阻和输出电阻，画出其微变等效电路如解图 2 所示。可以看出，

放大电路的输入电阻r_i是R_{B1}、R_{B2}和r_{be}三者的并联，即

$$r_i = R_{B1} /\!/ R_{B2} /\!/ r_{be} = 24 /\!/ 36 /\!/ 1.6 = 1.44\text{k}\Omega$$

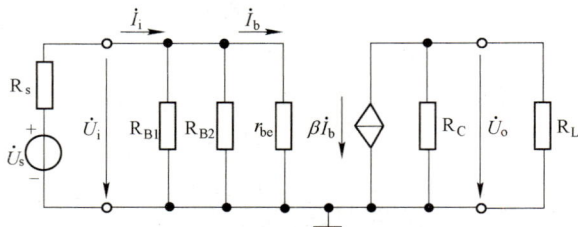

例 7-8-1 解图 2　微变等效电路图

由解图 2 可知，输出电阻r_o等于集电极负载电阻R_C，即

$$r_o = R_C = 2\text{k}\Omega$$

（2）如果考虑信号源内阻R_s的影响时，放大电路的电压放大倍数应该是

$$\dot{A}_{us} = \frac{\dot{U}_o}{\dot{U}_s} = \frac{\dot{U}_o}{\dot{U}_i} \times \frac{\dot{U}_i}{\dot{U}_s} = -\beta \frac{R'_L}{r_{be}} \times \frac{r_i}{R_s + r_i} \qquad (7\text{-}8\text{-}10)$$

从上式可见，当$r_i \gg R_s$时，R_s对电压放大倍数的影响就很小。因此，一般要求电压放大电路的输入电阻r_i值较大。

对于本例题，电压放大倍数

$$\dot{A}_{us} = -100 \times \frac{1.44 \times 10^3}{1.6 \times 10^3} \times \frac{1.44 \times 10^3}{(0.6 + 1.44) \times 10^3} = -89 \times 0.71 = -63$$

式（7-8-10）中，$R'_L = R_C /\!/ R_L = 2 /\!/ 5.1 = 1.44\text{k}\Omega$

【例 7-8-2】 晶体三极管放大电路如图所示，在并入电容C_E后，下列不变的量是：

　A. 输入电阻和输出电阻　　　　　　　B. 静态工作点和电压放大倍数

　C. 静态工作点和输出电阻　　　　　　D. 输入电阻和电压放大倍数

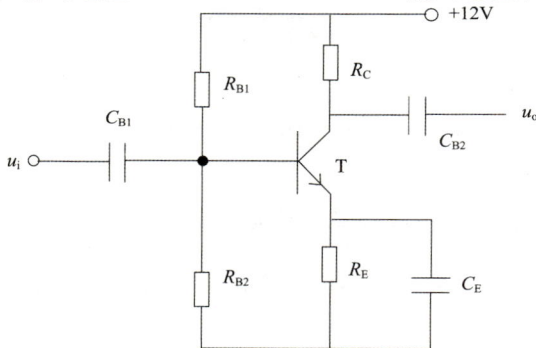

例 7-8-2 图

解　电压放大器的耦合电容有隔直通交的作用，因此电容C_E接入以后不会改变放大器的静态工作点。对于交变信号，接入电容C_E以后电阻R_E被短路，根据放大器的交流通道来分析放大器的动态参数，输入电阻R_i、输出电阻R_o、电压放大倍数A_u分别为

$$R_i = R_{B1} /\!/ R_{B2} /\!/ [r_{be} + (1 + \beta)R_E]$$

$$R_o = R_C$$

$$A_u = \frac{-\beta R'_L}{\gamma_{be} + (1 + \beta)R_E} \qquad (R'_L = R_C /\!/ R_L)$$

可见，输出电阻R_o与R_E无关。

所以，并入电容C_E后不变的量是静态工作点和输出电阻R_o。

答案： C

（五）射极输出器

1. 射极输出器的工作原理

共发射极电路能获得较高的电压放大倍数，但其输入电阻较小，输出电阻较大。因此，共发射极电路常用作多级放大电路的中间级，用来获得较高的电压放大倍数。射极输出器具有较高的输入电阻和较低的输出电阻，可用作多级放大电路的输入级或输出级，以适应信号源或负载对放大电路的要求。

如图 7-8-11 所示是射极输出器的电路，从图可见，这种电路的负载电阻 R_L 经过耦合电容 C_2 接在三极管的发射极上，即输出电压 u_o 从三极管的发射极取出，所以称为射极输出器。它的直流和交流通路如图 7-8-12、图 7-8-13 所示，由交流通路可见，这种电路以三极管的集电极作为输入回路和输出回路的公共端，所以是属共集电极电路。

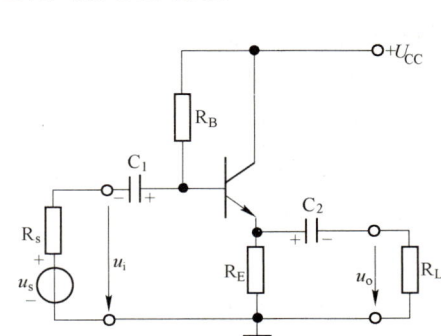

图 7-8-11　射极输出器

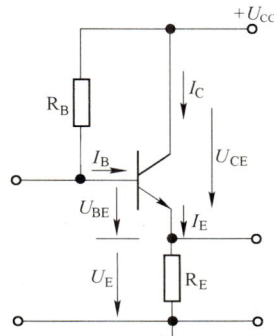

图 7-8-12　射极输出器的直流通路

当没有输入信号（静态）时，射极输出器可用如图 7-8-12 所示的直流通路来分析，此时基极电流

$$I_B = \frac{U_{CC} - U_{BE}}{R_B + (\beta + 1)R_E}$$

静态时的集电极电流

$$I_C = \beta I_B = \frac{\beta(U_{CC} - U_{BE})}{R_B + (\bar{\beta} + 1)R_E}$$

静态时的集电极-发射极间电压

$$U_{CE} = U_{CC} - I_E R_E \approx U_{CC} - I_C R_E$$

2. 射极输出器的电压放大倍数

为了分析射极输出器的电压放大倍数，图 7-8-14 中画出射极输出器的微变等效电路。图中假设输入为正弦信号，放大电路没有非线性失真，即电压和电流的交流分量也是正弦信号，所以均用相量表示。

从图 7-8-14 可列出输入回路的电压方程

$$\dot{U}_i = \dot{i}_b r_{be} + \dot{i}_e(R_E /\!/ R_L) = \dot{i}_b r_{be} + (\beta + 1)\dot{i}_b(R_E /\!/ R_L) = \dot{i}_b[r_{be} + (\beta + 1)R'_L]$$

式中，$R'_L = R_E /\!/ R_L$ 为等效负载电阻。

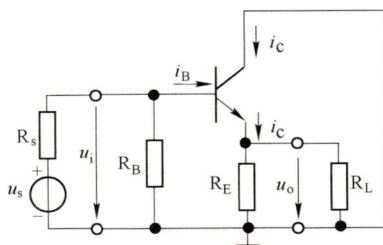

图 7-8-13　射极输出器的交流通路

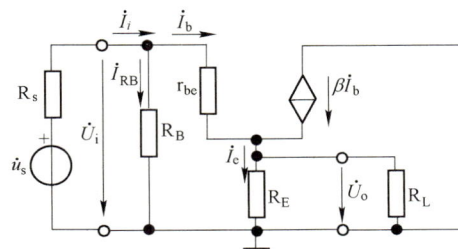

图 7-8-14　射极输出器的微变等效电路

输出电压

$$\dot{U}_o = \dot{I}_e(R_E \mathbin{/\mkern-5mu/} R_L) = (\beta + 1)\dot{i}_b R'_L$$

所以，电压放大倍数

$$\dot{A}_u = \frac{\dot{U}_o}{\dot{U}_i} = \frac{(\beta + 1)\dot{i}_b R'_L}{\dot{i}_b[r_{be} + (\beta + 1)R'_L]} = \frac{(\beta + 1)R'_L}{r_{be} + (\beta + 1)R'_L} \tag{7-8-11}$$

一般 $\beta \gg 1$，且 r_{be} 小于 R'_L，所以

$$\dot{A}_u \approx \frac{\beta R'_L}{r_{be} + \beta R'_L} \leqslant 1 \tag{7-8-12}$$

从上式可见，射极输出器的电压放大倍数小于 1，即输出电压 U_o 的大小接近于输入电压 U_i 的大小。同时从式（7-8-9）还可看到 $\dot{A}_u$ 为正，即射极输出器的输出电压 $\dot{U}_o$ 和输入电压 $\dot{U}_i$ 同相位。

综上所述，射极输出器不但输出电压 U_o 的大小与输入电压 U_i 的大小相等，而且两者的相位相同。也就是说，输出电压 U_o 总是跟随输入电压 U_i 作相应变化，因此，射极输出器又称为电压跟随器。

应该指出，虽然射极输出器没有电压放大作用，但是，由于射极输出器的发射极电流 I_e 比基极电流 I_b 要大（$\beta + 1$）倍，所以它具有一定的电流放大和功率放大作用。

3. 射极输出器的输入电阻和输出电阻

射极输出器的输入电阻可以从如图 7-8-14 所示的微变等效电路中求得，同时可以看出，输入电流

$$\dot{I}_i = \dot{I}_{RB} + \dot{I}_b = \frac{\dot{U}_i}{R_B} + \frac{\dot{U}_i}{r_{be} + (\beta + 1)R'_L} = \left[\frac{1}{R_B} + \frac{1}{r_{be} + (\beta + 1)R'_L}\right]\dot{U}_i$$

所以，射极输出器的输入电阻

$$r_i = \frac{\dot{U}_i}{\dot{I}_i} = \frac{1}{\dfrac{1}{R_B} + \dfrac{1}{r_{be} + (\beta + 1)R'_L}} = R_B \mathbin{/\mkern-5mu/} [r_{be} + (\beta + 1)R'_L] \tag{7-8-13}$$

可见，射极输出器的输入电阻 r_i 由两部分电阻并联而成：一个是偏置电阻 R_B；另一个是基极回路电阻 $[r_{be} + (\beta + 1)R'_L]$。在一般情况下，$R_B$ 的阻值很大（几十千欧到几百千欧），并且基极回路电阻 $[r_{be} + (\beta + 1)R'_L]$ 要比共发射极放大电路的输入电阻大得多。所以，射极输出器的输入电阻比共发射极放大电路的输入电阻提高几十倍到几百倍。

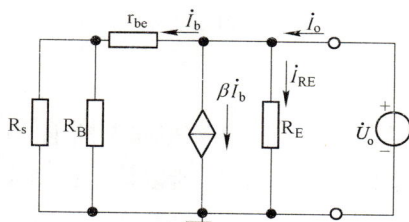

图 7-8-15　求射极输出器的输出电阻

如图 7-8-15 所示。

射极输出器的输出电阻，按定义可用求等效电源内电阻的方法求得。其方法之一是除源法，即将信号源 u_s 短路（除独立源），在输出端（断开负载电阻 R_L）加一交流电压 $\dot{U}_o$，

按输出电阻的定义

$$r_0 = \frac{\dot{U}_o}{\dot{I}_o}\Bigg|_{\substack{R_L = \infty \\ u_s = 0}}$$

由图 7-8-15 可得

$$\begin{aligned}
\dot{I}_o &= \dot{I}_{RE} + \beta \dot{i}_b + \dot{i}_b = \dot{I}_{RE} + (\beta + 1)\dot{i}_b \\
&= \frac{\dot{U}_o}{R_E} + \frac{(\beta + 1)\dot{U}_o}{r_{be} + (R_s \mathbin{/\mkern-5mu/} R_B)} = \left(\frac{1}{R_E} + \frac{\beta + 1}{r_{be} + R'_s}\right)\dot{U}_o
\end{aligned}$$

式中，$R_s' = R_s \mathbin{/\mkern-5mu/} R_B$。

所以，输出电阻

$$r_o = \frac{\dot{U}_o}{\dot{I}_o} = \frac{1}{\dfrac{1}{R_E} + \dfrac{\beta + 1}{r_{be} + R_s'}} = R_E \mathbin{/\mkern-5mu/} \frac{r_{be} + R_s'}{\beta + 1} \qquad (7\text{-}8\text{-}14)$$

上式说明，射极输出器的输出电阻 r_o 是 R_E 和 $\dfrac{r_{be} + R_s'}{\beta + 1}$ 两部分电阻并联的结果。在一般情况下，（r_{be} + R_s'）较小，$\beta \gg 1$，而 R_E 通常为几千欧，因此射极输出器的输出电阻 r_o 很低。

习　题

7-8-1　如图所示电路，能实现交流放大的是图（　　　）。

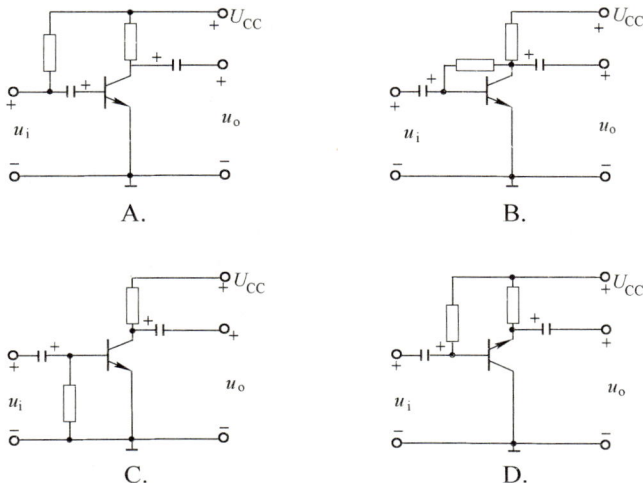

A.　　　　　　　　　　B.

C.　　　　　　　　　　D.

7-8-2　如图所示电路中的晶体管，当输入信号为 3V 时，工作状态是（　　　）。

　　A. 饱和　　　　　　　　B. 截止　　　　　　　　C. 放大　　　　　　　　D. 不确定

7-8-3　如图所示为共发射极单管电压放大电路，估算静态点 I_B、I_C、V_{CE} 分别为（　　　）。

　　A. 57μA，2.28mA，5.16V　　　　　　B. 57μA，2.8mA，8V

　　C. 57μA，4mA，0V　　　　　　　　D. 30μA，2.8mA，3.5V

7-8-4　如图所示放大器的输入电阻 r_i、输出电阻 r_o 和电压放大倍数 A_u 分别为（　　　）。（$r_{be} = 1.25\text{k}\Omega$）

　　A. 200kΩ，3kΩ，47.5 倍　　　　　　B. 1.25kΩ，3kΩ，47.5 倍

　　C. 1.25kΩ，3kΩ，−47.5 倍　　　　　D. 1.25kΩ，1.5kΩ，−47.5 倍

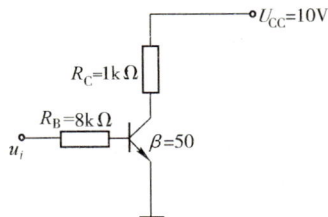

题 7-8-2 图

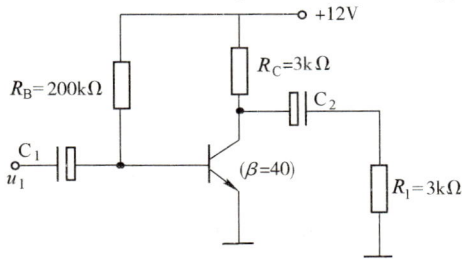

题 7-8-3、题 7-8-4 图

7-8-5　某晶体管放大电路的空载放大倍数 $A_k = -80$、输入电阻 $r_i = 1\text{k}\Omega$ 和输出电阻 $r_o = 3\text{k}\Omega$，将信号源（$u_s = 10\sin\omega t\,\text{mV}$，$R_s = 1\text{k}\Omega$）和负载（$R = 5\text{k}\Omega$）接于该放大电路之后（见图），负载电压 u_o 将

为（　　）。

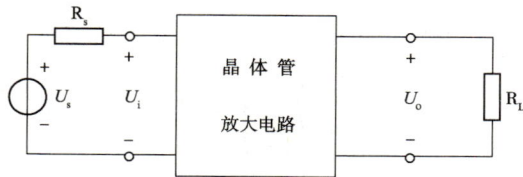

题 7-8-5 图

A. $-0.8\sin\omega tV$ 　　　　B. $-0.5\sin\omega tV$ 　　　　C. $-0.4\sin\omega tV$ 　　　　D. $-0.25\sin\omega tV$

7-8-6　将放大倍数为 1，输入电阻为 100Ω，输出电阻为 50Ω 的射级输出器插接在信号源（u_s，R_s）与负载（R_L）之间，形成图 b）电路，与图 a）电路相比，负载电压的有效值（　　）。

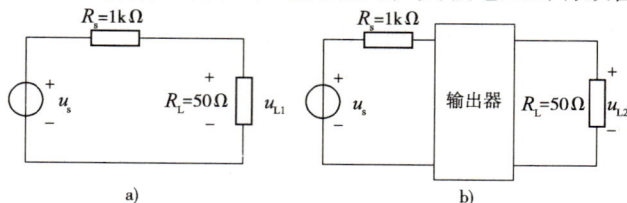

题 7-8-6 图

A. $U_{L2} > U_{L1}$ 　　　　　　　　　　　　B. $U_{L2} = U_{L1}$

C. $U_{L2} < U_{L1}$ 　　　　　　　　　　　　D. 因为 U_2 未知，不能确定 U_{L1} 和 U_{L2} 之间的关系

第九节　集成运算放大器

一、集成运算放大器简介

集成运算放大器是具有高开环放大倍数并带有深度负反馈的多级直接耦合放大电路，它不仅可以放大直流信号，也可以放大交流信号。集成运算放大器具有开环放大倍数高、输入电阻高、输出电阻低、可靠性高、体积小等主要特点。

为了使集成运算放大器（简称运算放大器）电路分析得以简化，一般将实际运算放大器进行理想化，理想化的条件是：

开环电压放大倍数 　　　　　　　　　　　$A_u \rightarrow \infty$

输入电阻 　　　　　　　　　　　　　　　$r_i \rightarrow \infty$

输出电阻 　　　　　　　　　　　　　　　$r_o \rightarrow 0$

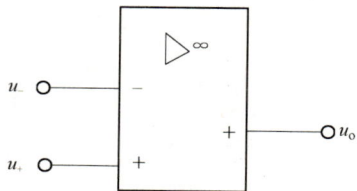

图 7-9-1　运算放大器的图形符号

如图 7-9-1 所示是理想运算放大器的图形符号，它有两个输入端和一个输出端。反相输入端标上"−"号，同相输入端和输出端标上"+"号。它们对"地"的电位分别用 u_-、u_+ 和 u_o 表示反相输入信号 u_- 的电位变化极性与输出信号 u_o 的极性相反；同反相输入信号 u_+ 的电位变化极性与输出信号 u_o 的极性相同。当运算放大器工作在线性区时，u_o、u_+ 和 u_- 之间关系为

$$u_o = A_u(u_+ - u_-) \tag{7-9-1}$$

由于$r_i = \infty$，故可认为两个输入端的输入电流为零（即虚断路）；由于运算放大器的开环电压放大倍数$A_u \to \infty$，而输出电压u_o是一个有限值，则

$$u_+ - u_- = \frac{u_o}{A_u} \approx 0$$

即

$$u_+ \approx u_- \quad （即虚短路） \tag{7-9-2}$$

如果反相端有输入时，同相端接"地"，即$u_+ = 0$，则$u_- \approx 0$。这就是说反相输入端的电位接近于"地"电位，通常称为"虚地"。

由于$r_o \Rightarrow 0$，可以认为输出端电压恒定，仅受输入信号控制，与负载R_L的变化无关：

$$u_o = A_u(u_+ - u_-)$$

二、基本运算电路

（一）比例运算

1. 反相输入

如图 7-9-2 所示，输入信号从反相输入端引入。

由于$i_1 \approx i_f$，$u_- \approx u_+ = 0$（流过图 7-9-2 中电阻R_2的电流基本为 0），则

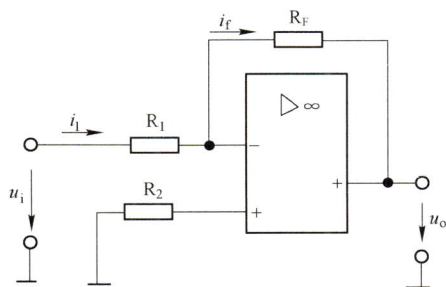

图 7-9-2　反相比例运算电路

$$i_1 = \frac{u_i - u_-}{R_1} = \frac{u_i}{R_1}$$
$$i_f = \frac{u_- - u_o}{R_F} = -\frac{u_o}{R_F}$$

由此得出

$$u_o = -\frac{R_F}{R_1} u_i \tag{7-9-3}$$

闭环电压放大倍数为

$$A_{uf} = \frac{u_o}{u_i} = -\frac{R_F}{R_1} \tag{7-9-4}$$

上式表明，输出电压与输入电压是反相比例运算关系。

2. 同相输入

如图 7-9-3 所示，输入信号从同相输入端引入。

由于　　　　　　　　$u_- \approx u_+ = u_i$

则　　　　　　$i_1 = \frac{0 - u_-}{R_1} = \frac{-u_i}{R_1}$

$$i_f = \frac{u_- - u_o}{R_F} = \frac{u_i - u_o}{R_F}$$

由于$i_1 = i_f$，可得出　　$-\frac{u_i}{R_i} = \frac{u_i - u_o}{R_F}$

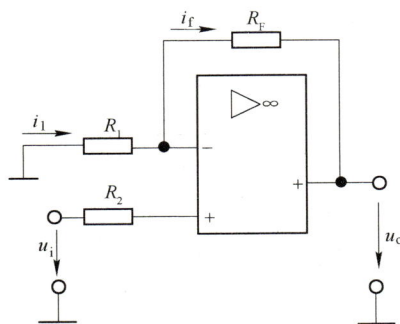

图 7-9-3　同相比例运算电路

则　　$u_o = \left(1 + \frac{R_F}{R_1}\right) u_i \tag{7-9-5}$

闭环电压放大倍数则为

$$A_{\text{uf}} = \frac{u_o}{u_i} = 1 + \frac{R_F}{R_1} \tag{7-9-6}$$

可见，输出电压与输入电压是同相比例运算关系。

【例 7-9-1】 运算放大器应用电路如图所示，设运算放大器输出
电压的极限值为±11V。如果将−2.5V 电压接入 A 端，而 B 端接地后，
测得输出电压为 10V，如果将−2.5V 电压接入 B 端，而 A 端接地，则
该电路的输出电压u_o等于：

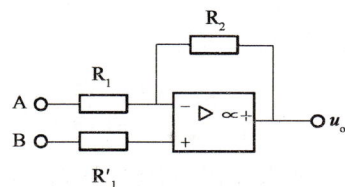

  A.10V   B.−10V

  C.−11V   D.−12.5V

例 7-9-1 图

解　将电路 A 端接入−2.5V 的信号电压，B 端接地，则构成反相比例运算电路。输出电压与输入的
信号电压关系为：$u_o = -\frac{R_2}{R_1} u_i$，可知：$\frac{R_2}{R_1} = -\frac{u_o}{u_i} = 4$。

当 A 端接地，B 端接信号电压，就构成同相比例电路，则输出u_o与输入电压u_i的关系为：

$$u_o = \left(1 + \frac{R_2}{R_1}\right) u_i = -12.5\text{V}$$

考虑到运算放大器输出电压在−11~11V 之间，可以确定放大器已经工作在负饱和状态，输出电压为
负的极限值−11V。

答案： C

（二）加法运算

如果在反相输入端增加若干输入电路，则构成反相加法运算电路，如图 7-9-4 所示。

由图可列出

$$i_{11} = \frac{u_{i1}}{R_{11}} \quad i_{12} = \frac{u_{i2}}{R_{12}} \quad i_{13} = \frac{u_{i3}}{R_{13}} \quad i_f = \frac{-u_o}{R_F}$$

$$i_f = i_{11} + i_{12} + i_{13}$$

整理可得

$$u_o = -\left(\frac{R_F}{R_{11}} u_{i1} + \frac{R_F}{R_{12}} u_{i2} + \frac{R_F}{R_{13}} u_{i3}\right) \tag{7-9-7}$$

当$R_{11} = R_{12} = R_{13} = R_F$时，则上式为

$$u_o = -(u_{i1} + u_{i2} + u_{i3}) \tag{7-9-8}$$

（三）减法电路

减法运算电路如图 7-9-5 所示。两个输入端都有信号输入，为差动输入方式。

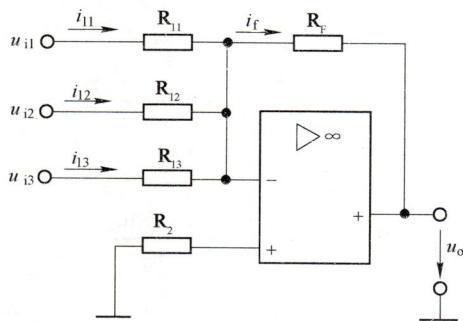

图 7-9-4　反相加法运算电路

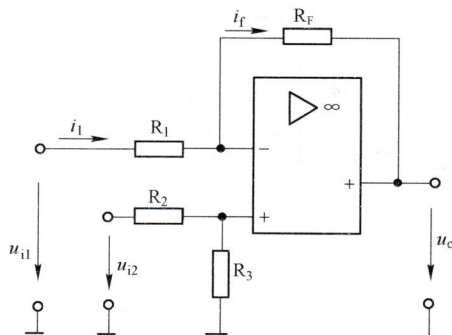

图 7-9-5　减法运算电路

由图 7-9-5 可列出

$$u_- = u_{i1} - i_1 R_1 = u_{i1} - \frac{u_{i1} - u_o}{R_1 + R_F} R_1$$

$$u_+ = \frac{u_{i2}}{R_2 + R_3} R_3$$

因为 $u_- \approx u_+$，整理可得

$$u_o = \left(1 + \frac{R_F}{R_1}\right) \frac{R_3}{R_2 + R_3} u_{i2} - \frac{R_F}{R_1} u_{i1} \tag{7-9-9}$$

当 $R_1 = R_2 = R_3 = R_F$，则

$$u_o = u_{i2} - u_{i1} \tag{7-9-10}$$

可见，输出电压 u_o 是两个输入电压的差值，实现了减法运算。

（四）积分运算

积分运算电路如图 7-9-6 所示。

由于反相输入 $u_- = u_+ \approx 0$，故

$$i_1 = \frac{u_i}{R_1}$$

$$i_f = C_F \frac{du_C}{dt} = C_F \frac{d(u_- - u_o)}{dt} = -C_F \frac{du_o}{dt}$$

则

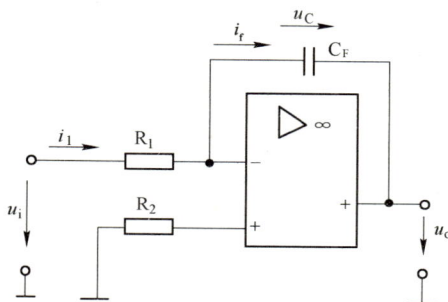

图 7-9-6　积分运算电路

$$u_o = -\frac{1}{R_1 C_F} \int u_i dt \tag{7-9-11}$$

上式表明 u_o 与 u_i 的积分成比例，$R_1 C_F$ 称为积分时间常数。

【例 7-9-2】 运算放大器应用电路如图所示，其中 $C = 1\mu F$，$R = 1M\Omega$，$U_{OM} = \pm 10V$，若 $u_1 = 1V$，则 u_o：

    A. 等于 0V

    B. 等于 1V

    C. 等于 10V

    D. $t < 10s$ 时，为 $-t$；$t \geq 10s$ 后，为 $-10V$

解　该电路为运算放大器的积分运算电路。

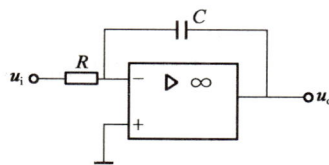

例 7-9-2 图

$$u_o = -\frac{1}{RC} \int u_i dt$$

当 $u_i = 1V$ 时，$u_o = -\frac{1}{RC} t$

当 $t < 10s$ 时，$u_o = -t$

$t \geq 10s$ 后，电路出现反向饱和，$u_o = -10V$

波形分析如解图所示。

答案：D

实例：仪表测量电路

如图 7-9-7 所示为三运放构成的仪用放大器，A_1，A_2 均为同相放大电路。

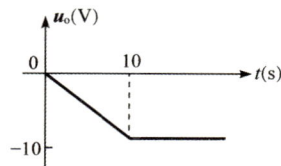

例 7-9-2 解图

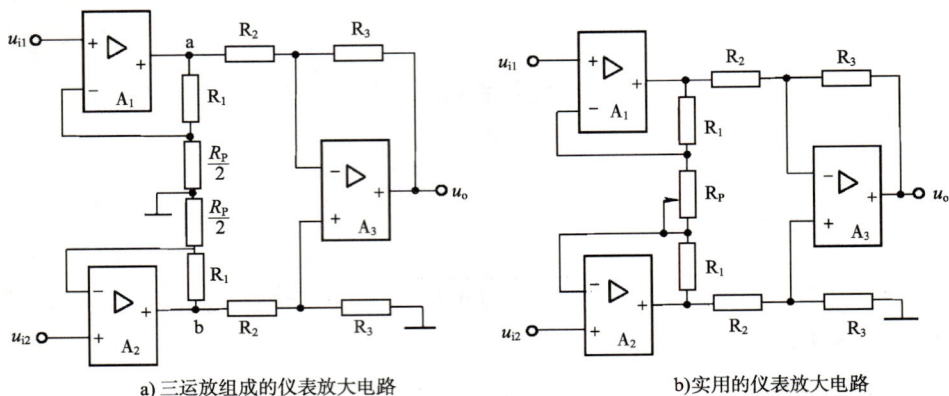

a) 三运放组成的仪表放大电路　　　　　　b)实用的仪表放大电路

图　7-9-7

其中

$$u_\text{a} = \left(1 + \frac{R_1}{\frac{R_\text{P}}{2}}\right)u_{\text{i}1}, \quad u_\text{b} = \left(1 + \frac{R_1}{\frac{R_\text{P}}{2}}\right)u_{\text{i}2}$$

$$u_{\text{ab}} = u_\text{a} - u_\text{b} = \left(1 + \frac{2R_1}{R_\text{P}}\right)(u_{\text{i}1} - u_{\text{i}2})$$

A_3为差动放大电路，输出电压

$$u_\text{o} = -\frac{R_3}{R_2}u_{\text{ab}} = \frac{R_3}{R_2}\left(1 + \frac{2R_1}{R_\text{P}}\right)(u_{\text{i}2} - u_{\text{i}1})$$

当输出电压需要调节时可以采用图 7-9-7b ）所示电路，调节可变电阻 R_P 即可改变电路的电压放大倍数。该电路的特点为电压放大倍数容易调整，输入电阻较大。在 LH0036 系列仪表中电路的输入电阻可达到 300MΩ 以上。

三、电压比较器电路

电压比较器的作用是用来比较输入电压和参考电压, 图 7-9-8a ）是一种基本电压比较器电路和输入、输出电压的传输特性。

该电路的参考电压U_R加在同相输入端，输入电压u_i加在反相输入端，运算放大器工作于开环状态。由于运算放大器的开环电压放大倍数很高，即使输入端有一个非常微小的差值信号，也会使输出电压饱和。因此，用作比较器时，运算放大器工作在饱和区（即非线性区）。当$u_\text{i} < U_\text{R}$时，$U_\text{o} = +U_{\text{o(sat)}}$；当$u_\text{i} > U_\text{R}$时，$U_\text{o} = -U_{\text{o(sat)}}$。当参考电压$U_\text{R} = 0$时，电压比较器又叫作过零比较器，图 7-9-9b ）是过零比较器的电压传输特性。

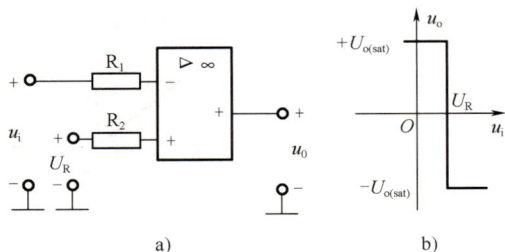

a)　　　　　　　b)

图 7-9-8　电压比较器

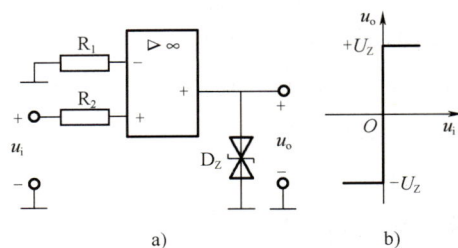

a)　　　　　　　b)

图 7-9-9　过零比较器电路和电压传输特性

图 7-9-10 为过零比较器将正弦波电压转变为矩形波电压。

当电压比较器的输入端进行模拟信号大小的比较时，在输出端则以高电平或低电平［即为数字信号（1或0）］来反映比较结果。当$U_R = 0$时，输入电压u_i与零电平比较，成为过零比较器。

有时为了将输出电压限制在某一特定值，与接在输出端的数字电路的电平配合，可在比较器的输出端与"地"之间跨接一个双向稳压二极管 D_Z，作双向限幅用。稳压二极管的电压为U_Z，电路和传输特性如图 7-9-11 所示。U_i与零电平比较，输出电压u被限制在$+U_Z$或$-U_Z$。

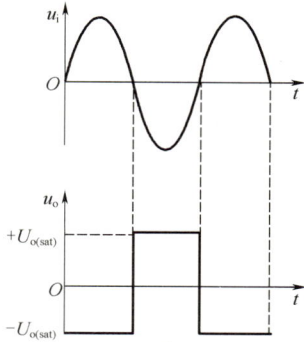

图 7-9-10　过零比较器将正弦波电压转变为矩形波电压

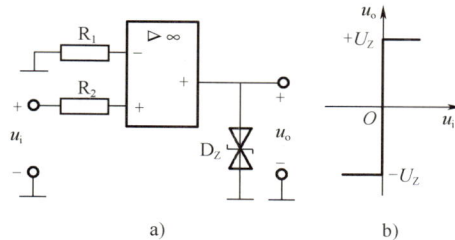

图 7-9-11　带有输出限幅的电压比较电路

【例 7-9-3】　图示为一种电压比较电路，用作电平检测电路，图中U_R为参考电压且为正值，D_R 和 D_G 分别为红色和绿色发光二极管，试判断在什么情况下它们会亮？

　解　当$u_i < U_R$时（$U_+ < U_-$），$u_o = -U_{o(sat)}$，二极管 D_G 导通，D_R 截止，绿灯亮；

　当$u_i > U_R$时（$U_+ < U_-$），$u_o = +U_{o(sat)}$，二极管 D_G 截止，D_R 导通，红灯亮。

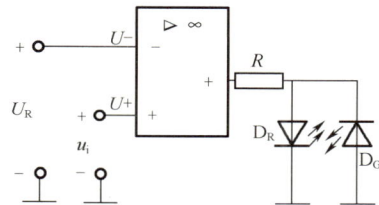

例 7-9-3 图　电压比较电路用作电平检测电路

四、滤波电路的基础知识

（一）滤波电路分类

通常，按照滤波电路的工作频带为其命名，分为低通滤波器（LPF）、高通滤波器（HPF）、带通滤波器（BPF）、带阻滤波器（BEF）和全通滤波器（AF）。设截止频率为f_p，频率低于f_p的信号可以通过，高于f_p的信号被衰减的滤波电路称为低通滤波器；反之，频率高于f_p的信号可以通过，而频率低于f_p的信号被衰减的滤波电路称为高通滤波器。前者可以作为直流电源整流后的滤波电路，以便得到平滑的直流电压；后者可以作为交流放大电路的耦合电路，隔离直流成分，削弱低频信号，只放大频率高于f_p的信号。

设低频段的截止频率为f_{p1}，高频段的截止频率为f_{p2}，频率为f_{p1}到f_{p2}之间的信号可以通过，低于f_{p1}或高于f_{p2}的信号被衰减的滤波电路称为带通滤波器；反之，频率低于f_{p1}和高于f_{p2}的信号可以通过，而频率是f_{p1}到f_{p2}之间的信号被衰减的滤波电路称为带阻滤波器。前者常用于载波通信或弱信号提取等场合，以提高信噪比；后者用于在已知干扰或噪声频率的情况下，阻止其通过。

全通滤波器对于频率从零到无穷大的信号具有同样的比例系数，但对于不同频率的信号将产生不同的相移。

（二）典型滤波电路

实际上，任何滤波器均不可能具备如图 7-9-12 所示的幅频特性，在通带和阻带之间存在着过渡带。称通带中输出电压与输入电压之比$\dot{A}_{up}$为通带放大倍数。如图 7-9-13 所示为低通滤波器电路和幅频特性。

使$|\dot{A}_{\mathrm{u}}| \approx 0.707|\dot{A}_{\mathrm{up}}|$的频率为通带截止频率$f_{\mathrm{p}}$。从$f_{\mathrm{p}}$到$|\dot{A}_{\mathrm{u}}|$接近零的频段称为过渡带。使$|\dot{A}_{\mathrm{u}}|$趋近于零的频段称为阻带。过渡带愈窄，电路的选择性愈好，滤波特性愈理想。

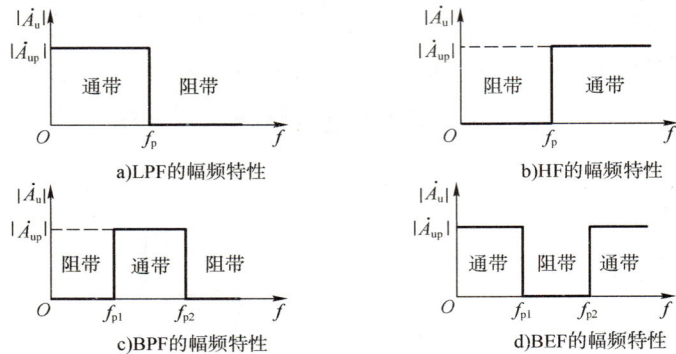

图 7-9-12　理想滤波电路的幅频特性

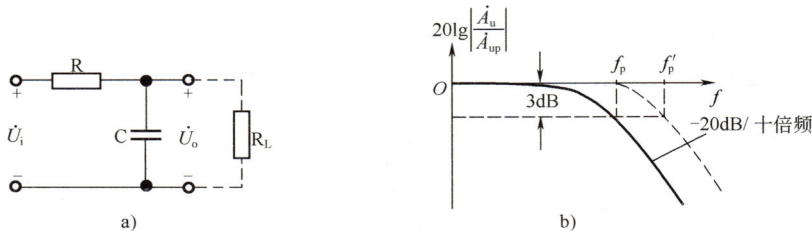

图 7-9-13　低通滤波器电路和幅频特性

分析滤波电路，就是求解电路的频率特性。若滤波电路仅由无源元件（电阻、电容、电感）组成，则称为无源滤波电路。若滤波电路不仅有无源元件，还有有源元件（双极型管、单极型管、集成运放）组成，则称为有源滤波电路。

1. 无源低通滤波器

如图 7-9-13 所示为 RC 低通滤波器，当信号频率趋于零时，电容的容抗趋于无穷大，通带放大倍数计算如下

$$\dot{A}_{\mathrm{u}} = \frac{\dot{U}_{\mathrm{o}}}{\dot{U}_{\mathrm{i}}} = \frac{R_{\mathrm{L}} /\!/ \dfrac{1}{j\omega C}}{R + R_{\mathrm{L}} /\!/ \dfrac{1}{j\omega C}} = \frac{\dfrac{R_{\mathrm{L}}}{R + R_{\mathrm{L}}}}{1 + j\omega(R /\!/ R_{\mathrm{L}})C}$$

$$\dot{A}_{\mathrm{u}} = \frac{\dot{U}_{\mathrm{o}}}{\dot{U}_{\mathrm{i}}} = \frac{\dot{A}_{\mathrm{up}}}{1 + j\dfrac{f}{f_{\mathrm{p}}'}}$$

$$f_{\mathrm{p}}' = \frac{1}{2\pi(R /\!/ R_{\mathrm{L}})C}$$

结果表明负载电阻R_{L}对放大倍数的影响：负载电阻R_{L}减小，通带放大倍数的数值减小，通带截止频率升高。可见，无源滤波电路的通带放大倍数及其截止频率都随负载而变化，这一缺点不符合信号处理的要求，因而产生有源滤波电路。

2. 有源滤波电路

为了使负载不影响滤波特性，可在无源滤波电路和负载之间加一个高输入电阻低输出电阻的隔离电路，最简单的方法是加一个电压跟随器，即构成一阶有源低通滤波电路，如图 7-9-14a）所示，这样就构成了有源滤波电路。在理想运放的条件下，由于电压跟随器的输入电阻为无穷大，输出电阻为零，电路的负载能力提高。负载变化，放大倍数的表达式不变，因此频率特性不变。

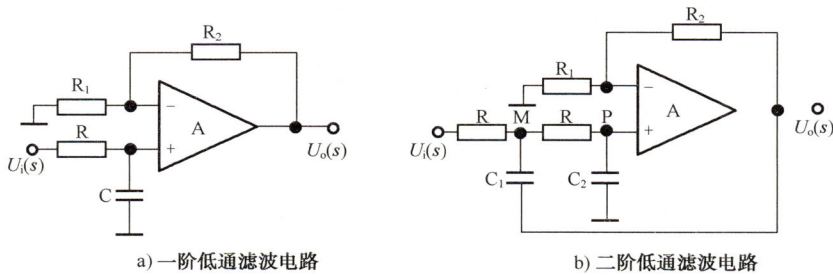

a）一阶低通滤波电路　　　　b）二阶低通滤波电路

图 7-9-14　低通滤波电路

有源滤波电路一般由 RC 网络和集成运放组成，因而必须在合适的直流电源供电的情况下才能起滤波作用，与此同时，还可以进行放大。组成电路时，应选用带宽合适的集成运放。有源滤波电路不适于高电压、大电流的负载，只适用于信号处理。

图 7-9-14b）为用运算放大器构成的一阶、二阶低通滤波电路。

高通滤波电路与低通滤波电路具有对偶性，如果将如图 7-9-14b）所示二阶低通滤波电路中滤波环节的电容替换成电阻，电阻替换成电容，就可得如图 7-9-15 所示的高通滤波电路。

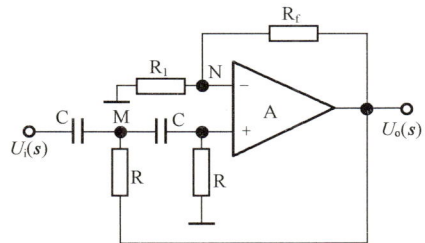

图 7-9-15　二阶高通滤波电路

习　　题

7-9-1　如图所示电路中，输出电压的表达式是（　　　）。

A. $-\dfrac{R_{F2}}{R_2}u_{i1}+\left(1+\dfrac{R_{F2}}{R_2}\right)u_{i2}$　　　　B. $-\dfrac{R_{F1}}{R_2}u_{i1}+\left(1+\dfrac{R_{F2}}{R_2}\right)u_{i2}$

C. $u_{i1}\dfrac{R_{F1}\cdot R_{F2}}{R_1 R_2}+u_{i2}\dfrac{R_2+R_{F2}}{R_2}$　　　　D. $u_{i1}\dfrac{R_{F1}\cdot R_{F2}}{R_1 R_2}-u_{i2}\dfrac{R_2+R_{F2}}{R_2}$

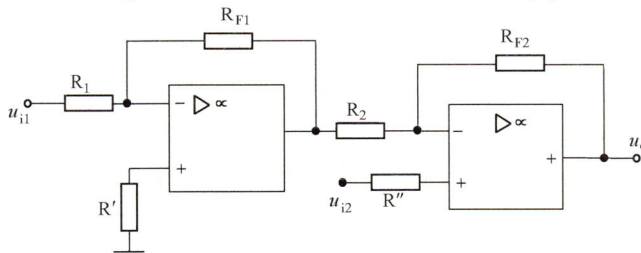

题 7-9-1 图

7-9-2　电路如图所示，负载电流 i_L 与负载电阻 R_L 的关系为（　　　）。

A. R_L 增加，i_L 减小　　　　　　　　B. i_L 的大小与 R_L 的阻值无关

C. i_L 随 R_L 增加而增大　　　　　　　D. R_L 减小，i_L 减小

7-9-3　如图所示为可变电压放大器，当输入 $u_i=\dfrac{1}{2}$V 时，调节范围为（　　　）。

A. $-5.5\sim5.5$V　　　　　　　　　　B. $-1\sim+1$V

C. $-0.5\sim-1$V　　　　　　　　　　D. $-0.5\sim-5.5$V

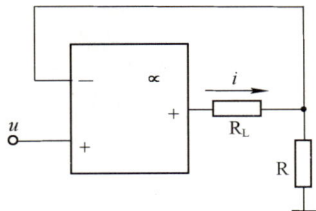

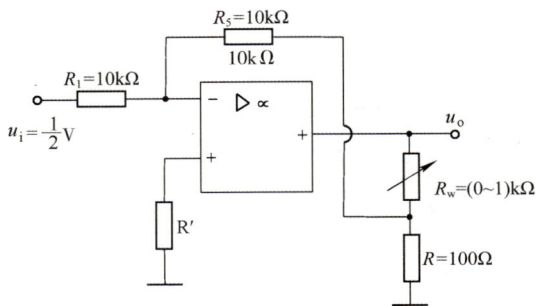

题 7-9-2 图　　　　　　　　　　　　题 7-9-3 图

7-9-4　将运算放大器直接用于两信号的比较，如图 a）所示，其中：$u_{i2} = -1V$，u_{i1} 的波形由图 b）给出，则输出电压 u_o 等于（　　　）。

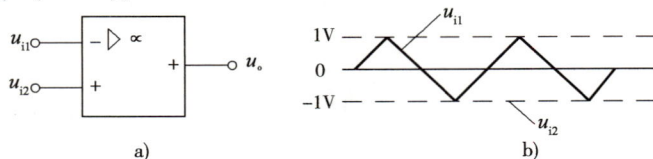

题 7-9-4 图

A. u_{i1}　　　　　　　　B. $-u_{i2}$　　　　　　　C. 正的饱和值　　　　　D. 负的饱和值

7-9-5　运算放大器应用电路如图所示，在运算放大器线性工作区，输出电压与输入电压之间的运算关系是（　　　）。

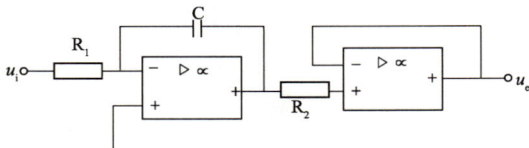

题 7-9-5 图

A. $u_o = -\dfrac{1}{R_1 C} \int u_i \mathrm{d}t$　　　　　　　　　　B. $u_o = \dfrac{1}{R_1 C} \int u_i \mathrm{d}t$

C. $u_o = -\dfrac{1}{(R_1+R_2)C} \int u_i \mathrm{d}t$　　　　　　　　D. $u_o = \dfrac{1}{(R_1+R_2)C} \int u_i \mathrm{d}t$

第 十 节　数 字 电 路

一、门电路

（一）门电路的基本概念

在数字电路中，门电路是组合逻辑电路的最基本逻辑元件，它的应用极为广泛。所谓门，就是一个开关，在一定的条件下允许信号通过，条件不满足，信号就不能通过。门电路的输入信号与输出信号之间存在一定的逻辑关系，所以门电路又称为逻辑门电路。基本逻辑门电路有与门、或门和非门电路。

（二）基本门电路

1. 与门电路

如图 7-10-1a）所示为二极管与门电路，其中 A、B 为输入逻辑变量，F 为输出端。设二极管 D_A、D_B 为理想元件，即导通时端电压为 0V。由图 7-10-1 可见，在 A、B 中只要有一个输入为低电平时，输出端 F 就是低电平，只有当 A、B 端全为高电平时，F 端才有可能出现高电平。现在我们把高电平定义为逻辑"1"，而把低电平定义为逻辑"0"，则 F 与输入端 A、B 的逻辑关系符合与逻辑关系。

$$F=A \cdot B \qquad (7\text{-}10\text{-}1)$$

逻辑功能表见表 7-10-1。

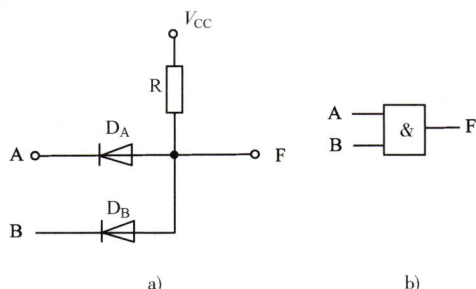

图 7-10-1 二极管与门电路及符号

与门逻辑状态表　　表 7-10-1

A	B	F
0	0	0
0	1	0
1	0	0
1	1	1

通常在进行逻辑电路的分析时，人们只关心输出和输入之间的逻辑关系，而不关心其内部结构，因此可以把与门用图 7-10-1b）的逻辑符号表示。

2. 或门电路

如图 7-10-2a）所示为二极管或门电路和它的逻辑符号。

两个二极管的负极同时经电阻 R 接到了负电源 V_{EE} 上，只要 A、B 中有一个是高电平；F 就是高电平；只有在 A、B 同时为低电平时，F 才是低电平。因此 F 与 A、B 之间为或的逻辑关系，逻辑状态表见表 7-10-2。

$$F = A + B \qquad (7\text{-}10\text{-}2)$$

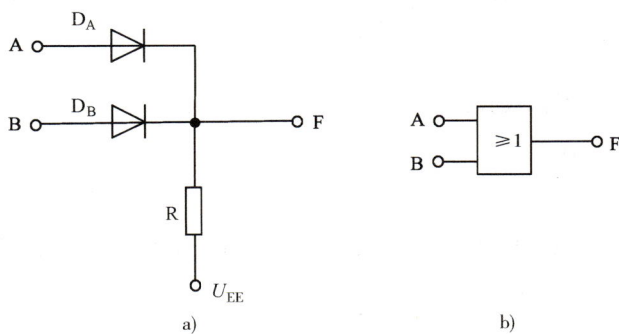

图 7-10-2 二极管或门电路及符号

或门逻辑状态表　　表 7-10-2

A	B	F
0	0	0
0	1	1
1	0	1
1	1	1

3. 三极管非门电路

（1）半导体三极管的开关特性

三极管有截止、饱和、放大三个工作区，在如图 7-10-3 所示的三极管电路中，$U_i \leqslant 0$ 时，$V_{BE} \leqslant 0$，因而三极管工作在截止区。截止区的工作特点是 $i_B \approx 0$，集电极电流 $i_C = i_{CEO} \approx 0$，所以三极管的集射极之间如同一个断开的开关一样，这时输出电压 $u_o \approx V_{CC}$。

当 u_i 为正，并且使 $i_B \geqslant i_{BS} = \dfrac{V_{CC}}{\beta R_C}$ 时，V_{BE} 和 V_{BC} 同时为正向偏置，三极管工作在饱和区。饱和区的工作特点是 C-E 间的饱和压降 $V_{CES} \approx 0$，而 i_C 不再随 i_B 的增加而增加，此时 C-E 间如同开关短路一样，故三极重集电极电位 $V_C = 0$。

可见，只要用 u_i 的高低电平控制三极管分别工作在饱和导通和截止状态，就可控制它的开关状态，并在输出端得到对应的高、低电平。而与之相反的电平，即符合"非"的逻辑关系。

电路中通常满足 $V_{CC} \gg V_{CES}$，$i_{CEO} \approx 0$，所以在分析三极管开关电路时经常使用图 7-10-4 给出的三极管开关等效电路。

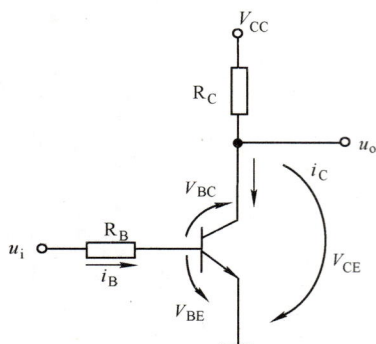

图 7-10-3　三极管非门电路

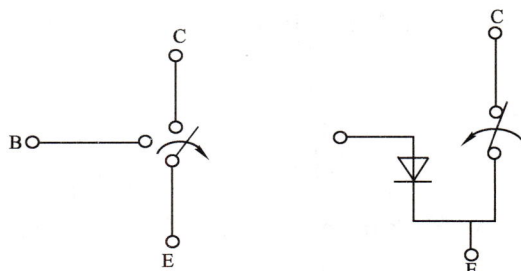

图 7-10-4　三极管开关等效电路

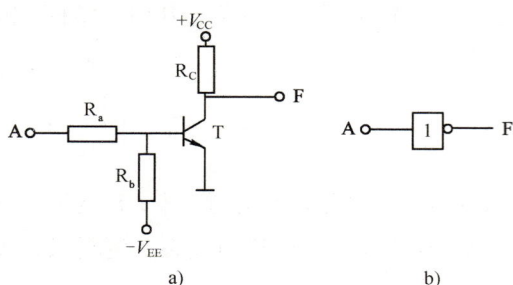

图　7-10-5

（2）非门

从以上分析的三极管开关特性可以发现，当输入 u_i 为低电平时，输出 u_o 为高电平；而输入 u_i 为高电平时输出 u_o 为低电平，因此输入与输出之间具有反相关系，即非逻辑，因此我们可以把它当作非门使用。

在实用的非门电路中，为保证输入为低电平时三极管能可靠截止，通常将电路接成如图 7-10-5 所示的形式。由于增加了电阻 R_a 和负电源 V_{EE}，当输入低电平信号为 0V 时三极管的基极电位为负电位，发射结处于反向偏置，从而可以保证三极管可靠截止。

图 7-10-5b）是非门的逻辑符号，其中 F 与 A 的逻辑关系式为

$$F = \overline{A} \tag{7-10-3}$$

表 7-10-3 是非门逻辑状态表。

以上三种是基本逻辑门电路，有时还可以把它们组合成为组合门电路，以丰富逻辑功能。常用的一种是与非门电路，其图形符号如图 7-10-6 所示。

非门逻辑状态表　　表 7-10-3

A	F
0	1
1	0

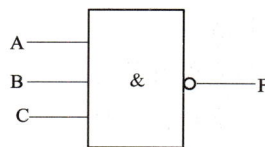

图 7-10-6　与非门电路的图形符号

与非门的逻辑功能是：当输入端全为 1 时，输出为 0；当输入端有一个或几个为 0 时，输出为 1。与非逻辑关系可用下式表示

$$F = \overline{A \cdot B \cdot C} \tag{7-10-4}$$

表 7-10-4 是与非门逻辑状态表。

与非门逻辑状态　　　　　　　　　　　表 7-10-4

A	B	C	F	A	B	C	F
0	0	0	1	1	0	0	1
0	0	1	1	1	0	1	1
0	1	0	1	1	1	0	1
0	1	1	1	1	1	1	0

【例 7-10-1】 如图所示电路中 $R_C = 1k\Omega$，$R_1 = 12k\Omega$，$R_2 = 12k\Omega$，$V_{CC} = 12V$，$V_{EE} = 12V$，晶体三极管的电流放大倍数 $\beta = 30$。分析在输入电位 $V_A = 0V$ 和 $V_A = 3V$ 时此电路是否符合"非"门逻辑要求？如不符合应如何调整？输出端与 +3V 电源相连的二极管起什么作用？

解　①当输入端 A 为 "0" 时，$V_A = 0V$，此时 V_B 电位可按下式计算（此时晶体三极管设为截止状态，$I_B = 0A$）

$$V_B = V_A - \frac{V_A - (-V_{EE})}{R_1 + R_2} R_1 = 0 - \frac{0 - (-12)}{12 + 2} \times 2 = -1.71V$$

此时 $V_B = V_{BE} < 0.5V$，三极管可靠截止，输出状态为 "1"。

②当输入端 A 为 "1"，即 $V_A = 3V$ 时，设三极管为导通状态，$V_{BE} = 0.7V$，则

$$I_B = I_{R1} - I_{R2} = \frac{V_A - V_B}{R_1} - \frac{V_B - V_{EE}}{R_2} = \frac{3 - 0.7}{2} - \frac{0.7 - (-12)}{12}$$

$$= 1.15 - 1.06 = 0.09mA$$

$$I_{BS} = \frac{I_{CS}}{\beta} \approx \frac{V_{CC}/R_C}{\beta} = \frac{12/1}{30} = 0.4mA$$

（I_{CS} 为三极管集电极最大允许电流）

故 $I_B \leqslant I_{BS}$

I_B 不足以使三极管饱和，必须调整。若使 $R_1 = 1.5k\Omega$，$R_2 = 18k\Omega$，则

$$I_B = \frac{3 - 0.7}{1.5} - \frac{0.7 - (-12)}{18} = 0.83mA > I_{BS}$$

此时 $I_B > I_{BS}$，三极管处于饱和状态，$V_{CE} = V_{CES} = 0.3V$，即为逻辑 "0"。通常逻辑电路中的电平高于 2.4V 时，设为逻辑 "1" 状态；逻辑 "0" 的电平小于 0.4V，此电路接入二极管是使输出高电平时二极管导通，使输出电位不超过 3V 太多（实际为 3.3V 左右）。符合 "1" 电平要求。

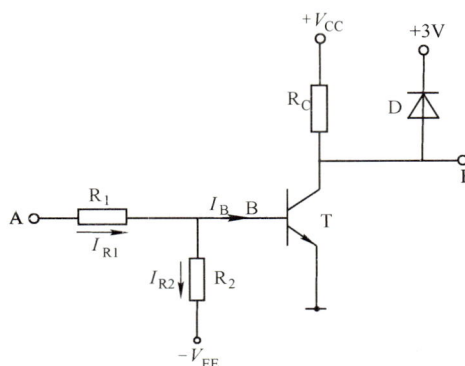

例 7-10-1 图

【例 7-10-2】 试分析图示逻辑电路的逻辑功能。

解　根据逻辑图，可写出其逻辑表达式为

$$F = \overline{\overline{\overline{ABC} \cdot A} \cdot \overline{\overline{ABC} \cdot B} \cdot \overline{\overline{ABC} \cdot C}}$$

利用逻辑代数的反演定理，上式可化简为

$$F = \overline{ABC} \cdot A + \overline{ABC} \cdot B + \overline{ABC} \cdot C = \overline{ABC}(A + B + C)$$

$$= \overline{ABC} \cdot \overline{A} \cdot \overline{B} \cdot \overline{C}$$

$$= ABC + \overline{A} \cdot \overline{B} \cdot \overline{C}$$

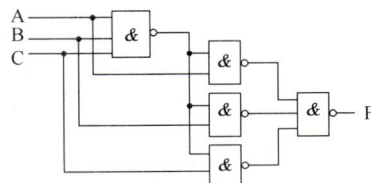

例 7-10-2 图　逻辑电路

其逻辑状态表见解表。可知，该电路的逻辑功能是：当三个输入端的电平一致时（A、B、C 均为 "1" 或均为 "0"），输出为 "0"；当三个输入电平不一致时，输出为 "1"。

因此有时把它称为"不一致"电路，可以用这个逻辑电路来识别输入电平是否一致。

逻辑状态表　　　　　　　　　　　　　　　　　　　　　　　　例 7-10-2 解表

A	B	C	F	A	B	C	F
0	0	0	0	1	0	0	1
0	0	1	1	1	0	1	1
0	1	0	1	1	1	0	1
0	1	1	1	1	1	1	0

【例 7-10-3】 已知数字信号 A 和数字信号 B 的波形如图所示，则数字信号 F=$\overline{AB}$ 的波形为：

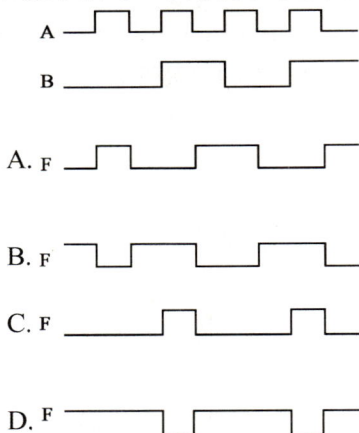

例 7-10-3 图

解　"与非门"电路遵循输入有"0"输出则"1"的原则，利用输入信号 A、B 的对应波形分析如解图所示，可见 D 图正确。

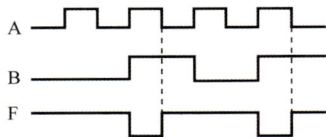

例 7-10-3 解图

答案： D

二、触发器

触发器是时序逻辑电路的基本单元，常见的 RS 触发器、D 触发器和 JK 触发器都是具有两个稳定状态的双稳态触发器。

（一）RS 触发器
RS 触发器又分基本 RS 触发器和可控 R-S 触发器。

1. 基本 RS 触发器
基本 RS 触发器可由两个与非门交叉连接而成，如图 7-10-7a）所示。

Q 与 $\overline{Q}$ 是基本 RS 触发器的输出端，两者的逻辑状态在正常条件下保持相反。这种触发器有两种稳定状态：Q=1、$\overline{Q}$=0，称为置位状态（"1"态）；Q=0、$\overline{Q}$=1，称为复位状态（"0"态）。相应的输入端分别为直接置位端或直接置 1 端（$\overline{S}_D$）和直接复位端或直接置 0 端（$\overline{R}_D$）。

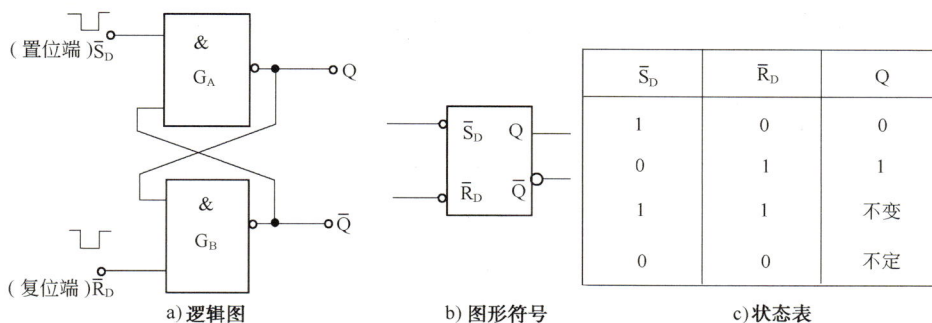

图 7-10-7 基本 RS 触发器

基本 RS 触发器输入对应有四种不同的状态，可以得出输出与输入的逻辑关系如图 7-10-7c）所示状态表。从而可知，基本 RS 触发器有两个稳定的状态，它可以直接置位或复位。在直接置位端加负脉冲（$\overline{S}_D = 0$）即可置位，在直接复位端加负脉冲（$\overline{R}_D = 0$）即可复位。负脉冲除去以后，直接置位端和直接复位端都处于"1"态高电平（平时固定接高电平），此时触发器保持原状态不变，实现存储或记忆功能。但是，负脉冲不可同时加直接置位端和直接复位端。

图 7-10-7b）是基本 RS 触发器的图形符号，图中输入端引线上靠近方框的小圆圈是表示触发器用负脉冲（0 电平）来置位或复位，即代表低电平有效；输出端 $\overline{Q}$ 的小圆圈表示在正常情况下 $\overline{Q}$ 与 Q 的状态相反。

2. 可控 RS 触发器

图 7-10-8a）是可控 RS 触发器的逻辑图。其中，与非门 G_A 和 G_B 构成基本触发器，与非门 G_C 和 G_D 构引导电路，R 和 S 是信号输入端。cp 是时钟脉冲输入端，通过引导电路来实现脉冲对输入端 R 和 S 的控制，故称为可控 RS 触发器。

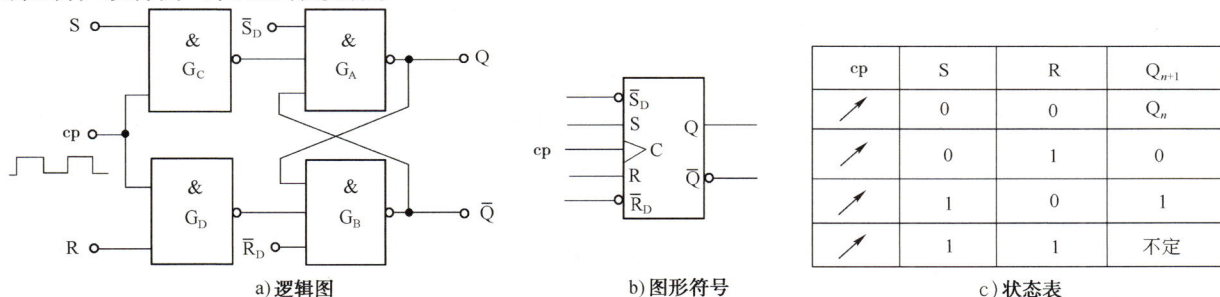

图 7-10-8 可控 RS 触发器

当时钟脉冲来到之前，即 cp=0 时，不论 R 和 S 端的电平如何变化，G_C 门和 G_D 门的输出均为 1，基本触发器保持原状态不变。只有 cp=1 时，触发器才按 R、S 端的输入状态来决定其输出状态。时钟脉冲过去后，cp 恢复为"0"状态，输出状态不变。

R_D 和 S_D 是直接复位端和直接置位端，即不经过时钟脉冲 cp 的控制可以直接使基本触发器置 0 或置 1。一般用在工作之初，预先使触发器处于某一给定状态，在不用时让它们处于高电平。触发器的输出状态与 R、S 输入状态的关系如图 7-10-8c）所示的状态表。Q_n 表示时钟脉冲来到之前触发器的输出状态，Q_{n+1} 表示时钟脉冲来到之后的状态。

（二）JK 触发器

如图 7-10-9a）所示是 JK 触发器的逻辑图，它由两个可控 RS 触发器组成，分别称为主触发器和从触发器。此外，还通过一个非门将两个触发器联系起来。这就是触发器的主从器结构，时钟脉冲先使主触发器翻转，然后使从触发器翻转，"主从"之名由此而来。

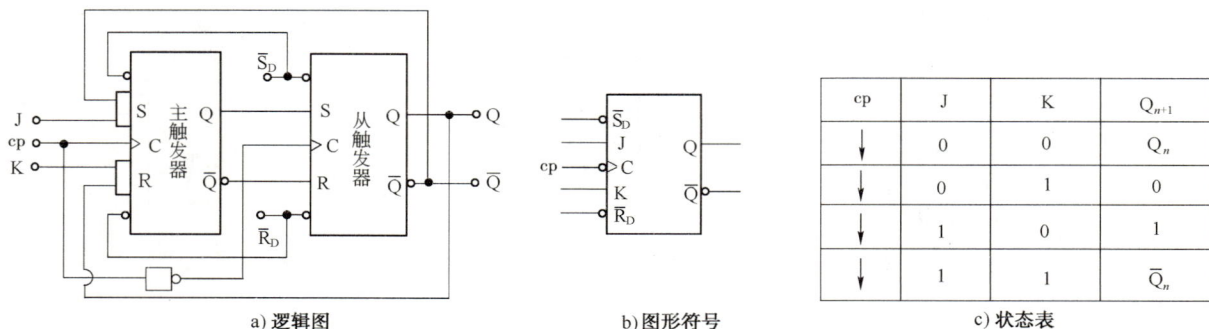

a）逻辑图　　　　　　　　b）图形符号　　　　　　　　c）状态表

图 7-10-9　主从型 JK 触发器

当时钟脉冲来到后，即 cp=1 时，非门的输出为 0，从触发器的状态不变；至于这时主触发器是否翻转，要看触发器当前输出的状态以及 J、K 输入端所处状态而定（S=J$\overline{Q}$、R=KQ）。当 cp 从 1 变为 0 时，主触发器的状态保持；由于这时非门的输出为 1，从触发器打开，主触发器就可以将信号送到从触发器，使两者状态一致。

可见，在时钟脉冲来到之前（即 cp=0 时），触发器的状态（即从触发器的状态）与主触发器的状态是一致的。

由于 JK 触发器在 cp=1 时，把输入信号暂时存储在主触发器中，为从触发器翻转或保持原态做好准备；到 cp 下跳为 0 时，存储的信号起作用，或者触发从触发器使之翻转，或者使之保持原态。此外，主从型触发器具有在 cp 下跳为 0 时翻转的特点，也就是具有在时钟脉冲后沿触发的特点。后沿触发在图形符号中 cp 输入端靠近方框处用小圆圈表示，如图 7-10-9b）所示。

JK 触发器的状态表如图 7-10-9c）所示。

（三）D 触发器

D 触发器的逻辑功能是：它的输出端 Q 的状态随输入端 D 的状态而变化，但总比输入端状态的变化晚一步。

即

$$Q_{n+1} = D_n \tag{7-10-5}$$

如图 7-10-10a）所示为 JK 触发器转换为 D 触发器的逻辑电路图。

D 触发器和 JK 触发器都是常用的寄存器和计数器等时序逻辑电路的逻辑部件。

D 触发器的状态表如图 7-10-10b）所示。

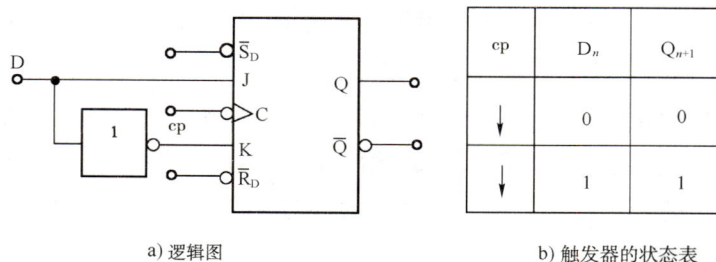

a）逻辑图　　　　　　　　b）触发器的状态表

图 7-10-10　将 JK 触发器转换为 D 触发器

【例 7-10-4】 图示为单脉冲输出电路，输入信号 J_1、P_1 和时钟 cp 的信号如图所示，试画出 Q_1、Q_2 和 M 端的工作波形（设触发器的初始状态为"0"）。

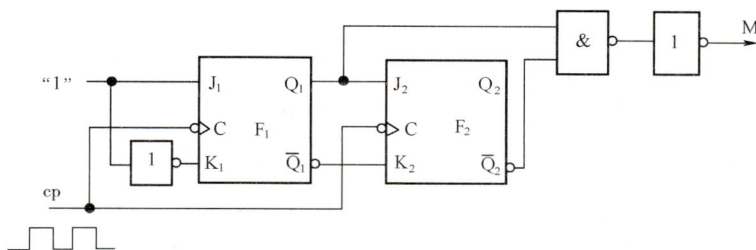

例 7-10-4 图　单脉冲输出电路

解　触发器 F_1 和 F_2 在同一时钟脉冲作用下，为同步触发方式。分析时，应先确定 Q_1、Q_2 的波形；

输出端 M 与 Q_1、Q_2 的输出为组合逻辑关系，$M = Q_1 \cdot \overline{Q_2}$。绘制的 Q_1、Q_2 和 M 的波形如解图所示。

触发器具有时序逻辑的特征，可以由它组成各种时序逻辑电路。其中，寄存器和计数器是最典型的时序逻辑电路。

【例 7-10-5】 如图 a）所示电路中，复位信号、数据输入及时钟脉冲信号如图 b）所示，经分析可知，在第一个和第二个时钟脉冲的下降沿过后，输出 Q 先后等于：

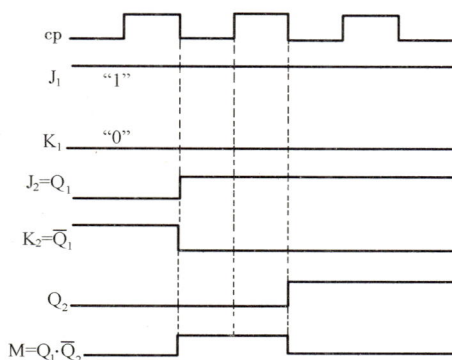

例 7-10-4 解图　波形图

A. 0，0　　　　　B. 0，1　　　　　C. 1，0　　　　　D. 1，1

解　图示为 JK 触发器和与非门的组合，触发时刻为 cp 脉冲的下降沿，触发器输入信号为：$J = \overline{Q \cdot A}$，$K = $ "0"。

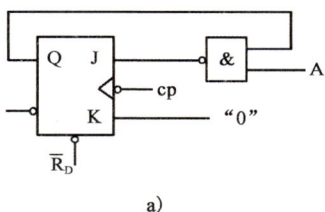

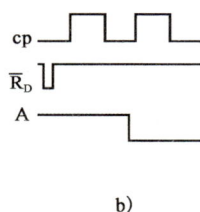

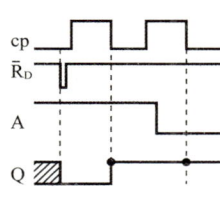

例 7-10-5 图

例 7-10-5 解图

输出波形为解图 Q 所示。两个脉冲的下降沿后 Q 为高电平。

答案： D

三、寄存器

寄存器用来暂时存放参与运算的数据和运算结果。一个触发器只能寄存一位二进制数，要存多位数时就得用多个触发器。

寄存器存放数码的方式有并行和串行两种。并行方式就是数码各位从各对应位输入端同时输入到寄存器中，串行方式就是数码从一个输入端逐位输入到寄存器中。

寄存器取出数码的方式也有并行和串行两种。在并行方式中，被取出的数码各位在对应于各位的输出端上同时出现；而在串行方式中，被取出的数码仅在一个输出端逐位出现。

寄存器常分为数码寄存器和移位寄存器两种，其区别在于有无移位的功能。

（一）数码寄存器

这种寄存器只有寄存数码和清除原有数码的功能。图 7-10-11 是一种四位数码寄存器。输入端是四个与门，如果要输入四位二进制数 $d_3\sim d_0$ 时，可使与门的寄存控制信号 IE=1，把与非打开 $d_3\sim d_0$ 便输入。当时钟脉冲 cp=1 时，$d_3\sim d_0$ 以反量形式寄存在四个 D 触发器 $FF_3\sim FF_0$ 的 Q 端。输出端是四个三态非门（当取出信号 OE=0 时 $Q_3\sim Q_0$ 端悬空，当 OE=1 时 $Q_3\sim Q_0$ 取触发器 $FF_3\sim FF_0$ 端悬空输出的反量）。这样，如果要取出时，可使三态门的输出控制信号 OE=1，$d_3\sim d_0$ 便可从三态门的 $Q_3\sim Q_0$ 端输出。

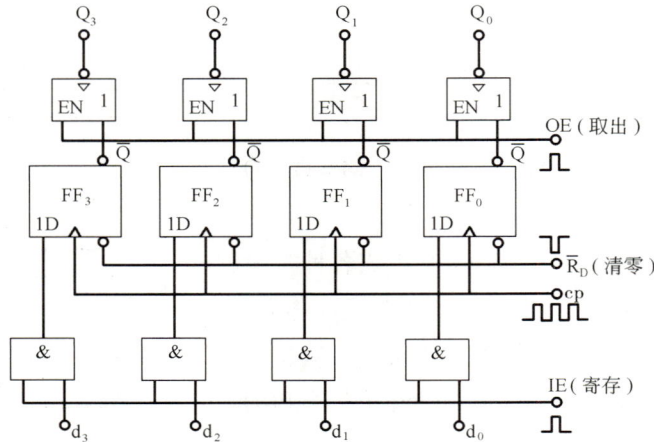

图 7-10-11　四位数码寄存器

（二）移位寄存器

移位寄存器除了有存放数码的功能以外，还有将存储的数据移位的功能，即每当来一个移位正脉冲（时钟脉冲），触发器的状态便向右或向左移一位，也就是指寄存的数码可以在移位脉冲的控制下依次进行左右移位。

1. 单向移位寄存器

图 7-10-12 是由 JK 触发器组成的四位移位寄存器。FF_0 接成 D 触发器，数码由 D 端输入。设寄存的二进制数为 1011，按移位脉冲的工作节拍从高位到低位依次串行送到 D 端。

工作之初各触发器清零。

首先 D=1，第一个移位脉冲的下降沿来到时使触发器 FF_0 翻转 Q_0=1，其他仍保持 0 态。接着 D=0，第二个移位脉冲的下降沿来到时使 FF_0 和 FF_1 同时翻转，由于 FF_1 的 J 端为 1，FF_0 的 J 端为 0，所以 Q_1=1，Q_0=0，Q_2 和 Q_3 仍为 0。

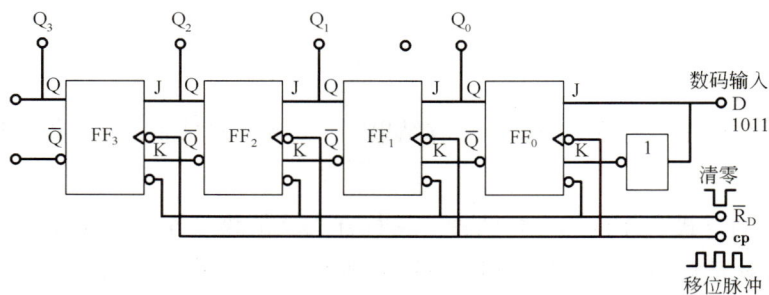

图 7-10-12　四位移位寄存器

以后的过程见表 7-10-5，移位一次存入一个新的数码。直到第四个脉冲的下降沿来到时，存数结束，这时可以在四个触发器的输出端得到并行的数码输出。

移位脉冲数	寄存器中的数码				移 动 过 程
	Q_3	Q_2	Q_1	Q_0	
0	0	0	0	0	清零
1	0	0	0	1	左移一位
2	0	0	1	0	左移二位
3	0	1	0	1	左移三位
4	1	0	1	1	左移四位

移位寄存器状态表　　　　　　表 7-10-5

2. 双向移位寄存器

74LS194 是双向移位寄存器，其外引线排列和逻辑符号如图 7-10-13 所示，各引线说明如下：

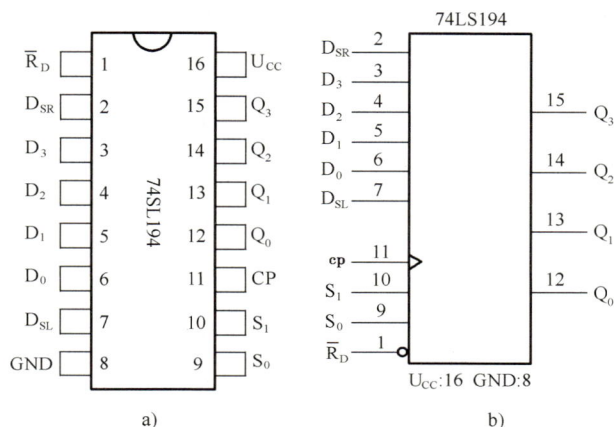

图 7-10-13　74LS194 引线排列和逻辑符号

1 为数据清零端，R_D 是清零线，低电平有效。

3~6 为并行数据输入端 $D_3 \sim D_0$。

12~15 位数据输出端 $Q_3 \sim Q_0$。

2 为右移的串行数据输入端 D_{SR}。

7 为左移的串行数据输入端 D_{SL}。

9、10 位工作方式控制端：当 $S_1=S_0=1$ 时，数据并行输入；

$S_1=0$，$S_0=1$ 时，右移数据输入；

$S_1=1$，$S_0=0$ 时，左移数据输入；

$S_1=S_0=0$ 时，寄存器处于保持状态。

11 为时钟脉冲输入端 cp，上升沿有效（cp↑）。

可见，74LS194 型移位寄存器具有清零、并行输入、串行输入、数据右移和左移的移位功能。

四、计数器

在数字逻辑系统中，计数器是基本部件之一，它能累计输入脉冲的数目，最后给出累计的总数。计数器可以进行加法计数，也可以进行减法计数，或者可以进行两者兼有的可逆计数。若从进位制来分，有二进制计数器、十进制计数器等多种。

（一）二进制计数器

二进制只有 0 和 1 两个数码。当本位是 1，再加 1 时，本位变为 0，而向高位进位。由于双稳态触发器有 1 和 0 两个状态，所以一个触发器可以表示一位二进制数。如果要表示 n 位二进制数，就得用 n 个触发器。

根据上述，可以列出四位二进制加法计数器的状态表 7-10-6，表中还列出对应的十进制数。要实现四位二进制加法计数，必须用四个双稳态触发器。

四位二进制加法计数器的状态 表 7-10-6

计数脉冲数	二 进 制 数				十 进 制 数
	Q_3	Q_2	Q_1	Q_0	
0	0	0	0	0	0
1	0	0	0	1	1
2	0	0	1	0	2
3	0	0	1	1	3
4	0	1	0	0	4
5	0	1	0	1	5
6	0	1	1	0	6
7	0	1	1	1	7
8	1	0	0	0	8
9	1	0	0	1	9
10	1	0	1	0	10

续上表

计数脉冲数	二 进 制 数				十 进 制 数
	Q_3	Q_2	Q_1	Q_0	
11	1	0	1	1	11
12	1	1	0	0	12
13	1	1	0	1	13
14	1	1	1	0	14
15	1	1	1	1	15
16	0	0	0	0	0

1. 异步二进制计数器

由表 7-10-14 可见，每来一个计数脉冲，最低位触发器翻转一次；而高位触发器是在相邻的低位触发器从 1 变为 0 进位时翻转。因此，可用四个主从型 JK 触发器来组成四位异步二进制加法计数器图 7-10-14 所示，触发器的 J、K 端悬空相当于 1，有计数功能。触发器的进位脉冲从 Q 端输出送到相邻高位触发器的 cp 端，这符合主从型触发器在输入正脉冲的下降沿触发的特点。

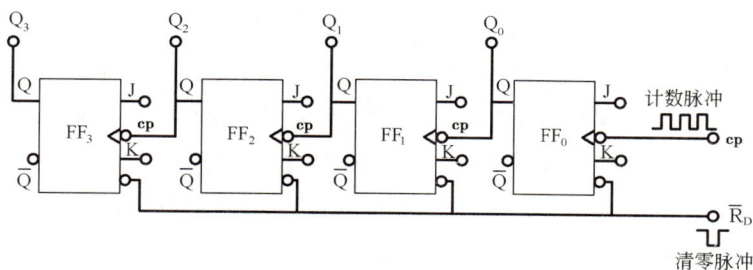

图 7-10-14　四位异步二进制加法计数器

图 7-10-15 是四位异步二进制加法计数器的波形图。

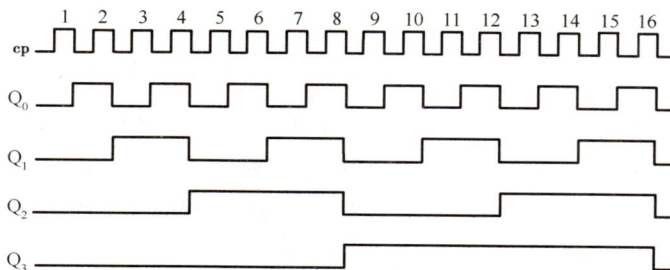

图 7-10-15　四位异步二进制加法计数器波形图

2. 同步二进制计数器

如果计数器还是用四个主从型 JK 触发器组成，根据表 7-10-6 可得出各位触发器的 J、K 端的逻辑关系式：

（1）第一位触发器 FF_0，每来一个计数脉冲就翻转一次，故 $J_0=K_0=1$；

（2）第二位触发器 FF_1，在 $Q_0=1$ 时再来一个脉冲才翻转，故 $J_1=K_1=Q_0$；

（3）第三位触发器 FF_2，在 $Q_1=Q_0=1$ 时再来一个脉冲才翻转，故 $J_2=K_2=Q_1Q_0$；

（4）第四位触发器 FF_3，在 $Q_2=Q_1=Q_0=1$ 时再来一个脉冲才翻转，故 $J_3=K_3=Q_2Q_1Q_0$。

由上述逻辑关系式可得出如图 7-10-16 所示的四位同步二进制加法计数器的逻辑电路图。由于计数脉冲同时加到各位触发器的 cp 端，各触发器输出端的状态变换和计数脉冲同步，这是"同步"名称的由来，并与"异步"相区别。同步计数器的计数速度较异步为快。

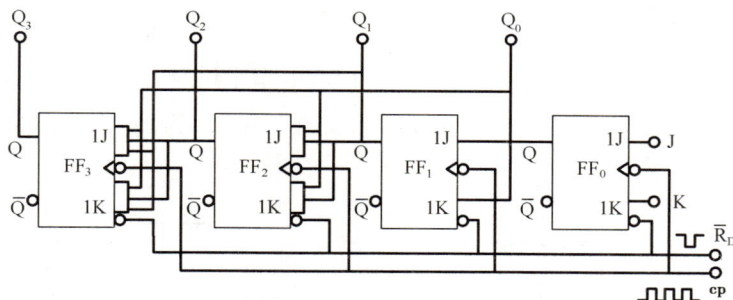

图 7-10-16　四位同步二进制加法计数器

四位二进制加法计数器，能记的最大十进制数为 $2^4-1=15$。n 位二进制加法计数器，能记的最大十进制数为 2^n-1。

（二）十进制计数器

二进制计数器结构简单，但是读数不习惯，所以在有些场合采用十进制计数器较为方便。

十进制计数器是在二进制计数器的基础上得出的，用四位二进制数来代表十进制的每一位数所以也称为二-十进制计数器。　如采用最常用的 8421 编码方式，是取四位二进制数前面的 0000~1001 来表示十进制的 0~9 十个数码，而去掉后面的 1010~1111 六个数。也就是计数器计到第九个脉冲时再来一个脉冲，即由 1001 变为 0000，经过十个脉冲循环一次。同步十进制计数器与二进制加法计数器相比，同步十进制计数器来第十个脉冲不是由 1001 变为 1010，而是恢复 0000，即要求第二位触发器 FF_1 不得翻转，保持 0 态，第四位触发器 FF_3 应翻转为 0。图 7-10-17 是十进制加法计数器的波形图。

图 7-10-18 是 74LS290 型异步二-五-十进制计数器的逻辑图和外引线列图。

$R_{0(1)}$ 和 $R_{0(2)}$ 是清零输入端，当两端全为 1 时，将四个触发器清零；$S_{9(1)}$ 和 $S_{9(2)}$ 是置 "9" 输入端。同样，当两端全为 1 时，$Q_3Q_2Q_1Q_0=1001$，即表示十进制数 9。清零时，$S_{9(1)}$ 和 $S_{9(2)}$ 中至少有一端为 0，不使置 1，以保证清零可靠进行。它有两个时钟脉冲输入端 cp_0 和 cp_1。

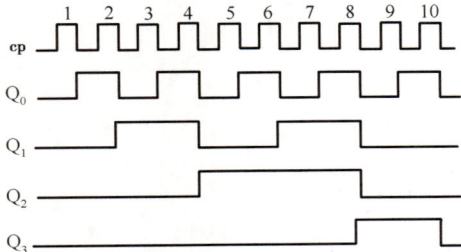

图 7-10-17 十进制加法计数器波形图

（1）只输入计数脉冲 cp_0，由 Q_0 输出，FF_1~FF_3 三位触发器不用，为二进制计数器。

（2）只输入计数脉冲 cp_1，由 $Q_3Q_2Q_1$ 输出，为五进制计数器。

（3）将 Q_0 端与 FF_1 的 cp_1 端连接，输入计数脉冲 cp_0。

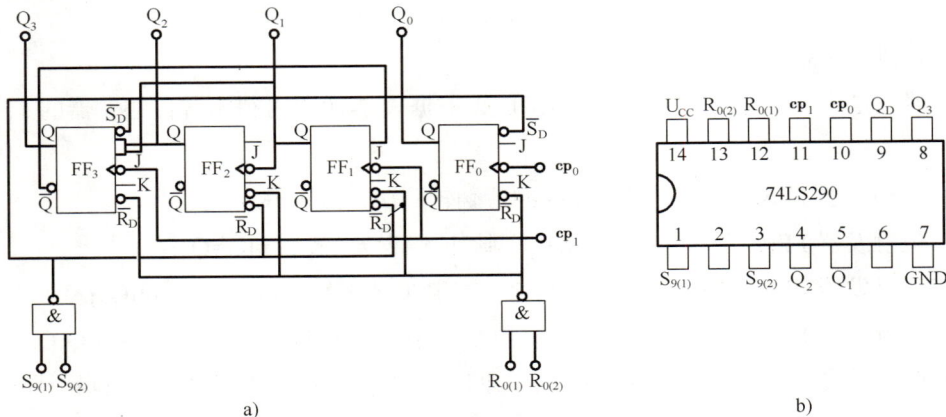

图 7-10-18 74LS290 型计数器的逻辑图和外引线列图

（三）任意进制计数器

当需要任意进制的计数器时，将现有的计数器改接即可。如利用清零端进行反馈置 0，可得出小于原进制的多种进制的计数器。将图 7-10-19a）中的 74LS290 型十进制计数器改接成图 7-10-19 所示的两个电路，就分别成为六进制计数器和九进制计数器。以图 7-10-19 为例，它从 0000 开始计数，来 5 个脉冲 cp 后变为 0101。

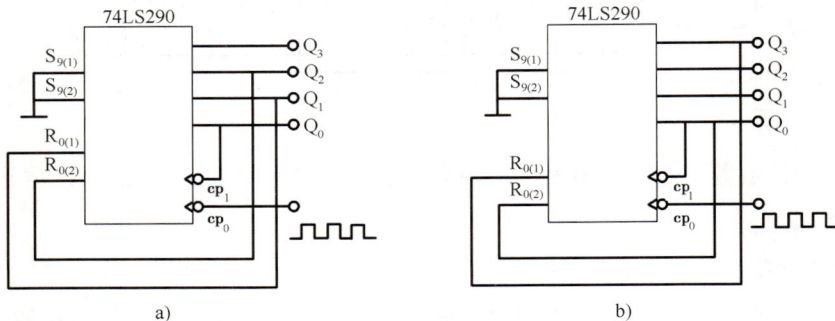

图 7-10-19 六进制计数器和九进制计数器

当第六个脉冲来到后，出现 0110 的状态，由于 Q_0 和 Q_1 端分别接到 $R_{0(1)}$ 和 $R_{0(2)}$ 清零端强迫清零，

0110 这一状态转瞬即逝, 立即回到 0000。它经过 6 个脉冲循环一次, 故为六进制计数器, 状态循环如图 7-10-20 所示。

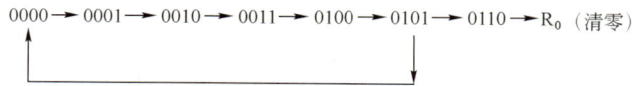

$$0000 \rightarrow 0001 \rightarrow 0010 \rightarrow 0011 \rightarrow 0100 \rightarrow 0101 \rightarrow 0110 \rightarrow R_0 \text{（清零）}$$

图 7-10-20　进制计数器状态循环图

当需要十以上进制的计数时, 可以采用多片 74LS290 来实现。

习　题

7-10-1　由三个二极管和电阻 R 组成一个基本逻辑门电路, 如图所示, 输入二极管的高电平和低电平分别是 3V 和 0V, 电路的逻辑关系式是（　　）。

A. $Y=ABC$

B. $Y=A+B+C$

C. $Y=AB+C$

D. $Y=C\cdot(A+B)$

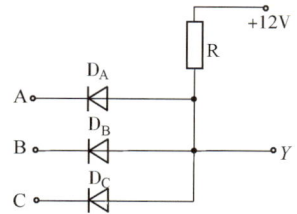

题 7-10-1 图

7-10-2　现有一个三输入端与非门, 需要把它用作反相器（非门）, 请问如图所示电路中哪种接法正确（　　）。

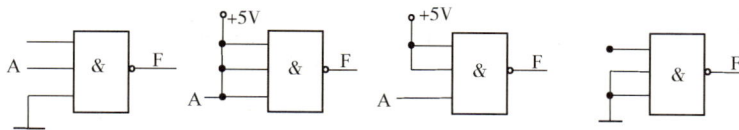

A.　　　　　　B.　　　　　　C.　　　　　　D.

7-10-3　如图所示电路的逻辑式是（　　）。

A. $Y=AB(\overline{A}+\overline{B})$

B. $Y=A\overline{B}+B\overline{A}$

C. $Y=(A+B)\overline{AB}$

D. $Y=AB+\overline{A}\ \overline{B}$

7-10-4　逻辑电路如图所示, A=“1” 时, C 脉冲来到后 D 触发器（　　）。

A. 具有计数器功能　　B. 置 “0”　　　　C. 置 “1”　　　　D. 无法确定

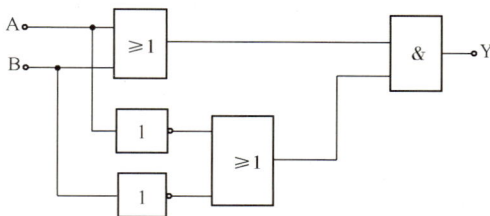

题 7-10-3 图

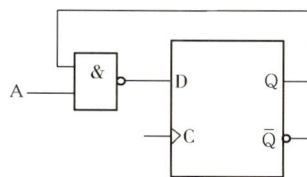

题 7-10-4 图

7-10-5　由两个主从型 JK 触发器组成的逻辑电路如图 a）所示, 设 Q_1、Q_2 的初始态是 00, 已知输入信号 A 和脉冲信号 cp 的波形如图 b）所示, 当第二个 cp 脉冲作用后, Q_1Q_2 将变为（　　）。

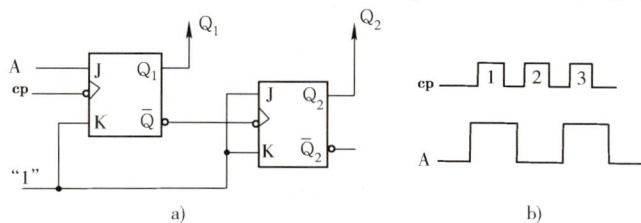

a)　　　　　　　　　　　　　　b)

题 7-10-5 图

A. 11　　　　　　　　B. 10　　　　　　　　C. 01　　　　　　　　D. 保持 00 不变

7-10-6　已知 RS 触发器，R、S、C 端的信号如图所示，请问输出端 Q 的几种波形中，正确的是（　　　）（设触发器初始状态为"0"）。

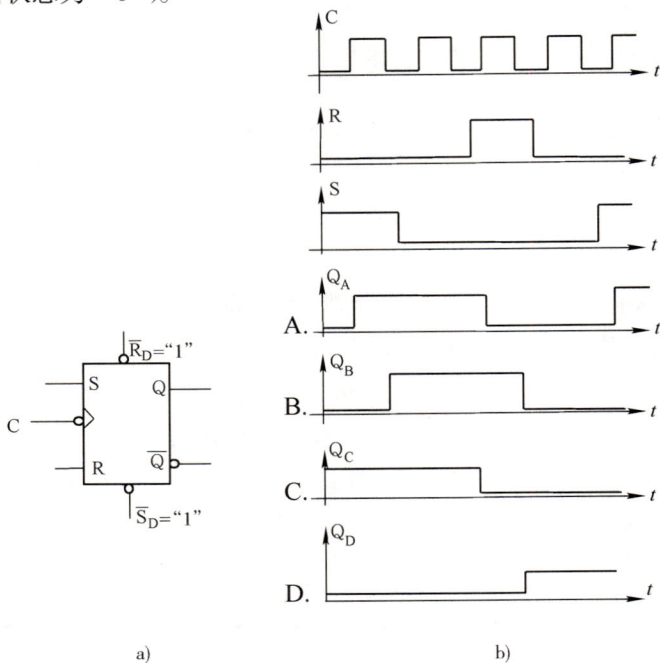

a)　　　　　　　　　　　　　　　　b)

题 7-10-6 图

习题题解及参考答案

第一节

7-1-1　**解：** σ 为电荷密度，对于无限大平行板电容器而言，极板间的电势差为 $\sigma l/\varepsilon_0$。

答案： B

7-1-2　**解：** 感应电动势的大小与磁感应强度 B、导体切割磁场的速度以及磁场中有效导体的长度成正比。

答案： D

7-1-3　**解：** 根据电磁感应定律 $e = -\dfrac{\mathrm{d}\varphi}{\mathrm{d}t}$，当外加电压为直流量时，$\dfrac{\mathrm{d}\varphi}{\mathrm{d}t} = 0$，则 $e = 0$，则下方线圈中无感应电动势。

答案： A

7-1-4　**解：** a 线圈中加上变化的电源 u，则产生变化的电流和磁通 ϕ（在线圈中产生感应电动势 e_a，影响电流 i_a）；该磁通又与线圈 b 交链，在线圈 b 中产生感应电动势，并由此产生电流 i_b。

答案： B

第二节

7-2-1　**解：** 注意所求电阻的端口位置，用简单电阻串、并联方法求解。

答案： C

7-2-2　**解：** 根据题意可知，电热器的额定电阻为 $R_N = U_N^2/P_N = 100^2/2 = 5k\Omega$。

答案： B

7-2-3　**解：** 电压表内阻与 $20k\Omega$ 电阻为并联法。

答案： C

7-2-4　**解：** 当开关 S 开时，电阻 R_1、R_2、R_3 为串联，当开关 S 闭合时，电位可以 R_1、R_2 电阻分压决定。

答案： D

7-2-5　**解：** 用线性电路的叠加原理分析。

答案： A

7-2-6　**解：** 理想电流源 I_s 两端的电压由其以外电路决定。$U_{I_s} = U_1 + U_s$。

答案： C

第三节

7-3-1　**解：** 用戴维南定理。U_s 为原电路的负载 R_L 开路电压，R_0 为除源（6V 电压源短路）的电阻。

答案： B

7-3-2　**解：** 根据节点电流关系求出电流 I_1 后，确定网络 N 的端口电压。

答案： C

7-3-3　**解：** 用叠加原理求出 R_L 上的电压 U_L 后，再用公式 $P_L = \dfrac{U_L^2}{R_L}$ 计算功率。

答案： A

7-3-4　**解：** 当电压源 U_{s2} 单独作用时需将 U_{s1} 短路，电流源 I_s 断路处理。题图的电路应等效为解图所示电路，即 $U'_{I_s} = U_{s2}$。

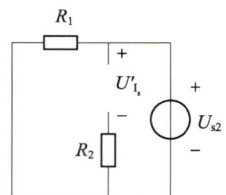

答案： B

题 7-3-4 解图

第四节

7-4-1　**解：** 交流电压表读数为交流电压的有效值，回路电压关系为相量关系：$\dot{U} = \dot{U}_1 + \dot{U}_2 + \dot{U}_3$。

答案： D

7-4-2　**解：** 交流电路中电流为相量关系：$\dot{I} = \dot{I}_1 + \dot{I}_2$，以并联电压为参考，画出电流相量图即可。

答案： B

7-4-3　**解：** 电路中消耗的功率为：$P = UI\cos\varphi$，$\varphi = \varphi_u - \varphi_i$。

答案： C

7-4-4　**解：** 由给定条件 $i_1 = i$ 可见该电路为谐振电路，1 为电阻性电路，2、3 分别为纯电容电路和纯电感电路（或反之）。

答案： D

7-4-5　**解：** 三相对称电路中三相电流之和为 0，即：

$$i_A + i_B + i_C = 0$$

答案： B

7-4-6 **解：** 串联电路中 $z = R + j\left(\omega_L - \dfrac{1}{\omega_C}\right)$，感性电路中 $\omega_L > \dfrac{1}{\omega_C}$，而处于谐振状态的电路 $\omega_L = \dfrac{1}{\omega_C}$。

答案： B

7-4-7 **解：** 三相对称电路中负载消耗的功率与每相负载电压有关，当电源线电压一定时，三角形连接负载电压是星形连接负载电压的 $\sqrt{3}$ 倍。

答案： A

7-4-8 **解：** 三角形连接的对称三相电路中，线电流是相电流的 $\sqrt{3}$ 倍。

答案： B

7-4-9 **解：** 三相供电系统中对于单相供电的负载一般要用到火线 L（相线），电源的中性点线 N（或工作零线），以及保护零线 E。电源插座对这三根线位置有明确的规定。如解图所示。

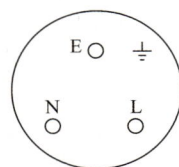

题 7-4-9 解图

7-4-10 **解：** 此题分析时应考虑接地电阻对电路的影响。

答案： B

7-4-11 **解：** 用交流电路的复数符号法分析。

电感上的电压相量：

$$\dot{U}_L = \frac{j\omega L}{R + j\omega L}\dot{U}_i$$

答案： B

第五节

7-5-1 **解：** 根据储能元件的换路关系，电容电压不跃变，电感元件的电流不跃变。

答案： B

7-5-2 **解：** 一阶 R-C 电路的暂态过程中，时间常数 $\tau = RC$，其中 R 的数值是在电容 C 两端等效的电阻。

答案： B

7-5-3 **解：** 开关动作以后，电容进入放电过程。电流是由电容电压释放形成的，应与图示电流 i 的参考方向相反。

答案： B

7-5-4 **解：** 根据一阶电路暂态过程的三要素公式：$u_{o(t)} = U_{c(\infty)} + \left[U_{e(0+)} - U_{c(\infty)}\right]e^{-t/\tau}$。

答案： C

第六节

7-6-1 **解：** 变压器的容量为视在功率 $S = 10\text{kV·A}$，理想情况下负载上得到的总的有功功率 $P =$

$S\cos\varphi = N \times 40$，"$N$"为所求日光灯数量。

答案： A

7-6-2　**解：** 电动机转子的转向与旋转磁场转向一致，旋转磁场的转向由定子电流的相序决定。

答案： C

7-6-3　**解：** 三相异步电动机的起动转矩由定子电压和转子电阻决定，与负载无关。

答案： A

7-6-4　**解：** Y-△换接起动方法仅用于正常运行时△连接的电机，起动时由于绕组电压降低，使得电流和起动转矩都是直接起动的1/3。

答案： D

7-6-5　**解：** 根据电动机的功率平衡关系即可分析。

答案： B

7-6-6　**解：** 控制电路中电器符号均为设有动作的状态，且同电器采用同标号。读图时一般采用自上而下的顺序。

答案： B

7-6-7　**解：** 同上题。

答案： C

7-6-8　**解：** 由三相交流异步电动机的转差率关系

$$S_{\text{N}} = \frac{n_0 - n_{\text{N}}}{n_0} \times 100\% = 0.033$$

可以判断电动机为 4 极电机，旋转磁场的转速 $n_0 = 1\,500\text{r/min}$，电机空载时转差率应小于额定转差率。

答案： D

7-6-9　**解：** 根据继电器工作原理分析，其线圈在控制电路中，接触点分别在主辅电路中。

答案： D

第七节

7-7-1　**解：** 二极管为非线性元件。当它正向偏置时，电流-电压关系成指数关系，正向电压一般为 0.3V 或 0.7V 左右。

答案： D

7-7-2　**解：** 由电路分析可见，该图中的二极管工作于正向偏置，处于导通状态。

答案： D

7-7-3　**解：** 首先设二极管处于截止状态，判断二极管的偏置状态。

答案： C

7-7-4　**解：** 该电路为桥式的全波整流电路，当 u_2 的瞬时电压为负时，D_1 二极管正向偏置；当 u_2 的瞬时电压为正时，二极管反向偏置。

答案： B

7-7-5 **解：** 该电路为全波整流、稳压电路，其中电容 C 上的电压为直流量，可以认为电容电流为零；整流二极管中的电流为电阻 R 中电流的 1/2。

答案： D

7-7-6 **解：** 该电路为二极管桥式全波整流电路，电压关系为 $U_L = 0.9 U_i$，$U_i = 10/\sqrt{2}$。

答案： C

第八节

7-8-1 **解：** 图示电路中三极管发射极电压反偏时为截止状态，$i_B = 0$。集电结反偏时为放大状态，$i_c = \beta i_B$；集电结正偏（$V_C < V_B$）时，放大器工作在饱和状态。

答案： A

7-8-2 **解：** 分为放大电路的静态和动态两部分电路分析。静态时，要求工作点合适（在线性工作区）。动态时，信号能正常输出。

答案： B

7-8-3 **解：** 画放大器的直流通道分析，如解图所示。

设 $U_{BE} = 0.6V$，则

$$I_B = \frac{V_{CC} - U_{BE}}{R_B} = \frac{12 - 0.6}{200} = 0.057 \text{mA}$$

$$I_C = \beta I_B = 40 \times 0.057 = 2.28 \text{mA}$$

$$U_{CE} = V_{CC} - I_C R_C = 12 - 2.28 \times 3 = 5.16V$$

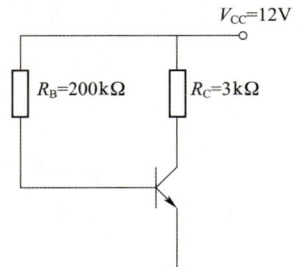

题 7-8-3 解图

答案： A

7-8-4 **解：** 画放大器的交流微变等效电路图分析。

答案： C

7-8-5 **解：** 考虑放大器输入、输出电阻影响时，可以将电路等效为解图：

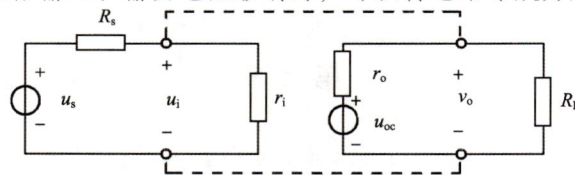

题 7-8-5 解图

答案： D

7-8-6 **解：** 图 b）的等效电路与上题的提示电路相仿。R_s 与输入电阻 r_i 串联，输出电阻 r_o 与负载电阻串联。

答案： C

第九节

7-9-1 **解：** 图示为两级放大电路，第一级为反相比例电路，第二级为比例减法电路。

设第一级输出电压为 u'_o，则：$u'_o = -\dfrac{R_{F1}}{R_1} u_{i1}$

$$u_o = -\frac{R_{F2}}{R_2}u_o' + \left(1 + \frac{R_{F2}}{R_2}\right)u_{i2} = \frac{R_{F1} \cdot R_{F2}}{R_1 \cdot R_2}u_{i1} + \left(1 + \frac{R_{F2}}{R_2}\right)u_{i2}$$

答案： C

7-9-2 **解：** 本电路为运算放大器的线性应用电路，可用三个理想条件分析。如解图所示，由虚断路和虚短路分析，可知负载电阻R_L与R中的电流相同。则：

$i = i_R = u_R/R$ ，$U_R = u_- = u_+ = u$

因此$i = u/R$，即i与R_L无关。

答案： B

7-9-3 **解：** 本电路为运算放大器的线性应用电路。如解图所示，分析如下：

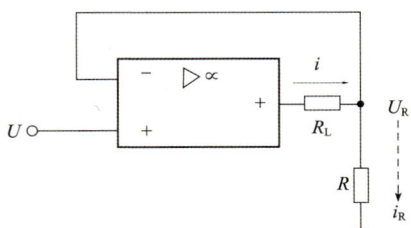

题 7-9-2 解图

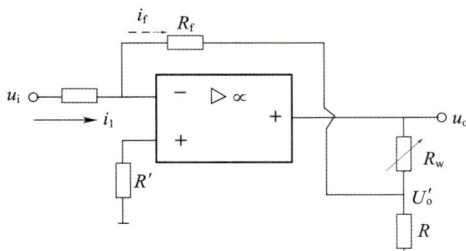

题 7-9-3 解图

$i_1 = i_f$，$u_+ = u_- = 0$，$u_o' = -\frac{R_f}{R_1}u_i$

题中$R_f = 10\text{k}\Omega$，$R = 100\Omega$，$R_f \gg R$

可以认为R_w与R中的电流相同。

$$\frac{u_o'}{R} = \frac{u_o}{R + R_w}$$

$$u_o = \frac{R + R_w}{R}\left(-\frac{R_f}{R_1}\right)u_i$$

$R_w = 0$时，$u_o = -u_i = -0.5\text{V}$

$R_w = 1\text{k}\Omega$时，$u_o = \frac{0.1+1}{0.1} \times (-u_i) = 5.5\text{V}$

所以u_o的调节范围是$-0.5 \sim -5.5\text{V}$。

答案： D

7-9-4 **解：** 本电路为电压比较电路，属于运放的非线性应用。$u_+ > u_-$时，输出u_o是正饱和的；$u_+ < u_-$时，输出u_o是负饱和的。$u_+ = u_{i2}$ ，$u_- = u_{i1}$。从波形图观察所有的时间点上均有$u_{i1} > u_{i2}$，因此$u_- > u_+$均成立，运放是处于负饱和的。

答案： D

7-9-5 **解：** 电路为集成运算放大器构成的二级线性放大电路，第一级为积分电路，第二级是电压跟随电路。

答案： A

第十节

7-10-1 **解：** 输出信号 y 与输入信号按逻辑分析，当某点电压$u \geqslant 2.4\text{V}$时，为逻辑"1"；当某点电

压 $u \leqslant 0.4V$ 时，为逻辑"0"。分析时可以设二极管为理想二极管。

答案： A

7-10-2　**解：** 当与非门的输入端接 5V 为逻辑"1"，接地为逻辑"0"，悬空为逻辑"1"处理。

答案： C

7-10-3　**解：** 用逻辑代数公式计算。

答案： B

7-10-4　**解：** D 触发器的逻辑关系式为 $Q_{n+1} = D$，$Q_{n+1} = \overline{Q}_n$ 时为计数功能。

答案： A

7-10-5　**解：** 根据触发器符号可见输出信号在 cp 脉冲的下降沿动作。

答案： C

7-10-6　**解：** 利用 R-S 触发器的功能表分析，输出信号在脉冲 C 的下降沿动作。

答案： B

第八章　信号与信息技术

复习指导

一、考试大纲

7.4　信号与信息

信号；信息；信号的分类；模拟信号与信息；模拟信号描述方法；模拟信号的频谱；模拟信号增强；模拟信号滤波；模拟信号变换；数字信号与信息；数字信号的逻辑编码与逻辑演算；数字信号的数值编码与数值运算。

二、复习指导

目前，信号与信息技术正处于快速发展阶段，内容涉及面广，主要包括：计算机基础知识、电路电子技术、信息通信技术等。但是，就其具体内容来讲，该部分内容正是目前工程技术人员在工作中经常用到的问题。复习的重点是信息技术应用的系统化、规范化。

根据考试大纲的要求，本次复习应该注意以下几项内容：

（一）信息、消息与信号的概念

信息、消息和信号关系是借助于信号形式，传送消息，使受信者从所得到的消息中获取信息。

（二）信号的分类

要搞清楚信号的概念：什么是确定性信号、随机信号、连续信号和离散信号，特别要搞清楚模拟信号和数字信号形式上的不同，并区别它们的不同表示方法。

（三）模拟信号的描述

在信号分析中不仅可以从时域考虑，而且可以从频域考虑问题。在复习本部分内容时，一般是以正弦函数为基本信号，分析常用的周期和非周期信号的一些基本特性以及信号在系统中的传输问题。抓住基本概念，即周期信号频谱的离散性、谐波性和收敛性。

频谱分析是模拟信号分析的重要方法，也是模拟信号处理的基础，在工程上有着重要的应用。

要了解模拟信号滤波、模拟信号变换、模拟信号识别的知识。

数字电子信号的处理采用了与模拟信号不同的方式，电子器件的工作状态也不同。数字电路的工作信号是二值信号，要用它来表示数并进行数的运算，就必须采取二进制形式表示。复习内容主要包括：

（1）了解数字信号的数制和代码，掌握几种常用进制表示，数制转换、数字信号的常用代码。

（2）搞清楚算术运算和逻辑运算的特点和区别，逻辑函数化简处理后能凸显其内在的逻辑关系，通常还可以使硬件电路结构简单。

（3）了解数字信号的符号信息处理方法，数字信号的存储技术，模拟信号与数字信号的互换知识。

数字信号是信息的编码形式，可以用电子电路或电子计算机方便、快速地对它进行传输、存储和处理。因此，将模拟信号转换为数字信号，或者说用数字信号对模拟信号进行编码，从而将模拟信号问题转化为数字信号问题加以处理，是现代信息技术中的重要内容。

第一节　基本概念

一、信息、消息与信号

信息、消息和信号三者的关系是借助于某种信号形式，传送消息，使受信者从所得到的消息中获取信息。具体可以概括为：

信息（information）——受信者预先不知道的新内容。一般是指人的大脑通过感官直接或间接接收的关于客观事物的存在形式和变化情况。

消息（message）——信息的物理形式（如声音、文字、图像等），一般是指传递信息的媒体。

信号（signal）——消息的表现形式。信号是运载消息的工具，是可以直接观测到的物理现象（如电、光、声、电磁波等）。通常说"信号是信息的表现形式"。

在现代技术中信息表现为有特点的数据。数据是一种符号代码，用来描述信息。广义地讲，数据包括一切可以用来描述信息的符号体系，如文字、数字、图表、曲线等。在信息工程中，数据是一种以二进制数数字 "0"和"1"为代码的符号体系。应当指出，任何符号本身都不具有特定的含义，只有当它们按照确定的编码规则，被用来表示特定的信息时才可以称为数据。因此。正是由此在信息技术中通常认为数据就是信息。信号是具体的，可以对它进行加工、处理和传输；信息和数据都是抽象的，它们都必须借助信号才能得以加工、处理和传送。有些教材中把信息、消息和信号比喻成货物、道路（媒体）和交通工具（车）的关系，即信息是货，媒体是路，信号是车。"货"是利用"车"通过"路"来传送的。

除了人的大脑，任何物理系统都不能直接处理抽象的信息或数据，因此在以计算机为核心的信息系统中以数字信号来表示、存储、处理、传送信息或数据。从这个意义上讲，数字信号是信息的物理代码，亦可称为代码信号。

人们通过两个渠道从信号获取信息：一个是直接观测对象；另一个是通过人与人之间的交流。前者是借助对象发出的真实信号直接获取信息。例如，观测化学反应器中的温度、压力、流量、浓度等信号随时间变化的情况，获取化工过程的信息，观测机械零件和建筑结构中的应力、变形等信号，获取机械或建筑物的状态信息等；后者则用符号对信息进行编码后再以信号的形式传送出去，人们在收到这种编码信号并对它进行必要的翻译处理（译码）之后，间接获取信息，例如书籍、报刊用的是文字符号编码，口头报告、演讲用的是语音信号编码，数字通信系统中使用的是数字信号编码等，它们传递的都是预先编制好的信息。

二、信号的分类

直接观测对象所获取的信号是在现实世界的时间域里进行的，是随时间变化的，称为时间信号；人为生成并按照既定的编码规则对信息进行编码的信号是代码信号。时间信号可以用时间函数、时间曲线或时间序列来描述，在波形图上时间信号是按照时间的变化反映的。但是代码信号与时间信号不同，只能用它的序列式波形图或自身所代表的符号代码序列表示。

图 8-1-1a）表示的是实际观测到的时间信号-压力信号$p(t)$的时间曲线描述形式，它的时间函数描述形式为$p = f(t)$；

图 8-1-1b）是一个二进制数代码信号的波形表示形式，它的符号代码序列描述形式是 0101100。

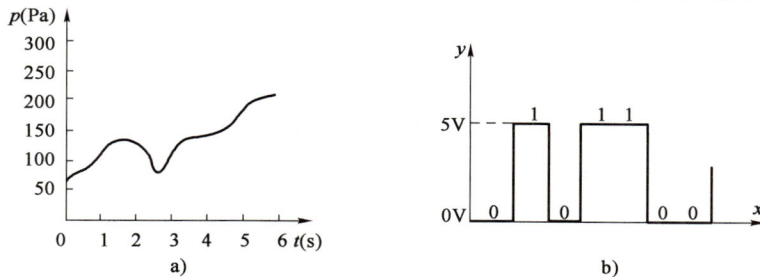

图 8-1-1　时间信号与代码信号

文字、图像、语言、数据等消息的复杂性，导致传送的信号也是多种多样的，但无论信号多么复杂，终归可以表示成时间的函数，因此"信号"与"函数"常常相互通用。信号随时间变化的规律是多种多样的，可以大致分类如下：

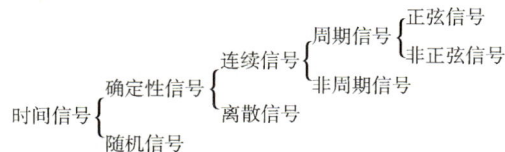

$$
时间信号\begin{cases} 确定性信号\begin{cases} 连续信号\begin{cases} 周期信号\begin{cases} 正弦信号 \\ 非正弦信号 \end{cases} \\ 非周期信号 \end{cases} \\ 离散信号 \end{cases} \\ 随机信号 \end{cases}
$$

1. 确定性信号和随机信号

按信号是否可以预知划分，可以将其分为确定性信号和随机信号。

（1）确定性信号，是可以表示成确定时间函数的信号，即对于给定的时刻，信号都有一个确定的函数值与之对应，如$f(t) = 2\cos 2\pi t$等。

（2）随机信号，是只能知道在某时刻取某一数值的概率，不能表示成确定时间函数的信号。由于随机信号带有"不确定性"和"不可预知性"，通常使用概率统计的方法进行研究。

例如电力系统的运行中难免受到其他信号的干扰，这些干扰信号是不可预知的，是随机出现的，那么该系统中负荷变化的信号属于随机信号。

严格来讲，除了实验室专用设备发出的有规律的信号外，电子信息系统中传输的信号都是随机信号。

2. 连续信号和离散信号

按信号是否是时间连续的函数划分，可以将其分为连续时间信号和离散时间信号，简称连续信号和离散信号。

（1）连续信号，是指在某一时间范围内，对于一切时间值除了有限个间断点外都有确定的函数值的信号$f(t)$。连续时间信号的时间一定是连续的，但是幅值不一定是连续的（存在有限个间断点）。

连续信号与通常所说的模拟信号不同，模拟信号是幅值随时间连续变化的连续时间信号。由观测所得到的各种原始形态的时间信号（光的、热的、机械的、化学的，等等）都必须转换成电信号（电压或电流信号）之后才能加以处理。通常，由原始时间信号转换而来的电信号就称为模拟信号。

为了保证模拟转换不丢信息，模拟信号的变化规律必须与原始信号相同；而为了便于处理，模拟信号的幅值变化区间又必须控制在一定的范围之内，在电气与信息工程中，模拟信号的幅值范围为 0~5V（电压信号）或 0~20mA（电流信号）。

从技术上讲，由于"模拟"转换在观测过程中就已实际完成，所以通常指时间信号为模拟信号；而离散的时间信号通常是运用模-数（AD）转换技术变换为数字代码信号之后再加以处理的，所以在电气与信息工程中，实际处理的模拟信号都是连续的时间信号。因此，"模拟信号"一词实际上是指连续时间信号。

（2）离散信号，是指在某些不连续时间（也称离散时刻）定义函数值的信号，在离散时刻以外的时间，信号是无定义的。离散信号的时间不连续，幅值可连续也可不连续。在离散信号中相邻离散时刻的间隔可以是相等的，也可以是不相等的。

为了方便研究或处理信号，人们常常将连续信号进行采样，即只取有代表性的离散时刻的信号数值，抽样后得到离散的采样信号。将幅值量化后并以二进制代码表示的离散信号（也就是时间和幅值均离散的信号）称为数字信号。

数字信号通常是指以二进制数字符号"0"和"1"为代码对信息进行编码的信号。在实际应用中，数字信号是一种电压信号，它通常取0V和+5V两个离散值，这两个具体的离散值分别用来表示两个抽象的代码"0"和"1"。一个数字信号序列表示一串代码，只要确定某种编码规则，这种数字代码串就可以用来对任何信息进行编码。

模拟信号具体、直观，便于人的理解和运用；数字信号则便于计算机处理。所以，在实际应用中经常将两者互相转换，以发挥各自的优点。

模拟信号数字化的过程如图 8-1-2 所示。时间、幅值均连续的模拟信号如图 8-1-2a）所示，经过等间距采样变成时间离散、幅值连续的抽样信号如图 8-1-2b）所示，再经过量化后的离散信号如图 8-1-2c）所示，以二进制对量化的幅度编码得到的数字信号如图 8-1-2d）所示。

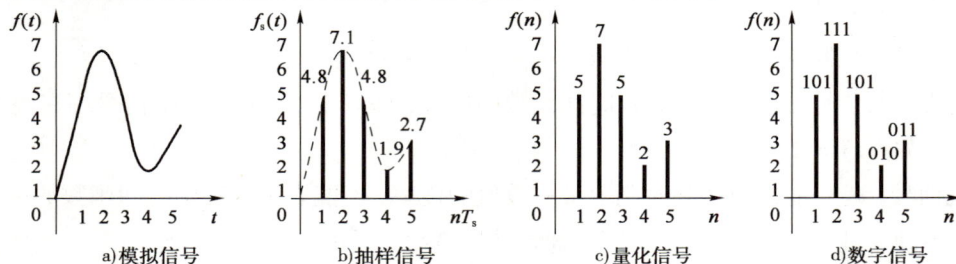

图 8-1-2　模拟信号数字化的过程

3. 周期信号和非周期信号

按信号是否具有重复性，可以将其划分为周期信号和非周期信号。

（1）周期信号，是按一定时间间隔 T 或 N 重复着某一变化规律的连续或离散信号。最典型的连续周期信号是正弦函数的信号。除正弦函数信号以外的连续周期函数信号称为非正弦周期信号。

连续周期信号 $f(t)$ 满足

$$f(t) = f(t + mT) \qquad (m = 0, \pm1, \pm2, \cdots) \tag{8-1-1}$$

时间间隔 T 称为最小正周期，简称连续周期信号的周期。

离散周期信号 $f(k)$ 满足

$$f(k) = f(k + mN) \qquad (m = 0, \pm1, \pm2, \cdots) \tag{8-1-2}$$

时间间隔 N 称为最小正周期，简称离散周期信号的周期。

（2）非周期信号，是不满足周期信号特性的、不具有重复性的连续或离散信号。当周期信号的周期为无穷大时，周期信号就变成了非周期信号。

4. 采样信号

按等时间间隔读取连续信号某一时刻的数值叫作采样（或抽样），采样所得到的信号称为采样（抽样）信号。显然，采样信号是一种离散信号，它是连续信号的离散化形式。或者说，通过采样，连续信号被转换为离散信号。

采样的更深一层意义在于通过模拟-数字转换装置，可以将采样信号进一步转换为数字描述形式，并进而采用数值分析与计算方法高效地处理模拟信号，例如，采用数值运算方法实现模拟信号的放大、变换、滤波等（见图 8-1-3）。

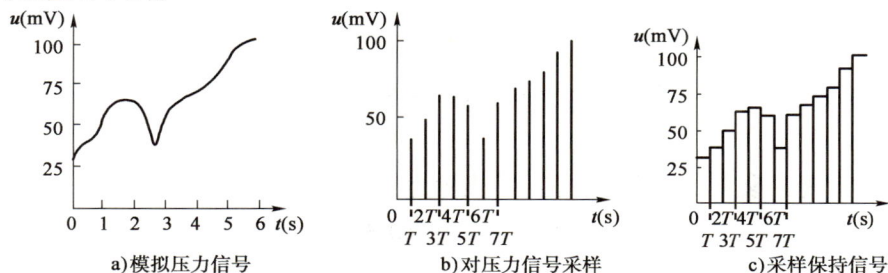

图 8-1-3 对压力信号的采样过程

图 8-1-3b）的电压信号是图 8-1-3a）压力信号的采样信号。不难看出，在每个采样点上，采样信号的值与连续信号在该点上的瞬间值相等，而在整个采样区间里，采样信号的变化规律与连续信号相同。

由于如图 8-1-3b）所示的离散时间信号是如图 8-1-3a）所示的连续时间信号的采样信号，所以，若连续时间信号的连续时间函数描述为

$$u = f(t)$$

则该离散时间信号的离散时间序列描述形式为

$$u^* = \{f(0), f(T), f(2T), f(3T), \cdots, f(nT), f[(n+1)T], \cdots\} \tag{8-1-3}$$

所谓离散时间信号是指只在特定的时间点上才出现的信号。例如图 8-1-3b）所示的信号，它只在时间点 0、T、$2T$、$3T$、$4T$…上出现，而在这些时间点之间的任何瞬间，信号的值是没有定义的。所以，在离散时间信号的描述中，时间轴上是不能连续取值的。

令采样的时间间隔为采样周期 T，每秒采样次数为采样频率 f，那么采样频率越高，采样信号越接近原来的连续信号。但是过于频繁的采样，势必会降低系统的整体工作效率。按照著名的采样定理，取采样频率为信号中最高谐波频率的 2 倍以上时，采样信号即可保留原始信号的全部信息。在实际应用中，往往将采样得到的每一个瞬间信号在其采样周期内予以保持，生成所谓的采样保持信号如图 8-1-3c）所示。采样保持信号是一种特殊信号形式，它兼有离散和连续的双重性质，在数字控制系统中有着广泛应用。

三、模拟信号与信息

模拟信号是通过观测，直接从对象获取的信号。模拟信号是连续的时间信号，它提供对象原始形态的信息。

在时间域里，它的瞬间量值表示对象的状态信息，比如某一时刻对象中的温度有多高，压力是多强；它随时间变化的情况提供对象的过程信息，比如对象中的温度或压力是在增加还是在减小，它们以什么样的规律在变化等。通过时间函数的描述，可以借助相关的数学运算对模拟信号进行各种处理和变换，实现信息分析、综合、评价等各种复杂的处理。

在频率域里，模拟信号是由诸多频率不同、大小不同、相位不同的信号叠加组成的，具有自身特定的频谱结构。所以从频域的角度看，信息被装载于模拟信号的频谱结构之中，通过频域分析可以从中提取更加丰富、更加细微的信息，进行更为简洁、更为精细的信息分析和处理。

（一）常用模拟信号的描述

在信号分析中，常用一些基本函数表示复杂信号。

1. 直流信号

直流信号定义为

$$f(t) = A \qquad (-\infty < t < \infty) \tag{8-1-4}$$

即在全时间域上等于恒值的信号，波形如图 8-1-4 所示。

2. 正弦信号

如图 8-1-5 所示为大家所熟知的正弦信号，表示为

$$f(t) = A\sin(\omega t + \varphi) \tag{8-1-5}$$

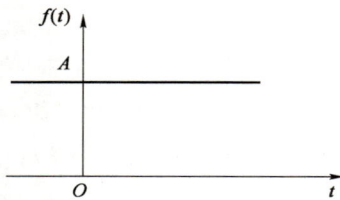

图 8-1-4 直流信号

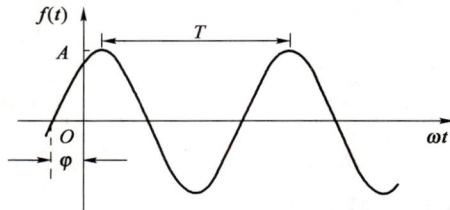

图 8-1-5 正弦信号

3. 单位阶跃信号

单位阶跃信号用 $\varepsilon(t)$ 表示，其定义为

$$\varepsilon(t) = \begin{cases} 1 & (t > 0) \\ 0 & (t < 0) \end{cases} \tag{8-1-6}$$

该函数在 $t = 0$ 处发生跃变，数值 1 为阶跃的幅度，若阶跃幅度为 A，则可记为 $A\varepsilon(t)$。延迟 t_0 后发生跃变的单位阶跃函数可表示为

$$\varepsilon(t - t_0) = \begin{cases} 1 & (t > t_0) \\ 0 & (t < t_0) \end{cases} \tag{8-1-7}$$

在负时间域幅值恒定为 1，而在 $t = 0$ 发生跃变到零的阶跃信号可表示为

$$\varepsilon(-t) = \begin{cases} 1 & (t < 0) \\ 0 & (t > 0) \end{cases} \tag{8-1-8}$$

$\varepsilon(t)$、$\varepsilon(t - t_0)$ 和 $\varepsilon(-t)$ 的波形分别如图 8-1-6 所示。

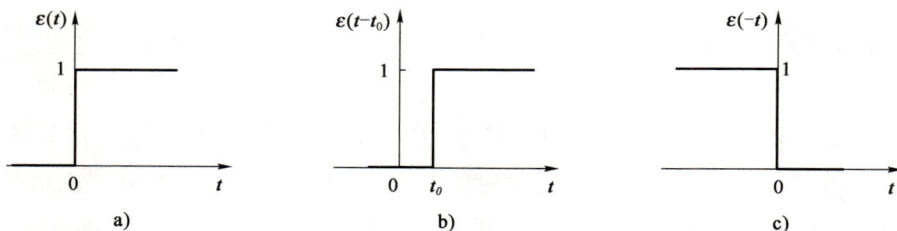

图 8-1-6 波形图

4. 斜坡信号

斜坡信号常用 $r(t)$ 表示，其定义为

$$r(t) = \begin{cases} t & (t \geq 0) \\ 0 & (t < 0) \end{cases} \qquad\qquad (8-1-9)$$

也可以借助阶跃信号简洁地表示为

$$r(t) = t\varepsilon(t) \qquad\qquad (8-1-10)$$

斜坡信号的波形如图 8-1-7 所示。

5. 实指数信号

常用的实指数信号是单边的，其定义为

$$f(t) = Ae^{-\alpha t} \qquad (\alpha > 0,\ t > 0) \qquad\qquad (8-1-11)$$

实指数信号的波形如图 8-1-8 所示。

要注意的是，引入单位阶跃函数后，信号 $f(t)$ 和 $f(t)\varepsilon(t)$ 的波形有时是不同的。例如，信号 e^{-t} 和 $e^{-t}\varepsilon(t)$ 的波形如图 8-1-9 所示，图 8-1-9a）在整个时间域均按 e^{-t} 规律变化，而图 8-1-9b）仅在正时间域按规律 e^{-t} 变化，它在负时间域全为零。

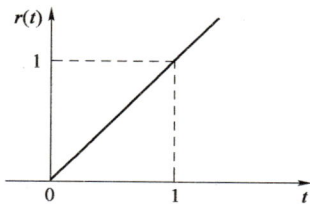

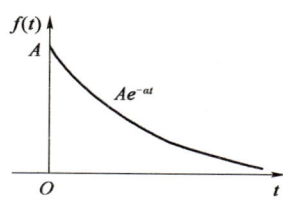

图 8-1-7　斜坡信号　　　　图 8-1-8　指数信号　　　　图 8-1-9　e^{-t} 和 $e^{-t}\varepsilon(t)$ 的波形

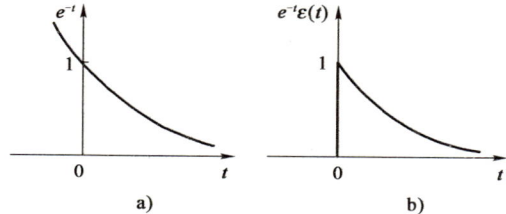

6. 复指数信号

设 α 为任意实数，则复指数信号可表示为

$$f(t) = Ae^{(\alpha+j\omega)t} \qquad\qquad (8-1-12)$$

式中，若 $\alpha = 0$，则 $f(t)$ 成为虚指数信号；若 $\omega = 0$，则 $f(t)$ 成为实指数信号。根据欧拉公式，复指数信号可以表示为

$$f(t) = Ae^{\alpha t}(\cos \omega t + j\sin \omega t) \qquad\qquad (8-1-13)$$

$\alpha < 0$，$t \geq 0$ 时，实部和虚部波形如图 8-1-10 所示。

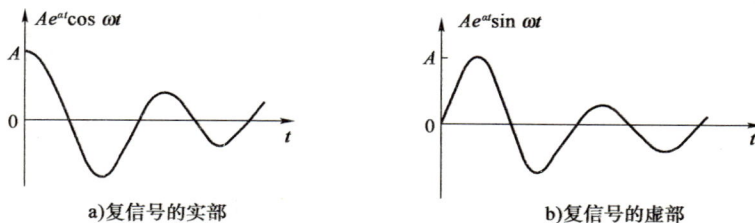

a)复信号的实部　　　　　　　　b)复信号的虚部

图 8-1-10　复指数信号

（二）模拟信号的时域处理

在信号的时域分析中，复杂信号可以通过对简单信号进行加（减）、延时、反转、尺度展缩、微分、积分等运算获得。

1. 相加与相乘

设有信号$f_1(t) = \varepsilon(t)$，$f_2(t) = -\varepsilon(t-t_0)$，则两者之和为$f(t) = \varepsilon(t) - \varepsilon(t-t_0)$。

$f(t)$在任意时刻的值是两信号在该时刻值的和，$f(t)$的波形如图 8-1-11 所示。

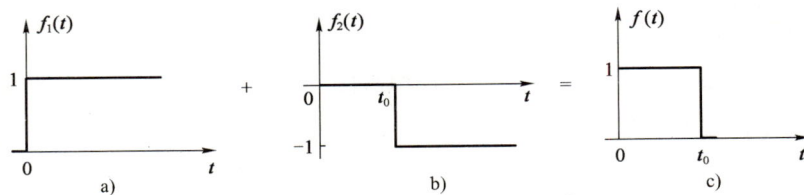

图 8-1-11　信号相加的波形图

信号$f_1(t)$和$f_2(t)$相乘所得的新函数$f(t) = f_1(t)f_2(t)$在任意时刻的值等于两个信号在该时刻的值之积，图 8-1-12 为信号相乘的波形。

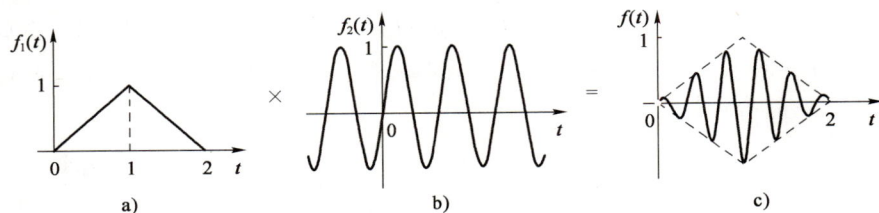

图 8-1-12　信号相乘后的波形图

2. 反转与延时

将信号$f_1(t)$的自变量t换为$-t$，可得到另一个信号$f_1(-t)$，这称为信号的反转。作图时将$f_1(t)$的波形以纵坐标为轴反转 180°即成为$f_1(-t)$，图 8-1-13a）是其示意图。

将信号$f_2(t)$的自变量t换为$(t \pm t_0)$，t_0为正的实常数，则可得一个新的信号$f_2(t \pm t_0)$。这就意味着把$f(t)$的波形沿时间轴整体平移（延时）t_0个单位，$f_2(t+t_0)$表示向右平移t_0个单位，$f(t-t_0)$表示向左平移t_0个单位。图 8-1-13b）为其示意图。

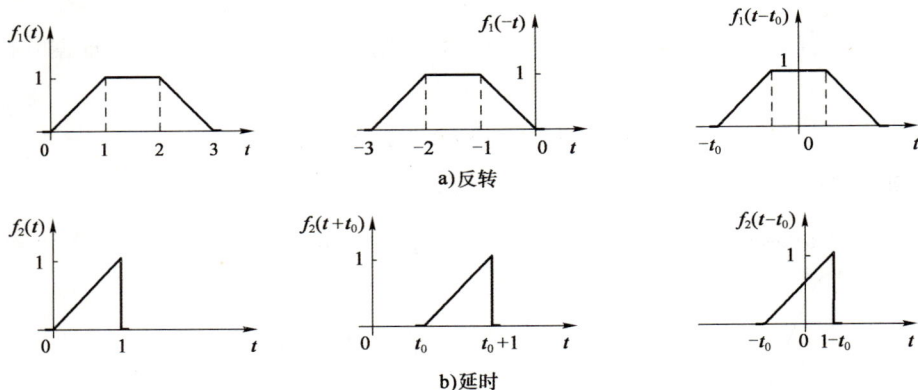

图 8-1-13　信号反转与延时后波形图

3. 压缩与扩展

若将信号$f(t)$的自变量t换为αt（α为正实数），则信号$f(\alpha t)$将在时间尺度上压缩或扩展，这称为信号的尺度变换。若$0 < \alpha < 1$，就意味着原信号从原点沿t轴扩展；若$\alpha > 1$，就意味着原信号沿t轴压缩（幅值不变）。如图 8-1-14 中$f(t)$和$x(t)$所示。

信号的尺度展缩应用在信息的存储、压缩和解压缩技术方面。如$f(t)$是已录制好的音乐信号磁带，则$f(2t)$是以原声的 2 倍速度播放，$f\left(\dfrac{t}{2}\right)$是将原声降低一半速度播放。

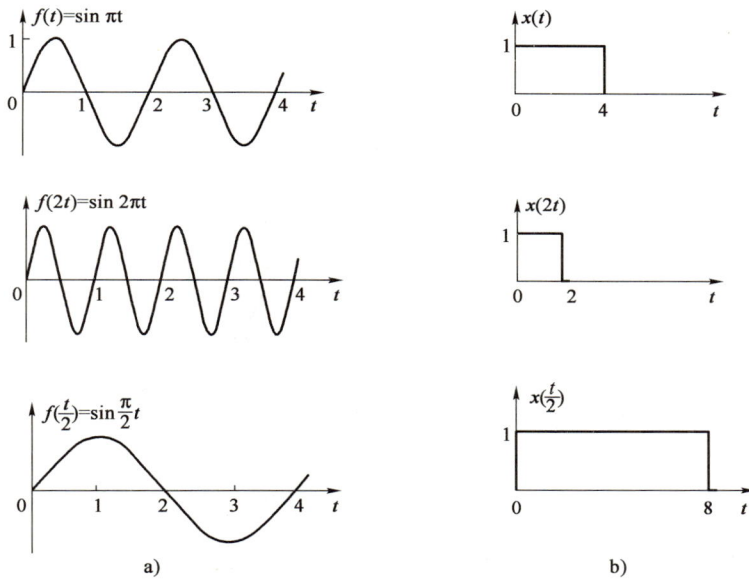

图 8-1-14 信号压缩与扩展后的波形图

4. 微分与积分

设信号$f(t)$的微分表示为

$$y(t) = \frac{\mathrm{d}f(t)}{\mathrm{d}t} = f'(t) = f^{(1)}(t) \tag{8-1-14}$$

$f(t)$的积分表示为

$$y(t) = \int_{-\infty}^{t} f(\tau)\mathrm{d}\tau = f^{(-1)}(t) \tag{8-1-15}$$

式中τ为积分变量，以区别于积分上限t。

对于斜坡函数，其导数为阶跃函数，即$r'(t) = \varepsilon(t)$；反之，单位阶跃函数的积分为斜坡函数，即

$$r(t) = \int_{-\infty}^{t} \varepsilon(\tau)\mathrm{d}\tau = t\varepsilon(t) \tag{8-1-16}$$

例如，对于如图 8-1-15 所示信号$f(t)$，可表示为

$$f(t) = \begin{cases} \dfrac{1}{2}t + 1 & (-2 \leqslant t \leqslant 0) \\ -\dfrac{1}{2}t + 1 & (0 \leqslant t \leqslant 2) \end{cases} \tag{8-1-17}$$

5. 单位冲激函数

冲激函数的提出有着广泛的物理基础。RC 串联电路接通直流电源的情形。如图 8-1-16a）所示，设电容电压初始状态为零，当$t = 0$时电路接通，充电电流从起始值开始按指数规律下降，即

$$i_{\mathrm{C}}(t) = \frac{1}{R}e^{-\frac{t}{rc}} \qquad (t > 0) \tag{8-1-18}$$

若电路中$R \to 0$，则充电时间常数$\tau = RC = 0$，这意味着

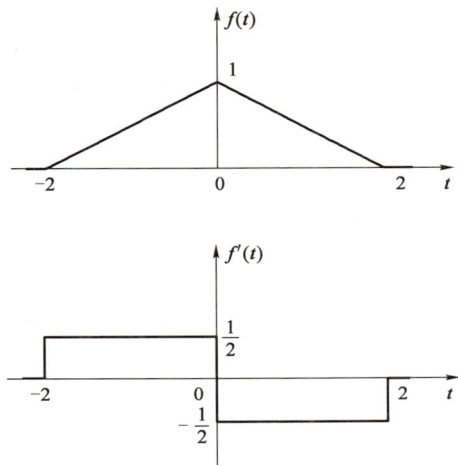

图 8-1-15

在 $t = 0$ 瞬间电源以无穷大电流给电容充电，即

$$i_c(t) = \begin{cases} \infty & (t = 0) \\ 0 & (t \neq 0) \end{cases} \tag{8-1-19}$$

电容上的电荷应是电流的积分值，即

$$q = \int_{-\infty}^{\infty} i_c \mathrm{d}t = CU_s = 1\mathrm{C} \tag{8-1-20}$$

这 1C 的电荷恰是图 8-1-16b）中 i_c 曲线下的面积。

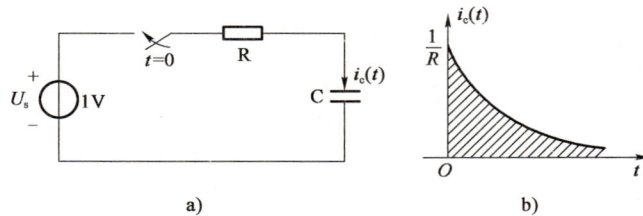

图 8-1-16　电容充电波形

再观察图 8-1-17 中的函数 $f(t)$，当其缓升宽度 $\tau \to 0$ 时，它就变成了阶跃信号 $\varepsilon(t)$；而对 $f(t)$ 求导后，则变为高度为 $1/\tau$、宽度为 τ 的矩形脉冲，即 $f'(t) = f_\tau(t)$，注意 $f_\tau(t)$ 的面积为 1。当 $\tau \to 0$ 时 $f_\tau(t)$ 的高度变为无穷大，但此面积仍为 1，此时变为冲激函数，用 $\delta(t)$ 表示。对应来看，即有 $\varepsilon'(t) = \delta(t)$。可见，$\delta(t)$ 只在 $t = 0$ 出现，其余时间均为零。

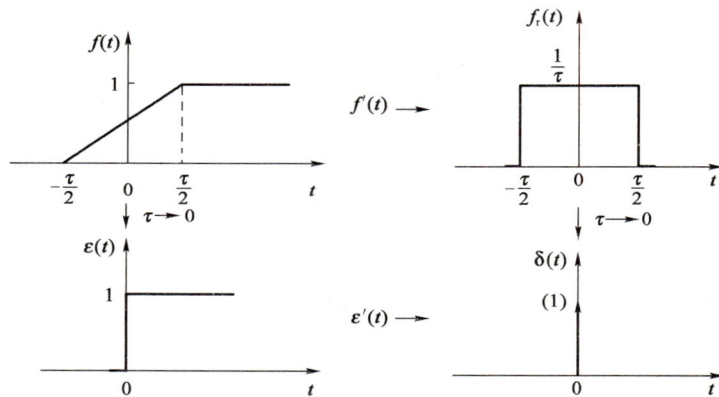

图 8-1-17　冲激函数的概念

由上可知，单位冲激函数 $\delta(t)$ 可以看作是一个宽度为无穷小，高度为无穷大，但面积为 1 的极窄矩形脉冲。该函数是一个不同于一般信号的奇异函数，其定义为

$$\begin{cases} \delta(t) = 0 & (t \neq 0) \\ \int_{-\infty}^{0} \delta(t)\mathrm{d}t = 1 \end{cases} \tag{8-1-21}$$

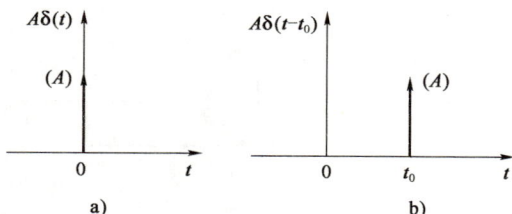

图 8-1-18　冲激信号及延时

上述定义表明，$\delta(t)$ 是在 $t = 0$ 瞬间出现又立即消失的信号，且幅值为无限大；在 $t \neq 0$ 处，它始终为零，而积分 $\int_{-\infty}^{\infty} \delta(t)\mathrm{d}t = 1$ 是该函数的面积，通常称为 $\delta(t)$ 的强度。强度为 A 的冲激信号可记为 $A\delta(t)$，延迟 t_0 出现的冲激信号可记为 $A\delta(t - t_0)$，它们的波形如图 8-1-18 所示，符号（A）表示其强度。

根据δ(t)的定义，可以建立单位阶跃函数与单位冲击函数的确切关系，由于δ(t)只在t = 0时刻存在，所以

$$\int_{-\infty}^{\infty} \delta(t)\mathrm{d}t = \int_{0-}^{0+} \delta(t)\mathrm{d}t = 1 \qquad (8-1-22)$$

则

$$\int_{-\infty}^{\infty} \delta(t)\mathrm{d}t = \begin{cases} 1 & (t > 0) \\ 0 & (t < 0) \end{cases} \qquad (8-1-23)$$

上式表明：单位冲激信号的积分为单位阶跃信号；反过来，单位阶跃信号的导数应为单位冲激信号，即

$$\delta(t) = \frac{\mathrm{d}\varepsilon(t)}{\mathrm{d}t} \qquad (8-1-24)$$

在引入δ(t)的前提下，函数在不连续点处也有导数值。

【例 8-1-1】 已知f(t)的波形如图 a）所示，试求其一阶导数并画出波形。

解　首先用ε(t)的组合表示f(t)，即f(t) = ε(t) + ε(t − t_1) − 2ε(t − t_2)

对上式求导，得f'(t) = δ(t) + δ(t − t_1) − 2δ(t − t_2)

其波形如图 b）所示。

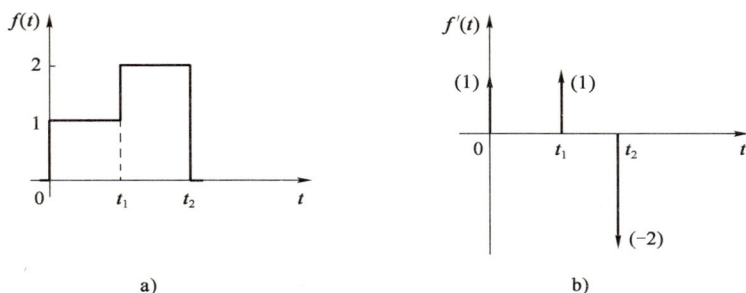

例 8-1-1 图

【例 8-1-2】 给出如图 a）所示非周期信号的时域描述形式：

A. $u(t) = 10 \times 1(t-3) - 10 \times 1(t-6)$V

B. $u(t) = 3 \times 1(t-3) - 10 \times 1(t-6)$V

C. $u(t) = 3 \times 1(t-3) - 6 \times 1(t-6)$V

D. $u(t) = 10 \times 1(t-3) - 1(t-6)$V

解　将图 a）中的信号u(t)分解为图 b）所示信号$u_1(t)$和图 c）所示信号$u_2(t)$的叠加u(t) = $u_1(t)$ + $u_2(t)$。

答案： A

（三）模拟信号的频谱

本部分以正弦函数（余弦函数亦统称为正弦函数）为基本信号，分析常用的周期和非周期信号的一些基本特性以及信号在系统中的传输问题。由数学上的欧拉公式可知

$$\left.\begin{array}{l} \sin \omega t = \dfrac{1}{2j}(e^{j\omega t} - e^{-j\omega t}) \\ \cos \omega t = \dfrac{1}{2}(e^{j\omega t} + e^{-j\omega t}) \end{array}\right\} \qquad (8-1-25)$$

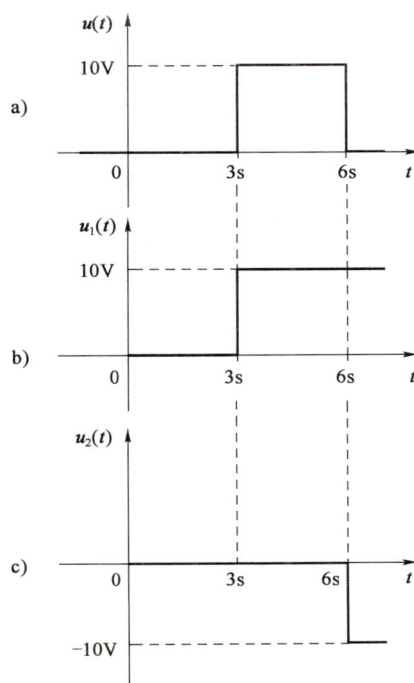

例 8-1-2 图

可把虚指数函数$e^{j\omega t}$作为基本信号，将任意周期信号和非周期信号分解为一系列虚指数函数的和。分解工具是傅里叶级数（针对周期信号）和傅里叶积分（针对非周期信号）。利用信号的正弦分解思想，系统的响应可看作各不同频率正弦信号产生响应的叠加。由于在信号分析中所用的独立变量是频率，故称为频域分析。

1. 周期信号的频谱

周期信号是定义在（$-\infty, \infty$）区间内，每隔一定周期T按相同规律重复变化的信号，它们一般可表示为

$$f(t) = f(t + mT) \quad (m = 0, \pm 1, \pm 2, \cdots) \tag{8-1-26}$$

当周期信号$f(t)$满足狄里赫利条件时，则可用傅里叶级数表示为三角函数

$$f(t) = a_0 + \sum_{n=1}^{\infty} (a_n \cos n\omega_1 t + b_n \sin n\omega_1 t) \tag{8-1-27}$$

式中，$\omega_1 = \frac{2\pi}{T}$称为$f(t)$的基波角频率，$n\omega_1$称为$n$次谐波的频率；$a_0$为$f(t)$的直流分量，$a_n$和$b_n$分别为各余弦分量和正弦分量的幅度。当函数给定以后，系数a_0、a_n和b_n可以由下式确定

$$\left. \begin{aligned} a_0 &= \frac{1}{T} \int_0^T f(t) \mathrm{d}t \\ a_n &= \frac{2}{T} \int_0^T f(t) \cos n\omega t \, \mathrm{d}t \\ b_n &= \frac{2}{T} \int_0^T f(t) \sin n\omega t \, \mathrm{d}t \end{aligned} \right\} \tag{8-1-28}$$

傅里叶级数还可以写成

$$f(t) = A_0 + \sum_{n=1}^{\infty} A_n \cos(n\omega_1 t + \varphi_n) \tag{8-1-29}$$

这里

$$A_n = \sqrt{a_n^2 + b_n^2}, \quad \varphi_n = -\arctan\frac{b_n}{a_n} \tag{8-1-30}$$

可见，模拟信号为一个直流信号和一系列正弦信号的叠加。由于直流信号可表示为 0 次谐波信号，$A_n \cos(n\omega_1 t + \varphi_n)$称为函数$f(t)$的第$n$次谐波分量，这种将一个周期函数展开成一系列谐波之和的傅里叶级数的方法叫作谐波分析。谐波分析中，我们认为模拟信号是由一系列谐波信号叠加而成的。我们用典型模拟信号分析：不同周期信号的谐波构成情况是不相同的，例如如图 8-1-19 所示的几种常见周期信号经过傅里叶级数分解后的谐波分量描述形式分别为

$$u_1(t) = \frac{4U_{1m}}{\pi}\left(\frac{1}{2} - \frac{1}{3}\cos 2\omega t - \frac{1}{15}\cos 4\omega t - \cdots\right) \tag{8-1-31}$$

$$u_2(t) = \frac{4U_{2m}}{\pi}\left(\sin \omega t + \frac{1}{3}\sin 3\omega t + \frac{1}{5}\sin 5\omega t + \cdots\right) \tag{8-1-32}$$

$$u_3(t) = U_{3m}\left[\frac{1}{2} - \frac{1}{\pi}\left(\sin \omega t + \frac{1}{2}\sin 2\omega t + \frac{1}{3}\sin 3\omega t + \cdots\right)\right] \tag{8-1-33}$$

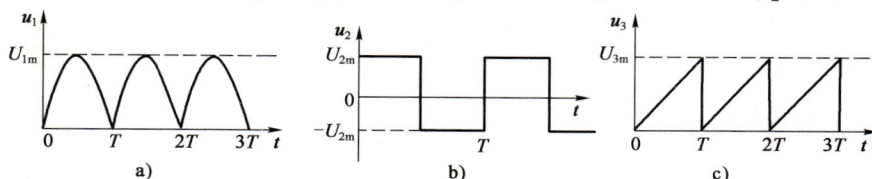

图 8-1-19　典型非正弦信号的时域波形图

显然，周期信号的波形不同，其谐波组成的成分情况也不同。信号的谐波组成情况通常用频谱的形式来表示。

（1）周期信号波形的谐波叠加

图 8-1-20 表示了图 8-1-19b）信号谐波叠加的情况。其中，图 8-1-20b）、c）表示的是 1、3 次谐波叠加的波形与原始方波波形的比较；图 8-1-20c）表示的是 1、3、 5 次谐波叠加后的波形与原始方波的比较。不难看出，随着更多谐波成分的加入，叠加后的波形将越来越趋近于原始的方波波形。

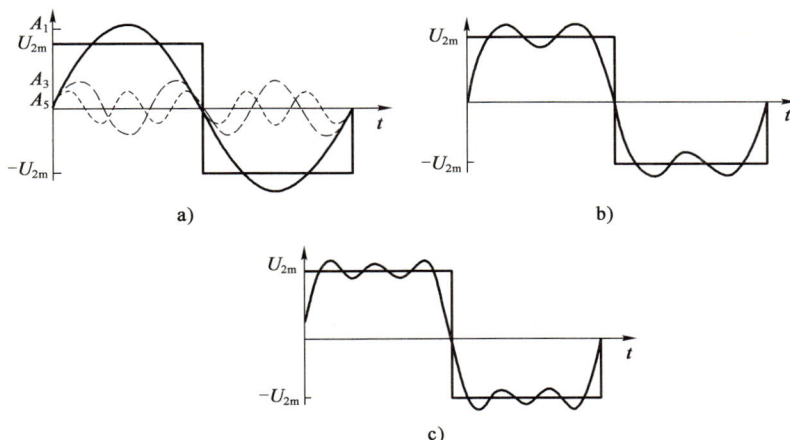

图 8-1-20　方波信号的谐波叠加

（2）周期信号的频谱

仔细考查式（8-1-32）可以发现：随着谐波次数 k 的增加，方波信号各个谐波的幅值按照 $\frac{4}{k\pi}$ 的规律衰减（其中，$k = 1$，3，5，7…），而它们的初相位却保持 0° 不变。 将方波信号谐波成分的这种特性用图形的形式表达出来，就形成了如图 8-1-21 所示的谱线形式。这种表示方波信号性质的谱线称为频谱。图 8-1-21a）所表示的谐波幅值谱线随频率的分布状况称为幅度频谱；图 8-1-21b）则称为相位频谱，它表示谐波的初相与频率的关系。谱线顶点的连线称为频谱的包络线（图中以虚线表示），它形象地表示了频谱的分布状况。借助数学工具分析可知，周期信号频谱的谱线只出现在周期信号频率 ω 整数倍的地方，是离散的频谱。周期信号的幅度频谱随着谐波次数的增高而迅速减小。

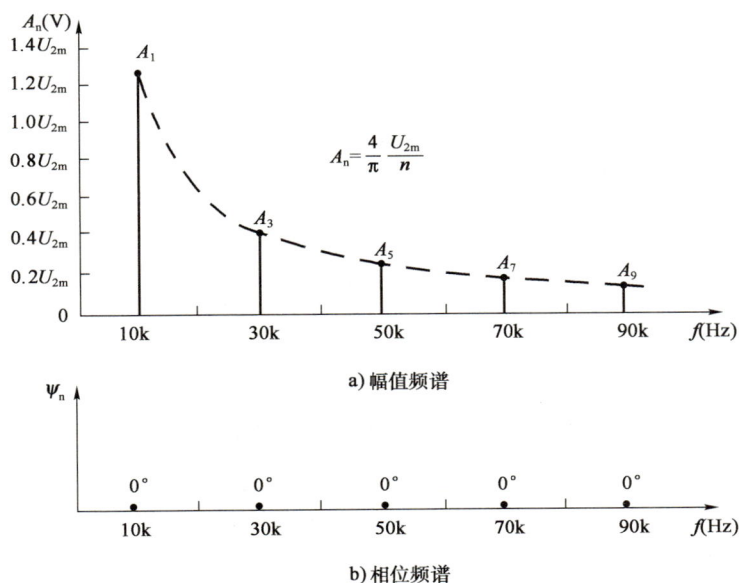

图 8-1-21　方波信号的频谱

【例 8-1-3】 设周期信号 $u(t)$ 的幅值频谱如图所示，则该信号：

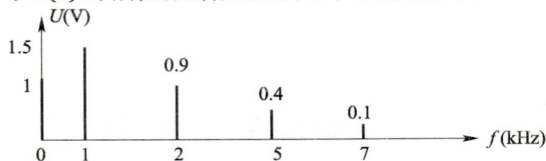

例 8-1-3 图

A. 是一个离散时间信号　　　　　　B. 是一个连续时间信号

C. 在任意瞬间均取正值　　　　　　D. 最大瞬时值为 1.5V

解　周期信号的幅值频谱是离散且收敛的。这个周期信号一定是时间上的连续信号，选项 A 错误。

本题给出的图形是周期信号的频谱图。频谱图是非正弦信号中不同正弦信号分量的幅值按频率变化排列的图形，其大小是表示各次谐波分量的幅值，用正值表示。例如本题频谱图中出现的 1.5V 对应于 1kHz 的正弦信号分量的幅值，而不是这个周期信号的幅值。因此本题选项 C 或 D 都是错误的。

答案： B

【例 8-1-4】 求如图所示周期信号 $f(t)$ 的傅里叶级数展开式，并画出频谱图。

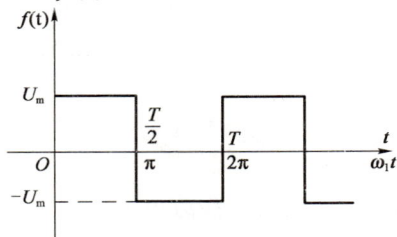

例 8-1-4 图　矩形波

解　$f(t)$ 在第一个周期内的表达式为

$$\begin{cases} f(t) = U_m & 0 \leqslant t \leqslant \dfrac{T}{2} \\ f(t) = -U_m & \dfrac{T}{2} \leqslant t \leqslant T \end{cases}$$

根据式（8-1-28）求得所需要的系数为

$$a_n = \frac{1}{T} \int_0^T f(t) \mathrm{d}t = 0$$

$$a_k = \frac{1}{\pi} \int_0^{2\pi} f(t) \cos(k\omega_1 t)\, \mathrm{d}(\omega_1 t) = \frac{2U_m}{\pi} \int_0^\pi \cos(k\omega_1 t)\, \mathrm{d}(\omega_1 t) = 0$$

$$b_k = \frac{1}{\pi} \int_0^{2\pi} f(t) \sin(k\omega_1 t)\, \mathrm{d}(\omega_1 t) = \frac{2U_m}{k\pi}[1 - \cos(k\pi)]$$

当 k 为偶数时，$\cos(k\pi) = 1$，$b_k = 0$

当 k 为奇数时，$\cos(k\pi) = -1$，$b_k = \dfrac{4U_m}{k\pi}$

由此求得

$$f(t) = \frac{4U_m}{\pi} \left[\sin(\omega_1 t) + \frac{1}{3} \sin(3\omega_1 t) + \frac{1}{5} \sin(5\omega_1 t) + \cdots \right]$$

图 8-1-22 是矩形波函数的频谱图，由上例方波信号的频谱图中，每根垂直线称为谱线，其所在频率位置 $n\omega_1$ 为该次谐波的角频率。每根谱线的高度为该次谐波的振幅值。观察可知，周期信号的振幅谱具有下列特点：

①离散性。频谱图由频率离散的谱线组成，每根谱线代表一个谐波分量。这样的频谱称为不连续

频谱或离散频谱。

②谐波性。谱中的谱线只能在基波频率 ω_1 的整数倍频率上出现。

③收敛性。频谱中各谱线的高度，随谐波次数的增高而逐渐减小。当谐波次数无限增多时，谐波分量的振幅趋于无穷小。

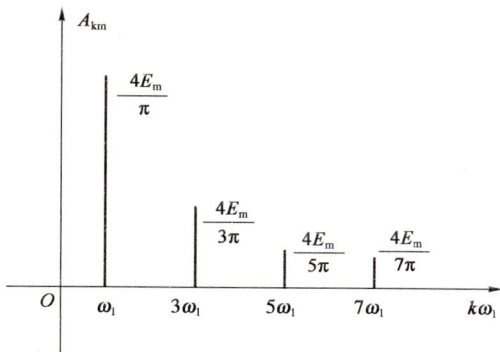

图 8-1-22　矩形波函数的频谱图

这些特点虽然是从具体的信号得出的，但除了少数特例外，许多信号的频谱都具有这些特点。

【**例 8-1-5**】模拟信号 $\mu_1(t)$ 和 $\mu_2(t)$ 的幅值频谱分别如图 a）和图 b）所示，则在时域中：

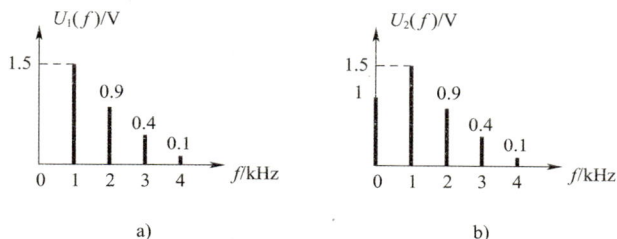

例 8-1-5 图

    A. $\mu_1(t)$ 和 $\mu_2(t)$ 是同一个函数

    B. $\mu_1(t)$ 和 $\mu_2(t)$ 都是离散时间函数

    C. $\mu_1(t)$ 和 $\mu_2(t)$ 都是周期性连续时间函数

    D. $\mu_1(t)$ 是非周期性时间函数，$\mu_2(t)$ 是周期性时间函数

解　本题中 $u_1(t)$、$u_2(t)$ 信号的幅频特性都是离散的，可以判断这两个信号都是周期信号。又观察到图 b）u_2 的频谱特性中含有 $f = 0$ 的直流分量，而 u_1 没有。可见，这两个周期信号并不相等，它们不是同一时间函数。因此只有选项 C 正确。

答案： C

【**例 8-1-6**】若某周期信号的一次谐波分量为 $5\sin 10^3 t\, \text{V}$，则它的三次谐波分量可表示为：

    A. $U\sin 3\times 10^3 t$，$U > 5\text{V}$ B. $U\sin 3\times 10^3 t$，$U < 5\text{V}$

    C. $U\sin 10^6 t$，$U > 5\text{V}$ D. $U\sin 10^6 t$，$U < 5\text{V}$

解　周期信号频谱是离散的频谱，信号的幅度随谐波次数的增高而减小。针对本题情况可知该周期信号的一次谐波分量为：

$$u_1 = U_{1m}\sin \omega_1 t = 5\sin 10^3 t，\quad U_{1m} = 5\text{V}，\quad \omega_1 = 10^3$$

$$u_3 = U_{3m}\sin 3\omega t，\quad \omega_3 = 3\omega_1 = 3\times 10^3$$

$$U_{3m} < U_{1m}，\text{故 } U_{3m} < 5\text{V}$$

答案： B

2. 非周期信号的频谱

非周期信号是模拟信号的普遍形式，所以本节所讨论的非周期信号描述问题实质上是模拟信号描述的一般性问题。

从直观的角度看，非周期信号可以定义为周期 $T \to \infty$（或频率 $f = 0$）的周期信号，即：当周期信号的周期趋向无穷大时，这个周期信号就转化成了非周期信号。当周期 T 趋向无穷大时，各次谐波之间的谱线距离趋于消失，信号的频谱也从离散形式变成了连续形式。因此在非周期信号的分析中，可以先把这种非周期函数看作一种周期函数，在周期趋于无限大的条件下，求出其极限形式的傅氏级数展开式，就得到了表示这种非周期函数的傅氏积分公式。得到

$$f(t) = \sum_{k=-\infty}^{\infty} c_k e^{jk\omega_1 t} \tag{8-1-34}$$

其中

$$c_k = \frac{1}{T} \int_{-\frac{T}{2}}^{\frac{T}{2}} f(t) e^{-jk\omega_1 t} \mathrm{d}t \quad (k = 0, \pm 1, \pm 2 \cdots) \tag{8-1-35}$$

c_k 的频谱是 $k\omega_1$ 的函数，且为线状的，其相邻间隔（频率差）为

$$\Delta\omega_k = (k+1)\omega_1 - k\omega_1 = \omega_1 = \frac{2\pi}{T} \tag{8-1-36}$$

当 T 越来越大时，c_k 的值及相邻谱线的间隔就越来越小，谱线就变成连续的，而其幅度 $|k\omega_1|$ 将趋于无限小，这样我们可以定义一个新的函数

$$F(jk\omega_1) = Tc_k = \frac{2\pi c_k}{\Delta\omega_k} = \int_{-\frac{T}{2}}^{\frac{T}{2}} f(t) e^{-jk\omega_1 t} \mathrm{d}t \tag{8-1-37}$$

当 $T \to \infty$ 时，$\omega_1 = \frac{2\pi}{T} \to \mathrm{d}\omega$，而相邻谐波之间的频率差也越来越小，这时可以把 $k\omega_1$ 看作是一个连续变量 ω 并取极限时，式（8-1-37）可以写成

$$F(j\omega) = \int_{-\infty}^{\infty} f(t) e^{-jk\omega t} \mathrm{d}t \tag{8-1-38}$$

上式称为傅里叶积分或傅里叶变换。它把一个时间函数变成了一个频率函数。另外，由式（8-1-37）知

$$c_k = \frac{F(jk\omega_1)}{T} = \frac{\Delta\omega_k F(jk\omega_1)}{2\pi} \tag{8-1-39}$$

将 c_k 代入式（8-1-34），当 $T \to \infty$ 时，上式的求和变成积分，可以将式（8-1-34）改写成

$$f(t) = \frac{1}{2\pi} \int_{-\infty}^{\infty} F(j\omega) e^{jk\omega t} \mathrm{d}\omega \tag{8-1-40}$$

式（8-1-40）称为傅氏反变换。频谱函数 $F(j\omega)$ 一般为 ω 的复函数，有时把 $F(j\omega)$ 简记为 $F(\omega)$。将非周期信号的频谱表示为傅里叶积分，当然，时域信号 $f(t)$ 要满足绝对可积。凡满足绝对可积条件的信号，它的变换 $F(\omega)$ 必然存在。对非周期函数进行傅氏变换就可以得到非周期函数的频谱。

下面给出几个常用非周期信号的频谱：

（1）门函数 $g_\tau(t)$ 的频谱

幅度为 1、宽度为 τ 的单个矩形脉冲常称为门函数，记为 $g_\tau(t)$，它可表示

$$g_\tau(t) = \begin{cases} 1 & \left(|t| < \frac{\tau}{2}\right) \\ 0 & \left(|t| > \frac{\tau}{2}\right) \end{cases} \tag{8-1-41}$$

其波形如图 8-1-23a）所示。

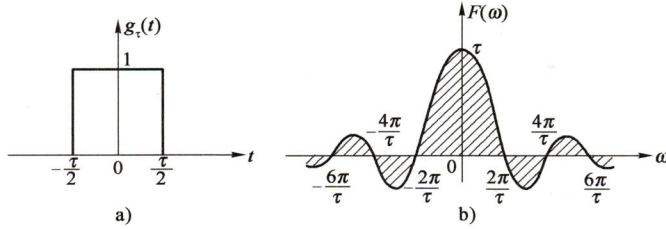

图 8-1-23 门函数的频谱图

（2）冲击函数$\delta(t)$的频谱

由定义式（8-1-38），并应用$\delta(t)$的取样性质，得

$$F(\omega) = \int_{-\infty}^{\infty} \delta(t)e^{-j\omega t}\mathrm{d}t = 1 \tag{8-1-42}$$

即有变换对

$$\delta(t) \leftrightarrow 1 \tag{8-1-43}$$

图 8-1-24 为它们的图示。可见，冲激信号的频谱是均匀谱。

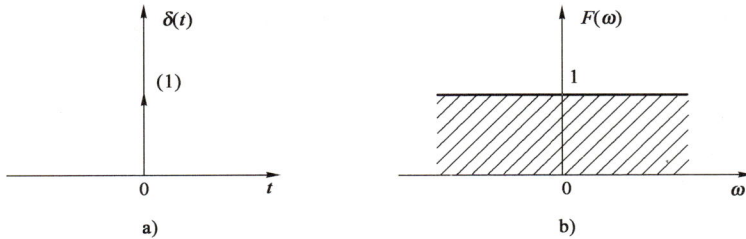

图 8-1-24 冲击函数的频谱图

（3）直流信号的频谱

设直流信号

$$f(t) = 1 \qquad (-\infty, \infty) \tag{8-1-44}$$

经傅氏反变换，且$\delta(t)$为t的偶函数，则$\delta(t)$可表示为

$$\delta(t) = \delta(-t) = \frac{1}{2\pi}\int_{-\infty}^{\infty} 1 \cdot e^{-j\omega t}\mathrm{d}\omega \tag{8-1-45}$$

将上式中ω换为t，t换为ω，有

$$2\pi\delta(\omega) = \int_{-\infty}^{\infty} 1 \cdot e^{-j\omega t}\mathrm{d}t \tag{8-1-46}$$

上式表明单位直流信号的傅里叶变换（频谱）为$2\pi\delta(\omega)$，即

$$1 \leftrightarrow 2\pi\delta(\omega) \tag{8-1-47}$$

它们的图形如图 8-1-25 所示。这表明，直流仅由$\omega = 0$的分量组成。

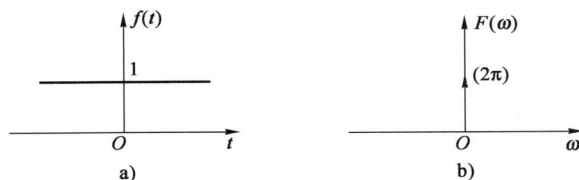

图 8-1-25 直流信号的频谱图

归纳以上分析，对于非周期信号可以得到如下重要结论：

①非周期信号的频谱是连续频谱；

②若信号在时域中持续时间有限，则其频谱在频域将延伸到无限，这可简单地称为时间有限，频域无限。

③信号的脉冲宽度越窄，则信号的带宽越宽。

频谱分析是模拟信号分析的重要方法，也是模拟信号处理的基础，在工程上有着重要的应用。这种分析方法实质上是对信号特征的更为细致的提取，在信号处理中，根据频谱的特征可以进行信号的识别和信息的提取。

在实际运用中，根据问题性质和分析目标的不同，可以采用不同方式来描述模拟信号。例如，在电路稳态分析中采用时域描述方式以求分析过程直观并便于理解；在电路动态过程分析中，则采用频域描述方式以求分析简便和透彻。

【例 8-1-7】 周期信号中的谐波信号是：

　　　A. 离散时间信号　　　B. 数字信号　　　　　C. 采样信号　　　　　D. 连续时间信号

解　周期信号中的谐波信号是从傅里叶级数分解中得到的，它是正弦交流信号，是连续时间信号。

答案： D

【例 8-1-8】 周期信号的频谱是：

　　　A. 离散的

　　　B. 连续的

　　　C. 高频谐波部分是离散的，低频谐波部分是连续的

　　　D. 有离散的，也有连续的，无规律可循

解　周期信号的谐波是按照级数形式分解出来的，所以频谱是离散的频谱。

答案： A

【例 8-1-9】 模拟信号 $u_1(t)$ 和 $u_2(t)$ 的幅值频谱分别如图 a）和图 b）所示，则：

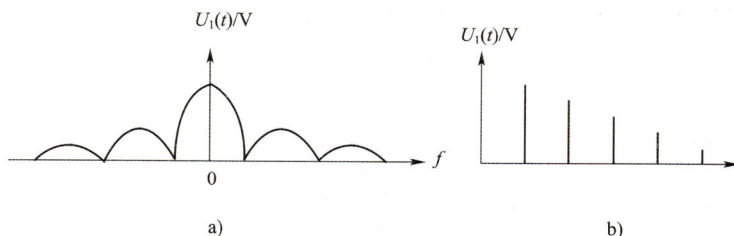

例 8-1-9 图

　　A. $u_1(t)$ 是连续时间信号，$u_2(t)$ 是离散时间信号

　　B. $u_1(t)$ 是非周期性时间信号，$u_2(t)$ 是周期性时间信号

　　C. $u_1(t)$ 和 $u_2(t)$ 都是非周期性时间信号

　　D. $u_1(t)$ 和 $u_2(t)$ 都是周期性时间信号

解　根据信号的幅值频谱关系，周期信号的频谱是离散的，而非周期信号的频谱是连续的。

图 a）是非周期性时间信号的频谱，图 b）是周期性时间信号的频谱。

答案： B

四、模拟信号的处理

信号是信息的载体。在电子系统中，信号的处理服从于信息处理的需要，如信号的放大处理为的是信息的增强，信号之间的算术运算、微分积分运算等是信息的变换，信号的滤波、整形等则通常是为了信息的识别和提取。

（一）模拟信号增强

将微弱的信号放大到可以方便观测和利用是模拟信号最基本的一种处理方式。信号的放大包含信号幅度的放大和信号带载能力的增强两个目标，前者称为电压放大，后者称为功率放大，这是模拟电子电路的重点内容。实际上，电压放大和功率放大都涉及信号本身能量的增强，所以，信号的放大过程可以理解为一种能量转换过程，电子电路的放大理论就是在较微弱的信号控制下把电源的能量转换成具有较大能量的信号。模拟信号放大的核心问题是保证放大前后的信号是同一个信号，即经过放大处理后的信号不能失真、信号的形状或频谱结构保持不变，即信号所携带的信息保持不变。

针对这些基本要求，电子电路中所要处理的问题主要有：

（1）非线性问题。电子器件本身的非线性特性无法严格保持信号放大过程的线性变换关系，这导致信号放大之后出现波形的畸变。

（2）频率特性问题。由于电路中储能元件（电容、电感）的影响，电子电路不能保证信号中的各次谐波成分获得同等比例的放大效果，这导致放大后信号的谐波组分或频谱结构发生改变。

（3）噪声与干扰问题。放大电路内部的电子噪声和外部的干扰信号导致放大后的信号中夹杂着其他的信号，在情况严重时，这些夹杂信号会淹没放大信号本身，导致无法对信号进行识别和应用。

（二）模拟信号滤波

从信号中滤除部分谐波信号叫作滤波。滤波是从模拟信号中去除伪信息，提取有用信息的一种重要技术手段。

滤波电路通常是按照滤波电路的工作频带命名的，分为低通滤波器（LPF）、高通滤波器（HPF）、带通滤波器（BPF）、带阻滤波器（BEF）等。

各种滤波器的理想幅频特性如图 8-1-26 所示。允许通过的频段称为通带，将信号的幅值衰减到零的频段称为阻带。

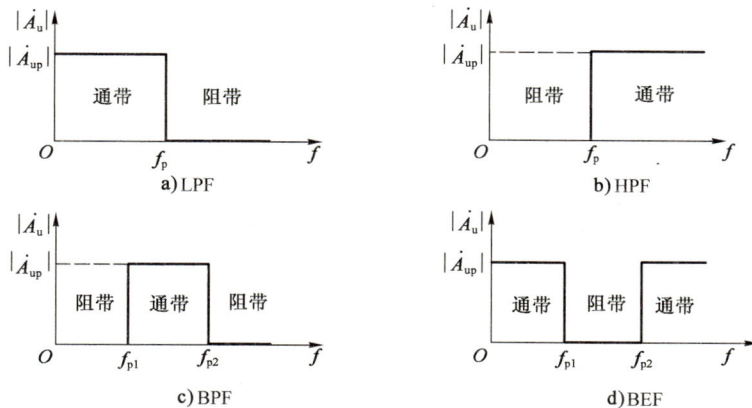

图 8-1-26　理想滤波电路的幅频特性

幅频特性通常用来描述放大器的电压放大倍数与频率变化之间的关系，如图 8-1-26 描述了典型滤波器的幅频特性。在图 8-1-26a）中，设截止频率为 f_p，低于频率 f_p 的信号可以通过，高于 f_p 的信号被衰减的滤波电路称为低通滤波器；反之，频率高于f_p的信号可以通过，而频率低于f_p的信号被衰减的滤波电路称为高通滤波器。低通和高通滤波器的理想频率特性分别如图 8-1-26a）、b）所示。

对于带通电路，设低频段的截止频率为f_{p1}，高频段的截止频率为f_{p2}，频率在f_{p1}到f_{p2}之间的信号可以通过，低于f_{p1}或高于f_{p2}的信号被衰减的滤波电路称为带通滤波器，如图 8-1-26c）所示；对于频率低于f_{p1}和高于f_{p2}的信号可以通过，频率是f_{p1}到f_{p2}之间的信号被衰减的滤波电路称为带阻滤波器，如图 8-1-26d）所示。

滤波是模拟信号处理的一项核心技术，在信号识别和信息提取中有着重要应用，通常信号在传输和处理过程中会受到干扰信号的影响，干扰信号的谐波与有用信号的谐波往往分布在频谱不同的频段上，所以通常采用滤波手段来排除或削弱干扰信号。例如，在观测到的大型汽轮发电机组的振动信号中，包含有正常运转的振动信号和因机械故障所引起的附加振动信号，这通常用信号和干扰信号谐波组分分布在频谱中的不同区间里，利用适当的滤波手段即可从总的振动信号中识别出故障信号，借以判断系统有无故障、故障类型及故障程度等信息；另外，各个广播电台和电视台采用不同的载波频率播送节目，它们分布在天线所接收到的信号频谱中的不同频段上，利用带通滤波即可将它们提取出来收听或观看。

（三）模拟信号变换

将一种信号变换为另一种信号是模拟信号处理的一项主要内容。在模拟系统中，信号的相加、相减、比例、微分及积分变换是常见的几种信号变换。从信息处理的角度看，信号变换是从信号中提取信息的重要手段，例如通过信号相加提取求和信息，从相减提取差异信息，通过比例变换提取增强后的信息，从微分变换提取信号时间变化率信息，从积分变换提取信号对时间的累积信息等。

信号变换的主要问题是：由于难以找到一种理想的运算装置，所以，信号变换都只能近似地实现，这为信息的提取带来不便。实际上，在模拟系统中，为了准确提取信息，往往还要增加许多额外的处理过程，如反馈技术。

图 8-1-27 给出一个模拟信号微分-积分变换的理想波形图。从图中可知，一个三角波模拟信号描述函数为$f_1(t)$，经过微分变换

$$f_2(t) = \frac{\mathrm{d}f_1(t)}{\mathrm{d}t} \tag{8-1-48}$$

被变换为一个方波信号$f_2(t)$，这个方波信号承载的是三角波信号的时间变化率信息；反之，一个方波信号$f_2(t)$经过积分变换

$$f_1(t) = \int f_2(t)\mathrm{d}t \tag{8-1-49}$$

被变换为一个三角波$f_1(t)$信号，它承载的是方波信号时间累积信息。

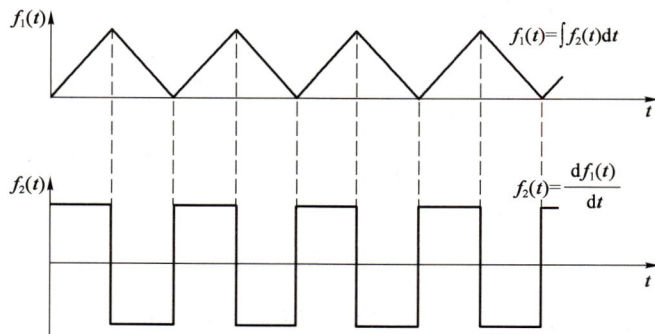

图 8-1-27　模拟信号微分-积分变换波形

（四）模拟信号识别

从一种不干净的、夹杂着许多无用信号的混合信号中把所需要的信号提取出来，这是信号识别问题。从信息的角度讲，信号识别是信息提取的一种前期处理过程，它剔除夹杂在信号中的各种伪信息，并保留原来的信息。利用频率的差异，采用滤波器滤除夹杂信号是信号识别的主要方法，但是，由于各种滤波器的特性都是非理想的，所以对于与信号频率相近的夹杂信号，滤波方法是无能为力的。增强有用信号自身的强度，也是一种信号识别的常用方法。但是，对于微弱信号，由于电子噪声信号也随着信号的增强而增强，这种方法的效果是有限的。

图 8-1-28 表示的是从调幅信号中识别出一个正弦波信号的过程。图 8-1-28a）表示原始的调幅信号 $u_1(t)$，图 8-1-28b）表示经过单向导电器件处理后的调幅信号 $u_2(t)$，图 8-1-28c）表示采用滤波器滤除高频载波信号后的信号 $u_3(t)$，图 8-1-28d）表示滤除直流信号后所提取出来的真实信号 $u_4(t)$。

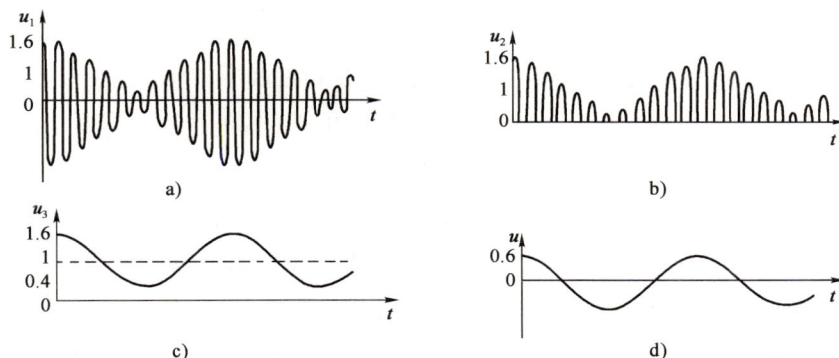

图 8-1-28　从调制信号中识别出模拟信号的过程

【例 8-1-10】 设放大器的输入信号为 $u_1(t)$，放大器的幅频特性如图所示，令 $u_1(t) = \sqrt{2}u_1\sin2\pi ft$，且 $f > f_H$，则：

A. $u_2(t)$ 的出现频率失真

B. $u_2(t)$ 的有效值 $U_2 = AU_1$

C. $u_2(t)$ 的有效值 $U_2 < AU_1$

D. $u_2(t)$ 的有效值 $U_2 > AU_1$

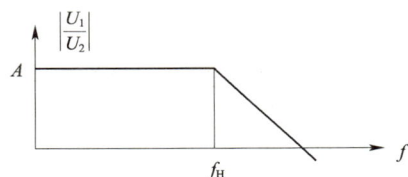

例 8-1-10 图

解 放大器的输入为正弦交流信号。但 $u_1(t)$ 的频率过高，超出了上限频率 f_H，放大倍数小于 A，因此输出信号 u_2 的有效值 $U_2 < AU_1$。

答案： C

【例 8-1-11】 某周期信号 $u(t)$ 的幅频特性如图 a）所示，某低通滤波器的幅频特性如图 b)所示，当将信号 $u(t)$ 通过该低通滤波器处理以后，则：

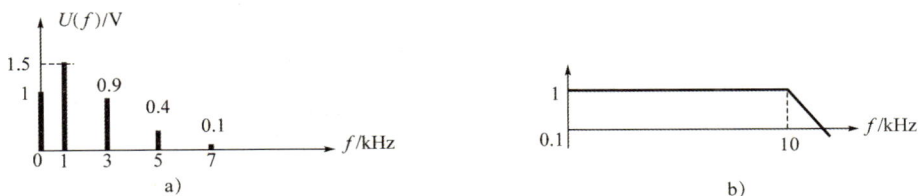

例 8-1-11 图

A. 信号的谐波结构改变，波形改变　　B. 信号的谐波结构改变，波形不变

C. 信号的谐波结构不变，波形不变　　　　D. 信号的谐波结构不变，波形改变

解　从周期信号$u(t)$的幅频特性图 a) 可见，其频率范围均在低通滤波器图 b) 的通频段以内，这个区间放大倍数相同，各个频率分量得到同样的放大，则该信号通过这个低通滤波以后，其结构和波形不会变化。

答案： C

第二节　数字信号与信息

对电子信号的处理，针对数字信号与模拟信号的不同采用了不同的处理方式，电子器件的工作状态也不同。数字电路的工作信号是二值信号，要用它来表示数并进行数的运算，就必须采取二进制形式表示。在电子电路中，信号往往表现为突变的电压或电流，并且只有两个可能的状态。正如我们所知，数字电路中的二极管和三极管工作在开关状态。利用导通和截止两种不同的工作状态，代表不同的数字信息，完成信号的传递和处理任务。由于一个n位的二进制数字代码序列可以有多种不同的排列方式，所以数字代码具有极强的表达能力。采用适当长度的数字脉冲序列数字信号就可以用来对各种复杂信息进行编码，并借助数字计算机的强大处理能力实现信息的处理，这就是数字信号得以广泛应用的根本所在。

数字信号可以用来对"数"进行编码，实现数值信息的表示、运算、传送和处理；号也可以用来对文字和其他符号进行编码，实现符号信息的表达、传送和处理；数字信号可以用来表示逻辑关系，实现逻辑演算、逻辑控制等。因此，在数字电路中，重点研究的是输入信号与输出信号之间的逻辑关系。为了分析这些逻辑关系，必须了解信号的编码规则，使用一套科学的代码和数学工具来处理数字信号，即逻辑代码和逻辑代数。

一、数字信号的数制和代码

（一）几种常用进制

1. 十进制

十进制是我们所熟悉的计数体制，它用 0~9 十个数字符号，按照一定的规律排列起来，表示数值的大小。

例如，$123.45 = 1 \times 10^2 + 2 \times 10^1 + 3 \times 10^0 + 4 \times 10^{-1} + 5 \times 10^{-2}$

十进制数的特点：它的基数是 10，其中低位和相邻高位之间的关系是"逢十进一"，故称为十进制。任意一个十进制数 D 均可展开为

$$D = \sum k_i \times 10^i \qquad (8\text{-}2\text{-}1)$$

式中，k_i 是第 i 位的系数，它可以是 0~9 这十个数码中的任何一个。

若整数部分的位数是 n，小数部分的位数是 m，则 i 包含从 $n-1$ 到 0 的所有正整数和从 -1 到 $-m$ 的所有负整数。

若以 N 取代式（8-2-1）中的 10，即可得到任意进制（N 进制）数展开式的普遍形式

$$D = \sum k_i \times N^i \qquad (8\text{-}2\text{-}2)$$

式中 i 的取值与式（8-2-1）的规定相同，N 称为计数的基数，k_i 为第 i 位的系数，N^i 为第 i 位的权。

2. 二进制

目前在数字电路中应用最广的是二进制。在二进制数中，每一位仅有 0 和 1 两个可能的数字符号，所以计数的基数为 2。低位和相邻高位间的进位关系是"逢二进一"，故称为二进制。

根据式（8-2-2），任何一个二进制数均可展开为

$$D = \sum k_i \times 2^i \tag{8-2-3}$$

并由此计可算出它表示的十进制数的数值。

例如，$(101.11)_2 = 1 \times 2^2 + 0 \times 2^1 + 1 \times 2^0 + 1 \times 2^{-1} + 1 \times 2^{-2} = (5.75)_{10}$

上式中分别使用下脚注的 2 和 10 表示括号里的数是二进制和十进制数。有时也用 B（Binary）和 D（Decimal）代替 2 和 10 这两个脚注。

3. 十六进制

十六进制数用 0~9、A、B、C、D、E、F 等 16 个符号表示。任意一个十六进制数均可表示为

$$D = \sum k_i \times 16^i \tag{8-2-4}$$

例如，$(2B.6F)_{16} = 2 \times 16^1 + 11 \times 16^0 + 6 \times 16^{-1} + 15 \times 16^{-2} = (43.433\,59)_{10}$

式中的下脚注 16 表示括号里的数是十六进制，有时也用 H（Hexadecimal）标注。

由于目前在微型计算机中普遍采用 8 位、16 位和 32 位二进制并行运算，而 8 位、16 位和 32 位的二进制数可以用 2 位、4 位和 8 位的十六进制数表示。为了应用方便，通常用十六进制符号书写程序。

（二）数制转换

1. 二~十转换

把二进制数转换为等值的十进制数称为二~十转换。转换时只要将二进制数按式（8-2-3）展开，然后把所有各项的数值按十进制数相加，就可以得到等值的十进制数了。

例如，$(1101.01)_2 = 1 \times 2^3 + 1 \times 2^2 + 0 \times 2^1 + 1 \times 2^0 + 0 \times 2^{-1} + 1 \times 2^{-2} = (13.25)_{10}$

2. 十~二转换

把十进制数转换为二进制数，整数部分用"除 2 取余法"，小数部分用"乘 2 取整法"，具体操作举例如下。

【例 8-2-1】 分别将（25）$_{10}$ 和（0.8125）$_{10}$ 转换为二进制数。

解

因此　　　　　　$(25)_{10} = (11001)_2$　　　　$(0.8125)_{10} = (0.1101)_2$

3. 二~十六转换

把二进制数转换为等值的十六进制数，称为二~十六转换。

由于 4 位二进制数恰好有 16 个状态，而把这 4 位二进制数看作一个整体时，它的进位输出又正好是逢十六进一，所以只要从低位到高位将每 4 位二进制数分为一组，并代之以等值的十六进制数，即可得到对应的十六进制数。

例如，将（01101010.11010010）$_2$ 化为十六进制数时可得

$$(0110,1010.1101,0010)_2$$

$$\downarrow \quad \downarrow \quad \quad \downarrow \quad \downarrow$$

$$= (6 \quad A \quad . \quad D \quad 2)_{16}$$

4. 十六~二转换

十六~二转换是指把十六进制数转换成等值的二进制数。转换时只需将十六进制数的每一位用等值的 4 位二进制数代替就行了。

例如，将（8FB .C5）$_{16}$ 化为二进制数时可得

$$(8 \quad\quad F \quad\quad B \quad\quad .C \quad\quad 5)_{16}$$
$$\downarrow \quad\quad \downarrow \quad\quad \downarrow \quad\quad \downarrow \quad\quad \downarrow$$
$$= (1000 \quad 1111 \quad 1011.1100 \; 0101)_2$$

5. 十六进制数与十进制数的转换

在将十六进制数转换为十进制数时，可根据式（8-2-4）将各位数按权展开后相加求得。在将十进制数转换为十六进制数时，可以先转换成二进制数，然后再将得到的二进制数转换为等值的十六进制数。

（三）代码

不同的数码不仅可以表示不同的数量大小，而且还能用来表示不同的事物。在后一种情况下，这些数码已没有表示数量大小的含义，只是表示不同事物的代号而已。这些数码称为代码。为了便于记忆和处理，在编制代码时总要遵循一定的规则，这些规则就叫作"码制"。

例如，在用 4 位二进制数码表示 1 位十进制数的 0~9 这十个状态时，就有多种不同的码制。通常将这些代码称为二~十进制代码，简称 BCD（Binary Coded Decimal）代码。表 8-2-1 列出了几种常见的BCD 代码，它们的码制规则各不相同。

几种常见的 BCD 代码 　　　　　　　　　　　　　　　　　　　　表 8-2-1

十进制数	编码种类				
	8421 码	余 3 码	2421 码	5211 码	余 3 循环码
0	0000	0011	0000	0000	0010
1	0001	0100	0001	0001	0110
2	0010	0101	0010	0100	0111
3	0011	0110	0011	0101	0101
4	0100	0111	0100	0111	0100
5	0101	1000	1011	1000	1100
6	0110	1001	1100	1001	1101
7	0111	1010	1101	1100	1111
8	1000	1011	1110	1101	1110
9	1001	1100	1111	1111	1010
权	8421		2421	5211	

下面分别介绍不同码制的特点：

（1）8421 码是 BCD 代码中最常用的一种。在这种编码方式中，每一位二值代码的 1 都代表一个固定的数值，把每一位的 1 代表的十进制数加起来，得到的结果就是它所代表的十进制数码。由于代码中从左到右每一位的 1 分别表示 8、4、2、1，所以把这种代码叫作 8421 码。每一位的 1 代表的十进制数称为这一位的权。8421 码中每一位的权是固定不变的，它属于恒权代码。

（2）余 3 码的编码规则与 8421 码不同，如果把每一个余 3 码看作 4 位二进制数，则它的数值要比

它所表示的十进制数码多 3，故而将这种代码叫作余 3 码。

如果将两个余 3 码相加，所得的和将比十进制数和所对应的二进制数多 6。因此，在用余 3 码作十进制加法运算时，若两数之和为 10，则余 3 码正好等于二进制数的 16，便从高位自动产生进位信号。

此外，从表 8-1 还可以看出，0 和 9、1 和 8、2 和 7、3 和 6、4 和 5 的余 3 码互为反码，这对于求取对 10 的补码是很方便的。

余 3 码不是恒权代码。如果试图把每个代码视为二进制数，并使它所等效的十进制数与所表示的代码相等，那么代码中每一位的 1 所代表的十进制数在各个代码中不是固定的。

（3）2421 码是一种恒权代码。它的 0 和 9、1 和 8、2 和 7、3 和 6、4 和 5 也互为反码，这个特点和余 3 码相仿。

（4）5211 码是另一种恒权代码。学了计数器的分频作用后可以发现，如果按 8421 码接成十进制计数器，则连续输入计数脉冲的 4 个触发器输出脉冲对于计数脉冲的分频比从低位到高位依次为 5：2：1：1。可见，5211 码每一位的权正好与 8421 码十进制计数器 4 个触发器输出脉冲的分频比相对应。这种对应关系在构成某些数字系统时很有用。

（5）余 3 循环码是一种变权码，每一位的 1 在不同代码中并不代表固定的数值。它的主要特点是相邻的两个代码之间仅有一位的状态不同。因此，按余 3 循环码接成计数器时，每次状态转换过程中只有一个触发器翻转，译码时不会发生竞争冒险现象。

实际上，包括文字在内的任何抽象的符号，以及诸如图像、语音等任何具体的物理符号都可以用"0"和"1"代码进行编码，并以数字信号的形式进行信息的传输和处理。为此，诞生了许多国际通用的编码标准或协议，以便于信息的交流和应用。通用的符号为美国标准信息代码 ASCII（America Standard Code for Information Interchange）的一些基本的示例，它规范了全球抽象符号的编码形式。相应地，还有图像编码标准、语音编码标准等。按照这些标准进行编码的信息都可以用数字信号来描述，从而可以实现诸如文字信息、图像信息、语音信息等复杂的数字处理，并且可以在世界范围内自由地通信和交流。

【例 8-2-2】 十进制数 65 的八位二进制代码是：

　　　A. 01100101　　　　　B. 01000001　　　　　C. 10000000　　　　　D. 10000001

解　根据二进制数规则，数 65 需要用 7 位二进制数表示，最高位的权重是 $2^6 = 64$，习惯上可以用八位二进制数表示，所以它的二进制代码是 01000001。

答案： B

【例 8-2-3】 十进制数 65 的 BCD 码是：

　　　A. 01100101　　　　　B. 01000001　　　　　C. 10000000　　　　　D. 10000001

解　BCD 码用 4bit 二进制代码表示十进制数的 1 个位，所以 BCD 码是 $6_{10} = 0110_2$ 和 $5_{10} = 0101_2$ 的组合，即 $65_{10} = 01100101_2$。

答案： A

【例 8-2-4】 十进制数字 32 的 BCD 码为：

　　　A. 00110010　　　　　B. 00100000　　　　　C. 100000　　　　　D. 00100011

解　BCD 码是用二进制数表示的十进制数，属于无权码，此题的 BCD 码是用四位二进制数表示的。

答案： A

二、算术运算

（一）基本算术运算

在数字电路中，1 位二进制数码的 0 和 1 不仅可以表示数量的大小，而且可以表示两种不同的逻辑状态。例如，可以用 1 和 0 分别表示一件事情的是和非、真和伪、有和无、好和坏，或者表示电路的通和断、电灯的亮和暗等。这种只有两种对立逻辑状态的逻辑关系称为二值逻辑。当两个二进制数码表示两个数量的大小时，它们之间可以进行数值运算，这种运算称为算术。二进制的算术运算和十进制的算术运算的规则基本相同，唯一区别是二进制运算是逢二进一，而十进制数的加法逢十进一；当然，结合信号处理上的一些硬件电路的特殊要求，还要了解二进制运算中的特殊方法。事实上，二进制数的运算都是用代码的"移位"和"相加"（相减也转换为补码相加）两种操作来实现。

1. 加减运算

（1）加法。和十进制加法规则一样，二进制的加法也是从低位开始加，逢二进一。

（2）减法。为简化逻辑运算过程，在数字电路中减法的运算是用它们的补码来完成的。

二进制的补码定义：最高位是符号位（正数为 0，负数为 1）；正数的补码与原码相同；负数的补码可以通过将原码的数值逐位求反，然后将结果加 1 实现的（即求反加一）。

例如，数 1010 的反码是 0101，而它的补码就是它的反码加 1：

$$(1010)_{补码} = 0101 + 0001 = 0110$$

【例 8-2-5】 计算 $(+1001)_2 - (0101)_2$

解　根据二进制的运算规则可知

$$(+1001 - 0101)_补 = (+1001)_补 + (-0101)_补$$

```
      0 1 0 0 1
  +   1 1 0 1 1
   1 0 0 0 1 0 0
```
溢出　　　符号位　　真值

因此，$+1001 - 0101 = 00100$（正数），真值为 $(4)_{10}$。

说明：在采取补码运算时，首先求出 $(+1001)_2$ 和 $(-0101)_2$ 的补码，它们是：

$$[+1001]_补 = 0\,1001$$
正数，符号位为 0

$$[0101]_补 = 1\,1011$$
负数，符号位为 1

然后两个补码相加并舍去进位，则得到与前面一样的结果。这样就把减法运算转化成了加法运算。

2. 乘除运算

（1）乘法。与十进制数的乘法相同，二进制数的乘法也是从右向左逐位操作的，下面是二进制数乘法操作的示例。

【例 8-2-6】 $(7 \times 6)_{10} = (111)_2 \times (110)_2 = (101010)_2 = (42)_{10}$

因

```
        1 1 1
    ×   1 1 0
      0 0 0
      1 1 1
    1 1 1
    1 0 1 0 1 0
```

所以 $(111)_2 \times (110)_2 = (101010)_2$

仔细考查例题中的乘法运算可以发现，它实际上是由一系列"移位"和"相加"操作组成的，即被乘数逐步左移并逐步相加即可完成乘法运算。被乘数左移的位数与乘数中取值"1"所处的位数相同，而在乘数取值"0"的位置上则不进行任何操作。这样，示例中的乘法运算步骤转变成：

①乘数第 0 位为"0"，不做任何操作；

②乘数第 1 位为"1"，乘数左移 1 位，得数 1110；

③乘数第 2 位为"1"，乘数左移 2 位，得数 11100；

④将前面两数相加：　1110+11100= 101010。

乘法的原意是被乘数自身相加若干次（乘数规定了相加的次数），一个数与自身每相加一次，其值加倍，对二进制数而言，这意味着这个数向左移动一个位。从这个角度看，二进制数的乘法运算等价为"移位加"的操作就不难理解了。

（2）除法。与十进制数相同，二进制数除法运算也是从左向右操作的，下面是二进制数除法运算的一个示例。

【例 8-2-7】 $42 \div 6 = (42)_{10} \div (6)_{10}$
$$= (101010)_2 \div (110)_2 = (111)_2$$
$$= (7)_{10}$$

```
        0 1 1 1
110 )1 0 1 0 1 0
      1 1 0
      1 0 0 1
        1 1 0
          1 1 0
          1 1 0
              0
```

分析可知，二进制的除法运算实际上是由一系列"移位"和"相减"操作组成的，即以被除数逐步右移并逐步和被除数相减的方式完成除法运算的。当被除数大于除数时，进行相减，完成一次比较，该位的商置 1，接着除数右移一位（减半）再和前面相减的余数比较，这样逐位进行，若被除数小于除数，则不操作，相应位的商置 0，则接着将除数减半（右移 1 位）再行比较，如此逐位进行。因为除法的本意是"求解一数（被除数）是另一数（除数）的多少倍"，这实质上是一个两个数的比较问题。上述"移位减"操作的含义是这样的：

①将除数倍增到和被除数相同的位数，先进行大数比较，求得商的高位值（0 或 1）；

②然后将除数减半（右移 1 位），再和前面的余数比较，求得低一位的商值（0 或 1）；

③如此进行，直到除尽为止。

不难发现，乘法运算可以用加法和移位两种操作实现，而除法运算可以用减法和移位操作实现。因此，二进制数的加、减、乘、除运算都可以用加法运算电路完成，这就大大简化了运算电路的结构。

3. 微分与积分运算

在数值计算中，微分运算被转换为差分运算，积分运算则被转换为数值的逐步累积即所谓的数值积分运算，它们都可以用上述基本的算术运算来实现。

这为通过数字信号处理来实现数值信息处理提供了方便。当然，还有二进制小数的表示及运算等其他问题，

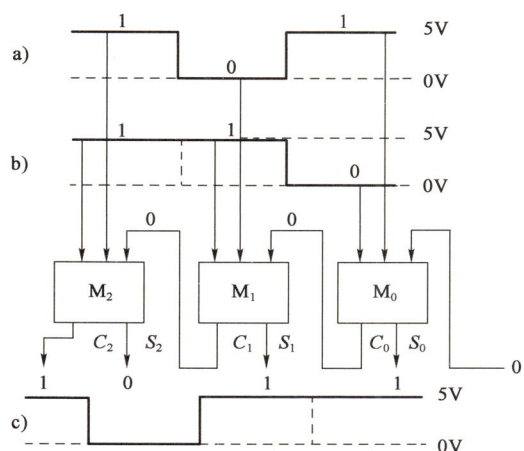

图 8-2-1　三位数相加的数字系统原理图

这里不再作进一步介绍，读者可参阅相关计算机课程的教材。

（二）用数字电路实现数值运算

在数字系统中，数字信号的"移位"位操作由移寄存器电路来实现；数字信号的"相加"则由相应的逻辑电路即所谓的加法器电路来完成。数字电子电路加法器就是根据"异或"原理设计的。图 8-2-1 是实现两个三位数（101 和 110）相加的数字系统原理图。图 8-2-1 中的数字信号分别表示这两个数以及这两个数之"和"。M_2、M_1、M_0 分别表示三个加法器。C_2、C_1、C_0 表示各位相加后的进位值，在电路的接法上是与前级串联，表示进位。S_2、S_1、S_0 是每一位相加后的输出值，显然，这个系统的输出信号是两个输入信号之和信号的移位由数字移位寄存器来完成。

三、逻辑运算

当两个二进制数码表示不同的逻辑状态时，它们之间可以按照指定的某种因果关系进行逻辑运算。这种逻辑运算和算术运算有着本质的不同。下面介绍逻辑运算的各种规律。

（一）逻辑变量与逻辑函数

事物的发展和变化通常是按照一定的因果关系进行的。例如，照明电路中电灯是否能亮取决于电源是否接通和灯泡的好坏。后两者是因，前者是果。这种因果关系一般称为逻辑关系。逻辑代数正是反映这种逻辑关系的数学工具。

为了描述事物两种对立的逻辑状态，采用的是仅有两个取值的变量。这种变量称为逻辑变量。和普通代数变量一样，逻辑变量都是用字母表示。但是，它又和普通代数变量有着本质区别，研究的逻辑变量的取值只有 0 和 1 两种可能，而且这里的 0 和 1 不是表示数值大小，而是代表逻辑变量的两种对立状态。

如果以逻辑变量作为输入，以运算结果作为输出，那么当输入变量的取值确定之后，输出的取值便随之而定。因此，输出与输入之间乃是一种函数关系，这种函数关系称为逻辑函数，其逻辑关系用逻辑代数（布尔代数）讨论。下面就逻辑代数体系作一简要介绍：

1. 符号

（1）变量。逻辑变量用大写英文字母（ABC…XYZ）表示。

（2）数值。"0"和"1"表示逻辑变量的取值，"0"表示"假"（F），"1"表示"真"（T）。

（3）运算符。"+""×"分别表示由逻辑连接词"或"和"与"所定义的逻辑"或"和逻辑"与"运算，称为逻辑"加"和逻辑"乘"；逻辑求反运算用变量上方加一横杆表示，如 $\overline{A}$、$\overline{B}$ 等。符号"="是逻辑演绎推理的演算符。和代数运算一样，逻辑"乘"运算符"×"通常不写出来。

2. 函数（表达式）

如前所述，逻辑变量表示事物或事件的状态，逻辑函数或逻辑表达式表示事物或事件之间的关系，即事物运动演化的规律性描述。逻辑函数是由逻辑变量符和运算符组成，它表述变量之间的逻辑关系，例如，$C = A + B$、$D = (A + B) + AB$ 等。

3. 逻辑函数化简

直接由逻辑变量写出的逻辑函数表达式往往不是简洁的表达式，简化处理后逼近能凸显其内在的逻辑关系，通常还可以使硬件电路结构简单。表 8-2-2 中列出了逻辑代数运算中的基本公式。

逻辑代数运算中的基本公式　　　　　　　　　　　　　　　　表 8-2-2

范　围	名　称	逻　辑　与	逻　辑　或
变量与常量的关系	01律	（1）$A \cdot 1 = A$ （3）$A \cdot 0 = 0$	（2）$A + 0 = A$ （4）$A + 1 = 1$
和普通代数相似的定律	交通律 结合律 分配律	（5）$A \cdot B = B \cdot A$ （7）$A \cdot (B \cdot C) = (A \cdot B) \cdot C$ （9）$A \cdot (B + C) = A \cdot B + A \cdot C$	（6）$A + B = B + A$ （8）$A + (B + C) = (A + B) + C$ （10）$A + (B \cdot C) = (A + B) \cdot (A + C)$
逻辑代数特殊规律	互补律 重叠律 反演律 （摩根定理）对合律	（11）$A \cdot \overline{A} = 0$ （13）$A \cdot A = A$ （15）$\overline{A \cdot B} = \overline{A} + \overline{B}$ （17）$\overline{\overline{A}} = A$	（12）$A + \overline{A} = 1$ （14）$A + A = A$ （16）$\overline{A + B} = \overline{A} \cdot \overline{B}$

【例 8-2-8】对逻辑表达式的 $ABCD + \overline{A} + \overline{B} + \overline{C} + \overline{D}$ 的简化结果是：

A. 0　　　　　　B. 1　　　　　　C. ABCD　　　　　　D. $\overline{A}\ \overline{B}\ \overline{C}\ \overline{D}$

解　根据逻辑函数的摩根定理对原式进行分析：

$$ABCD + \overline{A} + \overline{B} + \overline{C} + \overline{D} = ABCD + \overline{\overline{\overline{A} + \overline{B} + \overline{C} + \overline{D}}} = ABCD + \overline{ABCD} = 1$$

答案：B

【例 8-2-9】逻辑表达式 $(A + B)(A + C)$ 的化简结果是：

A. A

B. $A^2 + AB + AC + BC$

C. $A + BC$

D. $(A + B)(A + C)$

解　根据逻辑代数公式分析如下：

$$(A + B)(A + C) = A \cdot A + A \cdot B + A \cdot C + B \cdot C = A(1 + B + C) + BC = A + BC$$

答案：C

这是常用的逻辑电路分析方法，需要熟练掌握和灵活运用。从工程的角度看，逻辑函数的运算是借助数字逻辑系统完成的。逻辑器件按照逻辑表达式的要求组合起来构成数字逻辑系统，因此，逻辑表达式的简化形式还需要考虑数字逻辑系统组建的技术因素，这种化简并不意味着"越简越好"。经验丰富的电气工程师能够恰当地处理这个问题。

4. 数字信号的逻辑演算

用数字信号表示逻辑变量的取值情况，逻辑函数的演算即可以用数字信号处理的方法来实现。

图 8-2-2 说明用数字信号表示逻辑变量、逻辑函数以及实现基本逻辑演算的情况。其中的数字信号 a 和 b 分别表示逻辑变量 A 和 B 的输入情况，信号中的高位 5V 代表"真"（逻辑"I"状态），低位 0V 代表"假"（逻辑"0"状态）；而数字信号 c、d、e、f 分别表示 $A + B$、AB、$\overline{A}$、$\overline{B}$ 则表示"或""与""非"三种简单逻辑函数的演算结果。

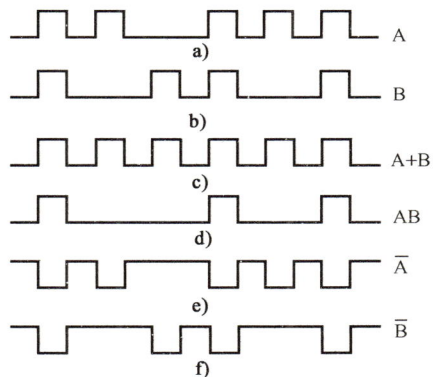

图 8-2-2　数字信号的基本逻辑运算

在数字系统中使用专门制作的各种逻辑门电路来自动、快速地完成数字信号之间按位的逻辑"与""或""非"演算操作，将这些基本的演算逻辑门电路组合起来组成所谓的组合逻辑系统，就可以完成任意复杂的逻辑函数的演算。有关技术细节请参阅本书第 7 章关于数字电路问题的讨论。

【例 8-2-10】 已知数字信号 A 和数字信号 B 的波形如图所示，则数字信号 F=$\overline{A+B}$ 的波形为：

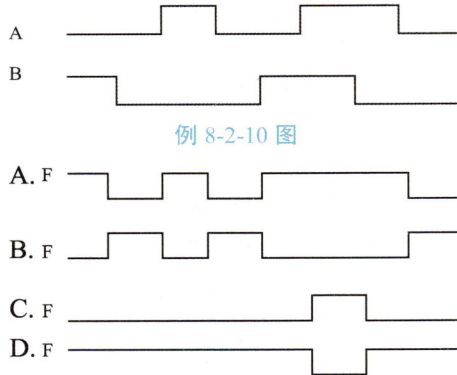

例 8-2-10 图

解 $\overline{A+B}$=F，F 是个或非关系，可以用"有 1 则 0"的口诀处理。

答案： B

【例 8-2-11】 逻辑函数 F= f(A,B,C) 的真值表如下所示，由此可知：

例 8-2-11 表

A	B	C	F	A	B	C	F
0	0	0	0	1	0	0	0
0	0	1	1	1	0	1	0
0	1	0	1	1	1	0	0
0	1	1	0	1	1	1	0

A. $F = \overline{A}\,\overline{B}C + B\overline{C}$ B. $F = \overline{A}\,\overline{B}C + \overline{A}B\overline{C}$

C. $F = \overline{A}\,\overline{B}\,\overline{C} + \overline{A}BC$ D. $F = A\overline{B}\,\overline{C} + ABC$

解 从真值表到逻辑表达式的方法：首先在真值表中 F=1 的项组用"或"组合；然后每个 F=1 的项组输入变量取值，对应一个乘积项为"与"逻辑，其中输入变量取值为 1 的写原变量，取值为 0 的写反变量；最后将输出函数 F"合成"。

根据真值表可以写出逻辑表达式为 $F = \overline{A}\,\overline{B}C + \overline{A}B\overline{C}$

答案： B

（二）数字信号的符号信息处理

符号的处理主要体现为符号代码转换。在数字技术中，各种符号信息都是按照 ASCII 标准编码的。当符号被具体应用时，这些符号的标准代码往往需要转换为便于处理的其他形式，如在汉字处理中，以拼音方式从键盘输入计算机的是 ASCII 代码，在计算机内部，这个代码要转换为汉字编码（即所谓的汉字内码）才能进一步进行汉字处理。又如，在符号显示中，数字的、文字的或其他符号的 ASCII 代码都必须转换为显示装置所要求的代码形式才能在显示器中显示这些符号。

四、数字信号的存储

数字电路处理数字信号的存储问题，简单来说，就是只要将 0V 或 5V 信号电压按原来的顺序保持在一个电路中即可，这在电子电路中是容易实现的。如图 8-2-3 所示的原理电路可以确切地表示数字信号存储的方法，它由双位置开关和 5V 电源组成。开关合到电源侧，对应位置给出的是 5V 电压；开关投到接地侧，对应位置则给出 0V 电压。只要开关位置不变，信号就被永久保存。 图中的开关所处的位置表示存储的是数字信号 110（即 5V、5V、0V 信号），开关链的长度和数字信号的位数相同。数字信号中的每一位电压被用来触发对应位置上的开关动作，完成信号的存储。

显然，图 8-2-3 电路是一种通用的存储器设计方案，它可以存储任何数字信号。当前数字系统中普遍采用的信息存储器正是根据这种简单的方案设计制作的。便于存储是数字信号得到广泛应用的一个重要原因。相比之下，模拟信号由于是连续取值的信号，它的存储在技术上十分困难，这个问题尚未得到理想的解决方法。

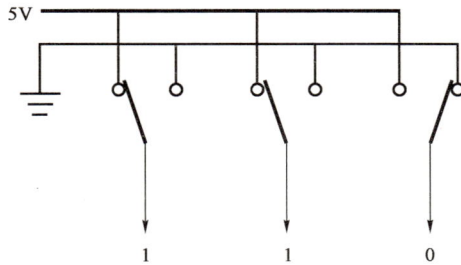

图 8-2-3　数字信号存储原理

五、模拟信号与数字信号的相互转换

我们已经知道模拟信号真实反映原始形式的物理信号，是人类感知外部世界的主要信息来源，也是信息处理的主要对象，而数字信号是信息的编码形式，可以用电子电路或电子计算机方便、快速地对它进行传输、存储和处理。因此，将模拟信号转换为数字信号，或者说用数字信号对模拟信号进行编码，从而将模拟信号问题转化为数字信号问题加以处理，是现代信息技术中的一项重要内容。

图 8-2-4 表示的是现代数字化信息系统的基本组成。模拟信号通过采样和模拟/数字 （Analog to Digital，简记为 A/D ）转换完成数字编码，数字编码信号经过处理、存储、传输后，再由数字/模拟（ Digital to Analog，简记为 D/A ） 转换为模拟信号的形式输出。例如，在数字化的广播系统中，连续的声音信号经过采样、A/D 变换后，以数字信号的形式发送和传输，在接收端经过 D/A 变换将数字信号还原成连续的声音信号。在控制系统中，对象状态和过程的连续信号经过采样和 A/D 变换被转换为数字信号，数字信号经过控制系统模型的运算和处理后输出数字控制信号，再经过 D/A 变换，将数字控制信号转换成模拟控制信号，完成对象的控制和调节等。

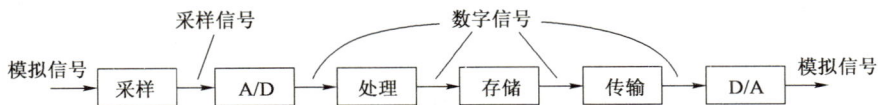

图 8-2-4　现代数字信息系统组成

（一）信号的采样与采样定理

对模拟信号进行采样可获得采样信号，采样信号是一种可连续取值的离散时间信号。采样过程在采样脉冲的控制下进行，它的基本原理如图 8-2-5a）所示。采样脉冲控制开关 k 的通断，从而将连续的模拟信号（见图 8-2-5b）转换成离散的采样信号，如图 8-2-5c）所示。采样脉冲的频率称为采样频率。从直观上看，采样频率越高，采样信号就越接近模拟信号，采样所造成的信息损失也就越小。但是，这种采样方法将占用大量的系统有效工作时间，降低系统的运行速度。从理论上讲，只要采样频率保持在被采样信号带宽（最高谐波频率）的 2 倍以上，就可以保证采样处理不会丢失原来的信息。这就是著名的采样定理。

当然，在采样之前需要对模拟信号进行预处理，包括滤波、放大等，以消除经过传感器变换或其他系统噪声带来的干扰，并增强模拟信号的幅值；在采样之后还要对离散的采样信号进行滤波处理，以保证采样后的信号不丢失有用的信息。

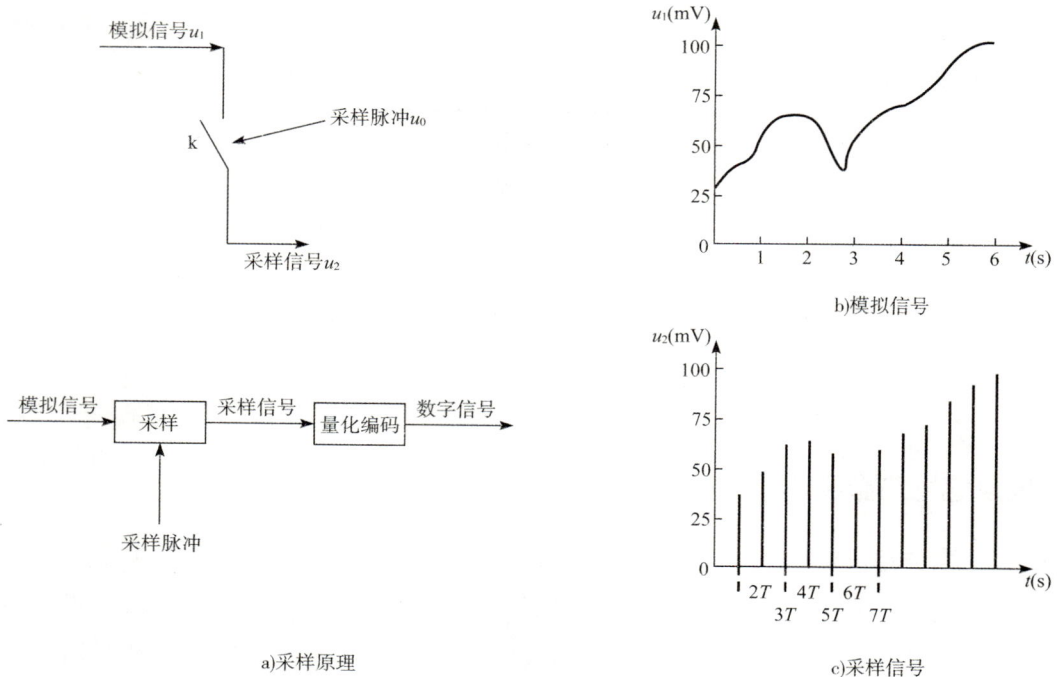

a)采样原理

b)模拟信号

c)采样信号

图 8-2-5　信号采样

（二）数字/模拟转换 （D/A）

D/A 转换过程和 A/D 相反，它将数字信号转换为模拟信号。从信息处理的角度讲，A/D 转换是对模拟信号进行编码，D/A 转换则是对数字信号进行解码。从技术的角度看，D/A 转换只要用简单的电阻网络即可实现，这要比 A/D 转换容易得多。

图 8-2-6 表示的是一种 4 位 D/A 转换器的原理图，它是一个由 4 个电阻构成的网络，每个电阻转换一位数字信号。电阻的阻值按二进制设置，其中 D_3 位电阻为 R、D_2 位电阻为 $2R$、D_1 位电阻为 $4R$、D_0 位电阻为 $8R$。电流/电压转换器通常用运算放大器电路实现，它将输入电流转换为电压输出，其传递特性为 $U_A = R_A I$。电压/电流转换器输入端保持在零电位，因此，D_3，…，D_0 端上的信号电压就分别加到了电阻 R、$2R$、$4R$、$8R$ 上，所以，各个电阻上的电流为

$$I_3 = D_3/R，I_2 = D_2/2R，I_1 = D_1/4R，I_0 = D_0/8R$$

$$I = I_3 + I_2 + I_1 + I_0$$

$$U_A = IR$$

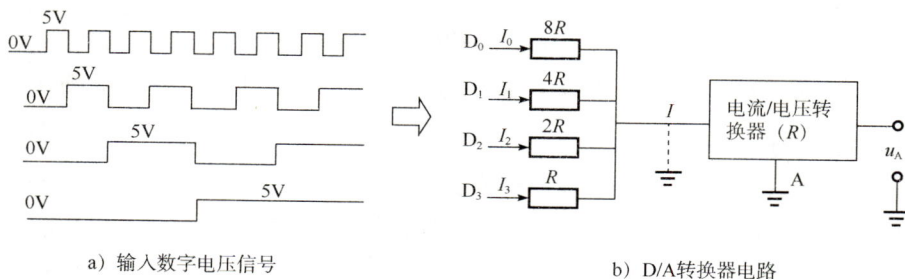

a）输入数字电压信号

b）D/A 转换器电路

图 8-2-6　D/A 转换原理图

表 8-2-3 给出该 4 位 D/A 转换器按图 8-2-6b）的顺序输入数字信号时的转换关系。从表 8-2-3 中可以看出，D/A 转换过程将数字信号转换成逐级增长的阶梯形模拟信号，信号代码不同，阶梯高度也就不同。在前面关于 A/D 转换问题的讨论中，我们已经利用了 D/A 转换器作为阶梯信号发生器来产生模拟比较电压。图 8-2-7 表示的是一个 4 应数字信号的所有代码从 0000 开始，以逐 1 增长的顺序转换成模拟信号的情况。不同的代码对应不同的阶梯电压高度。

D/A 转换器中主要数据关系 表 8-2-3

数字信号（V）				数 字 代 码				各电阻电流				电 流	模 拟 信 号
D_3	D_2	D_1	D_0	D_3	D_2	D_1	D_0	I_3	I_2	I_1	I_0	$I=I_3+I_2+I_1+I_0$	u_A
0	0	0	0	0	0	0	0	0	0	0	0	0	0
0	0	0	5	0	0	0	1	0	0	0	$5/8R$	I_0	I_0R_A
0	0	5	0	0	0	1	0	0	0	$5/4R$	0	$2I_0$	$2I_0R_A$
0	0	5	5	0	0	1	1	0	0	$5/4R$	$5/8R$	$3I_0$	$3I_0R_A$
0	5	0	0	0	1	0	0	0	$5/2R$	0	0	$4I_0$	$4I_0R_A$
0	5	0	5	0	1	0	1	0	$5/2R$	0	$5/8R$	$5I_0$	$5I_0R_A$
0	5	5	0	0	1	1	0	0	$5/2R$	$5/4R$		$6I_0$	$6I_0R_A$
0	5	5	5	0	1	1	1	0	$5/2R$	$5/4R$	$5/8R$	$7I_0$	$7I_0R_A$
5	0	0	0	1	0	0	0	$5/R$	0	0	0	$8I_0$	$8I_0R_A$
5	0	0	5	1	0	0	1	$5/R$	0	0	$5/8R$	$9I_0$	$9I_0R_A$
5	0	5	0	1	0	1	0	$5/R$	0	$5/4R$	0	$10I_0$	$10I_0R_A$
5	0	5	5	1	0	1	1	$5/R$	0	$5/4R$	$5/8R$	$11I_0$	$11I_0R_A$
5	5	0	0	1	1	0	0	$5/R$	$5/2R$	0	0	$12I_0$	$12I_0R_A$
5	5	0	5	1	1	0	1	$5/R$	$5/2R$	0	$5/8R$	$13I_0$	$13I_0R_A$
5	5	5	0	1	1	1	0	$5/R$	$5/2R$	$5/4R$		$14I_0$	$14I_0R_A$
5	5	5	5	1	1	1	1	$5/R$	$5/2R$	$5/4R$	$5/8R$	$15I_0$	$15I_0R_A$

（三）模拟/数字转换（A/D）

采样信号在离散的采样点上或采样期间（采样脉冲宽度）里表示模拟信号的值。而 A/D 转换则对采样信号进行幅值量化处理，即用二进制代码来表示采样瞬间信号的值，或者说，用"0""1"代码对采样信号的值进行编码，从而将采样信号进一步转换为数字信号。

有多种方法可以用来将模拟信号转换为数字信号，图 8-2-8a）是数字电路中典型的基于逐次比较原理的 8 位 AD 转换原理图。图中的阶

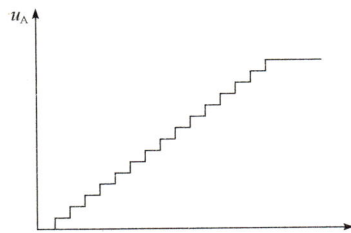

图 8-2-7 D/A 转换器输出电压波形

梯信号发生器在一个 8 位的数字信号（D_0，…，D_7，代码形式是从 0000 0000 到 1111 1111）驱动下工作，它从 0000000 开始，以每次加 1 的顺序产生 2^8 =256 个数字信号。 相应地，阶梯波发生器从 0 开始，以每次增加一个台阶的顺序生成阶梯形式的模拟输出电压。对 8 位 A/D 转换器而言，阶梯信号发生器最多可以产生 255 个阶梯的模拟电压。不难看出，阶梯信号发生器将数字信号转换成了模拟信号，

所以它实质上是一个 D/A 转换器。

A/D 转换的主要过程叙述如下（见图 8-2-8a）：数字发生器发出信号 D_0，…，D_7 按二进制计数方式从 0 开始逐次加 1 生成数字信号序列，并驱动阶梯信号发生器输出电压逐次上升一个阶梯，同时将驱动数字信号送入寄存器中暂存；阶梯信号发生器输出电压 u 在比较器上与待转换的模拟信号电压 u_x 进行比较，当 $u \geqslant u_x$ 时，比较器送出一个脉冲信号 u_0，并控制寄存器将此时的数字信号输出，变换过程至此结束。

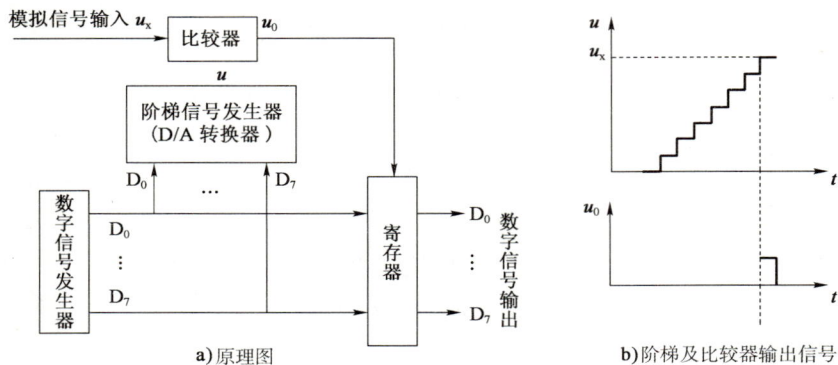

图 8-2-8　A/D 变换器工作原理

在实际测量中，阶梯信号电压与被测电压的逐次比较过程不可能正好以整数次结束。由于系统误差和外界干扰的影响，在被测值附近会发生一个阶梯电压的差异，即有时多一个字，有时少一个字的测量误差。数字电压表在使用中所发生的最后一位数字跳动的现象也是来源于此。所以，通常以字误差表示数字电压表的测量误差。本例中一个字误差等于

$$\Delta u = \frac{5v}{2^8 - 1} = 19.61\text{mV} \approx 20\text{mV}$$

即电压表的误差字约为 20mV，所以 8 位转换器组成的 5V 量程数字电压表只能用 3 位数来表示测量值，即整数 1 位，小数 2 位。显然，由于该表无法分辨 20mV 以下的电压，所以更长位数的显示对它是没有意义的。

习　　题

8-2-1　信息与消息和信号的意义不同，但三者又是互相关联的概念，信息指受信者预先不知道的新内容。下列对于信息的描述正确的是（　　　）。

　　A. 信号用来表示信息的物理形式，消息是运载消息的工具

　　B. 信息用来表示消息的物理形式，信号是运载消息的工具

　　C. 消息用来表示信号的物理形式，信息是运载消息的工具

　　D. 消息用来表示信息的物理形式，信号是运载消息的工具

8-2-2　信息可以以编码的方式载入（　　　）。

　　A. 数字信号之中　　　　　　　　　　　　B. 模拟信号之中

　　C. 离散信号之中　　　　　　　　　　　　D. 采样保持信号之中

8-2-3　下述信号中哪一种属于时间信号（　　　）。

　　A. 数字信号　　　　　　　　　　　　　　B. 模拟信号

　　C. 数字信号和模拟信号　　　　　　　　　D. 数字信号和采样信号

8-2-4 模拟信号是（   ）。

    A. 从对象发出的原始信号   B. 从对象发出并由人的感官所接收的信号

    C. 从对象发出的原始信号的采样信号   D. 从对象发出的原始信号的电模拟信号

8-2-5 下列信号中哪一种是代码信号（   ）。

    A. 模拟信号   B. 模拟信号的采样信号

    C. 采样保持信号   D. 数字信号

8-2-6 下述哪种说法是错误的（   ）。

    A. 在时间域中，模拟信号是信息的表现形式，信息装载于模拟信号的大小和变化之中

    B. 在频率域中，信息装载于模拟信号特定的频谱结构之中

    C. 模拟信号可描述为时间的函数，在一定条件下也可以用频率函数表示

    D. 信高级息装载于模拟信号的传输媒体之中

8-2-7 用传感器对某管道中流动的液体流量$x(t)$进行测量，测量结果为$u(t)$，用采样器对$u(t)$采样后得到信号$u^*(t)$，那么（   ）。

    A. $x(t)$和$u(t)$均随时间连续变化，因此均是模拟信号

    B. $u^*(t)$仅在采样点上有定义，因此是离散信号

    C. $u^*(t)$仅在采样点上有定义，因此是数字信号

    D. $u^*(t)$是$x(t)$的模拟信号

8-2-8 模拟信号$u(t)$的波形图如图所示，它的时间域描述形式是（   ）。

    A. $u(t) = 2(1 - e^{-10t}) \cdot 1(t)$

    B. $u(t) = 2(1 - e^{-0.1t}) \cdot 1(t)$

    C. $u(t) = [2(1 - e^{-10t}) - 2] \cdot 1(t)$

    D. $u(t) = 2(1 - e^{-10t}) \cdot 1(t) - 2 \cdot 1(t - 2)$

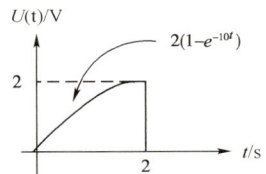
题 8-2-8 图

8-2-9 周期信号中的谐波信号频率是（   ）。

    A. 固定不变的   B. 连续变化的

    C. 按周期信号频率的整倍数变化   D. 按指数规律变化

8-2-10 非周期信号的频谱是（   ）。

    A. 离散的

    B. 连续的

    C. 高频谐波部分是离散的，低频谐波部分是连续的

    D. 有离散的有连续的，无规律可循

8-2-11 如图所示为电报信号、温度信号、触发脉冲信号和高频脉冲信号的波形，其中是连续信号的是（   ）。

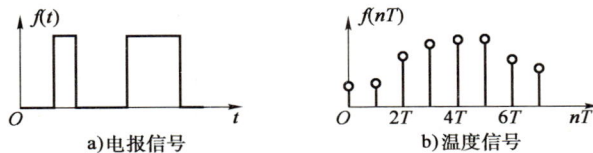
a)电报信号   b)温度信号

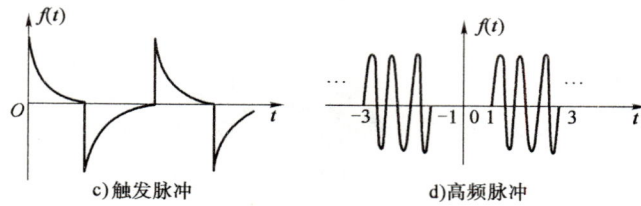

题 8-2-11 图

A. a）c）d） 　　　 B. b）c）d） 　　　 C. a）b）c） 　　　 D. a）b）d）

8-2-12 图 a）所示电压信号波形经电路 A 变换成图 b）波形，在经电路 B 变换成图 c）波形，那么，电路 A 和电路 B 应依次选用（　　　）。

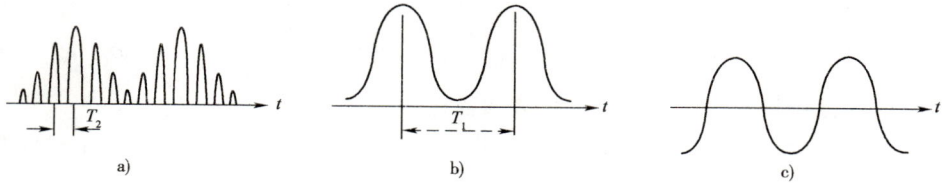

题 8-2-12 图

　　A. 低通滤波器和高通滤波器 　　　　 B. 高通滤波器和低通滤波器

　　C. 低通滤波器和带通滤波器 　　　　 D. 高通滤波器和带通滤波器

8-2-13 模拟信号经过（　　　），才能转化为数字信号。

　　A. 信号幅度的量化 　　　　　　　　 B. 信号时间上的量化

　　C. 幅度和时间的量化 　　　　　　　 D. 抽样

8-2-14 连续时间信号与通常所说的模拟信号的关系（　　　）。

　　A. 完全不同 　　　　　　　　　　　 B. 是同一个概念

　　C. 不完全相同 　　　　　　　　　　 D. 无法回答

8-2-15 根据如图所示信号 $f(t)$ 画出的 $f(2t)$ 波形图是（　　　）。

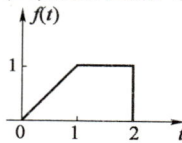

题 8-2-15 图

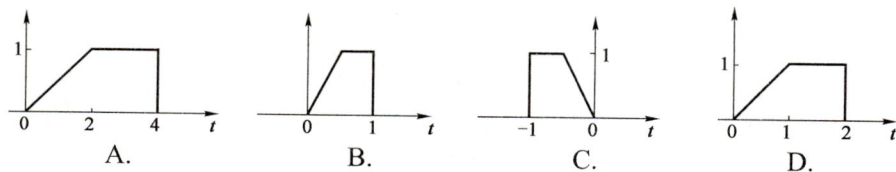

8-2-16 单位冲激信号 $\delta(t)$ 是（　　　）。

　　A. 奇函数 　　　　　　　　　　　　 B. 偶函数

　　C. 非奇非偶函数 　　　　　　　　　 D. 奇异函数，无奇偶性

8-2-17 单位阶跃函数信号 $\varepsilon(t)$ 具有（　　　）。

　　A. 周期性 　　　 B. 抽样性 　　　 C. 单边性 　　　 D. 截断性

8-2-18 单位阶跃信号 $\varepsilon(t)$ 是物理量单位跃变现象，而单位冲激信号 $\delta(t)$ 是物理量产生单位跃变（　　　）的现象。

A. 速度　　　　　　　B. 幅度　　　　　　　C. 加速度　　　　　　D. 高度

8-2-19 如图所示的周期为T的三角波信号，在用傅氏级数分析周期信号时，系数a_0、a_n和b_n判断正确的是（　　　）。

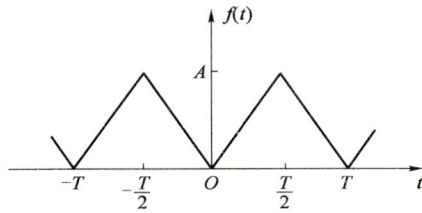

题 8-2-19 图

A. 该信号是奇函数且在一个周期的平均值为零，所以傅里叶系数a_0和b_n是零

B. 该信号是偶函数且在一个周期的平均值不为零，所以傅里叶系数a_0和a_n不是零

C. 该信号是奇函数且在一个周期的平均值不为零，所以傅里叶系数a_0和b_n不是零

D. 该信号是偶函数且在一个周期的平均值为零，所以傅里叶系数a_0和b_n是零

8-2-20 （70）$_{10}$的二进制数是（　　　）。

A. $(0011100)_2$　　　B. $(1000110)_2$　　　C. $(1110000)_2$　　　D. $(0111001)_2$

8-2-21 将$(10010.0101)_2$转换成十进制数是（　　　）。

A. 36.1875　　　B. 18.1875　　　C. 18.3125　　　D. 36.3125

8-2-22 将$(11010010.01010100)_2$表示成十六进制数是（　　　）。

A. $(D2.54)_H$　　　B. D2.54　　　C. $(D2.A8)_H$　　　D. $(D2.54)_B$

8-2-23 数字信号如图所示，如果用其表示数值，那么，该数字信号表示的数量是（　　　）。

A. 3 个 0 和 3 个 1

B. 一万零一十一

C. 3

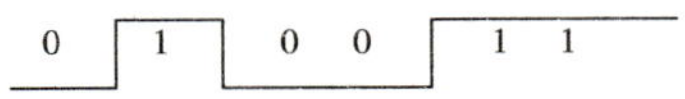

题 8-2-23 图

D. 19

8-2-24 某逻辑问题的真值表见表，由此可以得到，该逻辑问题的输入输出之间的关系为（　　　）。

A. $F = 0 + 1 = 1$

B. $F = \overline{A}\,\overline{B}C + ABC$

C. $F = A\overline{B}C + ABC$

D. $F = \overline{A}\,\overline{B} + AB$

题 8-2-24 表

C A B	F
0 0 0	0
0 0 1	0
0 1 0	0
0 1 1	0
1 0 0	1
1 0 1	0
1 1 0	0
1 1 1	1

习题题解及参考答案

第二节

8-2-1　**解：** 信息、消息与信号的关系是借助某种信号的形式传送消息，受信者可以从所得到的消息中提取信息。

答案：D

8-2-2　　**解：** 信息是以编码方式载入数字信号中的。

答案：A

8-2-3　　**解：** 模拟信号是连续的时间信号，是实际物理对象随时间变化的真实过程。

答案：B

8-2-4　　**解：** 同上题。

答案：D

8-2-5　　**解：** 模拟信号是连续的时间信号，它的采样信号是离散的时间信号，采样保持信号是采样信号的特殊形式，只有数字信号是代码信号。

答案：D

8-2-6　　**解：** 传输媒体是一种介质，它可以传送信号但不表示信息。

答案：D

8-2-7　　**解：** 由原始形态（光、热等物理量）转换而来的连续时间信号，通常是指电信号，称作模拟信号。

答案：B

8-2-8　　**解：** 本题可以用信号的叠加关系分析。将原图分解为指数函数和阶跃函数，将结果求和即可。

答案：D

8-2-9　　**解：** 周期信号中的谐波信号是由傅里叶级数分解得到的，它的频率是同期信号频率的整数倍。

答案：C

8-2-10　**解：** 非周期信号的傅里叶变换形式是频率的连续函数，它的频谱是连续频谱。

答案：B

8-2-11　**解：** 图示中的温度信号是采样以后的信号，$f(nt)$只是在n为整数点上有值，因此它是个离散信号。

答案：A

8-2-12　**解：** 该电路是通过频率选择器，根据信号频率的不同来处理信号的。

答案：A

8-2-13　**解：** 模拟信号不仅要经过抽样过程，还要在信号的幅度上进行量化才能成为数字信号。

答案：C

8-2-14　**解：** 模拟信号定义为在时间和数值都连续的信号，通常指的是电信号。

答案：C

8-2-15　**解：** 图 b）所示的信号是原图信号的压缩信号。

答案：B

8-2-16　**解：** 单位冲激信号符合偶数特性，关于y轴对称。

答案：B

8-2-17　**解：** 单位阶跃信号有单边性质。$\varepsilon(t) = \begin{cases} 0 & t < 0 \\ 1 & t > 0 \end{cases}$

答案：C

8-2-18　**解：** 单位中激函数和单位阶跃信号的关系为$\delta(t) = \dfrac{\mathrm{d}}{\mathrm{d}t}[\varepsilon(t)]$。

答案： A

8-2-19　**解：** 当函数在一个周期里的正、负面积相等时，a_0 等于零；函数关于 $f(t)$ 轴对称，为偶函数，$a_n = 0$；如果函数对称于原点时，$b_n = 0$。

答案： B

8-2-20　**解：** 根据 $D = \sum k_i \times N^i$ 展开，进制中 $k_i = 0$，1。

答案： B

8-2-21　**解：** 将十进制转换为二进制数时，整数部分用除法，小数部分用乘法。

答案： C

8-2-22　**解：** 将二进制转换为十六进制数时，以小数点为界，将二进制 4 位一组，左右两边分开写。注意只有十进制数的脚标才能省去。

答案： A

8-2-23　**解：** 通常数字信号是二进制数。数字电路中的高电位表示"1"，低电位表示"0"。

即 $(010011)_B = 1 \times 2^4 + 1 \times 2^1 + 1 \times 2^0 = 16 + 2 + 1 = 19$

答案： D

8-2-24　**解：** 本题考查的是如何从真值表写出逻辑表达式。首先应写出输出 F 为"1"的项的"或"逻辑组合，然后写出输出 A、B、C 中的"与"关系，当输入为"1"时，写原变量，输入为"0"的项写反变量。由此写出 $F = \overline{A}\,\overline{B}\,C + ABC$。

答案： B

第九章　计算机应用基础

复习指导

一、考试大纲

7.7　计算机系统

计算机系统组成；计算机的发展；计算机的分类；计算机系统特点；计算机硬件系统组成；CPU；存储器；输入/输出设备及控制系统；总线；数模/模数转换；计算机软件系统组成；系统软件；操作系统；操作系统定义；操作系统特征；操作系统功能；操作系统分类；支撑软件；应用软件；计算机程序设计语言。

7.8　信息表示

信息在计算机内的表示；二进制编码；数据单位；计算机内数值数据的表示；计算机内非数值数据的表示；信息及其主要特征。

7.9　常用操作系统

Windows 发展；进程和处理器管理；存储管理；文件管理；输入/输出管理；设备管理；网络服务。

7.10　计算机网络

计算机与计算机网络；网络概念；网络功能；网络组成；网络分类；局域网；广域网；因特网；网络管理；网络安全；Windows 系统中的网络应用；信息安全；信息保密。

二、复习指导

在计算机系统这一章中要求掌握以下几部分内容。

（一）计算机基础知识

计算机的分类、计算机系统的组成（硬件和软件的组成及功能）、操作系统，在这部分中重点掌握以下内容：

（1）计算机按年代的分类；

（2）CPU 的组成及功能、存储器的种类、输入/输出设备；

（3）软件的组成；

（4）操作系统的功能。

（二）计算机程序设计语言

计算机语言的分类，发展趋势及计算机常用的高级程序设计语言。

（三）信息表示

数制、二进制、数值转换、信息的表示及存储，并要求重点掌握以下内容：

（1）信息的表示方法；

（2）数制的定义；

（3）二进制；

（4）数制的转换；

（5）非数值数据在计算机内的表示；

（6）多媒体数据在计算机内的表示。

（四）常用操作系统

Windows 的发展、操作系统管理，并要求重点掌握以下内容：

（1）进程和处理器管理；

（2）存储资源管理；

（3）文件管理；

（4）输入/输出管理；

（5）设备管理；

（6）网络服务。

（五）计算机网络

网络的功能、组成及分类、网络安全、网络应用，并要求重点掌握以下内容：

（1）网络的概念；

（2）网络的功能；

（3）网络的组成；

（4）网络的分类；

（5）TCP/IP 协议的作用；

（6）IP 地址和域名的作用；

（7）如何防止病毒的攻击；

（8）网络应用；

（9）网络管理。

第一节　计算机基础知识

一、计算机的发展

1946 年 2 月，人类历史上第一台数字电子计算机 ENIAC 诞生了，它标志着人类社会计算机时代的开始。ENIAC 由 18 000 多个电子管和 1 500 多个继电器组成，占地达 170m²，重 30t，每秒钟可执行 5 000 次加法运算，应用于当时军事指挥中的弹道计算。它的严重缺陷在于不能存储程序。

为了解决存储程序问题，1946 年 6 月，著名数学家冯·诺依曼提出了"存储程序"和"程序控制"的概念，为现代计算机的体系结构奠定了理论基础。它的主要思想是：

（1）采用二进制形式表示数据和指令。

（2）计算机应包括运算器、控制器、存储器、输入设备和输出设备等五大基本部件。

（3）采用存储程序和程序控制的工作方式。

存储程序是指把解决问题的程序和需要加工处理的原始数据存入存储器中，这是计算机能够自动、连续工作的先决条件。

程序控制是指由控制器从存储器中逐条地读出指令，并发出各条指令相应的控制信号，指挥和控制计算机的各个组成部件自动、协调地执行指令所规定的操作，直至得到最终的结果，即整个信息处理过程是在程序的控制下自动实现的。因此，计算机的工作过程实际上是周而复始地取指令，执行指令的过程。

半个多世纪以来，尽管计算机技术的发展速度是惊人的，但至今广泛使用的绝大部分计算机，就其基本组成而言，仍遵循冯·诺依曼提出的这种设计思想，均属于冯·诺依曼体系的计算机。

计算机与信息处理技术的广泛应用，推动了集成电路技术与制造工艺的迅猛发展。自 ENIAC 诞生以来直至多年后的今天，微型计算机上使用的 Pentium（奔腾）CPU 芯片，集成了上亿个晶体管，而面积只有几个平方毫米，时钟工作频率可达 3G 以上，总功率几十瓦。1981 年美国 IBM 公司推出的个人计算机（Personal Computer，PC），最终导致了计算机应用的社会化与家庭化。

【例 9-1-1】 当前计算机的发展趋势是向多个方向发展，下面四个选项中不正确的一项是：

A. 高性能、人性化、网络化　　　　　B. 多极化、多媒体、智能化

C. 高性能、多媒体、智能化　　　　　D. 高集成、低噪声、低成本

答案：D

【例 9-1-2】 根据冯·诺依曼结构原理，计算机的 CPU 是由：

A. 运算器、控制器组成　　　　　　　B. 运算器、寄存器组成

C. 控制器、寄存器组成　　　　　　　D. 运算器、寄存储器组成

解　CPU 是分析指令和执行指令的部件，是计算机的核心。它主要是由运算器和控制器组成。

答案：A

二、现代计算机的分类

（一）按年代分类

1. 大型主机阶段

20 世纪 40~50 年代，是第一代电子管计算机。经历了电子管数字计算机、晶体管数字计算机、集成电路数字计算机和大规模集成电路数字计算机的发展历程，计算机技术逐渐走向成熟。

2. 小型计算机阶段

20 世纪 60~70 年代，是对大型主机进行的第一次"缩小化"，可以满足中小企业事业单位的信息处理要求，成本较低，价格可被接受。

3. 微型计算机阶段

20 世纪 70~80 年代，是对大型主机进行的第二次"缩小化"，1976 年美国苹果公司成立，1977 年就推出了 Apple II 计算机，大获成功。1981 年 IBM 推出 IBM-PC，此后它经历了若干代的演进，占领了个人计算机市场，使得个人计算机得到了很大的普及。

4. 客户机/服务器阶段

该阶段即 C/S 阶段。随着 1964 年 IBM 与美国航空公司建立了第一个全球联机订票系统，把美国当时 2 000 多个订票的终端用电话线连接在了一起，标志着计算机进入了客户机/服务器阶段，这种模式至今仍在大量使用。在客户机/服务器网络中，服务器是网络的核心，而客户机是网络的基础，客户

机依靠服务器获得所需要的网络资源，而服务器为客户机提供网络必需的资源。C/S 结构的优点是能充分发挥客户端 PC 的处理能力，很多工作可以在客户端处理后再提交给服务器，大大减轻了服务器的压力。

5. Internet 阶段

Internet 阶段也称互联网、因特网、网际网阶段。互联网即广域网、局域网及单机按照一定的通信协议组成的国际计算机网络。互联网始于 1969 年，是在 ARPA（美国国防部研究计划署）将美国西南部的大学［UCLA（加利福尼亚大学洛杉矶分校）、StanfordResearchInstitute（史坦福大学研究学院）、UCSB（加利福尼亚大学）和 University of Utah（犹他州大学）］的四台主要的计算机连接起来。此后经历了文本到图片，到现在语音、视频等阶段，带宽越来越快，功能越来越强。互联网的特征是：全球性，交互性，成长性，即时性，多媒体性。

6. 云计算时代

从 2008 年起，云计算（Cloud Computing）概念逐渐流行起来，它正在成为一个通俗和大众化（Popular）的词语。云计算被视为"革命性的计算模型"，因为它使得超级计算能力通过互联网自由流通成为可能。企业与个人用户无需再投入昂贵的硬件购置成本，只需要通过互联网来购买或租赁计算力，用户只需为自己需要的功能付钱，同时消除传统软件在硬件、软件、专业技能方面的花费。云计算让用户脱离技术与部署上的复杂性而获得应用。云计算囊括了开发、架构、负载平衡和商业模式等，是软件业的未来模式。它基于 Web 的服务，以互联网为中心。

（二）按硬件分类

将计算机按硬件分类，分为服务器、工作站、台式机、笔记本计算机、手持设备五大类。

1. 服务器

服务器的英文名为 Server，专指某些高性能计算机，能通过网络对外提供服务。相对于普通电脑来说，稳定性、安全性、性能等方面都要求更高，因此在 CPU、芯片组、内存、磁盘系统、网络等硬件上和普通电脑有所不同。服务器是网络的节点，存储、处理网络上 80% 的数据、信息，在网络中起到举足轻重的作用。它们是为客户端计算机提供各种服务的高性能的计算机，其高性能主要表现在高速度的运算能力，长时间的可靠运行，强大的外部数据吞吐能力等方面。服务器的构成与普通电脑类似，也有处理器、硬盘、内存、系统总线等，但因为它是针对具体的网络应用特别制定的，因而服务器与微机在处理能力、稳定性、可靠性、安全性、可扩展性、可管理性等方面差异很大。

2. 工作站

工作站的英文名为 Workstation，是一种以个人计算机和分布式网络计算为基础，主要面向专业应用领域，具备强大的数据运算与图形、图像处理能力，为满足工程设计、动画制作、科学研究、软件开发、金融管理、信息服务、模拟仿真等专业领域而设计开发的高性能计算机。它属于一种高档的电脑，一般拥有较大屏幕显示器和大容量的内存和硬盘，也拥有较强的信息处理功能和高性能的图形、图像处理功能以及联网功能。

3. 台式机

台式机的英文名为 Desktop，也叫桌面机，为现在非常流行的微型计算机，多数家用和办公用的机器都是台式机。台式机的性能相对较笔记本电脑要强。

4. 笔记本电脑

笔记本电脑的英文名为 Notebook Computer（简称 NB），也称手提电脑或膝上型电脑，笔记本电脑可以大体分为 4 类：

（1）商务型。商务型笔记本电脑一般可以概括为移动性强、电池续航时间长、商务软件多。

（2）时尚型。时尚型外观主要针对时尚女性。

（3）多媒体应用型。多媒体应用型笔记本电脑则有较强的图形、图像处理功能和多媒体功能，尤其是播放功能。

（4）特殊用途。

5. 手持设备

手持设备英文名为 Handhold，种类较多，如 PDA，SmartPhone，智能手机，3G 手机，Netbook，EeePC 等，它们的特点是体积小。随着 3G 时代的到来，手持设备将会获得更大的发展，其功能也会越来越强。

（三）计算机系统的特点

（1）具有强大的计算能力。所有复杂的计算问题都可以通过计算机进行计算。

（2）具有逻辑判断能力。通过判断决定程序的不同走向，从而进行管理和实施控制，应用于决策和推理领域。

（3）存储能力强大。拥有巨大的信息存储空间。

（4）计算精确。可以满足各个领域的计算精度要求。

（5）计算速度快。计算机依次进行操作所需时间可以小到纳秒（ns）计算的速度。

（6）通用性强。通过编程使用不同的软件可实现不同的应用。

（7）操作界面简单。适合不同用户使用计算机。

（8）具有互联网功能，把世界各地的计算机系统连接在一起。实现信息及软硬件资源的共享。

【例 9-1-3】 根据冯·诺依曼结构原理，计算机的硬件由：

　　　　A. 运算器、存储器、打印机组成

　　　　B. 寄存器、存储器、硬盘存储器组成

　　　　C. 运算器、控制器、存储器、I/O 设备组成

　　　　D. CPU、显示器、键盘组成

解　根据冯·诺依曼结构原理，计算机硬件是由运算器、控制器、存储器、I/O 设备组成。

答案：C

【例 9-1-4】 计算机系统拥有非常突出的特点，在下面有关计算机系统特点的四个选项中不正确的一项是：

　　　　A. 计算能力、判断能力、存储能力　　　　B. 精确计算能力、通俗易用

　　　　C. 价格低廉、操作方便、界面友好　　　　D. 联网功能、快速操作能力、通用性

解　选项 C 属于没有抓住重点，表述不完善。

答案：C

【例 9-1-5】 计算机按用途可分为：

　　　　A. 专业计算机和通用计算机　　　　B. 专业计算机和数字计算机

　　　　C. 通用计算机和模拟计算机　　　　D. 数字计算机和现代计算机

解　计算机按用途可分为专业计算机和通用计算机。专业计算机是为解决某种特殊问题而设计的计算机，针对具体问题能显示出有效、快速和经济的特性，但它的适应性较差，不适用于其他方面的应

用。在导弹和火箭上使用的计算机很大部分就是专业计算机。通用计算机适应性很强，应用范围很广，如应用于科学计算、数据处理和实时控制等领域。

答案： A

（四）计算机系统的组成

计算机系统由硬件和软件两大部分组成。其中，硬件是指构成计算机系统的物理实体（或物理装置），如主板、机箱、键盘、显示器和打印机等。软件是指为运行、维护、管理和应用计算机所编制的所有程序的集合。图 9-1-1 给出了计算机硬件系统组成框图。

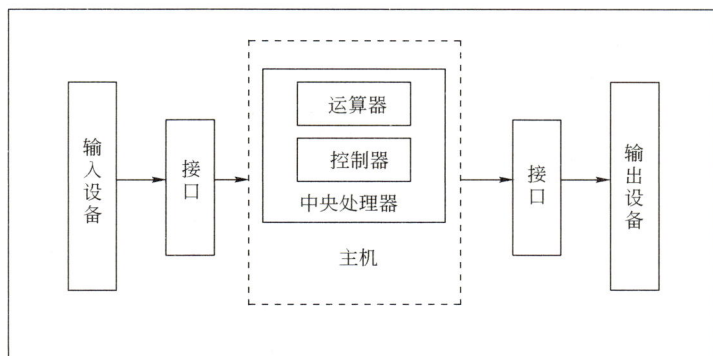

图 9-1-1　计算机硬件系统组成

1. 硬件部分

（1）输入装置。将程序和数据的信息转换成相应的电信号，让计算机能接收的装置，如键盘、鼠标、光笔、扫描仪、图形板、外存储器等。

（2）输出装置。能将计算机内部处理后的信息传递出来的设备，如显示器、打印机、绘图仪、外存储器等。

（3）存储器。计算机在处理数据的过程中或在处理数据之后把程序和数据存储起来的装置。存储器分为主存储器和辅助存储器。主存储器与中央处理器组装在一起构成主机，直接受 CPU 控制，因此也被称为内存储器，简称内存。存储器由内存、高速缓存、外存和管理这些存储器的软件组成，以字节为单位，是用来存放正在执行的程序、待处理数据及运算结果的部件。内存分为只读存储器（ROM）、随机存储器（RAM）、高速缓冲存储器（Cache）。

①只读存储器（ROM）：是一种只能读不能写入的存储器，最大特点是电源断电后信息不会丢失，经常用来存放监控和诊断程序。

②随机存储器（RAM）：可随机读出和写入信息，用来存放用户的程序和数据，关机后 RAM 中的内容自动消失，并不可恢复。

③高速缓冲存储器（Cache）：在逻辑上位于 CPU 和内存之间，其运算速度高于内存而低于 CPU，其作用是减少 CPU 的等待时间，提高 CPU 的读写速度，而不会改变内存的容量。辅助存储器也称外存储器，存储容量大，外存分为磁表面存储器和光存储器两大类。

（4）运算器。它是计算机的核心部件，对信息或数据进行加工和处理，主要由逻辑运算单元（ALU）组成，在控制器的指挥下可以完成各种算术运算、逻辑运算和其他操作。

（5）控制器。它是计算机的神经中枢和指挥中心，计算机的硬件系统由控制器控制其全部动作。运算器和控制器一起称为中央处理器。主存、运算器和控制器统称为主机。输入装置和输出装置统称为输入、输出装置。通常把输入、输出装置和外存一起称为外围设备。外存既是输入设备又是输出设备。

（6）中央处理器（CPU）。CPU 主要由运算器、控制器、寄存器等组成。运算器按控制器发出的命令来完成各种操作。控制器规定计算机执行指令的顺序，并根据指令的信息控制计算机各部分协同动作。

（7）计算机总线。在计算机系统中，各个部件之间传送信息的公共通路叫总线。总线是一种内部结构，它是 CPU、内存、输入、输出设备传递信息的公用通道，主机的各个部件通过总线相连接，外部设备通过相应的接口电路再与总线相连接，从而形成了计算机硬件系统。微型计算机是以总线结构来连接各个功能部件的。总线分为主板总线、硬盘总线及其他总线。

（8）数模/模数转换。数模转换器是将数字信号转换为模拟信号的系统，一般用低通滤波即可以实现。模数转换器是将模拟信号转换成数字信号的系统，是一个滤波、采样保持和编码的过程。模拟信号经带限滤波、采样保持电路，变为阶梯形状信号，然后通过编码器，使得阶梯状信号中的各个电平变为二进制码。

【例 9-1-6】 总线中的控制总线传输的是：

A. 程序和数据 B. 主存储器的地址码

C. 控制信息 D. 用户输入的数据

解 计算机的总线可以划分为数据总线、地址总线和控制总线。数据总线用来传输数据，地址总线用来传输数据地址，控制总线用来传输控制信息。

答案：C

【例 9-1-7】 微处理器与存储器以及外围设备之间的数据传送操作通过：

A. 显示器和键盘进行 B. 总线进行

C. 输入/输出设备进行 D. 控制命令进行

解 当要对存储器中的内容进行读写操作时，来自地址总线的存储器地址经地址译码器译码之后，选中指定的存储单元，而读写控制电路根据读写命令实施对存储器的存取操作，数据总线则用来传送写入内存储器或从内存储器读出的信息。

答案：B

2. 软件部分（见图 9-1-2）

（1）系统软件。它是生成、准备和执行其他软件所需的一组程序，通常负责管理、监督和维护计算机各种软硬件资源。给用户提供一个友好的操作界面。

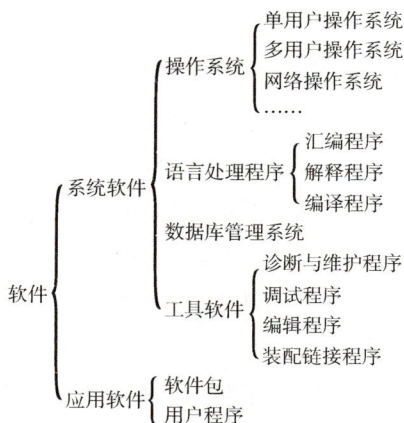

图 9-1-2 软件的组成

系统软件主要有操作系统、程序设计语言［机器语言、汇编语言、高级语言、非过程语言（不必关心问题的解法和处理过程的描述，只要说明所要完成的加工和条件，指明输入数据以及输出形式，就能得到所要的结果。如 Visual C++、Java 语言等）、智能性语言（应用于抽象问题求解、数据逻辑、公式处理、自然语言理解、专家系统和人工智能的许多领域）］。

（2）应用软件。它是用户为了解决某些特定具体问题而开发或外购的各种程序，如 Word，Excel 等。

【例 9-1-8】 在计算机内，ASSCII 码是为：

　　A. 数字而设置的一种编码方案

　　B. 汉字而设置的一种编码方案

　　C. 英文字母而设置的一种编码方案

　　D. 常用字符而设置的一种编码方案

解：ASSCII 码是"美国信息交换标准代码"的简称，是目前国际上最为流行的字符信息编码方案。在这种编码中每个字符用 7 个二进制位表示，从 0000000 到 1111111 可以给出 128 种编码，用来表示 128 个不同的常用字符。

答案： D

【例 9-1-9】 目前常用的计算机辅助设计软件是：

　　A. Microsoft Word　　　　　　　　　B. Auto CAD

　　C. Visual BASIC　　　　　　　　　　D. Microsoft Access

解　Microsoft Word 是文字处理软件。Visual BASIC 简称 VB，是 Microsoft 公司推出的一种 Windows 应用程序开发工具。Microsoft Access 是小型数据库管理软件。Auto CAD 是专业绘图软件，主要用于工业设计中，被广泛用于民用、军事等各个领域。CAD 是 Computer Aided Design 的缩写，意思为计算机辅助设计。加上 Auto，指它可以应用于几乎所有跟绘图有关的行业，比如建筑、机械、电子、天文、物理、化工等。

答案： B

【例 9-1-10】 根据软件的功能和特点，计算机软件一般分为：

　　A. 系统软件和非系统软件

　　B. 应用软件和非应用软件

　　C. 系统软件和应用软件

　　D. 系统软件和管理软件

答案： C

【例 9-1-11】 计算机的软件系统是由：

　　A. 高级语言程序、低级语言程序构成

　　B. 系统软件、支撑软件、应用软件构成

　　C. 操作系统、专用软件构成

　　D. 应用软件和数据库管理系统构成

解　计算机的软件系统是由系统软件、支撑软件和应用软件构成。系统软件是负责管理、控制和维护计算机软、硬件资源的一种软件，它为应用软件提供了一个运行平台。支撑软件是支持其他软件的编写制作和维护的软件。应用软件是特定应用领域专用的软件。

答案： B

三、操作系统

（一）操作系统定义

操作系统是控制其他程序运行，管理系统资源并为用户提供操作界面的系统软件的集合。

（二）操作系统功能及特征

操作系统（Operating System，OS）是一种管理电脑硬件与软件资源的程序，同时也是计算机系统的内核与基石。操作系统身负诸如管理与配置内存，决定系统资源供需的优先次序，控制输入与输出设备，操作网络与管理文件系统等基本事务。操作系统管理计算机系统的全部硬件资源，包括软件资源及数据资源，控制程序运行，改善人机界面，为其他应用软件提供支持等，使计算机系统所有资源最大限度地发挥作用，为用户提供方便的、有效的、友善的服务界面。操作系统是一个庞大的管理控制程序，大致包括五个方面的管理功能：进程与处理机管理，作业管理，存储管理，设备管理，文件管理。目前微机上常见的操作系统有 DOS、OS/2、UNIX、XENIX、LINUX、Windows、Netware 等。但所有的操作系统都具有并发性、共享性、虚拟性和随机性这四个基本特征。

（三）操作系统的分类

操作系统大致可分为六种类型。

1. 简单操作系统

它是计算机初期所配置的操作系统，如 IBM 公司的磁盘操作系统 DOS/360 和微型计算机的操作系统 CP/M 等。这类操作系统的功能主要是操作命令的执行，文件服务，支持高级程序设计语言编译程序和控制外部设备等。

2. 分时系统

它支持位于不同终端的多个用户同时使用一台计算机，彼此独立互不干扰，用户感到好像一台计算机全为他所用。

3. 实时操作系统

它是为实时计算机系统配置的操作系统。其主要特点是资源的分配和调度，首先要考虑实时性，然后才是效率。此外，实时操作系统应有较强的容错能力。

4. 网络操作系统

它是为计算机网络配置的操作系统。在其支持下，网络中的各台计算机能互相通信和共享资源。其主要特点是与网络的硬件相结合来完成网络的通信任务。

5. 分布操作系统

它是为分布计算系统配置的操作系统。它在资源管理、通信控制和操作系统的结构等方面都与其他操作系统有较大的区别。由于计算机系统的资源分布于系统的不同计算机上，操作系统对用户的资源需求不能像一般的操作系统那样等待有资源时直接分配的简单做法，而是要在系统的各台计算机上搜索，找到所需资源后才可进行分配。对于有些资源，如具有多个副本的文件，还必须考虑一致性。所谓一致性，是指若干个用户对同一个文件所同时读出的数据是一致的。为了保证一致性，操作系统须控制文件的读、写、操作，使得多个用户可同时读一个文件，而任一时刻最多只能有一个用户在修改文件。分布操作系统的通信功能类似于网络操作系统。由于分布计算机系统不像网络分布得很广，同时分布操作系统还要支持并行处理，因此它提供的通信机制和网络操作系统提供的有所不同，它要求通信速度高。分布操作系统的结构也不同于其他操作系统，它分布于系统的各台计算机上，能并行地处理用户的各种需求，有较强的容错能力。

6. 智能操作系统

现在很多智能操作系统应用在手机上，如 Symbian 操作系统在智能移动终端上拥有强大的应用程序以及通信能力，它有一个非常健全的核心——强大的对象导向系统、企业用标准通信传输协议以及完美的 sunjava 语言。Symbian 认为无线通信装置除了要提供声音沟通的功能外，同时也应具有其他多种沟通方式，如触笔、键盘等。在硬件设计上，它可以提供许多不同风格的外形，像使用真实或虚拟的键盘，在软件功能上可以容纳许多功能，包括和他人互相分享信息，浏览网页，传输、接收电子信件，传真以及个人生活行程管理等。此外，Symbian 操作系统在扩展性方面为制造商预留了多种接口，而且操作系统还可以细分成三种类型：Pearl、Quartz、Crystal，分别对应普通手机、智能手机、HandHeld PC 场合的应用。

习　题

9-1-1　微型计算机的硬件包括（　　　）。

A. 微处理器、存储器、外部设备、外围设备

B. 微处理器、RAM、MS 系统、FORTRAN 语言

C. ROM 和键盘、显示器

D. 软盘驱动器和微处理器、打印机

9-1-2　微型计算机的软件包括（　　　）。

A. MS-DOS 系统、Super SAP　　　　　　B. dBASE 数据库、FORTRAN 语言

C. 机器语言和通用软件　　　　　　　　D. 系统软件、程序语言和通用软件

9-1-3　运算器的主要功能是完成（　　　）。

A. 存储程序和数据　　　　　　　　　　B. 算术运算和逻辑运算

C. 程序计数　　　　　　　　　　　　　D. 算术运算

9-1-4　既可做输入设备，又可做输出设备的是（　　　）。

A. 显示器　　　　　　　　　　　　　　B. 打印机

C. 硬盘　　　　　　　　　　　　　　　D. 光盘

9-1-5　软件中（　　　）是非系统软件。

A. DOS 系统　　　　　　　　　　　　　B. FORTRAN 77

C. BASIC　　　　　　　　　　　　　　D. TBSA

9-1-6　计算机的中央处理器包括（　　　）。

A. 整个计算机主板　　　　　　　　　　B. CPU 的运算器部分

C. CPU 的控制器部分　　　　　　　　　D. 运算器和控制器

9-1-7　计算机中 CPU 中央处理器的功能是（　　　）。

A. 完成输入输出操作　　　　　　　　　B. 进行数据处理

C. 协调计算机各种操作　　　　　　　　D. 负责各种运算和控制工作

9-1-8　在工作中，若微型计算机的电源突然中断，则只有（　　　）不会丢失。

A. RAM 和 ROM 中的信息　　　　　　　B. ROM 中的信息

C. RAM 中的信息　　　　　　　　　　　D. RAM 中部分信息

9-1-9　在"我的电脑"窗口中，如果要整理磁盘上的碎片，应选择磁盘"属性"对话框的（　　　）选项卡。

　　A. 常规　　　　　　　B. 硬件　　　　　　　C. 共享　　　　　　　D. 工具

第二节　计算机程序设计语言

一、计算机语言

计算机语言（Computer Language）指用于人与计算机之间通讯的语言。计算机语言是人与计算机之间传递信息的媒介。计算机系统的最大特征是指令通过一种语言传达给机器。为了使电子计算机进行各种工作，就需要有一套用以编写计算机程序的数字、字符和语法规则，由这些字符和语法规则组成对计算机的各种指令（或各种语句），就是计算机能接受的语言。

（一）计算机语言的分类

计算机语言的种类非常的多，总的来说可以分成机器语言、汇编语言、高级语言三大类。

1. 机器语言

机器语言是用二进制代码表示的计算机能直接识别和执行的一种机器指令的集合。它是计算机的设计者通过计算机的硬件结构赋予计算机的操作功能。机器语言具有灵活、直接执行和速度快等特点。

用机器语言编写程序，编程人员要首先熟记所用计算机的全部指令代码和代码的含义。手编程序时，程序员得自己处理每条指令和每一数据的存储分配和输入输出，还得记住编程过程中每步所使用的工作单元处在何种状态。这是一件十分繁琐的工作，编写程序花费的时间往往是实际运行时间的几十倍或几百倍。而且，编出的程序全是些 0 和 1 的指令代码。直观性差，还容易出错。除了计算机生产厂家的专业人员外，绝大多数程序员已经不再去学习机器语言了。

2. 汇编语言

为了克服机器语言难读、难编、难记和易出错的缺点，人们就用与代码指令实际含义相近的英文缩写词、字母和数字等符号来取代指令代码（如用 ADD 表示运算符号"+"的机器代码），于是就产生了汇编语言。所以说，汇编语言是一种用助记符表示的仍然面向机器的计算机语言。汇编语言亦称符号语言。汇编语言由于是采用了助记符号来编写程序，比用机器语言的二进制代码编程要方便些，在一定程度上简化了编程过程。汇编语言的特点是用符号代替了机器指令代码。而且助记符与指令代码一一对应，基本保留了机器语言的灵活性。使用汇编语言能面向机器并较好地发挥机器的特性，得到质量较高的程序。

汇编语言中由于使用了助记符号，用汇编语言编制的程序送入计算机，计算机不能像用机器语言编写的程序一样直接识别和执行，必须通过预先放入计算机的 "汇编程序"的加工和翻译，才能变成能够被计算机识别和处理的二进制代码程序。用汇编语言等非机器语言书写好的符号程序称源程序，运行时汇编程序要将源程序翻译成目标程序。目标程序是机器语言程序，它一经被安置在内存的预定位置上，就能被计算机的 CPU 处理和执行。

汇编语言像机器指令一样，是硬件操作的控制信息，因而仍然是面向机器的语言，使用起来还是比较繁琐费时，通用性也差。汇编语言是低级语言。但是，汇编语言用来编制系统软件和过程控制软件，其目标程序占用内存空间少，运行速度快，有着高级语言不可替代的用途。

3. 高级语言

不论是机器语言还是汇编语言都是面向硬件具体操作的，语言对机器过分依赖，要求使用者必须对硬件结构及其工作原理都十分熟悉，这对非计算机专业人员是难以做到的，对于计算机的推广应用是不利的。计算机事业的发展，促使人们去寻求一些与人类自然语言相接近且能为计算机所接受的语意确定、规则明确、自然直观和通用易学的计算机语言。这种与自然语言相近并为计算机所接受和执行的计算机语言称高级语言。高级语言是面向用户的语言。无论何种机型的计算机，只要配备上相应的高级语言的编译或解释程序，则用该高级语言编写的程序就可以通用。

如今被广泛使用的高级语言有 BASIC、PASCAL、C、COBOL、FORTRAN、LOGO 以及 VC、VB 等。这些语言都是属于系统软件。

计算机并不能直接地接受和执行用高级语言编写的源程序，源程序在输入计算机时，通过"翻译程序"翻译成机器语言形式的目标程序，计算机才能识别和执行。这种"翻译"通常有两种方式，即编译方式和解释方式。编译方式是：事先编好一个称为编译程序的机器语言程序，作为系统软件存放在计算机内，当用户由高级语言编写的源程序输入计算机后，编译程序便把源程序整个地翻译成用机器语言表示的与之等价的目标程序，然后计算机再执行该目标程序，以完成源程序要处理的运算并取得结果。解释方式是：源程序进入计算机时，解释程序边扫描边解释并逐句输入逐句翻译，计算机一句句执行，并不产生目标程序。PASCAL、FORTRAN、COBOL 等高级语言执行编译方式；BASIC 语言则以执行解释方式为主；而 PASCAL、C 语言是能书写编译程序的高级程序设计语言。每一种高级（程序设计）语言，都有自己人为规定的专用符号、英文单词、语法规则和语句结构（书写格式）。高级语言与自然语言（英语）更接近，而与硬件功能相分离（彻底脱离了具体的指令系统），便于广大用户掌握和使用。高级语言的通用性强，兼容性好，便于移植。

（二）计算机语言的发展趋势

面向对象程序设计以及数据抽象在现代程序设计思想中占有很重要的地位，未来语言的发展将不再是一种单纯的语言标准，将会以一种完全面向对象，更易表达现实世界，更易为人编写，其使用将不再只是专业的编程人员，人们完全可以用订制真实生活中一项工作流程的简单方式来完成编程。

二、计算机程序设计语言

1. C 语言

C 语言是 Dennis Ritchie 在 20 世纪 70 年代创建的，它功能更强大且与 ALGOL 保持更连续的继承性，而 ALGOL 则是 COBOL 和 FORTRAN 的结构化继承者。C 语言被设计成一个比它的前辈更精巧、更简单的版本，它适于编写系统级的程序，比如操作系统。在此之前，操作系统是使用汇编语言编写的，而且不可移植。C 语言是第一个使得系统级代码移植成为可能的编程语言。

2. C++

C++语言是具有面向对象特性的 C 语言的继承者。面向对象编程，或称 OOP（Object Oriented Programming）是结构化编程的下一步。OOP 程序由对象组成，其中的对象是数据和函数离散集合。有许多可用的对象库存在，这使得编程简单得只需要将一些程序堆在一起。比如说，有很多的 GUI（Graphical User Interface）和数据库的库实现为对象的集合。

3. 汇编语言

汇编是第一个计算机语言。汇编语言实际上是你对计算机处理器实际运行的指令的命令形式表示法。这意味着你将与处理器的底层打交道，比如寄存器和堆栈。如果你要找的是类英语且有相关的自我说明的语言，这不是你想要的。 特别注意：语言的名字叫"汇编"。把汇编语言翻译成真实的机器码的工具叫"汇编程序"。把这门语言叫做"汇编程序"这种用词不当相当普遍，因此，请从这门语言的正确称呼作为起点出发。

4. Pascal 语言

Pascal 语言是由 NicolasWirth 在 20 世纪 70 年代早期设计的，Pascal 被设计来强行使用结构化编程。最初的 Pascal 被严格设计成教学之用，最终，大量的拥护者促使它闯入了商业编程中。当 Borland 发布 IBMPC 上的 TurboPascal 时，Pascal 辉煌一时。集成的编辑器，闪电般的编译器加上低廉的价格使之变得不可抵抗，Pascal 编程成为 MS-DOS 编写小程序的首选语言。然而时日不久，C 编译器变得更快，并具有优秀的内置编辑器和调试器。Pascal 在 1990 年 Windows 开始流行时走到了尽头，Borland 放弃了 Pascal 而把目光转向了为 Windows 编写程序的 C++。TurboPascal 很快被人遗忘。

5. Java

Java 是由 Sun 最初设计用于嵌入程序的可移植性"小 C++"。在网页上运行小程序的想法着实吸引了不少人的目光，于是，这门语言迅速崛起。事实证明，Java 不仅仅适于在网页上内嵌动画，它是一门极好的完全的软件编程的小语言。"虚拟机"机制、垃圾回收以及没有指针等使它很容易成为不易崩溃且不会泄漏资源的可靠程序。

虽然不是 C++ 的正式续篇，Java 从 C++ 中借用了大量的语法。它丢弃了很多 C++ 的复杂功能，从而形成一门紧凑而易学的语言。不像 C++，Java 强制面向对象编程，要在 Java 里写非面向对象的程序就像要在 Pascal 里写"空心粉式代码"一样困难。

6. C#

C# 是一种精确、简单、类型安全、面向对象的语言。其是.Net 的代表性语言。什么是.Net 呢？按照微软总裁兼首席执行官 Steve Ballmer 把它定义为：.Net 代表一个集合，一个环境，它可以作为平台支持下一代 Internet 的可编程结构。

7. FORTRAN

FORTRAN 语言是世界上第一个被正式推广使用的高级语言。它是 1954 年被提出来的，1956 年开始正式使用，至今已有五十多年的历史，但仍历久不衰，它始终是数值计算领域所使用的主要语言。FORTRAN 语言是 Formula Translation 的缩写，意为"公式翻译"。它是为科学、工程问题或企事业管理中的那些能够用数学公式表达的问题而设计的，其数值计算的功能较强。

习　题

9-2-1　根据计算机语言的发展过程，它们出现的顺序为（　　　）。

　　　A. 机器语言、汇编语言、高级语言　　　　B. 汇编语言、机器语言、高级语言

　　　C. 高级语言、汇编语言、机器语言　　　　D. 机器语言、高级语言、汇编语言

9-2-2　汇编语言是（　　　）。

　　　A. 机器语言　　　　B. 低级语言　　　　C. 高级语言　　　　D. 自然语言

第三节　信息表示

一、计算机中的信息表示方法

计算机采用二进制，用 0 和 1 存储信息。

数据的存储单位有位、字节和字等。

1. 位

比特，记为 bit，是计算机最小的存储信息单位，是用 0 或 1 来表示的一个二进制位数。

2. 字节

拜特，记为 Byte，是数据存储中最常用的基本单位。8 位二进制构成一个字节，从最小的 00000000 到最大的 11111111。

3. 字符

以一个字节表示的信息称为一个字符。一个英文字符占一个字节的位置，一个中文占两个字节的位置。

4. 字

由若干个字节组成一个存储单元，称为"字"（Word）。一个存储单元中存放一条指令或一个数据。

【例 9-3-1】 计算机信息数量的单位常用 KB、MB、GB、TB 表示，它们中表示信息数量最大的一个是：

  A. KB   B. MB   C. GB   D. TB

解 $1KB = 2^{10}B = 1024B$ $1MB = 2^{20}B = 1024kB$

  $1GB = 2^{30}B = 1024MB$ $1TB = 2^{40}B = 1024GB$

答案： D

【例 9-3-2】 计算机存储器是按字节进行编址的，一个存储单元是：

  A. 8 个字节   B. 1 个字节   C. 16 个二进制数位 D. 32 个二进制数位

解 计算机内的存储器是由一个个存储单元组成的，每一个存储单元的容量为 8 位二进制信息，称 1 个字节。

答案： B

二、信息的表示及存储

信息是人们表示一定意义的符号的集合，可以是数字、文字、图形、图像、动画、声音等。数据是信息在计算机内部的表现形式。数据本身就是一种信息。

（一）数制

1. 数制的定义

用一种固定的数字（数码符号）和一套统一的规则来表示数值的方法，即为数制。

（1）数制的种类，如十进制、二进制、八进制、十六进制、六十进制、十二进制等。

（2）数制的规则，如 R 进制的规则是逢 R 进 1。

2. 权

权是指指数位上的数字乘上一个固定的数值。

3. 基数

十进制的基数是十，二进制的基数是二，八进制的基数是八。

进位计数制中的三个要素：数位（数字在一个数中所处的位置）、权、基数。

4. 二进制数

二进制是"逢二进一"的计数方法，计算机中的数据如文字、数字、声音、图像、动画、色彩等信息都是用二进制数来表示的。

采用二进制记数的原因，主要是由于二进制数在技术操作上的可行性、可靠性、简易性及通用性。

（1）可行性。二进制数只有 0、1 两个数码，要表示这两个状态，在物理技术上很容易实现，如电灯的亮和灭、晶体管门电路的导通和截止等。

（2）可靠性。因二进制只有两个状态，数字转移和处理抗干扰能力强，不易出错。

（3）简易性。二进制数的运算法则简单，使计算机运算器结构大大简化。

（4）通用性。因为二进制数只有 0、1 两个数码，与逻辑代数中的"真"和"假"两个值对应，从而为计算机实现逻辑运算和逻辑判断提供了方便。

（二）数制的转换

日常生活中使用的进位制很多，如一年等于十二个月（十二进制），一斤等于十两（十进制），一分钟等于六十秒（六十进制）等。在计算机系统中经常使用十进制、八进制、十六进制、二进制。

1. 十进制数转换二进制数

十进制数转换为二进制数步骤：

（1）将十进制整数转换为二进制整数。

（2）将十进制小数转换为二进制小数。

（3）合成一个二进制数。

【例 9-3-3】 信息与数据之间存在着固有的内在联系，信息是：

    A. 由数据产生的   B. 信息就是数据

    C. 没有加工过的数据   D. 客观地记录事物的数据

解 数据是反映客观事物属性的原始事实。信息是由原始数据经过处理加工，按特定的方式组织起来的，对人们有价值的数据的集合。

答案： A

【例 9-3-4】 把十进制数 29.125 转换为二进制数。

解 ①先将十进制整数 29 转换成二进制（除 2 取余数法）

十进制数	余数	转换结果的最低位
2 | 29	·············· 1	
2 | 14	·············· 0	
2 | 7	·············· 1	
2 | 3	·············· 1	
1	·············· 1	转换结果的最低位

转换后结果：$(29)_{10} = (11101)_2$

②把十进制小数 0.125 转换成二进制（乘 2 取整法）

$$
\begin{array}{rll}
0.125 & \quad 取整数部分 \\
\times \quad 2 \\
\hline
0.250 & \quad 0 & \cdots\cdots\cdots\cdots\cdots\cdots 转换结果的最高位 \\
\times \quad 2 \\
\hline
0.50 & \quad 0 \\
\times \quad 2 \\
\hline
1.0 & \quad 1 & \cdots\cdots\cdots\cdots\cdots\cdots 转换结果的最低位
\end{array}
$$

转换后结果：$(0.125)_{10} = (0.001)_2$

③将整数部分与小数部分合在一起。

$$(29)_{10} + (0.125)_{10} = (11101)_2 + (0.001)_2$$
$$(29.125)_{10} = (11101.001)_2$$

注：带小数点数制的转换要分为两部分，一部分是整数的转换，另一部分是小数的转换。

2. 二进制数转换成十进制数

【例 9-3-5】将二进制数$(11101.001)_2$转换成十进制数（按权展开法）。

解　$(11101.001)_2 = 1 \times 2^4 + 1 \times 2^3 + 1 \times 2^2 + 0 \times 2^1 + 1 \times 2^0 + 0 \times 2^{-1} + 0 \times 2^{-2} + 1 \times 2^{-3}$
$\qquad\qquad\qquad = 16 + 8 + 4 + 0 + 1 + 0.0 + 0.0 + 0.125$
$\qquad\qquad\qquad = (29.125)_{10}$

3. 八进制数与十六进制数

计算机中经常使用八进制数与十六进制数，因为二进制数写起来太长，不便于比较和记忆。而八进制数、十六进制数与二进制数有简单的对应规则，可方便地写成二进制数的形式。它们的对应关系见表 9-3-1、表 9-3-2。

表 9-3-1

十六进制数	0	1	2	3	...	8	9	A	B	...	E	F
二进制数	0000	0001	0010	0011	...	1000	1001	1010	1011	...	1110	1111

表 9-3-2

八进制数	0	1	2	3	4	5	6	7
二进制数	000	001	010	011	100	101	110	111

例如，十进制数 345 可表示为表 9-3-3 所列的其他制数。

表 9-3-3

八进制数	531		5		3		1
二进制数	101011001	1 0 1		0 1 1		0 0 1	
十六进制数	159	1		5		9	

4. 十进制数转换为 R 进制数

对于十进制数转换为 R 进制数仍可采用除 R 取余法和乘 R 取整法。

5. R进制数转换为十进制数

对于R进制数转换为十进制仍可采用按权（R^i）展开算法。

（三）非数值数据在计算机内的表示

计算机中数据的概念是广义的。计算机内除了有数值的信息之外，还有数字、字母、通用符号、控制符号等字符信息，还有逻辑信息、图形、图像、语音等信息，这些信息进入计算机都转变成 0、1 表示的编码，所以称为非数值数据。

1. 字符的表示方法

字符主要是指数字、字母、通用符号等，在计算机内它们都被转换成计算机能够识别的十进制编码形式。这些字符编码方式有很多种，国际上广泛采用的是美国国家信息交换标准代码（American Standard Code for Information Interchange），简称 ASCII 码，如表 9-3-4 所示。

ASCII 字符编码表　　　　　　　　　　　　　　　　　　　　　　表 9-3-4

	000	001	010	011	100	101	110	111
0000	NUL	DLE	SP	0	@	P	`	p
0001	SOH	DC1	!	1	A	Q	a	q
0010	STX	DC2	"	2	B	R	b	r
0011	ETX	DC3	#	3	C	S	c	s
0100	EOT	DC4	$	4	D	T	d	t
0101	ENQ	NAK	%	5	E	U	e	u
0110	ACK	SYN	&	6	F	V	f	v
0111	BEL	ETB	'	7	G	W	g	w
1000	BS	CAN	(	8	H	X	h	x
1001	HT	EM	)	9	I	Y	i	y
1010	LF	SUB	*	:	J	Z	j	z
1011	VT	ESC	+	;	K	]	k	{
1100	FF	FS	,	<	L	\	l	|
1101	CR	GS	–	=	M	]	m	}
1110	SO	RS	.	>	N	^	n	~
1111	SI	US	/	?	O	–	o	del

ASCII 规定每个字符用 7 位二进制编码表示，表中的横坐标是第 6、5、4 位的二进制编码值，纵坐标是第 3、2、1、0 位的十进制编码值，两坐标的交点则是指定的字符，7 位二进制可以给出 128 个编码，表示 128 个常用的字符。其中 95 个编码，对应着计算机终端能输入并可以显示的 95 个字符，打印机设备也能打印这 95 个字符，如大小写各 26 个英文字母，0~9 这 10 个数字符，通用的运算符和标点符号=、–、*、/、<、>、,、{、} 等。

【例 9-3-6】 查表写出字母 A，字母 1 的 ASCII 码。

解 根据字母 A 在表中的位置，行指示了 ASCII 码第 3、2、1、0 位的状态，列指示第 6、5、4 位的状态，因此字母 A 的 ASCII 码是 1000001B＝41H。同理可以查到数字 1 的 ASCII 码是 0110001B＝31H。

2. 汉字编码

我国制定了《信息交换用汉字编码字符集——基本集》（GB 2312—80）。这种编码称为国标码。在国标码的字符集中共收录了汉字和图形符 7 445 个，其中一级汉字 3 755 个，二级汉字 3 008 个，图形符号 682 个。

国标 GB 2312—80 规定，全部国标汉字及符号组成 94×94 的矩阵。在这矩阵中，每一行称为一个"区"，每一列称为一个"位"。这样，就组成了 94 个区（01~94 区），每个区内有 94 个位（01~94）的汉字字符集。区码和位码简单地组合在一起（即两位区码居高位，两位位码居低位）就形成了"区位码"。区位码可唯一确定某一个汉字或汉字符号，反之，一个汉字或汉字符号都对应唯一的区位码，如汉字"玻"的区位码为"1803"（即在 18 区的第 3 位）。

所有汉字及符号的 94 个区划分成如下四个组：

（1）1~15 区为图形符号区，其中，1~9 区为标准区，10~15 区为自定义符号区。

（2）16~55 区为一级常用汉字区，共有 3 755 个汉字，该区的汉字按拼音排序。

（3）56~87 区为二级非常用汉字区，共有 3 008 个汉字，该区的汉字按部首排序。

（4）88~94 区为用户自定义汉字区。

汉字的内码是从上述区位码的基础上演变而来的。它是在计算机内部进行存储、传输所使用的汉字代码。

区码和位码的范围都在 01~94 内，如果直接用它作为内码就会与基本 ASCII 码发生冲突，因此汉字的内码采用如下的运算规定：

高位内码＝区码＋20H＋80H

低位内码＝位码＋20H＋80H

在上述运算规则中加 20H 应理解为基本 ASCII 的控制码；加 80H 意在把最高二进制位置"1"与基本 ASCII 码相区别，或者说是识别是否汉字的标志位。

例：将汉字"玻"的区位码转换成机内码：

高位内码＝$(18)_{10}$＋$(20)_{16}$＋$(80)_{16}$

$\qquad$＝$(00010010)_2$＋$(00100000)_2$＋$(10000000)_2$

$\qquad$＝$(10110010)_2$

$\qquad$＝$(B2)_{16}$＝B2H

低位内码＝$(3)_{10}$＋$(20)_{16}$＋$(80)_{16}$

$\qquad$＝$(00000011)_2$＋$(00100000)_2$＋$(10000000)_2$

$\qquad$＝$(10100011)_2$

$\qquad$＝$(A3)_{16}$＝A3H

内码＝区码＋20H＋80H＋位码＋20H＋80H

$\qquad$＝$(1011001010100011)_2$＝B2A3H

【例 9-3-7】汉字的国标码是用两个字节码表示，为与 ASCII 码区别，是将两个字节的最高位：

$\quad$A. 都置成 0 $\qquad\qquad\qquad\qquad$ B. 都置成 1

$\quad$C. 分别置成 1 和 0 $\qquad\qquad\qquad$ D. 分别置成 0 和 1

解 ASCII 码最高位都置成 0，它是"美国信息交换标准代码"的简称，是目前国际上最为流行的字符信息编码方案。在这种编码中每个字符用 7 个二进制位表示。对于两个字节的国标码将两个字节的最高位都置成 1，而后由软件或硬件来对字节最高位做出判断，以区分 ASCII 码与国标码。

答案： B

（四）多媒体数据在计算机内的表示

1. 多媒体技术

多媒体信息都是以数字形式而不是以模拟信号的形式存储和传输的。传播信息的媒体的种类很多，如文字、声音、图形、图像、动画等。多媒体技术是指能对多种载体（媒介）的信息和多种存储体（媒质）上的信息进行处理的技术，是一种将文字、图形、图像、视频、动画和声音等表现信息的媒体结合在一起，并通过计算机进行综合处理和控制，将多媒体各个要素进行有机组合，完成一系列随机性交互式操作的技术。

2. 媒体的分类

按照国际电联的定义，媒体分为五类：

（1）感觉媒体，如图形、图像、语言、音乐等。

（2）表示媒体，如图像编码、声音编码、电报码、条形码等。

（3）显示媒体，如显示器、打印机、鼠标、摄像机等。

（4）存储媒体，如软盘、硬盘、光盘等。

（5）传输媒体，如同轴电缆、光纤、无线链路等。

3. 多媒体的特性

（1）多样性。多媒体强调的是信息媒体的多样化和媒体处理方式的多样化，它将文字、声音、图形、图像甚至视频集成进入了计算机，使得信息的表现有声有色，图文并茂。

（2）交互性。其指任何计算机能对话，以便进行人工干预控制。交互性是多媒体技术的关键特征，也就是可与使用者作交互性沟通的特征，这也正是它与传统媒体的最大不同。

（3）集成性。将计算机、声像、通信技术合为一体，即把多种媒体如文本、声音、图形、图像、视频等信息有机地组织在一起，共同表达一个完整的多媒体信息。

（4）数字化。其指多媒体中各个多媒体信息都以数字形式存放在计算机中。

（5）实时性。声音、图像是与时间密切相关的，这就决定了多媒体技术必须要支持实时处理。

4. 矢量图形的表示

矢量图（vector），也叫向量图，简单地说，就是缩放不失真的图像格式。矢量图是通过多个对象的组合生成的，对其中每一个对象的记录方式，都是以数学函数来实现的，也就是说，矢量图实际上并不是相位图那样记录画面上每一点的信息，而是记录了元素形状及颜色的算法，当你打开一副矢量图的时候，软件对图像对应的函数进行运算，将运算结果（图形的形状和颜色）显示给你看。无论显示画面是大还是小，画面上的对象对应的算法是不变的，所以，即使对画面进行倍数相当大的缩放，其显示效果仍然相同（不失真）。举例来说，矢量图就好比画在质量非常好的橡胶膜上的图，不管对橡胶膜怎样的长宽等比成倍拉伸，画面依然清晰，不管你离得多么近去看，也不会看到图形的最小单位。

矢量图的好处是轮廓的形状更容易修改和控制，但是对于单独的对象，色彩上变化的实现不如位图来得方便直接。另外，支持矢量格式的应用程序也远远没有支持位图的多，很多矢量图形都需要专门设计的程序才能打开浏览和编辑。

常用的矢量绘制软件有 adobe illustrator、coreldraw、freehand、flash 等，对应的文件格式为 ".ai" ".eps"".cdr"".fh" 等，另外还有 ".dwg"".wmf"".emf" 等。

5. 位图的表示

位图（bitmap），也叫点阵图、删格图像、像素图，简单地说，就是最小单位由像素构成的图，缩放会失真。构成位图的最小单位是像素，位图就是由像素阵列的排列来实现其显示效果的，每个像素有自己的颜色信息，在对位图图像进行编辑操作的时候，可操作的对象是每个像素，可以改变图像的色相、饱和度、明度，从而改变图像的显示效果。举个例子，位图图像就好比在巨大的沙盘上画好的画，当你从远处看的时候，画面细腻多彩，但是当你靠得非常近的时候，你就能看到组成画面的每粒沙子以及每个沙粒单纯的不可变化的颜色。

位图的好处是色彩变化丰富，编辑上可以改变任何形状区域的色彩显示效果，相应的，要实现的效果越复杂，需要的像素数越多，图像文件的大小（长宽）和体积（存储空间）越大。

常用的位图绘制软件有 adobe photoshop、corel painter 等，对应的文件格式为 ".psd""tif"".rif" 等，另外还有 ".jpg"".gif"".png"".bmp" 等。

6. 声音的表示

声音是一种连续变化的模拟量。我们可以通过"模/数"转换器对声音信号按固定的时间进行采样，把它变成数字量，一旦转变成数字形式，便可把声音存储在计算机中并进行处理了。声音是一种物理信号，计算机要对它进行处理，其前提是必须用二进制数字的编码形式来表示声音。最常用的声音信号数字化方法是取样—量化法，它分成如下三个步骤：

取样（Sampling）→量化→编码（Encoding）。

计算机中的数字声音有两种不同的表示方法。一种称为"波形声音"，通过对实际声音的波形信号进行数字化（取样和量化）处理而获得，它可表示任何种类的声音。另一种是"合成声音"，它使用符号（参数）对声音进行描述，然后通过合成（synthesize）的方法生成声音，合成语音（用声母、韵母或清音、浊音、基音频率等参数描述的语音）等。

计算机中使用最广泛的波形声音文件采用 wav 作为扩展名，称为波形文件格式（wave file format），wav 文件格式能支持多种取样频率和样本精度，并支持压缩的声音数据。

习　题

9-3-1　二进制数 10110101111 的八进制数和十进制数分别为（　　　　）。

  A. 2657，1455　　　　　　　　　　　　B. 2657，1554

  C. 2657，1545　　　　　　　　　　　　D. 2567，1455

9-3-2　计算机能直接接收的数为（　　　　）。

  A. 二进制　　　　B. 十六进制　　　　C. 十进制　　　　D. 其他进制

9-3-3　下列数据中，有可能是八进制数的是（　　　　）。

  A. 488　　　　　　B. 317　　　　　　C. 597　　　　　　D. 189

9-3-4　信息与数据之间存在着固有的内在联系，信息是（　　　　）。

  A. 由数据产生的　　　　　　　　　　　B. 信息就是数据

  C. 没有加工过的数据　　　　　　　　　D. 客观地记录事物的数据

9-3-5　标准的 ASCII 编码采用（　　　）。

A. 7 位编码，在存储时点用一个字节　　　　B. 8 位编码，在存储时占用一个字节

C. 16 位编码，在存储时占用两个字节　　　D. 24 位编码，在存储时占用三个字节

9-3-6　由于计算机采用了多媒体技术，使计算机具有处理（　　　）。

A. 文字与数据的能力　　　　　　　　　　B. 文字、图形、声音、视频和动画的能力

C. 照片与图形的能力　　　　　　　　　　D. 文互性的能力

第四节　常用操作系统

操作系统就是管理电脑硬件与软件的程序，所有的软件都是在基于操作系统程序的基础上去开发的。操作系统种类很多，有工业用的，商业用的，个人用的，涉及的范围很广，电脑常用的操作系统有以下几种。

一、常用操作系统

（一）Windows 操作系统

Windows 操作系统由微软公司开发，大多数用于我们平时的台式电脑和笔记本电脑。Windows 操作系统有着良好的用户界面和简单的操作。我们最熟悉的莫过于 Windows XP 和现在很流行的 Windows 7，还有比较新的 Windows 10。Windows 之所以取得成功，主要在于它具有以下优点：直观、高效的面向对象的图形用户界面，易学易用。Windows 是一个多任务的操作环境，它允许用户同时运行多个应用程序，或在一个程序中同时做几件事情。每个程序在屏幕上占据一块矩形区域，这个区域称为窗口，窗口是可以重叠的。用户可以移动这些窗口，或在不同的应用程序之间进行切换，并可以在程序之间进行手工和自动的数据交换和通信。虽然同一时刻计算机可以运行多个应用程序，但仅有一个是处于活动状态的，其标题栏呈现高亮颜色。一个活动的程序是指当前能够接收用户键盘输入的程序。

（二）UNIX 操作系统

UNIX 操作系统是一个强大的多用户、多任务操作系统，支持多种处理器架构，最早由 Ken Thompson、Dennis Ritchie 和 Douglas Mcllroy 于 1969 年在 AT&T 的贝尔实验室开发。经过长期的发展和完善，目前已成长为一种主流的操作系统技术和基于这种技术的产品大家族。由于 UNIX 具有技术成熟、可靠性高、网络和数据库功能强、伸缩性突出和开放性好等特色，可满足各行各业的实际需要，特别能满足企业重要业务的需要，已经成为主要的工作站平台和重要的企业操作平台。

（三）Linux 操作系统

Linux 继承了 UNIX 的许多特性，还加入自己的一些新的功能。Linux 是开放源代码的，免费的。谁都可以拿去做修改，然后开发出有自己特色的操作系统。做的比较好的有红旗、Ubntu、Fedora、Debian 等。这些都可以装在台式机或笔记本上。

（四）苹果操作系统

Mac OS X 是全球领先的操作系统。基于 UNIX 基础，设计简单直观，让处处创新的 mac 安全易用，兼容 mac 软件，不支持其他软件。Mac OS X 以稳定可靠著称。由于系统不兼容任何非 mac 软件，因此在开发 Snow Leopard 的过程中，Apple 工程师们只能开发 mac 系列软件。所以他们可以不断寻找可供

完善、优化和提速的地方，即从简单的卸载外部驱动到安装操作系统。只专注一样，所以品质非凡。

二、操作系统管理

（一）进程和处理器管理

进程和处理器管理或称处理器调度，是操作系统资源管理功能的另一个重要内容。在一个允许多道程序同时执行的系统里，操作系统会根据一定的策略将处理器交替地分配给系统内等待运行的程序。一道等待运行的程序只有在获得了处理器后才能运行。一道程序在运行中若遇到某个事件，如启动外部设备而暂时不能继续运行下去，或一个外部事件的发生等，操作系统就要来处理相应的事件，然后将处理器重新分配。

（二）存储管理

系统的设备资源和信息资源都是操作系统根据用户需求按一定的策略来进行分配和调度的。操作系统的存储管理就负责把内存单元分配给需要内存的程序以便让它执行，在程序执行结束后将它占用的内存单元收回以便再使用。对于提供虚拟存储的计算机系统，操作系统还要与硬件配合做好页面调度工作，根据执行程序的要求分配页面，在执行中将页面调入和调出内存以及回收页面等。

（三）文件管理

文件管理是操作系统的一个重要的功能，主要是向用户提供一个文件系统。一般来说，一个文件系统向用户提供创建文件、撤销文件、读写文件、打开和关闭文件等功能。有了文件系统后，用户可按文件名存取数据而无需知道这些数据存放在哪里。这种做法不仅便于用户使用而且还有利于用户共享公共数据。此外，由于文件建立时允许创建者规定使用权限，这就可以保证数据的安全性。

（四）输入/输出管理

操作系统的人机交互功能是决定计算机系统"友善性"的一个重要因素。人机交互功能主要靠可输入输出的外部设备和相应的软件来完成。可供人机交互使用的设备主要有键盘显示、鼠标、各种模式识别设备等。与这些设备相应的软件就是操作系统提供人机交互功能的部分。人机交互部分的主要作用是控制有关设备的运行和理解并执行通过人机交互设备传来的有关的各种命令和要求。早期的人机交互设施是键盘显示器。操作员通过键盘输入命令，操作系统接到命令后立即执行并将结果通过显示器显示。输入的命令可以有不同方式，但每一条命令的解释是清楚的、唯一的。随着计算机技术的发展，操作命令也越来越多，功能也越来越强。随着模式识别，如语音识别、汉字识别等输入设备的发展，操作员和计算机在类似于自然语言或受限制的自然语言这一级上进行交互成为可能。此外，通过图形进行人机交互也吸引着人们去进行研究。这些人机交互可称为智能化的人机交互。

（五）设备管理

操作系统的设备管理功能主要是分配和回收外部设备以及控制外部设备按用户程序的要求进行操作等。对于非存储型外部设备，如打印机、显示器等，它们可以直接作为一个设备分配给一个用户程序，在使用完毕后回收以便给另一个需求的用户使用。对于存储型的外部设备，如磁盘、磁带等，则是提供存储空间给用户，用来存放文件和数据。存储性外部设备的管理与信息管理是密切结合的。

（六）网络服务

网络服务（Web Services）是指一些在网络上运行的、面向服务的、基于分布式程序的软件模块，网络服务采用 HTTP 和 XML 等互联网通用标准，使人们可以在不同的地方通过不同的终端设备访问 WEB 上的数据，如网上订票、查看订座情况。网络服务在电子商务、电子政务、公司业务流程电子化等领域有广泛的应用,被业内人士奉为互联网的下一个重点,据估计,未来网络服务将占领软件行业的半壁江山,特别是在目前 IT 领域衰退的情况下,网络服务更被认为是软件行业的一个新的增长点。

【例 9-4-1】 在下面四条有关进程特征的叙述中,其中正确的一条是:

  A. 静态性、并发性、共享性、同步性

  B. 动态性、并发性、共享性、异步性

  C. 静态性、并发性、独立性、同步性

  D. 动态性、并发性、独立性、异步性

解 进程与程序的概念是不同的,进程有以下四个特征。

动态性:进程是动态的,它由系统创建而产生,并由调度而执行。

并发性:用户程序和操作系统的管理程序等,在它们运行过程中,产生的进程在时间上是重叠的,它们同存在于内存储器中,并共同在系统中运行。

独立性:进程是一个能独立运行的基本单位,同时也是系统中独立获得资源和独立调度的基本单位,进程根据其获得的资源情况可独立地执行或暂停。

异步性:由于进程之间的相互制约,使进程具有执行的间断性。各进程按各自独立的、不可预知的速度向前推进。

注:首先要了解什么是进程、什么是程序,再判断进程的特征。

答案: D

【例 9-4-2】 一幅图像的分辨率为 640×480 像素,这表示该图像中:

  A. 至少由 480 个像素组成   B. 总共由 480 个像素组成

  C. 每行由 640×480 个像素组成 D. 每列由 480 个像素组成

解 点阵中行数和列数的乘积称为图像的分辨率,若一个图像的点阵总共有 480 行,每行 640 个点,则该图像的分辨率为 $640×480=307\,200$ 个像素。每一条水平线上包含 640 个像素点,共有 480 条线,即扫描列数为 640 列,行数为 480 行。

答案: D

【例 9-4-3】 操作系统的设备管理功能是对系统中的外围设备:

  A. 提供相应的设备驱动程序,初始化程序和设备控制程序等

  B. 直接进行操作

  C. 通过人和计算机的操作系统对外围设备直接进行操作

  D. 既可以由用户干预,也可以直接执行操作

解 操作系统的设备管理功能是负责分配、回收外部设备,并控制设备的运行,是人与外部设备之间的接口。

答案: C

【例 9-4-4】 操作系统中的进程与处理器管理的主要功能是:

  A. 实现程序的安装、卸载

  B. 提高主存储器的利用率

  C. 使计算机系统中的软硬件资源得以充分利用

  D. 优化外部设备的运行环境

解 进程与处理器调度负责把 CPU 的运行时间合理地分配给各个程序,以使处理器的软硬件资源

得以充分的利用。

答案：C

【例 9-4-5】操作系统的随机性指的是：

    A. 操作系统的运行操作室多层次的

    B. 操作系统与单个用户程序共同系统资源

    C. 操作系统的运行是在一个随机的环境中进行的

    D. 在计算机系统中同时存在多个操作系统，且同时进行操作

解　操作系统的运行是在一个随机的环境中进行的，也就是说，人们不能对于所运行的程序的行为以及硬件设备的情况做任何的假定，一个设备可能在任何时候向微处理器发出中断请求。人们也无法知道运行着的程序会在什么时候做了些什么事情，也无法确切的知道操作系统正处于什么样的状态之中，这就是随机性的含义。

答案：C

习　题

9-4-1　操作系统在计算机中是哪部分的接口？（　　　）

    A. 软件与硬件的接口　　　　　　　　B. 主机与外设的接口

    C. 计算机与用户的接口　　　　　　　D. 高级语言与机器的接口

9-4-2　运行中的 Windows 应用程序名，列在桌面任务栏的（　　　）中。

    A. 地址工具栏　　　　　　　　　　　B. 系统区

    C. 活动任务区　　　　　　　　　　　D. 快捷启动工具栏

9-4-3　在"资源管理器"右窗口中，若希望显示文件的名称、类型、大小、修改时间等信息，则应该选择"查看"等菜单的（　　　）命令。

    A. 平铺　　　　　　B. 详细信息　　　　　C. 图标　　　　　　D. 列表

9-4-4　Windows XP 中，操作具有（　　　）的特点。

    A. 先选择操作命令，再选择操作对象

    B. 先选择操作对象，再选择操作命令

    C. 需同时选择操作命令和操作对象

    D. 允许用户任意选择

9-4-5　操作系统的功能是（　　　）。

    A. 管理和控制计算机系统的所有资源　　B. 管理存储器

    C. 管理微处理机存储程序和数据　　　　D. 管理输入/输出设备

9-4-6　Windows　XP 的许多应用程序的"文件"菜单中，都有"保存"和"另存为"两个命令，下列说法中正确的是（　　　）。

    A. "保存"命令只能用原文件名存盘，"另存为"不能用原文件名

    B. "保存"命令不能用原文件名存盘，"另存为"只能用原文件名

    C. "保存"命令只能用原文件名存盘，"另存为"也能用原文件名

    D. "保存"和"另存为"命令都能用任意文件名存盘

9-4-7　下列说法中不正确的是（　　　）。

A. 在同一台 PC 机上可以安装多个操作系统

B. 在同一台 PC 机上可以安装多个网卡

C. 在 PC 机的一个网卡上可以同时绑定多个 IP 地址

D. 一个 IP 地址可以同时绑定到多个网卡上

9-4-8　操作系统功能不包括（　　　）。

A. 提供用户操作界面　　　　　　　　B. 管理系统资源

C. 提供应用程序接口　　　　　　　　D. 提供 HTML

第五节　计算机网络

一、网络的概念

计算机发展到现在，已经不再是单机使用，而是进入了计算机网络时代。网络已是无处不在。数据通信就是将数据从某端传送到另一端，达到信息交换的目的。从计算机与计算机之间的数据传送，乃至于无线广播、卫星通信等，均属于数据通信的范畴。利用通信设备联结多台计算机及外设而成的系统，就称为计算机网络（Computer Network）。

二、计算机网络的功能

计算机网络的功能主要有硬件资源共享、软件资源共享和用户间信息交换。

（一）硬件资源共享

可以在全网范围内提供对处理资源、存储资源、输入输出资源等设备的共享，使用户节省投资，也便于集中管理和均衡分担负荷。

（二）软件资源共享

允许互联网上的用户远程访问各类大型数据库，可以得到网络文件传送服务、远地进程管理服务和远程文件访问服务，从而避免软件研制上的重复劳动以及数据资源的重复存储，也便于集中管理。

（三）用户间信息交换

计算机网络为分布在各地的用户提供了强有力的通信手段。用户可以通过计算机网络传送电子邮件，发布新闻消息和进行电子商务活动。

【例 9-5-1】　计算机网络的主要功能包括：

A. 软、硬件资源共享，数据通信，提高可靠性，增强系统处理功能

B. 计算机计算功能、通信功能和网络功能

C. 信息查询功能、快速通信功能、修复系统软件功能

D. 发送电报、拨打电话、进行微波通信等功能

答案：A

三、计算机网络的组成及分类

计算机网络，通俗地讲，就是将分散的多台计算机、终端和外部设备用通信线路互联起来，彼此间实现互相通信。总的来说，计算机网络的组成基本上包括计算机、网络操作系统、传输介质以及相应的应用软件四部分。按照地理范围划分，可以把各种网络类型划分为局域网、城域网、广域网和互联网四种。

（一）计算机网络的组成

网络硬件是计算机网络系统的物质基础。要构成一个计算机网络系统，首先要将计算机及其附属硬件设备与网络中的其他计算机系统连接起来。不同的计算机网络系统，在硬件方面是有差别的。随着计算机技术和网络技术的发展，网络硬件日趋多样化，功能更加强大，更加复杂。下面是一些常见的网络硬件。

（1）主机。在网络上提供资源和服务的主机被称为服务器，使用资源和接受服务的计算机被称为客户机。

（2）传输介质。传输介质是传输数据信号的物理通道，将网络中各种设备连接起来。常用的有线传输介质有双绞线、同轴电缆、光缆等。

（3）网络互联设备。用于连接计算机与传输介质、连接网络与网络的设备，如网卡、交换机、路由器、网关等。

网络软件是实现网络功能不可缺少的软件环境。在网络系统中，网络上的每个用户，都可享有系统中的各种资源，系统必须对用户进行控制。否则，就会造成系统混乱、信息数据的破坏和丢失。为了协调系统资源，系统需要通过软件工具对网络资源进行全面的管理、调度和分配，并采取一系列的安全保密措施，防止用户不合理的数据和信息访问，以防数据和信息的破坏与丢失。网络软件主要包括网络协议和网络操作系统。

（4）网络协议。网络协议是实现计算机之间、网络之间相互识别并正确进行通信的一组标准规则，它是计算机网络工作的基础。如 TCP、IP、HTTP、FTP 协议等。

（5）网络操作系统。网络操作系统是网络系统管理和通信控制软件的集合，它负责整个网络的软、硬件资源的管理以及网络通信和任务的调度，并提供用户与网络之间的接口。目前，常用的网络操作系统有 Windows 2000 Server、Windows XP、UNIX 和 Linux 等。

从另一种角度来看，计算机网络可以分为资源子网和通信子网两个组成部分，如图 9-5-1 所示。

资源子网主要负责全网的信息处理，为网络用户提供网络服务和资源共享功能等。它主要包括网络中所有的主计算机、I/O 设备、终端，各种网络协议、网络软件和数据库等。

通信子网主要负责全网的数据通信，为网络用户提供数据传输、转接、加工和变换等通信处理工作。它主要包括通信线路（即传输介质）、网络连接设备（如网络接口设备、通信控制处理器、网桥、路由器、交换机、网关、调制解调器、卫星地面接收站等）、网络通信协议和通信控制软件等。

值得一提的是，资源子网和通信子网的概念是针对计算机广域网而言的，对局域网来讲，没有通信子网和资源

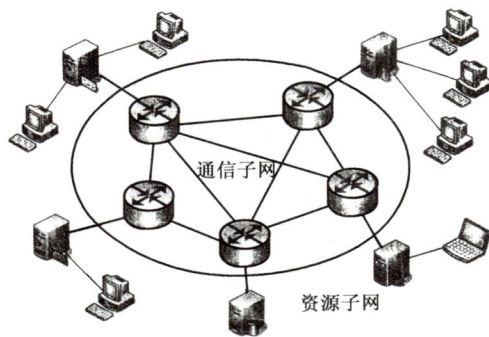

图 9-5-1 资源子网和通信子网

子网之分。

（二）局域网（LAN）

LAN 就是指局域网，这是最常见、应用最广的一种网络。现在，随着整个计算机网络技术的发展和提高，局域网得到了充分的应用和普及，几乎每个单位都有自己的局域网，甚至有的家庭都有自己的小型局域网。很明显，所谓局域网，就是在局部地区范围内的网络，它所覆盖的地区范围较小。局域网在计算机数量配置上没有太多的限制，少的可以只有两台，多的可达几百台。一般来说，在企业局域网中，工作站的数量在几十到两百台左右。在网络所涉及的地理距离上，一般来说，可以是几米至 10km 以内。局域网一般位于一个建筑物或一个单位内，不存在寻径问题，不包括网络层的应用。这种网络的特点就是：联结范围窄，用户数少，配置容易，联结速率高。目前，局域网最快的速率要算现今的 10G 以太网了。IEEE 的 802 标准委员会定义了多种主要的 LAN 网：以太网（Ethernet）、令牌环网（Token Ring）、光纤分布式接口网络（FDDI）、异步传输模式网（ATM）以及最新的无线局域网（WLAN）。

（三）城域网（MAN）

这种网络的地理范围一般是一座城市，其联结距离在 10~100km 之间，采用的是 IEEE 802.6 标准。MAN 与 LAN 相比，扩展的距离更长，连接的计算机数量更多，在地理范围上可以说是 LAN 网络的延伸。在一个大型城市或都市地区，一个 MAN 网络通常联结着多个 LAN 网，如联结政府机构的 LAN、医院的 LAN、电信的 LAN、公司企业的 LAN 等。由于光纤联结的引入，使 MAN 中高速的 LAN 互联成为可能。

城域网多采用 ATM 技术做骨干网。ATM 是一个用于数据、语音、视频以及多媒体应用程序的高速网络传输方法。ATM 包括一个接口和一个协议，该协议能够在一个常规的传输信道上，在比特率不变及变化的通信量之间进行切换。ATM 也包括硬件、软件以及与 ATM 协议标准一致的介质。ATM 提供一个可伸缩的主干基础设施，以便能够适应不同规模、速度以及寻址技术的网络。ATM 的最大缺点就是成本太高，所以一般在政府城域网中应用，如邮政、银行、医院等。

（四）广域网（WAN）

这种网络也称为远程网，所覆盖的范围比城域网（MAN）更广，它一般是在不同城市之间的 LAN 或者 MAN 网络互联，地理范围可从几百公里到几千公里。因为距离较远，信息衰减比较严重，所以这种网络一般是要租用专线，通过 IMP（接口信息处理）协议和线路联结起来，构成网状结构，解决寻径问题。这种城域网因为所联结的用户多，总出口带宽有限，所以用户的终端联结速率一般较低，通常为 9.6k~45Mbit/s，如邮电部的 CHINANET、CHINAPAC 和 CHINADDN 网。

（五）互联网（Internet）

互联网又称因特网。在互联网应用如此发展的今天，它已是我们每天都要打交道的一种网络，无论是从地理范围还是从网络规模来讲它都是最大的一种网络，就是我们常说的 Web、WWW 和万维网。从地理范围来说，它可以是全球计算机的互联，这种网络最大的特点就是不定性，整个网络的计算机每时每刻随着人们网络的接入在不变地变化。当你联在互联网上的时候，你的计算机可以算是互联网的一部分，但一旦断开与互联网的联结时，你的计算机就不属于互联网了。它的优点是信息量大，传播广，无论你身处何地，只要联上互联网，就可以对任何可以联网用户发出你的信函和广告。

【例 9-5-2】 一个典型的计算机网络系统主要是由：

  A. 网络硬件系统和网络软件系统组成   B. 主机和网络软件系统组成

  C. 网络操作系统和若干计算机组成   D. 网络协议和网络操作系统组成

解 一个典型的计算机网络系统主要是由网络硬件系统和网络软件系统组成。网络硬件是计算机网络系统的物质基础，网络软件是实现网络功能不可缺少的软件环境。

答案： A

（六）网络体系结构与协议

1. 网络协议概念

计算机网络是由多种计算机和各类终端，通过通信线路连接起来组成的一个复合系统，要实现资源共享、数据传输、均衡负载、分布处理等网络功能，都离不开信息交换（即通信），而通信双方交流什么，怎样交流，以及何时交流，都必须遵循某种互相都能接受的一组规则，这些规则的集合称为协议（Protocol），它可以定义为在两实体间控制数据交换的规则的集合。

一般来说，网络协议主要由语法、语义和同步（定时）三个要素组成。

（1）语法。即数据与控制信息的结构或格式。例如在某个协议中，第一个字节表示源地址，第二个字节表示目的地址，其余字节为要发送的数据等。

（2）语义。定义数据格式中每一个字段的含义。例如发出何种控制信息，完成何种动作以及做出何种应答等。

（3）同步。收发双方或多方在收发时间和速度上的严格匹配，即事件实现顺序的详细说明。

由此可见，网络协议是计算机网络不可缺少的组成部分。

2. 分层原则

由于不同系统中的实体间通信的任务十分复杂，很难想象制定一个完整的规则来描述所有的问题。为了简化计算机网络设计复杂程度，一般将网络功能分成若干层，每一层关注和解决通信中的某一方面的规则。

一般来说，层次划分应遵循以下原则。

（1）每层的功能应是明确的，并且是相互独立的。当某一层具体实现方法更新时，只要保持与上、下层的接口不变，那么就不会对邻层产生影响。

（2）同一节点相邻层之间通过接口通信，层间接口必须清晰，跨越接口的信息量应尽可能少。

（3）层数应适中。若层数太少，则层间功能的划分会不明确，多种功能混杂在一层中，造成每一层的协议太复杂。若层次太多，则体系过于复杂，各层组装时的任务要变得困难。

（4）每一层都使用下层的服务，并为上层提供服务。

（5）在需要不同的通信服务时，可在一层内再设置两个或更多的子层次，当不需要该服务时，也可绕过这些子层次。

3. 网络的体系结构

所谓网络的体系结构（Architecture），就是计算机网络各层次及其协议的集合。层次结构一般以垂直分层模型来表示。如果两个网络的体系结构不完全相同就称为异构网络。异构网络之间的通信需要相应的连接设备进行协议的转换。

网络的体系结构具有以下特点。

（1）以功能作为划分层次的基础。

（2）第 n 层的实体在实现自身定义的功能时，只能使用第 $n-1$ 层提供的服务。

（3）第 n 层向第 $n+l$ 层提供和服务不仅包含第 n 层本身的功能，还包含由下层服务提供的功能。

（4）仅在相邻层间有接口，且所提供的服务的具体实现细节对上一层完全屏蔽。

（5）不同层次根据本层数据单元格式对数据进行封装。

应该注意的是，网络体系结构中层次的划分是人为的，有多种划分的方法。每一层功能也可以有多种协议实现。因此伴随网络的发展产生了多种体系结构模型。

4. 接口和服务

接口和服务是分层体系结构中十分重要的概念。实际上，正是通过接口和服务将各个层次的协议连接为整体，完成网络通信的全部功能。

对于一个层次化的网络体系结构，每一层中活动的元素被称为实体（Entity）。实体可以是软件实体，如一个进程；也可以是硬件实体，如智能芯片等。不同系统的同一层实体称为对等实体。同一系统中的下层实体向上层实体提供服务。经常称下层实体为服务提供者，上层实体为服务用户。

服务是通过接口完成的。接口就是上层实体和下层实体交换数据的地方，被称为服务访问点（Service Access Point，SAP）。例如n层实体和$n-1$层实体之间的接口就是n层实体和$n-1$层实体之间交换数据的SAP。为了找到这个SAP，每一个SAP都有一个唯一的标志，称为端口（Port）或套接字（Socket）。

通过上述分析可以看出，协议和服务是两个不同的概念。协议好像是"水平方向"的，即协议是不同系统对等层实体之间的通信规则。而服务则是在"垂直方向"上的，即服务是同一系统中下层实体向上层实体通过层间的接口提供的。网络通信协议是实现不同系统对等层之间的逻辑连接，而服务则是通过接口实现同一个系统中不同层之间的物理连接，并最终通过物理介质实现不同系统之间的物理传输过程。

上下层实体之间交换的数据传输单位称为数据单元，数据单元分为三种：协议数据单元、接口数据单元和服务数据单元。

5. 开放系统互联参考模型 OSI/RM

从 20 世纪 70 年代起，世界许多著名计算机公司都纷纷推出自己的网络体系结构，如 IBM 公司的 SNA（System Network Architecture），Digital 公司的 DNA（Digital Network Architecture）等。

有了网络体系结构，满足同一体系结构的计算机系统能够很容易地互连在一起。然而，已建立的网络系统结构很不一致，互不相容，难于相互连接。为了建立一个国际统一标准的网络体系结构，国际标准化组织（International Organization for Standardization，ISO）从 1978 年 2 月开始研究开放系统互联参考模型（Open Systems Interconnection Reference Model，OSI/RM），1982 年 4 月形成国际标准草案。

所谓开放系统，是指一个系统在它和其他系统进行通信时，能够遵循 OSI 标准的系统。按 OSI 标准研制的系统，均可实现互连。OSI/RM 采用分层描述的方法，将整个网络的通信功能划分为七个层次，每层各自完成一定的功能。由低层至高层分别称为物理、数据链路层、网络层、传输层、会话层、表示层和应用层。OSI 参考模型如图 9-5-2 所示。

7	应用层
6	表示层
5	会话层
4	传输层
3	网络层
2	数据链路层
1	物理层

图 9-5-2　OSI 参考模型

OSI 参考模型包括 7 层功能及其对应的协议，每完成一个明确定义的功能集合，并按协议相互通信。每层向上层提供所需的服务，在完成本层协议时使用下层提供的服务。各层的功能是相对独立的，层间的相互作用通过层接口实现。只要保证层接口不变，那么任何一层实现技术的变更均不影响其余各层。

下面简单介绍一下各层的主要功能。

（1）物理层（Physical Layer）。物理层的功能及其特性物理层是网络通信协议的最低层，它建立在通信媒体的基础上，规定通信双方相互连接的机械、电气、功能和规程特性。物理层提供在两个物理通信实体之间的透明的位流传输，过程中的传输状态进行检测，出现故障时，即通知相关的通信实体。

关于物理上互联的问题，国际上已有许多标准可用。其中主要有美国电子工业协会（EIA）的 RS-232-C、RS-366-A、RS-449，CCITT 建议的 X.21，IEEE 802 系列标准等。

（2）数据链路层（Data Link Layer）。数据链路层负责在数据链路上无差错地传送。数据链路层将传输的数据组织的数据链路协议数据单元（Protocol Data Unit，PDU），称为数据帧（Frame）。数据帧中包含地址、控制、数据及校验码等信息。这样，数据链路层就把一条有可能出差错的实际链路，转变成让其上一层（网络层）看起来好像是一条不出差错的链路。

数据链路层的主要作用是，确定目的节点的物理地址并实现接收方和发送方数据帧的时钟同步；通过校验、确认和重等手段，将不可靠的物理链路改造成对网络层来说是无差错的数据链路；数据链路层还要协调收发双方的数据传输速率，即进行流量控制，以防止接收方因来不及处理发送方来的高速数据而导致溢出或阻塞。

（3）网络层（Network Layer）。网络层的基本工作是接收来自源主机的报文，把它转换成报文分组或称数据包括（Packet），而后送到指定目标主机。报文分组在源主机与目标主机之间建立起的网络连接上传送，当它到达目标主机后再还原为报文。

网络层关心的是通信子网的运行控制，需要在通信子网中进行路由选择。如果同时在通信子网中出现过多的分组，会造成阻塞，因而要对其进行控制。当分组要跨越多个通信子网才能到达目的地时，还要解决网际互联的问题。此外，网络层因为要涉及不同网络之间的数据传送，所以如何表示和确定网络地址和主机地址也是网络层协议的重要内容之一。

（4）传输层（Transport Layer）。传输层为上一层（会话层）提供一个可靠的端到端的服务，实现端到端的透明数据传输服务。该层的目的是提供一种独立于通信子网的数据传输服务，即对高层隐藏通信子网的结构，使高层用户不必关心通信子网的存在。由此用统一的传输原语书写的高层软件便可运行于任何通信子网上。传输层传输信息的单位称为报文（Message）。当报文较长时，先分成几个分组（称为段），然后再交给下一层（网络层）进行传输。

传输层的具体工作是负责是建立和管理两个端点中应用程序（或进程）之间的连接，实现端到端的数据传输、差错控制和流量控制；服务访问点寻址；传输层数据在源端分段和在目的端重新装配；连接控制问题。

传输层是一个端对端，也就是主机到主机的层，负责端到端的通信。其上各层面向应用，是属于资源子网的问题；其下各层面向通信，主要解决通信子网的问题。显然，传输层是七层协议中很重要一个中间过渡层，实现了数据通信中由通信子网向资源子网的过渡，和两种不同类型问题的转换。

（5）会话层（Session Layer）。将进程之间的数据通信称为会话。会话层的主要功能是组织和同步不同的主机上各种进程间的通信，控制和管理会话过程的有效进行。会话层负责在两个会话层实体之间进行会话连接的建立和拆除。

会话层不参与具体的数据传输，但对数据传输的同步进行管理。会话层在两个不同系统互相通信的应用进程之间建立、组织和协调其交互。在会话层及以上更高层次中，数据传送的单位一般都称为报文。

（6）表示层（Presentation Layer）。表示层为上层用户提供共同需要的数据或信息语法表示变换。大多数用户间并非仅交换随机的比特数据，而是要交换诸如人名、日期、货币数量和商业凭证之类的信息。

它们是通过字符、整型数、浮点数以及由简单类型组合成的各种数据结构来表示的。不同的机器采用不同的编码方法来表示这些数据类型和数据结构（如 ASCII 或 EBCDIC、反码或补码等）。为了让采用不同编码方法的计算机通信交换后能相互理解数据的值，可以采用抽象的标准方法来定义数据结构，并采用标准的编码表示形式。管理这些抽象的数据结构，并把计算机内部的表示形式，转换成网络通信中采用的标准表示形式，是由表示层来完成的。数据压缩和加密也是表示层可提供的表示变换功能。

（7）应用层（Application Layer）。应用层是开放系统互联环境中的最高层。不同的应用层为特定类型的网络应用提供访问 OSI 环境的手段。例如因特网中使用的支持 Web 应用的 HTTP 协议，支持收发电子邮件的 SMTP 协议等都属于应用层的范畴。

开放系统互联参考模型 OSI/RM 在网络技术发展中起了主导作用，促进了网络技术的发展和标准化。但是应该指出的是，OSI 参考模型只是定义了分层结构中每一层向其高层所提供的服务，并没有为准确地定义互连结构的服务和协议提供分的细节。OSI 参考模型并非具体实现的协议描述，它只是一个为制定标准而提供的概念性框架，仅仅是功能参考模型。对于学习者，通过 OSI 的七层参考模型比较容易对网络通信的功能和实现过程建立起具体形象的概念。

但是 OSI 参考模型是在其协议开发之前设计出来的。这就意味着 OSI 模型在协议实现方面存在某些不足。实际上，OSI 协议过于复杂，这也是 OSI 从未真正流行开来的原因所在。

虽然 OSI 模型和协议并未获得巨大的成功，但是 OSI 参考模型在计算机网络的发展过程中仍然起了非常重要的指导作用，作为一种参考模型和完整体系，它仍对今后计算机网络技术朝标准化、规范化方向发展具有指导意义。

【例 9-5-3】 在 OSI 参考模型中，处于数据链路层与传输层之间的是：

  A. 物理层   B. 表示层   C. 会话层   D. 网络层

解 从 OSI 参考模型图中可以看出，处于数据链路层与传输层之间的是网络层。

答案：D

6. TCP/IP 体系结构

TCP/IP 是运行在 Internet 上的一个网络通信协议，实际上 TCP/IP 是一个协议集，目前已包含了 100 多个协议，TCP 和 IP 是其中的两个协议，也是最基本、最重要的两个协议，因此通常用 TCP/IP 来代表整个协议集。

TCP/IP 最早的起源可以追溯到 1969 年由美国国防部开发的 ARPANET，它是为该网络制定的网络体系结构和体系标准，其目的是为了能无缝隙地连接多个网络。TCP/IP 可用于任何互联网系统间的通信。它既能用于局域网中，也能用于广域网中。在 TCP/IP 协议出现之后，出现了 TCP/IP 参考模型。

TCP/IP 使各种单独的网络有了一个共同的可参考的网络协议，实现了不同设备间互操作。虽然 TCP/IP 不是 OSI 的标准，但由于 TCP/IP 能够用来连接异构机环境，得到了工业界很多公司的支持，而且 TCP/IP 已经成为 UNIX 实现的一部分，特别是 TCP/IP 是 Internet 的连接协议，使得它已被公认为当前的网络互联标准。

TCP/IP 协议之所以能够迅速发展，是因为它适应了世界范围内数据通信的需要。TCP/IP 协议具有以下几个特点。

（1）协议标准具有开放性，它独立于特定的计算机硬件与操作系统，可以免费使用。

（2）统一分配网络地址，使得整个 TCP/IP 设备在网络中都具有唯一的 IP 地址。

（3）实现了高层协议的标准化，能为用户提供多种可靠的服务。

在 TCP/IP 参考模型的各层中定义了不同的协议，这些分层的协议形成了一组从上到下单项依赖关系的协议栈，也称为协议簇。TCP/IP 参考模型与 TCP/IP 协议簇之间的关系如图 9-5-3 所示。

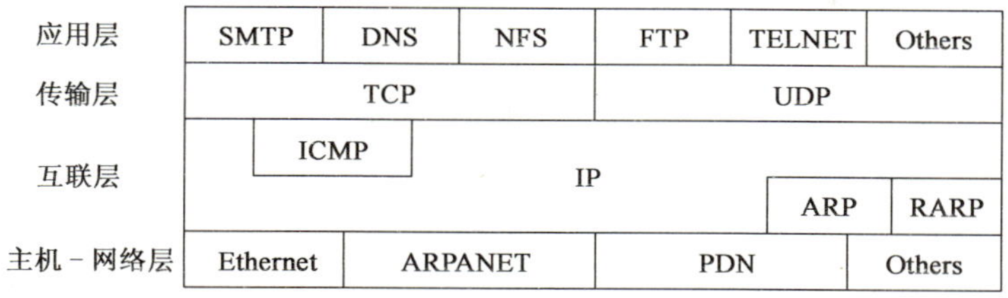

图 9-5-3　TCP/IP 参考模型与 TCP/IP 协议簇

（1）主机网络层。TCP/IP 参考模型允许主机联入网络使用多种现成的、流行的协议，如局域网协议或其他一些协议。在 TCP/IP 的主机—网络层中，它包括各种物理网协议，例如局域网的 Ethernet、Token Ring、分组交换网的 X.25、FDDI、ISDN 等。当某种物理网被用作传送 IP 数据的通道时，就可以认为是这一层的内容。这体现了 TCP/IP 协议的兼容性与适应性。TCP/IP 还用于多种传输介质，如在 Ethernet 中可以支持同轴电缆、双绞线和光纤等。

（2）互联层。

①IP 协议。互联层的核心协议是互联网协议 IP。IP 协议的基本任务是通过互联网传输数据报，各个 IP 数据报之间是相互独立的。IP 协议是提供无连接数据服务，这是 Internet 和 Intranet 上最主要的服务。IP 并不保证正确的传递数据报。分组可能丢失、重复、延迟以及次序颠倒，系统既不能检测这些情况，也不通知发送者和接收者。一系统的 IP 数据报从一台计算机传送到另一台计算机可以通过不同的路径。

IP 提供了三个基本功能：一是基本数据单元的传送，规定了通过 TCP/IP 网的数据的确切格式；二是 IP 软件执行路功能，选择传递数据的路径；三是 IP 包括了一些其他规则以确定主机和路由器如何处理分组、差错报文产生的处理等。

除 IP 协议之外，互联层还包括以下协议：互联网络控制报文协议 ICMP、正向地址解析协议 ARP、反向地址解析协议 RARP。

②ICMP 协议。ICMP 协议是 IP 的一部分，随同 IP 一起使用。ICMP 允许路由器向其他路由器或主机发送差错或控制报文，ICMP 在两台机器上的 Internet 协议软件之间提供了通信。另外，ICMP 还用来检测报文差错，根据 ICMP 协议数据单元格式规定的代码可确定差错类型。

③ARP 协议。地址解析协议 ARP 是将 IP 地址转换成相应物理地址的协议。只需给出目的主机的互联网地址，它可以找出同一物理网络中任一主机的物理地址。这样，网络的物理编址可以对网络层服务透明。

④RARP 协议。反向地址解析协议 RARP 是将物理地址转换成 IP 地址的协议。当节点只有自己的物理地址而没有 IP 地址时，则可能通过 RARP 协议发出广播请求，征寻自己的 IP 地址，这样，无 IP 地址的节点可通过 RARP 协议取得自己的 IP 地址。

（3）传输层。TCP/IP 模型在传输层提供了两个协议，即传输控制协议 TCP 和用户数据报协议 UDP。

①TCP 协议。TCP 是一种建立在 IP 协议之上的可靠的、面向连接的、端到端的通信协议，它保证将一台主机的字节流无差错地传送到目的主机。TCP 协议将来自应用层的字节流分成多个字节段，然后将一个个的字节段传送到互联层，发送到目的主机。当互联层将接收到的字节段传送给传输层时，传输

层再将多个字节还原成字节流传送到应用层。为了保障数据的可靠传输，TCP 对从应用层传送来的数据进行监控管理，提供重发机制。TCP 协议同时要完成流量控制功能，协调收发双方的发送与接收速度，达到正确传输的目的。

②UDP 协议。UDP 协议是建立在 IP 协议之上的不可靠的、无法连接的端到端的通信协议。它没有重发和纠错功能，不能保障数据传输的可靠性。因此 UDP 适用于不要求分组顺序到达的传输过程，分组传输顺序的检查与排序由应用层完成。UDP 增加了多端口机制，发送方使用这种机制可以区分一台主机上的多个接收者的问题。

（4）应用层。TCP/IP 模型的应用层包括了所有的高层协议，并且总是不断有新的协议加入。目前，应用层协议主要有以下几种：

①网络终端协议 Telnet，用于实现互联网中的远程登录功能，它允许一台本地机器登录到远程服务器上作为服务器的终端，以共享远程服务器的所有资源和功能。

②文件传输协议 FTP，用于实现互联网中交互式文件传输功能，它允许授权用户登录到文件服务器中，通过远程服务器传输文件，也可向远程服务器下载或上载文件。

③简单邮件传输协议 SMTP，用于实现互联网中电子邮件传送功能，它解决如何通过一条链路把电子邮件传送到接收者。

④域名系统 DNS，用于实现网络设备名到 IP 地址映射的网络服务，它采用层次结构的域名系统，为用户提供了高效、可靠的查询方式。

⑤简单网络管理协议 SNMP，用于管理与监视网络设备，它定义了一种在工作站或微机等典型的管理平台与设备之间使用 SNMP 命令进行网络设备管理的标准。

⑥超文本传输协议 HTTP，用于 WWW（World Wide Web）服务。通过它可以将 WWW 服务器中的用超文本标注语言 HTML 制作的网页传送到客户机中，用户便可以用浏览器浏览网页。

应用层协议可以分为三类：一类依赖于 TCP 协议，如网络终端协议 Telnet、简单电子邮件协议 SMTP、文件传输协议 FTP 等；另一类依赖于 UDP 协议，如简单网络管理协议 SNMP、简单文件传输协议 TFTP；再一类则既依赖于 TCP 协议，也依赖于 UDP 协议，如域名系统 DNS。

【例 9-5-4】 网络协议主要组成的三要素是：

　　A. 资源共享、数据通信和增强系统处理功能

　　B. 硬件共享、软件共享和提高可靠性

　　C. 语法、语义和同步（定时）

　　D. 电路交换、报文交换和分组交换

　　解　网络协议主要由语法、语义和同步（定时）三个要素组成。语法是数据与控制信息的结构或格式。语义是定义数据格式中每一个字段的含义。同步是收发双方或多方在收发时间和速度上的严格匹配，即事件实现顺序的详细说明。

　　答案：C

（七）IP 地址和域名

1. IP 地址

Internet 上有几百上万台主机，那么各主机是如何标志自己的呢？原来，Internet 中的每台主机都分配一个地址，叫 IP 地址。IP 地址相当于计算机主机在互联网上的门牌号码。网络上每台主机都必须拥有一个独一无二的 IP 地址，每一笔通过网络传送的信息都会清楚表明发出信息的主机及终点主机的地

址，以确保传送无误。IP 地址的表示方法是以 4 组 0~255 的数字，中间用"."符号隔开，如 198.137.240.92 是美国白宫的 IP 地址，198.116.14.34 是美国太空总署的 IP 地址等。

IP 地址是由一个 32 位的二进制数组成的号码，并将 32 位的二进制数分为 4 段，每段 8 位。IP 地址的表示方法为：nnn.hhh.hhh.hhh。IP 地址由两部分组成，即网络地址和收信主机（收信主机指网络中的计算机主机或通信设备如路由器、网关等）地址。

Internet 网委员会定义了五类地址，即 A、B、C、D、E 类地址，以适应不同网络规模的要求。每类地址规定了网络地址、收信主机地址各使用多少位，也就定义了可能有的网络数目和每个网络中可能有的收信主机数，下面以 A、B、C 三类地址为例分别定义如下：

（1）A 类地址（见表 9-5-1）

表 9-5-1

1　位	7　位	24　位
0	网络地址	主机地址

A 类地址有效网络数为 126 个，每个网络主机数为 16777214，这类地址一般分配给具有大量主机的网络使用。

（2）B 类地址（见表 9-5-2）

表 9-5-2

2　位	14　位	16　位
10	网络地址	主机地址

B 类地址有效网络数为 16348 个，每个网络主机数为 65534，这类地址一般分配给具有中等规模主机数的网络使用。

（3）C 类地址（见表 9-5-3）

表 9-5-3

3　位	21　位	8　位
110	网络地址	主机地址

C 类地址有效网络数为 2097154 个，每个网络主机数为 254，这类地址一般分配给小型的局域网络使用。

【例 9-5-5】　在微机系统内，为存储器中的每一个：

A. 字节分配一个地址　　　　　　　　　　B. 字分配每一个地址

C. 双字分配一个地址　　　　　　　　　　D. 四字分配一个地址

解　计算机系统内的存储器是由一个个存储单元组成的，而每一个存储单元的容量为 8 位二进制信息，称为一个字节。为了对存储器进行有效的管理，给每个单元都编上一个号，也就是给存储器中的每一个字节都分配一个地址码，俗称给存储器地址"编址"。

答案： A

2. 域名

域是指局域网或互联网所涵盖的范围中，某些计算机及网络设备的集合。而域名则是指某一区域的名称，它可以用来当作互联网上一台主机的代称，而且域名要比 IP 地址便于记忆。一般来说，域名可以分解为三部分，分别为：

（1）主机名称。主机名称通常是按照主机所提供的服务种类来命名，如提供 WWW 服务的主机，其主机名称为 WWW，而提供 FTP 服务的主机，其主机名称就会是 FTP。WWW 是 World Wide Web 的缩写，中文意思是"全球网络信息查询系统"，简称为"环球网"或"万维网"，用户可以通过"IE"等浏览器查询 WWW 系统中的信息。

（2）机构名称及类别。机构名称通常是指公司、政府机构的英文名称或简称，如 sina 为新浪网络公司，sohu 为搜狐网络公司等；而类别则是指机构的性质，如 com 为公司，gov 为政府机关，edu 为教育机构等。

（3）地理名称。地理名称用以指出服务器主机的所在地，一般只有在美国以外的地区才会使用地理名称，如中国 cn，日本 jp，英国 uk 等。

（八）URL

URL（Uniform Resource Locator）用来指示某一项资源（或信息）的所在位置及访问方法，URL 的格式——访问方法：//主机地址/路径文件名。例如，http：//www.bta.net.cn/index.htm。

1. 访问方法

它用来表示该 URL 所链接的网络服务性质，如"http"为 www 的访问方式，"ftp"为文件传输服务的访问方式等。

2. 主机地址

它用来表示该项资源所在服务器主机的域名，如 www.bta.net.cn 及 www.sohu.com 等。

3. 路径文件名

它用来表示该项资源所在服务器主机中的路径及文件名，如 index.htm。

四、网络安全

目前计算机病毒及各类"黑客"软件多如牛毛，一台没有进行任何安全设置的 Windows 系统（不安装各种系统补丁、不安装病毒防火墙），在 Internet 中很快就会被攻陷，致使人们在使用网络提供的各种高效工作方式的同时，不得不时刻提防来自计算机病毒、黑客等诸多方面的潜在威胁。所以，掌握 Windows 系列产品的安全防范技术十分重要，可以说这是每个计算机用户必须掌握的基本技术。各种用于网络安全防范的设置方法和工具软件，可以在很大程度上帮助用户提高计算机抵抗外来侵害的能力，能方便地检查和堵塞可能存在的各种安全漏洞。美国微软公司的 Windows 系列操作系统以其简便、易用的特点占据了较大的市场份额，自然也成为被攻击的主要对象。

（一）安装 Windows 系统补丁

对于一个新安装完毕的 Windows 操作系统，首先要做的事情就是立即安装系统补丁程序。微软公司为了方便用户使用，专门开设有"Windows Update"网站，随时发布各种新系统漏洞的补丁程序。一般情况下，能够及时安装补丁程序并进行安全设置的计算机不会受到病毒的侵袭。

（二）启用 Windows 防火墙

启用 Windows 防火墙可以有效地防止来自网络中其他计算机的访问，提高系统的安全性。

（三）用户账户安全设置

通过设置适当的用户账户，禁止不必要的用户账户来加强 Windows 的安全性。

（四）设置 TCP/IP 筛选

如果计算机在使用时有非常固定的用途，如某 Web 服务器工作时仅需要对外开放用户 HTTP 联结的 TCP80 端口和用户站点维护的 FTP 端口（默认为 TCP21 端口），此时可使用 Windows 的 TCP/IP 筛选器关闭所有其他端口。

（五）使用安全系数高的密码

提高安全性的最简单有效的方法之一就是使用一个不会轻易被暴力攻击所猜到的密码。

暴力攻击就是攻击者使用一个自动化系统来尽可能快地猜测密码，以希望不久可以发现正确的密码。因此，设置密码时应使用包含特殊字符和空格，同时使用大小写字母，避免使用从字典中能找到的单词。每使你的密码长度增加一位，就会以倍数级别增加由你的密码字符所构成的组合。一般来说，小于 8 个字符的密码被认为是很容易被破解的。可以用 10 个、12 个字符作为密码，16 个当然更好了。在不会因为过长而难于键入的情况下，让你的密码尽可能的更长会更加安全。

（六）升级软件

在很多情况下，在安装部署生产性应用软件之前，对系统进行补丁测试工作是至关重要的，最终安全补丁必须安装到你的系统中。如果很长时间没有进行安全升级，可能会导致你使用的计算机非常容易成为不道德黑客的攻击目标。因此，不要把软件安装在长期没有进行安全补丁更新的计算机上。同样的情况也适用于任何基于特征码的恶意软件保护工具，诸如防病毒应用程序，如果不对它进行及时的更新，从而不能得到当前的恶意软件特征定义，防护效果会大打折扣。

（七）使用数据加密

对于那些有安全意识的计算机用户或系统管理员来说，有不同级别的数据加密范围可以使用，根据需要选择正确级别的加密通常是根据具体情况来决定的。数据加密的范围很广，从使用密码工具来逐一对文件进行加密，到文件系统加密，最后到整个磁盘加密。

（八）使用数字签名技术

数字签名的主要作用是保证信息传输的完整性，发送者的身份认证，防止交易中的抵赖发生。数字签名的应用过程是，数据源发送方使用自己的私钥对数据校验或其他与数据内容有关的变量进行加密处理，完成对数据的合法"签名"，数据接收方则利用对方的私钥来解读收到的"数字签名"，并将解读结果用于对数据完整性的检验，以确认签名的合法性。数字签名技术是在网络系统虚拟环境中确认身份的重要技术，完全可以代替现实过程中的"亲笔签字"，在技术和法律上有保证。

（九）通过备份保护你的数据

备份数据是在面对灾难的时候把损失降到最低的重要方法之一。数据冗余策略既可以包括简单、基本的定期拷贝数据到 CD 上，也包括复杂的定期自动备份到一个服务器上。

【例 9-5-6】在对网络安全问题的解决上，采用了多项技术，下列叙述中不正确的是：

A. 加密的目的是为防止信息的非授权泄漏

B. 鉴别的目的是验明用户或信息的正身

C. 访问控制的目的是防止非法访问

D. 防火墙的目的是防止火灾的发生

答案：D

【例 9-5-7】现在全国都在开发三网合一的系统工程，即：

A. 将电信网、计算机网、通信网合为一体

B. 将电信网、计算机网、无线电视网合为一体

C. 将电信网、计算机网、有线电视网合为一体

D. 将电信网、计算机网、电话网合为一体

解　"三网合一"是指在未来的数字信息时代，当前的数据通信网（俗称数据网、计算机网）将与电视网（含有线电视网）以及电信网合三为一，并且合并的方向是传输、接收和处理全部实现数字化。

答案： C

【例 9-5-8】 下面四个选项中，不属于数字签名技术的是：

A. 权限管理

B. 接收者能够核实发送者对报文的签名

C. 发送者事后不能对报文的签名进行抵赖

D. 接收者不能伪造对报文的签名

解　数字签名机制提供了一种鉴别方法，以解决伪造、抵赖、冒充和篡改等安全问题。接收方能够鉴别发送方所宣称的身份，发送方事后不能否认他曾经发送过数据这一事实。数字签名技术是没有权限管理的。

答案： A

【例 9-5-9】 下列选项中，不是计算机病毒特点的是：

A. 非授权执行性、复制传播性　　　　　B. 感染性、寄生性

C. 潜伏性、破坏性、依附性　　　　　　D. 人机共患性、细菌传播性

解　计算机病毒特点包括非授权执行性、复制传染性、依附性、寄生性、潜伏性、破坏性、隐蔽性、可触发性。

答案： D

【例 9-5-10】 为有效地防范网络中的冒充、非法访问等威胁，应采用的网络安全技术是：

A. 数据加密技术

B. 防火墙技术

C. 身份验证与鉴别技术

D. 访问控制与目录管理技术

解　防火墙技术是建立在现代通信网络技术和信息安全技术基础上的应用性安全技术，可控制和监测网络之间的数据、管理进出网络的访问行为、封堵某些禁止行为、记录通过防火墙的信息内容和活动以及对网络攻击进行监测和报警。

答案： B

五、网络服务与应用

（一）网上订票、订旅馆

在网上订购飞机票、火车票及旅馆，既方便，又节省时间。例如，在 IE 浏览器的地址栏中，输入首铁在线的网址"http：//www.036.com.cn"，打开网站首页，就可以在网上订票。

（二）查询公交线路

有时出门不知道如何乘车到达目的地，利用 8684 公交网，可以方便地查到最佳乘车方案。例如，在 IE 浏览器的地址栏中，输入 8684 公交网的网址"http：//www.8684.cn"，打开网站首页，而后选择城

市即可查询。

（三）利用 Outlook Express 进行邮件收发

Outlook Express 是 Office 组件之一，它是一个桌面信息管理系统，可以处理许多办公日常事务。使用它，可以收发电子邮件，管理邮件，安排约会，建立联系人和任务等，从而提高日常工作效率。

（四）IE 浏览器和搜索引擎

要获取网络信息，浏览器和搜索引擎是必不可少的。浏览器是用于显示网页信息的软件，目前最常用的是 Windows 自带的 Internet Explorer。搜索引擎运用特定的计算机程序搜索网络信息，并对信息进行组织和处理，为人们提供检索服务，常用的搜索引擎有百度、Google、Hao123 等。

（五）电子商务、电子政务

如利用网络购书、购物，还可以在网上查看政府的规章制度及网上申请注册填表等。

六、网络管理

（一）网络管理的概念

网络管理是指网络管理员通过网络管理程序对网络上的资源进行集中化管理的操作，包括配置管理、性能和记账管理、问题管理、操作管理和变化管理等。一台设备所支持的管理程度反映了该设备的可管理性及可操作性。

（二）网络管理软件的划分

网络管理技术是伴随着计算机、网络和通信技术的发展而发展的，两者相辅相成。从网络管理范畴来分类，可分为对网"路"的管理，即针对交换机、路由器等主干网络进行管理；对接入设备的管理，即对内部 PC、服务器、交换机等进行管理；对行为的管理，即针对用户的使用进行管理；对资产的管理，即统计 IT 软硬件的信息等。根据网管软件的发展历史，可以将其划分为三代：

第一代网管软件就是最常用的命令行方式，并结合一些简单的网络监测工具，它不仅要求使用者精通网络的原理及概念，还要求使用者了解不同厂商的不同网络设备的配置方法。

第二代网管软件有良好的图形化界面。用户无须过多了解设备的配置方法，就能图形化地对多台设备同时进行配置和监控，大大提高了工作效率。但仍然存在人为因素造成的设备功能使用不全面或不正确的问题，容易引发误操作。

第三代网管软件相对来说比较智能，是真正将网络和管理进行有机结合的软件系统，具有"自动配置"和"自动调整"功能。对网管人员来说，只要把用户情况、设备情况以及用户与网络资源之间的分配关系输入网管系统，系统就能自动地建立图形化的人员与网络的配置关系，并自动鉴别用户身份，分配用户所需的资源（如电子邮件、Web、文档服务等）。

（三）网络管理的五大功能

根据国际标准化组织定义的网络管理有五大功能：故障管理、配置管理、性能管理、安全管理、计费管理。依据网络管理软件产品功能的不同，又可细分为五类，即网络故障管理软件、网络配置管理软件、网络性能管理软件、网络服务/安全管理软件、网络计费管理软件。

1. 故障管理

故障管理是网络管理中最基本的功能之一。用户都希望有一个可靠的计算机网络。当网络中某个组成失效时，网络管理器必须迅速查找到故障并及时排除。通常不大可能迅速隔离某个故障，因为网络故障的产生原因往往相当复杂，特别是当故障由多个网络组成共同引起的。在此情况下，一般先将网络修复，然后再分析网络故障的原因。分析故障原因对于防止类似故障的再发生相当重要。网络故障管理包括故障检测、隔离和纠正三方面，应包括以下典型功能：

（1）故障监测。主动探测或被动接收网络上的各种事件信息，并识别出其中与网络和系统故障相关的内容，对其中的关键部分保持跟踪，生成网络故障事件记录。

（2）故障报警。接收故障监测模块传来的报警信息，根据报警策略驱动不同的报警程序，以报警窗口/振铃（通知一线网络管理人员）或电子邮件（通知决策管理人员）发出网络严重故障警报。

（3）故障信息管理。依靠对事件记录的分析，定义网络故障并生成故障卡片，记录排除故障的步骤和与故障相关的值班员日志，构造排错行动记录，将事件—故障—日志构成逻辑上相互关联的整体，以反映故障产生、变化、消除的整个过程的各个方面。

（4）排错支持工具。向管理人员提供一系列的实时检测工具，对被管设备的状况进行测试并记录下测试结果以供技术人员分析和排错。根据已有的排错经验和管理员对故障状态的描述给出对排错行动的提示。

（5）检索/分析故障信息。浏阅并且以关键字检索查询故障管理系统中所有的数据库记录，定期收集故障记录数据，在此基础上给出被管网络系统、被管线路设备的可靠性参数。

（6）对网络故障的检测是对网络组成部件状态监测的依据。不严重的简单故障通常被记录在？错误日志中，并不作特别处理；而严重一些的故障则需要通知网络管理器，即所谓的"警报"。一般网络管理器应根据有关信息对警报进行处理，排除故障。当故障比较复杂时，网络管理器应能执行一些诊断测试来辨别故障原因。

2. 计费管理

计费管理记录网络资源的使用，目的是控制和监测网络操作的费用和代价。它对一些公共商业网络尤为重要。它可以估算出用户使用网络资源可能需要的费用和代价，以及已经使用的资源。网络管理员还可规定用户可使用的最大费用，从而控制用户过多占用和使用网络 资源。这也从另一方面提高了网络的效率。另外，当用户为了一个通信目的需要使用多个网络中的资源时，计费管理应可计算总计费用。

（1）计费数据采集。计费数据采集是整个计费系统的基础，但计费数据采集往往受到采集设备硬件与软件的制约，而且也与进行计费的网络资源有关。

（2）数据管理与数据维护。计费管理人工交互性很强，虽然有很多数据维护系统自动完成，但仍然需要人为管理，包括交纳费用的输入、联网单位信息维护，以及账单样式决定等。

（3）计费政策制定。由于计费政策经常灵活变化，因此实现用户自由制定输入计费政策尤其重要。这样需要一个制定计费政策的友好人机界面和完善的实现计费政策的数据模型。

（4）政策比较与决策支持。计费管理应该提供多套计费政策的数据比较，为政策制定提供决策依据。

（5）数据分析与费用计算。利用采集的网络资源使用数据，联网用户的详细信息以及计费政策计算网络用户资源的使用情况，并计算出应交纳的费用。

（6）数据查询。提供给每个网络用户关于自身使用网络资源情况的详细信息，网络用户根据这些信息可以计算、核对自己的收费情况。

3. 配置管理

配置管理同样相当重要。它初始化网络并配置网络，以使其提供网络服务。配置管理是一组对辨别、定义、控制和监视组成一个通信网络的对象所必要的相关功能，目的是为了实现某个特定功能或使网络性能达到最优。

（1）配置信息的自动获取。在一个大型网络中，需要管理的设备是比较多的，如果每个设备的配置信息都完全依靠管理人员的手工输入，工作量则相当大，而且还存在出错的可能性。对于不熟悉网络结构的人员来说，这项工作甚至无法完成，因此，一个先进的网络管理系统应该具有配置信息自动获取功能。即使在管理人员不是很熟悉网络结构和配置状况的情况下，也能通过有关的技术手段来完成对网络的配置和管理。在网络设备的配置信息中，根据获取手段大致可以分为三类：第一类是网络管理协议标准的 MIB 中定义的配置信息（包括 SNMP 和 CMIP 协议）；第二类是不在网络管理协议标准中有定义，但是对设备运行比较重要的配置信息；第三类就是用于管理的一些辅助信息。

（2）自动配置、自动备份及相关技术。配置信息自动获取功能相当于从网络设备中"读"信息，相应的，在网络管理应用中还有大量"写"信息的需求。同样，根据设置手段对网络配置信息进行分类：第一类是可以通过网络管理协议标准中定义的方法（如 SNMP 中的 set 服务）进行设置的配置信息；第二类是可以通过自动登录到设备进行配置的信息；第三类就是需要修改的管理性配置信息。

（3）配置一致性检查。在一个大型网络中，由于网络设备众多，而且由于管理的原因，这些设备很可能不是由同一个管理人员进行配置的。实际上，即使是同一个管理员对设备进行的配置，也会由于各种原因导致发生配置一致性问题。因此，对整个网络的配置情况进行一致性检查是必需的。在网络的配置中，对网络正常运行影响最大的，主要是路由器端口配置和路由信息配置，因此，要进行一致性检查的也主要是这两类信息。

（4）用户操作记录功能。配置系统的安全性是整个网络管理系统安全的核心。因此，必须对用户进行的每一配置操作进行记录。在配置管理中，需要对用户操作进行记录，并保存下来。管理人员可以随时查看特定用户在特定时间内进行的特定配置操作。

4. 性能管理

性能管理估价系统资源的运行状况及通信效率等系统性能。其能力包括监视和分析被管网络及其所提供服务的性能机制。性能分析的结果可能会触发某个诊断测试过程或重新配置网络以维持网络的性能。性能管理收集分析有关被管网络当前状况的数据信息，并维持和分析性能日志。一些典型的功能包括：

（1）性能监控。由用户定义被管对象及其属性。被管对象类型包括线路和路由器，被管对象属性包括流量、延迟、丢包率、CPU 利用率、温度、内存余量。对于每个被管对象，定时采集性能数据，自动生成性能报告。

（2）阈值控制。可对每一个被管对象的每一条属性设置阈值，对于特定被管对象的特定属性，可以针对不同的时间段和性能指标进行阈值设置。可通过设置阈值检查开关控制阈值检查和告警，提供相应的阈值管理和溢出告警机制。

（3）性能分析。对历史数据进行分析、统计和整理，计算性能指标，对性能状况作出判断，为网络规划提供参考。

（4）可视化的性能报告。对数据进行扫描和处理，生成性能趋势曲线，以直观的图形反映性能分析的结果。

（5）实时性能监控。提供一系列实时数据采集、分析和可视化工具，用以对流量、负载、丢包、温度、内存、延迟等网络设备和线路的性能指标进行实时检测，可任意设置数据采集间隔。

（6）网络对象性能查询。可通过列表或按关键字检索被管网络对象及其属性的性能记录。

5.安全管理

安全性一直是网络的薄弱环节之一，而用户对网络安全的要求又相当高，因此网络安全管理非常重要。网络中主要有以下几大安全问题：

网络数据的私有性（保护网络数据不被侵入者非法获取），授权（防止侵入者在网络上发送错误信息），访问控制（控制对网络资源的访问）。

相应的，网络安全管理应包括对授权机制、访问控制、加密和加密关键字的管理，另外还要维护和检查安全日志，包括网络管理过程中，存储和传输的管理及控制信息对网络的运行和管理至关重要，一旦泄密、被篡改和伪造，将给网络造成灾难性的破坏。

（1）网络管理本身的安全由以下机制来保证：

①管理员身份认证，采用基于公开密钥的证书认证机制。为提高系统效率，对于信任域内（如局域网）的用户，可以使用简单口令认证。

②管理信息存储和传输的加密与完整性。Web 浏览器和网络管理服务器之间采用安全套接字层（SSL）传输协议，对管理信息加密传输并保证其完整性；内部存储的机密信息，如登录口令等，也是经过加密的。

③网络管理用户分组管理与访问控制。网络管理系统的用户（即管理员）按任务的不同分成若干用户组，不同的用户组中有不同的权限范围，对用户的操作由访问控制检查，保证用户不能越权使用网络管理系统。

④系统日志分析、记录用户所有的操作，使系统的操作和对网络对象的修改有据可查，同时也有助于故障的跟踪与恢复。

（2）网络对象的安全管理有以下功能：

①网络资源的访问控制。通过管理路由器的访问控制链表，完成防火墙的管理功能，即从网络层和传输层控制对网络资源的访问，保护网络内部的设备和应用服务，防止外来的攻击。

②告警事件分析。接收网络对象所发出的告警事件，分析与安全相关的信息（如路由器登录信息、SNMP 认证失败信息），实时地向管理员告警，并提供历史安全事件的检索与分析机制，及时地发现正在进行的攻击或可疑的攻击迹象。

③主机系统的安全漏洞检测。实时地监测主机系统的重要服务（如 WWW、DNS 等）的状态，提供安全监测工具，以搜索系统可能存在的安全漏洞或安全隐患，并给出弥补的措施。

（四）网络管理协议

随着网络的不断发展，规模增大，复杂性增加，简单的网络管理技术已不能适应网络迅速发展的要求。以往的网络管理系统往往是厂商在自己的网络系统中开发的专用系统，很难对其他厂商的网络系统、通信设备软件等进行管理，这种状况很不适应网络异构互联的发展趋势。20 世纪 80 年代初期 Internet 的出现和发展使人们进一步意识到了这一点。研究开发者们迅速展开了对网络管理的研究，并提出了多种网络管理方案，包括 HEMS、SGMP、CMIS/CMIP 等。

1. SNMP

简单网络管理协议 SNMP 的前身是 1987 年发布的简单网关监控协议 SGMP。SGMP 给出了监控网关 OSI 第三层路由器的直接手段，SNMP 则是在其基础上发展而来。最初，SNMP 是作为一种可提供最小网络管理功能的临时方法开发的，它具有以下两个优点：

（1）与 SNMP 相关的管理信息结构（SMI）以及管理信息库（MIB）非常简单，从而能够迅速、简便地实现。

（2）SNMP 是建立在 SGMP 基础上的，而对于 SGMP 人们积累了大量的操作经验。SNMP 经历了两次版本升级，现在的最新版本是 SNMP-V3。在前两个版本中 SNMP 功能都得到了极大的增强，而在最新的版本中，SNMP 在安全性方面有了很大的改善，SNMP 缺乏安全性的弱点正逐渐得到克服。

2. CMIS/CMIP

公共管理信息服务/公共管理信息协议 CMIS/CMIP 是 OSI 提供的网络管理协议簇。CMIS 定义了每个网络组成部分提供的网络管理服务，这些服务在本质上是很普通的，CMIP 则是实现 CMIS 服务的协议。

OSI 网络协议旨在为所有设备在 ISO 参考模型的每一层提供一个公共网络结构，而 CMIS/CMIP 正是这样一个用于所有网络设备的完整网络管理协议簇。出于通用性的考虑，CMIS/CMIP 的功能与结构跟 SNMP 很不相同，SNMP 是按照简单和易于实现的原则设计的，而 CMIS/CMIP 则能够提供支持一个完整网络管理方案所需的功能。

3. CMOT

公共管理信息服务与协议 CMOT 是在 TCP/IP 协议簇上实现 CMIS 服务，这是一种过渡性的解决方案，直到 OSI 网络管理协议被广泛采用。

4. LMMP

局域网个人管理协议 LMMP 试图为 LAN 环境提供一个网络管理方案。LMMP 以前被称为 IEEE802 逻辑链路控制上的公共管理信息服务与协议 CMOL。由于该协议直接位于 IEEE802 逻辑链路层 LLC 上，它可以不依赖于任何特定的网络层协议进行网络传输。由于不要求任何网络层协议，LMMP 比 CMIS/CMIP 或 CMOT 都易于实现。然而没有网络层提供路由信息，LMMP 信息不能跨越路由器，从而限制了它只能在局域网中发展。但是，跨越局域网传输局限的 LMMP 信息转换代理可能会克服这一问题。

习　题

9-5-1　因特网能提供的服务有多种，其中大多数是免费的，在下列因特网能提供的服务中，叙述错误的一条是（　　　）。

    A. 文件传输服务 　　　　　　　　　　　B. 信息搜索服务、电子邮件服务

    C. 远程登录服务 　　　　　　　　　　　D. 网络自动连接、网络自动管理

9-5-2　用 IE 浏览上网时，要进入某一页，可在 IE 的 URL 栏中输入该网页的（　　　）。

    A. IP 地址或域名 　　　　　　　　　　　B. 只能是域名

    C. 实际的文件名称 　　　　　　　　　　D. 只能是 IP 地址

9-5-3　下列邮件地址格式中，正确的是（　　　）。

    A. 用户名@主机域名 　　　　　　　　　B. 主机域名@用户名

    C. 用户名.主机域名 　　　　　　　　　　D. 主机域名.用户名

9-5-4　建立计算机网线路和主要目的是（　　　）。

    A. 资源共享 　　　　B. 速度快 　　　　C. 内存增大 　　　　D. 可靠性高

9-5-5　合法的 IP 地址是（　　　）。

A. 202：196：112：50　　　　　　　　B. 202、196、112、50

C. 202，196，112，50　　　　　　　　D. 202.196.112.50

9-5-6　校园网属于（　　　）。

A. 远程网　　　　　　　　　　　　　B. 局域网

C. 广域网　　　　　　　　　　　　　D. 城域网

9-5-7　计算机系统安全与保护计算机系统的全部资源具有（　　　）、完备性和可用性。

A. 秘密性　　　　　　　　　　　　　B. 公开性

C. 系统性　　　　　　　　　　　　　D. 先进性

9-5-8　计算机病毒主要是通过（　　　）传播的。

A. 硬盘　　　　　　B. 键盘　　　　　　C. 软盘　　　　　　D. 显示器

9-5-9　目前计算机病毒对计算机造成的危害主要是通过（　　　）实现的。

A. 腐蚀计算机的电源　　　　　　　　B. 破坏计算机程序和数据

C. 破坏计算机的硬件设备　　　　　　D. 破坏计算机的软件和硬件

9-5-10　下列哪一个不能防病毒（　　　）。

A. KV300　　　　　　　　　　　　　B. KILL

C. WPS　　　　　　　　　　　　　　D. 防病毒卡

9-5-11　计算机病毒种类繁多，按计算机病毒的类型来分，下面四条有关病毒的表述中，不属于计算机病毒的一条叙述是（　　　）。

A. 文件型计算机病毒、引导区型计算病毒、混合型计算机病毒

B. 引导区型计算机病毒、宏病毒、特洛伊木马病毒

C. 蠕虫病毒、混合型计算机病毒、时间炸弹和逻辑炸弹

D. 在人畜间流行的病毒、人畜混合型病毒

9-5-12　给信息实施保密可供选择的方法有两种（　　　）。

A. 给计算机系统加密，给用户个人账户加密

B. 为计算机配置杀毒软件，每天进行杀毒操作

C. 计算机系统使用正版软件，不使用盗版软件

D. 给信息加密，把信息藏起来

9-5-13　用于解域名的协议是（　　　）。

A. HTTP　　　　　　　　　　　　　B. DNS

C. FTP　　　　　　　　　　　　　　D. SMTP

9-5-14　TCP 协议称为（　　　）。

A. 网际协议　　　　　　　　　　　　B. 传输控制协议

C. Network 内部协议　　　　　　　　D. 中转控制协议

9-5-15　IP 地址能唯一地确定 Internet 上每台计算机与每个用户的（　　　）。

A. 距离　　　　　　　　　　　　　　B. 费用

C. 位置　　　　　　　　　　　　　　D. 时间

习题题解及参考答案

第一节

9-1-1　**解：**一个完整的计算机系统包括硬件与软件部分。硬件包括中央处理器、存储器、外部设备等。

答案：A

9-1-2　**解：**计算机的软件系统包括系统软件和应用软件两个部分，如操作系统、程序语言及通用办公软件等。

答案：D

9-1-3　**解：**运算器又称算术运算/逻辑运算部件，它的主要功能是对数据进行算术运算和逻辑运算，是对信息或数据进行加工处理和运算的部件。

答案：B

9-1-4　**解：**可以从硬盘读出数据，也可以往硬盘上写入数据，因此它既可是输入设备，又可是输出设备。

答案：C

9-1-5　**解：**DOS 属于操作系统软件，FORTRAN 77 和 BASIC 属于程序设计语言，而 TBSA 是应用软件。

答案：D

9-1-6　**解：**从计算机硬件系统组成，我们可以看到中央处理器包括运算器和控制器。

答案：D

9-1-7　**解：**在中央处理器中，运算器按控制器发出的指令来完成各种操作。控制器规定计算机执行指令的顺序，并根据指令的信息控制计算机各部分协同动作。

答案：D

9-1-8　**解：**ROM 是只读存储器，程序固化在芯片上，当电源断电时，上面的信息是不会丢失的。

答案：B

9-1-9　**解：**在"我的电脑"窗口中，可以实施驱动器、文件夹、文件等管理功能。当磁盘使用时间比较长，用户存放新文件、删除文件、修改文件时，都会使文件在磁盘上被分成多块不连续的碎片，碎片多了，系统读写文件的时间就会加长，降低系统性能。"属性"对话框有"常规""工具""共享"等选项卡。利用"常规"选项卡可设置或修改磁盘的卷标，查看磁盘容量、已使用字节和可用字节数以及清理磁盘；利用"共享"选项卡可以设置驱动器是否共享，如果选择了共享，还可以设置访问的类型："只读""完全"或"根据密码访问"；利用"工具"选项卡可以检查磁盘、做磁盘备份和整理磁盘碎片。

答案：D

第二节

9-2-1　**解：**计算机语言发展经历了由最初的机器语言发展到使用符号表示的汇编语言，继而开发出人们使用方便的高级语言。

答案： A

9-2-2 **解：** 机器语言和汇编语言都属于计算机低级语言。

答案： B

第三节

9-3-1 **解：** 二进制最后一位为1，所对应的十进制数一定是个奇数，二进制数转为十进制数，按权展开法得到1455。将二进制从后往前每3位为一组，所对应的八进制为2657 。

答案： A

9-3-2 **解：** 计算机能接收的语言为机器语言，而机器语言是由二进制编码组成的。

答案： A

9-3-3 **解：** 八进制数是由0、1、2、3、4、5、6、7八个数码组成，采用的是逢八进一的规则。

答案： B

9-3-4 **解：** 数据是信息的符号表示或称为载体，信息是数据的内涵，是对数据语义的解释。采用数据这种形势来表示信息，更加易于人们的理解和接受。

答案： A

9-3-5 **解：** 在ASCII编码中，每个字符用7位二进制数表示。一个字符的ASCII码通常占用一个字节，由7位二进制数编码组成，所以ASCII码最多可表示128个不同的字符。

答案： A

9-3-6 **解：** 计算机的多媒体技术，使计算机不仅具有处理文字与数字的能力，而且还有处理文字、图形、声音、视频和动画的能力，使计算机拥有了处理多媒体信息的能力。

答案： B

第四节

9-4-1 **解：** 计算机操作系统是计算机的系统软件。在计算机内，操作系统管理计算机系统的各种资源，扩充硬件的功能，它提供良好的人机界面，方便用户使用计算机。它在整个计算机系统中具有承上启下的作用，是计算机与用户的接口。

答案： C

9-4-2 **解：** 运行中的Windows应用程序名，是列在桌面任务栏的活动任务区，作用主要是方便程序打开和管理，比如可以把多个窗口最小化到任务栏中。

答案： C

9-4-3 **解：** 在资源管理器查看菜单下有缩略图、平铺、图标、列表、详细信息等子菜单，如果希望查看文件的名称、类型、大小、修改时间等信息，要进入详细信息子菜单。

答案： B

9-4-4 **解：** 在Windows XP中，要想进行操作，首先要选择操作对象。

答案： B

9-4-5 **解：** 操作系统（Operating System，OS）的功能为：管理计算机系统的全部硬件资源，包括软件资源及数据资源；控制程序运行；改善人机界面；为其他应用软件提供支持等，使计算机系统所有资源最大限度地发挥作用，为用户提供方便的、有效的、友善的服务界面。

答案： A

9-4-6　**解：** 在 Windows 操作系统中，"保存"文件和"另存为"文件都可以使用原文件名。

　　　　答案： C

9-4-7　**解：** 操作系统是管理计算机系统的各种软、硬件资源，以及提供人机交互的界面。为了使用不同的操作系统，常常在同一台 PC 机上安装多个操作系统。若某一台 PC 机连接了两个网络，便需要为该计算机配置两个 IP 地址，这两个 IP 地址可以配置在同一个网卡上，也可以配置在不同的网卡上（前提条件为该 PC 机安装多个网卡）。但一个 IP 地址却不可以同时绑定到多个网卡上。

　　　　答案： D

9-4-8　**解：** 操作系统有两个重要的作用：

（1）通过资源管理，提高计算机系统的效率。操作系统是计算机系统的资源管理者，它含有对系统软、硬件资源实施管理的一组程序。其首要作用就是通过 CPU 管理、存储管理、设备管理和文件管理，对各种资源进行合理的分配，改善资源的共享和利用程度，最大限度地发挥计算机系统的工作效率，提高计算机系统在单位时间内处理工作的能力。

（2）改善人机界面，向用户提供友好的工作环境。操作系统不仅是计算机硬件和各种软件之间的接口，也是用户与计算机之间的接口。试想如果不安装操作系统，用户将要面对的是 01 代码和一些难懂的机器指令，通过按钮或开关来操作计算机，这样既笨拙又费时。安装操作系统后，用户面对的不再是笨拙的裸机，而是操作便利、服务周到的操作系统，从而明显改善了用户界面，提高了用户的工作效率。

HTML 代表的意义是超文本标记语言，它是全球广域网上描述网页内容和外观的标准。所以，HTML 不是由操作系统提供的。

　　　　答案： D

第五节

9-5-1　**解：** 因特网能提供多种服务，其中电子邮件服务、文件传输服务、远程登录服务、WWW 服务、信息搜索服务等是目前公认的有代表性的服务。

　　　　答案： D

9-5-2　**解：** 当要浏览某一网页时，IP 地址就等于域名。

　　　　答案： A

9-5-3　**解：** 邮件地址格式，不允许把用户名放在@后面。

　　　　答案： A

9-5-4　**解：** 建立网络的目的主要是数据、信息、资源共享。

　　　　答案： A

9-5-5　**解：** IP 地址在数据之间是用点来分割的。

　　　　答案： D

9-5-6　**解：** 局域网地域范围小，用于办公室、机关、学校、工厂等内部联网。其范围没有严格的定义，一般认为距离为 0.1~25km。

　　　　答案： B

9-5-7　**解：** 计算机系统安全与保护指计算机系统的全部资源具有系统性、完备性和可用性。

答案：C

9-5-8　**解：**通过使用外界被感染的软盘，如不同渠道来的系统盘，来历不明的软件、游戏盘等是最普遍的传染途径。

答案：C

9-5-9　**解：**大部分病毒在激发的时候直接破坏计算机的重要信息数据，所利用的手段有格式化磁盘、改写文件分配表和目录区、删除重要文件或者用无意义的"垃圾"数据改写文件等。引导型病毒的一般侵占方式是由病毒本身占据磁盘引导扇区，而把原来的引导区转移到其他扇区，也就是引导型病毒要覆盖一个磁盘扇区。被覆盖的扇区数据永久性丢失，无法恢复。

答案：B

9-5-10　**解：**WPS 是一个应用软件，用于文档的编辑与处理。

答案：C

9-5-11　**解：**计算机病毒是破坏计算机功能或者破坏数据，影响计算机使用的一组计算机指令或者程序代码，是一种功能比较特殊的、具有破坏性的计算机程序，并非真的是医学上的病毒。

答案：D

9-5-12　**解：**给信息加密，即隐蔽信息的可读性，将可读的信息数据转换为不可读的信息数据，即密文，也称密码。这样就可以使非法者不能直接了解数据内容，从而达到给信息加密的目的。把信息藏起来，即隐蔽信息的存在性，将信息隐藏在一个容量更大的信息载体之中，形成隐秘载体，做到使非法者难于察觉出其中隐藏有某些数据，从而实现给信息加密的目的。

答案：D

9-5-13　**解：**DNS 就是将各个网页的 IP 地址转换成人们常见的网址。

答案：B

9-5-14　**解：**TCP 为 Transmission Control Protocol 的简写，译为传输控制协议，又名网络通信协议，是 Internet 最基本的协议。

答案：B

9-5-15　**解：**IP 地址能唯一地确定 Internet 上每台计算机与每个用户的位置。

答案：C

第十章　工程经济

复习指导

一、考试大纲

9.1　资金的时间价值

资金时间价值的概念；利息及计算；实际利率和名义利率；现金流量及现金流量图；资金等值计算的常用公式及应用；复利系数表的应用。

9.2　财务效益与费用估算

项目的分类；项目计算期；财务效益与费用；营业收入；补贴收入；建设投资；建设期利息；流动资金；总成本费用；经营成本；项目评价涉及的税费；总投资形成的资产。

9.3　资金来源与融资方案

资金筹措的主要方式；资金成本；债务偿还的主要方式。

9.4　财务分析

财务评价的内容；盈利能力分析（财务净现值、财务内部收益率、项目投资回收期、总投资收益率、项目资本金净利润率）；偿债能力分析（利息备付率、偿债备付率、资产负债率）；财务生存能力分析；财务分析报表（项目投资现金流量表、项目资本金现金流量表、利润与利润分配表、财务计划现金流量表）；基准收益率。

9.5　经济费用效益分析

经济费用和效益；社会折现率；影子价格；影子汇率；影子工资；经济净现值；经济内部收益率；经济效益费用比。

9.6　不确定性分析

盈亏平衡分析（盈亏平衡点、盈亏平衡分析图）；敏感性分析（敏感度系数、临界点、敏感性分析图）。

9.7　方案经济比选

方案比选的类型；方案经济比选的方法（效益比选法、费用比选法、最低价格法）；计算期不同的互斥方案的比选。

9.8　改扩建项目的经济评价特点

改扩建项目的经济评价特点。

9.9　价值工程

价值工程原理；实施步骤。

二、复习指导

（一）资金的时间价值

复习本节时应注意掌握资金时间价值的概念，熟悉现金流量和现金流量图。重点掌握资金等值计算，应会利用公式和复利系数表进行计算，掌握实际利率和名义利率的概念及计算公式。

对于资金等值计算公式，应该注意等额系列计算公式中F、P、A发生的时点，应用时注意它的应用条件。

应会查复利系数表，掌握$(F/P,i,n)$、$(P/F,i,n)$、$(F/A,i,n)$、$(A/F,i,n)$、$(P/A,i,n)$、$(A/P,i,n)$几个符号的含义，如$(P/A,i,n)$是表示已知A求P的等额支付现值系数。

（二）财务效益与费用估算

本节应了解项目的分类和项目的计算期，熟悉财务效益与费用所包含的内容，重点掌握建设投资的构成、建设期利息的计算、经营成本的概念、项目评价涉及的税费以及总投资形成的资产。

（三）资金来源与融资方案

本节应了解资金筹措的主要方式，掌握资金成本的概念及计算，熟悉债务偿还的主要方式。

（四）财务分析

本节应了解财务评价的内容，熟练掌握盈利能力分析的相关指标的概念和计算，重点掌握净现值、内部收益率、净年值、费用现值、费用年值、投资回收期的含义和计算方法，熟悉利用这些指标评价方案盈利能力时的判别标准。如采用净现值、净年值指标时要根据其是否大于或等于零进行判断，采用内部收益率指标要根据其是否大于或等于基准收益率进行判断等。应用时注意它们的应用条件，如内部收益率可用于单个方案自身的经济性评价，两个方案比选时就要用差额内部收益率等。熟悉偿债能力分析、财务生存能力的概念，熟悉相关财务分析报表。

（五）经济费用效益分析

本节应理解社会折现率、影子价格、影子汇率、影子工资的概念，复习时应注意经济净现值、经济内部收益率指标与财务净现值、财务内部收益率的区别。了解效益费用比的概念。掌握经济净现值、经济内部收益率、效益费用比的判别标准。

（六）不确定性分析

对于盈亏平衡分析，应熟悉固定成本、可变成本的概念，熟练掌握盈亏平衡分析的计算，了解盈亏平衡点的含义。

对于单因素敏感性分析，应了解该方法的概念、敏感度系数和临界点的含义，看懂敏感性分析图。

（七）方案经济比选

本节应熟悉独立型方案与互斥型方案的区别，掌握互斥方案比选的效益比选法、费用比选法和判别标准，了解最低价格法的概念；熟悉计算期不同的互斥方案的比选可采用的方法和指标。

（八）改扩建项目的经济评价特点

对于改扩建项目，应了解其与新建项目在经济评价上的不同特点。

（九）价值工程

应掌握价值工程的基本概念，包括价值工程中价值、功能及成本的概念，掌握价值的公式，根据公式可知提高价值的途径。

了解价值工程的实施步骤，掌握价值系数、功能系数、成本系数的计算。应掌握价值工程的核心。

本章的复习，应注重掌握相关的基本概念、基本公式和计算方法。在复习的同时，应该通过做习题训练，进一步巩固考试大纲要求掌握的内容。做习题时，应注意掌握习题考核的知识点。

第一节 资金的时间价值

一、资金时间价值的概念

随着时间的推移，资金的价值是会发生变化的。通过资金运动可以使资金增值。不同时间发生的等额资金在价值上的差别称为资金的时间价值，也称为货币的时间价值。

应该指出，资金的时间价值不是资金本身或时间产生的，而是在资金运动中产生的。把资金作为生产要素，经过生产与交换，会给投资者带来资金的增值。当然，资金的增值也不可能没有资金和时间，资金是其增值的基础，而生产与交换，需要经历一定的时间过程。

二、利息与利率

（一）利息的计算

利息是在一定时期内占用资金所付出的代价，用下式表示

$$利息 = 目前应付(收)总金额 - 原来借(贷)款金额$$

原来的借（贷）款金额称为本金。

计算利息的时间单位称为计息周期，通常为年、季、月、周或日。

利率是一个计息周期中单位资金所产生的利息（即单位时间里所得到的利息额）与本金之比，通常用百分数表示

$$i = \frac{I}{P} \times 100\% \tag{10-1-1}$$

式中： i ——利率；

P ——本金；

I ——单位时间所得利息。

计算利息有单利计息和复利计息两种方法。

1. 单利计息

这种计息方法是指计算利息时，只考虑本金计算利息，而利息本身不再另外计算利息。

单利计息的计算公式为

$$I = P \cdot i \cdot n \tag{10-1-2}$$

$$F = P(1 + i \cdot n) \tag{10-1-3}$$

式中： I ——利息；

P ——本金；

i ——利率；

n ——计息周期；

F ——本金与利息之和，简称本利和。

由于单利计息没有考虑利息本身的时间价值，在工程经济分析中的应用较少，一般只适合于不超过

一年的短期投资或短期贷款。

2. 复利计息

复利计息是指在计算利息时，将上一计息期产生的利息，累加到本金中去，以本利和的总额进行计息。即不仅本金要计算利息，而且上一期利息在下一计息期中仍然要计算利息。

复利计息公式为

$$F = P(1+i)^n \tag{10-1-4}$$

式中符号含义同前。应该注意，上式中的i和n所反映的时段应该是一致的，如i为年利率，则n为计息年数；如i为月利率，则n为计息月数。

（二）实际利率与名义利率

计息期通常以一年为计算单位，但有时借贷双方也可以商定每年分几次按复利计息，这时计息周期短于一年，如按月、按季或按半年计息等。比如，设月度为计息期，每月利率为1%，则一年要计息12次，$1\% \times 12 = 12\%$称为名义利率，即名义利率是周期利率与每年计息周期数的乘积。这种计息方式习惯上表述为"年利率为12%，按月计息"。

需要注意的是，名义利率为12%时的实际利息额比年利率为12%时的利息额要高，比如借款1000元，年利率12%，按月计息，则第1年年末的本利和为

$$F = 1\,000 \times \left(1 + \frac{12\%}{12}\right)^{12} = 1\,126.83 \text{ 元}$$

若按年利率12%复利计息，则第1年年末本利和为

$$F = 1\,000 \times (1 + 12\%) = 1\,120 \text{ 元}$$

比按月计息少了6.83元。由此可见，一年内复利计息次数不同。其年末的本利和也不同。对于相同的名义利率，如果一年内计息次数增加，则年末的本利和也会增加。

实际利息多少可以用实际利率计算。为了避免不同语言表述方式不同可能造成的混乱，1973年通过的国际"借贷真实性法"规定：年实际利率是一年利息额与本金之比。

例如上面的例子，年名义利率都是12%，计息期不同，则按年计息的实际利率为

$$\text{年实际利率} = \frac{F-P}{P} = \frac{1\,120 - 1\,000}{1\,000} = 12\%$$

按月计息的年实际利率为

$$\text{年实际利率} = \frac{F-P}{P} = \frac{1\,126.83 - 1\,000}{1\,000} = 12.68\%$$

这意味着"名义利率12%，按月计息"与按年利率12.68%计息，两者是一致的。

设名义利率为r，一年中的计息周期数为m，则一个计息周期的利率为$\frac{r}{m}$，根据复利计息公式，由名义利率求年实际利率的公式为

$$i = \left(1 + \frac{r}{m}\right)^m - 1 \tag{10-1-5}$$

【例10-1-1】 某企业向银行借款，按季度计息，年名义利率为8%，则年实际利率为：

A. 8%　　　　　　B. 8.16%　　　　　　C. 8.24%　　　　　　D. 8.3%

解　利用由年名义利率求年实际利率的公式计算：

$$i = \left(1 + \frac{r}{m}\right)^m - 1 = \left(1 + \frac{8\%}{4}\right)^4 - 1 = 8.24\%$$

答案：C

【例 10-1-2】 某项目借款 2 000 万元，借款期限 3 年，年利率为 6%，若每半年计复利一次，则实际年利率会高出名义利率多少？

| A. 0.16% | B. 0.25% | C. 0.09% | D. 0.06% |

解 年实际利率为：

$$i = \left(1 + \frac{r}{m}\right)^m - 1 = \left(1 + \frac{6\%}{2}\right)^2 - 1 = 6.09\%$$

年实际利率高出名义利率：$6.09\% - 6\% = 0.09\%$

答案： C

三、现金流量及现金流量图

一个投资建设项目在其整个计算期内各个时间点上有货币的收入和支出，其中货币收入称现金流入(CI)，记为"+"；货币支出称现金流出(CO)，记为"−"。

现金流入和现金流出统称为现金流量。现金流入与现金流出之差称为净现金流量，记为 NCF 或 (CI−CO)，即

$$净现金流量 = 现金流入 - 现金流出$$

现金流量有三个要素：流向、大小、时间。现金流量可以用表格或图形表示。在工程经济分析中，经常用图形表示现金流量。用于表示现金流量与时间对应关系的图形称为现金流量图，如图 10-1-1 所示。

在现金流量图中，横轴是时间标度，每一格代表一个时间单位（如年、季、月等），即一期。0 点为计算期的起始时刻，也称为零期。横轴上任意一时点 t 表示第 t 期期末，同时也是第 $t + 1$ 期的期初。

各时间点上箭头向上表示现金流入，向下表示现金流出，其箭线的长短与现金流入和现金流出的大小成比例，箭头处一般要标注出现金流量的数值。

在工程经济分析中，对投资与收益发生的时间点有两种处理方法。一种是年初投资年末收益法，即将投资计入发生年的年初，收益计入发生年的年末；一种是年（期）末习惯法，即将投资和收益均计入发生年的年（期）末。两种处理方法的计算结果稍有差别，但一般不会引起本质的变化。

当实际问题的现金流量发生的时点未说明是期末还是期初时，一般可将投资画在期初，经营费用和销售收入画在期末。

借方的现金流量就是贷方的现金流出，对于借贷双方，其财务活动的现金流量图正好相反。例如，张某现在从银行贷款 10 000 元，3 年后需还本付息共 11 500 元，其现金流量图如图 10-1-2a）所示，而对于银行，该项财务活动的现金流量图如图 10-1-2b）所示。

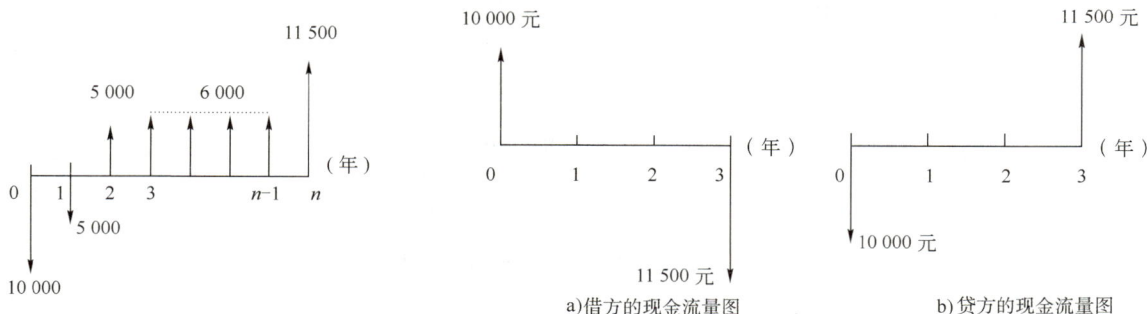

图 10-1-1 现金流量图

图 10-1-2 某项财务活动的现金流量图

四、资金等值计算的常用公式及应用

在工程经济分析中，常常需要将发生在某一时点上的资金换算到另一时点，以便进行计算分析和比较。

在不同时点上发生的资金，其绝对数额不等但价值可能相等。如果我们考虑反映资金时间价值的尺度复利率i，将某一时点发生的资金按利率i换算到另一时点，则二者绝对数额不等，但它们的价值相等，这就是资金的等值。这种资金金额的换算称为资金等值计算。

若把将来某一时点的资金金额换算成该时点之前某一时点的等值金额，称之为"贴现"或"折现"，计算中所采用的反映资金时间价值尺度的参数i称为"贴现率"或"折现率"，折现率一般采用银行利率进行计算。

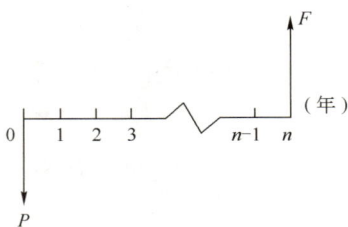

图 10-1-3　一次支付现金流量图

（一）一次支付系列

一次支付系列是指在期初借款P，当借款到期时，将本利和F一次还清。一次支付的现金流量图如图 10-1-3 所示。

1. 一次支付终值公式（已知P求F）

一次支付终值公式为

$$F = P(1+i)^n \tag{10-1-6}$$

上式称为一次支付终值公式，式中P称为本金或现值；F称为本利和，也称为终值或将来值；i为利率；n为计息期数；$(1+i)^n$称为一次支付终值系数（一次支付终值因子），可用$(F/P,i,n)$表示，含义为利率i、计息期数n，已知P求F。上式可写成

$$F = P(1+i)^n = P(F/P,i,n)$$

为计算方便，可将$(F/P,i,n)$按不同的利率i和不同的计息期数n制成复利系数表格以便于应用。

应用上式时应注意，期数为n时，P发生在第一个计息期的期初，F发生在第n期的期末。

如图 10-1-2 所示，借款 10 000 元发生在第一年年初（0 年末），还款 11 500 元发生在第 3 年年末。

【例 10-1-3】某工程贷款 1 000 万元，合同规定 3 年后偿还，年利率为 5%，问 3 年后应偿还贷款的本利和是多少？

解　绘出现金流量图如解图所示。

查复利系数表（参见表 10-1-1），可得

$$(F/P,5,3) = 1.158$$

3 年后本利和为

$$F = P(F/P,5,3) = 1\,000 \times 1.158 = 1\,158 \text{ 万元}$$

也可按一次支付终值公式计算，即

$$F = P(1+i)^n = 1\,000 \times (1+5\%)^3 = 1\,158 \text{ 万元}$$

也即 3 年后应偿还本利和 1 158 万元。

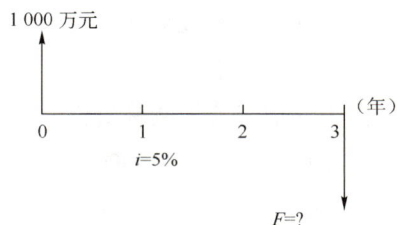

例 10-1-3 解图　某工程贷款现金流量图

2. 一次支付现值公式（已知F求P）

当需要将期末一次性偿还的本利和折算成现值时，即已知将来值F求现值P，可由一次支付终值公式得到

$$P = \frac{F}{(1+i)^n} = F(P/F,i,n) \tag{10-1-7}$$

式中，$\frac{1}{(1+i)^n}$称为一次支付现值系数，记为$(P/F,i,n)$。

【例 10-1-4】为了 5 年后得到 500 万元，年利率为 8%，问现在应投资多少？

解 绘出现金流量图，如解图所示。

查表可得$(P/F,8,5) = 0.680\,6$，现在应投资额为

$$P = F(P/F,8,5) = 500 \times 0.680\,6 = 340.3 \text{ 万元}$$

或 $\quad P = F/(1+i)^n = 500/(1+8\%)^5 = 340.3 \text{ 万元}$

【例 10-1-5】 某人预计 5 年后需要一笔 50 万元的资金，现市场上正发售期限为 5 年的电力债券，年利率为 5.06%，按年复利计息，5 年末一次还本付息，若想 5 年后拿到 50 万元的本利和，他现在应该购买电力债券：

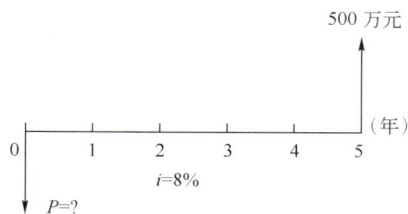

例 10-1-4 解图　现金流量图

    A. 30.52 万元　　　　　　　　　　　　B. 38.18 万元

    C. 39.06 万元　　　　　　　　　　　　D. 44.19 万元

解 根据一次支付现值公式（已知F求P）：

$$P = \frac{F}{(1+i)^n} = \frac{50}{(1+5.06\%)^5} = 39.06 \text{ 万元}$$

答案： C

（二）等额多次支付系列

等额多次支付是指所分析系统中的现金流入或现金流出在多个时点上发生，其现金流量每期均发生，且数额相等。等额多次支付情况下，共有 4 个参数：i、n、A，再加上F或P。等额多次支付有 4 个等值计算公式，在各个计算公式中，i、n均为已知。

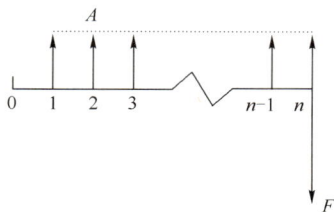

图 10-1-4　多次支付现金流量图

1. 等额支付终值公式（已知A求F）

假设某人连续每期期末从银行贷款，数额均为A，连续贷款n期，则n期后应一次还贷多少？该问题的现金流量图如图 10-1-4 所示。

如图 10-1-4 所示的现金流量图，等额资金为A，利率i，计息期数n，将来值为F，计算公式为

$$F = A\left[\frac{(1+i)^n - 1}{i}\right] = A(F/A,i,n) \tag{10-1-8}$$

上式称为等额支付终值公式，$\frac{(1+i)^n-1}{i}$称为等额支付终值系数，记为$(F/A,i,n)$。

【例 10-1-6】 若连续 6 年每年年末投资 1 000 万元，年复利利率$i = 5\%$，问 6 年后可得本利和多少？

解 绘出现金流量图，见解图。

根据上式，可得

$$\begin{aligned}
F &= A\left[\frac{(1+i)^n - 1}{i}\right] \\
&= 1\,000 \times \left[\frac{(1+5\%)^6 - 1}{5\%}\right] \\
&= 6\,802 \text{ 万元}
\end{aligned}$$

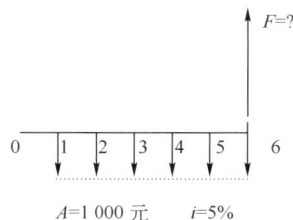

例 10-1-6 解图　等额投资现金流量图

或利用复利系数表，可得

$$F = A(F/A,i,n) = 1\,000 \times 6.802 = 6\,802 \text{ 万元}$$

即 6 年后可得本利和 6 802 万元。

2. 等额支付偿债基金公式（已知F求A）

等额支付偿债基金是指为了未来偿还一笔债务F，每期期末预先准备的年金。

由等额支付终值公式可得

$$A = F\left[\frac{i}{(1+i)^n - 1}\right] = F(A/F, i, n) \tag{10-1-9}$$

上式称为等额支付偿债基金公式，式中$\frac{i}{(1+i)^n - 1}$称为等额支付偿债基金系数，记为$(A/F, i, n)$。

应用上面等额支付系列终值公式和等额支付偿债基金公式时应注意，等额支付的第一个A发生在第1期期末，最后一个A与F同时发生在第n期期末。

【例 10-1-7】 某企业预计 4 年后需要资金 100 万元，$i=5\%$，复利计息，问每年年末应存款多少？

解 绘出现金流量图，见解图。

根据上面公式，可得

$$\begin{aligned} A &= F\left[\frac{i}{(1+i)^n - 1}\right] \\ &= 100 \times \left[\frac{5\%}{(1+5\%)^4 - 1}\right] = 23.20 \text{ 万元} \end{aligned}$$

或利用复利系数表，可得

$$A = F(A/F, i, n) = 100 \times 0.232\,01 = 23.20 \text{ 万元}$$

即每年年末应存款 23.20 万元。

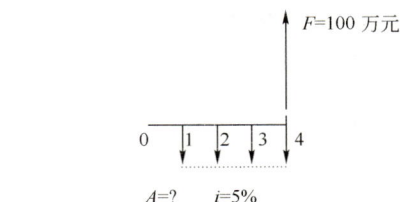

例 10-1-7 解图　某企业等额支付现金流量图

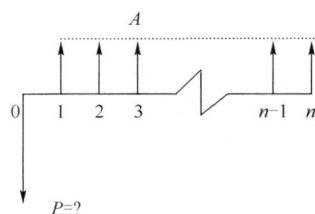

3. 等额支付资金回收公式（已知P求A）

等额支付资金回收是指以利率i投入一笔资金，希望今后n期内以每期等额A的方式回收，其A值应为多少？这类问题的现金流量图如图 10-1-5 所示。

等额支付资金回收公式为

$$A = P\left[\frac{i(1+i)^n}{(1+i)^n - 1}\right] = P(A/P, i, n) \tag{10-1-10}$$

式中，$\frac{i(1+i)^n}{(1+i)^n - 1}$称为等额支付资金回收系数，记为$(A/P, i, n)$。

【例 10-1-8】 如现在投资 100 万元，预计年利率为 10%，分 5 年等额回收，每年可回收：[已知：$(A/P, 10\%, 5) = 0.263\,8$，$(A/F, 10\%, 5) = 0.163\,8$]

    A. 16.38 万元　　　　B. 26.38 万元　　　　C. 62.09 万元　　　　D. 75.82 万元

解 根据等额支付资金回收公式，每年可回收：

$$A = P(A/P, 10\%, 5) = 100 \times 0.263\,8 = 26.38 \text{ 万元}$$

答案： B

4. 等额支付现值公式（已知A求P）

每年收益（或支付）等额年金，求其现值，现金流量图如图 10-1-6 所示。

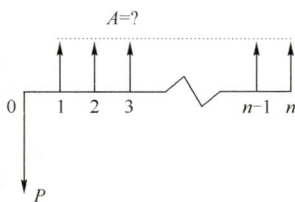

图 10-1-5　等额支付资金回收现金流量图　　　　　图 10-1-6　等额支付现值现金流量图

等额支付现值公式为

$$P = A\left[\frac{(1+i)^n - 1}{i(1+i)^n}\right] = A(P/A, i, n) \tag{10-1-11}$$

式中$\frac{(1+i)^n - 1}{i(1+i)^n}$称为等额支付现值系数，记为$(P/A, i, n)$。

应用等额支付资金回收公式和等额支付现值公式时应注意，P发生在第0年年末，即第1期期初，A发生在各期期末，P和A不在同一时间发生。

【**例 10-1-9**】某企业利用银行贷款建设，年复利率8%，当年建成并投产，预计每年可获得净利润100万元，要求10年内收回全部贷款，问投资额应控制在多少以内？

解　绘出现金流量图，如解图所示。

根据上式，可得

$$P = A\left[\frac{(1+i)^n - 1}{i(1+i)^n}\right]$$

$$= 100 \times \left[\frac{(1+8\%)^{10} - 1}{8\% \times (1+8\%)^{10}}\right] = 671.0 \text{ 万元}$$

或利用复利系数表，可得

$$P = A(P/A, i, n) = 100 \times 6.710 = 671.0 \text{ 万元}$$

即投资额应控制在671.0万元以内。

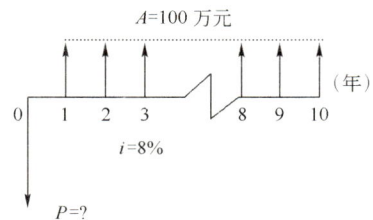

例 10-1-9 解图　等额支付现金流量图

五、复利系数表的应用

资金等值计算时，可以利用相应的公式计算，也可以应用复利系数表进行计算。复利系数表的形式见表10-1-1所列。表10-1-1是利率为5%的复利系数表。

复利系数表（利率为5%）　　　　　　　　　　　　　表 10-1-1

年份 n	一 次 支 付		等 额 支 付			
	终值系数 $(1+i)^n$ $(F/P, i, n)$	现值系数 $\dfrac{1}{(1+i)^n}$ $(P/F, i, n)$	终值系数 $\dfrac{(1+i)^n - 1}{i}$ $(F/A, i, n)$	偿债基金系数 $\dfrac{i}{(1+i)^n - 1}$ $(A/F, i, n)$	资金回收系数 $\dfrac{i(1+i)^n}{(1+i)^n - 1}$ $(A/P, i, n)$	现值系数 $\dfrac{(1+i)^n - 1}{i(1+i)^n}$ $(P/A, i, n)$
1	1.050	0.952 4	1.000	1.000 00	1.050 00	0.952
2	1.103	0.907 0	2.050	0.487 80	0.537 80	1.859
3	1.158	0.868 8	3.153	0.317 21	0.367 21	2.723
4	1.216	0.827 7	4.310	0.232 01	0.282 01	3.546
5	1.276	0.783 5	5.526	0.180 97	0.230 97	4.329
6	1.340	0.746 2	6.802	0.147 02	0.197 02	5.076
7	1.407	0.710 7	8.142	0.122 82	0.172 82	5.78
8	1.477	0.676 8	9.549	0.104 72	0.154 72	6.463
9	1.551	0.644 6	11.027	0.090 69	0.140 69	7.108
10	1.629	0.613 9	12.578	0.079 50	0.129 50	7.722

【例 10-1-10】某项目建设期 2 年，前 2 年年初分别投资 1 000 万元和 800 万元，2 年建成并投产，从第 3 年开始每年净收益 300 万元，项目生产期为 10 年，年利率为 5%，试计算该项目的净现值（净现值：按设定的折现率，将项目计算期内各年的净现金流量折现到建设期初的现值之和）。

解 该项目的现金流量图如解图所示，净现值为

$$NPV = -1\,000 - 800(P/F,5,1) + 300(P/A,5,10)(P/F,5,2)$$
$$= -1\,000 - 800 \times 0.952\,4 + 300 \times 7.722 \times 0.907\,0$$
$$= 339.24 \text{ 万元}$$

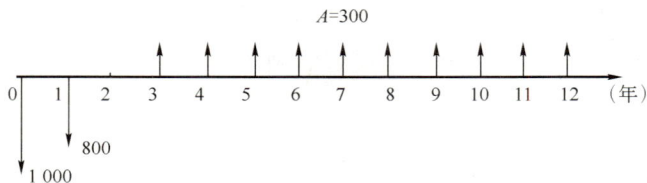

例 10-1-10 解图　某投资项目的现金流量图

习　题

10-1-1　某公司购买设备，有三家银行可提供贷款，甲银行年利率 18%，半年计息一次；乙银行年利率 17%，每月计息一次；丙银行年利率 18.2%，每年计息一次。均按复利计息，若其他条件相同，公司应向（　　　）。

　　A. 向甲银行借款　　　　　　　　　　B. 向乙银行借款

　　C. 向丙银行借款　　　　　　　　　　D. 向甲银行、丙银行借款都一样

10-1-2　某公司从银行贷款，年利率 11%，每年年末贷款金额 10 万元，按复利计息，到第 5 年年末需偿还本利和（　　　）。

　　A. 54.4 万元　　　　　B. 55.5 万元　　　　　C. 61.051 万元　　　　　D. 62.278 万元

10-1-3　某公司从银行贷款，年利率 8%，按复利计息，借贷期限 5 年，每年年末偿还等额本息 50 万元。到第 3 年年初，企业已经按期偿还 2 年本息，现在企业有较充裕资金，与银行协商，计划第 3 年年初一次偿还贷款，需还款金额为（　　　）。

　　A. 89.2 万元　　　　　B. 128.9 万元　　　　　C. 150 万元　　　　　D. 199.6 万元

10-1-4　某学生从银行贷款上学，贷款年利率 5%，上学期限 3 年，与银行约定从毕业工作的第 1 年年末开始，连续 5 年以等额本息还款方式还清全部贷款，预计该生每年还款能力为 6 000 元。该学生上学期间每年年初可从银行得到等额贷款是（　　　）。

　　A. 7 848 元　　　　　B. 8 240 元　　　　　C. 9 508 元　　　　　D. 9 539 元

第二节　财务效益与费用估算

一、项目的分类与项目计算期

对建设项目可以从不同的角度进行分类，通常有以下分类方法：

（1）按项目的目标，可分为经营性项目和非经营性项目；

（2）按项目的产出属性（产品或服务），可分为公共项目和非公共项目；

（3）按项目的投资管理形式，可分为政府投资项目和企业投资项目；

（4）按项目与企业原有资产的关系，可分为新建项目和改扩建项目；

（5）按项目的融资主体，可分为新设法人项目和既有法人项目。

一个建设项目要经历若干个不同的阶段。在进行建设项目经济评价时，项目计算期是指经济评价中为进行动态分析所设定的期限，包括建设期和运营期。建设期是指项目资金正式投入开始到项目建成投产为止所需要的时间，一般按合理工期或预定的建设进度确定；运营期又分为投产期和达产期两个阶段。投产期是指项目投入生产，但生产能力尚未达到设计能力时的过渡阶段。达产期是指生产运营达到设计预期水平后的时间。运营期的长短一般取决于主要设备经济寿命。

项目计算期的长短与行业特点、主要设备经济寿命等有关。

二、财务效益与费用

财务效益与费用是对项目进行财务分析的基础，这里的财务效益与费用是指项目实施后所获得的收入和费用支出。

（一）收入

项目的收入包括营业收入和补贴收入。

1. 营业收入

营业收入是指销售产品或提供服务获得的收入。对于生产销售产品的项目，营业收入就是销售收入。销售收入是指企业向社会出售商品或提供劳务的货币收入。

$$销售收入 = 产品销售量 \times 产品单价$$

在项目经济评价中需要对营业收入进行估算，根据市场预测分析数据、产品或服务价格、各期的运营负荷（产品或服务的数量）等因素估算。

2. 补贴收入

补贴收入是企业从政府或某些国际组织得到的补贴。

对于适用增值税的经营性项目，除营业收入外，可得到的增值税返还也作为补贴收入计入财务效益；对于非经营性项目，财务效益包括可能获得的各种补贴收入。

3. 利润

利润是企业在一定期间的经营成果。

营业利润 = 营业收入 − 营业成本 − 营业税金及附加 − 销售费用 − 管理费用 − 财务
　　　　费用 − 资产减值损失 − 公允价值变动损失(+收益) + 投资收益(−损失)

利润总额 = 营业利润 + 营业外收入 − 营业外支出

净利润 = 利润总额 − 所得税费用 = 利润总额 × (1 − 所得税率)

【例 10-2-1】 对于国家鼓励发展的增值税的经营项目，可以获得增值税的优惠。在财务评价中，先征后返的增值税应记作项目的：

　　A. 补贴收入　　　　　　　　　　B. 营业收入

　　C. 经营成本　　　　　　　　　　D. 营业外收入

解　根据建设项目经济评价方法的有关规定，在建设项目财务评价中，对于先征后返的增值税、按销量或工作量等依据国家规定的补助定额计算并按期给予的定额补贴，以及属于财政扶持而给予的其他形式的补贴等，应按相关规定合理估算，记作补贴收入。

答案： A

（二）项目的费用支出

建设项目所支出的费用主要包括投资、成本费用和税金等。

1. 建设投资

建设投资是指项目筹建和建设期间所需的建设费用。建设投资由工程费用（包括建筑工程费、设备购置费、安装工程费）、工程建设其他费用和预备费（包括基本预备费和涨价预备费）所组成。

其中工程建设其他费用是指建设投资中除建筑工程费、设备购置费和安装工程费之外的，为保证项目顺利建成并交付使用的各项费用，包括建设用地费用、与项目建设有关的费用（如建设管理费、可行性研究费、勘察设计费等）及与项目运营有关的费用（如专利使用费、联合试运转费、生产准备费等）。

建设项目的总投资包括建设投资、建设期利息和流动资金之和。建设期利息包括银行借款和其他债务资金的利息，以及其他融资费用。流动资金是指项目运营期内长期占用并周转使用的营运资金。建设项目投资构成如图 10-2-1 所示。

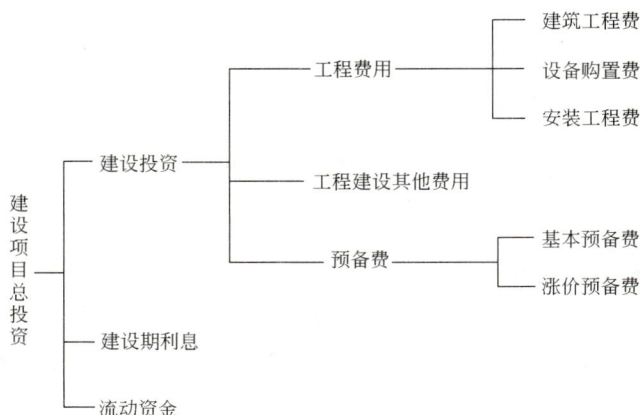

图 10-2-1　建设项目投资构成

【例 10-2-2】 在下列费用中，应列入项目建设投资的是：

A. 项目经营成本　　　　　　　　　B. 流动资金

C. 预备费　　　　　　　　　　　　D. 建设期利息

解　建设项目评价中的总投资包括建设投资、建设期利息和流动资金之和。建设投资由工程费用（建筑工程费、设备购置费、安装工程费）、工程建设其他费用和预备费（基本预备费和涨价预备费）组成。

答案： C

2. 建设期利息

建设期利息是指为建设项目所筹措的债务资金在建设期内发生并按规定允许在投产后计入固定资产原值的利息，即资本化利息。估算建设期利息一般按年计算。

根据借款是在建设期各年年初发生还是在各年年内均衡发生，估算建设期利息应采用不同的计算公式。

（1）借款在建设期各年年初发生，建设期利息为

$$Q = \sum [(P_{t-1} + A_t) \cdot i] \tag{10-2-1}$$

式中： Q ——建设期利息；

$\quad P_{t-1}$ ——按单利计算时为建设期第 $t-1$ 年末借款累计，按复利计息时为建设期第 $t-1$ 年末借款本息累计；

$\quad A_t$ ——建设期第 t 年借款额；

$\quad i$ ——借款年利率；

$\quad t$ ——年份。

（2）借款在建设期各年年内均衡发生，建设期利息为

$$Q = \sum \left[\left(P_{t-1} + \frac{A_t}{2} \right) \cdot i \right] \tag{10-2-2}$$

【例 10-2-3】 某新建项目，建设期为 3 年，第 1 年年初借款 500 万元，第 2 年年初借款 800 万元，第 3 年年初借款 400 万元，借款年利率 8%，按年计息，建设期内不支付利息。试问该项目的建设期利息是多少？

解 第 1 年借款利息： $Q_1 = (P_{1-1} + A_1) \times i = 500 \times 8\% = 40$ 万元

第 2 年借款利息： $Q_2 = (P_{2-1} + A_2) \times i = (540 + 800) \times 8\% = 107.2$ 万元

第 3 年借款利息： $Q_3 = (P_{3-1} + A_3) \times i = (540 + 907.2 + 400) \times 8\% = 147.78$ 万元

建设期利息为： $Q = Q_1 + Q_2 + Q_3 = 40 + 107.2 + 147.78 = 294.98$ 万元

【例 10-2-4】 某新建项目，建设期为 3 年，第 1 年借款 500 万元，第 2 年借款 800 万元，第 3 年借款 400 万元，各年借款均在年内均衡发生，借款年利率 8%，每年计息一次，建设期内按期支付利息。试问该项目的建设期利息是多少？

解 第 1 年借款利息： $Q_1 = (P_{1-1} + A_1/2) \times i = 500 \div 2 \times 8\% = 20$ 万元

第 2 年借款利息： $Q_2 = (P_{2-1} + A_2/2) \times i = (500 + 800 \div 2) \times 8\% = 72$ 万元

第 3 年借款利息： $Q_3 = (P_{3-1} + A_3/2) \times i = (500 + 800 + 400 \div 2) \times 8\% = 120$ 万元

建设期利息为： $Q = Q_1 + Q_2 + Q_3 = 20 + 72 + 120 = 212$ 万元

【例 10-2-5】 某建设项目的建设期为 2 年，第一年贷款额为 400 万元，第二年贷款额 800 万元，贷款在年内均衡发生，贷款年利率为 6%，建设期内不支付利息，计算建设期贷款利息为：

   A. 12 万元   B. 48.72 万   C. 60 万元   D. 60.72 万元

解 第一年贷款利息： $400/2 \times 6\% = 12$ 万元

第二年贷款利息： $(400 + 800/2 + 12) \times 6\% = 48.72$ 万元

建设期贷款利息： $12 + 48.72 = 60.72$ 万元

答案： D

3. 流动资金

流动资金是指运营期内长期占用并周转使用的营运资金，不包括运营中需要的临时性营运资金。建设项目投资期垫支的营运资金一般默认在营业终结期（项目寿命期满）收回。营运资金垫支一般发生在投资期，垫支时做现金流出，在项目寿命期满收回时做现金流入。流动资金估算的基础是营业收入、经营成本和商业信用等。在估算营业收入和经营成本后估算流动资金。按行业或前期研究阶段的不同，估算流动资金的方法可选用扩大指标法或分项详细估算法。

（1）扩大指标法

扩大指标法是参照同类企业流动资金占营业收入或经营成本的比例，或者单位产品占用营运资金

的数额估算流动资金，计算公式如下

$$流动资金 = 年营业收入额 × 营业收入资金率$$

或

$$流动资金 = 年经营成本 × 经营成本资金率$$

或

$$流动资金 = 单位产品占用流动资金额 × 年产量$$

（2）分项详细估算法

分项详细估算法是利用流动资产与流动负债估算项目占用的流动资金。流动资产的构成要素一般包括存货、库存现金、应收账款和预付账款，流动负债的构成要素一般只考虑应付账款和预收账款。计算公式如下

$$流动资金 = 流动资产 - 流动负债$$

$$流动资产 = 存货 + 现金 + 应收账款 + 预付账款$$

$$流动负债 = 应付账款 + 预收账款$$

$$流动资金本年增加额 = 本年流动资金 - 上年流动资金$$

4. 总成本费用

费用是指企业在日常活动中发生的、会导致所有者权益减少的、与向所有者分配利润无关的经济利益的总流出。成本通常是指企业为生产产品或提供服务所进行经营活动的耗费。

总成本费用是指在运营期内为生产产品或提供服务所发生的全部费用，等于经营成本与折旧费、摊销费和财务费用之和。

总成本费用可按以下两种方法计算：

（1）生产成本加期间费用估算法

$$总成本费用 = 生产成本 + 期间费用$$

其中　生产成本=直接材料费+直接燃料和动力费+直接工资+其他直接支出+制造费用

$$期间费用 = 管理费用 + 营业费用 + 财务费用$$

生产成本是企业为生产产品或提供服务而发生的各项生产费用，包括各项直接支出和制造费用。其中，直接支出包括直接材料、直接燃料和动力、直接工资、其他直接支出（如福利费）；制造费用是指企业内的车间为组织和管理生产所发生的各项费用，包括车间管理人员工资、折旧费、修理费及其他制造费用（办公费、差旅费、劳保费等）。

管理费用是指企业行政管理部门为组织和管理生产经营活动而发生的各项费用，包括企业管理人员的工资、福利费及公司一级的折旧费、修理费、无形资产摊销费、长期待摊费用、其他管理费用（如办公费、差旅费、技术转让费、咨询费等）。

营业费用是指企业在销售产品和提供服务等经营过程中发生的各项费用以及专设销售机构的各项经费。

财务费用是指企业在生产经营过程中为筹集资金而发生的各项费用，包括企业生产经营期间发生的利息支出、汇兑净损失、金融机构手续费等。在项目评价中一般只考虑其中的利息支出。

（2）生产要素估算法

$$总成本费用 = 外购原材料、燃料和动力费 + 工资及福利费 + 折旧费 + 摊销费 +$$
$$修理费 + 财务费用(利息支出) + 其他费用$$

5. 固定资产折旧

固定资产是指使用期限超过一年，单位价值在规定标准以上，并在使用过程中保持原有物质形态的

资产。固定资产在使用过程中，其价值量会不断变化。

建设项目建成或者设备购置投入使用时发生并核定的固定资产完全原始价值总量，称为固定资产原值。固定资产在使用过程中会发生损耗，这种损耗称为固定资产损耗，产生的损耗，包括有形损耗和无形损耗。有形损耗也称为物理损耗，是由于使用或者自然力的作用而引起的固定资产物质上的损耗。无形损耗也称为精神损耗，是由于科学技术进步、社会劳动生产率提高而引起原来的固定资产贬值。

固定资产原值或者重置价值减去累计折旧额后的余额称为固定资产净值，它反映了固定资产现存的价值。

固定资产达到规定的使用期限或者报废清理时可以回收的价值称为固定资产残值。

固定资产折旧简称折旧，是指固定资产在使用过程中由于逐渐磨损和贬值而转移到产品中去的那部分价值。固定资产在使用过程中，虽然其实物形态不变，但是由于磨损和贬值其价值会发生变化。折旧是固定资产价值补偿的一种方式，通过从销售收入中提取折旧费对固定资产进行价值形态的补偿，提取的折旧费积累起来可以用作固定资产的更新。

在项目投产前一次性支付的无形资产的费用，如技术转让费（包括专利费、许可证费等），在项目投产后分次摊入成本的金额，称为摊销费。摊销费是无形资产转移到成本的那部分价值。同样，摊销费也在销售收入中回收，其性质与折旧费类似，所以也可以把它列入计算折旧的栏目中，一并计算现金流量。

折旧常用的方法有年限平均法、工作量法、双倍余额递减法、年数总和法等。其中，双倍余额递减法属于加速折旧法，对企业较为有利，一方面可以避免承担固定资产无形损耗带来的风险；另一方面可以冲减企业的利润，减少同期的纳税额。各种折旧方法计算公式如下：

（1）年限平均法

$$年折旧额 = \frac{固定资产原值 - 残值}{折旧年限} \qquad (10-2-3)$$

残值与固定资产原值之比称为净残值率，将上式两边同除以固定资产原值，可以得到年折旧率，所以年折旧额也可以按以下两式计算

$$年折旧率 = \frac{1 - 预计净残值率}{折旧年限} \times 100\% \qquad (10-2-4)$$

$$年折旧额 = 固定资产原值 \times 年折旧率 \qquad (10-2-5)$$

按这种折旧方法计算，折旧率不变，每年折旧额也相等。

【例 10-2-6】 某企业以 15 万元购入一种测试仪器，按规定使用年限为 10 年，残值率为 3%，求各年的折旧额。

解 根据式（10-2-4）和式（10-2-5），可知

$$年折旧率 = \frac{1 - 3\%}{10} = 9.7\%$$

$$年折旧额 = 15 \times 9.7\% = 1.455 \ 万元$$

（2）工作量法

这种方法根据固定资产实际完成的工作量计算折旧额。一些专业设备，如汽车、机床等一般用这种方法计提折旧。工作量法分为两种，一种是按照行驶里程计算折旧，另一种是按照工作小时计算折旧。

按行驶里程计算折旧的公式如下

$$单位里程折旧额 = \frac{原值 \times (1 - 预计净残值率)}{总行驶里程} \tag{10-2-6}$$

$$年折旧额 = 单位里程折旧额 \times 年行驶里程$$

按照工作小时计算折旧的公式为

$$每工作小时折旧额 = \frac{原值 \times (1 - 预计净残值率)}{总工作小时} \tag{10-2-7}$$

$$年折旧额 = 每工作小时折旧额 \times 年工作小时$$

采用工作量法折旧，若每年的工作量不同，则每年的折旧额不等。

【例 10-2-7】 同例 10-2-6，各年该测试仪器工作小时见表，用工作量法计算各年的折旧额。

某测试仪器各年的工作小时 例 10-2-7 表

年 份	1	2	3	4	5	6	7	8	9	10	合计
工作小时	420	450	460	500	510	500	530	550	540	540	5000

解 根据公式（10-2-7），可知

$$第 1 年折旧额 = (15 - 15 \times 3\%) \times \frac{420}{5\,000} = 1.222 \text{ 万元}$$

$$第 2 年折旧额 = (15 - 15 \times 3\%) \times \frac{450}{5\,000} = 1.310 \text{ 万元}$$

同样，可求得其余各年折旧额。

（3）双倍余额递减法

双倍余额递减法属于加速折旧法，是一种加快回收折旧金额的方法。此法初始年折旧额大，随着固定资产使用年数的增加，年折旧额逐年降低，但每年的折旧率是相同的。

$$年折旧率 = \frac{2}{折旧年限} \times 100\% \tag{10-2-8}$$

$$第 n 年折旧额 = 第 n 年固定资产净值 \times 年折旧率 \tag{10-2-9}$$

采用此法计算折旧额，应在固定资产折旧年限到期的前 2 年内，将固定资产净值扣除预计残值后的净额平均摊销。

【例 10-2-8】 同例 10-2-6，但用双倍余额递减法计算各年的折旧额。

解 根据公式（10-2-8）和公式（10-2-9）可得

$$年折旧率 = \frac{2}{10} \times 100\% = 20\%$$

第 1 年折旧额 $= 15 \times 20\% = 3$ 万元

第 2 年折旧额 $= (15 - 3) \times 20\% = 2.4$ 万元

第 3 年折旧额 $= 15 \times (1 - 20\%)^2 \times 20\% = 1.92$ 万元

……

第 8 年折旧额 $= 15 \times (1 - 20\%)^7 \times 20\% = 0.629$ 万元

第 9 年和第 10 年的折旧额：

(固定资产净值 − 预计残值) $\div 2 = [15 \times (1 - 20\%)^8 - 15 \times 3\%] \div 2 = 1.033$ 万元

（4）年数总和法

$$年折旧率 = \frac{折旧年限 - 已使用年限}{折旧年限 \times (折旧年限 + 1) \div 2} \times 100\% \tag{10-2-10}$$

$$年折旧额 = (固定资产原值 - 残值) \times 年折旧率 \tag{10-2-11}$$

年数总和法也是一种加速折旧的方法，前几种方法每年的折旧率是不变的，而采用这种方法折旧，折旧额和折旧率都是逐年减小的。

【例 10-2-9】同例 10-2-6，但用年数总和法计算各年的折旧额。

解　根据公式（10-2-10）和公式（10-2-11）可得

第 1 年折旧率 $= \frac{10-0}{10 \times (10+1) \div 2} \times 100\% = 18.18\%$

第 1 年折旧额 $= (15 - 15 \times 3\%) \times 18.18\% = 2.645$ 万元

第 2 年折旧率 $= \frac{10-1}{10 \times (10+1) \div 2} \times 100\% = 16.36\%$

第 2 年折旧额 $= (15 - 15 \times 3\%) \times 16.36\% = 2.380$ 万元

同理，可计算出各年的折旧率及折旧额。

各年折旧额累计之和应等于固定资产原值减去残值。

6. 经营成本

经营成本是指建设项目总成本费用扣除折旧费、摊销费和财务费用以后的全部费用。

经营成本是项目评价中所使用的特定概念，是从投资方案本身考察的，在一定期间（一般为一年）内由于生产和销售产品或提供服务而实际发生的现金支出。经营成本不包括虽已经计入产品成本费用中但实际没有发生现金支出的费用项目。

经营成本与项目的融资方案无关，在完成建设投资和营业收入的估算后就可以估算经营成本，为项目融资之前的现金流量分析提供依据。

经营成本按下式计算

$$经营成本 = 外购原材料、燃料和动力费 + 工资及福利费 + 修理费 + 其他费用$$

经营成本与总成本费用之间的关系是

$$经营成本 = 总成本费用 - 折旧费 - 摊销费 - 财务费用$$

7. 固定成本和可变成本

总成本费用按成本与产量的关系可分为固定成本和可变成本。

固定成本是指产品总成本中，在一定产量范围内不随产量变动而变动的费用，如固定资产折旧费、管理费用等。固定成本一般包括折旧费、摊销费、修理费、工资、福利费（计件工资除外）及其他费用等。通常把运营期间发生的全部利息也作为固定成本。

可变成本也称为变动成本，是指产品总成本中随产量变动而变动的费用，如产品外购原材料、燃料及动力费、计件工资等。

固定成本总额在一定时期和一定业务范围内不随产量的增加而变动。但在单位产品成本中，固定成本部分与产量的增加成反比，即产量增加，单位产品的固定成本减少。

变动成本总额随产量增加而增加，但单位产品成本中，产量增加，单位可变成本不变。

8. 机会成本和沉没成本

机会成本是指将有限资源投入某种经济活动时所放弃的投入到其他经济活动所能带来的最高收益。

沉没成本是指过去已经支出而现在已无法得到补偿的成本。

【例 10-2-10】某项目投资中有部分资金源于银行贷款，该贷款在整个项目期间将等额偿还本息。项目预计年经营成本为 5 000 万元，年折旧费和摊销为 2 000 万元，则该项目的年总成本费用应：

  A. 等于 5 000 万元   B. 等于 7 000 万元

  C. 大于 7 000 万元   D. 在 5 000 万元与 7 000 万元之间

解 经营成本是指项目总成本费用扣除固定资产折旧费、摊销费和利息支出以后的全部费用。即，经营成本=总成本费用−折旧费−摊销费−利息支出。本题经营成本与折旧费、摊销费之和为 7 000 万元，再加上利息支出，则该项目的年总成本费用大于 7 000 万元。

答案：C

（三）项目评价涉及的税费

项目评价涉及的税费主要包括关税、增值税、营业税、消费税、所得税、资源税、城市维护建设税和教育费附加等，有的行业还涉及土地增值税。

我国目前的工商税制分为流转税、资源税、收益税、财产税、特定行为税等几类。其中项目评价所涉及的主要税费有从销售收入中扣除的增值税、营业税及附加，计入总成本费用的房产税、土地使用税、车船使用税、印花税等，计入建设投资的引进技术、设备材料的关税和固定资产投资方向调节税等，以及从利润中扣除的所得税等。以下简述几种主要的税种。

1. 增值税

增值税是就商品生产、商品流通和劳务服务各个环节的增值额征收的一种流转税（流转税是指以商品生产、商品流通和劳务服务的流转额为征税对象的各种税，包括增值税、消费税和营业税）。增值税设基本税率、低税率和零税率三档。计税公式为

$$应纳税额 = 当期销项税额 − 当期进项税额$$

其中 $$销项税额 = 销售额 × 适用增值税率$$

销项税额是按照销售额和规定税率计算并向购买方收取的增值税额。进项税额是指纳税人购进货物或者应税劳务所支付或者负担的增值税额。准予从销项税额中抵扣的进项税额，是指从销售方取得增值税专用发票上注明的增值税额或从海关取得的完税凭证上注明的增值税额。

财务分析应按税法规定计算增值税。当采用含（增值）税价格计算销售收入和原材料、燃料动力成本时，利润和利润分配表以及现金流量表中应单列增值税科目；采用不含（增值）税价格计算时，利润表和利润分配表以及现金流量表中不包括增值税科目。

2. 营业税

营业税是对在我国境内提供应税劳务、转让无形资产、销售不动产的单位和个人，就其营业额征收的一种税。凡在我国境内从事交通运输、建筑业、金融保险业、邮电通信业、文化体育业、娱乐业、服务业、转让无形资产、销售不动产等业务，都属于营业税的征收范围。其计算公式为

$$应纳营业税税额 = 营业额 × 适用税率$$

营业税是价内税，包含在营业收入之内。

3. 资源税

资源税是对在我国境内从事开采特定矿产品和生产盐的单位和个人征收的税种，通常按矿产的产量计征。

4. 消费税

消费税是以特定消费品为纳税对象的税种。

5. 关税

关税是以进出口应税货物为纳税对象的税种。

6. 土地增值税

土地增值税是按照转让房地产所取得的增值额征收的一种税。房地产开发项目应按规定计算土地增值税。

7. 城乡维护建设税

城乡维护建设税是对一切有经营收入的单位和个人，就其经营收入征收的一种税。城市维护建设税是一种地方附加税，目前以流转税额（包括增值税、营业税和消费税）为计税依据。

8. 教育费附加

教育费附加是向缴纳增值税、消费税、营业税的单位和个人征收的一种专项费用。

9. 企业所得税

企业所得税是企业应纳税所得额征收的税种，其计算公式为

$$应纳所得税额 = 应纳税所得额 \times 所得税税率$$

$$应纳税所得额 = 利润总额 \pm 税收项目调整项目金额$$

10. 固定资产投资方向调节税

固定资产投资方向调节税是以投资行为为征税对象的一种税。按国家规定，自 2000 年 1 月起新发生的投资额，暂停征收固定资产投资方向调节税。

在财务现金流量表中所列的"营业税及附加"，是指在项目运营期内各年销售产品或提供服务所发生的应从营业收入中缴纳的税金，包括营业税、资源税、消费税、土地增值税、城市维护建设税和教育费附加。

（四）总投资形成的资产

建设项目评价中的总投资，是指项目建设和投入运营所需要的全部投资，为建设投资、建设期利息和流动资金之和。应注意项目评价中的总投资区别于目前国家考核建设规模的总投资，后者包括建设投资和 30% 的流动资金（又称铺底流动资金）。

按现行财务会计制度的规定，固定资产是指为生产商品、提供劳务、出租或经营管理而持有的，使用寿命超过一个会计年度的有形资产。

无形资产是指企业拥有或控制的没有实物形态的可辨认非货币性资产。

其他资产，原称递延资产，是指除流动资产、长期投资、固定资产、无形资产以外的其他资产，如长期待摊费用。

项目评价中总投资形成的资产可划分为：

1. 固定资产

构成固定资产原值的费用包括：

（1）工程费用，即建筑工程费、设备购置费和安装工程费；

（2）工程建设其他费用；

（3）预备费，可含基本预备费和涨价预备费；

（4）建设期利息。

2. 无形资产

构成无形资产原值的费用，主要包括技术转让费或技术使用费（含专利权和非专利技术）、商标权

和商誉等。

3. 其他资产

构成其他资产原值的费用，主要包括生产准备费、开办费、出国人员费、来华人员费、图纸资料翻译复制费、样品样机购置费和农业开荒费等。

建设项目经济评价中，应按有关规定将建设投资中的各分项分别形成固定资产原值、无形资产原值和其他资产原值。形成的固定资产原值可用于计算折旧费，形成的无形资产原值和其他资产原值可用于计算摊销费。建设期利息应计入固定资产原值。

总投资中的流动资金与流动负债共同构成流动资产。

习 题

10-2-1 构成建设项目的总投资的三部分费用是（   ）。

    A. 工程费用、预备费、流动资金

    B. 建设投资、建设期利息、流动资金

    C. 建设投资、建设期利息、预备费

    D. 建筑安装工程费、工程建设其他费用、预备费

10-2-2 建设项目总投资中，形成固定资产原值的费用包括（   ）。

    A. 工程费用、工程建设其他费用、预备费、建设期利息

    B. 工程费用、专利费、预备费、建设期利息

    C. 建筑安装工程费、设备购置费、建设期利息、商标权

    D. 建筑安装工程费、预备费、流动资金、技术转让费

10-2-3 某新建项目，建设期 2 年，第 1 年年初借款 1 500 万元，第 2 年年初借款 1 000 万元，借款按年计息，利率为 7%，建设期内不支付利息，第 2 年借款利息为（   ）。

    A. 70 万元   B. 77.35 万元

    C. 175 万元   D. 182.35 万元

10-2-4 某企业购置一台设备，固定资产原值为 20 万元，采用双倍余额递减法折旧，折旧年限为 10 年，则该设备第 2 年折旧额为（   ）。

    A. 2 万元   B. 2.4 万元

    C. 3.2 万元   D. 4.0 万元

10-2-5 某工业企业预计今年销售收入可达 8 000 万元，总成本费用为 8 200 万元，则该企业今年可以不缴纳（   ）。

    A. 企业所得税   B. 营业税金及附加

    C. 企业自有车辆的车船税   D. 企业自有房产的房产税

10-2-6 在建设项目总投资中，以下应计入固定资产原值的是（   ）。

    A. 建设期利息   B. 外购专利权

    C. 土地使用权   D. 开办费

第三节 资金来源与融资方案

一、资金筹措的主要方式

一个项目的建设，需要通过融资筹集建设项目所需的资金，资金筹措方式是指项目获得资金的具体方式。按照融资主体不同，项目的融资可分为既有法人融资和新设法人融资两种融资方式；按融资的性质，可以分为权益融资和债务融资。权益融资形成项目的资本金，债务融资形成项目的债务资金。

（一）资本金筹措

项目资本金是指在建设项目总投资中，由投资者认缴的出资额，对项目来说是非债务资金，投资者按出资比例依法享有所有者权益，可转让其出资，但不得抽回。项目法人不承担资本金的任何利息和债务，没有按期还本付息的压力。股利的支付依投产后的经营状况而定，项目法人的财务负担较小。由于股利从税后利润中支付，没有抵税作用，且发行费用较高，故资金成本较高。

项目资本金（即项目权益资金）的来源和筹措方式根据融资主体的特点有不同筹措方式。

既有法人融资项目新增资本金，可通过原有股东增资扩股、吸收新股东投资、发行股票、政府投资等方式筹措；新设法人融资项目的资本金，可通过股东直接投资、发行股票、政府投资等方式筹措。

（二）债务资金筹措

债务资金是项目投资中以负债方式从金融机构、证券市场等资本市场取得的资金。债务资金的特点是：使用上有时间性限制，到期必须偿还；不管企业经营好坏，均得按期还本付息，形成企业的财务负担；资金成本一般比权益资金低；不会分散投资者对企业的控制权。

目前，我国项目债务资金的来源和筹措方式有：

1. 商业银行贷款

国内商业银行贷款手续简单、成本较低，适用于有偿债能力的项目。

2. 政策性银行贷款

政策性银行贷款一般期限较长，利率较低。

3. 外国政府贷款

外国政府贷款在经济上有援助性质，期限长、利率低。

4. 国际金融组织贷款

国际金融组织贷款，如国际货币基金组织、世界银行、亚洲开发银行等。国际金融组织有自己的贷款政策，符合该组织认为应当支持的项目才能获得贷款。

5. 出口信贷

出口信贷是设备出口国政府为促进本国设备出口，鼓励本国银行向本国出口商或外国进口商（或进口方银行）提供的贷款。贷款的使用条件是购买贷款国的设备，其利率通常低于国际上商业银行的利率，但需要支付一定的附加费用（管理费、承诺费、信贷保险费等）。

6. 银团贷款

银团贷款是指多家银行组成一个集团，由一家或几家银行牵头，采用同一贷款协议，按照共同约定的贷款计划，向借款人提供贷款的贷款方式。它主要适用于资金需要量大、偿债能力较强的项目。

7. 企业债券

企业债券是企业以自身的财务状况和信用条件为基础，按有关法律、法规规定的条件和程序发行的、约定在一定期限内还本付息的债券。企业债券的特点是筹资对象广，但发债条件严格、手续复杂；其利率虽低于贷款利率，但发行费用较高。它适用于资金需求量大、偿债能力较强的项目。

8. 国际债券

国际债券是在国际金融市场上发行的、以外国货币为面值的债券。

9. 融资租赁

租赁筹资是指出租人以租赁方式将出租物租给承租人，承租人以交纳租金的方式取得租赁物的使用权，在租赁期间出租人仍保持出租物的所有权，并于租赁期满收回出租物的一种经济行为。

企业筹集资金除了受到宏观经济、法律、政策及行业特点等因素制约外，还受到企业或项目自身因素的影响，包括拟建项目的规模、拟建项目的速度、控制权、资金结构、资金成本等因素的影响。

（三）准股本资金筹措

准股本资金是一种既具有资本金性质，又具有债务资金性质的资金。主要包括优先股股票和可转换债券。

（1）优先股股票：是一种兼具资本金和债务资金性质的有价证券。从普通股股东的立场看，优先股可视同一种负债；但从债权人的立场看，优先股可视同资本金。

在项目评价中，优先股股票应视为项目资本金。

（2）可转换债券：兼有债券和股票的特性。有债权性、股权性和可转换性三个特点。在项目评价中，可转换债券应视为项目债务资金。

二、资金成本

资金成本是企业为筹措资金和使用资金而付出的代价，由资金筹集费和资金占用费所组成。资金筹集费是筹集资金过程中发生的费用，如律师费、证券印刷费、发行手续费、资信评估费等；资金占用费是使用资金过程中向提供资金者所支付的费用，如借款利息、债券利息、优先股股息、普通股股息等。

资金成本一般用资金成本率表示。资金成本率是指筹集的资金与筹资发生的各种费用等值时的贴现率。考虑了资金时间价值的资金成本率的一般计算公式为

$$\sum_{t=0}^{n} \frac{F_t - C_t}{(1+K)^n} = 0 \qquad (10\text{-}3\text{-}1)$$

式中：F_t ——各年实际筹措资金流入额；

$\quad\ \ C_t$ ——各年实际资金筹集费和资金占用费；

$\quad\ \ K$ ——资金成本率；

$\quad\ \ n$ ——资金占用期限。

若不考虑资金的时间价值，资金成本可按下式计算

$$K = \frac{D}{I - C} = \frac{D}{I(1-f)} \qquad (10\text{-}3\text{-}2)$$

式中：K ——资金成本；

$\quad\ \ D$ ——资金占用费；

$\quad\ \ I$ ——筹集资金总额；

C ——资金筹集费；

f ——筹资费率。

（一）各种资金来源的资金成本

1. 银行借款成本

借贷、债券等的融资费用和利息支出均在缴纳所得税之前支付，因此作为股权投资者可以获得所得税抵减的好处，所得税后资金成本可根据下式计算

$$所得税后资金成本 = 所得税前资金成本 \times (1 - 所得税税率)$$

借款成本主要是利息支出，在筹资的时候也有一些费用，但这些费用一般较少，进行财务评价时可以忽略不计。考虑到利息在所得税前支付，可少交一部分所得税。其资金成本计算公式为

$$K_e = R_e(1 - T) \tag{10-3-3}$$

式中：K_e ——借款成本；

R_e ——借款利率；

T ——所得税税率。

如果考虑筹资费用，计算公式为

$$K_e = \frac{R_e(1 - T)}{1 - f} \tag{10-3-4}$$

式中：f ——筹资费率。

【例 10-3-1】 某项目从银行贷款 500 万元，年利率为 8%，在借款期间每年支付利息 2 次，所得税税率为 25%，手续费忽略不计，问该借款的资金成本是多少？

解　将名义利率折算为实际利率，即

$$R_e = \left(1 + \frac{r}{m}\right)^m - 1 = \left(1 + \frac{8\%}{2}\right)^2 - 1 = 8.16\%$$

借款资金成本 $K_e = R_e(1 - T) = 8.16\% \times (1 - 25\%) = 6.12\%$

2. 债券成本

与借款类似，企业发行债券筹集成本所支付的利息计入税前成本费用，同样可以少交一部分所得税。企业发行债券的筹资费用较高，计算其资金成本时应予以考虑。债券成本的计算公式为

$$K_b = \frac{R_b(1 - T)}{B(1 - f_b)} \tag{10-3-5}$$

式中：K_b ——债券成本；

R_b ——债券每年实际利息；

B ——债券每年发行总额；

f_b ——债券筹资费用率。

3. 优先股资金成本

优先股是一种兼有资本金和债务资金特点的融资方式，优先股股东不参与公司经营管理，对公司无控制权。发行优先股通常不需要还本，但需要支付固定股息，股息一般高于银行贷款利息。从债权人的立场看，优先股可视为资本金；从普通股股东的立场看，优先股可视为一种负债。在项目评价中，优先股股票应视为资本金。优先股资金成本的计算公式为

$$优先股资金成本 = \frac{优先股股息}{优先股发行价格 - 发行成本}$$

【例 10-3-2】 某优先股面值 100 元，发行价格 99 元，发行成本为面值的 3%，每年支付利息 1 次，固定股息率为 8%，问该优先股的资金成本是多少？

解 该优先股的资金成本 = $\dfrac{8}{99-3} \times 100\% = 8.33\%$

4. 普通股资金成本

普通股资金成本属于权益资金成本。其计算方法有资本资产定价模型法、税前债务成本加风险溢价法、股利增长模型法等。

（1）资本资产定价模型法

资本资产定价模型法的计算公式为

$$K_c = R_f + \beta(R_m - R_f) \tag{10-3-6}$$

式中：K_c ——普通股资金成本；

R_m ——市场投资组合预期收益率；

R_f ——无风险投资收益率；

β ——项目的投资风险系数。

（2）股利增长模型法

该模型是一种假定股票投资收益以固定的增长率递增的计算股票资金成本的方法，计算公式为

$$K_s = \frac{D_i}{P_0(1-f)} + g \tag{10-3-7}$$

式中：K_s ——普通股资金成本；

D_i ——第 i 期支付的股利；

P_0 ——普通股现值；

f ——筹资费率；

g ——期望股利增长率。

由于股利必须在企业税后利润中支付，因而不能抵减所得税的缴纳。

5. 保留盈余资金成本

保留盈余又称留存收益，是指企业从历年实现的利润中提取或形成的留存于企业内部的积累。保留盈余包括盈余公积和未分配利润。由于企业保留盈余资金不仅可以用来追加本企业的投资，也可把资金放入银行或者投资到别的企业。因此，使用保留盈余资金意味着要承受机会成本。

（二）扣除通货膨胀影响的资金成本

借贷资金利息等通常包含通货膨胀因素的影响，扣除通货膨胀因素影响的资金成本计算公式为

$$\text{扣除通货膨胀因素影响的资金成本} = \frac{1 + \text{未扣除通货膨胀因素影响的资金成本}}{1 + \text{通货膨胀率}} - 1 \tag{10-3-8}$$

如果需要计算扣除所得税和扣除通货膨胀因素影响的资金成本，应当先计算扣除所得税影响的资金成本，然后再计算扣除通货膨胀因素影响的资金成本。

【例 10-3-3】 如果通货膨胀率为 2%，试计算例 10-3-1 的借款资金成本。

解 例 10-3-1 的计算结果已扣除了所得税的影响，则扣除通货膨胀因素影响的借款资金成本为

$$(1 + 6.12\%) \div (1 + 2\%) - 1 = 4.04\%$$

（三）加权平均资金成本

项目的资金有不同来源，其成本一般是不同的。对项目进行评价时，需要计算整个融资方案的综合

资金成本，一般是以各种资金所占全部资金的比重为权重，对个别资金成本进行加权计算，即加权平均资金成本，其计算公式为

$$K_\mathrm{w} = \sum_{t=1}^{n} K_t W_t$$

式中：K_w——加权平均资金成本；

K_t——第t种融资的资金成本；

W_t——第t种融资金额占总融资金额的比重，有$\sum W_t = 1$。

【例 10-3-4】 某项目资金来源包括普通股、长期借款和短期借款，其融资金额分别为 500 万元、400 万元和 200 万元，资金成本分别为 15%、6% 和 8%。试计算该项目融资的加权平均资金成本。

解 该项目融资总金额为 500+400+200=1 100 万元，其加权平均资金成本为

$$\frac{500}{1\,100} \times 15\% + \frac{400}{1\,100} \times 6\% + \frac{200}{1\,100} \times 8\% = 10.45\%$$

从以上例子可以看出，个别资金成本、税收、通货膨胀等因素会影响企业的平均资金成本。

三、债务偿还的主要方式

（一）等额利息法

等额利息法，即每期付息额相等，期中不还本金，最后一期归还本金和当期利息。

（二）等额本金法

等额本金法，即每期偿还相等的本金和相应的利息。

假定每年还款，等额本金法的计算公式为

$$A_t = \frac{I_\mathrm{c}}{n} + I_\mathrm{c} \cdot \left(1 - \frac{t-1}{n}\right) \cdot i \qquad (10\text{-}3\text{-}9)$$

式中：A_t——第t期的还本付息额；

I_c——还款开始的期初借款余额；

$\dfrac{I_\mathrm{c}}{n}$——每年偿还的本金；

n——约定的还款期；

i——借款的年利率。

（三）等额本息法

等额本息法，即每期偿还本利额相等。

可利用等额支付资金回收公式（10-1-10）计算，即

$$A = P\left[\frac{i(1+i)^n}{(1+i)^n - 1}\right] = P(A/P, i, n)$$

【例 10-3-5】 某公司向银行借款 150 万元，期限为 5 年，年利率为 8%，每年年末等额还本付息一次（即等额本息法），到第五年末还完本息。则该公司第 2 年年末偿还的利息为：[已知：$(A/P, 8\%, 5) = 0.250\,5$]

    A. 9.954 万元   B. 12 万元   C. 25.575 万元   D. 37.575 万元

解 注意题目问的是第 2 年年末偿还的利息（不包括本金）。

等额本息法每年还款的本利和相等，根据等额支付资金回收公式（已知P求A），每年年末还本付息金额为：

$$A = P\left[\frac{i(1+i)^n}{(1+i)^n - 1}\right] = P(A/P, 8\%, 5) = 150 \times 0.2505 = 37.575 \text{ 万元}$$

则第 1 年年末偿还利息为 $150 \times 8\% = 12$ 万元，偿还本金为 $37.575 - 12 = 25.575$ 万元

第 1 年已经偿还本金 25.575 万元，尚未偿还本金为 $150 - 25.575 = 124.425$ 万元

第 2 年年末应偿还利息为 $(150 - 25.575) \times 8\% = 9.954$ 万元

答案： A

（四）"气球法"（任意法）

"气球法"，即期中任意偿还本利，到期末全部还清。

（五）一次偿付法

一次偿付法，即最后一期偿还本利。

（六）偿债基金法

偿债基金法，即每期偿还贷款利息，同时向银行存入一笔等额现金，到期末存款正好偿付贷款本金。

【例 10-3-6】 某公司向银行借款 2 400 万元，期限为 6 年，年利率为 8%，每年年末付息一次，每年等额还本，到第 6 年年末还完本息。请问该公司第 4 年年末应还的本息和是：

    A. 432 万元　　　　　B. 464 万元　　　　　C. 496 万元　　　　　D. 592 万元

解　该公司借款的偿还方式为等额本金法。

每年应偿还的本金均为：$2\,400/6 = 400$ 万元

前 3 年已经偿还本金：$400 \times 3 = 1\,200$ 万元

尚未还款本金：$2\,400 - 1\,200 = 1\,200$ 万元

第 4 年年末应还利息为：$I_4 = 1\,200 \times 8\% = 96$ 万元

第 4 年年末应还本息和：$A_4 = 400 + 96 = 496$ 万元

或按等额本金法公式计算：

$$A_t = \frac{I_c}{n} + I_c \cdot \left(1 - \frac{t-1}{n}\right) \cdot i = \frac{2\,400}{6} + 2\,400 \times \left(1 - \frac{4-1}{6}\right) \times 8\% = 496 \text{ 万元}$$

答案： C

习　题

10-3-1　某企业发行债券筹集资金，发行总额 500 万元，债券年利率为 5%，发行时的筹资费用率 1%，所得税税率 25%，该债券筹资成本为（　　　　）。

    A. 3%　　　　　　　B. 3.8%　　　　　　　C. 5%　　　　　　　D. 6%

10-3-2　某扩建项目总投资 1000 万元，筹集资金的来源为：原有股东增资 400 万元，资金成本为 15%；银行长期借款 600 万元，年实际利率为 6%。该项目年初投资当年获利，所得税税率 25%，该项目所得税后加权平均资金成本为（　　　　）。

    A. 7.2%　　　　　　B. 8.7%　　　　　　　C. 9.6%　　　　　　D. 10.5%

10-3-3　某项目从银行贷款 500 万元，期限 5 年，年利率 5%，采取等额还本利息照付方式还本付息，每年末还本付息一次，第 2 年应付利息是（　　　　）万元。

    A. 5　　　　　　　　B. 20　　　　　　　　C. 23　　　　　　　　D. 25

10-3-4　某公司发行普通股筹资 10 000 万元，筹资费率为 3%，第一年股利率为 8%，以后每年增长 6%，所得税税率为 25%，则普通股资金成本为（　　　　）。

A. 8.25%   B. 10.69%   C. 14.00%   D. 14.25%

第四节 财务分析

建设项目经济评价包括财务评价（也称财务分析）和国民经济评价（也称经济分析）。

财务评价（财务分析）是在国家现行财税制度和价格体系的前提下，从项目的角度进行经济分析，评价项目的盈利能力和借款偿还能力，评价项目在财务上的可行性。对于经营性项目，应分析项目的盈利能力、偿债能力和财务生存能力，判断项目的财务可接受性；对于非经营性项目，财务分析主要分析项目的财务生存能力。

一、财务评价的内容

（1）根据项目的性质和目标选择适当的方法。

（2）收集、预测财务分析的数据，进行财务效益和费用的估算。

（3）进行财务分析。通过编制财务报表，计算财务指标，分析项目的盈利能力、偿债能力和财务生存能力。

（4）进行不确定性分析，估计项目可能承担的风险。

二、盈利能力分析

财务分析可分为融资前分析和融资后分析，一般先进行融资前分析，在满足条件的基础上，考虑融资方案进行融资后分析。

融资前分析应以动态分析（折现现金流量分析）为主，静态分析为辅。融资前动态分析，不考虑债务融资方案，通过编制项目投资现金流量表，计算项目投资内部收益率和净现值等指标，从项目投资总获利能力的角度，考察项目方案的合理性。

根据分析的角度不同，融资前分析可选择计算所得税前指标和（或）所得税后指标。

融资前分析也可计算静态投资回收期指标，以反映收回项目投资所需要的时间。

融资后的盈利能力分析包括动态分析和静态分析，其中动态分析包括项目资本金现金流量分析和投资各方现金流量分析。项目资本金现金流量分析考虑了融资方案的影响，通过编制项目资本金现金流量表，计算项目资本金财务内部收益率，考察项目资本金的收益水平。投资各方现金流量分析通过编制投资各方现金流量表，计算投资各方的财务内部收益率指标，考察投资各方的收益水平。静态分析不考虑资金的时间价值，依据利润和利润分配表计算项目资本金净利润率和总投资收益率指标。

按照是否考虑资金的时间价值，项目经济评价指标可分为静态评价指标和动态评价指标；按照指标的性质，项目经济评价指标可分为时间性指标、价值性指标和比率性指标；国家发改委、住建部发布的《建设项目经济评价方法与参数》（第三版）按照分析的角度不同，将项目经济评价分为财务分析和经济分析，对应的指标为财务分析指标和经济分析指标。

以下介绍常用的评价指标。

（一）净现值

净现值是考察项目在计算期内盈利能力的主要动态评价指标，是采用最为普遍的指标之一。

净现值是指按行业的基准收益率或设定的折现率，将项目计算期内各年的净现金流量折现到建设期初的现值之和。基准收益率也称基准折现率，是企业或行业或投资者以动态的观点所确定的、可接受的投资项目最低标准的受益水平。

净现值的计算公式为

$$NPV = \sum_{t=0}^{n} (CI - CO)_t (1 + i_c)^{-t} \tag{10-4-1}$$

式中：
NPV ——净现值；
CI ——现金流入量；
CO ——现金流出量；
$(CI - CO)_t$ ——第 t 年的净现金流量；
n ——项目计算期；
i_c ——基准收益率（折现率）。

确定基准收益率应考虑年资金费用率、机会成本、投资风险和通货膨胀等因素，一般可按下式确定：

$$i_c = (1 + i_1)(1 + i_2)(1 + i_3) - 1 \approx i_1 + i_2 + i_3 \tag{10-4-2}$$

式中：i_1 ——资金费用率与机会成本中较高者；
i_2 ——风险贴补率；
i_3 ——通货膨胀率。

利用净现值指标时，首先确定一个基准收益率 i_c，然后确定计算现值的基准年，计算时将各年发生的净现金流量等值换算到基准年，最后根据计算结果进行评价。

根据净现值的计算结果进行评价，NPV ≥ 0 表示项目的投资方案可以接受。

【例 10-4-1】 某项目寿命期为 5 年，各年投资额及收支情况见表，基准投资收益率为 10%，试用净现值指标判断该项目财务上的可行性。

某项目的现金流量表（单位：万元）   例 10-4-1 表

年末	0	1	2	3	4	5
投资支出	40	20				
收入			30	45	45	45
经营成本			15	20	20	20
净现金流量	−40	−20	15	25	25	25

解 绘出该项目的现金流量图，见解图。

项目方案的净现值为

$$NPV = -40 - 20(P/F, 10, 1) + [15 + 25(P/A, 10, 3)](P/F, 10, 2)$$
$$= -40 - 20 \times 0.909\,1 + (15 + 25 \times 2.486\,9) \times 0.826\,4$$
$$= 5.59 \text{ 万元} > 0$$

由于 NPV > 0，故从盈利的角度上看，该项目可取。

净现值指标是最常用的动态指标之一，其优点是只要设定了收益率，可以根据 NPV 是否大于零判断方案财务上的可行性，概念清

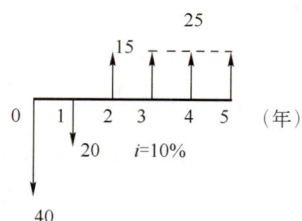
例 10-4-1 解图 某项目的现金流量图

晰。对于单方案的经济评价，可以直接采用净现值指标进行评价。其缺点在于多方案比较时，该指标一是有利于投资额大的方案，二是有利于寿命期长的方案。因此，当进行投资额相差较大的方案比较，或是寿命期不等的方案比较时，可采用其他评价指标作为净现值的辅助评价指标。

净现值用于项目的财务分析时，计算时采用设定的折现率一般为基准收益率，其结果称为财务净现值，记为 FNPV；净现值用于项目的经济分析时，设定的折现率为社会折现率，其结果称为经济净现值，记为 ENPV。

（二）净年度等值（净年值）

净年度等值也可以简称净年值 NAV、等额年值 AW。它是通过资金的等值计算，将项目净现值分摊到寿命期内各年年末的等额年值。其计算公式为

$$NAV = NPV(A/P, i_c, n)$$
$$= \sum_{t=0}^{n} (CI - CO)_t (1 + i_c)^{-t} (A/P, i_c, n) \tag{10-4-3}$$

式中： NPV ——净现值；

$$NPV = \sum_{t=0}^{n} (CI - CO)_t (1 + i_c)^{-t}$$

$(A/P, i_c, n)$ ——等额支付资金回收系数；

$$(A/P, i_c, n) = \frac{i_c(1 + i_c)^n}{(1 + i_c)^n - 1}$$

其余符号含义同前。

对于单一方案，NAV ≥ 0 时，表示方案在经济上可行。从等值计算公式可知，由于等额支付资金回收系数 $(A/P, i, n)$ 为正数，因此 NAV 与 NPV 符号相同，即若 NPV ≥ 0，则 NAV 也一定不小于 0，采用 NPV 指标和 NAV 指标评价同一方案的经济性时，得出的结论是一致的。

在项目投资方案比选时，常用净年值指标作为净现值指标的补充。比如对一些寿命期不等的方案比选，采用净现值指标一般有利于寿命期长的方案，这时可采用净年值指标进行项目方案的经济评价，净年值大的方案较优。

当方案的收益相同或者收益难以直接计算时（如教育、环保、国防等项目），进行方案比较也可以用年度费用等值 AC（费用年值）指标，其计算公式为

$$AC = NPV(A/P, i_c, n) = \sum_{t=0}^{n} CO_t (1 + i_c)^{-t} (A/P, i_c, n) \tag{10-4-4}$$

采用年度费用等值指标进行方案比选时，年度费用等值小的方案较优。

如果采用基准收益率计算费用的净现值，称为费用现值。费用现值小的方案较优。

【例 10-4-2】某项目的净现金流量见表，已知设定的折现率为 10%，试用净年值指标评价方案的可行性。

某项目的净现金流量（单位：万元）　　　　　　　　　　　　　　例 10-4-2 表

年末	0	1~10
净现金流量	-400	80

解　该项目的净年度等值为

$$NAV = -400(A/P, 10\%, 10) + 80 = -400 \times 0.162\ 7 + 80 = 14.92\ 万元$$

由于 NAV > 0，故该项目经济上可行。

（三）内部收益率 IRR

内部收益率也是考查项目在计算期内盈利能力的主要动态评价指标。内部收益率是使项目净现值为零时的折现率，其表达式为

$$\sum_{t=0}^{n} (CI - CO)_t (1 + IRR)^{-t} = 0$$

式中：IRR ——内部收益率；

其余符号意义同前面公式。

前面介绍净现值指标时，需要事先给出基准收益率或者设定一个折现率 i，对于一个具体的项目，采用不同的折现率 i 计算净现值 NPV，可以得出不同的 NPV 值。NPV 与 i 之间的函数关系称为净现值函数。图 10-4-1 为某项目的净现值函数，图中净现值曲线与横坐标的交点所对应的利率就是内部收益率 IRR。计算内部收益率不需要事先给定折现率。

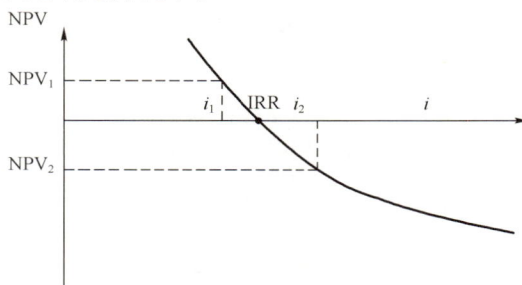

图 10-4-1　某项目的净现值函数

内部收益率的经济内涵可以这样理解：资金投入项目后，通过项目各年的净收益回收投资，各年尚未回收的资金以内部收益率 IRR 为利率增值，则到项目寿命期末时，正好可以全部收回投资。

常规项目投资方案是指净现金流量除建设期初或投产期初的净现金流量为负值外，以后年份均为正值，计算期内净现金流量由负到正只变化一次，常规项目只要累计净现金流量大于零，则内部收益率就有唯一解。

采用内部收益率指标评价项目方案时，其判定准则为：设基准收益率为 i_c，若 IRR≥i_c，则方案在经济效果上可以接受；反之，则不能接受。内部收益率用于财务分析时，称为财务内部收益率，记为FIRR；用于经济分析时，称为经济内部收益率，记为 EIRR。

可采用线性插值试算法求得 IRR 的近似解，其计算步骤为：

（1）作出方案的现金流量图或现金流量表，列出净现值计算公式。

（2）选择一个初始的收益率代入净现值计算公式，计算净现值。若 NPV>0，说明试算的收益率较小，应增大收益率；若 NPV<0，说明试算的收益率偏大，应减小。

（3）重复步骤（2）。

（4）当试算的两个净现值的绝对值较小，且符号相反时，可用线性插值公式求得内部收益率的近似解。其计算公式为

$$IRR = i_1 + \frac{NPV_1}{NPV_1 + |NPV_2|}(i_2 - i_1) \tag{10-4-5}$$

式中：i_1 ——试算较小的收益率；

i_2 ——试算较大的收益率；

NPV_1 ——用 i_1 计算的净现值，$NPV_1 > 0$；

NPV_2 ——用 i_2 计算的净现值，$NPV_2 < 0$。

【**例 10-4-3**】某项目 A 的现金流量见表，已知基准收益率i_c=15%，试用内部收益率指标判断该项目的经济性。

某项目 A 的现金流量表（单位：万元） 例 10-4-3 表

年份	0	1	2	3	4	5
净现金流量	−120	30	40	40	40	40

解 项目 A 的净现值计算公式为

$$NPV = -120 + 30(P/F, i, 1) + 40(P/A, i, 4)(P/F, i, 1)$$

现在分别设$i_1 = 15\%$，$i_2 = 18\%$，计算相应的净现值NPV_1和NPV_2如下。

$$NPV_1 = -120 + 30 \times 0.869\,6 + 40 \times 2.855\,0 \times 0.869\,6 = 5.396\,3 \text{ 万元}$$

$$NPV_2 = -120 + 30 \times 0.847\,5 + 40 \times 2.690\,1 \times 0.847\,5 = -3.380\,6 \text{ 万元}$$

利用公式（10-4-4）可求得 IRR 的近似解

$$IRR = i_1 + \frac{NPV_1}{NPV_1 + |NPV_2|}(i_2 - i_1)$$

$$= 15\% + \frac{5.396\,3}{5.396\,3 + 3.380\,6} \times (18\% - 15\%) = 16.8\%$$

因为该项目$IRR = 16.8\% > i_c = 15\%$，所以该项目在经济效果上可以接受。

（四）差额内部收益率

由于 IRR 并不是初始投资的收益率，实际上是未收回投资的增值率，所以在互斥方案比较排序时，不能用 IRR 进行排序和选优，而应该采用差额投资内部收益率指标。差额投资内部收益率（增量投资内部收益率）是两个方案各年净现金流量差额的现值之和等于零时的折现率，其表达式为

$$\sum_{t=0}^{n} [(CI - CO)_2 - (CI - CO)_1]_t (1 + \Delta IRR)^{-t} = 0 \tag{10-4-6}$$

式中： $(CI - CO)_1$ ——投资小的方案的年净现金流量；

$\quad\quad (CI - CO)_2$ ——投资大的方案的年净现金流量；

$\quad\quad \Delta IRR$ ——差额投资内部收益率；

$\quad\quad n$ ——计算期。

采用 ΔIRR 进行方案比较时，应将 ΔIRR 与基准收益率i_c比较，其评价准则是：

若 $\Delta IRR > i_c$，投资大的方案为优；

若 $\Delta IRR < i_c$，投资小的方案为优。

（五）动态投资回收期

动态投资回收期T^*是指在给定的基准收益率（基准折现率）i_c的条件下，用项目的净收益回收总投资所需要的时间。动态投资回收期的表达式为：

$$\sum_{t=0}^{T^*} (CI - CO)_t (1 + i_c)^{-t} = 0 \tag{10-4-7}$$

式中：T^* ——动态投资回收期；

其余符号含义同前。

【**例 10-4-4**】某项目动态投资回收期刚好等于项目计算期，则以下说法中正确的是：

A. 该项目动态回收期小于基准回收期　　　B. 该项目净现值大于零

C. 该项目净现值小于零　　　D. 该项目内部收益率等于基准收益率

解　动态投资回收期T^*是指在给定的基准收益率（基准折现率）i_c的条件下，用项目的净收益回收总投资所需要的时间。动态投资回收期的表达式为：

$$\sum_{t=0}^{T^*} (CI - CO)_t (1 + i_c)^{-t} = 0$$

式中，i_c为基准收益率。

内部收益率 IRR 是使一个项目在整个计算期内各年净现金流量的现值累计为零时的利率，表达式为：

$$\sum_{t=0}^{n} (CI - CO)_t (1 + IRR)^{-t} = 0$$

式中，n为项目计算期。如果项目的动态投资回收期正好等于计算期，则该项目的内部收益率 IRR 等于基准收益率i_c。

答案： D

（六）静态投资回收期

静态投资回收期指在不考虑资金时间价值的条件下，以项目的净收益（包括利润和折旧）回收全部投资所需要的时间。投资回收期通常以"年"为单位，一般从建设年开始计算。其表达式为

$$\sum_{t=0}^{P_t} (CI - CO)_t = 0 \tag{10-4-8}$$

式中：CI ——现金流入量；

　　　　CO ——现金流出量；

$(CI - CO)_t$——第t年的净现金流量；

　　　P_t ——投资回收期。

通常按下式计算

$$P_t = \frac{累计净现金流量开始出现正值的年份数}{} - 1 + \frac{上年累计净现金流量的绝对值}{当年净现金流量} \tag{10-4-9}$$

计算出投资回收期P_t后，应与部门或行业的基准投资回收期P_c进行比较，当$P_t \leq P_c$时，表明项目投资在规定的时间内可以回收，该项目在投资回收能力上是可以接受的。

【例 10-4-5】 某建设项目 A 的各年净现金流量见表，项目计算期 10 年，基准投资回收期P_c为 6 年。试使用投资回收期法评价项目经济上的可行性。

项目 A 的投资及各年纯收入表（单位：万元）　　　　　　　例 10-4-5 表

年份	0	1	2	3	4~10
净现金流量	-100	-200	-500	175	275

解　该项目的累计净现金流量表见解表。

项目 A 的累计净现金流量（单位：万元）　　　　　　　例 10-4-5 解表

序号	0	1	2	3	4	5	6	7	8	9	10
净现金流量	-100	-200	-500	175	275	275	275	275	275	275	275
累计净现金流量	-100	-300	-800	-625	-350	-75	200	475	750	1 025	1 300

根据上表和公式（10-4-8），可得该项目的投资回收期为

$$P_t = 6 - 1 + \frac{|-75|}{275} = 5.3 \text{ 年}$$

由于$P_t < P_c$，所以该项目的投资方案可以接受。

（七）总投资收益率（ROI）

总投资收益率表示总投资的盈利水平，是指项目达到设计能力后，正常年份的年息税前利润或运营期内年平均息税前利润（EBIT）与项目总投资（TI）的比率。其计算公式为

$$总投资收益率 = \frac{正常年份的年息税前利润或运营期内年平均息税前利润}{项目总投资} \times 100\%$$

息税前利润是指企业支付利息和缴纳所得税之前的利润。

总投资收益率高于同行业的收益率参考值，说明用总投资收益率表示的盈利能力满足要求。

（八）项目资本金净利润率

项目资本金净利润率表示项目资本金的盈利水平，是指项目达到设计能力后，正常年份的年净利润或运营期内年平均净利润与项目资本金的比率。其计算公式为

$$项目资本金净利润率 = \frac{正常年份的年净利润或运营期内年平均净利润}{项目资本金} \times 100\% \tag{10-4-10}$$

如果项目资本金净利润率高于同行业的资本金净利润率参考值，说明用项目资本金净利润率表示的盈利能力满足要求。

【例10-4-6】 某新建项目的资本金为2 000万元，建设投资为4 000万元，需要投入流动资金700万元，项目建设获得银行贷款3 000万元，年利率为10%。项目一年建成并投产，预计达产期年利润总额为800万元，正常运营期每年支付银行利息100万元，所得税率为25%，试计算该项目的总投资收益率和项目资本金净利润率。

解 该项目的总投资为

总投资 = 建设投资 + 建设期利息 + 流动资金

  $= 4\,000 + 3\,000 \times 10\% + 700 = 5\,000$ 万元

息税前利润 = 利润总额 + 利息支出 $= 800 + 100 = 900$ 万元

总投资收益率 $= 900 \div 5\,000 \times 100\% = 18\%$

年净利润 = 利润总额 $\times$ (1 - 所得税率) $= 800 \times (1 - 25\%) = 600$ 万元

项目资本金净利润率 $= 600 \div 2\,000 \times 100\% = 30\%$

三、偿债能力分析和财务生存能力分析

（一）偿债能力分析

偿债能力分析是通过编制相关报表，计算利息备付率、偿债备付率和资产负债率等指标，考察财务主体的偿债能力。

1. 利息备付率

利息备付率是指在借款偿还期内的息税前利润与应付利息的比值。该指标从付息资金来源的充裕性角度，反映偿付债务利息的保障程度和支付能力。其计算公式为

$$利息备付率 = \frac{息税前利润}{应付利息} \tag{10-4-11}$$

利息备付率应分年计算。利息备付率越高，利息偿付的保障程度越高，利息备付率应大于1，一般

不宜低于 2，并结合债权人的要求确定。

【例 10-4-7】某建设项目预计生产期第三年息税前利润为 200 万元，折旧与摊销为 50 万元，所得税为 25 万元，计入总成本费用的应付利息为 100 万元，则该年的利息备付率为：

　　A. 1.25　　　　　　B. 2　　　　　　C. 2.25　　　　　　D. 2.5

解　　　　　　　　　　利息备付率 = 息税前利润/应付利息

式中，息税前利润 = 利润总额 + 利息支出

本题已经给出息税前利润，因此该年的利息备付率为：

$$利息备付率 = 息税前利润/应付利息 = 200/100 = 2$$

答案： B

2. 偿债备付率

偿债备付率是指在借款偿还期内，用于计算还本付息的资金与应还本付息金额之比。该指标从还本付息资金来源的充裕性角度，反映偿付债务本息的保障程度和支付能力。其计算公式为

$$偿债备付率 = \frac{用于计算还本付息的资金}{应还本付息金额} \tag{10-4-12}$$

式中用于还本付息的资金按下式计算

用于计算还本付息的资金 = 息税前利润 + 折旧和摊销 − 所得税

偿债备付率应分年计算。偿债备付率越高，可用于还本付息的资金保障程度越高，偿债备付率应大于 1，一般不宜低于 1.3，并结合债权人的要求确定。

3. 资产负债率

资产负债率是指各期末负债总额同资产总额的比率，按下式计算

$$资产负债率 = \frac{期末负债总额}{期末资产总额} \tag{10-4-13}$$

适度的资产负债率，表明企业经营安全、有较强的筹资能力，企业和债权人的风险较小。

【例 10-4-8】某建设项目预计第三年息税前利润为 200 万元，折旧与摊销为 30 万元，所得税为 20 万元。项目生产期第三年应还本付息金额为 100 万元。该年的偿债备付率为：

　　A. 1.5　　　　　　B. 1.9　　　　　　C. 2.1　　　　　　D. 2.5

解　　　　　　　　偿债备付率 = $\dfrac{用于计算还本付息的资金}{应还本付息金额}$

式中，用于计算还本付息的资金 = 息税前利润 + 折旧和摊销 − 所得税

$$偿债备付率 = \frac{200 + 30 - 20}{100} = 2.1 \ 万元$$

答案： C

（二）财务生存能力分析

财务生存能力分析是通过编制财务计划现金流量表，计算项目在计算期内的净现金流量和累计盈余资金，分析项目是否有足够的净现金流量维持正常经营，实现财务的可持续性，从而判断项目在财务上的生存能力。

可通过以下两个方面具体判断项目的财务生存能力：

（1）拥有足够的经营净现金流量是财务可持续性的基本条件。

（2）各年累计盈余资金不出现负值是财务生存的必要条件。

四、财务分析报表

进行财务分析需要编制相关的财务分析报表。财务分析报表主要包括项目投资现金流量表、项目资本金现金流量表、投资各方现金流量表、利润与利润分配表、财务计划现金流量表、资产负债表和借款还本付息计划表等。

（一）项目投资现金流量表

现金流量表是反映项目计算期内各年现金收支的报表，用以计算各项静态和动态指标，进行项目的财务盈利能力分析。

项目投资现金流量表原称为全部投资现金流量表，是以项目建设所需总投资为计算基础，不考虑融资方案的影响，反映计算期内各年的现金流入和流出的财务报表。该表用于项目投资现金流量分析，通过计算项目投资内部收益率和净现值等指标来评价项目在财务上的可行性。项目投资现金流量分析属于融资前分析，排除了融资方案的影响，从项目投资总的获利能力的角度，考察项目方案设计本身的合理性。项目投资现金流量表的构成见表10-4-1。

项目投资现金流量表　　　　　　　　　　　　　　表10-4-1

序号	项目	合计	计算期				
			1	2	3	…	n
1	现金流入						
1.1	营业收入						
1.2	补贴收入						
1.3	回收固定资产余值						
1.4	回收流动资金						
2	现金流出						
2.1	建设投资						
2.2	流动资金						
2.3	经营成本						
2.4	营业税金及附加						
2.5	维持运营投资						
3	所得税前净现金流量（1-2）						
4	累计所得税前净现金流量						
5	调整所得税						
6	所得税后净现金流量（3-5）						
7	累计所得税后净现金流量						

计算指标：项目投资财务内部收益率(%)（所得税前），项目投资财务内部收益率(%)（所得税后）

项目投资财务净现值（所得税前）$(i_c = \%)$，项目投资财务净现值（所得税后）$(i_c = \%)$

项目投资回收期（所得税前），项目投资回收期（所得税后）

表中的调整所得税为以息税前利润为基数计算的所得税。

（二）项目资本金现金流量表

项目资本金现金流量表从项目资本金出资者整体的角度，以项目资本金为计算的基础，根据拟定的融资方案和项目其他数据，确定项目各年的现金流入和现金流出，用于进行项目资本金现金流量分析。项目资本金现金流量表考虑了融资，属于融资后分析。根据项目资本金现金流量表计算的指标，可以反映项目权益投资者整体在该投资项目上的盈利能力。项目资本金现金流量表见表 10-4-2。

项目资本金现金流量表 表 10-4-2

序号	项　　目	合计	计　算　期				
			1	2	3	...	*n*
1	现金流入						
1.1	营业收入						
1.2	补贴收入						
1.3	回收固定资产余值						
1.4	回收流动资金						
2	现金流出						
2.1	项目资本金						
2.2	借款本金偿还						
2.3	借款利息支付						
2.4	经营成本						
2.5	营业税金及附加						
2.6	所得税						
2.7	维持运营投资						
3	净现金流量（1−2）						

计算指标：项目财务内部收益率(%)

项目资本金现金流量分析考察的是项目资本金整体的获利能力，有时为了考察投资各方的收益，还需要编制投资各方现金流量表。

（三）投资各方现金流量表

此表是在项目融资后的财务盈利能力分析中，以项目投投资者的出资额作为计算基础。把股权投资、租赁资产支出和其他现金流出作为现金流出；而现金流入包括股利分配、资产处置收益分配、租赁费收入、技术转让收入和其他现金流入，用以计算项目投资各方的财务内部收益率和财务净现值等评价指标，反映项目投资各方可能获得的收益水平。

（四）利润与利润分配表

利润与利润分配表反映项目计算期内各年利润总额、所得税及税后利润的分配情况，用以计算投资利润率、投资利税率和资本金利润率等指标。利润与利润分配表见表 10-4-3。

利润与利润分配表 表10-4-3

序号	项目	合计	计算期				
			1	2	3	…	n
1	营业收入						
2	营业税金及附加						
3	总成本费用						
4	补贴收入						
5	利润总额（1−2−3+4）						
6	弥补以前年度亏损						
7	应纳税所得额（5−6）						
8	所得税						
9	净利润（5−8）						
10	期初未分配利润						
11	可供分配利润（9+10）						
12	提取法定盈余公积金						
13	可供投资者分配的利润（11−12）						
14	应付优先股股利						
15	提取任意盈余公积金						
16	应付普通股股利（13−14−15）						
17	各投资方利润分配 其中：××方 …						
18	未分配利润（13−14−15−17）						
19	息税前利润（利润总额+利息支出）						
20	息税折旧摊销前利润（息税前利润+折旧+摊销）						

（五）财务计划现金流量表

财务计划现金流量表反映项目计算期内各年经营活动、投资活动和筹资活动的现金流入和流出，用于计算各年的累计盈余资金，分析项目是否有足够的净现金流量维持正常运营，即项目的财务生存能力。

（六）资产负债表

资产负债表反映项目计算期内各年年末资产、负债和所有者权益的增减变化及对应关系，用以考察项目的资产、负债、所有者权益的结构是否合理，通过计算资产负债率，进行偿债能力分析。

（七）借款还本付息计划表

借款还本付息计划表用于计算利息备付率和偿债备付率指标，用于偿债能力分析。

【例 10-4-9】 在进行融资前项目投资现金流量分析时，现金流量应包括：

A. 资产处置收益分配　　　　　　B. 流动资金

C. 借款本金偿还　　　　　　　　D. 借款利息偿还

解 融资前项目投资的现金流量包括现金流入和现金流出，其中现金流入包括营业收入、补贴收入、回收固定资产余值、回收流动资金等，现金流出包括建设投资、流动资金、经营成本和税金等。

答案： B

习 题

10-4-1　某项目第 1、2 年年初分别投资 800 万元、400 万元，第 3 年开始每年年末净收益 300 万元，项目运营期 8 年，残值 30 万元。设折现率为 10%，已知 $(P/F,10\%,1)=0.909\,1$，$(P/F,10\%,2)=0.826\,4$，$(P/F,10\%,10)=0.385\,5$，$(P/A,10\%,8)=5.334\,9$。则该项目的财务净现值为（　　　　）。

A. 158.99 万元　　　　　　　　　B. 170.55 万元

C. 448.40 万元　　　　　　　　　D. 1 230 万元

10-4-2　已知某项目投资方案一次投资 12 000 元，预计每年净现金流量为 4 300 元，项目寿命 5 年，$(P/A,18\%,5)=3.127$，$(P/A,20\%,5)=2.991$，$(P/A,25\%,5)=2.689$，则该方案的内部收益率为（　　　　）。

A. <18%　　　　　B. 18%~20%　　　　　C. 20%~25%　　　　　D. >25%

10-4-3　某投资项目一次性投资 200 万元，当年投产并收益，评价该项目的财务盈利能力时，计算财务净现值选取的基准收益率为 i_c，若财务内部收益率小于 i_c，则有（　　　　）。

A. i_c 低于贷款利率　　　　　　B. 内部收益率低于贷款利率

C. 净现值大于零　　　　　　　　D. 净现值小于零

10-4-4　某小区建设一块绿地，需一次性投资 20 万元，每年维护费用 5 万元，设基准折现率 10%，绿地使用 10 年，则费用年值为（　　　　）万元。

A. 4.750　　　　　B. 5　　　　　C. 7.250　　　　　D. 8.255

10-4-5　某项目的净现金流量见题表，则该项目的静态投资回收期为（　　　　）。

题 10-4-5 表

年份	1	2	3	4	5	6	7
净现金流量(万元)	−400	−100	100	200	200	200	200

A. 4.5 年　　　　　B. 5 年　　　　　C. 5.5 年　　　　　D. 6 年

10-4-6　某项目建设投资 400 万元，建设期贷款利息 40 万元，流动资金 60 万元。投产后正常运营期每年净利润为 60 万元，所得税为 20 万元，利息支出为 10 万元。则该项目的总投资收益率为（　　　　）。

A. 19.6%　　　　　B. 18%　　　　　C. 16%　　　　　D. 12%

10-4-7　某项目总投资 16 000 万元，资本金 5 000 万元。预计项目运营期总投资收益率为 20%，年利息支出为 900 万元，所得税率为 25%，则该项目的资本金净利润率为（　　　　）。

A. 30%　　　　　B. 32.4%　　　　　C. 34.5%　　　　　D. 48%

10-4-8 某企业去年利润总额 300 万元，上缴所得税 75 万元，在成本中列支的利息 100 万元，折旧和摊销费 30 万元，还本金额 120 万元，该企业去年的偿债备付率为（　　）。

    A. 1.34   B. 1.55   C. 1.61   D. 2.02

10-4-9 下列关于现金流量表的表述中，正确的是（　　）。

    A. 项目资本金现金流量表排除了融资方案的影响

    B. 通过项目投资现金流量表计算的评价指标反映投资者各方权益投资的获利能力

    C. 通过项目投资现金流量表可计算财务内部收益、财务净现值和投资回收期等评价指标

    D. 通过项目资本金现金流量表进行的分析反映了项目投资总体的获利能力

10-4-10 为了从项目权益投资者整体角度考查盈利能力，应编制（　　）。

    A. 项目资本金现金流量表   B. 项目投资现金流量表

    C. 借款还本付息计划表   D. 资产负债表

第五节　经济费用效益分析

经济费用效益分析是在合理配置社会资源的前提下，分析项目投资的经济效益和对社会福利所作出的贡献，评价项目的经济合理性。经济费用效益分析强调从资源配置效率的角度分析项目的外部效果，考察项目对国民经济的贡献。

对于以下类型的项目应作经济费用效益分析：①有垄断特征的项目；②产出有公共产品特征的项目；③外部效果显著的项目；④资源开发项目；⑤涉及国家经济安全的项目；⑥受过度行政干预的项目。

一、经济费用效益分析参数

进行项目的经济费用效益分析，首先需要对项目的经济效益和费用进行识别。项目对提高社会福利和社会经济所作的贡献都记为项目的经济效益，包括项目的直接效益和间接效益；整个社会为项目所付出的代价记为项目的经济费用。经济效益的计算应遵循支付意愿原则和接受补偿意愿原则（项目产出物的正面效果的计算遵循支付意愿原则；项目产生物的负面效果的计算遵循接受补偿意愿原则），经济费用的计算（项目投入物的经济价值计算）应遵循机会成本的原则。计算经济费用效益指标采用的参数有社会折现率、影子价格、影子汇率和影子工资等。

经济费用效益分析应按照"有无对比，增量分析"的原则，不应考虑沉没成本和已实现的效益，"转移支付"不作为经济分析中的效益和费用。

（一）社会折现率

社会折现率是社会对资金时间价值的估量，是从整个国民经济角度所要求的资金投资收益率标准。社会折现率代表社会投资所应获得的最低收益率水平，代表资金占用的机会成本，在建设项目国民经济评价中是衡量经济内部收益率的基准值，也是计算项目经济净现值、用作不同年份之间资金换算的折现率。

（二）影子价格

影子价格是计算经济费用效益分析中投入物或产出物所使用的计算价格，是社会处于某种最优状态下，能够反映社会劳动消耗、资源稀缺程度和最终产品需求状况的一种计算价格。影子价格应能够反

映项目投入物和产出物的真实经济价值。

对于市场定价货物的影子价格，可按下述公式计算：

（1）可外贸货物影子价格

$$\text{直接进口投入物的影子价格(到厂价)} = \text{到岸价(CIF)} \times \text{影子汇率} + \text{进口费用} \qquad (10\text{-}5\text{-}1)$$

$$\text{直接出口产出物的影子价格(出厂价)} = \text{离岸价(FOB)} \times \text{影子汇率} - \text{出口费用} \qquad (10\text{-}5\text{-}2)$$

（2）市场定价的非外贸货物影子价格

$$\text{投入物影子价格(到厂价)} = \text{市场价格} + \text{国内运杂费} \qquad (10\text{-}5\text{-}3)$$

$$\text{产出物的影子价格(出厂价)} = \text{市场价格} - \text{国内运杂费} \qquad (10\text{-}5\text{-}4)$$

（三）影子汇率

影子汇率是指单位外汇的经济价值，是能正确反映国家外汇经济价值的汇率，即外汇的影子价格。建设项目国民经济评价中，项目的进口投入物、出口产出物均应采用影子汇率以正确反映外汇的真实经济价值。影子汇率换算系数是影子汇率与外汇牌价的比值。影子汇率按下式计算

$$\text{影子汇率} = \text{外汇牌价} \times \text{影子汇率换算系数} \qquad (10\text{-}5\text{-}5)$$

（四）影子工资

影子工资是指建设项目使用劳动力资源而使社会付出的代价，按下式计算

$$\text{影子工资} = \text{劳动力机会成本} \times \text{新增资源消耗} \qquad (10\text{-}5\text{-}6)$$

式中，劳动力机会成本是指劳动力在本单位使用，而不能在其他项目中使用而被迫放弃的劳动收益；新增资源消耗是指劳动力在本项目新就业或由其他就业岗位转移来本项目而发生的社会资源消耗。影子工资与财务分析中的劳动力工资之间的比值称为影子工资换算系数，影子工资可按下式计算

$$\text{影子工资} = \text{财务工资} \times \text{影子工资换算系数} \qquad (10\text{-}5\text{-}7)$$

【例 10-5-1】某项目要从国外进口一种原材料，原始材料的 CIF（到岸价格）为150 美元/t，美元的影子汇率为 6.5，进口费用为240 元/t，请问这种原材料的影子价格是：

A. 735 元人民币   B. 975 元人民币

C. 1 215 元人民币   D. 1 710 元人民币

解

$$\text{直接进口原材料的影子价格(到厂价)} = \text{到岸价(CIF)} \times \text{影子汇率} + \text{进口费用}$$
$$= 150 \times 6.5 + 240 = 1\,215 \text{ 元人民币/t}$$

答案： C

二、经济费用效益指标

（一）经济净现值

经济净现值是指按社会折现率将项目计算期内各年的经济净效益折现到建设期初的现值之和，按下式计算

$$ENPV = \sum_{t=1}^{n} (B - C)_t (1 + i_s)^{-t} \qquad (10\text{-}5\text{-}8)$$

式中： $ENPV$ ——经济净现值；

    B ——经济效益流量；

C ——经济费用流量；

$(B-C)_t$ ——第t年的经济净效益流量；

n ——项目计算期；

i_s ——社会折现率。

经济净现值是反映项目对社会经济贡献的绝对值，是经济效益分析的主要指标。如果经济净现值等于或大于 0，则表明项目可达到符合社会折现率的效率水平，从经济资源配置的角度可以接受该项目。

（二）经济内部收益率

经济内部收益率是指项目在计算期内经济净效益流量的现值累计等于 0 时的折现率。其表达式为

$$\sum_{t=1}^{n} (B-C)_t (1+\text{EIRR})^{-t} = 0 \tag{10-5-9}$$

式中：EIRR ——经济内部收益率；

其余符号意义同前面公式。

经济内部收益率是经济费用效益分析的辅助评价指标，如果经济内部收益率等于或者大于社会折现率，则表明项目资源配置的效率达到了可以被接受的水平。

（三）效益费用比

效益费用比是指项目在计算期内效益流量的现值与费用流量的现值之比，计算公式为

$$R_{\text{BC}} = \frac{\sum_{t=1}^{n} B_t (1+i_s)^{-t}}{\sum_{t=1}^{n} C_t (1+i_s)^{-t}} \tag{10-5-10}$$

式中： R_{BC} ——效益费用比；

B_t ——第t期的经济效益；

C_t ——第t期的经济费用。

效益费用比也是经济费用效益分析的辅助评价指标，如果效益费用比大于 1，说明项目资源配置的经济效益达到了可以被接受的水平。

【例 10-5-2】交通部门拟修建一条公路，预计建设期为一年，建设期初投资为 100 万元，建设后即投入使用，预计使用寿命为 10 年，每年将产生的效益为 20 万元，每年需投入保养费 8 000 元。若社会折现率为 10%，则该项目的效益费用比为：

A. 1.07   B. 1.17   C. 1.85   D. 1.92

解 项目建设期 1 年、使用寿命 10 年，则项目计算期为 11 年，现金流量图如解图所示：

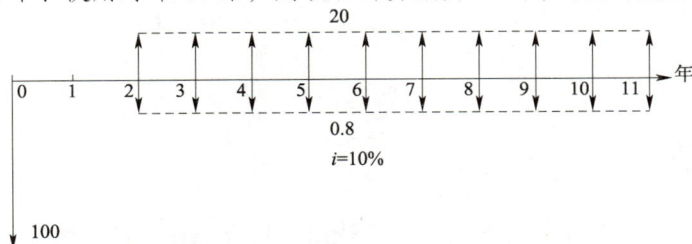

例 10-5-2 解图 现金流量图

项目计算期内效益流量的现值为：

$B = 20 \times (P/A, 10\%, 10) \times (P/F, 10\%, 1) = 20 \times 6.144\,6 \times 0.909\,1 = 111.72$ 万元

费用流量的现值为：

$$C = 0.8 \times (P/A, 10\%, 10) \times (P/F, 10\%, 1) 100$$
$$= 0.8 \times 6.144\,6 \times 0.909\,1 + 100 = 104.47 \text{ 万元}$$

该项目的效益费用比为：

$$R_{BC} = B/C = 111.72/104.47 = 1.07$$

答案： A

习　题

10-5-1　对建设项目进行经济费用效益分析所使用的影子价格的正确含义是（　　）。

    A. 政府为保证国计民生为项目核定的指导价格

    B. 使项目产出品具有竞争力的价格

    C. 项目投入物和产出物的市场最低价格

    D. 反映项目投入物和产出物真实经济价值的价格

10-5-2　计算经济效益净现值采用的折现率应是（　　）。

    A. 企业设定的折现率　　　　　　　　B. 国债平均利率

    C. 社会折现率　　　　　　　　　　　D. 银行贷款利率

10-5-3　从经济资源配置的角度判断建设项目可以被接受的条件是（　　）。

    A. 经济内部收益率等于或大于社会折现率

    B. 财务内部收益率等于或大于社会折现率

    C. 经济内部收益率等于或大于银行利率

    D. 财务内部收益率等于或大于银行利率

10-5-4　某地区为减少水灾损失，拟建水利工程。项目投资预计 500 万元，计算期按无限年考虑，年维护费 20 万元。项目建设前每年平均损失 300 万元。若利率 5%，则该项目的费用效益比为（　　）。

    A. 6.11　　　　　　　　B. 6.67　　　　　　　　C. 7.11　　　　　　　　D. 7.22

第六节　不确定性分析

不确定性分析是对影响项目的不确定性因素进行分析，测算不确定性因素变化对经济评价指标的影响程度，从而判断项目可能承担的风险，为投资决策提供依据。不确定分析方法有盈亏平衡分析、敏感性分析等。

一、盈亏平衡分析

通过分析产品产量、成本和盈利之间的关系，找出项目方案在产量、单价、成本等方面的临界点，进而判断不确定因素对方案经济效果的影响程度。这个临界点称为盈亏平衡点（BEP）。盈亏平衡点是企业盈利与亏损的转折点，在该点上销售收入（扣除销售税金及附加）正好等于总成本费用，达到盈亏平衡。盈亏平衡分析就是通过计算项目达产年的盈亏平衡点，分析项目收入与成本费用的平衡关系，判断项目对产品数量变化的适应能力和抗风险能力。盈亏平衡分析只用于财务分析。

盈亏平衡分析可分为线性盈亏平衡分析和非线性盈亏平衡分析，对建设项目评价仅进行线性盈亏平衡分析。线性盈亏平衡分析的基本假定有：

（1）产量等于销售量；

（2）产量变化，单位可变成本不变，从而总成本费用是产量的线性函数；

（3）产量变化，产品售价不变，从而销售收入是产量的线性函数；

（4）按单一产品计算，生产多种产品的应换算成单一产品，不同产品的生产负荷率变化保持一致。

如果营业收入和成本费用都是按含税价格计算的，还应减去增值税。

为了便于进行盈亏平衡分析，可将项目投产后的总成本费用分为固定成本和可变成本（变动成本）两部分。固定成本指在一定生产规模限度内不随产量变动而变动的费用；可变成本是指随产品产量变动而变动的费用。总成本费用是固定成本与可变成本之和。对于线性盈亏平衡分析，收入与销售量、费用与销售量的关系可以在同一坐标图上表示出来，即盈亏平衡分析图，见图 10-6-1。

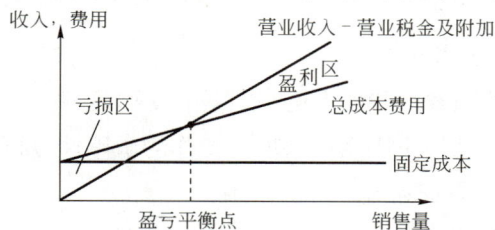

图 10-6-1　盈亏平衡分析图

图中纵坐标为销售收入和成本费用，横坐标为产品销售量。销售收入线与总成本费用线的交点称作盈亏平衡点（BEP），该点是项目盈利与亏损的临界点。在 BEP 右边，销售收入大于总成本费用，项目盈利；在 BEP 左边，销售收入小于总成本费用，项目亏损；在 BEP 上，销售收入等于总成本费用，项目不盈不亏。盈亏平衡点对应的产量称为盈亏平衡产量。盈亏平衡点可以用产量、生产能力利用率或产品售价等表示。盈亏平衡点可采用以下公式计算

$$\text{BEP}_{\text{生产能力利用率}} = \frac{\text{年固定总成本}}{\text{年营业收入} - \text{年可变成本} - \text{年营业税金及附加}} \times 100\% \qquad (10\text{-}6\text{-}1)$$

生产能力利用率是盈亏平衡产量与设计生产能力的比率。

$$\text{BEP}_{\text{产量}} = \frac{\text{年固定总成本}}{\text{单位产品销售价格} - \text{单位产品可变成本} - \text{单位产品营业税金及附加}} \qquad (10\text{-}6\text{-}2)$$
$$= \text{BEP}_{\text{生产能力利用率}} \times \text{设计生产能力}$$

在其他条件不变的前提下，盈亏平衡产量与年固定总成本成正比。

$$\text{BEP}_{\text{单位产品售价}} = \frac{\text{年固定总成本}}{\text{设计生产能力}} + \text{单位产品可变成本} + \text{单位产品营业税金及附加} \qquad (10\text{-}6\text{-}3)$$

盈亏平衡点越低，项目盈利可能性越大，抗风险能力越强。

【例 10-6-1】某工业项目生产的产品年设计生产能力为 200t，达产第一年销售收入为 4 000 万元，营业税金及附加为 240 万元，固定成本 1 300 万元，可变成本 1 200 万元。销售收入和成本费用均以不含税价格表示，求以生产能力利用率、产量及销售价格表示的盈亏平衡点。

解　首先计算单位产品变动成本

$$\text{BEP}_{\text{生产能力利用率}} = 1\ 300 \div (4\ 000 - 1\ 200 - 240) \times 100\% = 50.78\%$$

$$BEP_{产量} = 1\,300 \div (4\,000 \div 200 - 1\,200 \div 200 - 240 \div 200) = 101.56t$$

或 $$BEP_{产量} = 200 \times 50.78\% = 101.56t$$

$$BEP_{产品售价} = 1\,300 \div 200 + 1\,200 \div 200 + 240 \div 200 = 13.7 \text{ 万元}$$

计算结果表明，该项目的生产负荷达到设计能力的 50.78% 即可实现盈亏平衡，产量达到 101.56t 则可实现盈亏平衡，产品售价最低降至 13.7 万元/t 即可维持盈亏平衡。

二、敏感性分析

敏感性分析是通过测定一个或者多个不确定因素的变化所导致财务或经济评价指标的变化幅度，了解各种因素变化对实现预期目标的影响程度，从而对外部因素发生变化时项目投资方案的承受能力作出判断。通常只进行单因素敏感性分析。单因素敏感性分析在计算敏感因素对经济效果指标影响时，假定只有一个因素变动，其他因素不变。

（一）单因素敏感性分析的步骤和内容

1. 选择需要分析的不确定性因素，并设定这些因素的变动范围

对于一般工业投资项目，常从以下因素中选取需要作为敏感性分析的因素：

（1）投资额，包括固定资产投资和流动资金占用；

（2）项目建设期限、投产期限、投产时产出能力及达到设计能力所需时间；

（3）产品产量及销售量；

（4）产品价格；

（5）经营成本，特别是其中的变动成本；

（6）项目寿命期；

（7）项目寿命期的资产残值；

（8）折现率；

（9）外汇汇率。

选择需要分析的不确定因素时，应根据实际情况设定其可能的变动范围，一般选择不确定性因素变化的百分率为 ±5%、±10%、±15%、±20% 等。

2. 确定分析指标

敏感性分析可选用前述各种评价指标，如内部收益率、净现值、投资回收期等。一般进行敏感性分析的指标应与确定性分析采用的指标一致。通常财务分析与评价中的敏感性分析必选的指标是项目投资财务内部收益率。

3. 计算各不确定性因素在不同幅度变化下，所导致的评价指标变动结果

建立起一一对应的关系，一般用图或表的形式表示。

4. 确定敏感因素，对方案的风险情况作出判断

通过计算敏感度系数和临界点，找出敏感因素，可粗略预测项目可能承担的风险。

敏感因素是指其数值变动能显著影响方案经济效果的因素。

（二）敏感性指标的计算

1. 敏感度系数

敏感度系数是指项目评价指标变化的百分率与不确定性因素变化的百分率之比。敏感度系数高，表示项目效益对该不确定性因素的敏感程度高。敏感度系数的计算公式为

$$S_{AF} = \frac{\Delta A/A}{\Delta F/F} \qquad\qquad (10-6-4)$$

式中：S_{AF}——评价指标A对于不确定性因素F的敏感度系数；

$\Delta F/F$ ——不确定性因素F的变化率；

$\Delta A/A$ ——不确定性因素F发生ΔF变化率时，评价指标A的相应变化率。

$S_{AF} > 0$，表示评价指标与不确定性因素同方向变化；$S_{AF} < 0$，表示评价指标与不确定性因素反方向变化。S_{AF}绝对值较大者敏感度系数高，$|S_{AF}|$越大，说明评价指标A对不确定性因素F越敏感。

2. 临界点（转换值）

临界点是指不确定性因素的变化使项目由可行变为不可行的临界数值。即当不确定性因素达到某一变化率时，正好使内部收益率等于基准收益率（或者使净现值等于零），该变化率就是临界点。

临界点的高低与计算临界点的指标的初始值有关，如果选取基准收益率为计算临界点的指标，则对于同一个项目，随着设定的基准收益率的提高，临界点就会变低；而在一定的基准收益率下，临界点越低，说明该因素对项目评价指标的影响就越大，项目对该因素就越敏感。敏感性分析的结果通常采用敏感性分析表和敏感性分析图表示。

【例 10-6-2】 某项目以内部收益率作为项目评价指标，选取投资额、产品价格和主要原材料成本作为敏感性因素对项目进行敏感性分析，计算基本方案的内部收益率为 17.5%，当投资额增加 10%时，内部收益率降为 14.5%，试计算其敏感度系数。

解 投资额增加 10%时，内部收益率的变化率为

$$\Delta A = (14.5\% - 17.5\%) \div 17.5\% = -0.171$$

敏感度系数 $\qquad\qquad S_{AF} = -0.171 \div 0.1 = -1.71$

图 10-6-2 是单因素敏感性分析的一个例子，该例选取的分析指标为净现值 NPV，考虑投资额、产品价格、经营成本的变动（按一定百分比变动）对净现值指标的影响。

由图可以看出，本方案的净现值对产品价格最敏感，不确定性因素产品价格的临界点约为 10%，产品价格降低 10%左右，净现值将为 0，项目对三个不确定性因素的敏感程度由高到低依次为产品价格、经营成本、投资额。

【例 10-6-3】 某项目在进行敏感性分析时，得到以下结论：产品价格下降 10%，可使 NPV=0；经营成本上升 15%，NPV=0；寿命期缩短 20%，NPV=0；投资增加 25%，NPV=0。则下列因素中，最敏感的是：

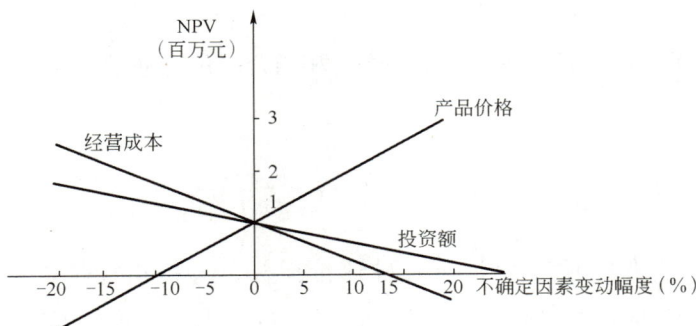

图 10-6-2 敏感性分析图

A. 产品价格   B. 经营成本   C. 寿命期   D. 投资

解 题目中影响因素中，产品价格变化幅度较小就使得项目净现值为零，故该因素最敏感。

答案： A

习 题

10-6-1 某项目设计生产能力为年产 5 000 台，每台销售价格 500 元，单位产品可变成本 350 元，每台产品税金 50 元，年固定成本 265 000 元，则该项目的盈亏平衡产量为（　　）。

    A. 2 650 台　　　　　　B. 3 500 台　　　　　　C. 4 500 台　　　　　　D. 5 000 台

10-6-2 某企业拟投资生产一种产品，设计生产能力为 15 万件/年，单位产品可变成本 120 元，总固定成本 1 500 万元，达到设计生产能力时，保证企业不亏损的单位产品售价最低为（　　）。

    A. 150 元　　　　　　B. 200 元　　　　　　C. 220 元　　　　　　D. 250 元

10-6-3 对某项目进行敏感性分析，采用的评价指标为内部收益，基本方案的内部收益率为 15%，当不确定性因素原材料价格增加 10% 时，内部收益率为 13%，则原材料的敏感度系数为（　　）。

    A. −1.54　　　　　　B. −1.33　　　　　　C. 1.33　　　　　　D. 1.54

10-6-4 对某项目投资方案进行单因素敏感性分析，基准收益率 15%，采用内部收益率作为评价指标，投资额、经营成本、销售收入为不确定性因素，计算其变化对 IRR 的影响见表。

不确定性因素变化对 IRR 的影响　　　　　　　　题 10-6-4 表

变化幅度	−20%	0	+20%
投资额	22.4	18.2	14
经营成本	23.2	18.2	13.2
销售收入	4.6	18.2	31.8

则敏感性因素按对评价指标影响的程度从大到小排列依次为（　　）。

    A. 投资额、经营成本、销售收入　　　　　　B. 销售收入、经营成本、投资额

    C. 经营成本、投资额、销售收入　　　　　　D. 销售收入、投资额、经营成本

第七节　方案经济比选

方案经济比选是对不同的项目方案从技术和经济相结合的角度进行多方面分析论证，比较、择优的过程。

一、方案比选的类型

对项目方案的经济评价中除了要计算各种评价指标，分析指标是否达到了标准的要求（如 $P_t \leqslant P_c$，NPV $\geqslant$ 0，IRR $\geqslant i_c$ 等），往往还需要对多个方案进行比选，进而从中选择较优方案。项目的备选方案根据其相互之间的关系可分为三种类型：

（一）独立型

独立型是指各个方案的现金流量是独立的，不具有相关性，任一方案的采用与否不影响是否采用其

他方案的决策。其特点是具有可加性。方案采用与否取决于方案自身的经济性。

（二）互斥型

互斥型是指方案具有排他性，选择了一个方案，就不能选择另外的方案。只能在不同方案中选择其一。对于同一地域土地的利用方案、厂址选择方案、建设规模方案等都是互斥方案。

（三）混合型

混合型是指独立方案和互斥方案混合的情况。

二、方案经济比选的方法

独立方案的采用与否，取决于方案自身的经济性，可用净现值、净年值或内部收益率作为方案的评价指标，当净现值NPV≥0，或净年值NAW≥0，或内部收益率IRR≥i_c时，则方案在财务上是可行的。

对于互斥型方案，在多个方案进行比较选择时，有方案的计算期相等和计算期不等两种情况。

（一）计算期相等的方案比较

方案比选可以采用效益比选法、费用比选法和最低价格法。

1. 效益比选法

比较备选方案的效益，从中择优，具体方法有净现值法、净年值法、差额内部收益率法等。

（1）净现值法

分别计算各方案的净现值，以净现值较大的方案为优。

（2）净年值法

比较各方案的净收益的等额年值，以净年值较大的方案为优。

（3）差额投资内部收益率法

对于若干个互斥方案，可两两比较，分别计算两个方案的差额内部收益率ΔIRR$_{A-B}$，若差额内部收益率ΔIRR$_{A-B}$大于基准收益率i_c，则投资大的方案较优。

差额内部收益率只反映两方案增量现金流的经济性（相对经济性），不能反映各方案自身的经济效果。

注意：互斥方案的比较，不能直接用内部收益率 IRR 进行比较。

如果选取相同的基准收益率，对于计算期相同的互斥方案，采用净现值法或差额内部收益率法，其评价结果是一致的。

2. 费用比选法

通过比较备选方案的费用现值或年值，从中择优。费用比选法包括费用现值法和费用年值法。

（1）费用现值法

计算备选方案的费用现值并进行比较，费用现值较低的方案较优。

（2）费用年值法

计算备选方案的费用年值并进行比较，费用年值较低的方案较优。

3. 最低价格（服务收费标准）法

最低价格法是在相同产品方案比选中，按净现值为0推算备选方案的产品价格，以最低产品价格较低的方案为优。

（二）计算期不同的互斥方案的比选

当方案的计算期不同时，不能直接采用净现值法、净现值率法、差额内部收益率等方法进行方案比较，可采用年值法、最小公倍数法或研究期法等进行方案比较。

1. 年值法

计算备选方案的等额年值，以等额年值不小于 0 且等额年值最大者为最优方案。由此可见，年值法既可用于寿命期相等的方案比较，也可用于寿命期不等的方案比较。

2. 最小公倍数法

这种方法是先求出两个方案计算期的最小公倍数，然后以最小公倍数作为方案比较的计算期（寿命期），即假定方案重复实施，将计算期不等的方案转化为计算期相等的方案，然后可采用上述计算期相等的方案比较方法进行指标计算，从中择优。

3. 研究期法

研究期法是通过研究分析，直接选取一个适当的计算期作为备选方案共同的计算期，计算各个方案在该计算期内的净现值，以净现值较大的为优。通常选取各方案中最短的计算期作为共同的计算期。

【例 10-7-1】 已知甲、乙为两个寿命期相同的互斥项目，其中乙项目投资大于甲项目。通过测算得出甲、乙两项目的内部收益率分别为 17% 和 14%，增量内部收益 $\Delta IRR_{乙-甲} = 13\%$，基准收益率为 14%，以下说法中正确的是：

  A. 应选择甲项目   B. 应选择乙项目

  C. 应同时选择甲、乙两个项目   D. 甲、乙两项目均不应选择

解 两个寿命期相同的互斥项目的选优应采用增量内部收益率指标，$\Delta IRR_{乙-甲}$ 为 13%，小于基准收益率 14%，应选择投资较小的方案。

答案： A

习 题

10-7-1 某项目有甲乙丙丁 4 个投资方案，寿命期都是 8 年，设定的折现率为 8%，$(A/P,\%,8) = 0.174$，各方案各年的净现金流量见题表。

各方案各年的净现金流量表（单位：万元） 题 10-7-1 表

年 份	0	1~8
甲	−500	92
乙	−500	90
丙	−420	76
丁	−400	77

采用年值法应选用（   ）。

  A. 甲方案   B. 乙方案

  C. 丙方案   D. 丁方案

10-7-2 有甲乙丙丁 4 个互斥方案，投资额分别为 1 000 万元、800 万元、700 万元、600 万元，方案计算期均为 10 年，基准收益率为 15%，计算差额内部收益率结果 $\Delta IRR_{甲-乙}$、$\Delta IRR_{乙-丙}$、$\Delta IRR_{丙-丁}$ 分别为 14.2%、16%、15.1%，应选择（   ）。

  A. 甲方案   B. 乙方案

  C. 丙方案   D. 丁方案

10-7-3 在几个产品相同的备选方案比选中，最低价格法是（　　　）。

    A. 按主要原材料推算成本，其中原材料价格较低的方案为优

    B. 按净现值为 0 计算方案的产品价格，其中产品价格较低的方案为优

    C. 按市场风险最低推算产品价格，其中产品价格较低的方案为优

    D. 按市场需求推算产品价格，其中产品价格较低的方案为优

10-7-4 既可用于计算期相等的方案比较，也可用于计算期不等的方案比较方法是（　　　）。

    A. 年值法　　　　　B. 内部收益率法　　　C. 投资回收期法　　　D. 净现值率法

第八节　改扩建项目的经济评价特点

改扩建项目是在企业原有基础上建设的。对于新建项目，所发生的费用和收益都可归于项目；而改扩建和技改项目的费用和收益既涉及新投资部分，又涉及原有基础部分，因此对项目经济效果的评价与新建项目有所不同。

一、改扩建项目的主要特点

（1）项目的活动与既有企业有联系但在一定程度上又有区别。

（2）项目的融资主体和还款主体都是既有企业。

（3）项目一般要利用既有企业的部分或全部资产、资源，但不发生产权转移。

（4）建设期内企业生产经营与项目建设一般同时进行。

二、改扩建项目的经济评价特点

由于改扩建项目的特点，其经济评价往往比较复杂。改扩建项目经济评价主要有以下特点：

（1）需要正确识别和估算"有项目""无项目""现状""新增""增量"等五种状态（五套数据）下的资产、资源、效益和费用，"无项目"和"有项目"的计算口径和范围要一致。应遵循"有无对比"的原则。

（2）应明确界定项目的效益和费用范围。

（3）财务分析采用一般建设项目财务分析的基本原理和分析指标。一般要按项目和企业两个层次进行财务分析。

（4）应分析项目对既有企业的贡献。

（5）改扩建项目的经济费用效益分析采用一般建设项目的经济费用效益分析原理。

（6）需要根据项目目的、项目和企业两个层次的财务分析结果和经济费用效益分析结果，结合不确定性分析、风险分析结果等进行多指标投融资决策。

（7）需要合理确定计算期、原有资产利用、停产损失和沉没成本等问题。

【例 10-8-1】 以下关于改扩建项目财务分析的说法中正确的是：

    A. 应以财务生存能力分析为主　　　　　　B. 应以项目清偿能力分析为主

    C. 应以企业层次为主进行财务分析　　　　D. 应遵循"有无对比"原则

解　改扩建项目财务分析要进行项目层次和企业层次两个层次的分析。项目层次应进行盈利能力分析、清偿能力分析和财务生存能力分析，应遵循"有无对比"的原则。

答案： D

习　　题

10-8-1　对于改扩建项目的经济评价，以下表述中正确的是（　　　）。

　　　　A. 仅需要估算"有项目"、"无项目"、"增量"三种状态下的效益和费用

　　　　B. 只对项目本身进行经济性评价，不考虑对既有企业的影响

　　　　C. 财务分析一般只按项目一个层次进行财务分析

　　　　D. 需要合理确定原有资产利用、停产损失和沉没成本

10-8-2　价值工程的"价值(V)对于产品来说，可以表示为 $V = F/C$，式中C是指（　　　）。

　　　　A. 产品的寿命周期成本　　　　　　　　B. 产品的开发成本

　　　　C. 产品的制造成本　　　　　　　　　　D. 产品的销售成本

第九节　价值工程

一、价值工程的基本概念

（一）价值、功能和寿命周期成本

1. 功能

功能是指产品或作业的功用和效能。它实质上也是产品或作业的使用价值。

2. 寿命周期成本

寿命周期成本是指产品或服务在寿命期内所花费的全部费用。其费用不仅包括产品生产工程中的费用，也包括使用过程中的费用和残值。

3. 价值

价值工程中的"价值"，是指产品或作业的功能与实现其功能的总成本的比值。它是对所研究的对象的功能和成本的综合评价。其表达式为

$$价值(V) = \frac{功能(F)}{成本(C)} \tag{10-9-1}$$

这里的成本是指实现产品或作业的寿命周期成本。

（二）价值工程的定义

价值工程，也可称为价值分析，是指以产品或作业的功能分析为核心，以提高产品或作业的价值为目的，力求以最低寿命周期成本实现产品或作业使用所要求的必要功能的一项有组织的创造性活动。

价值工程是一种以提高产品和作业价值为目标的管理技术。其主要特点是：

（1）价值工程着眼于寿命周期成本，把研究的重点放在对产品的功能研究上，核心是功能分析。

（2）价值工程将保证产品功能和降低成本作为一个整体考虑。

（3）价值工程强调创新。

（4）价值工程要求将功能定量化。

（5）价值工程是一种有计划、有组织的活动。

（三）提高价值的途径

从上面价值的表达式可知，在成本不变的情况下，价值与功能成正比；功能不变的情况下，价值与成本成反比。由此可以得出提高产品或作业的 5 种主要途径：

（1）成本不变，提高功能；

（2）功能不变，降低成本；

（3）成本略有增加，功能较大幅度提高；

（4）功能略有下降，成本大幅度降低；

（5）成本降低，功能提高，则价值更高。

二、价值工程的实施步骤

价值工程活动过程一般包括准备阶段、功能分析阶段、方案创造阶段和方案实施阶段。

（一）准备阶段

（1）对象选择；

（2）组成价值工程领导小组；

（3）制订工作计划。

（二）功能分析阶段

（1）收集整理信息资料；

（2）功能系统分析；

（3）功能评价。

（三）创新阶段

（1）方案创新；

（2）方案评价；

（3）提案编写。

（四）实施阶段

（1）审批；

（2）实施与检查；

（3）成果鉴定。

三、价值工程研究对象的选择

（一）选择研究对象的原则

研究对象的选择，应选择对国计民生影响大的、需要量大的、正在研制准备投放市场的、质量功能急需改进的、市场竞争激烈的、成本高利润低的、需提高市场占有率的、改善价值有较大潜力的产品等。

（二）选择研究对象的方法

常用方法有 ABC 分析法、价值系数法、百分比法、最合适区域法等。

1. ABC分析法

应用数理统计分析的方法选择对象。按产品零部件成本大小由高到低排列，绘出费用累计曲线，一般规律如下。

A类部件：占部件的5%~10%，占总成本的70%~75%（数量较少，但占总成本比重较大）；

B类部件：占部件的20%左右，占总成本的20%左右；

C类部件：占部件的70%~75%，占总成本的5%~10%（数量较多，但占总成本比例不大）。

通常可以把A类部件作为分析对象。

2. 价值系数法

（1）价值系数法的步骤

①用01评分法（强制确定法）或其他评分法计算功能系数。即将零件排列起来，一一进行重要性对比，重要的得1分，不重要的得0分，求出各零件得分累计分数，其功能系数按下式计算

$$功能系数(f_i) = \frac{零件得分累计}{总分} \tag{10-9-2}$$

②求出每一零件成本与各零件成本总和之比，即成本系数

$$成本系数(C_i) = \frac{零部件成本}{各零部件成本总和} \tag{10-9-3}$$

③求出各零件的价值系数

$$价值系数(V_i) = \frac{功能系数}{成本系数} \tag{10-9-4}$$

（2）计算结果存在的三种情况

①价值系数小于1，表明该零件相对不重要且费用偏高，应作为价值分析的对象；

【例10-9-1】 某产品共有五项功能F_1、F_2、F_3、F_4、F_5，用强制确定法确定零件功能评价体系时，其功能得分分别为3、5、4、1、2，则F_5的功能评价系数为：

A. 0.20   B. 0.13   C. 0.27   D. 0.33

解 F_3的功能系数为：$F_3 = 4/(3 + 5 + 4 + 1 + 2) = 0.27$

答案： C

②价值系数大于1，即功能系数大于成本系数，表明该零件较重要而成本偏低，是否需要提高费用视具体情况而定；

③价值系数接近或等于1，表明该零件重要性与成本适应，较为合理。

表10-9-1给出了价值系数计算的例子，显然，该表中D零件的价值系数远小于1，为0.463，可考虑作为价值分析的对象。

价值系数计算表   表10-9-1

零部件代号	一对一比较结果				积分	成本（元）	功能系数f_i	成本系数C_i	价值系数V_i
	A	B	C	D					
A	×	1	0	1	2	115	0.333	0.319	1.044
B	0	×	0	1	1	50	0.167	0.139	1.201
C	1	1	×	0	2	65	0.333	0.181	1.840
D	0	0	1	×	1	130	0.167	0.361	0.463
小计					6	360	1	1	

四、功能分析

功能分析是价值工程的核心。功能是某个产品或零件在整体中所担负的职能或所起的作用。功能分析的目的是用最少的成本实现同一功能。

功能分析一般有功能定义、功能整理、功能评价三个步骤。

（一）功能定义

功能定义就是用简明准确的语言表达功能的本质内容。

根据功能的不同特性，功能可以按以下标志分类：

（1）按功能的重要程度分为基本功能和辅助功能。基本功能是必不可少的功能，辅助功能属于次要功能。

（2）按功能的性质可分为使用功能和美学功能。使用功能有使用目的，如手机的通话功能；美学功能也称为外观功能，具有外观的艺术特征，如手机的造型、色彩款式等。

（3）按目的和手段功能可分为上位功能和下位功能。上位功能是目的性功能，下位功能是实现上位功能的手段性功能。这种上位与下位、目的与手段是相对的。

（4）按总体和局部，功能可分为总体功能和局部功能。总体功能体现出整体性的特征，是以局部功能为基础的。

（5）按功能的有用性可分为必要功能和不必要功能。使用功能、美学功能、基本功能、辅助功能等都是必要功能。多余功能、过剩功能都属于不必要功能。

（二）功能整理

功能整理就是要明确功能之间的逻辑关系，确定必要功能，剔除不必要功能。

功能整理有功能分析系统技术和功能卡片排列法两种方法。

功能分析系统技术的主要步骤：

（1）分析出基本功能，列在最左侧，称为上位功能，其余的是辅助功能。

（2）确定功能之间的关系，是并列关系还是上下位关系。

（3）绘出功能系统图。

（三）功能评价

功能评价主要解决功能的定量化问题，以便进行比较分析。功能评价的方法有 01 评分法、04 评分法、DARE 法等。

【例 10-9-2】 下面关于价值工程的论述中正确的是：

    A. 价值工程中的价值是指成本与功能的比值

    B. 价值工程中的价值是指产品消耗的必要劳动时间

    C. 价值工程中的成本是指寿命周期成本，包括产品在寿命期内发生的全部费用

    D. 价值工程中的成本就是产品的生产成本，它随着产品功能的增加而提高

解 根据价值工程中价值公式中成本的概念。

答案： C

【例 10-9-3】 在价值工程的一般工作程序中，分析阶段要做的工作包括：

    A. 制订工作计划   B. 功能评价

    C. 方案创新   D. 方案评价

解 价值工程一般工作程序包括准备阶段、功能分析阶段、创新阶段和实施阶段。功能分析阶段的

工作有收集整理信息资料、功能系统分析、功能评价。

答案：B

<h1 style="text-align:center">习 题</h1>

10-9-1 价值工程的核心是（ ）。

　　A. 尽可能降低产品成本　　　　　　　　B. 降低成本提高产品价格

　　C. 功能分析　　　　　　　　　　　　　D. 有组织的活动

10-9-2 价值工程的工作目标是（ ）。

　　A. 尽可能提高产品的功能　　　　　　　B. 尽可能降低产品的成本

　　C. 提高产品价值　　　　　　　　　　　D. 延长产品的寿命周期

10-9-3 某企业原采用甲工艺生产某种产品，现采用新技术乙工艺生产，不仅达到甲工艺相同的质量，而且成本降低了 15%。根据价值工程原理，该企业提高产品价值的途径是（ ）。

　　A. 功能不变，成本降低

　　B. 功能和成本都降低，但成本降幅较大

　　C. 功能提高，成本降低

　　D. 功能提高，成本不变

10-9-4 某产品的实际成本为 8 000 元，该产品由多个零部件组成，其中一个零部件的实际成本为 840 元，功能评价系数为 0.092，则该零部件的价值指数为（ ）。

　　A. 0.105　　　　　　　B. 0.876　　　　　　　C. 0.92　　　　　　　D. 1.141

<h2 style="text-align:center">习题题解及参考答案</h2>

<h3 style="text-align:center">第一节</h3>

10-1-1　**解：**利用名义利率求实际利率公式计算、比较，或用一次支付终值公式计算、比较。

　　　　答案：C

10-1-2　**解：**已知 A，求 F，用等额支付系列终值公式计算。

　　　　答案：D

10-1-3　**解：**已知 A，求 P，用等额支付系列现值公式计算。第三年年初已经偿还 2 年等额本息，还有 3 年等额本息没有偿还。所以 $n=3$，$A=50$。

　　　　答案：B

10-1-4　**解：**可绘出现金流量图，利用资金等值计算公式，将借款和还款等值计算折算到同一年，求 A。

$$A(P/A,5\%,3)(1+i) = 6\,000(P/A,5\%,5)(P/F,5\%,3)$$

$$A \times 2.723\,2 \times 1.05 = 6\,000 \times 4.329\,5 \times 0.863\,8$$

或：$A(P/A,5\%,3)(F/P,5\%,4) = 6\,000(P/A,5\%,5)$

$$A \times 2.723\,2 \times 1.215\,5 = 6\,000 \times 4.329\,5$$

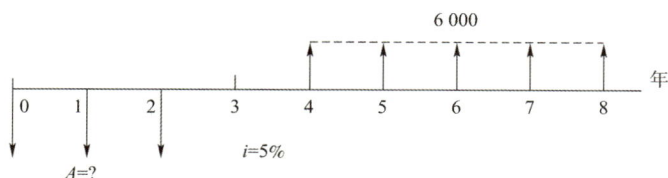

题 10-1-4 解图

解得：$A = 7\,848$

答案： A

第二节

10-2-1 **解：** 建设项目总投资由建设投资、建设期利息、流动资金三部分构成。

答案： B

10-2-2 **解：** 总投资形成的固定资产原值的费用包括工程费用、工程建设其他费用、预备费、建设期利息。

答案： A

10-2-3 **解：** 按借款在年初发生的建设利息计算公式计算。

第一年借款利息：$1\,500 \times 7\% = 105$万元

第二年借款利息：$[(1\,500 + 105) + 1\,000] \times 7\% = 182.35$万元

答案： D

10-2-4 **解：** 用双倍余额递减法公式计算，注意计算第二年折旧额时，要用固定资产净值计算。

答案： C

10-2-5 **解：** 无营业利润可以不缴纳所得税。

答案： A

10-2-6 **解：** 按规定，建设期利息应计入固定资产原值。

答案： A

第三节

10-3-1 **解：** 按债券筹资成本公式计算，即

$(500 \times 5\%) \times (1 - 25\%)/[500 \times (1 - 1\%)] = 38\%$

答案： B

10-3-2 **解：** 权益资金成本不能抵减所得税。

$$15\% \times \frac{400}{1\,000} + 6\% \times (1 - 25\%) \times \frac{600}{1\,000} = 8.7\%$$

答案： B

10-3-3 **解：** 等额还本则每年还本：$500/5 = 100$万元，次年以未还本金为基数计算利息。第 2 年初尚未还本金：$500 - 100 = 400$万元，第 2 年应还利息：$400 \times 5\% = 20$万元。

答案： B

10-3-4 **解：** 根据股利增长模型法，普通股资金成本为：

$$K_s = \frac{D_i}{P_0 \times (1 - f)} + g = \frac{10\,000 \times 8\%}{10\,000 \times (1 - 3\%)} + 6\% = 14.25\%$$

由于股利必须在企业税后利润中支付，所以不能抵减所得税的缴纳。

答案： D

第四节

10-4-1 **解：** 可先绘出现金流量图再计算（见解图）。注意第1、2年初即第0、1年末。

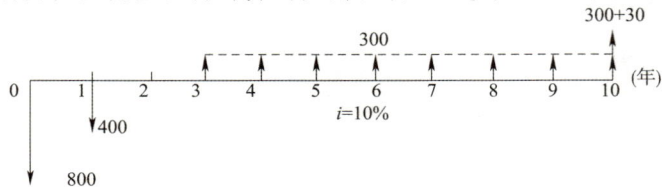

题 10-4-1 解图

$$P = -800 - 400(P/F, 10\%, 1) + 300(P/A, 10\%, 8)(P/F, 10\%, 2) + 30(P/F, 10\%, 10)$$
$$= 170.55$$

答案： B

10-4-2 **解：** 用不同的等额支付系列现值系数计算净现值，根据净现值的正负判断内部收益率位于那个区间。

由 $-12\,000 + 4\,300 \times (P/A, 20\%, 5) = 861.3$ 元 > 0

$-12\,000 + 4\,300 \times (P/A, 25\%, 5) = -437.3$ 元 < 0

可知内部收益率位于20%~25%区间内。

答案： C

10-4-3 **解：** 根据净现值函数曲线可判断。

答案： D

10-4-4 **解：** 费用年值 $AC = 5 + 20(A/P, 10\%, 10) = 8.255$ 万元。

答案： D

10-4-5 **解：** 根据静态投资回收期公式计算。

答案： B

10-4-6 **解：** 项目总投资为建设投资、建设期利息和流动资金之和，计算总投资收益率要用息税前利润。

答案： B

10-4-7 **解：** 先根据总投资收益率计算息税前利润，然后计算总利润、净利润，最后计算资本金净利润率。

项目总投资为建设投资、建设期利息和流动资金之和，计算总投资收益率要用息税前利润。

息税前利润 $= 16\,000 \times 20\% = 3\,200$ 万元

总利润 $= 3\,200 - 900 = 2\,300$ 万元

净利润 $= 2\,300 \times (1 - 25\%) = 1\,725$ 万元

资本金净利润率 $= 1\,725 \div 5\,000 \times 100\% = 34.5\%$

答案： C

10-4-8 **解：** 按偿债备付率公式计算。

息税前利润 $=$ 利润总额 $+$ 利息支出 $= 300 + 100 = 400$ 万元

偿债备付率 $= \dfrac{400 + 30 - 75}{120 + 100} = 1.61$

答案： C

10-4-9 **解：**项目投资现金流量表反映了项目投资总体的获利能力，主要用来计算财务内部收益、财务净现值和投资回收期等评价指标。

答案：C

10-4-10 **解：**项目资本金现金流量表从项目权益投资者的整体角度考察盈利能力。

答案：A

第五节

10-5-1 **解：**影子价格反映项目投入物和产出物的真实经济价值。

答案：D

10-5-2 **解：**进行经济费用效益分析采用社会折现率。

答案：C

10-5-3 **解：**从国民经济效率的角度看，经济内部收益率等于或大于社会折现率，表明项目的经济盈利性达到或超过了经济效益要求。

答案：A

10-5-4 **解：**项目建成每年减少损失，视为经济效益。若 $n \to \infty$，则 $(P/A, i, n) = 1/i$。按效益费用比公式计算：

$$B = 300 \times \frac{1}{i} = 6\,000, \quad c = 500 + 20 \times \frac{1}{i} = 900$$

$$R_{BC} = 6\,000/900 = 6.67$$

答案：B

第六节

10-6-1 **解：**用盈亏平衡分析公式计算，考虑每台产品的税金。

$$盈亏平衡产量 = \frac{265\,000}{500 - 350 - 50} = 2\,650 台$$

答案：A

10-6-2 **解：**用盈亏平衡分析公式计算。

由 $15 \times 10^4 = \frac{1\,500 \times 10^4}{单价 - 120}$，可得：单价 $= 220$ 元

答案：C

10-6-3 **解：**按敏感度系数公式计算。

$$\frac{\dfrac{13\% - 15\%}{15\%}}{10\%} = -1.33$$

答案：B

10-6-4 **解：**变化幅度的绝对值相同时（如变化幅度为 $\pm 20\%$），敏感性系数较大者对应的因素较敏感。

答案：B

第七节

10-7-1 **解：**甲乙方案年投资相等，但甲方案年收益较大，所以淘汰乙方案；丙乙方案比较，丙方案投资大但年收益值较小，淘汰丙方案，比较甲丁方案净年值。

答案：D

10-7-2 **解：** ΔIRR 大于基准收益率时，应选投资额较大的方案；反之，应选投资额较小的方案。

答案： B

10-7-3 **解：** 最低价格法是在相同产品方案比选中，按净现值为 0 推算备选方案的产品价格，以最低产品价格较低的方案为优。

答案： B

10-7-4 **解：** 计算期相等和计算期不等的方案比较均可以用年值法。

答案： A

第八节

10-8-1 **解：** 改扩建项目的经济评价应考虑原有资产的利用、停产损失和沉没成本等问题。

答案： D

10-8-2 **解：** 依据价值工程定义。

答案： A

第九节

10-9-1 **解：** 价值工程的核心是功能分析。

答案： C

10-9-2 **解：** 价值工程以提高价值为工作目标。

答案： C

10-9-3 **解：** 质量相同，功能上没有变化。

答案： A

10-9-4 **解：** 该零件的成本系数为：

该零件实际成本/所有零件实际成本 $= 840 \div 8\,000 = 0.105$

该零部件的价值指数为：

$V =$ 该零件的功能评价系数/该零件的成本系数 $= 0.092 \div 0.105 = 0.876$

答案： B

第十一章 法 律 法 规

复 习 指 导

一、"法律法规"考试大纲

8.1 中华人民共和国建筑法

总则；建筑许可；建筑工程发包与承包；建筑工程监理；建筑安全生产管理；建筑工程质量管理；法律责任。

8.2 中华人民共和国安全生产法

总则；生产经营单位的安全生产保障；从业人员的权利和义务；安全生产的监督管理；生产安全事故的应急救援与调查处理。

8.3 中华人民共和国招标投标法

总则；招标；投标；开标；评标和中标；法律责任。

8.4 中华人民共和国合同法

一般规定；合同的订立；合同的效力；合同的履行；合同的变更和转让；合同的权利义务终止；违约责任；其他规定。

8.5 中华人民共和国行政许可法

总则；行政许可的设定；行政许可的实施机关；行政许可的实施程序；行政许可的费用。

8.6 中华人民共和国节约能源法

总则；节能管理；合理使用与节约能源；节能技术进步；激励措施；法律责任。

8.7 中华人民共和国环境保护法

总则；环境监督管理；保护和改善环境；防治环境污染和其他公害；法律责任。

8.8 建设工程勘察设计管理条例

总则；资质资格管理；建设工程勘察设计发包与承包；建设工程勘察设计文件的编制与实施；监督管理。

8.9 建设工程质量管理条例

总则；建设单位的质量责任和义务；勘察设计单位的质量责任和义务；施工单位的质量责任和义务；工程监理单位的质量责任和义务；建设工程质量保修。

8.10 建设工程安全生产管理条例

总则；建设单位的安全责任；勘察设计工程监理及其他有关单位的安全责任；施工单位的安全责任；监督管理；生产安全事故的应急救援和调查处理。

二、复习指导

与工程建设有关的法规应当是重点复习的内容，尤其是建筑法、招投标法中的内容。

法规中与设计工作有关的规定要给予特别注意。

第一节　我国法规的基本体系

按现行立法权限，我国的法规可分为五个层次。即：全国人大及其常委会通过的法律，国务院发布的行政规定，国务院各部委发布的规章制度，地方人大制定的地方法律，地方行政部门制定并发布的地方规章制度。

举例如下：

一、法律

中华人民共和国建筑法	1998 年 3 月 1 日起实施，2019 年 4 月 23 日修改
中华人民共和国安全生产法	2002 年 11 月 1 日起实施，2021 年 6 月 10 日修改
中华人民共和国招标投标法	2000 年 1 月 1 日起实施，2017 年 12 月 28 日修正
中华人民共和国民法典	2021 年 1 月 1 日起实施
中华人民共和国行政许可法	2004 年 7 月 1 日起实施
中华人民共和国节约能源法	1997 年 1 月 1 日颁布，2007 年 10 月修改，2008 年 4 月 1 日起实施修订版
中华人民共和国环境保护法	1989 年 12 月 26 日起实施，2014 年 4 月 24 日修改，2015 年 1 月 1 日起实施修订版
中华人民共和国房地产管理法	1995 年 1 月 1 日起实施，2007 年 8 月 30 日和 2009 年 8 月 27 日两次修订，2019 年 8 月 26 日第三次修订

二、行政规定

建设工程勘察设计管理条例	2000 年 9 月 25 日起实施，2017 年 10 月 7 日修改
建设工程质量管理条例	2000 年 1 月 30 日起实施，2019 年 04 月 23 日修改
建设工程安全生产管理条例	2004 年 2 月 1 日起实施

三、部门规章

建设工程勘察设计资质管理规定	2007 年 9 月 1 日起实施
工程监理企业资质管理规定	2007 年 8 月 1 日起实施
建筑企业资质管理规定	2007 年 9 月 1 日起实施

地方法律、规章不再举例。

第二节　中华人民共和国建筑法

第一章　总　　则

第一条　为了加强对建筑活动的监督管理，维护建筑市场秩序，保证建筑工程的质量和安全，促进建筑业健康发展，制定本法。

第二条　在中华人民共和国境内从事建筑活动，实施对建筑活动的监督管理，应当遵守本法。

本法所称建筑活动，是指各类房屋建筑及其附属设施的建造和与其配套的线路、管道、设备的安装活动。

第三条　建筑活动应当确保建筑工程质量和安全，符合国家的建筑工程安全标准。

第四条　国家扶持建筑业的发展，支持建筑科学技术研究，提高房屋建筑设计水平，鼓励节约能源和保护环境，提倡采用先进技术、先进设备、先进工艺、新型建筑材料和现代管理方式。

第五条　从事建筑活动应当遵守法律、法规，不得损害社会公共利益和他人的合法权益。

任何单位和个人都不得妨碍和阻挠依法进行的建筑活动。

第六条　国务院建设行政主管部门对全国的建筑活动实施统一监督管理。

第二章　建 筑 许 可

第一节　建筑工程施工许可

第七条　建筑工程开工前，建设单位应当按照国家有关规定向工程所在地县级以上人民政府建设行政主管部门申请领取施工许可证；但是，国务院建设行政主管部门确定的限额以下的小型工程除外。

按照国务院规定的权限和程序批准开工报告的建筑工程，不再领取施工许可证。

第八条　申请领取施工许可证，应当具备下列条件：

（一）已经办理该建筑工程用地批准手续；

（二）依法应当办理建设工程规划许可证的，已经取得建设工程规划许可证；

（三）需要拆迁的，其拆迁进度符合施工要求；

（四）已经确定建筑施工企业；

（五）有满足施工需要的资金安排、施工图纸及技术资料；

（六）有保证工程质量和安全的具体措施。

建设行政主管部门应当自收到申请之日起七日内，对符合条件的申请颁发施工许可证。

第九条　建设单位应当自领取施工许可证之日起三个月内开工。因故不能按期开工的，应当向发证机关申请延期；延期以两次为限，每次不超过三个月。既不开工又不申请延期或者超过延期时限的，施工许可证自行废止。

第十条　在建的建筑工程因故中止施工的，建设单位应当自中止施工之日起一个月内，向发证机关报告，并按照规定做好建筑工程的维护管理工作。

建筑工程恢复施工时，应当向发证机关报告；中止施工满一年的工程恢复施工前，建设单位应当报发证机关核验施工许可证。

第十一条　按照国务院有关规定批准开工报告的建筑工程，因故不能按期开工或者中止施工的，应当及时向批准机关报告情况。因故不能按期开工超过六个月的，应当重新办理开工报告的批准手续。

第二节　从业资格

第十二条　从事建筑活动的建筑施工企业、勘察单位、设计单位和工程监理单位，应当具备下列条件：

（一）有符合国家规定的注册资本；

（二）有与其从事的建筑活动相适应的具有法定执业资格的专业技术人员；

（三）有从事相关建筑活动所应有的技术装备；

（四）法律、行政法规规定的其他条件。

第十三条　从事建筑活动的建筑施工企业、勘察单位、设计单位和工程监理单位，按照其拥有的注册资本、专业技术人员、技术装备和已完成的建筑工程业绩等资质条件，划分为不同的资质等级，经资质审查合格，取得相应等级的资质证书后，方可在其资质等级许可的范围内从事建筑活动。

第十四条　从事建筑活动的专业技术人员，应当依法取得相应的执业资格证书，并在执业资格证书许可的范围内从事建筑活动。

第三章　建筑工程发包与承包

第一节　一般规定

第十五条　建筑工程的发包单位与承包单位应当依法订立书面合同，明确双方的权利和义务。

发包单位和承包单位应当全面履行合同约定的义务。不按照合同约定履行义务的，依法承担违约责任。

第十六条　建筑工程发包与承包的招标投标活动，应当遵循公开、公正、平等竞争的原则，择优选择承包单位。

建筑工程的招标投标，本法没有规定的，适用有关招标投标法律的规定。

第十七条　发包单位及其工作人员在建筑工程发包中不得收受贿赂、回扣或者索取其他好处。

承包单位及其工作人员不得利用向发包单位及其工作人员行贿、提供回扣或者给予其他好处等不正当手段承揽工程。

第十八条　建筑工程造价应当按照国家有关规定，由发包单位与承包单位在合同中约定。公开招标发包的，其造价的约定，须遵守招标投标法律的规定。

发包单位应当按照合同的约定，及时拨付工程款项。

第二节　发包

第十九条　建筑工程依法实行招标发包，对不适于招标发包的可以直接发包。

第二十条　建筑工程实行公开招标的，发包单位应当依照法定程序和方式，发布招标公告，提供载有招标工程的主要技术要求、主要的合同条款、评标的标准和方法以及开标、评标、定标的程序等内容的招标文件。

开标应当在招标文件规定的时间、地点公开进行。开标后应当按照招标文件规定的评标标准和程序对标书进行评价、比较，在具备相应资质条件的投标者中，择优选定中标者。

第二十一条　建筑工程招标的开标、评标、定标由建设单位依法组织实施，并接受有关行政主管部门的监督。

第二十二条　建筑工程实行招标发包的，发包单位应当将建筑工程发包给依法中标的承包单位。建筑工程实行直接发包的，发包单位应当将建筑工程发包给具有相应资质条件的承包单位。

第二十三条 政府及其所属部门不得滥用行政权力，限定发包单位将招标发包的建筑工程发包给指定的承包单位。

第二十四条 提倡对建筑工程实行总承包，禁止将建筑工程肢解发包。

建筑工程的发包单位可以将建筑工程的勘察、设计、施工、设备采购一并发包给一个工程总承包单位，也可以将建筑工程勘察、设计、施工、设备采购的一项或者多项发包给一个工程总承包单位；但是，不得将应当由一个承包单位完成的建筑工程肢解成若干部分发包给几个承包单位。

第二十五条 按照合同约定，建筑材料、建筑构配件和设备由工程承包单位采购的，发包单位不得指定承包单位购入用于工程的建筑材料、建筑构配件和设备或者指定生产厂、供应商。

第三节 承 包

第二十六条 承包建筑工程的单位应当持有依法取得的资质证书，并在其资质等级许可的业务范围内承揽工程。

禁止建筑施工企业超越本企业资质等级许可的业务范围或者以任何形式用其他建筑施工企业的名义承揽工程。禁止建筑施工企业以任何形式允许其他单位或者个人使用本企业的资质证书、营业执照，以本企业的名义承揽工程。

第二十七条 大型建筑工程或者结构复杂的建筑工程，可以由两个以上的承包单位联合共同承包。共同承包的各方对承包合同的履行承担连带责任。

两个以上不同资质等级的单位实行联合共同承包的，应当按照资质等级低的单位的业务许可范围承揽工程。

第二十八条 禁止承包单位将其承包的全部建筑工程转包给他人，禁止承包单位将其承包的全部建筑工程肢解以后以分包的名义分别转包给他人。

第二十九条 建筑工程总承包单位可以将承包工程中的部分工程发包给具有相应资质条件的分包单位；但是，除总承包合同中约定的分包外，必须经建设单位认可。施工总承包的，建筑工程主体结构的施工必须由总承包单位自行完成。

建筑工程总承包单位按照总承包合同的约定对建设单位负责；分包单位按照分包合同的约定对总承包单位负责。总承包单位和分包单位就分包工程对建设单位承担连带责任。

禁止总承包单位将工程分包给不具备相应资质条件的单位。禁止分包单位将其承包的工程再分包。

第四章 建筑工程监理

第三十条 国家推行建筑工程监理制度。

国务院可以规定实行强制监理的建筑工程的范围。

第三十一条 实行监理的建筑工程，由建设单位委托具有相应资质条件的工程监理单位监理。建设单位与其委托的工程监理单位应当订立书面委托监理合同。

第三十二条 建筑工程监理应当依照法律、行政法规及有关的技术标准、设计文件和建筑工程承包合同，对承包单位在施工质量、建设工期和建设资金使用等方面，代表建设单位实施监督。

工程监理人员认为工程施工不符合工程设计要求、施工技术标准和合同约定的，有权要求建筑施工企业改正。

工程监理人员发现工程设计不符合建筑工程质量标准或者合同约定的质量要求的，应当报告建设单位要求设计单位改正。

第三十三条 实施建筑工程监理前，建设单位应当将委托的工程监理单位、监理的内容及监理权限，书面通知被监理的建筑施工企业。

第三十四条 工程监理单位应当在其资质等级许可的监理范围内，承担工程监理业务。

工程监理单位应当根据建设单位的委托，客观、公正地执行监理任务。

工程监理单位与被监理工程的承包单位以及建筑材料、建筑构配件和设备供应单位不得有隶属关系或者其他利害关系。

工程监理单位不得转让工程监理业务。

第三十五条 工程监理单位不按照委托监理合同的约定履行监理义务，对应当监督检查的项目不检查或者不按照规定检查，给建设单位造成损失的，应当承担相应的赔偿责任。

工程监理单位与承包单位串通，为承包单位谋取非法利益，给建设单位造成损失的，应当与承包单位承担连带赔偿责任。

第五章　建筑安全生产管理

第三十六条 建筑工程安全生产管理必须坚持安全第一、预防为主的方针，建立健全安全生产的责任制度和群防群治制度。

第三十七条 建筑工程设计应当符合按照国家规定制定的建筑安全规程和技术规范，保证工程的安全性能。

第三十八条 建筑施工企业在编制施工组织设计时，应当根据建筑工程的特点制定相应的安全技术措施；对专业性较强的工程项目，应当编制专项安全施工组织设计，并采取安全技术措施。

第三十九条 建筑施工企业应当在施工现场采取维护安全、防范危险、预防火灾等措施；有条件的，应当对施工现场实行封闭管理。

施工现场对毗邻的建筑物、构筑物和特殊作业环境可能造成损害的，建筑施工企业应当采取安全防护措施。

第四十条 建设单位应当向建筑施工企业提供与施工现场相关的地下管线资料，建筑施工企业应当采取措施加以保护。

第四十一条 建筑施工企业应当遵守有关环境保护和安全生产的法律、法规的规定，采取控制和处理施工现场的各种粉尘、废气、废水、固体废物以及噪声、振动对环境的污染和危害的措施。

第四十二条 有下列情形之一的，建设单位应当按照国家有关规定办理申请批准手续：

（一）需要临时占用规划批准范围以外场地的；

（二）可能损坏道路、管线、电力、邮电通讯等公共设施的；

（三）需要临时停水、停电、中断道路交通的；

（四）需要进行爆破作业的；

（五）法律、法规规定需要办理报批手续的其他情形。

第四十三条 建设行政主管部门负责建筑安全生产的管理，并依法接受劳动行政主管部门对建筑安全生产的指导和监督。

第四十四条 建筑施工企业必须依法加强对建筑安全生产的管理，执行安全生产责任制度，采取有效措施，防止伤亡和其他安全生产事故的发生。

建筑施工企业的法定代表人对本企业的安全生产负责。

第四十五条 施工现场安全由建筑施工企业负责。实行施工总承包的，由总承包单位负责。分包单位向总承包单位负责，服从总承包单位对施工现场的安全生产管理。

第四十六条 建筑施工企业应当建立健全劳动安全生产教育培训制度，加强对职工安全生产的教育培训；未经安全生产教育培训的人员，不得上岗作业。

第四十七条 建筑施工企业和作业人员在施工过程中，应当遵守有关安全生产的法律、法规和建筑行业安全规章、规程，不得违章指挥或者违章作业。作业人员有权对影响人身健康的作业程序和作业条件提出改进意见，有权获得安全生产所需的防护用品。作业人员对危及生命安全和人身健康的行为有权提出批评、检举和控告。

第四十八条 建筑施工企业应当依法为职工参加工伤保险缴纳工伤保险费。鼓励企业为从事危险作业的职工办理意外伤害保险，支付保险费。

第四十九条 涉及建筑主体和承重结构变动的装修工程，建设单位应当在施工前委托原设计单位或者具有相应资质条件的设计单位提出设计方案；没有设计方案的，不得施工。

第五十条 房屋拆除应当由具备保证安全条件的建筑施工单位承担，由建筑施工单位负责人对安全负责。

第五十一条 施工中发生事故时，建筑施工企业应当采取紧急措施减少人员伤亡和事故损失，并按照国家有关规定及时向有关部门报告。

第六章 建筑工程质量管理

第五十二条 建筑工程勘察、设计、施工的质量必须符合国家有关建筑工程安全标准的要求，具体管理办法由国务院规定。

有关建筑工程安全的国家标准不能适应确保建筑安全的要求时，应当及时修订。

第五十三条 国家对从事建筑活动的单位推行质量体系认证制度。从事建筑活动的单位根据自愿原则可以向国务院产品质量监督管理部门或者国务院产品质量监督管理部门授权的部门认可的认证机构申请质量体系认证。经认证合格的，由认证机构颁发质量体系认证证书。

第五十四条 建设单位不得以任何理由，要求建筑设计单位或者建筑施工企业在工程设计或者施工作业中，违反法律、行政法规和建筑工程质量、安全标准，降低工程质量。

建筑设计单位和建筑施工企业对建设单位违反前款规定提出的降低工程质量的要求，应当予以拒绝。

第五十五条 建筑工程实行总承包的，工程质量由工程总承包单位负责，总承包单位将建筑工程分包给其他单位的，应当对分包工程的质量与分包单位承担连带责任。分包单位应当接受总承包单位的质量管理。

第五十六条 建筑工程的勘察、设计单位必须对其勘察、设计的质量负责。勘察、设计文件应当符合有关法律、行政法规的规定和建筑工程质量、安全标准、建筑工程勘察、设计技术规范以及合同的约定。设计文件选用的建筑材料、建筑构配件和设备，应当注明其规格、型号、性能等技术指标，其质量要求必须符合国家规定的标准。

第五十七条 建筑设计单位对设计文件选用的建筑材料、建筑构配件和设备，不得指定生产厂、供应商。

第五十八条 建筑施工企业对工程的施工质量负责。

建筑施工企业必须按照工程设计图纸和施工技术标准施工，不得偷工减料。工程设计的修改由原设计单位负责，建筑施工企业不得擅自修改工程设计。

第五十九条 建筑施工企业必须按照工程设计要求、施工技术标准和合同的约定，对建筑材料、建筑构配件和设备进行检验，不合格的不得使用。

第六十条 建筑物在合理使用寿命内，必须确保地基基础工程和主体结构的质量。

建筑工程竣工时，屋顶、墙面不得留有渗漏、开裂等质量缺陷；对已发现的质量缺陷，建筑施工企业应当修复。

第六十一条 交付竣工验收的建筑工程，必须符合规定的建筑工程质量标准，有完整的工程技术经济资料和经签署的工程保修书，并具备国家规定的其他竣工条件。

建筑工程竣工经验收合格后，方可交付使用；未经验收或者验收不合格的，不得交付使用。

第六十二条 建筑工程实行质量保修制度。

建筑工程的保修范围应当包括地基基础工程、主体结构工程、屋面防水工程和其他土建工程，以及电气管线、上下水管线的安装工程，供热、供冷系统工程等项目；保修的期限应当按照保证建筑物合理寿命年限内正常使用，维护使用者合法权益的原则确定。具体的保修范围和最低保修期限由国务院规定。

第六十三条 任何单位和个人对建筑工程的质量事故、质量缺陷都有权向建设行政主管部门或者其他有关部门进行检举、控告、投诉。

第七章 法 律 责 任

第六十四条 违反本法规定，未取得施工许可证或者开工报告未经批准擅自施工的，责令改正，对不符合开工条件的责令停止施工，可以处以罚款。

第六十五条 发包单位将工程发包给不具有相应资质条件的承包单位的，或者违反本法规定将建筑工程肢解发包的，责令改正，处以罚款。

超越本单位资质等级承揽工程的，责令停止违法行为，处以罚款，可以责令停业整顿，降低资质等级；情节严重的，吊销资质证书；有违法所得的，予以没收。

未取得资质证书承揽工程的，予以取缔，并处罚款；有违法所得的，予以没收。

以欺骗手段取得资质证书的，吊销资质证书，处以罚款；构成犯罪的，依法追究刑事责任。

第六十六条 建筑施工企业转让、出借资质证书或者以其他方式允许他人以本企业的名义承揽工程的，责令改正，没收违法所得，并处罚款，可以责令停业整顿，降低资质等级；情节严重的，吊销资质证书。对因该项承揽工程不符合规定的质量标准造成的损失，建筑施工企业与使用本企业名义的单位或者个人承担连带赔偿责任。

第六十七条 承包单位将承包的工程转包的，或者违反本法规定进行分包的，责令改正，没收违法所得，并处罚款，可以责令停业整顿，降低资质等级；情节严重的，吊销资质证书。

承包单位有前款规定的违法行为的，对因转包工程或者违法分包的工程不符合规定的质量标准造成的损失，与接受转包或者分包的单位承担连带赔偿责任。

第六十八条 在工程发包与承包中索贿、受贿、行贿，构成犯罪的，依法追究刑事责任；不构成犯罪的，分别处以罚款，没收贿赂的财物，对直接负责的主管人员和其他直接责任人员给予处分。

对在工程承包中行贿的承包单位，除依照前款规定处罚外，可以责令停业整顿，降低资质等级或者吊销资质证书。

第六十九条 工程监理单位与建设单位或者建筑施工企业串通，弄虚作假、降低工程质量的，责令改正，处以罚款，降低资质等级或者吊销资质证书；有违法所得的，予以没收；造成损失的，承担连带赔偿责任；构成犯罪的，依法追究刑事责任。

工程监理单位转让监理业务的，责令改正，没收违法所得，可以责令停业整顿，降低资质等级；情节严重的，吊销资质证书。

第七十条 违反本法规定，涉及建筑主体或者承重结构变动的装修工程擅自施工的，责令改正，处以罚款；造成损失的，承担赔偿责任；构成犯罪的，依法追究刑事责任。

第七十一条 建筑施工企业违反本法规定，对建筑安全事故隐患不采取措施予以消除的，责令改正，可以处以罚款；情节严重的，责令停业整顿，降低资质等级或者吊销资质证书；构成犯罪的，依法追究刑事责任。

建筑施工企业的管理人员违章指挥、强令职工冒险作业，因而发生重大伤亡事故或者造成其他严重后果的，依法追究刑事责任。

第七十二条 建设单位违反本法规定，要求建筑设计单位或者建筑施工企业违反建筑工程质量、安全标准，降低工程质量的，责令改正，可以处以罚款；构成犯罪的，依法追究刑事责任。

第七十三条 建筑设计单位不按照建筑工程质量、安全标准进行设计的，责令改正，处以罚款；造成工程质量事故的，责令停业整顿，降低资质等级或者吊销资质证书，没收违法所得，并处罚款；造成损失的，承担赔偿责任；构成犯罪的，依法追究刑事责任。

第七十四条 建筑施工企业在施工中偷工减料的，使用不合格的建筑材料、建筑构配件和设备的，或者有其他不按照工程设计图纸或者施工技术标准施工的行为的，责令改正，处以罚款；情节严重的，责令停业整顿，降低资质等级或者吊销资质证书；造成建筑工程质量不符合规定的质量标准的，负责返工、修理，并赔偿因此造成的损失；构成犯罪的，依法追究刑事责任。

第七十五条 建筑施工企业违反本法规定，不履行保修义务或者拖延履行保修义务的，责令改正，可以处以罚款，并对在保修期内因屋顶、墙面渗漏、开裂等质量缺陷造成的损失，承担赔偿责任。

第七十六条 本法规定的责令停业整顿、降低资质等级和吊销资质证书的行政处罚，由颁发资质证书的机关决定；其他行政处罚，由建设行政主管部门或者有关部门依照法律和国务院规定的职权范围决定。

依照本法规定被吊销资质证书的，由工商行政管理部门吊销其营业执照。

第七十七条 违反本法规定，对不具备相应资质等级条件的单位颁发该等级资质证书的，由其上级机关责令收回所发的资质证书，对直接负责的主管人员和其他直接责任人员给予行政处分；构成犯罪的，依法追究刑事责任。

第七十八条 政府及其所属部门的工作人员违反本法规定，限定发包单位将招标发包的工程发包给指定的承包单位的，由上级机关责令改正；构成犯罪的，依法追究刑事责任。

第七十九条 负责颁发建筑工程施工许可证的部门及其工作人员对不符合施工条件的建筑工程颁发施工许可证的，负责工程质量监督检查或者竣工验收的部门及其工作人员对不合格的建筑工程出具质量合格文件或者按合格工程验收的，由上级机关责令改正，对责任人员给予行政处分；构成犯罪的，依法追究刑事责任；造成损失的，由该部门承担相应的赔偿责任。

第八十条 在建筑物的合理使用寿命内，因建筑工程质量不合格受到损害的，有权向责任者要求赔偿。

第八章 附 则

第八十一条 本法关于施工许可、建筑施工企业资质审查和建筑工程发包、承包、禁止转包，以及建筑工程监理、建筑工程安全和质量管理的规定，适用于其他专业建筑工程的建筑活动，具体办法由国务院规定。

第八十二条 建设行政主管部门和其他有关部门在对建筑活动实施监督管理中，除按照国务院有关规定收取费用外，不得收取其他费用。

第八十三条 省、自治区、直辖市人民政府确定的小型房屋建筑工程的建筑活动，参照本法执行。

依法核定作为文物保护的纪念建筑物和古建筑等的修缮，依照文物保护的有关法律规定执行。

抢险救灾及其他临时性房屋建筑和农民自建低层住宅的建筑活动，不适用本法。

第八十四条 军用房屋建筑工程建筑活动的具体管理办法，由国务院、中央军事委员会依据本法制定。

第八十五条 本法自 1998 年 3 月 1 日起施行。

【例 11-2-1】 某工程项目甲建设单位委托乙监理单位对丙施工总承包单位进行监理，有关监理单位的行为符合规定的是：

    A. 在监理合同规定的范围内承揽监理业务

    B. 按建设单位委托，客观公正地执行监理任务

    C. 与施工单位建立隶属关系或者其他利害关系

    D. 将工程监理业务转让给具有相应资质的其他监理单位

解 《中华人民共和国建筑法》第三十四条规定，工程监理单位应当根据建设单位的委托，客观、公正地执行监理任务。

选项 C 和 D 明显错误。选项 A 也是错误的，因为监理单位承揽监理业务的范围是根据其单位资质决定的，而不是仅仅依靠和甲方签订的合同所决定的。

答案：B

【例 11-2-2】 根据《中华人民共和国建筑法》的规定，有关工程发包的规定，下列理解错误的是：

    A. 关于对建筑工程进行肢解发包的规定，属于禁止性规定

    B. 可以将建筑工程的勘察、设计、施工、设备采购一并发包给一个工程总承包单位

    C. 建筑工程实行直接发包的，发包单位可以将建筑工程发包给具有资质证书的承包单位

    D. 提倡对建筑工程实行总承包

解 《中华人民共和国建筑法》第二十二条规定，发包单位应当将建筑工程发包给具有资质证书的承包单位。是"应当"，不是"可以"，选项 A、B、D 没有错误。

答案：C

【例 11-2-3】 根据《中华人民共和国建筑法》规定，施工企业矿业将部分工程分包给其他具有相应资质的分包单位施工，下列情形中不违反有关承包的禁止性规定的是：

    A. 建筑施工企业超越本企业资质等级许可的业务范围或者以任何形式用其他建筑施工企业的名义承揽工程

    B. 承包单位将其承包的全部建筑工程转包给他人

    C. 承包单位将其承包的全部建筑工程肢解以后以分包的名义分别转包给他人

    D. 两个不同资质等级的承包单位联合共同承包

解 《中华人民共和国建筑法》第二十七条规定，大型建筑工程或者结构复杂的建筑工程，可以由两个以上的承包单位联合共同承包。共同承包的各方对承包合同的履行承担连带责任。

两个以上不同资质等级的单位实行联合共同承包的，应当按照资质等级低的单位的业务许可范围承揽工程。

答案：D

【例11-2-4】 根据《中华人民共和国建筑法》规定，某建设单位领取了施工许可证，下列情节中，可能不导致施工许可证废止的是：

    A. 领取施工许可证之日起三个月内因故不能按期开工，也未申请延期

    B. 领取施工许可证之日起按期开工后又中止施工

    C. 向发证机关申请延期开工一次，延期之日起三个月内，因故仍不能按期开工，也未申请延期

    D. 向发证机关申请延期开工两次，超过六个月因故不能按期开工，继续申请延期

解 《中华人民共和国建筑法》第九条规定,建设单位应当自领取施工许可证之日起三个月内开工。因故不能按期开工的，应当向发证机关申请延期；延期以两次为限，每次不超过三个月。既不开工又不申请延期或者超过延期时限的，施工许可证自行废止。

答案：B

【例11-2-5】 某在建的建筑工程因故中止施工，建设单位的下列做法符合《中华人民共和国建筑法》的是：

    A. 自中止施工之日起一个月内向发证机关报告

    B. 自中止施工之日起半年内报发证机关核验施工许可证

    C. 自中止施工之日起三个月内向发证机关申请延长施工许可证的有效期

    D. 自中止施工之日起满一年，向发证机关重新申请施工许可证

解 《中华人民共和国建筑法》第十条规定，在建的建筑工程因故中止施工的，建设单位应当自中止施工之日起一个月内，向发证机关报告，并按照规定做好建筑工程的维护管理工作。

答案：A

习　　题

11-2-1　施工许可证的申请者是（　　　）。

    A. 监理单位　　　　　B. 设计单位　　　　　C. 施工单位　　　　　D. 建设单位

11-2-2　建设单位在领取开工证之后，应当在（　　　）个月内开工。

    A. 3　　　　　　　　B. 6　　　　　　　　C. 10　　　　　　　　D. 12

11-2-3　违法分包是指以下哪几种情况？（　　　）

    ①总承包单位将建设工程分包给不具备相应资质条件的单位　②总承包单位将建设工程主体分包给其他单位　③分包单位将其承包的工程再分包的　④分包单位多于3个以上的

    A. ①　　　　　　　　B. ①②③④　　　　　C. ①②③　　　　　　D. ②③④

11-2-4　《中华人民共和国建筑法》中所指的建筑活动是（　　　）。

    A. 各类房屋建筑

    B. 各类房屋建筑其附属设施的建造和与其配套的线路、管道、设备的安装活动

    C. 在国内的所有建筑工程

    D. 国内所有工程包括中国企业在境外承包的工程。

11-2-5　我国推行建筑工程监理制度的项目范围应该是（　　　）。

    A. 由国务院规定实行强制监理的建筑工程的范围

  B. 所有工程必须强制接受监理

  C. 由业主自行决定是否聘请监理

  D. 只有国家投资的项目才需要监理

11-2-6　《中华人民共和国建筑法》中规定了申领开工证的必备条件，下列条件中哪项不符合建筑法的要求？（　　）

  A. 已办理用地手续材料   B. 已确定施工企业

  C. 已有了方案设计图   D. 资金已有安排

第三节　中华人民共和国安全生产法

第一章　总　　则

  第一条　为了加强安全生产工作，防止和减少生产安全事故，保障人民群众生命和财产安全，促进经济社会持续健康发展，制定本法。

  第二条　在中华人民共和国领域内从事生产经营活动的单位(以下统称生产经营单位)的安全生产，适用本法；有关法律、行政法规对消防安全和道路交通安全、铁路交通安全、水上交通安全、民用航空安全以及核与辐射安全、特种设备安全另有规定的，适用其规定。

  第三条　安全生产工作坚持中国共产党的领导。

  安全生产工作应当以人为本，坚持人民至上、生命至上，把保护人民生命安全摆在首位，树牢安全发展理念，坚持安全第一、预防为主、综合治理的方针，从源头上防范化解重大安全风险。

  安全生产工作实行管行业必须管安全、管业务必须管安全、管生产经营必须管安全，强化和落实生产经营单位主体责任与政府监管责任，建立生产经营单位负责、职工参与、政府监管、行业自律和社会监督的机制。

  第四条　生产经营单位必须遵守本法和其他有关安全生产的法律、法规，加强安全生产管理，建立健全全员安全生产责任制和安全生产规章制度，加大对安全生产资金、物资、技术、人员的投入保障力度，改善安全生产条件，加强安全生产标准化、信息化建设，构建安全风险分级管控和隐患排查治理双重预防机制，健全风险防范化解机制，提高安全生产水平，确保安全生产。

  平台经济等新兴行业、领域的生产经营单位应当根据本行业、领域的特点，建立健全并落实全员安全生产责任制，加强从业人员安全生产教育和培训，履行本法和其他法律、法规规定的有关安全生产义务。

  第五条　生产经营单位的主要负责人是本单位安全生产第一责任人，对本单位的安全生产工作全面负责。其他负责人对职责范围内的安全生产工作负责。

  第六条　生产经营单位的从业人员有依法获得安全生产保障的权利，并应当依法履行安全生产方面的义务。

  第七条　工会依法对安全生产工作进行监督。

  生产经营单位的工会依法组织职工参加本单位安全生产工作的民主管理和民主监督，维护职工在安全生产方面的合法权益。生产经营单位制定或者修改有关安全生产的规章制度，应当听取工会的意见。

  第八条　国务院和县级以上地方各级人民政府应当根据国民经济和社会发展规划制定安全生产规划，并组织实施。安全生产规划应当与国土空间规划等相关规划相衔接。

各级人民政府应当加强安全生产基础设施建设和安全生产监管能力建设，所需经费列入本级预算。

县级以上地方各级人民政府应当组织有关部门建立完善安全风险评估与论证机制，按照安全风险管控要求，进行产业规划和空间布局，并对位置相邻、行业相近、业态相似的生产经营单位实施重大安全风险联防联控。

第九条　国务院和县级以上地方各级人民政府应当加强对安全生产工作的领导，建立健全安全生产工作协调机制，支持、督促各有关部门依法履行安全生产监督管理职责，及时协调、解决安全生产监督管理中存在的重大问题。

乡镇人民政府和街道办事处，以及开发区、工业园区、港区、风景区等应当明确负责安全生产监督管理的有关工作机构及其职责，加强安全生产监管力量建设，按照职责对本行政区域或者管理区域内生产经营单位安全生产状况进行监督检查，协助人民政府有关部门或者按照授权依法履行安全生产监督管理职责。

第十条　国务院应急管理部门依照本法，对全国安全生产工作实施综合监督管理；县级以上地方各级人民政府应急管理部门依照本法，对本行政区域内安全生产工作实施综合监督管理。

国务院交通运输、住房和城乡建设、水利、民航等有关部门依照本法和其他有关法律、行政法规的规定，在各自的职责范围内对有关行业、领域的安全生产工作实施监督管理；县级以上地方各级人民政府有关部门依照本法和其他有关法律、法规的规定，在各自的职责范围内对有关行业、领域的安全生产工作实施监督管理。对新兴行业、领域的安全生产监督管理职责不明确的，由县级以上地方各级人民政府按照业务相近的原则确定监督管理部门。

应急管理部门和对有关行业、领域的安全生产工作实施监督管理的部门，统称负有安全生产监督管理职责的部门。负有安全生产监督管理职责的部门应当相互配合、齐抓共管、信息共享、资源共用，依法加强安全生产监督管理工作。

第十一条　国务院有关部门应当按照保障安全生产的要求，依法及时制定有关的国家标准或者行业标准，并根据科技进步和经济发展适时修订。

生产经营单位必须执行依法制定的保障安全生产的国家标准或者行业标准。

第十二条　国务院有关部门按照职责分工负责安全生产强制性国家标准的项目提出、组织起草、征求意见、技术审查。国务院应急管理部门统筹提出安全生产强制性国家标准的立项计划。国务院标准化行政主管部门负责安全生产强制性国家标准的立项、编号、对外通报和授权批准发布工作。国务院标准化行政主管部门、有关部门依据法定职责对安全生产强制性国家标准的实施进行监督检查。

第十三条　各级人民政府及其有关部门应当采取多种形式，加强对有关安全生产的法律、法规和安全生产知识的宣传，增强全社会的安全生产意识。

第十四条　有关协会组织依照法律、行政法规和章程，为生产经营单位提供安全生产方面的信息、培训等服务，发挥自律作用，促进生产经营单位加强安全生产管理。

第十五条　依法设立的为安全生产提供技术、管理服务的机构，依照法律、行政法规和执业准则，接受生产经营单位的委托为其安全生产工作提供技术、管理服务。

生产经营单位委托前款规定的机构提供安全生产技术、管理服务的，保证安全生产的责任仍由本单位负责。

第十六条　国家实行生产安全事故责任追究制度，依照本法和有关法律、法规的规定，追究生产安全事故责任单位和责任人员的法律责任。

第十七条　县级以上各级人民政府应当组织负有安全生产监督管理职责的部门依法编制安全生产权力和责任清单，公开并接受社会监督。

第十八条　国家鼓励和支持安全生产科学技术研究和安全生产先进技术的推广应用，提高安全生产水平。

第十九条　国家对在改善安全生产条件、防止生产安全事故、参加抢险救护等方面取得显著成绩的单位和个人，给予奖励。

第二章　生产经营单位的安全生产保障

第二十条　生产经营单位应当具备本法和有关法律、行政法规和国家标准或者行业标准规定的安全生产条件；不具备安全生产条件的，不得从事生产经营活动。

第二十一条　生产经营单位的主要负责人对本单位安全生产工作负有下列职责：

（一）建立健全并落实本单位全员安全生产责任制，加强安全生产标准化建设；

（二）组织制定并实施本单位安全生产规章制度和操作规程；

（三）组织制定并实施本单位安全生产教育和培训计划；

（四）保证本单位安全生产投入的有效实施；

（五）组织建立并落实安全风险分级管控和隐患排查治理双重预防工作机制，督促、检查本单位的安全生产工作，及时消除生产安全事故隐患；

（六）组织制定并实施本单位的生产安全事故应急救援预案；

（七）及时、如实报告生产安全事故。

第二十二条　生产经营单位的全员安全生产责任制应当明确各岗位的责任人员、责任范围和考核标准等内容。

生产经营单位应当建立相应的机制，加强对全员安全生产责任制落实情况的监督考核，保证全员安全生产责任制的落实。

第二十三条　生产经营单位应当具备的安全生产条件所必需的资金投入，由生产经营单位的决策机构、主要负责人或者个人经营的投资人予以保证，并对由于安全生产所必需的资金投入不足导致的后果承担责任。

有关生产经营单位应当按照规定提取和使用安全生产费用，专门用于改善安全生产条件。安全生产费用在成本中据实列支。安全生产费用提取、使用和监督管理的具体办法由国务院财政部门会同国务院应急管理部门征求国务院有关部门意见后制定。

第二十四条　矿山、金属冶炼、建筑施工、运输单位和危险物品的生产、经营、储存、装卸单位，应当设置安全生产管理机构或者配备专职安全生产管理人员。

前款规定以外的其他生产经营单位，从业人员超过一百人的，应当设置安全生产管理机构或者配备专职安全生产管理人员；从业人员在一百人以下的，应当配备专职或者兼职的安全生产管理人员。

第二十五条　生产经营单位的安全生产管理机构以及安全生产管理人员履行下列职责：

（一）组织或者参与拟订本单位安全生产规章制度、操作规程和生产安全事故应急救援预案；

（二）组织或者参与本单位安全生产教育和培训，如实记录安全生产教育和培训情况；

（三）组织开展危险源辨识和评估，督促落实本单位重大危险源的安全管理措施；

（四）组织或者参与本单位应急救援演练；

（五）检查本单位的安全生产状况，及时排查生产安全事故隐患，提出改进安全生产管理的建议；

（六）制止和纠正违章指挥、强令冒险作业、违反操作规程的行为；

（七）督促落实本单位安全生产整改措施。

生产经营单位可以设置专职安全生产分管负责人，协助本单位主要负责人履行安全生产管理职责。

第二十六条　生产经营单位的安全生产管理机构以及安全生产管理人员应当恪尽职守，依法履行职责。

生产经营单位作出涉及安全生产的经营决策，应当听取安全生产管理机构以及安全生产管理人员的意见。

生产经营单位不得因安全生产管理人员依法履行职责而降低其工资、福利等待遇或者解除与其订立的劳动合同。

危险物品的生产、储存单位以及矿山、金属冶炼单位的安全生产管理人员的任免，应当告知主管的负有安全生产监督管理职责的部门。

第二十七条　生产经营单位的主要负责人和安全生产管理人员必须具备与本单位所从事的生产经营活动相应的安全生产知识和管理能力。

危险物品的生产、经营、储存、装卸单位以及矿山、金属冶炼、建筑施工、运输单位的主要负责人和安全生产管理人员，应当由主管的负有安全生产监督管理职责的部门对其安全生产知识和管理能力考核合格。考核不得收费。

危险物品的生产、储存、装卸单位以及矿山、金属冶炼单位应当有注册安全工程师从事安全生产管理工作。鼓励其他生产经营单位聘用注册安全工程师从事安全生产管理工作。注册安全工程师按专业分类管理，具体办法由国务院人力资源和社会保障部门、国务院应急管理部门会同国务院有关部门制定。

第二十八条　生产经营单位应当对从业人员进行安全生产教育和培训，保证从业人员具备必要的安全生产知识，熟悉有关的安全生产规章制度和安全操作规程，掌握本岗位的安全操作技能，了解事故应急处理措施，知悉自身在安全生产方面的权利和义务。未经安全生产教育和培训合格的从业人员，不得上岗作业。

生产经营单位使用被派遣劳动者的，应当将被派遣劳动者纳入本单位从业人员统一管理，对被派遣劳动者进行岗位安全操作规程和安全操作技能的教育和培训。劳务派遣单位应当对被派遣劳动者进行必要的安全生产教育和培训。

生产经营单位接收中等职业学校、高等学校学生实习的，应当对实习学生进行相应的安全生产教育和培训，提供必要的劳动防护用品。学校应当协助生产经营单位对实习学生进行安全生产教育和培训。

生产经营单位应当建立安全生产教育和培训档案，如实记录安全生产教育和培训的时间、内容、参加人员以及考核结果等情况。

第二十九条　生产经营单位采用新工艺、新技术、新材料或者使用新设备，必须了解、掌握其安全技术特性，采取有效的安全防护措施，并对从业人员进行专门的安全生产教育和培训。

第三十条　生产经营单位的特种作业人员必须按照国家有关规定经专门的安全作业培训，取得相应资格，方可上岗作业。

特种作业人员的范围由国务院应急管理部门会同国务院有关部门确定。

第三十一条　生产经营单位新建、改建、扩建工程项目（以下统称建设项目）的安全设施，必须与主体工程同时设计、同时施工、同时投入生产和使用。安全设施投资应当纳入建设项目概算。

第三十二条　矿山、金属冶炼建设项目和用于生产、储存、装卸危险物品的建设项目，应当按照国家有关规定进行安全评价。

第三十三条　建设项目安全设施的设计人、设计单位应当对安全设施设计负责。

矿山、金属冶炼建设项目和用于生产、储存、装卸危险物品的建设项目的安全设施设计应当按照国家有关规定报经有关部门审查，审查部门及其负责审查的人员对审查结果负责。

第三十四条　矿山、金属冶炼建设项目和用于生产、储存、装卸危险物品的建设项目的施工单位必须按照批准的安全设施设计施工，并对安全设施的工程质量负责。

矿山、金属冶炼建设项目和用于生产、储存、装卸危险物品的建设项目竣工投入生产或者使用前，应当由建设单位负责组织对安全设施进行验收；验收合格后，方可投入生产和使用。负有安全生产监督管理职责的部门应当加强对建设单位验收活动和验收结果的监督核查。

第三十五条　生产经营单位应当在有较大危险因素的生产经营场所和有关设施、设备上，设置明显的安全警示标志。

第三十六条　安全设备的设计、制造、安装、使用、检测、维修、改造和报废，应当符合国家标准或者行业标准。

生产经营单位必须对安全设备进行经常性维护、保养，并定期检测，保证正常运转。维护、保养、检测应当作好记录，并由有关人员签字。

生产经营单位不得关闭、破坏直接关系生产安全的监控、报警、防护、救生设备、设施，或者篡改、隐瞒、销毁其相关数据、信息。

餐饮等行业的生产经营单位使用燃气的，应当安装可燃气体报警装置，并保障其正常使用。

第三十七条　生产经营单位使用的危险物品的容器、运输工具，以及涉及人身安全、危险性较大的海洋石油开采特种设备和矿山井下特种设备，必须按照国家有关规定，由专业生产单位生产，并经具有专业资质的检测、检验机构检测、检验合格，取得安全使用证或者安全标志，方可投入使用。检测、检验机构对检测、检验结果负责。

第三十八条　国家对严重危及生产安全的工艺、设备实行淘汰制度，具体目录由国务院应急管理部门会同国务院有关部门制定并公布。法律、行政法规对目录的制定另有规定的，适用其规定。

省、自治区、直辖市人民政府可以根据本地区实际情况制定并公布具体目录，对前款规定以外的危及生产安全的工艺、设备予以淘汰。

生产经营单位不得使用应当淘汰的危及生产安全的工艺、设备。

第三十九条　生产、经营、运输、储存、使用危险物品或者处置废弃危险物品的，由有关主管部门依照有关法律、法规的规定和国家标准或者行业标准审批并实施监督管理。

生产经营单位生产、经营、运输、储存、使用危险物品或者处置废弃危险物品，必须执行有关法律、法规和国家标准或者行业标准，建立专门的安全管理制度，采取可靠的安全措施，接受有关主管部门依法实施的监督管理。

第四十条　生产经营单位对重大危险源应当登记建档，进行定期检测、评估、监控，并制定应急预案，告知从业人员和相关人员在紧急情况下应当采取的应急措施。

生产经营单位应当按照国家有关规定将本单位重大危险源及有关安全措施、应急措施报有关地方人民政府应急管理部门和有关部门备案。有关地方人民政府应急管理部门和有关部门应当通过相关信息系统实现信息共享。

第四十一条　生产经营单位应当建立安全风险分级管控制度，按照安全风险分级采取相应的管控措施。

生产经营单位应当建立健全并落实生产安全事故隐患排查治理制度，采取技术、管理措施，及时发现并消除事故隐患。事故隐患排查治理情况应当如实记录，并通过职工大会或者职工代表大会、信息公示栏等方式向从业人员通报。其中，重大事故隐患排查治理情况应当及时向负有安全生产监督管理职责的部门和职工大会或者职工代表大会报告。

县级以上地方各级人民政府负有安全生产监督管理职责的部门应当将重大事故隐患纳入相关信息系统，建立健全重大事故隐患治理督办制度，督促生产经营单位消除重大事故隐患。

第四十二条　生产、经营、储存、使用危险物品的车间、商店、仓库不得与员工宿舍在同一座建筑物内，并应当与员工宿舍保持安全距离。

生产经营场所和员工宿舍应当设有符合紧急疏散要求、标志明显、保持畅通的出口、疏散通道。禁止占用、锁闭、封堵生产经营场所或者员工宿舍的出口、疏散通道。

第四十三条　生产经营单位进行爆破、吊装、动火、临时用电以及国务院应急管理部门会同国务院有关部门规定的其他危险作业，应当安排专门人员进行现场安全管理，确保操作规程的遵守和安全措施的落实。

第四十四条　生产经营单位应当教育和督促从业人员严格执行本单位的安全生

产规章制度和安全操作规程；并向从业人员如实告知作业场所和工作岗位存在的危险因素、防范措施以及事故应急措施。

生产经营单位应当关注从业人员的身体、心理状况和行为习惯，加强对从业人员的心理疏导、精神慰藉，严格落实岗位安全生产责任，防范从业人员行为异常导致事故发生。

第四十五条　生产经营单位必须为从业人员提供符合国家标准或者行业标准的劳动防护用品，并监督、教育从业人员按照使用规则佩戴、使用。

第四十六条　生产经营单位的安全生产管理人员应当根据本单位的生产经营特点，对安全生产状况进行经常性检查；对检查中发现的安全问题，应当立即处理；不能处理的，应当及时报告本单位有关负责人，有关负责人应当及时处理。检查及处理情况应当如实记录在案。

生产经营单位的安全生产管理人员在检查中发现重大事故隐患，依照前款规定向本单位有关负责人报告，有关负责人不及时处理的，安全生产管理人员可以向主管的负有安全生产监督管理职责的部门报告，接到报告的部门应当依法及时处理。

第四十七条　生产经营单位应当安排用于配备劳动防护用品、进行安全生产培训的经费。

第四十八条　两个以上生产经营单位在同一作业区域内进行生产经营活动，可能危及对方生产安全的，应当签订安全生产管理协议，明确各自的安全生产管理职责和应当采取的安全措施，并指定专职安全生产管理人员进行安全检查与协调。

第四十九条　生产经营单位不得将生产经营项目、场所、设备发包或者出租给不具备安全生产条件或者相应资质的单位或者个人。

生产经营项目、场所发包或者出租给其他单位的，生产经营单位应当与承包单位、承租单位签订专门的安全生产管理协议，或者在承包合同、租赁合同中约定各自的安全生产管理职责；生产经营单位对承包单位、承租单位的安全生产工作统一协调、管理，定期进行安全检查，发现安全问题的，应当及时督促整改。

矿山、金属冶炼建设项目和用于生产、储存、装卸危险物品的建设项目的施工单位应当加强对施工项目的安全管理，不得倒卖、出租、出借、挂靠或者以其他形式非法转让施工资质，不得将其承包的全部建设工程转包给第三人或者将其承包的全部建设工程支解以后以分包的名义分别转包给第三人，不得将工程分包给不具备相应资质条件的单位。

第五十条　生产经营单位发生生产安全事故时，单位的主要负责人应当立即组织抢救，并不得在事故调查处理期间擅离职守。

第五十一条　生产经营单位必须依法参加工伤保险，为从业人员缴纳保险费。

国家鼓励生产经营单位投保安全生产责任保险；属于国家规定的高危行业、领域的生产经营单位，应当投保安全生产责任保险。具体范围和实施办法由国务院应急管理部门会同国务院财政部门、国务院保险监督管理机构和相关行业主管部门制定。

第三章　从业人员的安全生产权利义务

第五十二条　生产经营单位与从业人员订立的劳动合同，应当载明有关保障从业人员劳动安全、防止职业危害的事项，以及依法为从业人员办理工伤保险的事项。

生产经营单位不得以任何形式与从业人员订立协议，免除或者减轻其对从业人员因生产安全事故伤亡依法应承担的责任。

第五十三条　生产经营单位的从业人员有权了解其作业场所和工作岗位存在的危险因素、防范措施及事故应急措施，有权对本单位的安全生产工作提出建议。

第五十四条　从业人员有权对本单位安全生产工作中存在的问题提出批评、检举、控告；有权拒绝违章指挥和强令冒险作业。

生产经营单位不得因从业人员对本单位安全生产工作提出批评、检举、控告或者拒绝违章指挥、强令冒险作业而降低其工资、福利等待遇或者解除与其订立的劳动合同。

第五十五条　从业人员发现直接危及人身安全的紧急情况时，有权停止作业或者在采取可能的应急措施后撤离作业场所。

生产经营单位不得因从业人员在前款紧急情况下停止作业或者采取紧急撤离措施而降低其工资、福利等待遇或者解除与其订立的劳动合同。

第五十六条　生产经营单位发生生产安全事故后，应当及时采取措施救治有关人员。

因生产安全事故受到损害的从业人员，除依法享有工伤保险外，依照有关民事法律尚有获得赔偿的权利的，有权提出赔偿要求。

第五十七条　从业人员在作业过程中，应当严格落实岗位安全责任，遵守本单位的安全生产规章制度和操作规程，服从管理，正确佩戴和使用劳动防护用品。

第五十八条　从业人员应当接受安全生产教育和培训，掌握本职工作所需的安全生产知识，提高安全生产技能，增强事故预防和应急处理能力。

第五十九条　从业人员发现事故隐患或者其他不安全因素，应当立即向现场安全生产管理人员或者本单位负责人报告；接到报告的人员应当及时予以处理。

第六十条　工会有权对建设项目的安全设施与主体工程同时设计、同时施工、同时投入生产和使用进行监督，提出意见。

工会对生产经营单位违反安全生产法律、法规，侵犯从业人员合法权益的行为，有权要求纠正；发现生产经营单位违章指挥、强令冒险作业或者发现事故隐患时，有权提出解决的建议，生产经营单位应当及时研究答复；发现危及从业人员生命安全的情况时，有权向生产经营单位建议组织从业人员撤离危险场所，生产经营单位必须立即作出处理。

工会有权依法参加事故调查，向有关部门提出处理意见，并要求追究有关人员的责任。

第六十一条　生产经营单位使用被派遣劳动者的，被派遣劳动者享有本法规定的从业人员的权利，并应当履行本法规定的从业人员的义务。

第四章　安全生产的监督管理

第六十二条　县级以上地方各级人民政府应当根据本行政区域内的安全生产状况，组织有关部门按照职责分工，对本行政区域内容易发生重大生产安全事故的生产经营单位进行严格检查。

应急管理部门应当按照分类分级监督管理的要求，制定安全生产年度监督检查计划，并按照年度监督检查计划进行监督检查，发现事故隐患，应当及时处理。

第六十三条　负有安全生产监督管理职责的部门依照有关法律、法规的规定，对涉及安全生产的事项需要审查批准（包括批准、核准、许可、注册、认证、颁发证照等，下同）或者验收的，必须严格依照有关法律、法规和国家标准或者行业标准规定的安全生产条件和程序进行审查；不符合有关法律、法规和国家标准或者行业标准规定的安全生产条件的，不得批准或者验收通过。对未依法取得批准或者验收合格的单位擅自从事有关活动的，负责行政审批的部门发现或者接到举报后应当立即予以取缔，并依法予以处理。对已经依法取得批准的单位，负责行政审批的部门发现其不再具备安全生产条件的，应当撤销原批准。

第六十四条　负有安全生产监督管理职责的部门对涉及安全生产的事项进行审查、验收，不得收取费用；不得要求接受审查、验收的单位购买其指定品牌或者指定生产、销售单位的安全设备、器材或者其他产品。

第六十五条　应急管理部门和其他负有安全生产监督管理职责的部门依法开展安全生产行政执法工作，对生产经营单位执行有关安全生产的法律、法规和国家标准或者行业标准的情况进行监督检查，行使以下职权：

（一）进入生产经营单位进行检查，调阅有关资料，向有关单位和人员了解情况；

（二）对检查中发现的安全生产违法行为，当场予以纠正或者要求限期改正；对依法应当给予行政处罚的行为，依照本法和其他有关法律、行政法规的规定作出行政处罚决定；

（三）对检查中发现的事故隐患，应当责令立即排除；重大事故隐患排除前或者排除过程中无法保证安全的，应当责令从危险区域内撤出作业人员，责令暂时停产停业或者停止使用相关设施、设备；重大事故隐患排除后，经审查同意，方可恢复生产经营和使用；

（四）对有根据认为不符合保障安全生产的国家标准或者行业标准的设施、设备、器材以及违法生产、储存、使用、经营、运输的危险物品予以查封或者扣押，对违法生产、储存、使用、经营危险物品的作业场所予以查封，并依法作出处理决定。

监督检查不得影响被检查单位的正常生产经营活动。

第六十六条　生产经营单位对负有安全生产监督管理职责的部门的监督检查人员（以下统称安全生产监督检查人员）依法履行监督检查职责，应当予以配合，不得拒绝、阻挠。

第六十七条　安全生产监督检查人员应当忠于职守，坚持原则，秉公执法。

安全生产监督检查人员执行监督检查任务时，必须出示有效的行政执法证件；对

涉及被检查单位的技术秘密和业务秘密，应当为其保密。

第六十八条　安全生产监督检查人员应当将检查的时间、地点、内容、发现的问题及其处理情况，作出书面记录，并由检查人员和被检查单位的负责人签字；被检查单位的负责人拒绝签字的，检查人员应当将情况记录在案，并向负有安全生产监督管理职责的部门报告。

第六十九条　负有安全生产监督管理职责的部门在监督检查中，应当互相配合，实行联合检查；确需分别进行检查的，应当互通情况，发现存在的安全问题应当由其他有关部门进行处理的，应当及时移送其他有关部门并形成记录备查，接受移送的部门应当及时进行处理。

第七十条　负有安全生产监督管理职责的部门依法对存在重大事故隐患的生产经营单位作出停产停业、停止施工、停止使用相关设施或者设备的决定，生产经营单位应当依法执行，及时消除事故隐患。生产经营单位拒不执行，有发生生产安全事故的现实危险的，在保证安全的前提下，经本部门主要负责人批准，负有安全生产监督管理职责的部门可以采取通知有关单位停止供电、停止供应民用爆炸物品等措施，强制生产经营单位履行决定。通知应当采用书面形式，有关单位应当予以配合。

负有安全生产监督管理职责的部门依照前款规定采取停止供电措施，除有危及生产安全的紧急情形外，应当提前二十四小时通知生产经营单位。生产经营单位依法履行行政决定、采取相应措施消除事故隐患的，负有安全生产监督管理职责的部门应当及时解除前款规定的措施。

第七十一条　监察机关依照监察法的规定，对负有安全生产监督管理职责的部门及其工作人员履行安全生产监督管理职责实施监察。

第七十二条　承担安全评价、认证、检测、检验职责的机构应当具备国家规定的资质条件，并对其作出的安全评价、认证、检测、检验结果的合法性、真实性负责。资质条件由国务院应急管理部门会同国务院有关部门制定。

承担安全评价、认证、检测、检验职责的机构应当建立并实施服务公开和报告公开制度，不得租借资质、挂靠、出具虚假报告。

第七十三条　负有安全生产监督管理职责的部门应当建立举报制度，公开举报电话、信箱或者电子邮件地址等网络举报平台，受理有关安全生产的举报；受理的举报事项经调查核实后，应当形成书面材料；需要落实整改措施的，报经有关负责人签字并督促落实。对不属于本部门职责，需要由其他有关部门进行调查处理的，转交其他有关部门处理。

涉及人员死亡的举报事项，应当由县级以上人民政府组织核查处理。

第七十四条　任何单位或者个人对事故隐患或者安全生产违法行为，均有权向负有安全生产监督管理职责的部门报告或者举报。

因安全生产违法行为造成重大事故隐患或者导致重大事故，致使国家利益或者社会公共利益受到侵害的，人民检察院可以根据民事诉讼法、行政诉讼法的相关规定提起公益诉讼。

第七十五条　居民委员会、村民委员会发现其所在区域内的生产经营单位存在事故隐患或者安全生产违法行为时，应当向当地人民政府或者有关部门报告。

第七十六条　县级以上各级人民政府及其有关部门对报告重大事故隐患或者举报安全生产违法行为的有功人员，给予奖励。具体奖励办法由国务院应急管理部门会同国务院财政部门制定。

第七十七条　新闻、出版、广播、电影、电视等单位有进行安全生产公益宣传教育的义务，有对违反安全生产法律、法规的行为进行舆论监督的权利。

第七十八条　负有安全生产监督管理职责的部门应当建立安全生产违法行为信息库，如实记录生产经营单位及其有关从业人员的安全生产违法行为信息；对违法行为情节严重的生产经营单位及其有关从业人员，应当及时向社会公告，并通报行业主管部门、投资主管部门、自然资源主管部门、生态环境主管部门、证券监督管理机构以及有关金融机构。有关部门和机构应当对存在失信行为的生产经营单位及其有关从业人员采取加大执法检查频次、暂停项目审批、上调有关保险费率、行业或者职业禁入等联合惩戒措施，并向社会公示。

负有安全生产监督管理职责的部门应当加强对生产经营单位行政处罚信息的及时归集、共享、应用和公开，对生产经营单位作出处罚决定后七个工作日内在监督管理部门公示系统予以公开曝光，强化对违法失信生产经营单位及其有关从业人员的社会监督，提高全社会安全生产诚信水平。

第五章　生产安全事故的应急救援与调查处理

第七十九条　国家加强生产安全事故应急能力建设，在重点行业、领域建立应急救援基地和应急救援队伍，并由国家安全生产应急救援机构统一协调指挥；鼓励生产经营单位和其他社会力量建立应急救援队伍，配备相应的应急救援装备和物资，提高应急救援的专业化水平。

国务院应急管理部门牵头建立全国统一的生产安全事故应急救援信息系统，国务院交通运输、住房和城乡建设、水利、民航等有关部门和县级以上地方人民政府建立健全相关行业、领域、地区的生产安全事故应急救援信息系统，实现互联互通、信息共享，通过推行网上安全信息采集、安全监管和监测预警，提升监管的精准化、智能化水平。

第八十条　县级以上地方各级人民政府应当组织有关部门制定本行政区域内生产安全事故应急救援预案，建立应急救援体系。

乡镇人民政府和街道办事处，以及开发区、工业园区、港区、风景区等应当制定相应的生产安全事故应急救援预案，协助人民政府有关部门或者按照授权依法履行生产安全事故应急救援工作职责。

第八十一条　生产经营单位应当制定本单位生产安全事故应急救援预案，与所在地县级以上地方人民政府组织制定的生产安全事故应急救援预案相衔接，并定期组织演练。

第八十二条　危险物品的生产、经营、储存单位以及矿山、金属冶炼、城市轨道交通运营、建筑施工单位应当建立应急救援组织；生产经营规模较小的，可以不建立应

急救援组织，但应当指定兼职的应急救援人员。

危险物品的生产、经营、储存、运输单位以及矿山、金属冶炼、城市轨道交通运营、建筑施工单位应当配备必要的应急救援器材、设备和物资，并进行经常性维护、保养，保证正常运转。

第八十三条　生产经营单位发生生产安全事故后，事故现场有关人员应当立即报告本单位负责人。

单位负责人接到事故报告后，应当迅速采取有效措施，组织抢救，防止事故扩大，减少人员伤亡和财产损失，并按照国家有关规定立即如实报告当地负有安全生产监督管理职责的部门，不得隐瞒不报、谎报或者迟报，不得故意破坏事故现场、毁灭有关证据。

第八十四条　负有安全生产监督管理职责的部门接到事故报告后，应当立即按照国家有关规定上报事故情况。负有安全生产监督管理职责的部门和有关地方人民政府对事故情况不得隐瞒不报、谎报或者迟报。

第八十五条　有关地方人民政府和负有安全生产监督管理职责的部门的负责人接到生产安全事故报告后，应当按照生产安全事故应急救援预案的要求立即赶到事故现场，组织事故抢救。

参与事故抢救的部门和单位应当服从统一指挥，加强协同联动，采取有效的应急救援措施，并根据事故救援的需要采取警戒、疏散等措施，防止事故扩大和次生灾害的发生，减少人员伤亡和财产损失。

事故抢救过程中应当采取必要措施，避免或者减少对环境造成的危害。

任何单位和个人都应当支持、配合事故抢救，并提供一切便利条件。

第八十六条　事故调查处理应当按照科学严谨、依法依规、实事求是、注重实效的原则，及时、准确地查清事故原因，查明事故性质和责任，评估应急处置工作，总结事故教训，提出整改措施，并对事故责任单位和人员提出处理建议。事故调查报告应当依法及时向社会公布。事故调查和处理的具体办法由国务院制定。

事故发生单位应当及时全面落实整改措施，负有安全生产监督管理职责的部门应当加强监督检查。

负责事故调查处理的国务院有关部门和地方人民政府应当在批复事故调查报告后一年内，组织有关部门对事故整改和防范措施落实情况进行评估，并及时向社会公开评估结果；对不履行职责导致事故整改和防范措施没有落实的有关单位和人员，应当按照有关规定追究责任。

第八十七条　生产经营单位发生生产安全事故，经调查确定为责任事故的，除了应当查明事故单位的责任并依法予以追究外，还应当查明对安全生产的有关事项负有审查批准和监督职责的行政部门的责任，对有失职、渎职行为的，依照本法第九十条的规定追究法律责任。

第八十八条　任何单位和个人不得阻挠和干涉对事故的依法调查处理。

第八十九条　县级以上地方各级人民政府应急管理部门应当定期统计分析本行政区域内发生生产安全事故的情况，并定期向社会公布。

第六章　法律责任

第九十条　负有安全生产监督管理职责的部门的工作人员，有下列行为之一的，给予降级或者撤职的处分；构成犯罪的，依照刑法有关规定追究刑事责任：

（一）对不符合法定安全生产条件的涉及安全生产的事项予以批准或者验收通过的；

（二）发现未依法取得批准、验收的单位擅自从事有关活动或者接到举报后不予取缔或者不依法予以处理的；

（三）对已经依法取得批准的单位不履行监督管理职责，发现其不再具备安全生产条件而不撤销原批准或者发现安全生产违法行为不予查处的；

（四）在监督检查中发现重大事故隐患，不依法及时处理的。

负有安全生产监督管理职责的部门的工作人员有前款规定以外的滥用职权、玩忽职守、徇私舞弊行为的，依法给予处分；构成犯罪的，依照刑法有关规定追究刑事责任。

第九十一条　负有安全生产监督管理职责的部门，要求被审查、验收的单位购买其指定的安全设备、器材或者其他产品的，在对安全生产事项的审查、验收中收取费用的，由其上级机关或者监察机关责令改正，责令退还收取的费用；情节严重的，对直接负责的主管人员和其他直接责任人员依法给予处分。

第九十二条　承担安全评价、认证、检测、检验职责的机构出具失实报告的，责令停业整顿，并处三万元以上十万元以下的罚款；给他人造成损害的，依法承担赔偿责任。

承担安全评价、认证、检测、检验职责的机构租借资质、挂靠、出具虚假报告的，没收违法所得；违法所得在十万元以上的，并处违法所得二倍以上五倍以下的罚款，没有违法所得或者违法所得不足十万元的，单处或者并处十万元以上二十万元以下的罚款；对其直接负责的主管人员和其他直接责任人员处五万元以上十万元以下的罚款；给他人造成损害的，与生产经营单位承担连带赔偿责任；构成犯罪的，依照刑法有关规定追究刑事责任。

对有前款违法行为的机构及其直接责任人员，吊销其相应资质和资格，五年内不得从事安全评价、认证、检测、检验等工作；情节严重的，实行终身行业和职业禁入。

第九十三条 生产经营单位的决策机构、主要负责人或者个人经营的投资人不依照本法规定保证安全生产所必需的资金投入，致使生产经营单位不具备安全生产条件的，责令限期改正，提供必需的资金；逾期未改正的，责令生产经营单位停产停业整顿。

有前款违法行为，导致发生生产安全事故的，对生产经营单位的主要负责人给予撤职处分，对个人经营的投资人处二万元以上二十万元以下的罚款；构成犯罪的，依照刑法有关规定追究刑事责任。

第九十四条 生产经营单位的主要负责人未履行本法规定的安全生产管理职责的，责令限期改正，处二万元以上五万元以下的罚款；逾期未改正的，处五万元以上十万元以下的罚款，责令生产经营单位停产停业整顿。

生产经营单位的主要负责人有前款违法行为，导致发生生产安全事故的，给予撤职处分；构成犯罪的，依照刑法有关规定追究刑事责任。

生产经营单位的主要负责人依照前款规定受刑事处罚或者撤职处分的，自刑罚执行完毕或者受处分之日起，五年内不得担任任何生产经营单位的主要负责人；对重大、特别重大生产安全事故负有责任的，终身不得担任本行业生产经营单位的主要负责人。

第九十五条 生产经营单位的主要负责人未履行本法规定的安全生产管理职责，导致发生生产安全事故的，由应急管理部门依照下列规定处以罚款：

（一）发生一般事故的，处上一年年收入百分之四十的罚款；

（二）发生较大事故的，处上一年年收入百分之六十的罚款；

（三）发生重大事故的，处上一年年收入百分之八十的罚款；

（四）发生特别重大事故的，处上一年年收入百分之一百的罚款。

第九十六条 生产经营单位的其他负责人和安全生产管理人员未履行本法规定的安全生产管理职责的，责令限期改正，处一万元以上三万元以下的罚款；导致发生生产安全事故的，暂停或者吊销其与安全生产有关的资格，并处上一年年收入百分之二十以上百分之五十以下的罚款；构成犯罪的，依照刑法有关规定追究刑事责任。

第九十七条 生产经营单位有下列行为之一的，责令限期改正，处十万元以下的罚款；逾期未改正的，责令停产停业整顿，并处十万元以上二十万元以下的罚款，对其直接负责的主管人员和其他直接责任人员处二万元以上五万元以下的罚款：

（一）未按照规定设置安全生产管理机构或者配备安全生产管理人员、注册安全工程师的；

（二）危险物品的生产、经营、储存、装卸单位以及矿山、金属冶炼、建筑施工、运输单位的主要负责人和安全生产管理人员未按照规定经考核合格的；

（三）未按照规定对从业人员、被派遣劳动者、实习学生进行安全生产教育和培训，或者未按照规定如实告知有关的安全生产事项的；

（四）未如实记录安全生产教育和培训情况的；

（五）未将事故隐患排查治理情况如实记录或者未向从业人员通报的；

（六）未按照规定制定生产安全事故应急救援预案或者未定期组织演练的；

（七）特种作业人员未按照规定经专门的安全作业培训并取得相应资格，上岗作业的。

第九十八条 生产经营单位有下列行为之一的，责令停止建设或者停产停业整顿，限期改正，并处十万元以上五十万元以下的罚款，对其直接负责的主管人员和其他直接责任人员处二万元以上五万元以下的罚款；逾期未改正的，处五十万元以上一百万元以下的罚款，对其直接负责的主管人员和其他直接责任人员处五万元以上十万元以下的罚款；构成犯罪的，依照刑法有关规定追究刑事责任：

（一）未按照规定对矿山、金属冶炼建设项目或者用于生产、储存、装卸危险物品的建设项目进行安全评价的；

（二）矿山、金属冶炼建设项目或者用于生产、储存、装卸危险物品的建设项目

没有安全设施设计或者安全设施设计未按照规定报经有关部门审查同意的；

（三）矿山、金属冶炼建设项目或者用于生产、储存、装卸危险物品的建设项目的施工单位未按照批准的安全设施设计施工的；

（四）矿山、金属冶炼建设项目或者用于生产、储存、装卸危险物品的建设项目竣工投入生产或者使用前，安全设施未经验收合格的。

第九十九条 生产经营单位有下列行为之一的，责令限期改正，处五万元以下的罚款；逾期未改正的，处五万元以上二十万元以下的罚款，对其直接负责的主管人员和其他直接责任人员处一万元以上二万元以下的罚款；情节严重的，责令停产停业整顿；构成犯罪的，依照刑法有关规定追究刑事责任：

（一）未在有较大危险因素的生产经营场所和有关设施、设备上设置明显的安全警示标志的；

（二）安全设备的安装、使用、检测、改造和报废不符合国家标准或者行业标准的；

（三）未对安全设备进行经常性维护、保养和定期检测的；

（四）关闭、破坏直接关系生产安全的监控、报警、防护、救生设备、设施，或者篡改、隐瞒、销毁其相关数据、信息的；

（五）未为从业人员提供符合国家标准或者行业标准的劳动防护用品的；

（六）危险物品的容器、运输工具，以及涉及人身安全、危险性较大的海洋石油开采特种设备和矿山井下特种设备未经具有专业资质的机构检测、检验合格，取得安全使用证或者安全标志，投入使用的；

（七）使用应当淘汰的危及生产安全的工艺、设备的；

（八）餐饮等行业的生产经营单位使用燃气未安装可燃气体报警装置的。

第一百条 未经依法批准，擅自生产、经营、运输、储存、使用危险物品或者处置废弃危险物品的，依照有关危险物品安全管理的法律、行政法规的规定予以处罚；构成犯罪的，依照刑法有关规定追究刑事责任。

第一百零一条 生产经营单位有下列行为之一的，责令限期改正，处十万元以下的罚款；逾期未改正的，责令停产停业整顿，并处十万元以上二十万元以下的罚款，对其直接负责的主管人员和其他直接责任人员处二万元以上五万元以下的罚款；构成犯罪的，依照刑法有关规定追究刑事责任：

（一）生产、经营、运输、储存、使用危险物品或者处置废弃危险物品，未建立专门安全管理制度、未采取可靠的安全措施的；

（二）对重大危险源未登记建档，未进行定期检测、评估、监控，未制定应急预案，或者未告知应急措施的；

（三）进行爆破、吊装、动火、临时用电以及国务院应急管理部门会同国务院有关部门规定的其他危险作业，未安排专门人员进行现场安全管理的；

（四）未建立安全风险分级管控制度或者未按照安全风险分级采取相应管控措施的；

（五）未建立事故隐患排查治理制度，或者重大事故隐患排查治理情况未按照规定报告的。

第一百零二条 生产经营单位未采取措施消除事故隐患的，责令立即消除或者限期消除，处五万元以下的罚款；生产经营单位拒不执行的，责令停产停业整顿，对其直接负责的主管人员和其他直接责任

人员处五万元以上十万元以下的罚款；构成犯罪的，依照刑法有关规定追究刑事责任。

第一百零三条 生产经营单位将生产经营项目、场所、设备发包或者出租给不具备安全生产条件或者相应资质的单位或者个人的，责令限期改正，没收违法所得；违法所得十万元以上的，并处违法所得二倍以上五倍以下的罚款；没有违法所得或者违法所得不足十万元的，单处或者并处十万元以上二十万元以下的罚款；对其直接负责的主管人员和其他直接责任人员处一万元以上二万元以下的罚款；导致发生生产安全事故给他人造成损害的，与承包方、承租方承担连带赔偿责任。

生产经营单位未与承包单位、承租单位签订专门的安全生产管理协议或者未在承包合同、租赁合同中明确各自的安全生产管理职责，或者未对承包单位、承租单位的安全生产统一协调、管理的，责令限期改正，处五万元以下的罚款，对其直接负责的主管人员和其他直接责任人员处一万元以下的罚款；逾期未改正的，责令停产停业整顿。

矿山、金属冶炼建设项目和用于生产、储存、装卸危险物品的建设项目的施工单位未按照规定对施工项目进行安全管理的，责令限期改正，处十万元以下的罚款，对其直接负责的主管人员和其他直接责任人员处二万元以下的罚款；逾期未改正的，责令停产停业整顿。以上施工单位倒卖、出租、出借、挂靠或者以其他形式非法转让施工资质的，责令停产停业整顿，吊销资质证书，没收违法所得；违法所得十万元以上的，并处违法所得二倍以上五倍以下的罚款，没有违法所得或者违法所得不足十万元的，单处或者并处十万元以上二十万元以下的罚款；对其直接负责的主管人员和其他直接责任人员处五万元以上十万元以下的罚款；构成犯罪的，依照刑法有关规定追究刑事责任。

第一百零四条 两个以上生产经营单位在同一作业区域内进行可能危及对方安全生产的生产经营活动，未签订安全生产管理协议或者未指定专职安全生产管理人员进行安全检查与协调的，责令限期改正，处五万元以下的罚款，对其直接负责的主管人员和其他直接责任人员处一万元以下的罚款；逾期未改正的，责令停产停业。

第一百零五条 生产经营单位有下列行为之一的，责令限期改正，处五万元以下的罚款，对其直接负责的主管人员和其他直接责任人员处一万元以下的罚款；逾期未改正的，责令停产停业整顿；构成犯罪的，依照刑法有关规定追究刑事责任:

（一）生产、经营、储存、使用危险物品的车间、商店、仓库与员工宿舍在同一座建筑内，或者与员工宿舍的距离不符合安全要求的；

（二）生产经营场所和员工宿舍未设有符合紧急疏散需要、标志明显、保持畅通的出口、疏散通道，或者占用、锁闭、封堵生产经营场所或者员工宿舍出口、疏散通道的。

第一百零六条 生产经营单位与从业人员订立协议，免除或者减轻其对从业人员因生产安全事故伤亡依法应承担的责任的，该协议无效；对生产经营单位的主要负责人、个人经营的投资人处二万元以上十万元以下的罚款。

第一百零七条 生产经营单位的从业人员不落实岗位安全责任，不服从管理，违反安全生产规章制度或者操作规程的，由生产经营单位给予批评教育，依照有关章制度给予处分；构成犯罪的，依照刑法有关规定追究刑事责任。

第一百零八条 违反本法规定，生产经营单位拒绝、阻碍负有安全生产监督管理职责的部门依法实施监督检查的，责令改正；拒不改正的，处二万元以上二十万元以下的罚款；对其直接负责的主管人员和其他直接责任人员处一万元以上二万元以下的罚款；构成犯罪的，依照刑法有关规定追究刑事责任。

第一百零九条 高危行业、领域的生产经营单位未按照国家规定投保安全生产责任保险的，责令限期改正，处五万元以上十万元以下的罚款；逾期未改正的，处十万元以上二十万元以下的罚款。

第一百一十条　生产经营单位的主要负责人在本单位发生生产安全事故时，不立即组织抢救或者在事故调查处理期间擅离职守或者逃匿的，给予降级、撤职的处分，并由应急管理部门处上一年年收入百分之六十至百分之一百的罚款；对逃匿的处十五日以下拘留；构成犯罪的，依照刑法有关规定追究刑事责任。

生产经营单位的主要负责人对生产安全事故隐瞒不报、谎报或者迟报的，依照前款规定处罚。

第一百一十一条　有关地方人民政府、负有安全生产监督管理职责的部门，对生产安全事故隐瞒不报、谎报或者迟报的，对直接负责的主管人员和其他直接责任人员依法给予处分；构成犯罪的，依照刑法有关规定追究刑事责任。

第一百一十二条　生产经营单位违反本法规定，被责令改正且受到罚款处罚，拒不改正的，负有安全生产监督管理职责的部门可以自作出责令改正之日的次日起，按照原处罚数额按日连续处罚。

第一百一十三条　生产经营单位存在下列情形之一的，负有安全生产监督管理职责的部门应当提请地方人民政府予以关闭，有关部门应当依法吊销其有关证照。生产经营单位主要负责人五年内不得担任任何生产经营单位的主要负责人；情节严重的，终身不得担任本行业生产经营单位的主要负责人：

（一）存在重大事故隐患，一百八十日内三次或者一年内四次受到本法规定的行政处罚的；

（二）经停产停业整顿，仍不具备法律、行政法规和国家标准或者行业标准规定的安全生产条件的；

（三）不具备法律、行政法规和国家标准或者行业标准规定的安全生产条件，导致发生重大、特别重大生产安全事故的；

（四）拒不执行负有安全生产监督管理职责的部门作出的停产停业整顿决定的。

第一百一十四条　发生生产安全事故，对负有责任的生产经营单位除要求其依法承担相应的赔偿等责任外，由应急管理部门依照下列规定处以罚款：

（一）发生一般事故的，处三十万元以上一百万元以下的罚款；

（二）发生较大事故的，处一百万元以上二百万元以下的罚款；

（三）发生重大事故的，处二百万元以上一千万元以下的罚款；

（四）发生特别重大事故的，处一千万元以上二千万元以下的罚款。

发生生产安全事故，情节特别严重、影响特别恶劣的，应急管理部门可以按照前款罚款数额的二倍以上五倍以下对负有责任的生产经营单位处以罚款。

第一百一十五条　本法规定的行政处罚，由应急管理部门和其他负有安全生产监督管理职责的部门按照职责分工决定；其中，根据本法第九十五条、第一百一十条、第一百一十四条的规定应当给予民航、铁路、电力行业的生产经营单位及其主要负责人行政处罚的，也可以由主管的负有安全生产监督管理职责的部门进行处罚。予以关闭的行政处罚，由负有安全生产监督管理职责的部门报请县级以上人民政府按照国务院规定的权限决定；给予拘留的行政处罚，由公安机关依照治安管理处罚的规定决定。

第一百一十六条　生产经营单位发生生产安全事故造成人员伤亡、他人财产损失的，应当依法承担赔偿责任；拒不承担或者其负责人逃匿的，由人民法院依法强制执行。

生产安全事故的责任人未依法承担赔偿责任，经人民法院依法采取执行措施后，仍不能对受害人给予足额赔偿的，应当继续履行赔偿义务；受害人发现责任人有其他财产的，可以随时请求人民法院执行。

第七章　附　　则

第一百一十七条　本法下列用语的含义：

危险物品，是指易燃易爆物品、危险化学品、放射性物品等能够危及人身安全和财产安全的物品。

重大危险源，是指长期地或者临时地生产、搬运、使用或者储存危险物品，且危险物品的数量等于或者超过临界量的单元（包括场所和设施）。

第一百一十八条　本法规定的生产安全一般事故、较大事故、重大事故、特别重大事故的划分标准由国务院规定。

国务院应急管理部门和其他负有安全生产监督管理职责的部门应当根据各自的职责分工，制定相关行业、领域重大危险源的辨识标准和重大事故隐患的判定标准。

第一百一十九条　本法自 2002 年 11 月 1 日起施行。

【例 11-3-1】根据《中华人民共和国安全生产法》规定，从业人员享有权利并承担义务，下列情形中属于从业人员履行义务的是：

  A. 张某发现直接危及人身安全的紧急情况时禁止作业撤离现场

  B. 李某发现事故隐患或者其他不安全因素，立即向现场安全生产管理人员或者本单位负责人报告

  C. 王某对本单位安全生产工作中存在的问题提出批评、检举、控告

  D. 赵某对本单位的安全生产工作提出建议

解　选项 B 属于义务，其他几个选项属于权利。

答案：B

【例 11-3-2】某生产经营单位使用危险性较大的特种设备，根据《中华人民共和国安全生产法》规定，该设备投入使用的条件不包括：

  A. 该设备应由专业生产单位生产

  B. 该设备应进行安全条件论证和安全评价

  C. 该设备须经取得专业资质的检测、检验机构检测、检验合格

  D. 该设备须取得安全使用证或者安全标志

解　《中华人民共和国安全生产法》第三十七条规定，生产经营单位使用的危险物品的容器、运输工具，以及涉及人身安全、危险性较大的海洋石油开采特种设备和矿山井下特种设备，必须按照国家有关规定，由专业生产单位生产，并经具有专业资质的检测、检验机构检测、检验合格，取得安全使用证或者安全标志，方可投入使用。检测、检验机构对检测、检验结果负责。

答案：B

【例 11-3-3】国家规定的安全生产责任制度中，对单位主要负责人、施工项目经理、专职人员与从业人员的共同规定是：

  A. 报告生产安全事故

  B. 确保安全生产费用有效使用

  C. 进行工伤事故统计、分析和报告

  D. 由有关部门考试合格

解　《中华人民共和国安全生产法》第八十三条规定，生产经营单位发生生产安全事故后，事故现场有关人员应当立即报告本单位负责人。

单位负责人接到事故报告后，应当迅速采取有效措施，组织抢救，防止事故扩大，减少人员伤亡和财产损失，并按照国家有关规定立即如实报告当地负有安全生产监督管理职责的部门，不得隐瞒不报、

谎报或者迟报，不得故意破坏事故现场、毁灭有关证据。

答案：A

【例 11-3-4】某超高层建筑施工中，一个塔吊分包商的施工人员因没有佩戴安全带加上作业疏忽而从高处坠落死亡。按我国《建筑工程安全生产管理条例》的规定，除工人本身的责任外，请问此意外的责任应：

    A. 由分包商承担所有责任，总包商无需负责

    B. 由总包商与分包商承担连带责任

    C. 由总包商承担所有责任，分包商无需负责

    D. 视分包合约的内容确定

解　《建设工程安全生产管理条例》第二十四条规定，建设工程实行施工总承包的，由总承包单位对施工现场的安全生产负总责。

总承包单位依法将建设工程分包给其他单位的，分包合同中应当明确各自的安全生产方面的权利、义务。总承包单位和分包单位对分包工程的安全生产承担连带责任。

分包单位应当服从总承包单位的安全生产管理，分包单位不服从管理导致生产安全事故的，由分包单位承担主要责任。

答案：B

【例 11-3-5】根据《中华人民共和国安全生产法》规定，组织制定并实施本单位的生产安全事故应急救援预案的责任人是：

    A. 项目负责人　　　　　　　　　　B. 安全生产管理人员

    C. 单位主要负责人　　　　　　　　D. 主管安全的负责人

解　《中华人民共和国安全生产法》第二十一条规定，生产经营单位的主要负责人对本单位安全生产工作负有下列职责：

（一）建立健全并落实本单位全员安全生产责任制，加强安全生产标准化建设；

（二）组织制定并实施本单位安全生产规章制度和操作规程；

（三）组织制定并实施本单位安全生产教育和培训计划；

（四）保证本单位安全生产投入的有效实施；

（五）组织建立并落实安全风险分级管控和隐患排查治理双重预防工作机制，督促、检查本单位的安全生产工作，及时消除生产安全事故隐患；

（六）组织制定并实施本单位的生产安全事故应急救援预案；

（七）及时、如实报告生产安全事故。

答案：C

【例 11-3-6】根据《建设工程安全生产管理条例》，建设工程安全生产管理应坚持的方针是：

    A. 预防第一，安全为主　　　　　　B. 改正第一，罚款为主

    C. 安全第一，预防为主　　　　　　D. 罚款第一，改正为主

解　《建设工程安全生产管理条例》第三条规定，建设工程安全生产管理，坚持"安全第一，预防为主"的方针。

答案：C

【例 11-3-7】依据《中华人民共和国安全生产法》，企业应当对职工进行安全生产教育和培训，某

施工总承包单位对职工进行安全生产培训，其培训的内容不包括：

 A. 安全生产知识 B. 安全生产规章制度

 C. 安全生产管理能力 D. 本岗位安全操作技能

解 《中华人民共和国安全生产法》第二十八条规定，生产经营单位应当对从业人员进行安全生产教育和培训，保证从业人员具备必要的安全生产知识，熟悉有关的安全生产规章制度和安全操作规程，掌握本岗位的安全操作技能，了解事故应急处理措施，知悉自身在安全生产方面的权利和义务。

答案： C

【例 11-3-8】 根据《中华人民共和国安全生产法》的规定，下列有关重大危险源管理的说法正确的是：

 A. 生产经营单位对重大危险源应当登记建档，并制定应急预案

 B. 生产经营单位对重大危险源应当经常性检测评估处置

 C. 安全生产监督管理部门应当针对该企业的具体情况制定应急预案

 D. 生产经营单位应当提醒从业人员和相关人员注意安全

解 《中华人民共和国安全生产法》第四十条规定，生产经营单位对重大危险源应当登记建档，进行定期检测、评估、监控，并制定应急预案，告知从业人员和相关人员在紧急情况下应当采取的应急措施。

答案： A

习 题

11-3-1 重点工程建设项目应当坚持（　　）。

 A. 安全第一的原则 B. 为保证工程质量不怕牺牲

 C. 确保进度不变的原则 D. 投资不超过预算的原则

11-3-2 对本单位的安全生产工作全面负责的人员应当是（　　）。

 A. 生产经营单位的主要负责人 B. 主管安全生产工作的副手

 C. 项目经理 D. 专职安全员

第四节　中华人民共和国招标投标法

第一章　总　则

第一条　为了规范招标投标活动，保护国家利益、社会公共利益和招标投标活动当事人的合法权益，提高经济效益，保证项目质量，制定本法。

第二条　在中华人民共和国境内进行招标投标活动，适用本法。

第三条　在中华人民共和国境内进行下列工程建设项目包括项目的勘察、设计、施工、监理以及与工程建设有关的重要设备、材料等的采购，必须进行招标：

（一）大型基础设施、公用事业等关系社会公共利益、公众安全的项目；

（二）全部或者部分使用国有资金投资或者国家融资的项目；

（三）使用国际组织或者外国政府贷款、援助资金的项目。

前款所列项目的具体范围和规模标准，由国务院发展计划部门会同国务院有关部门制订，报国务院批准。

法律或者国务院对必须进行招标的其他项目的范围有规定的，依照其规定。

第四条　任何单位和个人不得将依法必须进行招标的项目化整为零或者以其他任何方式规避招标。

第五条　招标投标活动应当遵循公开、公平、公正和诚实信用的原则。

第六条　依法必须进行招标的项目，其招标投标活动不受地区或者部门的限制。任何单位和个人不得违法限制或者排斥本地区、本系统以外的法人或者其他组织参加投标，不得以任何方式非法干涉招标投标活动。

第七条　招标投标活动及其当事人应当接受依法实施的监督。

有关行政监督部门依法对招标投标活动实施监督，依法查处招标投标活动中的违法行为。

对招标投标活动的行政监督及有关部门的具体职权划分，由国务院规定。

第二章　招　　标

第八条　招标人是依照本法规定提出招标项目、进行招标的法人或者其他组织。

第九条　招标项目按照国家有关规定需要履行项目审批手续的，应当先履行审批手续，取得批准。

招标人应当有进行招标项目的相应资金或者资金来源已经落实，并应当在招标文件中如实载明。

第十条　招标分为公开招标和邀请招标。

公开招标，是指招标人以招标公告的方式邀请不特定的法人或者其他组织投标。

邀请招标，是指招标人以投标邀请书的方式邀请特定的法人或者其他组织投标。

第十一条　国务院发展计划部门确定的国家重点项目和省、自治区、直辖市人民政府确定的地方重点项目不适宜公开招标的，经国务院发展计划部门或者省、自治区、直辖市人民政府批准，可以进行邀请招标。

第十二条　招标人有权自行选择招标代理机构，委托其办理招标事宜。任何单位和个人不得以任何方式为招标人指定招标代理机构。

招标人具有编制招标文件和组织评标能力的，可以自行办理招标事宜。任何单位和个人不得强制其委托招标代理机构办理招标事宜。依法必须进行招标的项目，招标人自行办理招标事宜的，应当向有关行政监督部门备案。

第十三条　招标代理机构是依法设立、从事招标代理业务并提供相关服务的社会中介组织。

招标代理机构应当具备下列条件：

（一）有从事招标代理业务的营业场所和相应资金；

（二）有能够编制招标文件和组织评标的相应专业力量；

第十四条　招标代理机构与行政机关和其他国家机关不得存在隶属关系或者其他利益关系。

第十五条　招标代理机构应当在招标人委托的范围内办理招标事宜，并遵守本法关于招标人的规定。

第十六条　招标人采用公开招标方式的，应当发布招标公告。依法必须进行招标的项目的招标公告，应当通过国家指定的报刊、信息网络或者其他媒介发布。

招标公告应当载明招标人的名称和地址、招标项目的性质、数量、实施地点和时间以及获取招标文件的办法等事项。

第十七条　招标人采用邀请招标方式的，应当向三个以上具备承担招标项目的能力、资信良好的特定的法人或者其他组织发出投标邀请书。

投标邀请书应当载明本法第十六条第二款规定的事项。

第十八条　招标人可以根据招标项目本身的要求,在招标公告或者投标邀请书中,要求潜在投标人提供有关资质证明文件和业绩情况,并对潜在投标人进行资格审查;国家对投标人的资格条件有规定的,依照其规定。

招标人不得以不合理的条件限制或者排斥潜在投标人,不得对潜在投标人实行歧视待遇。

第十九条　招标人应当根据招标项目的特点和需要编制招标文件。招标文件应当包括招标项目的技术要求、对投标人资格审查的标准、投标报价要求和评标标准等所有实质性要求和条件以及拟签订合同的主要条款。

国家对招标项目的技术、标准有规定的,招标人应当按照其规定在招标文件中提出相应要求。

招标项目需要划分标段、确定工期的,招标人应当合理划分标段、确定工期,并在招标文件中载明。

第二十条　招标文件不得要求或者标明特定的生产供应者以及含有倾向或者排斥潜在投标人的其他内容。

第二十一条　招标人根据招标项目的具体情况,可以组织潜在投标人踏勘项目现场。

第二十二条　招标人不得向他人透露已获取招标文件的潜在投标人的名称、数量以及可能影响公平竞争的有关招标投标的其他情况。

招标人设有标底的,标底必须保密。

第二十三条　招标人对已发出的招标文件进行必要的澄清或者修改的,应当在招标文件要求提交投标文件截止时间至少十五日前,以书面形式通知所有招标文件收受人。该澄清或者修改的内容为招标文件的组成部分。

第二十四条　招标人应当确定投标人编制投标文件所需要的合理时间;但是,依法必须进行招标的项目,自招标文件开始发出之日起至投标人提交投标文件截止之日止,最短不得少于二十日。

第三章　投　　标

第二十五条　投标人是响应招标、参加投标竞争的法人或者其他组织。

依法招标的科研项目允许个人参加投标的,投标的个人适用本法有关投标人的规定。

第二十六条　投标人应当具备承担招标项目的能力;国家有关规定对投标人资格条件或者招标文件对投标人资格条件有规定的,投标人应当具备规定的资格条件。

第二十七条　投标人应当按照招标文件的要求编制投标文件。投标文件应当对招标文件提出的实质性要求和条件作出响应。

招标项目属于建设施工的,投标文件的内容应当包括拟派出的项目负责人与主要技术人员的简历、业绩和拟用于完成招标项目的机械设备等。

第二十八条　投标人应当在招标文件要求提交投标文件的截止时间前,将投标文件送达投标地点。招标人收到投标文件后,应当签收保存,不得开启。投标人少于三个的,招标人应当依照本法重新招标。在招标文件要求提交投标文件的截止时间后送达的投标文件,招标人应当拒收。

第二十九条　投标人在招标文件要求提交投标文件的截止时间前,可以补充、修改或者撤回已提交的投标文件,并书面通知招标人。补充、修改的内容为投标文件的组成部分。

第三十条　投标人根据招标文件载明的项目实际情况,拟在中标后将中标项目的部分非主体、非关键性工作进行分包的,应当在投标文件中载明。

第三十一条　两个以上法人或者其他组织可以组成一个联合体,以一个投标人的身份共同投标。

联合体各方均应当具备承担招标项目的相应能力；国家有关规定或者招标文件对投标人资格条件有规定的，联合体各方均应当具备规定的相应资格条件。由同一专业的单位组成的联合体，按照资质等级较低的单位确定资质等级。

联合体各方应当签订共同投标协议，明确约定各方拟承担的工作和责任，并将共同投标协议连同投标文件一并提交招标人。联合体中标的，联合体各方应当共同与招标人签订合同，就中标项目向招标人承担连带责任。

招标人不得强制投标人组成联合体共同投标，不得限制投标人之间的竞争。

第三十二条　投标人不得相互串通投标报价，不得排挤其他投标人的公平竞争，损害招标人或者其他投标人的合法权益。

投标人不得与招标人串通投标，损害国家利益、社会公共利益或者他人的合法权益。

禁止投标人以向招标人或者评标委员会成员行贿的手段谋取中标。

第三十三条　投标人不得以低于成本的报价竞标，也不得以他人名义投标或者以其他方式弄虚作假，骗取中标。

第四章　开标、评标和中标

第三十四条　开标应当在招标文件确定的提交投标文件截止时间的同一时间公开进行；开标地点应当为招标文件中预先确定的地点。

第三十五条　开标由招标人主持，邀请所有投标人参加。

第三十六条　开标时，由投标人或者其推选的代表检查投标文件的密封情况，也可以由招标人委托的公证机构检查并公证；经确认无误后，由工作人员当众拆封，宣读投标人名称、投标价格和投标文件的其他主要内容。

招标人在招标文件要求提交投标文件的截止时间前收到的所有投标文件，开标时都应当当众予以拆封、宣读。

开标过程应当记录，并存档备查。

第三十七条　评标由招标人依法组建的评标委员会负责。

依法必须进行招标的项目，其评标委员会由招标人的代表和有关技术、经济等方面的专家组成，成员人数为五人以上单数，其中技术、经济等方面的专家不得少于成员总数的三分之二。

前款专家应当从事相关领域工作满八年并具有高级职称或者具有同等专业水平，由招标人从国务院有关部门或者省、自治区、直辖市人民政府有关部门提供的专家名册或者招标代理机构的专家库内的相关专业的专家名单中确定；一般招标项目可以采取随机抽取方式，特殊招标项目可以由招标人直接确定。

与投标人有利害关系的人不得进入相关项目的评标委员会；已经进入的应当更换。

评标委员会成员的名单在中标结果确定前应当保密。

第三十八条　招标人应当采取必要的措施，保证评标在严格保密的情况下进行。

任何单位和个人不得非法干预、影响评标的过程和结果。

第三十九条　评标委员会可以要求投标人对投标文件中含义不明确的内容作必要的澄清或者说明，但是澄清或者说明不得超出投标文件的范围或者改变投标文件的实质性内容。

第四十条　评标委员会应当按照招标文件确定的评标标准和方法，对投标文件进行评审和比较；设有标底的，应当参考标底。评标委员会完成评标后，应当向招标人提出书面评标报告，并推荐合格的中标候选人。

招标人根据评标委员会提出的书面评标报告和推荐的中标候选人确定中标人。招标人也可以授权评标委员会直接确定中标人。

国务院对特定招标项目的评标有特别规定的，从其规定。

第四十一条 中标人的投标应当符合下列条件之一：

（一）能够最大限度地满足招标文件中规定的各项综合评价标准；

（二）能够满足招标文件的实质性要求，并且经评审的投标价格最低；但是投标价格低于成本的除外。

第四十二条 评标委员会经评审，认为所有投标都不符合招标文件要求的，可以否决所有投标。

依法必须进行招标的项目的所有投标被否决的，招标人应当依照本法重新招标。

第四十三条 在确定中标人前，招标人不得与投标人就投标价格、投标方案等实质性内容进行谈判。

第四十四条 评标委员会成员应当客观、公正地履行职务，遵守职业道德，对所提出的评审意见承担个人责任。

评标委员会成员不得私下接触投标人，不得收受投标人的财物或者其他好处。

评标委员会成员和参与评标的有关工作人员不得透露对投标文件的评审和比较、中标候选人的推荐情况以及与评标有关的其他情况。

第四十五条 中标人确定后，招标人应当向中标人发出中标通知书，并同时将中标结果通知所有未中标的投标人。

中标通知书对招标人和中标人具有法律效力。中标通知书发出后，招标人改变中标结果的，或者中标人放弃中标项目的，应当依法承担法律责任。

第四十六条 招标人和中标人应当自中标通知书发出之日起三十日内，按照招标文件和中标人的投标文件订立书面合同。招标人和中标人不得再行订立背离合同实质性内容的其他协议。

招标文件要求中标人提交履约保证金的，中标人应当提交。

第四十七条 依法必须进行招标的项目，招标人应当自确定中标人之日起十五日内，向有关行政监督部门提交招标投标情况的书面报告。

第四十八条 中标人应当按照合同约定履行义务，完成中标项目。中标人不得向他人转让中标项目，也不得将中标项目肢解后分别向他人转让。

中标人按照合同约定或者经招标人同意，可以将中标项目的部分非主体、非关键性工作分包给他人完成。接受分包的人应当具备相应的资格条件，并不得再次分包。

中标人应当就分包项目向招标人负责，接受分包的人就分包项目承担连带责任。

第五章 法 律 责 任

第四十九条 违反本法规定，必须进行招标的项目而不招标的，将必须进行招标的项目化整为零或者以其他任何方式规避招标的，责令限期改正，可以处项目合同金额千分之五以上千分之十以下的罚款；对全部或者部分使用国有资金的项目，可以暂停项目执行或者暂停资金拨付；对单位直接负责的主管人员和其他直接责任人员依法给予处分。

第五十条 招标代理机构违反本法规定，泄露应当保密的与招标投标活动有关的情况和资料的，或者与招标人、投标人串通损害国家利益、社会公共利益或者他人合法权益的，处五万元以上二十五万元以下的罚款，对单位直接负责的主管人员和其他直接责任人员处单位罚款数额百分之五以上百分之十以下的罚款；有违法所得的，并处没收违法所得；情节严重的，禁止其一年至二年内代理依法必须进行招标的项目并予以公告，直至工商机关吊销营业执照。

前款所列行为影响中标结果的，中标无效。

第五十一条 招标人以不合理的条件限制或者排斥潜在投标人的，对潜在投标人实行歧视待遇的，强制要求投标人组成联合体共同投标的，或者限制投标人之间竞争的，责令改正，可以处一万元以上五万元以下的罚款。

第五十二条 依法必须进行招标的项目的招标人向他人透露已获取招标文件的潜在投标人的名称、数量或者可能影响公平竞争的有关招标投标的其他情况的，或者泄露标底的，给予警告，可以并处一万元以上十万元以下的罚款；对单位直接负责的主管人员和其他直接责任人员依法给予处分；构成犯罪的，依法追究刑事责任。

前款所列行为影响中标结果的，中标无效。

第五十三条 投标人相互串通投标或者与招标人串通投标的，投标人以向招标人或者评标委员会成员行贿的手段谋取中标的，中标无效，处中标项目金额千分之五以上千分之十以下的罚款，对单位直接负责的主管人员和其他直接责任人员处单位罚款数额百分之五以上百分之十以下的罚款；有违法所得的，并处没收违法所得；情节严重的，取消其一年至二年内参加依法必须进行招标的项目的投标资格并予以公告，直至由工商行政管理机关吊销营业执照；构成犯罪的，依法追究刑事责任。给他人造成损失的，依法承担赔偿责任。

第五十四条 投标人以他人名义投标或者以其他方式弄虚作假，骗取中标的，中标无效，给招标人造成损失的，依法承担赔偿责任；构成犯罪的，依法追究刑事责任。

依法必须进行招标的项目的投标人有前款所列行为尚未构成犯罪的，处中标项目金额千分之五以上千分之十以下的罚款，对单位直接负责的主管人员和其他直接责任人员处单位罚款数额百分之五以上百分之十以下的罚款；有违法所得的，并处没收违法所得；情节严重的，取消其一年至三年内参加依法必须进行招标的项目的投标资格并予以公告，直至由工商行政管理机关吊销营业执照。

第五十五条 依法必须进行招标的项目，招标人违反本法规定，与投标人就投标价格、投标方案等实质性内容进行谈判的，给予警告，对单位直接负责的主管人员和其他直接责任人员依法给予处分。

前款所列行为影响中标结果的，中标无效。

第五十六条 评标委员会成员收受投标人的财物或者其他好处的，评标委员会成员或者参加评标的有关工作人员向他人透露对投标文件的评审和比较、中标候选人的推荐以及与评标有关的其他情况的，给予警告，没收收受的财物，可以并处三千元以上五万元以下的罚款，对有所列违法行为的评标委员会成员取消担任评标委员会成员的资格，不得再参加任何依法必须进行招标的项目的评标；构成犯罪的，依法追究刑事责任。

第五十七条 招标人在评标委员会依法推荐的中标候选人以外确定中标人的，依法必须进行招标的项目在所有投标被评标委员会否决后自行确定中标人的，中标无效。责令改正，可以处中标项目金额千分之五以上千分之十以下的罚款；对单位直接负责的主管人员和其他直接责任人员依法给予处分。

第五十八条 中标人将中标项目转让给他人的，将中标项目肢解后分别转让给他人的，违反本法规定将中标项目的部分主体、关键性工作分包给他人的，或者分包人再次分包的，转让、分包无效，处转让、分包项目金额千分之五以上千分之十以下的罚款；有违法所得的，并处没收违法所得；可以责令停业整顿；情节严重的，由工商行政管理机关吊销营业执照。

第五十九条　招标人与中标人不按照招标文件和中标人的投标文件订立合同的，或者招标人、中标人订立背离合同实质性内容的协议的，责令改正；可以处中标项目金额千分之五以上千分之十以下的罚款。

第六十条　中标人不履行与招标人订立的合同的，履约保证金不予退还，给招标人造成的损失超过履约保证金数额的，还应当对超过部分予以赔偿；没有提交履约保证金的，应当对招标人的损失承担赔偿责任。

中标人不按照与招标人订立的合同履行义务，情节严重的，取消其二年至五年内参加依法必须进行招标的项目的投标资格并予以公告，直至由工商行政管理机关吊销营业执照。

因不可抗力不能履行合同的，不适用前两款规定。

第六十一条　本章规定的行政处罚，由国务院规定的有关行政监督部门决定。本法已对实施行政处罚的机关作出规定的除外。

第六十二条　任何单位违反本法规定，限制或者排斥本地区、本系统以外的法人或者其他组织参加投标的，为招标人指定招标代理机构的，强制招标人委托招标代理机构办理招标事宜的，或者以其他方式干涉招标投标活动的，责令改正；对单位直接负责的主管人员和其他直接责任人员依法给予警告、记过、记大过的处分，情节较重的，依法给予降级、撤职、开除的处分。

个人利用职权进行前款违法行为的，依照前款规定追究责任。

第六十三条　对招标投标活动依法负有行政监督职责的国家机关工作人员徇私舞弊、滥用职权或者玩忽职守，构成犯罪的，依法追究刑事责任；不构成犯罪的，依法给予行政处分。

第六十四条　依法必须进行招标的项目违反本法规定，中标无效的，应当依照本法规定的中标条件从其余投标人中重新确定中标人或者依照本法重新进行招标。

第六章　　附　　则

第六十五条　投标人和其他利害关系人认为招标投标活动不符合本法有关规定的，有权向招标人提出异议或者依法向有关行政监督部门投诉。

第六十六条　涉及国家安全、国家秘密、抢险救灾或者属于利用扶贫资金实行以工代赈、需要使用农民工等特殊情况，不适宜进行招标的项目，按照国家有关规定可以不进行招标。

第六十七条　使用国际组织或者外国政府贷款、援助资金的项目进行招标，贷款方、资金提供方对招标投标的具体条件和程序有不同规定的，可以适用其规定，但违背中华人民共和国的社会公共利益的除外。

第六十八条　本法自 2000 年 1 月 1 日起施行。

【例 11-4-1】根据《中华人民共和国招标投标法》规定，某工程项目委托监理服务的招投标活动，应当遵循的原则是：

  A. 公开、公平、公正、诚实信用

  B. 公开、平等、自愿、公平、诚实信用

  C. 公正、科学、独立、诚实信用

  D. 全面、有效、合理、诚实信用

解　《中华人民共和国招标投标法》第五条规定，招标投标活动应当遵循公开、公平、公正和诚实信用的原则。

答案： A

【例 11-4-2】 下列属于《中华人民共和国招标投标法》规定的招标方式是：

A. 公开招标和直接招标　　　　　　B. 公开招标和邀请招标

C. 公开招标和协议招标　　　　　　D. 公开招标和不公开招标

解　《中华人民共和国招标投标法》第十条规定，招标分为公开招标和邀请招标。

答案： B

【例 11-4-3】 有关我国招投标的一般规定，下列理解错误的是：

A. 采用书面合同　　　　　　　　　B. 禁止行贿受贿

C. 承包商必须有相应资质　　　　　D. 可肢解分包

解　《中华人民共和国建筑法》第二十四条规定，提倡对建筑工程实行总承包，禁止将建筑工程肢解发包。

答案： D

【例 11-4-4】 下列不属于招标人必须具备的条件是：

A. 招标人须有法可依的项目

B. 招标人有充足的专业人才

C. 招标人有与项目相应的资金来源

D. 招标人为法人或其他基本组织

解　《中华人民共和国招标投标法》第八条：招标人是依照本法规定提出招标项目、进行招标的法人或者其他组织。所以选项 A、D 对。

第九条：招标项目按照国家有关规定需要履行项目审批手续的，应当先履行审批手续，取得批准。招标人应当有进行招标项目的相应资金或者资金来源已经落实，并应当在招标文件中如实载明。 所以选项 C 对。

第十二条：……招标人具有编制招标文件和组织评标能力的，可以自行办理招标事宜。

选项 B 中"充足人才"和《中华人民共和国招标投标法》的第十二条表述不一致，何为充足？很难界定，所以选项 B 的表述不合适。

答案： B

【例 11-4-5】 有关评标方法的描述，错误的是：

A. 最低投标价法适合没有特殊要求的招标项目

B. 综合评估法可用打分的方法或货币的方法评估各项标准

C. 最低投标价法通常用来恶性削价竞争，反而工程质量更为低落

D. 综合评估法适合没有特殊要求的招标项目

解　2018 年 9 月 28 日住房和城乡建设部决定对《房屋建筑和市政基础设施工程施工招标投标管理办法》作出修改后公布。其中，第四十条规定：评标可以采用综合评估法、经评审的最低投标标价法或者法律法规允许的其他评标方法。

采用综合评估法的，应当对投标文件提出的工程质量、施工工期、投标价格、施工组织设计或者施工方案、投标人及项目经理业绩等，能否最大限度地满足招标文件中规定的各项要求和评价标准进行评审和比较。以评分方式进行评估的，对于各种评比奖项不得额外计分。

采用经评审的最低投标价法的，应当在投标文件能够满足招标文件实质性要求的投标人中，评审出投标价格最低的投标人，但投标价格低于其企业成本的除外。

由此可以看出，采用经评审的最低投标价法的前提是在能够满足招标文件实质性要求的投标人中，评审出投标价格最低的投标人中标。如果有人恶性竞争，报价低于成本价。而不能满足招标文件的实质性要求是不能中标的。选项 C 完全否定了最低投标价法，是不符合文件精神的。

答案： C

【例 11-4-6】有关招标的叙述，错误的是：

  A. 邀请招标，又称有限竞争性招标

  B. 邀请招标中，招标人应向三个以上的潜在招标人发出邀请

  C. 国家重点项目应公开招标

  D. 公开招标适合专业性较强的项目

解 《中华人民共和国招标投标法》第十七条规定，招标人采用邀请招标方式的，应当向三个以上具备承担招标项目的能力、资信良好的特定的法人或者其他组织发出投标邀请书。所以选项 B 对。

《中华人民共和国招标投标法实施条例》第八条规定，国有资金占控股或者主导地位的依法必须进行招标的项目，应当公开招标；但有下列情形之一的，可以邀请招标：

（一）技术复杂、有特殊要求或者受自然环境限制，只有少量潜在投标人可供选择；

（二）采用公开招标方式的费用占项目合同金额的比例过大。

从上述条文可见：只有在特殊情况下才能邀请招标，一般情况下均应公开招标。所以选项 C 对。

答案： D

【例 11-4-7】根据《中华人民共和国招标投标法》，下列工程建设项目，项目的勘察、设计、施工、监理以及与工程建设有关的重要设备、材料等的采购，按照国家有关规定可以不进行招标的是：

  A. 大型基础设施、公用事业等关系社会公共利益、公众安全的项目

  B. 全部或者部分使用国有资金投资或者国家融资的项目

  C. 使用国际组织或者外国政府贷款、援助资金的项目

  D. 利用扶贫资金实行以工代赈、需要使用农民工的项目

解 《中华人民共和国招标投标法》第三条规定，在中华人民共和国境内进行下列工程建设项目包括项目的勘察、设计、施工、监理以及与工程建设有关的重要设备、材料等的采购，必须进行招标：

（一）大型基础设施、公用事业等关系社会公共利益、公众安全的项目；

（二）全部或者部分使用国有资金投资或者国家融资的项目；

（三）使用国际组织或者外国政府贷款、援助资金的项目。

选项 D 不在上述法律条文必须进行招标的规定中。

答案： D

习　题

11-4-1 建设单位工程招标应具备下列哪些条件？（ ）

  ①有与招标工程相适应的经济技术管理人员；②必须是一个经济实体，注册资金不少于一百万元人民币；③有编制招标文件的能力；④有审查投标单位资质的能力；⑤具有组织开标、评标、定标的能力。

  A. ①②③④⑤ B. ①②③④ C. ①②④⑤ D. ①③④⑤

11-4-2 施工招标的形式有以下哪几种？（ ）

①公开招标；②邀请招标；③议标；④指定招标。

A. ①② B. ①②④ C. ①④ D. ①②③

11-4-3 招标委员会的成员中，技术、经济等方面的专家不得少于（ ）。

A. 3 人 B. 5 人

C. 成员总数的 2/3 D. 成员总数的 1/2

11-4-4 建筑工程的评标活动应当由（ ）负责。

A. 建设单位 B. 市招标办公室

C. 监理单位 D. 评标委员会

11-4-5 在中华人民共和国境内进行下列工程建设项目必须要招标的条件，下面哪一条是不准确的说法？（ ）

A. 大型基础设施、公用事业等关系社会公共利益、公众安全的项目

B. 全部或者部分使用国有资金投资或者国家融资的项目

C. 使用国际组织或者外国政府贷款、援助资金的项目

D. 所有住宅项目

11-4-6 招标人和中标人应当自中标通知书发出之日起（ ）之内，按照招标文件和中标人的投标文件订立书面合同。

A. 15 天 B. 30 天 C. 60 天 D. 90 天

第五节 中华人民共和国民法典

（2020 年 5 月 28 日第十三届全国人民代表大会第三次会议通过）

（2021 年 1 月 1 日实施）

第三编 合 同

第一分编 通 则

第一章 一般规定

第四百六十三条 本编调整因合同产生的民事关系。

第四百六十四条 合同是民事主体之间设立、变更、终止民事法律关系的协议。

婚姻、收养、监护等有关身份关系的协议，适用有关该身份关系的法律规定；没有规定的，可以根据其性质参照适用本编规定。

第四百六十五条 依法成立的合同，受法律保护。

依法成立的合同，仅对当事人具有法律约束力，但是法律另有规定的除外。

第四百六十六条 当事人对合同条款的理解有争议的，应当依据本法第一百四十二条第一款的规定，确定争议条款的含义。

（编者注　第一百四十二条第一款的表述是：有相对人的意思表示的解释，应当按照所使用的词句，结合相关条款、行为的性质和目的、习惯以及诚信原则，确定意思表示的含义。）

合同文本采用两种以上文字订立并约定具有同等效力的，对各文本使用的词句推定具有相同含义。各文本使用的词句不一致的，应当根据合同的相关条款、性质、目的以及诚信原则等予以解释。

第四百六十七条　本法或者其他法律没有明文规定的合同，适用本编通则的规定，并可以参照适用本编或者其他法律最相类似合同的规定。

在中华人民共和国境内履行的中外合资经营企业合同、中外合作经营企业合同、中外合作勘探开发自然资源合同，适用中华人民共和国法律。

第四百六十八条　非因合同产生的债权债务关系，适用有关该债权债务关系的法律规定；没有规定的，适用本编通则的有关规定，但是根据其性质不能适用的除外。

第二章　合同的订立

第四百六十九条　当事人订立合同，可以采用书面形式、口头形式或者其他形式。

书面形式是合同书、信件、电报、电传、传真等可以有形地表现所载内容的形式。

以电子数据交换、电子邮件等方式能够有形地表现所载内容，并可以随时调取查用的数据电文，视为书面形式。

第四百七十条　合同的内容由当事人约定，一般包括下列条款：

（一）当事人的姓名或者名称和住所；

（二）标的；

（三）数量；

（四）质量；

（五）价款或者报酬；

（六）履行期限、地点和方式；

（七）违约责任；

（八）解决争议的方法。

当事人可以参照各类合同的示范文本订立合同。

第四百七十一条　当事人订立合同，可以采取要约、承诺方式或者其他方式。

第四百七十二条　要约是希望与他人订立合同的意思表示，该意思表示应当符合下列条件：

（一）内容具体确定；

（二）表明经受要约人承诺，要约人即受该意思表示约束。

第四百七十三条　要约邀请是希望他人向自己发出要约的表示。拍卖公告、招标公告、招股说明书、债券募集办法、基金招募说明书、商业广告和宣传、寄送的价目表等为要约邀请。

商业广告和宣传的内容符合要约条件的，构成要约。

第四百七十四条　要约生效的时间适用本法第一百三十七条的规定。

（编者注　第一百三十七条的规定是：以对话方式作出的意思表示，相对人知道其内容时生效。以非对话方式作出的意思表示，到达相对人时生效。以非对话方式作出的采用数据电文形式的意思表示，相对人指定特定系统接收数据电文的，该数据电文进入该特定系统时生效；未指定特定系统的，相对人知道或者应当知道该数据电文进入其系统时生效。当事人对采用数据电文形式的意思表示的生效时间另有约定的，按照其约定。）

第四百七十五条　要约可以撤回。要约的撤回适用本法第一百四十一条的规定。

（编者注　第一百四十一条的规定是：行为人可以撤回意思表示。撤回意思表示的通知应当在意思表示到达相对人前或者与意思表示同时到达相对人。）

第四百七十六条　要约可以撤销，但是有下列情形之一的除外：

（一）要约人以确定承诺期限或者其他形式明示要约不可撤销；

（二）受要约人有理由认为要约是不可撤销的，并已经为履行合同做了合理准备工作。

第四百七十七条　撤销要约的意思表示以对话方式作出的，该意思表示的内容应当在受要约人作出承诺之前为受要约人所知道；撤销要约的意思表示以非对话方式作出的，应当在受要约人作出承诺之前到达受要约人。

第四百七十八条　有下列情形之一的，要约失效：

（一）要约被拒绝；

（二）要约被依法撤销；

（三）承诺期限届满，受要约人未作出承诺；

（四）受要约人对要约的内容作出实质性变更。

第四百七十九条　承诺是受要约人同意要约的意思表示。

第四百八十条　承诺应当以通知的方式作出；但是，根据交易习惯或者要约表明可以通过行为作出承诺的除外。

第四百八十一条　承诺应当在要约确定的期限内到达要约人。

要约没有确定承诺期限的，承诺应当依照下列规定到达：

（一）要约以对话方式作出的，应当即时作出承诺；

（二）要约以非对话方式作出的，承诺应当在合理期限内到达。

第四百八十二条　要约以信件或者电报作出的，承诺期限自信件载明的日期或者电报交发之日开始计算。信件未载明日期的，自投寄该信件的邮戳日期开始计算。要约以电话、传真、电子邮件等快速通讯方式作出的，承诺期限自要约到达受要约人时开始计算。

第四百八十三条　承诺生效时合同成立，但是法律另有规定或者当事人另有约定的除外。第四百八十四条　以通知方式作出的承诺，生效的时间适用本法第一百三十七条的规定（见第四百七十四条编者注）。

承诺不需要通知的，根据交易习惯或者要约的要求作出承诺的行为时生效。

第四百八十五条　承诺可以撤回。承诺的撤回适用本法第一百四十一条的规定（见第四百七十五条编者注）

第四百八十六条　受要约人超过承诺期限发出承诺，或者在承诺期限内发出承诺，按照通常情形不能及时到达要约人的，为新要约；但是，要约人及时通知受要约人该承诺有效的除外。

第四百八十七条　受要约人在承诺期限内发出承诺，按照通常情形能够及时到达要约人，但是因其他原因致使承诺到达要约人时超过承诺期限的，除要约人及时通知受要约人因承诺超过期限不接受该承诺外，该承诺有效。

第四百八十八条　承诺的内容应当与要约的内容一致。受要约人对要约的内容作出实质性变更的，为新要约。有关合同标的、数量、质量、价款或者报酬、履行期限、履行地点和方式、违约责任和解决争议方法等的变更，是对要约内容的实质性变更。

第四百八十九条 承诺对要约的内容作出非实质性变更的，除要约人及时表示反对或者要约表明承诺不得对要约的内容作出任何变更外，该承诺有效，合同的内容以承诺的内容为准。

第四百九十条 当事人采用合同书形式订立合同的，自当事人均签名、盖章或者按指印时合同成立。在签名、盖章或者按指印之前，当事人一方已经履行主要义务，对方接受时，该合同成立。

法律、行政法规规定或者当事人约定合同应当采用书面形式订立，当事人未采用书面形式但是一方已经履行主要义务，对方接受时，该合同成立。

第四百九十一条 当事人采用信件、数据电文等形式订立合同要求签订确认书的，签订确认书时合同成立。

当事人一方通过互联网等信息网络发布的商品或者服务信息符合要约条件的，对方选择该商品或者服务并提交订单成功时合同成立，但是当事人另有约定的除外。

第四百九十二条 承诺生效的地点为合同成立的地点。

采用数据电文形式订立合同的，收件人的主营业地为合同成立的地点；没有主营业地的，其住所地为合同成立的地点。当事人另有约定的，按照其约定。

第四百九十三条 当事人采用合同书形式订立合同的，最后签名、盖章或者按指印的地点为合同成立的地点，但是当事人另有约定的除外。

第四百九十四条 国家根据抢险救灾、疫情防控或者其他需要下达国家订货任务、指令性任务的，有关民事主体之间应当依照有关法律、行政法规规定的权利和义务订立合同。

依照法律、行政法规的规定负有发出要约义务的当事人，应当及时发出合理的要约。

依照法律、行政法规的规定负有作出承诺义务的当事人，不得拒绝对方合理的订立合同要求。

第四百九十五条 当事人约定在将来一定期限内订立合同的认购书、订购书、预订书等，构成预约合同。当事人一方不履行预约合同约定的订立合同义务的，对方可以请求其承担预约合同的违约责任。

第四百九十六条 格式条款是当事人为了重复使用而预先拟定，并在订立合同时未与对方协商的条款。

采用格式条款订立合同的，提供格式条款的一方应当遵循公平原则确定当事人之间的权利和义务，并采取合理的方式提示对方注意免除或者减轻其责任等与对方有重大利害关系的条款，按照对方的要求，对该条款予以说明。提供格式条款的一方未履行提示或者说明义务，致使对方没有注意或者理解与其有重大利害关系的条款的，对方可以主张该条款不成为合同的内容。

第四百九十七条 有下列情形之一的，该格式条款无效：

（一）具有本法第一编第六章第三节（见第五百零八条编者注）和本法第五百零六条规定的无效情形；

（二）提供格式条款一方不合理地免除或者减轻其责任、加重对方责任、限制对方主要权利；

（三）提供格式条款一方排除对方主要权利。

第四百九十八条 对格式条款的理解发生争议的，应当按照通常理解予以解释。对格式条款有两种以上解释的，应当作出不利于提供格式条款一方的解释。格式条款和非格式条款不一致的，应当采用非格式条款。

第四百九十九条 悬赏人以公开方式声明对完成特定行为的人支付报酬的，完成该行为的人可以请求其支付。

第五百条 当事人在订立合同过程中有下列情形之一，造成对方损失的，应当承担赔偿责任：

（一）假借订立合同，恶意进行磋商；

（二）故意隐瞒与订立合同有关的重要事实或者提供虚假情况；

（三）有其他违背诚信原则的行为。

第五百零一条 当事人在订立合同过程中知悉的商业秘密或者其他应当保密的信息，无论合同是否成立，不得泄露或者不正当地使用；泄露、不正当地使用该商业秘密或者信息，造成对方损失的，应当承担赔偿责任。

第三章 合同的效力

第五百零二条 依法成立的合同，自成立时生效，但是法律另有规定或者当事人另有约定的除外。

依照法律、行政法规的规定，合同应当办理批准等手续的，依照其规定。未办理批准等手续影响合同生效的，不影响合同中履行报批等义务条款以及相关条款的效力。应当办理申请批准等手续的当事人未履行义务的，对方可以请求其承担违反该义务的责任。

依照法律、行政法规的规定，合同的变更、转让、解除等情形应当办理批准等手续的，适用前款规定。

第五百零三条 无权代理人以被代理人的名义订立合同，被代理人已经开始履行合同义务或者接受相对人履行的，视为对合同的追认。

第五百零四条 法人的法定代表人或者非法人组织的负责人超越权限订立的合同，除相对人知道或者应当知道其超越权限外，该代表行为有效，订立的合同对法人或者非法人组织发生效力。

第五百零五条 当事人超越经营范围订立的合同的效力，应当依照本法第一编第六章第三节（见第五百零八条编者注）和本编的有关规定确定，不得仅以超越经营范围确认合同无效。

第五百零六条 合同中的下列免责条款无效：

（一）造成对方人身损害的；

（二）因故意或者重大过失造成对方财产损失的。

第五百零七条 合同不生效、无效、被撤销或者终止的，不影响合同中有关解决争议方法的条款的效力。

第五百零八条 本编对合同的效力没有规定的，适用本法第一编第六章的有关规定。

（编者注 第一编第六章的内容如下：

第六章 民事法律行为

第一节 一般规定

第一百三十三条 民事法律行为是民事主体通过意思表示设立、变更、终止民事法律关系的行为。

第一百三十四条 民事法律行为可以基于双方或者多方的意思表示一致成立，也可以基于单方的意思表示成立。

法人、非法人组织依照法律或者章程规定的议事方式和表决程序作出决议的，该决议行为成立。

第一百三十五条 民事法律行为可以采用书面形式、口头形式或者其他形式；法律、行政法规规定或者当事人约定采用特定形式的，应当采用特定形式。

第一百三十六条 民事法律行为自成立时生效，但是法律另有规定或者当事人另有约定的除外。

行为人非依法律规定或者未经对方同意，不得擅自变更或者解除民事法律行为。

第二节　意思表示

第一百三十七条　以对话方式作出的意思表示，相对人知道其内容时生效。

以非对话方式作出的意思表示，到达相对人时生效。以非对话方式作出的采用数据电文形式的意思表示，相对人指定特定系统接收数据电文的，该数据电文进入该特定系统时生效；未指定特定系统的，相对人知道或者应当知道该数据电文进入其系统时生效。当事人对采用数据电文形式的意思表示的生效时间另有约定的，按照其约定。

第一百三十八条　无相对人的意思表示，表示完成时生效。法律另有规定的，依照其规定。

第一百三十九条　以公告方式作出的意思表示，公告发布时生效。

第一百四十条　行为人可以明示或者默示作出意思表示。

沉默只有在有法律规定、当事人约定或者符合当事人之间的交易习惯时，才可以视为意思表示。

第一百四十一条　行为人可以撤回意思表示。撤回意思表示的通知应当在意思表示到达相对人前或者与意思表示同时到达相对人。

第一百四十二条　有相对人的意思表示的解释，应当按照所使用的词句，结合相关条款、行为的性质和目的、习惯以及诚信原则，确定意思表示的含义。

无相对人的意思表示的解释，不能完全拘泥于所使用的词句，而应当结合相关条款、行为的性质和目的、习惯以及诚信原则，确定行为人的真实意思。

第三节　民事法律行为的效力

第一百四十三条　具备下列条件的民事法律行为有效：

（一）行为人具有相应的民事行为能力；

（二）意思表示真实；

（三）不违反法律、行政法规的强制性规定，不违背公序良俗。

第一百四十四条　无民事行为能力人实施的民事法律行为无效。

第一百四十五条　限制民事行为能力人实施的纯获利益的民事法律行为或者与其年龄、智力、精神健康状况相适应的民事法律行为有效；实施的其他民事法律行为经法定代理人同意或者追认后有效。

相对人可以催告法定代理人自收到通知之日起三十日内予以追认。法定代理人未作表示的，视为拒绝追认。民事法律行为被追认前，善意相对人有撤销的权利。撤销应当以通知的方式作出。

第一百四十六条　行为人与相对人以虚假的意思表示实施的民事法律行为无效。

以虚假的意思表示隐藏的民事法律行为的效力，依照有关法律规定处理。

第一百四十七条　基于重大误解实施的民事法律行为，行为人有权请求人民法院或者仲裁机构予以撤销。

第一百四十八条　一方以欺诈手段，使对方在违背真实意思的情况下实施的民事法律行为，受欺诈方有权请求人民法院或者仲裁机构予以撤销。

第一百四十九条　第三人实施欺诈行为，使一方在违背真实意思的情况下实施的民事法律行为，对方知道或者应当知道该欺诈行为的，受欺诈方有权请求人民法院或者仲裁机构予以撤销。

第一百五十条　一方或者第三人以胁迫手段，使对方在违背真实意思的情况下实施的民事法律行为，受胁迫方有权请求人民法院或者仲裁机构予以撤销。

第一百五十一条　一方利用对方处于危困状态、缺乏判断能力等情形，致使民事法律行为成立时显失公平的，受损害方有权请求人民法院或者仲裁机构予以撤销。

第一百五十二条　有下列情形之一的，撤销权消灭：

（一）当事人自知道或者应当知道撤销事由之日起一年内、重大误解的当事人自知道或者应当知道撤销事由之日起九十日内没有行使撤销权；

（二）当事人受胁迫，自胁迫行为终止之日起一年内没有行使撤销权；

（三）当事人知道撤销事由后明确表示或者以自己的行为表明放弃撤销权。当事人自民事法律行为发生之日起五年内没有行使撤销权的，撤销权消灭。

第一百五十三条　违反法律、行政法规的强制性规定的民事法律行为无效。但是，该强制性规定不导致该民事法律行为无效的除外。

违背公序良俗的民事法律行为无效。

第一百五十四条　行为人与相对人恶意串通，损害他人合法权益的民事法律行为无效。

第一百五十五条　无效的或者被撤销的民事法律行为自始没有法律约束力。

第一百五十六条　民事法律行为部分无效，不影响其他部分效力的，其他部分仍然有效。

第一百五十七条　民事法律行为无效、被撤销或者确定不发生效力后，行为人因该行为取得的财产，应当予以返还；不能返还或者没有必要返还的，应当折价补偿。有过错的一方应当赔偿对方由此所受到的损失；各方都有过错的，应当各自承担相应的责任。法律另有规定的，依照其规定。

第四节　民事法律行为的附条件和附期限

第一百五十八条　民事法律行为可以附条件，但是根据其性质不得附条件的除外。附生效条件的民事法律行为，自条件成就时生效。附解除条件的民事法律行为，自条件成就时失效。

第一百五十九条　附条件的民事法律行为，当事人为自己的利益不正当地阻止条件成就的，视为条件已经成就；不正当地促成条件成就的，视为条件不成就。

第一百六十条　民事法律行为可以附期限，但是根据其性质不得附期限的除外。附生效期限的民事法律行为，自期限届至时生效。附终止期限的民事法律行为，自期限届满时失效。）

第四章　合同的履行

第五百零九条　当事人应当按照约定全面履行自己的义务。

当事人应当遵循诚信原则，根据合同的性质、目的和交易习惯履行通知、协助、保密等义务。

当事人在履行合同过程中，应当避免浪费资源、污染环境和破坏生态。

第五百一十条　合同生效后，当事人就质量、价款或者报酬、履行地点等内容没有约定或者约定不明确的，可以协议补充；不能达成补充协议的，按照合同相关条款或者交易习惯确定。

第五百一十一条　当事人就有关合同内容约定不明确，依据前条规定仍不能确定的，适用下列规定：

（一）质量要求不明确的，按照强制性国家标准履行；没有强制性国家标准的，按照推荐性国家标准履行；没有推荐性国家标准的，按照行业标准履行；没有国家标准、行业标准的，按照通常标准或者符合合同目的的特定标准履行。

（二）价款或者报酬不明确的，按照订立合同时履行地的市场价格履行；依法应当执行政府定价或者政府指导价的，依照规定履行。

（三）履行地点不明确，给付货币的，在接受货币一方所在地履行；交付不动产的，在不动产所在地履行；其他标的，在履行义务一方所在地履行。

（四）履行期限不明确的，债务人可以随时履行，债权人也可以随时请求履行，但是应当给对方必要的准备时间。

（五）履行方式不明确的，按照有利于实现合同目的的方式履行。

（六）履行费用的负担不明确的，由履行义务一方负担；因债权人原因增加的履行费用，由债权人负担。

第五百一十二条　通过互联网等信息网络订立的电子合同的标的为交付商品并采用快递物流方式交付的，收货人的签收时间为交付时间。电子合同的标的为提供服务的，生成的电子凭证或者实物凭证中载明的时间为提供服务时间；前述凭证没有载明时间或者载明时间与实际提供服务时间不一致的，以实际提供服务的时间为准。

电子合同的标的物为采用在线传输方式交付的，合同标的物进入对方当事人指定的特定系统且能够检索识别的时间为交付时间。

电子合同当事人对交付商品或者提供服务的方式、时间另有约定的，按照其约定。

第五百一十三条　执行政府定价或者政府指导价的，在合同约定的交付期限内政府价格调整时，按照交付时的价格计价。逾期交付标的物的，遇价格上涨时，按照原价格执行；价格下降时，按照新价格执行。逾期提取标的物或者逾期付款的，遇价格上涨时，按照新价格执行；价格下降时，按照原价格执行。

第五百一十四条　以支付金钱为内容的债，除法律另有规定或者当事人另有约定外，债权人可以请求债务人以实际履行地的法定货币履行。

第五百一十五条　标的有多项而债务人只需履行其中一项的，债务人享有选择权；但是，法律另有规定、当事人另有约定或者另有交易习惯的除外。

享有选择权的当事人在约定期限内或者履行期限届满未作选择，经催告后在合理期限内仍未选择的，选择权转移至对方。

第五百一十六条　当事人行使选择权应当及时通知对方，通知到达对方时，标的确定。标的确定后不得变更，但是经对方同意的除外。

可选择的标的发生不能履行情形的，享有选择权的当事人不得选择不能履行的标的，但是该不能履行的情形是由对方造成的除外。

第五百一十七条　债权人为二人以上，标的可分，按照份额各自享有债权的，为按份债权；债务人为二人以上，标的可分，按照份额各自负担债务的，为按份债务。

按份债权人或者按份债务人的份额难以确定的，视为份额相同。

第五百一十八条　债权人为二人以上，部分或者全部债权人均可以请求债务人履行债务的，为连带债权；债务人为二人以上，债权人可以请求部分或者全部债务人履行全部债务的，为连带债务。

连带债权或者连带债务，由法律规定或者当事人约定。

第五百一十九条　连带债务人之间的份额难以确定的，视为份额相同。

实际承担债务超过自己份额的连带债务人，有权就超出部分在其他连带债务人未履行的份额范围内向其追偿，并相应地享有债权人的权利，但是不得损害债权人的利益。其他连带债务人对债权人的抗辩，可以向该债务人主张。

被追偿的连带债务人不能履行其应分担份额的，其他连带债务人应当在相应范围内按比例分担。

第五百二十条　部分连带债务人履行、抵销债务或者提存标的物的，其他债务人对债权人的债务在相应范围内消灭；该债务人可以依据前条规定向其他债务人追偿。

部分连带债务人的债务被债权人免除的，在该连带债务人应当承担的份额范围内，其他债务人对债权人的债务消灭。

部分连带债务人的债务与债权人的债权同归于一人的，在扣除该债务人应当承担的份额后，债权人对其他债务人的债权继续存在。

债权人对部分连带债务人的给付受领迟延的，对其他连带债务人发生效力。

第五百二十一条　连带债权人之间的份额难以确定的，视为份额相同。

实际受领债权的连带债权人，应当按比例向其他连带债权人返还。

连带债权参照适用本章连带债务的有关规定。

第五百二十二条　当事人约定由债务人向第三人履行债务，债务人未向第三人履行债务或者履行债务不符合约定的，应当向债权人承担违约责任。

法律规定或者当事人约定第三人可以直接请求债务人向其履行债务，第三人未在合理期限内明确拒绝，债务人未向第三人履行债务或者履行债务不符合约定的，第三人可以请求债务人承担违约责任；债务人对债权人的抗辩，可以向第三人主张。

第五百二十三条　当事人约定由第三人向债权人履行债务，第三人不履行债务或者履行债务不符合约定的，债务人应当向债权人承担违约责任。

第五百二十四条　债务人不履行债务，第三人对履行该债务具有合法利益的，第三人有权向债权人代为履行；但是，根据债务性质、按照当事人约定或者依照法律规定只能由债务人履行的除外。

债权人接受第三人履行后，其对债务人的债权转让给第三人，但是债务人和第三人另有约定的除外。

第五百二十五条　当事人互负债务，没有先后履行顺序的，应当同时履行。一方在对方履行之前有权拒绝其履行请求。一方在对方履行债务不符合约定时，有权拒绝其相应的履行请求。

第五百二十六条　当事人互负债务，有先后履行顺序，应当先履行债务一方未履行的，后履行一方有权拒绝其履行请求。先履行一方履行债务不符合约定的，后履行一方有权拒绝其相应的履行请求。

第五百二十七条　应当先履行债务的当事人，有确切证据证明对方有下列情形之一的，可以中止履行：

（一）经营状况严重恶化；

（二）转移财产、抽逃资金，以逃避债务；

（三）丧失商业信誉；

（四）有丧失或者可能丧失履行债务能力的其他情形。

当事人没有确切证据中止履行的，应当承担违约责任。

第五百二十八条　当事人依据前条规定中止履行的，应当及时通知对方。对方提供适当担保的，应当恢复履行。中止履行后，对方在合理期限内未恢复履行能力且未提供适当担保的，视为以自己的行为表明不履行主要债务，中止履行的一方可以解除合同并可以请求对方承担违约责任。

第五百二十九条　债权人分立、合并或者变更住所没有通知债务人，致使履行债务发生困难的，债务人可以中止履行或者将标的物提存。

第五百三十条　债权人可以拒绝债务人提前履行债务，但是提前履行不损害债权人利益的除外。

债务人提前履行债务给债权人增加的费用，由债务人负担。

第五百三十一条　债权人可以拒绝债务人部分履行债务，但是部分履行不损害债权人利益的除外。

债务人部分履行债务给债权人增加的费用，由债务人负担。

第五百三十二条　合同生效后，当事人不得因姓名、名称的变更或者法定代表人、负责人、承办人的变动而不履行合同义务。

第五百三十三条　合同成立后，合同的基础条件发生了当事人在订立合同时无法预见的、不属于商业风险的重大变化，继续履行合同对于当事人一方明显不公平的，受不利影响的当事人可以与对方重新协商；在合理期限内协商不成的，当事人可以请求人民法院或者仲裁机构变更或者解除合同。

人民法院或者仲裁机构应当结合案件的实际情况，根据公平原则变更或者解除合同。

第五百三十四条　对当事人利用合同实施危害国家利益、社会公共利益行为的，市场监督管理和其他有关行政主管部门依照法律、行政法规的规定负责监督处理。

第五章　合同的保全

第五百三十五条　因债务人怠于行使其债权或者与该债权有关的从权利，影响债权人的到期债权实现的，债权人可以向人民法院请求以自己的名义代位行使债务人对相对人的权利，但是该权利专属于债务人自身的除外。

代位权的行使范围以债权人的到期债权为限。债权人行使代位权的必要费用，由债务人负担。

相对人对债务人的抗辩，可以向债权人主张。

第五百三十六条　债权人的债权到期前，债务人的债权或者与该债权有关的从权利存在诉讼时效期间即将届满或者未及时申报破产债权等情形，影响债权人的债权实现的，债权人可以代位向债务人的相对人请求其向债务人履行、向破产管理人申报或者作出其他必要的行为。

第五百三十七条　人民法院认定代位权成立的，由债务人的相对人向债权人履行义务，债权人接受履行后，债权人与债务人、债务人与相对人之间相应的权利义务终止。债务人对相对人的债权或者与该债权有关的从权利被采取保全、执行措施，或者债务人破产的，依照相关法律的规定处理。

第五百三十八条　债务人以放弃其债权、放弃债权担保、无偿转让财产等方式无偿处分财产权益，或者恶意延长其到期债权的履行期限，影响债权人的债权实现的，债权人可以请求人民法院撤销债务人的行为。

第五百三十九条　债务人以明显不合理的低价转让财产、以明显不合理的高价受让他人财产或者为他人的债务提供担保，影响债权人的债权实现，债务人的相对人知道或者应当知道该情形的，债权人可以请求人民法院撤销债务人的行为。

第五百四十条　撤销权的行使范围以债权人的债权为限。债权人行使撤销权的必要费用，由债务人负担。

第五百四十一条　撤销权自债权人知道或者应当知道撤销事由之日起一年内行使。自债务人的行为发生之日起五年内没有行使撤销权的，该撤销权消灭。

第五百四十二条　债务人影响债权人的债权实现的行为被撤销的，自始没有法律约束力。

第六章　合同的变更和转让

第五百四十三条　当事人协商一致，可以变更合同。

第五百四十四条　当事人对合同变更的内容约定不明确的，推定为未变更。

第五百四十五条　债权人可以将债权的全部或者部分转让给第三人，但是有下列情形之一的除外：

（一）根据债权性质不得转让；

（二）按照当事人约定不得转让；

（三）依照法律规定不得转让。

当事人约定非金钱债权不得转让的，不得对抗善意第三人。当事人约定金钱债权不得转让的，不得对抗第三人。

第五百四十六条　债权人转让债权，未通知债务人的，该转让对债务人不发生效力。

债权转让的通知不得撤销，但是经受让人同意的除外。

第五百四十七条　债权人转让债权的，受让人取得与债权有关的从权利，但是该从权利专属于债权人自身的除外。受让人取得从权利不因该从权利未办理转移登记手续或者未转移占有而受到影响。

第五百四十八条　债务人接到债权转让通知后，债务人对让与人的抗辩，可以向受让人主张。

第五百四十九条　有下列情形之一的，债务人可以向受让人主张抵销：

（一）债务人接到债权转让通知时，债务人对让与人享有债权，且债务人的债权先于转让的债权到期或者同时到期；

（二）债务人的债权与转让的债权是基于同一合同产生。

第五百五十条　因债权转让增加的履行费用，由让与人负担。

第五百五十一条　债务人将债务的全部或者部分转移给第三人的，应当经债权人同意。债务人或者第三人可以催告债权人在合理期限内予以同意，债权人未作表示的，视为不同意。

第五百五十二条　第三人与债务人约定加入债务并通知债权人，或者第三人向债权人表示愿意加入债务，债权人未在合理期限内明确拒绝的，债权人可以请求第三人在其愿意承担的债务范围内和债务人承担连带债务。

第五百五十三条　债务人转移债务的，新债务人可以主张原债务人对债权人的抗辩；原债务人对债权人享有债权的，新债务人不得向债权人主张抵销。

第五百五十四条　债务人转移债务的，新债务人应当承担与主债务有关的从债务，但是该从债务专属于原债务人自身的除外。

第五百五十五条　当事人一方经对方同意，可以将自己在合同中的权利和义务一并转让给第三人。

第五百五十六条　合同的权利和义务一并转让的，适用债权转让、债务转移的有关规定。

第七章　合同的权利义务终止

第五百五十七条　有下列情形之一的，债权债务终止：

（一）债务已经履行；

（二）债务相互抵销；

（三）债务人依法将标的物提存；

（四）债权人免除债务；

（五）债权债务同归于一人；

（六）法律规定或者当事人约定终止的其他情形。

合同解除的，该合同的权利义务关系终止。

第五百五十八条　债权债务终止后，当事人应当遵循诚信等原则，根据交易习惯履行通知、协助、保密、旧物回收等义务。

第五百五十九条　债权债务终止时，债权的从权利同时消灭，但是法律另有规定或者当事人另有约定的除外。

第五百六十条　债务人对同一债权人负担的数项债务种类相同，债务人的给付不足以清偿全部债务的，除当事人另有约定外，由债务人在清偿时指定其履行的债务。

债务人未作指定的，应当优先履行已经到期的债务；数项债务均到期的，优先履行对债权人缺乏担保或者担保最少的债务；均无担保或者担保相等的，优先履行债务人负担较重的债务；负担相同的，按照债务到期的先后顺序履行；到期时间相同的，按照债务比例履行。

第五百六十一条 债务人在履行主债务外还应当支付利息和实现债权的有关费用，其给付不足以清偿全部债务的，除当事人另有约定外，应当按照下列顺序履行：

（一）实现债权的有关费用；

（二）利息；

（三）主债务。

第五百六十二条 当事人协商一致，可以解除合同。

当事人可以约定一方解除合同的事由。解除合同的事由发生时，解除权人可以解除合同。

第五百六十三条 有下列情形之一的，当事人可以解除合同：

（一）因不可抗力致使不能实现合同目的；

（二）在履行期限届满前，当事人一方明确表示或者以自己的行为表明不履行主要债务；

（三）当事人一方迟延履行主要债务，经催告后在合理期限内仍未履行；

（四）当事人一方迟延履行债务或者有其他违约行为致使不能实现合同目的；

（五）法律规定的其他情形。

以持续履行的债务为内容的不定期合同，当事人可以随时解除合同，但是应当在合理期限之前通知对方。

第五百六十四条 法律规定或者当事人约定解除权行使期限，期限届满当事人不行使的，该权利消灭。

法律没有规定或者当事人没有约定解除权行使期限，自解除权人知道或者应当知道解除事由之日起一年内不行使，或者经对方催告后在合理期限内不行使的，该权利消灭。

第五百六十五条 当事人一方依法主张解除合同的，应当通知对方。合同自通知到达对方时解除；通知载明债务人在一定期限内不履行债务则合同自动解除，债务人在该期限内未履行债务的，合同自通知载明的期限届满时解除。对方对解除合同有异议的，任何一方当事人均可以请求人民法院或者仲裁机构确认解除行为的效力。

当事人一方未通知对方，直接以提起诉讼或者申请仲裁的方式依法主张解除合同，人民法院或者仲裁机构确认该主张的，合同自起诉状副本或者仲裁申请书副本送达对方时解除。

第五百六十六条 合同解除后，尚未履行的，终止履行；已经履行的，根据履行情况和合同性质，当事人可以请求恢复原状或者采取其他补救措施，并有权请求赔偿损失。

合同因违约解除的，解除权人可以请求违约方承担违约责任，但是当事人另有约定的除外。

主合同解除后，担保人对债务人应当承担的民事责任仍应当承担担保责任，但是担保合同另有约定的除外。

第五百六十七条 合同的权利义务关系终止，不影响合同中结算和清理条款的效力。

第五百六十八条 当事人互负债务，该债务的标的物种类、品质相同的，任何一方可以将自己的债务与对方的到期债务抵销；但是，根据债务性质、按照当事人约定或者依照法律规定不得抵销的除外。

当事人主张抵销的，应当通知对方。通知自到达对方时生效。抵销不得附条件或者附期限。

第五百六十九条 当事人互负债务，标的物种类、品质不相同的，经协商一致，也可以抵销。

第五百七十条 有下列情形之一，难以履行债务的，债务人可以将标的物提存：

（一）债权人无正当理由拒绝受领；

（二）债权人下落不明；

（三）债权人死亡未确定继承人、遗产管理人，或者丧失民事行为能力未确定监护人；

（四）法律规定的其他情形。

标的物不适于提存或者提存费用过高的，债务人依法可以拍卖或者变卖标的物，提存所得的价款。

第五百七十一条 债务人将标的物或者将标的物依法拍卖、变卖所得价款交付提存部门时，提存成立。

提存成立的，视为债务人在其提存范围内已经交付标的物。

第五百七十二条 标的物提存后，债务人应当及时通知债权人或者债权人的继承人、遗产管理人、监护人、财产代管人。

第五百七十三条 标的物提存后，毁损、灭失的风险由债权人承担。提存期间，标的物的孳息归债权人所有。提存费用由债权人负担。

第五百七十四条 债权人可以随时领取提存物。但是，债权人对债务人负有到期债务的，在债权人未履行债务或者提供担保之前，提存部门根据债务人的要求应当拒绝其领取提存物。

债权人领取提存物的权利，自提存之日起五年内不行使而消灭，提存物扣除提存费用后归国家所有。但是，债权人未履行对债务人的到期债务，或者债权人向提存部门书面表示放弃领取提存物权利的，债务人负担提存费用后有权取回提存物。

第五百七十五条 债权人免除债务人部分或者全部债务的，债权债务部分或者全部终止，但是债务人在合理期限内拒绝的除外。

第五百七十六条 债权和债务同归于一人的，债权债务终止，但是损害第三人利益的除外。

第八章 违约责任

第五百七十七条 当事人一方不履行合同义务或者履行合同义务不符合约定的，应当承担继续履行、采取补救措施或者赔偿损失等违约责任。

第五百七十八条 当事人一方明确表示或者以自己的行为表明不履行合同义务的，对方可以在履行期限届满前请求其承担违约责任。

第五百七十九条 当事人一方未支付价款、报酬、租金、利息，或者不履行其他金钱债务的，对方可以请求其支付。

第五百八十条 当事人一方不履行非金钱债务或者履行非金钱债务不符合约定的，对方可以请求履行，但是有下列情形之一的除外：

（一）法律上或者事实上不能履行；

（二）债务的标的不适于强制履行或者履行费用过高；

（三）债权人在合理期限内未请求履行。

有前款规定的除外情形之一，致使不能实现合同目的的，人民法院或者仲裁机构可以根据当事人的请求终止合同权利义务关系，但是不影响违约责任的承担。

第五百八十一条 当事人一方不履行债务或者履行债务不符合约定，根据债务的性质不得强制履行的，对方可以请求其负担由第三人替代履行的费用。

第五百八十二条 履行不符合约定的，应当按照当事人的约定承担违约责任。对违约责任没有约定或者约定不明确，依据本法第五百一十条的规定仍不能确定的，受损害方根据标的的性质以及损失的大小，可以合理选择请求对方承担修理、重作、更换、退货、减少价款或者报酬等违约责任。

第五百八十三条　当事人一方不履行合同义务或者履行合同义务不符合约定的，在履行义务或者采取补救措施后，对方还有其他损失的，应当赔偿损失。

第五百八十四条　当事人一方不履行合同义务或者履行合同义务不符合约定，造成对方损失的，损失赔偿额应当相当于因违约所造成的损失，包括合同履行后可以获得的利益；但是，不得超过违约一方订立合同时预见到或者应当预见到的因违约可能造成的损失。

第五百八十五条　当事人可以约定一方违约时应当根据违约情况向对方支付一定数额的违约金，也可以约定因违约产生的损失赔偿额的计算方法。

约定的违约金低于造成的损失的，人民法院或者仲裁机构可以根据当事人的请求予以增加；约定的违约金过分高于造成的损失的，人民法院或者仲裁机构可以根据当事人的请求予以适当减少。

当事人就迟延履行约定违约金的，违约方支付违约金后，还应当履行债务。

第五百八十六条　当事人可以约定一方向对方给付定金作为债权的担保。定金合同自实际交付定金时成立。

定金的数额由当事人约定；但是，不得超过主合同标的额的百分之二十，超过部分不产生定金的效力。实际交付的定金数额多于或者少于约定数额的，视为变更约定的定金数额。

第五百八十七条　债务人履行债务的，定金应当抵作价款或者收回。给付定金的一方不履行债务或者履行债务不符合约定，致使不能实现合同目的的，无权请求返还定金；收受定金的一方不履行债务或者履行债务不符合约定，致使不能实现合同目的的，应当双倍返还定金。

第五百八十八条　当事人既约定违约金，又约定定金的，一方违约时，对方可以选择适用违约金或者定金条款。

定金不足以弥补一方违约造成的损失的，对方可以请求赔偿超过定金数额的损失。

第五百八十九条　债务人按照约定履行债务，债权人无正当理由拒绝受领的，债务人可以请求债权人赔偿增加的费用。

在债权人受领迟延期间，债务人无须支付利息。

第五百九十条　当事人一方因不可抗力不能履行合同的，根据不可抗力的影响，部分或者全部免除责任，但是法律另有规定的除外。因不可抗力不能履行合同的，应当及时通知对方，以减轻可能给对方造成的损失，并应当在合理期限内提供证明。

当事人迟延履行后发生不可抗力的，不免除其违约责任。

第五百九十一条　当事人一方违约后，对方应当采取适当措施防止损失的扩大；没有采取适当措施致使损失扩大的，不得就扩大的损失请求赔偿。

当事人因防止损失扩大而支出的合理费用，由违约方负担。

第五百九十二条　当事人都违反合同的，应当各自承担相应的责任。

当事人一方违约造成对方损失，对方对损失的发生有过错的，可以减少相应的损失赔偿额。

第五百九十三条　当事人一方因第三人的原因造成违约的，应当依法向对方承担违约责任。当事人一方和第三人之间的纠纷，依照法律规定或者按照约定处理。

第五百九十四条　因国际货物买卖合同和技术进出口合同争议提起诉讼或者申请仲裁的时效期间为四年。

第二分编 典型合同

......

第十八章 建设工程合同

第七百八十八条 建设工程合同是承包人进行工程建设，发包人支付价款的合同。

建设工程合同包括工程勘察、设计、施工合同。

第七百八十九条 建设工程合同应当采用书面形式。

第七百九十条 建设工程的招标投标活动，应当依照有关法律的规定公开、公平、公正进行。

第七百九十一条 发包人可以与总承包人订立建设工程合同，也可以分别与勘察人、设计人、施工人订立勘察、设计、施工承包合同。发包人不得将应当由一个承包人完成的建设工程支解成若干部分发包给数个承包人。

总承包人或者勘察、设计、施工承包人经发包人同意，可以将自己承包的部分工作交由第三人完成。第三人就其完成的工作成果与总承包人或者勘察、设计、施工承包人向发包人承担连带责任。承包人不得将其承包的全部建设工程转包给第三人或者将其承包的全部建设工程支解以后以分包的名义分别转包给第三人。

禁止承包人将工程分包给不具备相应资质条件的单位。禁止分包单位将其承包的工程再分包。建设工程主体结构的施工必须由承包人自行完成。

第七百九十二条 国家重大建设工程合同，应当按照国家规定的程序和国家批准的投资计划、可行性研究报告等文件订立。

第七百九十三条 建设工程施工合同无效，但是建设工程经验收合格的，可以参照合同关于工程价款的约定折价补偿承包人。

建设工程施工合同无效，且建设工程经验收不合格的，按照以下情形处理：

（一）修复后的建设工程经验收合格的，发包人可以请求承包人承担修复费用；

（二）修复后的建设工程经验收不合格的，承包人无权请求参照合同关于工程价款的约定折价补偿。

发包人对因建设工程不合格造成的损失有过错的，应当承担相应的责任。

第七百九十四条 勘察、设计合同的内容一般包括提交有关基础资料和概预算等文件的期限、质量要求、费用以及其他协作条件等条款。

第七百九十五条 施工合同的内容一般包括工程范围、建设工期、中间交工工程的开工和竣工时间、工程质量、工程造价、技术资料交付时间、材料和设备供应责任、拨款和结算、竣工验收、质量保修范围和质量保证期、相互协作等条款。

第七百九十六条 建设工程实行监理的，发包人应当与监理人采用书面形式订立委托监理合同。发包人与监理人的权利和义务以及法律责任，应当依照本编委托合同以及其他有关法律、行政法规的规定。

第七百九十七条 发包人在不妨碍承包人正常作业的情况下，可以随时对作业进度、质量进行检查。

第七百九十八条 隐蔽工程在隐蔽以前，承包人应当通知发包人检查。发包人没有及时检查的，承包人可以顺延工程日期，并有权请求赔偿停工、窝工等损失。

第七百九十九条 建设工程竣工后，发包人应当根据施工图纸及说明书、国家颁发的施工验收规范和质量检验标准及时进行验收。验收合格的，发包人应当按照约定支付价款，并接收该建设工程。

建设工程竣工经验收合格后，方可交付使用；未经验收或者验收不合格的，不得交付使用。

第八百条　勘察、设计的质量不符合要求或者未按照期限提交勘察、设计文件拖延工期，造成发包人损失的，勘察人、设计人应当继续完善勘察、设计，减收或者免收勘察、设计费并赔偿损失。

第八百零一条　因施工人的原因致使建设工程质量不符合约定的，发包人有权请求施工人在合理期限内无偿修理或者返工、改建。经过修理或者返工、改建后，造成逾期交付的，施工人应当承担违约责任。

第八百零二条　因承包人的原因致使建设工程在合理使用期限内造成人身损害和财产损失的，承包人应当承担赔偿责任。

第八百零三条　发包人未按照约定的时间和要求提供原材料、设备、场地、资金、技术资料的，承包人可以顺延工程日期，并有权请求赔偿停工、窝工等损失。

第八百零四条　因发包人的原因致使工程中途停建、缓建的，发包人应当采取措施弥补或者减少损失，赔偿承包人因此造成的停工、窝工、倒运、机械设备调迁、材料和构件积压等损失和实际费用。

第八百零五条　因发包人变更计划，提供的资料不准确，或者未按照期限提供必需的勘察、设计工作条件而造成勘察、设计的返工、停工或者修改设计，发包人应当按照勘察人、设计人实际消耗的工作量增付费用。

第八百零六条　承包人将建设工程转包、违法分包的，发包人可以解除合同。

发包人提供的主要建筑材料、建筑构配件和设备不符合强制性标准或者不履行协助义务，致使承包人无法施工，经催告后在合理期限内仍未履行相应义务的，承包人可以解除合同。

合同解除后，已经完成的建设工程质量合格的，发包人应当按照约定支付相应的工程价款；已经完成的建设工程质量不合格的，参照本法第七百九十三条的规定处理。

第八百零七条　发包人未按照约定支付价款的，承包人可以催告发包人在合理期限内支付价款。发包人逾期不支付的，除根据建设工程的性质不宜折价、拍卖外，承包人可以与发包人协议将该工程折价，也可以请求人民法院将该工程依法拍卖。建设工程的价款就该工程折价或者拍卖的价款优先受偿。

第八百零八条　本章没有规定的，适用承揽合同的有关规定。

……

附　则

第一千二百六十条　本法自 2021 年 1 月 1 日起施行。《中华人民共和国婚姻法》《中华人民共和国继承法》《中华人民共和国民法通则》《中华人民共和国收养法》《中华人民共和国担保法》《中华人民共和国合同法》《中华人民共和国物权法》《中华人民共和国侵权责任法》《中华人民共和国民法总则》同时废止。

第六节　中华人民共和国行政许可法

第一章　总　则

第一条　为了规范行政许可的设定和实施，保护公民、法人和其他组织的合法权益，维护公共利益和社会秩序，保障和监督行政机关有效实施行政管理，根据宪法，制定本法。

第二条　本法所称行政许可，是指行政机关根据公民、法人或者其他组织的申请，经依法审查，准予其从事特定活动的行为。

第三条　行政许可的设定和实施，适用本法。

有关行政机关对其他机关或者对其直接管理的事业单位的人事、财务、外事等事项的审批，不适用本法。

第四条　设定和实施行政许可，应当依照法定的权限、范围、条件和程序。

第五条　设定和实施行政许可，应当遵循公开、公平、公正、非歧视的原则。

有关行政许可的规定应当公布；未经公布的，不得作为实施行政许可的依据。行政许可的实施和结果，除涉及国家秘密、商业秘密或者个人隐私的外，应当公开。未经申请人同意，行政机关及其工作人员、参与专家评审等的人员不得披露申请人提交的商业秘密、未披露信息或者保密商务信息，法律另有规定或者涉及国家安全、重大社会公共利益的除外；行政机关依法公开申请人前述信息的，允许申请人在合理期限内提出异议。

符合法定条件、标准的，申请人有依法取得行政许可的平等权利，行政机关不得歧视任何人。

第六条　实施行政许可，应当遵循便民的原则，提高办事效率，提供优质服务。

第七条　公民、法人或者其他组织对行政机关实施行政许可，享有陈述权、申辩权；有权依法申请行政复议或者提起行政诉讼；其合法权益因行政机关违法实施行政许可受到损害的，有权依法要求赔偿。

第八条　公民、法人或者其他组织依法取得的行政许可受法律保护，行政机关不得擅自改变已经生效的行政许可。

行政许可所依据的法律、法规、规章修改或者废止，或者准予行政许可所依据的客观情况发生重大变化的，为了公共利益的需要，行政机关可以依法变更或者撤回已经生效的行政许可。由此给公民、法人或者其他组织造成财产损失的，行政机关应当依法给予补偿。

第九条　依法取得的行政许可，除法律、法规规定依照法定条件和程序可以转让的外，不得转让。

第十条　县级以上人民政府应当建立健全对行政机关实施行政许可的监督制度，加强对行政机关实施行政许可的监督检查。

行政机关应当对公民、法人或者其他组织从事行政许可事项的活动实施有效监督。

第二章　行政许可的设定

第十一条　设定行政许可，应当遵循经济和社会发展规律，有利于发挥公民、法人或者其他组织的积极性、主动性，维护公共利益和社会秩序，促进经济、社会和生态环境协调发展。

第十二条　下列事项可以设定行政许可：

（一）直接涉及国家安全、公共安全、经济宏观调控、生态环境保护以及直接关系人身健康、生命财产安全等特定活动，需要按照法定条件予以批准的事项；

（二）有限自然资源开发利用、公共资源配置以及直接关系公共利益的特定行业的市场准入等，需要赋予特定权利的事项；

（三）提供公众服务并且直接关系公共利益的职业、行业，需要确定具备特殊信誉、特殊条件或者特殊技能等资格、资质的事项；

（四）直接关系公共安全、人身健康、生命财产安全的重要设备、设施、产品、物品，需要按照技术标准、技术规范，通过检验、检测、检疫等方式进行审定的事项；

（五）企业或者其他组织的设立等，需要确定主体资格的事项；

（六）法律、行政法规规定可以设定行政许可的其他事项。

第十三条　本法第十二条所列事项，通过下列方式能够予以规范的，可以不设行政许可：

（一）公民、法人或者其他组织能够自主决定的；

（二）市场竞争机制能够有效调节的；

（三）行业组织或者中介机构能够自律管理的；

（四）行政机关采用事后监督等其他行政管理方式能够解决的。

第十四条　本法第十二条所列事项，法律可以设定行政许可。尚未制定法律的，行政法规可以设定行政许可。

必要时，国务院可以采用发布决定的方式设定行政许可。实施后，除临时性行政许可事项外，国务院应当及时提请全国人民代表大会及其常务委员会制定法律，或者自行制定行政法规。

第十五条　本法第十二条所列事项，尚未制定法律、行政法规的，地方性法规可以设定行政许可；尚未制定法律、行政法规和地方性法规的，因行政管理的需要，确需立即实施行政许可的，省、自治区、直辖市人民政府规章可以设定临时性的行政许可。临时性的行政许可实施满一年需要继续实施的，应当提请本级人民代表大会及其常务委员会制定地方性法规。

地方性法规和省、自治区、直辖市人民政府规章，不得设定应当由国家统一确定的公民、法人或者其他组织的资格、资质的行政许可；不得设定企业或者其他组织的设立登记及其前置性行政许可。其设定的行政许可，不得限制其他地区的个人或者企业到本地区从事生产经营和提供服务，不得限制其他地区的商品进入本地区市场。

第十六条　行政法规可以在法律设定的行政许可事项范围内，对实施该行政许可作出具体规定。

地方性法规可以在法律、行政法规设定的行政许可事项范围内，对实施该行政许可作出具体规定。

规章可以在上位法设定的行政许可事项范围内，对实施该行政许可作出具体规定。

法规、规章对实施上位法设定的行政许可作出的具体规定，不得增设行政许可；对行政许可条件作出的具体规定，不得增设违反上位法的其他条件。

第十七条　除本法第十四条、第十五条规定的外，其他规范性文件一律不得设定行政许可。

第十八条　设定行政许可，应当规定行政许可的实施机关、条件、程序、期限。

第十九条　起草法律草案、法规草案和省、自治区、直辖市人民政府规章草案，拟设定行政许可的，起草单位应当采取听证会、论证会等形式听取意见，并向制定机关说明设定该行政许可的必要性、对经济和社会可能产生的影响以及听取和采纳意见的情况。

第二十条　行政许可的设定机关应当定期对其设定的行政许可进行评价；对已设定的行政许可，认为通过本法第十三条所列方式能够解决的，应当对设定该行政许可的规定及时予以修改或者废止。

行政许可的实施机关可以对已设定的行政许可的实施情况及存在的必要性适时进行评价，并将意见报告该行政许可的设定机关。

公民、法人或者其他组织可以向行政许可的设定机关和实施机关就行政许可的设定和实施提出意见和建议。

第二十一条　省、自治区、直辖市人民政府对行政法规设定的有关经济事务的行政许可，根据本行政区域经济和社会发展情况，认为通过本法第十三条所列方式能够解决的，报国务院批准后，可以在本行政区域内停止实施该行政许可。

第三章　行政许可的实施机关

第二十二条　行政许可由具有行政许可权的行政机关在其法定职权范围内实施。

第二十三条　法律、法规授权的具有管理公共事务职能的组织,在法定授权范围内,以自己的名义实施行政许可。被授权的组织适用本法有关行政机关的规定。

第二十四条　行政机关在其法定职权范围内,依照法律、法规、规章的规定,可以委托其他行政机关实施行政许可。委托机关应当将受委托行政机关和受委托实施行政许可的内容予以公告。

委托行政机关对受委托行政机关实施行政许可的行为应当负责监督,并对该行为的后果承担法律责任。

受委托行政机关在委托范围内,以委托行政机关名义实施行政许可;不得再委托其他组织或者个人实施行政许可。

第二十五条　经国务院批准,省、自治区、直辖市人民政府根据精简、统一、效能的原则,可以决定一个行政机关行使有关行政机关的行政许可权。

第二十六条　行政许可需要行政机关内设的多个机构办理的,该行政机关应当确定一个机构统一受理行政许可申请,统一送达行政许可决定。

行政许可依法由地方人民政府两个以上部门分别实施的,本级人民政府可以确定一个部门受理行政许可申请并转告有关部门分别提出意见后统一办理,或者组织有关部门联合办理、集中办理。

第二十七条　行政机关实施行政许可,不得向申请人提出购买指定商品、接受有偿服务等不正当要求。

行政机关工作人员办理行政许可,不得索取或者收受申请人的财物,不得谋取其他利益。

第二十八条　对直接关系公共安全、人身健康、生命财产安全的设备、设施、产品、物品的检验、检测、检疫,除法律、行政法规规定由行政机关实施的外,应当逐步由符合法定条件的专业技术组织实施。专业技术组织及其有关人员对所实施的检验、检测、检疫结论承担法律责任。

第四章　行政许可的实施程序
第一节　申请与受理

第二十九条　公民、法人或者其他组织从事特定活动,依法需要取得行政许可的,应当向行政机关提出申请。申请书需要采用格式文本的,行政机关应当向申请人提供行政许可申请书格式文本。申请书格式文本中不得包含与申请行政许可事项没有直接关系的内容。

申请人可以委托代理人提出行政许可申请。但是,依法应当由申请人到行政机关办公场所提出行政许可申请的除外。

行政许可申请可以通过信函、电报、电传、传真、电子数据交换和电子邮件等方式提出。

第三十条　行政机关应当将法律、法规、规章规定的有关行政许可的事项、依据、条件、数量、程序、期限以及需要提交的全部材料的目录和申请书示范文本等在办公场所公示。

申请人要求行政机关对公示内容予以说明、解释的,行政机关应当说明、解释,提供准确、可靠的信息。

第三十一条　申请人申请行政许可,应当如实向行政机关提交有关材料和反映真实情况,并对其申请材料实质内容的真实性负责。行政机关不得要求申请人提交与其申请的行政许可事项无关的技术资料和其他材料。

行政机关及其工作人员不得以转让技术作为取得行政许可的条件;不得在实施行政许可的过程中,直接或者间接地要求转让技术。

第三十二条　行政机关对申请人提出的行政许可申请,应当根据下列情况分别作出处理:

（一）申请事项依法不需要取得行政许可的，应当即时告知申请人不受理；

（二）申请事项依法不属于本行政机关职权范围的，应当即时作出不予受理的决定，并告知申请人向有关行政机关申请；

（三）申请材料存在可以当场更正的错误的，应当允许申请人当场更正；

（四）申请材料不齐全或者不符合法定形式的，应当当场或者在五日内一次告知申请人需要补正的全部内容，逾期不告知的，自收到申请材料之日起即为受理；

（五）申请事项属于本行政机关职权范围，申请材料齐全、符合法定形式，或者申请人按照本行政机关的要求提交全部补正申请材料的，应当受理行政许可申请。

行政机关受理或者不予受理行政许可申请，应当出具加盖本行政机关专用印章和注明日期的书面凭证。

第三十三条 行政机关应当建立和完善有关制度，推行电子政务，在行政机关的网站上公布行政许可事项，方便申请人采取数据电文等方式提出行政许可申请；应当与其他行政机关共享有关行政许可信息，提高办事效率。

第二节 审查与决定

第三十四条 行政机关应当对申请人提交的申请材料进行审查。

申请人提交的申请材料齐全、符合法定形式，行政机关能够当场作出决定的，应当当场作出书面的行政许可决定。

根据法定条件和程序，需要对申请材料的实质内容进行核实的，行政机关应当指派两名以上工作人员进行核查。

第三十五条 依法应当先经下级行政机关审查后报上级行政机关决定的行政许可，下级行政机关应当在法定期限内将初步审查意见和全部申请材料直接报送上级行政机关。上级行政机关不得要求申请人重复提供申请材料。

第三十六条 行政机关对行政许可申请进行审查时，发现行政许可事项直接关系他人重大利益的，应当告知该利害关系人。申请人、利害关系人有权进行陈述和申辩。行政机关应当听取申请人、利害关系人的意见。

第三十七条 行政机关对行政许可申请进行审查后，除当场作出行政许可决定的外，应当在法定期限内按照规定程序作出行政许可决定。

第三十八条 申请人的申请符合法定条件、标准的，行政机关应当依法作出准予行政许可的书面决定。

行政机关依法作出不予行政许可的书面决定的，应当说明理由，并告知申请人享有依法申请行政复议或者提起行政诉讼的权利。

第三十九条 行政机关作出准予行政许可的决定，需要颁发行政许可证件的，应当向申请人颁发加盖本行政机关印章的下列行政许可证件：

（一）许可证、执照或者其他许可证书；

（二）资格证、资质证或者其他合格证书；

（三）行政机关的批准文件或者证明文件；

（四）法律、法规规定的其他行政许可证件。

行政机关实施检验、检测、检疫的，可以在检验、检测、检疫合格的设备、设施、产品、物品上加贴标签或者加盖检验、检测、检疫印章。

第四十条 行政机关作出的准予行政许可决定，应当予以公开，公众有权查阅。

第四十一条 法律、行政法规设定的行政许可，其适用范围没有地域限制的，申请人取得的行政许可在全国范围内有效。

第三节 期　　限

第四十二条 除可以当场作出行政许可决定的外，行政机关应当自受理行政许可申请之日起二十日内作出行政许可决定。二十日内不能作出决定的，经本行政机关负责人批准，可以延长十日，并应当将延长期限的理由告知申请人。但是，法律、法规另有规定的，依照其规定。

依照本法第二十六条的规定，行政许可采取统一办理或者联合办理、集中办理的，办理的时间不得超过四十五日；四十五日内不能办结的，经本级人民政府负责人批准，可以延长十五日，并应当将延长期限的理由告知申请人。

第四十三条 依法应当先经下级行政机关审查后报上级行政机关决定的行政许可，下级行政机关应当自其受理行政许可申请之日起二十日内审查完毕。但是，法律、法规另有规定的，依照其规定。

第四十四条 行政机关作出准予行政许可的决定，应当自作出决定之日起十日内向申请人颁发、送达行政许可证件，或者加贴标签、加盖检验、检测、检疫印章。

第四十五条 行政机关作出行政许可决定，依法需要听证、招标、拍卖、检验、检测、检疫、鉴定和专家评审的，所需时间不计算在本节规定的期限内。行政机关应当将所需时间书面告知申请人。

第四节 听　　证

第四十六条 法律、法规、规章规定实施行政许可应当听证的事项，或者行政机关认为需要听证的其他涉及公共利益的重大行政许可事项，行政机关应当向社会公告，并举行听证。

第四十七条 行政许可直接涉及申请人与他人之间重大利益关系的，行政机关在作出行政许可决定前，应当告知申请人、利害关系人享有要求听证的权利；申请人、利害关系人在被告知听证权利之日起五日内提出听证申请的，行政机关应当在二十日内组织听证。

申请人、利害关系人不承担行政机关组织听证的费用。

第四十八条 听证按照下列程序进行：

（一）行政机关应当于举行听证的七日前将举行听证的时间、地点通知申请人、利害关系人，必要时予以公告；

（二）听证应当公开举行；

（三）行政机关应当指定审查该行政许可申请的工作人员以外的人员为听证主持人，申请人、利害关系人认为主持人与该行政许可事项有直接利害关系的，有权申请回避；

（四）举行听证时，审查该行政许可申请的工作人员应当提供审查意见的证据、理由，申请人、利害关系人可以提出证据，并进行申辩和质证；

（五）听证应当制作笔录，听证笔录应当交听证参加人确认无误后签字或者盖章。

行政机关应当根据听证笔录，作出行政许可决定。

第五节 变更与延续

第四十九条 被许可人要求变更行政许可事项的，应当向作出行政许可决定的行政机关提出申请；符合法定条件、标准的，行政机关应当依法办理变更手续。

第五十条 被许可人需要延续依法取得的行政许可的有效期的，应当在该行政许可有效期届满三十日前向作出行政许可决定的行政机关提出申请。但是，法律、法规、规章另有规定的，依照其规定。

行政机关应当根据被许可人的申请，在该行政许可有效期届满前作出是否准予延续的决定；逾期未作决定的，视为准予延续。

第六节 特别规定

第五十一条 实施行政许可的程序，本节有规定的，适用本节规定；本节没有规定的，适用本章其他有关规定。

第五十二条 国务院实施行政许可的程序，适用有关法律、行政法规的规定。

第五十三条 实施本法第十二条第二项所列事项的行政许可的，行政机关应当通过招标、拍卖等公平竞争的方式作出决定。但是，法律、行政法规另有规定的，依照其规定。

行政机关通过招标、拍卖等方式作出行政许可决定的具体程序，依照有关法律、行政法规的规定。

行政机关按照招标、拍卖程序确定中标人、买受人后，应当作出准予行政许可的决定，并依法向中标人、买受人颁发行政许可证件。

行政机关违反本条规定，不采用招标、拍卖方式，或者违反招标、拍卖程序，损害申请人合法权益的，申请人可以依法申请行政复议或者提起行政诉讼。

第五十四条 实施本法第十二条第三项所列事项的行政许可，赋予公民特定资格，依法应当举行国家考试的，行政机关根据考试成绩和其他法定条件作出行政许可决定；赋予法人或者其他组织特定的资格、资质的，行政机关根据申请人的专业人员构成、技术条件、经营业绩和管理水平等的考核结果作出行政许可决定。但是，法律、行政法规另有规定的，依照其规定。

公民特定资格的考试依法由行政机关或者行业组织实施，公开举行。行政机关或者行业组织应当事先公布资格考试的报名条件、报考办法、考试科目以及考试大纲。但是，不得组织强制性的资格考试的考前培训，不得指定教材或者其他助考材料。

第五十五条 实施本法第十二条第四项所列事项的行政许可的，应当按照技术标准、技术规范依法进行检验、检测、检疫，行政机关根据检验、检测、检疫的结果作出行政许可决定。

行政机关实施检验、检测、检疫，应当自受理申请之日起五日内指派两名以上工作人员按照技术标准、技术规范进行检验、检测、检疫。不需要对检验、检测、检疫结果作进一步技术分析即可认定设备、设施、产品、物品是否符合技术标准、技术规范的，行政机关应当当场作出行政许可决定。

行政机关根据检验、检测、检疫结果，作出不予行政许可决定的，应当书面说明不予行政许可所依据的技术标准、技术规范。

第五十六条 实施本法第十二条第五项所列事项的行政许可，申请人提交的申请材料齐全、符合法定形式的，行政机关应当当场予以登记。需要对申请材料的实质内容进行核实的，行政机关依照本法第三十四条第三款的规定办理。

第五十七条 有数量限制的行政许可，两个或者两个以上申请人的申请均符合法定条件、标准的，行政机关应当根据受理行政许可申请的先后顺序作出准予行政许可的决定。但是，法律、行政法规另有规定的，依照其规定。

第五章 行政许可的费用

第五十八条 行政机关实施行政许可和对行政许可事项进行监督检查，不得收取任何费用。但是，法律、行政法规另有规定的，依照其规定。

行政机关提供行政许可申请书格式文本，不得收费。

行政机关实施行政许可所需经费应当列入本行政机关的预算，由本级财政予以保障，按照批准的预算予以核拨。

第五十九条 行政机关实施行政许可，依照法律、行政法规收取费用的，应当按照公布的法定项目和标准收费；所收取的费用必须全部上缴国库，任何机关或者个人不得以任何形式截留、挪用、私分或者变相私分。财政部门不得以任何形式向行政机关返还或者变相返还实施行政许可所收取的费用。

第六章 监 督 检 查

第六十条 上级行政机关应当加强对下级行政机关实施行政许可的监督检查，及时纠正行政许可实施中的违法行为。

第六十一条 行政机关应当建立健全监督制度，通过核查反映被许可人从事行政许可事项活动情况的有关材料，履行监督责任。

行政机关依法对被许可人从事行政许可事项的活动进行监督检查时，应当将监督检查的情况和处理结果予以记录，由监督检查人员签字后归档。公众有权查阅行政机关监督检查记录。

行政机关应当创造条件，实现与被许可人、其他有关行政机关的计算机档案系统互联，核查被许可人从事行政许可事项活动情况。

第六十二条 行政机关可以对被许可人生产经营的产品依法进行抽样检查、检验、检测，对其生产经营场所依法进行实地检查。检查时，行政机关可以依法查阅或者要求被许可人报送有关材料；被许可人应当如实提供有关情况和材料。

行政机关根据法律、行政法规的规定，对直接关系公共安全、人身健康、生命财产安全的重要设备、设施进行定期检验。对检验合格的，行政机关应当发给相应的证明文件。

第六十三条 行政机关实施监督检查，不得妨碍被许可人正常的生产经营活动，不得索取或者收受被许可人的财物，不得谋取其他利益。

第六十四条 被许可人在作出行政许可决定的行政机关管辖区域外违法从事行政许可事项活动的，违法行为发生地的行政机关应当依法将被许可人的违法事实、处理结果抄告作出行政许可决定的行政机关。

第六十五条 个人和组织发现违法从事行政许可事项的活动，有权向行政机关举报，行政机关应当及时核实、处理。

第六十六条 被许可人未依法履行开发利用自然资源义务或者未依法履行利用公共资源义务的，行政机关应当责令限期改正；被许可人在规定期限内不改正的，行政机关应当依照有关法律、行政法规的规定予以处理。

第六十七条 取得直接关系公共利益的特定行业的市场准入行政许可的被许可人，应当按照国家规定的服务标准、资费标准和行政机关依法规定的条件，向用户提供安全、方便、稳定和价格合理的服务，并履行普遍服务的义务；未经作出行政许可决定的行政机关批准，不得擅自停业、歇业。

被许可人不履行前款规定的义务的，行政机关应当责令限期改正，或者依法采取有效措施督促其履行义务。

第六十八条 对直接关系公共安全、人身健康、生命财产安全的重要设备、设施，行政机关应当督促设计、建造、安装和使用单位建立相应的自检制度。

行政机关在监督检查时，发现直接关系公共安全、人身健康、生命财产安全的重要设备、设施存在安全隐患的，应当责令停止建造、安装和使用，并责令设计、建造、安装和使用单位立即改正。

第六十九条　有下列情形之一的，作出行政许可决定的行政机关或者其上级行政机关，根据利害关系人的请求或者依据职权，可以撤销行政许可：

（一）行政机关工作人员滥用职权、玩忽职守作出准予行政许可决定的；

（二）超越法定职权作出准予行政许可决定的；

（三）违反法定程序作出准予行政许可决定的；

（四）对不具备申请资格或者不符合法定条件的申请人准予行政许可的；

（五）依法可以撤销行政许可的其他情形。

被许可人以欺骗、贿赂等不正当手段取得行政许可的，应当予以撤销。

依照前两款的规定撤销行政许可，可能对公共利益造成重大损害的，不予撤销。

依照本条第一款的规定撤销行政许可，被许可人的合法权益受到损害的，行政机关应当依法给予赔偿。依照本条第二款的规定撤销行政许可的，被许可人基于行政许可取得的利益不受保护。

第七十条　有下列情形之一的，行政机关应当依法办理有关行政许可的注销手续：

（一）行政许可有效期届满未延续的；

（二）赋予公民特定资格的行政许可，该公民死亡或者丧失行为能力的；

（三）法人或者其他组织依法终止的；

（四）行政许可依法被撤销、撤回，或者行政许可证件依法被吊销的；

（五）因不可抗力导致行政许可事项无法实施的；

（六）法律、法规规定的应当注销行政许可的其他情形。

第七章　法律责任

第七十一条　违反本法第十七条规定设定的行政许可，有关机关应当责令设定该行政许可的机关改正，或者依法予以撤销。

第七十二条　行政机关及其工作人员违反本法的规定，有下列情形之一的，由其上级行政机关或者监察机关责令改正；情节严重的，对直接负责的主管人员和其他直接责任人员依法给予行政处分：

（一）对符合法定条件的行政许可申请不予受理的；

（二）不在办公场所公示依法应当公示的材料的；

（三）在受理、审查、决定行政许可过程中，未向申请人、利害关系人履行法定告知义务的；

（四）申请人提交的申请材料不齐全、不符合法定形式，不一次告知申请人必须补正的全部内容的；

（五）违法披露申请人提交的商业秘密、未披露信息或者保密商务信息的；

（六）以转让技术作为取得行政许可的条件，或者在实施行政许可的过程中直接或者间接地要求转让技术的；

（七）未依法说明不受理行政许可申请或者不予行政许可的理由的；

（八）依法应当举行听证而不举行听证的。

第七十三条　行政机关工作人员办理行政许可、实施监督检查，索取或者收受他人财物或者谋取其他利益，构成犯罪的，依法追究刑事责任；尚不构成犯罪的，依法给予行政处分。

第七十四条　行政机关实施行政许可，有下列情形之一的，由其上级行政机关或者监察机关责令改正，对直接负责的主管人员和其他直接责任人员依法给予行政处分；构成犯罪的，依法追究刑事责任：

（一）对不符合法定条件的申请人准予行政许可或者超越法定职权作出准予行政许可决定的；

（二）对符合法定条件的申请人不予行政许可或者不在法定期限内作出准予行政许可决定的；

（三）依法应当根据招标、拍卖结果或者考试成绩择优作出准予行政许可决定，未经招标、拍卖或者考试，或者不根据招标、拍卖结果或者考试成绩择优作出准予行政许可决定的。

第七十五条 行政机关实施行政许可，擅自收费或者不按照法定项目和标准收费的，由其上级行政机关或者监察机关责令退还非法收取的费用；对直接负责的主管人员和其他直接责任人员依法给予行政处分。

截留、挪用、私分或者变相私分实施行政许可依法收取的费用的，予以追缴；对直接负责的主管人员和其他直接责任人员依法给予行政处分；构成犯罪的，依法追究刑事责任。

第七十六条 行政机关违法实施行政许可，给当事人的合法权益造成损害的，应当依照国家赔偿法的规定给予赔偿。

第七十七条 行政机关不依法履行监督职责或者监督不力，造成严重后果的，由其上级行政机关或者监察机关责令改正，对直接负责的主管人员和其他直接责任人员依法给予行政处分；构成犯罪的，依法追究刑事责任。

第七十八条 行政许可申请人隐瞒有关情况或者提供虚假材料申请行政许可的，行政机关不予受理或者不予行政许可，并给予警告；行政许可申请属于直接关系公共安全、人身健康、生命财产安全事项的，申请人在一年内不得再次申请该行政许可。

第七十九条 被许可人以欺骗、贿赂等不正当手段取得行政许可的，行政机关应当依法给予行政处罚；取得的行政许可属于直接关系公共安全、人身健康、生命财产安全事项的，申请人在三年内不得再次申请该行政许可；构成犯罪的，依法追究刑事责任。

第八十条 被许可人有下列行为之一的，行政机关应当依法给予行政处罚；构成犯罪的，依法追究刑事责任：

（一）涂改、倒卖、出租、出借行政许可证件，或者以其他形式非法转让行政许可的；

（二）超越行政许可范围进行活动的；

（三）向负责监督检查的行政机关隐瞒有关情况、提供虚假材料或者拒绝提供反映其活动情况的真实材料的；

（四）法律、法规、规章规定的其他违法行为。

第八十一条 公民、法人或者其他组织未经行政许可，擅自从事依法应当取得行政许可的活动的，行政机关应当依法采取措施予以制止，并依法给予行政处罚；构成犯罪的，依法追究刑事责任。

第八章 附 则

第八十二条 本法规定的行政机关实施行政许可的期限以工作日计算，不含法定节假日。

第八十三条 本法自 2004 年 7 月 1 日起施行。

本法施行前有关行政许可的规定，制定机关应当依照本法规定予以清理；不符合本法规定的，自本法施行之日起停止执行。

【例 11-6-1】 根据《中华人民共和国行政许可法》的规定，除可以当场作出行政许可决定的外，行政机关应当自受理行政可之日起作出行政许可决定的时限是：

  A. 5 日之内   B. 7 日之内   C. 15 日之内   D. 20 日之内

解 《中华人民共和国行政许可法》第四十二条规定，除可以当场作出行政许可决定的外，行政机关应当自受理行政许可申请之日起二十日内做出行政许可决定。二十日内不能做出决定的，经本行政机关负责人批准，可以延长十日，并应当将延长期限的理由告知申请人。但是，法律、法规另有规定的，依照其规定。

答案：D

习　　题

11-6-1　行政机关实施行政许可和对行政许可事项进行监督检查（　　）。

    A. 不得收取任何费用　　　　　　　　B. 应当收取适当费用

    C. 收费必须上缴　　　　　　　　　　D. 收费必须开收据

11-6-2　行政机关应当自受理行政许可申请之日起（　　）作出行政许可决定。

    A. 二十日内　　　　　　　　　　　　B. 三十日内

    C. 十五日内　　　　　　　　　　　　D. 四十五日之内

第七节　中华人民共和国节约能源法

第一章　总　　则

第一条　为了推动全社会节约能源，提高能源利用效率，保护和改善环境，促进经济社会全面协调可持续发展，制定本法。

第二条　本法所称能源，是指煤炭、石油、天然气、生物质能和电力、热力以及其他直接或者通过加工、转换而取得有用能的各种资源。

第三条　本法所称节约能源（以下简称节能），是指加强用能管理，采取技术上可行、经济上合理以及环境和社会可以承受的措施，从能源生产到消费的各个环节，降低消耗、减少损失和污染物排放、制止浪费，有效、合理地利用能源。

第四条　节约资源是我国的基本国策。国家实施节约与开发并举、把节约放在首位的能源发展战略。

第五条　国务院和县级以上地方各级人民政府应当将节能工作纳入国民经济和社会发展规划、年度计划，并组织编制和实施节能中长期专项规划、年度节能计划。

国务院和县级以上地方各级人民政府每年向本级人民代表大会或者其常务委员会报告节能工作。

第六条　国家实行节能目标责任制和节能考核评价制度，将节能目标完成情况作为对地方人民政府及其负责人考核评价的内容。

省、自治区、直辖市人民政府每年向国务院报告节能目标责任的履行情况。

第七条　国家实行有利于节能和环境保护的产业政策，限制发展高耗能、高污染行业，发展节能环保型产业。

国务院和省、自治区、直辖市人民政府应当加强节能工作，合理调整产业结构、企业结构、产品结构和能源消费结构，推动企业降低单位产值能耗和单位产品能耗，淘汰落后的生产能力，改进能源的开发、加工、转换、输送、储存和供应，提高能源利用效率。

国家鼓励、支持开发和利用新能源、可再生能源。

第八条　国家鼓励、支持节能科学技术的研究、开发、示范和推广，促进节能技术创新与进步。

国家开展节能宣传和教育，将节能知识纳入国民教育和培训体系，普及节能科学知识，增强全民的节能意识，提倡节约型的消费方式。

第九条　任何单位和个人都应当依法履行节能义务，有权检举浪费能源的行为。

新闻媒体应当宣传节能法律、法规和政策，发挥舆论监督作用。

第十条　国务院管理节能工作的部门主管全国的节能监督管理工作。国务院有关部门在各自的职责范围内负责节能监督管理工作，并接受国务院管理节能工作的部门的指导。

县级以上地方各级人民政府管理节能工作的部门负责本行政区域内的节能监督管理工作。县级以上地方各级人民政府有关部门在各自的职责范围内负责节能监督管理工作，并接受同级管理节能工作的部门的指导。

第二章　节　能　管　理

第十一条　国务院和县级以上地方各级人民政府应当加强对节能工作的领导，部署、协调、监督、检查、推动节能工作。

第十二条　县级以上人民政府管理节能工作的部门和有关部门应当在各自的职责范围内，加强对节能法律、法规和节能标准执行情况的监督检查，依法查处违法用能行为。

履行节能监督管理职责不得向监督管理对象收取费用。

第十三条　国务院标准化主管部门和国务院有关部门依法组织制定并适时修订有关节能的国家标准、行业标准，建立健全节能标准体系。

国务院标准化主管部门会同国务院管理节能工作的部门和国务院有关部门制定强制性的用能产品、设备能源效率标准和生产过程中耗能高的产品的单位产品能耗限额标准。

国家鼓励企业制定严于国家标准、行业标准的企业节能标准。

省、自治区、直辖市制定严于强制性国家标准、行业标准的地方节能标准，由省、自治区、直辖市人民政府报经国务院批准；本法另有规定的除外。

第十四条　建筑节能的国家标准、行业标准由国务院建设主管部门组织制定，并依照法定程序发布。

省、自治区、直辖市人民政府建设主管部门可以根据本地实际情况，制定严于国家标准或者行业标准的地方建筑节能标准，并报国务院标准化主管部门和国务院建设主管部门备案。

第十五条　国家实行固定资产投资项目节能评估和审查制度。不符合强制性节能标准的项目，建设单位不得开工建设；已经建成的，不得投入生产、使用。政府投资项目不符合强制性节能标准的，依法负责项目审批的机关不得批准建设。具体办法由国务院管理节能工作的部门会同国务院有关部门制定。

第十六条　国家对落后的耗能过高的用能产品、设备和生产工艺实行淘汰制度。淘汰的用能产品、设备、生产工艺的目录和实施办法，由国务院管理节能工作的部门会同国务院有关部门制定并公布。

生产过程中耗能高的产品的生产单位，应当执行单位产品能耗限额标准。对超过单位产品能耗限额标准用能的生产单位，由管理节能工作的部门按照国务院规定的权限责令限期治理。

对高耗能的特种设备，按照国务院的规定实行节能审查和监管。

第十七条　禁止生产、进口、销售国家明令淘汰或者不符合强制性能源效率标准的用能产品、设备；禁止使用国家明令淘汰的用能设备、生产工艺。

第十八条　国家对家用电器等使用面广、耗能量大的用能产品，实行能源效率标识管理。实行能源效率标识管理的产品目录和实施办法，由国务院管理节能工作的部门会同国务院产品质量监督部门制定并公布。

第十九条　生产者和进口商应当对列入国家能源效率标识管理产品目录的用能产品标注能源效率

标识，在产品包装物上或者说明书中予以说明，并按照规定报国务院产品质量监督部门和国务院管理节能工作的部门共同授权的机构备案。

生产者和进口商应当对其标注的能源效率标识及相关信息的准确性负责。禁止销售应当标注而未标注能源效率标识的产品。

禁止伪造、冒用能源效率标识或者利用能源效率标识进行虚假宣传。

第二十条　用能产品的生产者、销售者，可以根据自愿原则，按照国家有关节能产品认证的规定，向经国务院认证认可监督管理部门认可的从事节能产品认证的机构提出节能产品认证申请；经认证合格后，取得节能产品认证证书，可以在用能产品或者其包装物上使用节能产品认证标志。

禁止使用伪造的节能产品认证标志或者冒用节能产品认证标志。

第二十一条　县级以上各级人民政府统计部门应当会同同级有关部门，建立健全能源统计制度，完善能源统计指标体系，改进和规范能源统计方法，确保能源统计数据真实、完整。

国务院统计部门会同国务院管理节能工作的部门，定期向社会公布各省、自治区、直辖市以及主要耗能行业的能源消费和节能情况等信息。

第二十二条　国家鼓励节能服务机构的发展，支持节能服务机构开展节能咨询、设计、评估、检测、审计、认证等服务。

国家支持节能服务机构开展节能知识宣传和节能技术培训，提供节能信息、节能示范和其他公益性节能服务。

第二十三条　国家鼓励行业协会在行业节能规划、节能标准的制定和实施、节能技术推广、能源消费统计、节能宣传培训和信息咨询等方面发挥作用。

第三章　合理使用与节约能源

第一节　一般规定

第二十四条　用能单位应当按照合理用能的原则，加强节能管理，制定并实施节能计划和节能技术措施，降低能源消耗。

第二十五条　用能单位应当建立节能目标责任制，对节能工作取得成绩的集体、个人给予奖励。

第二十六条　用能单位应当定期开展节能教育和岗位节能培训。

第二十七条　用能单位应当加强能源计量管理，按照规定配备和使用经依法检定合格的能源计量器具。

用能单位应当建立能源消费统计和能源利用状况分析制度，对各类能源的消费实行分类计量和统计，并确保能源消费统计数据真实、完整。

第二十八条　能源生产经营单位不得向本单位职工无偿提供能源。任何单位不得对能源消费实行包费制。

第二节　工业节能

第二十九条　国务院和省、自治区、直辖市人民政府推进能源资源优化开发利用和合理配置，推进有利于节能的行业结构调整，优化用能结构和企业布局。

第三十条　国务院管理节能工作的部门会同国务院有关部门制定电力、钢铁、有色金属、建材、石油加工、化工、煤炭等主要耗能行业的节能技术政策，推动企业节能技术改造。

第三十一条　国家鼓励工业企业采用高效、节能的电动机、锅炉、窑炉、风机、泵类等设备，采用热电联产、余热余压利用、洁净煤以及先进的用能监测和控制等技术。

第三十二条 电网企业应当按照国务院有关部门制定的节能发电调度管理的规定，安排清洁、高效和符合规定的热电联产、利用余热余压发电的机组以及其他符合资源综合利用规定的发电机组与电网并网运行，上网电价执行国家有关规定。

第三十三条 禁止新建不符合国家规定的燃煤发电机组、燃油发电机组和燃煤热电机组。

第三节 建 筑 节 能

第三十四条 国务院建设主管部门负责全国建筑节能的监督管理工作。

县级以上地方各级人民政府建设主管部门负责本行政区域内建筑节能的监督管理工作。

县级以上地方各级人民政府建设主管部门会同同级管理节能工作的部门编制本行政区域内的建筑节能规划。建筑节能规划应当包括既有建筑节能改造计划。

第三十五条 建筑工程的建设、设计、施工和监理单位应当遵守建筑节能标准。

不符合建筑节能标准的建筑工程，建设主管部门不得批准开工建设；已经开工建设的，应当责令停止施工、限期改正；已经建成的，不得销售或者使用。

建设主管部门应当加强对在建建筑工程执行建筑节能标准情况的监督检查。

第三十六条 房地产开发企业在销售房屋时，应当向购买人明示所售房屋的节能措施、保温工程保修期等信息，在房屋买卖合同、质量保证书和使用说明书中载明，并对其真实性、准确性负责。

第三十七条 使用空调采暖、制冷的公共建筑应当实行室内温度控制制度。具体办法由国务院建设主管部门制定。

第三十八条 国家采取措施，对实行集中供热的建筑分步骤实行供热分户计量、按照用热量收费的制度。新建建筑或者对既有建筑进行节能改造，应当按照规定安装用热计量装置、室内温度调控装置和供热系统调控装置。具体办法由国务院建设主管部门会同国务院有关部门制定。

第三十九条 县级以上地方各级人民政府有关部门应当加强城市节约用电管理，严格控制公用设施和大型建筑物装饰性景观照明的能耗。

第四十条 国家鼓励在新建建筑和既有建筑节能改造中使用新型墙体材料等节能建筑材料和节能设备，安装和使用太阳能等可再生能源利用系统。

第四节 交通运输节能

第四十一条 国务院有关交通运输主管部门按照各自的职责负责全国交通运输相关领域的节能监督管理工作。

国务院有关交通运输主管部门会同国务院管理节能工作的部门分别制定相关领域的节能规划。

第四十二条 国务院及其有关部门指导、促进各种交通运输方式协调发展和有效衔接，优化交通运输结构，建设节能型综合交通运输体系。

第四十三条 县级以上地方各级人民政府应当优先发展公共交通，加大对公共交通的投入，完善公共交通服务体系，鼓励利用公共交通工具出行；鼓励使用非机动交通工具出行。

第四十四条 国务院有关交通运输主管部门应当加强交通运输组织管理，引导道路、水路、航空运输企业提高运输组织化程度和集约化水平，提高能源利用效率。

第四十五条 国家鼓励开发、生产、使用节能环保型汽车、摩托车、铁路机车车辆、船舶和其他交通运输工具，实行老旧交通运输工具的报废、更新制度。

国家鼓励开发和推广应用交通运输工具使用的清洁燃料、石油替代燃料。

第四十六条 国务院有关部门制定交通运输营运车船的燃料消耗量限值标准；不符合标准的，不得用于营运。

国务院有关交通运输主管部门应当加强对交通运输营运车船燃料消耗检测的监督管理。

第五节 公共机构节能

第四十七条 公共机构应当厉行节约，杜绝浪费，带头使用节能产品、设备，提高能源利用效率。

本法所称公共机构，是指全部或者部分使用财政性资金的国家机关、事业单位和团体组织。

第四十八条 国务院和县级以上地方各级人民政府管理机关事务工作的机构会同同级有关部门制定和组织实施本级公共机构节能规划。公共机构节能规划应当包括公共机构既有建筑节能改造计划。

第四十九条 公共机构应当制定年度节能目标和实施方案，加强能源消费计量和监测管理，向本级人民政府管理机关事务工作的机构报送上年度的能源消费状况报告。

国务院和县级以上地方各级人民政府管理机关事务工作的机构会同同级有关部门按照管理权限，制定本级公共机构的能源消耗定额，财政部门根据该定额制定能源消耗支出标准。

第五十条 公共机构应当加强本单位用能系统管理，保证用能系统的运行符合国家相关标准。

公共机构应当按照规定进行能源审计，并根据能源审计结果采取提高能源利用效率的措施。

第五十一条 公共机构采购用能产品、设备，应当优先采购列入节能产品、设备政府采购名录中的产品、设备。禁止采购国家明令淘汰的用能产品、设备。

节能产品、设备政府采购名录由省级以上人民政府的政府采购监督管理部门会同同级有关部门制定并公布。

第六节 重点用能单位节能

第五十二条 国家加强对重点用能单位的节能管理。

下列用能单位为重点用能单位：

（一）年综合能源消费总量一万吨标准煤以上的用能单位；

（二）国务院有关部门或者省、自治区、直辖市人民政府管理节能工作的部门指定的年综合能源消费总量五千吨以上不满一万吨标准煤的用能单位。

重点用能单位节能管理办法，由国务院管理节能工作的部门会同国务院有关部门制定。

第五十三条 重点用能单位应当每年向管理节能工作的部门报送上年度的能源利用状况报告。能源利用状况包括能源消费情况、能源利用效率、节能目标完成情况和节能效益分析、节能措施等内容。

第五十四条 管理节能工作的部门应当对重点用能单位报送的能源利用状况报告进行审查。对节能管理制度不健全、节能措施不落实、能源利用效率低的重点用能单位，管理节能工作的部门应当开展现场调查，组织实施用能设备能源效率检测，责令实施能源审计，并提出书面整改要求，限期整改。

第五十五条 重点用能单位应当设立能源管理岗位，在具有节能专业知识、实际经验以及中级以上技术职称的人员中聘任能源管理负责人，并报管理节能工作的部门和有关部门备案。

能源管理负责人负责组织对本单位用能状况进行分析、评价，组织编写本单位能源利用状况报告，提出本单位节能工作的改进措施并组织实施。

能源管理负责人应当接受节能培训。

第四章 节能技术进步

第五十六条 国务院管理节能工作的部门会同国务院科技主管部门发布节能技术政策大纲，指导节能技术研究、开发和推广应用。

第五十七条 县级以上各级人民政府应当把节能技术研究开发作为政府科技投入的重点领域，支持科研单位和企业开展节能技术应用研究，制定节能标准，开发节能共性和关键技术，促进节能技术创新与成果转化。

第五十八条 国务院管理节能工作的部门会同国务院有关部门制定并公布节能技术、节能产品的推广目录，引导用能单位和个人使用先进的节能技术、节能产品。

国务院管理节能工作的部门会同国务院有关部门组织实施重大节能科研项目、节能示范项目、重点节能工程。

第五十九条 县级以上各级人民政府应当按照因地制宜、多能互补、综合利用、讲求效益的原则，加强农业和农村节能工作，增加对农业和农村节能技术、节能产品推广应用的资金投入。

农业、科技等有关主管部门应当支持、推广在农业生产、农产品加工储运等方面应用节能技术和节能产品，鼓励更新和淘汰高耗能的农业机械和渔业船舶。

国家鼓励、支持在农村大力发展沼气，推广生物质能、太阳能和风能等可再生能源利用技术，按照科学规划、有序开发的原则发展小型水力发电，推广节能型的农村住宅和炉灶等，鼓励利用非耕地种植能源植物，大力发展薪炭林等能源林。

第五章 激 励 措 施

第六十条 中央财政和省级地方财政安排节能专项资金，支持节能技术研究开发、节能技术和产品的示范与推广、重点节能工程的实施、节能宣传培训、信息服务和表彰奖励等。

第六十一条 国家对生产、使用列入本法第五十八条规定的推广目录的需要支持的节能技术、节能产品，实行税收优惠等扶持政策。

国家通过财政补贴支持节能照明器具等节能产品的推广和使用。

第六十二条 国家实行有利于节约能源资源的税收政策，健全能源矿产资源有偿使用制度，促进能源资源的节约及其开采利用水平的提高。

第六十三条 国家运用税收等政策，鼓励先进节能技术、设备的进口，控制在生产过程中耗能高、污染重的产品的出口。

第六十四条 政府采购监督管理部门会同有关部门制定节能产品、设备政府采购名录，应当优先列入取得节能产品认证证书的产品、设备。

第六十五条 国家引导金融机构增加对节能项目的信贷支持，为符合条件的节能技术研究开发、节能产品生产以及节能技术改造等项目提供优惠贷款。

国家推动和引导社会有关方面加大对节能的资金投入，加快节能技术改造。

第六十六条 国家实行有利于节能的价格政策，引导用能单位和个人节能。

国家运用财税、价格等政策，支持推广电力需求侧管理、合同能源管理、节能自愿协议等节能办法。

国家实行峰谷分时电价、季节性电价、可中断负荷电价制度，鼓励电力用户合理调整用电负荷；对钢铁、有色金属、建材、化工和其他主要耗能行业的企业，分淘汰、限制、允许和鼓励类实行差别电价政策。

第六十七条 各级人民政府对在节能管理、节能科学技术研究和推广应用中有显著成绩以及检举严重浪费能源行为的单位和个人，给予表彰和奖励。

第六章 法 律 责 任

第六十八条 负责审批政府投资项目的机关违反本法规定，对不符合强制性节能标准的项目予以批准建设的，对直接负责的主管人员和其他直接责任人员依法给予处分。

固定资产投资项目建设单位开工建设不符合强制性节能标准的项目或者将该项目投入生产、使用的，由管理节能工作的部门责令停止建设或者停止生产、使用，限期改造；不能改造或者逾期不改造的生产性项目，由管理节能工作的部门报请本级人民政府按照国务院规定的权限责令关闭。

第六十九条 生产、进口、销售国家明令淘汰的用能产品、设备的，使用伪造的节能产品认证标志或者冒用节能产品认证标志的，依照《中华人民共和国产品质量法》的规定处罚。

第七十条 生产、进口、销售不符合强制性能源效率标准的用能产品、设备的，由产品质量监督部门责令停止生产、进口、销售，没收违法生产、进口、销售的用能产品、设备和违法所得，并处违法所得一倍以上五倍以下罚款；情节严重的，由工商行政管理部门吊销营业执照。

第七十一条 使用国家明令淘汰的用能设备或者生产工艺的，由管理节能工作的部门责令停止使用，没收国家明令淘汰的用能设备；情节严重的，可以由管理节能工作的部门提出意见，报请本级人民政府按照国务院规定的权限责令停业整顿或者关闭。

第七十二条 生产单位超过单位产品能耗限额标准用能，情节严重，经限期治理逾期不治理或者没有达到治理要求的，可以由管理节能工作的部门提出意见，报请本级人民政府按照国务院规定的权限责令停业整顿或者关闭。

第七十三条 违反本法规定，应当标注能源效率标识而未标注的，由市场监督管理部门责令改正，处三万元以上五万元以下罚款。

违反本法规定，未办理能源效率标识备案，或者使用的能源效率标识不符合规定的，由市场监督管理部门责令限期改正；逾期不改正的，处一万元以上三万元以下罚款。

伪造、冒用能源效率标识或者利用能源效率标识进行虚假宣传的，由市场监督管理部门责令改正，处五万元以上十万元以下罚款；情节严重的，由工商行政管理部门吊销营业执照。

第七十四条 用能单位未按照规定配备、使用能源计量器具的，由市场监督管理部门责令限期改正；逾期不改正的，处一万元以上五万元以下罚款。

第七十五条 瞒报、伪造、篡改能源统计资料或者编造虚假能源统计数据的，依照《中华人民共和国统计法》的规定处罚。

第七十六条 从事节能咨询、设计、评估、检测、审计、认证等服务的机构提供虚假信息的，由管理节能工作的部门责令改正，没收违法所得，并处五万元以上十万元以下罚款。

第七十七条 违反本法规定，无偿向本单位职工提供能源或者对能源消费实行包费制的，由管理节能工作的部门责令限期改正；逾期不改正的，处五万元以上二十万元以下罚款。

第七十八条 电网企业未按照本法规定安排符合规定的热电联产和利用余热余压发电的机组与电网并网运行，或者未执行国家有关上网电价规定的，由国家电力监管机构责令改正；造成发电企业经济损失的，依法承担赔偿责任。

第七十九条 建设单位违反建筑节能标准的，由建设主管部门责令改正，处二十万元以上五十万元以下罚款。

设计单位、施工单位、监理单位违反建筑节能标准的，由建设主管部门责令改正，处十万元以上五十万元以下罚款；情节严重的，由颁发资质证书的部门降低资质等级或者吊销资质证书；造成损失的，依法承担赔偿责任。

第八十条 房地产开发企业违反本法规定，在销售房屋时未向购买人明示所售房屋的节能措施、保温工程保修期等信息的,由建设主管部门责令限期改正,逾期不改正的,处三万元以上五万元以下罚款;对以上信息作虚假宣传的,由建设主管部门责令改正,处五万元以上二十万元以下罚款。

第八十一条 公共机构采购用能产品、设备,未优先采购列入节能产品、设备政府采购名录中的产品、设备,或者采购国家明令淘汰的用能产品、设备的,由政府采购监督管理部门给予警告,可以并处罚款;对直接负责的主管人员和其他直接责任人员依法给予处分,并予通报。

第八十二条 重点用能单位未按照本法规定报送能源利用状况报告或者报告内容不实的,由管理节能工作的部门责令限期改正;逾期不改正的,处一万元以上五万元以下罚款。

第八十三条 重点用能单位无正当理由拒不落实本法第五十四条规定的整改要求或者整改没有达到要求的,由管理节能工作的部门处十万元以上三十万元以下罚款。

第八十四条 重点用能单位未按照本法规定设立能源管理岗位,聘任能源管理负责人,并报管理节能工作的部门和有关部门备案的,由管理节能工作的部门责令改正;拒不改正的,处一万元以上三万元以下罚款。

第八十五条 违反本法规定,构成犯罪的,依法追究刑事责任。

第八十六条 国家工作人员在节能管理工作中滥用职权、玩忽职守、徇私舞弊,构成犯罪的,依法追究刑事责任;尚不构成犯罪的,依法给予处分。

第七章 附 则

第八十七条 本法自 2008 年 4 月 1 日起施行。

习 题

11-7-1 用能产品的生产者、销售者,提出节能产品认证申请( )。

    A. 可以根据自愿原则   B. 必须在产品上市前申请

    C. 不贴节能标志不能生产销售   D. 必须取得节能证书后销售

11-7-2 建筑工程的建设、设计、施工和监理单位应当遵守建筑节能标准,对于( )。

    A. 不符合建筑节能标准的建筑工程,建设主管部门不得批准开工建设

    B. 已经开工建设的除外

    C. 已经售出的房屋除外

    D. 不符合建筑节能标准的建筑工程必须降价出售

第八节 中华人民共和国环境保护法

第一章 总 则

第一条 为保护和改善环境,防治污染和其他公害,保障公众健康,推进生态文明建设,促进经济社会可持续发展,制定本法。

第二条 本法所称环境,是指影响人类生存和发展的各种天然的和经过人工改造的自然因素的总体,包括大气、水、海洋、土地、矿藏、森林、草原、湿地、野生生物、自然遗迹、人文遗迹、自然保

护区、风景名胜区、城市和乡村等。

第三条　本法适用于中华人民共和国领域和中华人民共和国管辖的其他海域。

第四条　保护环境是国家的基本国策。

国家采取有利于节约和循环利用资源、保护和改善环境、促进人与自然和谐的经济、技术政策和措施，使经济社会发展与环境保护相协调。

第五条　环境保护坚持保护优先、预防为主、综合治理、公众参与、损害担责的原则。

第六条　一切单位和个人都有保护环境的义务。

地方各级人民政府应当对本行政区域的环境质量负责。

企业事业单位和其他生产经营者应当防止、减少环境污染和生态破坏，对所造成的损害依法承担责任。

公民应当增强环境保护意识，采取低碳、节俭的生活方式，自觉履行环境保护义务。

第七条　国家支持环境保护科学技术研究、开发和应用，鼓励环境保护产业发展，促进环境保护信息化建设，提高环境保护科学技术水平。

第八条　各级人民政府应当加大保护和改善环境、防治污染和其他公害的财政投入，提高财政资金的使用效益。

第九条　各级人民政府应当加强环境保护宣传和普及工作，鼓励基层群众性自治组织、社会组织、环境保护志愿者开展环境保护法律法规和环境保护知识的宣传，营造保护环境的良好风气。

教育行政部门、学校应当将环境保护知识纳入学校教育内容，培养学生的环境保护意识。

新闻媒体应当开展环境保护法律法规和环境保护知识的宣传，对环境违法行为进行舆论监督。

第十条　国务院环境保护主管部门，对全国环境保护工作实施统一监督管理；县级以上地方人民政府环境保护主管部门，对本行政区域环境保护工作实施统一监督管理。

县级以上人民政府有关部门和军队环境保护部门，依照有关法律的规定对资源保护和污染防治等环境保护工作实施监督管理。

第十一条　对保护和改善环境有显著成绩的单位和个人，由人民政府给予奖励。

第十二条　每年6月5日为环境日。

第二章　监督管理

第十三条　县级以上人民政府应当将环境保护工作纳入国民经济和社会发展规划。

国务院环境保护主管部门会同有关部门，根据国民经济和社会发展规划编制国家环境保护规划，报国务院批准并公布实施。

县级以上地方人民政府环境保护主管部门会同有关部门，根据国家环境保护规划的要求，编制本行政区域的环境保护规划，报同级人民政府批准并公布实施。

环境保护规划的内容应当包括生态保护和污染防治的目标、任务、保障措施等，并与主体功能区规划、土地利用总体规划和城乡规划等相衔接。

第十四条　国务院有关部门和省、自治区、直辖市人民政府组织制定经济、技术政策，应当充分考虑对环境的影响，听取有关方面和专家的意见。

第十五条　国务院环境保护主管部门制定国家环境质量标准。

省、自治区、直辖市人民政府对国家环境质量标准中未作规定的项目，可以制定地方环境质量标准；对国家环境质量标准中已作规定的项目，可以制定严于国家环境质量标准的地方环境质量标准。地方环境质量标准应当报国务院环境保护主管部门备案。

国家鼓励开展环境基准研究。

第十六条 国务院环境保护主管部门根据国家环境质量标准和国家经济、技术条件，制定国家污染物排放标准。

省、自治区、直辖市人民政府对国家污染物排放标准中未作规定的项目，可以制定地方污染物排放标准；对国家污染物排放标准中已作规定的项目，可以制定严于国家污染物排放标准的地方污染物排放标准。地方污染物排放标准应当报国务院环境保护主管部门备案。

第十七条 国家建立、健全环境监测制度。国务院环境保护主管部门制定监测规范，会同有关部门组织监测网络，统一规划国家环境质量监测站（点）的设置，建立监测数据共享机制，加强对环境监测的管理。

有关行业、专业等各类环境质量监测站（点）的设置应当符合法律法规规定和监测规范的要求。

监测机构应当使用符合国家标准的监测设备，遵守监测规范。监测机构及其负责人对监测数据的真实性和准确性负责。

第十八条 省级以上人民政府应当组织有关部门或者委托专业机构，对环境状况进行调查、评价，建立环境资源承载能力监测预警机制。

第十九条 编制有关开发利用规划，建设对环境有影响的项目，应当依法进行环境影响评价。

未依法进行环境影响评价的开发利用规划，不得组织实施；未依法进行环境影响评价的建设项目，不得开工建设。

第二十条 国家建立跨行政区域的重点区域、流域环境污染和生态破坏联合防治协调机制，实行统一规划、统一标准、统一监测、统一的防治措施。

前款规定以外的跨行政区域的环境污染和生态破坏的防治，由上级人民政府协调解决，或者由有关地方人民政府协商解决。

第二十一条 国家采取财政、税收、价格、政府采购等方面的政策和措施，鼓励和支持环境保护技术装备、资源综合利用和环境服务等环境保护产业的发展。

第二十二条 企业事业单位和其他生产经营者，在污染物排放符合法定要求的基础上，进一步减少污染物排放的，人民政府应当依法采取财政、税收、价格、政府采购等方面的政策和措施予以鼓励和支持。

第二十三条 企业事业单位和其他生产经营者，为改善环境，依照有关规定转产、搬迁、关闭的，人民政府应当予以支持。

第二十四条 县级以上人民政府环境保护主管部门及其委托的环境监察机构和其他负有环境保护监督管理职责的部门，有权对排放污染物的企业事业单位和其他生产经营者进行现场检查。被检查者应当如实反映情况，提供必要的资料。实施现场检查的部门、机构及其工作人员应当为被检查者保守商业秘密。

第二十五条 企业事业单位和其他生产经营者违反法律法规规定排放污染物，造成或者可能造成严重污染的，县级以上人民政府环境保护主管部门和其他负有环境保护监督管理职责的部门，可以查封、扣押造成污染物排放的设施、设备。

第二十六条 国家实行环境保护目标责任制和考核评价制度。县级以上人民政府应当将环境保护目标完成情况纳入对本级人民政府负有环境保护监督管理职责的部门及其负责人和下级人民政府及其负责人的考核内容，作为对其考核评价的重要依据。考核结果应当向社会公开。

第二十七条　县级以上人民政府应当每年向本级人民代表大会或者人民代表大会常务委员会报告环境状况和环境保护目标完成情况，对发生的重大环境事件应当及时向本级人民代表大会常务委员会报告，依法接受监督。

第三章　保护和改善环境

第二十八条　地方各级人民政府应当根据环境保护目标和治理任务，采取有效措施，改善环境质量。

未达到国家环境质量标准的重点区域、流域的有关地方人民政府，应当制定限期达标规划，并采取措施按期达标。

第二十九条　国家在重点生态功能区、生态环境敏感区和脆弱区等区域划定生态保护红线，实行严格保护。

各级人民政府对具有代表性的各种类型的自然生态系统区域，珍稀、濒危的野生动植物自然分布区域，重要的水源涵养区域，具有重大科学文化价值的地质构造、著名溶洞和化石分布区、冰川、火山、温泉等自然遗迹，以及人文遗迹、古树名木，应当采取措施予以保护，严禁破坏。

第三十条　开发利用自然资源，应当合理开发，保护生物多样性，保障生态安全，依法制定有关生态保护和恢复治理方案并予以实施。

引进外来物种以及研究、开发和利用生物技术，应当采取措施，防止对生物多样性的破坏。

第三十一条　国家建立、健全生态保护补偿制度。

国家加大对生态保护地区的财政转移支付力度。有关地方人民政府应当落实生态保护补偿资金，确保其用于生态保护补偿。

国家指导受益地区和生态保护地区人民政府通过协商或者按照市场规则进行生态保护补偿。

第三十二条　国家加强对大气、水、土壤等的保护，建立和完善相应的调查、监测、评估和修复制度。

第三十三条　各级人民政府应当加强对农业环境的保护，促进农业环境保护新技术的使用，加强对农业污染源的监测预警，统筹有关部门采取措施，防治土壤污染和土地沙化、盐渍化、贫瘠化、石漠化、地面沉降以及防治植被破坏、水土流失、水体富营养化、水源枯竭、种源灭绝等生态失调现象，推广植物病虫害的综合防治。

县级、乡级人民政府应当提高农村环境保护公共服务水平，推动农村环境综合整治。

第三十四条　国务院和沿海地方各级人民政府应当加强对海洋环境的保护。向海洋排放污染物、倾倒废弃物，进行海岸工程和海洋工程建设，应当符合法律法规规定和有关标准，防止和减少对海洋环境的污染损害。

第三十五条　城乡建设应当结合当地自然环境的特点，保护植被、水域和自然景观，加强城市园林、绿地和风景名胜区的建设与管理。

第三十六条　国家鼓励和引导公民、法人和其他组织使用有利于保护环境的产品和再生产品，减少废弃物的产生。

国家机关和使用财政资金的其他组织应当优先采购和使用节能、节水、节材等有利于保护环境的产品、设备和设施。

第三十七条　地方各级人民政府应当采取措施，组织对生活废弃物的分类处置、回收利用。

第三十八条　公民应当遵守环境保护法律法规，配合实施环境保护措施，按照规定对生活废弃物进行分类放置，减少日常生活对环境造成的损害。

第三十九条　国家建立、健全环境与健康监测、调查和风险评估制度；鼓励和组织开展环境质量对公众健康影响的研究，采取措施预防和控制与环境污染有关的疾病。

第四章　防治污染和其他公害

第四十条　国家促进清洁生产和资源循环利用。

国务院有关部门和地方各级人民政府应当采取措施，推广清洁能源的生产和使用。

企业应当优先使用清洁能源，采用资源利用率高、污染物排放量少的工艺、设备以及废弃物综合利用技术和污染物无害化处理技术，减少污染物的产生。

第四十一条　建设项目中防治污染的设施，应当与主体工程同时设计、同时施工、同时投产使用。防治污染的设施应当符合经批准的环境影响评价文件的要求，不得擅自拆除或者闲置。

第四十二条　排放污染物的企业事业单位和其他生产经营者，应当采取措施，防治在生产建设或者其他活动中产生的废气、废水、废渣、医疗废物、粉尘、恶臭气体、放射性物质以及噪声、振动、光辐射、电磁辐射等对环境的污染和危害。

排放污染物的企业事业单位，应当建立环境保护责任制度，明确单位负责人和相关人员的责任。

重点排污单位应当按照国家有关规定和监测规范安装使用监测设备，保证监测设备正常运行，保存原始监测记录。

严禁通过暗管、渗井、渗坑、灌注或者篡改、伪造监测数据，或者不正常运行防治污染设施等逃避监管的方式违法排放污染物。

第四十三条　排放污染物的企业事业单位和其他生产经营者，应当按照国家有关规定缴纳排污费。排污费应当全部专项用于环境污染防治，任何单位和个人不得截留、挤占或者挪作他用。

依照法律规定征收环境保护税的，不再征收排污费。

第四十四条　国家实行重点污染物排放总量控制制度。重点污染物排放总量控制指标由国务院下达，省、自治区、直辖市人民政府分解落实。企业事业单位在执行国家和地方污染物排放标准的同时，应当遵守分解落实到本单位的重点污染物排放总量控制指标。

对超过国家重点污染物排放总量控制指标或者未完成国家确定的环境质量目标的地区，省级以上人民政府环境保护主管部门应当暂停审批其新增重点污染物排放总量的建设项目环境影响评价文件。

第四十五条　国家依照法律规定实行排污许可管理制度。

实行排污许可管理的企业事业单位和其他生产经营者应当按照排污许可证的要求排放污染物；未取得排污许可证的，不得排放污染物。

第四十六条　国家对严重污染环境的工艺、设备和产品实行淘汰制度。任何单位和个人不得生产、销售或者转移、使用严重污染环境的工艺、设备和产品。

禁止引进不符合我国环境保护规定的技术、设备、材料和产品。

第四十七条　各级人民政府及其有关部门和企业事业单位，应当依照《中华人民共和国突发事件应对法》的规定，做好突发环境事件的风险控制、应急准备、应急处置和事后恢复等工作。

县级以上人民政府应当建立环境污染公共监测预警机制，组织制定预警方案；环境受到污染，可能影响公众健康和环境安全时，依法及时公布预警信息，启动应急措施。

企业事业单位应当按照国家有关规定制定突发环境事件应急预案，报环境保护主管部门和有关部门备案。在发生或者可能发生突发环境事件时，企业事业单位应当立即采取措施处理，及时通报可能受到危害的单位和居民，并向环境保护主管部门和有关部门报告。

突发环境事件应急处置工作结束后，有关人民政府应当立即组织评估事件造成的环境影响和损失，并及时将评估结果向社会公布。

第四十八条　生产、储存、运输、销售、使用、处置化学物品和含有放射性物质的物品，应当遵守国家有关规定，防止污染环境。

第四十九条　各级人民政府及其农业等有关部门和机构应当指导农业生产经营者科学种植和养殖，科学合理施用农药、化肥等农业投入品，科学处置农用薄膜、农作物秸秆等农业废弃物，防止农业面源污染。

禁止将不符合农用标准和环境保护标准的固体废物、废水施入农田。施用农药、化肥等农业投入品及进行灌溉，应当采取措施，防止重金属和其他有毒有害物质污染环境。

畜禽养殖场、养殖小区、定点屠宰企业等的选址、建设和管理应当符合有关法律法规规定。从事畜禽养殖和屠宰的单位和个人应当采取措施，对畜禽粪便、尸体和污水等废弃物进行科学处置，防止污染环境。

县级人民政府负责组织农村生活废弃物的处置工作。

第五十条　各级人民政府应当在财政预算中安排资金，支持农村饮用水水源地保护、生活污水和其他废弃物处理、畜禽养殖和屠宰污染防治、土壤污染防治和农村工矿污染治理等环境保护工作。

第五十一条　各级人民政府应当统筹城乡建设污水处理设施及配套管网，固体废物的收集、运输和处置等环境卫生设施，危险废物集中处置设施、场所以及其他环境保护公共设施，并保障其正常运行。

第五十二条　国家鼓励投保环境污染责任保险。

第五章　信息公开和公众参与

第五十三条　公民、法人和其他组织依法享有获取环境信息、参与和监督环境保护的权利。

各级人民政府环境保护主管部门和其他负有环境保护监督管理职责的部门，应当依法公开环境信息、完善公众参与程序，为公民、法人和其他组织参与和监督环境保护提供便利。

第五十四条　国务院环境保护主管部门统一发布国家环境质量、重点污染源监测信息及其他重大环境信息。省级以上人民政府环境保护主管部门定期发布环境状况公报。

县级以上人民政府环境保护主管部门和其他负有环境保护监督管理职责的部门，应当依法公开环境质量、环境监测、突发环境事件以及环境行政许可、行政处罚、排污费的征收和使用情况等信息。

县级以上地方人民政府环境保护主管部门和其他负有环境保护监督管理职责的部门，应当将企业事业单位和其他生产经营者的环境违法信息记入社会诚信档案，及时向社会公布违法者名单。

第五十五条　重点排污单位应当如实向社会公开其主要污染物的名称、排放方式、排放浓度和总量、超标排放情况，以及防治污染设施的建设和运行情况，接受社会监督。

第五十六条　对依法应当编制环境影响报告书的建设项目，建设单位应当在编制时向可能受影响的公众说明情况，充分征求意见。

负责审批建设项目环境影响评价文件的部门在收到建设项目环境影响报告书后，除涉及国家秘密和商业秘密的事项外，应当全文公开；发现建设项目未充分征求公众意见的，应当责成建设单位征求公众意见。

第五十七条　公民、法人和其他组织发现任何单位和个人有污染环境和破坏生态行为的，有权向环境保护主管部门或者其他负有环境保护监督管理职责的部门举报。

公民、法人和其他组织发现地方各级人民政府、县级以上人民政府环境保护主管部门和其他负有环境保护监督管理职责的部门不依法履行职责的，有权向其上级机关或者监察机关举报。

接受举报的机关应当对举报人的相关信息予以保密，保护举报人的合法权益。

第五十八条 对污染环境、破坏生态，损害社会公共利益的行为，符合下列条件的社会组织可以向人民法院提起诉讼：

（一）依法在设区的市级以上人民政府民政部门登记；

（二）专门从事环境保护公益活动连续五年以上且无违法记录。

符合前款规定的社会组织向人民法院提起诉讼，人民法院应当依法受理。

提起诉讼的社会组织不得通过诉讼牟取经济利益。

第六章 法 律 责 任

第五十九条 企业事业单位和其他生产经营者违法排放污染物，受到罚款处罚，被责令改正，拒不改正的，依法作出处罚决定的行政机关可以自责令改正之日的次日起，按照原处罚数额按日连续处罚。

前款规定的罚款处罚，依照有关法律法规按照防治污染设施的运行成本、违法行为造成的直接损失或者违法所得等因素确定的规定执行。

地方性法规可以根据环境保护的实际需要，增加第一款规定的按日连续处罚的违法行为的种类。

第六十条 企业事业单位和其他生产经营者超过污染物排放标准或者超过重点污染物排放总量控制指标排放污染物的，县级以上人民政府环境保护主管部门可以责令其采取限制生产、停产整治等措施；情节严重的，报经有批准权的人民政府批准，责令停业、关闭。

第六十一条 建设单位未依法提交建设项目环境影响评价文件或者环境影响评价文件未经批准，擅自开工建设的，由负有环境保护监督管理职责的部门责令停止建设，处以罚款，并可以责令恢复原状。

第六十二条 违反本法规定，重点排污单位不公开或者不如实公开环境信息的，由县级以上地方人民政府环境保护主管部门责令公开，处以罚款，并予以公告。

第六十三条 企业事业单位和其他生产经营者有下列行为之一，尚不构成犯罪的，除依照有关法律法规规定予以处罚外，由县级以上人民政府环境保护主管部门或者其他有关部门将案件移送公安机关，对其直接负责的主管人员和其他直接责任人员，处十日以上十五日以下拘留；情节较轻的，处五日以上十日以下拘留：

（一）建设项目未依法进行环境影响评价，被责令停止建设，拒不执行的；

（二）违反法律规定，未取得排污许可证排放污染物，被责令停止排污，拒不执行的；

（三）通过暗管、渗井、渗坑、灌注或者篡改、伪造监测数据，或者不正常运行防治污染设施等逃避监管的方式违法排放污染物的；

（四）生产、使用国家明令禁止生产、使用的农药，被责令改正，拒不改正的。

第六十四条 因污染环境和破坏生态造成损害的，应当依照《中华人民共和国侵权责任法》的有关规定承担侵权责任。

第六十五条 环境影响评价机构、环境监测机构以及从事环境监测设备和防治污染设施维护、运营的机构，在有关环境服务活动中弄虚作假，对造成的环境污染和生态破坏负有责任的，除依照有关法律法规规定予以处罚外，还应当与造成环境污染和生态破坏的其他责任者承担连带责任。

第六十六条 提起环境损害赔偿诉讼的时效期间为三年，从当事人知道或者应当知道其受到损害时起计算。

第六十七条　上级人民政府及其环境保护主管部门应当加强对下级人民政府及其有关部门环境保护工作的监督。发现有关工作人员有违法行为，依法应当给予处分的，应当向其任免机关或者监察机关提出处分建议。

依法应当给予行政处罚，而有关环境保护主管部门不给予行政处罚的，上级人民政府环境保护主管部门可以直接作出行政处罚的决定。

第六十八条　地方各级人民政府、县级以上人民政府环境保护主管部门和其他负有环境保护监督管理职责的部门有下列行为之一的，对直接负责的主管人员和其他直接责任人员给予记过、记大过或者降级处分；造成严重后果的，给予撤职或者开除处分，其主要负责人应当引咎辞职：

（一）不符合行政许可条件准予行政许可的；

（二）对环境违法行为进行包庇的；

（三）依法应当作出责令停业、关闭的决定而未作出的；

（四）对超标排放污染物、采用逃避监管的方式排放污染物、造成环境事故以及不落实生态保护措施造成生态破坏等行为，发现或者接到举报未及时查处的；

（五）违反本法规定，查封、扣押企业事业单位和其他生产经营者的设施、设备的；

（六）篡改、伪造或者指使篡改、伪造监测数据的；

（七）应当依法公开环境信息而未公开的；

（八）将征收的排污费截留、挤占或者挪作他用的；

（九）法律法规规定的其他违法行为。

第六十九条　违反本法规定，构成犯罪的，依法追究刑事责任。

第七章　附　　则

第七十条　本法自 2015 年 1 月 1 日起施行。

【例 11-8-1】根据《中华人民共和国环境保护法》的规定，下列关于建设项目中防治污染的设施的说法中，不正确的是：

    A. 防治污染的设施，必须与主体工程同时设计、同时施工、同时投入使用

    B. 防治污染的设施不得擅自拆除

    C. 防治污染的设施不得擅自闲置

    D. 防治污染的设施经建设行政主管部门验收合格后方可投入生产或者使用

解　选项 D，应经环保部门验收，非建设行政主管部门验收，参见《中华人民共和国环境保护法》。

第十条　国务院环境保护主管部门，对全国环境保护工作实施统一监督管理；县级以上地方人民政府环境保护主管部门，对本行政区域环境保护工作实施统一监督管理。

县级以上人民政府有关部门和军队环境保护部门，依照有关法律的规定对资源保护和污染防治等环境保护工作实施监督管理。

第四十一条　建设项目中防治污染的设施，应当与主体工程同时设计、同时施工、同时投产使用。防治污染的设施应当符合经批准的环境影响评价文件的要求，不得擅自拆除或者闲置。

（旧《中华人民共和国环境保护法》第二十六条规定，建设项目中防治污染的措施，必须与主体工程同时设计、同时施工、同时投产使用。防治污染的设施必须经原审批环境影响报告书的环境保护行政主管部门验收合格后，该建设项目方可投入生产或者使用。）

答案：D

【例 11-8-2】 建设项目对环境可能造成轻度影响的，应当编制：

A. 环境影响报告书　　　　　　　　　B. 环境影响报告表

C. 环境影响分析表　　　　　　　　　D. 环境影响登记表

解 见《中华人民共和国环境影响评价法》第十六条。

国家根据建设项目对环境的影响程度，对建设项目的环境影响评价实行分类管理。

建设单位应当按照下列规定组织编制环境影响报告书、环境影响报告表或者填报环境影响登记表（以下统称环境影响评价文件）：

（一）可能造成重大环境影响的，应当编制环境影响报告书，对产生的环境影响进行全面评价；

（二）可能造成轻度环境影响的，应当编制环境影响报告表，对产生的环境影响进行分析或者专项评价；

（三）对环境影响很小、不需要进行环境影响评价的，应当填报环境影响登记表。

建设项目的环境影响评价分类管理名录，由国务院环境保护行政主管部门制定并公布。

答案： B

习 题

11-8-1 按照新修订后的环境保护法的规定，下列说法正确的选项是（　　　）。

A. 排污单位必须事先取得排污许可证

B. 排污单位应当事先在环保部门登记备案

C. 污染物超出排放限量的必须交罚款后才能继续使用

D. 罚款必须用于本单位的污染治理

11-8-2 建设项目防治污染的设施必须与主体工程做到几个同时，下列说法中哪个是不必要的？（　　　）

A. 同时设计　　　　　　　　　　　　B. 同时施工

C. 同时投产使用　　　　　　　　　　D. 同时备案登记

11-8-3 建设项目未进行环境影响评价，被责令停止建设，拒不执行的（　　　）。

A. 可移交公安机关拘留直接负责的主管人员

B. 交罚款后才能继续建设

C. 经县级以上领导批准后可以继续建设

D. 可向法院起诉直接责任人

第九节　中华人民共和国房地产管理法

第一章　总　　则

第一条　为了加强对城市房地产的管理，维护房地产市场秩序，保障房地产权利人的合法权益，促进房地产业的健康发展，制定本法。

第二条　在中华人民共和国城市规划区国有土地（以下简称国有土地）范围内取得房地产开发用地

的土地使用权，从事房地产开发、房地产交易，实施房地产管理，应当遵守本法。

本法所称房屋，是指土地上的房屋等建筑物及构筑物。

本法所称房地产开发，是指在依据本法取得国有土地使用权的土地上进行基础设施、房屋建设的行为。

本法所称房地产交易，包括房地产转让、房地产抵押和房屋租赁。

第三条　国家依法实行国有土地有偿、有限期使用制度。但是，国家在本法规定的范围内划拨国有土地使用权的除外。

第四条　国家根据社会、经济发展水平，扶持发展居民住宅建设，逐步改善居民的居住条件。

第五条　房地产权利人应当遵守法律和行政法规，依法纳税。房地产权利人的合法权益受法律保护，任何单位和个人不得侵犯。

第六条　为了公共利益的需要，国家可以征收国有土地上单位和个人的房屋，并依法给予拆迁补偿，维护被征收人的合法权益；征收个人住宅的，还应当保障被征收人的居住条件。具体办法由国务院规定。

第七条　国务院建设行政主管部门、土地管理部门依照国务院规定的职权划分，各司其职，密切配合，管理全国房地产工作。

县级以上地方人民政府房产管理、土地管理部门的机构设置及其职权由省、自治区、直辖市人民政府确定。

第二章　房地产开发用地

第一节　土地使用权出让

第八条　土地使用权出让，是指国家将国有土地使用权（以下简称土地使用权）在一定年限内出让给土地使用者，由土地使用者向国家支付土地使用权出让金的行为。

第九条　城市规划区内的集体所有的土地，经依法征收转为国有土地后，该幅国有土地的使用权方可有偿出让，但法律另有规定的除外。

第十条　土地使用权出让，必须符合土地利用总体规划、城市规划和年度建设用地计划。

第十一条　县级以上地方人民政府出让土地使用权用于房地产开发的，须根据省级以上人民政府下达的控制指标拟订年度出让土地使用权总面积方案，按照国务院规定，报国务院或者省级人民政府批准。

第十二条　土地使用权出让，由市、县人民政府有计划、有步骤地进行。出让的每幅地块、用途、年限和其他条件，由市、县人民政府土地管理部门会同城市规划、建设、房产管理部门共同拟定方案，按照国务院规定，报经有批准权的人民政府批准后，由市、县人民政府土地管理部门实施。

直辖市的县人民政府及其有关部门行使前款规定的权限，由直辖市人民政府规定。

第十三条　土地使用权出让，可以采取拍卖、招标或者双方协议的方式。

商业、旅游、娱乐和豪华住宅用地，有条件的，必须采取拍卖、招标方式；没有条件，不能采取拍卖、招标方式的，可以采取双方协议的方式。

采取双方协议方式出让土地使用权的出让金不得低于按国家规定所确定的最低价。

第十四条　土地使用权出让最高年限由国务院规定。

第十五条　土地使用权出让，应当签订书面出让合同。

土地使用权出让合同由市、县人民政府土地管理部门与土地使用者签订。

第十六条　土地使用者必须按照出让合同约定，支付土地使用权出让金；未按照出让合同约定支付土地使用权出让金的，土地管理部门有权解除合同，并可以请求违约赔偿。

第十七条 土地使用者按照出让合同约定支付土地使用权出让金的，市、县人民政府土地管理部门必须按照出让合同约定，提供出让的土地；未按照出让合同约定提供出让的土地的，土地使用者有权解除合同，由土地管理部门返还土地使用权出让金，土地使用者并可以请求违约赔偿。

第十八条 土地使用者需要改变土地使用权出让合同约定的土地用途的，必须取得出让方和市、县人民政府城市规划行政主管部门的同意，签订土地使用权出让合同变更协议或者重新签订土地使用权出让合同，相应调整土地使用权出让金。

第十九条 土地使用权出让金应当全部上缴财政，列入预算，用于城市基础设施建设和土地开发。土地使用权出让金上缴和使用的具体办法由国务院规定。

第二十条 国家对土地使用者依法取得的土地使用权，在出让合同约定的使用年限届满前不收回；在特殊情况下，根据社会公共利益的需要，可以依照法律程序提前收回，并根据土地使用者使用土地的实际年限和开发土地的实际情况给予相应的补偿。

第二十一条 土地使用权因土地灭失而终止。

第二十二条 土地使用权出让合同约定的使用年限届满，土地使用者需要继续使用土地的，应当至迟于届满前一年申请续期，除根据社会公共利益需要收回该幅土地的，应当予以批准。经批准准予续期的，应当重新签订土地使用权出让合同，依照规定支付土地使用权出让金。

土地使用权出让合同约定的使用年限届满，土地使用者未申请续期或者虽申请续期但依照前款规定未获批准的，土地使用权由国家无偿收回。

第二节 土地使用权划拨

第二十三条 土地使用权划拨，是指县级以上人民政府依法批准，在土地使用者缴纳补偿、安置等费用后将该幅土地交付其使用，或者将土地使用权无偿交付给土地使用者使用的行为。

依照本法规定以划拨方式取得土地使用权的，除法律、行政法规另有规定外，没有使用期限的限制。

第二十四条 下列建设用地的土地使用权，确属必需的，可以由县级以上人民政府依法批准划拨：

（一）国家机关用地和军事用地；

（二）城市基础设施用地和公益事业用地；

（三）国家重点扶持的能源、交通、水利等项目用地；

（四）法律、行政法规规定的其他用地。

第三章 房地产开发

第二十五条 房地产开发必须严格执行城市规划，按照经济效益、社会效益、环境效益相统一的原则，实行全面规划、合理布局、综合开发、配套建设。

第二十六条 以出让方式取得土地使用权进行房地产开发的，必须按照土地使用权出让合同约定的土地用途、动工开发期限开发土地。超过出让合同约定的动工开发日期满一年未动工开发的，可以征收相当于土地使用权出让金百分之二十以下的土地闲置费；满二年未动工开发的，可以无偿收回土地使用权；但是，因不可抗力或者政府、政府有关部门的行为或者动工开发必需的前期工作造成动工开发迟延的除外。

第二十七条 房地产开发项目的设计、施工，必须符合国家的有关标准和规范。

房地产开发项目竣工，经验收合格后，方可交付使用。

第二十八条 依法取得的土地使用权，可以依照本法和有关法律、行政法规的规定，作价入股，合资、合作开发经营房地产。

第二十九条　国家采取税收等方面的优惠措施鼓励和扶持房地产开发企业开发建设居民住宅。

第三十条　房地产开发企业是以营利为目的，从事房地产开发和经营的企业。设立房地产开发企业，应当具备下列条件：

（一）有自己的名称和组织机构；

（二）有固定的经营场所；

（三）有符合国务院规定的注册资本；

（四）有足够的专业技术人员；

（五）法律、行政法规规定的其他条件。

设立房地产开发企业，应当向工商行政管理部门申请设立登记。工商行政管理部门对符合本法规定条件的，应当予以登记，发给营业执照；对不符合本法规定条件的，不予登记。

设立有限责任公司、股份有限公司，从事房地产开发经营的，还应当执行公司法的有关规定。

房地产开发企业在领取营业执照后的一个月内，应当到登记机关所在地的县级以上地方人民政府规定的部门备案。

第三十一条　房地产开发企业的注册资本与投资总额的比例应当符合国家有关规定。房地产开发企业分期开发房地产的，分期投资额应当与项目规模相适应，并按照土地使用权出让合同的约定，按期投入资金，用于项目建设。

第四章　房地产交易

第一节　一般规定

第三十二条　房地产转让、抵押时，房屋的所有权和该房屋占用范围内的土地使用权同时转让、抵押。

第三十三条　基准地价、标定地价和各类房屋的重置价格应当定期确定并公布。具体办法由国务院规定。

第三十四条　国家实行房地产价格评估制度。

房地产价格评估，应当遵循公正、公平、公开的原则，按照国家规定的技术标准和评估程序，以基准地价、标定地价和各类房屋的重置价格为基础，参照当地的市场价格进行评估。

第三十五条　国家实行房地产成交价格申报制度。

房地产权利人转让房地产，应当向县级以上地方人民政府规定的部门如实申报成交价，不得瞒报或者作不实的申报。

第三十六条　房地产转让、抵押，当事人应当依照本法第五章的规定办理权属登记。

第二节　房地产转让

第三十七条　房地产转让，是指房地产权利人通过买卖、赠与或者其他合法方式将其房地产转移给他人的行为。

第三十八条　下列房地产，不得转让：

（一）以出让方式取得土地使用权的，不符合本法第三十九条规定的条件的；

（二）司法机关和行政机关依法裁定、决定查封或者以其他形式限制房地产权利的；

（三）依法收回土地使用权的；

（四）共有房地产，未经其他共有人书面同意的；

（五）权属有争议的；

（六）未依法登记领取权属证书的；

（七）法律、行政法规规定禁止转让的其他情形。

第三十九条　以出让方式取得土地使用权的，转让房地产时，应当符合下列条件：

（一）按照出让合同约定已经支付全部土地使用权出让金，并取得土地使用权证书；

（二）按照出让合同约定进行投资开发，属于房屋建设工程的，完成开发投资总额的百分之二十五以上，属于成片开发土地的，形成工业用地或者其他建设用地条件。

转让房地产时房屋已经建成的，还应当持有房屋所有权证书。

第四十条　以划拨方式取得土地使用权的，转让房地产时，应当按照国务院规定，报有批准权的人民政府审批。有批准权的人民政府准予转让的，应当由受让方办理土地使用权出让手续，并依照国家有关规定缴纳土地使用权出让金。

以划拨方式取得土地使用权的，转让房地产报批时，有批准权的人民政府按照国务院规定决定可以不办理土地使用权出让手续的，转让方应当按照国务院规定将转让房地产所获收益中的土地收益上缴国家或者作其他处理。

第四十一条　房地产转让，应当签订书面转让合同，合同中应当载明土地使用权取得的方式。

第四十二条　房地产转让时，土地使用权出让合同载明的权利、义务随之转移。

第四十三条　以出让方式取得土地使用权的，转让房地产后，其土地使用权的使用年限为原土地使用权出让合同约定的使用年限减去原土地使用者已经使用年限后的剩余年限。

第四十四条　以出让方式取得土地使用权的，转让房地产后，受让人改变原土地使用权出让合同约定的土地用途的，必须取得原出让方和市、县人民政府城市规划行政主管部门的同意，签订土地使用权出让合同变更协议或者重新签订土地使用权出让合同，相应调整土地使用权出让金。

第四十五条　商品房预售，应当符合下列条件：

（一）已交付全部土地使用权出让金，取得土地使用权证书；

（二）持有建设工程规划许可证；

（三）按提供预售的商品房计算，投入开发建设的资金达到工程建设总投资的百分之二十五以上，并已经确定施工进度和竣工交付日期；

（四）向县级以上人民政府房产管理部门办理预售登记，取得商品房预售许可证明。

商品房预售人应当按照国家有关规定将预售合同报县级以上人民政府房产管理部门和土地管理部门登记备案。

商品房预售所得款项，必须用于有关的工程建设。

第四十六条　商品房预售的，商品房预购人将购买的未竣工的预售商品房再行转让的问题，由国务院规定。

第三节　房地产抵押

第四十七条　房地产抵押，是指抵押人以其合法的房地产以不转移占有的方式向抵押权人提供债务履行担保的行为。债务人不履行债务时，抵押权人有权依法以抵押的房地产拍卖所得的价款优先受偿。

第四十八条　依法取得的房屋所有权连同该房屋占用范围内的土地使用权，可以设定抵押权。

以出让方式取得的土地使用权，可以设定抵押权。

第四十九条　房地产抵押，应当凭土地使用权证书、房屋所有权证书办理。

第五十条　房地产抵押，抵押人和抵押权人应当签订书面抵押合同。

第五十一条　设定房地产抵押权的土地使用权是以划拨方式取得的，依法拍卖该房地产后，应当从拍卖所得的价款中缴纳相当于应缴纳的土地使用权出让金的款额后，抵押权人方可优先受偿。

第五十二条　房地产抵押合同签订后，土地上新增的房屋不属于抵押财产。需要拍卖该抵押的房地产时，可以依法将土地上新增的房屋与抵押财产一同拍卖，但对拍卖新增房屋所得，抵押权人无权优先受偿。

第四节　房屋租赁

第五十三条　房屋租赁，是指房屋所有权人作为出租人将其房屋出租给承租人使用，由承租人向出租人支付租金的行为。

第五十四条　房屋租赁，出租人和承租人应当签订书面租赁合同，约定租赁期限、租赁用途、租赁价格、修缮责任等条款，以及双方的其他权利和义务，并向房产管理部门登记备案。

第五十五条　住宅用房的租赁，应当执行国家和房屋所在城市人民政府规定的租赁政策。租用房屋从事生产、经营活动的，由租赁双方协商议定租金和其他租赁条款。

第五十六条　以营利为目的，房屋所有权人将以划拨方式取得使用权的国有土地上建成的房屋出租的，应当将租金中所含土地收益上缴国家。具体办法由国务院规定。

第五节　中介服务机构

第五十七条　房地产中介服务机构包括房地产咨询机构、房地产价格评估机构、房地产经纪机构等。

第五十八条　房地产中介服务机构应当具备下列条件：

（一）有自己的名称和组织机构；

（二）有固定的服务场所；

（三）有必要的财产和经费；

（四）有足够数量的专业人员；

（五）法律、行政法规规定的其他条件。

设立房地产中介服务机构，应当向工商行政管理部门申请设立登记，领取营业执照后，方可开业。

第五十九条　国家实行房地产价格评估人员资格认证制度。

第五章　房地产权属登记管理

第六十条　国家实行土地使用权和房屋所有权登记发证制度。

第六十一条　以出让或者划拨方式取得土地使用权，应当向县级以上地方人民政府土地管理部门申请登记，经县级以上地方人民政府土地管理部门核实，由同级人民政府颁发土地使用权证书。

在依法取得的房地产开发用地上建成房屋的，应当凭土地使用权证书向县级以上地方人民政府房产管理部门申请登记，由县级以上地方人民政府房产管理部门核实并颁发房屋所有权证书。

房地产转让或者变更时，应当向县级以上地方人民政府房产管理部门申请房产变更登记，并凭变更后的房屋所有权证书向同级人民政府土地管理部门申请土地使用权变更登记，经同级人民政府土地管理部门核实，由同级人民政府更换或者更改土地使用权证书。

法律另有规定的，依照有关法律的规定办理。

第六十二条　房地产抵押时，应当向县级以上地方人民政府规定的部门办理抵押登记。

因处分抵押房地产而取得土地使用权和房屋所有权的，应当依照本章规定办理过户登记。

第六十三条　经省、自治区、直辖市人民政府确定，县级以上地方人民政府由一个部门统一负责房产管理和土地管理工作的，可以制作、颁发统一的房地产权证书，依照本法第六十一条的规定，将房屋的所有权和该房屋占用范围内的土地使用权的确认和变更，分别载入房地产权证书。

第六章　法律责任

第六十四条　违反本法第十一条、第十二条的规定，擅自批准出让或者擅自出让土地使用权用于房地产开发的，由上级机关或者所在单位给予有关责任人员行政处分。

第六十五条　违反本法第三十条的规定，未取得营业执照擅自从事房地产开发业务的，由县级以上人民政府工商行政管理部门责令停止房地产开发业务活动，没收违法所得，可以并处罚款。

第六十六条　违反本法第三十九条第一款的规定转让土地使用权的，由县级以上人民政府土地管理部门没收违法所得，可以并处罚款。

第六十七条　违反本法第四十条第一款的规定转让房地产的，由县级以上人民政府土地管理部门责令缴纳土地使用权出让金，没收违法所得，可以并处罚款。

第六十八条　违反本法第四十五条第一款的规定预售商品房的，由县级以上人民政府房产管理部门责令停止预售活动，没收违法所得，可以并处罚款。

第六十九条　违反本法第五十八条的规定，未取得营业执照擅自从事房地产中介服务业务的，由县级以上人民政府工商行政管理部门责令停止房地产中介服务业务活动，没收违法所得，可以并处罚款。

第七十条　没有法律、法规的依据，向房地产开发企业收费的，上级机关应当责令退回所收取的钱款；情节严重的，由上级机关或者所在单位给予直接责任人员行政处分。

第七十一条　房产管理部门、土地管理部门工作人员玩忽职守、滥用职权，构成犯罪的，依法追究刑事责任；不构成犯罪的，给予行政处分。

房产管理部门、土地管理部门工作人员利用职务上的便利，索取他人财物，或者非法收受他人财物为他人谋取利益，构成犯罪的，依法追究刑事责任；不构成犯罪的，给予行政处分。

第七章　附　则

第七十二条　在城市规划区外的国有土地范围内取得房地产开发用地的土地使用权，从事房地产开发、交易活动以及实施房地产管理，参照本法执行。

第七十三条　本法自 1995 年 1 月 1 日起施行。

第十节　建设工程勘察设计管理条例

第一章　总　则

第一条　为了加强对建设工程勘察、设计活动的管理，保证建设工程勘察、设计质量，保护人民生命和财产安全，制定本条例。

第二条　从事建设工程勘察、设计活动，必须遵守本条例。

本条例所称建设工程勘察，是指根据建设工程的要求，查明、分析、评价建设场地的地质地理环境特征和岩土工程条件，编制建设工程勘察文件的活动。

本条例所称建设工程设计，是指根据建设工程的要求，对建设工程所需的技术、经济、资源、环境等条件进行综合分析、论证，编制建设工程设计文件的活动。

第三条　建设工程勘察、设计应当与社会、经济发展水平相适应，做到经济效益、社会效益和环境效益相统一。

第四条　从事建设工程勘察、设计活动，应当坚持先勘察、后设计、再施工的原则。

第五条　县级以上人民政府建设行政主管部门和交通、水利等有关部门应当依照本条例的规定，加强对建设工程勘察、设计活动的监督管理。

建设工程勘察、设计单位必须依法进行建设工程勘察、设计，严格执行工程建设强制性标准，并对建设工程勘察、设计的质量负责。

第六条　国家鼓励在建设工程勘察、设计活动中采用先进技术、先进工艺、先进设备、新型材料和现代管理方法。

第二章　资质资格管理

第七条　国家对从事建设工程勘察、设计活动的单位，实行资质管理制度。具体办法由国务院建设行政主管部门商国务院有关部门制定。

第八条　建设工程勘察、设计单位应当在其资质等级许可的范围内承揽建设工程勘察、设计业务。

禁止建设工程勘察、设计单位超越其资质等级许可的范围或者以其他建设工程勘察、设计单位的名义承揽建设工程勘察、设计业务。禁止建设工程勘察、设计单位允许其他单位或者个人以本单位的名义承揽建设工程勘察、设计业务。

第九条　国家对从事建设工程勘察、设计活动的专业技术人员，实行执业资格注册管理制度。

未经注册的建设工程勘察、设计人员，不得以注册执业人员的名义从事建设工程勘察、设计活动。

第十条　建设工程勘察、设计注册执业人员和其他专业技术人员只能受聘于一个建设工程勘察、设计单位；未受聘于建设工程勘察、设计单位的，不得从事建设工程的勘察、设计活动。

第十一条　建设工程勘察、设计单位资质证书和执业人员注册证书，由国务院建设行政主管部门统一制作。

第三章　建设工程勘察设计发包与承包

第十二条　建设工程勘察、设计发包依法实行招标发包或者直接发包。

第十三条　建设工程勘察、设计应当依照《中华人民共和国招标投标法》的规定，实行招标发包。

第十四条　建设工程勘察、设计方案评标，应当以投标人的业绩、信誉和勘察、设计人员的能力以及勘察、设计方案的优劣为依据，进行综合评定。

第十五条　建设工程勘察、设计的招标人应当在评标委员会推荐的候选方案中确定中标方案。但是，建设工程勘察、设计的招标人认为评标委员会推荐的候选方案不能最大限度满足招标文件规定的要求的，应当依法重新招标。

第十六条　下列建设工程的勘察、设计，经有关主管部门批准，可以直接发包：

（一）采用特定的专利或者专有技术的；

（二）建筑艺术造型有特殊要求的；

（三）国务院规定的其他建设工程的勘察、设计。

第十七条　发包方不得将建设工程勘察、设计业务发包给不具有相应勘察、设计资质等级的建设工程勘察、设计单位。

第十八条　发包方可以将整个建设工程的勘察、设计发包给一个勘察、设计单位；也可以将建设工程的勘察、设计分别发包给几个勘察、设计单位。

第十九条 除建设工程主体部分的勘察、设计外，经发包方书面同意，承包方可以将建设工程其他部分的勘察、设计再分包给其他具有相应资质等级的建设工程勘察、设计单位。

第二十条 建设工程勘察、设计单位不得将所承揽的建设工程勘察、设计转包。

第二十一条 承包方必须在建设工程勘察、设计资质证书规定的资质等级和业务范围内承揽建设工程的勘察、设计业务。

第二十二条 建设工程勘察、设计的发包方与承包方，应当执行国家规定的建设工程勘察、设计程序。

第二十三条 建设工程勘察、设计的发包方与承包方应当签订建设工程勘察、设计合同。

第二十四条 建设工程勘察、设计发包方与承包方应当执行国家有关建设工程勘察费、设计费的管理规定。

第四章 建设工程勘察设计文件的编制与实施

第二十五条 编制建设工程勘察、设计文件，应当以下列规定为依据：

（一）项目批准文件；

（二）城乡规划；

（三）工程建设强制性标准；

（四）国家规定的建设工程勘察、设计深度要求。

铁路、交通、水利等专业建设工程，还应当以专业规划的要求为依据。

第二十六条 编制建设工程勘察文件，应当真实、准确，满足建设工程规划、选址、设计、岩土治理和施工的需要。

编制方案设计文件，应当满足编制初步设计文件和控制概算的需要。

编制初步设计文件，应当满足编制施工招标文件、主要设备材料订货和编制施工图设计文件的需要。

编制施工图设计文件，应当满足设备材料采购、非标准设备制作和施工的需要，并注明建设工程合理使用年限。

第二十七条 设计文件中选用的材料、构配件、设备，应当注明其规格、型号、性能等技术指标，其质量要求必须符合国家规定的标准。

除有特殊要求的建筑材料、专用设备和工艺生产线等外，设计单位不得指定生产厂、供应商。

第二十八条 建设单位、施工单位、监理单位不得修改建设工程勘察、设计文件；确需修改建设工程勘察、设计文件的，应当由原建设工程勘察、设计单位修改。经原建设工程勘察、设计单位书面同意，建设单位也可以委托其他具有相应资质的建设工程勘察、设计单位修改。修改单位对修改的勘察、设计文件承担相应责任。

施工单位、监理单位发现建设工程勘察、设计文件不符合工程建设强制性标准、合同约定的质量要求的，应当报告建设单位，建设单位有权要求建设工程勘察、设计单位对建设工程勘察、设计文件进行补充、修改。

建设工程勘察、设计文件内容需要作重大修改的，建设单位应当报经原审批机关批准后，方可修改。

第二十九条 建设工程勘察、设计文件中规定采用的新技术、新材料，可能影响建设工程质量和安全，又没有国家技术标准的，应当由国家认可的检测机构进行试验、论证，出具检测报告，并经国务院有关部门或者省、自治区、直辖市人民政府有关部门组织的建设工程技术专家委员会审定后，方可使用。

第三十条 建设工程勘察、设计单位应当在建设工程施工前，向施工单位和监理单位说明建设工程勘察、设计意图，解释建设工程勘察、设计文件。

建设工程勘察、设计单位应当及时解决施工中出现的勘察、设计问题。

第五章 监 督 管 理

第三十一条 国务院建设行政主管部门对全国的建设工程勘察、设计活动实施统一监督管理。国务院铁路、交通、水利等有关部门按照国务院规定的职责分工，负责对全国的有关专业建设工程勘察、设计活动的监督管理。

县级以上地方人民政府建设行政主管部门对本行政区域内的建设工程勘察、设计活动实施监督管理。县级以上地方人民政府交通、水利等有关部门在各自的职责范围内，负责对本行政区域内的有关专业建设工程勘察、设计活动的监督管理。

第三十二条 建设工程勘察、设计单位在建设工程勘察、设计资质证书规定的业务范围内跨部门、跨地区承揽勘察、设计业务的，有关地方人民政府及其所属部门不得设置障碍，不得违反国家规定收取任何费用。

第三十三条 县级以上人民政府建设行政主管部门或者交通、水利等有关部门应当对施工图设计文件中涉及公共利益、公众安全、工程建设强制性标准的内容进行审查。

施工图设计文件未经审查批准的，不得使用。

第三十四条 任何单位和个人对建设工程勘察、设计活动中的违法行为都有权检举、控告、投诉。

第六章 罚 则

第三十五条 违反本条例第八条规定的，责令停止违法行为，处合同约定的勘察费、设计费1倍以上2倍以下的罚款，有违法所得的，予以没收；可以责令停业整顿，降低资质等级；情节严重的，吊销资质证书。

未取得资质证书承揽工程的，予以取缔，依照前款规定处以罚款；有违法所得的，予以没收。

以欺骗手段取得资质证书承揽工程的，吊销资质证书，依照本条第一款规定处以罚款；有违法所得的，予以没收。

第三十六条 违反本条例规定，未经注册，擅自以注册建设工程勘察、设计人员的名义从事建设工程勘察、设计活动的，责令停止违法行为，没收违法所得，处违法所得2倍以上5倍以下罚款；给他人造成损失的，依法承担赔偿责任。

第三十七条 违反本条例规定，建设工程勘察、设计注册执业人员和其他专业技术人员未受聘于一个建设工程勘察、设计单位或者同时受聘于两个以上建设工程勘察、设计单位，从事建设工程勘察、设计活动的，责令停止违法行为，没收违法所得，处违法所得2倍以上5倍以下的罚款；情节严重的，可以责令停止执行业务或者吊销资格证书；给他人造成损失的，依法承担赔偿责任。

第三十八条 违反本条例规定，发包方将建设工程勘察、设计业务发包给不具有相应资质等级的建设工程勘察、设计单位的，责令改正，处50万元以上100万元以下的罚款。

第三十九条 违反本条例规定，建设工程勘察、设计单位将所承揽的建设工程勘察、设计转包的，责令改正，没收违法所得，处合同约定的勘察费、设计费25%以上50%以下的罚款，可以责令停业整顿，降低资质等级；情节严重的，吊销资质证书。

第四十条 违反本条例规定，勘察、设计单位未依据项目批准文件，城乡规划及专业规划，国家规定的建设工程勘察、设计深度要求编制建设工程勘察、设计文件的，责令限期改正；逾期不改正的，处 10 万元以上 30 万元以下的罚款；造成工程质量事故或者环境污染和生态破坏的，责令停业整顿，降低资质等级；情节严重的，吊销资质证书；造成损失的，依法承担赔偿责任。

第四十一条　违反本条例规定，有下列行为之一的，依照《建设工程质量管理条例》第六十三条的规定给予处罚：

（一）勘察单位未按照工程建设强制性标准进行勘察的；

（二）设计单位未根据勘察成果文件进行工程设计的；

（三）设计单位指定建筑材料、建筑构配件的生产厂、供应商的；

（四）设计单位未按照工程建设强制性标准进行设计的。

第四十二条　本条例规定的责令停业整顿、降低资质等级和吊销资质证书、资格证书的行政处罚，由颁发资质证书、资格证书的机关决定；其他行政处罚，由建设行政主管部门或者其他有关部门依据法定职权范围决定。

依照本条例规定被吊销资质证书的，由工商行政管理部门吊销其营业执照。

第四十三条　国家机关工作人员在建设工程勘察、设计活动的监督管理工作中玩忽职守、滥用职权、徇私舞弊，构成犯罪的，依法追究刑事责任；尚不构成犯罪的，依法给予行政处分。

第七章　附　　则

第四十四条　抢险救灾及其他临时性建筑和农民自建两层以下住宅的勘察、设计活动，不适用本条例。

第四十五条　军事建设工程勘察、设计的管理，按照中央军事委员会的有关规定执行。

第四十六条　本条例自公布之日起施行。

第十一节　建设工程质量管理条例

第一章　总　　则

第一条　为了加强对建设工程质量的管理，保证建设工程质量，保护人民生命和财产安全，根据《中华人民共和国建筑法》，制定本条例。

第二条　凡在中华人民共和国境内从事建设工程的新建、扩建、改建等有关活动及实施对建设工程质量监督管理的，必须遵守本条例。

本条例所称建设工程，是指土木工程、建筑工程、线路管道和设备安装工程及装修工程。

第三条　建设单位、勘察单位、设计单位、施工单位、工程监理单位依法对建设工程质量负责。

第四条　县级以上人民政府建设行政主管部门和其他有关部门应当加强对建设工程质量的监督管理。

第五条　从事建设工程活动，必须严格执行基本建设程序，坚持先勘察、后设计、再施工的原则。

县级以上人民政府及其有关部门不得超越权限审批建设项目或者擅自简化基本建设程序。

第六条　国家鼓励采用先进的科学技术和管理方法，提高建设工程质量。

第二章 建设单位的质量责任和义务

第七条 建设单位应当将工程发包给具有相应资质等级的单位。

建设单位不得将建设工程肢解发包。

第八条 建设单位应当依法对工程建设项目的勘察、设计、施工、监理以及与工程建设有关的重要设备、材料等的采购进行招标。

第九条 建设单位必须向有关的勘察、设计、施工、工程监理等单位提供与建设工程有关的原始资料。

原始资料必须真实、准确、齐全。

第十条 建设工程发包单位，不得迫使承包方以低于成本的价格竞标，不得任意压缩合理工期。

建设单位不得明示或者暗示设计单位或者施工单位违反工程建设强制性标准，降低建设工程质量。

第十一条 施工图设计文件审查的具体办法，由国务院建设行政主管部门会同国务院其他有关部门制定。

施工图设计文件未经审查批准的，不得使用。

第十二条 实行监理的建设工程，建设单位应当委托具有相应资质等级的工程监理单位进行监理，也可以委托具有工程监理相应资质等级并与被监理工程的施工承包单位没有隶属关系或者其他利害关系的该工程的设计单位进行监理。

下列建设工程必须实行监理：

（一）国家重点建设工程；

（二）大中型公用事业工程；

（三）成片开发建设的住宅小区工程；

（四）利用外国政府或者国际组织贷款、援助资金的工程；

（五）国家规定必须实行监理的其他工程。

第十三条 建设单位在开工前，应当按照国家有关规定办理工程质量监督手续，工程质量监督手续可以与施工许可证或者开工报告合并办理。

第十四条 按照合同约定，由建设单位采购建筑材料、建筑构配件和设备的，建设单位应当保证建筑材料、建筑构配件和设备符合设计文件和合同要求。

建设单位不得明示或者暗示施工单位使用不合格的建筑材料、建筑构配件和设备。

第十五条 涉及建筑主体和承重结构变动的装修工程，建设单位应当在施工前委托原设计单位或者具有相应资质等级的设计单位提出设计方案；没有设计方案的，不得施工。

房屋建筑使用者在装修过程中，不得擅自变动房屋建筑主体和承重结构。

第十六条 建设单位收到建设工程竣工报告后，应当组织设计、施工、工程监理等有关单位进行竣工验收。

建设工程竣工验收应当具备下列条件：

（一）完成建设工程设计和合同约定的各项内容；

（二）有完整的技术档案和施工管理资料；

（三）有工程使用的主要建筑材料、建筑构配件和设备的进场试验报告；

（四）有勘察、设计、施工、工程监理等单位分别签署的质量合格文件；

（五）有施工单位签署的工程保修书。

建设工程经验收合格的，方可交付使用。

第十七条　建设单位应当严格按照国家有关档案管理的规定，及时收集、整理建设项目各环节的文件资料，建立、健全建设项目档案，并在建设工程竣工验收后，及时向建设行政主管部门或者其他有关部门移交建设项目档案。

第三章　勘察、设计单位的质量责任和义务

第十八条　从事建设工程勘察、设计的单位应当依法取得相应等级的资质证书，并在其资质等级许可的范围内承揽工程。

禁止勘察、设计单位超越其资质等级许可的范围或者以其他勘察、设计单位的名义承揽工程。禁止勘察、设计单位允许其他单位或者个人以本单位的名义承揽工程。

勘察、设计单位不得转包或者违法分包所承揽的工程。

第十九条　勘察、设计单位必须按照工程建设强制性标准进行勘察、设计，并对其勘察、设计的质量负责。

注册建筑师、注册结构工程师等注册执业人员应当在设计文件上签字，对设计文件负责。

第二十条　勘察单位提供的地质、测量、水文等勘察成果必须真实、准确。

第二十一条　设计单位应当根据勘察成果文件进行建设工程设计。

设计文件应当符合国家规定的设计深度要求，注明工程合理使用年限。

第二十二条　设计单位在设计文件中选用的建筑材料、建筑构配件和设备，应当注明规格、型号、性能等技术指标，其质量要求必须符合国家规定的标准。

除有特殊要求的建筑材料、专用设备、工艺生产线等外，设计单位不得指定生产厂、供应商。

第二十三条　设计单位应当就审查合格的施工图设计文件向施工单位作出详细说明。

第二十四条　设计单位应当参与建设工程质量事故分析，并对因设计造成的质量事故，提出相应的技术处理方案。

第四章　施工单位的质量责任和义务

第二十五条　施工单位应当依法取得相应等级的资质证书，并在其资质等级许可的范围内承揽工程。

禁止施工单位超越本单位资质等级许可的业务范围或者以其他施工单位的名义承揽工程。禁止施工单位允许其他单位或者个人以本单位的名义承揽工程。

施工单位不得转包或者违法分包工程。

第二十六条　施工单位对建设工程的施工质量负责。

施工单位应当建立质量责任制，确定工程项目的项目经理、技术负责人和施工管理负责人。

建设工程实行总承包的，总承包单位应当对全部建设工程质量负责；建设工程勘察、设计、施工、设备采购的一项或者多项实行总承包的，总承包单位应当对其承包的建设工程或者采购的设备的质量负责。

第二十七条　总承包单位依法将建设工程分包给其他单位的，分包单位应当按照分包合同的约定对其分包工程的质量向总承包单位负责，总承包单位与分包单位对分包工程的质量承担连带责任。

第二十八条　施工单位必须按照工程设计图纸和施工技术标准施工，不得擅自修改工程设计，不得偷工减料。

施工单位在施工过程中发现设计文件和图纸有差错的，应当及时提出意见和建议。

第二十九条 施工单位必须按照工程设计要求、施工技术标准和合同约定，对建筑材料、建筑构配件、设备和商品混凝土进行检验，检验应当有书面记录和专人签字；未经检验或者检验不合格的，不得使用。

第三十条 施工单位必须建立、健全施工质量的检验制度，严格工序管理，作好隐蔽工程的质量检查和记录。隐蔽工程在隐蔽前，施工单位应当通知建设单位和建设工程质量监督机构。

第三十一条 施工人员对涉及结构安全的试块、试件以及有关材料，应当在建设单位或者工程监理单位监督下现场取样，并送具有相应资质等级的质量检测单位进行检测。

第三十二条 施工单位对施工中出现质量问题的建设工程或者竣工验收不合格的建设工程，应当负责返修。

第三十三条 施工单位应当建立、健全教育培训制度，加强对职工的教育培训；未经教育培训或者考核不合格的人员，不得上岗作业。

第五章 工程监理单位的质量责任和义务

第三十四条 工程监理单位应当依法取得相应等级的资质证书，并在其资质等级许可的范围内承担工程监理业务。

禁止工程监理单位超越本单位资质等级许可的范围或者以其他工程监理单位的名义承担工程监理业务。禁止工程监理单位允许其他单位或者个人以本单位的名义承担工程监理业务。

工程监理单位不得转让工程监理业务。

第三十五条 工程监理单位与被监理工程的施工承包单位以及建筑材料、建筑构配件和设备供应单位有隶属关系或者其他利害关系的，不得承担该项建设工程的监理业务。

第三十六条 工程监理单位应当依照法律、法规以及有关技术标准、设计文件和建设工程承包合同，代表建设单位对施工质量实施监理，并对施工质量承担监理责任。

第三十七条 工程监理单位应当选派具备相应资格的总监理工程师和监理工程师进驻施工现场。

未经监理工程师签字，建筑材料、建筑构配件和设备不得在工程上使用或者安装，施工单位不得进行下一道工序的施工。未经总监理工程师签字，建设单位不拨付工程款，不进行竣工验收。

第三十八条 监理工程师应当按照工程监理规范的要求，采取旁站、巡视和平行检验等形式，对建设工程实施监理。

第六章 建设工程质量保修

第三十九条 建设工程实行质量保修制度。

建设工程承包单位在向建设单位提交工程竣工验收报告时，应当向建设单位出具质量保修书。质量保修书中应当明确建设工程的保修范围、保修期限和保修责任等。

第四十条 在正常使用条件下，建设工程的最低保修期限为：

（一）基础设施工程、房屋建筑的地基基础工程和主体结构工程，为设计文件规定的该工程的合理使用年限；

（二）屋面防水工程、有防水要求的卫生间、房间和外墙面的防渗漏，为5年；

（三）供热与供冷系统，为2个采暖期、供冷期；

（四）电气管线、给排水管道、设备安装和装修工程，为2年。

其他项目的保修期限由发包方与承包方约定。

建设工程的保修期，自竣工验收合格之日起计算。

第四十一条 建设工程在保修范围和保修期限内发生质量问题的，施工单位应当履行保修义务，并对造成的损失承担赔偿责任。

第四十二条 建设工程在超过合理使用年限后需要继续使用的，产权所有人应当委托具有相应资质等级的勘察、设计单位鉴定，并根据鉴定结果采取加固、维修等措施，重新界定使用期。

第七章 监 督 管 理

第四十三条 国家实行建设工程质量监督管理制度。

国务院建设行政主管部门对全国的建设工程质量实施统一监督管理。国务院铁路、交通、水利等有关部门按照国务院规定的职责分工，负责对全国的有关专业建设工程质量的监督管理。

县级以上地方人民政府建设行政主管部门对本行政区域内的建设工程质量实施监督管理。县级以上地方人民政府交通、水利等有关部门在各自的职责范围内，负责对本行政区域内的专业建设工程质量的监督管理。

第四十四条 国务院建设行政主管部门和国务院铁路、交通、水利等有关部门应当加强对有关建设工程质量的法律、法规和强制性标准执行情况的监督检查。

第四十五条 国务院发展计划部门按照国务院规定的职责，组织稽察特派员，对国家出资的重大建设项目实施监督检查。

国务院经济贸易主管部门按照国务院规定的职责，对国家重大技术改造项目实施监督检查。

第四十六条 建设工程质量监督管理，可民由建设行政主管部门或者其他有关部门委托的建设工程质量监督机构具体实施。

从事房屋建筑工程和市政基础设施工程质量监督的机构，必须按照国家有关规定经国务院建设行政主管部门或者省、自治区、直辖市人民政府建设行政主管部门考核；从事专业建设工程质量监督的机构，必须按照国家有关规定经国务院有关部门或者省、自治区、直辖市人民政府有关部门考核。经考核合格后，方可实施质量监督。

第四十七条 县级以上地方人民政府建设行政主管部门和其他有关部门应当加强对有关建设工程质量的法律、法规和强制性标准执行情况的监督检查。

第四十八条 县级以上人民政府建设行政主管部门和其他有关部门履行监督检查职责时，有权采取下列措施：

（一）要求被检查的单位提供有关工程质量的文件和资料；

（二）进入被检查单位的施工现场进行检查；

（三）发现有影响工程质量的问题时，责令改正。

第四十九条 建设单位应当自建设工程竣工验收合格之日起15日内，将建设工程竣工验收报告和规划、公安消防、环保等部门出具的认可文件或者准许使用文件报建设行政主管部门或者其他有关部门备案。

建设行政主管部门或者其他有关部门发现建设单位在竣工验收过程中有违反国家有关建设工程质量管理规定行为的，责令停止使用，重新组织竣工验收。

第五十条 有关单位和个人对县级以上人民政府建设行政主管部门和其他有关部门进行的监督检查应当支持与配合，不得拒绝或者阻碍建设工程质量监督检查人员依法执行职务。

第五十一条 供水、供电、供气、公安消防等部门或者单位不得明示或者暗示建设单位、施工单位购买其指定的生产供应单位的建筑材料、建筑构配件和设备。

第五十二条 建设工程发生质量事故，有关单位应当在 24 小时内向当地建设行政主管部门和其他有关部门报告。对重大质量事故，事故发生地的建设行政主管部门和其他有关部门应当按照事故类别和等级向当地人民政府和上级建设行政主管部门和其他有关部门报告。

特别重大质量事故的调查程序按照国务院有关规定办理。

第五十三条 任何单位和个人对建设工程的质量事故、质量缺陷都有权检举、控告、投诉。

第八章 罚　　则

第五十四条 违反本条例规定，建设单位将建设工程发包给不具有相应资质等级的勘察、设计、施工单位或者委托给不具有相应资质等级的工程监理单位的，责令改正，处 50 万元以上 100 万元以下的罚款。

第五十五条 违反本条例规定，建设单位将建设工程肢解发包的，责令改正，处工程合同价款 0.5% 以上 1% 以下的罚款；对全部或者部分使用国有资金的项目，并可以暂停项目执行或者暂停资金拨付。

第五十六条 违反本条例规定，建设单位有下列行为之一的，责令改正，处 20 万元以上 50 万元以下的罚款：

（一）迫使承包方以低于成本的价格竞标的；

（二）任意压缩合理工期的；

（三）明示或者暗示设计单位或者施工单位违反工程建设强制性标准，降低工程质量的；

（四）施工图设计文件未经审查或者审查不合格，擅自施工的；

（五）建设项目必须实行工程监理而未实行工程监理的；

（六）未按照国家规定办理工程质量监督手续的；

（七）明示或者暗示施工单位使用不合格的建筑材料、建筑构配件和设备的；

（八）未按照国家规定将竣工验收报告、有关认可文件或者准许使用文件报送备案的。

第五十七条 违反本条例规定，建设单位未取得施工许可证或者开工报告未经批准，擅自施工的，责令停止施工，限期改正，处工程合同价款 1% 以上 2% 以下的罚款。

第五十八条 违反本条例规定，建设单位有下列行为之一的，责令改正，处工程合同价款 2% 以上 4% 以下的罚款；造成损失的，依法承担赔偿责任：

（一）未组织竣工验收，擅自交付使用的；

（二）验收不合格，擅自交付使用的；

（三）对不合格的建设工程按照合格工程验收的。

第五十九条 违反本条例规定，建设工程竣工验收后，建设单位未向建设行政主管部门或者其他有关部门移交建设项目档案的，责令改正，处 1 万元以上 10 万元以下的罚款。

第六十条 违反本条例规定，勘察、设计、施工、工程监理单位超越本单位资质等级承揽工程的，责令停止违法行为，对勘察、设计单位或者工程监理单位处合同约定的勘察费、设计费或者监理酬金 1 倍以上 2 倍以下的罚款；对施工单位处工程合同价款 2% 以上 4% 以下的罚款，可以责令停业整顿，降低资质等级；情节严重的，吊销资质证书；有违法所得的，予以没收。

未取得资质证书承揽工程的，予以取缔，依照前款规定处以罚款；有违法所得的，予以没收。

以欺骗手段取得资质证书承揽工程的，吊销资质证书，依照本条第一款规定处以罚款；有违法所得的，予以没收。

第六十一条 违反本条例规定，勘察、设计、施工、工程监理单位允许其他单位或者个人以本单位名义承揽工程的，责令改正，没收违法所得，对勘察、设计单位和工程监理单位处合同约定的勘察费、设计费和监理酬金1倍以上2倍以下的罚款；对施工单位处工程合同价款2%以上4%以下的罚款；可以责令停业整顿，降低资质等级；情节严重的，吊销资质证书。

第六十二条 违反本条例规定，承包单位将承包的工程转包或者违法分包的，责令改正，没收违法所得，对勘察、设计单位处合同约定的勘察费、设计费25%以上50%以下的罚款；对施工单位处工程合同价款0.5%以上1%以下的罚款；可以责令停业整顿，降低资质等级；情节严重的，吊销资质证书。

工程监理单位转让工程监理业务的，责令改正，没收违法所得，处合同约定的监理酬金25%以上50%以下的罚款；可以责令停业整顿，降低资质等级；情节严重的，吊销资质证书。

第六十三条 违反本条例规定，有下列行为之一的，责令改正，处10万元以上30万元以下的罚款：

（一）勘察单位未按照工程建设强制性标准进行勘察的；

（二）设计单位未根据勘察成果文件进行工程设计的；

（三）设计单位指定建筑材料、建筑构配件的生产厂、供应商的；

（四）设计单位未按照工程建设强制性标准进行设计的。

有前款所列行为，造成重大工程质量事故的，责令停业整顿，降低资质等级；情节严重的，吊销资质证书；造成损失的，依法承担赔偿责任。

第六十四条 违反本条例规定，施工单位在施工中偷工减料的，使用不合格的建筑材料、建筑构配件和设备的，或者有不按照工程设计图纸或者施工技术标准施工的其他行为的，责令改正，处工程合同价款2%以上4%以下的罚款；造成建设工程质量不符合规定的质量标准的，负责返工、修理，并赔偿因此造成的损失；情节严重的，责令停业整顿，降低资质等级或者吊销资质证书。

第六十五条 违反本条例规定，施工单位未对建筑材料、建筑构配件、设备和商品混凝土进行检验，或者未对涉及结构安全的试块、试件以及有关材料取样检测的，责令改正，处10万元以上20万元以下的罚款；情节严重的，责令停业整顿，降低资质等级或者吊销资质证书；造成损失的，依法承担赔偿责任。

第六十六条 违反本条例规定，施工单位不履行保修义务或者拖延履行保修义务的，责令改正，处10万元以上20万元以下的罚款，并对在保修期内因质量缺陷造成的损失承担赔偿责任。

第六十七条 工程监理单位有下列行为之一的，责令改正，处50万元以上100万元以下的罚款，降低资质等级或者吊销资质证书；有违法所得的，予以没收；造成损失的，承担连带赔偿责任：

（一）与建设单位或者施工单位串通，弄虚作假、降低工程质量的；

（二）将不合格的建设工程、建筑材料、建筑构配件和设备按照合格签字的。

第六十八条 违反本条例规定，工程监理单位与被监理工程的施工承包单位以及建筑材料、建筑构配件和设备供应单位有隶属关系或者其他利害关系承担该项建设工程的监理业务的，责令改正，处5万元以上10万元以下的罚款，降低资质等级或者吊销资质证书；有违法所得的，予以没收。

第六十九条 违反本条例规定，涉及建筑主体或者承重结构变动的装修工程，没有设计方案擅自施工的，责令改正，处50万元以上100万元以下的罚款；房屋建筑使用者在装修过程中擅自变动房屋建筑主体和承重结构的，责令改正，处5万元以上10万元以下的罚款。

有前款所列行为，造成损失的，依法承担赔偿责任。

第七十条 发生重大工程质量事故隐瞒不报、谎报或者拖延报告期限的，对直接负责的主管人员和其他责任人员依法给予行政处分。

第七十一条 违反本条例规定，供水、供电、供气、公安消防等部门或者单位明示或者暗示建设单位或者施工单位购买其指定的生产供应单位的建筑材料、建筑构配件和设备的，责令改正。

第七十二条 违反本条例规定，注册建筑师、注册结构工程师、监理工程师等注册执业人员因过错造成质量事故的，责令停止执业1年；造成重大质量事故的，吊销执业资格证书，5年以内不予注册；情节特别恶劣的，终身不予注册。

第七十三条 依照本条例规定，给予单位罚款处罚的，对单位直接负责的主管人员和其他直接责任人员处单位罚款数额5%以上10%以下的罚款。

第七十四条 建设单位、设计单位、施工单位、工程监理单位违反国家规定，降低工程质量标准，造成重大安全事故，构成犯罪的，对直接责任人员依法追究刑事责任。

第七十五条 本条例规定的责令停业整顿，降低资质等级和吊销资质证书的行政处罚，由颁发资质证书的机关决定；其他行政处罚，由建设行政主管部门或者其他有关部门依照法定职权决定。

依照本条例规定被吊销资质证书的，由工商行政管理部门吊销其营业执照。

第七十六条 国家机关工作人员在建设工程质量监督管理工作中玩忽职守、滥用职权、徇私舞弊，构成犯罪的，依法追究刑事责任；尚不构成犯罪的，依法给予行政处分。

第七十七条 建设、勘察、设计、施工、工程监理单位的工作人员因调动工作、退休等原因离开该单位后，被发现在该单位工作期间违反国家有关建设工程质量管理规定，造成重大工程质量事故的，仍应当依法追究法律责任。

第九章 附 则

第七十八条 本条例所称肢解发包，是指建设单位将应当由一个承包单位完成的建设工程分解成若干部分发包给不同的承包单位的行为。

本条例所称违法分包，是指下列行为：

（一）总承包单位将建设工程分包给不具备相应资质条件的单位的；

（二）建设工程总承包合同中未有约定，又未经建设单位认可，承包单位将其承包的部分建设工程交由其他单位完成的；

（三）施工总承包单位将建设工程主体结构的施工分包给其他单位的；

（四）分包单位将其承包的建设工程再分包的。

本条例所称转包，是指承包单位承包建设工程后，不履行合同约定的责任和义务，将其承包的全部建设工程转给他人或者将其承包的全部建设工程肢解以后以分包的名义分别转给其他单位承包的行为。

第七十九条 本条例规定的罚款和没收的违法所得，必须全部上缴国库。

第八十条 抢险救灾及其他临时性房屋建筑和农民自建低层住宅的建设活动，不适用本条例。

第八十一条 军事建设工程的管理，按照中央军事委员会的有关规定执行。

第八十二条 本条例自发布之日起施行。

附 刑法有关条款

第一百三十七条 建设单位、设计单位、施工单位、工程监理单位违反国家规定，降低工程质量标准，造成重大安全事故的，对直接责任人员处五年以下有期徒刑或者拘役，并处罚金；后果特别严重的，处五年以上十年以下有期徒刑，并处罚金。

【例 11-11-1】 根据《建设工程质量管理条例》的规定，监理单位代表建设单位对施工质量实施监理，并对施工质量承担监理责任，其监理的依据不包括：

    A. 有关技术标准   B. 设计文件

    C. 工程承包合同   D. 建设单位指令

解 《中华人民共和国建筑法》第三十二条规定，建筑工程监理应当依照法律、行政法规及有关的技术标准、设计文件和建筑工程承包合同，对承包单位在施工质量、建设工期和建设资金使用等方面，代表建设单位实施监督。

答案： D

【例 11-11-2】 有关建设单位的工程质量责任与义务，下列理解错误的是：

    A. 可将一个工程的各部位分包给不同的设计或施工单位

    B. 发包给具有相应资质登记的单位

    C. 在工程开工前，办理工程质量监督手续

    D. 委托具有相应资质等级的工程监理单位进行监理

解 《中华人民共和国建筑法》第二十四条规定，提倡对建筑工程实行总承包，禁止将建筑工程肢解发包。

答案： A

习 题

11-11-1 工程勘察设计单位超越其资质等级许可的范围承揽建设工程勘察设计业务的，将责令停止违法行为，处罚款额为合同约定的勘察费、设计费的多少倍？（   ）

    A.1 倍以下   B.1 倍以上，2 倍以下

    C.2 倍以上，5 倍以下   D.5 倍以上，10 倍以下

11-11-2 《建设工程质量管理条例》规定，建设单位拨付工程款必须经（   ）签字。

    A. 总经理   B. 总经济师

    C. 总工程师   D. 总监理工程师

第十二节 建设工程安全生产管理条例

第一章 总 则

第一条 为了加强建设工程安全生产监督管理，保障人民群众生命和财产安全，根据《中华人民共和国建筑法》、《中华人民共和国安全生产法》，制定本条例。

第二条 在中华人民共和国境内从事建设工程的新建、扩建、改建和拆除等有关活动及实施对建设工程安全生产的监督管理，必须遵守本条例。

本条例所称建设工程，是指土木工程、建筑工程、线路管道和设备安装工程及装修工程。

第三条 建设工程安全生产管理，坚持安全第一、预防为主的方针。

第四条 建设单位、勘察单位、设计单位、施工单位、工程监理单位及其他与建设工程安全生产有

关的单位，必须遵守安全生产法律、法规的规定，保证建设工程安全生产，依法承担建设工程安全生产责任。

第五条　国家鼓励建设工程安全生产的科学技术研究和先进技术的推广应用，推进建设工程安全生产的科学管理。

第二章　建设单位的安全责任

第六条　建设单位应当向施工单位提供施工现场及毗邻区域内供水、排水、供电、供气、供热、通信、广播电视等地下管线资料，气象和水文观测资料，相邻建筑物和构筑物、地下工程的有关资料，并保证资料的真实、准确、完整。

建设单位因建设工程需要，向有关部门或者单位查询前款规定的资料时，有关部门或者单位应当及时提供。

第七条　建设单位不得对勘察、设计、施工、工程监理等单位提出不符合建设工程安全生产法律、法规和强制性标准规定的要求，不得压缩合同约定的工期。

第八条　建设单位在编制工程概算时，应当确定建设工程安全作业环境及安全施工措施所需费用。

第九条　建设单位不得明示或者暗示施工单位购买、租赁、使用不符合安全施工要求的安全防护用具、机械设备、施工机具及配件、消防设施和器材。

第十条　建设单位在申请领取施工许可证时，应当提供建设工程有关安全施工措施的资料。

依法批准开工报告的建设工程，建设单位应当自开工报告批准之日起15日内，将保证安全施工的措施报送建设工程所在地的县级以上地方人民政府建设行政主管部门或者其他有关部门备案。

第十一条　建设单位应当将拆除工程发包给具有相应资质等级的施工单位。

建设单位应当在拆除工程施工15日前，将下列资料报送建设工程所在地的县级以上地方人民政府建设行政主管部门或者其他有关部门备案：

（一）施工单位资质等级证明；

（二）拟拆除建筑物、构筑物及可能危及毗邻建筑的说明；

（三）拆除施工组织方案；

（四）堆放、清除废弃物的措施。

实施爆破作业的，应当遵守国家有关民用爆炸物品管理的规定。

第三章　勘察、设计、工程监理及其他有关单位的安全责任

第十二条　勘察单位应当按照法律、法规和工程建设强制性标准进行勘察，提供的勘察文件应当真实、准确，满足建设工程安全生产的需要。

勘察单位在勘察作业时，应当严格执行操作规程，采取措施保证各类管线、设施和周边建筑物、构筑物的安全。

第十三条　设计单位应当按照法律、法规和工程建设强制性标准进行设计，防止因设计不合理导致生产安全事故的发生。

设计单位应当考虑施工安全操作和防护的需要，对涉及施工安全的重点部位和环节在设计文件中注明，并对防范生产安全事故提出指导意见。

采用新结构、新材料、新工艺的建设工程和特殊结构的建设工程，设计单位应当在设计中提出保障施工作业人员安全和预防生产安全事故的措施建议。

设计单位和注册建筑师等注册执业人员应当对其设计负责。

第十四条　工程监理单位应当审查施工组织设计中的安全技术措施或者专项施工方案是否符合工程建设强制性标准。

工程监理单位在实施监理过程中,发现存在安全事故隐患的,应当要求施工单位整改;情况严重的,应当要求施工单位暂时停止施工,并及时报告建设单位。施工单位拒不整改或者不停止施工的,工程监理单位应当及时向有关主管部门报告。

工程监理单位和监理工程师应当按照法律、法规和工程建设强制性标准实施监理,并对建设工程安全生产承担监理责任。

第十五条　为建设工程提供机械设备和配件的单位,应当按照安全施工的要求配备齐全有效的保险、限位等安全设施和装置。

第十六条　出租的机械设备和施工机具及配件,应当具有生产(制造)许可证、产品合格证。

出租单位　应当对出租的机械设备和施工机具及配件的安全性能进行检测,在签订租赁协议时,应当出具检测合格证明。

禁止出租检测不合格的机械设备和施工机具及配件。

第十七条　在施工现场安装、拆卸施工起重机械和整体提升脚手架、模板等自升式架设设施,必须由具有相应资质的单位承担。

安装、拆卸施工起重机械和整体提升脚手架、模板等自升式架设设施,应当编制拆装方案、制定安全施工措施,并由专业技术人员现场监督。

施工起重机械和整体提升脚手架、模板等自升式架设设施安装完毕后,安装单位应当自检,出具自检合格证明,并向施工单位进行安全使用说明,办理验收手续并签字。

第十八条　施工起重机械和整体提升脚手架、模板等自升式架设设施的使用达到国家规定的检验检测期限的,必须经具有专业资质的检验检测机构检测。经检测不合格的,不得继续使用。

第十九条　检验检测机构对检测合格的施工起重机械和整体提升脚手架、模板等自升式架设设施,应当出具安全合格证明文件,并对检测结果负责。

第四章　施工单位的安全责任

第二十条　施工单位从事建设工程的新建、扩建、改建和拆除等活动,应当具备国家规定的注册资本、专业技术人员、技术装备和安全生产等条件,依法取得相应等级的资质证书,并在其资质等级许可的范围内承揽工程。

第二十一条　施工单位主要负责人依法对本单位的安全生产工作全面负责。施工单位应当建立健全安全生产责任制度和安全生产教育培训制度,制定安全生产规章制度和操作规程,保证本单位安全生产条件所需资金的投入,对所承担的建设工程进行定期和专项安全检查,并做好安全检查记录。

施工单位的项目负责人应当由取得相应执业资格的人员担任,对建设工程项目的安全施工负责,落实安全生产责任制度、安全生产规章制度和操作规程,确保安全生产费用的有效使用,并根据工程的特点组织制定安全施工措施,消除安全事故隐患,及时、如实报告生产安全事故。

第二十二条　施工单位对列入建设工程概算的安全作业环境及安全施工措施所需费用,应当用于施工安全防护用具及设施的采购和更新、安全施工措施的落实、安全生产条件的改善,不得挪作他用。

第二十三条　施工单位应当设立安全生产管理机构,配备专职安全生产管理人员。

专职安全生产管理人员负责对安全生产进行现场监督检查。发现安全事故隐患,应当及时向项目负责人和安全生产管理机构报告；对违章指挥、违章操作的，应当立即制止。

专职安全生产管理人员的配备办法由国务院建设行政主管部门会同国务院其他有关部门制定。

第二十四条 建设工程实行施工总承包的，由总承包单位对施工现场的安全生产负总责。

总承包单位应当自行完成建设工程主体结构的施工。

总承包单位依法将建设工程分包给其他单位的，分包合同中应当明确各自的安全生产方面的权利、义务。总承包单位和分包单位对分包工程的安全生产承担连带责任。

分包单位应当服从总承包单位的安全生产管理，分包单位不服从管理导致生产安全事故的，由分包单位承担主要责任。

第二十五条 垂直运输机械作业人员、安装拆卸工、爆破作业人员、起重信号工、登高架设作业人员等特种作业人员，必须按照国家有关规定经过专门的安全作业培训，并取得特种作业操作资格证书后，方可上岗作业。

第二十六条 施工单位应当在施工组织设计中编制安全技术措施和施工现场临时用电方案，对下列达到一定规模的危险性较大的分部分项工程编制专项施工方案，并附具安全验算结果，经施工单位技术负责人、总监理工程师签字后实施，由专职安全生产管理人员进行现场监督：

（一）基坑支护与降水工程；

（二）土方开挖工程；

（三）模板工程；

（四）起重吊装工程；

（五）脚手架工程；

（六）拆除、爆破工程；

（七）国务院建设行政主管部门或者其他有关部门规定的其他危险性较大的工程。

对前款所列工程中涉及深基坑、地下暗挖工程、高大模板工程的专项施工方案，施工单位还应当组织专家进行论证、审查。

本条第一款规定的达到一定规模的危险性较大工程的标准，由国务院建设行政主管部门会同国务院其他有关部门制定。

第二十七条 建设工程施工前，施工单位负责项目管理的技术人员应当对有关安全施工的技术要求向施工作业班组、作业人员作出详细说明，并由双方签字确认。

第二十八条 施工单位应当在施工现场入口处、施工起重机械、临时用电设施、脚手架、出入通道口、楼梯口、电梯井口、孔洞口、桥梁口、隧道口、基坑边沿、爆破物及有害危险气体和液体存放处等危险部位，设置明显的安全警示标志。安全警示标志必须符合国家标准。

施工单位应当根据不同施工阶段和周围环境及季节、气候的变化，在施工现场采取相应的安全施工措施。施工现场暂时停止施工的，施工单位应当做好现场防护，所需费用由责任方承担，或者按照合同约定执行。

第二十九条 施工单位应当将施工现场的办公、生活区与作业区分开设置，并保持安全距离；办公、生活区的选址应当符合安全性要求。职工的膳食、饮水、休息场所等应当符合卫生标准。施工单位不得在尚未竣工的建筑物内设置员工集体宿舍。

施工现场临时搭建的建筑物应当符合安全使用要求。施工现场使用的装配式活动房屋应当具有产品合格证。

第三十条 施工单位对因建设工程施工可能造成损害的毗邻建筑物、构筑物和地下管线等，应当采取专项防护措施。

施工单位应当遵守有关环境保护法律、法规的规定，在施工现场采取措施，防止或者减少粉尘、废气、废水、固体废物、噪声、振动和施工照明对人和环境的危害和污染。

在城市市区内的建设工程，施工单位应当对施工现场实行封闭围挡。

第三十一条 施工单位应当在施工现场建立消防安全责任制度，确定消防安全责任人，制定用火、用电、使用易燃易爆材料等各项消防安全管理制度和操作规程，设置消防通道、消防水源，配备消防设施和灭火器材，并在施工现场入口处设置明显标志。

第三十二条 施工单位应当向作业人员提供安全防护用具和安全防护服装，并书面告知危险岗位的操作规程和违章操作的危害。

作业人员有权对施工现场的作业条件、作业程序和作业方式中存在的安全问题提出批评、检举和控告，有权拒绝违章指挥和强令冒险作业。

在施工中发生危及人身安全的紧急情况时，作业人员有权立即停止作业或者在采取必要的应急措施后撤离危险区域。

第三十三条 作业人员应当遵守安全施工的强制性标准、规章制度和操作规程，正确使用安全防护用具、机械设备等。

第三十四条 施工单位采购、租赁的安全防护用具、机械设备、施工机具及配件，应当具有生产（制造）许可证、产品合格证，并在进入施工现场前进行查验。

施工现场的安全防护用具、机械设备、施工机具及配件必须由专人管理，定期进行检查、维修和保养，建立相应的资料档案，并按照国家有关规定及时报废。

第三十五条 施工单位在使用施工起重机械和整体提升脚手架、模板等自升式架设设施前，应当组织有关单位进行验收，也可以委托具有相应资质的检验检测机构进行验收；使用承租的机械设备和施工机具及配件的，由施工总承包单位、分包单位、出租单位和安装单位共同进行验收。验收合格的方可使用。

《特种设备安全监察条例》规定的施工起重机械，在验收前应当经有相应资质的检验检测机构监督检验合格。

施工单位应当自施工起重机械和整体提升脚手架、模板等自升式架设设施验收合格之日起30日内，向建设行政主管部门或者其他有关部门登记。登记标志应当置于或者附着于该设备的显著位置。

第三十六条 施工单位的主要负责人、项目负责人、专职安全生产管理人员应当经建设行政主管部门或者其他有关部门考核合格后方可任职。

施工单位应当对管理人员和作业人员每年至少进行一次安全生产教育培训，其教育培训情况记入个人工作档案。安全生产教育培训考核不合格的人员，不得上岗。

第三十七条 作业人员进入新的岗位或者新的施工现场前，应当接受安全生产教育培训。未经教育培训或者教育培训考核不合格的人员，不得上岗作业。

施工单位在采用新技术、新工艺、新设备、新材料时，应当对作业人员进行相应的安全生产教育培训。

第三十八条 施工单位应当为施工现场从事危险作业的人员办理意外伤害保险。

意外伤害保险费由施工单位支付。实行施工总承包的，由总承包单位支付意外伤害保险费。意外伤害保险期限自建设工程开工之日起至竣工验收合格止。

第五章　监　督　管　理

第三十九条　国务院负责安全生产监督管理的部门依照《中华人民共和国安全生产法》的规定，对全国建设工程安全生产工作实施综合监督管理。

县级以上地方人民政府负责安全生产监督管理的部门依照《中华人民共和国安全生产法》的规定，对本行政区域内建设工程安全生产工作实施综合监督管理。

第四十条　国务院建设行政主管部门对全国的建设工程安全生产实施监督管理。国务院铁路、交通、水利等有关部门按照国务院规定的职责分工，负责有关专业建设工程安全生产的监督管理。

县级以上地方人民政府建设行政主管部门对本行政区域内的建设工程安全生产实施监督管理。县级以上地方人民政府交通、水利等有关部门在各自的职责范围内，负责本行政区域内的专业建设工程安全生产的监督管理。

第四十一条　建设行政主管部门和其他有关部门应当将本条例第十条、第十一条规定的有关资料的主要内容抄送同级负责安全生产监督管理的部门。

第四十二条　建设行政主管部门在审核发放施工许可证时，应当对建设工程是否有安全施工措施进行审查，对没有安全施工措施的，不得颁发施工许可证。

建设行政主管部门或者其他有关部门对建设工程是否有安全施工措施进行审查时，不得收取费用。

第四十三条　县级以上人民政府负有建设工程安全生产监督管理职责的部门在各自的职责范围内履行安全监督检查职责时，有权采取下列措施：

（一）要求被检查单位提供有关建设工程安全生产的文件和资料；

（二）进入被检查单位施工现场进行检查；

（三）纠正施工中违反安全生产要求的行为；

（四）对检查中发现的安全事故隐患，责令立即排除；重大安全事故隐患排除前或者排除过程中无法保证安全的，责令从危险区域内撤出作业人员或者暂时停止施工。

第四十四条　建设行政主管部门或者其他有关部门可以将施工现场的监督检查委托给建设工程安全监督机构具体实施。

第四十五条　国家对严重危及施工安全的工艺、设备、材料实行淘汰制度。具体目录由国务院建设行政主管部门会同国务院其他有关部门制定并公布。

第四十六条　县级以上人民政府建设行政主管部门和其他有关部门应当及时受理对建设工程生产安全事故及安全事故隐患的检举、控告和投诉。

第六章　生产安全事故的应急救援和调查处理

第四十七条　县级以上地方人民政府建设行政主管部门应当根据本级人民政府的要求，制定本行政区域内建设工程特大生产安全事故应急救援预案。

第四十八条　施工单位应当制定本单位生产安全事故应急救援预案，建立应急救援组织或者配备应急救援人员，配备必要的应急救援器材、设备，并定期组织演练。

第四十九条　施工单位应当根据建设工程施工的特点、范围，对施工现场易发生重大事故的部位、环节进行监控，制定施工现场生产安全事故应急救援预案。实行施工总承包的，由总承包单位统一组织编制建设工程生产安全事故应急救援预案，工程总承包单位和分包单位按照应急救援预案，各自建立应急救援组织或者配备应急救援人员，配备救援器材、设备，并定期组织演练。

第五十条 施工单位发生生产安全事故，应当按照国家有关伤亡事故报告和调查处理的规定，及时、如实地向负责安全生产监督管理的部门、建设行政主管部门或者其他有关部门报告；特种设备发生事故的，还应当同时向特种设备安全监督管理部门报告。接到报告的部门应当按照国家有关规定，如实上报。

实行施工总承包的建设工程，由总承包单位负责上报事故。

第五十一条 发生生产安全事故后，施工单位应当采取措施防止事故扩大，保护事故现场。需要移动现场物品时，应当做出标记和书面记录，妥善保管有关证物。

第五十二条 建设工程生产安全事故的调查、对事故责任单位和责任人的处罚与处理，按照有关法律、法规的规定执行。

第七章 法律责任

第五十三条 违反本条例的规定，县级以上人民政府建设行政主管部门或者其他有关行政管理部门的工作人员，有下列行为之一的，给予降级或者撤职的行政处分；构成犯罪的，依照刑法有关规定追究刑事责任：

（一）对不具备安全生产条件的施工单位颁发资质证书的；

（二）对没有安全施工措施的建设工程颁发施工许可证的；

（三）发现违法行为不予查处的；

（四）不依法履行监督管理职责的其他行为。

第五十四条 违反本条例的规定，建设单位未提供建设工程安全生产作业环境及安全施工措施所需费用的，责令限期改正；逾期未改正的，责令该建设工程停止施工。

建设单位未将保证安全施工的措施或者拆除工程的有关资料报送有关部门备案的，责令限期改正，给予警告。

第五十五条 违反本条例的规定，建设单位有下列行为之一的，责令限期改正，处20万元以上50万元以下的罚款；造成重大安全事故，构成犯罪的，对直接责任人员，依照刑法有关规定追究刑事责任；造成损失的，依法承担赔偿责任：

（一）对勘察、设计、施工、工程监理等单位提出不符合安全生产法律、法规和强制性标准规定的要求的；

（二）要求施工单位压缩合同约定的工期的；

（三）将拆除工程发包给不具有相应资质等级的施工单位的。

第五十六条 违反本条例的规定，勘察单位、设计单位有下列行为之一的，责令限期改正，处10万元以上30万元以下的罚款；情节严重的，责令停业整顿，降低资质等级，直至吊销资质证书；造成重大安全事故，构成犯罪的，对直接责任人员，依照刑法有关规定追究刑事责任；造成损失的，依法承担赔偿责任：

（一）未按照法律、法规和工程建设强制性标准进行勘察、设计的；

（二）采用新结构、新材料、新工艺的建设工程和特殊结构的建设工程，设计单位未在设计中提出保障施工作业人员安全和预防生产安全事故的措施建议的。

第五十七条 违反本条例的规定，工程监理单位有下列行为之一的，责令限期改正；逾期未改正的，责令停业整顿，并处10万元以上30万元以下的罚款；情节严重的，降低资质等级，直至吊销资质证书；造成重大安全事故，构成犯罪的，对直接责任人员，依照刑法有关规定追究刑事责任；造成损失的，依法承担赔偿责任：

（一）未对施工组织设计中的安全技术措施或者专项施工方案进行审查的；

（二）发现安全事故隐患未及时要求施工单位整改或者暂时停止施工的；

（三）施工单位拒不整改或者不停止施工，未及时向有关主管部门报告的；

（四）未依照法律、法规和工程建设强制性标准实施监理的。

第五十八条 注册执业人员未执行法律、法规和工程建设强制性标准的，责令停止执业 3 个月以上 1 年以下；情节严重的，吊销执业资格证书，5 年内不予注册；造成重大安全事故的，终身不予注册；构成犯罪的，依照刑法有关规定追究刑事责任。

第五十九条 违反本条例的规定，为建设工程提供机械设备和配件的单位，未按照安全施工的要求配备齐全有效的保险、限位等安全设施和装置的，责令限期改正，处合同价款 1 倍以上 3 倍以下的罚款；造成损失的，依法承担赔偿责任。

第六十条 违反本条例的规定，出租单位出租未经安全性能检测或者经检测不合格的机械设备和施工机具及配件的，责令停业整顿，并处 5 万元以上 10 万元以下的罚款；造成损失的，依法承担赔偿责任。

第六十一条 违反本条例的规定，施工起重机械和整体提升脚手架、模板等自升式架设设施安装、拆卸单位有下列行为之一的，责令限期改正，处 5 万元以上 10 万元以下的罚款；情节严重的，责令停业整顿，降低资质等级，直至吊销资质证书；造成损失的，依法承担赔偿责任：

（一）未编制拆装方案、制定安全施工措施的；

（二）未由专业技术人员现场监督的；

（三）未出具自检合格证明或者出具虚假证明的；

（四）未向施工单位进行安全使用说明，办理移交手续的。

施工起重机械和整体提升脚手架、模板等自升式架设设施安装、拆卸单位有前款规定的第（一）项、第（三）项行为，经有关部门或者单位职工提出后，对事故隐患仍不采取措施，因而发生重大伤亡事故或者造成其他严重后果，构成犯罪的，对直接责任人员，依照刑法有关规定追究刑事责任。

第六十二条 违反本条例的规定，施工单位有下列行为之一的，责令限期改正；逾期未改正的，责令停业整顿，依照《中华人民共和国安全生产法》的有关规定处以罚款；造成重大安全事故，构成犯罪的，对直接责任人员，依照刑法有关规定追究刑事责任：

（一）未设立安全生产管理机构、配备专职安全生产管理人员或者分部分项工程施工时无专职安全生产管理人员现场监督的；

（二）施工单位的主要负责人、项目负责人、专职安全生产管理人员、作业人员或者特种作业人员，未经安全教育培训或者经考核不合格即从事相关工作的；

（三）未在施工现场的危险部位设置明显的安全警示标志，或者未按照国家有关规定在施工现场设置消防通道、消防水源、配备消防设施和灭火器材的；

（四）未向作业人员提供安全防护用具和安全防护服装的；

（五）未按照规定在施工起重机械和整体提升脚手架、模板等自升式架设设施验收合格后登记的；

（六）使用国家明令淘汰、禁止使用的危及施工安全的工艺、设备、材料的。

第六十三条 违反本条例的规定，施工单位挪用列入建设工程概算的安全生产作业环境及安全施工措施所需费用的，责令限期改正，处挪用费用 20%以上 50%以下的罚款；造成损失的，依法承担赔偿责任。

第六十四条 违反本条例的规定，施工单位有下列行为之一的，责令限期改正；逾期未改正的，责令停业整顿，并处 5 万元以上 10 万元以下的罚款；造成重大安全事故，构成犯罪的，对直接责任人员，依照刑法有关规定追究刑事责任：

（一）施工前未对有关安全施工的技术要求作出详细说明的；

（二）未根据不同施工阶段和周围环境及季节、气候的变化，在施工现场采取相应的安全施工措施，或者在城市市区内的建设工程的施工现场未实行封闭围挡的；

（三）在尚未竣工的建筑物内设置员工集体宿舍的；

（四）施工现场临时搭建的建筑物不符合安全使用要求的；

（五）未对因建设工程施工可能造成损害的毗邻建筑物、构筑物和地下管线等采取专项防护措施的。

施工单位有前款规定第（四）项、第（五）项行为，造成损失的，依法承担赔偿责任。

第六十五条 违反本条例的规定，施工单位有下列行为之一的，责令限期改正；逾期未改正的，责令停业整顿，并处 10 万元以上 30 万元以下的罚款；情节严重的，降低资质等级，直至吊销资质证书；造成重大安全事故，构成犯罪的，对直接责任人员，依照刑法有关规定追究刑事责任；造成损失的，依法承担赔偿责任：

（一）安全防护用具、机械设备、施工机具及配件在进入施工现场前未经查验或者查验不合格即投入使用的；

（二）使用未经验收或者验收不合格的施工起重机械和整体提升脚手架、模板等自升式架设设施的；

（三）委托不具有相应资质的单位承担施工现场安装、拆卸施工起重机械和整体提升脚手架、模板等自升式架设设施的；

（四）在施工组织设计中未编制安全技术措施、施工现场临时用电方案或者专项施工方案的。

第六十六条 违反本条例的规定，施工单位的主要负责人、项目负责人未履行安全生产管理职责的，责令限期改正；逾期未改正的，责令施工单位停业整顿；造成重大安全事故、重大伤亡事故或者其他严重后果，构成犯罪的，依照刑法有关规定追究刑事责任。

作业人员不服管理、违反规章制度和操作规程冒险作业造成重大伤亡事故或者其他严重后果，构成犯罪的，依照刑法有关规定追究刑事责任。

施工单位的主要负责人、项目负责人有前款违法行为，尚不够刑事处罚的，处 2 万元以上 20 万元以下的罚款或者按照管理权限给予撤职处分；自刑罚执行完毕或者受处分之日起，5 年内不得担任任何施工单位的主要负责人、项目负责人。

第六十七条 施工单位取得资质证书后，降低安全生产条件的，责令限期改正；经整改仍未达到与其资质等级相适应的安全生产条件的，责令停业整顿，降低其资质等级直至吊销资质证书。

第六十八条 本条例规定的行政处罚，由建设行政主管部门或者其他有关部门依照法定职权决定。

违反消防安全管理规定的行为，由公安消防机构依法处罚。

有关法律、行政法规对建设工程安全生产违法行为的行政处罚决定机关另有规定的，从其规定。

第八章 附 则

第六十九条 抢险救灾和农民自建低层住宅的安全生产管理，不适用本条例。

第七十条 军事建设工程的安全生产管理，按照中央军事委员会的有关规定执行。

第七十一条 本条例自 2004 年 2 月 1 日起施行。

【例 11-12-1】 根据《建设工程安全生产管理条例》的规定，施工单位实施爆破、起重吊装等施工时，应当安排现场的监督人员是：

    A. 项目管理技术人员   B. 应急救援人员

    C. 专职安全生产管理人员   D. 专职质量管理人员

解 《中华人民共和国安全法》第四十条规定，生产经营单位进行爆破、吊装以及国务院安全生产监督管理部门会同国务院有关部门规定的其他危险作业，应当安排专门人员进行现场安全管理，确保操作规程的遵守和安全措施的落实。

答案： C

【例 11-12-2】 根据《建设工程安全生产管理条例》规定，建设单位确定建设工程安全作业环境及安全施工措施所需费用的时间是：

    A. 编制工程概算时   B. 编制设计预算时

    C. 编制施工预算时   D. 编制投资估算时

解 《建设工程安全生产管理条例》第八条规定，建设单位在编制工程概算时，应当确定建设工程安全作业环境及安全施工措施所需费用。

答案： A

习 题

11-12-1 深基坑支护与降水工程、模板工程、脚手架工程的施工专项方案必须经下列哪些人员签字后实施？（   ）

    ①经施工单位技术负责人；②总监理工程师；③结构设计人；④施工方法人代表。

    A. ①②   B. ①②③   C. ①②③④   D. ①④

11-12-2 施工现场及毗邻区域内的各种管线及地下工程的有关资料（   ）。

    A. 应由建设单位向施工单位提供   B. 施工单位必须在开工前自行查清

    C. 应由监理单位提供   D. 应由政府有关部门提供

习题题解及参考答案

第二节

11-2-1 **解：**《中华人民共和国建筑法》第七条规定，建筑工程开工前，建设单位应当按照国家有关规定向工程所在地县级以上人民政府建设行政主管部门申请领取施工许可证；但是，国务院建设行政主管部门确定的限额以下的小型工程除外。按照国务院规定的权限和程序批准开工报告的建筑工程，不再领取施工许可证。

    答案： D

11-2-2 **解：**《中华人民共和国建筑法》第九条规定，建设单位应当自领取施工许可证之日起三个月内开工。因故不能按期开工的，应当向发证机关申请延期；延期以两次为限，每次不超过三个月。既不开工又不申请延期或者超过延期时限的，施工许可证自行废止。

答案：A

11-2-3　**解：**《建设工程质量管理条例》第七十八条规定，本条例所称违法分包，是指下列行为：

（一）总承包单位将建设工程分包给不具备相应资质条件的单位的；

（二）建设工程总承包合同中未有约定，又未经建设单位认可，承包单位将其承包的部分建设工程交由其他单位完成的；

（三）施工总承包单位将建设工程主体结构的施工分包给其他单位的；

（四）分包单位将其承包的建设工程再分包的。

答案：C

11-2-4　**解：**《中华人民共和国建筑法》第二条规定，在中华人民共和国境内从事建筑活动，实施对建筑活动的监督管理，应当遵守本法。本法所称建筑活动，是指各类房屋建筑及其附属设施的建造和与其配套的线路、管道、设备的安装活动。

答案：B

11-2-5　**解：**《中华人民共和国建筑法》第三十条规定，国家推行建筑工程监理制度。国务院可以规定实行强制监理的建筑工程的范围。

答案：A

11-2-6　**解：**见《中华人民共和国建筑法》第八条第（一）、（四）、（五）款规定，可知A、B、D项符合要求。

《中华人民共和国建筑法》第八条规定，申请领取施工许可证，应当具备下列条件：

（一）已经办理该建筑工程用地批准手续；

（二）依法应当办理建设工程规划许可证的，已经取得建设工程规划许可证；

（三）需要拆迁的，其拆迁进度符合施工要求；

（四）已经确定建筑施工企业；

（五）有满足施工需要的资金安排、施工图纸及技术资料；

（六）有保证工程质量和安全的具体措施。

建设行政主管部门应当自收到申请之日起七日内，对符合条件的申请颁发施工许可证。

答案：C

第三节

11-3-1　**解：**《中华人民共和国安全生产法》第三条规定，安全生产工作，坚持安全第一、预防为主、综合治理的方针。

答案：A

11-3-2　**解：**《中华人民共和国安全生产法》第五条规定，生产经营单位的主要负责人对本单位的安全生产工作全面负责。

答案：A

第四节

11-4-1　**解：**《中华人民共和国招标投标法》第十二条规定，招标人具有编制招标文件和组织评标能力的，可以自行办理招标事宜。任何单位和个人不得强制其委托招标代理机构办理招标事宜。

答案： D

11-4-2　**解：**《中华人民共和国招标投标法》第十条明确规定，招标分为公开招标和邀请招标。

　　　　答案： A

11-4-3　**解：**《中华人民共和国招标投标法》第三十七条规定，评委会专家组成中技术经济方面的专家不少于成员总数的三分之二。

　　　　答案： C

11-4-4　**解：**《中华人民共和国招标投标法》第三十七条规定，评标由招标人依法组建的评标委员会负责。依法必须进行招标的项目，其评标委员会由招标人的代表和有关技术、经济等方面的专家组成，成员人数为五人以上单数，其中技术、经济等方面的专家不得少于成员总数的三分之二。

　　　　答案： D

11-4-5　**解：**《中华人民共和国招标投标法》第三条规定，不是所有的住宅项目都需要监理。

　　　　《中华人民共和国招标投标法》第三条规定，在中华人民共和国境内进行下列工程建设项目包括项目的勘察、设计、施工、监理以及与工程建设有关的重要设备、材料等的采购，必须进行招标：

　　　　（一）大型基础设施、公用事业等关系社会公共利益、公众安全的项目；

　　　　（二）全部或者部分使用国有资金投资或者国家融资的项目；

　　　　（三）使用国际组织或者外国政府贷款、援助资金的项目。

　　　　前款所列项目的具体范围和规模标准，由国务院发展计划部门会同国务院有关部门制订，报国务院批准。法律或者国务院对必须进行招标的其他项目的范围有规定的，依照其规定。

　　　　答案： D

11-4-6　**解：**《中华人民共和国招标投标法》第四十六条规定，招标人和中标人应当自中标通知书发出之日起三十日内，按照招标文件和中标人的投标文件订立书面合同。招标人和中标人不得再行订立背离合同实质性内容的其他协议。

　　　　答案： B

第六节

11-6-1　**解：**《中华人民共和国行政许可法》第五十八条规定，行政机关实施行政许可和对行政许可事项进行监督检查，不得收取任何费用。但是法律、行政法规另有规定的，依照其规定。

　　　　答案： A

11-6-2　**解：**《中华人民共和国行政许可法》第四十二条规定，除可以当场作出行政许可决定的外，行政机关应当自受理行政许可申请之日起二十日内作出行政许可决定。二十日内不能作出决定的，经本行政机关负责人批准，可以延长十日，并应当将延长期限的理由告知申请人。但是法律、法规另有规定的，依照其规定。

　　　　答案： A

第七节

11-7-1　**解：**《中华人民共和国节约能源法》第二十条规定，用能产品的生产者、销售者，可以根据自愿原则，按照国家有关节能产品认证的规定，向经国务院认证认可监督管理部门认可的从事节能产品认证的机构提出节能产品认证申请；经认证合格后，取得节能产品认证证书，可以在用能产品或者其包装物上使用节能产品认证标志。

答案： A

11-7-2 **解：**《中华人民共和国节约能源法》第三十五条规定，建筑工程的建设、设计、施工和监理单位应当遵守建筑节能标准。不符合建筑节能标准的建筑工程，建设主管部门不得批准开工建设；已经开工建设的，应当责令停止施工、限期改正；已经建成的，不得销售或者使用。

答案： A

第八节

11-8-1 **解：**《中华人民共和国环境保护法》第四十五条规定，国家依照法律规定实行排污许可管理制度。实行排污许可管理的企业事业单位和其他生产经营者，应当按照排污许可证的要求排放污染物；未取得排污许可证的，不得排放污染物。

答案： A

11-8-2 **解：**《中华人民共和国环境保护法》第四十一条规定，建设项目中防治污染的设施，应当与主体工程同时设计、同时施工、同时投产使用。防治污染的设施应当符合经批准的环境影响评价文件要求，不得擅自拆除或闲置。

答案： D

11-8-3 **解：**《中华人民共和国环境保护法》第六十三条规定，企业事业单位和其他生产经营者有下列行为之一，尚不构成犯罪的，除依照有关法律法规规定予以处罚外，由县级以上人民政府环境保护主管部门或者其他有关部门将案件移送公安机关，对其直接负责的主管人员和其他直接责任人员，处十日以上十五日以下拘留；情节较轻的，处五日以上十日以下拘留：

（一）建设项目未依法进行环境影响评价，被责令停止建设，拒不执行的；

……

答案： A

第十一节

11-11-1 **解：**《建设工程质量管理条例》第六十条规定，违反本条例规定，勘察、设计、施工、工程监理单位超越本单位资质等级承揽工程的，责令停止违法行为，对勘察、设计单位或者监理单位处合同约定的勘察费、设计费或者监理酬金1倍以上2倍以下的罚款；对施工单位处工程合同价款2%以上4%以下的罚款，可以责令停业整顿，降低资质等级；情节严重的，吊销资质证书；有违法所得的，予以没收。未取得资质证书承揽工程的，予以取缔，依照前款规定处以罚款；有违法所得的，予以没收。

答案： B

11-11-2 **解：**《建设工程质量管理条例》第三十七条规定，工程监理单位应当选派具备相应资格的总监理工程师和监理工程师进驻施工现场。未经监理工程师签字，建筑材料、建筑构配件和设备不得在工程上使用或者安装，施工单位不得进行下一道工序的施工。未经总监理工程师签字，建设单位不拨付工程款，不进行竣工验收。

答案：D

第十二节

11-12-1 **解：**《中华人民共和国安全生产法》第二十六条规定，施工单位应当在施工组织设计中编制安全技术措施和施工现场临时用电方案，对下列达到一定规模的危险性较大的分部分项工程编制专项施工方案，并附具安全验算结果，经施工单位技术负责人、总监理工程师签字后实施，由专职安全生产管理人员进行现场监督：

（一）基坑支护与降水工程；

（二）土方开挖工程；

（三）模板工程；

（四）起重吊装工程；

（五）脚手架工程；

（六）拆除、爆破工程。

答案：A

11-12-2 **解：**《建设工程安全生产管理条例》第六条规定，建设单位应当向施工单位提供施工现场及毗邻区域内供水、排水、供电、供气、供热、通信、广播电视等地下管线资料，气象和水文观测资料，相邻建筑物和构筑物、地下工程的有关资料，并保证资料的真实、准确、完整。

答案：A

附录一

全国勘察设计注册工程师资格考试
公共基础考试大纲

I.工程科学基础

一、数学

1.1 空间解析几何

向量的线性运算；向量的数量积、向量积及混合积；两向量垂直、平行的条件；直线方程；平面方程；平面与平面、直线与直线、平面与直线之间的位置关系；点到平面、直线的距离；球面、母线平行于坐标轴的柱面、旋转轴为坐标轴的旋转曲面的方程；常用的二次曲面方程；空间曲线在坐标面上的投影曲线方程。

1.2 微分学

函数的有界性、单调性、周期性和奇偶性；数列极限与函数极限的定义及其性质；无穷小和无穷大的概念及其关系；无穷小的性质及无穷小的比较极限的四则运算；函数连续的概念；函数间断点及其类型；导数与微分的概念；导数的几何意义和物理意义；平面曲线的切线和法线；导数和微分的四则运算；高阶导数；微分中值定理；洛必达法则；函数的切线及法平面和切平面及法线；函数单调性的判别；函数的极值；函数曲线的凹凸性、拐点；偏导数与全微分的概念；二阶偏导数；多元函数的极值和条件极值；多元函数的最大、最小值极其简单应用。

1.3 积分学

原函数与不定积分的概念；不定积分的基本性质；基本积分公式；定积分的基本概念和性质（包括定积分中值定理）；积分上限的函数及其导数；牛顿-莱布尼兹公式；不定积分和定积分的换元积分法与分部积分法；有理函数、三角函数的有理式和简单无理函数的积分；广义积分；二重积分与三重积分的概念、性质、计算和应用；两类曲线积分的概念、性质和计算；求平面图形的面积、平面曲线的弧长和旋转体的体积。

1.4 无穷级数

数项级数的敛散性概念；收敛级数的和；级数的基本性质与级数收敛的必要条件；几何级数与 p 级数及其收敛性；正项级数敛散性的判别法；任意项级数的绝对收敛与条件收敛；幂级数及其收敛半径、收敛区间和收敛域；幂级数的和函数；函数的泰勒级数展开；函数的傅里叶系数与傅里叶级数。

1.5　常微分方程

常微分方程的基本概念；变量可分离的微分方程；齐次微分方程；一阶线性微分方程；全微分方程；可降阶的高阶微分方程；线性微分方程解的性质及解的结构定理；二阶常系数齐次线性微分方程。

1.6　线性代数

行列式的性质及计算；行列式按行展开定理的应用；矩阵的运算；逆矩阵的概念、性质及求法；矩阵的初等变换和初等矩阵；矩阵的秩；等价矩阵的概念和性质；向量的线性表示；向量组的线性相关和线性无关；线性方程组有解的判定；线性方程组求解；矩阵的特征值和特征向量的概念与性质；相似矩阵的概念和性质；矩阵的相似对角化；二次型及其矩阵表示；合同矩阵的概念和性质；二次型的秩；惯性定理；二次型及其矩阵的正定性。

1.7　概率与数理统计

随机事件与样本空间；事件的关系与运算；概率的基本性质；古典型概率；条件概率；概率的基本公式；事件的独立性；独立重复试验；随机变量；随机变量的分布函数；离散型随机变量的概率分布；连续型随机变量的概率密度；常见随机变量的分布；随机变量的数学期望、方差、标准差及其性质；随机变量函数的数学期望；矩、协方差、相关系数及其性质；总体；个体；简单随机样本；统计量；样本均值；样本方差和样本矩；χ^2分布；t分布；F分布；点估计的概念；估计量与估计值；矩估计法；最大似然估计法；估计量的评选标准；区间估计的概念；单个正态总体的均值和方差的区间估计；两个正态总体的均值差和方差比的区间估计；显著性检验；单个正态总体的均值和方差的假设检验。

二、物理学

2.1　热学

气体状态参量；平衡态；理想气体状态方程；理想气体的压强和温度的统计解释；自由度；能量按自由度均分原理；理想气体内能；平均碰撞频率和平均自由程；麦克斯韦速率分布律；方均根速率；平均速率；最概然速率；功；热量；内能；热力学第一定律及其对理想气体等值过程的应用；绝热过程；气体的摩尔热容量；循环过程；卡诺循环；热机效率；净功；制冷系数；热力学第二定律及其统计意义；可逆过程和不可逆过程。

2.2　波动学

机械波的产生和传播；一维简谐波表达式；描述波的特征量；波面，波前，波线；波的能量、能流、能流密度；波的衍射；波的干涉；驻波；自由端反射与固定端反射；声波；声强级；多普勒效应。

2.3　光学

相干光的获得；杨氏双缝干涉；光程和光程差；薄膜干涉；光疏介质；光密介质；迈克尔逊干涉仪；惠更斯-菲涅尔原理；单缝衍射；光学仪器分辨本领；衍射光栅与光谱分析；X射线衍射；布拉格公式；自然光和偏振光；布儒斯特定律；马吕斯定律；双折射现象。

三、化学

3.1 物质的结构和物质状态

原子结构的近代概念；原子轨道和电子云；原子核外电子分布；原子和离子的电子结构；原子结构和元素周期律；元素周期表；周期族；元素性质及氧化物及其酸碱性。离子键的特征；共价键的特征和类型；杂化轨道与分子空间构型；分子结构式；键的极性和分子的极性；分子间力与氢键；晶体与非晶体；晶体类型与物质性质。

3.2 溶液

溶液的浓度；非电解质稀溶液通性；渗透压；弱电解质溶液的解离平衡；分压定律；解离常数；同离子效应；缓冲溶液；水的离子积及溶液的 pH 值；盐类的水解及溶液的酸碱性；溶度积常数；溶度积规则。

3.3 化学反应速率及化学平衡

反应热与热化学方程式；化学反应速率；温度和反应物浓度对反应速率的影响；活化能的物理意义；催化剂；化学反应方向的判断；化学平衡的特征；化学平衡移动原理。

3.4 氧化还原反应与电化学

氧化还原的概念；氧化剂与还原剂；氧化还原电对；氧化还原反应方程式的配平；原电池的组成和符号；电极反应与电池反应；标准电极电势；电极电势的影响因素及应用；金属腐蚀与防护。

3.5 有机化学

有机物特点、分类及命名；官能团及分子构造式；同分异构；有机物的重要反应：加成、取代、消除、氧化、催化加氢、聚合反应、加聚与缩聚；基本有机物的结构、基本性质及用途：烷烃、烯烃、炔烃、芳烃、卤代烃、醇、苯酚、醛和酮、羧酸、酯；合成材料：高分子化合物、塑料、合成橡胶、合成纤维、工程塑料。

四、理论力学

4.1 静力学

平衡；刚体；力；约束及约束力；受力图；力矩；力偶及力偶矩；力系的等效和简化；力的平移定理；平面力系的简化；主矢；主矩；平面力系的平衡条件和平衡方程式；物体系统（含平面静定桁架）的平衡；摩擦力；摩擦定律；摩擦角；摩擦自锁。

4.2 运动学

点的运动方程；轨迹；速度；加速度；切向加速度和法向加速度；平动和绕定轴转动；角速度；角加速度；刚体内任一点的速度和加速度。

4.3 动力学

牛顿定律；质点的直线振动；自由振动微分方程；固有频率；周期；振幅；衰减振动；阻尼对自由振动振幅的影响——振幅衰减曲线；受迫振动；受迫振动频率；幅频特性；共振；动力学普遍定理；动量；质心；动量定理及质心运动定理；动量及质心运动守恒；动量矩；动量矩定理；动量矩守恒；刚体定轴转动微分方程；转动惯量；回转半径；平行轴定理；功；

动能；势能；动能定理及机械能守恒；达朗贝尔原理；惯性力；刚体作平动和绕定轴转动（转轴垂直于刚体的对称面）时惯性力系的简化；动静法。

五、材料力学

5.1　材料在拉伸、压缩时的力学性能
低碳钢、铸铁拉伸、压缩试验的应力-应变曲线；力学性能指标。

5.2　拉伸和压缩
轴力和轴力图；杆件横截面和斜截面上的应力；强度条件；虎克定律；变形计算。

5.3　剪切和挤压
剪切和挤压的实用计算；剪切面；挤压面；剪切强度；挤压强度。

5.4　扭转
扭矩和扭矩图；圆轴扭转切应力；切应力互等定理；剪切虎克定律；圆轴扭转的强度条件；扭转角计算及刚度条件。

5.5　截面几何性质
静矩和形心；惯性矩和惯性积；平行轴公式；形心主轴及形心主惯性矩概念。

5.6　弯曲
梁的内力方程；剪力图和弯矩图；分布荷载、剪力、弯矩之间的微分关系；正应力强度条件；切应力强度条件；梁的合理截面；弯曲中心概念；求梁变形的积分法、叠加法。

5.7　应力状态
平面应力状态分析的解析法和应力圆法；主应力和最大切应力；广义虎克定律；四个常用的强度理论。

5.8　组合变形
拉/压-弯组合、弯-扭组合情况下杆件的强度校核；斜弯曲。

5.9　压杆稳定
压杆的临界荷载；欧拉公式；柔度；临界应力总图；压杆的稳定校核。

六、流体力学

6.1　流体的主要物性与流体静力学
流体的压缩性与膨胀性；流体的黏性与牛顿内摩擦定律；流体静压强及其特性；重力作用下静水压强的分布规律；作用于平面的液体总压力的计算。

6.2　流体动力学基础
以流场为对象描述流动的概念；流体运动的总流分析；恒定总流连续性方程、能量方程和动量方程的运用。

6.3　流动阻力和能量损失
沿程阻力损失和局部阻力损失；实际流体的两种流态——层流和紊流；圆管中层流运动；紊流运动的特征；减小阻力的措施。

6.4 孔口管嘴管道流动

孔口自由出流、孔口淹没出流；管嘴出流；有压管道恒定流；管道的串联和并联。

6.5 明渠恒定流

明渠均匀水流特性；产生均匀流的条件；明渠恒定非均匀流的流动状态；明渠恒定均匀流的水力计算。

6.6 渗流、井和集水廊道

土壤的渗流特性；达西定律；井和集水廊道。

6.7 相似原理和量纲分析

力学相似原理；相似准数；量纲分析法。

II.现代技术基础

七、电气与信息

7.1 电磁学概念

电荷与电场；库仑定律；高斯定理；电流与磁场；安培环路定律；电磁感应定律；洛仑兹力。

7.2 电路知识

电路组成；电路的基本物理过程；理想电路元件及其约束关系；电路模型；欧姆定律；基尔霍夫定律；支路电流法；等效电源定理；叠加原理；正弦交流电的时间函数描述；阻抗；正弦交流电的相量描述；复数阻抗；交流电路稳态分析的相量法；交流电路功率；功率因数；三相配电电路及用电安全；电路暂态；R-C、R-L电路暂态特性；电路频率特性；R-C、R-L电路频率特性。

7.3 电动机与变压器

理想变压器；变压器的电压变换、电流变换和阻抗变换原理；三相异步电动机接线、启动、反转及调速方法；三相异步电动机运行特性；简单继电-接触控制电路。

7.4 信号与信息

信号；信息；信号的分类；模拟信号与信息；模拟信号描述方法；模拟信号的频谱；模拟信号增强；模拟信号滤波；模拟信号变换；数字信号与信息；数字信号的逻辑编码与逻辑演算；数字信号的数值编码与数值运算。

7.5 模拟电子技术

晶体二极管；极型晶体三极管；共射极放大电路；输入阻抗与输出阻抗；射极跟随器与阻抗变换；运算放大器；反相运算放大电路；同相运算放大电路；基于运算放大器的比较器电路；二极管单相半波整流电路；二极管单相桥式整流电路。

7.6 数字电子技术

与、或、非门的逻辑功能；简单组合逻辑电路；D触发器；JK触发器数字寄存器；脉冲计数器。

7.7 计算机系统

计算机系统组成；计算机的发展；计算机的分类；计算机系统特点；计算机硬件系统组成；CPU；存储器；输入/输出设备及控制系统；总线；数模/模数转换；计算机软件系统组成；系统软件；操作系统；操作系统定义；操作系统特征；操作系统功能；操作系统分类；支撑软件；应用软件；计算机程序设计语言。

7.8 信息表示

信息在计算机内的表示；二进制编码；数据单位；计算机内数值数据的表示；计算机内非数值数据的表示；信息及其主要特征。

7.9 常用操作系统

Windows 发展；进程和处理器管理；存储管理；文件管理；输入/输出管理；设备管理；网络服务。

7.10 计算机网络

计算机与计算机网络；网络概念；网络功能；网络组成；网络分类；局域网；广域网；因特网；网络管理；网络安全；Windows 系统中的网络应用；信息安全；信息保密。

III. 工程管理基础

八、法律法规

8.1 中华人民共和国建筑法

总则；建筑许可；建筑工程发包与承包；建筑工程监理；建筑安全生产管理；建筑工程质量管理；法律责任。

8.2 中华人民共和国安全生产法

总则；生产经营单位的安全生产保障；从业人员的权利和义务；安全生产的监督管理；生产安全事故的应急救援与调查处理。

8.3 中华人民共和国招标投标法

总则；招标；投标；开标；评标和中标；法律责任。

8.4 中华人民共和国合同法

一般规定；合同的订立；合同的效力；合同的履行；合同的变更和转让；合同的权利义务终止；违约责任；其他规定。

8.5 中华人民共和国行政许可法

总则；行政许可的设定；行政许可的实施机关；行政许可的实施程序；行政许可的费用。

8.6 中华人民共和国节约能源法

总则；节能管理；合理使用与节约能源；节能技术进步；激励措施；法律责任。

8.7 中华人民共和国环境保护法

总则；环境监督管理；保护和改善环境；防治环境污染和其他公害；法律责任。

8.8 建设工程勘察设计管理条例

总则;资质资格管理;建设工程勘察设计发包与承包;建设工程勘察设计文件的编制与实施;监督管理。

8.9 建设工程质量管理条例

总则;建设单位的质量责任和义务;勘察设计单位的质量责任和义务;施工单位的质量责任和义务;工程监理单位的质量责任和义务;建设工程质量保修。

8.10 建设工程安全生产管理条例

总则;建设单位的安全责任;勘察设计工程监理及其他有关单位的安全责任;施工单位的安全责任;监督管理;生产安全事故的应急救援和调查处理。

九、工程经济

9.1 资金的时间价值

资金时间价值的概念;利息及计算;实际利率和名义利率;现金流量及现金流量图;资金等值计算的常用公式及应用;复利系数表的应用。

9.2 财务效益与费用估算

项目的分类;项目计算期;财务效益与费用;营业收入;补贴收入;建设投资;建设期利息;流动资金;总成本费用;经营成本;项目评价涉及的税费;总投资形成的资产。

9.3 资金来源与融资方案

资金筹措的主要方式;资金成本;债务偿还的主要方式。

9.4 财务分析

财务评价的内容;盈利能力分析(财务净现值、财务内部收益率、项目投资回收期、总投资收益率、项目资本金净利润率);偿债能力分析(利息备付率、偿债备付率、资产负债率);财务生存能力分析;财务分析报表(项目投资现金流量表、项目资本金现金流量表、利润与利润分配表、财务计划现金流量表);基准收益率。

9.5 经济费用效益分析

经济费用和效益;社会折现率;影子价格;影子汇率;影子工资;经济净现值;经济内部收益率;经济效益费用比。

9.6 不确定性分析

盈亏平衡分析(盈亏平衡点、盈亏平衡分析图);敏感性分析(敏感度系数、临界点、敏感性分析图)。

9.7 方案经济比选

方案比选的类型;方案经济比选的方法(效益比选法、费用比选法、最低价格法);计算期不同的互斥方案的比选。

9.8 改扩建项目经济评价特点

改扩建项目经济评价特点。

9.9 价值工程

价值工程原理;实施步骤。

附录二

全国勘察设计注册工程师资格考试
公共基础试题配置说明

I.工程科学基础（共 78 题）

数学基础	24 题	理论力学基础	12 题
物理基础	12 题	材料力学基础	12 题
化学基础	10 题	流体力学基础	8 题

II.现代技术基础（共 28 题）

电气技术基础	12 题	计算机基础	10 题
信号与信息基础	6 题		

III.工程管理基础（共 14 题）

工程经济基础	8 题	法律法规	6 题

注：试卷题目数量合计 120 题，每题 1 分，满分为 120 分。考试时间为 4 小时。

2022 全国勘察设计注册工程师
执业资格考试用书

注册岩土工程师执业资格考试
基础考试复习教程

（下册）

注册工程师考试复习用书编委会／编

曹纬浚／主编

人民交通出版社股份有限公司

北 京

内 容 提 要

本书根据最新公布考试大纲及近几年考试真题编写，内容贴合考试实际，是考生复习必备的经典教材。

本书编写人员全部是多年从事注册岩土工程师基础考试培训工作的专家、教授，本书内容吸取了多年考试培训的经验和考生回馈意见，以现行考试大纲为依据，以最新规范、教材为基础进行编写，指导考生复习，因此力求简明扼要，联系实际，着重于对概念和规范的理解运用，并注意突出重点。教程的小节后附有习题，每章后附有题解及答案。另出版有配套复习用书《2022 注册岩土工程师执业资格考试基础考试复习题集》《2022 注册岩土工程师执业资格考试基础考试试卷》，可作为考生检验复习效果和准备考试之用。

本书配有数字资源，考生可微信扫描上册封面二维码登录"注考大师"获取学习内容。

由于本书篇幅较大，分为上、下两册，以便于携带和翻阅。

本书适合参加 2022 年注册岩土工程师［也称注册土木工程师（岩土）］基础考试的人员使用。

图书在版编目（CIP）数据

2022 注册岩土工程师执业资格考试基础考试复习教程/

曹纬浚主编.—北京：人民交通出版社股份有限公司，

2022.1

2022 全国勘察设计注册工程师执业资格考试用书

ISBN 978-7-114-17728-6

Ⅰ.①2… Ⅱ.①曹… Ⅲ.①岩土工程-资格考试-

自学参考资料 Ⅳ.①TU4

中国版本图书馆 CIP 数据核字（2021）第 279543 号

2022 Zhuce Yantu Gongchengshi Zhiye Zige Kaoshi Jichu Kaoshi Fuxi Jiaocheng

书　　　名：**2022 注册岩土工程师执业资格考试基础考试复习教程**
著 作 者：曹纬浚
责任编辑：刘彩云
责任印制：刘高彤
出版发行：人民交通出版社股份有限公司
地　　　址：（100011）北京市朝阳区安定门外外馆斜街 3 号
网　　　址：http://www.ccpcl.com.cn
销售电话：（010）59757973
总 经 销：人民交通出版社股份有限公司发行部
经　　　销：各地新华书店
印　　　刷：北京市密东印刷有限公司
开　　　本：880×1230 1/16
印　　　张：110
字　　　数：3400 千
版　　　次：2022 年 1 月 第 1 版
印　　　次：2022 年 1 月 第 1 次印刷
书　　　号：ISBN 978-7-114-17728-6
定　　　价：248.00 元（含上、下两册）

（有印刷、装订质量问题的图书，由本公司负责调换）

版权声明

前　言

原建设部（现住房和城乡建设部）和原人事部（现人力资源和社会保障部）从 2002 年起实施注册岩土工程师执业资格考试制度。

本教程前两版曾署名北京市注册工程师管理委员会编写，修订再版时根据《中华人民共和国行政许可法》，不再冠以注册工程师管理委员会的名义。

本教程的编写作者自 2002 年起就参加了北京市注册岩土工程师的考前辅导培训工作，他们都是本专业有较深造诣的教授和高级工程师，分别来自北京建筑大学、北京工业大学、北京交通大学、北京工商大学和北京市建筑设计研究院。为了帮助岩土工程师们准备考试，教师们根据多年教学实践经验和考生的回馈意见，依据考试大纲和现行教材、规范，以多年辅导培训的教案为基础，为学员们编写了这本教程，并于 2003 年正式出版了第一版。本教程的目的是指导复习，因此力求简明扼要，联系实际，着重对概念和规范的理解应用，并注意突出重点。本教程经多年的使用和不断修订完善，已经成为值得考生信赖的考前辅导和培训用书，深受大家欢迎。

本教程严格按现行考试大纲编写，并在多年教学实践中不断加以改进。为方便考生复习，本教程分上、下册出版，上册（第一章至第十一章）为上午段公共基础考试内容，下册（第十二章至第二十章）为下午段岩土专业基础考试内容。

每章的最前面有一篇"复习指导"，帮助考生在复习每章之前先了解该专业的考试大纲和复习重点。每章的习题按照其所考查的知识点分别放在各节之后，"题解"和"答案"放在每章最后面，考生可以在复习完每一节后，及时做题练习。

为了更好地服务考生，我们依托现行考试大纲和历年真题，配套了各个科目的辅导视频和富媒体电子书（书中含视频、习题），考生们可通过微信扫描上册封面二维码，登录"注考大师"获取资源（有效期自领取资源后一年）。

我们每年都根据考试题的实际情况对教程进行修订。本版主要是对一些知识点进行补充说明，对重要知识点进行明确标注，完善部分习题的解析，并对一些内容的顺序、位置进行了调整，以增加系统性。例如：

1.对"数学"一章中的一元函数微分学部分，调整了知识点的顺序，并补充了复合函数和分段函数的内容。

2.对"法律法规"一章中涉及《中华人民共和国民法典》"合同编"、《中华人民共和国安全生产法》的相关内容进行了更新，并对有关习题的题解做了修改。

3.在"土木工程施工与管理"一章中，补充完善了一些重要的知识点，如土方工程施工要求，模板的种类、特点、适用范围以及设计要点，吊装机械的特点与适用范围、多高层吊装机械的选择与布置、构件运输与堆放、装配式结构的吊装与连接，三时估算法等。同时，增加和强化了一些重要考点内容，如混凝土拌制、浇筑、养护，施工缝及后浇带的留设与处理、质量检验与评定，大体积混凝土浇筑，冬雨期施工，构件制作，预应力混凝土施工一般要求、材料设备、施工方法，施工组织设计中的施工部署、方案选择，网络计划资源优化等。

4.在"结构设计"一章中，因现行《建筑结构可靠性设计统一标准》调整了永久荷载分项系数和可变荷载分项系数，同时取消了"由永久荷载控制的组合，或由可变荷载控制的组合"，教程对相关内容做了修改，并在"钢结构基本构件"中补充了等效弯矩系数的计算方法。

5.在"结构设计"一章中增加了一节"配筋砖砌体构件"。

参加本教程2022版编写和修订工作的教师有：第一章第一至第七节刘明惠、吴昌泽，第一章第八节、第九节刘明惠、范元玮；第二章魏京花；第三章谢亚勃；第四章刘燕；第五章钱民刚；第六章毛军、李兆年；第七章、第八章许怡生；第九章许小重；第十章陈向东；第十一章、第十四章李魁元；第十二章侯云芬；第十三章杨松林；第十五章穆静波；第十六章刘世奎；第十七章冯东；第十八章王健；第十九章王连俊；第二十章乔春生。

参与或协助本书编写的老师还有蒋全科、贾玲华、毛怀珍、刘宝生、张翠兰、毛元钰、李平、邓华、陈庆年、李广秋、郭虹、楼香林、杨守俊、王志刚、何承奎、曹铎、吴莎莎、张文革、徐华萍、栾彩虹、孙国樑、张炳珍。

考生在复习本教程时，应结合阅读相应的教材、规范。本教程章节后附有习题，另有配套的《2022注册岩土工程师执业资格考试基础考试复习题集》《2022注册岩土工程师执业资格考试基础考试试卷》。建议考生在复习本教程的同时，多做习题，这将对考生巩固、检验复习效果和准备好考试大有帮助。

祝各位考生考试取得好成绩！

注册工程师考试复习用书编委会

2021年12月

主编致考生

一、注册岩土工程师在专业考试之前进行基础考试是和国外接轨的做法。通过基础考试并达到职业实践年限后就可以申请参加专业考试。基础考试是考大学中的基础课程，按考试大纲的安排，上午考试段考 11 科，120 道题，4 个小时，每题 1 分，共 120 分；下午考试段考 9 科，60 道题，4 个小时，每题 2 分，共 120 分；上、下午共 240 分。试题均为 4 选 1 的单选题，平均每题时间上午 2 分钟，下午 4 分钟，因此不会有复杂的论证和计算，主要是检验考生的基本概念和基本知识。考生在复习时不要偏重难度大或过于复杂的知识，而应将复习的注意力主要放在弄清基本概念和基本知识方面。

二、考生在复习本教程之前，应认真阅读"考试大纲"，清楚地了解考试的内容和范围，以便合理制订自己的复习计划。复习时一定要紧扣"考试大纲"的内容，将全面复习与突出重点相结合。着重对"考试大纲"要求掌握的基本概念、基本理论、基本计算方法、计算公式和步骤，以及基本知识的应用等内容有系统、有条理地重点掌握，明白其中的道理和关系，掌握分析问题的方法。本教程中每章前均有一节"复习指导"，摘录了本章的考试大纲，具体说明本章的复习重点、难点和复习中要注意的问题，建议考生认真阅读每章的"复习指导"，参考"复习指导"的意见进行复习。在对基本概念、基本原理和基本知识有一个整体把握的基础上，对每章节的重点、难点进行重点复习和重点掌握。

三、注册岩土工程师基础考试上、下午试卷共计 240 分，上、下午不分段计算成绩，这几年及格线都是 55%，也就是说上、下午试卷总分达到 132 分就可以通过。因此，考生在准备考试时应注意扬长避短。从道理上讲，自己较弱的科目更应该努力复习，但毕竟时间和精力有限，如 2009 年新增加的"信号与信息技术"，据了解，土建非信息专业大多未学过，短时间内要掌握好比较困难，而"信号与信息技术"总共只有 6 道题，6 分，只占总分的 2.5%，也就是说，即使"信号与信息技术"一分未得，其他科目也还有 234 分，从 234 分中考 132 分是完全可以做到的。因此考生可以根据考试分科题量、分数分配和自己的具体情况，计划自己的复习重点和主要得分科目。当然一些主要得分科目是不能放松的，如"数学"24 题（上午段）24 分，"结构力学与结构设计"12 题（下午段）24 分，"工程地质"10 题（下午段）20 分，"岩体工程与基础工程"10 题（下午段）20 分，都是不能放松的；其他科目则可根据自己过去对课程的掌握情况有所侧重，争取在自己过去学得好的课程中多得分。

四、在考试拿到试卷时，建议考生不要顺着题序顺次往下做。因为有的题会比较难，有的题不很熟悉，耽误的时间会比较多，以致到最后时间不够，题做不完，有些题会做但时间来不及，这就太得不偿失了。建议考生将做题过程分为四遍：

1.首先用 15～20 分钟将题从头到尾看一遍，一是首先解答出自己很熟悉很有把握的题；二是将那些需要稍加思考估计能在平均答题时间里做出的题做个记号。这里说的平均答题时间，是指上午段 4

个小时考 120 道题，平均每题 2 分钟；下午段 4 个小时考 60 道题，平均每题 4 分钟，这个 2 分钟(上午)、4 分钟(下午)就是平均答题时间。将估计在这个时间里能做出来的题做上记号。

2.第二遍做这些做了记号的题，这些题应该在考试时间里能做完，做完了这些题可以说就考出了考生的基本水平，不管考生基础如何，复习得怎么样，考得如何，至少不会因为会做的题没做完而遗憾了。

3.这些会做或基本会做的题做完以后，如果还有时间，就做那些需要稍多花费时间的题，能做几个算几个，并适当抽时间检查一下已答题的答案。

4.考试时间将近结束时，比如还剩 5 分钟要收卷了，这时你就应看看还有多少道题没有答，这些题确实不会了，建议考生也不要放弃。既然是单选，那也不妨估个答案，答对了也是有分的。建议考生回头看看已答题目的答案，A、B、C、D 各有多少，虽然整个卷子四种答案的数量并不一定是平均的，但还是可以这样考虑，看看已答的题 A、B、C、D 中哪个答案最少，然后将不会做没有答的题按这个前边最少的答案通填，这样其中会有 1/4 可能还会多于 1/4 的题能得分，如果考生前边答对的题离及格正好差几分，这样一补充就能及格了。

五、基础考试是不允许带书和资料的，因此一些重要的公式、规定，考生一定要自己记住。

六、本教程每节后均附有习题，并在每章后附有题解及参考答案。另外，我们还专门为考生编写了《2022 注册岩土工程师执业资格考试基础考试复习题集》《2022 注册岩土工程师执业资格考试基础考试试卷》，多数习题提供有题解及参考答案。建议考生在复习好本教程内容的基础上，多做习题。多做习题能帮助巩固已学的概念、理论、方法和公式等，并能发现自己的不足，哪些地方理解得不正确，哪些地方没有掌握好；同时熟能生巧，提高解题速度。同时，建议考生在复习完本教程以后，集中时间，排除干扰，模拟考试气氛，将试卷中的试题全部做一遍，以接近实战地检验一下自己的复习效果。

如读者发现我们教程中有差错，欢迎来信发至邮箱 caowj0818@126.com，我们会尽快核查并回复。建议读者用我们的题集和试卷做练习，因这两本书中的题绝大多数附有题解，能帮助读者判断结果。

相信这本教程能帮助大家准备好考试。

最后，祝愿各位考生取得好成绩！

曹纬浚

2021 年 12 月

目　录 CONTENTS

第十二章 土木工程材料

复习指导

一、考试大纲

10.1 材料科学与物质结构基础知识

材料的组成：化学组成、矿物组成及其对材料性质的影响。

材料的微观结构及其对材料性质的影响：原子结构、离子键、金属键、共价键和范德华力、晶体与无定形体（玻璃体）。

材料的宏观结构及其对材料性质的影响。

建筑材料的基本性质：密度、表观密度与堆积密度、孔隙与孔隙率特征、亲水性与憎水性、吸水性与吸湿性、耐水性、抗渗性、抗冻性、导热性、强度与变形性能、脆性与韧性。

10.2 材料的性能和应用

无机胶凝材料：气硬性胶凝材料、石膏和石灰技术性质与应用。

水硬性胶凝材料：水泥的组成、水化与凝结硬化机理、性能与应用。

混凝土：原材料技术要求、拌合物的和易性及其影响因素、强度性能与变形性能、耐久性（抗渗性、抗冻性）、碱-骨料反应、混凝土外加剂与配合比设计。

沥青及改性沥青：组成、性质和应用。

建筑钢材：组成和组织与性能的关系、加工处理及其对钢材性能的影响、建筑钢材和种类与选用。

木材：组成、性能与应用。

石材和黏土：组成、性能与应用。

二、复习指导

"土木工程材料"考试大纲提供了一个对复习的基本指南与宏观框架，但很多具体、详细的复习内容不可能在考试大纲中给出，必须加以注意。如果仅仅关注大纲的宏观框架，就可能对复习内容的一些细节掉以轻心，复习得不够全面、充分，致使做题的准确率不高，最终影响考试成绩。因此，在这里综合常见的教材、复习资料、练习题资料和考生普遍、常见的问题，对复习内容整理出尽量具体、详细的提示，希望能对考生的自学复习起到良好的指导作用。

总体而言，各节中以混凝土占的篇幅最多，且混凝土在土木工程中往往是用量最大、作用最为重要的一种结构材料，故第四节混凝土应引起特别重视，作为复习的首要重点。水泥本来仅是混凝土的原材料之一，但由于水泥性能与应用的复杂性，必须将水泥单列一节，给出专门详细的讲解，故从第四节混凝土往前延伸，应先行掌握水泥的内容，在掌握好水泥内容的基础上方可掌握好混凝土的内容。因此，第三节水泥也很重要。水泥仅是胶凝材料的一种，石膏、石灰也属于胶凝材料，但石膏、石灰与水泥有何不同之处，必须明确区分，故在第二节中专门给出胶凝材料的定义与划分以及石膏、石灰的具体特点。第一节则在本教材的开始即给出一些基本、普遍的概念与定义，准确掌握这些概念与定义是十分重要的，因为这些概念与定义在后面的各节中经常要用到。沥青及改性沥青、建筑钢材、木材、石材、黏土作为各具特色的具体材料品种，则在各节中分别列出，虽然相对于混凝土这些具体材料的内容较为简短，但也须分别掌握这些材料的特点。

（一）材料科学与物质结构基础知识

土木工程材料按化学组成可划分为无机、有机和有机无机复合的三大类。通常材料的组成包含化学组成与矿物组成两个不同的含义。化学组成指构成材料的基本化合物或单质；而矿物组成则指构成材料尤其是无机材料的人工合成或天然的以一定具体形式存在的基本化合物。例如硬化前的水泥化学组成为 SiO_2、CaO、Al_2O_3 与 Fe_2O_3，但矿物组成则为 C_3S、C_2S、C_3A 和 C_4AF。

在材料的微观结构中，首先应掌握晶体、非晶体的区别。在非晶体中掌握玻璃体与胶体的区别。

三种密度的区别应注意掌握。密度与孔隙率、空隙率无关，反映材料的本质与化学组成特征；表观密度与密度、孔隙率有关；堆积密度与表观密度、空隙率有关。应掌握用密度、表观密度计算孔隙率，用表观密度、堆积密度计算空隙率的公式。应掌握孔隙与空隙的区别。

在与水有关的性质中，应掌握亲水性与憎水性的工程意义，掌握润湿边角或接触角 θ 的含义。应掌握吸水性与吸湿性的区别与联系，掌握计算公式，尤其应注意公式中分母是材料干燥时的质量。在耐水性中，应掌握材料的软化系数 K、分母与分子的确切含义。如 $K \geq 0.85$，则材料具有良好的耐水性。应了解其抗渗性和抗冻性的定义、性能表达方式。在导热性中，应了解其定义与工程意义。在以上性质中，应注意掌握其影响因素，尤其是孔隙率、孔隙连通特征和水的存在对其的影响。

在力学性质中，应掌握在不同受力状态下强度表达式含有哪些参数，掌握强度与孔隙率的关系。区别掌握弹性与塑性、脆性与韧性的不同含义，了解其工程意义。

（二）气硬性无机胶凝材料

应掌握胶凝材料、水硬性、气硬性的特征。

在石灰中，应掌握过火石灰的危害与陈伏的作用。在石灰的硬化中，应掌握两个过程结晶与碳化的含义，掌握建筑石灰和石灰硬化产物的化学组成，分别理解石灰硬化速度慢和气硬性的根源所在。了解石灰的应用，如灰土、三合土、灰砂砖、碳化石灰板。

在石膏中，应掌握建筑石膏与石膏硬化产物的化学组成，理解石膏凝结、硬化过程，理解石膏气硬性的根源所在。了解石膏的性能特点与应用。

（三）水泥

总体而言，主要应掌握六大通用水泥（即硅酸盐水泥、普通硅酸盐水泥、矿渣硅酸盐水泥、火山灰质硅酸盐水泥、粉煤灰硅酸盐水泥和复合硅酸盐水泥）。可根据共性特点将六大通用水泥分为两大类，即硅酸盐水泥、普通硅酸盐水泥为一类，矿渣水泥、火山灰水泥、粉煤灰水泥和复合水泥为另一类，分别掌握；具体在矿渣水泥、火山灰水泥、粉煤灰水泥和复合水泥中，还可分别掌握四种水泥的各自特性。这样就便于化繁为简，理解准确而不易混淆、遗忘，牢固掌握水泥的主要内容。

在硅酸盐水泥中，首先应掌握熟料四大矿物的水化速度、放热量、硬化速度。不必死记硬背水化的每一个化学方程式，但应知道主要由哪些反应物得到哪些主要产物，可将 C_3S、C_2S 同等看待，然后了解 C_3A，C_4AF 也可看作与 C_3A 类似。其中以 C_3A 较为复杂，石膏即因 C_3A 而掺入水泥中，故石膏的作用由此而被牢固掌握。应了解水泥硬化产物的组成与结构。应理解水泥细度、凝结（初凝、终凝）时间的实际意义，理解颗粒尺寸与比表面积的关系。掌握体积安定性的含义，牢固掌握引起安定性不良的三种因素及有关检验方法与标准规定。了解易导致水泥石侵蚀的组成与结构方面的原因，了解防侵蚀的措施。

普通硅酸盐水泥是一种掺加了混合材料的水泥，但由于掺量不大，其性能接近于硅酸盐水泥，故凡硅酸盐水泥的特点基本也适用于普通水泥。

应了解活性混合材料与非活性混合材料的区别。在掺混合材料水泥中应掌握矿渣水泥、火山灰水泥、粉煤灰水泥这三种水泥的共性，也应区别掌握三者的特性。注意这里提到的抗冻性主要指早期抗冻性，抗碳化性在混凝土耐久性中将有详细讲述。复合水泥一般不需专门了解，因为其性能特点主要取决于哪一种混合材料掺量较大，共性则仍同于矿渣水泥、火山灰水泥、粉煤灰水泥。

应理解以上主要五种水泥的性能特点与工程选用。

此外简要掌握铝酸盐水泥和硫铝酸盐水泥。注意掌握这些水泥的主要熟料、主要水化产物、凝结硬化的主要特征、水化产物的强度与耐久性、在哪些工程上适用、有哪些使用禁忌。

白水泥与彩色水泥只需简要了解。白水泥含铁少，在白水泥的基础上加入颜料即可得彩色水泥。注意白水泥的四个等级白度与三个产品等级的划分。快硬硅酸盐水泥是在硅酸盐水泥的基础上增加水化快速的矿物如 C_3A 和 C_3S 而得到的。膨胀水泥和自应力水泥两者的共同特点均是硬化时整体膨胀，其原理均是利用生成膨胀性的高硫型水化硫铝酸钙（钙矾石）。

（四）混凝土

主要应掌握普通混凝土的组成材料，混凝土性能如和易性、力学性能、耐久性、配合比设计。了解重混凝土与轻混凝土的特点与应用。

在混凝土组成材料中，水泥应在第三节掌握。应理解水泥与水组成水泥浆、砂石构成集料、水泥浆与骨料分别所起的作用。在砂石中，结合第一节的空隙率概念，考虑砂或石子堆积形成骨架、填充空隙的效果，从颗粒尺寸-比表面积-水泥消耗量的关系和级配-空隙率-水泥消耗量的关系两个主要角度，理解对砂石细度与级配的技术要求，以满足良好的和易性与降低水泥用量的要求。在以上学习中应重点掌握骨料细度与级配两个概念。了解砂石中的有害杂质的种类与影响。掌握石子压碎指标的含义。结合混凝土耐久性的碱-骨料反应内容，了解石子的碱-骨料反应检测。了解混凝土拌和水的要求。

在混凝土外加剂中，主要应掌握减水剂、引气剂、速凝剂、缓凝剂与早强剂的作用，了解五种减水剂、三乙醇胺早强剂的特点。在混凝土掺合料中，主要了解掺合料与水泥混合材料的同与异。

了解混凝土和易性的含义与测定方法，了解坍落度的范围划分，了解施工中混凝土坍落度选择的原则与要求。理解和易性的影响因素，理解改善和易性的措施。

了解混凝土强度几个主要概念的实际含义。理解强度的影响因素，理解改善强度的措施。牢固掌握混凝土强度公式（即保罗米公式），其中回归系数不必记。

了解混凝土变形中非荷载变形的几种方式、引起变形的原因、变形是否可引起混凝土开裂。了解混凝土变形中受力变形的内容，了解在短期荷载作用下的应力-应变关系与弹性模量测定及其影响因素，了解徐变的影响因素与其对混凝土结构的作用。

了解混凝土耐久性的各分项内容，如抗渗性、抗冻性、碱-骨料反应、抗碳化性、抗化学侵蚀性。了解其影响因素、改善措施。化学侵蚀性可与第三节水泥石的侵蚀与防侵蚀内容相联系。了解氯离子（Cl^-）对钢筋混凝土结构耐久性的影响。

了解混凝土配合比设计的三大步骤，即设计计算、试配与调整、施工配合比换算。在设计计算中，掌握配制强度的计算、水灰比的确定。掌握施工配合比换算公式，可与第一节吸水性与吸湿性计算内容相联系。

（五）沥青及改性沥青

主要掌握石油沥青内容。了解石油沥青的组成特点、组丛的划分及其对沥青性能的影响。掌握沥青主要技术性质如黏性、塑性、温度稳定性、大气稳定性，尤其是前三个的表达方式、与沥青性能的关系。

了解煤沥青的主要优缺点。

了解石油沥青改性的主要方式与效果。

了解沥青的主要应用方式，冷底子油、沥青胶、嵌缝油膏的组成原材料与施工应用特点。了解沥青防水卷材，尤其是石油沥青油毡的标号划分方法、石油沥青卷材与煤沥青卷材的黏结方式特点。

了解合成高分子防水材料相对于沥青防水材料的主要特点，了解三元乙丙橡胶防水卷材的使用温度范围与优缺点。

（六）建筑钢材

了解建筑钢材分别按化学成分与脱氧程度的划分方式。掌握钢材的主要力学性能、工艺性能及指标，注意了解其中低碳钢与硬钢的应力-应变曲线特点、屈服点、$\sigma_{0.2}$、屈强比、伸长率、冷脆性。了解钢材中合金元素与有害元素的划分，掌握各有害元素对钢材性能的影响。掌握钢材的冷加工和冷加工时效两个概念及其对钢材性能的不同影响。

掌握钢材牌号的表达方法与含义，了解常用的 Q235 号钢特点和沸腾钢的使用限制。了解型钢与钢板的使用。了解各种钢筋和钢丝的特点，尤其注意掌握热轧钢筋I、II、III级的选用特点，了解冷拉热轧钢筋I、II、III、IV级的选用特点，掌握最为经济、常用的冷拔低碳钢丝的甲级、乙级的选用，了解冷轧扭钢筋的特点，了解预应力用钢丝、钢绞线的材质与适用范围。了解钢材防锈与防火的措施。

（七）木材

掌握木材的分类。掌握纤维饱和点、平衡含水率、窑干含水率的含义与数值范围，掌握大于或小于纤维饱和点的含水率对木材强度与体积膨胀的不同影响。掌握木材在不同方向的胀缩变化特点。掌握木材强度的各向异性，如顺纹抗拉、横纹抗拉、横纹抗压等的数值高低。了解木材的防腐、木材初级产品种类。

（八）石材

掌握花岗岩与大理石的岩石属性、选岩矿物、主要化学成分、酸碱性。掌握花岗岩与大理石的主要优缺点、工程适用范围。

（九）黏土

了解土的组成。了解土粒的大小与土的级配。了解颗粒分析两参数与级配的关系。了解土的液相类型。掌握土的干密度与干重度的含义。了解土的相对密实度。了解黏性土的稠度与三种界限含水率的含义。掌握影响土压实性的因素。

土木工程材料，又称建筑材料，是形成土木工程各种建筑物和构筑物的物质基础。材料的性能与质量直接影响着建筑结构的效能与使用寿命。依据结构的设计与使用要求合理地选用材料，将会产生良好的经济效益与社会效益。因此，无论对于结构设计还是施工，建筑材料的使用与选择均占有重要的地位。要做到这一切，重要的一点是对建筑材料有全面与深入的了解。

本章将简要介绍主要建筑材料的组成及内部结构、基本性质及表征指标，并对建筑结构中常用的建材类型分述其性能与应用。

第一节 材料科学知识与土木工程材料的基本性质

一、材料科学知识

材料的组成、结构和构造是决定材料性质的内在因素，要了解材料的性质，必须先了解材料的组成、结构与材料性质之间的关系。

（一）材料的组成

材料的组成分为化学组成和矿物组成。化学组成影响着材料的化学性质，矿物组成影响着材料的物理力学性质。

1. 化学组成

材料的化学组成是指材料的化学成分。金属材料以化学元素表示，如钢材中的化学元素有 Fe、C、Si、Mn、S、P 等；无机非金属材料通常用各种氧化物表示，如水泥主要的氧化物包括 CaO、SiO_2、Al_2O_3、Fe_2O_3 等；有机聚合物则以有机元素链节重复形式表示，如 C—H。

化学组成影响材料的化学性质，如钢材主要化学成分为 Fe，所以容易生锈。有机材料由 C—H 化合物及其衍生物组成，所以容易老化。

由于化学成分对材料的性质影响很大，所以通常按照材料的化学组成将其划分为无机材料、有机材料和复合材料三大类，详见表 12-1-1。

土木工程材料的分类 表 12-1-1

分 类		实 例
无机材料	非金属材料	天然石材	毛石、料石、石板、碎石、卵石、砂
		烧土制品	黏土砖、黏土瓦、陶器、炻器、瓷器
		玻璃及熔融制品	玻璃、玻璃棉、矿棉、铸石
		胶凝材料	石膏、石灰、菱苦土、水玻璃以及各种水泥
		砂浆及混凝土	砌筑砂浆、抹面砂浆、普通混凝土、轻骨料混凝土
		硅酸盐制品	灰砂砖、硅酸盐砌块
	金属材料	黑色金属	铁、钢
		有色金属	铝、铜及其合金
有机材料	植物质材料		木材、竹材
	沥青材料		石油沥青、煤沥青
	合成高分子材料		塑料、合成橡胶、胶黏剂
复合材料	金属-非金属		钢纤混凝土、钢筋混凝土
	无机非金属-有机		玻纤增强塑料、聚合物混凝土、沥青混凝土、人造石
	金属-有机		PVC 涂层钢板、轻质金属夹芯板、铝塑板

2. 矿物组成

将材料中具有特定晶体结构和特定物理力学性能的组织结构称为矿物。矿物组成是指构成材料的矿物种类和数量。如花岗岩的主要矿物组成为长石和石英，酸性岩石多，因此，花岗岩强度高，硬度大，耐磨性好，耐酸性好，抗风化性能好。大理石的主要矿物为方解石和白云石，碱性岩石多，因此，大理石强度、硬度、耐磨性不如花岗岩，不耐酸腐蚀，抗风化性能差，不适宜于室外环境。

3. 相组成

将材料中结构相近、性质相同的均匀部分称为相。同一材料可由多相物质组成。如建筑钢材中就有铁素体、珠光体和渗碳体等基本组织，其中铁素体软，渗碳体硬，它们的比例不同，就能生产出不同性能的钢材。复合材料是宏观层次上的多相组成材料，如水泥混凝土。

（二）材料的结构

按照尺度可将材料的结构划分为微观结构、细观结构和宏观结构三个层次，是决定材料性质的重要因素之一。

1. 微观结构

材料的微观结构是指用电子显微镜或 X 射线来分析研究的原子、分子层次的结构。材料的微观结构决定材料的物理性质，如强度、硬度、熔点、导热、导电性等。

按照材料微观质点的排列特征或联结方式，材料的微观结构分为晶体、非晶体。

（1）晶体结构

在空间上，质点（离子、分子、原子）按特定的规则、呈周期性排列的固体称为晶体。具体来说，内部质点具有长程有序（即沿特定的长度方向规则排列）及平移有序（即晶格结构可以周期式平移）的特点。原子排列示例如图 12-1-1a）所示。

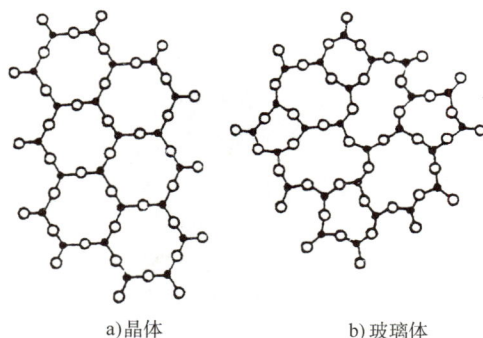

a)晶体　　　　　　b)玻璃体

图 12-1-1 晶体、玻璃体的原子排列示意图

晶格构造的有序特点使晶体具有特定的几何外形、固定的熔点和化学稳定性。微观晶体固定的几何外形使其表现为各向异性，但因实际使用的晶体材料通常由众多细小晶粒随机排布而成，这使得宏观晶体材料（如建筑钢材）呈现出各向同性的特点。

根据组成晶体的质点及化学键的不同，晶体分为：

原子晶体：中性原子以共价键结合而成的晶体，如石英。

离子晶体：正负离子以离子键结合而成的晶体，如 NaCl。

分子晶体：以范德华力，即分子间结合力结合而成的晶体，如冰、干冰。

金属晶体：以金属阳离子为晶格，由自由电子与金属阳离子间的金属键结合而成的晶体，如铁、铝。

（2）非晶体结构

非晶体包括玻璃体和胶体两类。

熔融状态的材料在急速冷却时，其质点来不及或因某种因素不能规则排列就凝固所形成的结构称为玻璃体，其结构特征为质点在空间上呈现完全无序排列，故又称为无定形体，如图 12-1-1b）所示。质点的无序排列使玻璃体没有固定熔点，化学活性高，且表现为各向同性。

胶体是由许多极微小固体粒子（粒径为 1~100nm，称为分散质）分散在连续介质中形成的结构。由于分散质颗粒极细，总表面积巨大，使胶体具有吸附性和黏结力。如果胶体中的微粒可做布朗运动，即为溶胶，溶胶可流动；溶胶脱水或微粒因凝结而不再做布朗运动时，则称为凝胶；凝胶完全脱水后则称为干凝胶，具有固体的性质，可产生一定的强度，如硅酸盐水泥水化形成的水化硅酸钙凝胶、石油沥青等。

2. 细观结构

细观结构（也称亚微观结构）是指在光学显微镜下能观察到的结构，主要用于研究材料内部晶粒的大小及形态、晶界与界面、孔隙与微裂纹等。

材料细观结构层次上各种组织的特征、数量、分布等对材料性能有重要影响，如金属材料晶粒大小、金相组织等直接影响其强度、硬度、塑性、韧性等技术性能。

3. 宏观结构

宏观结构是指可以通过目测或放大镜观察到的结构，可根据宏观结构的密实度（或孔隙特征）和构造方式将其细分。

（1）按照材料的宏观构造特征分类

堆聚结构：由骨料与胶凝材料结合而成的材料，如水泥混凝土等。

纤维结构：由纤维状物质构成的材料结构，纤维之间存在相当多的孔隙，如木材、玻璃纤维、有机纤维等，平行纤维方向的抗拉强度较高，能用作保温隔热和吸声材料。

层状结构：将材料叠合而成的结构，如胶合板等，各层材料性质不同，但叠合后材料的综合性质较好，扩大了材料的使用范围。

散粒结构（粒状结构）：材料呈松散颗粒状的结构，如砂石骨料、黏土陶粒等。

（2）按照材料的宏观孔隙特征分类

致密结构：无孔隙存在的材料，如玻璃、钢材等，具有吸水率低、强度好、抗渗性好等性质。

多孔结构：有粗大孔隙的结构，如加气混凝土、泡沫塑料、泡沫混凝土等。

微孔结构：有微细的孔隙结构，如黏土砖、石膏制品等。孔隙率高的材料，质量轻、强度较低，但保温、隔热、吸声性好。

由本节的简要综述可以看出，土木工程材料的性质，从根本上来说，取决于其内部（或自身）的组成与结构。一旦材料组成已经确定，无论在什么尺度上的结构，都会在不同方面影响其性能；或者说，材料的内部结构是材料性质的内因，是理解与运用材料的基础。在随后各节有关性能指标的学习，以及各种重要材料的分论中，都要以这个基本观点与方法来作为理解与掌握的基础。

【例 12-1-1】两种元素化合形成离子化合物，其阴离子将：

A. 获得电子　　　　　　　　　　　B. 失去电子

C. 既不获得电子也不失去电子　　　D. 与别的阴离子共用自由电子

解　两种元素化合形成离子化合物，其阴离子获得电子，带负电荷，阳离子失去电子，带正电荷。

答案：A

【例 12-1-2】 具有一定的化学组成、内部质点周期排列的固体，称为：

A. 晶体

B. 凝胶体

C. 玻璃体

D. 溶胶体

解　物质按照微观粒子排列方式分为晶体和非晶体（也称玻璃体）。

晶体的基本质点按照一定的规律排列，而且按照一定的周期重复出现，即具有各向异性的性质，具有固定的熔点。

玻璃体的粒子呈无序排列，也称无定型体，无固定熔点，各向同性，导热性差，且具有潜在的化学活性，在一定条件下容易与其他物质发生化学反应。

胶体属于非晶体，是微小固体粒子（粒径为 1~100nm）分散在连续介质中而成，因为质点很微小，表面积很大，所以表面能很大，吸附能力很强，使胶体具有很强的黏结力，胶体又分为凝胶体、溶胶体和溶-凝胶体。

所以具有一定的化学组成、内部质点周期排列的固体为晶体。

答案： A

二、土木工程材料的基本性质

各种建筑物均由材料构建而成。不同的建筑物有不同的功能要求，即使是同一建筑物，其不同部位所起的作用也会有所不同。实现各种功能要求的基本手段之一是合理运用土木工程材料。还需指出，不同的建筑物所处的工作环境不尽相同，而且建筑物还要历经寒暑季节的变化。因此，对土木工程材料基本性质的要求是多方面的，如物理性质、力学性质、耐久性、防火性、装饰性等。

本部分将简要介绍这些基本性质及其指标，并对其中最重要的指标的测定与计算作扼要叙述。

（一）土木工程材料的物理参数

1. 密度

密度是指材料在绝对密实状态下单位体积的质量，又称质量密度（ρ），可表示为：

$$\rho = \frac{m}{V} \tag{12-1-1}$$

式中：　ρ ——密度（g/cm^3）；

m ——材料在干燥状态下的质量（g）；

V ——材料在绝对密实状态下的体积（cm^3）。

绝对密实状态下的体积是指不包括孔隙在内的体积，如图 12-1-2a）所示，且与外界条件变化与否无关，只与材料中固体物质的体积有关。测定有孔材料的绝对密实体积时，须将材料磨成细粉，干燥后用李氏瓶（排液置换法）测定。

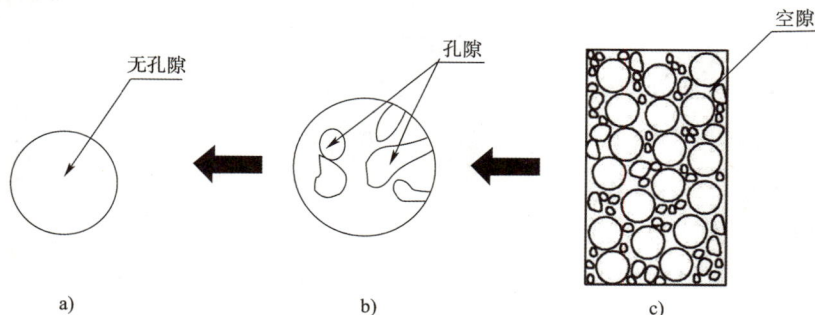

图 12-1-2　材料不同状态下的体积

相对密度（旧称"比重"），是指物质密度与标准大气压下，4℃水的密度的比值，无量纲。标准大气压下，4℃水的密度为1g/cm³，所以物质的密度与相对密度在数值上相同。

2. 表观密度

表观密度是指材料在自然状态下单位体积的质量，亦称体积密度（ρ_0），可表示为：

$$\rho_0 = \frac{m}{V_0} \tag{12-1-2}$$

式中：ρ_0 ——表观密度（g/cm³或kg/m³）；

$\quad\ m$ ——材料的质量（g 或 kg）；

$\quad\ V_0$ ——材料在自然状态下体积（cm³或 m³）。

材料自然状态下的体积是指包括内部孔隙在内的体积，如图 12-1-2b）所示。材料表观密度的大小与其含水情况有关，需要说明含水情况，通常材料的表观密度是指气干状态下的表观密度。材料在烘干状态下的表观密度称为干表观密度。

3. 堆积密度

散粒材料在自然堆积状态下单位体积的质量，称为堆积密度（ρ_0'），可表示为：

$$\rho_0' = \frac{m}{V_0'} \tag{12-1-3}$$

式中：ρ_0' ——散粒材料的堆积密度（kg/m³）；

$\quad\ m$ ——散粒材料的质量（kg）；

$\quad\ V_0'$ ——散粒材料在自然堆积状态下的体积（m³）。

颗粒材料在堆积状态下的体积，不仅包括材料内部的孔隙，还包括颗粒间的空隙，如图 12-1-2c）所示。

密度（ρ）、表观密度（ρ_0）和堆积密度（ρ_0'）均指材料单位体积的质量，不同之处在于确定单位体积时材料所处的状态不同，所以对于同一材料而言，$\rho > \rho_0 > \rho_0'$。

常用土木工程材料的密度、表观密度及堆积密度见表 12-1-2。

常用土木工程材料的密度、表观密度及堆积密度 表 12-1-2

材　　料	密度 ρ （g/cm³）	表观密度 ρ_0 （kg/m³）	堆积密度 ρ_0' （kg/m³）
石灰石	2.60	2 300~2 600	—
花岗石	2.80	2 500～2 800	—
碎石（石灰石）	2.60	—	1 400～1 700
砂	2.60	—	1 450～1 650
黏土	2.60	—	1 600～1 800
普通黏土砖	2.50	1 600～1 800	—
黏土空心砖	2.50	1 000～1 400	—
水泥	3.10	—	1 200～1 300
普通混凝土	—	2 000～2 800	—
轻混凝土	—	800～1 900	—
木材	1.55	400~800	—
钢材	7.85	7 850	—
泡沫塑料	—	20~50	—

4. 孔隙率与密实度

孔隙率是指材料中孔隙的体积占材料总体积的百分率（P），可表示为：

$$P = \frac{V_0 - V}{V_0} \times 100\% = \left(1 - \frac{\rho_0}{\rho}\right) \times 100\% \tag{12-1-4}$$

材料中固体体积占总体积的百分率称为材料的密实度（D）。孔隙率和密实度之和为 1，即 $P + D = 1$。材料的孔隙率和密实度直接反映材料的密实程度。

材料孔隙率的大小及孔隙特征对材料的性能（如吸水性、保温性、抗冻性、抗渗性等）有很大的影响。孔隙特征包括孔隙构造（开口与闭口状态）和孔径大小。开口孔隙与外面大气相连，水、空气能进出；而闭口孔隙封闭在材料内部。一般情况下，孔隙率大的材料适宜用作保温材料和吸声材料，同时，还要考虑孔隙的开口与闭口状态，开口孔隙对吸声有利，但对材料的强度、抗渗性、抗冻性等均不利；微小而均匀的闭口孔隙除对材料的抗渗性、抗冻性有利外，还能降低导热系数，使材料具有绝热性能。总之，对于同种材料，孔隙率相同时，其性质不一定相同。按孔隙尺寸大小又将孔隙分为大孔、中孔和小孔。

5. 空隙率与填充率

空隙率是指散粒材料在堆积体积中，颗粒间空隙体积占总体积的百分率（P'），可由下式计算：

$$P' = \frac{V_0' - V_0}{V_0'} \times 100\% = \left(1 - \frac{\rho_0'}{\rho_0}\right) \times 100\% \tag{12-1-5}$$

填充率是指散粒材料在堆积体积中，颗粒体积占总体积的百分率，填充率+空隙率=1。

空隙率和填充率大小反映了散粒材料颗粒互相填充的致密程度。在配制混凝土时，为了节约水泥，石子空隙被砂子填充，砂子空隙被水泥填充，所以空隙率和填充率可作为控制砂石级配和计算砂率的依据。

【例 12-1-3】 材料的孔隙率降低，则其：

    A. 密度增大而强度提高   B. 表观密度增大而强度提高

    C. 密度减小而强度降低   D. 表观密度减小而强度降低

解 材料的密度是指材料在绝对密实状态下单位体积的质量，不包含材料内部的孔隙。表观密度是指材料在自然状态下单位体积的质量，包含内部孔隙。孔隙率是指孔隙体积占总体积的百分率。所以密度与孔隙率无关，孔隙率降低，即材料中孔隙体积减小，表观密度增大，而强度提高。

答案：B

【例 12-1-4】 密度为 2.6g/cm³ 的岩石具有 10% 的孔隙率，其表观密度为：

    A. 2 340kg/m³   B. 2 680kg/m³   C. 2 600kg/m³   D. 2 364kg/m³

解

$$孔隙率 P = 1 - \frac{表观密度}{密度}$$

表观密度 $= (1 - P) \times 密度 = (1 - 10\%) \times 2.6 = 2.34\text{g/cm}^3 = 2\,340\text{kg/m}^3$

答案：A

【例 12-1-5】 材料在绝对密实状态下，单位体积的质量称为：

    A. 密度   B. 表观密度   C. 密实度   D. 堆积密度

解 材料在绝对密实状态下，单位体积的质量称为密度；材料在自然状态下，单位体积的质量称为表观密度；散粒材料在堆积状态下，单位体积的质量称为堆积密度。材料中固体体积占自然状态体积的百分比称为密实度。

答案：A

（二）土木工程材料的物理性质

1. 材料的亲水性和憎水性

材料表面与水或空气中的水汽接触时，会产生不同程度的润湿。材料表面能被水润湿的性质称为亲水性，材料表面不能被水润湿的性质称为憎水性。表面能被水润湿的材料为亲水材料，如砖、混凝土、木材等；表面不会被水润湿的材料为憎水材料，如石蜡、沥青、树脂、橡胶等，憎水材料适合用作防水和防潮材料。

材料表面吸附水或水汽而被润湿的性质与材料本身的组成和分子结构有关。材料与水接触时，材料分子与水分子间的亲和作用力大于水分子间的内聚力，材料表面易被水润湿，且水能通过毛细管作用而被吸入材料内部，表现为亲水性；反之，当接触的材料分子与水分子间的亲和作用力小于水分子间的内聚力时，材料表面不易被水润湿，表现为憎水性。

材料被水湿润的情况可用润湿边角θ表示。当材料与水接触时，在材料、水、空气三相的交点处，作沿水滴表面的切线，此切线与材料和水接触面的夹角θ，称为润湿边角，如图 12-1-3 所示。θ角越小，表明材料越容易被水润湿。$\theta \leqslant 90°$时，材料能被水湿润，称为亲水性材料；$\theta > 90°$时，材料表面不易吸附水，称为憎水性材料。

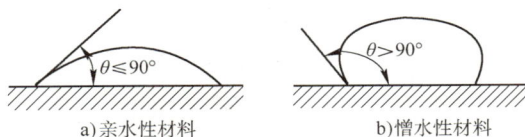

a)亲水性材料　　　　b)憎水性材料

图 12-1-3　材料润湿示意图

2. 材料的吸水性和吸湿性

（1）吸水性

吸水性是指材料在水中吸收水分的性质，吸水性的大小用吸水率表示。质量吸水率指材料吸水饱和后，吸入水的质量占材料干燥质量的百分率，可以下式表示：

$$W_\mathrm{m} = \frac{m_1 - m}{m} \times 100\% \tag{12-1-6}$$

式中：W_m——材料质量吸水率（%）；

　　　m_1——材料吸水饱和状态下的质量（g 或 kg）；

　　　m——材料在干燥状态下的质量（g 或 kg）。

材料的吸水性与材料的亲水性、憎水性有关，还与材料的孔隙率和孔隙特征有关。封闭孔隙水分不能进入，粗大开口孔隙水分不能留存，所以吸水率都小。细微连通孔隙，孔隙率越大，则吸水率越大。因此，具有很多细微开口孔隙的亲水性材料，其吸水性强。

由于孔隙率和孔隙结构不同，各种材料的吸水率相差很大，如花岗岩等致密岩石的吸水率仅为0.5%~0.7%，普通混凝土的吸水率为 2%~3%，黏土砖的吸水率为 8%~20%，而加气混凝土、软木等轻质材料的吸水率常大于 100%。

（2）吸湿性

吸湿性是指材料在潮湿空气中吸收水分的性质，用含水率表示。含水率是指材料内部所含水的质量占材料干质量的百分率，可用下式表示：

$$w = \frac{m_{湿} - m}{m} \times 100\% \tag{12-1-7}$$

式中：w——含水率（%）；

$m_{湿}$ ——材料吸收空气中水分后的质量（g 或 kg）；

m ——材料干燥状态下的质量（g 或 kg）。

材料的含水率除与孔隙率有关外，还随环境温度和湿度变化而异，材料含水率与空气湿度达到平衡时的含水率称为材料的平衡含水率。平衡含水率是一种动态平衡，即材料不断从空气中吸收水分，也可以向空气中释放水分，以保持含水率稳定。可利用石膏、木材等多孔材料的平衡含水特性，即当空气干燥时材料释放水分，反之材料吸收水分，微调节室内湿度，使其变化较小。

材料吸水或吸湿含水后都会使材料的性质改变，如表观密度和导热系数增大，强度降低、体积膨胀，因此，水对材料性质会产生不利影响。

3. 材料的耐水性

材料长期在饱和水作用下不破坏，强度也不显著降低的性质称为耐水性。材料的耐水性用软化系数来表示，即材料在水饱和状态下的抗压强度与材料在干燥状态下的抗压强度之比，可用下式表示：

$$K = \frac{f_b}{f_g} \tag{12-1-8}$$

式中：K ——材料的软化系数；

f_b ——材料在水饱和状态下的抗压强度（MPa）；

f_g ——材料在干燥状态下的抗压强度（MPa）。

软化系数的大小表明材料在浸水饱和后保持抗压强度的能力，一般材料遇水后，内部质点的结合力减弱，强度会有不同程度的降低，如花岗岩长期浸泡在水中，强度将下降 3%，黏土砖和木材吸水后强度降低更大，所以，材料的软化系数在 0~1 之间，软化系数越小，说明材料吸水后强度降低越多，耐水性越差，通常把软化系数大于 0.85 的材料称为耐水材料。长期受水浸泡或处于潮湿环境的重要结构，必须选用软化系数不低于 0.85 的材料；受潮较轻或次要结构的材料，其软化系数不宜低于 0.75。

4. 材料的抗渗性

材料抵抗压力水渗透的性质称为抗渗性，或不透水性。材料的抗渗性通常用渗透系数来表示。

$$k = \frac{Qd}{AtH} \tag{12-1-9}$$

式中：k ——材料的渗透系数（cm/h）；

Q ——渗水量（cm³）；

d ——试件厚度（cm）；

H ——静水压力水头（cm）；

t ——渗水时间（h）；

A ——渗水面积（cm²）。

由公式（12-1-9）可知，渗透系数是指一定厚度的材料，在单位压力水头作用下，在单位时间内透过单位面积的水量，渗透系数越小，表明材料渗透的水量越少，抗渗性越好。

对于混凝土或砂浆用抗渗等级表示其抗渗性，抗渗等级是以规定的试件在标准试验方法下所能承受的最大水压力来确定，所以，抗渗等级越大，混凝土或砂浆的抗渗性越好。

材料的抗渗性好坏与其孔隙率及孔隙特征有关。开口大的孔，水易渗入，材料的抗渗性差；微细连通孔也易渗入水，材料的抗渗性差；闭口孔水不易渗入，即使孔隙率较大，材料的抗渗性也良好。

抗渗性是决定材料耐久性的主要因素，对于地下建筑及水工构筑物，因常受到压力水的作用，所以要求材料具有一定的抗渗性。对于防水材料，则要求具有更高的抗渗性。材料抵抗其他流体渗透的性质，也属于抗渗性。

5. 材料的抗冻性

材料在水饱和状态下，能经受多次冻融循环（冻结和融化）作用而不破坏、强度也不严重降低的性质称为材料的抗冻性。

混凝土的抗冻性可用抗冻等级"Fn"和抗冻标号"Dn"表示，n为最大冻融次数，如F25、F50或D25、D50等。抗冻等级是采用100mm×100mm×400mm的棱柱体试件，经一定快速冻融试验后，质量损失率不超过 5%，相对动弹性模量值不小于 60%时所承受的最大循环次数。抗冻标号是采用边长100mm 的立方体试块，进行慢冻试验（冻 4h，融 4h），质量损失率不超过 5%，抗压强度下降不超过25%时所承受的最大冻融循环次数。抗冻等级或抗冻标号越大，材料的抗冻性越好。对于水工及冬季气温在−15℃的地区工程，应考虑材料的抗冻性。

材料在冻融循环作用下产生破坏主要是由于材料内部孔隙中的水结冰时体积膨胀（约 9%）所致，冰膨胀对材料孔壁产生巨大的压力，由此产生的拉应力超过材料的抗拉强度极限时，材料内部产生微裂缝，强度下降。所以材料的抗冻性与材料的孔隙率、孔隙构造、孔隙被水充满的程度和材料对水分结冰体积膨胀所产生压力的抵抗能力等因素有关。密实或具有封闭孔隙的材料抗冻性好。

抗冻性良好的材料，对于抵抗大气温度变化、干湿交替等风化作用的能力通常也较强，所以抗冻性常作为考查材料耐久性的一项指标。处于温暖地区的建筑物，虽无冰冻作用，但为抵抗大气的作用，确保建筑物的耐久性，有时对材料也提出一定的抗冻性要求。

6. 材料的导热性

在建筑中，除了满足必要的强度及其他性能的要求外，土木工程材料还必须具有一定的热工性质，以降低建筑物的使用能耗，创造适宜的生活与生产环境。导热性是土木工程材料的一项重要热工性质。

导热性是指材料传递热量的能力。材料的导热性可用导热系数来表示，导热系数的物理意义是：厚度为 1m 的材料，当温度改变 1K 时，在 1s 时间内通过 1m^2 面积的热量，可用下式表示。

$$\lambda = \frac{Qa}{(t_1 - t_2)At} \tag{12-1-10}$$

式中：λ ——材料的导热系数 [W/(m·K)]；

　　　Q ——总传热量（J）；

　　　a ——材料厚度（m）；

　　$t_1 - t_2$ ——材料两侧绝对温度之差（K）；

　　　A ——传热面积（m^2）；

　　　t ——传热时间（s）。

材料的导热系数越小，表示材料的导热性越差，绝热性能越好。几种典型材料的热工性质指标见表 12-1-3。

典型材料的热工性质指标　　　　　　　　　　　　　　　　　　表 12-1-3

材　　料	导热系数 [W/(m·K)]	比热容 [J/(g·K)]	材　　料	导热系数 [W/(m·K)]	比热容 [J/(g·K)]
铜	370	0.38	绝热用纤维板	0.05	1.46
钢	55	0.46	玻璃棉板	0.04	0.88
花岗石	2.9	0.80	泡沫塑料	0.03	1.30

材　料	导热系数 [W/(m·K)]	比热容 [J/(g·K)]	材　料	导热系数 [W/(m·K)]	比热容 [J/(g·K)]
普通混凝土	1.8	0.88	冰	2.20	2.05
普通黏土砖	0.55	0.84	水	0.58	4.19
松木（横纹）	0.15	1.63	密闭空气	0.023	1.00

影响土木工程材料导热系数的主要因素有：

（1）材料的组成与结构。通常金属材料、无机材料、晶体材料的导热系数分别大于非金属材料、有机材料、非晶体材料。

（2）孔隙率。孔隙率大，含空气多，则材料表观密度小，其导热系数也就小，这是由于空气的导热系数小（为0.023）的缘故。

（3）孔隙特征。在相同孔隙率的情况下，细小孔隙、闭口孔隙组成的材料比粗大孔隙、开口孔隙的材料导热系数小，因为前者避免了对流传热。

（4）含水情况。当材料含水或含冰时，材料的导热系数会急剧增大，因为水和冰的导热系数分别为0.58和2.20。

工程中通常将导热系数小于0.23W/(m·K)的材料为绝热材料。

【例 12-1-6】 憎水性材料的润湿边角：

    A. >90°　　　　　　B. ≤90°　　　　　　C. >135°　　　　　　D. ≤180°

解　材料能被水润湿的性质称为亲水性，材料不能被水润湿的性质称为憎水性。一般可以按润湿边角的大小将材料分为亲水性材料和憎水性材料。润湿边角是指在材料、水和空气的交点处，沿水滴表面的切线与水和固体接触面所形成的夹角。亲水性材料的润湿边角≤90°，憎水性材料的润湿边角>90°。

答案： A

【例 12-1-7】 在组成一定时，为使材料的导热系数降低，应：

    A. 提高材料的孔隙率　　　　　　　　　B. 提高材料的含水率

    C. 增加开口大孔的比例　　　　　　　　D. 提高材料的密实度

解　因为空气的导热系数为0.023W/(m·K)，水的导热系数为0.58W/(m·K)，在组成一定时，增加空气含量（即提高孔隙率，降低密实度）可以降低导热系数，如果孔隙中含水，则增大了导热系数，开口孔隙会形成对流传热效果，使导热能力增大。所以在组成一定时，为使材料的导热系数降低，应该提高材料的孔隙率。

答案： A

（三）土木工程材料的力学性质

土木工程材料要达到稳定、安全、适用，材料的力学性质是首先要考虑的基本性质。材料的力学性质是指材料在外力作用下的变形性质和抵抗外力破坏的能力。

1. 材料的强度和强度等级

材料在外力（荷载）作用下抵抗破坏的能力，称为材料的强度。当材料承受外力作用时，内部就产生应力。外力逐渐增加，应力也相应加大，直到质点间作用力不再能够承受时，材料即破坏，此时的极限应力值就是材料的强度。

根据外力作用的形式不同，材料的强度分为抗压强度、抗拉强度、抗弯强度及抗剪强度等，如

图 12-1-4 所示。

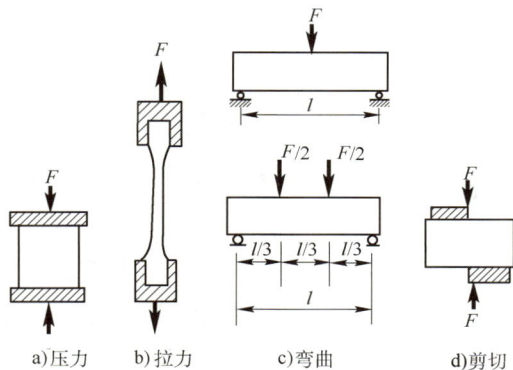

图 12-1-4 材料受力示意图

材料的抗压强度（f_a）、抗拉强度（f_t）及抗剪强度（f_v）的计算公式如下：

$$f = \frac{F}{A} \tag{12-1-11}$$

式中：F ——材料破坏时最大荷载（N）；

A ——材料受力截面面积（mm^2）。

材料的抗弯强度与受力情况、截面形状及支承条件等有关，通常将矩形截面条形试件放在两支点上，中间作用一集中荷载，称为三点弯曲，抗弯强度计算式为：

$$f_{tm} = \frac{3PL}{2bh^2} \tag{12-1-12}$$

也有时在跨度的三分点上作用两个相等的集中荷载，称为四点弯曲，则其抗弯强度计算式为：

$$f_{tm} = \frac{PL}{bh^2} \tag{12-1-13}$$

式中：f_{tm} ——抗弯强度（MPa）；

P ——弯曲破坏时最大荷载（N）；

L ——两支点间的跨距（mm）；

b、h ——试件横截面的宽及高（mm）。

各种土木工程材料的强度特点差异很大，见表 12-1-4。

几种常用材料的强度（单位：MPa） 表 12-1-4

材　　料	抗 压 强 度	抗 拉 强 度	抗 弯 强 度
花岗岩	100~250	7~25	10~14
大理石	50~190	7~25	6~20
普通黏土砖	5~20	—	1.6~4.0
普通混凝土	10~60	1~9	—
松木（顺纹）	30~50	80~120	60~100
建筑钢材	240~1 500	240~1 500	—

为了使用方便，土木工程材料常按其强度高低划分为若干个等级，例如钢材按拉伸试验测得的屈服强度确定钢材的牌号或等级，水泥按抗压强度和抗折强度确定强度等级，普通混凝土按其抗压强度确定强度等级。

为衡量材料轻质高强方面的属性，还需规定一个相关的性能指标，称为比强度。比强度是指材料强度对其表观密度的比值，该值越大，表明该材料具有越好的轻质高强属性。

2. 弹性与塑性

在外力作用下，材料产生变形，外力取消后变形消失，材料能完全恢复原来形状的性质称为弹性，这种外力去除后即可恢复的变形为弹性变形，属可逆变形，弹性变形值与外力成正比，这个比值称为弹性模量。在弹性变形范围内，E 为常数，即：

$$E = \frac{\sigma}{\varepsilon} \tag{12-1-14}$$

式中：σ ——材料的应力（MPa）；

ε ——材料的应变。

弹性模量是衡量材料在弹性范围内抵抗变形能力的指标，该值越大，材料抵抗变形的能力越强，材料受力变形越小。

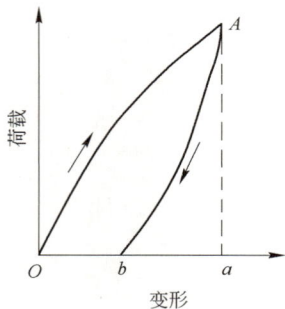

图 12-1-5　弹-塑性材料的变形曲线

在外力作用下材料产生变形，当外力取消后变形不能恢复，仍保持变形后的形状和尺寸，但不产生裂隙的性质称为塑性，这种不能恢复的变形称为塑性变形，属不可逆变形。

实际上纯弹性材料是没有的，大部分固体材料在受力不大时，表现出弹性变形，当外力达一定值时，则呈现塑性变形。有的材料受力后，弹性变形和塑性变形同时发生，当卸荷后，弹性变形会恢复，而塑性变形不能消失（如混凝土），这类材料称为弹-塑性材料，其变形曲线如图 12-1-5 所示。

3. 材料的脆性和韧性

材料受外力作用，当外力达到一定数值时，材料发生突然破坏，且破坏时无明显的塑性变形，材料的这种性质称为脆性，具有这种性质的材料称脆性材料，如混凝土、玻璃、砖石等。脆性材料的抗压强度比抗拉强度大很多，即拉压比很小，所以脆性材料不能承受振动和冲击荷载，只适合用作承压构件。

材料在冲击、振动荷载作用下，能吸收较大的能量，同时产生较大的变形而不破坏的性质称为韧性（冲击韧性），一般以测定其冲击破坏时试件所吸收的功作为指标，建筑钢材、木材、建筑塑料等属于韧性材料。在结构设计中，对于承受动荷载（冲击、振动等）的结构物，所用材料应具有较高的韧性。

4. 硬度

材料的硬度是指材料抵抗较硬物压入其表面的能力，通过硬度可大致推知材料的强度。各种材料硬度的测试方法和表示方法不同。如石料可用刻痕法或磨耗法测定，金属、木材及混凝土等可用压痕法测定，矿物可用刻划法测定（矿物硬度分为 10 个等级，最硬的 10 级为金刚石，最软的 1 级为滑石及白垩石）。常用的布氏硬度 HB 可用来表示塑料、橡胶及金属等材料的硬度。

【例 12-1-8】弹性体受拉应力时，所受应力与纵向应变之比称为：

A. 弹性模量　　　　B. 泊松比　　　　C. 体积模量　　　　D. 剪切模量

解　弹性体受拉应力时，所受应力与纵向应变之比称为弹性模量。

答案：A

【例 12-1-9】 土木工程中使用的大量无机非金属材料，下列叙述错误的是：

A. 亲水性材料　　　　　　　　　　　B. 脆性材料

C. 主要用于承压构件　　　　　　　　D. 完全弹性材料

解　无机非金属材料容易被水润湿，为亲水性材料；不能承受冲击荷载作用，为脆性材料，故适合用作承压构件；不是完全弹性材料。

答案： D

（四）材料的化学性质

材料的化学性质指材料与它所处外界环境的物质进行化学反应的能力或在所处环境的条件下保持其组成及结构稳定的能力，如胶凝材料与水作用，钢筋的锈蚀，沥青的老化，混凝土及天然石材在侵蚀性介质作用下受到腐蚀等。

（五）材料的耐久性

材料在使用过程中抵抗周围各种介质的侵蚀而不破坏的性能，称为耐久性。耐久性是材料的一种综合性质，诸如抗渗性、抗冻性、抗风化性、抗老化性、耐化学腐蚀性、耐热性、耐光性、耐磨性等均属耐久性的范围。

习　题

12-1-1　颗粒材料的密度 ρ、表观密度 ρ_0 与堆积密度 ρ_0' 之间存在下列关系（　　　）。

A. $\rho_0 > \rho > \rho_0'$　　　B. $\rho > \rho_0 > \rho_0'$　　　C. $\rho_0' > \rho_0 > \rho$　　　D. $\rho > \rho_0' > \rho_0$

12-1-2　脆性材料的特征是（　　　）。

A. 破坏前无明显变形　　　　　　　　B. 抗压强度与抗拉强度均较高

C. 抗冲击破坏时吸收能量大　　　　　D. 受力破坏时，外力所做的功大

12-1-3　材料的耐水性可用软化系数表示，软化系数是（　　　）。

A. 吸水后的表观密度与干表观密度之比

B. 饱水状态的抗压强度与干燥状态的抗压强度之比

C. 饱水后的材料质量与干燥质量之比

D. 饱水后的材料体积与干燥体积之比

12-1-4　含水率为5%的湿砂100g，其中所含水的质量为（　　　）g。

A. $100 \times 5\% = 5$　　　　　　　　B. $(100-5) \times 5\% = 4.75$

C. $100 - \dfrac{100}{1+0.05} = 4.76$　　　　D. $\dfrac{100}{1-0.05} - 100 = 5.26$

12-1-5　绝热材料的导热系数与含水率的关系是（　　　）。

A. 含水率越大导热系数越小　　　　　B. 导热系数与含水率无关

C. 含水率越小导热系数越小　　　　　D. 含水率越小导热系数越大

12-1-6　一种材料的孔隙率增大时，以下性质哪些一定下降？（　　　）

①密度；②表观密度；③吸水率；④强度；⑤抗冻性。

A. ①②　　　　　B. ①③　　　　　C. ②④　　　　　D. ②③

第二节　气硬性无机胶凝材料

能将散粒材料或块状材料黏结成为整体的材料为胶凝材料。胶凝材料按照化学成分分为无机胶凝材料和有机胶凝材料两大类，前者以无机化合物为主要成分，后者以天然或合成的有机高分子化合物为基本成分，如沥青、树脂等。无机胶凝材料按硬化条件分为气硬性胶凝材料和水硬性胶凝材料两类。气硬性胶凝材料只能在空气中硬化，也只能在空气中保持和发展强度，如建筑石膏、石灰、水玻璃、菱苦土等。水硬性胶凝材料不仅能在空气中硬化，而且能更好地在水中硬化，并保持和发展强度，如各种水泥。气硬性胶凝材料一般只适用于地上干燥环境，水硬性胶凝材料可在地上、地下或水中使用。

一、石灰

石灰是人类最早使用的一种土木工程材料，因为石灰生产原料来源广泛，工艺简单，成本低廉，使用方便，所以至今仍被广泛用于建筑工程中。

（一）石灰的原料与生产

生产石灰的主要原料是以碳酸钙为主要成分的天然岩石，常用的有石灰石、白云石、白垩等。石灰石原料在适当的温度（900~1 100℃）下煅烧，碳酸钙分解，释放出 CO_2，得到以 CaO 为主要成分的生石灰，其煅烧反应式如下：

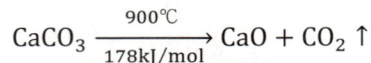

$$CaCO_3 \xrightarrow[178kJ/mol]{900℃} CaO + CO_2 \uparrow$$

由于石灰原料中会含有一些碳酸镁，故生石灰中含有一些 MgO，根据其中 MgO 的含量，生石灰分为钙质石灰（MgO≤5%）和镁质石灰（MgO>5%）。

生石灰质量轻，表观密度为800~1 000kg/m³，密度约为3.2g/cm³，颜色为洁白或略带灰色。

石灰在生产过程中，应严格控制煅烧温度，否则容易生成"欠火石灰"和"过火石灰"。欠火石灰外部为正常煅烧的石灰，内部尚有未分解的石灰石内核，不仅降低了石灰的利用率，而且有效氧化钙和有效氧化镁含量低，黏结能力差。过火石灰是由于煅烧温度过高，煅烧时间过长所致，其颜色较深，密度较大，颗粒表面部分被玻璃状物质或釉质物所包裹，使过火石灰与水的作用减慢，在工程中使用会影响工程质量。

（二）生石灰的消化

生石灰使用前，需加水使之消解为膏状或粉状的消石灰，这个过程称为石灰的"消化"或"熟化"，成品称为消石灰或熟石灰，主要成分为氢氧化钙。石灰的消化过程用下面的放热反应化学式表示：

$$CaO + H_2O \Longleftrightarrow Ca(OH)_2 + Q$$

生石灰熟化过程中大量放热（64.9kJ/mol），并且体积急剧膨胀（体积可增大 1~2.5 倍）。过火石灰熟化慢，当石灰已经硬化后，其中的过火石灰颗粒吸收空气中的水汽才开始熟化，体积逐渐膨胀，使已经硬化的浆体产生隆起、开裂等破坏现象。为消除过火石灰的危害，防止抹灰层爆灰起鼓，必须将石灰浆在储存坑中放置两周以上（称为"陈伏"），方可使用。袋石灰（生石灰粉）使用前也需"陈伏"。

石灰根据产品加工方法分为块状生石灰、生石灰粉、消石灰粉、石灰膏及石灰乳等。

（三）石灰的硬化

石灰的硬化是指石灰浆体由可塑性状态逐步转化为具有一定强度固体的过程。石灰浆体的硬化主要由以下两个作用过程来完成：

1. 结晶作用

石灰浆在干燥环境中，多余的游离水逐渐蒸发，使颗粒聚集在一起，产生一定的强度，同时石灰浆体的内部形成大量的毛细孔隙。另外，当水分蒸发时，液体中氢氧化钙达到一定程度的过饱和，从而产生氢氧化钙的析晶过程，加强了石灰浆中原来的氢氧化钙颗粒之间的结合。这两种增强作用有限，故对石灰浆体的强度增加不大，且遇水后即可丧失。

2. 碳化作用

$Ca(OH)_2$ 在潮湿条件下与空气中的 CO_2 化合生成 $CaCO_3$ 结晶，释出水分并被蒸发，这一过程称为碳化作用，其反应如下：

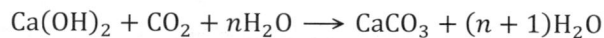

$$Ca(OH)_2 + CO_2 + nH_2O \longrightarrow CaCO_3 + (n+1)H_2O$$

由于空气中二氧化碳的浓度很低，因此硬化过程极为缓慢，碳化作用在很长时间内仅限于表层。

由石灰的结晶作用和碳化作用过程可知，硬化过程中要蒸发大量的水分，引起体积显著收缩，所以，石灰不宜单独使用，一般要掺入砂、纸筋、麻刀等材料，以减少收缩，增加抗拉强度，并节省石灰。此外，石灰浆的硬化过程很慢，硬化石灰浆体的强度一般不高，强度增长慢，受潮后强度更低。

（四）石灰的应用

1. 配制石灰砂浆、石灰乳

石灰砂浆可用于砌筑、抹面，石灰乳可用作涂料。

2. 配制石灰土、三合土

石灰土（石灰+黏土）和三合土（石灰+黏土+砂石或炉渣、碎砖等填料），分层夯实，强度及耐水性均较高，可用作基础的垫层等；石灰宜用消石灰粉或磨细生石灰，灰土中石灰用量一般为灰土总重的 6%~10%。

3. 生产灰砂砖、碳化石灰板

将磨细生石灰或消石灰粉与天然砂配合拌匀，加水搅拌，再经陈伏、加压成型和压蒸处理可制成灰砂砖。

碳化石灰板是将磨细生石灰、纤维状填料（如玻璃纤维）或轻质骨料（如矿渣）搅拌成型，然后以 CO_2 进行人工碳化（12~24h）制成的一种轻质板材。

另外，石灰还可用来配制无熟料水泥及生产多种硅酸盐制品等。

因为石灰耐水性差，所以石灰不宜用于潮湿环境，也不宜用于重要建筑物的基础。

二、建筑石膏

（一）建筑石膏的原料与生产

生产建筑石膏的主要原料是天然二水石膏（又称生石膏或软石膏）（主要成分为 $CaSO_4 \cdot 2H_2O$），二水石膏在 107~170℃下煅烧，磨细可得 β 型半水石膏，即建筑石膏，主要成分为半水硫酸钙（$CaSO_4 \cdot \frac{1}{2}H_2O$）。

若煅烧温度为 190℃，可得模型石膏，其成品细度与白度均比建筑石膏高。若将二水石膏置于 0.13MPa、124℃的过饱和蒸汽条件下蒸炼，或置于某些盐溶液中沸煮，可获得晶粒较粗、硬化产物较密

实从而强度较高的 α 型半水石膏，即高强石膏。若将生石膏在 400~500℃或高于 800℃下煅烧，即得地板石膏，其凝结、硬化较慢，硬化后强度较高，耐磨性及耐水性较好。

（二）建筑石膏的水化、凝结与硬化

半水石膏粉末与水搅拌成浆体，初期具有可塑性，但很快就失去可塑性并产生强度，发展成为具有强度的固体，这个过程称为石膏的凝结和硬化。

半水石膏与水反应生成二水石膏，反应式如下：

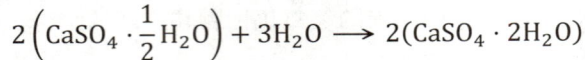

$$2\left(CaSO_4 \cdot \frac{1}{2}H_2O\right) + 3H_2O \longrightarrow 2(CaSO_4 \cdot 2H_2O)$$

由于二水石膏的溶解度小于半水石膏的溶解度，半水石膏的饱和溶解度对于二水石膏来说是过饱和的，所以二水石膏会结晶。随着浆体中的自由水分因水化和蒸发而逐渐减少，浆体变稠失去可塑性（凝结），之后，随着二水石膏胶粒凝聚成晶核并逐渐变大，相互交错和共生，使浆体产生强度，并不断增长，直至完全干燥。

在建筑石膏的凝结硬化过程中，称浆体开始失去流动性为初凝，称完全失去可塑性为终凝。从加水开始到初凝的时间为初凝时间，从加水开始到终凝的时间为终凝时间。

（三）建筑石膏的特性

1. 凝结硬化快

建筑石膏凝结快，一般初凝时间只有 3~5min，终凝时间在 30min 以内。

2. 硬化后体积微膨胀

石膏在凝结硬化时，不像其他胶凝材料（如石灰、水泥）那样出现收缩，反而略有膨胀（膨胀率为 1%），使石膏硬化体表面光滑饱满，不开裂，可制作出纹理细致的浮雕花饰。

3. 硬化体的孔隙率大

建筑石膏硬化时有大量的水分蒸发，使硬化体的孔隙率高达 50%~60%，所以硬化体的表观密度小、强度较低、导热系数小、吸声性强、吸湿性大，可调节室内的温度和湿度。

4. 防火性好，耐热性差

石膏制品本身为不燃材料，同时在遇到火灾时，二水石膏将脱出结晶水，吸热蒸发，并在制品表面形成蒸汽幕和脱水物隔热膜，有效地减少火焰对内部结构的危害，具有较好的防火性能。但是石膏制品的耐热性差，使用温度应该低于 65℃。

5. 耐水性和抗冻性能差

建筑石膏硬化体吸湿性强，吸收的水分会削弱晶体粒子的黏结力，使其强度显著降低，因而耐水性差。吸水饱和的石膏制品受冻后，会因孔隙中的水结冰而开裂崩溃，因此抗冻性差。

（四）建筑石膏的应用

建筑石膏可用于室内抹灰、粉刷，生产各种石膏板与多孔石膏制品，制作模型或雕塑，制作吸声板、顶棚、墙面的装饰板，用作装饰涂料的填料、人造大理石等。

习　题

12-2-1　建筑石膏在硬化过程中，体积产生（　　　）。

A. 收缩　　　　　　　　　　　B. 膨胀

C. 不收缩也不膨胀　　　　　　D. 先膨胀后收缩

12-2-2 为消除过火石灰的危害，所采取的措施是（　　　）。

    A. 碳化　　　　　　　B. 结晶　　　　　　　C. 煅烧　　　　　　　D. 陈伏

12-2-3 下列建筑石膏的哪一项性质是正确的？（　　　）

    A. 硬化后出现体积收缩　　　　　　　　B. 硬化后吸湿性强，耐水性较差

    C. 制品可长期用于 65℃以上高温中　　　D. 石膏制品的强度一般比石灰制品低

12-2-4 三合土垫层是用下列哪三种材料拌和铺设？（　　　）

    A. 水泥、碎砖碎石、砂子　　　　　　　B. 消石灰、碎砖碎石、砂或掺少量黏土

    C. 生石灰、碎砖碎石、锯木屑　　　　　D. 石灰、砂子、纸筋

12-2-5 石膏制品抗火性好的原因是（　　　）。

    A. 制品内部孔隙率大　　　　　　　　　B. 含有大量结晶水

    C. 吸水性强　　　　　　　　　　　　　D. 硬化快

第三节　水　　泥

水泥属于水硬性胶凝材料，品种很多，按其用途和性能可分为通用水泥、专用水泥与特种水泥三大类。一般建筑工程中常用的是通用水泥，包括硅酸盐水泥（代号 P.I，P.II）、普通硅酸盐水泥（简称普通水泥，代号 P.O）、矿渣硅酸盐水泥（简称矿渣水泥，代号 P.S）、粉煤灰硅酸盐水泥（简称粉煤灰水泥，代号 P.F）、火山灰质硅酸盐水泥（简称火山灰水泥，代号 P.P）和复合硅酸盐水泥（简称复合水泥，代号 P.C）六大种。适应专门用途的水泥称为专用水泥，如道路水泥、砌筑水泥、大坝水泥等；具有比较突出的某种性能的水泥称为特种水泥，如快硬硅酸盐水泥、膨胀水泥等。按主要水硬性物质名称，水泥又可分为硅酸盐水泥、铝酸盐水泥、硫铝酸盐水泥等。

一、硅酸盐水泥

由硅酸盐水泥熟料，0~5%石灰石或粒化高炉矿渣、适量石膏磨细而成的水硬性胶凝材料，称为硅酸盐水泥（即国外通称的波特兰水泥）。硅酸盐水泥分为两种类型，不掺加混合材料的称为I型硅酸盐水泥，代号为 P.I；掺加不超过水泥质量的 5%的石灰石或粒化高炉矿渣的称为II型硅酸盐水泥，代号 P.II。在生产水泥时，需加入适量石膏（$CaSO_4 \cdot 2H_2O$），其目的是延缓水泥的凝结，便于施工。

（一）硅酸盐水泥熟料的矿物组成

硅酸盐水泥熟料是以适当成分的生料（由石灰质原料与黏土质原料等配成）烧至部分熔融，所得以硅酸钙为主要成分的产物。熟料的主要矿物组成有硅酸三钙、硅酸二钙、铝酸三钙与铁铝酸四钙，其中硅酸钙占绝大部分。各矿物组成的性质见表 12-3-1。若调整熟料中各矿物组成之间的比例，水泥的性质即发生相应的变化。如提高硅酸三钙和铝酸三钙含量，硅酸盐水泥凝结硬化快，早期强度高，可制得快硬水泥；降低硅酸三钙和铝酸三钙的含量，提高硅酸二钙的含量，可制得低热水泥。

由于铝酸三钙凝结硬化速度很快，会使水泥浆体出现瞬时凝结的现象，影响水泥的正常使用，掺入石膏可以达到延缓凝结的目的，即石膏起缓凝作用。

硅酸盐水泥熟料矿物组成与主要特征　　　　　表 12-3-1

矿物名称	化学式	代号	含量（%）	主要特征		
				硬化速度	28d 水化放热量	强度
硅酸三钙	$3CaO \cdot SiO_2$	C_3S	37~60	快	多	高
硅酸二钙	$2CaO \cdot SiO_2$	C_2S	15~37	慢	少	早期低，后期高
铝酸三钙	$3CaO \cdot Al_2O_3$	C_3A	7~15	最快	最多	低
铁铝酸四钙	$4CaO \cdot Al_2O_3 \cdot Fe_2O_3$	C_4AF	10~18	快	中	低

【例 12-3-1】 水泥中不同矿物的水化速率有较大差别，因此可以通过调节其在水泥中的相对含量来满足不同工程对水泥水化速率与凝结时间的要求。早强水泥要求水泥水化速度快，因此以下矿物含量较高的是：

　　　　A. 石膏　　　　　　B. 铁铝酸四钙　　　　C. 硅酸三钙　　　　D. 硅酸二钙

解　早强水泥要求水泥水化速度快，早期强度高。硅酸盐水泥四种熟料矿物中，水化速度最快的是铝酸三钙，其次是硅酸三钙；早期强度最高的是硅酸三钙。所以早强水泥中硅酸三钙的含量较高。

答案： C

（二）硅酸盐水泥的水化及凝结硬化

水泥加水拌和后，成为具有可塑性的水泥浆，水泥颗粒开始水化，随着水化反应的进行，水泥浆逐渐变稠，失去可塑性，但尚未具有强度，这一过程称为"凝结"。其中，将浆体开始失去可塑性，称为"初凝"；完全失去可塑性，称为"终凝"。随后产生明显的强度并逐渐发展而成为坚硬的水泥石，这一过程称为"硬化"。凝结和硬化是人为划分的，实际上是一个连续的复杂的物理化学变化过程。所以，水化是凝结硬化的前提，凝结硬化是水化的结果。

1. 硅酸盐水泥的水化

水泥加水后，在水泥颗粒表面的熟料矿物立即水化，形成水化产物并放出一定热量。测定水化放热量可以反映水泥水化进程。图 12-3-1 为硅酸盐水泥的水化放热曲线，其中第一个放热峰对应的是铝酸三钙与石膏反应，生成物为钙矾石（三硫型水化硫铝酸钙，代号 AFt），第二放热峰为硅酸三钙的水化放热峰，生成物为水化硅酸钙（C-S-H）凝胶和 $Ca(OH)_2$。

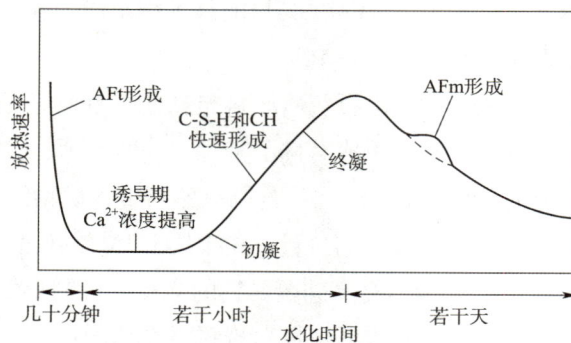

图 12-3-1　硅酸盐水泥的水化放热曲线

硅酸盐水泥熟料矿物的水化反应式如下所示：

$$2(3CaO \cdot SiO_2) + 6H_2O = 3CaO \cdot 2SiO_2 \cdot 3H_2O + 3Ca(OH)_2$$
水化硅酸钙

$$2(2CaO \cdot SiO_2) + 4H_2O = 3CaO \cdot 2SiO_2 \cdot 3H_2O + Ca(OH)_2$$
$$3CaO \cdot Al_2O_3 + 6H_2O = 3CaO \cdot Al_2O_3 \cdot 6H_2O$$
水化铝酸三钙

$$4CaO \cdot Al_2O_3 \cdot Fe_2O_3 + 7H_2O = 3CaO \cdot Al_2O_3 \cdot 6H_2O + CaO \cdot Fe_2O_3 \cdot H_2O$$
水化铁酸一钙

　　硅酸盐水泥中掺入的石膏与铝酸三钙反应生成高硫型水化硫铝酸钙（钙矾石，$3CaO \cdot Al_2O_3 \cdot 3CaSO_4 \cdot 32H_2O$）和单硫型水化硫铝酸钙（$3CaO \cdot Al_2O_3 \cdot CaSO_4 \cdot 12H_2O$，代号 AFm），这两种水化物均为难溶于水的晶体，在水泥颗粒表面形成包裹层，阻碍水化进程，实现缓凝。

　　硅酸盐水泥水化后生成的主要水化产物有凝胶与晶体两类。凝胶有水化硅酸钙（C-S-H）与水化铁酸钙（CFH），晶体有氢氧化钙 [$Ca(OH)_2$]、水化铝酸钙（C_3AH_6）与水化硫铝酸钙（包括 AFt 和 AFm）等。在完全水化的水泥石中，水化硅酸钙凝胶约占 70%，氢氧化钙约占 20%，水化硫铝酸钙约占 7%，其中水化硅酸钙凝胶对水泥石的强度和其他性质起决定性作用。

　　【例 12-3-2】 普通硅酸盐水泥的水化反应为放热反应，并且有两个典型的放热峰，其中第二个放热峰对应：

　　　　A. 硅酸三钙的水化　　　　　　　　　B. 硅酸二钙的水化

　　　　C. 铁铝酸四钙的水化　　　　　　　　D. 铝酸三钙的水化

　　解　普通硅酸盐水泥水化反应为放热反应，并且有两个典型的放热峰，其中第一个放热峰对应的是铝酸三钙水化的放热峰，第二个放热峰对应的是硅酸三钙水化的放热峰。

　　答案：A

　　2. 硅酸盐水泥的凝结硬化

　　水泥加水生成的胶体状水化产物聚集在颗粒表面形成凝胶薄膜，使水泥反应减慢，并使水泥浆体具有可塑性，由于生成的胶体状水化产物不断增多并在某些点接触，构成疏松的网状结构，使浆体失去流动性及可塑性，这就是水泥的凝结。之后由于生成的水化产物（凝胶、晶体）不断增多，它们相互接触连接到一定程度，建立起较紧密的网状结晶结构，并在网状结构内部不断充实水化产物，使水泥具有初步的强度，此后水化产物不断增加，强度不断提高，最后形成具有较高强度的水泥石，这就是水泥的硬化。

　　水泥浆硬化后的水泥石是由水化产物（包括凝胶和晶体）、未水化的水泥熟料颗粒、孔隙和水等组成的不均质体。水泥石中的孔隙包括存在 C-S-H 凝胶中的凝胶孔（孔径为 1~5nm），水分蒸发留下的毛细孔（孔径为 10~1000nm，具体尺寸取决于水灰比和水化程度，一般水化程度较为充分时，毛细孔尺寸小于 100nm）和气孔（一般由引气剂引入的封闭孔隙，尺寸为 1mm 左右）。水泥石中的水包括存在于水化产物中的化学结合水、凝胶孔中的凝胶水和毛细孔中的毛细孔水。

　　3. 影响水泥凝结硬化的因素

　　影响水泥水化、凝结和硬化速度的因素有水泥熟料矿物组成、细度、水灰比、温度、养护时间等。

　　【例 12-3-3】 硬化水泥浆体中的孔隙分为水化硅酸钙凝胶的层间孔隙、毛细孔隙和气孔，其中对材料耐久性产生主要影响的是毛细孔隙，其尺寸的数量级为：

　　　　A. nm　　　　　　　B. μm　　　　　　　C. mm　　　　　　　D. cm

　　解　水化硅酸钙凝胶的层间孔隙尺寸为 1~5nm；毛细孔尺寸为 10~1000nm，大小取决于水泥浆体的水化程度和水灰比，多数小于 100nm；而气孔尺寸为几毫米。

　　答案：A

（三）硅酸盐水泥石的侵蚀与防止

硅酸盐水泥加水硬化而成的水泥石，在通常使用条件下，有较好的耐久性，但在某些侵蚀性介质（如流动的软水、酸、镁盐、硫酸盐等）的作用下，硅酸盐水泥石会逐渐被侵蚀导致强度降低，甚至破坏，这种现象称为水泥石的侵蚀。

1. 水泥石侵蚀类型

引起水泥石侵蚀的原因很多，作用也很复杂，根据侵蚀机理，可分为以下几种类型：

（1）溶出性侵蚀

溶出性侵蚀也称为软水侵蚀，在流动的软水作用下，水泥石中的氢氧化钙溶解并流失，使孔隙增多，强度降低。

（2）分解性侵蚀

水泥石中的氢氧化钙与酸（如盐酸、硝酸、醋酸等）反应生成可溶性钙盐，加速氢氧化钙溶解流失，使水泥石孔隙率增大，强度降低。

（3）膨胀性侵蚀

膨胀性侵蚀又称硫酸盐侵蚀，硫酸盐与水泥石中的氢氧化钙反应生成硫酸钙，硫酸钙再与水化铝酸钙反应生成钙矾石（三硫型水化硫铝酸钙），体积膨胀 1.5 倍以上，在硬化水泥石中产生膨胀应力，造成极大的膨胀破坏作用，导致水泥石破坏。因为钙矾石呈针状晶体，对水泥石危害严重，常称为"水泥杆菌"。

比较三种侵蚀机理，膨胀性侵蚀的危害最大。

2. 引起水泥石侵蚀的原因

（1）水泥石中含有氢氧化钙和水化铝酸钙等易被侵蚀的成分，能溶解于水或与其他物质发生化学反应生成或易溶于水，或体积膨胀，或松软无胶凝力的新物质，使水泥石遭受侵蚀。

（2）水泥石本身不密实，有很多毛细孔通道，易使侵蚀性介质侵入内部。

（3）腐蚀与通道的相互作用。

3. 防止侵蚀的措施

（1）根据工程所处的环境，选择适当品种的水泥，如水化产物中氢氧化钙含量低的水泥。

（2）提高水泥石的密实度，可通过降低水灰比的方式实现。

（3）当侵蚀作用较强时可在构件表面加做耐侵蚀性高且不透水的保护层，如耐酸石料、塑料、沥青等。

（四）硅酸盐水泥的特性及应用

1. 凝结硬化快，强度高

硅酸盐水泥中含有较多的熟料，硅酸三钙多，水泥的早期强度和后期强度均较高。适用于早期强度要求高的工程及冬季施工的工程，地上、地下重要结构物及高强混凝土和预应力混凝土工程。

2. 抗冻性好

硅酸盐水泥采用较低的水灰比并经充分养护，可获得较低孔隙率的水泥石，具有较高的密实度，因此，适用于严寒地区遭受反复冻融的混凝土工程。

3. 耐侵蚀性差

硅酸盐水泥石中氢氧化钙及水化铝酸钙较多，耐软水及耐化学侵蚀能力差，故不适宜于经常流动的淡水及有水压作用的工程，也不适宜于受海水、矿物水、硫酸盐等作用的工程。

4. 耐热性差

硅酸盐水泥石中的水化产物在 250~300℃时会产生脱水，强度开始下降，当温度达到 700~1 000℃时，水化产物分解，水泥石的结构几乎完全破坏，所以硅酸盐水泥不适宜用于有耐热、高温要求的混凝土工程。

5. 耐磨性好

硅酸盐水泥强度高，耐磨性好，适用于道路、地面等对耐磨性要求高的工程。

6. 水化放热量多

硅酸盐水泥熟料多，水化放热量大，不适宜用于大体积混凝土工程。

二、掺混合材料的硅酸盐水泥

掺混合材料的硅酸盐水泥包括普通硅酸盐水泥、矿渣硅酸盐水泥、火山灰质硅酸盐水泥、粉煤灰硅酸盐水泥和复合硅酸盐水泥。

在生产水泥时，掺入一定量的混合材料，目的是改善水泥的性能，调节水泥的强度等级，增加水泥品种，提高产量，节约水泥熟料，降低成本。

混合材料为天然的或人工的矿物材料，按其性能不同分为活性混合材料和非活性混合材料两大类。常用的活性混合材料有符合《用于水泥、砂浆和混凝土中的粒化高炉矿渣粉》（GB/T 18046—2017）的粒化高炉矿渣、符合《用于水泥中的火山灰质混合材料》（GB/T 2847—2005）的火山灰质混合材料（如火山灰、浮石、硅藻土、烧黏土、煅烧煤矸石、煤渣等）及符合《用于水泥和混凝土中的粉煤灰》（GB/T 1596—2017）的粉煤灰等。非活性混合材料常用的有活性指标低于标准要求的粒化高炉矿渣、火山灰质混合材料与粉煤灰、磨细石英砂、石灰石粉、黏土、慢冷矿渣等。

活性混合材料的活性成分为活性氧化硅和活性氧化铝，有水的前提下，能与石灰反应形成水化硅酸钙和水化铝酸钙，这一反应称为火山灰反应。掺入水泥中，会和硅酸盐水泥熟料水化形成的氢氧化钙发生二次水化，因而使掺混合材料硅酸盐水泥的性能及应用与硅酸盐水泥有很大的差异。

（一）普通硅酸盐水泥

普通硅酸盐水泥简称普通水泥，其代号为 P.O，是由硅酸盐水泥熟料、6%~20%混合材料、适量石膏磨细制成的水硬性胶凝材料。

混合材料由符合标准的粒化高炉矿渣、粉煤灰、火山灰质混合材料组成，可以是一种主要混合材，也可以是两种或三种主要混合材；掺活性混合材料时，最大掺量不得超过 20%，其中允许用 0~5%符合标准规定的石灰石、砂岩、窑灰中的一种材料代替。

普通水泥中混合材料掺量少，因此，其性能与硅酸盐水泥相近。与硅酸盐水泥性能相比，普通水泥硬化稍慢，早期强度稍低，水化热稍小，抗冻性与耐磨性也稍差。在应用范围方面，普通水泥与硅酸盐水泥相同，广泛用于各种混凝土或钢筋混凝土工程。由于普通水泥与硅酸盐水泥水化放热量大，且大部分在早期（3~7d）放出，对于大型基础、水坝、桥墩等厚大体积混凝土构筑物，因水化热积聚在内部不易散发，内部温度可达 50~60℃以上，内外温度差所引起的应力，可使混凝土产生裂缝，因此，大体积混凝土工程不宜选用这两种水泥。

（二）四种掺加活性混合材料较多的硅酸盐水泥

1. 矿渣硅酸盐水泥

由硅酸盐水泥熟料和粒化高炉矿渣、适量石膏磨细制成的水硬性胶凝材料称为矿渣硅酸盐水泥，简称矿渣水泥，代号为 P.S。水泥中粒化高炉矿渣掺加量按质量百分比计为 20%~70%，并分为 A 型和 B 型。A 型矿渣掺量大于 20% 且小于或等于 50%，代号为 P.S.A；B 型矿渣掺量大于 50% 且小于或等于 70%，代号为 P.S.B。其中允许用 0~8% 符合标准规定的粉煤灰、火山灰、石灰石、砂岩、窑灰中的一种材料代替。

2. 火山灰质硅酸盐水泥

由硅酸盐水泥熟料和火山灰质混合材料、适量石膏磨细制成的水硬性胶凝材料称为火山灰质硅酸盐水泥，简称火山灰水泥，代号为 P.P。水泥中火山灰质混合材料掺加量按质量百分比计为 20%~40%。

3. 粉煤灰硅酸盐水泥

由硅酸盐水泥熟料和粉煤灰、适量石膏磨细制成的水硬性胶凝材料称为粉煤灰硅酸盐水泥，简称粉煤灰水泥，代号为 P.F。水泥中粉煤灰掺加量按质量百分比计为 20%~40%。

4. 复合硅酸盐水泥

由硅酸盐水泥熟料、两种或两种以上混合材料、适量石膏磨细制成的水硬性胶凝材料称为复合硅酸盐水泥，简称复合水泥，代号为 P.C。掺入的混合料总量为质量百分比的 20%~50%。混合材由符合标准规定的粒化高炉矿渣、粉煤灰、火山灰质混合材料、石灰石和砂岩中的三种（含）以上材料组成，其主要混合材不低于三种。

5. 四种硅酸盐水泥的特性

（1）早期强度较低，后期强度增长较快。

（2）环境温度、湿度对水泥凝结硬化的影响较大，故适于采用蒸汽养护。

（3）水化热较低，放热速度慢。

（4）抗软水及硫酸盐侵蚀的能力较强。

（5）抗冻性、抗碳化性与耐磨性较差。

以上四种水泥与硅酸盐水泥、普通硅酸盐水泥性质上存在差异的原因，在于这四种水泥中活性混合材料的掺加量较大，熟料矿物的含量相对减少。另外，活性混合材料中的活性 SiO_2 和活性 Al_2O_3 会与熟料水化形成的 $Ca(OH)_2$ 反应，生成水化硅酸钙和水化铝酸钙，这种反应称为二次水化，所以这四种水泥中 $Ca(OH)_2$ 的含量很少。

由于所掺入的主要混合材料的性能不同，这四种水泥又具有各自的特性，例如矿渣水泥的耐热性较强，保水性较差，需水量较大，故抗渗性较差；火山灰水泥保水性好，抗渗性好，硬化干缩更显著；粉煤灰水泥干缩性小，因而抗裂性好，另外粉煤灰水泥流动性较好，因而配制的混凝土拌合物和易性好。

三、通用硅酸盐水泥的选用

水泥的用途取决于其性能特点，通用硅酸盐水泥的性能与选用见表 12-3-2 和表 12-3-3。

通用硅酸盐水泥的性能　　　　　　　　　　　　　　表 12-3-2

项目	硅酸盐水泥（P.I，P.II）	普通水泥（P.O）	矿渣水泥（P.S）	火山灰水泥（P.P）	粉煤灰水泥（P.F）	复合水泥（P.C）
主要成分	以硅酸盐水泥熟料为主，0~5% 混合材料	在硅酸盐水泥熟料中掺加 6%~20% 的混合材料	在硅酸盐水泥熟料中掺入占水泥质量 20%~70% 的粒化高炉矿渣	在硅酸盐水泥熟料中掺入占水泥质量 20%~40% 的火山灰质混合材料	在硅酸盐水泥熟料中掺入占水泥质量 20%~40% 的粉煤灰	掺入三种以上混合材料，但总量不超过 20%~50%

项目	硅酸盐水泥（P.I，P.II）	普通水泥（P.O）	矿渣水泥（P.S）	火山灰水泥（P.P）	粉煤灰水泥（P.F）	复合水泥（P.C）
特性	1.硬化快，早期强度高； 2.水化热大； 3.耐冻性好； 4.耐腐蚀与耐软水性差； 5.耐磨性好； 6.抗碳化能力强	1.早期强度较高； 2.水化热较大； 3.耐冻性较好； 4.耐腐蚀与耐软水性差； 5.耐磨性较好； 6.抗碳化能力较强	1.早期强度低，后期强度增长快； 2.水化热小； 3.耐冻性差； 4.耐硫酸盐侵蚀及耐软水性较好； 5.抗碳化能力差； 6.矿渣水泥的独特性能：耐热性、耐磨性均较好	同矿渣水泥的1~5。 火山灰水泥的独特性能：内表面积大，因而干缩较大，抗渗性较好	同矿渣水泥的1~5。 粉煤灰水泥的独特性能：流动性好，干缩较小，抗裂性较好	同矿渣水泥的1~5。 其他性能因掺入的混合材料不同而略有不同
密度（g/cm³）	3.0~3.15	3.0~3.15	2.8~3.1	2.8~3.1	2.8~3.1	2.8~3.1

通用硅酸盐水泥的选用　　　　　　　　　　　　　　　　表 12-3-3

混凝土类型		混凝土工程特点及所处的环境条件	优先选用	可以选用	不宜选用
普通混凝土	1	在一般气候环境中的混凝土	普通水泥	矿渣水泥、火山灰水泥、粉煤灰水泥、复合水泥	
	2	在干燥环境中的混凝土	普通水泥		火山灰水泥、粉煤灰水泥、矿渣水泥
	3	在高湿度环境中或长期处于水中的混凝土	矿渣水泥、火山灰水泥、粉煤灰水泥、复合水泥	普通水泥	
	4	厚大体积的混凝土	矿渣水泥、火山灰水泥、粉煤灰水泥、复合水泥		硅酸盐水泥、普通水泥
有特殊要求的混凝土	1	要求快硬、高强（>C40）的混凝土	硅酸盐水泥	普通水泥	矿渣水泥、火山灰水泥、粉煤灰水泥、复合水泥
	2	严寒地区的露天混凝土、寒冷地区处于水位升降范围内的混凝土	普通水泥	矿渣水泥（强度等级>32.5级）	火山灰水泥、粉煤灰水泥
	3	严寒地区处于水位升降范围内的混凝土	普通水泥（强度等级>42.5级）		矿渣水泥、火山灰水泥、粉煤灰水泥、复合水泥
	4	有抗渗要求的混凝土	普通水泥、火山灰水泥、粉煤灰水泥		矿渣水泥
	5	有耐磨性要求的混凝土	硅酸盐水泥、普通水泥	矿渣水泥（强度等级>32.5级）	火山灰水泥、粉煤灰水泥
	6	受侵蚀性介质作用的混凝土	矿渣水泥、火山灰水泥、粉煤灰水泥、复合水泥		硅酸盐水泥、普通水泥

【例12-3-4】 水泥中掺入的活性混合材料能够与水泥水化产生的氢氧化钙发生反应，生成水化硅酸钙的水化产物，该反应被称为：

A. 火山灰反应
B. 沉淀反应
C. 碳化反应
D. 钙矾石延迟生成反应

解　水泥中掺入的活性混合材料能够与水泥水化产生的氢氧化钙发生反应，生成水化硅酸钙等水化产物，该反应称为火山灰反应，也称为二次水化。碳化反应指氢氧化钙（来自生石灰或水泥水化产物）在潮湿条件下与二氧化碳反应生成碳酸钙的反应。钙矾石生成反应指水泥混凝土中的水化铝酸钙与二水硫酸钙（即石膏）反应生成三硫型水化硫铝酸钙（即钙矾石）的反应，该反应会导致体积显著膨胀；钙矾石延迟生成反应是指在已经硬化的混凝土中发生生成钙矾石的反应，由于体积膨胀，会导致混凝土开裂，甚至破坏。

答案：A

四、通用硅酸盐水泥的技术性质

《通用硅酸盐水泥》（GB 175—2007）规定，通用硅酸盐水泥有不溶物、氧化镁、三氧化硫、烧失量、细度、凝结时间、安定性、强度、碱含量和氯离子含量等技术要求。其中影响水泥性质的主要指标有细度、凝结时间、安定性与强度等。碱含量 $Na_2O+0.658K_2O$ 不大于 0.6% 的水泥为低碱水泥。氯离子含量不大于 0.10%。

（一）细度

水泥的细度是指水泥的粗细程度。水泥颗粒越细，与水起反应的表面积越大，水化速度越快，早期强度及后期强度均较高，但硬化收缩较大，成本也较高。若水泥颗粒过粗，则不利于水泥活性的发挥，强度低。

国家标准规定，硅酸盐水泥的细度以比表面积表示，不低于300m²/kg；普通硅酸盐水泥、矿渣水泥、火山灰水泥、粉煤灰水泥和复合水泥的细度以筛余表示，80μm 方孔筛筛余不大于 10%。

（二）凝结时间

水泥的凝结时间分为初凝时间和终凝时间。初凝时间为水泥加水至水泥浆开始失去塑性所需的时间。终凝时间为从水泥加水至水泥浆完全失去塑性并开始产生强度所需的时间。

水泥凝结时间采用标准稠度的水泥净浆，用标准维卡仪测定。所谓标准稠度的水泥净浆，是指在标准维卡仪上，试杆沉入净浆并距底板 6mm±1mm 时的水泥净浆。要配制标准稠度的水泥净浆，需测出达到标准稠度时的所需拌和水量，以占水泥质量的百分率表示，即标准稠度用水量。

国家标准规定，通用硅酸盐水泥的初凝时间不得早于 45min；硅酸盐水泥的终凝时间不得迟于 6.5h，其他通用硅酸盐水泥的终凝时间不得迟于 10h。

（三）体积安定性

水泥的体积安定性是指水泥在凝结硬化过程中，体积变化的均匀性。体积安定性不良，是指水泥硬化后，产生不均匀的体积变化。使用体积安定性不良的水泥，会使构件产生膨胀性裂缝，降低建筑物质量，甚至引起严重事故。

水泥体积安定性不良的主要原因是熟料中所含的游离氧化钙或游离氧化镁过多，或水泥粉磨时掺入的石膏过量。

国家标准规定，由熟料中游离氧化钙引起的安定性不良用沸煮法检验。由游离氧化镁引起的安定性不良由压蒸法检验。石膏的危害则需长期在常温水中才能发现，不便于快速检查。因此，国家标准规定水泥中游离氧化镁含量不得超过 6.0%，三氧化硫含量不得超过 3.5%。

（四）强度

水泥的强度是表征水泥质量的重要指标。国家标准规定，采用胶砂强度表示水泥的强度，即水泥与中国 ISO 标准砂的比例为 1∶3（质量比），水灰比为 0.5，按规定的方法制成 40mm×40mm×160mm 的试件，在标准温度 20℃±1℃ 的水中养护，分别测定其 3d 与 28d 的抗压强度与抗折强度，以此划分水泥的强度等级。

国家标准规定，硅酸盐水泥强度等级分为 42.5、42.5R、52.5、52.5R、62.5 和 62.5R 六种，其中有代号 R 的为早强型水泥，普通水泥的强度等级分为 42.5、42.5R、52.5 和 52.5R 四种，各龄期强度不得低于表 12-3-4 中的数值。矿渣硅酸盐水泥、粉煤灰硅酸盐水泥、火山灰硅酸盐水泥强度等级分为 32.5、32.5R、42.5、42.5R、52.5 和 52.5R 六种，复合硅酸盐水泥强度等级分为 42.5、42.5R、52.5 和 52.5R 四种，各龄期强度不得低于表 12-3-5 中的数值。

硅酸盐水泥和普通硅酸盐水泥的强度要求（GB 175—2007）　　　　　　　表 12-3-4

强 度 等 级	抗压强度（MPa）		抗折强度（MPa）	
	3d	28d	3d	28d
42.5	17.0	42.5	3.5	6.5
42.5R	22.0	42.5	4.0	6.5
52.5	22.0	52.5	4.0	7.0
52.5R	27.0	52.5	5.0	7.0
62.5	27.0	62.5	5.0	8.0
62.5R	32.0	62.5	5.5	8.0

矿渣水泥、火山灰水泥、粉煤灰水泥和复合水泥的强度要求（GB 175—2007）　　　　表 12-3-5

强 度 等 级	抗压强度（MPa）		抗折强度（MPa）	
	3d	28d	3d	28d
32.5	12.0	32.5	2.5	5.5
32.5R	17.0	32.5	3.5	5.5
42.5	17.0	42.5	3.5	6.5
42.5R	22.0	42.5	4.0	6.5
52.5	22.0	52.5	4.0	7.0
52.5R	27.0	52.5	4.5	7.0

【例 12-3-5】水泥颗粒的大小通常用水泥的细度来表征，水泥的细度是指：

A. 单位质量水泥占有的体积　　　　　B. 单位体积水泥的颗粒总表面积

C. 单位质量水泥的颗粒总表面积　　　D. 单位颗粒表面积的水泥质量

解　水泥的细度是指单位质量水泥的颗粒总表面积，单位是 m^2/kg。

答案：C

五、水泥的储存

水泥在运输与保管时，不得受潮和混入杂物。不同品种和强度等级的水泥应分别储存，水泥的储存期不宜过长，因为水泥会吸收空气中的水分和二氧化碳，使颗粒表面水化甚至碳化，导致胶凝能力降低。通用硅酸盐水泥的储存期为三个月，因为在一般储存条件下，三个月后水泥的强度降低 10%~20%；快硬水泥更易吸收空气中的水分，储存期一般不超过一个月。

六、通用水泥质量等级

根据《通用水泥质量等级》（JC/T 452—2009）的规定，判定水泥质量等级的依据是产品标准和实物质量。质量等级划分为优等品（水泥产品标准必须达到国际先进水平且水泥实物质量水平与国外同类产品相比达到近 5 年内的先进水平）、一等品（水泥产品标准必须达到国际一般水平且水泥实物质量水平达到国际同类产品一般水平）和合格品（按我国现行水泥产品标准组织生产、水泥实物质量水平必须达到现行产品标准的要求）。

七、其他品种水泥

（一）白色硅酸盐水泥

1. 白色硅酸盐水泥的定义

由白色硅酸盐水泥熟料，加入适量石膏和混合材料磨细制成的水硬性胶凝材料。其中，白色硅酸盐水泥熟料和石膏占 70%~100%，石灰岩、白云质岩石和石英砂等天然矿物占 0%~30%。

白色硅酸盐水泥熟料是指由适当成分的生料烧至部分熔融，得到以硅酸钙为主要成分，氧化铁含量少的熟料。熟料中氧化镁的含量不宜超过 5.0%。

2. 白色硅酸盐水泥的技术要求

按《白色硅酸盐水泥》（GB/T 2015—2017）规定，白色硅酸盐水泥的主要技术要求有：

（1）细度

45μm 方孔筛筛余不大于 30.0%。

（2）凝结时间

初凝时间不小于 45min，终凝时间不大于 600min。

（3）白度

白色硅酸盐水泥按照白度分为 1 级和 2 级，代号分别为 P.W-1 和 P.W-2。1 级白度不小于 89，2 级白度不小于 87。

（4）强度

白色硅酸盐水泥强度分为 32.5、42.5 和 52.5 三个等级。不同龄期强度应符合表 12-3-6 的规定。

白色硅酸盐水泥的不同龄期强度要求　　　　　　　　　　　表 12-3-6

强 度 等 级	抗折强度（MPa）		抗压强度（MPa）	
	3d	28d	3d	28d
32.5	≥3.0	≥6.0	≥12.0	≥32.5
42.5	≥3.5	≥6.5	≥17.0	≥42.5
52.5	≥4.0	≥7.0	≥22.0	≥52.5

（5）放射性

水泥放射性内照射指数I_{Ra}不大于1.0，放射性外照射指数I_r不大于1.0。

（二）彩色硅酸盐水泥

彩色硅酸盐水泥是由硅酸盐水泥熟料及适量石膏（或白色硅酸盐水泥）、混合材及着色剂磨细或混合制成的带有色彩的水硬性胶凝材料。混合材掺量不超过水泥质量的50%。

按照《彩色硅酸盐水泥》（JC/T 870—2012）规定，80μm方孔筛筛余不大于6.0%；初凝时间不早于1h，终凝时间不迟于10h；强度分为27.5、32.5和42.5三个等级，不同龄期强度应符合表12-3-7的规定。此外，还需要控制色差和颜色耐久性。

彩色硅酸盐水泥的强度指标　　　　　　　　　　　　　　　　　表12-3-7

强 度 等 级	抗压强度（MPa）		抗折强度（MPa）	
	3d	28d	3d	28d
27.5	≥7.5	≥27.5	≥2.0	≥5.0
32.5	≥10.0	≥32.5	≥2.5	≥5.5
42.5	≥15.0	≥42.5	≥3.5	≥6.5

彩色硅酸盐水泥主要用于建筑内外表面的装饰。

（三）快硬硅酸盐水泥

凡以硅酸盐水泥熟料和适量石膏磨细制成的，以3d抗压强度表示强度等级的水硬性胶凝材料，称为快硬硅酸盐水泥，简称快硬水泥。其生产方法与硅酸盐水泥基本相同，提高水泥早期强度增进率的措施有：提高熟料中铝酸三钙与硅酸三钙的含量，适当增加石膏掺量（达8%）以及提高水泥的粉磨细度等。

快硬硅酸盐水泥各龄期强度数值见表12-3-8。主要用于配制早强混凝土，适用于紧急抢修工程与低温施工工程。快硬硅酸盐水泥易吸收空气中的水蒸气，存放时应注意防潮，且存放期一般不超过一个月。

快硬硅酸盐水泥各龄期强度值　　　　　　　　　　　　　　　　表12-3-8

强 度 等 级	抗压强度（MPa）			抗折强度（MPa）		
	1d	3d	28d[①]	1d	3d	28d[①]
32.5	15.0	32.5	52.5	3.5	5.0	7.2
37.5	17.0	37.5	57.5	4.0	6.0	7.6
42.5	19.0	42.5	62.5	4.5	6.4	8.6

注：①供需双方参考指标。

（四）膨胀水泥与自应力水泥

这两种水泥的特点是在硬化过程中体积不但不收缩，而且有不同程度的膨胀。在钢筋混凝土中应用膨胀水泥，由于混凝土的膨胀将使钢筋产生一定的拉应力，混凝土则受到相应的压应力，这种压应力能使混凝土免于产生内部微裂缝。当其值较大时，还能抵消一部分因外界因素（例如水泥混凝土管道中输送的压力水或压力气体）所产生的拉应力，从而有效改善混凝土抗拉强度低的缺点。因为这种预先具有的压应力是依靠水泥本身的水化而产生的，所以称为"自应力"，并以自应力值（MPa）表示所产生的压应力大小。自应力值大于或等于2MPa的称为自应力水泥，膨胀水泥的自应力值通常为0.5MPa左右。

按水泥主要成分分类，我国常用的膨胀水泥有硅酸盐膨胀水泥、铝酸盐膨胀水泥、硫铝酸盐膨胀水泥及铁铝酸钙膨胀水泥等品种。其膨胀源均来自水泥硬化初期，生成高硫型水化硫铝酸钙（钙矾石），导致体积膨胀。

膨胀水泥主要用于配制防水砂浆、防水混凝土，构件的接缝与管道接头，结构的加固与修补等。自应力水泥主要用于制造自应力钢筋（钢丝网）混凝土压力管等。

（五）道路硅酸盐水泥

由道路硅酸盐水泥熟料、适量石膏和混合材料磨细制成的水硬性胶凝材料，代号 P.R。熟料中铝酸三钙含量不应大于 5%，铁铝酸四钙的含量不应小于 15%。

国家标准《道路硅酸盐水泥》（GB/T 13693—2017）规定，道路硅酸盐水泥比表面积为 300~450m²/kg，初凝时间不小于 90min，终凝时间不大于 720min，28d 干缩率不大于 0.10%，28d 磨耗量不大于 3.00kg/m²，按照 28d 抗折强度分为 7.5 和 8.5 两个等级，各龄期强度应符合表 12-3-9 的规定。

道路硅酸盐水泥的强度等级与各龄期强度 表 12-3-9

强 度 等 级	抗折强度（MPa）		抗压强度（MPa）	
	3d	28d	3d	28d
7.5	≥4.0	≥7.5	≥21.0	≥42.5
8.5	≥5.0	≥8.5	≥26.0	≥52.5

道路硅酸盐水泥具有良好的耐磨性和抗干缩性能，主要用于配制道路混凝土。

（六）砌筑水泥

砌筑水泥是由硅酸盐水泥熟料加入规定的混合材料和适量石膏，磨细制成的保水性好的水硬性胶凝材料，代号 M。

国家标准《砌筑水泥》（GB/T 3183—2017）规定，砌筑水泥 80μm 方孔筛筛余不大于 10.0%；初凝时间不小于 60min，终凝时间不大于 720min；保水率不小于 80%；强度分为 12.5、22.5 和 32.5 三个等级，各龄期强度应符合表 12-3-10 的规定。

砌筑水泥的强度指标 表 12-3-10

强 度 等 级	抗压强度（MPa）			抗折强度（MPa）		
	3d	7d	28d	3d	7d	28d
12.5	—	≥7.0	≥12.5	—	≥1.5	≥3.0
22.5	—	≥10.0	≥22.5	—	≥2.0	≥4.0
32.5	≥10.0	—	≥32.5	≥2.5	—	≥5.5

砌筑水泥主要用于配制砌筑砂浆、抹面砂浆等。

习 题

12-3-1 大体积混凝土施工应选用（　　）。

　　A. 硅酸盐水泥　　　　B. 铝酸盐水泥　　　　C. 矿渣水泥　　　　D. 膨胀水泥

12-3-2 生产硅酸盐水泥，在粉磨熟料时，加入适量石膏对水泥起的作用是（　　）。

　　A. 促凝　　　　　　　B. 增强　　　　　　　C. 缓凝　　　　　　D. 防潮

12-3-3 蒸气养护效果最好的水泥是（　　）。

　　A. 矿渣水泥　　　　　　　　　　　　　　B. 早强型硅酸盐水泥

　　C. 普通水泥　　　　　　　　　　　　　　D. 高铝水泥

12-3-4 下列混合材料中，哪些属于活性混合材料？（　　）

①水淬矿渣；②黏土；③粉煤灰；④浮石；⑤烧黏土；⑥慢冷矿渣；⑦石灰石粉；⑧煤渣。

  A. ①②③④⑤   B. ②③④⑤⑥

  C. ①③④⑤⑧   D. ①③④⑤⑥

12-3-5 一般，石灰、石膏、水泥三者的胶结强度的关系是（   ）。

  A. 石灰>石膏>水泥   B. 石灰<石膏<水泥

  C. 石膏<石灰<水泥   D. 石膏>水泥>石灰

12-3-6 根据水泥石侵蚀的原因，下列（   ）是不正确的硅酸盐水泥防侵蚀措施。

  A. 提高水泥强度等级

  B. 提高水泥的密实度

  C. 根据侵蚀环境特点，选用适当品种的水泥

  D. 在混凝土或砂浆表面设置耐侵蚀且不透水的防护层

12-3-7 有耐磨性要求的混凝土，应优先选用下列哪种水泥？（   ）

  A. 硅酸盐水泥   B. 火山灰水泥   C. 粉煤灰水泥   D. 硫铝酸盐水泥

12-3-8 水泥的凝结与硬化与下列哪个因素无关？（   ）

  A. 硬化时间   B. 水泥的细度   C. 拌和水量   D. 水泥的体积和重量

12-3-9 以下关于水泥与混凝土凝结时间的叙述，正确的是（   ）。

  A. 水泥浆凝结的主要原因是水分蒸发

  B. 温度越高，水泥凝结得越慢

  C. 混凝土的凝结时间与配制该混凝土所用水泥的凝结时间并不一致

  D. 水灰比越大，凝结时间越短

第四节　混　凝　土

  混凝土是指由胶凝材料、粗骨料、细骨料和水按适当的比例配合、拌制成混合物，再经一定时间后硬化而成的人造石材。

  根据表观密度大小，混凝土分为普通混凝土（表观密度为 2 000~2 800kg/m³，建筑工程中应用最广泛、用量最大）、轻混凝土（表观密度小于 1 950kg/m³，可用作结构混凝土、保温用混凝土以及结构兼保温混凝土）和重混凝土（表观密度 2 800kg/m³ 以上，主要用作核能工程的屏蔽结构材料）三类。

  混凝土抗压强度高、耐久性好，组成材料中砂、石占 80%，成本低，与钢筋黏结力高（钢筋受拉、混凝土受压，两者膨胀系数相同）。主要缺点为抗拉强度低、受拉时变形能力差、易开裂、自重大。

  一般对混凝土质量的基本要求是：具有符合设计要求的强度，与施工条件相适应的施工和易性，以及与工程环境相适应的耐久性。

一、普通混凝土组成材料的技术要求

（一）普通混凝土组成材料的作用

  普通混凝土主要是由水泥、水和天然的砂、石骨料所组成的复合材料，通常还掺入一定量的掺合料和外加剂。混凝土组成材料中，砂、石是骨料，对混凝土起骨架作用，同时起抑制收缩的作用。水泥和

水形成水泥浆体，包裹在粗、细骨料的表面并填充骨料之间的空隙。在混凝土凝结、硬化以前，水泥浆体起着润滑作用，赋予混凝土拌合物流动性，便于施工；在混凝土硬化以后，水泥浆体起着胶黏剂作用，将砂、石骨料黏结成为一个整体，使混凝土产生强度，成为坚硬的人造材料。

（二）水泥

选择水泥要考虑品种与强度等级两个方面。

1. 品种

应根据混凝土工程特点、工程所处环境条件及施工条件，进行合理选择，可参考表12-3-3。

2. 强度等级

水泥的强度等级应与混凝土的设计强度相适应。若用高强度等级水泥配制低强度等级的混凝土，只需用少量水泥就可满足混凝土强度要求，但水泥用量偏少会影响混凝土拌合物的工作性与密实度，可考虑掺入一定数量的掺合料（如粉煤灰）。若用低强度等级水泥配制高强度等级的混凝土，为满足强度要求，需较多的水泥用量，过多的水泥用量不仅不经济，还会影响混凝土其他技术性质（如硬化收缩增大，会引起混凝土开裂），可以掺各种减水剂，通过降低水灰比（水胶比）来提高强度。

（三）细骨料

粒径小于4.75mm的骨粒为细骨料，包括天然砂和机制砂。天然砂是由自然生成的、经人工开采和筛分的粒径小于4.75mm的岩石颗粒，包括河砂、湖砂、山砂、淡化海砂，但不包括软质、风化的岩石颗粒。机制砂是经除土处理、由机械破碎、筛分制成的、粒径小于4.75mm的岩石、矿山尾矿或工业废渣颗粒，但不包括软质、风化的颗粒，俗称人工砂。

配制混凝土时所采用的细骨料的技术要求主要有以下几方面：

1. 有害杂质

凡存在于砂或石子中会降低混凝土性质的成分均称为有害杂质。砂中有害杂质包括泥、泥块、云母、轻物质、硫化物与硫酸盐、有机物质及氯化物等。其中泥是指天然砂中粒径小于$75\mu m$的颗粒；泥块是指砂中粒径大于1.18mm，经水浸洗、手捏后小于$600\mu m$的颗粒。泥、云母、轻物质等能降低骨料与水泥浆的黏结，泥多还增加混凝土的用水量，从而加大混凝土的收缩，降低抗冻性与抗渗性；硫化物与硫酸盐、有机物质等对水泥有侵蚀作用；泥块、轻物质强度较低，会形成混凝土中的薄弱部分。氯盐能引起钢筋混凝土中钢筋的锈蚀，破坏钢筋与混凝土的黏结，使混凝土保护层开裂。总之，有害杂质会降低混凝土的强度与耐久性，为保证混凝土质量，有害杂质含量应符合表12-4-1的规定。

砂中有害杂质限量表　　　　　　　　　　　　　　　　　　表12-4-1

项　目	指　标		
	Ⅰ类	Ⅱ类	Ⅲ类
含泥量（按质量计，%）	≤1.0	≤3.0	≤5.0
泥块含量（按质量计，%）	0	≤1.0	≤2.0
云母（按质量计，%）	≤1.0	≤2.0	
轻物质（按质量计，%）	≤1.0		
有机物（比色法）	合格		
硫化物及硫酸盐（按SO_3质量计，%）	≤0.5		
氯化物（以氯离子质量计，%）	≤0.01	≤0.02	≤0.06

2. 颗粒级配与粗细程度

混凝土用砂的选用，主要应从砂对混凝土和易性与水泥用量（即混凝土的经济性）的影响这两个方面进行考虑，也就是说，主要考虑砂的颗粒级配和粗细程度。

砂的颗粒级配是指砂中不同粒径颗粒的搭配情况。级配良好的砂，具有较小的空隙率和总表面积，配制混凝土时，不仅水泥浆量较少，而且还可提高混凝土的流动性、密实度和强度。

砂的粗细程度是指不同粒径的砂粒混合在一起后的平均粗细程度，通常有粗砂、中砂与细砂之分。在相同用砂量条件下，中砂的总表面积和空隙率较小，包裹砂粒表面所需的水泥浆少，因此节省水泥。

砂的颗粒级配与粗细程度采用筛分析法测定。该法是用一套孔径为 9.50mm、4.75mm、2.36mm、1.18mm、0.60mm、0.30mm 的标准方孔筛，将 500g 干砂由粗到细依次过筛，计算出各筛上的分计筛余百分率 α_i（各筛上的筛余量占砂样总重的百分率）与累计筛余百分率 A_i（各个筛与比该筛粗的所有筛的分计筛余百分率之和）。

砂的颗粒级配以级配区表示。国家标准根据 0.60mm 方孔筛的累计筛余量分为三个级配区，见表 12-4-2。

砂 的 颗 粒 级 配　　　　　　　　表 12-4-2

砂的分类	天然砂			机制砂		
级配区	1 区	2 区	3 区	1 区	2 区	3 区
方孔筛	累计筛余（%）					
4.75mm	10~0	10~0	10~0	10~0	10~0	10~0
2.36mm	35~5	25~0	15~0	35~5	25~0	15~0
1.18mm	65~35	50~10	25~0	65~35	50~10	25~0
600μm	85~71	70~41	40~16	85~71	70~41	40~16
300μm	95~80	92~70	85~55	95~80	92~70	85~55
150μm	100~90	100~90	100~90	97~85	94~80	94~75

砂的粗细程度用细度模数 M_x 表示，计算式为：

$$M_{x} = \frac{(A_2 + A_3 + A_4 + A_5 + A_6) - 5A_1}{100 - A_1} \qquad (12-4-1)$$

细度模数越大，表示砂越粗。细度模数为 1.5~0.7 的为特细砂，2.2~1.6 为细砂，3.0~2.3 为中砂，3.7~3.1 为粗砂。

综上所述，混凝土用砂，应优先选用级配良好的中砂，这种砂的空隙率与总表面积均小，不仅水泥用量较少，还保证了混凝土有较高的密实度与强度。

【例 12-4-1】描述混凝土用砂的粗细程度的指标是：

　　　　A. 细度模数　　　　B. 级配曲线　　　　C. 最大粒径　　　　D. 最小粒径

　解　描述混凝土用砂粗细程度的指标是细度模数。最大粒径是描述混凝土用石粗细程度的指标。级配曲线反映了砂石骨料不同粒径的搭配情况。

　答案：A

（四）粗骨料

骨料中粒径大于 4.75mm 的称为粗骨料，混凝土用粗骨料有碎石和卵石两种。碎石表面粗糙，具有棱角，与水泥浆黏结较好，而卵石多为圆形，表面光滑，与水泥浆的黏结较差，在水泥用量和水用量相同的情况下，碎石拌制的混凝土强度较高，但流动性较小。

普通混凝土用石子的技术要求有以下几个方面：

1. 有害杂质

粗骨料中的有害杂质包括泥、泥块、硫化物与硫酸盐、有机质等，其含量应符合表 12-4-3 中的规定。

粗骨料中有害杂质限量 表 12-4-3

项 目	指 标		
	I类	II类	III类
含泥量（按质量计，%）	≤0.5	≤1.0	≤1.5
泥块含量（按质量计，%）	0	≤0.2	≤0.5
硫化物及硫酸盐（按 SO_3 质量计，%）	≤0.5	≤1.0	≤1.0
有机质（比色法）	合格	合格	合格
针、片状颗粒（按质量计，%）	≤5	≤10	≤15

2. 颗粒形状

颗粒形状最好为小立方体或球体，应控制针、片状颗粒。针状颗粒是指颗粒长度大于该颗粒所属粒级的平均粒径的 2.4 倍，片状颗粒是指颗粒厚度小于平均粒径的2/5。平均粒径是指该粒级上、下限粒径的平均值。

针、片状颗粒受力易折断；当含量较多时，会增大石子的空隙率，影响混凝土的工作性及强度，因此含量应加以限制，见表 12-4-3。

3. 颗粒级配和最大粒径

石子颗粒级配是指大小粒径石子搭配情况，合理的级配可使石子的空隙率和总表面积均比较小，这样拌制的混凝土水泥用量少、密实度较好，有利于改善混凝土和易性，并提高其强度。

石子的颗粒级配也是通过筛分析试验来测定。普通混凝土用石子的颗粒级配应符合表 12-4-4 的规定。

普通混凝土用石的级配范围 表 12-4-4

级配情况	公称粒级（mm）	累 计 筛 余（%）											
		筛孔尺寸（方孔筛）（mm）											
		2.36	4.75	9.5	16.0	19.0	26.5	31.5	37.5	53.0	63.0	75.0	90.0
连续粒级	5~16	95~100	85~100	30~60	0~10	0							
	5~20	95~100	90~100	40~80	—	0~10	0						
	5~25	95~100	90~100	—	30~70		0~5	0					
	5~31.5	95~100	90~100	70~90		15~45		0~5	0				
	5~40	—	95~100	70~90		30~65			0~5	0			
单粒级	5~10	95~100	80~100	0~15	0								
	10~16		95~100	80~100	0~15								
	10~20		95~100	85~100		0~15	0						
	16~25			95~100	55~70	25~40	0~10						
	16~31.5		95~100		85~100			0~10	0				
	20~40			95~100		85~100			0~10	0			
	40~80					95~100			70~100		30~60	0~10	0

单粒级一般不单独使用，可用于组合成具有要求级配的连续粒级，也可与连续粒级的石子混合使用，以改善它们的级配或配成较大粒度的连续粒级。

石子公称粒级的上限，称为石子的最大粒径。随着石子最大粒径的增大，在质量相同时，其总表面积减小，因此，在条件许可下，石子的最大粒径应尽可能选得大一些，以节约水泥。

一般在可能情况下，混凝土应尽量选用大粒径的石子，但是最大粒径的选择，还要受到混凝土结构截面尺寸及配筋间距的限制。按照《混凝土结构工程施工质量验收规范》（GB 50204—2015）的规定，混凝土用石子的最大粒径不得超过结构截面最小尺寸的1/4，同时不得超过钢筋间最小净距的3/4。对于混凝土实心板，石子最大粒径不宜超过板厚的1/3，且不得超过40mm。

4. 强度

碎石的强度用岩石的块体抗压强度或压碎指标表示，卵石的强度用压碎指标表示。

石子的抗压强度，是指在母岩中取样制作边长为50mm的立方体试件（或直径与高度均为50mm的圆柱体试件），在水中浸泡48h测得的强度，要求岩石的抗压强度与混凝土抗压强度之比不小于1.5。而且，火成岩的抗压强度不宜低于80MPa，水成岩不宜低于45MPa，变质岩不宜低于60MPa。

压碎指标的测定方法为采用一定质量的气干状态下粒径为9.5~19mm的石子，装入一标准圆筒内，在压力机上施加荷载至200kN，并稳定5s，卸荷后称取试样质量m_0，再用孔径为2.36mm的筛筛除被压碎的细粒，称出筛余量m_1，则压碎指标Q_a为：

$$Q_a = \frac{m_0 - m_1}{m_0} \times 100\%$$

(12-4-2)

石子压碎指标越大，其强度越低。石子的压碎指标值见表12-4-5。

石子压碎指标和坚固性指标　　　　　　　　　　　表 12-4-5

项目	指标		
	I类	II类	III类
碎石压碎指标（%）	≤10	≤20	≤30
卵石压碎指标（%）	≤12	≤14	≤16
质量损失（%）	≤5	≤8	≤12

5. 坚固性

坚固性是指石子在自然风化和其他外界物理化学因素作用下抵抗破裂的能力。采用硫酸钠溶液浸渍法进行试验，石子经5次循环浸渍后，其质量损失应符合表12-4-5的规定。

【例 12-4-2】混凝土用骨料的粒形对骨料的空隙率有很大的影响，会最终影响到混凝土的：

A. 孔隙率　　　　B. 强度　　　　C. 导热系数　　　　D. 弹性模量

解　混凝土用骨料的粒形最好为球形或立方体，不规则粒形有针状（颗粒的长度大于该颗粒平均粒径的2.4倍）和片状（颗粒的厚度小于该颗粒平均粒径的2/5）。针片状颗粒过多会降低混凝土的泵送性能、强度和耐久性。

答案：B

（五）水

拌制和养护混凝土用水，不得影响混凝土的和易性及凝结；不得有损于混凝土强度发展；不得降低混凝土的耐久性；不得加快钢筋腐蚀及导致预应力钢筋脆断；不得污染混凝土表面。

饮用水、地下水、地表水及经过处理达到要求的工业废水均可用作混凝土拌和用水，宜优先采用符合国家标准的饮用水。若采用其他水源时，水质要求应符合《混凝土用水标准》（JGJ 63—2006）的规定，对水的 pH 值以及不溶物、可溶物、氯化钠、硫化物、硫酸盐等含量也均有限制。

（六）外加剂

根据《混凝土外加剂术语》（GB/T 8075—2017），混凝土外加剂是一种在混凝土搅拌之前或拌制过程中加入的、用以改善新拌混凝土和（或）硬化混凝土性能的材料。

混凝土外加剂按其主要使用功能分为四类：

（1）改善混凝土拌合物流变性能的外加剂，包括各种减水剂和泵送剂等；

（2）调节混凝土凝结时间、硬化性能的外加剂，包括缓凝剂、促凝剂和速凝剂等；

（3）改善混凝土耐久性的外加剂，包括引气剂、防水剂、阻锈剂和矿物外加剂等；

（4）改善混凝土其他性能的外加剂，包括膨胀剂、防冻剂、着色剂等。

1. 减水剂

减水剂是指在混凝土坍落度基本相同的条件下，能减少拌和用水量的外加剂。

减水剂的作用效果有：

（1）在配合比不变，且不影响混凝土强度的前提下，改善混凝土拌合物工作性，提高流动性；

（2）在保持一定流动性的前提下，减少用水量，提高混凝土拌合物的强度；

（3）在保持强度和工作性不变的情况下，减少水泥用量；

（4）改善混凝土拌合物的可泵性及其他物理力学性能。

常用减水剂有多环芳香族磺酸盐减水剂（萘系减水剂）、聚羧酸减水剂等。

2. 早强剂

早强剂是指能加速混凝土早期强度发展的外加剂。主要用于冬季施工或紧急抢修施工工程中。常用的早强剂有氯化物系、硫酸盐系、三乙醇胺系。

（1）氯化物系早强剂

如 $CaCl_2$，除提高早期强度外，还有促凝、防冻效果，缺点是 Cl^- 会使钢筋锈蚀，所以在钢筋混凝土中掺量不得超过 1%，不得用于预应力混凝土中。

（2）硫酸盐系早强剂

如 Na_2SO_4，又名元明粉。

（3）三乙醇胺系早强剂

三乙醇胺为无色或淡黄色透明油状液体，易溶于水，有缓凝作用，一般不单独使用，常与其他早强剂复合使用。

3. 缓凝剂

缓凝剂是指能延长混凝土凝结时间的外加剂。主要用于高温季节混凝土、大体积混凝土、泵送和滑模混凝土施工以及远距离运输的商品混凝土。常用缓凝剂有糖类及其碳水化合物、羟基羧酸盐、多元醇及其衍生物等有机缓凝剂，磷酸盐、锌盐、硫酸铁、硫酸铜、氟硅酸盐等无机缓凝剂。

4. 引气剂

引气剂是指在混凝土搅拌过程中能引入大量均匀分布、稳定而封闭的微小气泡且能保留在硬化混凝土中的外加剂。常用引气剂有松香类引气剂（如松香皂、松香热聚物等）、木质素磺酸盐类引气剂等。

引气剂产生的气泡直径在 0.05~1.25mm 之间，可改善混凝土拌合物的和易性，提高混凝土的抗渗性、抗冻性等，但含气量增大会导致混凝土强度降低。

5. 速凝剂

速凝剂是指能使混凝土迅速凝结硬化的外加剂，主要有铝氧熟料加碳酸盐系速凝剂、硫铝酸盐系速凝剂、水玻璃系速凝剂等。广泛用于喷射混凝土、灌浆止水混凝土及抢修补强混凝土工程中，如矿山井巷、隧道涵洞、地下工程等。

6. 防水剂

防水剂是指能提高砂浆、混凝土抗渗性能的外加剂。按化学成分，防水剂分为无机防水剂和有机防水剂。

无机防水剂通过水泥凝结硬化过程中与水发生化学反应，生成物填充在砂浆、混凝土的孔隙内，提高密实度，从而实现防水抗渗作用，包括水玻璃、氯化铁、氯化铝等。有机防水剂有憎水性表面活性剂和天然或合成聚合物乳液等。

（七）矿物掺合料

矿物掺合料（简称掺合料）是为改善混凝土性能、节约水泥而在混凝土拌合物中掺入的矿物材料，也称矿物外加剂。工程中常采用的矿物掺合料有粉煤灰、磨细矿渣粉、沸石粉、煅烧煤矸石、硅灰等。

粉煤灰的活性较低，掺入混凝土中，可以显著降低水化热，还可以提高抗侵蚀性，是应用最为普遍的掺合料。

硅灰的活性很高，可以大幅度提高混凝土的强度，但其价格较贵，只用于C80以上的高强混凝土中。

【例 12-4-3】 减水剂是常用的混凝土外加剂，其主要功能是增加拌合物中的自由水，其作用原理是：

A. 本身产生水分　　　　　　　　B. 通过化学反应产生水分

C. 释放水泥吸收的水分　　　　　D. 分解水化产物

解　减水剂是一种表面活性剂，其分子由亲水基团和憎水基团两部分组成。减水剂在加入水泥浆体后，其中的憎水基团定向吸附于水泥质点表面，亲水基团指向水溶液，在水泥颗粒表面形成单分子或多分子吸附膜，使水泥颗粒表面带上相同的电荷（多数为负电荷），表现出斥力，将水泥加水后形成的絮凝结构打开并释放出被絮凝结构包裹的水，最终增加了拌合物中的自由水。

答案：C

【例 12-4-4】 现代混凝土使用的矿物掺合料不包括：

A. 粉煤灰　　　　　　　　　　　B. 硅灰

C. 磨细的石英砂　　　　　　　　D. 粒化高炉矿渣

解　现代混凝土常用矿物掺合料有粉煤灰、硅灰、粒化高炉矿渣等，这些矿物掺合料微观结构为玻璃体，具有活性。磨细石英砂具有晶体结构，常温下不具有活性，现代混凝土使用的矿物掺合料中不包括磨细石英砂。

答案：C

二、普通混凝土的技术性质

（一）混凝土拌合物的和易性

混凝土凝结硬化之前称为混凝土拌合物，或新拌混凝土，必须具有良好的和易性（也称工作性）。

1. 和易性概念

和易性是指混凝土拌合物易于施工操作（拌和、运输、浇筑、捣实），并能获得质量均匀、成型密实混凝土的性能。和易性为一项综合的技术性质，包括流动性（能流动，均匀密实地填满模板的性能）、黏聚性（组成材料之间具有一定的黏结力，不分层、不离析的性能）和保水性（不泌水的性能）。

2. 和易性指标

按《普通混凝土拌合物性能试验方法标准》（GB/T 50080—2016）的规定，混凝土拌合物流动性的指标为稠度，可用坍落度（见图 12-4-1）、维勃稠度（见图 12-4-2）或扩展度表示。坍落度是指混凝土拌合物在自重作用下坍落的高度，坍落度试验方法适用于坍落度值不小于 10mm、骨料最大公称粒径不大于 40mm 的混凝土拌合物坍落度的测定。维勃稠度检验适用于维勃稠度为 5~30s 的混凝土拌合物，扩展度是指混凝土拌合物坍落后扩展的直径，扩展度试验方法宜用于骨料最大公称粒径不大于 40mm，坍落度不小于 160mm 的混凝土扩展度的测定，适用于泵送高强混凝土和自密实混凝土。

坍落度或扩展度越大，表明混凝土拌合物流动性越好；维勃稠度越大，说明混凝土拌合物的流动性越差。

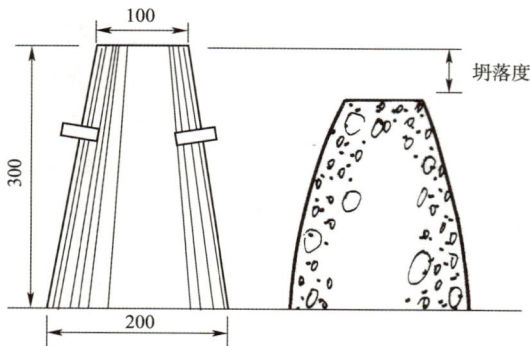

图 12-4-1 混凝土拌合物坍落度的测定（尺寸单位：mm）   图 12-4-2 维勃稠度仪

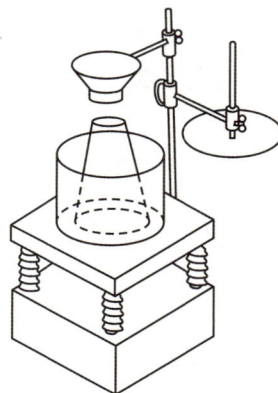

《混凝土质量控制标准》（GB 50164—2011）将混凝土拌合物按照坍落度划分等级，见表 12-4-6。

混凝土拌合物的坍落度等级划分   表 12-4-6

等　　级	坍落度（mm）	等　　级	坍落度（mm）
S1	10~40	S4	160~210
S2	50~90	S5	≥220
S3	100~150		

混凝土拌合物的黏聚性与保水性无指标，凭直观经验目测评定。

3. 坍落度的选择

施工中选择混凝土拌合物的坍落度，一般依据构件截面的大小、钢筋疏密和捣实方法来确定。当构件截面尺寸较小或钢筋较密或人工插捣时，坍落度可选择大些。总的原则是在保证能顺利施工的前提下，坍落度尽量选小些。

4. 影响和易性的因素

（1）浆体的数量和稠度

浆体是由水泥、矿物掺合料和水拌和而成，具有流动性和可塑性，是影响混凝土拌合物和易性的主要因素。原材料一定时，坍落度主要取决于浆体的数量和稠度。增大稠度，即增加用水量，同时增大水胶比，坍落度增大，但混凝土拌合物稳定性降低（即易离析、泌水），也会降低硬化混凝土的密实度、强度和耐久性。所以通常通过保持水胶比不变，调整浆体数量来满足工作性的要求，也可以通过掺加外加剂来调整和易性。

（2）砂率

砂率是指混凝土中砂的质量占砂、石总质量的百分比。砂率的变动会使骨料的空隙率与总表面积有显著改变，因而对混凝土拌合物的和易性产生显著影响。砂率过大（总表面积增大）或过小（空隙率过大），在浆体含量不变的情况下，均会使混凝土拌合物的流动性减小。因此，在配制混凝土时，砂率不能过大，也不能太小，应选用合理的砂率值。所谓合理砂率，是指在用水量及胶凝材料用量一定的情况下，能使混凝土拌合物获得最大的流动性，且能保持黏聚性及保水性良好时的砂率值，如图 12-4-3a）所示。或者，从另一角度考虑，当采用合理砂率时，能使混凝土拌合物获得所要求的流动性及良好的黏聚性与保水性，而水泥用量为最少，如图 12-4-3b）所示。

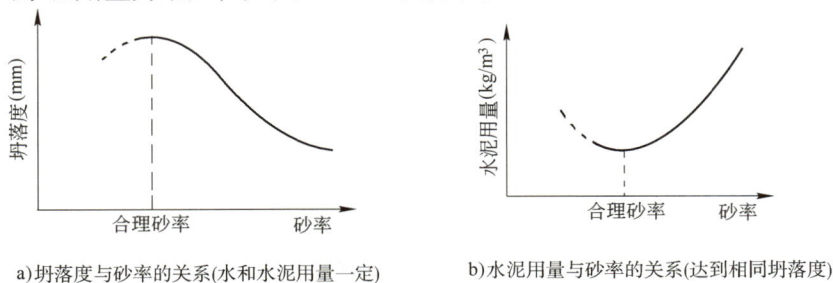

a)坍落度与砂率的关系(水和水泥用量一定)　　b)水泥用量与砂率的关系(达到相同坍落度)

图 12-4-3　砂率与坍落度和水泥用量的关系

确定合理砂率的方法很多，可参照表 12-4-7，也可根据砂、石的堆积密度、空隙率等参数确定。

混凝土砂率选用表（单位：%）　　　　　　　　　　　　　表 12-4-7

水灰比（W/C）	卵石最大粒径（mm）			碎石最大粒径（mm）		
	10	20	40	16	20	40
0.40	26~32	25~31	24~30	30~35	29~34	27~32
0.50	30~35	29~34	28~33	33~38	32~37	30~35
0.60	33~38	32~37	31~36	36~41	35~40	33~38
0.70	36~41	35~40	34~39	39~44	38~43	36~41

注：1.表中数值为中砂的选用砂率，对细砂或粗砂，可相应地减少或增加砂率。表中数值为中砂的选用砂率，对细砂或粗砂，可相应地减少或增加砂率。

2.本砂率表适用于坍落度为 10~60mm 的混凝土，坍落度如大于 60mm 或小于 10mm，则应相应地增加或减小砂率，详见《普通混凝土配合比设计规程》（JGJ 55—2011）中的有关条文。

3.只用一个单粒级粗骨料配制混凝土时，砂率值应适当增加。

4.掺有各种外加剂或掺合料时，其合理砂率值应经试验或参照其他有关规定选用。

（3）骨料品种与品质

在骨料用量一定的情况下，采用卵石和河砂拌制的混凝土拌合物，其流动性比用碎石和山砂拌制的好。石子最大粒径较大时，需要包裹的浆体少，流动性好，但容易离析。级配好的骨料拌制的混凝土拌合物的流动性大。

（4）水泥、矿物掺合料和外加剂

与普通水泥相比，采用矿渣水泥、火山灰水泥的混凝土拌合物流动性较小。但是矿渣水泥的保水性差，尤其低温时泌水较大。

矿物掺合料不仅自身水化缓慢，优质矿物掺合料还有一定的减水效果，同时还减缓了水泥的水化速度，使混凝土工作性更加流畅，并防止泌水及离析的发生。

在拌制混凝土拌合物时，加入适量外加剂，如减水剂、引气剂等，能使混凝土在较低水胶比、较小用水量的条件下，仍能获得较高的流动性。

（5）时间和温度

混凝土拌合物随着时间的延长会变得越来越干稠。混凝土工作性还受温度的影响，随着环境温度的升高，混凝土的工作性降低很快。

5. 改善和易性的措施

在实际工作中，可采取以下措施调整拌合物的和易性（需考虑对混凝土强度、耐久性等的影响）：

（1）尽可能采用合理砂率，以提高混凝土的质量与节约水泥。

（2）改善砂、石级配。

（3）尽量采用较粗的砂、石。

（4）当混凝土的配合比初步确定后，如发现拌合物坍落度太小，则可保持水胶比不变，增加适量的浆体以提高混凝土坍落度，满足施工要求；若坍落度太大，则可增加适量砂、石，从而减小坍落度，达到施工要求，避免出现离析、泌水等不利现象。

（5）掺外加剂（减水剂、引气剂），均可提高混凝土的流动性。

（二）混凝土的强度

1. 混凝土的受力变形及破坏形式

硬化后的混凝土在未受力作用之前，由于水泥水化造成的物理收缩和化学收缩引起砂浆体积的变化，或者因泌水在骨料下部形成水囊，而导致骨料界面可能出现界面裂缝（如图 12-4-5 未加荷载所示），在施加外力时，微裂缝处出现应力集中，随着外力的增大，裂缝就会延伸和扩展，最后导致混凝土破坏。混凝土的受压破坏实际上是裂缝的失稳扩展到贯通的过程。混凝土的裂缝扩展可分为如图 12-4-4 所示的四个阶段，每个阶段的裂缝状态示意图如图 12-4-5 所示。当荷载到达"比例极限"（约为极限荷载的30%）以前，界面裂缝无明显变化（图 12-4-4 第Ⅰ阶段，图 12-4-5 中Ⅰ）。此时，荷载与变形接近直线关系（图 12-4-4 曲线OA段）；荷载超过"比例极限"以后，界面裂缝的数量、长度、宽度都不断扩大，界面借助摩擦阻力继续承担荷载，但尚无明显的砂浆裂缝（图 12-4-5 中Ⅱ）。此时，变形增大的速度超过荷载的增大速度，荷载与变形之间不再接近直线关系（图 12-4-4 曲线AB段）。荷载超过"临界荷载"（为极限荷载的 70%~90%）以后，在界面裂缝继续发展的同时，开始出现砂浆裂缝，并将临近的界面裂缝连接起来成为连续裂缝（图 12-4-5 中Ⅲ）。此时，变形增大的速度进一步加快，荷载-变形曲线明显地弯向变形轴方向（图 12-4-4 曲线BC段）。超过极限荷载后，连续裂缝急速地扩展（图 12-4-5 中Ⅳ）。此时，混凝土的承载力下降，荷载减小而变形迅速增大，以致完全破坏，荷载-变形曲线逐渐下降而最后结束（图 12-4-4 曲线CD段）。因此，混凝土受力破坏过程实际上是混凝土裂缝的发生和发展过程，也是混凝土内部结构裂缝由不连续到连续的演变过程。

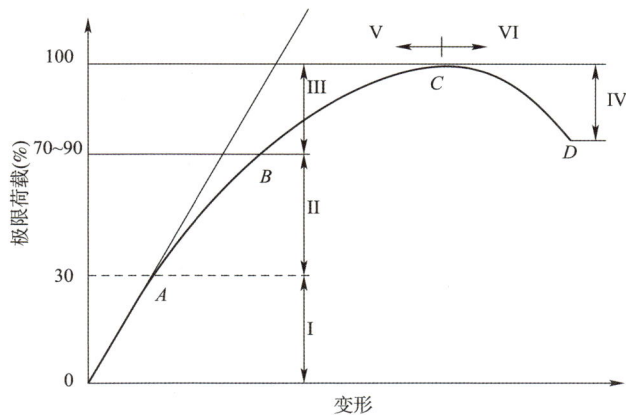

图 12-4-4　混凝土的受力变形曲线

I-界面裂缝无明显变化；II-界面裂缝增长；III-出现砂浆裂缝和连续裂缝；IV-连续裂缝迅速发展；V-裂缝缓慢增长；VI-裂缝迅速增长

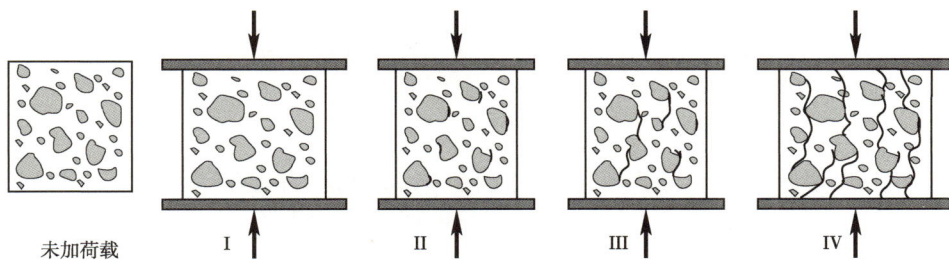

图 12-4-5　不同受力阶段裂缝示意图

2. 混凝土立方体抗压强度及强度等级

根据《混凝土物理力学性能试验方法标准》（GB/T 50081—2019）制作边长为 150mm 的立方体标准试件，在标准条件（温度 20℃±2℃，相对湿度 95%以上）下，养护到 28d 龄期，用标准试验方法测得的抗压强度值，称为混凝土立方体抗压强度，用 f_{cu} 表示。

在实际施工中，允许采用非标准尺寸的试件，但试件尺寸越大，测得的抗压强度值越小（原因是大试件环箍效应的相对作用小，另外，存在缺陷的概率增大）。混凝土强度等级小于 C60 时，用非标准试件测得的强度值应乘以尺寸换算系数，对尺寸为200mm×200mm×200mm的试件可取为 1.05，对尺寸为100mm×100mm×100mm的试件可取为 0.95。

根据《混凝土强度检验评定标准》（GB/T 50107—2010）的规定，混凝土的强度等级应按其立方体抗压强度标准值确定。混凝土强度等级采用"C"与立方体抗压强度标准值 $f_{cu,k}$ 表示。

混凝土立方体抗压强度标准值应为按标准方法制作和养护的边长为 150mm 的立方体试件，用标准试验方法在 28d 龄期测得的混凝土抗压强度总体分布中的一个值，强度低于该值的概率应为 5%。

《混凝土质量控制标准》（GB 50164—2011）规定，混凝土强度等级应按立方体抗压强度标准值（MPa）划分为 C10、C15、C20、C25、C30、C35、C40、C45、C50、C55、C60、C65、C70、C75、C80、C85、C90、C95 和 C100。

【例 12-4-5】混凝土强度的形成受到其养护条件的影响，主要是指：

A. 环境温湿度　　　　B. 搅拌时间　　　　C. 试件大小　　　　D. 混凝土水灰比

解　养护是指控制合适的温度和湿度使水泥混凝土正常水化硬化，所以养护条件是指温度、湿度。

答案：A

【例 12-4-6】　混凝土材料在单向受压条件下的应力-应变曲线呈现明显的非线性特征，在外部应力达到抗压强度的 30% 左右时，图线发生弯曲，这时应力-应变关系的非线性主要是由于：

A. 材料出现贯穿裂缝　　　　　　　　B. 骨料被压碎

C. 界面过渡区裂缝的增长　　　　　　D. 材料中孔隙被压缩

解　混凝土材料在单向受压条件下的应力-应变曲线表现出明显的非线性特征，在外部应力达到抗拉强度的 30% 左右时，由于混凝土内部界面过渡区裂缝增长，使曲线发生弯曲。当外部应力达到抗拉强度的 90% 以上时，材料出现贯穿裂缝。

答案：C

3. 混凝土轴心抗压强度

轴心抗压强度又称棱柱体抗压强度。在实际工程中，混凝土受压构件大部分是棱柱体或圆柱体，为了与实际情况相符，在混凝土结构设计、计算轴心受压构件（如柱子、桁架的腹杆等）时，应采用轴心抗压强度作为设计依据。根据《混凝土物理力学性能试验方法标准》（GB/T 50081—2019）的规定，轴心抗压强度应采用尺寸为 150mm × 150mm × 300mm 的棱柱体作为标准试件。试验表明，轴心抗压强度为立方体抗压强度的 70%~80%。

4. 混凝土抗拉强度

混凝土的抗拉强度很低，只有其抗压强度的 1/20~1/10，且这个比值随着强度等级的提高而降低。混凝土抗拉强度对于混凝土抗裂性具有重要作用，是结构设计中确定混凝土抗裂度的主要指标，有时也用来间接衡量混凝土与钢筋的黏结强度等。一般采用劈裂法来测定混凝土的劈裂抗拉强度，简称劈拉强度。

根据《混凝土物理力学性能试验方法标准》（GB/T 50081—2019）的规定，劈裂抗拉强度采用边长为 150mm 的立方体标准试件，按规定的劈裂抗拉装置检测劈拉强度，按下式计算劈裂抗拉强度：

$$f_{ts} = \frac{2F}{\pi A} = 0.637 \frac{F}{A} \tag{12-4-3}$$

式中：f_{ts}——劈裂抗拉强度（MPa）；

F——破坏荷载（N）；

A——试件劈裂面面积（mm²）。

5. 影响混凝土抗压强度的因素

（1）胶凝材料的强度和水胶比

胶凝材料的强度和水胶比是影响混凝土强度最主要的因素。试验证明：胶凝材料的强度越高，则混凝土的强度越高；在胶凝材料组成和强度相同时，混凝土强度随着水胶比的增大而有规律地降低。水胶比增大，多余的水分多（水泥水化所需的结合水，一般只占水泥质量的 23% 左右），当混凝土硬化后，多余的水分就残留在混凝土中形成水泡或蒸发后形成气孔，大大地减少了混凝土抵抗荷载的实际有效断面，而且可能在孔隙周围产生应力集中，使混凝土强度降低，反之，水胶比越小，水泥浆硬化后强度越高，与骨料表面的黏结力越大，则混凝土强度也越高。但若水胶比太小，拌合物过于干稠，难以施工捣实，混凝土会出现较多的蜂窝孔洞，强度也会降低。

瑞士学者保罗米通过大量试验研究，提出以下混凝土强度（f_{cu}）与水泥强度（f_{ce}）、水灰比（W/C）之间的经验公式：

$$f_{cu} = \alpha_a f_{ce} \left(\frac{C}{W} - \alpha_b \right) \tag{12-4-4}$$

式中：α_a、α_b——回归系数，与粗骨料种类、水泥品种等因素有关，其数值通过试验求得，《普通混凝土配合比设计规程》(JGJ 55—2011)规定,对碎石混凝土,α_a可取 0.53,α_b可取 0.20;对卵石混凝土,α_a可取 0.49,α_b可取 0.13。

（2）温度和湿度

养护温度和湿度是保证水泥正常水化的必要条件,也是决定水泥水化速度的重要条件。若温度升高,则水泥水化速度加快,混凝土强度发展也就加快;反之,温度降低时,水泥水化速度降低,混凝土强度发展相应迟缓。当温度降至冰点以下时,水泥水化反应停止,混凝土的强度也停止发展而且还会因混凝土中的水结冰产生体积膨胀导致开裂。所以混凝土冬期施工时,要特别注意保温养护,以免混凝土早期受冻破坏。

周围环境的湿度对混凝土强度也有显著影响。若湿度不够,混凝土会因失水干燥而影响水泥水化作用的正常进行,甚至停止水化。这将严重降低混凝土的强度,且因水化作用不充分,使混凝土结构疏松,或形成干缩裂缝,从而影响混凝土耐久性。因此要求在混凝土凝结后（一般在 12h 以内）,表面加以覆盖和浇水,一般硅酸盐水泥、普通水泥和矿渣水泥配制的混凝土,需浇水保湿至少 7d;使用火山灰水泥、粉煤灰水泥或掺用缓凝型外加剂,或有抗渗要求的混凝土,浇水保湿不少于 14d。

总之,已浇筑完毕的混凝土,必须注意在一定时间内维持周围环境有一定温度和湿度。而且混凝土施工时,夏季注意浇水保持必要的湿度,冬季注意保持必要的温度。

（3）龄期

混凝土在正常养护条件下,其强度随龄期的增加而增长,最初 7~14d 内,强度增长较快,28d 以后增长缓慢,但只要有一定的温度与湿度,强度仍有所增长。可根据混凝土早期强度大致估计其 28d 的强度。如用普通水泥配制的混凝土,在标准条件下养护,其强度发展有如下关系式:

$$\frac{f_n}{f_{28}} = \frac{\lg n}{\lg 28} \qquad (12-4-5)$$

式中：f_n ——nd混凝土抗压强度（MPa）;

　　　f_{28} ——28d 混凝土抗压强度（MPa）;

　　　n ——养护龄期（d）,$n \geqslant 3$。

6. 提高混凝土强度的措施

（1）降低水灰比或水胶比。

通过掺入高性能减水剂,降低水灰比或水胶比,减少拌合物中游离水分,从而使混凝土硬化后留下的孔隙少,提高混凝土的密实度和强度。

（2）采用高强度等级水泥或早强类水泥。

（3）采用湿热养护——蒸气养护与蒸压养护。

蒸气养护是将混凝土放在低于 100℃的常压蒸气中养护。目的是提高混凝土的早期强度。一般混凝土经 16h 左右蒸气养护后,其强度可达正常条件下养护 28d 强度的 70%~80%。蒸气养护的最适宜温度,用硅酸盐水泥或普通水泥时为 80℃左右,用矿渣水泥时则为 90℃。

蒸压养护是将混凝土放在温度为 175℃、8 个大气压的蒸压釜中进行养护。在这样的条件下养护,水泥水化析出的氢氧化钙,不仅能与活性氧化硅结合,而且也能与结晶状态的氧化硅结合,生成结晶较好的水化硅酸钙,使水泥水化、硬化加速,可有效提高混凝土的强度。

（4）采用机械搅拌与振捣。

可提高混凝土均匀性、密实度与强度,对用水量少、水灰比小的干硬性混凝土,效果显著。

（5）掺入混凝土外加剂和掺合料。

在混凝土中掺入早强剂，可显著提高混凝土的早期强度。掺入减水剂，拌和用水量减少，水胶比降低，可提高混凝土的强度。在混凝土拌合物中，除掺入高效减水剂、复合外加剂外，同时掺入硅粉、粉煤灰等矿物掺合料，可配制高强度的混凝土。

【例 12-4-7】 混凝土材料的抗压强度与下列哪个因素不直接相关：

    A. 骨料强度   B. 硬化水泥浆强度

    C. 骨料界面过渡区   D. 拌和用水的品质

解 混凝土主要由硬化水泥浆、骨料及硬化水泥浆与骨料的界面过渡区组成，所以硬化水泥浆强度越高，骨料的强度越高，界面过渡区结合越紧密，则混凝土强度越高。所以混凝土材料的抗压强度与拌和用水的品质没有直接关系。

答案： D

【例 12-4-8】 混凝土强度是在标准养护条件下达到标准养护龄期后测量得到的，如实际工程中混凝土的环境温度比标准养护温度低了 10℃，则混凝土的最终强度与标准强度相比：

    A. 一定较低   B. 一定较高   C. 不能确定   D. 相同

解 混凝土的养护温度越低，其强度发展越慢，所以，当实际工程混凝土的环境温度低于标准养护温度时，在相同的龄期时，混凝土的实际强度比标准强度低，但是一定的时间后，混凝土的最终强度会达到标准养护条件下的强度。

答案： D

（三）混凝土的变形性能

1. 化学收缩

混凝土的化学收缩是由于水泥水化引起的。这种收缩是不能恢复的，收缩量随龄期的延长而增加，一般在混凝土成型后 40 多天内增长较快，以后渐趋稳定。总收缩量一般不大。

2. 干湿变形

干湿变形是指混凝土随周围环境湿度变化而产生的湿胀干缩变形。混凝土的湿胀变形量很小，一般无明显破坏作用。混凝土干燥时，首先蒸发气孔和大毛细孔中的水，这部分水分蒸发不会产生体积收缩；随着环境湿度降低，小毛细孔中水分蒸发，并产生体积收缩；当相对湿度小于 30% 时，凝胶孔中的凝胶水分开始蒸发，使凝胶体紧缩，体积显著减小。所以干缩变形对混凝土危害较大，会使混凝土表面出现拉应力而导致开裂，严重影响混凝土的耐久性。

影响混凝土干缩变形的因素有水泥品种、细度和用量，水灰比，骨料用量及养护条件等。一般说，水泥用量大，水灰比大，骨料用量少，则干缩变形值大。

在工程设计中，通常采用混凝土的线收缩值为 $150\times10^{-6}\sim200\times10^{-6}$，即每 1m 收缩 0.15~0.20mm。

3. 自身收缩

自身收缩是混凝土在初凝之后随着水化的进行，在恒温恒重条件下体积的减缩，也称为自收缩。自收缩产生的原因是随着水泥水化的进行，内部孔中的水分被水化反应所消耗，结果产生毛细孔应力，从而造成硬化水泥石受负压作用而产生收缩。

与干燥收缩不同，自收缩是由于毛细孔中的水分被水化反应消耗，而不是蒸发所致，所以，自收缩没有质量减少现象。通常，随着水胶比降低，自收缩增大，而干缩减小。

4. 温度变形

温度变形指混凝土随温度变化产生热胀冷缩的变形。混凝土的温度线胀系数约为$10 \times 10^{-6}°C$，即温度每升高 1℃，每 1m 膨胀约 0.01mm。

混凝土硬化期间由于水化放热产生温升而膨胀，到达温峰后降温期间产生收缩变形。升温期间由于混凝土弹性模量还很低，膨胀变形只产生较小的压应力，且因徐变作用而松弛；降温期间因弹性模量增长，徐变松弛作用减小，在受约束时收缩变形则产生较大的拉应力，当拉应力超过抗拉强度（断裂能）时开始开裂。降温幅度越大，产生的拉应力越大。

混凝土是热的不良导体，散热较慢，因此大体积混凝土内部的温度较外部高，有时可达 50~70℃，这将使内部混凝土的体积产生较大的相对膨胀，而外部混凝土产生较大的收缩。内部膨胀与外部收缩相互制约，在外层混凝土中将产生很大的拉应力，严重时使混凝土产生裂缝，因此，大体积混凝土工程必须尽量减少混凝土发热量，常用的方法有：

（1）最大限度减少水泥用量；

（2）掺加粉煤灰等低活性掺合料；

（3）采用低热水泥；

（4）选用热膨胀系数低的骨料；

（5）预冷原材料；

（6）在混凝土中埋设冷却水管，表面绝热，减少热变形；

（7）对混凝土合理分块、分缝，减轻约束。

5. 在荷载作用下的变形

（1）在短期荷载作用下的变形

混凝土是一种弹塑性材料，即在外力作用下，既能产生可恢复的弹性变形，也能产生不可恢复的塑性变形，其应力-应变关系不是直线，而是曲线，如图 12-4-6 所示。

《混凝土物理力学性能试验方法标准》（GB/T 50081—2019）规定，混凝土静力弹性模量（简称弹性模量）的测定，是指应力为1/3轴心抗压强度时的割线弹性模量（严格地讲，混凝土的应力与应变的比值称为变形模量）。采用这种方法测定的弹性模量E_c，可作为混凝土结构设计的依据。当混凝土的强度等级在C10~C60 之间时，其弹性的模量值为 17.5~36GPa。混凝土的弹性模量主要取决于骨料与水泥石的弹性模量，以及它们之间的体积比和混凝土含气量。所以水灰比较小，水泥用量较少，骨料弹性模量较高，养护较好及龄期较长时，混凝土的弹性模量就较大。

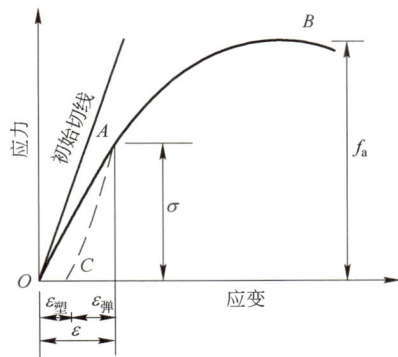

图 12-4-6　混凝土在压力作用下的应力-应变曲线

（2）徐变

混凝土在长期荷载作用下随时间而增加的变形称为徐变。混凝土的徐变曲线如图 12-4-7 所示。当混凝土受荷作用后，即产生瞬时变形，瞬时变形以弹性变形为主。随着荷载持续时间的增长，徐变逐渐增长，以后逐渐变慢，一般延续 2~3 年，渐趋于稳定。徐变一般可达 $300 \times 10^{-6} \sim 1\,500 \times 10^{-6}$，即0.3~1.5mm/m。混凝土在变形稳定后，卸去荷载，则部分变形可以产生瞬时恢复，部分变形在一段时间内逐渐恢复，称为徐变恢复，但仍会残余大部分不可恢复的永久变形，称为残余变形。

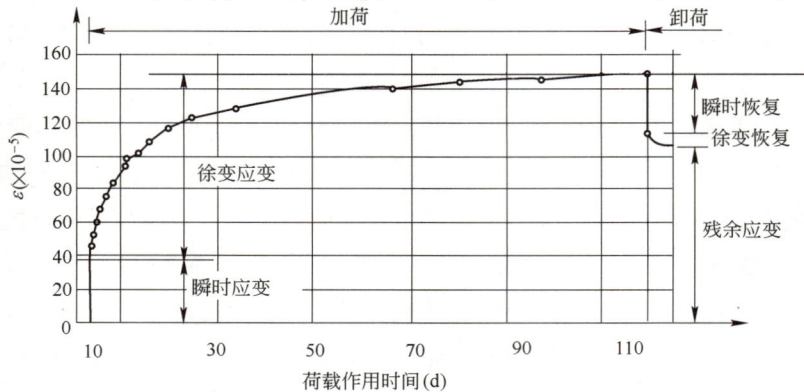

图 12-4-7　混凝土的徐变曲线

混凝土徐变一般认为是水泥石中的凝胶体在长期荷载作用下产生黏性流动，并向毛细孔中移动，同时吸附在凝胶粒子上的凝胶水也向毛细孔中迁移的结果。在混凝土早期时，水泥尚未充分水化，凝胶含量较多，且毛细孔较多，所以徐变发展较快；在晚龄期，由于水泥硬化，凝胶体含量相对减少，毛细孔也少，徐变发展较慢。

混凝土的徐变能消除钢筋混凝土内的应力集中，使应力较均匀地重新分布，也可消除一部分大体积混凝土因温度变形所产生的破坏应力。但会使预应力钢筋混凝土结构中钢筋的预加应力受到损失。

影响混凝土徐变的因素包括荷载大小和持续时间、水泥用量、水灰比、环境湿度等，一般水泥用量越大，水灰比越大，徐变越大。通常，徐变与强度相反，混凝土强度越高，徐变越小。需要强调的是，为了避免混凝土开裂，混凝土早期应该保有一定的徐变。

【例 12-4-9】 混凝土的干燥收缩和徐变的规律相似，而且最终变形量也相互接近，原因是两者具有相同的微观机理，均为：

A. 毛细孔的排水　　　　　　　　　　B. 过渡区的变形

C. 骨料的吸水　　　　　　　　　　　D. 凝胶孔水分的移动

解　徐变是由于凝胶孔中的水分向毛细孔中迁移引起的。干燥收缩是由于湿度降低导致凝胶孔和毛细孔失去水分引起的。所以凝胶孔水分的移动是干燥收缩和徐变的共同机理。

答案：D

（四）混凝土的耐久性

耐久性是指混凝土在长期外界因素作用下，抵抗各种物理和化学作用破坏的能力。耐久性是一个综合概念，包括的内容很多，如抗渗性、抗冻性、抗侵蚀性、抗碳化性能和抗碱-骨料反应等。这些性能决定着混凝土经久耐用的程度，但必须强调的是脱离具体环境谈混凝土结构的耐久性是不正确的。

1. 抗渗性

混凝土的抗渗性指混凝土抵抗压力水（或油等液体）渗透的性能，是决定混凝土耐久性最基本的因素。因为水能够渗透到混凝土内部是导致破坏的前提，也就是说水或者直接导致膨胀和开裂，或者作为侵蚀性介质扩散进入混凝土内部的载体，所以，抗渗性直接影响混凝土的抗冻性、抗侵蚀性、钢筋锈蚀。

混凝土的抗渗性用抗渗等级表示。国家标准《混凝土质量控制标准》（GB 50164—2011）规定，混凝土抗渗等级分为 P4、P6、P8、P10、P12 和>P12 六个等级。

混凝土的抗渗性主要取决于混凝土的密实度及内部孔隙的特征，混凝土孔隙率越低（即密实度越大），连通孔隙越少，微小封闭孔隙越多，抗渗性越好。

2.抗冻性

（1）抗冻性的定义

混凝土的抗冻性指混凝土在水饱和状态下，能经受多次冻融循环作用而不破坏，同时也不严重降低强度的性能。

（2）抗冻性的表征

混凝土的抗冻性用抗冻等级和抗冻标号表示。国家标准《混凝土质量控制标准》（GB 50164—2011）规定，混凝土的抗冻等级（快冻法）分为 F50、F100、F150、F200、F250、F300、F350、F400 和>F400 九个等级；抗冻标号（慢冻法）分为 D50、D100、D150、D200 和>D200 五个等级。

快冻法采用尺寸为 100mm×100mm×400mm 的棱柱体试件，以快速冻融循环试验后，质量损失率不超过 5%，同时相对动弹性模量值不小于 60%时所承受的最大循环次数表示抗冻等级。慢冻法常用边长为 100mm 的立方体试件，以冻融循环试验后，质量损失率不超过 5%，同时抗压强度损失率不超过 25%时所承受的最大循环次数表示抗冻标号。

根据快速冻融循环最大次数，按下式可以求出混凝土的耐久性系数。

$$K_n = P_n \times \frac{N}{300} \qquad (12-4-6)$$

式中：K_n ——混凝土耐久性系数；

N ——满足抗冻法控制指标要求的最大冻融循环次数（次）；

P_n ——经n次冻融循环后试件的相对动弹性模量。

（3）除冰盐对混凝土的破坏

在冬季，高速公路和城市道路为防止因结冰和积雪使汽车打滑造成交通事故，常在路面撒盐（NaCl 或 CaCl$_2$）以降低冰点去除冰雪。而除冰盐对混凝土路面和桥面会造成严重的破坏，即不仅引起路面和桥面破坏，渗入混凝土中的氯盐还将导致严重的钢筋锈蚀，还会加速碱-骨料反应。

盐冻从混凝土表面开始，逐渐向内部发展，表面砂浆剥落，骨料暴露；这种破坏非常快，少则一年，多则数年，就会产生严重的剥蚀破坏。

（4）提高抗冻性的措施

决定抗冻性的重要因素有混凝土的密实度、孔隙构造和数量、孔隙的充水程度等。通常以提高混凝土的密实度或掺加引气剂以减小混凝土内孔隙的连通程度等方法提高混凝土的抗冻性。具体措施有：

（1）降低混凝土水胶比，降低孔隙率；

（2）掺加引气剂，保持含气量在 4%~5%；

（3）提高混凝土强度，在相同含气量的情况下，混凝土强度越高，抗冻性越好。

【例 12-4-10】在寒冷地区的混凝土发生冻融破坏时，如果表面有盐类作用，其破坏程度：

A. 会减轻　　　　　　　　　　　　B. 会加重

C. 与有无盐类无关　　　　　　　　D. 视盐类浓度而定

解　在寒冷地区混凝土发生冻融破坏时，表面有盐类会使破坏程度加重。

答案：B

3.抗侵蚀性

抗侵蚀性指混凝土抵抗各种化学介质侵蚀的能力，主要取决于混凝土中水泥石的抗侵蚀性。凡提高水泥抗化学侵蚀性的方法均可提高混凝土的抗化学侵蚀性，详见第三节"水泥"中的"硅酸盐水泥石的侵蚀与防止"内容。

4. 碳化和钢筋锈蚀

（1）碳化的定义

碳化指空气中的二氧化碳与水泥石中的氢氧化钙在有水的条件下发生化学反应，生成碳酸钙和水。碳化过程是二氧化碳由表及里向混凝土内部逐渐扩散的过程。未碳化的混凝土 pH=12~13，碳化后混凝土内部的 pH=8.5~10。

混凝土的抗碳化性能指混凝土抵抗内部的 $Ca(OH)_2$ 与空气中的 CO_2 在有水的条件下反应生成 $CaCO_3$，导致混凝土内部原来的碱性环境变为中性环境的能力，故又可称为抗中性化的能力。

（2）混凝土保护钢筋不锈的原因

混凝土的孔溶液中通常含有较多的 Na^+、K^+ 及少量的 Ca^{2+} 等离子，为保持离子电中性，OH^- 离子浓度较高，即 pH 值较大，未碳化的混凝土 pH=12~13，在这样的强碱环境中，钢筋表面生成一层厚 2~6nm 的致密钝化膜，使钢材难以进行化学电化学反应，即电化学腐蚀难以进行。碳化后混凝土内部的 pH=8.5~10，接近中性，而中性环境易使钢筋表面的钝化膜遭到破坏，如果钢筋周围有一定水分和氧时，钢筋就会生锈。

（3）钢筋锈蚀及对混凝土的影响

抗碳化性能的高低反映了混凝土抗钢筋锈蚀能力的高低，因为混凝土内部的碱性环境是使钢筋得到保护而免遭锈蚀的环境。此外，碳化还会使混凝土碳化层产生拉应力，进而产生微细裂缝，而使混凝土抗拉、抗折强度降低。

（4）氯离子对钢筋锈蚀的影响

氯离子是一种极强的钢筋锈蚀因子，扩散能力很强，混凝土中含有0.3~0.8kg/m³的氯离子就足以破坏钝化膜，腐蚀钢筋，即使混凝土没有碳化，如使用了未经淡化处理的海砂、氯盐防冻剂等。

（5）提高抗碳化性能的措施

通常以提高混凝土密实度或增大混凝土内 $Ca(OH)_2$ 数量等方法提高混凝土的抗碳化性能。

5. 抗碱-骨料反应

混凝土中的碱性氧化物（Na_2O、K_2O）与骨料中的活性二氧化硅或活性碳酸盐发生化学反应生成碱硅酸凝胶或碱-碳酸盐凝胶，沉积在骨料与水泥石界面上，吸水后体积膨胀 3 倍以上，导致混凝土开裂破坏，这种碱性氧化物与骨料中活性成分之间的化学反应称为碱-骨料反应。

为防止碱-骨料反应对混凝土的破坏作用，应严格控制水泥中碱（Na_2O、K_2O）的含量；禁止使用含有活性氧化硅（如蛋白石）或活性碳酸盐的骨料，对骨料应进行碱-骨料反应检验；还可在混凝土配制中加入活性掺合料，以吸收 Na^+、K^+，使反应不集中于骨料表面。

【例 12-4-11】 混凝土的碱-骨料反应是内部碱性孔隙溶液和骨料中的活性成分发生了反应，因此以下措施中对于控制工程中碱-骨料反应最为有效的是：

　　A. 控制环境温度　　　　　　　　B. 控制环境湿度

　　C. 降低混凝土含碱量　　　　　　D. 改善骨料级配

解　混凝土的碱-骨料反应是内部碱性孔隙溶液和骨料中的活性成分发生了反应，因此控制工程中碱-骨料反应的措施包括：①降低混凝土中的含碱量；②控制活性骨料的使用；③采用活性掺合料（如粉煤灰、矿渣粉等）；④加入碱-骨料反应抑制剂等。四个选项中，控制碱-骨料反应的最有效措施为降低混凝土含碱量。

答案：C

6. 提高混凝土耐久性的措施

（1）选择适当品种的水泥；

（2）严格控制水胶比与胶凝材料用量。

《混凝土结构设计规范》（GB 50010—2010）（2015 年版）规定了与所处环境相应的混凝土最大水胶比、最低强度等级、最大氯离子含量与最大碱含量，见表 12-4-8，以满足耐久性要求。

混凝土材料的耐久性要求   表 12-4-8

环境等级	最大水胶比	最低强度等级	最大氯离子含量（%）	最大碱含量（kg/m³）
一	0.60	C20	0.30	不限制
二 a	0.55	C25	0.20	3.0
二 b	0.50（0.55）	C30（C25）	0.15	
三 a	0.45（0.50）	C35（C30）	0.15	
三 b	0.40	C40	0.10	

注：1. 氯离子含量为其占胶凝材料总量的百分比。

2. 预应力构件混凝土中的最大氯离子含量为 0.06%，其最低混凝土强度等级宜按表中的规定提高两个等级。

3. 素混凝土构件的水胶比及最低强度等级的要求可适当放松。

4. 有可靠工程经验时，二类环境中的最低混凝土强度等级可降低一个等级。

5. 处于严寒和寒冷地区二 b、三 a 环境中的混凝土应采用引气剂，并可采用括号内的有关参数。

6. 当使用非碱活性骨料时，对混凝土中的碱含量可不作限制。

（3）选用质量好的骨料。

（4）掺入减水剂、引气剂等外加剂。

（5）保证混凝土施工质量。

【例 12-4-12】从工程角度，混凝土中钢筋防锈的最经济有效措施是：

    A. 使用高效减水剂   B. 使用环氧树脂涂刷钢筋表面

    C. 使用不锈钢钢筋   D. 增加混凝土保护层厚度

解 以上措施均可以提高钢筋混凝土中钢筋的防锈效果。使用环氧树脂涂刷钢筋和使用不锈钢钢筋都会大幅度增加成本；增加混凝土保护层厚度会增加混凝土用量，减小有效使用面积，不经济。所以比较而言，通过使用高效减水剂提高混凝土的密实度，是最经济有效的措施。

答案： A

三、普通混凝土配合比设计

（一）混凝土配合比的设计原则

混凝土配合比，是指为配制有一定性能要求的混凝土，单位体积的混凝土中各组成材料的用量或其之间的比例关系。混凝土配合比设计的任务，就是在满足混凝土工作性、强度和耐久性等技术要求的条件下，比较经济合理地确定水泥、掺合料、外加剂、水、砂和石子等组成材料的用量比例关系。混凝土配合比应根据原材料性能及对混凝土的技术要求进行计算，并经实验室试配试验，再进行调整后确定。

（二）混凝土配合比设计的三个参数

普通混凝土主要材料的相对比例，通常由以下三个参数来控制。

1. 水胶比（水灰比）

水灰胶比是指混凝土中水与胶凝材料（胶凝材料由水泥和掺合料组成）的质量比。水胶比对混凝土拌合物的和易性、硬化混凝土强度和耐久性都有重要的影响，因此，通常依据强度和耐久性要求确定水胶比。

需要说明的是，不掺加掺合料时，为水灰比，即水与水泥质量比。

2. 砂率

砂率是指砂子质量占砂石总质量的百分比。砂率对混凝土拌合物的和易性影响较大，若选择不恰当，还会影响影响混凝土强度和耐久性。因此，宜选择合理砂率。

3. 用水量

用水量指 $1m^3$ 混凝土拌合物中水的用量。在水灰（胶）比确定后，混凝土中单位体积用水量也表示水泥浆与骨料之间的比例关系。为节约水泥和改善耐久性，在满足流动性条件下，应尽可能取较小的用水量。

（三）混凝土配合比设计计算

进行配合比设计时，应按下列步骤计算出供试配的混凝土配合比。

1. 确定混凝土配制强度（$f_{cu,o}$）

一般按下式计算：

$$f_{cu,o} = f_{cu,k} + 1.645\sigma \tag{12-4-7}$$

式中：$f_{cu,o}$ ——混凝土配制强度（MPa）；

$\quad\quad f_{cu,k}$ ——混凝土立方体抗压强度标准值（MPa）；

$\quad\quad \sigma$ ——混凝土强度标准差（MPa），这是施工单位混凝土质量控制水平高低的反映，强度标准差宜根据同类混凝土统计资料计算确定，当无统计资料时，可按《普通混凝土配合比设计规程》（JTJ 55—2011）选用。

2. 确定水灰比（W/C）

$$\frac{W}{C} = \frac{\alpha_a f_{ce}}{f_{cu,o} + \alpha_a \alpha_b f_{ce}} \tag{12-4-8}$$

其中，α_a、α_b 的取值参见公式（12-4-4）的说明。

计算所得的水灰比值应符合其他标准对满足耐久性要求所规定的最大水灰比值。

3. 确定单位用水量（m_{w0}）

查表 12-4-9 选定。

塑性和干硬性混凝土的用水量（单位：kg/m^3）　　　　　　　　　　　　　　表 12-4-9

项　　目	指　　标	卵石最大粒径（mm）			碎石最大粒径（mm）		
		10	20	40	16	20	40
坍落度（mm）	10~30	190	170	150	200	185	165
	30~50	200	180	160	210	195	175
	50~70	210	190	170	220	205	185
	70~90	215	195	175	230	215	195

项　目	指　标	卵石最大粒径（mm）			碎石最大粒径（mm）		
		10	20	40	16	20	40
维勃稠度（s）	15~20	175	160	145	180	170	155
	10~15	180	165	150	185	175	160
	5~10	185	170	155	190	180	165

注：1.本表用水量为采用中砂时的平均取值，如采用细砂或粗砂，则1m³混凝土用水量应相应增减 5~10kg。

　　2.掺用各种外加剂或掺合料时，可相应增减用水量。

　　3.本表不适用于水灰比小于 0.4 或大于 0.8 的混凝土以及采用特殊工艺的混凝土。

4. 确定水泥用量（m_{c0}）

$$m_{c0} = \frac{m_{w0}}{\dfrac{W}{C}} \qquad (12-4-9)$$

5. 确定砂率（β_s）

可通过查表法或计算法确定砂率。查表法即为查表 12-4-7 选取。计算法在此不做介绍，具体内容详见有关教科书。

6. 确定粗骨料用量（m_{g0}）和细骨料用量（m_{s0}）

（1）质量法。按下式计算：

$$m_{c0} + m_{g0} + m_{s0} + m_{w0} = m_{cp} \qquad (12-4-10)$$

式中：m_{cp} ——1m³混凝土拌合物的假定质量（kg），其值可取 2 400~2 450kg。

$$\beta s = \frac{m_{s0}}{m_{s0} + m_{g0}} \times 100\% \qquad (12-4-11)$$

（2）体积法。按下式计算：

$$\frac{m_{c0}}{\rho_c} + \frac{m_{g0}}{\rho_{0g}} + \frac{m_{s0}}{\rho_{0s}} + \frac{m_{w0}}{\rho_w} + 0.01\alpha = 1 \qquad (12-4-12)$$

$$\beta_s = \frac{m_{s0}}{m_{s0} + m_{g0}} \times 100\% \qquad (12-4-13)$$

式中：ρ_c ——水泥密度（kg/m³），可取 2 900~3 100kg/m³；

ρ_{0g} ——石子的表观密度（kg/m³）；

ρ_{0s} ——砂子的表观密度（kg/m³）；

ρ_w ——水的密度（kg/m³），可取 1 000kg/m³；

α ——混凝土的含气量百分数，在不使用引气型外加剂时，α可取为 1。

（四）混凝土配合比的试配、调整与确定

前面计算得出的配合比，配成的混凝土不一定与原设计要求完全相符。因此必须检验其和易性，并加以调整，使之符合设计要求，然后实测拌合物的表观密度，计算出调整后的配合比（基准配合比），再以此配合比复核强度，按《普通混凝土配合比设计规程》（JGJ 55—2011）的规定方法确定混凝土设计配合比（通常称实验室配合比）。

（五）混凝土施工配合比换算

混凝土实验室配合比计算用料是以干燥骨料为基准的，实际工地使用的骨料常含有一定的水分，因此需根据工地石子和砂的实际含水率进行换算。施工配合比每立方米混凝土中各材料用量应为：

$$m'_c = m_c \tag{12-4-14}$$

$$m'_s = m_s(1 + a) \tag{12-4-15}$$

$$m'_g = m_g(1 + b) \tag{12-4-16}$$

$$m'_w = m_w - m_s \times a - m_g \times b \tag{12-4-17}$$

式中：　a ——工地砂子含水率（%）；

　　　　b ——工地石子含水率（%）。

【例 12-4-13】混凝土配合比设计中需要确定的基本变量不包括：

　　A. 混凝土用水量　　　　　　　　　B. 混凝土砂率

　　C. 混凝土粗骨料用量　　　　　　　D. 混凝土密度

解　混凝土配合比设计的目的是确定各组成材料的用量，所以需要确定的基本变量中不包括混凝土的密度。

答案： D

四、其他品种混凝土

（一）轻混凝土

轻混凝土是指干表观密度小于 1 950kg/m³ 的混凝土，包括轻骨料混凝土、多孔混凝土和大孔混凝土。

1. 轻骨料混凝土

根据《轻骨料混凝土应用技术标准》（JGJ/T 12—2019），轻骨料混凝土是用轻粗骨料、轻砂或普通砂、胶凝材料、外加剂和水配制而成的干表观密度不大于 1 950kg/m³ 的混凝土。轻骨料混凝土分为全轻混凝土（由轻砂做细骨料配制而成的轻骨料混凝土）、砂轻混凝土（由普通砂或普通砂中掺加部分轻砂作细骨料配制而成的轻骨料混凝土）和大孔轻骨料混凝土（用轻粗骨料、水泥、矿物掺合料、外加剂和水配制而成的无砂或少砂的混凝土）。

（1）轻骨料的种类及技术性质

轻骨料按原料来源分为以下三类：

①天然轻骨料：如浮石、火山渣等。

②工业废渣轻骨料：利用工业废料加工而成，如粉煤灰陶粒、膨胀矿渣珠等。

③人造轻骨料：利用天然原料加工而成，如黏土陶粒、页岩陶粒、膨胀珍珠岩等。

轻骨料性质直接影响轻骨料混凝土的性质，各项技术指标应符合有关规定。主要技术要求有堆积密度、强度（筒压强度或强度等级）、级配及吸水率等。

（2）轻骨料混凝土的技术性能

①强度等级

轻骨料混凝土强度等级应按立方体抗压强度标准值确定，划分为 CL5.0、CL7.5、CL10、CL15、CL20、CL25、CL30、CL35、CL40、CL45、CL50、CL55、CL60。

②密度等级

轻骨料混凝土的密度等级划分为 600、700、800、900、1 000、1 100、1 200、1 300、1 400、1 500、1 600、1 700、1 800、1 900。

（3）轻骨料混凝土的性能

与普通混凝土相比，轻骨料混凝土的刚度差，变形大，抗震性能好。

2. 多孔混凝土

（1）加气混凝土

由钙质材料（石灰、水泥）、硅质材料（砂、粉煤灰、矿渣等）和加气剂（铝粉等）拌制、浇筑、切割、养护而成。

$$Al + 3Ca(OH)_2 + 6H_2O \longrightarrow 3CaO \cdot Al_2O_3 \cdot 6H_2O + 3H_2 \uparrow$$

加气剂铝粉与氢氧化钙反应生成氢气，在料浆中产生大量的气泡而形成多孔结构。

加气混凝土的表观密度为400~700kg/m³，抗压强度为0.5~1.5MPa。

（2）泡沫混凝土

由水泥浆与泡沫剂拌和后硬化而成。泡沫剂在机械搅拌作用下能产生大量稳定的气泡。常用泡沫剂有松香泡沫剂等。

3. 大孔混凝土

由水泥、水、粗骨料配制而成，又称无砂混凝土。有时也加入少量砂子以提高混凝土强度。大孔混凝土中水泥用量少，所以强度较低，但是保温性能好，可制作小型空心砌块和板材，用于非承重的墙体。

（二）聚合物混凝土

聚合物混凝土分为聚合物水泥混凝土（PCC）、聚合物浸渍混凝土（PIC）及聚合物胶结混凝土（PC）。

1. 聚合物水泥混凝土（PCC）

聚合物水泥混凝土（PCC）是在水泥混凝土拌合物中再加入高分子聚合物，以聚合物和水泥共同作为胶凝材料制备的混凝土。

2. 聚合物浸渍混凝土（PIC）

聚合物浸渍混凝土（PIC）是将已经硬化的混凝土干燥后浸入有机单体或聚合物中，使液态有机单体或聚合物渗到混凝土的孔隙或裂缝中，并在其中聚合成坚硬的聚合物，使混凝土和聚合物成为整体；这种混凝土致密度高，几乎不渗透，抗压强度高达200MPa。

3. 聚合物胶结混凝土（PC）

聚合物胶结混凝土（PC）是指以有机高分子聚合物为胶凝材料制作的混凝土，其耐腐蚀性较好。

（三）耐热混凝土

耐热混凝土又称耐火混凝土，是一种能长期经受900℃以上（有的可达1800℃）的高温作用并在高温下保持所需要的物理力学性能的混凝土。同耐火砖相比，具有工艺简单、使用方便、成本低廉等优点，而且具有可塑性和整体性，便于复杂制品的成型，其使用寿命有的与耐火砖相近，有的比耐火砖长。

耐热混凝土是由胶凝材料，耐热粗、细骨料（有时掺入矿粉）和水按比例配制而成，主要用于工业窑炉上。耐热混凝土可用矿渣硅酸盐水泥、铝酸盐水泥以及水玻璃等胶凝材料配制。

（四）耐酸混凝土

耐酸混凝土由水玻璃（加硅氟酸钠促硬剂）、耐酸骨料及耐酸粉料按比例配合而成。能抵抗各种酸（氢氟酸、300℃以上的热磷酸等除外）和大部分腐蚀性气体（如氯气、二氧化硫、三氧化硫等）的侵蚀，不耐高级脂肪酸或油酸的侵蚀。

水玻璃耐酸混凝土的施工环境温度应在10℃以上，施工及养护期间，严禁与水或水蒸气直接接触，并防止烈日暴晒；严禁直接铺设在水泥砂浆或普通混凝土的基层上；施工后必须经过养护，养护后还需进行酸化处理。

水玻璃耐酸混凝土抗压强度一般为 10~20MPa。

（五）纤维混凝土

纤维混凝土以普通混凝土为基体，外掺各种纤维材料而成。掺入纤维可以提高混凝土的抗拉强度，降低脆性。常用纤维有钢纤维、聚丙烯纤维等。

钢纤维混凝土可用于飞机跑道、高速公路路面、断面较薄的轻薄结构及压力管道等。

习　题

12-4-1　压碎指标是表示（　　）强度的指标。

  A. 砂子　　　　　　　B. 石子　　　　　　　C. 混凝土　　　　　　D. 水泥

12-4-2　用高强度等级水泥配制低强度混凝土时，为保证工程的技术经济要求，应采用（　　）措施。

  A. 掺混合材料　　　B. 减少砂率　　　　C. 增大粗骨料粒径　　D. 增加砂率

12-4-3　泵送混凝土施工选用的外加剂是（　　）。

  A. 早强剂　　　　　　B. 速凝剂　　　　　　C. 减水剂　　　　　　D. 缓凝剂

12-4-4　混凝土碱-骨料反应是指（　　）。

  A. 水泥中碱性氧化物与骨料中活性氧化硅之间的反应

  B. 水泥中 $Ca(OH)_2$ 与骨料中活性氧化硅的反应

  C. 水泥中的 C_3S 与骨料中 $CaCO_3$ 的反应

  D. 水泥中的 C_3S 与骨料中活性氧化硅之间的反应

12-4-5　混凝土配合比计算中，试配强度高于混凝土的设计强度，其提高幅度取决于（　　）。
①混凝土强度保证率要求；②施工和易性要求；③耐久性要求；④施工控制水平；⑤水灰比；⑥骨料品种。

  A. ①②　　　　　　B. ①③　　　　　　C. ①⑤　　　　　　D. ①④

12-4-6　影响混凝土强度的主要因素有（　　）。
①水泥强度；②水灰比；③水泥用量；④养护温湿度；⑤砂石用量。

  A. ①②③　　　　　B. ②③④　　　　　C. ①②⑤　　　　　D. ①②④

12-4-7　分析混凝土开裂原因，正确的是（　　）。
①因水泥水化产生体积膨胀而开裂；②因干缩变形而开裂；③因水化热导致内外温差而开裂；④因水泥安定性不良而开裂；⑤因抵抗温度应力的钢筋配置不足而开裂。

  A. ①②③④　　　　　　　　　　　　　B. ②③④⑤

  C. ①②③⑤　　　　　　　　　　　　　D. ①②④⑤

12-4-8　进行混凝土配合比设计时，确定水灰比的根据是（　　）。
①强度；②和易性；③耐久性；④坍落度；⑤骨料品种。

  A. ①④　　　　　　B. ①⑤　　　　　　C. ①③　　　　　　D. ④⑤

12-4-9　配制混凝土，在条件许可时，尽量选用最大粒径大的粗骨料，是为了（　　）。
①节省骨料；②节省水泥；③减少混凝土干缩；④提高混凝土强度。

A. ①②   B. ②③   C. ③④   D. ①④

12-4-10 影响混凝土拌合物流动性的主要因素是（　　）。

    A. 砂率   B. 水泥浆数量   C. 骨料的级配   D. 水泥品种

12-4-11 海水不得用于拌制钢筋混凝土和预应力混凝土，主要是因为海水中含有大量盐，（　　）。

    A. 会使混凝土腐蚀   B. 会导致水泥快速凝结

    C. 会导致水泥凝结变慢   D. 会促使钢筋被腐蚀

第五节　建筑钢材

建筑钢材是指在建筑工程中使用的各种钢质板、管、型材，以及在钢筋混凝土中使用的钢筋、钢丝等。钢的主要元素是铁与碳，含碳量在 2%以下；含碳量大于 2%的为生铁。

一、钢材的分类

按化学成分，钢材可分为碳素钢与合金钢两大类。

根据含碳量可将碳素钢分为低碳钢（含碳小于 0.25%）、中碳钢（含碳量为 0.25%~0.60%）与高碳钢（含碳大于 0.60%）。根据合金元素总量可将合金钢分为低合金钢（合金元素总量小于 5%）、中合金钢（合金元素总量为 5%~10%）与高合金钢（合金元素总量大于 10%）。

按钢材在冶炼过程中脱氧程度可将钢材分为沸腾钢（F）、半镇静钢（b）、镇静钢（Z）及特殊镇静钢（TZ）。沸腾钢在冶炼过程中脱氧不完全，组织不够致密，气泡较多，化学偏析严重，故质量较差，但成本较低；镇静钢脱氧充分，内部组织致密、质量好，但成本高。

按钢材中有害杂质（主要为硫和磷）含量，钢材可分为普通钢、优质钢和高级优质钢。

按用途，钢材可分为结构钢、工具钢和特殊性能钢。

二、建筑钢材的主要力学性能

（一）抗拉性能

以低碳钢为例，钢材试件在拉伸过程中的应力-应变曲线可分为四个阶段，即弹性阶段（OB段）、屈服阶段（BC段）、强化阶段（CD段）和颈缩阶段（DE段），如图 12-5-1 所示。

1. 屈服强度（σ_s）

图 12-5-1 中，试件被拉伸进入塑性变形屈服段BC，屈服下限$C_\text{下}$所对应的应力σ_s称为屈服强度或屈服点。钢材受力达到屈服点后，由于变形迅速发展，尽管尚未破坏，但已不能满足使用要求，故设计中，一般采用σ_s作为强度取值的依据。

但对于屈服现象不明显的钢，如中碳钢或高碳钢（硬钢），其应力-应变曲线与低碳钢的明显不同（见图 12-5-2），其抗拉强度高，塑性变形小，屈服现象不明显。对这类钢材难以测得屈服点，故规范规定以产生 0.2%残余变形时的应力值作为名义屈服点，以$\sigma_{0.2}$表示。

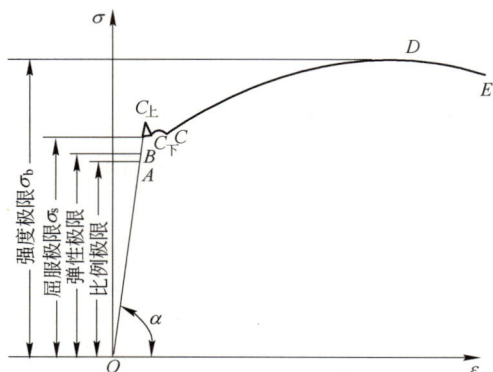

图 12-5-1　低碳钢受拉时的应力-应变曲线　　　图 12-5-2　中碳钢或高碳钢受拉的应力-应变曲线

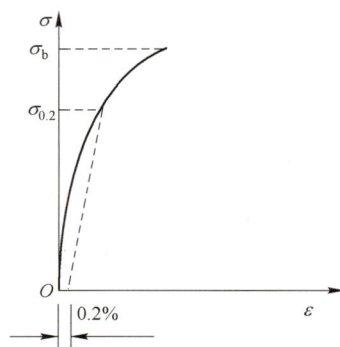

2. 抗拉强度（σ_b）

应力-应变图（见图 12-5-1）中，曲线最高点 D 对应的应力 σ_b 称为抗拉强度。在设计中，屈强比 σ_s/σ_b 有参考价值。在一定范围内，屈强比小则表明钢材在超过屈服点工作时可靠性较高，较为安全。但屈强比太小，则反映钢材不能有效地被利用。

3. 伸长率（δ）

伸长率为钢材试件拉断后的伸长值占钢材原标距长度的百分率，反映了钢材的塑性变形能力。

$$\delta = \frac{L_1 - L_0}{L_0} \times 100\% \tag{12-5-1}$$

式中：L_1 ——试件拉断后标距长度（cm）；

　　　L_0 ——试件原标距长度（cm）。

常用 $L_0/d_0 = 5$ 及 $L_0/d_0 = 10$ 两种试件，相应的 δ 分别记作 δ_5 与 δ_{10}。对同一种钢材，$\delta_5 > \delta_{10}$。

（二）冲击韧性

冲击韧性指钢材抵抗冲击荷载的能力，按《金属材料　夏比摆锤冲击试验方法》（GB/T 229—2007）的规定，将带有 V 形或 U 形缺口的试件，进行冲击试验，试件在冲击荷载作用下折断时所吸收的能量，称为冲击吸收功（或 V 形冲击功）A_{kV}（J）。

钢材的化学成分、组成状态、内在缺陷及环境等都是影响冲击韧性的重要因素。A_{kV} 值随温度的下降而减小，当温度降低达到某一范围时，A_{kV} 急剧下降而呈现脆性断裂，这种现象称为冷脆性。发生冷脆时的温度称为脆性临界温度，其数值越低，说明钢材的低温冲击韧性越好。因此，对直接承受动荷载而且可能在负温下工作的重要结构，必须进行冲击韧性检验。脆性临界温度应低于使用环境的最低温度。

（三）耐疲劳性

材料在交变应力作用下，在远低于抗拉强度时突然发生断裂，这种现象称为疲劳破坏。钢材在交变应力作用下，在规定的周期基数内不发生脆断所承受的最大应力值为疲劳极限。

疲劳破坏经常是突然发生的，因而具有很大的危险性，往往会造成严重的工程质量事故。所以在实际工程设计和施工中应该给予足够的重视。

（四）硬度

硬度指钢材表面局部体积抵抗硬物压入而产生塑性变形的能力。表征值通常采用布氏硬度 HB（试件单位压痕面积上所承受的荷载），此外还有洛氏硬度（压头压入钢材试件中的深度）、维氏硬度等。

钢材的 HB 值与抗拉强度之间有较好的相关关系，材料的硬度越高，塑性变形抵抗能力越强，强度也越大，故可以通过测定钢材的 HB 值，推算钢材的抗拉强度值。

（五）冷弯性能

冷弯性能指钢材在常温下承受弯曲变形的能力，反映了钢材在恶劣条件下的塑性，是建筑钢材一项重要的工艺性能。

冷弯性能指标以试件被弯曲的角度（90°，180°）及弯心直径d与试件厚度（或直径）α的比值（d/α）来表示。试验时所采用的弯曲角度越大，弯心直径对试件厚度（或直径）的比值越小，表明对钢材的冷弯性能要求越高。钢材按规定的弯曲角度和弯心直径进行冷弯试验后，如在试件弯曲处未发生裂纹、裂断或起层现象，则认为冷弯性能合格。

【例 12-5-1】 衡量钢材的塑性高低的技术指标为：

　　　A. 屈服强度　　　　　B. 抗拉强度　　　　　C. 断后伸长率　　　　　D. 冲击韧性

解　断后伸长率（即伸长率）是衡量钢材塑性变形的指标。屈服强度和抗拉强度是衡量钢材抗拉性能的指标，冲击韧性是衡量钢材抵抗冲击荷载作用能力的指标。

答案： C

三、影响建筑钢材性能的主要因素

（一）建筑钢材的晶体组织

钢材中的铁和碳可以由固溶体（Fe 中固溶微量的 C）、化合物（Fe_3C）及它们的混合物的形式构成一定形态的聚合物，称为钢材的组织。常温下钢材中的基本组织有铁素体、渗碳体和珠光体三种。

1. 铁素体

铁素体是 C 在α-Fe（铁在常温下形成的体心立方晶格）中的固溶体。α-Fe 原子间间隙较小，其溶碳能力较差，在室温下铁素体中含 C 很少（<0.006%），所以铁素体塑性、韧性良好，而强度与硬度低。

2. 渗碳体

渗碳体是铁与碳的化合物，分子式为Fe_3C，含碳量高达 6.67%。其晶格结构复杂，塑性差，性质硬脆，抗拉强度低。

3. 珠光体

珠光体是铁素体与渗碳体的机械混合物，含碳量较低（0.8%），具有层状结构，性质介于铁素体和渗碳体之间，故塑性较好，强度与硬度均较高。

钢材的含碳量不大于 0.8%，其基本组织为铁素体与珠光体。随含碳量增大时，珠光体的相对含量随之增大，铁素体则相应减少，钢材的强度随之提高，而塑性与韧性则相应下降。

建筑钢材的含碳量一般均在 0.08% 以下，其基本组织为铁素体和珠光体，而无渗碳体，所以，建筑钢材既具有较高的强度和硬度，又具有较好的塑性和韧性，因而能够很好地满足各种工程所需的技术性能要求。

（二）化学成分

建筑钢材中除铁元素外，还包含碳（C）、硅（Si）、锰（Mn）、磷（P）、硫（S）、氧（O）等元素，在许多情况下还要考虑各种合金元素。它们对钢材会产生有利或不利的影响。

1. 碳（C）

当含碳量小于或等于 0.8% 时，随着含碳量的增加，钢材的强度和硬度提高，塑性和韧性降低，焊接性能、耐腐蚀性也随之下降（见图 12-5-3）。当含碳量大于 1.0% 时，钢材的强度反而下降。含碳量超过 0.3% 时，钢的可焊性显著降低。建筑结构用的钢材多为含碳 0.25% 以下的低碳钢及含碳 0.52% 以下的低合金钢。

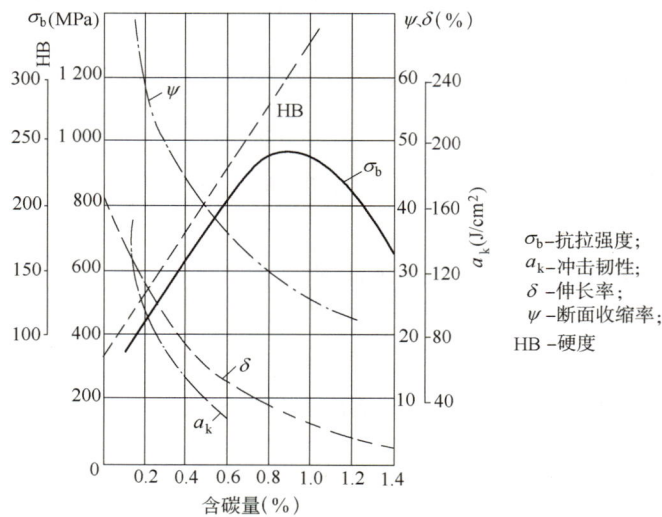

图 12-5-3　含碳量对碳素钢性能的影响

2. 合金元素

（1）硅（Si）

当含硅量小于 1% 时，Si 含量的增加可以显著提高钢材的强度及硬度，且对塑性及韧性无显著影响，其原因在于：此时大部分 Si 溶于铁素体中，使铁素体得以强化。正是由于适量的 Si 可以多方面改善钢的力学性能，所以它是钢材的主要合金元素之一。

（2）锰（Mn）

锰可起脱氧去硫作用，故可有效消减因硫引起的热脆性，还可显著改善耐腐及耐磨性，增强钢材的强度及硬度。锰的这些作用的机理在于：锰原子溶于铁素体中使其强化，而且还将珠光体细化，从而提高了强度。所以锰也是钢材的主要合金元素之一。

3. 有害元素

（1）硫（S）

硫能引发热脆性，大大降低钢材的热加工性和可焊性，在热加工过程中易断裂，同时还会降低钢材的冲击韧性、疲劳强度和耐蚀性。建筑钢材要求含硫量低于 0.045%。

（2）磷（P）

磷能引起冷脆性，使钢材在低温下的冲击韧性大为降低。磷还能使钢材的焊接性和冷弯性能变差。但是磷可以提高钢材的强度、硬度、耐磨性和耐腐蚀性。

其他如氧也是钢中有害元素；氮对钢材性质的影响与碳、磷相似，在有铝、铌、钒等的配合下，氮可作为低合金钢的合金元素。合金元素还有钛、钒、铌等。

（三）冶炼过程

钢的冶炼过程对钢材的性能有直接的影响。钢在冶炼过程中，使化学成分得以严格控制，其中要特别指出的是要进行脱氧。通过加入脱氧剂（铝、锰、硅等）将氧化铁还原。按脱氧程度分为沸腾钢（脱氧不充分，铸锭时大量 CO 气体逸出）、镇静钢（脱氧充分）以及介于二者之间的半镇静钢。沸腾钢中 S、P、N 等有害夹杂偏析严重，氧化夹杂物较多，因而可焊性、冲击韧性等性能均较差。镇静钢与之相反，因而性能良好，半镇静钢则介于二者之间。

（四）冷加工和时效处理

冷加工是指将钢材于常温下进行冷拉、冷轧或冷拔，使其产生塑性变形，从而提高屈服点的过程。冷加工可提高钢材的屈服点，使塑性、韧性和弹性模量降低，但是抗拉强度不变。

经过冷加工后的钢材，在常温下存放 15~20d 或加热到 100~200℃并保持一定时间的处理称为时效处理。时效处理可使屈服点进一步提高，抗拉强度增大，塑性和韧性继续降低，还可消除冷加工产生的内应力。钢材的弹性模量在时效处理后恢复。

【例 12-5-2】 钢材中的含碳量降低，会降低钢材的：

　　　　A. 强度　　　　　　B. 塑性　　　　　　C. 可焊性　　　　　　D. 韧性

解　随着含碳量降低，钢材强度降低，塑性和韧性增大，可焊性提高，耐腐蚀性提高，所以建筑用钢多为低碳钢。

答案： A

【例 12-5-3】 使钢材冷脆性加剧的主要元素是：

　　　　A. 碳（C）　　　　　B. 硫（S）　　　　　C. 磷（P）　　　　　D. 锰（Mn）

解　随着含碳量的增加，钢材的强度和硬度提高，塑性和韧性降低，钢的冷脆性和时效敏感性增大，耐锈蚀性降低。锰为钢材的合金元素，可提高钢材的强度、耐腐蚀性和耐磨性，消除热脆性。硫是钢材的有害元素，会引起热脆性，使机械性能、焊接性能及抗腐蚀性能下降。磷也是有害元素，会引起冷脆性，降低塑性、韧性、焊接性和冷弯性，提高耐磨性及耐腐蚀性。所以使钢材冷脆性加剧的主要因素是磷。

答案： C

四、建筑钢材的标准与选用

（一）建筑钢材的主要钢种

1. 碳素结构钢

按《碳素结构钢》（GB/T 700—2006）的规定，碳素结构钢共有四个牌号，牌号由屈服点字母、屈服点数值、质量等级符号与脱氧方法符号组成。例如 Q235-A·F，表示屈服点为 235MPa 的 A 级沸腾钢。牌号增大，含碳量及强度增大，冷弯性和伸长率下降。各牌号钢的力学性质应符合表 12-5-1 的规定。

碳素结构钢的力学性能指标（GB/T 700—2006）　　　　　　　　　　表 12-5-1

牌号	质量等级	屈服强度[1] R_{eH}（N/mm²）						抗拉强度[2] R_m（N/mm²）	断后伸长率 A（%）					冲击试验（V 形缺口）	
		厚度（或直径）(mm)							厚度（或直径）(mm)					温度（℃）	冲击吸收功（纵向）（J）
		≤16	>16~40	>40~60	>60~100	>100~150	>150~200		≤40	>40~60	>60~100	>100~150	>150~200		
Q195	—	≥195	≥185	—	—	—	—	315~430	≥33	—	—	—	—	—	—
Q215	A	≥215	≥205	≥195	≥185	≥175	≥165	335~450	≥31	≥30	≥29	≥27	≥26	—	—
	B													+20	≥27
Q235	A	≥235	≥225	≥215	≥215	≥195	≥185	375~500	≥26	≥25	≥24	≥22	≥21	—	—
	B													+20	≥27[3]

牌号	质量等级	屈服强度[1]R_{eH}（N/mm²）厚度（或直径）(mm)						抗拉强度[2]R_m（N/mm²）	断后伸长率A（%）厚度（或直径）(mm)					冲击试验（V形缺口）温度（℃）	冲击吸收功（纵向）(J)
		≤16	>16~40	>40~60	>60~100	>100~150	>150~200		≤40	>40~60	>60~100	>100~150	>150~200		
Q235	C	≥235	≥225	≥215	≥215	≥195	≥185	375~500	≥26	≥25	≥24	≥22	≥21	0	≥27[3]
	D													−20	
Q275	A	≥275	≥265	≥255	≥245	≥225	≥215	410~540	≥22	≥21	≥20	≥18	≥17	—	—
	B													+20	≥27
	C													0	
	D													−20	

注：①Q195 的屈服强度值仅供参考，不作为交货条件。

②厚度大于 100mm 的钢材，抗拉强度下限允许降低20N/mm²。宽带钢（包括剪切钢板）抗拉强度上限不作为交货条件。

③厚度小于 25mm 的 Q235B 级钢材，如供方能保证冲击吸收功值合理，经需方同意，可不做检验。

碳素结构钢冶炼方便，成本较低，具有良好的塑性及各种加工性能。在恶劣条件下，如冲击、温度大幅度变化或超载时具有良好的安全性。但与低合金钢相比，其强度较低，在一些特殊情况下不能满足性能要求。Q235 是常用钢材种类。

2. 低合金钢高强度结构钢

在碳素结构钢的基础上加入总量小于 5% 的合金元素（如硅、锰、钒等），即得低合金高强度结构钢。

根据国家标准《低合金高强度结构钢》（GB/T 1591—2018）的规定，低合金高强度结构钢的状态可分为：热轧状态、正火状态（N）、正火轧制（+N）和热机械轧制（M）。

（1）热轧状态：钢材未经任何特殊轧制和（或）热处理的状态。

（2）正火状态（N）：钢材加热到高于相变点温度以上的一个合适的温度，然后在空气中冷却至低于某相变点温度的热处理工艺。

（3）正火轧制（+N）：最终变形是在一定温度范围内的轧制过程中进行，使钢材达到一种正火后的状态，以便即使正火后也可达到规定的力学性能数值的轧制工艺。

（4）热机械轧制（M）：钢材的最终变形是在一定温度范围内进行的轧制工艺，从而保证钢材获得仅通过热处理无法获得的性能。

低合金高强度结构钢的牌号由代表屈服强度"屈"字的汉语拼音首字母 Q、规定的最小上屈服强度数值、交货状态代号、质量等级符号（B、C、D、E、F）四个部分组成。交货状态为热轧时，交货状态代号 AR 或 WAR 可省略；交货状态为正火或正火轧制状态时，交货状态代号均用 N 表示。如 Q355ND 表示屈服强度不小于 355MPa，交货状态为正火或正火轧制，质量等级为 D 级。

热轧钢的牌号包括 Q355、Q390、Q420、Q460，正火、正火轧制钢的牌号包括 Q355N、Q390N、Q420N、Q460N，热机械轧制钢的牌号包括 Q355M、Q390M、Q420M、Q460M、Q500M、Q550M、Q620M、

Q690M。

低合金高强度结构钢强度较高，耐腐蚀、耐低温性、抗冲击韧性及使用寿命等综合性能良好，焊接性及冷加工性能好，易于加工和施工。

3. 优质碳素结构钢

优质碳素结构钢的特点是生产过程中对硫、磷等有害杂质控制较严（S＜0.035%，P＜0.035%），其性能主要取决于含碳量。

优质碳素钢的钢号用两位数字表示，它表示平均含碳量的万分数。根据其含锰量不同，可分为普通含锰量（含Mn＜0.8%，共20个钢号）和较高含锰量（含Mn0.7%~1.2%，共11个钢号）。例如45Mn即表示含碳量为0.42%~0.52%、含锰量为0.70%~1.20%的优质碳素结构钢。

优质碳素结构钢可用于重要结构的钢铸件、碳素钢丝及钢绞线等。

【例 12-5-4】 钢材牌号（如 Q390）中的数值表示钢材的：

   A. 抗拉强度   B. 弹性模量   C. 屈服强度   D. 疲劳强度

解 钢材牌号中的数值表示钢材的屈服强度。

答案： C

（二）常用建筑钢材

1. 钢筋

（1）热轧钢筋

热轧钢筋分为热轧光圆钢筋和热轧带肋钢筋，是一般钢筋混凝土结构中应用最多的钢筋。

根据《钢筋混凝土用钢　第1部分：热轧光圆钢筋》（GB/T 1499.1—2017），热轧光圆钢筋指经热轧成型，横截面通常为圆形，表面光滑的产品钢筋，牌号为HPB300，其屈服强度特征值为300级，力学性能与工艺性能要求见表12-5-2。

热轧光圆钢筋的力学性能与工艺性能

表 12-5-2

牌　号	下屈服强度R_{el}（MPa）	抗拉强度R_m（MPa）	断后伸长率A（%）	最大力总延伸率A_{gt}（%）	180°冷弯试验
	不小于				
HPB300	300	420	25	10.0	$d=\alpha$

注：d-弯芯直径；α-钢筋公称直径。

根据《钢筋混凝土用钢　第2部分：热轧带肋钢筋》（GB/T 1499.2—2018），带肋钢筋指横截面通常为圆形，且表面带肋的混凝土结构用钢材。热轧带肋钢筋分普通热轧带肋钢筋（按热轧状态交货的钢筋）和细晶粒热轧带肋钢筋（在热轧过程中，通过控轧和控冷工艺形成的细晶粒钢筋）两类。热轧带肋钢筋按屈服强度特征值分为400、500、600级。普通热轧钢筋的牌号由HRB和屈服强度特征值构成，包括HRB400、HRB500、HRB600、HRB400E、HRB500E。细晶粒热轧带肋钢筋牌号由HRBF和屈服强度特征值构成，包括HRBF400、HRBF500、HRBF400E、HRBF500E。其中"E"为地震的英文（earthquake）首位字母，指抗震钢筋。热轧带肋钢筋的力学性能见表12-5-3，弯曲性能见表12-5-4，对牌号带E的钢筋应进行反向弯曲试验，经反向弯曲试验后，钢筋受弯曲部位表面不得产生裂纹。

热轧带肋钢筋的力学性能　　　　　　　　　　　　　　　　　　　表 12-5-3

牌号	下屈服强度R_{el}（MPa）	抗拉强度R_m（MPa）	断后伸长率A（%）	最大力总延伸率A_{gt}（%）	R_m^o/R_{el}^o	R_{el}^o/R_{el}
			不小于			不大于
HRB400 HRBF400	400	540	16	7.5	—	—
HRB400E HRBF400E			—	9.0	1.25	1.30
HRB500 HRBF500	500	630	15	7.5	—	—
HRB500E HRBF500E			—	9.0	1.25	1.30
HRB600	600	730	14	7.5	—	—

注：R_m^o为钢筋实测抗拉强度；R_{el}^o为钢筋实测下屈服强度。

热轧钢筋的弯曲性能　　　　　　　　　　　　　　　　　　　　　表 12-5-4

牌号	公称直径d（mm）	弯曲压头直径
HRB400 HRBF400 HRB400E HRBF400E	6~25	4d
	28~40	5d
	>40~50	6d
HRB500 HRBF500 HRB500E HRBF500E	6~25	6d
	28~40	7d
	>40~50	8d
HRB600	6~25	6d
	28~40	7d
	>40~50	8d

（2）冷拉热轧钢筋与冷拔低碳钢丝

将热轧钢筋在常温下拉伸至超过屈服点（小于抗拉强度）的某一应力，然后卸荷即得冷拉钢筋，冷拉可使钢筋屈服点提高 17%~27%，但伸长率降低。冷拉后不得有裂纹、起层等现象。冷拉钢筋分为四个等级，冷拉I级钢筋适用于钢筋混凝土结构中的受拉钢筋，冷拉II、III、IV级钢筋可用作预应力混凝土结构中的预应力筋，但在负温及冲击或重复荷载下易脆断。

将直径为 6.6~8mm 的 Q235（或 Q215）热轧盘条，在常温下通过截面小于钢筋截面的拔丝模，经一次或多次拔制即得冷拔低碳钢丝。冷拔可提高屈服强度 40%~60%。材质硬脆，属硬钢类钢丝。其级别可分为甲级及乙级，甲级为预应力钢丝；乙级为非预应力钢丝，用于焊接或绑扎骨架、网片或箍筋。凡伸长率不合格者，不得用于预应力混凝土构件中。

（3）冷轧带肋钢筋

冷轧带肋钢筋由热轧圆盘条经冷轧而成，其表面带有沿长度均匀分布的三面或两面月牙横肋，根据《冷轧带肋钢筋》（GB/T13788—2017）规定，钢筋分为 CRB550、CRB650、CRB800、CRB600H、CRB680H、CRB800H 六个牌号。

冷轧带肋钢筋是采用冷加工方式强化的产品，与传统的冷拔低碳钢丝相比，具有强度高、塑性好、握裹力强、节约钢材、质量稳定等优点。

（4）热处理钢筋

热处理钢筋是钢厂将热轧中碳低合金钢筋经淬火和回火调质热处理而成。强度显著提高，韧性高，而塑性降低不大，综合性能较好。通常有直径为 6mm、8.2mm、10mm 三种规格。表面常轧有通长的纵筋与均布的横肋。使用时不能用电焊切割，也不能焊接。可用于预应力混凝土工程中。

（5）预应力混凝土用钢丝及钢绞线

为钢厂用优质碳素结构钢经冷加工、再回火、冷轧或绞捻等加工而成，又称优质碳素钢丝及钢绞线。若将预应力钢丝经辊压出规律性凹痕，即成刻痕钢丝。钢绞线以一根钢丝为芯，6 根钢丝围绕其周围绞合而成七股的钢绞线。

钢丝与钢绞线适用于大荷载、大跨度及曲线配筋的预应力混凝土结构。

（6）冷轧扭钢筋

采用直径为 6.5~10mm 的低碳热轧盘条钢筋，经冷轧扁和冷扭转而成的具有一定螺距的钢筋。冷轧扭钢筋屈服强度高，与混凝土的握裹力大，因此无须预应力和弯钩即可用于普通混凝土工程，可节约钢材 30%。可用于预应力及承重荷载较大的建筑部位，如梁、柱等。

2. 型钢和钢板

（1）热轧型钢

有角钢、I 字钢、槽钢、T 型钢、H 型钢、Z 型钢等。主要用于钢结构中。

（2）冷弯薄壁型钢

用 2~6mm 的薄钢板冷弯或模压而成，有角钢、槽钢等开口薄壁型钢及方形、矩形等空心薄壁型钢。主要用于轻型钢结构。

（3）钢板和压型钢板

用光面轧辊轧制而成的扁平钢材，以平板状态供货的称钢板，以卷状供货的称钢带。主要用碳素结构钢经热轧或冷轧而成。热轧钢板按厚度分为中厚板（> 4mm）和薄板（0.35~4mm），冷轧钢板只有薄板（厚度为 0.2~4mm）一种。

薄钢板经冷压或冷轧成波形、双曲形、V 形等形状，称为压型钢板。可采用有机涂层薄钢板（即彩色钢板）、镀锌薄钢板（俗称白铁皮）等生产。压型钢板主要用于围护结构、楼板、屋面等。

五、建筑钢材的防锈与防火

（一）建筑钢材的防锈

1. 钢材锈蚀

当钢材表面与环境介质发生各种形式的化学作用时，就有可能遭到腐蚀，例如，因受 O_2、SO_2、H_2S 等腐蚀性气体作用而被氧化；当环境潮湿或与含有电解质的溶液接触时，也可能因形成微电池效应而遭电化学腐蚀。即钢材的锈蚀分为化学锈蚀和电化学锈蚀。

2. 钢结构的防锈

防止钢结构锈蚀的方法是表面涂刷防锈漆，防锈漆包括底漆和面漆。防锈底漆要求具有较好的附着力和防锈蚀能力；涂刷面漆的目的是防止底漆老化，所以要求面漆有良好的耐候性、耐湿性和耐热性等，且应具有良好的外观色彩。

常用的底漆有红丹、铁红环氧底漆、锌铬黄漆、沥青清漆和环氧富锌漆等。

3. 钢筋防锈

埋于混凝土中的钢筋具有一层碱性保护膜，故在碱性介质中不致锈蚀。但氯等元素的离子可加速锈蚀反应，甚至破坏保护膜，造成锈蚀迅速发展。因此，混凝土配筋的防锈措施应考虑：限制水灰比和水泥用量，限制氯盐外加剂的使用，采取措施保证混凝土的密实性，还可以采用掺加防锈剂（如重铬酸盐等）的方法。

（二）建筑钢材的防火

钢结构具有良好的机械性能，尤其是具有很高的强度，但容易忽视的是在高温时，情况会发生很大的变化。裸露的未做处理的钢结构，耐火极限仅 15min 左右，在温升 500℃的环境下，强度迅速降低，甚至会垮塌。因此，对于钢结构，尤其是有可能经历高温环境的钢结构，需要做必要的防火处理。钢结构防火的主要方法是涂敷防火隔热涂层。

习　题

12-5-1　某碳素钢的化验结果有下列元素：①S；②Mn；③C；④P；⑤O；⑥N；⑦Si；⑧Fe。下列哪一组全是有害元素？（　　　）

    A. ①②③④　　　　B. ③④⑤⑥　　　　C. ①④⑤⑥　　　　D. ①④⑤⑦

12-5-2　金属晶体是各向异性的，而金属材料却是各向同性的，其原因是（　　　）。

    A. 因金属材料的原子排列是完全无序的

    B. 因金属材料中的晶粒是随机取向的

    C. 因金属材料是玻璃体与晶体的混合物

    D. 因金属材料多为金属键结合

12-5-3　要提高建筑钢材的强度并消除脆性，改善性能，一般应适量加入下列元素中的哪一种？（　　　）

    A. C　　　　　　　B. Na　　　　　　　C. Mn　　　　　　　D. K

第六节　沥青及改性沥青

沥青属有机胶凝材料，是由很多高分子化合物组成的复杂的混合物，常温下呈固态、半固态或黏稠液态。

按产源，沥青分为地沥青（包括天然沥青和石油沥青）与焦油沥青（包括煤沥青和页岩沥青等）两大类。建筑工程中主要使用石油沥青，煤沥青也有少量应用。

一、石油沥青

（一）石油沥青的组成和结构

石油沥青为石油经提炼和加工后所得的副产品。由很多高分子碳氢化合物及其非金属（氧、氮、硫等）衍生物混合而成，成分复杂且差异较大，因此一般不做化学分析。通常，从使用的角度出发，按其中的化学成分及物理力学成分相近者划分为若干组，这些组称为"组丛"或"组分"。石油沥青的组丛及其主要特性如下：

1. 油分

油分常温下为淡黄色液体，赋予沥青以流动性。

2. 树脂

树脂常温下为黄色到黑褐色的半固体，赋予沥青以黏性与塑性。

3. 地沥青质

地沥青质也称地沥青，常温下为黑色固体，是决定沥青热稳定性与黏性的主要组分。

此外，石油沥青中还有少量沥青碳、似碳物和石蜡等有害组分。沥青碳和似碳物均为黑色粉末，会降低沥青的黏结力；石蜡会降低沥青的黏性和塑性，增大沥青的温度敏感性。

石油沥青属胶体结构，以地沥青固体颗粒为核心，在其周围吸附树脂与油分的互溶物，形成胶团，无数的胶团分散在油分中，从而形成了胶体结构。由于各组丛间相对比例的不同，胶体结构可划分为溶胶型、凝胶型和溶凝胶型三种类型。在建筑工程中使用较多的氧化沥青多属凝胶型胶体结构。

（二）石油沥青的技术性质

1. 黏结性（黏性）

石油沥青的黏性反映沥青内部阻碍相对流动的特性。黏稠石油沥青的黏性用针入度表示。针入度是指在规定温度（25℃）下，以规定重量（100g）的标准针，在规定时间（5s）内贯入试样中的深度（按1/10mm计），针入度越小，表明沥青的黏度越大，黏性越好。

2. 塑性

塑性指沥青在外力作用下产生变形而不破坏，除去后，仍能保持变形后的形状的性质，反映沥青开裂后的自愈能力。石油沥青的塑性用延度来表示。将"8"字形的标准试件放入延度仪25℃的水中，以5cm/min的速度拉伸至拉断，拉断时的长度（cm）称为延度，延度越大，塑性越大。

3. 温度敏感性

温度敏感性又称温度稳定性、耐热性，反映了沥青的黏性和塑性随温度升降的变化性能。石油沥青的温度敏感性用软化点表征，一般采用环球法测定。将沥青试样置于规定的铜环内，上置一个规定质量的钢球，在水或甘油中逐渐升温，试件受热软化下垂，测得与底板接触时的温度（℃）即软化点。软化点高表示沥青的耐热性或温度稳定性好（即温度敏感性小）。

4. 大气稳定性

大气稳定性也称抗老化性或耐久性，是指石油沥青抵抗各种自然因素和交通荷载的能力。一般用蒸发试验（160℃，5h）测定。其指标为蒸发损失率和蒸发后针入度比（蒸发后针入度与蒸发前针入度之比），蒸发损失率大，蒸发后针入度比小，耐久性好，老化慢。

沥青老化是由于其中的组分发生了递变，即油分—树脂—地沥青质，最终沥青中地沥青质含量增加，沥青变硬、变脆。

（三）石油沥青的牌号及技术标准

石油沥青按针入度指划分牌号，延度和软化点等也需符合要求。具体指标要求见表12-6-1。

石油沥青的技术标准　　　　　　　　　　表 12-6-1

项　　目	道路石油沥青（NB/SH/T 0522—2010）					建筑石油沥青（GB/T 494—2010）		
	200	180	140	100	60	40	30	10
针入度（25℃，100g）（0.1mm）	200~300	150~200	110~150	80~110	50~80	36~50	26~35	10~25
延度（25℃）（cm），不小于	120	100	100	90	70	3.5	2.5	1.5
软化点（℃）	30~48	35~48	38~51	42~55	45~58	≥60	≥75	≥95
溶解度（三氯甲烷、四氯化碳或苯）（%），不小于	99.0					99.0		
蒸发减量（160℃，5h）（%），不大于	1.3	1.3	1.3	1.2		1.0		1
蒸发后，针入度比（%），不小于	报告					65		
闪点（开口）（℃），不低于	180	200	230	230		230		260

同一品种中，牌号越小则针入度越小（黏性增大），延度越小（塑性越差），软化点越高（温度稳定性越好）。应根据工程性质、气候条件及工作环境来选择沥青的品种与牌号，如一般屋面用沥青材料的软化点应比本地区屋面最高温度高 20℃以上。在满足使用要求的前提下，应尽量选用牌号较大者为好。

【**例 12-6-1**】　为了提高沥青的温度稳定性，可以采取的措施是：

　　A. 增加地沥青质的含量　　　　　　　　B. 降低环境温度

　　C. 增加油分含量　　　　　　　　　　　D. 增加树脂含量

解　沥青的温度稳定性反映了沥青的黏性和塑性随温度升降的变化性能。油分常温下为淡黄色液体，赋予沥青以流动性。树脂常温下为黄色到黑褐色的半固体，赋予沥青以黏性与塑性。地沥青质常温下为黑色固体，是决定沥青热稳定性与黏性的主要组分。所以，为了提高沥青的温度稳定性，可以增加地沥青质的含量。

答案：A

二、煤沥青

煤沥青是煤焦厂或煤气厂的副产品，烟煤干馏时得到煤焦油，煤焦油有高温和低温两种，多用高温煤焦油，煤焦油分馏加工提取各种油类（其中重油为常用的木材防腐油）后所剩残渣即为煤沥青。根据蒸馏程度的不同，划分为低温、中温、高温煤沥青三类。建筑工程中多使用低温煤沥青。

与石油沥青相比，煤沥青塑性较差，受力时易开裂，温度稳定性及大气稳定性均较差。但与矿料的表面黏附性较好，防腐性较好。所以煤沥青更多用作防腐材料。

三、改性石油沥青

石油加工厂生产的沥青通常只控制耐热性指标（软化点），其他的性能，如塑性、大气稳定性、低温抗裂性等则很难全部达到要求，从而影响了使用效果。为解决这个问题而采用的方法之一是：在石油沥青中加入某些改性材料，得到改性石油沥青，进而生产各种防水制品。

常用的改性材料有橡胶、树脂及矿物填充料等。

1. 矿物填充料

在石油沥青中加入矿物填充料（粉状，如滑石粉；纤维状，如石棉绒），可提高沥青的黏性和耐热性，减少沥青对温度的敏感性。

2. 合成橡胶

橡胶是沥青的重要改性材料。常用氯丁橡胶、丁基橡胶、再生橡胶与耐热型丁苯橡胶（SBS）等作为石油沥青的改性材料，其中 SBS 是对沥青改性效果最好的高聚物。橡胶与沥青间有较好的混溶性，并可使改性沥青具有橡胶的许多优点，如高温变形性小，低温柔性好等。

3. 合成树脂

树脂作为改性材料可提高沥青的耐寒性、耐热性、黏性及不透气性。但由于树脂与石油沥青的相溶性较差，故可用的树脂品种较少，常用的有古马隆树脂、聚乙烯、聚丙烯树脂、酚醛树脂及天然松香等。

由于树脂与橡胶之间有较好的相溶性，故也可同时加入树脂与橡胶来改善石油沥青的性质，使改性沥青兼具树脂与橡胶的优点与特性。

【例 12-6-2】下列几种矿物粉料中，适合做沥青的矿物填充料的是：

　　A. 石灰石粉　　　　B. 石英砂粉　　　　C. 花岗岩粉　　　　D. 滑石粉

解　在沥青中加入的矿物填充料的粉料主要有滑石粉。

答案： D

四、沥青的应用

（一）防水卷材

1. 沥青防水卷材

沥青防水卷材必须具备良好的耐水性、温度稳定性、强度、延展性、抗断裂性、柔韧性及大气稳定性等性质。

（1）油毡

石油沥青纸胎油毡，简称油毡，是防水卷材中历史最早的品种。油毡是用低软化点沥青浸渍原纸，然后以高软化点沥青涂盖两面，再涂刷或撒布隔离材料（粉状或片状）而制成的纸胎防水卷材。油毡的防水性能较差，耐久年限低，一般只能用作多层防水。

（2）其他胎体材料的油毡

为了克服纸胎的抗拉能力低、易腐烂、耐久性差的缺点，通过改进胎体材料，使沥青防水卷材的性能得到改善，如玻璃布沥青油毡、玻璃纤维沥青油毡、黄麻织物沥青油毡、铝箔胎沥青油毡。这些油毡的抗拉强度高、柔韧性好、延伸率大、抗裂性和耐久性好。

需注意的是：在施工时，石油沥青油毡要用石油沥青胶黏结。

（3）沥青再生胶油毡

沥青再生胶油毡是一种无胎防水卷材，由再生橡胶、10 号石油沥青及碳酸钙填充料，经混炼、压延而成。沥青再生胶油毡具有较好的弹性、不透水性与低温柔韧性，以及较高的延伸性、抗拉强度与热稳定性。这些优点使之适用于水工、桥梁、地下建筑物管道等重要防水工程，以及建筑物变形缝的防水处理。

2. 高聚物改性沥青防水卷材

聚合物改性沥青防水卷材是以合成高分子聚合物为涂盖层，纤维织物或纤维毡为胎体，粉状、胶状、片状或薄膜材料为覆面材料制成的防水卷材。高聚物改性沥青防水卷材具有高温不流淌、低温不脆裂、拉伸强度高和延伸率较大等优点。

（1）SBS 改性沥青防水卷材

SBS 改性沥青防水卷材属弹性体沥青防水卷材，以玻纤毡、聚酯毡等增强材料为胎体，以丁苯橡胶（SBS）改性沥青为浸渍涂盖层，表面带有砂粒或覆盖聚乙烯（PE）膜，是一种柔性防水卷材。SBS 改性沥青油毡的延伸率高，对结构变形有很高的适应性，具有较高的耐热性、低温柔性、弹性及耐疲劳性等，适合寒冷地区和结构变形频繁的建筑。

这种油毡通常采用冷粘贴（氯丁黏合剂）施工，也可以热熔粘贴（使用汽油喷灯等）。

（2）APP 改性沥青防水卷材

APP 改性沥青防水卷材属于塑性体改性沥青防水卷材，以玻纤毡或聚酯毡为胎体，以无规聚丙烯（APP）改性沥青为涂盖层，上面撒上隔离材料，下层覆盖聚乙烯薄膜或撒布细砂制成的防水卷材。该类卷材具有良好的弹塑性、耐热性、耐紫外线照射及耐老化性能，特别适合于紫外线辐射强烈及炎热地区屋面防水。

（二）防水涂料

将防水涂料涂布在基体表面，经溶剂或水分挥发，或各组分间的化学反应，形成具有一定弹性的连续薄膜，使基体表面与水隔绝，并能抵抗一定的水压力，从而起到防水和防潮作用。

1. 沥青基防水涂料

（1）冷底子油

冷底子油是一种沥青涂料，是将建筑石油沥青（30%~40%）与汽油或其他有机溶剂（60%~70%）相融合而成，属于常温下的沥青溶液。其黏度小，渗透性好。

在常温下将冷底子油刷涂或喷到混凝土、砂浆或木材等材料表面后，即逐渐渗入毛细孔中，待溶剂挥发后，便形成一层牢固的沥青膜，使在其上做的防水层与基层得以牢固粘贴。要求基面洁净、干燥，水泥砂浆找平层的含水率≤10%。

（2）乳化沥青

乳化沥青是一种冷施工的防水涂料，是沥青微粒（粒径 1μm）分散在有乳化剂的水中而成的乳胶体。乳化剂可分为阴离子乳化剂（如肥皂、洗衣粉等）、阳离子乳化剂（如双甲基十八烷溴胺等）、非离子乳化剂（如石灰膏、膨润土等）等。

2. 高聚物改性沥青防水涂料

沥青防水涂料通过适当的高聚物改性可以显著提高其柔韧性、弹性、流动性、气密性、耐化学腐蚀性和耐疲劳性。高聚物改性沥青防水涂料是一般用再生橡胶、合成橡胶等改性沥青制得的水乳型或溶剂型防水涂料。

（1）水乳型再生橡胶改性沥青防水涂料

该涂料以水为分散剂，具有无毒、无味、不燃等优点，可在常温下冷施工，并可在稍潮湿、无积水的表面施工。涂膜具有一定的柔韧性和耐久性。

（2）SBS 改性沥青防水涂料

SBS 改性沥青防水涂料是一种水乳型弹性沥青防水涂料。该涂料具有低温柔韧性好、抗裂性好、黏结性能优良、耐老化性能好等优点，可冷施工。

SBS 改性沥青防水涂料适用于复杂基层的防水防潮施工，如卫生间、地下室、厨房、水池等，特别适合于寒冷地区的防水施工。

（三）密封材料

1. 沥青嵌缝油膏

沥青嵌缝油膏是以石油沥青为基料，加入改性材料（如废橡胶粉或硫化鱼油）、稀释剂（如松节油等）及填充剂（如石棉绒、滑石粉等）等混合而成，主要用在屋面、墙面、沟槽等处作防水层的嵌缝材料，是一种冷用膏状材料。

施工时，应注意基层表面的清洁与干燥，用冷底子油打底并干燥后，再用油膏嵌缝。油膏表面可加覆盖层（如油毡、塑料等）。

2. 沥青胶

沥青胶即玛蹄脂，为沥青与矿质填充料的均匀混合物。填充料可为粉状的，如滑石粉、石灰石粉；也可为纤维状的，如石棉屑、木纤维等。

沥青胶分为热用与冷用两种，主要用于粘贴沥青基防水卷材，也可用作接缝材料等。

五、合成高分子防水材料

合成高分子防水材料主要有以合成橡胶、合成树脂或这两者的共混体为基料的防水卷材。这类防水卷材具有强度高，延伸率大，弹性高，高、低温特性好等特点。

（一）防水卷材

1. 三元乙丙橡胶防水卷材

三元乙丙橡胶是乙烯、丙烯和非共轭二烯烃的三元共聚物，三元乙丙的主要聚合物链是完全饱和的，本质上是无极性的，对极性溶液和化学物具有抗性。这个特性使得三元乙丙橡胶可以抵抗热、光、氧气，尤其是臭氧，是橡胶中耐老化性能最好的。

三元乙丙防水卷材是以三元乙丙橡胶为主体制成的无胎卷材，具有良好的耐候性，耐臭氧性，耐酸碱腐蚀性，耐热性与耐寒性，抗拉强度高达 7.0MPa 以上，延伸率超过 450%，可在−60~120℃的温度范围内使用，寿命可长达 20 年以上，是目前耐老化性最好的一种卷材，主要缺点是遇到机油时将产生溶胀。

三元乙丙橡胶防水卷材可用于各种工程的室内外防水和防水修缮，是屋面、地下室和水池防水工程的主体材料。

施工时，基层处理剂可用聚氨酯底胶，基层胶黏剂可用 CX-404 胶，可以采用合成橡胶类胶黏剂，如 CX404-BN2 等进行黏结，用银色着色剂作保护涂层。

2. 聚氯乙烯防水卷材

聚氯乙烯防水卷材是一种树脂基无胎卷材，根据基料的组成和特性分为 S 型（以煤焦油与聚氯乙烯树脂为基料）和 P 型（以增塑的聚氯乙烯树脂为基料）。

聚氯乙烯防水卷材抗拉强度和伸长率高，对基层伸缩、开裂、变形的适应性强；低温柔韧性好，可在较低温度下施工和应用；具有良好的尺寸稳定性与耐腐蚀性；卷材的搭接除了可用胶黏剂外，还可以用热空气焊接的方法，接缝处应严密。

与三元乙丙橡胶防水卷材相比，除在一般工程中使用外，聚氯乙烯防水卷材更适用于刚性层下的防水层及旧建筑混凝土构件屋面的修缮工程，以及有一定耐腐蚀要求的室内地面工程的防水、防渗工程等。

3. 氯丁橡胶防水卷材

氯丁橡胶防水卷材以氯丁橡胶为主要原料制成，其性能与三元乙丙橡胶卷材相似，但多项指标稍差些，尤其是耐低温性能。广泛用于地下室、屋面、桥面、蓄水池等防水层。

4. 氯化聚乙烯-橡胶共混防水卷材

这类防水卷材不但具有氯化聚乙烯特有的高强度和优异的耐臭氧、耐老化性能，而且具有橡胶所特有的高弹性、高延伸性和良好的低温柔性。

5. 丁基橡胶防水卷材

丁基橡胶（IIR）是由异丁烯和少量异戊二烯合成，耐老化性能仅次于三元乙丙橡胶。丁基橡胶防水卷材是以丁基橡胶为主体制成的，具有抗老化、耐臭氧以及气密性好等特点；此外，它还具有耐热、耐酸碱等性能。丁基橡胶防水卷材最大的特点是耐低温性能好，特别适用于严寒地区的防水工程及冷库的防水工程。

（二）合成高分子防水涂料

合成高分子防水涂料是以合成橡胶或合成树脂为主要成膜物质，加入其他辅料而配制而成的单组分或多组分防水涂料。

1. 聚氨酯涂膜防水涂料

聚氨酯涂膜防水涂料属双组分反应型涂膜防水涂料。该涂料涂膜固化时无体积收缩，可形成较厚的防水涂膜，具有弹性高、延伸率大、耐高低温性好、耐油、耐化学药品、耐老化等优点。为高档防水涂料，价格较高。施工时双组分需准确称量拌和，使用较麻烦，且有一定的毒性和可燃性。

聚氨酯涂膜防水涂料广泛应用于屋面、地下工程、卫生间、游泳池等防水，也可用于室内隔水层及接缝密封，还可用作金属管道、防腐地坪、防腐池的防腐处理等。

2. 硅橡胶防水涂料

硅橡胶是指主链由硅和氧原子交替而成的，硅原子上通常连有两个有机基团的橡胶。具有良好的抗紫外线、耐老化性，耐低温性好，耐热性能突出。

硅橡胶防水涂料是以硅橡胶乳液为主要基料，掺入无机填料及各种助剂配制而成的乳液型防水涂料，通常由 1 号和 2 号组成，1 号用于表层和底层，2 号用于中间作为加强层。

这种涂料兼有涂膜防水和渗透防水材料两者的优良特性，具有良好的防水性、抗渗透性、成膜性、弹性、黏结性、耐水性和耐高低温性，适应基层变形能力强，可渗入基底，与基底牢固黏结，成膜速度快，可在潮湿基层上施工，无毒、无味、不燃，可配成各种颜色。

硅橡胶防水涂料适用于地下工程、屋面等防水、防渗及渗漏修补工程，也是冷藏库优良的隔汽材料，但价格较高。

3. 聚氯乙烯防水涂料

聚氯乙烯防水涂料是以聚氯乙烯和煤焦油为基料配制而成的水乳型防水涂料，施工时一般要铺设玻纤布、聚酯无纺布等胎体进行增强处理。

该类防水涂料弹塑性好、耐寒、耐化学腐蚀、耐老化，可在潮湿的基层上冷施工。聚氯乙烯防水涂料可用于各种一般工程的防水、防渗及金属管道的防腐工程。

（三）密封材料

1. 聚氨酯密封膏

聚氨酯密封膏是性能最好的密封材料之一。一般用双组分配制，甲、乙两组分按比例混合，经固化反应成弹性体。具有高的弹性、黏结力与防水性，良好的耐油性、耐候性、耐久性及耐磨性。与混凝土的黏结好，且不需打底，故还可用于屋面、墙面的水平与垂直接缝，公路及机场跑道的外缝、接缝，还可用于玻璃与金属材料的嵌缝以及游泳池工程等。

2. 硅酮密封膏

硅酮密封膏具有优异的耐热、耐寒性和良好的耐候性，分为 F 类和 G 类两类。F 类为建筑接缝用，G 类为镶嵌玻璃用。大多用单组分（聚硅氧烷）配制，施工后与空气中的水分进行交联反应，形成橡胶弹性体。

3. 聚氯乙烯嵌缝接缝膏和塑料油膏

聚氯乙烯嵌缝接缝膏（即聚氯乙烯胶泥）以煤焦油和聚氯乙烯树脂粉为基料，配以增塑剂、稳定剂及填充材料在 140℃下塑化而成的热施工防水材料。

塑料油膏则是以废旧聚氯乙烯塑料代替聚氯乙烯树脂粉、其余材料不变生产的聚氯乙烯嵌缝接缝膏，成本低。宜热施工，也可冷施工。

这两种油膏具有良好的黏结性、防水性、弹塑性，还有良好的耐热、耐寒、耐腐蚀和耐老化性。适用于屋面嵌缝、输供水系统及大型墙板嵌缝。

4. 丙烯酸类密封膏

丙烯酸密封膏通常为水乳型，有良好的抗紫外线性能及延伸性能，但耐水性不是很好。

5. 硅橡胶密封材料

硅橡胶是指主链由硅和氧原子交替构成，硅原子上通常连有两个有机基团的橡胶。硅橡胶耐低温性能良好，一般在-55℃下仍能工作；引入苯基后，可达-73℃。硅橡胶的耐热性也非常突出，在180℃下可长期工作，在高于200℃的环境中也能承受数周或更长时间并保持弹性，瞬时可耐300℃以上的高温。

6. 聚硫橡胶密封材料

聚硫橡胶是由二卤代烷与碱金属或碱土金属的多硫化物缩聚合成的橡胶。当聚硫橡胶与环氧树脂混合后，末端的硫醇基与环氧树脂发生化学反应，从而进入固化后的环氧树脂结构中，形成环氧聚硫橡胶。聚硫橡胶具有较好的韧性，可用作耐受较大压力的容器的密封材料。

7. 硫化橡胶密封材料

硫化橡胶是指硫化过的橡胶。硫化后生胶内形成空间立体结构，具有较高的弹性、耐热性、拉伸强度以及在有机溶剂中的不溶解性等。

习 题

12-6-1 沥青卷材与改性沥青卷材相比较,沥青卷材的缺点有( )。

①耐热性差;②低温抗裂性差;③断裂延伸率小;④施工及材料成本高;⑤耐久性差。

A. ①②③⑤   B. ①②③④   C. ②③④⑤   D. ①②④⑤

12-6-2 评定石油沥青主要性能的三大指标是( )。

①延度;②针入度;③抗压强度;④柔度;⑤软化点;⑥坍落度。

A. ①②④   B. ①⑤⑥   C. ①②⑤   D. ③⑤⑥

12-6-3 冷底子油在施工时对基面的要求是( )。

A. 平整、光滑   B. 洁净、干燥   C. 坡度合理   D. 除污去垢

第七节 木 材

一、木材的分类与构造

（一）木材的分类

按照外观形状可将木材分为针叶树和阔叶树两大类。

1. 针叶树

针叶树树干通直高大,纹理平顺,材质均匀,表观密度和胀缩变形小,耐腐蚀性较强,易加工,多数质地较软,故又称为软木树,为建筑工程中主要用材,多用作承重构件。常用的有红松(也叫东北松)、白松(也叫臭松或臭冷杉)、樟子松(海拉尔松)、鱼鳞松(也叫鱼鳞云杉)、马尾松(也叫本松或宁国松,纹理不匀,多松脂,干燥时有翘裂倾向,不耐腐,易受白蚁侵害。一般只可用来做小屋架及临时建筑等,不宜用于做门窗)及杉木(又叫沙木)等。

2. 阔叶树

阔叶树质地一般较硬,故又称硬木树。一般强度较高,胀缩、翘曲变形较大,易开裂,较难加工,有些树种具有美丽的纹理,适于用作室内装修、制作家具等。常用的有水曲柳、榆木、柞木(又叫麻栎或蒙古栎)、桦木、椴木(又叫紫椴或籽椴,质较软)、黄菠萝(又叫黄檗或黄柏)及柚木、樟木、榉木等,其中榆木、黄菠萝及柚木等多用作高级木装修等。

（二）木材的构造

木材由树皮、木质部和髓心等部分组成,木质部是木材的主要使用部分。在靠近髓心的部分颜色较深,称为心材;外面颜色较浅的部分称为边材。边材含水量较大,易翘曲变形,抗腐蚀性较差。从横切面上可看到深浅相间的同心圆,称为年轮,其中深色较密实部分是夏秋季生长的,称为夏材;浅色较疏松部分是春季生长的,故称春材。夏材部分越多,木材强度越高,质量越好。

从显微镜下可以看到木材的组织。木材是由无数管状细胞紧密结合而成的,每个细胞都有细胞壁与细胞腔两部分,细胞壁由若干细纤维组成,其纵向联结较横向牢固,细纤维间具有极小的空隙,能吸附与渗透水分。

【**例 12-7-1**】下列木材中适宜用作装饰材料的是：

    A. 松木　　　　　B. 杉木　　　　　C. 水曲柳　　　　　D. 柏木

解　木材分为针叶树和阔叶树。针叶树（又称软木树）的树干通直高大，纹理平顺，材质均匀，表观密度和胀缩变形小，耐腐蚀性较强，材质较软，多用作承重构件，有松、杉、柏。阔叶树（又称硬木树）强度较高，纹理漂亮，胀缩翘曲变形较大，易开裂，较难加工，适合作装饰，有水曲柳、桦木、椴木、柚木、樟木、榉木、榆木等。

答案： C

二、木材的物理力学性质

（一）吸湿性

1. 水的分类

木材中所含水可分为吸附水与自由水两类。

（1）吸附水

吸附水首先被吸入木材中，存在于细胞壁内，被细纤维吸附，是影响木材胀缩和强度的主要因素。

（2）自由水

水分在木材中被细胞壁吸附达到饱和，即达到纤维饱和点后，水分开始存在于细胞腔与细胞间隙中构成自由水。自由水不影响木材的体积和强度，仅影响木材的表观密度、抗腐蚀性与可燃性。

2. 纤维饱和点

当木材中细胞壁中充满吸附水，细胞腔和细胞间隙中没有自由水时的含水率称为纤维饱和点。当含水率小于纤维饱和点时，含水量变化对木材强度和体积有影响。当木材含水率大于纤维饱和点时，含水量变化对强度和体积没有影响。所以，纤维饱和点是木材物理力学性质发生改变的转折点，是含水率影响强度和体积变化的临界值。一般为 20%~35%，平均为 30%。

3. 平衡含水率

当木材的含水率与周围空气相对湿度达到平衡时的含水率为平衡含水率。我国各地木材的平衡含水率一般为 10%~18%。木材使用前需干燥至环境的平衡含水率，以防制品变形、开裂。

（二）湿胀干缩

当木材由潮湿状态干燥至纤维饱和点时，其尺寸不变，而继续干燥到其细胞壁中的吸附水开始蒸发时，则木材开始发生体积收缩（干缩）。在逆过程中，即干燥木材吸湿时，随着吸附水的增加，木材将发生体积膨胀（湿胀），直到含水率到达纤维饱和点为止，此后，尽管木材含水量会继续增加，即自由水增加，但体积不再发生膨胀。

木材的胀缩性随树种而有差异，一般体积密度大的、夏材含量多的木材，胀缩较大；另外变形也存在方向性，顺纹方向最小，径向较大，弦向最大。胀缩会使木材构件接头松弛或凸起。

（三）强度

木材在强度方面也表现为各向异性，木材强度有顺纹强度和横纹强度之分。从理论上讲，在不考虑木材的各种缺陷影响的前提下，同一木材，以顺纹抗拉强度为最大，抗弯强度、顺纹抗压、横纹抗剪强度依次递减，横纹抗拉强度、横纹抗压强度比顺纹小得多，见表 12-7-1。

木材理论上各强度大小关系　　　　　　　　　　　　　　表 12-7-1

抗 压 强 度		抗 拉 强 度		抗 弯 强 度	抗 剪 强 度	
顺纹	横纹	顺纹	横纹		顺纹	横纹切断
1	1/10~1/3	2~3	1/20~1/3	3/2~2	1/7~1/3	1/2~1

影响木材强度的主要因素如下：

1. 含水率

当木材含水率在纤维饱和点以下时，其强度随含水率增加而降低，这是由于吸附水的增加使细胞壁逐渐软化所致。当木材含水率在纤维饱和点以上时，木材的强度等性能基本稳定，不随含水率的变化而变化。

含水率对木材的顺纹抗压及抗弯强度影响较大，而对顺纹抗拉强度几乎无影响。

因为含水率会影响木材的强度，所以在测定木材强度时，需要规定木材的含水率。《木材物理力学试验方法总则》（GB/T 1928—2009）、《木材顺纹抗压强度试验方法》（GB/T 1935—2009）和《木材横纹抗压试验方法》（GB/T 1939—2009）等都规定测定强度时木材含水率为 12%，并规定木材含水率为12%时的强度为标准强度。

2. 负荷时间

木材长期负荷强度一般为极限强度的 50%~60%。

3. 温度

木材使用温度长期超过 50℃时，强度会因木材缓慢炭化而明显下降，所以在这种环境下不应使用木结构。

4. 缺陷

木材的缺陷有木节、斜纹、裂纹、腐朽及虫害等，缺陷越多，木材强度越低，其中缺陷使木材顺纹抗拉强度降低最为显著，而对顺纹抗压强度影响较小。

三、木材的干燥、防腐与防火

（一）木材的干燥

木材干燥的目的是防止木材腐蚀、虫蛀、翘曲与开裂，保持尺寸及形状的稳定性，便于做进一步的防腐与防火处理。

（二）木材的防腐

木材的腐朽是由真菌中的腐朽菌寄生引起的。腐朽菌在木材中生存与繁殖必须同时具备水分、空气与温度三个条件。当木材含水率为 15%~50%，温度为 25~30℃，又有足够空气时，腐朽菌最适宜繁殖。另外，木材还会受到白蚁、天牛等昆虫蛀蚀。

防腐方法有：将木材置于通风干燥的环境中、表面涂油漆或用化学防腐剂处理。

（三）木材的防火

木材防火的常用方法是：

（1）在木材表面涂刷防火涂料，常用的防火涂料有膨胀型丙烯酸乳胶防火涂料等；

（2）在木材表面覆盖难燃或不燃材料，如金属等；

（3）注入防火剂，如将磷-氮系列及硼化物系列防火剂或磷酸铵和硫酸铵的混合物等浸注。

四、木材的应用

按加工程度和用途的不同，木材可分为原条、原木、锯材。

人造板材是以木材或其他含有一定量纤维的植物为原料加工而成。主要包括以下几种：

1. 胶合板

用数张（一般为 3~13 层，层数为奇数）由原木沿年轮方向旋切的薄片，使其纤维方向相互垂直叠放，经热压而成。胶合板克服了木材各向异性的缺点，材质均匀，强度高，幅面大，平整易于加工，干湿变形小，板面具有美丽的花纹，装饰性好。

胶合板主要用于室内的隔墙罩面、顶棚和内墙装饰、门面装修及各种家具的制作。

2. 纤维板

纤维板是将木材加工下来的树皮、刨花、树枝等废料，经破碎浸泡，研磨成木浆，再加入一定的胶合剂，经热压成型、干燥处理而成的人造板材。纤维板材质均匀，各向强度一致，不易翘曲开裂与胀缩，无木节、虫眼等缺陷，主要用于制作室内壁板、门板、地板、家具等。

3. 刨花板

刨花板是将木材加工的剩余物，如刨花碎片、短小废木料、木丝、木屑等，经过加工干燥，并加入胶合剂拌和后，压制而成的人造板材。刨花板具有质量轻、强度低、隔声、保温、耐久、防虫等特点，适用于室内墙面、隔断、顶棚等处的装饰用基面板。

4. 热固性树脂层压板

以专用纸浸渍氨基树脂、酚醛树脂为原料经热压而成。

5. 薄木贴面板

薄木贴面板是一种高级的装饰材料，是将珍贵树种（如柚木、桦木、柳桉或树根瘤多的木段）的木材软化后旋切成厚 0.1~1mm 的薄木片，再用胶黏剂粘贴在基板上而制得。薄木贴面板可压贴在胶合板等表面，作墙、门等的面板。

习　题

12-7-1　导致木材物理力学性质发生改变的临界含水率是（　　　）。

    A. 最大含水率　　　　B. 平衡含水率　　　　C. 纤维饱和点　　　　D. 最小含水率

12-7-2　木材的力学性质为各向异性，表现为（　　　）。

    A. 抗拉强度，顺纹方向最大　　　　　　　　B. 抗拉强度，横纹方向最大

    C. 抗剪强度，横纹方向最小　　　　　　　　D. 抗弯强度，横纹与顺纹方向相近

12-7-3　干燥的木材吸水后，其变形最大的方向是（　　　）。

    A. 纵向　　　　　　　B. 径向　　　　　　　C. 弦向　　　　　　　D. 不确定

12-7-4　影响木材强度的因素较多，但下列哪些因素与木材强度无关？（　　　）

    A. 纤维饱和点以下的含水量变化　　　　　　B. 纤维饱和点以上的含水量变化

    C. 负荷时间　　　　　　　　　　　　　　　D. 疵病

12-7-5　木材从干燥到含水会对其使用性能有各种影响，下列表述正确的是（　　　）。

    A. 木材含水会使其导热性减小，强度降低，体积膨胀

    B. 木材含水会使其导热性增大，强度不变，体积膨胀

C. 木材含水会使其导热性增大，强度降低，体积膨胀

D. 木材含水会使其导热性减小，强度提高，体积膨胀

<h1 style="text-align:center">第八节　石　　材</h1>

一、岩石分类

天然石材是从天然岩体中开采出来，经加工成块状或板状材料的总称。天然岩石根据生成条件可分为以下三种：

1. 岩浆岩

岩浆岩又称火成岩，是地壳内熔融岩浆在地下或喷出地面后冷却结晶而成的岩石。在地壳深处生成的岩浆岩称为深成岩，如花岗岩；喷出地面后凝结而成的岩浆岩称为喷出岩，如玄武岩等。

2. 沉积岩

沉积岩又称水成岩，是露出地表的各种岩石，在外力、地质作用下，经风化、搬运、沉积、压实、胶结等再造作用在地表及地表以下不太深的地方形成的岩石，如石灰岩、砂岩等。

3. 变质岩

变质岩是岩浆岩或沉积岩经过岩浆活动和构造运动，因高温高压而变质后形成的一类新岩石，如大理岩、片麻岩、石英岩等。

二、饰面石材

用于建筑装饰用的石材主要有花岗岩和大理石两类。

1. 花岗岩

花岗岩属于岩浆岩，主要造岩矿物是长石（结晶铝硅酸盐）、石英（结晶 SiO_2）、云母（片状含水铝硅酸盐）及少量暗色矿物。其主要化学成分为 SiO_2 与 Al_2O_3，故花岗岩为酸性岩石。

花岗岩构造细密、质地坚硬，属硬石材（硬度常用摩氏硬度表征），耐磨，抗压强度高，属于耐酸岩石（但不耐氢氟酸和氟硅酸），化学稳定性好，不易风化变质，耐久，使用寿命为 75~200 年，但是耐火性差，含有的大量石英，在 573℃ 和 870℃ 的高温下发生晶型转变，产生体积膨胀，火灾时造成花岗岩爆裂；有些花岗岩含有微量放射性元素。常用于室内外墙面及地面装饰。

2. 大理石

大理石属于变质碳酸盐类岩石，主要矿物成分为方解石和白云石，属于碱性岩石，若用于室外在空气中遇到二氧化碳、二氧化硫、水汽以及酸性介质等，容易风化与溶蚀，使表面失去光泽，粗糙多孔，降低装饰效果，所以除汉白玉、艾叶青等杂质少的品种外，大理石一般不宜用于室外。

大理石构造致密、强度较高，但硬度不大，属中硬石材，比花岗石易加工和表面磨光。

【例 12-8-1】 地表岩石经长期风化、破碎后，在外力作用下搬运、堆积，再经胶结、压实等再造作用而形成的岩石称为：

A. 变质岩　　　　B. 沉积岩　　　　C. 岩浆岩　　　　D. 火成岩

解　岩石根据形成机理分为岩浆岩、沉积岩和变质岩三种。其中，地表岩石经长期风化、破碎后，

在外力作用下搬运、堆积，再经胶结、压实等再造作用形成的岩石称为沉积岩。

答案： B

习　　题

12-8-1　大理石属于（　　　）。

  A. 岩浆岩　　　　　　　　　　　B. 变质岩

  C. 沉积岩　　　　　　　　　　　D. 深成岩

12-8-2　以下关于花岗岩和大理石的叙述，不合理的是（　　　）。

  A. 一般情况下，花岗岩的耐磨性优于大理石

  B. 一般情况下，花岗岩的耐蚀性优于大理石

  C. 一般情况下，花岗岩的耐火性优于大理石

  D. 一般情况下，花岗岩的耐久性优于大理石

12-8-3　石材吸水后，其导热系数随之增加，这是因为（　　　）。

  A. 水的导热系数比密闭空气大　　　B. 水的比热比密闭空气大

  C. 水的密度比密闭空气大　　　　　D. 材料吸水后导致其中的裂纹增大

第九节　黏　　土

一、土的组成

土是固体颗粒、水与空气的混合物，即三相系。土的颗粒互相连接形成土的骨架。当土骨架中的孔隙全部被水占领时，这种土称为饱和土；当土骨架中的孔隙仅含空气时，称之为干土；三相并存，则称之为湿土。

（一）土的固相

1.成土矿物

原生矿物：石英、长石、云母，吸水能力弱、无塑性。

次生矿物：黏土矿物、高岭石、伊利石、蒙脱石、吸水能力强、可胀缩、有塑性。

2.黏土矿物的晶体结构

硅-氧四面体与铝-氧八面体构成含水铝硅酸盐。

3.土粒的大小与土的级配

根据土粒的大小将土划分为不同的范围，即粒组。巨粒组：漂石粒、卵石粒；粗粒组：砾粒、砂粒；细粒组：粉粒、黏粒。

土的级配：土中各范围粒组中土粒的相对含量。级配良好的土，压实时能达到较高的密实度，故透水性低、强度高、压缩性低。

4.颗粒分析试验

土的级配曲线有两种：粒径分布曲线（横坐标为土粒粒径，纵坐标为小于某粒径的土粒含量）、粒组频率曲线（横坐标为某粒组平均粒径，纵坐标为该粒组的土粒含量）。

从粒径分布曲线可得以下两个参数：

不均匀系数

$$C_u = \frac{d_{60}}{d_{10}} \qquad (12-9-1)$$

曲率系数

$$C_c = \frac{(d_{30})^2}{d_{60}d_{10}} \qquad (12-9-2)$$

其中，d_{60}、d_{30}、d_{10} 分别表示曲线上纵坐标为 60%、30%、10% 所对应的横坐标即粒径。

国家标准规定：对于砾、砂，$C_u \geq 5$，且 $C_c = 1\sim3$，则土的级配良好。

（二）土的液相

土的液相类型及主要作用力见表 12-9-1。

土的液相类型与主要作用力　　　　　　　　　　　　　　表 12-9-1

水 的 类 型		主 要 作 用 力
吸着水		物理化学力
自由水	毛细管水	表面张力与重力
	重力水	重力

二、土的物理性质

（一）直接指标

（1）土的密度 ρ 与重度 γ：

$$\gamma = \rho g \qquad (12-9-3)$$

式中：　ρ ——单位体积土的质量。

（2）土粒相对密度 d_s：土粒的质量与 4℃时同体积纯水的质量之比。

（3）土的含水率 w：土中水的质量与干燥土粒质量之比，百分率。

（二）间接指标

（1）土的孔隙比 e：土中孔隙体积与土粒体积之比，小数。

（2）土的孔隙率 n：土中孔隙体积与土的总体积之比。

（3）土的饱和度 S_r：土中孔隙体积被水填充的百分数。干土的饱和度为 0，饱和土的饱和度为 100%。

（4）土的干密度 ρ_d 与干重度 γ_d：这是评定土密度程度的指标。两参数越大，则土越密实，反之越疏松。

三、无黏性土的相对密实度、黏性土的稠度与土的压实性

1. 无黏性土的相对密实度 D_r

$$D_r = \frac{e_{max} - e_0}{e_{max} - e_{min}} \qquad (12-9-4)$$

式中：e_{max}、e_0、e_{min} ——分别为无黏性土最松状态、天然状态、最密状态的孔隙比。

在工程上，用 D_r 划分土的状态：

$$0 < D_r \leqslant 1/3 \qquad 疏松的$$
$$1/3 < D_r \leqslant 2/3 \qquad 中密的$$
$$2/3 < D_r \leqslant 1 \qquad 密室的$$

2. 黏性土的稠度

稠度是指黏性土的干湿程度，或在某一含水率下抵抗外力作用而变形的能力，是黏性土最主要的物理状态指标。

在黏性土的状态转变过程中，有三种界限含水率或稠度界限：

液限（w_L）——流态→可塑状态转变的界限含水率；

塑限（w_p）——可塑态→半固态转变的界限含水率；

缩限（w_s）——半固态→固态转变的界限含水率。

塑性指数即液限与塑限的差值，塑性指数越大，表明土的颗粒越细，黏聚力越大，内摩擦角越小。

3. 土的压实性

影响压实性的因素有：

（1）含水率：当含水率较小时，土的干密度随含水率增大而提高；当含水率等于最佳含水率时，干密度达到最大值；达到最佳含水率后，干密度随含水率的增加反而降低。

（2）击数。

（3）土类与级配：含水率相同时，黏性土的黏粒含量越高或塑性指标越大，则越难以压实；对同一类土，级配良好，则易于压实，反之则不易压实。

（4）粗粒含量：粗粒含量过大，则表明土的级配不佳，不易压实。

【例 12-9-1】 土的塑性指数越高，土的：

　　A. 黏聚性越高　　　　B. 黏聚性越低　　　　C. 内摩擦角越大　　　　D. 粒度越粗

解　土的塑性指数是指液限与塑限的差值。塑性指数越大，表明土的颗粒越细，比表面积越大，土处在可塑状态的含水量变化范围就越大。

答案：A

习　题

12-9-1　以下关于土壤的叙述，合理的是（　　　）。

　　A. 土壤压实时，其含水率越高，压实度越高

　　B. 土壤压实时，其含水率越高，压实度越低

　　C. 黏土颗粒越小，液限越低

　　D. 黏土颗粒越小，其孔隙率越高

12-9-2　黏土塑限高，说明（　　　）。

　　A. 黏土粒子的水化膜薄，可塑性好　　　　B. 黏土粒子的水化膜薄，可塑性差

　　C. 黏土粒子的水化膜厚，可塑性好　　　　D. 黏土粒子的水化膜厚，可塑性差

习题题解及参考答案

第一节

12-1-1 **解：**通常，由于孔隙的存在，使表现密度 ρ_0 小于密度 ρ；而由于孔隙和空隙的同时存在，使堆积密度 ρ_0' 小于表现密度 ρ_0。

答案：B

12-1-2 **解：**脆性材料破坏前没有明显的变形，受力破坏吸收的能量低，外力所做的功小，且抗压强度大于抗拉强度。

答案：A

12-1-3 **解：**软化系数是饱水状态的抗压强度与干燥状态的抗压强度之比。

答案：B

12-1-4 **解：**含水率＝水重/干砂重，湿砂重＝水重+干砂重，即：

$$水重 = 湿砂重 - 干砂重 = 100 - \frac{100}{1+含水率}$$

答案：C

12-1-5 **解：**水的导热能力强，含水率越大则导热系数越大。

答案：C

12-1-6 **解：**孔隙率变化，一定引起强度与表观密度的变化，可能引起吸水率和抗冻性的变化，但密度保持不变。所以孔隙率增大时，表观密度和强度一定下降。

答案：C

第二节

12-2-1 **解：**建筑石膏硬化后体积微膨胀约1%。

答案：B

12-2-2 **解：**通过陈伏可以消除过火石灰的危害。

答案：D

12-2-3 **解：**建筑石膏硬化后体积微膨胀，在略高于100℃温度下化学分解，强度比石灰高。

答案：B

12-2-4 **解：**三合土是由石灰+黏土+砂或碎砖、碎石组成的。

答案：B

12-2-5 **解：**石膏制品抗火性好的原因主要是含有大量结晶水，其次是孔隙率大、隔热性好。

答案：B

第三节

12-3-1 **解：**大体积混凝土施工应选用水化热低的水泥，如矿渣水泥等掺混合材料水泥。

答案：C

12-3-2 **解：**硅酸盐水泥中加入适量石膏的作用是缓凝。

答案： C

12-3-3　**解：** 掺混合材料水泥最适合采用蒸汽养护等湿热养护方式，所以蒸汽养护效果最好的水泥是矿渣水泥。

答案： A

12-3-4　**解：** 普通黏土、慢冷矿渣、石灰石粉不属于活性混合材料。

答案： C

12-3-5　**解：** 水泥强度最高，石膏强度高于石灰。所以，石灰、石膏、水泥三者胶结强度的关系是：石灰<石膏<水泥。

答案： B

12-3-6　**解：** 提高水泥强度等级并不一定就能提高水泥的耐侵蚀性。

答案： A

12-3-7　**解：** 在六大通用水泥中，硅酸盐水泥的耐磨性最好。硫铝酸盐水泥虽具有快硬早强、微膨胀的特点，但在一般混凝土工程中较少采用。

答案： A

12-3-8　**解：** 水泥的凝结和硬化与水泥的细度、水灰比（拌和水量）、硬化时间、温湿度均有关。与水泥的体积和重量无关。

答案： D

12-3-9　**解：** 无论是单独的水泥还是混凝土中的水泥，其水化的主要原因是水泥的水化反应，其速度主要取决于水化反应速度的快慢，但也受到温度、水灰比等的影响。尤其应注意的是，混凝土的凝结时间与配制该混凝土所用水泥的凝结时间可能不一致，因为混凝土的水灰比可能不等于水泥凝结时间测试所用的水灰比，且混凝土中可能还掺有影响凝结时间的外加剂。

答案： C

第四节

12-4-1　**解：** 压碎指标是表示粗骨料石子强度的指标。

答案： B

12-4-2　**解：** 在用较高强度等级的水泥配制较低强度的混凝土时，只需少量水泥就可以满足强度要求，但会影响和易性，为满足工程的技术经济要求，应掺混合材料或掺合料来增加浆体的数量。

答案： A

12-4-3　**解：** 泵送混凝土施工选用的外加剂应能显著提高拌合物的流动性，故应采用减水剂。

答案： C

12-4-4　**解：** 混凝土碱-骨料反应是指水泥中碱性氧化物，如 Na_2O 或 K_2O 与骨料中活性氧化硅之间的反应。

答案： A

12-4-5　**解：** 试配强度 $$f_{cu,o} = f_{cu,k} + t\sigma$$

式中：$f_{cu,o}$——配制强度；

$f_{cu,k}$——设计强度；

t——概率（由强度保证率决定）；

σ——强度波动幅度（与施工控制水平有关）。

答案： D

12-4-6 **解：** 由混凝土强度公式可知，影响混凝土强度的主要因素是水泥强度和水灰比。此外，还与养护条件（即温湿度）有关。

答案： D

12-4-7 **解：** 水泥正常水化产生的膨胀或收缩一般不致引起混凝土开裂。

答案： B

12-4-8 **解：** 进行混凝土配合比设计时，确定水灰比是采用混凝土强度公式，根据混凝土强度计算而初步确定，然后根据耐久性要求进行耐久性校核，最终确定水灰比的取值。

答案： C

12-4-9 **解：** 选用最大粒径的粗骨料，主要目的是减少混凝土干缩，其次也可节省水泥。

答案： B

12-4-10 **解：** 影响混凝土拌合物流动性的主要因素是水泥浆的数量与流动性，其次为砂率、骨料级配、水泥品种等。

答案： B

12-4-11 **解：** 海水中的盐主要对混凝土中的钢筋有危害，促使其被腐蚀；其次，盐对混凝土中的水泥硬化产物也有腐蚀作用。

答案： D

第五节

12-5-1 **解：** S、P、O、N 是钢材中的有害元素。

答案： C

12-5-2 **解：** 金属材料各向同性的原因是金属材料中的晶粒随机取向，使晶体的各向异性得以抵消。

答案： B

12-5-3 **解：** 通常合金元素可改善钢材性能，提高强度，消除脆性。Mn 属于合金元素。

答案： C

第六节

12-6-1 **解：** 相比之下，沥青卷材有多种缺点，但其施工及材料成本低。

答案： A

12-6-2 **解：** 评价黏稠石油沥青主要性能的三大指标是延度、针入度、软化点。

答案： C

12-6-3 **解：** 冷底子油在施工时对基面的要求是洁净、干燥。

答案： B

第七节

12-7-1 **解：** 导致木材物理力学性质发生改变的临界含水率是纤维饱和点。

答案： C

12-7-2 **解：** 木材的抗拉强度顺纹方向最大。

答案： A

12-7-3　**解：** 木材干湿变形最大的方向是弦向。

答案： C

12-7-4　**解：** 纤维饱和点以上的含水率变化，不会引起木材强度的变化。

答案： B

12-7-5　**解：** 在纤维饱和点以下范围内，木材含水使其导热性增大，强度减低，体积膨胀。

答案： C

第八节

12-8-1　**解：** 大理石属于变质岩。

答案： B

12-8-2　**解：** 在一般情况下，花岗岩的耐火性比大理石差。

答案： C

12-8-3　**解：** 水的导热系数比密闭空气大。

答案： A

第九节

12-9-1　**解：** 对同一类上，级配良好，则易于压实。如级配不好，多为单一粒径的颗粒，则孔隙率反而高。

答案： D

12-9-2　**解：** 塑限是黏性土由可塑态向半固态转变的界限含水率。黏土塑限高，说明黏土粒子的水化膜厚，可塑性好。

答案： C

第十三章 工 程 测 量

复 习 指 导

一、考试大纲

11.1 测量基本概念

地球的形状和大小，地面点位的确定，测量工作的基本概念。

11.2 水准测量

水准测量原理，水准仪的构造、使用、检验校正，水准测量方法及成果整理。

11.3 角度测量

经纬仪的构造、使用、检验校正，水平角观测，垂直角观测。

11.4 距离测量

卷尺量距，视距测量，光电测距。

11.5 测量误差基本知识

测量误差分类与特性，评定精度的标准，观测值的精度评定，误差传播定律。

11.6 控制测量

平面控制网的定位与定向，导线测量，交会定点，高程控制测量。

11.7 地形图测绘

地形图基本知识，地物平面图测绘，等高线地形图测绘。

11.8 地形图应用

地形图应用的基本知识，建筑设计中的地形图应用，城市规划中的地形图应用。

11.9 建筑工程测量

建筑工程控制测量，施工放样测量，建筑安装测量，建筑工程变形观测。

二、复习指导（重点和难点提示）

（一）测量基本概念

1. 重点及重点概念

重点：测定和测设，大地水准面，独立平面直角坐标系，绝对高程，相对高程，测量工作的原则，确定地面点位的三要素（基本要素）。

重点概念：测量学，测定、测设，水准面、大地水准面，相对高程、绝对高程，高斯平面直角坐标、独立平面直角坐标，测量工作的原则和程序，确定地面点位的三要素。

2. 难点

高斯平面直角坐标系，水平面代替水准面的范围。

（二）水准测量

1. 重点及重点概念

重点：水准测量原理、水准仪的构造及使用中涉及的基本概念，外业测量方法及测量数据的记录、成果计算。

重点概念：水准测量，水准点，前视、后视，转点，水准管零点、水准管轴、水准管分划值，圆水准器零点、圆水准器轴、圆水准器分划值，仪器竖轴，视准轴，视差，附合水准路线、闭合水准路线、支水准路线，高差闭和差。

2. 难点

水准仪的检验和校正方法，水准测量误差分析及其消除方法。

（三）角度测量

1. 重点及重点概念

重点：用经纬仪测量水平角、竖直角的基本原理，外业测量方法及测量数据的记录、成果计算，水平角、竖直角测量误差及其消除方法。

重点概念：水平角、竖直角，仪器横轴，经纬仪盘左、盘右位置，竖盘指标差。

2. 难点

经纬仪的检验和校正方法，角度测量误差分析及其消除方法。

（四）距离测量及直线定向

1. 重点及重点概念

重点：钢尺丈量的方法，视距测量的原理，光电测距的原理，直线定向的方法。

重点概念：直线定线，尺长方程式，视距测量，相位法测距，测距仪的标称精度，全站仪。

2. 难点

钢尺精密量距外业成果的改正，坐标方位角的计算。

（五）测量误差的基本知识

1. 重点及重点概念

重点：观测条件的含义，系统误差与偶然误差的含义以及偶然误差的特性，各种精度评定指标的含义与计算方法，误差传播定律的理解与应用。

重点概念：观测误差和观测条件，等精度观测和不等精度观测，系统误差和偶然误差，真误差、中误差、相对误差、极限误差、容许误差，误差传播定律，最或然值，改正数。

2. 难点

中误差的含义与计算方法，误差传播定律的应用，等精度直接观测平差最或然值的计算与精度评定的方法。

（六）控制测量

1. 重点

闭合、附合导线的外业测量工作及内业计算。

2. 难点

闭合、附合导线的内业计算。

（七）地形图测绘

1. 重点及重点概念

重点：比例尺精度及其在测绘工作中的用途，等高线及其特性，经纬仪测绘法，全站仪数字化测图。

重点概念：地形图，地形图的比例尺，比例尺精度，等高线，等高距，等高线平距，坡度。

2. 难点

比例尺精度，经纬仪测绘法。

（八）地形图应用

1. 重点及重点概念

重点：地形图应用的基本内容，应用地形图求点的平面坐标和高程、求直线的坐标方位角、长度和坡度，量算图上某区域的面积。

重点概念：坡度，纵断面，汇水面积。

2. 难点

地形图在工程中的具体应用，按限制坡度在地形图上选最短线路，应用地形图绘制某一方向的纵断面图、确定汇水面积、绘出填挖边界线，以及进行土地平整中的土石方量估算等。

（九）建筑工程测量

1. 重点

高程及点的平面位置的测设方法，建筑物的施工控制测量，民用建筑物的施工测量。

2. 难点

高程的测设，点的平面位置测设数据计算。

（十）全球定位系统（GPS）简介

重点：卫星定位系统的概念、特点，系统各个组成部分的功能，GPS 定位方法的原理与分类。

第一节　测量基本概念

一、测量学及其基本内容

（一）测量学

测量学是研究地球的形状和大小以及确定地面（包括空中、地表、地下和海底）点位的科学。

（二）测量学的基本内容

1. 测定

测定是指使用测量仪器和工具，通过测量和计算，得到一系列测量数据，或把地球表面的地形绘成地形图，供经济建设、规划设计、科学研究和国防建设使用。

2. 测设

测设是指把图纸上规划设计好的建筑物、构筑物的位置在地面上标定出来，作为施工的依据。

二、地球的形状和大小

（一）基准线和基准面

某点的基准线是该点所受到的地球引力和地球自转的离心力的合力方向线，即重力方向线。地球表面 71%是海洋，可以假想静止的海水面延伸穿过陆地包围整个地球，形成一个闭合曲面，称为水准面，特点是水准面上任意一点的铅垂线都垂直于该点上的曲面。与水准面相切的平面称为水平面。位于不同高度的水准面有无穷多个，其中与平均海水面相吻合的水准面称为大地水准面，它就是点位投影和高程计算的基准面。

【例 13-1-1】下列何项作为测量野外工作的基准线：

    A. 水平线   B. 法线方向   C. 铅垂线   D. 坐标纵轴方向

解 测量野外工作的基准线是铅垂线（铅垂线即重力方向线）。

答案：C

（二）地球形状和大小

由大地水准面所包围的形体称为大地球体，可看作是地球的实际形状。由于地球内部质量分布不均匀，致使大地水准面成为一个非常复杂而又难于用数学式表达的曲面。为便于计算与制图，测量学中选用一个和大地水准面总体形状非常接近的数学形体即参考椭球体来代表地球形体。数世纪以来，许多学者曾分别测算参考椭球体元素的长半轴 a、短半轴 b，以及扁率 α。我国目前采用的元素值为

$$\left. \begin{array}{l} a = 6\,378.140\text{km} \\ \alpha = (a-b)/a = 1/298.257 \end{array} \right\} \tag{13-1-1}$$

由于扁率很小，普通测量学近似地把地球作为半径 $R = (2a+b)/3 = 6\,371\text{km}$ 的圆球来看待。

三、地面点位的确定

地面点的空间位置用点的高程 H 和平面坐标 x、y 表示。

（一）高程

地面上任一点到水准面的铅垂距离就是该点的高程。点到大地水准面的铅垂距离称为绝对高程，又称为海拔。长期以来，我国是以 1956 年青岛验潮站所确定的黄海平均海水面作为高程起算的大地水准面，求得青岛水准原点的高程为 72.289m。目前我国采用的是"1985 国家高程基准"，是根据青岛验潮站 1952~1979 年验潮资料计算确定的平均海水面，于 1987 年由国家测绘局颁布作为我国统一的测量高程基准。求得青岛水准原点的高程为 72.260m。在引测绝对高程有困难的局部地区，也可以假定一个水准面作为高程起算面。地面点到假定水准面的铅垂距离称为相对高程。两点高程之差称为高差，如图 13-1-1 所示。A、B 两点的绝对高程为 H_A、H_B，两点的相对高程为 H_A'、H_B'，则 B 点对于 A 点的高差 $h_{AB} = H_B - H_A = H_B' - H_A'$。

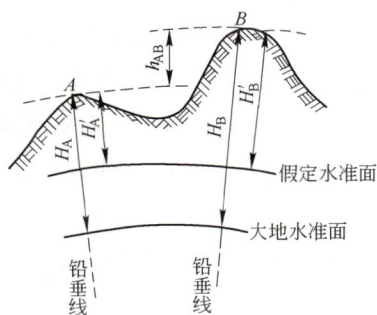

图 13-1-1

（二）坐标

1. 地理坐标系

地理坐标是以经度和纬度表示点在旋转椭球体面上投影的球面位置，又称为绝对位置。它把整个地

球置于一个球面坐标系中，地面上某点的经度λ即通过该点的子午面与通过格林尼治天文台的首子午面所夹的二面角，自首子午线以东 0°~180° 为东经，以西 0°~180° 为西经。某点的纬度φ即通过该点的法线同赤道平面的夹角，自赤道向北 0°~90° 为北纬，向南 0°~90° 为南纬。经度和纬度用天文方法测定。例如北京某点的地理坐标为λ=东经 116°28′，φ=北纬 39°54′。

2. 高斯平面直角坐标系

高斯平面直角坐标系是采用高斯横椭圆柱投影的方法建立的平面直角坐标系，是一种球面坐标与平面坐标相关联的坐标系统。高斯投影是以首子午线起，经差每 6° 为一带，将地球自西向东等分为 60 带，带号N依次为 1、2、…、60，位于各带边缘的子午线称为分带子午线，位于各带中央的子午线称为中央子午线。第N带中央子午线的经度λ按下式计算

$$\lambda = 6°N - 3° \tag{13-1-2}$$

每带均独立进行投影，使地球椭球上某 6° 带的中央子午线与椭圆柱面相切，使椭球面与椭圆柱面上的图形保持等角条件下，将整个 6° 带投影到椭圆柱面上，再将椭圆柱沿通过南北极的母线切开并展成平面，即得到 6° 带在平面上的影像。中央子午线和赤道投影展开后为互相垂直的直线，分别为x轴和y轴，交点为原点，则组成高斯平面直角坐标系。我国位于北半球，纵坐标均为正值，而为避免横坐标出现负值，规定纵轴向西平移 500km，并在横坐标值前冠以带号。如A、B点位于第 20 带，横坐标的自然值为y'_A=56 103m，y'_B=−56 103m；则横坐标的通用值为y_A=20 556 103m，y_B=20 443 897m。

高斯投影中，各带中央子午线投影不变形，离中央子午线越远变形越大且两侧对称。为使投影变形更小，可采用 3° 带投影法，从东经 1°30′ 起，自西向东，经差每 3° 为一带，将整个地球划分为 120 带，每带独立投影。第n带中央子午线的经度λ'按下式计算

$$\lambda' = 3°n \tag{13-1-3}$$

我国在陕西省泾阳县永乐镇某点建立了中华大地原点，由此而建立起全国统一坐标系，称为"1980 国家大地坐标系"。

3. 独立直角坐标系

当测区面积较小时，可不考虑地球曲率的影响，用水平面代替水准面，将地面点沿铅垂线直接投影到水平面上，由直角坐标值表示点的投影位置。采用的平面直角坐标系，规定南北方向为纵轴x，向北为正，向南为负；东西方向为横轴y，向东为正，向西为负。象限以坐标纵轴北方向为起始，按顺时针编号为 I、II、III、IV。方位角则是以坐标纵轴北方向为起始，顺时针量到直线的水平角。这些规定，使测量坐标与数学坐标的计算公式一致。

4. 我国的大地坐标系

大地坐标系是采用大地纬度、经度和大地高程来描述空间位置的坐标系统，它的确立包括旋转椭球体的选择、对椭球进行定位和确定大地起算数据。球体的形状、大小和定位、定向都已确定的椭球叫参考椭球。参考椭球一旦确定，则标志着大地坐标系已经建立。在测量工作在中，大地坐标系又分地心坐标系、参心坐标系。以地球的质心作为坐标原点的坐标系称之为地心坐标系。参心坐标系则是以参考椭球的几何中心为原点的大地坐标系。

在测量中，为了处理观测成果和传算地面控制网的坐标，通常须选取一参考点作为大地测量的起算点，利用该点的天文观测量来确定参考椭球在地球内部的位置和方向，这样的起算点称为大地原点。

（1）1954 年北京坐标系

1954 年北京坐标系（简称 54 坐标系）是与苏联 1942 年建立的以普尔科夫天文台为原点的大地坐

标系统相联系建立的坐标系统,54坐标系的参考椭球面普遍低于我国的大地水准面,平均误差约为29m。许多方面不能满足我国高精度定位以及地球科学、空间科学和战略武器发展的需要。

（2）1980西安坐标系

1980年国家大地坐标系是我国于1978年4月经全国天文大地网会议决定并由国家有关部门批准建立的坐标系。该坐标系是利用多点定位方法建立的国家大地坐标系统。椭球参数采用1975年国际大地测量与地球物理联合会（IUGG）推荐的地球椭球，由于该坐标系的大地原点选在陕西咸阳市泾阳县永乐镇，故称1980西安坐标系。

（3）2000国家大地坐标系

2000国家大地坐标系是我国当前最新的国家大地坐标系，英文名称为China Geodetic Coordinate System 2000,英文缩写为CGCS2000。2000国家大地坐标系采用的地球椭球参数为：长半轴a=6 378 137m，扁率1/298.257 222 101。自2008年7月1日起，我国开始全面启用2000国家大地坐标系。该坐标系属于地心坐标系，精确的地心坐标系对于卫星大地测量、全球性导航和地球动态研究等都具有重要意义。

四、用水平面代替大地水准面的范围

当测区范围较小时，用水平面代替大地水准面，理论推导和计算表明，在半径为10km的范围内，用水平面代替大地水准面所产生的水平距离变形误差可忽略不计，故在10km的半径范围内进行距离测量时，可以用水平面代替大地水准面，不必考地球曲率对距离的影响；但用水平面代替大地水准面在高程上产生的变形误差是很大的，不能忽略地球曲率对高程的影响。因此，高程测量中不能用水平面代替大地水准面。

【例13-1-2】 在测区半径为10km的范围内，面积为100km²之内，以水平面代替大地水准面所产生的影响，在普通测量工作中可以忽略不计的为：

  A. 距离影响、水平角影响   B. 方位角影响、竖直角影响

  C. 距离影响、高差影响   D. 坐标计算影响、高程计算影响

解 在测区半径10km的范围内，用水平面代替大地水准面，对距离和水平角的影响可忽略不计。

答案：A

五、测量工作的基本概念

工程测量工作的目的是确定地面点的空间位置，即平面坐标x、y和高程H，以便绘制地形图，并为工程建设部门提供必要的测设数据。为了避免测量误差的传递和积累增大到不能允许的程度，保证必要的测量精度，应遵循"从整体到局部、从高级到低级、从控制到碎部"的原则（详见本章第六节）。

测量工作的外业是利用测量仪器和工具在野外测定角度、距离和高差；内业是将外业测量资料在室内进行整理、数据处理和绘制成图。水平角度、水平距离和高差是测量工作的基本观测量，也是确定地面点位的基本要素。

【例13-1-3】 "从整体到局部、先控制后碎部"是测量工作应遵循的原则，遵循这个原则的目的包括下列何项？

  A. 防止测量误差的积累   B. 提高观测值精度

  C. 防止观测值误差积累   D. 提高控制点测量精度

解 遵循测量工作的原则可防止测量误差的积累。

答案: A

习 题

13-1-1 目前中国采用统一的测量高程系是指( )。

　　A. 渤海高程系　　　　　　　　　　　　B. 1956 高程系

　　C. 1985 国家高程基准　　　　　　　　D. 黄海高程系

13-1-2 北京某点位于东经 116°28′、北纬 39°54′,则该点所在的 6°带的带号及中央子午线的经度分别为( )。

　　A. 20、120°　　　　　B. 20、117°　　　　　C. 19、111°　　　　　D. 19、117°

13-1-3 已知 M 点所在的 6°带高斯坐标值为 x_M=366 712.48m,y_M=21 331 229.75m,则 M 点位于( )。

　　A. 21 带、在中央子午线以东　　　　　B. 36 带、在中央子午线以东

　　C. 21 带、在中央子午线以西　　　　　D. 36 带、在中央子午线以西

13-1-4 测量工作的基本原则是从整体到局部、从高级到低级和( )。

　　A. 从控制到碎部　　　　　　　　　　B. 从碎部到控制

　　C. 控制与碎部并行　　　　　　　　　D. 测图与放样并行

第二节 水 准 测 量

一、水准测量原理

水准测量是利用水准仪提供的水平视线截取竖立在地面上 M、N 两点处的水准尺高度 a 和 b,以求得两点高差。如果其中一点的高程为已知,则另一点高程即可算出,如图 13-2-1 所示。

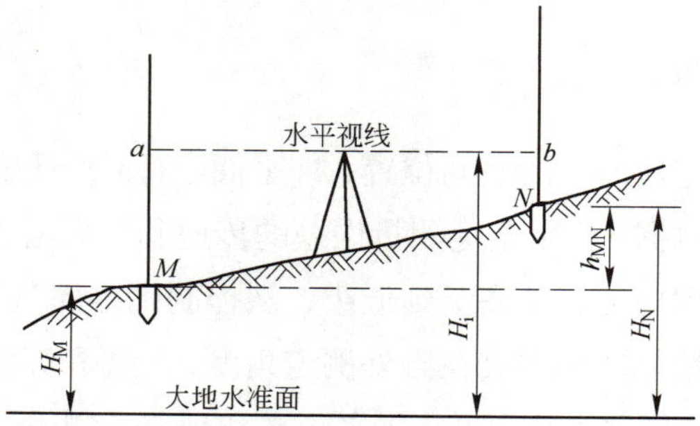

图 13-2-1 水准测量

高差法

$$\left.\begin{array}{l} h_{MN} = a - b \\ H_N = H_M + h_{MN} \end{array}\right\} \tag{13-2-1}$$

视线高法

$$\left.\begin{array}{l} H_{i} = H_{M} + a \\ H_{N} = H_{i} - b \end{array}\right\} \qquad (13\text{-}2\text{-}2)$$

以上式中：　　a——已知高程点M的水准尺读数，称为后视读数；

　　　　　　　　b——欲求高程点N的水准尺读数，称为前视读数；

　　　　h_{MN}——N点对M点的高差；

H_{i}、H_{M}、H_{N}——分别为视线高（程）、已知点高程、欲求点高程。

【例13-2-1】 下列哪一项是利用仪器所提供的一条水平视线来获取的？

　　A. 三角高程测量　　　　　　　　　　B. 物理高程测量

　　C. GPS 高程测量　　　　　　　　　　D. 水准测量

解 用仪器提供水平视线，获取地面两点间的高差，属于水准测量。

答案：D

二、水准仪的构造

水准仪有 DS$_{0.5}$、DS$_1$、DS$_3$ 等多种，数字 0.5、1、3 代表该仪器的精度，即每公里往返测量高差中数的中误差值（以 mm 计）。微倾式水准仪主要由望远镜、水准器和基座三部分组成，各部件名称见图 13-2-2。

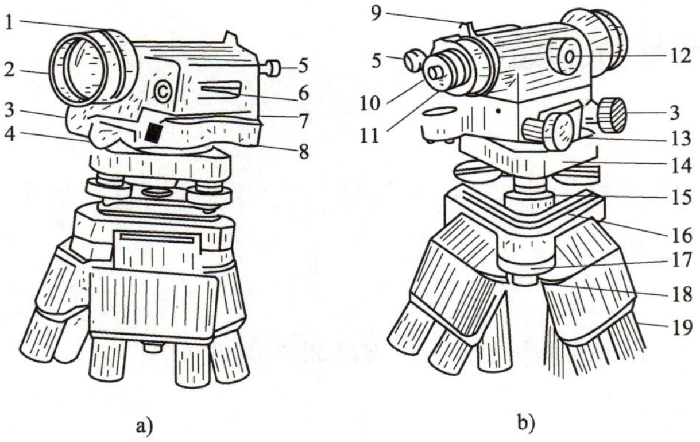

a)　　　　　　　　　　　b)

图 13-2-2　水准仪的构造

1-准星；2-物镜；3-微动螺旋；4-制动螺旋；5-符合水准器观测镜；6-水准管；7-水准盒；8-校正螺丝；9-照门；10-目镜；11-目镜对光螺旋；12-物镜对光螺旋；13-微倾螺旋；14-基座；15-脚螺旋；16-连接板；17-架头；18-连接螺旋；19-三脚架

（一）望远镜

望远镜由物镜、物镜对光螺旋、目镜、目镜对光螺旋、十字丝分划板等组成。望远镜的主要作用是照准目标并读取水准尺上的读数。

十字丝分划板上刻有互相垂直的十字丝，还刻有两对称的短横丝，称视距丝。十字丝中央交点与物镜光心的连线称为视准轴，即照准目标时的视准线。在使用望远镜观察目标时，眼睛晃动一下，如目标影像与十字丝有相互移动的现象，称为视差现象。这说明目标影像没有落在十字丝平面上。为了消除视差，应在十字丝清晰的情况下继续调整物镜对光螺旋。

（二）水准器

1. 管水准器

管水准器又称水准管，它是用乙醇和乙醚的加热混合液装入玻璃管后封闭冷却形成一真空泡，称为气泡。水准管内壁圆弧中点称为零点，过零点所作圆弧的纵向切线称为水准管轴，以 LL 表示。当气泡的中心与零点重合时，称为气泡居中，此时水准管轴水平。为了提高气泡居中的精度，微倾式水准仪在水准管两端上方安装一组棱镜，组成符合水准系统，可方便地观察到气泡两端的吻合情况。而对于自动安平水准仪，则借助补偿器取代复合水准系统，安置仪器使水准器气泡居中后，借助安平机构和补偿元件、灵敏元件和阻尼元件的作用，使十字丝中央交点能自动得到视线水平状态下的读数。水准管的灵敏度可用水准管分划值τ表示，它是从零点向水准管两端每隔 2mm 刻一分划线，相邻两分划线所对圆心角，圆的半径越大，分划值越小，水准管灵敏度越高。即为

$$\tau = \frac{2}{R}\rho''$$ (13-2-3)

式中： R ——水准管内壁圆弧半径， ρ''=206 265″。

DS$_3$ 型工程水准仪的水准管分划值τ = 20″/2mm，亦即气泡移动 2mm，水准轴相应倾斜的角度为 20″，用于精密整平。

2. 圆水准器

圆水准器顶面内壁为一球面，中心外壁刻一圆，其圆心称为零点，过零点的球面法线称为圆水准轴。当气泡居中时，圆水准轴处于铅垂位置。DS$_3$ 型的圆水准器的τ = 8′/2mm，用于概略整平。

（三）基座

基座由轴座、脚螺旋和连接板组成。仪器上部以竖轴（纵轴、仪器旋转轴）插入轴座，由基座承托，整个仪器用中心连接螺旋与三脚架相连接，调节脚螺旋可使圆气泡居中。

三、水准仪的使用和检验、校正

（一）水准仪的使用

将三脚架调整到高度适当后立于地上，用连接螺旋将水准仪安置在架头上，仪器置于距前后视点大致相等处。

1. 粗平

用脚螺旋使圆气泡居中，以达到竖轴铅直，视准轴粗略水平。

2. 瞄准

用望远镜瞄准标尺，通过目镜对光和物镜对光，达到十字丝、标尺刻划和注记数字清晰，并消除视差。

3. 精平

用微倾螺旋使水准管气泡居中，以达到视准轴精确水平。

4. 读数

读取中央横丝所截标尺高度，依次读出米、分米、厘米和估读毫米，读数后检查水准管气泡是否仍居中。

（二）微倾水准仪的检验与校正

水准仪的主要轴线如图 13-2-3 所示，水准管轴 LL、视准轴 CC、圆水准轴 L′L′和仪器竖轴（纵轴、仪器旋转轴）VV。各轴线应满足的几何条件是：L′L′∥VV、十字丝中央横丝⊥VV 和 LL∥CC。使用前须进行检验与校正。当限于条件不能完善地校正仪器时，则可用一定的操作方法临时处理残差，以削弱仪器残余误差的影响。

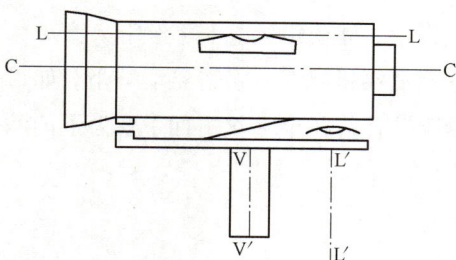

图 13-2-3　水准仪的主要轴线

1. L'L'∥VV 的检验与校正

检验：安好仪器，调整脚螺旋使圆气泡居中，仪器绕竖轴旋转180°，如气泡仍居中，则条件满足，否则应校正。

校正：在检验的基础上，用脚螺旋调回气泡偏差的一半，用校正针拨动水准器的校正螺丝调回另一半，使气泡居中。

残差处理：如发现仪器处在相差 180°的两个位置上时，气泡有偏差，则只用脚螺旋调回偏差的一半，达到竖轴的铅垂，这种方法称为等偏定平法。

2. 十字丝中央横丝垂直于竖轴的检验与校正

检验：整平圆水准器，以横丝一端对准远处一点，转动水平微动螺旋，同时观察横丝应始终通过原来的一点，则条件满足，否则应校正。

校正：取下十字丝护盖，松开固定十字丝环的四个平头螺丝，转动十字丝环后，使横丝从一端移动到另一端均不离开一固定目标点，再拧紧固定螺丝。

残差处理：每次均使用十字丝中央交点进行水准尺读数。

3. LL∥CC 的检验与校正

这是水准仪应满足的最重要条件。

检验：如图 13-2-4 所示，在较平坦处选相距 80~100m 的两点 M 和 N；水准仪安置在距 M、N 两点等距的中点处，用水准仪求得正确高差 $h_{MN} = a_1 - b_1$；仪器移至一端，如距后视点 M 为 2~3m 处，读 M 尺为 a_2，因距离很小，读数 a_2 所含 LL 与 CC 之夹角的影响可忽略不计，这时可求得应读前视 $b_2 = a_2 - h_{MN}$；如果在气泡居中时 N 尺上的实际读数为 b_2'，如与 b_2 相等，则 LL∥CC，否则应进行校正。

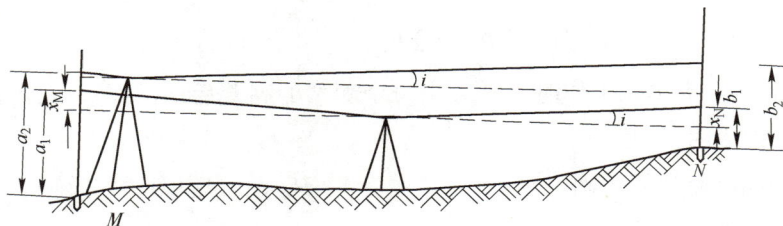

图 13-2-4　水准仪的检验与校正

校正：在检验的基础上，转动微倾螺旋，使十字丝交点对准 b_2，这时符合气泡必不居中，用校正针拨动水准管一端的校正螺丝使气泡居中。

残差处理：采用中间法，即在一个测站上的前后视线长大致相等的情况下施测高差。中间法同时还可消除或削弱地球曲率和大气折光的影响。

四、水准测量方法及成果整理

（一）水准测量方法

1. 路线水准测量

如图 13-2-5 所示，当欲测高差的两点距离较远或高差较大或遇障碍，不能在一个测站完成时，应按连续设站的水准路线进行。水准测量中，已知高程的地面固定点称为水准点；中间起传递高程作用的点称为转点。水准路线的布置形式一般有如下三种。

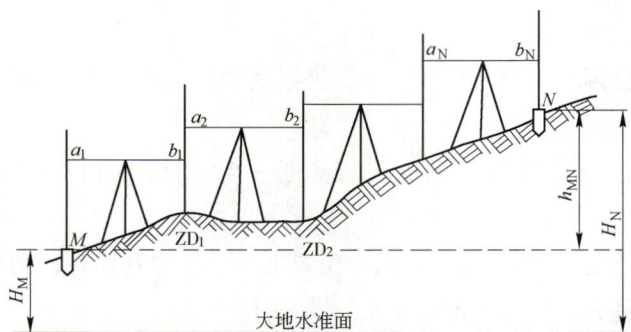

图 13-2-5　路线水准测量

闭合水准路线：从一个水准点出发，沿线测量各待定点，最后又回到原来的水准点上。

附合水准路线：从一个水准点出发，沿线测量各待定点，最后闭合到另一个水准点上。

支水准路线：从一个水准点出发，沿线测量待定点（不得超过两点），应进行往返观测。

2. 水准测量的校核工作

测站校核：有变动仪器高法、双面尺法和双仪器法，两次测出的高差之差不超过规定值，即可取两次高差的平均值。

计算校核
$$\sum h = \sum a - \sum b \tag{13-2-4}$$

成果校核：亦称路线校核。检核高差闭合差 f_h 是否在规定的允许误差（见规范）范围内。f_h 的计算如下式：

闭合路线　　　　$f_h = \sum h_测$

附合路线　　　　$f_h = \sum h_测 - (H_终 - H_始)$ $\tag{13-2-5}$

支路线　　　　　$f_h = \sum h_往 + \sum h_返$

【例 13-2-2】 水准测量实际工作时，计算出每个测站的高差后，需要进行计算检核，如果 $\sum h = \sum a - \sum b$ 算式成立，则说明：

　　A. 各测站高差计算正确　　　　　　B. 前、后视读数正确

　　C. 高程计算正确　　　　　　　　　D. 水准测量成果合格

解　如果 $\sum h = \sum a - \sum b$，说明各测站高差计算正确。

答案：A

（二）成果整理

路线校核精度合格后，即可进行闭合差的分配，原则是改正数 v 与测站数 n（或路线长度 l，以 km 计）成正比，并与闭合差反符号。则测段改正数为

$$v_i = (-f_h / \sum n) n_i$$

或　　　　　　　$v_i = (-f_h / \sum l) l_i$ $\tag{13-2-6}$

将改正数加在相应测段的高差观测值上得到改正后高差，即可从起始水准点高程加上改正后高差逐点推算所求点高程。

（三）水准测量的误差

1. 仪器误差

水准仪的几何条件不满足，水准尺刻划不准或弯曲等。

2. 置平误差

读数时水准管轴未精确水平。

3. 水准尺倾斜

水准尺未竖直，使读数总是偏大，且视线越高误差越大。

4. 水准仪下沉

仪器随安置时间而下沉，使后视读数与前视读数不处于同一水平视线上。

5. 外界环境的影响

大气折光影响，日照和风力影响等。

习　题

13-2-1　平整场地时，水准仪读得后视读数后，在一个方格的四个角 M、N、O 和 P 点上读得前视读数分别为 1.254m、0.493m、2.021m 和 0.213m，则方格上最高点和最低点分别是（　　　）。

　　　　A. P、O　　　　　　B. O、P　　　　　　C. M、N　　　　　　D. N、M

13-2-2　M 点高程 H_M=43.251m，测得后视读数 a=1.000m，前视读数 b=2.283m。则 N 点对 M 点的高差 h_{MN} 和待求点 N 的高程 H_N 分别为（　　　）。

　　　　A. +1.283m，44.534m　　　　　　　　　B. −3.283m，39.968m

　　　　C. +3.283m，46.534m　　　　　　　　　D. −1.283m，41.968m

13-2-3　水准仪有 $DS_{0.5}$、DS_1、DS_3 等多种型号，其下标数字 0.5、1、3 等代表水准仪的精度，为水准测量每公里往返高差中数的中误差值，单位为（　　　）。

　　　　A. km　　　　　　B. m　　　　　　C. cm　　　　　　D. mm

13-2-4　水准仪置于 A、B 两点中间，A 尺读数 a=1.523m，B 尺读数 b=1.305m，仪器转移至 A 点附近，尺读数分别为 a'=1.701m，b'=1.462m，则（　　　）。

　　　　A. $LL /\!/ CC$　　　　　　　　　　　　B. $LL /\!\!\!/ CC$

　　　　C. $L'L' /\!/ VV$　　　　　　　　　　　D. $L'L' /\!\!\!/ VV$

13-2-5　公式（　　　）用于附合水准路线的成果校核。

　　　　A. $f_h = \sum h$　　　　　　　　　　　B. $f_h = \sum h_测 - (H_终 - H_始)$

　　　　C. $f_h = \sum h_往 - \sum h_返$　　　　　D. $\sum h = \sum a - \sum b$

第三节　角　度　测　量

一、经纬仪的构造

光学经纬仪有 DJ_1、DJ_2、DJ_6 等多种，数字 1、2、6 代表该仪器所能达到的精度指标，表示水平方向测量一测回的方向观测中误差（以秒计）。经纬仪由照准部、水平度盘和基座三部分组成，各部件名称见图 13-3-1。

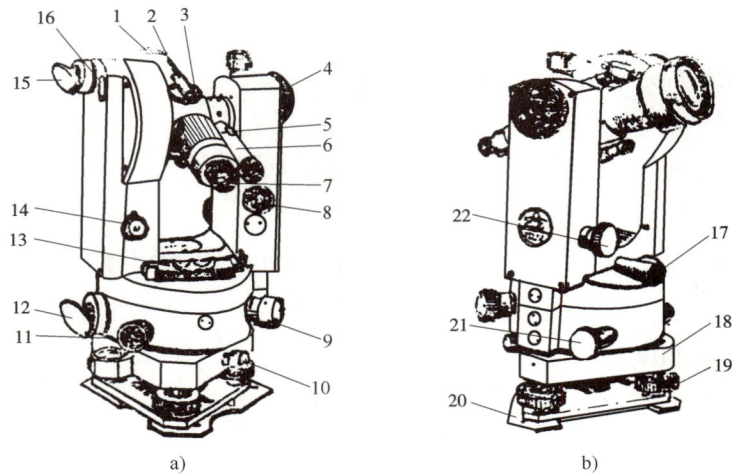

图 13-3-1　光学经纬仪的构造

1、7-望远镜物镜、目镜；2-粗瞄器；3-粗瞄器观察目镜；4-测微轮；5-物镜对光螺旋；6-读数显微镜；8-换向手轮；9-换盘手轮；10-锁紧螺丝；11-水平制动螺旋；12、15-反光镜；13-水准管；14-自动归零旋钮；16-调指标差盖板；17-光学对中器；18-轴座；19-脚螺旋；20-连接板；21、22-望远镜微动、制动螺旋

（一）照准部

照准部由望远镜、读数设备、竖直度盘、支架、竖轴（纵轴、仪器旋转轴）和横轴（望远镜旋转轴）等部分组成。

（二）水平度盘

水平度盘由一个玻璃制精密刻度圆盘、水准管和度盘变换装置等组成。

（三）基座

基座由轴座、脚螺旋和连接板等组成。很多仪器装有光学对中器。

二、经纬仪的使用和检验、校正

（一）经纬仪的使用

1.对中

用垂球或光学对中器使水平度盘中心与测站点位于同一铅垂线上。

2.整平

先用脚螺旋使圆气泡居中以示粗平，再在互相垂直的两个方向使水准管气泡居中以示精平。此时，仪器竖轴铅直，水平度盘水平。

3.瞄准

望远镜目镜对光、粗瞄目标，物镜对光并消除视差，使十字丝中央交点对准目标。

4.读数

读取相应目标在水平度盘上的读数。分微尺可直接读数，单平板玻璃测微器应使度盘的一条整分划线夹在指标双线的中央再读数，双平板玻璃测微器应在双向符合后再读数。每次读数应读出度和分，以及与最小分划值相适应的秒数。

【例 13-3-1】经纬仪的操作步骤是：

　　　　A. 整平、对中、瞄准、读数　　　　　B. 对中、瞄准、精平、读数

　　　　C. 对中、整平、瞄准、读数　　　　　D. 整平、瞄准、读数、记录

解 经纬仪的操作步骤是：对中、整平、瞄准、读数。

答案：C

（二）经纬仪的检验与校正

光学经纬仪的主要轴线如图 13-3-2 所示，水准管轴 LL、视准轴 CC、横轴（望远镜旋转轴）HH、竖轴（纵轴、仪器旋转轴）VV。各轴线应满足的几何条件是：LL⊥VV、十字丝竖丝⊥HH、CC⊥HH 和 HH⊥VV，使用前须进行检验与校正。当限于条件不能完善地校正仪器时，则可用一定的操作方法临时处理残差，以削弱仪器残余误差的影响。

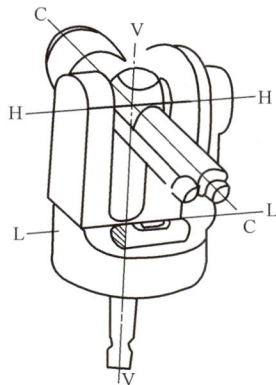

图 13-3-2　光学经纬仪的主要轴线

1. LL⊥VV 的检验与校正

检验：安置经纬仪，使水准管平行任意两个脚螺旋的连线，调节这两个脚螺旋使水准管气泡居中；旋转照准部 180°，若气泡仍居中，说明 LL⊥VV，如偏差超过一格则应进行校正。

校正：在检验的基础上，用脚螺旋使气泡退回偏差的一半；用校正针拨动水准管校正螺丝，使气泡退回偏差的另一半。

残差处理：如发现仪器处在相差 180°的两个位置上时，气泡有偏差，则只用脚螺旋退回偏差的一半，达到竖轴铅直。

2. 十字丝竖丝⊥HH 的检验与校正

检验：仪器精平后，用十字丝一端点精确照准一清晰目标点，轻轻转动望远镜微动螺旋，如十字丝竖丝始终在目标上移动，则说明十字丝竖丝⊥HH，否则应校正。

校正：取下十字丝护盖，松开固定十字丝环的平头螺丝，转动十字丝环后，使竖丝从一端移到另一端均不离开一固定目标点，再拧紧固定螺丝。

残差处理：每次均用十字丝中央交点瞄准目标。

3. CC⊥HH 的检验与校正

视准轴不垂直横轴时，其偏离垂直位置的角值 C 称为视准误差。

检验：在平坦场地相距约 100m 的两点中央 O 处安置经纬仪，一端设一标志 A，另一端横放一根水平尺。盘左时照准 A，纵转望远镜在横尺上照准得一点 B_1；盘右时照准 A，纵转望远镜在横尺上照准得一点 B_2；如 B_2 与 B_1 重合，则 CC⊥HH，否则应校正。

校正：保持盘右位置，在 B_2B_1 上量取 B_3 点，使 $B_2B_3 = B_2B_1 / 4$；取下十字丝护盖，松开十字丝校正螺丝，拨动左右两个校正螺丝，使十字丝交点与 B_3 重合，此时已消除了视准误差 C。

残差处理：盘左、盘右观测取平均值作为结果。

4. HH⊥VV 的检验与校正

检验：在与目标 M（如墙上某点）距离约 30m、仰角约大于 30°处安置经纬仪。盘左照准 M 点，然后将望远镜放水平在墙上标出一点 m_1，盘右同样标出 m_2。如果 m_1 与 m_2 重合，则 HH⊥VV，否则应校正。

校正：取 m_1m_2 的中点 m，保持盘右位置，照准 m 点，仰起望远镜至 M 点附近。调节横轴的校正机构，拨动偏心轴承，调节支架一端的高度使十字丝中心对准 M。

残差处理：盘左、盘右观测取平均值作为结果。

5. 光学对中器的检验与校正

当照准部水准管轴水平时，光学对中器的视线经棱镜折射后成铅垂方向，且与竖轴重合。

检验：整平经纬仪后，用对中器中心在地上标一点O_1；照准部旋转180°，再标出O_2；如O_1与O_2不重合，则应校正。

校正：调节对中器的校正螺丝，使对中器中心刻划线对准O_1O_2连线的中点。

【例13-3-2】 经纬仪有四条主要轴线，如果视准轴不垂直于横轴，此时望远镜绕横轴旋转时，则视准轴的轨迹是：

　　A. 一个圆锥面　　　　　B. 一个倾斜面　　　　　C. 一个竖直面　　　　　D. 一个不规则的曲面

解　视准轴不垂直于横轴，望远镜绕横轴旋转形成一个圆锥面。

答案：A

【例13-3-3】 经纬仪有四条主要轴线，当竖轴铅垂，视准轴垂直于横轴时，但横轴不水平，此时望远镜绕横轴旋转时，则视准轴的轨迹是：

　　A. 一个圆锥面　　　　　B. 一个倾斜面　　　　　C. 一个竖直面　　　　　D. 一个不规则的曲面

解　依题意，竖轴垂直，视准轴垂直于横轴，但横轴不水平，属于横轴不垂直于竖轴误差，望远镜绕横轴旋转时，视准轴的轨迹为倾斜面。

答案：B

三、水平角观测

工程测量中，水平角是指测站点至两观测目标点分别连线在水平面上投影后的夹角。

（一）测回法

如表13-3-1所示备注，O为测站，A、B为始目标和终目标。观测$\angle AOB$步骤如下：

（1）在O点安置经纬仪，对中与整平。

（2）盘左位置，照准A，读水平度盘读数$a_左$，一般使初始读数略大于0°，顺时针转动照准部照准目标B，读出$b_左$。盘右位置，照准B，读出$b_右$，逆时针转动照准部照准A，读出$a_右$。记录与计算见表13-3-1。

测回法观测手簿　　　　　　　　　　表13-3-1

测站	竖盘位置	目标	水平盘读数（° ′ ″）	半测回角值（° ′ ″）	一测回角值（° ′ ″）	平均角值（° ′ ″）	备注（略图）
O	左	A	0 00 30	185 51 12			
		B	185 51 42		185 51 03		
	右	A	180 00 54	185 50 54			
		B	5 51 48				

（3）盘左、盘右观测，分别称为上半测回和下半测回，合称为一测回。半测回角值之差不超过40″（DJ$_6$）或24″（DJ$_2$），则取平均值作为一测回角值。

$$\left.\begin{array}{l}\beta_左 = b_左 - a_左 \\ \beta_右 = b_右 - a_右 \\ \beta = \dfrac{\beta_左 + \beta_右}{2}\end{array}\right\} \qquad (13-3-1)$$

（4）当观测的测回数$n > 1$时，为减小度盘刻划误差影响，每测回起始目标读数应增加$180°/n$。

（二）全圆测回法

当一个测站上的观测目标为3个或3个以上时，可采用全圆测回法或称为方向观测法观测。例如，在测站O上观测A、B、C、D四个目标的操作步骤如下。

（1）盘左位置，选一清晰目标A作为起始方向，顺时针依次瞄准A、B、C、D、A，分别读取读数a、b、c、d、a'。a与a'之差为半测回归零差。

（2）盘右位置，逆时针依次瞄准A、D、C、B、A，并分别读取对应读数。

（3）数据整理与计算。

①两倍照准误差$2C$ = 盘左读数 − (盘右读数 ± 180°)。

②各方向平均读数 = [盘左读数 + (盘右读数 ± 180°)]/2。起始方向A有两个平均读数，应再次平均写在该测回平均读数的最上方，并以圆括号标明。

③归零方向值=各方向平均读数−起始方向平均读数（圆括号内的值）。此时该测回的起始方向值已强制归化为$0°00'00''$。

④任意两方向间的水平角等于对应的归零方向值之差。

（三）水平角观测的误差

（1）仪器误差：仪器制造时加工不完善、仪器轴系的几何条件未能满足、照准部偏心等。

（2）对中误差：测站偏心误差、瞄准目标偏心误差。

（3）观测误差：照准误差、读数误差。

（4）外界条件的影响。

四、竖直角观测

竖直角是指同一竖直面内的视线方向与水平方向的夹角。当视线水平时，竖直度盘读数为90°的整数倍。竖直角观测只要照准目标并读取竖盘读数，即可计算出竖直角。步骤如下：

（1）对中整平后，盘左，十字丝交点照准目标。打开自动归零装置，如无此装置，则转动竖盘指标水准管微动螺旋使气泡居中，读取盘左竖盘读数L。

（2）盘右，同法读取盘右竖盘读数R。

（3）计算，竖直角计算公式取决于竖盘的刻划形式。在盘左时，将望远镜略水平后向上仰，若竖盘读数减小，则竖直度盘为顺时针注记，反之则为逆时针注记。竖直角计算公式为：

顺时针注记
$$\left.\begin{array}{l} \alpha_L = 90° - L \\ \alpha_R = R - 270° \end{array}\right\} \tag{13-3-2}$$

逆时针注记
$$\left.\begin{array}{l} \alpha_L = L - 90° \\ \alpha_R = 270° - R \end{array}\right\} \tag{13-3-3}$$

一测回角值
$$\alpha = \frac{\alpha_L + \alpha_R}{2} \tag{13-3-4}$$

表13-3-2为竖直角观测示例。

当视线水平，指标水准管气泡居中时，竖盘指标偏离正确位置的值x称为竖盘指标差。

$$x = -\frac{\alpha_L - \alpha_R}{2} \tag{13-3-5}$$

竖直角观测手簿 表 13-3-2

测站	目标	竖盘位置	竖盘读数 （° ′ ″）	半测回直角 （° ′ ″）	一测回竖角值 （° ′ ″）	备　注
A	P	左	101 15 30	11 15 30	11 15 18	盘左
		右	258 44 54	11 15 06		
	Q	左	80 16 12	−9 43 48	−9 43 42	
		右	279 43 36	−9 43 36		

【例 13-3-4】 测量中的竖直角是指在同一竖直面内，某一方向线与下列何项之间的夹角：

　　　　A. 坐标纵轴　　　　B. 仪器横轴　　　　C. 正北方向　　　　D. 水平线

解　竖直角是在同一竖直面内，某一方向与水平线的夹角。

答案：D

五、电子经纬仪

电子经纬仪是通过在度盘上获取电信号，再根据电信号转换成角度的电子测角仪器。它的读数系统是采用光电扫描度盘自动计数、自动显示系统，实现了读数的自动化与数字化。

习　　题

13-3-1　光学经纬仪有 DJ$_1$、DJ$_2$、DJ$_6$ 等多种型号，数字下标 1、2、6 表示（　　　）中误差的值，以秒计。

　　　　A. 水平角测量一测回角度　　　　　　　B. 竖直方向测量一测回方向

　　　　C. 竖直角测量一测回角度　　　　　　　D. 水平方向测量一测回方向

13-3-2　经纬仪观测中，取盘左、盘右平均值是为了消除（　　　）的误差影响，而不能消除水准管轴不垂直竖轴的误差影响。

　　　　A. 视准轴不垂直横轴　　　　　　　　　B. 横轴不垂直竖轴

　　　　C. 度盘偏心　　　　　　　　　　　　　D. 以上都是

13-3-3　水平角观测中，盘左起始方向 OA 的水平度盘读数为 358°12′15″，终了方向 OB 的对应读数为 154°18′19″，则 ∠AOB 前半测回角值为（　　　）。

　　　　A. 156°06′04″　　　　　　　　　　　　B. −156°06′04″

　　　　C. 203°53′56″　　　　　　　　　　　　D. −203°53′56″

13-3-4　测站点 O 与观测目标 A、B 位置不变，如仪器高度发生变化，则观测结果（　　　）。

　　　　A. 竖直角改变、水平角不变　　　　　　B. 水平角改变、竖直角不变

　　　　C. 水平角和竖直角都改变　　　　　　　D. 水平角和竖直角都不变

13-3-5　经纬仪盘左时，当视线水平，竖盘读数为 90°；望远镜向上仰起，读数减小。则该竖直度盘为顺时针注记，其盘左和盘右竖直角计算公式分别为（　　　）。

　　　　A. 90°−L，R−270°　　　　　　　　　　B. L−90°，270°−R

　　　　C. L−90°，R−270°　　　　　　　　　　D. 90°−L，270°−R

第四节 距离测量及直线定向

距离是指两点连线的长度。水平距离是指线段投影在水平面上的长度。

一、钢尺量距

钢（卷）尺的长度有 30m、50m 等多种，每 m、dm 和 cm 刻划线有数字注记，整尺刻划到 mm。尺前端有一刻划线作为零点。

当地面坡度较大或两点间距离超过一个尺长需分段丈量时，在两点间加设一些点以标明直线的位置，这项工作称为直线定线。按要求的不同，可用经纬仪定线或目估定线。钢尺量距要做到"直、平、准、齐"，即定线要直，尺身要水平，拉力、对点、投点和读数要准，配合要齐。为检核并提高量距精度，应进行往返丈量。其量距相对误差用分子为 1 的分数式表示

$$K = \frac{\left| D_{往} - D_{返} \right|}{D_{平均}} = \frac{1}{M} \tag{13-4-1}$$

钢尺一般量距法达到的精度一般不高于 1/5 000。如精度要求更高则应采用钢尺精密量距法检定钢尺。求得钢尺在 t℃时长度 l_t 的表达式，即尺长方程式

$$l_t = l_0 + \Delta l + \alpha(t - t_0)l_0 \tag{13-4-2}$$

式中： l_0 ——钢尺名义长度；

Δl ——一整尺的尺长改正数；

α ——钢尺的线膨胀系数 0.000 012 5/℃，即温度变化 1℃时钢尺单位长度的变化量；

t ——丈量时的温度；

t_0 ——钢尺检定时的温度，称为标准温度，取 20℃。

丈量时，用经纬仪定线定桩，每次稍移动尺的位置即进行三次读数并求得平均长度（注意使用检定过的钢尺，采用标准拉力取 100N）。测温度，测相邻两桩顶的高差。丈量长度经如下三项改正后得实长。

（一）尺长改正数

$$\Delta l_d = \frac{l' - l_0}{l_0} l = \frac{\Delta l}{l_0} l \tag{13-4-3}$$

式中： l' ——钢尺在标准温度和标准拉力下的实际长度；

l ——丈量长度。

（二）温度改正数

$$\Delta l_t = \alpha(t - t_0)l \tag{13-4-4}$$

式中： α ——钢尺的线膨胀系数 0.000 012 5/℃，即温度变化 1℃时钢尺单位长度的变化量；

t ——丈量时的温度；

t_0 ——钢尺检定时的温度，称为标准温度，取 20℃。

（三）倾斜改正数

$$\Delta l_h = -\frac{h^2}{2l} \tag{13-4-5}$$

式中： h ——相邻两桩顶的高差。

（四）改正后的尺段实长

$$D = l + \Delta l_\text{d} + \Delta l_\text{t} + \Delta l_\text{h} \qquad (13\text{-}4\text{-}6)$$

钢尺量距的误差来源有定线误差、拉力误差、对点与投点误差、尺身不平与垂曲误差，还有尺长、温度和高差引起的误差。

【例 13-4-1】 精密量距时，对钢尺量距的结果需要进行下列何项改正，才能达到距离测量精度的要求：

A. 尺长改正、温度改正及倾斜改正   B. 尺长改正、拉力改正及温度改正

C. 温度改正、读数改正及拉力改正   D. 定线改正、倾斜改正及温度改正

解 钢尺精密量距需进行尺长改正、温度改正及倾斜（高差）改正。

答案： A

二、视距测量

视距测量是间接测定地面两点水平距离和高差的方法。它是通过量仪器高、观测竖直角，并利用十字丝板的上、中、下三丝所截尺上的读数来计算。由于精度不高，常用于地形测量。

（一）视线水平时的水平距离和高差公式

$$\left.\begin{aligned} D &= kl \\ h &= i - \upsilon \end{aligned}\right\} \qquad (13\text{-}4\text{-}7)$$

式中： k ——100，为视距乘常数；

l ——尺间隔，为上、下视距丝读数之差；

i ——仪器高；

υ ——中丝读数。

（二）视线倾斜时的水平距离和高差公式

$$\left.\begin{aligned} D &= kl\cos^2\alpha \\ h &= D\tan\alpha + i - \upsilon \end{aligned}\right\} \qquad (13\text{-}4\text{-}8)$$

式中： α ——视线在中丝读数为 υ 时的竖直角。

【例 13-4-2】 用视距测量方法求 A、B 两点间距离，通过观测得尺间距 $l = 0.386\text{m}$，竖直角 $\alpha = 6°42'$，则 A、B 两点间水平距离为：

A. 38.1m   B. 38.3m   C. 38.6m   D. 37.9m

解 按视距测量水平距离计算公式：

$$D = kl\cos^2\alpha = 100 \times 0.386\cos^2(6°42') = 38.1\text{m}$$

答案： A

三、电磁波测距

为了改变长距离丈量的繁重劳动，20 世纪 50 年代研制了光电测距仪，60 年代发展了激光技术及电子技术，70 年代采用了 GaAs 发光二极管作光源，其体积小、亮度高、功耗小、寿命长且能连续发光，通过改变注入电流的大小可以改变发光强度，直接发射出调制光，从而使短程测距仪得到广泛应用。光源的发光波长在 0.8~1μm 之间，位于波谱的红外区，所以采用这种光源测距的仪器称为红外测距仪。

（一）测距原理

欲测量A、B两点间距离，置测距仪于A，置反射棱镜于B，仪器发射的光束经反射镜反射后又返回仪器并接收，则AB距离为

$$\left. \begin{array}{l} D = \dfrac{vt}{2} \\ v = \dfrac{c}{n} \end{array} \right\}$$

$$(13-4-9)$$

式中： v ——电磁波在空气中的传播速度；

t ——往返传播时间；

c ——电磁波在真空中的传播速度，约为299 792 458m/s；

n ——大气折射率，是温度、湿度、压力和波长的函数。

1. 脉冲法测距

直接测定仪器间断发射的脉冲信号在所测距离上往返传播的时间，代入上式计算出距离。这类仪器受脉冲宽度和电子计数器时间分辨率的限制，测距精度较低。

2. 相位法测距

利用测定连续的电磁波在所测距离往返测程上的相位差来计算距离。

$$D = \frac{c}{2f}\left(N + \frac{\Delta\varphi}{2\pi}\right) = \frac{\lambda}{2}(N + \Delta N)$$

$$(13-4-10)$$

式中： f ——频率，每秒钟光强变化的周期数；

N ——整周期数；

ΔN ——不足一个周期的比例数；

$\Delta\varphi$ ——不足一个周期的相位差；

λ ——调制光的波长。

令$\lambda/2 = u$，上式可写成：$D = u(N + \Delta N)$

上式可以理解为用一把测尺长度为u的测尺量距，N为整尺段数，ΔN为不足一整尺段的尾数。但仪器用于测量相位的装置（称相位计）只能测量出尺段尾数ΔN，而不能测量整周数N，例如当测尺长度为$u=10$m时，要测量距离为35.4m时，测量出的距离只能为5.4m，即此时只能测量小于10m的距离。为此，要增大测程则要增大测尺长度，但相位计的测相误差和测尺长度成正比，由测相误差所引起的测距误差约为测尺长度的1/1 000，增大测尺长度会使测距误差增大。为了兼顾测程和精度，采用不同的测尺长度的测尺，即所谓"粗测尺"（长度较大的尺）和"精测尺"（长度较小的尺）同时测距，然后将粗测结果和精测结果组合得最后结果，这样，既保证了测程，又保证了精度。例如测量距离时采用$u_1=10$m测尺和$u_2=1\,000$m测尺，测量结果如下

精测结果	5.486
粗测结果	835.4
仪器显示	835.486

【例 13-4-3】某双频测距仪设置的第一个调制频率为15MHz，其光尺长度为10m，设置的第二个调制频率为150kHz，它的光尺长度为1 000m，若测距仪测相精度为1：1 000，则测距仪的测尺精度可达到：

A. 1cm   B. 100cm   C. 1m   D. 10cm

解 取精测尺 10m 进行计算，Δd=10×0.001=0.01m=1cm。

答案： A

（二）测距仪分类与标称精度

测距仪按测程划分为 3km 以下的短程测距仪、3~15km 的中程测距仪、15km 以上的远程测距仪；按结构形式分为组合式、整体式和分离式。图 13-4-1 为 DCH3 型红外测距仪，组合式结构，测距仪主机安装在 DJ$_2$ 经纬仪上，望远镜和测距主机一起转动，进行距离、竖直角和水平角测量。

电磁波测距仪的标称精度表达式为

$$m_{\mathrm{D}} = \pm(A + B \cdot D) \tag{13-4-11}$$

式中： A ——固定误差（mm）；

B ——比例误差系数（mm/km）；

D ——所测距离（km）；

m_{D} ——测距中误差；

$B \cdot D$ ——比例误差，也可写成$C \cdot$ppm，表示 1km 比例误差C（mm），ppm 即 10^{-6}，如某仪器标称精度为±(3mm+3ppm)，观测距离为 2 500m，则测距中误差 m_{D}=±(3mm+3×10^{-6}×2 500 000mm)=±10.5mm。

四、全站仪

随着测绘科技及光电技术的发展，图 13-4-1 示测距仪已被全站仪所代替。全站仪的全称是电子全站仪（Electronic Total Station），指能在一个测站上完成几乎全部测量工作的测量仪器设备，它是由电子经纬仪、电磁波测距、微处理器数据处理系统集成一体的光电测量仪器。其基本功能是测量水平角、竖直角和倾斜距离，这三种基本测量数据经仪器内部微处理器计算处理，可以转化为水平距离、高差、被测目标点的三维坐标等，在机载软件的控制下，仪器还可以进行偏心测量、悬高测量、对边测量、导线测量、后方交会等各种测量工作，并将测量数据存储在仪器中。实现观测数据结果的数字化和信息化。全站仪还可以与外接计算机进行通信，进行测量成果的内业输出。全站仪的这些特点极大地方便了测量工作，已成为测量工作中日益广泛应用的重要测量设备。

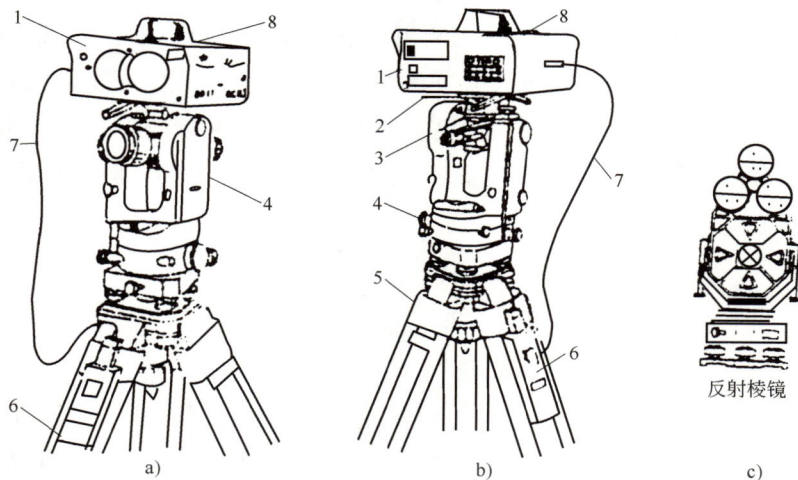

图 13-4-1 DCH3 型红外测距仪

1-测距仪主机；2-夹紧装置；3-连接器；4-光学经纬仪；5-三脚架；6-电池盒；7-电源电缆线；8-橡皮盖

五、直线定向

直线定向是指确定直线和某一参照方向（称标准方向）的关系。

（一）标准方向的种类

1. 真子午线方向

过地球上某点及地球北极和南极的半个大圆为该点的真子午线。通过该点真子午线的切线方向称为该点的真子午线方向，它指出地面上某点的真北和真南方向。真子午线方向是用天文测量方法或用陀螺经纬仪来测定的。由于地球上各点的真子午线都收敛于两极，所以地面上不同经度的两点，其真子午线方向是不平行的。两点真子午线方向间的夹角称为子午线收敛角。

2. 磁子午线方向

自由悬浮的磁针静止时，磁针北极所指的方向即是磁子午线方向，又称磁北方向。磁子午线方向可用罗盘仪来测定。由于地球南北极与地磁场南北极不重合，故真子午线方向与磁子午线方向也不重合，它们之间的夹角为δ，称为磁偏角。磁子午线北端在真子午线以东为东偏，其符号为正；以西时为西偏，其符号为负。

3. 坐标纵轴方向

由于地面上任何两点的真子午线方向和磁子午线方向都不平行，这会给直线方向的计算带来不便。采用坐标纵轴作为标准方向，在同一坐标系中任意点的坐标纵轴方向都是平行的，从而极大方便了使用。因此，在平面直角坐标系中，一般采用坐标纵轴作为标准方向。坐标纵轴方向，又称坐标北方向。我国采用高斯平面直角坐标系，在每个 6°带或 3°带内都以该带的中央子午线作为坐标纵轴。如采用假定坐标系，则用假定的坐标纵轴（x轴）。以过O点的真子午线作为坐标纵轴，所以任意点A或B的真子午线方向与坐标纵轴方向间的夹角就是任意点与点O间的子午线收敛角γ。当坐标纵轴方向的北端偏向真子午线方向以东时，γ定为正值，偏向西时γ定为负值。

（二）直线定向的方法

直线定向是确定直线和标准方向的关系，这一关系常用方位角或象限角来描述。

1. 方位角

从标准方向的北端量起，沿顺时针方向量到直线的水平角称为该直线的方位角。方位角的取值范围为 0°~360°。当标准方向取为真子午线时，称真方位角，用$A_真$来表示。当标准方向取为磁子午线时，称磁方位角，用$A_磁$来表示。真方位角和磁方位角的关系为

$$A_真 = A_磁 + \delta \tag{13-4-12}$$

在平面直角坐标系中，当标准方向取为坐标纵轴时，称坐标方位角，用α来表示。

真方位角和坐标方位角的关系为

$$A_真 = \alpha + \gamma \tag{13-4-13}$$

2. 正反方位角

若规定直线一端量得的方位角为正方位角，则直线另一端量得的方位角为反方位角，正反方位角是不相等的。对于真方位角，其正反方位角的关系为

$$A_{12} = A_{21} + \gamma \pm 180° \tag{13-4-14}$$

对于坐标方位角，由于在同一坐标系内坐标纵轴方向都是平行的，所以正反坐标方位角的关系为

$$\alpha_{12} = \alpha_{21} \pm 180° \tag{13-4-15}$$

3. 象限角

直线与标准方向所夹的锐角称象限角。象限角由标准方向的指北端或指南端开始向东或向西计量，其取值范围为 0°~90°，以角值前加上直线所指的象限名称来表示，如北东 41°。

4. 象限角与坐标方位角的关系（见表 13-4-1）

表 13-4-1

象　　限	象限角与坐标方位角的关系	象　　限	象限角与坐标方位角的关系
象限I	北东$R = \alpha$	象限III	南西$R = \alpha - 180°$
象限II	南东$R = 180° - \alpha$	象限IV	北西$R = 360° - \alpha$

5. 真方位角的测定

常用的方法有两种：天文测量法和陀螺经纬仪法。

6. 磁方位角的测定

由于地球磁极的位置不断在变动，以及磁针易受周围环境等的影响，所以磁子午线方向不宜作为精确定向的标准方向。但是由于磁方位角的测定很方便，所以在精度要求不高时可使用。磁方位角可用罗盘仪测定。

7. 坐标方位角的推算

为了使整个测区的坐标系统统一，测量工作中不是直接测定每条边的方向，而是通过与已知方向的联测，推算出各边的坐标方位角。推算坐标方位角的一般公式为

$$\alpha_{前} = \alpha_{后} \mp 180° \pm \beta \qquad (13-4-16)$$

式中，β 为左角时取正号，减 180°；为右角时，取负号，加 180°。

【例 13-4-4】 已知直线 AB 的方位角 $\alpha_{AB} = 60°30'18''$，$\angle BAC = 90°22'12''$，若 $\angle BAC$ 为左角，则直线 AC 的方位角 α_{AC} 等于：

 A. 150°52′30″　　　　B. 29°51′54″　　　　C. 89°37′48″　　　　D. 119°29′42″

解 根据方位角及左角定义可得：

$$\alpha_{AC} = \alpha_{AB} + \beta_{BAC} = 60°30'18'' + 90°22'12'' = 150°52'30''$$

也可以用正、反方位角概念及方位角的推算公式求解：

$$\alpha_{BA} = \alpha_{AB} + 180° \text{（正、反方位角）}$$

$$\alpha_{AC} = \alpha_{BA} + \beta_{BAC(左角)} - 180° \text{（方位角传递推算）}$$

$$= 60°30'18'' + 180° + 90°22'12'' - 180°$$

$$= 150°52'30''$$

答案：A

【例 13-4-5】 已知 A、B 两点坐标，其坐标增量 $\Delta x_{AB} = -30.6\text{m}$，$\Delta y_{AB} = 15.3\text{m}$，则 AB 直线坐标方位角为：

 A. 153°26′06″　　　　B. 156°31′39″　　　　C. 26°33′54″　　　　D. 63°26′06″

解 依题意 $\Delta x_{AB} < 0$，$\Delta y_{AB} > 0$，故直线 AB 的象限角位于第二象限，即：

$$R_{AB} = \arctan \frac{\Delta y_{AB}}{\Delta x_{AB}} = \arctan \frac{15.3}{-30.6} = 26°33'54'' \text{（南东）}$$

故 AB 的方位角：$\alpha = 180° - 26°33'54'' = 153°26'06''$

答案：A

习 题

13-4-1 某钢尺尺长方程式为 $l_t = 50.004\ 4m + 1.25 \times 10^{-5} \times (t - 20) \times 50m$，在温度为 31.4℃和标准拉力下量得均匀坡度两点间的距离为 49.906 2m，高差为-0.705m，则该两点间的实际水平距离为（ ）。

        A. 49.904m   B. 49.913m   C. 49.923m   D. 49.906m

13-4-2 视距测量时，经纬仪置于高程为 162.382m 的 A 点，仪器高为 1.40m，上、中、下三丝读得立于 B 点的尺读数分别为 1.019m、1.400m 和 1.781m，求得竖直角 $\alpha=-3°12'10''$，则 AB 的水平距离和 B 点高程分别为（ ）。

        A. 75.962m，158.131m   B. 75.962m，166.633m

        C. 76.081m，158.125m   D. 76.081m，166.639m

13-4-3 某电磁波测距仪的标称精度为±(3+3ppm)mm，用该仪器测得 500m 距离，如不顾及其他因素影响，则产生的测距中误差为（ ）mm。

        A. ±18   B. ±3   C. ±4.5   D. ±6

13-4-4 由标准方向北端起顺时针量到所测直线的水平夹角，该角的名称及其取值范围是（ ）。

        A. 象限角、0°~90°   B. 象限角、0°~±90°

        C. 方位角、0°~±180°   D. 方位角、0°~360°

第五节　测量误差的基本知识

一、误差的分类与特性

（一）误差的定义

观测值与客观存在的真值之差称为测量真误差。有时某些量无法得到真值，常采用平均值作为该量的最可靠值，称为最或是值，又称似真值。观测值与平均值之差称为最或是误差，又称似真误差。

$$\left.\begin{array}{l} 真误差 = 观测值 - 真值 \\ 最或是误差 = 观测值 - 平均值 \end{array}\right\} \tag{13-5-1}$$

测量误差按性质分为系统误差与偶然误差。产生误差的原因有三种：测量仪器的构造不完善、观测者感觉器官的鉴别能力有限、外界环境与气象条件不稳定等。观测成果的精确程度称为精度，取决于观测时的有关仪器、人和环境所构成的观测条件。具有同样技术的人，用同等精度的仪器，在同样的外界环境下进行观测，即观测条件相同的各次观测称为等精度观测，观测条件不同的各次观测称为非等精度观测。

（二）系统误差及特性

在相同观测条件下对某量进行多次观测，其误差大小与符号保持不变或按一定规律变化，这种误差称为系统误差。例如钢尺实长与名义长不等引起的距离误差、水准管轴不平行于视准轴引起的水准尺读数误差等。

系统误差的特性是因其符号不变而具有累积性，对观测结果影响较大。在找到系统误差的规律之后，可有针对性地采取一定的措施：对观测值加改正数，严格进行仪器和工具的检验校正，选用适当的观测程序和方法等，使系统误差得到抵消或削减。

（三）偶然误差及特性

在相同观测条件下对某量进行多次观测，其误差大小和符号没有一致的倾向性，表现为偶然性，但从整体看，大量观测误差具有偶然事件的统计规律，这种误差称为偶然误差，亦称随机误差。例如望远镜的照准误差、水准尺上毫米数的估读等。偶然误差应按其规律进行调整以求得最可靠值。

偶然误差的特性：

（1）偶然误差的绝对值不超过一定的界限，即有界性；

（2）绝对值小的误差比绝对值大的误差出现的或然率大，即小误差密集性；

（3）绝对值相等的正、负误差出现的或然率相等，即对称性；

（4）当观测次数趋于无穷大时，偶然误差的算术平均值的极限为零，即抵偿性。

（四）过失误差

观测过程中可能出现粗差，亦称过失误差或错误，不允许存在于观测结果中，也不属测量误差讨论的范畴。应在工作中仔细认真，提高责任心，严格遵守作业规范，避免错误。

【例 13-5-1】 测量误差按其性质的不同可分为两类，它们是：

  A. 读数误差和仪器误差   B. 观测误差和计算误差

  C. 系统误差和偶然误差   D. 仪器误差和操作误差

解 测量误差按性质主要分为两类：系统误差和偶然误差。

答案：C

二、评定精度的标准

中误差、相对误差和允许误差常作为评定观测成果精度的标准。

（一）中误差

在等精度观测条件下，对某一真值为 X 的物理量观测 n 次，观测值为 $l_i (i = 1, 2, \cdots, n)$，真误差 $\Delta_i = l_i - X$，则中误差为

$$\left. \begin{array}{l} m = \pm \sqrt{\dfrac{[\Delta\Delta]}{n}} \\ {[\Delta\Delta]} = \Delta_1\Delta_1 + \Delta_2\Delta_2 + \cdots + \Delta_n\Delta_n \end{array} \right\} \qquad (13-5-2)$$

（二）相对误差

观测误差的绝对值与观测值之比并化为分子为 1 的分数形式，称为相对误差。即

往返丈量相对误差 $\qquad K = \dfrac{\left| D_往 - D_返 \right|}{D_平均} = \dfrac{1}{M}$

相对中误差 $\qquad\qquad\quad K = \dfrac{|m|}{D} = \dfrac{1}{M}$

$$\left. \right\} \qquad (13-5-3)$$

相对误差常用于距离丈量的精度评定，而不能用于角度测量和水准测量的精度评定，因后两者的误差大小与观测量（角度、高差）的大小无关。

（三）允许误差

允许误差亦称极限误差。从偶然误差的有界性知道，偶然误差的绝对值不会超过一定界限。绝对值大于 2 倍中误差的偶然误差出现概率为 4.6%，而大于 3 倍中误差者概率为 3‰，所以，规范中规定取 2 倍（或 3 倍）中误差作为允许误差。即

$$\Delta_允 = 2m \qquad 或 \qquad \Delta_允 = 3m \tag{13-5-4}$$

三、等精度观测的精度评定

在等精度观测条件下，某量的 n 次观测值的算术平均值为 $x = [l]/n$，似真误差为 $v_i = l_i - x(i = 1,2,\cdots,n)$，观测值中误差为

$$m = \pm\sqrt{\frac{[vv]}{n-1}} \tag{13-5-5}$$

算术平均值中误差为

$$M = \frac{m}{\sqrt{n}} \tag{13-5-6}$$

四、误差传播定律

某些非直接观测量，是由另一些直接观测量按一定的函数关系通过计算间接得到的。阐明观测值中误差与函数值中误差之间关系的函数式称为误差传播定律。

（一）一般函数的中误差

设有一般函数 $Z = F(x_1, x_2, \cdots, x_n)$；$x_1$、$x_2$、$\cdots$、$x_n$ 为各自独立的直接观测量，其对应中误差分别为 m_1、m_2、$\cdots$、m_n。则一般函数的中误差为

$$m_Z = \pm\sqrt{\left(\frac{\partial F}{\partial x_1}\right)^2 m_1^2 + \left(\frac{\partial F}{\partial x_2}\right)^2 m_2^2 + \cdots + \left(\frac{\partial F}{\partial x_n}\right)^2 m_n^2} \tag{13-5-7}$$

即函数的中误差等于函数对各观测量的偏导数与相应观测值中误差乘积之平方和的平方根。

（二）几种常见函数的中误差

应用误差传播定律可以导出各种函数中误差的表达式。

1. 和差函数的中误差

$$Z = x_1 \pm x_2 \pm \cdots \pm x_n$$

$$m_Z = \pm\sqrt{m_1^2 + m_2^2 + \cdots + m_n^2} \tag{13-5-8}$$

即多个独立观测量代数和的中误差等于各对应观测值中误差之平方和的平方根。

2. 倍函数的中误差

$$Z = kx \quad (k为常数)$$

$$m_Z = km \tag{13-5-9}$$

即观测量与常数乘积的中误差等于观测值中误差与常数的乘积。

3. 直线函数的中误差

$$Z = k_1 x_1 \pm k_2 x_2 \pm \cdots \pm k_n x_n$$

则

$$m_Z = \pm \sqrt{k_1^2 m_1^2 + k_2^2 m_2^2 + \cdots + k_n^2 m_n^2}$$

#(13-5-10)

即直线函数的中误差等于各个常数与相应观测值中误差乘积之平方和的平方根。

（三）误差传播定律的应用

1. 钢尺量距的精度

钢尺丈量的中误差与距离的平方根成正比，即

$$m_D = \mu \sqrt{D} \quad (\mu = m/\sqrt{l})$$

(13-5-11)

式中：m ——丈量一尺段的中误差；

l ——一尺段长；

D ——量得的距离；

μ ——单位长度的量距中误差；

m_D ——量得距离的中误差。

2. 水平角观测的精度

一测回角值的中误差　　　　　　　$m_\beta = m\sqrt{2}$

半测回角值的中误差　　　　　　　$m'_\beta = m_\beta \sqrt{2}$

盘左盘右角值之差的中误差　　　　$m_{\Delta\beta} = m'_\beta \sqrt{2}$

盘左盘右角值之差的极限误差　　　$m_{极} = 2m_{\Delta\beta}(或\ 3m_{\Delta\beta})$

(13-5-12)

式中：m ——一测回方向观测值中误差。

3. 高差测量的误差

高差中误差　　　　　　　　　$m_h = m\sqrt{2}$

两次高差之差的中误差　　　　$m_{\Delta h} = m_h \sqrt{2}$

两次高差之差的极限误差　　　$m_{\Delta h 极} = 2m_h\sqrt{2}(或\ 3m_h\sqrt{2})$

(13-5-13)

式中：m ——前视或后视水准尺上的读数中误差。

4. 路线水准测量的误差

高差总和的中误差　　　　　$m_{\Sigma h} = m_h\sqrt{n} = m_d\sqrt{2n}$

$$m_{\Sigma h} = m\sqrt{L}$$

(13-5-14)

式中：m_d ——前视或后视尺的读数中误差；

m_h ——高差中误差；

n ——测站数；

m ——水准路线单位长度的高差中误差；

L ——水准路线长度（km）。

【例 13-5-2】 有甲、乙两组各自用相同的条件观测了六个三角形的内角，得三角形的闭合差（即三角形内角和的真误差）分别为：

甲：+3″、+1″、−2″、−1″、0″、−3″；

乙：+6″、−5″、+1″、−4″、−3″、+5″。求其测量精度。

解　有限次观测个数n计算出标准差的估值为中误差m，计算公式为

$$m = \pm\hat{\sigma} = \pm\sqrt{\frac{[\Delta\Delta]}{n}}$$

由中误差公式计算得

$$m_甲 = \pm\sqrt{\frac{[\Delta\Delta]}{n}} = \pm\sqrt{\frac{3^2 + 1^2 + (-2)^2 + (-1)^2 + 0^2 + (-3)^2}{6}} = \pm2.0''$$

$$m_乙 = \pm\sqrt{\frac{[\Delta\Delta]}{n}} = \pm\sqrt{\frac{6^2 + (-5)^2 + 1^2 + (-4)^2 + (-3)^2 + 5^2}{6}} = \pm4.3''$$

从上述两组结果中可以看出，甲组的中误差较小，所以观测精度高于乙组。在测量工作中，普遍采用中误差来评定测量成果的精度。

【例 13-5-3】　在比例尺为 1：500 的地形图上，量得两点的长度d=23.4mm，其中误差m_d=±0.2mm。求该两点的实际距离D及其中误差m_D。

解　函数关系式为$D = Md$，属倍数函数，$M = 500$是地形图比例尺分母。

$$D = M\,d = 500 \times 23.4 = 11\,700\text{mm} = 11.7\text{m}$$

$$m_D = Mm_d = 500 \times (\pm0.2) = \pm100\text{mm} = \pm0.1\text{m}$$

两点的实际距离结果可写为 11.7m±0.1m。

【例 13-5-4】　水准测量中，已知后视读数a=1.734m，前视读数b=0.476m，中误差分别为m_a=±0.002m，m_b=±0.003m。试求两点的高差及其中误差。

解　函数关系式为$h = a - b$，属和差函数，得

$$h = a - b = 1.734 - 0.476 = 1.258\text{m}$$

$$m_h = \pm\sqrt{m_a^2 + m_b^2} = \pm\sqrt{0.002^2 + 0.003^2} = \pm0.004\text{m}$$

两点的高差结果可写为 1.258m±0.004m。

【例 13-5-5】　在斜坡上丈量距离，其斜距为L=247.50m，中误差m_L=±0.05m，并测得倾斜角α=10°34′，其中误差m_α= ± 3′。求水平距离D及其中误差m_D。

解　首先列出函数式　　　　　　　　$D = L\cos\alpha$

水平距离　　　　　　　$D = 247.50 \times \cos 10°34' = 243.303\text{m}$

这是一个非线性函数，所以对函数式进行全微分，先求出各偏导值如下

$$\frac{\partial D}{\partial L} = \cos 10°34' = 0.983\,0$$

$$\frac{\partial D}{\partial \alpha} = -L \cdot \sin 10°34' = -247.50 \times \sin 10°34' = -45.386\,4$$

写成中误差形式

$$m_D = \pm\sqrt{\left(\frac{\partial D}{\partial L}\right)^2 m_L^2 + \left(\frac{\partial D}{\partial \alpha}\right)^2 m_\alpha^2}$$

$$= \pm\sqrt{0.983\,0^2 \times 0.05^2 + (-45.386\,4)^2 \times \left(\frac{3'}{343\,8'}\right)^2} = \pm0.06\text{m}$$

注：$1\text{rad} = 343\,8'$，故$3' = \dfrac{3'}{343\,8'}\text{rad}$

故得$D = 243.30\text{m} \pm 0.06\text{m}$

【例 13-5-6】设在三角形A、B、C中，直接观测了$\angle A$和$\angle B$。$m_A = \pm 4''$、$m_B = \pm 5''$，由$\angle A$、$\angle B$计算$\angle C$，则$\angle C$的中误差m_C：

  A. $\pm 9''$ B. $\pm 6.4''$ C. $\pm 3''$ D. $\pm 4.5''$

解 按误差传播定律，$\angle C$的中误差计算公式为：

$$\angle C = 180° - \angle A - \angle C$$

$$m_C = \sqrt{m_A^2 + m_B^2} = \sqrt{4^2 + 5^2} = \sqrt{41} = \pm 6.4''$$

答案：B

【例 13-5-7】图根水准测量中，已知每次读水准尺的中误差为$m_i = \pm 2\text{mm}$，假定视距平均长度为50m。若以 3 倍中误差为容许误差，试求在测段长度为L（km）的水准路线上，图根水准测量往返测所得高差闭合差的容许值。

解 已知每站观测高差为

$$h = a - b$$

则每站观测高差的中误差为

$$m_h = \sqrt{2}m_i = \pm 2\sqrt{2}\text{mm}$$

因视距平均长度为 50m，则每公里可观测 10 个测站，L公里共观测 10L个测站，L公里高差之和为

$$\sum h = h_1 + h_2 + \cdots + h_{10L}$$

L公里高差和的中误差为

$$m_{\sum} = \sqrt{10L}\,m_h = \pm 4\sqrt{5L}\text{mm}$$

往返高差的较差（即高差闭合差）为

$$f_h = \sum h_{往} + \sum h_{返}$$

高差闭合差的中误差为

$$m_{fh} = \sqrt{2}m_{\sum} = \pm 4\sqrt{10L}\text{mm}$$

以 3 倍中误差为容许误差，则高差闭合差的容许值为

$$f_{h容} = 3m_{fh} = \pm 12\sqrt{10L} \approx 38\sqrt{L}\text{mm}$$

【例 13-5-8】对某角等精度观测 6 次，其观测值见表。试求观测值的最或然值、观测值的中误差以及最或然值的中误差。

解 由本节可知，等精度直接观测值的最或然值是观测值的算术平均值。首先计算各观测值的改正数v_i，并利用公式进行检核，计算结果列于表中。

等精度直接观测平差计算   例 13-5-8 表

观　测　值	改正数$v('')$	$vv('')^2$
$L_1 = 75° \quad 32' \quad 13''$	2.5	6.25
$L_2 = 75° \quad 32' \quad 18''$	−2.5	6.25
$L_3 = 75° \quad 32' \quad 15''$	0.5	0.25
$L_4 = 75° \quad 32' \quad 17''$	−1.5	2.25

观 测 值	改正数$v('')$	$vv('')$ 2
$L_5 = 75°\ 32'\ 16''$	-0.5	0.25
$L_6 = 75°\ 32'\ 14''$	1.5	2.25
$x = [L]/n = 75°\ 32'\ 15.5''$	$[v] = 0$	$[vv] = 17.5$

观测值的中误差为

$$m = \pm\sqrt{\frac{[vv]}{n-1}} = \pm\sqrt{\frac{17.5}{6-1}} = \pm 1.87''$$

最或然值的中误差为

$$M = \frac{m}{\sqrt{n}} = \pm\frac{1.87''}{\sqrt{6}} = \pm 0.76''$$

习　题

13-5-1　等精度观测是指（　　　）的观测。

    A. 允许误差相同　　　　B. 系统误差相同　　　　C. 观测条件相同　　　　D. 偶然误差相同

13-5-2　用钢尺往返丈量 120m 的距离，要求相对误差达到 1/10 000，则往返较差不得大于（　　　）m。

    A. 0.048　　　　　　　B. 0.012　　　　　　　C. 0.024　　　　　　　D. 0.036

13-5-3　对某一量进行n次观测，则根据公式$M = \pm\sqrt{\dfrac{[vv]}{n(n-1)}}$求得的结果为（　　　）。

    A. 算术平均值中误差　　　　　　　　　　B. 观测值中误差

    C. 算术平均值真误差　　　　　　　　　　D. 一次观测中误差

13-5-4　用 DJ_6 经纬仪观测水平角，要使角度平均值中误差不大于 3''，应观测（　　　）测回。

    A. 2　　　　　　　　　B. 4　　　　　　　　　C. 6　　　　　　　　　D. 8

13-5-5　在 $\triangle ABC$ 中，直接观测了 $\angle A$ 和 $\angle B$，其中误差分别为 $m_{\angle A} = \pm 3''$ 和 $m_{\angle B} = \pm 4''$，则 $\angle C$ 的中误差 $m_{\angle C}$ 为（　　　）。

    A. $\pm 8''$　　　　　　　B. $\pm 7''$　　　　　　　C. $\pm 5''$　　　　　　　D. $\pm 1''$

第六节　控 制 测 量

    测量工作中为了扩展测量工作面及防止误差的积累，应遵循的原则是在布局上从整体到局部，在精度上从高级到低级，在工作程序上从控制到碎部。即在测区内选择一些具有全局性控制意义的点，用精确的方法测定它的平面坐标和高程位置，以这些点作为基础，再以低一级的精度测出其他点。这些在布局、精度和程序上具有控制意义的点称为控制点，由控制点组成的几何图形称为控制网，分为平面控制网和高程控制网。测定控制点平面位置和高程位置的工作分别称为平面控制测量和高程控制测量。

一、平面控制网的定位与定向

地面点的平面位置用平面坐标表示，点与点之间可根据其水平距离和方位角计算坐标增量，如果其中一个点的坐标已知，则另一点的坐标即可求出。

确定一直线与标准方向的夹角的工作称为直线定向。标准方向有三种：真子午线方向、磁子午线方向和中央子午线方向（坐标纵轴方向）。真子午线方向与磁子午线方向的夹角称为磁偏角，真子午线方向与中央子午线方向的夹角称为子午线收敛角。由标准方向北端起顺时针量到直线的水平夹角称为方位角，有真方位角、磁方位角和坐标方位角三种。方位角的取值范围为 $0°\sim360°$。直线 AB 的坐标方位角 α_{AB} 与直线 BA 的坐标方位角 α_{BA} 互为正反方位角，相差 $180°$。直线的方向还可用象限角表示，它是由标准方向的北端或南端起依顺时针或逆时针量到直线的锐角。直线的象限角不仅要说明大小，而且还要指出所在象限，如直线 OA 的象限角 R_{OA}=南东 $60°36'$（或 S60°36'E），象限只能用北东（NE）、北西（NW）、南东（SE）和南西（SW）来表示。坐标方位角和象限角可互相换算，如 R_{OA}=南东 $60°36'$，则 α_{OA}=119°24'。

二、导线测量

（一）导线的一般知识

导线是由若干条直线段连成的折线，相邻点的连线称为导线边，用测距仪或钢尺或其他方法测定。相邻边的水平角称为转折角，用经纬仪测定。当给定起始边方位角和起始点坐标，就可推算各导线点坐标。它适用于城市的密集建筑区、隐蔽地区和地下工程，也适用于狭长地带。根据不同情况和要求，导线布置形式有：

闭合导线：起止于同一已知点和已知方位角的导线。

附合导线：起始于一个已知点和一个已知方位角，终止于另一个已知点和另一个已知方位角的导线。

支导线：从一个已知点和一个已知方位角开始延伸出去的导线。

导线网：由若干条导线组成的多边形网状导线或结点形式网状导线。

（二）导线测量的外业

导线测量外业包括踏勘选点与建立标志、边长丈量、转折角测量和连接测量即连接角和连接边的测量。

【例 13-6-1】 导线测量的外业工作在踏勘选点工作完成后，然后需要进行下列何项工作：

    A. 水平角测量和竖直角测量   B. 方位角测量和距离测量

    C. 高程测量和边长测量   D. 水平角测量和边长测量

解 导线测量外业工作在踏勘选点完成后，需要进行的测量工作是水平角测量和边长测量。

答案：D

（三）闭合导线测量的内业计算

导线测量内业计算的目的是根据已知数据，利用外业观测成果和校核条件，正确计算出各导线点的最后坐标。

1. 角度闭合差的计算与调整

n 边闭合多边形的内角和 $\sum\beta_{测}$ 与理论值 $(n-2)180°$ 之差称为闭合多边形角度闭合差。

$$f_\beta = \sum\beta_{测} - (n-2)180° \tag{13-6-1}$$

按表 13-6-1 的指标检查 f_β 是否在 $f_{\beta允}$ 的范围内。如果精度合格，则 f_β 的分配原则是：将角度闭合差反符号并平均分配到各观测角上（如不能整除时，余数可分配到短边有关角上），则

$$v_\beta = \frac{-f_\beta}{n} \\ \beta_{改正后} = \beta_{测} + v_\beta \Bigg\} \tag{13-6-2}$$

导线测量的主要技术要求
表 13-6-1

等级	导线长度（km）	平均边长（km）	测角中误差（″）	测距中误差（mm）	测距相对中误差	测回数 DJ₂	测回数 DJ₆	方位角闭合差（″）	相对闭合差
一级	4	0.5	±5	±15	≤1/30 000	2	4	$\pm10''\sqrt{n}$	≤1/15 000
二级	2.4	0.25	±8	±15	≤1/14 000	1	3	$\pm16''\sqrt{n}$	≤1/10 000
三级	1.2	0.1	±12	±15	≤1/7 000	1	2	$\pm24''\sqrt{n}$	≤1/5 000
图根	≤1.0M	≤1.5倍测图最大视距	一般 30 首级 20				1	一般 $\pm60''\sqrt{n}$ 首级 $\pm40''\sqrt{n}$	≤1/2 000

注：n 为测站数，M 为测图比例尺的分母。

【例 13-6-2】 图根平面控制可以采用图根导线测量，对于图根导线作为首级控制时，其方位角闭合差应符合下列规定：

    A. 小于 $40''\sqrt{n}$　　　　B. 小于 $45''\sqrt{n}$　　　　C. 小于 $50''\sqrt{n}$　　　　D. 小于 $60''\sqrt{n}$

解　根据《工程测量标准》（GB 50026—2020）第 5.2.7 条，图根导线作为首级控制时，方位角闭合差应小于 $40''\sqrt{n}$。

答案： A

2. 用改正后的角值计算各边方位角

当导线点编号为逆时针时，转折角在导线前进方向的左侧，则转折角称为左角；反之称为右角。推算方位角的公式分别如下：

左角　　　　　　　　　　　　$\alpha_{前} = \alpha_{后} - 180° + \beta_{左} \\$

右角　　　　　　　　　　　　$\alpha_{前} = \alpha_{后} + 180° - \beta_{右} \Bigg\} \tag{13-6-3}$

3. 坐标增量闭合差的计算与调整

由边长丈量值和推算的方位角值可求坐标增量。由于量距有误差，改正后的角度有残余误差致使推得的方位角含有误差，因而只能计算出未经改正的坐标增量。

$$\Delta x' = D\cos\alpha \\ \Delta y' = D\sin\alpha \Bigg\} \tag{13-6-4}$$

从理论上讲，闭合导线各边坐标增量总和 $\sum\Delta x_{理}$ 和 $\sum\Delta y_{理}$ 均应为零。但实际上 $\sum\Delta x'$ 与 $\sum\Delta y'$ 并不为零，这个值就称为坐标增量闭合差。

$$f_x = \sum\Delta x' \\ f_y = \sum\Delta y' \Bigg\} \tag{13-6-5}$$

而 $f_D = \sqrt{f_x^2 + f_y^2}$ 称为导线全长闭合差。为了评定导线的精度，应求出导线全长相对闭合差。

$$K = \frac{f_D}{\sum D} = \frac{1}{M} \tag{13-6-6}$$

按表 13-6-1 的指标检查 K 是否在 $K_允$ 的范围内。如果精度合格，则 f_x 和 f_y 的分配原则是：将增量闭合差反符号并按与边长成正比分配到对应边的增量上，则

$$v_x = \left(\frac{-f_x}{\sum D}\right)D \atop v_y = \left(\frac{-f_y}{\sum D}\right)D \right\} \tag{13-6-7}$$

则改正后坐标增量为

$$\Delta x = \Delta x' + v_x \atop \Delta y = \Delta y' + v_y \right\} \tag{13-6-8}$$

4. 各点坐标计算

根据起始点坐标和改正后的坐标增量，依次计算各导线点的坐标如下式

$$x_{i+1} = x_i + \Delta x_{i(i+1)} \atop y_{i+1} = y_i + \Delta y_{i(i+1)} \right\} \tag{13-6-9}$$

最后推算得起始点坐标应与已知值相等，以此作为计算校核。

5. 闭合导线计算实例

【例 13-6-3】见表。

（四）附合导线测量的内业计算

附合导线计算步骤与闭合导线相同。由于导线的形式不同和原始数据不同，则在角度闭合差和增量闭合差的计算与调整上有所不同。

1. 角度闭合差的计算与调整

右角　　　　　　　　　$\sum \beta_{理} = \alpha_{始} - \alpha_{终} + n \times 180°$

左角　　　　　　　　　$\sum \beta_{理} = \alpha_{终} - \alpha_{始} + n \times 180°$

$$f_\beta = \sum \beta_{测} - \sum \beta_{理}$$

$$v_\beta = -\frac{f_\beta}{n} \tag{13-6-10}$$

许多书中是采用测算出来的终边方位角 $\alpha'_{终}$ 与已知的终边方位角 $\alpha_{终}$ 之差求 f_β，称为方位角闭合差。

右角　　　　　　$\alpha'_{终} = \alpha_{始} + n \times 180° - \sum \beta_{测}$

左角　　　　　　$\alpha'_{终} = \alpha_{始} - n \times 180° + \sum \beta_{测}$

即　　　　　　　$f_\beta = \alpha'_{终} - \alpha_{终}$

右角　　　　　　$v_\beta = \frac{f_\beta}{n}$

左角　　　　　　$v_\beta = -\frac{f_\beta}{n} \tag{13-6-11}$

2. 坐标增量闭合差的计算与调整

$$\sum \Delta x_{理} = x_{终} - x_{始}$$

$$\sum \Delta y_{理} = y_{终} - y_{始}$$

$$f_x = \sum \Delta x_{测} - \sum \Delta x_{理}$$

$$f_y = \sum \Delta y_{测} - \sum \Delta y_{理} \tag{13-6-12}$$

f_x、f_y 的分配原则同闭合导线式（13-6-7）。

3. 附合导线计算实例

【例 13-6-4】见表。

例13-6-3表

闭 合 导 线 计 算 表

点号	水平角 观测值 (° ′ ″)	水平角 改正后角值 (° ′ ″)	方位角 (° ′ ″)	距离 (m)	增量计算值 Δx′	增量计算值 Δy′	改正后增量值 Δx	改正后增量值 Δy	坐标 x (m)	坐标 y (m)	点号
A	(左)		125 59 36	140.272	−21 / −82.437	+10 / +113.492	−82.458	+113.502	1 000.000	2 000.000	A
B	+5 / 107 48 38	107 48 43	53 48 19	106.881	−16 / +63.117	+8 / +86.254	+63.101	+86.262	917.542	2 113.502	B
C	+5 / 73 00 22	73 00 27	306 48 46	172.358	−25 / +103.277	+13 / −137.989	+103.252	−137.976	980.643	2 199.764	C
D	+5 / 89 33 56	89 34 01	216 22 47	104.186	−15 / −83.880	+8 / −61.796	−83.895	−61.788	1 083.895	2 061.788	D
A	+6 / 89 36 43	89 36 49	125 59 36						1 000.000	2 000.000	A
B											B
Σ	359 59 39			523.697	+0.077	−0.039	0.000	0.000			

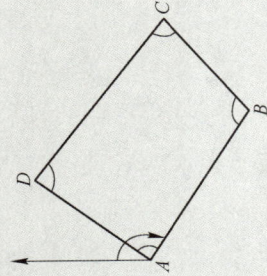

$\sum \beta_{测} = 359°59′39″$

$\sum \beta_{理} = (n-2)180° = 360°$

$f_\beta = \sum \beta_{测} - \sum \beta_{理} = -21″$

$f_{\beta允} = \pm 24″\sqrt{n} = \pm 48″$

$v_\beta = -f_\beta / n = +5.2″$

$f_x = \sum \Delta x' = +0.077\text{m}$

$f_y = \sum \Delta y' = -0.039\text{m}$

$f_D = \sqrt{f_x^2 + f_y^2} = 0.086\text{m}$

$K = f_D / \sum D = 1/6000$

$K_允 = 1/5000$

附 合 导 线 计 算 表　　例 13-6-4 表

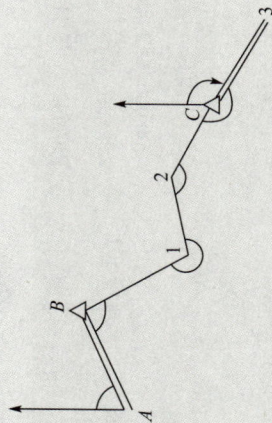

点号	水平角 观测值 (°′″)(右)	水平角 改正后角值 (°′″)	方位角 (°′″)	距离 (m)	增量计算值 Δx′	增量计算值 Δy′	改正后增量值 Δx	改正后增量值 Δy	坐标 x (m)	坐标 y (m)	点号
A			65 32 18								A
B	+7 95 17 17	95 17 24	150 14 54	217.624	+13 −188.938	−8 +107.994	−188.925	+107.986	3 800.000	4 500.000	B
1	+7 251 36 49	251 36 56	78 37 58	178.718	+11 +35.225	−6 +175.212	+35.236	+175.206	3 611.075	4 607.986	1
2	+7 147 25 24	147 25 31	111 12 27	194.129	+12 −70.226	−7 +180.982	−70.214	+180.975	3 646.311	4 783.192	2
C	+7 171 16 21	171 16 28	119 55 59						3 576.097	4 964.167	C
D											D
Σ	665 35 51	665 36 19		590.471	−223.939	+464.188	−223.903	+464.167			Σ

(右角) $\sum\beta_{理} = \alpha_{始} - \alpha_{终} + n\cdot180° = 665°36′19″$

$f_\beta = \sum\beta_{测} - \sum\beta_{理} = -28″$，反号平均改正

$v_\beta = -f_\beta/n = +7″$

$\alpha'_{终} = \alpha_{始} - \sum\beta_{右} + n\cdot180° = 119°56′27″$

或　$f_\beta = \alpha'_{终} - \alpha_{终} = +28″$，同号平均改正

$v_\beta = f_\beta/n = +7″$

$f_{\beta允} = \pm16″\sqrt{n} = \pm32″$

$f_x = \sum\Delta x' - (x_{终} - x_{始}) = -0.036\text{m}$

$f_y = \sum\Delta y' - (y_{终} - y_{始}) = +0.021\text{m}$

$f_D = \sqrt{f_x^2 + f_y^2} = 0.042\text{m}$

$K = f_D/\sum D = 1/14\,000$

$K_允 = 1/10\,000$

三、交会定点

当测区内解析控制点密度不够时，可以利用两个或两个以上已知点进行测角交会定点、测边交会定点等，以加密控制。

（一）测角交会法

它包括前方交会、侧方交会和后方交会。这里介绍前方交会，如图 13-6-1 所示。在 A、B 两个已知坐标点上设站分别测得 α、β 角，就可求得待定点 P 的坐标值。

计算方法一：将 A、B、P 三点按逆时针顺序编号，然后应用变形的戎格公式解算。

$$\left. \begin{aligned} x_P &= \frac{x_A \cot\beta + x_B \cot\alpha + (y_B - y_A)}{\cot\alpha + \cot\beta} \\ y_P &= \frac{y_A \cot\beta + y_B \cot\alpha + (x_A - x_B)}{\cot\alpha + \cot\beta} \end{aligned} \right\} \tag{13-6-13}$$

计算方法二：先计算 AP、BP 边的方位角和边长，公式有 $\alpha_{AP} = \alpha_{AB} - \alpha$，$\alpha_{BP} = \alpha_{BA} + \beta$，$\gamma = 180° - (\alpha + \beta)$，$D_{AP} = D_{AB} \times \sin\beta/\sin\gamma$，$D_{BP} = D_{AB} \times \sin\alpha/\sin\gamma$。然后计算 AP、BP 边的坐标增量，并分别从 A、B 推算 P 点坐标，计算公式参考式（13-6-4）和式（13-6-9）。

（二）测边交会法

如图 13-6-2 所示，已知 A、B 点坐标，用电磁波测距仪测定 D_{AP}、D_{BP}，可以求得待定点 P 的坐标值。当 A、B、P 三点按逆时针顺序编号时，P 点坐标计算公式如下

$$\left. \begin{aligned} r &= \frac{D_{AB}^2 + D_{AP}^2 - D_{BP}^2}{2D_{AB}} \\ h &= \sqrt{D_{AP}^2 - r^2} \\ x_P &= x_A + r\cos\alpha_{AB} + h\sin\alpha_{AB} \\ y_P &= y_A + r\sin\alpha_{AB} - h\cos\alpha_{AB} \end{aligned} \right\} \tag{13-6-14}$$

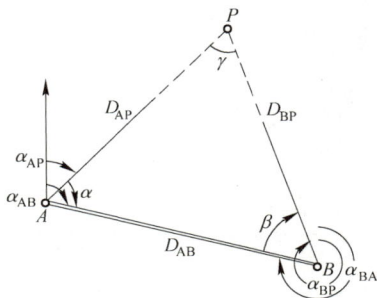

图 13-6-1　前方交会法

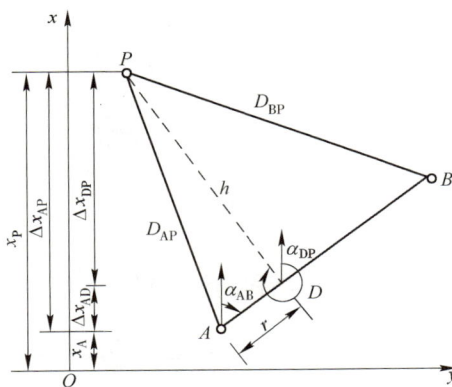

图 13-6-2　测边交会法

四、高程控制测量

小地区高程控制是以三、四等水准测量为首级高程控制，以满足地形图测绘和工程建设测量的需要。

（一）三、四等水准测量

三、四等水准测量应从国家一、二等水准点引出三、四等水准路线。点位应选择在土质坚实易长期

保存处，并埋设标石；观测应在通视良好、成像清晰的条件下进行；观测方法是用红黑双面尺法，也可用变更仪器高法进行。三等水准测量采用双面尺法的观测程序是后黑—前黑—前红—后红，四等则可为后黑—后红—前黑—前红。后前前后的观测程序可以消除或削弱水准仪下沉误差的影响。往返观测取平均值可以消除或削弱水准尺下沉误差的影响。

（二）图根水准测量

图根水准测量是在测区内为测绘地形图而加密高程控制点所进行的水准测量工作，精度低于测区的首级高程控制。

（三）三角高程测量

测区内需要有一定数量的水准点，但在地形复杂地区，可采用三角高程测量加密高程控制点，常用于测图高程控制。如图 13-6-3 所示，高差的计算公式为

$$h_{AB} = D_{AB} \tan \alpha + i - v \tag{13-6-15}$$

式中：D_{AB} ——水平距离，由直接丈量或图解求得，当其大于 400m 时，高差应作地球曲率和大气折光修正；

α ——竖直角；

i ——仪器高（度）；

v ——觇标高。

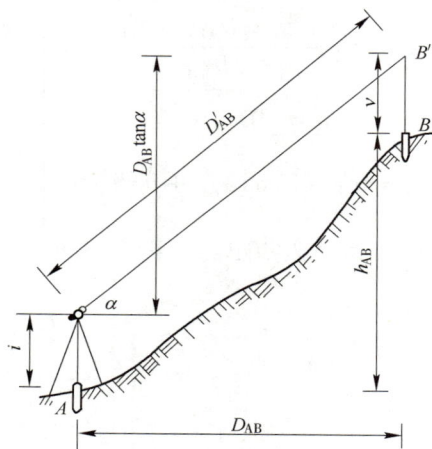

图 13-6-3　三角高程测量

电磁波测距为三角高程测量提供了有利条件，并顾及大气折光因素影响后，公式可写为

$$h_{AB} = D'_{AB} \sin \alpha + \frac{1}{2R}(D'_{AB} \cos \alpha)^2 + i - v \tag{13-6-16}$$

式中：　D'_{AB} ——测距仪测得的斜距；

R ——地球半径，取 6 371km；

$\frac{1}{2R}(D'_{AB} \cos \alpha)^2$ ——大气折光对高差的影响。

习　题

13-6-1　已知直线 AB 的方位角 $\alpha_{AB} = 87°$，$\beta_右 = \angle ABC = 290°$，则直线 BC 的方位角 α_{BC} 为（　　　）。

A. 23°　　　　　　　B. 157°　　　　　　　C. 337°　　　　　　　D. −23°

13-6-2 导线测量外业包括踏勘选点与埋设标志、边长丈量、转折角测量和（　　　）测量。

A. 定向

B. 连接边和连接角

C. 高差

D. 定位

13-6-3 导线坐标增量闭合差调整的方法是将闭合差按与导线长度成（　　　）的关系求得改正数，以改正有关的坐标增量。

A. 正比例并同号　　　B. 反比例并反号　　　C. 正比例并反号　　　D. 反比例并同号

13-6-4 公式（　　　）用来计算导线全长闭合差。

A. $f_\mathrm{D} = \sqrt{f_x^2 + f_y^2}$

B. $K = f_\mathrm{D}/\sum D = 1/M$

C. $f_x = \sum \Delta x - (x_终 - x_始)$

D. $f_y = \sum \Delta y - (y_终 - y_始)$

13-6-5 已知边长 $D_\mathrm{MN} = 73.469\mathrm{m}$，方位角 $\alpha_\mathrm{MN} = 115°18'12''$，则 Δx_MN 与 Δy_MN 分别为（　　　）。

A. +31.401m，+66.420m

B. +31.401m，+66.420m

C. −31.401m，+66.420m

D. −66.420m，+31.401m

第七节　地形图测绘

一、地形图基本知识

地形图是按一定比例尺，用规定的符号表示地物、地貌的平面位置和高程的正射投影图。所谓地形是地物和地貌的总称。地物是指地面上有明显轮廓的自然形成或人工构筑的物体，如河流、湖泊、房屋、道路等；地貌是指地面上高低起伏形态，如山岭、谷地、陡崖等。当测区范围很大，须考虑地球曲率的影响，并采用特定的投影方式编辑绘制成图，称为地图。地形图和地图相比，地形图上的长度、角度和面积都不会变形，而地图上则要变形，即地图上各部分的比例尺甚至发自一点的各方向线上的比例尺也是不同的。

国家颁发了《地形图图式》，规定了各种比例尺地形图的格式、符号和注记，供测图和用图时使用。下面介绍有关地形图的一些知识。

（一）比例尺

地形图上一线段 d 与地面相应的水平线段 D 之比称为地形图比例尺，它可分为数字比例尺（以分子为 1 的分数形式，即 $1/M$ 表示）、图示比例尺和复式比例尺。图上 $0.1\mathrm{mm} \times M$，称为地形图比例尺精度。根据比例尺精度可以确定测图时地物量测精度，亦可用来按所需精度选择测图比例尺。

【例 13-7-1】 某城镇需测绘地形图，要求在图上能反映地面上 0.2m 的精度，则采用的测图比例尺不得小于：

A. 1：500　　　　　B. 1：1 000　　　　　C. 1：2 000　　　　　D. 1：100

解　按比例尺的精度定义可知，1：2000 地形图比例尺的精度为 0.2m，所以该地形图测图比例尺不得低于 1：2 000。

答案：C

【例 13-7-2】 由地形图上量得某草坪面积为 632mm²，若此地形图的比例尺为 1：500，则该草坪实地面积S为：

        A. 316m²   B. 31.6m²   C. 158 m²   D. 15.8m²

解 $S_{实地} = S_{图} \times 500^2 = 632 \times 500^2 = 158\,000\,000\text{mm}^2 = 158.00\text{m}^2$

答案： C

（二）分幅

地形图分幅分为两类：按经纬线分幅的梯形分幅法，又称国际分幅，用于中小比例尺的国家基本图的分幅；按坐标格网分幅的矩形分幅法，用于城市与工程建设大比例尺图的分幅。

（三）图廓

图廓线是图幅四周的框线，一般分为内、外图廓。内图廓是图幅的边线，是测图的实际范围线，用细实线表示；外图廓是图幅最外边的框线，仅起装饰作用，用粗实线表示。

（四）经纬格网和坐标格网

在中小比例尺图中，图廓的四个角点注有经纬度，内外图廓之间绘制经差和纬差均为 1′间隔的黑白相间的粗短线称为分度线，其相应端点之连线构成经纬格网。在大比例尺图中，图廓的四个角点注有坐标值，图上间隔为 10cm，绘制平行于图廓的长度为 10mm 的纵横细直线，构成平面直角坐标格网。

（五）图名、图号、接图表

图名以图幅内著名的或重要的地名或厂矿机关等名称来命名。图号是为储存、检索和使用而给予各图的编号，可采用经纬度编号法、行列编号法和自然序数编号法。采用矩形分幅时，大比例尺地形图编号，常用图幅西南角坐标值公里数编号法，如西南角$x=3\,052.3$km，$y=5\,230.5$km，则其编号为"3052.3—5230.5"。当比例尺为 1：500 时，坐标值应取至 0.01km。图名和图号均注记在本图图廓的上方中央。接图表反映本图与相邻周边图幅的联系，绘注在图廓左上方。

二、地物平面图测绘

应用地物符号将地物的平面位置描绘成图，称为地物平面图。地物符号分为比例符号、非比例符号、线性符号和地物注记等四种。测定和描绘地物的仪器可用大平板仪或小平板仪，大比例尺图一般用小平板仪。目前，航测成图和数字化成图已较普遍。

（一）测图前的准备工作

测图前应做好测图板的准备工作，包括图纸准备、绘制坐标格网、展绘控制点。

（二）平板仪测图原理

图 13-7-1　平板仪测图

如图 13-7-1 所示，A、B 为控制点，展绘在测图纸上为 a、b，图纸固定在图板上。当以 A 为测站，平板仪须经对中（即 a 与 A 在同一铅垂线上）、整平（即图板安置为水平）、定向（即 ab 与 AB 在同一铅垂面内）。为了测定地物点 C 在图上的位置 c，可将 AC 方向线正投影到图纸上得 ac；丈量 AC 水平距离，并按测图比例尺缩绘在 ac 方向上，即定出图上 c 点。其他地物点均可同法测绘。

（三）全站仪数字化测图

全站仪与计算机结合，将全站仪数据采集的结果利用全站仪与计算机之间的通信接口，直接输入计算机，由计算机进行绘图、管理和输出。

（四）地物碎部点的选择、地物点测定方法与地物平面图的描绘

地物点应选在地物轮廓线的转折点，称为地物特征点，以及选在非比例符号表示的独立地物的中心等。地物点测定方法有极坐标法、方向交会法、距离交会法、直角坐标法、方向距离交会法。地物描绘应按碎部点相连接而成为与实际地物相似的图形，或按图式规定的符号表示。

三、等高线地形图测绘

地形图是在平面图的基础上增加地貌内容。等高线地形图测绘方法、使用仪器等与，地物平面图测绘相同，常见有四种：经纬仪测绘法、小平板仪与经纬仪联合测绘法、大平板仪测绘法、电磁波测距仪测绘法；在有条件的情况下还有另外两种：航测成图和数字化成图。

（一）地貌碎部点的选择与测定

地貌点应选在地貌特征点上。反映地貌特征的山脊线、山谷线和山脚线称为地性线。地性线上的特征点是坡度变换点和方向变换点，还有山顶、谷底、谷口、鞍部中心点等。此外，在坡度无显著变化处应使碎部点间距不超过图上 2~3cm。地貌点的测定，其平面位置与地物平面图测绘方法相同。其高程可用视距测量法，注记于点位旁。

（二）等高线及分类

地貌符号——等高线是地面上高程相同的相邻点连成的闭合曲线。相邻等高线的高差称为等高距，相邻等高线的水平距离称为等高线平距。对于悬崖、峭壁、土坎、冲沟等无法用等高线表示的地貌则用规定符号表示。等高线的特性有五方面：同一等高线上的各点高程相同；等高线是一条条不能中断的闭合曲线；等高线只有在悬崖或绝壁处才会重合或相交；等高线通过山脊线与山谷线时须改变方向，且与山脊线、山谷线正交；等高距相同时，等高线越密则坡度越陡，等高线越稀则坡度越缓，等高线间隔相等则坡度均匀。等高线分为四类：首曲线——按测图比例尺规定的等高距（称为基本等高距）测绘的等高线；计曲线——由零等高线起，每 5 倍等高距加粗并注记的等高线；间曲线——按1/2基本等高距绘制的等高线；助曲线——按1/4基本等高距绘制的等高线。

（三）等高线的勾绘

勾绘等高线时，先根据同一地性线上两相邻点之高差，按等坡度的平距与高差成正比的关系，内插出两点间能通过的各等高线的位置，然后将高程相同的点对照地形变化连成等高线。注意几种典型地貌的等高线的图形：山头和洼地的等高线都是一组闭合曲线，从高程注记和示坡线（垂直于等高线并指向低处的短线）可以区分山头和洼地；山脊等高线是一组凸向低处的曲线；山谷等高线是一组凸向高处的曲线；鞍部等高线是在一组大的闭合曲线内套有两组小的闭合曲线。特殊地貌用规定的符号表示。

（四）地形图的拼接、检查与整饰

地形图的拼接是指相邻图幅衔接处的地物和地貌应完全吻合，当误差符合接边限差要求时，取相邻图幅的地物和等高线的平均位置改正两图即可。地形图的检查包括图面检查、野外巡视和设站检查。地形图的整饰是指对地形图上的所有地物和地貌均应按国家图式的规定符号清绘与书写；整饰的次序是先图框内后图框外，先注记后符号，先地物后地貌（等高线通过注记和地物应断开）。整饰后的地形图作为地形原图加以保存。

习　题

13-7-1　大比例尺地形图按矩形分幅时常用的编号方法：以图幅的（　　　）编号法。

　　A. 西北角坐标值公里数 　　　　　　　　　　B. 西南角坐标值公里数

　　C. 西北角坐标值米数 　　　　　　　　　　　D. 西南角坐标值米数

13-7-2　既反映地物的平面位置，又反映地面高低起伏状态的正射投影图称为（　　　）。

　　A. 平面图 　　　　　B. 断面图 　　　　　C. 影像图 　　　　　D. 地形图

13-7-3　地形图的等高线是地面上高程相等的相邻点连成的（　　　）。

　　A. 闭合曲线 　　　　B. 直线 　　　　　C. 闭合折线 　　　　　D. 折线

13-7-4　地形图上 0.1mm 的长度相应于地面的水平距离称为（　　　）。

　　A. 比例尺 　　　　　B. 数字比例尺 　　　　C. 水平比例尺 　　　　D. 比例尺精度

13-7-5　要求地形图上能表示实地地物最小长度为 0.2m，则应选择（　　　）测图比例尺为宜。

　　A. 1/500 　　　　　B. 1/1 000 　　　　　C. 1/5 000 　　　　　D. 1/2 000

第八节　地形图应用

一、地形图应用基本知识

（一）确定图上某点的坐标和高程

地形图上都留有坐标格网的十字交点，根据某点所在格网的西南网点坐标值，再加上该点在此格网中的坐标增量即可求得该点坐标值。地形图上的等高线可用以确定点的高程，当某点恰在等高线上，该点高程即是它所在等高线的高程；当某点在两等高线之间则按比例内插求该点高程。

（二）确定两点间的水平距离和直线的方位角

图上两点距离乘以测图比例尺分母，即得对应地面两点的实际水平距离；也可先求得两点坐标值，再计算坐标增量，即可计算水平距离

$$D = \sqrt{\Delta x^2 + \Delta y^2} \tag{13-8-1}$$

求直线 AB 的方位角，可用图解法，过 A 点作平行于 X 轴的直线，其与 AB 线的夹角用精密量角器量取，即为方位角 α_{AB}；也可用解析法，读取两点坐标计算增量，即可计算两点连线的方位角

$$\alpha = \arctan\frac{\Delta y}{\Delta x} \tag{13-8-2}$$

（三）确定直线的坡度

直线 AB 的坡度 i_{AB} 是直线两端点的高差 h_{AB} 与水平距离 D_{AB} 之比。当 h_{AB} 为正，则直线 AB 为升坡；当 h_{AB} 为负，则 AB 为降坡。在地形图上可求两点高差和实地水平距离，则

$$i_{AB} = \frac{h_{AB}}{D_{AB}} \tag{13-8-3}$$

【例 13-8-1】若施工现场附近有控制点若干个，如果采用极坐标方法进行点位的测设，则测设数据为：

　　A. 水平角和方位角 　　　　　　　　　　　　B. 水平角和边长

C. 边长和方位角   D. 坐标增量和水平角

解 极坐标法测设点位采用水平角和边长数据进行测设。

答案： B

【**例 13-8-2**】下列表示 AB 两点间坡度的是：

A. $i_{AB} = \dfrac{b_{AB}}{D_{AB}} \%$ B. $i_{AB} = \dfrac{H_B - H_A}{D_{AB}} \%$

C. $i_{AB} = \dfrac{H_A - H_B}{D_{AB}}$ D. $i_{AB} = \dfrac{H_A - H_B}{D_{AB}} \%$

解 坡度为两点间的高差与实地水平距离之比，即选项 B 正确。通常，也将比值乘以 100% 来表示坡度，选项 A 中，b_{AB} 符号不对，应为 h_{AB}；选项 C、D 中，高差方向错误。

答案： B

二、地形图在工程设计中的应用

（一）在地形图上绘出已知坡度的最短路线

在铁路、公路、管道等设计中，要求以一定的限制最大坡度选择最短路线。做法是：根据限制坡度 $i_{最大}$、地形图比例尺 $1/M$、等高距 h，先求得跨越一个等高距的实地最短距离 $D_{最短} = h/i_{最大}$，再化为图上距离 $d = D_{最短}/M$。以路线起点（在某一条等高线上）为圆心、d 为半径画弧求得与相邻等高线的交点；再以此交点为圆心，d 为半径画弧求得与另一等高线的交点；依此类推。最后连接相邻交点所成路线即为限制坡度下的最短路线。

（二）利用地形图绘制指定方向的纵断面图

在铁路、公路、隧道、管道等设计中，需要将某一指定方向线上的高低起伏状况绘制成图，称为纵断面图。如指定方向线为 AB，则在地形图上 AB 与各等高线相交，各交点高程即为等高线的高程，相邻交点的平距可在地形图上取得。纵断面图的横坐标代表水平距离，比例尺为 $1/M$；而纵坐标代表高程，比例尺为水平距离比例尺的 10~20 倍。将 AB 方向线与等高线交点的有关高程和水平距离展绘于该直角坐标系中，展绘的各相邻点相连即为纵断面图。

（三）在地形图上确定汇水范围

设计桥梁或涵洞的孔径大小时，需要知道降雨（雪）时，有多大地面范围的水汇集起来通过桥涵排泄出去。汇水范围的边界是将山顶沿着山脊线并通过鞍部连接而成。

【**例 13-8-3**】在 1 : 2 000 的地形图上，量得某水库图上汇水面积为 $P = 1.6 \times 10^4 \mathrm{cm}^2$，某次降水过程雨量为（每小时平均降雨量）$m = 50 \mathrm{mm}$，降水时间 n 持续 2.5h，设蒸发系数 $k = 0.4$，按汇水量 $Q = P \cdot m \cdot n \cdot k$ 计算，本次降水汇水量为：

         A. $1.0 \times 10^{11} \mathrm{cm}^3$ B. $3.2 \times 10^{11} \mathrm{cm}^3$

         C. $1.0 \times 10^7 \mathrm{cm}^3$ D. $2.0 \times 10^4 \mathrm{cm}^3$

解 实地汇水面积 $P_s = P \times M^2 = 1.6 \times 10^4 \times 2\,000^2 = 6.4 \times 10^{10} \mathrm{cm}^2 = 6.4 \times 10^6 \mathrm{m}^2$

降水量 $Q = P_s \cdot m \cdot n \cdot k = 6.4 \times 10^6 \times 50 \times 10^{-3} \times 2.5 \times 0.4 = 3.2 \times 10^5 \mathrm{m}^3 = 3.2 \times 10^{11} \mathrm{cm}^3$

答案： B

（四）利用地形图进行土地平整的设计

土地平整一般采用方格法和断面法。在现状地形图上，根据土地平整设计所要求的条件绘制设计等高线，则可找出有关点的原地面高程与设计高程之差即为该点处的填挖高度，其面积乘以其上各点平均填挖高度即为土（石）方工程量。

（五）利用地形图计算面积

地形图上量测面积的方法有透明方格法、平行线法、求积仪法、划分简单几何图形法、解析法（根据闭合图形各点坐标按公式计算面积）。

三、地形图在城市规划中的应用

（一）地形图在城市用地地形分析中的应用

根据城市各项建设对地形的要求，应进行如下的地形分析：在地形图上标明分水线（山脊线）、集水线（山谷线）和地面流水方向；划分不同坡度的地段；特殊地段包括冲沟、坎地、沼泽地等的调查与分析。

（二）地形图在建筑设计中的应用

充分结合地形确定建筑群体的布置方案；考虑服务半径与服务高差进行服务性建筑的布置；在山地或丘陵地结合风向与地形的关系考虑建筑分区和布置；根据地貌的坡度和坡向，密切结合建筑布置形式和朝向，确定合理的建筑日照间距。

习　题

13-8-1　1/2 000地形图与1/5 000地形图相比，（　　　　）。

    A. 比例尺大，地物与地貌更详细　　　　B. 比例尺小，地物与地貌更详细

    C. 比例尺小，地物与地貌更粗略　　　　D. 比例尺大，地物与地貌更粗略

13-8-2　在1/2 000地形图上量得M、N两点距离为$d_{MN}=75mm$，高程为$H_M=137.485m$、$H_N=141.985m$，则该两点坡度i_{MN}为（　　　　）。

    A. +3%　　　　　　　B. −4.5%　　　　　　　C. −3%　　　　　　　D. +4.5%

13-8-3　确定汇水面积就是确定一系列（　　　）与指定断面围成的闭合图形面积。

    A. 山谷线　　　　　　　　　　　　　　B. 山脊线

    C. 某一高程的等高线　　　　　　　　　D. 集水线

第九节　建筑工程测量

一、建筑工程控制测量

勘测时期建立的控制网是为了测图的需要，在观测精度、点的密度、点位分布上都未考虑建筑施工的需要，同时由于平整场地时控制点多被破坏，所以在施工开始前，建筑场地应建立新的专门的建筑工程控制网。

（一）建筑工程平面控制网

一般有建筑基线、建筑方格网、导线网和多边形网等多种形式。

建筑场地比较小，采用建筑基线作为平面控制。基线布置根据建筑物分布、场地地形和原有控制点

的状况而定。基线点数不得少于 3 个，形式如图 13-9-1 所示。

在大中型建筑群施工场地上，采用正方形或矩形网，其轴线与场地上建筑物主要轴线相平行，称为建筑方格网，作为施工控制网。其布置应根据建筑设计总平面图上的建筑物、构筑物及各种管线的布置情况并结合地形而定。常分二级布设，首级采用"+""□"等形式，然后加密为格网。图 13-9-2 为先选定建筑方格网中的主轴线，然后再全面布设格网。

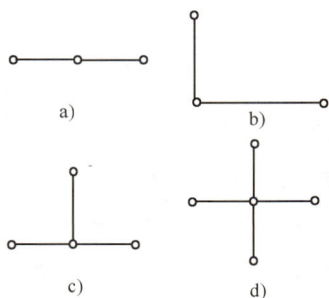

图 13-9-1 基线布置形式

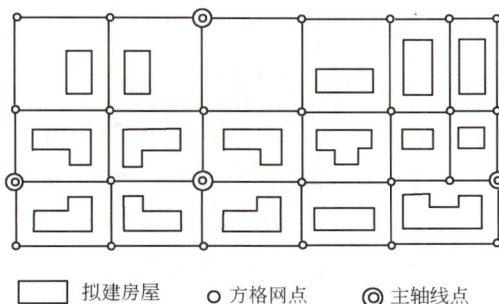

□ 拟建房屋 ○ 方格网点 ◎ 主轴线点

图 13-9-2 建筑方格网布设

【例 13-9-1】 施工控制网一般采用建筑方格网，对于建筑方格的首级控制技术要求应符合《工程测量标准》（GB 50026—2020）的要求，其主要技术要求为：

    A. 边长：100~300m，侧角中误差：5″，边长相对中误差：1/30 000

    B. 边长：150~350m，侧角中误差：8″，边长相对中误差：1/10 000

    C. 边长：100~300m，侧角中误差：6″，边长相对中误差：1/10 000

    D. 边长：800~200m，侧角中误差：7″，边长相对中误差：1/15 000

解 按《工程测量标准》（GB 50026—2020）第 8.2.4 条规定，建筑方格网首级控制技术要求：边长 100~300m；角中误差：5″；边长相对中误差小于 1/30 000。

答案： A

（二）建筑工程高程控制网

在建筑施工场地上，水准点的密度要尽可能满足安置一次仪器即可测设出所需的高程点，而勘测时期的水准点不能满足施工的需求。一般在基线点和方格网点桩面上中心点旁设置一凸起的半球形标志即可作为水准点标志。建筑场地高程控制常用四等水准测量，但对于自流管道、大型连续生产车间采用三等水准测量。此外，为测设方便和减小误差，在建筑物内部或附近专门设置 ±0 水准点。注意设计中各建筑物的 ±0 水准点其高程不一定相等。

二、施工放样测量

（一）准备工作

熟悉图纸，核对图纸尺寸；现场踏勘，了解现场地物和地貌情况；平整和清理场地；拟订测设计划，绘制测设草图。

（二）施工测量的基本工作

1. 测设已知水平距离

在已知线段起点和方向的情况下，从起点沿线段方向丈量出给定的已知水平距离，将线段的另一点在地面标定出来的工作称为测设已知水平距离。方法如下：欲测设地面已知水平距离 D，根据尺长方程式、测设时的温度、线段两端点高差，直接按公式计算尺长改正Δl_d［式（13-4-3）］、温度改正Δl_t［式（13-4-4）］和倾斜改正Δl_h［式（13-4-5）］，则在实地上的应量长度为

$$D' = D - \Delta l_\mathrm{d} - \Delta l_\mathrm{t} - \Delta l_\mathrm{h} \tag{13-9-1}$$

另一种方法：从线段起点A，概量一段距离AB'（它应与欲测设的已知水平距离D_AB相近）。仍按前法的公式计算丈量AB'的三项改正数和AB'经改正后的实际长度D'_AB。计算$\Delta D = D_\mathrm{AB} - D'_\mathrm{AB}$，当$\Delta D$为正，从$B'$沿$AB'$量$\Delta D$得$B$点；当$\Delta D$为负，从$B'$沿$B'A$量$\Delta D$得$B$点，$B$点即为测设已知水平距离在地面标定的点。此法称为端点改正法。

2. 测设已知数值的水平角

地面上已有一条已知方向线，在角顶点上把与该方向线夹角为已知值的另一方向线标定在地面的工作称为测设已知数值的水平角。一般采用测回法测设（又称盘左、盘右分中法），即用经纬仪盘左、盘右分别测设出方向线得B'和B''，取其平均位置B即可，如图13-9-3所示。当要求精密时，在测站O，对上述测设出的角度用多个测回精确测定角值β'，与给定的欲测设角值β比较，其差值$\Delta \beta = \beta - \beta'$。丈量$OB$的水平距离，即可求出垂直改正距离为

$$BB_0 = OB \tan \Delta \beta \tag{13-9-2}$$

当$\Delta \beta$为正，则过B点向角的外侧改正至B_0；当$\Delta \beta$为负，则过B点向角的内侧改正至B_0，B_0即为所求点。

3. 测设已知高程

根据水准点将已知数值的高程在实地设置标志的工作称为测设已知高程，见图13-9-4。

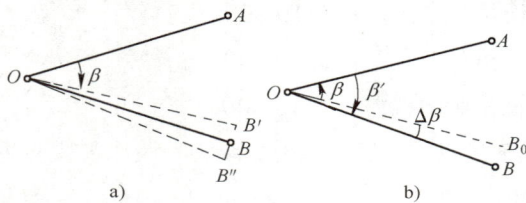

图 13-9-3　测设已知数值的水平角

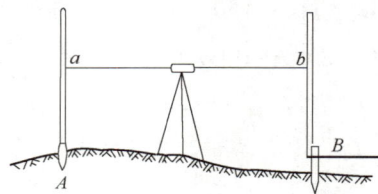

图 13-9-4　测设已知高程

视线高法：水准点A的高程为H_A，欲测设B桩的已知高程为H_B，水准仪水平视线在A点尺上读数为a，则视线高程$H_i = H_\mathrm{A} + a$，而B桩处水准尺读数应为$b = H_i - H_\mathrm{B}$。上下移动水准尺当水平视线正好读出应读前视读数b时，尺底划线标志即为所测设的B点。

高差法：在已知点A立一木杆，水准仪的水平视线在木杆上画一点a。计算反数$\Delta h = H_\mathrm{B} - H_\mathrm{A}$，当$\Delta h$为正，由$a$向下量$\Delta h$，在木杆上画一点$b$；当$\Delta h$为负，由$a$向上量得$b$点。木杆移至$B$桩处，上下移动木杆，当仪器水平视线正好瞄准$b$，此时在木杆底画线标志即为$B$点。

悬吊钢尺法：如图13-9-5所示，水准点BM_0的高程为H_0，欲测设A桩处的已知高程H_A，悬吊钢尺零刻划线在下，则$H_\mathrm{A} = H_0 + (a_1 - b_1) + (a_2 - b_2)$，由此可推知$A$桩处的应读前视为

$$b_2 = a_2 + (a_1 - b_1) - (H_\mathrm{A} - H_0) \tag{13-9-3}$$

当坑下水准仪的水平视线正好读出应读前视b_2时，尺底划线标志即为所测设的A点。

（三）测设点的平面位置的方法

1. 直角坐标法

场地上布置了互相垂直的控制轴线（例如建筑方格网）时，采用直角坐标法测设点位，只需测设直角和测设有关点的坐标增量值即可在地面上标定欲测设点位。

2. 极坐标法

如图 13-9-6 所示，欲测设给定坐标的点 $M(x_M, y_M)$，利用已知的控制点 $G(x_G, y_G)$ 和已知方位角 α_{GF} 的边作为极点和极轴，计算极角即 GM 与 GF 的夹角 β，极距即 G 与 M 的水平距离 D_{GM}，则通过测设极角 β 和极距 D_{GM} 在地面标定 M 点，这种方法称为极坐标法定点。

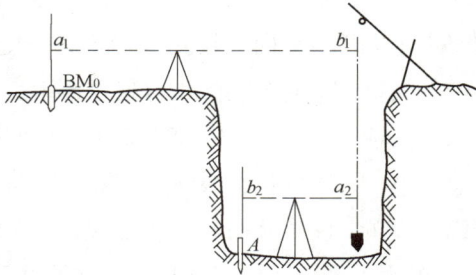

图 13-9-5　悬吊钢尺法

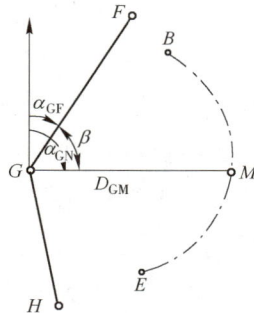

图 13-9-6　极坐标法

极轴的方位角 α_{GF} 可直接给定，也可利用给定控制点坐标 $G(x_G, y_G)$ 和 $F(x_F, y_F)$ 计算得到。有关数据的计算公式如下

$$
\left.
\begin{aligned}
\alpha_{GF} &= \arctan\frac{y_F - y_G}{x_F - x_G} = \arctan\frac{\Delta y_{GF}}{\Delta x_{GF}} \\
\alpha_{GM} &= \arctan\frac{y_M - y_G}{x_M - x_G} = \arctan\frac{\Delta y_{GM}}{\Delta x_{GM}} \\
\beta &= \alpha_{GM} - \alpha_{GF} \\
D_{GM} &= \sqrt{\Delta x_{GM}^2 + \Delta y_{GM}^2}
\end{aligned}
\right\}
\tag{13-9-4}
$$

3. 距离交会法

通过两个或两个以上的已知水平距离（或利用两点坐标计算两点水平距离）的交会即可在地面标定欲测设的点位。

4. 角度交会法

通过两个或两个以上已知角度的方向线交会即可在地面标定欲测设的点位。交会时，角度值的计算可参考式（13-9-4）。当三条方向线交会出现误差三角形时，应取其重心。

（四）建筑物的定位

建筑物的定位是根据设计，以一定的精度把建筑物外廓各轴线的交点测设到实地上，然后根据这些点进行细部放样。由于设计条件和现场情况不同，有三种定位依据：依据与原有建筑物的关系定位；依据建筑基线、建筑方格网定位；依据控制点、红线桩定位。

建筑物的详细测设是依据定位主轴线，放样出建筑物各部位的细部轴线和边线。

由于基础开挖时建筑物外廓轴线交点将被挖掉，所以必须将轴线延长到基坑外并作出标志称为轴线控制桩，作为恢复各轴线的依据；或采用龙门板亦可。

（五）基础施工的测量工作

开挖基槽（坑）不得超挖基底，要随时注意挖土的深度，当挖到离槽（坑）底 0.3~0.5m 时，用水准测量在槽（坑）壁上每隔 2~3m 或拐角处钉一水平桩，测设水平桩高程等于某已知高程（例如槽底设计高程加上一整数 0.5m），用作控制挖槽深度和铺设垫层的依据。

当垫层做好后，根据轴线控制桩或龙门板上的轴线钉将轴线投测到垫层上，再用墨线弹出中线和边线称为撂底。完成后经自检合格，交验线部门验线。

（六）高层建筑物轴线投测与高程传递

基础工程完工后，要逐层向上投测轴线。先根据建筑场地平面控制网校测轴线控制桩，再将建筑物外廓各轴线交点和各细部轴线，精确地测设到±0.000 首层平面上并弹线。向上投测时，将经纬仪安置在轴线延长线的固定点上，以盘左盘右照准首层平面上所设的轴线标志，向上投测到每层楼面上，并取盘左盘右投测的中点即得该层上的轴线点。按此方法分别投测纵横轴线点，则纵横轴线交点即是该层楼面的施工控制点，这种方法称为轴线延长法竖向投测。当场地窄小，无法延长轴线时，可采用侧向借线法或正倒镜挑直法投测出施工层上的轴线位置。以上是用经纬仪投测，注意严格检验校正仪器，尤应注意 LL⊥VV，安置仪器时水平度盘水准管气泡严格居中。另外，可用垂准线法作竖向投测，有吊重垂球法、激光准直仪法和光学铅垂仪法。

高层建筑的高程传递，要将高程由下层楼面向上层传递，可利用皮数杆传递高程法、采用钢尺直接丈量传递高程法、沿楼梯用水准测量传递高程法、电磁波测距三角高程法传递高程。另外，还可利用悬吊钢尺和水准仪传递高程，如图 13-9-7 所示。将±0.000 的高程传递到施工层的 A'，则

$$H_{A'} = H_{\pm 0} + a - b + b' - a' \qquad (13-9-5)$$

式中：a、b、a'、b' ——尺读数，悬吊钢尺的零刻划线在下。

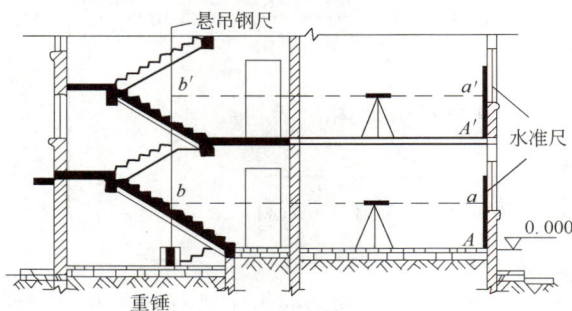

图 13-9-7 利用悬吊钢尺和水准仪转递高程

【例 13-9-2】建筑场地高程测量，为了便于建（构）筑物的内部测设，在建（构）筑物内设±0 点，一般情况建（构）筑物的室内地坪高程作为±0，因此，各个建（构）筑物的±0 应该是：

A. 同一高程　　　　　　　　　　B. 根据地形确定高程

C. 依据施工方便确定高程　　　　D. 不是同一高程

解　在建（构）筑物内设置±0 点，是根据建（构）筑物的室内地坪设计高程确定的，通常±0 点是室内地坪的设计高程。由于不同建（构）筑物的室内地坪设计高程不一定相同，所以各建（构）筑物内的±0 点不是同一高程。

答案：D

三、结构安装测量

（一）柱子安装测量

柱子起吊前的准备工作有投测柱列轴线、柱身侧面标出中心线、柱长检查与杯底标高测定（杯底抄

平）。

吊装时，为使柱子牛腿顶面或柱顶面的高程符合设计高程，应使柱身上的±0 线与杯口内壁标志的 ±0 线吻合，此时应注意杯底找平。为使柱子的平面位置符合设计位置，应使柱身上的三个侧面中心线 与相应杯口上的柱轴线吻合。为使柱身铅直，应用两台经纬仪安置在距离约 1.5 倍柱高的纵横两条轴线 附近，同时校正柱身的铅直，先瞄准柱子根部的中心线之后望远镜仰视，再使柱子上部中心线吻合在十 字丝交点上为止。

同截面的柱子，可把经纬仪安置在轴线一侧校正几根柱子的铅直；变截面柱子的上下部中心线不在 同一铅垂线上，则必须将经纬仪逐一安置在各自的有关纵向或横向柱轴线上校正柱子的铅直。经纬仪应 严格校正，安置时应使水平度盘水准管气泡严格居中。

（二）吊车梁安装测量

为使吊车梁顶面高程符合设计高程，用水准点检查柱身的±0 线和牛腿面高程，并在柱子靠牛腿的 一面测设出一条梁面高程的水平线，安装时使梁的顶面与该水平线吻合即可。为使吊车梁的平面位置符 合设计位置，应在地面上根据柱列轴线标出梁中心线，之后用经纬仪将梁中心线位置向上投测到牛腿面 上，安装时使梁顶面所画中心线与投测到牛腿面上的梁中心线吻合即可。

（三）吊车轨道安装测量

在吊车梁上找出吊车轨道中心线。先在地面定出一条与吊车轨道相距 1m（或其他间距）的平行线， 称为借线。用经纬仪将该线向上投测，通过在吊车梁上移动横放的木尺还回所借间隔即可在梁面上得到 轨道中心线，然后将轨道上的中心线与梁面上的轨道中心线吻合即可。

吊车轨道就位后，利用安置在吊车梁上的水准仪，在轨顶上立尺，检查轨顶高程是否符合设计高程。 还应利用钢尺检查两条吊车轨道的跨距是否符合设计间距。

四、建筑工程变形观测

建筑物、构筑物在自重、外力、运营过程中的反复荷载作用下会产生变形，常有沉降、倾斜、水平 位移和裂缝等。如果变形超出允许值将危害建筑物的使用和安全，所以变形观测对保证安全施工和正常 使用非常重要，并能验证设计理论及对今后合理设计提供重要资料。

（一）沉降观测

沉降观测是测定建筑物在铅垂方向的位移量。对于重要建筑物、20 层以上的高层建筑物、造型复 杂的 14 层以上的高层建筑物、对地基变形有特殊要求的建筑物、单桩承受荷载在 4000kN 以上的建筑 物，以及工业高炉、水塔、烟囱等均应进行沉降观测。

沉降观测采用几何水准测量或液体静力水准测量。几何水准测量中，为了保证准确性，水准基点不 得少于 3 个，应埋设在变形区以外的稳固处，冰冻区应埋设在冻土层以下 0.5m；为了提高观测精度， 水准点和观测点不能相距太远。观测点的数量和位置应能全面反映建筑物的变形情况，一般是均匀设 置，但在荷载有变化的部位、平面形状变化处、沉降缝两侧、具有代表性的支柱和基础上，应加设足够 的观测点。

沉降观测的任务是周期性地对变形观测点进行多次重复观测，以取得相邻时间间隔的变化量。一般 在观测点埋设稳定后即进行第一次观测。高层建筑每增加 1~2 层，电视塔、烟囱等每增高 10~15m 观测 一次；基础混凝土浇筑、回填土、结构安装前后、基础周围大量积水等情况，均应进行观测，竣工后如 变形速度减缓可 2~3 个月观测一次。

大型、重要的建筑物用精密水准仪 $DS_{0.5}$、DS_1 进行观测，一般精度要求时则可采用 DS_3 水准仪进行。为了保证观测精度，注意前后视距离尽可能相等。

每次观测后将结果列入成果表中，并计算每次的沉降量和累计沉降量，同时绘制沉降量、荷载、时间等关系曲线图。

【例 13-9-3】 沉降观测的基准点是观测建筑物垂直变形值的基准，为了相互校核并防止由于个别基准点的高程变动造成差错，沉降观测布设基准点一般不能少于：

    A. 2 个   B. 3 个   C. 4 个   D. 5 个

解 根据现行《工程测量标准》（GB 50026—2020）第 10.1.4 条规定，变形监测水准基准点布设不少于 3 个。

答案： B

（二）倾斜观测

建筑物倾斜观测是测定基础和上部结构的倾斜变化，包括倾斜大小、方向和速率。

基础倾斜观测一般采用精密水准测量方法，测量基础两端点的差异沉降量 Δh，再根据两点间的距离 D，则可求得基础的倾斜度 $i = \Delta h / D$。

建筑物上部倾斜观测方法有三种：其一是悬挂垂球法，根据上、下应投影在同一位置的点直接测定倾斜位移量；其二是经纬仪投影法测定倾斜量；其三是差异沉降量推算法，此法同基础倾斜观测，当建筑物高度为 H，则倾斜量 $\Delta = iH = (\Delta h / D)H$。

（三）位移观测

位移观测的目的是测定建筑物在平面位置上随时间移动的大小和方向。位移观测可采用盘左、盘右投点法求出位移值，也可采用测角的方法，设第一次仪器在 O 点，瞄准观测点 A 与控制点 M，测得 $\angle MOA$ 为 β_1，第二次测得 β_2，两次观测角之差为 $\Delta \beta = \beta_2 - \beta_1$，如测站到观测点的距离为 D，则水平位移值为 $\delta = D\Delta \beta'' / \rho''$。

（四）裂缝观测

裂缝观测包括裂缝所在位置、走向、长度和宽度等。如在裂缝处可绘制方格网坐标时，可用钢尺量测；必要时，可埋设特制的能测定三维变化的标志，用游标卡尺量测。大面积或不可及的裂缝可用近景摄影测量方法量测。

五、竣工测量和竣工现状总图的编绘

竣工测量成果是验收与评价工程按图施工的基本依据，也是工程交付使用后进行管理、维修、改建和扩建的依据。竣工现状总图是对竣工地区内的地上、地下建（构）筑物的形状、大小、位置与高程等竣工后情况的全面真实反映。一般可在施工图上相应部位加上文字说明，标注有关洽商记录、编号与条款。重要工程应重新绘制竣工图。

习　题

13-9-1　建筑施工放样测量的主要任务是将图纸上设计的建筑物（构筑物）的（　　　）位置测设到实地上。

    A. 平面   B. 相对尺寸   C. 高程   D. 平面和高程

13-9-2　利用高程为 44.926m 的水准点，测设某建筑物室内地坪标高±0（高程为 45.229m），当后视读数为 1.225m 时，则前视尺读数为（　　　）m 时，尺底画线即为 45.229m 的高程标志。

A. 1.225　　　　　　　B. 0.303　　　　　　　C. −0.303　　　　　　　D. 0.922

13-9-3　两红线桩 A、B 的坐标分别为 $x_A =1\,000.000$m、$y_A =2\,000.000$m，$x_B =1\,060.000$m、$y_B =2\,080.000$m；欲测设建筑物上的一点 M，$x_M =991.000$m、$y_M =2\,090.000$m。则在 A 点以 B 为后视点，用极坐标法测设 M 点的极距 D_{AM} 和极角 $\angle BAM$ 分别为（　　　）。

A. 90.449m、42°34′50″　　　　　　　　　　B. 90.449m、137°25′10″

C. 90.000m、174°17′20″　　　　　　　　　　D. 90.000m、95°42′38″

13-9-4　建筑施工测量包括（　　　）、建筑施工放样测量、变形观测和竣工测量。

A. 控制测量　　　　　B. 高程测量　　　　　C. 距离测量　　　　　D. 导线测量

第十节　全球导航卫星系统（GNSS）简介

GNSS（Global Navigation Satellite System）的全称是全球导航卫星系统，它是泛指所有的卫星导航系统。目前，GNSS 包含了美国的全球定位系统 GPS、俄罗斯的格洛纳斯卫星导航系统 GLONASS、中国的北斗卫星导航系统 BDS、欧盟的伽利略卫星导航系统 GALILEO，可用的卫星数目达 100 颗以上。

一、全球定位系统（GPS）

GPS 由空间部分、控制部分和用户部分组成。空间部分由 21 颗工作卫星和 3 颗备用卫星组成，卫星在全球定位系统中的主要功能是接收、存储由地面控制站输入的信息，依据原子铯钟保持精确的时间，向海洋、陆地、航空等用户发射导航、定位信息，在地面站控制下，用推进器调整卫星状态，微处理机完成局部的数据处理。控制部分由分布在全球的 5 个地面站组成，其主要任务是处理和监测收到的全部信息，纠正偏离轨道的卫星，推算卫星星历和 GPS 的时间系统，并将计算出的星历、钟差、卫星电文遥控指令等输入到相应卫星的存储系统中，监测全部卫星发射的信号和卫星内部部件的功能状况。用户按使用性质分为军用和民用两种，按使用地区分为陆地、海洋、空中和近地轨道等。

GPS 具体运转状态是：24 颗工作卫星分配在 6 个轨道平面内，每个轨道平面内均匀分布四颗卫星，轨道间隔为 60°，轨道周期为 11 小时 58 分，倾角 63°，使得地球上任何地方、任何时刻，只要在纬度 20°以上就能同时观测到 4~6 颗卫星，以连续完成对海上、空中、地面的三维导航和定位，为用户服务。每颗卫星装有两台原子铯钟，由地面站进行检验。两台钟表面时差和钟速在观测中发射给用户。

GPS 定位原理分为绝对定位和相对定位两种。绝对定位即利用 GPS 确定用户接收机天线在 WGS-84 坐标系中的绝对位置。它广泛应用于导航和大地测量中的单点定位。相对定位的最基本情况是用两台接收机分别安置在基线两端，并同步观测相同的 GPS 卫星，以确定基线端点在世界地球坐标系中的相对位置。它广泛应用于大地测量、精密工程测量和地球动力学的研究。

GPS 测量可应用于控制测量、工程变形监测、海洋测绘、交通运输和军事等方面。

二、北斗卫星导航系统（BDS）

BDS（BeiDou Navigation Satellite System）是中国自行研制的全球卫星导航系统。是继美国的 GPS、俄罗斯的 GLONASS 之后第三个成熟的卫星导航系统。北斗卫星导航系统 BDS 和美国的 GPS、俄罗斯的 GLONASS、欧盟的 GALILEO，是联合国卫星导航委员会已认定的供应商。

北斗卫星导航系统由空间段、地面段和用户段三部分组成：空间段由若干地球静止轨道卫星、倾斜地球同步轨道卫星和中圆地球轨道卫星组成；地面段包括主控站、注入站、监测站及星间链路运行管理设施；用户段包括北斗及兼容其他卫星导航系统的芯片、模块、天线等基础产品，以及终端设备、应用系统与应用服务等。

北斗卫星导航系统的特点：空间段采用三种轨道卫星组成的混合星座，与其他卫星导航系统相比，高轨卫星更多，抗遮挡能力强，尤其低纬度地区性能特点更为明显；北斗卫星导航系统提供多个频点的导航信号，能够通过多频信号组合使用等方式提高服务精度；北斗卫星导航系统创新融合了导航与通信能力，具有实时导航、快速定位、精确授时、位置报告和短报文通信服务五大功能。

北斗卫星导航系统的发展历程：20 世纪后期，中国开始探索适合国情的卫星导航系统发展道路，逐步形成了"三步走"发展战略。2000 年底，建成北斗一号系统，向中国提供服务；2012 年底，建成北斗二号系统，向亚太地区提供服务； 2020 年前后，建成北斗全球系统，向全球提供服务。2017 年 11 月 5 日，中国第三代导航卫星顺利升空，标志着中国正式开始建造北斗卫星导航系统。2018 年，面向"一带一路"沿线及周边国家提供基本服务。2020 年 6 月 23 日 9 时 43 分，在西昌卫星发射中心用长征三号乙运载火箭，成功发射北斗卫星导航系统第 55 颗导航卫星。至此，北斗三号全球卫星导航系统组网卫星全部到位，星座部署比原计划提前半年全面完成。2020 年 7 月 31 日上午，北斗三号全球卫星导航系统正式开通运行。"北斗"进入服务全球、造福人类的新时代。

北斗三号全球卫星导航系统可在全球范围内全天候、全天时为各类用户提供高精度、高可靠定位、导航、授时等服务，并具有短报文通信能力。定位精度可达分米、厘米级别，测速精度0.2m/s，授时精度 10ns。

北斗卫星导航系统使用的坐标系统是 2000 中国大地坐标系 CGCS2000。

三、GNSS 测量模式及终端设备

工程测量中，GNSS 测量工作可分为静态定位和动态定位两种模式。静态定位是在定位过程中，接收机天线（测点）的位置相对于周围地面点而言，处于静止状态，静态定位是通过大量的重复观测来提高精度的，是一种高精度的测量方法，主要用于控制测量；动态定位是在测量过程中，接收机天线（测点）的位置相对于周围地面点而言，处于运动状态，动态定位精度较低。

工程测量中，采用动态实时差分（Real Time Kinematic，RTK）技术来提高动态定位的精度。RTK 基本原理是在基准站（通常为测量控制点）上安置一台接收机，对所有可见的 GNSS 卫星进行连续观测，利用基点坐标和卫星观测数据（星历）计算 GNSS 观测值的校正值，将其通过无线电台实时传输给动态用户观测站（测点，又称流动站），动态用户将测点的观测数据结合基站的校正值，实时高精度地解算出测站点的坐标。RTK 测量技术主要用于工程测量中的施工放样、地形测绘等工作。

全球卫星导航系统用户终端的重要设备是 GNSS 接收机。根据 GNSS 接收机的用途，通常可将其分为以下三类：

（1）导航型接收机：主要用于各类运动载体，如飞机、汽车、轮船等移动物体的导航，可实时给出载体的位置和速度。一般采用伪距测量，定位精度较低，通常为 10m 左右。接收机价格便宜，应用广泛。

（2）测地型接收机：主要用于大地测量和工程测量。接收机主要由主机、天线、无线电台等组成，通常采用载波相位测量。数据处理配合专业 GNSS 数据处理平差软件进行。根据具体测量任务和精度要求，可采用绝对定位或相对定位方法完成测量工作。测地型接收机定位精度高，仪器静态定位精度：平面 3mm+1ppm，高程 5mm+1ppm；动态定位精度：RTK（动态实时差分）平面 10mm+1ppm，高程 20mm+1ppm。测地型 GNSS 接收机仪器结构复杂，相较于导航型接收机，价格昂贵。

（3）授时型接收机：主要利用 GNSS 卫星提供的高精度时间标准进行授时，常用于天文台、无线通信及电力网络中时间同步。

习 题

13-10-1 GNSS（Global Navigation Satellite System）全球导航卫星系统包含（   ）。

①GPS；②BDS；③GLONASS；④GALILEO。

A. ①②③　　　　　　B. ②③④　　　　　　C. ①③④　　　　　　D. ①②③④

13-10-2 北斗卫星导航系统使用的坐标系统是（   ）。

A. WGS-84 坐标系　　　　　　　　　　B. 1980 西安坐标系

C. CGCS2000 坐标系　　　　　　　　　D. 1954 年北京坐标系

13-10-3 北斗卫星导航系统空间段由（   ）组成。

①地球静止轨道卫星；②倾斜地球同步轨道卫星；③中圆地球轨道卫星。

A. ①　　　　　　　　B. ①②　　　　　　　C. ①③　　　　　　　D. ①②③

13-10-4 北斗卫星导航系统地面段包括（   ）。

①主控站；②注入站；③监测站；④星间链路运行管理设施。

A. ①②　　　　　　　B. ①③　　　　　　　C. ①②③④　　　　　D. ①②③

13-10-5 北斗卫星导航系统创新融合了（   ）功能。

①实时导航；②快速定位；③精确授时；④位置报告；⑤短报文通信。

A. ①②④　　　　　　B. ①②③④⑤　　　　C. ①②③⑤　　　　　D. ①②③

13-10-6 全球卫星导航系统（GNSS）用户接收机，根据其用途，通常可分类为（   ）。

①导航型接收机；②测地型接收机；③授时型接收机。

A. ①　　　　　　　　B. ①②　　　　　　　C. ①②③　　　　　　D. ①③

习题题解及参考答案

第一节

13-1-1　**解：**目前国家采用统一的高程基准为 1985 国家高程基准。

　　　　答案：C

13-1-2　**解：**带号 $N = \mathrm{Int}\left(\dfrac{L+3}{6} + 0.5\right)$，中央子午线的经度 $L = 6n - 3$。代入数据，得：

$$N = \mathrm{Int}\left(\frac{116.47+3}{6} + 0.5\right) = 20$$

$$L = 6 \times 20 - 3 = 117$$

答案：B

13-1-3　**解**：根据高斯-克吕格坐标的轴系定义进行判断。因为 $y_\mathrm{M} = 21\,331\,229.75$，21 为带号，由于 y 坐标通用值西移 500km，其原始坐标为 $331\,229.75 - 500\,000.00 = -168\,770.25$（负值），所以该点位于中央子午线以西。

答案：C

13-1-4　**解**：测量工作的基本原则是先控制后碎部。

答案：A

第二节

13-2-1　**解**：读数越大，点的高程越低。反之，读数越小，则该测量点点位越高。

答案：A

13-2-2　**解**：N 点对 M 点的高差和 N 点的高差分别为：

$$h_\mathrm{MN} = a - b = 1.000 - 2.283 = -1.283\mathrm{m}$$

$$H_\mathrm{N} = H_\mathrm{M} + h_\mathrm{MN} = 43.251 - 1.283 = 41.968\mathrm{m}$$

答案：D

13-2-3　**解**：表示水准仪精度指标中误差值的单位为毫米。

答案：D

13-2-4　**解**：$h_\mathrm{ab} = a - b = 0.218$；$h'_\mathrm{ab} = a' - b' = 0.239$，$h'_\mathrm{ab} \neq h_\mathrm{ab}$，视准轴不平行于水准管轴。

注：如果仪器视准轴平行于水准管轴，仪器在不同位置所测得的两点间的高差应该不变。

答案：B

13-2-5　**解**：参见附合水准路线的检核公式：$f_\mathrm{h} = \sum h_测 - (H_终 - H_始)$。

答案：B

第三节

13-3-1　**解**：表示水平方向测量一测回的方向中误差。

答案：D

13-3-2　**解**：取盘左、盘右平均值可以消除视准轴不垂直于横轴、横轴不垂直于竖轴及度盘的偏心差。

答案：D

13-3-3　**解**：当终了方向读数值小于起始方向读数值时，终了方向加 360° 再减起始方向读数。故 $\angle AOB$ 前半测回角值为：

$$\angle AOB = b_\mathrm{OB} + 360° - \alpha_\mathrm{OA} = 154°18'19'' + 360° - 358°12'15'' = 156°06'04''$$

答案：A

13-3-4　**解**：水平角是两竖直面间的二面角。竖直角是在同一竖直面内，某方向与过仪器中心的水平面之间的夹角，因此，水平角保持不变，竖直角发生改变。

答案：A

13-3-5　**解**：竖直度盘为顺时针注记时，竖直角的计算公式为：

$$\alpha_左 = 90° - L, \quad \alpha_右 = R - 270°$$

见经纬仪的竖直角观测原理。

答案： A

第四节

13-4-1　**解：** 由尺长方程式可知，该钢尺名义尺长为 50m。各项改正数及水平距离计算如下：

尺长改正：$\Delta l = \dfrac{0.004\,4}{50} \times 49.906\,2 = 0.004\,4\text{m}$

温度改正：$\Delta l_t = 1.25 \times 10^{-5} \times 11.4 \times 49.906\,2 = 0.007\,1\text{m}$

高差改正：$\Delta l_h = -\dfrac{h^2}{2l} = -\dfrac{(-0.705)^2}{2 \times 49.906\,2} = -0.005\,0\text{m}$

该两点水平距离：$D = l + \Delta l + \Delta l_t + \Delta l_h = 49.906\,2 + 0.004\,4 + 0.007\,1 + (-0.005\,0) =$ $49.912\,7\text{m} \approx 49.913\text{m}$

答案： B

13-4-2　**解：** 根据视距测量计算公式：

$$D = kl\cos^2\alpha = 100 \times (1.781 - 1.019) \times \cos^2(-3°12'10'') = 75.962\text{m}$$

$$h_{AB} = D\tan\alpha + i - v = 75.962\tan(-3°12'10'') + 1.40 - 1.40 = -4.251\text{m}$$

$$H_B = H_A + h_{AB} = 162.382 - 4.251 = 158.131\text{m}$$

答案： A

13-4-3　**解：** $m_D = \pm(A + B \times D)$，ppm 为百万分之一，即 10^{-6}。

故 $m_D = \pm(3 + 3 \times 10^{-6} \times 500 \times 10^3) = \pm 4.5\text{mm}$

答案： C

13-4-4　**解：** 方位角是由标准方向北端起顺时针量到所测直线的夹角，取值范围 $360°$。

答案： D

第五节

13-5-1　**解：** 等精度观测是在观测条件相同下的观测。

答案： C

13-5-2　**解：** 依题意往返丈量相对误差：$K = \dfrac{\Delta D}{D} < \dfrac{1}{10\,000}$，故 $\Delta D < 0.012\text{m}$。

答案： B

13-5-3　**解：** 算术平均值中误差：$M = \pm\dfrac{m}{\sqrt{n}} = \pm\sqrt{\dfrac{[vv]}{n(n-1)}}$。

答案： A

13-5-4　**解：** 角度观测中误差：$m = \sqrt{2}m_{方} = \sqrt{2} \times 6''$

$M = \pm\dfrac{m}{\sqrt{n}} = 3''$，故 $n \geqslant \dfrac{2 \times 36}{9} = 8$

应观测 8 个测回。

答案： D

13-5-5　**解：** $\angle C = 180° - \angle A - \angle B$，用误差传播定律计算。

所以 $m_{\angle C} = \pm\sqrt{m_{\angle A}^2 + m_{\angle B}^2} = \pm 5''$

答案：C

第六节

13-6-1 **解：** $\alpha_{BC} = \alpha_{AB} - \beta_{ABC(右)} + 180° = 87° - 290° + 180° + 360° = 337°$。

注：当 $\alpha_{BC} = \alpha_{AB} - \beta_{ABC(右)} + 180°$ 小于 0 时，α_{BC} 再加上 $360°$ 为最终结果。

答案：C

13-6-2 **解：** 导线测量外业工作包括踏勘选点、埋设标志，边长丈量、转折角测量、连接边和连接角测量。

答案：B

13-6-3 **解：** 导线坐标增量闭合差调整的方法是将闭合差按与导线边长成正比例并反符号的关系求取改正数。

答案：C

13-6-4 **解：** 导线全长闭合差的计算公式：$f_D = \sqrt{f_x^2 + y_x^2}$

答案：A

13-6-5 **解：** $\Delta x_{MN} = D_{MN}\cos\alpha_{MN} = 73.469 \times \cos 115°18'12'' = -31.401\text{m}$

$\Delta y_{MN} = D_{MN}\sin\alpha_{MN} = 73.469 \times \sin 115°18'12'' = 66.420\text{m}$

答案：C

第七节

13-7-1 **解：** 大比例尺地形图按矩形分幅时，常用的编号方法是以图幅的西南角坐标值公里数进行编号。

答案：B

13-7-2 **解：** 既反映地物的平面位置，又反映地面高低起伏状态的正射投影图称为地形图。

答案：D

13-7-3 **解：** 等高线是闭合的曲线。

答案：A

13-7-4 **解：** 地形图上 0.1mm 的长度所代表的相应实地水平距离称为比例尺精度。

答案：D

13-7-5 **解：** 根据比例尺精度的定义，应有 $0.1 \times M \geqslant 0.2 \times 10^3$，所以 $M \geqslant \frac{0.2 \times 10^3}{0.1} = 2\,000$，故测图比例尺应选择 $1:2\,000$。

答案：D

第八节

13-8-1 **解：** 比例尺越大，地形图所表征的地物与地貌更详细。

答案：A

13-8-2 **解：** $i_{MN} = \frac{H_N - H_M}{d_{MN} \times M} \times 100\% = \frac{141.985 - 137.485}{0.075 \times 2\,000} \times 100\% = +3\%$。

答案：A

13-8-3 **解：** 汇水面积的确定是将一系列的分水线（山脊线）连接而成。

答案：B

第九节

13-9-1 **解：**它的主要任务是将图纸上设计的平面和高程位置测设到实地上。

答案： D

13-9-2 **解：**依题意，视线高 $H_i = H_{已知点} + \alpha = 44.926 + 1.225 = 46.151\text{m}$

故前视读数 $b = H_i - H_{测设点高程} = 46.151 - 45.229 = 0.922\text{m}$

答案： D

13-9-3 **解：**
$$\begin{cases} \Delta x_{AM} = x_M - x_A = 991.000 - 1\,000.000 = -9.000\text{m} \\ \Delta y_{AM} = y_M - y_A = 2\,090.000 - 2\,000.000 = 90.000\text{m} \end{cases}$$

$$\begin{cases} \Delta x_{AB} = x_B - x_A = 1\,060.000 - 1\,000.000 = 60.000\text{m} \\ \Delta y_{AB} = y_B - y_A = 2\,080.000 - 2\,000.000 = 80.000\text{m} \end{cases}$$

$\alpha_{AB} = \arctan \dfrac{\Delta y_{AB}}{\Delta x_{AB}} = 53°07'48''$（$\Delta y_{AB} > 0$，$\Delta x_{AB} > 0$，第一象限）

$\alpha_{AM} = \arctan \dfrac{\Delta y_{AM}}{\Delta x_{AM}} = 95°42'38''$（$\Delta y_{AM} > 0$，$\Delta x_{AM} < 0$，第二象限）

$D_{AM} = \sqrt{\Delta x_{AM}^2 + \Delta y_{AM}^2} = 90.449\text{m}$

$\angle BAM = \alpha_{AM} - \alpha_{AB} = 42°34'50''$

答案： A

13-9-4 **解：**建筑施工测量工作包括施工控制测量、施工放样测量、变形观测和竣工测量。

答案： A

第十节

13-10-1 **解：**GNSS 全球导航卫星系统包含美国的 GPS、俄罗斯的 GLONASS、中国的 BDS、欧盟的 GALILEO 系统。

答案： D

13-10-2 **解：**北斗卫星导航系统使用的坐标系统是 CGCS2000。

答案： C

13-10-3 **解：**北斗卫星导航系统空间段由若干地球静止轨道卫星、倾斜地球同步轨道卫星和中圆地球轨道卫星组成。

答案： D

13-10-4 **解：**北斗卫星导航系统地面段包括主控站、注入站、监测站及星间链路运行管理设施。

答案： C

13-10-5 **解：**北斗卫星导航系统创新融合了实时导航、快速定位、精确授时、位置报告和短报文通信服务五大功能。

答案： B

13-10-6 **解：**全球卫星导航系统（GNSS）用户接收机，根据其用途，通常可分类为导航型接收机、测地型接收机、授时型接收机。

答案： C

第十四章　职业法规

第一节　设计文件编制的有关规定

一、编制建设工程勘察、设计文件的依据

（一）项目批准文件；

（二）城市规划；

（三）工程建设强制性标准；

（四）国家规定的建设工程勘察、设计深度要求。

铁路、交通、水利等专业建设工程，还应当以专业规划的要求为依据。

编制建设工程勘察文件，应当真实、准确，满足建设工程规划、选址、设计、岩土治理和施工的需要。

二、设计工作程序

城市建筑设计可分为三个阶段，即：方案阶段、初步设计阶段和施工图阶段。小型和技术简单的城市建筑，可以方案设计阶段代替初步设计阶段，对技术复杂而又缺乏经验的项目，需增加技术设计阶段。

（一）前期准备

研究设计依据，收集原始资料，现场勘查及调查研究

1.可行性研究报告。

2.规划局核定的用地位置、界限、核发的《建设用地规划许可证》。

3.有关的政策、法令、规范、标准。

4.气象资料、地质条件、地理环境。

5.市政设施供应情况。

6.建设单位的使用要求及所提供的设计要求。

7.设计合同。

（二）方案设计

方案设计阶段的文件编制深度应符合住建部 2017 年 1 月 1 日开始执行的《建筑工程设计文件编制深度规定》（2016 年版）。编制方案设计文件，应满足编制初步设计文件的需要，应满足方案审批或报批的需要。

（三）初步设计

初步设计要以建设单位及有关主管部门的方案批准为依据。初步设计阶段的文件编制深度应符合《建筑工程设计文件编制深度规定》（2016 年版）。编制初步设计文件，应满足编制施工图设计文件的需要，应满足初步设计审批的需要。

（四）施工图设计

施工图设计阶段的文件编制深度应符合《建筑工程设计文件编制深度规定》（2016 年版）。编制施工图设计文件，应满足设备材料采购、非标准设备制作和施工的需要。

三、有关修改设计文件方面的规定

建设单位、施工单位、监理单位不得修改建设工程勘察、设计文件；确需修改建设工程勘察、设计文件的，应当由原建设工程勘察、设计单位修改。经原建设工程勘察、设计单位书面同意，建设单位也可以委托其他具有相应资质的建设工程勘察、设计单位修改。修改单位对修改的勘察、设计文件承担相应责任。

施工单位、监理单位发现建设工程勘察、设计文件不符合工程建设强制性标准、合同约定的质量要求的，应当报告建设单位，建设单位有权要求建设工程勘察、设计单位对建设工程勘察、设计文件进行补充、修改。

建设工程勘察、设计文件内容需要作重大修改的，建设单位应当报经原审批机关批准后，方可修改。

另外，建设工程勘察、设计文件中规定采用的新技术、新材料，可能影响建设工程质量和安全，又没有国家技术标准的，应当由国家认可的检测机构进行试验、论证，出具检测报告，并经国务院有关部门或者省、自治区、直辖市人民政府有关部门组织的建设工程技术专家委员会审定后，方可使用。

习　题

14-1-1　建筑工程设计文件编制深度的规定中，施工图设计文件的编制深度应满足下列哪项要求？（　　）

①能据以编制预算；②能据以安排材料、设备订货和非标准设备的制作；③能据以进行施工和安装；④能据以进行工程验收。

A. ①②③④　　　　B. ②③④　　　　C. ①②④　　　　D. ③④

14-1-2　工程初步设计说明书中总指标应包括下列哪些内容？（　　）

①总用地面积、总建筑面积、总建筑占地面积；②总概算及单项建筑工程概算；③水、电、气、燃料等能源总消耗量与单位消耗量，主要建筑材料（三材）的总消耗量；④其他相关的技术经济指标及分析；⑤总建筑面积、总概算（投资）存在的问题。

A. ①②③⑤　　　　B. ①②④⑤　　　　C. ①③④⑤　　　　D. ①②③④

14-1-3　结构初步设计说明书中应包括（　　）。

A. 设计依据、设计要求、结构设计、需提请在设计审批时解决或确定的主要问题

B. 自然条件、设计要求、对施工条件的要求

C. 设计依据、设计要求、结构选型

D. 自然条件、结构设计、需提请在设计审批时解决或确定的主要问题

14-1-4　民用建筑设计项目一般应包括下列哪些设计阶段？（　　）

①方案设计阶段；②初步设计阶段；③技术设计阶段；④施工图设计阶段。

A. ①②③④　　　　B. ①②④　　　　C. ②③④　　　　D. ①③④

第二节 工程建设强制性标准的有关规定

标准，是指"对重复性事物和概念所做的统一规定。它以科学技术和实践检验为基础，经有关方面协商一致，由主管机构批准，以特定形式发布，作为共同遵守的准则和依据。"工程建设标准，是指工程建设过程中对勘察、规划、设计、施工、安装、验收等需要协调统一时所制定的标准。按其内容可分为技术标准、经济标准和管理标准。

1990 年 4 月 6 日七届人大五次会议通过了《中华人民共和国标准化法》。

1988 年 12 月 19 日国务院发布了《中华人民共和国标准化法实施条例》。

工程建设标准的分类：

按照其使用范围分：有国家标准、行业标准、地方标准。

按照其性质分：有强制性标准和推荐性标准。

强制性标准包括：工程建设勘察、规划、设计、施工、安装、验收等专用的综合性标准、有关安全、卫生和环境保护的标准、专用的术语、符号、代号、量与单位、制图方法、试验检验和评定标准等。

2000 年 8 月 21 日中华人民共和国建设部发布了第 81 号令《实施工程建设强制性标准监督规定》。

工程建设强制性标准是指直接涉及工程质量、安全、卫生及环境保护等方面的工程建设标准强制性条文。

国家工程建设标准强制性条文由国务院建设行政主管部门会同国务院有关行政主管部门确定。

工程建设中拟采用的新技术、新工艺、新材料，不符合现行强制性标准规定的，应当由拟采用单位提请建设单位组织专题技术论证，报批准标准的建设行政主管部门或者国务院有关主管部门审定。

建设项目规划审查机构应当对工程建设规划阶段执行强制性标准的情况实施监督。

施工图设计文件审查单位应当对工程建设勘察、设计阶段执行强制性标准的情况实施监督。

建筑安全监督管理机构应当对工程建设施工阶段执行施工安全强制性标准的情况实施监督。

工程质量监督机构应当对工程建设施工、监理、验收等阶段执行强制性标准的情况实施监督。

工程建设标准批准部门应当定期对建设项目规划审查机关、施工图设计文件审查单位、建筑安全监督管理机构、工程质量监督机构实施强制性标准的监督进行检查，对监督不力的单位和个人，给予通报批评，建议有关部门处理。

工程建设标准批准部门应当对工程项目执行强制性标准情况进行监督检查。监督检查可以采取重点检查、抽查和专项检查的方式。

强制性标准监督检查的内容包括：

（一）有关工程技术人员是否熟悉、掌握强制性标准；

（二）工程项目的规划、勘察、设计、施工、验收等是否符合强制性标准的规定；

（三）工程项目采用的材料、设备是否符合强制性标准的规定；

（四）工程项目的安全、质量是否符合强制性标准的规定；

（五）工程中采用的导则、指南、手册、计算机软件的内容是否符合强制性标准的规定。

建设单位有下列行为之一的，责令改正，并处以 20 万元以上 50 万元以下的罚款：

（一）明示或者暗示施工单位使用不合格的建筑材料、建筑构配件和设备的；

（二）明示或者暗示设计单位或者施工单位违反工程建设强制性标准，降低工程质量的。

勘察、设计单位违反工程建设强制性标准进行勘察、设计的，责令改正，并处以10万元以上30万元以下的罚款。

有前款行为，造成工程质量事故的，责令停业整顿，降低资质等级；情节严重的，吊销资质证书；造成损失的，依法承担赔偿责任。

施工单位违反工程建设强制性标准的，责令改正，处工程合同价款2%以上4%以下的罚款；造成建设工程质量不符合规定的质量标准的，负责返工、修理，并赔偿因此造成的损失；情节严重的，责令停业整顿，降低资质等级或者吊销资质证书。

工程监理单位违反强制性标准规定，将不合格的建设工程以及建筑材料、建筑构配件和设备按照合格签字的，责令改正，处50万元以上100万元以下的罚款，降低资质等级或者吊销资质证书；有违法所得的，予以没收；造成损失的，承担连带赔偿责任。

第三节　勘察设计注册工程师管理规定

第一章　总　　则

第一条　为了加强对建设工程勘察、设计注册工程师的管理，维护公共利益和建筑市场秩序，提高建设工程勘察、设计质量与水平，依据《中华人民共和国建筑法》、《建设工程勘察设计管理条例》等法律法规，制定本规定。

第二条　中华人民共和国境内建设工程勘察设计注册工程师(以下简称注册工程师)的注册、执业、继续教育和监督管理，适用本规定。

第三条　本规定所称注册工程师，是指经考试取得中华人民共和国注册工程师资格证书（以下简称资格证书），并按照本规定注册，取得中华人民共和国注册工程师注册执业证书（以下简称注册证书）和执业印章，从事建设工程勘察、设计及有关业务活动的专业技术人员。

未取得注册证书及执业印章的人员，不得以注册工程师的名义从事建设工程勘察、设计及有关业务活动。

第四条　注册工程师按专业类别设置，具体专业划分由国务院建设主管部门和人事主管部门商国务院有关部门制定。

除注册结构工程师分为一级和二级外，其他专业注册工程师不分级别。

第五条　国务院建设主管部门对全国的注册工程师的注册、执业活动实施统一监督管理；国务院铁路、交通、水利等有关部门按照国务院规定的职责分工，负责全国有关专业工程注册工程师执业活动的监督管理。

县级以上地方人民政府建设主管部门对本行政区域内的注册工程师的注册、执业活动实施监督管理；县级以上地方人民政府交通、水利等有关部门在各自的职责范围内，负责本行政区域内有关专业工程注册工程师执业活动的监督管理。

第二章　注　　册

第六条　注册工程师实行注册执业管理制度。取得资格证书的人员，必须经过注册方能以注册工程师的名义执业。

第七条　取得资格证书的人员申请注册，由省、自治区、直辖市人民政府建设主管部门初审，国务院建设主管部门审批；其中涉及有关部门的专业注册工程师的注册，由国务院建设主管部门和有关部门审批。

取得资格证书并受聘于一个建设工程勘察、设计、施工、监理、招标代理、造价咨询等单位的人员，应当通过聘用单位向单位工商注册所在地的省、自治区、直辖市人民政府建设主管部门提出注册申请；省、自治区、直辖市人民政府建设主管部门受理后提出初审意见，并将初审意见和全部申报材料报审批部门审批；符合条件的，由审批部门核发由国务院建设主管部门统一制作、国务院建设主管部门或者国务院建设主管部门和有关部门共同用印的注册证书，并核发执业印章。

第八条　省、自治区、直辖市人民政府建设主管部门在收到申请人的申请材料后，应当即时作出是否受理的决定，并向申请人出具书面凭证；申请材料不齐全或者不符合法定形式的，应当在5日内一次性告知申请人需要补正的全部内容。逾期不告知的，自收到申请材料之日起即为受理。

省、自治区、直辖市人民政府建设主管部门应当自受理申请之日起20日内审查完毕，并将申请材料和初审意见报审批部门。

国务院建设主管部门自收到省、自治区、直辖市人民政府建设主管部门上报材料之日起，应当在20日内审批完毕并作出书面决定，自作出决定之日起10日内，在公众媒体上公告审批结果。其中，由国务院建设主管部门和有关部门共同审批的，审批时间为45日；对不予批准的，应当说明理由，并告知申请人享有依法申请行政复议或者提起行政诉讼的权利。

第九条　二级注册结构工程师的注册受理和审批，由省、自治区、直辖市人民政府建设主管部门负责。

第十条　注册证书和执业印章是注册工程师的执业凭证，由注册工程师本人保管、使用。注册证书和执业印章的有效期为3年。

第十一条　初始注册者，可自资格证书签发之日起3年内提出申请。逾期未申请者，须符合本专业继续教育的要求后方可申请初始注册。

初始注册需要提交下列材料：

（一）申请人的注册申请表；

（二）申请人的资格证书复印件；

（三）申请人与聘用单位签订的聘用劳动合同复印件；

（四）逾期初始注册的，应提供达到继续教育要求的证明材料。

第十二条　注册工程师每一注册期为3年，注册期满需继续执业的，应在注册期满前30日，按照本规定第七条规定的程序申请延续注册。

延续注册需要提交下列材料：

（一）申请人延续注册申请表；

（二）申请人与聘用单位签订的聘用劳动合同复印件；

（三）申请人注册期内达到继续教育要求的证明材料。

第十三条　在注册有效期内，注册工程师变更执业单位，应与原聘用单位解除劳动关系，并按本规定第七条规定的程序办理变更注册手续，变更注册后仍延续原注册有效期。

变更注册需要提交下列材料：

（一）申请人变更注册申请表；

（二）申请人与新聘用单位签订的聘用劳动合同复印件；

（三）申请人的工作调动证明（或者与原聘用单位解除聘用劳动合同的证明文件、退休人员的退休证明）。

第十四条　注册工程师有下列情形之一的，其注册证书和执业印章失效：

（一）聘用单位破产的；

（二）聘用单位被吊销营业执照的；

（三）聘用单位相应资质证书被吊销的；

（四）已与聘用单位解除聘用劳动关系的；

（五）注册有效期满且未延续注册的；

（六）死亡或者丧失行为能力的；

（七）注册失效的其他情形。

第十五条　注册工程师有下列情形之一的，负责审批的部门应当办理注销手续，收回注册证书和执业印章或者公告其注册证书和执业印章作废：

（一）不具有完全民事行为能力的；

（二）申请注销注册的；

（三）有本规定第十四条所列情形发生的；

（四）依法被撤销注册的；

（五）依法被吊销注册证书的；

（六）受到刑事处罚的；

（七）法律、法规规定应当注销注册的其他情形。

注册工程师有前款情形之一的，注册工程师本人和聘用单位应当及时向负责审批的部门提出注销注册的申请；有关单位和个人有权向负责审批的部门举报；建设主管部门和有关部门应当及时向负责审批的部门报告。

第十六条　有下列情形之一的，不予注册：

（一）不具有完全民事行为能力的；

（二）因从事勘察设计或者相关业务受到刑事处罚，自刑事处罚执行完毕之日起至申请注册之日止不满2年的；

（三）法律、法规规定不予注册的其他情形。

第十七条　被注销注册者或者不予注册者，在重新具备初始注册条件，并符合本专业继续教育要求后，可按照本规定第七条规定的程序重新申请注册。

第三章　执　　业

第十八条　取得资格证书的人员，应受聘于一个具有建设工程勘察、设计、施工、监理、招标代理、造价咨询等一项或多项资质的单位，经注册后方可从事相应的执业活动。但从事建设工程勘察、设计执业活动的，应受聘并注册于一个具有建设工程勘察、设计资质的单位。

第十九条　注册工程师的执业范围：

（一）工程勘察或者本专业工程设计；

（二）本专业工程技术咨询；

（三）本专业工程招标、采购咨询；

（四）本专业工程的项目管理；

（五）对工程勘察或者本专业工程设计项目的施工进行指导和监督；

（六）国务院有关部门规定的其他业务。

第二十条　建设工程勘察、设计活动中形成的勘察、设计文件由相应专业注册工程师按照规定签字盖章后方可生效。各专业注册工程师签字盖章的勘察、设计文件种类及办法由国务院建设主管部门会同有关部门规定。

第二十一条　修改经注册工程师签字盖章的勘察、设计文件，应当由该注册工程师进行；因特殊情况，该注册工程师不能进行修改的，应由同专业其他注册工程师修改，并签字、加盖执业印章，对修改部分承担责任。

第二十二条　注册工程师从事执业活动，由所在单位接受委托并统一收费。

第二十三条　因建设工程勘察、设计事故及相关业务造成的经济损失，聘用单位应承担赔偿责任；聘用单位承担赔偿责任后，可依法向负有过错的注册工程师追偿。

第四章　继 续 教 育

第二十四条　注册工程师在每一注册期内应达到国务院建设主管部门规定的本专业继续教育要求。继续教育作为注册工程师逾期初始注册、延续注册和重新申请注册的条件。

第二十五条　继续教育按照注册工程师专业类别设置，分为必修课和选修课，每注册期各为60学时。

第五章　权利和义务

第二十六条　注册工程师享有下列权利：

（一）使用注册工程师称谓；

（二）在规定范围内从事执业活动；

（三）依据本人能力从事相应的执业活动；

（四）保管和使用本人的注册证书和执业印章；

（五）对本人执业活动进行解释和辩护；

（六）接受继续教育；

（七）获得相应的劳动报酬；

（八）对侵犯本人权利的行为进行申诉。

第二十七条　注册工程师应当履行下列义务：

（一）遵守法律、法规和有关管理规定；

（二）执行工程建设标准规范；

（三）保证执业活动成果的质量，并承担相应责任；

（四）接受继续教育，努力提高执业水准；

（五）在本人执业活动所形成的勘察、设计文件上签字、加盖执业印章；

（六）保守在执业中知悉的国家秘密和他人的商业、技术秘密；

（七）不得涂改、出租、出借或者以其他形式非法转让注册证书或者执业印章；

（八）不得同时在两个或两个以上单位受聘或者执业；

（九）在本专业规定的执业范围和聘用单位业务范围内从事执业活动；

（十）协助注册管理机构完成相关工作。

第六章 法 律 责 任

第二十八条 隐瞒有关情况或者提供虚假材料申请注册的，审批部门不予受理，并给予警告，一年之内不得再次申请注册。

第二十九条 以欺骗、贿赂等不正当手段取得注册证书的，由负责审批的部门撤销其注册，3年内不得再次申请注册；并由县级以上人民政府建设主管部门或者有关部门处以罚款，其中没有违法所得的，处以1万元以下的罚款；有违法所得的，处以违法所得3倍以上但不超过3万元的罚款；构成犯罪的，依法追究刑事责任。

第三十条 注册工程师在执业活动中有下列行为之一的，由县级以上人民政府建设主管部门或者有关部门予以警告，责令其改正，没有违法所得的，处以1万元以下的罚款；有违法所得的，处以违法所得3倍以上但不超过3万元的罚款；造成损失的，应当承担赔偿责任；构成犯罪的，依法追究刑事责任：

（一）以个人名义承接业务的；

（二）涂改、出租、出借或者以形式非法转让注册证书或者执业印章的；

（三）泄露执业中应当保守的秘密并造成严重后果的；

（四）超出本专业规定范围或者聘用单位业务范围从事执业活动的；

（五）弄虚作假提供执业活动成果的；

（六）其它违反法律、法规、规章的行为。

第三十一条 有下列情形之一的，负责审批的部门或者其上级主管部门，可以撤销其注册：

（一）建设主管部门或者有关部门的工作人员滥用职权、玩忽职守颁发注册证书和执业印章的；

（二）超越法定职权颁发注册证书和执业印章的；

（三）违反法定程序颁发注册证书和执业印章的；

（四）对不符合法定条件的申请人颁发注册证书和执业印章的；

（五）依法可以撤销注册的其他情形。

第三十二条 县级以上人民政府建设主管部门及有关部门的工作人员，在注册工程师管理工作中，有下列情形之一的，依法给予行政处分；构成犯罪的，依法追究刑事责任：

（一）对不符合法定条件的申请人颁发注册证书和执业印章的；

（二）对符合法定条件的申请人不予颁发注册证书和执业印章的；

（三）对符合法定条件的申请人未在法定期限内颁发注册证书和执业印章的；

（四）利用职务上的便利，收受他人财物或者其他好处的；

（五）不依法履行监督管理职责，或者发现违法行为不予查处的。

第七章 附 则

第三十三条 注册工程师资格考试工作按照国务院建设主管部门、国务院人事主管部门的有关规定执行。

第三十四条 香港特别行政区、澳门特别行政区、台湾地区及外籍专业技术人员，注册工程师注册和执业的管理办法另行制定。

第三十五条 本规定自2005年4月1日起施行。

【例 14-3-1】甲某于 2010 年 4 月 20 日进行了工程师注册，若有效期届满前需要继续注册，其办理手续的最晚时间是：

    A. 2012 年 3 月 20 日　　　　　　　　　　B. 2013 年 3 月 20 日

    C. 2012 年 4 月 5 日　　　　　　　　　　　D. 2013 年 4 月 5 日

解　《勘察设计注册工程师管理规定》第十二条规定，注册工程师每一注册期为 3 年，注册期满需继续执业的，应在注册期满前 30 日，按照本规定第七条规定的程序申请延续注册。

答案： B

第四节　房地产开发程序

房地产是房产和地产的总称。在物质形态上房产和地产总是联结为一体的。由于房地产位置的不可移动性故又称"不动产"。近年所称的"物业"，实际上就是我们所说的房地产。

房地产业包括：土地的开发、房屋的建设、管理、维修，土地使用权的划拨、转让，房屋所有权的买卖、租赁，房地产的抵押。其核心内容就是土地和建筑物。

房地产业与建筑业互相依存互相联系，但又是性质完全不同的两种行业。建筑业是建筑产品的生产部门，属第二产业。房地产业不仅是土地和房屋的经营部门，而且还从事部分土地的开发和房屋的建设活动，具有生产、经营、服务三重性质，是以第三产业为主的产业部门。

房地产开发程序：

一、项目建议书。

房地产综合开发项目建议书的编制应由城市综合开发主管部门根据城市分区规划或控制性详细规划组织编制。

项目建议书应阐明项目的性质、规模、环境、资金来源、期限、进度、指标、拆迁、经营方式、经济效益等。属于直辖市或计划单列市的城市报市计委批准，大型项目还要报建设部初审后再报国家计委批准。非直辖市或非计划单列市的大型项目由城市综合开发主管部门批准后，报建设部初审，再报国家计委批准。

二、可行性研究。

可行性研究应包括：项目背景及概况、建设条件、进度、投资估算、财务效益分析等内容。

三、建设用地规划许可证。

在城市规划区内建设需要申请用地的必须持国家批准建设项目的有关文件，向城市规划行政主管部门申请定点，由城市规划行政主管部门核定其用地位置和界限，提供规划设计条件，核发建设用地规划许可证。

四、土地使用权证书。

土地所有权。《中华人民共和国土地管理法》第二条规定：中华人民共和国实行土地的社会主义公有制，即全民所有制和劳动群众集体所有制。

土地使用权出让，是指国家将国有土地使用权在一定年限内出让给土地使用权者，由土地使用者向国家支付土地使用权出让金的行为。

土地使用权出让是一种国家垄断行为。因为国家是国有土地的所有者，只有国家才能以土地所有者的身份出让土地。城市规划区集体所有的土地，必须依法征用转为国有土地后，方可出让土地使用权。

土地使用权出让可以采取拍卖、招标或协议的方式。

拍卖，是指土地所有者的代表在指定的时间、地点组织符合条件的受让人到场，就所出让使用权的土地公开叫价竞投，按照"价高者得"的原则确定土地使用权受让人的一种出让方式。

招标，是指在指定的期限内，由符合条件的单位或个人，用书面投标的形式竞投土地使用出让权，由招标人择优确定土地使用者的方式。

招标方式的中标者不一定是标价中的最高者。因为在评标时，不仅要考虑到投标价，而且要对投标规划方案和投标者的资信情况进行综合评价。

土地使用权期限，一般根据土地的使用性质来确定，不同用途的土地使用权出让的最高年限为：

居住用地70年；

工业用地50年；

教育、科技、文化、体育用地50年；

商业、旅游、娱乐用地40年；

综合或其他用地50年；

以出让方式取得土地使用权的土地，超出合同约定的动工开发日期，而未动工开发的可以征收相当土地使用出让金20%以下的土地闲置费。满两年未动工的，可以无偿收回土地使用出让权。

五、拆迁安置。

六、组织实施勘察、设计工作，办理建设工程规划许可证。在取得建设工程规划许可证之后方可办理开工证的手续。

七、土地开发。土地开发的主要内容是指房屋建设的前期准备，平整场地、实现水通、电通、路通的"三通一平"。把自然状态的土地变成可供建设房屋和各类设施的建筑用地。

八、施工招标、投标。

九、申领开工证，进入施工安装阶段。

《中华人民共和国建筑法》第7条规定申领开工证应由业主向县以上政府部门办理。

第八条 申领开工许可证的条件：

1.已经办理建筑工程用地批准手续。

2.依法应当办理建设工程规划许可证的已经取得规划许可证。

3.需要拆迁的拆迁进度符合施工要求。

4.已定好施工企业。

5.有满足施工需要的资金安排、施工图纸及技术资料。

6.有保证工程质量和安全的措施。

建筑法规定：施工许可证的有效期是3个月，过期作废，可以延期两次，每次3个月。

十、办理商品房预售许可证。

1994年11月15日建设部发布了第40号令《城市商品房预售管理办法》。该办法规定："商品房预售应当符合下列条件：已交足土地使用出让金，取得土地使用证书。持有建设工程规划许可证，投入的资金达工程总投资的25%以上，并已经确定施工进度交付日期。"

一个正规的房地产开发商应当向顾客公开出示下列证件：

1.建设用地规划许可证；

2.国有土地使用证；

3.建设工程规划许可证；

4.建设工程开工证；

5.商品房销售（或外销）许可证。

十一、竣工验收。

竣工验收是全面考核开发成果、检验设计和工程质量的重要环节，是开发成果转入流通和实用阶段的标志。《城市房地产管理法》第二十六条规定：房地产开发项目竣工，经验收合格后，方可使用。1993年11月12日建设部建法字814号文《城市住宅小区竣工综合验收管理办法》规定：除单体验收外还要进行小区综合验收，即验收规划是否落实、配套设施是否建完、拆迁是否落实、物业管理是否落实等项内容。

十二、物业管理。

国务院2007年8月26日发布《关于修改〈物业管理条例〉的决定》，对原来2003年发布并执行的《物业管理条例》作出了新的修改。

该条例所称物业管理，是指业主通过选聘物业服务企业，由业主和物业服务企业按照物业服务合同约定，对房屋及配套的设施设备和相关场地进行维修、养护、管理，维护物业管理区域内的环境卫生和相关秩序的活动。

国家提倡业主通过公开、公平、公正的市场竞争机制选择物业服务企业。一个物业管理区域成立一个业主大会。

同一个物业管理区域内的业主，应当在物业所在地的区、县人民政府房地产行政主管部门或者街道办事处、乡镇人民政府的指导下成立业主大会，并选举产生业主委员会。业主委员会执行业主大会的决定事项，履行下列职责：

（一）召集业主大会会议，报告物业管理的实施情况。

（二）代表业主与业主大会选聘的物业服务企业签订物业服务合同。

在业主、业主大会选聘物业服务企业之前，建设单位选聘物业服务企业的，应当签订书面的前期物业服务合同。

国家提倡建设单位按照房地产开发与物业管理相分离的原则，通过招投标的方式选聘具有相应资质的物业服务企业。

从事物业管理活动的企业应当具有独立的法人资格。

国家对从事物业管理活动的企业实行资质管理制度。

【例14-4-1】 下列关于项目选址意见书的叙述，正确的是：

　　A. 内容包含建设项目基本情况、规划选址的主要依据、选址用地范围与具体规划要求

　　B. 以划拨方式提供国有土地使用权的建设项目，建设单位应向人民政府行政主管部门申请核发选址意见书

　　C. 由城市规划行政主管部门审批项目选址意见书

　　D. 大、中型限额以上的项目由项目所在地县市人民政府核发选址意见书

解　《中华人民共和国城乡规划法》第三十六条规定，按照国家规定需要有关部门批准或者核准的建设项目，以划拨方式提供国有土地使用权的，建设单位在报送有关部门批准或者核准前，应当向城乡规划主管部门申请核发选址意见书。

选项 A 的内容不全，选项 B 的表述与第三十六条不符，选项 D 大中型项目不能由所在地县市人民政府核发选址意见书，故均错误。

答案： C

习　题

14-4-1　建设单位应在竣工验收合格后（　　　）内，向工程所在地的县级以上地方人民政府建设行政主管部门备案，报送有关竣工资料。

    A. 1 个月　　　　　　　B. 3 个月　　　　　　　C. 15 天　　　　　　　D. 1 年

14-4-2　商品房在预售前应具备下列哪些条件？（　　　）

    ①已交付全部土地使用权出让金，取得土地使用权证书；②持有建设工程规划许可证；③按提供预售的商品房计算，投入开发建设的资金达到工程建设总投资的百分之十五以上，并已确定施工进度和竣工交付日期；④向县级以上人民政府房地产管理部门办理预售登记，取得商品房预售许可证明

    A. ①②③　　　　　　B. ②③④　　　　　　C. ①②④　　　　　　D. ③④

14-4-3　工程完工后必须履行下面（　　　）手续才能使用。

    A. 由建设单位组织设计、施工、监理四方联合竣工验收

    B. 由质量监督站开具使用通知单

    C. 由备案机关认可后下达使用通知书

    D. 由建设单位上级机关批准认可后即可

14-4-4　房地产开发企业应向工商行政部门申请登记，并获得（　　　）才允许经营。

    A. 营业执照　　　　　　　　　　　　B. 土地使用权证

    C. 商品房预售许可证　　　　　　　　D. 建设规划许可证

第五节　工程监理的有关规定

一、监理的由来与发展

1988 年 7 月原建设部颁发了《关于开展监理工作的通知》，对建设监理的范围、对象、监理的内容、开展监理的步骤等作出明确规定，并选择了八个城市和部委开始了监理试点。

1993 年起用三年时间完成稳步发展。

1996 年监理进入全面推行阶段。

监理应当依据建设法律、行政法规和技术标准、设计文件和建筑工程承包合同，对承包单位在施工质量、建设工期和建设资金使用等方面，代表业主实施监督。工程监理人员认为工程施工不符合工程设计要求、施工技术标准及合同约定的，有权要求施工单位改正。

《中华人民共和国建筑法》第三十条明确规定：国家推行建筑工程监理制度，国务院可以规定实行强制监理的建筑工程范围（如国家重点工程、大中型公益事业工程、住宅小区、三资工程等）。

建设监理是我国建设领域里的又一项重大改革。

二、监理的任务及工作内容

三控两管一协调，即：投资控制、质量控制、进度控制、合同管理、信息管理、协调各方关系。

施工监理的范围：依据建设单位与监理单位签订的建设监理合同文本中所涉及的范围。施工阶段是从施工前准备、开工审批手续、分包审查、材料设备厂家选定、施工进度、施工质量及工程造价控制到竣工结算、缺损责任认定和工程保修的全过程。

三、监理单位的资质与管理

2015 年 5 月 4 日原建设部对原工程监理企业资质进行了修订。从注册资本、专业技术人员数量、监理业绩等方面分为综合资质、专业资质、事务所资质等三类。

四、建设监理的原则

公平、独立、诚信、科学。

五、监理工程师注册制度

资格考试：每年考一次，报名条件：高工或有三年经验的工程师。

参加监理工程师资格考试者，由所在单位向本地区监理工程师资格委员会提出书面申请，经审查批准后，方可参加考试。考试合格者，由监理工程师注册机关核发"监理工程师资格证书"。取得"监理工程师资格证书"后，可到当地注册机关注册取得"监理工程师岗位证书"。

国家行政机关的现职人员不得申请注册监理工程师。

习 题

14-5-1 从事工程建设监理活动的原则是（　　　）。

  A. 为业主负责　　　　　　　　　　B. 为承包商负责

  C. 全面贯彻设计意图原则　　　　　D. 守法、诚信、公正、科学

14-5-2 监理单位与项目业主的关系是（　　　）。

  A. 雇佣与被雇佣关系　　　　　　　B. 平等主体间的委托与被委托关系

  C. 监理单位是项目业主的代理人　　D. 监理单位是业主的代表

14-5-3 监理工程师不得在以下哪些单位兼职？（　　　）

  ①工程设计；②工程施工；③材料供应；④政府机构；⑤科学研究；⑥设备厂家。

  A. ①②③④　　　B. ②③④⑤　　　C. ②③④⑥　　　D. ①②③④⑥

14-5-4 下列表述中哪一项不合适？（　　　）

  A. 工程施工不符合设计要求的，监理人员有权要求施工企业改正

  B. 工程施工不符技术标准要求的，监理人员有权要求施工企业改正

  C. 工程施工不符合合同约定要求的，监理人员有权要求施工企业改正

  D. 监理人员认为设计不符合质量标准的，有权要求设计人员改正

14-5-5 监理的依据是以下哪几项？（　　　）

  ①法规；②技术标准；③设计文件；④工程承包合同。

  A. ①②③④　　　B. ①　　　　　C. ①②③　　　　D. ④

14-5-6 工程监理人员发现工程设计不符合建筑工程质量标准或者合同约定的质量要求的应当（　　　）。

A. 报告建设单位要求设计单位改正　　B. 书面要求设计单位改正

C. 报告上级主管部门　　D. 要求施工单位改正

第六节　勘察设计行业职业道德准则

原建设部在1994年颁发了《勘察设计职工职业道德准则》，其内容为：

（一）发扬爱国、爱岗、敬业精神，既对国家负责同时又为企业服好务，珍惜国家资金、土地、能源、材料设备，力求取得更大的经济、社会和环境效益。

（二）坚持质量第一，遵守各项勘察设计标准、规范、规程、防止重产值、轻质量的倾向，确保公众人身及财产安全，对工程质量负责到底。

（三）钻研科学技术，不断采用新技术、新工艺，推动行业技术进步；树立正派学风，不搞技术封锁，不剽窃他人成果，采用他人成果要表明出处，尊重他人的正当技术、经济权利。

（四）认真贯彻勘察设计的各项方针政策，合法经营，不搞无证勘察设计，不搞越级勘察，不搞私人勘察设计，不出卖图签图章。

（五）遵守市场管理，平等竞争，严格按规定收费，不超收、不压价，勇于抵制行业不正之风，不因收取"回扣"、"介绍费"等而选用价高质次的材料设备，不贬低别人，抬高自己。

（六）信守勘察设计合同，以高速、优质的服务，为行业赢得信誉。

（七）搞好团结协作，树立集体观念，甘当配角，艰苦奋斗，无私奉献。

（八）服从单位法人管理，有令则行，有禁必止。

习题题解及参考答案

第一节

14-1-1　解：见《建设工程设计文件编制深度规定》（2016年版）第1.0.5条。

1.0.5　各阶段设计文件编制深度应按以下原则进行（具体应执行第2、3、4章条款）：

1　方案设计文件，应满足编制初步设计文件的需要，应满足方案审批或报批的需要。

注：本规定仅适用于报批方案设计文件编制深度。对于投标方案设计文件的编制深度，应执行住房和城乡建设部颁发的相关规定。

2　初步设计文件，应满足编制施工图设计文件的需要，应满足初步设计审批的需要。

3　施工图设计文件，应满足设备材料采购、非标准设备制作和施工的需要。

注：对于将项目分别发包给几个设计单位或实施设计分包的情况，设计文件相互关联处的深度应满足各承包或分包单位设计的需要。

答案：A

14-1-2　解：见《建筑工程设计文件编制深度规定》（2016年版）第3.2.3条总指标：

1　总用地面积、总建筑面积和反映建筑功能规模的技术指标；

2　其他有关的技术经济指标。

题目中⑤是总面积和总投资问题，不是指标，所以有⑤的选项都不对，其他几项都是技术经济指标。

答案： D

14-1-3　解： 见《建设工程设计文件编制深度规定》（2016 年版）第 3.5.2 条。

答案： A

14-1-4　解： 见《建筑工程设计文件编制深度规定》（2016 年版）第 1.0.3 条。

答案： B

第四节

14-4-1　解：《建设工程质量管理条例》第四十九条规定，建设单位应当自建设工程竣工验收合格之日起 15 日内，将建设工程竣工验收报告和规划、公安消防、环保等部门出具的认可文件或者准许使用文件报建设行政主管部门或者其他有关部门备案。

答案： C

14-4-2　解： 选项 C 是错误的，投入开发建设的资金应达到工程建设总投资的 25% 以上。

答案： C

14-4-3　解：《建设工程质量管理条例》第十六条规定，建设单位收到建设工程竣工报告后，应当组织设计、施工、工程监理等有关单位进行竣工验收。建设工程竣工验收应当具备下列条件：

（一）完成建设工程设计和合同约定的各项内容；

（二）有完整的技术档案和施工管理资料；

（三）有工程使用的主要建筑材料、建筑构配件和设备的进场试验报告；

（四）有勘察、设计、施工、工程监理等单位分别签署的质量合格文件；

（五）有施工单位签署的工程保修书，建设工程经验收合格的，方可交付使用。

答案： A

14-4-4　解：《中华人民共和国城市房地产管理法》第三十条规定，房地产开发企业是以营利为目的，从事房地产开发和经营的企业。设立房地产开发企业，应当具备下列条件：

（一）有自己的名称和组织机构；

（二）有固定的经营场所；

（三）有符合国务院规定的注册资本；

（四）有足够的专业技术人员；

（五）法律、行政法规规定的其他条件。

设立房地产开发企业，应当向工商行政管理部门申请设立登记。工商行政管理部门对符合本法规定条件的，应当予以登记，发给营业执照；对不符合本法规定条件的，不予登记。设立有限责任公司、股份有限公司，从事房地产开发经营的，还应当执行公司法的有关规定。房地产开发企业在领取营业执照后的一个月内，应当到登记机关所在地的县级以上地方人民政府规定的部门备案。

答案： A

第五节

14-5-1 **解**：《工程建设监理规定》第四条规定，从事工程建设监理活动，应当遵循守法、诚信、公正、科学的准则。

答案：D

14-5-2 **解**：《中华人民共和国建筑法》第三十四条规定，工程监理单位应当根据建设单位的委托，客观、公正地执行监理任务。

《工程建设监理规定》第十八条规定，监理单位与项目法人之间是委托与被委托的合同关系，与被监理单位是监理与被监理的关系。

答案：B

14-5-3 **解**：《工程建设监理规定》第三十四条规定，工程监理单位应当在其资质等级许可的监理范围内，承担工程监理业务。工程监理单位应当根据建设单位的委托，客观、公正地执行监理任务。工程监理单位与被监理工程的承包单位以及建筑材料、建筑构配件和设备供应单位不得有隶属关系或者其他利害关系。

答案：C

14-5-4 **解**：监理人员认为设计不符合质量标准的应通过业主请设计单位改正。

答案：D

14-5-5 **解**：《中华人民共和国建筑法》第三十二条规定，建筑工程监理应当依照法律、行政法规及有关的技术标准、设计文件和建筑工程承包合同，对承包单位在施工质量、建设工期和建设资金使用等方面，代表建设单位实施监督。

答案：A

14-5-6 **解**：《中华人民共和国建筑法》第三十二条规定，工程监理人员发现工程设计不符合建筑工程质量标准或者合同约定的质量要求的，应当报告建设单位，要求设计单位改正。

答案：A

第十五章　土木工程施工与管理

复 习 指 导

一、考试大纲

13.1　土石方工程　桩基础工程

土方工程的准备与辅助工作　机械化施工　爆破工程　预制桩、灌注桩施工　地基加固处理技术

13.2　钢筋混凝土工程与预应力混凝土工程

钢筋工程　模板工程　混凝土工程　钢筋混凝土预制构件制作　混凝土冬、雨季施工　预应力混凝土施工

13.3　结构吊装工程与砌体工程

起重安装机械与液压提升工艺　单层与多层房屋结构吊装　砌体工程与砌块墙的施工

13.4　施工组织设计

施工组织设计分类　施工方案　进度计划　平面图　措施

13.5　流水施工原理

节奏专业流水　非节奏专业流水　一般的搭接施工

13.6　网络计划技术

双代号网络图　单代号网络图　网络计划优化

13.7　施工管理

现场施工管理的内容及组织形式　进度、技术、全面质量管理　竣工验收

二、复习重点与难点

（一）土方与桩基工程

土的工程分类、可松性、渗透性，基坑开挖土壁支撑（不支撑的条件和支撑的主要方法），控制地下水位的方法，土方机械的种类和应用范围。预制桩与灌注桩的分类和施工方法，填土压实方法、要求与影响因素，流沙产生的原因和主要防治方法。

（二）钢筋混凝土与预应力混凝土

钢筋的进场检查。钢筋的焊接方法，钢筋的机械连接方法，搭接焊缝长度的规定，钢筋接头位置和绑扎搭接长度的规定。模板类型及应用（滑升模板的组成，爬模、大模板的应用），梁模板起拱的要求，模板拆除对混凝土强度的要求。混凝土搅拌机的分类和应用条件；混凝土制备强度的确定和混凝土运输的基本要求；泵送混凝土的概念及其对石子粒径的要求；混凝土捣固的主要方法，内部振动器插入深度及间距；施工缝概念及其应留设的位置；大体积混凝土浇筑方案，防止产生裂缝的措施；混凝土自然养护的最短时间；混凝土试件强度确定的方法；混凝土冬季施工的原理与要求；混凝土受冻临界强度的概

念。预应力混凝土的概念；先张法和后张法的概念及施工工艺；超张拉的概念和目的；后张法孔道预留的方法；孔道灌浆的要求。

（三）结构吊装工程和砌体工程

起重机的种类及应用范围，起重机主要技术参数（Q、R、H）及相互关系；单层厂房柱子吊装工艺（柱子的绑扎、起吊方法），屋架的吊装方法；结构吊装起重机的选择；柱子与屋架平面的布置方法；分件吊装法与综合吊装法的区分。

砌筑砂浆石灰熟化时间的要求，砌筑砂浆饱满程度的要求，砌筑砂浆拌制后使用时间的要求，砖与砌块强度的划分及表示方法，砌筑灰缝的要求，砌筑墙体留槎的要求与规定，墙体砌筑的方法，内构造柱的留设方法及配筋，砌块的种类和砌筑方法。

（四）工程施工组织设计

施工组织设计的分类及应用条件，施工组织设计的内容及相互间的关系，施工方案的内容，进度计划的编制步骤与表达方法，评价工程进度计划的指标，施工平面图的设计及应优先考虑的内容，单位工程施工组织设计的核心内容与主要内容的编制顺序。

（五）流水施工

流水施工的概念，流水施工参数（流水节拍、流水步距、流水段数、施工过程数和间歇、搭接时间等）的概念及其对工程工期的影响。节奏专业流水、非节奏专业流水和一般搭接流水施工的概念、方法，不同流水施工工期的计算。

（六）网络计划技术

网络计划技术的概念，单代号及双代号网络图的概念和表达方式，网络图的三要素，双代号网络图的绘制规则，双代号网络计划的时间参数计算、工期的计算，时标网络计划的表达方式。

（七）施工管理

施工管理的内容（施工准备、项目管理、施工调度、竣工验收、保修），施工管理的形式（部门控制式、工程队式、矩阵式），全面质量管理概念，全面质量管理者的构成、PDCA 的含义，技术管理的主要任务、环节与制度，竣工验收的依据、条件和组织（主持者和参与者）。

三、复习方法与解题分析

（一）复习方法

土木工程施工与管理的内容可分为三大部分，即施工技术、施工组织和施工管理。在复习时，应针对三部分内容的特点和要求进行。

1. 施工技术部分

主要学习各分部分项工程的施工方法（包括施工工艺、施工的基本要求等），不同施工方法的适用范围，以及主要施工机械设备的类型和特点。

此部分题型以记忆类为多，但不宜死记硬背，应通过运用本专业的基础理论和专业知识加深对施工技术问题的理解和掌握。

2. 施工组织部分

重点学习施工组织设计的概念、分类和应用范围。流水施工、网络计划技术的基本概念和计算方法。该部分题型包括记忆类、基本概念类和计算类。

3. 施工管理部分

主要针对大纲中的内容，掌握一些基本概念。

（二）解题分析

（1）记忆类题型：属于技术规范性的题目，主要是背过记住；属于施工工艺性的题目，通过熟悉工艺特点，并加以理解，使记忆更牢靠。

【例 15-0-1】当施工场地地面标高与柱顶设计标高相同时，对于桩数为 4 根以上有承台桩基中的桩，其打桩施工的桩位允许偏差为：

　　A. 100mm　　　　B. 1/2桩径或边长　　　C. 150mm　　　　D. 1/3桩径或边长

解　依据《建筑地基基础工程施工质量验收标准》（GB 50202—2018）第 5.1.2 条表 5.1.2 对承台桩的规定，桩数大于或等于 4 根桩基中的预制桩，其桩位允许偏差为1/2桩径（边长）+0.01H。其中，H 为桩基施工面至设计标桩顶的距离；当施工场地地面标高与柱顶设计标高相同时，H=0。

答案：B

注：此类题属于技术规范性题目，应熟悉规范，主要以记忆为主。

【例 15-0-2】当基坑降水深度超过 8m 时，比较经济的降水方法是：

　　A. 轻型井点　　　　B. 喷射井点　　　　C. 管井井点　　　　D. 明沟排水法

解　明沟排水法、一级轻型井点适宜降水深度 6m，再深需要二级或多级轻型井点，开挖复杂、占用场地大且不经济。管井井点设备费用大。喷射井点设备轻型，而且降水深度可达 8~20m。

答案：B

注：该题属于施工工艺性的题目，不同降水设备性能不一样，应用条件和范围也不一样，理解后，就不难记忆。

（2）基本概念类题型：只有基本概念清楚，答题思路才清晰。

【例 15-0-3】流水施工中，流水节拍是指：

　　A. 一个施工队在各个施工段上的总持续时间

　　B. 一个施工队在一个施工段上的持续工作时间

　　C. 两个相邻施工队先后进入流水施工段的时间间隔

　　D. 流水施工的工期

解　流水节拍的含义是指一个专业施工队在一个施工段上的工作持续时间。

答案：B

【例 15-0-4】全面质量管理要求下列哪些人员参加质量管理：

　　A. 所有部门负责人　　　　　　　　B. 生产部门的全体人员

　　C. 相关部门的全体人员　　　　　　D. 企业所有部门和全体人员

解　全面质量管理的一个基本观点是"全员管理"。上自经理，下至每一个员工，做到人人关心企业，人人管理企业。

答案：D

注：例 15-0-3、例 15-0-4 两题题解中，什么是流水步距？什么叫流水节拍？什么是全面质量管理？只要基本概念清楚，问题就会迎刃而解。

（3）计算类题型：此类题除熟悉计算程序外，还要概念清楚，才能计算无误。

【例 15-0-5】某工程按表要求组织流水施工，相应流水步距$K_{A\text{-}B}$及$K_{B\text{-}C}$应为：

　　　　A．2 天，2 天　　　　B．2 天，3 天　　　　C．3 天，3 天　　　　D．5 天，2 天

解　该工程组织为非节奏流水施工，相应流水步距$K_{A\text{-}B}$及$K_{B\text{-}C}$应按"节拍累加数列错位相减取大差"的方法计算。累加数列

$$
\begin{array}{llllll}
A & 2, & 5, & 7, & 10 \\
-B & & 2, & 3, & 5, & 6 \\
\hline
& 2 & 3 & 4 & 5 & -6
\end{array}
\qquad
\begin{array}{llllll}
B & 2, & 3, & 5, & 6 \\
-C & & 2, & 5, & 7, & 8 \\
\hline
& 2 & 1 & 0 & -1 & -8
\end{array}
$$

例 15-0-5 表

施工过程	施工段			
	一	二	三	四
A	2	3	2	3
B	2	1	2	1
C	2	3	2	1

取大值后

$$K_{A\text{-}B} = 5 \qquad K_{B\text{-}C} = 2$$

答案：D

注：解此题的关键，一是要清楚非节奏流水施工的概念；二是熟悉用"节拍累加数列错位相减取大差"计算流水步距的程序。

【例 15-0-6】某工程双代号网络图如图所示，工作 1-3 的自由时差为：

　　　　A．1 天　　　　　　　　B．2 天

　　　　C．3 天　　　　　　　　D．4 天

解　经计算工作 1-3 的紧后工作 3-4 的最早开始时间是 7 天，工作 1-3 的最早完成时间为 5 天。工作 1-3 的自由时差=紧后工作的最早开始时间−本工作的最早完成时间=7−5=2 天。

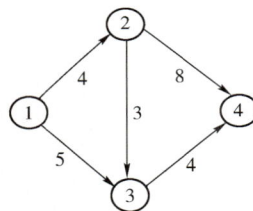

答案：B

例 15-0-6 图

注：此题数字计算很简单，关键是明白"自由时差"的含义，以及"自由时差=紧后工作的最早开始时间−本工作的最早完成时间"的计算规则。概念清楚，计算结果才会正确。

第一节　土石方工程与桩基础工程

建筑工程施工中的土方工程常见的有场地平整、开挖基坑和沟槽、人防工程及地下建筑物的土方开挖、路基填筑及基坑回填等。

土方工程施工包括开挖、运输、填筑、平整等主要工作和稳定土壁、控制地下水等辅助性工作。土方工程施工，要求标高、断面准确，土体有足够的强度和稳定性，土方量少，工期短，费用省。因此，在施工前，先要进行调查研究，了解土的种类和工程性质、土方工程的施工工期、质量要求和施工条件，

以及施工区的地形、地质、水文气象等资料，以此作为合理拟定施工方案，计算土方工程量、土壁边坡和支撑，进行施工排水或降水的设计，选择土方机械和运输工具并计算其需要量，以及选择施工方法和组织施工的依据。此外，还应完成场地清理、地面水的排除和测量放线等工作。施工中，应及时做好施工排水、打设土壁临时支撑，严防流沙及塌方等意外事故的发生。

　　土方工程的特点是面广量大、劳动繁重、施工条件复杂。为了减轻繁重体力劳动、提高劳动生产率、加快工程进度、降低工程成本，组织施工时应尽可能采用新技术和机械化施工。准确计算土方量，是合理选择施工方案和组织施工的前提；尽可能减少土方量，是降低工程成本的有效措施。

一、土的工程分类与性质

（一）土的分类与现场鉴别方法

　　在土方工程施工中，根据土的开挖难易程度，将土分为松软土、普通土、坚土、砂砾坚土、软石、次坚石、坚石、特坚石等八类。前四类为一般土，后四类为岩石。正确区分和鉴别土的种类，有助于合理选择施工方法。土的工程分类与现场鉴别方法见表 15-1-1。

土的工程分类与现场鉴别方法　　　　　　　　　　　　　表 15-1-1

土 的 分 类	土 的 名 称	土的可松性系数		现场鉴别方法
		K_s	K_s'	
一类土（松软土）	砂、亚砂土、冲击砂土层、种植土、泥炭（淤泥）	1.08~1.17	1.01~1.03	能用锹、锄头挖掘
二类土（普通土）	亚黏土、潮湿的黄土、夹有碎（卵）石的砂、种植土、填筑土及亚砂土	1.14~1.28	1.02~1.05	用锹、锄头挖掘，少许用镐翻松
三类土（坚土）	软及中等密实土、重亚黏土、粗砾石、干黄土及含碎（卵）石的黄土、亚黏土、压实的填土	1.24~1.30	1.04~1.07	主要用镐，少许用锹、锄头挖掘，部分用撬棍
四类土（砂砾坚土）	重黏土及含碎（卵）石的黏土、粗卵石、密实的黄土、天然级配砂石、软泥灰岩及蛋白石	1.26~1.32	1.06~1.09	整个用镐、撬棍，然后用锹挖掘，部分用楔子及大锤
五类土（软石）	硬石灰及黏土、中等密实的页岩、泥灰岩、白垩土、胶结不紧的砾岩、软的石灰岩	1.30~1.45	1.10~1.20	用镐或撬棍、大锤挖掘，部分使用爆破方法
六类土（次坚石）	泥岩、砂岩、砾岩、坚实的页岩、凝灰岩、密实的石灰岩、风化花岗岩、片麻岩	1.30~1.45	1.10~1.20	用爆破方法开挖，部分用风镐
七类土（坚石）	大理岩、辉绿岩、玢岩、粗（中）粒花岗岩、坚实的白云岩、砂岩、砾岩、片麻岩、石灰岩、有风化痕迹的安山岩、玄武岩	1.30~1.45	1.10~1.20	用爆破方法开挖
八类土（特坚石）	安山岩、玄武岩、花岗片麻岩、坚实的细粒花岗岩、闪长岩、石英岩、辉长岩、辉绿岩、玢岩、角闪岩	1.45~1.50	1.20~1.30	用爆破方法开挖

　　注：土的种类不同，其开挖难易程度也不同，类别越高，开挖难度越大，工程费用越高，松散后的体积越大。

（二）土的基本工程性质

1. 土的密度

土在天然状态下单位体积的质量叫土的密度。不同的土，密度不同。密度越大，土的强度越高。土的密度由下式计算

$$\rho = \frac{m}{V} \qquad (15-1-1)$$

式中： ρ ——土的密度；

　　　 m ——土的总质量；

　　　 V ——土的体积。

2. 土的含水率

土的含水率即土中水与固体颗粒间的质量比，以百分数表示。

$$w = \frac{m_{\mathrm{w}}}{m_{\mathrm{s}}} \times 100\% \qquad (15-1-2)$$

式中： w ——土的含水率；

　　　 m_{w} ——土中水的质量；

　　　 m_{s} ——土颗粒的质量。

土的含水率对挖土的难易程度、施工时边坡的稳定性、回填土的夯实质量均有影响。在一定含水率条件下，用夯实机具可使回填土达到最大的密实度，此含水率被称为"最佳含水率"。

3. 土的可松性

土的可松性是指自然状态下的土，经开挖以后，其体积因松散而增加；以后虽经回填压实，仍不能恢复到原来的体积。土的可松性程度用最初可松性系数和最后可松性系数表示。

（1）最初可松性系数 K_{s} ：开挖后松散状态土体积 V_2 与自然状态土体积 V_1 的比值。即

$$K_{\mathrm{s}} = \frac{V_2}{V_1} \qquad (15-1-3)$$

（2）最后可松性系数 K_{s}' ：开挖后的土，经回填压实后的体积 V_3 与自然状态土体积 V_1 的比值。即

$$K_{\mathrm{s}}' = \frac{V_3}{V_1} \qquad (15-1-4)$$

土的可松性对土方的平衡调配、基坑开挖留弃土方量、运输工具数量计算等，均有直接影响。土的最初可松性系数 K_{s} 是计算车辆装运土方体积及选择挖土机械的主要参数；土的最后可松性系数 K_{s}' 是计算填方所需挖土工程量的主要参数。可松性系数的大小与土的类别和土质有关。

【例 15-1-1】 某工程开挖 5 000m³ 的基坑，地下室占去体积 3 500m³。请问基坑回填夯实后，弃松土多少立方米？已知 $K_{\mathrm{s}} = 1.20$ ， $K_{\mathrm{s}}' = 1.05$ 。

解　基坑开挖出的松土体积　5 000m³ × K_{s} = 5 000m³ × 1.20 = 6 000m³

基坑回填夯实所需松土体积　(5 000m³ − 3 500m³)/1.05 × 1.20 = 1 714m³

基坑回填后应弃松土体积　6 000m³ − 1 714m³ = 4 286m³

4. 土的渗透性

土的渗透性是指土体中水可以渗流的性能。土体孔隙中的自由水在重力作用下会发生流动，当基坑（槽）开挖至地下水位以下，地下水会不断流入基坑（槽）。地下水在土中渗流流动中受到土颗粒的阻力，其大小与土的渗透性及地下水渗流的路程长短有关。法国学者达西根据如图 15-1-1 所示的砂土渗透试验，发现水在土中的渗流速度（ v ）与水力坡度（ I ）成正比。即

$$v = k \cdot I \qquad\qquad (15-1-5)$$

水力坡度I是图 15-1-1 中A、B两点的水位差h与渗流路程L之比，即$I = h/L$。显然，渗流速度v与h成正比，与渗流的路程长度L成反比。比例系数k称为土的渗透系数（m/d）。可以理解为，土的渗透系数是当水力坡度为 1 时，水在土中的渗透速度。不同的土，渗透系数不一样。这与土的颗粒级配、密实程度等有关。渗透系数值，一般由试验确定，表 15-1-2 的数值可供参考。

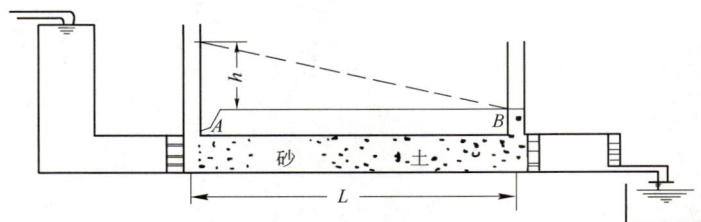

图 15-1-1　砂土渗透试验

土的渗透系数参考表　　　　　　　　　　　　　　　　　表 15-1-2

土 的 名 称	渗透系数k（m/d）	土 的 名 称	渗透系数k（m/d）
黏土	<0.005	中砂	5.0~20.00
亚黏土	0.005~0.10	均质中砂	35~50
轻亚黏土	0.10~0.50	粗砂	20~50
黄土	0.25~0.50	圆砾石	50~100
粉砂	0.50~1.00	卵石	100~500
细砂	1.00~5.00		

土的渗透系数是选择降低地下水位方法和进行涌水量计算的依据；也是分层填土时，确定不同土料填筑顺序的依据。

二、土方工程的准备与辅助工作

（一）场地平整及施工准备工作

场地平整的施工准备工作包括以下内容：

（1）场地清理：包括拆除房屋、古墓，拆迁或改建通信、电力设备、上下水管道以及其他建筑物，迁移树木，去除耕植土及河塘淤泥等。

（2）排除地面水：场地内低洼地区的积水必须排除，同时应注意雨水的排除，使场地保持干燥，以利土方施工。

（3）修筑好临时道路及供水、供电等临时设施。

场地平整前，首先要确定场地的设计标高，其次要计算挖方量和填方量，然后确定挖、填方的平衡调配方案，再选择土方机械、拟定施工方案。场地标高的确定方法和原则如下：

（1）小型场地平整且对场地标高无特定要求时，一般可以根据平整前和平整后的土方量相等（即挖填平衡）的原则求得设计标高。计算前先将场地平面划成方格网，并根据地形图将每方格的角点标高标于图上，按式（15-1-6）求出初始设计标高（即场地平均标高），再根据排水坡度要求、可松性的影响及就近借、弃土量进行调整，而得出各方格角点的设计标高。

$$H_0 = \frac{\sum H_1 + 2\sum H_2 + 3\sum H_3 + 4\sum H_4}{4M} \qquad\qquad (15-1-6)$$

式中： H_0 ——所计算场地的设计标高；

H_1 ——一个方格仅有的角点标高；

H_2、H_3、H_4 ——分别为2个、3个、4个方格共有的角点标高；

M ——场地内的方格数。

（2）当进行大型场地竖向规划设计时，常采用"最佳平面设计法"确定设计标高。

（3）确定标高应遵循的原则：

①与已有建筑物的标高相适应，满足生产工艺和运输的要求；

②尽量利用地形，以减少填、挖土方量；

③根据具体条件，争取场区内的挖方同填方相互平衡，以降低土方运输费用；

④要有一定的泄水坡度，以满足排水要求。

（二）土方边坡与土壁支撑

1. 土方边坡

为了防止塌方，保证施工安全，在挖方或填方的开挖深度或填筑高度超过一定限度时，均应在其边沿做成具有一定坡度的边坡。土方边坡的坡度以其高度H与宽度B之比表示，即

$$土方边坡坡度 = \frac{H}{B} = \frac{1}{\frac{B}{H}} = 1:m \tag{15-1-7}$$

式中：m ——坡度系数，当边坡高度为已知H时，其边坡宽度B则等于$m \cdot H$。

土方边坡稳定的条件是，在土体的重力及外部荷载作用下所产生的下滑力T小于土体的抗剪力C，即$T < C$。土体的下滑力主要由下滑土体重力在可能滑坡面方向的分力构成，它受坡上荷载、含水率、静水及动水压力的影响。而土体的抗剪力主要由土质决定，且受气候、含水率及动水压力的影响。因此，在确定土方边坡坡度时应考虑土质、边坡高度、留置时间、排水情况、坡上的荷载情况以及土方施工方法等因素。

根据相关规范的规定，当地下水位低于基底，在湿度正常的土层中开挖基坑或管沟，且敞露时间不长时，可做成直立壁不加支撑，但挖方深度不宜超过下列规定：①砂土和碎石土不大于1m；②粉土或粉质黏土不大于1.25m；③黏土或碎石土不大于1.5m；④坚硬的黏性土不大于2m。施工过程中应经常检查沟壁的稳定情况。

当土的湿度、土质及其他地质条件较好且地下水位低于基底时，临时性挖方边坡取值，见表15-1-3。

临时性挖方边坡值 表15-1-3

土 的 类 别		边坡坡度
砂土（不包括细砂、粉砂）		1:1.25~1:1.50
一般黏性土	坚硬	1:0.75~1:1.00
	硬塑	1:1.00~1:1.25
	软	1:1.50 或更缓
碎石类土	密实、中密	1:0.50~1:1.00
	稍密	1:1.00~1:1.50

注：1.设计有要求时，应符合设计标准。

2.如采用降水或其他加固措施，可不受本表限制，但应计算复核。

3.开挖深度，对软土不应超过4m，对硬土不应超过8m。

2. 土壁支护

土壁稳定主要是由土体内摩阻力和黏聚力来保持平衡的。一旦土体失去平衡，土壁就会塌方。造成土壁塌方的原因主要有：①边坡过陡或土质差，基坑开挖深度大；②雨水、地下水渗入基坑，使土泡软，抗剪能力降低；③基坑上边缘有静荷载或动荷载作用。

为了保证土体稳定和施工安全，可采取以下措施：

（1）放足边坡：边坡的留设应符合规范要求，其坡度的大小，应根据土质、水文地质条件、施工方法、开挖深度、工期长短等因素而定；

（2）设置支护：为了缩小施工面，减少土方量，或受场地的限制不能放坡时，则应设置土壁支护。

常用基坑支护按作用原理分为稳定式（土钉墙）、重力式（水泥土墙）、支挡式三类。选择时，应依据土的性状及地下水条件、基坑深度及周边环境、地下结构形式及施工方法、基坑形状及尺寸、场地条件等综合考虑。

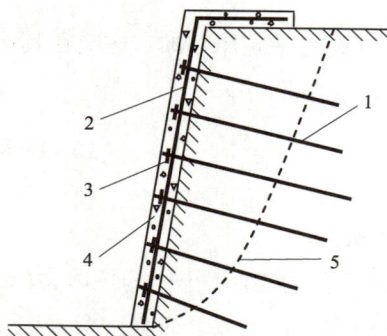

图 15-1-2 土钉墙支护剖面

1-土钉；2-钢筋网；3-垫板或加强钢筋；
4-混凝土墙面板；5-可能滑坡面

1）土钉墙支护

土钉墙是由土钉、钢筋混凝土面板及加固的原位土体所构成（见图 15-1-2）。它能提高边坡的稳定性，增强土体破坏的延性，对边坡起到加固作用。

土钉墙是随基坑的分段、分层开挖而及时施作，通过打入钢花管（或钻土钉孔→插入钢筋）→注浆→绑扎固定钢筋网→喷射混凝土面板等工序而成。具有构造及施工简单、费用较低等优点。适用于淤泥质土、黏土、粉土、砂土等土质，且无地下水、深度在12m 以内的基坑土壁支护。当基坑较深、开挖时稳定性差、需要挡水者，可加设锚杆（坑深不得超过 15m）、微型桩、水泥土墙等构成复合式土钉墙。

2）水泥土墙支护

水泥土墙通过沉入地下设备将喷入的水泥浆与土均匀拌和，形成柱状的水泥加固土桩，并相互咬合搭接而成（见图 15-1-3）。靠其自重和刚度进行挡土护壁，且具有截水功能。

水泥土墙的施工方法有深层搅拌、旋喷和粉喷法。具有坑内无支撑，便于挖土及坑内作业、造价较低等优点。适于淤泥、淤泥质土、黏土、粉土、填土等土层，深度不大于 7m 的基坑支护。

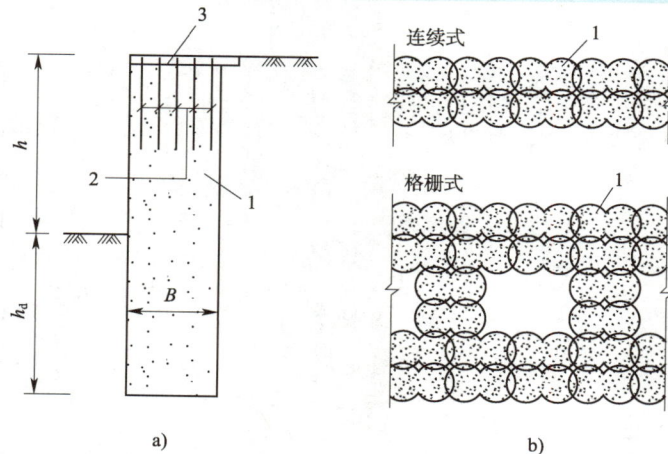

a)　　　　　　　　　　　　b)

图 15-1-3 水泥土墙的一般构造

1-搅拌桩；2-插筋；3-混凝土面板

3）支挡式结构

支挡式结构是以挡土构件或再加设锚杆、支撑等形成的支护结构。它主要是依靠结构本身来抵抗坑壁土体下滑并限制其变形。该种支护结构种类较多，属于非重力式。挡土构件（挡墙）按有无截水功能，分为透水式和止水式两种。

常用的挡土构件（挡墙）包括：

①钢板桩挡墙

钢板桩的截面形状有 Z 形、U 形（见图 15-1-4）及多种组合形式，由带锁口或钳口的热轧型钢制成。钢板桩互相连接打入地下，形成连续钢板桩墙，既能挡土又能起到止水帷幕的作用，可作为坑壁支护、防水围堰等。它打设方便，承载力较大，可重复使用，有较好的经济效益，但刚度较小。可用于深 5~10m 的基坑。

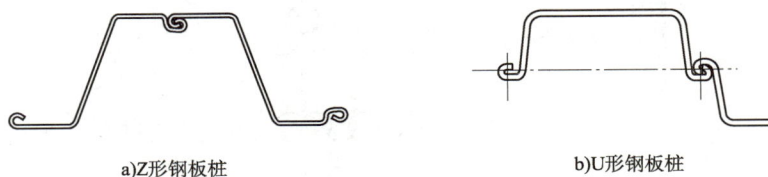

a)Z形钢板桩　　　　b)U形钢板桩

图 15-1-4　常用钢板桩截面形式

②型钢水泥土墙

它是在水泥土墙内插入型钢而成的复合挡土隔水结构（见图 15-1-5）。型钢承受土的侧压力，而水泥土具有良好的抗渗性能，因此具有挡土与止水的双重作用。其特点是构造简单，止水性能好，工期短，型钢可回收。适用于填土、淤泥质土、黏性土、粉土、砂土、饱和黄土等地层，深度 8~10m 的基坑支护。

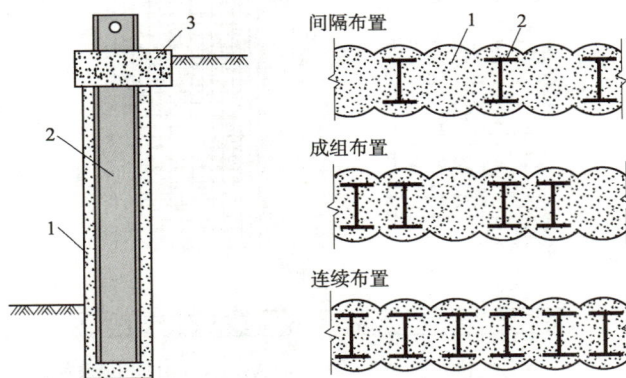

图 15-1-5　型钢水泥土墙构造

1-搅拌桩；2-H 型钢；3-钢筋混凝土冠梁

③排桩式挡墙

该类挡墙常用混凝土灌注桩、钢管桩及钢管混凝土桩等，在开挖前设置于基坑周边形成桩排，并通过顶部浇筑的冠梁等相互联系而成（见图 15-1-6）。它挡土能力强、适用范围广，但造价较高，一般无阻水功能。有阻水要求时，可布置成连续式、交错式、搭接式，或设置止水帷幕及其他封闭措施。

④地下连续墙

地下连续墙是在待开挖的基坑周围，修筑一圈厚度不小于 600mm 的连续钢筋混凝土墙体，以满足基坑开挖及地下施工过程中的挡土、截水防渗要求，还可用于逆作法施工。施工分单元槽段进行（见图

15-1-7），连接后形成整体挡墙。为了避免渗漏，应尽量减少接缝，但单元槽段长度也不宜大于6m；尽量避免在转角处接缝，且应加强施工接头的构造处理。地下连续墙的特点是刚度大、整体性好，但工艺技术复杂，费用高，常作为地下结构的一部分以降低造价。适用于黏土、砂砾石土、软土等多种土层，且地下水位高、施工场地较小或周围环境限制严格的深基坑工程。

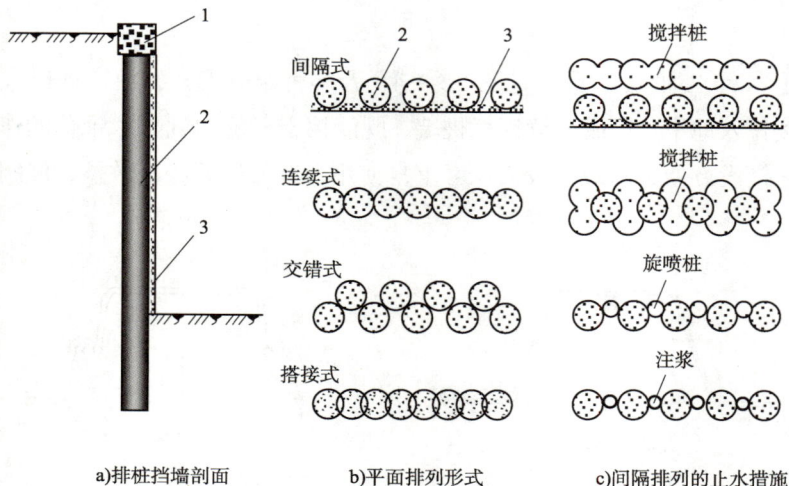

a)排桩挡墙剖面　　　　b)平面排列形式　　　　c)间隔排列的止水措施

图 15-1-6 混凝土排桩挡墙形式

1-冠梁（连梁）；2-灌注桩；3-钢丝网混凝土护面

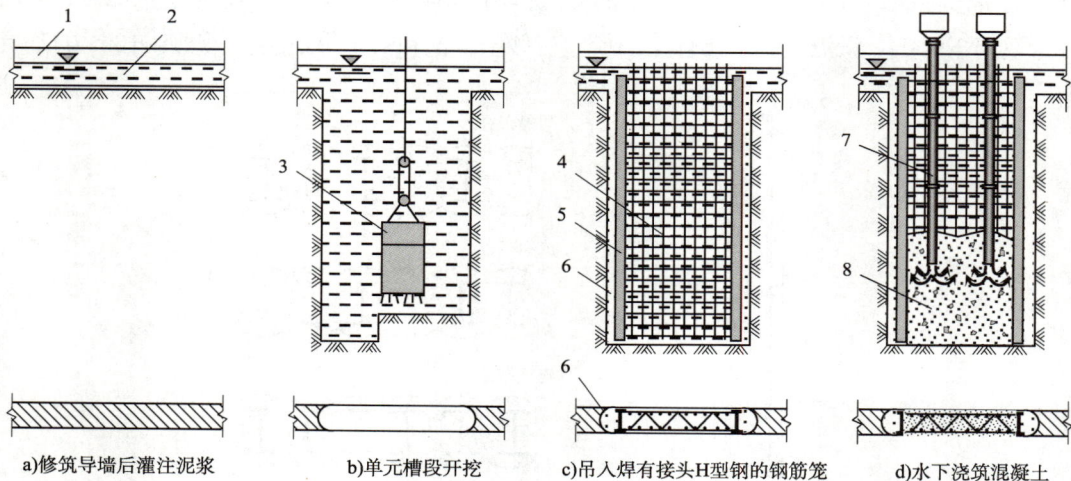

a)修筑导墙后灌注泥浆　　b)单元槽段开挖　　c)吊入焊有接头H型钢的钢筋笼　　d)水下浇筑混凝土

图 15-1-7 地下连续墙单元槽段施工过程示意图

1-导墙；2-泥浆；3-成槽机；4-钢筋笼；5-H型钢；6-充填苯板及沙包；7-导管；8-浇筑的混凝土

常用的挡墙支撑结构包括悬臂式、抛撑式、锚拉式、锚杆式、坑内水平支撑等五种（见图15-1-8）。

①悬臂式（自立式）

悬臂支撑形式的挡墙不设支撑或拉锚，嵌固能力较差，要求埋深大；且挡墙承受的弯矩、剪力较大且集中，受力形式差，易变形，故基坑深度不宜大于5m。

②抛撑式

支撑的挡墙受力较合理，但挡墙根部的土需待抛撑设置后开挖、再补做结构，且对基础及地下结构施工有一定影响，还需注意做好后期的换撑工作。适用于土质较差且面积大的基坑工程。

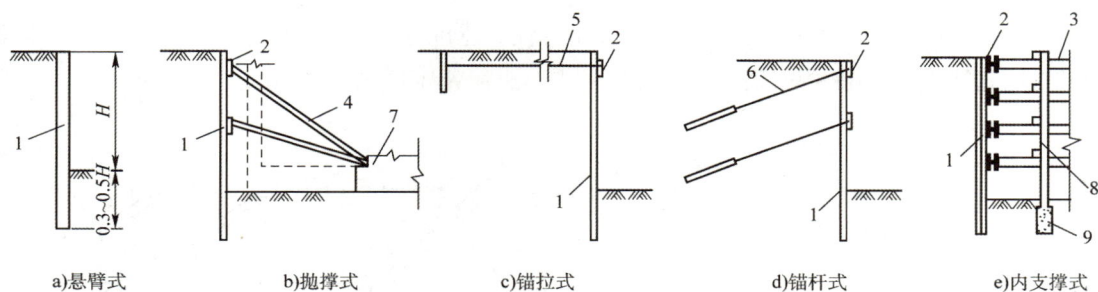

图 15-1-8　挡土灌注桩支护形式

a)悬臂式　　b)抛撑式　　c)锚拉式　　d)锚杆式　　e)内支撑式

1-挡墙；2-围檩（连梁）；3-支撑；4-抛撑；5-拉锚；6-锚杆；7-先施工的基础；8-支承柱；9-灌注桩

③锚拉式

由拉杆和锚桩组成，抗拉能力强，挡墙位移小、受力较合理；锚桩长度一般不小于基坑深度的3/10~1/2，其打设位置应距基坑有足够远的距离，因此需有足够的场地；且由于拉锚只能在地面附近设置一道，故基坑深度不宜超过12m。

④锚杆式

土层锚杆具有较强的锚拉能力，且可依据基坑深度随开挖设置多道，并常施加预应力，提高土壁的稳定性，减少挡墙的位移和变形；不影响基坑开挖和基础施工；费用较低。常用于土质较好且周围无障碍的深基坑支挡结构中。

⑤内支撑式

内支撑是设置在基坑内的由钢或钢筋混凝土组成的水平支撑部件。可依据基坑深度设置多道，每层先撑后挖。内支撑式刚度大、支承能力强。但给坑内挖土和结构施工带来不便，且需进行换撑作业，费用也较高。适用于深度较大，周围环境不允许设置锚杆或软土地区的深基坑支护。

（三）地下水控制

开挖基坑时，如不控制好地下水并及时排走流入坑内的地面水，不但会使施工条件恶化，引发滑坡、塌方，而且还会影响地基的承载力。因此，在土方施工中，做好地下水控制和排水工作，保持土体干燥是十分重要的。

常用的地下水控制方法包括集水明排、降水、截水和回灌四类。

1. 集水明排

集水明排是采用截、疏、抽的一种排水方法。"截"是截住水流；"疏"是疏干积水；"抽"是在基坑开挖过程中，在坑底设置集水井，并沿坑底的周围或中央开挖排水沟，使水流入集水井中，然后用水泵抽走（见图15-1-9），降水深度不大于3m。

2. 降水

降水就是在基坑开挖前，先在基坑周围埋设一定数量的滤水管（井），利用抽水设备从中抽水，使地下水位降落到坑底以下500mm之下，直到地下施工完毕且具有足够的抗浮能力为止。这样，可使基坑在保持干燥状态下开挖，防止流沙发生，改善了基础施工条件。但降水前，应考虑在降水影响范围内的已有建筑物和构筑物可能产生的附加沉降位移，应事先采取防护措施。人工降低地下水位的方法有轻型井点、喷射井点、电渗井点、管井井点等。

（1）轻型井点

轻型井点（见图 15-1-10）是沿着基坑四周或一侧每隔一定距离埋入井点管（下端为滤管）至蓄水

层内，井点管上端通过弯联管与总管连接，利用抽水设备将地下水从井点管内不断抽出，使原有地下水位降至坑底标高以下的一种降水方法。此方法设备轻便，造价低，被广泛应用。但是由于真空泵效率问题，一般降水深度不大于 6m；当采用多级轻型井点时，降水深度为 6~10mm。

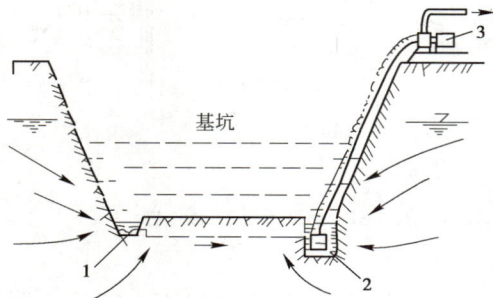

图 15-1-9　集水明排

1-排水沟；2-集水井；3-水泵

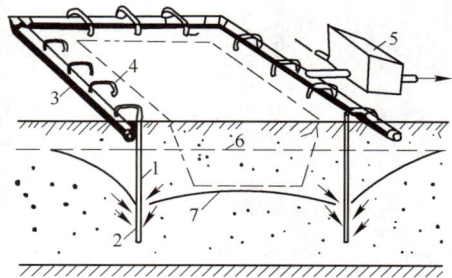

图 15-1-10　轻型井点

1-井点管；2-滤管；3-总管；4-弯联管；5-水泵房；
6-原地下水位线；7-降低后的地下水位线

（2）喷射井点

喷射井点根据工作时所使用的液体或气体的不同，分为喷水井点和喷气井点两种。其设备主要由喷射井管、高压水泵和管路组成。

喷射井管分外管与内管两部分，在内管下端设有喷射器与滤管相连。喷射器由喷嘴、混合室、扩散室等组成。工作时，用高压水泵把压力为 0.7~0.8MPa 的水经过总管分别压入井点管中，高压水经外管与内管之间的环形空间，并经喷射器侧孔流向喷嘴，由于喷嘴处截面突然缩小，压力水经喷嘴以很高的流速喷入混合室，使该室压力下降，造成一定的真空。此时，地下水被吸入混合室与高压水汇合流经扩散管，沿内管上升经排水总管排出，地下水不断从井点管中抽走，而使地下水位逐渐下降，达到设计要求的降水深度。

采用喷射井点，降水深度可达 8~20m（对于 $k = 3$~20m/d 的砂土最有效，在 $k = 0.1$~3m/d 的粉砂、淤泥质土中使用效果也显著）。

（3）电渗井点

在土的渗透系数很小（$k < 0.1$m/d），采用轻型井点、喷射井点基坑（槽）降水效果很差时，宜改用电渗井点降水。

电渗井点是以原有的井点管（轻型井点或喷射井点）本身作为阴极，沿基坑（槽）外围布置，采用套管冲枪成孔埋设；以钢管（$\phi 50$~75）或钢筋（$\phi 25$ 以上）作为阳极，埋在井点管内侧，通入直流电后，带正电荷的孔隙水自阳极向阴极移动（即电渗现象）。在电渗与真空的双重作用下，强制地下水在井点管附近积集，经井点管快速排出，地下水位逐渐下降。

电渗井点适用于在黏土、粉质黏土、淤泥等土质中降水。

（4）管井井点

管井井点就是沿基坑隔一定距离设置一个管井，每个管井单独用一台水泵不断抽水以降低地下水位。适用于渗透系数较大（$k = 20$~200m/d）、地下水量大的情况。当采用离心泵或真空降水设备时，降水深度为 6~10m；采用潜水泵或深井泵时，降水深度可达数十米。

渗透系数不同，降水深度不同，所采用的降水方法也不同。各类降水井点适用条件见表 15-1-4。

适用条件	渗透系数（cm/s）	可降低水位深度（m）	适用条件	渗透系数（cm/s）	可降低水位深度（m）
轻型井点及多层轻型井点	$10^{-2} \sim 10^{-5}$	3~6 6~10	电渗井点	$<10^{-7}$	6~10
喷射井点	$10^{-3} \sim 10^{-6}$	8~20	管井井点	$\geqslant 10^{-5}$	>6

3. 截水

截水是在基坑周围设置止水挡墙或截水帷幕等封闭基坑，切断外部向基坑内的渗水通道，仅在基坑内进行疏干降水的地下水控制方法，也称封闭式降水法，如图 15-1-11 所示。该法有利于保护地下水环境，避免基坑周围地面沉降带来的隐患。

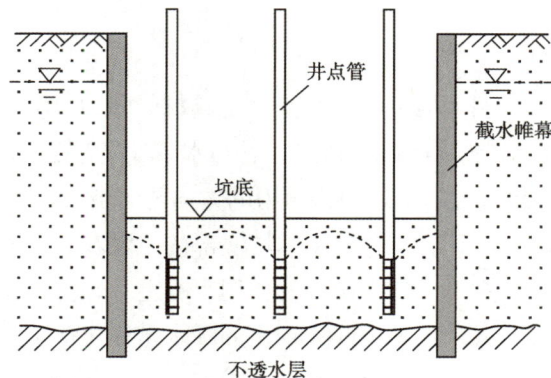

图 15-1-11　截水法（封闭式降水）示意图

常用截水帷幕的做法有深层搅拌法、压密注浆法、冻结法等。常用止水挡墙有地下连续墙、水泥土墙、型钢水泥土墙、小齿口钢板桩、咬合桩等阻水支护挡墙，也可在排桩间用旋喷、摆喷水泥土桩进行封闭。

截水帷幕的厚度应满足防渗要求，其深度应插入下卧不透水层或封底层内 0.2h~0.5b（其中 h 为作用水头，b 为帷幕厚度）。坑内设置降水井点将土疏干并使水位降至基坑底 0.5m 以下，当有较大压力的承压水层时，还应设置减压井，防止坑底隆起或突涌。

4. 回灌

降排地下水会造成土颗粒流失或土体压缩固结，易引起周围地面沉降，可能导致邻近建筑物倾斜、下沉、道路开裂或管线断裂。当基坑外地下水位降幅较大、基坑周围存在需要保护的建（构）筑物或地下管线时，宜采用地下水人工回灌等措施。

回灌法是在降水井点与需保护的建筑物、构筑物间设置一排回灌沟、井。在降水的同时，向土层内灌入适量的水，使原建筑物下仍保持较高的地下水位，以减小其沉降程度，如图 15-1-12 所示。对于浅层潜水可用砂井、砂沟进行自然回灌，对于承压水则需用加压回灌井进行回灌。

为确保基坑施工安全和回灌效果，同层回灌沟、井与降水井点之间应保持不小于 6m 的距离，且降水与回灌应同步进行。同时，在回灌沟、井两侧要设置水位观测井，监测水位变化，调节控制降水井点和回灌井点的运行以及回灌水量。

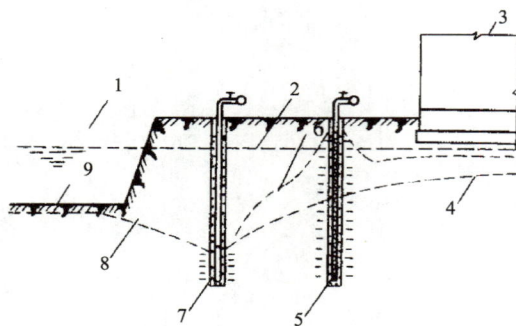

图 15-1-12　回灌井点布置示意图

1-开挖基坑；2-原有地下水位线；3-原有建筑物；4-不回灌时的水位线；5-回灌井点；6-降灌井点间水位线；7-降水井点；
8-降水后的水位线；9-基坑底

（四）流沙防治

当基坑开挖到地下水位以下时，有时坑底土会呈流动状态，随地下水涌入基坑，这种现象称为流沙现象。此时，基底土完全丧失承载能力，土边挖边冒，施工条件恶化，严重时会造成边坡塌方，甚至危及邻近建筑物。

1. 流沙发生的原因

动水压力是流沙发生的重要条件。地下水流动受到土颗粒的阻力，而水对土颗粒具有冲动力，这个力即称为动水压力。动水压力 $G_D = \gamma_w I = \gamma_w \cdot \Delta h / L$，它与水力坡度 I 成正比，水位差 Δh 越大，动水压力越大；而渗透路程 L 越长，则动水压力越小。动水压力的方向与水流方向一致。

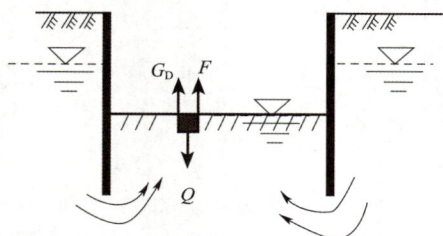

图 15-1-13　流沙现象原理示意图

处于基坑底部的土颗粒，土不仅受水的浮力作用，而且受动水压力的作用，有上举趋势，见图 15-1-13。当动水压力 G_D 等于或大于土的浸水密度（$Q-F$）时，土颗粒处于悬浮状态，并随地下水一起流入基坑，即发生流沙现象。

流沙现象常发生在地下水位高、土壤粒径小且无黏性（如细砂、粉砂及砂质粉土）的土层中。在粗大砂砾中，因孔隙大，水在其间流过时阻力小，动水压力也小，不易出现流沙。而在黏性土中，由于土粒间黏聚力较大，不会发生流沙现象，但有时在承压水作用下会出现整体隆起现象。

2. 流沙的防治

防治流沙的主要途径是减小、平衡、消除动水压力，或改变其方向。具体措施为：

（1）加深挡墙法：在基坑周围设置截水挡墙，增加地下水流入坑内的渗流路程，从而减小动水压力。

（2）水下挖土法：采用不排水施工，使坑内水压与坑外地下水压相平衡，抵消动水压力。

（3）截水封闭法：可避免地下水向开挖后的基坑内渗流，从而消除动水压力，杜绝流沙现象。

（4）井点降水法：通过降低地下水位改变动水压力的方向，可防止流沙发生。

三、填土压实

1. 对填土的要求

（1）淤泥土、冻土、强膨胀性土、过盐渍土、有机质含量大于 8% 的土，均不能用作填料；基坑回填不得用有机质含量大于 5% 的土。

（2）应水平分层填土、分层夯实，每层的厚度根据土的种类及压实机械而定。

（3）采用两种透水性不同的土料时，应分别分层填筑，透水性较小的土宜在上层。

（4）不同填料不应混填。

2. 压实方法

（1）碾压法：利用机械滚轮的压力压实土壤，使之达到所需的密实度，适用于大面积填筑。碾压机械有平碾和羊足碾。碾压时，行驶速度不宜过快；对松土应先轻碾初步压实，再用重碾或振动碾压，以避免土层强烈起伏；对无限制的填土，应先压边部后压中间，利于压实。

（2）夯实法：利用夯锤下落的冲击力来夯实土壤，此法主要用于小面积回填土。常用夯实法有人工夯实法（如木夯、石夯等）和机械夯实法（夯实机械如夯锤、内燃夯土机、蛙式打夯机等）。

（3）振动压实法：将振动压实机置于土层表面，借助振动机构使压实机械振动，土颗粒发生相对位移而达到紧密状态。此方法对于非黏性土效果更好。

3. 影响填土压实质量的因素

（1）压实功的影响：填土压实后的重度与压实机械在其上所施加的功（压力或冲击力、作用时间）关系密切。实际施工中，填土的密实度不仅取决于压实机械，也与压实遍数有关。土在一定含水率下，开始压实时土的密实度急剧增加，接近土的最大干密度后，虽经反复压实，但密度无变化。对于不同的土，以及压实后的密实度要求不同时，各类压实机械的压实遍数也不同。

（2）含水率的影响：干燥的土，由于颗粒之间的摩阻力较大，填土不易被压实；含水率较大的土，由于土颗粒间的孔隙全部被水填充而呈饱和状态，土也不能被压实且易出现"橡皮土"；只有处于最佳含水率范围内的土才易被压实。

（3）铺土厚度的影响：土在压实功作用下，所受压应力随深度增加而减小，其影响深度与压实机械、土的性质和土的含水率有关。铺土厚度应小于压实机械压土时的作用深度，最优铺土厚度可使土方压实机械的功耗费最小且土被压得更密实。

土方填筑厚度及压实遍数应根据土质、压实系数及所用机具确定。如无试验依据时，可参照表 15-1-5 的规定。

土的压实质量，需通过取样，测其干密度进行检验。取样位置为每层压实后土的下半部。

填土施工时的分层厚度及压实遍数　　　　　　　　　　　　表 15-1-5

压实机具	分层厚度（mm）	每层压实遍数	压实机具	分层厚度（mm）	每层压实遍数
平碾	250~300	6~8	打夯机	200~250	3~4
振动压实机	250~350	3~4	人工打夯	≤200	3~4

【例 15-1-2】 压实松土时，应采用：

　　A. 先用轻碾后用重碾　　　　　　　　B. 先振动碾压后停振碾压

　　C. 先压中间再压边缘　　　　　　　　D. 先快速后慢速

解　为了提高填土压实的效率和效果，一般应遵循"先轻后重、先静后振、先边后中、先慢后快"的原则进行碾压。

答案：A

【例 15-1-3】 下列可作为检验填土压实质量控制指标的是：

　　A. 土的可松性　　　B. 土的压实度　　　C. 土的压缩比　　　D. 土的干密度

解　土的干密度是指单位体积土中固体颗粒的质量，用 ρ_d 表示，它是检验填土压实质量的控制指标。

一般在每层土的下半部通过环刀取样，经实验室烘干、称量得到。要求$\rho_d \geq \lambda_c \rho_{max}$（其中$\lambda_c$为设计要求的压实系数，$\rho_{max}$为实验室测得的最大干密度），应有90%以上的点位符合设计要求，余者最低值与设计值之差不得大于0.08g/cm³，且不得集中。

答案：D

四、土方机械化施工

（一）主要土方机械

1. 推土机

推土机是土方工程施工的主要机械之一，可以独立完成铲土、运土及卸土三种作业。它操纵灵活，运转方便，所需工作面较小，转移方便，因此应用范围广。推土机多用于场地的清理和平整，开挖深度不大于1.5m的一～三类土的基坑，填平沟坑，以及配合铲运机、挖土机工作等。其推运距离宜在100m以内，运距在50m左右经济效果最好。

2. 铲运机

铲运机是一种能综合完成全部土方施工工序（挖土、运土、卸土和平土）的机械。铲运机管理简单，生产效率高，且运行费用低，常用于坡度在20°以内的大面积场地平整，开挖一～二类土的大型基坑、填筑路基等。自行式铲运机适用于运距为800～3 500m的大型土方工程施工，以运距在800～1 500m以内生产效率最高；拖式铲运机适用于运距为80～800m的土方工程施工，以运距在200～350m效率最高。

3. 单斗挖土机

单斗挖土机在土方工程中应用较广，种类很多，按其工作装置可分为正铲、反铲、拉铲和抓铲（抓斗）等不同挖土机，但常用的为正铲和反铲挖土机。正铲挖土机的工作特点是"前进向上、强制切土"，适于开挖停机面以上一～四类土，且需与汽车配合完成整个挖运作业。反铲挖土机的工作特点是"后退向下、强制切土"，用以挖掘停机面以下一～三类土，主要用于开挖基坑、基槽或管沟。拉铲挖土机的工作特点是"后退向下、自重切土"，适于填筑路基、开挖沟渠或水中挖土。抓铲（抓斗）挖土机的工作特点是"直上直下、自重或强制切土"，适于深的井、坑、槽开挖。拉铲和抓铲（抓斗）挖土机只能挖一、二类土。

（二）机械选择与施工要点

1. 场地平整

运距在100m以内时，宜选用推土机平整场地；运距在100～1 500m、场地较平坦时，宜选择铲运机平整场地；运距大于1 000m且挖土掌子面高时，宜采用挖土机配合自卸汽车施工。为提高作业效率，推土机施工时，可采用下坡推土、沟槽推土、并列推土、集中推运、斜角推填等方法；铲运机施工时，可采用下坡铲土、跨铲、助铲等方法。

2. 基坑开挖

一般基坑基槽常采用反铲挖土机开挖，特别大且深的基坑可采用正铲挖土机开挖；水下开挖，面积较大时宜用拉铲挖土机，面积小且深时宜用抓斗挖土机。计算运土配套车辆应使挖土机能不间断作业。基底及边坡应预留200～300mm厚土层用人工清底、修坡、找平，以避免超挖和土层遭受扰动。

常用开挖方法包括下坡分层开挖、盆式开挖和岛式开挖。放坡开挖应及时进行护坡，坡顶不宜堆土；采用土钉墙、土层锚杆支护的基坑，应分层分段开挖并及时进行支护施工，每层开挖深度应与土钉或锚杆层距相适应，分段长度不宜大于30m；采用内支撑的基坑，应遵循"先撑后挖、限时支撑、分层开挖、严禁超挖"的原则施工。

五、土、石方爆破工程

把炸药埋置于地下深处引爆后，由于原来体积很小的炸药在极短时间内通过化学变化立刻转化为气体状态，体积迅速增加，产生极大的压力、冲击力和很高的温度，使周围的介质（土、石等）受到不同程度的破坏，称之为爆破。

（一）炸药、炸药量的计算及起爆方法

1. 炸药

在外界能量作用下，能由其本身的能量发生爆炸的物质叫炸药。不同种类的炸药，其爆速、爆力、猛度和敏感度及安定性是不同的，在使用时应予以注意。

2. 炸药量的计算

爆破时，用药量应根据岩石的硬度、岩石的缝隙、临空面的多少、估计爆破的土石方量以及施工经验来确定，一般通过理论计算后再通过试爆复核，最后确定实际的用药量。

3. 起爆方法

（1）火花起爆：它是利用导火索在燃烧时的火花引爆雷管，然后再使炸药发生爆炸。用火花起爆时，同时点燃导火索的根数要受到限制，因此，同时爆破的药包也受到限制。

（2）电力起爆：它是利用电雷管中的电力引火装置，使雷管中的起爆炸药爆炸，然后使药包爆炸。大规模爆破及同时起爆较多炮眼时，多采用电力起爆。

（3）导爆索起爆：导爆索的外形和导火索相似，但它的药芯由高级烈性炸药组成。皮线绕以红色线条以与导火索区别。导爆索起爆不需雷管，但本身必须用雷管引爆。这种方法成本较高，主要用于深孔爆破和大规模的药室爆破，不宜用于一般的炮眼法爆破。

（4）导爆管起爆：它是用直径约 3mm、内壁涂有混合炸药粉末的塑料软管构成的导爆管，将击发雷管产生的爆轰波传递至非电毫秒雷管而起爆。导爆管具有良好的传爆、耐火、抗冲击、抗水、抗电和强度性能，起爆感度高、传爆速度快，应用普遍。

（二）爆破方法

1. 炮眼法

炮眼法属于小爆破，是在被爆破的岩石内凿直径为 25~75mm、深度为 1~5m 的筒形炮眼，然后装药进行爆破。

2. 拆除爆破

拆除爆破又名控制爆破，它通过一定的技术措施，严格控制爆破能量和爆破规模，使爆破的声响、振动、破坏区以及破碎物的散坍范围，控制在规定限度内的一种爆破技术。它在城市和工厂的发展过程中，对已有房屋和构筑物的改建、拆除提供了安全有效的方法。

六、桩基础工程

桩的作用在于将上部建筑结构的载重传递到深处承载力较大的土层上，或者使软土层挤实，以提高土壤的承载力和密实度，保证建筑物的稳定和减少其沉降量。当上部结构质量很大，而软弱土层又较厚时，采用桩基施工可省去大量的土方工作量、支撑工作量和排水、降水设施，一般均能获得良好的经济效果。

（一）桩的分类

根据桩在土壤中的工作性质，可分为端承桩、摩擦桩、锚固桩三种。穿过软土层而桩端达到岩层或坚硬土层的桩，称之为端承桩；反之，悬在软土层中靠摩擦力承重的桩，称之为摩擦桩；主要承受抗拔拉力和水平力的桩，称之为锚固桩。

按桩的施工方法不同，分为预制桩和灌注桩两大类。预制桩是在工厂或施工现场制成各种材料和形式的桩，而后用沉桩设备将桩打入、压入、振入或旋入土中；灌注桩是在施工现场的桩位上先成孔，然后在孔内灌注混凝土而成。

（二）预制钢筋混凝土桩施工

1. 预制钢筋混凝土打入桩

1）打桩设备

（1）桩锤

桩锤是对桩施加冲击，把桩打入土中的主要机具。桩锤主要有四种：落锤、柴油锤、气锤和液压锤。桩锤型号选择应遵循"重锤轻击"的原则，以利桩的下沉，避免锤头回弹或打碎桩头。

（2）桩架

桩架是支持桩身和桩锤，在打桩过程中引导打桩的方向，并在打桩前吊桩就位的设备。常用的桩架有两种基本形式：一种是具有托盘或船形轨道的步履式桩架，另一种是装在履带底盘上的打桩架。

（3）动力设备

动力设备主要是指为气锤提供气源的设备。

2）预制钢筋混凝土桩的制作、起吊、运输和堆放

较短的桩多在预制厂生产，较长的桩一般在打桩现场就近预制。现场预制桩多用叠浇法施工，但不宜超过三层。桩之间要做好隔离层。上层桩或邻桩的浇筑，应在下层桩或邻桩的混凝土达到设计强度的30%以后方可进行。当混凝土桩达到设计强度的 100%后，方可起吊和运输。起吊时，起吊点的位置由设计决定。桩堆放时，地面必须平整坚实，垫木的间距应根据吊点位置确定。各层垫木应位于同一垂直线上，预制桩的堆放层数不宜超过四层。不同规格的桩，应分别堆放。

3）打桩

（1）打桩准备

打桩前，应做好现场自然条件、地质条件、附近建筑物及管线情况调查工作；清除地上及地下障碍物；做好场地平整、排水工作；放线和定桩位，并设置不少于 2 个水准点；打试桩不少于 2 根，以检验工艺是否合理、设备是否正常；确定合理的沉桩顺序，以保证沉桩速度、质量和周围建筑物及管线的安全。

确定沉桩顺序的原则为先深后浅、先大后小、先长后短、先密后疏。对于密集桩群（中心距小于桩断面边长或直径的 4 倍），应自中心向两侧或四周对称施打。当一侧毗邻建筑物时，由毗邻处向外施打。

（2）打桩方法

在桩架就位后，即可吊桩。垂直对准桩位中心缓缓放下，插入土中，位置要准确。在桩顶扣好桩帽或桩箍，使桩稳定后，即可除去吊钩，起锤劲压并轻击数锤，随即观察桩身与桩帽、桩锤等是否在同一轴线上，接着可正常施打。施打原则是"重锤低击"，以降低冲击速度，减少回弹，沉桩效果好，桩顶不宜损坏。在打桩过程中，要经常注意观察，如发现问题应及早纠正。

（3）打桩质量控制

打桩的质量要视打入后的偏差是否在允许范围之内（见表 15-1-6）、贯入度与沉桩标高是否满足设

计要求以及桩顶、桩身是否被打坏而定。终止打桩的原则为：对端承桩以控制最后贯入度（最后 10 击的入土深度）为主，以沉桩标高为辅；对摩擦桩则相反。

预制桩（钢桩）桩位的允许偏差（单位：mm）　　　　　　　表 15-1-6

序 号	项 目		允 许 偏 差
1	盖有基础梁的桩	垂直基础梁的中心线 沿基础梁的中心线	100+0.01H 150+0.01H
2	承台桩	桩数为 1~3 根桩基中的桩	100+0.01H
3		桩数为 4 根及以上桩基中的桩	1/2桩径（或边长）+0.01H

注：H 为施工现场地面标高与桩顶设计标高的距离。

当桩顶设计标高与施工场地标高相同时，或桩基施工结束后，应对桩位进行检查。

当桩顶设计标高低于施工场地标高，送桩后，无法对桩位进行检查时，对打入桩可在每根桩的桩顶沉至场地标高时，进行中间验收；待全部桩施工结束，承台或底板开挖到设计标高后，再进行最终验收。

打（压）入桩（预制混凝土方桩、预应力管桩、钢桩）的桩位偏差，必须符合表 15-1-6 的规定。斜桩倾斜度的偏差不得大于倾斜角正切值的 15%（倾斜角是指桩的纵向中心线与铅垂线间的夹角）。

2. 静力压桩

静力压桩（见图 15-1-14）是利用自身的动力设备将压桩架自重和配重的重力传至桩顶或桩身，将桩逐节压入土中，具有无振动和噪声、对周围环境影响小、施工速度快、不损坏桩身、易于估算承载力等优点，主要用于软弱土层场地。压桩架用型钢制成，一般高度为 16~20m，静压力为 800~1500kN，现常用液压压桩机，包括抱压式和顶压式。桩应分节预制，每节长 6~10m。当第一节压入土中，其上端距地面 0.5~1m 时，即将第二节桩接上，然后继续压入。接桩的弯曲矢高不大于 0.1%桩长，其接头方式如图 15-1-15 所示。

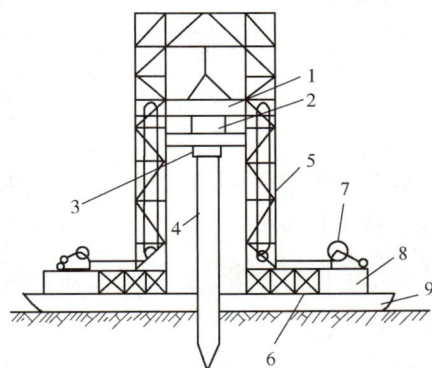

图 15-1-14　静力压桩

1-活动压梁；2-油压表；3-桩帽；4-桩；5-桩架；6-加重物仓；
7-卷扬机；8-底盘；9-轨道

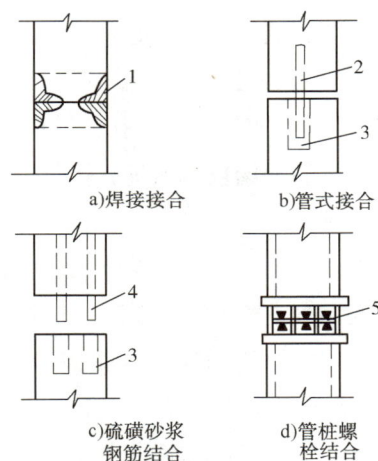

a)焊接接合　　　b)管式接合

c)硫磺砂浆钢筋结合　　　d)管桩螺栓结合

图 15-1-15　桩的接头形式

1- L150×100×10；2-预埋钢管；3-预留孔洞；4-预埋钢筋；
5-法兰螺栓连接

3. 射水沉桩

射水沉桩就是利用高压水流冲刷桩尖下面的土壤，以减小桩表面与土壤之间的摩擦力和桩下沉时的阻力，使其在自重或锤击作用下，很快沉入土中。沉至距桩尖设计标高 1~2m 时，停止射水，再打或振到设计标高。射水停止后，冲松的土壤沉落，又可将桩身压紧。

射水沉桩适用于砂土、砾石或其他坚硬的土层，特别是对于打较重的钢筋混凝土桩更为有效。施工中常将这种方法与桩锤打入法联合使用，可提高工效 40%~80%。

4. 振动沉桩

其原理是借助于固定在桩头上的振动沉桩体所产生的振动力，以减小桩与土壤颗粒之间的摩擦力，使桩在自重与机械力的作用下沉入土中。振动沉桩机是由电动机、弹簧支承、偏心振动块和桩帽组成。振动机内的偏心振动块，分左右对称两组，其旋转速度相等、方向相反。两组偏心块的离心力的水平分力相抵消，使垂直分力相加在一起形成垂直的振动力，使桩下沉。

振动沉桩法主要适用于砂石、黄土、软土和亚黏土层，在含水砂层中的效果更为显著。

（三）灌注桩施工

灌注桩施工是直接在桩位上成孔，然后利用混凝土就地灌注而成。与预制桩相比，其优点是施工方便，节约材料，可降低成本约1/3；其缺点是操作要求较严，稍有疏忽，容易发生缩颈、断裂现象，技术间歇时间较长，不能立即承受荷载，冬季施工中困难较多。

1. 钻孔灌注桩

钻孔灌注桩是利用钻孔机钻出桩孔，然后灌注混凝土或钢筋混凝土而成。施工时无振动，不挤土，能在各种土层条件下施工。根据地层情况及地下水位埋深，可采用干作业成孔或泥浆护壁成孔工艺。但这种桩承载能力较低，沉降量也较大。

钻孔灌注桩钢筋骨架主筋的直径不宜小于 16mm，间距不得小于 10cm，箍筋直径宜用 6~8mm，骨架应一次绑扎好，起重机起吊，用导向钢筋送入孔内，防止带入泥土杂物。钢筋定位后，应立即灌注混凝土，以防止塌孔。灌注前应进行清孔，孔底泥渣厚度：端承桩不大于 50mm，摩擦桩不大于 150mm。宜采用压灌混凝土后插筋法或后注浆工艺，以提高承载力、减少沉降量。

2. 挖孔灌注桩

随着高层及超高层、重型及超重型工业与民用建筑的发展，小直径单桩和群桩基础在承受大荷载或满足沉降要求等方面已受到一定的限制，因而大直径灌注桩已被许多国家采用。其桩径为 1~3m，桩深为 20~40m，最深可达 80m。其成孔常采用人工或大型机械挖孔。人工挖孔设备简单、施工无噪声和振动，在市区或狭窄的现场较机械挖孔更具适应性。

3. 沉管灌注桩

沉管灌注桩，是利用与桩的设计尺寸相适应的一根钢管，在端部套上预制的桩靴，打入土中，然后将钢筋骨架放入钢管内，再灌注混凝土，并随灌随将钢管拔出，利用拔时的振动将混凝土捣实。其施工步骤如图 15-1-16 所示。沉管灌注桩的施工方法根据承载力的要求不同，可分别采用单打法、复打法和反插法。反插法是在拔管时，每上拔 1m，再下沉 0.5m 的施工方法；复打法是在灌注混凝土前不放钢筋笼，拔管后在原位复打，放入钢筋笼后，再次灌混凝土成桩。单打法的桩截面比沉入的钢管扩大不超过 30%，复打法可扩大约 80%，反插法可扩大约 50%。因此，这种灌注法还具有用小钢管灌注出大断面桩的效果。

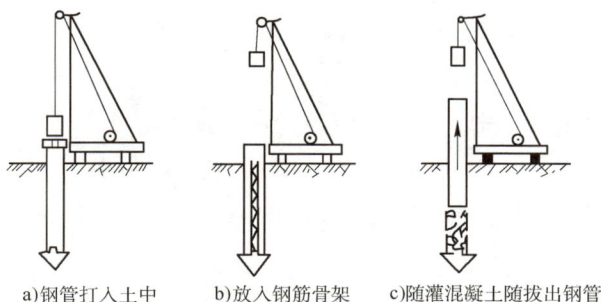

a)钢管打入土中　　b)放入钢筋骨架　　c)随灌混凝土随拔出钢管

图 15-1-16　沉管灌注桩

沉管灌注桩施工，宜采用复打法，避免产生缩颈现象。

4.爆扩灌注桩

爆扩桩包括爆扩桩身和做扩大头。爆扩桩身是在钻好的细孔中放入炸药条，引爆后形成桩孔。爆扩大头是在桩孔底放入炸药，再灌入适量的混凝土，然后引爆，使孔底形成扩大头。此时，孔内混凝土落入孔底腔内，再放置钢筋骨架，灌注桩身混凝土，制成灌注桩。爆扩法适用于地下水位以上的黏土、粉土层中成孔。

灌注桩的桩径、垂直度及桩位允许偏差，见表 15-1-7。

灌注桩的桩径、垂直度及桩位允许偏差　　　　表 15-1-7

序号	成孔方法		桩径允许偏差（mm）	垂直度允许偏差	桩位允许偏差（mm）
1	干成孔灌注桩		≥0	≤1/100	≤70+0.01H
2	泥浆护壁钻孔桩	$D<1\,000mm$	≥0	≤1/100	≤70+0.01H
		$D≥1\,000mm$			≤100+0.01H
3	套管成孔灌注桩	$D<500mm$	≥0	≤1/100	≤70+0.01H
		$D≥500mm$			≤100+0.01H
4	人工挖孔桩		≥0	≤1/200	≤50+0.005H

注：1.H为桩基施工面至桩顶的距离（mm）；

2.D为桩的直径（mm）；

3.套管成孔灌注桩也称沉管灌注桩。

【例 15-1-4】　在沉桩前进行现场定位放线时，需设置的水准点应不少于：

A. 1个　　　　　　B. 2个　　　　　　C. 3个　　　　　　D. 4个

解　为了保证施工质量，沉桩施工前应布置测量控制网、水准基点，按平面图进行测量放线。设置的控制点和水准点的数量不得少于 2 个，并应设在打桩影响范围以外。

答案：B

【例 15-1-5】　灌注桩的承载能力与施工方法有关，其承载能力由低到高的顺序依次为：

A. 钻孔桩、复打沉管桩、单打沉管桩、反插沉管桩

B. 钻孔桩、单打沉管桩、复打沉管桩、反插沉管桩

C. 钻孔桩、单打沉管桩、反插沉管桩、复打沉管桩

D. 单打沉管桩、反插沉管桩、复打沉管桩、钻孔桩

解　四种方法中钻孔桩承载力最低。沉管桩有挤土效应，承载力可提高。且单打法桩截面较所沉钢

管扩大不超过 30%，反插法可扩大约 50%，复打法可扩大约 80%。

答案： C

【例 15-1-6】 在锤击沉桩施工中，如发现桩锤经常回弹大，桩下沉量小，说明：

　　A. 桩锤太重　　　　　B. 桩锤太轻　　　　　C. 落距小　　　　　D. 落距大

解 桩锤太轻冲击力小，且能量被桩吸收，造成桩不下沉，反而桩锤回弹。

答案： B

七、地基加固处理技术

当地基的强度不足或土的压缩性较大，不能满足建筑物对地基的要求时，就需要针对不同的情况，对地基进行加固处理。

地基加固处理又可称为土质稳定。其目的：①提高地基土的抗剪强度；②降低软弱土的压缩性，减少基础的沉降和不均匀沉降；③改善土的透水性，起到截水防渗作用；④改善土的动力特性，防止液化作用。

按照其作用机理，地基处理大致可分为：①土质改良：是指用机械（力学）、化学、电、热等手段增加地基土的密度，或使地基土固结，此方法是尽可能利用原有地基；②土的置换：是将软土层换填为良质土；③土的补强：是采用薄膜、绳网、板桩等约束地基土，或者在土中放入抗拉强度高的补强材料形成复合地基以加强和改善地基土的剪切特性。

地基加固处理的方法分为五类，见表 15-1-8。表中所列各种方法是根据软弱土的特点和所需处理目的而发展起来的。各种方法的具体选用，应从地基条件、处理的指标及范围、工程费用、工作进度、材料来源及当地环境等多方面进行考虑。

地基处理方法分类

表 15-1-8

分　类	处 理 方 法	原 理 及 作 用	适 用 范 围
换土垫层	素土垫层 砂垫层 碎石垫层	挖除浅层软土，用砂、石等强度较高的土料代替，以提高持力层土的承载力，减少部分沉降量；消除或部分消除土的湿陷性、胀缩性；防止土的冻胀作用；改善土的可液化性能	适用于处理浅层软弱土地基、湿陷性黄土地基、膨胀土地基、季节性冻土地基
碾压夯实	机械碾压法 振动压实法 重锤夯实法 强夯法	通过机械碾压或夯击压实土的表层，强夯法则利用强大的夯击能量，迫使深层土液化和动力固结而密实，从而提高地基土的强度，减少部分沉降量，消除或部分消除黄土的湿陷性，改善土的可液化性能	一般适用于砂土、含水量不高的黏性土及回填土地基。强夯法应注意其振动对附近建筑物的影响
排水固结	堆载预压法 砂井堆载预压法 排水板法 井点降水预压法	通过改善地基的排水条件和施加预压荷载，加速地基的固结和强度增长，提高地基的强度和稳定性，并使基础沉降提前完成	适用于处理广度较大的饱和软土层，但需要具有预压的荷载和时间，对于厚的泥炭层则要慎重对待
振动挤密	砂桩挤密法 土桩挤密法 灰土桩挤密法 石灰桩挤密法 振冲法	通过挤密或振动使深层密实，并在振动挤压过程中，回填砂、砾石等材料，形成砂桩或碎石桩，与桩周围的土一起组成复合地基，从而提高地基承载力，减少沉降量	适用于处理粉砂土或部分黏土颗粒含量不高的黏性土

续上表

分　类	处理方法	原理及作用	适用范围
化学加固	硅化法 旋喷法 碱液加固法 水泥灌浆法 深层搅拌法	通过注入化学浆液，将土粒黏结，或通过化学作用、机械拌和等方法，改善土的性质，提高地基承载力	适用于处理砂土、黏性土、湿陷性黄土等地基，特别适用于对已建成的工程地基事故处理

习　题

15-1-1　根据土的开挖难易程度，土的工程分类可分为（　　　）。

  A. 三类　　　　　　B. 五类　　　　　　C. 八类　　　　　　D. 六类

15-1-2　开挖后的土经过回填压实后的体积与自然状态土体积的比值是（　　　）。

  A. 最后可松性系数　　　　　　　　　B. 最初可松性系数

  C. 中间可松性系数　　　　　　　　　D. 土的压缩性系数

15-1-3　在湿度正常的砂土和碎石土中开挖基坑或管沟，可做成直立壁不加支撑的深度是（　　　）。

  A. ≤0.5m　　　　　B. ≤1.0m　　　　　C. ≤1.5m　　　　　D. ≤2.0m

15-1-4　某基坑深度较大、土质差、地下水位高，宜采用的支护挡墙为（　　　）。

  A. 土钉墙　　　　　B. 水泥土墙　　　　C. 灌注桩排桩　　　D. 型钢水泥土墙

15-1-5　人工降低地下水位施工中，当土的渗透系数很小（$k < 0.1\text{m/d}$）时，宜采用（　　　）方法降水。

  A. 轻型井点　　　　B. 电渗井点　　　　C. 喷射井点　　　　D. 管井井点

15-1-6　下列关于填土施工的表述中，不正确的是（　　　）。

  A. 不得用淤泥土、强膨胀性土、过盐渍土和有机物含量大于8%的土作为填料

  B. 先低后高逐层填筑，下层检验合格后再填上层

  C. 不同的填料不应混填

  D. 渗透系数大的土料应填在上部

15-1-7　一般人工夯填土，分层填土厚度为（　　　）mm。

  A. 小于200　　　　B. 250~300　　　　C. 200~250　　　　D. 大于250

15-1-8　影响土方夯实的因素与（　　　）无关。

  A. 每层填土厚度　　　　　　　　　　B. 压实遍数

  C. 土的渗透性　　　　　　　　　　　D. 土的含水率

15-1-9　以挖作填以及基坑和管沟的回填，运距在60~100m内时，宜选用（　　　）。

  A. 挖土机　　　　　　　　　　　　　B. 铲运机

  C. 推土机　　　　　　　　　　　　　D. 装载机

15-1-10　反铲挖土机的挖土特点是（　　　）。

  A. 前进向上，强制切土　　　　　　　B. 后退向下，强制切土

  C. 后退向下，自重切土　　　　　　　D. 直上直下，自重切土

15-1-11　由于桩对土体产生挤压，因此打桩时应拟定合理的打桩顺序。以下沉桩顺序表述不正确的

是（　　　）。

  A. 先深后浅   B. 先大后小、先长后短

  C. 先疏后密   D. 从中间向两侧或向四周对称施行

15-1-12 在河岸淤泥质土层中做直径为 500mm 的灌注桩时，宜采用的成孔方法是（　　　）。

  A. 螺旋钻钻孔法   B. 沉管法   C. 爆扩法   D. 人工挖孔法

第二节　钢筋混凝土工程与预应力混凝土工程

  混凝土结构按施工方法可分为现浇和预制装配两种。前者整体性好、抗震能力强、结构形体灵活，但工期较长、受气候条件影响大。后者构件常在工厂批量生产，具有施工工期短、机械化程度高、劳动强度低、绿色环保程度高等优点，但耗钢量较大，需大型起重运输设备。为了发挥长处，这两种方法在施工中往往兼而有之。

  钢筋混凝土工程是由钢筋、模板和混凝土三个分项工程组成，其工艺流程见图 15-2-1。

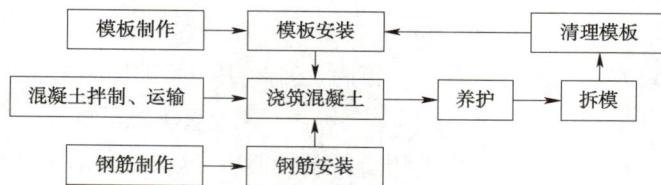

图 15-2-1　钢筋混凝土工程的主要工艺流程图

一、钢筋工程

（一）钢筋的种类

  混凝土结构用的普通钢筋，可分为热轧钢筋、热处理钢筋和冷加工钢筋。热轧钢筋包括低碳钢（牌号 HPB、光圆）、低（微）合金钢（牌号 HRB、带肋）钢筋；热处理钢筋包括用余热处理（RRB）或晶粒细化（HRBF）等工艺加工的钢筋，该类钢筋强度较高，但强屈比低且焊接性能不佳；冷加工钢筋强度较高但脆性大，已很少使用。热轧或热处理钢筋按屈服强度分为 300MPa、335MPa、400MPa、500MPa级四个等级，按表面形状分为光圆钢筋和带肋钢筋；直径 12mm 以下的钢筋来料多为盘圆，16mm 以上为直条。

  预应力筋按材料类型可分为预应力用钢丝、螺纹钢筋、钢绞线等。螺纹钢筋的屈服强度为 785~1 080MPa；消除应力钢丝和钢绞线为硬钢，无屈服强度，极限强度为 1 570~1 960MPa。

（二）钢筋的检验

  钢筋进场时，应检查产品合格证及出厂检验报告等质量证明文件、钢筋外观，并抽样检验力学性能和重量偏差。钢筋外观应全数检查，要求平直、无损伤，表面无裂纹、油污、颗粒状或片状老锈。抽样检验应按国家标准分批次、规格、品种，每 5~60t 抽取 2 根钢筋制作试件，通过试验检验其屈服强度、抗拉强度、伸长率、弯曲性能和重量偏差，检验结果应符合相关标准规定。

  抗震结构所用抗震钢筋的实测强屈比不得小于 1.25，屈服强度实测值与标准值之比不大于 1.3，最大作用力下总伸长率不小于 9%。

当施工中发现钢筋脆断、焊接性能不良或力学性能显著不正常等现象时，应对该批钢筋进行化学成分检验或其他专项检验。

（三）钢筋的连接

钢筋的连接方法包括焊接、机械连接和绑扎搭接。连接的一般规定如下：

（1）钢筋的接头宜设置在受力较小处；抗震设防结构的梁端、柱端箍筋加密区内不宜设置接头，且不得进行钢筋搭接。

（2）同一纵向受力钢筋不宜设置两个或两个以上接头。

（3）接头末端至钢筋弯起点的距离不应小于钢筋直径的10倍。

（4）钢筋接头位置宜相互错开。当采用焊接或机械连接时，在同一连接区段（长为35倍钢筋直径且不小于500mm）内，受拉接头的面积百分率不应大于50%（见图15-2-2）；受压接头，或避开框架梁端、柱端箍筋加密区的I级机械接头不限。

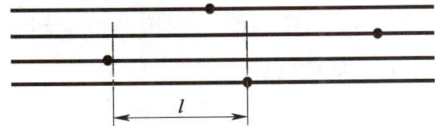

（5）直接承受动力荷载的结构构件中，不宜采用焊接接头；采用机械连接时，同区段内的接头量不应大于50%。

图 15-2-2　钢筋接头设置

注：l区段内有接头的钢筋面积按两根计

1. 焊接连接

钢筋焊接常用方法及适用范围见表15-2-1。

常用钢筋焊接方法及适用范围　　　　　　　表 15-2-1

焊接方法	接头形式	适用范围	
		钢筋牌号	钢筋直径（mm）
闪光对焊		HPB300 HRB335~500，HRBF335~500 RRB400W	8~22 8~40 8~32
电弧焊	帮条双面焊	HPB300 HRB335~400，HRBF335~400 HRB500，HRBF500 RRB 400W	10~22 10~40 10~32 10~25
	帮条单面焊		
	搭接双面焊	HPB300 HRB335~400，HRBF335~400 HRB500，HRBF500 RRB400W	10~22 10~40 10~32 10~25
	搭接单面焊		
电渣压力焊		HPB300 HRB335~400 HRB500	12~22 12~32 12~32

焊 接 方 法	接 头 形 式	适 用 范 围	
		钢筋牌号	钢筋直径（mm）
电阻点焊		HPB300 HRB335~500，HRBF335~400 CRB550	6~16 6~16 3~8

注：接头形式栏中，括号内的数据用于 HRB335~500 钢筋，括号外数据用于 HPB300 钢筋。

焊工必须持证上岗，并经现场焊接工艺试验合格，方可正式焊接。当环境温度低于−5℃时应调整焊接参数或工艺，低于−20℃时不得进行焊接，雨、雪及大风天气应采取遮挡措施。直径大于 28mm 的热轧钢筋及细晶粒钢筋的焊接参数应经试验确定，余热处理钢筋不宜焊接。

（1）闪光对焊

它是在对焊机上，将两接触的钢筋通以低电压的强电流，闪光熔化后，轴向加压顶锻使两钢筋焊接到一起的压焊方法。该法焊接质量好、适用范围广、价格低廉，用于粗钢筋下料前的接长或制作闭口箍筋。焊接工艺有连续闪光焊、预热闪光焊和闪光—预热闪光焊三种。

（2）电弧焊

它是利用弧焊机使焊条与焊件之间产生高温电弧，熔化焊条和焊件金属，待其凝固后便形成焊缝或接头。电弧焊广泛用于各种钢筋接头、钢筋骨架、钢筋与钢板的焊接及结构安装的焊接。钢筋接头的常用形式有搭接焊、帮条焊、剖口焊等。

（3）电渣压力焊

电渣压力焊是利用强电流将埋在焊药中的两钢筋端头熔化，然后施加压力使其熔合。用于柱、墙等竖向较粗钢筋的接长。它比电弧焊工效高、成本低、质量好。

（4）电阻点焊

电阻点焊是利用钢筋交叉点电阻较大，在通电瞬间受热而熔化，并在电极的压力下焊合。用于钢丝或较细钢筋的交叉连接，常用来制作钢筋骨架或网片。

2. 机械连接

钢筋机械连接是利用与连接件的咬合作用来传力的连接方法。具有接头强度高（可与母材等强）、不受气候及环境条件影响、无火灾隐患等优点，可用于柱、梁、板、墙等构件的竖向、水平或任何倾角的粗钢筋连接。常用机械连接方法有冷挤压连接和螺纹连接。

（1）冷挤压连接

它是将两根待连接的钢筋插入套筒，再利用千斤顶挤压，使套筒变形而与钢筋咬合将两钢筋连接在一起的一种连接方法（见图 15-2-3）。该方法只能连接带肋钢筋，且直径 16mm 以上。由于所用套筒大且对钢材要求高，故价格高。

（2）螺纹连接

螺纹连接是采用专用设备将钢筋端部做出螺纹，拧入套筒而连接的一种连接方法。包括锥螺纹（基本淘汰）、镦粗直螺纹和滚轧直螺纹连接。滚轧直螺纹（见图 15-2-4）是用机床的滚轮将钢筋端部轧出直径相同的螺纹丝扣，利用钢材"变形硬化"的特性，使接头与母材等强，该方法施工速度快、费用低，可用于直径 16mm 以上的光圆、带肋钢筋连接，应用广泛。

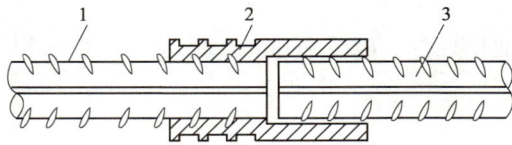

图 15-2-3 钢筋冷挤压连接

1-已挤压的钢筋；2-钢套筒；3-待挤压的钢筋

图 15-2-4 钢筋直螺纹连接

（四）钢筋的配料和加工

钢筋的配料，就是根据施工图纸，分别计算出各根钢筋切断时的直线长度，然后编制配料单。为了加工方便，根据配料单上的钢筋编号，分别填写配料牌，作为钢筋加工的重要依据。

施工中如供应的钢筋品种和规格与设计图纸要求不符时，可以进行代换。钢筋代换的方法有以下三种：

（1）当结构构件是按强度控制时，可按强度相等的原则代换，称"等强代换"，即

$$A_{g2} \cdot R_{g2} \geqslant A_{g1} \cdot R_{g1} \tag{15-2-1}$$

式中： A_{g1}、R_{g1} ——分别为原设计钢筋的计算面积和设计强度；

A_{g2}、R_{g2} ——分别为拟代换钢筋的计算面积和设计强度。

（2）当构件按最小配筋率控制时，可按钢筋面积相等的原则代换，称"等面积代换"，即

$$A_{g2} \geqslant A_{g1} \tag{15-2-2}$$

（3）当结构构件按裂缝宽度或抗裂性要求控制时，钢筋的代换需进行抗裂性验算。

预制构件的吊环，必须采用 HPB300 级钢筋制作，严禁用其他钢筋代换。对重要构件，不得用光圆钢筋代换带肋钢筋。

钢筋加工包括调直、除锈、下料剪切、接长、弯曲等工作。

钢筋工程属于隐蔽工程，在浇筑混凝土前应对钢筋及预埋件进行验收，并做好隐蔽工程记录。

二、模板工程

模板是新浇混凝土成型用的模型，要求能保证结构和构件的形状、尺寸的准确；具有足够的承载力、刚度和整体稳固性；拆装方便，能多次周转使用；接缝严密、不漏浆。

模板按结构类型分，有基础、柱、墙、梁、楼板、楼梯等模板。按作用及承载种类分，有侧模板、底模板。按构造及施工方法分，有：①拼装式模板（如木模板、胶合板模板）；②组合式模板（如定型组合式钢模板、铝合金模板、钢框胶合板模板）；③工具式模板（如大模、台模、爬模、滑模、隧道模）；④永久式模板（如压型钢板模板、混凝土薄板、叠合板）等。

（一）常用模板的特点

1.胶合板模板

胶合板模板包括覆膜竹胶合板和木胶合板（也称多层板），其单块面积大、表面平整、重量较轻、可锯可钉拼装方便，但周转次数少，环境负荷大。可拼装制作各种构件，主要用于楼板模板，能减少接缝，提高平整度，免除顶棚抹灰。

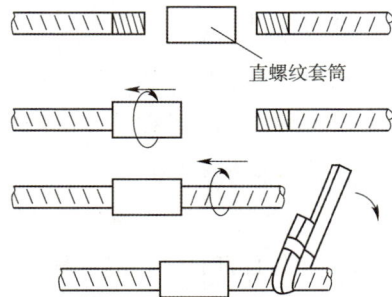

2. 组合式模板

组合式模板由平模、角模和支撑、连接件组成。该类模板按照一定模数有多种规格、型号，可根据需要组合拼装成各种构件、各种尺寸的模板。其特点是通用性强、周转率高、安装方便，但拼缝多、构件表面平整度较差，安装效率低。

3. 大模板

它是用于墙体施工的钢制大型工具式模板，由面板、主次肋、操作平台、稳定机构和附件组成。两块大模板对拼即可浇筑一片墙体。大模板具有装拆速度快、刚度大、混凝土表观质量好等优点，但其造价较高、通用性较差、装拆必须使用塔式起重机。主要用于多高层剪力墙施工。

4. 滑升模板

它是随着混凝土的浇筑，通过千斤顶或提升机等设备，使模板沿着混凝土表面向上滑动而逐步完成竖向结构浇筑的工具式模板。

滑升模板由模板系统、操作台系统和提升系统三部分组成，如图 15-2-5 所示。模板高度，一般外模1.2~1.5m、内模 0.9~1.2m，模板内可容纳 3~4 层混凝土。在每一个滑模施工高度段内，分为初滑（分层交圈浇筑混凝土至模板高度的1/2~2/3、模内底层混凝土达到 0.2~0.4MPa 强度后，上滑 3~6cm）、正常滑升（每浇筑一层混凝土且不超过 0.5h，上滑 300mm 左右）、末滑（浇筑到顶后，逐步滑出）三个阶段，遇有要做的水平构件时需空滑。

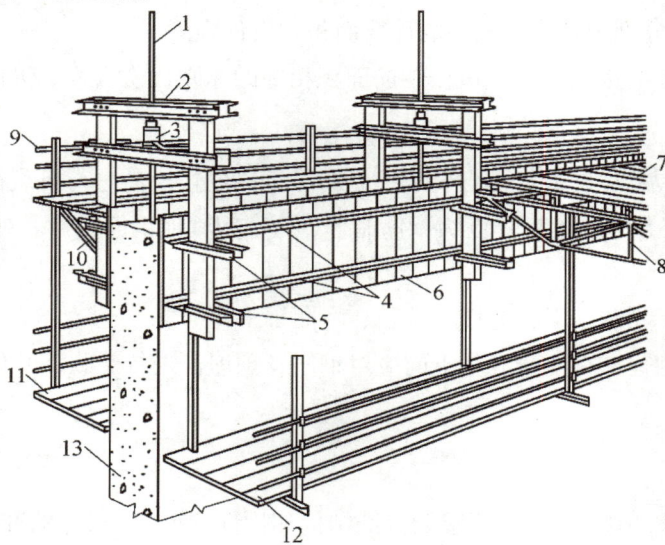

图 15-2-5　液压滑升模板组成示意图

1-支承杆；2-提升架；3-液压千斤顶；4-围圈；5-围圈支托；6-模板；7-操作平台；8-平台桁架；9-栏杆；
10-外挑三角架；11-外吊脚手架；12-内吊脚手架；13-混凝土墙体

滑模不需频繁安装和拆除模板和脚手架，且模板用量少，施工速度快。但一次性投资较大，需要不间断作业，对施工技术和管理水平要求较高，工程质量控制难度较大，主要用于现浇高耸的构筑物，如烟囱、水塔、筒仓、桥墩等。对有较多水平构件的建筑墙体，施工效率较低，已很少使用。

5. 爬升模板

爬升模板简称爬模，如图 15-2-6 所示，由模板、爬架和爬升系统三部分组成。它是将大块模板与爬、提系统结合而形成的模板体系（每次爬升一个楼层高度），具有大模板和滑升模板共同的优点，是新型、快速发展的工具式模板。

爬升模板施工速度快、不需塔式起重机吊运、不需搭设脚手架、垂直度和平整度易于调整控制而避免结构误差积累。但由于安装位置固定造成周转率低,配置量多于大模板。适于现浇高层、超高层建筑的墙体、核心筒以及桥墩、塔柱等竖直或倾斜结构的施工。目前已逐步形成单块爬升、整体爬升等工艺,前者主要用于较大面积房屋的墙体施工,后者多用于筒、柱、墩的施工。

（二）对模板的一般规定

（1）模板工程应编制施工方案。爬升式模板工程、工具式模板工程及高大模板支架工程的施工方案,应按有关规定进行技术论证。

（2）模板及支架应据安装、使用和拆除工况进行设计,并应满足承载力、刚度和整体稳固性要求。

（3）模板及支架的安装、拆除均应符合规范规定和施工方案的要求。

（三）模板的安装要点

（1）安装前先复核标高、轴线。

（2）墙、柱模板安装底面应找平,并弹出模板边线,墙对拉螺栓或柱箍的数量及间距应足以抵抗新浇混凝土的侧压力,支拉牢固,浇筑混凝土前,模板内的杂物应清理干净。

（3）竖向模板和支架的支承部分,当安装在地基土上时应加设垫板,且地基土必须坚实并有排水措施;对冻胀性土,应有预防冻融措施。

（4）梁、板的跨度在4m及以上时,底模的跨中应起拱。设计无规定时,起拱高度应符合规范及施工方案的要求,一般为跨度的1‰~3‰,以抵消模板及支架在钢筋及新浇混凝土荷载作用下压缩变形而产生的挠度。木模板应浇水湿润,但不应有积水。

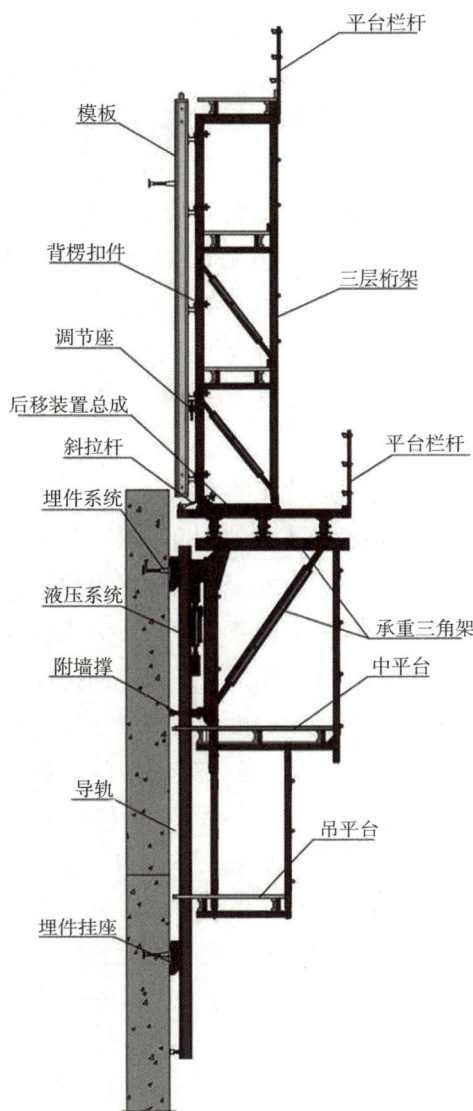

图15-2-6 液压爬升模板构造

（5）安装现浇结构的上层模板及支架时,下层楼板应具有足够的承载能力,否则应采取支撑措施。采用多层连续支模时,上下层模板支架的竖杆宜对准,竖杆下应设置垫板。

（6）模板与混凝土的接触面应清理干净并涂刷隔离剂,但隔离剂不得影响结构性能或妨碍装饰施工;不得沾污钢筋、预埋件和混凝土接槎处;不得对环境造成污染。

（7）对清水混凝土工程及装饰混凝土工程,应配制能达到设计效果的模板。

（8）后浇带处的模板及支架应独立设置,以便持续支撑,防止两侧结构损伤。

（9）固定在模板上的预埋件和预留孔洞不得遗漏,且安装牢固、位置满足设计和施工方案的要求。

（四）模板的设计

模板设计包括模板及支架的选型和构造设计、荷载和效应计算、承载力和刚度验算、抗倾覆验算、绘制模板和支架施工图等。

1. 模板及支架需考虑的荷载组合参与项

（1）计算底面模板的承载力及其支架水平杆的承载力时，需考虑模板及支架自重、新浇混凝土的重量、钢筋重量、施工人员及施工设备产生的荷载（属可变荷载）。

（2）计算侧面模板的承载力时，需考虑新浇混凝土的侧压力、混凝土下料产生的水平荷载（可变）。

（3）计算支架立杆的承载力时，需考虑模板及支架自重、新浇混凝土的重量、钢筋重量、施工人员及施工设备产生的荷载（可变）、风荷载（可变）。

（4）计算与周边无可靠拉结而相对独立的支架结构的整体稳定性时，需考虑模板及支架自重、新浇混凝土的重量、钢筋重量、施工人员及施工设备产生的荷载（可变），与泵送混凝土或不均匀堆载产生的附加水平荷载（可变）进行组合，以及与风荷载（可变）进行组合。

在计算模板及支架的刚度时，均不考虑可变荷载。先计算荷载标准值并进行组合后，再计算设计荷载效应值。

2. 设计时应注意的问题

（1）模板及支架的刚度验算。按永久荷载标准值计算的构件变形值，不得超过以下限值：

①对结构表面外露的模板，为模板构件计算跨度的1/400；

②对结构表面隐蔽的模板，为模板构件计算跨度的1/250；

③支架的轴向压缩变形或侧向挠度，为计算高度或计算跨度的1/1 000；

④清水混凝土的模板，应满足设计要求。

（2）模板及支架的稳定性。首先要从构造上保证是稳定结构。立柱必须有相互垂直的两个方向的撑拉杆件，长细比应符合要求。桁架的平面刚度不应过小，当支架高宽比大于3时，必须加强整体稳固措施，如设置水平和垂直支撑、剪刀撑等。

模板支架作抗倾覆验算时，安全系数应不小于1.4。

模板支架的钢构件容许最大长细比为：立柱及桁架180，斜撑、剪刀撑200，受拉杆件350。

（3）组合模板、大模板、爬升及滑升模板的设计尚应符合其相应规范的有关规定。

（五）模板的拆除

模板拆除时，可采取先支的后拆、后支的先拆，先拆非承重模板、后拆承重模板的顺序，并应从上而下进行拆除。现浇钢筋混凝土拆模时应符合下列规定：

（1）侧模应在混凝土强度能保证其表面及棱角不受损伤后，方可拆除。

（2）底模及支架应在同条件养护的试件满足如下要求后方可拆除：跨度小于等于2m的板，应达到设计强度等级值的50%以上；跨度2~8m的板和跨度小于等于8m的梁、拱、壳，应达到75%；跨度大于8m的梁、板、拱、壳以及任何跨度悬臂的构件，应达到100%。

（3）后张法施工的预应力混凝土构件，侧模宜在张拉前拆除，底模应在张拉后拆除。

（4）多个楼层的梁板支架拆除，宜保持在施工层下有 2~3 个楼层的连续支撑，以分散和传递上部较大的施工荷载。

（5）后浇带处的模板及支架应待后浇带补浇并达到足够强度后拆除。

三、混凝土工程

混凝土工程包括混凝土的制备、运输、浇筑捣实和养护等施工过程。

（一）混凝土的制备

1. 混凝土施工配制强度的确定

混凝土制备前应先确定混凝土的施工配制强度，以使混凝土成品的强度保证率达到95%以上。

（1）对低于 C60 的混凝土：

$$f_{cu,o} = f_{cu,k} + 1.645\sigma \tag{15-2-3}$$

式中： $f_{cu,o}$ ——混凝土的施工配制强度（MPa）；

$f_{cu,k}$ ——设计的混凝土强度标准值（MPa）；

σ ——施工单位的混凝土强度标准差（MPa）。

当施工单位具有近期混凝土强度的统计资料时，σ可按下式计算

$$\sigma = \sqrt{\frac{\sum f_{cu,i}^2 - n\mu_{fcu}^2}{n-1}} \tag{15-2-4}$$

式中： $f_{cu,i}$ ——第i组混凝土试件强度（MPa）；

μ_{fcu} ——n组混凝土试件强度的平均值（MPa）；

n ——统计周期内相同混凝土强度等级的试件组数，$n \geq 30$。

当混凝土强度等级为 C30 及其以下时，如计算得到的$\sigma < 3.0$MPa时，取$\sigma = 3.0$MPa。当混凝土强度等级高于 C30 且低于 C60 时，如计算得到的$\sigma < 4.0$MPa，则取$\sigma = 4.0$MPa。

当没有近期的同品种混凝土强度资料时，对 C20 及以下的混凝土，取$\sigma = 4.0$MPa；对 C25~C45 的混凝土，取$\sigma=5.0$MPa；对 C50~C55 的混凝土，取$\sigma = 6.0$MPa。

（2）对不低于 C60 的混凝土：$f_{cu,o} \geq 1.15 f_{cu,k}$。

2. 混凝土的搅拌

（1）混凝土搅拌机的选择

混凝土搅拌机按搅拌原理划分，可分为自落式搅拌机和强制式搅拌机。

自落式搅拌机宜用于搅拌塑性混凝土，对于干硬性混凝土、轻骨料混凝土、高性能混凝土则必须使用强制式搅拌机拌制。

（2）混凝土搅拌制度的确定

搅拌制度即搅拌时间、投料顺序和进料容量等规章。

搅拌时间是指自原材料全部投入搅拌筒时起，到开始卸料时止所经历的时间。它与搅拌质量密切相关。它随搅拌机的类型和出料量、混凝土坍落度的不同而变化，但最短不小于60s。

表 15-2-2 为强制式搅拌机的最短搅拌时间限值。当使用自落式搅拌机时，应各增加 30s。搅拌 C60 以上混凝土或掺有外加剂与矿物掺合料时，搅拌时间应适当延长。

强制式搅拌机搅拌混凝土的最短时间（单位：s）　　　　　　　　　　表 15-2-2

混凝土坍落度（mm）	搅拌机机型	搅拌机出料量（L）		
		<250	250~500	>500
≤40	强制式	60	90	120
>40 且<100	强制式	60	60	90
≥100	强制式		60	

投料顺序常用的有一次投料法和两次投料法。一次投料法是在上料斗中先装石子，再加水泥和砂，

然后一次投入到搅拌机内。两次投料法亦称"裹砂石法混凝土搅拌工艺"。它是分两次加水，两次搅拌。用这种工艺搅拌时，先将全部的石子、砂和70%的拌和水倒入搅拌机，拌和15s使骨料湿润，再倒入全部水泥进行造壳搅拌30s左右，然后再加入30%的拌和水再进行糊化搅拌60s左右即完成。与普通搅拌工艺相比，该工艺可使混凝土强度提高10%~20%或节约水泥5%~10%。

进料容量是将搅拌前各种材料的体积积累起来的容量，搅拌时装料超量不得大于10%，否则将会使材料在搅拌筒内无充分的空间进行掺和，影响混凝土拌合物的均匀性。

（3）开盘鉴定

首次使用的混凝土配合比应进行开盘鉴定，其原材料、强度、凝结时间、稠度等均应满足设计配合比的要求。并保存开盘鉴定资料和强度试验报告。

（二）混凝土的运输

对混凝土拌合物运输的基本要求是：保证均匀性、工作性和连续供应，即不产生离析现象，保证规定的坍落度和在混凝土初凝之前能有充分时间进行浇筑和捣实。

混凝土运输工作分为地面运输、垂直运输和楼面运输三种情况。混凝土地面运输，如采用预拌混凝土，运输距离较远时，多采用混凝土搅拌运输车。混凝土如来自工地搅拌站，则多用载重约1t的小型机动翻斗车，近距离亦可用双轮手推车等。混凝土垂直运输，我国多用塔式起重机、混凝土泵、快速提升斗和井架。混凝土楼面运输，我国以双轮手推车为主，亦用机动灵活的小型机动翻斗车。采用泵送混凝土时，则用布料杆布料。

用搅拌运输车运送混凝土时，罐体应不停转动，卸料前应快速旋转搅拌20s以上。

（三）混凝土的浇筑和捣实

1. 浇筑的一般规定

（1）浇筑混凝土前，对于表面干燥的地基、垫层、模板应洒水湿润，现场环境温度高于35℃时宜对金属模板进行洒水降温，洒水后不得留有积水。

（2）混凝土运输、输送、浇筑过程中严禁加水，散落的混凝土严禁用于结构浇筑。

（3）混凝土入模温度不应低于5℃，也不应高于35℃。

（4）同一结构或构件混凝土宜连续浇筑，即各层、块之间不得出现初凝现象。当预计超过初凝时间时，应留置施工缝或后浇带。

（5）混凝土浇筑过程应分层进行，以便于振捣密实和防止损坏模板。每层厚度，若振捣采用内部插入式振动器，则不得超过振捣棒长度的1.25倍；若使用表面振动器，则不超过200mm。

（6）混凝土运输、输送入模的过程宜连续进行，从运输到输送入模的延续时间不宜超过表15-2-3的规定，且不应超过总时间限值的规定。

混凝土从运输到输送入模的延续时间及总时间限值（单位：min）　表15-2-3

条件	运输到输送入模的延续时间		运输、输送入模及其间歇总的时间限值	
	气温≤25℃	气温>25℃	气温≤25℃	气温>25℃
不掺外加剂	90	60	180	150
掺外加剂	150	120	240	210

（7）为减少下料冲击，浇筑结构构件时应先竖向、后水平，先低区域、后高区域。

（8）控制倾落高度，防止分层离析：浇筑柱、墙模板内的混凝土时，若骨料粒径大于25mm，则倾落高度不得超过 3m，骨料粒径在 25mm 及以下，倾落高度不得超过 6m；在钢管内浇筑自密实混凝土时，倾落高度不宜大于 9m。否则，应使用串筒、溜管、溜槽等辅助施工，以防下落动能大的粗骨料积聚在结构底部，造成混凝土分层离析。

（9）柱、墙混凝土设计强度高于梁、板一个等级时，经设计单位同意，节点处可采用与梁、板同强度等级的混凝土浇筑；高两个等级及以上时，应在距节点不小于 500mm 处设置分隔网，并先浇筑节点高强度等级混凝土，随即浇筑梁、板混凝土。

（10）采用输送管浇筑混凝土时，宜由远而近浇筑；采用多根输送管同时浇筑时，宜速度一致。

（11）浇筑后，在混凝土初凝前和终凝前宜分别对混凝土裸露表面进行抹面处理。

2.施工缝与后浇带的留设与处理

规范规定，后浇带的留设位置应符合设计要求。后浇带和施工缝的留设及处理方法应符合施工方案要求。

（1）施工缝

施工缝是指由于设计要求或施工需要分段浇筑而在先、后浇筑的混凝土之间所形成的接缝。施工缝处由于连接较差，特别是粗骨料不能相互嵌固，抗剪强度大大降低。

施工缝应在混凝土浇筑之前确定，并宜留置在结构受剪力较小且便于施工的部位。施工缝的留置位置规定如下：

①柱的水平施工缝宜留置在基础、楼层顶面上 0~100mm、梁或柱帽下 0~50mm 范围内，如图 15-2-7 所示。

②梁与板应同时浇筑，但当梁断面高度大于 1m 时可先浇筑梁，将水平施工缝留置在板底面以下 20mm 内。

③单向板的垂直施工缝可留置在平行于短边的任何位置。

④有主次梁的楼盖宜顺着次梁方向浇筑，垂直施工缝应留置在次梁中间的1/3跨度范围内（见图 15-2-8）。

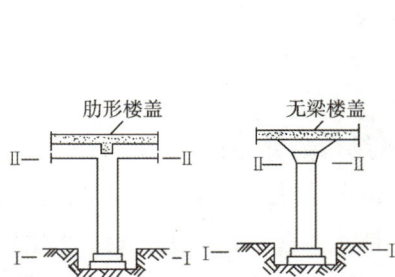

图 15-2-7　浇筑柱的施工缝位置
I-I、II-II表示施工缝位置

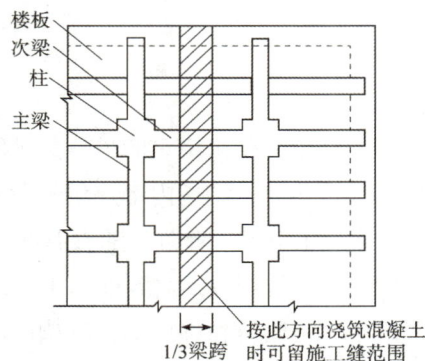

图 15-2-8　有主次梁楼盖的施工缝位置

⑤墙的水平施工缝宜留置在距板上表面 0~300mm、距板底 0~50mm 范围内；垂直施工缝宜设置在门洞过梁的中间1/3跨度范围内，也可留在纵横墙交接处。

施工缝留设方法：水平施工缝应在浇筑混凝土前，在钢筋或模板上弹出浇筑高度控制线。垂直施工缝应采取插粗筋、支模板或固定快易收口网、钢丝网等封挡，以保证缝口垂直。

接缝应在先期浇筑的混凝土强度不应低于 1.2MPa 后进行。先在结合面进行粗糙处理和清理润湿，再铺厚度不大于 30mm、与混凝土浆液成分相同的水泥砂浆接浆层，随即浇筑混凝土并细致捣实。

（2）后浇带

后浇带是大面积混凝土结构的刚性接缝，用于不允许设置变形缝且后期变形趋于稳定的结构。包括收缩后浇带和沉降后浇带。前者是为了避免面积或体型原因造成混凝土收缩开裂，后者是为了避免高度或重量差异过大而造成沉降开裂。

后浇带留设位置应符合设计要求，宽度一般为 0.7~1.2m，钢筋不断。梁、板的后浇带常留在其1/3跨度处，可采用支设模板留出。后浇带处梁板的底模应单独支设，以便不妨碍其他部位拆模，并能使后浇带部位保持支撑而防止其两侧结构受到损伤。

后浇带的封闭时间应待混凝土收缩、结构沉降基本完成，且不得少于 14d，并应经设计单位认可后进行。按施工缝处理后，宜浇筑高一个等级的减缩混凝土，并加强养护。

3. 混凝土的浇筑方法

（1）现浇多层钢筋混凝土框架结构的浇筑：浇筑柱子时，一个施工段内的每排柱子应由外向内对称地浇筑，不要由一端向另一端推进，以防柱子模板逐渐受推倾斜而导致误差积累难以纠正。在一般情况下，梁和板同时浇筑，从一端开始向前推进。对于高度较大的主梁，宜从两端向中间用赶浆法浇筑。为保证捣实质量，混凝土应分层浇筑，每层厚度应符合有关规定。

（2）基础大体积混凝土结构浇筑：为保证结构的整体性，大体积钢筋混凝土的浇筑方案，有全面分层、分段分层和斜面分层三种，如图 15-2-9 所示。全面分层用于面积较小的大体积混凝土，面积大时宜采用斜面分层，也可用分段分层。应根据结构物的具体尺寸、捣实方法和混凝土的供应能力，通过计算选择浇筑方案。

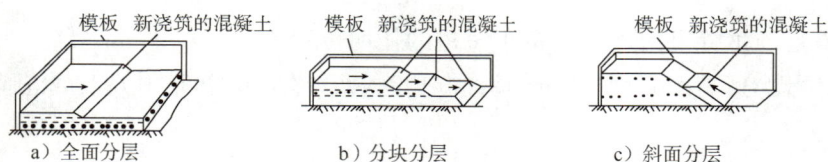

a）全面分层　　　　b）分块分层　　　　c）斜面分层

图 15-2-9　大体积混凝土浇筑方案

大体积基础混凝土浇筑的另一关键问题是表面开裂或结构断裂。在升温阶段，由于水泥进行水化反应会放出大量热能，结构内部热量不断积聚而升温，而其表面散热快、温度低，当内外温差超过 25℃时，将产生表面开裂。此外，随着温度升高、强度增加，体积也在增长。在混凝土水化反应接近完成的降温阶段，由于体积收缩受到地基土、垫层、钢筋或桩等的约束，使结构受到很大的拉应力，当其超过当时混凝土的极限抗拉强度时，结构的中部会被拉裂，甚至裂缝贯穿整个混凝土截面而造成断裂。

要防止大体积混凝土浇筑后产生裂缝，需尽量减少水化热，避免水化热的积聚，避免过早过快降温。常采用的措施：①选用低水化热的水泥（如矿渣、火山灰、粉煤灰类水泥）；②掺入适量的粉煤灰以减少水泥用量；③扩大浇筑面和散热面，降低浇筑速度或减小浇筑层厚度，在低温时浇筑；④必要时采取人工降温措施，如风冷却，用冰水拌制混凝土，在混凝土内部埋设冷却水管，用循环水来降低混凝土温度等；⑤控制入模温度不高于 30℃，最大温升不超过 50℃；⑥在混凝土浇筑后，采取保温措施，延缓降温时间，提高混凝土的抗拉能力，减少收缩阻力等。

施工时，应按规范规定布点测温，加强监控，以便及时采取措施。应控制表面以内 40~100mm 处与表面或拆模后的环境温差均不大于 25℃，控制相邻测温点间的温差不大于 25℃，控制降温速率不大于2℃/d。测温工作应延续至表面以内 40~100mm 处与环境温差小于 20℃为止。

此外，对超长结构可留设后浇带，也可留设施工缝用跳仓法分仓浇筑（见图 15-2-10），均可有效避免收缩开裂。分仓浇筑的间隔时间不应少于 7d。

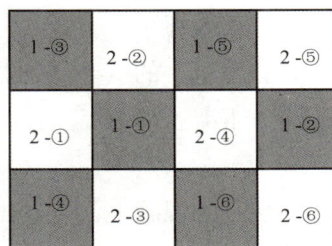

图 15-2-10 跳仓法浇筑顺序平面示意图

（3）水下浇筑混凝土：水下或泥浆中浇筑混凝土，目前多用导管法。

4. 混凝土的密实成型

混凝土拌合物浇筑之后，需经密实成型才能赋予混凝土制品或结构一定的外形和内部结构。另外，强度、抗冻性、抗渗性、耐久性等皆与密实成型的好坏有关。在建筑施工中，多借助于机械振动、挤压、离心等方式使混凝土拌合物密实成型。采用自密实混凝土时，其骨料粒径不得大于 20mm，也需分层浇筑。

振动机械按其工作方式分为内部振动器、表面振动器、外部振动器和振动台。

内部振动器又称插入式振动器，其振动棒体在电动机带动下高速转动而产生高频微幅的振动，多用于振实梁、柱、墙、厚板和大体积混凝土结构等。振捣时，插入下一层混凝土的深度不应小于 50mm，插点间距不大于作用半径的 1.4 倍。

表面振动器又称平板振动器，它在混凝土表面进行振捣，适用于楼板、地面等薄型构件。

外部振动器又称附着式振动器，它固定在模板的外部，通过模板将振动传给混凝拌合物，宜于振捣断面小且钢筋密的构件。

振动台是混凝土制品厂中的固定生产设备，用于振实预制构件。

（四）养护与质量检查

1. 混凝土的养护

混凝土的养护是指浇筑后，在硬化过程中对混凝土进行温度和湿度的控制，使其达到设计性能。施工现场多采用自然养护法，蒸汽养护法主要用于构件厂。

自然养护有洒水、覆盖、喷涂养护剂三种方式，应考虑现场条件、环境温湿度、构件特点、技术要求、施工操作等因素合理选择。

洒水养护是在混凝土裸露表面覆盖麻袋或草帘后洒水，也可直接洒水或蓄水；洒水次数，应能保持混凝土处于湿润状态；但当日最低气温低于 5℃时，不应采用洒水养护。

覆盖养护是在混凝土表面覆盖塑料薄膜或在塑料薄膜上再加盖麻袋或草帘等进行养护。塑料薄膜应紧贴混凝土表面且保持薄膜内有凝结水。

喷涂养护是在混凝土裸露表面喷涂养护剂进行养护，适用于不易洒水或覆盖的高耸建筑物或大面积混凝土结构。养护剂应具有可靠的保湿效果，并应喷涂均匀、覆盖致密，不得漏喷。

混凝土的自然养护应符合以下规定：

（1）混凝土浇筑后应及时进行保湿养护，防止失水开裂。

（2）混凝土的养护的时间，硅酸盐水泥、普通硅酸盐水泥或矿渣硅酸盐水泥拌制的混凝土，不得少于 7d；采用缓凝型外加剂或大掺量矿物掺合料配制的混凝土、大体积混凝土、后浇带、抗渗混凝土、C60 以上混凝土，养护时间均不得少于 14d。

（3）混凝土强度达到 1.2MPa 前，不得在其上踩踏、堆放物料、安装模板及支架。

2. 质量检查及评定

为了保证混凝土的质量，在搅拌和浇筑过程中，应检查混凝土组成材料的质量和用量，并在搅拌和浇筑地点检查混凝土坍落度。上述检查在每一工作班内至少两次，如混凝土配合比有变动时，还应及时检查。

对施工完毕的混凝土，应作出最后鉴定。其内容除检查混凝土的外观质量外，主要是检查混凝土抗压强度。对于特殊混凝土，还应按设计要求进行抗冻、抗渗和耐腐蚀等特殊性能的检查。

混凝土的外观检查，主要检查表面有无蜂窝、麻面、裂缝、露筋、脱皮掉角等缺陷和几何尺寸是否正确。

为了确定混凝土是否能达到设计强度等级及可否进行下一阶段施工，在浇筑过程中，应该用同样的混凝土制作一批试块，分别在标准条件及与构件相同的条件下进行养护，经过一定时间后进行检验试压。标准条件下养护 28d 的试件用来评定混凝土是否达到设计强度等级；而同条件下养护的试件用以确定构件当时的实际强度，以判断能否拆模、张拉、起吊和承受施工荷载，或用于结构实体检验。

混凝土的强度是根据边长为 150mm 的标准立方体试块，在标准条件下（温度 20℃±2℃、相对湿度 95% 以上），养护 28d 的抗压强度来确定的。当采用非标准尺寸试件时，应将其抗压强度乘以尺寸换算系数（见表 15-2-4）进行折算。

混凝土试件尺寸及强度的尺寸换算系数 表 15-2-4

骨料最大粒径（mm）	试件尺寸（mm）	强度的尺寸换算系数
≤31.5	100×100×100	0.95
≤40	150×150×150	1.00
≤63	200×200×200	1.05

注：对 C60 及以上的混凝土试件，其强度的尺寸换算系数可通过试验确定。

（1）标养试件取样

试件应在浇筑地点随机抽取。对同一配合比混凝土，每拌制 100 盘、每 100m³ 混凝土、每个工作班、每一楼层，取样均不得少于一次；每次取样应至少留置一组（3 个）试件，每组试件应在同盘混凝土中取样制作。

（2）混凝土强度的评定

混凝土强度应分批进行验收。同一验收批相同混凝土的强度，应以其各组标准试件的强度代表值来评定。

①每组试块强度代表值的确定

a.当 3 个试块中的最大、最小的强度值，与中间值相比均不超过 15% 时，取平均值；

b.当 3 个试块中的最大或最小的强度值，与中间值相比超过 15% 时，取中间值；

c.当 3 个试块中的最大和最小的强度值，与中间值相比均超过 15% 时，该组试件作废。

②评定方法与合格要求

根据混凝土生产情况，其强度检验评定方法有标准差已知统计法、标准差未知统计法、非统计法三种。前两种方法需有稳定的标准差或足够的生产批量；非统计法用于零星生产预制构件或现场搅拌批量不大的混凝土评定，要求同一验收批混凝土立方体抗压强度平均值不低于 1.15 倍设计标准值，且其中最小值不低于 0.95 倍设计标准值。

（五）混凝土的冬期、高温和雨期施工

1.冬期施工

规范规定，根据当地多年气象资料统计，当室外日平均气温连续 5d 稳定低于 5℃时，应采取冬期施工措施。

（1）冬期施工原理与临界强度

冻结对早期混凝土将造成严重危害。其主要原因是混凝土内部的水结冰后体积膨胀，冰晶应力使强度还很低的混凝土内部产生无法弥补的微裂纹；另外，导热性强的钢筋、粗骨料表面易形成冰膜，削弱了砂浆与石子、混凝土与钢筋间的握裹力，导致混凝土最终强度损失。试验证明，混凝土冻结愈早、水胶比愈大，则强度损失愈多。

当混凝土达到某一初期强度值后遭到冻结，解冻后再经 28d 标养，其强度如能达到设计强度等级值的 95％以上，则受冻前的初期强度值即称之为混凝土的受冻临界强度。混凝土冬期施工的核心是使其达到受冻临界强度之前，不遭受冻害，即最终强度损失不超过 5％。

对硅酸盐或普通硅酸盐水泥配制的混凝土，其受冻临界强度规定为设计强度等级值的 30％，用矿渣硅酸盐等水泥配制的混凝土为 40％，抗渗混凝土为 50％，有抗冻耐久性要求的混凝土为 70％。当施工需提高混凝土强度等级时，应按提高后的强度等级确定受冻临界强度。

（2）冬期施工方法与要求

①原材料选择及要求

水泥：应优先选用水化热高、早期强度高的水泥，如硅酸盐或普通硅酸盐水泥；采用蒸汽养护时，宜采用矿渣硅酸盐水泥。水泥用量不少于280kg/m³，水胶比不大于 0.55。

骨料：不得含有冰、雪、冻块及其他易冻裂物质。

外加剂：不宜使用氯盐类防冻剂；采用非加热养护法时，宜掺入引气剂或引气型减水剂。

②原材料加热

冬期施工常用热拌混凝土。在拌制前应优先考虑对水进行加热，当其不能满足要求时，再对骨料进行加热。水泥、外加剂、矿物掺合料应置于暖棚中预热，不得直接加热。

水及骨料的加热温度，应根据热工计算确定。且当水泥的强度等级为 42.5 以下时，拌和用水和骨料的加热温度不得超过 80℃和 60℃；水泥的强度等级为 42.5 及以上时，不得超过 60℃和 40℃。以避免出现"假凝"现象。

③冬期施工搅拌

在混凝土搅拌前，应对搅拌机械进行保温或蒸汽加温。搅拌时，应先投入骨料与拌和水，预拌后再投入水泥和外加剂。引气剂或含有引气组分的外加剂不得与 60℃的水直接接触。

混凝土的搅拌时间应较常温延长 50％。拌合物的出机温度不应低于 10℃，预拌混凝土或远距离运输者不宜低于 15℃。

④冬期施工运输和浇筑

运输混凝土所用的容器应有保温措施，输送泵及泵管应用水泥浆或水泥砂浆润滑、预热，保证混凝土的入模温度不低于 5℃。混凝土在浇筑前，应清除地基、模板和钢筋上的冰雪和污垢，并应进行覆盖保温；不得在强冻胀性地基上浇筑；当在弱冻胀性地基上浇筑时，地基土不得遭冻。

混凝土分层浇筑时，分层厚度不应小于 400mm。当分层浇筑大体积混凝土时，已浇筑层在被上一层覆盖前，不得低于按热工计算要求的温度，且不得低于 2℃。

⑤冬期施工养护

混凝土结构冬期施工养护的方法有蓄热法、蒸汽加热法、电加热法、暖棚法和掺防冻剂法。

蓄热法用于室外最低气温不低于-15℃时的地面以下工程或表面系数不大于5m⁻¹的结构，对结构易受冻部位应加强保温措施；当采用蓄热法不能满足要求时，对表面系数为5~15m⁻¹的结构，可采用掺加早强剂或早强型外加剂的综合蓄热法。对不易保温养护，且对强度增长无具体要求的一般混凝土结构，可采用掺防冻剂的负温养护法进行施工。当前述方法均不能满足施工要求时，可采用暖棚法、蒸汽加热法、电加热法等方法，但应采取降低能耗的措施。

⑥拆模与检验

混凝土浇筑后，对裸露表面应采取防风、保湿、保温措施，对边、棱角及易受冻部位应加强保温。在混凝土养护和越冬期间，不得直接对负温混凝土表面浇水养护。

模板和保温层应在混凝土达到要求强度，且混凝土表面温度冷却到5℃后再拆除。对墙、板等薄壁结构构件宜延缓拆模。当混凝土表面与环境的温差大于20℃时，拆模后应立即覆盖保温。

混凝土冬期施工期间，应按国家标准的规定，对混凝土拌合水、外加剂溶液、骨料、混凝土出机、浇筑、入模以及养护期间混凝土内部和大气等的温度进行测量，并做好记录。

冬期施工混凝土强度试件的留置，应增加不少于 2 组与结构同条件养护的试件。同养试件应在解冻后进行抗压试验，以检验结构混凝土受冻临界强度和拆模板或支架时的强度。

2.高温及雨期施工

当日平均气温达到 30℃及以上时，应按高温施工要求采取措施，主要包括选用低水化热水泥并减少水泥用量；调整配合比使坍落度不小于 70mm；降低材料温度；对搅拌、运输设施及浇筑作业面、模板、钢筋等遮阳并洒水降温；采取早、晚间施工；浇筑完成后，及时进行保湿养护等。

雨季和降雨期间，应按雨期施工要求采取措施，主要包括对水泥和掺合料采取防水和防潮措施，并对粗、细骨料含水率进行实时监测，及时调整混凝土配合比；对混凝土搅拌、运输设备和浇筑作业面采取防雨、防雷措施；雨天不露天浇筑等。

【例 15-2-1】影响混凝土受冻临界强度的因素是：

    A. 水泥品种　　　　B. 骨料粒径　　　　C. 水灰比　　　　D. 构件尺寸

解　影响混凝土受冻临界强度的因素是水泥品种、混凝土性能要求和养护方法。不同水泥品种的强度增长速度不同，水化反应产生的水化热不同，直接影响混凝土的温度及早期强度。《混凝土结构工程施工规范》（GB 50666—2011）第 10.2.12 条第 1 款规定，冬期施工受冻临界强度，采用硅酸盐水泥、普通硅酸盐水泥配制的混凝土，不应低于设计混凝土强度等级值的 30%；采用矿渣硅酸盐水泥、粉煤灰硅酸盐水泥、火山灰质硅酸盐水泥、复合硅酸盐水泥配制的混凝土时，不应低于设计混凝土强度等级值的 40%。

答案：A

【例 15-2-2】冬季施工时，混凝土的搅拌时间应比常温搅拌时间：

    A. 缩短 25%　　　　B. 缩短 30%　　　　C. 延长 50%　　　　D. 延长 75%

解　冬季施工时，天气冷，热水拌水泥不容易拌制均匀，因此需要比常温搅拌时间延长 50%，使得各种材料温度融合、拌制均匀。

答案：C

【例 15-2-3】混凝土施工缝宜留置在：

A. 结构受剪力较小且便于施工的位置　　　B. 遇雨停工处

C. 结构受弯矩较小且便于施工的位置　　　D. 结构受力复杂处

解　因施工缝处粗骨料不能相互嵌固，大大影响了混凝土的抗剪强度，故《混凝土结构工程施工规范》（GB 50666—2011）第 8.6.1 条规定：施工缝和后浇带宜留设在结构受剪力较小且便于施工的位置。

答案： A

四、预应力混凝土工程

预应力混凝土是在结构或构件承受设计荷载之前，利用预应力筋的弹性预先对受拉区施加压应力，以提高结构或构件的刚度、抗裂性和耐久性，增加结构的稳定性。预应力结构能有效地发挥高强材料的作用，结构跨度大、自重轻、截面小，结构变形小、抗裂度高、耐久性好。

预应力混凝土按张拉预应力筋与浇筑混凝土的顺序不同，分为先张法施工和后张法施工。先张法适用于构件厂生产中小型构件，后张法适用于现场施工及构件厂制作大型构件。

（一）一般要求

1. 施工方案

预应力工程应编制专项施工方案。必要时，专业施工单位应进行深化设计。

2. 施工环境温度

（1）当温度低于-15℃时不宜进行预应力筋张拉；

（2）当温度高于35℃或连续 5d 日平均温度低于 5℃条件下进行灌浆施工时，应采取质量保证措施。

3. 材料与设备

（1）预应力筋、锚具、夹具、连接器、成孔管道的性能应符合国家现行标准的规定。

（2）预应力筋的品种、级别、规格、数量必须符合设计要求。当预应力筋需要代换时，应进行专门计算，并经原设计单位确认。

（3）预应力材料在运输、存放、加工、安装过程中，应采取防止损伤、锈蚀或污染的措施。

（4）预应力筋张拉机具及压力表应定期维护和标定。张拉设备和压力表应配套标定和使用，标定期限不应超过半年。

（5）采用应力控制方法张拉预应力筋时，应校核最大张拉力下预应力筋的伸长值。实测伸长值与计算伸长值的相对允许偏差为 6%。

（6）孔道灌浆用水泥应采用硅酸盐水泥或普通硅酸盐水泥，水泥、外加剂的质量应符合规范规定；成品灌浆材料的质量应符合现行国家标准《水泥基灌浆材料应用技术规范》（GB/T 50448）的规定。

4. 材料进场检查

预应力材料进场时应检查质量证明文件，全数检查外观，并需抽样进行性能检验。

（1）预应力筋

①有黏结预应力筋的表面不应有裂纹、小刺、机械损伤、氧化铁皮和油污等，展开后应平顺、不应有弯折；无黏结预应力钢绞线护套应光滑，无裂缝，无明显褶皱。

②应按国家标准的规定抽取试件，做抗拉强度、伸长率检验；对无黏结预应力钢绞线，还应进行防腐润滑脂量和护套厚度的检验。检验结果应符合标准规定。

（2）锚具、夹具和连接器

①预应力筋用锚具应与锚垫板、局部加强钢筋配套使用。

②表面应无污物、锈蚀、机械损伤和裂纹。

③应按现行行业标准进行性能检验。当用量不足检验批规定数量的 50％，且供货方提供有效的检验报告时，可不做静载锚固性能检验。

（3）预应力成孔管道

①金属管道内外表面应清洁，无锈蚀，不得有油污、孔洞和不规则的褶皱，咬口不得开裂、脱扣；钢管焊接应连续。

②塑料波纹管的外观应光滑、色泽均匀，内外壁不应有气泡、裂口、硬块、油污、附着物、孔洞及影响使用的划伤；

③按进场批次抽样检验径向刚度和抗渗漏性能。

（二）先张法施工

先张法是在浇筑构件混凝土之前，张拉预应力筋并将其临时锚固在台座或钢模上，然后浇筑混凝土构件，待混凝土达到一定强度后，切断预应力筋放张，钢筋弹性回缩，对混凝土产生预压应力（图 15-2-11）。

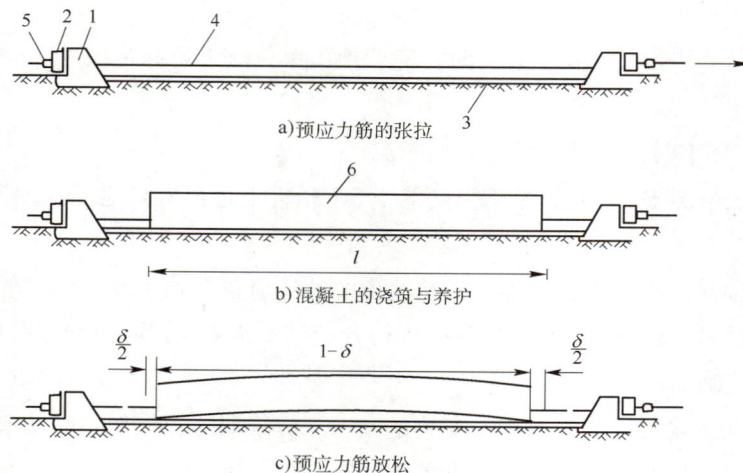

a)预应力筋的张拉

b)混凝土的浇筑与养护

c)预应力筋放松

图 15-2-11　先张法生产示意图

1-台座；2-横梁；3-台面；4-预应力筋；5-锚固夹具；6-混凝土构件

1. 张拉设备

（1）台座

台座是临时撑住预应力筋的设备，应有足够的强度、刚度和稳定性，包括墩式、槽式和钢模板台座。

（2）张拉机具和夹具

张拉常采用液压千斤顶作为主要设备，并使用悬吊、支撑、连接等配套组件。夹具是在先张法施工中用于夹持或固定预应力筋的工具，可重复使用，分为张拉夹具和锚固夹具。应根据预应力筋种类及数量、张拉与锚固方式不同，选用相应的机具和夹具。

1）单根钢筋张拉

单根螺纹钢筋的张拉常用拉杆式千斤顶（见图 15-2-12）。随张拉用螺母锚具（见图 15-2-13）锚固于台座横梁。

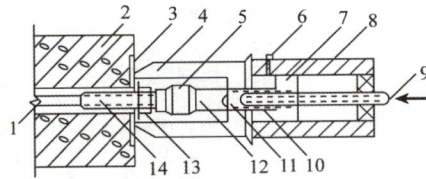

图 15-2-12 拉杆式千斤顶张拉单根粗钢筋原理图

8-主缸；7-主缸活塞；6-主缸进油孔；11-副缸；10-副缸活塞；9-副缸进油孔；5-连接器；4-传力架；12-拉杆；
13-螺母；1-预应力筋；2-台座横梁；3-钢板；14-螺纹筋

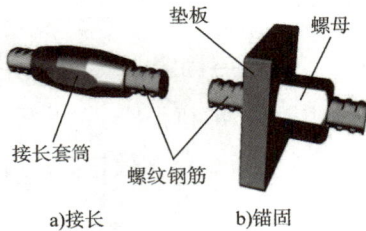

图 15-2-13 螺纹钢筋的锚固与接长装配形式

2）多根钢筋成组张拉

张拉成组的多根钢筋或钢绞线时，可采用三横梁装置，通过台座式液压千斤顶顶推张拉横梁进行张拉，如图 15-2-14 所示。其张拉夹具固定于张拉横梁上；张拉后，将锚固夹具锁固于前横梁上。

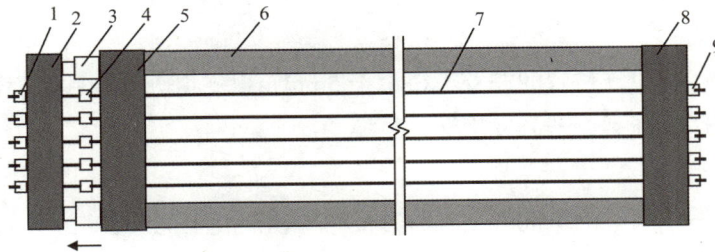

图 15-2-14 三横梁张拉装置示意图（张拉中）

1-张拉夹具；2-张拉横梁；3-台座式千斤顶；4-待锁紧锚固夹具；5-前横梁；6-台座传力柱；7-预应力筋；
8-后横梁；9-固定锚具

所用锚固夹具，对螺纹钢筋，可采用螺母锚具；对非螺纹钢筋，可采用套筒夹片式锚具（见图 15-2-15），通过楔形原理夹持住预应力筋。施工中应使各钢筋锚固长度及松紧程度一致。

3）钢丝张拉

钢丝常采用多根成组张拉。先将钢丝进行冷镦头，固定于模板端部的梳筋板夹具上，用千斤顶依托钢模横梁、用张拉抓钩拉动梳筋板，再通过螺母锚固于钢模横梁。当采取单根张拉时，可使用夹片夹具。

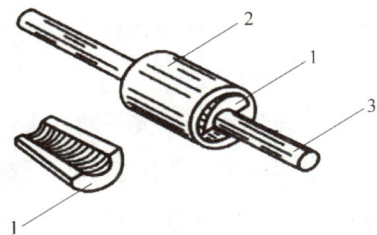

图 15-2-15 圆套筒二片式夹具

1-夹片；2-套筒；3-预应力筋

2. 张拉施工

预应力筋的张拉应根据设计要求严格按张拉程序进行。

（1）张拉控制应力

根据《混凝土结构设计规范》（GB 50010—2010）（2015 年版）的规定，预应力筋的张拉控制应力 σ_{con} 应满足表 15-2-5 要求。

199

张拉控制应力 表 15-2-5

项次	预应力筋种类	张拉控制应力 σ_{con}	调整后的最大应力限值 σ_{max}
1	消除应力钢丝、钢绞线	$0.75f_{ptk}$	$0.80f_{ptk}$
2	中强度预应力钢丝	$0.70f_{ptk}$	$0.75f_{ptk}$
3	预应力螺纹钢筋	$0.85f_{pyk}$	$0.90f_{pyk}$

注：f_{ptk} 为预应力筋极限抗拉强度标准值，f_{pyk} 为预应力筋屈服强度标准值。

（2）张拉程序

预应力筋张拉一般可按下列程序进行：

$$0 \longrightarrow 105\%\sigma_{con} \xrightarrow{\text{持荷 2min}} \sigma_{con} \longrightarrow 固定 \quad 或 \quad 0 \longrightarrow 103\%\sigma_{con} \longrightarrow 固定$$

上述张拉程序中，都有超过张拉控制应力（即超张拉）的步骤，其目的是为了减少预应力筋松弛造成的预应力损失。前者建立的预应力值较为准确，但工效较低；后者将 $3\%\sigma_{con}$ 作为松弛损失的补偿，其特点则与前一张拉程序相反。

（3）张拉要点

预应力筋的张拉应根据设计要求的控制应力及施工方案确定的程序进行。张拉要点如下：

①单根张拉时，应从台座中间向两侧对称进行，以防偏心损坏台座。多根成组张拉时，应用测力计抽查钢筋的应力，保证各预应力筋的初应力一致。

②张拉要缓慢进行；顶紧夹片时，用力不要过猛，以防钢丝折断；在拧紧螺母时，应注意压力表读数始终保持所需的张拉力；

③预应力筋张拉后，与设计位置的偏差不得大于 5mm，也不得大于构件截面最短边长的 4%；

④避免预应力筋滑脱或断裂，若有发生必须更换。

3. 混凝土施工

预应力筋张拉完成后应及时浇筑混凝土。对每一构件，混凝土浇筑必须一次完成，不留施工缝。混凝土可采用自然养护或蒸汽养护。若进行蒸汽养护，则应采用二次升温法。

4. 预应力筋放张

（1）放张时间

放张预应力筋时，混凝土强度必须达到设计要求值。设计无要求时，不得低于 75%；采用消除应力钢丝或钢绞线作为预应力筋者，还不应低于 30MPa。

（2）放张顺序

若设计无规定，可按下列要求进行：

①宜采取缓慢放张工艺进行逐根或整体放张。

②轴心受压的构件（如拉杆、桩等），所有预应力筋应同时放张；

③受弯或偏心受压的构件（如梁等），应先同时放张预压力较小区域的预应力筋，再同时放张预压力较大区域的预应力筋；

④如不能满足前三项要求时，应分阶段、对称、相互交错地放张，以防止放张过程中构件产生弯曲、裂纹和预应力筋断裂。

（3）放张方法

①板类构件。对每一块板，应从外侧向中间对称放张，以免构件扭转而端部开裂。其钢丝或细钢筋，可直接用钢丝钳剪断或切割机锯断。

②粗钢筋放张应缓慢进行，以防预应力筋快速回弹而击碎构件端部混凝土，常用千斤顶放张，也可用砂箱法、楔块法放张。

（三）后张法施工

后张法是先制作结构或构件，并留设孔道或埋设无黏结、缓黏结预应力筋，待其混凝土达到一定强度后，张拉预应力筋的一种方法（见图15-2-16）。该法直接在结构构件上进行预应力张拉，不需要台座，灵活性大；但锚具需留在结构体上，费用较高，工艺较复杂。

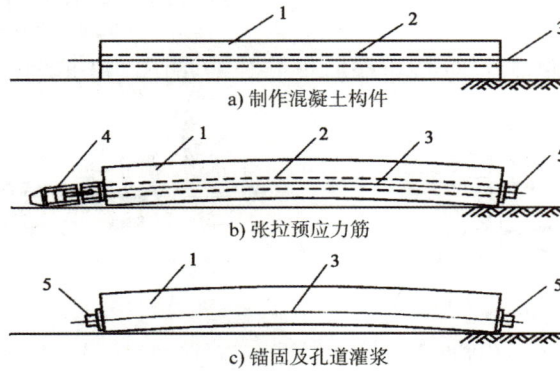

图 15-2-16　后张法施工过程示意图

（图示为有黏结的施工过程，无黏结及缓黏结则无需留孔与灌浆）
1-混凝土构件；2-预留孔道；3-预应力筋；4-千斤顶；5-锚具

按钢筋与混凝土之间的关系，分为有黏结、无黏结和缓黏结三种。

1. 机具设备

1）锚具

锚具是在后张法结构或构件中，为保持预应力筋拉力并将其传递给混凝土的永久性锚固装置。锚具的类型应根据预应力筋的种类选用（见表15-2-6）。

常用锚具的选用　　　　　　　　　　　　　　　　　表 15-2-6

预应力筋品种	张拉端	固定端	
		安装在结构外部	安装在结构内部
钢绞线	夹片式锚具 压接式锚具	夹片式锚具 挤压式锚具 压接式锚具	压花式锚具 挤压式锚具
钢丝束	镦头锚具 冷（热）铸锚	冷（热）铸锚	镦头锚具
精轧螺纹钢筋	螺母锚具	螺母锚具	螺母锚具

（1）螺纹钢筋锚具

采用精轧螺纹钢筋作为预应力筋者，其张拉端和非张拉端均可使用螺母锚具（见图15-2-13）。

（2）钢绞线锚具

①张拉端。钢绞线作预应力筋时，张拉端常用夹片式锚具。根据锚固钢绞线的数量，分为单孔式（见图15-2-17）和多孔式（见图15-2-18）。

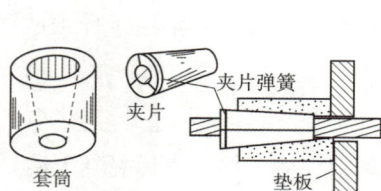

图 15-2-17　单孔三夹片锚具构成与装配图

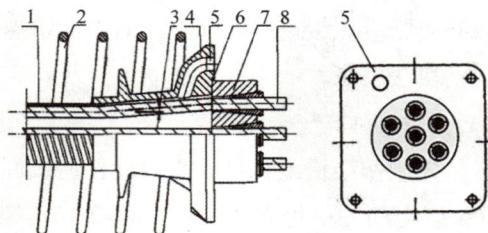

图 15-2-18　多孔夹片锚固体系

1-波纹管；2-螺旋箍筋；3-钢绞线折角；4-喇叭管锚垫板；5-灌浆孔；
6-对中止口；7-锚板；8-钢绞线

②非张拉端。钢绞线束的非张拉端（固定端）的锚固，有挤压式和压花式（见图 15-2-19、图 15-2-20）。

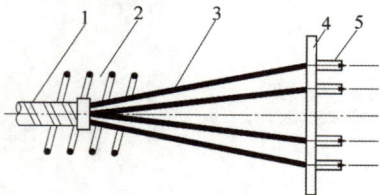

图 15-2-19　挤压锚具

1-波纹管；2-螺旋筋；3-钢绞线；4-钢垫板；
5-挤压套筒

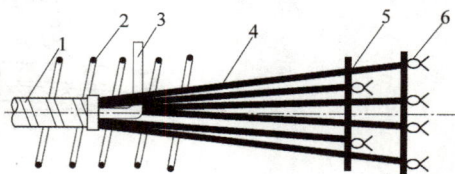

图 15-2-20　压花锚具

1-波纹管；2-螺旋筋；3-灌浆管；4-钢绞线；
5-钢筋支架；6-梨形自锚头

（3）钢丝锚具

钢丝常用镦头锚具、锥锚锚具。高强钢丝的镦头宜采用冷镦，镦头的强度不得低于钢丝强度的98%。镦头锚具构造如图 15-2-21 所示。

2）张拉设备

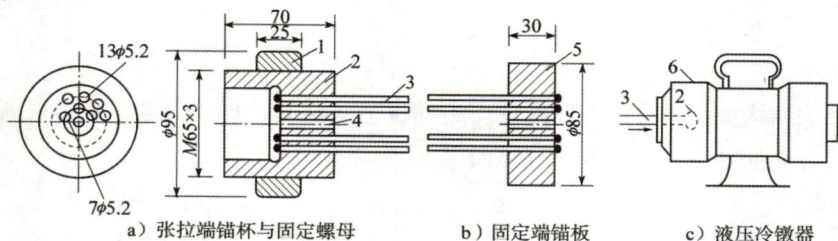

a）张拉端锚杯与固定螺母　　　b）固定端锚板　　　c）液压冷镦器

图 15-2-21　镦头锚具构造与镦头机

1-螺母；2-锚杯；3-钢丝；4-排气注浆孔；5-锚板；6-冷镦器；7-镦粗头

后张法的张拉设备由液压千斤顶、高压油泵、悬吊支架和控制系统组成。常用的液压千斤顶有穿心式、拉杆式、锥锚式和前置内卡式。

2. 后张法施工工艺

1）预应力筋制作与安装

（1）预应力筋的下料长度应经计算确定，并应采用砂轮锯或切断机等机械方法切断。预应力筋制作或安装时，应避免受焊渣或接地电火花损伤。

（2）无黏结预应力筋在现场搬运和铺设过程中，不应损伤其塑料护套。当出现轻微破损时，应及时采用防水胶带封闭。严重破损者不得使用。

（3）钢绞线挤压锚具应采用配套的挤压机制作，操作液压值应符合使用说明书的规定。采用的摩擦衬套应沿挤压套筒全长均匀分布；挤压完成后，预应力筋外端露出套筒应不少于1mm。

（4）钢绞线压花锚具应采用压花机制作成型，梨形头尺寸和直线锚固段长度不应小于设计值。

（5）使用镦头锚具的钢丝镦头，其头型直径应为钢丝直径的1.5倍，高度不小于钢丝直径；镦头应无横向裂纹；当钢丝束两端均采用镦头锚具时，同一束中各根钢丝长度的极差不应大于钢丝长度的1/5 000，且不大于5mm。当成组张拉长度为不大于10m的钢丝时，同组长度极差不大于2mm。

（6）预应力筋应与定位钢筋绑扎牢固，定位钢筋直径不宜小于10mm，间距不大于1.2m。

2）孔道留设

（1）方法

后张有黏结预应力筋施工需留设孔道。留设方法有抽芯法和埋管法，抽芯法仅用于预制构件。

抽芯法通过预埋钢管或胶管，抽出后形成孔道。钢管抽芯法仅适用于留设较短的直线孔道，待混凝土初凝后、终凝前将钢管旋转抽出而成孔；胶管抽芯法既可留设直线孔道，也可留设曲线孔道，需待混凝土终凝后拔出。

埋管法预埋的金属或塑料波纹管（见图15-2-22），无需抽出。施工方便、质量可靠、张拉阻力小，用于现场施工或大型预应力构件制作。

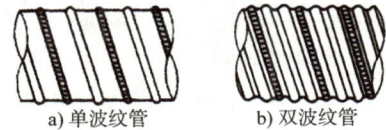

a) 单波纹管　　b) 双波纹管

图 15-2-22　波纹管

（2）要求

①成孔管道应密封。圆形金属波纹管接长时，可采用大一规格的同波型波纹管作为接头管，接头管长度为直径的3倍且不小于200mm，两端旋入长度相等，端部用防水胶带密封；塑料波纹管接长时，可采用热熔焊接或连接管连接；钢管连接可采用焊接连接或套筒连接。

②成孔管道应与定位钢筋绑扎牢固，定位钢筋直径不宜小于10mm，间距不宜大于1.2m。

③孔道之间的水平净间距不宜小于50mm，且不宜小于粗骨料最大粒径的1.25倍；孔道至构件边缘的净间距不宜小于30mm，且不宜小于孔道外径的1/2。

④当孔道较长时，需在中部增设灌浆孔和排气孔（可兼作泌水孔）。曲线孔道波峰和波谷的高差大于300mm时，应在孔道波峰处设置排气孔，间距不大于30m（见图15-2-23）；泌水孔管伸出构件不少于300mm。

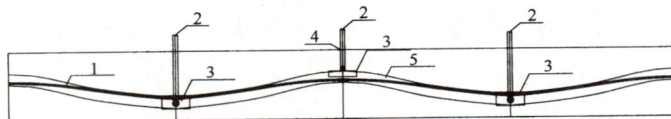

图 15-2-23　排气孔设置及做法

1-预应力筋；2-泌水、排气孔管；3-弧形盖板；4-塑料管；5-波形管孔道

⑤孔道留设应位置准确、内壁光滑，锚垫板的承压面应与预应力筋垂直。内埋式固定端锚垫板不应重叠，锚具与锚垫板应贴紧。

⑥采用蒸汽养护的预制构件，预应力筋应在蒸汽养护结束后穿入孔道。

3）预应力筋张拉

①张拉条件。张拉时，混凝土的强度应满足设计要求；且同条件养护的试件强度不低于强度等级值的75%，梁、板混凝土的龄期分别不少于7d和5d。

②张拉顺序。应符合设计要求，并根据结构受力特点、施工方便及操作安全等因素确定。宜按均匀、对称的原则张拉。对现浇预应力混凝土楼盖，宜先张拉楼板、次梁预应力筋，再张拉主梁预应力筋；对预制屋架等平卧叠浇构件，应从上至下逐榀张拉，逐层加大拉应力，但顶底相差不得超过5%，如不能满足，应在移开上部构件后，进行二次补强。

③张拉方式。较短的预应力筋可一端张拉。孔道长度大于20m的曲线筋和大于35m的直线筋，长

度大于 40m 的无黏结预应力筋，均应两端张拉，以减少预应力损失。两端可同时张拉，也可一端张拉锚固后，在另一端补足。当筋长超过 50m 时，宜采取分段张拉和锚固措施。

④对后张法的结构构件，钢绞线断裂或滑脱量严禁超过同一截面总根数的 3％，且每束钢丝或每根钢绞线断丝不得超过一丝。对多跨双向连续板，同一截面按每跨计算。

⑤锚固阶段张拉端预应力筋的内缩量应符合设计要求。当设计无要求时，支承式锚具（螺母锚具、镦头锚具等）内缩量限值为 1mm；夹片式锚具有顶压者为 5mm，不进行顶压者为 6~8mm。

4）孔道灌浆

预应力筋张拉后，对腐蚀极为敏感，应尽早进行孔道灌浆，以防止预应力筋锈蚀；并通过预应力筋与混凝土黏结，提高结构的整体性和耐久性。灌浆应饱满、密实。

（1）灌浆时间

规范规定，预应力筋穿入孔道后至灌浆的时间间隔：当环境相对湿度大于 60％或近海环境时不宜超过 14d，湿度不大于 60％时不宜超过 28d，否则宜对预应力筋采取防锈措施。

（2）配制水泥浆

应采用硅酸盐或普通硅酸盐水泥（泌水率小），水灰比不得大于 0.45，常掺加膨胀剂和减水剂。标养 28d 的水泥浆试件抗压强度不应低于 30MPa。其他性能应符合下列规定：

①3h 自由泌水率宜为 0 且不应大于 1％，泌水应在 24h 内全部被水泥浆吸收。

②水泥浆中氯离子含量不应超过水泥质量的 0.06％。

③采用普通灌浆工艺时，24h 自由膨胀率不应大于 6％；真空灌浆时不大于 3％。

④水泥浆宜采用高速搅拌机进行搅拌，搅拌时间不应超过 5min；使用时间不宜超过 30min。

（3）灌浆施工

宜先灌下层孔道，后灌上层孔道。灌浆应连续进行，直至排气管排出的浆体稠度与注浆孔处相同且不出现气泡后，再顺浆体流动方向将排气孔依次封闭；全部封闭后，继续加压 0.5 ~ 0.7MPa，并稳压 1 ~ 2min 后封闭灌浆口。当泌水较大时，宜进行二次灌浆或泌水孔重力补浆。真空辅助灌浆时，孔道真空负压宜稳定保持为 0.08 ~ 0.10MPa。

5）封锚

张拉后，多余预应力筋宜采用机械法切割。锚具外预应力筋的外露长度不应小于其直径的 1.5 倍和 30mm。灌浆后，应按照设计要求进行封端处理；当设计无具体要求时，锚具和预应力筋的保护层厚度不应小于：环境为一类时 20mm，二 a、二 b 类时 50mm，三 a、三 b 类时 80mm。

五、预制构件制作

对尺寸和质量大的构件，可在施工现场就地制作，以避免繁重的运输或损坏。定型化的中小型构件，则应发挥工厂化生产的优点在预制厂（场）制作。

施工现场就地制作构件时，场地应平整、坚实，并有排水措施。为节约场地和模板，屋架、柱子、桩等大型构件常采用平卧叠制。施工时，应在下层构件的混凝土强度达到5N/mm²后，再浇筑上层构件混凝土，上、下层构件之间应采取隔离措施。

预制厂制作构件常采用台座法、机组流水法和流水线法。台座是直接在上面制作预制构件的"地坪"，主要用于长线法生产预应力构件或不用模具的中小型构件。机组流水法是在车间内，根据生产工艺划分为模具清理刷油、钢筋骨架安装、浇筑振捣、静停、养护、脱模起吊等工段，借助起吊设备，移动模板依次至各个专业工位完成相应施工过程，形成流水作业。流水线法与机组流水法基本相同，区别在于模板是在流水线上以推移或牵拉的方式"流动"，机械化、自动化程度更高。制作构件的要求如下：

（1）台座表面应光滑平整，表面平整度不大于2mm/2m，在气温变化较大的地区应设置伸缩缝。

（2）模具应具有足够的强度、刚度和整体稳定性，并能满足预制构件预留孔、插筋、预埋吊件及其他预埋件的定位要求。模具设计时，应考虑预制构件质量要求、生产工艺、拆卸要求及周转次数等因素。对跨度较大的预制构件的模具，应根据设计要求预设反拱。

（3）混凝土应采用机械振捣，可根据工艺要求采用插入式振捣棒、平板振动器、附着式振动器，还可采用振动台。振捣混凝土不应影响模具的整体稳定性。

（4）可根据需要选择洒水、覆盖、喷涂养护剂的自然养护，也可选择蒸汽养护、电加热养护。采用蒸汽养护时，应合理控制升、降温速度和最高温度，构件表面宜保持 90%～100% 的相对湿度。

（5）带面砖或石材饰面的预制构件宜采用反打成型法制作，也可采用后贴工艺法制作。

（6）带保温材料的预制构件宜采用水平浇筑方式成型。采用夹芯保温的预制构件，宜采用专用连接件连接内外两层混凝土，其数量和位置应符合设计要求。

（7）清水混凝土预制构件的制作应符合下列规定：

①预制构件的边角宜采用倒角或圆弧角；

②模具应满足清水表面设计精度要求；

③应控制原材料质量和混凝土配合比，并保证每班生产构件的养护温度均匀一致；

④构件表面应采取保护和防污染措施，出现质量缺陷应采用专用材料修补。

（8）带门窗、预埋管线构件的制作应符合下列规定：

①门窗、预埋管线应在浇筑混凝土前预先放置并固定、采取保护措施；

②当采用铝窗框时，应采取避免与混凝土直接接触发生电化学腐蚀的措施；

③应采取控制温度或受力变形对门窗产生不利影响的措施。

（9）预制构件与现浇结构的结合面宜进行拉毛或凿毛处理；也可在模板表面涂刷适量缓凝剂，初凝或脱模后刷或冲去水泥砂浆而形成露骨料粗糙面。

（10）预制构件脱模起吊时的混凝土强度应据计算确定，且不宜小于 15MPa。有黏结预应力构件，应在灌浆的强度不小于 15MPa 后起吊。

【例 15-2-4】 现浇框架结构中，厚度为 150mm 的多跨连续预应力混凝土楼板，其预应力施工宜采用：

　　A. 先张法　　　　　　　　　　　　B. 铺设无黏结预应力筋的后张法
　　C. 预埋螺旋管留孔道的后张法　　　D. 钢管抽芯预留孔道的后张法

解　先张法不能用于现浇结构。在多跨连续结构构件中预应力筋需曲线形设置，而楼板较薄，难以留设孔道和保证混凝土的最小厚度，故宜采用铺设无黏结预应力筋的后张法施工。

答案： B

【例 15-2-5】 采用钢管抽芯法留设孔道时，抽管时间宜为：

　　A. 混凝土初凝前　　　　　　　　　B. 混凝土初凝后、终凝前
　　C. 混凝土终凝后　　　　　　　　　D. 混凝土达到30%设计强度

解　混凝土初凝后抽管才能保证所留孔道不塌陷，而终凝后钢管将难以抽出且易拉裂混凝土。故应在混凝土初凝后，终凝前抽管。

答案： B

习　题

15-2-1　钢筋进场时需进行检验和抽样复验，其内容一般不包括（　　）。

  A. 外观   B. 力学性能   C. 化学成分   D. 重量偏差

15-2-2　在钢筋混凝土柱施工中，主筋的焊接通常采用（　　）。

  A. 电弧焊   B. 电阻点焊   C. 电渣压力焊   D. 闪光对焊

15-2-3　在钢筋混凝土剪力墙施工中，用得最为普遍的模板形式为（　　）。

  A. 组合钢模板   B. 爬升模板   C. 大模板   D. 滑升模板

15-2-4　搅拌干硬性混凝土宜选用（　　）。

  A. 双锥式搅拌机   B. 鼓筒式搅拌机   C. 自落式搅拌机   D. 强制式搅拌机

15-2-5　较长距离的商品混凝土的地面运输，宜采用（　　）。

  A. 自卸汽车   B. 混凝土搅拌运输车 C. 小型机动翻斗车 D. 混凝土泵

15-2-6　为防止混凝土离析，规范规定，普通泵送混凝土浇筑的最大倾落高度不应超过（　　）。

  A. 2.0m   B. 4.0m   C. 6.0m   D. 8.0m

15-2-7　浇筑混凝土楼盖时，施工缝应设置在（　　）。

  A. 主梁中间1/3跨度范围内   B. 主梁端部1/3跨度范围内

  C. 次梁中间1/3跨度范围内   D. 次梁端部1/3跨度范围内

15-2-8　浇筑多层钢筋混凝土框架结构的柱子时，应（　　）。

  A. 一端向另一端推进   B. 由外向内对称浇筑

  C. 由内向外对称浇筑   D. 任意顺序浇筑

15-2-9　为保证大体积混凝土的整体性，对厚度及面积均较大的基础采用多台设备浇筑时，宜采用的浇筑方案是（　　）。

  A. 全面分层   B. 分段分层   C. 斜面分层   D. 局部分层

15-2-10　大体积混凝土的振捣密实，宜选用（　　）。

  A. 内部振动器   B. 表面振动器   C. 振动台   D. 外部振动器

15-2-11　某冬季施工工程使用普通硅酸盐水泥拌制的C40混凝土施工，允许混凝土受冻时的最低强度为（　　）。

  A. 5N/mm^2 B. 9N/mm^2 C. 12N/mm^2 D. 16N/mm^2

15-2-12　采用先张法制作预应力混凝土管桩时，在放松预应力筋时应（　　）。

  A. 同时放松   B. 从两侧向中间逐根放松

  C. 从中间向两侧逐根放松   D. 从一侧向另一侧逐根放松

15-2-13　后张法施工，当设计无具体要求时，预应力筋可一端张拉的是（　　）。

  A. 28m长弯曲孔道   B. 30m长直线孔道

  C. 22m长弯曲孔道   D. 45m长的无黏结预应力筋

15-2-14　现浇框架结构楼盖预应力张拉时，各种构件的张拉顺序应为（　　）。

  A. 主梁→次梁→楼板   B. 次梁→主梁→楼板

  C. 楼板→主梁→次梁   D. 楼板→次梁→主梁

第三节　结构吊装工程与砌体工程

一、起重安装机械

结构吊装工程常用的起重安装机械有桅杆式起重机、自行杆式起重机和塔式起重机。

（一）桅杆式起重机

桅杆式起重机包括独脚拔杆、人字拔杆、悬臂拔杆和牵缆式拔杆。其缺点是移动困难、服务半径小、现场缆风绳多而影响其他作业。

（二）自行杆式起重机

自行杆式起重机包括以下几种。

1. 履带式起重机

履带式起重机由行走装置、回转机构、机身及起重杆等部分组成，采用链式履带的行走装置，使对地面的平均压力大为减少，装在底盘上的回转机构可使机身回转360°，机身内部有动力装置、卷扬机及操纵系统（见图 15-3-1）。它操作灵活，使用方便，起重杆可分节接长，可在一般平整坚实的场地上负重行驶和进行吊装作业。目前在单层、多层装配式结构吊装中得到了广泛使用，也是大型工业设备及核电穹顶吊装的常用机械。但它的缺点是稳定性较差，转场较困难。

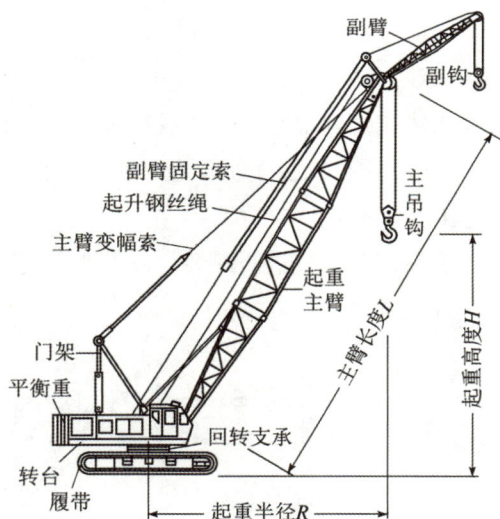

图 15-3-1　履带式起重机构造及起重参数

起重机的起重性能参数主要包括起重量 Q、起重半径 R 和起重高度 H。起重量指吊钩能吊起的重量；起重半径也称工作幅度，是指起重机回转中心至吊钩的水平距离；起重高度是指吊钩至停机面的垂直距离。当起重臂长度一定，随着其仰角的增加，起重半径 R 将减小，而起重高度 H 和起重量 Q 将增加；若其仰角减小，则反之。

2. 汽车式起重机

汽车式起重机是把起重机构安装在通用或专用汽车底盘上的全回转起重机。起重杆采用高强度钢板做成筒形结构，吊臂可根据需要自动逐节伸缩，并设有各种限位和报警装置。起重机构所用动力由汽车发动机供给。这种起重机的优点是转移迅速，对路面的破坏性很小；缺点是吊重时必须使用支腿，因而不能负荷行驶，适用于构件运输的装卸工作和结构吊装作业。

3. 轮胎起重机

轮胎起重机是把起重机构装在加重型轮胎和轮轴组成的特制底盘上的全回转起重机械，一般吊重时都用四条支腿支撑。轮胎起重机的特点是：①行驶时对路的破坏性较小，行驶速度比汽车起重机慢，但比履带起重机快；②稳定性较好，起重量较大；③起重量小时可不用支腿。

图 15-3-2 QAY-240 全地面式起重机

4. 全路面式起重机

全路面式起重机也称全地面起重机，是一种兼有汽车式和轮胎式起重机优点的新型起重设备。该种机械起重能力强、行驶速度快、能实现全轮转向，起重量较小时可不用支腿。目前，有起重量 30~1200t，臂长 30~100m 等多种机型。如图 15-3-2 所示起重机的最大起重量为 240t。

（三）塔式起重机

塔式起重机具有竖直的塔身，起重臂安装在塔身的顶部，形成"Γ"形的工作空间，具有较高的有效高度和较大的工作半径，起重臂可回转 360°，因此，塔式起重机在多层及高层装配式结构吊装中得到了广泛应用。

1. 轨行塔式起重机

该种机型能在轨道上行驶，大大增加了作业范围，但稳定性较差，宜用于高度不超过 10 层、长度较大的房屋结构吊装。

2. 爬升式塔式起重机

爬升式塔式起重机是一种安装在建筑物内部（电梯井或特设开间）的结构上，借助爬升机构，随着建筑物的增高而爬升的起重机械。一般每隔 2 层楼便爬升一次。这种起重机稳定性好、有效服务空间大，主要用于高层或超高层建筑施工。

爬升式塔式起重机借助套架托梁和爬升系统进行爬升。采用液压爬升机构的 80HC 型、120HC 型塔式起重机的内爬升过程如图 15-3-3 所示。

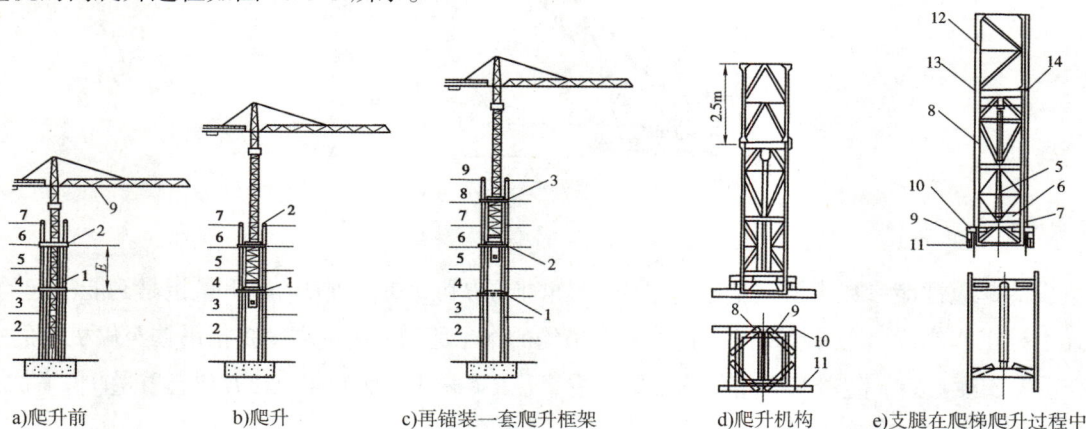

a)爬升前   b)爬升   c)再锚装一套爬升框架   d)爬升机构   e)支腿在爬梯爬升过程中

图 15-3-3 80HC 型、120HC 型塔式起重机的内爬升过程示意图

1-下爬升框架；2-上爬升框架；3-爬升框架；4-液压缸；5-活塞；6-爬升下横梁；7-支腿；8-爬梯；9-下承重横梁；10-承受垂直力大梁；11-连接建筑结构大梁；12-标准节（2.5m）；13-爬升节；14-爬升上横梁；E-上、下爬升框架最小锚固间距

3. 附着式塔式起重机

附着式塔式起重机是固定在建筑物近旁混凝土基础上的起重机械，它可借助顶升系统随着建筑施工进度而自行向上接高。为了减小塔身的自由长度，需每隔 20m 左右将塔身与建筑物通过附着装置连接起来。这种塔式起重机适用于高层建筑施工。附着式塔式起重机还可以装在建筑物内作为爬升式塔式起重机使用，或安装行走机构后作为轨道式起重机使用。QT-10 型起重机，每顶升一次升高 2.5m，常用的起重臂长 30m，此时最大起重力矩为 160tm，起重量为 5~10t，起重半径为 3~30m，起重高度为 160m。

QT-10 型附着式塔式起重机的液压顶升系统主要包括顶升套架、长行程液压千斤顶、承座、顶升横梁及定位销等。其顶升过程可分为五个步骤，如图 15-3-4 所示。

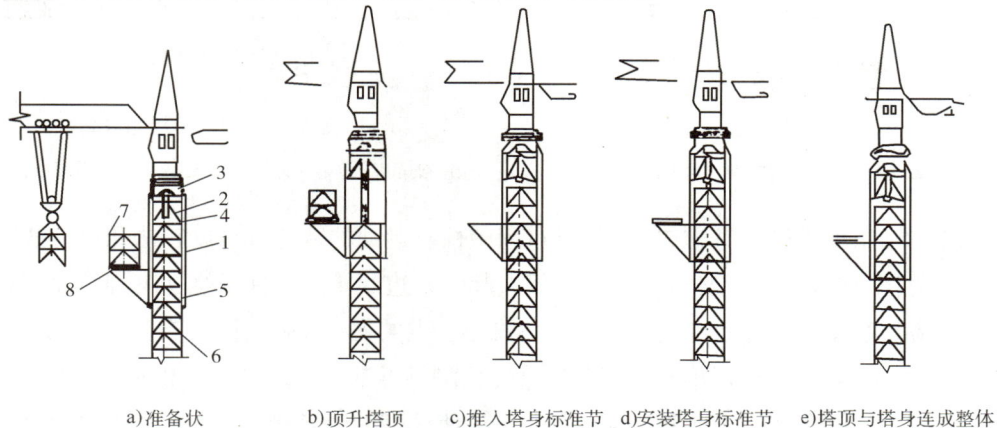

a) 准备状　　b) 顶升塔顶　　c) 推入塔身标准节　　d) 安装塔身标准节　　e) 塔顶与塔身连成整体

图 15-3-4　QT-10 型附着式塔式起重机的顶升过程示意图

1-顶升套架；2-液压千斤顶；3-承座；4-顶升横梁；5-定位销；6-过渡节；7-标准节；8-摆渡小车

二、钢筋混凝土单层工业厂房结构吊装

单层工业厂房的主要承重结构一般由基础、柱、吊车梁、屋架、天窗架、屋面板等组成，除基础在施工现场就地灌筑外，其他多采用装配式钢筋混凝土预制构件。尺寸大、构件重的大型构件一般都在施工现场就地预制，中小型构件都集中在构件预制厂制作，然后运到现场吊装。重型厂房也可采用钢结构。

（一）构件吊装前的准备工作

构件吊装前应做好下列准备工作：

（1）场地清理与道路铺设；

（2）吊装前对所有构件进行全面质量复查；

（3）构件弹线与编号，作为构件吊装、对位和校正的依据；

（4）钢筋混凝土杯形基础的准备工作，包括杯口顶面标线及杯底找平；

（5）组织好构件运输和构件的堆放；

（6）构件吊装前的拼装及临时加固。

（二）构件吊装工艺

预制构件吊装过程一般包括绑扎、起吊、对位、临时固定、校正、最后固定等工序。

构件吊装时，钢丝绳与水平面的夹角应大于 45°。

1. 柱的吊装

（1）柱的绑扎：按柱吊起后柱身是否垂直，分为直吊法和斜吊法。相应的绑扎方法有：①斜吊绑扎法（见图 15-3-5），它绑扎简单，但吊装就位稍难，当柱子的宽面抗弯能力满足吊装要求时，可采用此法；②直吊绑扎法（见图 15-3-6），吊装前要先将柱翻身，再绑扎起吊，易于插入杯口就位。

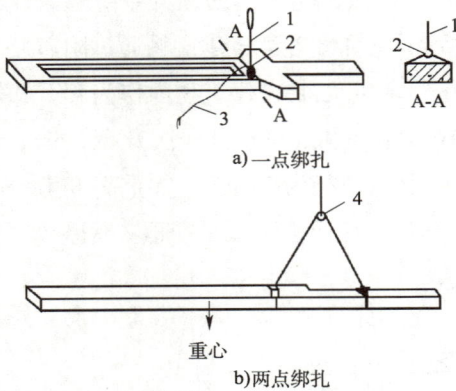

a)一点绑扎

b)两点绑扎

图 15-3-5 斜吊绑扎法

1-吊索；2-活络卡环；3-卡环销拉绳；4-滑车

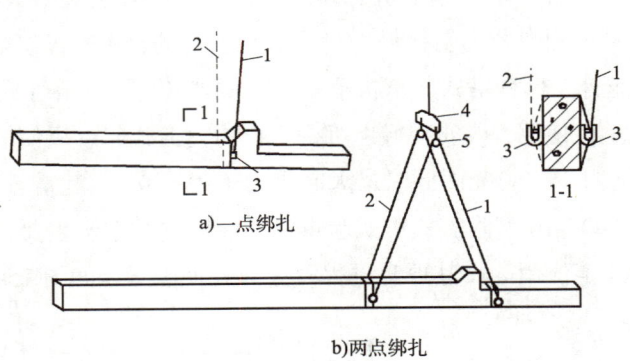

a)一点绑扎

b)两点绑扎

图 15-3-6 直吊绑扎法

1-第一支吊索；2-第二支吊索；3-活络卡环；4-横吊梁；5-滑车

（2）柱的起吊：用单机吊装时，按柱在吊升过程中柱身运动的特点分为旋转法和滑行法两种吊升方法。①旋转法（见图 15-3-7）：这种方法是起重机边起钩、边回转，使柱子绕柱脚旋转而立直，再吊起插入杯口。该法应使柱子的绑扎点、柱脚中心和杯口心三点共弧，该弧的圆心为起重机的回转中心，半径为起重机吊柱的起重半径。柱子堆放时，应尽量使柱脚靠近基础，以提高吊装速度。②滑行法（见图 15-3-8）：柱子吊升时，起重机只升吊钩，起重杆不动，使柱脚沿地面滑行逐渐直立，然后机械转动而插入杯口。采用此法吊升时，柱的绑扎点应布置在杯口附近，并与杯口中心位于起重机同一工作半径的圆弧上，以便转动吊柱就位。

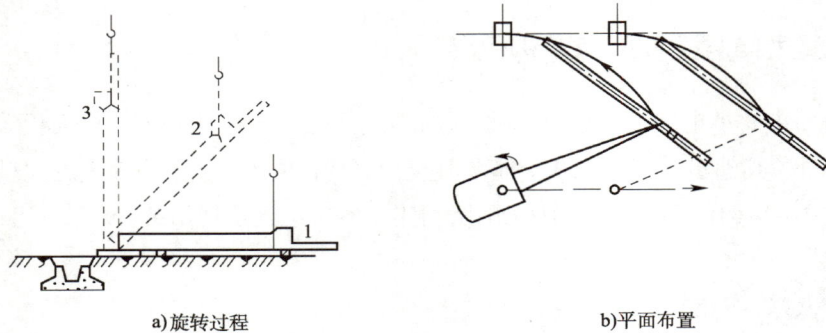

a)旋转过程

b)平面布置

图 15-3-7 用旋转法吊柱

1-柱平放时；2-起吊中途；3-直立

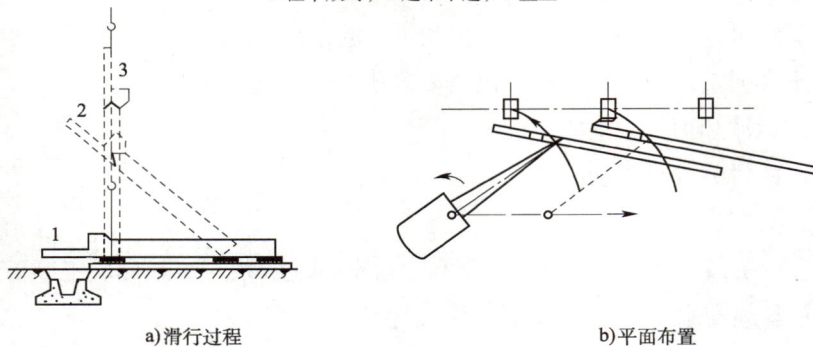

a)滑行过程

b)平面布置

图 15-3-8 用滑行法吊柱

1-柱平放时；2-起吊中途；3-直立

（3）柱的对位和临时固定：柱脚插入杯口后，先进行悬空对位，用八只楔块从柱的四边插入杯口，并用撬棍撬动柱脚使柱子的安装中心线对准杯口的安装中心线，使柱身基本保持直立，即可落钩将柱脚放到杯底，并复查对线；随后，由两人面对面地打紧四周楔子加以临时固定。

（4）柱的校正：校正内容包括平面定位轴线的位置、标高和垂直度的校正，主要是垂直度。

（5）柱的最后固定：钢筋混凝土柱的底部四周与基础杯口的空隙之间，分两次浇筑细石混凝土，捣固密实，作为最后固定。当前次所灌混凝土达到30%强度等级值后，拔出楔块，二次灌至杯口顶面。

【例15-3-1】 在柱子吊装时，采用斜吊绑扎法的条件是：

    A. 柱平卧起吊时抗弯承载力满足要求

    B. 柱平卧起吊时抗弯承载力不满足要求

    C. 柱混凝土强度达到设计强度50%

    D. 柱身较长，一点绑扎抗弯承载力不满足要求

解 柱子常常用平卧预制。不进行翻身，直接绑扎为斜吊绑扎法。该法绑扎简单，但由于只能在上表面这一侧有吊索，进行起吊时柱子不可能立直，安装就位时需要牵拉扶正。由于起吊时受力截面高度较小，因此其起吊时的抗弯承载力一定要满足要求。柱吊装时，其混凝土强度不得低于设计强度等级值的75%。一点绑扎与斜吊法绑扎是不同的概念。故选A。

答案： A

2. 吊车梁的吊装

吊车梁绑扎时，吊钩应对准重心，起吊后使构件保持水平。吊车梁就位时应缓慢落下，争取使吊车梁中心线与支承面的中心线能一次对准，并使两端搁置长度相等。吊车梁的校正，应在屋盖结构构件校正和最后固定后进行。

3. 屋架的吊装

工业厂房的钢筋混凝土屋架，一般在现场平卧叠浇。吊装的施工顺序是：绑扎，扶直就位，吊升、对位，临时固定，校正，最后固定。吊装时，混凝土强度应达到设计强度的100%。

（1）绑扎：屋架的绑扎点，应选在上弦节点处或其附近，对称于屋架的重心，吊点的数目及位置，与屋架的形式和跨度有关，一般由设计确定。吊索与水平面的夹角宜不小于60°，且不应小于45°。

（2）扶直就位：由于屋架在现场平卧预制，吊装前要先翻身扶直。扶直时，屋架部分地改变了构件的受力性质。因此，必要时应采取加固措施。扶直屋架有两种方法：①正向扶直，即起重机位于屋架下弦一边，首先以吊钩对准屋架的上弦中心，收紧吊钩，然后略略起臂使屋架脱模；接着升钩、起臂，使屋架以下弦为轴缓缓转为直立状态；②反向扶直，即起重机位于屋架上弦一边，吊钩对准上弦中心，随着升钩、降臂，使屋架绕下弦转动而直立。

（3）吊升、对位与临时固定：屋架吊至柱顶以上，使屋架的端头轴线与柱顶轴线重合后落位，然后用缆风绳与地面牵拉或用钢管与已固定的屋架连接，进行临时固定，屋架固定稳妥后起重机才能脱钩。

（4）校正、最后固定：屋架主要校正垂直偏差，使其符合规范规定；校正无误后，立即用电焊焊牢作为最后固定。

4. 屋面板的吊装

屋面板应由两边檐口向屋脊逐块对称地进行吊装，以利于屋架稳定，受力均匀。屋面板上有预埋吊环，一般可采用一钩多吊以加快吊装速度。屋面板就位后，应立即与屋架上弦焊牢。除每间的最后一块屋面板外，每块板焊接应不少于三点。

（三）结构吊装方案

1. 起重机型号的选择

一般钢筋混凝土单层工业厂房的结构吊装，多采用自行式起重机。

起重机型号选择取决于起重机的三个工作参数，即起重量Q、起重高度H、起重半径R。它们应同时满足结构吊装的要求。

（1）起重量Q

起重机的起重量必须大于所吊装构件的重量与索具重量之和，即

$$Q \geqslant Q_1 + Q_2 \tag{15-3-1}$$

式中：　Q ——起重机的起重量（t）；

　　　　Q_1 ——构件的重量（t）；

　　　　Q_2 ——索具的重量（t）。

（2）起重高度H（见图 15-3-9）

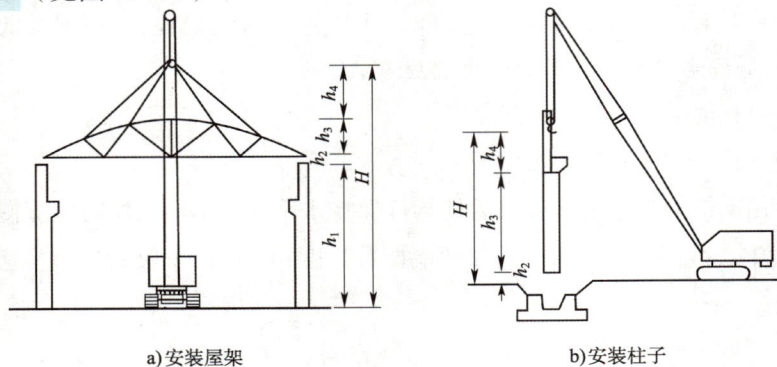

a) 安装屋架　　　　　　　　　　b) 安装柱子

图 15-3-9　起重高度计算简图

起重机的起重高度必须满足所装构件的吊装高度要求，即

$$H \geqslant h_1 + h_2 + h_3 + h_4 \tag{15-3-2}$$

式中：　H ——起重机的起重高度（m），从停机面算起至吊钩中心；

　　　　h_1 ——安装支座表面高度（m），从停机面算起；

　　　　h_2 ——安装空隙，一般不小于 0.3m；

　　　　h_3 ——绑扎点至所吊构件底面的垂直距离（m）；

　　　　h_4 ——索具高度（m），自绑扎点至吊钩中心的高度。

（3）起重半径R

当起重机可以不受限制地开到构件安装位置附近时，可不验算起重半径；但是当起重机受到限制不能靠近安装位置时，则应验算起重机的起重半径为一定值时的起重量、起重高度能否满足吊装构件的要求。

2. 起重机台数的确定

起重机台数，根据厂房的工程量、工期和起重机的台班产量，按下式确定

$$N = \frac{1}{T \cdot C \cdot K} \sum \frac{Q_i}{P_i} \tag{15-3-3}$$

式中：　N ——起重机台数；

　　　　T ——工期；

　　　　C ——每天工作班数；

K ——时间利用系数，一般取 0.8~0.9；

Q_i ——某种构件的安装工程量（件或 t）；

P_i ——起重机相应的产量定额（件/台班或 t/台班）。

3. 结构吊装方法

（1）**分件吊装法**：起重机每开行一次，仅吊装一种或几种构件的吊装方式，通常分三次开行吊装完全部构件（见图 15-3-10a）。第一次开行，吊装全部柱，经校正和最后固定；待接头混凝土达到设计强度的 70%后，第二次开行，吊装全部吊车梁、连系梁及柱间支撑；第三次开行，依次按节间吊装屋盖系统（包括屋架、天窗架、屋面板及屋面支撑等）。

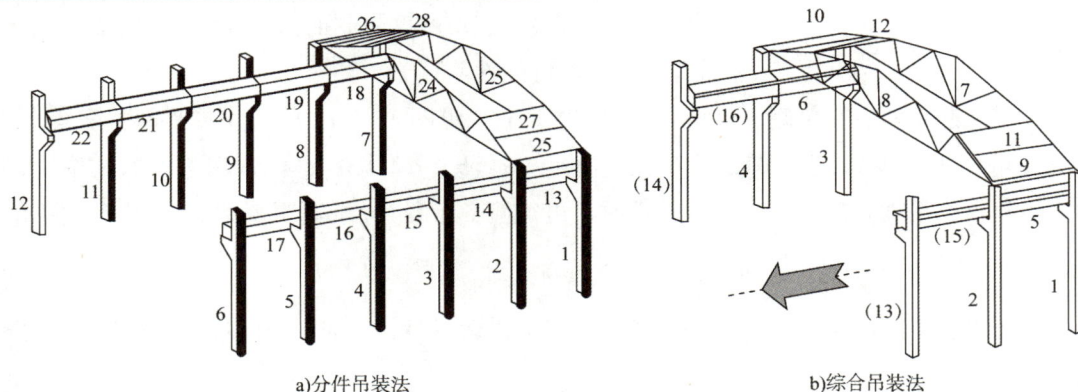

图 15-3-10 两种结构吊装方法的构件吊装顺序

（2）**综合吊装法**：起重机在厂房内一间一间地吊装，直至完成（见图 15-3-10b）。即先吊装一个节间柱子，随后吊装这个节间的吊车梁、连系梁、屋架和屋面板等构件；一个节间的全部构件吊装完后，起重机退至下一个节间进行吊装，直至整个厂房结构吊装完毕。

4. 现场预制构件的平面布置和吊装前的构件堆放

（1）现场预制构件的平面布置：单层工业厂房在现场预制的构件主要是柱子和屋架，有时还有吊车梁。在预制时，应对它们的预制位置仔细加以规划布置，以便于施工。

①柱子的布置有斜向布置和纵向布置两种。

②屋架的布置有斜向布置，以及正、反斜向布置和正、反纵向布置三种，其中以斜向布置方式采用较多。

③吊车梁可靠近柱子基础顺纵轴线或略作倾斜布置，也可插在柱子之间预制。

（2）吊装前构件的堆放：为配合吊装工艺的要求，各种构件在起吊前应按一定要求进行堆放。

三、多层房屋结构吊装

（一）吊装机械的选择与布置

1. 吊装机械的选择

对吊装机械需进行类型、型号、数量的选择与确定。

吊装机械类型的选择要根据建筑物的结构形式、高度、平面布置、构件尺寸及重量等条件来确定。对 5 层以下的民用建筑或高度在 18m 以下的多层工业厂房，可采用履带式、汽车式或轮胎式等自行杆式起重机；对 10 层以下的民用建筑宜采用轨道式塔式起重机，对于高层建筑可采用附着塔，对于超高层建筑宜采用爬塔。

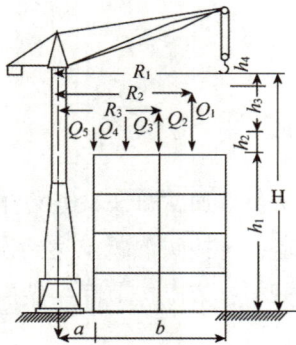

图 15-3-11　塔式起重机工作参数计算简图吊装机械的布置

选择起重机型号时,首先绘出建筑结构剖面图(见图 15-3-11),在剖面图上注明最高一层主要构件的起重量 Q 及所需要的起重半径 R,根据其中最大的起重力矩 $M_{max}(M_{max}=Q \cdot R)$ 及最大起重高度 H 来选择起重机。应保证每个构件所需的 H、R、Q 均能同时满足。

2. 吊装机械的布置

起重机一般布置在建筑物的外侧。

对固定式塔式起重机,其安装位置既要能覆盖整个建筑物,又要避免因其最小起重幅度限制而出现死角。用于高层建筑时还需考虑附着的可能性。

对轨行式塔式起重机,有单侧、双侧或环形布置形式(见图 15-3-12)。当房屋平面宽度较小,构件较轻时,塔式起重机可单侧布置。其起重半径应满足:$R \geqslant b+a$,其中 a =外脚手的宽度+轨距/2+0.5m安全距离。当建筑物平面宽度较大或构件较重时,可每侧各布置一台起重机或环形布置,其起重半径

$$R \geqslant \frac{1}{2}b+a$$

当布置两台以上塔式起重机时,应保证各塔式起重机运行时,任何部位的最小间距均不小于 2m,以防止钩挂碰撞。

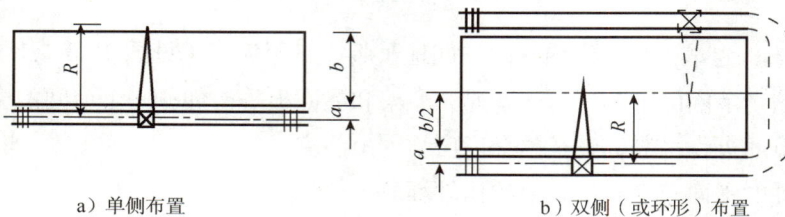

a)单侧布置　　　　　　　　　b)双侧(或环形)布置

图 15-3-12　轨行塔式起重机在建筑物外侧布置

(二)结构吊装方法与吊装顺序

装配式结构施工应制定专项方案。

多层装配式框架结构的吊装方法,按构件吊装顺序不同,有分件吊装法和综合吊装法。

1. 分件吊装法

按其流水方式的不同,又分为分层分段流水吊装法和分层大流水吊装法。前者是以一个楼层为一个施工层,而每一个施工层又再划分成若干个施工段,以便流水作业,起重机在某一施工段内作数次往返开行。每次开行,吊装该段内的某一种构件,直至吊完该施工段的全部构件,依次转入后续施工段;后者是每个施工层不再划分施工段而按一个楼层组织各工序的流水。

2. 综合吊装法

它是以一个节间或若干个节间为一个施工段,以房屋的全高为一个施工层来组织各工序的流水。起重机把一个施工段的构件吊装至房屋的全高,然后转移到下一个施工段。

(三)构件的运输与堆放

多层房屋的预制构件,除较重、较长的柱子需在现场就地预制外,其他构件大多数在工厂集中预制后运入工地吊装。

预制构件运输与堆放时的支撑位置应经计算确定。运输应绑扎固定,防止构件移动或倾覆。运输细

长构件时应根据需要设置水平支架。构件边角部或链索接触处应加垫衬保护。

预制构件的堆放场地应平整、坚实，并有良好的排水措施；运送到施工现场后，应按规格、品种、使用部位、吊装顺序分别存放。存放场地应设在吊装设备的有效起重范围内，且应在堆垛之间设置通道。

构件的存放架应具有足够的抗倾覆性能。垫木或垫块在构件下的位置宜与脱模、吊装时的起吊位置一致。重叠堆放构件时，各层构件间的垫木或垫块应在同一垂直线上；堆垛层数应根据构件与垫木或垫块的承载能力及堆垛的稳定性确定，必要时应设置防倾覆支架。

预应力构件的堆放应考虑反拱的影响。外观复杂的墙板宜采用插放架或靠放架直立堆放、直立运输，且墙板宜对称靠放、饰面朝外，与竖向的倾斜角不大于10°。

安装前，应清理、检查构件，并弹线。

（四）结构构件的吊装

1. 框架结构的吊装

多层装配式框架结构由柱、主梁、次梁、楼板组成。在吊装过程中，要注意处理好柱子的绑扎和校正以及柱接头和梁、柱接头。吊装顺序：按构件底部安装标高，由低向高进行。接头混凝土宜与梁、板叠合层连续浇筑。

1）柱的吊装

吊装顺序宜为：角柱→边柱→中柱，先吊装与现浇部分连接的柱。

柱子常采用一点直吊绑扎；柱子较长时，可采用两点绑扎，但应对吊点位置进行强度和抗裂度验算。柱的起吊方法也有旋转法和滑行法两种。应做好柱底的保护工作，或采用双机抬吊、空中转体等方法。

柱的就位应以轴线和外轮廓线为控制线，边柱和角柱应以外轮廓线控制为准。就位前应设置垫块等柱底调平装置，以控制安装标高。柱安装就位后应在两个方向设置钢管支撑或钢丝绳等可调临时固定装置，其上端连接夹箍或埋件，位置宜为柱高的2/3以上，且不得低于1/2柱高；下端与梁板上的预埋件相连（见图15-3-13）。采用可调钢管支撑时，通过旋转钢管产生推力或拉力而校正柱的竖直度。柱子校正包括平面位置校正、垂直度校正和扭转校正。位置校正应以底层柱的根部中心线为准，避免误差积累。采用灌浆套筒连接的预制柱调整就位后，柱脚连接部位宜采用模板封堵。

图 15-3-13　柱子用可调钢管支撑临时固定

2）梁、板吊装

梁常预制成叠合梁，并做成槽形或端部带有键槽，以加强连接。板常采用预制叠合板，分有钢筋桁架和无钢筋桁架两种，前者刚度好不易开裂。梁、板预埋吊环的位置应在距跨端1/5～1/6跨度处。吊装时，起重吊索与水平面夹角不宜小于60°且不应小于45°，宜使用横吊梁或吊架等专用吊具。

梁的安装顺序宜遵循先主梁后次梁、先低后高的原则；按设计要求位置搭设临时支撑架（见图15-3-14），并校核其标高以确保与梁底标高一致；在柱上弹出梁边控制线。安放就位时，搁置长度应满足设计要求，底部可设置厚度不大于20mm的座浆或垫块。校准位置并做好临时固定后方可摘钩。安装就位后应对水平度、安装位置、标高进行检查。

预制板或叠合板吊装前应按设计要求搭设并调平临时支撑（见图15-3-15），吊装时宜采用专用吊具，就位时接缝宽度、相邻板底高差均应满足设计要求，否则应将构件重新吊起调整对位，不得撬动。

图 15-3-14 梁的吊装及临时支撑

图 15-3-15 叠合板的吊装及临时支撑

梁、板等叠合构件的临时支撑应保持至少连续两层设置，且上下层立柱对正。临时支撑应在后浇的叠合层混凝土强度达到设计要求后方可拆除。

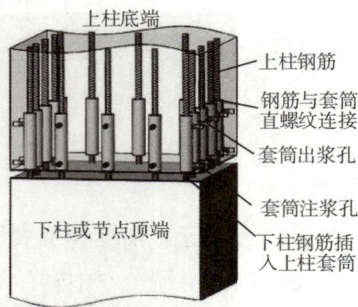

图 15-3-16 柱子套筒半注浆连接构造示意图

3）接头施工

（1）柱、墙纵筋的连接柱、墙接头首先应能传递轴向压力，其次是弯矩和剪力。主要形式有套筒注浆、螺栓连接和焊接接头。

套筒注浆连接（见图 15-3-16）是目前竖向构件钢筋连接的主要方法。它是在构件底端的钢筋端头设置套筒。套筒上设有注浆孔和出浆孔，均以 PVC 管引出构件。构件纵筋与套筒可直螺纹连接或待以后注浆连接（即半注浆连接或全注浆连接）。构件安装时，经对位下落，下层构件钢筋进入套筒内。

经校正后，向套筒内压注专用浆液形成整体。灌浆前应将柱、墙接缝周边封闭，浆液应从下口压入，上口流出后要及时用胶塞封堵，必要时可分仓进行灌浆。灌浆料拌和后应在 30min 内用完，施工时环境温度不低于 5℃，养护温度不低于 10℃。

（2）梁、柱节点连接

梁和柱子的节点连接是关系到结构强度、刚度和抗震性能的重要环节。常采用现浇节点以构成整体式接头（见图 15-3-17）。

a）槽形梁与预制柱的节点

b）键槽梁与现浇柱的节点

图 15-3-17 装配整体式框架结构接头

梁搭在柱上一般不少于 15mm，梁钢筋锚入节点足够的长度，连续梁的钢筋常用焊接连接或全注浆套筒连接。节点处柱箍筋需加密。接头所浇混凝土的强度等级，应不低于各构件的混凝土设计强度，骨料粒径不大于连接处最小尺寸的1/4。浇前应清理和润湿，浇筑过程中应确保捣实，必要时可掺微膨胀剂及早强剂，以避免开裂和提早进行上层的施工。

此外，还可以在预制梁、柱中留孔，安装后通过施加预应力形成预压型接头。

2.墙板结构安装

1）安装前的准备

（1）墙板堆放。应使用有足够刚度的插放架或靠放架，对连接止水条、高低口、墙体转角等薄弱部位应加强保护。

（2）抄平放线。首层可根据标准桩用经纬仪定出房屋的纵横控制轴线，据此弹出各轴线及墙体的安装控制准线。各层标高线应在墙板顶面下 100mm 处弹出，以控制楼板标高。

（3）铺灰墩。吊装前应在墙板底两端位置铺设灰墩或垫片，以控制墙底标高。灰墩宽度与墙板厚度相同，长度应视墙板的重量而定。吊装墙板时，在相邻灰墩间铺以略高于灰墩的湿砂浆，以使墙板下部接缝密实。坐浆总厚度不得大于 20mm。需要分仓灌浆时，应采用坐浆料进行分仓；夹芯保温外墙板，在保温材料部位采用弹性密封材料进行封堵。

2）吊装要求

先吊装与现浇墙、柱连接的墙板，再按照外墙先行吊装的原则进行吊装。吊装墙板宜采用横吊梁等专用吊具，以保护构件，满足吊索与水平面夹角的要求（见图15-3-18）。对位时，墙板以轴线和轮廓线为控制线，外墙应以轴线和外轮廓线双控制。

安装就位后应设置可调斜撑临时固定。可调斜撑应与楼层拉结固定（见图15-3-19），每块墙板不少于 2 道，墙板长于 4m 者应增加支撑。就位校正时应测量预制墙板的平面位置、垂直度、高度等，通过墙底垫片、临时支撑进行调整。预制墙板调整就位后，墙底部连接部位宜采用模板封堵，并进行压注浆等接头连接处理，待现浇及接头处混凝土达到设计强度后方可拆除支撑。

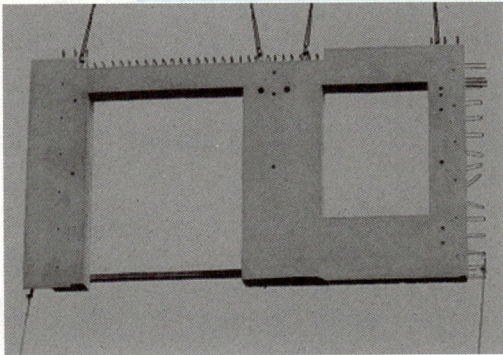

图 15-3-18　预制墙板起吊

图 15-3-19　墙板的安装与临时固定

一段墙板吊装完成后，搭设并调平板的支架，吊装叠合板、阳台板及楼梯构件。然后进行管线安装及附加钢筋、负弯矩筋的绑扎和焊接，再浇筑叠合层混凝土。支架可采用钢管支架、单支顶或门架等形式，其具体构造应通过计算确定。板的支架应连续设置两层以上；拆除时，混凝土强度应达到设计要求。

【例 15-3-2】 对平面呈板式的 6 层钢筋混凝土预制结构吊装时，宜采用：

　　A．人字桅杆式起重机　　　　　　　　B．履带式起重机

　　C．轨道式塔式起重机　　　　　　　　D．附着式塔式起重机

　　解　人字桅杆式起重机起重范围小，不便移动，仅能用于设备安装或少量平面尺寸小的构件吊装，不能用于大面积房屋结构吊装；履带式起重机适合于 5 层以下的房屋结构吊装；附着式塔式起重机起重

高度大，但不便移动，吊装平面范围取决于臂长，适合于高度或超高层、塔式房屋结构吊装；而轨道式塔式起重机移动方便、服务范围大，最适合 10 层以下、长度较大的板式房屋结构吊装，且经济合理。

答案： C

四、砌体工程

砌体工程是指用砂浆等胶结材料，将砖、石、砌块等块体垒砌成墙、柱等的工程。

（一）砌筑材料

1. 块体

（1）砖。主要有烧结普通砖和多孔砖、蒸压灰砂砖和粉煤灰砖等。强度等级分为 MU30、MU25、MU20、MU15、MU10。实心砖的规格为 240mm×115mm×53mm。多孔砖为 240mm×115mm×90mm。

（2）砌块。常用砌块有普通混凝土小型空心砌块、轻骨料混凝土小型空心砌块等。按其强度分为 MU20、MU15、MU10、MU7.5、MU5 五个强度等级。常用规格为 390mm×190mm×190mm。

2. 砂浆

常用的砌筑砂浆有水泥砂浆、混合砂浆，按强度分为 M15、M10、M7.5、M5 和 M2.5 五个等级，按拌制地点分为现拌砂浆和预拌砂浆（有湿拌和干混两种），按用途分为一般砂浆和专用砂浆。

水泥砂浆强度高，但流动性和保水性较差，常用于强度要求高、地下及处于潮湿环境的砌体。混合砂浆由于掺入了塑性外掺料（如石灰膏、粉煤灰等），既可节约水泥，又可提高砂浆的可塑性，应用广泛。

拌制砌筑砂浆的水泥应做好进场检查，并对其强度、安定性进行复验。不同品种的水泥不得混用。砂宜用中砂并过筛，不得混有草根、树叶等杂物，含泥量满足限制要求。对生石灰、磨细生石灰粉均应熟化成石灰膏，且其熟化期分别不得少于 7d 和 2d。

砌筑砂浆应有适当的稠度和良好的保水性，以便于操作、易于饱满，避免泌水和离析而影响砌筑质量。砌筑砂浆应进行配合比设计，采用重量比。在拌制砂浆时应配料准确，搅拌时间不得少于 2min，掺粉煤灰或外加剂者不得少于 3min。砂浆应随拌随用，在拌后 3h 内用完；当气温超过 30℃时，应在 2h 内用完。

（二）砖砌体施工

1. 墙体砌筑的施工工艺

（1）抄平放线：砌墙前，应用水准仪确定标高，在基础面上先用水泥砂浆或 C15 细石混凝土找平，然后以龙门板上轴线定位钉为标志拉上麻线，沿麻线吊挂垂球将轴线放到基础面上，并据此弹出纵横墙边线，定出门窗洞位置。

（2）摆砖样：按山丁檐条方式排砖，保证搭接错缝合理，减少砍砖且竖向灰缝均匀。

（3）立皮数杆：用来控制墙体竖向尺寸及各部位构件的标高，并保证水平灰缝厚度的均匀。树立时应抄平钉牢，间距不大于 15m，宜立在转角处和纵横墙交接处。

（4）盘角、挂线：盘角是确定墙面横平竖直的主要依据，一般根据皮数杆先砌墙角，然后拉准线砌中间墙身。盘角超前于墙身的高度不大于 300mm。

（5）砌筑：常用的方法有"三一"砌砖法（即一铲灰，一块砖，一挤揉）和铺浆法（铺浆长度不大于 750mm；温度高于 30℃时，不大于 500mm）。

（6）勾缝：是砌清水墙的最后一道工序。当用砌筑砂浆随砌随勾缝时，称为原浆勾缝；待墙体砌筑完毕后，再用 1：1~1：1.5 的水泥砂浆或加色砂浆勾缝时，称为加浆勾缝。

2. 砌筑要求及保证质量措施

砌筑质量的具体要求应符合相关规范的要求。砖墙砌体应横平竖直，砂浆饱满，上下错缝，内外搭砌，接槎牢固。

横平竖直：要求每一皮砖的灰缝横平竖直，以保证砖砌体的稳定。

砂浆饱满：要求砖砌体水平灰缝的砂浆饱满度不得低于 80%。竖向灰缝不得有瞎缝、假缝、透明缝。砖柱的竖向及水平灰缝砂浆饱满应不得小于 90%，以满足砌体抗压强度要求。影响饱满度的因素主要有砖的含水率、砂浆的和易性和砌筑操作方法。

上下错缝：指砖砌体上下两层砖的竖缝应当错开（不少于1/4砖长），以避免"通缝"。

内外搭砌：使同皮的里外侧砖通过相邻上下皮的砖搭砌拉结而组砌牢固（如一顺一丁或梅花丁）。

接槎牢固：接槎是指相邻砌体不能同时砌筑而设置的临时中断。为使接槎牢固，须保证接槎部分的砌体砂浆饱满。

接槎要求如下：砖砌体的转角处和交接处应同时砌筑，严禁无可靠措施的内外墙分砌施工。②在抗震设防烈度为 8 度及 8 度以上地区，对不能同时砌筑而又必须留置的临时间断处应砌成斜槎，普通砖砌体斜槎水平投影长度不应小于高度的2/3（见图 15-3-20a）。多孔砖砌体的斜槎长度不应小于高度的1/2。斜槎高度不得超过一步脚手架的高度。③非抗震设防及抗震设防烈度为 6 度、7 度地区的临时间断处，当不能留斜槎时，除转角处外，可留直槎，但直槎必须做成凸槎。留直槎处应加设拉结钢筋，拉结钢筋按墙高每 500mm 设置一道，每道不少于 2 根且每 120mm 墙厚 1 根φ6 钢筋；埋入长度从留槎处算起，每边均不应小于 500mm，对抗震设防烈度为 6 度、7 度的地区，则不应小于 1000mm，末端应有 90°弯钩（见图 15-3-20b）。

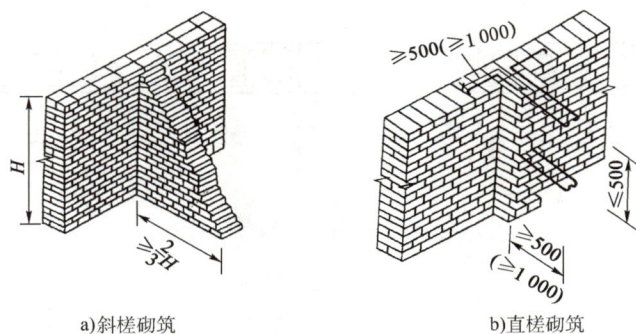

图 15-3-20　砖砌体的交接处留槎（尺寸单位：mm）

每日的砌筑高度不得超过 1.5m 和一步脚手架的高度。

多孔砖的孔洞应垂直于受压面砌筑。有冻胀环境的防潮层以下部位，不得使用多孔砖。

（三）砌块砌体施工

1. 施工准备

（1）砌块和砂浆的强度应符合设计要求，承重墙严禁使用断裂小砌块。砌块的龄期不应少于 28d，以避免块体收缩引起砌体开裂。

（2）砂浆强度等级不得低于 M5，宜用预拌砂浆或专用砌筑砂浆。

（3）施工前，应编绘平、立面排块图以便指导砌块准备和砌筑施工。砌块排列应错缝搭接，并以主规格砌块为主，不得与其他块体或不同强度等级的块体混砌。

2. 施工要求

砌块砌体施工的主要工艺包括抄平弹线、基层处理、立皮数杆、砌块砌筑、勾缝。主要要求如下：

（1）底层砌块下用砂浆找平，当找平层厚度大于 20mm 时，应用豆石混凝土找平。

（2）防潮层以下用水泥砂浆砌筑，且用不低于 C20 的混凝土灌实砌块孔洞。

（3）墙体砌筑应从房屋外墙转角定位处开始，按照设计图纸和排块图进行施工。

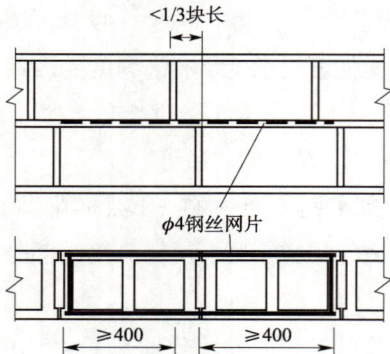

图 15-3-21　设置拉结钢筋网片
（尺寸单位：mm）

（4）砌筑时空心砌块应上下皮孔对孔、肋对肋错缝搭接，单排孔砌块的搭接长度不少于 1/2 块长，多排孔者不宜少于 1/3 块长且不应少于 90mm。搭接长度不满足要求时应设钢筋拉结网片（见图 15-3-21）。

（5）应将砌块制作时的底面朝上反砌于墙上，以利铺设砂浆和保证饱满度。为保证芯柱断面不削弱，该处砌块底部的毛边应清理干净。

（6）墙体转角处和纵横交接处应同时砌筑。其他临时间断处应砌成斜槎，其水平投影长度不小于斜槎高度。

（7）采用铺浆砌法，随铺随砌。水平灰缝及竖向灰缝的砂浆饱满度均应不低于净截面面积的 90%。随砌随用原浆勾缝。

（8）芯柱（见图 15-3-22）混凝土应待墙体砌筑砂浆强度大于 1MPa 后浇筑。

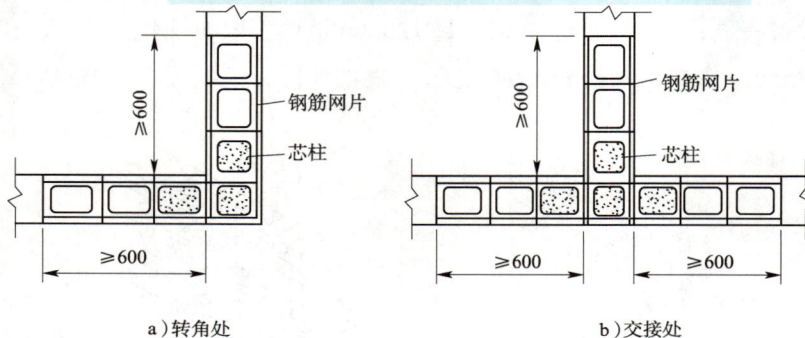

a) 转角处　　　　　　　　b) 交接处

图 15-3-22　钢筋混凝土芯柱平面（尺寸单位：mm）

习　　题

15-3-1　多跨装配式单层工业厂房的结构吊装时，宜使用（　　　　）。

　　A. 自行杆式起重机　　　　　　　　B. 附着式塔式起重机

　　C. 人字拔杆起重机　　　　　　　　D. 轨道式塔式起重机

15-3-2　用单机旋转法吊装柱子，要求柱子布置时三点共弧。这三点是（　　　　）。

　　A. 柱的绑扎点、柱脚中心和起重机回转中心

　　B. 柱的绑扎点、柱脚中心和柱基杯口中心

　　C. 柱的重心、柱脚中心和起重机回转中心

　　D. 柱的重心、柱脚中心和柱基杯口中心

15-3-3　起重机在厂房内每移动一次就吊装完一个节间内的全部构件，这种吊装方法称为（　　　　）。

　　A. 旋转法　　　　　　　　　　　　B. 滑行法

C. 分件吊装法　　　　　　　　　　　　　D. 综合吊装法

15-3-4 已安装了大型设备的单层工业厂房，其结构吊装方法宜采用（　　　）。

A. 综合吊装法　　　　　　　　　　　　B. 分件吊装法

C. 分层分段流水吊装法　　　　　　　　D. 分层大流水吊装法

15-3-5 砌体结构施工时，下述对砌筑砂浆要求的说法中，不正确的是（　　　）。

A. 不得直接使用消石灰粉

B. 现场拌制时各种材料应采用体积比计量

C. 搅拌时间不得少于 2min

D. 砂浆拌制后的使用时间不得超过 3h

15-3-6 为了提高砖砌体的砂浆饱满度、保证砌筑质量，下列措施中不当的是（　　　）。

A. 砌筑前浇水湿润满足含水率要求

B. 采用"三一"砌砖法砌筑

C. 砂浆中掺入磨细生石灰粉提高和易性

D. 砂浆随拌随用，在拌后 2h 内用完

15-3-7 普通砖砌体的墙面处留斜槎时，其长度不得小于高度的（　　　）。

A. 1/3　　　　　　B. 2/3　　　　　　C. 1/2　　　　　　D. 3/4

15-3-8 砌筑混凝土小型空心砌块墙体时，下列不符合要求的做法是（　　　）。

A. 每日砌筑高度≤1.4m 或一步架高　　B. 使用龄期不少于 21d 的砌块

C. 地面以下用 C20 混凝土灌孔　　　　D. 砌筑砂浆 1MPa 后灌芯柱混凝土

15-3-9 小型空心砌块墙体施工时，下列做法正确的是（　　　）。

A. 小砌块应底面在下砌于墙上

B. 灰缝砂浆饱满度不低于 80%

C. 上下皮孔对孔、肋对肋错缝搭接

D. 墙面临时间断处应砌成斜槎，其长度不小于高度的2/3

第四节　施工组织设计

施工组织设计是以建设工程为对象编制的、用以指导施工的技术、经济和管理的综合性文件，是开展施工活动的基本依据。它的基本任务是根据国家对建设项目的要求，确定经济合理的规划方案，对拟建工程在人力和物力、时间和空间、技术和组织上作出全面而合理的安排，以保证建设项目多快好省地完成。

一、施工组织设计的分类

施工组织设计按编制对象划分，可分为施工组织总设计、单位工程施工组织设计和分部（分项）工程施工方案三类。

（一）施工组织总设计

它是以特大型项目或建筑群为编制对象，用以指导其施工全过程各项活动的技术、经济的综合性文

件。它是整体建筑项目施工的战略部署，其范围较广，内容比较概括。它是在初步设计或扩大初步设计批准后，由总承包单位的项目负责人主持、项目总工程师负责，会同建设、设计和其他分包单位的工程师共同编制。它也是施工单位编制年施工计划和单位工程施工组织设计的依据。

（二）单位工程施工组织设计

它是以单位工程（一个建筑物、构筑物或一个交竣工工程系统）为编制对象，用以指导其施工全过程各项活动的技术、经济综合文件。它是施工企业年度施工计划和施工组织总设计的具体化，其内容更加详细。它是在施工图完成后，由工程项目的项目经理组织、项目主管工程师负责编制，作为施工单位编制季度、月度和分部（分项）工程作业计划的依据。

（三）分部（分项）工程施工方案

分部（分项）工程施工方案，又可称为分部（分项）工程作业计划。它是以分部（分项）工程为编制对象，用以指导其各项施工活动的技术经济文件。它结合施工企业的月旬作业计划，把单位工程施工组织设计进一步具体化，是专业工程更具体的施工设计。它是在编制单位工程施工组织设计的同时，由栋号工程技术人员或专业分包单位编制的。

二、施工组织设计的编制程序

一般情况下，单位工程施工组织可按如图 15-4-1 所示的程序编制。

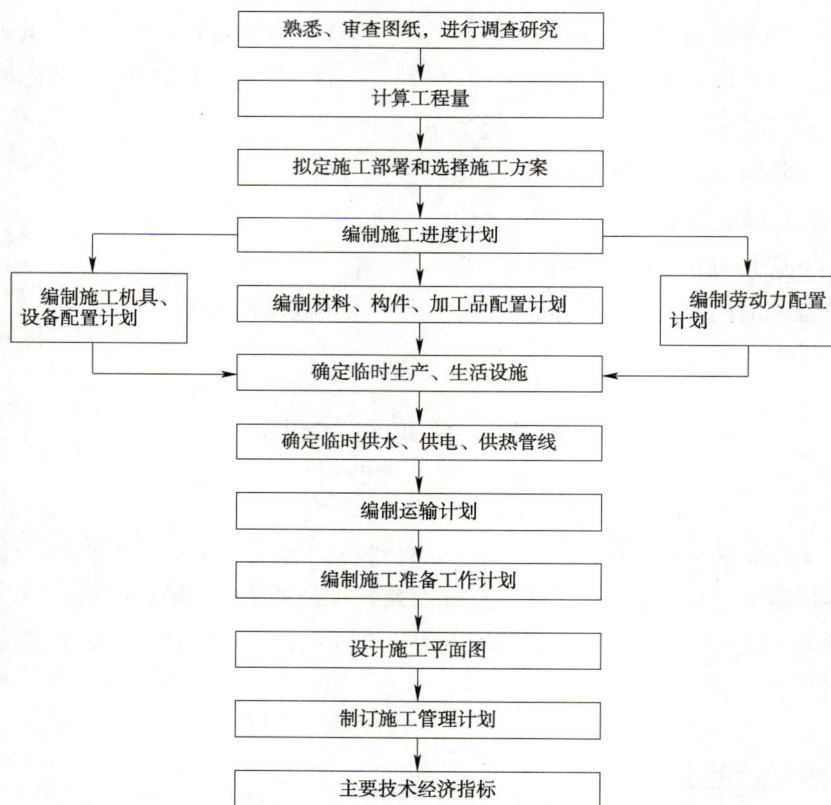

图 15-4-1 施工组织设计编制程序框图

【例 15-4-1】以整个建设项目或建筑群为编制对象，用以指导整个建筑群或建设项目施工全过程的各项施工活动的综合技术经济文件为：

A. 分部工程施工组织设计　　　　　　B. 分项工程施工组织设计

C. 施工组织总设计　　　　　　　　D. 单位工程施工组织设计

解　《建筑施工组织设计规范》（GB/T 50502—2009）第 2.0.2 条规定，施工组织总设计是以若干单位工程组成的群体工程或特大型项目为主要对象编制的施工组织设计，对整个项目的施工过程起统筹规划、重点控制的作用。故选项 C 较符合题意。

答案： C

【例 15-4-2】 施工单位的计划系统中，下列哪类计划是编制各种资源配置计划和施工准备工作计划的依据？

A. 施工准备工作计划　　　　　　　B. 工程年度计划

C. 单位工程施工进度计划　　　　　D. 分部分项工程进度计划

解　施工单位施工前应进行单位工程施工组织设计的编制，包括单位工程施工进度计划、各种资源需要量计划和施工准备工作计划等。其中，单位工程施工进度计划是关键，要优先编制，它是编制各种资源配置计划和施工准备工作计划的重要依据。

答案： C

三、施工部署与施工方案的选择

施工部署与施工方案是单位工程施工组织设计的核心。它主要包括确定项目组织机构和岗位职责，制定施工目标，划分施工段，确定施工展开程序及起点流向，确定施工顺序，选择施工方法和机械，确定分包项目及对分包施工单位的要求等。这些都必须在熟悉施工图纸、明确工程特点和施工任务、充分研究施工条件、正确进行技术经济比较的基础上作出决定。施工部署与方案的合理与否直接关系到工程的成本、工期、质量和安全。

（一）施工部署

1. 确定组织机构及岗位职责

内容包括确定组织机构形式、确定组织管理层次及岗位设置、制定岗位职责、选定管理人员等。

2. 制定施工目标

根据施工合同、招标文件以及本单位对工程管理目标的要求，确定工期、质量、安全、环境和成本等目标。其中，工期目标包括总工期目标和各主要施工阶段（如基础、主体、装饰装修）的工期控制目标。质量目标应制定出总目标和分解目标。质量总目标指整个项目拟达到的质量等级（如市优、省优、国优），分解目标指各分部工程拟达到的质量等级（优良、合格）。安全目标为事故等级、伤亡率、事故频率的限制目标。

施工管理目标必须满足或高于合同目标及施工组织总设计中确定的总体目标，作为编制各种计划、措施及进行工程管理和控制的依据。

3. 施工展开程序

针对工程特点和合同工期要求，确定各分部工程之间的先后顺序及搭接关系，并确定各分部工程时间控制及里程碑节点等，为制定施工进度计划和组织生产提供依据。

一般工程的施工应遵循"先准备后开工、先地下后地上、先主体后围护、先结构后装饰、先土建后设备"的程序原则。对于具有大型生产设备（如冶炼、冲压、核反应堆等）的重工业厂房，其设备安装有时需先于土建施工（即"先设备后土建"）或与土建施工并行。示例如图 15-4-2 所示。

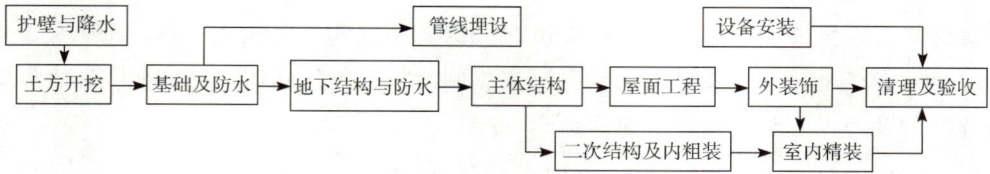

图 15-4-2 某高层住宅楼施工展开程序

4. 划分施工段

它是将施工对象在空间上划分成多个施工区域，以适应流水施工的要求，使多个专业队组能在不同的施工段上平行作业，并可减少机具、设备及周转材料（如模板）的配置量，从而缩短工期、降低成本，使生产连续、均衡地进行。

1）分段应注意的问题

（1）应遵循流水施工的分段原则（见第五节）。

（2）不同的施工阶段，可采用不同的分段。

2）某现浇框架结构分段示例

由于施工工序较多，宜按施工工种的个数（如钢筋、模板、混凝土三大工种）确定施工段数，即每层宜分为三段以上，如图 15-4-3 所示。

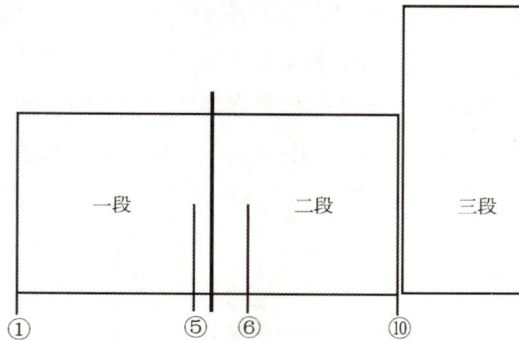

图 15-4-3 某混凝土框架办公楼结构施工阶段分段

5. 确定施工起点流向

施工起点流向是指在平面及竖向空间上，施工开始的部位及其流动方向。确定时应考虑以下因素：

（1）建设单位的要求。建设单位对生产、使用要求在先的部位应先施工。

（2）车间的生产工艺过程。先试车投产的段、跨优先施工，按生产流程安排施工流向。

（3）施工的难易程度。技术复杂、进度慢、工期长的部位或分部分项工程应先施工。

（4）构造合理、施工方便。如基础施工应"先深后浅"，一般由下向上（逆作法除外）；吊装工程，当有高低跨并列时，应从并列处开始，先吊装低跨后吊装高跨；屋面卷材防水层应由檐口铺向屋脊；有外运土的基坑开挖应从距大门或坡道的远端开始等。

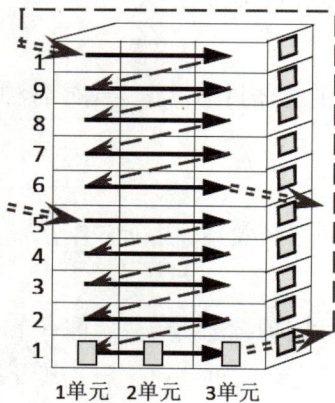

图 15-4-4 高层建筑装饰装修工程分区水平向下的流向示意图

（5）保证质量和工期。如室内装饰及室外装饰面层的施工一般宜自上而下进行，有利于成品保护，但需结构完成后开始，使工期拉长；当工期极为紧张时，某些施工过程（如隔墙、抹灰等）也可随结构自下而上进行，但应与结构施工保持足够的安全间隔；对高层建筑，也可采取沿竖向分区、在每区内自上而下的装饰施工流向，既可使装饰工程提早开始而缩短工期，又易于保证质量和安全。如图 15-4-4 所示。

【例 15-4-3】 下列关于单位工程的施工流向安排的表述正确的是：

　　A. 对技术简单、工期较短的分部分项工程一般应优先施工

　　B. 室内装饰工程一般有自上而下、自下而上及自中而下再自上而中三种施工流向安排

　　C. 当有高低跨并列时，一般应从高跨向低跨处吊装

　　D. 室外装饰工程一般应遵循自下而上的流向

解　确定单位工程施工流向时，应考虑施工的难易程度，对技术复杂、进度慢、工期长的部位或分部分项工程应先施工。故选项 A 表述错误。

对室内装饰装修工程宜采取自上而下的流向，有利于成品保护；当工期紧张时，某些施工过程（如隔墙、抹灰等）也可随结构自下而上进行；高层建筑，也可采取分区向下（即自中而下再自上而中）的施工流向，既利于工程质量又能缩短工期。故选项 B 表述正确。

吊装工程，当有高低跨并列时，应从并列处开始，先吊装低跨后吊装高跨，使构造合理、利于稳定。故选项 C 表述错误。

室外装饰装修，一般应自上而下进行（特别是面层），以避免成品损坏，利于保证安全和质量。故选项 D 表述错误。

答案： B

（二）选择施工方案

应遵循可行性、安全性、经济性和先进性兼顾的原则，选择主要施工过程的施工方法、施工机械、工艺流程和措施。

1. 施工方法与机械的选择

施工方法和施工机械的选择是紧密联系的，在技术上它是解决各主要施工过程的施工手段和工艺问题。这些问题的解决，在很大程度上受到结构形式和建筑特征的制约。

在选择施工方案时，不仅要拟定进行某一施工过程的操作过程和方法，而且要提出质量要求，以及达到这些质量要求的技术措施，并要预见可能发生的问题和提出预防措施，同时提出必要的安全措施。凡按常规做法和工人熟练的项目，不必详细拟定，只要提出这些项目在本工程上的一些特殊要求即可。

在选择施工方案时，应考虑：①施工方法的技术先进性与经济合理性的统一；②施工机械的适用性与多用性的兼顾，尽可能充分发挥施工机械的效率和利用程度；③施工单位的技术特点和施工习惯，以及现有机械可能利用的情况。

选择施工方法和机械的基本要求是：

（1）要满足施工工艺及技术要求。即首先要具有可行性，能够满足施工的需要。如结构构件的安装方法、预应力结构的张拉方法及机具均应能够实施，并能满足质量、安全等诸方面要求。

（2）要提高工厂化、机械化程度，以利于建筑工业化的发展，同时也是降低造价、缩短工期、节省劳动力、提高工效及保护环境的有效手段。如构件制作、钢筋加工、砂浆及混凝土拌制等尽量采用专业工厂加工制作，减少现场加工。各主要施工过程尽量采用机械化施工。

（3）要符合经济、先进的要求。在能够满足本工程施工的需要并有实施的可能性的前提下，考虑其经济合理性和技术先进性。

（4）要符合质量、安全和工期要求。采用的施工方法及机械的性能对工程质量、安全及施工速度起着至关重要的作用。如土方开挖的方法、基坑支护的形式、垂直运输的方法和机械、脚手架及模板的种类与构造、钢筋的连接方法、混凝土的拌制运输与浇筑等，应重点考虑。

2. 确定施工顺序（工艺流程）

它是在已定的施工展开程序和流向、施工方法与机械设备的基础上，按照施工的技术规律和合理的组织关系，确定各分项工程之间在时间上的先后顺序和搭接关系。其基本原则为：

（1）符合施工工艺及构造要求。如支模板后方可浇筑混凝土；柱子宜先扎筋后支模，而楼板则应先支模后扎筋。

（2）与施工方法及采用的机械相协调。如单厂结构分件吊装法与综合吊装法施工顺序不同。

（3）施工组织的要求。如单厂内有深于柱基的大型设备基础时，先施工设备基础较厂房完工后再做更安全、节约，易于组织，但预制场地及吊装开行将受到设备基础的影响。需组织者权衡利弊后做出决定。

（4）保证施工质量。确定施工顺序应以利于保证施工质量为前提。如白灰砂浆墙面与水泥砂浆墙裙或踢脚的连接处，先抹墙裙或踢脚虽工期略长，但有利于其黏结牢固、防止空鼓剥落。

（5）有利于成品保护。如室外墙面抹灰材料需通过室内运输，则抹灰宜先室外后室内。

（6）考虑气候条件。如土方施工避开冬雨期；在雨季到来前，先做完屋面防水及室外抹灰，再做室内装饰装修；冬季到来前，先安装门窗及玻璃，再进行室内装饰。

（7）符合安全施工的要求。如脚手架、安全网等应配合结构施工及时搭设；现浇楼盖模板支撑的拆除，要待混凝土达到拆模强度、连续支撑 2～3 个楼层以上后进行。

（三）施工方案的技术经济比较

在确定施工方案时，对主要工程项目的施工方法应进行方案的技术、经济比较。比较时，务必从实际的施工条件出发，使最终选定的施工方案在技术上是先进的，施工上是合理有效的，所需的设备是可能取得的，在投资费用和成本上是经济的。一般来说，各个施工方案都有其优缺点，在进行方案比较时，应着重分析其在该工程的特定条件下的有利条件，解决主要矛盾。比较评价的方法有定性分析评价和定量分析评价。

四、编制进度计划

施工进度计划是以施工部署及施工方案为基础，根据规定工期和技术物资的供应条件，遵循各施工过程的合理工艺顺序，统筹安排各项施工活动进行编制的。它的任务是为各施工过程指明一个确定的施工日期，并以此为依据确定施工活动所需的劳动力和各种技术物资配置计划。施工进度计划通常采用横道图或网络图的形式来表达。施工进度计划可按下列步骤进行编制：

（1）划分施工项目；

（2）计算各施工项目的工程量；

（3）计算劳动量和机械台班量；

（4）确定各施工项目的作业时间；

（5）按各施工项目的施工顺序和搭接关系，编制初始施工进度计划；

（6）检查调整施工进度计划，直至得到最终的施工进度计划。

五、施工现场平面图的设计

施工平面图是对施工活动在空间上的安排与布置。它要表明工程施工所需的施工机械、加工场地、材料、加工半成品和构件堆放场地及临时运输道路、临时供水、供电、供热管网和其他临时设施等的合理布置。

（一）施工平面图的内容

（1）地上及地下一切建筑物、构筑物和管线；

（2）测量放线标桩、地形等高线、土方取弃场地；

（3）垂直运输机械和施工道路、供水供电设施等；

（4）材料、加工半成品、构件和机具堆放场；

（5）生产、生活用临时设施并附一览表，一览表中应分别列出名称、规格和数量；

（6）安全、防火设施。

（二）施工平面图设计的步骤

（1）确定垂直运输机械的位置；

（2）布置运输道路；

（3）确定搅拌站、仓库和材料、加工半成品、构件堆场的位置；

（4）布置生产、生活用临时设施；

（5）布置水电管网等。

（三）施工现场平面图设计的原则

（1）减少施工用地，少占农田，布置紧凑合理；

（2）合理组织运输，减少运输费用，保证方便畅通；

（3）施工区域划分和场地确定应符合施工流程要求，减少专业工种和各工程之间的干扰；

（4）尽量利用永久性或原有设施，降低临时设施费用，各种设施应方便生产和生活使用；

（5）要符合职业健康、安全防火、环境保护、文明施工等要求。

必须指出的是，工程施工是一个复杂多变的生产过程，各种施工机械、材料、构件等都是随着工程的进展而逐渐进场的，而且又随着工程的进展而逐渐变动、消耗，因此，对大型的、施工期限较长或施工现场较为狭小的工程，就需要按不同施工阶段分别设计不同的施工平面图，以合理有效地使用场地，保证施工安全、顺利地进行。

【例15-4-4】在单位工程施工平面图设计中应该首先考虑的内容为：

A. 工人宿舍　　　　　　　　　B. 垂直运输机械

C. 仓库和堆场　　　　　　　　D. 场地道路

解　起重及垂直运输机械的布置位置，是施工方案与现场安排的重要体现，是关系到现场全局的中心一环；它直接影响到现场施工道路的规划、构件及材料堆场的位置、加工机械的布置及水电管线的安排，因此应首先布置。然后布置运输道路，布置搅拌站、加工棚、仓库和材料、构件，布置行政管理及文化、生活、福利用临时设施，布置临时水电管网及设施。

答案：B

六、拟定技术组织措施或施工管理计划

在施工组织设计中，应从具体工程的建筑、结构特征，以及施工条件、技术要求和安全生产的需要出发，拟定技术组织措施。它是进行施工作业交底、明确施工技术要求和质量标准、预防可能发生的工程质量事故和生产安全事故的重要内容。技术组织措施主要有：①保证工程质量措施；②保证施工安全措施；③保证施工进度措施；④冬雨期施工措施；⑤降低工程成本措施；⑥提高劳动生产率措施；⑦节约材料措施；⑧环保措施。

习　　题

15-4-1　施工组织设计按编制的对象不同共有（　　　）类。

  A. 2　　　　　　　　　B. 3　　　　　　　　　C. 4　　　　　　　　　D. 5

15-4-2　编制单位工程施工组织设计时，以下内容的编制顺序较合理的是（　　　）。

  A. 施工部署→施工进度计划→施工方案→施工平面图

  B. 施工部署→施工方案→施工进度计划→施工平面图

  C. 施工进度计划→施工部署→施工平面图→施工方案

  D. 划分工序→计算持续时间→绘制初始方案→确定关键线路

15-4-3　确定一般建筑工程项目的施工程序时，不宜采取的是（　　　）。

  A. 先地下后地上　　　　　　　　　　B. 先设备后土建

  C. 先主体后围护　　　　　　　　　　D. 先结构后装修

15-4-4　在安排各施工过程的先后顺序时，可以不考虑（　　　）。

  A. 施工工艺的要求　　　　　　　　　B. 施工组织的要求

  C. 施工质量的要求　　　　　　　　　D. 施工管理人员的素质

15-4-5　在制定施工方案时，选择施工方法和施工机械的基本要求是（　　　）。

  A. 首先要满足施工工艺及技术要求　　B. 首先要符合质量、安全和工期要求

  C. 首先要能提高工厂化、机械化程度　D. 首先要符合经济、先进的要求

15-4-6　施工进度计划可用（　　　）或（　　　）表示，其中（　　　）提供的进度信息更为全面、丰富。

  A. 横道图，网络图，网络图

  B. 网络图，横道图，横道图

  C. 单代号网络图，双代号网络图，双代号网络图

  D. 双代号网络图，单代号网络图，单代号网络图

15-4-7　在设计施工平面图时，首先应（　　　）。

  A. 布置运输道路　　　　　　　　　　B. 确定垂直运输机械的位置

  C. 布置生产、生活用临时设置　　　　D. 布置搅拌站、材料堆场的位置

第五节　流水施工原理

流水施工是将拟建工程在平面上划分为若干个工程量基本相等的施工段落，并使每个施工过程都

由相应的工作队依次连续地在各段上完成自己的工作，而不同的工作队在同一时间内、在不同空间上进行平行作业，达到连续、均衡施工的目的。流水施工根据使用对象的不同，可分为分项工程、分部工程、单位工程、建筑群体的流水施工。

一、流水施工参数

流水施工参数包括工艺参数（施工过程数、流水强度）、空间参数（施工层数、施工段数、工作面）和时间参数（流水节拍、流水步距、流水工期、间歇时间、搭接时间）等三类。主要如下：

（一）施工过程数 n

在组织流水施工时，用以表达流水施工在工艺上开展层次的有关过程，称为施工过程。施工过程的数目，通常用 n 表示。

（二）施工段数 m

把拟建工程在平面上划分为若干个劳动量大致相等的施工段落，即为施工段。施工段的数目，一般以 m 表示。

每一个施工段在某一段时间内只供一个施工过程的工作队使用。在划分施工段时，应考虑以下原则：

（1）施工段的分界同施工对象的结构界限（如温度缝、沉降缝或单元等）尽量一致；

（2）各施工段上所消耗的劳动量尽可能相近；

（3）每个施工段的大小应满足专业工种对工作面的要求；

（4）当房屋有层间关系，分段又分层时，若要各工作队能够连续施工，则每层 $m_{\min} \geq n$。

（三）流水节拍 t

流水节拍是指每个专业工作队在各施工段上完成各自施工所需的持续时间，通常用 t 表示。

流水节拍的确定，应考虑劳动力、材料和施工机械供应的可能性，以及劳动组织和工作面使用的合理性。流水节拍可按下式计算（定额计算法）：

$$t_i = \frac{Q_i}{S_i R_i N} = \frac{P_i}{R_i N} \tag{15-5-1}$$

式中：　t_i ——某施工过程在某施工段上的流水节拍；

　　　　Q_i ——某施工过程在某施工段上的工程量；

　　　　S_i ——某专业工种或机械的产量定额；

　　　　R_i ——某专业工作队人数或机械台数；

　　　　N ——某专业工作队或机械的工作班次；

　　　　P_i ——某施工过程在某施工段上的劳动量。

对无定额的施工过程，可据施工经验并结合现有的施工条件用"三时估算法"确定。计算公式为：

$$t_i = \frac{a_i + 4c_i + b_i}{6} \tag{15-5-2}$$

式中：　t_i ——某施工过程在某施工段上的流水节拍；

a_i、b_i、c_i ——分别为某施工过程在某施工段上的最短、最长、最可能估计时间。

（四）流水步距 K

在流水施工过程中，相邻两个专业工作队先后开始施工的时间间隔，称为流水步距，通常用 K 表示。确定流水步距的基本原则是：

（1）始终保持两施工过程的先后工艺顺序；

（2）保持各施工过程的连续作业；

（3）使相邻专业工作队实现最大限度地、合理地搭接。

（五）间歇时间S

在流水施工中，由于工艺要求或组织安排，相邻两个施工过程间的工作等待时间，称为间歇，通常用S表示。

（六）搭接时间C

在流水施工中，为了缩短工期，前一个施工队在某一施工段还未完成，就允许后一个施工队进入，两者在同一施工段上同时施工的时间，称为搭接时间，通常用C表示。

（七）流水工期T

从第一个施工队投入流水施工开始，到最后一个施工队完成该流水组施工为止的整个持续时间，称为流水工期，用T表示。由于一项工程往往由多个流水组构成，故流水工期并非工程的总工期。

二、流水施工的组织方法

按流水节拍的特征，流水施工可分为有节奏流水和无节奏流水。其中，有节奏流水又分为等节奏流水和异节奏流水。不同节奏的流水效果有较大差异（见图15-5-1）。

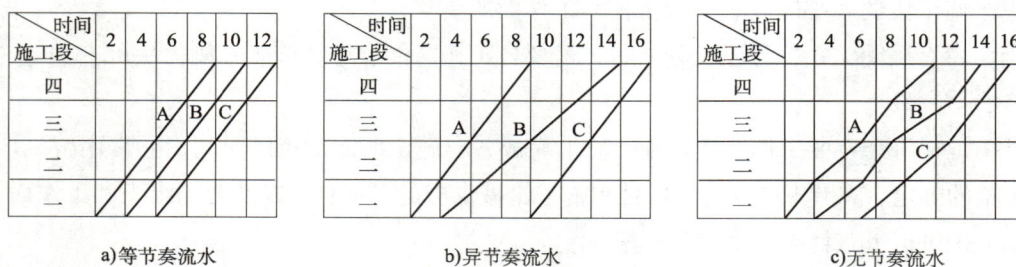

a)等节奏流水　　　　　　b)异节奏流水　　　　　　c)无节奏流水

图 15-5-1　不同节奏流水施工的垂直图表

注：A、B、C指施工过程

等节奏流水的组织方法是固定节拍流水法，异节奏流水的组织方法有一般异节奏流水（可用分别流水法）和成倍节拍流水法，无节奏流水的组织方法是分别流水法。分别阐述如下。

（一）固定节拍流水

固定节拍流水（也称全等节拍流水）是在各个施工过程的流水节拍全部相等（为一固定值）条件下，组织的等节奏流水施工。其流水步距都等于流水节拍。流水工期可按下式计算：

$$T = \sum K + T_N = (n-1)K + rmt = (rm + n - 1)K \qquad (15-5-3)$$

当有间歇和搭接时，其流水工期则为：

$$T = (rm + n - 1)K + \sum S - \sum C \qquad (15-5-4)$$

式中：　r ——施工层数；

　　　　T_N ——最后一个工作队作业总时间。

例：某混凝土框架结构分为①~④四个流水段施工，其中柱子施工包括绑钢筋、支模板、浇筑混凝土三个施工过程，节拍均为1d。要求模板支设完毕后，各段均需1d验收（间歇时间）后方允许浇筑混凝土。其施工进度表的形式及工期计算如图15-5-2所示。

施工过程	施工进度(d)						
	1	2	3	4	5	6	7
绑钢筋	①	②	③	④			
支模板	$K_{筋,模}$	①	②	③	④		
浇筑混凝土		$K_{模,混}$	$S_{模,混}$	①	②	③	④

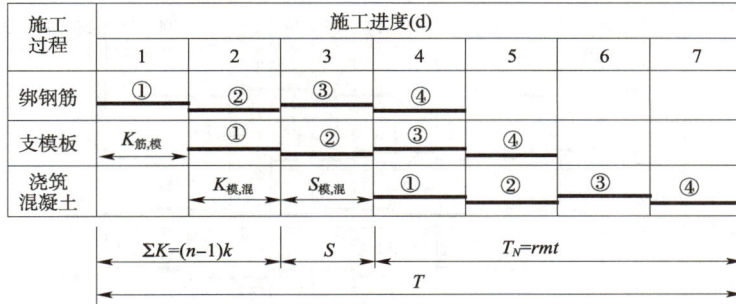

图 15-5-2　固定节拍流水形式

【例 15-5-1】 已知某工程有五个施工过程，分成三段组织全等节拍流水施工，工期为 49d，工艺间歇和组织间歇的总和为 7d，则各施工过程之间的流水步距为：

A. 6d　　　　　B. 5d　　　　　C. 8d　　　　　D. 7d

解　本题考查的是流水工期的计算公式。全等节拍流水施工的最重要的特点是，各个施工过程的流水节拍全部相等，且流水步距等于流水节拍。

由题可知，施工过程数 $n=5$；施工段数 $m=3$；施工层数未给，即层数 $r=1$；流水工期 $T=49d$；施工过程间歇（包括一层内的工艺间歇和组织间歇总和）$\sum S=7$；无搭接，即 $\sum C=0$。

将数据代入全等节拍流水工期的计算公式

$$T = (rm + n - 1)K + \sum S - \sum C$$

即：$49 = (1 \times 3 + 5 - 1)K + 7 - 0$，解得流水步距 $K=6d$。故选 A。

注意：由于全等节拍流水施工的最重要的特点是各个施工过程的流水节拍全部相等，且流水步距等于流水节拍，即使该题改为求各施工过程的流水节拍，则答案也相同。

答案： A

（二）成倍节拍流水

成倍节拍流水是在同一个施工过程的节拍全都相等，而不同施工过程间的节拍不尽相等，但同为某一常数的倍数条件下，为缩短工期，通过调整施工队数目而组织的异节奏流水。

任何两个施工过程间的流水步距均等于各个施工过程流水节拍的最大公约数，即 $K=t_{gy}$。而每个施工过程所需工作队数目 $b_i = t_i / K$。

成倍节拍流水施工的工期（见图 15-5-3）可按下式计算

$$T = \sum K + T_N + \sum S - \sum C = (rm + \sum b_i - 1)K + \sum S - \sum C \tag{15-5-5}$$

式中：$\sum b_i$——工作队数总和。

例：某构件预制工程有扎筋、支模、浇筑混凝土三个施工过程，分两层施工，每层有 6 个施工段。各施工过程的流水节拍确定为 $t_{筋}=4d$，$t_{模}=4d$，$t_{混}=2d$。

则流水步距 $K=2d$。扎筋：$b_{筋} = t_{筋}/K = 4/2 = 2$ 个队。同理，支模：$b_{模}=2$ 个队；浇筑混凝土：$b_{混}=1$ 个队。共 5 个队。流水工期 $T=(2 \times 6 + 5 - 1)2 + 0 - 0 = 32d$。如图 15-5-3 所示。

（三）分别流水法

分别流水法是在同一施工过程的流水节拍相等或不尽相等或不等，不同施工过程间的节拍也无规律情况下，组织的无节奏流水。

施工过程	队组	施工进度(d)														
		2	4	6	8	10	12	14	16	18	20	22	24	26	28	30	32

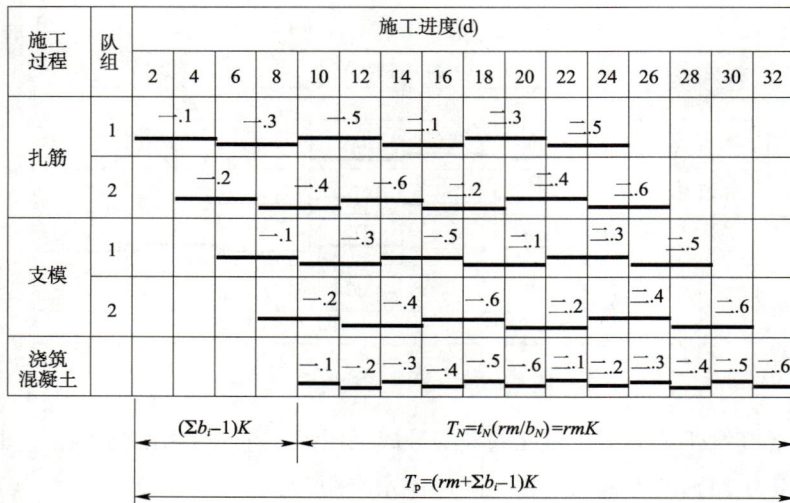

图 15-5-3　成倍节拍流水施工进度表

组织这种无节奏流水施工的基本要求，是必须保证每一个施工段上的工艺顺序是合理的，且每一个施工过程在各施工段上的施工是连续的，即工作队一旦投入施工是不间断的，同时各个施工过程之间的施工时间为最大限度的搭接，能满足流水施工的要求。但必须指出，部分施工段上允许出现暂时的空闲，即暂时没有工作队投入施工的现象。

无节奏流水施工的工期T

$$T = \sum K_{i,j} + \sum t_n \tag{15-5-6}$$

有搭接和间歇时：

$$T = \sum K_{i,j} + \sum t_n + \sum S - \sum C \tag{15-5-7}$$

式中：$K_{i,j}$——相邻两个施工过程间的流水步距；

　　　$\sum t_n$——最后一个施工过程在各施工段上流水节拍的总和。

无节奏流水施工的组织方法：先用"节拍累加数列错位相减取大差"的方法求出各$K_{i,j}$，然后利用式（15-5-6）求出流水施工工期T并绘制进度图表。下面举例说明分别流水（节奏流水）施工的组织过程。

【例 15-5-2】某工程有三个施工过程，划分四个施工段，各施工过程在各施工段上的流水节拍均不同，见表。要求对此无节奏流水施工过程组成专业流水，并计算无节奏流水施工工期。

各施工过程在各施工段的流水节拍表（单位：d）　　　　例 15-5-2 表

施工过程	施工段			
	①	②	③	④
A	3	3	2	2
B	4	2	3	4
C	2	3	4	3

解　第一步：依次计算每个施工过程在各施工段上流水节拍的累加值数列，即

过程 A　　3，6，8，10

过程 B　　4，6，9，13

过程 C　　2，5，9，12

第二步：用"节拍累加数列错位相减取大差"的方法求出各$K_{i,j}$

求$K_{A,B}$

$$\begin{array}{cccc} 3, & 6, & 8, & 10 \\ -)\quad\quad 4, & 6, & 9, & 13 \\ \hline 3\quad 2\quad 2\quad 1 & -13 \end{array}$$

$$K_{A,B} = \max\{3,2,2,1,-13\} = 3$$

求$K_{B,C}$

$$\begin{array}{cccc} 4, & 6, & 9, & 13 \\ -)\quad\quad 2, & 5, & 9, & 12 \\ \hline 4\quad 4\quad 4\quad 4 & -12 \end{array}$$

$$K_{B,C} = \max\{4,4,4,4,-12\} = 4$$

第三步：求最后一个施工过程在各施工段上流水节拍的总和$\sum t_n$

$$\sum t_C = 2 + 3 + 4 + 3 = 12$$

第四步：求无节奏流水施工工期T

$$T = \sum K_{i,j} + \sum t_n = (3 + 4) + 12 = 19$$

第五步：绘制无节奏流水进度计划图（见解图1和解图2）。

例 15-5-1 解图 1　无节奏流水进度计划（水平图表）

例 15-5-1 解图 2　无节奏流水进度计划（垂直图表）

三、一般搭接施工

一般搭接施工不同于节奏专业流水和成倍节拍流水及非节奏专业流水。其主要施工过程要求连续，其他施工过程允许间断，施工的特点在于充分利用工作空间，使单位工程的工期缩短。因此搭接施工不需要计算相邻施工过程之间的流水步距，但需要调节好非主导施工过程的间断时间。

常见搭接施工有施工段无层间关系的搭接施工、施工段有层间关系的搭接施工。

施工段无层间关系的搭接施工，每一施工过程在某一施工段的开始时间，取决于前一施工过程在该施工段作业的结束时间，以及本施工过程在前一施工段作业的结束时间。施工段有层间关系的搭接施工，则不仅取决于前一施工过程在该施工段作业的结束时间，还要受楼板层的条件约束。

习　题

15-5-1　流水施工中的流水节拍是指（　　　　）。

A. 一个施工队在各个施工段上的总持续时间

B. 一个施工队在一个施工段上的施工作业持续时间

C. 相邻两个施工队开始进行施工的时间间隔

D. 流水施工的工期

15-5-2　在流水施工过程中，相邻两个专业工作队开始施工的时间间隔称为（　　　　）。

A. 技术间歇　　　　　B. 流水步距　　　　　C. 流水节拍　　　　　D. 流水间隔

15-5-3　某二层楼进行固定节拍专业流水施工，每层施工段数为 3，施工过程有 3 个，流水节拍为 2 天，流水工期为（　　　　）。

A. 16 天　　　　　B. 10 天　　　　　C. 12 天　　　　　D. 8 天

15-5-4　在成倍节拍流水中，任何两个相邻专业工作队间的流水步距等于所有流水节拍的（　　　　）。

A. 最小值　　　　　B. 最小公倍数　　　　　C. 最大值　　　　　D. 最大公约数

15-5-5　组织无节奏流水（分别流水）的关键就是正确计算（　　　　）。

A. 流水节拍　　　　　B. 流水步距　　　　　C. 间歇时间　　　　　D. 搭接时间

15-5-6　某分部工程有甲、乙、丙三个施工过程，流水节拍分别为 4d、6d、2d，施工段数为 6 个，甲乙间需工艺间歇 1d，乙丙间可搭接 2d，现组织等步距的成倍节拍流水施工，则计算工期为（　　　　）。

A. 19d　　　　　B. 21d　　　　　C. 23d　　　　　D. 25d

15-5-7　某工程按题表要求组织流水施工，相应流水步距 K_{A-B}、K_{B-C} 及流水工期应为（　　　　）。

题 15-5-7 表

施工过程	施工段			
	一	二	三	四
A	2	3	2	3
B	2	1	2	1
C	2	3	2	1

A. 2 天，2 天，12 天　　　　　　　　B. 2 天，3 天，13 天

C. 3 天，3 天，14 天　　　　　　　　D. 5 天，2 天，15 天

第六节　网络计划技术

网络图是由箭线和节点组成，用来表示工作流程的有向、有序的网状图形。在网络图中加注工作的时间参数而形成的进度计划称为网络计划。网络计划表达了各项工作的先后顺序和相互关系，具有逻辑严密、关键工作和关键线路清晰，有利于计划优化、计划调整和计算机的应用等优点。工程中常用的网络计划有双代号网络计划、单代号网络计划、时标网络计划等。

一、双代号网络计划

（一）网络图的基本概念

箭线、节点和线路是网络图的三要素。

1. 工作（活动）

工作是网络图的组成部分，根据计划编制的粗细不同，工作既可以是一项简单的操作工序，也可以是一个复杂的施工过程或一项工程任务。它需要消耗时间和资源，或只消耗时间而不消耗资源，工作用实箭线"→"表示。

只表示工作之间的逻辑关系，且既不消耗资源也不消耗时间的工作叫虚工作，用虚箭线"┈►"表示。

2. 节点

在双代号网络图中，表示工作的开始、完成或连接关系的圆圈称为节点。箭线出发的节点叫工作的开始节点，箭头指向的节点叫工作的完成节点。

3. 线路

从起点节点出发，顺箭线方向行至终点节点所形成的通路称为网络图的线路。

4. 逻辑关系

工作之间的先后顺序关系叫逻辑关系。逻辑关系包括工艺关系和组织关系。生产性工作之间由工艺技术决定的、非生产性工作之间由工作程序决定的先后顺序叫工艺关系。工作之间由于组织安排或资源调配需要而规定的先后顺序关系叫组织关系。

（二）网络图的绘制方法

1. 绘图规则

（1）网络图必须按已定的逻辑关系绘制。

（2）不允许出现闭合回路。

（3）只能有一个起点节点和一个终点节点。

（4）不允许出现无箭头线段或双向箭线。

（5）不允许出现同样编号的工作。

（6）绘制网络图时，宜避免箭线交叉，当交叉不可避免时，可采用如图 15-6-1 所示的几种表示方法。

（7）节点的编号应由小指向大。

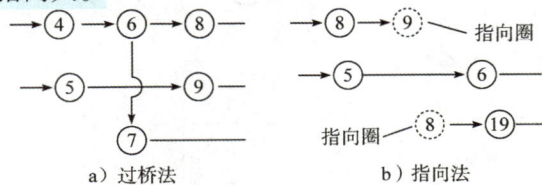

图 15-6-1　交叉箭线的处理

2. 绘图方法

双代号网络图中的逻辑关系表示方法见表 15-6-1。

几种逻辑关系的表示方法　　　　　　　　　　　　　　　　　　　　表 15-6-1

序号	逻 辑 关 系	双代号表示方法	单代号表示方法
1	A 完成后进行 B B 完成后进行 C		

序号	逻 辑 关 系	双代号表示方法	单代号表示方法
2	A 完成后同时进行 B 和 C		
3	A 和 B 都完成后进行 C		
4	A 和 B 都完成后进行 C 和 D		
5	A 完成后进行 C B 完成后进行 D、C		
6	A、B 均完成后进行 D A、B、C 均完成后进行 E D、E 均完成后进行 F		
7	A、B 均完成后进行 C B、D 均完成后进行 E		
8	A 完成后进行 C A、B 均完成后进行 D B 完成后进行 E		
9	A、B 两项先后进行的工作各分为三段进行 A₁ 完成后进行 A₂、B₁ A₂ 完成后进行 A₃、B₂ B₁ 完成后进行 B₂ A₃、B₂ 完成后进行 B₃		

（三）双代号网络计划的时间参数计算

网络计划时间参数计算的目的在于确定各项工作的时间参数、找出关键工作和关键线路，并求出工期，为网络计划的执行、调整和优化提供必要的时间依据。

双代号网络计划时间参数的标注形式有四时标注法和六时标注法两种，见图 15-6-2。

$ES_{i\text{-}j}$	$LS_{i\text{-}j}$	$ES_{i\text{-}j}$	$EF_{i\text{-}j}$	$TF_{i\text{-}j}$
$TF_{i\text{-}j}$	$FF_{i\text{-}j}$	$LS_{i\text{-}j}$	$LF_{i\text{-}j}$	$FF_{i\text{-}j}$

$$\text{(i)} \xrightarrow[\text{持续时间}]{\text{工作名称}} \text{(j)}$$

a)四时标注法　　　　　　　b)六时标注法

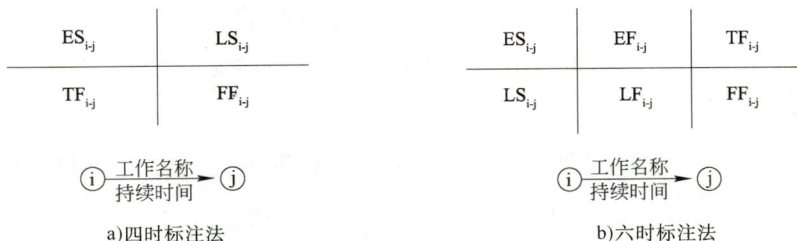

图 15-6-2　双代号网络计划时间参数标注形式

1. 工作最早开始时间$ES_{i\text{-}j}$

以起点节点i为箭尾节点的工作i-j，如未规定其最早开始时间，其值等于零。其他工作i-j的最早开始时间$ES_{i\text{-}j}$可计算为

$$ES_{i\text{-}j} = \max\{ES_{h\text{-}i} + D_{h\text{-}i}\} = \max[EF_{h\text{-}i}] \tag{15-6-1}$$

式中：$ES_{h\text{-}i}$ ——工作i-j的紧前工作h-i的最早开始时间；

$D_{h\text{-}i}$ ——工作i-j的紧前工作h-i的持续时间。

工作i-j的最早开始时间$ES_{i\text{-}j}$应从网络图的起点节点开始，顺着箭线方向依次逐项计算。

2. 工作的最早完成时间$EF_{i\text{-}j}$

工作i-j的最早完成时间$EF_{i\text{-}j}$可计算为

$$EF_{i\text{-}j} = ES_{i\text{-}j} + D_{i\text{-}j} \tag{15-6-2}$$

3. 网络计划的工期

网络计划的计算工期T_c可计算为

$$T_c = \max\{EF_{j,n}\} \tag{15-6-3}$$

式中：$EF_{i\text{-}n}$ ——以终点节点n为完成节点的工作i-n的最早完成时间。

网络计划的计划工期T_p应按下列情况分别确定：

（1）当已规定了要求工期T_r时，$T_p \leqslant T_r$；

（2）当未规定要求工期时，$T_p = T_c$。

4. 工作的最迟完成时间$LF_{i\text{-}j}$

以终点节点j = n为完成节点的工作的最迟完成时间应按网络计划的计划工期T_p确定，即

$$LF_{i\text{-}n} = T_p \tag{15-6-4}$$

其他工作i-j的最迟完成时间$LF_{i\text{-}j}$可计算为

$$LF_{i\text{-}j} = \min\{LF_{j\text{-}k} - D_{j\text{-}k}\} = \min[LS_{j\text{-}k}] \tag{15-6-5}$$

式中：$LF_{j\text{-}k}$ ——工作i-j的紧后工作j-k的最迟完成时间；

$D_{j\text{-}k}$ ——工作i-j的紧后工作j-k的持续时间。

工作i-j的最迟完成时间$LF_{i\text{-}j}$应从网络图的终点节点出发，逆着箭线方向依次逐项计算。

5. 工作的最迟开始时间$LS_{i\text{-}j}$

工作i-j的最迟开始时间$LS_{i\text{-}j}$可计算为

$$LS_{i\text{-}j} = LF_{i\text{-}j} - D_{i\text{-}j} = \min\{LF_{j\text{-}k} - D_{j\text{-}k}\} - D_{i\text{-}j} = \min LS_{j\text{-}k} - D_{i\text{-}j} \tag{15-6-6}$$

6. 工作的总时差TF_{i-j}

工作i-j的总时差TF_{i-j}是在不影响工期的前提下，工作所具有的机动时间，其值可计算为

$$TF_{i-j} = LS_{i-j} - ES_{i-j} = LF_{i-j} - EF_{i-j} \tag{15-6-7}$$

7. 工作的自由差FF_{i-j}

工作i-j的自由时差是在不影响其紧后工作最早开始的前提下，工作所具有的机动时间，其值可计算为

$$FF_{i-j} = minES_{j-k} - ES_{i-j} - D_{i-j} = minES_{j-k} - EF_{i-j} \tag{15-6-8}$$

式中：ES_{j-k} ——工作i-j的紧后工作j-k的最早开始时间。

8. 关键线路、关键工序

总时差最小的工作为关键工作，连接各关键工作所组成的线路为关键线路。

【例 15-6-1】 某项工作有三项紧后工作，其持续时间分别为 4 天、5 天、6 天，其最迟完成时间分别为第 18 天、16 天、14 天末，本工作的最迟完成时间是第几天末：

　　　　A. 14　　　　　　　　B. 11　　　　　　　　C. 8　　　　　　　　D. 6

解　本工作的最迟开始时间应为其各项紧后工作最迟开始时间中取最小值，以保证不影响工期。

　　　　　　每项工作最迟开始时间 = 工作最迟完成时间 − 该工作持续时间

三项紧后工作的最迟开始时间分别为：

18 − 4 = 14

16 − 5 = 11

14 − 6 = 8

在 14、11、8 中取小值为 8，即本工作的最迟完成时间是第 8 天末。

答案：C

（四）双代号时标网络计划

它是以时间坐标为尺度编制的双代号网络计划。以箭线长度及节点位置，明确表达工作的持续时间及工作间的时间关系，综合了网络计划和横道计划的优点，便于使用。特点如下：

（1）能清楚地展现计划的时间进程、工作间的逻辑关系和时间关系。

（2）直接显示各工作的最早开始与完成时间、自由时差和关键线路。

（3）可通过叠加确定各个时段的材料、机具、设备及人力等资源的需要量。

（4）绘图、修改较麻烦，宜利用计算机进行计划的编制与管理。

1. 表达方法

（1）以实箭线表示工作。宜用水平箭线或水平段与垂直段组合的形式，不宜用斜箭线。

（2）以水平波形线表示自由时差或与紧后工作之间的时间间隔。

（3）以虚箭线表示虚工作。必须用垂直虚箭线。当不足以与其完成节点连接时，用水平波形线补足，它体现了该虚工作所连接的两项工作之间的间隔时间。

时标网络计划宜按最早时间编制，以保证实施的可靠性。故绘图时，节点尽量向左靠，但箭线不得向左斜。例如某装修工程有三个楼层，有吊顶、顶墙涂料和铺木地板三个施工过程，自上而下施工。其中每层吊顶确定为三周、顶墙涂料为两周、铺木地板为一周完成。其标时网络计划如图 15-6-3 所示，绘制的时标网络计划如图 15-6-4 所示。

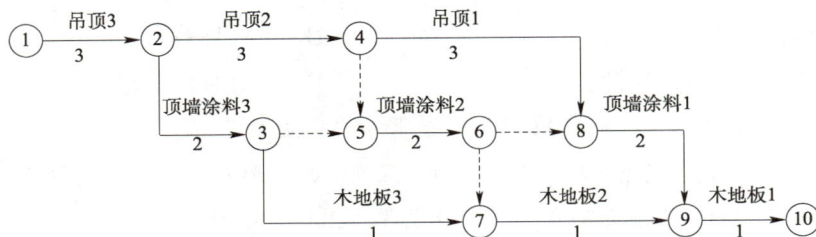

图 15-6-3　标注时间的一般网络计划

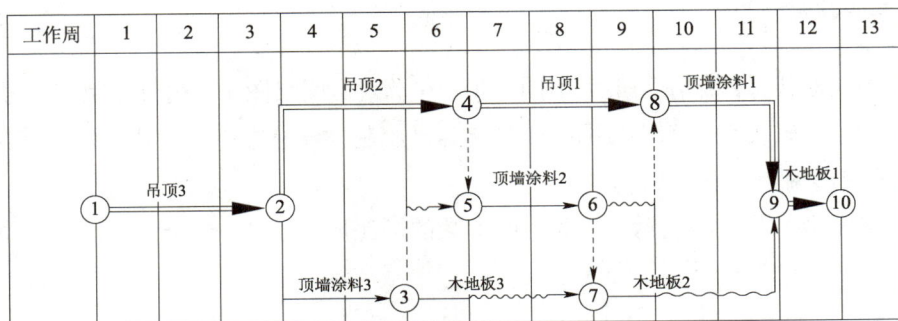

图 15-6-4　据图 15-6-3 绘制的时标网络计划

2. 关键线路和时间参数的判定

（1）关键线路的判定

逆箭线寻找，自终点至起点无波线的线路即为关键线路。在图 15-6-4 中为双线所示。

（2）时间参数的判定与推算

① "计划工期"。终点节点时标至起点节点时标。图 15-6-4 所示工程为 12 周。

② 工作的最早时间。最早开始时间：箭尾节点中心所对应的时标值。最早完成时间：箭头节点中心或与波形线相连接的实箭线右端的时标值。

③ 自由时差。其波形线的水平投影长度。如图 15-6-4 中，"木地板 3"的自由时差为 2 周。

④ 总时差的推算。工作的总时差应自右向左逐个推算。

最后工作的总时差：计划工期与本工作最早完成时间之差。即

$$\mathrm{TF}_{i-n} = T_P - \mathrm{EF}_{i-n} \tag{15-6-9}$$

其他工作的总时差：各紧后工作总时差的最小值与本工作自由时差之和。即

$$\mathrm{TF}_{i-j} = \min\{\mathrm{TF}_{j-k}\} + \mathrm{FF}_{i-j} \tag{15-6-10}$$

如图 15-6-4 所示，"木地板 1"和"顶墙涂料 1"的总时差均为 0；"木地板 2"的总时差为 $0 + 2 = 2$；虚工作 6-8 的总时差为 $0 + 1 = 1$，6-7 的总时差为 $2 + 0 = 2$；"木地板 3"的总时差为 $2 + 2 = 4$；"顶墙涂料 2"的总时差为 $\min\{1,2\} + 0 = 1$ 周。

⑤ 工作的最迟时间的推算。

最迟完成时间 = 总时差 + 最早完成时间，即 $\mathrm{LF}_{i-j} = \mathrm{TF}_{i-j} + \mathrm{EF}_{i-j} \tag{15-6-11}$

最迟开始时间 = 总时差 + 最早开始时间，即 $\mathrm{LS}_{i-j} = \mathrm{TF}_{i-j} + \mathrm{ES}_{i-j} \tag{15-6-12}$

如图 15-6-4 所示，"木地板 3"的最迟完成时间为 $4 + 6 = 10$ 周末，最迟开始时间为 $4 + 5 = 9$ 周以后（即第 10 周）。

【**例 15-6-2**】 在双代号时标网络计划中，若某项工作的箭线上没有波形线，则说明该工作：

A. 为关键工作 　　　　　　　　　　B. 自由时差为 0

C. 总时差等于自由时差 　　　　　　D. 自由时差不超过总时差

解　双代号时标网络计划中，波形线代表该项工作的自由时差。当网络计划工期与计算工期相等（常见）时，关键工作的自由时差、总时差都为 0，但自由时差为 0 不一定是关键工作，非关键线路上的工作也可以自由时差为 0，所以没有波形线，只说明该工作自由时差为 0。

答案： B

二、单代号网络计划

单代号网络图与双代号网络图的最大不同在于：在单代号网络图中，用节点及其编号表示工作，用箭线表示工作之间的逻辑关系。单代号网络图具有容易绘制、没有虚箭线、便于修改等优点。

（一）单代号网络图的绘制

在单代号网络图中，节点的表示方法和时间参数的标注形式如图 15-6-5 所示。

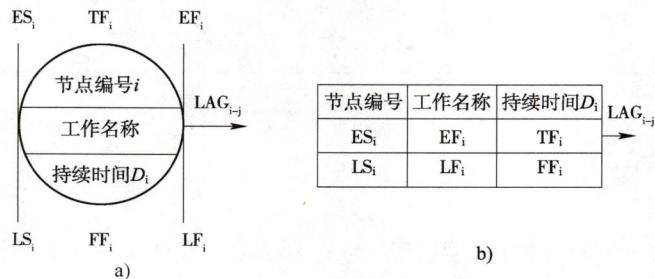

节点编号	工作名称	持续时间D_i	
ES_i	EF_i	TF_i	LAG_{i-j}
LS_i	LF_i	FF_i	

图 15-6-5　单代号网络图的表示方法

在绘制单代号网络图时，也须遵循如绘制双代号网络图一样的绘制规则。

（二）单代号网络图时间参数的计算

1. 工作的最早开始时间ES_i

起点节点的最早开始时间ES_i如无规定，则可定为零。其他工作i的最早开始时间ES_i可计算为

$$ES_i = \max\{ES_h + D_h\} \tag{15-6-13}$$

式中：ES_h——工作i的紧前工作h的最早开始时间；

　　　D_h——工作i的紧前工作h的持续时间。

2. 工作的最早完成时间EF_i

工作 i 的最早完成时间EF_i可计算为

$$EF_i = ES_i + D_i \tag{15-6-14}$$

3. 网络计划的工期

网络计划的计算工期T_c可计算为

$$T_c = EF_n \tag{15-6-15}$$

式中：EF_n——终点节点n的最早完成时间。

网络计划的计划工期T_p的确定同双代号网络计划。

4. 时间间隔LAG_{i-j}

相邻两工作i和j之间的时间间隔LAG_{i-j}可计算为

$$LAG_{i-j} = ES_j - EF_i \qquad (15-6-16)$$

式中：ES_j——工作i的紧后工作j的最早开始时间。

5. 工作的最迟完成时间EF_i

终点节点所代表的工作n的最迟完成时间LF_n可确定为

$$LF_n = T_p \qquad (15-6-17)$$

其他工作i的最迟完成时间LF_i可计算为

$$LF_i = min\{LF_j - D_j\} \qquad (15-6-18)$$

式中：LF_j——工作i的紧后工作j的最迟完成时间；

D_j——工作i的紧后工作j的持续时间。

工作i的最迟完成时间LF_i应从网络图的终点节点出发，逆着箭线方向依次逐项计算。

6. 工作的最迟开始时间LS_i

工作i的最迟开始时间LS_i可计算为

$$LS_i = LF_i - D_i \qquad (15-6-19)$$

7. 工作的总时差TF_i

工作i的总时差TF_i可计算为

$$TF_i = LS_i - ES_i = LF_i - EF_i \qquad (15-6-20)$$

8. 工作的自由时差FF_i

工作i的自由时差FF_i可计算为

$$FF_i = min\{LAG_{i-j}\} \qquad (15-6-21)$$

（三）关键工作和关键线路

在网络图中，总时差为零或最小值的工作称为关键工作。

由关键工作组成的线路称为关键线路。

【例15-6-3】 下列关于单代号网络图表述正确的是：

    A. 箭线表示工作及其进行的方向，节点表示工作之间的逻辑关系

    B. 节点表示工作，箭线表示工作进行的方向

    C. 节点表示工作，箭线表示工作之间的逻辑关系

    D. 箭线表示工作及其进行的方向，节点表示工作的开始或结束

解 双代号网络图，是用两个节点的代号及箭线表示一项工作，箭线是工作，节点表示工作的开始或完成。而单代号网络图恰恰相反，它是用节点及其编号表示工作，箭线表示工作间的逻辑关系。

答案：C

三、网络计划的优化

网络计划的优化，是在满足既定约束的条件下，按某一目标，通过利用时差不断改进网络计划寻求满意方案。

网络计划的优化目标，应按计划任务的需要和条件选定，包括工期目标、费用目标、资源目标。

（一）工期优化

当计算工期大于要求工期时，可通过压缩关键工作的持续时间满足工期要求。工期优化应按下列步骤进行：

（1）计算并找出网络计划中的关键工作和关键线路。

（2）按要求工期计算应缩短的时间。

（3）确定各关键工作能缩短的持续时间。

（4）选择相应的关键工作，压缩其持续时间，并重新计算网络计划的计算工期。需注意，按照经济合理的原则不能将关键工作压缩成非关键工作。

（5）若计算工期仍超过要求，则重复以上步骤，直到满足工期要求或工期已不能再缩短为止。

（6）当所有关键工作的持续时间都已达到其能缩短的极限而工期仍不满足要求时，就应对计划的原技术、组织方案进行调整或对要求工期重新审定。

在选择应缩短持续时间的关键工作时，应首先缩短：①缩短持续时间对质量和安全无影响的工作；②有充足备用资源的工作；③缩短持续时间所需增加的费用或风险影响最少的工作。

（二）资源优化

资源优化是通过改变工作的开始时间，使资源按时间分布符合优化的目标。

资源优化的前提条件是：

（1）在优化过程中，不得改变各工作的持续时间；

（2）各工作的单位时间资源需要量为常数且合理，优化中不予改变；

（3）在优化过程中，不得改变网络计划各工作间的逻辑关系；

（4）除规定可中断的工作外，其他工作均应连续，不得中断。

1. "资源有限，工期最短"优化

"资源有限，工期最短"优化是通过调整计划安排以满足资源限制条件，并使工期增加最少的过程。应按下述步骤调整工作的最早开始时间：

（1）计算网络计划每天的资源需用量。

（2）从计划开始日期起，逐日检查每天资源需用量是否超过资源限量，如果在整个工期内每天均能满足资源限量的要求，可行的优化方案就编制完成，否则必须进行计划调整。方法如下：

①若所缺资源仅为某一项工作使用，则只需根据现有资源重新计算该工作持续时间，再重新计算网络计划的时间参数，即可得到调整后的工期。如果该项工作延长的时间在其总时差范围内时，则总工期不会改变；如果该项工作为关键工作，则总工期将顺延。

②若所缺资源为同时施工的多项工作使用，则必须后移某些工作，但应使工期延长最短。调整的方法是将该处的一些工作移到另一些工作之后，以减少该处的资源需用量。如该处有两个工作m-n和i-j，则有i-j移到m-n之后或m-n移到i-j之后两个调整方案。如图15-6-6所示。

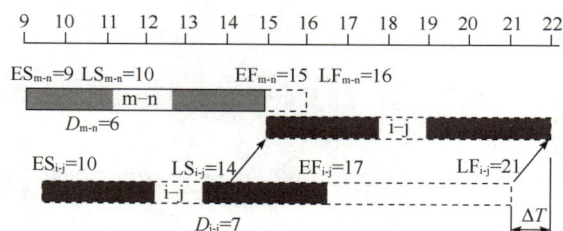

图15-6-6　工作i-j调整到m-n之后时对工期的影响

将 i-j 移至 m-n 之后时，工期延长值：

$$\Delta T_{m\text{-}n,i\text{-}j} = EF_{m\text{-}n} + D_{i\text{-}j} - LF_{i\text{-}j} = EF_{m\text{-}n} - (LF_{i\text{-}j} - D_{i\text{-}j}) = EF_{m\text{-}n} - LS_{i\text{-}j} \tag{15-6-22}$$

当工期延长值 $\Delta T_{m\text{-}n,i\text{-}j}$ 为负值或 0 时，对工期无影响；为正值时，工期将延长该值。故应取 ΔT 最小的调整方案。

据式（15-6-22）可知，只有将 LS 值最大的工作排在 EF 值最小的工作之后，才能使工期不延长或延长最小。如本例中：

方案 1：将 i-j 排在 m-n 之后，则 $\Delta T_{m\text{-}n,i\text{-}j} = EF_{m\text{-}n} - LS_{i\text{-}j} = 15 - 14 = 1$；

方案 2：将 m-n 排在 i-j 之后，则 $\Delta T_{i\text{-}j,m\text{-}n} = EF_{i\text{-}j} - LS_{m\text{-}n} = 17 - 10 = 7$。

应选方案 1。

但当 $\min\{EF\}$ 和 $\max\{LS\}$ 属于同一工作时，则应找出 $EF_{m\text{-}n}$ 的次小值及 $LS_{i\text{-}j}$ 的次大值代替，而组成两种方案，即：

$$\Delta T_{m\text{-}n,i\text{-}j} = (\text{次小}EF_{m\text{-}n}) - \max\{LS_{i\text{-}j}\} \tag{15-6-23}$$

$$\Delta T_{m\text{-}n,i\text{-}j} = \min\{EF_{m\text{-}n}\} - (\text{次大}LS_{i\text{-}j}) \tag{15-6-24}$$

取小者的调整顺序。

（3）绘制调整后的网络计划。

（4）重复以上步骤，直到满足资源限量要求。

【例 15-6-4】进行网络计划"资源有限，工期最短"优化时，前提条件不包括：

    A. 任何工作不得中断

    B. 网络计划一经确定，在优化过程中不得改变各工作的持续时间

    C. 各工作每天的资源需要量为常数，而且是合理的

    D. 在优化过程中不得改变网络计划的逻辑关系

解　"资源有限，工期最短"优化，是在保证任何工作的持续时间不发生改变；各工作的单位时间资源需要量为常数且合理，优化中不予改变；网络计划逻辑关系不变的前提下，调整出现资源冲突的若干工作之间的先后开始次序，使资源量满足限制要求，且工期增量又最小的过程。在优化过程中，除规定可中断的工作外，其他工作均应连续，不得中断，即不是"任何工作不得中断"。

答案：A

【例 15-6-5】在进行"资源有限、工期最短"优化时，当将某工作移出超过限量的资源时段后，计算发现总工期增量 $\Delta > 0$，以下说法正确的是：

    A. 总工期会延长   B. 总工期会缩短

    C. 总工期不变   D. 无法判断

解　"资源有限、工期最短"优化，是在保证任何工作的持续时间不发生改变、任何工作不中断、网络计划逻辑关系不变的前提下，通过调整出现资源冲突的若干工作的开始时间及其先后次序，使资源量满足限制要求，且工期增量又最小的过程。工期延长值=排在前面工作的最早完成时间－排在后面工作的最迟开始时间，即 $\Delta T_{m\text{-}n,i\text{-}j} = EF_{m\text{-}n} - LS_{i\text{-}j}$。调整中，若计算出的工期增量 $\Delta \leqslant 0$（这种情况仅会出现在所调整移动的资源冲突的工作均为非关键工作时，而工期是由关键工作决定的），则对工期无影响，即工期不变；若工期增量 $\Delta > 0$（这种情况出现在所调整移动的资源冲突的工作中含有关键工作，或该调整移动使非关键工作变成了关键工作），则工期将延长该正值。

答案：A

2. "工期固定,资源均衡"优化

"工期固定,资源均衡"优化是用削高峰法(利用时差降低资源高峰值),在工作总时差范围内移动非关键工作,使其改变进行时间,从而获得资源消耗量尽可能均衡的优化方案。优化可按下述步骤进行:

(1)计算网络计划的每天资源需用量;

(2)确定削峰目标,其值等于每天资源需用量的最大值减一个单位量;

(3)找出高峰时段的最后时间T_h及有关工作的最早开始时间ES_{i-j}(或ES_i)和总时差TF_{i-j}(或TF_i);

(4)按下列公式计算有关工作的时间差值ΔT_{i-j}或ΔT_i:

对双代号网络计划

$$\Delta T_{i-j} = TF_{i-j} - (T_h - ES_{i-j}) \tag{15-6-25}$$

对单代号网络计划

$$\Delta T_i = TF_i - (T_h - ES_i) \tag{15-6-26}$$

优先以时间差值最大的工作i-j或工作i作为调整对象,令$ES_{i-j} = T_h$或$ES_i = T_h$;

(5)若峰值不能再减少,即求得资源均衡优化方案,否则重复以上步骤。

(三)费用优化

费用优化又叫工期-费用优化,是利用压缩工期时直接费用会增加,而间接费用会降低的原理(见图15-6-7),以寻求最低成本时的工期及相应的进度安排(或按规定工期寻求最低费用及其进度安排)。

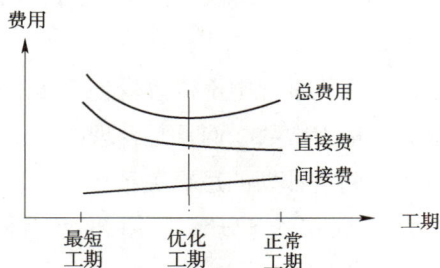

图 15-6-7　工期-费用关系曲线

费用优化可按下述步骤进行:

(1)计算工程总直接费,其值等于组成该工程的全部工作的直接费总和。

(2)计算各工作直接费的费用率ΔC_{i-j}^D

$$\Delta C_{i-j}^D = \frac{C_{i-j}^C - C_{i-j}^N}{D_{i-j}^N - D_{i-j}^C} \tag{15-6-27}$$

式中:D_{i-j}^N——工作i-j的正常持续时间;

　　D_{i-j}^C——工作i-j的最短持续时间;

　　C_{i-j}^C——工作i-j的最短时间直接费;

　　C_{i-j}^N——工作i-j正常时间直接费。

(3)确定间接费的费用率ΔC_{i-j}^I。

(4)找出网络计划中的关键线路,并计算出计算工期。

(5)在网络计划中找出直接费用率(或组合直接费用率)最低的一项关键工作或一组关键工作作为缩短持续时间的对象。

（6）缩短找出的一项关键工作或一组关键工作的持续时间，其缩短值必须符合不能将关键线路变成非关键线路和缩短后的持续时间不小于最短持续时间的原则。若被压缩工作的直接费率或组合直接费率：①等于间接费率，则已得到优化方案；②若小于间接费率，则需继续压缩；③若大于间接费率，则此前的压缩方案即为优化方案。

（7）计算相应的费用增加值。

（8）考虑工期变化带来的间接费及其他损益，在此基础上计算总费用

$$C_t^T = C_{t+\Delta T}^T + \Delta T \cdot \Delta C_{i\text{-}j}^D - \Delta T \cdot \Delta C_{i\text{-}j}^I \qquad (15\text{-}6\text{-}28)$$

式中：C_t^T ——将工期缩至 t 时的总费用；

　　$C_{t+\Delta T}^T$ ——前一次的总费用；

　　ΔT ——工期缩短值。

（9）重复以上（5）、（6）、（7）、（8）步骤直到总费用不再降低为止。

【例 15-6-6】 在进行网络计划工期-费用优化时，被压缩对象的直接费用率等于工程间接费用率时：

　　A. 应压缩关键工作的持续时间　　　　　B. 应压缩非关键工作的持续时间

　　C. 停止压缩关键工作的持续时间　　　　D. 停止压缩非关键工作的持续时间

　　解　工期-费用优化是通过逐步压缩直接费率或组合直接费率最小的关键工作的持续时间，使工期缩短，但直接费用将增加；而随着工期缩短，工程的间接费用会降低；通过两者叠加比较，即可求出工程费用最低时的相应最优工期。因此优化时，在确定了一个压缩方案后，必须将被压缩工作的直接费用率与间接费用率进行比较，如果直接费用率小于间接费用率，则需继续压缩；如果直接费用率已等于间接费用率，则已得到优化方案，停止压缩；如果直接费用率已大于间接费用率，则在此之前的直接费用率小于间接费用率的压缩方案即为优化方案。

　　答案： C

习　题

15-6-1　双代号网络图的三要素是（　　　）。

　　A. 时差、最早时间和最迟时间　　　　　B. 总时差、自由时差和计算工期

　　C. 箭线、节点和线路　　　　　　　　　D. 箭线、节点和关键线路

15-6-2　如图所示，依据网络图绘制规则，判定（　　　）网络图是正确的。

A.

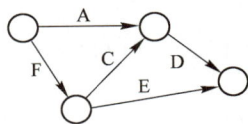

B.

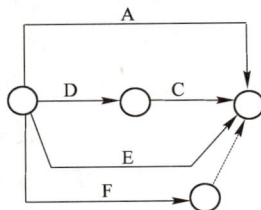

C.

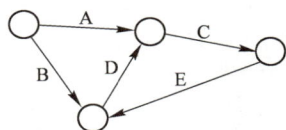

D.

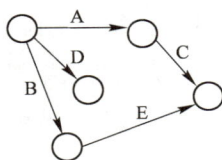

15-6-3　某项工作有 3 项紧后工作，其持续时间分别为 4 天、5 天、6 天，其最迟完成时间分别为第 18 天、16 天、14 天末，本工作的最迟完成时间是第几天末？（　　　）

   A. 14   B. 11   C. 8   D. 6

15-6-4　下列有关网络计划中关键线路的说法，正确的是（　　　）。

  A. 一个网络图中，关键线路只有一条

  B. 关键线路是没有虚工作的线路

  C. 关键线路是耗时最长的线路

  D. 关键线路是需要资源最多的线路

15-6-5　在网络计划中，当计算工期等于要求工期时，（　　　）的工作为关键工作。

  A. 总时差为零   B. 有自由时差

  C. 没有自由时差   D. 所需资源最多

15-6-6　某工程双代号网络计划如图所示，工作 1-3 的自由时差为（　　　）。

  A. 1 天   B. 2 天

  C. 3 天   D. 4 天

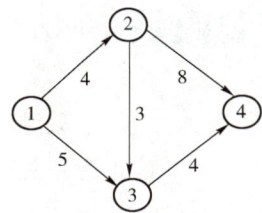

题 15-6-6 图

15-6-7　利用工作的自由时差（　　　）。

  A. 不会影响紧后工作，也不会影响总工期

  B. 不会影响紧后工作，但会影响总工期

  C. 会影响紧后工作，但不会影响总工期

  D. 会影响紧后工作，也会影响总工期

15-6-8　双代号网络计划中，某非关键工作的拖延时间不超过其自由时差，则（　　　）。

  A. 后续工作最早可能开始时间不变

  B. 仅改变后续工作最早可能开始时间

  C. 后续工作最迟必须开始时间改变

  D. 紧后工作最早可能开始时间改变

15-6-9　在双代号时标网络计划中，其关键线路是（　　　）。

  A. 自始至终没有虚工作的线路

  B. 自始至终没有波形线的线路

  C. 既无虚工作，又无波形线的线路

  D. 所需资源最多的工作构成的线路

15-6-10　下列关于单代号网络图表述正确的是（　　　）。

  A. 箭线表示工作及其进行的方向，节点表示工作之间的逻辑关系

  B. 节点表示工作，箭线表示工作进行的方向

  C. 节点表示工作，箭线表示工作之间的逻辑关系

  D. 箭线表示工作及其进行的方向，节点表示工作的开始或结束

15-6-11　有关单代号网络图的说法，正确的是（　　　）。

  A. 用一个节点及其编号代表一项工作

  B. 用一条箭线及其两端节点的编号代表一项工作

C. 箭杆的长度与工作的持续时间成正比

D. 不需要任何虚工作

15-6-12 下列关于网络计划的工期优化的表述不正确的是（　　）。

A. 一般通过压缩关键工作来实现

B. 可将关键工作压缩为非关键工作

C. 应优先压缩对成本、质量和安全影响小的工作

D. 当优化过程中出现多条关键线路时，必须同时压缩各关键线路的持续时间

15-6-13 在网络计划的资源优化过程中，为了使工程所需资源按时间的分布符合优化目标，调整网络计划的方法通常是（　　）。

A. 只改变工作的进行时间

B. 改变关键工作的开始时间或持续时间

C. 改变工作的持续时间或工作之间的逻辑关系

D. 只改变工作之间的逻辑关系

第七节　施 工 管 理

一、现场施工管理的内容及组织形式

施工管理是指针对建筑产品（项目）施工全过程（从施工准备开始到施工验收、保修回访为止）的组织和管理，即以建筑产品（项目）为对象的生产过程的管理，其内容包括施工准备、施工组织设计、项目管理、施工调度、竣工验收、保修回访等。

施工管理的组织形式有以下三种。

（一）部门控制式

它是按照职能原则建立的项目组织，是在不打乱企业现行建制的条件下，把项目委托给企业内某一专业部门或施工队，由单一部门的领导负责组织项目的实施。

这种组织形式一般只适用于小型简单的项目，不需涉及众多部门。其优点是：职责明确，职能专一，关系简单，便于协调。其缺点是：不能适应大型复杂项目或者涉及多个部门的项目，因而局限性较大。

（二）工程队式

它是完全按照对象原则组织的项目管理机构，企业职能部门处于服从地位。它是由公司任命项目经理，而由项目经理从其他部门抽调或招聘得力人才组成项目管理班子，然后抽调施工队伍组成工程队。在这里，所有人员都只服从项目经理的领导。

这种组织形式适用于大型项目和工期要求紧迫的项目，或者要求多工种、多部门密切配合的项目。其优点是：各种人才都在现场，解决问题迅速，减少了扯皮和浪费时间的现象发生；权力集中，决策及时，有利于提高工作效率；减少了结合部，易于协调关系。其缺点是：容易造成忙闲不均；同一专业人员由于分散在不同项目上，相互交流困难，专业职能部门的优势无法发挥作用。

（三）矩阵式

它吸收了部门控制式和工程队式的优点，发挥职能部门的纵向优势和项目组织的横向优势，把职能

原则和对象原则结合起来，形成了一种纵向职能机构和横向项目机构相交叉的"矩阵"型组织形式。

在矩阵式组织中，企业的专业职能部门和临时性项目组织同时交互作用。纵向职能部门负责人对所有项目中的本专业人才均负有领导责任，并按项目实施的要求把他们有效地组织协调到一起，为实现项目目标共同配合工作。这种组织形式能充分利用人才，但对项目经济的组织协调工作提出了更高的要求。它适合于在大型综合施工企业或多工种、多部门、多技术配合的项目中采用。

二、施工进度控制

施工进度控制的主要任务：一是准确、及时、全面、系统地收集、整理、分析进度计划执行过程中的有关资料，明确地反映施工进度状况，进行必要的检查和监督；二是通过施工进度计划的执行情况，为计划的调整及如何加强进度控制提供必要的依据。

（一）施工进度计划的动态控制原理

施工进度计划的动态控制原理见图 15-7-1。

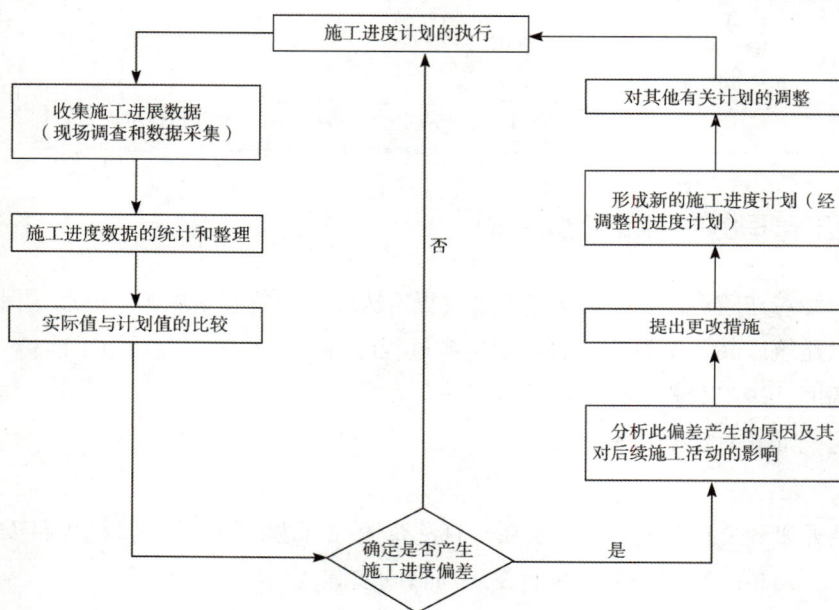

图 15-7-1 施工进度计划动态控制原理

（二）影响施工进度的因素

（1）相关单位进度的影响；

（2）设计变更因素的影响；

（3）材料物资供应进度的影响；

（4）资金原因；

（5）不利的施工条件；

（6）技术原因；

（7）施工组织不当；

（8）不可预见事件的发生。

（三）施工进度计划的检查

施工进度的检查是进度控制的关键步骤。进度计划的检查方法主要是对比法，即实际进度与计划进度进行对比，从而发现偏差，以便调整和修改计划。根据计划图形的不同，常见的有横道图比较法，前锋线比较法，香蕉曲线比较法，也可利用成本偏差分析的挣值法求得。

1. 横道图比较法

横道图比较法用于以横道图形式编制的进度计划。它是将项目实施过程中检查收集的实际进度数据，经加工整理后直接用横道线平行绘于原计划的横道线处，进行实际进度与计划进度的比较。该法可以形象、直观地反映实际进度与计划进度的比较情况。

（1）示例：某匀速进展横道计划局部如图 15-7-2 所示，在检查日期第 12 天结束时，天棚、墙面抹灰工作进度超前 1 天，而铺地砖工作进度拖后 2 天。

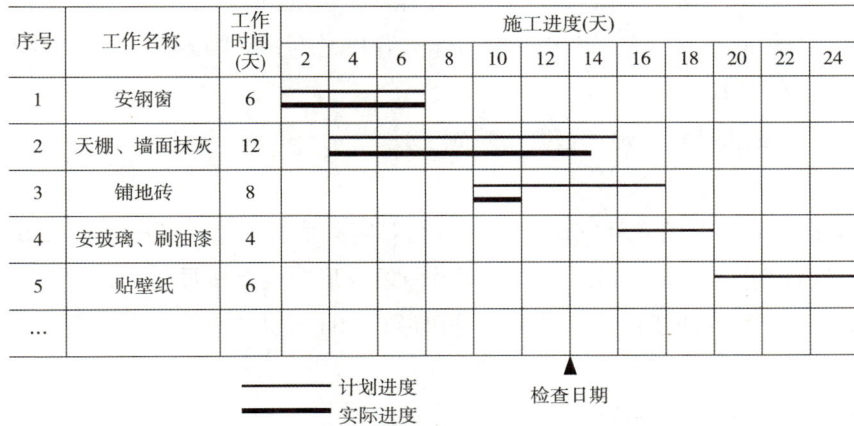

图 15-7-2　横道图比较法示例

（2）归纳分析：采用横道图比较法检查进度状况时，实际进度线右端若落在检查日期位置的左侧，则表明实际进度拖后；若二者重合，则表明实际进度与进度计划一致；若落在右侧，则表明实际进度超前。

2. 前锋线比较法

前锋线比较法适用于时标网络计划。所谓前锋线，是指在原时标网络计划上，从检查时刻的时标点出发，用点划线依次将各项工作实际进展位置点连接而成的折线。该法就是通过实际进度前锋线与原进度计划中各工作箭线交点的位置来判断工作实际进度与计划进度的偏差，进而判定该偏差对后续工作及总工期的影响程度。

（1）示例：如图 15-7-3 所示，某分部工程施工时标网络计划在第 4 天下班时的施工进度前锋线，通过比较可知：

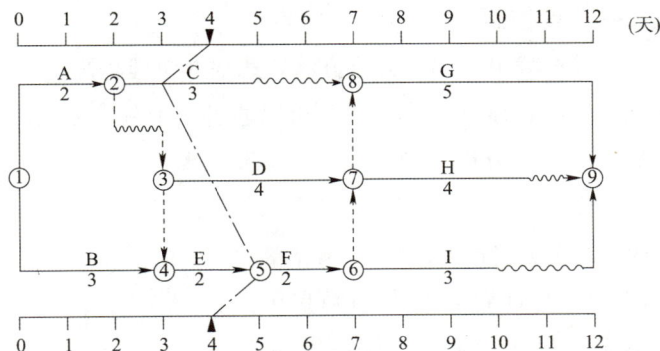

图 15-7-3　前锋线比较法示例

①工作 C 实际进度拖后 1 天，因其总时差和自由时差均为 2 天，既不影响总工期，也不影响其后续工作的正常进行；

②工作 D 实际进度与计划进度相同，对总工期和后续工作均无影响；

③工作 E 实际进度提前 1 天，对总工期无影响，将使其后续工作 F、I 的最早开始时间提前 1 天。

综上所述，该检查时刻各工作的实际进度对总工期无影响，将使工作 F、I 的最早开始时间提前 1 天。

（2）影响分析：

①若进度偏差发生在关键线路上，则肯定会影响工期。

②若进度偏差发生在非关键线路上：

a.若偏差值小于或等于工作的自由时差，则进度计划不会受到影响；

b.若偏差值大于工作的自由时差，但小于或等于工作的总时差，则紧后工作的最早开始时间会受到影响，但工期不会受到影响。

③偏差值大于工作的总时差，则肯定会影响到工期。

3. 香蕉曲线比较法

图 15-7-4 为根据计划绘制的累计完成数量与时间对应关系的轨迹。其中，一条 S 形曲线是按最早开始时间绘制的进度计划曲线，简称 ES 曲线；而另一条 S 形曲线是按最迟开始时间绘制的进度计划曲线，简称 LS 曲线。两条 S 形曲线形成一条类似香蕉形状的闭合曲线，故称为香蕉曲线。

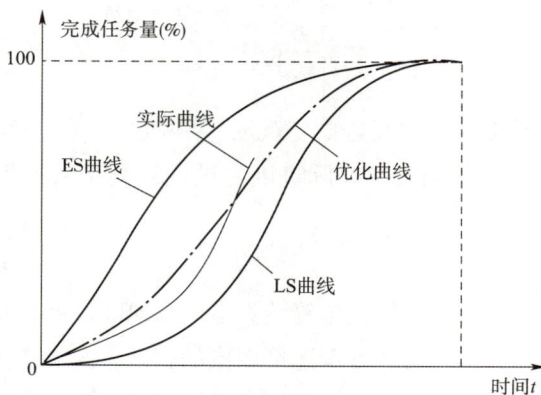

图 15-7-4　香蕉曲线比较法示例

在项目实施过程中，理想的状况是任一时刻的实际进度均在这两条曲线所包区域内。如果工程实际进展点落在 ES 曲线的左侧，则表明此刻实际进度比按最早开始时间安排的计划进度还超前；如果实际进展点落在 LS 曲线的右侧，则表明此刻实际进度比按其最迟开始时间安排的计划进度还拖后。

4. 挣值法（赢得值法）在进度控制中的应用

挣值法是一种工程进度、成本状况的偏差分析方法。其基本原理是用货币量代替工程量，以资金已经转化为工程成果的量来衡量工程进度和成本状况，可以通过三个基本参数的运算得到四个评价指标。主要用于工程项目费用、进度的综合分析控制。

（1）挣值法的三个基本参数

已完工作预算费用（BCWP）=已完成工作量×预算单价

计划工作预算费用（BCWS）=计划工作量×预算单价

已完工作实际费用（ACWP）=已完成工作量×实际单价

（2）四个评价指标

①费用偏差(CV) = 已完工作预算费用 − 已完工作实际费用

　　　　　　　　 = 已完工作量×(预算单价 − 实际单价)

CV 为负值时，即表示项目运行超出预算值（亏损）；为正值时，表示项目运行节支（挣得）。

②进度偏差(SV) = 已完工作预算费用 − 计划工作预算费用

　　　　　　　　 = (已完工程量 − 计划工程量)×预算单价

SV 为负值时，表示进度延误；为正值时，表示进度提前。

③费用绩效指数(CPI) = 已完工作预算费用(BCWP)/已完工作实际费用(ACWP)

CPI 小于 1 时，表示超支；大于 1 时，表示节支。

④进度绩效指数(SPI) = 已完工作预算费用(BCWP)/计划工作预算费用(BCWS)

SPI 小于 1 时，表示进度延误；大于 1 时，表示进度超前。

（四）进度计划的调整

若工程的进度计划工期由于某种原因受到影响，则须对原进度计划进行调整。调整的方法是：

（1）改变工作之间的逻辑关系；

（2）缩短关键线路上各关键工作的持续时间。

【例 15-7-1】 当采用匀速进展横道图比较工作的实际进度与计划进度时，如果表示实际进度的横道线右端落在检查日期的右侧，这表明：

　　A. 实际进度超前

　　B. 实际进度拖后

　　C. 实际进度与进度计划一致

　　D. 无法说明实际进度与计划进度的关系

解 采用匀速进展横道图比较法检查进度状况时，实际进度线右端若落在检查日期位置的左侧，则表明实际进度拖后；若二者重合，则表明实际进度与进度计划一致；若落在检查日期的右侧，则表明实际进度超前。

答案： A

【例 15-7-2】 某土方工程总挖方量为 1 万 m³。预算单价45 元/m³，该工程总预算为 45 万元，计划用 25 天完成，每天完成 400m³。开工后第 7 天早晨刚上班时，经业主复核确定的挖方量为 2 000m³，承包商实际付出累计 12 万元。应用挣值法（赢得值法）对项目进展进行评估，下列评估结论错误的是：

　　A. 进度偏差=−1.8 万元，因此工期拖延

　　B. 进度偏差=1.8 万元，因此工期超前

　　C. 费用偏差=−3 万元，因此费用超支

　　D. 工期拖后 1 天

解 用挣值法对项目进展进行评价：

进度偏差=已完工作预算费用−计划工作预算费用

　　　　 =2 000×45−400×6×45=90 000−108 000=−18 000 元（负值，工期拖延）

费用偏差=已完工作预算费用−已完工作实际费用

　　　　 =2 000×45−120 000=−30 000 元（负值，费用超支）

工期拖后时间 = (400 × 6 − 2 000)/400 = 1 天

工期拖后，费用偏差不能为正值。

答案： B

三、技术管理

技术管理是对施工生产中一系列技术活动和技术工作进行计划、组织、指挥、调节和控制，亦即采用科学有效的方法和制度对施工生产中的各种复杂技术因素进行合理安排，以保证有组织、有计划地进行施工，并不断提高企业的科学技术和管理水平。

（一）技术管理的任务

（1）正确贯彻执行国家各项技术政策和法令，认真执行国家和有关主管部门制定的技术规范和规定。

（2）科学组织各项技术工作，建立企业正常的生产技术秩序，保证施工生产的顺利进行。

（3）充分发挥各级技术人员和工人群众的积极作用，促进企业生产技术不断更新和发展，推进技术进步。

（4）加强技术教育，不断提高企业的技术素质和经济效益，以达到保证工程质量、节约材料和能源、降低工程成本的目的。

（二）技术管理环节、条件

1.技术管理的三个环节

（1）施工前的各项技术准备工作；

（2）施工中的贯彻、执行、监督和检查；

（3）施工后的验收总结和提高。

2.技术管理的五个条件

（1）合格的人员；

（2）先进的技术装备；

（3）严格的技术要求；

（4）科学的管理制度；

（5）科学试验条件。

（三）技术管理制度

（1）施工图纸学习与会审制度；

（2）方案制订和技术交底制度；

（3）材料检验制度；

（4）计量管理制度；

（5）翻样和加工订货制度；

（6）工程质量检查及验收制度；

（7）施工工艺卡的编制和执行；

（8）设计变更和技术核定制度；

（9）工程技术档案制度和技术资料管理制度。

四、全面质量管理

全面质量管理是企业为了保证和提高产品质量，综合运用一套质量管理体系、手段和方法而进行的系统管理活动。它要求企业全体职工和所有部门参加，综合运用现代科学和管理技术成果，控制影响质量全过程的各因素，并以研制、生产和提供用户满意的产品和服务为主要目标。全面质量管理在保证和提高工程质量、提高工效和降低成本方面，比传统的质量管理方法有着显著的成效。

（一）全面质量管理的特点

（1）质量和质量管理的概念是广义的；

（2）预防与检查相结合，以预防为主；

（3）实行从计划、勘察设计、施工直到使用过程的全面质量管理；

（4）企业各部门全体人员共同参加质量管理；

（5）采用科学的管理方法，尊重客观实际，用数据说话；

（6）不仅要达到质量标准，还要满足用户的需要；

（7）在管理过程中不断总结提高，实行标准化、制度化。

（二）全面质量管理的实施

（1）要有明确的质量目标和质量计划；

（2）按质量管理工作的 PDCA 循环组织质量管理的全部活动；

（3）要建立专职的质量管理部门；

（4）建立质量责任制；

（5）开展质量管理小组活动；

（6）建立高效率的质量信息反馈系统，实现质量管理业务的标准化等。

五、施工质量验收

（一）质量验收的划分与顺序

检验批验收→分项工程验收→分部工程验收→单位工程验收。

其中，检验批可根据施工及质量控制和专业验收需要按楼层、施工段、变形缝等进行划分。

（二）施工质量验收的要求

（1）验收应在施工单位自检合格的基础上进行。

（2）参验的各方人员应具备相应的资格。

（3）检验批的质量应按主控项目和一般项目验收。其合格要求为：主控项目抽样检验均合格；一般项目抽样检验合格，计数项合格点率符合规范，且无严重缺陷。

（4）对于涉及结构安全、节能、环保、主要使用功能的试件、材料应按规定见证检验。

（5）隐蔽工程在隐蔽前验收，合格后方可继续施工。

（6）对于涉及结构安全、节能、环保、使用功能的重要分部工程，应在验收前抽样检验。

（7）工程的观感质量，应由验收人员现场检查，共同确认。

（三）检验批质量不合要求时的处理

（1）经返工返修或更换构件部件应重新进行验收。

（2）经有资质的检测单位检测鉴定，达到设计要求的应予以验收；达不到设计要求，但经原设计单位核算，可满足结构安全和使用功能的可予以验收。

（3）经返修或加固处理，能够满足结构可靠性要求的，可根据技术处理方案和协商文件进行验收。

【例 15-7-3】 有关施工过程质量验收的内容正确的是：

  A. 检验批可根据施工及质量控制和专业验收需要按工程量、楼层、施工段、变形缝等进行划分

  B. 一个或若干个分项工程构成检验批

  C. 主控项目可有不符合要求的检验结果

  D. 分部工程是在所含分项验收基础上的简单相加

解　《建设工程施工质量验收统一标准》（GB 50300—2013）第 4.0.5 条规定，"检验批可根据施工、质量控制和专业验收需要，按工程量、楼层、施工段、变形缝进行划分"，故选项 A 说法正确。

答案： A

六、竣工验收

竣工验收是建设全过程的最后一个程序。它是建设投资成果转入生产或使用的标志，是全面考核基本建设成果、检验设计和施工质量的重要环节，是建设单位会同施工单位、设计单位（国家主管部门代表）汇报建设项目按批准的设计内容建成后的工程质量、造价、形成的生产能力和综合效益等全面情况及交付新增固定资产的过程。竣工验收对促进建设项目及时投入生产，发挥投资效果，总结建设经验，都有着重要作用。

（一）竣工验收的依据

上级主管部门批准的计划任务书、初步设计或扩大初步设计、施工图纸和说明书、设备技术说明书、招标投标文件和经济合同、施工过程中的设计修改签证、现行施工技术验收标准及规范，以及主管部门的有关审批、修改、调整意见等。

（二）竣工验收的条件

（1）生产性工程和辅助公用设施，已按设计建成，能满足生产要求。

（2）主要工艺设备已安装配套，经联动负荷试车合格，安全生产和环境保护符合要求，已形成生产能力，能够生产出设计文件中所规定的产品。

（3）生产性建设项目中的职工宿舍和其他必要的生活福利设施以及生产准备工作，能适应投产初期的需要。

（4）非生产性建设项目，土建工程及房屋建筑附属的给水排水、采暖通风、电气、煤气及电梯已安装完毕，室外的各种管线已施工完毕，可以向用户供水、供电、供暖、供煤气，具备正常的使用条件。

（三）竣工验收的组织

竣工验收的组织要根据建设项目的重要性、规模大小和隶属关系而定。竣工验收的组织形式有验收委员会、验收领导小组或验收小组等。

建设项目的竣工验收，应在施工单位自检合格后，向建设单位提交验收申请；建设单位负责人组织，会同施工、生产或使用、设计、监理单位及与项目有关的单位共同进行验收。

习　　题

15-7-1 大型综合施工企业宜采用（　　　）现场施工管理组织形式。

　　A. 部门控制式　　　　B. 工程队式　　　　C. 矩阵式　　　　　D. 混合制式

15-7-2 网络计划执行中，某项工作延误时间超过了其自由时差，但未超过其总时差，则该延误将使得（　　　）。

　　A. 紧后工作的最早开始时间后延　　　　B. 总工期延长

　　C. 紧后工作的最迟开始时间后延　　　　D. 后续关键工作的最早开始时间后延

15-7-3 图纸会审工作是属于（　　　）方面的工作。

　　A. 全面质量管理　　　　　　　　　　B. 技术管理

　　C. 现场施工管理　　　　　　　　　　D. 文档管理

15-7-4 全面质量管理不强调（　　　）的质量管理。

　　A. 全面质量　　　　B. 全过程　　　　C. 全方位　　　　D. 全体人员

15-7-5 质量管理需按 PDCA 循环组织质量管理的全部活动，其中的 D 是指（　　　）。

　　A. 计划　　　　　B. 实施　　　　　C. 检查　　　　　D. 行动

15-7-6 工程的竣工验收应由（　　　）提出申请。

　　A. 主管部门　　　　B. 建设单位　　　　C. 设计单位　　　　D. 施工单位

15-7-7 以下有关建筑工程施工质量验收要求，说法不正确的是（　　　）。

　　A. 工程质量验收均应在监理单位检查评定的基础上进行

　　B. 工程的观感质量，应由验收人员现场检查，共同确认

　　C. 对于涉及结构安全、节能、环保和使用功能的试件、材料，应按规定见证检验

　　D. 对于涉及结构安全、节能、环保和使用功能的重要分部工程，应在验收前按规定抽样检验

15-7-8 检验批验收的项目包括（　　　）。

　　A. 主控项目和一般项目　　　　　　　B. 主控项目和合格项目

　　C. 主控项目和允许偏差项目　　　　　D. 优良项目和合格项目

15-7-9 分包单位完成所分包的工程后，应将工程有关资料交（　　　）。

　　A. 建设单位　　　　B. 监理单位　　　　C. 设计单位　　　　D. 总包单位

习题题解及参考答案

第一节

15-1-1 **解**：根据土的开挖难易程度，土的工程分类可分为八类。其中，前四类为土，后四类为岩石。

　　答案：C

15-1-2 **解**：松土的体积与自然状态土体积的比值是最初可松性系数，而回填压实后的土体积与自然状态土体积的比值是最后可松性系数。

　　答案：A

15-1-3 **解**：开挖基坑或管沟可做成直立壁不加支撑，挖方深度宜为：①砂土和碎石土≤1m；②粉

土及粉质黏土≤1.25m；③黏土≤1.5m；④坚硬的黏土≤2m。

答案： B

15-1-4　**解：** 一般的水泥土墙、灌注桩排桩不具备截水功能，水泥土墙能适应土质差且有截水功能，但不能用于较深的基坑（一般不超过5m）。而型钢水泥土墙具有挡土、截水功能，且能用于深度较大、土质差的基坑。

答案： D

15-1-5　**解：** 当土的渗透系数很小（$k < 0.1\text{m/d}$）时，地下水流动很慢，需要用电极催流，故宜采用电渗井点。

答案： B

15-1-6　**解：** 根据《土方与爆破工程施工及验收规范》（GB 50201—2012）第4.5.1条、第4.5.2条规定，选项A、B、D表述正确，选项D表述不正确。若采用的土料渗透性不同，则应将透水性好（渗透系数大）的土料填在下部，能使上部渗下的水迅速下渗排走，从而避免出现水囊现象或浸泡基础。

答案： D

15-1-7　**解：** 一般人工打夯力量小，分层填土厚度不宜过厚，即小于200mm。

答案： A

15-1-8　**解：** 影响土方夯实的因素有每层填土的厚度、压实功（包括压实力和压实遍数）、土的含水率。与土的渗透性无关。

答案： C

15-1-9　**解：** 运距在60~100m内的挖填土作业，最适用的土方机械是推土机，经济合理。

答案： C

15-1-10　**解：** 反铲挖土机的挖土特点是"后退向下，强制切土"。选项A、C、D分别是正铲、拉铲和抓铲挖土机的挖土特点。

答案： B

15-1-11　**解：** 为了避免沉桩挤土效应造成桩位偏移、桩体上涌或倾斜、地面过多隆起等事故，打桩前必须合理确定打桩顺序。按照《建筑地基基础工程施工规范》（GB 51004—2015）第5.5.16条规定，沉桩顺序应按先深后浅、先大后小、先长后短、先密后疏的次序进行，对于密集桩群，宜自中间向两侧或向四周对称施打。

答案： C

15-1-12　**解：** 螺旋钻钻孔法、爆扩法均适用于土质较好时的干作业成孔，人工挖孔法一般用于大直径灌注桩施工，故均不适用题列条件。只有沉管法适用于土质较差、地下水位高的较小直径灌注桩施工。

答案： B

第二节

15-2-1　**解：** 钢筋进场时除需对外观、质量证明文件进行检验外，还需由第三方进行见证抽样检验（即复验）。复验的内容包括钢筋的力学性能（抗拉强度、屈服强度、伸长率、弯曲性能）和重量偏差。一般不检查化学成分，但当施工中发现钢筋脆断、焊接性能不良或力学性能显著不正常时，应进行化学成分检验。

答案： C

15-2-2　**解：** 电渣压力焊适于竖向较粗钢筋的焊接，因此，柱的主筋适宜采用该焊接方法。电弧焊虽适用范围较广，但对柱的主筋焊接较为困难、效率低且质量不易保证。而电阻点焊适于直径16mm以下的交叉钢筋焊接，如钢筋网片、骨架等，不能用于柱子主筋的接长焊接。闪光对焊主要用于钢筋加工时对粗钢筋的水平接长，由于机械较笨重，不能用于现场焊接，更不适合竖向钢筋连接。

答案： C

15-2-3　**解：** 大模板属于工具式模板，施工速度快，墙面效果好，较爬模费用低且灵活，因此在剪力墙结构中普遍使用。

组合钢模板通用性强，能适合各种结构构件，但施工效率低，混凝土表面平整度差，在有大量墙体的剪力墙结构中很少使用。

爬升模板施工速度快、质量好，可减少塔式起重机的运输量，不需另外搭设脚手架，但造价较高、位置固定，常用于超高层的筒体结构施工。

滑升模板在遇有水平构件时需要空滑和等待，适于筒仓、水塔、烟囱、桥墩等高耸的竖向构筑物施工，在房屋建筑中已很少使用。

答案： C

15-2-4　**解：** 自落式搅拌机是通过搅拌筒转动，内部叶片将拌和材料提升后自由下落、冲击、交流、掺和而搅拌均匀，适用于搅拌骨料较粗重的塑性混凝土，而干硬性混凝土难以下落和拌匀。

强制式搅拌机是通过多个搅拌铲在搅拌筒内旋转，推动拌和材料旋转、剪切、交流、掺和而达到均质状态，搅拌强烈、效率高、质量好，但耗能多、磨损大，适于搅拌各种混凝土。故规范规定，对于干硬性混凝土、轻骨料混凝土、高强度高性能混凝土均应采用强制式搅拌机进行拌制。

选项A、B所列的双锥式、鼓筒式搅拌机均属于自落式搅拌机。

答案： D

15-2-5　**解：** 较长距离的商品混凝土的地面运输，宜采用混凝土搅拌运输车，它可以边运输，边搅拌，能避免混凝土分层离析，保证混凝土的坍落度和质量。

答案： B

15-2-6　**解：** 普通泵送混凝土的最大骨料粒径一般不超过25mm。《混凝土结构工程施工规范》（GB 50660—2011）第8.6.3条规定，对骨料粒径不超过25mm的混凝土，浇筑时的倾落高度不应超过6.0m，对骨料粒径大于25mm者，浇筑高度不应超过3m；否则应加设串筒、溜管、溜槽等装置，以避免落差过高使混凝土产生离析现象。

答案： C

15-2-7　**解：** 混凝土施工缝处由于粗骨料不能很好地相互嵌固，使该处的抗剪能力大大降低。因此《混凝土结构工程施工规范》（GB 50666—2011）第8.6.1条规定，施工缝宜留设在结构受剪力较小且便于施工的位置。第8.6.3条规定，有主次梁的楼板，竖向施工缝应留设在次梁中间1/3跨度范围内（梁板同时浇筑）。

答案： C

15-2-8　**解：** 浇筑多层钢筋混凝土框架结构的柱子时，应由外向内对称浇筑，避免由一端向另一端推进而受推倾斜造成累积误差。

答案： B

15-2-9 **解：** 为保证大体积混凝土的整体性，常用的浇筑方法有全面分层、分段分层和斜面分层三种。全面分层用于面积较小的大体积混凝土；分段分层用于面积大但厚度不太大的工程（如2层，否则施工繁琐）；斜面分层施工简单，适用于厚度、面积均大但宽度不太大的工程。对于宽度虽大，但采用多台设备同时浇筑时，每台设备负责一条或一带的宽度则不大，因此，大体积基础混凝土常采用斜面分层浇筑，既使得施工简单又能保证整体性。《混凝土结构工程施工规范》（GB 50666—2011）第8.3.16条第3款规定，基础大体积混凝土结构宜采用斜面分层浇筑方法。

答案： C

15-2-10 **解：** 大体积混凝土的振捣密实，宜选用内部振捣器，易插入到任何位置。因混凝土体积大，外部、表面振捣器不易振动均匀，振动台适用于工厂制作中小型构件。

答案： A

15-2-11 **解：** 《混凝土结构工程施工规范》（GB 50666—2011）第10.2.12条规定，混凝土受冻临界强度为：采用硅酸盐水泥、普通硅酸盐水泥配制的混凝土为设计强度等级值的30%，采用矿渣硅酸盐水泥、粉煤灰硅酸盐水泥、火山灰质硅酸盐水泥、复合硅酸盐水泥配制的混凝土为设计强度等级值的40%。故普通硅酸盐水泥拌制的C40混凝土施工，允许受冻的最低强度为$40 \times 30\% = 12 N/mm^2$。

答案： C

15-2-12 **解：** 预应力混凝土管桩属于轴心受预压的预应力构件，据《混凝土结构工程施工规范》（GB 50666—2011）第6.4.12条第2款规定，对轴心受压构件，所有预应力筋应同时放张。而对预应力板等宽度较大的构件，则可从中间向两侧逐根放松，避免构件偏心受力。

答案： A

15-2-13 **解：** 《混凝土结构工程施工规范》（GB 50666—2011）第6.4.7条规定，当设计无具体要求时，有黏结预应力筋长度不大于20m时，可一端张拉；预应力筋为直线形时，一端张拉的长度可延至35m。无黏结预应力筋长度不大于40m时，可一端张拉。因此各选项中，只有30m长直线孔道（有孔道者为有黏结预应力筋）可一端张拉。

答案： B

15-2-14 **解：** 预应力张拉的顺序应根据结构受力特点、施工方便及操作安全等因素确定，原则是均匀、对称、分批、逐步渐进地进行，以避免结构或构件扭转、侧弯或损坏。因此，《混凝土结构工程施工规范》（GB 50666—2011）第6.4.6条规定，对于现浇预应力混凝土楼盖，宜先张拉楼板、次梁的预应力筋，后张拉主梁的预应力筋。

答案： D

第三节

15-3-1 **解：** 自行杆式起重机移动灵活，能满足多跨安装且较经济，一般适宜1~5层房屋结构安装。人字拔杆起重机移动困难且起重工作范围极小，不能用于大面积房屋结构吊装。

附着式塔式起重机适用于高层建筑且平面面积不太大的结构安装，难以完成多跨大面积的结构吊装；且单层厂房高度有限难以附着，稳定性得不到保证，也极不经济，故不宜选用。

轨道式塔式起重机适用于宽度有限（如单跨）、长度可以较大、高度不超过10层的结构吊装，故也不能用于多跨厂房。

答案：A

15-3-2　**解：**采用旋转法吊装的柱子，就地预制或吊前布置时，应使柱的绑扎点、柱脚中心和柱基杯口中心三点均在以起重机回转中心为圆心，以回转半径为半径的圆弧上，以满足吊装要求。

答案：B

15-3-3　**解：**该题是一道真题，题干说法不够准确，但不影响答案。准确的说法是，起重机一个节间、一个节间地进行吊装，一次开行就能安装完全部构件，这种吊装方法称为综合吊装法。而分件吊装法是指起重机一次开行仅吊装一种类型的构件，经过多次开行方能完成房屋吊装的吊装方法。

选项A、B的旋转法、滑行法是吊装柱子的方法。

答案：D

15-3-4　**解：**对已安装了大型设备的单层工业厂房结构吊装时，由于不便于机械往复行走，宜采用综合吊装法安装。选项C、D的分层流水是对多层房屋结构进行分件吊装的不同方法，不能用于单层厂房。

答案：A

15-3-5　**解：**砌筑用的混合砂浆若掺入石灰类材料，则必须是满足熟化期要求的石灰膏，而不得直接使用消石灰粉。故选项A的说法正确。

砌筑砂浆属于结构材料，必须采用重量配比。《砌体结构工程施工规范》（GB 50924—2014）第5.3.2条规定，配制砌筑砂浆时，各组分材料应采用质量计量，故选项B采用体积比计量的说法不正确。

选项C、D的说法符合规范要求。

答案：B

15-3-6　**解：**影响砂浆饱满度的主要因素是砖的含水率、砂浆的和易性、砌筑操作方法。所以，浇水湿润、采用"三一"砌砖法、掺入塑性外掺料（如石灰膏、粉煤灰等）及控制砂浆的使用时间都有益于砂浆的和易性。但磨细生石灰粉必须浸泡2d以上，成为充分熟化的石灰膏方可用于拌制砂浆，不得直接掺入。故选项C的措施不当。

答案：C

15-3-7　**解：**《砌体结构工程施工规范》（GB 50924—2014）第6.2.4条规定，砖砌体的转角处和交接处应同时砌筑。在抗震设防烈度8度及以上地区，对不能同时砌筑的临时间断处应砌成斜槎。其中，普通砖砌体的斜槎的水平投影长度不应小于高度的2/3，多孔砖砌体不应小于1/2。斜槎高度不得超过一步脚手架的高度。

答案：B

15-3-8　**解：**采用保湿养护或蒸压养护的砌块，砌筑时，其龄期必须达到28d以上，以防止因块体收缩变形而引起墙体裂缝。故选项B的做法不符合要求。

答案：B

15-3-9　**解：**空心砌块砌筑时，应将砌块制作时的底面朝上反砌于墙上，以利铺设砂浆和提高饱满度。故选项A的做法错误。

水平和竖向灰缝的砂浆饱满度均应不低于净截面面积的90%。故选项B的做法错误。

墙体转角处和纵横墙交接处应同时砌筑；其他临时间断处应砌成斜槎，其水平投影长度不小于斜槎高度。故选项D的做法错误。

仅选项C的做法正确，选C。

答案：C

第四节

15-4-1 **解**：施工组织设计按编制的对象不同分为施工组织总设计（对象是建筑群或特大型项目）、单位工程施工组织设计（对象是单位工程）、分部（分项）工程施工方案（对象是分部或分项工程）三类。

答案：B

15-4-2 **解**：选项A、B、C所列内容是单位工程施工组织设计的主要内容，施工方案需依据施工部署进行编制，施工进度计划需依据施工部署及施工方案进行编制，施工进度计划编制后才能制订资源配置计划、施工准备计划等，这些计划制订后才能布置施工现场。因此选项B所列的编制顺序合理。选项D所列内容不属于单位工程施工组织设计，而是其中的施工进度计划的编制步骤。

答案：B

15-4-3 **解**：确定一般的单位工程施工展开程序的原则是：先地下后地上、先主体后围护、先结构后装修、先土建后设备。不宜采取先设备后土建的顺序，但对于某些重工业厂房（如炼铁厂）的生产设备与土建的顺序除外。故一般的建筑工程不宜采取选项B所述程序。

答案：B

15-4-4 **解**：各施工过程的先后顺序与施工组织、施工工艺、施工质量有密切关系，也与结构构造、施工方法及机械、成品保护、气候条件、施工安全等环境与要求紧密相关。一般不需考虑施工管理人员的素质。

答案：D

15-4-5 **解**：选择施工方法和施工机械的基本要求是要有可行性，其次是安全性、经济性和先进性。因此首先要满足施工工艺及技术要求。

答案：A

15-4-6 **解**：施工进度计划常用横道图和网络图的形式表达。其中，横道图简单、直观，易于使用。而网络图提供的信息更为全面、丰富，对复杂、重要工程必须使用网络图。

答案：A

15-4-7 **解**：在设计施工现场平面图时，首先应确定垂直运输机械的位置，因为搅拌站、材料堆场的位置、运输道路等，都取决于垂直运输机械的位置。

答案：B

第五节

15-5-1 **解**：流水节拍是指一个施工队在一个施工段上的施工作业持续时间。而相邻两个专业工作队开始施工的时间间隔称为流水步距。

答案：B

15-5-2 **解：** 在流水施工过程中，相邻两个专业工作队开始施工的时间间隔称为流水步距。

答案： B

15-5-3 **解：** 固定节拍流水，取流水步距 K=流水节拍 t，则流水工期 $T = (rm + n - 1)K = (2 \times 3 + 3 - 1) \times 2 = 16$ 天。

答案： A

15-5-4 **解：** 在成倍节拍流水中，任何两个相邻工作队间的流水步距都等于各施工过程流水节拍的最大公约数。

答案： D

15-5-5 **解：** 组织无节奏流水（分别流水）的关键，就是正确计算流水步距，以保证各施工过程间既不相互干扰，又能最大限度地搭接，且各施工队一旦开始施工就能连续地完成各段的作业。该流水步距计算的常用方法是"节拍累加数列错位相减取大差"法。

答案： B

15-5-6 **解：** 题目所给条件符合成倍节拍流水条件要求（同一施工过程节拍相等，而不同施工过程间节拍不等，但同为某一常数的倍数）。

首先确定流水步距，取各施工过程流水节拍的最大公约数，即 $K = 2$ 天。

第二步，确定各施工过程的施工队数，即 $b_甲 = \dfrac{t_甲}{K} = \dfrac{4}{2} = 2$ 个，$b_乙 = \dfrac{t_乙}{K} = \dfrac{6}{2} = 3$ 个，$b_丙 = \dfrac{t_丙}{K} = \dfrac{2}{2} = 1$ 个，共 6 个队。

第三步，计算流水工期：$T = (rm + \sum b_i - 1)K + \sum S - \sum C = (1 \times 6 + 6 - 1) \times 2 + 1 - 2 = 21$ 天。

答案： B

15-5-7 **解：** 利用流水节拍累计相加数列错位相减取大差计算 $K_{A\text{-}B}$ 及 $K_{B\text{-}C}$，得出 5 天、2 天。即：

$$
\begin{array}{lrrrrr}
\text{A} & 2, & 5, & 7, & 10 & \\
-\text{B} & & 2, & 3, & 5, & 6 \\
\hline
 & 2 & 3 & 4 & 5 & -6
\end{array}
\qquad
\begin{array}{lrrrrr}
\text{B} & 2, & 3, & 5, & 6 & \\
-\text{C} & & 2, & 5, & 7, & 8 \\
\hline
 & 2 & 1 & 0 & -1 & -8
\end{array}
$$

而流水工期：$T = \sum K + T_N = (5 + 2) + 8 = 15$ 天。

答案： D

第六节

15-6-1 **解：** 双代号网络图的三要素是箭线、节点和线路。

答案： C

15-6-2 **解：** 选项 B 两节点间箭线不唯一（即有编号相同的工作 AE），选项 C 有闭合回路，选项 D 网络图出现两个终点节点。

答案： A

15-6-3 **解：** 本工作最迟完成时间应以保证不影响任一紧后工作的最迟开始为前提。所以，应取各紧后工作最迟开始时间的小值。即：$LF_本 = \min\{18 - 4, 16 - 5, 14 - 6\} = \min\{14, 11, 8\} = 8$。

答案： C

15-6-4 **解：** 关键线路是耗用时间最长的线路，它决定了工期，故选 C。

需注意，一个网络计划中，关键线路至少有一条，并非"只有一条"，故选项 A 的说法错误。

答案： C

15-6-5　**解：** 网络计划中总时差最小的工作为关键工作。当计算工期等于要求工期时，总时差的最小值为零。即：当计算工期等于要求工期时，总时差为零的工作为关键工作。

答案： A

15-6-6　**解：** 自由时差是用紧后工作最早开始时间减去本工作的最早完成时间，工作①→③的紧后工作是③→④，而③→④的最早开始时间是 max{4+3,5}=7，则①→③的自由时差为 7−5=2 天。

答案： B

15-6-7　**解：** 利用工作的自由时差，不会影响紧后工作，更不会影响总工期。

记住两个定义：工作的总时差（简称总时差）是指在不影响计划工期的前提下，一项工作可以利用的机动时间；工作的自由时差（简称自由时差）是总时差的一部分，是指一项工作在不影响其紧后工作最早开始的前提下，可以利用的机动时间。

可以得到结论：利用了总时差，不影响总工期，但会影响紧后工作乃至全部后续工作（使其不能按最早时间开始和完成）；利用了自由时差，对总工期、对紧后工作乃至全部后续工作都无影响。

答案： A

15-6-8　**解：** 自由时差是本工作在不影响紧后工作最早开始时间的前提下，所具有的机动时间。故拖延时间在自由时差范围内时，对总工期及后续工作均不会产生任何影响，故都不会发生"改变"。

答案： A

15-6-9　**解：** 在双代号时标网络计划中，自始至终没有波形线的线路为关键线路（注：找关键线路应从终点节点向起点节点进行，找无波形线的工作所构成的线路）。关键线路与有无虚工作及所需资源的多少无关。

答案： B

15-6-10　**解：** 单代号网络图是由一个节点表示一项工作，以箭线表示工作之间逻辑关系的网络图。即以节点表示工作、以箭线表示逻辑关系。

答案： C

15-6-11　**解：** 选项 B 是双代号网络图中工作的表达方法；选项 C 为时标网络计划的表达特点；而选项 D 为错误说法，因为在单代号网络图中，当有多个无内向箭线的节点或多个无外向箭线的节点时，则需要添加"开始"或"完成"这样的虚拟节点（即虚工作），才能保证网络图只有一个起点节点和一个终点节点。

答案： A

15-6-12　**解：** 在进行工期优化时，不得将关键工作直接压缩成非关键工作。否则，虽然付出了代价，而工期并不能按照所压数值缩短。（但允许压缩别的工作时，某些关键工作被动地变成了非关键工作。）

答案： B

15-6-13　**解：** 资源优化是使工程所需资源按时间的分布符合优化目标。优化的方法通常是改变工作的开始和完成时间（即进行时间），以便错开高峰或避免冲突，而不改变工作的持续时间或逻辑关系。

答案： A

第七节

15-7-1　**解：** 大型综合施工企业宜采用矩阵式现场施工管理组织形式。使职能部门和项目组织的优势都得到充分发挥和利用。

答案： C

15-7-2　**解：** 当工作延误是发生在非关键线路上时，若所延误时间小于或等于自由时差，则对工期及后续工作无任何影响；若所延误时间超过总时差，则既影响工期又影响后续工作；若所延误时间超过了自由时差，但未超过总时差，则不影响工期，但会影响后续工作，即使得后续工作不能按时开始。所以，题中所给情况将使得紧后工作的最早开始时间后延。三个选项 B、C、D 所给情况只有在延误时间超过总时差时才会出现。

答案： A

15-7-3　**解：** 图纸会审工作是属于技术管理方面的工作。图纸会审是技术制度。

答案： B

15-7-4　**解：** 全面质量管理强调全体人员、全过程、全面质量的质量管理。

答案： C

15-7-5　**解：** 质量管理需按 PDCA 循环组织质量管理的全部活动，PDCA 分别指计划、实施、检查、处置，故其中的 D 是指实施。

答案： B

15-7-6　**解：**《建筑工程施工质量验收统一标准》（GB 50300—2013）第 6.0.5 条、第 6.0.6 条规定，单位工程的竣工验收应由施工单位提出申请，由建设单位组织进行。

答案： D

15-7-7　**解：** 选项 A 的说法不正确，根据《建筑工程施工质量验收统一标准》（GB 50300—2013）第 3.0.6 条第 1 款的规定，工程质量验收均应在施工单位自检合格的基础上进行。

答案： A

15-7-8　**解：**《建筑工程施工质量验收统一标准》（GB 50300—2013）第 5.0.1 条规定，检验批质量验收的项目包括主控项目和一般项目。具体要求为：主控项目抽样检验均合格；一般项目抽样检验合格，当采用计数抽样时，合格点率应符合专业验收规范的规定，且不得存在严重缺陷。

答案： A

15-7-9　**解：**《建筑工程施工质量验收统一标准》（GB 50300—2013）第 6.0.4 条规定，分包工程完工后，分包单位应对所分包的工程项目进行自检，并应按规定的程序进行验收。验收时，总包单位应派人参加。分包单位应将所分包工程的质量控制资料整理完整，并移交给总包单位。

答案： D

第十六章　结　构　力　学

复　习　指　导

一、考试大纲

14.1.1　平面体系的几何组成

几何不变体系的组成规律及其应用

14.1.2　静定结构受力分析与特性

静定结构受力分析方法　反力　内力的计算与内力图的绘制　静定结构特性及其应用

14.1.3　静定结构位移

广义力与广义位移　虚功原理　单位荷载法　荷载下静定结构的位移计算　图乘法　支座位移和温度变化引起的位移　互等定理及其应用

14.1.4　超静定结构受力分析及特性

超静定次数　力法基本体系　力法方程及其意义　等截面直杆刚度方法　位移法基本未知量　基本体系基本方程及其意义　等截面直杆的转动刚度　力矩分配系数与传递系数单结点的力矩分配　对称性利用　超静定结构位移　超静定结构特性

14.1.5　结构动力特性与动力反应

单自由度体系　自振周期　频率　振幅与最大动内力　阻尼对振动的影响

二、复习指导

（一）平面体系的几何组成分析

要能正确地认知和表述与组成分析有关的名词概念，掌握无多余约束几何不变体系的组成规则，对常见结构能进行几何构造性质的分析，理解结构的几何特性与静力特性的关系。

（二）静定结构的受力分析与特性

静定结构的受力分析与计算非常重要，一定要注意概念，多做练习，力求把基础打好。要注意理解静定结构的基本特征与一般性质，并能灵活运用。静定结构反力、内力计算的关键是恰当选取隔离体和平衡方程，结构受力分析时要与结构的组成分析相联系，从中找出计算的途径，一定要注意通过练习，提高恰当选取隔离体与灵活运用平衡方程的能力。熟练掌握静定梁与静定刚架反力、内力的计算与弯矩图的绘制，掌握静定桁架与组合结构的内力计算方法，理解三铰拱的力学特性与合理拱轴的概念。注意对称性的利用。

（三）结构的位移计算

结构位移计算的理论基础是虚功原理。要理解虚功、广义力、广义位移等概念，理解虚功原理的内容及应用条件，懂得用单位荷载法求位移的过程与方法，重点掌握应用图形相乘法计算互等定理的内容及其应用。

（四）超静定结构的受力分析与特性

要注意理解静定结构的基本特性与一般性质，会判断结构的超静定次数。掌握力法、位移法及力矩分配法，懂得其物理概念及求解过程，对于常见的各种系数如柔度系数、刚度系数（转动刚度系数、侧移刚度系数）、力矩分配系数、传递系数等，要懂得其物理概念并会计算，常用的有关数据要记住。注意对称性的利用，会取对称结构的半结构计算简图。

（五）结构的动力特性与动力反应

结构的动力分析包含动力特性与动力反应两方面内容。研究自由振动就是为了掌握动力特性，注意分析影响动力特性的因素（质量与刚度），会判断振动体系的动力自由度，掌握自振频率的概念及计算。掌握单自由度体系在简谐荷载作用下动力系数的概念及计算，以及动位移、动内力的计算。了解阻尼对振动的影响。

第一节　平面体系的几何组成分析

一、几何组成分析的目的

体系的几何组成分析（又称几何构造分析、机动分析）是将材料刚化，从几何学、运动学的角度分析体系有无运动的可能。

体系（部件+约束）可分为：

几何不变体系——不计应变，体系的位置和形状都不能改变。
几何可变体系——不计应变，体系的位置或形状可以改变。

几何瞬变体系是几何可变体系的特殊情况。如果某一几何可变体系发生微量位移后即成为几何不变体系，则称此体系为几何瞬变体系（此时构件有高阶微量的变形，会产生无穷大的内力）。能发生有限量位移的体系称为常变体系。

只有几何不变体系才能用作常规结构。

研究体系几何组成分析的目的是：

（1）判定给定体系是否几何不变，掌握几何不变体系的组成规则及其应用，以确保结构的几何不变性。

（2）了解结构各部分的组成关系，以便于受力分析。

二、几何不变体系的三条组成规则

（1）两刚片规则：两个刚片用不共点的三根链杆连接，组成几何不变体系，且无多余约束。

（2）三刚片规则：三个刚片用不共线的三个铰相互连接，组成几何不变体系，且无多余约束。

（3）二元体规则：增减二元体（不共线两链杆铰结点）不改变原有体系的几何构造性质。

这三条规则实质上就是三角形规则。然而根据连接两个刚片的两杆约束与铰可相互代换，又可演变出多种组成形式，如图16-1-1所示，需注意灵活应用。

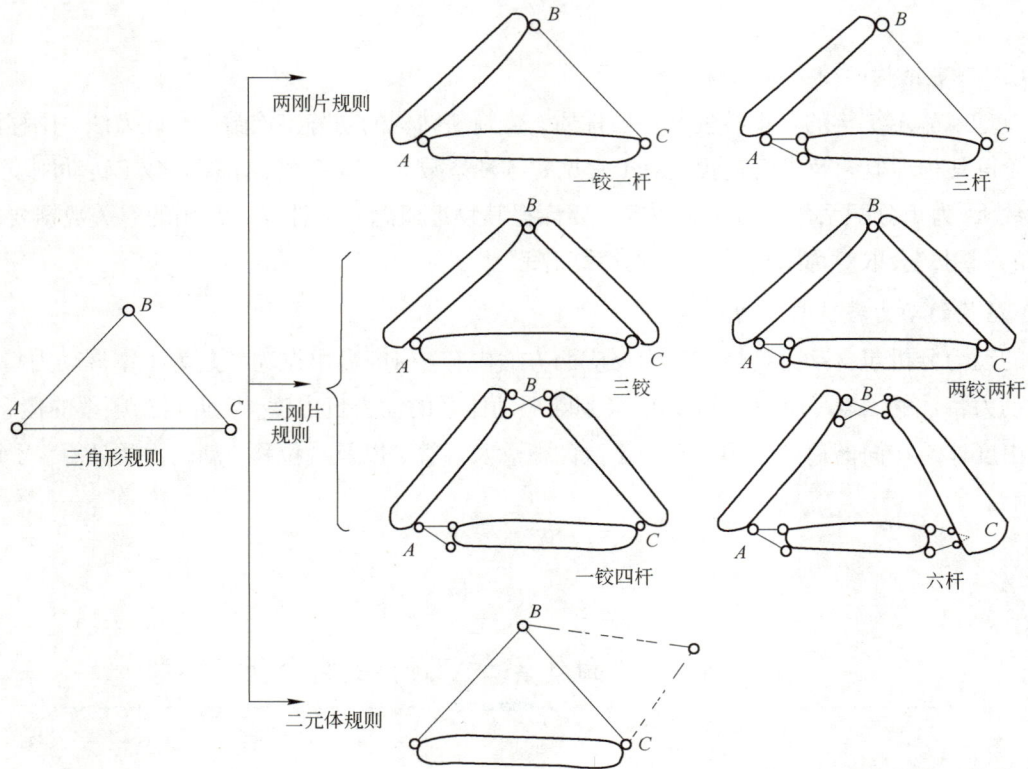

图 16-1-1

在上述规则中都有一定的限制条件，当不满足这些条件时，体系一般为瞬变体系（有时为常变体系），见图 16-1-2，a）~d）为瞬变，e）、f）为常变。

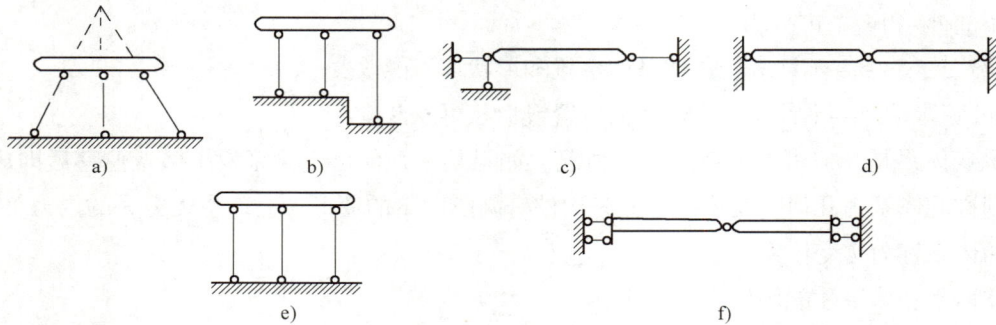

图 16-1-2

【例 16-1-1】 对如图 a）所示体系进行几何组成分析。

解 如图 b）所示刚片 I、II、III由不共线的三铰A、B、C相互连接，再增加上面的二元体即为所给体系。故所给体系为几何不变无多余约束的体系。

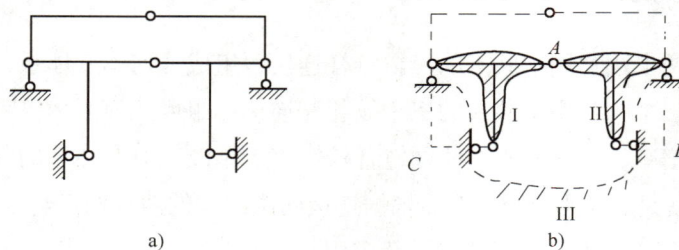

例 16-1-1 图

【例 16-1-2】 对如图 a）所示的铰接体系进行几何组成分析。

解 撤去不影响几何构造性质的顶部的二元体及底部的简支支座后，剩下九根杆件，可视为三个刚片，六根链杆，见图 b）。刚片 I、II、III 用虚铰 (1,2)、(2,3)、(3,1) 相互连接，若三铰共线，则原体系为瞬变体系。

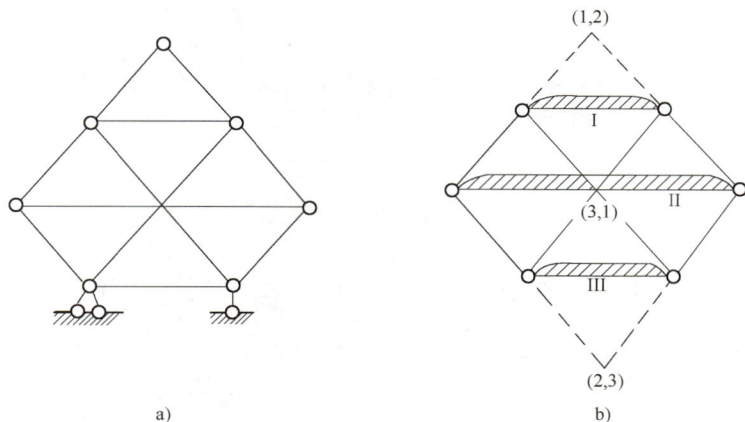

例 16-1-2 图

【例 16-1-3】 对如图 a）所示的体系进行几何组成分析。

解 体系的左半部分见图 b），是两个刚片用两个铰连接，组成有一个多余约束的大刚片，同理，体系的右半部分也是有一个多余约束的大刚片，但左、右两部分与地面连接少一根链杆，所以整体为几何可变体系。

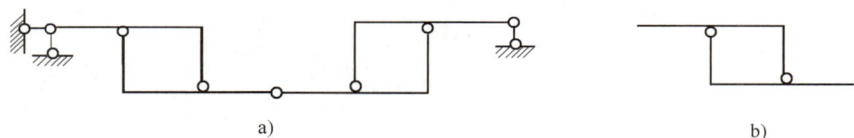

例 16-1-3 图

在进行几何组成分析时，有时会遇到虚铰在无穷远的情况，这时需引用射影几何学的定理："平面上不同方向所有无穷远点的集合是一条直线（无穷远直线），而一切有限远点均不在此直线上"的结论，才能正确进行分析。

三、注意事项及例题分析

（1）组成分析这部分内容的重点要求是能正确地理解和表述与组成分析有关的名词概念，能应用无多余约束几何不变体系的组成规则分析平面体系的几何构造性质。

（2）对体系进行组成分析常采取的措施：

① 撤去不影响几何构造性质的部分以使问题简化。如可撤去二元体，可撤去与某刚片（基础）只用不共点三链杆相连的部分，见图 16-1-3。

② 逐次应用基本组成规则将小刚片合成为大刚片，将体系归结为两刚片或三刚片相连的情况。见图 16-1-4。

③ 根据分析的需要，有时可作等效代换，例如：

连接两个刚片的两根链杆与一个单铰可作等效代换（见图 16-1-5）。

具有两个连接铰的刚片与一根链杆可作等效代换（见图 16-1-6）。

具有三个连接铰的刚片与三根链杆可作等效代换（见图 16-1-7）。

三根链杆汇交的 Y 形结点（见图 16-1-8），必须有一杆视为刚片。

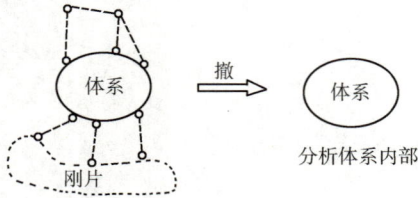

撤

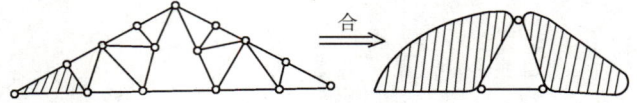

合

图 16-1-3　　　　　　　　　　　图 16-1-4

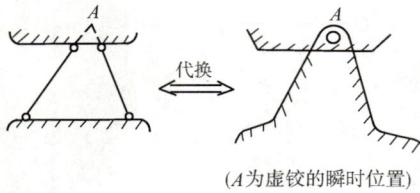

代换

（A为虚铰的瞬时位置）

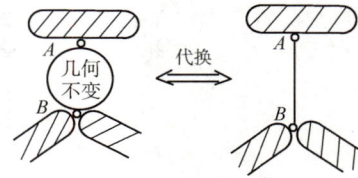

代换

图 16-1-5　　　　　　　　　　　图 16-1-6

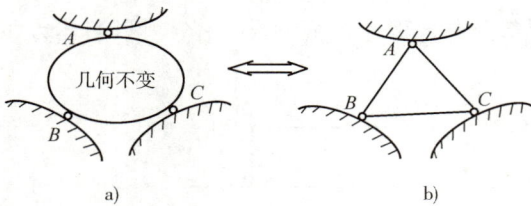

a)　　　　b)

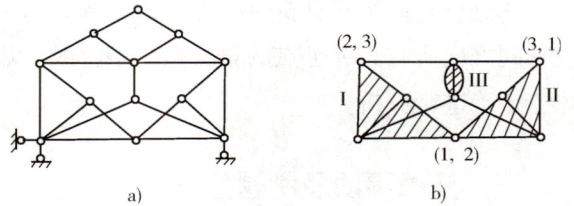

图 16-1-7　　　　　　　　　　　图 16-1-8

【例 16-1-4】 如图 a）所示体系为：

　　A. 几何不变体系，无多余约束

　　B. 几何不变体系，有多余约束

　　C. 几何常变体系

　　D. 几何瞬变体系

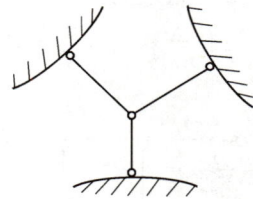

例 16-1-4 图

解　先撤去上面三个二元体及下面的简支支座，分析图 b）内部，再将三角形合成为大三角形，得刚片 I、II，并将中间竖杆等效代换为刚片III可看出，刚片 I、II、III用不共线的三铰(1,2)、(2,3)、(3,1)相互连接，故体系为几何不变、且无多余约束的体系。

答案： A

【例 16-1-5】 如图 a）所示体系可用：

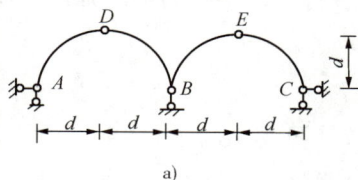

a)

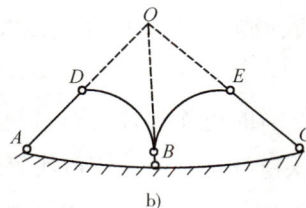

b)

例 16-1-5 图

    A. 两刚片规则分析为几何不变体系   B. 两刚片规则分析为几何瞬变体系

    C. 三刚片规则分析为几何不变体系   D. 三刚片规则分析为几何瞬变体系

解 将 A、C 处的支座链杆用铰 A、C 代替并将看似刚片的曲杆 AD、CE 用直线链杆代替，如图 b）所示，则刚片 DBE 与地面用交于 O 点的三链杆相连，故体系为瞬变体系。

答案： B

【例 16-1-6】 图示体系的几何组成为：

    A. 几何不变，无多余约束   B. 几何不变，有多余约束

    C. 瞬变体系   D. 常变体系

解 按三刚片规则分析，右上三角形刚片与基础用右上铰连接，左下三角形刚片与基础用左下铰连接，两个三角形刚片用两个平行链杆连接形成无限远铰，三铰不共线，故体系为几何不变且无多余约束。

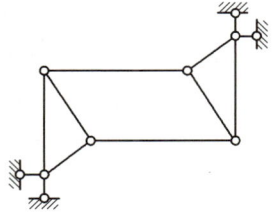

答案： A

例 16-1-6 图

【例 16-1-7】 如图 1a）所示体系可用三刚片规则进行分析，三个刚片应是：

    A. $\triangle ABC$，$\triangle CDE$ 与基础   B. $\triangle ABC$，杆 FD 与基础

    C. $\triangle CDE$，杆 BF 与基础   D. $\triangle ABC$，$\triangle CDE$ 与 $\triangle BFD$

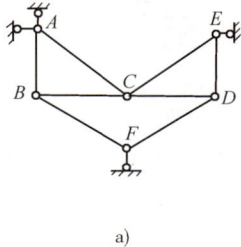

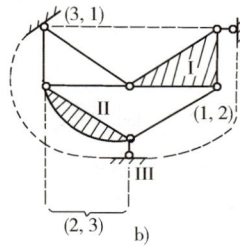

例 16-1-7 图 1

解 选项 D 不含基础，且 $\triangle BFD$ 不能构成刚片，显然不对，选项 A，交于 F 点的三根链杆都看成约束，无法分析，故杆 BF、FD 之一需视为刚片，而 $\triangle ABC$ 与 $\triangle CDE$ 只能其中之一视为刚片，正确分析见图 1b），刚片 I（$\triangle CDE$）、II（杆 BF）及 III（基础）用不共线三铰 (1,2)、(2,3) 及 (3,1) 相连，为几何不变体系，且无多余约束，答案应选 C。

答案： C

注：若将此题变化成图 2a）、b）、d），分析方法相同，分别见图 2c）、e），但由于连接三个刚片的三个铰位置不同，其结论也不相同，其中几何不变部分 ABC 起着限制 A、B、C 三点相对距离不变的约束作用，故可用相应三个链杆代替。

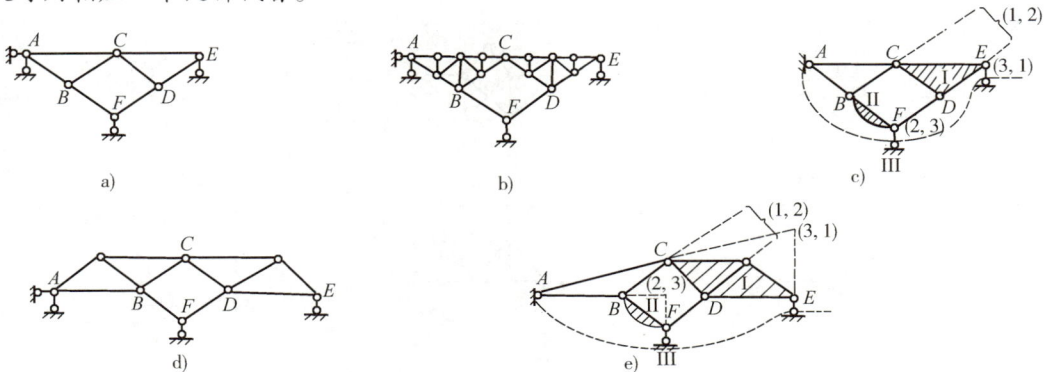

例 16-1-7 图 2

习 题

16-1-1 三个刚片用三个铰（包括虚铰）两两相互连接而成的体系是（　　）。

A. 几何不变

B. 几何常变

C. 几何瞬变

D. 几何不变或几何常变或几何瞬变

16-1-2 在图示体系中，视为多余联系的三根链杆应是（　　）。

A. 5、6、9

B. 5、6、7

C. 3、6、8

D. 1、6、7

16-1-3 对图示体系作几何组成分析时，用三刚片组成规则进行分析。则三个刚片应是（　　）。

A. △143，△325，基础

B. △143，△325，△465

C. △143，杆6－5，基础

D. △352，杆4－6，基础

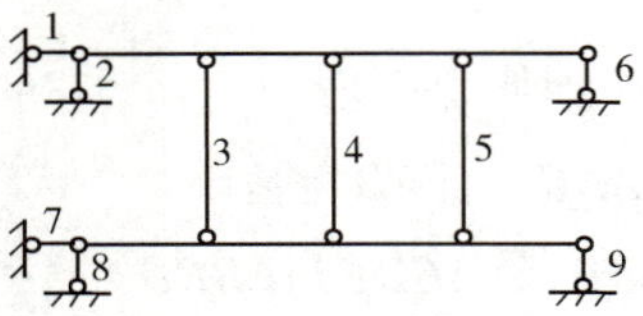

题 16-1-2 图

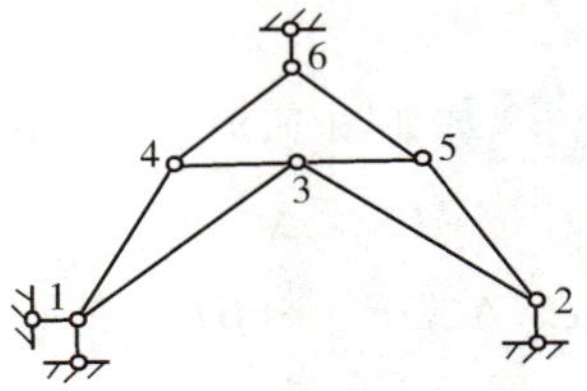

题 16-1-3 图

16-1-4 判断下图中各图所示体系为（　　）。

A. 几何不变无多余约束

B. 几何不变有多余约束

C. 几何常变

D. 几何瞬变

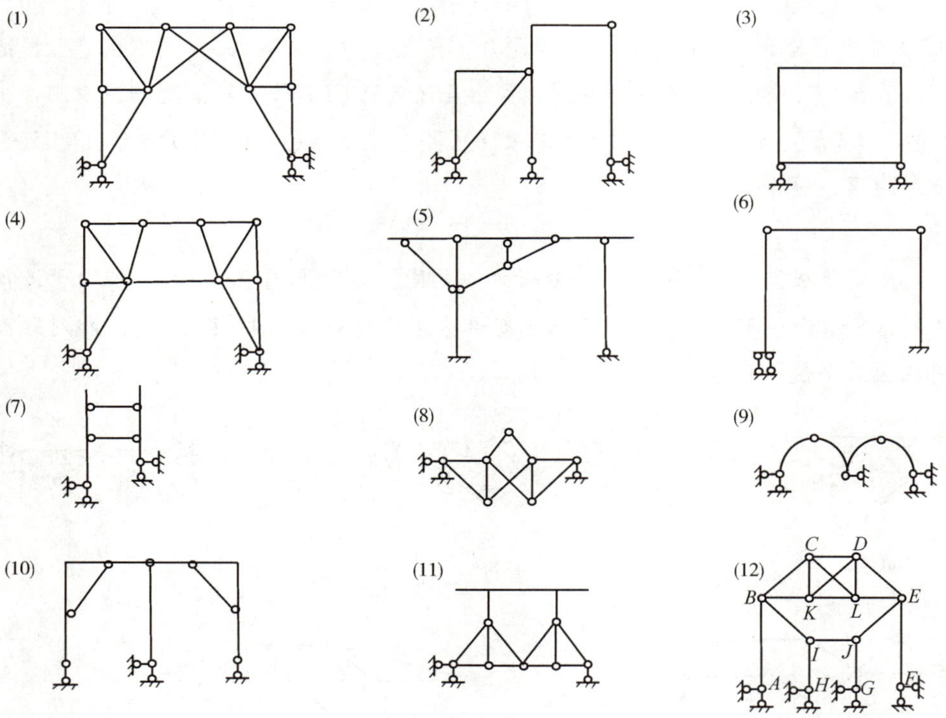

题 16-1-4 图

第二节　静定结构的受力分析与特性

一、静定结构的一般概念

（一）静定结构的基本特征

$$\begin{cases} \text{几何特征：几何不变且无多余约束} \\ \text{静力特征：未知力数与独立平衡方程式数相等} \\ \qquad\qquad\text{满足平衡方程的反力、内力解答唯一} \end{cases}$$

静定结构的几何特征与静力特征是相互对应的，每一特征都可作为静定结构的定义。

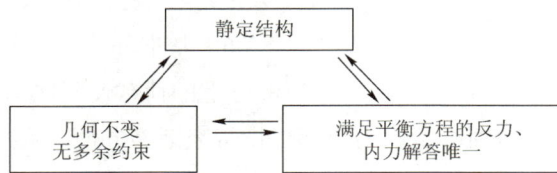

（二）静定结构的一般性质

根据静定结构的基本特征可派生出如下一般性质，它们都可以应用满足平衡方程内力解答的唯一性得到证明。

（1）静定结构由于给定荷载引起的内力与组成结构的材料以及杆件的截面形状尺寸无关，即与截面刚度（EA，EI）无关。

（2）在静定结构中，支座移动、温度改变及制作误差等非荷载因素不会引起内力。亦即只要不受荷载，静定结构就不会产生内力。

（3）静定结构的局部平衡性。

在静定结构中，如果某一局部可以与外力维持平衡，则其余部分的内力为零。

与外力维持平衡的局部，可以是几何不变部分，如图 16-2-1 所示的 ABC；也可以是几何可变部分，如图 16-2-2 所示的 $ABCDE$。

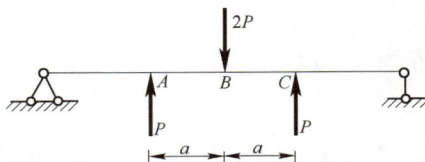

图　16-2-1

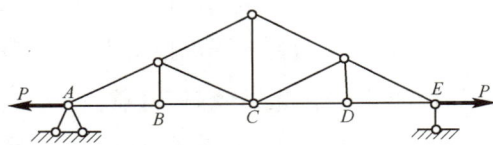

图　16-2-2

（4）静定结构的荷载等效变换特性。

当静定结构上的荷载做等效变换（保持合力不变）时，其影响范围是包含荷载变化范围的最小几何不变部分，而其余部分的内力保持不变。例如在图 16-2-3 及图 16-2-4 中，若用合力代替均布荷载，则其内力发生变化的范围分别是图 16-2-3 中的 BC 部分及图 16-2-4 中的 $BCDB$ 部分。

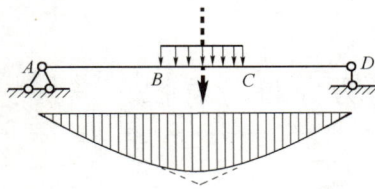

图 16-2-3

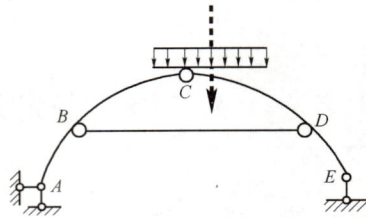

图 16-2-4

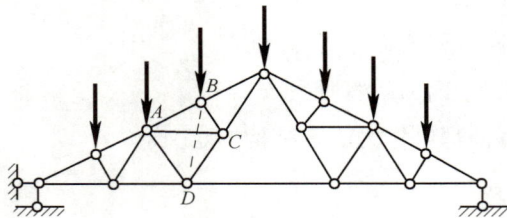

图 16-2-5

（5）静定结构的几何构造变换特性。

当静定结构的某一局部作几何构造变换时，其影响范围是包含构造变换局部的最小几何不变部分，而其余部分的内力不变。

例如，在图 16-2-5 中若用BD杆代替AC杆时，内力发生变化的范围仅是ABCDA部分。

（6）基本部分上的荷载只使基本部分受力，而附属部分上的荷载使附属部分及基本部分都受力。

掌握静定结构的上述性质，有时会给内力求解工作带来诸多方便。例如，根据局部平衡特性很容易得到如图 16-2-6、图 16-2-7 所示的内力。

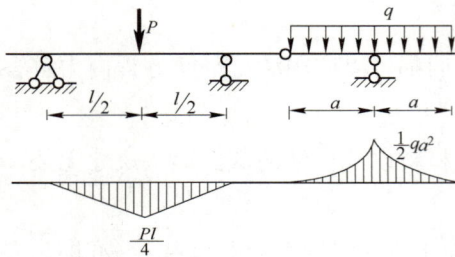

图 16-2-6

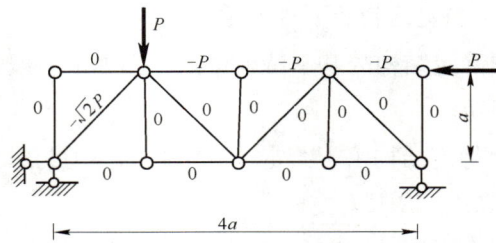

图 16-2-7

二、静定结构受力分析的基本方法

根据静定结构的基本特征可知静定结构的受力分析就是研究平衡问题，因而进行受力分析的基本原则和方法是：

$$\begin{cases} \text{用截面法截取适当的隔离体，画受力图} \\ \text{针对隔离体受力图，应用平衡方程计算反力及内力} \end{cases}$$

在静定结构的计算中应注意以下两点：

（1）注意把受力分析与几何组成分析联系起来，根据结构的几何组成特点选取合适的计算途径。一般来说，组成分析是"搭"的顺序，而受力分析是"拆"的顺序。

（2）在应用平衡方程时，应注意矩心及投影轴的选取，最好使一个平衡方程只含一个未知力，尽量避免解联立方程，以节省工作量，减少计算错误。

静定结构的计算步骤，一般是先求支座反力，然后求杆件截面内力，再作内力图。

（一）支座反力的计算

根据结构的几何组成特点，可分以下几种情况：

1. 与基础按两刚片规则组成的结构——用截面法计算

这类结构的计算特点是采用截面法切断与基础的三个联系，考虑一个隔离体的平衡，用平面一般力系的三个平衡方程求解三个未知反力。为使一个平衡方程只含一个未知力，一般可选两个未知力延长线的交点作为力矩中心，用力矩平衡方程求第三个未知力。当两个未知力平行时，用投影平衡方程（选投影轴与平行力垂直）求另一未知力。如图 16-2-8 所示，用 $\sum M_A = 0$ 求 R_1，用 $\sum M_B = 0$ 求 R_2，用 $\sum X = 0$ 求 R_3（x 轴与平行力 R_1、R_2 垂直）。

如图 16-2-9 所示结构有两个集中反力和一个反力偶，宜用两个投影平衡方程和一个力矩平衡方程求解。

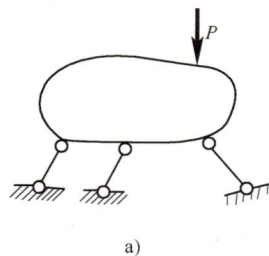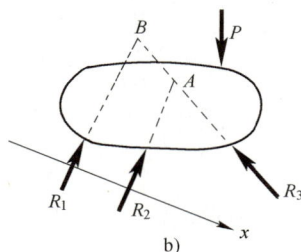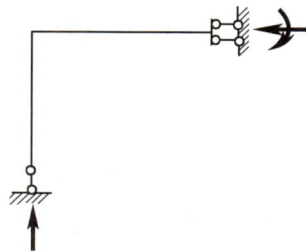

图　16-2-8　　　　　　　　　　　　　　　　　　　　　图　16-2-9

悬臂结构，一般不需求支座反力，由自由端算起即可求得内力。

2. 与基础按三刚片规则组成的结构——用双截面法计算

这类结构的计算特点是：必须两次应用截面法，考虑两个隔离体的平衡，才能求得全部约束力。如图 16-2-10a）所示，原则上必须从铰 C 处拆开（注意作用力与反作用力等值反向的关系），分别建立两个刚片各自的平衡方程（图 16-2-10b），或分别建立整体平衡方程及一个刚片的平衡方程（图 16-2-10c），联立求解，才能求得铰 A、铰 B 两处的四个反力及铰 C 处的两个约束力。

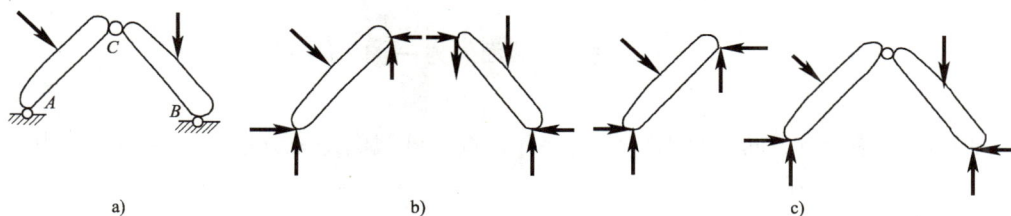

图　16-2-10

有时针对题目的具体情况计算还可得到简化。

例如图 16-2-11 所示三铰刚架，可考虑整体平衡，用下面四个平衡方程求得四个支座反力。

$\sum M_B = 0$，求 V_A；

$\sum M_A = 0$，求 V_B；

$\sum X = 0$，建立 H_A 与 H_B 的关系；

$M_C = 0$，求 H_A 或 H_B。

其中第四个方程 $M_C = 0$（铰 C 处弯矩为零）与从铰 C 处拆开，与根据一侧刚片为隔离体建立的 $\sum M_C = 0$ 的实质是一样的。

3. 由基本部分及附属部分组成的结构（主从结构）——拆开从附属部分算起

这类结构只要将附属部分与基本部分拆开，先算附属部分，后算基本部分，就可归结为前两种情况，如图 16-2-12 所示。

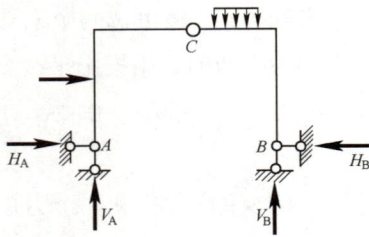

图 16-2-11

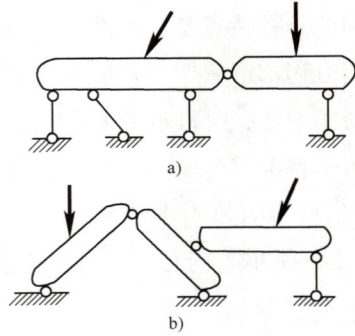

图 16-2-12

（二）杆件截面内力的计算

求内力的基本方法是截面法。

杆件某截面的内力一般有弯矩M、剪力Q及轴力N三个分量，其计算规律及符号规定如下：

$$M = \sum_{\text{截面一侧}} \text{外力对截面形心力矩} \quad (\square) \quad M(+)$$

即某截面的弯矩等于该截面一侧隔离体上所有外力对截面形心力矩的代数和。对于弯矩的符号，不做统一硬性规定，弯矩图画在受拉侧，不注符号。

$$Q = \sum_{\text{截面一侧}} \text{平行于截面外力} \quad \square \quad Q(+)$$

即某截面的剪力等于该截面一侧隔离体上所有平行于该截面外力分量的代数和。剪力的符号以使微体产生顺时针旋转倾向的错动为正。

$$N = \sum_{\text{截面一侧}} \text{垂直于截面外力} \quad \leftarrow \square \rightarrow N(+)$$

即某截面的轴力等于该截面一侧隔离体上所有垂直于该截面外力分量的代数和，轴力的符号以拉力为正。

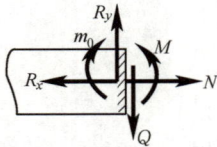

图 16-2-13

上述三条计算规律，实际上就是截面一侧隔离体的三个平衡方程，如图 16-2-13 所示，其中R_x、R_y及m_0分别代表截面左侧隔离体上的外力向截面形心简化所得主向量的分量及主矩，也就是M、Q、N三个表达式中的右端项。这三条计算规律是截面内力计算的依据，非常重要，一定要正确理解并熟练掌握其应用。

（三）内力图的绘制

对于梁和刚架需绘制其内力图，一般是先作弯矩图，再作剪力图及轴力图。

作内力图的步骤如下：

（1）应用前述截面内力的计算规律，分段求控制截面的内力。荷载不连续处、杆件汇交处需选作为控制截面。

（2）根据荷载与内力间的微分关系，分段判别图线性质。

（3）逐段描点绘图。

荷载与内力间的微分关系（见图 16-2-14）主要指 $\frac{dM}{dx} = Q$；$\frac{dQ}{dx} = -q$；$\frac{d^2M}{dx^2} = -q$。

它们是微体的平衡方程，根据这些微分关系，在作 M、Q 图时应注意下面一些特点：

（1）在无载区段，$q = 0$，$Q = $ 常数，Q 图为平行于基线的直线，M 图为斜直线。若 $Q > 0$，M 图自左至右向下斜，若 $Q < 0$，M 图向上斜；若 $Q = 0$，M 图为平行于基线的直线。

（2）在均载区段，$q = $ 常数，Q 图为斜直线，自左至右斜的方向与 q 的指向一致，M 图为二次抛物线，其凸向与 q 的指向一致。

（3）在集中力作用处，Q 图发生突变，其突变值等于该集中力沿截面方向的分量，M 图发生方向改变，方向转折所形成的尖角与该集中力的指向相同。

（4）在集中力偶作用处，Q 图不变，M 图发生突变，其突变值等于该力偶的力偶矩。

（5）M 图的极值点发生在 $Q = 0$ 处。

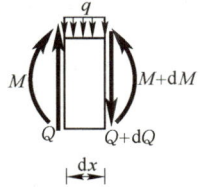

图 16-2-14

在作 M 图时，经常使用区段叠加法，它是叠加原理在内力分析中的应用，如图 16-2-15 所示，其中图 16-2-15a）是从结构中取出的某区段 AB，其受力情况与如图 16-2-15b）所示的相应简支梁相同，根据叠加原理可分解为图 16-2-15c）与图 16-2-15d）的组合。如图 16-2-15d）所示为相应简支梁的 M 图，靠下方的图只是将基线放斜了，各截面弯矩竖标都不改变。

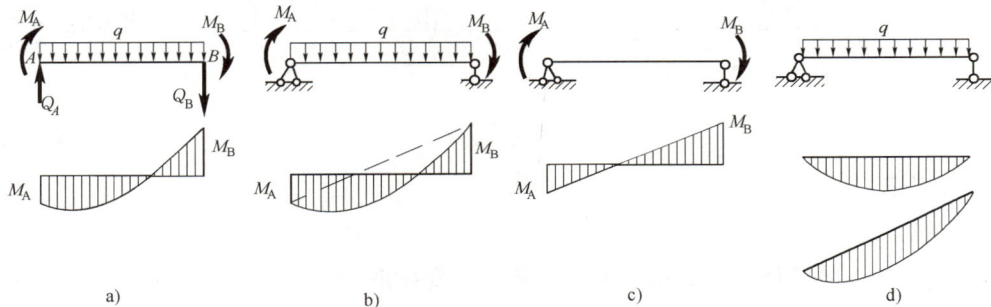

图 16-2-15

区段叠加法作 M 图的步骤如下：

（1）求控制截面的弯矩，在 M 图上取得相应的控制点。

（2）将 M 图的控制点之间连成直线，并以此为基线叠加相应简支梁的弯矩图。

三、各类静定结构的力学特性及计算

（一）静定梁

梁的力学特性是以受弯为主。单跨梁是计算的基础。多跨静定梁是由几根单跨梁连接而成的主从结构。分析的关键是拆成单跨梁，画出层次受力图，从附属部分算起，将各单跨梁的内力图连接起来，就是多跨静定梁的内力图。

【例 16-2-1】 作如图 a）所示多跨静定梁的 Q、M 图。

解 先作出层次受力图并求反力（见图 b），进一步再作 Q 图（见图 c）及 M 图（见图 d）。

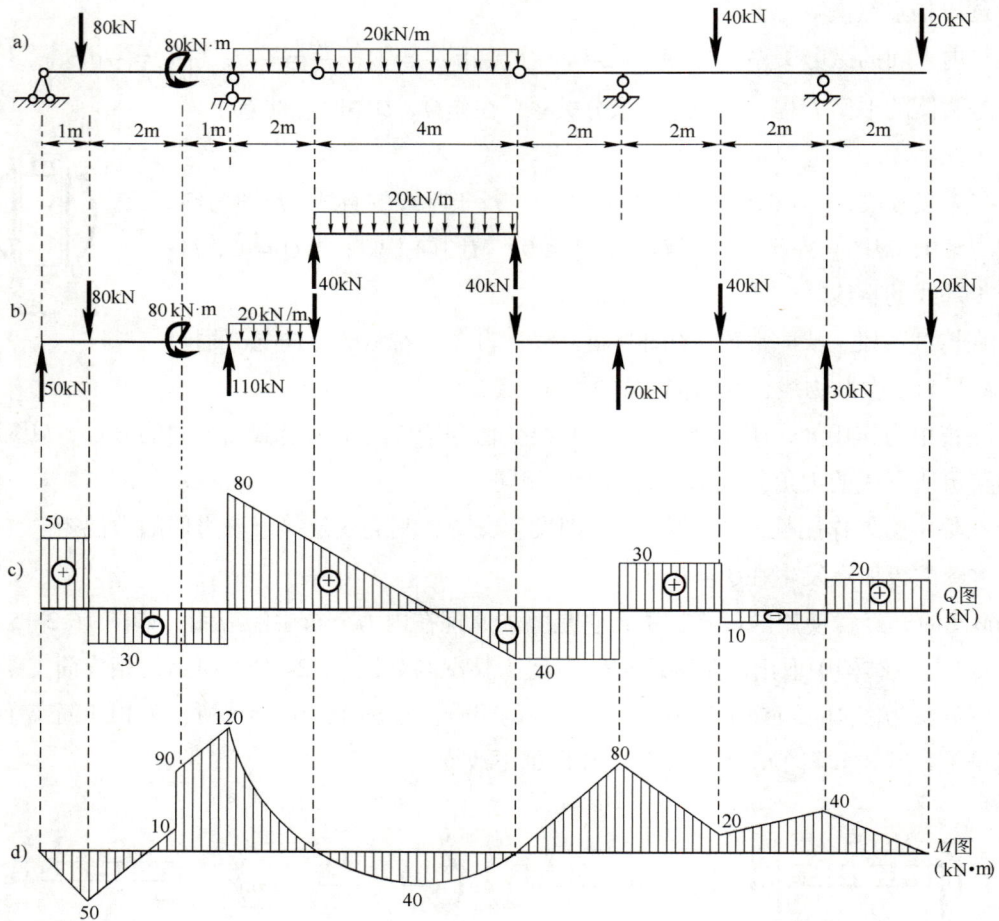

例 16-2-1 图

（二）静定刚架

1. 刚架的特点

刚架是用刚性结点将杆件连接起来而组成的几何不变体系。其力学特性也是以受弯为主。

刚架的特点是由刚性结点引起的。刚结点与铰结点不同之处见表16-2-1。

表 16-2-1

特点 \ 结点	铰 结 点	刚 结 点
几何特点	所连各杆端间的夹角可变	所连各杆端间的夹角不变
受力特点	不能传递弯矩，只能传递剪力和轴力	既能传递弯矩也能传递剪力和轴力

由于刚架的几何不变性需要依靠结点的刚性来维持，所以刚架的整体性好，可作大空间，且受力比较均匀，可减小内力的峰值，如图 16-2-16 所示。

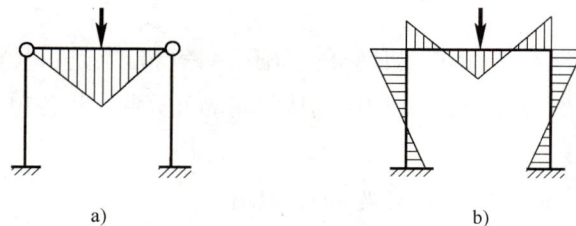

图 16-2-16

2. 静定刚架的计算

静定刚架内力图的绘制：先按前述基本方法求控制截面内力，然后分段判断图线性质，之后描点绘图。

【例 16-2-2】 作如图 a）所示刚架的 M、Q、N 图。

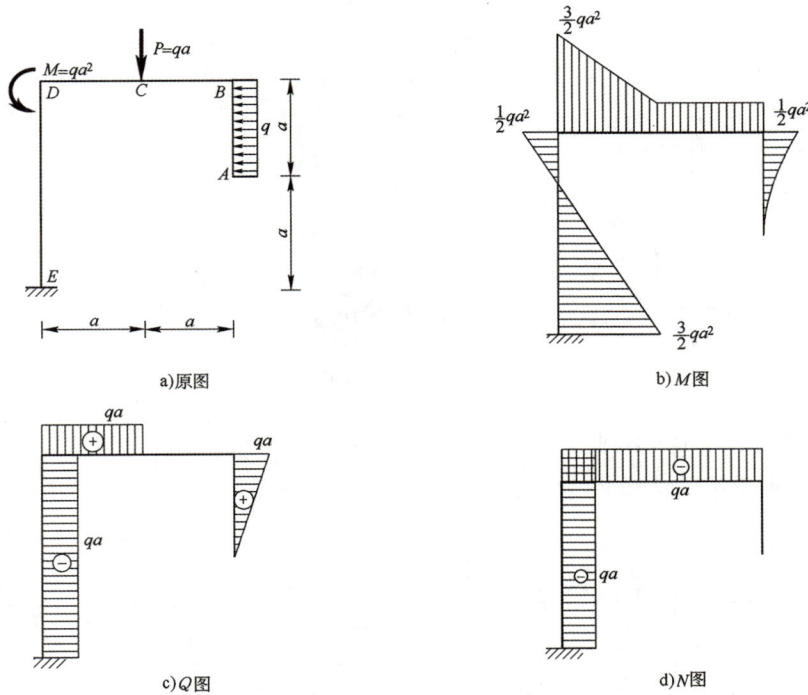

例 16-2-2 图

解 作 M 图：AB 段 二次曲线，向左凸

$$M_{AB} = 0$$
$$M_{BA} = \frac{1}{2}qa^2 (外侧受拉)$$

BC 段 平直线

$$M_{BC} = \frac{1}{2}qa^2 (上侧受拉)$$

CD 段 斜直线

$$M_{CD} = \frac{1}{2}qa^2 (上侧受拉)$$
$$M_{DC} = \frac{3}{2}qa^2 (上侧受拉)$$

DE 段 斜直线

$$M_{DE} = \frac{1}{2}qa^2 (外侧受拉)$$
$$M_{ED} = \frac{3}{2}qa^2 (内侧受拉)$$

作 Q 图

$$Q_{AB} = 0$$
$$Q_{BA} = +qa$$
$$Q_{BC} = 0$$
$$Q_{CD} = +qa$$
$$Q_{DE} = -qa$$

作 N 图

$$N_{BA} = 0$$
$$N_{BD} = -qa$$
$$N_{DE} = -qa$$

校核：结点 D

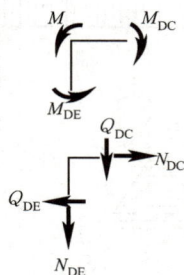

$$M_{DC} = M_{DE} + M$$

$$Q_{DE} = N_{DC}$$
$$D_{DC} = -N_{DE}$$

【例 16-2-3】作如图 a）所示刚架的内力图。

解 先求反力，再求控制截面内力，分段作图。

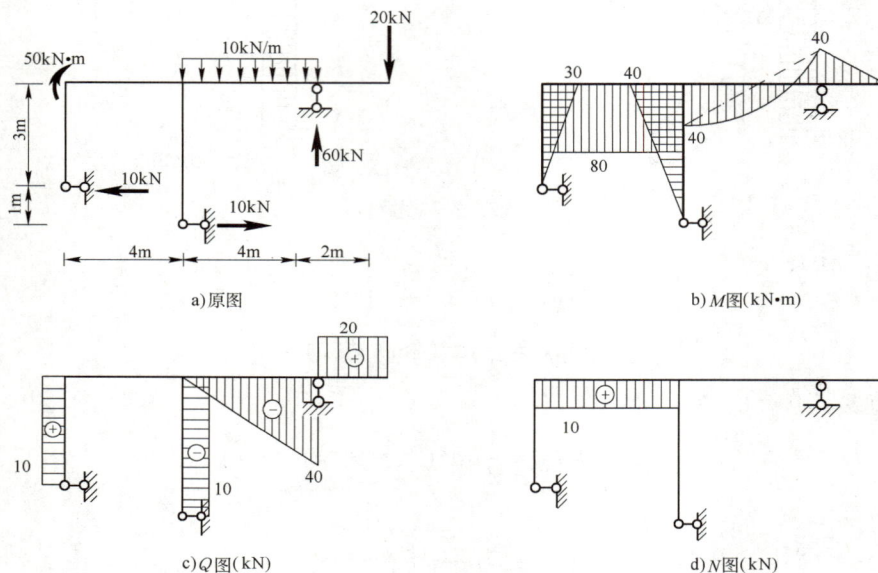

a）原图

b）M 图（kN·m）

c）Q 图（kN）

d）N 图（kN）

例 16-2-3 图

【例 16-2-4】作如图 a）所示刚架的内力图。

解 先解左面附属部分，再解右面基本部分。

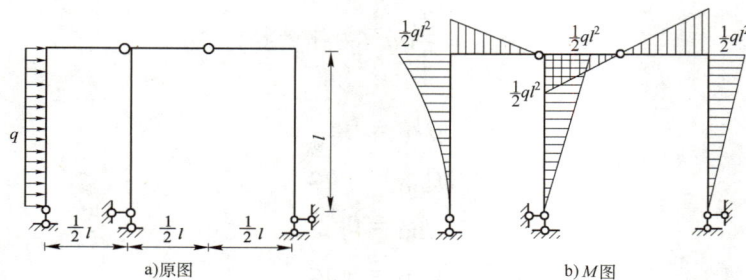

a）原图

b）M 图

例 16-2-4 图

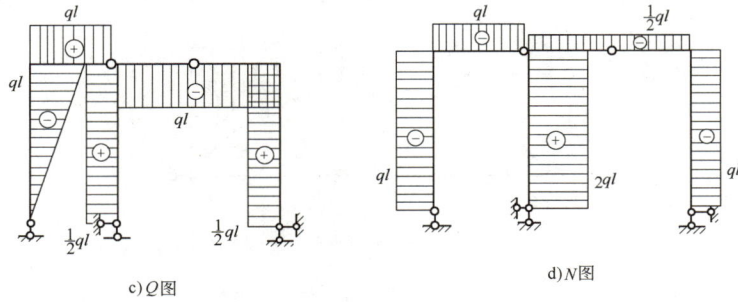

c)Q图　　　　　　　　　d)N图

例 16-2-4 图

（三）三铰拱

1.拱的力学特性

在竖向荷载作用下，不仅能产生竖向反力，而且能产生水平反力（推力）的曲线型结构称为拱。由于推力的存在，使拱截面上的弯矩较相应简支梁的弯矩大为减小，拱截面上增加了轴向力，使截面上正应力的分布趋于均匀，能较充分地发挥材料的作用，是一种较经济合理的结构形式。

2.三铰拱的计算（两底铰等高的三铰拱受竖向荷载作用）

（1）支座反力：取决于荷载及三个铰的位置，与拱轴形状无关。如图 16-2-17 所示。

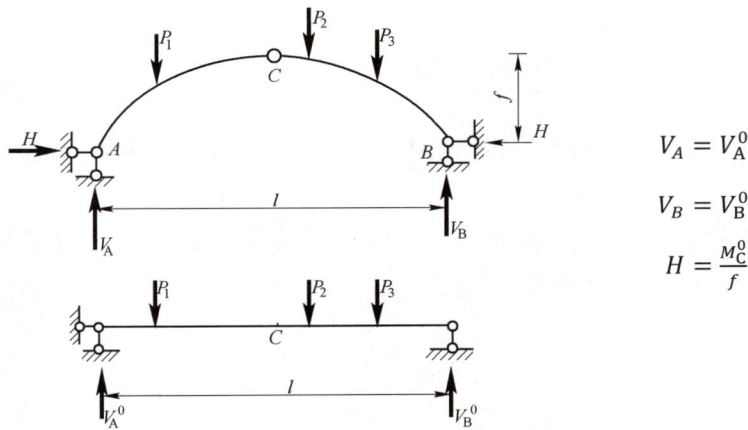

$$V_A = V_A^0$$

$$V_B = V_B^0$$

$$H = \frac{M_C^0}{f}$$

图　16-2-17

（2）截面内力：取决于荷载、三个铰的位置及拱轴形状。如图 16-2-18 所示。

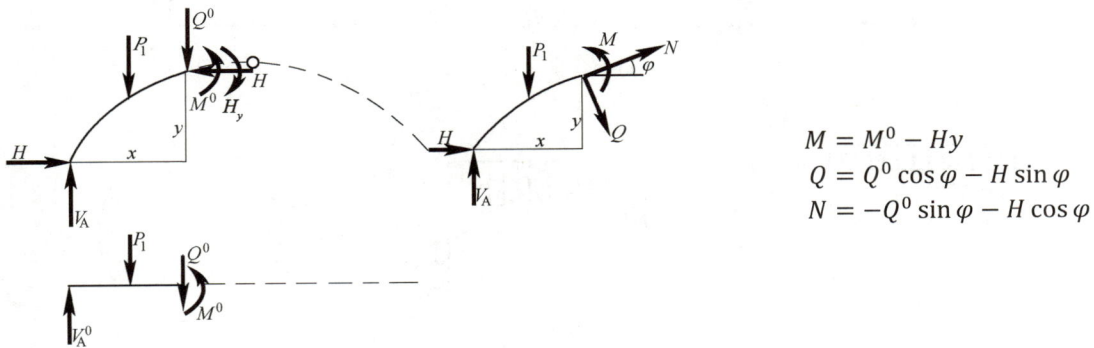

$$M = M^0 - Hy$$

$$Q = Q^0 \cos\varphi - H\sin\varphi$$

$$N = -Q^0 \sin\varphi - H\cos\varphi$$

图　16-2-18

【例 16-2-5】 图示三铰拱 $y = \dfrac{4f}{l^2}x(1-x)$，$l = 16\text{m}$，$D$右侧截面的弯矩值为：

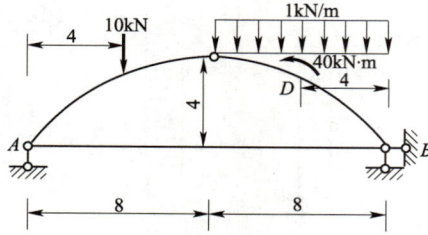

例 16-2-5 图（尺寸单位：m）

    A. 26kN·m   B. 66kN·m   C. 58kN·m   D. 82kN·m

解 $V_B = (10 \times 4 + 1 \times 8 \times 12 - 40)/16 = 6\text{kN}(\uparrow)$

$N_{AB} = (6 \times 8 - 1 \times 8 \times 4 + 40)/4 = 14\text{kN}(\text{拉})$

$y_D = 4 \times 4/16^2 \times 12 \times (16 - 12) = 3\text{m}$

$M_{D右} = 6 \times 4 - 1 \times 4 \times 2 - 14 \times 3 = -26\text{kN} \cdot \text{m}$

答案： A

3. 合理拱轴的概念

在一定荷载作用下，使拱处于无弯矩状态（各截面弯矩、剪力均为零，只受轴力）的轴线称为拱的合理轴线。

求法：

$$y(x) = \frac{M^0(x)}{H}$$

由此式可知，拱的合理轴线的纵坐标与相应简支梁的弯矩成正比，故合理轴线的形状与相应简支梁的弯矩图（倒置）相似。

图 16-2-19 给出了几种荷载情况下的合理轴线，其中，沿水平线的均布荷载作用下的合理拱轴为二次抛物线（见图 16-2-19d），填土荷载作用下的合理拱轴为悬链线（见图 16-2-19e），均匀内压或外压作用下的合理轴线为圆（见图 16-2-19f）。

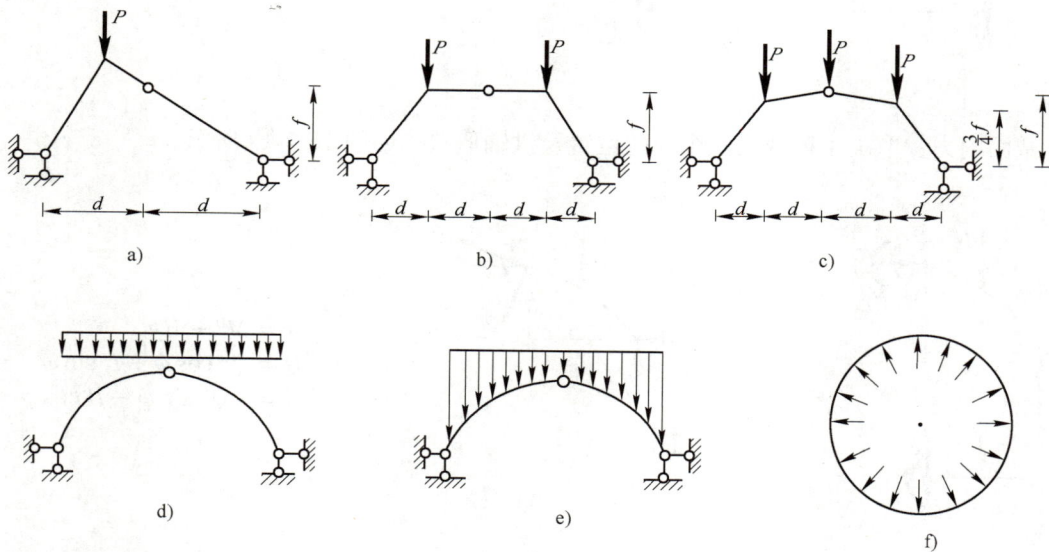

图 16-2-19

（四）静定桁架

1. 桁架的特点

桁架是铰接几何不变体系。理想桁架的杆件都是二力杆，杆件截面内力只有轴力，能充分发挥材料的作用，是一种经济合理的受力形式。

2. 静定桁架内力的解法

结点法：依次（使未知力不超过两个）截取结点为隔离体，应用平面汇交力系的平衡方程求杆件内力。

截面法：用适当的截面截取桁架的一部分（至少含两个结点）为隔离体，应用平面一般力系的平衡方程求截断杆的内力。

3. 应用技巧

（1）注意结点平衡的特殊情况（零杆判断），参见图 16-2-20。

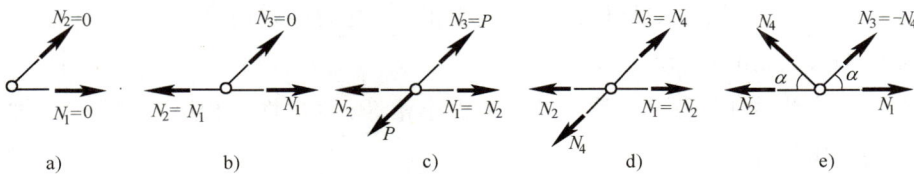

图 16-2-20

① 不共线两杆结点，若不受荷载，则两杆内力为零，如图 16-2-20a）所示。

② 三杆结点，其中两杆共线，若不受荷载，则另一杆（单杆、独杆）内力为零，共线两杆内力相同，见图 16-2-20b），若外力 P 与单杆共线，则共线的两力相等，如图 16-2-20c）所示。

③ 四杆结点，两两共线，若不受荷载，则共线的两杆内力相同，如图 16-2-20d）所示。

④ 四杆结点，两杆共线，另两杆在同侧且倾斜角相同（K 形结点），则同侧两杆内力大小相等，受力性质相反，如图 16-2-20e）所示。

（2）注意应用投影比例关系。由图 16-2-21 可得

$$\frac{N}{L} = \frac{X}{L_x} = \frac{Y}{L_y}$$

$$N = \frac{L}{L_x}X = \frac{L}{L_y}Y$$

一般可先求出分力 X 或 Y，再求轴力 N。

（3）恰当地选取矩心和投影轴，尽量使一个平衡方程只含一个未知量。

若隔离体上只有三个未知力，一般可选其中两个未知力的交点作为力矩中心，用力矩平衡方程求第三个未知力，并沿其作用线移动到适当的位置分解，以使力臂易求，如图 16-2-22a）所示，将 N_2 移到 D 点分解，用 $\sum M_A = 0$ 求 Y_2，再利用投影关系求 N_2。当两个未知力平行时，用投影平衡方程求第三个未知力，投影轴与平行力垂直，如图 16-2-22b）所示，用 $\sum Y = 0$ 求 Y_2，再求 N_2。

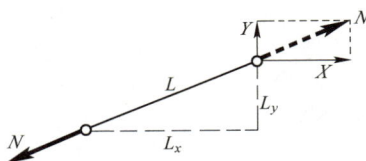

图 16-2-21

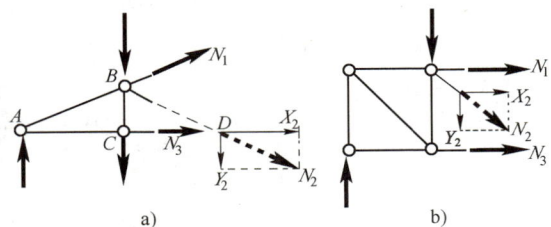

图 16-2-22

（4）应用截面法时，一个截面截断的杆数一般不宜超过三根，当有特殊条件可以利用时，可超过三根，如图 16-2-23 所示。

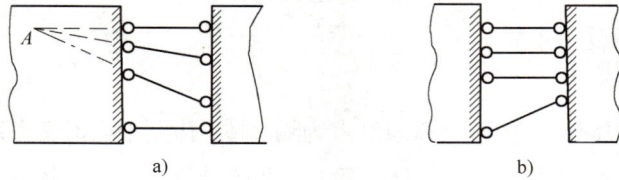

图 16-2-23

（5）对于联合桁架，宜先用截面法求出联系杆的内力。

（6）利用对称性。

对称桁架在对称荷载作用下，对称杆的内力大小相等、受力性质相同。位于对称轴线上的无载 K 形结点有零杆，如图 16-2-24a）所示。

对称桁架在反对称荷载作用下，对称杆的内力大小相等、受力性质相反。位于对称轴线上的杆件内力为零，如图 16-2-24b）所示。

对称桁架在一般荷载作用下，可考虑（如果计算简单）分解为对称荷载与反对称荷载两种情况的组合。

4. 桁架杆件内力的计算

【例 16-2-6】 求如图所示桁架各杆的内力。

解　判断零杆后，用结点法求解，如图所示。

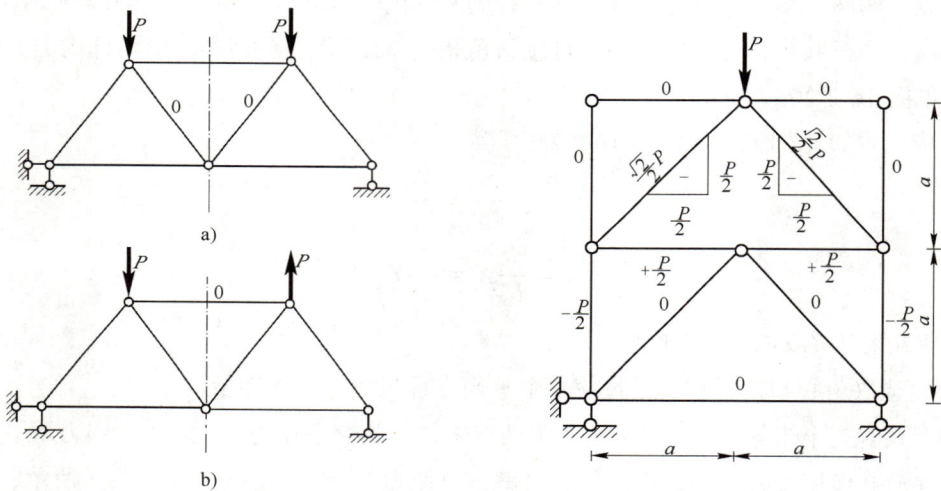

图 16-2-24

例 16-2-6 图

【例 16-2-7】 求如图 a）所示桁架杆①的内力。

解　取隔离体如图 b）所示。

由 $\sum M_C = 0$，得

$$Y_1 = \frac{60 \times 12 - 90 \times 15}{18} = -35\text{kN}$$

$$N_1 = -35\sqrt{2} = 49.5\text{kN}（压）$$

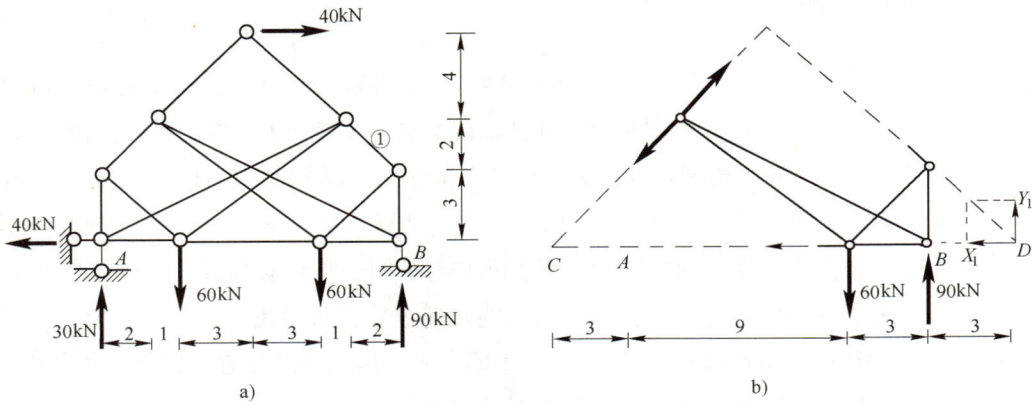

例 16-2-7 图

【**例 16-2-8**】 求如图 a）所示桁架杆①、杆②的内力。

解 将图 a）分解为图 b）与图 c）的组合，可得

$$N_1 = -\sqrt{2}P(压), \quad N_2 = -\frac{\sqrt{2}}{3}P(压)$$

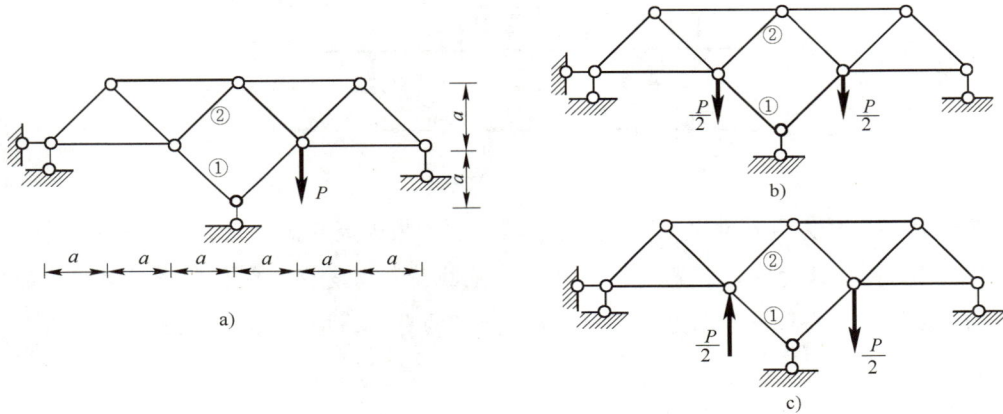

例 16-2-8 图

（五）静定组合结构

（1）组合结构的特点：既有只受轴力的二力杆（链杆、桁架杆件），又有受弯的梁式杆，如图 16-2-25 所示，AC、CB 为梁式杆，其余为链杆。

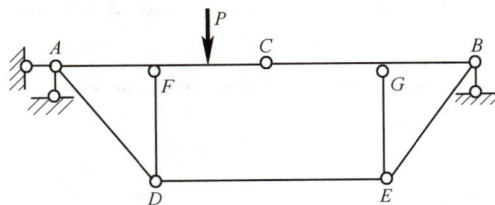

图 16-2-25

（2）内力解法：关键是分清杆件的受力性质，将链杆与梁式杆区分清楚，正确地选取隔离体。链杆的截面内力只有轴力，而梁式杆的截面内力有弯矩、剪力和轴力。为了不使隔离体上的未知力过多，在应用截面法时，应尽力避免将梁式杆切断。一般可先求链杆的轴力，再取梁式杆为隔离体作其内力图。

四、注意事项及例题分析

（1）静定结构的学习，要注意理解静定结构的基本特征与一般性质，并注意其在题目分析中的应用。

（2）静定结构受力分析与计算的关键是恰当地选取隔离体和平衡方程。要牢固掌握静定梁、静定刚架指定截面内力的计算，掌握静定桁架杆件内力的计算及静定组合结构的内力计算。对于三铰拱，要着重理解其力学性能及合理拱轴的概念，指定截面的内力也应会算。梁与刚架弯矩图的绘制非常重要，尽管选择型的考题一般不会直接考弯矩图的绘制，但若熟知弯矩图，常会对题目的分析带来不少方便。

（3）静定结构反力、内力的计算，宜先考察结构的几何组成，从中找出求解的途径。

（4）对称结构注意利用对称性简化计算，有的结构仅支座约束不对称，在一定条件下仍处于对称受力状态，内力分析仍可利用对称性（注意，位移常不对称）。

（5）要注意基本概念的灵活应用，针对不同情况使用不同的技巧，常作结点平衡及截面平衡校核，一定要多做练习，熟能生巧，才能在考场上用较短的时间作出准确的判断。

【例 16-2-9】如图所示梁截面C的剪力Q_C为：

A. $-3kN$ B. $-2kN$ C. 0 D. $+2kN$

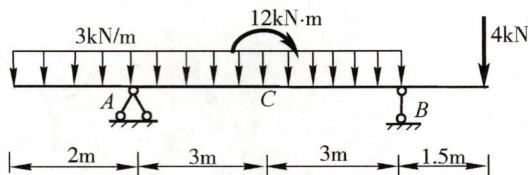

例 16-2-9 图

解　此题若直接求反力再计算截面C的剪力较费事，若根据题目的特点，使用叠加原理可知，AB间的均布荷载引起截面C的剪力为零，而将两个外伸端上的荷载向支座处简化所得两力偶为等值、反向，也不引起截面C的剪力，故只需考虑力偶荷载引起截面C的剪力，即知$Q_C = -12/6 = -2kN$。上述过程完全可以心算求得。

答案： B

【例 16-2-10】如图所示梁截面A的弯矩M_A为：

A. $3ql^2/2$（上侧受拉）   B. ql^2（上侧受拉）

C. $ql^2/2$（上侧受拉）   D. $ql^2/2$（下侧受拉）

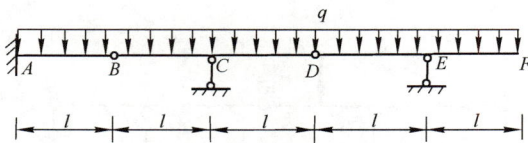

例 16-2-10 图

解　将DF部分上的荷载求和引起支座E的反力，组成平衡力系，对别处的内力无影响，同理BD部分上的荷载也只引起自身的内力，截面B的剪力为零，所以$M_A = ql^2/2$（上面受拉）。

答案： C

【例 16-2-11】如图所示梁截面F的弯矩（以下侧受拉为正）M_F为：

A. $-Pa/2$ B. $-Pa/4$ C. $+Pa/4$ D. $+Pa/2$

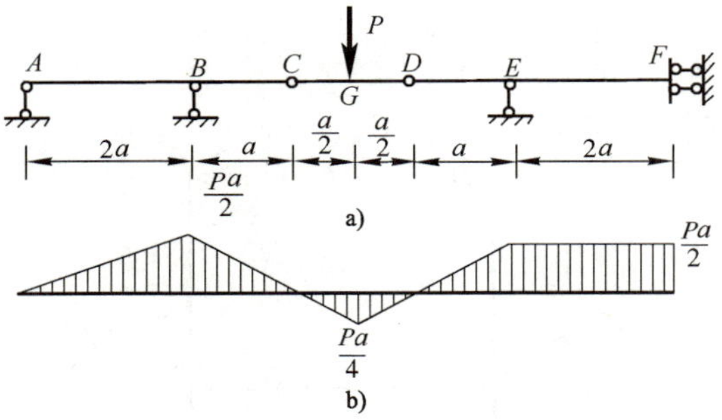

例 16-2-11 图

解 由CD部分简支梁弯矩图向外扩展，GDE部分为一条直线，EF部分为一条平线（F点滑动支座处剪力为零，EF杆不受剪），所以$M_F = -Pa/2$。

答案： A

【例 16-2-12】 如图所示梁，截面A、C的弯矩（以下侧受拉为正）M_A、M_C分别为：

    A. $-qa^2/2$，$-qa^2/2$ B. $-3qa^2/2$，$qa^2/2$

    C. $2qa^2$，0 D. $qa^2/2$，$-3qa^2/2$

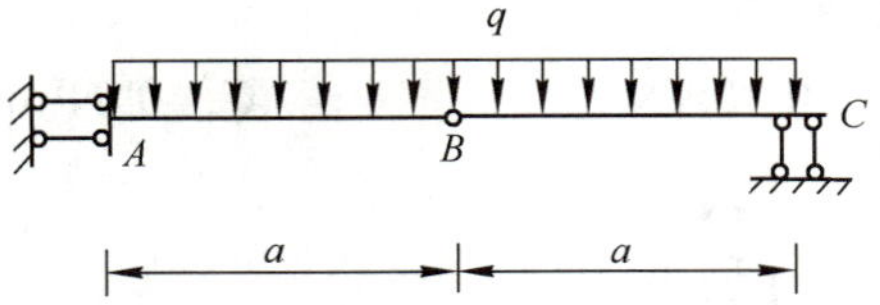

例 16-2-12 图

解 由AB杆段的平衡得截面B的剪力$Q_B = -qa$，进而可得$M_A = qa^2/2$，$M_C = -3qa^2/2$。

答案： D

【例 16-2-13】 如图 a）、b）所示两种斜梁仅右支座链杆方向不同，则两种梁的弯矩M、剪力Q及轴力N图形的状况为：

    A. M、Q图相同，N图不同   B. Q、N图相同，M图不同

    C. N、M图相同，Q图不同   D. M、Q、N图都不相同、

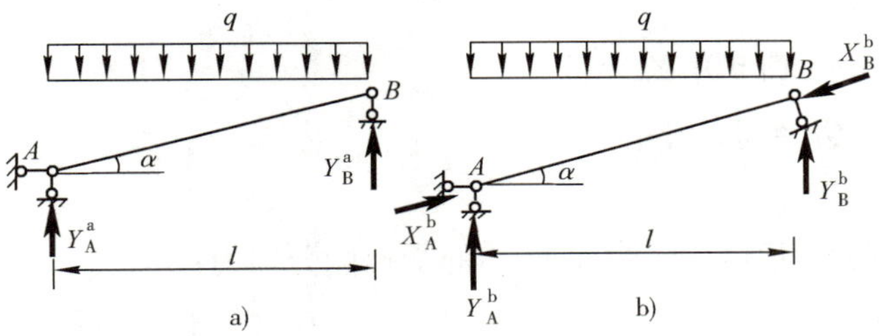

例 16-2-13 图

解 若将图 b）的支座反力沿竖向及梁轴方向分解，则竖向力$Y_A^b = Y_A^a$、$Y_B^b = Y_B^a$及均布荷载q组成平衡力系，两图完全相同，而梁轴方向的一对平衡力$X_A^b = X_B^b$只影响轴力N，对梁的弯矩M、剪力Q无影响，所以两斜梁的M、Q图相同，而N图不同。

答案： A

【例 16-2-14】 如图所示结构，剪力Q_{DA}等于：

    A. $-3Kn$ B. $-1.5kN$ C. 0 D. $1.5kN$

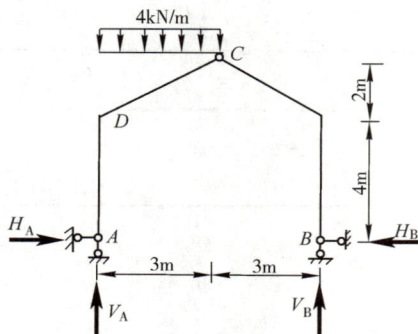

例 16-2-14 图

解 此三铰刚架在竖向荷载作用下的竖向反力与相应简支梁的竖向反力相同，均布荷载的合力在跨度的四分点，易知$V_B = 1/4 \times 4 \times 3 = 3kN(\uparrow)$

再由$M_C = 0$，得$H_A = H_B = 1.5kN(\rightarrow\leftarrow)$

进而可得$Q_{DA} = -1.5kN$

答案： B

【**例 16-2-15**】图 a）示刚架M_{DC}为（下侧受拉为正）：

  A. 0kN·m   B. 20kN·m   C. 40kN·m   D. 60kN·m

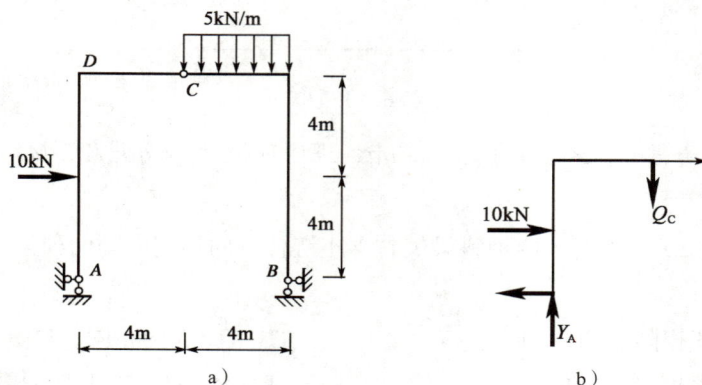

例 16-2-15 图

解 由整体平衡可得（见图 b）：$Y_A = 0$

C左隔离体平衡可得：$Q_C = 0$，$M_{DC} = 0$

答案： A

【**例 16-2-16**】如图 a）所示结构，截面A、B的受拉侧分别为：

  A. 外侧、外侧   B. 内侧、内侧

  C. 外侧、内侧   D. 内侧、外侧

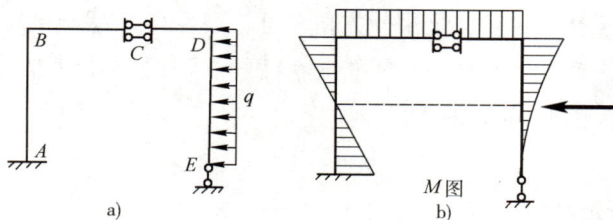

例 16-2-16 图

解 由于C处为滑动连接,则BD杆剪力为零,由CDE部分平衡可知E处反力为零,进而将荷载对A、B取矩可判断其受拉侧,或心算弯矩图形状(见图 b),注意均布荷载合力作用线与AB线的交点弯矩为零,即可作出判断。

答案: D

【例 16-2-17】 如图所示结构弯矩M_{AB}的绝对值等于:

A. 0   B. $ql^2/8$ C. $ql^2/2$ D. ql^2

解 此题为对称结构承受对称荷载,则铰B处剪力为零,取AB部分为隔离体可得弯矩$M_{AB} = 1/2 \cdot q \cdot (l/2)^2 = ql^2/8$,也可根据$AC$区段的弯矩曲线与相应简支梁的弯矩曲线相同,但最低点应通过铰B作出判断。

答案: B

【例 16-2-18】 如图所示结构,弯矩M_{EF}的绝对值等于:

A. $qd^2/2 - Pd$ B. $M + Pd$ C. $Pd/2$ D. Pd

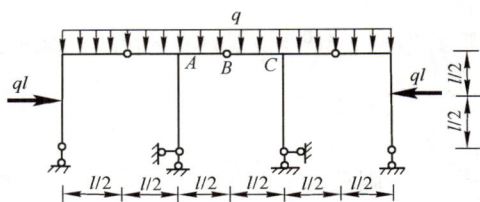
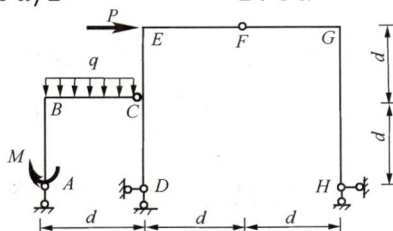

例 16-2-17 图   例 16-2-18 图

解 由附属部分ABC的平衡可知,铰C处的水平约束力为零,所以荷载M及q对右边基本部分的弯矩没有影响,故可排除选项 A、B。而基本部分为对称三铰刚架,若将E处集中力的一半$P/2$沿其作用线移至G处(此变化只影响EG段的轴力,而对弯矩没有影响)则为对称结构承受反对称荷载;引起支座D、H的反对称水平反力为$P/2(\leftarrow)$,故可得$M_{ED} = (P/2) \cdot (2d) = Pd$,再由结点$E$平衡,得$M_{EF} = Pd$(内侧受拉)。

答案: D

【例 16-2-19】 如图 a)所示结构,截面A的弯矩(以下侧受拉为正)为:

A. $-qa^2$ B. $-qa^2/2$ C. $qa^2/2$ D. qa^2

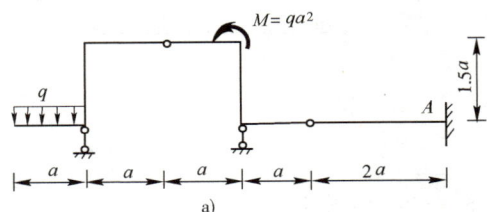
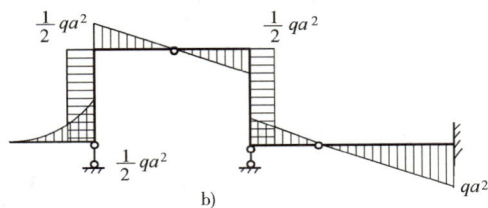

例 16-2-19 图

解 除悬臂部分外,其他杆弯矩图均为直线,注意两根竖杆剪力为零,弯矩为常数,铰处弯矩为零,并注意结点平衡,不难心算求得弯矩图如图 b)所示,可知$M_A = qa^2$。

答案: D

【例 16-2-20】 如图所示三铰拱,若用合力代替其所受的荷载,则其:

A. 竖向反力增大,水平反力不变   B. 竖向反力减小,水平反力不变

C. 竖向反力不变,水平反力增大   D. 竖向反力不变,水平反力减小

解 此三铰的竖向反力可由整体平衡求得，与其相应简支梁的反力相同，据此可排除选项 A、B，用合力代替后，相应简支梁上与顶铰对应截面的弯矩M_C^0增大，由$H = M_C^0/f$可知其水平反力增大。

答案： C

【例 16-2-21】如图所示三铰拱，当拱轴上各点纵坐标y增至ky时（k为任意常数），则拱截面D的弯矩：

A. 增大

B. 减小

C. 不变

D. 不定，当$k > 1$时增大，$k < 1$时，减小

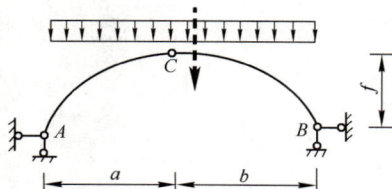

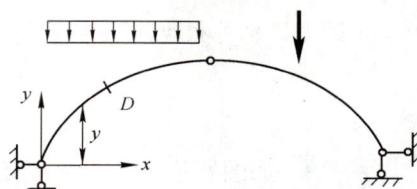

例 16-2-20 图

例 16-2-21 图

解 图示三铰拱任一截面的弯矩$M = M^0 - Hy$，当y变为ky时，M^0不变，H变为H/k，而乘积$H/k \cdot ky = Hy$不变，所以M不变。

答案： C

【例 16-2-22】已知如图所示三铰拱的轴线方程为$y = px^2$，则截面K的弯矩为：

A. 0 　　　　　 B. $ql^2/8$ 　　　　　 C. $ql^2/4$ 　　　　　 D. $ql^2/2$

解 所给拱轴为抛物线，是全跨均布荷载所对应的合理拱轴，各截面弯矩为零。

答案： A

【例 16-2-23】如图所示三铰拱AB杆的拉力等于：

A. 18kN 　　　　　 B. 20.66kN 　　　　　 C. 23.33kN 　　　　　 D. 24kN

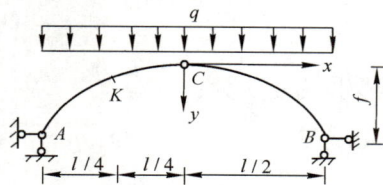

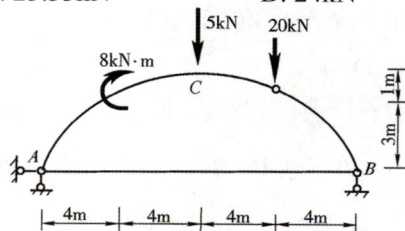

例 16-2-22 图

例 16-2-23 图

解 由整体平衡，可求得

$$V_B = \frac{3}{4} \times 20 + \frac{1}{2} \times 5 + \frac{8}{16} = 18\text{kN}(\uparrow)$$

再由CB部分平衡，可求得

$$N_{AB} = \frac{18 \times 4}{3} = 24\text{kN}(拉)$$

答案： D

【例 16-2-24】图示静定三铰拱，拉杆AB的轴力等于：

A. 6kN 　　　　　 B. 8kN 　　　　　 C. 10kN 　　　　　 D. 12kN

解 $Y_B = 6\text{kN}$, $N_{AB} = 6 \times 4/3 = 8\text{kN}$

答案： B

【例 16-2-25】如图所示桁架零杆的数目（不计支座链杆）是：

A. 6　　　　　　　B. 8　　　　　　　C. 11　　　　　　　D. 13

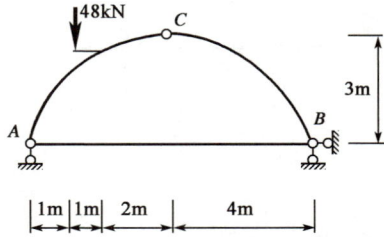
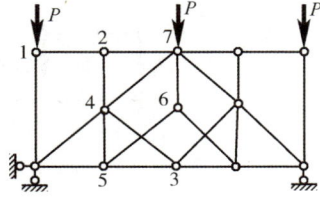

例 16-2-24 图　　　　　　　　　　　　　　例 16-2-25 图

解　由结点 1 可知 12 为零杆。再由结点 2 知 24、27 为零杆。注意到水平反力为零，桁架处于对称受力状态，结点 3 为无载 K 形结点，两斜杆为零杆，继续按结点 4、5、6 的顺序，并注意对称性，可判断零杆总数为 13。

答案：D

【例 16-2-26】图 a）示桁架 a 杆轴力为：

A. 15kN　　　　　　B. 20kN　　　　　　C. 25kN　　　　　　D. 30kN

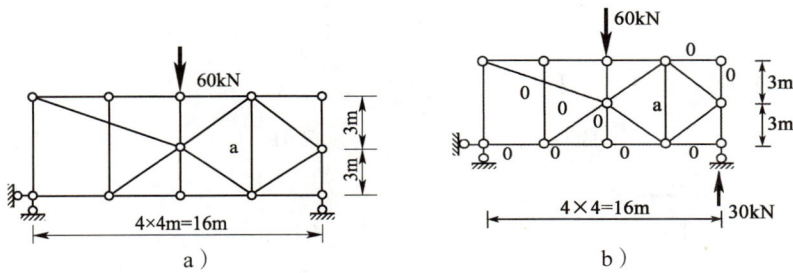

例 16-2-26 图

解　见图 b），判断零杆后由节点法可得：$N_a = 30\text{kN}(压)$。

答案：D

【例 16-2-27】图示桁架杆①的轴力为：

A. $-P/3$　　　　　　B. $-2P/3$　　　　　　C. $2P/3$　　　　　　D. P

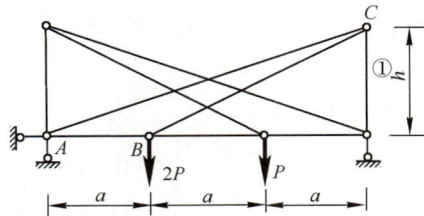

例 16-2-27 图

解　此桁架为联合桁架，切断三根联系杆，取出 ABC 部分为隔离体，由 $\sum M_A = 0$，可得

$$N_1 = -2Pa/3a = -2P/3$$

答案：B

【例 16-2-28】如图所示桁架杆①的轴力为：

A. $-10\sqrt{2}\text{kN}$　　　　　B. $-15\sqrt{2}\text{kN}$　　　　　C. $10\sqrt{2}\text{kN}$　　　　　D. $15\sqrt{2}\text{kN}$

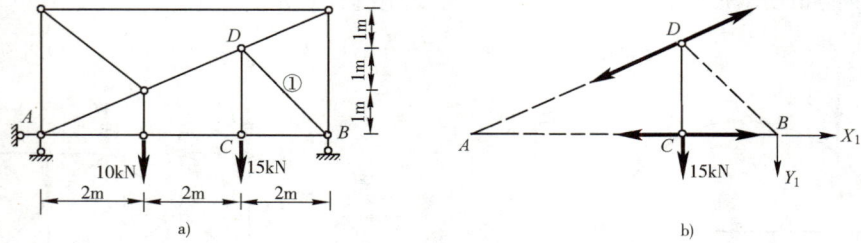

例 16-2-28 图

解 用截面取出包含杆CD的隔离体如图 b）所示，由$\sum M_A = 0$，可得

$$N_1 = Y_1\sqrt{2} = -\frac{15 \times 4}{6}\sqrt{2} = -10\sqrt{2}\text{kN}$$

答案： A

【例 16-2-29】 如图所示桁架杆①的轴力为：

   A. $-P/2$ B. 0   C. $P/2$ D. P

解 支座A的水平反力为$P(\leftarrow)$，若在结点C和B处各加一对大小为$P/2$的反向水平平衡力$(P/2 \leftarrow\circ\rightarrow P/2)$，则可将结构的受力状态分解为对称受力（此时$N_1 = P/2$）与反对称受力（此时$N_1 = 0$）的组合，所以在图示荷载作用下$N_1 = P/2$(拉)。

答案： C

【例 16-2-30】 如图所示结构，杆①的轴力为：

   A. $-P$ B. $-0.5P$ C. 0   D. P

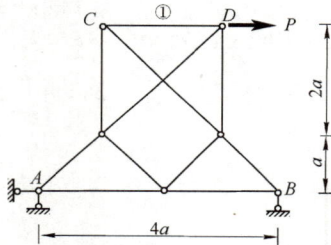

例 16-2-29 图

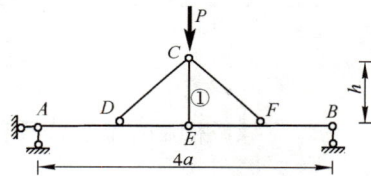

例 16-2-30 图

解 此题为组合结构，需注意区分梁式杆与链杆，支座A、B的反力均为$P/2$，方向向上，由梁式杆AE的平衡可求得链杆CD的竖向分力为$Y_{CD} = -P$(压)，同理$Y_{CF} = -P$(压)，再由结点C的平衡可得$N_1 = P$(拉)。

答案： D

【例 16-2-31】 如图所示结构弯矩M_{FC}等于：

   A. $qa^2/4$（左侧受拉）   B. $qa^2/2$（左侧受拉）

   C. 0   D. $qa^2/2$（右侧受拉）

解 支座A、C处的反力均为qa向上。过三链杆DE、EB、BC作截面，由一侧平衡可得$N_{EB} = 0$，由杆段EF平衡可得$M_{FE} = 0$，再由结点F的平衡可得$M_{FC} = qa^2/2$，左侧受拉。也可由一侧平衡求得$N_{BC} = -qa/2$，再由杆段FC的平衡求得$M_{FC} = qa^2/2$，左侧受拉。

答案： B

【例 16-2-32】 图示刚架M_{DC}为（下侧受拉为正）：

   A. 20kN·m   B. 40kN·m   C. 60kN·m   D. 80kN·m

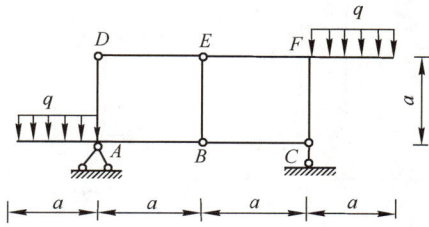

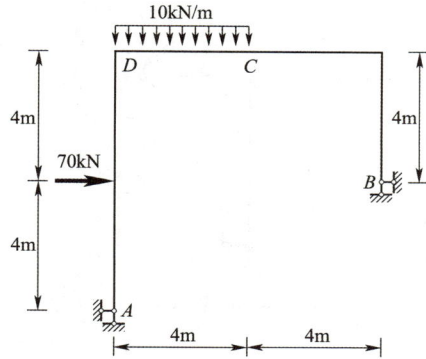

例 16-2-31 图　　　　　　　　　　例 16-2-32 图

解　取整体平衡，以 BC 与 AD 延长线的交点为矩心建立力矩平衡方程，可求得支座 A 的水平反力为 40kN（向左），再由 AD 杆隔离体平衡对 D 点取矩，可得 $M_{DC} = 40\text{kN} \cdot \text{m}$。

答案： B

习 题

16-2-1　图示梁中，反力 V_E 和反力 V_B 的值应为（　　　）。

A. $V_E = P/4$，$V_B = 0$　　　　　　B. $V_E = 0$，$V_B = P$

C. $V_E = 0$，$V_B = P/2$　　　　　　D. $V_E = P/4$，$V_B = P/2$

16-2-2　图示一结构受两种荷载作用，对应位置处的支座反力关系为（　　　）。

A. 完全相同　　　　　　　　　　　B. 完全不同

C. 竖向反力相同，水平反力不同　　　D. 水平反力相同，竖向反力不同

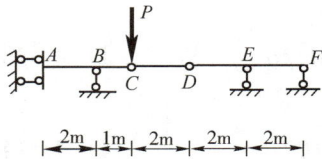

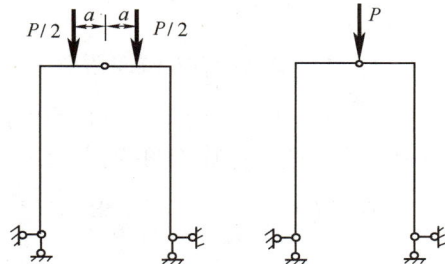

题 16-2-1 图　　　　　　　　　　题 16-2-2 图

16-2-3　图示结构 K 截面弯矩值为（　　　）。

A. 10kN·m（右侧受拉）　　　　　　B. 10kN·m（左侧受拉）

C. 12kN·m（左侧受拉）　　　　　　D. 12kN·m（右侧受拉）

16-2-4　图示结构 K 截面弯矩值为（　　　）。

A. 0.5kN·m（上侧受拉）　　　　　　B. 0.5kN·m（下侧受拉）

C. 1kN·m（上侧受拉）　　　　　　D. 1kN·m（下侧受拉）

16-2-5　图示结构 K 截面剪力为（　　　）。

A. 0　　　　　　　B. P　　　　　　C. $-P$　　　　　　D. $P/2$

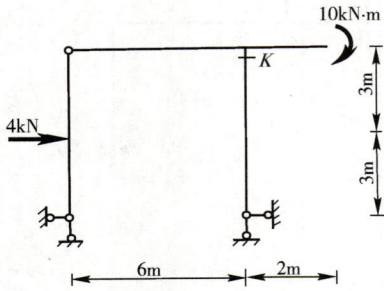

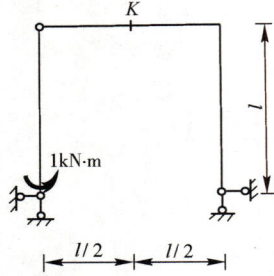

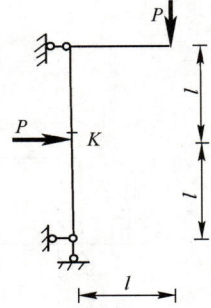

题 16-2-3 图   题 16-2-4 图   题 16-2-5 图

16-2-6 图示结构A支座反力偶的力偶矩M_A为（   ）（下侧受拉为正）。

A. $-ql^2/2$ B. $ql^2/2$ C. ql^2 D. $2ql^2$

16-2-7 图示结构K截面剪力为（   ）。

A. $-1kN$ B. $1kN$ C. $-0.5kN$ D. $0.5kN$

16-2-8 图示结构A支座反力偶的力偶矩M_A为（   ）。

A. 0

B. $1kN\cdot m$（右侧受拉）

C. $2kN\cdot m$（右侧受拉）

D. $1kN\cdot m$（左侧受拉）

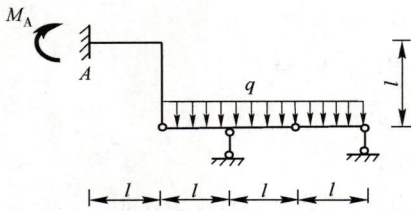

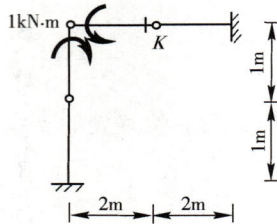

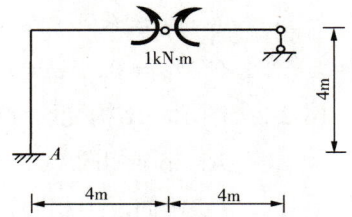

题 16-2-6 图   题 16-2-7 图   题 16-2-8 图

16-2-9 图示三铰拱结构K截面弯矩为（   ）。

A. $ql^2/2$ B. $3ql^2/8$ C. $7ql^2/8$ D. $ql^2/8$

16-2-10 图示桁架结构杆①的轴力为（   ）。

A. $3P/4$ B. $P/2$ C. $0.707P$ D. $1.414P$

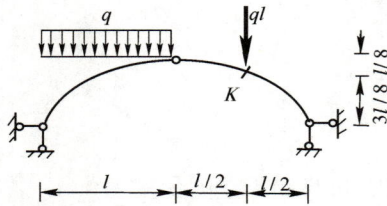

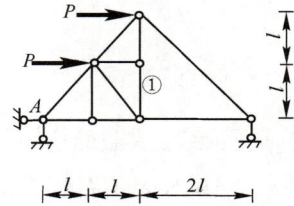

题 16-2-9 图   题 16-2-10 图

16-2-11 图示桁架结构杆①的轴力为（   ）。

A. $-P/2$ B. P C. $-P$ D. $-2P$

16-2-12 图示桁架结构杆①的轴力为（   ）。

A. $-P$ B. $-2P$ C. $-P/2$ D. $-1.414P$

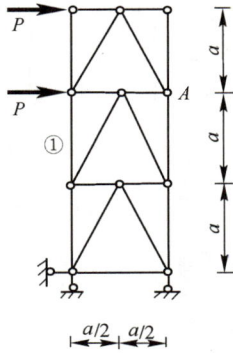

题 16-2-11 图

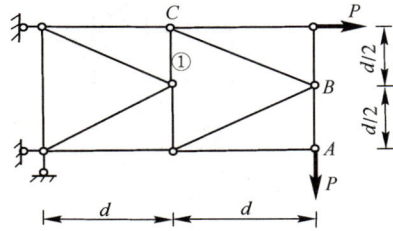

题 16-2-12 图

16-2-13　图示结构当高度增加时，杆①的内力（　　）。

　　A. 增大　　　　　　　　　　　　B. 减小

　　C. 不确定　　　　　　　　　　　D. 不变

16-2-14　图示结构杆①的轴力为（　　）。

　　A. 0　　　　　　　B. P　　　　　　　C. $-P$　　　　　　D. 1.414P

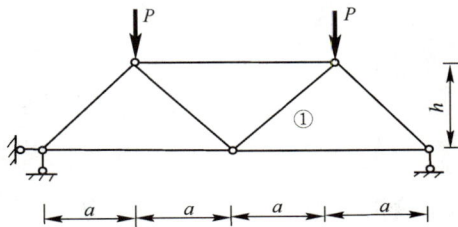

题 16-2-13 图

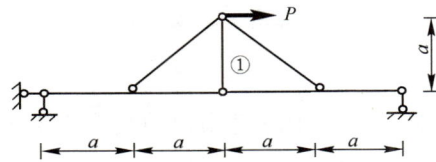

题 16-2-14 图

16-2-15　图示结构杆①的轴力为（　　）。

　　A. 0　　　　　　　B. $-ql/2$　　　　　C. $-ql$　　　　　　D. $-2ql$

16-2-16　图示结构杆①的轴力为（　　）。

　　A. 0　　　　　　　B. $-P$　　　　　　C. P　　　　　　D. $-P/2$

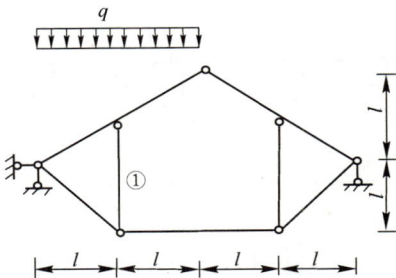

题 16-2-15 图

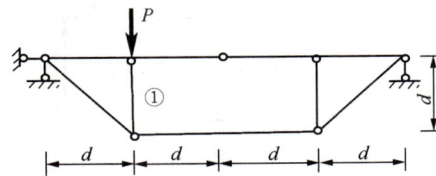

题 16-2-16 图

16-2-17　图示结构中，a杆的轴力N_a为（　　）。

　　A. 0　　　　　　　　　　　　　　B. -10kN

　　C. 5kN　　　　　　　　　　　　　D. -5kN

16-2-18　图示结构中，a杆的内力为（　　）。

　　A. P　　　　　　　B. $-3P$　　　　　C. $2P$　　　　　　D. 0

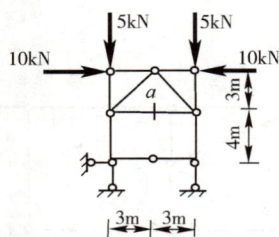

题 16-2-17 图

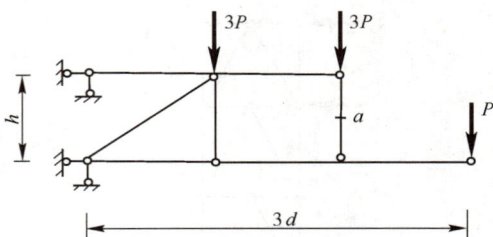

题 16-2-18 图

16-2-19 图示桁架中 a 杆的轴力 N_a 为（   ）。

    A. $+P$ B. $-P$ C. $+\sqrt{2}P$ D. $-\sqrt{2}P$

16-2-20 图示半圆弧三铰拱，半径为 r，$\theta = 60°$。K 截面的弯矩为（   ）。

    A. $\sqrt{3}Pr/2$ B. $-\sqrt{3}Pr/2$ C. $(1-\sqrt{3})Pr/2$ D. $(1+\sqrt{3})Pr/2$

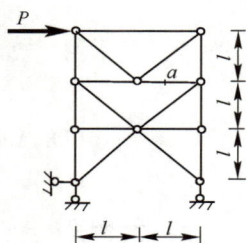

题 16-2-19 图

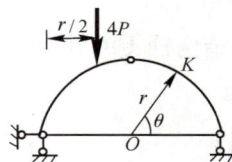

题 16-2-20 图

16-2-21 静定结构由于温度改变会产生（   ）。

    A. 反力   B. 内力   C. 变形   D. 应力

16-2-22 图示结构 A 截面的弯矩（以下边受拉为正）M_{AC} 为（   ）。

    A. $-Pl$ B. Pl C. $-2Pl$ D. $2Pl$

16-2-23 图示结构中，梁式杆上 A 点右截面的内力为（   ）。

    A. $M_A = Pd$，$Q_{A右} = P/2$，$N_A \neq 0$ B. $M_A = Pd/2$，$Q_{A右} = P/2$，$N_A \neq 0$

    C. $M_A = Pd/2$，$Q_{A右} = P$，$N_A \neq 0$ D. $M_A = Pd/2$，$Q_{A右} = P/2$，$N_A = 0$

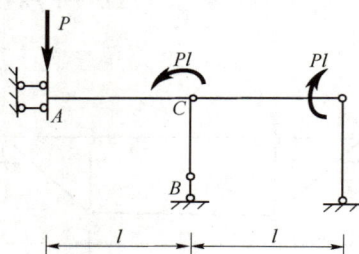

题 16-2-22 图

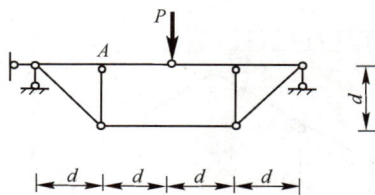

题 16-2-23 图

第三节   结构的位移计算

结构位移计算的目的：

（1）结构的刚度要求，需控制结构的最大位移在允许的范围之内。

（2）为解超静定结构以及结构动力计算等打下基础。

一、虚功原理

（一）虚功的概念

功的定义　　　　　　　　　　**力的功=力×相应的位移**

相应位移是指力的作用点沿力方向上的位移。

虚功是指做功的力与其所乘的相应位移，两者独立无关，是力与其他原因引起的相应位移的乘积，力与相应位移分别属于两种可能状态。

在功的定义中，力和相应位移都可以是广义的。广义力如集中力偶、一对等值反向共线的集中力、一对等值反向的集中力偶等；相应广义位移是角位移、相对线位移、相对角位移等。还可能有更一般的情况，但要求广义力与相应广义位移的乘积是功。

广义力×相应广义位移⇒功

（二）两种可能状态

（1）静力平衡可能状态：指结构所受的外力、内力满足全部静力平衡条件的状态，简称可能力状态。

（2）位移协调可能状态：指结构所发生的位移、变形满足全部几何连续条件的状态，简称可能位移状态。

两种可能状态分别是单纯从静力平衡的角度（前者）和单纯从变形几何连续的角度（后者）来讨论结构可能存在的状态，它们不一定是结构所处的真实状态。结构所处的真实状态，应该既是可能力状态，同时又是可能位移状态。

（三）变形体虚功原理的内容

可能力状态中的外力在可能位移状态相应位移上所做的虚功（称为外力虚功）等于可能力状态中的内力在可能位移状态相应变形上所做的虚功（称为内力虚功或虚变形功）。

外力虚功=内力虚功

虚功原理的数学表达式称为虚功方程，它是以功的形式表达的静力平衡方程和几何连续方程的综合形式。

（四）虚功原理的应用条件

（1）外力、内力满足全部静力平衡条件，属于可能力状态。

（2）位移、变形满足全部几何连续条件，属于可能位移状态。

虚功原理与物性无关，既可应用于弹性、线性问题，也可应用于非弹性、非线性问题。

（五）虚功原理的两种表现形式和两种应用

（1）虚位移原理：是在虚设可能位移状态前提下的虚功原理，虚位移方程等价于静力平衡方程，可用于求解平衡问题。

（2）虚力原理：是在虚设可能力状态前提下的虚功原理，虚力方程等价于几何连续方程，可用于结构位移计算问题。

上述各原理之间的关系如图 16-3-1 所示。

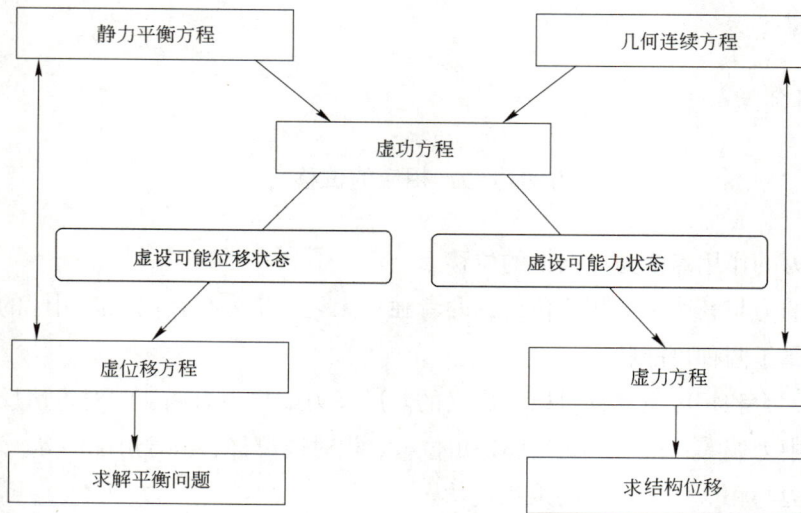

图 16-3-1

二、结构的位移计算——单位荷载法

（一）结构位移计算的一般公式

应用虚力原理可导出结构位移计算的一般公式。图 16-3-2a）虚线表示结构在荷载、支座移动及温度变化等实际外因作用下的真实变形，当然是可能位移状态。为求K截面沿K-K方向的位移分量Δ，虚设图 16-3-2b），是在K截面沿K-K方向施加单位力而引起的某一可能力状态。应用虚力原理可得

$$\Delta = \sum \int \overline{M} \mathrm{d}\theta + \sum \int \overline{Q} \mathrm{d}v + \sum \int \overline{N} \mathrm{d}u - \sum \overline{R}c \qquad (16-3-1)$$

此式既可用于静定结构，也可用于超静定结构由于各种原因引起的位移的计算。

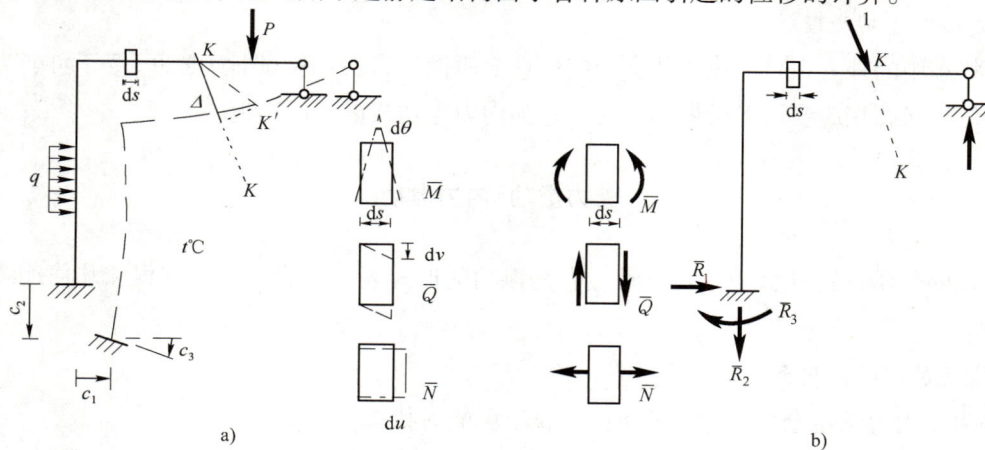

图 16-3-2

（二）各种结构的位移计算

1. 梁和刚架在荷载作用下的位移

梁和刚架的位移可只考虑弯曲变形的影响，将荷载引起的$\mathrm{d}\theta = \frac{M_\mathrm{P}}{EI} \mathrm{d}s$代入式（16-3-1），即得：

位移积分公式

$$\Delta = \sum \int \frac{\overline{M} M_\mathrm{P}}{EI} \mathrm{d}s \qquad (16-3-2)$$

图形相乘法公式

$$\Delta = \sum \frac{\omega y_0}{EI} \qquad\qquad (16-3-3)$$

在应用图乘法求梁和刚架的位移时，要注意下面几点：

（1）图乘法的应用条件：

①直杆；

②分段等截面；

③相乘的两个弯矩图中至少有一个是直线形弯矩图。

（2）单位力的施加方法：在所求位移的地点，沿所求位移的方向加单位力（可以是广义单位力）。

（3）图形相乘是指将一个弯矩图（曲线或直线）的面积乘以其形心所对另一弯矩图（必须是直线）的竖标，然后除以该段的抗弯刚度EI，分段求和。

（4）常见图形的面积及形心位置（见图16-3-3）。

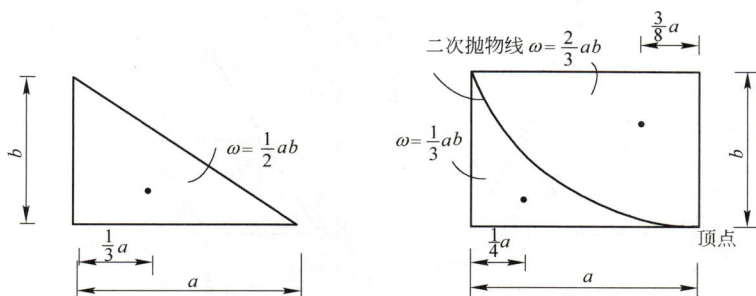

图 16-3-3　常见图形的面积及形心位置

（5）注意分段，一般在荷载不连续处、截面变化处及杆件方向改变处需分开。分段的概念是分段积分。

（6）注意弯矩图的分块，将弯矩图分解成几个面积及形心位置能直接计算的规则图形的组合。分块的概念是叠加原理的应用。

（7）同侧相乘为正，异侧相乘为负。求和后最后的正（负）号表示位移的实际方向与所加单位力的方向相同（相反）。

【例 16-3-1】 求如图 a）所示结构C点的竖向位移$\Delta_{CV}(EI = 2.1 \times 10^5 \text{kN} \cdot \text{m}^2)$。

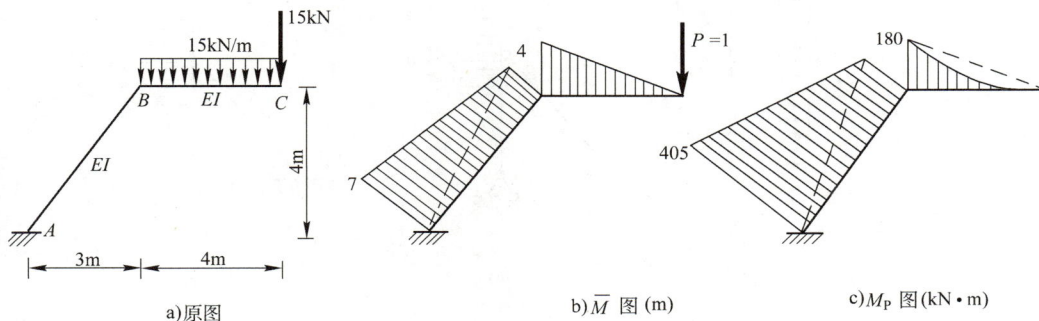

例 16-3-1 图

解　在C点加竖向单位力，作$\overline{M}$图（见图 b），并作M_P图（见图 c），图乘可得

$$\Delta_{CV} = \frac{1}{2.1 \times 10^5}\left[\frac{1}{2} \times 180 \times 4 \times \frac{2}{3} \times 4 - \frac{2}{3} \times \frac{15 \times 4^2}{8} \times 4 \times \frac{1}{2} \times 4 + \frac{1}{2} \times 180 \times 5 \times \left(\frac{2}{3} \times 4 + \frac{1}{3} \times 7\right) + \right.$$

$$\left. \frac{1}{2} \times 405 \times 5 \times \left(\frac{1}{3} \times 4 + \frac{2}{3} \times 7\right)\right]$$

$$= 0.043\,5\text{m} = 4.35\text{cm}(\downarrow)$$

2. 桁架在荷载作用下的位移

桁架杆件仅有轴向变形，将荷载引起的 $\mathrm{d}u = \frac{N_P}{EA}\mathrm{d}s$ 代入式（16-3-1）得

$$\Delta = \frac{\sum \overline{N} N_P l}{EA} \tag{16-3-4}$$

【例 16-3-2】 求如图 a）所示桁架结点 C 的竖向位移 Δ_C^V，各杆 EA 相同。

解 求荷载引起的轴力 N_P（见图 a），在 C 点加竖向单位力求轴力 $\overline{N}$（见图 b），可得

$$\Delta_C^V = \frac{2}{EA}\left[\left(-\frac{P}{\sqrt{3}}\right)\left(-\frac{1}{\sqrt{3}}\right)a + \left(\frac{P}{2\sqrt{3}}\right)\left(\frac{1}{2\sqrt{3}}\right)a\right] = \frac{5}{6}\frac{Pa}{EA}(\downarrow)$$

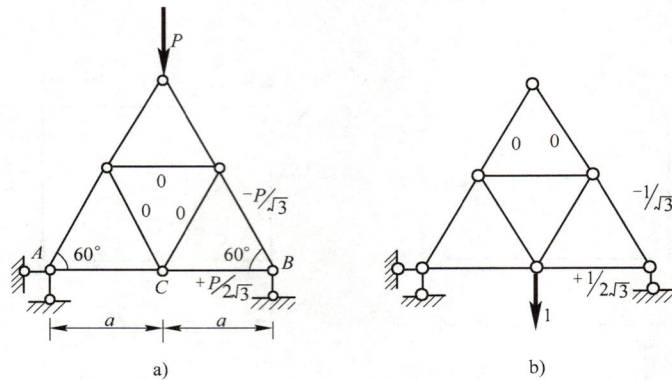

例 16-3-2 图

3. 组合结构在荷载作用下的位移

梁式杆只考虑弯曲变形的影响，链杆只有轴向变形的影响，故位移计算公式为

$$\Delta = \sum \int \frac{\overline{M} M_P}{EI}\mathrm{d}s + \sum \frac{\overline{N} N_P l}{EA} \tag{16-3-5}$$

【例 16-3-3】 求如图 a）所示组合结构 D 点的水平位移 Δ_D^H。

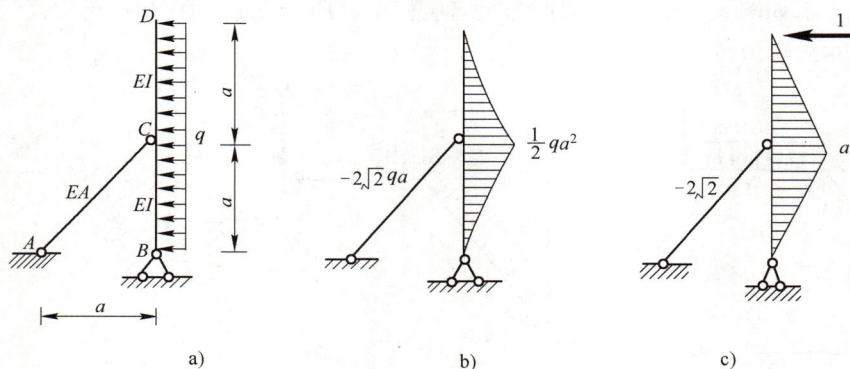

例 16-3-3 图

解 作 M_P 图（见图 b）及 D 点单位水平力引起的 $\overline{M}$ 图（见图 c），并求链杆轴力 N_P 及 $\overline{N}$，可得

$$\Delta_D^H = \frac{2}{EI}\left(\frac{1}{3} \times \frac{qa^2}{2}a \times \frac{3}{4}a\right) + \frac{1}{EA}(-2\sqrt{2}qa) \times (-2\sqrt{2})\sqrt{2}a = \frac{qa^4}{4EI} + \frac{8\sqrt{2}qa^2}{EA}(\leftarrow)$$

第十六章 结 构 力 学

4. 静定结构由于支座移动引起的位移

静定结构由于支座移动不引起内力及变形，只产生刚体位移，将$d\theta = dv = du = 0$代入式（16-3-1）得

$$\Delta = -\sum \overline{R}c \tag{16-3-6}$$

【**例 16-3-4**】求如图 a）所示三铰刚架由于图示支座移动引起结点C的竖向位移Δ_C^V及C点左右两侧截面的相对转角$\varphi_{C左右}$。

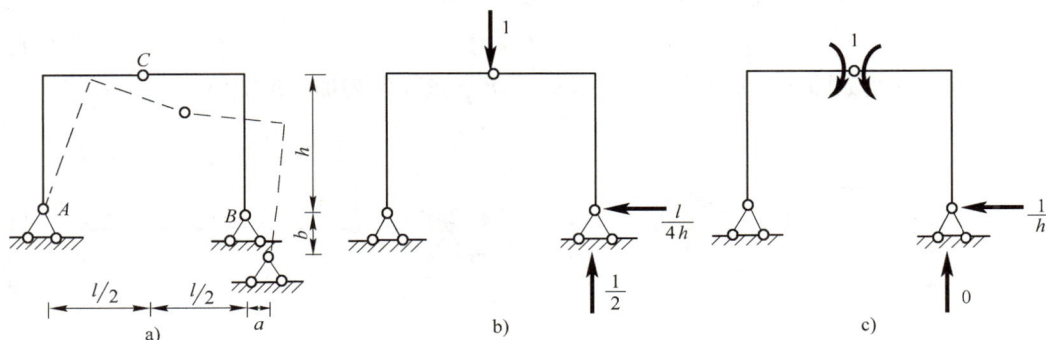

例 16-3-4 图

解　在C点加竖向单位力，求反力（见图 b），可得

$$\Delta_C^V = -\left(-\frac{l}{4h}a - \frac{1}{2}b\right) = \frac{l}{4h}a + \frac{1}{2}b(\downarrow)$$

在C点两侧加一对反向单位力偶求反力（见图 c），可得

$$\varphi_{C左右} = -\left(-\frac{1}{h}a\right) = \frac{1}{h}a(\circlearrowright\circlearrowleft)$$

5. 静定结构由于温度变化引起的位移

设杆件两侧温度变化分别为t_1及t_2，并沿截面高度呈线性变化，如图 16-3-4 所示，则轴线温度变化为$t_0 = (t_1h_2 + t_2h_1)/h$，温差$\Delta t = t_2 - t_1$，将$d\theta = \alpha\frac{\Delta t}{h}ds$及$du = \alpha t_0 ds$代入式（16-3-1），得

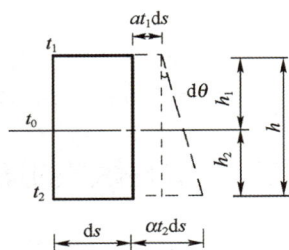

图　16-3-4

$$\Delta = \sum\int \overline{M}\cdot\alpha\frac{\Delta t}{h}ds + \sum\int \overline{N}\cdot\alpha t_0 ds = \sum\alpha\frac{\Delta t}{h}\omega_{\overline{M}} + \sum\alpha t_0\omega_{\overline{N}} \tag{16-3-7}$$

式中，$\omega_{\overline{M}}$及$\omega_{\overline{N}}$分别为$\overline{M}$图及$\overline{N}$图的面积，求和计算需考虑每项的正负号，以$\overline{M}$、$\overline{N}$在温度变形上做正功为正。

【**例 16-3-5**】求如图 a）所示刚架由于图示温度变化引起C点的竖向位移Δ_{Ct}^V，已知材料的线膨胀系数为α，各杆截面均为矩形，截面高度为h。

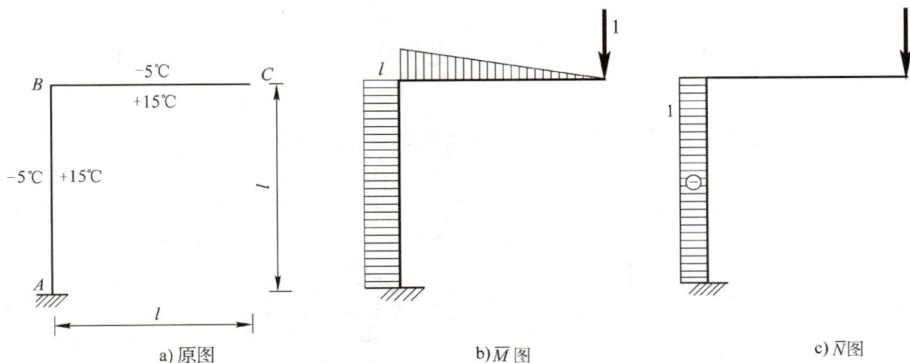

例 16-3-5 图

299

解　轴线温度变化$t_0 = (-5 + 15)/2 = 5℃$，温差$\Delta t = 15 - (-5) = 20℃$

在C点加竖向单位力，作$\overline{M}$图（见图 b）及$\overline{N}$图（见图 c），可得

$$\Delta_{ct}^{v} = -a\frac{20}{h}\left(\frac{1}{2}l \cdot l + l \cdot l\right) - a \cdot 5 \cdot 1 \cdot l = -\left(30\frac{al^2}{h} + 5al\right)(\uparrow)$$

6. 静定桁架由于制作误差引起的位移

可将桁架杆件制作误差视为杆的伸缩变形Δl，由式（16-3-1），得

$$\Delta = \sum\overline{N}\Delta l \tag{16-3-8}$$

【**例 16-3-6**】 欲使如图 a）所示桁架起拱 3cm，求下弦杆各需加长Δl的值。

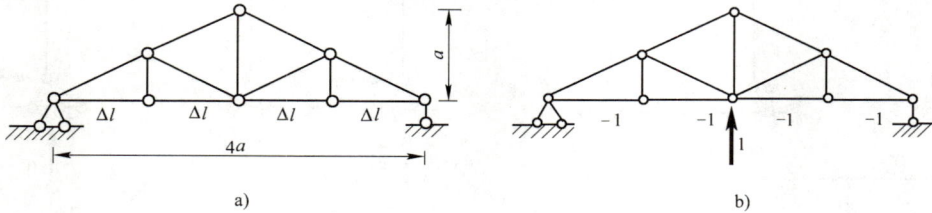

例 16-3-6 图

解　在下弦跨中结点加竖向单位力求轴力$\overline{N}$（见图 b），根据式（16-3-8），可得

$$3 = 4 \cdot (-1) \cdot \Delta l$$

$$\Delta l = -\frac{3}{4} = -0.75\text{cm}$$

下弦各杆均需截短 0.75cm。

三、线弹性体系的互等定理

根据虚功原理，引用线弹性条件，可推得下面几个互等定理。

（一）功的互等定理

第一状态的外力在第二状态相应位移上所做的虚功，等于第二状态的外力在第一状态相应位移上所做的虚功，如图 16-3-5 所示。

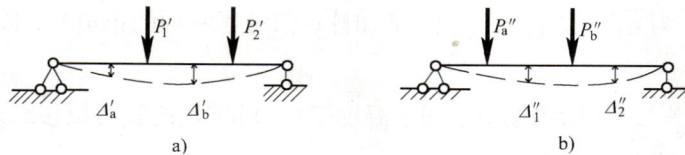

图　16-3-5

$$\sum P'\Delta'' = \sum P''\Delta' \tag{16-3-9}$$

（二）位移互等定理

第一单位力引起的与第二单位力相应的位移，等于第二单位力引起的与第一单位力相应的位移，如图 16-3-6 所示。

$$\delta_{21} = \delta_{12} \tag{16-3-10}$$

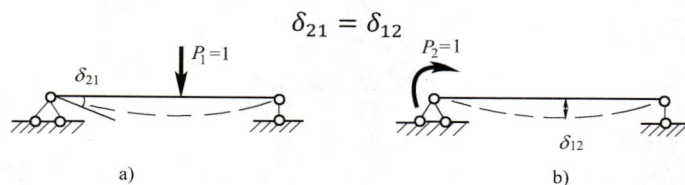

图　16-3-6

（三）反力互等定理

第一约束的单位位移引起第二约束的反力，等于第二约束的单位位移引起第一约束的反力，如图16-3-7所示。

$$r_{21} = r_{12} \qquad (16-3-11)$$

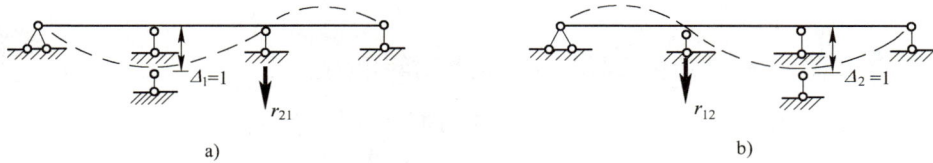

图 16-3-7

（四）反力位移互等定理

第一单位力引起的第二约束的反力，等于第二约束的单位位移引起的与第一单位力相应位移的负值，如图16-3-8所示。

$$r'_{21} = -\delta'_{12} \qquad (16-3-12)$$

图 16-3-8

四、注意事项及例题分析

（1）要在虚功及两种可能状态概念的基础上理解变形体虚功原理的内容及其应用条件。知道虚位移原理与平衡条件等价、虚力原理与几何连续条件等价，懂得根据虚力原理求位移的过程，当所求位移没有现成公式可以利用时（如制作误差、材料收缩等局部已知变形引起的位移），可直接应用虚力原理来求。

（2）位移计算的重点是应用图乘法求静定梁与刚架指定截面的位移，以及简单的桁架及组合结构的位移计算，应很好掌握。要注意虚设的单位力应与所求广义位移相匹配（乘积为功），位移计算公式中每一项都是虚力在实际位移上所做的虚功。有的题目并不要求计算出具体数值而是要求位移的方向，这就需要根据基本概念及虚功的正负符号来做出判断。静定结构支座移动引起的位移属刚体位移，简单情况可直接根据几何关系思考，也可应用刚体体系虚功原理来求。

（3）如果是对称结构（结构的几何图形、支座及刚度均对称），应注意利用对称性，特别是零位移的判断：对称结构受对称荷载作用，反对称位移为零；对称结构受反对称荷载作用，对称位移为零。有的结构仅支座不对称，当处于对称受力状态时，其位移状态并不对称，但常与对称位移状态仅差一刚体位移。

（4）互等定理只适用于线弹性（弹性、小变形）结构，需懂得其内容及应用。

【例 16-3-7】如图 a）所示梁中点的挠度为：

    A. $Pl^3/(12EI)$ B. $3Pl^3/(32EI)$

    C. $5Pl^3/(48EI)$ D. $Pl^3/(8EI)$

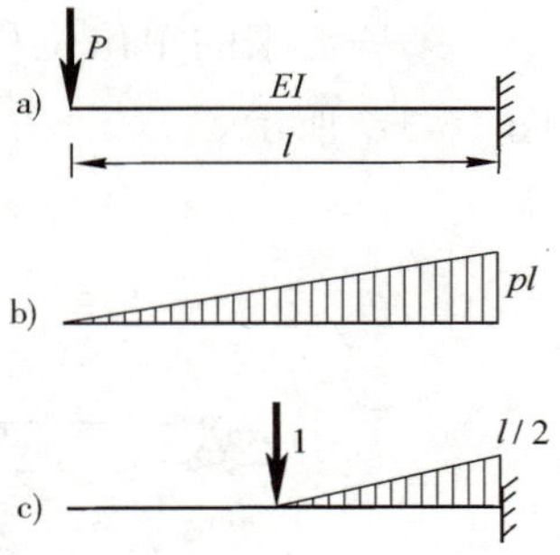

解 作图 b）、c），图乘可得中点挠度为

$$\frac{1}{EI} \times \frac{1}{2} \times \frac{l}{2} \times \frac{l}{2} \times \frac{5}{6}Pl = \frac{5}{48}\frac{Pl^3}{EI}(\downarrow)$$

答案： C

例 16-3-7 图

【例 16-3-8】如图 a）所示结构截面 A、B 间的相对转角 φ_{AB} 为：

    A. $qa^3/(6EI)$ B. $qa^3/(3EI)$

    C. $qa^3/(2EI)$ D. $2qa^3/(3EI)$

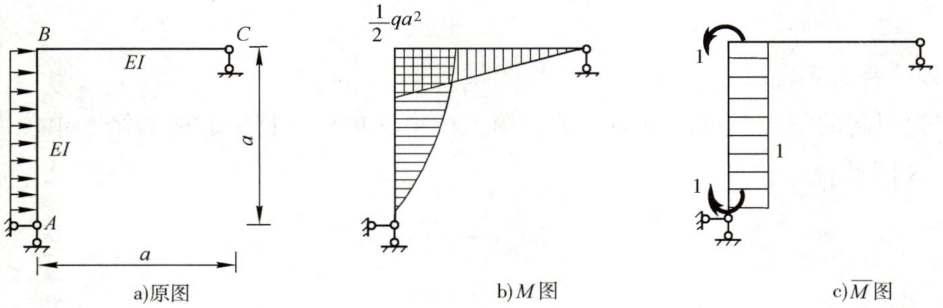

例 16-3-8 图

解 作图 b）、c），图乘可得

$$\varphi_{AB} = \frac{1}{EI} \times \frac{2}{3} \times \frac{qa^2}{2} \times a = \frac{1}{3}\frac{qa^3}{EI}$$

答案： B

【例 16-3-9】如图所示结构各杆 EI 相同，结点 D 的竖向位移 Δ_{DV} 为：

    A. $5ql^4/(192EI) + Pl^3/(24EI)$ B. $5ql^4/(96EI) + Pl^3/(12EI)$

    C. $5ql^4/(24EI) + Pl^3/(6EI)$ D. $5ql^4/(12EI) + Pl^3/(3EI)$

解 下部杆件 CD、ED、DF 为附属部分，不受力，所以 Δ_{DV} 与简支梁 AB 中点 C 的挠度相同，即

$$\Delta_{DV} = \Delta_{CV} = \frac{5q(2l)^4}{384EI} + \frac{P(2l)^3}{48EI} = \frac{5ql^4}{24EI} + \frac{Pl^3}{6EI}$$

答案： C

【例 16-3-10】如图所示结构 a、l、h 均大于零，B 点水平位移：

    A. 向左   B. 向右

    C. 为零   D. 不定，需据 a、l、h 的比值而定

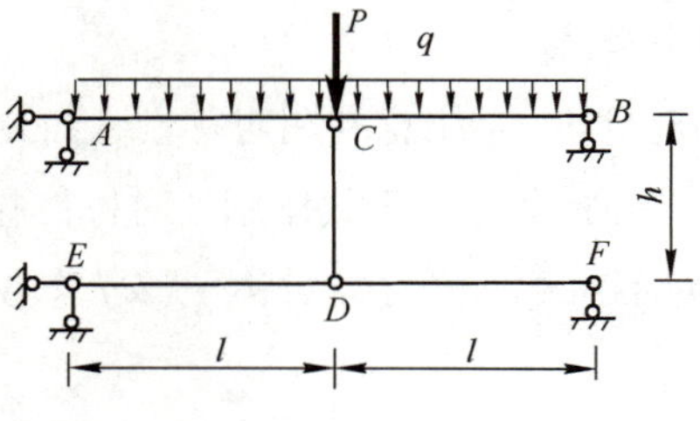

例 16-3-9 图 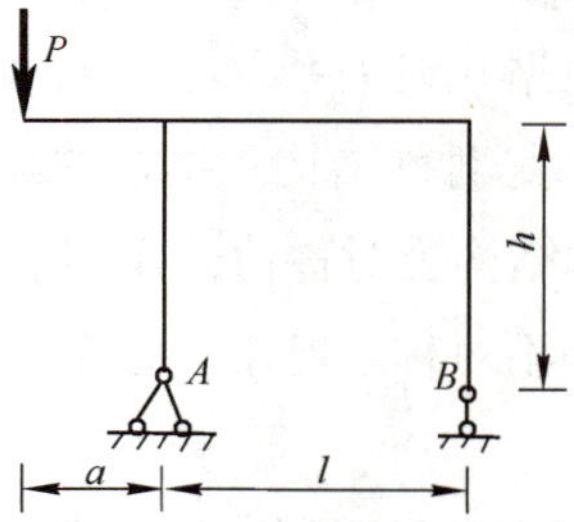   例 16-3-10 图

解 荷载P引起的弯矩图在水平杆的上侧，竖杆弯矩为零，若在B点虚设向左的单位集中力，它引起的单位弯矩图在外侧，图乘为正，所以B点水平位移向左。

答案：A

【例 16-3-11】 如图所示结构，各杆EI相同，在荷载P作用下，C、D两点：

    A. 间距增大   B. 间距减小

    C. 都向左移相同距离   D. 都向右移相同距离

解 此题为对称结构，可将所给荷载分解为对称与反对称两组。对称的两个$P/2$仅使杆EF、FG受压，不引起C、D两点的位移。反对称的两个$P/2$引起反对称的弯矩图，为求C、D两点间的相对线位移，需在C、D加一对反向单位集中力，引起对称的单位弯矩图，两者图乘求和为零，故C、D两点间无相对线位移。另外，注意到荷载弯矩图CA段在左侧，在C点加向右的单位力才能图乘得正号，所以，C、D两点都向右移相同距离。

答案：D

【例 16-3-12】 如图所示桁架各杆EA相同，结点B的竖向位移Δ_{BV}等于：

    A. 0   B. $Pd/(\sqrt{2}EA)$ C. $Pd/(EA)$ D. $\sqrt{2}Pd/(EA)$

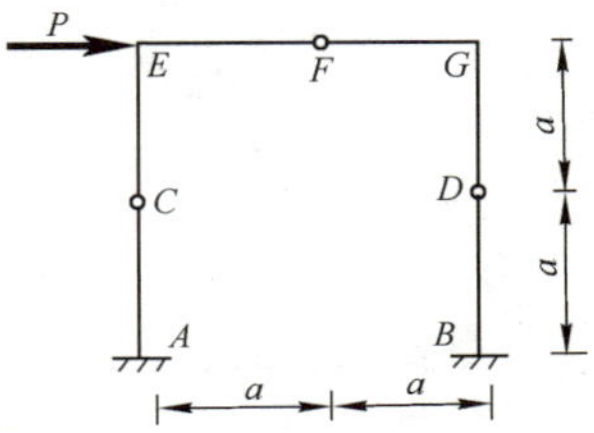

例 16-3-11 图 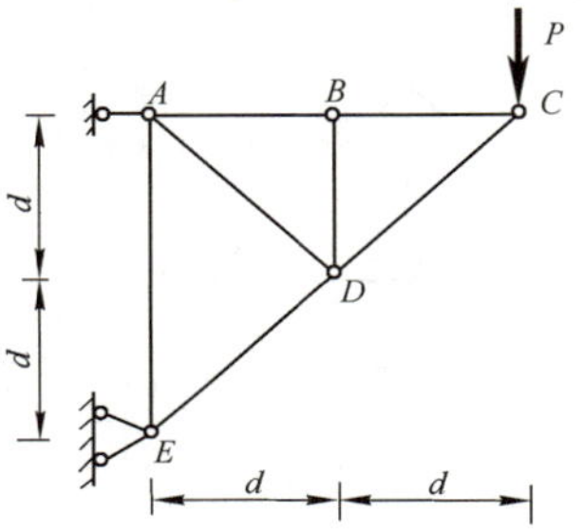   例 16-3-12 图

解 荷载P引起AB、BC、CD、DE四杆内力为非零值，其中$N_{DE}=-\sqrt{2}P$。在B点施加竖直向下单位集中力引起BD、AD、DE、AE四杆的内力为非零值，其中$\overline{N}_{DE}=-\sqrt{2}/2$，可见荷载$P$与单位力引起的非零内力只有$DE$杆重叠，故

$$\Delta_{BV}=\sum\frac{\overline{N}N_{P}l}{EA}=\frac{(\sqrt{2}P)\times\left(-\frac{\sqrt{2}}{2}\right)\times\sqrt{2}d}{EA}=\sqrt{2}\frac{Pd}{EA}$$

答案：D

【例 16-3-13】 如图所示桁架，各杆EA相同，结点C的竖向位移等于：

    A. 0   B. $\sqrt{2}Pd/(EA)$ C. $2Pd/(EA)$ D. $2\sqrt{2}Pd/(EA)$

解 注意到位于此对称桁架对称轴线上的无载 K 形结点C两斜杆内力为零，可知荷载P仅使斜杆AD、DB受力。而当在C点施加竖向单位集中力时，交于结点D的斜杆AD、DB内力为零。可见荷载P与单位力引起的非零内力互不重叠，故

$$\Delta_{CV}=\sum\frac{\overline{N}N_{P}l}{EA}=0$$

答案：A

【例 16-3-14】 如图所示结构支座A左移a、下沉b为已知，则D点的竖向位移Δ_{DV}为：

    A. $a+b(\uparrow)$ B. $b(\uparrow)$ C. $b(\downarrow)$ D. $b/2(\downarrow)$

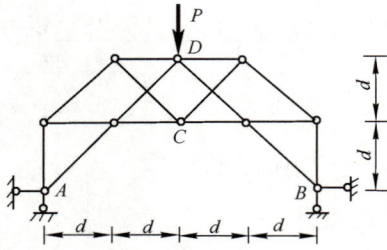

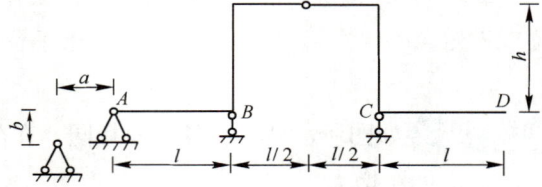

例 16-3-13 图　　　　　　　　　　　　　　例 16-3-14 图

解　在 D 点虚设向下的单位集中力，用平衡条件可求得支座 A 的水平反力 $\overline{H}_A = 0$，竖向反力 $\overline{V}_A = 1(\uparrow)$，或注意到结点平衡，容易作出单位力作用下的弯矩图，求得 $\overline{M}_{BA} = l$（下侧受拉），再由 $\overline{M}_{BA} = \overline{V}_A l$ 反求得 $\overline{V}_A = 1(\uparrow)$。应用静定结构由于支座移动的位移公式得

$$\Delta_{DV} = -\sum \overline{R} l = -(0 \cdot a - 1 \cdot b) = b(\downarrow)$$

答案：C

【例 16-3-15】 如图 a）所示桁架，当 AC 杆因温度升高而伸长时，AC 杆：

　　A. 作顺时针转动　　　　　　　　　B. 作逆时针转动

　　C. 不转动　　　　　　　　　　　　D. 转向不定，随 α 值而定

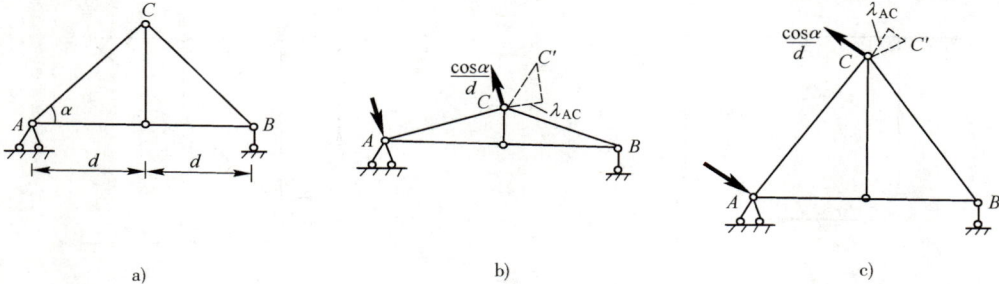

例 16-3-15 图

解　在 AC 杆上虚设反对针转向的单位力偶（化为垂直于杆的结点集中力 $\cos\alpha/d$），由虚力原理可知

$$1 \cdot \varphi_{AC} = \overline{N}_{AC} \lambda_{AC}$$

其中温度变形 λ_{AC} 为伸长。可见当 $\alpha < 45°$ 时，$\overline{N}_{AC}$ 为拉力，φ_{AC} 为正值，AC 杆逆时针转动（见图 b）；而当 $\alpha > 45°$ 时，$\overline{N}_{AC}$ 为压力，φ_{AC} 为负值，AC 杆顺时针转动（见图 c）；$\alpha = 45°$ 时，$\varphi_{AC} = 0$。AC 杆不转动。AC 杆的转向也可用几何作图的方法由变形后的结点位置 C' 来确定，如图 b）、c）所示。

答案：D

【例 16-3-16】 如图所示组合结构，EI，EA 均为有限值，C、B 两点水平位移 Δ_{CH}、Δ_{BH} 的关系是：

　　A. $\Delta_{CH} = \Delta_{BH} = 0$　　　　　　　　B. $\Delta_{CH} = 0$ 或 $\Delta_{BH} = 0$

　　C. $\Delta_{CH} = \Delta_{BH} \neq 0$　　　　　　　　D. $\Delta_{CH} = \Delta_{BH}/2 \neq 0$

解　需注意荷载作用时，水平反力为零，引起对称的 M_P 图，杆 AB 产生拉力 N_P，但位移并不对称。若用单位荷载法求位移，当在 C 点加向右的单位力时，引起反对称的 $\overline{M}$ 图，杆 AB 产生拉力 $\overline{N} = 1/2$；而当在 B 点加向右单位力时，弯矩全为零，杆 AB 产生拉力 $\overline{N} = 1$。根据组合结构位移计算公式，弯矩图乘求和为零，只有杆 AB 轴向变形的影响，故得 $\Delta_{CH} = N_P l/(2EA)$，$\Delta_{BH} = N_P l/(EA)$。

　　此题由于支座 A、B 约束不同，不是对称结构，但水平反力为零，仍可利用对称性分析。设想没有支座 A 的水平链杆，在图示对称荷载作用下仍能平衡并产生对称的受力状态和对称的变形状态，这时 A 点

向左移$N_{\mathrm{P}}l/(2EA)$，B点向右移$N_{\mathrm{P}}l/(2EA)$，但原题A点位移为零，故需整体右移$N_{\mathrm{P}}l/(2EA)$才能与原题相符，故正确答案为D。

答案： D

【例 16-3-17】 图示对称结构C点的水平位移$\varDelta_{\mathrm{CH}} = \varDelta(\rightarrow)$，若$AC$杆$EI$增大一倍，$BC$杆$EI$不变，则$\varDelta_{\mathrm{CH}}$变为：

  A. $2\varDelta$ B. $1.5\varDelta$ C. $0.5\varDelta$ D. $0.75\varDelta$

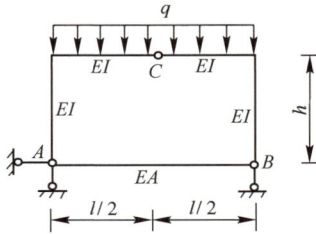

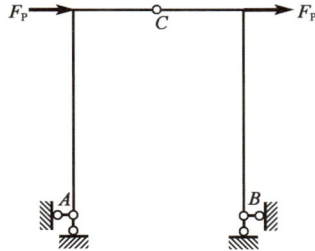

例 16-3-16 图   例 16-3-17 图

解   本题荷载弯矩图及求位移加单位力引起的弯矩图均为反对称图形，故图乘时可分左、右分别图乘然后相加。按题意，位移可表达为

$$\varDelta_{\mathrm{CH}} = \frac{1}{2}\varDelta + \frac{1}{2}\varDelta = \varDelta$$

当AC杆刚度由EI变为$2EI$时，由于图乘时刚度在分母，故新的位移为

$$\varDelta'_{\mathrm{CH}} = \frac{1}{2}\frac{1}{2}\varDelta + \frac{1}{2}\varDelta = \frac{3}{4}\varDelta$$

答案： D

【例 16-3-18】 图示结构不考虑轴向变形，$\varDelta_{\mathrm{CH}} = \varDelta(\rightarrow)$，若结构$EI$增大一倍，则$\varDelta_{\mathrm{CH}}$变为：

  A. $2\varDelta$ B. $1.5\varDelta$

  C. $0.5\varDelta$ D. $0.75\varDelta$

解   在线弹性结构位移计算公式中，刚度为分母，结构的位移与刚度成反比。

答案： C

【例 16-3-19】 图示结构忽略轴向变形和剪切变形，若增大弹簧刚度k，则节点A的水平位移$\varDelta_{\mathrm{AH}}$为：

  A. 增大   B. 减小

  C. 不变   D. 可能增大，可能减小

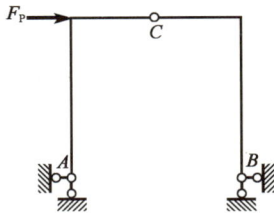

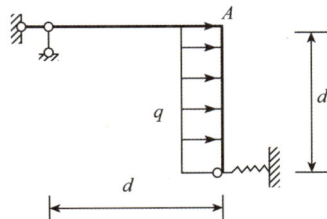

例 16-3-18 图   例 16-3-19 图

解   忽略轴向变形，水平杆只能弯曲和绕左铰支座摆动，A点水平位移为零，保持不变。

答案： C

习　题

16-3-1　图示结构杆长为 l，$EI =$ 常数，C 点两侧截面相对转角 φ_C 为（　　　）。

A. $3Pl/(2EA)$　　　　B. $Pl^2/(12EI)$　　　　C. 0　　　　　　　　D. $Pl^3/(6EI)$

16-3-2　图示刚架 B 点水平位移 Δ_{BH} 为（　　　）。

A. $qa^4/(4EI)(\rightarrow)$　　B. $7qa^4/(12EI)(\rightarrow)$　　C. 0　　　　　　　D. $4qa^4/(12EI)(\rightarrow)$

16-3-3　图示为刚架在均布荷载作用下的 M 图，曲线为二次抛物线，横梁的抗弯刚度为 $2EI$，竖柱为 EI，支座 A 处截面转角为（　　　）。

A. $5qa^3/(12EI)$（顺时针）　　　　　　B. $5qa^3/(12EI)$（逆时针）

C. $qa^3/(2EI)$（顺时针）　　　　　　　D. $qa^3/(2EI)$（逆时针）

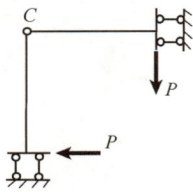

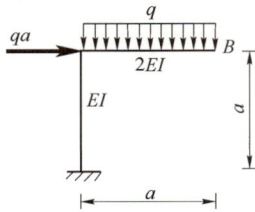

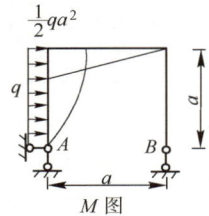

题 16-3-1 图　　　　　　　　　题 16-3-2 图　　　　　　　　　题 16-3-3 图

16-3-4　图示梁铰 C 左侧截面转角时，其虚拟的单位力状态应取（　　　）。

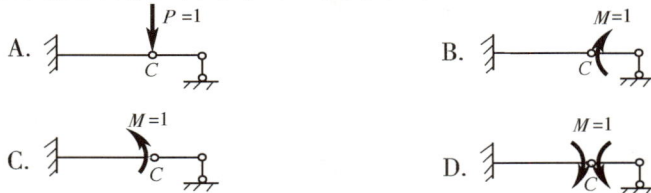

16-3-5　图示结构中 AC 杆的温度升高 $t°C$，则杆 AC 与 BC 间的夹角变化是（　　　）。

A. 增大　　　　　　　　B. 减小　　　　　　　　C. 不变　　　　　　　　D. 不定

16-3-6　图示结构 $EI =$ 常数，截面 C 的转角是（　　　）。

A. $ql^3/(8EI)$（逆时针）　　　　　　B. $5ql^3/(24EI)$（逆时针）

C. $ql^3/(24EI)$（逆时针）　　　　　　D. $ql^3/(24EI)$（顺时针）

16-3-7　图示梁当 $EI =$ 常数时，B 端的转角是（　　　）。

A. $5ql^3/(48EI)$（顺时针）　　　　　　B. $5ql^3/(48EI)$（逆时针）

C. $7ql^3/(48EI)$（逆时针）　　　　　　D. $9ql^3/(48EI)$（逆时针）

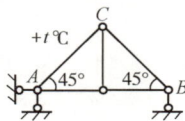

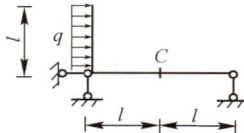

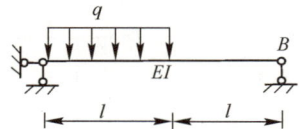

题 16-3-5 图　　　　　　　　　题 16-3-6 图　　　　　　　　　题 16-3-7 图

16-3-8　图示桁架 B 点竖向位移（向下为正）Δ_{BV} 为（　　　）。

A. $(4+2\sqrt{2})Pa/(EA)$　　　　　　　B. $(-4+2\sqrt{2})Pa/(EA)$

C. $(2+2\sqrt{2})Pa/(EA)$　　　　　　　D. 0

16-3-9 图示结构 A、B 两点相对竖向位移 Δ_{AB} 为（　　）。

A. $2\sqrt{2}Pa/(EA)$

B. $3Pa/(EA)$

C. $8Pa/(EA)$

D. 0

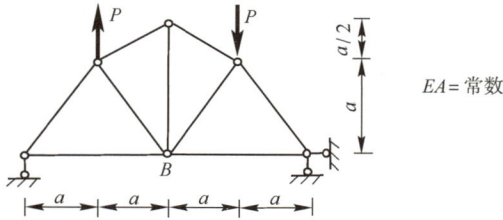

$EA=$ 常数

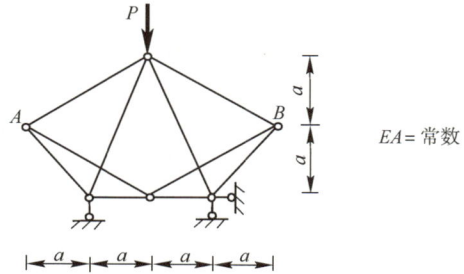

$EA=$ 常数

题 16-3-8 图　　　　　　　　题 16-3-9 图

16-3-10 设 a、b 及 φ 分别为图示结构 A 支座发生的移动及转动，由此引起 B 点的水平位移（向左为正）Δ_{BH} 为（　　）。

A. $h\varphi - a$

B. $h\varphi + a$

C. $a - h\varphi$

D. 0

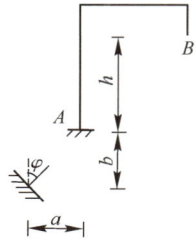

题 16-3-10 图

16-3-11 用图乘法求位移的必要应用条件之一是（　　）。

A. 单位荷载作用下的弯矩图为一直线

B. 结构可分为等截面直杆段

C. 所有杆件 EI 为常数且相同

D. 结构必须是静定的

16-3-12 变形体虚位移原理的虚功方程中包含了力系与位移（及变形）两套物理量，其中（　　）。

A. 力系必须是虚拟的，位移是实际的

B. 位移必须是虚拟的，力系是实际的

C. 力系与位移都必须是虚拟的

D. 力系与位移两者都是实际的

16-3-13 位移互等及反力互等定理适用的结构是（　　）。

A. 刚体

B. 任意变形体

C. 线性弹性结构

D. 非线性结构

16-3-14 如图 a）、b）所示两种状态中，作用于 A 截面的水平单位集中力 $P=1$ 引起 B 截面的转角为 φ，作用于 B 截面的单位集中力偶 $M=1$ 引起 A 点的水平位移为 δ，则 φ 与 δ 两者（　　）。

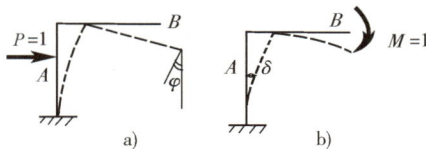

题 16-3-14 图

A. 大小相等，量纲不同

B. 大小相等，量纲相同

C. 大小不等，量纲不同

D. 大小不等，量纲相同

16-3-15　如图 a)、b)所示两种状态中，梁的转角 φ 与竖向位移 δ 间的关系为（　　　）。

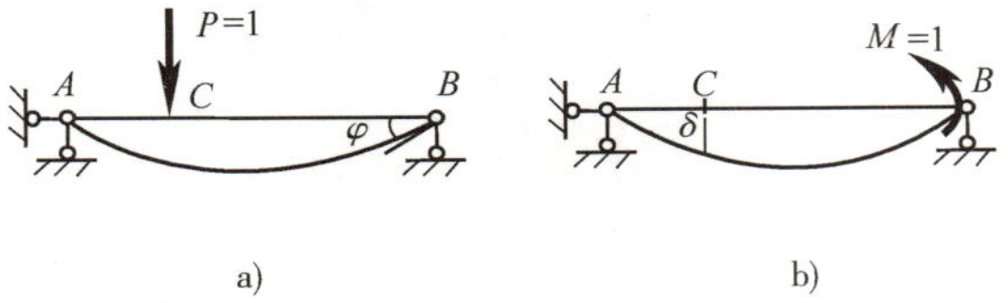

题 16-3-15 图

A. $\delta = \varphi$　　　　　　　　　　　　　　B. δ 与 φ 关系不定，取决于梁的刚度大小

C. $\delta > \varphi$　　　　　　　　　　　　　　D. $\delta < \varphi$

16-3-16　图示结构当 E 点有 $P = 1$ 向下作用时，B 截面产生逆时针转角 φ，则当 A 点有图示单位力偶荷载作用时，E 点产生的竖向位移为（　　　）。

A. $\varphi(\uparrow)$　　　　　　B. $\varphi(\downarrow)$　　　　　　C. $\varphi a(\uparrow)$　　　　　　D. $\varphi a(\downarrow)$

16-3-17　图示结构 $EA = $ 常数。C、D 两点的水平相对线位移为（　　　）。

A. $2Pa/(EA)$　　　　B. $Pa/(EA)$　　　　C. $3Pa/(2EA)$　　　　D. $Pa/(3EA)$

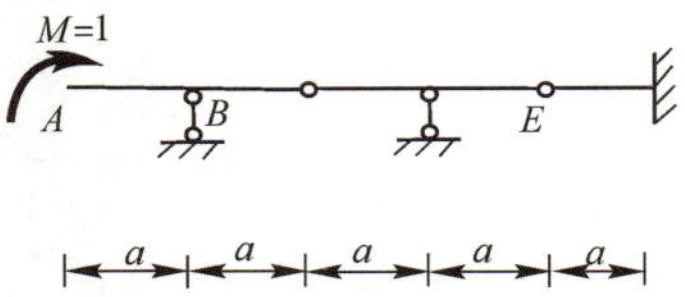

题 16-3-16 图

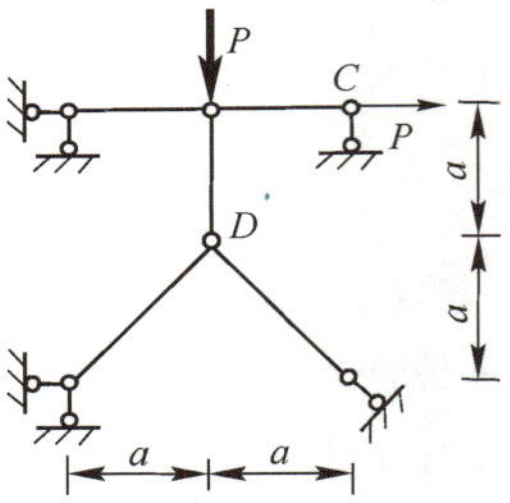

题 16-3-17 图

第四节　超静定结构的受力分析与特性

一、超静定结构的基本概念

（一）超静定结构的基本特征

（1）几何特征：几何不变，有多余约束。

（2）静力特征：未知力数大于独立平衡方程式数，仅依靠平衡方程不能将全部反力及内力都求出。满足平衡的内力解答不唯一。

几何特征与静力特征相互对应，每一特征都可作为超静定结构的定义，该含义如图 16-4-1 所示。

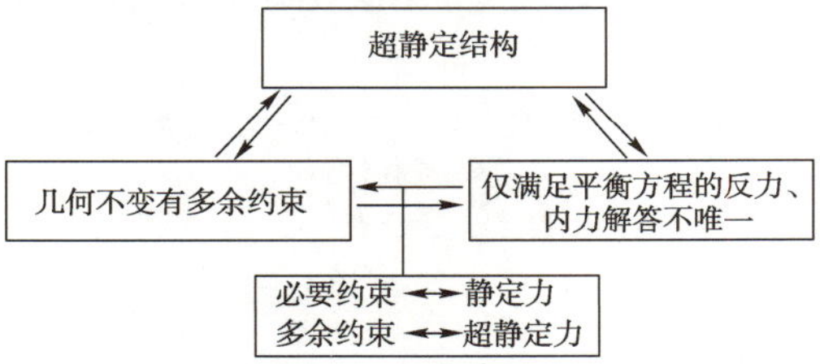

图　16-4-1

超静定结构的多余约束数，即未知力数多于独立平衡方程式的数目，称为超静定次数。判定超静定次数的实用方法是：将原超静定结构变为几何不变的、静定的结构，所需撤去多余约束的数目，即为超

静定次数。

（二）超静定结构内力求解的基本原则

超静定结构的真实内力分布必须同时满足：

（1）平衡方程。

（2）变形协调方程（包括几何方程和物理方程）。

（三）超静定结构的一般性质

（1）超静定结构的内力分布与各杆件的刚度有关。关于刚度对内力分布的影响应注意：

①在荷载作用下，超静定结构的内力分布决定于各杆件刚度的比值，计算时允许使用刚度的相对值。在非荷载因素（如支座移动、温度变化及制作误差等）作用下，超静定结构的内力分布决定于各杆件刚度的绝对值，计算时必须使用刚度的绝对值。

②改变各杆件的刚度，一般都将引起超静定结构内力的重新分布，据此，可通过改变杆件刚度的办法来调整内力分布，使其均匀合理。

例如图 16-4-2a）所示刚架，若横梁刚度远大于立柱刚度，横梁的弯矩图接近于简支梁的弯矩图，跨中弯矩很大，如图 16-4-2b）所示，这种内力状态不利。反之，若立柱的刚度远大于横梁的刚度，横梁的弯矩图接近于两端固定梁的弯矩图，横梁端部弯矩值大，立柱顶端弯矩值也大，如图 16-4-2c）所示，这种内力状态也不够有利。适当调整梁-柱的刚度比例，可以使横梁的跨中弯矩与端部弯矩绝对值大体相等，可使弯矩分布较均匀合理。

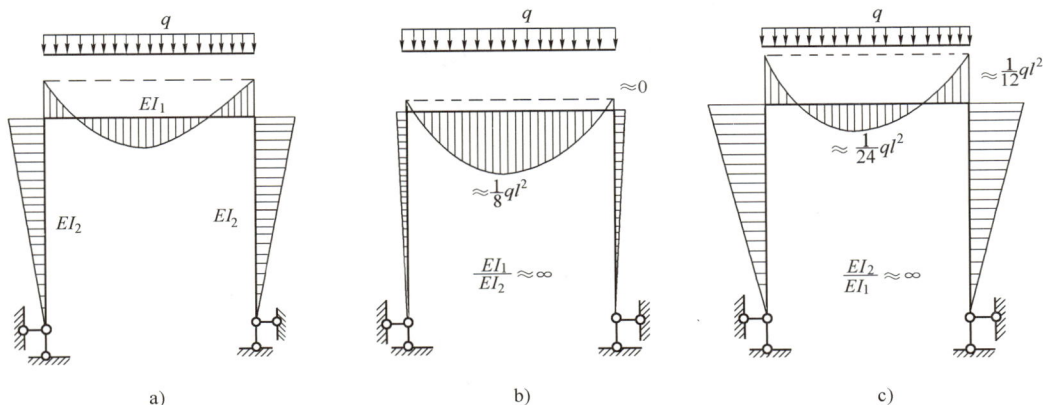

图 16-4-2

③某些特定结构在某些特定荷载作用下，其内力分布有可能不受截面刚度变化的影响。例如图 16-4-3 所示，当两杆截面刚度发生变化时并不引起内力的重新分布。

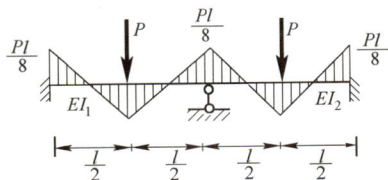

图 16-4-3

（2）非荷载因素会在超静定结构中引起内力，这种内力称为自内力。关于自内力应注意：

①"没有荷载就没有内力"这句话只适用于静定结构。静定结构不会产生自内力，超静定结构则有产生自内力的可能。支座移动、温度变化、制作误差及材料收缩等因素都会使超静定结构产生内力。

②自内力与结构各杆件刚度的绝对值有关，计算时不能使用相对值。

③自内力一般与结构各杆件刚度的绝对值成正比，增大杆件的刚度，则其自内力也相应增大，故依靠增加刚度来提高结构对非荷载因素的抵抗能力并非有效措施。

④可以主动地利用自内力来调整结构的内力状况，例如预应力结构的应用。

（3）超静定结构的整体性好，刚度大，防护能力强，内力分布比较均匀。

①局部荷载影响范围大，内力分布比较均匀合理。

例如图 16-4-4 所示，荷载P的作用，图 16-4-4a）只使基本部分受力，而图 16-4-4b）使全梁受力，影响范围大，受力比较均匀，也减少了内力的峰值，变形也比较均匀。

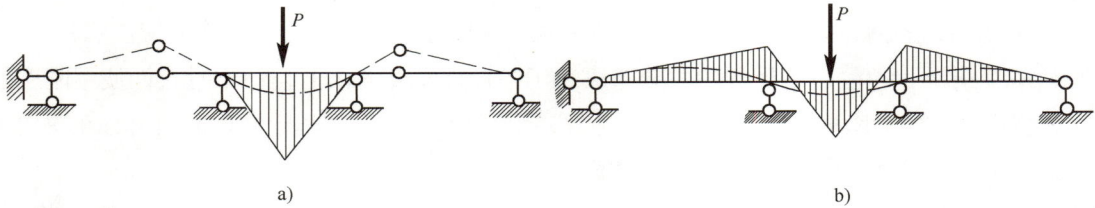

图　16-4-4

又如图 16-4-5 所示，荷载等效变化，图 16-4-5a）只影响局部，而图 16-4-5b）影响全梁。

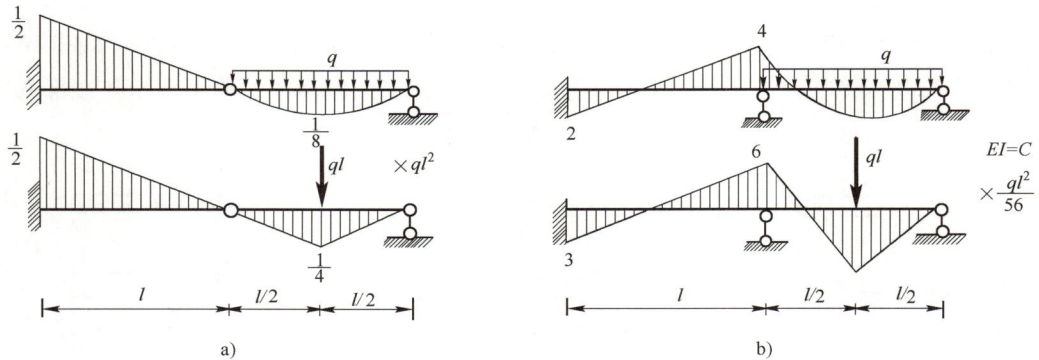

图　16-4-5

②防护能力强。多余约束遭到破坏仍可维持几何不变，仍有一定承载能力。

③整体性好，刚度大，稳定性好。

例如，如图 16-4-6 所示，梁的最大挠度，图 16-4-6b）仅为图 16-4-6a）的1/5。又如图 16-4-7 所示，柱的临界荷载，图 16-4-7b）为图 16-4-7a）的 4 倍。

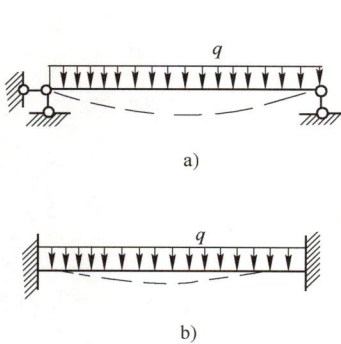

图　16-4-6

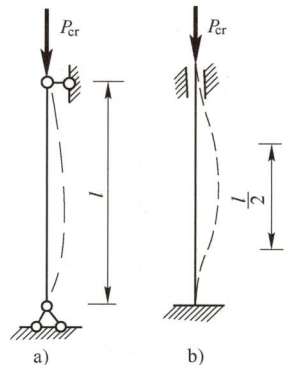

图　16-4-7

下面讨论超静定结构内力的解法——力法、位移法、力矩分配法。

二、力法

（一）力法基本思路（见图 16-4-8）

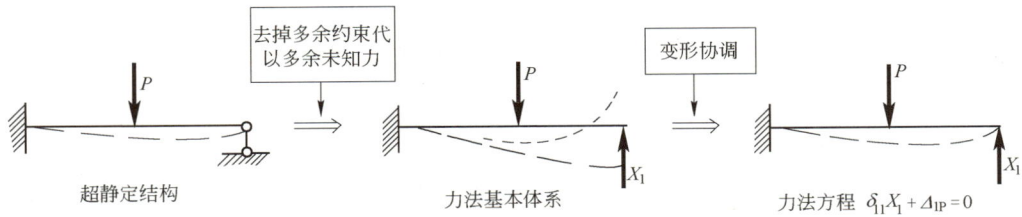

图　16-4-8

（二）力法原理要点

力法是以多余未知力为基本未知量的求解方法，其要点是：

1. 选择力法基本未知量和力法基本结构，建立力法基本体系

原则是：去掉多余约束，代之以相应的多余未知力（即力法基本未知量），使原超静定结构变为几何不变的、静定的结构（称为力法基本结构）。将实际荷载等外因和多余未知力共同作用在基本结构上，形成力法基本体系。

显然，力法基本体系处于平衡状态，它已满足了平衡条件，但多余未知力的值不唯一。

2. 建立力法典型方程

原则是：使力法基本结构在荷载等外因和多余未知力的共同作用下，沿多余未知力方向的位移等于原超静定结构的相应给定位移，从而实现与原结构的变形完全一致。

据此建立起的力法方程实际上是变形协调方程。

如图 16-4-9a）所示为某一高次超静定结构，承受荷载、支座移动及温度变化等外因的作用，其力法基本体系如图 16-4-9b）所示，力法典型方程的形式为

$$
\left.
\begin{aligned}
\Delta_1 = \overline{\Delta}_1, & \quad \delta_{11}X_1 + \delta_{12}X_2 + \delta_{13}X_3 + \Delta_{1P} + \Delta_{1C} + \Delta_{1t} = \overline{\Delta}_1 \\
\Delta_2 = \overline{\Delta}_2, & \quad \delta_{21}X_1 + \delta_{22}X_2 + \delta_{23}X_3 + \Delta_{2P} + \Delta_{2C} + \Delta_{2t} = \overline{\Delta}_2 \\
\Delta_3 = \overline{\Delta}_3, & \quad \delta_{31}X_1 + \delta_{32}X_2 + \delta_{33}X_3 + \Delta_{3P} + \Delta_{3C} + \Delta_{3t} = \overline{\Delta}_3
\end{aligned}
\right\}
\tag{16-4-1}
$$

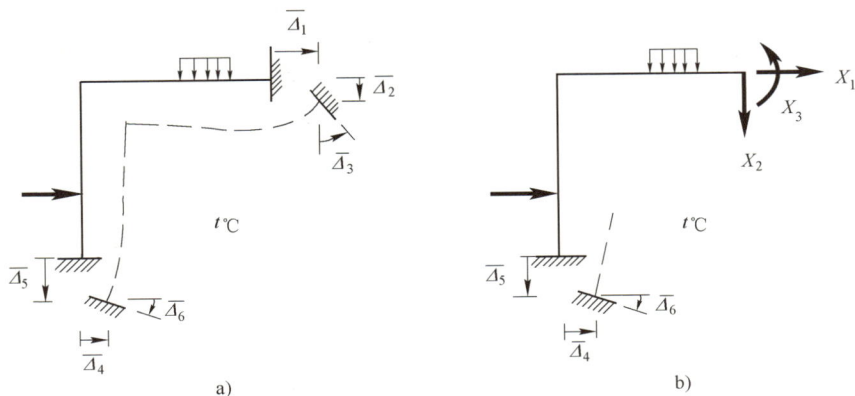

图　16-4-9

对于 n 次超静定结构，力法典型方程的一般形式可缩写为

$$\sum_{j=1}^{n} \delta_{ij}X_j + \Delta_{iP} + \Delta_{iC} + \Delta_{it} = \overline{\Delta}_i \qquad (i = 1,2,\cdots,n) \tag{16-4-2}$$

其中，柔度系数δ_{ij}表示在基本结构上由于$X_j = 1$引起的X_i方向上的位移，根据位移互等定理可知$\delta_{ij} = \delta_{ji}$；自由项$\Delta_{iP}$、$\Delta_{iC}$、$\Delta_{it}$分别表示基本结构上由于荷载、支座移动、温度变化引起X_i方向上的位移；等式右端的$\overline{\Delta}_i$表示原超静定结构沿X_i方向上的给定位移。对于无支座移动的刚性多余约束或结构内部多余约束，其切口处的相对位移$\overline{\Delta}_i = 0$。

力法方程等式左端是基本体系沿多余未知力方向的位移，等式右端是原结构沿同一方向的位移，两者大小相等，变形协调。

由力法方程解出的多余约束力，既满足平衡方程，又满足变形协调方程，即是真解。

（三）用力法计算超静定结构的内力

【例 16-4-1】用力法解如图 a）所示刚架，并作弯矩图，EI = 常数。

解 力法基本体系如图 b）所示。

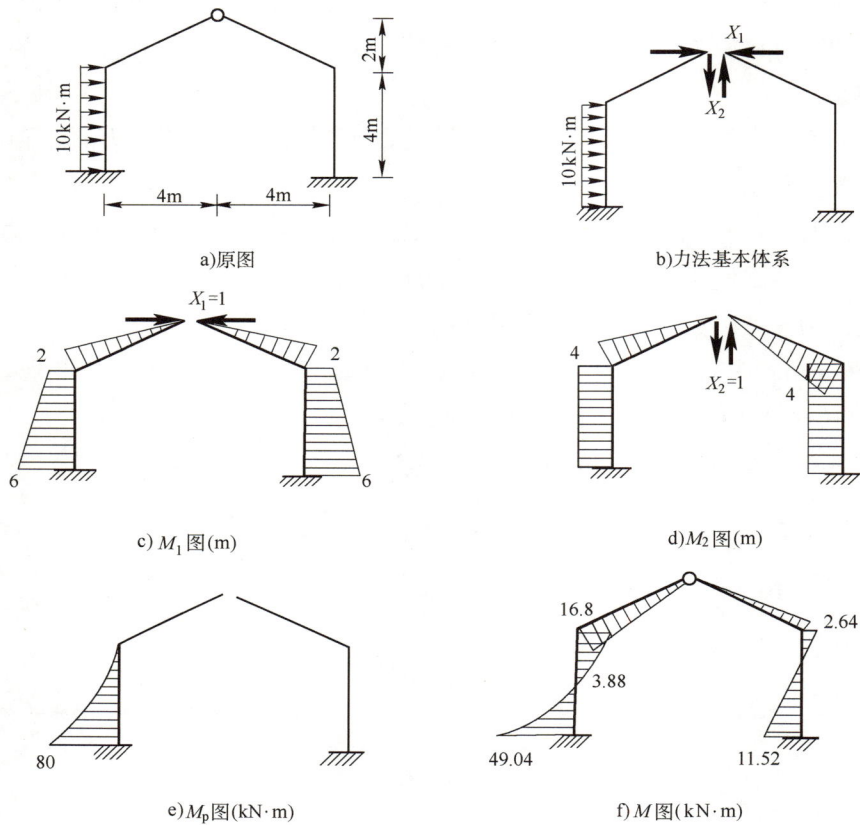

a)原图   b)力法基本体系

c)M_1图(m)   d)M_2图(m)

e)M_P图(kN·m)   f)M图(kN·m)

例 16-4-1 图

力法方程为

$$\delta_{11}X_1 + \delta_{12}X_2 + \Delta_{1P} = 0$$

$$\delta_{21}X_1 + \delta_{22}X_2 + \Delta_{2P} = 0$$

系数计算

$$\delta_{11} = \frac{2}{EI}\left[\frac{1}{2} \times 2 \times 2\sqrt{5} \times \frac{2}{3} \times 2 + \frac{1}{2} \times 2 \times 4 \times \left(\frac{2}{3} \times 2 + \frac{1}{3} \times 6\right) + \frac{1}{2} \times 6 \times 4 \times \left(\frac{1}{3} \times 2 + \frac{2}{3} \times 6\right)\right] = \frac{150.59}{EI}$$

$$\delta_{12} = \delta_{21} = 0$$

$$\delta_{22} = \frac{2}{EI}\left(\frac{1}{2} \times 4 \times 2\sqrt{5} \times \frac{2}{3} \times 4 + 4 \times 4 \times 4\right) = \frac{175.7}{EI}$$

$$\Delta_{1P} = \frac{1}{EI}\frac{1}{3} \times 80 \times 4 \times \left(\frac{3}{4} \times 6 + \frac{1}{4} \times 2\right) = \frac{533.33}{EI}$$

$$\Delta_{2P} = \frac{1}{EI}\frac{1}{3} \times 80 \times 4 \times 4 = \frac{426.67}{EI}$$

代入力法方程求解

$$X_1 = -\frac{\Delta_{1P}}{\delta_{11}} = -\frac{533.33}{150.59} = -3.54\text{kN} \qquad (\leftarrow \quad \rightarrow)$$

$$X_2 = -\frac{\Delta_{2P}}{\delta_{22}} = -\frac{426.67}{175.7} = -2.43\text{kN} \qquad (\uparrow \quad \downarrow)$$

作弯矩图，见图 f ）。

$$M = \overline{M}_1 X_1 + \overline{M}_2 X_2 + M_{P}$$

【例 16-4-2 】 求如图 a ）所示桁架各杆的内力，各杆 *EA* 相同。

解 选力法基本体系，见图 b ）。

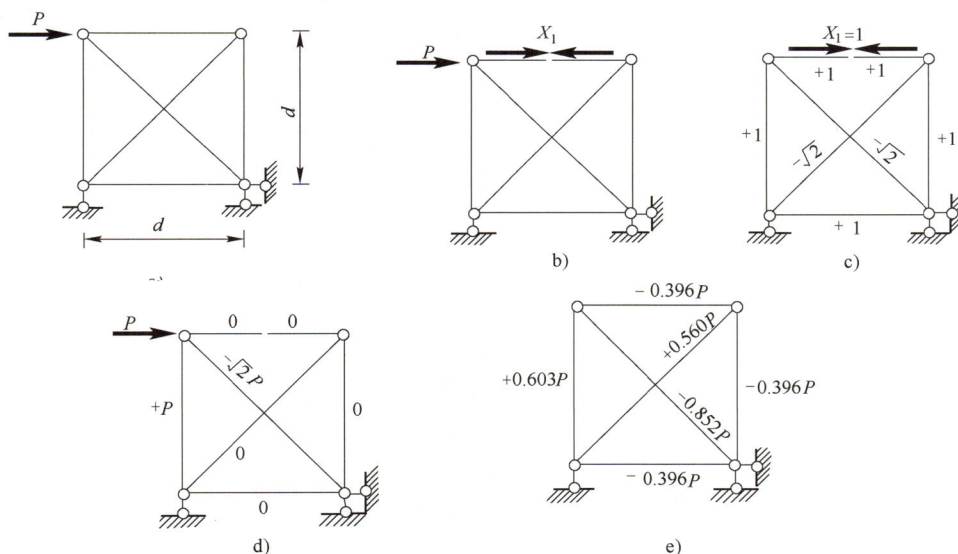

例 16-4-2 图

力法方程为

$$\delta_{11}X_1 + \Delta_{1P} = 0$$

系数计算

$$\delta_{11} = \sum \frac{\overline{N}_1^2 l}{EA} = \frac{4}{EA}1^2 d + \frac{2}{EA}\left(-\sqrt{2}\right)^2\sqrt{2}d = \left(4 + 4\sqrt{2}\right)\frac{d}{EA}$$

$$\Delta_{1P} = \sum \frac{\overline{N}_1 N_{P} l}{EA} = \frac{1}{EA}1Pd + \frac{1}{EA}\left(-\sqrt{2}\right)\left(-\sqrt{2P}\right)\sqrt{2}d = \left(1 + 2\sqrt{2}\right)\frac{Pd}{EA}$$

代入力法方程得

$$X_1 = -\frac{\Delta_{1P}}{\delta_{11}} = -\frac{1 + 2\sqrt{2}}{4 + 4\sqrt{2}}P = -0.396P(压)$$

计算各杆内力

$$N = \overline{N}_1 X_1 + N_P$$

最后结果如图 e ）所示。

【例 16-4-3 】 求如图 a ）所示梁由于转角 θ_A 及 θ_B 引起的内力，并作弯矩图。

方法 1：选如图 b ）所示的力法基本体系，建立力法方程如下

$$\begin{cases} \dfrac{l^3}{3EI}X_1 - \dfrac{l^2}{2EI}X_2 - \theta_A l = 0 \\ -\dfrac{l^2}{2EI}X_1 + \dfrac{l}{EI}X_2 + \theta_A = \theta_B \end{cases}$$

解得

$$X_1 = 6\frac{EI}{l^2}(\theta_A + \theta_B) = 6\frac{i}{l}(\theta_A + \theta_B)$$

$$X_2 = 2\frac{EI}{l}(\theta_A + 2\theta_B) = 2i(\theta_A + 2\theta_B)$$

其中线刚度 $i = \dfrac{EI}{l}$。

方法 2：选如图 e ）所示的力法基本体系，相应力法方程为

$$\frac{l}{3EI}X_1 - \frac{l}{6EI}X_2 = \theta_A; \quad -\frac{1}{6EI}X_1 + \frac{l}{3EI}X_2 = \theta_B$$

解得

$$X_1 = 2i(2\theta_A + \theta_B); \quad X_2 = 2i(\theta_A + 2\theta_B)$$

最后弯矩图见图 h ）。

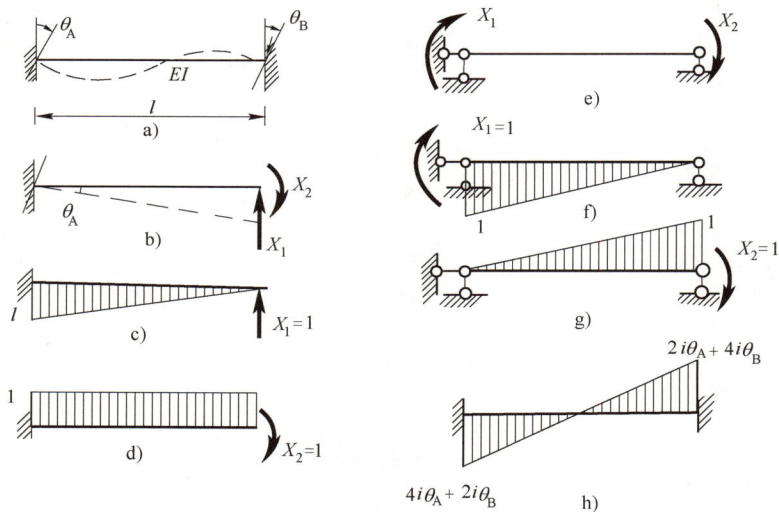

例 16-4-3 图

【例 16-4-4】 求如图 a）所示梁由于侧移Δ引起的内力，并作弯矩图。

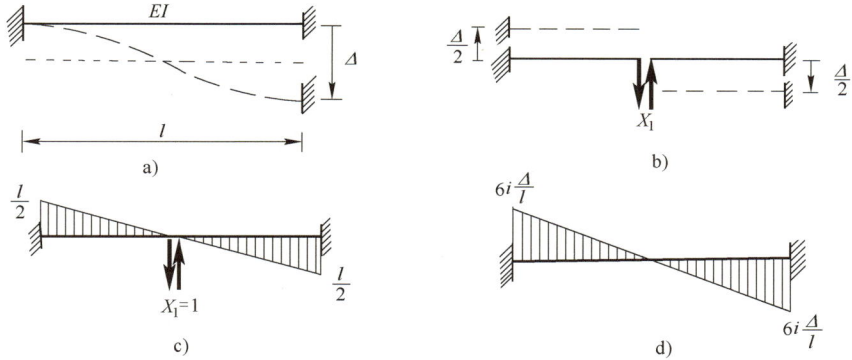

例 16-4-4 图

解 将图 a）视为对称结构，承受反对称外因，选如图 b）所示力法基本体系，相应力法方程为

$$\frac{l^3}{12EI}X_1 - \Delta = 0$$

解得

$$X_1 = 12\frac{EI}{l^3}\Delta = 12\frac{i}{l^2}\Delta$$

最后弯矩图见图 d）。

【例 16-4-5】 求如图 a）所示结构由于温度变化引起的内力，并作弯矩图。已知截面为矩形，高 $h = 0.1l$，$EI = $ 常数，线膨胀系数为 α，内外温度分别升高 $t_1 = 10℃$和 $t_2 = 30℃$。

解 轴线平均温度变化

$$t_0 = \frac{10 + 30}{2} = 20℃$$

温差

$$\Delta t = 30 - 10 = 20℃$$

选力法基本体系如图 b）所示，建立相应力法方程为

$$\delta_{11}X_1 + \Delta_{1t} = 0$$

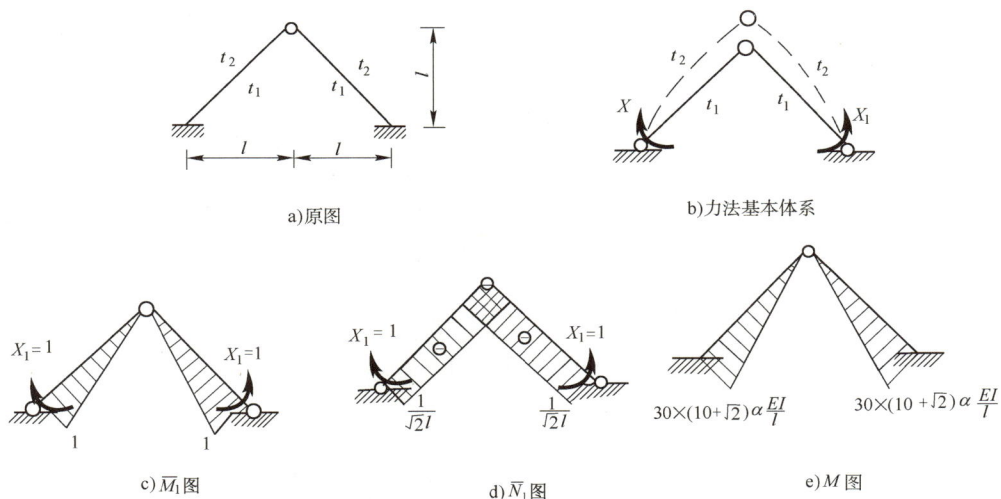

例 16-4-5 图

系数计算

$$\delta_{11} = \frac{2}{EI}\frac{1}{2}\times 1\times\sqrt{2}l\frac{2}{3} = \frac{2\sqrt{2}l}{3EI}$$

$$\begin{aligned}\Delta_{1t} &= \sum\left(-\alpha\frac{\Delta t}{h}\omega_{\bar{M}} - \alpha t_0\omega_{\bar{N}}\right)\\&= 2\times\left(-\alpha\frac{20}{h}\frac{1}{2}\times 1\times\sqrt{2}l - \alpha\times 20\times\frac{1}{\sqrt{2}l}\sqrt{2}l\right)\\&= -2\times\left(10\sqrt{2}\frac{l}{h} + 20\right)\alpha\\&= -2\times\left(100\sqrt{2} + 20\right)\alpha\end{aligned}$$

代入力法方程，解得

$$X_1 = -\frac{\Delta_{1t}}{\delta_{11}} = \frac{2\times\left(100\sqrt{2}+20\right)\alpha}{2\times\frac{\sqrt{2}l}{3EI}} = 30\times\left(10 + \sqrt{2}\right)\frac{\alpha EI}{l}$$

最后弯矩图见图 e)。

注意:(1)由温度变化引起的内力计算,必须同时考虑温度变化引起的弯曲变形及轴向变形的影响。

（2）杆件两侧温差变化引起的弯矩图总在降温侧。

三、位移法

（一）位移法基本思路

位移法基本思路如图 16-4-10 所示。

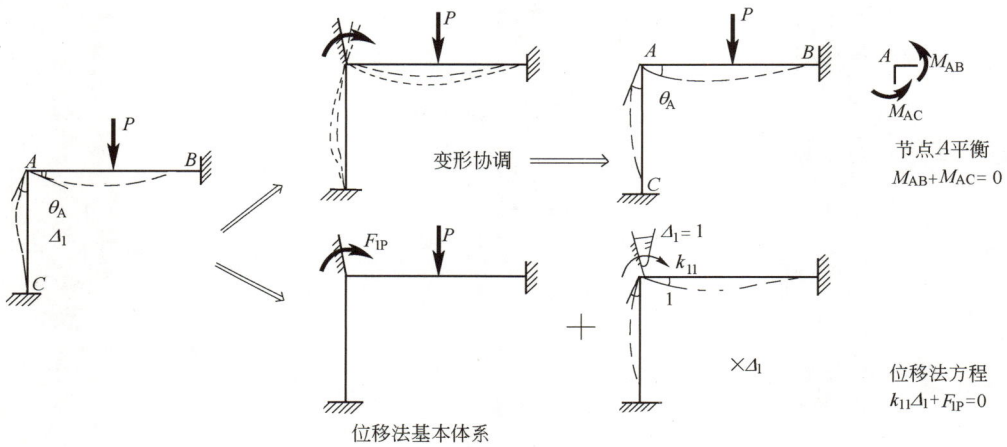

图 16-4-10 位移法基本思路

（二）位移法计算的基础——转角位移方程

符号规定：杆端内力及位移以如图 16-4-11 所示为正。

转角位移方程的基本形式

$$\left.\begin{aligned}M_{AB} &= 4i_{AB}\theta_A + 2i_{AB}\theta_B - 6i_{AB}\frac{\Delta_{AB}}{l_{AB}} + M_{AB}^F\\M_{BA} &= 2i_{AB}\theta_A + 4i_{AB}\theta_B - 6i_{AB}\frac{\Delta_{AB}}{l_{AB}} + M_{BA}^F\end{aligned}\right\} \tag{16-4-3}$$

当远端 B 为铰支时

$$M_{AB} = 3i_{AB}\theta_A - 3i_{AB}\frac{\Delta_{AB}}{l_{AB}} + M_{AB}^F \Bigg\}$$
$$M_{BA} = 0$$

(16-4-4)

当远端B为滑动支座时

$$M_{AB} = i_{AB}\theta_A + M_{AB}^F \Bigg\}$$
$$M_{BA} = -i_{AB}\theta_A + M_{BA}^F$$

(16-4-5)

杆端剪力的计算

$$Q_{AB} = -\frac{M_{AB} + M_{BA}}{l_{AB}} + Q_{AB}^0 \Bigg\}$$
$$Q_{BA} = -\frac{M_{AB} + M_{BA}}{l_{AB}} + Q_{BA}^0$$

(16-4-6)

（三）位移法基本未知量的确定

位移法基本未知量的数目与计算要求的精度有关，经典位移法假定结构处于小变形状态，对于受弯杆忽略轴向变形及剪切变形。

位移法基本未知量数等于独立的节点角位移数与节点线位移数之和。

节点角位移数 = 刚接点数

节点线位移数 = 变刚接(含固定端)为铰接所得体系的自由度数

　　　　　　　 = 阻止节点线位移所需增加链杆的最小数目

位移法基本未知量的选取需同时考虑变形协调条件，且与所用的转角位移方程相适应。例如图 16-4-12 所示结构，C、D 两处虽有转角θ_C、θ_D，可不作为基本未知量，但杆BC、BD必须使用一端为铰支的转角位移方程〔见式（16-4-4）〕。

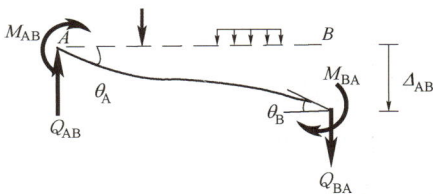

图　16-4-11

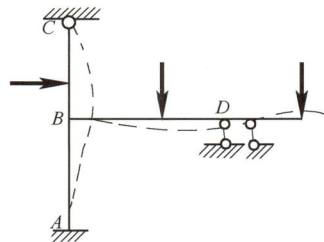

图　16-4-12

（四）位移法求解的两种途径及其原理要点

位移法是以节点位移为基本未知量的求解方法，它有两种求解途径：

1.通过平衡条件建立位移法基本方程

（1）选择位移法基本未知量，通过转角位移方程，用基本未知量表达杆端内力。

（2）建立位移法基本方程：针对角位移，建立相应节点隔离体的平衡方程；针对线位移，建立相应截面截取隔离体的平衡方程，如图 16-4-13 所示。

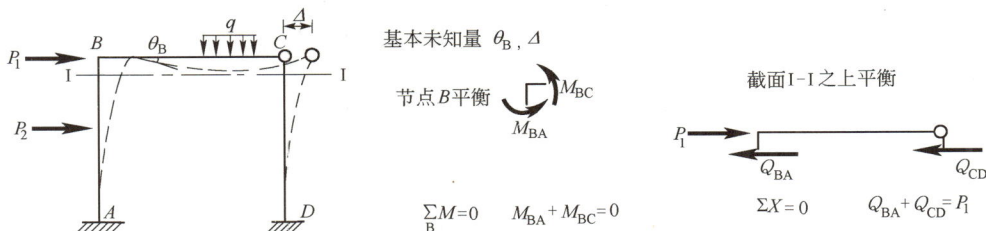

图　16-4-13

2. 通过基本体系建立位移法典型方程

（1）选择位移法基本未知量和位移法基本结构，建立位移法基本体系。

原则是：针对节点位移（位移法基本未知量），在原结构上人为增加附加约束（位移法基本结构），控制节点位移。针对角位移，增加附加刚臂，控制节点旋转；针对线位移，增加附加支承链杆，控制节点移动。将实际荷载等外因和受控制的节点位移共同作用在基本结构上，形成位移法基本体系。

显然，位移法基本体系已满足变形协调条件，但节点位移的值不唯一。

（2）建立位移法典型方程。

原则是：使位移法基本结构在荷载等外因和结点位移（附加约束位移）共同作用下，附加约束中的总反力为零，从而实现与原结构受力情况完全一致。

据此建立的位移法方程实际上是平衡方程。

例如图 16-4-14 所示，在节点B附加刚臂，在节点C附加水平链杆，形成位移法基本体系，相应的位移法典型方程为

$$k_{11}\Delta_1 + k_{12}\Delta_2 + F_{1P} = 0$$
$$k_{21}\Delta_1 + k_{22}\Delta_2 + F_{2P} = 0$$

(16-4-7)

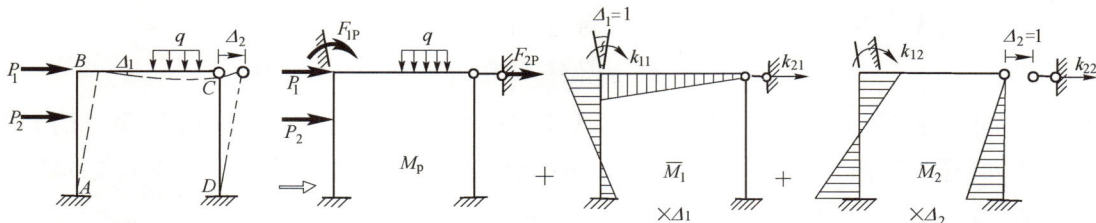

图 16-4-14

对于具有n个独立节点位移的结构，位移法典型方程的一般形式可缩写为

$$\sum_{j=1}^{n} k_{ij}\Delta_j + F_{iP} = 0 \qquad (i = 1,2,\cdots,n)$$

(16-4-8)

其中刚度系数k_{ij}表示在基本结构上，由于第j个附加约束产生单位位移而引起第i个附加约束中的反力，根据反力互等定理可知，$k_{ij} = k_{ji}$；自由项F_{iP}表示在基本结构上由于荷载作用引起第i个附加约束中的反力。

位移法方程等式左端是基本体系上附加约束中的总反力，而原结构并无附加约束，故其值应等于零。此时，体系无附加约束而达平衡状态，与原结构受力完全一致。

由位移法方程解出的节点位移，既满足变形协调条件，与之相应的内力又满足平衡条件，所以是真解。

（五）用位移法计算结构的内力

【例 16-4-6】 用位移法解如图 a）所示刚架，并作弯矩图，各杆EI、l相同。

解 基本未知量θ_C、Δ。用基本未知量表达杆端内力

$$M_{AB} = -3i\frac{(-\Delta)}{l} \qquad\qquad Q_{BA} = -3i\frac{\Delta}{l^2}$$

$$M_{CB} = 3i\theta_C + \frac{1}{8}ql^2$$

$$M_{CD} = 4i\theta_C - 6i\frac{\Delta}{l}$$

$$M_{DC} = 2i\theta_C - 6i\frac{\Delta}{l} \qquad\qquad Q_{CD} = -6i\theta_C\frac{1}{l} + 12i\frac{\Delta}{l^2}$$

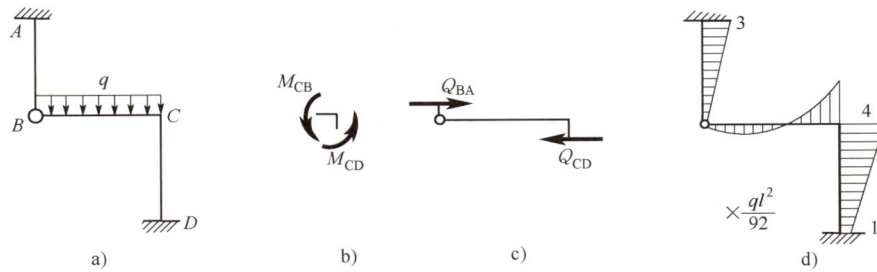

例 16-4-6 图

建立节点及截面平衡方程

图 b）

$$\sum_C M = 0, \quad 7i\theta_C - 6i\frac{\Delta}{l} + \frac{1}{8}ql^2 = 0 \tag{①}$$

图 c）

$$\sum X = 0, \quad -6i\frac{1}{l}\theta_C + 15i\frac{\Delta}{l^2} = 0 \tag{②}$$

联立①式、②式解得

$$\theta_c = -\frac{5}{184}\frac{ql^2}{i}(\curvearrowright)$$

$$\Delta = -\frac{1}{92}\frac{ql^3}{i}(\leftarrow)$$

代回转角位移方程计算杆端弯矩，并作弯矩图，见图 d）。

【例 16-4-7】 用位移法解如图 a）所示刚架，并作弯矩图。

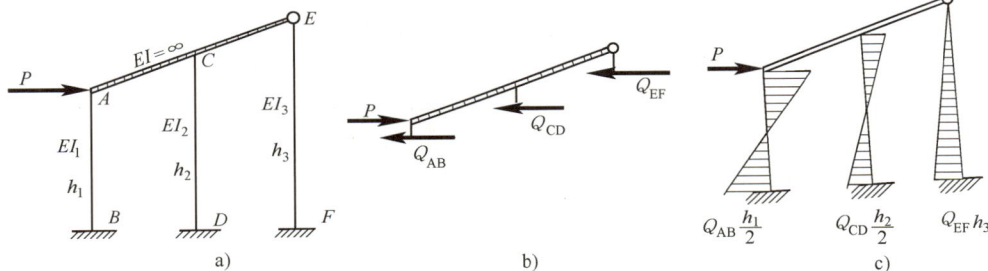

例 16-4-7 图

解 基本未知量 Δ。用基本未知量表达杆端内力如下

$$M_{AB} = M_{BA} = -6\frac{EI_1}{h_1}\frac{\Delta}{h_1} \qquad Q_{AB} = 12\frac{EI_1}{h_1^3}\Delta = k_1\Delta$$

$$M_{CD} = M_{DC} = -6\frac{EI_2}{h_2}\frac{\Delta}{h_2} \qquad Q_{CD} = 12\frac{EI_2}{h_2^3}\Delta = k_2\Delta$$

$$M_{FE} = -3\frac{EI_3}{h_3}\frac{\Delta}{h_3} \qquad Q_{EF} = 3\frac{EI_3}{h_3^3}\Delta = k_3\Delta$$

式中 k_1、k_2、k_3 分别为三个柱子的侧移刚度（或抗剪刚度）系数。

建立截面平衡方程（图 b）

$$\sum X = 0, \quad Q_{AB} + Q_{CD} + Q_{EF} = P$$

$$(k_1 + k_2 + k_3)\Delta = (\sum k)\Delta = P$$

解得

$$\Delta = \frac{1}{\sum k}P$$

计算杆件的剪力

$$Q_{AB} = \frac{k_1}{\sum k} P$$
$$Q_{CD} = \frac{k_2}{\sum k} P$$
$$Q_{EF} = \frac{k_3}{\sum k} P$$

可统一写成

$$Q_i = \frac{k_i}{\sum k} P \qquad (16-4-9)$$

可见柱的剪力按各柱的侧移刚度进行分配，这就是剪力分配法。一般用于带有刚性横梁的有侧移结构。最后弯矩图见图 c）。

四、力矩分配法

（一）力矩分配法的基本概念——单节点力矩分配

如图 16-4-15 所示，按位移法原理，图 16-4-15a）可以分解为图 16-4-15b）与图 16-4-15c）的组合。由图 16-4-15b）节点 A 的平衡可得：约束力矩 M_A 等于节点 A 各杆固端弯矩的代数和

$$M_A = M_{A1}^F + M_{A2}^F + M_{A3}^F = \sum M_{Aj}^F \qquad (16-4-10)$$

由图 16-4-15c）可得各杆近端分配弯矩

$$M_{A1}^{\mu} = 4i_1\theta_A = S_{A1}\theta_A$$

$$M_{A2}^{\mu} = 3i_2\theta_A = S_{A2}\theta_A$$

$$M_{A3}^{\mu} = i_3\theta_A = S_{A3}\theta_A$$

节点 A 平衡

$$M_{A1}^{\mu} + M_{A2}^{\mu} + M_{A3}^{\mu} = -M_A$$
$$(S_{A1} + S_{A2} + S_{A3})\theta_A = \left(\sum S_{Aj}\right)\theta_A = -M_A$$

解得

$$\theta_A = \frac{1}{\sum S_{Aj}}(-M_A)$$

从而得

$$M_{A1}^{\mu} = \frac{S_{A1}}{\sum S_{Aj}}(-M_A) = \mu_{A1}(-M_A)$$

$$M_{A2}^{\mu} = \frac{S_{A2}}{\sum S_{Aj}}(-M_A) = \mu_{A2}(-M_A)$$

$$M_{A3}^{\mu} = \frac{S_{A3}}{\sum S_{Aj}}(-M_A) = \mu_{A3}(-M_A)$$

相应远端弯矩（称为传递弯矩）

$$M_{1A}^C = \frac{1}{2} \times 4i_1\theta_A = \frac{1}{2}M_{A1}^{\mu} = C_{A1}M_{A1}^{\mu}$$

$$M_{2A}^C = 0 \times 3i_2\theta_A = 0 \times M_{A2}^{\mu} = C_{A2}M_{A2}^{\mu}$$

$$M_{3A}^C = -1 \times i_3\theta_A = -1 \times M_{A3}^{\mu} = C_{A3}M_{A3}^{\mu}$$

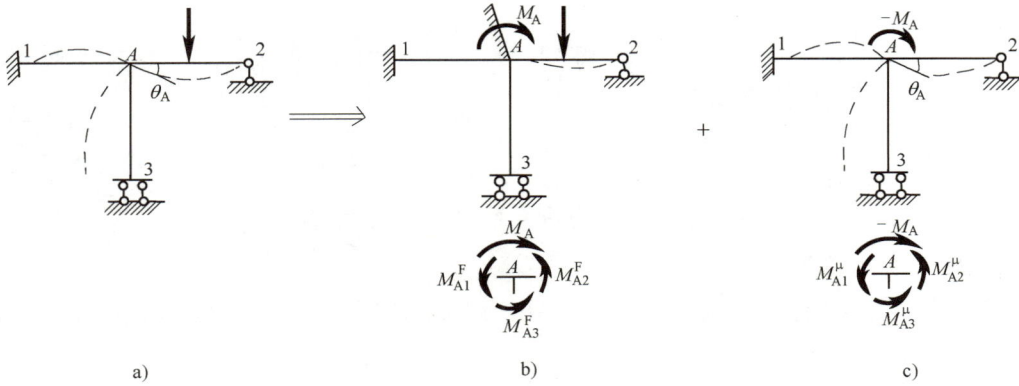

图 16-4-15

上面各杆端弯矩的计算可统一写成：

分配系数

$$\mu_{Ak} = \frac{S_{Ak}}{\sum S_{Aj}} \qquad (16\text{-}4\text{-}11)$$

分配弯矩

$$M_{Ak}^{\mu} = \mu_{Ak}(-M_A) \qquad (16\text{-}4\text{-}12)$$

传递弯矩

$$M_{kA}^{c} = C_{Ak} \cdot M_{Ak}^{\mu} \qquad (16\text{-}4\text{-}13)$$

C_{Ak}为由A端向k端的传递系数。

最后杆端弯矩还需叠加各杆的固端弯矩

$$M_{Ak} = M_{Ak}^{F} + M_{Ak}^{\mu}$$
$$M_{kA} = M_{kA}^{F} + M_{kA}^{C}$$

（二）力矩分配法的三个基本要素

1. 固端弯矩

一般可查表，常见数据应记住，见图 16-4-16。

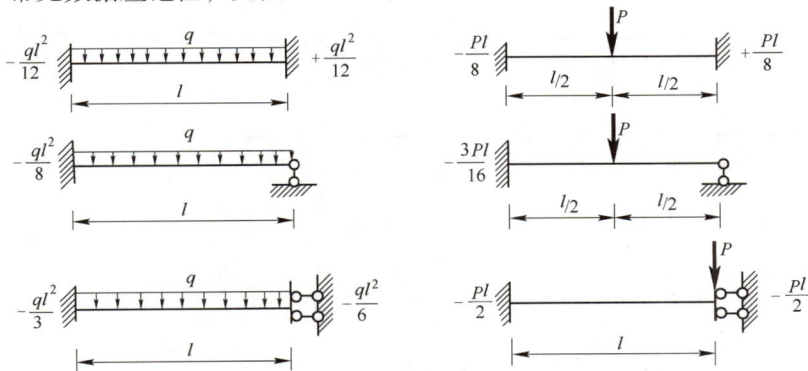

图 16-4-16

2. 分配系数

$$\text{杆件近端的力矩分配系数} = \frac{\text{近端转动刚度}}{\text{交于近端各杆端转动刚度之和}}$$

近端转动刚度是指：使近端产生单位转角所需要的近端弯矩，它取决于杆件的线刚度及远端的支承形式，见表 16-4-1。

表 16-4-1

支 承 形 式	远 端 固 定	远 端 铰 支	远 端 滑 动
近端转动刚度S_{Ak}	$4i_{Ak}$	$3i_{Ak}$	i_{Ak}
传递系数C_{Ak}	$\dfrac{1}{2}$	0	−1

$$分配弯矩 = 分配系数 \times (-约束力矩)$$

3. 传递系数

杆件由近端传向远端的传递系数是指：当近端产生转角时，远端弯矩与近端弯矩之比。它取决于远端的支承形式，见表 16-4-1。

$$传递弯矩 = 传递系数 \times 分配弯矩$$

（三）多节点力矩分配及力矩分配法的物理概念

力矩分配法可应用于连续梁及无侧移刚架的计算。多结点力矩分配是通过一系列单节点力矩分配来实现的。下面通过例题说明计算过程及物理概念。

【**例 16-4-8**】 用力矩分配法计算如图所示连续梁。

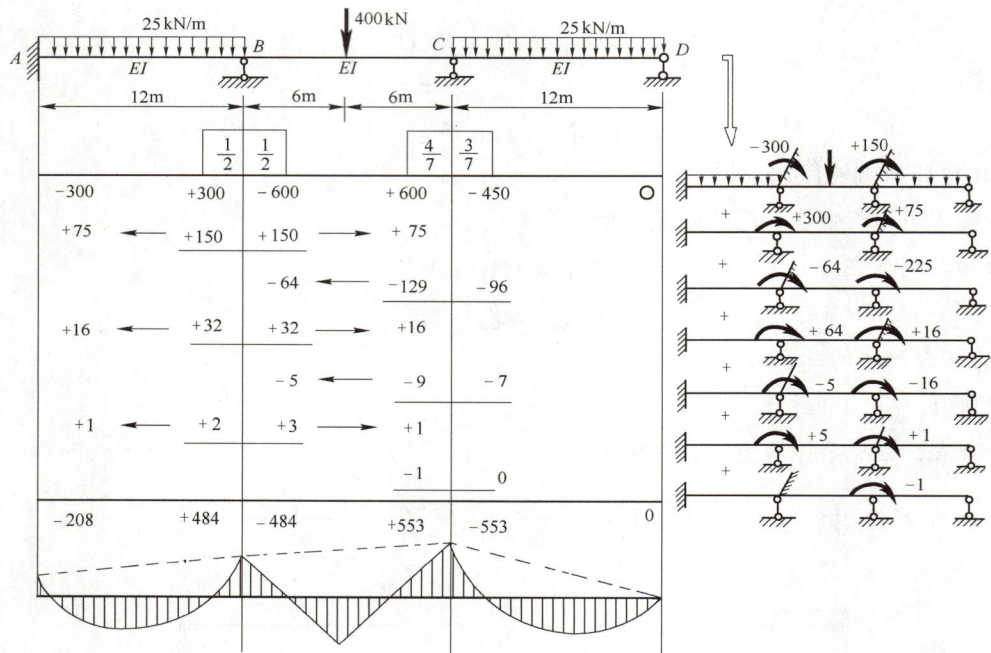

例 16-4-8 图

解 结果如图所画。

综上所述可知：

（1）力矩分配法是基于位移法原理的一种渐近解法。

（2）力矩分配法的优点是：物理概念清楚，计算方法可遵循一定的机械步骤循环进行，易于掌握。只要求出固端弯矩、分配系数及传递系数三个要素，以后的计算是循环进行单节点力矩分配，总是将约束力矩改号乘分配系数得分配弯矩，再乘传递系数向远端传递。其物理概念是对变形及内力分布进行局部调整，经若干循环，各节点都达到平衡状态，即可停止计算。

（3）力矩分配法只能适用于无侧移问题，但当侧移为已知时，只要求出相应的固端弯矩，也同样可用力矩分配法计算。

五、几个问题的讨论

（一）对称性的利用

对于对称结构，利用对称性可简化计算。

1. 对称结构的条件

（1）结构的几何图形对称。

（2）结构所受的约束形式对称。

（3）结构杆件的刚度对称。

2. 利用对称性简化计算的依据

（1）对称结构在对称荷载作用下，其内力分布及位移分布都是对称的，反对称的内力及位移为零。

（2）对称结构在反对称荷载作用下，其内力分布及位移分布都是反对称的，对称的内力及位移为零。

【例 16-4-9】 图 a）示对称结构 $M_{AD} = ql^2/36$（左拉）, $F_{NAD} = 5ql/12$（压），则 M_{BC} 为（以下侧受拉为正）:

A. $-ql^2/6$ B. $ql^2/6$

C. $-ql^2/9$ D. $ql^2/9$

解 此结构为双轴对称结构承受对称荷载，其内力分布对称，可知杆 AD 及 CF 的中点剪力为零。

通过杆 AD 中点及点 B 作截面取出隔离体（图 b），对 B 取矩得:

$$M_{BA} = \frac{5ql}{12}l - \frac{ql^2}{36} - ql\frac{l}{2} = -\frac{ql^2}{9}$$

由于对称，故 $M_{BC} = M_{BA} = -ql^2/9$

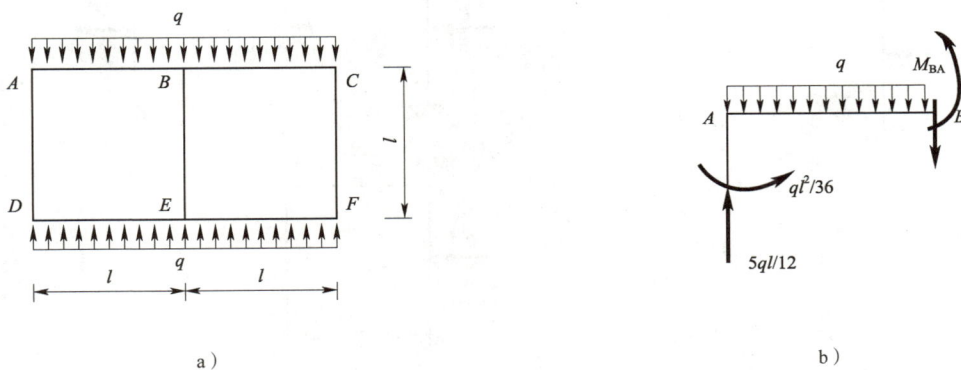

例 16-4-9 图

答案: C

3. 半结构法

利用对称性，用对称轴作截面，截取半边结构进行计算。在截断处需添加适当的支座，以保证与原结构受力情况及位移情况完全一致。半结构的选取方法如下。

（1）奇数跨结构（见图 16-4-17）

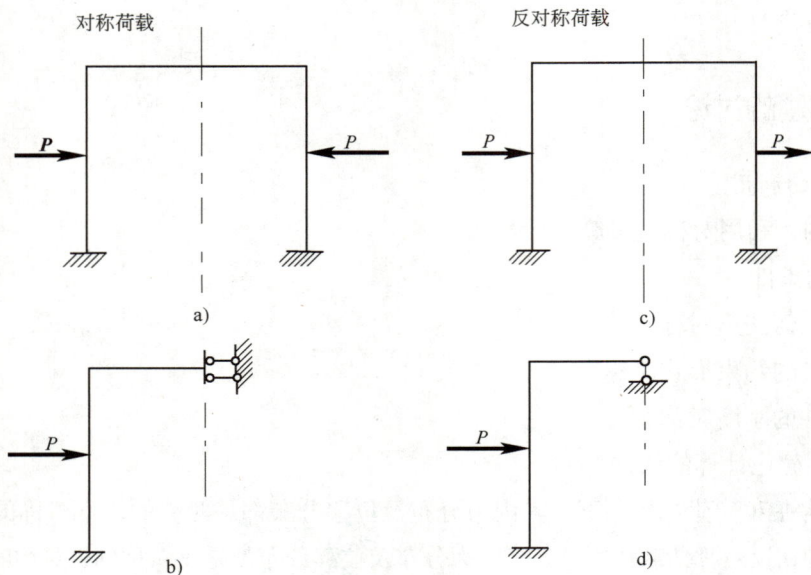

图 16-4-17

（2）偶数跨结构（见图16-4-18）

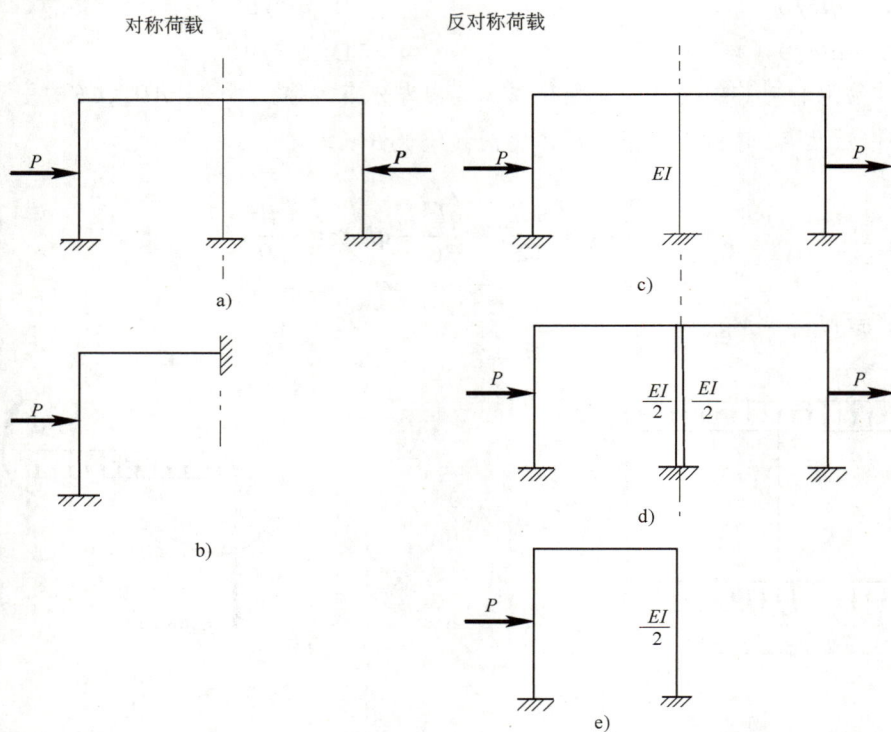

图 16-4-18

取半结构后，可根据具体情况选用较简捷的方法进行计算，另一半结构的内力可利用对称性来确定。

4. 一般荷载的分解

对称结构在一般非对称荷载作用下，可考虑（如果计算简单）将一般荷载分解为对称荷载和反对称荷载两种情况，分别选取半结构计算，然后将对称荷载引起的内力与反对称荷载引起的内力叠加，即为最后内力。

（二）刚架无弯矩情况的判定

在计算超静定刚架时，为简化计算，常忽略杆件的轴向变形。这时，某些刚架在结点集中力作用下有时无弯矩、无剪力，只产生轴力。这种情况若能预先判断出来会带来很大的方便。

刚架无弯矩情况判定的准则是：忽略杆件轴向变形，当集中力作用在无线位移的结点上时，各杆弯矩为零。

常见无弯矩情况有以下几种：

（1）集中力沿柱子的轴线作用，见图16-4-19a）。

（2）一对等值、反向、共线的集中力作用在一直杆的轴线上，见图16-4-19b）。

（3）集中力作用在不动结点上，见图16-4-19c）。

（4）有时不易立即判断结点是否有线位移，但在结点集中力作用下，若将所有刚接点（含固定端）都变为铰接点所得体系仍能与结点集中力维持平衡，则原刚架弯矩为零，见图16-4-19d）、e）。

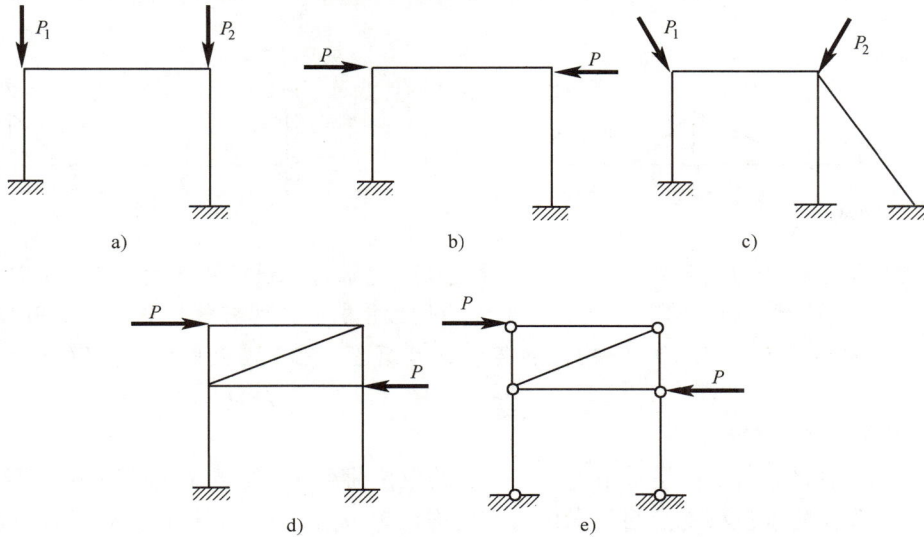

图　16-4-19

【例 16-4-10】 作如图所示刚架的弯矩图。

解　求解过程见图。

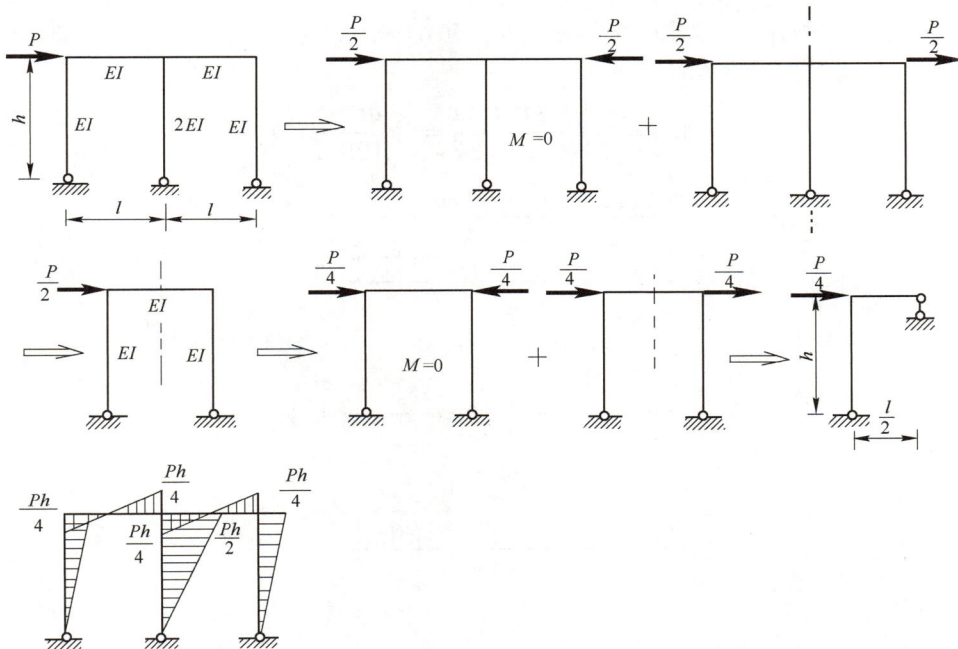

例 16-4-10 图

【例 16-4-11】图示等截面梁正确的 M 图是：

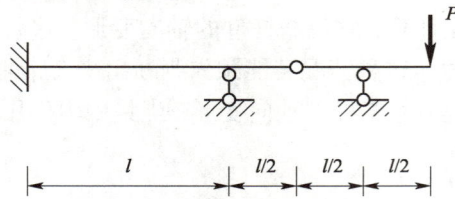

例 16-4-11 图

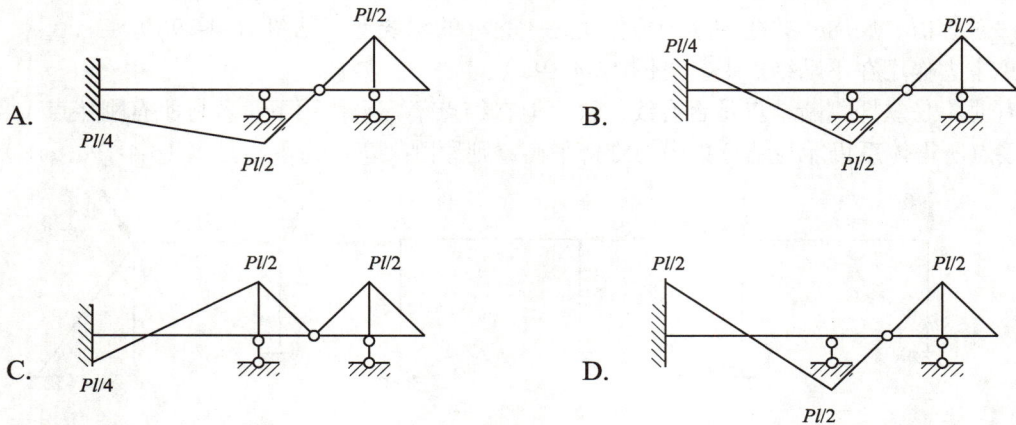

解 此题左边第一跨为超静定梁，右边为静定梁。先求得右链杆支座处截面弯矩 $Pl/2$（上部受拉）及铰结点弯矩 0，连直线，即可得到静定部分的弯矩图，并求得中间链杆处截面弯矩 $Pl/2$（下部受拉），再按力矩分配法向远端（固定端）传递 1/2，得全梁弯矩图，固定端截面弯矩为 $Pl/4$（上部受拉）。

答案： B

（三）超静定结构的位移计算

超静定结构位移的计算，仍是采用第三节所讲的单位荷载法。注意需先求出超静定结构由于实际外因引起的内力，并在所求位移地点沿所求位移方向虚设单位力，求其相应内力，代入位移计算公式（对梁和刚架常采用图乘法）进行计算。为简化计算，虚设单位力可加在由原超静定结构变来的任何一个静定结构上。

【例 16-4-12】求如图 a）所示梁 D 点的竖向位移。

解 作超静定结构的 M_P 图，如图 b）所示，在静定结构上加单位力，作 $\overline{M}$ 图，如图 c）所示，应用图乘法，得

$$\Delta_{DV} = \frac{-1}{EI}\frac{1}{2}\frac{qa^2}{4}\frac{l}{3}\frac{2}{3}\frac{l}{3} = -\frac{qa^2l^2}{108EI}(\uparrow)$$

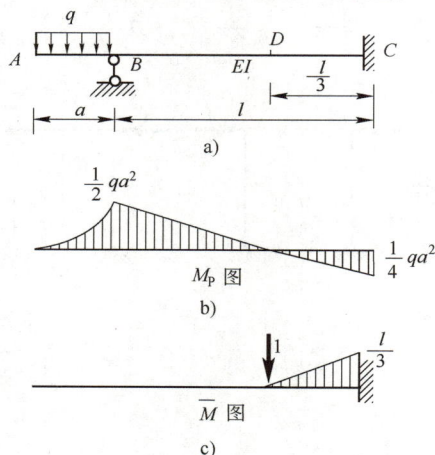

例 16-4-12 图

六、注意事项及例题分析

（1）要在多余约束概念的基础上，正确理解超静定结构的基本特征及一般性质，并根据题目的具体情况加以灵活应用。要能正确地判定结构的超静定次数。

（2）超静定结构的求解必须同时满足平衡条件和变形协调条件（包括几何条件和物理条件）要求掌握力法、位移法和力矩分配法，懂得其物理概念及求解过程，会计算有关的系数，如柔度系数、刚度系数、力矩分配系数及传递系数等。注意位移法系统符号规定的特点，对于常见基本杆件的变形常数及荷载常数（转角位移方程）应记清楚。

（3）对于对称结构要注意对称性的利用，要能正确地分析受力、位移的对称、反对称状态，熟记对称结构，对称荷载只引起对称的内力及位移，反对称荷载只引起反对称的内力及位移，注意零内力、零位移的判断。

（4）称为超静定的结构中，并不一定所有的内力都超静定，有时超静定结构可能包含局部静定部分（如悬臂端），有时某项内力静定（如某杆剪力或轴力静定），这就需清楚地区分必要约束与多余约束，凡是必要约束所对应的约束力，一定是静定力，可由平衡条件直接解出，而多余约束所对应的约束力是超静定力，需同时应用平衡条件和变形协调条件才能解出。由此可知，如果支座移动、温度变化等非荷载因素作用在必要约束方向，它并不使结构产生内力。

（5）在分析题目时，一定要注意审题，看清楚题目所给条件，根据基本概念进行具体分析判断，注意某些附加条件（如受弯杆忽略轴向变形，设某杆刚度无穷等）带来的影响。

【例 16-4-13】如图所示结构的超静定次数为：

A. 7　　　　　　B. 8　　　　　　C. 9　　　　　　D. 10

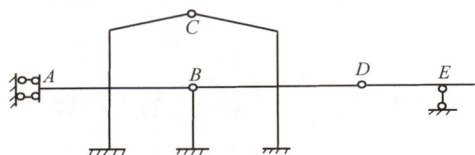

例 16-4-13 图

解　撤去支座 A（2 个约束）、铰 C（2 个约束）及复铰 B（4 个约束），结构即变为静定，右部 DE 为静定附属部分，所以超静定次数为 8。

答案： B

【例 16-4-14】如图 a）所示为二次超静定结构，用力法求解时，不能用作基本结构的是：

A. 图 b）　　　　B. 图 c）　　　　C. 图 d）　　　　D. 图 e）

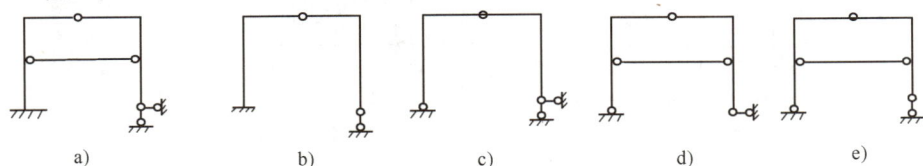

例 16-4-14 图

解　图 d）为瞬变体系，不能用作力法基本结构。

答案： C

【例 16-4-15】如图 a）所示结构，若选用图 b）作为力法基本体系，则力法方程中的荷载项 Δ_{1P} 等于：

A. $ql^4/(48EI)$　　　B. $ql^4/(24EI)$　　　C. $ql^4/(16EI)$　　　D. $ql^4/(12EI)$

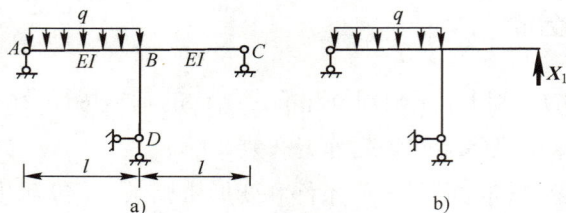

例 16-4-15 图

解 分别作荷载弯矩图（与 AB 简支梁弯矩图相同）与 $X_1 = 1$ 单位弯矩图（在 ABC 上为三角形弯矩图），图乘可得

$$\Delta_{1P} = \frac{1}{EI} \times \frac{2}{3} \times \frac{ql^2}{8} l \times \frac{l}{2} = \frac{ql^4}{24EI}$$

答案： B

【例 16-4-16】 如图 a）所示结构用力法求解时，若选用图 b）为力法基本体系，则相应力法方程的右端项：

A. >0

B. =0

C. <0

D. 不定，需根据荷载 P_1、P_2 的大小而定

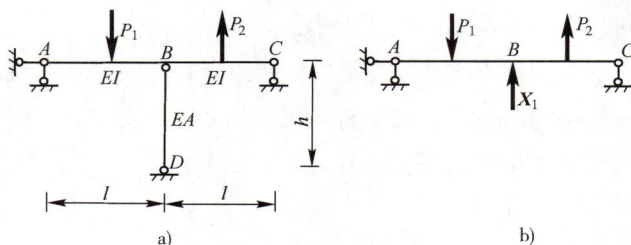

例 16-4-16 图

解 力法方程的右端项是原超静定结构沿基本未知力 X_1 方向的位移，以与 X_1 方向一致为正，现所设 X_1 的方向对应 BD 杆受压，B 点下降，与 X_1 反向，故右端项为负。

答案： C

【例 16-4-17】 如图 a）所示结构，采用图 b）为力法基本体系，则力法方程中的荷载项 Δ_{1P}：

A. >0

B. =0

C. <0

D. 不定，由 I_1、I_2 的比值而定

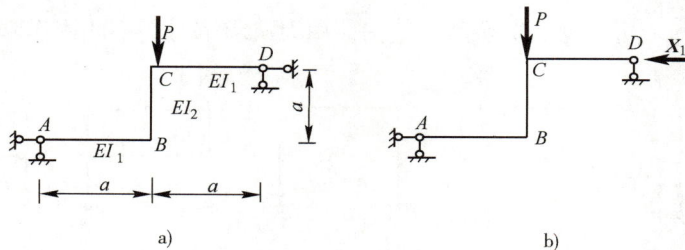

例 16-4-17 图

解 力法基本结构上的荷载弯矩图，AB、CD 段为三角形，均在下侧，BC 段为矩形，在右侧；而 $X_1 = 1$ 的单位弯矩图，AB 段为三角形，在下侧，CD 段为三角形，在上侧，BC 段为过中点的斜线。按图乘法，AB 段为同侧图乘，CD 段为异侧图乘，数值相同，求和为零，而 BC 段有弯矩零点，图乘也为零，所以 $\Delta_{1P} = 0$。

答案： B

【例 16-4-18】如图 a）所示梁，支座A发生逆时针转角θ，同时支座B下沉a，选用如图 b）所示力法基本体系，则力法方程$\delta_{11}X_1 + \Delta_{1C} = \bar{\Delta}_1$，中$\Delta_{1C}$、$\bar{\Delta}_1$应分别为：

    A. a/l, 0   B. a/l, θ   C. $-a/l$, θ   D. θ, $-a/l$

解 Δ_{1C}的含义是在基本结构上，由于支座移动引起X_1方向的位移应为$-a/l$，$\bar{\Delta}_1$的含义是原结构中X_1方向的位移应为θ。

答案： C

【例 16-4-19】如图 a）所示结构，由于图示温度变化而产生内力，AB、BC杆的受拉侧分别是：

    A. 外侧、外侧   B. 内侧、内侧   C. 内侧、外侧   D. 外侧、内侧

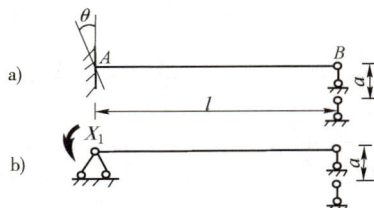
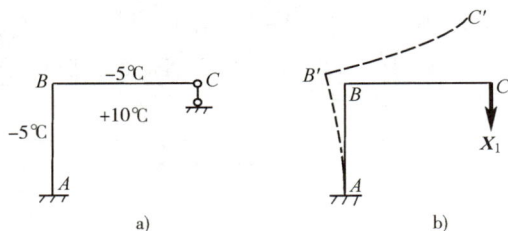

例 16-4-18 图   例 16-4-19 图

解 按力法，若选图 b）作为基本体系，由于图示长度变化作用在基本结构上使C点上移，为满足变形协调，C点反力X_1必须向下，从而使AB、BC杆均外侧受拉。

答案： A

【例 16-4-20】如图所示结构，在应用位移法求解时，基本未知量的数目是：

    A. 4   B. 5   C. 6   D. 7

解 位移法节点位移基本未知量的选择，注意与三类基本杆件的转角位移方程匹配。此题E、F、G刚接点有独立角位移θ_E、θ_F、θ_G，在忽略轴向变形的前提下，有上、下两个独立线位移Δ_I、Δ_G，故基本未知量总数为5。

答案： B

【例 16-4-21】如图 a）所示结构用位移法求解时，刚度系数k_{11}等于：

    A. $7EI/l$ B. $11EI/l$ C. $14EI/l$ D. $16EI/l$

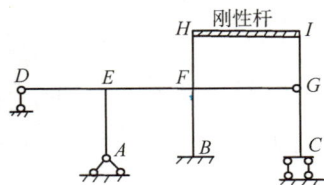
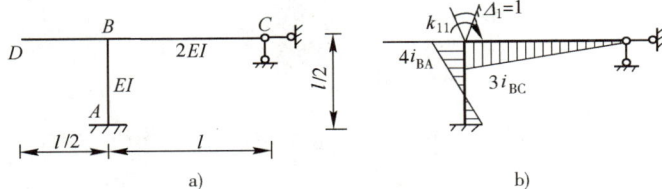

例 16-4-20 图   例 16-4-21 图

解 位移法基本未知量为节点B的转角Δ_1。相应刚度系数（见图 b）。

$$k_{11} = 4 \times \frac{EI}{\dfrac{l}{2}} + 3\frac{2EI}{l} = 14\frac{EI}{l}$$

答案： C

【例 16-4-22】如图 a）所示结构，位移法方程的荷载项F_{1P}等于：

    A. $-3qh/8$ B. $-qh/2$ C. 0   D. $5qh/8$

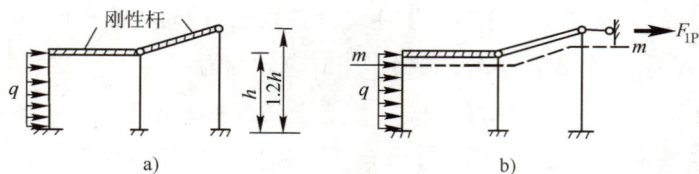

例 16-4-22 图

解 位移法基本体系如图 b）所示，由截面 $m\text{-}m$ 以上隔离体的平衡可得 $F_{1P} = -\frac{1}{2}qh$。

答案： B

【例 16-4-23】 如图所示连续梁各跨线刚度 $i = EI/l$ 相同，位移法基本未知量为节点 1、2、3 的转角 Δ_1、Δ_2、Δ_3，则位移法方程中的刚度系数 k_{13}、k_{33} 分别为：

A. $4i$，0 B. $2i$，$5i$ C. 0，$7i$ D. $-2i$，$8i$

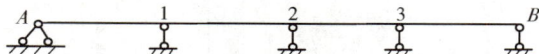

例 16-4-23 图

解 由刚度系数 k_{ij} 的物理概念，考虑节点平衡可得 $k_{13} = 0$，$k_{33} = 7i$。

答案： C

【例 16-4-24】 如图所示结构 C 点的水平位移 Δ_C^H 等于：

A. $Ph^2/(6EI)$ B. $Ph^3/(6EI)$ C. $Ph^2/(12EI)$ D. $Ph^3/(12EI)$

解 选项 A、C 量纲不对，可排除。由于杆 BC 刚度无穷，节点 B 无转角，杆 AB 相当于两端固定杆发生侧移，其侧移刚度系数 $k = 12EI/h^3$，所以 $\Delta_C^H = Ph^3/(12EI)$。

答案： D

【例 16-4-25】 如图所示结构，支座 A 发生已知逆时针转角 $\bar{\theta}$，则弯矩 M_{BC} 等于：

A. $-6EI\bar{\theta}/(7l)$（上侧受拉） B. $3EI\bar{\theta}/(4l)$（下侧受拉）
C. $6EI\bar{\theta}/(7l)$（下侧受拉） D. $6EI\bar{\theta}/(5l)$（下侧受拉）

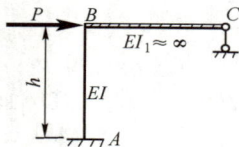

例 16-4-24 图

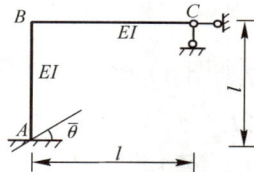

例 16-4-25 图

解 建立节点 B 的平衡方程 $4i\theta_B + 2i(-\bar{\theta}) + 3i\theta_B = 0$，得 $\theta_B = \frac{2}{7}\bar{\theta}$，所以

$$M_{BC} = 3i\left(\frac{2}{7}\bar{\theta}\right) = \frac{6}{7}\frac{EI}{l}\bar{\theta} \quad \text{（下侧受拉）}$$

答案： C

【例 16-4-26】 如图所示结构，为使支座 A 不产生水平反力，则悬臂长 a 的取值应为：

A. $l/\sqrt{12}$ B. $l/\sqrt{6}$ C. $l/4$ D. $l/2$

解 A 点水平反力为零时，AB 杆不弯，节点 B 转角为零，相当于固定端，由节点 B 的平衡 $qa^2/2 - ql^2/12 = 0$，可得 $a = l/\sqrt{6}$。

答案： B

【例 16-4-27】 如图所示结构，各杆线刚度 i 相同，$A6$ 杆 A 端的力矩分配系数 μ_{A6} 为：

    A. 1/18   B. 1/15   C. 2/9   D. 4/15

解 注意当节点 A 转动时，$A6$ 杆的 6 端既无角位移也无线位移，从形式上看属滑动支座，但杆倾斜时滑动不起来（忽略轴向变形时），故其约束性能相当于固定端，2、5、8 处都无线位移，是铰支座，4 处相当于悬臂，所以

$$\mu_{A6} = \frac{4i}{4i + 3i + i + 0 + 3i + 4i + 0 + 3i} = \frac{4}{18} = \frac{2}{9}$$

答案： C

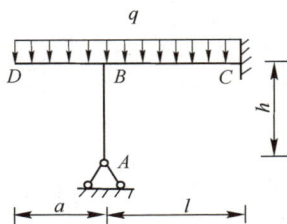

例 16-4-26 图

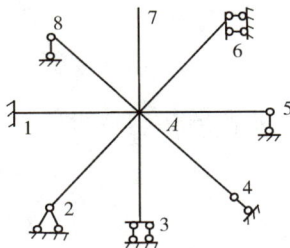

例 16-4-27 图

【例 16-4-28】 用力矩分配法分析图结构，先锁住节点 B，然后再放松，则传递到 C 支座的力矩为：

    A. $ql^2/27$ B. $ql^2/54$ C. $ql^2/23$ D. $ql^2/46$

解 $\mu_{BC} = \dfrac{1}{9}$，$M_{BC}^\mu = \dfrac{1}{9}\left(-\dfrac{ql^2}{3}\right) = -\dfrac{ql^2}{27}$，$M_{CB}^C = \dfrac{ql^2}{27}$

答案： A

【例 16-4-29】 如图所示结构，弯矩 M_{AB} 等于：

    A. $ql^2/8$ B. $ql^2/7$ C. $2ql^2/7$ D. $ql^2/4$

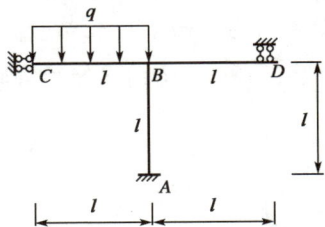

例 16-4-28 图

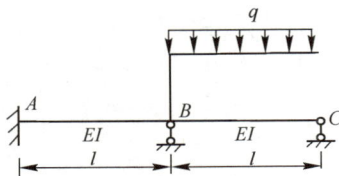

例 16-4-29 图

解 上部为静定，可将荷载向 B 点简化，相当于在 B 点有一顺时针转向的力偶 $qa^2/2$，力矩分配系数 $\mu_{BA} = 4/7$，传递系数 $C_{BA} = 1/2$，故

$$M_{AB} = \frac{ql^2}{2} \times \frac{4}{7} \times \frac{1}{2} = \frac{1}{7}ql^2 \quad （下侧受拉）$$

答案： B

【例 16-4-30】 如图所示结构截面 A 的弯矩 M_{AB} 等于：

    A. $Ph/6$ B. $Ph/5$ C. $2Ph/5$ D. $4Ph/5$

解 柱 AB 和 CD 的侧移刚度分别为 $12EI/h^3$ 和 $3EI/h^3$，两柱的剪力按侧移刚度进行分配得 $4P/5$ 和 $P/5$，柱 AB 的反弯点在柱中点，所以

$$M_{AB} = \frac{4}{5}P \times \frac{h}{2} = \frac{2}{5}Ph$$

答案： C

【例 16-4-31】已知如图 a）所示结构的弯矩图见图 b），则结点 C 的转角 θ_C（绝对值）等于：

A. $ql^3/(120EI)$

B. $ql^3/(90EI)$

C. $ql^3/(60EI)$

D. $ql^3/(30EI)$

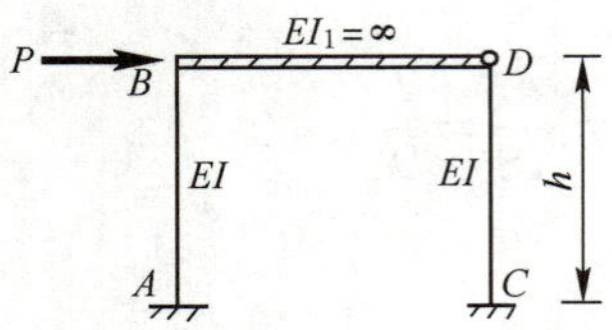

例 16-4-30 图

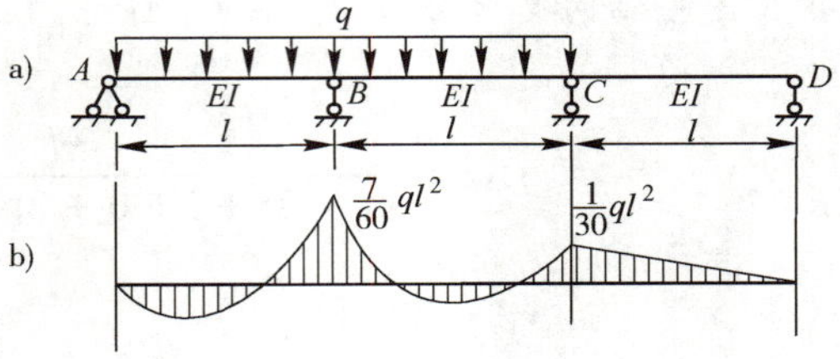

例 16-4-31 图

解 由于 $M_{CD} = 3i\theta_C$，所以

$$\theta_C = \frac{M_{CD}}{3i} = \frac{-\dfrac{1}{30}ql^2}{3\dfrac{EI}{l}} = -\frac{1}{90}\frac{ql^3}{EI} \quad（逆时针）$$

答案： B

【例 16-4-32】如图所示结构，剪力 Q_{BC} 等于：

A. $-qh/2$ B. 0 C. $qh/2$ D. qh

解 杆 BC 为剪力静定杆，取杆 BC 为隔离体，由平衡条件得 $Q_{BC} = qh$。

答案： D

【例 16-4-33】如图所示对称结构，各杆 EI 相同，弯矩 M_{AB} 等于：

A. $Pl/16 + Fl/4$

B. $Pl/12 + Fl/8$

C. $Pl/8$

D. $Pl/4$

解 此题上部为静定附属部分三铰拱，F 引起拱的反力反向后作用在下部不动节点上，不引起弯矩。利用对称性，将作用在 C 点的荷载视为两个 $P/2$，其中间铰 C 剪力为零，由杆段 BC 的平衡可得 $M_{BC} = Pl/2$，再在节点 B 力矩分配传递一次，可得

$$M_{AB} = \frac{1}{2} \times \frac{1}{2} \times \frac{Pl}{2} = \frac{1}{8}Pl$$

答案： C

【例 16-4-34】如图所示结构 M_{BA} 值的大小为：

A. $Pl/2$ B. $Pl/3$ C. $Pl/4$ D. $Pl/5$

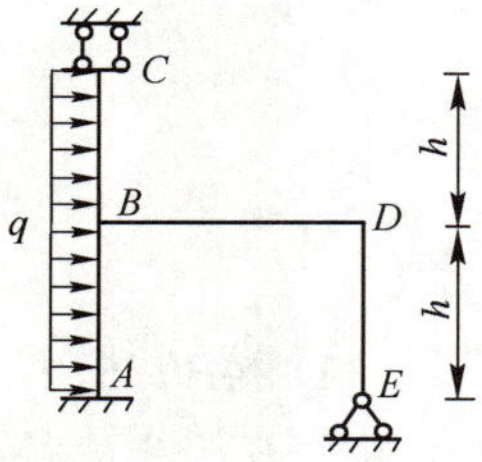

例 16-4-32 图

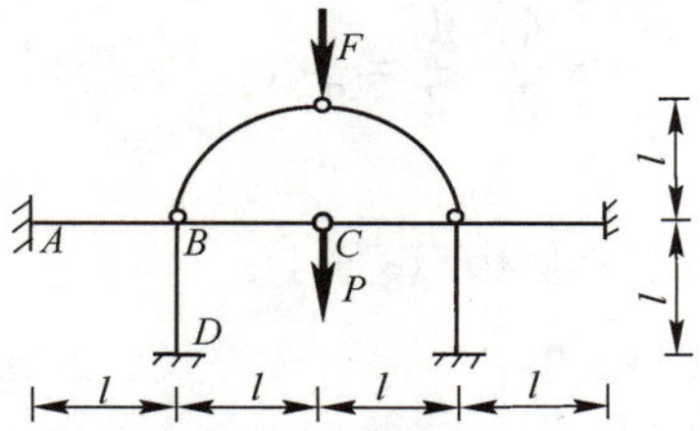

例 16-4-33 图

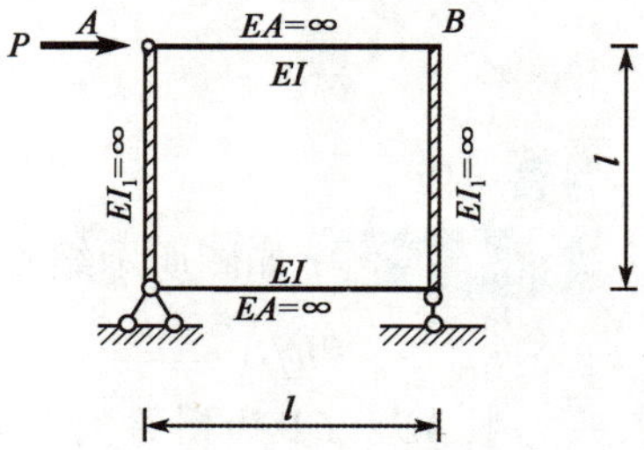

例 16-4-34 图

解 用静力平衡条件求得反力后，利用对称性可作解图所示转化，从而求得 $M_{BA} = Pl/2$。

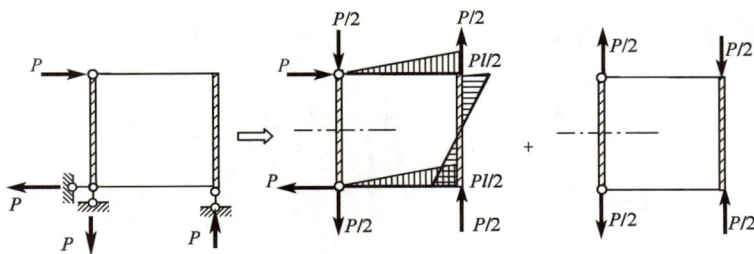

例 16-4-34 解图

答案： A

【例 16-4-35】图示梁 EI = 常数，固定端 A 发生顺时针方向角位移 θ，则铰支端 B 的转角（以顺时针方向为正）为：

　　　　A. $\theta/2$ 　　　　　　　B. θ 　　　　　　　C. $-\theta/2$ 　　　　　　　D. $-\theta$

解 　$M_{BA} = 4i\theta_B + 2i\theta = 0$，$\theta_B = -\theta/2$。

答案： C

【例 16-4-36】图示结构 EI = 常数，在给定荷载作用下，水平反力 H_A 为：

　　　　A. P 　　　　　　　B. $2P$ 　　　　　　　C. $3P$ 　　　　　　　D. $4P$

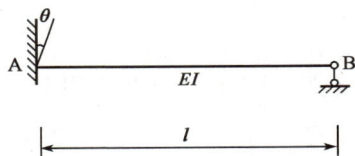

例 16-4-35 图

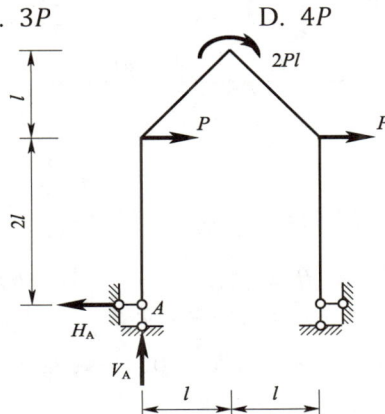

例 16-4-36 图

解 　结构对称荷载反对称，其反力及内力必为反对称，可知两个水平反力等值同向，设方向向左，根据结构整体平衡有：

$$\sum X = 0，\ H_A + H_B = 2H_A = P + P$$

$$H_A = P$$

答案： A

【例 16-4-37】图 a）示梁的抗弯刚度为 EI，长度为 l，欲使梁中点 C 弯矩为零，则弹性支座刚度 k 的取值应为：

　　　　A. $3EI/l^3$ 　　　　　　　B. $6EI/l^3$ 　　　　　　　C. $9EI/l^3$ 　　　　　　　D. $12EI/l^3$

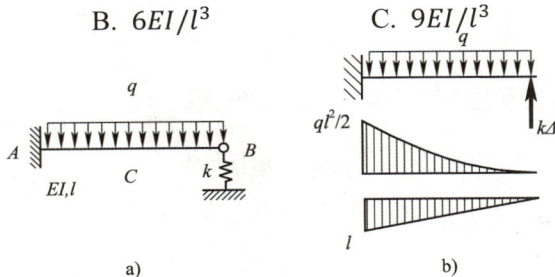

a)

b)

例 16-4-37 图

解 设弹簧压缩量为 Δ，按题意由 CB 段的平衡，可知 $k\Delta = ql/4$

按图 b）可建立力法方程：

$$\frac{l^2}{2EI} \cdot \frac{2l}{3} \cdot k\Delta - \frac{1}{3EI} \cdot \frac{ql^2}{2} l \frac{3l}{4} = -\Delta$$

联立以上两式，解得 $k = 6EI/l^3$

答案： B

【例 16-4-38】 图示梁的抗弯刚度为 EI，长度为 l，$k = 6EI/l^3$，跨中 C 截面弯矩为（以下侧受拉为正）：

    A. 0   B. $ql^2/32$

    C. $ql^2/48$ D. $ql^2/64$

解 由解图建立力法方程 $\delta_{11}X_1 + \Delta_{1p} = -X_1/k$

已知 $k = 6EI/l^3$，求得 $\delta_{11} = l^3/(3EI)$，$\Delta_{1p} = ql^4/(8EI)$，解得 $X_1 = ql/4$

再由 CB 段隔离体平衡，可得 $M_C = 0$

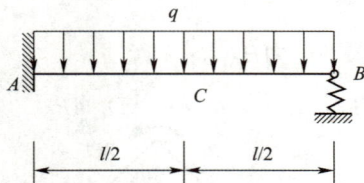 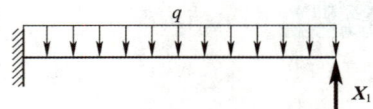

例 16-4-38 图   例 16-4-38 解图

答案： A

【例 16-4-39】 图示结构 $EI = $ 常数，当支座 A 发生转角 θ 时，支座 B 处截面的转角为（以顺时针为正）：

    A. $\theta/3$ B. $2\theta/5$ C. $-\theta/3$ D. $-2\theta/5$

解 按位移法由节点 B 的平衡，知 $M_{BA} + M_{BC} = 0$

即 $(4i\theta_B + 2i\theta) + i\theta_B = 0$，得到 $\theta_B = -2\theta/5$

答案： D

【例 16-4-40】 图示结构 B 处弹性支座的弹簧刚度 $k = 3EI/l^3$，则节点 B 向下的竖向位移为：

    A. $Pl^3/(12EI)$ B. $Pl^3/(6EI)$

    C. $Pl^3/(4EI)$ D. $Pl^3/(3EI)$

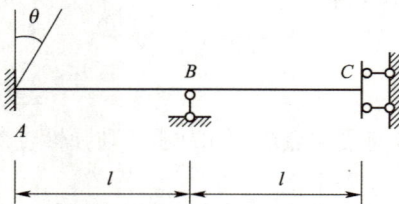 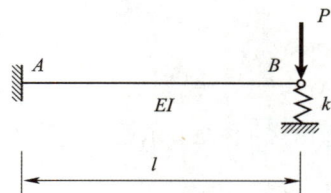

例 16-4-39 图   例 16-4-40 图

解 设所求位移为 Δ，按位移法取节点 B 平衡，可得

$$3\frac{EI}{l^3}\Delta + k\Delta = P$$

已知 $k = 3EI/l^3$，解得 $\Delta = Pl^3/(6EI)$

答案： B

习 题

16-4-1 图 b）为图 a）结构的力法基本体系，则力法方程中的系数和自由项为（ ）。

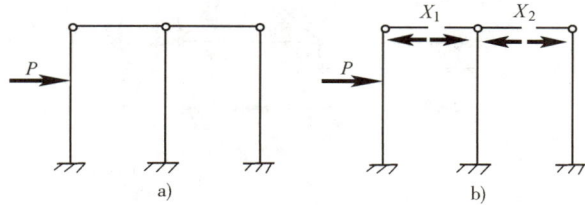

题 16-4-1 图

A. $\Delta_{1P} > 0$，$\delta_{12} < 0$ B. $\Delta_{1P} < 0$，$\delta_{12} < 0$

C. $\Delta_{1P} > 0$，$\delta_{12} > 0$ D. $\Delta_{1P} < 0$，$\delta_{12} > 0$

16-4-2 在力法方程 $\sum \delta_{ij} X_j + \Delta_{1C} = \Delta_1$ 中，肯定有（ ）。

A. $\Delta_1 = 0$ B. $\Delta_1 > 0$

C. $\Delta_1 < 0$ D. 前三种答案都有可能

16-4-3 力法方程是沿基本未知量方向的（ ）。

A. 力的平衡方程   B. 位移为零方程

C. 位移协调方程   D. 力与位移间的物理方程

16-4-4 图 a）结构的最后弯矩图为（ ）。

A. 图 b）   B. 图 c）   C. 图 d）   D. 图 e）

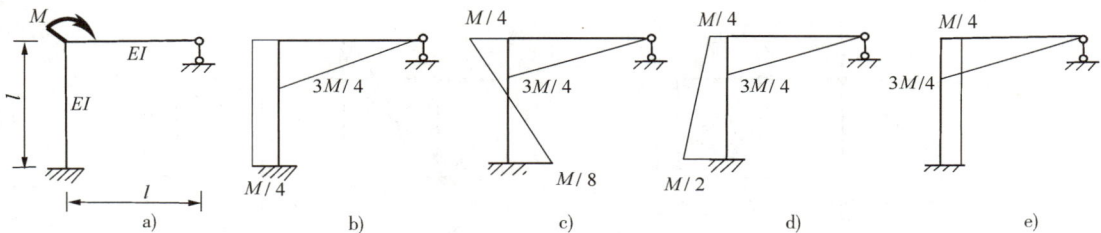

题 16-4-4 图

16-4-5 图示结构中，杆 CD 的轴力 N_{CD} 为（ ）。

A. 拉力   B. 零

C. 压力   D. 不定，取决于 P_1 与 P_2 的比值

16-4-6 图示桁架取 B 支座反力为力法的基本未知量 X_1（向左为正），各杆抗拉刚度 EA，则有（ ）。

A. X_1 随 EA 取值而变   B. $X_1 = 0$

C. $X_1 > 0$ D. $X_1 < 0$

16-4-7 图示桁架取杆 AC 轴力（拉为正）为力法的基本未知量 X_1，则有（ ）。

A. $X_1 = 0$ B. $X_1 > 0$

C. $X_1 < 0$ D. X_1 不定，取决于 A_1/A_2 值及 α 值

16-4-8 图示结构，若取梁 B 截面弯矩为力法的基本未知量 X_1，当 I_2 增大时，则 X_1 绝对值（ ）。

A. 增大   B. 减小

C. 不变   D. 增大或减小，取决于 I_2/I_1 比值

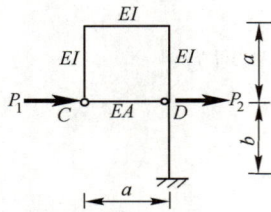

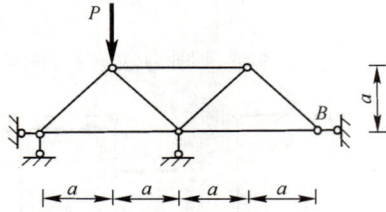

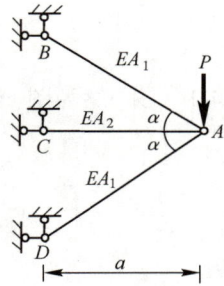

题 16-4-5 图   题 16-4-6 图   题 16-4-7 图

16-4-9   在图中取 A 支座反力为力法的基本未知量 X_1，当 I_1 增大时，柔度系数 δ_{11}（   ）。

  A. 变大   B. 变小

  C. 不变   D. 或变大或变小，取决于 X_1 的方向

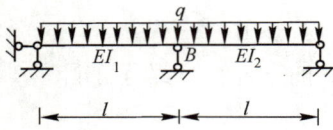

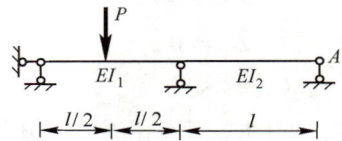

题 16-4-8 图   题 16-4-9 图

16-4-10 图 a ）所示桁架，$EA =$ 常数，取图 b ）为力法基本体系，则力法方程系数间的关系为（   ）。

  A. $\delta_{22} < \delta_{11}$，$\delta_{12} > 0$ B. $\delta_{22} > \delta_{11}$，$\delta_{12} > 0$

  C. $\delta_{22} < \delta_{11}$，$\delta_{12} < 0$ D. $\delta_{22} > \delta_{11}$，$\delta_{12} < 0$

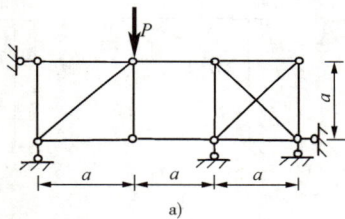 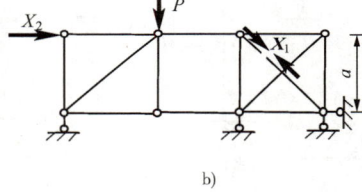

题 16-4-10 图

16-4-11 图示结构 $EI =$ 常数，在给定荷载作用下，剪力 Q_{BA} 为（   ）。

  A. $P/2$ B. $P/4$ C. $-P/4$ D. 0

16-4-12 图示结构 $EI =$ 常数，弯矩 M_{CA} 为（   ）。

  A. $Pl/2$（左侧受拉）   B. $Pl/4$（左侧受拉）

  C. $Pl/2$（右侧受拉）   D. $Pl/4$（右侧受拉）

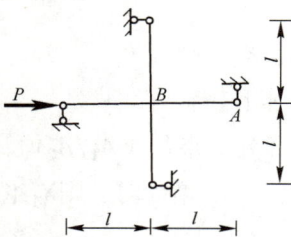 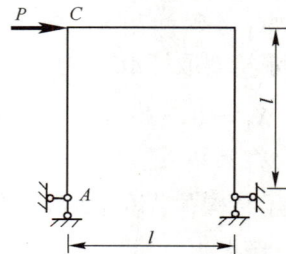

题 16-4-11 图   题 16-4-12 图

16-4-13 图示结构 $EI = $ 常数，在给定荷载作用下，剪力 Q_{AB} 为（　　）。

  A. $P/\sqrt{2}$ B. $3P/16$ C. $P/2$ D. $\sqrt{2}P$

16-4-14 图示结构（杆件截面为矩形）在图示温度变化（$t_1 > t_2$）时，其轴力为（　　）。

  A. $N_{BC} > 0,\ N_{AB} = N_{CD} = 0$ B. $N_{BC} = 0,\ N_{AB} = N_{CD} > 0$

  C. $N_{BC} < 0,\ N_{AB} = N_{CD} = 0$ D. $N_{BC} < 0,\ N_{AB} = N_{CD} > 0$

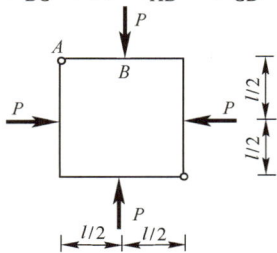 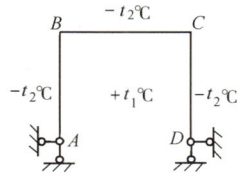

题 16-4-13 图   题 16-4-14 图

16-4-15 图示对称结构其半结构计算简图为图（　　）。

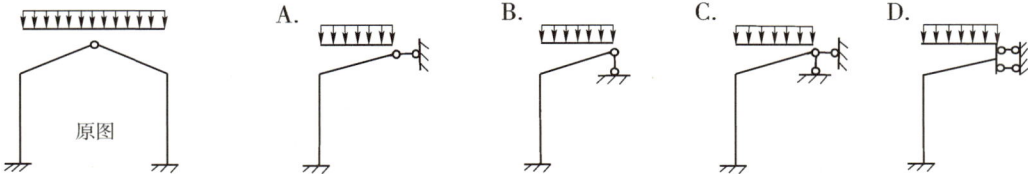

题 16-4-15 图

16-4-16 图示对称刚架具有两根对称轴，利用对称性简化后的计算简图为图（　　）。

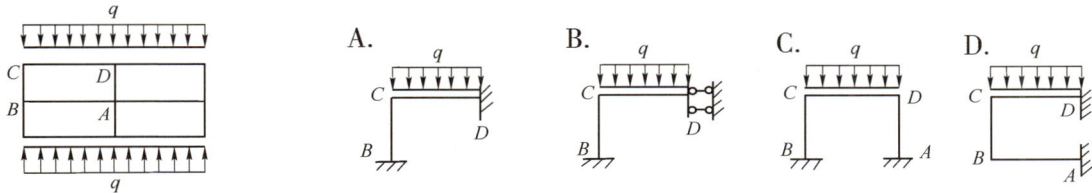

题 16-4-16 图

16-4-17 图示结构的超静定次数为（　　）。

  A. 12   B. 15

  C. 24   D. 35

16-4-18 图示超静定刚架用力法计算时，可选取的基本体系是（　　）。

  A. 图 a）、图 b）和图 c）

  B. 图 a）、图 b）和图 d）

  C. 图 b）、图 c）和图 d）

  D. 图 a）、图 c）和图 d）

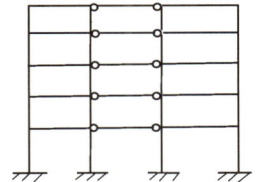

题 16-4-17 图

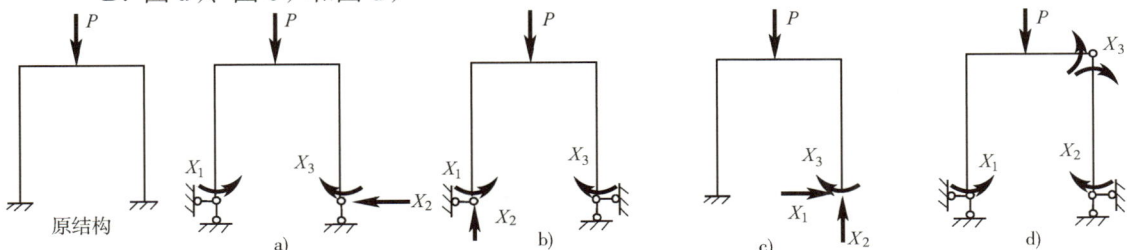

题 16-4-18 图

16-4-19 图示两刚架的EI均为常数,已知$EI_a = 4EI_b$,则图 a)刚架各截面弯矩为图 b)刚架各相应截面弯矩的(　　　　)。

A. 2 倍　　　　　　　B. 1 倍　　　　　　　C. 1/2　　　　　　　D. 1/4

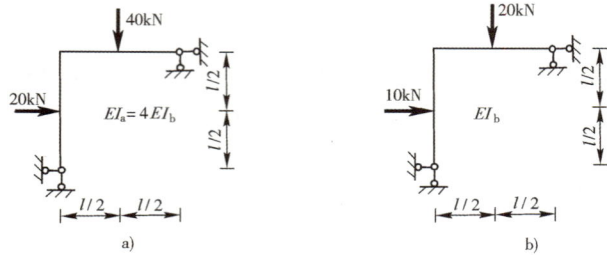

题 16-4-19 图

16-4-20 图 a)结构,取图 b)为力法基本体系,相应力法方程为$\delta_{11}X_1 + \Delta_{1C} = 0$,其中$\Delta_{1C}$为(　　　　)。

A. $\Delta_1 + \Delta_2$　　　　B. $\Delta_1 + \Delta_3$　　　　C. $\Delta_2 - \Delta_3$　　　　D. $\Delta_1 - 2\Delta_2$

16-4-21 图示结构用位移法计算时的基本未知量最小数目为(　　　　)。

A. 10　　　　　　　B. 9　　　　　　　C. 8　　　　　　　D. 7

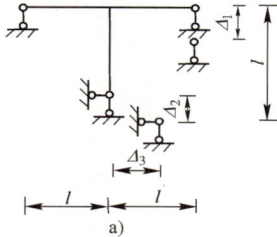
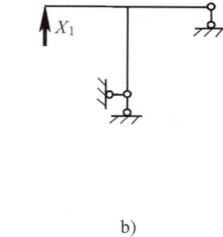

题 16-4-20 图

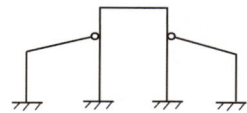

题 16-4-21 图

16-4-22 图示结构$EI = $常数,欲使节点$B$的转角为零,比值$P_1/P_2$应为(　　　　)。

A. 1.5　　　　　　　B. 2　　　　　　　C. 2.5　　　　　　　D. 3

16-4-23 图示连续梁$EI = $常数,已知支承$B$处梁截面转角为:$-Pl^3/(240EI)$(逆时针向),则支承$C$处梁截面转角$\varphi_C$应为(　　　　)。

A. $Pl^2/(60EI)$　　　B. $Pl^2/(120EI)$　　　C. $Pl^2/(180EI)$　　　D. $Pl^2/(240EI)$

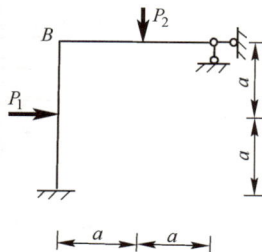

题 16-4-22 图

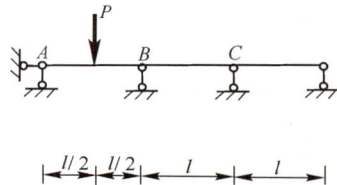

题 16-4-23 图

16-4-24 图示结构$EI = $常数,已知节点$C$的水平线位移为$\Delta_{CH} = 7ql^4/(184EI)(\rightarrow)$,则节点$C$的角位移$\varphi_C$应为(　　　　)。

A. $ql^3/(46EI)$ (顺时针向)　　　　　　　　B. $-ql^3/(46EI)$ (逆时针向)

C. $3ql^3/(92EI)$ (顺时针向)　　　　　　　D. $-3ql^3/(92EI)$ (逆时针向)

16-4-25 图示刚架各杆线刚度i相同,则节点A的转角大小为(　　　　)。

A. $m_0/(9i)$　　　　B. $m_0/(8i)$　　　　C. $m_0/(11i)$　　　　D. $m_0/(4i)$

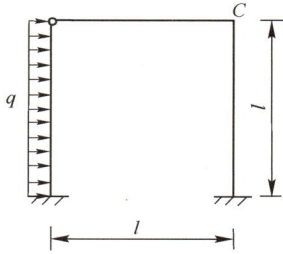

题 16-4-24 图

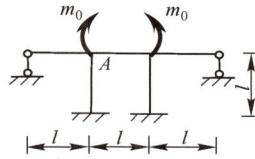

题 16-4-25 图

16-4-26 图示排架，已知各单柱柱顶有单位水平力时产生柱顶水平位移为$\delta_{AB} = \delta_{EF} = h/(100D)$，$\delta_{CD} = h/(200D)$为与柱刚度有关的给定常数，则此结构柱顶水平位移为（   ）。

A. $5Ph/(200D)$ B. $Ph/(100D)$ C. $Ph/(200D)$ D. $Ph/(400D)$

16-4-27 图示两结构中，正确的弯矩关系为（   ）。

A. $|M_A| = |M_C|$ B. $|M_D| = |M_F|$ C. $|M_A| = |M_D|$ D. $|M_C| = |M_F|$

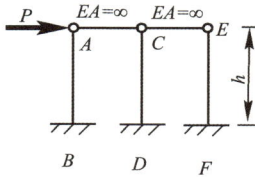

题 16-4-26 图

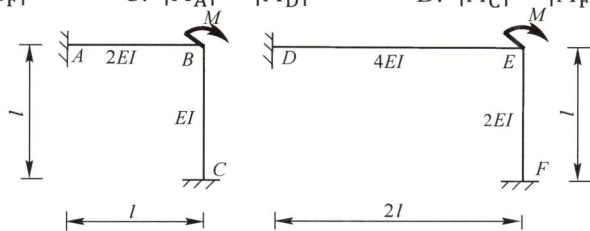

题 16-4-27 图

16-4-28 图示铰接排架，如略去杆件的轴向变形，当A点发生单位水平位移时，则P的大小为（   ）。

A. $6EI/h^3$ B. $12EI/h^3$ C. $24EI/h^3$ D. $48EI/h^3$

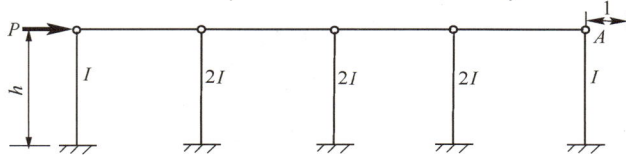

题 16-4-28 图

16-4-29 图示结构各杆EI常数，截面C、D两处的弯矩值M_C、M_D分别为（   ）。（单位：kN·m）

A. 1.0，2.0   B. 2.0，1.0   C. −1.0，−2.0   D. −2.0，−1.0

16-4-30 已知刚架的弯矩图如图所示，AB杆的抗弯刚度为EI，BC杆的为$2EI$，则节点B的角位移等于（   ）。

A. $10/(3EI)$

B. $20/(EI)$

C. $20/(3EI)$

D. 由于荷载未给出，无法求出

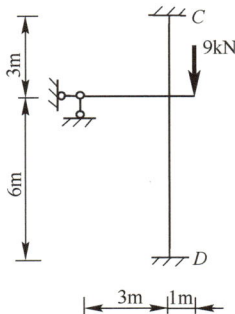

题 16-4-29 图

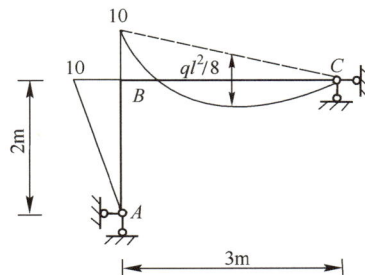

题 16-4-30 图

16-4-31 用位移法计算图示刚架时位移法方程的主系数k_{11}等于（   ）。

    A. $4EI/l$ B. $6EI/l$ C. $10EI/l$ D. $12EI/l$

16-4-32 图示杆件AB之A端转动刚度（劲度）系数是（   ）。

    A. A端单位角位移引起B端的弯矩   B. A端单位角位移引起A端的弯矩

    C. B端单位角位移引起A端的弯矩   D. B端单位角位移引起B端的弯矩

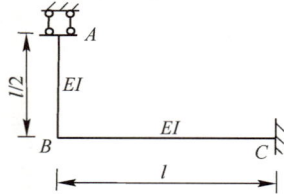
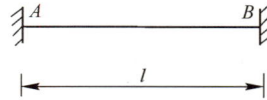

             题 16-4-31 图   题 16-4-32 图

16-4-33 图示各结构中，除特殊注明者外，各杆件$EI=$常数。其中不能直接用力矩分配法计算的结构是（   ）。

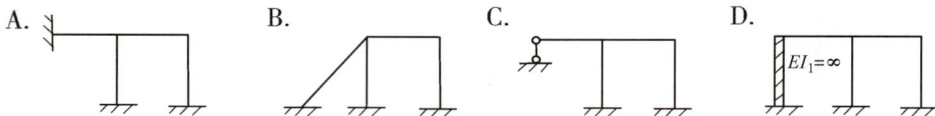

16-4-34 图示对称刚架在节点力偶作用下，弯矩图的正确形状是（   ）。

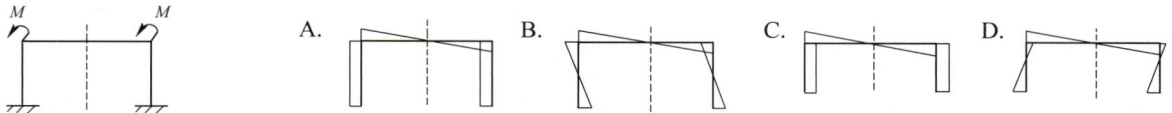

    题 16-4-34 图

16-4-35 图示结构$EI=$常数，用力矩分配法计算时，分配系数μ_{A4}为（   ）。

    A. $4/11$ B. $1/2$ C. $1/3$ D. $4/9$

16-4-36 图示结构（$EI=$常数）用力矩分配法计算时，分配系数μ_{BC}等于（   ）。

    A. 0 B. $1/3$ C. $1/8$ D. $1/10$

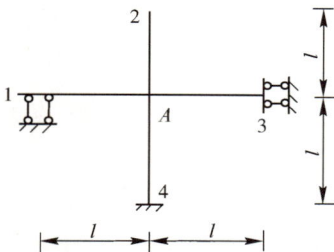
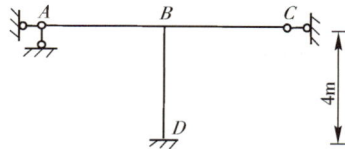

             题 16-4-35 图   题 16-4-36 图

16-4-37 图示各结构，可直接用力矩分配法计算的为（   ）。

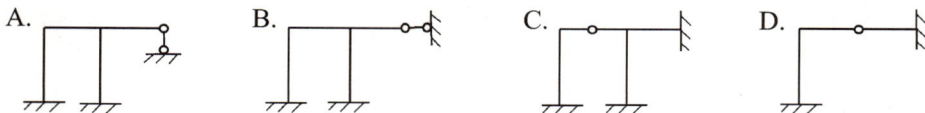

16-4-38 图示结构的最终弯矩M_{BA}和M_{BC}分别为（   ）。

    A. $0.5M$，$0.5M$ B. $0.4M$，$0.6M$

    C. $3/7M$，$4/7M$ D. $0.6M$，$0.4M$

16-4-39 图示结构用力矩分配法计算时，分配系数 μ_{BC} 等于（　　　）。

　　　A. 1/8　　　　　　B. 3/10　　　　　　C. 5/21　　　　　　D. 5/17

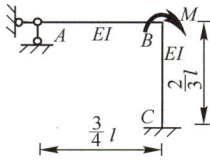
题 16-4-38 图

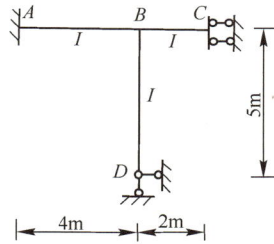
题 16-4-39 图

16-4-40 图示结构各杆线刚度 i 相同，用力矩分配法计算时，力矩分配系数 μ_{BA} 及传递系数 C_{BC} 分别为（　　　）。

　　　A. 1/2，0　　　　B. 4/7，0　　　　C. 4/7，1/2　　　　D. 4/5，−1

16-4-41 图示结构各杆线刚度 i 相同，用力矩分配法计算时，力矩分配系数 μ_{BA} 应为（　　　）。

　　　A. 1/2　　　　　　B. 4/7　　　　　　C. 4/5　　　　　　D. 1

16-4-42 图示结构各杆线刚度 i 相同，角 $\alpha \neq 0$，用力矩分配法计算时，力矩分配系数 μ_{AB} 应为（　　　）。

　　　A. 1/8　　　　　　B. 3/10　　　　　　C. 4/11　　　　　　D. 1/3

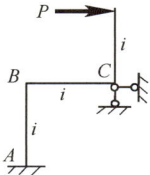
题 16-4-40 图

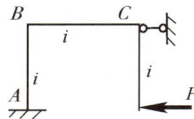
题 16-4-41 图

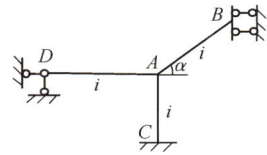
题 16-4-42 图

第五节　结构的动力特性与动力反应

一、结构动力计算的特点

　　结构在动力荷载作用下的计算称为动力计算，其特点是荷载的大小、方向、作用位置随时间而变化，在结构中引起的内力和位移也都随时间而变化。结构产生明显的振动，各质点产生的加速度不能忽略。计算时必须考虑惯性力的作用。

　　结构在动力荷载作用下所产生的动内力和动位移等，通常称为动力反应。结构的动力反应不仅与所受动力荷载的量值及变化规律有关，而且与结构本身的动力特性（结构本身内在因素所决定的特性，如自振频率、振型及阻尼等）有密切关系。所以，结构的动力计算首先要研究结构的动力特性，求结构的自振频率及振型，然后再研究结构的动力反应，求在给定动力荷载作用下所产生的动内力及动位移。

　　结构动力计算的基本原理与基本方法是应用达朗伯原理，采用动静法，即结构除受实际作用力以外，若设想在各质点加上惯性力的作用，则结构在实际受力及惯性力共同作用下，每一瞬时都处于形式上的平衡状态（动力平衡），从而可以用静力分析的手段解决动力计算问题。

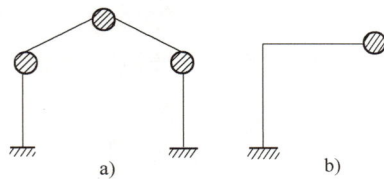

图 16-5-1

结构的动力计算需首先选取合理的计算模型，确定其动力自由度，为确定运动体系全部质体位置所需独立几何参数的数目称为该体系的动力自由度。它与计算要求的精度有关。如图 16-5-1 所示集中质量体系，在忽略受弯杆的轴向变形及质量的前提下，图 16-5-1a）、b）的动力自由度均为 2。

二、单自由度体系的自由振动（无阻尼）

经初始干扰后，体系自身的振动（没有动荷载作用）称为自由振动，研究自由振动是为了掌握体系的动力特性。

图 16-5-2 代表一单自由度振动体系，取静平衡位置为坐标原点，重力 mg 与相应静弹性恢复力 $S_{\text{静}} = -k\Delta_{\text{st}}$ 满足静力平衡条件，与动位移 $y(t)$ 相应的惯性力 $I(t) = -m\ddot{y}(t)$ 及弹性恢复力 $S(t) = -ky(t)$ 满足动力平衡条件，见图 16-5-2c），则

$$m\ddot{y}(t) + ky(t) = 0 \tag{16-5-1}$$

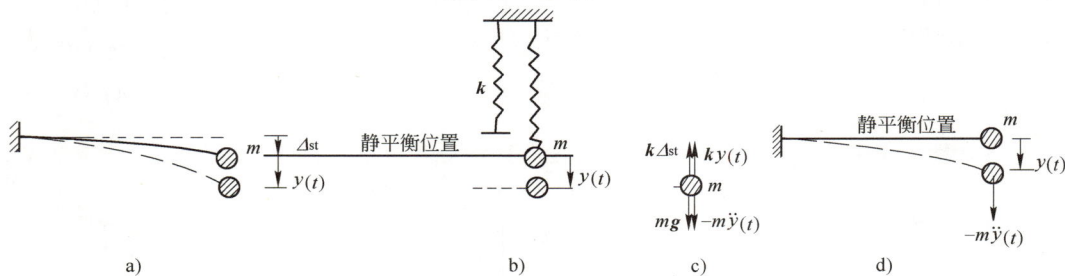

图 16-5-2

这就是单自由度体系自由振动的振动微分方程。这种利用刚度系数 k 建立动力平衡方程的方法称为刚度法。由于刚度系数 k 与柔度系数 δ 互为倒数，故振动微分方程又可写为

$$y(t) = \delta \cdot [-m\ddot{y}(t)] \tag{16-5-2}$$

此式的含义是：动位移就是将惯性力当成静荷载所产生的静位移，见图 16-5-2d），这种利用柔度系数建立位移方程（写动位移的表达式）的方法称为柔度法。

引入

$$\omega = \sqrt{\frac{k}{m}} = \sqrt{\frac{1}{m\delta}}$$

振动微分方程可写成

$$\ddot{y}(t) + \omega^2 y(t) = 0 \tag{16-5-3}$$

考虑初始条件，用初位移 y_0 及初速度 v_0 确定积分常数后，可得运动方程

$$y(t) = y_0 \cos \omega t + \frac{v_0}{\omega} \sin \omega t = A \sin(\omega t + \alpha) \tag{16-5-4}$$

其中：振幅

$$A = \sqrt{y_0^2 + \left(\frac{v_0}{\omega}\right)^2}$$

初相角

$$\alpha = \arctan\left(\frac{y_0\omega}{v_0}\right)$$

由以上分析可知：

（1）振动微分方程的建立可使用以下两种方法：

①刚度法——建立动力平衡方程；

②柔度法——建立位移方程（动位移的表达式）。

（2）单自由度体系无阻尼自由振动的运动规律是简谐振动，运动状态的描述取决于振幅及初相位角，由初始条件确定。对位移$y(t)$求导可知，加速度及惯性力的值都和位移成正比，三者随时间都按正弦规律变化，并同时达到最大值（幅值）。加速度最大值$\ddot{y}_{max} = \omega^2 A$，由振幅位置指向平衡位置；惯性力最大值$I_{max} = m\omega^2 A$，由振幅位置背离平衡位置；而速度的最大值$\dot{y}_{max} = \omega A$，发生在平衡位置。

（3）体系的动力特性——自振周期T和频率ω。

单自由度体系简谐振动的自振周期为

$$T = \frac{2\pi}{\omega} \tag{16-5-5}$$

其含义为振动一个循环所用的时间，而

$$\omega = \frac{2\pi}{T}$$

为2π秒内振动的次数，称为自振圆频率，简称为自振频率。自振周期T及频率ω都是反映振动快慢的量，是体系本身固有的性质，而与外界初始条件无关。

自振频率的计算公式为

$$\omega = \sqrt{\frac{k}{m}} = \sqrt{\frac{1}{m\delta}} = \sqrt{\frac{g}{W\delta}} = \sqrt{\frac{g}{\Delta_{st}}} \tag{16-5-6}$$

可看出ω^2与刚度系数k成正比而与质量m成反比，增加刚度、减小质量可提高自振频率。

【例 16-5-1】 求如图 a）所示刚架的自振频率。

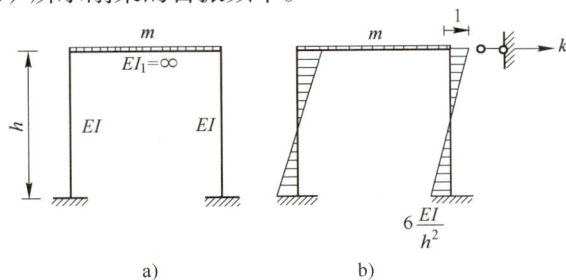

例 16-5-1 图

解 由图 b），刚度系数k由两立柱的剪力平衡，可得$k = 24EI/h^3$，$\omega = \sqrt{\dfrac{24EI}{mh^3}}$。

【例 16-5-2】 求如图 a）所示梁的自振频率，$EI =$常数。

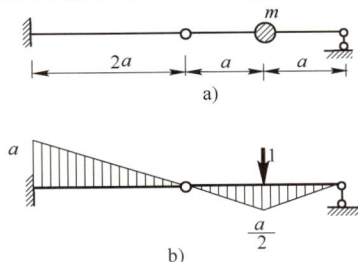

例 16-5-2 图

解 作图 b）自乘，可得

$$\delta = \frac{1}{EI}\left(\frac{1}{2}a \cdot 2a \cdot \frac{2}{3}a + 2 \cdot \frac{1}{2} \cdot \frac{a}{2} \cdot a \cdot \frac{2}{3} \cdot \frac{a}{2}\right) = \frac{5}{6}\frac{a^3}{EI}$$

$$\omega = \sqrt{\frac{6EI}{5ma^3}}$$

【例 16-5-3】 无阻尼等截面梁承受一静力荷载 P，设在 $t=0$ 时，撤掉荷载 P，点 m 的动位移为：

A. $y(t) = \frac{Pl^3}{3EI}\cos\sqrt{\frac{3EI}{ml^3}}\,t$

B. $y(t) = \frac{Pl^3}{3EI}\sin\sqrt{\frac{3EI}{ml^3}}\,t$

C. $y(t) = \frac{Pl^3}{8EI}\cos\sqrt{\frac{3EI}{ml^3}}\,t$

D. $y(t) = \frac{Pl^3}{8EI}\sin\sqrt{\frac{3EI}{ml^3}}\,t$

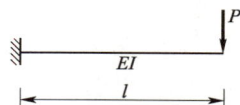

例 16-5-3 图

解 按题意，质点作初速为零、初位移为 $\frac{Pl^3}{3EI}$（可用图乘法求）的单自由度体系无阻尼自由振动，其运动方程为

$$y(t) = y_0\cos\omega t + \frac{v_0}{\omega}\sin\omega t = \frac{Pl^3}{3EI}\cos\omega t$$

答案： A

三、单自由度体系的强迫振动（无阻尼）

体系在动力荷载（干扰力）作用下的振动称为强迫振动。研究强迫振动是为了计算动力反应，求干扰力引起的动位移、动内力的变化规律，并计算其最大值。

如图 16-5-3 所示的单自由度体系在干扰力 $P(t)$ 作用下产生强迫振动，其动力平衡方程为

$$I(t) + S(t) + P(t) = 0 \tag{16-5-7}$$

当干扰力为简谐荷载 $P(t) = P\sin\theta t$ 时，其振动微分方程为

$$m\ddot{y}(t) + ky(t) = P\sin\theta t \tag{16-5-8}$$

其稳态强迫振动解为

$$y(t) = A\sin\theta t \tag{16-5-9}$$

其中

$$A = \beta y_{\text{st}} = \beta\frac{P}{m\omega^2} = \beta \cdot \delta \cdot P$$

β 称为动力系数，其含义是最大动位移（振幅）A 与干扰力幅值所生静位移 y_{st} 的比值，故又称放大系数，其计算公式为

$$\beta = \frac{1}{1 - \left(\frac{\theta}{\omega}\right)^2} \tag{16-5-10}$$

由式（16-5-10）及其图像（见图 16-5-4）可看出：

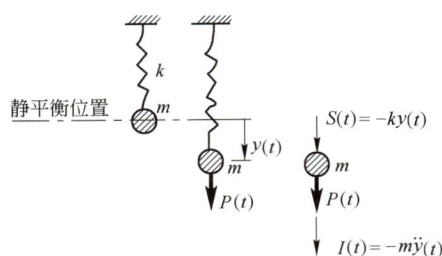

图 16-5-3

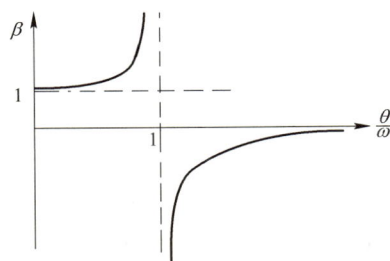

图 16-5-4

（1）当$0 \leqslant \theta < \omega$时，$\beta$为正值，动位移与干扰力同向，且$\beta \geqslant 1$，动位移大于干扰力幅值所产生的静位移，$\beta$随$\theta/\omega$增大而增大。

（2）当$\theta > \omega$时，β为负值，动位移与干扰力反向，β的绝对值随θ/ω增大而减小，如果$\theta \gg \omega$，$\beta \approx 0$，动位移趋于零。

（3）当$\theta \approx \omega$时，$|\beta| \approx \infty$，会引起非常大的位移，这就是共振。一般认为$\theta/\omega = 0.75 \sim 1.25$为共振区，在进行工程结构设计时，应避开共振区。

如果干扰力的频率变化很慢，$\theta/\omega \leqslant 1/5$，$\beta \leqslant 1.041$时，可忽略动力影响。

关于动力反应的计算，只需算出干扰力幅值所产生的静内力、静位移，再乘以动力系数，即得动内力、动位移的最大值，再与静平衡位置的内力、位移叠加，即为总的内力、位移的最大值（若干扰力不作用在振动质点上，需分别计算位移动力系数及内力动力系数，这时两者不相同）。

干扰力为突加荷载时，动力系数$\beta = 2$。

四、阻尼对振动的影响

实际结构都有阻尼，一般采用黏滞阻尼理论，在动力平衡方程中尚需加入阻尼力$R(t) = -c\dot{y}$，c为黏滞阻尼系数。

（一）单自由度体系有阻尼自由振动

振动微分方程为

$$m\ddot{y}(t) + c\dot{y}(t) + ky(t) = 0 \tag{16-5-11}$$

引入

$$\omega^2 = \frac{k}{m}, \quad \xi = \frac{c}{2m\omega}$$

式（16-5-11）可写为

$$\ddot{y}(t) + 2\xi\omega\dot{y}(t) + \omega^2 y(t) = 0 \tag{16-5-12}$$

式中：ω——无阻尼的自振频率；

ξ——阻尼比，它是阻尼系数c与临界阻尼系数c_r（$\xi = 1$时的阻尼系数$c_r = 2m\omega = 2\sqrt{mk}$）的比值。

对于小阻尼（$\xi < 1$）的情况，上面振动微分方程的解为

$$y(t) = e^{-\xi\omega t}\left(y_0 \cos \omega_r t + \frac{v_0 + \xi\omega y_0}{\omega_r} \sin \omega_r t\right) = e^{-\xi\omega t} A \sin(\omega_r t + \alpha) \tag{16-5-13}$$

其中

$$A = \sqrt{y_0^2 + \left(\frac{v_0 + \xi\omega y_0}{\omega_\mathrm{r}}\right)^2}$$

$$\tan\alpha = \frac{y_0\omega_\mathrm{r}}{v_0 + \xi\omega y_0}$$

$$\omega_\mathrm{r} = \omega\sqrt{1-\xi^2}$$

由式（16-5-13）及其图像（见图 16-5-5）可看出阻尼对自由振动的影响是：

有阻尼的自振频率 ω_r 略小于无阻尼的自振频率 ω。但一般建筑结构的 ξ 值很小，当 $\xi<0.2$ 时，可近似取 $\omega_\mathrm{r}=\omega$，即忽略阻尼对自振频率的影响。

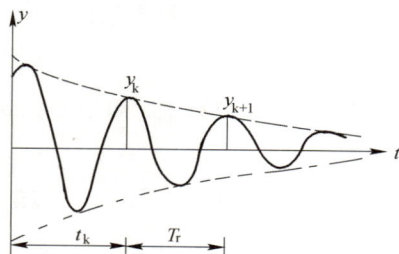

图 16-5-5

阻尼对振幅的影响较为明显。由于阻尼、振幅随时间逐渐衰减，振动能量逐渐消耗。严格讲，这种运动已不再具有周期性，但仍具有波动性和明显的等时性，习惯上称它为衰减振动。阻尼比 ξ 越大，振动衰减的速度越快。阻尼比 ξ 是反映振动体系阻尼情况的基本参数，其值可通过实测相差一个周期 T_r（$T_\mathrm{r} = 2\pi/\omega_\mathrm{r} \approx 2\pi/\omega$）的两个振幅 y_k 及 y_{k+1} 由下式计算得到

$$\xi = \frac{1}{2\pi}\ln\frac{y_k}{y_{k+1}} \tag{16-5-14}$$

对于大阻尼（$\xi>1$）及临界阻尼（$\xi=1$）的情况，振动微分方程的解函数已不再具有波动性，不会出现振动现象。

（二）单自由度体系有阻尼强迫振动

当干扰力为简谐荷载 $P\sin\theta t$ 时，振动微分方程为

$$\ddot{y}(t) + 2\xi\omega\dot{y}(t) + \omega^2 y(t) = P\sin\theta t \tag{16-5-15}$$

式（16-5-15）的一般解由两部分组成，第一部分是按频率 ω_r 振动求得的齐次解，由于阻尼的存在它将逐渐衰减以致消失；第二部分是按荷载频率 θ 振动求得的特解，它受动荷载的周期影响而不衰减，称为稳态强迫振动，其解为

$$y(t) = A\sin(\theta t - \alpha) \tag{16-5-16}$$

其中

$$A = \beta y_\mathrm{st} = \beta\frac{P}{m\omega^2} = \beta\delta P$$

$$\alpha = \arctan\frac{2\xi\left(\frac{\theta}{\omega}\right)}{1-\left(\frac{\theta}{\omega}\right)^2}$$

动力系数

$$\beta = \frac{1}{\sqrt{\left(1-\frac{\theta^2}{\omega^2}\right)^2 + 4\xi^2\frac{\theta^2}{\omega^2}}} \tag{16-5-17}$$

可见，动力系数 β 不仅与频率的比值 $\frac{\theta}{\omega}$ 有关，而且与阻尼比 ξ 有关。对于不同的 ξ 值，可画出相应的 β 与 $\frac{\theta}{\omega}$ 之间的关系曲线，如图 16-5-6 所示。

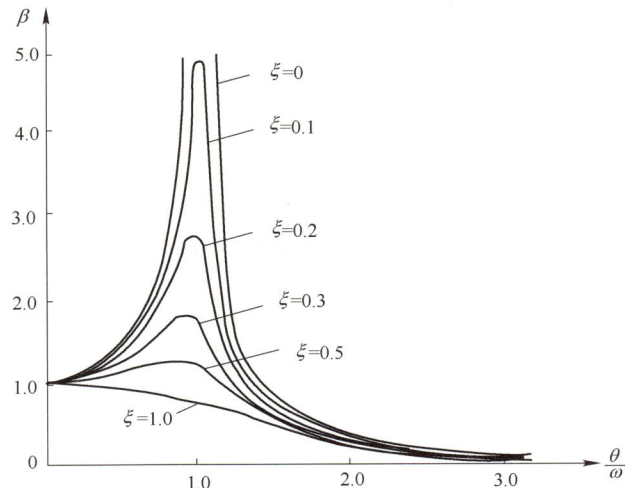

图　16-5-6

由以上分析可知：

（1）随着阻尼比ξ值的增大（$0 \leqslant \xi \leqslant 1$范围内），动力系数β的峰值明显下降。

（2）在$\theta/\omega = 1$共振时，动力系数为

$$\beta\Big|_{\frac{\theta}{\omega}=1} = \frac{1}{2\xi} \tag{16-5-18}$$

如果忽略阻尼，动力系数β会趋于无穷大，但实际结构都有阻尼，因而即使共振时，动力系数也是一个有限值，其值随阻尼的增大而下降。在共振区$0.75 \leqslant \theta/\omega \leqslant 1.25$范围内ξ对β的影响很大，所以，研究共振时的动力反应应考虑阻尼的影响。而在共振区之外，可忽略阻尼的影响，按无阻尼问题考虑。

（3）由于阻尼的存在，动位移总是滞后于动荷载。位移及受力的特点是：

①当θ/ω很小时，体系振动很慢，惯性力、阻尼力都很小，这时动荷载主要由弹性恢复力平衡，位移与荷载基本同步；

②当θ/ω很大时，体系振动很快，惯性很大，而弹性力和阻尼力较小，这时动荷载主要由惯性力平衡，位移与动荷载方向相反；

③当$\theta/\omega \approx 1$时，位移与荷载的相位角相差接近于 90°，这时惯性力与弹性恢复力平衡而动荷载与阻尼力平衡，而且当荷载值最大时，弹性力和惯性力都很小，平衡动荷载的阻尼力起着重要的作用，所以在共振区内，阻尼的影响不容忽略。

阻尼对自振频率的影响很小，计算自振频率时，可按无阻尼体系计算。

五、注意事项及例题分析

（1）结构动力计算包括动力特性及动力反应两个方面。动力特性指由结构内在因素（质量、刚度等）所确定的动力学方面的性质，如结构的自振频率、主振型、阻尼等，是结构本身固有的性质，与外界因素无关，动力特性需通过自由振动的研究获取。而动力反应是指结构在动荷载作用下所产生的动内力和动位移等，是强迫振动问题。对于单自由度体系，要求能进行动力特性、动力反应两方面的计算。

（2）应用达朗伯原理（动静法），动力计算就转化为静力计算，所以静力计算仍是重要的基础。要熟记单自由度体系自振频率的计算公式，要清楚地理解公式中的k、δ分别是结构沿振动方向的刚度系数、柔度系数，对较简单的结构要求能分析计算。

（3）单自由度体系在简谐荷载作用下动力反应的计算关键是动力系数的计算，要求理解概念，并能进行正确计算。了解阻尼对振动的影响，知道阻尼比的概念。知道突加荷载作用时动力系数为2。

【例 16-5-4】 如图所示体系的动力自由度数是：

A. 1　　　　　　　B. 2　　　　　　　C. 3　　　　　　　D. 4

解　在集中质量体系的动力分析中，一般都假设杆件有弹性而无质量，且不计受弯杆件的轴向变形。在此事先约定的前提下，在 A 点加一个水平链杆即可确定 A、B、C、D 四点位置。所以该体系只有一个动力自由度。

答案： A

【例 16-5-5】 如图 a）所示结构的自振频率 ω 为：

A. $\sqrt{\dfrac{4EI}{3ml^3}}$　　　　　B. $\sqrt{\dfrac{2EI}{ml^3}}$　　　　　C. $\sqrt{\dfrac{4EI}{ml^3}}$　　　　　D. $\sqrt{\dfrac{6EI}{ml^3}}$

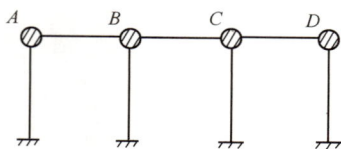

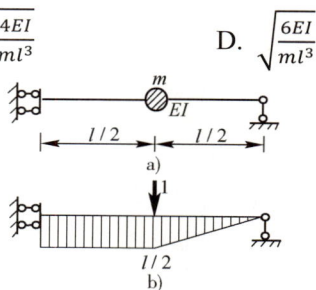

例 16-5-4 图

例 16-5-5 图

解　作图 b），图乘得

$$\delta = \frac{1}{EI}\left(\frac{l}{2} \times \frac{l}{2} \times \frac{l}{2} + \frac{1}{2} \times \frac{l}{2} \times \frac{l}{2} \times \frac{2}{3} \times \frac{l}{2}\right) = \frac{l^3}{6EI}$$

$$\omega = \sqrt{\frac{1}{m\delta}} = \sqrt{\frac{6EI}{ml^3}}$$

答案： D

【例 16-5-6】 如图 a）所示结构的自振周期 T 等于：

A. $2\pi\sqrt{\dfrac{ml^3}{3EI}}$　　　　B. $4\pi\sqrt{\dfrac{ml^3}{3EI}}$　　　　C. $2\pi\sqrt{\dfrac{ml^3}{EI}}$　　　　D. $4\pi\sqrt{\dfrac{ml^3}{EI}}$

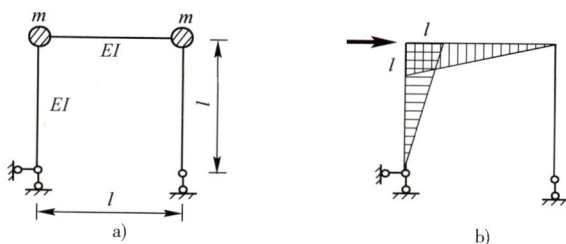

例 16-5-6 图

解　注意振动方向的质量为 $m+m=2m$，作图 b），图乘得

$$\delta = \frac{2}{EI}\left(\frac{1}{2}l \times l \times \frac{2}{3}l\right) = \frac{2l^3}{3EI}$$

$$T = \frac{2\pi}{\omega} = 2\pi\sqrt{(m+m)\frac{2l^3}{3EI}} = 2\pi\sqrt{\frac{4}{3} \times \frac{ml^3}{EI}} = 4\pi\sqrt{\frac{ml^3}{3EI}}$$

答案： B

【例 16-5-7】如图所示两端固定梁的自振频率 ω 为：

A. $\sqrt{\dfrac{48EI}{ml^3}}$ B. $\sqrt{\dfrac{96EI}{ml^3}}$

C. $\sqrt{\dfrac{192EI}{ml^3}}$ D. $\sqrt{\dfrac{384EI}{ml^3}}$

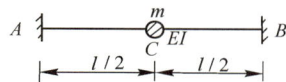

例 16-5-7 图

解 设想在 C 点附加竖向链杆，并令其产生单位竖向位移，则链杆反力即为振动方向的刚度系数 k。由于对称，截面 C 转角为零，杆段 AC、CB 都相当于两端固定杆产生单位侧移，根据其侧移刚度系数，并考虑 C 处微段竖向平衡可得

$$k = 2 \times \left[12 \frac{EI}{\left(\frac{l}{2}\right)^3} \right] = 192 \frac{EI}{l^3}$$

所以自振频率

$$\omega = \sqrt{\frac{k}{m}} = \sqrt{\frac{192EI}{ml^3}}$$

此题也可通过图乘法求柔度系数 δ 来解答。

答案： C

【例 16-5-8】如图所示两结构仅支承形式不同，经初始干扰后：

A. 图 a）振动得快   B. 图 b）振动得快

C. 振动得一样快   D. 受干扰大的振动得快

a)   b)

例 16-5-8 图

解 两图柔度系数同为 $\delta = l^3/(3EI)$（刚度系数同为 $k = 3EI/l^3$），自振频率相同，故两图振动快慢相同。

答案： C

【例 16-5-9】某单自由度振动结构自振频率为 ω，考虑作用质点上动荷载的两种情况：

（1）$P_1(t) = P\sin\dfrac{3\omega}{4}t$，产生振幅 A_1；（2）$P_2(t) = 2P\sin\dfrac{\omega}{4}t$，产生振幅 A_2。

振幅 A_1、A_2 的关系是：

A. $A_1 > A_2$ B. $A_1 < A_2$ C. $A_1 = A_2$ D. 不能确定

解 $P_1(t)$ 作用时，动力系数 $\beta_1 = \dfrac{1}{1-\left(\frac{3}{4}\right)^2} = \dfrac{16}{7}$，振幅 $A_1 = \dfrac{16}{7}\delta \cdot P$；

$P_2(t)$ 作用时，动力系数 $\beta_2 = \dfrac{1}{1-\left(\frac{1}{4}\right)^2} = \dfrac{16}{15}$，振幅 $A_2 = \dfrac{16}{15}\delta(2P)$。

比较可知，$A_1 > A_2$。

答案： A

【例 16-5-10】在图示结构中，若要使其自振频率 ω 增大，可以：

A. 增大 P

B. 增大 m

C. 增大 EI

D. 增大 l

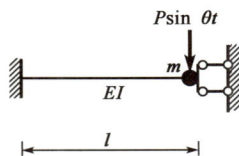

例 16-5-10 图

解　根据频率计算公式 $\omega = \sqrt{\dfrac{k}{m}}$ 可知，增大刚度可增大自振频率。

答案： C

【例 16-5-11】 有阻尼单自由度体系受简谐荷载作用，当简谐荷载频率等于结构自振频率时，与外荷载平衡的力是：

　　　　A. 惯性力　　　　　　　　　　　　　B. 阻尼力

　　　　C. 弹性力　　　　　　　　　　　　　D. 弹性力+惯性力

解　有阻尼单自由度体系受简谐荷载作用，当荷载频率接近结构自振频率（接近共振）时，位移与荷载相差的相位角接近 90°。故当荷载值为最大时，位移和加速度接近于零，因而弹性力和惯性力都接近于零，这时动荷载主要由阻尼力平衡。共振时阻尼起重要作用不容忽视。

答案： B

【例 16-5-12】 设 μ_a 和 μ_b 分别表示图 a）、b）所示两结构的位移动力系数，则：

　A. $\mu_a = \mu_b/2$　　　B. $\mu_a = -\mu_b/2$　　　C. $\mu_a = \mu_b$　　　D. $\mu_a = -\mu_b$

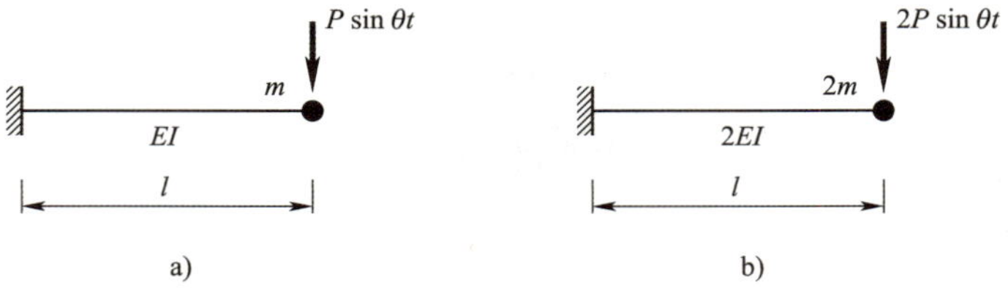

例 16-5-12 图

解　两图外荷载的 θ 相同，结构的频率 ω 相同，故动力系数 $\beta = \dfrac{1}{1 - \dfrac{\theta^2}{\omega^2}}$ 相同。

答案： C

习　　题

16-5-1　图示梁自重不计，在集中重量 W 作用下，C 点的竖向位移 $\Delta_C = 1\text{cm}$，则该体系的自振周期为（　　　）。

　　　　A. 0.032s　　　　　　B. 0.201s　　　　　　C. 0.319s　　　　　　D. 2.007s

题 16-5-1 图

16-5-2　单自由度体系的其他参数不变，只有刚度增大到原来刚度的两倍，则其周期与原周期之比为（　　　）。

　　　　A. 1/2　　　　　　B. $1/\sqrt{2}$　　　　　　C. 2　　　　　　D. $\sqrt{2}$

16-5-3　图示结构不计杆件分布质量，当 EI_2 增大时，结构自振频率（　　　）。

　　　　A. 不变　　　　　　　　　　　　　　B. 增大

　　　　C. 减少　　　　　　　　　　　　　　D. 增大减少取决于 EI_2 与 EI_1 的比值

16-5-4　图示体系（不计杆的轴向变形）的动力自由度数为（　　　）。

　　　　A. 4　　　　　　B. 3　　　　　　C. 2　　　　　　D. 1

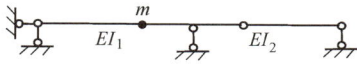

题 16-5-3 图

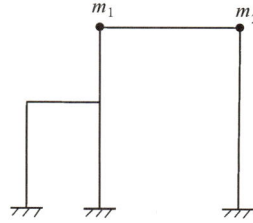

题 16-5-4 图

16-5-5 图示体系不计阻尼的稳态最大动位移 $y_{max} = 4Pl^3/(9EI)$，其最大动力弯矩为（　　　）。

A. $7Pl/3$　　　　　　　B. $4Pl/3$　　　　　　　C. Pl　　　　　　　D. $Pl/3$

16-5-6 设 $\theta = 0.5\omega$（ω 为自振频率），则图示体系的最大动位移为（　　　）。

A. $Pl^3/(40EI)$　　　　B. $4Pl^3/(18EI)$　　　　C. $Pl^3/(3EI)$　　　　D. $4Pl^3/(36EI)$

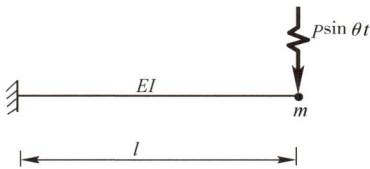

题 16-5-5 图

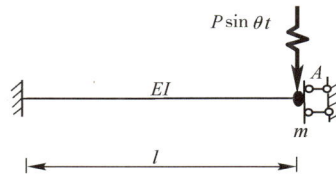

题 16-5-6 图

16-5-7 图示无阻尼等截面梁承受一静力荷载 P，设在 $t=0$ 时把这个荷载突然撤除，则质点 m 的位移为（　　　）。

A. $y(t) = \dfrac{11}{EI}\cos\sqrt{\dfrac{3EI}{4m}}\,t$　　　　　　　　　　B. $y(t) = \dfrac{4mg}{3EI}\cos\sqrt{\dfrac{3EI}{4m}}\,t$

C. $y(t) = \dfrac{11}{EI}\cos\sqrt{\dfrac{4EI}{3mg}}\,t$　　　　　　　　　D. $y(t) = \dfrac{4mg}{3EI}\cos\sqrt{\dfrac{EI}{11}}\,t$

16-5-8 图示三种单自由度动力体系中，质量 m 均在杆件中点，各杆 EI、l 相同。其自振频率的大小排列次序为（　　　）。

A. a）>b）>c）　　　　　　　　　　　　B. c）>b）>a）

C. b）>a）>c）　　　　　　　　　　　　D. a）>c）>b）

16-5-9 图示结构，各杆 EI、l 相同，质量 m 在杆件中点，其自振频率为（　　　）。

A. $2\sqrt{\dfrac{3EI}{ml^3}}$　　　　　B. $2\sqrt{\dfrac{6EI}{ml^3}}$　　　　　C. $4\sqrt{\dfrac{3EI}{ml^3}}$　　　　　D. $4\sqrt{\dfrac{6EI}{ml^3}}$

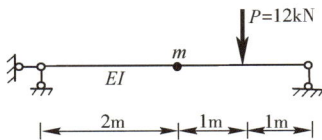

题 16-5-7 图

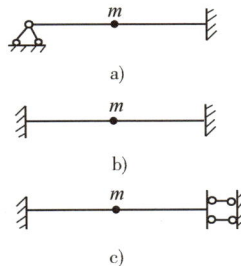

题 16-5-8 图

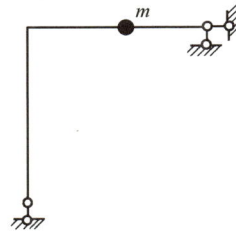

题 16-5-9 图

习题题解及参考答案

第一节

16-1-1　**解：** 需视三铰是否共线。

　　　答案： D

16-1-2　**解：** 易知 1、7 为必要联系，可先排除选项 D、B。

　　　答案： C

16-1-3　**解：** 铰接三角形不一定都视作刚片，但交于点 6 的杆必须有一杆视作刚片。

　　　答案： D

16-1-4　（1）**解：** 用三刚片规则，有一多余约束。

　　　　　答案： B

　　　（2）**解：** 用二刚片规则，有一多余约束。

　　　　　答案： B

　　　（3）**解：** 外部缺少一个约束，内部有三个多余约束。

　　　　　答案： C

　　　（4）**解：** 三刚片规则，三铰共线。

　　　　　答案： D

　　　（5）**解：** 二刚片规则。

　　　　　答案： A

　　　（6）**解：** 二刚片规则。

　　　　　答案： A

　　　（7）**解：** 三刚片规则。

　　　　　答案： A

　　　（8）**解：** 少一杆。

　　　　　答案： C

　　　（9）**解：** 二刚片规则。

　　　　　答案： A

　　　（10）**解：** 一个自由度，两个多余约束。

　　　　　答案： C

　　　（11）**解：** 上部相当于一杆。

　　　　　答案： A

　　　（12）**解：** 上部相当于一杆，有一内部多余约束，用三刚片规则，三铰共线。

　　　　　答案： D

第二节

16-2-1　**解：** 分清基本部分、附属部分。

答案：B

16-2-2 **解：** 整体隔离体平衡，求竖向反力；铰一侧隔离体平衡，求水平反力。

答案：C

16-2-3 **解：** 先由铰处弯矩为零求左支座水平反力，再由整体平衡求右支座水平反力。

答案：D

16-2-4 **解：** 先由整体平衡求左支座竖向反力，再利用铰右截面剪力求K截面弯矩。

答案：B

16-2-5 **解：** 对上支座处取矩，易知下支座水平反力为零。

答案：C

16-2-6 **解：** 利用铰的竖向约束力求M_A。

答案：B

16-2-7 **解：** 视K截面所在杆段为简支梁，求剪力。

答案：D

16-2-8 **解：** 水平杆弯矩图为一直线，竖直杆为纯弯。

答案：C

16-2-9 **解：** 利用右支座反力或顶铰处轴力求M_K，顶铰处剪力为零。

答案：D

16-2-10 **解：** 先判断零杆，再用截面法以A为矩心求N_1。

答案：B

16-2-11 **解：** 用截面法，以A为矩心求N_1。

答案：B

16-2-12 **解：** 按A、B、C顺序用节点法求，BC杆只需求竖向分力。

答案：C

16-2-13 **解：** 利用对称性，判断零杆。

答案：D

16-2-14 **解：** 化为反对称受力状态，或直接用平衡条件判断。

答案：A

16-2-15 **解：** 求右支座反力，用截面法求下弦杆轴力，再用节点法求N_1。

答案：B

16-2-16 **解：** 求右支座反力，用截面法求下弦杆轴力，再用节点法求N_1。

答案：D

16-2-17 **解：** 利用静定结构的局部平衡性判断。

答案：A

16-2-18 **解：** 取P所在的杆为隔离体，求N_a。

答案：C

16-2-19 **解：** 先判断零杆，再用截面法求N_a的大小。

答案：B

16-2-20 **解：** 先求右支座竖向反力及拉杆的拉力，再求M_K。

答案： C

16-2-21 **解：** 由静定结构的性质判断。

答案： C

16-2-22 **解：** 右边附属部分在刚节点C处用铰与左边相连，对M_{AC}无影响。

答案： D

16-2-23 **解：** 将荷载P视为两个$P/2$，利用对称性，可知中间铰处无剪力。

答案： B

第三节

16-3-1 **解：** 结构对过铰45°方向的轴线对称；受反对称荷载作用，产生的位移是反对称的。

答案： C

16-3-2 **解：** 应用图乘法。

答案： B

16-3-3 **解：** 应用图乘法。

答案： A

16-3-4 **解：** 虚拟单位力乘以所求位移应构成功。

答案： C

16-3-5 **解：** 与夹角变化方向一致的虚拟单位力（一对单位力偶，化为节点力）应使AC杆受拉，或根据几何关系判断。

答案： B

16-3-6 **解：** 应用图乘法。

答案： C

16-3-7 **解：** 应用图乘法。

答案： C

16-3-8 **解：** 去掉水平支杆，为反对称受力状态，相应产生反对称位移状态。水平支杆的作用是限制水平刚体位移。

答案： D

16-3-9 **解：** 去掉水平支杆，为对称受力状态，相应产生对称位移状态。水平支杆的作用是限制水平刚体位移。

答案： D

16-3-10 **解：** 用$\Delta = -\sum \overline{R}c$计算，或直接根据位移后的几何关系分析。

答案： C

16-3-11 **解：** 图乘法的应用条件是：直杆结构、分段等截面、相乘的两个弯矩图中至少有一个为直线型。

答案： B

16-3-12 **答案：** B

16-3-13 **解：** 需有限弹性条件。

答案： C

16-3-14　**解：** 位移互等定理。

　　　　　答案： B

16-3-15　**解：** 位移互等定理。

　　　　　答案： A

16-3-16　**解：** 位移互等定理。

　　　　　答案： A

16-3-17　**解：** 竖向力引起对称的内力与变形，D点无水平位移，水平力仅使水平杆拉伸；或在C、D处加一对反向水平单位力，用单位荷载法求解。

　　　　　答案： A

第四节

16-4-1　**解：** 图乘法求Δ_{1P}、δ_{12}时，同侧弯矩图相乘为正，异侧相乘为负。

　　　　答案： B

16-4-2　**解：** Δ_i为原超静定结构沿基本未知量X_i方向的位移，与X_i同向、反向或为零都有可能。

　　　　答案： D

16-4-3　**解：** 力法方程是位移协调方程。

　　　　答案： C

16-4-4　**解：** 注意节点平衡，竖杆剪力为零。

　　　　答案： A

16-4-5　**解：** 取杆CD的轴力为力法基本未知量X_1，其真实受力应使Δ_{1P}为负值。

　　　　答案： C

16-4-6　**解：** Δ_{1P}为负值。

　　　　答案： C

16-4-7　**解：** 对称结构，受反对称荷载作用，只引起反对称内力。

　　　　答案： A

16-4-8　**解：** 从力法求解角度看，Δ_{1P}与δ_{11}的比值不变；或从力矩分配角度看，B点约束力矩为零。

　　　　答案： C

16-4-9　**解：** 在δ_{11}的表达式中，刚度EI在分母上。

　　　　答案： B

16-4-10　**解：** 利用杆的拉压性质判断副系数，通过计算判断主系数。

　　　　　答案： B

16-4-11　**解：** 利用对称性判断。或用力法判断支座A的反力为零。

　　　　　答案： D

16-4-12　**解：** 将荷载分解为对称与反对称两组，先利用对称性求水平反力，再求M_{CA}。

　　　　　答案： C

16-4-13　**解：** 利用对称性。

　　　　　答案： C

16-4-14　**解：** 竖向无多余约束，竖杆轴力静定。水平方向有多余约束，轴线温度升高，产生向内的水平反力。

答案： C

16-4-15 **解：** 半结构应与原结构相应位置受力及位移情况完全一致。

答案： A

16-4-16 **解：** $\frac{1}{4}$结构应与原结构相应位置受力及位移情况完全一致。

答案： A

16-4-17 **解：** 切断一链杆相当于去掉一个约束，受弯杆作一切口相当于去掉三个约束。

答案： D

16-4-18 **解：** 必要约束不能撤，需保证基本结构为几何不变。

答案： D

16-4-19 **解：** 荷载作用下的内力，取决于杆件的相对刚度，且与荷载值成正比。

答案： A

16-4-20 **解：** 用公式$\Delta = -\sum \overline{R}c$求，或根据几何关系分析。

答案： D

16-4-21 **解：** 铰所在部位为复合节点，上下杆刚接，有独立角位移。

答案： B

16-4-22 **解：** B相当于固定端，两边固端弯矩绝对值相等。

答案： A

16-4-23 **解：** 由节点C的平衡求。

答案： B

16-4-24 **解：** 由节点C的平衡求。

答案： C

16-4-25 **解：** 利用对称性，并建立节点A的平衡方程。

答案： A

16-4-26 **解：** 建立截面平衡方程。

答案： D

16-4-27 **解：** 利用力矩分配与传递的概念判断。

答案： B

16-4-28 **解：** 建立截面平衡方程，各柱侧移刚度求和。

答案： C

16-4-29 **解：** 用力矩分配法。

答案： B

16-4-30 **解：** 使用BA杆的转角位移方程。

答案： C

16-4-31 **解：** 节点B平衡，两杆转动刚度求和。

答案： B

16-4-32 **解：** 转动刚度系数是近端单位角位移引起的近端弯矩。

答案： B

16-4-33 **解**：力矩分配法只能直接用于无未知线位移的结构。

　　　答案：C

16-4-34 **解**：利用对称性，注意竖杆无剪力，注意节点平衡。

　　　答案：C

16-4-35 **解**：支座 1 相当于固定端。

　　　答案：D

16-4-36 **解**：转动刚度 $S_{BC} = 0$。

　　　答案：A

16-4-37 **解**：力矩分配法可直接用于无未知节点线位移的结构（中间铰也是节点）。

　　　答案：B

16-4-38 **解**：计算分配系数。

　　　答案：B

16-4-39 **解**：计算分配系数。

　　　答案：C

16-4-40 **解**：节点 C 可视为 BC 杆的铰支端。

　　　答案：B

16-4-41 **解**：BC 杆弯矩静定，转动刚度系数 $S_{BC} = 0$。

　　　答案：D

16-4-42 **解**：支座 B 相当于固定端。

　　　答案：C

第五节

16-5-1 **解**：$T = 2\pi\sqrt{\dfrac{\Delta_{st}}{g}}$。

　　　答案：B

16-5-2 **解**：$T = 2\pi\sqrt{\dfrac{m}{k}}$。

　　　答案：B

16-5-3 **解**：质点振动方向的刚度（或柔度）系数与 EI_2 无关。

　　　答案：A

16-5-4 **解**：确定全部质点位置所需施加链杆的最小数目。

　　　答案：D

16-5-5 **解**：先求动力系数 $\beta = \dfrac{y_{max}}{y_{st}}$。

　　　答案：B

16-5-6 **解**：先求动力系数 β 及 P 所产生的最大静位移。

　　　答案：D

16-5-7 **解**：余弦前的系数应为初位移 y_0，与 mg 无关，故可排除选项 B、D；根号部分应为自振频率 $\omega = \sqrt{\dfrac{48EI}{m4^3}}$，与 g 无关，可排除选项 C。

　　　答案：A

16-5-8 **解**：三图质量m相同，沿振动方向刚度系数k大，其自振频率ω就大。

答案：C

16-5-9 **解**：求柔度系数。

答案：C

第十七章 结 构 设 计

复 习 指 导

一、考试大纲

14.2.1 钢筋混凝土结构

材料性能：钢筋 混凝土

基本设计原则：结构功能 极限状态及其设计表达式 可靠度

承载能力极限状态计算：受弯构件 受扭构件 受压构件 受拉构件 冲切 局部承压 疲劳

正常使用极限状态验算：抗裂 裂缝 挠度

预应力混凝土：轴拉构件 受弯构件

单层厂房：组成与布置 柱 基础

多层及高层房屋：结构体系及布置 剪力墙结构 框-剪结构 框-剪结构设计要点

抗震设计要点：一般规定 构造要求

14.2.2 钢结构

钢材性能：基本性能 结构钢种类

构件：轴心受力构件 受弯构件 拉弯和压弯构件的计算和构造

连接：焊缝连接 普通螺栓和高强度螺栓连接 构件间的连接

14.2.3 砌体结构

材料性能：块材 砂浆 砌体

基本设计原则：设计表达式

承载力：抗压 局部承压

混合结构房屋设计：结构布置 静力计算 构造

房屋部件：圈梁 过梁 墙梁 挑梁

抗震设计要点：一般规定 构造要求

二、复习指导

根据考试大纲要求，结构设计一章包括了钢筋混凝土结构、钢结构、砌体结构的全部内容，以及高层混凝土结构、抗震设计的部分内容，主要考查岩土工程师是否掌握结构设计所需的基本理论知识。考生应紧扣大纲内容，全面复习与突出重点相结合，即通过复习教程对基本概念、基本原理和基本知识有一个整体把握，并在此基础上对每节的主要内容重点复习，重点掌握。

根据基础考试命题的特点，复习时不要偏重难度大、过于繁杂的知识，而应注重"基本"知识的理解和记忆，掌握"基本"概念、"基本"假设、"基本"思想及主要结论和应用。

结构设计包括了三类不同的结构，每一类结构基本由三部分组成：①材料性能；②基本计算方法；③构造。不同类型的结构之间，或同一类结构的不同受力构件之间存在着相同点与不同点，应善于分析比较，找出规律性，这样不仅可以加深记忆，也可事半功倍。

在熟练掌握考试大纲要求知识点的基础上，还应做一定数量的配套习题，拾遗补阙，总结适合自己特点的解题技巧。

第一节　钢筋混凝土结构材料性能

钢筋混凝土是由钢筋和混凝土两种材料组成。这两种物理与力学性能不同的材料之所以能有效地结合在一起并共同工作，主要是由于混凝土硬化后钢筋与混凝土之间产生了良好的黏结力，使两者可靠地结合在一起，从而保证在外荷载作用下，钢筋与相邻混凝土能相互作用、协调变形、共同受力。其次，钢筋与混凝土这两种材料的温度线膨胀系数接近（钢筋为 1.2×10^{-5}，混凝土为 $1.0 \times 10^{-5} \sim 1.5 \times 10^{-5}$ ），当温度变化时，两者之间不会产生较大的相对变形而导致黏结力破坏。另外，钢筋与构件边缘之间的混凝土保护层，起着防止钢筋锈蚀和高温软化的作用，提高结构的耐久性。

一、钢筋

（一）钢筋的分类

混凝土结构中所用的钢筋有钢筋和钢丝两类，主要包括热轧钢筋、热处理钢筋、预应力钢丝（光面钢丝、螺旋肋钢丝）、钢绞线和预应力螺纹钢筋。

根据钢筋的力学性能可分为有明显屈服点和明显流幅的软钢、无明显屈服点和无明显流幅的硬钢。其中热轧钢筋属于软钢，预应力钢丝和预应力螺纹钢筋则为硬钢。

（二）钢筋力学性能指标

1. 极限抗拉强度

该指标对于硬钢是作为强度标准值取值的依据；对于软钢，虽不作为强度标准值取值的依据，但仍有一个最低限值的要求，如 HPB300 级钢筋不小于 462MPa。

2. 屈服强度

该指标对于软钢是作为强度标准值取值的依据，并有最小限值的要求，如 HPB300 级钢筋不小于 300MPa；对于硬钢，因无明显屈服点，为了满足设计理论的需要，一般常取残余应变为 0.2% 时所对应的应力值作为假定的屈服强度，称为"条件屈服强度"或"条件屈服点"，用 $\sigma_{0.2}$ 表示。对于预应力钢丝、钢绞线和预应力螺纹钢筋，《混凝土结构设计规范》（GB 50010—2010）（2015 年版）（以下简称《混凝土规范》）统一取 0.85 倍极限抗拉强度作为 $\sigma_{0.2}$。

3. 伸长率

这是衡量钢筋延性性能的一个指标，《混凝土规范》明确提出了对钢筋延性的要求。根据我国钢筋标准，将最大力下总伸长率 δ_{gt} 作为控制钢筋延性的指标。最大力下总伸长率 δ_{gt} 不受断口-颈缩区域局部变形的影响，反映了钢筋拉断前达到最大力（极限强度）时的均匀应变，故又称为均匀伸长率，其值为

$$\delta_{\mathrm{gt}} = \left(\frac{l - l_0}{l_0} + \frac{\sigma_{\mathrm{b}}}{E_{\mathrm{s}}} \right) \times 100\% \tag{17-1-1}$$

式中：δ_{gt}——最大力作用下的总伸长率（％）；

l——试验后量测标记之间的距离；

l_0——试验前的原始标距（不包含颈缩区）；

σ_b——钢筋的最大拉应力（即极限抗拉强度）；

E_s——钢筋的弹性模量。

式（17-1-1）括号中的第一项反映了钢筋的塑性残余变形，第二项反映了钢筋在最大拉应力作用下的弹性变形。

对不同品种的钢筋，《混凝土规范》规定了不同的最大拉力下的总伸长率限值，如 HPB300 钢筋要求$\delta_{gt} \geq 10.0\%$。

4. 冷弯性能

它是检验钢筋塑性性能的另一种方法，并可以检查钢筋的脆性倾向。冷弯试验的两个主要参数是弯心直径D和冷弯角度α（见图 17-1-1）。对不同强度等级钢筋，对D值及α值的要求不同。在规定的D值及α值下冷弯试验后的钢筋应无裂缝、鳞落或断裂现象。对 HPB300 级和 HRB335 级钢筋$\alpha=180°$，$D=(1\sim4)d$；对 HRB400 级钢筋$\alpha=90°$，$D=(3\sim6)d$。

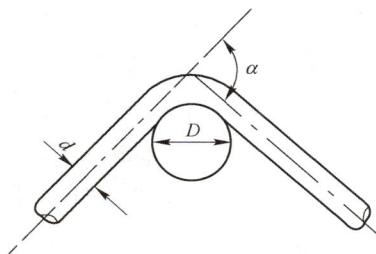
图 17-1-1 钢筋的冷弯试验

（三）对钢筋的质量要求

对钢筋的质量要求有三个方面，即应满足强度、延性性能及可焊性的规定要求。在工程应用中，对钢筋的机械性能和冷弯性能及可焊性进行检验，应满足相应国家标准规定的要求。

钢筋的强度与延性性能属于钢筋的机械性能，其极限抗拉强度、屈服强度、伸长率、冷弯性能应符合规范要求。钢筋的可焊性由以下几点来衡量：

（1）焊接接头的强度应不低于被焊钢筋的强度。

（2）焊接接头及其附近不应出现焊接裂纹。

（3）焊接接头的塑性不应比被焊钢筋未焊前差。

对于可焊性不同的钢筋，应注意选用适宜的焊接工艺或采用不同的连接方法加以区别对待。

（四）钢筋的选用

纵向受力普通钢筋可采用 HRB400、HRB500、HRBF400、HRBF500、HRB335、RRB400、HPB300 钢筋，梁、柱和斜撑构件的纵向受力普通钢筋宜采用 HRB400、HRB500、HRBF400、HRBF500 钢筋。

箍筋宜采用 HRB400、HRBF400、HRB335、HPB300、HRB500、HRBF500 钢筋。

预应力筋宜采用预应力钢丝、钢绞线和预应力螺纹钢筋。

二、混凝土

混凝土是由水泥、砂、石和水按一定配合比，经搅拌、振捣、养护凝固而成，并与时间因素有关，多孔隙非匀质的弹塑性人造石材。

（一）混凝土的强度等级及其选用

《混凝土规范》规定混凝土强度等级是为了在设计、施工及质量检验中便于统一控制与应用。

混凝土强度等级应按立方体抗压强度标准值确定。《混凝土规范》规定的混凝土强度等级有 C15、C20、C25、C30、C35、C40、C45、C50、C55、C60、C65、C70、C75、C80 共十四级。

选用混凝土时应遵循以下原则：

（1）素混凝土结构的混凝土强度等级不应低于 C15；钢筋混凝土结构的混凝土强度等级不应低于C20；采用强度等级 400MPa 及以上的钢筋时，混凝土强度等级不应低于 C25。承受重复荷载的钢筋混凝土构件，混凝土强度等级不应低于 C30。

（2）预应力混凝土结构的混凝土强度等级不宜低于 C40，且不应低于 C30。

（二）混凝土的力学指标及其相互关系

1. 立方体抗压强度标准值 $f_{cu,k}$

立方体抗压强度标准值 $f_{cu,k}$ 是混凝土各种力学指标的基本代表值，它是指按照标准方法制作养护的边长为 150mm 的立方体试件，在 28d 或设计规定龄期用标准试验方法测得的具有 95%保证率的抗压强度。

也可采用截面为100mm×100mm×100mm或200mm×200mm×200mm的非标准立方体试块，由于尺寸效应的影响，必须将非标准试块的强度乘以换算系数后换算为边长 150mm 的标准试块的强度，其换算系数分别为 0.95 或 1.05。

2. 轴心抗压强度标准值 f_{ck}

轴心抗压强度试件一般采用150mm×150mm×300mm或150mm×150mm×450mm的棱柱体，其制作和试验条件与立方体抗压强度相同。根据试验资料统计的公式为

$$f_{ck} = \alpha_{c1}\alpha_{c2}f_{cu,k} \tag{17-1-2}$$

式中：α_{c1}——棱柱体强度与立方体强度的比值，对C50 及以下混凝土 α_{c1}=0.76，对 C80 混凝土 α_{c1}=0.82，中间按线性内插；

α_{c2}——混凝土脆性折减系数，对为 C40 及以下混凝土 α_{c2}=1.0，对 C80 混凝土 α_{c2}=0.87，中间按线性内插。

考虑到结构中混凝土强度与试件混凝土强度之间的差异，根据以往的经验，并结合试验分析，以及参考其他国家的有关规定，《混凝土规范》考虑试件混凝土强度修正系数为 0.88，则

$$f_{ck} = 0.88\alpha_{c1}\alpha_{c2}f_{cu,k} \tag{17-1-3}$$

国外，例如美国、日本和欧洲混凝土协会（CEB）是采用直径 150mm，高 300mm 圆柱体试件的抗压强度作为轴心抗压强度指标，用 f_c' 表示，$f_c' \approx 0.79 f_{cu,k}$。

3. 抗拉强度标准值 f_{tk}

轴心受拉试件，我国采用100mm×100mm×500mm的棱柱体试件，两端分别对中埋设长度为 150mm 的 $\phi16$ 钢筋。试验机夹紧两端伸出钢筋，使试件受拉，破坏时的平均应力即为混凝土轴心抗拉强度值。通过统计分析给出混凝土抗拉强度标准值的经验公式为

$$f_{tk} = 0.395 f_{cu,k}^{0.55}(1 - 1.645\delta)^{0.45}\alpha_{c2} \tag{17-1-4}$$

式中：δ——混凝土立方体抗压强度的变异系数。

与 f_{ck} 取值类似，亦考虑到构件与试件差别、尺寸效应及加荷速度等因素，《混凝土规范》给出

$$f_{tk} = 0.348 f_{cu,k}^{0.55}(1 - 1.645\delta)^{0.45}\alpha_{c2} \tag{17-1-5}$$

混凝土的抗拉强度试验也有采用劈裂试验的方法，其劈拉强度为

$$f_t = \frac{2P}{\pi dl} \tag{17-1-6}$$

式中：P——所施加的破坏压力；

d——圆柱体直径或立方体边长；

l ——圆柱体长度或立方体边长。

混凝土抗拉强度离散性大而且低，并随混凝土强度等级提高而降低，$f_{tk} \approx (0.1 \sim 0.05) f_{cu}$。

（三）复杂应力状态下的混凝土强度

1. 双向受力时的强度

（1）混凝土双向受压时其两个方向的抗压强度比单轴受压时有所提高，最大的抗压强度发生在两个方向的压应力比介于0.5~2.0之间时，其中较大的压应力可比单轴时提高27%。双向抗压强度的提高是由于变形受到约束的缘故。

（2）混凝土一个方向抗压，另一个方向受拉时，其抗压或抗拉强度都比单轴抗压或抗拉时的强度低，这是因为异号应力加速变形的发展，较快地达到极限应变值的缘故。

（3）混凝土双向受拉时，其抗拉强度与单轴受拉时无明显差别。

2. 三向受压时的强度

圆柱体在等侧压应力下的三轴受压试验表明，其抗压强度有较大的提高，提高后的抗压强度最低值约为圆柱体单轴受压时的强度值加上4倍的侧向压应力值。在实际工程中，对于钢管混凝土柱或配置密排螺旋筋的钢筋混凝土柱，由于混凝土受到钢管壁或螺旋筋的约束，使它处于三向受力状态，可以利用这一特性，考虑混凝土抗压强度的提高。

3. 剪应力与单轴正应力共同作用下的强度

试验结果表明，当存在剪应力τ时，混凝土的抗压或抗拉强度都将有所降低。当压应力σ存在时，若$\sigma \leq 0.6 f_c$（f_c为混凝土轴心抗压强度值）时，其抗剪强度将随σ的增大而提高，但当$\sigma > 0.6 f_c$时，其抗剪强度将随σ的增大而下降，当σ值趋近于f_c时，其抗剪强度将降至小于纯剪强度。当存在拉应力时，其抗剪强度将降低。

（四）短期荷载作用下混凝土的应力-应变关系

1. 一次加荷下的应力-应变关系

一次加荷的应力应变σ-ε曲线如图 17-1-2 所示，以峰值应力为界可分为上升段与下降段。上升段大体又可分为三个阶段，当$\sigma \leq 0.3 f_c$时，应力应变呈线性关系，变形主要取决于混凝土内部的弹性变形，黏结裂缝没有明显发展。当$\sigma = (0.3 \sim 0.8) f_c$时，由于混凝土内部水泥凝胶体的黏性流动，以及黏结裂缝的稳态发展，使应变的增长比应力的增长快，应力应变曲线发生明显的转折，表现为弹塑性性质。当$\sigma > 0.8 f_c$时，水泥石中的裂缝使得黏结裂缝连

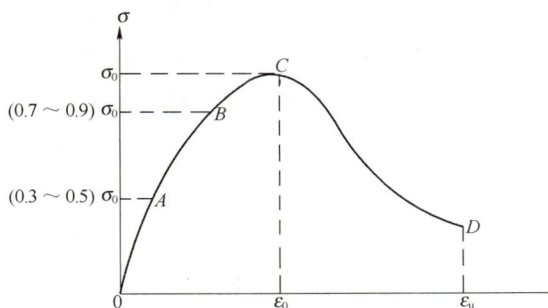

图 17-1-2　混凝土典型应力应变曲线（$\sigma_0 = f_c$）

接起来形成贯通内裂缝，已进入非稳态发展阶段，塑性变形发展很快，曲线斜率明显减小。当$\sigma = f_c$时，σ-ε曲线达到了峰值。自此之后σ-ε曲线进入下降段，由于内裂缝形成破坏面，将混凝土分割成若干小柱体，破坏面上剪切滑移与裂缝的不断延伸扩大，使应变急剧增大，承载力不断下降，直至破坏。其下降段只有当试验机的刚度足够大时才测得出来。

随着混凝土强度等级的提高，曲线峰值曲率增大，而下降段缩短，延性减小。

2. 混凝土的弹性模量与变形模量

混凝土为弹塑性材料，反映应力应变关系的模量值不是常数，因此《混凝土规范》中给出了弹性模

量（E_c）值的确定方法：采用棱柱体试件，取应力上限值为 $0.5\sigma_0$，重复加荷 5~10 次，当应力与应变趋于线性关系时，该直线的斜率即为混凝土弹性模量的取值。根据不同等级的混凝土弹性模量试验值统计分析得出 E_c 与 $f_{cu,k}$ 的关系为

$$E_c = \frac{10^5}{2.2 + 34.7/f_{cu,k}} \quad (\text{MPa}) \tag{17-1-7}$$

应力应变曲线上任一点与原点连线的割线斜率称为混凝土的变形模量 E'_c。

$$E'_c = \frac{\varepsilon_e}{\varepsilon}E_c = \upsilon E_c \tag{17-1-8}$$

式中： υ ——弹性系数，$\upsilon = \varepsilon_e/\varepsilon$；

ε_e ——弹性应变；

ε ——总应变。

3. 多次重复加荷下的应力-应变关系

多次重复加荷试验表明，只要重复应力上限值 $\sigma = (0.3~0.5)f_c$，加荷与卸荷循环多次将形成塑性变形积累，但塑性变形积累是收敛的，即随循环次数的增加，滞回环收敛成一直线，混凝土将处于弹性工作状态。在工程中，利用这一原理测定弹性模量。当重复应力上限值 $\sigma > 0.5f_c$ 时，循环一定次数之后，滞回环也收敛成一条直线；但在某一循环之后，又重新开始出现塑性变形，其塑性变形积累为发散，不收敛，且一次比一次大，当累积的变形超过混凝土的极限变形能力时，混凝土将疲劳压坏，破坏时应力的上限值称为疲劳应力。

疲劳应力的大小与循环应力的上限与下限及循环次数有关。通常以使材料破坏所需荷载循环次数 $n \geqslant 2\times10^6$ 次时的疲劳应力作为疲劳强度。

（五）荷载长期作用时的变形——徐变

混凝土在不变的应力长期持续作用下，随时间增长的变形称为徐变。

影响徐变的主要因素有持续应力的大小、加荷龄期、混凝土配合比、振捣养护条件、结构所处环境等。

持续应力 σ_c 大小对徐变的影响：当 $\sigma_c \leqslant 0.5f_c$ 时，徐变与持续应力呈线性关系，称为线性徐变；当 $\sigma_c = (0.5~0.8)f_c$ 时，徐变与持续应力不再呈线性关系，称之为非线性徐变，且徐变是收敛的；但当 $\sigma_c \geqslant 0.8f_c$ 时，持续受压，则徐变不收敛，徐变发散将导致混凝土破坏。因此，在长期荷载作用下应注意控制应力大小，使得 $\sigma_c \leqslant 0.8f_c$。一般认为线性徐变是混凝土的软质凝胶体产生黏性流动的结果；非线性徐变是微裂缝随时间发展的结果。

加载时的龄期越短，徐变越大；水灰比和水泥用量大、振捣不密实、养护与工作环境湿度小、养护时间短，则徐变大。为了减小徐变，应注意养护与控制水灰比，不要过早地拆模板支柱或施加长期荷载。

徐变能使构件变形增大，使预应力产生损失，使高应力受压构件发生突然性破坏等不利影响。但徐变引起的内力或应力重分布及应力松弛有时对结构亦产生有利作用，如对轴心受压柱，可使钢筋与混凝土的应力都可能达到各自的抗压强度；徐变可使温度应力降低。

（六）混凝土收缩

混凝土在空气中硬结时产生体积变小的现象称为收缩，是一种非受力变形。

收缩包括凝缩与干缩两部分。混凝土中水泥与水起化学作用产生体积变化为凝缩，大部分出现在早期。干缩是混凝土中自由水蒸发引起的体积缩小。收缩是使混凝土内产生初始微裂缝的主要原因，导致混凝土抗拉强度降低与离散性大。

混凝土收缩主要出现在早期，以后逐渐减慢，第一个月的收缩应变可完成 50% 左右，两个月可完成

75%左右，一年以后逐渐趋于稳定，最终收缩量约为$(2\sim5)\times10^{-4}$。对于一般混凝土可取3×10^{-4}。

除受力因素之外，凡对徐变产生影响的因素都对收缩产生影响。此外，水泥强度越高，表面积与体积比越大，环境温度越高，都使收缩值加大。

混凝土收缩时对结构与构件的不利影响是产生收缩裂缝与预应力的损失。当混凝土的收缩变形受到内部或外部的约束时，将会产生收缩拉应力或裂缝。通常采用限制水灰比、水泥用量，加强振捣与养护，适量设置构造筋和变形缝及后浇带等措施减少收缩以及收缩带来的不利影响。

三、钢筋与混凝土之间的黏结与锚固

钢筋与混凝土之间的黏结与锚固是两者能共同工作的基础。

（一）形成黏结的因素

（1）水泥胶的水化作用，使钢筋与混凝土的接触面上形成胶结力。

（2）混凝土收缩对钢筋产生的握裹力。

（3）混凝土与钢筋之间的机械咬合力。

（二）钢筋与混凝土之间的黏结应力

钢筋与混凝土接触的界面上沿钢筋纵向分布的纵向剪应力称之为黏结力。在下列三种情况下可能产生黏结应力：

（1）当钢筋伸入混凝土支座内并受到拉力或压力时，在钢筋锚固长度的范围内产生与拉力或压力相平衡的纵向剪应力，称之为锚固黏结应力。

（2）当弯矩沿跨度方向变化时，相邻截面的受拉钢筋的应力也发生变化，产生应力差，这使混凝土与钢筋之间产生了黏结应力，称之为弯曲黏结应力。

（3）当弯矩与轴力沿纵向不变，构件一旦开裂，则在两相邻裂缝之间的钢筋应力不均匀，存在应力差，在混凝土与钢筋之间产生黏结应力，称之为局部黏结应力。

（三）钢筋与混凝土之间的黏结强度

钢筋与混凝土之间黏结面上单位面积所能承担的最大黏结应力，称之为黏结强度。

黏结强度的高低对钢筋的锚固长度、搭接长度、裂缝的间距和宽度都有直接的影响。黏结强度越高，则锚固长度、搭接长度及裂缝间距和宽度都将减小。

习　题

17-1-1　对于有明显屈服点的钢筋，其强度标准值取值的依据（　　　）。

A. 极限抗拉强度　　　　　　　　　B. 屈服强度

C. 0.85 倍的极限抗拉强度　　　　　D. 钢筋比例极限对应的应力

17-1-2　《混凝土结构设计规范》中，混凝土各种力学指标的基本代表值是（　　　）。

A. 立方体抗压强度标准值　　　　　B. 轴心抗压强度标准值

C. 轴心抗压强度设计值　　　　　　D. 轴心抗拉强度设计值

17-1-3　混凝土双向受力时，何种情况下强度最低（　　　）。

A. 两向受拉　　　　　　　　　　　B. 两向受压

C. 一拉一压　　　　　　　　　　　D. 两向受拉，且两向拉应力值相等时

第二节 基本设计原则

根据国家标准《建筑结构可靠性设计统一标准》（GB 50068—2018）（以下简称《结构统一标准》）所确定的原则，结构设计时采用以概率理论为基础的极限状态设计方法，现将基本设计原则简述如下。

一、结构功能要求和设计使用年限

结构设计的目的是要使所设计的结构能够完成全部预定功能要求，并具有足够的可靠性。结构功能要求概括地说有下列三个方面：

（一）安全性

结构在正常设计、施工和使用条件下，应该能够承受可能出现的各种作用（各种荷载、外加变形、约束变形等）。而且在偶然荷载作用，或偶然事件发生时或发生后，结构应能保持必需的稳定性而不致倒塌。

（二）适用性

结构在正常使用时应能满足预定的使用要求，有良好的工作性能，其变形、裂缝或振动等性能均不超过规定的限值。

（三）耐久性

结构在正常使用和正常维护条件下，在规定的使用期限内应有足够的耐久性，如保护层不能过薄，裂缝不得过宽而引起钢筋锈蚀，不发生混凝土严重风化、腐蚀、老化，而影响结构的预定使用期限。

上述功能要求，即结构在规定的时间内（在设计基准期内），在规定的条件下（正常设计、正常施工、正常使用和正常维修）完成预定功能的能力，称为结构的可靠性。

结构的设计使用年限见表 17-2-1。

设计使用年限分类　　　　　　　　　　　　　　　　表 17-2-1

类　　别	设计使用年限（年）	示　　　例
1	5	临时性结构
2	25	易于替换的结构构件
3	50	普通房屋和构筑物
4	100	标志性建筑和特别重要的建筑结构

二、结构的极限状态

结构能够满足结构功能要求称之为结构"可靠"或"有效"；反之则称结构为"不可靠"或"失效"。鉴别结构是处于"可靠"或"失效"的某一特定的鉴别标准，称之为结构的极限状态。

我国《结构统一标准》将结构极限状态分为三类：

（一）承载能力极限状态

结构或构件达到了最大承载能力，出现疲劳破坏或者产生了不适于继续承载的过大变形。当结构或结构构件出现下列状态之一时，即认为超过了承载能力极限状态：

（1）结构构件或其连接因超过材料强度而破坏（包括疲劳破坏），如短的轴心受压构件中混凝土和钢筋分别达到抗压强度而破坏，构件中的钢筋锚固长度不够而被拔出，或构件因过度变形而不适于继续承载。

（2）整个结构或结构的一部分作为刚体失去平衡，如烟囱在风力作用下整体倾倒。

（3）结构转变为机动体系，如简支梁跨中截面达到抗弯承载力而形成三铰共线的机动体系，丧失承载能力。

（4）结构或构件丧失稳定，如细长柱达到临界荷载后压屈失稳而破坏。

（5）结构因局部破坏而发生连续倒塌。

（6）地基丧失承载能力而破坏（如失稳等）。

（7）结构或构件发生疲劳破坏。

（二）正常使用极限状态

它是对应于结构或结构构件达到正常使用的某项规定限值。当出现下列状态之一时，即认为超过了正常使用极限状态：

（1）影响正常使用或外观的变形，如梁的应变过大影响正常使用或观瞻。

（2）影响正常使用的局部损坏，如裂缝过宽影响水池的正常使用或导致钢筋锈蚀。

（3）影响正常使用的振动，如楼盖梁板的振幅过大影响正常使用。

（4）影响正常使用的其他特定状态，如基础相对沉降过大等。

（三）耐久性极限状态

耐久性极限状态对应于结构或结构构件达到耐久性能的某项规定限值。当结构或结构构件出现下列状态之一时，应认定为超过了耐久性极限状态：

（1）影响承载能力和正常使用的材料性能劣化。

（2）影响耐久性能的裂缝、变形、缺口、外观、材料削弱等。

（3）影响耐久性能的其他特定状态。

三、结构上的作用、作用效应S、结构抗力R，结构的功能函数Z

（一）结构上的作用

结构上的作用是指施加在结构上的集中或分布荷载（包括永久荷载、可变荷载等）或引起结构外加变形或约束变形因素的总称。

施加在结构上的集中荷载与分布荷载称为直接作用；引起结构外加变形或约束变形的其他作用称为间接作用，如基础沉降、温度变化、混凝土收缩、焊接变形等。

结构上的作用按下列原则分类：

1. 按随时间变化分类

（1）永久作用：在设计基准期内其值不随时间变化，或其变化与平均值相比可以忽略不计的作用。如结构自重、建筑层、土压力等。

（2）可变作用：在设计基准期内其值随时间变化，且其变化与平均值相比不可忽略的作用。如楼面活荷载、雪荷载、风荷载、吊车荷载等。

（3）偶然作用：在设计基准内可能出现，也可能不出现。但一旦出现则其值很大且持续时间较短的作用。如爆炸、撞击等作用。

2. 按随空间的变化分类

（1）固定作用：在结构空间位置上具有固定分布的作用。如结构自重、固定的设备等。

（2）自由作用：在结构空间位置上的一定范围内可以任意布置的作用。如楼面上的活荷载、吊车荷载等。

3. 按结构的反应特点分类

（1）静态作用：使结构或结构构件产生的加速度很小可以忽略不计的作用。如楼面的活荷载等。

（2）动态作用：使结构或结构构件产生的加速度不可忽略不计的作用。如吊车荷载、地震、起吊荷载等。

4. 按有无限值分类

（1）有界作用：具有不能被超越的且可确切或近似掌握界限值的作用。

（2）无界作用：没有明确界限值的作用。

（二）作用效应S

施加在结构上的直接作用或者间接作用，在结构或结构构件内产生的内力和变形（如轴力、弯矩、剪力、扭矩、挠度、转角、裂缝、应力与应变等），总称为作用效应，用"S"表示。由直接作用产生的作用效应称之为荷载效应。

（三）结构抗力R

结构或结构构件承受内力和变形的能力，总称为结构抗力。如构件的承载能力、刚度，抵抗裂缝的能力等。结构抗力与结构构件的截面形式、尺寸、材料强度等级等因素有关。

（四）结构的功能函数Z与极限状态方程

结构或结构构件的工作状态是处于安全可靠还是处于失效状态，可以由反映作用效应S与结构抗力R两者之间关系的功能函数Z来表达。结构安全可靠的基本条件应符合下式要求

$$Z = g(R,S) = R - S \geqslant 0 \tag{17-2-1}$$

式（17-2-1）称之为结构的功能函数，当结构处于极限状态时，则

$$Z = R - S = 0 \tag{17-2-2}$$

式（17-2-2）称之为结构的极限状态方程。

功能函数是判别结构失效或可靠的标准

$$\left. \begin{array}{l} 当 Z > 0 \text{ 时，结构处于可靠状态} \\ 当 Z = 0 \text{ 时，结构处于极限状态} \\ 当 Z < 0 \text{ 时，结构处于失效状态} \end{array} \right\} \tag{17-2-3}$$

四、结构可靠度

结构安全、适用、耐久是结构可靠的标志，总称为结构的可靠性。

（一）结构的可靠度

结构的可靠度是指在规定的设计基准期内（我国为 50 年），在规定的条件下（正常设计、正常施工、正常使用），完成预定功能（结构安全性、适用性、耐久性）的概率。结构可靠度是结构可靠性的概率度量。

（二）结构的可靠概率和失效概率与可靠指标

若结构功能函数 $Z = R - S$ 的概率分布曲线如图 17-2-1 所示，属于正态分布，则结构的可靠概率 P_s、

失效概率P_f，结构的可靠指标β之间存在下列关系。

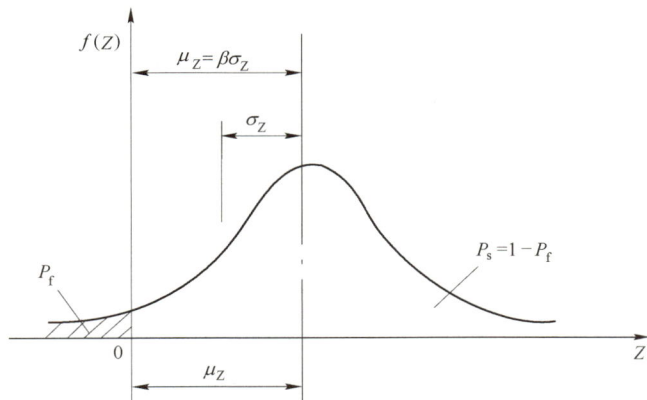

图 17-2-1 正态分布图上可靠概率、失效概率和可靠指标的表示方法

（1）结构可靠概率是指结构能够完成预定功能$Z = R - S > 0$的概率，即

$$P_s = \int_0^\infty f(Z)\,\mathrm{d}Z \tag{17-2-4}$$

（2）结构失效概率是指结构不能完成预定功能的概率，即

$$P_f = \int_{-\infty}^0 f(Z)\,\mathrm{d}Z \tag{17-2-5}$$

（3）结构的可靠概率与失效概率的关系是

$$P_s + P_f = 1 \tag{17-2-6}$$

或

$$P_s = 1 - P_f \tag{17-2-7}$$

（4）结构的可靠指标β为结构功能函数Z的平均值μ_Z与其标准差σ_Z的比值为

$$\beta = \frac{\mu_Z}{\sigma_Z} \tag{17-2-8}$$

或

$$\mu_Z = \beta \sigma_Z \tag{17-2-9}$$

$$\mu_Z = \mu_R - \mu_S \tag{17-2-10}$$

$$\sigma_Z = \sqrt{\sigma_R^2 + \sigma_S^2} \tag{17-2-11}$$

式中：μ_R、σ_R ——分别为结构抗力R正态分布随机变量平均值与标准差；

μ_S、σ_S ——分别为作用效应S正态分布随机变量平均值与标准差。

用失效概率P_f来度量结构的可靠性有明确的物理意义，能较好地反映问题的实质。但结构功能函数包含多种因素影响，而且每一种因素不一定完全服从正态分布，需要对它们进行当量正态化处理，计算失效概率一般要进行多维积分，数学上复杂。由于可靠指标β与失效概率P_f在数量上有一一对应关系（见图 17-2-1），β越大，P_f越小；反之，β越小，P_f则越大。若用β来度量结构可靠度，可使问题简化。

（5）《结构统一标准》根据建筑结构的破坏后果，即危及人的生命、造成经济损失、产生社会影响等的严重程度，将结构安全等级分为三级：①破坏后果很严重的重要建筑物，安全等级为一级；②破坏后果严重的一般工业与民用建筑为二级；③破坏后果不严重的次要建筑为三级。并且规定各类结构构件按承载能力极限状态设计时采用的可靠指标β值（见表 17-2-2）。

结构构件的可靠指标 β 值 表 17-2-2

破 坏 类 型	安 全 等 级		
	一级	二级	三级
延性破坏	3.7	3.2	2.7
脆性破坏	4.2	3.7	3.2

按表 17-2-2 可靠指标进行设计的准则，称之为可靠指标设计准则。由于确定可靠指标 β 时，将作用效应 S 与结构抗力 R 作为两个服从正态分布的独立随机变量，只考虑平均值和标准差的影响，没有考虑两者的联合分布特征等因素，在计算中又做了假定与简化，所以称之为近似概率准则。

结构构件在正常使用极限状态的可靠指标，宜根据其可逆程度取 0~1.5。

结构构件耐久性极限状态的可靠指标，宜根据其可逆程度取 1.0~2.0。

五、极限状态设计表达式

对于一般结构构件，若根据规定可靠指标 β 去进行结构设计，则必须利用荷载、材料、构件尺寸等的概率分布规律、统计参数，计算时复杂。因此，我国标准建议采用结构构件实用设计表达式。

（一）荷载的代表值

1. 荷载标准值

荷载标准值是在结构设计基准期内，正常情况下可能出现的最大荷载值，也是极限状态设计时采用的荷载代表值。

永久荷载标准值 G_k 是按构件的设计尺寸和材料容重的标准值确定的值。

可变荷载标准值 Q_k 是统一由设计基准期最大荷载概率分布的某一分位数确定，一般取具有 95%保证率的上分位值，即取平均值加 1.645 标准差。但对不少尚缺少研究的可变荷载，一般还沿用传统习惯的经验数值。

2. 荷载组合值

荷载组合值为可变荷载标准值乘以荷载组合值系数。这是考虑到两种或两种以上的可变荷载同时达到最大值的可能性较小，在设计中所采用的荷载组合值。

3. 荷载频遇值

荷载频遇值为可变荷载标准值乘以荷载频遇值系数。它是指在设计基准期内被超越的总时间仅为设计基准期一小部分的荷载值；或在设计基准期内其超越概率为某一给定频率的荷载值。主要用于当一个极限状态被超越时将产生局部损害、较大变形或短暂振动等情况。

4. 荷载准永久值

荷载准永久值为可变荷载标准值乘以荷载准永久值系数。它是指在设计基准期内被超越的总时间为设计基准期一半的荷载值。主要用于当长期效应是决定因素时的一些情况。

（二）荷载分项系数与荷载设计值

1. 荷载分项系数

它是设计计算中反映荷载不定性关系与结构可靠度相关联的分项系数，其值为：

（1）永久荷载分项系数 γ_G：当其效应对结构不利时，对由可变荷载控制的组合，取 1.2；对由永久荷载控制的组合，取 1.35。当其效应对结构有利时，一般情况下取 1.0；对结构的倾覆、滑移或漂浮验算，应取 0.9。

（2）可变荷载分项系数γ_Q：一般情况下取 1.4，对标准值大于4kN/m²的工业房屋楼面结构的活荷载应取 1.3。

对于某些特殊情况，可按建筑结构有关设计规范的规定确定。

2. 荷载设计值

荷载设计值为荷载代表值乘以荷载分项系数后的值。只有按承载力极限状态计算荷载效应时才需考虑荷载分项系数与荷载设计值。

注：《结构统一标准》将永久荷载分项系数γ_G由 1.2 调整为 1.3，可变荷载分项系数γ_Q由 1.4 调整为 1.5，同时取消了"由永久荷载控制的组合，或由可变荷载控制的组合"。但现行《混凝土规范》与《建筑结构荷载规范》（GB 50009—2012）（以下简称《荷载规范》）等还未做相应修改。

（三）材料强度指标取值

1. 强度标准值

强度标准值是结构设计时采用的材料性能基本代表值。材料强度的概率分布宜采用正态分布或对数正态分布。材料强度的标准值可取其概率分布的 0.05 分位值确定，即$\mu_R - 1.645\sigma_R$值，它具有 95%的保证率。当试验数据不足时，可根据经验分析确定（其值详见有关设计规范）。

2. 材料分项系数

材料分项系数是在按承载力极限状态设计时，按规定的可靠度指标β值在计算模式中所采用的系数值，我国规范根据β值及材料、几何参数、荷载基本参量，求出了各种结构用材料的分项系数，例如：

混凝土材料的分项系数γ_c=1.4；

HPB300、HRB335、HRB400 和 RRB400 级钢筋γ_s=1.1；

HRB500 级钢筋的分项系数γ_s=1.15；

预应力钢丝、钢绞线和预应力螺纹钢筋γ_s=1.2。

3. 材料强度设计值

材料强度设计值是材料强度的标准值f_k除以材料分项系数后的值（其值详见有关设计规范）。在承载力极限状态设计中采用材料强度设计值。

（四）极限状态设计实用表达式

1. 按承载力极限状态设计表达式

我国《混凝土规范》采用以概率理论为基础的极限状态设计法，结构构件的承载力设计应根据荷载效应的基本组合和偶然组合进行，其一般公式为

$$\gamma_0 S \leq R \tag{17-2-12}$$

1）结构构件重要性系数

对安全等级不同的结构，结构构件重要性系数取值如下：

安全等级为一级 $\quad\quad \gamma_0 = 1.1$

安全等级为二级 $\quad\quad \gamma_0 = 1.0$

安全等级为三级 $\quad\quad \gamma_0 = 0.9$

建筑物中各类结构构件的安全等级，宜与整个结构的安全等级相同，对其中部分结构构件的安全等级可根据其重要程度适当调整，但不得低于三级。对有特殊要求的建筑物，其安全等级应根据具体情况另行确定。

2）荷载效应的组合设计值S

（1）荷载效应基本组合。对于基本组合，荷载效应组合的设计值S应从下列组合值中取最不利值确定：

①由可变荷载效应控制的组合

$$S = \gamma_G S_{Gk} + \gamma_{Q1} S_{Q1k} + \sum_{i=2}^{n} \gamma_{Qi} \psi_{ci} S_{Qik} \qquad (17\text{-}2\text{-}13)$$

式中：γ_G ——永久荷载的分项系数；

γ_{Qi} ——第i个可变荷载的分项系数，其中γ_{Q1}为可变荷载Q_1的分项系数；

S_{Gk} ——按永久荷载标准值G_k计算的荷载效应值；

S_{Qik} ——按可变荷载标准值Q_{ik}计算的荷载效应值，其中S_{Q1k}为诸可变荷载效应中起控制作用者；

ψ_{ci} ——可变荷载Q_i组合值系数，应根据不同可变荷载按《荷载规范》取用；

n ——参与组合的可变荷载数。

②由永久荷载效应控制的组合

$$S = \gamma_G S_{Gk} + \sum_{i=2}^{n} \gamma_{Qi} \psi_{ci} S_{Qik} \qquad (17\text{-}2\text{-}14)$$

基本组合中的设计值仅适用于荷载与荷载效应为线性的情况。

对于一般排架、框架结构可采用以下简化式。

由可变荷载效应控制的组合

$$\left. \begin{array}{l} S = \gamma_G S_{Gk} + \gamma_{Q1} S_{Q1k} \\ S = \gamma_G S_{Gk} + 0.9 \sum_{i=2}^{n} \gamma_{Qi} \psi_{ci} S_{Qik} \end{array} \right\} \qquad (17\text{-}2\text{-}15)$$

由永久荷载效应控制的组合仍按公式（17-2-14）采用。

（2）偶然组合。荷载效应组合的设计值宜按下列规定确定：偶然荷载的代表值不乘分项系数，与偶然荷载同时出现的其他荷载可根据观测资料和工程经验采用适当的代表值。各种情况下荷载效应的设计值公式，可参照有关规范执行。

（3）结构构件承载力设计值R。结构构件承载力设计值取决于截面几何尺寸、材料种类、材料强度等级、截面形式等因素。对钢筋混凝土构件，可表达为

$$R = R(f_c, f_s, a_k, \cdots)/\gamma_{Rd} \qquad (17\text{-}2\text{-}16)$$

式中：f_c、f_s ——分别为混凝土、钢筋的强度设计值；

a_k ——几何参数的标准值，当几何参数的变异性对结构性能有明显的不利影响时，应增减一个附加值；

γ_{Rd} ——结构构件的抗力模型不定性系数，静力设计取1.0，对不确定性较大的结构构件，根据具体情况取大于1.0的数值，抗震设计时采用承载力抗震调整系数γ_{RE}代替γ_{Rd}。

2. 正常使用极限状态表达式

正常使用极限状态应根据不同的设计要求，采用荷载的标准组合、频遇组合、准永久组合或标准组合并考虑长期作用影响，采用下列极限状态设计表达式

$$S \leqslant C \qquad (17\text{-}2\text{-}17)$$

式中：C ——结构或结构构件达到正常使用要求的规定限值，例如变形、裂缝、振幅、加速度、应力等限值。

（1）标准组合。荷载效应组合的设计值S应按下式采用

$$S = S_{Gk} + S_{Q1k} + \sum_{i=2}^{n} \psi_{ci} S_{Qik} \qquad (17-2-18)$$

（2）频遇组合。荷载效应组合的设计值S应按下式采用

$$S = S_{Gk} + \psi_{f1} S_{Q1k} + \sum_{i=2}^{n} \psi_{qi} S_{Qik} \qquad (17-2-19)$$

式中：ψ_{f1}——可变荷载Q_1的频遇值系数；

ψ_{qi}——可变荷载Q_i的准永久值系数。

（3）准永久组合。荷载效应组合的设计值S应按下式采用

$$S = S_{Gk} + \sum_{i=1}^{n} \psi_{qi} S_{Qik} \qquad (17-2-20)$$

以上组合中的设计值仅适用于荷载与荷载效应为线性的情况。

【例 17-2-1】 正常使用极限状态验算时应进行的荷载效应组合为：

    A. 标准组合、准永久组合和频遇组合

    B. 基本组合、准永久组合和频遇组合

    C. 标准组合、基本组合和偶然组合

    D. 偶然组合、频遇组合和准永久组合

解 《结构统一标准》第4.3.3条规定，进行正常使用极限状态设计时，宜采用下列作用组合：

（1）对于不可逆正常使用极限状态设计，宜采用作用的标准组合；

（2）对于可逆正常使用极限状态设计，宜采用作用的频遇组合；

（3）对于长期效应是决定性因素的正常使用极限状态设计，宜采用作用的准永久组合。

答案： A

3. 挠度验算

钢筋混凝土受弯构件的最大挠度f_{max}应按荷载的准永久组合，预应力混凝土受弯构件的最大挠度应按荷载的标准组合，并均应考虑荷载长期作用的影响进行计算，其计算值不应超过《混凝土规范》规定的挠度限值f_{lim}，即

$$f_{max} \leqslant f_{lim} \qquad (17-2-21)$$

4. 裂缝验算

根据正常使用阶段对结构构件裂缝的不同要求，将结构构件正截面的裂缝控制等级分为三级：

一级——严格要求不出现裂缝的构件，在荷载标准组合计算时，构件受拉边缘混凝土不应产生拉应力。

二级——一般要求不出现裂缝的构件，在荷载标准组合计算时，构件受拉边缘混凝土拉应力不应大于混凝土抗拉强度标准值。

三级——允许出现裂缝的构件，对钢筋混凝土构件，按荷载准永久组合并考虑长期作用影响计算时，构件的最大裂缝宽度w_{max}不应超过《混凝土规范》规定的最大裂缝宽度限值w_{lim}。对预应力混凝土构件，按荷载标准组合并考虑长期作用影响计算时，构件的最大裂缝宽度w_{max}不应超过《混凝土规范》规定的最大裂缝宽度限值w_{lim}，即

$$w_{max} \leqslant w_{lim} \qquad (17-2-22)$$

对二 a 类环境的预应力混凝土构件，尚应按荷载准永久组合计算，且构件受拉边缘混凝土的拉应力不应大于混凝土的抗拉强度标准值。

5. 耐久性规定

混凝土结构应根据设计使用年限和环境类别进行耐久性设计。混凝土结构暴露的环境类别应按表 17-2-3 的要求划分；设计使用年限为 50 年的混凝土结构，其混凝土材料宜符合表 17-2-4 的规定。

混凝土结构的环境类别   表 17-2-3

环 境 类 别	条 件
一	室内干燥环境； 无侵蚀性静水浸没环境
二 a	室内潮湿环境； 非严寒和非寒冷地区的露天环境； 非严寒和非寒冷地区与无侵蚀性的水或土壤直接接触的环境； 严寒和寒冷地区的冰冻线以下与无侵蚀性的水或土壤直接接触的环境
二 b	干湿交替环境； 水位频繁变动环境； 严寒和寒冷地区的露天环境； 严寒和寒冷地区冰冻线以上与无侵蚀性的水或土壤直接接触的环境
三 a	严寒和寒冷地区冬季水位变动区环境； 受除冰盐影响环境； 海风环境
三 b	盐渍土环境； 受除冰盐作用环境； 海岸环境
四	海水环境
五	受人为或自然的侵蚀性物质影响的环境

注：1.室内潮湿环境是指构件表面经常处于结露或湿润状态的环境。

2.严寒和寒冷地区的划分应符合现行国家标准《民用建筑热工设计规范》（GB 50176）的有关规定。

3.海岸环境和海风环境宜根据当地情况，考虑主导风向及结构所处迎风、背风部位等因素的影响，由调查研究和工程经验确定。

4.受除冰盐影响环境是指受到除冰盐盐雾影响的环境，受除冰盐作用环境是指被除冰盐溶液溅射的环境以及使用除冰盐地区的洗车房、停车楼等建筑。

5.暴露的环境是指混凝土结构表面所处的环境。

结构混凝土材料的耐久性基本要求   表 17-2-4

环 境 等 级	最大水胶比	最低强度等级	最大氯离子含量（%）	最大碱含量（kg/m³）
一	0.60	C20	0.30	不限值
二 a	0.55	C25	0.20	
二 b	0.50（0.55）	C30（C25）	0.15	3.0
三 a	0.45（0.50）	C35（C30）	0.15	
三 b	0.40	C40	0.10	

注：1.氯离子含量系指其占胶凝材料总量的百分比。

2.预应力构件混凝土中的最大氯离子含量为 0.06%，其最低混凝土强度等级宜按表中的规定提高两个等级。

3.素混凝土构件的水胶比及最低强度等级的要求可适当放松。

4.有可靠工程经验时，二类环境中的最低混凝土强度等级可降低一个等级。

5.处于严寒和寒冷地区二 b、三 a 类环境中的混凝土应使用引气剂，并可采用括号中的有关参数。

6.当使用非碱活性骨料时，对混凝土中的碱含量可不作限制。

习　　题

17-2-1　安全等级为二级的延性结构构件的可靠性指标为（　　　）。

　　　　A. 4.2　　　　　　　　B. 3.7　　　　　　　　C. 3.2　　　　　　　　D. 2.7

17-2-2　我国规范度量结构构件可靠度的方法是（　　　）。

　　　　A. 用可靠性指标β，不计失效概率P_f

　　　　B. 用荷载、材料的分项系数及结构的重要性系数，不计P_f

　　　　C. 用β表示P_f，并在形式上采用分项系数和结构构件的重要性系数

　　　　D. 用荷载及材料的分项系数，不计P_f

17-2-3　可变荷载在设计基准期内被超越的总时间为（　　　）的那部分荷载值，称为该可变荷载的准永久值。

　　　　A. 10 年　　　　　　　B. 15 年　　　　　　　C. 20 年　　　　　　　D. 25 年

17-2-4　一计算跨度为 4m 简支梁，梁上作用有恒载标准值（包括自重）15kN/m，活荷载标准值 5kN/m，其跨中最大弯矩设计值为（　　　）。

　　　　A. 50kN·m　　　　　　B. 50.3kN·m　　　　　　C. 100kN·m　　　　　　D. 100.6kN·m

17-2-5　结构在设计使用年限超过设计基准期后，结构将发生（　　　）。

　　　　A. 立即丧失其功能　　　　　　　　　　　B. 可靠度降低

　　　　C. 不失效则可靠度不变　　　　　　　　　D. 可靠度降低，但可靠指标不变

第三节　钢筋混凝土构件承载能力极限状态计算

一、钢筋混凝土受弯构件

（一）正截面抗弯承载力

1.受弯构件正截面可能发生的三种破坏形态

（1）少筋破坏：当构件受拉钢筋的配筋率$\rho = A_s/(bh_0) < \rho_{min}$（最小配筋率）时，构件一旦开裂即丧失承载能力，呈脆性破坏，无明显预兆，材料不能充分利用，在设计中应加以避免。

（2）适筋破坏：当正截面混凝土受压区的高度$x \leqslant \xi_b h_0$（ξ_b 为相对界限受压区高度），$\rho = A_s/(bh_0) \geqslant \rho_{min}$时，构件纵向受拉筋先达到屈服，然后受压区混凝土被压坏，呈塑性破坏，有明显的塑性变形和裂缝预兆，在设计中应设计成这种梁。

（3）超筋破坏：当正截面混凝土受压区高度$x > \xi_b h_0$时，由于受压区混凝土先压碎，而受拉钢筋尚未达到屈服。破坏前有一定的变形与裂缝预兆，但不如适筋梁明显，属脆性破坏，材料不能充分利用，

在设计中应加以避免。

2. 适筋梁的三个应力阶段

（1）I阶段：截面开裂前的阶段为I阶段。当受拉区边缘的混凝土拉应变达到极限拉应变，即$\varepsilon_t = \varepsilon_{tu}$时，拉区即将开裂时称之为$I_a$阶段，即为第I阶段末。将$I_a$阶段应力状态作为抗裂验算的依据。

（2）II阶段：从截面受拉区开裂开始至纵向受拉钢筋刚达到屈服时止为II阶段。钢筋刚达到屈服时称为II_a阶段。II阶段应力状态是正常使用极限状态的刚度与裂缝宽度验算的依据。

（3）III阶段：从受拉钢筋屈服后至压区混凝土压坏为止为III阶段。当压区混凝土压坏时称为III_a阶段。III_a的应力状态是正截面抗弯承载力计算的依据。

3. 受弯构件正截面承载力计算的基本假定

（1）截面平均应变符合平截面假定。

（2）不考虑受拉区混凝土的抗拉强度。

（3）受压区混凝土的应力-应变曲线见图17-3-1。

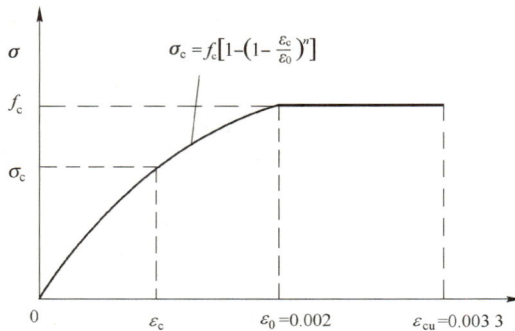

图 17-3-1 混凝土应力-应变曲线

当$\varepsilon_c \leq \varepsilon_0$时

$$\sigma_c = f_c \left[1 - \left(1 - \frac{\varepsilon_c}{\varepsilon_0} \right)^n \right] \tag{17-3-1}$$

当$\varepsilon_0 < \varepsilon_c \leq \varepsilon_{cu}$时

$$\sigma_c = f_c \tag{17-3-2}$$

$$n = 2 - \frac{f_{cu,k} - 50}{60} \quad (n \leq 2.0) \tag{17-3-3}$$

$$\varepsilon_0 = 0.002 + 0.5(f_{cu,k} - 50) \times 10^{-5} \tag{17-3-4}$$

$$\varepsilon_{cu} = 0.003\,3 - (f_{cu,k} - 50) \times 10^{-5} \tag{17-3-5}$$

式中：σ_c——混凝土压应变为ε_c时的混凝土压应力；

f_c——混凝土轴心抗压强度设计值；

ε_0——混凝土压应力刚达到f_c时的混凝土压应变，$\varepsilon_0 \geq 0.002$；

ε_{cu}——正截面混凝土的极限压应变，当处于非均匀受压时，按式（17-3-5）计算，且$\varepsilon_{cu} \leq 0.003\,3$，当处于轴心受压时，$\varepsilon_{cu} = \varepsilon_0$。

设计计算时，如图17-3-1所示的受压区混凝土应力图形可简化为等效的矩形应力图。

（4）纵向钢筋的应力取等于钢筋应变与其弹性模量的乘积，但其绝对值不应大于其相应的强度设计值。纵向受拉钢筋的极限拉应变取为0.01。

4. 矩形截面或翼缘位于受拉区的倒 T 形截面受弯构件

其正截面抗弯承载力计算及适用条件为

$$\left.\begin{array}{l} M \leqslant \alpha_1 f_c b x \left(h_0 - \dfrac{x}{2}\right) + f_y' A_s' (h_0 - a_s') \\[2mm] M \leqslant \alpha_s \alpha_1 f_c b x h_0^2 + f_y' A_s' (h_0 - a_s') \\[2mm] \alpha_s = \xi \left(1 - \dfrac{\xi}{2}\right) \end{array}\right\} \tag{17-3-6}$$

或

式中：α_1——系数，对 C50 及以下混凝土 α_1=1.0，对 C80 混凝土 α_1=0.94，中间按线性内插。

混凝土受压区高度 x 按下式确定

$$\left.\begin{array}{l} \alpha_1 f_c b x = f_y A_s - f_y' A_s' \\[2mm] \xi = \dfrac{f_y A_s - f_y' A_s'}{\alpha_1 f_c b h_0} \end{array}\right\} \tag{17-3-7}$$

或

式（17-3-6）和式（17-3-7）的适用条件为

$$x \leqslant \xi_b h_0 \tag{17-3-8}$$

$$x \geqslant 2a_s' \tag{17-3-9}$$

式（17-3-8）是为了防止超筋破坏，保证受拉钢筋 A_s 达到屈强度，$\sigma_s = f_y$；式（17-3-9）是为了保证能充分利用受压钢筋 A_s' 的强度，$\sigma_s' = f_y'$；同时，为了防止少筋破坏，尚应满足 $\rho = A_s/(bh)_0 \geqslant \rho_{min}$（最小配筋率）（主要对于 $A_s' = 0$ 时的单筋梁易出现这种情况）。

5. 翼缘位于受压区的 T 形截面受弯构件

其正截面抗弯承载力计算及适用条件如下。

（1）当符合下列条件时

$$f_y A_s \leqslant \alpha_1 f_c b_f' h_f' + f_y' A_s' \tag{17-3-10}$$

则混凝土受压区高度 $x \leqslant h_f'$，按宽度为 b_f' 的矩形截面计算。

（2）当不符合式（17-3-10）的条件时，则受压区高度 $x > h_f'$，计算中应考虑截面中腹板受压的作用，其正截面抗弯承载力按下列公式计算

$$\left.\begin{array}{l} M \leqslant \alpha_1 f_c b x \left(h_0 - \dfrac{x}{2}\right) + \alpha_1 f_c (b_f' - b) h_f' \left(h_0 - \dfrac{h_f'}{2}\right) + f_y' A_s' (h_0 - a_s') \\[3mm] M \leqslant \alpha_s \alpha_1 f_c b h_0^2 + \alpha_1 f_c (b_f' - b) h_f' \left(h_0 - \dfrac{h_f'}{2}\right) + f_y' A_s' (h_0 - a_s') \\[3mm] \alpha_s = \xi \left(1 - \dfrac{\xi}{2}\right) \end{array}\right\} \tag{17-3-11}$$

或

混凝土受压区高度按下列公式确定

$$\left.\begin{array}{l} \alpha_1 f_c [bx + (b_f' - b) h_f'] = f_y A_s - f_y' A_s' \\[2mm] \xi = \dfrac{A_s f_y - f_y' A_s' - \alpha_1 f_c (b_f' - b) h_f'}{b h_0 \alpha_1 f_c} \end{array}\right\} \tag{17-3-12}$$

或

应用式（17-3-11）与式（17-3-12）时，为了防止出现超筋破坏，且保证 A_s 的 $\sigma_s = f_y$ 及 A_s' 的 $\sigma_s' = f_y'$，也应满足下式要求

$$x \leqslant \xi_b h_0$$

$$x \geqslant 2a_s'$$

而且 b_f' 的取值应符合《混凝土规范》表 5.2.4 的规定。

【例 17-3-1】 若钢筋混凝土双筋矩形截面受弯构件的正截面受压区高度小于受压钢筋混凝土保护层厚度，表明：

       A. 仅受拉钢筋未达到屈服

       B. 仅受压钢筋未达到屈服

       C. 受拉钢筋和受压钢筋均达到屈服

       D. 受拉钢筋和受压钢筋均未达到屈服

解 设计中规定，当混凝土受压区高度x小于$2a'_s$时，取$x = 2a'_s$，其目的是满足破坏时受压区钢筋的应力等于其抗压强度设计值的假定，故受压钢筋未达到屈服。

答案： B

6. 相对界限受压区高度ξ_b值计算公式

当受拉钢筋刚达到屈服应变$\varepsilon_y = f_y/E_s$，受压区外边缘混凝土达到受弯的极限压应变ε_{cu}时的相对界限受压区计算高度，可以根据平截面假定的比例关系确定。

（1）对于有屈服点钢筋

$$\xi_b = \frac{\beta_1}{1 + f_y/(E_s \varepsilon_{cu})} \tag{17-3-13}$$

（2）对于无屈服点钢筋

$$\xi_b = \frac{\beta_1}{1 + 0.002/\varepsilon_{cu} + f_y/(E_s \varepsilon_{cu})} \tag{17-3-14}$$

式中： f_y ——纵向钢筋抗拉强度设计值；

      E_s ——钢筋弹性模量；

      ε_{cu} ——非均匀受压时的混凝土极限压应变，按公式（17-3-5）计算；

      β_1 ——系数，对 C50 及以下混凝土$\beta_1 = 0.8$，对 C80 混凝土$\beta_1 = 0.74$，中间按线性内插。

【例 17-3-2】 下列哪种情况是钢筋混凝土适筋梁达到承载能力极限状态时不具有的：

       A. 受压混凝土被压溃   B. 受拉钢筋达到其屈服强度

       C. 受拉区混凝土裂缝多而细   D. 受压区高度小于界限受压区高度

解 当正截面混凝土受压区高度$x \leq \xi_b h_0$，$\rho = \dfrac{A_s}{bh_0} \geq \rho_{min}$时，构件纵向受拉钢筋先达到屈服，然后受压区混凝土被压碎，呈塑性破坏，有明显的塑性变形和裂缝预示，这种破坏形态是适筋破坏。

答案： C

7. 纵向受压钢筋A_s的作用

（1）可提高截面极限抗弯承载力。当$x > x_b$时，可以增加A'_s，使$x \leq x_b$。

（2）可承受变号弯矩。

（3）可减小混凝土徐变，提高构件长期刚度。

（4）可作架立筋用。

（5）可提高构件延性，改善抗震性能。

（二）斜截面承载力

1. 影响斜截面破坏特征的两个主要因素及破坏形态

除混凝土强度等级及截面尺寸外，影响其破坏形态的还有两个主要因素，即剪跨比和配箍率。

（1）剪跨比λ

对于集中荷载作用的简支梁剪跨比λ为

$$\lambda = \frac{M}{Vh_0} = \frac{a}{h_0} \qquad (17\text{-}3\text{-}15)$$

式中： M ——集中力作用截面处的弯矩设计值；

V ——支座截面的剪力设计值；

a ——第一个集中力作用点（计算截面）至剪力较大一侧支座截面的距离，称为剪跨。

（2）配箍率 ρ_{sv}

$$\rho_{sv} = \frac{nA_{sv1}}{bs} \qquad (17\text{-}3\text{-}16)$$

式中： A_{sv1} ——单肢箍筋截面积；

n ——同一截面内箍筋的肢数；

b ——梁（肋）宽度；

s ——箍筋间距。

（3）破坏形态

随着 λ 及 ρ_{sv} 的变化，斜截面可能发生以下三种破坏形态：

①当 $\rho_{sv} < \rho_{sv,min}$（最小配箍率）， $\lambda > 3$ 时，斜裂缝一出现，箍筋马上屈服并进入强化阶段，立即丧失斜截面的承载力，产生斜拉破坏。这种破坏预兆性很差，承载力低，不能充分利用材料，设计中应当避免。

②当 $\rho_{sv,max} \geqslant \rho_{sv} \geqslant \rho_{sv,min}$ 或者虽然 $\rho_{sv} < \rho_{sv,min}$ ，但 $1 \leqslant \lambda \leqslant 3$ 时，当临界斜裂缝形成后，箍筋先屈服，然后斜裂缝顶端剪压区混凝土达到了复合受力的极限强度，丧失了斜截面抗剪压的承载力，称为剪压破坏。这种破坏事前有一定的预兆，其承载力随 ρ_{sv} 加大而提高，远大于斜拉破坏承载力。

③当 $\rho_{sv} > \rho_{sv,max}$ 或虽然 $\rho_{sv} < \rho_{sv,max}$ ，但 $\lambda < 1$ 时，使梁的腹板上产生多条近似平行的斜向裂缝，腹板的混凝土发生斜向压坏，称之为斜压破坏。这种破坏是由于主压应力达到混凝土的抗压强度而引起的，承载力很高，但破坏预兆性差，箍筋达不到屈服，强度不能充分利用，在设计中也应加以避免。

2. 矩形、T形和I形截面的受弯构件抗剪承载力计算

（1）为了防止构件发生斜压破坏，配置箍筋过多，达不到屈服，不能充分利用材料，其抗剪截面应符合下列条件

当 $h_w/b \leqslant 4$ 时

$$V \leqslant 0.25\beta_c f_c bh_0 \qquad (17\text{-}3\text{-}17)$$

当 $h_w/b \geqslant 6$ 时

$$V \leqslant 0.2\beta_c f_c bh_0 \qquad (17\text{-}3\text{-}18)$$

当 $4 < h_w/b < 6$ 时，按直线内插法取用。

式中： V ——剪力设计值；

b ——矩形截面宽度，T形与I形截面的腹板宽度；

h_w ——截面的腹板高度，矩形截面取有效高度，T形截面取有效高度减去翼缘高度，I形截面取腹板净高；

β_c ——混凝土强度影响系数，对C50及以下混凝土 $\beta_c=1.0$ ，对C80混凝土 $\beta_c=0.8$ ，中间按线性内插。

（2）计算抗剪承载力时的计算位置应按下列规定采用：

①剪力最大的支座边缘截面；

②受拉区弯起钢筋弯起点处截面,因此处的抗剪承载力中,其弯筋抗剪承载力值$V_b = 0.8A_{sb}f_y \sin \alpha_s$已全部不起作用,截面的抗剪承载力突然降低;

③箍筋截面面积或间距改变处的截面,因该截面的箍筋抗剪承载力突然降低;

④腹板宽度改变处,当腹板宽度突然变小时,混凝土抗剪承载力将降低。

（3）矩形、T形和I形截面抗剪承载力计算

对于一般受弯构件

$$V \leqslant 0.7f_t bh_0 + f_{yv} \frac{A_{sv}}{s} h_0 + 0.8f_y A_{sb} \sin \alpha_s \tag{17-3-19}$$

对于集中荷载作用下的矩形截面独立梁（包括作用有多种荷载,且其中集中荷载对支座截面或节点边缘所产生的剪力值占总剪力值75%以上的情况）,则

$$V \leqslant \frac{1.75}{\lambda + 1} f_t bh_0 + f_{yv} \frac{A_{sv}}{s} h_0 + 0.8f_y A_{sb} \sin \alpha_s \tag{17-3-20}$$

式中： λ ——计算截面的剪跨比,可取$\lambda = a/h_0$,a为计算截面至支座截面或节点边缘的距离,计算截面取集中荷载作用点处的截面,当$\lambda < 1.5$时,取$\lambda = 1.5$,当$\lambda = 3$时,取$\lambda = 3$,计算截面至支座之间的箍筋,应均匀配置;

f_t ——混凝土轴心抗拉强度设计值。

（4）为防止发生斜拉破坏,由公式（17-3-19）及公式（17-3-20）求出的配箍率及选用的箍筋间距s和直径d_{sv}尚应满足下列要求:

①$\rho_{sv} \geqslant \rho_{sv,min} = 0.24f_t/f_{yv}$;

②$s \leqslant s_{max}$（s_{max}见表17-3-1）;

③当截面高度$h > 800$mm时,箍筋直径$d_{sv} \geqslant 8$mm;当$h \leqslant 800$mm时,$d_{sv} \geqslant 6$mm;当梁中配有计算需要的纵向受压钢筋时,箍筋直径$d_{sv} \geqslant 0.25d$（d为受压钢筋最大直径）。

梁中箍筋最大间距s_{max}（单位：mm） 表17-3-1

梁高h（mm）	$V > 0.7f_t bh_0$	$V \leqslant 0.7f_t bh_0$	梁高h（mm）	$V > 0.7f_t bh_0$	$V \leqslant 0.7f_t bh_0$
$150 < h \leqslant 300$	150	200	$500 < h \leqslant 800$	250	350
$300 < h \leqslant 500$	200	300	$h > 800$	300	500

（三）受弯构件的构造要求

受弯构件承载力除满足正截面抗弯承载力和斜截面抗剪承载力之外,尚应满足构造要求,以防止出现支座钢筋锚固破坏或因钢筋弯起过早或切断过早而引起的斜截面受弯破坏,应注意下列方面的构造规定:

1. 纵向受力钢筋

纵向受力钢筋的经济配筋率,板为0.4%~0.8%,梁为0.6%~1.5%。纵向受力钢筋在支座处的锚固不应小于《混凝土规范》规定的锚固长度（见《混凝土规范》第8.3条）,并注意伸入支座的最少根数与最小面积。

2. 钢筋的搭接长度

对受拉钢筋不应小于$1.2l_a$（l_a为受拉钢筋的锚固长度）,且不小于300mm;对受压钢筋不应小于受拉钢筋搭接长度的70%,且不小于200mm。在搭接长度范围内,箍筋的直径不应小于搭接钢筋较大直径的1/4。当钢筋受拉时,箍筋间距不应大于$5d$（d为纵筋最小直径）与100mm;当钢筋受压时,箍筋

间距不应大于 10d 与 200mm。当受压钢筋直径d>25mm 时，尚应在搭接接头两个端面外 100mm 范围内设置两个箍筋。

3. 纵筋的弯起

（1）为了保证正截面和斜截面的抗弯承载力，应使抵抗弯矩图M_u包住设计弯矩图M，受拉区钢筋应在离该钢筋充分利用点截面$h_0/2$以后才能弯起。

（2）为了保证斜截面抗剪承载力，抗剪承载力图V_u应包住剪力设计值图V，前一道弯起钢筋的下弯点至下一道弯起钢筋的上弯点之间的距离应不大于s_{max}（箍筋允许的最大间距）。

4. 钢筋的切断

（1）为了保证理论断点处出现裂缝，钢筋强度仍能充分被利用，纵筋实际截断点应延伸至理论断点以外 20d处。

（2）为了保证钢筋强度能充分发挥，自充分利用点至钢筋截断点的距离l_a，当$V \leqslant 0.7f_tbh_0$时为 1.2l_a；当$V > 0.7f_tbh_0$时为 1.2$l_a + h_0$。

应取（1）与（2）两者中的较大值作为钢筋的实际截断点位置。

5. 架立筋与梁侧构造钢筋

当梁的跨度l<4m 时，架立筋直径不宜小于 8mm；当$l = 4\sim6$m时，不应小于 10mm；当l>6m 时，不宜小于 12mm。当梁的腹板高度$h_w \geqslant 450$mm 时，在梁的两侧应沿高度配置纵向构造钢筋，每侧构造钢筋的截面面积不应小于腹板截面面积bh_w的 0.1%，且其间距不宜大于 200mm。

6. 箍筋

当梁中配有按计算需要的纵向受压钢筋时，箍筋应做成封闭式；此时，箍筋的间距不应大于 15d（d为纵向受压钢筋的最小直径）与 400mm；当一层内的纵向受压钢筋多于 5 根且直径大于 18mm 时，箍筋间距不应大于 10d；当梁的宽度大于 400mm 且一层内的纵向受压钢筋多于 3 根时，或当梁的宽度不大于 400mm 但一层内的纵向受压钢筋多于 4 根时，应设置复合箍筋。

7.其他构造（详见《混凝土规范》）

二、受扭构件

（一）影响钢筋混凝土纯扭构件破坏特征的主要因素

除混凝土强度等级及截面尺寸外，影响其破坏特征的还有以下三个主要因素：

（1）受扭纵向配筋率$\rho_{tl} = A_{stl}/(bh)$，其中A_{stl}为对称布置的全部受扭纵筋截面面积，b、h分别为受扭构件截面短边和长边尺寸。

（2）受扭箍筋配筋率$\rho_{sv} = 2A_{st1}/(bs)$，其中$A_{st1}$为沿构件截面周边所配箍筋的单肢截面面积，$s$为受扭箍筋间距。

（3）受扭构件纵向钢筋与箍筋的配筋强度比值ζ，即沿截面核心周长单位长度上受扭纵筋的强度与沿构件轴线单位长度上受扭箍筋的强度之比，可按下式计算

$$\zeta = \frac{f_y A_{stl}/u_{cor}}{f_{yv} A_{st1}/s} = \frac{f_y A_{stl} s}{f_{yv} A_{st1} u_{cor}} \tag{17-3-21}$$

式中：u_{cor}——截面核心部分的周长，$u_{cor} = 2(b_{cor} + h_{cor})$，$b_{cor}$、$h_{cor}$分别为截面核心的短边和长边尺寸。

（二）钢筋混凝土纯扭构件的破坏形态

1. 受扭少筋破坏

当ρ_{tl}与ρ_{sv}均很小，一旦出现受扭裂缝，即出现类似素混凝土的纯扭脆性断裂，破坏无预兆，材料不能充分利用，设计中应当避免。

2. 受扭适筋破坏

当ρ_{tl}、ρ_{sv}、ζ值均适当且配筋满足构造要求时，在出现多条螺旋状裂缝之后，与斜裂缝相交的纵筋与箍筋都达到了屈服，然后受压区混凝土达到极限压应变值，发生三面受拉，一面受压的空间扭曲截面破坏。破坏前有预兆，可充分利用材料，设计中应采用这种构件。

3. 受扭部分超筋破坏

当ρ_{tl}与ρ_{sv}之中的一个值太大，ζ值过大或过小，受压面混凝土压坏时，与斜裂缝相交的纵筋或箍筋中的一种尚达不到屈服。破坏也有一定预兆，但部分材料强度不能充分利用，在设计中也可采用。

4. 受扭超筋破坏

当ρ_{tl}与ρ_{sv}均太大，受压面混凝土被压坏时，与斜裂缝相交的纵筋和箍筋应力均达不到屈服，构件破坏预兆不明显，材料不能充分利用，在设计中应加以避免。

【例 17-3-3】 钢筋混凝土受扭构件随受扭箍筋配筋率的增加，将发生的受扭破坏形态是：

A. 少筋破坏　　　　　　　　　　　　B. 适筋破坏

C. 超筋破坏　　　　　　　　　　　　D. 部分超筋破坏或超筋破坏

解　受扭钢筋包括受扭纵筋和受扭箍筋，当受扭纵筋与受扭箍筋的强度比值为 $0.6 \leqslant \zeta \leqslant 1.7$ 时，两者应力均可以达到屈服强度，为延性破坏。随着箍筋的配筋率增加，可能导致破坏时箍筋达不到屈服，此类构件为部分超筋构件，也具有一定的延性。

答案： D

（三）矩形截面纯扭构件的抗扭承载力计算

1. 为了防止受扭超筋破坏，材料不能充分利用，其截面应符合下列公式要求

当$h_0/b \leqslant 4$时

$$T \leqslant 0.20\beta_c f_c W_t \tag{17-3-22}$$

当$h_0/b = 6$时

$$T \leqslant 0.16\beta_c f_c W_t \tag{17-3-23}$$

当$4 < h_0/b < 6$时，按线性内插确定。

式中：　T ——扭矩设计值；

　　W_t ——受扭构件的截面受扭塑性抵抗矩，按式（17-3-24）计算；

　b、h_0 ——分别为矩形截面的宽度和有效高度。

矩形截面的受扭塑性抵抗矩按下式计算

$$W_t = \frac{b^2}{6}(3h - b) \tag{17-3-24}$$

根据变角空间桁架理论可得到矩形截面抗扭承载力计算公式为

$$T_u = 2\sqrt{\zeta}\frac{f_{yv}A_{st1}}{s}A_{cor} \tag{17-3-25}$$

试验结果表明，式（17-3-25）计算结果对于低配筋纯扭构件偏保守，对高配筋纯扭构件偏不安全，

《混凝土规范》建议按下式计算

$$T \leqslant 0.35 f_t W_t + 1.2\sqrt{\zeta} f_{yv} \frac{A_{st1} A_{cor}}{s} \tag{17-3-26}$$

式中： f_t ——混凝土抗拉强度设计值；

ζ ——受扭构件纵向钢筋与箍筋的配筋强度比，为避免出现受扭超筋破坏，材料不能充分发挥作用， ζ 值应符合 $0.6 \leqslant \zeta \leqslant 1.7$ 的要求，一般取 $\zeta = 1 \sim 1.2$ 为佳，当 $\zeta > 1.7$ 时，取 $\zeta = 1.7$ 。

2. 为了防止出现少筋破坏构件，当符合下式时

$$T \leqslant 0.7 f_t W_t \tag{17-3-27}$$

要求 $\rho_{sv} = 2A_{st1}/(bs)$ 不应小于 $\rho_{sv,min}$ 值，即

$$\rho_{sv} \geqslant \rho_{sv,min} = 0.28 f_t/f_{yv} \tag{17-3-28}$$

而且箍筋的间距不应超过表 17-3-1 的要求。

其纵向钢筋的配筋率 $\rho_{tl} = A_{stl}/(bh)$ 不应小于 $\rho_{tl,min}$ 值，即

$$\rho_{tl} = \frac{A_{stl}}{bh} \geqslant \rho_{tl,min} = 0.85 f_t/f_y \tag{17-3-29}$$

而且纵筋的间距不应大于 200mm 与构件短边边长。

（四）矩形截面剪扭构件的抗剪扭承载力计算

（1）为了防止设计成剪扭超筋构件，当 $h_w/b \leqslant 6$ 时，其截面应符合下列公式的要求。

当 $h_0/b \leqslant 4$ 时

$$\frac{V}{bh_0} + \frac{T}{0.8 W_t} \leqslant 0.25 \beta_c f_c \tag{17-3-30}$$

当 $h_0/b = 6$ 时

$$\frac{V}{bh_0} + \frac{T}{0.8 W_t} \leqslant 0.20 \beta_c f_c \tag{17-3-31}$$

当 $4 < h_0/b < 6$ 时，按线性内插确定。

（2）在剪力与扭矩共同作用下的矩形截面钢筋混凝土一般剪扭构件，考虑剪扭承载力降低的相关性，其抗剪扭承载力应按下式计算。

①受剪扭构件的抗剪承载力

$$V \leqslant 0.7 f_t bh_0 (1.5 - \beta_t) + f_{yv} \frac{A_{sv}}{s} h_0 \tag{17-3-32}$$

②受剪扭构件的抗扭承载力

$$T \leqslant 0.35 \beta_t f_t W_t + 1.2\sqrt{\zeta} f_{yv} \frac{A_{st1} A_{cor}}{s} \tag{17-3-33}$$

式中： β_t ——剪扭构件混凝土抗扭承载力降低系数，应按式（17-3-34）计算。

一般构件

$$\beta_t = \frac{1.5}{1 + 0.5 \dfrac{VW_t}{Tbh_0}} \tag{17-3-34}$$

当 $\beta_t < 0.5$ 时，取 $\beta_t = 0.5$ ；当 $\beta_t > 1$ 时，取 $\beta_t = 1$ 。

对集中荷载作用下的矩形截面钢筋混凝土剪扭构件（包括作用有多种荷载，且其中集中荷载对支座截面或节点边缘所产生的剪力值占总剪力值的 75% 以上的情况），式（17-3-32）改为

$$V \leqslant \frac{1.75}{\lambda + 1} f_t bh_0 (1.5 - \beta_t) + f_{yv} \frac{A_{sv}}{s} h_0 \tag{17-3-35}$$

而且式（17-3-33）及式（17-3-35）中的β_t值应按下式计算

$$\beta_t = \frac{1.5}{1 + 0.2(\lambda + 1.0)\frac{VW_t}{Tbh_0}}$$ (17-3-36)

式中： λ ——计算截面剪跨比，同抗剪承载力计算时的取值。

按式（17-3-32）或式（17-3-35）算出A_{sv}/s和按式（17-3-33）算出A_{st1}/s之后，剪扭构件总配箍量可按下式计算

$$\frac{A_{svt}}{s} = \frac{A_{sv}}{s} + \frac{A_{st1}}{s}$$ (17-3-37)

（3）为了避免设计成受扭少筋构件，剪扭构件的箍筋配筋率和纵筋配筋率应符合下列规定：

①箍筋的配筋率

$$\rho_{sv} \geqslant \rho_{sv,min} = 0.28\frac{f_t}{f_{yv}}$$ (17-3-38)

②受扭纵向钢筋配筋率ρ_{tl}

$$\rho_{tl} = \frac{A_{stl}}{bh} \geqslant \rho_{tl,min} = 0.6\sqrt{\frac{T}{Vb}}\frac{f_t}{f_y}$$ (17-3-39)

当$T/(Vb)>2.0$时，取$T/(Vb)=2.0$。

（五）弯剪扭构件承载力计算

（1）为了防止出现剪扭超筋破坏，其截面尺寸应符合式（17-3-30）和式（17-3-31）的要求。

（2）弯剪扭构件的抗剪和抗扭承载力仍按式（17-3-32）~式（17-3-37）计算。即考虑剪扭之间的相关性，但弯矩不考虑它们之间的相关性，仅按叠加原理进行计算。并应注意由抗弯承载力计算的A_s应配置在截面受拉区，而按抗扭承载力计算的A_{stl}应沿截面核心周边均匀布置。

（3）为了防止出现剪扭少筋构件和受弯扭少筋构件，其箍筋配箍率和纵筋配筋率应满足下列条件：

箍筋配箍率$\rho_{sv} \geqslant$式（17-3-38）确定的$\rho_{sv,min}$值

纵向钢筋配筋率$\rho \geqslant \rho_{min} + \rho_{tl,min}$

式中： ρ_{min} ——受弯构件受拉钢筋最小配筋率；

$\rho_{tl,min}$ ——受剪扭构件纵向钢筋最小配筋率，按式（17-3-39）计算。

（六）弯剪扭件构造要求

1.箍筋

（1）直径：同受弯构件对箍筋直径的要求。

（2）间距：$s \leqslant s_{max}$，s_{max}同受弯构件箍筋的最大间距（见表17-3-1）。

（3）形式：必须封闭式，当采用绑扎骨架时，箍筋末端应做不小于 135°弯钩，弯钩端头平直段长度不应小于10d（d为箍筋直径）。

2.纵向钢筋

（1）直径：$d>10mm$。

（2）布置：受扭纵筋沿截面周边布置，在四角必须设置；受弯部分钢筋应设置在受拉边区域内。

（3）间距：$s \leqslant 200mm$和梁宽b。

（4）锚固：伸入支座或节点内的长度不应小于受拉钢筋强度充分利用的最小锚固长度l_a。

（七）T 形和 I 形截面纯扭构件抗扭承载力

对 T 形和 I 形截面构件，可将其截面划分为几个矩形截面，分别按矩形截面进行受扭计算。

1. 每个矩形的截面扭矩设计值

（1）腹板

$$T_w = \frac{W_{tw}}{W_t}T \tag{17-3-40}$$

（2）受拉翼缘

$$T_f = \frac{W_{tf}}{W_t}T \tag{17-3-41}$$

（3）受压翼缘

$$T_f' = \frac{W_{tf}'}{W_t}T \tag{17-3-42}$$

2. 截面受扭塑性抵抗矩

（1）矩形截面

$$W_t = \frac{b^2}{6}(3h-b) \tag{17-3-43}$$

（2）T 形和 I 形截面

①全截面

$$W_t = W_{tw} + W_{tf}' + W_{tf} \tag{17-3-44}$$

②腹板

$$W_{tw} = \frac{b^2}{6}(3h-b) \tag{17-3-45}$$

③受压翼缘

$$W_{tf}' = \frac{h_f'^2}{2}(b_f'-b) \tag{17-3-46}$$

④受拉翼缘

$$W_{tf} = \frac{h_f^2}{2}(b_f-b) \tag{17-3-47}$$

式中： b ——腹板宽度；

h_f'、b_f' ——分别为截面受压区翼缘的高度与宽度；

h_f、b_f ——分别为截面受拉区翼缘的高度与宽度。

且应符合 $b_f' \leqslant b + 6h_f'$ 及 $b_f \leqslant b + 6h_f$ 的规定。

（八）简化计算规定

（1）当 $V/(bh_0) + T/W_t \leqslant 0.7f_t$ 时，可按构造要求配置箍筋，不需计算。

（2）当 $V \leqslant 0.035f_t bh_0$ 或 $V \leqslant 0.875f_t bh_0/(1+\lambda)$ 时，可按弯扭构件计算，不考虑剪力作用的影响。

（3）当 $T \leqslant 0.175f_t W_t$ 时，可按受弯构件计算，不考虑扭矩的影响。

三、受压构件

（一）普通箍筋轴心受压构件

其破坏特征与承载力如下：

（1）当长细比 $l_0/b \le 8$ 时，将发生短柱破坏，构件出现纵向裂缝，混凝土被压碎，纵筋压屈外鼓呈灯笼状。其正截面抗压承载力为

$$N \le 0.9(f_c A + f_y' A_s') \tag{17-3-48}$$

式中：　N ——轴向力设计值；

　　　　A ——构件截面面积，当纵向钢筋配筋率大于 3% 时，式中 A 改为混凝土净截面积 A_n，$A_n = A - A_s'$；

　　A_s'、f_y' ——分别为受压钢筋全部截面积及受压钢筋抗压强度设计值；

　　　　f_c ——混凝土轴心抗压强度设计值。

（2）当长细比 $l_0/b > 8$ 时，将发生长柱破坏，其一侧出现纵向裂缝，混凝土被压碎，纵筋压屈外鼓；而另一侧出现横向裂缝，钢筋应力可能达不到屈服强度，其正截面抗压承载力为

$$N \le 0.9\varphi(f_c A + f_y' A_s') \tag{17-3-49}$$

式中：　φ ——钢筋混凝土构件轴心受压的稳定系数，随构件长细比（l_0/b，l_0/d，l_0/i）的增加而降低（详见《混凝土规范》表 6.2.15），对于短柱取 $\varphi = 1$。

在实际工程中，不存在理想的轴心受压构件，对于长细比较小的构件，混凝土将承受大部分的轴向压力，在施工中控制混凝土质量特别重要。

（二）配有螺旋筋的轴心受压构件

对于符合适用条件的螺旋式或焊接环式间接钢筋，可以考虑螺旋筋对柱核心混凝土约束的间接作用，混凝土为三向受压，其正截面的抗压承载力为

$$N \le 0.9(f_c A_{cor} + f_y' A_s' + 2\alpha f_{yv} A_{ss0}) \tag{17-3-50}$$

式中：　A_{cor} ——构件的核心截面面积；

　　　　f_{yv} ——间接钢筋的抗拉强度设计值；

　　　A_{ss0} ——螺旋式或焊接环式间接钢筋的换算截面面积 $A_{ss0} = \pi d_{cor} A_{ss1}/s$；

　　　d_{cor} ——构件的核心直径；

　　　A_{ss1} ——螺旋式或焊接环式单根间接钢筋的截面面积；

　　　　s ——沿构件轴线方向间接钢筋的间距；

　　　　α ——间接钢筋对混凝土约束的折减系数，C50 及以下混凝土取 1.0，C80 混凝土取 0.85，中间按线性内插。

应当注意，按式（17-3-50）设计时应考虑下列应用条件：

（1）式（17-3-50）算得的设计值不应大于由式（17-3-49）算得的设计值的 1.5 倍，这是为了保证在使用荷载作用下不发生保护层剥落。

（2）式（17-3-50）不适用于下列情况：

①当 $l_0/d > 12$ 时，因为这种柱由于侧向挠度引起的附加偏心距过大，使承载力降低过多，螺旋筋作用不能充分发挥。

②当间接钢筋的换算截面面积小于纵向钢筋全部截面积 A_s' 的 1/4，或者螺旋筋的间距 $s > d_{cor}/5$ 或 80mm 时，螺旋筋的约束作用小，不能充分约束混凝土。

③当按式（17-3-50）计算的设计承载力小于按式（17-3-49）计算的设计承载力时，与实际情况不符合。

④螺旋筋的间距过小，将不便于施工，为了施工方便，$s \ge 40$mm。

（三）影响偏心受压构件破坏形态的主要因素与偏心受压构件的破坏形态

1. 影响偏心受压构件破坏形态的主要因素

影响因素除构件截面尺寸、形式及材料强度等级外，还有构件的长细比（计算长度l_0与偏心方向截面高度h之比l_0/h，或l_0/i，i为弯矩作用平面内的回转半径）、相对偏心距$[e_0/h_0 = M/(Nh_0)]$、纵向钢筋的配筋率（靠近轴力一侧的受压钢筋配筋率ρ'与远离轴向力一侧的配筋率ρ）。

2. 偏心受压短柱随e_0/h_0、ρ、ρ'变化发生的破坏形态

（1）大偏心受压破坏（拉坏）

①当相对偏心距e_0/h_0较大，但受拉钢筋的配筋率$\rho<\rho_{\min}$时，将发生少筋破坏。这种破坏，构件的材料不能充分发挥作用，预兆性差，设计中应避免。

②当e_0/h_0较大，且ρ适当时，发生大偏心受压破坏，或称拉坏。这种破坏始于受拉区，其特点是远离轴向力一侧受拉区混凝土出现多条横向裂缝，最终有一条是主裂缝，在主裂缝处纵筋先受拉屈服，以后随着主裂缝的发展，受压区缩小，导致受压区混凝土压碎，受压钢筋达到抗压强度设计值（可以屈服或不屈服）。

（2）小偏心受压破坏（压坏）

①当e_0/h_0较小或很小，或虽然e_0/h_0较大，但ρ也很大时，将发生小偏心受压破坏。其破坏始于靠近荷载一侧的受压区，受压区的钢筋先达到抗压强度设计值（一般能达到屈服），混凝土出现纵向裂缝并且先压碎。而远离轴向力一侧不出现横向裂缝或者存在一些小的横向裂缝，但不存在主横向裂缝，其钢筋一般达不到屈服强度（可能受拉或受压）。

②当e_0/h_0较小，但$\rho'\gg\rho$，截面几何重心与物理重心相差较多，轴向力N位于这两者之间时，构件将首先发生远离轴向力一侧混凝土压碎，钢筋A_s达到受压屈服，而A_s'却达不到屈服。对于这种小偏心破坏，材料利用不合理，在设计中应加以避免。

3. 长细比对偏心受压构件破坏形态的影响

随着长细比的加大，偏心受压柱将发生短柱破坏、长柱破坏、细长柱破坏三种形式。现以矩形截面柱加以说明：

（1）当$l_0/h\leqslant 8$时为短柱，发生材料破坏。设计时可以忽略纵向弯曲二阶效应的作用，不考虑偏心距增大系数η的影响。

（2）当$8<l_0/h\leqslant 30$时（一般工程中常取$l_0/h\leqslant 15$）为长柱。虽然也发生材料破坏，但在设计中纵向弯曲的二阶效应不能忽略，应考虑弯矩增大系数η_{ns}。

（3）当$l_0/h>30$时为细长柱，将发生失稳破坏。材料强度不能充分发挥作用，设计中应避免。

（四）考虑二阶效应后控制截面的弯矩设计值M

（1）弯矩作用平面内截面对称的偏心受压构件，当同一主轴方向的杆端弯矩比M_1/M_2不大于0.9且轴压比不大于0.9时，若构件的长细比满足公式（17-3-51）的要求，可不考虑轴向压力在该方向挠曲杆件中产生的附加弯矩影响，即不考虑二阶效应。

$$l_c/i\leqslant 34-12M_1/M_2 \tag{17-3-51}$$

式中：M_1、M_2——分别为已考虑侧移影响的偏心受压构件两端截面按结构弹性分析确定的对同一主轴的组合弯矩设计值，绝对值较大端为M_2，绝对值较小端为M_1，当构件按单曲率弯曲时，M_1/M_2取正值，否则取负值；

l_c——构件的计算长度，可近似取偏心受压构件相应主轴方向上下支撑点之间的距离；

i ——偏心方向的截面回转半径。

（2）当不满足公式（17-3-51）的要求时，除排架结构柱外，其他偏心受压构件考虑轴向压力在挠曲杆件中产生的二阶效应后控制截面的弯矩设计值，应按下列公式计算：

$$M = C_\mathrm{m}\eta_\mathrm{ns}M_2 \qquad (17-3-52)$$

$$C_\mathrm{m} = 0.7 + 0.3M_1/M_2 \qquad (17-3-53)$$

$$\eta_\mathrm{ns} = 1 + \frac{1}{1\,300(M_2/N + e_\mathrm{a})/h_0}\left(\frac{l_\mathrm{c}}{h}\right)^2 \xi_\mathrm{c} \qquad (17-3-54)$$

$$\xi_\mathrm{c} = 0.5f_\mathrm{c}A/N \qquad (17-3-55)$$

当$C_\mathrm{m}\eta_\mathrm{ns} < 1.0$时取1.0；对剪力墙及核心筒墙，可取$C_\mathrm{m}\eta_\mathrm{ns} = 1.0$。

式中：C_m——构件端截面偏心距调节系数，当小于0.7时取0.7；

$\quad\quad \eta_\mathrm{ns}$——弯矩增大系数；

$\quad\quad N$——与弯矩设计值M_2相应的轴向压力设计值；

$\quad\quad e_\mathrm{a}$——附加偏心距，应取20mm和偏心方向截面最大尺寸的1/30两者中的较大值；

$\quad\quad \zeta_\mathrm{c}$——截面曲率修正系数，当计算值大于1.0时取1.0；

$\quad\quad h$——截面高度，对环形截面取外径，对圆形截面取直径；

$\quad\quad h_0$——截面有效高度，对环形截面取$h_0 = r_2 + r_\mathrm{s}$，对圆形截面取$h_0 = r + r_\mathrm{s}$，其中，r_2为环形截面的外径，r_s为纵向钢筋重心所在圆周的半径，r为圆形截面的半径；

$\quad\quad A$——构件截面面积。

（五）矩形截面偏心受压构件正截面抗压承载力计算

1. 非对称配筋矩形截面的计算公式

$$N \leqslant \alpha_1 f_\mathrm{c}bx + f_\mathrm{y}'A_\mathrm{s}' - \sigma_\mathrm{s}A_\mathrm{s} \qquad (17-3-56)$$

$$Ne \leqslant \alpha_1 f_\mathrm{c}bx\left(h_0 - \frac{x}{2}\right) + f_\mathrm{y}'A_\mathrm{s}'(h_0 - a_\mathrm{s}') \qquad (17-3-57)$$

$$e = e_\mathrm{i} + \frac{h}{2} - a \qquad (17-3-58)$$

$$e_\mathrm{i} = e_0 + e_\mathrm{a} \qquad (17-3-59)$$

式中：e——轴向压力作用点至纵向受拉钢筋合力点的距离；

$\quad\quad \sigma_\mathrm{s}$——受拉边或受压较小边的纵向钢筋应力；

$\quad\quad e_\mathrm{i}$——初始偏心距；

$\quad\quad a$——纵向受拉钢筋合力点至截面近边缘的距离；

$\quad\quad e_0$——轴向压力对截面重心的偏心距，取为M/N当需要考虑二阶效应时，M为按式（17-3-52）计算的弯矩设计值。

在应用式（17-3-56）时，应考虑下列具体情况：

（1）当$\xi = x/h_0 \leqslant \xi_\mathrm{b}$（界限相对受压区高度），为大偏心受压，取$\sigma_\mathrm{s} = f_\mathrm{y}$；

（2）当$\xi > \xi_\mathrm{b}$时，为小偏心受压。而且应注意：

①σ_s可能受拉或受压，其值应按下式确定

$$\sigma_\mathrm{s} = \frac{f_\mathrm{y}(\xi - \beta_1)}{\xi_\mathrm{b} - \beta_1} \qquad (17-3-60)$$

而且由式（17-3-60）计算的值，应满足$f_\mathrm{y}' \leqslant \sigma_\mathrm{s} \leqslant f_\mathrm{y}$。

②当 $\xi > h/h_0$ 时，应取 $\xi = x/h_0 = h/h_0$ 代入式（17-3-56）和式（17-3-57）进行计算。

（3）为了确保式（17-3-57）中 A'_s 的 $\sigma'_s = f'_y$，应满足 $x \geq 2a'_s$。当 $x < 2a'_s$ 时，其正截面抗压承载力应按下列方法确定。

①近似取 $x = 2a'_s$

$$Ne' = f_y A_s (h_0 - a'_s) \tag{17-3-61}$$

$$e' = e_i - \frac{h}{2} + a'_s \tag{17-3-62}$$

②不考虑 A'_s 的作用，用式（17-3-56）和式（17-3-57）求出承载力值。

③取按①及②各自所算承载力中的大值为其承载力值。

（4）对于小偏心受压构件，为了避免远离轴向力一侧混凝土压坏，尚应按下式验算

$$Ne' \leq \alpha_1 f_c bh \left(h'_0 - \frac{h}{2} \right) + f'_y A_s (h'_0 - a) \tag{17-3-63}$$

式中：e' ——轴向力作用点至受压区钢筋合力点之间的距离值，初始偏心距取 $e'_i = e_0 - e_a$，$e' = \frac{h}{2} - a'_s - (e_0 - e_a)$。

2. 对称配筋矩形截面偏心受压构件正截面承载力计算

（1）大、小偏心受压的判别条件

由式（17-3-56），当对称配筋，且 $\xi < \xi_b$ 时，$A_s f_y = A'_s f'_y$，可得其相对受压区高度 ξ 值为

$$\xi = \frac{N}{\alpha_1 f_c bh_0} \tag{17-3-64}$$

①当 $\xi \leq \xi_b$ 时，为大偏心受压；

②当 $\xi > \xi_b$ 时，为小偏心受压。

（2）大偏心受压构件（$\xi \leq \xi_b$）承载力计算

①当 $2a'_s/h_0 \leq \xi \leq \xi_b$ 时

$$N \leq \alpha_1 f_c bx$$

$$Ne \leq \alpha_1 f_c bx \left(h_0 - \frac{x}{2} \right) + f'_y A'_s (h_0 - a'_s)$$

$$e = e_i + \frac{h}{2} - a$$

②当 $\xi < 2a'_s/h_0$ 时

$$Ne' = A_s f_y (h_0 - a'_s)$$

$$e' = e'_i - \frac{h}{2} + a'_s$$

（3）小偏心受压构件（$\xi > \xi_b$）承载力计算

$$N \leq \alpha_1 f_c bx + f'_y A'_s - \sigma_s A_s$$

$$Ne \leq \alpha_1 f_c bx \left(h_0 - \frac{x}{2} \right) + f'_y A'_s (h_0 - a'_s)$$

$$\sigma_s = \frac{f_y (\xi - \beta_1)}{\xi_b - \beta_1}$$

$$e = e_i + \frac{h}{2} - a$$

也可以用以下简化法求 ξ 值

$$\xi = \frac{N - \xi_b \alpha_1 f_c bh_0}{\dfrac{Ne - 0.43\alpha_1 f_c bh_0^2}{(\beta_1 - \xi_b)(h_0 - a'_s)} + \alpha_1 f_c bh_0} + \xi_b \tag{17-3-65}$$

由式（17-3-65）求出ξ值，直接代入式（17-3-57），即可以求出承载力或配筋。

此外，偏心受压构件除应计算弯矩作用平面的抗压承载力外，尚应按轴心受压构件验算垂直于弯矩作用平面的抗压承载力，此时，可不计入弯矩的作用，但应考虑稳定系数φ的影响。

（六）M-N承载力相关曲线

偏心受压构件实际上是弯矩M和轴心压力N共同作用的构件，偏心距$e_0 = M/N$。因此，弯矩和轴心压力的不同组合使偏心距不同，将对给定材料、截面尺寸、配筋的偏心受压构件的承载力产生不同的影响，即在达到承载力极限状态时，截面承受的轴力N与弯矩M具有相关性，构件可以在不同N和M的组合下达到承载能力、极限状态。

试验表明，在"受压破坏"的情况下，随着轴力的增加，构件的抗弯能力随之减小；但在"受拉破坏"的情况下，轴力的存在反而使构件的抗弯能力提高。在界限状态时，构件的抗弯能力达到最大值，见图17-3-2。

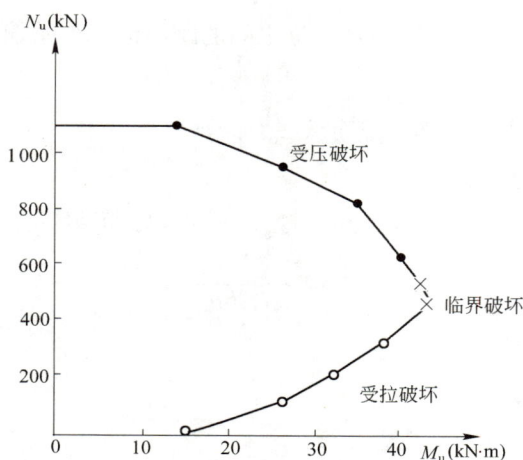

图 17-3-2　N_u-M_u试验相关曲线

由图17-3-2所示偏心受压构件的M-N相关曲线可以得出以下结论：

（1）当$N > N_b(\xi > \xi_b)$时，为小偏心受压，随着N的加大，截面能够承担的M将减小；反之亦然。或者说，对称配筋时，随着N或M的加大，$A'_s = A_s$将增加。

（2）当$N < N_b(\xi \leqslant \xi_b)$，为大偏心受压，当$N$加大时，截面能够承担的$M$加大。或者说，随着$N$的加大，对称配筋时，$A'_s = A_s$将减小。

（3）当$N = N_b(\xi = \xi_b)$，为界限破坏，达到了最大的抗弯承载力M_{max}。

【例 17-3-4】 某一钢筋混凝土柱，在两组轴力和弯矩分别为(N_{1u}, M_{1u})和(N_{2u}, M_{2u})作用下都发生大偏心受压破坏，且$N_{1u} > N_{2u}$，则M_{1u}与M_{2u}的关系下列正确的是：

　　A. $M_{1u} > M_{2u}$　　　　B. $M_{1u} = M_{2u}$　　　　C. $M_{1u} < M_{2u}$　　　　D. $M_{1u} \leqslant M_{2u}$

解　根据偏心受压构件M-N承载力的相关性，大偏心受压构件的破坏形态为受拉破坏，轴力N_u越大，承担的弯矩M_u越大，故$M_{1u} > M_{2u}$。

答案：A

（七）偏心受压构件斜截面抗剪承载力计算

试验结果表明，当轴向力N的轴压比$N/(f_c A) \leqslant 0.3$时，随着轴压比的增大，轴力将使构件的抗剪承载力提高，近似可取线性关系；但当$N/(f_c A) > 0.5$之后，由于内部微裂缝的发展，将使构件的抗剪承载力降低，因此《混凝土规范》中偏于安全地取为

$$V \leqslant \frac{1.75}{\lambda + 1} f_t b h_0 + f_{yv} \frac{A_{sv}}{s} h_0 + 0.07N \qquad (17-3-66)$$

式中： λ ——偏心受压构件计算截面的剪跨比，对框架柱，可取 $\lambda = H_n/2h_0$，当 $\lambda < 1$ 时，取 $\lambda = 1$，当 $\lambda > 3$ 时，取 $\lambda = 3$， H_n 为柱净高，对承受均布荷载的其他偏心受压构件，取 $\lambda = 1.5$；

N ——与剪力设计值 V 相对应的轴向压力设计值，当 $N > 0.3f_c A$ 时，取 $N = 0.3f_c A$；

A ——构件的截面面积，矩形柱 $A = bh$。

为了防止出现斜拉破坏，偏心受压构件的受剪截面应符合式（17-3-17）和式（17-3-18）的规定。当符合下式要求时

$$V \leqslant \frac{1.75}{\lambda + 1} f_t b h_0 + 0.07N \qquad (17-3-67)$$

可不进行斜截面抗剪承载力计算，仅需按构造要求配置箍筋。

（八）受压构件的基本构造要求

1. 材料

混凝土强度等级应大于等于 C20，且以等级高为宜；钢筋以 $f_y \leqslant 0.002E_s$ 为宜，一般为热轧钢筋。

2. 截面

轴压以方形、圆形为宜，偏压以矩形（现浇柱）、I 形（预制柱）为宜，最小截面尺寸为 250mm×250mm。

3. 纵筋

直径 $d \geqslant 12mm$；配筋率（按全部受压钢筋计算）， $\rho_{min} = 0.6\%$， $\rho_{max} = 5\%$；净距 $s_n \geqslant 50mm$（竖直浇筑混凝土）， $s_n \geqslant 30mm$ 及 $1.5d$（水平浇筑混凝土）；中距 $s \leqslant 300mm$（轴压）；偏心受压柱中，垂直弯矩作用平面的纵向受力钢筋， $s \leqslant 300mm$，当截面高度 $h \geqslant 600mm$ 时，在侧面应设置直径为 10~16mm 的纵向构造钢筋，并相应地设置复合箍筋或拉筋。

4. 箍筋

（1）箍筋应做成封闭式，末端应做成 135° 弯钩，弯钩末端平直段长度不应小于箍筋直径的 5 倍。

（2）间距不应大于 400mm 及构件截面短边尺寸，且不应大于 15d，d 为纵筋的最小直径。

（3）直径不应小于 $d/4$，且不应小于 6mm，d 为纵筋的最大直径。

（4）当全部纵向受力钢筋的配筋的率大于 3% 时，箍筋直径不应小于 8mm，间距不应大于 10d（d 为最小受力钢筋直径），且不应大于 200mm；箍筋末端应做成 135° 弯钩且弯钩末端平直段长度不应小于箍筋直径的 10 倍；箍筋也可焊成封闭环式。

（5）当柱截面短边尺寸大于 400mm 且各边纵向钢筋多于 3 根时，或当柱截面短边尺寸不大于 400mm，但各边纵向钢筋多于 4 根时，应设置复合箍筋。

（6）在纵筋搭接长度范围内箍筋的间距，当搭接钢筋为受拉时，不应大于 5d，且不应大于 100mm；当搭接钢筋为受压时，不应大于 10d，且不应大于 200mm，d 为搭接钢筋的最小直径。

（九）双向偏心受压构件的计算

对截面具有两个互相垂直对称轴的钢筋混凝土双向偏心受压构件（见图 17-3-3），其正截面抗压承载力可按下式计算

$$N \leqslant \frac{1}{\dfrac{1}{N_{ux}} + \dfrac{1}{N_{uy}} - \dfrac{1}{N_{u0}}} \qquad (17-3-68)$$

式中： N_{u0} ——构件的截面轴心抗压承载力设计值， $N_{u0} = f_c A + f_y' A_s'$；

N_{ux} ——轴向压力作用于 x 轴并考虑相应的计算偏心 e_{ix} 后，按全部纵向钢筋计算的构件偏心抗压

承载力设计值计算；

N_{uy} ——轴向压力作用于y轴并考虑相应的计算偏心e_{iy}后，按全部纵向钢筋计算的构件偏心抗压承载力设计值计算。

构件偏心抗压承载力设计值N_{ux}、N_{uy}的计算方法与前面单向偏心受压构件的计算方法相同，但应取等号，并将N以N_{ux}、N_{uy}代替。

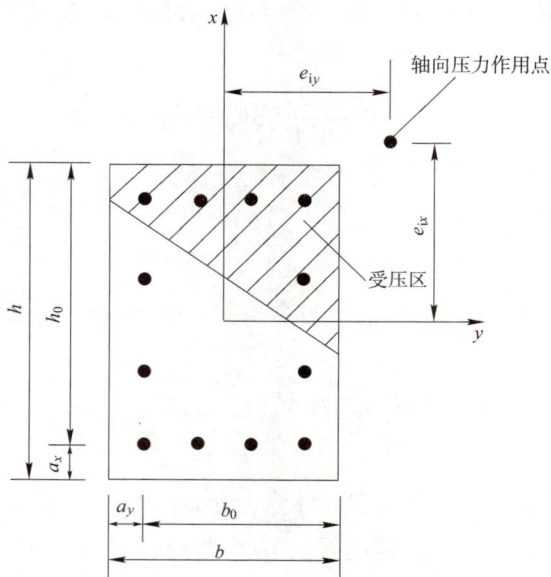

图 17-3-3　双向偏心受压构件截面

四、受拉构件

（一）受拉构件的受力特点及其分类

根据轴向拉力作用位置与偏心距的不同，其受力特点不同，可分为四类：

1. 轴心受拉

当轴向拉力沿截面重心轴线作用（偏心距$e_0=0$），则截面均匀受拉，破坏时，将出现横向贯穿全截面的裂缝，拉力全部由钢筋承担，并达到屈服强度。

2. 小偏心受拉

当轴向拉力作用在A_s（离轴向力近侧钢筋）与A'_s（离轴向力远侧钢筋）的合力点之间，即$e_0 \leqslant h/2 - a_s$时，构件应力为全截面非均匀受拉，破坏时也出现贯穿全截面的横向裂缝，但靠近A_s一侧宽，靠近A'_s一侧窄。

3. 大偏心受拉

当轴向拉力不作用在A_s与A'_s的合力点之间，即$e_0 > h/2 - a_s$时，构件截面应力为靠近拉力N近侧的混凝土为拉应力，远侧的混凝土为压应力，仅在受拉区出现横向裂缝。

4. 双向偏心受拉

轴向拉力N对构件截面重心轴在两个正交方向x和y轴上均有偏心距e_{0x}、e_{0y}，截面上的应力将随e_{0x}、e_{0y}值的大小，出现非均匀受拉或部分受拉与部分受压。

（二）受拉构件正截面抗拉承载力计算

1. 轴心受拉构件（$e_0 = 0$）

$$N \leqslant f_y A_s \tag{17-3-69}$$

2. 小偏心受拉构件（$e_0 \leqslant h/2 - a_s$）

将轴向拉力设计值 N 与 A_s 及 A'_s 产生的设计拉力合力分别对 A_s 或 A'_s 重心取力矩，即可得

$$Ne' \leqslant f_y A_s (h'_0 - a_s) \tag{17-3-70}$$

$$Ne \leqslant f_y A'_s (h_0 - a'_s) \tag{17-3-71}$$

式中：e——N 至 A_s 合力点距离，$e = h/2 - e_0 - a_s$；

e'——N 至 A'_s 合力点距离，$e' = e_0 + h/2 - a'_s$。

3. 大偏心受拉构件（$e_0 > h/2 - a_s$）

$$N \leqslant f_y A_s - f'_y A'_s - \alpha_1 f_c b x \tag{17-3-72}$$

$$Ne \leqslant \alpha_1 f_c b x \left(h_0 - \frac{x}{2} \right) + f'_y A'_s (h_0 - a'_s) \tag{17-3-73}$$

适用条件：

（1）$x \leqslant \xi_b h_0$，防止超筋破坏，保证 A_s 的 $\sigma_s = f_y$；

（2）$x \geqslant 2a'_s$，保证 A'_s 的应力 $\sigma'_s = f'_y$。

当 $x < 2a'_s$ 时，可取 $x = 2a'_s$，所有外拉力及内力对 A'_s 合力作用点取力矩，可得

$$Ne' \leqslant f_y A'_s (h'_0 - a_s)$$

4. 对称配筋的矩形截面偏心受拉构件

不论大、小偏心受拉，均可按上式计算。显然，按对称配筋计算的用钢量较非对称配筋的用钢量大。

（三）偏心受拉构件斜截面抗剪承载力计算

根据试验研究结果，截面上存在拉应力时将使抗剪承载力降低，《混凝土规范》偏于安全地给出下列抗剪承载力计算公式

$$V \leqslant \frac{1.75}{\lambda + 1} f_t b h_0 + f_{yv} \frac{A_{sv}}{s} h_0 - 0.2N \tag{17-3-74}$$

式中：N ——与剪力设计值 V 相应的轴向拉力设计值；

λ ——计算截面的剪跨比，取 $\lambda = a/h_0$，a 为集中荷载至支座或节点边缘的距离，当 $\lambda < 1.5$ 时，取 $\lambda = 1.5$，当 $\lambda > 3$ 时，取 $\lambda = 3$。

应当注意，当式（17-3-74）的右边计算值小于 $f_{yv} \frac{A_{sv}}{s} h_0$ 时，应取 $f_{yv} \frac{A_{sv}}{s} h_0$，且 $f_{yv} \frac{A_{sv}}{s} h_0$ 值不应小于 $0.36 f_t b h_0$。这里为了确保安全，设计剪力全部由箍筋承担，并且规定了最小的配箍条件。

五、抗冲切承载力计算

（一）钢筋混凝土板冲切计算

（1）冲切破坏面取局部荷载或集中反力作用面积周边以 45° 角倾斜的锥体斜面，见图 17-3-4。

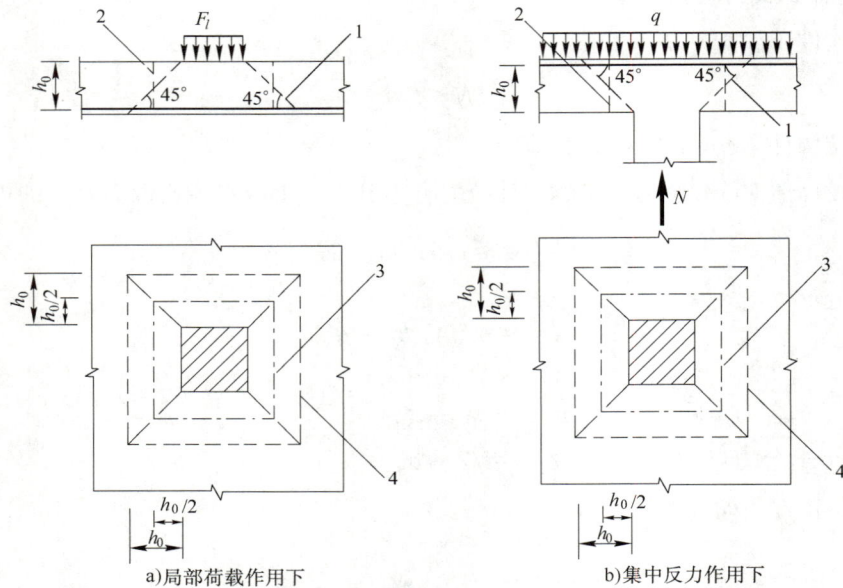

图 17-3-4　板受冲切破坏面

1-冲切破坏锥体的斜截面；2-计算截面；3-计算截面的周长；4-冲切破坏锥体的底面线

（2）箍筋或弯起钢筋的混凝土板，其受冲切承载力按下式计算

$$F_l \leqslant 0.7\beta_h f_t \eta u_m h_0 \tag{17-3-75}$$

式中的系数η应按下列两个公式计算，并取其中的较小值

$$\eta_1 = 0.4 + 1.2/\beta_s \tag{17-3-76}$$

$$\eta_2 = 0.5 + \alpha_s h_0/(4u_m) \tag{17-3-77}$$

式中：F_l —— 局部荷载设计值或集中反力设计值，对板柱结构的节点，取柱所承受的轴向压力设计值的层间差值减去冲切破坏锥体范围内板所承受的荷载设计值；

β_h —— 截面高度影响系数，当$h \leqslant 800mm$时，取$\beta_h = 1.0$，当$h \geqslant 2000mm$时，取$\beta_h = 0.9$，中间值按线性内插；

u_m —— 计算截面的周长，为距离局部荷载或集中反力作用面积周边$h_0/2$处板垂直截面的最不利周长；

h_0 —— 截面有效高度，取两个配筋方向的截面有效高度的平均值；

η_1 —— 局部荷载或集中反力作用面积形状的影响系数；

η_2 —— 计算截面周长与板截面有效高度之比的影响系数；

β_s —— 局部荷载或集中反力作用面积为矩形时的长边与短边尺寸的比值，β_s不宜大于4，当$\beta_s < 2$时，取$\beta_s = 2$，对圆形冲切面，取$\beta_s = 2$；

α_s —— 柱位置影响系数，对中柱，取$\alpha_s = 40$，对边柱，取$\alpha_s = 30$，对角柱，取$\alpha_s = 20$。

（3）当式（17-3-75）不能满足，且板厚受到限制不能再增高时，可配置箍筋或弯起钢筋以提高其抗冲切承载力。此时，受冲切截面应符合下列条件（为了控制板厚不致过小，抗冲切钢筋不致过多）

$$F_l \leqslant 1.2 f_t \eta u_m h_0 \tag{17-3-78}$$

①配置箍筋时受冲切承载力按下式计算

$$F_l \leqslant 0.5 f_t \eta u_m h_0 + 0.8 f_{yv} A_{svu} \tag{17-3-79}$$

②配置弯起钢筋时受冲切承载力按下式计算

$$F_l \leq 0.5 f_t \eta u_m h_0 + 0.8 f_y A_{sbu} \sin \alpha \qquad (17-3-80)$$

式中：A_{svu}、A_{sbu} ——分别为与呈 45°冲切破坏锥体斜截面相交的全部箍筋和全部弯起钢筋的截面面积；

α ——弯起钢筋与板底面的夹角。

③钢筋混凝土板中配置的抗冲切箍筋或弯起钢筋，应符合《混凝土规范》第 9.1.11 条的构造规定。

④对配置抗冲切钢筋的冲切破坏锥体以外的截面，尚应按公式（17-3-75）进行受冲切承载力计算，此时，u_m 应取配置抗冲切钢筋的冲切破坏锥体以外 $0.5h_0$ 处的最不利周长。

（二）矩形截面柱的阶形基础受冲切计算

在柱与基础交接处以及基础变阶处的抗冲切承载力计算，详见《混凝土规范》第 6.6.5 条。

六、局部抗压承载力计算

（1）配置间接钢筋的混凝土构件，其局部受压区的截面尺寸应符合下列要求

$$F_l \leq 1.35 \beta_c \beta_l f_c A_{ln} \qquad (17-3-81)$$

$$\beta_l = \sqrt{A_b / A_l} \qquad (17-3-82)$$

式中：F_l ——局部受压面上作用的局部荷载或局部压力设计值，对后张法预应力混凝土构件中的锚头局部受压区的压力设计值，应取 1.2 倍张拉控制力；

β_l ——混凝土局部受压时的强度提高系数；

A_l ——混凝土局部受压面积；

A_{ln} ——混凝土局部受压净面积；

A_b ——局部受压的计算底面积。

局部受压的计算底面积 A_b，可由局部受压面积与计算底面积按同心、对称的原则确定；对常用情况，可按图 17-3-5 取用。

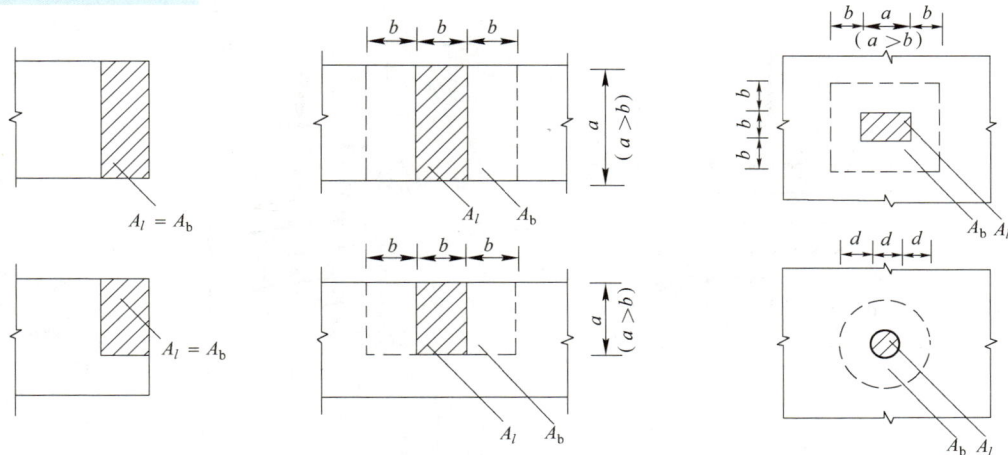

图 17-3-5 局部受压的计算底面积

（2）对配置方格网式或螺旋式间接钢筋的局部抗压承载力按下式计算

$$F_l \leq 0.9 \left(\beta_c \beta_l f_c + 2 \alpha \rho_v \beta_{cor} f_{yv} \right) A_{ln} \qquad (17-3-83)$$

其中，体积配筋率 ρ_v 按下列公式计算：

对方格网式配筋（见图 17-3-6a）

$$\rho_v = \frac{n_1 A_{s1} l_1 + n_2 A_{s2} l_2}{A_{cor} s} \tag{17-3-84}$$

对螺旋式配筋（见图 17-3-6b）

$$\rho_v = \frac{4 A_{ss1}}{d_{cor} s} \tag{17-3-85}$$

式中：β_{cor} ——配置间接钢筋的局部抗压承载力提高系数，按公式（17-3-82）计算，但 A_b 用 A_{cor} 代替，当 $A_{cor} > A_b$，应取 $A_{cor} = A_b$；

α ——间接钢筋对混凝土约束的折减系数，混凝土强度等级 C50 及以下时取 1.0，C80 时取 0.85，中间按线性内插；

f_{yv} ——间接钢筋的抗拉强度设计值；

A_{cor} ——混凝土的核心面积，其重心应与 A_l 的重心重合；

n_1、A_{s1} ——分别为方格网沿 l_1 方向的钢筋根数、单根钢筋的截面面积；

n_2、A_{s2} ——分别为方格网沿 l_2 方向的钢筋根数、单根钢筋的截面面积；

A_{ss1} ——单根螺旋式间接钢筋的截面面积；

d_{cor} ——螺旋式间接钢筋内表面范围内的混凝土截面直径；

s ——方格网式或螺旋式间接钢筋的间距，宜取 30~80mm。

（3）间接钢筋应配置在图 17-3-6 所规定的高度h范围内，对方格网，不应少于 4 片；对螺旋式钢筋，不应少于 4 圈。对柱接头，h尚不应小于 15d，d为柱的纵向钢筋直径。

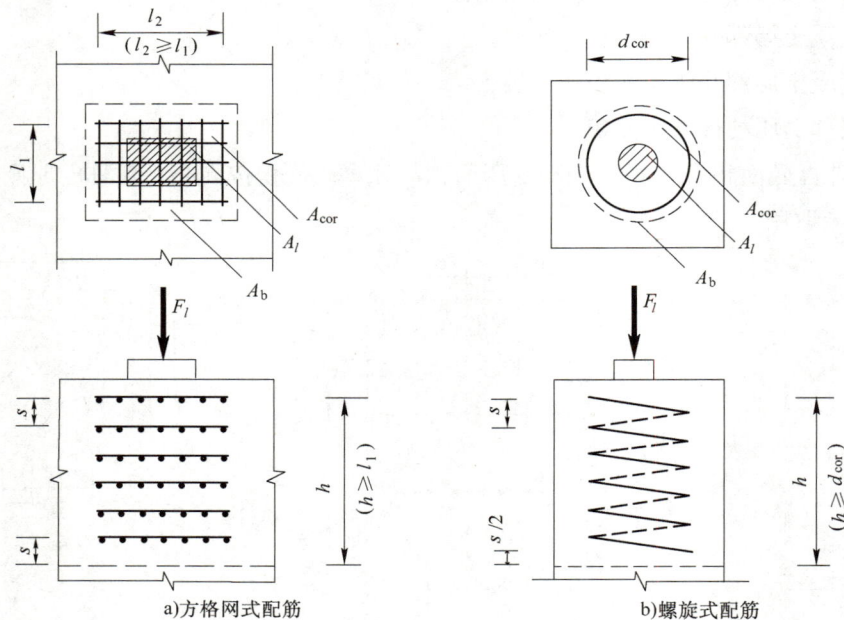

图 17-3-6 局部受压区的间接钢筋

【例 17-3-5】关于混凝土局部受压强度，下列描述中正确的是：

A. 不小于非局部受压时的强度

B. 一定比非局部受压时的强度大

C. 与局部受压时的强度相同

D. 一定比非局部受压时的强度小

解 根据《混凝土规范》第 6.6.1 条、第 6.6.2 条，混凝土局部受压时的强度提高系数 $\beta_l = \sqrt{A_b/A_l}$。其中，A_l 为混凝土局部受压面积，A_b 为局部受压计算底面积。当构件处于边角局部受压时，$A_b = A_l$，$\beta_l = 1.0$。由于 $A_b \geq A_l$，所以 $\beta_l \geq 1.0$，故混凝土局部受压强度不小于非局部受压时的强度。

答案：A

七、疲劳验算

（1）需作疲劳验算的混凝土受弯构件，其正截面疲劳应力应按以下基本假定进行计算：

①截面应变保持平面。

②受压区混凝土的法向应力图形取为三角形。

③对钢筋混凝土构件，不考虑受拉区混凝土的抗拉强度，拉力全部由纵向钢筋承受；对要求不出现裂缝的预应力混凝土构件，受拉区混凝土的法向应力图形取为三角形。

④采用换算截面计算。

（2）在疲劳验算中，荷载应采用标准值。对吊车荷载应乘以动力系数，悬挂吊车（包括电动葫芦）及工作级别 A1~A5 的软钩吊车，动力系数可取 1.05；工作级别为 A6~A8 的软钩吊车、硬钩吊车和其他特种吊车，动力系数可取 1.1。

（3）钢筋混凝土受弯构件疲劳验算时，应计算下列部位的应力：

①正截面受压区边缘纤维的混凝土应力和纵向受拉钢筋的应力幅；

②截面中和轴处混凝土的剪应力和箍筋的应力幅。

注：纵向受压钢筋可不进行疲劳验算。

（4）钢筋混凝土受弯构件正截面的疲劳应力采用下列公式验算

$$\sigma_{cc,max}^f \leq f_c^f \tag{17-3-86}$$

$$\Delta\sigma_{si}^f \leq \Delta f_y^f \tag{17-3-87}$$

式中： $\sigma_{cc,max}^f$ ——截面受压区边缘纤维混凝土的压应力，按《混凝土规范》第 6.7.5 条计算；

    $\Delta\sigma_{si}^f$ ——截面受拉区第 i 层纵向钢筋的应力幅，按《混凝土规范》第 6.7.5 条计算，当纵向受拉钢筋为同一钢种时，可仅验算最外层钢筋的应力幅；

    f_c^f ——混凝土轴心受压疲劳强度设计值；

    Δf_y^f ——钢筋的疲劳应力幅限值，见《混凝土规范》表 4.2.5-1。

（5）钢筋混凝土受弯构件斜截面的疲劳验算应符合下列规定：

①截面中和轴处的剪应力，当符合式（17-3-88）的条件时，该区段的剪力全部由混凝土承受，箍筋可按构造要求配置

$$\tau^f \leq 0.6 f_t^f \tag{17-3-88}$$

式中： τ^f ——截面中和轴处的剪应力；

    f_t^f ——混凝土轴心抗拉疲劳强度设计值。

②截面中和轴处的剪应力不符合式（17-3-88）的区段，其剪力应由箍筋和混凝土共同承受，箍筋的应力幅应符合下列规定

$$\Delta\sigma_{sv}^f \leq \Delta f_{yv}^f \tag{17-3-89}$$

式中： $\Delta\sigma_{sv}^f$ ——箍筋的应力幅；

Δf_{yv}^f ——箍筋的疲劳应力幅限值，见《混凝土规范》表 4.2.5-1。

（6）对需作疲劳验算的钢筋混凝土梁，应在下部1/2梁高的腹板内沿两侧配置直径 8~14mm、间距 100~150mm 的纵向构造钢筋，并应按下密上疏的方法布置。在上部1/2梁高的腹板内，可按普通混凝土梁配置纵向构造钢筋。

其他有关疲劳验算的规定详见《混凝土规范》第 6.7 节。

习 题

17-3-1 当构件截面尺寸和材料强度等相同时，钢筋混凝土受弯构件正截面承载力M_u与纵向受拉钢筋配筋率ρ的关系是（ ）。

    A. ρ越大，M_u亦越大

    B. ρ越大，M_u按线性关系增大越大

    C. 当$\rho_{min} \leq \rho \leq \rho_{max}$时，$M_u$随$\rho$增大按线性关系增大

    D. 当$\rho_{min} \leq \rho \leq \rho_{max}$时，$M_u$随$\rho$增大按非线性关系增大

17-3-2 一矩形截面梁，$b \times h = 200mm \times 500mm$，混凝土强度等级C20（$f_c = 9.6N/mm^2$），受拉区配有4$\underline{\Phi}$20（$A_s = 1\,256mm^2$）的 HRB335 级钢筋（$f_y = 300N/mm^2$），该梁沿正截面的破坏为（ ）。

    A. 少筋破坏   B. 超筋破坏   C. 适筋破坏   D. 界限破坏

17-3-3 适筋梁，当受拉钢筋刚达到屈服时，其状态是（ ）。

    A. 达到极限承载能力

    B. 受压边缘混凝土的压应变$\varepsilon_c = \varepsilon_u$（$\varepsilon_u$混凝土的极限压应变）

    C. 受压边缘混凝土的压应变$\varepsilon_c \leq \varepsilon_u$

    D. 受压边缘混凝土的压应变$\varepsilon_c = 0.002$

17-3-4 设计双筋矩形截面梁，当A_s和A_s'均未知时，使用钢量接近最少的方法是（ ）。

    A. 取$\xi = \xi_b$ B. 取$A_s = A_s'$

    C. 使$x = 2a_s'$ D. 取$\rho = 0.8\%~1.5\%$

17-3-5 无腹筋钢筋混凝土梁沿斜截面的抗剪承载力与剪跨比的关系是（ ）。

    A. 随剪跨比的增加而提高

    B. 随剪跨比的增加而降低

    C. 在一定范围内随剪跨比的增加而提高

    D. 在一定范围内随剪跨比的增加而降低

17-3-6 在钢筋混凝土纯扭构件中，当受扭纵筋与受扭箍筋的强度比$\zeta = 0.6~1.7$时，则受扭构件的受力状态为（ ）。

    A. 纵筋与箍筋的应力均达到了各自的屈服强度

    B. 只有纵筋和箍筋配得不过多或过少时，才能使两者都达到屈服强度

    C. 构件将会发生超筋破坏

    D. 构件将会发生少筋破坏

17-3-7 钢筋混凝土偏心受压构件，其大小偏心受压的根本区别是（ ）。

    A. 截面破坏时，远离轴向力一侧的钢筋是否受拉屈服

B. 截面破坏时，受压钢筋是否屈服

C. 偏心距的大小

D. 受压一侧的混凝土是否达到极限压应变

17-3-8 在钢筋混凝土双筋梁、大偏心受压和大偏心受拉构件的正截面承载力计算中，要求受压区高度 $x \geq 2a'_s$ 是为了（　　）。

A. 保证受压钢筋在构件破坏时能达到其抗压强度设计值

B. 防止受压钢筋压屈

C. 避免保护层剥落

D. 保证受压钢筋在构件破坏时能达到其极限抗压强度

17-3-9 矩形截面对称配筋的偏心受压构件，发生界限破坏时的 N_b 值为（　　）。

A. 将随配筋率 ρ 值的增大而增大

B. 将随配筋率 ρ 值的增大而减小

C. N_b 与 ρ 值无关

D. N_b 与 ρ 值无关，但与配箍率有关

17-3-10 某矩形截面柱，截面尺寸为 400mm × 400mm，混凝土强度等级为 C20（ $f_c = 9.6\text{N/mm}^2$ ），钢筋采用 HRB335 级，对称配筋，在下列四组内力组合中，以（　　）为最不利组合。

A. $M = 30\text{kN·m}$， $N = 200\text{kN}$　　　　B. $M = 50\text{kN·m}$， $N = 300\text{kN}$

C. $M = 30\text{kN·m}$， $N = 205\text{kN}$　　　　D. $M = 50\text{kN·m}$， $N = 305\text{kN}$

17-3-11 轴向压力 N 对构件抗剪承载力 V_u 的影响是（　　）。

A. 不论 N 的大小，均可提高构件的抗剪承载力 V_u

B. 不论 N 的大小，均会降低构件的 V_u

C. N 适当时提高构件的 V_u

D. N 大时提高构件的 V_u， N 小时降低构件的 V_u

第四节　正常使用极限状态验算

一、结构构件的裂缝控制要求

（一）产生裂缝的原因

引起构件产生裂缝的原因很多，但可归结为两大类：一类为荷载效应引起，其裂缝宽度与裂缝处的钢筋应力 σ_{sk} 近似地成正比，裂缝发生在受拉区内，称为受力裂缝；另一类是由外加变形或约束变形引起，如基础不均匀沉降、收缩、温度变化，以及混凝土碳化引起钢筋锈蚀的膨胀，其出现在结构的某些部位，这类裂缝与结构设计及施工条件有密切关系，称为变形裂缝。实际工程中结构构件的裂缝绝大部分是变形因素引起的，由荷载效应引起的裂缝为少数。对受力裂缝主要通过构件抗裂度计算及构造加以控制，对于变形裂缝主要通过结构设计、构造措施及施工方法解决，如设伸缩缝、沉降缝，加强保温措施及加强混凝土养护，改进施工条件，减小混凝土的收缩等。

（二）裂缝的控制及裂缝控制等级

（1）裂缝控制的目的及荷载裂缝控制等级详见本章第二节的二、（二）、2及五、（四）、4.部分的有关阐述。

（2）对于由收缩及温度引起的裂缝，应控制钢筋混凝土结构伸缩缝的最大间距L满足《混凝土规范》的规定，即

$$L \leqslant [L] \tag{17-4-1}$$

式中：$[L]$——《混凝土规范》规定的钢筋混凝土结构伸缩缝间距（m），见《混凝土规范》表8.1.1。

（3）对于混凝土碳化引起的沿钢筋方向的裂缝，主要是控制保护层厚度C满足《混凝土规范》最小保护层厚度的要求

$$c \geqslant [c] \tag{17-4-2}$$

式中：$[c]$——《混凝土规范》规定的混凝土保护层最小厚度（mm），见《混凝土规范》表8.2.1。

（4）对地基不均匀沉降引起的裂缝，主要通过正确的选用地基处理及正确的基础方案、正确的基础设计解决。

二、影响受力裂缝的主要因素及最大裂缝宽度计算

（一）影响受力裂缝宽度的主要因素

试验结果表明，受力裂缝宽度与下列因素有关：

（1）混凝土保护层厚度c，当$c \geqslant 20mm$时，裂缝间距及宽度将随c值增大而增大。

（2）钢筋直径d，在其他条件相同的条件下选择细一点的钢筋，则裂缝间距及宽度将有所减小。

（3）钢筋拉应力σ_{sk}，σ_{sk}越大，裂缝宽度越大。

（4）有效受拉区配筋率ρ_{te}，ρ_{te}值越大，裂缝间距及宽度越小。

（5）选用变形钢筋比光圆钢筋的裂缝宽度小。

（二）最大裂缝宽度的计算

1. 荷载标准组合下的平均裂缝间距

受弯构件

$$l_{m} = \left(1.9c_{s} + 0.08d_{eq}/\rho_{te}\right) \tag{17-4-3}$$

受拉构件

$$l_{m} = 1.1\left(1.9c_{s} + 0.08d_{eq}/\rho_{te}\right) \tag{17-4-4}$$

2. 荷载标准组合下的平均裂缝宽度

平均裂缝宽度取决于平均裂缝间距之间的钢筋伸长与混凝土伸长的伸长差，即

$$w_{m} = (\bar{\varepsilon}_{s} - \bar{\varepsilon}_{c})l_{m} = \bar{\varepsilon}_{s}\left(1 - \frac{\bar{\varepsilon}_{c}}{\bar{\varepsilon}_{s}}\right)l_{m} = \psi\varepsilon_{s}\left(1 - \frac{\bar{\varepsilon}_{c}}{\bar{\varepsilon}_{s}}\right)l_{m}$$
$$= \psi\frac{\sigma_{sk}}{E_{s}}\left(1 - \frac{\bar{\varepsilon}_{c}}{\bar{\varepsilon}_{s}}\right)l_{m} = 0.85\psi\frac{\sigma_{sk}}{E_{s}}l_{m} \tag{17-4-5}$$

式（17-4-5）中，根据试验结果取平均裂缝间距l_{m}之内的混凝土与钢筋平均应变的比值$\bar{\varepsilon}_{c}/\bar{\varepsilon}_{s} = 0.15$，$\sigma_{sk}$为在荷载标准组合下钢筋混凝土构件纵向受拉钢筋的应力；$\psi = \bar{\varepsilon}_{s}/\varepsilon_{s}$为平均裂缝间距$l_{m}$之内钢筋的平均应变与裂缝截面处钢筋应变的比值。

1）σ_{sk}的计算

轴心受拉：$\sigma_{sk} = N_k/A_s$；偏心受拉：$\sigma_{sk} = N_k e'/[A_s(h_0 - a'_s)]$；受弯：$\sigma_{sk} = M_k/(0.87 h_0 A_s)$；偏心受压：$\sigma_{sk} = N_k(e - z)/(A_s z)$。其符号与意义见《混凝土规范》第 7.1.4 条。

2）裂缝间纵向受拉钢筋应变不均匀系数ψ

$$\psi = \bar{\varepsilon}_s/\varepsilon_s = 1.1 - 0.65 f_{tk}/(\rho_{te}\sigma_{sk}) \tag{17-4-6}$$

当$\psi < 0.2$时，取$\psi = 0.2$；当$\psi > 1$时，取$\psi = 1$；对直接承受重复荷载的构件，取$\psi = 1$。

3. 荷载标准组合下的最大裂缝宽度w_{kmax}

受弯构件

$$w_{kmax} = 1.66 w_m$$

轴心受拉构件

$$w_{kmax} = 1.9 w_m$$

其中，系数 1.66 和 1.9 为考虑超越概率为 5%的裂缝宽度分位值与平均裂缝宽度的比值。

4. 考虑荷载长期作用影响的最大裂缝宽度w_{max}

$$w_{max} = 1.5 w_{kmax}$$

其中，1.5 是考虑荷载长期作用影响的裂缝宽度扩大系数。

5. 按荷载标准组合并考虑长期作用影响的最大裂缝宽度

其计算公式可统一表示为

$$w_{max} = \alpha_{cr}\psi\frac{\sigma_{sk}}{E_s}\left(1.9c_s + 0.08\frac{d_{eq}}{\rho_{te}}\right) \tag{17-4-7}$$

式中：α_{cr}——构件受力特征系数，对受弯、偏心受压构件，$\alpha_{cr} = 1.9$，对偏心受拉构件，$\alpha_{cr} = 2.4$，对轴心受拉构件，$\alpha_{cr} = 2.7$；

c_s——最外层纵向受拉钢筋外边缘至受拉区底边的距离，当$c_s < 20$时，取$c_s = 20$，当$c_s > 65$时，取$c_s = 65$；

ρ_{te}——按有效受拉混凝土截面面积计算的纵向受拉钢筋配筋率，$\rho_{te} = A_s/A_{te}$，当$\rho_{te} < 0.01$时，取$\rho_{te} = 0.01$；

A_{te}——有效受拉混凝土截面面积，对轴心受拉构件，取构件截面面积，对受弯、偏心受压和偏心受拉构件，取$A_{te} = 0.5bh + (b_f - b)h_f$，$b_f$、$h_f$分别为受拉翼缘的宽度、高度；

d_{eq}——受拉区纵向钢筋的等效直径（mm），$d_{eq} = \sum n_i d_i^2/\sum n_i v_i d_i$；

d_i、n_i——分别为受拉区第i种纵向钢筋的公称直径（mm）和根数；

v_i——受拉区第i种纵向钢筋的相对黏结特征系数，详见《混凝土规范》表 7.1.2-2。

6. 对承受吊车荷载但不需作疲劳验算的受弯构件

可将计算求得的最大裂缝宽度乘以系数 0.85。对$e_0/h_0 \leq 0.55$的偏心受压构件，可不进行裂缝宽度验算。

三、受弯构件的挠度验算

（一）短期刚度计算的基本假定与短期刚度

1. 平截面假定

采用裂缝之间截面受拉区与受压区的平均应变符合平截面假定，即平均应变沿截面高为线性分布。由此假定可得平均曲率为

$$\varphi = \frac{1}{\gamma_{\mathrm{m}}} = \frac{\varepsilon_{\mathrm{cm}} + \varepsilon_{\mathrm{sm}}}{h_0} \tag{17-4-8}$$

式中：　$\varepsilon_{\mathrm{cm}}$、$\varepsilon_{\mathrm{sm}}$ ——分别为受压边缘混凝土的平均应变与受拉钢筋的平均应变；

h_0 ——截面有效高度。

由弯矩与曲率的关系可得短期刚度 B_{s} 为

$$B_{\mathrm{s}} = \frac{M_{\mathrm{k}}}{\varphi} = \frac{M_{\mathrm{k}} h_0}{\varepsilon_{\mathrm{cm}} + \varepsilon_{\mathrm{sm}}} = \frac{E_{\mathrm{s}} A_{\mathrm{s}} h_0^2}{1.15\psi + 0.2 + \dfrac{6\alpha_{\mathrm{E}}\rho}{1 + 3.5\gamma_{\mathrm{f}}'}} \tag{17-4-9}$$

式中：　ψ ——裂缝间纵向受拉钢筋应变不均匀系数，按《混凝土规范》第 7.1.2 条确定；

α_{E} ——钢筋弹性模量与混凝土弹性模量的比值，$\alpha_{\mathrm{E}} = E_{\mathrm{s}}/E_{\mathrm{c}}$；

ρ ——纵向受拉钢筋配筋率，对钢筋混凝土受弯构件，取 $\rho = A_{\mathrm{s}}/(bh_0)$，对预应力混凝土受弯构件，取 $\rho = (A_{\mathrm{p}} + A_{\mathrm{s}})/(bh_0)$；

γ_{f}' ——受压翼缘截面面积与腹板有效截面面积的比值。

2. 最小刚度的假定

即在等截面钢筋混凝土受弯构件中的同号弯矩区段内，假定其刚度为常数，而且取该区段弯矩绝对值最大处的截面刚度，即最小刚度作为该区段的刚度。这一假定偏于安全，使计算大为简化。但对变截面梁应考虑采用分段总和法进行计算。

（二）受弯构件考虑荷载长期作用影响的刚度与挠度验算

1. 长期刚度 B

按荷载短期效应组合并考虑荷载长期作用影响的长期刚度 B 主要是考虑了压区混凝土徐变的影响，以及拉区钢筋与混凝土黏结滑移徐变和混凝土收缩的影响，并利用挠度增大系数 θ 来反映，$f = \theta f_{\mathrm{s}}$。对于矩形、T 形、倒 T 形和 I 形截面受弯构件的长期刚度为

$$B = \frac{M_{\mathrm{k}}}{M_{\mathrm{q}}(\theta - 1) + M_{\mathrm{k}}} B_{\mathrm{s}} \tag{17-4-10}$$

式中：　M_{k} ——按荷载效应的标准组合计算的弯矩，取计算区段内的最大弯矩；

M_{q} ——按荷载效应的准永久组合计算的弯矩，取计算区段内的最大弯矩；

θ ——考虑荷载长期作用对挠度增大的影响系数，当 $\rho' = \rho$ 时，取 $\theta = 1.6$，当 $\rho' = 0$ 时，取 $\theta = 2.0$，当 ρ' 为中间值时，θ 按线性内插，此处，$\rho' = A_{\mathrm{s}}'/(bh_0)$，$\rho = A_{\mathrm{s}}/(bh_0)$，对翼缘位于受拉区的倒 T 形截面，$\theta$ 应增加 20%。

2. 受弯构件挠度验算

1）受弯构件挠度计算公式

其挠度值 f 可以根据 B 利用结构力学求挠度的方法计算，对于均布荷载作用下的简支梁为

$$f = \frac{5M_\mathrm{k}l_0^2}{48B} \tag{17-4-11}$$

一般公式为

$$f = S\frac{M_\mathrm{k}l_0^2}{B} \tag{17-4-12}$$

式中： S ——与荷载形式及支座条件有关的系数。

2）挠度验算

由式（17-4-11）或式（17-4-12）计算的 f 值不应超过《混凝土规范》规定的挠度限值 f_lim，即

$$f \leqslant f_\mathrm{lim} \tag{17-4-13}$$

3. 提高刚度与减小挠度的方法

（1） B_s 与梁宽 b 成正比，与梁有效高度 h_0 的平方成正比。

（2）当 $\rho = A_\mathrm{s}/(bh_0) = 0.01\sim0.02$ 时，提高混凝土强度对 B_s 增大不多；当 $\rho \leqslant 0.005$ 时，效果大为提高。

（3） B_s 将随 $\alpha_\mathrm{E}\rho$ 的增大近似线性增大。

在设计中可以综合考虑上述影响因素。

【例 17-4-1】 提高钢筋混凝土矩形截面受弯构件的弯曲刚度最有效的措施是：

    A. 增加构件截面的有效高度　　　　　B. 增加受拉钢筋的配筋率

    C. 增加构件截面的宽度　　　　　　　D. 提高混凝土强度等级

解　抗弯刚度与截面有效高度的平方成正比，因此增加构件截面的有效高度是提高混凝土受弯构件抗弯刚度最有效的措施。

答案： A

【例 17-4-2】 对于钢筋混凝土简支梁挠度验算的描述，不正确的是：

    A. 作用荷载应取其标准值

    B. 材料强度应取其标准值

    C. 对带裂缝受力阶段的截面弯曲刚度按截面平均应变符合平截面假定计算

    D. 对带裂缝受力阶段的截面弯曲刚度按截面开裂处的应变分布符合平截面假定计算

解　挠度验算为正常使用阶段，荷载和材料强度均应取标准值（荷载效应为荷载准永久组合）。对于带裂缝受力阶段的混凝土梁，裂缝截面处与裂缝间截面，受拉钢筋的拉应变与受压区边缘混凝土的压应变是不均匀的，截面的弯曲刚度 B_s 是根据各水平纤维的平均应变沿截面高度的变化符合平截面假定建立的。故不正确的选项为 D。

答案： D

习　题

17-4-1　受弯构件减小受力裂缝宽度最有效的措施是（　　　　）。

    A. 增加截面尺寸

    B. 提高混凝土的强度等级

    C. 增加受拉钢筋截面面积，减小裂缝截面的钢筋应力

    D. 增加钢筋的直径

17-4-2 进行简支梁挠度计算时，用梁的最小刚度 B_{min} 代替材料力学公式中的 EI，B_{min} 值是指（ ）。

    A. 沿梁长的平均刚度

    B. 沿梁长挠度最大处截面的刚度

    C. 沿梁长内最大弯矩处截面的刚度

    D. 梁跨度中央处截面的刚度

第五节 预应力混凝土

混凝土结构构件在承受作用（荷载）以前，利用张拉钢筋回弹挤压混凝土使混凝土截面受到预压应力，而被张拉的钢筋中存在预拉应力，称之为预应力混凝土结构。它与钢筋混凝土结构的受力差别是截面上的混凝土增加了预压应力，增加了预应力筋的预拉应力，因而提高了构件的抗裂度与刚度，从而可以而且必须选用高强度的材料。

一、一般规定

（一）预应力混凝土构件的计算内容

1. 承载力极限状态计算

根据使用条件进行正截面抗弯承载力与斜剪面抗剪承载力计算，必要时包括疲劳验算。

2. 正常使用极限状态验算

根据使用条件进行变形、抗裂、裂缝宽度和应力验算。

3. 施工阶段验算

按具体情况对制作、运输、吊装等施工阶段进行验算。

（二）适用范围、材料及施加预应力方法

1. 适用范围

1）先张法预应力混凝土

宜用于预制厂大批制作的中、小型构件。设计和施工条件许可时，也可用于生产非常用的构件。

2）后张法预应力混凝土

宜用于大型构件及现浇构件。应根据具体情况，如施工条件、构件类型、受力特点、工作环境等可以选用有黏结预应力或无黏结预应力混凝土。

2. 预应力混凝土材料

（1）预应力筋：宜采用预应力钢丝、钢绞线和预应力螺纹钢筋。

（2）普通钢筋：可采用 HRB335、HRB400、HRB500、HRBF400、HRBF500、RRB400、HPB300 钢筋。

（3）混凝土：混凝土强度等级不宜低于 C40，且不应低于 C30。

（4）锚具：必须采用由持有生产许可证的制造厂生产，并有合格证书及使用说明书的锚具。

3. 施加预应力方法（见表 17-5-1）

施加预应力方法　　　　　　　　　　　　　　　　　　表 17-5-1

类别	工　序	原　理	特　点
先张法	1.在台座或钢模上张拉钢筋； 2.支模绑扎其他钢筋，浇注混凝土； 3.混凝土达到一定强度后，切断或放松钢筋、挤压混凝土	预应力筋张拉时截面缩小；混凝土硬化后切断端部预应力筋，回缩受阻；通过端部黏结应力传递预应力使混凝土预压	1.工艺较简单，无需锚具； 2.需要台座或钢模； 3.张拉钢筋一般为直线； 4.适合于中小型工厂化生产
后张法	1.浇注混凝土构件，预留孔洞； 2.混凝土达到一定强度后，穿预应力筋，并张拉钢筋，预压混凝土，锚固钢筋保持预压应力； 3.孔道灌浆或不灌浆	利用构件本身作为支点张拉钢筋预压混凝土，利用端部锚具固定预应力筋以保持混凝土预压状态	1.工艺较复杂，需要锚具； 2.无需台座与钢模张拉； 3.可以采用直线或曲线； 4.可现场制作大、中型构件或整体结构； 5.是结构或构件重要的拼装手段

（三）预应力筋张拉控制应力、预应力损失及预应力损失组合

1. 预应力筋张拉控制应力 σ_{con}

预应力筋张拉控制应力 σ_{con} 是张拉钢筋时施加给预应力筋从制造到使用阶段经受的最大应力。 σ_{con} 值越高可以充分利用预应力筋对混凝土建立较高的预应力，节约材料。但若过高，使 σ_{con} 值很接近 f_{puk} 值，则构件出现裂缝时的荷载接近极限荷载，破坏前预兆性差；而且进行超张拉时可能使个别钢筋超过屈服强度，产生永久变形或脆断；同时使钢筋松弛损失加大。但若 σ_{con} 过低，经过预应力损失之后，建立预压应力的效果差，不经济，而且有丧失预应力的危险，因此预应力筋的张拉控制应力 σ_{con} 应符合表 17-5-2 的规定。消除应力钢丝、钢绞线、中强度预应力钢丝的张拉控制应力值不应小于 $0.4f_{ptk}$；预应力螺纹钢筋的张拉应力控制值不宜小于 $0.5f_{pyk}$。

张拉控制应力限值　　　　　　　　　　　　　　　　　表 17-5-2

消除应力钢丝、钢绞线	$\sigma_{con} \leqslant 0.75f_{ptk}$
中强度预应力钢丝	$\sigma_{con} \leqslant 0.70f_{ptk}$
预应力螺纹钢筋	$\sigma_{con} \leqslant 0.85f_{pyk}$

2. 预应力损失

预应力损失包括：张拉端锚具变形和钢筋内缩引起的损失 σ_{l1}，预应力筋的摩擦损失 σ_{l2}，混凝土加热养护时受张拉的钢筋与承拉设备之间的温差引起的损失 σ_{l3}，预应力筋的应力松弛引起的损失 σ_{l4}，混凝土收缩和徐变引起的损失 σ_{l5}，以及采用螺旋式预应力筋配筋的环形构件，当直径 $d \leqslant 3m$ 时，由于混凝土的局部挤压引起的损失 σ_{l6}。各项预应力损失值的计算见《混凝土规范》第 10.2 条。为了保证安全，《混凝土规范》给出了预应力总损失的最小值，即当计算的预应力总损失 σ_l 小于下列值时，应按下列数值取用：先张法构件，100MPa；后张法构件，80MPa。

3. 预应力损失值的组合

预应力混凝土构件的施工、运输、吊装及使用阶段的预应力损失值宜按表 17-5-3 的规定进行组合。

各阶段预应力损失值的组合　　　　　　　　　　　　　表 17-5-3

预应力损失值的组合	先张法构件	后张法构件
混凝土预压前（第一批）的损失	$\sigma_{l1} + \sigma_{l2} + \sigma_{l3} + \sigma_{l4}$	$\sigma_{l1} + \sigma_{l2}$
混凝土预压后（第二批）的损失	σ_{l5}	$\sigma_{l4} + \sigma_{l5} + \sigma_{l6}$

（四）预应力及预应力合力

1. 预加应力产生的混凝土法向应力及相应阶段预应力筋的应力计算

1）先张法构件

由预加应力产生的混凝土法向应力

$$\sigma_{pc} = \frac{N_{p0}}{A_0} \pm \frac{N_{p0}e_{p0}}{I_0}y_0 \tag{17-5-1}$$

相应阶段预应力筋的有效预应力

$$\sigma_{pe} = \sigma_{con} - \sigma_l - \alpha_E\sigma_{pc} \tag{17-5-2}$$

预应力筋合力点处混凝土法向应力等于零时的预应力筋应力

$$\sigma_{p0} = \sigma_{con} - \sigma_l \tag{17-5-3}$$

2）后张法构件

由预加应力产生的混凝土法向应力

$$\sigma_{pc} = \frac{N_p}{A_n} \pm \frac{N_pe_{pn}}{I_n}y_n \tag{17-5-4}$$

相应阶段预应力筋的有效预应力

$$\sigma_{pe} = \sigma_{con} - \sigma_l \tag{17-5-5}$$

预应力筋合力点处混凝土法向应力等于零时的预应力筋应力

$$\sigma_{p0} = \sigma_{con} - \sigma_l + \alpha_E\sigma_{pc} \tag{17-5-6}$$

式中：A_0、A_n——分别为换算截面面积（包括扣除孔道、凹槽等削弱部分以外的混凝土全部截面面积以及全部纵向预应力筋和普通钢筋截面面积换算成混凝土截面面积，对于不同混凝土强度等级组成的截面，应根据混凝土弹性模量比值折换算成同一混凝土强度等级的截面面积）、净截面面积（换算截面面积减去全部纵向预应力筋截面面积换算成混凝土的截面面积）；

I_0、I_n——分别为换算截面惯性矩、净截面惯性矩；

e_{p0}、e_{pn}——分别为换算截面重心、净截面重心至预加力作用点的距离，按式（17-5-8）和式（17-5-10）计算；

y_0、y_n——分别为换算截面重心、净截面重心至所计算纤维处的距离；

σ_l——相应阶段的预应力损失；

α_E——钢筋弹性模量与混凝土弹性模量的比值，$\alpha_E = E_s/E_c$；

N_{p0}、N_p——分别为先张法构件、后张法构件的预加力，按式（17-5-7）、式（17-5-9）计算。

2. 预加力及其作用点的偏心距（见图17-5-1）

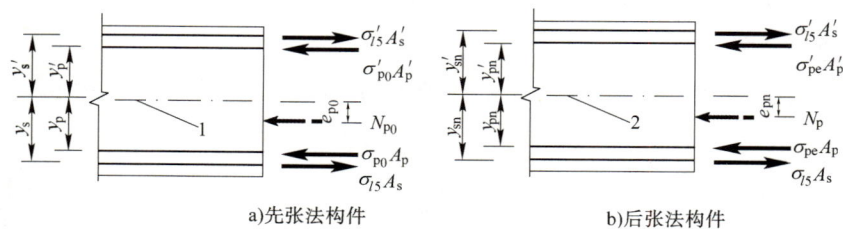

a)先张法构件   b)后张法构件

图 17-5-1 预应力筋及普通钢筋的合力位置

1-换算截面重心轴；2-净截面重心轴

可按下列公式计算：

1）先张法构件

$$N_{p0} = \sigma_{p0}A_p + \sigma_{p0}'A_p' - \sigma_{l5}A_s - \sigma_{l5}'A_s' \tag{17-5-7}$$

$$e_{p0} = \frac{\sigma_{p0}A_p y_p - \sigma_{p0}'A_p'y_p' - \sigma_{l5}A_s y_s + \sigma_{l5}'A_s'y_s'}{\sigma_{p0}A_p + \sigma_{p0}'A_p' - \sigma_{l5}A_s - \sigma_{l5}'A_s'} \tag{17-5-8}$$

2）后张法构件

$$N_p = \sigma_{pe}A_p + \sigma_{pe}'A_p' - \sigma_{l5}A_s - \sigma_{l5}'A_s' \tag{17-5-9}$$

$$e_{pn} = \frac{\sigma_{pe}A_p y_{pn} - \sigma_{pe}'A_p'y_{pn}' - \sigma_{l5}A_s y_{sn} + \sigma_{l5}'A_s'y_{sn}'}{\sigma_{pe}A_p + \sigma_{pe}'A_p' - \sigma_{l5}A_s - \sigma_{l5}'A_s'} \tag{17-5-10}$$

式中：σ_{p0}、σ_{p0}' ——分别为受拉区、受压区的预应力筋合力点处混凝土法向应力等于零时的预应力筋应力；

$\quad\sigma_{pe}$、σ_{pe}' ——分别为受拉区、受压区预应力筋的有效预应力；

$\quad A_s$、A_s' ——分别为受拉区、受压区的普通钢筋的截面面积；

$\quad A_p$、A_p' ——分别为受拉区、受压区的预应力筋的截面面积；

$\quad y_p$、y_p' ——分别为受拉区、受压区的预应力合力点至换算截面重心的距离；

$\quad y_s$、y_s' ——分别为受拉区、受压区的普通钢筋重心至换算截面重心的距离；

$\quad\sigma_{l5}$、σ_{l5}' ——分别为受拉区、受压区的预应力筋在各自合力点处混凝土收缩和徐变引起的预应力损失值；

$\quad y_{pn}$、y_{pn}' ——分别为受拉区、受压区预应力合力点至净截面重心的距离；

$\quad y_{sn}$、y_{sn}' ——分别为受拉区、受压区的普通钢筋重心至净截面重心的距离。

当式（17-5-7）~式（17-5-10）中的$A_p'=0$时，可取$\sigma_{l5}'=0$。

3. 混凝土法向应力为零时的N_{p0}及e_{p0}值

对先张法和后张法预应力混凝土构件，在承载力和裂缝宽度验算中，所有的混凝土法向应力为零时的预应力筋及普通钢筋合力N_{p0}及相应偏心距e_{p0}，均应按式（17-5-7）及式（17-5-8）计算，但式中预应力筋的应力σ_{p0}及σ_{p0}'则应分别按先张法式（17-5-3）及后张法式（17-5-6）计算。

（五）先张法构件预应力筋的预应力传递长度l_{tr}计算

计算公式如下

$$l_{tr} = \alpha \frac{\sigma_{pe}}{f_{tk}'}d \tag{17-5-11}$$

式中：σ_{pe} ——放张时预应力筋的有效预应力；

$\quad d$ ——预应力筋的公称直径；

$\quad\alpha$ ——预应力筋的外形系数，按《混凝土规范》表8.3.1采用；

$\quad f_{tk}'$ ——与放张时混凝土立方体抗压强度f_{cu}'相应的轴心抗拉强度标准值。

当采用骤然放松预应力筋的施工工艺时，l_{tr}的起点应从距构件末端$0.25l_{tr}$处开始计算。

计算先张法预应力混凝土构件端部锚固区的正截面和斜截面抗弯承载力时，锚固长度范围内的预应力筋抗拉强度设计值在锚固起点处应取为零，在锚固终点处应取为f_{py}，两点之间可按线性内插确定。预应力筋的锚固长度l_a应按《混凝土规范》第8.3.1条确定。

（六）施工阶段的验算要求

1. 施加预应力时混凝土的强度

施加预应力时，所需的混凝土立方体抗压强度应经计算确定，但不宜低于混凝土设计强度值的 75%。

2. 施工阶段验算时，截面法向应力应满足的要求

对制作、运输及安装等施工阶段预拉区允许出现拉应力的构件或预压时全截面受压的构件，在预加应力、自重及施工荷载作用下（必要时应考虑动力系数）截面边缘的混凝土法向应力宜符合下列规定（见图 17-5-2）

$$\sigma_{ct} \leqslant f'_{tk} \qquad (17\text{-}5\text{-}12)$$

$$\sigma_{cc} \leqslant 0.8 f'_{ck} \qquad (17\text{-}5\text{-}13)$$

截面边缘的混凝土法向应力可按下式计算

$$\sigma_{cc}（或\sigma_{ct}） = \sigma_{pc} + \frac{N_k}{A_0} \pm \frac{M_k}{W_0} \qquad (17\text{-}5\text{-}14)$$

式中：　σ_{cc}、σ_{ct} ——分别为相应施工阶段计算截面边缘纤维的混凝土压应力、拉应力；

f'_{tk}、f'_{ck} ——分别为与各施工阶段混凝土立方体抗压强度 f'_{cu} 相应的抗拉强度标准值、抗压强度标准值；

N_k、M_k ——分别为构件自重及施工荷载的标准组合在计算截面产生的轴向力值、弯矩值；

W_0 ——验算边缘的换算截面弹性抵抗矩。

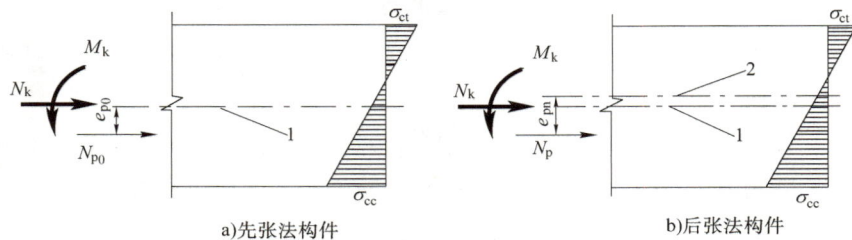

图 17-5-2　预应力混凝土构件施工阶段验算

1-换算截面重心轴；2-净截面重心轴

当 σ_{pc} 为压应力时，取正值；当 σ_{pc} 为拉应力时，取负值。当 N_k 为轴向压力时，取正值；当 N_k 为轴向拉力时，取负值。由 M_k 产生的边缘纤维应力，压应力取正号，拉应力取负号。

当有可靠工程经验时，叠合式受弯构件预拉区的混凝土法向拉应力可按 σ_{ct} 不大于 $2f'_{tk}$ 控制。

3. 预应力混凝土构件预拉区的纵向钢筋

施工阶段预拉区允许出现拉应力的构件，预拉区纵向钢筋的配筋率 $(A'_s + A'_p)/A$ 不宜小于 0.15%，对后张法构件不应计入 A'_p，其中 A 为构件截面面积。预拉区纵向普通钢筋的直径不宜大于 14mm，并应沿构件预拉区的外边缘均匀布置。

二、轴心受拉构件

（一）轴心受拉构件截面应力状态及计算公式（见表 17-5-4）

（二）先张法及与后张法的应力分析小结

1. 施工阶段

两者的应力计算公式是不同的：先张法预应力筋应力（σ_p）比后张法减少 $\alpha_E\sigma_{pcl}$ 或 $\alpha_E\sigma_{pc}$；在计算混凝土预压应力公式中，先张法用 A_0，后张法用 A_n。

表 17-5-4

轴心受拉构件截面应力计算公式

受力阶段		预应力筋应力 σ_p（拉）		普通钢筋应力 σ_s		混凝土应力 σ_c		N 计算公式
		先张法	后张法	先张法	后张法	先张法	后张法	
施工阶段	完成第一批预应力损失时的 σ_I	放张预应力筋时 $\sigma_{pI}=\sigma_{con}-\sigma_{lI}-\alpha_E\sigma_{pcI}$	终拉终止时 $\sigma_{pI}=\sigma_{con}-\sigma_{lI}$	放松预应力筋时 $\sigma_{sI}=-\alpha_E\sigma_{pcI}$	张拉终止时 $\sigma_{sI}=-\alpha_E\sigma_{pcI}$	$\sigma_{pc}=\dfrac{(\sigma_{con}-\sigma_{lI})A_p}{A_0}$ $A_0=A_c+\alpha_E A_s+\alpha_E A_p$	$\sigma_{pc}=\dfrac{(\sigma_{con}-\sigma_{lI})A_p}{A_n}$ $A_n=A_c+\alpha_E A_s$	—
	完成第二批预应力损失时的 σ_l	$\sigma_{pII}=\sigma_{con}-\sigma_l-\alpha_E\sigma_{pcII}$	$\sigma_{pII}=\sigma_{con}-\sigma_l$	$\sigma_s=-\alpha_E\sigma_{pcII}-\sigma_{l5}$	$\sigma_s=-\alpha_E\sigma_{pcII}-\sigma_{l5}$	$\sigma_{pcII}=\dfrac{(\sigma_{con}-\sigma_l)A_p-\sigma_{l5}A_s}{A_0}$	$\sigma_{pcII}=\dfrac{(\sigma_{con}-\sigma_l)A_p-\sigma_{l5}A_s}{A_n}$	—
使用阶段	N_{po} 作用下消压状态	$\sigma_{p0}=\sigma_{con}-\sigma_l$	$\sigma_{p0}=\sigma_{con}-\sigma_l+\alpha_E\sigma_{pcII}$	$\sigma_{s0}=-\sigma_{l5}$	$\sigma_{s0}=-\sigma_{l5}$	0	0	$N_{po}=\sigma_{pcII}A_0$ $=\sigma_{po}A_p-\sigma_{l5}A_s$
	N_{cr} 作用下开裂前瞬间	$\sigma_{pcr}=\sigma_{con}-\sigma_l+\alpha_E f_{tk}$	$\sigma_{pcr}=\sigma_{con}-\sigma_l+\alpha_E\sigma_{pcII}+\alpha_E f_{tk}$	$\sigma_{ccr}=-\sigma_{l5}+\alpha_E f_{tk}$	$\sigma_{ccr}=-\sigma_{l5}+\alpha_E f_{tk}$	$\sigma_c=f_{tk}$	$\sigma_c=f_{tk}$	$N_{cr}=(\sigma_{pcII}+f_{tk})A_0$ $=N_{po}+f_{tk}A_0$
	N_u 作用下的破坏阶段	$\sigma_{pu}=f_{py}$	$\sigma_{pu}=f_{py}$	$\sigma_{su}=f_y$	$\sigma_{su}=f_y$	—	—	$N_u=f_{py}A_p+f_y A_s$

2. 使用阶段

施加外荷载以后，用 σ_{p0} 及 N_{p0} 表达不同状态轴力的计算公式，两者形式完全相同，但 σ_{p0} 公式对先张法与后张法不同。

3. 引入 σ_{p0} 及 N_{p0} 的目的

（1）将先张与后张法的 N 公式统一起来。

（2）把预应力与普通钢筋混凝土轴心受拉构件承载力计算公式统一起来。当 $N > N_{cr}$ 以后取 σ_{pc}，$N_{p0} = 0$ 时，即变为普通钢筋混凝土计算公式。由此引出 $\sigma_p - \sigma_{pc}$ 值相当于钢筋混凝土拉杆开裂后的钢筋应力 σ_s，即在验算预应力混凝土的裂缝宽度计算公式中取 $\sigma_s = \sigma_p - \sigma_{p0} = (N - N_{p0})/(A_p + A_s)$。

（三）使用阶段正截面承载力计算

正截面抗拉承载力按下式计算

$$N \leqslant f_{py}A_p + f_y A_s \qquad (17-5-15)$$

式中：f_{py} ——预应力筋抗拉强度设计值。

（四）使用阶段裂缝控制验算

（1）一级裂缝控制等级构件，在荷载标准组合下，受拉边缘应力应符合下列规定

$$\sigma_{ck} - \sigma_{pc} \leqslant 0 \qquad (17-5-16)$$

（2）二级裂缝控制等级构件，在荷载标准组合下，受拉边缘应力应符合下列规定

$$\sigma_{ck} - \sigma_{pc} \leqslant f_{tk} \qquad (17-5-17)$$

（3）三级裂缝控制等级时，预应力混凝土构件的最大裂缝宽度可按荷载标准组合并考虑长期作用影响的效应计算。最大裂缝宽度应符合下列规定

$$w_{max} \leqslant w_{lim}$$

对二 a 类环境的预应力混凝土构件，在荷载准永久组合下，受拉边缘应力尚应符合下列规定：

$$\sigma_{cq} - \sigma_{pc} \leqslant f_{tk} \qquad (17-5-18)$$

预应力混凝土轴心受拉构件的最大裂缝宽度可按公式（17-4-7）计算，其中构件受力特征系数 $\alpha_{cr}=2.2$；纵向受拉钢筋的有效配筋率 $\rho_{te} = (A_p + A_s)/A_{te}$；受拉区纵向钢筋的等效应力 σ_{sk} 按下式计算

$$\sigma_{sk} = \frac{N_k - N_{p0}}{A_p + A_s} \qquad (17-5-19)$$

（五）施工阶段验算

1. 先张法张拉钢筋或后张法张拉钢筋时混凝土的预压应力应满足下式要求

$$\sigma_{cc} \leqslant 0.8 f'_{ck}$$

2. 后张法构件端部锚固区局部抗压承载力计算

详见本章第三节"六、局部抗压承载力计算"。

三、受弯构件

（一）应力计算公式及说明

表 17-5-5 及表 17-5-6 分别为先张法和后张法预应力混凝土受弯构件在施工阶段和使用阶段的应力计算公式，其中：

先张法预应力混凝土受弯构件截面应力计算公式 表 17-5-5

受力阶段		预应力筋应力		普通钢筋应力		混凝土应力	
		A_p的应力	A'_p的应力	A_s的应力	A'_s的应力	截面上任一点的应力	截面下缘的应力
施工阶段	完成第一批预应力损失	$\sigma_{pI} = \sigma_{con} - \sigma_{lI} - \alpha_E\sigma_{pcI}$	$\sigma'_{pI} = \sigma'_{con} - \sigma'_{lI} - \alpha_E\sigma'_{pcI}$	$\sigma_{sI} = -\alpha_E\sigma_{pcI}$	$\sigma'_{sI} = -\alpha_E\sigma'_{pcI}$	$\sigma_{pcI} = \dfrac{N_{poI}}{A_0} \pm \dfrac{N_{poI}e_{poI}}{I_0}y_0$	$\sigma_{pcI} = \dfrac{N_{poI}}{A_0} + \dfrac{N_{poI}e_{poI}}{I_0}y_{0max}$
	完成第二批预应力损失	$\sigma_{pII} = \sigma_{con} - \sigma_l - \alpha_E\sigma_{pcII}$	$\sigma'_{pII} = \sigma'_{con} - \sigma'_l - \alpha_E\sigma'_{pcII}$	$\sigma_s = -\alpha_E\sigma_{pcII} - \sigma_{l5}$	$\sigma'_s = -\alpha_E\sigma'_{pcII} - \sigma'_{l5}$	$\sigma_{pcII} = \dfrac{N_{po}}{A_0} \pm \dfrac{N_{po}e_{po}}{I_0}y_0$	$\sigma_{pcII} = \dfrac{N_{po}}{A_0} + \dfrac{N_{po}e_{po}}{I_0}y_{0max}$
使用阶段	M_0作用下	$\sigma_{p0} = \sigma_{con} - \sigma_l$	$\sigma'_{p0} = \sigma'_{con} - \sigma'_l$	$\sigma_{s0} = -\sigma_{l5}$	$\sigma'_{s0} = -\sigma'_{l5}$	$\sigma_{c0} = \sigma_{pcII} \pm \dfrac{M_0}{I_0}y_0$	0
	M_{cr}作用下	$\sigma_{pcr} = \sigma_{p0} + 2\alpha_E f_{tk}$	$\sigma'_{pcr} = \sigma'_{p0} - 2\alpha_E f_{tk}$	$\sigma_{scr} = \sigma_{s0} - 2\alpha_E f_{tk}$	$\sigma'_{scr} = \sigma'_{s0} + 2\alpha_E f_{tk}$	$\sigma_c = \sigma_{pcII} \pm \dfrac{M_{cr}}{I_0}y_0$	f_{tk}
	M_u作用下	$\sigma_{pu} = f_{py}$	$\sigma'_{pu} = \sigma'_{p0} - f'_{py}$	$\sigma_{su} = f_y$		受拉区混凝土 $\sigma_c = 0$ 受压区混凝土 $\sigma_c = \alpha_1 f_c$	0

后张法预应力混凝土受弯构件截面应力计算公式 表 17-5-6

受力阶段		预应力筋应力		普通钢筋应力		混凝土应力	
		A_p的应力	A'_p的应力	A_s的应力	A'_s的应力	截面上任一点的应力	截面下缘的应力
施工阶段	完成第一批预应力损失	$\sigma_{pI} = \sigma_{con} - \sigma_{lI}$	$\sigma'_{pI} = \sigma'_{con} - \sigma'_{lI}$	$\sigma_{sI} = -\alpha_E\sigma_{pcI}$	$\sigma'_{sI} = -\alpha_E\sigma'_{pcI}$	$\sigma_{pcI} = \dfrac{N_{pI}}{A_n} \pm \dfrac{N_{pI}e_{pnI}}{I_n}y_0$	$\sigma_{pcI} = \dfrac{N_{pI}}{A_n} + \dfrac{N_{pnI}e_{pnI}}{I_n}y_{nmax}$
	完成第二批预应力损失	$\sigma_{pII} = \sigma_{con} - \sigma_l$	$\sigma'_{pII} = \sigma'_{con} - \sigma'_l$	$\sigma_s = -\alpha_E\sigma_{pcII} - \sigma_{l5}$	$\sigma'_s = -\alpha_E\sigma'_{pcII} - \sigma'_{l5}$	$\sigma_{pcII} = \dfrac{N_p}{A_n} \pm \dfrac{N_pe_{pn}}{I_n}y_0$	$\sigma_{pcII} = \dfrac{N_p}{A_n} + \dfrac{N_pe_{p0}}{I_n}y_{nmax}$
使用阶段	M_0作用下	$\sigma_{p0} = \sigma_{con} - \sigma_l + \alpha_E\sigma_{pc}$	$\sigma'_{p0} = \sigma'_{con} - \sigma'_l + \alpha_E\sigma'_{pc}$	$\sigma_{s0} = \sigma_s + \alpha_E\sigma_{cos}$	$\sigma'_{s0} = \sigma'_s + \sigma'_{con}$	$\sigma'_{c0} = \sigma_{pc} \pm \dfrac{M_0}{I_0}y_0$	0
	M_{cr}作用下	$\sigma_{pcr} = \sigma_{p0} + 2\alpha_E f_{tk}$	$\sigma'_{pcr} = \sigma'_{p0} - 2\alpha_E f_{tk}$	$\sigma_{scr} = \sigma_{s0} + 2\alpha_E f_{tk}$	$\sigma'_{scr} = \sigma'_{s0} - 2\alpha_E f_{tk}$	$\sigma_c = \sigma_{pc} \pm \dfrac{M_{cr}}{I_0}y_0$	f_{tk}
	M_u作用下	$\sigma_{pu} = f_{py}$	$\sigma'_{pu} = \sigma'_{p0} - f'_{py}$	$\sigma_{su} = f_y$		受拉区混凝土 $\sigma_c = 0$ 受压区混凝土 $\sigma_c = \alpha_1 f_c$	0

σ_{peI}、σ_{pe}、σ_{p0}、σ_{pcr}、σ_{pu}与σ'_{peI}、σ'_{pe}、σ'_{p0}、σ'_{pcr}、σ'_{pu}分别为受拉区与受压区预应力筋在完成第一、二批预应力损失，以及在M_0、M_{cr}、M_{u}作用下的应力。

σ_{sI}、σ_{s}、σ_{s0}、σ_{scr}、σ_{su}与σ'_{sI}、σ'_{s}、σ'_{s0}、σ'_{scr}、σ'_{su}分别为受拉区与受压区的普通钢筋在完成第一、二批预应力损失，以及在M_0、M_{cr}、M_{u}作用下的应力。

σ_{pcI}、σ_{pc}分别为预应力筋完成第一批及全部预应力损失后产生的混凝土法向应力。

σ_{pcIs}、σ_{pcs}与σ'_{pcIs}、σ'_{pcs}分别为预应力筋完成第一批及全部预应力损失后，在A_{s}重心与A'_{s}重心处产生的混凝土法向应力。

M_0、M_{cr}、M_{u}分别为受弯构件在消压状态（截面下边缘的σ_{pc}=0），裂缝即将出现时以及达到承载力极限状态时截面所承担的弯矩。

（二）使用阶段正截面抗弯承载计算

（1）矩形截面或翼缘位于受拉边的 T 形截面受弯构件，其正截面抗弯承载力应按下式计算（见图17-5-3）

$$M \leqslant \alpha_1 f_{\text{c}} b x \left(h_0 - \frac{x}{2}\right) + f'_{\text{y}} A'_{\text{s}}(h_0 - a'_{\text{s}}) - (\sigma'_{\text{p0}} - f'_{\text{py}}) A'_{\text{p}}(h_0 - a'_{\text{p}}) \tag{17-5-20}$$

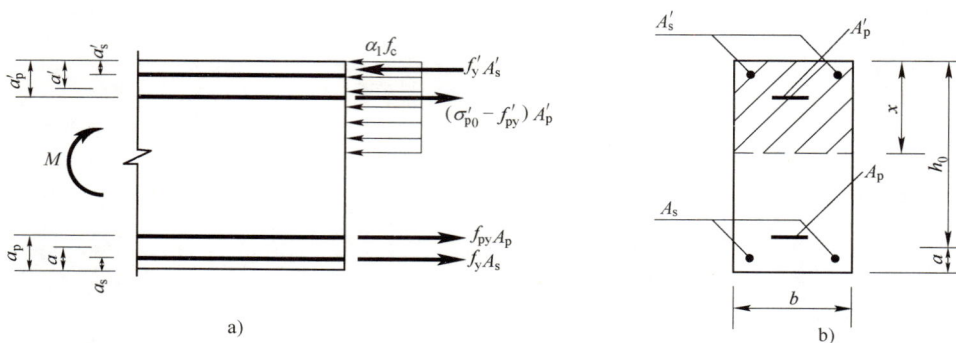

图 17-5-3　矩形截面受弯构件正截面抗弯承载力计算

混凝土的受压区高度按下式计算

$$\alpha_1 f_{\text{c}} b x = f_{\text{y}} A_{\text{s}} - f'_{\text{y}} A'_{\text{s}} + f_{\text{py}} A_{\text{p}} + (\sigma'_{\text{p0}} - f_{\text{py}}) A'_{\text{p}} \tag{17-5-21}$$

混凝土受压区高度应符合下列要求：

为了避免出现超筋梁，则

$$x \leqslant \xi_{\text{b}} h_0 \tag{17-5-22}$$

为了使A'_{s}达到f'_{y}值，则

$$x \geqslant 2a' \tag{17-5-23}$$

式中：a'——纵向受压钢筋合力点至受压区边缘的距离，当受压区未配置纵向预应力筋或受压区纵向预应力筋的应力（$\sigma'_{\text{p0}} - \sigma'_{\text{py}}$）为拉应力时，式（17-5-23）中的$a'$应用$a'_{\text{s}}$代替；

　　　ξ_{b}——相对界限受压区高度，按下式计算

$$\xi_{\text{b}} = \frac{\beta_1}{1 + 0.002/\varepsilon_{\text{cu}} + (f_{\text{py}} - \sigma_{\text{p0}})/(E_{\text{s}}\varepsilon_{\text{cu}})} \tag{17-5-24}$$

式中：σ_{p0}——受拉区纵向预应力筋合力点处混凝土法向应力等于零时的预应力筋应力。

（2）翼缘位于受压区的 T 形截面受弯构件（见图 17-5-4），其正截面抗弯承载力应按下列情况计算

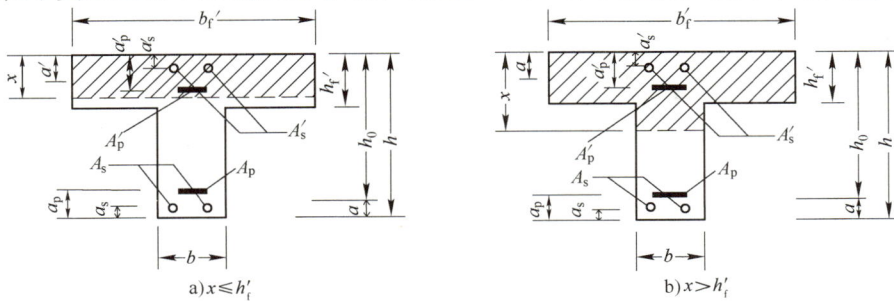

a) $x \leqslant h'_f$　　　　　b) $x > h'_f$

图 17-5-4　T 形截面受弯构件受压区高度位置

①当符合下式条件时

$$f_y A_s + f_{py} A_p \leqslant \alpha_1 f_c b'_f h'_f + f'_y A'_s - (\sigma'_{p0} - f'_{py}) A'_p \qquad (17-5-25)$$

则按宽度为 b'_f 的矩形截面计算。

②当不符合式（17-5-25）的条件时，计算中应考虑截面中腹板的受压作用，其正截面抗弯承载力按下式计算

$$M \leqslant \alpha_1 f_c bx \left(h_0 - \frac{x}{2}\right) + \alpha_1 f_c (b'_f - b) h'_f \left(h_0 - \frac{h'_f}{2}\right) +$$

$$f'_y A'_s (h_0 - a'_s) - (\sigma'_{p0} - f'_{py}) A'_p (h_0 - a'_p) \qquad (17-5-26)$$

其混凝土受压区高度按下式确定

$$\alpha_1 f_c [bx + (b'_f - b) h'_f] = f_y A_s - f'_y A_s + f_{py} A_p + (\sigma'_{p0} - f'_{py}) A_p \qquad (17-5-27)$$

式中：h'_f——T 形截面受压区翼缘高度；

b'_f——T 形截面受压区翼缘计算宽度，应按《混凝土规范》表 5.2.4 中所列各项中的最小值取用。

应用式（17-5-26）和式（17-5-27）时，混凝土受压区高度尚应符合式（17-5-22）和式（17-5-23）的要求。

③在计算中考虑普通受压钢筋 A'_s，若不符合 $x \geqslant 2a'$ 的条件时，正截面抗弯承载力可按下式计算

$$M \leqslant f_{py} A_p (h - a_p - a'_s) + f_y A_s (h - a_s - a'_s) + (\sigma'_{p0} - f'_{py}) A'_p (\alpha'_p - a'_s) \qquad (17-5-28)$$

【例 17-5-1】关于预应力混凝土受弯构件的描述，正确的是：

A. 受压区设置预应力筋的目的是增强该受压区的强度

B. 预应力混凝土受弯构件的界限相对受压区高度计算公式与钢筋混凝土受弯构件相同

C. 承载力极限状态时，受拉区预应力筋均能达到屈服，且受压区混凝土被压溃

D. 承载力极限状态时，受压区预应力筋一般未能达到屈服

解　受压区（预拉区）设置预应力筋是为了减小预拉区的拉应力，减小构件的反拱值，选项 A 错误。

由于预压应力的存在，预应力混凝土受弯构件的相对界限受压区高度 ξ_b 的计算公式与普通钢筋混凝土受弯构件不同，选项 B 错误。

承载能力极限状态时，预应力混凝土受弯构件与钢筋混凝土受弯构件相似，当 $\xi \leqslant \xi_b$ 时，受拉区的预应力筋先达到屈服，而后受压区混凝土被压碎使构件破坏，当不满足 $\xi \leqslant \xi_b$ 时，选项 C 错误。

受压区的预应力筋初始应力为拉应力，承载能力极限状态时，预应力筋的应力为拉应力或压应力，但一般不能达到其受压屈服强度，选项 D 正确。

答案：D

（三）使用阶段斜截面承载力计算

（1）矩形、T形及I形截面的预应力混凝土受弯构件，其受剪截面应符合的条件同普通钢筋混凝土梁，即按式（17-3-17）和式（17-3-18）的条件。

（2）在计算预应力混凝土受弯构件斜截面的抗剪承载力时，其计算位置同普通钢筋混凝土梁的规定，即：

①支座边缘处的截面；

②受拉区弯起钢筋弯起点处的截面；

③箍筋截面面积或间距改变处的截面；

④腹板宽度改变处的截面。

（3）矩形、T形和I形截面的预应力混凝土受弯构件，当配有箍筋和弯起钢筋时，其斜截面抗剪承载力应按下式计算

$$V \leqslant V_{cs} + V_p + 0.8f_y A_{sb} \sin \alpha_s + 0.8f_{py} A_{pb} \sin \alpha_p \qquad (17-5-29)$$

式中： V ——构件斜截面上最大剪力设计值；

V_{cs} ——构件斜截面上混凝土和箍筋的抗剪承载力值，按式（17-5-31）和式（17-5-32）计算，式（17-5-32）中 λ 为计算截面的剪跨比，取值同式（17-3-20）中的数值；

V_p ——由预应力所提高的构件抗剪承载力设计值，其值为

$$V_p = 0.05 N_{p0} \qquad (17-5-30)$$

应注意，当 N_{p0} 产生的弯矩 M_p 与荷载产生的弯矩 M 同向时，应取 $V_p=0$；

N_{p0} ——计算截面上混凝土法向预应力等于零时的预加力，按式（17-5-7）计算，当 $N_{p0} > 0.3f_c A_0$ 时，取 $N_{p0} = 0.3f_c A_c$，而且计算 N_{p0} 时不考虑预应力弯起钢筋的作用，应注意：当 N_{p0} 引起的截面弯矩与荷载引起的弯矩相同时，以及预应力混凝土连续梁和允许出现裂缝的预应力简支梁，均取 $V_p = 0$，对先张法预应力混凝土构件，在计算合力 N_{p0} 时，应考虑预应力筋传递长度的影响；

f_{py} ——预应力筋抗拉强度设计值；

A_{sb} ——同一弯起平面内的预应力弯起钢筋的截面面积；

α_p ——斜截面上预应力弯起钢筋的切线与构件纵向轴线的夹角；

其余符号意义同钢筋混凝土受弯构件。

一般受弯梁

$$V_{cs} = 0.7f_t bh_0 + f_{yv} \frac{A_{sv}}{s} h_0 \qquad (17-5-31)$$

集中荷载作用下的矩形独立梁

$$V_{cs} = \frac{1.75}{\lambda + 1} f_t bh_0 + f_{yv} \frac{A_{sv}}{s} h_0 \qquad (17-5-32)$$

（4）矩形、T形和I形截面的预应力混凝土受弯构件，当符合下列公式（17-5-33）和（17-5-34）要求时，则均可不进行斜截面抗剪承载力计算，仅需按构造要求配置箍筋。

一般受弯构件

$$V \leqslant 0.7f_t bh_0 + 0.05 N_{p0} \qquad (17-5-33)$$

集中荷载作用下的矩形截面独立梁

$$V \leqslant \frac{1.75}{\lambda + 1} f_t b h_0 + 0.05 N_{p0} \tag{17-5-34}$$

（四）使用阶段正截面裂缝的控制验算

（1）对裂缝控制等级为一级、二级的预应力混凝土受弯构件，同轴心受拉构件，应符合公式（17-5-16）、公式（17-5-17）的规定。但公式中的 $\sigma_{ck} = M_k / W_0$，$\sigma_{cq} = M_q / W_0$。

（2）对裂缝控制等级为三级——允许出现裂缝的构件，按荷载效应的标准组合并考虑长期作用影响的最大裂缝宽度应符合 $w_{max} \leqslant w_{lim}$。预应力混凝土受弯构件的最大裂缝宽度可按公式（17-4-7）计算，其中构件受力特征系数 $\alpha_{cr} = 1.5$；纵向受拉钢筋的有效配筋率 $\rho_{te} = (A_p + A_s)/A_{te}$；受拉区纵向钢筋的等效应力 σ_{sk} 按下式计算

$$\sigma_{sk} = \frac{M_k - N_{p0}(z - e_p)}{(A_p + A_s)z} \tag{17-5-35}$$

$$z = \left[0.87 - 0.12(1 - \gamma_f') \left(\frac{h_0}{e} \right)^2 \right] h_0 \tag{17-5-36}$$

$$e = e_p + \frac{M_k}{N_{p0}} \tag{17-5-37}$$

$$\gamma_f' = \frac{(b_f' - b)h_f'}{b h_0}$$

当 $h_f' > 0.2 h_0$ 时，取 $h_f' = 0.2 h_0$ $\tag{17-5-38}$

式中： z ——受拉区纵向普通钢筋和预应力筋合力点至截面受压区合力点的距离；

e_p ——混凝土法向预应力等于零时的预加力 N_{p0} 的作用点至受拉区纵向预应力和普通钢筋合力点的距离。

（五）使用阶段斜截面裂缝控制验算

预应力混凝土受弯构件斜截面裂缝的控制验算，主要是验算截面的混凝土主拉应力与主压应力应符合下列规定：

（1）混凝土的主拉应力 σ_{tp}

对严格要求不出现裂缝的构件

$$\sigma_{tp} \leqslant 0.85 f_{tk} \tag{17-5-39}$$

对一般要求不出现裂缝的构件

$$\sigma_{tp} \leqslant 0.95 f_{tk} \tag{17-5-40}$$

（2）混凝土的主压应力 σ_{cp}

对严格要求和一般要求不出现裂缝的构件

$$\sigma_{cp} \leqslant 0.6 f_{ck} \tag{17-5-41}$$

应当注意，应选择跨度内不利位置的截面，对该截面的换算截面重心处和截面宽度剧烈改变处进行验算。对允许出现裂缝的吊车梁，在静力计算中应符合式（17-5-40）及式（17-5-41）的规定。

混凝土主拉应力和主压应力应按《混凝土规范》第7.1.7条规定计算。

对先张法预应力混凝土构件端部进行斜截面抗剪承载力计算及正截面、斜截面抗裂验算时，应考虑预应力筋在预应力传递长度 l_{tr} 范围内实际应力值的变化。

应验算抗裂的部位：

（1）在构件长度方向，应根据剪力及弯矩图形变化的特点和构件外形及截面变化情况选择最危险

区段：①支座边缘截面；②腹板宽度削弱；③弯起预应力筋在跨中的锚固终点处截面。

（2）沿截面高度方向，一般应验算截面的重心轴线处及截面腹板厚度有显著变化的部位，即翼缘与腹板相交处。

（3）吊车梁斜截面抗裂验算部位，需考虑两种荷载位置，即轮压作用在宽度显著变化的截面上及轮压作用在离该截面 0.6h 处（向跨中方向）。

（六）使用阶段的变形验算

预应力混凝土受弯构件的挠度由两部分组成，一部分是由荷载作用产生的挠度 f_1，另一部分是由预应力作用产生的反拱 f_2。

1. 荷载作用下的挠度值 f_1

（1）荷载效应标准组合作用下的短期刚度 B_s

使用阶段要求不出裂缝的构件

$$B_s = 0.85E_cI_0 \tag{17-5-42}$$

使用阶段允许出现裂缝的构件

$$B_s = \frac{0.85E_cI_0}{\kappa_{cr} + (1-\kappa_{cr})\omega} \tag{17-5-43}$$

$$\kappa_{cr} = M_{cr}/M_k \tag{17-5-44}$$

$$\omega = (1.0 + \frac{0.21}{\alpha_E\rho})(1 + 0.45\gamma_f) - 0.7 \tag{17-5-45}$$

$$M_{cr} = (\sigma_{pc} + \gamma \cdot f_{tk})W_0 \tag{17-5-46}$$

$$\gamma = \left(0.7 + \frac{120}{h}\right)\gamma_m \tag{17-5-47}$$

式中：κ_{cr}——预应力混凝土受弯构件正截面的开裂弯矩 M_{cr} 与弯矩 M_k 的比值，当 $\kappa_{cr}>1.0$ 时，取 $\kappa_{cr}=1.0$；

$\quad\quad \alpha_E$——钢筋弹性模量与混凝土弹性模量的比值，$\alpha_E = E_s/E_c$；

$\quad\quad \sigma_{pc}$——扣除全部预应力损失后，由预应力在抗裂验算截面边缘产生的混凝土预压应力；

$\quad\quad \gamma_f$——受拉翼缘截面面积与腹板有效截面面积的比值，$\gamma_f = (b_f - b)h_f/(bh_0)$；

$\quad\quad I_0$——换算截面惯性矩；

$\quad\quad \gamma_m$——混凝土构件的截面抵抗矩塑性影响系数基本值，见《混凝土规范》表 7.2.4。

对预压时预拉区出现裂缝的构件，B_s 应降低 10%。

（2）预应力混凝土受弯构件考虑荷载长期作用影响的刚度 B 可按式（17-4-10）计算，公式中的影响系数 θ 取为 2.0。

（3）正常使用下由荷载作用产生的挠度 f_1，根据式（17-4-10）求出的 B，即可按结构力学的方法计算。在等截面构件中，可假定各同号弯矩区段内的刚度为常数，并取该区段弯矩绝对值最大处的截面刚度（最小刚度）。

2. 预应力产生的反拱值 f_2

在偏心压力作用下预应力构件产生的反拱值 f_2 可按两端作用有弯矩为 N_pe_p 的简支梁的挠度计算。

（1）施工阶段刚预压时产生的短期反拱值 f_{2s}

$$f_{2s} = \frac{N_{poI}e_{poI}}{8E_cI_0} \tag{17-5-48}$$

在计算 N_{poI}、e_{poI} 时，预应力筋的应力应扣除混凝土预压前的第一批损失 σ_{lI}。

（2）使用阶段预应力产生的反拱值f_2应考虑混凝土的徐变作用，其值为

$$f_2 = \frac{2N_{p0}e_{p0}}{8E_cI_0} = \frac{N_{p0}e_{p0}}{4E_cI_0} \qquad (17\text{-}5\text{-}49)$$

在计算N_{p0}、e_{p0}时，预应力筋的应力应扣除全部预应力损失$\sigma_l = \sigma_{lI} + \sigma_{lII}$。

（3）使用阶段的挠度值

$$f_{max} = f_1 - f_2 \leqslant f_{lim} \qquad (17\text{-}5\text{-}50)$$

（七）施工阶段验算

1. 施工阶段验算的要求

详见本节一、（六）。

2. 预拉区不允许出现裂缝的构件

（1）使用荷载作用下受拉区允许出现裂缝的构件，为了避免上下裂缝贯通，预拉区不应再有裂缝。

（2）经受重复荷载作用需作疲劳计算的吊车梁，为了避免使用阶段抗裂度降低和影响构件工作性能，预拉区应按不允许出现裂缝的条件设计。

（3）预拉区有较大翼缘的构件，由于翼缘部分混凝土的抗裂弯矩所占比重较大，一旦开裂、钢筋应力将有较大增长，因裂缝开展宽度过大、不易控制，预拉区应按不允许出现裂缝条件设计。

习 题

17-5-1 先张法和后张法预应力混凝土构件传递预应力方法的区别是（ ）。

    A. 先张法是靠钢筋与混凝土之间的黏结力来传递预应力，后张法是靠锚具来保持预应力

    B. 先张法是靠锚具来保持预应力，后张法是靠钢筋与混凝土之间的黏结力来传递预应力

    C. 先张法是靠传力架来保持预应力，后张法是靠千斤顶来保持预应力

    D. 先张法和后张法均是靠锚具来保持预应力，只是张拉顺序不同

17-5-2 条件相同的先、后张法预应力混凝土轴心受拉构件，如果σ_{con}及σ_l相同时，预应力筋中的应力σ_{peII}是（ ）。

    A. 两者相等   B. 后张法大于先张法

    C. 后张法小于先张法   D. 谁大谁小不能确定

17-5-3 后张法预应力混凝土轴心受拉构件完成全部预应力损失后，预应力筋的总预拉应力N_{pII}=50kN，若加荷至混凝土应力为零时，外荷载N_0为（ ）。

    A. N_0=50kN

    B. N_0>50kN

    C. N_0<50kN

    D. N_0=50kN 或N_0>50kN，应看σ_l的大小

第六节 构 造 要 求

关于钢筋混凝土和预应力混凝土结构的构造规定及结构构件的规定详见《混凝土规范》第8章及第9章。

第七节　单层厂房

一、组成与布置

（一）组成

1. 屋盖结构

（1）有檩屋盖体系：由压型钢板或小型屋面板、檩条、屋架及支撑系统组成。

（2）无檩屋盖体系：由大型屋面板、天沟板、屋架或屋面梁及屋盖支撑系统组成。

（3）为采光及通风设有天窗时，由天窗架、挡风板、支撑组成。

（4）对于有抽柱的厂房，在抽柱部位设有托架。

2. 横向排架

（1）中部横向排架：由屋面梁或屋架，横向柱列和基础组成。

（2）端部横向排架：除具有中部横向排架的组成外，一般还设有抗风柱、抗风梁、基础梁。

3. 纵向排架

由纵向柱列、连系梁、吊车梁、柱间支撑、基础梁、基础组成。

4. 围护结构

由纵墙、山墙（横墙）、墙梁、抗风柱（有时设有抗风梁或抗风桁架）、基础梁、基础等组成。

由上述四部分组成空间受力与围护结构。

（二）结构布置

1. 厂房平面布置

柱网布置首先满足生产工艺要求，并应符合统一模数，厂房跨度可选 9m、12m、15m、18m、21m、24m、27m、30m、33m、36m 等。柱间距可选用 6m、9m 和 12m。厂房应按《混凝土规范》要求设置变形缝。除有要求外，一般可不设沉降缝。在地震区应按防震缝要求做伸缩缝。变形缝处应设双排架。

2. 厂房剖面布置

柱高按生产工艺要求确定，应满足吊车轨顶标高及吊车安全运行的要求，并应符合模数。

3. 屋盖结构布置

应优先采用自重较轻的压型钢板、轻质大型屋面板等。有檩屋盖中，常用冷弯薄壁型钢、轻型 H 型钢檩条，檩条应布置在屋架节点上。

天窗架应从两端的第二柱间开始布置，对于抗震设防烈度为 8 度及 8 度以上的地区，则应从第三柱间开始布置。有抽柱时，应沿纵向布置托架。

4. 支撑系统布置

支撑系统主要用于加强厂房的整体刚度和稳定，并传递风荷载及吊车水平荷载，可分为屋盖支撑和柱间支撑两大类。屋盖支撑包括上弦横向水平支撑、下弦横向水平支撑、纵向水平支撑、竖向支撑及纵向水平系杆，天窗架支撑等。柱间支撑又分为上柱支撑和下柱支撑。

横向水平支撑布置在温度区段的两端。上、下弦横向水平支撑最好布置在同一柱间内。

纵向水平支撑一般是由交叉角钢等杆件和屋架下弦第一节间组成水平桁架。

竖向支撑一般是由角钢杆件与屋架中的直腹杆或天窗架中的立柱组成垂直桁架。一般布置在厂房温度区段两端第一或第二柱间,并在下弦柱高处布置通长水平受拉系杆。

系杆一般通长设置,一端最终连接于竖向支撑或上、下弦横向水平支撑节点上。

关于各种支撑的设置原则,详见有关结构设计手册。

柱间支撑的上柱柱间支撑一般设在温度区段两侧与屋盖横向水平支撑相对应的柱间,以及温度区段中央柱间;下柱柱间支撑设置在温度区段中部与上柱柱间支撑相应的位置。

5. 围护结构布置

厂房檐口处的柱高小于等于 8m、跨度小于等于 12m 时,抗风柱可用砖壁柱,一般采用钢筋混凝土抗风柱。对圈梁、过梁、连系梁和基础梁应综合考虑,尽可能一梁多用。

【例 17-7-1】 钢筋混凝土排架结构中承受和传递横向水平荷载的构件是:

    A. 吊车梁和柱间支撑   B. 吊车梁和山墙

    C. 柱间支撑和山墙   D. 排架柱

解 吊车梁承受吊车横向水平制动力,并传递纵向水平制动力;柱间支撑是为保证建筑结构整体稳定、提高侧向刚度和传递纵向水平力而在相邻两柱之间设置的连系杆件。承受和传递横向水平荷载的构件是排架柱。

答案: D

二、柱

柱子分为排架柱与抗风柱。排架柱设计计算应考虑下列要点:

1. 截面形式和尺寸

(1)厂房柱常用截面形式

应根据厂房跨度、高度和吊车起重量确定,一般可参照柱截面高度h大小选型。当$h \leqslant 500mm$ 时,矩形截面;$h = 600 \sim 800mm$时,矩形或工字形;$h = 900 \sim 1\,200mm$时,工字形截面;$h = 1\,300 \sim 1\,500mm$时,工字形或双肢柱;$h > 1\,600mm$ 时,双肢柱。

(2)柱截面尺寸

由计算确定,且应符合最小截面的构造规定,其目的是保证必要的横向刚度。一般可不必验算横向水平位移。

2. 截面配筋计算要点

(1)柱的计算长度可按《混凝土规范》第 6.2.20 条取用。

(2)已知柱子计算长度l_0,截面尺寸,控制截面内力M、N、V,及选定截面材料后即可按偏心受压构件进行截面配筋计算。

(3)运输及吊装验算,构件平卧浇制时,采用平吊较为方便,应按平吊验算;当平吊验算不够时,可采用翻身起吊验算。

3. 柱的构造要求(见《混凝土规范》第 9.3 条)

三、基础(详见本书第十八章土力学与基础工程有关章节)

第八节 钢筋混凝土多层及高层房屋

一、结构体系及布置

多层及高层房屋的层数与高度的划分是一个相对的概念，国内外还没有一个统一的划分标准，但我国《高层建筑混凝土结构技术规程》（JGJ 3—2010）（以下简称《高层混凝土规程》）中将10层及10层以上或房屋高度超过28m的住宅建筑和房屋高度大于24m的其他民用建筑划分为高层建筑。

（一）结构体系选择

随着建筑物高度的增加，水平荷载（风荷载或地震作用）对结构起的作用越来越大，除内力增加之外，结构的侧向位移增加得更大。结构的轴力 N 与建筑的高度 H 为线性增长，弯矩与建筑高度为2次方增长，而侧向位移则随 H 为4次方增长。因此抗侧力成为高层建筑结构的主要问题。在地震区，地震对高层建筑的危害比多层建筑要大。因此，在选择结构体系时，除考虑使用要求、施工条件、经济等因素外，还应特别重视各结构体系的应用范围和条件。

1. 框架体系

由梁、柱构件通过节点连接构成的承受各种竖向和水平作用的结构称为框架体系。框架结构的优点是建筑平面布置灵活、立面也可变化，容易满足各种工业与民用建筑的使用要求，其缺点是抗侧向刚度较小，因梁柱截面不能太大，其使用高度受到限制，一般宜控制在15层以下，高度不超过70m。在高层建筑中梁柱必须做成刚节点。

2. 剪力墙结构

它是由纵横方向的竖向墙体组成的承重与抗侧力体系。墙体同时又作为分隔房间和维护构件。剪力墙结构的侧向刚度比框架结构大很多，侧移小，抵御地震作用的能力强，但结构自重大，建筑平面布置局限性大，难以满足建筑内部大空间要求。在10~50层范围内都适用，但从经济上看，30层左右较适宜。为了满足首层大空间及中间各层一些大空间的需要，可采用底层部分框支剪力墙或部分剪力墙落地的底层大空间剪力墙结构以及跳层剪力墙结构。

3. 框架-剪力墙结构及框架-筒体结构

在框架结构中的适当部位布置剪力墙或筒体结构，即成为框架-剪力墙或框架-筒体结构。这两种结构集框架与剪力墙及筒体的优点于一身，既具有框架建筑布置灵活，又具有剪力墙与筒体抗侧移刚度大的优点，对于框-剪结构可用于10~20层，对于框-筒结构可建造30~40层。

4. 筒体结构

（1）框筒结构：由建筑外围周边间距很密的柱和截面很高的窗裙梁组成的筒体结构。

（2）筒中筒结构：由外面框筒和内部剪力墙围成的薄壁实筒组成的结构。

（3）多筒结构：在平面内将多个筒体组合在一起形成多筒结构体系，或者是将几个单筒体并联成为整体刚度很大的筒体。

筒体结构抗侧力刚度大，一般宜用于40层以上。

（二）结构布置原则

在多层、高层建筑中，除根据使用要求和建筑高度等选择合理的结构体系之外，还要合理选择和布置建筑物的平面、剖面和立面，应当正确地理解与运用下列布置原则：

1. 结构的最大适用高度及结构适用的最大高宽比

为避免建筑结构侧移过大及可能发生倾覆，对建筑结构的最大高度及高宽比B/H应加以控制。钢筋混凝土高层建筑结构的最大适用高度和高宽比分为 A 级和 B 级。B 级高度建筑结构的最大适用高度和高宽比可较 A 级适当放宽，但其结构抗震等级、有关的计算和构造措施应相应加严，并应符合《高层混凝土规程》有关条文的规定。钢筋混凝土高层建筑结构的最大适用高度及适用的最大高宽比分别见表 17-8-1~表 17-8-3。

A 级高度钢筋混凝土高层建筑的最大适用高度（单位：m） 表 17-8-1

结 构 体 系		非抗震设计	抗震设防烈度				
			6 度	7 度	8 度		9 度
					0.20g	0.30g	
框架		70	60	50	40	35	—
框架-剪力墙		150	130	120	100	80	50
剪力墙	全部落地剪力墙	150	140	120	100	80	60
	部分框支剪力墙	130	120	100	80	50	不应采用
筒体	框架-核心筒	160	150	130	100	90	70
	筒中筒	200	180	150	120	100	80
板柱-剪力墙		110	80	70	55	40	不应采用

注：1.表中框架不含异形柱框架。

2.部分框支剪力墙结构指地面以上有部分框支剪力墙的剪力墙结构。

3.甲类建筑，6、7、8 度时宜按本地区抗震设防烈度提高一度后符合本表的要求，9 度时应专门研究。

4.框架结构、板柱-剪力墙结构以及 9 度抗震设防的表列其他结构，当房屋高度超过本表数值时，结构设计应有可靠依据，并采取有效的加强措施。

B 级高度钢筋混凝土高层建筑的最大适用高度（单位：m） 表 17-8-2

结 构 体 系		非抗震设计	抗震设防烈度			
			6 度	7 度	8 度	
					0.20g	0.30g
框架-剪力墙		170	160	140	120	100
剪力墙	全部落地剪力墙	180	170	150	130	110
	部分框支剪力墙	150	140	120	100	80
筒体	框架-核心筒	220	210	180	140	120
	筒中筒	300	280	230	170	150

注：1.部分框支剪力墙结构指地面以上有部分框支剪力墙的剪力墙结构。

2.甲类建筑，6、7 度时宜按本地区设防烈度提高一度后符合本表的要求，8 度时应专门研究。

3.当房屋高度超过表中数值时，结构设计应有可靠依据，并采取有效的加强措施。

钢筋混凝土高层建筑结构适用的最大高宽比 表 17-8-3

结 构 体 系	非抗震设计	抗震设防烈度		
		6度、7度	8度	9度
框架	5	4	3	—
板柱-剪力墙	6	5	4	—
框架-剪力墙、剪力墙	7	6	5	4
框架-核心筒	8	7	6	4
筒中筒	8	8	7	5

2. 结构平面与竖向布置要求

结构平面与竖向体型应力求简单、规则、对称、质量和刚度变化均匀、减少扭转的影响。对抗震要求应从严掌握。高层建筑的开间、进深尺寸和选用的构件类型应减少规格,以利建筑工业化。

1)平面布置

在高层建筑的一个独立结构单元内,结构平面形状宜简单、规则,质量、刚度和承载力分布宜均匀。不应采用严重不规则的平面布置。高层建筑宜选用风作用效应较小的平面形状。

抗震设计的混凝土高层建筑,其平面宜简单、规则、对称,减少偏心;平面长度不宜过长(见图 17-8-1),L/B 宜符合表 17-8-4 的要求;平面凸出部分的长度 l 不宜过大,宽度 b 不宜过小,l/B_{max}、l/b 宜符合表 17-8-4 的要求;建筑平面不宜采用角部重叠或细腰形平面布置。

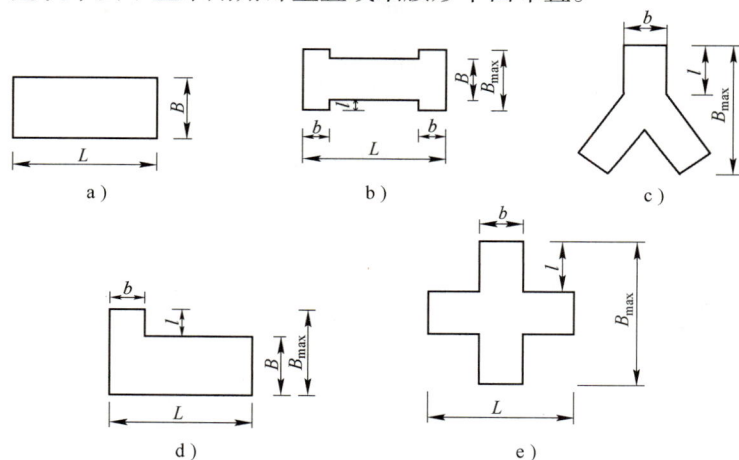

图 17-8-1 建筑平面

平面尺寸及凸出部位尺寸的比值限值 表 17-8-4

抗震设防烈度	L/B	l/B_{max}	l/b
6度、7度	≤6.0	≤0.35	≤2.0
8度、9度	≤5.0	≤0.30	≤1.5

抗震设计时,B 级高度钢筋混凝土高层建筑、混合结构高层建筑以及复杂高层建筑结构,其平面布置应简单、规则,减少偏心。

当楼板平面比较狭长,有较大的凹入或开洞时,应在设计中考虑其对结构产生的不利影响。有效楼板宽度不宜小于该层楼面宽度的 50%;楼板开洞总面积不宜超过楼面面积的 30%;在扣除凹入或开洞后,楼板在任一方向的最小净宽度不宜小于 5m,且开洞后每一边的楼板净宽度不应小于 2m。

2）竖向布置

（1）高层建筑的竖向体形宜规则、均匀，避免有过大的外挑和内收。结构的侧向刚度宜下大上小，均匀变化，不应采用竖向布置严重不规则的结构。

（2）A 级高度建筑的楼层层间抗侧力结构的抗剪承载力不宜小于其上一层抗剪承载力的 80%，不应小于其上一层抗剪承载力的 65%；B 级高度建筑的楼层层间抗侧力结构的抗剪承载力不应小于其上一层抗剪承载力的 75%。

（3）抗震设计的建筑，其楼层侧向刚度不宜小于相邻上部楼层侧向刚度的 70%或其上相邻三层侧向刚度平均值的 80%。

（4）抗震设计时，当结构上部楼层收进部位到室外地面的高度 H_1 与房屋高度 H 之比大于 0.2 时，上部楼层收进后的水平尺寸 B_1 不宜小于下部楼层水平尺寸 B 的 75%，见图 17-8-2a）、b）；当上部结构楼层相对于下部楼层外挑时，下部楼层的水平尺寸 B 不宜小于上部楼层水平尺寸 B_1 的 90%，且水平外挑尺寸 a 不宜大于 4m，见图 17-8-2c）、d）。

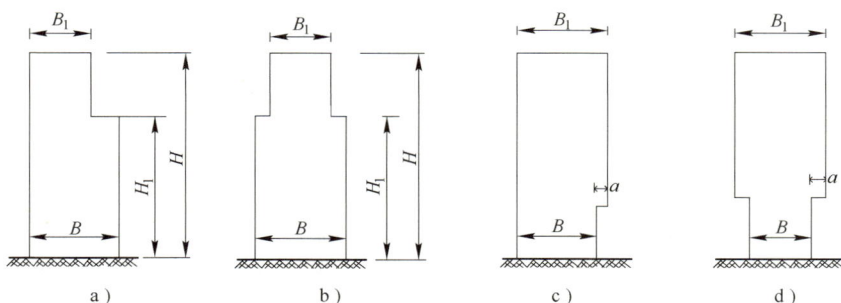

图 17-8-2 结构竖向收进和外挑示意图

（5）结构顶层取消部分墙、柱形成空旷房间时，应进行弹性动力时程分析计算并采取有效构造措施。

（6）高层建筑宜设地下室。

3. 防震缝、伸缩缝和沉降缝的设置

（1）抗震设计时，建筑宜调整平面形状和结构布置，避免结构不规则，不设防震缝。当建筑平面形状复杂而又无法调整其平面形状和结构布置使之成为较规则的结构时，宜设置防震缝将其划分为较简单的几个结构单元。防震缝的设置应符合下列规定：

①防震缝最小宽度应符合下列要求：

a.框架结构房屋，高度不超过 15m 不应小于 100mm；超过 15m 的部分，抗震设防烈度为 6 度、7 度、8 度和 9 度相应每增加高度 5m、4m、3m、2m，宜加宽 20mm。

b.框架-剪力墙结构房屋可按框架房屋结构规定数值的 70%采用，剪力墙结构房屋可按框架结构规定数值的 50%采用，但均不宜小于 100mm。

②防震缝两侧结构体系不同时，防震缝宽度应按不利的结构类型确定；防震缝两侧的房屋高度不同时，防震缝宽度应按较低的房屋高度确定。

③当相邻结构的基础存在较大沉降差时，宜增大防震缝的宽度。

④防震缝宜沿房屋全高设置；地下室、基础可不设，但在与上部防震缝对应处应加强构造和连接。

⑤结构单元之间或主楼与裙房之间如无可靠措施，不应采用牛腿托梁设置防震缝。

（2）抗震设计时，伸缩缝、沉降缝的宽度均应符合防震缝最小宽度的要求。

（3）高层建筑结构伸缩缝的最大间距宜符合表 17-8-5 的规定。

结 构 体 系	施 工 方 法	最大间距（m）
框架结构	现浇	55
剪力墙结构	现浇	45

注：1.框架-剪力墙的伸缩缝间距可根据结构的具体布置情况取表中框架结构与剪力墙结构之间的数值。

2.当屋面无保温或隔热措施、混凝土的收缩较大或室内结构因施工外露时间较长时，伸缩缝间距应适当减小。

3.位于气候干燥地区、夏季炎热且暴雨频繁地区的结构，伸缩缝间距宜适当减小。

当采用下列构造措施和施工措施减少温度和混凝土收缩对结构的影响时，可适当放宽伸缩缝的间距。

①顶层、底层、山墙和纵墙开间等温度变化影响较大的部位提高配筋率；

②顶层加强保温隔热措施，外墙设置外保温层；

③每 30~40m 间距留出施工后浇带，带宽 800~1 000mm，钢筋采用搭接接头，后浇带混凝土宜在 45d 后浇灌；

④采用收缩小的水泥、减少水泥用量、在混凝土中加入适宜的外加剂；

⑤提高每层楼板的构造配筋率或采用部分预应力结构。

4.楼盖结构体系选择

楼盖结构不仅是承重的重要结构体系，而且也是保证高层建筑结构的空间整体性和水平力有效传递的结构，应保证在自身平面内有足够大的刚度。《高层混凝土规程》规定，现浇楼盖和装配整体式楼盖的适用范围如下：

（1）房屋高度超过 50m 时，框架-剪力墙结构、筒体结构及复杂高层建筑结构应采用现浇楼盖结构，剪力墙和框架结构宜采用现浇楼盖结构。

（2）房屋高度不超过 50m 时，8 度、9 度抗震设计时，宜采用现浇楼盖结构；6 度、7 度抗震设计时，可采用装配整体式楼盖。

（3）房屋的顶层、结构转换层、大底盘多塔楼结构的底盘顶层、平面复杂或开洞过大的楼层、作为上部结构嵌固部位的地下室楼层应采用现浇楼盖结构。一般楼层现浇板厚度不应小于 80mm，当板内预埋暗管时不宜小于 100mm；顶层楼板厚度不宜小于 120mm，宜双层双向配筋；普通地下室顶板厚度不宜小于 160mm；作为上部结构嵌固部位的地下室楼层的顶楼盖应采用梁板结构，楼板厚度不宜小于 180mm，应采用双层双向配筋，且每层每个方向的配筋率不宜小于 0.25%。

二、剪力墙结构

剪力墙结构是利用建筑的纵向与横向墙体作为竖向承重和抵抗侧力的结构，其墙体同时又作为维护与分隔房间的构件。

（一）剪力墙结构布置的基本要求

剪力墙结构应具有适宜的侧向刚度。剪力墙平面布置宜简单、规则，宜沿两个主轴方向或其他方向双向布置，两个方向的侧向刚度不宜相差过大。抗震设计时，不应采用仅单向有墙的结构布置。

剪力墙宜自下而上连续布置，避免刚度突变。

门窗洞口宜上下对齐、成列布置，形成明确的墙肢和连梁，宜避免造成墙肢宽度相差悬殊的洞口设置；抗震设计时，一、二、三级剪力墙的底部加强部位不宜采用上下洞口不对齐的错洞墙，全高均不宜采用洞口局部重叠的叠合错洞墙。

剪力墙不宜过长，较长剪力墙宜设置跨高比较大的连梁将其分成长度较均匀的若干墙段，各墙段的高度与墙段长度之比不宜小于 3，墙段长度不宜大于 8m。

抗震设计时，短肢剪力墙的抗震等级应比《高层混凝土规程》规定的剪力墙的抗震等级提高一级采用。各层短肢剪力墙在重力荷载代表值作用下产生的轴力设计值的轴压比，抗震等级为一、二、三时分别不宜大于 0.45、0.50、0.55；对于无翼缘或端柱的一字形短肢剪力墙，其轴压比限值相应减少 0.1。

（二）剪力墙的截面与混凝土强度等级

1. 剪力墙截面尺寸

剪力墙的厚度，抗震等级一、二级不应小于 160mm 且不宜小于层高或无支长度的1/20，三、四级不应小于 160mm 且不宜小于层高或无支长度的1/25。无端柱或翼墙时，一、二级不宜小于层高或无支长度的1/16，三、四级不宜小于层高或无支长度的1/20。

底部加强部位的墙厚，抗震等级一、二级不应小于 200mm 且不宜小于层高或无支长度的1/16；三、四级不应小于 160mm 且不宜小于层高或无支长度的1/20。无端柱或翼墙时，一、二级不宜小于层高或无支长度的1/12，三、四级不宜小于层高或无支长度的1/16。

非抗震设计的剪力墙厚度不应小于 160mm。

剪力墙井筒中，分隔电梯井或管道井的墙肢截面厚度可适当减小，但不宜小于 160mm。

为了防止剪力墙配筋过多、斜裂缝过大以及发生斜压破坏，其抗剪截面尚应符合下列要求：

（1）无地震作用组合时

$$V_w \leqslant 0.25\beta_c f_c b_w h_{w0} \qquad (17-8-1)$$

（2）有地震作用组合时

剪跨比$\lambda > 2.5$时

$$V_w \leqslant \frac{1}{\gamma_{RE}}(0.20\beta_c f_c b_w h_{w0}) \qquad (17-8-2)$$

剪跨比$\lambda \leqslant 2.5$时

$$V_w \leqslant \frac{1}{\gamma_{RE}}(0.15\beta_c f_c b_w h_{w0}) \qquad (17-8-3)$$

式中：V_w ——剪力墙截面剪力设计值；

h_{w0} ——剪力墙截面有效高度；

β_c ——混凝土强度影响系数。

2. 混凝土强度等级

剪力墙结构混凝土强度等级不应低于 C20，带有筒体的剪力墙结构的混凝土强度等级不宜低于 C30。

（三）剪力墙结构的计算要点

1. 剪力墙结构分析

布置较复杂的剪力墙宜按薄壁杆件系统进行三维空间分析，对一般布置较规则的剪力墙可以简化为沿纵向与横向分别按平面结构进行内力与位移分析，但可以考虑纵横墙的协同工作。纵墙的一部分可作为横墙的有效翼缘，横墙的一部分也可作为纵墙的有效翼缘。每侧有效翼缘宽度可取翼缘厚度的 6 倍、墙间距的一半和总高度的1/20三者中的最小值，且不大于至洞口边缘的距离。

2. 剪力墙的类型及判别方法

采用简化计算时，可以把剪力墙分为下列各类，分别采用不同的方法计算。

1）整体悬臂墙

当剪力墙孔洞面积与墙面面积之比不大于 0.16，且孔洞净距及孔洞边至墙边距离大于孔洞长边尺寸时，可作为整体截面悬臂构件计算，按平截面假定计算截面应力分布。其等效刚度为

$$E_c I_{eq} = \frac{E_c I_w}{1 + \dfrac{9\mu I_w}{A_w H^2}} \tag{17-8-4}$$

式中：$E_c I_{eq}$ ——等效刚度；

E_c ——混凝土的弹性模量；

I_w ——剪力墙惯性矩，小洞口整体截面墙取组合截面惯性矩，整体小开口墙取组合截面惯性矩的 80%；

A_w ——无洞口剪力墙的截面积、小洞口整体截面墙取折算截面面积，$A_w = \left(1 - 2.5\sqrt{\dfrac{A_{op}}{A_f}}\right)A$，整体小开口墙取墙肢截面面积之和 $A_w = \sum\limits_{i=1}^{m} A_i$；

A ——墙截面毛面积；

A_{op} ——墙面洞口面积；

A_f ——墙面总面积；

A_i ——第 i 墙肢截面面积；

H ——剪力墙总高度；

μ ——截面形状系数，矩形截面 $\mu=1.2$。

剪力墙的惯性矩按下式计算

$$I_w = \frac{\sum I_i h_i}{\sum h_i} \tag{17-8-5}$$

式中：I_i ——剪力墙有洞截面及无洞截面的惯性矩；

h_i ——相应各段的高度。

2）整体小开口墙

当剪力墙开洞不符合整体悬臂墙条件，但符合下列条件时，可按整体小开口墙计算。

（1）整体系数

$$\alpha \geqslant 10 \tag{17-8-6}$$

（2）扣除墙肢惯性矩后剪力墙的惯性矩对剪力墙组合截面惯性矩之比

$$\frac{I_n}{I} \leqslant \zeta \tag{17-8-7}$$

$$\alpha = \begin{cases} H\sqrt{\dfrac{12 I_b a^2}{h(I_1 + I_2) l^3} - \dfrac{I}{I_n}} & \text{（双肢墙）} \\[4mm] H\sqrt{\dfrac{12}{\tau h \sum\limits_{i=1}^{m+1} I_j} - \sum\limits_{j=1}^{m} \dfrac{I_{bj} a_j^2}{l_{bj}^3}} & \text{（多肢墙）} \end{cases} \tag{17-8-8}$$

式中：τ ——系数，当墙肢为 3~4 肢时取 0.8，5~7 肢时取 0.85，8 肢以上取 0.9；

I ——剪力墙对组合截面形心的惯性矩；

I_n ——扣除墙肢惯性矩后剪力墙的惯性矩，$I_\text{n} = I - \sum\limits_{j=1}^{m+1} I_j$；

$I_{\text{b}j}$ ——第j列连梁的折算惯性矩；

$$I_{\text{b}j} = \frac{I_{\text{b}j0}}{1 + \dfrac{30\mu I_{\text{b}j0}}{A_{\text{b}j} l_{\text{b}j}^2}}$$

I_1、I_2 ——分别为墙肢 1、2 的截面惯性矩；

m ——洞口列数；

h ——层高；

H ——剪力墙总高度；

a_j ——第j列洞口两侧墙肢轴线距离；

$l_{\text{b}j}$ ——第j列连梁计算跨度，取洞口宽度加梁高的一半；

I_j ——第j墙肢的截面惯性矩；

ζ ——系数，由a及层数按表 17-8-6 取用。

系 数 ζ 的 数 值 表 17-8-6

a	层数 n					
	8	10	12	16	20	≥30
10	0.886	0.948	0.975	1.000	1.000	1.000
12	0.866	0.924	0.950	0.994	1.000	1.000
14	0.353	0.908	0.934	0.978	1.000	1.000
10	0.844	0.896	0.923	0.964	0.988	1.000
18	0.836	0.888	0.914	0.952	0.978	1.000
20	0.831	0.880	0.906	0.945	0.970	1.000
22	0.327	0.875	0.901	0.940	0.965	1.000
24	0.824	0.871	0.897	0.936	0.960	0.989
26	0.822	0.867	0.894	0.932	0.955	0.986
28	0.320	0.864	0.890	0.929	0.952	0.982
≥30	0.818	0.861	0.887	0.926	0.950	0.979

（3）联肢剪力墙

当满足式（17-8-9）时，可作为联肢墙

$$\alpha < 10; \quad I_\text{n}/I \leqslant \zeta \tag{17-8-9}$$

此时连梁刚度小，整体性差，而且连梁的反弯点在跨中。

（4）壁式框架

当满足式（17-8-10）时，可按壁式框架计算

$$\alpha \geqslant 10; \quad I_\text{n}/I > \zeta \tag{17-8-10}$$

此时结构整体性虽然较好，但墙肢上均有反弯点，受力性能为带刚域的框架。

3. 剪力墙结构的内力及位移计算

1）整体小开口墙

整体小开口墙的内力为组合截面的整体作用内力和各墙肢的局部作用内力之和，可按下列方法计算：

墙肢弯矩 $\qquad M_j = 0.85M\dfrac{I_j}{I} + 0.15M\dfrac{I_j}{\sum I_j}$

墙肢轴力 $\qquad N_j = 0.85M\dfrac{A_j y_j}{I}$

墙肢剪力 $\qquad V_j = \dfrac{V}{2}\left(\dfrac{A_j}{\sum A_j} + \dfrac{I_j}{\sum I_j}\right)$

$\qquad\qquad\qquad\qquad\qquad\qquad\qquad\qquad\qquad\qquad$ (17-8-11)

式中： M、V ——分别为计算所得的弯矩和剪力；

$\qquad I_j$、A_j ——分别为第 j 墙肢的截面惯性矩和截面面积；

$\qquad y_j$ ——第 j 墙肢截面形心至组合截面形心的距离；

$\qquad I$ ——组合截面惯性矩。

连梁的剪力可由上、下墙肢的轴力差计算。

剪力墙多数墙肢基本均匀，又符合整体小开口墙的条件，当有个别细小墙肢时，仍可按整体小开口墙计算内力，但小墙肢端部宜按下式计算附加局部弯曲的影响

$$M_j = M_{j0} + \Delta M_j$$
$$\Delta M_j = V_j\dfrac{h_0}{2}$$

$\qquad\qquad\qquad\qquad\qquad\qquad\qquad\qquad\qquad\qquad$ (17-8-12)

式中： M_{j0}——按整体小开口墙计算的墙肢弯矩；

$\qquad \Delta M_j$ ——由于小墙肢局部弯曲增加的弯矩；

$\qquad V_j$ ——第 j 墙肢剪力；

$\qquad h_0$ ——洞口高度。

整体小开口墙的顶点位移可按下式计算

$$u = \begin{cases} 1.2 \times \dfrac{qH^4}{8EI}\left(1 + \dfrac{4\mu EI}{GAH^2}\right) & \text{(均布荷载)} \\[2mm] 1.2 \times \dfrac{11q_{max}H^4}{120EI} - \left(1 + \dfrac{3.67\mu EI}{GAH^2}\right) & \text{(倒三角形分布荷载)} \\[2mm] 1.2 \times \dfrac{PH^3}{3EI}\left(1 + \dfrac{3\mu EI}{GAH^2}\right) & \text{(顶点集中荷载)} \end{cases}$$

$\qquad\qquad\qquad\qquad\qquad\qquad\qquad\qquad\qquad\qquad$ (17-8-13)

式中： A ——截面总面积，$A = \sum\limits_{j=1}^{m+1} A_{j0}$；

$\qquad I$ ——剪力墙组合截面的惯性矩。

2）联肢墙

联肢墙内力和位移在下列假定下，简化为按连续连杆法计算：

（1）连梁的反弯点在跨中，连梁的作用可以用沿高度均匀分布的连续弹性薄片代替。

（2）各墙肢的变形曲线相似。

（3）连梁和墙肢考虑弯曲和剪切变形，墙肢还应考虑轴向变形的影响。

联肢墙的内力和位移计算公式及计算用图表可参阅有关高层建筑结构设计计算参考书。

3）壁式框架

壁式框架内力与位移的计算类同一般框架的计算方法，只需将壁式框架带刚域的梁、柱分别等效为等截面的梁、柱，即对带刚域的梁、柱进行刚度修正，即可采用 D 值法进行简化计算。

壁式框架梁柱轴线由剪力墙连梁和墙肢的形心轴线决定，梁柱相交的节点区中，梁柱的弯曲刚度为无限大而形成刚域（见图 17-8-3），刚域的长度可按下式计算

$$l_{b1} = a_1 - 0.25h_b$$
$$l_{b2} = a_2 - 0.25h_b$$
$$l_{c1} = c_1 - 0.25b_c$$
$$l_{c2} = c_2 - 0.25b_c$$

$$(17-8-14)$$

当计算的刚域长度小于零时，可不考虑刚域的影响。

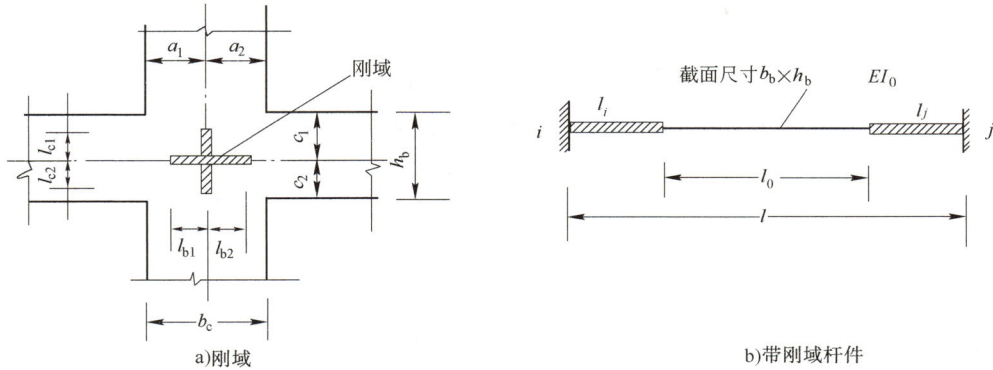

a)刚域　　　　　　　　　　　　　　b)带刚域杆件

图 17-8-3　刚域及带刚域杆件

带刚域杆件的等效刚度可按下式计算

$$EI = EI_0 \eta_v \left(\frac{l}{l_0} \right)^3$$

$$(17-8-15)$$

式中：EI_0——杆件中段截面刚度；

　　　η_v——考虑剪切变形的刚度折减系数，按表 17-8-7 取用；

　　　l_0——杆件中段的长度。

η_v 值　　　　　　　　　　　　　　　表 17-8-7

h_b/l_0	0.0	0.1	0.2	0.3	0.4	0.5	0.6	0.7	0.8	0.9	1.0
η_v	1.00	0.97	0.89	0.79	0.68	0.57	0.48	0.41	0.34	0.29	0.25

注：h_b 为杆件中段截面高度。

（四）剪力墙结构的截面设计

剪力墙结构的截面设计详见《高层混凝土规程》第 7 章。

三、框架-剪力墙结构

（一）框架-剪力墙结构布置

框架-剪力墙结构应设计成双向抗侧力体系。抗震设计时，结构在两主轴方向均应布置剪力墙。

主体结构构件之间除个别节点外不应采用铰接，梁与柱或柱与剪力墙的中线宜重合；框架梁、柱中线之间有偏离时，其偏心距，9 度抗震设计时不应大于柱截面在该方向宽度的1/4；非抗震设计和 6~8 度抗震设计时不宜大于柱截面在该方向宽度的1/4，如偏心距大于该方向柱宽的1/4时，可采取增设梁的水平加腋等措施。

1.框架-剪力墙结构中剪力墙的布置

（1）剪力墙宜均匀布置在建筑物的周边附近、楼梯间、电梯间、平面形状变化及恒载较大的部位，剪力墙间距不宜过大。

（2）平面形状凹凸较大时，宜在凸出部分的端部附近布置剪力墙。

（3）纵、横剪力墙宜组成 L 形、T 形和 ⊏ 形等形式。

（4）单片剪力墙底部承担的水平剪力不宜超过结构底部总水平剪力的 30%。

（5）剪力墙宜贯通建筑物的全高，宜避免刚度突变；剪力墙开洞时，洞口宜上下对齐。

（6）楼、电梯间等竖井宜尽量与靠近的抗侧力结构结合布置。

（7）抗震设计时，剪力墙的布置宜使结构各主轴方向的侧向刚度接近。

2.长矩形平面或平面有一部分较长的建筑中剪力墙的布置

（1）横向剪力墙沿长方向的间距宜满足表 17-8-8 的要求，当这些剪力墙之间的楼盖有较大开洞时，剪力墙的间距应适当减小。

（2）纵向剪力墙不宜集中布置在房屋的两尽端。

剪力墙间距（单位：m） 表 17-8-8

楼盖形式	非抗震设计（取较小值）	抗震设防烈度		
		6度、7度（取较小值）	8度（取较小值）	9度（取较小值）
现浇	$5.0B$，60	$4.0B$，50	$3.0B$，40	$2.0B$，30
装配整体	$3.5B$，50	$3.0B$，40	$2.5B$，30	—

注：1.表中 B 为剪力墙之间的楼盖宽度（m）。

2.装配整体式楼盖的现浇层应符合《高层混凝土规程》第 3.6.2 条的有关规定。

3.现浇层厚度大于 60mm 的叠合楼板可作为现浇板考虑。

4.当房屋端部未布置剪力墙时，第一片剪力墙与房屋端部的距离，不宜大于表中剪力墙间距的 1/2。

（二）框架-剪力墙结构计算

1.计算的基本原则

框架与剪力墙是通过刚性楼板连接，将两者联系成相互作用、共同工作的结构，在水平荷载作用下，其侧向变形曲线既不同于框架的剪切型曲线，也不同于剪力墙的弯曲型曲线，而是两者的协调变形，其下部主要呈弯曲型，而上部主要呈剪切型。因此，框架-剪力墙结构应按协同工作条件进行内力、位移分析，不宜将楼层剪力简单地按某一比例在框架和剪力墙之间分配。

框架结构中设置了电梯井、楼梯井或其他剪力墙型的抗侧力结构后，应按框架剪力墙结构计算。

2.框架-剪力墙结构的计算方法（要点）

对于体型和平面复杂的框架-剪力墙结构，当采用计算机进行计算时，可采用协同工作程序或空间三维分析程序计算。但对于一般框架-剪力墙结构均可按下列简化方法计算。框架-剪力墙结构采用简化方法计算时，作了如下假定：

（1）在整个高度上，框架和剪力墙的几何和力学特性不变，总框架（包括总连梁）作为竖向悬臂剪切构件，总剪力墙作为竖向悬臂弯曲构件，它在同一楼层上水平位移相等。

（2）结构单元内所有框架合并为总框架，所有连梁合并为总连梁，所有剪力墙合并为总剪力墙。总框架、总连梁和总剪力墙的刚度分别为各单个结构刚度之和。

（3）风荷载及水平地震作用由总框架（包括总连梁）和总剪力墙共同分担。

在上述假定下，把框架与剪力墙的连梁作为多余未知力并加以连续化，建立满足变形协调和力平衡的微分方程，通过解微分方程并利用剪力墙底端和顶端的边界条件求出剪力墙（也是框架）的侧移曲线计算公式，进而利用材料力学的基本公式，可以求出总剪力墙和总框架的内力及荷载，然后按各榀框架的等效抗侧刚度对总框架的剪力进行分配。同样，按各片剪力墙的等效抗弯刚度将总剪力墙的弯矩和剪力分配到每片剪力墙上。最后分别对每榀框架和每片剪力墙进行设计计算。

设计计算时用的具体计算公式和图表可查阅有关高层建筑结构设计计算参考书。

3. 框架剪力的调整

在地震作用下，结构已进入弹塑性状态，剪力墙和框架之间的内力将会出现重分布，框架承受的地震力将增加。因此，抗震设计时，框架-剪力墙结构计算所得的框架各层总剪力 V_f（即各框架柱剪力之和），应按下列方法调整：

（1）规则建筑中的楼层按下列方法调整框架总剪力：

① $V_f \geqslant 0.2V_0$ 的楼层不必调整，V_f 可按计算值采用；

② $V_f < 0.2V_0$ 的楼层，设计时 V_f 取 $1.5V_{max,f}$ 和 $0.2V_0$ 两者中的较小值，其中，V_0 为地震作用产生的结构底部总剪力，$V_{max,f}$ 为各层框架部分所承担总剪力中的最大值。

（2）当屋面凸出部分也采用框架-剪力墙结构时，凸出部分框架的总剪力取本层框架部分计算值的 1.5 倍。

（3）按振型分解反应谱法计算时，调整在振型组合之后进行。

（4）各层框架总剪力调整后，按调整前后的比例调整各柱和梁的剪力和端部弯矩，柱轴向力不调整。

（三）框架-剪力墙结构设计和构造要求

框架-剪力墙结构设计和构造要求详见《高层混凝土规程》第 8 章。

【例 17-8-1】 承受水平荷载作用的钢筋混凝土框架-剪力墙结构中，框架和剪力墙协同工作，但两者之间：

  A. 只在上部楼层，框架部分拉住剪力墙部分，使其变形减小

  B. 只在下部楼层，框架部分拉住剪力墙部分，使其变形减小

  C. 只在中间楼层，框架部分拉住剪力墙部分，使其变形减小

  D. 在所有楼层，框架部分拉住剪力墙部分，使其变形减小

解 水平荷载单独作用于框架结构时，结构侧移曲线呈剪切型；水平荷载单独作用于剪力墙结构时，结构侧移曲线呈弯曲形。所以，在结构的底部，框架结构的侧向变形较剪力墙结构大；在结构的顶部，剪力墙结构的侧向变形较框架结构大。二者协同工作后，在上部楼层，框架部分拉住剪力墙部分，使其变形减小。

答案： A

【例 17-8-2】 与钢筋混凝土框架-剪力墙结构相比，钢筋混凝土筒体结构所特有的规律是：

  A. 弯曲型变形与剪切型变形叠加   B. 剪力滞后

  C. 是双重抗侧力体系   D. 水平荷载作用下是延性破坏

解 钢筋混凝土筒体结构是由四片密柱深梁框架所组成的立体结构。在水平荷载作用下，四片框架同时参与工作。水平剪力主要由平行于荷载方向的"腹板框架"承担，倾覆力矩则由垂直于荷载方向的"翼缘框架"和"腹板框架"共同承担。由于"翼缘"和"腹板"是由密柱深梁的框架所组成，相当于墙面上布满洞口的空腹筒体。尽管深梁的跨度很小，截面高度很大，深梁的竖向弯剪刚度仍然是有限的，因此出现剪力滞后现象，使得柱的轴向力愈接近角柱愈大，框筒的"翼缘框架"和"腹板框架"的各柱

轴向力分布均呈现曲线变化。

答案： B

四、高层建筑基础

（1）高层建筑的基础设计，应综合考虑建筑场地的工程地质和水文地质状况、上部结构的类型和房屋高度、施工技术和经济条件等因素，使建筑物不致发生过量沉降或倾斜，满足建筑物正常使用要求；还应了解邻近地下构筑物及各项地下设施的位置和标高等，减少与相邻建筑的相互影响。

（2）在地震区，高层建筑宜避开对抗震不利的地段；当条件不允许避开不利地段时，应采取可靠措施，使建筑物在地震时不致由于地基失效而破坏，或者产生过量下沉或倾斜。

（3）基础设计宜采用当地成熟可靠的技术，宜考虑基础与上部结构相互作用的影响。施工期间需要降低地下水位的，应采取避免影响邻近建筑物、构筑物、地下设施等安全和正常使用的有效措施；同时还应注意施工降水的时间要求，避免停止降水后水位过早上升而引起建筑物上浮等问题。

（4）高层建筑应采用整体性好、能满足地基承载力和建筑物容许变形要求并能调节不均匀沉降的基础形式；宜采用筏形基础或带桩基的筏形基础，必要时可采用箱形基础。当地质条件好且能满足地基承载力和变形要求时，也可采用交叉梁式基础或其他形式基础；当地基承载力或变形不满足设计要求时，可采用桩基或复合地基。

（5）高层建筑主体结构基础底面形心宜与永久作用重力荷载重心重合；当采用桩基础时，桩基的竖向刚度中心宜与高层建筑主体结构重力荷载重心重合。

（6）在重力荷载与水平荷载标准值或重力荷载代表值与多遇水平地震标准值共同作用下，高宽比大于4的高层建筑，基础底面不宜出现零应力区；高宽比不大于4的高层建筑，基础底面与地基之间零应力区面积不应超过基础底面面积的15%。质量偏心较大的裙楼与主楼可分别计算基底应力。

（7）基础应有一定的埋置深度。在确定埋置深度时，应综合考虑建筑物的高度、体型、地基土质、抗震设防烈度等因素。基础埋置深度可从室外地坪算至基础底面，并宜符合下列规定：

①天然地基或复合地基，可取房屋高度的1/15；

②桩基础，不计桩长，可取房屋高度的1/18。

当建筑物采用岩石地基或采取有效措施时，在满足地基承载力、稳定性要求及第（6）条规定的前提下，基础埋深可比本条第①、②两款的规定适当放松。

当地基可能产生滑移时，应采取有效的抗滑移措施。

（8）高层建筑的基础和与其相连的裙房的基础，设置沉降缝时，应考虑高层主楼基础有可靠的侧向约束及有效埋深；不设沉降缝时，应采取有效措施减少差异沉降及其影响。

（9）高层建筑基础的混凝土强度等级不宜低于C25。当有防水要求时，混凝土抗渗等级应根据基础埋置深度按表17-8-9采用，必要时可设置架空排水层。

基础防水混凝土的抗渗等级   表17-8-9

基础埋置深度 H（m）	抗 渗 等 级	基础埋置深度 H（m）	抗 渗 等 级
$H<10$	P6	$20 \leqslant H<30$	P10
$10 \leqslant H<20$	P8	$H \geqslant 30$	P12

习 题

17-8-1 单层工业厂房设计中，若需将伸缩缝、沉降缝、抗震缝合成一体时，其设计构造做法是（　　）。

  A. 在缝处从基础底至屋顶把结构分成两部分，其缝宽应按沉降缝要求设置

  B. 在缝处只需从基础顶以上至屋顶将结构分成两部分，缝宽取三者中的最大值

  C. 在缝处从基础底至屋顶把结构分成两部分，其缝宽取三者的最大值

  D. 在缝处从基础底至屋顶把结构分成两部分，其缝宽按抗震缝要求设置

17-8-2 已经按框架计算完毕的框架结构，后来再加上一些剪力墙，结构将变得（　　）。

  A. 更加安全

  B. 不安全

  C. 框架的下部某些楼层可能不安全

  D. 框架的顶部楼层可能不安全

第九节 抗震设计要点

一、一般规定

（一）设防依据

（1）设防依据为"抗震设防烈度"。

（2）抗震设防烈度必须按国家规定的权限审批、颁布的文件确定。一般情况下，抗震设防烈度可采用中国地震动参数区别图的地震基本烈度［《建筑抗震设计规范》（GB 50011—2010）（以下简称《抗震规范》）设计基本地震加速度值对应的烈度值］。

（二）设防范围

《抗震规范》适用于抗震设防烈度为6度、7度、8度和9度地区建筑工程的抗震设计及隔震、消能减震设计。设防烈度大于9度地区的建筑和行业有特殊要求的工业建筑，其抗震设计应按有关专门规定执行。

（三）设防分类

1. 建筑抗震设防类别划分

应根据下列因素综合分析确定：

（1）建筑破坏造成的人员伤亡、直接和间接经济损失及社会影响的大小。

（2）城镇的大小、行业的特点、工矿企业的规模。

（3）建筑使用功能失效后，对全局的影响范围大小、抗震救灾影响及恢复的难易程度。

（4）建筑各区段的重要性有显著不同时，可按区段划分抗震设防类别。下部区段的类别不应低于上部区段。

（5）不同行业的相同建筑，当所处地位及地震破坏所产生的后果和影响不同时，其抗震设防类别可不相同。

注：区段指由防震缝分开的结构单元、平面内使用功能不同的部分或上下使用功能不同的部分。

2. 建筑工程四个抗震设防类别

（1）特殊设防类，指使用上有特殊设施，涉及国家公共安全的重大建筑工程和地震时可能发生严重次生灾害等特别重大灾害后果，需要进行特殊设防的建筑，简称甲类。

（2）重点设防类，指地震时使用功能不能中断或需尽快恢复的生命线相关建筑，以及地震时可能导致大量人员伤亡等重大灾害后果，需要提高设防标准的建筑，简称乙类。

（3）标准设防类，指大量的除（1）、（2）、（4）款以外按标准要求进行设防的建筑，简称丙类。

（4）适度设防类，指使用上人员稀少且震损不致产生次生灾害，允许在一定条件下适度降低要求的建筑，简称丁类。

3. 各抗震设防类别建筑的抗震设防标准

（1）标准设防类，应按本地区抗震设防烈度确定其抗震措施和地震作用，达到在遭遇高于当地抗震设防烈度的预估罕遇地震影响时不致倒塌或发生危及生命安全的严重破坏的抗震设防目标。

（2）重点设防类，应按高于本地区抗震设防烈度1度的要求加强其抗震措施；但抗震设防烈度为9度时，应按比9度更高的要求采取抗震措施；地基基础的抗震措施，应符合有关规定。同时，应按本地区抗震设防烈度确定其地震作用。

（3）特殊设防类，应按高于本地区抗震设防烈度提高1度的要求加强其抗震措施；但抗震设防烈度为9度时，应按比9度更高的要求采取抗震措施。同时，应按批准的地震安全性评价的结果且高于本地区抗震设防烈度的要求确定其地震作用。

（4）适度设防类，允许比本地区抗震设防烈度的要求适当降低其抗震措施，但抗震设防烈度为6度时不应降低。一般情况下，仍应按本地区抗震设防烈度确定其地震作用。

4. 设防水准及其概率水平（见表17-9-1）

设防水准及其概率水平   表 17-9-1

水 准	涵 义	要 求	设计基准期内的超越概率
第一水准	小震不坏	当遭受低于本地区抗震设防烈度的多遇地震影响时，主体结构不受损坏或不需修理可继续使用	多遇地震对应的(众值)烈度 63.2%
第二水准	中震可修	当遭受相当于本地区抗震设防烈度的地震影响时，可能损坏，经过一般修理仍可继续使用	基本（设防）烈度 10%
第三水准	大震不倒	当遭受高于本地区抗震设防烈度的罕遇地震影响时，不致倒塌或发生危及生命的严重破坏	罕遇地震对应的烈度 2%~3%

注：1. 根据规范组研究，我国地震强度概率分布符合极值Ⅲ型；多遇地震对应的烈度为位于地震烈度概率密度曲线的峰点，在设计基准期内平均重现一次的地震烈度，又称众值烈度，其超越概率为63.2%。

2. 按小震不坏、大震不倒的要求进行抗震设计，又称为二阶段设计。

（四）地震影响

建筑所在地区遭受的地震影响，应采用相应于抗震设防烈度的设计基本地震加速度和特征周期表征。

抗震设防烈度和设计基本地震加速度取值的对应关系应符合表17-9-2的规定。设计地震加速度为 $0.15g$ 和 $0.30g$ 地区内的建筑，除《抗震规范》另有规定外，应分别按抗震设防烈度为7度和8度的要求进行抗震设计。

抗震设防烈度和设计基本地震加速度值的对应关系　　　　表 17-9-2

抗震设防烈度	6	7	8	9
设计基本地震加速度值	0.05g	0.10(0.15)g	0.20(0.30)g	0.40g

注：g为重力加速度。

地震影响的特征周期应根据建筑所在地的设计地震分组和场地类别确定。《抗震规范》的设计地震共分为三组。

我国主要城镇（县级及县级以上城镇）中心地区的抗震设防烈度、设计基本加速度值和所属的设计地震分组，可按《抗震规范》附录 A 采用。

（五）抗震设计概念和基本要求

1.场地和地基

（1）选择建筑场地时，应根据工程需要和地震活动情况、工程地质和地震地质的有关资料，对地震有利、一般、不利和危险地段作出综合评价。对不利地段，应提出避开要求；当无法避开时应采取有效措施；对危险地段，严禁建造甲、乙类建筑，不应建造丙类建筑。

（2）建筑场地为Ⅰ类时，甲、乙类建筑应允许仍按本地区抗震设防烈度的要求采取抗震构造措施；丙类建筑应允许按本地区抗震设防烈度降低一度的要求采取抗震构造措施，但抗震设防烈度为 6 度时仍应按本地区抗震设防烈度的要求采取抗震构造措施。

（3）建筑场地为Ⅲ、Ⅳ类时，对设计基本地震加速度为 0.15g 和 0.30g的地区，除《抗震规范》另有规定外，宜分别按抗震设防烈度为 8 度(0.20g)和 9 度(0.40g)时各类建筑的要求采取抗震构造措施。

（4）地基和基础设计应符合下列要求：

①同一结构单元的基础不宜设置在性质截然不同的地基上；

②同一结构单元不宜部分采用天然地基，部分采用桩基；

③地基为软弱黏性土、液化土、新近填土或严重不均匀土时，应根据地震时地基不均匀沉降和其他不利影响，并采取相应的措施。

2.建筑形体及其构件布置的规则性和防震缝

1）建筑形体及其构件布置的规则性

建筑设计应根据抗震概念设计的要求明确建筑形体的规则性。不规则的建筑应按规定采取加强措施；特别不规则的建筑应进行专门研究和论证，采取特别的加强措施；严重不规则的建筑不应采用。（形体指建筑平面形状和立面、竖向剖面的变化）

建筑设计应重视其平面、立面和竖向剖面的规则性对抗震性能及经济合理性的影响，宜择优选用规则的形体，其抗侧力构件的平面布置宜规则对称，侧向刚度沿竖向宜均匀变化，竖向抗侧力构件的截面尺寸和材料强度宜自下而上逐渐减小，避免侧向刚度和承载力突变。

平面不规则类型和竖向不规则类型分别见表 17-9-3 和表 17-9-4。

平面不规则的类型　　　　表 17-9-3

不规则类型	定义和参数指标
扭转不规则	在规定的水平力作用下，楼层的最大弹性水平位移（或层间位移），大于该楼层两端弹性水平位移（或层间位移）平均值的 1.2 倍
凹凸不规则	平面凹进的尺寸，大于相应投影方向总尺寸的 30%
楼板局部不连续	楼板的尺寸和平面刚度急剧变化，例如，有效楼板宽度小于该层楼板典型宽度的 50%，或开洞面积大于该层楼面面积的 30%，或较大的楼层错层

竖向不规则的类型　　　　　　　　　　　　　表 17-9-4

不规则类型	定义和参数指标
侧向不规则	该层的侧向刚度小于相邻上一层的 70%，或小于其上相邻三个楼层侧向刚度平均值的80%；除顶层或出屋面小建筑外，局部收进的水平向尺寸大于相邻下一层的25%
竖向抗侧力构件不连续	竖向抗侧力构件（柱、抗震墙、抗震支撑）的内力由水平转换构件（梁、桁架等）向下传递
楼层承载力突变	抗侧力结构的层间抗剪承载力小于相邻上一楼层的80%

2）防震缝

体形复杂、平立面不规则的建筑，应根据不规则程度、地基基础条件和技术经济等因素的比较分析，确定是否设置防震缝，并分别符合下列要求：

（1）当不设置防震缝时，应采用符合实际的设计模型，分析判明其应力集中、变形集中或地震扭转效应等导致的易损部位，采取相应的加强措施。

（2）当在适当部位设置防震缝时，宜形成多个较规则的抗侧力结构单元。防震缝应根据抗震设防烈度、结构材料种类、结构类型、结构单元的高度和高差以及可能的地震扭转效应的情况，留有足够的宽度，其两侧的上部结构应完全分开。

（3）当设置伸缩缝和沉降缝时，其宽度应符合防震缝的要求。

3. 抗震等级

钢筋混凝土房屋应根据设防类别、烈度、结构类型和房屋高度采用不同的抗震等级，并应符合相应的计算和构造措施要求。丙类建筑的抗震等级应按表 17-9-5 确定。

现浇钢筋混凝土房屋的抗震等级　　　　　　　表 17-9-5

结构类型		设防烈度			
		6	7	8	9
框架结构	高度（m）	≤24 / >24	≤24 / >24	≤24 / >24	≤24
	框架	四 / 三	三 / 二	二 / 一	一
	大跨度框架	三	二	一	一
框架-抗震墙结构	高度	≤60 / >60	≤24 / 25~60 / >60	≤24 / 25~60 / >60	≤24 / 25~50
	框架	四 / 三	四 / 三 / 二	三 / 二 / 一	二 / 一
	抗震墙	三	三 / 二	二 / 一	一
抗震墙结构	高度（m）	≤80 / >80	≤24 / 25~80 / >80	≤24 / 25~80 / >80	≤24 / 25~60
	剪力墙	四 / 三	四 / 三 / 二	三 / 二 / 一	二 / 一
部分框支抗震墙结构	高度（m）	≤80 / >80	≤24 / 25~80 / >80	≤24 / 25~80	
	抗震墙 一般部位	四 / 三	四 / 三 / 二	二 / 一	
	抗震墙 加强部位	三 / 二	三 / 二 / 一	一 / 一	
	框支层框架	二	二	一	
框架-核心筒结构	框架	三	二	一	
	核心筒	二	二	一	

结构类型		设防烈度					
		6		7		8	9
筒中筒结构	外筒	三		二		一	一
	内筒	三		二		一	一
板柱-抗震墙结构	高度（m）	≤35	>35	≤35	>35	≤35	>35
	框架、板柱的柱	三	二	二	二	二	二
	抗震墙	二	二	二	二		二

注：1. 建筑场地为Ⅰ类时，除6度外，应允许按表内降低一度所对应的抗震等级采取抗震构造措施，但相应的计算要求不应降低。

　　2. 接近或等于高度分界时，应允许结合房屋不规则程度及场地、地基条件确定抗震等级。

　　3. 大跨度框架指跨度不小于18m的框架。

　　4. 高度不超过60m的框架-核心筒结构按框架-抗震墙的要求设计时，应按表中框架-抗震墙结构的规定确定其抗震等级。

4. 对抗震结构的要求

抗震结构体系应根据建筑的抗震设防类别、抗震设防烈度、建筑高度、场地条件、地基、结构材料和施工等因素，经技术、经济和使用条件综合比较确定。

1）抗震结构体系

（1）应具有明确的计算简图和合理的地震作用传递途径；

（2）应避免因部分结构或构件破坏而导致整个结构丧失抗震能力或对重力荷载的承载能力；

（3）应具备必要的抗震承载力、良好的变形能力和消耗地震能量的能力；

（4）对可能出现的薄弱部位，应采取措施提高其抗震能力；

（5）宜有多道抗震防线；

（6）宜具有合理的刚度和承载力分布，避免因局部削弱或突变形成薄弱部位，产生过大的应力集中或塑性变形集中；

（7）结构在两个主轴方向的动力特性宜相近。

2）结构构件

抗震结构的构件，应力求避免出现脆性破坏，并应符合下列要求，以改善其变形能力：

（1）砌体结构应按规定设置钢筋混凝土圈梁和构造柱、芯柱，或采用约束砌体、配筋砌体等。

（2）混凝土结构构件应控制截面尺寸和纵向受力钢筋、箍筋的设置，防止剪切破坏先于弯曲破坏、混凝土的压溃先于钢筋的屈服、钢筋的锚固黏结破坏先于钢筋破坏。

（3）预应力混凝土构件，应配有足够的普通钢筋。

（4）钢结构构件的尺寸应合理控制，避免局部失稳或整个构件失稳。

（5）多、高层的混凝土楼、屋盖宜优先采用现浇混凝土板。当采用混凝土预制装配式楼、屋盖时，应从楼盖体系和构造上采取措施确保各预制板之间连接的整体性。

3）构件连接

各构件之间的连接，应符合下列要求：

（1）构件节点的破坏，不应先于其连接的构件。

（2）预埋件的锚固破坏，不应先于连接件。

（3）装配式结构构件的连接，应能保证结构的整体性。

（4）预应力混凝土构件的预应力筋，宜在节点核心区以外锚固。

装配式单层厂房的各种抗震支撑系统，应保证地震时厂房的整体性和稳定性。

【例 17-9-1】 钢筋混凝土结构中抗震设计要求"强柱弱梁"是为了防止出现的破坏模式是：

      A. 梁中发生剪切破坏，从而造成结构倒塌

      B. 柱先于梁进入受弯屈服，从而造成结构倒塌

      C. 柱出现失稳破坏，从而造成结构倒塌

      D. 柱出现剪切破坏，从而造成结构倒塌

解 地震作用下，框架柱的破坏一般均发生在柱的上下端，对于一般的框架结构，柱内弯矩以地震作用产生的弯矩为主，"强柱弱梁"就是为了防止柱先于梁受弯屈服，导致整体结构破坏。

答案： B

5. 对非结构构件的要求

非结构构件，包括建筑非结构构件和建筑附属机电设备、自身及其与结构主体的连接，应进行抗震设计。非结构构件的抗震设计，应由相关专业人员分别负责进行。

1）附属结构构件

附着于楼、屋面结构上的非结构构件，以及楼梯间的非承重墙体，应与主体结构有可靠的连接和锚固，避免地震时倒塌伤人或砸坏重要设备。

2）框架结构围护墙和隔墙

应考虑其设置对结构抗震的不利影响，避免不合理设置而导致主体结构的破坏。

3）室外装饰物

幕墙、装饰贴面与主体结构应有可靠连接，避免地震时脱落伤人。

4）附属设备

安装在建筑上的附属机械、电气设备系统的支座和连接，应符合地震时使用功能的要求，且不应导致相关部件的损坏。

6. 隔震和消能减震

隔震和消能减震设计，可用于对抗震安全性和使用功能有较高要求或专门要求的建筑。采用隔震或消能减震设计的建筑，当遭遇到本地区的多遇地震影响、设防地震影响和罕遇地震影响时，可按高于《抗震规范》第 1.0.1 条的基本设防目标进行设计。

7. 结构材料与施工

抗震结构对材料和施工质量的特别要求，应在设计文件中注明。

1）砌体结构材料

（1）普通砖和多孔砖的强度等级不应低于 MU10，其砌筑砂浆强度等级不应低于 M5；

（2）混凝土小型空心砌块的强度等级不应低于 MU7.5，其砌筑砂浆强度等级不应低于 Mb7.5。

2）混凝土结构材料

混凝土的强度等级，框支梁、框支柱及抗震等级为一级的框架梁、柱、节点核心区，不应低于 C30；构造柱、芯柱、圈梁及其他各类构件不应低于 C20。

混凝土的强度等级，抗震墙不宜超过 C60；其他构件，9 度时不宜超过 C60，8 度时不宜超过 C70。

3）钢筋

普通钢筋宜优先采用延性、韧性和焊接性较好的钢筋；普通钢筋的强度等级，纵向受力钢筋宜选用符合抗震性能指标的不低于 HRB400 级热轧钢筋，也可采用符合抗震性能指标的 HRB335 级热轧钢筋；箍筋宜选用符合抗震性能指标的不低于 HRB335 级热轧钢筋，也可选用 HPB300 级热轧钢筋。

抗震等级为一、二、三级的框架结构和斜撑构件（含梯段），其纵向受力钢筋采用普通钢筋时，钢筋的抗拉强度实测值与屈服强度实测值的比值不应小于 1.25，且钢筋的屈服强度实测值与屈服强度标准值的比值不应大于 1.3，且钢筋在最大拉力下的总伸长率实测值不应小于 9%。

在施工中，当需要以强度等级较高的钢筋替代原设计中的纵向受力钢筋时，应按照钢筋抗拉承载力设计值相等的原则换算。并应满足最小配筋率要求。

4）钢结构的材料

（1）钢材的屈服强度实测值与抗拉强度实测值的比值不应大于 0.85。

（2）钢材应有明显的屈服台阶，且伸长率应大于 20%。

（3）钢材应有良好的焊接性和合格的冲击韧性。

（4）钢材宜采用 Q235 等级 B、C、D 的碳素结构钢及 Q345 等级 B、C、D、E 的低合金高强度结构钢；当有可靠依据时，尚可采用其他钢种和钢号。

（5）采用焊接连接的钢结构，当接头的焊接约束度较大、钢板厚度不小于 40mm 且承受沿板厚方向的拉力时，钢板厚度方向截面收缩率，不应小于国家标准《厚度方向性能钢板》（GB 50313）关于 Z15 级规定的容许值。

钢筋混凝土构造柱和底部框架-抗震墙房屋中的砌体抗震墙，其施工应先砌墙后浇构造柱和框架梁柱。

二、构造要求

结构抗震设计包括概念设计、抗震验算与构造要求三部分。构造要求是解决在前两部分的抗震设计与验算中尚未包括的重要和关键部分，从构造要求上加以补充，以提高结构、结构构件及节点的延性和耗能能力。具体的构造要求很多，可参阅有关规范及结构设计计算手册，下面仅提供应注意的要点。

（一）框架结构的构造措施

1.梁的截面尺寸

（1）截面宽度不宜小于 200mm。

（2）截面高宽比不宜大于 4。

（3）净跨与截面高度之比不宜小于 4。

其中第（1）条是为了使梁柱节点能具有较好的约束条件，以利改善抗震性能；第（2）条是由于高宽比大于 4 后，不仅抗剪承载力下降，且易导致腹板破坏，抗震性能降低；第（3）条是由于梁净跨与截面高度之比小于 4 后，已属于短深梁，若沿用《抗震规范》框架梁的抗震设计方法设计，则易导致剪切破坏，延性差，难以达到抗震设计要求。

2.对梁配筋要求

1）纵向钢筋

梁的延性和耗能能力将随梁端截面纵向受拉钢筋配筋率及混凝土相对受压区高度的加大而降低，而且还与梁端截面底面和顶面配筋比等有关，因此梁的纵向配筋应符合下列要求：

（1）梁端纵向受拉钢筋的配筋率不宜大于 2.5%，且计入受压钢筋的梁端混凝土受压区高度和有效高度之比，抗震等级为一级时不应大于0.25，二、三级不应大于0.35。

（2）梁端截面的底面和顶面纵向钢筋配筋量的比值，除按计算确定外，一级不应小于0.5，二、三级不应小于0.3。

（3）沿梁全长顶面和底面的配筋，一、二级不应少于2ϕ14，且分别不应少于梁两端顶面和底面纵向配筋中较大截面面积的1/4，三、四级不应少于2ϕ12。

（4）一、二、三级框架梁内贯通中柱的每根纵向钢筋直径，对矩形截面柱，不应大于柱在该方向截面尺寸的1/20；对圆形截面柱，不应大于纵向钢筋所在位置柱截面弦长的1/20。

2）箍筋

在框架梁的两端为塑性铰区，加强和加密箍筋对提高梁端抗震性能有利，因此梁端加密区的箍筋应符合下列要求：

（1）加密区的长度、箍筋最大间距和最小直径应按表17-9-6采用，当梁端纵向受拉钢筋配筋率大于2%时，表中箍筋最小直径数值应增大2mm；

梁加密区的长度、箍筋最大间距和最小直径　　　　　　　表17-9-6

抗 震 等 级	加密区长度 （采用较大值） （mm）	箍筋最大间距 （采用最小值） （mm）	箍筋最小直径 （mm）
一	2h_b，500	$h_b/4$，6d，100	10
二	1.5h_b，500	$h_b/4$，8d，100	8
三	1.5h_b，500	$h_b/4$，8d，150	8
四	1.5h_b，500	$h_b/4$，8d，150	6

注：d为纵向钢筋直径，h_b为梁截面高度。

（2）加密区的箍筋肢距，一级不宜大于200mm和20倍箍筋直径的较大值，二、三级不宜大于250mm和20倍箍筋直径的较大值，四级不宜大于300mm。

3. 柱的截面尺寸

（1）柱的截面宽度和高度均不宜小于300mm，圆柱直径不宜小于350mm。

（2）剪跨比宜大于2。

（3）截面长边与短边的边长比不宜大于3。

（4）柱轴压比不宜超过表17-9-7的规定，建造于Ⅳ类场地且较高的高层建筑，柱轴压比限值应适当减小。

柱 轴 压 比 限 值　　　　　　　表17-9-7

结 构 类 型	抗 震 等 级			
	一	二	三	四
框架结构	0.65	0.75	0.85	0.90
框架-抗震墙、板柱-抗震墙、框架-核心筒及筒中筒	0.75	0.85	0.90	0.95
部分框支抗震墙	0.6	0.7	—	

注：1. 轴压比指柱组合的轴压力设计值与柱的全截面面积和混凝土轴心抗压强度设计值乘积之比值；可不进行地震作用计算的结构，取无地震作用组合的轴力设计值。

2. 表内限值适用于剪跨比大于 2、混凝土强度等级不高于 C60 的柱；剪跨比不大于 2 的柱轴压比限值应降低 0.05；剪跨比小于 1.5 的柱，轴压比限值应专门研究并采取特殊构造措施。

3. 沿柱全高采用井字复合箍且箍筋肢距不大于 200mm、间距不大于 100mm、直径不小于 12mm，或沿柱全高采用连续复合螺旋筋、螺旋筋净距不大于 100mm、箍筋肢距不大于 200mm、直径不小于 12mm，或沿柱全高采用连续复合矩形螺旋筋、螺旋筋净距不大于 80mm、箍筋肢距不大于 200mm、直径不小于 10mm，轴压比限值均可增加 0.10；上述三种箍筋的配箍特征值均应按增大的轴压比由表 17-9-10 确定。

4. 在柱的截面中部附加芯柱，其中另加的纵向钢筋的总面积不少于柱截面面积的 0.8%，轴压比限值可增加 0.05；此项措施与注 3 的措施共同采用时，轴压比限值可增加 0.15，但箍筋的配箍特征值仍可按增加 0.10 的要求确定。

5. 柱轴压比不应大于 1.05。

4. 柱的配筋要求

1）纵向钢筋

柱纵向钢筋的最小总配筋率应按表 17-9-8 采用，同时每一侧配筋率不应小于 0.2%；对建造于Ⅳ类场地且较高的高层建筑，表中的数值应增加 0.1%。

柱的纵向钢筋配置，尚应符合下列要求：

（1）宜对称布置；

（2）截面尺寸大于 400mm 的柱，纵向钢筋间距不宜大于 200mm；

（3）柱的总配筋率不应大于 5%；

（4）一级且剪跨比不大于 2 的柱，每侧纵向钢筋配筋率不宜大于 1.2%；

（5）边柱、角柱及抗震墙端柱小偏心受拉时，柱内纵向钢筋总截面面积应比计算值增加 25%；

（6）柱纵向钢筋的绑扎接头应避开柱端的箍筋加密区。

柱截面纵向钢筋的最小总配筋率（单位：%）　　　　　　表 17-9-8

类　　别	抗　震　等　级			
	一	二	三	四
可柱和边柱	0.9（1.0）	0.7（0.8）	0.6（0.7）	0.5（0.6）
角柱、框支柱	1.1	0.9	0.8	0.7

注：1. 表中括号内数值用于框架结构的柱。

2. 钢筋强度标准值小于 400MPa 时，表中数值应增加 0.1，钢筋强度标准值为 400MPa 时，表中数值应增加 0.05。

3. 混凝土强度等级高于 C60 时，上述数值应相应增加 0.1。

2）箍筋加密压

（1）柱箍筋加密范围，应按下列规定采用：

①柱端，取截面高度（圆柱直径）、柱净高的 1/6 和 500mm 三者中的最大值；

②底层柱的柱根不小于柱净高的 1/3，当有刚性地面时，除柱端外尚应取刚性地面上下各 500mm；

③剪跨比不大于 2 的柱和因设置填充墙等形成的柱净高与柱截面高度之比不大于 4 的柱，取全高；

④框支柱，取全高；

⑤一级及二级框架的角柱，取全高。

（2）柱箍筋加密区的箍筋间距和直径，应符合下列要求：

①一般情况下，箍筋的最大间距和最小直径，应按表 17-9-9 采用。

柱箍筋加密区的箍筋最大间距和最小直径　　　　　　　　　　　　表 17-9-9

抗 震 等 级	箍筋最大间距（采用较小值，mm）	箍筋最小直径（mm）
一	6d，100	10
二	8d，100	8
三	8d，150（柱根 100）	8
四	8d，150（柱根 100）	6（柱根 8）

注：d 为钢筋直径。

②二级框架柱的箍筋直径不小于 10mm 且箍筋肢距不大于 200mm 时，除柱根外最大间距应允许采用 150mm；三级框架柱的截面尺寸不大于 400mm 时，箍筋最小直径应允许采用 6mm；四级框架柱剪跨比不大于 2 时，箍筋直径不应小于 8mm。

③框支柱和剪跨比不大于 2 的柱，箍筋间距不应大于 100mm。

（3）柱箍筋加密区箍筋肢距，一级不宜大于 200mm，二、三级不宜大于 250mm，四级不宜大于 300mm。至少每隔一根纵向钢筋宜在两个方向有箍筋或拉筋约束；采用拉筋复合箍时，拉筋宜紧靠纵向钢筋并钩住箍筋。

（4）柱箍筋加密区的体积配筋率，应按下列规定采用：

①柱箍筋加密区的体积配箍率应符合下列要求：

$$\rho_v \geq \lambda_v f_c / f_{yv} \qquad\qquad (17-9-1)$$

式中：ρ_v ——柱箍筋加密区的体积配箍率，一级不应小于 0.8%，二级不应小于 0.6%，三、四级不应小于 0.4%，计算复合箍的体积配箍率时，其非螺旋筋的体积应乘以换算系数 0.8；

f_c ——混凝土轴心抗压强度设计值，强度等级低于 C35 时，应按 C35 计算；

f_{yv} ——箍筋或拉筋抗拉强度设计值；

λ_v ——最小配箍特征值，宜按表 17-9-10 采用。

柱箍筋加密区的箍筋最小特征值　　　　　　　　　　　　表 17-9-10

抗震等级	箍 筋 形 式	柱 轴 压 比								
		≤0.3	0.4	0.5	0.6	0.7	0.8	0.9	1.0	1.05
一	普通箍、复合箍	0.10	0.11	0.13	0.15	0.17	0.20	0.23		
	螺旋筋、复合或连续复合矩形螺旋筋	0.08	0.09	0.11	0.13	0.15	0.18	0.21		
二	普通箍、复合箍	0.08	0.09	0.11	0.13	0.15	0.17	0.19	0.22	0.24
	螺旋筋、复合或连续复合矩形螺旋筋	0.06	0.07	0.09	0.11	0.13	0.15	0.17	0.20	0.22
三	普通箍、复合箍	0.06	0.07	0.09	0.11	0.13	0.15	0.17	0.20	0.22
	螺旋筋、复合或连续复合矩形螺旋筋	0.05	0.06	0.07	0.09	0.11	0.13	0.15	0.18	0.20

注：普通箍指单个矩形箍或单个圆形箍，复合箍指由矩形、多边形、圆形箍或拉筋组成的箍筋，复合螺旋筋指由螺旋筋与矩形、多边形、圆形箍或拉筋组成的箍筋，连续复合矩形螺旋筋指全部为同一根钢筋加工而成的箍筋。

②框支柱宜采用复合螺旋筋或井字复合箍，其最小配箍特征值应比表内数值增加 0.02，且体积配箍率不应小于 1.5%。

③剪跨比不大于 2 的柱宜采用复合螺旋筋或井字复合箍，其体积配箍率不应小于 1.2%，9 度一级时不应小于 1.5%。

3）箍筋非加密压

（1）柱箍筋非加密区的体积配箍率不宜小于加密区的 50%；箍筋间距，一、二级框架柱不应大于 10 倍的纵向钢筋直径，三、四级框架柱不应大于 15 倍的纵向钢筋直径。

（2）框架节点核心区箍筋的最大间距和最小直径宜按表 17-9-9 采用，一、二、三级框架节点核心区配箍特征值分别不宜小于 0.12、0.10 和 0.08，且体积配箍率分别不宜小于 0.6%、0.5% 和 0.4%。柱剪跨比不大于 2 的框架节点核芯区配箍率不宜小于核芯区上、下柱端的较大配箍率。

5. 砌体填充墙

钢筋混凝土结构中的砌体填充墙，宜与柱脱开或采用柔性连接，并应符合下列要求：

（1）填充墙的平面和竖向的布置，宜均匀对称，宜避免形成薄弱层或短柱。

（2）砌体的砂浆强度等级不应低于 M5；实心块体的强度等级不宜低于 MU2.5，空心块体的强度等级不宜低于 MU3.5；墙顶应与框架梁密切结合。

（3）填充墙应沿框架全高每隔 500~600mm 设 2φ6 拉筋，拉筋伸入墙内的长度，抗震设防烈度为 6 度、7 度时，宜沿墙全长贯通；8 度、9 度时，应沿墙全长贯通。

（4）墙长大于 5m 时，墙顶与梁宜有拉结；墙长超过 8m 或层高 2 倍时，宜设置钢筋混凝土构造柱；墙高超过 4m 时，墙体半高宜设置与柱连接且沿墙全长贯通的钢筋混凝土水平系梁。

（二）抗震墙结构的构造措施

（1）抗震墙的厚度，一、二级不应小于 160mm 且不宜小于层高或无支长度的1/20，三、四级不应小于 140mm 且不宜小于层高或无支长度的1/25；无端柱或翼墙时，一、二级不宜小于层高或无支长度的1/16，三、四级不宜小于层高或无支长度的1/20。

底部加强部位的墙厚，一、二级不应小于 200mm 且不宜小于层高或无支长度的1/16，三、四级不应小于 160mm 且不宜小于层高或无支长度的1/20；无端柱或翼墙时，一、二级不宜小于层高或无支长度的1/12，三、四级不宜小于层高或无支长度的1/16。

（2）一、二、三级抗震墙在重力荷载代表值作用下墙肢的轴压比，一级时，9 度不宜大于 0.4，7 度、8 度不宜大于 0.5；二、三级时不宜大于 0.6。

注：墙肢轴压比指墙的轴压力设计值与墙的全截面面积和混凝土轴心抗压强度设计值乘积之比值。

（3）抗震墙竖向、横向分布钢筋的配筋，应符合下列要求：

①一、二、三级抗震墙的竖向和横向分布钢筋最小配筋率均不应小于 0.25%，四级抗震墙分布钢筋最小配筋率不应小于 0.20%。

注：高度小于 24m 且剪压比很小的四级抗震墙，其竖向分布筋的最小配筋率应允许按 0.15% 采用。

②部分框支抗震墙结构的落地抗震墙底部加强部位，竖向和横向分布钢筋配筋率均不应小于 0.3%。

（4）抗震墙竖向和横向分布钢筋的配置，尚应符合下列规定：

①抗震墙的竖向和横向分布钢筋的间距不宜大于 300mm，部分框支抗震墙结构的落地抗震墙底部加强部位，竖向和横向分布钢筋的间距不宜大于 200mm。

②抗震墙厚度大于 140mm 时，其竖向和横向分布钢筋应双排布置，双排分布钢筋间拉筋的间距不

宜大于600mm，直径不应小于6mm。

③抗震墙竖向和横向分布钢筋的直径，均不宜大于墙厚的1/10且不应小于8mm；竖向钢筋直径不宜小于10mm。

（5）抗震墙两端和洞口两侧应设置边缘构件。边缘构件包括暗柱、端柱和翼墙，并应符合下列要求：

①对于抗震墙结构，底层墙肢底截面的轴压比不大于表17-9-11规定的一、二、三级抗震墙，墙肢两端可设置构造边缘构件。构造边缘构件的范围可按图 17-9-1 采用。构造边缘构件的配筋除应满足受弯承载力要求外，并宜符合表17-9-12的要求。

抗震墙设置构造边缘构件的最大轴压比　　　　　　　　　　　　　　表 17-9-11

抗震等级或烈度	一级（9度）	一级（7度、8度）	二、三级
轴压比	0.1	0.2	0.3

抗震墙构造边缘构件的配筋要求　　　　　　　　　　　　　　表 17-9-12

抗震等级	底部加强部位			其 他 部 位		
	纵向钢筋最小量（取较大值）	箍筋		纵向钢筋最小量（取较大值）	拉筋	
		最小直径（mm）	沿竖向最大间距（mm）		最小直径（mm）	沿竖向最大间距（mm）
一	$0.010A_c$，$6\phi16$	8	100	$0.008A_c$，$6\phi14$	8	150
二	$0.008A_c$，$6\phi14$	8	150	$0.006A_c$，$6\phi12$	8	200
三	$0.006A_c$，$6\phi12$	6	150	$0.005A_c$，$4\phi12$	6	200
四	$0.005A_c$，$4\phi12$	6	200	$0.004A_c$，$4\phi12$	6	250

注：1. A_c为边缘构件的截面面积。

2. 其他部位的拉筋，水平间距不应大于纵筋间距的2倍；转角处宜采用箍筋。

3. 当端柱承受集中荷载时，其纵向钢筋、箍筋直径和间距应满足柱的相应要求。

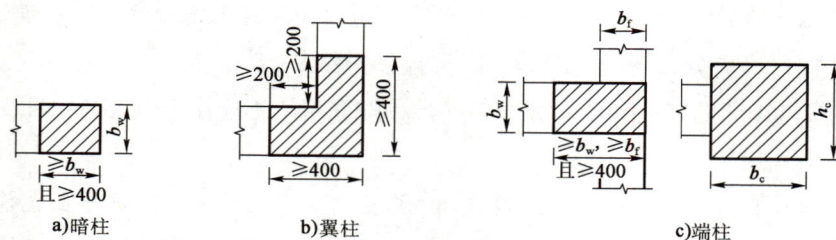

图 17-9-1　抗震墙的构造边缘构件范围（尺寸单位：mm）

②底层墙肢底截面的轴压比大于表17-9-11规定的一、二、三级抗震墙，以及部分框支抗震墙结构的抗震墙，应在底部加强部位及相邻的上一层设置约束边缘构件，在以上的其他部位可设置构造边缘构件。约束边缘构件沿墙肢的长度、配箍特征值、箍筋和纵向钢筋宜符合表17-9-13的要求（见图17-9-2）。

表 17-9-13
抗震墙约束边缘构件的范围及配筋要求

项　目	一级（9度）		一级（8度）		二、三级	
	$\lambda \leqslant 0.2$	$\lambda > 0.2$	$\lambda \leqslant 0.3$	$\lambda > 0.3$	$\lambda \leqslant 0.4$	$\lambda > 0.4$
l_c（暗柱）	$0.20h_w$	$0.25h_w$	$0.15h_w$	$0.20h_w$	$0.15h_w$	$0.20h_w$
l_c（翼墙或端柱）	$0.15h_w$	$0.20h_w$	$0.10h_w$	$0.15h_w$	$0.10h_w$	$0.15h_w$
λ_v	0.12	0.20	0.12	0.20	0.12	0.20
纵向钢筋（取较大值）	$0.012A_c$，$8\phi16$		$0.012A_c$，$8\phi16$		$0.010A_c$，$6\phi16$（三级 $6\phi14$）	
箍筋或拉筋沿竖向间距	100mm		100mm		150mm	

注：1.抗震墙的翼墙长度小于其3倍厚度或端柱截面边长小于2倍墙厚时，按无翼墙、无端柱查表。

2.l_c为约束边缘构件沿墙肢长度，且不小于墙厚和400mm；有翼墙或端柱时，不应小于翼墙厚度或端柱沿墙肢方向截面高度加300mm。

3.λ_v为约束边缘构件的配箍特征值，体积配箍率可按式（17-9-1）计算，并可适当计入满足构造要求且在墙端有可靠锚固的水平分布钢筋的截面面积。

4.h_w为抗震墙墙肢长度。

5.λ为墙肢轴压比。

6.A_c为图17-9-2中约束边缘构件阴影部分的截面面积。

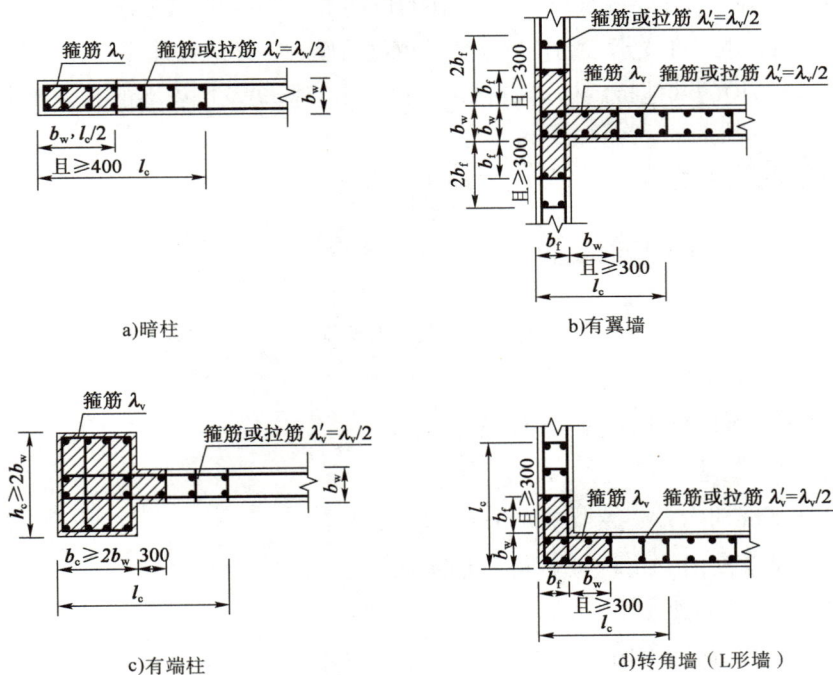

a)暗柱　　　　　　　　b)有翼墙

c)有端柱　　　　　　　　d)转角墙（L形墙）

图 17-9-2　坑震墙的约束边缘构件（尺寸单位：mm）

【例 17-9-2】下面关于钢筋混凝土剪力墙结构中边缘构件的说法中正确的是：

A.仅当作用的水平荷载较大时，剪力墙才设置边缘构件

B.剪力墙若设置边缘构件，则必须为约束边缘构件

C.所有剪力墙都需设置边缘构件

D.剪力墙只需设置构造边缘构件即可

解 《混凝土规范》第 11.7.17 条规定，剪力墙两端及洞口两侧应设置边缘构件。当边缘构件的轴压比不大于表 11.7.17 规定时，可按规范规定设置构造边缘构件；当墙肢底截面轴压比大于表 11.7.17 规定时，应按规范规定设置约束边缘构件。

答案：C

（6）抗震墙的墙肢长度不大于墙厚的 3 倍时，应按柱的有关要求进行设计；矩形墙肢的厚度不大于 300mm 时，尚宜全高加密箍筋。

（7）跨高比较小的高连梁，可设水平缝形成双连梁、多连梁或采取其他加强受剪承载力的构造。顶层连梁的纵向钢筋伸入墙体的锚固长度范围内，应设置箍筋。

（三）框架-抗震墙结构的构造措施

（1）框架-抗震墙结构的抗震墙厚度和边框设置，应符合下列要求：

①抗震墙的厚度不应小于 160mm 且不宜小于层高或无支长度的1/20，底部加强部位的抗震墙厚度不应小于 200mm 且不宜小于层高或无支长度的1/16。

②有端柱时，墙体在楼盖处宜设置暗梁，暗梁的截面高度不宜小于墙厚和 400mm 的较大值；端柱截面宜与同层框架柱相同，并应满足本规范第 6.3 节对框架柱的要求；抗震墙底部加强部位的端柱和紧靠抗震墙洞口的端柱，宜按柱箍筋加密区的要求沿全高加密箍筋。

（2）抗震墙的竖向和横向分布钢筋，配筋率均不应小于 0.25%，钢筋直径不宜小于 10mm，间距不宜大于 300mm，并应双排布置，双排分布钢筋间应设置拉筋。

（3）楼面梁与抗震墙平面外连接时，不宜支承在洞口连梁上；沿梁轴线方向宜设置与梁连接的抗震墙，梁的纵筋应锚固在墙内；也可在支承梁的位置设置扶壁柱或暗柱，并应按计算确定其截面尺寸和配筋。

（4）框架-抗震墙结构的其他抗震构造措施，应符合本节框架及抗震墙的有关要求。

三、其他一些补充规定

其他一些补充规定详见《高层混凝土规程》的有关章节。

习 题

17-9-1 三水准抗震设防标准中的"小震"是指（ ）。

    A. 6 度以下的地震

    B. 设计基准期内，超越概率大于 63.2% 的地震

    C. 设计基准期内，超越概率大于 10% 的地震

    D. 6 度和 7 度的地震

17-9-2 设计计算时，地震作用的大小与下列（ ）因素有关。

    ①建筑物的质量；②场地烈度；③建筑物本身的动力特性；④地震的持续时间。

    A. ①③④   B. ①②④   C. ①②③   D. ①②③④

17-9-3 《抗震规范》规定框架-抗震墙结构抗震墙的厚度不应小于（ ）。

    A. 100mm   B. 120mm   C. 140mm   D. 160mm

17-9-4 抗震等级为二级的框架结构，一般情况下柱的轴压比限值为（ ）。

    A. 0.65   B. 0.9   C. 0.75   D. 0.85

第十节 钢结构钢材性能

一、基本性能

（一）钢材的两种破坏形式

当钢材的应力超过其屈服应力，发生很大塑性变形后的破坏，称之为塑性破坏；钢材在没有明显塑性变形情况下发生的破坏，称之为脆性破坏。钢材虽然有较好的塑性，但在某一特定使用条件下，也可能发生脆性破坏。在设计、施工和使用中，应注意防止钢材发生脆性破坏。

（二）钢材的主要机械性能

钢材的主要机械性能指标有抗拉强度、屈服强度、伸长率、冷弯性能和冲击韧性五项。前三项指标由标准拉伸试验确定，后两项指标分别由冷弯试验和冲击试验确定。钢材的机械性能指标详见有关钢结构参考用书。

抗拉强度是钢材断裂前的最大强度，表示钢材屈服后安全储备的大小。屈服强度是确定钢材强度标准值的依据。伸长率和冷弯性能是反映钢材塑性变形大小及冷加工时对出现裂缝的抵抗能力。冲击韧性是反映钢材对冲击荷载和三轴应力下抵抗脆性破坏的能力。

二、结构钢种类

在钢结构设计文件中，应注明采用的钢材牌号（包括质量等级、脱氧方法、供货条件等），连接材料的型号（或钢号）和对钢材所要求的力学性能、化学成分及其他的附加保证项目。

（1）普通碳素钢按规定应保证的条件分为甲类钢、乙类钢、特类钢三类，建筑结构常用甲类钢材。

甲类钢——按机械性能供应的钢。

乙类钢——按化学成分供应的钢。

特类钢——按机械性能与化学成分供应的钢。

（2）普通碳素钢，按炼钢炉种类分为平炉钢、氧气转炉钢、空气转炉钢。

（3）普通碳素钢，按脱氧程度分为沸腾钢、镇静钢、半静钢。

（4）低合金高强度钢是适量加入硅、锰、钒等元素，使钢材的力学性能提高。常用的钢号有 Q345、Q390、Q420 和 Q460。

【例 17-10-1】建筑钢结构经常采用的钢材牌号是 Q345，其中 345 表示的是：

    A. 抗拉强度   B. 弹性模量   C. 屈服强度   D. 合金含量

解 碳素结构钢的牌号由代表屈服点的字母、屈服强度、质量等级符号、脱氧方法四个部分组成。如 Q235-B.F，Q 表示钢材屈服强度，235 表示屈服点为 235N/mm²，B 表示质量等级，F 表示沸腾钢。

答案：C

三、钢材的选用

为保证承重结构的承载能力和防止在一定条件下出现脆性破坏，应根据结构的重要性、荷载特征、结构形式、应力状态、连接方法、钢材厚度和工作环境等因素综合考虑，选用合适的钢材牌号和材性。

钢材宜采用 Q235、Q345、Q390、Q420、Q460 和 Q345GJ 钢，其质量应分别符合现行国家标准《碳素结构钢》（GB/T 700）、《低合金高强度结构钢》（GB/T 1591）和《建筑结构用钢板》（GB/T 19879）的规定。

承重结构所用的钢材应具有屈服强度、抗拉强度、断后伸长率和硫、磷含量的合格保证，对焊接结构尚应具有碳当量的合格保证。

焊接承重结构以及重要的非焊接承重结构采用的钢材应具有冷弯试验的合格保证，对直接承受动力荷载或需验算疲劳的构件所用钢材尚应具有冲击韧性的合格保证。

钢材质量等级应符合下列规定：

（1）A 级钢仅可用于结构工作温度高于 0℃的不需要验算疲劳的结构，且 Q235A 钢不宜用于焊接结构。

（2）需验算疲劳的焊接结构用钢材应符合下列规定：

①当工作温度 $t>0℃$ 时，其质量等级不应低于 B 级；

②当工作温度 $-20℃<t≤0℃$ 时，Q235、Q345 钢不应低于 C 级，Q390、Q420、Q460 钢不应低于 D 级；

③当工作温度 $t≤-20℃$ 时，Q235、Q345 钢不应低于 D 级，Q390、Q420、Q460 钢应选用 E 级。

（3）需验算疲劳的非焊接结构，其钢材质量等级要求可较上述焊接结构降低一级但不应低于 B 级。吊车起重量不小于 50t 的中级工作制吊车梁，其质量等级要求应与需要验算疲劳的构件相同。

工作温度 $t≤-20℃$ 的受拉构件及承重构件的受拉板材应符合下列规定：

①所用钢材厚度或直径不宜大于 40mm，质量等级不宜低于 C 级；

②当钢材厚度或直径不小于 40mm 时，其质量等级不宜低于 D 级。

【例 17-10-2】结构钢材牌号 Q345C 和 Q345D 的主要区别在于：

　　　　A. 抗拉强度不同　　　B. 冲击韧性不同　　　C. 含碳量不同　　　D. 冷弯角不同

解　钢材牌号最后的字母代表冲击韧性合格保证，其中 A 级为不要求 V 型冲击试验，B 级为具有常温冲击韧性合格保证。对于 Q235 和 Q345 钢，C 级为具有 0℃（工作温度 $-20℃<t≤0℃$）冲击韧性合格保证，D 级为具有 -20℃（工作温度 $t≤-20℃$）冲击韧性合格保证，B 选项正确。

答案：B

【例 17-10-3】结构钢材的主要力学性能指标包括：

　　　　A. 屈服强度、抗拉强度和伸长率　　　　　B. 可焊性和耐候性

　　　　C. 碳、硫和磷含量　　　　　　　　　　　D. 冲击韧性和屈强比

解　钢材的主要力学指标包括屈服强度、抗拉强度和伸长率。对于低温条件下的结构钢材，还应有冲击韧性的合格保证。

答案：A

四、钢材强度设计值的折减

计算下列情况的结构构件或连接时，强度设计值应乘以相应的折减系数。

（一）单面连接的单角钢

（1）按轴心受力计算强度和连接　　　　　　　　0.85

（2）按轴心受压计算稳定性

等边角钢 　　　　　　　　　　　　　　　　　　0.6+0.001 5λ，但不大于 1.0

短边相连的不等边角钢 　　　　　　　　　　　　0.6+0.002 5λ，但不大于 1.0

长边相连的不等边角钢 　　　　　　　　　　　　0.70

λ为长细比，对中间无联系的单角钢压杆，应按最小回转半径计算，当λ<20 时，取λ=20。

（二）无垫板的单面施焊对接焊缝 　　　　　　　0.85

（三）施工条件较差的高空安装焊缝和铆钉连接 　0.90

（四）沉头和半沉头铆钉连接 　　　　　　　　　0.80

注：当几种情况同时存在时，其折减系数应连乘。

【例 17-10-4】型号为 L160×10 所表示的热轧型钢是：

　　　　A. 钢板　　　　　　B. 不等边角钢　　　　　C. 等边角钢　　　　　D. 槽钢

解　L160×10 表示的是肢宽 160mm、厚度 10mm 的等边角钢。

答案：C

习　　题

17-10-1 钢结构一般不会因偶然超载或局部超载而突然断裂，这是由于钢材具有（　　　）。

　　　　A. 良好的塑性　　　　　　　　　　　　B. 良好的韧性

　　　　C. 均匀的内部组织　　　　　　　　　　D. 良好的弹性

17-10-2 钢结构在计算疲劳和正常使用极限状态的变形时，荷载的取值为（　　　）。

　　　　A. 均采用设计值

　　　　B. 疲劳计算采用设计值，变形验算采用标准值

　　　　C. 疲劳计算采用标准值，变形验算采用标准值并考虑长期作用的影响

　　　　D. 均采用标准值

第十一节　钢结构基本构件

一、轴心受力构件

（一）轴心受拉构件

1. 强度计算

轴心受拉构件的强度（除摩擦型高强度螺栓连接处外）应按下式计算

毛截面屈服：

$$\sigma = \frac{N}{A} \leqslant f \tag{17-11-1}$$

净截面断裂

$$\sigma = \frac{N}{A_n} \leqslant 0.7 f_u \tag{17-11-2}$$

式中：　N ——所计算截面处的拉力设计值；

f ——钢材的抗拉强度设计值；

A ——构件的毛截面面积；

A_n ——构件的净截面面积，当构件多个截面有孔时，取最不利的截面；

f_u ——钢材的抗拉强度最小值。

【例 17-11-1】 设计螺栓连接的槽钢柱间支撑时，应计算支撑构件的：

  A. 净截面惯性矩   B. 净截面面积

  C. 净截面扭转惯性矩   D. 净截面扇形惯性矩

解 支撑一般按拉杆设计，所以应取净截面面积计算其抗拉强度设计值。

答案： B

【例 17-11-2】 计算钢结构桁架下弦受拉杆时，需计算构件的：

  A. 净截面屈服强度   B. 净截面稳定性

  C. 毛截面屈服强度   D. 净截面刚度

解 受拉构件一般为强度控制，根据《钢结构设计标准》（GB 50017—2017）（以下简称《钢结构标准》）第 7.1.1 条第 1 款，轴心受拉构件的截面强度应计算毛截面屈服强度 $\sigma = N/A \leqslant f$ 和净截面断裂强度 $\sigma = N/A_n \leqslant 0.7f_u$（其中，$f_u$ 指钢材的抗拉强度最小值）。

答案： C

2. 刚度验算

为防止制作、运输安装和使用中出现刚度不足现象，对于桁架、支撑等受拉构件应按下式验算其长细比

$$\lambda_{max} = \left(\frac{l_0}{i} \right)_{max} \leqslant [\lambda] \tag{17-11-3}$$

式中：λ_{max} ——两个主轴方向长细比的较大值；

   $[\lambda]$ ——构件的容许长细比，《钢结构设计标准》规定的受压、受拉构件的容许长细比见表 17-11-1 和表 17-11-2。

受压构件的长细比容许值   表 17-11-1

构件名称	容许长细比
轴心受压柱、桁架和天窗架中的压杆	150
柱的缀条、吊车梁或吊车桁架以下的柱间支撑	150
支撑	200
用以减小受压构件计算长度的杆件	200

注：1. 当杆件内力设计值不大于承载能力的 50% 时，容许长细比值可取 200。

  2. 计算单角钢受压构件的长细比时，应采用角钢的最小回转半径，但计算在交叉点相互连接的交叉杆件平面外的长细比时，可采用与角钢肢边平行轴的回转半径。

  3. 跨度等于或大于 60m 的桁架，其受压弦杆、端压杆和直接承受动力荷载的受压腹杆的长细比不宜大于 120。

  4. 验算容许长细比时，可不考虑扭转效应。

受拉构件的容许长细比 表 17-11-2

构件名称	承受静力荷载或间接承受动力荷载的结构			直接承受动力荷载的结构
	一般建筑结构	对腹杆提供平面外支点的弦杆	有重级工作制起重机的厂房	
桁架的构件	350	250	250	250
吊车梁或吊车桁架以下柱间支撑	300	—	200	
除张紧的圆钢外的其他拉杆、支撑、系杆等	400		350	—

注：1.除对腹杆提供平面外支点的弦杆外，承受静力荷载的结构受拉构件，可仅计算竖向平面内的长细比。

2.在直接或间接承受动力荷载的结构中，计算单角钢受拉构件的长细比时，应采用角钢的最小回转半径，但计算在交叉点相互连接的交叉杆件平面外的长细比时，可采用与角钢肢边平行轴的回转半径。

3.中、重级工作制吊车桁架下弦杆的长细比不宜超过200。

4.在设有夹钳或刚性料耙等硬钩起重机的厂房中，支撑的长细比不宜超过300。

5.受拉构件在永久荷载与风荷载组合作用下受压时，其长细比不宜超过250。

6.跨度等于或大于60m的桁架，其受拉弦杆和腹杆的长细比，承受静力荷载或间接承受动力荷载时不宜超过300，直接承受动力荷载时，不宜超过250。

7.柱间支撑按拉杆设计时，竖向荷载作用下柱子的轴力应按无支撑时考虑。

（二）轴心受压构件

1. 实腹式

1）强度计算

实腹式轴心受压构件的强度应按式（17-11-1）、式（17-11-2）计算。

2）稳定性计算

轴心受压构件尚应按下式计算其稳定性

$$\frac{N}{\varphi A f} \leqslant 1.0 \qquad (17-11-4)$$

式中： N ——轴心压力设计值；

A ——构件的毛截面面积；

φ ——轴心受压构件的稳定系数（取截面两主轴稳定系数的较小者），应根据构件的长细比、钢材屈服强度和截面分类（截面分为 a、b、c 和 d 类），按《钢结构标准》附录D采用。

3）抗剪计算

轴心受压构件所承受的剪力由下式计算

$$V \leqslant \frac{A f}{85 \varepsilon_k} \qquad (17-11-5)$$

$$\varepsilon_k = \sqrt{\frac{235}{f_y}}$$

并认为剪力设计值沿构件全长不变。对实腹式轴心受压构件一般可不进行抗剪计算。对格构式轴心受压构件，剪力 V 应由承受该剪力的缀材面（包括整体连接板的面）分担。

4）局部稳定验算

板件的局部失稳不能先于构件的整体失稳。要保证构件的局部稳定性，必须控制板件的宽厚比，为此《钢结构标准》规定，在轴心受压构件中，翼缘板自由外伸宽度b与其厚度t_f之比，应符合下列要求

$$\frac{b}{t_f} \leqslant (10 + 0.1\lambda)\varepsilon_k \qquad (17-11-6)$$

在工字形及H形截面的轴心受压构件中，腹板计算高度h_0与其厚度t_w之比，应符合下列要求

$$\frac{h_0}{t_w} \leqslant (25 + 0.5\lambda)\varepsilon_k \qquad (17-11-7)$$

式中： λ ——构件两个方向长细比的较大值，当$\lambda<30$时，取$\lambda=30$；当$\lambda>100$时，取$\lambda=100$。

2. 格构式轴心受压构件

1）格构式构件分类

格构式构件分为缀板式构件和缀条式构件。

2）格构式构件与实腹式构件在设计上的主要区别

（1）格构式构件绕虚轴的整体稳定性必须考虑剪切变形的影响（应满足换算长细比限值）。

（2）除验算整体稳定性外，还应验算格构式构件的分肢的稳定性（应满足分肢长细比限值）。

（3）对格构式构件的缀材应进行计算。

【例 17-11-2】 钢结构轴心受拉构件的刚度设计指标是：

　　　　A. 荷载标准值产生的轴向变形　　　　B. 荷载标准值产生的挠度

　　　　C. 构件的长细比　　　　　　　　　　D. 构件的自振频率

解 钢结构轴心受拉构件的轴向变形一般不需要计算，选项 A 错误。荷载标准值下产生的挠度为受弯构件的一个刚度设计指标，选项 B 错误。自振频率为构件的固有动态参数，选项 D 错误。钢结构轴心受拉构件除了应进行强度计算外，还应进行刚度验算，对不同的受拉构件，《钢结构标准》规定了构件的容许长细比来满足刚度要求。

答案： C

二、受弯构件（梁）

（一）型钢梁

1. 强度计算

1）抗弯强度

在主平面内受弯的实腹构件，其抗弯强度应按下式计算

$$\frac{M_x}{\gamma_x W_{nx}} + \frac{M_y}{\gamma_y W_{ny}} \leqslant f \qquad (17-11-8)$$

式中： M_x、M_y ——分别为同一截面处绕x轴和y轴的弯矩（对工字形截面，x轴为强轴，y轴为弱轴）；

　　　W_{nx}、W_{ny} ——分别为对x轴和y轴的净截面模量；

　　　γ_x、γ_y ——分别为沿x轴、y轴的截面塑性发展系数，对工字形截面，$\gamma_x=1.05$，$\gamma_y=1.20$，对箱形截面$\gamma_x=\gamma_y=1.05$，对其他截面，可按《钢结构标准》中表 8.1.1 采用，需要计算疲劳的梁，宜取$\gamma_x=\gamma_y=1.0$。

2）抗剪强度

$$\tau = \frac{VS}{It_w} \leq f_v \tag{17-11-9}$$

式中：V ——计算截面沿腹板平面作用的剪力；

$\quad\quad S$ ——计算剪应力处以上（或以下）毛截面对中和轴的面积矩；

$\quad\quad I$ ——毛截面惯性矩；

$\quad\quad t_w$ ——腹板厚度；

$\quad\quad f_v$ ——钢材的抗剪强度设计值。

3）局部抗压强度

当梁上翼缘作用有沿腹板平面的集中荷载，且该荷载又未设置支承加劲肋时，腹板计算高度上边缘的局部抗压强度按下式计算

$$\sigma_c = \frac{\psi F}{t_w l_z} \leq f \tag{17-11-10}$$

式中：F ——集中荷载，对动力荷载应考虑动力系数；

$\quad\quad \psi$ ——集中荷载增大系数，对重级工作制吊车梁，$\psi=1.35$，对其他梁，$\psi=1.0$；

$\quad\quad l_z$ ——集中荷载按 45°扩散在腹板计算高度上边缘的假定分布长度，其值应根据支座具体尺寸确定。

【例 17-11-3】设计图示一悬臂钢架，最合理的截面形式是：

A. 　　　　　B.

C. 　　　　　D.

例 17-11-3 图

解 根据悬臂梁的受力特点可知，上翼缘承受拉应力，下翼缘承受压应力，钢材的抗拉、抗压强度相同，故应选择上、下翼缘面积相同的截面形式。

答案： B

【例 17-11-4】设计跨中受集中荷载作用的工字形截面简支钢梁的强度时，应计算：

  A. 梁支座处抗剪强度　　　　　　　B. 梁跨中抗弯强度

  C. 截面翼缘和腹板相交处的折算应力　　D. 以上三处都要计算

解 受集中荷载作用的简支钢梁，应计算最大弯矩截面的抗弯强度、最大剪力截面的抗剪强度。在梁的腹板计算高度边缘处，若同时承受较大的正应力、剪应力和局部压应力，则应计算其折算应力。当集中荷载较大时，应计算集中荷载作用点处的折算应力。见《钢结构标准》第6.1.5条。

答案： D

2. 整体稳定计算

（1）当铺板密铺在梁的受压翼缘上并与其牢固相连，能阻止梁受压翼缘的侧向位移时，可不计算梁的整体稳定性。

（2）当箱形截面简支梁满足第（1）项要求，或其截面尺寸满足 $h/b_0 \leq 6$，$l_1/b_0 \leq 95\varepsilon_k^2$ 时，可不计算整体稳定性。其中，h 为梁高，b_0 为两腹板间的距离，l_1 为受压翼缘侧向支承点间的距离（梁的支座处视为有侧向支承）。

当不满足以上情况时，在最大刚度主平面内受弯的构件，其整体稳定性应按下式计算

$$\frac{M_x}{\varphi_b W_x f} \leqslant 1.0 \tag{17-11-11}$$

在两个主平面内受弯的 H 型钢截面或工字形截面构件，其整体稳定性应按下式计算

$$\frac{M_x}{\varphi_b W_x f} + \frac{M_y}{\gamma_y W_y f} \leqslant 1.0 \tag{17-11-12}$$

式中：M_x、M_y ——分别为绕强轴（x轴）、弱轴（y轴）作用的最大弯矩；

$\quad\quad$ W_x、W_y ——分别为按受压纤维确定的对x轴、y轴的毛截面模量；

$\quad\quad\quad$ φ_b ——绕强轴弯曲所确定的梁整体稳定系数（φ_b>0.6 时应修正）。

3. 挠度验算

$$f_{\max} \leqslant [f] \tag{17-11-13}$$

式中：$f_{\max}$ ——按全部荷载标准值计算的梁最大挠度值；

$\quad$ $[f]$ ——受弯构件挠度容许值，按《钢结构标准》附录 B 采用。

（二）组合梁

组合梁的强度、刚度及整体稳定性计算公式与型钢梁相同，但应注意翼缘与腹板的局部稳定。根据翼缘失稳不先于构件破坏的原则，按弹性设计时（$\gamma_x = 1.0$），梁受压翼缘自由外伸宽度b与其厚度t之比，应符合下式要求

$$\frac{b}{t} \leqslant 15\varepsilon_k \tag{17-11-14}$$

当考虑截面部分塑性发展时，为保证局部稳定，翼缘宽厚比限值应减小，即须满足

$$\frac{b}{t} \leqslant 13\varepsilon_k \tag{17-11-15}$$

为了提高腹板的局部稳定性，可增加腹板的厚度或配置合适的加劲肋，后一措施比增加腹板的厚度更经济。防止梁的腹板剪切失稳、弯曲失稳和在局部压应力作用下失稳的有效措施分别是配置横向加劲肋、纵向加劲肋和短加劲肋。根据板的稳定理论，可以确定腹板不失稳时的高厚比要求。当$h_0/t_w \leqslant 80\varepsilon_k$时，腹板不会发生剪切失稳，一般不配置加劲肋；当$80\varepsilon_k < h_0/t_w \leqslant 170\varepsilon_k$时，腹板会发生剪切失稳但不会发生弯曲失稳，应配置横向加劲肋；当$h_0/t_w > 170\varepsilon_k$时，腹板会发生剪切失稳和弯曲失稳，应配置横向加劲肋和在受压区配置纵向加劲肋，必要时尚应在受压区配置短加劲肋。加劲肋的间距和截面尺寸应按《钢结构标准》的规定计算确定。

三、拉弯和压弯构件

（一）拉弯构件

1. 强度计算

弯矩作用在主平面内的拉弯构件，其强度应按下式计算

$$\frac{N}{A_n} \pm \frac{M_x}{\gamma_x W_{nx}} \pm \frac{M_y}{\gamma_y W_{ny}} \leqslant f \tag{17-11-16}$$

需要验算疲劳的拉弯构件，宜取$\gamma_x = \gamma_y = 1.0$。

2. 刚度验算

当M_x很大时，同受弯构件应验算挠度；当M_x不很大时，可按公式（17-11-3）控制其最大长细比。

3. 局部稳定性验算

对型钢截面不必验算局部稳定性，但对组合截面的受压翼缘，则应按式（17-11-14）和式（17-11-15）控制宽厚比。

（二）实腹式压弯构件

1. 强度计算和刚度验算

与拉弯构件相同，按式（17-11-16）计算强度，但当受压翼缘的自由外伸宽度与其厚度之比大于 $13\varepsilon_k$ 而不超过 $15\varepsilon_k$ 时，应取 $\gamma_x=1.0$。需要验算疲劳的压弯构件，宜取 $\gamma_x=\gamma_y=1.0$。

刚度验算与轴心受压构件相同，即控制长细比。

2. 整体稳定性计算

（1）弯矩作用平面内的稳定性

$$\frac{N}{\varphi_x A f} + \frac{\beta_{mx} M_x}{\gamma_x W_{1x}\left(1 - 0.8\frac{N}{N'_{Ex}}\right)f} \leq 1.0 \tag{17-11-17}$$

对于单轴对称截面，当弯矩作用在对称平面内且使较大翼缘受压时，可能在较小翼缘一侧发生受拉破坏。此时，除应按上式计算外，尚应按下式计算

$$\left|\frac{N}{Af} - \frac{\beta_{mx} M_x}{\gamma_x W_{2x}\left(1 - 1.25\frac{N}{N'_{Ex}}\right)f}\right| \leq 1.0 \tag{17-11-18}$$

（2）弯矩作用平面外的稳定性

$$\frac{N}{\varphi_y A f} + \eta \frac{\beta_{tx} M_x}{\varphi_b W_{1x} f} \leq 1.0 \tag{17-11-19}$$

式中：N、M_x ——分别为所计算构件范围内的轴心压力设计值和最大弯矩设计值；

$\quad N'_{Ex}$ ——参数，$N'_{Ex} = \pi^2 EA/(1.1\lambda_x^2)$；

$\quad \varphi_x$、φ_y ——分别为弯矩作用平面内和平面外的轴心受压稳定系数；

$\quad \varphi_b$ ——均匀弯曲受弯构件的整体稳定系数；

$\quad W_{1x}$ ——在弯矩作用平面内对受压最大纤维的毛截面模量；

$\quad W_{2x}$ ——对无翼缘端的毛截面模量；

β_{mx}、β_{tx} ——等效弯矩系数；

$\quad \eta$ ——截面影响系数，对闭口截面，$\eta = 0.7$，对其他截面，$\eta = 1.0$。

等效弯矩系数 β_{mx} 应按下列规定采用：

（1）无侧移框架柱和两端支承的构件

①无横向荷载作用时，β_{mx} 应按下式计算：

$$\beta_{mx} = 0.6 + 0.4 M_2/M_1 \tag{17-11-20}$$

式中：M_1、M_2 ——端弯矩（N·mm），构件无反弯点时取同号，构件有反弯点时取异号，$|M_1| \geq |M_2|$。

②无端弯矩但有横向荷载作用时，β_{mx} 应按下列公式计算：

跨中单个集中荷载：

$$\beta_{mx} = 1 - 0.36 N/N_{cr} \tag{17-11-21}$$

全跨均布荷载：

$$\beta_{mx} = 1 - 0.18 N/N_{cr} \tag{17-11-22}$$

$$N_{cr} = \pi^2 EI/(\mu l)^2 \qquad (17-11-23)$$

式中：N_{cr}——弹性临界力（N）；

μ ——构件的计算长度系数。

③端弯矩和横向荷载同时作用时，式（17-11-17）的$\beta_{mx}M_x$应按下式计算：

$$\beta_{mx}M_x = \beta_{mqx}M_{qx} + \beta_{m1x}M_1 \qquad (17-11-24)$$

式中：M_{qx}——横向均布荷载产生的弯矩最大值（N·mm）；

M_1 ——跨中单个横向集中荷载产生的弯矩（N·mm）；

β_{m1x} ——取式（17-11-20）计算的等效弯矩系数；

β_{mqx} ——取式（17-11-21）或式（17-11-22）计算的等效弯矩系数。

（2）有侧移框架柱和悬臂构件

①有横向荷载的柱脚铰接的单层框架柱和多层框架的底柱，$\beta_{mx} = 1.0$。

②除①情况之外的框架柱，β_{mx}应按式（17-11-21）计算。

③自由端作用有弯矩的悬臂柱，β_{mx}应按下式计算：

$$\beta_{mx} = 1 - 0.36(1 - m)N/N_{cr} \qquad (17-11-25)$$

式中：m ——自由端弯矩与固定端弯矩之比，当弯矩图无反弯点时取正号，有反弯点时取负号。

等效弯矩系数β_{tx}应按下列规定采用：

（1）在弯矩作用平面外有支承的构件，应根据两相邻支承间构件段内的荷载和内力情况确定。

①无横向荷载作用时，β_{tx}应按下式计算：

$$\beta_{tx} = 0.6 + 0.35M_2/M_1 \qquad (17-11-26)$$

②端弯矩和横向荷载同时作用时，β_{tx}应按下列规定取值：

使构件产生同向曲率时：$\beta_{tx} = 1.0$；

使构件产生反向曲率时：$\beta_{tx} = 0.85$。

③无端弯矩有横向荷载作用时，$\beta_{tx} = 1.0$。

（2）弯矩作用平面外为悬臂的构件，$\beta_{tx} = 1.0$。

3. 局部稳定性验算

实腹压弯构件要求不出现局部失稳者，其腹板高厚比、翼缘宽厚比应符合《钢结构标准》表 3.5.1 规定的压弯构件 S4 级截面要求。工字形和箱形截面压弯构件的腹板高厚比超过规定的压弯构件 S4 级截面要求时，应以有效截面代替实际截面计算构件的承载力。

（三）格构式压弯构件（要点）

（1）强度计算、刚度验算与实腹式压弯构件相同，但对虚轴计算时要采用换算长细比。

（2）整体稳定性计算：

①绕实轴（y轴）弯曲时，与实腹式压弯构件相同，弯矩作用平面内和平面外的整体稳定性分别按式（17-11-17）和式（17-11-19）计算。但应注意到此时弯矩作用平面为x轴所在平面，故应将公式中各符号的下标x换成y，y换成x，式（17-11-17）中绕虚轴（x轴）的轴心受压稳定系数φ_x应由换算长细比λ_{0x}查表而得，φ_b取1.0。

②绕虚轴（x轴）弯曲时，《钢结构标准》采用边缘屈服准则计算弯矩作用平面内的稳定性，即按下式计算

$$\frac{N}{\varphi_x Af} + \frac{\beta_{mx} M_x}{W_{1x}\left(1 - \dfrac{N}{N'_{Ex}}\right)f} \le 1.0 \tag{17-11-27}$$

其中

$$W_{1x} = \frac{I_x}{y_0}$$

式中： I_x ——对 x 轴的毛截面惯性矩；

y_0 ——由 x 轴到压力较大分肢的轴线距离或到压力较大分肢腹板外边缘的距离，二者取较大值，

φ_x、N'_{Ex} 由换算长细比确定。

绕虚轴弯曲时，还应计算分肢的稳定性。可把分肢视作平行弦桁架的弦杆来计算每个分肢的轴力，然后按轴心受压构件计算分肢的整体稳定性。若能保证分肢的整体稳定性，则整个构件在弯矩作用平面外的稳定性也能保证。当分肢为组合截面时，尚需验算分肢的局部稳定性。

（3）缀材计算。计算格构式压弯构件的缀材时，应取构件的实际剪力和按式（17-11-5）计算的剪力两者中的较大值进行计算。

四、疲劳计算

（1）直接承受动力荷载重复作用的结构构件及其连接，当应力变化的循环次数 $n \ge 5 \times 1.0^4$ 次时，应进行疲劳计算。

（2）重级工作制吊车梁和重级、中级工作制吊车桁架，应进行疲劳计算。

（3）对非焊接的构件和连接，其应力循环中不出现拉应力的部位可不计算疲劳强度。

（4）需要疲劳计算的构件所用钢材应具有冲击韧性的合格保证，钢材质量等级应符合《钢结构标准》的相关规定。

（5）疲劳计算应采用基于名义应力的容许应力幅法，名义应力应按弹性状态计算。容许应力幅按构件和连接类别、应力循环次数以及计算部位的板件厚度确定。

【例 17-11-5】设计起重量为 $Q = 100t$ 的钢结构焊接工字形截面吊车梁且应力变化的循环次数 $n \ge 5 \times 10^4$ 次时，截面塑性发展系数取：

   A. 1.05   B. 1.2   C. 1.15   D. 1.0

解 《钢结构标准》第 16.1.1 条规定，直接承受动力荷载重复作用的钢结构构件，当应力变化的循环次数 $n \ge 5 \times 10^4$ 次时，应进行疲劳计算；第 6.1.2 条第 3 款规定，对需要计算疲劳的梁，其截面塑性发展系数宜取 1.0。

答案： D

五、构造

基本构件的构造要求详见《钢结构标准》的有关规定。

习 题

17-11-1 钢结构轴心受拉构件按强度计算的极限状态是（   ）。

  A. 净截面的平均应力达到钢材的抗拉强度

  B. 毛截面的平均应力达到钢材的抗拉强度

  C. 净截面的平均应力达到钢材的屈服强度

  D. 毛截面的平均应力达到钢材的屈服强度

17-11-2 钢结构轴心受压构件的整体稳定性系数φ与下列（ ）因素有关。

  A. 构件的截面类别和构件两端的支承情况

  B. 构件的截面类别、长细比及构件两个方向的长度

  C. 构件的截面类别、长细比和钢材的钢号

  D. 构件的截面类别和构件计算长度系数

17-11-3 承受动力荷载作用的焊接工字形截面简支梁，在验算翼缘局部稳定性时，要求受压翼缘自由外伸宽度b与其厚度t的比满足（ ）。

  A. $b/t \leqslant 13\varepsilon_k$ B. $b/t \leqslant 18\varepsilon_k$

  C. $b/t \leqslant 40\varepsilon_k$ D. $b/t \leqslant 15\varepsilon_k$

17-11-4 配置加劲肋是提高焊接组合梁腹板局部稳定性的有效措施，当$h_0/t_w > 170\varepsilon_k$时，（ ）。

  A. 可能发生剪切失稳，应配置横向加劲肋

  B. 可能发生弯曲失稳，应配置纵向加劲肋

  C. 剪切失稳与弯曲失稳均可能发生，应同时配置横向加劲肋和纵向加劲肋

  D. 可能发生剪切失稳，应配置纵向加劲肋

第十二节　钢结构的连接设计计算

  钢结构的连接方法有焊缝连接、铆钉连接、普通螺栓连接和高强度螺栓连接。焊接是钢结构的最主要连接方法。

一、焊缝连接

  焊接方法有电弧焊、气焊、电渣焊和电阻焊等。焊接的形式有平接、搭接、T形连接和角接四种。焊缝形式主要有对接焊缝和角焊缝。焊缝质量检验一般可用外观检查及无损检验。焊缝质量检验和质量标准分为三级：一级焊缝的检验项目除外观检查与超声波检验外，还需进行 X 射线检验；二级焊缝的检验项目是外观检查与超声波检验；三级焊缝的检验项目是对全部焊缝作外观检查。钢结构中一般采用三级焊缝，但对较大拉应力的对接焊缝、直接承受动力荷载构件的较重要焊缝以及对动力和疲劳性能要求较高的焊缝，应采用不低于二级的焊缝。

  （一）对接焊缝

  对接焊缝通常有五种截面形式：不剖口的矩形，剖口的 V 形、X 形、U 形和 K 形。这种焊缝的优点是：用料经济、传力均匀，没有显著的应力集中，对于承受动力荷载作用的结构采用对接焊缝最为有利。

  1.强度计算

  （1）在对接接头和 T 形接头中，垂直于轴心拉力或压力的对接焊缝，其强度按下式计算

$$\sigma = \frac{N}{l_w h_e} \leqslant f_t^w(f_c^w) \tag{17-12-1}$$

（2）在对接接头和 T 形接头中，承受弯矩和剪力共同作用的对接焊缝，其正应力和剪应力应按式（17-12-2）和式（17-12-3）分别进行计算。但在同时受有较大正应力和剪应力处（例如梁腹板横向对接焊缝的端部），应按式（17-12-4）计算折算应力

$$\sigma = \frac{M}{W_f} \leqslant f_t^w \tag{17-12-2}$$

$$\tau = \frac{V S_f}{I_f h_e} \leqslant f_v^w \tag{17-12-3}$$

$$\sqrt{\sigma^2 + 3\tau^2} \leqslant 1.1 f_t^w \tag{17-12-4}$$

上述式中：N——轴心拉力或压力设计值；

$\qquad\quad M$——弯矩设计值；

$\qquad\quad V$——剪力设计值；

$\qquad\quad l_w$——焊缝长度；

$\qquad\quad h_e$——在对接接头中为连接板件的较小厚度，在 T 形接头中为腹板的厚度；

$\qquad\quad W_f$——焊缝的截面模量；

$\qquad\quad I_f$——焊缝截面惯性矩；

$\qquad\quad S_f$——焊缝截面面积矩；

f_t^w、f_c^w、f_v^w——分别为对接焊缝抗拉、受压和抗剪强度设计值。

（3）当承受轴心力作用的板件用斜焊缝对接，焊缝与作用力间的夹角θ符合$\tan\theta \leqslant 1.5$时，其强度可不计算。

2. 构造要求

（1）对接焊缝的坡口形式，宜根据板厚和施工条件按有关现行国家标准的要求选用。

（2）在对接焊缝的拼接处，当焊件的宽度不同或厚度在一侧相差 4mm 以上时，应分别在宽度方向或厚度方向从一侧或两侧做成坡度不大于 1∶2.5 的斜角；直接承受动力荷载作用且需要进行疲劳验算的结构，斜角坡度不应大于 1∶4。当厚度不同时，焊缝坡口形式应根据较薄焊件厚度要求确定。

（3）承受动力荷载时，严禁采用断续坡口焊缝；除横焊位置以外，不宜采用 L 形和 J 形坡口。对接与角接组合焊缝和 T 形连接的全焊透坡口焊缝应采用角焊缝加强，加强焊脚尺寸不应大于连接部位较薄件厚度的1/2，但最大值不得超过 10mm。承受动力荷载需经疲劳验算的连接，当拉应力与焊缝轴线垂直时，严禁采用部分焊透对接焊缝。

（二）直角角焊缝

1. 强度计算

（1）在通过焊缝形心的拉力、压力或剪力作用下：

正面角焊缝（作用力垂直于焊缝长度方向）

$$\sigma_f = \frac{N}{h_e l_w} \leqslant \beta_f f_f^w \tag{17-12-5}$$

侧面角焊缝（作用力平行于焊缝长度方向）

$$\tau_f = \frac{N}{h_e l_w} \leqslant f_f^w \tag{17-12-6}$$

（2）在各种力的综合作用下，σ_f和τ_f共同作用处

$$\sqrt{\left(\frac{\sigma_f}{\beta_f}\right)^2 + \tau_f^2} \leqslant f_f^w \qquad (17-12-7)$$

上述式中：σ_f ——按焊缝有效截面（$h_e l_w$）计算，垂直于焊缝长度方向的应力；

$\quad\quad\quad\quad \tau_f$ ——按焊缝有效截面计算，沿焊缝长度方向的剪应力；

$\quad\quad\quad\quad h_e$ ——角焊缝的计算厚度，当两焊件间隙 $b \leqslant 1.5mm$ 时，$h_e = 0.7h_f$，当 $1.5mm < b \leqslant 5mm$ 时，$h_e = 0.7(h_f - b)$，h_f 为焊脚尺寸；

$\quad\quad\quad\quad l_w$ ——角焊缝的计算长度，对每条焊缝取其实际长度减去 $2h_f$；

$\quad\quad\quad\quad f_f^w$ ——角焊缝的强度设计值；

$\quad\quad\quad\quad \beta_f$ ——正面角焊缝的强度设计值增大系数，对承受静力荷载和间接承受动力荷载作用的结构，$\beta_f = 1.22$；对直接承受动力荷载作用的结构，$\beta_f = 1.0$。

2. 构造要求

（1）角焊缝最小焊脚尺寸宜按表 17-12-1 取值，承受动荷载的角焊缝焊脚尺寸不宜小于 5mm。

（2）断续角焊缝焊段的最小长度不应小于最小计算长度。

（3）角焊缝的最小计算长度应为其焊脚尺寸 h_f 的 8 倍，且不应小于 40mm；焊缝计算长度应为扣除引弧、收弧长度后的焊缝长度。

角焊缝最小焊脚尺寸（单位：mm）　　　　　　　　　　　表 17-12-1

母材厚度 t	角焊缝最小焊脚尺寸 h_f
$t \leqslant 6$	3
$6 < t \leqslant 12$	5
$12 < t \leqslant 20$	6
$t > 20$	8

注：1. 采用不预热的非低氢焊接方法进行焊接时，t 等于焊接连接部位中较厚件厚度，宜采用单道焊缝；采用预热的非低氢焊接方法或低氢焊接方法进行焊接时，t 等于焊接连接部位中较薄件厚度。

2. 焊缝尺寸 h_f 不要求超过焊接连接部位中较薄件厚度的情况除外。

（4）被焊构件中较薄板厚度不小于 25mm 时，宜采用开局部坡口的角焊缝。

（5）采用角焊缝焊接连接，不宜将厚板焊接到较薄板上。

（6）角焊缝的搭接焊缝连接中，当焊缝计算长度 l_w 超过 $60h_f$ 时，焊缝的承载力设计值应乘以折减系数 α_f [$\alpha_f = 1.5 - l_w/(120h_f)$，且不小于 0.5]。

【例 17-12-1】焊接 T 形截面构件中，腹板和翼缘相交处的纵向焊接残余应力为：

　　A. 压应力　　　　　　B. 拉应力　　　　　　C. 剪应力　　　　　　D. 0

解 焊接 T 形截面构件，腹板与翼缘用焊缝顶接，翼缘与腹板相交处因焊缝收缩受到两边钢板的阻碍而产生纵向拉应力。

答案： B

二、普通螺栓连接

普通螺栓根据加工精度分为 A、B 和 C 三级。C 级螺栓（粗制螺栓）连接的抗剪性能较差，主要用于受拉安装连接、次要结构或可拆卸结构的抗剪连接以及安装时的临时定位连接。

（一）普通螺栓连接计算

普通螺栓连接可分为受剪螺栓连接、受拉螺栓连接。受剪螺栓连接依靠螺杆受剪和孔壁承压传力，可能发生以下五种破坏形式：螺杆剪断、孔壁挤压破坏、连接板净截面被拉或压破坏、连接板端部剪坏和螺杆受弯破坏。前三种破坏可通过计算避免，后两种可通过构造措施避免。

在受拉连接中考虑到可能存在撬力而产生附加拉力，将螺栓的抗拉强度设计值f_t^b取为 80%的钢材抗拉强度设计值f，即$f_t^b = 0.8f$。

受剪或受拉螺栓连接的计算步骤，是先按式（17-12-8）~式（17-12-10）计算单个螺栓的承载力设计值，然后对螺栓连接进行内力分析，并使最不利螺栓的内力不大于单个螺栓的承载力设计值。

1. 受剪连接

在普通螺栓的受剪连接中，每个螺栓的承载力设计值应取抗剪和抗压承载力设计值中的较小者：

抗剪承载力设计值

$$N_v^b = n_v \frac{\pi d^2}{4} f_v^b \qquad (17-12-8)$$

抗压承载力设计值

$$N_c^b = d \sum t f_c^b \qquad (17-12-9)$$

式中：n_v ——受剪面数目；

$\quad d$ ——螺栓杆直径；

$\quad \sum t$ ——在不同受力方向中一个受力方向承压构件总厚度的较小值；

f_v^b、f_c^b ——分别为螺栓的抗剪和抗压强度设计值。

2. 受拉连接

在普通螺栓的受拉连接中，每个螺栓的承载力设计值应按下式计算

$$N_t^b = \frac{\pi d_e^2}{4} f_t^b \qquad (17-12-10)$$

式中：d_e ——螺栓在螺纹处的有效直径；

$\quad f_t^b$ ——螺栓的抗拉强度设计值。

（二）构造要求

（1）A 级螺栓用于$d \leqslant 24mm$ 和$l \leqslant 10d$或$l \leqslant 150mm$（按较小值）的螺栓，B 级螺栓用于$d > 24mm$ 和$l > 10d$或$l > 150mm$（按较小值）。d为公称直径，l为螺杆公称长度。

（2）A、B 级螺栓孔的精度和孔壁表面粗糙度，C 级螺栓孔的允许偏差和孔壁表面粗糙度，均应符合现行国家标准《钢结构工程施工质量验收规范》（GB 50205）的要求。

（3）每一杆件在节点上以及拼接接头的一端，永久性螺栓数目不宜少于两个。对组合构件的缀条，其端部连接可采用一个螺栓。

（4）C 级螺栓宜用于沿其杆轴线方向受拉的连接，在下列情况下可用于抗剪连接：

①承受静力荷载或间接承受动力荷载作用的结构中的次要连接。

②承受静力荷载作用的可拆卸结构的连接。

③临时固定构件用的安装连接。

（5）对直接承受动力荷载作用的普通螺栓受拉连接，应采用双螺帽或其他防止螺帽松动的有效措施。

（6）沿杆轴方向受拉的螺栓连接中的端板（法兰板），应适当增强其刚度（如加设加劲肋），以减少

撬力对螺栓抗拉承载力的不利影响。

三、高强度螺栓连接

高强度螺栓的连接可分为摩擦型高强度螺栓连接和承压型高强度螺栓连接，前者只靠被连接板件的摩擦力传力，以摩擦力被克服作为承载能力的极限状态；后者起初靠摩擦力传力，摩擦被克服后依靠栓杆抗剪和承压传力，以栓杆剪切或孔壁承压破坏作为抗剪的极限状态，并要求在正常使用状态下（取荷载标准值计算）被连接板间不发生滑移。这两种形式的螺栓在受拉时没有区别，在材料、螺栓预拉力和构件摩擦面处理等施工操作技术要求上也完全相同。但承压型高强度螺栓连接的承载能力比摩擦型的高，可节约螺栓，但其连接的剪切变形较大，《钢结构标准》规定，高强度螺栓承压型连接不应用于直接承受动力荷载作用的结构。

（一）高强度螺栓连接计算

1. 摩擦型高强度螺栓

（1）在抗剪连接中，每个高强度螺栓的承载力设计值按下式计算

$$N_v^b = 0.9 k n_f \mu P \tag{17-12-11}$$

式中：N_v^b ——一个高强度螺栓的抗剪承载力设计值；

　　　k ——孔型系数，标准孔取 1.0，大圆孔取 0.85，内力与槽孔长向垂直时取 0.7，内力与槽孔长向平行时取 0.6；

　　　n_f ——传力摩擦面数目；

　　　μ ——摩擦面的抗滑移系数，可按《钢结构标准》表 11.4.2-1 取值；

　　　P ——一个高强度螺栓的预拉力设计值，按《钢结构标准》表 11.4.2-2 取值。

（2）在螺栓杆轴方向的受拉连接中，每个高强度螺栓的承载力设计值按下式计算

$$N_t^b = 0.8P \tag{17-12-12}$$

（3）当高强度螺栓同时承受摩擦面间的剪力和螺栓杆轴方向的外拉力时，其承载力应按下式计算

$$\frac{N_v}{N_v^b} + \frac{N_t}{N_t^b} \leqslant 1 \tag{17-12-13}$$

式中：N_v、N_t ——分别为某个高强度螺栓所承受的剪力和拉力；

　　　N_t^b、N_v^b ——分别为一个高强度螺栓的抗拉、抗剪承载力设计值。

2. 承压型高强度螺栓

（1）在抗剪连接中，每个承压型连接的高强度螺栓的承载力设计值的计算方法与普通螺栓相同，但当剪切面在螺纹处时，其抗剪承载力设计值应按螺纹处的有效面积计算。

（2）在杆轴方向的受拉连接中，每个承压型高强度螺栓的承载力设计值的计算方法与普通螺栓相同。

（3）同时承受剪力和杆轴方向拉力的承压型高强度螺栓，应符合下列公式的要求

$$\sqrt{\left(\frac{N_v}{N_v^b}\right)^2 + \left(\frac{N_t}{N_t^b}\right)^2} \leqslant 1 \tag{17-12-14}$$

$$N_v \leqslant \frac{N_c^b}{1.2} \tag{17-12-15}$$

式中：N_c^b ——一个高强度螺栓的抗压承载力设计值。

（二）构造要求

（1）承压型连接的高强度螺栓的预拉力P应与摩擦型连接高强度螺栓相同。连接处构件接触面应清除油污及浮锈。

（2）高强度螺栓承压型连接采用标准圆孔时，其孔径d_0可按《钢结构标准》表 11.5.1 采用。

（3）高强度螺栓摩擦型连接可采用标准孔、大圆孔和槽孔，孔型尺寸可按《钢结构标准》表 11.5.1 采用。采用扩大孔连接时，同一连接面只能在盖板和芯板其中之一的板上采用大圆孔或槽孔，其余仍采用标准孔。

【例 17-12-2】计算图示高强度螺栓摩擦型连接节点时，假设螺栓 A 所受的拉力为：

A. $Fey_1/(5.5y_1^2 + y_2^2)$ B. $Fey_1/(2y_1^2 + 2y_2^2)$

C. $F/10$ D. $F/5$

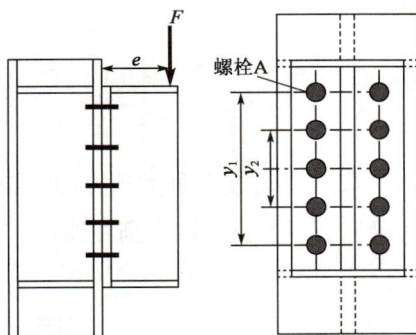

例 17-12-2 图

解 螺栓群的转动中心（形心）为中间一排螺栓，受力为零，形心以上螺栓受拉，形心以下螺栓受压。螺栓受力大小与其到形心的距离成正比，有$\frac{N_1}{y_1/2} = \frac{N_2}{y_2/2}$，则$N_2 = \frac{N_1 y_2}{y_1}$。

根据弯矩平衡，有$Fe = 2N_1y_1 + 2N_2y_2$

螺栓 A 所受的拉力$N_1 = Fey_1/(2y_1^2 + 2y_2^2)$

答案： B

【例 17-12-3】计算拉力和剪力同时作用的高强度螺栓承压型连接时，螺栓的：

A. 抗剪承载力设计值取$N_v^b = 0.9n_f\mu P$

B. 抗拉承载力设计值取$N_t^b = 0.8P$

C. 承压承载力设计值取$N_c^b = d\sum t f_c^b$

D. 预拉力设计值应进行折减

解 根据《钢结构标准》第 11.4.3 条，承压型连接的高强度螺栓的预拉力P与摩擦型连接相同，抗剪、抗拉和承压承载力设计值的计算方法与普通螺栓相同。

答案： C

四、构件间的连接

构件间的连接可以采用焊缝连接、螺栓连接或者栓焊混合连接。连接构造设计的原则是：传力明确简捷、安全可靠、构造简单、便于制造与施工。下面仅介绍其连接构造形式，其详细的设计计算详见有关钢结构设计教材。

（一）次梁与主梁的连接

次梁和主梁的连接一般设计成铰接，次梁为简支梁，即主梁只承受次梁的反力而不承受端弯矩。次梁可以叠接于主梁之上（见图 17-12-1）或侧接于主梁的侧面（见图 17-12-2）。当次梁按连续梁设计时，则应有保证连续梁在主梁位置处传递弯矩的构造措施。

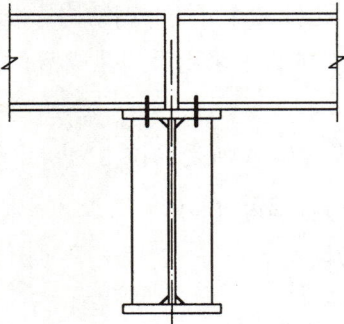

图 17-12-1　次梁叠接于主梁

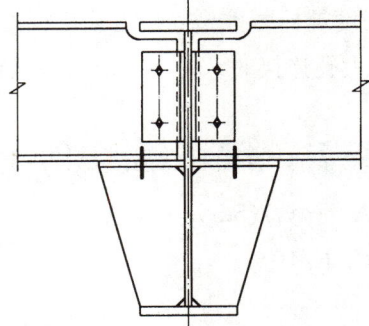

图 17-12-2　次梁侧接于主梁

（二）梁与柱的连接

梁与柱的顶部连接部分称为柱头。梁与轴心受压柱的连接应为铰接，常采用顶接（见图 17-12-3）和侧接（见图 17-12-4）。框架结构的梁柱节点，多数做成刚性连接，其构造要保证将梁端的弯矩和剪力可靠地传递给柱，如图 17-12-5 所示。

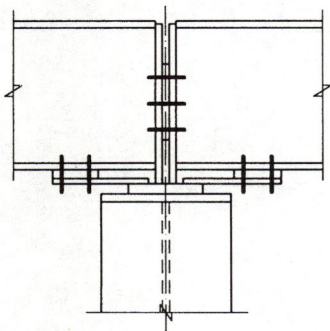

图 17-12-3　梁与柱的顶接

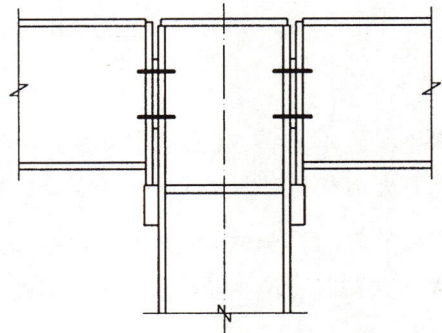

图 17-12-4　梁与柱的侧接

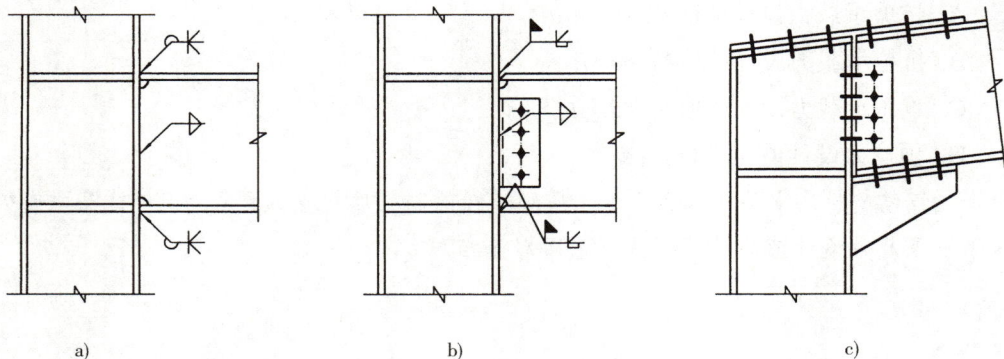

a)　　　　　　　　　　b)　　　　　　　　　　c)

图 17-12-5　框架梁柱连接

【例 17-12-4】钢框架柱拼接不常用的是：

　　A. 全部采用坡口焊缝　　　　　　　　　B. 全部采用高强度螺栓

　　C. 翼缘用焊缝而腹板用高强度螺栓　　　D. 翼缘用高强度螺栓而腹板用焊缝

解 框架柱安装拼接接头宜采用高强螺栓和焊接组合节点或全焊缝节点。采用高强度螺栓和焊缝组合节点时，腹板应采用高强度螺栓连接，翼缘板应采用单面 V 形坡口加衬垫全焊透焊缝连接；采用全焊缝节点时，翼缘板应采用单面 V 形坡口加衬垫全焊透焊缝，腹板宜采用 K 形坡口双面部分焊透焊缝。

答案： D

（三）柱脚

柱脚是柱下端与基础相连的部分，分铰接和刚接两种类型。对轴心受压柱多采用铰接柱脚（见图 17-12-6），框架柱多采用刚接柱脚（见图 17-12-7）。对于肢间距离很大的格构柱，可在每个肢的下端设置独立柱脚，组成分离式柱脚。

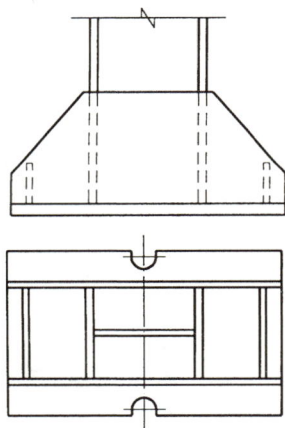

图 17-12-6　整体式铰接柱脚

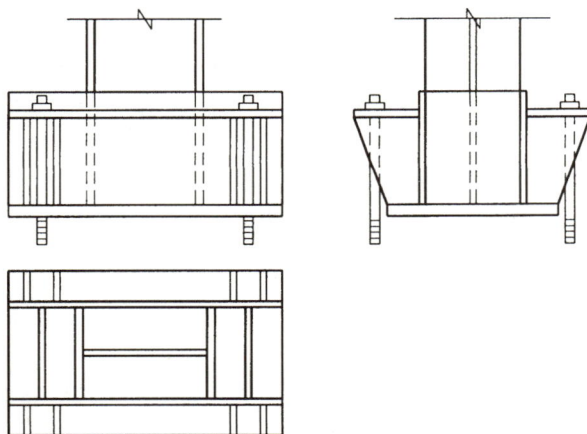

图 17-12-7　整体式刚接柱脚

习　题

17-12-1　如图所示的拼接，板件分别为—240×8 和—180×8，采用三面角焊缝连接，钢材 Q235，焊条 E43 型，角焊缝的强度设计值 $f_t^w = 160\text{N/mm}^2$，焊脚尺寸 $h_f = 6\text{mm}$，此焊缝连接可承担的静载拉力设计值为（　　　）。

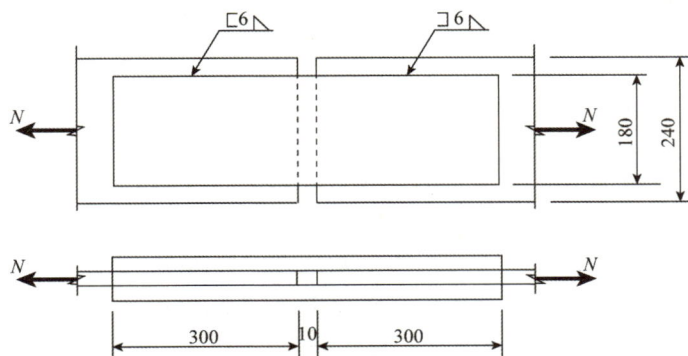

题 17-12-1 图（尺寸单位：mm）

A. $4 \times 0.7 \times 6 \times 160 \times 300 + 2 \times 0.7 \times 6 \times 160 \times 180$

B. $4 \times 0.7 \times 6 \times 160 \times (300 - 10) + 2 \times 0.7 \times 6 \times 160 \times 180$

C. $4 \times 0.7 \times 6 \times 160 \times (300 - 10) + 1.22 \times 2 \times 0.7 \times 6 \times 160 \times 180$

D. $4 \times 0.7 \times 6 \times 160 \times (300 - 2 \times 6) + 1.22 \times 2 \times 0.7 \times 6 \times 160 \times 180$

17-12-2 摩擦型与承压型高强度螺栓连接的主要区别是（　　）。

A. 高强度螺栓的材料不同　　　　　B. 摩擦面的处理方法不同

C. 施加的预加拉力不同　　　　　　D. 抗剪的承载力不同

17-12-3 在螺栓杆轴方向受拉的连接中，采用摩擦型高强度螺栓或承压型高强度螺栓，二者承载力设计值大小的区别是（　　）。

A. 是后者大于前者　　　　　　　　B. 是前者大于后者

C. 相等　　　　　　　　　　　　　D. 不一定相等

第十三节　砌体结构材料性能

砌体结构是以砌体（砖、石、砌块）为主要材料建造的结构。砌体的胶结材料主要是砂浆（水泥石灰混合砂浆、石灰砂浆、水泥砂浆）。

一、块材

常用的砌体有砖、砌块和石材，其强度等级是根据块体的标准试件，在标准试验条件下测得的抗压强度划分，用"MU"表示。

（一）砖

烧结普通砖、烧结多孔砖的强度等级分为 MU30、MU25、MU20、MU15 和 MU10；蒸压灰砂普通砖、蒸压粉煤灰普通砖的强度等级分为 MU25、MU20 和 MU15。

烧结普通砖由黏土、贝岩、煤矸石或粉煤灰为主要原料，经过焙烧而成的实心或孔洞率不大于规定值且外形尺寸符合规定的砖。分烧结黏土砖、烧结贝岩砖、烧结煤矸石砖、烧结粉煤灰砖。

烧结多孔砖的主要原料与烧结普通砖相同，经过焙烧而成，孔洞率不小于 25%，孔的尺寸小而数量多，主要用于承重部位的砖，简称多孔砖。目前多孔砖分为 P 型砖和 M 型砖。

蒸压灰砂普通砖以石灰和砂为主要原料，经坯料制备、压制成型、蒸压养护而成的实心砖，简称灰砂砖。

蒸压粉煤灰普通砖以粉煤灰、石灰为主要原料，掺加适量石膏和集料，经坯料制备、压制成型、高压蒸汽养护而成的实心砖，简称粉煤灰砖。

（二）砖块

砌块的强度等级分为 MU20、MU15、MU10、MU7.5 和 MU5。

砌块由普通混凝土或轻骨料混凝土制成，主要为规格尺寸 390mm×190mm×190mm、空心率在 25%~50% 之间的空心砌块。有单排孔、双排孔和多排孔砌块，用于承重的双排孔或多排孔轻集料混凝土砌块砌体的孔洞率不应大于 35%。

（三）石材

石材的强度等级分为 MU100、MU80、MU60、MU50、MU40、MU30 和 MU20。

石材一般由重质岩石或轻质岩石制成，按其加工后的外形规则程度可分为料石和毛石，料石又可分为细料石、半细料石、粗料石和毛料石。石材的强度等级可用边长为 70mm 的立方体试块的抗压强度表示。

二、砂浆

砂体中常用的砂浆有水泥石灰混合砂浆、石灰砂浆和水泥砂浆（纯水泥砂浆）。石灰砂浆强度低，但砌筑方便。水泥砂浆适用于潮湿环境的砌体，但施工中保水性和流动性差，和易性不好。砂浆的强度等级分为 M15、M10、M7.5、M5 和 M2.5，其强度等级是由边长 70.7mm 的立方体试块的抗压强度表示。采用同强度等级的水泥砂浆和混合砂浆砌筑的砌体，前者的砌体强度设计值低于后者。施工阶段砂浆尚未硬化的新砌砌体，或经检测砂浆未硬化的已建砌体，均可按砂浆强度为零确定其砌体强度。

施工时很容易产生砂浆强度低于设计强度的现象，应特别注意砂浆配合比和水泥的质量，通过试配确定配合比。

三、砌体

（一）砌体抗压强度

砌体是由块体用砂浆垫平黏结而成，因而它的受压工作状态与匀质的整体结构构件有很大差别。由于灰缝厚度和密实性的不均匀，以及块体和砂浆交互作用等原因，使块体的抗压强度不能充分发挥，即砌体的抗压强度将低于块体的抗压强度。

砌体能承受的最大压应力，称为砌体抗压强度，它是确定砌体及其构件受压承载能力的一个重要指标。

各类砌体轴心抗压强度平均值按下式计算

$$f_m = k_1 f_1^a (1 + 0.07 f_2) k_2 \qquad (17-13-1)$$

式中：f_1 ——块体（砖、石、砌块）的抗压强度平均值（MPa）；

f_2 ——砂浆抗压强度平均值（MPa）；

k_1、a、k_2 ——系数，见表 17-3-1。

各类砌体轴心抗压强度平均值的计算系数 表 17-13-1

砌 体 类 别	k_1	a	k_2
烧结普通砖、烧结多孔砖、蒸压灰砂普通砖、蒸压粉煤灰普通砖、混凝土普通砖、混凝土多孔砖	0.78	0.5	当 $f_2 < 1$ 时，$k_2 = 0.6 + 0.4 f_2$
混凝土砌块、轻集料混凝土砌块	0.46	0.9	当 $f_2 = 0$ 时，$k_2 = 0.8$
毛料石	0.79	0.5	当 $f_2 < 1$ 时，$k_2 = 0.6 + 0.4 f_2$
毛石	0.22	0.5	当 $f_2 < 2.5$ 时，$k_2 = 0.6 + 0.24 f_2$

注：1. k_2 在表列条件以外时均取等于 1。

2. 混凝土砌块砌体的轴心抗压强度平均值，当 $f_2 > 10$MPa 时，应乘以系数 $1.1 - 0.01 f_2$，MU20 的砌体应乘以系数 0.95，且满足 $f_1 \geqslant f_2$，$f_1 \leqslant 20$MPa。

（二）砌体轴心抗拉强度

砌体轴心受拉时，视拉力作用于砌体的方向，有三种破坏形态。当轴心拉力与砌体水平灰缝平行时，砌体可能发生沿齿缝截面的受拉破坏，而对于烧结普通砖砌体也可能发生沿砖块体截面的拉坏。当轴心拉力与砌体水平灰缝垂直时，砌体可能沿通缝截面发生受拉破坏，由于沿通缝截面轴心抗拉强度很低，所以在设计时应予以避免。

各类砌体轴心抗拉强度平均值按下式计算

$$f_{t,m} = k_3\sqrt{f_2} \tag{17-13-2}$$

式中：k_3 ——系数，见表17-13-2。

各类砌体轴心抗拉、弯曲抗拉和抗剪强度平均值的计算系数 表 17-13-2

砌 体 类 别	k_3	k_4		k_5
		沿齿缝	沿通缝	
烧结普通砖、烧结多孔砖、混凝土普通砖、混凝土多孔砖	0.141	0.250	0.125	0.125
蒸压灰砂普通砖、蒸压粉煤灰普通砖	0.09	0.180	0.090	0.090
混凝土砌块	0.069	0.081	0.056	0.069
毛料石	0.075	0.113	—	0.188

【例 17-13-1】 砌体的抗拉强度主要取决于：

 A. 块材的抗拉强度 B. 砂浆的抗压强度

 C. 灰缝厚度 D. 块材的整齐程度

解 根据《砌体结构设计规范》（GB 50003—2011）（以下简称《砌体规范》）第3.2.2条表3.2.2，砌体的抗拉强度与砂浆的强度等级（抗压强度）有关。

答案：B

（三）砌体弯曲抗拉强度

砌体弯曲时可能出现三种破坏形态，当弯矩平行于砌体通缝的平面方向作用时，则可能发生沿齿缝截面或沿块体截面的破坏；当弯矩沿垂直于砌体通缝截面作用时，则发生沿通缝截面的破坏。

各类砌体弯曲抗拉强度平均值按下式计算

$$f_{t,m} = k_4\sqrt{f_2} \tag{17-13-3}$$

式中：k_4 ——系数，见表17-13-2。

（四）砌体抗剪强度

砌体抗剪强度是指砌体能承受的最大剪应力。砌体抗剪后，其强度实质上取决于砂浆与块体间的黏结强度，因此砌体的抗剪强度主要由砂浆强度决定。

各类砌体抗剪强度平均值按下式计算

$$f_{v,m} = k_5\sqrt{f_2} \tag{17-13-4}$$

式中：k_5 ——系数，见表17-13-2。

（五）砌体强度标准值

砌体强度标准值是结构设计时采用的强度基本代表值，由概率分布的0.05分位数确定，即

$$f_k = f_m - 1.645\sigma_f = (1 - 1.645\delta_f)f_m \tag{17-13-5}$$

式中：σ_f ——砌体强度的标准差；

 δ_f ——砌体强度的变异系数。

（六）砌体强度设计值

砌体强度设计值是采用可靠度分析方法或工程经验校准法确定，直接用于结构或构件的承载力计

算。龄期为 28d 的以毛截面计算的各类砌体强度设计值，按下式计算

$$f = f_k/\gamma_f \tag{17-13-6}$$

式中： γ_f ——砌体结构的材料性能分项系数，一般情况下，宜按施工控制等级为 B 级考虑，取 $\gamma_f = 1.6$；
当为 C 级时，取 $\gamma_f = 1.8$；当为 A 级时，取 γ_f 为 1.5。

（七）砌体强度设计值的调整

在某些情况下砌体强度有可能降低，为保证结构构件的安全度，在设计计算时需考虑强度设计值的调整。《砌体规范》规定，在下列情况下的各类砌体，其砌体强度设计值应乘以调整系数 γ_a：

（1）对无筋砌体构件，其截面面积 A 小于 0.3m² 时， $\gamma_a = 0.7 + A$；对配筋砌体构件，当其中砌体截面面积 A 小于 0.2m² 时， $\gamma_a = 0.8 + A$；构件截面面积 A 以 m² 计。

（2）当砌体用水泥砂浆砌筑，且强度等级小于 M5.0 时，对各类砌体的抗压强度设计值， $\gamma_a = 0.9$；对沿砌体灰缝截面破坏时砌体的轴心抗拉、弯曲抗拉和抗剪强度设计值， $\gamma_a = 0.8$。

（3）当验算施工中房屋的构件时， $\gamma_a = 1.1$。

习　题

17-13-1 下面关于砌体抗压强度正确的说法是（　　　）。

A. 砌体的抗压强度随砂浆和块体的强度等级的提高按一定比例增加

B. 块体的外形越规则、平整，则砌体的抗压强度越高

C. 砌体中灰缝越厚，则砌体的抗压强度越高

D. 砂浆的变形性能越大，越容易砌筑，砌体的抗压强度越高

第十四节　砌体结构设计基本原则

砌体结构的基本设计原则与钢筋混凝土结构相同。按承载能力极限状态设计时，应考虑可变荷载控制和永久荷载控制的两种组合，按下列公式中的最不利组合进行计算

$$\gamma_0 \left(1.2 S_{Gk} + 1.4 \gamma_L S_{Q1k} + \gamma_L \sum_{i=2}^{n} \gamma_{Qi} \psi_{ci} S_{Qik} \right) \leqslant R(f, a_k, \cdots) \tag{17-14-1}$$

$$\gamma_0 \left(1.35 S_{Gk} + 1.4 \gamma_L \sum_{i=1}^{n} \psi_{ci} S_{Qik} \right) \leqslant R(f, a_k, \cdots) \tag{17-14-2}$$

式中：　　γ_0 ——结构重要性系数；

γ_L ——结构构件的抗力模型不定性系数，对静力设计，考虑结构设计使用年限的荷载调整系数，设计使用年限为 50 年，取 1.0，设计使用年限为 100 年，取 1.1；

S_{Gk} ——永久荷载标准值的效应；

S_{Q1k} ——在基本组合中起控制作用的第一个可变荷载标准值的效应；

S_{Qik} ——第 i 个可变荷载标准值的效应；

$R(f, a_k, \cdots)$ ——结构构件的抗力函数；

γ_{Qi} ——第 i 个可变荷载的分项系数；

ψ_{ci} ——第 i 个可变荷载的组合系数，一般情况下应取 0.7；

f ——砌体的强度设计值；

a_k ——几何参数标准值。

当砌体结构作为一个刚体，需验算整体稳定性时，例如倾覆、滑移、漂浮等，应按下式验算

$$\gamma_0 \left(1.2S_{G2k} + 1.4\gamma_L S_{Q1k} + \gamma_L \sum_{i=2}^{n} S_{Qik} \right) \leqslant 0.8S_{G1k} \tag{17-14-3}$$

$$\gamma_0 \left(1.35S_{G2k} + 1.4\gamma_L \sum_{i=1}^{n} \psi_{ci} S_{Qik} \right) \leqslant 0.8S_{G1k} \tag{17-14-4}$$

式中：S_{G1k} ——起有利作用的永久荷载标准值的效应；

S_{G2k} ——起不利作用的永久荷载标准值的效应。

【例 17-14-1】进行砌体结构设计时，必须满足下面哪些要求？

①砌体结构必须满足承载能力极限状态；

②砌体结构必须满足正常使用极限状态；

③一般工业与民用建筑中的砌体构件，可靠指标 $\beta \geqslant 3.2$；

④一般工业与民用建筑中的砌体构件，可靠指标 $\beta \geqslant 3.7$。

A. ①②③　　　　B. ①②④　　　　C. ①④　　　　D. ①③

解　《砌体规范》第 4.1.2 条规定，砌体结构应按承载能力极限状态设计，并满足正常使用极限状态的要求。建筑结构均应进行承载能力极限状态设计，尚应进行正常使用极限状态设计。一般工业与民用建筑中的砌体构件，其安全等级为二级，且呈脆性破坏特征。《建筑结构可靠性设计统一标准》（GB 50068—2018）第 3.2.6 条表 3.2.6 规定，安全等级为二级，脆性破坏的结构构件可靠指标 $\beta \geqslant 3.7$。

答案：B

第十五节　砌体墙、柱的承载力计算

一、抗压承载力

（一）无筋砌体墙、柱的承载力计算

对无筋砌体墙、柱的承载力应按下式计算

$$N \leqslant \varphi f A \tag{17-15-1}$$

式中：N ——轴向力设计值；

φ ——高厚比 β 和轴向力的偏心距 e 对受压构件承载的影响系数，可按《砌体规范》附录 D 的规定采用；

A ——截面面积，对各类砌体均应按毛截面计算，对带壁柱墙，其翼缘宽度可按《砌体规范》采用；

f ——砌体的抗压强度设计值。

对矩形截面构件，当轴向力偏心方向的截面边长大于另一方向的边长时，除按偏心受压计算外，还应对较小边长方向，按轴心受压进行验算。

（二）构件高厚比

构件高厚比 β 应按下列公式确定：

对矩形截面

$$\beta = \gamma_\beta \frac{H_0}{h} \tag{17-15-2}$$

对 T 形截面

$$\beta = \gamma_\beta \frac{H_0}{h_T} \tag{17-15-3}$$

式中：γ_β ——不同砌体材料的高厚比修正系数，按表 17-15-1 采用；

H_0 ——受压构件的计算高度，按表 17-15-2 确定；

h ——矩形截面轴向力偏心方向的边长，当轴心受压时为截面较小边长；

h_T ——T 形截面的折算厚度；可近似按 $3.5i$ 计算；

i ——截面回转半径。

高厚比修正系数 γ_β　　　　　　　　表 17-15-1

砌体材料类别	γ_β	砌体材料类别	γ_β
烧结普通砖、烧结多孔砖	1.0	蒸压灰砂普通砖、蒸压粉煤灰普通砖、细料石	1.2
混凝土普通砖、混凝土多孔砖、混凝土及轻集料混凝土砌块	1.1	粗料石、毛石	1.5

注：对灌孔混凝土砌块，γ_β 取 1.0。

受压构件的计算高度 H_0　　　　　　　　表 17-15-2

房 屋 类 别			柱		带壁柱墙或周边拉结的墙		
			排架方向	垂直排架方向	$2H<s$	$H<s\leqslant2H$	$s\leqslant H$
有吊车的单层房屋	变截面柱上段	弹性方案	$2.5H_u$	$1.25H_u$		$2.5H_u$	
		刚性、刚弹性方案	$2.0H_u$	$1.25H_u$		$2.0H_u$	
	变截面柱下段		$1.0H_l$	$0.8H_l$		$1.0H_u$	
无吊车的单层和多层房屋	单跨	弹性方案	$1.5H$	$1.0H$		$1.5H_u$	
		刚弹性方案	$1.2H$	$1.0H$		$1.2H_u$	
	多跨	弹性方案	$1.25H$	$1.0H$		$1.25H_u$	
		刚弹性方案	$1.1H$	$1.0H$		$1.1H_u$	
	刚性方案		$1.0H$	$1.0H$	$1.0H$	$0.4s+0.2H$	$0.6s$

注：1. 表中 H_u 为变截面柱的上段高度，H_l 为变截面柱的下段高度。

2. 对于上端为自由端的构件，$H_0 = 2H$。

3. 独立砖柱，当无柱间支撑时，柱在垂直排架方向的 H_0 应按表中数值乘以 1.25 后采用。

4. s 为房屋横墙间距。

5. 自承重墙的计算高度应根据周边支承或拉结条件确定。

（三）矩形截面单向偏心受压构件承载力影响系数的确定

矩形截面单向偏心受压构件承载力影响系数可按下列公式计算：

当 $\beta \leqslant 3$ 时

$$\varphi = \frac{1}{1 + 12\left(\frac{e}{h}\right)^2} \tag{17-15-4}$$

当 $\beta > 3$ 时

$$\varphi = \frac{1}{1 + 12\left[\frac{e}{h} + \sqrt{\frac{1}{12}\left(\frac{1}{\varphi_0} - 1\right)}\right]^2} \tag{17-15-5}$$

$$\varphi_0 = \frac{1}{1 + \alpha\beta^2} \tag{17-15-6}$$

式中： e ——轴向力的偏心距；

h ——矩形截面的轴向力偏心方向的边长；

φ_0 ——轴心受压构件的稳定系数；

α ——与砂浆强度等级有关的系数，当砂浆强度等级大于或等于 M5 时，$\alpha = 0.0015$，当砂浆强度等级等于 M2.5 时，$\alpha = 0.002$，当砂浆强度等级等于 0 时，$\alpha = 0.009$；

β ——构件的高厚比。

计算 T 形截面受压构件的 φ 时，应以折算厚度 h_T 代替式（17-15-4）中的 h。

（四）轴心受压短柱的承载力计算

由以上公式可知，对于轴心受压短柱，即 $e = 0$、$\beta \leqslant 3$，此时承载力影响系数 $\varphi = 1.0$，其抗压承载力可按下式计算

$$N \leqslant fA \tag{17-15-7}$$

对于轴心受压长柱，即 $e = 0$、$\beta > 3$，此时承载力影响系数 $\varphi = \varphi_0$，其抗压承载力可按下式计算

$$N \leqslant \varphi_0 fA \tag{17-15-8}$$

（五）轴向力偏心距限值

轴向力的偏心距 e 按内力设计值计算，并不应超过 $0.6y$，y 为截面重心到轴向力所在偏心方向截面边缘的距离。

二、局部抗压承载力

荷载作用于砌体部分截面上的受压，称为砌体局部受压。如梁端下面的砌体或柱下面与基础接触部分均属于砌体局部受压。砌体的局部受压，视局部压应力分布是否均匀可分为均匀局部受压和不均匀局部受压，后者常指梁端支承处砌体的局部受压。砌体局部受压的特点是其抗压强度有所提高，但局部受压面积一般都很小，设计时应加以校核，明确是否需要采取构造措施。

（一）砌体截面局部均匀受压的承载力计算

（1）砌体截面中受局部均匀压力作用时的承载力应按下式计算

$$N_l \leqslant \gamma fA_l \tag{17-15-9}$$

式中： N_l ——局部受压面积上的轴向力设计值；

γ ——砌体局部抗压强度提高系数；

f ——砌体的抗压强度设计值，局部受压面积小于 $0.3\mathrm{m}^2$，可不考虑强度调整系数 γ_a 的影响；

A_l ——局部受压面积。

（2）砌体局部抗压强度提高系数γ可按下式计算

$$\gamma = 1 + 0.35\sqrt{\frac{A_0}{A_l} - 1} \qquad (17-15-10)$$

式中：A_0 ——影响砌体局部抗压强度的计算面积。

由式（17-15-10）计算的γ值，尚应符合下列规定：

①在图 17-15-1a）的情况下，$\gamma \leqslant 2.5$；

②在图 17-15-1b）的情况下，$\gamma \leqslant 2.0$；

③在图 17-15-1c）的情况下，$\gamma \leqslant 1.5$；

④在图 17-15-1d）的情况下，$\gamma \leqslant 1.25$；

⑤要求灌孔的砌块砌体，在（1）、（2）款的情况下，尚应符合$\gamma \leqslant 1.5$；未灌孔的混凝土砌块砌体，$\gamma = 1.0$。

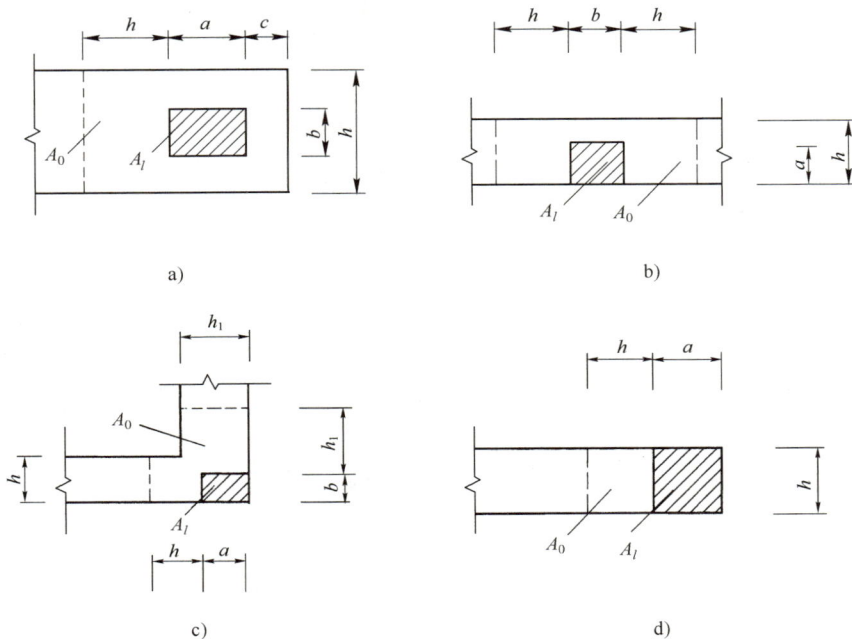

图 17-15-1　影响局部抗压强度的面积A_0

（3）影响砌体局部抗压强度的计算面积可按下列规定采用：

①在图 17-15-1a）的情况下，$A_0 = (a + c + h)h$；

②在图 17-15-1b）的情况下，$A_0 = (b + 2h)h$；

③在图 17-15-1c）的情况下，$A_0 = (a + h)h + (b + h_1 - h)h_1$；

④在图 17-15-1d）的情况下，$A_0 = (a + h)h$。

式中：a、b ——矩形局部受压面积A_l的边长；

h、h_1 ——墙厚或柱的较小边长、墙厚；

c ——矩形局部受压面积的外边缘至构件边缘的较小距离，当大于h时，应取h。

（二）梁端支承处砌体的局部抗压承载力

当梁直接支承在砌体上（见图 17-15-2），其局部抗压承载力应按下列公式计算

$$\psi N_0 + N_l \leqslant \eta \gamma f A_l \qquad (17-15-11)$$

$$\psi = 1.5 - 0.5 A_0/A_l \qquad (17-15-12)$$

$$N_0 = \sigma_0 A_l \qquad (17-15-13)$$

$$A_l = a_0 b \qquad (17-15-14)$$

$$a_0 = 10\sqrt{h_c/f} \qquad (17-15-15)$$

式中：ψ ——上部荷载的折减系数，当$A_0/A_l \geqslant 3$时，$\psi=0$；

$\quad N_0$ ——局部受压面积内上部轴向力设计值（N）；

$\quad N_l$ ——梁端支承压力设计值（N）；

$\quad \sigma_0$ ——上部平均压应力设计值（MPa）；

$\quad \eta$ ——梁端底面压应力图形的完整系数，应取 0.7，对于过梁和墙梁应取 1.0；

$\quad a_0$ ——梁端有效支承长度（mm），当$a_0 > a$时，应取$a_0 = a$；

$\quad a$ ——梁端实际支承长度（mm）；

$\quad b$、h_c ——分别为梁的截面宽度和高度（mm）；

$\quad f$ ——砌体的抗压强度设计值（MPa）。

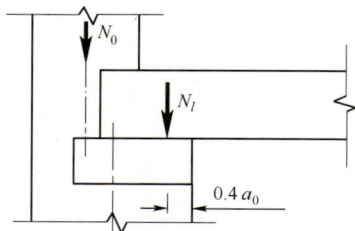

图 17-15-2　梁端支承压力位置

式（17-15-11）中采用上部荷载的折减系数ψ，是由于上部荷载通过砌体传至梁端支承处局部受压面积上时，产生了一定的内拱卸载作用。由式（17-15-12）可知，随A_0/A_l的增大，上述内拱卸载作用增大，当$A_0/A_l \geqslant 3$时，$\psi=0$，即完全不考虑上部荷载N_0的作用。

（三）梁端设有刚性垫块的砌体局部抗压承载力

如果梁端支承处砌体局部抗压承载力不足时，可以在梁端下面设置预制垫块或与梁现浇成整体的垫块，以增大局部受压面积，提高砌体局部抗压承载力。

（1）设置刚性垫块下的砌体局部抗压承载力应按下列公式计算

$$N_0 + N_l \leqslant \varphi \gamma_1 f A_b \qquad (17-15-16)$$

$$N_0 = \sigma_0 A_b \qquad (17-15-17)$$

$$A_b = a_b b_b \qquad (17-15-18)$$

式中：N_0 ——垫块面积A_b内上部轴向力设计值（N）；

$\quad \varphi$ ——垫块上N_0及N_l合力的影响系数，应采用$\beta \leqslant 3$时的φ值；

$\quad \gamma_1$ ——垫块外砌体面积的有利影响系数，γ_1应为0.8γ，但不小于 1.0，γ为砌体局部抗压强度提高系数，按式（17-15-10）以A_b代替A_l计算；

$\quad A_b$ ——垫块面积（mm²）；

$\quad a_b$ ——垫块伸入墙内的长度（mm）；

$\quad b_b$ ——垫块的宽度（mm）。

（2）刚性垫块应符合下列构造要求：

①刚性垫块的高度不宜小于 180mm，自梁边算起的垫块挑出长度不宜大于垫块高度t_b；

②在带壁柱墙的壁柱内设刚性垫块时（见图 17-15-3），其计算面积应取壁柱范围内的面积，而不计算翼缘部分，同时壁柱上垫块伸入翼墙内的长度不应小于 120mm；

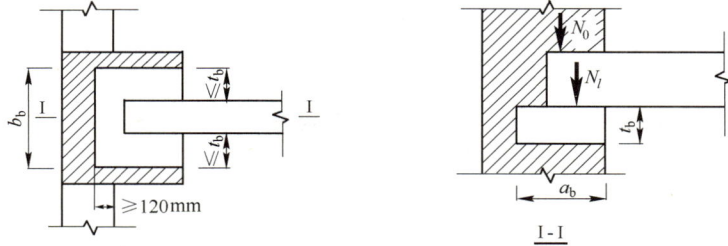

图 17-15-3　壁柱上设有垫块时梁端局部受压

③当现浇垫块与梁端整体浇筑时，垫块可在梁高范围内设置。

（3）梁端设有刚性垫块时，梁端有效支承长度a_0应按下式确定

$$a_0 = \delta_1 \sqrt{h/f} \qquad (17-15-19)$$

式中：δ_1 ——刚性垫块的影响系数，按表 17-15-3 采用。

垫块上N_l作用点的位置可取 $0.4a_0$ 处。

系 数 δ_1 值　　　　　　　　　　　　　　　表 17-15-3

σ_0/f	0	0.2	0.4	0.6	0.8
δ_1	5.4	5.7	6.0	6.9	7.8

注：表中其间的数值可采用插入法求得。

（四）梁下设有垫梁的砌体局部抗压承载力

梁下设有长度大于πh_0垫梁的砌体局部抗压承载力应按下列公式计算（见图 17-15-4）

$$N_0 + N_l \leqslant 2.4\delta_2 f b_b h_0 \qquad (17-15-20)$$

$$N_0 = \frac{\pi b_b h_0 \sigma_0}{2} \qquad (17-15-21)$$

$$h_0 = 2\sqrt[3]{\frac{E_c I_c}{E h_c}} \qquad (17-15-22)$$

式中：N_0 ——垫梁上部轴向力设计值（N）；

b_b ——垫梁在墙厚方向的宽度（mm）；

δ_2 ——系数，当荷载沿墙厚方向均匀分布时δ_2取 1.0，不均匀时可取 0.8；

h_0 ——垫梁折算高度（mm）；

E_c、I_c ——分别为垫梁的混凝土弹性模量和截面惯性矩；

E ——砌体的弹性模量；

h ——墙厚（mm）。

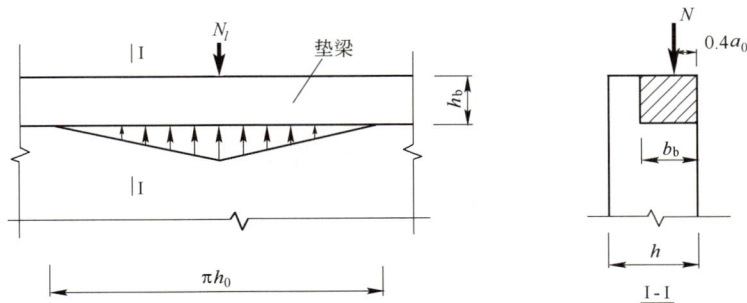

图 17-15-4　垫梁局部受压

垫梁上梁端有效支承长度a_0可按式（17-15-19）计算。

【例 17-15-1】砌体局部受压强度的提高，是因为：

    A. 局部砌体处于三向受力状态

    B. 非局部受压砌体有起拱作用而卸载

    C. 非局部受压面积提供侧压力和力的扩散的综合影响

    D. 非局部受压砌体参与受力

解 砌体的局部受压，按受力特点的不同，可以分为局部均匀受压和梁端局部受压两种。由于局部受压砌体有套箍作用及应力扩散的存在，所以砌体抵抗压力的能力有所提高，在计算砌体局部抗压承载力时，用局部抗压提高系数γ来修正。

答案： C

习 题

17-15-1 截面尺寸，砂浆和块体强度等级均相同的砌体受压构件，下面说法正确的是（　　　）。

    ①承载力随高厚比的增大而减小；

    ②承载力随偏心距的增大而减小；

    ③承载力与砂浆的强度等级无关；

    ④承载力随相邻横墙间距的增加而增大。

    A. ①②   B. ①②③   C. ①②③④   D. ①③④

17-15-2 截面尺寸为240mm×370mm的砖砌短柱，轴向压力的偏心距如图所示，其抗压承载力的大小顺序是（　　　）。

    A. ①>②>③>④   B. ③>①>②>④

    C. ④>②>③>①   D. ①>③>④>②

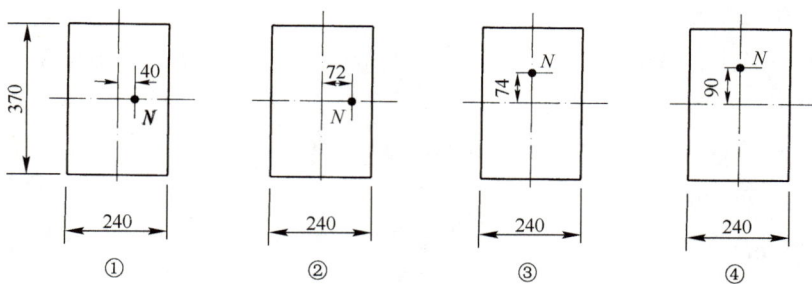

题 17-15-2 图（尺寸单位：mm）

17-15-3 如图所示，截面尺寸为240mm×250mm的钢筋混凝土柱，支承在490mm厚的砖墙上，墙采用 MU10 砌块、M2.5 混合砂浆砌筑，可能最先发生局部受压破坏的是（　　　）。

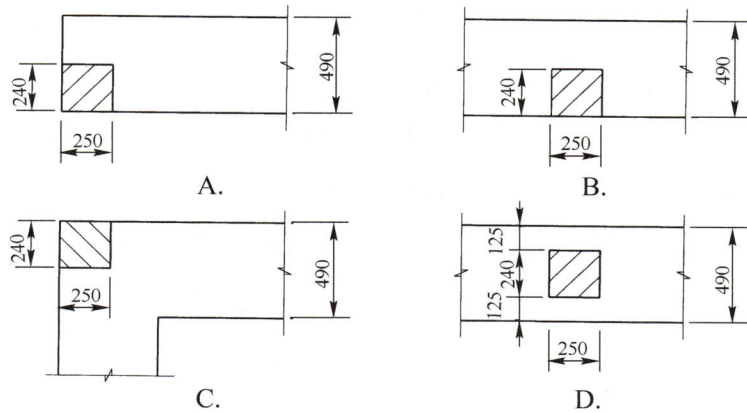

题 17-15-3 图（尺寸单位：mm）

第十六节　混合结构房屋设计

混合结构房屋通常是指屋盖、楼盖等水平构件采用钢筋混凝土材料或木材，而墙、柱、基础等竖向构件采用砌体材料的房屋。混合结构房屋设计包括结构布置，房屋静力计算，墙、柱设计及构造设计。

一、结构布置

（一）结构布置方案

按结构的承重体系及荷载的传递路线，房屋的结构布置方案可分为四种类型：

1. 横墙承重体系

它是由横墙直接承受屋盖、楼盖荷载的结构承重体系。其特点是：

（1）房屋横向刚度较大，整体性好。外纵墙不承重，便于设置洞口大的门窗，外墙面的装饰也容易处理。

（2）楼盖结构较简单，施工方便，楼盖的材料用量较少，但墙体材料用量较多。

这种体系适用于横墙间距较密的多层住宅、宿舍和旅馆等建筑。

2. 纵墙承重体系

它是由纵墙直接承受屋盖、楼盖荷载的结构承重体系。其特点是：

（1）横墙较少，楼盖跨度较大，建筑平面布置较灵活。但楼盖材料用量较多，纵墙承受的荷载较大，往往要设扶壁柱，且纵墙上门窗洞口尺寸和位置受到一定的限制。其墙体材料用量较横墙承重体系少。

（2）房屋的横向刚度较横向承重体系差。

这种体系适用于要求空间较大的教学楼、办公楼、实验楼、影剧院和仓库等建筑。

3. 纵横墙承重体系

它是由纵墙和横墙混合承受屋盖、楼盖荷载的结构承重体系，兼有上述两种承重体系的优点。在多层房屋中一般采用这种承重体系。

4. 底层框架或多层内框架承重体系

它是指底层为钢筋混凝土框架而上面各层仍为混合结构，或由房屋内部的钢筋混凝土框架和外部砌体墙、柱构成的承重体系（见图 17-16-1）。其特点是：

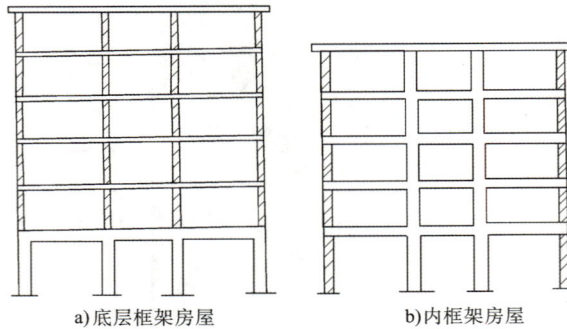

a)底层框架房屋　　　b)内框架房屋

图 17-16-1　底层框架和多层内框架房屋

（1）房屋或房屋底层开间大，平面布置较为灵活，但横墙或房屋底层的横墙较少，房屋刚度或底层刚度较差。

（2）多层内框架房屋由钢筋混凝土和砌体两种性能不同的材料组成，在荷载作用下墙、柱将产生不同的压缩变形，从而在结构中引起较大的附加内力，抵抗地基不均匀沉降和抗震能力较弱。对于底层为框架上层为混合结构的房屋，其抗震性能也较差。因此，在抗震设防地区选用这种承重体系时，应注意限制层数、总高度及抗震墙的最大间距。

（3）与钢筋混凝土框架结构承重的房屋相比，可节省材料。

注：内框架砖房已很少使用且抗震性能较低，现行规范取消了相关内容。

（二）结构布置主要规定

与钢筋混凝土结构相比，砌体结构的抗震性能较差，其震害随砌体房屋的高度增加而加剧，特别是高烈度区尤为严重。因此，对抗震设计的砌体房屋，应符合《抗震规范》中关于房屋层数和总高度、房屋的最大高宽比、抗震横墙最大间距的规定，见表 17-16-1~表 17-16-3，以及其他构造规定。

房屋的层数和总高度限值（单位：m）　　　　　　　表 17-16-1

房 屋 类 别		最小抗震墙厚度（mm）	烈度和设计基本地震加速度										
			6		7				8				9	
			0.05g		0.10g		0.15g		0.20g		0.30g		0.40g	
			高度	层数	高度	层数	高度	层数	高度	层数	高度	层数	高度	层数
多层砌体房屋	普通砖	240	21	7	21	7	21	7	18	6	15	5	12	4
	多孔砖	240	21	7	21	7	18	6	18	6	15	5	9	3
	多孔砖	190	21	7	18	6	15	5	15	5	12	4	—	—
	混凝土砌块	190	21	7	21	7	18	6	18	6	15	5	9	3
底部框架-抗震墙砌体房屋	普通砖 多孔砖	240	22	7	22	7	19	6	16	5	—	—	—	—
	多孔砖	190	22	7	19	6	16	5	13	4	—	—	—	—
	混凝土砌块	190	22	7	22	7	19	6	16	5	—	—	—	—

注：1.房屋的总高度指室外地面到主要屋面板板顶或檐口的高度，半地下室从地下室室内地面算起，全地下室和嵌固条件的半地下室应允许从室外地面算起，对带阁楼的坡屋面应算到山尖墙的1/2高度处。

2.室内外高差大于 0.6m 时，房屋总高度应允许比表中的数据适当增加，但增加量应少于 1.0m。

3.乙类的多层砌体房屋仍按本地区设防烈度查表，其层数应减少一层且总高度应降低 3m；不应采用底部框架-抗震墙砌体房屋。

房屋最大高宽比　　　　　　　　　　表 17-16-2

抗震设防烈度	6	7	8	9
最大高宽比	2.5	2.5	2.0	1.5

注：1.单面走廊房屋的总宽度不包括走廊宽度。

2.建筑平面接近正方形时，其高宽比宜适当减小。

房屋抗震横墙的间距（单位：m）　　　　　　　　　　表 17-16-3

房 屋 类 别		烈 度			
		6	7	8	9
多层砌体房屋	现浇或装配整体式钢筋混凝土楼、屋盖	15	15	11	7
	装配式钢筋混凝土楼、屋盖	11	11	9	4
	木屋盖	9	9	4	—
底部框架-抗震墙砌体房屋	上部各层	同多层砌体房屋			—
	底层或底部两层	18	15	11	—

注：1.多层砌体房屋的顶层，除木屋盖外的最大横墙间距应允许适当放宽，但应采取相应加强措施。

2.多孔砖抗震横墙厚度为 190mm 时，最大横墙间距应比表中数值减少 3m。

二、房屋的静力计算

（一）划分房屋静力计算方案的依据

划分房屋静力计算方案的目的是选用与其相适应的内力计算方法。影响房屋空间工作性能的因素较多，但主要是屋、楼盖的刚度及横墙的刚度与间距。对于不同屋盖或楼盖的房屋，当横墙间距 s 符合表 17-16-4 的规定，即可把房屋划分为三种静力计算方案：刚性方案、刚弹性方案、弹性方案。

房屋的静力计算方案　　　　　　　　　　表 17-16-4

屋盖或楼盖类别	刚 性 方 案	刚弹性方案	弹 性 方 案
整体式、装配整体式和装配式无檩体系钢筋混凝土屋盖或钢筋混凝土楼盖	$s<32m$	$32m\leqslant s\leqslant72m$	$s>72m$
装配式有檩体系钢筋混凝土屋盖、轻钢屋盖和有密铺望板的木屋盖或木楼盖	$s<20m$	$20m\leqslant s\leqslant48m$	$s>48m$
瓦材屋面的木屋盖和轻钢屋盖	$s<16m$	$16m\leqslant s\leqslant36m$	$s>36m$

注：对无山墙或伸缩缝处无横墙的房屋，应按弹性方案考虑。

对于刚性和刚弹性方案房屋的横墙，应符合下列规定：

（1）横墙中开有洞口时，洞口的水平截面面积不应超过横墙截面面积的 50%。

（2）横墙的厚度不宜小于 180mm。

（3）单层房屋的横墙长度不宜小于其高度，多层房屋的横墙长度不宜小于横墙总高度的 1/2。

（4）当横墙不能同时符合上述要求时，应对横墙的刚度进行验算。如其最大水平位移$u_{max} \leqslant H/4\,000$（$H$为横墙总高度）时，仍可视作刚性或刚弹性方案房屋的横墙。

（5）凡符合上述第（4）项刚度要求的一段横墙或其他结构构件（如框架等），也可视作刚性或刚弹性方案房屋的横墙。

【例 17-16-1】 影响砌体结构房屋空间工作性能的主要因素是下面哪一项：

　　A. 房屋结构所用块材和砂浆的强度等级

　　B. 外纵墙的高厚比和门窗洞口的开设是否超过规定

　　C. 圈梁和构造柱的设置是否满足规范的要求

　　D. 房屋屋盖、楼盖的类别和横墙的距离

解 砌体结构房屋静力计算时，根据房屋的空间工作性能分为刚性方案、刚弹性方案和弹性方案。影响房屋空间工作性能的主要因素有屋盖或楼盖的类别和横墙的间距。见《砌体规范》第4.2.1条表4.2.1。

答案：D

（二）计算单元划分

对承重纵墙一般选取一段有代表性的，宽度等于一个开间的竖条墙、柱为计算单元，受荷宽度为相邻两开间宽度之和的一半。当计算截面有窗洞时，取窗间墙宽度内的截面面积；无窗洞时，取一个开间宽度内的墙截面面积。

对承重横墙，一般可沿横墙取宽度为1m的墙作为计算单元，受荷范围为计算单元1m内的两侧各二分之一开间内的所有荷载。计算截面取每层墙顶的大梁底面及墙底截面。

（三）刚性方案墙、柱内力分析

刚性方案的房屋在屋盖与楼层处认为无侧移。在进行内力计算时，作下列简化与规定：

（1）对于单层房屋，在荷载作用下，墙、柱可视为上端不动铰支承于屋盖，下端则嵌固于基础的竖向构件，见图17-16-2。

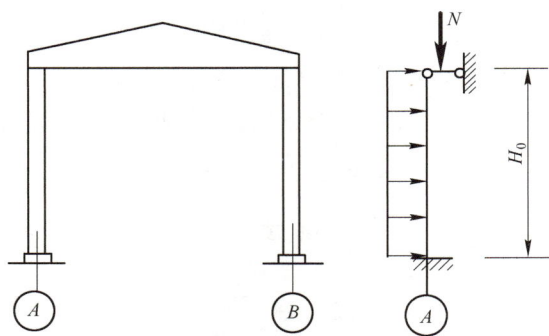

图 17-16-2　单层房屋刚性方案计算简图

（2）对于多层房屋（见图17-16-3）：

①在竖向荷载作用下，墙、柱在每层高度范围内为两端铰支的竖向构件，见图17-16-3c）、d）。

②在水平荷载作用下，墙、柱为竖向连续梁，见图17-16-3e）、f）。

多层房屋在风荷载作用下，当外墙中洞口水平截面面积小于全截面面积的2/3；房屋的层高和总高不超过表17-16-5的规定，且房屋自重不小于 0.8kN/m² 时，在静力计算中可不考虑风荷载的影响。如果必须考虑风荷载的影响时，由风荷载设计值w引起的弯矩$M = wH_i^2/12$。

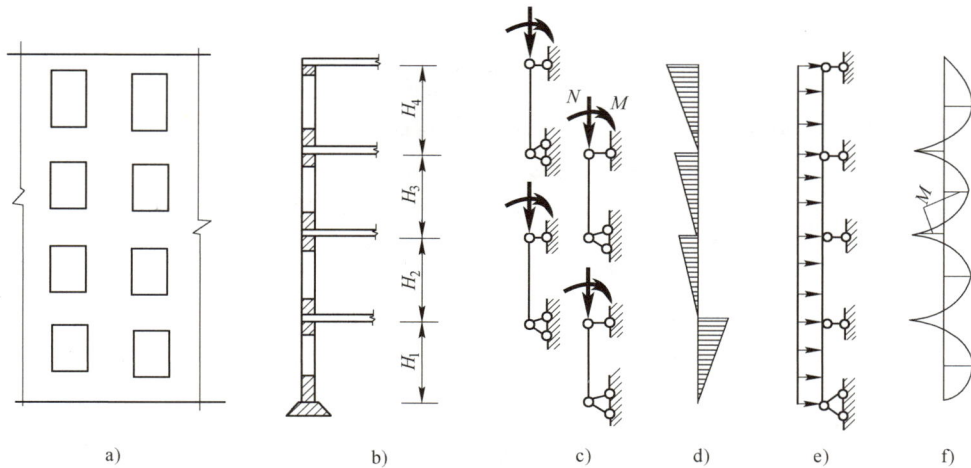

图 17-16-3 多层房屋刚性方案内力分析

外墙不考虑风荷载影响时的最大高度　　　　　　表 17-16-5

基本风压值 （kN/m²）	层 高 （m）	总 高 （m）	基本风压值 （kN/m²）	层 高 （m）	总 高 （m）
0.4	4.0	28	0.6	4.0	18
0.5	4.0	24	0.7	3.5	18

注：对于多层混凝土砌块房屋，当外墙厚度不小于 190mm、层高不大于 2.8m、总高不大于 19.6m、基本风压不大于 0.7kN/m² 时，可不考虑风荷载的影响。

【例 17-16-2】 对多层砌体房屋进行承载力验算时，"墙在每层高度范围内可近似视作两端铰支的竖向构件"所适用的荷载是：

　　A. 风荷载　　　　　　　　　　　　B. 水平地震作用

　　C. 竖向荷载　　　　　　　　　　　D. 永久荷载

　解　根据《砌体规范》第 4.2.5 条第 2 款，刚性方案多层砌体房屋在竖向荷载作用下，墙、柱在每层高度范围内，可近似视作两端铰支的竖向构件；在水平荷载作用下，墙、柱可视作竖向连续梁。

　答案： C

（3）墙、柱截面上的轴向力和作用位置，应考虑竖向荷载对墙、柱的偏心影响，其中梁端支承压力 N_l 至墙内边缘的距离取梁端有效支承长度 a_0 的 2/5；由上面楼层传来的压力 N_u 作用于上一楼层墙、柱的截面重心处。按本条假定，在计算某层墙、柱时，上面楼层传来的荷载在该层墙体顶端支承面处的弯矩为零；本层竖向荷载在其顶端支承截面处产生弯矩 $M_l = N_l e_l$（e_l 为 N_l 对截面重心处的偏心距），该弯矩在本层内按三角形分布，见图 17-16-3d）。

（四）弹性方案房屋墙、柱的内力分析

弹性方案房屋墙、柱的内力，可按屋架或大梁与墙、柱为铰接，不考虑空间工作的平面排架或框架，采用结构力学的方法计算。以单层单跨房屋为例，在风荷载作用下的计算方法如图 17-16-4 所示。

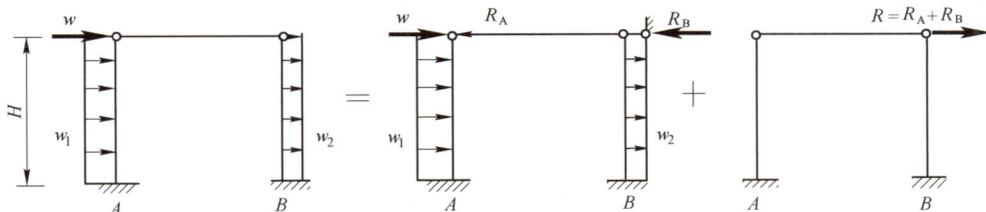

图 17-16-4 弹性方案房屋内力分析

（五）刚弹性方案房屋墙、柱的内力分析

刚弹性方案房屋墙、柱内力分析可按屋架或大梁与墙、柱为铰接，并考虑房屋空间工作性能影响的平面排架（单层）或框架（多层）计算。其计算方法与弹性方案房屋类似，只是把屋架或大梁支承点的水平方向看成弹性支座，考虑房屋空间工作性能影响系数 η 的影响。

1. 单层房屋墙、柱内力计算方法（见图 17-16-5）

（1）根据屋盖类别和横墙最大间距确定静力计算方案，并确定空间性能影响系数 η，形成柱顶具有弹性支承的平面排架（见图 17-16-5a）。

（2）按平面排架的一般分析方法，假设排架无侧移，求出不动铰支承反力 R 和各柱顶剪力（如 V_{A1}）（见图 17-16-5b）。

（3）由于横墙承担 $(1-\eta)R$ 的水平反力，因此只需将 R 乘以 η 后反向作用于排架上，求出柱顶剪力（如 V_{A2}、V_{B2}）（见图 17-16-5c）。

（4）叠加上述两种情况下的柱顶剪力，即得最后的柱顶剪力（如 V_A、V_B）（见图 17-16-5d），然后算出柱内各控制截面的内力。

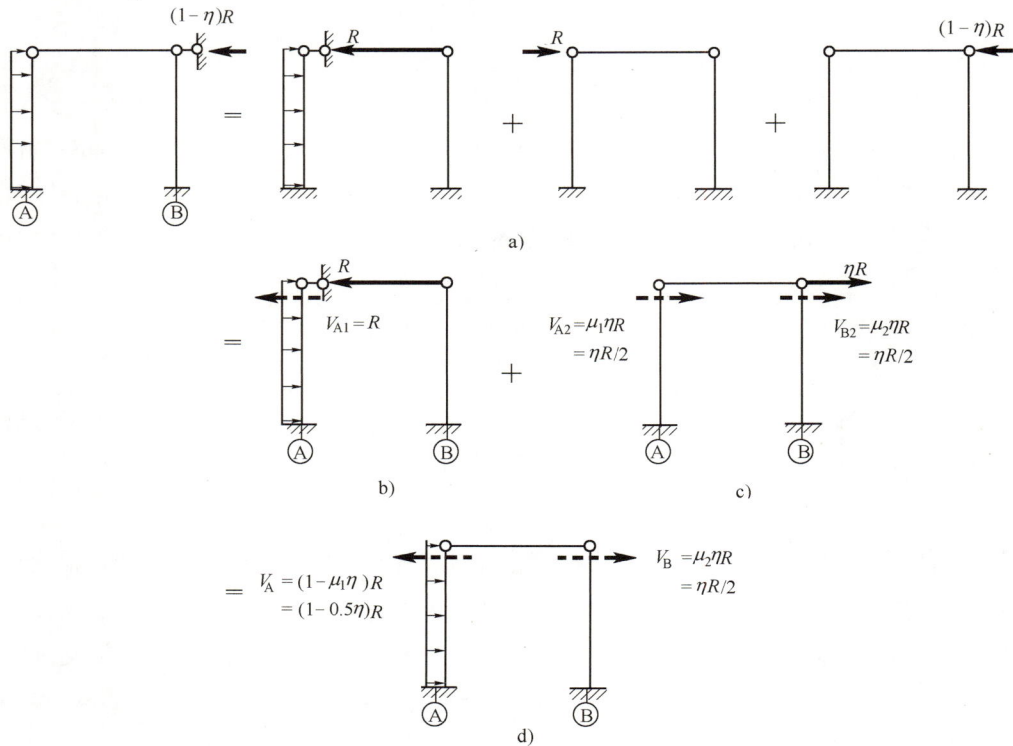

图 17-16-5　刚弹性方案房屋内力分析

2. 多层房屋墙、柱内力计算方法

多层刚弹性方案房屋墙、柱内力分析步骤与上述单层的内力分析步骤没有原则上的区别，只是首先需根据相应层的楼盖（或屋盖）类别和横墙最大间距确定房屋各层的空间性能影响系数 η_i。对于上柔下刚方案或上刚下柔方案的多层房屋，可采用下述近似分析方法。

1）上柔下刚方案多层房屋

如顶层为会议室而底层为办公室的房屋，有可能属上柔下刚方案，其顶层按单层房屋（空间性能影响系数为 η）进行内力计算，下面

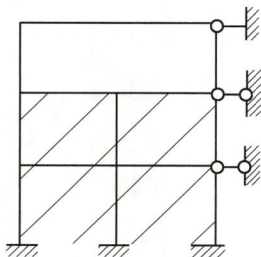

图 17-16-6　上柔下刚多层房屋

各层按刚性方案计算内力（见图 17-16-6）。

2）上刚下柔方案多层房屋

如底层为商场，而上面各层为办公室或住宅的房屋，有可能属上刚下柔方案。其内力计算步骤如图 17-16-7 所示。

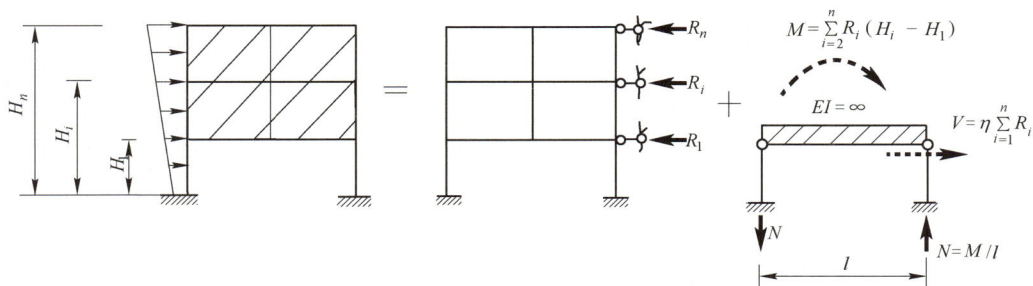

图 17-16-7 上刚下柔多层房屋内力分析

【例 17-16-3】相同荷载、相同材料、相同几何条件下，用弹性方案、刚弹性方案和刚性方案计算砌体结构的柱（墙）底端弯矩，结果分别为 $M_{弹}$、$M_{刚弹}$ 和 $M_{刚}$，三者的关系是：

A. $M_{刚弹} > M_{刚} > M_{弹}$ B. $M_{弹} < M_{刚弹} < M_{刚}$

C. $M_{弹} > M_{刚弹} > M_{刚}$ D. $M_{刚弹} < M_{刚} < M_{弹}$

解 上端约束越小，变形越大，柱（墙）底弯矩越大。

答案： C

三、构造

砌体结构设计时，为了保证房屋的耐久性，提高房屋的空间刚度和整体性能，墙、柱应满足高厚比及其他构造要求。

（一）墙、柱的计算高度

在墙、柱截面抗压承载力计算以及高厚比验算时，应采用计算高度，其值与墙、柱的实际高度不一定相等。砌体墙、柱的计算高度 H_0 应根据房屋类别和构件支承条件等按表 17-15-2 采用。表中的构件高度 H 应按下列规定采用：

（1）在房屋底层，为楼板顶面到构件下端支点的距离；下端支点的位置，可取在基础顶面；当埋置较深且有刚性地坪时，可取室外地面下 500mm 处。

（2）在房屋其他层，为楼板或其他水平支点间的距离。

（3）对于无壁柱的山墙，可取层高加山墙尖高度的1/2；对于带壁柱的山墙，可取壁柱处的山墙高度。

（二）墙、柱的允许高厚比

1. 墙、柱高厚比验算

矩形截面墙、柱的高厚比应按下式验算

$$\beta = \frac{H_0}{h} \leqslant \mu_1 \mu_2 [\beta] \tag{17-16-1}$$

式中：H_0——墙、柱的计算高度，应按表 17-15-2 采用；

h——墙厚或矩形柱与 H_0 相对应的边长；

μ_1——自承重墙允许高厚比的修正系数；

μ_2——有门窗洞口墙允许高厚比的修正系数；

[β] ——墙、柱的允许高厚比，按表17-16-6采用。

墙、柱的允许高厚比[β]值 表17-16-6

砌 体 类 型	砂浆强度等级	墙	柱
无筋砌体	M2.5	22	15
	M5.0 或 Mb5.0、Ms5.0	24	16
	≥M7.5 或 Mb7.5、Ms7.5	26	17
配筋砌块砌体	—	30	21

注：1.毛石墙、柱的允许高厚比应按表中数值降低20%。

2.带有混凝土或砂浆面层的组合砖砌体构件的允许高厚比，可按表中数值提高20%，但不得大于28。

3.验算施工阶段砂浆尚未硬化的新砌砌体构件高厚比时，允许高厚比对墙取14，对柱取11。

由式（17-16-1）可知，当墙、柱的厚度一定时，其最大计算高度$H_0 = \mu_1\mu_2[\beta]h$；而当墙、柱的计算高度H_0一定时，其最小厚度$h = H_0/(\mu_1\mu_2[\beta])$。如果与墙连接的相邻两横墙间的距离$s \leqslant \mu_1\mu_2[\beta]h$时，可认为墙两边的支承情况牢靠，墙的高度可不受上述高厚比限制而由承载力计算确定。

此外，承重的独立砖柱截面尺寸不应小于240mm×370mm。毛石墙的厚度不宜小于350mm，毛料石柱较小边长不宜小于400mm。

2. 带壁柱墙和带构造柱墙的高厚比验算

包括整片墙的高厚比验算和壁柱间或构造柱间墙的局部稳定性高厚比验算，两者均应符合要求。

1）整片墙的高厚比验算

（1）带壁柱墙的高厚比按式（17-16-1）验算，此时式中的h应改用带壁柱墙截面的折算厚度h_T。按表17-15-2确定带壁柱墙的计算高度H_0时，s应取相邻横墙间的距离。

（2）当构造柱截面宽度不小于墙厚时，可按式（17-16-1）验算带构造柱墙的高厚比，此时式中的h取墙厚；当确定墙的计算高度H_0时，s应取相邻横墙间的距离。墙的允许高厚比[β]可乘以提高系数μ_c

$$\mu_c = 1 + \gamma\frac{b_c}{l} \tag{17-16-2}$$

式中：γ ——系数，对细料石砌体，$\gamma = 0$，对混凝土砌块、混凝土多孔砖粗料石、毛料石及毛石砌体，$\gamma = 1.0$，其他砌体，$\gamma = 1.5$；

b_c ——构造柱沿墙长方向的宽度；

l ——构造柱的间距。

当$b_c/l>0.25$时，取$b_c/l=0.25$；当$b_c/l<0.05$时，取$b_c/l=0$。

2）壁柱间或构造柱间墙的高厚比验算

该类墙以壁柱或构造柱作为支承，按矩形截面采用式（17-16-1）验算高厚比，此时s应取相邻壁柱间或相邻构造柱间的距离。设有钢筋混凝土圈梁的带壁柱墙或带构造柱墙，当$b/s\geqslant1/30$时，圈梁可视作壁柱间墙或构造柱间墙的不动铰支点（b为圈梁的宽度）。如不允许增加圈梁宽度，可按墙体平面外等刚度原则增加圈梁高度，以满足壁柱间墙或构造柱间墙不动铰支点的要求。

3. 厚度$h\leqslant240$mm的自承重墙，允许高厚比修正系数μ_1

$h = 240$mm $\qquad\qquad \mu_1 = 1.2$

$h = 90$mm $\qquad\qquad \mu_1 = 1.5$

90mm $< h < 240$mm $\qquad \mu_1$可按插入法取值

上端为自由端墙的允许高厚比，除按上述规定提高外，尚可提高 30%。对厚度小于 90mm 的墙，当双面采用不低于 M10 的水泥砂浆抹面，包括抹面层的墙厚不小于 90mm 时，可按墙厚等于 90mm 验算高厚比。

4. 对有门窗洞口的墙，允许高厚比修正系数 μ_2

$$\mu_2 = 1 - 0.4\frac{b_s}{s} \tag{17-16-3}$$

式中：b_s——在宽度 s 范围内的门窗洞口总宽度；

s——相邻窗间墙或壁柱之间的距离。

当按式（17-16-3）算得的 $\mu_2 < 0.7$ 时，取 $\mu_2 = 0.7$。当洞口高度等于或小于墙高的 1/5 时，取 $\mu_2 = 1.0$。

（三）耐久性规定

设计使用年限为 50 年时，砌体材料的耐久性应符合下列规定：

（1）地面以下或防潮层以下的砌体、潮湿房间的墙，所用材料的最低强度等级应符合表 17-16-7 的规定。

（2）处于有侵蚀性介质的砌体材料应符合下列规定：

①不应采用蒸压灰砂普通砖、蒸压粉煤灰普通砖；

②应采用实心砖，砖的强度等级不应低于 MU20，水泥砂浆的强度等级不应低于 M10；

③混凝土砌块的强度等级不应低于 MU15；灌孔混凝土的强度等级不应低于 Cb30，砂浆的强度等级不应低于 Mb10。

地面以下或防潮层以下的砌体、潮湿房间的墙所用材料的最低强度等级　表 17-16-7

潮湿程度	烧结普通砖	混凝土普通砖、蒸压普通砖	混凝土砌块	石材	水泥砂浆
稍潮湿的	MU15	MU20	MU7.5	MU30	MU5
很潮湿的	MU20	MU20	MU10	MU30	MU7.5
含饱和水的	MU20	MU25	MU15	MU40	MU10

注：1. 在冻胀地区，地面以下或防潮层以下的砌体，不宜采用多孔砖；如采用时，孔洞应用不低于 M10 的水泥砂浆预先灌实。当采用混凝土空心砌块时，其孔洞应采用强度等级不低于 Cb20 的混凝土预先灌实。

　2. 对安全等级为一级或设计使用年限大于 50 年的房屋，表中材料强度等级应至少提高一级。

（四）一般构造要求

为了保证房屋的空间刚度和良好的整体性，墙、柱除应进行高厚比验算外，还应满足以下构造要求。

1. 沉降缝设置

（1）为防止因地基不均匀沉降而出现裂缝，在房屋下列部位宜设置沉降缝：

①建筑平面有转折的部位；

②建筑物高度差异或荷载差异较大的分界处；

③房屋的长度超过规定的温度缝间距时，在房屋中部适当部位；

④地基土的压缩性有显著差异处；

⑤在不同建筑结构形式或不同基础类型的分界处；

⑥在分期建筑房屋的交界处。

（2）沉降缝的构造是缝两侧的结构从基础至屋顶全部分开，可以各自自由沉降而不发生碰撞。

（3）对于建筑在软弱地基或不均匀地基上的砌体房屋，宜采用下列措施增强整体刚度和承载力，以减小房屋的沉降和不均匀沉降：

①对于三层和三层以上的房屋，其长高比L/H_f宜小于或等于 2.5；当房屋的长高比 $2.5<L/H_f\leq3.0$ 时，宜做到纵墙不转折或少转折，并应控制其内横墙间距或增强基础刚度和承载力。当房屋的预估最大沉降量小于或等于 120mm 时，其长高比可不受此限制。

②墙体内宜设置钢筋混凝土圈梁或钢筋砖圈梁。

③在墙体上开洞时，宜在开洞部位配筋或采用构造柱及圈梁加强。

2. 圈梁设置

为增强房屋的整体刚度，防止由于地基不均匀沉降或较大振动荷载等对房屋引起的不利影响，需在墙中设置现浇钢筋混凝土圈梁。

1）单层房屋

车间、仓库、食堂等空旷的单层房屋应按下列规定设置圈梁：

（1）砖砌体房屋，檐口标高为 5~8m 时，应在檐口标高处设置圈梁一道，檐口标高大于 8m 时，应增加设置数量。

（2）砌体及料石砌体房屋，檐口标高为 4~5m 时，应在檐口标高处设置圈梁一道，檐口标高大于 5m 时，应增加设置数量。

（3）对有吊车或较大振动设备的单层工业房屋，除在檐口或窗顶标高处设置现浇钢筋混凝土圈梁外，尚应增加设置数量。

2）多层房屋

（1）住宅、办公楼等多层砌体民用房屋，且层数为 3~4 层时，应在底层和檐口标高处各设置圈梁一道。当层数超过 4 层时，应在所有纵、横墙上隔层设置。

（2）多层砌体工业房屋，应每层设置现浇钢筋混凝土圈梁。

（3）设置墙梁的多层砌体房屋，应在托梁、墙梁顶面和檐口标高处设置现浇钢筋混凝土圈梁，其他楼层处应在所有纵横墙上每层设置。

（4）采用现浇钢筋混凝土楼（屋）盖的多层砌体结构房屋，当层数超过 5 层时，除在檐口标高处设置一道圈梁外，可隔层设置圈梁，并与楼（屋）面板一起整浇。未设置圈梁的楼面板嵌入墙内的长度不应小于 120mm，并沿墙长配置不少于 $2\phi10$ 的纵向钢筋。

3）建筑在软弱地基或不均匀地基上的砌体房屋

（1）在多层房屋的基础和顶层宜各设置一道，其他各层可隔层设置，必要时也可每层设置。单层工业房屋、仓库可结合基础梁、连系梁、过梁等酌情设置。

（2）圈梁应设置在外墙、内纵墙和主要内横墙上，并宜在平面内连成封闭系统。

4）圈梁构造要求

（1）圈梁宜连续设在同一水平面上，并形成封闭状；当圈梁被门窗洞口截断时，应在洞口上部增设相同截面的附加圈梁。附加圈梁与圈梁的搭接长度不应小于两者中到中垂直距离的两倍，且不得小于 1m。

（2）纵横墙交接处的圈梁应有可靠的连接。刚弹性和弹性方案房屋，圈梁应与屋架、大梁等构件可靠连接。

（3）钢筋混凝土圈梁的宽度宜与墙厚相同，当墙厚$h \geqslant 240mm$时，其宽度不宜小于$2h/3$。圈梁高度不应小于120mm。纵向钢筋不应少于$4\phi10$，绑扎接头的搭接长度按受拉钢筋考虑，箍筋间距不应大于300mm。

（4）圈梁兼作过梁时，过梁部分的钢筋应按计算用量另行增配。

【例17-16-4】 设计多层砌体房屋时，受工程地质条件的影响，预期房屋中部的沉降比两端大，为防止地基不均匀沉降对房屋的影响，最宜采取的措施是：

　　A. 设置构造柱　　　　　　　　　　B. 在檐口处设置圈梁

　　C. 在基础顶面设置圈梁　　　　　　D. 采用配筋砌体结构

解　 为了防止地基不均匀沉降，可在多层砌体房屋的基础顶面和檐口处各设一道圈梁。当房屋中部沉降较两端大时，基础顶面的圈梁作用大；当房屋两端沉降较中部大时，则檐口处的圈梁作用大。

答案：C

3. 垫块设置

跨度大于6m的屋架和跨度大于下列数值的梁，应在支承处的砌体上设置混凝土或钢筋混凝土垫块；当墙中设有圈梁时，垫块与圈梁宜浇成整体。

（1）对砖砌体为4.8m。

（2）对砌块和料石砌体为4.2m。

（3）对毛石砌体为3.9m。

4. 壁柱设置

当梁跨度大于或等于下列数值时，在其支承处宜加设壁柱，或采取其他加强措施：

（1）对240mm厚的砖墙为6m，对180mm厚的砖墙为4.8m。

（2）对砌块、料石墙为4.8m。

【例17-16-5】 砌体结构房屋，当梁跨度大到一定程度时，在梁支承处宜加设壁柱。对砌块砌体而言，现行规范规定的该跨度限值是：

　　A. 4.8m　　　　　　B. 6.0m　　　　　　C. 7.2m　　　　　　D. 9m

解　 构造要求，见《砌体规范》第6.2.8条，对砌块、料石墙为4.8m。

答案：A

5. 支承长度要求

预制钢筋混凝土板在混凝土圈梁上的支承长度不应小于80mm，板端伸出的钢筋应与圈梁可靠连接，且同时浇筑。预制钢筋混凝土板在墙上的支承长度不应小于100mm。

6. 连接锚固要求

（1）支承在墙、柱上的吊车梁、屋架及跨度大于或等于下列数值的预制梁端部，应采用锚固件与墙、柱上的垫块锚固。

①对砖砌体为9m；

②对砌块和料石砌体为7.2m。

（2）填充墙、隔墙应分别采取措施与周边主体结构构件可靠连接。

（3）山墙处的壁柱或构造柱宜砌至山墙顶部，屋面构件应与山墙可靠连接。

7. 墙体与钢筋混凝土柱的连接要求

墙体与钢筋混凝土柱应有可靠拉结，如图17-16-8所示，柱内预埋钢筋应砌入墙体灰缝中。

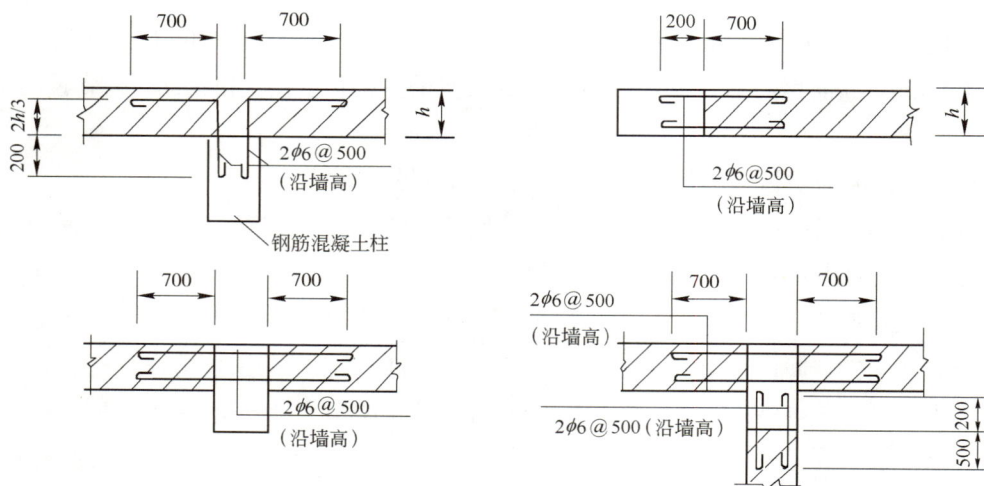

图 17-16-8　墙体与混凝土柱的连接（尺寸单位：mm）

（五）防止或减轻墙体开裂的主要措施

（1）为了防止或减轻房屋在正常使用条件下，由温差和砌体干缩引起的墙体竖向裂缝，应在墙体中设置伸缩缝。伸缩缝应设在因温度和收缩变形引起应力集中、砌体产生裂缝的可能性最大处。伸缩缝的间距可按表 17-16-8 采用。

砌体房屋伸缩缝的最大间距（单位：m）　　　　　　　　　　　表 17-16-8

屋盖或楼盖类别		间　距
整体式或装配整体式钢筋混凝土结构	有保温层或隔热层的屋盖、楼盖	50
	无保温层或隔热层的屋盖	40
装配式无檩体系钢筋混凝土结构	有保温层或隔热层的屋盖、楼盖	60
	无保温层或隔热层的屋盖	50
装配式有檩体系钢筋混凝土结构	有保温层或隔热层的屋盖	75
	无保温层或隔热层的屋盖	60
瓦材屋盖、木屋盖或楼盖、轻钢屋盖		100

注：1.对烧结普通砖、烧结多孔砖、配筋砌块砌体房屋，取表中数值；对石砌体、蒸压灰砂普通砖、蒸压粉煤灰普通砖、混凝土砌块、混凝土普通砖和混凝土多孔砖房屋，取表中数值乘以 0.8 的系数。当墙体有可靠外保温措施时，其间距可取表中数值。

2.在钢筋混凝土屋面上挂瓦的屋盖应按钢筋混凝土屋盖采用。

3.层高大于 5m 的烧结普通砖、烧结多孔砖、配筋砌块砌体结构单层房屋，其伸缩缝间距可按表中数值乘以 1.3。

4.温差较大且变化频繁地区和严寒地区不采暖的房屋及构筑物墙体的伸缩缝的最大间距，应按表中数值予以适当减小。

5.墙体的伸缩缝应与结构的其他变形缝相重合，缝宽度应满足各种变形缝的变形要求；在进行立面处理时，必须保证缝隙的变形作用。

（2）房屋顶层墙体，宜根据情况采取下列措施：

①屋面应设置保温、隔热层。

②屋面保温（隔热）层或屋面刚性面层及砂浆找平层应设置分隔缝，分隔缝间距不宜大于 6m，其缝宽不小于 30mm。并与女儿墙隔开。

③采用装配式有檩体系钢筋混凝土屋盖和瓦材屋盖。

④顶层屋面板下设置现浇钢筋混凝土圈梁，并沿内外墙拉通，房屋两端圈梁下的墙体内宜设置水平钢筋。

⑤顶层墙体有门窗等洞口时，在过梁上的水平灰缝内设置 2~3 道焊接钢筋网片或 2 根直径 6mm 钢筋，焊接钢筋网片或钢筋应伸入洞口两端墙内不小于 600mm。

⑥顶层及女儿墙砂浆强度等级不低于 M7.5（Mb7.5、Ms7.5）。

⑦女儿墙应设置构造柱，构造柱间距不宜大于 4m，构造柱应伸至女儿墙顶并与现浇钢筋混凝土压顶整浇在一起。

⑧对顶层墙体施加竖向预应力。

（3）房屋底层墙体，宜根据情况采取下列措施：

①增大基础圈梁的刚度。

②在底层的窗台下墙体灰缝内设置 3 道焊接钢筋网片或 2 根直径 6mm 钢筋，并应伸入两边窗间墙内不小于 600mm。

（4）在每层门、窗过梁上方的水平灰缝内及窗台下第一和第二道水平灰缝内，宜设置焊接钢筋网片或 2 根直径 6mm 钢筋，焊接钢筋网片或钢筋应伸入两边窗间墙内不小于 600mm。当墙长大于 5m 时，宜在每层墙高度中部设置 2~3 道焊接钢筋网片或 3 根 6mm 的通长水平钢筋，竖向间距宜为 500mm。

（5）房屋两端底层第一、第二开间门窗洞处，可采取下列措施：

①在门窗洞口两边墙体的水平灰缝中，设置长度不小于 900mm、竖向间距为 400mm 的 2 根 4mm 的焊接钢筋网片。

②在顶层和底层设置通长钢筋混凝土窗台梁，窗台梁高宜为块材高度的模数，梁内纵筋不少于 4 根，直径不小于 10mm，箍筋直径不小于 6mm，间距不大于 200mm，混凝土强度等级不低于 C20。

③在混凝土砌块房屋门窗洞口两侧不少于一个孔洞中设置直径不小于 12mm 的竖向钢筋，竖向钢筋应在楼层圈梁或基础内锚固，孔洞用不低于 Cb20 混凝土灌实。

（6）填充墙砌体与梁、柱或混凝土墙体结合的界面处（包括内、外墙），宜在粉刷前设置钢丝网片，网片宽度可取 40mm，并沿界面缝两侧各延伸 200mm，或采取其他有效的防裂、盖缝措施。

（7）当房屋刚度较大时，可在窗台下或窗台角处墙体内、在墙体高度或厚度突然变化处设置竖向控制缝。竖向控制缝宽度不宜小于 25mm，缝内填以压缩性能好的填充材料，且外部用密封材料密封，并采用不吸水的、闭孔发泡聚乙烯实习圆棒（背衬）作为密封膏的隔离物（见图 17-16-9）。

（8）夹心复合墙的外叶墙宜在建筑墙体适当部位设置控制缝，其间距宜为 6~8m。

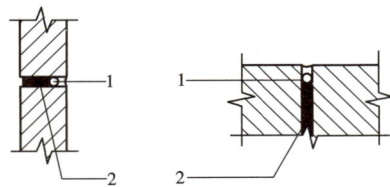

图 17-16-9 控制缝构造
1-不吸水的、闭孔发泡聚乙烯实心圆棒；
2-柔软、可压缩的填充物

习 题

17-16-1 《砌体规范》判定砌体结构为刚性方案、刚弹性方案或弹性方案的判别因素是（　　）。

A. 砌体的材料和强度

B. 砌体的高厚比

C. 屋盖、楼盖的类别与横墙的刚度及间距

D. 屋盖、楼盖的类别与横墙的间距，而与横墙本身条件无关

17-16-2　影响砌体结构房屋空间工作性能的主要因素是（　　　）。

A. 砌体所用块材和砂浆的强度等级

B. 外纵墙的高厚比和门窗开洞数量

C. 屋盖、楼盖的类别及横墙的间距

D. 圈梁和构造柱的设置是否符合要求

17-16-3　对厚度 240mm 的砖墙，当梁跨度大于或等于（　　　）时，其支承处宜加设壁柱或采取其他加强措施。

A. 4.8m　　　　　　　B. 6.0m　　　　　　　C. 7.5m　　　　　　　D. 4.5m

17-16-4　经验算某砌体房屋墙体的高厚比不满足要求，可采取下列（　　　）措施。

①提高块体的强度等级；

②提高砂浆的强度等级；

③增加墙的厚度；

④减小洞口面积。

A. ①③　　　　　　　B. ①②③　　　　　　C. ②③④　　　　　　D. ①③④

17-16-5　关于圈梁作用，正确的是（　　　）。

①提高楼盖的水平刚度；

②增强纵、横墙的连接，提高房屋的整体性；

③减轻地基不均匀沉降对房屋的影响；

④承担竖向荷载，减小墙体厚度；

⑤减小墙体的自由长度，提高墙体的稳定性。

A. ①②③　　　　　　B. ①②③⑤　　　　　C. ①②③④　　　　　D. ①③⑤

17-16-6　防止或减轻砌体房屋顶层墙体的裂缝，可采取的措施是（　　　）。

①屋面设置保温、隔热层；

②屋面保温或屋面刚性面层设置分隔缝；

③顶层屋面板下设置现浇钢筋混凝土圈梁；

④女儿墙设置构造柱。

A. ①②③　　　　　　B. ①②③④　　　　　C. ①②④　　　　　　D. ①③④

第十七节　砌体结构房屋部件

一、圈梁

在房屋的檐口、窗顶、楼层、吊车梁顶或基础顶面标高处，沿砌体墙水平方向设置封闭状的按构造配筋的混凝土梁式构件，称为圈梁。位于屋顶屋面梁、板下的圈梁称为檐口圈梁；在±0.00以下基础中的圈梁，称为基础圈梁。

圈梁的作用是增加砌体结构房屋的空间整体性和刚度，提高墙体的稳定性；可抑制由于地基不均匀沉降引起的墙体开裂，并有效消除或减弱较大振动荷载对墙体产生的不利影响。跨越门窗洞口的圈梁经过设计可兼作过梁。

圈梁的布置和构造见本章第十六节。

二、过梁

（一）过梁的分类和应用

过梁是砌体结构中用于门、窗洞上承受洞口顶面以上砌体的自重及上层楼面梁、板可能传下来的均布荷载或集中荷载。

过梁有砖砌过梁和钢筋混凝土过梁。砖砌过梁又可分为砖砌平拱、砖砌弧拱、钢筋砖过梁。砖砌平拱是将砖以竖立和侧立形式跨越洞口的过梁，一般用于净跨不大于 1.2m，且非抗震或无动载的洞口。砖砌弧拱是将砖以竖立或侧立形式砌成弧形拱式过梁，当弧拱矢高 $a = (1/8 \sim 1/2)l_n$ 时，$l_n = 2.5 \sim 3m$；当 $a = (1/5 \sim 1/6)l_n$ 时，$l_n = 3.0 \sim 4.0m$。这种过梁建筑美观，但施工复杂，抗震和抗振动性差，一般用于非抗震设计的建筑。钢筋砖过梁是在砖砌过梁底部放置不少于 $\phi 5 \sim \phi 8@120$ 的纵向受力钢筋而形成的过梁。钢筋在支座内的锚固长度每端不少于 240mm，过梁计算高度内的砂浆强度等级不低于 M5，且应与两端墙体同时砌筑。梁底用厚 30mm 的 1：3 水泥砂浆抹平。一般净跨不应超过 1.5m。

（二）过梁的荷载

1. 梁、板荷载

对砖和砌块砌体，当梁、板下的墙体高度 $h_w < l_n$ 时（l_n 为过梁的净跨），应计入梁、板传来的荷载。当梁、板下的墙体高度 $h_w \geq l_n$ 时，可不考虑梁、板荷载。

2. 墙体荷载

（1）对砖砌体，当过梁上的墙体高度 $h_w < l_n/3$ 时，应按墙体的均布自重采用；当墙体高度 $h_w \geq l_n/3$ 时，应按高度为 $l_n/3$ 墙体的均布自重采用。

（2）对砌块砌体，当过梁上的墙体高度 $h_w < l_n/2$ 时，应按墙体的均布自重采用；当墙体高度 $h_w \geq l_n/2$ 时，应按高度为 $l_n/2$ 墙体的均布自重采用。

（三）过梁计算

1. 砖砌平拱

跨中按正截面抗弯承载力验算，并采用沿齿缝截面的弯曲抗拉强度设计值。支座边截面按抗剪承载力计算，但一般均能满足，可不计算。

2. 钢筋砖过梁

抗弯承载力可按下式计算

$$M \leqslant 0.85 h_0 f_y A_s \tag{17-17-1}$$

式中：M ——按简支梁计算的跨中弯矩设计值；

f_y ——钢筋的抗拉强度设计值；

A_s ——受拉钢筋的截面面积；

h_0 ——过梁截面的有效高度，$h_0 = h - a_s$；

a_s ——受拉钢筋重心至截面下边缘的距离；

h ——过梁的截面计算高度，取过梁底面以上的墙体高度，但不大于 $l_n/3$，当考虑梁、板传来的荷载时，则按梁、板下的高度采用。

3. 混凝土过梁

混凝土过梁的承载力，应按混凝土受弯构件计算。验算过梁下砌体局部抗压承载力时，可不考虑上层荷载的影响；梁端底面压应力图形完整系数可取 1.0，梁端有效支承长度可取实际支承长度，但不应大于墙厚。

【例 17-17-1】图示砖砌体中的过梁，作用在过梁上的荷载为：

A. 20kN/m　　　　B. 18kN/m　　　　C. 17.5kN/m　　　　D. 2.5kN/m

解 《砌体规范》第 7.2.2 条第 1 款规定，当梁、板下的墙体高度 h_w 小于过梁的净跨 l_n 时，过梁应计入梁、板传来的荷载。第 2 款规定，对砖砌体，当过梁上的墙体高度 $h_w<l_n/3$（l_n 为过梁净跨）时，应按墙体的均布自重采用；当墙体高度 $h_w \geq l_n/3$ 时，应按高度为 $l_n/3$ 墙体的均布自重采用。所以作用在过梁上的荷载为：$15+5 \times 0.5 = 17.5$kN/m。

答案： C

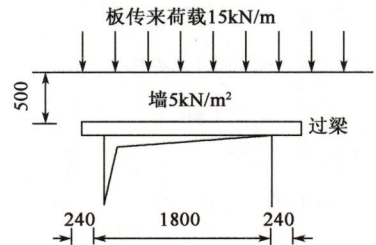

例 17-17-1 图（尺寸单位：mm）

三、墙梁

由钢筋混凝土托梁和托梁以上计算高度范围内的墙体组成的组合构件称为墙梁。墙梁包括简支墙梁、连续墙梁和框支墙梁。可分为承重墙梁和自承重墙梁。

（一）墙梁的适用条件

采用烧结普通砖砌体、混凝土普通砖砌体、混凝土多孔砖砌体和混凝土砌块砌体的墙梁设计应符合表 17-17-1 的规定。墙梁计算高度范围内每跨允许设置一个洞口；洞口边至支座中心的距离 a_i，距边支座不应小于 $0.15l_{0i}$，距中支座不应小于 $0.07l_{0i}$。对多层房屋的墙梁，各层洞口宜设置在相同位置处，并宜上、下对齐。

墙梁的一般规定　　　　　　　　　　表 17-17-1

墙梁类别	墙体总高度（m）	跨度（m）	墙体高跨比 h_w/l_{0i}	托梁高跨比 h_b/l_{0i}	洞宽比 b_h/l_{0i}	洞高 h_h
承重墙梁	≤18	≤9	≥0.4	≥1/10	≤0.3	≤$5h_w/6$ 且 $h_w-h_h \geq 0.4$m
自承重墙梁	≤18	≤12	≥1/3	≥1/15	≤0.8	

注：1. 墙体总高度指托梁顶面到檐口的高度，带阁楼的坡屋面应算到山尖墙 1/2 高度处。

2. 对自承重墙梁，洞口至边支座中心的距离不宜小于 $0.1l_{0i}$，门窗洞上口至墙顶的距离不应小于 0.5m。

3. h_w 为墙体计算高度，按《砌体规范》第 7.3.3 条采用；h_b 为托梁截面高度；l_{0i} 为墙梁计算跨度；h_h 为洞口高度，对窗洞取洞顶至托梁顶面距离。

（二）墙梁的计算简图

墙梁的计算简图应按图 17-17-1 采用。各计算参数应按下列规定取用：

（1）墙梁计算跨度 $l_0(l_{0i})$，对简支墙梁和连续墙梁取 $1.1l_n(1.1l_{ni})$ 或 $l_c(l_{ci})$ 两者中的较小值；$l_n(l_{ni})$ 为净跨，$l_c(l_{ci})$ 为支座中心线距离。对框支墙梁，取框架柱轴线间的距离 $l_c(l_{ci})$。

（2）墙体计算高度h_w，取托梁顶面上一层墙体高度，当$h_w > l_0$时，取$h_w = l_0$（对连续墙梁和多跨框支墙梁，l_0取各跨的平均值）。

（3）墙梁跨中截面计算高度H_0，取$H_0 = h_w + 0.5h_b$。

（4）翼墙计算宽度b_f，取窗间墙宽度或横墙间距的2/3，且每边不大于3.5h（h为墙体厚度）和$l_0/6$。

（5）框架柱计算高度H_c，取$H_c = H_{cn} + 0.5h_b$；H_{cn}为框架柱的净高，取基础顶面至托梁底面的距离。

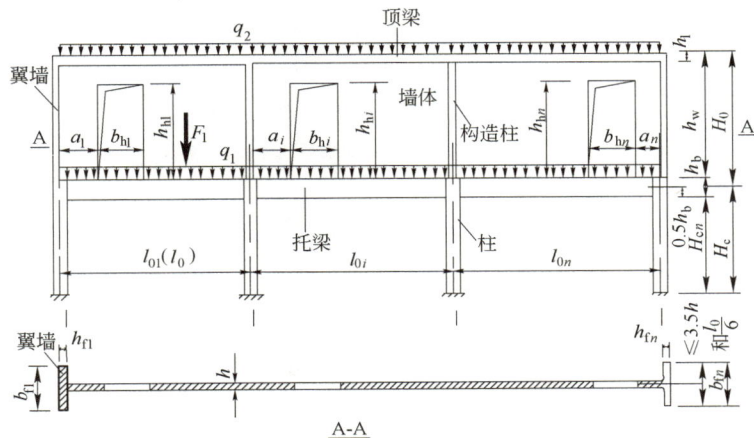

图 17-17-1　墙梁的计算简图

（三）墙梁的荷载

墙梁上的荷载由作用于墙梁顶面的荷载和作用于托梁顶面的荷载两部分组成，上述荷载对墙梁使用阶段和施工阶段的影响有所不同。墙梁的计算荷载，应按下列规定采用：

1. 使用阶段墙梁上的荷载

1）承重墙梁

（1）承重墙梁的托梁顶面的荷载设计值，取托梁自重及本层楼盖的永久荷载和可变荷载。

（2）承重墙梁的墙梁顶面的荷载设计值，取托梁以上各层墙体自重，以及墙梁顶面以上各层楼（屋）盖的恒荷载和活荷载；集中荷载可沿作用的跨度近似化为均布荷载。

2）自承重墙梁

自承重墙梁顶面的荷载设计值，取托梁自重及托梁以上墙体自重。

2. 施工阶段托梁上的荷载

（1）托梁自重及本层楼盖的恒荷载。

（2）本层楼盖的施工荷载。

（3）墙体自重，可取高度为$l_{0max}/3$的墙体自重，开洞时尚应按洞顶以下实际分布的墙体自重复核，l_{0max}为各计算跨度的最大值。

（四）墙梁的承载力计算

墙梁应分别进行托梁使用阶段正截面抗弯承载力和斜截面抗剪承载力计算、墙体抗剪承载力和托梁支座上部砌体局部抗压承载力计算，以及施工阶段托梁承载力验算。自承重墙梁可不验算墙体抗剪承载力和砌体局部抗压承载力。

1. 使用阶段托梁正截面承载力计算

（1）托梁跨中截面应按钢筋混凝土偏心受拉构件计算，第i跨跨中最大弯矩设计值M_{bi}及轴心拉力设计值N_{bti}可按下列公式计算

$$M_{bi} = M_{1i} + \alpha_M M_{2i} \tag{17-17-2}$$

$$N_{bti} = \eta_N \frac{M_{2i}}{H_0} \tag{17-17-3}$$

对简支墙梁

$$\alpha_M = \psi_M \left(1.7 \frac{h_b}{l_0} - 0.03\right) \tag{17-17-4}$$

$$\psi_M = 4.5 - 10 \frac{a}{l_0} \tag{17-17-5}$$

$$\eta_N = 0.44 + 2.1 \frac{h_w}{l_0} \tag{17-17-6}$$

对连续墙梁和框支墙梁

$$\alpha_M = \psi_M \left(2.7 \frac{h_b}{l_{0i}} - 0.08\right) \tag{17-17-7}$$

$$\psi_M = 3.8 - 8 \frac{a_i}{l_{0i}} \tag{17-17-8}$$

$$\eta_N = 0.8 + 2.6 \frac{h_w}{l_{0i}} \tag{17-17-9}$$

上述式中：M_{1i}——荷载设计值q_1、F_1作用下的简支梁跨中弯矩按连续梁、框架分析的托梁第i跨跨中最大弯矩；

$\quad\quad M_{2i}$——荷载设计值q_2作用下的简支梁跨中弯矩或按连续梁、框架分析的托梁第i跨跨中最大弯矩；

$\quad\quad \alpha_M$——考虑墙梁组合作用的托梁跨中弯矩系数，可按式（17-17-4）或式（17-17-7）计算，但对自承重简支墙梁应乘以 0.8；当式（17-17-4）中的$h_b/l_0 > 1/6$时，取$h_b/l_0 = 1/6$，当式（17-17-7）中的$h_b/l_{0i} > 1/7$时，取$h_b/l_{0i} = 1/7$，当$\alpha_M > 1.0$时，取$\alpha_M = 1.0$；

$\quad\quad \eta_N$——考虑墙梁组合作用的托梁跨中轴力系数，可按式（17-17-6）或式（17-17-9）计算，但对自承重简支墙梁应乘以 0.8，当$h_w/l_{0i} > 1$时，取$h_w/l_{0i} = 1$；

$\quad\quad \psi_M$——洞口对托梁弯矩的影响系数，对无洞口墙梁取 1.0，对有洞口墙梁可按式（17-17-5）或式（17-17-8）计算；

$\quad\quad a_i$——洞口边缘至墙梁最近支座中心的距离，当$a_i > 0.35 l_{0i}$时，取$a_i = 0.35 l_{0i}$。

（2）托梁支座截面应按钢筋混凝土受弯构件计算，第j支座的弯矩设计值M_{bj}可按下列公式计算

$$M_{bj} = M_{1j} + \alpha_M M_{2j} \tag{17-17-10}$$

$$\alpha_M = 0.75 - \frac{a_i}{l_{0i}} \tag{17-17-11}$$

上述式中：M_{1j}——荷载设计值Q_1、F_1作用下按连续梁或框架分析的托梁第j支座截面的弯矩设计值；

$\quad\quad M_{2j}$——荷载设计值Q_2作用下按连续梁或框架分析的托梁第j支座截面的弯矩设计值；

$\quad\quad \alpha_M$——考虑墙梁组合作用的托梁支座截面弯矩系数，无洞口墙梁取 0.4，有洞口墙梁可按式（17-17-11）计算。

2. 使用阶段托梁斜截面承载力计算

（1）墙梁的托梁斜截面抗剪承载力应按钢筋混凝土受弯构件计算，第j支座边缘截面的剪力设计值V_{bj}可按下式计算

$$V_{bj} = V_{1j} + \beta_V V_{2j} \tag{17-17-12}$$

式中：V_{1j} ——荷载设计值Q_1、F_1作用下按简支梁.连续梁或框架分析的托梁第i支座边缘截面剪力设计值；

V_{2j} ——荷载设计值Q_2作用下按简支梁.连续梁或框架分析的托梁第i支座边缘截面剪力设计值；

β_V ——考虑墙梁组合作用的托梁剪力系数，无洞口墙梁边支座截面取0.6，中间支座截面取0.7，有洞口墙梁边支座截面取0.7，中间支座截面取0.8；对自承重墙梁，无洞口时取0.45，有洞口时取0.5。

（2）墙梁的墙体抗剪承载力，应按下式验算

$$V_2 \leqslant \xi_1 \xi_2 \left(0.2 + \frac{h_b}{l_{0i}} + \frac{h_t}{l_{0i}}\right) f h h_w \qquad (17-17-13)$$

式中：V_2 ——在荷载设计值q_2作用下墙梁支座边缘截面剪力的最大值；

ξ_1 ——翼墙影响系数，对单层墙梁取1.0，对多层墙梁，当$b_f/h = 3$时取1.3，当$b_f/h = 7$时取1.5，当$3<b_f/h<7$时，按线性插入取值；

ξ_2 ——洞口影响系数，无洞口墙梁取1.0，多层有洞口墙梁取0.9，单层有洞口墙梁取0.6；

h_t ——墙梁顶面圈梁截面高度。

3. 使用阶段托梁支座上部砌体局部抗压承载力计算

托梁支座上部砌体局部抗压承载力应按下列公式验算

$$q_2 \leqslant \zeta f h \qquad (17-17-14)$$
$$\zeta = 0.25 + 0.08 \frac{b_f}{h} \qquad (17-17-15)$$

式中：ζ ——局部抗压系数。

当$b_f/h \geqslant 5$或墙梁支座处设置上、下贯通的落地构造柱，且其截面不小于240mm × 240mm时，可不验算托梁上部砌体局部抗压承载力。

4. 施工阶段托梁承载力验算

由施工阶段作用在托梁上的荷载设计值产生的最大弯矩和剪力，按钢筋混凝土受弯构件验算其抗弯和抗剪承载力。

（五）墙梁的构造要求

墙梁除需满足表17-17-1的适用条件及承载力计算之外，尚需满足下列要求：

1. 材料

（1）托梁和框支柱的混凝土强度等级不应低于C30；

（2）承重墙梁的块体强度等级不应低于MU10,计算高度范围内墙体的砂浆强度等级不应低于M10（Mb10）。

2. 墙体

（1）框支墙梁的上部砌体房屋，以及设有承重的简支墙梁或连续墙梁的房屋，应满足刚性方案房屋的要求。

（2）墙梁的计算高度范围内的墙体厚度，对砖砌体不应小于240mm，对混凝土砌块砌体不应小于190mm。

（3）墙梁洞口上方应设置混凝土过梁，其支承长度不应小于240mm；洞口范围内不应施加集中荷载。

（4）承重墙梁的支座处应设置落地翼墙，翼墙厚度，对砖砌体不应小于240mm，对混凝土砌块砌体不应小于190mm，翼墙宽度不应小于墙梁墙体厚度的3倍，并与墙梁墙体同时砌筑。当不能设置翼

墙时，应设置落地且上、下贯通的混凝土构造柱。

（5）当墙梁墙体在靠近支座1/3跨度范围内开洞时，支座处应设置落地且上、下贯通的混凝土构造柱，并应与每层圈梁连接。

（6）墙梁计算高度范围内的墙体，每天可砌高度不应超过 1.5m；否则，应加设临时支撑。

3. 托梁

（1）托梁两侧各两个开间的楼盖应采用现浇混凝土楼盖，楼板厚度不应小于 120mm，当楼板厚度大于 150mm 时，宜采用双层双向钢筋网，楼板上应少开洞，洞口尺寸大于 800mm 时应设洞口边梁。

（2）托梁每跨底部的纵向受力钢筋应通长设置，不得在跨中段弯起或截断。钢筋接长应采用机械连接或焊接。

（3）托梁跨中截面纵向受力钢筋总配筋率不应小于 0.6%。

（4）托梁上部通长布置的纵向钢筋面积与跨中下部纵向钢筋面积的比值不应小于 0.4。连续墙梁或多跨框支墙梁的托梁支座上部附加纵向钢筋从支座边缘算起每边延伸长度不应小于 $l_0/4$。

（5）承重墙梁的托梁在砌体墙、柱上的支承长度不应小于 350mm，纵向受力钢筋伸入支座的长度应符合受拉钢筋的锚固要求。

（6）当托梁截面高度 $h_b \geq 450$mm 时，应沿梁截面高度设置通长水平腰筋，直径不应小于 12mm，间距不应大于 200mm。

（7）对洞口偏置的墙梁，其托梁的箍筋加密区范围应延到洞口外，距洞边的距离大于等于托梁截面高度 h_b；箍筋直径不应小于 8mm，间距不应大于 100mm（见图 17-17-2）。

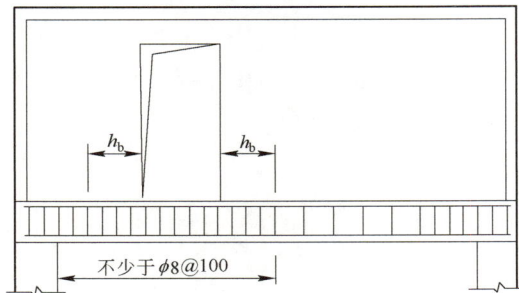

图 17-17-2　偏开洞时托梁箍筋加密区

四、挑梁

挑梁的特点是挑梁的一端嵌入砌体墙内，另一端悬挑在外，且墙体与钢筋混凝土梁形成整体作用，而且必须重视抗倾覆问题。

（一）挑梁的抗倾覆验算

1. 砌体墙中钢筋混凝土挑梁的抗倾覆验算

$$M_{0v} \leq M_r \tag{17-17-16}$$

式中：M_{0v}——挑梁的荷载设计值对计算倾覆点产生的倾覆力矩；

M_r——挑梁的抗倾覆力矩设计值。

2. 挑梁计算倾覆点至墙外边缘的距离

（1）当 $l_1 \geq 2.2h_b$ 时

$$x_0 = 0.3h_b \tag{17-17-17}$$

且不应大于$0.13l_1$。

（2）当$l_1 < 2.2h_b$时

$$x_0 = 0.13l_1 \qquad (17-17-18)$$

式中： l_1 ——挑梁埋入砌体墙中的长度（mm）；

x_0 ——计算倾覆点至墙外边缘的距离（mm）；

h_b ——挑梁的截面高度（mm）。

注：当挑梁下有混凝土构造柱或垫梁时，计算倾覆点至墙外边缘的距离可取$0.5x_0$。

3. 挑梁的抗倾覆力矩设计值

$$M_r = 0.8G_r(l_2 - x_0) \qquad (17-17-19)$$

式中： G_r ——挑梁的抗倾覆荷载，为挑梁尾端上部$45°$扩展角的阴影范围（其水平长度为l_3）内本层的砌体与楼面恒荷载标准值之和（见图17-17-3）；

l_2 —— G_r作用点至墙外边缘的距离。

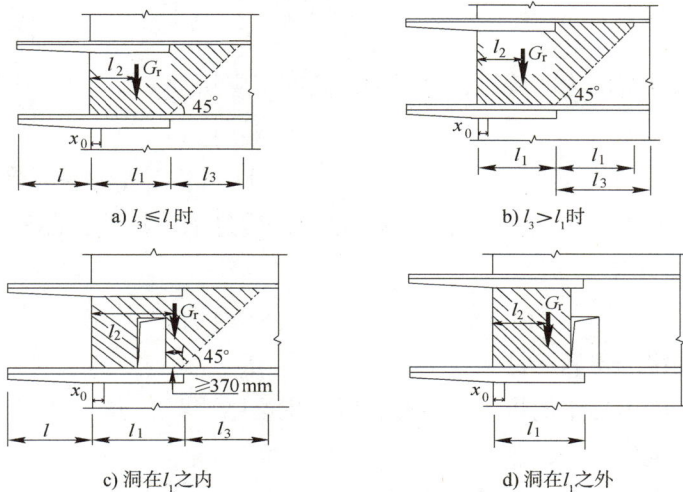

a) $l_3 \leqslant l_1$时   b) $l_3 > l_1$时

c) 洞在l_1之内   d) 洞在l_1之外

图 17-17-3 挑梁的抗倾覆荷载（尺寸单位：mm）

（二）挑梁下砌体局部抗压承载力验算

挑梁下砌体的局部抗压承载力，可按下式验算（见图17-17-4）

$$N_l \leqslant \eta \gamma f A_l \qquad (17-17-20)$$

式中： N_l ——挑梁下的支承压力，可取$N_l = 2R$，R为挑梁的倾覆荷载设计值；

η ——梁端底面压应力图形的完整系数，可取0.7；

γ ——砌体局部抗压强度提高系数，对图17-17-4a）可取1.25，对图17-17-4b）可取1.5；

A_l ——挑梁下砌体局部受压面积，可取$A_l = 1.2bh_b$，b为挑梁的截面宽度，h_b为挑梁的截面高度。

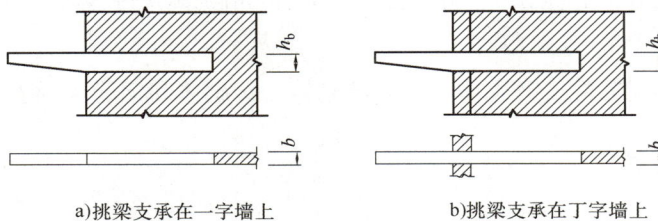

a) 挑梁支承在一字墙上   b) 挑梁支承在丁字墙上

图 17-17-4 挑梁下砌体局部受压

（三）挑梁正截面和斜截面承载力计算

挑梁的最大弯矩设计值M_{max}与最大剪力设计值V_{max}，可按下列公式计算

$$M_{max} = M_0 \tag{17-17-21}$$

$$V_{max} = V_0 \tag{17-17-22}$$

式中：M_0——挑梁的荷载设计值对计算倾覆点截面产生的弯矩；

V_0——挑梁的荷载设计值在挑梁墙外边缘处截面产生的剪力。

其余同钢筋混凝土梁承载力计算。

（四）挑梁的构造要求

（1）纵向受力钢筋至少应有1/2的钢筋面积伸入梁尾端，且不少于 $2\phi12$。其余钢筋伸入支座的长度不应小于$2l_1/3$。

（2）挑梁埋入砌体长度l_1与挑出长度l之比宜大于1.2；当挑梁上无砌体时，l_1与l之比宜大于2。

习　　题

17-17-1 墙梁计算高度范围内的墙体，每天砌筑高度不应超过（　　），否则应加设临时支撑。

   A. 1.2m   B. 1.5m

   C. 2m   D. $l_0/3$（l_0为墙梁计算跨度）

17-17-2 砖砌体墙上有1.2m 宽的门洞，门洞上设钢筋砖过梁，若梁上墙高为 1.5m 时，则计算过梁上墙重时，墙高应取（　　）。

   A. 0.4m   B. 0.5m   C. 1.2m   D. 0.6m

17-17-3 关于挑梁的说法正确的是（　　）。

   ①挑梁抗倾覆力矩中的抗倾覆荷载，应取挑梁尾端上部45°扩散角范围内本层的砌体与楼面恒载标准值之和；

   ②挑梁埋入砌体的长度与挑出长度之比宜大于1.2，当挑梁上无砌体时，宜大于2；

   ③挑梁下砌体的局部抗压承载力验算时，挑梁下的支承压力取挑梁的倾覆荷载设计值；

   ④挑梁本身应按钢筋混凝土受弯构件设计。

   A. ②③   B. ①②③   C. ①②④   D. ①③

第十八节　配筋砖砌体构件

为了提高砌体的强度，减小砌体截面尺寸，增强砌体结构的整体性，可在砌体内配置适量的钢筋或钢筋混凝土，形成配筋砌体。配筋砌体可分为配筋砖砌体和配筋砌块砌体。本节重点介绍配筋砖砌体的承载力计算和构造要求。

配筋砖砌体又可分为网状配筋砖砌体、组合砖砌体、砖砌体和钢筋混凝土构造柱组合墙。

一、网状配筋砖砌体

网状配筋砖砌体将钢筋网配在砌体水平灰缝内，在砖柱或砖墙中每隔几皮砖在其水平灰缝中设置

边长为 3~4mm 的方格网式钢筋网片，如图 17-18-1 所示。水平钢筋网能约束网片间无筋砌体的横向变形，使该段砌体处于三向受力状态，间接提高了砖砌体的抗压强度。

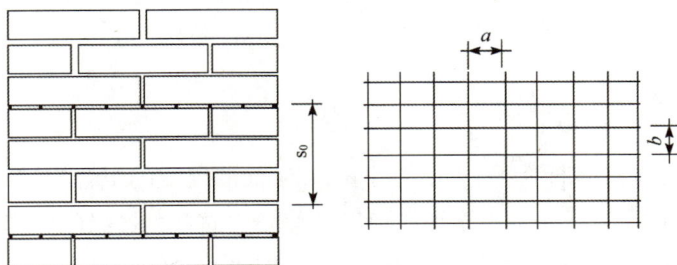

图 17-18-1 网状配筋砖砌体

（1）网状配筋砖砌体受压构件，应符合下列规定：

①偏心距超过截面核心范围（对于矩形截面，即 $e/h > 0.17$），或构件的高厚比 $\beta > 16$ 时，不宜采用网状配筋砖砌体构件。

②对矩形截面构件，当轴向力偏心方向的截面边长大于另一方向的边长时，除按偏心受压计算外，还应对较小边长方向按轴心受压进行验算。

③当网状配筋砖砌体构件下端与无筋砌体交接时，尚应验算交接处无筋砌体的局部受压承载力。

（2）网状配筋砖砌体（见图 17-18-1）受压构件的承载力，应按下列公式计算：

$$N \leqslant \varphi_n f_n A \tag{17-18-1}$$

$$f_n = f + 2\left(1 - \frac{2e}{y}\right)\rho f_y \tag{17-18-2}$$

$$\rho = \frac{(a+b)A_s}{abs_n} \tag{17-18-3}$$

式中： N ——轴向力设计值；

φ_n ——高厚比和配筋率以及轴向力的偏心距对网状配筋砖砌体受压构件承载力的影响系数，可按《砌体规范》附录 D.0.2 的规定采用；

f_n ——网状配筋砖砌体的抗压强度设计值；

A ——截面面积；

e ——轴向力的偏心距；

y ——截面重心至轴向力所在偏心方向截面边缘的距离；

ρ ——体积配筋率；

f_y ——钢筋的抗拉强度设计值，当 $f_y > 320$MPa 时，仍采用 320MPa；

a、b ——钢筋网的网格尺寸；

A_s ——钢筋的截面面积；

s_n ——钢筋网的竖向间距。

（3）网状配筋砖砌体构件的构造应符合下列规定：

①网状配筋砖砌体中的体积配筋率，不应小于 0.1%，并不应大于 1%。

②采用钢筋网时，钢筋的直径宜采用 3 ~ 4mm。

③钢筋网中钢筋的距，不应大于 120mm，并不应小于 30mm。

④钢筋网的间距，不应大于五皮砖，并不应大于 400mm。

⑤网状配筋砖砌体所用的砂浆强度等级不应低于 M7.5；钢筋网应设置在砌体的水平灰缝中，灰缝厚度应保证钢筋上下至少各有 2mm 厚的砂浆层。

二、组合砖砌体

组合砖砌体是由砖砌体和钢筋混凝土面层或钢筋砂浆面层组成的组合构件，如图 17-18-2 所示。当轴向力的偏心距超过 $0.6y$（y 为截面重心至轴向力所在偏心方向截面边缘的距离）时，宜采用组合砖砌体。对于砖墙与组合砌体一同砌筑的 T 形截面构件（见图 17-18-2b），其承载力和高厚比可按矩形截面组合砌体构件计算（见图 17-18-2c）。

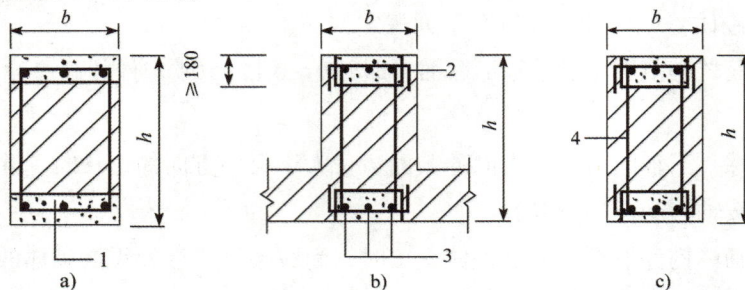

图 17-18-2 组合砖砌体构件截面

1-混凝土或砂浆；2-拉结钢筋；3-纵向钢筋；4-箍筋

钢筋混凝土面层或钢筋砂浆面层和砖砌体共同工作，接近于钢筋混凝土柱，既提高了砌体的承载力，又改善了其变形性能。

（1）组合砖砌体轴心受压构件的承载力，应按下式计算：

$$N \leqslant \varphi_{con}(fA + f_cA_c + \eta_s f_y' A_s') \tag{17-18-4}$$

式中：φ_{com} ——组合砖砌体构件的稳定系数，可按《砌体规范》表 8.2.3 采用；

    A ——砖砌体的截面面积；

    f_c ——混凝土或面层水泥砂浆的轴心抗压强度设计值，砂浆的轴心抗压强度设计值可取为同强度等级混凝土的轴心抗压强度设计值的 70%，当砂浆强度为 M15 时，取 5.0MPa，当砂浆强度为 M10 时，取 3.4MPa，当砂浆强度为 M7.5 时，取 2.5MPa；

    A_c ——混凝土或砂浆面层的截面面积；

    η_s ——受压钢筋的强度系数，当为混凝面土面层时，可取 1.0，当为砂浆面层时，可取 0.9；

    f_y' ——钢筋的抗压强度设计值；

    A_s' ——受压钢筋的截面面积。

（2）偏心受压组合砖砌体构件的承载力和变形特点与钢筋混凝土偏心受压构件类似，也可分为大偏心受压和小偏心受压两种。当轴向力偏心距较大时，组合砖砌体的变形较大，延性也较好，且高厚比越大，延性越好。

组合砖砌体偏心受压构件的承载力可按《砌体规范》第 8.2.4 条、8.2.5 条公式计算。

（3）组合砖砌体构件的构造应符合下列规定：

①面层混凝土强度等级宜采用 C20。面层水泥砂浆强度等级不宜低于 M10。砌筑砂浆的强度等级不宜低于 M7.5。

②砂浆面层的厚度可采用 30～45mm。当面层厚度大于 45mm 时，其面层宜采用混凝土。

③竖向受力钢筋宜采用 HPB300 级钢筋，对于混凝土面层，亦可采用 HRB335 级钢筋。受压钢筋一侧的配筋率，对砂浆面层，不宜小于 0.1%；对混凝土面层，不宜小于 0.2%。受拉钢筋的配筋率，不应小于 0.1%。竖向受力钢筋的直径，不应小于 8mm，钢筋的净间距，不应小于 30mm。

④箍筋的直径，不宜小于 4mm 及受压钢筋直径的 20%，并不宜大于 6mm。箍筋的间距，不应大于 20 倍受压钢筋的直径及 500mm，并不应小于 120mm。

⑤当组合砖砌体构件一侧的竖向受力钢筋多于 4 根时，应设置附加箍筋或拉结钢筋。

⑥对于截面长短边尺寸相差较大的构件，如墙体等，应采用穿通墙体的拉结钢筋作为箍筋，同时设置水平分布钢筋。水平分布钢筋的竖向间距及拉结钢筋的水平间距，均不应大于 500mm。

⑦组合砖砌体构件的顶部和底部，以及牛腿部位，必须设置钢筋混凝土垫块。竖向受力钢筋伸入垫块的长度，必须满足锚固要求。

【例 17-18-1】 配筋砌体结构中，下列说法正确的是：

A. 当砖砌体受压构件承载力不符合要求时，应优先采用网状配筋砌体

B. 当砖砌体受压构件承载力不符合要求时，应优先采用组合砖砌体

C. 网状配筋砌体灰缝厚度应保证钢筋上下至少 5mm 厚的砂浆层

D. 网状配筋砌体中，钢筋网的间距 s_n 不应大于四皮砖，也不应大于 400mm

解 网状配筋对提高轴心受压和小偏心受压构件的承载能力是有效的，但由于没有纵向钢筋，其抗纵向弯曲的能力并不比无筋砌体强。根据《砌体规范》第 8.1.1 条第 1 款，偏心距超过截面核心范围（对于矩形截面，即 $e/h > 0.17$）或构件的高厚比 $\beta > 16$ 时，不宜采用网状配筋砖砌体构件。第 8.2.1 条，当轴向力偏心距 $e > 0.6y$ 时，宜采用砖砌体和钢筋混凝土面层或钢筋砂浆面层组成的组合砖砌体构件。第 8.1.3 条第 5 款，钢筋网应设置在砌体的水平灰缝中，灰缝厚度应保证钢筋上下至少各有 2mm 厚的砂浆层，选项 C 错误。第 8.1.3 条第 4 款，钢筋网的间距，不应大于五皮砖，并不应大于 400mm，选项 D 错误。

综合以上，采用网状配筋是有条件的，而组合砖砌体构件适用于普遍的情况，故应优先选择组合砖砌体构件，故选项 B 正确。

答案： B

三、砖砌体和钢筋混凝土构造柱组合墙

砖砌体和钢筋混凝土构造柱组合墙是在砖砌体中每隔一定距离设置钢筋混凝土构造柱，并在各层楼盖处设置钢筋混凝土圈梁，使砖砌体墙与钢筋混凝土构造柱及圈梁组成一个整体结构共同受力，如图 17-18-3 所示。构造柱不但自身能承受一定荷载，而且与圈梁组成"构造框架"共同约束墙体，显著提高了墙体抵抗竖向荷载和水平荷载的能力，对增强房屋的变形能力和抗倒塌能力十分明显。

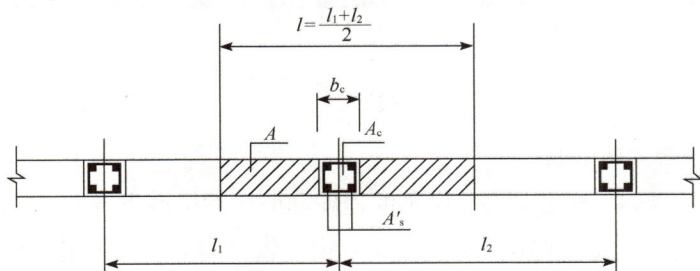

图 17-18-3 砖砌体和钢筋混凝土构造柱组合墙截面

（1）砖砌体和钢筋混凝土构造柱组合墙轴心受压承载力，应按下列公式计算

$$N \leqslant \varphi_{con}[fA + \eta(f_c A_c + f_y' A_s')] \tag{17-18-5}$$

$$\eta = \left(\frac{1}{l/b_c - 3}\right)^{\frac{1}{4}} \tag{17-18-6}$$

式中：φ_{com}——组合砖砌体构件的稳定系数，可按《砌体规范》表 8.2.3 采用；

η ——强度系数，当 $l/b_c < 4$ 时，取 $l/b_c = 4$；

l ——沿墙长方向构造柱的间距；

b_c ——沿墙长方向构造柱的宽度；

A ——扣除孔洞和构造柱的砖砌体截面面积；

A_c ——构造柱的截面面积。

（2）砖砌体和钢筋混凝土构造柱组合墙，平面外的偏心抗压承载力，可按《砌体规范》第 8.2.8 条的规定计算。

（3）砖砌体和钢筋混凝土构造柱组合墙的构造应符合下列规定：

①砂浆的强度等级不应低于 M5，构造柱的混凝土强度等级不宜低于 C20。

②构造柱的截面尺寸不宜小于 240mm×240mm，其厚度不应小于墙厚，边柱、角柱的截面宽度宜适当加大。柱内竖向受力钢筋，对于中柱，不宜少于 4 根、直径不宜小于 12mm；对于边柱、角柱，不宜少于 4 根、直径不宜小于 14mm。构造柱的竖向受力钢筋的直径也不宜大于 16mm。一般部位的箍筋宜采用直径 6mm、间距 200mm，楼层上下各 500mm 范围内宜采用直径 6mm、间距 100mm。构造柱的竖向受力钢筋应在基础梁和楼层圈梁中锚固，并应符合受拉钢筋的锚固要求。

③组合砖墙砌体结构房屋，应在纵横墙交接处、墙端部和较大洞口的洞边设置构造柱，其间距不宜大于 4m。各层洞口宜设置在相应位置，并宜上下对齐。

④组合砖墙砌体结构房屋应在基础顶面、有组合墙的楼层处设置现浇钢筋混凝土圈梁。圈梁的截面高度不宜小于 240mm；纵向钢筋不宜少于 4 根，直径不宜小于 12mm，纵向钢筋应伸入构造柱内，并应符合受拉钢筋的锚固要求；圈梁的箍筋直径宜采用 6mm、间距 200mm。

⑤砖砌体与构造柱的连接处应砌成马牙槎，并应沿墙高每隔 500mm 设 2 根直径 6mm 的拉结钢筋，且每边伸入墙内不宜小于 600mm。

⑥构造柱可不单独设置基础，但应伸入室外地坪下 500mm，或与埋深小于 500mm 的基础梁相连。

⑦组合砖墙的施工顺序应为先砌墙后浇混凝土构造柱。

第十九节　砌体结构抗震设计要点

一、一般规定

（一）房屋总高度和层数的限制

砌体结构房屋的层数越多，高度越高，震害的程度和破坏的概率也越大，因此《抗震规范》规定砌体房屋的总高度和层数应符合表 17-16-1 的规定；对横墙较少的多层砌体房屋总高度，应比表 17-16-1 的规定降低 3m，层数应相减少一层；各层横墙很少的多层砌体房屋，还应再减少一层。

多层砌体房屋的层高，不应超过 3.6m；底部框架-抗震墙房屋的底部，层高不应超过 4.5m；底层采用约束砌体抗震墙时，底层的层高不应超过 4.2m。

（二）房屋的最大高宽比限值

为了保证房屋的整体抗弯承载力，多层砌体房屋总高度与总宽度的最大比值，应符合表 17-16-2 的要求。

（三）抗震横墙间距的限制

抗震横墙除承担横向地震作用之外，尚应保证楼盖的水平刚度。多层砌体房屋抗震横墙的间距，不应超过表 17-16-3 的要求。

（四）房屋局部尺寸的限制

在强烈地震作用下，首先在房屋薄弱部位产生震害。多层砌体房屋中砌体墙段的局部尺寸限值，宜符合表 17-19-1 的要求。

房屋的局部尺寸限值（单位：m）   表 17-19-1

部　位	抗震设防烈度			
	6 度	7 度	8 度	9 度
承重窗间墙最小宽度	1.0	1.0	1.2	1.5
承重外墙尽端至门窗洞边的最小距离	1.0	1.0	1.2	1.5
非承重外墙尽端至门窗洞边的最小距离	1.0	1.0	1.0	1.0
内墙阳角至门窗洞边的最小距离	1.0	1.0	1.5	2.0
无锚固女儿墙（非出入口处）的最大高度	0.5	0.5	0.5	0.0

注：1.局部尺寸不足时应采取局部加强措施弥补，且最小宽度不宜小于1/4层高和表列数据的80%。

　　2.出入口处的女儿墙应有锚固。

（五）结构体系选择

多层砌体房屋的建筑布置和结构体系，应符合下列要求：

（1）应优先采用横墙承重或纵横墙共同承重的结构体系。不应采用砌体墙和混凝土墙混合承重的结构体系。

（2）纵横向砌体抗震墙的布置应符合下列要求：

①宜均匀对称，沿平面内宜对齐，沿竖向应上下连续，且纵横向墙体的数量不宜相差过大。

②平面轮廓凹凸尺寸，不应超过典型尺寸的50%；当超过典型尺寸的25%时，房屋转角处应采取加强措施。

③楼板局部大洞口的尺寸不宜超过楼板宽度的30%，且不应在墙体两侧同时开洞。

④房屋错层的楼板高差超过500mm时，应按两层计算，错层部位的墙体应采取加强措施。

⑤同一轴线上的窗间墙宽度宜均匀；墙面洞口的面积，6 度、7 度时不宜大于墙面总面积的55%，8 度、9 度时不宜大于50%。

⑥在房屋宽度方向的中部应设置内纵墙，其累计长度不宜小于房屋总长度的60%（高宽比大于4的墙段不计入）。

（3）房屋有下列情况之一时宜设置防震缝，缝两侧均应设置墙体，缝宽应根据烈度和房屋高度确定，可采用 70~100mm：

①房屋立面高差在 6m 以上；

②房屋有错层，且楼板高差大于层高的1/4；

③各部分结构刚度、质量截然不同。

（4）楼梯间不宜设置在房屋的尽端或转角处。

（5）不应在房屋转角处设置转角窗。

（6）横墙较少、跨度较大的房屋，宜采用现浇钢筋混凝土楼、屋盖。

二、构造要求

（一）多层砖砌体房屋构造措施

（1）各类多层砖砌体房屋，应按下列要求设置现浇钢筋混凝土构造柱（以下简称构造柱）。

①构造柱设置部位，一般情况下应符合表17-19-2的要求。

②外廊式和单面走廊式的多层房屋，应根据房屋增加一层的层数，按表17-19-2的要求设置构造柱，且单面走廊两侧的纵墙均应按外墙处理。

多层砖砌体房屋构造柱设置要求 表 17-19-2

房 屋 层 数				设 置 部 位	
6 度	7 度	8 度	9 度		
四、五	三、四	二、三		楼、电梯间四角，楼梯斜梯段上下端对应的墙体处； 外墙四角和对应转角； 错层部位横墙与外纵墙交接处； 大房间内外墙交接处； 较大洞口两侧	隔12m或单元横墙与外纵墙交接处； 楼梯间对应的另一侧内横墙与外纵墙交接处
六	五	四	二		隔开间横墙（轴线）与外墙交接处； 山墙与内纵墙交接处
七	≥六	≥五	≥三		内墙（轴线）与外墙交接处； 内墙的局部较小墙垛处； 内纵墙与横墙（轴线）交接处

注：较大洞口，内墙指不小于2.1m的洞口；外墙在内外墙交接处已设置构造柱时应允许适当放宽，但洞侧墙体应加强。

③横墙较少的房屋，应根据房屋增加一层的层数，按表17-19-2的要求设置构造柱。当横墙较少的房屋为外廊式或单面走廊式时，应按上述②要求设置构造柱；但6度不超过四层、7度不超过三层和8度不超过两层时，应按增加两层的层数对待。

④各层横墙很少的房屋，应按增加两层的层数设置构造柱。

⑤采用蒸压灰砂和蒸压粉煤灰砖的砌体房屋，当砌体的抗剪强度仅达到普通黏土砖砌体的70%时，应根据增加一层的层数按上述①~④要求设置构造柱；但6度不超过四层、7度不超过三层和8度不超过两层时，应按增加两层的层数对待。

（2）多层砖砌体房屋的构造柱设置应符合下列要求：

①构造柱最小截面可采用180mm×240mm（墙厚190mm时为180mm×190mm），纵向钢筋宜采用4φ12，箍筋间距不宜大于250mm，且在柱上下端应适当加密；抗震设防烈度为6度、7度时超过六层、8度时超过五层和9度时，构造柱纵向钢筋宜采用4φ14，箍筋间距不应大于200mm；房屋四角的构造柱应适当加大截面及配筋。

②构造柱与墙连接处应砌成马牙槎，沿墙高每隔500mm设2φ6水平钢筋和φ4分布短筋平面内点焊组成的拉结网片或φ4点焊钢筋网片，每边伸入墙内不宜小于1m。6度、7度时底部1/3楼层，8度时

底部1/2楼层，9度时全部楼层，上述拉结钢筋网片应沿墙体水平通长设置。

③构造柱与圈梁连接处，构造柱的纵筋应在圈梁纵筋内侧穿过，保证构造柱纵筋上下贯通。

④构造柱可不单独设置基础，但应伸入室外地面下500mm，或与埋深小于500mm的基础圈梁相连。

⑤房屋高度和层数接近表17-16-1的限值时，纵、横墙内构造柱间距尚应符合下列要求：

a.横墙内的构造柱间距不宜大于层高的2倍，下部1/3楼层的构造柱间距适当减小。

b.当外纵墙开间大于3.9m时，应另采取加强措施；内纵墙的构造柱间距不宜大于4.2m。

【例17-19-1】多层砖砌体房屋钢筋混凝土构造柱的说法，正确的是：

    A. 设置构造柱是为了加强砌体构件抵抗地震作用时的承载力

    B. 设置构造柱是为了提高墙体的延性、加强房屋的抗震能力

    C. 构造柱必须在房屋每个开间的四个转角处设置

    D. 设置构造柱后砌体墙体的抗侧刚度有很大的提高

解 构造柱不能够提高砌体的承载能力，选项A错误。构造柱应按规范要求进行设置，但并不需要在房屋每个开间的四角处设置，选项C错误。设置构造柱后并不能较大提高砌体墙体的抗侧刚度，选项D错误。设置构造柱后可以提高墙体的延性，提高房屋的抗震能力，选项B正确。

答案：B

（3）多层砖砌体房屋的现浇钢筋混凝土圈梁设置要求：

①装配式钢筋混凝土楼、屋盖或木屋盖的砖房，应按表17-19-3的要求设置圈梁，纵墙承重时，抗震横墙上的圈梁间距应比表内要求适当加密。

多层砖砌体房屋现浇钢筋混凝土圈梁设置要求　　　　　　　　　　　　　　　表17-19-3

墙 类	抗震设防烈度		
	6、7	8	9
外墙和内纵墙	屋盖处及每层楼盖处	屋盖处及每层楼盖处	屋盖处及每层楼盖处
内横墙	屋盖处及每层楼盖处，屋盖处间距不应大于4.5m，楼盖处间距不应大于7.2m，构造柱对应部位	屋盖处及每层楼盖处，各层所有横墙且间距不应大于4.5m，构造柱对应部位	屋盖处及每层楼盖处，各层所有横墙

②现浇或装配整体式钢筋混凝土楼、屋盖与墙体有可靠连接的房屋，应允许不另设圈梁，但楼板沿抗震墙体周边应加强配筋并应与相应的构造柱钢筋可靠连接。

（4）多层砖砌体房屋的现浇钢筋混凝土圈梁构造要求：

①圈梁应闭合，遇有洞口圈梁应上下搭接，圈梁宜与预制板设在同一标高处或紧靠板底。

②圈梁在本节第二、（一）、（3）条要求的间距内无横墙时，应利用梁或板缝中配筋替代圈梁。

③圈梁的截面高度不应小于120mm，配筋应符合表17-19-4的要求；按《抗震规范》第3.3.4条第3款要求增设的基础圈梁，截面高度不应小于180mm，配筋不应小于$4\phi12$。

多层砖砌体房屋圈梁配筋要求　　　　　　　　　　　　　　　表17-19-4

配 筋	抗震设防烈度		
	6、7	8	9
最小纵筋	$4\phi10$	$4\phi12$	$4\phi14$
最大箍筋间距（mm）	250	200	150

（5）多层砖砌体房屋的楼、屋盖应符合下列要求：

①现浇钢筋混凝土楼板或屋面板伸进纵、横墙内的长度，均不应小于 120mm。

②装配式钢筋混凝土楼板或屋面板，当圈梁未设在板的同一标高时，板端伸进外墙的长度不应小于 120mm，伸进内墙的长度不应小于 100mm，在梁上不应小于 80mm。

③当板的跨度大于 4.8m 并与外墙平行时，靠外墙的预制板侧边应与墙或圈梁拉结。

④房屋端部大房间的楼盖，抗震设防烈度为 6 度时房屋的屋盖和 7~9 度时房屋的楼、屋盖，当圈梁设在板底时，钢筋混凝土预制板应相互拉结，并应与梁、墙或圈梁拉结。

（6）楼、屋盖的钢筋混凝土梁或屋架应与墙、柱（包括构造柱）或圈梁可靠连接，不得采用独立砖柱。跨度不小于 6m 大梁的支承构件，应采用组合砌体等加强措施，并满足承载力要求。

（7）楼梯间应符合下列要求：

①顶层楼梯间墙体应沿墙高每隔 500mm 设 2ϕ6 通长钢筋和 ϕ4 分布短钢筋平面内点焊组成的拉结网片或 ϕ4 点焊网片；7~9 度时，其他各层楼梯间墙体应在休息平台或楼层半高处设置 60mm 厚、纵向钢筋不应少于 2ϕ10 的钢筋混凝土带或配筋砖带，配筋砖带不少于 3 皮，每皮的配筋不少于 2ϕ6，砂浆强度等级不应低于 M7.5 且不低于同层墙体的砂浆强度等级。

②楼梯间及门厅内墙阳角处的大梁支承长度不应小于 500mm，并应与圈梁连接。

③装配式楼梯段应与平台板的梁可靠连接，8 度、9 度时不应采用装配式楼梯段；不应采用墙中悬挑式踏步或踏步竖肋插入墙体的楼梯，不应采用无筋砖砌栏板。

④凸出屋顶的楼、电梯间，构造柱应伸到顶部，并与顶部圈梁连接，所有墙体应沿墙高每隔 500mm 设 2ϕ6 通长钢筋和 ϕ4 分布短筋平面内点焊组成的拉结网片或 ϕ4 点焊网片。

（8）坡屋顶房屋的屋架应与顶层圈梁可靠连接，檩条或屋面板应与墙、屋架可靠连接，房屋出入口处的檐口瓦应与屋面构件锚固；采用硬山搁檩时，顶层内纵墙顶宜增砌支承山墙的踏步式墙垛，并设置构造柱。

（9）门窗洞处不应采用砖过梁；过梁支承长度，抗震设防烈度为 6~8 度时不应小于 240mm，9 度时不应小于 360mm。

（10）预制阳台，6 度、7 度时应与圈梁和楼板的现浇板带可靠连接，8 度、9 度时不应采用预制阳台。

（11）同一结构单元的基础（或桩承台），宜采用同一类型的基础，底面宜埋置在同一标高上，否则应增设基础圈梁并应按 1:2 的台阶逐步放坡。

（12）丙类的多层砖砌体房屋，当横墙较少且总高度和层数接近或达到表 17-16-1 的规定限值时，应采取下列加强措施：

①房屋的最大开间尺寸不宜大于 6.6m。

②同一结构单元内横墙错位数量不宜超过横墙总数的 1/3，且连续错位不宜多于两道；错位的墙体交接处均应增设构造柱，且楼、屋面板应采用现浇钢筋混凝土板。

③横墙和内纵墙上洞口的宽度不宜大于 1.5m；外纵墙上洞口的宽度不宜大于 2.1m 或开间尺寸的一半；且内外墙上洞口位置不应影响内外纵墙与横墙的整体连接。

④所有纵横墙均应在楼、屋盖标高处设置加强的现浇钢筋混凝土圈梁。圈梁的截面高度不宜小于 150mm，上下纵筋各不应少于 3ϕ10，箍筋不小于 ϕ6，间距不大于 300mm。

⑤所有纵横墙交接处及横墙的中部，均应增设满足下列要求的构造柱：在纵、横墙内的柱距不宜大于 3.0m，最小截面尺寸不宜小于 240mm×240mm（墙厚 190mm 时，为 240mm×190mm），配筋宜符合表 17-19-5 的要求。

增设构造柱的纵筋和箍筋设置要求　　表 17-19-5

位　置	纵 向 钢 筋			箍　筋		
	最大配筋率（%）	最小配筋率（%）	最小直径（mm）	加密区范围（mm）	加密区间距（mm）	最小直径（mm）
角柱	1.8	0.8	14	全高	100	6
边柱			14	上端 700 下端 500		
中柱	1.4	0.6	12			

⑥同一结构单元的楼、屋面板应设置在同一标高处。

⑦房屋底层和顶层的窗台标高处，宜设置沿纵横墙通长的水平现浇钢筋混凝土带；其截面高度不小于 60mm，宽度不小于墙厚，纵向钢筋不少于 2ϕ10，横向分布钢筋的直径不小于 ϕ6 且其间距不大于 200mm。

（二）多层砌块房屋抗震构造措施

（1）多层小砌块房屋应按表 17-19-6 的要求设置钢筋混凝土芯柱。对外廊式和单面走廊式的多层房屋、横墙较少的房屋、各层横墙很少的房屋，尚应分别按"多层砖砌体房屋构造措施"中关于增加层数的对应要求，按表 17-19-6 的要求设置芯柱。

多层小砌块房屋芯柱设置要求　　表 17-19-6

房 屋 层 数				设 置 部 位	设 置 数 量
6 度	7 度	8 度	9 度		
四、五	三、四	二、三		外墙转角，楼、电梯间四角，楼梯斜梯段上下端对应的墙体处；大房间部位外墙交接处；错层部位横墙与外纵墙交接处；隔 12m 或单元横墙与外纵墙交接处	外墙转角，灌实 3 个孔；内外墙交接处，灌实 4 个孔；楼梯斜梯段上下端对应的墙体处，灌实 2 个孔
六	五	四		同上；隔开间横墙（轴线）与外纵墙交接处	
七	六	五	二	同上；各内墙（轴线）与外纵墙交接处；内纵墙与横墙（轴线）交接处和洞口两侧	外墙转角，灌实 5 个孔；内外墙交接处，灌实 4 个孔；内墙交接处，灌实 4~5 个孔；洞口两侧各灌实 1 个孔
	七	≥六	≥三	同上；横墙内芯柱间距不大于 2m	外墙转角，灌实 7 个孔；内外墙交接处，灌实 5 个孔；内墙交接处，灌实 4~5 个孔；洞口两侧各灌实 1 个孔

注：外墙转角、内外墙交接处、楼电梯间四角等部位，应允许采用钢筋混凝土构造柱替代部分芯柱。

（2）多层小砌块房屋的芯柱，应符合下列构造要求：

①小砌块房屋芯柱截面尺寸不宜小于 120mm×120mm。

②芯柱混凝土强度等级，不应低于 Cb20。

③芯柱的竖向插筋应贯通墙身且与圈梁连接；插筋不应小于 1ϕ12，抗震设防烈度为 6 度、7 度时

超过五层、8度时超过四层和9度时，插筋不应小于1ϕ14。

④芯柱应伸入室外地面下500mm或与埋深小于500mm的基础圈梁相连。

⑤为提高墙体抗震受剪承载力而设置的芯柱，宜在墙体内均匀布置，最大净距不宜大于2.0m。

（3）多层小砌块房屋中替代芯柱的钢筋混凝土构造柱，应符合下列构造要求：

①构造柱截面不宜小于190mm×190mm，纵向钢筋宜采用4ϕ12，箍筋间距不宜大于250mm，且在柱上下端宜适当加密；抗震设防烈度为6度、7度时超过五层、8度时超过四层和9度时，构造柱纵向钢筋宜采用4ϕ14，箍筋间距不应大于200mm；外墙转角的构造柱可适当加大截面及配筋。

②构造柱与砌块墙连接处应砌成马牙槎，与构造柱相邻的砌块孔洞，6度时宜填实，7度时应填实，8度、9度时应填实并插筋。构造柱与砌块墙之间沿墙高每隔600mm设置ϕ4点焊拉结钢筋网片，并应沿墙体水平通长设置。6度、7度时底部1/3楼层，8度时底部1/2楼层，9度全部楼层，上述拉结钢筋网片沿墙高间距不大于400mm。

③构造柱与圈梁连接处，构造柱的纵筋应在圈梁纵筋内侧穿过，保证构造柱纵筋上下贯通。

④构造柱可不单独设置基础，但应伸入室外地面下500mm，或与埋深小于500mm的基础圈梁相连。

（4）多层小砌块房屋的现浇钢筋混凝土圈梁的设置位置应按本节第二、（一）、（3）条多层砖砌体房屋圈梁的要求执行，圈梁宽度不应小于190mm，配筋不应少于4ϕ12，箍筋间距不应大于200mm。

（5）多层小砌块房屋的层数，6度时超过五层、7度时超过四层、8度时超过三层和9度时，在底层和顶层的窗台标高处，沿纵横墙应设置通长的水平现浇钢筋混凝土带；其截面高度不少于60mm，纵筋不少于2ϕ10，并应有分布柱结钢筋；其混凝土强度等级不应低于C20。

水平现浇混凝土带亦可采用槽形砌块替代模板，其纵筋和拉结钢筋不变。

（6）丙类的多层小砌块房屋，当横墙较少且总高度和层数接近或达到表17-16-1规定限值时，应符合本节第二、（一）、（12）条的相关要求。其中，墙体中部的构造柱可采用芯柱替代，芯柱的灌孔数量不应少于2孔，每孔插筋的直径不应小于18mm。

（7）小砌块房屋的其他抗震构造措施，尚应符合本节第二、（一）、（5）~（11）条有关要求。其中，墙体的拉结钢筋网片间距应符合本节的相应规定，分别取600mm和400mm。

【例17-19-2】下列哪种情况对抗震不利？

    A. 楼梯间设在房屋尽端

    B. 采用纵横墙混合承重的结构布置方案

    C. 纵横墙布置均匀对称

    D. 高宽比为1：2

解 根据《抗震规范》第7.1.7条第4款，楼梯间不宜设在房屋的尽端或转角处。

答案： A

习 题

17-19-1 关于构造柱的作用，正确的是（　　　）。

    ①提高砌体房屋的抗剪能力；

    ②构造柱对砌体起到约束作用，使其变形能力有较大提高；

    ③提高了墙体高厚比限值；

④大大提高了砌体承受竖向荷载的能力。

A. ①②③　　　　　　　B. ①③④　　　　　　　C. ①②④　　　　　　　D. ①③

17-19-2 在砌体结构抗震设计中，决定砌体房屋总高度和层数限制的因素是（　　　）。

A. 砌体强度和高厚比

B. 砌体结构的静力计算方案

C. 房屋类别、最小墙厚度、地震设防烈度及横墙的数量

D. 房屋类别、高厚比及地震设防烈度

习题题解及参考答案

第一节

17-1-1　**解：** 有明显屈服点的钢筋，其强度标准值的取值依据为屈服强度；对于无明显屈服点的钢筋为极限抗拉强度。

答案： B

17-1-2　**解：** 混凝土其他强度指标均可用立方体抗压强度标准值（混凝土强度等级）表示。

答案： A

17-1-3　**解：** 混凝土一个方向受拉，一个方向受压时，其抗压和抗拉强度均比单轴抗压或抗拉强度低，这是由于异号应力加速变形的发展，使其较快达到极限应变值。

答案： C

第二节

17-2-1　**解：** 根据《结构统一标准》第 3.2.6 条表 3.2.6，安全等级为二级的延性结构构件的可靠性指标为 3.2，脆性结构构件为 3.7。

答案： C

17-2-2　**解：** 我国规范采用以概率理论为基础的极限状态设计法，并采用多个分项系数（包括结构构件的重要性系数）表达的设计式进行设计。

答案： C

17-2-3　**解：** 一般工业与民用建筑的设计基准期为 50 年，在设计基准期内，被超越的总时间约为设计基准期一半的荷载值为该可变荷载的准永久值，见现行《荷载规范》第 2.1.9 条。

答案： D

17-2-4　**解：** 该题为永久荷载效应控制的组合，$(1.35 \times 15 + 1.4 \times 0.7 \times 5) \times 4^2/8 = 50.3 \mathrm{kN \cdot m}$。

答案： B

17-2-5　**解：** 结构的使用年限超过设计基准期后，并非立即丧失其使用功能，只是可靠度降低。

答案： B

第三节

17-3-1　**解：** 只有在适筋情况下，ρ 越大，M_u 越大，但并不是线性关系，$M_u = f_y A_s (h_0 - x/2)$，$x = f_y A_s / (\alpha_1 f_c b)$。

答案： D

17-3-2 **解：** 相对界限受压区高度

$$\xi_b = \frac{\beta_1}{1 + f_y/(E_s\varepsilon_u)} = \frac{0.8}{1 + 300/(2.0 \times 10^5 \times 0.003\,3)} = 0.55$$

根据已知条件，

$$\xi = f_y A_s/(\alpha_1 f_0 b h_0) = 300 \times 1\,256/(1.0 \times 9.6 \times 200 \times 465) = 0.422 < \xi_b$$

故不会发生超筋破坏。配筋率

$$\rho = A_s/(b h_0) = 1\,256/(200 \times 465) = 1.35\% > \rho_{min} = 0.2\%$$

也不会发生少筋破坏，故应为适筋破坏。

答案： C

17-3-3 **解：** 界限破坏时受压边缘混凝土的压应变 $\varepsilon_c = \varepsilon_u$，对于适筋梁 $\varepsilon_c \leqslant \varepsilon_u$。

答案： C

17-3-4 **解：** 此时有三个未知量，而方程只有两个，需补充一个条件，为了充分利用混凝土的抗压强度，取 $\xi = \xi_b$。

答案： A

17-3-5 **解：** 由公式 $V \leqslant \frac{1.75}{\lambda+1} f_t b h_0$，当 $\lambda < 1.5$ 时，取 $\lambda = 1.5$；当 $\lambda > 3$ 时，取 $\lambda = 3$。故在一定范围内，抗剪承载力随剪跨比 λ 的增加而降低。

答案： D

17-3-6 **解：** 受扭纵筋与受扭箍筋的强度比 $\zeta = 0.6\sim1.7$ 时，可能出现纵筋达不到屈服，或箍筋达不到屈服的部分超筋情况，这两种情况都是允许的。只有当两者配筋适量时，才可能都达到屈服。

答案： B

17-3-7 **解：** 大偏心受压构件的破坏特征是远离轴向力一侧的钢筋先受拉屈服，随后另一侧钢筋受压屈服，混凝土压碎，为受拉破坏。小偏心受压构件的破坏特征是远离轴向力一侧的钢筋无论是受拉还是受压一般均达不到屈服，属于受压破坏。

答案： A

17-3-8 **解：** 为了满足破坏时受压区钢筋等于其抗压强度设计值的假定，混凝土受压区高度 x 应不小于 $2\alpha'_s$。

答案： A

17-3-9 **解：** 对称配筋时，$N_b = \alpha_1 f_c b h_0 \xi_b$，而 ξ_b 只与材料的力学性能有关。

答案： C

17-3-10 **解：** $\xi_b = 0.55$，则 $N_b = \alpha_1 f_c b h_0 \xi_b = 1.0 \times 9.6 \times 400 \times 365 \times 0.55 = 770.88\text{kN}$，$N < N_b$，为大偏心受压。根据大偏心受压构件 M 与 N 的相关性，当 M 不变时，N 越小越不利，剔除选项 C 和 D。接下来比较选项 A 和选项 B，$e_0 = M/N$ 越大，对大偏心受压构件越不利。

答案： B

17-3-11 **解：** 由公式 $V_u \leqslant \frac{1.75}{\lambda+1} f_t b h_0 + 0.07N$，当 $N > 0.3 f_c A$ 时，取 $N = 0.3 f_c A$。故 N 适当时，可提高构件的抗剪承载力。

答案： C

第四节

17-4-1 **解：** 增加受拉钢筋截面面积，不仅可以降低裂缝截面的钢筋应力，同时也可提高钢筋与混凝土之间的黏结力，这对减小裂缝宽度十分有效。

答案： C

17-4-2 **解：** 弯矩越大，截面的抗弯刚度越小，最大弯矩截面处的刚度，即为最小刚度。

答案： C

第五节

17-5-1 **解：** 先张法的工序：在台座上张拉钢筋—浇筑混凝土—混凝土达到设计强度后切断钢筋，预应力筋在回缩时挤压混凝土，使混凝土获得预压力。所以先张法预应力混凝土构件中，预应力是靠钢筋与混凝土之间的黏结力来传递。

后张法的工序：先浇筑混凝土构件，并在构件中预留孔道，混凝土达到设计强度后，将预应力筋穿入孔道，利用构件本身作为台座，在张拉预应力筋的同时，使混凝土受到预压。当预应力筋的张拉力达到设计值后，在张拉端用锚具将钢筋锚住，使构件保持预压状态。

答案： A

17-5-2 **解：** 完成第二批预应力损失后预应力筋的应力，先张法：$\sigma_{pII} = \sigma_{con} - \sigma_l - \alpha_E \sigma_{pcII}$，后张法：$\sigma_{pII} = \sigma_{con} - \sigma_l$。

答案： B

17-5-3 **解：** 对于后张法预应力混凝土构件，施工阶段采用净截面面积 A_n（预应力筋与混凝土之间无黏结），使用阶段则采用换算截面面积 A_0，有 $N_{pII} = (\sigma_{con} - \sigma_l)A_n$，$N_0 = (\sigma_{con} - \sigma_l)A_0$。

答案： B

第八节

17-8-1 **解：** 沉降缝应从基础底至屋顶把结构分成两部分。当伸缩缝、沉降缝、抗震缝三缝合一时，其缝宽应满足三种缝中最大缝宽的要求。

答案： C

17-8-2 **解：** 框架-剪力墙结构在水平荷载作用下，其侧向变形曲线既不同于框架的剪切形曲线，也不同于剪力墙的弯曲形曲线，而是两者的协调变形，其下部主要呈弯曲形，而上部主要呈剪切形。因此，按框架计算完毕后再加上一些剪力墙，对上部结构可能是不安全的。

答案： D

第九节

17-9-1 **解：** 在设计基准期内，"小震"（多遇地震）的超越概率为63.2%，"中震"（基本设防烈度）的超越概率为10%，"大震"（罕遇地震）的超越概率为2%~3%。

答案： B

17-9-2 **解：** 设计计算中，地震对结构作用的大小与地震的持续时间无关。

答案： C

17-9-3 **解：** 构造要求，现行《抗震规范》第6.5.1条规定，框架-抗震墙结构的抗震墙厚度不应小于160mm且不宜小于层高或无支长度的1/20。

答案： D

17-9-4 解： 构造要求，现行《抗震规范》第 6.3.6 条规定，抗震等级为二级的框架结构，柱轴压比限值为 0.75。

答案： C

第十节

17-10-1 解： 由于钢材具有良好的塑性，钢结构构件在常温、静力荷载作用下，一般不会发生突然断裂。

答案： A

17-10-2 解： 疲劳验算、变形验算均采用荷载标准值，并且钢结构构件的变形不受荷载长期作用的影响。

答案： D

第十一节

17-11-1 解： 轴心受拉构件的极限状态受强度控制，计算时应采用净截面面积，并且截面应力达到钢材的屈服强度。

答案： C

17-11-2 解： 轴心受压构件的整体稳定性系数 φ 是根据构件的长细比、钢材屈服强度和截面类别（a、b、c、d 四类）确定的。

答案： C

17-11-3 解： 对于承受动力荷载作用的梁，宜不考虑截面的塑性发展，按弹性设计，$b/t \leq 15\varepsilon_k$。

答案： D

17-11-4 解： 当 $h_0/t_w \leq 80\varepsilon_k$ 时，腹板不会发生剪切失稳，一般不配置加劲肋；当 $80\varepsilon_k < h_0/t_w \leq 170\varepsilon_k$ 时，腹板会发生剪切失稳但不会发生弯曲失稳，应配置横向加劲肋；当 $h_0/t_w > 170\varepsilon_k$ 时，腹板会发生剪切失稳和弯曲失稳，应配置横向加劲肋，并在受压区配置纵向加劲肋。

答案： C

第十二节

17-12-1 解： ①角焊缝的计算长度 l_w，对每条焊缝取其实际长度减去 $2h_f$；②对承受静力荷载和间接承受动力荷载的结构，正面角焊缝的强度设计值增大系数 $\beta_f = 1.22$；③角焊缝的搭接焊缝连接中，如果焊缝计算长度 l_w 超过 $60h_f$，则焊缝的承载力设计值应乘以折减系数 $\alpha_f = 1.5 - l_w/(120h_f)$（$\alpha_f \geq 0.5$）（本题 l_w 未超过 $60h_f$）。

答案： D

17-12-2 解： 摩擦型高强度螺栓受剪连接是以摩擦力被克服作为承载能力极限状态，承压型高强度螺栓连接是以栓杆剪切或孔壁承压破坏作为受剪的极限状态。

答案： D

17-12-3 解： 在螺栓杆轴方向受拉的连接中，每个摩擦型高强度螺栓的承载力设计值为：$N_t^b = 0.8P$（P 为预拉力），而承压型高强度螺栓承载力设计值的计算公式与普通螺栓相同，即 $N_t^b = \frac{1}{4}\pi d_e^2 f_t^b$。两公式的计算结果相近，但并不完全相等。

答案：D

第十三节

17-13-1 解：块体的强度等级和砂浆的强度等级越高，砌体的抗压强度越高，但并非呈比例增加，选项 A 错误。

块体的形状越规则、表面越平整，则块体的受弯、受剪作用越小，可推迟块体内竖向裂缝的出现，因而砌体的抗压强度得到提高，选项 B 正确。

灰缝过厚会使块体受到的横向拉应力增大，导致砌体抗压强度降低；灰缝过薄，不易铺抹均匀，会加剧块体在砌体中的复杂应力状态，同样降低砌体抗压强度，选项 C 错误。

砂浆的弹性模量决定其变形率，砂浆的弹性模量越小，在压力作用下其横向变形越大，导致块体受到拉、剪应力越大，使砌体的抗压强度降低，选项 D 错误。

答案：B

第十五节

17-15-1 解：砌体受压构件承载力的计算公式 $N \leq \varphi f A$，其中 φ 为高厚比 β 和轴向力偏心距 e 对受压构件承载力的影响系数，β 和 e 越大，φ 越小，承载力 N 越低，①、②项正确；同时 φ 还与砂浆强度等级有关，③项错误；受压构件的承载力与横墙间距的关系不大，④项错误。

答案：A

17-15-2 解：抗压承载力与 e/h 成反比，其中 e 为偏心距，h 为偏心方向的截面尺寸，①、②、③、④的 e/h 分别为 0.17、0.3、0.2、0.24。

答案：D

17-15-3 解：砌体局部抗压强度提高系数 $\gamma = 1 + 0.35\sqrt{A_0/A_l - 1}$，其中 A_l 为局部受压面积，A_0 为影响砌体局部抗压强度的计算面积。参照《砌体规范》第5.2.2条图5.2.2可分别计算出四种情况的 A_0 及 γ，并考虑每种情况下的 γ 最大取值。得到 A、B、C 和 D 四种情况下的局部抗压强度提高系数 γ 分别为 1.25、2.0、1.5 和 2.05，所以可能最先发生局部受压破坏的是选项 A。

答案：A

第十六节

17-16-1 解：根据现行《砌体规范》第4.2.1条表4.2.1，判断砌体结构房屋静力计算方案的因素包括屋盖或楼盖的类别和横墙的间距；第4.2.2条对刚性和刚弹性方案房屋的横墙有明确的要求（对横墙刚度的要求），选项 C 正确。

答案：C

17-16-2 解：根据《砌体规范》第4.2.1条，房屋的静力计算，根据房屋的空间工作性能分为刚性方案、刚弹性方案和弹性方案，三种计算方案是根据房屋的屋盖或楼盖类别、横墙的间距划分的，故选项 C 正确。

答案：C

17-16-3 解：构造要求，现行《砌体规范》第6.2.8条规定，对240mm厚的砖的砖墙，当梁跨度大于或等于6mm时，其支承处宜加设壁柱。

答案：B

17-16-4 **解：** 由现行《砌体规范》第 6.1.1 条，块体的强度等级对墙体高厚比没有影响。

答案： C

17-16-5 **解：** 圈梁是按构造要求设置的，不应承担竖向荷载，也不会减小墙体厚度，第④项错误。第①、②、③、⑤项均为圈梁的作用。

答案： B

17-16-6 **解：** 构造要求，根据现行《砌体规范》第 6.5.2 条，措施①~④均正确。

答案： B

第十七节

17-17-1 **解：** 构造要求，现行《砌体规范》第 7.3.12 条第 8 款规定，墙梁计算高度范围内的墙体，每天砌筑高度不应超过 1.5m；否则，应加设临时支撑。

答案： B

17-17-2 **解：** 根据现行《砌体规范》第 7.2.2 条第 2 款规定，对于砖砌体，当过梁上的墙体高度 $h_w < l_n/3$（l_n 为过梁净跨）时，应按墙体的均布自重采用；当墙体高度 $h_w \geq l_n/3$ 时，应按高度为 $l_n/3$ 墙体的均布自重采用。$h_w = 1.5m > l_n/3 = 1.2/3 = 0.4m$，墙高应取 0.4m。

答案： A

17-17-3 **解：** 根据现行《砌体规范》第 7.4.3 条及第 7.4.6 条，可知①、②项正确。又挑梁的受力状态为受弯构件，④项正确。规范第 7.4.4 条要求：挑梁下的支承压力应取两倍的挑梁倾覆荷载设计值，故③项错误。

答案： C

第十九节

17-19-1 **解：** 构造柱不会提高砌体承受竖向荷载的能力，可以间接提高砌体房屋的抗剪能力，第②、③项均为构造柱的作用。

答案： A

17-19-2 **解：** 根据现行《砌体规范》第 10.1.2 条表 10.1.2，决定砌体结构房屋的层数和总高度限值的因素有房屋类别、最小墙厚度、抗震设防烈度；第 10.1.2 条第 2 款规定，各层横墙较少的多层砌体房屋，总高度应降低 3m，层数相应减少一层。选项 C 正确。

答案： C

第十八章　土力学与基础工程

复 习 指 导

一、考试大纲

《土力学与基础工程》考试内容分属于注册岩土工程师基础考试的《岩石力学与土力学》和《岩体工程与基础工程》两科当中。考试题量虽不多，但大纲涵盖了本科的几乎所有内容，内容多、覆盖面宽。

（一）《土力学》部分的考试大纲

15.4　土的组成和物理性质

土的三相组成和三相指标　土的矿物组成和颗粒级配　土的结构　黏性土的界限含水率塑性指数液性指数　砂土的相对密实度　土的最佳含水率和最大干密度　土的工程分类

15.5　土中应力分布及计算

土的自重应力　基础底面压力　基底附加压力　土中附加应力

15.6　土的压缩性与地基沉降

压缩试验　压缩曲线　压缩系数　压缩指数　回弹指数　压缩模量　载荷试验　变形模量

高压固结试验　土的应力历史　先期固结压力　超固结比　正常固结土　超固结土　欠固结土

沉降计算的弹性理论法　分层总和法　有效应力原理　一维固结理论　固结系数　固结度

15.7　土的抗剪强度

土中一点的应力状态　库仑定律　土的极限平衡条件　内摩擦角　黏聚力　直剪试验及其适用条件　三轴试验　总应力法　有效应力法

15.8　特殊性土

软土　黄土　膨胀土　红黏土　盐渍土　冻土　填土　可液化土

15.9　土压力

静止土压力、主动土压力和被动土压力　朗金土压力理论　库仑土压力理论

15.10　边坡稳定分析

土坡滑动失稳的机理　均质土坡的稳定分析　土坡稳定分析的条分法

15.11　地基承载力

地基破坏的过程　地基破坏形式　临塑荷载和临界荷载　地基极限承载力　斯肯普顿公式　太沙基公式　汉森公式

（二）《基础工程》部分的考试大纲

17.3　浅基础

浅基础类型　刚性基础　独立基础　条形基础　筏板基础　箱形基础　基础埋置深度　基础平面尺寸确定　地基承载力确定　深宽修正　下卧层验算　地基沉降验算　减少不均匀沉降损害的措施地基、基础与上部结构共同工作的概念　浅基础的结构设计

17.4　深基础

深基础类型　桩与桩基础的类型　单桩的荷载传递特性　单桩竖向承载力的确定方法　群桩效应　群桩基础的承载力　群桩的沉降计算　桩基础设计

17.5　地基处理

地基处理目的　地基处理方法分类　地基处理方案选择　各种地基处理方法的加固机理、设计计算、施工方法和质量检验

二、复习指导

应根据注册岩土工程师执业资格考试基础考试大纲的要求，着重对大纲涉及内容的基本概念、基本理论、基本计算方法、计算公式和步骤、相关的试验方法、基本知识的应用等内容有系统、有条理地重点掌握。明白其中的道理和关系，掌握分析问题的方法。在了解基本计算原理的基础上，应会使用为减小计算工作量或简化、方便计算所制的相关表格。就本章选择题类型，不允许有很长的答题时间，不必过分追求复杂的原始计算公式和过于繁杂、难度大的知识。从多年考试内容和本科要求重点分析，应要求掌握以下重点内容。

（一）土的组成和物理性质

（1）应熟练掌握土的三相组成及相关知识——三相比例指标及其换算，土的矿物成分、结构以及颗粒级配对土的工程性质的影响等有关问题。

（2）砂土的密实度及评价方法——砂土密实度指标为孔隙比、相对密度和标准贯入锤击数。

（3）黏性土不同状态的分界含水率及状态指标、可塑性指标——液限、塑限、液性指数，塑性指数及用途。

（4）土的压实问题——土的含水量与干重度的关系、最大干重度与最佳含水量的概念。

（5）土的工程分类方法与分类。

（二）土中应力分布及计算

（1）土的自重应力计算——掌握分层土、有地下水位、有隔水层条件下土的竖向自重应力计算。

（2）土中附加应力计算——基底总压力、基底附加压力计算、土中附加应力分布和计算（常用基础底面形状与荷载分布），会查相应附加应力系数表格。

（三）土的压缩性与地基沉降

（1）土的压缩性指标——压缩系数、压缩模量、压缩指数、回弹指数、变形模量以及与其相关的压缩试验、压缩曲线（$e\text{-}p$曲线、$e\text{-}\lg p$曲线、再压缩曲线）、压缩试验、固结试验等。

（2）土的应力历史——超固结土、欠固结土、正常固结土、先期固结压力、超固结比概念，土的不同固结状态对土的压缩性影响。

（3）最终沉降计算方法——弹性理论法、分层总和法。

（4）有效应力原理——有效应力、孔隙水压力、总应力之间的关系，有效应力与土沉降变形之间的关系。

（5）土的一维固结理论——结合有效应力原理，理解饱和土单向排水有效应力，孔隙水压力的变化与时间、排水路径、固结沉降的关系以及固结系数、固结度的概念与计算。

（四）土的抗剪强度

土的抗剪强度指标为黏聚力与内摩擦角、直剪试验方法与库仑定律、土的三轴试验方法与土的极限平衡条件。土中一点应力状态的表示方法，用总应力、有效应力法分析土抗剪强度及有效抗剪强度指标。

（五）特殊性土

了解软土、黄土、膨胀土、红黏土、盐渍土、冻土、填土、可液化土的一般不良工程性质及处理方法。

（六）土压力

静止土压力、主动土压力、被动土压力的概念与朗金、库仑土压力理论、适用条件与计算方法。

（七）边坡稳定分析

土坡失稳的机理和影响因素，均质土坡稳定分析原理与条分法。

（八）地基承载力

地基破坏的过程与模式、地基的临塑荷载、临界荷载、极限荷载的概念与计算，斯肯普敦公式、太沙基公式、汉森公式的适用条件与应用。掌握确定地基承载力特征值的方法（载荷试验、公式计算、工程经验等方法）。掌握按规范修正公式确定修正后的地基承载力特征值的方法。

（九）浅基础

（1）常见的浅基础结构类型——独立基础、条形基础、十字交叉基础、筏板基础、箱形基础。这些基础对地基的要求，由高到低；基础刚度、基底面积和所适应的荷载由小到大；对不均匀沉降的适应性由弱到强。

（2）地基承载力是同时满足强度和变形两个条件时，地基单位面积上所能承受的最大荷载，称为地基承载力。应掌握承载力大小的影响因素及确定地基承载力的常用方法。

（3）应熟练掌握浅基础设计方法、设计步骤及其之间的关系。浅基础设计前期，必须对场地的地质情况进行勘察调查，确定地基承载力及有关物理、力学性质指标。根据上部结构资料计算作用在基础上的荷载，确定基础埋深，并按地基承载力确定基础底面尺寸，然后进行必要的验算（包括地基承载力及变形验算），最后根据作用在基础底面上的地基反力和材料强度等级确定基础的构造尺寸。

（4）在软弱地基上建造建筑物时，可以在建筑、结构、设计和施工中采取相应的措施，以减轻不均匀沉降对建筑物的危害，措施得当可以达到减少甚至不必对地基进行处理的效果。对这些必要的措施应系统地加以了解。

掌握软弱下卧层验算的方法。

（5）掌握地基、基础与上部结构相互作用的基本概念将有助于了解各类基础的性能，正确选择地基基础方案，评价常规理论分析与相互作用之间的可能差异，认识与理解地基特征变形允许值的影响因素和帮助采取防止不均匀沉降损害的措施等。地基、基础与上部结构共同工作是指地基、基础和上部结构三者相互联系成整体来承担荷载而发生变形。这三部分都将按各自的刚度对整体变形产生制约作用，从而使整个体系的内力和变形发生变化。

（十）深基础

（1）常见的深基础结构类型有桩基础、大直径桩墩基础、沉井基础、地下连续墙、桩箱基础以及高层建筑深基坑护坡工程等，特别注意对应用面广、适用面宽的桩基础和其他常见类型深基础特点的了解。

（2）掌握桩与桩基础最基本的类型与分类方法，而不同的分类方法反映了不同桩基础的某些方面的特点。按受力情况，分为端承桩、摩擦桩；按所用材料，分为混凝土桩、钢筋混凝土桩、钢桩、木桩；按施工方法，分为预制桩与灌注桩；按承台位置的高低，分为高桩承台基础、低桩承台基础；按桩的使用功能，分为竖向抗压桩、竖向抗拔桩、水平受荷桩；按成桩方法，分为非挤土桩、部分挤土桩、挤土桩；按桩径大小，分为小桩、中等直径桩、大直径桩。应了解各类桩基础的特点、设计与施工方法。

（3）桩的承载力问题是桩基础设计的重要内容。目前我国确定桩的承载力的规范有《建筑地基基础设计规范》（GB 50007—2011）（简称《地基规范》）和《建筑桩基技术规范》（JGJ 94—2008）。桩的承载力，包括单桩竖向承载力、群桩竖向承载力和桩的水平承载力。对于不同承载性状、不同使用功能、不同桩周土与桩端土质、不同桩的数量使桩承载力的设计变得较为复杂。特别是两个规范中桩的承载力有多种计算方法和公式，给这部分的复习带来了难度。本教材基于《地基规范》进行介绍。应注意将各种桩的承载力计算方法和公式加以分析、比较、归类与总结，搞清楚每个公式的适用条件，以达到灵活掌握与应用。对两规范中单桩轴向承载力计算公式应能熟练应用。

（4）了解群桩效应的概念，掌握群桩沉降验算的基本方法。

（5）桩基础设计包括确定桩的类型、确定桩的规格、尺寸与单桩竖向承载力，计算桩的数量并进行桩的平面布置、桩基础验算、桩承台设计。应掌握桩基础的设计步骤，重点掌握桩基础的受力验算。

（十一）地基处理

（1）地基处理的目的与地基处理方法分类。

（2）每一种地基处理的方法都有它的适用范围、局限性和优缺点。要了解各种地基处理方法的机理。针对工程的复杂情况、工程对地基的具体要求、工程费用等方面因素综合考虑确定适合的地基处理方法。

（3）常用的地基处理方法的设计、计算。

（4）各种地基处理方法的施工和质量检验。

第一节　土的物理性质和工程分类

一、土力学、地基和基础的概念

土力学是用力学知识和土工测试技术，研究土的物理、力学性质，研究土的变形及其强度规律的一门科学。

工程上所研究的土，是作为地下建筑的"围岩"（如地下工程周围的土介质）、建筑材料（如修筑路基和土坝的土料）和支承建筑物荷载的地基，出现在实际工程中。

建筑物或构筑物一般可分为上部结构和下部结构两部分。下部结构即基础，其作用是支承上部结构荷载，并将其传给地基，见示意图 18-1-1。

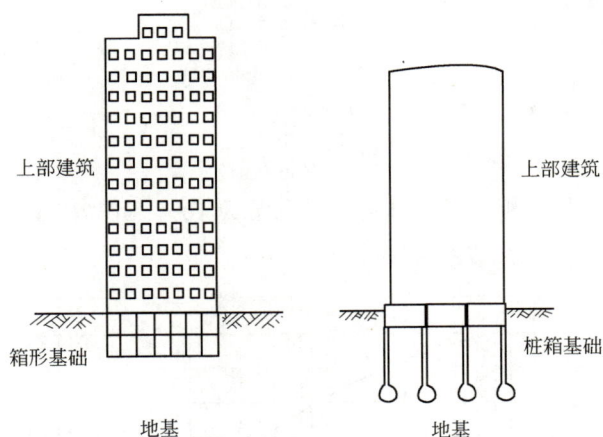

图 18-1-1　地基及基础示意图

二、土的生成和组成

（一）土的生成

土是岩石经风化（物理、化学、生物风化）作用后，再经其他各种外力地质作用（如搬运、沉积等）的产物。是由固体颗粒、水和空气组成的三相体，这三种成分混合分布。为研究方便，将三相体中的固体颗粒（简称土粒）、水和气体分别集中起来，用如图 18-1-2 所示的三相组成示意图来表示各部分之间的数量关系。图中符号的意义如下：

V　——土的总体积；

V_a　——土中气体体积；

V_w　——土中水体积；

V_s　——土粒体积；

V_v　——土中孔隙体积；

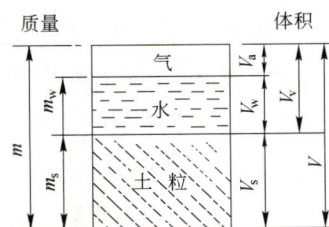

图 18-1-2　土的三相组成示意图

$$V_v = V_a + V_w \tag{18-1-1}$$

m_w　——土中水质量；

m_s　——土粒质量；

m　——土的总质量，$m = m_w + m_s$。

（二）土的组成及相关概念简述

1.固相，即土的颗粒，它的矿物成分、颗粒大小、形状与级配影响土的物理力学性质。

（1）土的粒组，将土中颗粒按适当粒径范围分组，使各组内土粒大小、性质大体相近。划分粒组的分界尺寸，称为界限粒径。我国按界限粒径 200、20、2、0.05、和 0.005（单位为 mm）把土粒分为六组：漂石（块石）、卵石、圆砾、砂粒、粉粒和黏粒。

（2）土的级配，即土中各粒组的相对含量（各粒组质量占全部粒组质量的百分比），可通过颗粒分析试验测得，用级配累计曲线表示。如图 18-1-3 所示为三种土样的级配情况，利用级配曲线可求得不均匀系数 C_u、曲率系数 C_c 以判断土的级配情况。

不均匀系数

$$C_u = \frac{d_{60}}{d_{10}} \tag{18-1-2}$$

曲率系数

$$C_c = \frac{d_{30}^2}{d_{60}d_{10}} \tag{18-1-3}$$

式中：　d_{10}、d_{30}、d_{60}——分别相当于累计百分比含量为 10%、30% 和 60% 的对应粒径，d_{10} 为有效粒径，d_{60} 为限制粒径。

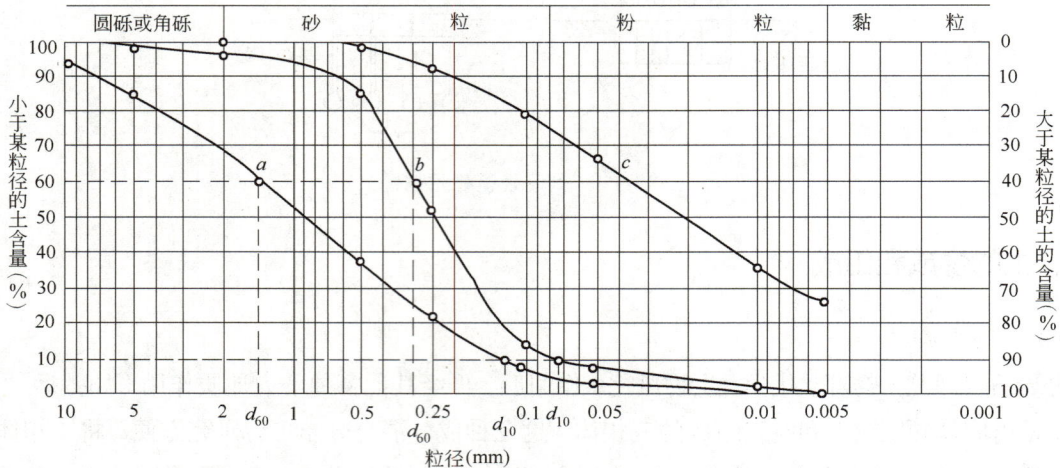

图 18-1-3　粒径级配曲线

曲线越缓，C_u 越大，表示土粒大小分布范围越大，$C_u > 10$，称为级配良好的土，宜作为良好地基。反之，曲线越陡，土粒大小分布范围越小，$C_u < 5$，称为均粒土，其级配不好，不宜做地基，可做反滤料。但实际上仅用单独一个指标 C_u 来确定土的级配情况是不够的，还必须同时考察累计曲线的整体形状，故需兼顾曲率系数 C_c 值。

当同时满足不均匀系数 $C_u > 5$ 和曲率系数 $C_c = 1 \sim 3$ 这两个条件时，土为级配良好的土；如不能同时满足，则土为级配不良的土。

（3）土的结构，指土粒及其集合体的大小、形状、相互排列与联结等综合特征。有三种：单粒结构（颗粒较大），如砂粒、碎石；蜂窝结构（颗粒较细），如粉粒；絮状结构（颗粒极细），如黏粒。

（4）土的构造，指物质成分和颗粒大小等相近的各部分土层之间的相互联系特点。主要有层理构造（分水平、交错两种）、裂隙构造和分散构造。

2. 液相，即土中水。可以呈固态（冰）、液态（水）、气态（水蒸气）存在于土中。从水膜理论的角度来看，水的分类如下：

（1）结合水 $\begin{cases} \text{强结合水(吸着水)} & \text{可塑状态黏土仅含此水呈固态} \\ \text{弱结合水(薄膜水)} & \text{可塑状态黏土多含此水,特别对黏性土的性质影响大} \end{cases}$

（2）自由水 $\begin{cases} \text{重力水} & \text{地下水位以下透水层中的水} \\ \text{毛细水} & \text{孔隙中的自由水,也能在地下水位以上存在} \end{cases}$

3. 气相——即土中气 $\begin{cases} \text{通畅气} & \text{与大气相连,常存在于粗粒土中} \\ \text{封闭气} & \text{封闭于孔隙中,常存在于细粒土中} \end{cases}$

三、土的三相比例指标

（一）由试验直接测定的基本指标

（1）土的重度（重力密度）γ：该指标可用环刀法、灌砂法测定。

天然状态下单位体积土的重力称为天然重度（kN/m³），$W = mg$，而

$$\gamma = \frac{W}{V} \qquad (18-1-4)$$

它与土的矿物成分、孔隙大小、含水多少等有关。一般$\gamma = 16 \sim 22$kN/m³之间。

（2）土的含水率（量）w：该指标可用烘干法、酒精燃烧法测定。

土中水的重力与土颗粒重力之比，称为含水率，常用百分比表示

$$w(\%) = \frac{W_w}{W_s} \times 100\% \qquad (18-1-5)$$

它反映土的干湿程度。含水率越大土越湿越软，地基土承载力越低，我国沿海软黏土含水量常接近50%，高者达 60%~70%，地基土容许承载力仅 50~80kPa。

（3）土粒相对密度（旧称"比重"）d_s：该指标可用比重瓶法测定。

土粒重力与同体积 4℃时水的重力之比称为土粒相对密度，即

$$d_s = \frac{W_s}{V_s \gamma_w} \qquad (18-1-6)$$

式中：γ_w——4℃时水的重度，近似取$\gamma_w = 10$kN/m³。

其大小随土粒矿物成分而异。砂土约为 2.65~2.69，黏土在 2.72~2.76 之间。土中含大量有机质时，土粒相对密度则显著减少。

（二）换算的物理性质指标

1. 土的饱和重度γ_{sat}、浮重度γ'及干土重度γ_d

（1）饱和重度γ_{sat}。土的孔隙全部被水充满时的重度，称为饱和重度γ_{sat}（kN/m³），即

$$\gamma_{sat} = \frac{W_s + V_v \gamma_w}{V} \qquad (18-1-7)$$

（2）浮重度（有效重度）γ'。一般情况下，从地下水位以下取出的土，其天然重度可视为饱和重度。当土处于地下水位以下时，则受到水的浮力作用，单位土体积中颗粒的有效重力，由单位土体积中土颗粒的重力扣除浮力后的重度称为土的浮重度γ'（kN/m³），即

$$\gamma' = \frac{W_s - V_s \gamma_w}{V} = \gamma_{sat} - \gamma_w \quad (\gamma_w \approx 10\text{kN/m}^3) \qquad (18-1-8)$$

（3）干重度（干重力密度）

单位土体积中固体颗粒的重力称为土的干重度γ_d（kN/m³），即

$$\gamma_d = \frac{W_s}{V} \qquad (18-1-9)$$

土的干重度在很大程度上可反映土颗粒排列的紧密程度，工程上用γ_d作为人工填土压实质量的控制指标。一般γ_d达到 16kN/m³以上时，土就比较密实。

2. 土的孔隙比e

土中孔隙体积与土的颗粒体积之比，称为孔隙比，即

$$e = \frac{V_v}{V_s} \qquad (18-1-10)$$

它表明土的密实程度，建筑物的沉降与土的孔隙比有着密切的关系。天然状态的黏性土，一般当$e <$ 0.6时，土密实、压缩性低；当$e > 1.0$时，土是松软的。高压缩性的淤泥质土、淤泥的e值则高达 1.5 以上。地基土层中含有$e > 1.0$的黏性土时，建筑物的沉降量较大。

3. 土的饱和度S_r

土中水的体积与孔隙体积之比称为饱和度S_r，以百分数表示，即

$$S_r = \frac{V_w}{V_v} \times 100\% \tag{18-1-11}$$

它表示土的潮湿程度，如$S_r = 100\%$，表明土孔隙中充满水，土是完全饱和的；$S_r = 0$，土是完全干燥的。

砂土的含水饱和程度，对其工程性质影响较大，如饱和粉细砂土在动荷载作用下会发生液化。根据饱和度S_r的数值，砂土可分为稍湿（$S_r \leqslant 50\%$）、很湿（$50\% < S_r \leqslant 80\%$）和饱和（$S_r > 80\%$）的三种湿度状态。

各指标常见值列入表 18-1-1。

土的三相比例指标换算公式　　　　　　　　　　　表 18-1-1

名　称	符号	三相比例表达式	常用换算公式	单　位	常见的数值范围
土粒相对密度	d_s	$d_s = \dfrac{m_s}{V_s \rho_w}$	$d_s = \dfrac{S_r e}{w}$	—	黏性土：2.72~2.76 粉土：2.70~2.71 砂土：2.65~2.69
含水率	w	$w = \dfrac{m_w}{m_s} \times 100\%$	$w = \dfrac{S_r e}{d_s}$ $w = \dfrac{\rho}{\rho_d} - 1$	—	20%~60%
密度	ρ	$\rho = \dfrac{m}{V}$	$\rho = \rho_d(1 + w)$ $\rho = \dfrac{d_s(1 + w)}{1 + e}\rho_w$	g/cm³	1.6~2.0
干密度	ρ_d	$\rho_d = \dfrac{m_s}{V}$	$\rho_d = \dfrac{\rho}{1 + w}$ $\rho_d = \dfrac{d_s}{1 + e}\rho_w$	g/cm³	1.3~1.8
饱和密度	ρ_{sat}	$\rho_{sat} = \dfrac{m_s + V_v \rho_w}{V}$	$\rho_{sat} = \dfrac{d_s + e}{1 + e}\rho_w$	g/cm³	1.8~2.3
重度	γ	$\gamma = \dfrac{m}{V} \cdot g = \rho \cdot g$	$\gamma = \dfrac{d_s(1 + w)}{1 + e}\gamma_w$	kN/m³	16~20
干重度	γ_d	$\gamma_d = \dfrac{m_s}{V} \cdot g = \rho_d \cdot g$	$\gamma_d = \dfrac{d_s}{1 + e}\gamma_w$	kN/m³	13~18
饱和重度	γ_{sat}	$\gamma_{sat} = \dfrac{m_s + V_v \rho_w}{V} g = \rho_{sat} \cdot g$	$\gamma_{sat} = \dfrac{d_s + e}{1 + e}\gamma_w$	kN/m³	18~23
有效重度	γ'	$\gamma' = \dfrac{m_s - V_s \rho_w}{V} g = \rho' \cdot g$	$\gamma' = \dfrac{d_s - 1}{1 + e}\gamma_w$	kN/m³	8~13

名　称	符号	三相比例表达式	常用换算公式	单　位	常见的数值范围
孔隙比	e	$e = \dfrac{V_\mathrm{v}}{V_\mathrm{s}}$	$e = \dfrac{d_\mathrm{s}\rho_\mathrm{w}}{\rho_\mathrm{d}} - 1$ $e = \dfrac{d_\mathrm{s}(1+w)\rho_\mathrm{w}}{\rho} - 1$	—	黏性土和粉土：0.40~1.20 砂土：0.30~0.90
孔隙率	n	$n = \dfrac{V_\mathrm{v}}{V} \times 100\%$	$n = \dfrac{e}{1+e}$ $n = 1 - \dfrac{\rho_\mathrm{d}}{d_\mathrm{s}\rho_\mathrm{w}}$	—	黏性土和粉土：30%~60% 砂土：25%~45%
饱和度	S_r	$S_\mathrm{r} = \dfrac{V_\mathrm{w}}{V_\mathrm{v}} \times 100\%$	$S_\mathrm{r} = \dfrac{wd_\mathrm{s}}{e}$ $S_\mathrm{r} = \dfrac{w\rho_\mathrm{d}}{n\rho_\mathrm{w}}$	—	0~100%

注：水的重度$\gamma_\mathrm{w} = \rho_\mathrm{w} \cdot g = 1\,000\mathrm{kg/m^3} \times 9.807\mathrm{N/kg} \approx 10\mathrm{kN/m^3}$。

【例 18-1-1】 某饱和土体，土粒相对密度$d_\mathrm{s} = 2.70$，含水率$w = 30\%$，则其干密度为：

　　　　A. $1.49\mathrm{g/cm^3}$ 　　　　B. $1.94\mathrm{g/cm^3}$ 　　　　C. $1.81\mathrm{g/cm^3}$ 　　　　D. $0.81\mathrm{g/cm^3}$

解 $e = \dfrac{d_\mathrm{s}w}{S_\mathrm{r}} = \dfrac{2.7 \times 0.3}{1} = 0.81$

$\rho_\mathrm{s} = \dfrac{d_\mathrm{s}}{1+e}\rho_\mathrm{w} = \dfrac{2.7}{1+0.81} \times 1 = 1.49\mathrm{g/cm^3}$

答案： A

四、黏性土的物理状态指标

（一）黏性土的状态与界限含水率

1. 界限含水率

黏性土由某一状态转入另一状态时的分界含水率，称为土的界限含水率。

2. 液限和塑限

在国际上称为阿太堡界限（Atterberg Limit），它们是黏性土的重要物理特性指标。

液限：土由流动状态转变成可塑状态的界限含水率称为液限，以符号w_L表示。

塑限：土由可塑状态变化到半固体状态的界限含水率称为塑限，以符号w_p表示。

缩限：由半固体状态变化到固体状态的界限含水率称为缩限，以符号w_s表示，不常用。

（二）塑性指数I_p

$$I_\mathrm{p} = w_\mathrm{L} - w_\mathrm{p} \tag{18-1-12}$$

液限与塑限之差值（省去%）反映在可塑状态下的含水率范围。此值可作为黏性土分类的指标。

（三）液性指数I_L

$$I_\mathrm{L} = \frac{w - w_\mathrm{p}}{I_\mathrm{p}} = \frac{w - w_\mathrm{p}}{w_\mathrm{L} - w_\mathrm{p}} \tag{18-1-13}$$

即天然含水率和塑限之差与塑性指数之比值。反映土在天然条件下所处的状态。

黏性土中水的含量对其性质、状态的影响见图18-1-4。土中多含自由水时，处于流动状态；土中主要含弱结合水时，处于可塑状态。弱结合水减少，水膜变薄，土向半固态转化，土中水为强结合水时处于固态。

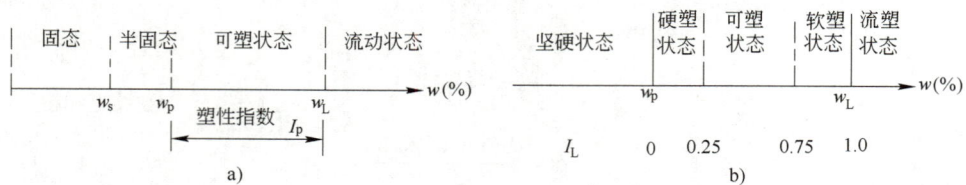

图 18-1-4　黏性土的物理状态与含水率关系

【例 18-1-2】某土样液限 $w_L = 25.8\%$，塑限 $w_p = 16.1\%$，含水率 $w = 13.9\%$，可以得到其液性指数 I_L 为：

　　A. $I_L = 0.097$　　　B. $I_L = 1.23$　　　C. $I_L = 0.23$　　　D. $I_L = -0.23$

解　$I_L = \dfrac{w - w_p}{w_L - w_p} = \dfrac{13.9\% - 16.1\%}{25.8\% - 16.1\%} = -0.23$

答案：D

【例 18-1-3】某土样液限 $w_L = 24.3\%$，塑限 $w_p = 15.4\%$，含水率 $w = 20.7\%$，可以得到其塑性指数 I_p 为：

　　A. $I_p = 0.089$　　　B. $I_p = 8.9$　　　C. $I_p = 0.053$　　　D. $I_p = 5.3$

解　$I_p = w_L - w_p = 24.3 - 15.4 = 8.9$

答案：B

五、无黏性土的密实度

砂土的密实度对地基土的工程性质有很大影响。如密实的天然砂层是良好的天然地基。疏松的砂，尤其是饱和的粉细砂，在动力作用下土的结构常处于不稳定状态，对土建工程很不利。

（一）相对密实度

土的孔隙比一般可以用来描述土的密实程度，但砂土的密实程度并不单独取决于孔隙比，而在很大程度上取决于土的级配情况。粒径级配不同的砂土即使具有相同的孔隙比，但由于颗粒大小不同，排列不同，所处的密实状态也会不同。为了同时考虑孔隙比和级配的影响，引入砂土相对密实度的概念。

砂土处于最密实状态的孔隙比称为最小孔隙比 e_{min}；而砂土处于最疏松状态的孔隙比则称为最大孔隙比 e_{max}。试验标准规定了一定的方法测定砂土的最小孔隙比和最大孔隙比，然后可按下式计算砂土的相对密实度 D_r

$$D_r = \frac{e_{max} - e}{e_{max} - e_{min}} \tag{18-1-4}$$

从式（18-1-4）可以看出，当砂土的天然孔隙比接近于最小孔隙比时，相对密实度 D_r 接近于 1，表明砂土接近于最密实的状态；而当天然孔隙比接近于最大孔隙比则表明砂土处于最松散的状态，其相对密实度接近于 0。根据砂土的相对密实度可以按表 18-1-2 将砂土划分为密实、中密和松散三种密实度。

砂土密实度划分标准　　　　　　　　　　　　　　　　　　　　　　表 18-1-2

密实度	密　实	中　密	松　散
相对密实度	1~0.67	0.67~0.33	0.33~0

【**例 18-1-4**】计算砂土相对密实度D_r的公式是：

A. $D_r = \dfrac{e_{max} - e}{e_{max} - e_{min}}$ 　　　　　B. $D_r = \dfrac{e - e_{min}}{e_{max} - e_{min}}$

C. $D_r = \dfrac{\rho_{dmax}}{\rho_d}$ 　　　　　　　　D. $D_r = \dfrac{\rho_d}{\rho_{dmax}}$

答案：A

（二）标准贯入试验

测定砂土密实度，目前常用标准贯入试验，它是将带有刃口的厚壁管状的标准贯入器，在规定的锤重（63.5kg）和落距（76cm）的条件下击入土中，测定贯入量为 30cm 所需要的锤击数N，称为标准贯入锤击数。以此确定砂土层的密实度。见表 18-1-3。

标准贯入试验判定砂土密实度　　　　　　　　　　表 18-1-3

密　实　度	松　散	稍　密	中　密	密　实
锤击数N	≤10	$10 < N \leqslant 15$	$15 < N \leqslant 30$	> 30

六、土的压实性

有时建筑物建筑在填土上，为了提高填土的强度，增加土的密实度，降低其透水性和压缩性，通常用分层压实的办法来处理地基。

实践经验表明，对过湿的黏性土进行夯实或碾压时就会出现软弹现象（俗称"橡皮土"），此时土的密实度是不会增大的。对很干的土进行夯实或碾压，显然也不能把土充分压实。所以，要使土的压实效果最好，其含水率一定要适当。在一定的压实能量下使土最容易压实，达到最大密实度时的含水率，称为土的最优含水率（或称最佳含水率），用w_{op}表示。相对应的干重度叫作最大干重度，用γ_{dmax}表示。

土的最优含水率可在试验室内通过击实试验测得。试验时将同一种土，配制成若干份不同含水率的试样，用同样的压实能量分别对每一份试样进行击实［试验的仪器和方法见现行《土工试验方法标准》（GB/T 50123—1999）］，然后测定各试样击实后的含水率w和干重度γ_d从而绘制含水率与干重度关系曲线（见图 18-1-5），称为压实曲线。从图中可以知道，当含水率较低时，随着含水率的增大，土的干重度也逐渐增大，表明压实效果逐步提高；当含水率超过某一限值w_{op}时，干重度则随着含水率增大而减小，即压实效果下降。这说明土的压实效果随含水率的变化而变化，并在击实曲线上出现一个干重度峰值（即最大干重度γ_{dmax}），相应于这个峰值的含水率就是最优含水率。

试验还证明，最优含水率与压实能量有关。对同一种土，用人力夯实时，因能量小，要求土粒之间有较多的水分使其更为润滑，因此，最优含水率较大而得到的最大干重度却较小，如图 18-1-6 所示的曲线 3。当用机械夯实时，压实能量较大，得出的曲线如图 18-1-6 所示的曲线 1 和 2。所以当填土压实程度不足时，可以改用大的压实能量补夯，以达到所要求的密实度。

在同类土中，土的颗粒级配对土的压实效果影响很大，颗粒级配不均匀的容易压实，均匀的则不易压实。

必须指出：室内击实试验与现场夯实或碾压的最优含水率是不一样的。所谓最优含水率，是针对某一种土，在一定的压实机械、压实能量和填土分层厚度等条件下测得的。如果这些条件改变，就会得出不同的最优含水率。因此，要指导现场施工，还应该进行现场试验。

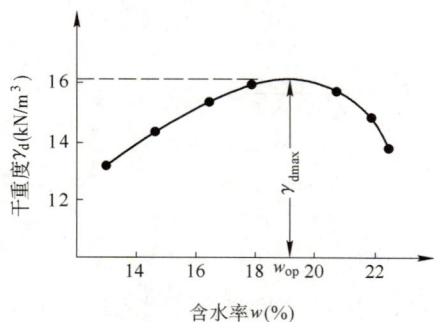

图 18-1-5　干重度与含水率的关系

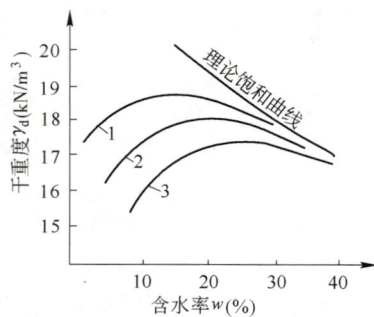

图 18-1-6　压实能量对压实效果的影响

在图 18-1-6 中还给出了理论饱和曲线，它表示土处在饱和状态下的干重度 γ_d 与含水率 w 的关系。实践中，土不可能被压实到完全饱和的程度。试验证明，黏性土在最优含水率时，压实到最大干重度 γ_{dmax}，其饱和度一般为 80% 左右。此时，因为土孔隙中的气体越来越难于和大气相通，压实时不能将其完全排出去，因此压实曲线只能趋于理论饱和曲线的左下方，而不可能与它相交。

【例 18-1-5】 对细颗粒土，要求在最优含水率下压实，主要考虑的是：

　　A. 在最优含水率时压实，能够压实得更均匀

　　B. 在最优含水率时压实，在相同压实功下，能够得到最大的饱和度

　　C. 在最优含水率时压实，在相同压实功下，能够得到最大的干密度

　　D. 偏离最优含水率，容易破坏土的结构

解　自然环境下的压实土，要在雨淋甚至水浸泡的条件下工作，而在最优含水率时压实的土，浸水强度高，水稳定性好，这就是要求在最优含水率时压实土的原因。相同压实功下，在最优含水率时压实的土，其干密度最大。

答案：C

七、地基土的分类

地基土的工程分类目的是为判别土的工程特性和评价土作为建筑场地的可用程度。

作为建筑地基的这一部分土（包括岩石）分为六大类，即岩石、碎石土、砂土、粉土、黏性土、人工填土和特殊性土，每个大类又细分为若干亚类。

（一）岩石

岩石应为颗粒间牢固联结，呈整体或具有节理裂隙的岩体。岩石的坚硬程度应根据岩块的饱和单轴抗压强度 f_{rk} 按规范分为坚硬岩、较硬岩、较软岩、软岩和极软岩。岩石的风化程度可分为未风化、微风化、中风化、强风化和全风化。岩体完整程度应根据完整性指数（为岩体纵波波速与岩块纵波波速之比的平方）划分为完整、较完整、较破碎、破碎和极破碎。

（二）碎石土

碎石土为粒径大于 2mm 的颗粒含量超过全重 50% 的土。碎石土可根据颗粒形状和粒组含量按规范表分为漂石、块石、卵石、碎石、圆砾和角砾。

碎石土的密实度，可根据重型圆锥动力触探锤击数分为松散、稍密、中密和密实。

（三）砂土

砂土为粒径大于 2mm 的颗粒含量不超过全重 50%、粒径大于 0.075mm 的颗粒超过全重 50% 的土。

砂土可根据粒组含量按规范表分为砾砂、粗砂、中砂、细砂和粉砂。

砂土的密实度，可根据标准贯入试验锤击数按规范表分为松散、稍密、中密和密实。

（四）黏性土

黏性土为塑性指数 $I_p > 10$ 的土，当 $I_p > 17$ 时为黏土，当 $10 < I_p \leq 17$ 时为粉质黏土。

黏性土的状态，可根据液性指数按规范表分为坚硬、硬塑、可塑、软塑和流塑。

（五）粉土

粉土为介于砂土与黏性土之间，塑性指数 $I_p \leq 10$ 且粒径大于 0.075mm 的颗粒含量不超过全重 50%的土。

（六）淤泥

淤泥为在静或缓慢的流水环境沉积，并经生物化学作用形成，其天然含水率大于液限、天然孔隙比大于或等于 1.5 的黏性土。当天然含水率大于液限而天然孔隙比小于 1.5 但大于或等于 1.0 的黏性土或粉土为淤泥质土。含有大量未分解的腐殖质，有机质含量大于 60%的土为泥炭，有机质含量大于等于 10%且小于等于 60%的土为泥炭质土。

（七）红黏土

红黏土为碳酸盐岩系的岩石经红土化作用形成的高塑性黏土。其液限一般大于 50%。红黏土经再搬运后仍保留其基本特征，其液限大于 45%的土为次生红黏土。

（八）人工填土

人工填土根据其组成和成因，可分为素填土、压实填土、杂填土、冲填土。素填土为由碎石土、砂土、粉土、黏性土等组成的填土。经过压实或夯实的素填土为压实填土。杂填土为含有建筑垃圾、工业废料、生活垃圾等杂物的填土。冲填土为由水力冲填泥砂形成的填土。

（九）膨胀土

膨胀土为土中黏粒成分主要由亲水性矿物组成，同时具有显著的吸水膨胀和失水收缩特性，其自由膨胀率大于或等于 40%的黏性土。

（十）湿陷性土

湿陷性土为在一定压力下浸水后产生附加沉降，其湿陷系数大于或等于 0.015 的土。

【例 18-1-6】 关于土的塑性指数，下面说法正确的是：

  A. 可以作为黏性土工程分类的依据之一

  B. 可以作为砂土工程分类的依据之一

  C. 可以反映黏性土的软硬情况

  D. 可以反映砂土的软硬情况

解 细颗粒土可以按塑性指数分类。塑性指数 $I_p = w_L - w_p$。液限与塑限之差值（省去%），反映在可塑状态下土的含水率变化范围，此值可作为黏性土分类的指标。

答案： A

习　题

18-1-1　影响黏性土性质的土中水主要是（　　　　）。

  A. 强结合水   B. 弱结合水   C. 重力水   D. 毛细水

18-1-2　有效粒径为一特定粒径，即小于该粒径的土粒质量累计为（　　　）。

    A. 10%　　　　　　B. 30%　　　　　　C. 60%　　　　　　D. 50%

18-1-3　工程上所谓的均粒土，其不均匀系数 C_u 为（　　　）。

    A. $C_u < 5$　　　　B. $C_u \geqslant 5$　　　C. $C_u > 10$　　　D. $5 < C_u < 10$

18-1-4　标准贯入试验时，最初打入土层不计锤击数的土层厚度为（　　　）。

    A. 15cm　　　　　B. 30cm　　　　　C. 63.5cm　　　　D. 50cm

18-1-5　已知某土样孔隙比 $e=1$，饱和度 $S_r=0$，则土样应符合以下哪两项条件？（　　　）

    ①土粒、水、气三相体积相等；②土粒、气两相体积相等；③土粒体积是气体体积的两倍；④此土样为干土。

    A. ①②　　　　　　B. ①③　　　　　　C. ②③　　　　　　D. ②④

18-1-6　反映黏性土状态的指标是（　　　）。

    A. w　　　　　　B. I_L　　　　　　C. w_p　　　　　　D. S_r

18-1-7　计算土的不均匀系数的参数是下列中的哪几项？（　　　）

    ①粒组平均粒径；②有效粒径；③限制粒径；④界限粒径。

    A. ①②　　　　　　B. ②③　　　　　　C. ②④　　　　　　D. ③④

18-1-8　同一种土的压实效果和下列哪些因素有关？（　　　）

    ①土的粒组数量；②压实能量；③土的含水率；④堆积年代。

    A. ①②　　　　　　B. ②③　　　　　　C. ①③　　　　　　D. ③④

18-1-9　黏性土是（　　　）。

    A. $I_p > 10$ 的土　　　　　　　　　B. 黏土和粉土的统称

    C. $I_p \leqslant 10$ 的土　　　　　　　　D. 红黏土中的一种

18-1-10　同一土样，其重度指标 γ_{sat}、γ_d、γ、γ' 大小存在的关系是（　　　）。

    A. $\gamma_{sat} > \gamma_d > \gamma > \gamma'$　　　　　B. $\gamma_{sat} > \gamma > \gamma_d > \gamma'$

    C. $\gamma_{sat} > \gamma > \gamma' > \gamma_d$　　　　　D. $\gamma_{sat} > \gamma' > \gamma > \gamma_d$

18-1-11　已知土样的最大、最小孔隙比分别为 0.8、0.4，若天然孔隙比为 0.7，则土样的相对密实度 D_r 为（　　　）。

    A. 0.75　　　　　　B. 0.5　　　　　　C. 4.0　　　　　　D. 0.25

18-1-12　碎石土的结构一般为（　　　）。

    A. 蜂窝结构　　　　B. 絮凝结构　　　　C. 单粒结构　　　　D. 二级蜂窝结构

第二节　地基中的应力

计算基础沉降以及对地基进行强度与稳定性分析时，均须知道土（地基）中应力分布。土中应力可分为自重应力和附加应力，现分述如下。

一、土中自重应力

由于土体自身重力所引起的应力称为自重应力，它一般情况下不产生地基沉降和变形。

假定地基是半无限空间体（即具有一个水平界面的无限空间体），当土质均匀时，土的自重可视为分布面积为无限的荷载。地基内任一竖直面均是对称面，故不存在剪应力和横向变形，只产生竖向变形。地面下任意深度处，土的自重应力分布见图18-2-1。计算式如下

$$\sigma_{cz} = \gamma_1 h_1 + \gamma_2 h_2 + \cdots + \gamma_n h_n = \sum_{i=1}^{n} \gamma_i h_i \qquad (18-2-1)$$

式中：γ_i ——第i层土的重度（kN/m³），地下水位以下透水层中取浮重度γ'；

$\quad\quad h_i$ ——第i层土的厚度（m）；

$\quad\quad n$ ——从地面到深度z处的土层层数。

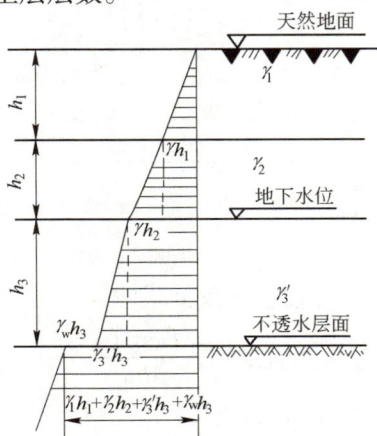

图 18-2-1　成层土中竖向自重应力分布

二、基底接触压力

假定基底压力呈直线分布。

（一）在中心荷载作用下，基底压力均匀分布

$$p_k = \frac{F_k + G_k}{A} \qquad (18-2-2)$$

$$G_k = A\bar{d}\gamma_G \qquad (18-2-3)$$

式中：p_k ——相应于荷载效应标准组合时，基础底面的平均压力（kPa）；

$\quad\quad F_k$ ——相应于荷载效应标准组合时，上部结构传至基础顶面的竖向力值（kN）；

$\quad\quad G_k$ ——基础自重与基础上土的总重（kN）；

$\quad\quad A$ ——基础底面积（m²）；

$\quad\quad \bar{d}$ ——基础平均埋深；

$\quad\quad \gamma_G$ ——基础及上覆土平均重度，地下水位以上取20kN/m³，地下水位以下取10kN/m³。

如基础为条形（长度大于宽度的10倍），则沿长度方向取1m来计算。此时上式中的F_k、G_k代表每延米内的相应值，A在数值上等于条形基础宽度。

（二）偏心荷载作用下的基底压力

对于单向偏心荷载作用下的矩形基础，基础底面两侧的最大与最小边缘压力p_{kmax}、p_{kmin}按下式计算

$$p_{kmin}^{kmax} = \frac{F_k + G_k}{bl} \pm \frac{M_k}{W} = \frac{F_k + G_k}{bl}\left(1 \pm \frac{6e}{l}\right) \qquad (18-2-4)$$

式中：l ——矩形基础的长边（m），此处l为偏心方向的基础边长（条形基础为b）；

$\quad\quad b$ ——矩形基础的短边（m）；

M_k ——相应于荷载效应标准组合时，作用于（矩形底面）的力矩（kN·m）；

W ——基础底面的抵抗矩（m^3），$W = bl^2/6$；

e ——偏心距，$e = M_k/(F_k + G_k)$，视其大小，基底压力分布可呈三角形、梯形、相对三角形。

为了减少因地基应力不均匀而引起过大的不均匀沉降，一般要求$p_{kmax}/p_{kmin} \leqslant 1.5\sim3$。

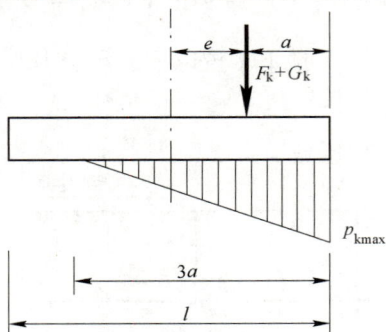

图 18-2-2　偏心荷载（$e > l/6$）作用下基底压力计算示意图

l-力矩作用方向基础底面边长

当偏心距$e > l/6$时（见图 18-2-2），p_{kmax}应按下式计算

$$p_{kmax} = \frac{2(F_k + G_k)}{3ba} \tag{18-2-5}$$

式中：　b ——垂直于力矩作用方向的基础底面边长；

　　　　a ——合力作用点至基础底面最大压力边缘的距离，$a = l/2 - e$。

对于条形基础，计算原则同上。

【例 18-2-1】 如图所示，宽度为b的条形基础上作用偏心荷载F，当偏心距$e > b/6$时，下列说法正确的是：

　　　A. 基底左侧出现拉应力区

　　　B. 基底右侧出现拉应力区

　　　C. 基底左侧出现 0 应力区

　　　D. 基底右侧出现 0 应力区

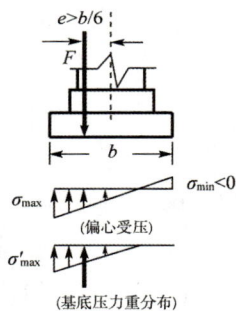

例 18-2-1 图

解　基底作用合力大且偏心时，按偏心受压公式计算出基底反力分布，出现所谓的拉应力区，这是假设基底与土之间存在拉力的计算结果。实际情况是，基底与土之间不存在拉应力，故应按基底压力重分布条件计算地基反力。根据地基反力合力与基底作用合力大小相等、方向相反且作用在同一条直线上的条件，偏心合力作用偏心方向另一侧基底将出现 0 应力区。

答案： D

三、基底附加应力

由于修建建筑物的荷载在其基底处土体上所引起的应力增量，即接触压力与自重应力之差（见图 18-2-3）为

$$p_0 = p_k - \sigma_c = p_k - \gamma_m d \tag{18-2-6}$$

式中：　p_k ——相应于荷载效应标准组合时基础底面的平均压力（kPa）；

　　　　p_0 ——基底附加应力；

γ_m ——埋深范围内土的加权平均重度，地下水位以下取浮重度（kN/m³），$\gamma_m = \sum \gamma_i h_i / d$；

d ——基础埋置深度（m）。

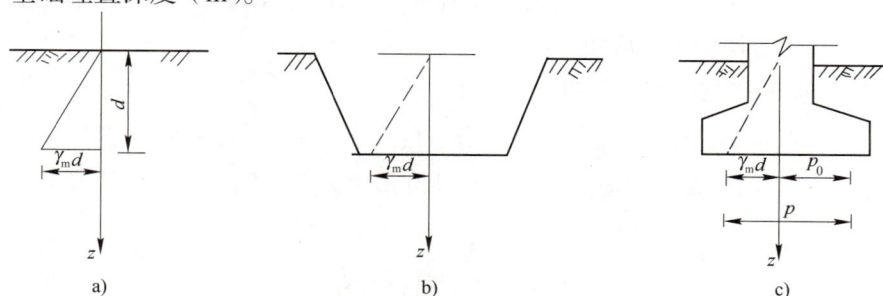

图 18-2-3　基底附加压力

四、地基中的附加应力

由基底附加应力所引起的地基中的应力增量，即基底附加应力向地基中逐渐扩散并逐渐减小的应力，可用通式表达为

$$\sigma_z = K \cdot p_0 \qquad (18-2-7)$$

式中：σ_z ——地基中任意点处竖向附加应力；

K ——土中附加应力系数，$K < 1$，且与基底处的受荷面积、荷载分布情况、所求点的平面位置、距基底面的深度有关，可分如下各种情况求解，但基本理论为弹性力学方法及等代荷载原则。

按荷载在地基各点引起的应力状况，又分为空间问题和平面问题两大类。

（一）空间问题

1. 竖向集中力作用下的附加应力——布辛奈斯克解

地面（或基底）作用竖向集中力 P 时，离此力作用点竖向距离（深度）为 z、径向距离为 r 处的竖向附加应力 σ_z 为

$$\sigma_z = K \frac{P}{z^2} \qquad (18-2-8)$$

式中：K ——应力系数，由比值 r/z 确定。

2. 均布矩形荷载作用下的附加应力

设矩形荷载面的长度和宽度分别为 l 和 b，作用于地基上的竖向均布荷载（如中心荷载作用下的基底附加压力）为 p_0。以积分法和角点法可求得矩形荷载作用下任意点的地基附加应力。以矩形荷载面角点为坐标原点 O（见图 18-2-4），则在角点 O 下任意深度 z 的 M 点竖向附加应力

$$\sigma_z = K_c p_0 \qquad (18-2-9)$$

式中：K_c ——角点应力系数，由边比 $m = l/b$ 及 $n = z/b$ 确定（b 为荷载面的短边）。

角点法可用来求矩形荷载面积下地基中任一点的附加应力。其实质有两点，首先以所求点的水平投影为控制点，将荷载平面（或其扩大面）分为若干矩形，求各矩形

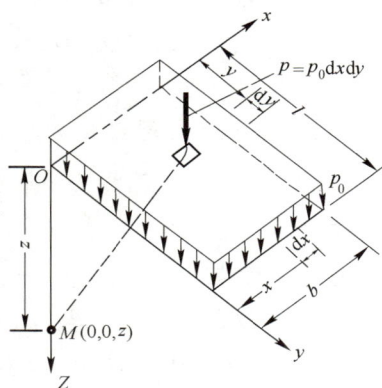

图 18-2-4　均布矩形荷载角点下的附加应力 σ_z

531

荷载（有可能为虚拟的）作用下的附加应力，再按等代荷载原则求其代数和，即使最终的附加应力为真实荷载作用下的结果。应注意的是，无论如何要使所求点在所划分的若干矩形的公共角点下，求附加应力系数时l、b为每个矩形的长边、短边尺寸。

3.矩形面积三角形分布荷载作用下的附加应力

利用图18-2-5可求矩形面积上作用着三角形分布的荷载，在角点下任意深度处M点的附加应力。其系数的选取，应注意角点的位置，在荷载为零处与荷载最大处是不同值，分别用脚标1、2代表。p_0为最大荷载。

$$\sigma_{z1} = K_{t1} \cdot p_0; \quad \sigma_{z2} = K_{t2} \cdot p_0 \tag{18-2-10}$$

K_{t1}、K_{t2}按l/b、z/b查表确定。

4.圆形面积均布荷载作用下地基附加应力

$$\sigma_z = K_r \cdot p_0 \tag{18-2-11}$$

利用图18-2-6可求圆心下任意点的附加应力，其系数K_r可根据r/r_0、z/r_0查相应表格，r_0为圆的半径。

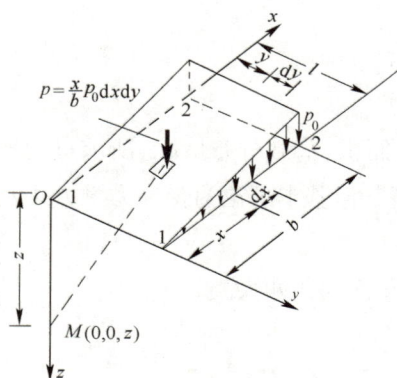

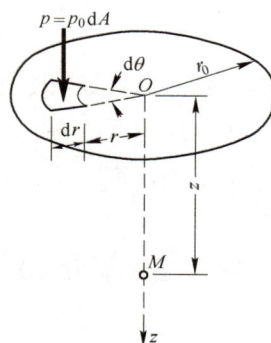

图18-2-5　三角形分布矩形荷载角点下的σ_z　　　　图18-2-6　均布圆形荷载中点下的σ_z

【例18-2-2】　在相同的地基上，甲、乙两条形基础的埋深相等，基底附加压力相等，基础甲的宽度是基础乙的2倍。在基础中心以下相同深度$z(z>0)$处基础甲的附加应力σ_A与基础乙的附加应力σ_B相比：

A. $\sigma_A > \sigma_B$，且$\sigma_A > 2\sigma_B$

B. $\sigma_A > \sigma_B$，且$\sigma_A < 2\sigma_B$

C. $\sigma_A > \sigma_B$，且$\sigma_A = 2\sigma_B$

D. $\sigma_A > \sigma_B$，但σ_A与$2\sigma_B$的关系尚要根据深度z与基础宽度的比值确定

解　据题意，相同地基条件，有甲、乙两条形基础，埋深相同，即$d_甲 = d_乙$；基底附加应力相同，均为p_0；基础甲的宽度是基础乙的2倍，即基础甲的宽度$B_甲 = 2b$，基础乙的宽度$B_乙 = b$，$B_甲 = 2B_乙$。基于以上条件，比较甲、乙两条形基础各自基础地面中心点以下相同深度（z）处的土中附加应力σ_A与σ_B的大小关系。

根据土中附加应力计算公式$\sigma_z = \alpha p_0$和两基础基底附加应力相等，比较σ_A与σ_B的大小关系即是比较附加应力系数α_A与α_B的大小关系。α_A与α_B可根据x/B、z/B查均布条形荷载作用附加应力系数表。甲、乙两基础中心点下$x = 0, x/B = 0, z_甲 = z_乙 = z$，由$z/B_甲 = z/(2b)$，$z/B_乙 = z/b$，知$z/B_乙 = 2(z/B_甲)$，据此查表得到在持力层范围内：$\alpha_A > \alpha_B$、$\alpha_A < 2\alpha_B$，故$\sigma_A > \sigma_B$，$\sigma_A < 2\sigma_B$，具体数值由$z$深度决定。

答案：B

（二）平面问题

其特点是荷载沿 y 坐标轴均匀分布而无限延伸，因此与 y 轴垂直的任何平面上对应点的应力状态都完全相同。

1. 线荷载

线荷载是在半空间表面上一条无限长直线上作用的均布荷载。如图 18-2-7 所示，设一个竖向线荷载 $\bar{p}$（kN/m）作用在 y 坐标轴上，求得地基中任意点 M 处由 $\bar{p}$ 引起的竖向附加应力 σ_z 为

$$\sigma_z = \frac{2\bar{p}\,x^2 z}{\pi R_1^4} = \frac{2\bar{p}}{\pi R_1}\cos^3\beta \qquad (18-2-12)$$

2. 均布的条形荷载

竖向条形荷载沿宽度方向（图 18-2-8 中 x 轴方向）均匀分布为 p_0，采用直角坐标表示。取条形荷载的中点为坐标原点，则 $M(x,z)$ 点的三个附加应力分量为

$$\left.\begin{array}{l} \sigma_z = K_{sz}p_0 \\ \sigma_x = K_{sx}p_0 \\ \tau_{xz} = \tau_{zx} = K_{sxz}p_0 \end{array}\right\} \qquad (18-2-13)$$

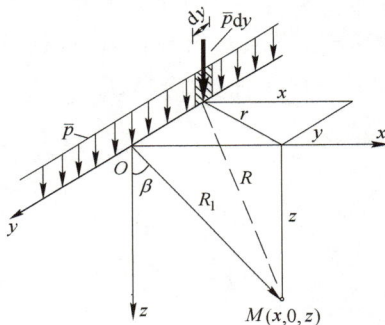

图 18-2-7　线荷载作用下

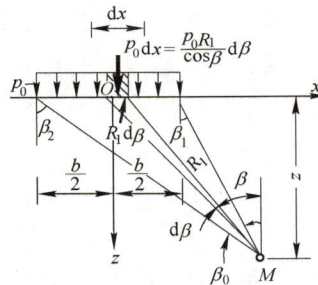

图 18-2-8　均布条形荷载作用下

实用中只计算垂直附加应力 σ_z，其附加应力系数 K_{sz} 按 z/b、x/b 查相应表格。矩形面积均布荷载作用 $l/b \geqslant 10$ 时，可视为条形均布荷载作用。

（三）地基附加应力的分布规律讨论

（1）σ_z 不仅发生在荷载面积之下，而且分布在荷载面积外相当大的范围之下；

（2）在荷载分布范围内任意点沿垂线的 σ_z 值，随深度越向下越小；

（3）在基础底面下任意水平面上，以基底中心点下轴线处的 σ_z 为最大，离其越远越小。

图 18-2-9a）、b）为地基附加应力等值线，由方形荷载所引起的 σ_z，其影响深度要比条形荷载小得多。以 $\sigma_z = 0.1p_0$ 的受力区影响范围为例，均布条形荷载下 $\sigma_z = 0.1p_0$ 的等值线约在中心下 $z = 6b$ 处通过，而方形荷载下相应深度 z 仅达 $2b$。图 18-2-9c）、d）分别为条形荷载下的 σ_x 和 τ_{xz} 的等值线图。图中可见 σ_x 的影响范围较浅，所以基底下地基土侧向变形主要发生在浅层；而 τ_{xz} 的最大值出现于荷载边缘，所以位于基础边缘下的土容易发生剪切滑动而出现塑性变形区。

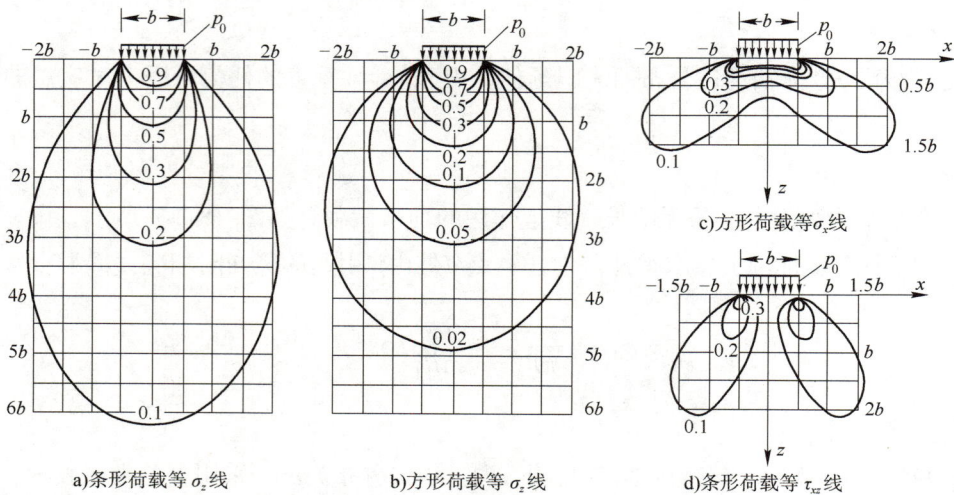

a)条形荷载等 σ_z 线　　　　b)方形荷载等 σ_z 线　　　　c)方形荷载等 σ_z 线

d)条形荷载等 τ_{xz} 线

图 18-2-9　地基附加应力等值线

【例 18-2-3】 关于土的自重应力，下列说法正确的是：

A. 土的自重应力只发生在竖直方向上，在水平方向上没有自重应力

B. 均质饱和地基的自重应力为 $\gamma_{sat}h$，其中 γ_{sat} 为饱和重度，h 为计算位置到地表的距离

C. 表面水平的半无限空间弹性地基，土的自重应力计算与土的模量没有关系

D. 表面水平的半无限空间弹性地基，自重应力过大也会导致地基土的破坏

解 A 项，土的自重应力不只发生在竖直方向，还有作用在水平方向上的自重应力；B 项，饱和地基土应采用浮重度计算其有效自重应力；C 项，土的自重应力计算与土的重度及地面以下深度有关，与土的模量无关；D 项，土体在自重应力作用下，各点应力不会超过土体的抗剪强度。

答案： C

习　　题

18-2-1　土的自重应力起算点的位置为（　　　）。

　　A. 室内设计地面　　　　　　　　　　　B. 室外设计地面

　　C. 天然地面　　　　　　　　　　　　　D. 基础底面

18-2-2　埋深为 d 的基础，基底平均附加压力 p_0 的表达式为（　　　）。

　　A. $p_0 = (F_k + G_k)/A$　　　　　　　　B. $p_0 = (F_k + G_k)/A - \gamma_m \cdot d$

　　C. $p_0 = F_k/A - \gamma_m \cdot d$　　　　　　D. $p_0 = (F_k + G_k - \gamma_m \cdot d)/A$

18-2-3　地基附加应力沿深度的分布是（　　　）。

　　A. 逐渐增大，曲线变化　　　　　　　　B. 逐渐减小，曲线变化

　　C. 逐渐减小，直线变化　　　　　　　　D. 均匀分布

18-2-4　矩形面积受均布荷载作用，某深度 z 处角点下的附加应力是 $\frac{z}{2}$ 处中心点下附加应力的（　　　）。

　　A. 2 倍　　　　　　B. 4 倍　　　　　　C. 1/2　　　　　　D. 1/4

18-2-5　成层土中竖向自重应力沿深度的分布为（　　　）。

　　A. 折线增大　　　　　　　　　　　　　B. 折线减小

　　C. 斜线增大　　　　　　　　　　　　　D. 斜线减小

18-2-6　基础中心点下地基中竖向附加应力沿深度的分布为（　　　）。

A. 折线增大　　　　　　　　　　　　B. 折线减小

C. 曲线增大　　　　　　　　　　　　D. 曲线减小

18-2-7　矩形面积上作用三角形分布荷载时，地基中附加应力系数是$1/b$、z/b的函数，b指的是（　　　）。

A. 矩形的短边　　　　　　　　　　　B. 三角形分布荷载变化方向的边长

C. 矩形的长边　　　　　　　　　　　D. 矩形的短边与长边的平均值

18-2-8　刚性基础在均布荷载作用时，基底反力的分布计算图形为（　　　）。

A. 矩形　　　　　　B. 抛物线形　　　　　C. 钟形　　　　　　　D. 马鞍形

18-2-9　计算基底净反力时，不需要考虑的荷载为（　　　）。

A. 建筑物自重　　　　　　　　　　　B. 上部结构传来轴向力

C. 基础及上覆土自重　　　　　　　　D. 上部结构传来弯矩

第三节　土的压缩性与地基沉降

一、土的压缩试验与压缩曲线

地基土在压力作用下体积缩小的特性称为压缩性，主要由土中孔隙水和气体被排出，土粒重新排列造成。土压缩过程中颗粒体积保持不变，见图 18-3-1。

室内侧限压缩试验（亦称固结试验）是研究土压缩性的最基本方法。

图 18-3-2 为试验装置压缩仪的主要部分压缩容器简图，其中金属环刀用来切取土样，环刀内径通常有 6.18cm 和 8cm 两种，相应的截面积为 30cm² 和 50cm²，高度为 2cm；切有土样的环刀置于刚性护环中，由于金属环刀及刚性护环的限制，使得土样在竖向压力作用下只能发生竖向变形，而无侧向变形；在土样上下放置的透水石是土样受压后排出孔隙水的两个界面；在水槽内注水，以使土样在试验过程中保持浸在水中，以上方法主要用于饱和土。如需做不饱和土的侧限压缩试验，就不能浸土样于水中，但需要用湿棉纱或湿海绵覆盖于容器上，以免土样内水分蒸发；竖向的压力通过刚性板施加给土样；土样产生的压缩量可通过百分表量测。

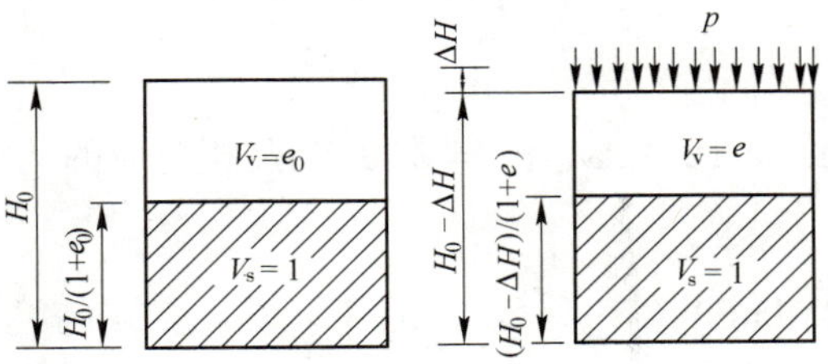

图 18-3-1　压缩试验中土样孔隙比的变化

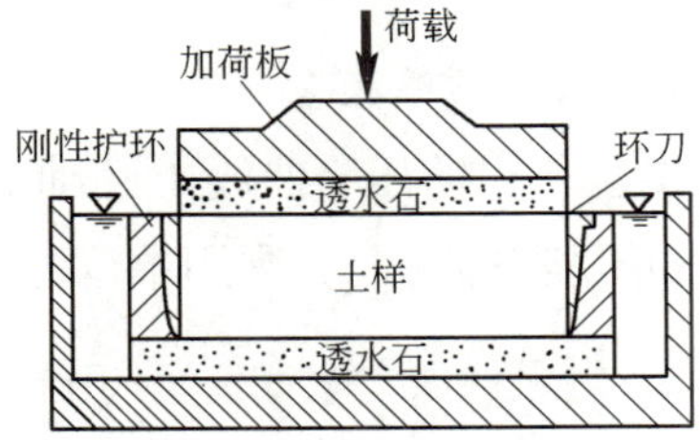

图 18-3-2　压缩仪的压缩容器简图

试验时用环刀切取钻探取得的保持天然结构的原状土样，由于地基沉降主要与土竖直方向的压缩性有关，且土是各向异性的，所以切土方向还应与土天然状态时的垂直方向一致。常规压缩试验的加荷等级p分别为 50kPa、100kPa、200kPa、400kPa。每一级荷载要求恒压 24h 或当在 1h 内的压缩量不超过 0.005mm 时，认为变形已经稳定，并测定稳定时的总压缩量 ΔH，这称为慢速压缩试验法。实际工程中，为减少室内试验的工作量，不要求达到变形稳定，每级荷载只恒压 1~2h，测定其压缩量，只是在最后一级荷载作用下才压缩到24h，这称为快速压缩试验法，但试验结果需经校正才能用于沉降计算。其他特殊要求的压缩试验的加荷等级则较为复杂，此处不再赘述。

根据上述压缩试验得到的 ΔH-p关系，可以用于求得土样相应的孔隙比与加荷等级之间的e-p关系。

如图 18-3-1 所示，设土样的初始高度为H_0，在荷载p作用下土样稳定后的总压缩量为 ΔH，假设土粒体积$V_s = 1$（不变），根据土的孔隙比定义，则受压前后土孔隙体积V_v分别为e_0和e，根据荷载作用下土样压缩稳定后总压缩量 ΔH可求出相应的孔隙比e的计算公式（因为受压前后土粒体积不变，土样横截面积不变，所以试验前后试样中固体颗粒所占的高度不变）

$$\frac{1 + e}{1 + e_0} = \frac{H_0 - \Delta H}{H_0} \tag{18-3-1}$$

于是得到

$$e = e_0 - \frac{\Delta H}{H_0}(1 + e_0) \tag{18-3-2}$$

其中

$$e_0 = \frac{\rho_s(1 + w_0)}{\rho_0} - 1$$

式中：ρ_s、w_0、ρ_0 ——分别为土粒密度、土样的初始含水率及初始密度，可由室内试验测定。

这样，根据式（18-3-2）即可得到各级荷载p作用下对应的孔隙比e，从而可绘制出土的e-p曲线及e-$\lg p$曲线等（见图 18-3-3、图 18-3-4）。

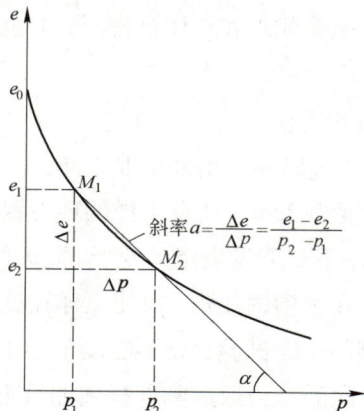

图 18-3-3　e-p曲线及压缩系数a

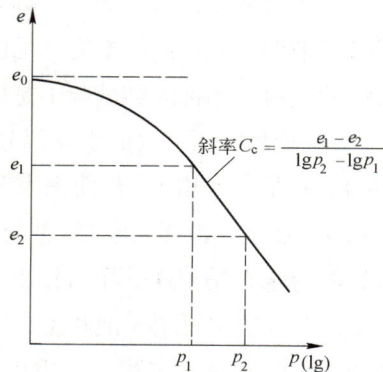

图 18-3-4　e-$\lg p$曲线及压缩指数C_c

（一）压缩系数与压缩模量

在由压缩试验所得的压缩曲线（e-p曲线）上，常以$p_1 = 100\text{kPa}$、$p_2 = 200\text{kPa}$及相对应的孔隙比e_1和e_2计算土的压缩系数$\alpha_{1\text{-}2}$，常用单位为 MPa^{-1}。

$$a_{1\text{-}2} = \frac{e_1 - e_2}{p_2 - p_1} \quad (\text{MPa}^{-1}) \tag{18-3-3}$$

依$a_{1\text{-}2}$可评价土的压缩性高低：

$$a_{1\text{-}2} < 0.1\text{MPa}^{-1} \qquad \text{为低压缩性土}$$
$$0.1\text{MPa}^{-1} \leqslant a_{1\text{-}2} < 0.5\text{MPa}^{-1} \qquad \text{为中压缩性土}$$
$$a_{1\text{-}2} \geqslant 0.5\text{MPa}^{-1} \qquad \text{为高压缩性土}$$

土的压缩模量E_s是表示土压缩性的又一指标，它与压缩系数$a_{1\text{-}2}$的关系为

$$E_s = \frac{\Delta p}{\Delta H/H_1} = \frac{\Delta p}{\Delta e/1 + e_1} = \frac{1 + e_1}{a_{1\text{-}2}} \tag{18-3-4}$$

$$E_s > 15\text{MPa} \qquad \text{为低压缩性土}$$
$$15\text{MPa} \geqslant E_s > 4\text{MPa} \qquad \text{为中压缩性土}$$
$$E_s \leqslant 4\text{MPa} \qquad \text{为高压缩性土}$$

（二）压缩指数和回弹指数

上面的室内侧限压缩试验中连续递增加压，得到了常规的压缩曲线，现在如果加压到某一值p_i〔相应于图 18-3-5a）中曲线上的b点〕后不再加压，而是逐级进行卸载直至零，并且测得各卸载等级下土样回弹稳定后的土样高度，进而换算得到相应的孔隙比，即可绘制出卸载阶段的关系曲线，如图所示bc曲线，即为回弹曲线（或膨胀曲线）。可以看到不同于一般的弹性材料的是，回弹曲线不与初始加载的曲线ab重合，卸载至零时，土样的孔隙比没有恢复到初始压力为零时的孔隙比e_0。这就显示了土残留了一部分压缩变形，称之为残余变形，但也恢复了一部分压缩变形，称之为弹性变形。

若接着重新逐级加压，则可测得土样在各级荷载作用下再压缩稳定后的孔隙比，相应地可绘制出再压缩曲线，如图 18-3-5a）所示cdf曲线。可以发现其中df段像是ab段的延续，犹如其间没有经过卸载和再压缩的过程一样。

土在卸载再压缩过程中所表现的特性应在工程实践中引起足够的重视。

当采用半对数的直角坐标来绘制室内侧限压缩试验e-p关系时，就得到了e-$\lg p$曲线，从图 18-3-5b）中可以看到，在压力较大部分，e-$\lg p$关系接近直线，这是这种表示方法区别于e-p曲线独特优点。它通常用来整理有特殊要求的试验，试验时以较小的压力开始，采用小增量多级加荷，并加到较大的荷载为止，一般为 12.5kPa、25kPa、50kPa、100kPa、200kPa、400kPa、800kPa、1600kPa、3200kPa。同样，图 18-20a）中的回弹再压缩曲线也可绘制成e-$\lg p$曲线，如图 18-3-5b）所示。

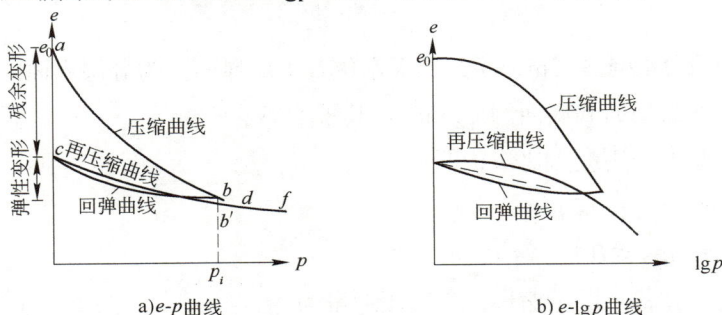

图 18-3-5　土的回弹-再压缩曲线

将图 18-3-5b）中e-$\lg p$曲线直线段的斜率用C_c来表示，称为压缩指数，它是无量纲量

$$C_c = \frac{e_1 - e_2}{\lg p_2 - \lg p_1} = \frac{e_1 - e_2}{\lg \dfrac{p_2}{p_1}} \tag{18-3-5}$$

压缩指数C_c与压缩系数a不同，a值随压力变化而变化，而C_c值在压力较大时为常数，不随压力变化而变化。C_c值越大，土的压缩性越高，低压缩性土的C_c一般小于 0.2，高压缩性土的C_c值一般大于 0.4。

卸载段和再压缩段的平均斜率（见图 18-3-5）称为回弹指数或再压缩指数C_e，$C_e \ll C_c$，一般黏性土的$C_e \approx (0.1\sim0.2)C_c$。

（三）变形模量E_0

它是由现场静载试验确定的。E_0与E_s的关系为

$$E_0 = \left(1 - \frac{2\mu^2}{1 - \mu}\right)E_s \tag{18-3-6}$$

这里 μ 为土的泊松比。粉土、砂石类土的 $\mu = 0.15\sim0.25$，粉质黏土的 $\mu = 0.25\sim0.35$，黏土的 $\mu = 0.25\sim0.42$。

二、基础沉降

工程上需要计算两种沉降，地基的最终沉降量（即基础沉降量）及任意时刻的沉降量。地基的最终沉降量计算，假定土体为线弹性体。

（一）分层总和法计算最终沉降量

分层总和法是针对土中附加应力曲线分布的一种化整为零、积零为整的最终沉降量计算方法。计算简图见图 18-3-6。

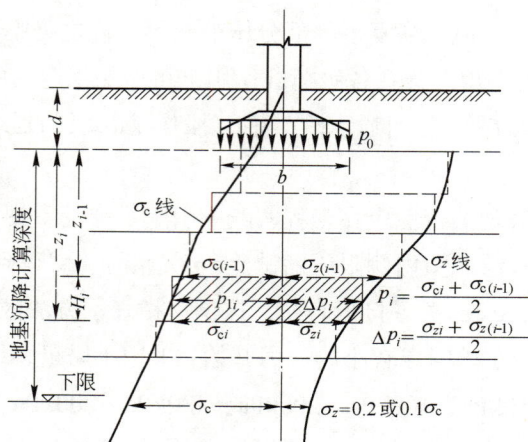

图 18-3-6　分层总和法计算沉降图

（1）分层，一般取 $0.4b$ 或 $1\sim2\mathrm{m}$，注意地下水位及土层界面应为分层界面。

（2）分别求每一薄层顶面和底面的 σ_{cz} 和 σ_z 及其平均值。

（3）确定压缩层厚度，用应力比法，即：

一般土层　$\sigma_z/\sigma_{cz} \leqslant 0.2$；

软土层　　$\sigma_z/\sigma_{cz} \leqslant 0.1$。

（4）在压缩层内计算各土层压缩量，各层压缩量为

$$\Delta s_i = \frac{e_{1i} - e_{2i}}{1 + e_{1i}}H_i = \frac{a_i(p_{2i} - p_{1i})}{1 + e_{1i}}H_i = \frac{\Delta p_i}{E_{si}}H_i \tag{18-3-7}$$

（5）求各层压缩量之和

$$s_i = \sum_{i=1}^{n} \Delta s_i$$

（二）"规范"法计算最终沉降量

实质是分层总和法的另一种形式。计算简图见图 18-3-6。

（1）分层按自然土层划分，求各层沉降量

$$\Delta s_i' = \frac{p_0}{E_{si}}(z_i\bar{\alpha}_i - z_{i-1}\bar{\alpha}_{i-1}) \tag{18-3-8}$$

（2）确定计算深度，在无相邻基础影响时可按下式计算

$$z_n = b(2.5 \sim 0.4 \ln b) \tag{18-3-9}$$

式中：　b ——基底宽度，在 1~50m 之间；

　　$\ln b$ ——b 的自然对数。

（3）试算计算深度，若有相邻基础影响，可按下述步骤试算确定计算深度，先根据经验假定计算深度为 z_n，并求出其沉降量，再按基底宽度 b 选取计算厚度 Δz，并求其沉降量 $\Delta s_n'$，使其满足

$$\Delta s_n' \leqslant 0.025 \sum_{i=1}^{n} \Delta s_i' \tag{18-3-10}$$

（4）求总沉降量

$$s = \psi_s \cdot s' = \psi_s \cdot \sum_{i=1}^{n} \frac{p_0}{E_{si}} (z_i \bar{\alpha}_i - z_{i-1} \bar{\alpha}_{i-1}) \tag{18-3-11}$$

式中：　s ——地基最终变形量（mm）；

　　s' ——按规范分层总和法计算出的地基变形量（mm）；

　　ψ_s ——沉降计算经验系数，根据地区沉降观测资料及经验确定，也可查表；

　　n ——地基变形计算深度范围内所划分的土层数；

　　p_0 ——对应于荷载效应准永久组合时的基础底面处的附加压力（kPa）；

　　E_{si} ——基础底面下第 i 层土的压缩模量，按实际应力范围取值（MPa）；

z_i、z_{i-1} ——分别为基础底面至第 i 层土、第 $i-1$ 层土底面的距离（m）；

$\bar{\alpha}_i$、$\bar{\alpha}_{i-1}$ ——分别为基础底面计算点至第 i 层土、第 $i-1$ 层土底面范围内平均附加应力系数，查相应表格。

（三）弹性理论方法计算最终沉降量

$$s = \frac{pb\omega(1-\mu^2)}{E_0} \tag{18-3-12}$$

式中：　p ——基础底面的平均压力；

　　b ——矩形基础的宽度或圆形基础的直径；

　　μ、E_0 ——分别为土的泊松比和变形模量；

　　ω ——沉降影响系数，与基础的刚度、形状和计算点位置等有关，可由表查得。

三、地基变形与时间的关系

地基在附加荷载作用下的变形至稳定须经历一定的时间过程，不同土层条件此种变形的时间历程也不同。碎石土和砂土的压缩性小，其稳定所经历的时间很短。黏性土和粉土达到稳定所需时间则比较长。

地基变形与时间的关系可由土的渗透固结理论确定。

（一）土的渗透性及流砂现象

（1）土的层流渗透定律

地下水在土的连通孔隙中流通的难易程度，称为土的渗透性。在计算沉降与时间的关系和地下水的涌水量时都需要土的渗透性指标。

水的流动状态分为层流和紊流两种。水在孔隙中流动速度缓慢，属于层流。1856 年，法国学者达西（Darcy）进行了大量试验后发现，单位时间通过砂层渗流出的水量 q 与水头降低（$H_1 - H_2$）成正比，与砂层厚度（即渗流途径）L 成反比。即

$$q = vA = kA \frac{H_1 - H_2}{L} = kA \cdot i \tag{18-3-13}$$

称此为渗透定律（或达西定律）。它表明了水在土中的渗透速度与水头梯度成正比（见图18-3-7），即v、i呈直线关系

$$v = ki \tag{18-3-14}$$

上述式中：v——水在土中的渗透速度（m/s），即单位时间（s）内流过一单位土截面（m²）的水量（m³）；

i——水头梯度，$i = (H_1 - H_2)/L$；

k——土的渗透系数（m/s），是与土的渗透性质有关的常数；

A——发生渗流土的横截面积。

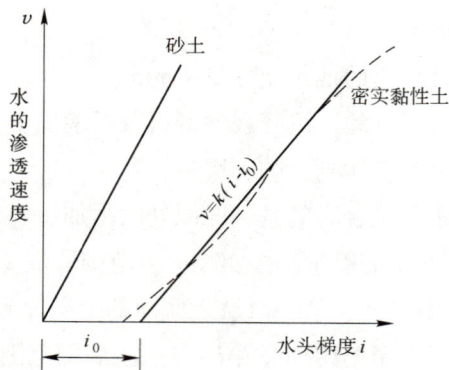

图18-3-7 达西定律

对黏性土，由于土粒表面存在结合水膜，阻塞了孔隙间的通道，故只有当水头梯度$i > i_0$（起始梯度）时才开始发生渗流。这样黏性土中的达西定律应表示为

$$v = k(i - i_0) \tag{18-3-15}$$

（2）动水力及流砂现象

水在土中渗流过程中将受到土颗粒的阻力，根据作用力与反作用力原理，渗流的水流也必然作用在土颗粒上一个相等的冲击力，我们把水流作用在单位体积土体中土颗粒上的力称为动水力G_D（kN/m³），也称渗流力，其作用方向与水流方向一致。

$$G_D = \gamma_w i$$

若水的渗流方向自下而上，水中土体表面土的重度为浮重度γ'，当向上的动水力G_D与土的浮重度相等时，即：$G_D = \gamma_w i = \gamma' = \gamma_{sat} - \gamma_w$，这时土颗粒间的压力等于零，土颗粒处于悬浮状态而失去稳定，这种现象称为流砂现象，这时的水头梯度称为临界水头梯度i_{cr}，$i_{cr} = \gamma'/\gamma_w$。

水在砂性土中渗流时，土中一些细小颗粒在动水力作用下，可能通过粗颗粒的孔隙被水流带走，这种现象称为管涌。

流砂现象发生在土体表面渗流逸出处，而管涌现象可以发生在渗流逸出处，也可能发生于土体内部。

【例18-3-1】对于图示均质堤坝，上下游的边坡坡度相等，稳定渗流时哪一段边坡的安全系数最大？

A. AB B. BC C. DE D. EF

解　AB段静水压力垂直于坡面，渗流方向和动水力有利于边坡稳定性，安全系数最高。BC、DE段渗流对边坡没有影响。EF段由于动水压力作用方向与边坡方向相同，不利于边坡稳定，安全系数最低。

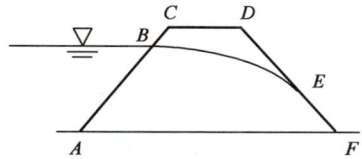

答案： A

例 18-3-1 图

（二）沉降的历时组成

可以认为地基最终沉降量通常由三个部分组成：瞬时沉降s_d（不排水沉降）、固结沉降s_c和次固结沉降s_s。即

$$s = s_d + s_c + s_s \qquad\qquad (18\text{-}3\text{-}16)$$

瞬时沉降是紧随着加压之后即时发生的沉降，此时地基土在荷载作用下只发生剪切变形，其体积还来不及发生变化。固结沉降是由于荷载作用下随着土孔隙中水分的逐渐挤出，孔隙体积相应减少而发生的。次固结沉降则是指孔隙水压力消散后仍在继续缓慢进行的，由土骨架蠕变而引起的沉降。各种变形随时间的变化如图 18-3-8 所示。

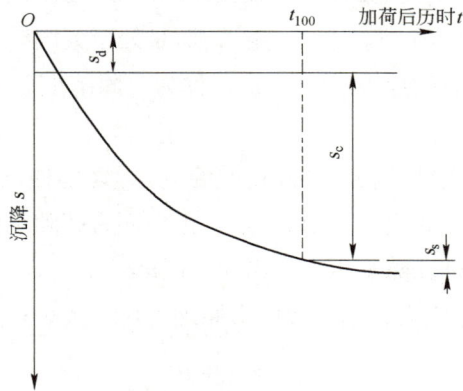

图 18-3-8　地基沉降的三个组成部分

几种沉降的相对大小和时间过程，随土的类型而异。干净砂土孔隙水挤出很快，且次固结现象不显著，所以沉降量几乎全在加荷后即时发生；而饱和软黏土则沉降时间很长，实测的瞬时沉降量往往占最终沉降量的 30%~40%。次固结沉降一般不重要，但对于很软的土，尤其是土中含有一些有机质（如胶态腐殖质等），或是在深处的可压缩土层中，当附加应力与自重应力比较小时，次固结沉降必须引起注意。

（三）应力历史与黏性土的压缩性

天然土层在地质历史中，在不同压力作用下压缩的情况，称为应力历史。

在研究应力历史时应注意两个基本参数。

（1）任何土层在历史上所受过的最大有效压力称为前期固结压力p_c。

（2）p_c与现有的土的自重应力p_l之比称为"超固结比"（$OCR = p_c/p_l$），其值越大，超固结作用越大。

根据地基土层的应力历史，可将地基土层分为三种情况，见图 18-3-9。

情况 a），现地面以下某深度z处一点土的自重应力为$\gamma z < p_c$，这种土就称为超固结土，处于超压密状态。压缩量最小，于工程有利。

情况 b），$\gamma z = p_c$，此种土是一层层逐渐沉积覆盖至现地面，且在自重应力作用下土层已达到固结稳定状态，称正常固结土。设计中最常见。

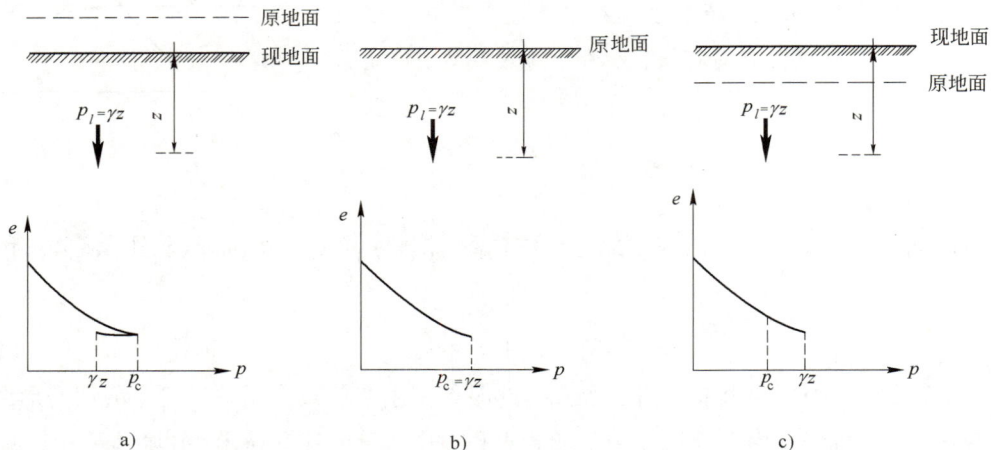

图 18-3-9 应力历史的三种情况

情况 c)，土层也是逐渐沉积至现地面的，只是最后沉积的土年代较短，或为新近大面积的人工填土，在自重作用下并没有达到完全固结（变形稳定），而是处于欠固结状态，自重压缩变形在继续发展中。图中虚线表示将来固结完毕后的地表。$\gamma z > p_c$，称为欠固结土。应特别注意。

（四）有效应力原理

在土体中只有通过土骨架中土粒接触点彼此传递的应力，才能使土体中土粒挤紧，从而引起土体变形。此应力称为粒间应力，又称有效应力，用 $\bar{\sigma}$ 表示。土中还有孔隙水传递的压力，在饱和土中受外荷载作用又以超静孔隙水压力（通称孔隙水压力）出现，以 u 表示。

如用 p 代表外荷载作用下的总应力，则有效应力原理可用下式表达

$$p = \bar{\sigma} + u \tag{18-3-17}$$

【例 18-3-2】 饱和土中总应力为 200kPa，孔隙水压力为 50kPa，孔隙率 0.5，那么土中的有效应力为：

    A. 100kPa   B. 25kPa   C. 150kPa   D. 175kPa

解 $\sigma' = \sigma - u = 200 - 50 = 150\text{kPa}$。

答案：C

【例 18-3-3】 关于有效应力原理，下列说法正确的是：

    A. 土中的自重应力属于有效应力

    B. 土中的自重应力属于总应力

    C. 地基土层中水位上升不会引起有效应力的变化

    D. 地基土层中水位下降不会引起有效应力的变化

解 B 项，饱和土体中的总应力包括孔隙水压力和有效应力；C、D 项，在计算有效应力时通常取用浮重度，故水位的上升、下降会引起有效应力的变化。

答案：A

（五）渗透固结简介

饱和黏土中在外荷载作用下，土的压缩固结过程就是土中孔隙水逐渐被排出、孔隙体积逐渐缩小、土粒逐渐被挤密、也就是孔隙水压力逐渐消散、有效应力逐渐增长的过程，这就是渗透固结或称主固结。

为求饱和土在任意时刻的变形，需要用太沙基一维固结理论计算。其中重要的概念是固结度 U

$$U = \frac{s_{ct}}{s_c} \quad 或 \quad s_{ct} = U s_c \tag{18-3-18}$$

式中：s_{ct}——地基在某一时刻t的固结沉降；

　　　s_c——地基最终的固结沉降。

为便于计算可利用有关图表求解。

在渗透固结计算中，孔隙水压力u是随时间t和深度z两个参数变化的，与排水路径有关。计算中出现的竖向固结时间因数T_v是与孔隙水最大渗径H的平方成反比，孔隙水最大渗径H视土层上下排水条件而定。通过孔隙水压力和有效应力的计算公式可以推算导出土的固结度计算公式。

土层为单面排水（见图18-3-10），起始孔隙水压力为矩形分布时，固结度表达式为

$$U_0 = 1 - \frac{8}{\pi^2} \cdot e^{-\frac{\pi^2}{4} T_v} \tag{18-3-19}$$

式中：T_v——时间因数；

$$T_v = \frac{C_v t}{H^2}$$

　　　C_v——固结系数（m^2/s）；

$$C_v = \frac{k(1+e)}{a \gamma_w} = \frac{k E_s}{\gamma_w}$$

　　　k——渗透系数；

　　　a——压缩系数；

　　　e——孔隙比；

　　　γ_w——水的重度；

　　　E_s——压缩模量；

　　　t——时间；

　　　H——孔隙水最大渗径，单面排水H为土层厚度，双面排

　　　　　水H为1/2土层厚度。

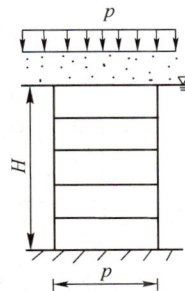

图18-3-10　起始孔隙水压力分布图

必要时，需要分别预估建筑物在施工期间和使用期间的地基变形值，以便预留建筑物有关部分之间的净空，考虑连接方法和施工顺序。此时，一般建筑物在施工期间完成的沉降量与最终沉降量的关系，对于砂土地基基本相当，对于低压缩黏性土地基已完成 50%~80%，对于中压缩黏性土地基已完成 20%~50%，对于高压缩黏性土已完成 5%~20%。

【例 18-3-4】下面哪一个可以作为固结系数的单位？

　　　A. 年/m　　　　　B. m^2/年　　　　　C. 年　　　　　D. m/年

解　一般使用单位为 cm^2/s，与选项 B 量纲相同。

答案： B

习　题

18-3-1　用直角坐标系绘制压缩曲线可直接确定的压缩性指标是（　　　）。

　　　A. a　　　　　B. E_s　　　　　C. E_0　　　　　D. C_c

18-3-2　用分层总和法计算一般土地基最终沉降量时，用附加应力与自重应力之比确定压缩层深度，一般其值应小于或等于（　　　）。

　　　A. 0.2　　　　　B. 0.1　　　　　C. 0.5　　　　　D. 0.4

18-3-3　计算地基变形时，传至基础底面的荷载组合应是（　　　）。

　　A. 荷载效应标准组合　　　　　　　　　B. 荷载效应准永久组合

　　C. 荷载效应频遇组合　　　　　　　　　D. 荷载效应永久组合

18-3-4　某地基土压缩模量为$E_s = 17\text{MPa}$，此土的压缩性（　　　）。

　　A. 高　　　　　　　　B. 中等　　　　　　　　C. 低　　　　　　　　D. 一般

18-3-5　某单面排水、厚度 5m 的饱和黏土地基，$C_v = 15\text{m}^2/\text{年}$，当固结度为 90%时，时间因数$T_v =$ 0.85，达到此固结度所需时间为（　　　）。

　　A. 0.35 年　　　　　　　B. 1.4 年　　　　　　　C. 0.7 年　　　　　　　D. 2.8 年

18-3-6　分层总和法计算地基最终沉降量的分层厚度一般为（　　　）。

　　A. 0.4b　　　　　　　B. 0.4L　　　　　　　C. 0.4m　　　　　　　D. 天然土层厚度

第四节　土的抗剪强度

土的强度通常是指土体抵抗剪切破坏的极限能力，称之为抗剪强度。

在荷载作用下，土体中产生法向应力和剪应力，当土中某点某方向平面上的剪应力达到其抵抗剪切破坏能力的极限值时，该点产生剪切破坏。地基土体中产生剪切破坏的区域随着荷载的增加而扩展，最终形成连续的滑动面，则地基土体因发生剪切破坏而丧失稳定性。

一、抗剪强度的测定方法

土的抗剪强度测定方法有多种，在实验室内常用的有直接剪切试验、三轴剪切试验和无侧限抗压强度试验，现场原位测试有十字板剪切试验等。

（一）直剪试验

库仑（Coulomb）于 1776 年提出库仑定律或库仑公式，c、φ称为土的抗剪强度指标（或参数）。由剪切试验可得出如图 18-4-1 所示的抗剪强度。

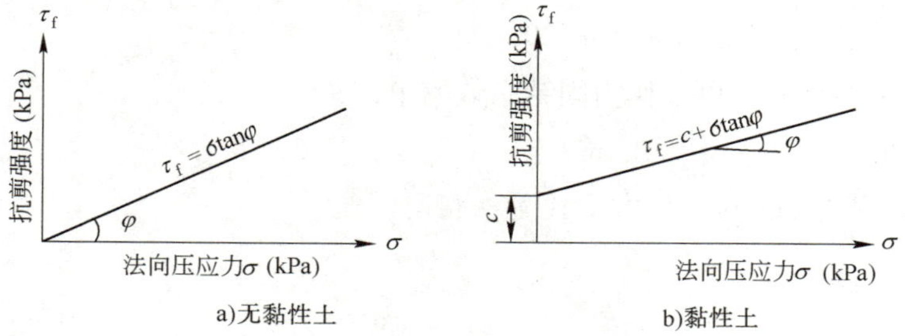

图 18-4-1　抗剪强度与法向压应力关系

土中任一平面上的抗剪强度，取决于土的性状和作用在该平面上的法向应力，可用一直线方程表示。对于无黏性土为

$$\tau_f = \sigma \tan \varphi \tag{18-4-1}$$

对于黏性土为

$$\tau_f = c + \sigma \tan \varphi \tag{18-4-2}$$

式中：τ_f ——土的抗剪强度（kPa）；

　　　σ ——剪切面上的法向应力（kPa）；

　　　c ——土的黏聚力（kPa）；

　　　φ ——土的内摩擦角（°）。

砂类土的抗剪强度与颗粒大小、形状、粗糙程度、土的密实程度和饱和度等有关。一般中、粗、砾砂的 $\varphi = 32°\sim40°$，粉、细砂的 $\varphi = 28°\sim36°$。对饱和的粉、细砂，因容易失稳，φ 值的取值须慎重，有时取 $\varphi = 20°$ 左右。

黏性土的内摩擦角一般较无黏性土小，对于饱和软黏土有时取零。一般黏性土的抗剪强度除内摩擦力外，较大程度上是由黏聚力决定的。黏性土的 φ 及 c 还与试验方法有关。

为模拟土体的实际受力情况，直剪试验又分为快剪、固结快剪、慢剪三种排水条件下的试验。若施工速度快可采用快剪指标；反之，加荷速率慢、排水条件较好、地基土透水性较大，则可选用慢剪；若介于二者之间，则选用固结快剪。直剪试验可用于总应力分析。

（二）三轴剪切试验

对应于直剪试验，三轴试验又分为不固结不排水、固结不排水、固结排水试验。用于分析地基的长期稳定性可用三轴固结不排水的有效抗剪强度指标 c'、φ'，对分析短期稳定宜采用不固结不排水指标。三轴试验可用于有效应力分析，即可通过试验分别计算出孔隙水压力。

（三）无侧限抗压强度试验

该试验仅适用于测定饱和黏性土的不排水抗剪强度，其值为无侧限抗压强度值的一半。

（四）十字板剪切试验

该试验属原位测试，是按不排水剪切条件得到的试验数据，接近无侧限抗压强度试验方法，适用于饱和软黏土。

【例 18-4-1】 十字板剪切试验最适用的土层是：

　　　A. 硬黏土　　　　　　　　　　B. 软黏土

　　　C. 砂砾石　　　　　　　　　　D. 风化破解岩石

解　十字板剪切试验是将十字板头插入软土中，以一定速率扭转，在土层中形成圆柱形破坏面，根据扭力大小确定软土的饱和不排水抗剪强度的一种试验方法。不适用于砂土、碎石类土及坚硬土体等。

答案：B

（五）土工离心模型试验

在岩土工程中，土体自重引起的应力常常占支配地位，土的力学特性随着应力大小的变化而变化，而常规小尺寸模型试验，由于其自重产生的应力远小于原型，因而无法再现原型特性。

解决这个问题的唯一途径，就是把小比例尺模型放在离心机所形成的加速度场中，补偿模型因为尺寸缩小而导致的土工构筑物自重的损失，使之与原型等效，以获取全比例尺模型的变化破坏机理。

土工离心模拟试验技术就是获取全比例尺模型的变化破坏机理的模拟试验技术。

相关内容可参见《土工离心模型试验规程》（DL/T 5102—1999）。

二、土的抗剪强度理论

理论分析和实验都证明，莫尔强度理论对土比较合适。由库仑公式（$\tau = c + \sigma \tan \varphi$ 或 $\tau = \sigma \tan \varphi$）表示的莫尔包络线的理论，称之为莫尔-库仑强度理论，即土的抗剪强度理论。

（一）莫尔圆与包络线的三种关系（见图18-4-2）

（1）当土体中任意一点在某一平面上的剪应力达到土的抗剪强度时，就发生剪切破坏，该点即处于极限平衡状态。莫尔圆与包络线相切，见图18-4-2（Ⅱ）。由此图可求得用主应力表示的极限平衡条件。

（2）包络线与莫尔圆相离，见图18-4-2（Ⅰ），表示该点任何平面上剪应力均小于抗剪强度，该点处于弹性平衡状态。

（3）包络线与莫尔圆相割，见图18-4-2（Ⅲ），表示该点某些平面上剪应力已大于抗剪强度，该点已处于破坏状态。实际此情况不存在。

（二）极限平衡条件

在图18-4-3中延长包络线与σ轴交于R点，由直角三角形ARD得

$$\sin\varphi = \frac{\overline{AD}}{\overline{RD}} = \frac{(\sigma_1 - \sigma_3)/2}{c\cdot\cot\varphi + (\sigma_1 + \sigma_3)/2}$$

利用三角函数关系可得黏性土的极限平衡条件，有

$$\sigma_1 = \sigma_3\tan^2\left(45° + \frac{\varphi}{2}\right) + 2c\tan\left(45° + \frac{\varphi}{2}\right) \tag{18-4-3}$$

或

$$\sigma_3 = \sigma_1\tan^2\left(45° - \frac{\varphi}{2}\right) + 2c\tan\left(45° - \frac{\varphi}{2}\right)$$

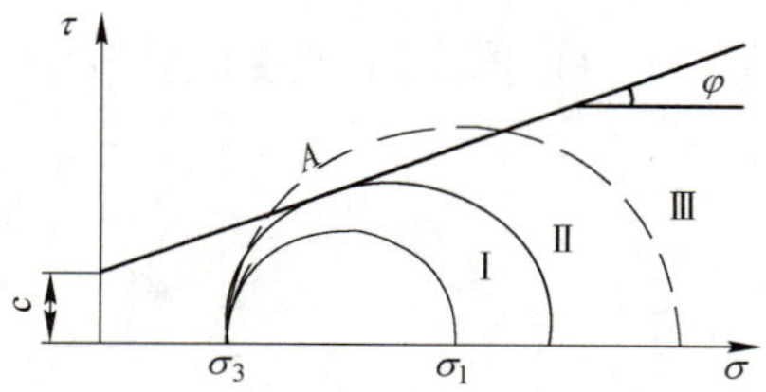

图18-4-2　莫尔圆与抗剪强度之间的关系

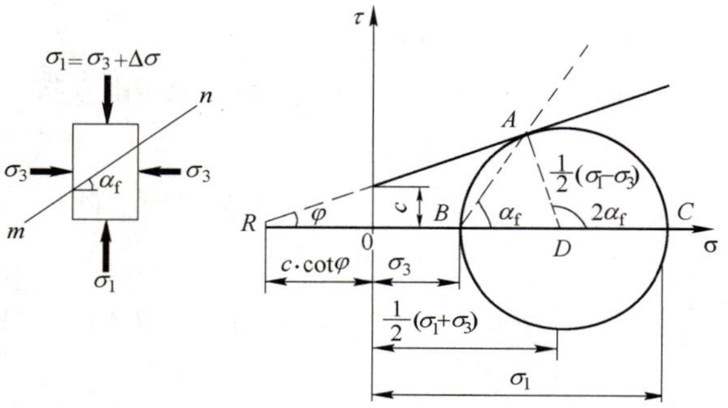

a)微单元体　　　b)极限平衡状态时的莫尔圆

图18-4-3　土体中一点达极限平衡状态时的莫尔圆

对于无黏性土，由于$c = 0$，极限平衡条件为

$$\sigma_1 = \sigma_3\tan^2\left(45° + \frac{\varphi}{2}\right) \tag{18-4-4}$$

或

$$\sigma_3 = \sigma_1\tan^2\left(45° - \frac{\varphi}{2}\right)$$

当土中某点处于极限平衡状态时，破裂面与大主应力作用面的夹角(破裂角α_f)为$45° + \varphi/2$，见图18-4-3。

习　题

18-4-1　在排水不良的软黏土地基上快速施工，在基础设计时，应选择的抗剪强度指标是（　　）。

    A. 快剪指标　　　　　　　　　　　　B. 慢剪指标

    C. 固结快剪指标　　　　　　　　　　D. 直剪指标

18-4-2　通过直剪试验得到的土体抗剪强度线与水平线的夹角为（　　）。

    A. 内摩擦角　　　　　　　　　　　　B. 有效内摩擦角

C. 黏聚力 　　　　　　　　　　　　　 D. 有效黏聚力

18-4-3　某砂土样的内摩擦角为30°，当土样处于极限平衡状态且最大主应力为300kPa时，其最小主应力为（　　）。

A. 934.6kPa 　　　　 B. 865.35kPa 　　　　 C. 100kPa 　　　　 D. 88.45kPa

18-4-4　某内摩擦角为20°的土样，发生剪切破坏时，破坏面与最小主应力面的夹角为（　　）。

A. 55° 　　　　　　 B. 35° 　　　　　　 C. 70° 　　　　　　 D. 110°

18-4-5　三轴试验的抗剪强度线为（　　）。

A. 一个摩尔应力圆的切线 　　　　　 B. 不同试验点所连斜线

C. 一组摩尔应力圆的公切线 　　　　 D. 不同试验点所连折线

第五节　地基承载力

一、地基剪切破坏模式

（一）地基剪切破坏的三种模式

地基的剪切破坏模式主要有三种：整体剪切破坏、刺入剪切破坏和局部剪切破坏。

（1）整体剪切破坏。有轮廓分明的从地基到地面的连续剪切滑动面，邻近基础的土体有明显的隆起，可使上部结构随基础发生突然倾斜，造成灾难性破坏。

（2）刺入剪切破坏。地基不出现明显连续的剪切滑动面，以竖向下沉变形为主。随荷载的增加，地基土不断被压缩，基础竖向下沉，垂直刺入地基中，基础之外的土体无变形。基础除在竖向有突然的小移动之外，既没有明显的失稳，也没有大的倾斜。

（3）局部剪切破坏。随荷载的增加，紧靠基础的土层会出现轮廓分明的剪切滑动面，滑动面不露出地表，在地基内某一深度处终止。基础竖向下沉显著，基础周边地表有隆起现象。只有产生大于基础宽度之半的下沉量时，滑动面才会露于地表。任何情况下，建筑物均不会发生灾难性倾倒，基础总是下沉，深埋于地基之中。

（二）破坏模式p-s曲线的特点

三种破坏模式的p-s曲线虽然各有特点，但整体剪切破坏明显存在三个变形阶段，见图18-5-1。

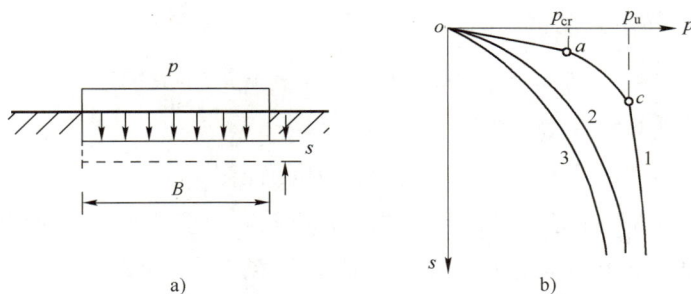

图 18-5-1　浅基础的荷载-沉降曲线

1. 线性变形阶段

荷载p较小时，出现oa直线段，土粒发生竖向位移，孔隙减小，产生地基的压密变形，土中各点均处于弹性应力平衡状态，地基中应力-应变关系可用弹性力学理论求解。

2. 塑性变形阶段

如图中 ac 段，a 点的荷载为地基边缘将出现塑性区的临界值，故称 a 点的荷载为临塑荷载 p_{cr}。曲线 ac 段表明 p-s 不再是线性关系，变形速率不断加大，主要是塑性变形。随荷载的加大，塑性变形区从基础边缘逐渐开展并加大加深，荷载加大到 c 点时，塑性变形区扩展为连续滑动面，则地基濒临失稳破坏，故称 c 点对应的荷载为极限荷载 p_u。p-s 曲线上的峰值荷载（图中曲线 1、2）或 p-s 曲线变化率变为恒值起始点的荷载（曲线 3）均定为 p_u 值。ac 段上任意一点对应的荷载均称为塑性荷载。p_{cr} 与 p_u 可视为塑性荷载中的特殊点。

3. 完全破坏阶段

p-s 曲线 c 点以下的阶段，基础急剧下沉，荷载不能增加（图中曲线 1、2）或荷载增加不多（曲线 3）。

二、临塑荷载、界限荷载、极限荷载、破坏荷载

临塑荷载 p_{cr} 是指地基中刚要出现塑性剪切区的临界荷载。

界限（临界）荷载是指地基中发生任一大小塑性区时，其相应的荷载。如基底宽度为 b，塑性区开展深度为 $b/4$ 或 $b/3$ 时，相应的荷载为 $p_{\frac{1}{4}}$、$p_{\frac{1}{3}}$ 称为界限荷载。

极限荷载 p_u 指使地基发生失稳破坏前的那级荷载。

破坏荷载是指地基发生失稳破坏时的荷载。

三、地基承载力概念

地基承载力是指单位面积上地基所能承受的荷载。地基承受这一荷载时，在强度方面，相对于破坏状态的极限荷载有足够大的安全储备；而所产生的变形均在容许的范围内。

四、地基承载力的确定方法

按应《地基规范》规定确定地基承载力。

地基承载力特征值也可由载荷试验或其他原位测试公式计算，并结合工程实践经验等方法综合确定。

（一）按《地基规范》规定确定地基承载力

当基础宽度大于 3m 或埋置深度大于 0.5m 时，从荷载试验或其他原位测试、经验值等方法确定的地基承载力特征值，尚应按下式修正

$$f_a = f_{ak} + \eta_b \gamma(b - 3) + \eta_d \gamma_m(d - 0.5) \tag{18-5-1}$$

式中：f_a ——修正后的地基承载力特征值（kPa）；

$\quad\quad f_{ak}$ ——地基承载力特征值（kPa），按规范的原则确定；

$\quad\eta_b$、η_d ——分别为基础宽度和埋深的地基承载力修正系数，按基底下土的类别查规范表取值；

$\quad\quad\quad \gamma$ ——基础底面以下土的重度（kN/m³），地下水位以下取浮重度；

$\quad\quad\quad b$ ——基础底面宽度（m），当基宽小于 3m 按 3m 取值，大于 6m 按 6m 取值；

$\quad\quad\quad \gamma_m$ ——基础底面以上土的加权平均重度（kN/m³），地下水位以下取有效重度；

$\quad\quad\quad d$ ——基础埋置深度（m），一般自室外地面标高算起，在填方整平地区，可自填土地面标高处算起，但填土在上部结构施工后完成时，应从天然地面标高处算起，对于地下室，如采

用箱形基础或筏基时，基础埋置深度自室外地面标高处算起，当采用独立基础或条形基础时，应从室内地面标高处算起。

【例 18-5-1】 在相同的砂土地基上，甲、乙两基础的底面均为正方形，且埋深相同。基础甲的面积为基础乙的 2 倍，根据载荷试验得到的承载力进行深度和宽度修正后，有：

    A. 基础甲的承载力大于基础乙

    B. 基础乙的承载力大于基础甲

    C. 两个基础的承载力相等

    D. 根据基础宽度不同，基础甲的承载力可能大于或等于基础乙的承载力，但不会小于基础乙的承载力

解　增大基础宽度和埋深可以提高地基承载力。根据《地基规范》，可对基础宽度在 3~6m 范围内的基础地基承载力进行提高修正。据题意，影响两基础地基承载力的因素只有基础宽度。

答案： D

【例 18-5-2】 对于相同的场地，下面哪种情况可以提高地基承载力并减少沉降？

    A. 加大基础埋深，并加做一层地下室

    B. 基底压力 p（kPa）不变，加大基础宽度

    C. 建筑物建成后抽取地下水

    D. 建筑物建成后，填高室外地坪

解　A 项，增大基础埋深可减小基底附加应力，进而减小基础沉降，且由地基承载力特征值计算公式：$f_a = f_{ak} + \eta_b \gamma (b - 3) + \eta_d \gamma_m (d - 0.5)$ 可知，埋深 d 值增大，可适当提高地基承载力；B 项，加大基础宽度可提高地基承载力，但当基础宽度过大时，基础的沉降量会增加；C 项，抽取地下水会增大土的自重应力，进而增大基础沉降量；D 项，提高室外地坪，增大了基底附加应力，进而会增大基础沉降量。

答案： A

【例 18-5-3】 关于地基承载力特征值的深度修正式 $\eta_d \gamma_m (d - 0.5)$，下面说法不正确的是：

    A. $\eta_d \gamma_m (d - 0.5)$ 的最大值为 $5.5 \eta_d \gamma_m$

    B. $\eta_d \gamma_m (d - 0.5)$ 总是大于或等于 0，不能为负值

    C. η_d 总是大于或等于 1

    D. γ_m 取基底以上土的重度，地下水以下取浮重度

解　《地基规范》规定："d 为基础埋深，宜为室外地面标高算起"。规范中并未对基础埋深最大值作出限值。

答案： A

【例 18-5-4】 下面哪种情况不能提高地基承载力？

    A. 加大基础宽度　　　　　　　　　　B. 增加基础埋深

    C. 降低地下水　　　　　　　　　　　D. 增加基础材料的强度

解　岩基的破坏主要为剪切破坏，因此，从理论上看，极限承载力应该主要取决于岩体和结构面的抗剪强度。

答案： D

（二）按载荷试验确定地基承载力

载荷试验是地基承载力的原位测试方法。

1. 浅层平板载荷试验

（1）地基土浅层平板载荷试验可适用于确定浅部地基土层的承压板下应力主要影响范围内的承载力。承压板面积不应小于 $0.25m^2$，对于软土不应小于 $0.5m^2$。

（2）试验基坑宽度不应小于承压板宽度或直径的 3 倍。应保持试验土层的原状结构和天然湿度。宜在拟试压表面用粗砂或中砂层找平，其厚度不超过 20mm。

（3）加荷分级不应少于 8 级，最大加载量不应小于设计要求的 2 倍。

（4）每级加载后，按间隔 10min、10min、10min、15min、15min，以后为每隔半小时测读一次沉降量，当在连续两小时内，每小时的沉降量小于 0.1mm 时，则认为已趋稳定，可加下一级荷载。

（5）当出现下列情况之一时，即可终止加载：

①承压板周围的土明显地侧向挤出；

②沉降量 s 急骤增大，荷载-沉降（p-s）曲线出现陡降段；

③在某一级荷载下，24h 内沉降速率不能达到稳定；

④沉降量与承压板宽度或直径之比大于或等于 0.06。

当满足前三种情况之一时，将其对应的前一级荷载定为极限荷载。

（6）承载力特征值的确定应符合下列规定：

①当 p-s 曲线上有比例界限时，取该比例界限所对应的荷载值；

②当极限荷载小于对应比例界限的荷载值的 2 倍时，取极限荷载值的一半；

③当不能按上述两款要求确定时，当压板面积为 0.25~$0.50m^2$，可取 $s/b = 0.01$~0.015所对应的荷载，但其值不应大于最大加载量的一半。

（7）同一土层参加统计的试验点不应少于 3 个，当试验实测值的极差不超过其平均值的 30%时，取此平均值作为该土层的地基承载力特征值 f_{ak}。

2. 深层平板载荷试验要点

（1）深层平板载荷试验可适用于确定深部地基土层及大直径桩桩端土层在承压板下主要影响范围内的承载力。

（2）深层平板载荷试验的承压板采用直径为 0.8m 的刚性板，紧靠承压板周围外侧的土层高度应不少于 80cm。

（3）加荷等级可按预估极限承载力的 1/10~1/15 分级施加。

（4）每级加荷后，第一个小时内按间隔 10min、10min、10min、15min、15min，以后为每隔半小时测读一次沉降量。当在连续两小时内，每小时的沉降量小于 0.1mm 时，则认为已趋稳定，可加下一级荷载。

（5）当出现下列情况之一时，可终止加载：

①沉降量 s 急骤增大，荷载-沉降（p-s）曲线上有可判定极限承载力的陡降段，且沉降量超过 $0.04d$（d 为承压板直径）；

②在某级荷载下，24h 内沉降速率不能达到稳定；

③本级沉降量大于前一级沉降量的 5 倍；

④当持力层土层坚硬，沉降量很小时，最大加载量不小于设计要求的 2 倍。

（6）承载力特征值的确定应符合下列规定：

①当 p-s 曲线上有比例界限时，取该比例界限所对应的荷载值；

②满足前三条终止加载条件之一时，其对应的前一级荷载定为极限荷载，当该值小于对应比例界限的荷载值的 2 倍时，取极限荷载值的一半；

③不能按上述两款要求确定时，可取 $s/d = 0.01\sim0.015$ 所对应的荷载值，但其值不应大于最大加载量的一半。

（7）同一土层参加统计的试验点不应少于三点，当试验实测值的极差不超过平均值的 30%时，取此平均值作为该土层的地基承载力特征值 f_{ak}。

（三）按土的抗剪强度指标计算地基承载力（不常用）

当荷载偏心距 e 小于或等于 0.033 的基础地面宽度（即 $e\leqslant0.033l$，而 l 指的是弯矩作用方向的基础底面尺寸）时，根据由试验和统计得到的土的抗剪强度指标标准值，可按下式计算地基土承载力特征值

$$f_a = M_b\gamma b + M_d\gamma_m d + M_c c_k \tag{18-5-2}$$

式中：　　　f_a——由土的抗剪强度指标确定的地基承载力特征值（kPa）；

M_b、M_d、M_c——承载力系数，可查相应表格；

　　　　b——基础底面宽度，$b > 6m$时按 6m 计，对于砂土 $b < 3m$时按 3m 计；

　　　　c_k——基底下一倍基宽深度范围内的黏聚力标准值（kPa）；

d、γ、γ_m——同前。

（四）按理论计算公式确定地基承载力

1. 斯肯普顿地基极限承载力公式

斯肯普顿公式应用于饱和软黏土地基（$\varphi = 0$）。

$$p_u = (\pi + 2)c + q = 5.14c + q = 5.14c + \gamma_m d \tag{18-5-3}$$

它是饱和软黏土地基在条形荷载作用下的极限承载力公式。是普朗特尔-雷斯诺极限荷载公式在 $\varphi = 0$时的特例。

对于矩形基础，参考前人的研究成果，斯肯普顿（A W Skempton，1952）给出的地基极限承载力公式为

$$p_u = 5c\left(1 + \frac{b}{5l}\right)\left(1 + \frac{d}{5b}\right) + \gamma_m d \tag{18-5-4}$$

式中：　c——地基土黏聚力（kPa）取基底以下 0.707b深度范围内的平均值，考虑饱和黏性土和粉土在不排水条件下的短期承载力时，黏聚力应采用土的不排水抗剪强度 c_u；

b、l、d——分别为基础的宽度、长度和埋深（m）；

　　γ_m——基础埋置深度 d范围内土的加权平均重度（kN/m³）。

工程实践证明，用斯肯普顿公式计算的软土地基承载力与实际情况是比较接近的，安全系数 K可取 1.1~1.3。

2. 太沙基地基极限承载力公式

太沙基（K Terzaghi，1943）提出了条形浅基础的极限荷载公式。太沙基从实用的角度考虑认为，当基础的长宽比 $l/b\geqslant5$ 及基础的埋置深度 $d\leqslant b$时，就可视为是条形浅基础。基底以上的土体看作是作用在基础两侧底面上的均布荷载 $q = \gamma_m d$，并假定基础底面是粗糙的。

太沙基的极限承载力公式

$$p_u = \frac{1}{2}\gamma b N_\gamma + q N_q + c N_c \tag{18-5-5}$$

式中：N_γ、N_q、N_c——为承载力系数，它们都是无量纲系数，仅与土的内摩擦角 φ 有关，可由表 18-5-1 查得。

φ	0	5°	10°	15°	20°	25°	30°	35°	40°	45°
N_γ	0	0.51	1.20	1.80	4.0	11.0	21.8	45.4	125	326
N_q	1.0	1.64	2.69	4.45	7.42	12.7	22.5	41.4	81.3	173.3
N_c	5.71	7.32	9.58	12.9	17.6	25.1	37.2	57.7	95.7	172.2

公式（18-5-5）只适用于条形基础，对于圆形或方形基础，太沙基提出了半经验的极限荷载公式。

圆形基础

$$p_u = 0.6\gamma R N_\gamma + q N_q + 1.2 c N_c \tag{18-5-6}$$

式中：　R ——圆形基础的半径；

其余符号意义同前。

方形基础

$$p_u = 0.4\gamma b N_\gamma + q N_q + 1.2 c N_c \tag{18-5-7}$$

式（18-5-5）~式（18-5-7）只适用于地基土是整体剪切破坏的情况，即地基土较密实，其 $p\text{-}s$ 曲线有明显的转折点，破坏前沉降不大等。对于松软土质，地基破坏是局部剪切破坏，沉降较大，其极限荷载较小。太沙基建议在这种情况下采用较小的 $\bar{\varphi}$、$\bar{c}$ 值代入上述各式计算极限承载力。即令

$$\tan\bar{\varphi} = \frac{2}{3}\tan\varphi, \quad \bar{c} = \frac{1}{3}c \tag{18-5-8}$$

根据 $\bar{\varphi}$ 值从表 18-5-1 中查承载力系数，并用 $\bar{c}$ 代入公式计算。

用太沙基极限承载力公式计算地基承载力时，其安全系数一般取为 3。

3. 汉森地基承载力公式

汉森（B Hanson，1961，1970）提出的在中心倾斜荷载作用下，不同基础形状及不同埋置深度时的极限承载力计算公式如下

$$p_u = \frac{1}{2}\gamma b N_\gamma i_\gamma s_\gamma d_\gamma + q N_q i_q s_q d_q + c N_c i_c s_c d_c \tag{18-5-9}$$

式中：N_γ、N_q、N_c——承载力系数；

i_γ、i_q、i_c——荷载倾斜系数；

s_γ、s_q、s_c——基础形状系数；

d_γ、d_q、d_c——深度系数；

其余符号意义同前。以上所有系数均可查有关表格。

（五）按当地建筑经验确定地基承载力

在拟建场地附近，调查邻近已有建筑物的形式、构造、荷载、地基土层情况与采用的承载力数值，具有一定的参考价值。对简单场地、中小工程，可通过综合分析，参用当地尤其是邻近场地的经验。对中等复杂场地或大中型工程，参用当地经验仍可能减少勘察工作量。

在应用建筑经验法时，首先要注意了解拟建场地有无新填土、软弱夹层、地下沟洞等不利情况。对于地基持力层，可通过现场开挖进行视觉鉴别，根据土的名称和所处状态估计地基承载力。这些工作也可与基坑验槽相结合进行。

【例 18-5-5】 土的强度指标c、φ涉及下面的哪一种情况：

    A. 一维固结   B. 地基土的渗流

    C. 地基承载力   D. 黏性土的压密

解 只有确定地基极限承载力时，会涉及内摩擦角φ和黏聚力c。

答案： C

习　　题

18-5-1 地基塑性区的最大开展深度$z_{\max} = b/4$时，地基承载力应选择（　　　）。

    A. P_{cr} B. $P_{\frac{1}{4}}$ C. $P_{\frac{1}{3}}$ D. P_u

18-5-2 地基承载力需进行深度、宽度修正的条件是（　　　）。

    ①$d > 0.5m$；②$b > 3m$；③$d > 1m$；④$3m < b \leqslant 6m$。

    A. ①②   B. ①④   C. ②③   D. ③④

18-5-3 若地基表面产生较大隆起，基础发生严重倾斜，则地基的破坏形式为（　　　）。

    A. 局部剪切破坏   B. 整体剪切破坏

    C. 刺入剪切破坏   D. 冲剪破坏

18-5-4 在$\varphi = 15°$（$N_r = 1.8$，$N_q = 4.45$，$N_c = 12.9$），$c = 15kPa$，$\gamma = 18kN/m^3$的地表面有一个宽度为 3m 的条形均布荷载，对于整体剪切破坏的情况，按太沙基承载力公式计算的极限承载力为（　　　）。

    A. 80.7kPa   B. 193.5kPa   C. 242.1kPa   D. 50.8kPa

第六节　土　压　力

一、土压力计算

设计挡土墙，首先应根据挡土墙场地的工程地质及水文地质条件选择挡土墙的材料、结构形式及填土材料，然后再确定作用在挡土墙墙背土压力的性质、大小、方向和分布。土压力的确定涉及填料、挡土墙以及地基三者之间的相互作用。目前计算土压力大多仍沿用朗金理论（也称极限应力法）和库仑理论（又称滑动楔体法）。

依据挡土墙的位移情况和墙后土体所处的应力状态，可将土压力分为静止土压力、主动土压力和被动土压力，如图 18-6-1 所示。

静止土压力的计算：若工作条件使挡土墙不产生变动，填土对墙背的侧向压力即为静止土压力E_0，如图 18-6-2 所示。

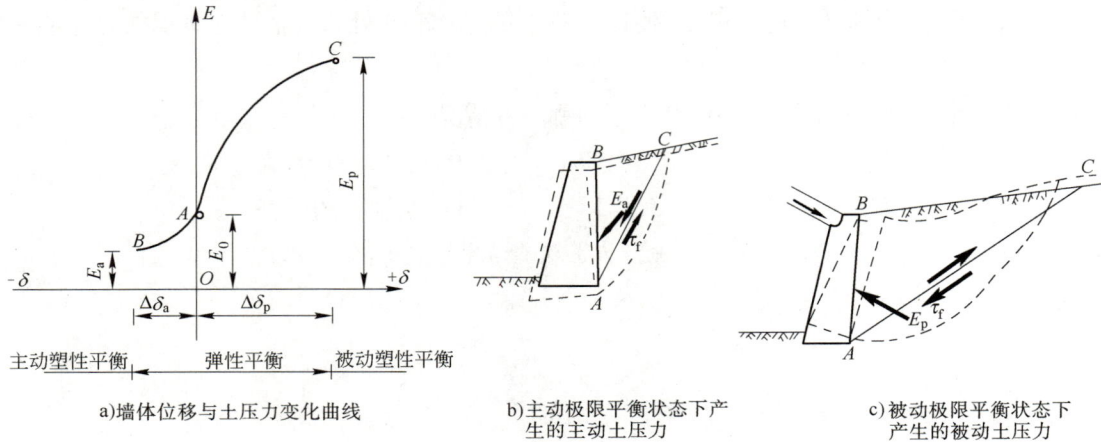

a)墙体位移与土压力变化曲线　　b)主动极限平衡状态下产生的主动土压力　　c)被动极限平衡状态下产生的被动土压力

图 18-6-1　挡土墙土压力与墙体位移的关系

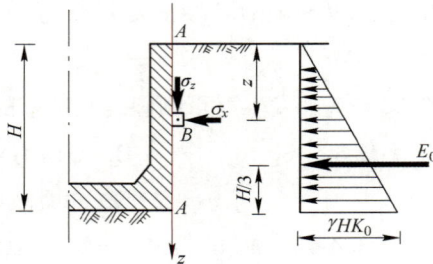

图 18-6-2　静止土压力

均质土层中计算点与填土面距离为 z 处的静止土压力 σ_0 为

$$\sigma_0 = \sigma_{cx} = K_0 \sigma_{cz} = K_0 \gamma z \tag{18-6-1}$$

式中，K_0 为静止土压力系数，与土的性质有关。一般黏性土可取 0.50~0.70，砂土可取 0.35~0.50。K_0 也可用近似式计算

$$K_0 = 1 - \sin \varphi' \tag{18-6-2}$$

这里 φ' 为土的有效内摩擦角。静止土压力沿墙高呈三角形分布，合力作用在距墙底 1/3 高度处。

二、朗金土压力理论

朗金土压理论的基本假定是已知地面水平的半无限土体中，任意的竖直面和水平面均是主应力面，假定该墙背竖直、光滑，填土面水平土体为均匀各向同性体。

（一）主动土压力

挡土墙在土压力作用下背离墙背方向移动或转动时，墙后土压力逐渐减小，当达到某一位移量时，作用在挡土墙上的土压力达最小值，此时作用在墙背的土压力称为主动土压力。为求土压力，必先求得强度分布图，此图受压区之面积即为合力值，其形心位置即为合力作用点，见图 18-6-3。

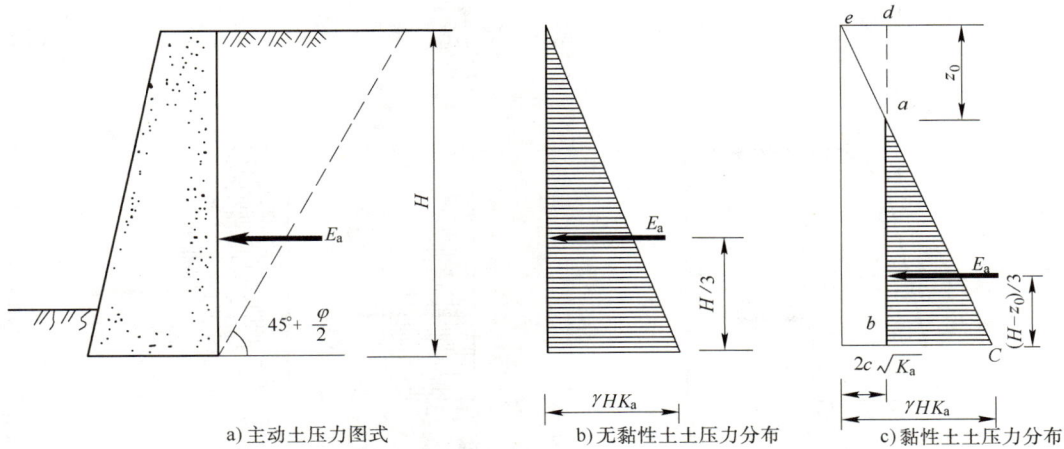

图 18-6-3 朗金主动土压力

墙背上任意深度z处的土压力强度值为

无黏性土

$$\sigma_a = \gamma z K_a \qquad (18-6-3)$$

黏性土

$$\sigma_a = \gamma z K_a - 2c\sqrt{K_a} \qquad (18-6-4)$$

式中： c ——填土的黏聚力；

K_a ——主动土压力系数，它与填土的内摩擦角φ的关系为

$$K_a = \tan^2\left(45° - \frac{\varphi}{2}\right) \qquad (18-6-5)$$

朗金主动土压力沿墙高呈线性分布，因而对无黏性土作用在高度为H的墙背上的主动土压力（合力）E_a作用在离墙底$H/3$处，其值为

$$E_a = \frac{1}{2}\gamma H^2 K_a \qquad (18-6-6)$$

黏性土的土压力强度为土体自重引起的强度$\gamma z K_a$扣除黏聚力效应$2c\sqrt{K_a}$。由于填土不可能产生对墙背面的拉力，因此应略去临界深度z_0范围内的土拉力。确定z_0的条件是此处$\sigma_a = 0$，即

$$z_0 = \frac{2c}{\gamma\sqrt{K_a}}$$

主动土压力E_a应为

$$E_a = \frac{1}{2}(H - z_0)\left(\gamma H K_a - 2c\sqrt{K_a}\right) \qquad (18-6-7)$$

且作用在离墙底$(H - z_0)/3$处。

（二）被动土压力

挡土墙在外力作用下向墙背方向移动或转动时，墙挤压土体，墙后土压力逐渐增大，当达到某一位移量时，墙后土体开始上隆，作用在墙上的土压力达到最大值，此时作用在墙背上的土压力称为被动土压力。被动土压力计算图式见图 18-6-4，其强度计算公式如下：

无黏性土

$$\sigma_p = \gamma z K_p \qquad (18-6-8)$$

黏性土

$$\sigma_p = \gamma z K_p + 2c\sqrt{K_p} \tag{18-6-9}$$

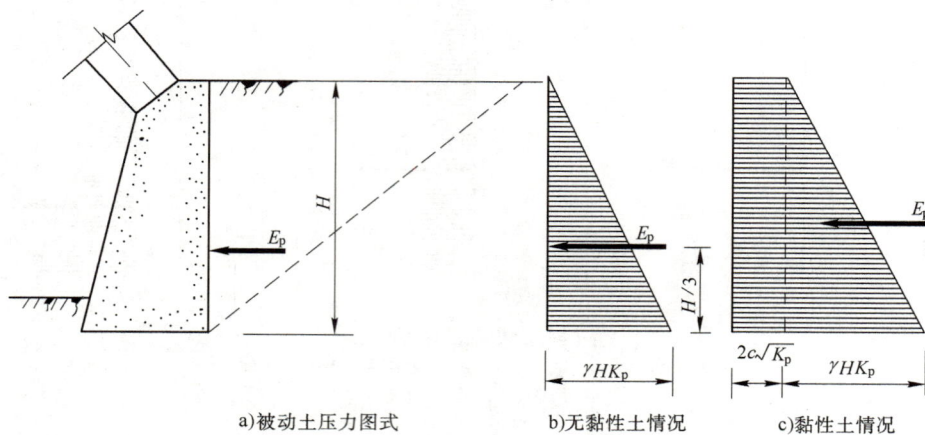

a)被动土压力图式   b)无黏性土情况   c)黏性土情况

图 18-6-4 朗金被动土压力

被动土压力E_p为：

无黏性土

$$E_p = \frac{1}{2}\gamma H^2 K_p \tag{18-6-10}$$

黏性土

$$E_p = \frac{1}{2}\gamma H^2 K_p + 2cH\sqrt{K_p} \tag{18-6-11}$$

式中：K_p ——被动土压力系数。

$$K_p = \tan^2\left(45° + \frac{\varphi}{2}\right) \tag{18-6-12}$$

合力作用于三角形（无黏性土）或梯形（黏性土）的形心处。

（三）关于土压力计算的几点说明

以上计算σ_a及σ_p时是按朗金土压力理论进行的，假定墙背竖直、光滑及填土面水平。实际情况往往较此条件复杂。

对于墙后填土上有超载的情况，一般可换算成墙后填土面上的等效土层。对于墙后填土面非平面，墙背形状复杂等情况，一般可用广义的库仑土压力理论计算，即按墙后滑楔平衡理论计算。《地基规范》考虑到所设计的挡土墙都具有一定的安全度，变位较小，黏性填土地表裂缝尚未形成，即不考虑地表裂缝出现，给出计算公式和四类填土的主动土压力系数曲线，可参考。

此外，有关墙后为分层填土，墙后填土中有地下水等复杂情况，可参见由华南理工大学、东南大学、浙江大学、湖南大学合编的《地基及基础》（中国建筑工业出版社，1994）及其他相关教材。

当挡土墙后有较陡的稳定岩石坡面时，应按有限范围填土计算土压力，即取稳定岩石坡面为破裂面，并考虑稳定坡面与填土间的摩擦系数由滑动楔体平衡条件计算主动土压力。

【例 18-6-1】 直立光滑挡土墙后双层填土（图左），其主动土压力分布为一条折线（图右），相关指标可能满足下列哪一种关系？

A. $c_2 > c_1$，$\gamma_1 K_{a1} = \gamma_2 K_{a2}$

B. $c_2 < c_1$，$\gamma_1 K_{a1} = \gamma_2 K_{a2}$

C. $c_2 = c_1$，$K_{a1} = K_{a2}$，$\gamma_2 > \gamma_1$

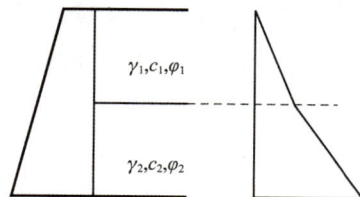

例 18-6-1 图

D. $c_2 = c_1$，$K_{a1} = K_{a2}$，$\gamma_2 < \gamma_1$

解　相关指标满足 $c_1 = c_2$，$K_{a1} = K_{a2}(\varphi_1 = \varphi_2)$，$\gamma_1 < \gamma_2$ 的关系，当土中 c、φ 值不变，土压力图形斜率的变化是由土重度变化引起的。

答案： C

三、库仑土压力理论

库仑土压力理论是根据墙后土体处于极限平衡状态并形成一滑动楔体时，由楔体的静力平衡条件得出的土压力计算理论。其基本假设是：①墙后的填土是理想的散粒体（黏聚力 $c = 0$）；②滑动破坏面为一平面。

（一）主动土压力

一般挡土墙的设计均属于平面问题，故在下述讨论中均沿墙的长度方向取 1m 进行分析，如图 18-6-5 所示。当墙向前移动或转动而使墙后土体沿某一破坏面 BC 破坏时，土楔 ABC 向下滑动而处于主动极限平衡状态。此时，作用于土楔 ABC 上的力有：

（1）土楔体的自重 W，其方向向下；

（2）破坏面 BC 上的反力 R 其大小是未知的，但其方向则是已知的；

（3）墙背对土楔体的反力 E，与它大小相等、方向相反的作用力就是墙背上的土压力。

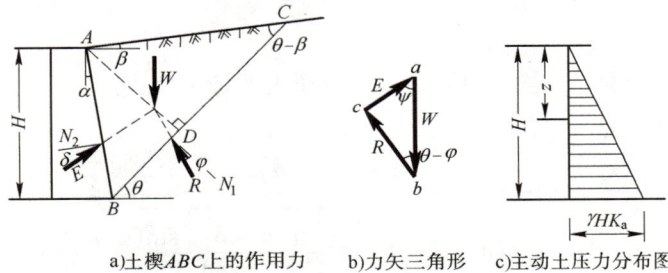

a)土楔 ABC 上的作用力　b)力矢三角形　c)主动土压力分布图

图 18-6-5　按库仑土压力理论求主动土压力

土楔体在以上三力作用下处于静力平衡状态，因此必构成一闭合的力矢三角形。根据其相互关系，可推导出库仑主动土压力大小计算公式（18-6-13）。库仑土压力系数可查相应表格。

库仑主动土压力的一般表达式

$$E_a = \frac{1}{2}\gamma H^2 \cdot \frac{\cos^2(\varphi - \alpha)}{\cos^2\alpha \cdot \cos(\alpha + \delta)\left[1 + \sqrt{\dfrac{\sin(\varphi + \delta) \cdot \sin(\varphi - \beta)}{\cos(\alpha + \delta) \cdot \cos(\alpha - \beta)}}\right]^2} \tag{18-6-13}$$

令

$$K_a = \frac{\cos^2(\varphi - \alpha)}{\cos^2\alpha \cdot \cos(\alpha + \delta)\left[1 + \sqrt{\dfrac{\sin(\varphi + \delta) \cdot \sin(\varphi - \beta)}{\cos(\alpha + \delta) \cdot \cos(\alpha - \beta)}}\right]^2} \tag{18-6-14}$$

则

$$E_a = \frac{1}{2}\gamma H^2 K_a \tag{18-6-15}$$

式中：K_a ——库仑主动土压力系数，按式（18-6-14）确定；

H ——挡土墙高度（m）；

γ ——墙后填土的重度（kN/m³）；

φ ——墙后填土的内摩擦角（°）；

α ——墙背的倾斜角（°），俯斜时取正号，仰斜为负号；

β ——墙后填土面的倾角（°）；

δ ——土对挡土墙背的摩擦角，查表确定。

主动土压力强度可按下式计算

$$\sigma_a = \frac{dE_a}{dz} = \frac{d}{dz}\left(\frac{1}{2}\gamma z^2 K_a\right) = \gamma z K_a \qquad (18\text{-}6\text{-}16)$$

主动土压力强度沿墙高的分布为三角形，合力作用点在距离墙底 $H/3$ 处。

【例 18-6-2】 如果其他条件保持不变，墙后填土的下列哪些指标的变化，会引起挡土墙的主动土压力增大？

　　　　A. 填土的内摩擦角 φ 减小　　　　　B. 填土的重度 γ 减小

　　　　C. 填土的压缩模量 E 增大　　　　　D. 填土的黏聚力 c 增大

解　主动土压力强度 $\sigma_a = \gamma z K_a - 2c\sqrt{K_a}$，其中 $K_a = \tan^2\left(45° - \dfrac{\varphi}{2}\right)$，可知，填土内摩擦角 φ 减小，重度 γ 增大，黏聚力 c 减小，都会引起挡土墙的主动土压力增大；压缩模量对其没有影响。

答案： A

（二）被动土压力

按照主动土压力公式的推导方法，可求得被动土压力的计算公式。

被动土压力的库仑公式为

$$E_p = \frac{1}{2}\gamma H^2 \cdot \frac{\cos^2(\varphi + \alpha)}{\cos^2\alpha \cdot \cos(\alpha - \delta)\left[1 + \sqrt{\dfrac{\sin(\varphi + \delta)\cdot\sin(\varphi + \beta)}{\cos(\alpha - \delta)\cdot\cos(\alpha - \beta)}}\right]^2} \qquad (18\text{-}6\text{-}17)$$

或

$$E_p = \frac{1}{2}\gamma H^2 K_p \qquad (18\text{-}6\text{-}18)$$

式中：K_p ——被动土压力系数，是式（18-6-17）的后面部分；

其余符号同前。

被动土压力强度可按下式计算

$$\sigma_p = \frac{dE_p}{dz} = \frac{d}{dz}\left(\frac{1}{2}\gamma z^2 K_p\right) = \gamma z K_p \qquad (18\text{-}6\text{-}19)$$

被动土压力强度沿墙高也呈三角形分布，土压力的作用点在距离墙底 $H/3$ 处。

如墙背直立（$\alpha = 0$）、光滑（$\delta = 0$），以及墙后填土水平（$\beta = 0$），则式（18-6-14）和式（18-6-18）变为

$$E_a = \frac{1}{2}\gamma H^2 \tan^2\left(45° - \frac{\varphi}{2}\right)$$

$$E_p = \frac{1}{2}\gamma H^2 \tan^2\left(45° + \frac{\varphi}{2}\right)$$

可见，在上述条件下，库仑的被动土压力公式也与朗金公式相同。

习　　题

18-6-1　设计地下室外墙时选用的土压力是（　　　）。

　　　　A. 主动土压力　　　　B. 静止土压力　　　　C. 被动土压力　　　　D. 平均土压力

18-6-2　若计算方法、填土指标相同，则作用在高度相同的挡土墙上的主动土压力数值最小的墙背形式是（　　　）。

　　　　A. 仰斜　　　　　　　B. 直立　　　　　　　C. 俯斜　　　　　　　D. 背斜

18-6-3　相同条件下，作用在挡土构筑物上的主动土压力、被动土压力、静止土压力的大小之间存在的关系是（　　　）。

　　　　A. $E_p > E_a > E_0$　　　　　　　　　　B. $E_p > E_0 > E_a$

　　　　C. $E_a > E_p > E_0$　　　　　　　　　　D. $E_0 > E_p > E_a$

18-6-4　库仑土压力理论的适用条件为（　　　）。

　　　　A. 墙背必须光滑、垂直　　　　　　　B. 墙后填土为理想散粒体

　　　　C. 填土面必须水平　　　　　　　　　D. 墙后填土为理想黏性体

18-6-5　某墙背直立的挡土墙，若墙背与土的摩擦角为 $10°$，则主动土压力合力与水平面的夹角为（　　　）。

　　　　A. $20°$　　　　　　B. $30°$　　　　　　C. $10°$　　　　　　D. $0°$

第七节　边　坡　稳　定

　　土坡稳定分析是一个比较复杂的问题，目前理论分析只限于较简单的情况。采用理论分析与现场观测相结合的方法比较切实可行又比较可靠。本节主要介绍简单土坡的稳定分析。所谓简单土坡是指土坡的顶面和底面都是水平面，并伸至无穷远，土坡由均质土组成。

一、土坡失稳的主要原因

　　（1）土坡作用力发生变化，如人工开挖坡脚、坡顶增加荷载。或由于打桩、车辆行驶、爆破、地震等引起的振动改变了原来的平衡状态。

　　（2）土的抗剪强度降低，如土体中含水率或超静水压力的增加。

　　（3）静水力的作用，如土体中由剪切或张拉产生垂直的裂隙，雨水或地面水流入缝隙，土坡产生侧向推力而促使土坡的滑动。

　　（4）地下水的渗流作用，当土坡中有地下水渗流且动水压力与滑动方向相同时，也会促使土坡滑动。

二、无黏性土土坡稳定分析

　　设一坡角为 β 的无黏膜性土土坡，土坡及地基为均质的同一种土，且不考虑渗流的影响。

　　纯净的干砂类土坡，其稳定性条件可由如图 18-7-1 所示的力系来说明。

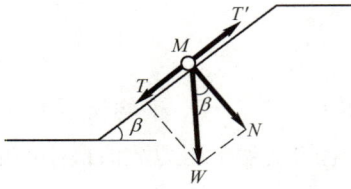

图 18-7-1　无黏性土坡稳定分析

斜坡上的土颗粒 M，其自重为 W，砂土的内摩擦角为 φ。W 垂直于坡面和平行于坡面的分力分别为 N 和 T，则

$$T = W \cdot \sin\beta \qquad (18-7-1)$$

$$N = W \cdot \cos\beta \qquad (18-7-2)$$

分力 T 将使土颗粒 M 向下滑动，为滑动力。阻止 M 下滑的抗滑力则是由垂直于坡面上的分力 N 引起的最大静摩擦力 T'

$$T' = N\tan\varphi = W \cdot \cos\beta \cdot \tan\varphi \qquad (18-7-3)$$

抗滑力与滑动力的比值称为稳定安全系数，为

$$K = \frac{T'}{T} = \frac{W \cdot \cos\beta \cdot \tan\varphi}{W \cdot \sin\beta} = \frac{\tan\varphi}{\tan\beta} \qquad (18-7-4)$$

由上式可知，无黏性土土坡稳定的极限坡角 β 等于其内摩擦角，即：当 $\beta = \varphi(K=1)$ 时，土坡处于极限平衡状态。由上述的平衡关系还可看出，无黏性土坡的稳定性与坡高无关，仅取决于坡角 β，只要 $\beta < \varphi(K > 1)$，土坡就是稳定的。为了保证土坡有足够的安全储备，可取 $K = 1.1 \sim 1.5$。

三、黏性土土坡稳定分析

黏性土土坡的滑动情况如图 18-7-2 所示。土坡失稳前一般在坡顶产生张拉裂缝。继而沿着某一曲面产生整体滑动，同时伴随着变形。在垂直于纸面方向，滑坡将延伸至一定范围，也是曲面。为了简化，在稳定分析中通常作为平面问题处理，而且假定滑动面为圆筒面。

以下介绍黏性土土坡稳定分析的条分法和稳定数法。

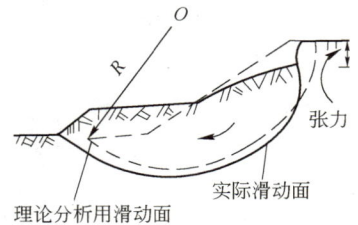

图 18-7-2　黏性土坡的滑动面

（一）条分法

条分法首先为瑞典工程师费兰纽斯（Fellenious，1922）所提出，这个方法具有较普遍的意义，它不仅可以分析简单土坡，还可以用来分析非简单土坡，例如土质不均匀的、坡上或坡顶作用有荷载的土坡。

条分法的基本原理是，滑动土体重连同顶面上的荷载 W 在滑动面上的分力为滑动力，而沿滑动面上由土的抗剪强度产生的力为抗滑力。滑动力与抗滑力对圆心取矩。若总抗滑力矩大于滑动力矩，则土坡稳定。因滑动面为曲面，为简化计算，分析时将滑动土体沿横向分成若干小土条，每条的滑动面近似取为平面。逐条计算滑动力矩和抗滑力矩，最后叠加，即得总的抗滑力矩和滑动力矩，两者之比称为安全系数 K。根据建筑等级、土的性质及地区经验等因素综合考虑，K 取 $1.1 \sim 1.5$。注意选择滑弧应在危险滑动面的区域内以减少工作量。按经验危险滑弧面的两端点距坡顶和坡角点各 $0.1nH$（n 为坡度、H 为坡高），其滑弧中心在此两点连线的垂直平分线上，故可在此线上取若干点作为滑弧圆心，按上述方法分别计算相应的稳定安全系数，就可求得最小的安全系数了。

工程中要求最小安全系数 $K_{\min} \geqslant 1.1 \sim 1.5$，视工程重要性而定。

（二）稳定数法

黏性土土坡的稳定坡角 β 与土坡坡高 h 和土的 c、φ、γ 有关。泰勒（Taylor，1937）根据大量计算结果，绘制成如图 18-7-3 所示的图，应用此图可以很简便地分析简单土坡的稳定。图中的纵坐标 N_s，称为稳定数

$$N_s = \frac{\gamma h}{c}$$

$$K = \frac{N_s'}{N_s} = \frac{\dfrac{\gamma h'}{c}}{\dfrac{\gamma h}{c}} = \frac{h'}{h} \tag{18-7-5}$$

式中：　γ ——土的重度（kN/m^3）；

　　　　c ——土的黏聚力（kPa）；

　　　　N_s' ——由图18-7-3查得的土坡处于极限状态时的稳定数；

　　　　N_s ——由实际土坡计算的稳定数；

　　　　h' ——土坡处于极限状态时的临界高度；

　　　　h ——土坡实际坡高。

当 $K > 1$，即 $N_s' > N_s$ 时，表明土坡稳定。

对于饱和软黏土土坡，快剪条件下 $\varphi = 0$，当坡角 $\beta > 53°$时，同样可从图18-7-3查得稳定数 N_s'，进行稳定分析。

当 $\varphi = 0$，$\beta < 53°$时，土坡的破坏形式不仅取决于坡角 β，还取决于坡下坚硬土层面离土坡坡顶的距离 h_d，与土坡高度 h 的比值 n_d（称为深度系数），其滑动面类型有三种：

（1）滑动面通过坡脚，称为坡脚圆；

（2）滑动面通过坡面并切于坚硬土层，称为坡面圆；

（3）滑动面通过坡脚以外，且滑弧圆心位于坡面中点垂直线上，称为中点圆（见图18-7-4）。

图 18-7-3　泰勒稳定数图表

a)坡脚圆　　　　　b)坡面圆　　　　　c)中点圆

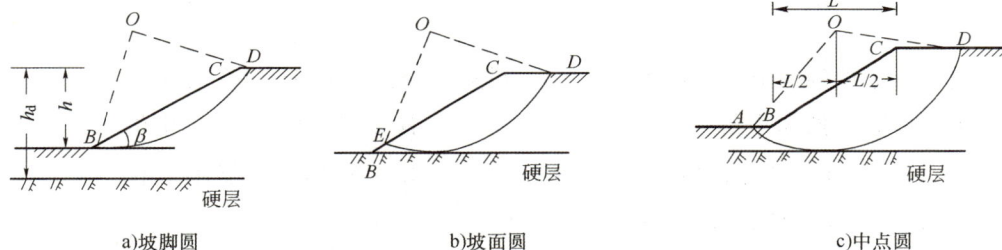

图 18-7-4　均质黏性土土坡的三种滑动面位置

滑动面形式与 $n_d = h_d/h$ 有关，n_d 较大时，即硬土层较深时，滑动呈中点圆，随 n_d 减小，渐转为坡脚圆，n_d 再小时，则转为坡面圆（见图18-7-5）。

$\varphi = 0$，$\beta < 53°$时的稳定数由图18-7-5查取。

如果软土层很厚，$n_d > 4$，取 $n_d = \infty$，由图18-7-5可知，$N_s = 5.52$，且与 β 无关，则土坡的临界高度为

$$h_c = \frac{cN_s}{\gamma} = \frac{5.52c_u}{\gamma} \tag{18-7-6}$$

式中：　c_u ——不排水抗剪强度（kPa）。

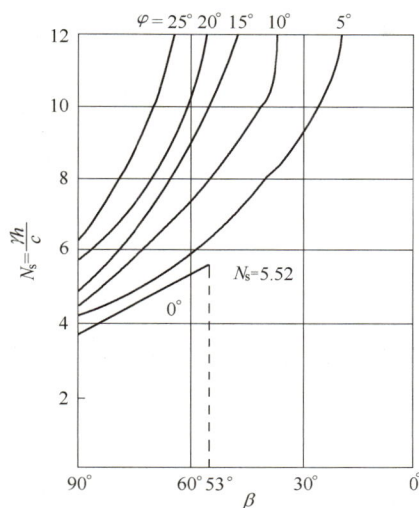

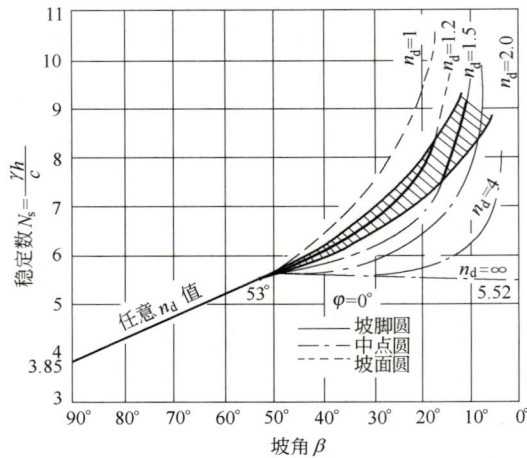

图 18-7-5 坡角与稳定数之间的关系

【**例 18-7-1**】已知某工程基坑开挖深度 $h = 5m$，地基土 $\gamma = 19kN/m^3$，$\varphi = 15°$，黏聚力 $c = 12kPa$，求稳定坡角。若以 60°放坡，则最大开挖深度为多少？

解 由已知条件，得

$$N_s = \frac{\gamma h}{c} = \frac{19 \times 5}{12} = 7.92$$

查图，$\varphi = 15°$，得

$$\beta = 64°$$

当 $\beta = 60°$时，查得 $N_s = 8.7$，则

$$h = \frac{N_s C}{\gamma} = \frac{8.7 \times 12}{19} = 5.5m$$

习　　题

18-7-1 若某砂土坡的稳定安全系数 $K = 1.0$，则该土坡稳定应满足的条件为（　　　）。

A. 坡角＝天然休止角　　　　　　　　　B. 坡角＜1.5 天然休止角

C. 坡角＞1.5 天然休止角　　　　　　　D. 1.5 坡角＜天然休止角

18-7-2 分析黏性土坡稳定时，假定滑动面为（　　　）。

A. 斜平面　　　　　B. 曲面　　　　　C. 圆筒面　　　　　D. 水平面

第八节　浅　基　础

一、地基基础方案及其选择

建筑物可分为上部结构（地上部分）、下部结构（地下部分）——基础两部分，而基础坐落在地基上。地基作为支承建筑物的地层，如为自然状态则为天然地基，若经过人工处理则为人工地基。

基础又分为浅基础与深基础两大类，通常按基础的埋置深度划分。一般埋深小于 5m 的为浅基础，大于 5m 的为深基础。也有建议按施工方法来划分的：用普通基坑开挖和敞坑排水方法修建的基础统称

为浅基础，如高层建筑箱型基础（埋深可能大于 5m）也属此类，而用特殊施工方法将基础埋置于深层地基中的基础称为深基础，如桩基础、沉井、地下连续墙等。

设计建筑物的地基基础时，须将地基、基础视为一个整体，按照下述的组合关系（见表 18-8-1），确定地基基础方案。其受上部结构类型、荷载大小、施工等多种因素制约，对每一个具体工程，应综合考虑，通过经济技术比较，确定最佳方案。一般应优先选择天然地基上的浅基础，条件不允许时，可比较天然地基上的深基础和人工地基上的浅基础两方案，选定其一，必要时才选用人工地基上的深基础。

地基与基础组合方案 表 18-8-1

地 基 种 类	选择组合顺序	基 础 类 型
天然地基	1 2　　3	浅基础
人工地基		深基础

二、浅基础类型

浅基础有多种形式，是随上部结构类型的发展和荷载的增大、使用功能的要求、地基条件、建筑材料和施工方法的发展而演变的，形成了从独立的、条形的到交叉的、成片的乃至空间整体的基础系列。浅基础的类型划分按不同标准有不同形式。按表 18-8-2 分类，可大致看出基础形式发展演变过程、材料及受力特点。

浅 基 础 分 类 表 表 18-8-2

	按结构形式分类	使用的材料	受 力 特 征
常用类型	单独基础 { 柱下 墙下	砖、石、混凝土（无筋扩展基础）钢筋混凝土（扩展式基础）	以受压为主可受拉、受弯
	条形基础 { 柱列下 局部 墙下	钢筋混凝土 钢筋混凝土 } （扩展式基础）钢筋混凝土	可受拉、受弯
		砖、石、混凝土（无筋扩展基础）	主要受压
	交叉条形基础	钢筋混凝土	受拉、受弯
	片筏基础（俗称满堂基础）浮筏式基础（墙下浅埋或不埋式）	钢筋混凝土 钢筋混凝土（墙下筏板基础）	双向受力板或受力肋板
	箱形基础	钢筋混凝土	空间受力结构
其他类型	壳体基础 折板基础	钢筋混凝土 混凝土（用量减少）	将受拉状态转为受压状态，充分发挥材料特性
	块体基础	钢筋混凝土（整体式）、砖石	在动力作用下呈刚性运动

（一）独立基础（含扩展式基础）

独立基础是柱基础的主要类型，所用材料依柱的材料和荷载大小而定。现浇柱下常采用钢筋混凝土基础，此时也称为扩展式基础。基础截面可做成阶梯形或锥形，预制柱下一般采用杯形基础。砌体柱下可采用无筋扩展基础，材料一般为砖、混凝土等。

有时墙下也可采用独立基础。这时基础顶面应架设钢筋混凝土过梁（见图 18-8-1a）或砌砖拱以传递竖向力（见图 18-8-1b）。

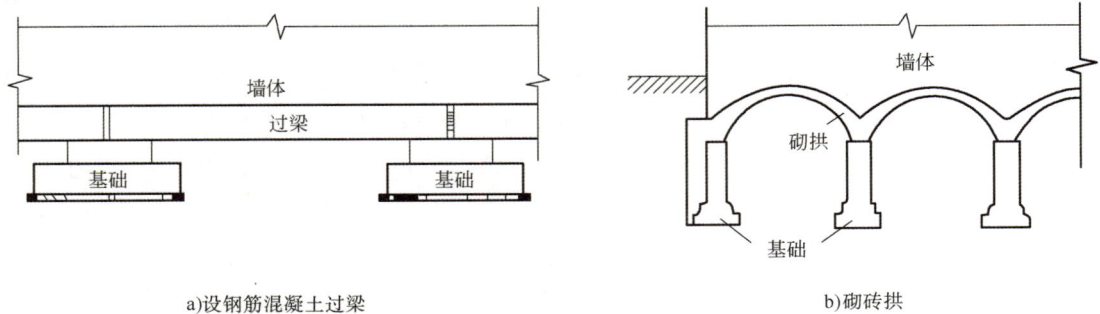

a)设钢筋混凝土过梁　　　　　　　　　　　　b)砌砖拱

图 18-8-1　墙下单独基础

（二）条形基础和联合基础

1. 条形基础

墙下条形基础有刚性和钢筋混凝土（扩展式）两种。后者一般做成无肋板式，若为了增强基础的整体性和抗弯能力，则可采用带肋式。

当荷载较大且地基承载力较低时，柱列下也常采用条形基础。将同一排的柱基础相连成为钢筋混凝土柱下条形基础（见图 18-8-2），但若仅是相邻两柱基础相连又称联合基础或二柱联合基础。

2. 联合基础

根据建筑物的荷载、地基及限制条件，可能有下列形式。

（1）矩形联合基础（见图 18-8-3a）

适用于相邻荷载差异不大且地基较为均匀的条件。它整体性能好，可设计成变截面的形式。

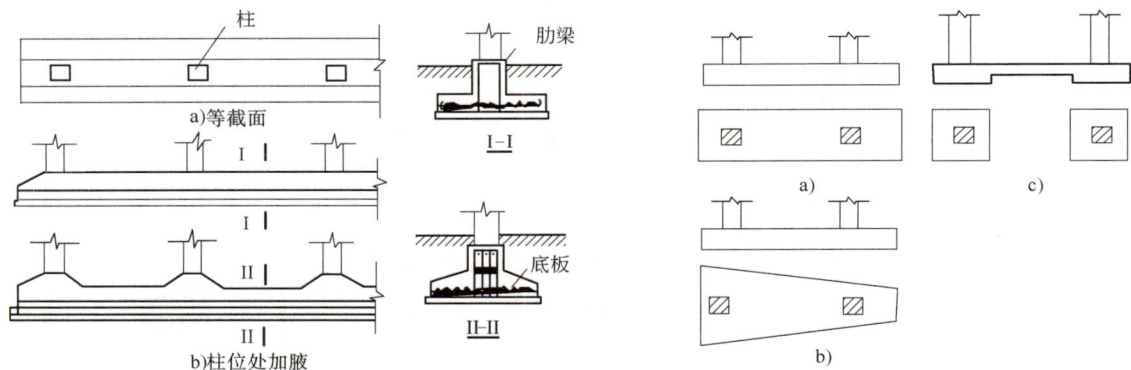

图 18-8-2　柱下条形基础

图 18-8-3　联合基础基本形式

（2）梯形联合基础（见图 18-8-3b）

边柱基础荷载较大或为偏心荷载，与内柱基础需要连接时，采用梯形形式可使基底压力接近于均匀分布。

（3）连梁式联合基础（见图 18-8-3c）

当基础间距较大，地基不均匀，可能产生较大的沉降差时，将联合基础做成连梁式，且设计成刚性梁，使不平衡剪力和弯矩得以传递和调整。

（三）交梁基础

当荷载较大，采用柱下条形基础不能满足地基承载力要求时，可采用交梁基础（或称"十字交叉基础"）。这种基础在纵横两向均具有一定的刚度和调整不均匀沉降的能力。

（四）筏板基础

遇上部结构荷载大、地基软弱或地下防渗需要时，可采用筏板基础，俗称满堂基础。由于基底面积大，故可减小地基单位面积上的压力，并能有效地增强基础的整体性。

筏板基础像倒置的钢筋混凝土楼盖，可分为平板式和梁板式两种类型。它可用在柱网下，亦可用在砌体结构下。我国南方某些城市大量采用为多层住宅基础，并直接做在地表杂填土上，称无埋深筏基。但在北方应用时，必须考虑能否满足抗冻与采暖要求。

（五）箱形基础

由钢筋混凝土底板、顶板和纵横内外墙组成的整体空间结构，称为箱形基础。其具有很大的抗弯刚度，整体性好，只会产生大致均匀的沉降或整体倾斜而不致产生挠曲，从而基本上消除了因地基变形而使建筑物开裂的可能性。抗震性能较好，适用于软弱地基上高层、重型或对不均匀沉降有严格要求的建筑物。可满足高层建筑对建筑功能与结构受力等方面的要求。

箱基的用料多、工期长、造价高、施工技术比较复杂，尤其当须进行深基坑开挖时要考虑人工降低地下水位、坑壁支护和对邻近建筑物的影响问题。此外，还要对箱基地下室的防水、通风采取周密的措施。综上所述，箱基的采用与否，应该慎重地综合考虑各方面因素，通过方案比较后确定，才能收到技术和经济上的最大效益。

（六）壳体基础

当荷载较大时，柱下基础也可采用壳体基础。这种基础使径向内力由以弯矩为主，变为以压力为主，通常可节省混凝土 30%~50%。壳体基础常用作筒形构筑物（如烟囱、水塔、料仓、中小型高炉等）的基础，也可用作一般工业与民用建筑柱基。壳体基础常用的结构形式为正圆锥壳、M 形组合壳和内球外锥组合壳。

（七）动力机械基础

动力机械基础常采用大块式、墙式及框架式三种形式。大块式基础应用最广，通常做成刚度很大的钢筋混凝土块体。墙式基础则由承重的纵、横向墙组成。基础中均预留有安装和操作机器所必需的沟槽和孔洞。框架式基础一般用于平衡性较好的高频机器，其上部结构是由固定在一起连续底板或可靠基岩上的立柱以及与立柱上端刚性连接的纵、横梁组成的弹性体系，因而可按框架结构计算。

（八）基础选型示例

基础的选型，应根据地质条件、建筑体型、结构类型、荷载情况、有无地下室以及施工条件等，提出适用技术方案，进行经济效果对比。一般按以下原则选型：

1. 砖混结构

包括多层房屋，应优先选用刚性基础。按就地取材和方便施工的原则，选择毛石基础、砖基础、灰土基础或三合土基础。地下水位较高时选用混凝土基础，或有混凝土垫层的砖基础，一般做成条形基础。基础宽度大于 2.5m 时，宜采用柔性钢筋混凝土基础。上部地基土软弱，基础深度大于 3m 时，宜用墩式基础。

2. 框架结构

无地下室，地基较好，荷载较小，柱网分布比较均匀时，宜选用单独柱基，纵横方向应用拉梁拉结，拉梁位置以设置在柱根为宜。框架底层的砖墙和相邻砖混结构的墙体，宜结合拉梁设置地梁。柱基埋深较浅时直接做条形墙基，此时圈梁与拉梁结合布置。对于多层内框架结构，地基较差时，柱列宜选用柱下条形基础或条形刚性基础。

3. 框架或剪力墙结构

（1）无地下室，地基较差，荷载较大时，为了增强整体性，减少不均匀沉降，可选用十字交叉条形基础。如不满足变形条件要求，可考虑采用桩基础，或对地基进行处理。仍不满足要求时，可选用钢筋混凝土筏板基础。

（2）有地下室，无特殊防水要求，柱网、荷载及墙间距比较均匀，地基较好时，可选用十字交叉刚性墙基础。

（3）有地下室，上部结构对不均匀沉降限制较严，防水要求较高时，可选用箱形基础。当高层建筑层数较多，重量较大，地基较软弱时，宜采用复合式箱形基础。

上述事例说明，进行基础工程设计必须洞悉上部结构及地基的特点，考虑上部结构—基础—地基的相互作用，才可能达到最佳效果。

三、浅基础工程设计的三项重要技术指标

（一）技术合理性

技术合理性是最重要的指标。合理的地基基础设计是由许多因素经综合分析才能取得，除了地基土本身以外，还包括建筑环境、工艺要求、建筑形式和水文气候等因素。

（二）施工可行性

基础设计的任务应根据地质条件及结构要求、现场条件、工期等选择可行的施工方案，因为在一定情况下，设计意图能否实现与施工可行性关系甚大。

（1）在城市建设中往往限制使用对环境有污染的施工方法。例如，强夯法处理不均匀杂填土时振动的噪声较大，又如预制沉桩的噪声超过规定标准，这些在大城市中已禁止使用。

（2）施工方法对施工质量的保证率。不同的基础形式有不同的施工方法、要求及需要注意的质量问题。

（三）经济性

当基础工程有多种方案可供选择时，则应比较造价，并注意各地劳动力价格及材料价格。应当说明，基础造价不完全取决于基础设计本身，还与建筑体形的复杂性、场地工程地质条件、结构布局及工艺要求有关。

四、浅基础设计的基本规定

（一）建筑物的安全等级

地基与基础计算的内容和要求与建筑物的安全等级有关。根据地基损坏造成建筑物的破坏后果（危及人的生命、造成经济损失、造成社会影响及修复的可能性）的严重性，将建筑物地基基础设计分为三个等级，见表18-8-3。

地基基础设计等级 表18-8-3

设 计 等 级	建筑和地基类型
甲级	重要的工业与民用建筑物 30层以上的高层建筑

设 计 等 级	建筑和地基类型
甲级	体型复杂，层数相差超过 10 层的高低层连成一体建筑物 大面积的多层地下建筑物（如地下车库、商场、运动场等） 对地基变形有特殊要求的建筑物 复杂地质条件下的坡上建筑物（包括高边坡） 对原有工程影响较大的新建建筑物 场地和地基条件复杂的一般建筑物 位于复杂地质条件及软土地区的二层及二层以上地下室的基坑工程 开挖深度大于 15m 的基坑工程 周边环境条件复杂、环境保护要求高的基坑工程
乙级	除甲级、丙级以外的工业与民用建筑物 除甲级、丙级以外的基坑工程
丙级	场地和地基条件简单、荷载分布均匀的七层及七层以下民用建筑及一般工业建筑物 非软土地区且场地地质条件简单、基坑周边环境条件简单、环境保护要求不高且开挖深度小于 5.0m 的基坑工程

（二）对地基与基础设计的要求

根据建筑物地基基础设计等级及长期荷载作用下地基变形对上部结构的影响程度，地基基础设计应符合下列规定：

（1）所有建筑物的地基计算均应满足承载力计算的有关规定。

（2）设计等级为甲级、乙级的建筑物，均应按地基变形设计。

（3）表 18-8-4 所列范围内设计等级为丙级的建筑物可不作变形验算，如有下列情况之一时，仍应作变形验算。

可不作地基变形验算的设计等级为丙级的建筑物范围　　　　　　表 18-8-4

地基主要受力层情况	地基承载力特征值 f_{ak}（kPa）		$80 \leq f_{ak}$ < 100	$100 \leq f_{ak}$ < 130	$130 \leq f_{ak}$ < 160	$160 \leq f_{ak}$ < 200	$200 \leq f_{ak}$ < 300
	各土层坡度（%）		≤5	≤10	≤10	≤10	≤10
建筑类型	砌体承重结构、框架结构（层数）		≤5	≤5	≤6	≤6	≤7
	单层排架结构（6m 柱距）	单跨 吊车额定起重量（t）	10~15	15~20	20~30	30~50	50~100
		单跨 厂房跨度（m）	≤18	≤24	≤30	≤30	≤30
		多跨 吊车额定起重量（t）	5~10	10~15	15~20	20~30	30~75
		多跨 厂房跨度（m）	≤18	≤24	≤30	≤30	≤30
	烟囱	高度（m）	≤40	≤50	≤75		≤100
	水塔	高度（m）	≤20	≤30	≤30		≤30
		容积（m³）	50~100	100~200	200~300	300~500	500~1 000

注：1.地基主要受力层是指条形基础底面下深度为3b（b为基础底面宽度），独立基础下为1.5b，且厚度均不小于5m的范围（2层以下一般的民用建筑除外）。

2.地基主要受力层中如有承载力特征值小于130kPa的土层时，表中砌体承重结构的设计，应符合规范的有关要求。

3.表中砌体承重结构和框架结构均指民用建筑，对于工业建筑可按厂房高度、荷载情况折合成与其相当的民用建筑层数。

4.表中吊车额定起重量、烟囱高度和水塔容积的数值均是指最大值。

①地基承载力特征值小于130kPa，且体形复杂的建筑；

②在基础上及其附近有地面堆载或相邻基础荷载差异较大，可能引起地基产生过大的不均匀沉降时；

③软弱地基上的建筑物存在偏心荷载时；

④相邻建筑距离过近，可能发生倾斜时；

⑤地基内有厚度较大或厚薄不均的填土，其自重固结未完成时。

（4）对经常受水平荷载作用的高层建筑、高耸结构和挡土墙等，以及建造在斜坡上或边坡附近的建筑物和构筑物，尚应验算其稳定性。

（5）基坑工程应进行稳定性验算。

（6）当地下水埋藏较浅，建筑地下室或地下构筑物存在上浮问题时，尚应进行抗浮验算。

（三）地基变形特征及允许值

沉降量、沉降差、倾斜和局部倾斜均称为地基变形特征，见图18-8-4。

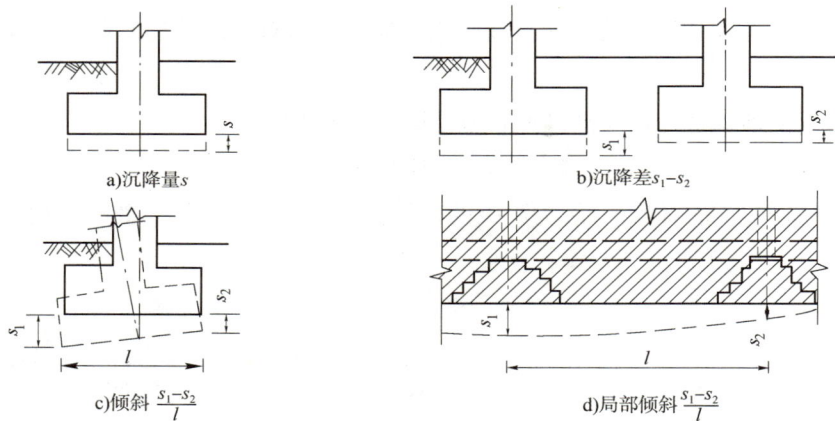

图18-8-4　地基变形特征

沉降量为基础中心点的沉降量，沉降差为相邻单独基础沉降量的差值，倾斜为单独基础在倾斜方向两端点的沉降差与其距离的比值，局部倾斜为砌体承重结构沿纵墙6~10m内基础两点的沉降差与其距离之比。

从变形特征上可以看出最基本的变形计算是沉降计算，建筑物的地基变形计算值不应大于地基变形允许值（见表18-8-5）。不同结构类型、地质条件，其控制变形特征及容许值不同。

在计算地基变形时，应符合下列规定：

（1）由于建筑地基不均匀、荷载差异很大、体型复杂等因素引起的地基变形，对于砌体承重结构应由局部倾斜值控制；对于框架结构和单层排加架结构应由相邻柱基的沉降差控制；对于多层或高层建筑和高耸结构应由倾斜值控制；必要时尚应控制平均沉降量。

（2）在必要情况下，需要分别预估建筑物在施工期间和使用期间的地基变形值，以例预留建筑物有关部分之间的净空，选择连接方法和施工顺序。

建筑物的地基变形允许值应按表 18-8-5 规定采用。对表中未包括的建筑物，其地基变形允许值应根据上部结构对地基变形的适应能力和使用上的要求确定。

建筑物的地基变形允许值　　　　　　　　　　　　　　表 18-8-5

变 形 特 征		地基土类别	
		中、低压缩性土	高压缩性土
砌体承重结构基础的局部倾斜		0.002	0.003
工业与民用建筑相邻柱基的沉降差	框架结构	0.002l	0.003l
	砌体墙填充的边排柱	0.000 7l	0.001l
	当基础不均匀沉降时不产生附加应力的结构	0.005l	0.005l
单层排架结构（柱距为 6m）柱基的沉降量（mm）		（120）	200
桥式吊车轨面的倾斜（按不调整轨道考虑）	纵向	0.004	
	横向	0.003	
多层和高层建筑的整体倾斜	$H_g \leqslant 24$	0.004	
	$24 < H_g \leqslant 60$	0.003	
	$60 < H_g \leqslant 100$	0.002 5	
	$H_g > 100$	0.002	
体形简单的高层建筑基础的平均沉降量（mm）		200	
高耸结构基础的倾斜	$H_g \leqslant 20$	0.008	
	$20 < H_g \leqslant 50$	0.006	
	$50 < H_g \leqslant 100$	0.005	
	$100 < H_g \leqslant 150$	0.004	
	$150 < 8H_g \leqslant 200$	0.003	
	$200 < H_g \leqslant 250$	0.002	
高耸结构基础的沉降量（mm）	$H_g \leqslant 100$	400	
	$100 < H_g \leqslant 200$	300	
	$200 < H_g \leqslant 250$	200	

注：1.本表数值为建筑物地基实际最终变形允许值。

2.有括号者仅适用于中压缩性土。

3.l 为相邻柱基的中心距离（mm），H_g 为自室外地面起算的建筑物高度（m）。

4.倾斜指基础倾斜方向两端点的沉降差与其距离的比值。

5.局部倾斜指砌体承重结构沿纵向 6~10m 内基础两点的沉降差与其距离的比值。

（四）地基稳定性计算

（1）地基稳定性可采用圆弧滑动面法进行验算。最危险的滑动面上诸力对滑动中心所产生的抗滑力矩与滑动力矩应符合下式要求。

$$\frac{M_R}{M_S} \geq 1.2 \qquad (18-8-1)$$

式中：M_S——滑动力矩（kN·m）；

　　　M_R——抗滑力矩（kN·m）。

（2）位于稳定土坡坡顶上的建筑，应符合下列规定。

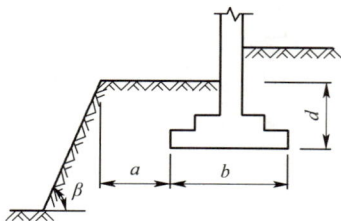

图 18-8-5　基础底面外边缘线至坡顶的水平距离示意图

①对于条形基础或矩形基础，当垂直于坡顶边缘线的基础底面边长小于或等于 3m 时，其基础底面外边缘线至坡顶的水平距离（见图 18-8-5）应符合下式要求，且不得小于 2.5m。

条形基础

$$\alpha \geq 3.5b - \frac{d}{\tan\beta} \qquad (18-8-2)$$

矩形基础

$$\alpha \geq 2.5b - \frac{d}{\tan\beta} \qquad (18-8-3)$$

式中：　α——基础底面外边缘线至坡顶的水平距离（m）；

　　　b——垂直于坡顶边缘线的基础底面边长（m）；

　　　d——基础埋置深度（m）；

　　　β——边坡坡角（°）。

②当基础底面外边缘线至坡顶的水平距离不满足式（18-8-2）、式（18-8-3）的要求时，可根据基底平均压力按公式（18-8-1）确定基础距坡顶边缘的距离和基础埋深。

③当边坡坡角大于 45°、坡高大于 8m 时，尚应按式（18-8-1）验算坡体稳定性。

（3）建筑物基础存在浮力作用时应进行抗浮稳定性验算，并应符合下列规定。

①对于简单的浮力作用情况，基础抗浮稳定性应符合下式要求

$$\frac{G_k}{N_{w,k}} \geq k_w \qquad (18-8-4)$$

式中：G_k——建筑物自重及压重之和（kN）；

　　$N_{w,k}$——浮力作用值（kN）；

　　　k_w——抗浮稳定安全系数，一般情况下可取 1.05。

②抗浮稳定性不满足设计要求时，可采用增加压重或设置抗浮构件等措施。在整体满足抗浮稳定性要求而局部不满足时，也可采用增加结构刚度的措施。

五、浅基础的设计步骤

（1）根据就地取材原则，考虑上部结构荷载和地基条件，确定基础形式和埋深。

（2）确定地基承载力特征值，并根据持力层承载力初步确定基础底面积，并确定其形状。

（3）剖面设计。

①若为刚性基础：

需根据容许宽高比设计剖面形状及尺寸，同时考虑构造要求。

验算基础顶面或两种材料接触面上的抗压强度。

②若为钢筋混凝土基础：

需根据构造要求确定剖面尺寸，求内力并进行配筋，验算剖面尺寸。

（4）如有软弱下卧层，尚需进行下卧层承载力验算；

（5）根据规定计算地基的变形量，并控制在允许范围内；

（6）绘制基础施工图。

下面将分别叙述有关内容。

（一）基础埋置深度的选择

基础埋置深度的大小，对工程造价、施工技术、工期以及保证建筑物的安全都有密切关系。

（1）基础的埋置深度，应按下列条件确定：

①建筑物的用途，有无地下室、设备基础和地下设施，基础的形式和构造；

②作用在地基上的荷载大小和性质；

③工程地质和水文地质条件；

④相邻建筑物的基础埋深；

⑤地基土冻胀和融陷的影响。

（2）在满足地基稳定和变形要求的前提下，当上层地基的承载力大于下层土时，宜利用上层土作持力层。除岩石基础埋深不宜小于 0.5m。

（3）高层建筑基础的埋置深度应满足地基承载力、变形和稳定性要求。位于岩石地基上的高层建筑，其基础埋深应满足抗滑稳定性要求。

（4）在抗震设防区，除岩石地基外，天然地基上的箱形和筏形基础其埋置深度不宜小于建筑物高度的 1/15；桩箱或桩筏基础的埋置深度（不计桩长）不宜小于建筑物高度的 1/18。

（5）基础宜埋置在地下水位以上，当必须埋在地下水位以下时，应采取地基土在施工时不受扰动的措施。当基础埋置在易风化的岩层上，施工时应在基坑开挖后立即铺筑垫层。

（6）当存在相邻建筑物时，新建建筑物的基础埋深不宜大于原有建筑基础。当埋深大于原有建筑基础时，两基础间应保持一定净距，其数值应根据建筑荷载大小、基础形式和土质情况确定。

（7）季节性冻土地区基础埋置深度宜大于场地冻结深度。对于深厚季节冻土地区，当建筑基础底面土层为不冻胀、弱冻胀、冻胀土时，基础埋置深度可以小于场地冻结深度，基底允许冻土层最大厚度应根据当地经验确定。没有地区经验时可按《地基规范》附录 G 查取。此时，基础最小埋深 $d_{\min}$ 可按下式计算：

$$d_{\min} = Z_d - h_{\max} \tag{18-8-5}$$

式中：Z_d——场地冻结深度（m）；

　　　$h_{\max}$——基础底面下允许冻土层的最大厚度（m）。

【例 18-8-1】 在保证安全可靠的前提下，浅基础埋深设计时应考虑：

    A. 尽量浅埋　　　　　　　　　B. 尽量埋在地下水位以下

    C. 尽量埋在冻结深度以上　　　D. 尽量采用人工地基

解　浅基础，如条件允许，宜尽量浅埋。

答案：A

（二）根据持力层承载力计算基础底面尺寸

按地基承载力确定基底面积时，传至基础底面上的荷载应按荷载效应标准组合计算；计算基础自重和基础上的土重时，荷载分项系数采用1.0，即按实际的重度计算。

1. 中心荷载作用下的基础

其强度条件为

$$p_k \leqslant f_a \tag{18-8-6}$$

式中：p_k ——相当于荷载效应标准组合时，基础底面的平均压力值。

（1）独立基础（见图18-8-6）

基础底面积A的计算公式

据$p_k = \dfrac{F_k + G_k}{A}$，得

$$A \geqslant \frac{F_k}{f_a - \gamma_G \bar{d}} \tag{18-8-7}$$

式中：F_k ——相当于作用的标准组合时，上部结构传至基础顶面的竖向力值（kN）；

　　　G_k ——基础自重和基础上的土重（kN）；

　　　A ——基础底面面积（m²）；

　　　γ_G ——基础及回填土的平均重度，地下水位以上可取20kN/m³，地下水位以下取10kN/m³；

　　　f_a ——修正后的地基承载力特征值（kPa）；

　　　$\bar{d}$ ——基础平均埋深（m）。

求出基底面积后，按基底形状求其边长。

基底为方形，边长$b = \sqrt{A}$；基底为矩形，边长为l、b，取其比例$l/b \leqslant 2$，与柱的边长比相应为好，取整数，使$l \times b \geqslant A$即可。注意，上述计算中b与f_a均为未知，可先不做承载力的宽度修正，待求得b后再进行地基承载力修正，总之是试算过程。

（2）条形基础

计算公式同上，为计算方便，通常取$l = 1m$，其中，F_k为线荷载（kN/m），所求的A在数值上即为基底宽度b。

2. 偏心荷载作用下的基础（见图18-8-7）

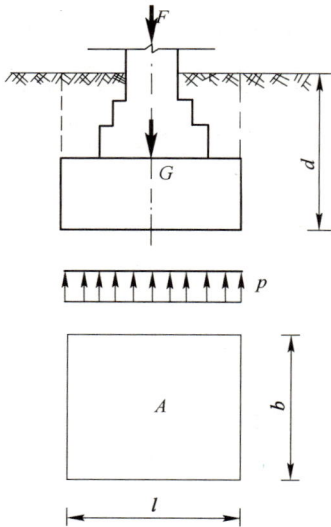

图18-8-6　中心受压的独立基础　　　　图18-8-7　单向偏心荷载作用下的基础

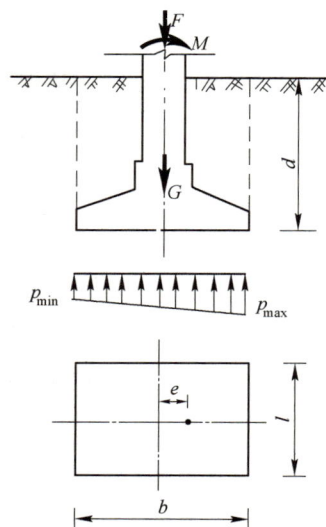

矩形基础偏心荷载作用时，除应符合公式（18-8-6）的要求外，基底最大压力尚应符合下式要求

$$p_{kmax} = \frac{F_k + G_k}{A} + \frac{M_k}{W} \leqslant 1.2 f_a \tag{18-8-8}$$

当偏心距 $e \leqslant b/6$（b 为偏心方向基础底面边长）时

$$p_{kmax} = \frac{F_k + G_k}{A}\left(1 + \frac{6e}{b}\right) \leqslant 1.2 f_a \tag{18-8-9}$$

当偏心距 $e > b/6$ 时（见图 18-8-8）

$$p_{kmax} = \frac{2(F_k + G_k)}{3la} \tag{18-8-10}$$

式中：G_k ——基础自重和基础上的土重之和；

　　　M_k ——相当于荷载效应标准组合时，作用于基础底面的力矩值；

　　　W ——基础底面的抵抗矩（m^3），$W = b^2 l/6$；

　p_{kmax} ——相当于荷载效应标准组合时，基底边缘最大压力值；

　　　l ——垂直于力矩作用方向的基础底面边长（m）；

　　　a ——合力作用点至基础底面最大压力边缘的距离（m）；

　　　b ——力矩作用方向基础底面边长。

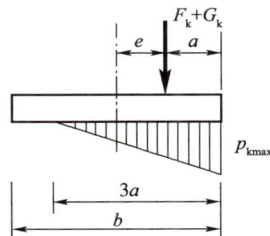

图 18-8-8　偏心荷载（$e > b/6$）下基底压力计算示意图

用试算法确定基础尺寸，步骤如下：

（1）先按中心荷载作用计算基础底面积 A_p。

（2）考虑偏心影响，加大 A_p。一般可根据偏心距的大小增大 10%~40%，即

$$A = (1.1 \sim 1.4)A_p \tag{18-8-11}$$

对矩形基础可按 A 初步选择相应的基础底面长度 l 和宽度 b，一般取 $l/b = 1.2 \sim 2.0$。

（3）将 l 和 b 代入公式（18-8-9）、公式（18-8-10）验算地基承载力。如满足，即可选定上述尺寸，如不满足则重新选择 A，据 A 定 l、b 再验算至满足要求为止。

（4）若验算式不仅能满足地基承载力要求且有较大富余时，则应缩小 A 值后再验算，否则造成浪费。

偏心荷载作用下的条形基础设计同上，只是 F_k、M_k 均为线荷载，直接可求得基础宽度 b。

3.矩形联合基础

矩形联合基础可简化为若干集中荷载作用下的刚性板，计算简图见图 18-8-9。设计中应考虑基础具有较好的刚度，并尽可能使荷载合力作用于基础底面形心。设计步骤为：

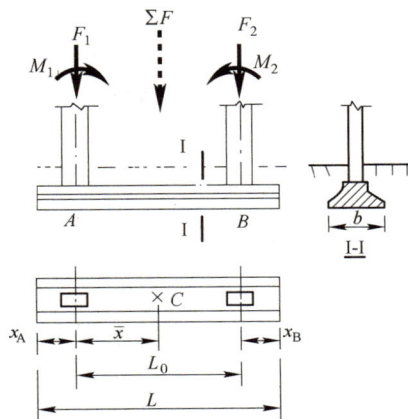

图 18-8-9　矩形联合基础计算简图

（1）求荷载合力作用点位置$\bar{x}$（可对某点取矩求得）。

（2）以合力作用点为底面形心，设计底面长度L_0

$$L = 2(x_A + \bar{x}) = x_A + L_0 + x_B \tag{18-8-12}$$

式中：x_A、x_B——分别为各边柱轴线至其外端基础边缘的距离（m）；

$\bar{x}$——荷载合力作用点距边柱A的距离（m）；

L_0——两边柱轴线间的距离（m）。

根据经验，x_A、x_B可初步选定为 $0.5 \sim L_边/3$，其中，$L_边$为边端相邻两柱柱距。如从A点起算，则初设x_A后，基础长度为$L = 2(x_A + \bar{x})$，$x_B = L - L_0 - L_A$。

考虑构造要求，初设基础宽度b，根据式（18-8-6）验算基底压力p_k，方法同前。

若不满足，则应修改设计，或增大底宽b，或增大长度L，此时应从选定x_A开始重复上述各步骤，直至求得合适的尺寸。

还可根据地基承载力特征值值初估基底面积，因此时基底宽度未知，故G_k尚不能计入，则$A > \sum F_k / f_a$。选定A值后，可算得b，然后验算，直至满足。

（3）若条件有限，形心与合力作用点难以重合，则可设计为偏心基础，但应注意，尽量使这两点接近，以减小偏心距。求得基础尺寸后，基底压力按前法验算。公式为

$$p_{max} = \frac{\sum F_k + G_k}{A} + \frac{\sum F_k \cdot e_x}{I_x} \cdot \frac{L}{2} \leqslant 1.2 f_a \tag{18-8-13}$$

式中：e_x——沿柱荷载分布方向的合力偏心距（m）；

I_x——基础惯性矩（m⁴），$I_x = bL^3/12$。

（三）软弱下卧层的验算

当地基受力层范围内有软弱下卧层时，还必须对软弱下卧层进行验算，要求作用在软弱下卧层顶面处的附加压力p_z与土的自重压力p_{cz}之和不超过软弱下卧层顶面处经深度修正后地基承载力特征值f_{az}，见图 18-8-10，即

$$p_z + p_{cz} \leqslant f_{az} \tag{18-8-14}$$

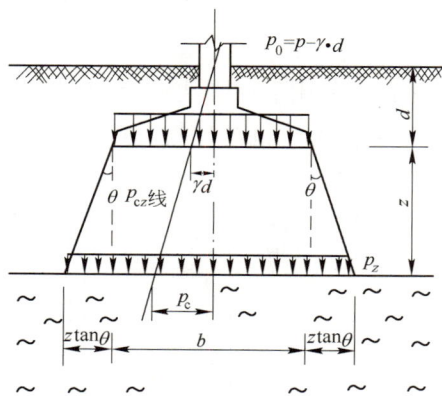

图 18-8-10 软弱下卧层验算简图

当上层土与下卧软弱土层的压缩模量比值大于或等于 3 时，p_z按下列公式简化计算：

条形基础

$$p_z = \frac{b(p_k - p_c)}{b + 2z \tan \theta} \tag{18-8-15}$$

矩形基础

$$p_z = \frac{lb(p_k - p_c)}{(b + 2z\tan\theta)(l + 2z\tan\theta)} \tag{18-8-16}$$

式中：b ——条形基础或矩形基础底面宽度（m）；

$\quad\quad p_c$ ——基底处土的自重应力值（kPa）；

$\quad\quad z$ ——基础底面至软弱下卧层顶面的距离（m）；

$\quad\quad \theta$ ——地基压力扩散线与垂直线的夹角，可查规范表采用；

$\quad\quad l$ ——矩形基础底面长度（m）；

$\quad\quad p_k$ ——同前。

【例 18-8-2】 软弱下卧层验算公式为$p_z + p_{cz} \leqslant f_{az}$，其中$p_{cz}$为软弱下卧层顶面处土的自重压力值。关于$p_z$，下列说法正确的是：

        A. p_z是基础底面压力

        B. p_z是基底附加应力

        C. p_z是软弱下卧层顶面处的附加应力，由基底附加压力按一定的扩散角计算得到

        D. p_z是软弱下卧层顶面处的附加应力，由基础底面压力按一定的扩散角计算得到

解 式中p_z是指软弱下卧层顶面处的"附加应力"，应由基底"附加应力"按照一定的扩散角度扩散到软弱下卧层顶面通过计算得出。

答案： C

（四）无筋扩展基础剖面设计

无筋扩展基础使用的脆性材料可为砖、毛石、灰土、三合土、混凝土和毛石混凝土。无筋扩展基础可用于多层的民用建筑和轻型厂房。无筋扩展基础的底面宽度b应符合下式要求（图 18-8-11），即通常所说的刚性角要求。

$$b \leqslant b_0 + 2H_0\tan\alpha \tag{18-8-17}$$

式中：b_0 ——基础顶面的砌体宽度；

$\quad\quad H_0$ ——基础高度；

$\tan\alpha$ ——基础台阶宽高比的允许值，一般可表示为$b_i/H_i \leqslant \tan\alpha$。

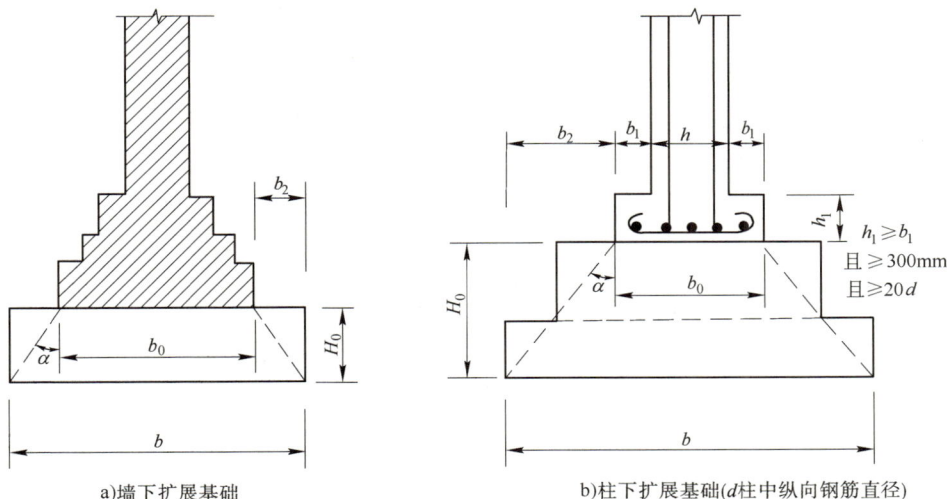

a)墙下扩展基础　　　　　　　　b)柱下扩展基础(d柱中纵向钢筋直径)

图 18-8-11　无筋扩展基础构造

当基础由不同材料叠合组成时，每种材料相应的基础段均应符合上式要求。此值与基础材料及其质量要求和基础底面处的平均压力有关，数值见表 18-8-6，α 称为刚性角。

无筋扩展基础台阶宽高比的允许值　　　　　　　　　表 18-8-6

基础材料	质量要求	台阶宽高比的允许值		
		$p_k \leq 100$	$100 < p_k \leq 200$	$200 < p_k \leq 300$
混凝土基础	C15 混凝土	1：1.00	1：1.00	1：1.25
毛石混凝土基础	C15 混凝土	1：1.00	1：1.25	1：1.50
砖基础	砖不低于 MU10、砂浆不低于 M5	1：1.50	1：1.50	1：1.50
毛石基础	砂浆不低于 M5	1：1.25	1：1.50	—
灰土基础	体积比为 3：7 或 2：8 的灰土，其最小干密度：　粉土 1.55t/m³　粉质黏土 1.50t/m³　黏土 1.45t/m³	1：1.25	1：1.50	—
三合土基础	体积比 1：2：4~1：3：6（石灰：砂：骨料）每层约虚铺 220mm，夯至 150mm	1：1.50	1：2.00	—

注：1.p_k 为荷载效应标准组合时基础底面处的平均压力值（kPa）。

　　2.阶梯形毛石基础的每阶伸出宽度，不宜大于 200mm。

　　3.当基础由不同材料叠合组成时，应对接触部分作抗压验算。

　　4.基础底面处的平均压力值超过 300kPa 的混凝土基础，尚应进行抗剪验算。

阶梯形基础的每阶厚度应按不同材料满足相应构造要求。如灰土每步 15cm，最少两步最多三步，砖基础（含大放脚）符合二皮一收、二皮一皮兼收砌筑法，混凝土基础最小台阶厚度为 20cm 等。

采用无筋扩展基础的钢筋混凝土柱，其柱脚高度 h_1 不得小于 b_1，并不应小于 300mm 且不小于 $20d$（d 为柱中纵向受力钢筋的最大直径）。当柱纵向钢筋在柱脚内的竖向锚固长度不满足锚固要求时，可沿水平方向弯折，弯折后的水平锚固长度不应小于 $10d$ 也不应大于 $20d$。

【例 18-8-3】如果扩展基础的冲切验算不能满足要求，可以采取以下哪种措施？

　　A. 降低混凝土强度等级　　　　　　　B. 加大基础底板的配筋

　　C. 增大基础的高度　　　　　　　　　D. 减小基础宽度

解　增大基础高度即增大基础抗冲切面积。

答案：C

【例 18-8-4】如果无筋扩展基础不能满足刚性角的要求，可以采取以下哪种措施？

　　A. 增大基础高度　　　　　　　　　　B. 减小基础高度

　　C. 减小基础宽度　　　　　　　　　　D. 减小基础埋深

解　刚性角可用 $\tan \alpha = b/h$ 表示（b 为基础挑出墙外宽度，h 为基础放宽部分高度），需满足 $\alpha < \alpha_{max}$，故当无筋扩展基础不能满足刚性角的要求时，可采取增大基础高度和减小基础挑出宽度来调整 α 大小，使其满足要求，其代替了抗弯验算。

答案：A

【例 18-8-5】 无筋扩展基础需要验算下面哪一项？

　　A. 冲切验算　　　　　B. 抗弯验算　　　　C. 斜截面抗剪验算　　　D. 刚性角

解　无筋扩展基础即刚性基础，在设计时，基础尺寸如满足刚性角，则基础截面弯曲拉应力和剪应力不超过基础施工材料的强度限值，故不必对基础进行抗弯验算和斜截面抗剪验算，也不必进行抗冲切验算。

答案： D

（五）扩展基础构造及配筋计算

1. 扩展基础的构造，应符合下列要求：

（1）锥形基础的边缘高度，不宜小于 200mm，且两个方向的坡度不宜大于 1∶3；阶梯形基础的每阶高度，宜为 300~500mm。

（2）垫层的厚度不宜小于 70mm，垫层混凝土强度等级不宜低于 C10。

（3）扩展基础受力钢筋最小配筋率不应小于 0.15%，底板受力钢筋的最小直径不宜小于 10mm，间距不宜大于 200mm，也不宜小于 100mm。墙下钢筋混凝土条形基础纵向分布钢筋的直径不小于 8mm；间距不大于 300mm；每延米分布钢筋的面积应不小于受力钢筋面积的 15%。当有垫层时钢筋保护层的厚度不小于 40mm；无垫层时不小于 70mm。

（4）混凝土强度等级不应低于 C20。

（5）当柱下钢筋混凝土独立基础的边长和墙下钢筋混凝土条形基础的宽度大于或等于 2.5m 时，底板受力钢筋的长度可取边长或宽度的 0.9 倍，并宜交错布置。

（6）钢筋混凝土条形基础底板在 T 形及十字形交接处，底板横向受力钢筋仅沿一个主要受力方向通长布置，另一方向的横向受力钢筋可布置到主要受力方向底板宽度的 1/4 处。在拐角处底板横向受力钢筋应沿两个方向布置。

钢筋混凝土柱和剪力墙纵向受力钢筋在基础内的锚固长度 l_a 应根据钢筋在基础内的最小保护层厚度按现行《混凝土规范》的有关规定确定。

现浇柱的基础，其插筋的数量、直径以及钢筋种类应与柱内纵向受力钢筋相同。插筋的锚固长度应满足规范的要求，插筋与柱的纵向受力钢筋的连接方法，应符合现行《混凝土规范》的规定。

预制钢筋混凝土柱与杯口基础的连接要求见《地基规范》第 8.2.6 条。

预制钢筋混凝土柱（包括双肢柱）与高杯口基础的连接，应符合相应插入深度及其他相关规范规定。

2. 扩展基础的计算

（1）扩展基础的基础底面积，应按前述方法确定。在条形基础相交处，不应重复计入基础面积。

（2）扩展基础的计算应符合下列规定：

①对柱下独立基础，当冲切破坏锥体落在基础底面以内时，应验算柱与基础交接处以及基础变阶处的受冲切承载力；

②对基础底面积边尺寸小于或等于柱宽加两倍基础有效高度的柱下独立基础，以及墙下条形基础，应验算柱（墙）与基交接处的基础受剪切承载力；

③基础底板的配筋，应按抗弯计算确定；

④当基础的混凝土强度等级小于柱的混凝土强度等级时，尚应验算柱下基础顶面的局部受压承载力。

（3）对于扩展基础还有其他计算和构造要求内容：

①柱下独立基础的受冲切承载力验算。

②当基础底面短边尺寸小于或等于柱宽加两倍基础有效高度时，柱与基础交接处截面受剪承载力验算。

③墙下条形基础底板，墙与基础底板交接处截面受剪承载力验算。

④在轴心荷载或单向偏心荷载作用下，当台阶的宽高比小于或等于 2.5 和偏心距小于或等于 1/6 基础宽度时，柱下矩形独立基础任意截面的底板弯矩简化计算。

⑤基础底板配筋计算、最小配筋率和构造要求。

⑥当柱下独立柱基底面长短边之比在大于或等于 2、小于或等于 3 的范围时，基础底板短向钢筋布置方法。

⑦墙下条形基础的受弯计算和配筋要求。

（六）柱下条形基础

（1）柱下条形基础的构造，除满足前述要求外，尚应符合下列规定：

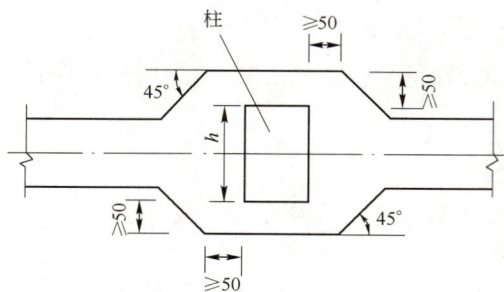

图 18-8-12　交接处平面尺寸（尺寸单位：mm）

①柱下条形基础梁的高度宜为柱距的 1/4~1/8，翼板厚度不应小于 200mm，当翼板厚度大于 250mm 时，宜采用变厚度翼板，其坡度宜小于或等于 1∶3。

②条形基础的端部宜向外伸出，其长度宜为第一跨距的 1/4。

③现浇柱与条形基础梁的交接处，其平面尺寸不应小于图 18-8-12 的规定。

④条形基础梁顶部和底部的纵向受力钢筋除满足计算要求外，顶部钢筋按计算配筋全部贯通，底部通长钢筋不应少于底部受力钢筋截面总面积的 1/3。

⑤柱下条形基础的混凝土强度等级不应低于 C20。

（2）柱下条形基础的计算，除应符合《地基规范》相关要求外，尚应符合下列规定：

①在比较均匀的地基上，上部结构刚度较好，荷载分布较均匀，且条形基础梁的高度不小于 1/6 柱距时，地基反力可按直线分布，条形基础梁的内力可按连续梁计算，此时边跨跨中弯矩及第一内支座的弯矩值宜乘以 1.2 的系数。

②当不满足本条第一款的要求时，宜按弹性地基梁计算。

③对交叉条形基础，交点上的柱荷载，可按静力平衡条件及变形协调条件，进行分配。其内力可按本条上述规定，分别进行计算。

④应验算柱边缘处基础梁的受剪承载力。

⑤当存在扭矩时，尚应作抗扭计算。

⑥当条形基础的混凝土强度等级小于柱的混凝土强度等级时，应验算柱下条形基础梁顶面的局部受压承载力。

（七）筏形基础设计简介

筏形基础成片覆盖于建筑物地基上，有面积较大和完整的平面连续性，易于满足软弱地基承载力的要求，减少地基的附加应力和不均匀沉降，能跨越地下浅层小洞穴和局部软弱层，提供比较宽敞的使用空间，可作为水池、油库等的防渗地板，可增强建筑物的整体抗震性能，能适应位于其上的工艺连续作业和设备重新布置的要求等。有地下室或架空地板的筏基还具有一定的补偿性效应。但由于平面面积较大而厚度有限，故抗弯刚度有限，无力调整过大的沉降差异，尤其是对土岩组合地基等软硬明显不均匀的情况，须局部处理才能适应；由于它的连续性，在局部荷载作用下，既要有抵抗正弯矩的钢筋，也要有抵抗负弯矩的钢筋，还需有一定数量的构造钢筋，因此经济指标较高。

筏形基础可分为等厚度的平板式和梁板式筏形基础（见图18-8-13），前者一般在荷载不太大、柱网较均匀且柱距较小的情况下采用。

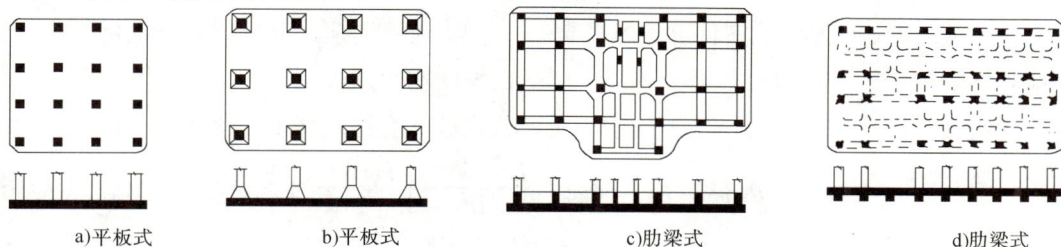

| a)平板式 | b)平板式 | c)肋梁式 | d)肋梁式 |

图18-8-13　筏形基础

（1）筏形基础的平面尺寸，应根据地基土的承载力、上部结构的布置及荷载分布等因素按规范的有关规定确定。对单幢建筑物，在地基土比较均匀的情况下，基础底面形心宜与结构竖向永久荷载重心重合。当不能重合时，在荷载效应准永久组合下，偏心距e宜符合下式要求

$$e \leq 0.1W/A \qquad (18-8-18)$$

式中：W ——与偏心距方向一致的基础底面边缘抵抗矩；

A ——基础底面积。

筏形基础的混凝土强度等级不应低于C30。当有地下室时应采用防水混凝土，防水混凝土的抗渗等级应根据地下水的最大水头与防渗混凝土厚度的比值，按现行《地下工程防水技术规范》（GB 50108—2008）选用，但不应小于0.6MPa。必要时宜设架空排水层。

采用筏形基础的地下室，地下室钢筋混凝土外墙厚度不应小于250mm，内墙厚度不应小于200mm。墙的截面设计除满足承载力要求外，尚应考虑变形、抗裂及防渗等要求。墙体内应设置双面钢筋，竖向和水平钢筋的直径不应小于12mm，间距不应大于300mm。

（2）梁板式筏基底板除计算正截面抗弯承载力外，其厚度尚应满足抗冲切承载力、抗剪切承载力的要求。对12层以上建筑的梁板式筏基，其底板厚度与最大双向板格的短边净跨之比不应小于1/14，且板厚不应小于400mm。

地下室底层柱、剪力墙与梁板式筏基的基础梁连接的构造应符合下列要求：

①柱、墙的边缘至基础梁边缘的距离不应小于50mm；

②当交叉基础梁的宽度小于柱截面的边长时，交叉基础梁连接处应设置八字角，柱角与八字角之间的净距不宜小于50mm；

③单向基础梁与柱的连接，基础梁与剪力墙的连接，可参见相关规范。

（3）平板式筏基的板厚应满足抗冲切承载力的要求。计算时应考虑作用在冲切临界面重心上的不平衡弯矩产生的附加剪力。

平板式筏基内筒下的板厚应满足抗冲切承载力的要求。

平板式筏板除满足抗冲切承载力外，尚应验算距内筒边缘或柱边缘处筏板的抗剪承载力。

当筏板变厚度时，尚应验算变厚度处筏板的抗剪承载力。

当筏板的厚度大于2000mm时，宜在板厚中间部位设置直径不小于12mm、间距不大于300mm的

双向钢筋网。

（4）当地基土比较均匀、上部结构刚度较好、梁板式筏基梁的高跨比或平板式筏基板的厚跨比不小于 1/6，且相邻柱荷载及柱间距的变化不超过 20% 时，筏形基础可仅考虑局部弯曲作用。筏形基础的内力，可按基底反力直线分布进行计算，计算时基底反力应扣除底板自重及其上填土的自重。当不满足上述要求时，筏基内力应按弹性地基梁板的方法进行分析计算。

有抗震设防要求时，对无地下室且抗震等级为一、二级的框架结构，基础梁除满足抗震构造要求外，计算时尚应将柱根组合的弯矩设计值分别乘以 1.5 和 1.25 的增大系数。

对于矩形筏板基础，基底反力可按下列偏心受压公式进行简化计算（见图 18-8-14）

$$p_{kmax}、p_{kmin}、p_{k1}、p_{k2} = \frac{\sum F_k + G_k}{lb}\left(1 \pm \frac{6e_x}{l} \pm \frac{6e_y}{b}\right) \tag{18-8-19}$$

式中：p_{kmax}、p_{kmin}、p_{k1}、p_{k2}——分别为按荷载效应标准组合时，基底四个角的压力值（kPa）；

$\sum F_k$——相当于荷载效应标准组合时，上部结构传至筏板上的总竖向力值（kN）；

G_k——基础自重和基底上的土重（kN），$G_k = \gamma_G \bar{d} lb$（地下水位上 γ_G 取 20kN/m³，地下水位下 γ_G 取 10kN/m³）；

l、b——筏板基础底面长与宽（m）；

$\bar{d}$——筏板基础的平均埋置深度（m）；

e_x、e_y——分别为上部结构荷载在 x、y 方向对基底形心的偏心距（x 轴、y 轴的原点通过基底形心）；

$$e_x = \frac{M_{ky}}{\sum F_k + G_k}, \quad e_y = \frac{M_{kx}}{\sum F_k + G_k} \tag{18-8-20}$$

M_{kx}、M_{ky}——分别为按荷载效应标准组合时，对 x 轴、y 轴的力矩值（kN·m）。

确定筏基底面积时同样要求满足 $p_k = \frac{\sum F_k + G_k}{lb} \leqslant f_a$ 与 $p_{kmax} \leqslant 1.2 f_a$。

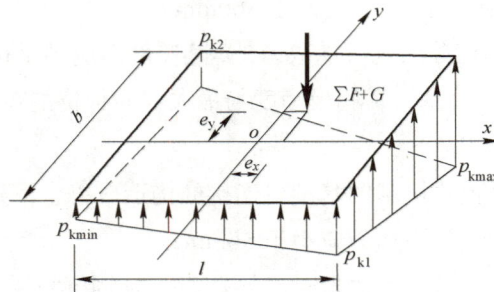

图 18-8-14 基底反力简化计算

按基底反力直线分布计算的梁板式筏基，其基础梁的内力可按连续梁分析，边跨跨中弯矩以及第一内支座的弯矩值宜乘以 1.2 的系数。梁板式筏基的底板和基础梁的配筋除满足计算要求外，纵横方向的底部钢筋尚应有 1/2~1/3 贯通全跨，且其配筋率不应小于 0.15%，顶部钢筋按计算配筋全部连通。

按基底反力直线分布计算的平板式筏基，可按柱下板带和跨中板带分别进行内力分析。柱下板带中，柱宽及其两侧各 1/2 倍板厚且不大于 1/4 板跨的有效宽度范围内，其钢筋配置量不应小于柱下板带钢筋数量的一半，且应能承受部分不平衡弯矩 $\alpha_m M_{unb}$。M_{unb} 为作用在冲切临界截面重心上的不平衡弯矩，α_m 为分配系数。

梁板式筏基的基础梁除满足正截面抗弯及斜截面抗剪承载力外，尚应按现行《混凝土规范》的有关规定验算底层柱下基础梁顶面的局部抗压承载力。

筏板与地下室外墙的接缝、地下室外墙沿高度处的水平接缝应严格按施工缝的要求施工，必要时可设通长止水带。

高层建筑筏形基础与裙房基础之间的构造要求可参见《地基规范》。

六、减轻不均匀沉降的措施

（一）建筑措施

（1）建筑物的体型力求简单；

（2）合理布置墙体，控制建筑物的长高比；

（3）合理布置沉降缝；

（4）合理考虑建筑物基础间的净距；

（5）调整建筑物的标高。

（二）结构措施

（1）减小建筑物自重；

（2）设置圈梁；

（3）调整基底附加应力；

（4）增强上部结构的整体刚度；

（5）采用对位移不敏感的结构。

（三）施工措施

（1）合理安排施工程序、工序、次序及工法；

（2）轻型建筑物周围不宜堆放重物；

（3）地基土质和降水的影响；

（4）深基础施工的影响。

【例 18-8-6】 下面哪种措施有利于减轻不均匀沉降的危害？

    A. 建筑物采用较大的长高比   B. 复杂的建筑物平面形状设计

    C. 增强上部结构的整体刚度   D. 增大相邻建筑物的高差

解 增大建筑物上部结构的整体刚度有利于减轻不均匀沉降的危害。选项 A、B、D 都不利于减轻不均匀沉降的危害。

答案： C

习 题

18-8-1 框架结构地基变形的主要特征是（   ）。

    A. 沉降量   B. 沉降差   C. 倾斜   D. 局部倾斜

18-8-2 当基础需要浅埋，而基底面积又较大时应选用（   ）。

    A. 混凝土基础   B. 毛石基础   C. 砖基础   D. 钢筋混凝土基础

18-8-3 设计有吊车的厂房柱基础时，为防止基础过分倾斜，偏心距 e 应控制在（   ）。

（注：以下式中b为偏心方向边长）

    A. $e < b/2$　　　　　B. $e < b/4$　　　　　C. $e < b/6$　　　　　D. $e < b/8$

18-8-4　新建建筑物基础与原有相邻建筑物基础间的净距L与两基底标高差ΔH的关系是（　　　）。

    A. $L = (0.5{\sim}1)\Delta H$　　　　　　　　　　B. $L = (1{\sim}2)\Delta H$

    C. $L \geqslant (1{\sim}2)\Delta H$　　　　　　　　　　D. $L \geqslant 2\Delta H$

18-8-5　基础的最小埋深$d_{\min}$，允许残留冻土层最大厚度$h_{\max}$与设计冻深z_d的关系是（　　　）。

    A. $d_{\min} = z_d$　　　　　　　　　　　B. $d_{\min} = z_d + h_{\max}$

    C. $d_{\min} = z_d - h_{\max}$　　　　　　　　D. $d_{\min} = h_{\max} - z_d$

18-8-6　柱下条形基础底端部向外伸出的长度宜为第一跨距的（　　　）。

    A. 1/3　　　　　　B. 1/2　　　　　　C. 1/4　　　　　　D. 1/5

18-8-7　当建筑物长度较大时设置沉降缝，其作用是（　　　）。

    A. 减少地基不均匀沉降的结构措施　　　　B. 减少地基不均匀沉降的施工措施

    C. 减少地基不均匀沉降的建筑措施　　　　D. 减少地基不均匀沉降的构造措施

18-8-8　地基、基础与上部结构共同工作是指三者之间应满足（　　　）。

    A. 静力平衡条件　　　　　　　　　　　B. 动力平衡条件

    C. 变形协调条件　　　　　　　　　　　D. 静力平衡和变形协调条件

18-8-9　当拟建的相邻建筑物之间高低、埋深悬殊时，合理的施工顺序为（　　　）。

    A. 先高后低，先深后浅　　　　　　　　B. 先高后低，先浅后深

    C. 先低后高，先深后浅　　　　　　　　D. 先低后高，先浅后深

18-8-10　柱下钢筋混凝土基础的高度一般是由下列哪一条件控制的（　　　）。

    A. 抗冲切条件　　　　　　　　　　　　B. 抗弯条件

    C. 抗压条件　　　　　　　　　　　　　D. 抗拉条件

18-8-11　柱下钢筋混凝土基础底板中的钢筋（　　　）。

    A. 双向均为分布筋　　　　　　　　　　B. 长向为受力筋，短向为分布筋

    C. 双向均为受力筋　　　　　　　　　　D. 短向为受力筋，长向为分布筋

第九节　深　基　础

一、深基础类型

高层或重型建筑物荷载较大，浅层地基的强度及变形均不能满足设计要求，必须利用深层地基土作为持力层，此时应采用深基础。其中普遍采用的是桩基础将在以下详述，尚有其他几种类型，因使用范围有限仅作简介。

（一）桩箱（筏）复合基础

采用摩擦群桩与箱基（或筏基）共同承受建筑物荷载的基础，称之为箱桩（或筏桩）基础。它具备两种基础的功能，是复合式基础。

竖向荷载主要由桩承担，桩与箱基底板（或筏板）的嵌固，应符合桩与承台连接的要求。

箱桩（筏桩）基础的布桩方式可分为均匀布桩，在箱基的纵、横墙下布桩，根据基底压力图疏密不均布桩以及按复合地基的要求布桩等。

在地下室底板下设桩时，应根据不同土层特性，考虑复合基础的受力。

（二）沉井基础

在旧房改建加固工程中，由于周围建筑密集，不能采用大开挖，又无条件选用地下连续墙时，可采用开口沉井方案。开口沉井由井壁、凹槽和刃脚等部分组成，其构造如图18-9-1所示。

沉井的平面形状有圆形、椭圆形、方形等。还可分为单孔、双孔和多孔等类型。

沉井井壁可分为竖直的、台阶形的、斜坡形的等几种类型。

旱地沉井的施工过程是：制作第一节沉井，抽垫木，挖土下沉，接高沉井，达设计标高后封底并浇筑钢筋混凝土底板，如图18-9-2所示。

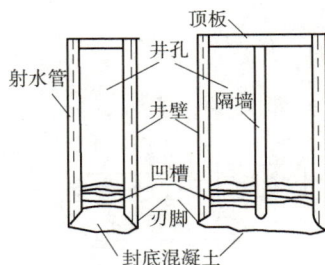

图18-9-1　沉井构造

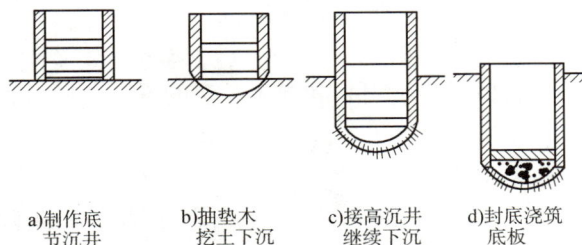

图18-9-2　沉井下沉施工过程

（三）地下连续墙

基坑开挖施工时，地下连续墙可作为支护结构，施工后也可作为承重结构，支承上部荷载。

地下连续墙适用于各种土质和各种场地，施工时无振动，无噪声，不必放坡，不必支撑；特别是在建筑物拥挤地区，能在确保相邻建筑安全的情况下进行施工，综合经济效果好。

地下连续墙厚度一般为450~600mm，长度可根据工程需要而定，每段槽孔长6~8m，深度可达20~30m，为防止坍孔，施工时要向槽内灌注膨润土泥浆。

地下连续墙每槽段的连接可用接头管法、接头箱法、钢板接头法及隔板式接头法等方法。

（四）深基坑的支护工程

深基坑的开挖和支护是整个建筑工程的重要组成部分，其造价、工期在整个工程中占有很大比例。

作为支护结构，除了打入式钢板桩（或钢筋混凝土桩）之外，目前最常用的是挖（钻）孔灌注桩、深层搅拌桩、地下连续墙等。板桩或灌注桩再配合土锚杆及拉杆，可以有效地支护基坑边坡。此外还可与坑内外的降水技术与信息化施工的监测系统配合起来，这是一整套深基坑支护技术。从计算到监测均有待于进一步探讨以确保质量，降低造价。

二、桩与桩基础分类

（一）桩的作用

在房屋结构、道路桥梁以及码头护岸工程中广泛采用桩基础，随着高层建筑的大量修建，单桩承载力不断提高，大直径扩底桩墩基础方兴未艾。为了节约耕地，尽量利用各类软弱地基，桩基础也是一种主要手段。

桩基础是由多根设置在土中的桩和承接上部结构的承台组成，随着大直径桩墩基础的应用，也出现了不要承台的一柱一墩（桩）基础。

通常，桩的作用有以下几种：

（1）把上部结构的垂直荷载和水平荷载传到地基中的持力层，同时又是抗地震液化的重要措施。

（2）抵抗上拔力和倾覆力。例如，地下水位以下的筏基或箱基受上浮力的作用，各种塔架如输电线路转角铁塔、电视广播发射墙、雷达天线架等均承受倾覆力。

（3）对打入桩（预制桩）可通过打桩振动桩体排土，挤密松软的地基土。

（4）扩展式基础、箱基、筏基等基础的持力层土质不太好，或者下卧层有高压缩性土，采用桩基可以控制沉降。

（5）可以提高机器设备基础下的地基刚度，从而控制振动的振幅和系统的自振频率。

（6）如果桥墩有潜在冲刷的危险，采用桩基并深入冲刷线以下，可以提高安全度。

（二）桩基础分类及构造

1. 桩的分类

根据桩的受力、材料和施工方法的不同，可将其分为多种类型，如图 18-9-3 所示。

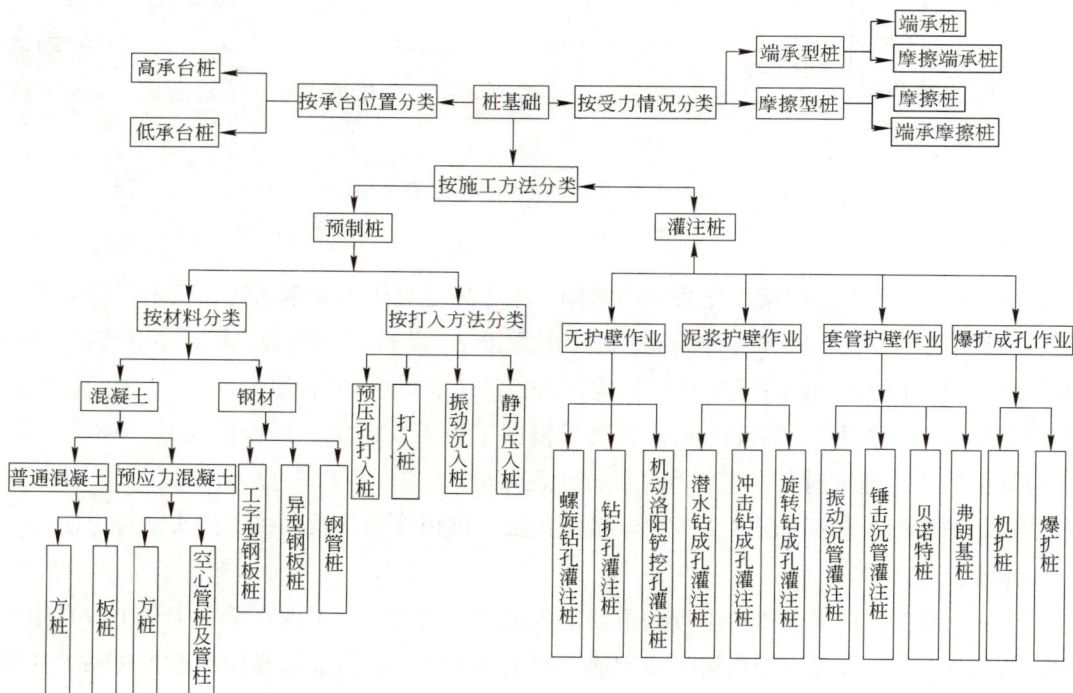

图 18-9-3　桩基础分类

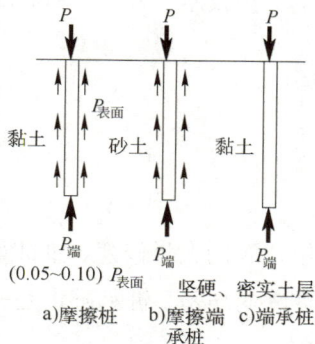

图 18-9-4　按桩的受力情况分类

根据桩的受力情况，可分为摩擦型桩和端承型桩，如图 18-9-4 所示。

根据桩的成桩方式，将用压入、振动或打入预制桩的成桩方式成的桩，称作不排土桩或挤土桩；将先成孔、后灌注混凝土的桩，称为排土桩或非挤土桩。

摩擦型桩分为摩擦桩和端承摩擦桩，摩擦桩是指在竖向极限荷载作用下，桩顶荷载全部由桩周阻力承受的桩，而桩顶荷载主要由桩周阻力承受的桩称为端承摩擦桩。设置于深厚的软弱土层中，无较硬的土层作为桩端持力层或桩端持力层虽然较坚硬但桩的长径比

l/d 很大的桩，可视为摩擦桩。

端承型桩分为端承桩和摩擦端承桩。端承桩是指在竖向极限荷载作用下，桩顶荷载全部由桩端阻力承受的桩，而桩顶荷载主要由桩端阻力承受的桩称为摩擦端承桩。一般长径比 *l/d* < 10，桩身穿越软弱土层，桩端位于密实砂层、碎石类土层、中等风化及微风化岩层中的桩，均可视为端承桩。

2. 桩基设计应符合的规定

（1）所有桩基均应进行承载力和桩身强度计算。对预制桩，尚应进行运输、吊装和锤击等过程中的强度和抗裂验算；

（2）桩基础沉降验算应符合《地基规范》相关规定；

（3）桩基础的抗震承载力验算应符合现行国家标准《建筑抗震设计规范》（GB 50011）的有关规定；

（4）桩基宜选用中、低压缩性土层作桩端持力层；

（5）同一结构单元内的桩基，不宜选用压缩性差异较大的土层作桩端持力层，不宜采用部分摩擦桩和部分端承桩；

（6）由于欠固结软土、湿陷性土和场地填土的固结，场地大面积堆载、降低地下水位等原因，引起桩周的沉降大于桩的沉降时，应考虑桩侧负摩擦力对桩基承载力和沉降的影响；

（7）对位于坡地、岸边的桩基，应进行桩基的整体稳定验算。桩基应与边坡工程统一规划，同步设计；

（8）岩溶地区的桩基，当岩溶上覆土层的稳定性有保证，且桩端持力层承载力及厚度满足要求，可利用上覆土层作为桩端持力层。当必须采用嵌岩桩时，应对岩溶进行施工勘察；

（9）应考虑桩基施工中挤土效应对桩基及周边环境的影响；在深厚饱和软土中不宜采用大片密集有挤土效应的桩基；

（10）应考虑深基坑开挖中，坑底土回弹隆起对桩身受力及桩承载力的影响；

（11）桩基设计时，应结合地区经验考虑桩、土、承台的共同工作；

（12）在承台及地下室周围的回填中，应满足填土密实度要求。

3. 桩和桩基的构造应符合的规定

（1）摩擦型桩的中心距不宜小于桩身直径的 3 倍；扩底灌注桩的中心距不宜小于扩底直径的 1.5 倍，当扩底直径大于 2m 时，桩端净距不宜小于 1m。在确定桩距时尚应考虑施工工艺中挤土等效应对邻近桩的影响。

（2）扩底灌注桩的扩底直径，不应大于桩身直径的 3 倍。

（3）桩底进入持力层的深度，根据地质条件、荷载及施工工艺确定，宜为桩身直径的 1~3 倍。在确定桩底进入持力层深度时，尚应考虑特殊土、岩溶以及震陷液化等影响。

（4）布置桩位对宜使桩基承载力合力点与竖向永久荷载合力作用点重合。

（5）设计使用年限不小于 50 年时，非腐蚀环境中预制桩的混凝土强度等级不应低于 C30，预应力桩不应低于 C40，灌注桩的混凝土强度等级不应低于 C25；二类环境及三类及四类、五类微腐蚀环境中不应低于 C30；在腐蚀环境中的桩，桩身混凝土的强度等级应符合现行国家标准《混凝土规范》的有关规定。设计使用年限不少于 100 年的桩，桩身混凝土的强度等级宜适当提高。水下灌注混凝土的桩身混凝土强度等级不宜高于 C40。

（6）桩身混凝土的材料、最小水泥用量、水灰比、抗渗等级等应符合现行国家标准《混凝土规范》、《工业建筑防腐蚀设计规范》（GB 50046）及《混凝土结构耐久性设计规范》（GB/T 50476）的有关规定。

（7）桩的主筋配置应经计算确定。预制桩的最小配筋率不宜小于 0.8%（锤击沉桩）、0.6%（静压沉桩），预应力桩不宜小于 0.5%；灌注桩最小配筋率不宜小于 0.2%~0.65%（小直径桩取大值）。桩顶以下 3~5 倍桩身直径范围内，箍筋宜适当加强加密。

（8）桩身纵向钢筋配筋长度应符合下列规定：

①受水平荷载和弯矩较大的桩，配筋长度应通过计算确定；

②桩基承台下存在淤泥、淤泥质土或液化土层时，配筋长度应穿过淤泥、淤泥质土层或液化土层；

③坡地岸边的桩、8 度及 8 度以上地震区的桩、抗拔桩、嵌岩端承桩应通过配筋；

④钻孔灌注桩构造钢筋的长度不宜小于桩长的 2/3；桩施工在基坑开挖前完成时，其钢筋长度不宜小于基坑深度的 1.5 倍。

（9）桩身配筋可根据计算结果及施工工艺要求，可沿桩身纵向不均匀配筋。腐蚀环境中的灌注桩主筋直径不宜小于 16mm，非腐蚀性环境中灌注桩主筋直径不应小于 12mm。

（10）桩顶嵌入承台内的长度不应小于 50mm。主筋伸入承台内的锚固长度不应小于钢筋直径（HPB300）的 30 倍和钢筋直径（HRB335 和 HRB400）的 35 倍。对于大直径灌注桩，当采用一柱一桩时，可设置承台或将桩和柱直接连接。桩和柱和连接可按《地基规范》第 8.2.5 条高杯口基础的要求选择截面尺寸和配筋，桩纵筋插入桩身的长度应满足锚固长度的要求。

（11）灌注桩主筋混凝土保护层厚度不应小于 50mm；预制桩不应小于 45mm，预应力管桩不应小于 35mm；腐蚀环境中灌注桩不应小于 55mm。

三、单桩轴向承载力的确定

（一）桩身结构的承载力

确定桩身结构的承载力应该考虑以下三个方面的问题：

（1）施工起吊和运输的强度设计，此为施工领域问题，预制桩多有标准设计；

（2）沉桩施工中的锤击动应力和瞬间动荷载作用下的结构强度温度；

（3）长期荷载作用下桩身材料强度的确定。

对于钢筋混凝土桩的单桩轴向承载力设计值 R，可按下式计算

$$R = \varphi(\psi_c f_c A_p + f_y' A_g) \tag{18-9-1}$$

式中： R ——混凝土桩的单桩轴向承载力设计值（kN）；

f_c ——混凝土轴心抗压强度设计值（kPa）；

A_p ——桩的横截面面积（m²）；

f_y' ——纵向钢筋抗压强度设计值（kPa）；

A_g ——纵向钢筋的横截面面积（m²）；

φ ——桩的稳定系数，计算桩身轴心抗压强度时，一般可不考虑弯曲的影响，即取 $\varphi = 1.0$，若桩的自由长度较大或桩周有厚度较大的软弱土层，或桩周围有较厚的可液化土层，应考虑桩身弯曲的影响；

ψ_c ——施工工艺系数，考虑到灌注桩的混凝土质量不像预制桩那样易于保证，设计时应将轴心抗压强度设计值和弯曲抗压强度设计值乘以系数 ψ_c，对挖孔灌注桩 $\psi_c = 0.9$，其他各类灌注桩 $\psi_c = 0.8$，对混凝土预制桩 $\psi_c = 1.0$。

（二）**土对桩的支承力**

《地基规范》规定：初步设计时，单桩竖向承载力特征值可按下列公式估算

$$R_a = q_{pa}A_p + u_p\sum q_{sia}l_i \qquad (18-9-2)$$

式中：R_a ——单桩竖向承载力特征值（kN）；

　　q_{pa} ——桩端端阻力特征值（kPa）；

　　A_p ——桩底端横截面面积（m^2）；

　　u_p ——桩身周边长度（m）；

　　q_{sia} ——桩侧阻力特征值（kPa）；

　　l_i ——按土层划分的各段桩长（m）。

当桩端嵌入完整及较完整的硬质岩中时，当桩长较短且入岩较浅时，可按下式估算单桩的竖向承载力特征值

$$R_a = q_{pa}A_p \qquad (18-9-3)$$

式中：q_{pa} ——桩端岩石承载力特征值。

（三）**按静载荷试验确定单桩承载力**

《地基规范》规定单桩竖向承载力特征值，应通过单桩竖向静载荷试验确定。同一条件下试桩数量，不宜少于总桩数的1%，并不应少于3根。

当桩端持力层为密实砂卵石或其他承载力类似的土层时，对单桩承载力很高的大直径端承型桩，可采用深层平板载荷试验确定桩端土承载力特征值，试验方法参见有关规范。地基基础设计等级为丙级的建筑物，可采用静力触探或标准贯入试验参数确定R_a值。

挤土桩宜在设置桩后隔一段时间开始静载荷试验，对预制桩，打入砂土中后7d，如为黏性土，应视土的强度恢复而定，一般不得少于15d，对于饱和黏性土不得少于25d。至于灌注桩，尚应待桩身混凝土达到设计强度后，才能进行试桩。

【**例 18-9-1**】对混凝土灌注桩进行载荷试验，从成桩到开始试验的间歇时间为：

　　A. 7d　　　　　　　　　　　　　　B. 15d

　　C. 25d　　　　　　　　　　　　　D.桩身混凝土达设计强度

解　《建筑地基基础设计规范》（GB 50007—2011）第Q.0.4条规定了开始试验的时间：预制桩在砂土中入土7d后。黏性土不得少于15d。对于饱和软黏土不得少于25d。灌注桩应在桩身混凝土达到设计强度后，才能进行。

答案： D

1.加载方式与稳定判断

试验的加荷方式应尽可能再现桩的实际工作情况。《地基规范》规定：每级加载量宜为预估极限荷载的1/8~1/10（且不小于8级）。每级荷载作用下，桩顶沉降量连续两次每1h不超过0.1mm，即视为已达到稳定，可加下一级荷载。当出现下列情况之一者，即终止加载：

（1）当荷载-沉降（Q-s）曲线上有可判定极限承载力的陡降段，且桩顶总沉降量超过40mm；

（2）$\Delta s_{n+1}/\Delta s_n \geqslant 2$，且经24h尚未达到稳定；

（3）25m以上的非嵌岩桩，Q-s曲线呈缓变型时，桩顶总沉降量大于60~80mm；

（4）在特殊条件下，可根据具体要求加载至桩顶，总沉降量大于100mm。

注：①Δs_n为第n级荷载的沉降增量，Δs_{n+1}为第$n+1$级荷载的沉降增量。

②桩底支承在坚硬岩（土）层上，桩的沉降量很小时，最大加载量不应小于设计荷载的 2 倍。

卸载观测：每级卸载值为加载值的两倍。卸载后每隔 15min 测读一次，读两次后，隔半小时再读一次，即可卸下一级荷载。全部卸载后，隔 3h 再测读一次。

2. 单桩极限承载力的确定

桩的承载力可通过试验曲线所反映的变形特征分析确定。

单桩竖向极限承载力应按下列方法确定：

（1）作荷载-沉降（Q-s）曲线和其他辅助分析所需的曲线。

（2）当陡降段明显时，取相应于陡降段起点的荷载值。

（3）当出现《地基规范》附录 Q.0.8 第 2 款的情况时，取前一级荷载值。

（4）Q-s 曲线呈缓变型时，取桩顶总沉降量 $s = 40mm$ 所对应的荷载值，当桩长大于 40m 时，宜考虑桩身的弹性压缩。

（5）按上述方法判断有困难时，可结合其他辅助分析方法综合判定。对桩基沉降有特殊要求者，应根据具体情况选取。

（6）参加统计的试桩，当满足其极差不超过平均值的 30% 时，可取其平均值为单桩竖向极限承载力。极差超过平均值的 30% 时，宜增加试桩数量并分析离散过大的原因，结合工程具体情况确定极限承载力。

注：对桩数为 3 根及 3 根以下的柱下桩基，取最小值。

（7）将单桩竖向极限承载力除以安全系数 2，为单桩竖向承载力特征值 R_a。

（四）根据原位测试参数确定单桩承载力

可采用静力触探及标准贯入试验参数确定。

（五）根据岩石饱和单轴抗压强度确定单桩承载力

嵌岩灌注桩按端承桩设计，要求桩底以下 3 倍桩径且不小于 5m 范围内无软弱夹层、断裂带、洞隙分布，在桩端应力扩散范围内无岩体临空面。其端承力按嵌岩深度及施工条件确定，可查规范表格。

（六）经验法确定单桩承载力

若较小工程，附近又有条件类似的成功桩基础，可借鉴其单桩承载力选用。

对具体工程应用以上各方法对照比较综合分析后确定单桩承载力。

四、群桩承载力

（1）对于端承桩基和桩数少于 3 根的非端承桩基，群桩的竖向承载力为各单桩承载力之和。

（2）对于桩的中心距小于 6 倍（摩擦桩）桩径，而桩数超过 3 根的桩基，可视作一假想的实体深基础进行地基验算，并计算桩基中单桩所承受的外力和校核单桩承载力。

地基验算包括桩端持力层承载力、软弱下卧层承载力、沉降等内容，方法同浅基础，此处从略。

（3）群桩中单桩承载力，应按下列公式验算：

轴心竖向力作用下

$$Q_k \leqslant R_a$$

$$Q_k = \frac{F_k + G_k}{n} \tag{18-9-4}$$

偏心竖向力作用下，除满足上式外，尚应满足下式要求

$$Q_{ikmax} \leq 1.2R_a$$

$$Q_{ikmax} = \frac{F_k + G_k}{n} + \frac{M_{xk}y_{imax}}{\sum y_i^2} + \frac{M_{yk}x_{imax}}{\sum x_i^2} \tag{18-9-5}$$

式中： Q_k ——相应于荷载效应标准组合时，单桩桩顶竖向力；

R_a ——单桩竖向承载力特征值；

F_k ——相应于荷载效应标准组合时，作用于桩基承台顶面的竖向力；

G_k ——桩基承台自重和承台上土自重标准值；

n ——桩数；

M_{xk}、M_{yk} ——分别为相应于荷载效应标准组合时，作用于承台底面通过桩群形心的x轴、y轴的力矩；

x_i、y_i ——分别为桩i至通过桩群形心的y轴、x轴线的距离；

Q_{ikmax} ——相应于荷载效应标准组合时，偏心竖向力作用下最大受力桩的竖向力；

x_{imax}、y_{imax} ——分别为最大受力桩至群桩形心y轴、x轴线的距离。

当外力作用面内的桩距较大时，桩基的水平承载力可视为各单桩的水平承载力总和；当承台侧面的土未经扰动或回填良好时，应考虑土抗力的作用；当水平推力较大时，宜设置斜桩。

（4）承台效应

承台效应是指摩擦型群桩，竖向荷载作用，由于桩土相对位移，桩间土对承台产生竖向抗力，成为桩基竖向承载力的一部分而分担荷载的现象。

在承台下，可液化土、湿陷性土、高灵敏度软土、欠固结土、新填土、沉桩引起孔隙水压力和各种外因引起的基坑土体隆起等情况，不考虑承台效应。

【例18-9-2】 下面哪种情况下的群桩效应比较突出？

  A. 间距较小的端承桩　　　　　　　　B. 间距较大的端承桩

  C. 间距较小的摩擦桩　　　　　　　　D. 间距较大的摩擦桩

解 当摩擦型群桩桩距较小时，群桩效应显著，破坏时接近实体基础破坏形式。

答案：C

五、桩身混凝土强度计算

按桩身混凝土强度计算桩的承载力时，应按桩的类型和成桩工艺的不同将混凝土的轴心抗压强度设计值乘以工作条件系数φ_c，桩轴心受压时桩身强度应符合式（18-9-6）的规定。当桩顶以下5倍桩身直径范围内螺旋式箍筋间距不大于100mm且钢筋耐久性得到保证的灌注桩，可适当计入桩身纵向钢筋的抗压作用。

$$Q \leq A_p f_c \varphi_c \tag{18-9-6}$$

式中：f_c ——混凝土轴心抗压强度设计值（kPa），按现行国家标准《混凝土规范》取值；

Q ——相应于作用的基本组合时的单桩竖向力设计值（kN）；

A_p ——桩身横截面积（m²）；

φ_c ——工作条件系数，非预应力预制桩取0.75，预应力桩取0.55~0.65，灌注桩取0.6~0.8（水下灌注桩、长桩或混凝土强度等级高于C35时用低值）。

六、沉降验算

对以下建筑物的桩基应进行沉降计算：

（1）地基基础设计等级为甲级的建筑物桩基。

（2）体型复杂、荷载不均匀或桩端以下存在软弱土层的设计等级为乙级的建筑物桩基。

（3）摩擦型桩基。

嵌岩桩、设计等级为丙级的建筑物桩基、对沉降无特殊要求的条形基础下不超过两排桩的桩基、吊车工作级别 A5 及 A5 以下的单层工业厂房桩基（桩端下为密实土层），可不进行沉降验算。

当有可靠地区经验时，对地质条件不复杂、荷载均匀、对沉降无特殊要求的端承型桩基也可不进行沉降验算。

桩基础的沉降不得超过建筑物的沉降允许值，并应符合规范的有关规定。

当桩距小于 $6d$，可按实体深基础计算桩基础最终沉降量，主要依据《建筑桩基技术规范》（JGJ 94—2008）。

七、桩基础设计

（一）设计原则

（1）建筑桩基采用以概率理论为基础的极限状态设计法，以可靠指标度量桩基的可靠度，采用以分项系数表达的极限状态设计表达式进行计算。

（2）桩基极限状态分为下列两类：

①承载能力极限状态，对应于桩基达到最大承载能力或整体失稳或发生不适于继续承载的变形。

②正常使用极限状态，对应于桩基达到建筑物正常使用所规定的变形限值或达到耐久性要求的某项限值。

（3）根据建筑规模、功能特征、对差异变形的适应性、场地地基和建筑物体型的复杂性以及由于桩基问题可能造成建筑破坏或影响正常使用的程度，应将桩基设计分为表 18-9-1 所列的三个设计等级。桩基设计时，应根据表 18-9-1 确定设计等级。

建筑桩基设计等级

表 18-9-1

设 计 等 级	建 筑 类 型
甲级	（1）重要的建筑； （2）30 层以上或高度超过 100m 的高层建筑； （3）体型复杂且层数相差超过 10 层的高低层（含纯地下室）连体建筑； （4）20 层以上框架—核心筒结构及其他对差异沉降有特殊要求的建筑； （5）场地和地基条件复杂的 7 层以上的一般建筑及坡地、岸边建筑； （6）对相邻既有工程影响较大的建筑
乙级	除甲级、丙级以外的建筑
丙级	场地和地基条件简单、荷载分布均匀的 7 层及 7 层以下的一般建筑

①应根据桩基的使用功能和受力特征分别进行桩基的竖向承载力计算和水平承载力计算；

②就对桩身和承台结构承载力进行计算；对于桩侧土不排水抗剪强度小于 10kPa、且长径比大于 50 的桩应进行桩身压屈验算；对于混凝土预制桩应按吊装、运输和锤击作用进行桩身承载力验算；对于钢管桩应进行局部压屈验算；

③当桩端平面以下存在软弱下卧层时，应进行软弱下卧层承载力验算；

④对位于坡地、岸边的桩基应进行整体稳定性验算；

⑤对于抗浮、抗拔桩基，应进行基桩和群桩的抗拔承载力计算；

⑥对于抗震设防区的桩基应进行抗震承载力验算。

（4）下列建筑桩基应进行沉降计算：

①设计等级为甲级的非嵌岩桩和非深厚坚硬持力层的建筑桩基；

②设计等级为乙级的体型复杂、荷载分布显著不均匀或桩端平面以下存在软弱土层的建筑桩基；

③软土地基多层建筑减沉复合疏桩基础。

（二）设计步骤

1. 确定桩端持力层及桩长

一般应选择较硬土层作为桩端持力层。桩端全断面进入持力层的深度，对于黏性土、粉土不宜小于 $2d$，砂土不宜小于 $1.5d$，碎石类土不宜小于 d。当存在软弱下卧层时，桩基以下硬持力层厚度不宜小于 $3d$。

当硬持力层较厚且施工条件许可时，桩端全断面进入持力层的深度宜达到桩端阻力的临界深度。

同一基础相邻桩的桩底标高差，对于非嵌岩端承桩，不宜超过相邻桩的中心距；对于摩擦桩，在相同土层中不宜超过桩长的 1/10。

2. 确定桩型及单桩承载力

根据结构类型、荷载性质、地质条件、施工条件并结合以上条件综合考虑，并经方案比较最后确定。应注意同一结构不宜采用不同桩型。

3. 选择布桩方式及桩距

桩的布置方式可为行列式或梅花式，桩的间距见表 18-9-2。

桩的最小中心距　　　　　　　　　　　　　　　　　　表 18-9-2

土类与成桩工艺		排数不少于 3 排且桩数不少于 9 根的摩擦型桩基	其 他 情 况
非挤土灌注桩		$3.0d$	$3.0d$
部分挤土桩		$3.5d$	$3.0d$
挤土桩	非饱和土	$4.0d$	$3.5d$
	饱和黏性土	$4.5d$	$4.0d$
钻、挤孔扩底桩		$2D$ 或 $D+2.0$（当 $D>2$m）	$1.5D$ 或 $D+1.5$（当 $D>2$m）
沉管夯扩、钻孔挤扩桩	非饱和土	$2.2D$ 且 $4.0d$	$2.0D$ 且 $3.5d$
	饱和黏性土	$2.5D$ 且 $4.5d$	$2.2D$ 且 $4.0d$

注：1. d 为圆桩直径或方桩边长，D 为扩大端设计直径。

2. 当纵横向桩距不相等时，其最小中心距应满足"其他情况"一栏的规定。

3. 当为端承型桩时，非挤土灌注桩的"其他情况"一栏可减小至 $2.5d$。

桩的最小中心距应符合表 18-9-2 的规定。对于大面积桩群，尤其是挤土桩，桩的最小中心距宜按表列值适当加大。

排列基桩时，宜使桩群承载力合力点与竖向永久荷载合力作用点重合，并使基桩受水平力和力矩较大方向有较大抗弯截面模量。对于桩箱基础、剪力墙结构桩筏（含平板和梁板式承台）基础，宜将桩布置于墙下。对于框架—核心筒结构桩筏基础应按荷载分布考虑相互影响，将桩相对集中布置于核心筒和柱下，外围框架柱宜采用复合桩基，桩长宜小于核心筒下基桩（有合适桩端力层时）。

4. 设计承台

桩基承台的构造，除满足抗冲切、抗剪切、抗弯承载力和上部结构的要求外，尚应符合下列要求：

（1）承台的宽度不应小于 500mm。边桩中心至承台边缘的距离不宜小于桩的直径或边长，且桩的外缘至承台边缘的距离不小于 150mm。对于条形承台梁，桩的外边缘至承台梁边缘的距离不小于 75mm。

（2）承台的最小厚度不应小于 300mm。

（3）承台的配筋，对于矩形承台其钢筋应按双向均匀通长布置（见图 18-9-5a），钢筋直径不宜小于 10mm，间距不宜大于 200mm；对于三桩承台，钢筋应按三向板带均匀布置，且最里面的三根钢筋的三角形应在柱截面范围内（见图 18-9-5b）。承台梁的主筋除满足计算要求外尚应符合现行国家标准《混凝土规范》关于最小配筋率的规定，主筋直径不宜小于 12mm，架立筋不宜小于 10mm，箍筋直径不宜小于 6mm（见图 18-9-5c）；柱下独立桩基承台的最小配筋率不应小于 0.15%。钢筋锚固长度自边桩内侧（当为圆桩时，应将其直径乘以 0.886 等效为方桩）算起，锚固长度不应小于 35 倍钢筋直径，当不满足时应将钢筋向上弯折，此时钢筋水平段的长度不应小于 25 倍钢筋直径，弯折段的长度不应小于 10 倍钢筋直径。

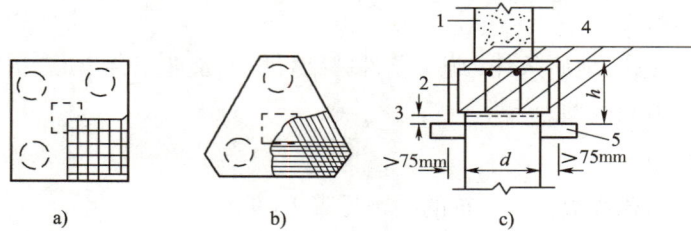

图 18-9-5 承台配筋

1-墙；2-箍筋直径≥6mm；3-桩顶入承台≥50mm；4-承台梁内主筋除须按计算配筋外尚应满足最小配筋率；
5-垫层 100mm 厚 C10 混凝土

（4）承台混凝土强度等级不应低于 C20；纵向钢筋的混凝土保护层厚度不应小于 70mm。当有混凝土垫层时，不应小于 40mm；且不应小于桩头嵌入承台内的长度。

桩下桩基承台的弯矩可按以下简化计算方法确定：

① 多桩矩形承台计算截面取在桩边和承台高度变化处（杯口外侧或台阶边缘）

$$M_x = \sum N_i y_i \qquad (18-9-7)$$

$$M_y = \sum N_i x_i \qquad (18-9-8)$$

式中：M_x、M_y——分别为垂直 y 轴和 x 轴方向计算截面处的弯矩设计值；

　　x_i、y_i——垂直 y 轴和 x 轴方向自桩轴线到相应计算截面的距离；

　　N_i——扣除承台和其上填土自重后相应于荷载效应基本组合时的第 i 桩竖向力设计值。

② 三桩承台

等边三桩承台：

$$M = \frac{N_{max}}{3}\left(s - \frac{\sqrt{3}}{4}c\right) \qquad (18-9-9)$$

式中：M——由承台形心至承台边缘距离范围内板带的弯矩设计值；

　　N_{max}——扣除承台和其上填土自重后的三桩中相应于荷载效应基本组合时的最大单桩竖向力设

计值；

s ——桩距；

c ——方柱边长，圆柱时$c = 0.866d$（d为圆柱直径）。

等腰三桩承台：

$$M_1 = \frac{N_{\max}}{3}\left(s - \frac{0.75}{\sqrt{4 - \alpha^2}}c_1\right) \tag{18-9-10}$$

$$M_2 = \frac{N_{\max}}{3}\left(\alpha s - \frac{0.75}{\sqrt{4 - \alpha^2}}c_2\right) \tag{18-9-11}$$

式中：M_1、M_2——分别为由承台形心到承台两腰和底边的距离范围内板带的弯矩设计值；

　　　　s ——长向桩距；

　　　　α ——短向桩距与长向桩距之比，当α小于0.5时，应按变截面的两桩承台设计；

　　　　c_1、c_2——分别为垂直于、平行于承台底边的柱截面边长。

对于柱下桩基础独立承台还应进行抗冲切承载力的计算。当柱边外有多排桩形成多个剪切斜截面时，尚应对每个斜截面进行验算。当承台的混凝土强度等级低于柱或桩的混凝土强度等级时，尚应验算柱下或桩上承台的局部抗压承载力。

5. 验算单桩承载力（方法同前）

6. 必要时验算地基变形（内容同前）

八、桩的负摩阻力

当因某些原因导致桩侧土的沉降大于桩身沉降时，土对桩的摩擦力向下作用，这种力称为桩的负摩擦力。因为土的沉降自上而下逐渐减小，桩的沉降近似为常量，故在某深度处有一桩土沉降相同的点，称为中性点，该点桩的轴向压力最大。负摩阻力计算复杂，目前尚处于研究阶段。

（一）应该计算负摩阻力的场合

（1）土层自身将发生沉降。如桩穿过较松散填土、自重湿陷性黄土、欠固结土，进入相对较硬土层时。

（2）施工环境条件起变化。如桩周存在软弱土层，而邻近桩侧地面承受局部较大的长期荷载，或地表大面积堆载时；由于降低地下水位，使桩周土中有效应力增大，并产生显著沉降时。

（二）计算桩侧摩阻力

符合下列条件之一的桩基，当桩周土层产生的沉降超过基桩的沉降时，在计算基桩承载力时应计入桩侧负摩阻力：

（1）桩穿越较厚松散填土、自重湿陷性黄土、欠固结土、液化土层进入相对软硬土层时；

（2）桩周存在软弱土层，邻近桩侧地面承受局部较大的长期荷载，或地面大面积堆载（包括填土）时；

（3）由于降低地下水位，使桩周土有效应力增大，并产生显著压缩沉降时。

计算桩侧负摩阻力应根据工程具体情况考虑，最好依据实测资料确定。仅当无工程经验与实测资料时，按下述方法进行估算：

首先确定中性点位置。中性点深度L_n应按桩周土沉降与桩沉降相等的条件确定，也可参照表18-9-3确定，表中L_0为桩周沉降变形土层下限深度。如桩穿越自重湿陷性黄土层而持力层非基岩时，L_n按表列数值增大10%。

中　性　点　深　度　比 L_n　　　　　　　　　表 18-9-3

持力层性质	黏性土、粉土	中密以上砂	砾石、卵石	基岩
中性点深度比（l_n/l_0）	0.5~0.6	0.7~0.8	0.9	1.0

注：1.l_n、l_0分别为自桩顶算起的中性点深度和桩周软弱土层下限深度。

2.桩穿过自重湿陷性黄土层时，l_n可按表列值增大 10%（持力层为基岩除外）。

3.当桩周土层固结与桩基固结沉降同时完成时，取 $l_n = 0$。

4.当桩周土层计算沉降量小于 20mm 时，l_n应按表列值乘以 0.4~0.8 折减。

其次区分不同传力类型的桩，按不同的原则计算：

（1）对一般摩擦桩，中性点以上的侧负摩阻力不计入桩的承载力。

（2）对端承桩除上条内容外，还应计入负摩阻力引起的下拉荷载影响，需要时可查相应资料，此处从略。

习　题

18-9-1　当桩周产生负摩阻力时，桩相对于地基土的位移是（　　　）。

　　　　A. 向上　　　　　　　B. 向下　　　　　　　　C. 为零　　　　　　　　D. 侧向

18-9-2　单向偏心受压群桩基础，单桩的几何尺寸均相同，对称行列式排列，每根桩桩顶所承受的竖向力可能是（　　　）。

　　　　①都不相同；②各行相同，各列不同；③各行不同，各列相同；④对角线方向对称的桩相同。

　　　　A. ①④　　　　　　　B. ②③　　　　　　　　C. ②④　　　　　　　　D. ③④

18-9-3　端承型桩是指桩顶竖向荷载主要由（　　　）。

　　　　A. 桩顶阻力分担　　　B. 桩端阻力分担　　　C. 桩侧阻力分担　　　D. 桩周阻力分担

18-9-4　偏心竖向力作用下，单桩竖向承载力应满足的条件是（　　　）。

　　　　A. $Q_k \leqslant R_a$　　　　　　　　　　　　　　B. $Q_{ikmax} \leqslant 1.2R_a$

　　　　C. $Q_k \leqslant R_a$ 且 $Q_{ikmax} \leqslant 1.2R_a$　　　　D. $Q_{ikmin} \geqslant 0$

18-9-5　某直径为 400mm、桩长为 10m 的钢筋混凝土预制摩擦型桩，桩端阻力特征值$q_{pa} = 3\,000$kPa，桩侧阻力特征值$q_{sia} = 100$kPa，初步设计时，单桩竖向承载力特征值为（　　　）。

　　　　A. 1 737kN　　　　　B. 1 634kN　　　　　　C. 777kN　　　　　　　D. 1 257kN

18-9-6　群桩承载力可以按其单桩承载力之和的是（　　　）。

　　　　A. 桩数大于 3 根的端承桩　　　　　　　　　B. 桩数大于 3 根的端承摩擦桩

　　　　C. 桩数大于 3 根的摩擦桩　　　　　　　　　D. 桩数大于 3 根的摩擦端承桩

18-9-7　扩底灌注桩的扩底直径不应大于桩身直径的（　　　）。

　　　　A. 4 倍　　　　　　　B. 3 倍　　　　　　　　C. 5 倍　　　　　　　　D. 2 倍

18-9-8　摩擦型桩的中心距不宜小于桩身直径的（　　　）。

　　　　A. 4 倍　　　　　　　B. 3 倍　　　　　　　　C. 1 倍　　　　　　　　D. 2 倍

18-9-9　布置桩位时，宜使（　　　）。

　　　　A. 桩基承载力合力点与永久荷载合力作用点重合

　　　　B. 桩基承载力合力点与可变荷载合力作用点重合

C. 桩基承载力合力点与所有荷载合力作用点重合

D. 桩基承载力合力点与准永久荷载合力作用点重合

18-9-10　桩数 4 根的桩基础，若作用于承台顶面的轴心竖向力 $F_k = 200kN$，承台及上覆土自重 $G_k = 200kN$，则作用于任一单桩的竖向力 Q_{ik} 为（　　）。

A. 200kN　　　　　　B. 50kN　　　　　　C. 150kN　　　　　　D. 100kN

18-9-11　单桩轴力分布规律为（　　）。

A. 由上而下直线增大　　　　　　　　　　B. 由上而下曲线增大

C. 由上而下直线减小　　　　　　　　　　D. 由上而下曲线减小

第十节　特殊性土

特殊土包括软弱土、湿陷性黄土、膨胀土、红黏土、季节性冻土以及山区土等。由于它们形成时的环境和历史条件不同，且具有一定的区域性，所以其组织和结构较一般土有其特殊性。

一、软弱土

软弱土地基包括软土、冲填土、杂填土以及其他高压缩性土构成的地基。

（一）软土的成因

软土是指在静水或缓慢流水环境中沉积的软塑到流塑状态的饱和黏性土。天然含水率大、压缩性高、承载力低是其主要特征。

我国沿海地区、内陆平原以及山区都广泛分布着各种软土。主要有三角洲相沉积、滨海相沉积、溺谷相沉积、湖相沉积和沼泽沉积。山区软土则分布在多雨地区的山间谷地、冲沟、河滩阶地和各种洼地。

（二）软土的特性

（1）含水率大、孔隙比大、天然含水率大于液限、孔隙比大于1.0，一般属于淤泥或淤泥质土。山区软土的含水率有时高达 200%，孔隙比大于 6.0。

（2）压缩性高。软土的压缩性随液限的增加而增大，其压缩系数 a_{1-2} 一般大于 0.5MPa^{-1}，最大可达 2MPa^{-1}。

（3）抗剪强度低。这与加荷速度及排水条件有关。在不排水剪时，内摩擦角等于零，黏聚力值一般小于 20kPa，地基承载力常为 50~80kPa。

软土地基确定抗剪强度时，正确选择剪切试验方法很重要。应根据地基应力状态、加荷速率和排水条件等来选择。对排水条件较差，加荷速率较快的地基，宜采用不排水剪。当地基在荷载作用下有可能达到一定程度的固结时，可采用固结不排水剪。当有条件计算出地基中的孔隙水压力分布时，则可用有效应力法以确定有效抗剪强度指标。

（4）透水性小。多数软土层中夹有带状夹砂层，因此，水平方向的渗透系数较垂直方向大，垂直方向的渗透系数一般在 10^{-6}~10^{-8}cm/s 之间，因此，饱和软土的固结时间相当长，同时，在加荷初期，地基中常出现较高的孔隙水压力，影响地基的强度。

（5）具有触变性和流变性。当软土的结构未被破坏时，具有一定的结构强度，但一经扰动，土的结构强度便被破坏。软土的这种触变性常用灵敏度表示，灵敏度一般在3~4之间，个别情况可达8~9。软土的流变性则反应在剪应力作用下，土体发生缓慢而长期的剪切变形，土体的长期强度小于瞬时强度。

二、膨胀土

（一）膨胀土的特征及其危害

膨胀土是指黏粒成分主要由强亲水性矿物组成，具有显著吸水膨胀和失水收缩特性，其自由膨胀率≥40%的黏性土。在北美、澳大利亚，我国的广西、云南、湖北、河南、安徽、四川、河北、山东、陕西、江苏、贵州和广东等地区有膨胀土的分布。膨胀土为高塑性黏土。黏粒成分主要由强亲水性矿物组成，具有明显的吸水膨胀和失水收缩性。一般强度高、压缩性低，常被误认为是良好的地基。实际上，由于它具有较强烈的膨胀和收缩特性，能使基础升降、建筑物和地坪开裂和变形，尤其对低层轻型房屋和构筑物带来的危害更大。

根据我国12个地区的资料统计，膨胀土多分布在二级及二级以上的河谷阶地、山前丘陵和盆地边缘，一般埋藏较浅，常见于地表。例如，在邯郸丘陵地带可在表层发现膨胀土。

膨胀土的自然坡度角很小，地形上无明显的天然陡坎。湖北郧县的实测剖面，其自然稳定边坡角在9°~11°。在沟谷头部、路堑边坡上有较多的滑塌和浅层滑坡。旱季时，地表出现地裂，雨季闭合，地裂两壁陡直、粗糙，宽度在地面处为上大下小，深度在3~8m之间，长度为10~80m，裂隙发育常有光滑面和擦痕，有的裂隙间充满着灰白、灰绿色黏土。房屋裂缝还随气候变化张开和闭合。

膨胀土的黏土的矿物成分中含有较多的蒙脱土、伊里土、多水高岭土，这类矿物具有较强的与水结合的能力及吸水膨胀性。特别是蒙脱土含量直接决定胀缩性能的大小。土中黏粒含量越多，则土的胀缩性越强。土的天然孔隙比越小，则膨胀越大，收缩越小；孔隙比越大，则收缩越大，土的结构强度越大，土体限制胀缩变形的能力也越大。

水是引起土胀缩的外界因素。土中水分增加使颗粒间隙增大，薄膜水层加厚而产生膨胀；土体失水使颗粒间隙缩小而引起土体收缩。地形较高处，土中水分蒸发较快，地基的膨胀变形较低地大；在炎热干旱地区，建筑物周围的阔叶树，由于吸水，对建筑物的膨胀变形也造成不利影响。房屋的向阳面开裂较多，背阳面开裂较少。此外，建筑物的渗水、高温建筑物都会因不均匀的胀缩变形而引起开裂。

由于膨胀土具有较大的吸水膨胀、失水收缩的变形特征，建造在膨胀土地基上的建筑物，常随着季节气候的变化而反复出现不均匀的升降，从而使房屋破坏。

（二）膨胀土的胀缩性指标和地基评价

膨胀土有吸水膨胀、失水收缩的性能，但又有一般黏性土具有的许多共性。怎样区分膨胀土与其他黏性土，这是在进行勘察设计时首先要解决的问题。我国采取了综合判别的方法，即：①首先以工程地质为主，进行现物勘察，调查了解场地土的野外特征，初步判定有无膨胀土。②当发现有膨胀土特征时，除采取土样进行一般的物理力学性质试验外，还应进行膨胀土的特征试验，如测定自由膨胀率、膨胀率、收缩系数、膨胀力等指标，用以评定膨胀土的胀缩性强弱、胀缩性等级，作为膨胀土地基设计和采取工程措施的依据。

1.胀缩性指标

（1）自由膨胀率。它是指将通过0.5mm筛的烘干土浸泡于水中，经过充分吸水膨胀后所增加的体积与原干土体积之比，以百分数表示。自由膨胀率用来测定黏性土颗粒在无结构力影响下的膨胀特性。

（2）膨胀率。它是指在一定压力作用下，处于侧限条件下的原状土样在浸水后，试样增加的高度与原高度之比，为单位体积的膨胀率。

（3）膨胀力。它是原状土样在体积不变时，由于浸水膨胀产生的最大内应力。

（4）线缩率和收缩系数。线缩率为土的垂直收缩变形与原始高度之比；收缩系数为土样在收缩过程中，含水量每减少1%时所对应线缩率的改变量。

2. 膨胀土地基评价

（1）膨胀土的判别。凡是有上述膨胀土野外特征和建筑物开裂破坏特征，且自由膨胀率≥40%的黏性土，宜判别为膨胀土。在特殊情况下，尚可根据蒙脱土含量占全重的比例确定；当蒙脱土含量大于或等于全重的7%时，亦可判定为膨胀土。

（2）亲水性分级。根据自由膨胀率和蒙脱土含量，可将膨胀土的亲水性划分为强、中等和弱三级。

（3）地基分级变形量。地基分级变形量s等于地基土的膨胀变形量与收缩变形量之和。

（4）膨胀土地基承载力。膨胀土浸水后强度降低，膨胀量越多，强度降低也越多。在压力为零时膨胀量最大，承载力降低最多；而在较高压力时，膨胀量小，承载力降低也少。基础受土的膨胀量的影响与基础的大小、埋置深度、荷重大小以及土中含水量的变化等因素有关。基础埋深超过大气影响深度时，土中含水量变化较小，此时可直接采用天然含水量状态下的容许承载力；基础上受荷载较大时，如果基底压力超过土的膨胀力，也可换天然含水量状态时的容许承载力进行基础设计。

如果不符合上述两种情况，例如一些轻型浅埋基础房屋，就要采用在实际基底压力下浸水后的容许承载力。由于膨胀土裂隙较发育，室内剪切试验不能反映实际土的抗剪能力，因此往往需要进行现场载荷试验确定地基承载力。

膨胀土地区的基础设计，应充分利用地基土的容许承载力，并采用缩小基底面积、合理选择基底形式等措施，以便增大基底压力、减少地基膨胀变形量。膨胀土地基的容许承载力，可根据土的含水量按下列方法确定：

① 当土的天然含水率 $w_0 < 0.8w_p$（w_p 为塑限含水率）时，可选用土的膨胀力作为容许承载力；

② 当土的天然含水率 $w_0 > 1.2w_p$ 时，宜进行荷载试验确定。

膨胀土地基上的建筑物都要验算地基变形量。位于坡地场地上的建筑物的地基，尚应验算地基的稳定性。

三、红黏土

（一）红黏土的形成条件

红黏土是石灰岩、白云岩等碳酸盐类岩石，在亚热带高温潮湿气候条件下，经红土化作用形成的高塑性红色黏土。一般 $w_L > 50\%$。经再次搬运后，仍保留红黏土的基本特征。对于 $w_L > 45\%$ 的土，为次生红黏土。

红黏土在我国西南地区云南、贵州省和广西壮族自治区分布广泛；广东、海南、福建、江西、四川、湖北、湖南、安徽等省也有分布，一般以山区或丘陵地带居多。

岩溶地区的基岩上常覆盖红黏土。由于地表水和地下水的运动引起的冲蚀和潜蚀作用，造成红黏土中产生土洞。除了碳酸盐岩类出露区的红黏土以外，还有玄武岩出露区红黏土、花岗岩出露区红黏土。

（二）红黏土的特征

红黏土呈褐红、棕红、紫红及黄褐色。土层一般厚 3~10m，个别地带厚达 20~30m。因受基岩起伏影响，往往水平距离仅 1m，而厚度突变却达 4~5m，极不均匀。其沿深度上部硬，下部软。因胀缩交替变化，红黏土中网状裂隙发育，裂隙延伸至地下 3~4m，破坏了土体的完整性。位于斜坡、陡坎上的竖向裂隙，可能形成滑坡。

（三）红黏土的物理力学性质

天然含水率 $w = 20\% \sim 75\%$，液限在 50% 以上，塑限在 30% 以上，液性指数 I_L 较小仅为 0.1~0.4，大多数呈坚硬与硬塑状态。饱和度 $S_r > 85\%$，常处于饱和状态。天然孔隙比很大，$e = 1.1 \sim 1.7$。黏粒含量高，小于 0.005mm 颗粒含量达 55%~70%。红黏土含水率虽高，但土体一般仍处于硬塑或坚硬状态，而且具有较高的强度和较低的压缩性。在孔隙比相同时，它的承载力约为软黏土的 2~3 倍。因此，从土的性质来说，红黏土是建筑物较好的地基，但也存在下列一些问题：

（1）有些地区的红黏土受水浸湿后体积膨胀，干燥失水后体积收缩而具有胀缩性。

（2）红黏土厚度分布不均，其厚度与下卧基岩面的状态和风化深度有关。常因石灰岩表面石芽、溶沟等的存在，而使上覆红黏土的厚度在短距离内相差悬殊（有的 1m 之间相差竟达 8m），造成地基的不均匀性，应考虑地基不均匀沉降。

（3）红黏土沿深度自上而下含水量增加，土质有由硬至软的明显变化。应充分利用其上部作为天然浅基础的持力层。接近下卧基岩面处，土常呈软塑或流塑状态，其强度低、压缩性较大。

（4）红黏土地区的岩溶现象一般较为发育。由于地表水和地下水的运动引起的冲蚀和潜蚀作用，在隐伏岩溶上的红黏土层常有土洞存在，因而影响场地的稳定性。

四、黄土

黄土是我国地域分布最广的一种特殊性土类。它是第四纪的一种特殊堆积物。其主要特征为：颜色以黄为主，有灰黄、褐黄等；含有大量粉粒，一般在 55% 以上；具有肉眼可见的大孔隙，孔隙比在 1.0 左右；富含碳酸盐类；无层理，垂直节理发育；具有湿陷性和易溶蚀、易冲刷性等。对工程建设有其特殊的危害性。

（一）黄土的成因特征及其分布

我国黄土广泛分布于北纬 34°~45° 之间，面积达 60 万 km^2 的干旱和干旱区内。而以黄土高原的黄土分布最为集中，沉积最为典型。

黄土的成因特征主要是以风力搬运堆积为主。从西北黄土高原到华北山西、河南一带，黄土的厚度逐渐变薄，湿陷性逐渐降低。

黄土因沉积的地质年代不同在性质上有很大差别，晚更新世（Q_3）及其后的黄土又因成因不同而有明显差别。原生黄土具有风沉积的全部特征。黄土沉积后，经后期其他地质作用改造再沉积的类似黄土的沉积物，称为次生黄土。黄土形成年代越久，大孔结构退化，土质越趋密实，强度高而压缩性小，湿陷性减弱，甚至不具湿陷性。反之形成年代越近，黄土特性更明显。

（二）黄土的湿陷性及其评价

在覆盖土层的自重压力或与建筑物附加压力共同作用下受水浸湿，由于充填在土颗粒间的可溶盐类物质遇水溶解，土的结构迅速破坏，强度迅速降低，并发生显著附加下沉的黄土称为湿陷性黄土，它分为非自重湿陷性和自重湿陷性两种。

黄土湿陷的机理通常认为是由黄土的大孔隙结构特性和胶结物质的水理特性决定的。

黄土中胶结物的含量和成分以及颗粒的组成和分布，对于黄土的结构特点和湿陷性的强弱有着重要的影响。胶结物含量大、黏粒含量多、黄土的结构致密，则黄土的湿陷性降低。

（三）黄土地基的工程措施

湿陷性黄土地基的设计和施工，除了必须遵循一般地基的设计和施工原则外，在确定正常情况下湿陷性黄土地基承载力时，可不考虑地基浸水所引起的变化。但针对湿陷性，应采取地基处理、防水措施与结构措施：①处理地基，以消除产生湿陷性的内在原因；②防水和排水，防止产生引起湿陷的外界条件；③采取结构措施，改善建筑物对不均匀沉降的适应性和抵抗的能力。

结构措施是补充地基处理和防水措施不可缺少的辅助手段，可以增强建筑物适应或抵抗因湿陷引起的不均匀沉降的能力。主要有：

（1）加强建筑物的整体性和空间刚度。建筑体型力求简单，否则须用沉降缝分割成平面形状简单且具有足够刚度的独立单元。

（2）选择适宜的结构和基础形式。单层工业厂房宜用铰接排架；对多层厂房和民用建筑，不宜用内框架结构。

（3）加强砌体和构件的刚度。

（4）预留适应沉降的净空。

【例 18-10-1】关于湿陷性黄土，下列说法不正确的是：

    A. 湿陷性黄土地基遇水后发生很大的沉降

    B. 湿陷性特指黄土，其他种类的土不具有湿陷性

    C. 湿陷性黄土的湿陷变形与所受到的应力也有关系

    D. 将湿陷性黄土加密到一定密度后就可以消除其湿陷性

解　黄土具有大孔结构和盐类胶结，在遇水后湿陷是其工程地质特性。但也有具有湿陷性的其他种类的土。

答案：B

五、冻土

（一）冻土的特征及分布

凡温度等于或低于零摄氏度，且含有固态冰的土称为冻土。冻土按其冻结时间长短可分为三类：瞬时冻土，冻结时间小于 1 个月，一般为数天或几个小时（夜间冻结）；冻结深度从几毫米至几十毫米。季节冻土，冻结时间等于或大于 1 个月，冻结深度从几十毫米至 1~2m；是每年冬季发生的周期性冻土。多年冻土，冻结时间连续 3 年或 3 年以上。多年冻土在我国主要分布在青藏高原和东北大、小兴安岭，在东部和西部地区一些高山顶部也有分布。多年冻土占我国总国土面积的 20%以上，占世界多年冻土总面积的 10%。

多年冻土上部受季节性融化与冻结作用影响的，称为季节性融化层；在多年冻土层上下限之间没有局部融区的，称为连续多年冻土；有局部融区存在的，称为不连续多年冻土。

（二）冻土的力学性质

土的冻胀作用常以冻胀量、冻胀强度、冻胀力和冻结力等指标来衡量。

1.冻胀量

天然地基的冻胀量有两种情况：无地下水源和有地下水源补给。对于无地下水源补给的，冻胀量等于在冻结深度 H 范围内自由水冻结时的体积。对于有地下水源补给的情况，冻胀量与冻结时间有关，应现场实测。

2. 冻胀强度（冻胀率）

单位冻结深度的冻胀量称为冻胀强度或冻胀率。

3. 冻胀力

土在冻结时由于体积膨胀对基础产生的作用力称为土的冻胀力。冻胀力按其作用方向可分为作用在基础底面的法向冻胀力和作用在侧面的切向冻胀力。冻胀力的大小除与土质、土温、水文地质条件和冻结速度有密切关系外，还和基础埋深、材料和侧面的粗糙程度有关。在无水源补给的封闭系统，冻胀力一般不大；对于有水源补给的敞开系统，冻胀力就可能成倍增加。法向冻胀力一般都很大，非建筑物自重所能克服的，所以一般要求基础埋置在冻结深度以下，或采取消除的措施。切向冻胀力可在建筑物使用条件下通过现场或室内试验求得。也可根据经验查有关表格确定。

4. 冻结力

冻土与基础表面通过冰晶胶结在一起，这种胶结力称为冻结力。冻结力的作用方向总是与外荷的总作用方向相反。在冻土的融化层回冻期间，冻结力起抗冻胀的锚固作用；而当季节融化层融化时，位于多年冻土中的基础侧面相应产生方向向上的冻结力，它又起了抗下沉的承载作用。影响冻结力的因素很多，除了温度与含水量外，还与基础材料表面粗糙度有关。表面粗糙度高，冻结力也高。在多年冻土地基设计中应考虑冻结力的作用。

【例 18-10-2】 关于土的冻胀，下列说法正确的是：

    A. 碎石土中黏粒含量较高时也会发生冻胀

    B. 一般情况下粉土的冻胀性最弱，因为它比较松散，不易冻胀

    C. 在冻胀性土上不能修建建筑物，应当将冻胀性土全部清除

    D. 土的冻胀性主要取决于含水量，与土的颗粒级配无关

解 土中水冻结膨胀体积增大约 9%，黏性土颗粒具有分子引力和电场力，即具有吸附水分子的能力，当其含量较高，吸附水能力强，吸附水较多时也会发生冻胀现象。

答案： A

六、可液化土

（一）地基液化的机理

饱和松砂与粉土主要是单粒结构，处于不稳定状态。在强烈地震作用下，疏松不稳定的砂粒与粉粒移动到更稳定的位置；但地下水位以下土的孔隙已完全被水充满，在地震作用的短暂时间内，土中的孔隙水无法排出，致使孔隙水压力增高，当孔隙水压力大于或等于土的总应力时，此时土体的有效应力为零，土颗粒处于悬浮状态，地基丧失承载力，造成地基不均匀下沉，导致建筑物破坏。

（二）地基液化的条件

（1）土的相对密实度 $D_r < 70\%$、平均粒径 $d_{50} = 0.05 \sim 0.09\text{mm}$ 的粉砂、细砂或粉土最容易液化。

（2）上覆土层厚度较小且处于地下水位以下，呈饱和状态。

（3）遭遇大、中地震。

有时砂土或粉土受振，虽有孔隙水压力上升和抗剪强度降低的现象，但仍有一定的承载力，此种现象称为砂土或粉土的部分液化。无论是完全液化还是部分液化，都可能危及地面建筑物，应进行防治。

饱和砂土与粉土是否会产生液化，取决于土本身的特性、原始静应力状态及振动特性。通过大量地震调查与研究证明：土粒粗、级配好、密度大、排水条件好、静载力、振动时间短、振动强度低等因素，

有利于土体的抗液化性能。孔隙水压力大，可液化的粒径区间也大，9 度烈度，粗砂也可喷出地面。

【例 18-10-3】饱和砂土在振动下液化，主要原因是：

    A. 振动中细颗粒流失

    B. 振动中孔压升高，导致土的强度丧失

    C. 振动中总应力大大增加，超过了土的抗剪强度

    D. 在振动中孔隙水流动加剧，引起管涌破坏

解　饱和砂土在振动作用下，土中孔隙水压力增大，当孔隙水压力增大到与土的总应力相等时，土的有效应力为零，土颗粒处于悬浮状态，表现出类似水的性质而完全丧失其抗剪强度，土即发生液化。

答案： B

七、盐渍土

（一）盐渍土的成因

土体中易溶盐含量超过 0.3%，这种土称为盐渍土。盐渍土的成因取决于三个方面：盐源、迁移和积聚。

盐渍土中的盐主要来源有三种：一是岩石在风化过程中分离出少量的盐；二是海水侵入、倒灌等渗入土中；三是工业废水或含盐废弃物，使土体中含盐量增高。

盐的迁移积聚主要靠风力或水流来完成的。

（二）盐渍土的分布

我国的盐渍土主要分布在西北干旱地区的新疆、青海、甘肃、宁夏、内蒙古等地势低洼的盆地和平原上。其次分布于华北平原、松辽平原等。另外在滨海地区的辽东湾、渤海湾、莱州湾、杭州湾以及包括台湾在内的诸岛屿沿岸，也有相当面积的存在。

有些盐渍土以含碳酸钠或碳酸氢钠为主，碱性较大，一般 pH 值为 8~10.5，这种土称为碱土或碱性盐渍土，农业上称为苏打土。这种土零星分布于我国东北的松辽平原，华北的黄、淮、海河平原。

（三）盐渍土的分类与评价

盐渍土按所含盐的类别、溶解度和含盐量进行分类。按含盐的成分分类分为氯盐、硫酸盐和碳酸盐。按含盐的溶解度分类分为：易溶盐渍土、中溶盐渍土和难溶盐渍土。

盐渍土的评价主要从地基的溶陷性、盐胀性和腐蚀性三方面考虑。

【例 18-10-4】下面哪一项不属于盐渍土的主要特点：

    A. 溶陷性　　　　　　　　　　　　B. 盐胀性

    C. 腐蚀性　　　　　　　　　　　　D. 遇水膨胀，失水收缩

解　盐渍土的特点为溶陷性、盐胀性、腐蚀性。

答案： D

习　题

18-10-1　淤泥是指（　　　）。

    A. $w > w_L$，$e \leqslant 1.5$　　　　　　　　B. $w > w_L$，$e < 1.0$

    C. $w > w_L$，$e \geqslant 1.5$　　　　　　　　D. $w > w_L$，$e > 1.0$

18-10-2 《地基规范》规定，红黏土的液限一般大于（　　　）。

A. 50%　　　　　　　B. 45%　　　　　　　C. 60%　　　　　　　D. 55%

18-10-3 在软土地基开挖基坑时，为不扰动原状土结构，坑底保留的原状土层厚度一般为（　　　）。

A. 100mm　　　　　　B. 300mm　　　　　　C. 400mm　　　　　　D. 200mm

第十一节　地基处理

为节约耕地而又要满足各类生产和生活设施建设用地需求，必须充分利用各类软弱地基。因此必须掌握其特性及处理方法。

一、软弱地基与复合地基

软土地基、杂填土和冲填土地基均属软弱地基。

杂填土是人类活动而任意堆填的建筑垃圾、工业废料和生活垃圾。杂填土的主要特性是强度低、压缩性高和均匀性差。

冲填土是用挖泥船或泥浆泵将泥沙夹带大量水分吹送到江河两岸而形成的沉积土层。在冲填土地基上建造房屋，应考虑它的欠固结影响和不均匀性。

淤泥及淤泥质土统称软土。其含水量高，孔隙比大。

天然含水量大于液限，天然孔隙比大于或等于 1.5 的黏性土称为淤泥。天然孔隙比小于 1.5 而大于等于 1.0 时称为淤泥质土。

软土具有高压缩性，压缩系数通常为 $0.5\sim2.0\text{MPa}^{-1}$，个别可达 4.2MPa^{-1}，且其压缩性随液限的增大而增高。软土渗透性差，强度低，具有显著的结构性（一旦受扰动，其强度显著降低），具有明显的流变性，可产生较大的次固结沉降。软土地基上的建筑物沉降量大，沉降稳定时间长。

复合地基是指在地基处理过程中，由天然地基土体或被改良的天然地基土体与得到增强或被置换的增强土体两部分组成的人工地基，两者共同承担上部荷载，并协调变形。

二、常用地基处理方法

（一）换填法

换填法是将天然软弱土层挖去或部分挖去，分层回填强度较高、压缩性较低且无腐蚀性的材料，压或夯实后作为地基持力层，故也称为换土垫层法或开挖置换法。

换填法的主要作用是：提高基础底面以下地基浅层的承载力，减少沉降量，加速地基的排水固结，防止冻胀，消除地基的湿陷性和胀缩性。换填法适用于淤泥、淤泥质土、湿陷性黄土、膨胀土、素填土、杂填土、季节性冻土以及暗沟、暗塘等浅层地基的处理。

垫层设计除选定材料外（多用砂、砾石、碎石、矿渣、灰土，不宜用粉土或细砂），主要是确定垫层厚度及宽度，此处仅介绍常用的计算方法。厚度由下卧土层的承载力决定，宽度应满足基础底面应力扩散要求和防止垫层向两侧挤动。计算简图见图 18-11-1。

砂垫层的承载力标准值可取为 130~300kPa，基础埋深与底宽必须要满足承载力要求。

1. 垫层厚度的确定

采用试算法，先按经验初拟厚度，一般为 1.0~1.5m，不宜大于 3m，小于 0.5m。再按下式验算软弱下卧层的强度

$$p_z + p_{cz} \leqslant f_z \tag{18-11-1}$$

式中：p_z ——$(d+z)$深度处的附加应力（见图 18-11-1）；

$\quad\quad p_{cz}$ ——砂垫层底面处的自重应力。

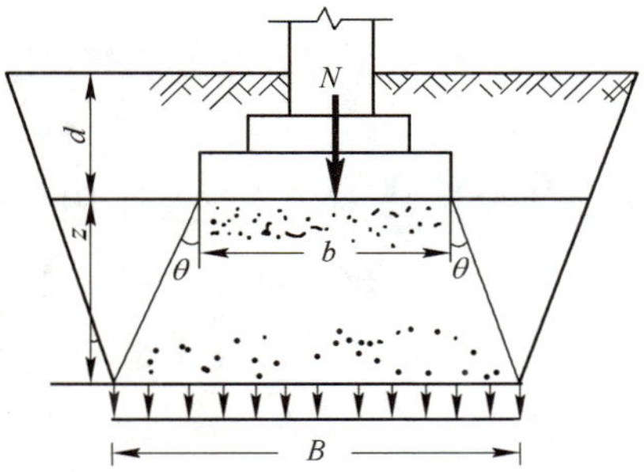

为了简便，σ_z 值可按应力扩散法计算。

条形基础

$$p_z = \frac{b(p - \sigma_c)}{b + 2z\tan\theta} \tag{18-11-2}$$

矩形基础

$$p_z = \frac{bl(p_k - \sigma_c)}{(l + 2z\tan\theta)(b + 2z\tan\theta)} \tag{18-11-3}$$

式中：σ_c ——基底处土的自重应力；

$\quad\quad p_k$ ——相当于荷载效应标准组合时，基底平均压力；

$\quad\quad f_z$ ——$(d+z)$深度处，软弱土层层面处的地基承载力特征值（经$d+z$修正）；

$\quad\quad b$、l ——分别为基底宽度和长度；

$\quad\quad \theta$ ——应力扩散角，可查规范表格，一般砂、碎石的θ在 20°~30°之间。

2. 垫层宽度的确定

如上式能满足，砂垫层底宽应不小于$b + 2z\tan\theta$。考虑侧向挤压时，应加宽构造尺寸，即每侧加宽不应小于 300mm。按常规的边坡设计即可得出垫层上部宽度。

【例 18-11-1】 在进行地基处理时，淤泥和淤泥质土的浅层处理宜采用下面哪种方法？

　　A. 换土垫层法　　　　　　　　　B. 砂石桩挤密法

　　C. 强夯法　　　　　　　　　　　D. 振冲挤密法

解　换土垫层法主要应用于浅层地基处理。砂石桩挤密法适用于挤密松散砂土、粉土、黏性土、素填土、杂填土等地基。强夯法适用于处理碎石土、砂土、低饱和度的粉土与黏性土、湿陷性黄土、杂填土和素填土等地基。振冲挤密法适用于处理砂土和粉土等地基。

答案： A

（二）排水预压法

在建筑物建造以前对其场地进行预压，使地基在预压过程中排水固结，沉降基本完成，以提高地基土的强度。预压系统有加载预压和真空预压之分，排水系统有砂井、塑料排水等。预压法适用于淤泥、淤泥质土、冲填土等饱和黏性土的地基处理。可参见《建筑地基处理技术规范》（JGJ 79—2012）预压地基内容。

【例 18-11-2】 采用真空预压法加固地基，计算表明在规定时间内达不到要求的固结度，加快固结进程时，下面哪种措施是正确的？

　　A. 增加预压荷载　　　　　　　　B. 减小预压荷载

　　C. 减小井径比　　　　　　　　　D. 将真空预压法改为堆载预压

图 18-11-1　砂垫层计算简图

解　井径比为砂井的有效排水直径d_e与砂井的直径d_w之比。加大砂井直径、增加砂井数量（即减少砂井间距）或减小井径比可加快地基固结进程。

答案：C

【例18-11-3】对软土地基采用真空预压法进行加固后，下面哪一项指标会减小？

  A. 压缩系数   B. 抗剪强度   C. 饱和度   D. 土的重度

解　对软土地基进行真空预压法加固后，孔隙水排出，孔隙减小，其孔隙比减小，压缩系数减小，渗透系数减小，黏聚力增大，土的重度增大，抗剪强度增加。真空预压法主要是将孔隙中的水排出，土体固结所产生的沉降量主要是孔隙中水的体积减小引起的。即使固结中饱和度有变化，但也很小，因为软土地基接近饱和。

答案：A

【例18-11-4】关于堆载预压法加固地基，下面说法正确的是：

  A. 砂井除了起加速固结的作用外，还作为复合地基提高地基的承载力

  B. 在砂井长度相等的情况下，较大的砂井直径和较小的砂井间距都能够加速地基的固结

  C. 堆载预压时控制堆载速度的目的是让地基发生充分的蠕变变形

  D. 为了防止预压时地基失稳，堆载预压通常要求预压荷载小于基础底面的设计压力

解　A项，砂井仅起到加速固结的作用；C项，在预压过程中控制加载速率，可防止因加载速率过快而导致土体结构破坏；D项，堆载预压荷载的大小应根据设计要求确定，宜使得预压荷载下受压土层各点的有效竖向应力大于建筑物荷载引起的相应点的附加应力。

答案：B

（三）碾压、夯实法

碾压、夯实法历来是加固地基、修路、筑堤坝等工程常用的浅层压实地基处理方法，通过夯击及碾压可达到减少孔隙体积，使土密实，提高抗剪强度，减小沉降量和提高承载力的目的。

可采用相应夯实、碾压和振动碾压等相应的设备对土进行压（夯）实，对于回填土可以采用分层压（夯）实的方法。施工现场压（夯）质量采用压实系数λ_c来控制。如前述采用室内击实试验来模拟工地压实是可行的，但施工参数（施工机械、填土厚度、压实遍数和填筑含水量）应由工地试验确定。压实系数λ_c为施工现场要求达到的干重度与室内试验得到的最大干重度的比值。压（夯）实地基可参见《建筑地基处理技术规范》（JGJ 79—2012）相关内容。

（四）强夯法（压实法之一）

强夯是将很重的锤（一般重10~60t）从高处（6~40m）自由下落，给地基以冲击和振动。巨大的冲击能量在土中产生很强的冲击波和动应力，致使地基压缩和振密，从而提高地基土的强度并降低其压缩性。此外，强夯法尚可改善地基土抵抗振动液化的能力和消除黄土的湿陷性。

经强夯法处理的地基，其承载力可提高2~5倍，压缩性可降低50%~90%，此法适用于碎石土、砂土、低饱和度的粉土和黏性土、湿陷性黄土、杂填土和素填土地基。它不仅能在陆上施工，还可在不深的水下夯实地基。但在饱和黏土中使用效果不易掌握，应慎重对待。

强夯法加固效果好、速度快、节省材料且用途广泛。其缺点是施工时的噪声和振动大，且影响邻近建筑物，在建筑物稠密地区不宜使用。

【例18-11-5】强夯法处理黏性土地基后，地基土层的下列哪一性质发生了变化？

  A. 颗粒级配   B. 相对密度   C. 矿物成分   D. 孔隙比

解　强夯法加固地基的效果是使土体内土颗粒之间孔隙挤得更小，土颗粒挤得更紧密，孔隙比更小。而颗粒级配、相对密度、矿物成分都不会变。

答案：D

（五）深层挤密法

依挤密法填入材料的不同，可分为砂桩、石灰桩、土桩和碎石桩等。挤密法主要是靠桩管打入或振入地基时对软弱土产生横向挤密作用，从而使土的压缩性减小、抗剪强度提高。由于桩体有较高的承载力和变形模量，截面又较大，约占松软土加固面积的 20%，可与软弱土形成复合地基共同承受建筑物和构筑物的荷载。

在我国，技术上较为成熟的深层挤密法有：

（1）挤密桩法——由碎石、砂、灰土等材料及土构成的挤密桩等将需加固的地基土挤密，挤密桩与周围地基共同形成"复合地基"的方法。

复合地基面积置换率：

$$m = \frac{A_p}{A_e} \tag{18-11-4}$$

式中：A_p——一根加固桩体的横截面积；

　　　A_e——一根加固桩体所承担的加固地基的面积。

（2）振动水冲法——利用振动器边振边冲，使松砂地基密实（振冲密实），或在黏性地基中成孔填入碎石后形成复合地基（振冲置换）；

（3）砂石桩法——由桩间挤密土和锤击或振动密实的砂石桩体，组成砂石桩挤密的复合地基。

（六）旋喷法

旋喷法是利用钻机钻至相应土层，将钻杆下端特殊喷嘴喷出的高速水泥浆与土体充分搅拌混合，在地基中形成直径比较均匀的胶结硬化并具有一定强度的桩体，从而使地基得到加固的方法。旋喷法适用于处理淤泥、淤泥质土、黏粉砂土、黄土、素填土和碎石土等地基。

【例 18-11-6】 复合地基中桩的直径为 0.36m，桩的间距（中心距）为 1.2m，当桩按正方形布置时，面积置换率为：

　　　　A. 0.142　　　　　　B. 0.035　　　　　　C. 0.265　　　　　　D. 0.070

解　圆形桩直径 $d = 0.36$m，桩间距 $B = 1.2$m

正方形布置时的等效直径：$d_e = 1.13B = 1.356$m

复合地基面积置换率：

$$m = \frac{A_p}{A_e} = \frac{\pi\left(\frac{d}{2}\right)^2}{\pi\left(\frac{d_e}{2}\right)^2} = \frac{\pi \times 0.18^2}{\pi \times 0.678^2} = 0.070$$

答案：D

【例 18-11-7】 已知复合地基中桩的面积置换率为 0.15，桩土应力比为 5。复合地基承受的已知上部荷载为 P（kN），其中由桩间土承受的荷载大小为：

　　　　A. 0.47P　　　　　　B. 0.53P　　　　　　C. 0.09P　　　　　　D. 0.10P

解　设基础面积为 A，则桩面积为 0.15A，桩承载力为 5f，桩间土体承载力为 f，故桩间土的应力为：

$$P \times 0.85 \times \frac{Af}{0.85Af + 0.15A \times 5f} = 0.53P$$

答案： B

【例 18-11-8】挤密桩的桩孔中，下面哪一种可以作为填料？

A. 黄土   B. 膨胀土

C. 含有有机质的黏性土   D. 含有冰屑的黏性土

解 B 项，膨胀土含有蒙脱石、伊利石等亲水性黏土矿物，有较强的胀缩性；C 项，黏性土含有有机质，会减弱桩与周围土体的黏结作用；D 项，黏性土含有冰屑时，将降低挤密桩的密实度。以上三种土质均不宜作为挤密桩桩孔中的填料。

答案： A

（六）化学加固法

凡将化学溶剂或胶结剂灌入土中，使土胶结合以提高地基强度，减少沉降量的方法统称化学加固法。目前常采用的化学浆液有以水泥灌浆（由强度等级高的硅酸盐水泥和速凝剂组成）、硅酸钠（水玻璃）、丙烯酸氨和以纸浆为主的浆液等。

施工方法有压力灌注法、旋喷搅拌法和电渗硅化法等。

（1）高压喷射注浆法——用钻机钻至所需深度后，用高压脉冲泵通过安装在钻杆下端的特殊喷射装置向四周土体喷射化学浆液，强力冲击破坏土体，使浆液与土搅拌混合，经过凝结固化，便在土中形成固结体。注浆形式有旋转喷射、定向喷射和摆动喷射。

（2）硅化法和电渗硅化法——将水玻璃溶液通过压力注入土中，由硅酸钠分解的凝胶把土胶结（硅化法）。对靠压力难以使水玻璃注入的土体，尚需用电渗的作用使溶液进入土中（电渗硅化法）。

（3）深层搅拌法——利用水泥作固结剂，通过特制的深层搅拌机械，在地基深部就地将软黏土和水泥或石灰强制搅拌，使软黏土硬结成具有整体性、水稳定性和足够强度的地基土。

按施工特点各种处理方法分类见表 18-11-1，可根据具体条件选用。

按加固施工方法的特点分类   表 18-11-1

施工特点	方 法 分 类		施工特点	方 法 分 类	
换填	1.挖填法		冻结固结法	23.氯化钠冻结法	
	挤填法 { 2.强制挤填法 3.爆炸挤填法			24.低温液态氮法	
压实	4.重锤夯实法		固结	灌入固结法 { 25.真空灌浆法 26.药物灌注法 27.水泥灌注法 28.沥青灌注法 29.合成树脂灌注法	
	5.机器碾压法				
	6.振动压实法				
	7.强力夯实法				
排水	A.加压排水 { 8.填土预压法 9.堆载砂井法 10.堆载砂袋法 11.纸板或塑料板排水法			30.热加固法	
				31.化学加固法（单液或双液法）	
				电渗加固法 { 32.离子交换法 33.电渗硅化法	
	B.重力排水 { 12.浅集水坑排水法 13.深井排水法 14.井点法		拌和	A.表层拌和处理 { 34.颗粒级配法 35.凝聚沉淀法 36.添加料搅拌和法 37.旋喷桩法（水泥、药液）	

施工特点	方 法 分 类	施工特点	方 法 分 类
排水	C.负压排水-15.抽真空排水法 D.吸排水-16.生石灰桩法 E.电渗排水-17.电渗排水法 F.强制排水-18.毛细管干燥法	拌和	B.深层拌和处理-38.深层搅拌法（水泥浆、生石灰、药液）
		挤密	39.振冲桩法 40.挤密桩法（振动、冲击、旋转） 41.碎石桩法
表层加固	19.土工合成纤维法 20.竹筋土法 21.金属板带法 22.预应力法	桩工	42.板桩法 43.帽桩法 44.网桩法 45.桩基法 { 灌注桩 { 无护壁作业 / 泥浆护壁作业 / 套管护壁作业 / 扩孔作业 } 预制桩 { 材料:钢、混凝土 / 方法:打入、压入、振动 }

三、地基处理原则

（1）地基处理除应满足工程设计要求外，尚应做到因地制宜、就地取材、保护环境和节约资源等要求。在选择地基处理方案前，应进行以下工作：

①收集详细的工程地质、水文地质及地基基础设计等资料；

②根据工程的设计要求和采用天然地基存在的主要问题，确定地基处理的目的、处理范围和处理后要求达到的各项技术经济指标等；

③结合工程情况，了解地区的地基处理经验和施工条件，以及其他地区相似场地上同类工程的地基处理经验和使用情况等。

（2）在考虑地基处理方案时，应同时考虑上部结构、基础和地基的协同作用，决定选用的地基处理方案或选用加强上部结构和处理地基相结合的方案。

（3）地基处理方法的确定，可按下列步骤进行：

①根据结构类型、荷载大小及使用要求，结合地形地貌、地层结构、土质条件、地下水特征、环境情况和对邻近建筑物影响等因素，初步选定几种可供考虑的地基处理方法。

②对初步选定的各种地基处理方法，分别从加固原理、适用范围、预期效果、材料来源和消耗、机具条件、施工进度，以及对环境的影响等方面进行技术经济分析和对比，选择最佳的地基处理方法，也可选择几种方法组成的综合处理方法。

③对已选定的地基处理方法，必须按建筑物安全等级和场地的复杂程度，在具有代表性的场地上进行相应的现场试验和试验性施工，并进行必要的测试，以检验设计参数和处理效果。如达不到设计要求时，应找出原因并修改设计或采取补救措施。

地基处理的施工，是实现地基处理的重要环节。技术人员应掌握地基处理的目的、加固原理、技术要求和质量标准等。施工中应有专人负责质量控制和监测，并做好施工记录。当出现异常情况时，必须及时会同有关部门妥善解决，施工结束后应按国家规定进行工程质量检验和验收。

经地基处理的建筑应在施工期间进行观测（包括水平位移、孔隙水压力观测）；对于重要的或对沉降有严格限制的建筑，尚应在使用期间进行沉降观测。

【例 18-11-9】 下列地基中，最适合使用振冲法处理的是：

A. 饱和黏性土　　　　　　　　　　B. 松散的砂土

C. 中密的砂土　　　　　　　　　　D. 密实砂土

解　振冲法，是对砂土地基通过加水振动使之密实的原理发展起来的一种地基加固方法，无黏性的松散砂土适合使用振冲法增加其密实度。

答案： B

【例 18-11-10】 位于城市中心区的饱和软黏土地基需要进行地基处理，比较适合的方法为：

A. 深层搅拌法　　　　　　　　　　B. 强夯法

C. 灰土挤密法　　　　　　　　　　D. 振冲法

解　深层搅拌法比较适用于软黏土地基。强夯法用于处理饱和软黏土地基时需慎重，一般需经过试验证明有效才可使用。灰土挤密法比较适用于处理深度不大、松散的土地基，包括松散的中、细、粉砂土等。振冲法施工振动较大，不适于在城市中心区施工。

答案： A

四、其他特殊地基

特殊土是指在特定的环境和历史条件下沉积形成的土类，具有明显的区域性，它除上一节所述的膨胀土、红黏土、湿陷性黄土、多年冻土组成的地基外，还包括山区地基、土岩组合地基、岩溶和土洞等，其特点主要表现为地基的不均匀性和场地的不稳定性。

（一）土岩组合地基

此类地基的主要特征是地基在水平方向和竖直方向存在不均匀性。

（1）下卧基岩表面坡度较大的地基。上覆土层厚薄不均匀时，可能引起建筑物倾斜或土层沿岩面滑动而丧失稳定。当建筑物处于稳定的单向倾斜岩层上，且下卧基岩表面坡度符合一定要求时，不均匀变形较小，可不作变形验算，也不需进行地基处理。否则应作变形验算，当变形值超过容许范围时，可调整基础宽度、埋深、采用褥垫或采用桩基等深基础。

（2）石芽密布并有出露的地基。这种地基多为岩溶的结果，它的表面凹凸不平，其间充填有黏性土。当石芽间距小于 2m，在一定条件下，可不作地基处理；否则可利用稳定可靠的石芽作支墩式基础。当石芽间土层较薄时，可挖去土层，夯填碎石、土夹石等压缩性较低的材料。个别石芽露出部位可凿去，并设置褥垫，褥垫材料可采用炉渣、中砂、粗砂、土夹石或黏性土等。

（3）大块孤石或个别石芽出露的地基。在处理时，应使局部的变形与周围土的变形条件相适应。

（二）岩溶及土洞

1. 岩溶（"喀斯特"）

岩溶是指可溶性岩层长期受到地下水或地表水的化学侵蚀及机械作用而形成的溶洞、溶沟、溶蚀裂隙、暗河以及漏斗、钟乳石等奇特的地表形态及地下形态的总称。在岩体自重或建筑物自重作用下，会发生地面变形、地基塌陷。

2. 土洞

岩溶地区上覆土层在地表水与地下水作用下形成的洞穴称为土洞。

岩溶及土洞可造成地面变形、地基陷落，影响结构物安全，在这类地基上建造建筑物，必须掌握场地地质情况对其进行处理，其具体措施可查相关资料。

五、基础托换

托换法是原有建筑物需加固、增层或扩建，或因受修建地下工程、新建工程或深基坑开挖影响，对原有建筑物的地基处理和基础加固的技术总称。

在制订托换设计和施工方案前，应掌握：

（1）现场的工程地质和水文地质资料，必要时应作补充勘察；

（2）被托换建筑物的结构设计、施工、竣工、沉降观测和损坏原因分析等资料；

（3）场地内地下管线、邻近建筑物和自然环境等原有建筑物在托换施工时或竣工后可能产生影响的调查资料。

根据原有建筑物的地基基础等情况，可采用一种或多种托换法，进行综合加固处理。

（一）桩式托换法

桩式托换法是将基础及其上荷载转移到桩上的方法，适用于软弱黏性土、松散砂土、饱和黄土、湿陷性黄土、素填土和杂填土等地基。桩式托换可分为：

（1）坑式净压桩式托换；

（2）锚杆净压桩式托换；

（3）灌注桩式托换；

（4）树根桩式托换。

（二）灌浆桩式托换

灌浆桩式托换是用泵或压缩空气等机械把浆液注入地层中，浆液以填充和渗透等方式排出地层中的水和空气，凝固后形成强度大、防水防渗透性高和化学稳定性好的人工地基。此法包括：

（1）水泥灌浆法；

（2）硅化法；

（3）碱液法。

（三）基础加固法

基础加固法适用于对建筑物基础支承能力不足的既有建筑物的基础加固。

当基础由于机械损伤、不均匀沉降或冻胀等原因引起开裂或损坏时，可采用灌浆法加固基础。采用的浆液有水泥浆或环氧树脂等。

当既有建筑物的基础出现裂缝或基础底面积不足时，可用混凝土或钢筋混凝土套加大基础尺寸。

当既有建筑物需要增层或基础需要加固，而地基不能满足变形和强度要求时，可采用坑式托换法增大基础的埋置深度，使基础支承在较好的土层上。

当对地基或基础进行局部或单独加固不能满足要求时，可将原单独或条形基础连成整体式的片筏基础，或将原片筏基础改成具有较大刚度的箱形基础，也可设置结构连接体构成组合结构，以增加基础刚度，克服不均匀沉降。

习　题

18-11-1 砂井堆载预压加固饱和软黏土时，砂井的主要作用是（　　）。

A. 置换　　　　　　　　　　　　　　　B. 挤密

C. 加速排水固结　　　　　　　　　　　D. 改变地基土级配

18-11-2 换填法进行地基处理，垫层厚度一般主要由下列（　　）确定。

A. 持力层地基承载力　　　　　　　　　B. 基底应力扩散要求

C. 换填深度下软土层地基承载力　　　　D. 地基变形要求

18-11-3 以砾石作填料时，分层夯实时其最大粒径不宜大于（　　）。

A. 200mm　　　　B. 300mm　　　　C. 100mm　　　　D. 400mm

18-11-4 不适合处理饱和黏性土地基的处理方法是（　　）。

A. 换土垫层　　　B. 碾压夯实　　　C. 深层搅拌　　　D. 排水固结

18-11-5 为缩短排水固结处理地基的工期，最有效的措施是（　　）。

A. 用高能量机械压实　　　　　　　　　B. 加大地面预压荷重

C. 减小地面预压荷重　　　　　　　　　D. 设置水平向排水砂层

18-11-6 下列地基处理方法中，不宜在城市中采用的是（　　）。

A. 换土垫层　　　B. 碾压夯实　　　C. 挤密振冲　　　D. 强夯法

习题题解及参考答案

第一节

18-1-1 **解**：弱结合水受到土颗粒表面电场力的作用，但有一定自由度。

答案：B

18-1-2 **解**：即 d_{10} 粒径。

答案：A

18-1-3 **解**：即 $d_{60}/d_{10} < 5$。

答案：A

18-1-4 **解**：做现场试验就是为了更好地了解土体的真实情况。标准贯入试验需先行钻孔，再在孔底以下做试验。为避免标准贯入试验钻孔对其下试验位置土体的扰动，《岩土工程勘察规范》（GB 50021—2001）第 10.5.3 条规定贯入器打入土中 15cm 后，开始记录每打入 10cm 的锤击数。而 30cm 是贯入试验记录锤击数的贯入总深度。63.5kg 是锤重。

答案：A

18-1-5 **解**：饱和度为零的土为干土，$V_{\mathrm{w}} = 0$，$V_{\mathrm{v}} = V_{\mathrm{a}}$。

答案：D

18-1-6 **解**：反映黏性土状态的指标是液性指数，$I_{\mathrm{L}} = (w - w_{\mathrm{p}})/(w_{\mathrm{L}} - w_{\mathrm{p}})$。$I_{\mathrm{L}} > 1$，流动状态；$0 < I_{\mathrm{L}} \leqslant 1$，可塑状态；$I_{\mathrm{L}} \leqslant 0$，固态，半固态。

答案：B

18-1-7 **解**：$K_u = d_{60}/d_{10}$。

答案：B

18-1-8 **解**：土的压实能量越大，土的最优含水率越小，最大干重度越大；最优含水率条件压实时，干重度最大。

答案：B

18-1-9 **解**：根据规范对土的工程分类的规定。

答案：A

18-1-10 **解**：根据含水的多少及有无浮力作用判断。

答案：B

18-1-11 **解**：根据公式$D_r = \frac{e_{max} - e}{e_{max} - e_{min}}$计算。

答案：D

18-1-12 **解**：单粒结构是无黏性土的结构，碎石为无黏性土。

答案：C

第二节

18-2-1 **解**：即计算原始自重应力的起算点。

答案：C

18-2-2 **解**：根据$p_0 = p_k - \gamma_m d$。基底总压力减去埋深处土的自重应力。

答案：B

18-2-3 **解**：有限面积基础（荷载）作用下即是。

答案：B

18-2-4 **解**：可查表计算得出。

答案：D

18-2-5 **解**：同种土中自重应力直线分布，不同种土中γ不同，直线斜率不同，在土层面出现拐点，因此成折线。

答案：A

18-2-6 **解**：有限面积基础在地基中的附加应力沿深度分布为曲线减小。

答案：D

18-2-7 **解**：计算表格规定。

答案：B

18-2-8 **解**：基底反力简化近似计算。

答案：A

18-2-9 **答案**：C

第三节

18-3-1 **解**：由e-p曲线确定压缩系数。

答案：A

18-3-2 **解**：一般土取0.2，软土可取0.1。其值越小，意味着压缩层计算厚（深）度越厚（深）。

答案：A

18-3-3　　答案：B

18-3-4　　解：$E_s > 15\text{MPa}$为低压缩性土。

答案：C

18-3-5　　解：根据固结度与时间关系公式计算得出。

答案：B

18-3-6　　解：此厚度已满足计算要求。

答案：A

第四节

18-4-1　　解：施工时间短，排水条件不良的地基应选择接近不排水的抗剪强度指标。快剪意味着不排水（少排水）。

答案：A

18-4-2　　解：抗剪强度线与水平线的夹角为土的内摩擦角φ。

答案：A

18-4-3　　解：用大、小主应力关系表示的极限平衡条件计算得出。

答案：C

18-4-4　　解：破坏面与最小主应力面的夹角为$45° - \varphi/2$。

答案：B

18-4-5　　解：可通过三轴试验测得同一种土的若干个土样在不同极限状态时的摩尔应力圆数据。

答案：C

第五节

18-5-1　　解：称此为"塑性荷载"。

答案：B

18-5-2　　解：规范规定。增大基础宽度和基础埋深可提高地基承载力，但增大基础尺寸会增大基础沉降量。

答案：A

18-5-3　　解：是整体剪切破坏的特征。

答案：B

18-5-4　　解：将已知条件代入太沙基公式计算。

答案：C

第六节

18-6-1　　解：地下室外墙无相对位移。

答案：B

18-6-2　　解：墙背位置土面上倾、墙面下倾的墙背形式称为仰斜墙。

答案：A

18-6-3　　解：被动土压力是土被墙压坏，土对墙的作用力；主动土压力是土失去墙的挡土作用造成的破坏，土对墙的作用力。

答案：B

18-6-4　**解**：适用于墙后填土为非黏性土，黏聚力 c 为零的土。

　　答案：B

18-6-5　**解**：因墙背不光滑，土压力合力与墙背不垂直作用。

　　答案：C

第七节

18-7-1　**解**：干砂天然休止角即为土的 φ 值。

　　答案：A

18-7-2　**解**：简化为圆筒面计算，实际破坏面为曲面。

　　答案：C

第八节

18-8-1　**解**：框架结构整体刚度低。

　　答案：B

18-8-2　**解**：对选项中几种不同刚性材料的刚性基础进行比较，混凝土基础允许刚性角（台阶宽高比）大。

　　答案：D

18-8-3　**解**：按偏心受压公式计算，$e < b/6$ 时基础底面不出现受拉区。

　　答案：C

18-8-4　**解**：当"新建"（建筑物基础）较相邻"既有"（建筑物基础）埋置深度深时，为减少"新建"对"既有"的影响，要求"新建"离"既有"足够远。

　　答案：C

18-8-5　**解**：考虑建筑有室内采暖的设施。

　　答案：C

18-8-6　**解**：见《地基规范》第 8.3.12 条。

　　答案：C

18-8-7　**解**：由于建筑地基土分布不均匀，可造成建筑物沉降不均匀。

　　答案：C

18-8-8　**答案**：D

18-8-9　**解**：主要是防止"高""深"建筑物在"低""浅"建筑物的地基中产生过大的附加应力，引起地基变形等。减小"高""深"建筑物对"低""浅"建筑物的影响。

　　答案：C

18-8-10　**答案**：A

18-8-11　**解**：双向受力。

　　答案：C

第九节

18-9-1　**解**：土对桩作用的摩阻力（负摩阻力）方向是向下的。

　　答案：A

18-9-2　**解**：偏心方向各桩受力不同。

　　　　　　　　答案： B

18-9-3　**解：** 端承桩荷载主要由持力层承担。

　　　　　　　　答案： B

18-9-4　**答案：** C

18-9-5　**答案：** B

18-9-6　**解：** 即不考虑"群桩效应"的情况。

　　　　　　　　答案： A

18-9-7　**答案：** B

18-9-8　**解：** 否则"群桩效应"影响大。

　　　　　　　　答案： B

18-9-9　**解：** 减小永久荷载作用下的荷载偏心作用。

　　　　　　　　答案： A

18-9-10　**解：** 计算所得。

　　　　　　　　答案： D

18-9-11　**解：** 考虑摩擦力抵消作用。

　　　　　　　　答案： D

第十节

18-10-1　**解：** 流动状态，且孔隙比大。

　　　　　　　　答案： C

18-10-2　**答案：** A

18-10-3　**答案：** D

第十一节

18-11-1　**解：** 砂土渗透性强。

　　　　　　　　答案： C

18-11-2　**解：** 砂垫层平面尺寸由基底应力扩散范围确定。

　　　　　　　　答案： C

18-11-3　**答案：** D

18-11-4　**解：** 碾压夯实对土含水率有要求，不适合饱和条件。

　　　　　　　　答案： B

18-11-5　**解：** 使排水渠道畅通。

　　　　　　　　答案： D

18-11-6　**解：** 强夯法振动太强烈。

　　　　　　　　答案： D

第十九章 工程地质

复习指导

一、考试大纲

16.1 岩石的成因和分类

主要造岩矿物 火成岩、沉积岩及变质岩的成因及其分类 常见岩石的成分、结构、构造及其他主要特征

16.2 地质构造和地史概念

褶皱形态和分类 断层形态和分类 地层的各种接触关系 大地构造概念 地史演变概况和地质年代表

16.3 地貌和第四纪地质

各种地貌形态的特征和成因 第四纪分期

16.4 岩体结构和稳定分析

岩体结构面和结构体的类型和特征 赤平极射投影等结构面的图示方法 根据结构面和临空面的关系进行稳定分析

16.5 动力地质

地震的震级、烈度、近震、远震及地震波的传播等基本概念 断裂活动与地震的关系 活动断裂的分类和识别及对工程的影响 岩石的风化 流水、海洋、湖泊、风的侵蚀、搬运和沉积作用 滑坡、崩塌、岩溶、土洞、塌陷、泥石流、活动沙丘等不良地质现象的成因、发育过程和规律及其对工程的影响

16.6 地下水

渗透定律 地下水的赋存、补给、径流、排泄规律 地下水埋藏分类 地下水对工程的各种作用和影响 地下水向集水构筑物运动的计算 地下水的化学成分和化学性质 地下水对建筑材料腐蚀性判别

16.7 岩土工程勘察与原位测试技术

勘察分级 各类岩土工程勘察基本要求 勘探 取样 土工参数的统计分析 地基土的岩土工程评价

原位测试技术：载荷试验 十字板剪切试验 静力触探试验 圆锥动力触探试验 标准贯入试验 旁压试验 扁产侧胀试验

二、复习指导

考生在复习"工程地质"这部分内容时，应熟悉"考试大纲"的基本要求，全面理解、重点掌握基本概念、基本地质现象、基本工程地质勘察要求及试验方法。其具体要求如下：

第一节 重点掌握常见的主要造岩矿物及三大类岩石的特征及识别。

第二节 主要掌握各类地质构造的特征和分类；熟记地质年代顺序。

第三节 重点掌握各种地貌形态的特征及形成原因。

第四节 掌握岩体结构面的类型、特征；搞清赤平极射投影的原理、作图方法及在边坡稳定中的应用。

第五节 掌握地震基本概念、有关活断裂与地震的关系等。掌握风化作用的概念、暂时性流水、河流、海、湖水、风的概念及地质作用。掌握滑坡、崩塌、泥石流、岩溶、土洞、塌陷、沙丘的概念、成因及对工程建筑的影响。

第六节 掌握地下水埋藏分类，各种地下水对建筑物的影响。

第七节 掌握有关岩土工程勘察分级、各种勘探方法的基本特点。

第八节 掌握各种原位测试技术的基本试验原理、适用的范围和目的。

三、例题

【例19-0-1】下列各种岩石构造中哪项属于沉积岩类的构造：

    A. 流纹构造　　　　　B. 杏仁构造　　　　　C. 片理构造　　　　　D. 层理构造

解 岩石的构造是指岩石中各种矿物在空间排列及充填方式形成的外部特征。

选项A，流纹构造是岩石中不同颜色的条纹、拉长的气孔或长条形矿物，按一定方向排列形成的构造。它反映岩浆喷出地表后流动的痕迹。

选项B，杏仁构造是某些喷出岩中的气孔构造被次生矿物如方解石、蛋白石等所充填形成的。

选项C，片理构造是在定向压力长期作用下，岩石中含有大量的片状、板状、纤维状矿物互相平行排列形成的构造。

选项D，层理构造是岩石在形成过程中，由于沉积环境的改变，引起沉积物质成分、颗粒大小、形状或颜色沿垂直方向发生变化而显示的成层现象。

答案：D

【例19-0-2】如图所示，为四种结构面与边坡关系的赤平极射投影图，试分析其中下列哪个属于不稳定边坡？（AMC为边坡的投影，1、2、3、4为结构面投影）

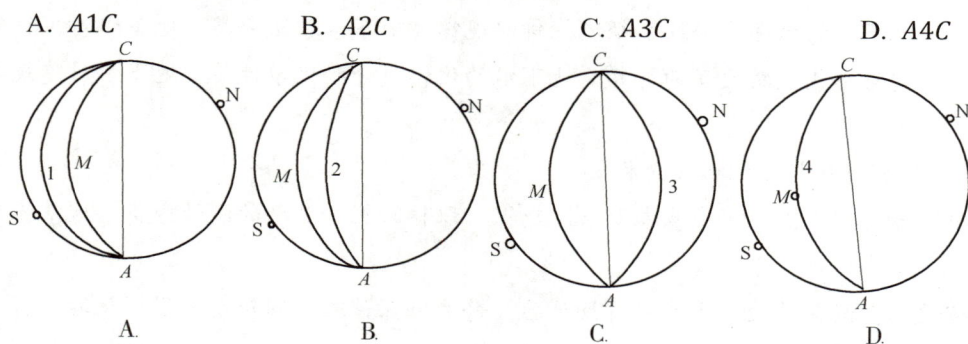

例 19-0-2 图

解 从赤平极射投影图可知，四种结构面的走向与边坡走向一致，其中$A3C$结构面的倾向与边坡AMC倾向相反，属于最稳定的边坡。$A2C$结构面的倾向与边坡AMC倾向相同，但结构面的投影弧位于边坡投影弧的内侧，说明结构面的倾角大于边坡坡角属于稳定边坡。$A4C$与AMC的倾向和倾角大小都相同，说明边坡面就是结构面，属于稳定边坡，$A1C$与AMC的倾向相同，其结构面投影弧在边坡投影弧的外侧说明结构面的倾角小于AMC边坡坡角，则结构面上的岩土体易沿结构面滑动，属于不稳定边坡。

答案：A

第一节　岩石的成因和分类

组成地壳的化学元素，最主要的有 10 种，它们占地壳总质量的 99.96%。这 10 种元素及其质量百分比见表 19-1-1。

组成地壳的主要化学元素及其质量百分比　　　　　　　　表 19-1-1

元　素	质量百分比（%）	元　素	质量百分比（%）	元　素	质量百分比（%）	元　素	质量百分比（%）	元　素	质量百分比（%）
氧（O）	46.95	硅（Si）	27.88	铝（Al）	8.13	铁（Fe）	5.17	钙（Ca）	3.65
钠（Na）	2.78	钾（K）	2.58	镁（Mg）	2.06	钛（Ti）	0.62	氢（H）	0.14

其余是磷（P）、锰（Mn）、氮（N）、硫（S）、钡（Ba）、氯（Cl）等近百种元素，仅占 0.04%。

地壳中的化学元素，少数是以自然单质的形式存在，如金刚石（C）、硫磺（S）、石墨（C）等，绝大多数是以化合物的形式存在，如石英（SiO_2）、石膏（$CaSO_4 \cdot 2H_2O$）及黄铁矿（FeS_2）等。这些由地质作用形成的具有一定物理性质与化学成分的自然单质或化合物，称为矿物。由一种矿物或多种矿物或岩屑组成的自然集合体，称为岩石，它是各种地质作用的产物，是构成地壳的物质基础。

按成因，岩石可分为岩浆岩（火成岩）、沉积岩和变质岩三大类。从三大类岩石在地表出露的状况来看，沉积岩分布最广，约占陆地表面积的 75%，岩浆岩和变质岩约占 25%。从地表往下，沉积岩所占比例逐渐缩小，到地表以下 16~20km，沉积岩仅占 5%，岩浆岩和变质岩占 95%。

一、主要造岩矿物

矿物是存在于地壳中的具有一定化学成分和物理性质的自然元素和化合物。目前已发现的矿物约有 3 000 多种，而在岩石中经常见到、明显影响岩石性质、对鉴定和区分岩石种类起重要作用的矿物约有 30 多种，这些矿物被称为主要造岩矿物。它们是岩石的基本组成单元。

在常温常压下，绝大多数矿物均呈固态，仅有少数呈液态（如自然汞、水等）和气态（如甲烷等）。

（一）矿物的物理性质

1. 形态

形态是指矿物单体和矿物集合体的形态。它受内部结构及生成环境的控制。固体矿物按其组成元素（原子、分子或离子）质点排列有无规则，可分为结晶质矿物（如石盐）和非晶质矿物（如蛋白石）。结晶质矿物的内部质点在三维空间呈有规则的周期性地重复排列，形成空间格子构造，其外表常具有固定的几何形态。诸如柱状、针状、纤维状、放射状、片状、板状、粒状、球状。矿物集合体如晶簇等。非结晶矿物不具有固定的几何形态。

2. 颜色

颜色是指矿物新鲜面显示的颜色，如黄铁矿成铜黄色。

3. 矿物的条痕

条痕是指矿物粉末的颜色，如黄铁矿为黑色。

4. 光泽

光泽是指矿物表面反光的能力。按其强弱可分为金属光泽、半金属光泽和非金属光泽。造岩矿物绝大多数属于非金属光泽，如金刚光泽、玻璃光泽、丝绢光泽、珍珠光泽、油脂光泽、蜡状光泽、土状光泽等。

5. 硬度

硬度是指矿物抵抗外力刻划、压入或研磨等作用的能力。一般使用摩氏硬度表示，即采用 10 种矿物：滑石、石膏、方解石、萤石、磷灰石、长石、石英、黄玉、刚玉、金刚石，硬度从软到硬依次分为 1 度、2 度、3 度、4 度、5 度、6 度、7 度、8 度、9 度、10 度共十个等级作为标准来测定矿物的相对硬度。野外常用工具如指甲（2~2.5 度）、玻璃（5.5~6 度）、小刀（5~5.5 度）、钢刀（6~7 度）来大致测定矿物的相对硬度。

6. 解理

解理是指矿物在外力作用下，沿着一定方向破裂成光滑平面的性质。按解理产生难易程度分为极完全解理、完全解理、中等解理、不完全解理、无解理（只有断口）。

7. 断口

断口是指矿物在受外力作用后，产生的不规则断裂面。常见的断口形态有贝壳状、参差状、锯齿状、平坦状等。

另外，某些矿物还具有一些其他特性，如相对密度、磁性、弹性、扰性、压电性、检波性等。

（二）最常见的主要造岩矿物鉴定特征

最常见的主要造岩矿物鉴定特征见表 19-1-2。

最常见的主要造岩矿物鉴定特征　　　　　　　　　　表 19-1-2

矿物名称及化学成分	形状	颜色	条痕	光泽	硬度	解理	相对密度	其　他
石英 SiO_2	柱状块状晶簇	无色乳白色	无	玻璃油脂	7	贝壳状断口	2.6	
正长石 $KAlSi_3O_8$	柱状板状	肉红浅灰	白色	玻璃	6	两组近直交完全解理	2.5~2.6	
斜长石 $(Na,Ca)AlSi_3O_8$	柱状板状	白色灰白色	白色	玻璃	6	两组近直交完全解理	2.6~2.7	解理面有晶纹
角闪石 $Ca_2Na(Mg,Fe)_4(Al,Fe)[(Si,Al)_4O_{11}]_2[OH]_2$	长柱状	绿黑色	灰白	玻璃	6	两组解理交角56°	3.1~3.6	
辉石 $(Na,Ca)(Mg,Fe,Al)[(Si,Al)_2O_6]$	短柱状	黑绿色	白、褐色	玻璃	5~6	两组近直交解理	3.2~3.5	
橄榄石 $(Mg,Fe)_2[SiO_4]$	粒状	橄榄绿	无	玻璃	6.5~7	贝壳状断口	3.2~3.5	
黑云母 $K(Mg,Fe)_3(OH)\cdot AlSi_3O_{10}$	片状鳞片状	黑色	无	珍珠玻璃	2.5~3	一组极完全解理	2.7~3.1	薄片具有弹性
白云母 $KAl_2(OH)_2\cdot AlSi_3O_{10}$	片状鳞片状	白色	无	珍珠玻璃	2.5~3	一组极完全解理	2.7~3.1	薄片具有弹性

矿物名称及化学成分	形状	颜色	条痕	光泽	硬度	解理	相对密度	其　他
方解石 $CaCO_3$	菱面体 粒状 块状	白色 无色	白色	玻璃	3	三组完全解理	2.6~2.8	遇冷稀盐酸 剧烈起泡
白云石 $(Mg,Ca)CO_3$	菱面体 粒状 块状	灰白色	白色	玻璃	3.5~4	三组完全解理	2.8~3.0	遇热稀盐酸 剧烈起泡
石膏 $CaSO_4 \cdot 2H_2O$	板状 纤维状	白色	白色	玻璃	2	一组完全解理	2.2~2.4	
高岭石 $Al_4[Si_4O_{10}][OH]_8$	土状	白、黄色	白色	土状	1	参差状断口	2.5~2.6	吸水性、可塑性、滑感
滑石 $Mg_3[Si_4O_{10}][OH]_2$	片状 块状	白、黄色	白色	油脂	1	一组完全解理	2.7~2.8	滑感
绿泥石 $(Mg,Fe)_5Al[AlSi_3O_{10}][OH]_8$	片状 鳞片状	深绿色	绿色	玻璃 珍珠	2~2.5	一组极完全解理	2.6~2.9	薄片有挠性
黄铁矿 FeS_2	立方体 块状 粒状	浅铜黄色	绿黑色	金属 光泽	6~6.5	参差状断口	4.9~5.2	

【例 19-1-1】 地壳中含量最多的矿物是：

    A. 高岭石   B. 方解石   C. 长石   D. 石英

解　高岭石、方解石主要为地表岩石中长石等矿物风化作用的次生矿物。

石英（SiO_2）主要分布于沉积岩、酸性岩和部分变质岩中。地壳由上部的硅铝层和下部的硅镁层构成，地壳中分布最广的元素为 Si，游离的石英矿物（SiO_2）含量较少。

长石是地表岩石最重要的造岩矿物，是长石族矿物的总称，它是一类常见的含钙、钠和钾的铝硅酸盐类造岩矿物，包括正长石和斜长石，广泛分布于地壳岩石中。

答案：C

二、火成岩、沉积岩及变质岩的成因及其分类

地壳中有各种各样的岩石，按成因可分为火成岩、沉积岩及变质岩三大类。

（一）火成岩的成因及其分类

1. 成因

火成岩又称岩浆岩，它是由岩浆冷凝固结后形成的岩石。岩浆是位于地幔和地壳深处，以硅酸盐为主和部分金属硫化物、氧化物、水蒸气及其他挥发性物质（CO_2、CO、SO_2、HCl、H_2S 等）组成的高温、高压熔融体。当地壳发生变动时，岩浆通过地壳薄弱地带上升到一定的高度，温度、压力减低时，停留下来冷凝而形成岩石。

2. 火成岩的分类

自然界中的火成岩种类繁多，主要根据其化学成分、矿物组成、结构和构造、形成地质环境等因素进行分类（见表 19-1-3）。

火成岩分类表　　　　　　　　　　　　　　　　　　　　　表 19-1-3

颜色				浅 ←――――――→ 深				
岩浆岩类型				酸性	中性		基性	超基性
SiO₂含量（%）				>65	65~52		52~45	<45
成因类型	产状	构造	结构					
主要矿物				石英 正长石 斜长石	正长石 斜长石	角闪石 斜长石	斜长石 辉石	橄榄石 辉石
次要矿物				云母 角闪石	角闪石 黑云母 辉石 石英<5%	辉石 黑云母 正长石<5% 石英<5%	橄榄石 角闪石 黑云母	角闪石 斜长石 黑云母
喷出岩	岩钟 岩流	杏仁 气孔 流纹 块状	非晶质（玻璃质）	火山玻璃：黑曜岩、浮岩等				少见
喷出岩	岩钟 岩流	杏仁 气孔 流纹 块状	隐晶质 斑状	流纹岩	粗面岩	安山岩	玄武岩	少见
侵入岩 浅成	岩床 岩墙	块状	斑状 全晶细粒	花岗斑岩	正长斑岩	闪长玢岩	辉绿岩	少见
侵入岩 深成	岩株 岩基	块状	结晶斑状 全晶中、粗粒	花岗岩	正长岩	闪长岩	辉长岩	橄榄岩 辉岩

（1）火成岩的化学成分及矿物组成

火成岩的化学成分很复杂，但对岩石矿物成分影响最大的是二氧化硅（SiO₂）。根据 SiO₂ 的含量，可将火成岩分为酸性 、中性、基性及超基性岩石四种类型。前两种类型富含 Si、Al 成分的矿物，后两种类型富含 Fe、Mg 成分的矿物。其岩石的颜色从酸性到超基性为由浅至深。例如，酸性岩类（SiO₂ 含量大于 65%）的矿物成分以石英、正长石为主，并含有少量的黑云母、角闪石，其岩石的颜色为浅色。而基性及超基性岩石则以角闪石、黑云母、辉石、橄榄石为主，岩石的颜色为深色。

（2）火成岩的结构和构造

①结构：是指组成岩石的矿物颗粒大小、结晶程度、形状及它们的相互组合关系。火成岩的结构特征是岩浆冷凝环境及岩浆成分的综合反映。结构反映了岩石内部连接情况，直接影响岩石的工程地质性质。

按结晶程度可分为以下几种。

a.全晶质结构：岩石全部由结晶矿物所组成，多见于深成岩和浅成岩中，如花岗岩。

b.半晶质结构：岩石由结晶矿物和玻璃质所组成，多见于浅成岩，如闪长玢岩。

c.非晶质结构：又称玻璃质结构，多见于喷出岩。

按结晶颗粒的绝对大小可分为显晶质与隐晶质结构。

显晶质结构又分为粗粒结构（颗粒直径大于 5mm）、中粒结构（直径 1~5 mm）、细粒结构（直径小于 1 mm）、隐晶质结构（颗粒直径小于 0.1 mm）。

按结晶颗粒的相对大小可分为等粒结构、不等粒结构和斑状结构。

a.等粒结构：岩石中的矿物颗粒大小大致相同。

b.不等粒结构：岩石中的矿物颗粒大小不等，但粒径相差不很大。

c.斑状结构：岩石中的两种矿物颗粒大小相差悬殊。大晶粒矿物分布在大量细小颗粒中，大晶粒矿物称为斑晶，小颗粒称为基质。具有斑状结构的岩石，一般抗风化能力较差。

②构造：是指岩石中的各种矿物在空间排列、充填方式、冷凝环境中所形成的外部特征。火成岩最

常见的构造有：块状构造、流纹状构造、气孔状构造、杏仁状构造。

a.块状构造：矿物在岩石中分布杂乱无章，呈致密块状，多见于深成岩和浅成岩，如花岗岩。

b.流纹状构造：因熔岩流动，由一些不同颜色的物质形成的条纹及拉长的气泡定向排列形成的流动构造，见于喷出岩，如流纹岩。

c.气孔状构造：岩浆凝固时挥发性的气体未能及时排除，在岩石中留下许多圆形、椭圆形或管状孔洞，见于喷出岩，如玄武岩。

d.杏仁状构造：岩石中的气孔为后期矿物（如方解石、石英等）充填所形成的构造，见于喷出岩，如某些玄武岩。

【例 19-1-2】 与深成岩岩石相比，浅成岩岩石的：

　　A. 颜色相对较浅　　　　　　　　　　B. 颜色相对较深

　　C. 颗粒相对较粗　　　　　　　　　　D. 颗粒相对较细

解 浅成岩由于位于地表以下较浅（小于 3km），岩浆冷凝成岩过程快，致使矿物结晶不充分，颗粒较细小；深成岩浆冷却速度缓慢，使得各类矿物均匀生长，颗粒相对较粗大。

答案： D

（二）沉积岩的成因及分类

沉积岩是地球表面分布最广的岩类，约有 70%为沉积岩。

1.沉积岩的成因

沉积岩是地壳表层岩石在常温常压条件下，经过风化剥蚀、搬运、沉积和硬结成岩等一系列地质作用而形成的岩石。

【例 19-1-3】 陆地地表分布最多的岩石是：

　　A. 岩浆岩　　　　　B. 沉积岩　　　　　C. 变质岩　　　　　D. 石灰岩

解 陆地表面由于地壳抬升，造成接受沉积的海洋底部出露，因此使得海洋沉积物固结成岩形成的沉积岩在地表分布面积大。

答案： B

（1）沉积岩的物质组成

沉积岩主要由下面一些物质组成。

①碎屑物质，由先成岩石经物理风化作用产生的碎屑组成，如化学性质比较稳定的石英、长石、云母及岩石的碎屑、火山灰等。

②黏土矿物，主要是一些由含铝硅酸盐矿物的岩石，经化学风化作用形成的次生矿物所组成，如高岭石、水云母等。

黏土矿物是地球表面分布最为丰富的矿物，主要是长石和其他不稳定矿物与水圈的相互作用形成的，其主要类型包括高岭石、蒙脱石、伊利石等。

作为地球表面广泛分布的黏土矿物，风化作用是其主要生成作用的源头，其他生成作用则是特定环境的表现。黏土矿物产生于风化壳和土壤、大陆和海洋沉积物、火山岩、地热田、蚀变岩和低级变质岩，不同生成环境中的黏土矿物性质明显不同，但起源相似的通常具有可比性。

Merriman（2005）提出的生成黏土矿物的作用可简单概括为三类：①风化作用；②沉积作用、成岩作用；③热液、温泉作用。其对应的生成产物分别为：①风化黏土矿物；②自生黏土矿物、成岩黏土矿物；③蚀变黏土矿物。

③化学沉积矿物，如方解石、白云石、石盐、铁锰的氧化物或氢氧化物。

④有机质及生物残核，如贝壳、泥炭等。

（2）沉积岩的结构和构造

①沉积岩的结构。按组成物质、颗粒大小及形状等特点，沉积岩一般分为碎屑结构、泥质结构、化学结构及生物结构。其中碎屑结构是由碎屑物质被胶结物胶结而成，其胶结物成分按其胶结强度主要有铁质、硅质、泥质、钙质、石膏质。

②沉积岩的构造。沉积岩最主要的构造是层理构造。层理是由于季节气候的变化、沉积环境的改变使沉积物在颗粒大小、形状、颜色和成分在垂直方向上发生变化，而显示成层的现象，称层理构造。常见的有水平层理、单斜层理、交错层理等。层面上常见结核体、波痕、泥裂、雨痕等。沉积岩中常含有生物化石（遗体或遗迹），如三叶虫、树叶等。沉积岩的层理构造、层面特征和含有生物化石的特点，是区别于火成岩和变质岩的最主要的标志。

【例 19-1-4】 具有交错层理的岩石通常是：

　　A. 砂岩　　　　　　　　　　　　B. 页岩

　　C. 燧石条带石灰岩　　　　　　　D. 流纹岩

解　砂岩属于沉积岩，沉积岩最主要的构造是层理构造，层理构造包括水平层理、单斜层理和交错层理，它是沉积岩区别于变质岩、火成岩的最主要标志，砂岩沉积时动水条件剧烈，特别是在海岸潮起潮落带，易形成交错层理，故选项 A 正确；页岩、燧石条带石灰岩尽管也为沉积岩，但反映出明显的静水沉积特征，故选项 B、C 不如选项 A 合适；流纹岩是火成岩，不会形成交错层理，选项 D 错误。

答案：A

2. 沉积岩的分类

根据沉积岩的物质成分和结构构造，可将沉积岩分为碎屑岩、黏土岩、化学及生物化学岩等，见表19-1-4。

沉积岩分类　　　　　　　　　　　　　　　　　　表 19-1-4

分　　类	结　构　特　征	岩石名称及岩石亚类	
碎屑岩	碎屑结构	砾状结构 $d > 2.0mm$	砾岩	砾岩
				角砾岩
		砂状结构 $d = 2.0{\sim}0.05mm$	砂岩	石英砂岩
				长石砂岩
		粉砂状结构 $d = 0.05{\sim}0.005mm$	粉砂岩	
黏土岩		泥状结构 $d < 0.005mm$	泥岩	
			页岩	
化学及生物化学岩		化学结构或生物结构	碳酸盐岩	石灰岩
				泥灰岩
				白云岩
				灰质白云岩
			硅质岩	
			油页岩	
			硅藻岩	

（三）变质岩的成因及分类

1. 变质岩的成因

地壳中原来的各种岩石，由于地壳运动和岩浆活动等作用，导致物理化学条件（温度、压力、化学成分）改变，在固体状态下矿物成分、岩石结构和构造发生变化，形成的新岩石称为变质岩。

（1）变质岩形成的变质作用

变质岩的形成是变质作用的结果，变质作用主要有接触变质作用、交代变质作用、动力变质作用和区域变质作用四种类型。

①接触变质作用主要由于高温使岩石变质，又称热力变质作用。通常是岩浆侵入，由于高温使围岩变质。

②交代变质作用是岩石与化学活泼性流体接触而产生交代作用，产生新矿物，取代原矿物，如花岗岩岩浆与石灰岩接触，由于汽化热液的接触交代作用，可以产生含 Ca、Fe、Al 的硅卡岩。

③动力变质作用是由于地质构造运动产生巨大的定向压力，而温度不很高，使原岩的结构和构造发生变化，甚至产生片理构造。

④区域变质作用是在地壳地质构造和岩浆活动都很强烈的地区，由于高温、高压及化学活泼性流体的共同作用，在大范围深埋地下的岩石受到变质作用，称为区域变质作用。其范围可达数千甚至数万平方公里，大部分变质岩属于此类。

（2）变质岩的矿物成分

变质岩的矿物成分除与火成岩或沉积岩所共有的石英、长石、云母、角闪石、方解石等之外，还具有许多新的变质矿物，如滑石、石榴子石、绿泥石、蛇纹石、硅灰石、蓝晶石、刚玉、绢云母、绿帘石、石墨等变质作用的标志性矿物。

（3）变质岩的结构

①变晶结构：岩石在固体状态下发生重结晶形成的结构。这是变质岩中最为常见的结构。

②变余结构（残余结构）：在变质过程中原岩的部分结构被保留下来称为变余结构，如变余花岗结构，变余砾状结构等。

③压碎结构：主要是在动力变质作用下，岩石变形、破坏、变质而成的结构。原岩碎裂成块状称碎裂结构。若被碾成微粒状，并有一定的定向排列，则称糜棱结构。

（4）变质岩的构造

变质岩的典型构造是片理构造，可分为板状、千枚状、片状、片麻状、眼球状构造等，是区别于其他岩石的特有标志。

①板状构造：泥质岩和砂质岩在定向压力作用下，产生一组平坦的破碎面，岩石易沿此面裂成薄板，称板状构造。

②千枚状构造：岩石主要由重结晶矿物组成，片理清楚，片理面上有许多定向排列的绢云母，呈明显的丝绢光泽，是区域变质较浅的构造。

③片状构造：重结晶作用明显，片状、针状矿物沿片理面富集，平行排列。这是矿物变形、挠曲、转动及压熔结晶而成，是变质较深的构造。

④片麻状构造：为显晶质变晶结构，颗粒粗大，深色的片状矿物及柱状矿物数量少，呈不连续的条带状，中间被浅色粒状矿物隔开，是变质最深的构造。

⑤块状构造：岩石由粒状矿物组成，矿物均匀分布，无定向排列，如大理岩、石英岩都是块状构造。

⑥眼球状构造：是指定向排列的片、柱状矿物中，局部夹杂有刚性较大的凸镜或扁豆状的矿物团块的现象。

2.变质岩的分类

变质岩一般按变质作用类型和结构、构造特点进行分类，见表19-1-5。

变 质 岩 分 类 表　　　　　　表19-1-5

类　别	岩石名称	变质作用	结 构 构 造	主要矿物成分
片理状岩类	板岩 千枚岩 片岩 片麻岩	区域变质	板状构造 千枚状构造 片状构造 片麻状构造	黏土矿物、石英、长石、绢云母、绿泥石等 绢云母、绿泥石等 石英、云母、绿泥石、角闪石等 石英、长石、云母、角闪石、辉石等
块状岩类	石英岩 大理岩	区域变质 接触变质	变晶结构 块状构造	石英 方解石、白云石
	混合岩	区域变质	条带状、眼球状构造等	石英、长石
构造破碎岩类	碎裂岩 糜棱岩	动力变质	碎裂结构、糜棱结构 角砾状、眼球状构造	长石、石英、绢云母、绿泥石

三、常见火成岩、沉积岩、变质岩的成分、结构、构造及其他主要特征

（一）火成岩

（1）花岗岩。属酸性深成侵入岩，多呈肉红色，风化面呈黄色。主要矿物成分为石英、正长石，含有少量的黑云母、角闪石和其他矿物。全晶质中粗粒结构，块状构造。质地坚硬，性质均一，常作为建筑物地基和天然建筑石料。

（2）花岗斑岩。是酸性浅成侵入岩，其成分与花岗岩相似，具有斑状结构，斑晶为长石或石英，石基多由细小的长石、石英及其他矿物组成块状构造。

（3）流纹岩。是酸性喷出岩，多呈灰、灰白、浅红、浅黄褐等色。其成分与花岗岩相似，斑状结构，流纹构造及气孔和杏仁构造。性质坚硬，强度较高，可作为良好的建筑材料。

（4）闪长岩。是中性深成岩。浅灰至深灰色，也有黑灰色。主要矿物成分为斜长石、角闪石，其次有辉石、黑云母等。全晶质粒状结构，块状构造，岩石结构致密，强度高，韧性大，不易风化，可作为各种建筑物的地基和建筑材料。

（5）辉长岩。为基性深成岩体。多呈深绿色或灰黑色。主要矿物成分为斜长石、辉石，含有少量的角闪石及橄榄石。全晶质中粗粒结构，块状构造。岩石坚硬，强度高，抗风化能力强。

（6）辉绿岩。为基性浅成岩。岩石多为暗绿色、黑绿色。矿物成分与辉长岩相当，常含有方解石、绿泥石等次生矿物。具特殊的辉绿结构（辉石充填在斜长石晶体格架的空隙中），常具有杏仁状构造。

（7）玄武岩。为基性喷出岩。黑色、褐色或深灰色。主要矿物成分与辉长岩相同。多呈隐晶质细粒或斑状结构，斑晶为橄榄石、辉石或斜长石，基质为隐晶质或玻璃质，气孔构造、杏仁构造。岩石致密坚硬、性脆。具有抗磨损、耐酸性强的特点。

（二）沉积岩

（1）砾岩和角砾岩，由50%以上直径大于2mm的碎屑颗粒组成。碎屑磨圆度较好的称为砾岩，带

棱角的为角砾岩。颗粒成分可由矿物组成，也可由岩石碎块组成。抗压强度可达 200MPa 以上，是良好的建筑物地基。

（2）砂岩，由 50%以上的砂粒胶结而成，呈砂状结构。按颗粒大小可分为粗粒、中粒、细粒及粉粒砂岩。按颗粒矿物成分可分为石英砂岩、长石砂岩、杂砂岩等。

（3）粉砂岩，由 50%以上的粉砂粒胶结而成，呈粉砂结构。成分以石英为主，常含有云母及黏土矿物，泥质含量高，常有水平层理。

（4）泥岩，成分以黏土矿物为主，呈泥状结构，常呈厚层状。常夹于坚硬岩层之间形成软弱夹层，浸水后极易泥化。

【例 19-1-5】 下列岩石中，最容易遇水软化的是：

    A. 黏土岩   B. 石英砂岩   C. 石灰岩   D. 白云岩

解 黏土岩，成分以黏土矿物为主，常呈厚层状，遇水作用易软化。

答案： A

（5）页岩，以黏土矿物为主，泥状结构，大部分有明显的薄层理，呈页片状。与水作用易软化，透水性很小，常作为隔水层。

页岩是沉积岩，其物质组成主要为黏土矿物的泥质和粉细砂颗粒，根据胶结物分为泥质、钙质、硅质、铁质及炭质页岩。

泥质和炭质页岩遇水易软化，但钙质、硅质、铁质页岩遇水不软化，钙质页岩具有可溶蚀性。

（6）石灰岩，矿物成分以方解石为主，含少量白云石和黏土矿物。灰色、灰白色。含杂质后可为灰黑至黑色。致密状、鲕状、竹叶状等结构。遇冷稀盐酸剧烈起泡，具有可溶性。常含有大量生物介壳、骨骼的碎片。

（7）白云岩，矿物成分以白云石为主，含少量方解石和黏土矿物，有时混有石膏等矿物。白云岩遇冷稀盐酸不易起泡。

【例 19-1-6】 一种岩石，具有如下特征：灰色、结构细腻、硬度比钥匙大且比玻璃小，滴盐酸不起泡但其粉末滴盐酸微弱起泡。这种岩石是：

    A. 白云岩   B. 石灰岩   C. 石英岩   D. 玄武岩

解 白云岩矿物成分主要以白云石为主，含少量方解石和黏土矿物，有时混有石膏等矿物，白云岩遇冷稀盐酸不起泡，但粉末会有微量方解石即碳酸钙成分，遇盐酸会微微起泡，选项 A 正确；石灰岩含大量方解石，遇盐酸会大量起泡，选项 B 错误；石英岩以石英为主要成分，玄武岩以辉石和斜长石为主要成分，它们遇酸均不会起泡，选项 C、D 均错误。

答案： A

（8）泥灰岩，石灰岩中黏土矿物含量达 30%~50%时为泥灰岩。颜色有灰色、黄色、褐色、红色等，呈致密结构，易风化，滴盐酸起泡后留有泥质斑痕。

（三）变质岩

（1）板岩，页岩浅变质而成，多为深灰至黑灰色，也有绿色及紫色。板状构造，沿片理易裂开成薄板。

（2）千枚岩，为黏土岩变质而成。主要矿物成分为石英、绢云母、绿泥石等，千枚状构造，岩石因含较多的绢云母而呈丝绢光泽，易风化破碎、滑动破坏。

（3）片岩，主要矿物成分为云母、角闪石、绿泥石、石英等，变晶结构，片状构造。易风化，沿片理易裂开、滑动。片岩的颜色及定名均取决于其主要矿物成分，如云母片岩等。

（4）片麻岩，变质程度较深，主要矿物成分为长石、石英，含少量云母、角闪石、辉石等。有时有一些变质矿物。变晶结构，片麻状构造。

（5）石英岩，石英砂岩变质而成，矿物成分以石英为主，可含少量云母、长石、角闪石等，一般色浅，变晶结构，块状构造。岩石坚硬，抗风化能力强，但性脆，较易产生裂隙。

（6）大理岩，为石灰岩、白云岩等经热接触变质作用重结晶而成，主要矿物为方解石，呈等粒变晶结构和块状构造。硬度中等，具有可溶性，遇盐酸起泡，但白云质大理岩起泡微弱。

【例 19-1-7】 石灰岩经热变质重结晶后变成：

  A. 白云岩   B. 大理岩   C. 辉绿岩   D. 板岩

解 石灰岩经高温变质后形成大理岩，其成分不变。

答案： B

（7）糜棱岩，高动压力把原岩研磨成粉末状细屑，又在高压下重新结合成致密坚硬的岩石称糜棱岩，具有典型的糜棱结构，块状构造，矿物成分基本与围岩相同，有时含新生变质矿物绢云母、绿泥石、滑石等。该岩石也是断层错动带中的产物。

习 题

19-1-1 某种矿物常发育成六方柱状单晶或形成晶簇，或成致密块状、粒状集合体，无色或乳白色，玻璃光泽、无解理、贝壳状断口呈油脂光泽，硬度为 7，此矿物为（   ）。

  A. 石膏   B. 方解石   C. 滑石   D. 石英

19-1-2 矿物受力后常沿一定方向裂开成光滑平面的特性称为（   ）。

  A. 断口   B. 节理   C. 层理   D. 解理

19-1-3 岩石按成因可分为（   ）三类。

  A. 火成岩、沉积岩、变质岩   B. 岩浆岩、变质岩、花岗岩

  C. 沉积岩、酸性岩、黏土岩   D. 变质岩、碎屑岩、岩浆岩

19-1-4 火成岩按其化学成分（主要是 SiO_2 的含量）可分为（   ）。

  ①酸性岩；②中性岩；③深成岩；④浅成岩；⑤基性岩；⑥超基性岩。

  A. ①②④⑤   B. ②③④⑥   C. ①②⑤⑥   D. ①③④⑤

19-1-5 按组成沉积岩的物质成分，通常把沉积岩分为（   ）三类。

  A. 黏土岩类、碎屑岩类、生物化学岩类

  B. 碎屑岩类、黏土岩类、化学及生物化学岩类

  C. 黏土岩类、化学岩类、生物化学岩类

  D. 黏土岩类、生物岩类、化学及生物化学岩

19-1-6 下列各种结构中，（   ）属于变质岩的结构。

  A. 变晶结构、变余结构、碎裂结构   B. 变余结构、隐晶质结构、碎裂结构

  C. 变晶结构、斑状结构、变余结构   D. 碎裂结构、显晶结构、变晶结构

19-1-7 有关火成岩的构造类型下列哪种答案是正确的（   ）。

  A. 气孔构造、层理构造、片理构造、块状构造

B. 气孔构造、块状构造、杏仁构造、流纹构造

C. 杏仁构造、流纹构造 、片状构造、块状构造

D. 条带状构造、眼球状构造、块状构造、气孔构造

19-1-8 下面（　　）属于变质岩所特有的矿物。

A. 石墨、滑石、绿泥石、绢云母、蛇纹石

B. 石榴子石、蓝晶石、黄玉、滑石、石英

C. 绿帘石、绿泥石、绢云母、蛇纹石、白云母

D. 石墨、石榴子石、黑云母、方解石

19-1-9 变质岩的典型构造是（　　）。

A. 杏仁构造　　　　B. 片理构造　　　　C. 层理构造　　　　D. 流纹构造

19-1-10 下列岩石中遇冷稀盐酸剧烈起泡的是（　　）。

A. 石灰岩　　　　B. 花岗岩　　　　C. 片麻岩　　　　D. 砾岩

第二节　地质构造

　　主要由地球内力地质作用引起地壳变化，使岩层或岩体发生变形和变位的运动，称为地壳运动。地壳运动的结果，形成了各种不同的构造形迹，如褶皱、断裂等，称为地质构造。为确定这些地质构造形迹的空间位置，通常采用走向、倾向和倾角（称为岩层产状三要素）来表示，如图 19-2-1 所示。

　　走向，是指岩层面与水平面交线的延伸方向。

　　倾向，是指岩层面上最大倾斜线在水平面上的投影所指的方向。倾向与走向相垂直。

　　倾角，是指岩层面与水平面所夹的最大锐角。

　　产状要素的表示方法：常用的记录格式为倾向∠倾角，如 150°∠30°，150°表示倾向（即南东方向），30°表示倾角。

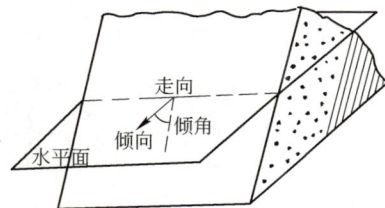

图 19-2-1　岩层的产状要素

一、褶皱形态和分类

　　岩层受到构造运动作用后，在保持连续性的情况下产生的弯曲变形称为褶皱构造。褶皱构造中的每一个弯曲称褶曲。每一个褶曲由褶曲要素组成。主要包括核部（*ABC*内部岩层）、翼（*AHB*和*CHB*）、轴面（*DEFH*）、轴（*DH*）、枢纽（*BH*）、转折端（*H*处）等几部分，如图 19-2-2 所示。

　　（一）褶皱的基本形态

　　褶皱构造有背斜和向斜两种基本形态，如图 19-2-3 所示。背斜是岩层向上拱起弯曲，核部的岩层时代较老，两侧岩层时代由内向外依次对称变新。向斜是岩层向下凹陷弯曲，核部的岩层时代较新，两侧岩层由内向外依次对称变老。

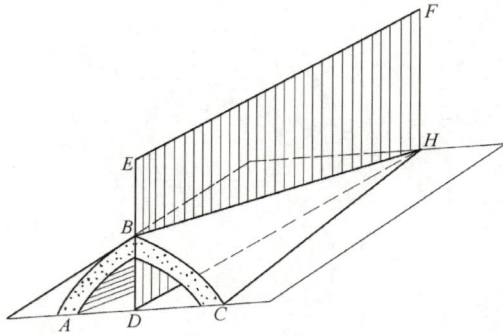

图 19-2-2　褶曲要素

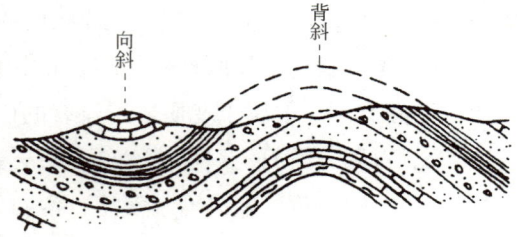

图 19-2-3　背斜和向斜

【例 19-2-1】 地质图上表现为中间新、两侧变老的对称分布地层，这种构造通常是：

A. 向斜　　　　　　B. 背斜　　　　　　C. 正断层　　　　　　D. 逆断层

解　褶皱构造有背斜和向斜两种基本形态。背斜岩层向上拱起，核部的岩层时代较老，两侧岩层时代由内向外依次对称变新；向斜是岩层向下凹陷弯曲，核部岩层相对较新，两侧岩层时代由内向外依次对称变老。

答案： A

（二）褶皱分类

1.按褶皱横剖面上轴面和两翼的产状分类

（1）直立褶皱：轴面直立，两翼岩层倾向相反，倾角大致相等，见图 19-2-4a）。

（2）倾斜褶皱：轴面倾斜，两翼岩层倾向相反，倾角不相等，见图 19-2-4b）。

（3）倒转褶皱：轴面倾斜，两翼岩层倾向相同，一翼岩层正常，另一翼岩层倒转，即新岩层位于老岩层之下，见图 19-2-4c）。

（4）平卧褶皱：轴面近于水平，两翼岩层产状近于水平，一翼岩层正常，另一翼岩层倒转，见图 19-2-4d）。

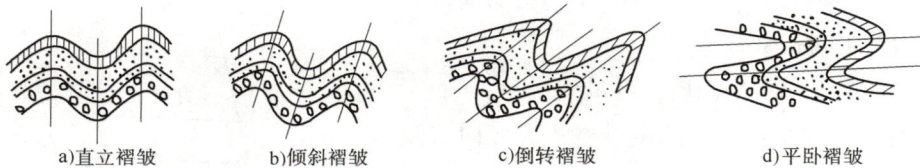

a)直立褶皱　　　b)倾斜褶皱　　　c)倒转褶皱　　　d)平卧褶皱

图 19-2-4　褶曲类型

2.按褶皱纵剖面的形态分类，即按枢纽的产状分类

（1）水平褶皱：枢纽水平，两翼岩层的走向基本平行。

（2）倾伏褶皱：枢纽倾斜，两翼岩层的走向不平行，在倾伏端交汇成封闭的弯曲线，为一倾伏背斜。

若褶皱枢纽向两端同时倾伏或扬起，则岩层界线成环状封闭，其长宽之比小于 3：1 的背斜叫穹隆，若为向斜则叫构造盆地。若长宽之比在 10：1~3：1 之间时称为短轴褶皱。当在褶皱的翼部发育有许多一级褶皱时，则分别称为复背斜或复向斜，如图 19-2-5 所示。

a)复背斜　　　　　　　　　　　　b)复向斜

图 19-2-5　复背斜及复向斜

二、断层形态和分类

岩体受构造应力作用超过其强度时发生裂缝或错断，破坏了岩体的完整性从而形成断裂构造。断裂构造主要分为节理和断层两大类。

（一）节理

未发生位移或位移不明显的断裂构造叫节理。节理广泛分布于岩石中，它切割岩石，破坏岩石的完整性，是影响工程建筑物稳定的重要因素。

节理可按成因、受力性质进行分类。

1. 节理按成因分类

（1）风化节理：由风化作用造成，多分布在近地表处，向下延伸不深，无规律性。

（2）原生节理：是在成岩作用过程中形成的，如岩浆冷凝过程中形成的收缩节理、玄武岩中的柱状节理等。

（3）构造节理：是由地壳构造运动形成的，其特点是分布广，具有明显的方向性和规律性，常成组出现。

2. 节理按受力性质分类

（1）剪切节理。剪切节理是岩石受剪（扭）应力作用形成的破裂面，一般形成"X"形共轭节理，故又称 X 节理。主要特征是：节理产状稳定，沿走向和倾向延伸较远。节理面平滑密闭，常有剪切滑动留下的擦痕。剪节理常成组成对出现，一般发育较密，节理之间距离较小，特别是软弱薄层岩石中，常密集成带。

【例 19-2-2】剪切裂隙的地质作用主要表现为：

    A. 裂隙面平直光滑   B. 裂隙面曲折粗糙

    C. 裂隙面倾角较大   D. 裂隙面张开

解 剪切裂隙是岩石受剪切而破坏形成的，因此裂隙面表现出光滑平直的特点。

答案： A

（2）张节理。张节理是岩层受张力作用而形成的破裂面，常形成锯齿状。主要特征是：节理产状不稳定，延伸不远即行消失。节理面弯曲且粗糙，多是张开的，并常被岩脉充填。一般发育较稀，节理间距较大，很少密集成带。

【例 19-2-3】张性裂隙通常具有以下特征：

    A. 平行成组出现   B. 裂隙面平直光滑

    C. 裂隙面曲折粗糙   D. 裂隙面闭合

解 张性裂隙是岩体受拉破坏后产生的破裂面，与剪切破坏面不同，由于没有受到挤压和相互错动，拉裂破坏面一般粗糙不平，而且呈张开状态。

答案： C

【例 19-2-4】张裂隙可能发育于下列哪一构造部位？

    A. 背斜的转折端   B. 背斜的核部

    C. 向斜的核部   D. 逆断层的两侧

解 岩层褶皱过程中产生弯曲形成背斜和向斜，由于背斜核部上方覆盖岩层厚度相对较小，弯曲变形相对较大，造成背斜核部岩层拉张断裂，裂隙发育。

答案： B

（二）断层

发生明显位移的断裂叫断层。

1. 断层要素

断层的基本组成部分叫断层要素，主要有断层面、断层线、断层带、断盘及断距等，如图 19-2-6 所示。

（1）断层面：岩层发生位移的破裂面，它可以是平面或曲面，断层面的产状可用走向、倾向及倾角来表示。

有时断层面并不是一个简单的破裂面，而是常形成一个较大的断层破碎带，其宽度可由几厘米、几米至几十米不等。

（2）断层线：断层面与地面的交线。它反映断层地表的延伸方向，可以是直线或曲线。

（3）断盘：断层面两侧相对位移的岩块称为断盘。在断层面上部的岩块称为上盘，下部的岩块称为下盘。若断层面直立则无上下盘之分。

（4）断距：断层两盘相对错开的距离。

2. 断层的分类

（1）按形态分类

按断层的两盘相对位移情况，可将断层分为正断层、逆断层和平移断层三种基本类型（见图 19-2-6~图 19-2-8）。

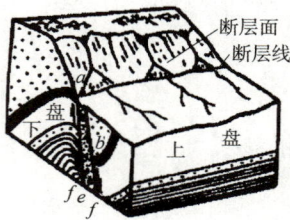

图 19-2-6　断层要素、正断层　　　图 19-2-7　逆断层　　　图 19-2-8　平移断层

a、b-断距；e-断层破碎带；f-断层影响带

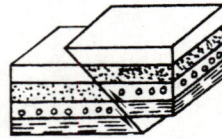

正断层是指上盘沿断层面相对下移，下盘相对上移的断层，如图 19-2-6 所示。正断层组合起来可形成阶梯式断层、地堑和地垒，如图 19-2-9 所示。

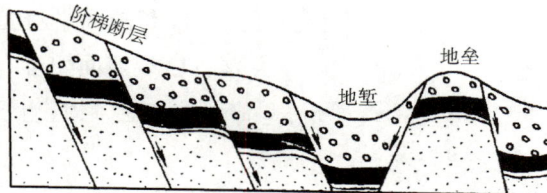

图 19-2-9　阶梯式断层地堑和地垒

逆断层是指上盘沿断层面相对上移，下盘相对下移的断层，如图 19-2-7 所示。平移断层是指断层两盘沿断层走向作相对平移运动的断层，如图 19-2-8 所示。若断层面倾角大于 45°时，称为冲断层；介于 25°~45°之间的称为逆掩断层，如图 19-2-10 所示；小于 25°的称为辗掩断层。逆掩断层和辗掩断层多为规模很大的区域性断层。逆断层可组合起来形成叠瓦式断层，如图 19-2-11 所示。

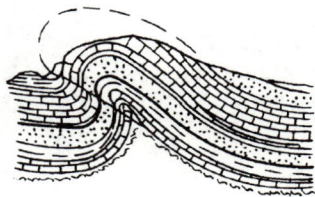

图 19-2-10　逆掩断层

图 19-2-11　叠瓦式断层

【例 19-2-5】上盘相对上升，下盘相对下降的断层是：

A. 正断层　　　　　B. 逆断层　　　　　C. 平移断层　　　　　D. 叠瓦式构造

解　断层按形态分类，分为正断层、逆断层和平移断层。正断层是指断层上盘沿断层面相对下移、下盘相对上移的断层；逆断层上、下盘的相对位移正好与正断层相反；平移断层是断层两盘沿断层走向相对平移运动。

答案： B

【例 19-2-6】上盘相对下降，下盘相对上升的断层是：

A. 正断层　　　　　B. 逆断层　　　　　C. 平移断层　　　　　D. 阶梯断层

答案： A

（2）按力学成因分类

①压性断层：由压应力作用形成。压性断层的走向与压应力方向垂直，常成群出现构成挤压构造带。

②张性断层：由张（拉）应力作用形成。张性断层的走向垂直于张应力方向。

③扭性断层：由扭（剪）应力作用产生。扭性断层一般是两组共生，呈"X"形交叉分布，往往一组发育，另一组不发育。

④压扭性断层：具有压性断层兼扭性断层的力学特性，如平移逆断层。

⑤张扭性断层：具有张性断层兼扭性断层的力学特性，如平移正断层。

（3）按断层走向与岩层走向的关系分类可分为走向断层、倾向断层、斜交断层、顺层断层。

（4）按断层面走向与褶曲轴走向的关系分类：

①纵断层：断层走向与褶曲轴走向平行的断层。

②横断层：断层走向与褶曲轴走向垂直的断层。

③斜断层：断层走向与褶曲轴走向斜交的断层。

当断层面切割褶曲轴时，在断层上下盘同一地层出露界线的宽窄发生变化，背斜上升盘核部地层变宽，向斜反之。

三、地层的各种接触关系

地层间的接触关系，是构造运动、岩浆活动和地质发展历史的记录。沉积岩、岩浆岩及其相互间均有不同的接触关系，据此可以判别地层间的新老关系。

（一）沉积岩层间的接触关系

1. 整合接触

整合接触指同一地区上下地层在沉积层序上是连续的，产状一致，在时间和空间上无间断，如图19-2-12a）所示。

| a)整合接触 | b)假整合接触 | c)不整合接触 | d)沉积接触 | e)侵入接触 |

图 19-2-12　地层的各种接触关系

2. 假整合接触

假整合接触也称平行不整合，是指上下地层产状基本一致，但有明显的沉积间断，缺失某些地质时代的地层。这是地壳交替升降的结果，接触面起伏不平，有古风化壳和底砾岩，如图 19-2-12b）所示。

3. 角度不整合接触

角度不整合，是指上下地层间有明显的沉积间断，且上下地层产状不同，如图 19-2-12c）所示。

（二）火成岩与沉积岩层间的接触关系

1. 沉积接触

沉积接触是指侵入岩先形成，之后地壳上升受风化剥蚀，然后地壳又下降接受新的沉积。沉积岩没有蚀变现象，其底部有侵入岩成分的底砾岩，如图 19-2-12d）所示。

2. 侵入接触

侵入接触是指沉积岩层形成在先，后来火成岩侵入其中，围岩因受岩浆影响产生变质现象，如图 19-2-12e）所示。

四、大地构造概念

（一）地槽、地台理论

地槽、地台理论基本观点是地壳运动以垂直升降为主要运动方式，水平运动是由垂直运动派生的。槽台学说根据地质作用强烈程度和地壳构造特征，将大陆地壳划分为地槽和地台两大类一级构造单元。

1. 地槽

地槽是指地壳上的强烈活动地带，长可达数百至数千米。构造运动强烈，地震活动频繁，升降速度和幅度大，有大规模岩浆活动，变质作用强烈，形成复杂的断裂和褶皱。沉积岩层厚度可达数千米。地槽经过褶皱回返之后，逐渐转变为地台。

2. 地台

地台是地壳上地质作用比较微弱，地壳构造比较简单的相对稳定的地区，一般升降运动幅度小、速度慢、褶皱断裂比较微弱、岩浆活动少、无区域变质作用。它基本具有两层构造：褶皱基底和盖层构造。

地台形成之后，又重新活动，从而形成活动地带，这种现象称为地台"活化"。

（二）地质力学理论

地质力学理论是以地质力学观点研究地质构造，其理论认为：地壳的构造运动以水平运动为主，垂直运动是水平运动引起的。在水平运动的挤压、拉张作用下，形成各种地质构造形迹（压、张、扭结构面），它们之间有着内在的生成联系。凡是大体上是同一时期经过一次运动或按同一方式断续经过几次构造运动产生的各种构造形迹，就可以看作一个整体称为构造体系。所以构造体系是许多不同形态、不同性质、不同级别和不同序次，但具有成生联系的各种结构面要素所组成的构造带，以及它们之间所夹的岩块或地块组合而成的总体。

地壳上常见的构造体系归纳为三大类：纬向构造体系、经向构造体系和扭动构造体系。

（三）板块理论

板块构造的含义是：刚性的岩石圈分裂成许多巨大块体，即板块。它们伏在软流圈上作大规模水平运动，致使相邻板块互相作用，板块的边缘便成为地壳活动性强烈的地带。洋脊扩张带、消减作用带以及转换断层都属于这种构造活动性强烈的地带，它们就是板块的边界。

根据以上标志，全球板块可划分为美洲板块、太平洋板块、欧亚板块、非洲板块、印度板块、南极板块等。

五、地史演变概况和地质年代表

（一）地壳演变

地壳的演化历史可大致分为三大阶段。第一阶段为前地质时期，第二阶段为隐生宙时期，第三阶段为显生宙时期。第二、三阶段又合称为地质时期。

1. 前地质时期

其时限大致距今约 46~38 亿年前。本阶段最基本的特征是原始地壳的形成。这时，地球表面的温度、大气和水体的组分与性质尚不具备生命发生的条件，也不存在风化、剥蚀和沉积等地质作用。陨星冲击地面产生强烈的火山活动。火山喷发的大量气体为地球上生命出现创造了条件。

2. 隐生宙时期

其时限距今约 38~5.9 亿年，包括了太古代和元古代。本阶段初期，地壳的表面几乎全被水体包围着。大量火山物质在海底堆积，最终构筑成岛屿，成为最早的陆地。这些最早的陆地在太古代晚期形成陆核。陆核进一步扩大，形成地盾。地盾是古大陆的前身。在元古代，形成了大型而稳定的大陆地块。

大约在 35 亿年前，地球上出现了最初的原始生命藻类，揭开了生物界全面繁荣的序幕。

【例 19-2-7】　太古代的岩石大部分属于：

  A. 岩浆岩   B. 沉积岩   C. 变质岩   D. 花岗岩

解　太古代由于构造运动频繁和岩浆活动强烈，岩石普遍深度变质，形成古老的片麻岩、结晶片岩、石英岩、大理岩等，构成地壳的古老基底。元古代及古生代、中生代和新生代形成了主要覆盖大陆地壳表面的沉积岩。岩浆岩发育于地质历史全过程，但其在地壳中分布范围不够广泛，花岗岩是岩浆岩的一种类型。

答案：C

3. 显生宙时期

其时限为 5.9 亿年前至今，包括了古、中和新生代。古生代，地壳运动的总体特征表现为各分散大陆相互靠拢，聚合形成统一的联合古陆。中、新生代，联合古陆又由合而分，重新破裂为分离的大陆地块，并逐渐演化为现今的海陆分布格局。

显生宙生物极其繁盛。早古生代为三叶虫、鹦鹉螺、笔石、珊瑚、苔藓虫等海生无脊椎动物昌盛的时代，还出现了脊椎动物中的原始鱼类。植物以低等的海藻类为主，陆地上尚未出现生物。由于早古生代末期大陆的汇聚运动，引起海水退落，导致一些海生无脊椎动物的栖息地消失，但却为晚古生代里陆生植物的发展和脊椎动物的登陆创造了有利的条件。泥盆纪时，陆地上出现了大量裸蕨，鱼类大量发展，故泥盆纪被称为鱼类时代。石炭、二叠纪被称为两栖动物时代，植物以孢子植物为主。二叠纪末形成统一的联合大陆，这是一次重要的生物绝灭期，海生无脊椎动物均相继消亡。中生代早期是爬行动物的大发展时期，恐龙统治了整个地球。爬行类除自身繁盛外，还向鸟类和哺乳动物演化。中生代大部分时期，裸子植物居统治地位。晚白垩世被子植物兴盛，中生代末期约有三分之一的物种遭绝灭。

新生代，南半球较完整的大陆逐渐分裂，北半球的古地中海逐渐消亡，形成高大的山系。气候干燥炎热，藻类和裸子植物大量灭亡，被子植物成为陆地上的主要植物群。哺乳动物成为新生代动物界的主宰。新第三纪，各种哺乳动物均已出现。第四纪，人类出现。

（二）地质年代表

在地壳发展的漫长历史过程中，地质环境和生物种类经历了多次变迁。根据地层形成顺序、岩性变化特征、生物演化阶段、构造运动性质及古地理环境等综合因素，把地质历史划分为隐生宙和显生宙两个大阶段。宙以下分为代，隐生宙分为太古代和元古代；显生宙分为古生代、中生代和新生代。代以下分纪，纪以下分世，依此类推。相应每个时代单位宙、代、纪、世，形成的地层单位为宇、界、系、统，如古生代形成的地层叫古生界。代（界）、纪（系）、世（统）是国际统一规定的时代名称和地层划分单位。在一些地层年代不确定、化石依据不足、不能定出正式地层单位的地区，可按照岩性特征和构造运动特点来划分地层单位，这些地层单位只适用于较小地区，称为地方性地层单位，按级别由大到小分为群、组、段。

按地质年代的新老顺序，地质时期的相对年代和绝对年代的划分见表 19-2-1。

【例 19-2-8】　与地层年代"纪"相应的岩石地层单位是：

　　　A. 代　　　　　　B. 系　　　　　　C. 统　　　　　　D. 层

解　地质年代单位划分为宙、代、纪、世，相应的地层单位划分为宇、界、系、统。因此，地质年代"纪"对应的地层单位为"系"。

答案：B

地　质　年　代　表　　　　　　　　　　　　　　　　　　　表 19-2-1

| 宙 | 相 对 年 代 |||| 绝对年代（百万年） | 主要构造运动 | 生 物 ||
	代	纪	世			植物	动物
显生宙	新生代（Kz）	第四纪（Q）	全新世（Q₄）更新世（Q₁₋₃）	2	喜马拉雅运动	被子植物繁盛	出现人类
		第三纪（R）	晚第三纪（N）	上新世（N₂）中新世（N₁）	26			哺乳动物与鸟类繁盛
			早第三纪（E）	渐新世（E₃）始新世（E₂）古新世（E₁）	65			
	中生代（Mz）	白垩纪（K）	晚白垩世（K₂）早白垩世（K₁）	137	燕山运动	爬行类恐龙繁盛	海生无脊椎动物繁盛
		侏罗纪（J）	晚侏罗世（J₃）中侏罗世（J₂）早侏罗世（J₁）	195		裸子植物繁盛	
		三叠纪（T）	晚三叠世（T₃）中三叠世（T₂）早三叠世（T₁）	230	印支运动		
	古生代（Pz）	晚古生代 Pz₁	二叠纪（P）	晚二叠世（P₂）早二叠世（P₁）	285	海西运转	蕨类及原始裸	两栖动物繁盛
			石炭纪 C	晚石炭世（C₃）				

宙	代	纪	世	绝对年代（百万年）	主要构造运动	植物	动物
		相 对 年 代				生 物	
显生宙	古生代（Pz）	晚古生代 Pz₁	石炭纪 C	中石炭世（C₂）早石炭世（C₁）	350	海西运转	子植物繁盛	鱼类动物繁盛
			泥盆纪（D）	晚泥盆世（D₃）中泥盆世（D₂）早泥盆世（D₁）	400		裸蕨植物繁盛	
		早古生代 Pz₂	志留纪（S）	晚志留世（S₃）中志留世（S₂）早志留世（S₁）	435	加里东运动	藻类及菌类植物繁盛	
			奥陶纪（O）	晚奥陶世（O₃）中奥陶世（O₂）早奥陶世（O₁）	500			
			寒武纪（∈）	晚寒武世（∈₃）中寒武世（∈₂）早寒武世（∈₁）	570			
隐生宙	元古代（Pt）	晚元古代（Pt₃）	震旦纪（Z）		800	晋宁运动		裸露无脊椎动物出现
		中元古代（Pt₂）|		1000	吕梁运动		
		早元古代（Pt₁）|		1900	五台运动 阜平运动		生命现象开始出现
	太古代（Ar）|			2500			
					4600	地球形成		

习 题

19-2-1 褶皱构造的两种基本形态是（　　　　）。

①倾伏褶曲；②背斜；③向斜；④平卧褶曲。

    A. ①和②   B. ②和③   C. ①和④   D. ③和④

19-2-2 褶曲按横剖面上轴面和两翼产状关系的分类，正确的是（　　　　）。

    A. 直立褶曲、倾斜褶曲、倒转褶曲、平卧褶曲

    B. 直立褶曲、平卧褶曲、倾伏褶曲、倒转褶曲

    C. 倾斜褶曲、水平褶曲、直立褶曲、倒转褶曲

    D. 倾斜褶曲、倾伏褶曲、倒转褶曲、平卧褶曲

19-2-3 节理按成因可分为（　　　　）。

    A. 构造节理、风化节理、剪节理   B. 构造节理、原生节理、风化节理

    C. 张节理、原生节理、风化节理   D. 构造节理、剪节理、张节理

19-2-4 按断层的两盘相对位移情况，将断层分为（　　　　）。

    A. 正断层、逆断层、平移断层   B. 正断层、逆断层、走向断层

C. 平移断层、逆断层、倾向断层　　　　　D. 正断层、平移断层、横断层

19-2-5　如图所示，某地区出现的地层为奥陶纪、纪地层，其中奥陶纪和石碳纪地层间有明显的沉积间断，且上下地层产状相同，其地层接触关系是（　　　）。

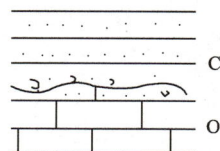

題 19-2-5 图

A. 整合接触

B. 沉积接触

C. 假整合接触

D. 角度不整合接触

19-2-6　如图所示，某一地区出现的地层为 O、P 和 T 时代的地层，P 和 T 地层相互平行，则 P 和 T 地层之间为（　　　）。

A. 整合接触　　　　B. 沉积接触　　　　C. 假整合接触　　　　D. 角度不整合接触

19-2-7　若地质断面图上可看到沉积岩被火成岩穿插（见图），则火成岩与沉积岩之间为（　　　）。

A. 沉积接触　　　　B. 整合接触　　　　C. 侵入接触　　　　D. 角度不整合接触

19-2-8　沉积岩与火成岩接触面之间有火成岩风化碎块，但没有蚀变现象，如图所示，则火成岩与沉积岩之间为（　　　）。

A. 沉积接触　　　　　B. 整合接触　　　　　C. 侵入接触　　　　　D. 角度不整合接触

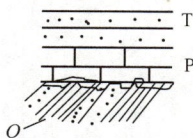
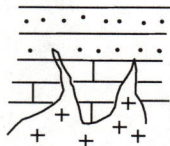
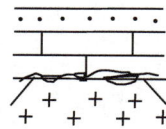

題 19-2-6 图　　　　　　　　題 19-2-7 图　　　　　　　　題 19-2-8 图

19-2-9　确定岩层空间位置时，是使用（　　　）要素。

①走向；②倾向；③倾角。

A. ①②　　　　　　B. ①③　　　　　　C. ②　　　　　　D. ①②③

19-2-10　某地区有一条正断层，在地质图上除用红线表示外还需加如图（　　　）所示符号表示。

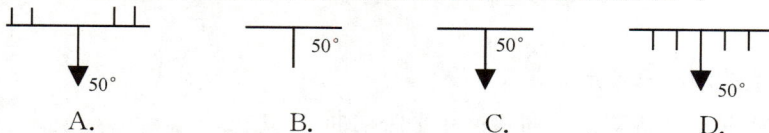

A.　　　　　　　　B.　　　　　　　　C.　　　　　　　　D.

19-2-11　国际上统一使用的地层单位是（　　　）。

A. 界、系、统　　　　B. 界、纪、统　　　　C. 代、系、世　　　　D. 代、纪、统

第三节　地貌和第四纪地质

　　地貌是指地球表面的形态。地表起伏不平，形态多种多样，规模大小不一，成因复杂，又处于不断发展变化之中。总的说来，各种地貌的形成和发展，都是由地球的内、外地质营力对地表不断改造综合作用的结果。而各类地质体的岩性及地质构造是其形成和发展的基础。

　　第四纪是地球发展的最新阶段，在地质历史上最晚、最短暂。它最突出的特点是：发生过多次大规模冰川活动，第四纪堆积物广泛覆盖地表，人类出现。

一、各种地貌形态的特征和成因

地貌形态种类繁多，在工程勘察中，可能遇到的地貌形态类型主要有构造、剥蚀地貌，山麓斜坡堆积地貌，河流地貌，岩溶地貌，黄土地貌，海岸地貌，湖泊、沼泽地貌，冰川地貌，风成地貌，冻土地貌，火山和熔岩地貌等。

（一）地貌单元分类

在工程勘察中，可能遇到的地貌形态见表19-3-1。

地貌单元分类表 表 19-3-1

按成因分类	地 貌 单 元		主导地质作用
构造、剥蚀地貌	山地	高山	构造作用为主，强烈的冰川刨蚀作用
		中山	构造作用为主，强烈的剥蚀切割和部分的冰川刨蚀作用
		低山	构造作用为主，长期强烈的剥蚀切割作用
	丘陵		中等强度的构造作用，长期剥蚀切割作用
	剥蚀残山		构造作用微弱，长期剥蚀切割作用
	剥蚀准平原		构造作用微弱，长期剥蚀和堆积作用
	构造平原		中等构造作用，长期堆积和侵蚀作用
山麓斜坡堆积地貌	洪积扇		山谷洪流洪积作用
	坡积裙		山坡面流坡积作用
	倒石锥		重力堆积作用
	山前平原		山谷洪流洪积作用为主，夹有山坡面流坡积作用
	山间凹地		周围的山谷洪流洪积作用和山坡面流坡积作用
河流地貌　河流侵蚀堆积地貌	河谷	河床	河流的侵蚀切割作用或冲积作用
		河漫滩	河流的冲积作用
		牛轭湖	河流的冲积作用或转变为沼泽堆积作用
		阶地	河流的侵蚀切割作用或冲积作用
河流堆积地貌	河间地块		河流的侵蚀作用
	冲积平原		河流的冲积作用
	河口三角洲		河流的冲积作用，间有滨海堆积或湖泊堆积
岩溶（喀斯特）地貌	岩溶盆地（溶蚀平原）		地表水、地下水强烈的溶蚀、堆积作用
	峰林、峰丛、孤峰地形		地表水强烈的溶蚀作用
	溶沟、石芽残丘		地表水的溶蚀作用
	溶蚀漏斗、盲谷溶洞、地下河、竖井等		地表水、地下水的溶蚀作用
黄土地貌	冲沟		冲蚀作用
	黄土塬、梁、峁、		中等构造作用，长期黄土堆积和侵蚀作用
	陷穴、黄土堞、柱		潜蚀作用
海岸地貌	海岸		海水冲蚀或堆积作用
	海岸阶地		海水冲蚀或堆积作用
	海岸平原		海水堆积作用

按成因分类	地　貌　单　元		主导地质作用
湖泊、沼泽地貌	湖泊平原 沼泽地		湖泊堆积作用 沼泽堆积作用
冰川地貌	冰斗 幽谷、冰蚀凹地 冰碛丘陵、冰碛平原 终碛堤 冰前扇形地 冰水阶地 蛇堤、冰砾阜		冰川刨蚀作用 冰川刨蚀作用 冰川堆积作用 冰川堆积作用 冰水堆积作用 冰水侵蚀作用 冰川接触堆积作用
风成地貌	荒漠	岩漠 砾漠 沙漠 泥漠	风的吹蚀作用、风化作用、重力作用、洪流作用 风的吹蚀作用 风的吹蚀和堆积作用 风的堆积作用和水的再次堆积作用
	风蚀盆地 砂丘		风的吹蚀作用 风的堆积作用
冻土地貌	石海、石河、石冰川 石环、石圈、石带 冻胀丘、冰核丘 构造土、冻土阶地、 热岩溶		寒冻、风化、冻融及重力作用 冻融、重力作用 冻胀作用 冰冻、风化和泥流作用 气温变暖作用
火山和熔岩地貌	熔岩丘、熔岩垄岗和熔岩 盖、熔岩堰塞湖、熔岩湖		火山作用

注：本表参考《工程地质手册》资料。

（二）各种地貌形态特征和成因

1. 构造、剥蚀地貌

构造、剥蚀地貌是指受地质构造控制，并受到不同程度的破坏和改造所形成的地表形态，其基本特点仍被保留下来，在地形的形成中仍起主导作用。

（1）山地

①桌状山和方山：主要由倾角小于5°的水平岩层构成的地貌形态，并由坚硬的岩层构成平坦的山顶。

②单面山：是由单斜构造形成的地貌形态，沿岩层走向延伸，两坡不对称，顺层坡较缓，一般由较坚硬的岩石组成，剥蚀坡较陡。当岩层倾角较大时，顺层坡和剥蚀坡的坡度大致相等，山脊高凸，形似猪的脊背，故称猪背岭，山脊多为较坚硬岩石组成，走向平直。

③褶皱山：是指由褶皱岩层形成的地表形态。若是新构造运动形成的褶皱，背斜成山，向斜成谷。若褶皱形成的地质年代久远，长期遭受侵蚀破坏，则背斜多成谷地，向斜多成山。山地与沟谷的走向与褶皱轴向常相一致。

④断块山：是由断裂作用上升的山地，常见的有地垒式断块山，为中间升高的正地形，常形成如高原、山岳和丘陵。

断块山最初形成时，具有完整的断层面，断层面成为山前的陡崖，其规模最高可达百米，陡崖的走向各式各样，由断层性质决定。陡崖经侵蚀切割形成三角面。

若褶皱岩层在构造形态上被断裂作用分离，而形成褶皱断块山。

山地按其绝对标高还可分为：

极高山：海拔高度大于 5 000m；

高山：3 500~5 000m；

中山：1 000~3 500m；

低山：500~1 000m。

（2）丘陵

是经过长期剥蚀切割，外貌成低矮而平缓的起伏地形，其绝对高度小于 500m。丘陵地区基岩一般埋藏较浅，顶部常直接暴露，风化一般严重，有时表层为残积物掩盖，谷底堆积有较厚的洪积物、坡积物或冲积物，有时还有淤泥等。其地下水的分布较复杂。

（3）剥蚀残山

低山在长期的剥蚀过程中，极大部分的山地都被夷平成为准平原，但在个别地段形成了比较坚硬的残丘，称剥蚀残山。一般常成几个孤零屹立的小丘，有时残山与河谷交错分布。

（4）剥蚀准平原

是低山经过长期剥蚀和夷平，外貌显得更为低缓平坦，具有微弱起伏的地形。其分布面积一般不大。基岩裸露地表，有时低洼地段覆盖有不厚的残积物、坡积物、洪积物等。剥蚀平原的地下水一般埋藏较深。

（5）构造平原

构造上升作用大于剥蚀作用。通常是沉积的海底、湖底，由于地壳的缓慢上升，而浮出水面或由于冰体融解露出的冰积表面，形成的平原称构造平原。依照其所处的绝对标高又可分为以下三种。

①洼地：位于海面以下的平展的内陆低地。这种低地为荒漠或半荒漠地区的内陆盆地，表面切割微弱。

②平原：绝对标高在 200m 以下的平展地带。

③高原：绝对标高在 200m 以上的顶面平坦的高地。

（6）断裂谷及断陷盆地地貌形态

断裂谷是沿断层破碎带发育的沟谷，一般较深，两岸陡峭，常呈峡谷，一般走向较平直。有时，断裂谷呈宽窄相间的串珠状地形。我国郯庐断裂带分支之一的伊通—伊兰断裂，形成一条宽数公里至数十公里的裂谷地形。

断陷盆地是由断层所围陷的盆地，常呈菱形、楔形、长条形，主要是由地堑构成。断陷盆地和断块山常伴生，其组合地形叫作盆地-山脉地形。

2.山麓斜坡堆积地貌

斜坡是地表分布最广泛的地貌基本形式，包括山坡和岸坡。按形状，可分为凸形坡、凹形坡、直线形坡和复合坡。按成因可分为侵蚀坡、剥蚀坡、堆积坡和人工坡。

（1）倒石堆：是由山体崩塌下来的岩土体在坡下平缓地带成锥形体状的地貌形态。倒石堆沉积无分选性，有巨大落石或巨砾与砸碎的角砾和岩粉混合堆积，岩块上有撞砸刻痕。崩塌发生后，在陡坡上形成圈椅状的剥蚀陡坎地貌，其形状大多呈半圆形或三角形。

（2）坡面泥流：泥流是斜坡上厚层风化的土石（如黄土、红土）被水浸润饱和后，在重力作用下向斜坡下部流动的现象。泥流在坡下形成泥流阶地，冻土分布区常见融冻泥流，常在斜坡上呈大片小型舌状泥流阶地群。

（3）坡积裙：它是由山坡上的面流将风化碎屑物质携带到坡地平缓处或山坡下，并围绕坡脚堆积，形成的裙状地貌。其物质成分取决于坡地的基岩成分。

（4）洪积扇：它是由山间洪流携带大量碎屑物质，在山沟沟口处，由于坡降突然变化而堆积下来，形成的扇形堆积体或锥状堆积体。其物质分选性差。

（5）山前平原：山前堆积的大量洪积物、坡积物汇合起来，形成了宽广平坦的山前平原。

（6）山间凹地：被环绕的山地所包围而形成的堆积盆地，称为山间凹地。山间凹地由周围的山前平原继续扩大所组成。

3.河流地貌

（1）河谷

河谷是河流侵蚀切割塑造的线形洼地。它包括谷底、谷坡、谷缘三部分。谷底包括河床、河漫滩，谷坡常有阶地发育，谷坡与原始山坡地面交界处称为谷缘，如图19-3-1所示。

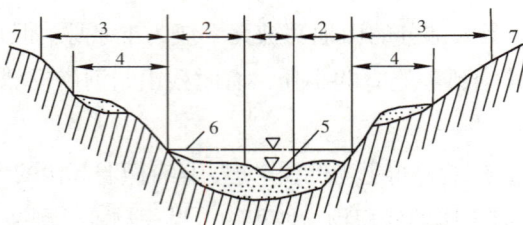

图 19-3-1 河谷的组成

1-河床；2-河漫滩；3-谷坡；4-阶地；5-平水位；6-洪水位；7-谷缘

河谷发育阶段可分为少年期、壮年期和老年期。

①少年期河谷。河身直，河床坡度陡，急流险滩多，以下切侵蚀为主。河谷成"V"字形，出现陡崖深谷。"V"字形河谷在不同发育阶段具有不同特征。最初为隘谷、嶂谷，进一步发展成为峡谷。

②壮年期河谷。河谷纵剖面接近平衡剖面，河谷常呈不对称的"U"字形，以侧向侵蚀为主，河曲发育，晚期有蛇曲及牛轭湖生成，原始地形受到强烈破坏。

③老年期河谷。整个河流均达到平衡剖面，侵蚀作用几乎停止，而堆积作用特别显著。河谷特别宽阔，阶地完整，牛轭湖和蛇曲特别发育，巨大的河流缓流处则出现广阔的冲积平原。

河谷内地貌单元特征主要有河床、河漫滩、牛轭湖、阶地。

①河床。河床是水流占据的谷底部分。按形态可分为顺直河床、弯曲河床、汊河型河床、游荡型河床。其中汊河型河床河身有宽窄变化，窄处为单一河槽，宽段河槽中发育沙洲、心滩，水流被洲、滩分成两支或多支。汊河与沙洲的发展与消亡不断更替，洲岸时分时合。随主流线移动和冲刷，常伴生规模不等的岸崩，会危及河堤安全和造成重大灾害。

游荡型河床，河宽水浅，河道极不稳定。有时河床不断淤高而成地上悬河，平水期沙滩众多，水流离散。洪水期河床地貌易于变化，甚至发生溢洪导致水灾发生，而久旱则形成河床断流。其动态变化取决于上游来水、来沙及河床边界条件。

河床地貌包括侵蚀地貌和堆积地貌。主要有岩槛、壶穴、深槽、心滩、沙洲、边滩和河嘴等。

a.岩槛。是横卧于河床上的坚硬岩石被侵蚀形成的陡坎，岩槛高度大于水深时会形成瀑布，如黄河壶口瀑布，岩槛被破坏后残余基岩略高于床底构成险滩，如长江三峡内共有大小险滩和碍航礁石约104

处之多。高出洪水位的基岩则呈河中岛。

b.壶穴。河底漩涡流携带着沙砾快速旋转磨蚀河床基岩，形成的圆坑称壶穴，或在瀑布岩槛的下面涡流的作用下也能形成。河流强冲刷地带壶穴成群出现。

c.深槽。即河床中的槽形坑，有的可深达几十米，如长江西陵峡、河北黄石与武穴间等地都有冲槽，深度一般在海平面以下 40~50m。

d.心滩与沙洲。心滩是河床中水流遇阻形成的水下不稳定沙质堆积体，平水期也不露出水面，洪水期可徐徐向下游移动。稳定下来并露出水面的心滩称为沙洲。

②河漫滩。经常受洪水淹没的浅滩称为河漫滩，是河流横向环流作用形成的。平原区河流河漫滩发育且宽广，常在河床两侧凸岸分布。山区河流比较狭窄，河漫滩的宽度较小。河漫滩的堆积物，下层是河床相冲积物粗砂和砾石，上部是河漫滩相细砂和黏土，构成了河漫滩的二元结构。

【例 19-3-1】 河流冲积物二元结构与河流的下列作用有关的是：

  A. 河流的裁弯取直   B. 河流的溯源侵蚀

  C. 河床的竖向侵蚀   D. 河床的侧向迁移

解 河流冲积物二元结构反映的是，河漫滩堆积物的下层是河床相冲积物粗砂和砾石，上部是河漫滩相细沙和黏土，构成了河漫滩的二元结构，反映了河流横向环流作用特征，即河床侧向迁移的结果。

答案： D

③牛轭湖。牛轭湖是当河流弯曲得十分厉害，一旦裁弯取直，由原来弯曲的河道淤塞而形成的。在枯水期或平水期，牛轭湖内长满了水草，渐渐淤积成沼泽。牛轭湖一般是泥炭、淤泥堆积的地区，如图 19-3-2 所示。

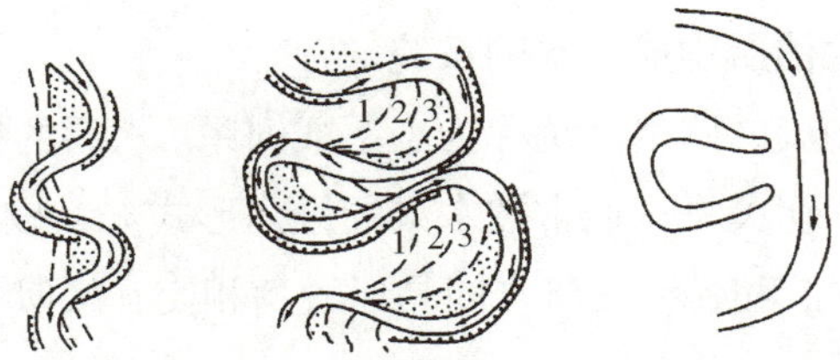

a)原始河道与   b)蛇曲河道   c)裁弯取直后的
雏形河道   河道及牛轭湖

图 19-3-2 河谷的形成和发展

④阶地。河流阶地是指位于洪水位以上，呈阶梯状分布在河流谷坡段地貌形态。它是间歇性地壳运动与河流下切形成的。其升降的次数和幅度不同，生成的台地级数和高度也各有不同。阶地级数从下往上依次排列，分别称为一级阶地、二级阶地等。阶地越高，形成的时代越老。

根据阶地的成因可分为侵蚀阶地、堆积阶地、基座阶地。

a.侵蚀阶地。它是由基岩组成，阶地面上基本没有冲积物，主要发育在构造抬升的山区河谷中。

b.基座阶地。它是由两层不同物质组成，上层为河流冲积物，下层为基岩。

c.堆积阶地。堆积阶地是由冲积物组成，在河流下游最常见。根据阶地形成时河流下切深度的不同，又可分为上叠阶地、内叠阶地和埋藏阶地。上叠阶地是形成阶地时，河流下切深度较前一周期下切深度小，没有切穿沉积物，河谷底部仍保留一定厚度的早期冲积物。内叠阶地是在形成阶地时的下切侵蚀深度正好达到阶地前一周期的谷底。埋藏阶地是早期地壳上升形成的多级阶地，后因地壳下降发生堆积，把其全部埋没而成。

（2）冲积平原

冲积平原是在构造沉降区，由河流带来大量冲积物堆积而形成的平原。即在巨大河流的中下游，河谷非常开阔，堆积作用十分强烈。每当雨季，洪水溢出河床，流速降低，堆积大量碎屑物，在两岸逐渐形成了天然堤。当洪水继续向河床以外广大面积上淹没时，流速愈来愈小，堆积了更为细小的物质，形成一片广阔的冲积平原。或者，当河流的阶地达到非常大的面积时，这个具有平缓的微微切割的广大地区也称为冲积平原。

冲积平原上的堆积物常常很厚，基岩埋藏较深，如华北大平原自第三纪以来的沉积物，厚达 5 000m 以上，最浅也有 1 500m 左右。冲积平原上的河流，河道宽浅，两岸泛滥堆积带常高于河间地形成天然堤，天然堤溃流后，河流改道，低洼地常积水成湖或沼泽。冲积平原根据地貌部位和作用营力的不同可分为山前平原、中部平原和滨海平原。山前平原主要是较粗颗粒的洪积物和河流冲积物组成，中部平原以河流冲积物为主，滨海平原是由海相和河流相冲积物共同组成。

（3）河口三角洲

河流在入海或入湖的地方堆积了大量的碎屑物，构成了一个三角洲地区，称河口三角洲。由于入海处受到海浪或湖泊的顶托，流速很小，使淤泥等细小颗粒全部沉积下来，形成巨厚的淤泥层。三角洲地下水位一般很浅，地基土的承载力比较低，常为软土地基。

（4）河间地块

河谷相互之间所隔开的广阔地段，称为分水岭。在山区，分水岭通常是高峻的山脊；在平原地区，分水岭常表现为较平坦的地形，外表上不很明显，水仅从一个稍高的地段流向两条不同的河流，这种分水岭称为河间地块。

（5）水系地貌

水系是指具有同一归宿的水体所构成的水网系统。

河流的干流及其各级支流构成的网络系统称为水系或河系。水系的排列分布形式多样，它们与一定的地质构造条件和地貌条件有密切关系，通常按水系的排列形式分为以下几种。

①树枝状水系：该水系的主流和各级支流之间是以锐角相交，状似树枝。这类水系在岩性均一、地形微倾的地区最为发育。

②格状水系：主流和支流之间呈直角或近似直角相交。如在各组直交节理或断层构造地区，河流沿构造线发育形成格状水系。

③平行状水系：各条河流平行排列，在地貌上呈平行的岭谷，它们常受区域大构造或山岭控制，如滇西横断山区的河流。

④放射状水系：在穹隆构造或火山锥上，水流从一个中心顺坡向四周呈放射状流动，形成放射状水系。

⑤环状水系：穹隆构造山被侵蚀破坏后，一些沿被剥露出来的软岩层走向发育的河流形成环状水系。

⑥向心状水系：水流从四周向一个中心处汇流，多发育在盆地、湖泊或局部新构造沉降区。

⑦扇状水系：冲积扇、洪积扇或河口三角洲上，河流从山口或三角洲顶点向外散开形成扇状水系。

⑧倒钩状水系：在支流注入主流附近或支流的上游，呈多次 90°的大转弯形成倒钩状水系。

⑨辫状水系：水系交错纽结成网，多发育在三角洲地区。

⑩羽状水系：干流强劲，支流短密，多发育在褶皱地区。

4. 岩溶地貌

岩溶地貌是指地下水和地表水对可溶性岩石破坏和改造形成的地貌形态。其地貌形态主要有下列几种，如图 19-3-3 所示。

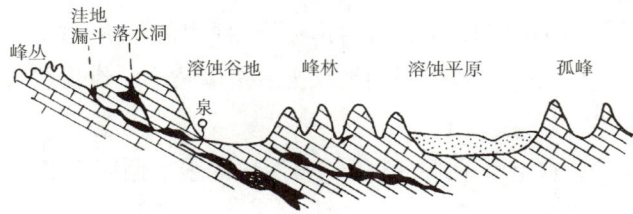

图 19-3-3 地表岩溶地貌形态

（1）溶沟和石芽

它们是地表水流沿着石灰岩坡面或者裂隙发育地带发生溶蚀形成的。溶蚀的凹槽称为溶沟，溶沟宽十几厘米至几百厘米。溶沟之间突出部分称为石芽。溶沟、石芽是石灰岩表面最初的溶蚀地貌形态。

溶沟、石芽的分布特征常和地形、地质条件有关。地形坡度较大的地面上，常形成彼此平行的溶沟和石芽，而在平缓的地面上溶沟和石芽常纵横交错，质纯的石灰岩地区溶沟石芽较密集，节理发育地区，溶沟石芽受其分布状态的控制。

石林是由石芽进一步发育而成，一般高达 20~30m，最为典型的如云南路南石林，因密布如林而得名，如图 19-3-4 所示。

图 19-3-4 云南路南石林

（2）峰丛、峰林和孤峰

峰丛是一种山峰基部相连，峰与峰之间形成"U"字形的马鞍地形。相对高差一般为 200~300m。峰丛之间常发育溶蚀洼地、漏斗及落水洞。主要分布在广西及云贵高原。

峰林是成群分布的山体基部分离的石灰岩峰群。峰林相对高差 100~200m，坡度很陡，一般均在 45°以上。峰丛与峰林的主要区别是峰丛山峰间基部相连的高度比例大于上部分开部分。

孤峰是岩溶区的孤立石灰岩峰，常常分布在岩溶平原上，相对高度由数十米至百余米。它是在地壳相对长期较稳定条件下，峰林不断溶蚀降低形成的。孤峰和岩溶平原是岩溶作用晚期阶段的产物。

落水洞和竖井，落水洞是连接地表水流和地下暗河的垂直通道，一般沿着裂隙发育，其形态受裂隙控制，是溶蚀并伴随塌陷形成的。在广西一带许多落水洞的洞口直径为 7~10m，深度为 10~30m，最深可达百米以上。竖井与一般井状落水洞的区别在于其井壁特别陡直，往往从竖井可以看到暗河的水面。

（3）坡立谷（又称岩溶盆地、岩溶平原）

是指岩溶地区一些宽广平坦的盆地或谷地。其宽度自数百米至数千米，长度可达几十千米。盆地边缘陡峭，底部平坦，常覆盖着溶蚀残留的棕黄色、红色黏土或河流冲积物，低洼部分还常有软土、淤泥存在。盆地中河流常从一端流出，到另一端经落水洞汇入地下河流。岩溶盆地的形状受地质构造和岩性所控制，如在断裂带的坡立谷多呈长条形，沿背斜和向斜轴部发育的坡立谷多呈椭圆形。岩溶盆地内常有溶蚀漏斗、落水洞和竖井分布。

（4）溶蚀漏斗

是岩溶化地面上的一种口大底小的圆形洼地。直径数米，深十几米至数十米。底部常有垂直裂隙或管道与地下暗河相通。若地下洞穴的顶部崩塌，形成漏斗状的洼地，称塌陷漏斗，特点是漏斗壁较陡，底部有较多的崩积岩块。漏斗多分布在岩溶化的高原面上。如果地面上有连续分布的成串漏斗，往往是地下暗河存在的标志。

（5）溶蚀洼地

是由溶蚀漏斗逐渐溶蚀扩大或相邻漏斗合并而成的小型封闭洼地。直径可超过 100m，最大可达 1~2km。底部较平坦，常发育有落水洞和漏斗，从洼地四壁流出的泉水，经小溪最后进入落水洞中。溶蚀洼地常在褶皱轴部或断裂带中发育。其底部如被红土或边缘坠落的岩块覆盖将形成岩溶湖。

（6）干谷和盲谷

干谷是岩溶地区的干河谷。它是由于地壳上升，岩溶水的水平循环带下降，地表水流沿落水洞和漏斗转入地下，因而河流变成了干河谷。

盲谷是在岩溶区，有的河流突然中止于石灰岩壁，有时又会从岩壁另一侧流出。前方没有出口的河流称作盲谷。

（7）溶洞

是地下水沿可溶性岩体的各种结构面特别是其相互交叉的地方溶蚀和侵蚀形成的洞穴。溶洞大小不一，形态多种多样。可分为水平的溶洞、管道状、阶梯状、袋状、多层状洞穴等。有时洞穴彼此相连。我国著名的七星岩洞最宽为 70m，高 15m。洞穴内常有石钟乳、石笋、石柱以及人类化石等。

（8）地下河

又称暗河，是具有河流主要特征的位于岩溶区地下水的汇集和排泄通道。若地下河局部扩大或溶洞中具有开阔的自由平静水面称为地下湖，如云南的方朗洞。

（9）岩溶泉

岩溶洞穴的出口处常形成泉。按成因可分为暂时性泉、周期性泉、涌泉等。在泉水出口地带常有泉水沉积的碳酸盐类物质称石灰华又称泉钙华。

5. 黄土地貌

黄土是一种颜色、质地均一，具有疏松多孔隙，富含 $CaCO_3$，垂直节理发育，透水性强，易沉陷等特征的土状堆积物。黄土在地质营力作用下形成一些特殊的地貌形态，按其分布位置可分为黄土沟谷地貌、黄土沟间地貌和黄土潜蚀地貌等几种类型。

（1）黄土沟谷地貌

由于黄土结构疏松，垂直节理发育，在失去植被保护的情况下，极易遭受水流的侵蚀、破坏，形成不同规模的冲沟。干旱季节，沟谷缺少水流形成干沟。冲沟的沟头和沟壁都较陡，规模也较大，长度可达数千米至数万米，深度达数十米至百米，冲沟沟头上方或沟床中常有一些很深的陷穴，促使沟头向源头增长，沟床加深。冲沟沟壁常发生崩塌，使沟槽不断加宽。沟底平坦并沉积了较厚的冲积物，成为坳沟。这时的沟谷已较稳定，常开垦有耕地。

（2）黄土沟间地貌

黄土沟间地貌可分为塬、墚、峁三种类型，它们是黄土高原上的黄土堆积的原始地面经流水切割侵蚀后的残留部分。

黄土塬是黄土堆积覆盖的高原面，地形平坦，四周为沟谷的沟头向源侵蚀，常呈花瓣状。有些黄土塬的面积可达 2000~3000km²。

黄土墚是长条形的高地。按其形态可分为平顶墚和斜墚两种。其长度大小不一，最长的达几十千米，宽几十米至几百米。黄土墚大多是黄土覆盖在梁状古地形上形成的，也有的是黄土塬被侵蚀后形成的。

黄土峁是一种圆形或椭圆形的黄土丘。峁坡呈凸形，坡度约20°。峁与峁之间为地势稍下凹的鞍部。若干个峁连接起来形成比较起伏的墚峁，统称为黄土丘陵。

（3）黄土潜蚀地貌

地表水沿黄土中的裂隙或孔隙下渗进行溶蚀和侵蚀形成大的孔隙和空洞，引起黄土的陷落而形成黄土潜蚀地貌，主要有下列几种。

①黄土碟：黄土地面上的一种蝶形凹地，深数米，直径 10~20m。它是因地表水下渗浸湿黄土，在重力作用下发生压缩或沉陷使地面陷落形成的。

②黄土陷穴：在地表水容易汇集的沟间地或谷坡上部，由于地表水下渗潜蚀形成的。其形态有竖井状、漏斗状。深度可达 10~20m。有些陷穴成串珠状相连。这种陷穴多分布在坡面长或坡度大的墚峁斜坡上。

③黄土桥：两个陷穴间的通道不断扩大，在陷穴间残留在顶部的土体形成的。

④黄土柱：分布在沟边的柱状黄土体。它是由于流水沿黄土垂直节理冲刷潜蚀引起黄土局部崩塌残留的土体形成的。黄土柱可高达十几米。

6. 海岸地貌

海岸是具有一定宽度的陆地与海洋相互作用的地带，其上界是风暴浪作用的最高位置，下界为波浪作用开始扰动泥沙处。现代海岸带由陆地向海洋可划分为滨海陆地（后滨带）、海滩（前滨带）和水下岸坡（外滨带）三部分，如图 19-3-5 所示。

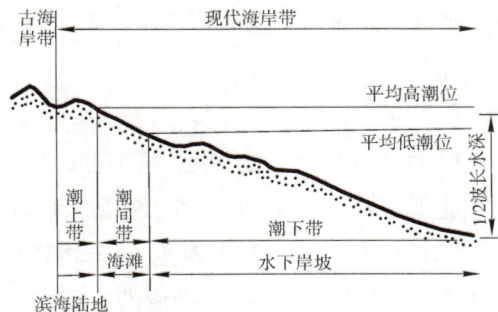

图 19-3-5　海岸带的划分

滨海陆地是高潮线以上至暴风浪所能作用的区域，在此范围内有海蚀崖、沿岸沙堤及潟湖等。它们大部分时间暴露在海水面以上，只在特大风暴时才被海水淹没，这一地带又称潮上带。

海滩是高潮位和低潮位之间的地带，主要是海滩和岩滩。

水下岸坡是低潮线以下，只受浅水波的作用又称潮下带。

波浪侵蚀和堆积过程中对海岸进行塑造，形成海岸侵蚀地貌和堆积地貌。

（1）海蚀崖

海蚀崖是由海浪长期对海岸冲刷，研磨和溶蚀形成的高出海面的基岩陡崖。

海蚀穴是海蚀崖下部，大致与海面高度相等处，在海浪的不断冲掏下形成的凹槽。凹槽的深度比宽度大的叫海蚀洞。冲入洞的海浪将洞顶击穿形成海蚀窗。

波切台是海蚀洞不断扩大，洞顶岩层逐渐塌落，使海蚀崖向陆地方向后退，在波浪与强有力的回流不断作用下，在大致海水面的高度上可形成一个海蚀平台，叫作波切台。

（2）海岸阶地

海岸阶地包括侵蚀阶地和堆积阶地。

①侵蚀阶地。它是由海岸的冲蚀作用和海岸上升所形成的。即海水下降使波切台及水下岸坡的一部

分抬高到高潮线以上形成了海蚀阶地，常分布于多山地区的海岸。

②堆积阶地。它是由海水的堆积作用和海岸上升作用形成的，常见于平原地区的海岸，这里常有软土、淤泥分布。

海岸阶地一般都是向大海倾斜的，阶地的外缘与海岸线大致平行。冲蚀阶地的宽度一般比较窄，堆积阶地一般比较宽阔。

③海滩。海滩是与陆地相连接的砂砾质堆积体，平行于海岸线伸展的平缓地形，微微地倾向大海。随着海岸的上升或下降，海滩范围就会加宽或缩小。

④砂坝和砂堤。底流携带泥沙流回大海时，遇到后浪，流速抵消，堆积成与海岸线平行的砂坝。砂坝继续堆积形成暗礁，当突出海面后成为砂堤。

⑤潟湖和海滨沼泽。沙堤和海岸之间与大海隔离的部分海面称为潟湖。当潟湖为水草填满时，便成为海滨沼泽。

⑥砂咀。它是一种一端连接陆地，另一端深入海中的泥沙堆积体。其成因是当岸流顺着海岸流动，在海岸拐角的地方，岸流一直流入大海中，海水变深，流速降低；或者由于两股岸流向同一拐角处流动，相遇后流速抵消，泥沙堆积并不断向前伸长，形成砂咀。

⑦海滨平原。海滨平原主要是由海成阶地组成。由一个或几个海蚀阶地连接起来组成的海滨平原叫海蚀平原。由一个或几个堆积阶地组成的海滨平原叫海积平原。海滨平原地形开阔，缓倾向大海。海滨平原上常有许多小沙丘，有时微呈波状起伏地形。若海滨沼泽进一步发展，也会形成海滨平原，外表常成蝶形洼地，洼地的底部有泥炭和淤泥堆积。

7. 湖泊及沼泽地貌

湖泊是陆地上的积水洼地，规模大小不一，分布广泛。按湖盆的成因可将湖泊分为构造湖、火山湖和各种外力作用形成的湖。构造湖主要有规模深度都很大的地堑湖（如云南滇池）；火山口或火山堆积物形成的凹陷积水形成的火山湖（如长白山天池及五大连池），外力作用形成的湖，如有河流冲积形成的冲积湖、河流被堵形成的堰塞湖、溶蚀盆地或溶洞积水形成的岩溶湖、风蚀或风积盆地形成的风蚀湖、冰川和冰水侵蚀、堆积形成的凹陷积水所成的冰斗湖和冰水湖、海岸沙堤间凹陷中的滞水构成的潟湖。另外按滞水来源可分为由部分海水残留于陆地的残留湖及靠地表水或地下水补给的陆生湖。按湖水的含盐量，分为淡水湖（盐度小于0.1%）、微咸水湖（盐度0.1%~0.3%）、咸水湖（盐度0.3%~5%）和盐湖（盐度大于5%）。湖泊的地貌类型主要有湖蚀阶地、堆积阶地及湖滨平原（地表水流将大量的风化碎屑物带到湖泊洼地，使湖岸堆积、湖边堆积和湖心堆积不断地扩大和发展，形成了大片向湖心倾斜的平原，称为湖滨平原）。其成因与海滨阶地及平原类似，不再赘述。

湖泊中的堆积物，从湖滨至湖心依次为沙砾石至粉细砂、亚砂土至黏土、淤泥等。

沼泽是地表长期处于湿润，喜湿性植物丛生，并有大量泥炭和有机质淤泥堆积的地段。其形成原因主要由水体沼泽化和陆地沼泽化引起的，水体沼泽化是湖泊发展到晚期阶段，湖水将要干涸，表层含水量高，喜湿性植物大量生长形成的，这种沼泽分布面积广。陆地沼泽化是平原和河谷地带由于土层黏性大，排水不畅，地表水体通过地下透水层往低洼地带排泄引起的，或地下水位升高接近地面，植物生长茂盛引起的；或暂时地面滞水形成沼泽等。我国东北地区、燕山南麓、江汉平原和长江中下游谷地都发育过大规模的沼泽。东北沼泽是形成黑土的母岩。

沼泽的堆积物由泥炭、有机质淤泥及泥沙组成。它们是在氧气不足，细菌分解微弱，甲烷、二氧化碳、硫化氢气体逸出，有机酸含量增加的环境中堆积而成。其中泥炭是沼泽堆积物中的主要成分。

8. 冰川地貌

在高山和高纬度地区，气候严寒，年平均温度在 0℃以下，地表积雪逐年增厚，经过一系列物理过程，积雪逐渐变成冰川冰，冰川冰受自身重力或冰层压力作用，沿斜坡缓慢运动，形成冰川。

冰川地貌分为冰蚀地貌、冰碛地貌和冰水堆积地貌三种类型。

（1）冰蚀地貌

冰蚀地貌主要包括冰斗、刃脊和角峰、冰川谷、羊背石等。

①冰斗、刃脊和角峰。冰斗是山地冰川在雪线附近塑造的主要的冰蚀地貌之一。如图 19-3-6 所示。典型的冰斗是一个围椅状洼地，三面是陡峭的岩壁，底部是具有岩石磨光面的斗底，向下坡有一个开口，开口处常有一高起的岩槛。冰斗在冰川退缩后积水成为冰斗湖。随着冰斗的不断扩大，冰斗壁后退，相邻冰斗之间的山脊形成刀刃状，成为刃脊。几个冰斗后壁所交汇的尖锐山峰成为角峰。

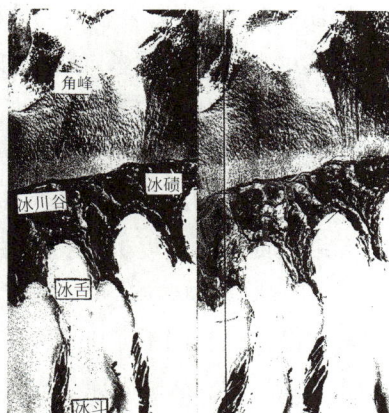

图 19-3-6　冰川地貌（冰斗、角峰和冰川谷），（航空相片立体相对）

②冰川谷（又称幽谷、槽谷）。冰川移动的山谷称为幽谷，这是冰川下蚀和侧蚀的结果。冰川的底蚀和侧蚀力量很强烈，因而幽谷两壁陡立，横剖面呈"U"字形，且具有明显的冰川擦痕及磨光面等特征。其槽谷的宽度有时很大，一条长仅 5~6km 的冰川谷，其宽度可达 2~3km。其纵剖面由于冰川差异侵蚀，因岩槛和冰蚀盆地交替出现而构成阶梯状。冰川的厚度越大，下蚀力越强，有的槽谷可深达千米。由于主冰川和支冰川冰的厚度不同，在支冰川和主冰川交汇的地方，冰退后就形成明显的陡坎，使支冰川高悬呈悬谷。我国西部山地有许多悬谷高出主冰川百余米至数百米。

【例 19-3-2】 典型冰川谷的剖面形态是：

　　A. U 形　　　　　　B. V 形　　　　　　C. 蛇形　　　　　　D. 笔直

解　冰川移动的山谷称为冰川谷，或称为幽谷、槽谷，冰川下蚀和侧蚀力量巨大，使得幽谷两壁陡立，横剖面呈"U"字形，且具有明显的冰川擦痕及磨光面等特征。

答案：A

③羊背石。羊背石是冰川基床上的一种侵蚀地形，由基岩组成的小丘，平面为椭圆形，长轴方向和冰川方向一致，朝向冰川上游的一坡坡面较平缓，下游方一坡被冰川挖掘得高低不平，坡度也较陡。

（2）冰碛地貌

冰川侵蚀产生大量的松散岩屑及由山坡上崩落下来的碎屑，进入冰川体后，随冰川运动向下游搬运，这些被搬运的岩屑叫作冰碛物。据冰碛物在冰川体内的不同位置可分为不同类型，在冰川表面的叫作表碛，夹在冰内的叫作内碛，位于底部的叫作底碛，在冰川边缘的叫作侧碛。两条冰川会合后，侧碛合并构成中碛，在冰川末端，围绕冰舌前端的冰碛物叫终碛。当冰川消融后，所携带的堆积物沉积下来，可形成基碛、侧碛和终碛。这些堆积物无分选性，大小岩块、沙砾混杂在一起，碎屑多具有棱角、冰碛石、冰漂砾表面常可见冰擦痕。

①基碛地貌。冰川消融后，原来的表碛、内碛和中碛都沉积到冰川谷底，和底碛一起统称为基碛。基碛地形主要有基碛丘陵和鼓丘。

基碛丘陵（冲碛丘陵）：冰碛物受冰川谷底地形起伏和受冰面和冰内冰碛物分布的影响在堆积后形成的波状起伏的丘陵，称为基碛丘陵。

　　基碛丘陵的规模有大有小。在冰川槽谷中的冲积丘陵高度只有几米到数十米。大陆冰川形成的冲碛丘陵高度可达数十至数百米。

　　鼓丘：是由一个基岩核心和冰碛泥所组成的椭圆形丘陵。其长轴和冰流方向一致，高度可达数十米，长度由几百米到一两千米。在大陆冰川终碛堤之内常呈群分布，而在山谷冰川内少见。鼓丘是冰川接近末端，底碛翻越凸起的基岩时，搬运能力减弱堆积而形成的。

　　②侧碛堤。侧碛堤是由侧碛和表碛在冰川退缩以后共同堆积而成。在冰川谷的方向两侧形成长堤状地形。向下游常和冰舌前端的终碛堤相连，向上游方向可一直延伸到雪线附近。

　　③终碛堤（尾碛堤）。当冰川的补给和消融处于相对平衡状态时，冰川的末端较长时间停留在某个位置，这时冰碛物将在冰川末端形成堆积，向下游弯曲的弧形长堤称为终碛堤。一般来说，山岳冰川终碛堤短而高，如我国玉龙山干海子终碛堤高达 150m，长 5~6km。

　　④冰碛丘陵、冰碛平原。当冰川退缩时，冰碛物全部堆积下来，成为底冰碛。底冰碛的厚度可达数十米。当冰碛物堆积于冰期以前的丘陵上时，就形成了冰碛丘陵。当冰碛物的分布面积很广，就形成了坡度缓和呈波浪起伏的冰碛平原。

　　（3）冰水地貌

　　冰雪消融后形成的水流称为冰水。在冰川外围由冰水搬运堆积形成的冰水堆积地貌，根据其分布的位置、形态特征和物质结构可分为下列几种。

　　①冰水扇冲积平原。冰川底部的冰水，常形成冰下河道，可携带大量沙砾从冰川末端排出，在终碛堤外围堆积成扇形地，叫冰水扇。几个冰水扇相连就形成冰水冲积平原。

　　②冰砾阜及冰砾阜阶地。冰砾阜是一些圆形或不规则的低矮小丘。它由冰面上的小湖或小河的沉积物在冰川消融后沉积落到底床堆积而成。组成冰砾阜的堆积物通常是一些带交错层理的砂和具有水平层理的细砂、粉砂和黏土。

　　在冰川两侧，由于岩壁和侧碛吸热较多，附近冰体融化比较快，使冰川两侧冰面较中部低，则冰融水汇集形成侧向流水，携带大量冰水物质，当冰川全部融化后，这些冰水物质堆积在冰川谷两侧，形成冰砾阜阶地。

　　③蛇行丘。蛇行丘是一种狭长而曲折的垄状地形，由于它蜿蜒伸展如蛇而称蛇行丘，其长度约为数公里至数十千米，高 10~30m，有时可达 70~80m，底宽几十米到至几百米。丘顶较狭窄，仅数十米，顶部平缓，两侧坡度 10°~20°。蛇行丘的延伸方向大致和冰川一致，它可以分布在低处，也可以爬上高地。蛇行丘的组成物质几乎全部是分选的成层砾石和砂，偶尔夹有冰碛物的透镜体，表面常覆盖一层冰碛物。它主要分布在大陆冰川区。

　　④锅穴。锅穴是指冰水平原上的一种圆形洼地，是埋在砂砾中的死冰块融化引起的塌陷坑，其直径一般十余米至数十米，深数米。

　　9. 风成地貌

　　风成地貌是指由风的侵蚀、搬运和堆积形成的各种侵蚀和堆积地貌。

　　（1）风蚀地貌

　　①石窝（风蚀壁龛）。陡峭的岩壁受风沙的吹蚀和磨蚀，其表面形成大小不等、形状各异的小凹坑，状似蜂窝，称为石窝。石窝的直径大多约 20cm，深 10~15cm，有群集和分散，一般口小坑大。

　　②风蚀蘑菇和风蚀柱。孤立凸起的岩石或裂隙比较发育不太坚硬的岩石，受风蚀作用后形成上部宽大，下部窄小的蘑菇状地形，称风蚀蘑菇。它是由于近地面的风沙流的含沙量较大，对岩石下部侵蚀较

强而形成的。

垂直裂隙发育的岩石，在风的长期吹蚀下形成一些孤立的石柱称为风蚀柱。

③风蚀垄槽。在干旱地区的湖泊干涸后形成裂隙，风蚀后形成沟槽与垄岗相同的破碎地面称风蚀垄槽。此地形以新疆罗布泊附近的雅丹地区最为典型，又称雅丹地貌。沟槽深可达10m以上，长可达数十至数百米。

④风蚀洼地。由松散物质组成的地面被风吹蚀搬走而形成的洼地称为风蚀洼地。规模一般较小，直径约有几十米，深1m左右。其形状大多呈椭圆形成排分布，并沿主风向伸展。有时形成巨大的盆地，若盆地积水并含大量盐分时而成盐湖。

⑤风蚀谷和风城。干旱气候地区的洪水冲沟，经风蚀扩大形成风蚀谷。风蚀谷无一定形状和走向，宽窄不一，蜿蜒曲折。谷底高低不平，谷壁陡立，常发育有石窝。

经长期风蚀后，风蚀谷不断扩大，原始地面不断缩小，最后残留下来的小块原始地面成为风蚀小丘，其高度一般在10~30m不等。

在软弱的水平岩层分布地区，经风蚀塑造成一些顶平壁陡的残丘，好像断壁残垣的千载古城，称为风城。

【例 19-3-3】 形成蘑菇石的主要地质营力是：

    A. 冰川   B. 风   C. 海浪   D. 地下水

解 蘑菇石是风的地质作用的一种结果。

答案： B

（2）风积地貌

①砂丘。砂丘是具有一定形态的砂质堆积地形，如图19-3-7所示，主要有新月形沙丘及新月形沙丘链。

新月形沙丘形如新月而得名。其两侧各有一个顺风向延伸的翼角，纵剖面的两坡不对称，迎风坡微凸而平缓，为10°~20°，背风坡下凹，坡度较陡，为28°~33°。其高度一般为15m左右。其形成原因是当风沙向前移动时，遇到灌木等障碍物时就堆积成沙堆，在沙堆顶部和两侧带来的沙粒在涡流不断作用下形成新月形沙丘。在两个方向相反风的交替作用下，新月形沙丘的翼角彼此相连而形成新月形沙丘链。

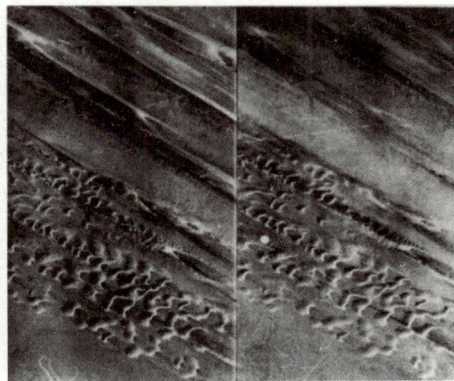

图 19-3-7 新月形沙丘和沙垄（航空相片立体相对）

②沙垄。沿一个方向延伸的沙堆积物称为沙垄，可分为纵向沙垄和横向沙垄两种类型。

纵向沙垄是顺风向延伸的垄状堆积地貌，形体较为狭长平直。其前端有明显的迎风坡，中部垄脊平缓，两侧斜坡较对称，尾部两侧斜坡较平缓。高度一般10~30m，长多为百米至数千米。纵向沙垄常成排出现，如图19-3-7所示为我国西藏地区的垄状沙丘。

纵向沙垄的成因主要有：新月形沙丘发展而成、单风向和龙卷风共同作用、草丛沙堆发育而成或由地形影响而成等。

横向沙垄是一种巨型的复合新月形沙丘链，即新月形沙丘链上又发育小的新月形沙丘及新月形沙丘链。其长度可达10~20km，高50~100m，两相邻沙丘链之间的距离1.5~3.0km。

除上述风积地貌外，在沙漠地区还可见到抛物线形沙丘及多向风形成的格状沙丘、蜂窝状沙丘、金字塔形沙丘等。在海岸、湖畔或大河两岸也常分布一些形态各异的沙丘。

（3）荒漠地貌

气候十分干旱、地表裸露、植被稀少的地带称为荒漠。荒漠是干旱地区特有的地貌组合。根据荒漠地貌特征和地表物质组成可分为岩漠、砾漠、沙漠和泥漠四种类型。

①岩漠。岩漠是干旱区分布有各种风蚀地貌的基岩裸露区，多形成在荒漠区的山麓地带。我国西北和中亚等地都有岩漠分布。山麓剥蚀面是岩漠最为发育的一种地貌类型。它是由于风化作用、坡地重力作用和片流、洪流等共同作用下，使山坡不断后退，上覆薄层松散堆积物所形成的。在其形成过程中，残留于剥蚀面之上的坚硬岩石孤丘称为岛山，向盆地中心逐渐过渡为盐湖。

②砾漠。砾漠是指主要由砾石组成的荒漠，又称"戈壁"。它由强烈风力作用将细小颗粒吹走，留下粗大砾石形成的。砾石在风蚀作用下，常形成具有棱角的风棱石。我国西北玉门、柴达木盆地边缘都有砾漠分布。

③沙漠。沙漠是指地面覆盖着大量流沙并发育有各种风积地貌的荒漠。中国沙漠面积约为 63 万 km^2。主要分布于乌鞘岭和贺兰山以西地区。

④泥漠。泥漠是由黏土物质组成的荒漠。由水流搬运来的细粒黏土物质在低洼地带或封闭盆地中心淤积而成。泥漠经盐渍化形成盐沼泥漠，其盐分多为氯化物、硫酸盐或碳酸盐等。当盐沼泥漠干涸后形成龟裂地。有时在内陆盆地中心，一些湖泊因长期蒸发、含盐湖水不断浓缩成为盐湖，湖中盐水达到过饱和状态后，便沉淀成岩盐。我国柴达木盆地的一些盐湖，岩盐层厚度可达 20m，在盐湖表面的岩盐层上可通行汽车、火车，称为盐桥，格尔木-大柴旦的盐桥长约 40km。

10. 冻土地貌

冻土是指在高山或高原地区，气温极低，降雨量很小，地面裸露，少或无雪，年平均气温长期处于负温的条件下，被冰胶结的地表土、石层。若每年冬季冻结，夏季全部融化的冻土称为季节性冻土；多年不融化的或在夏季仅表层融化的称多年（或永久）冻土。我国冻土主要分布在东北北部、西北高山及青藏高原地区，冻土面积占全国总面积的 22.3%。在冻土区，由于融冻作用导致土体或岩体破坏、扰动和移动，形成一些特殊的地表形态称为冻土地貌。

（1）石海、石河和石冰川

①石海。在寒冻风化作用下，岩石遭受崩解破坏，形成大片巨石角砾，就地堆积在平坦的地面上，形成石海（石海分布下限比雪线低 200~400m）。

②石河。在山坡上寒冻风化产生的大量碎屑物质滚落到沟谷里，堆积的厚度逐渐加大，在重力作用及堆积物孔隙中水的反复冻结和融化，使其体积膨胀和收缩而发生整体运动形成石河。石河中的岩块经长期运动，被搬运到山麓停积下来形成石流扇。石河停止运动一般在冻土的下界附近。

③石冰川。石冰川是由尖角岩屑组成的，平面形状很像冰川舌。当冰川退缩后，聚积石冰斗和 U 形谷中的冰碛物，在冻融作用下，顺谷地下移，形成石冰川。石冰川常呈上凸的弧形，长度一般可达 300~400m，宽 100m 左右。

（2）石环、石圈和石带

石环是由较细粒土和碎石为中心，周围由较大砾石为圆边形成的一种环状冻土地貌。石环直径一般为 0.5~2m。由于冻土区内饱含水分的颗粒大小混杂的砂砾层，经频繁的冻融交替，发生物质分异从而形成石环。斜坡上发育的石环，在重力作用下，常形成椭圆形，它的前端由大石块构成石堤，这种石环又叫作石圈。在较陡的山坡上，石圈前端常分开，经冻融分选的最大石块，集中在纵长延伸的空隙中形成石带。

（3）冻胀丘和冰核丘

由于冻土区内土的粒度和水分的分布不均匀，含水多的细粒土中结冰后形成局部隆起的丘状地形称冻胀丘。其高度几厘米到几米。若冻土中夹有未冻结层，其水分在地下慢慢凝结成冰体，使地面膨胀隆起，便形成冰核丘。冰核丘多呈圆形或椭圆形，顶部扁平或塌陷，周边较陡可达40°~50°。其大小不一，我国最大的冰核丘位于青藏公路所经过的昆仑山垭口处。

（4）冻土阶地

冻土阶地是由于冰冻风化和泥流作用产生的。多发生在冻结的山丘和丘陵顶部或上部，具有一个陡坡和平缓的表面，陡坡高几米至数十米，表面宽可达数百米，并被崩积物和泥流所覆盖。

（5）热岩溶

热岩溶是因气温较暖，地下冰融化引起地面塌陷所形成的各种洼地。洼地内常积水成湖。多年冻土的高原或平原地区，大大小小的热岩溶湖星罗棋布，直到湖底地下冰全部融化后，湖泊才停止下沉和扩大。

（6）多边形构造土

它是冰楔或砂楔（古冰楔）在地面的表现形式。平面上呈多边形，断面呈楔形。据楔内充填物的不同，又分为冰楔和砂楔。冰楔是在多年冻土区，由地表水周期性注入裂隙中再冻结，使裂隙不断扩大并为冰体充填形成的。平面上呈网状，每一网眼呈多边形。其规模大小不一，深度不等，主要取决于气候寒冷程度。一般大的冰楔宽可达5~8m，最大深度可达40m以上。砂楔与冰楔的主要区别是其裂隙中充填物为沙土，其形态与冰楔相似，所以又把砂楔称为古冰楔。

11. 火山和熔岩地貌

火山是由岩浆喷发堆积的一种地貌形态。

（1）火山地貌

火山锥是火山喷发时，有大量气体、熔融的岩流和固体碎屑，它们通过火山喉管从地球深部喷发出来，大量碎屑物质随气体喷到空中，再落下堆积成锥形的火山体称为火山锥。根据火山锥的内部构造和物质组成可分为碎屑锥、熔岩锥、混合锥和岩滴锥。

火山口是火山锥顶上的凹陷部分，平面近圆形，口大底小呈漏斗状，火山口的深度不等，视火山规模而定。大火山口的一侧常形成一个缺口，称破火山口。岩浆从地下喷出时的中央通道称为火山喉管，它被熔岩和火山碎屑充填凝结而呈圆柱状的岩体，若上部熔岩与火山碎屑被侵蚀剥去后，该岩体被暴露，称为火山颈或火山塞。

（2）火山熔岩地貌

火山喷出的高温熔岩在地表流动一段距离后，所含气体逐渐散失，温度不断降低，流动速度也逐渐减慢直到停止，在地表形成各种熔岩地貌。

①熔岩丘。它是由熔岩组成的圆形或椭圆形小丘。其高度从几米至几十米，长几十米。椭圆形小丘长轴方向多有一个熔岩流出形成的裂口。

②熔岩垄岗和熔岩盖。熔岩垄岗是岩浆沿地表流动冷凝形成的长条状地形。如大同火山群的熔岩垄岗长达几千米，宽几十米至几百米，横断面呈凸透镜体状，中间微微高起，向两侧缓倾。许多熔岩垄岗构成微微起伏的熔岩丘陵。在地形平坦地区，熔岩流从中心向四周流动，形成宽广的熔岩原野，叫熔岩盖。熔岩流经陡坎，就形成熔岩瀑布。

③熔岩隧道。熔岩隧道是在熔岩中形成的通道。熔岩表层冷却形成一层硬壳，其内部熔岩流仍不断流动，当无新熔岩流补充时，内部形成空洞称熔岩隧道。海口市有大规模的熔岩隧道，长 2km 左右，高 3m，宽 7~8m。

（3）熔岩堰塞湖及熔岩湖

当熔岩流到河谷内，阻塞河道，形成熔岩堤坝，使上游河谷积水成湖称熔岩堰塞湖。如我国东北牡丹江上游的镜泊湖，湖面约 96km²，长约 40km，水最深处达 60m，湖的北面有两个出口形成两个高 20~25m 的瀑布。

熔岩湖是在火山口洼地中，有液态的熔岩，下部和火山管道相连，四周为固态熔岩形成的堤坝阻挡其外流而形成熔岩湖。它多有基性玄武岩组成，湖面上常有固结的或半固结的熔岩块浮动，熔岩湖会在火山再次活动时消失。

二、第四纪分期

第四纪是指约 243 万年（简写为 2.43Ma BP，下同）以来地球发展的最新阶段。第四纪的特点是：在短暂的地质时期内发生过多次急剧的寒暖气候变化和大规模冰川活动；人类及其物质文明的形成发展，显著的地壳运动，广泛堆积陆相沉积物，上述特点成为第四纪的综合特征。

按照第四纪生物演变和气候变化，通常把第四纪分为 4 个时间尺度不等的时期：早更新世（Q_1）、中更新世（Q_2）、晚更新世（Q_3）和全新世（Q_4）。相应的地层分别称为下更新统（Q_1）、中更新统（Q_2）、上更新统（Q_3）和全新统（Q_4）。中国传统上把第四纪（系）二分，只分为更新世（统）（Q_p）和全新世（统）（Q_h），目前正在往四分变化，即上、中、下更新统和全新统，代号分别为Q_p^1、Q_p^2、Q_p^3和Q_h。第四纪分期如表 19-3-2 所列。有关第四纪下限年龄有几种意见，这里采用距今 243 万年，与古地磁极性的松山/高斯两极性时的分界年龄相近。第四纪内部分期年龄也没有统一意见，这里采用大多数研究者的意见，把古地磁极性布容/松山两极性时的分界年龄 0.73Ma BP 作为中、早更新世分界年龄；晚更新世则以末次间冰期开始为界，其年龄约为 130ka BP（或 150ka BP）。全新世一般都以 11ka BP 或 12ka BP 为始期，中国目前用三分法：全新世早期（Q_4^1）（12~7.5ka BP）、全新世中期（Q_4^2）（7.5~2.5ka BP）和全新世晚期（Q_4^3）（2.5ka BP~现在）。国际上常有七分的布列特方案。第四纪分期研究有利于地层划分对比，对环境研究也很重要。

第四纪分期与分界年龄   表 19-3-2

地质年代	极 性 时	分期及分界年龄（ka BP）
第四纪（Q）	布容	全新世（Q_4）
		11
		晚更新世（Q_3）
		130
		中更新世（Q_2）
		730
	松山	早更新世（Q_1）
		2400
第三纪	高斯	上新世（N_2）
	吉尔伯特	

中国第四纪地层区域特征：中国地域广阔，地貌复杂多样，气候有明显的地带性和新构造运动活跃，使中国第四纪地层具有下列特征。

【例 19-3-4】 第四纪是新生代最晚的一个纪，其下限一般认为是 260 万年，其可分为：

    A. 更新世和全新世   B. 上新世和下新世

    C. 下新世和全新世   D. 更新世和下新世

解 新生代包括第三纪和第四纪。第三纪划分为早第三纪和晚第三纪，其中早第三纪由老到新依次为古新世、始新世和渐新世，晚第三纪由老到新依次为中新世和上新世；第四纪由老到新依次为更新世和全新世。

答案： A

（一）第四纪地层的分布、厚度、沉积类型和旋回性受新构造运动制约

第三纪末期以来，青藏高原的强烈隆升，形成我国由西向东的阶梯状大地形与 NE、EW 向平原和盆地沉积区，沉积厚度一般达几百米。在继承性沉降堆积区，第四纪沉积常继承新第三纪堆积作用，形成相似的沉积类型。在这一类盆地第四纪沉积的正旋回粒度韵律与新构造间歇性运动有关。

（二）第四纪地层的特点受气候控制

由于中国地貌和气候的纬向和径向变化特点，由此形成中国第四纪地层的区域性（或地带性）特征。西部强烈上升的气候干燥和干冷区主要以冰川、冰水、洪积、风积和盐湖沉积为主，东部华北半干旱区黄土极为发育，华南则有亚热带红土和受亚热带气候湿热化的红土砾石随处可见，东北河湖沉积普遍，沿海地带不同程度地沉积了第四纪海相地层，有所谓东蓝（海洋）、西白（冰川）、南红（红土）、北黄（黄土）和东北黑（沼泽土）的区域沉积优势特征。

（三）第四纪沉积物成因类型复杂多样

中国第四纪沉积物有海相、陆相、海陆过渡相、构造成因、火山成因和人工堆积 6 个系列，其中以陆相沉积物分布最广泛，每个系列中又包含若干个沉积物成因类型。在不同的地质、地理环境中有不同的优势沉积物成因组合。平原（山间盆地或断陷谷）、沉降区河流、湖泊和沼泽成因堆积物最为常见；低山丘陵区风化、片流和重力堆积物占优势；上升的剥蚀山地冰川、冰水、洪流、泥石流和重力堆积物极为常见；沿海和陆架则有过渡相和海相沉积物。我国第四纪火山堆积主要见于东北、西南或断裂带，而东部人工堆积物很普遍。

习　题

19-3-1 构造和剥蚀作用形成的山地地貌单元有（　　　）。

    A. 断块山、褶皱山、桌状山、单面山、褶皱断块山

    B. 断块山、褶皱山、桌状山、单面山、高山

    C. 方山、单面山、褶皱断块山、褶皱山、低山

    D. 剥蚀残山、桌状山、单面山、断块山、中山

19-3-2 大海被沙堤和海岸隔离的部分海面称为（　　　）。

    A. 砂咀   B. 潟湖   C. 海滩   D. 牛轭湖

19-3-3 洪积扇是由（　　　）作用形成的。

    A. 山坡漫流的堆积作用   B. 山谷洪流堆积作用

　　　　C. 降雨淋滤作用　　　　　　　　　　　　　D. 淋滤与漫流堆积作用

19-3-4　道路选线时，常采用沿河谷阶地方案，按结构和形态特征，一般将阶地分为（　　　）三种类型。

　　　　A. 侵蚀阶地、基座阶地、堆积阶地　　　　　B. 侵蚀阶地、内叠阶地、基座阶地

　　　　C. 基座阶地、上叠阶地、埋藏阶地　　　　　D. 堆积阶地、内叠阶地、基座阶地

19-3-5　主要分布于河流两岸的冲积物，在平水期出露，洪水期能被淹没的是（　　　）。

　　　　A. 河漫滩　　　　　　B. 冲积扇　　　　　　C. 阶地　　　　　　D. 河间地块

19-3-6　我国黄河壶口瀑布是（　　　）地貌形态的表现。

　　　　A. 河漫滩　　　　　　B. 岩槛　　　　　　　C. 心滩　　　　　　D. 深槽

19-3-7　戈壁滩主要是由（　　　）物质组成的。

　　　　A. 细砂　　　　　　　　　　　　　　　　　B. 砾石或光秃的岩石露头

　　　　C. 黏土夹砾石　　　　　　　　　　　　　　D. 各种大小颗粒的细砂

19-3-8　我国广西桂林象鼻山属于（　　　）地貌形态。

　　　　A. 岩溶　　　　　　　B. 黄土　　　　　　　C. 冰川　　　　　　D. 熔岩

19-3-9　终碛堤是由（　　　）的地质作用形成的。

　　　　A. 河流　　　　　　　B. 冰川　　　　　　　C. 湖泊　　　　　　D. 海洋

19-3-10　黄土沟间地貌主要包括（　　　）。

　　　　A. 黄土墚、黄土塬、黄土陷穴　　　　　　　B. 黄土塬、黄土碟、黄土峁

　　　　C. 黄土墚、黄土塬、黄土峁　　　　　　　　D. 黄土峁、黄土陷穴、黄土墚

19-3-11　岩溶是可溶性岩石在含有侵蚀性二氧化碳的流动水体作用下形成的地质现象。下面属于岩溶地貌形态的为（　　　）。

　　　　A. 坡立谷、峰林、石芽　　　　　　　　　　B. 石河、溶洞、石窝

　　　　C. 盲谷、峰丛、石海　　　　　　　　　　　D. 岩溶漏斗、地下河、石海

19-3-12　我国长白山天池是由（　　　）地质作用形成的。

　　　　A. 河流　　　　　　　B. 冰川　　　　　　　C. 火山喷发　　　　D. 海洋

19-3-13　下列几种地貌形态中不属于冻土地貌的是（　　　）。

　　　　A. 石海、石河、石冰川　　　　　　　　　　B. 石环、石圈、石带

　　　　C. 终碛堤、侧碛堤　　　　　　　　　　　　D. 冰核丘、热喀斯特洼地

19-3-14　第四纪是距今最近的地质年代，在其历史上发生的两大变化是（　　　）。

　　　　A. 人类出现、新构造运动　　　　　　　　　B. 火山活动、冰川作用

　　　　C. 人类出现、冰川作用　　　　　　　　　　D. 人类出现、构造作用

第四节　岩体结构和稳定分析

　　岩体是指由各种岩石块体所组成的自然地质体。它通常具有不连续性、非均匀性和各向异性的特点。一般将与工程有关的岩体叫工程岩体，其中组成岩体的岩块称为结构体，将岩体分割成岩块的不连续界面称为结构面，结构面和结构体的组合关系称为岩体结构，其组合类型称为岩体结构类型。

一、岩体结构面和结构体的类型和特征

（一）结构面的类型和特征

结构面是指各种不同成因、不同特性的地质界面，如层面、节理裂隙面、断层面、不整合接触面及软弱夹层等，使岩体成为一种不连续介质。结构面是控制岩体工程地质性能的重要因素。

1.结构面的类型

按成因，结构面可分为原生结构面、构造结构面和次生结构面三大类。

（1）原生结构面

原生结构面是指在成岩阶段形成的结构面，可分为沉积、火成和变质结构面三种类型。

①沉积结构面：在沉积岩成岩过程中形成的各种地质界面，如层理面、沉积间断面（假整合、角度不整合）及原生软弱夹层等。

②火成结构面：岩浆侵入、喷溢、冷凝所形成的各种结构面，包括火成岩中的流层、流线、原生节理、侵入体与围岩的接触面及软弱接触面等。

③变质结构面：是指变质岩形成时产生的结构面，如片麻理、片理、板理等。

（2）构造结构面

在构造应力作用下在岩体中形成的破裂面或破碎带称为构造结构面，其中包括劈理、节理、断层和层间错动带等。

（3）次生结构面

次生结构面是地表浅层的岩体经风化、卸荷及地下水等作用下形成的结构面，如风化裂隙、卸荷裂隙和泥化夹层、爆破裂隙等。

2.结构面的特征

结构面的特征包括结构面的规模、形态、结构面的间距、连通性、方位、张开度及胶结充填情况等。

（1）结构面的规模

中国科学院地质研究所将结构面的规模分为五级，直接影响工程区域稳定性的区域断裂破碎带属于一级结构面，一般在规划选点时，应尽量避开。二级结构面是指延展性较好，贯穿整个工程地区或在一定范围内切断整个岩体的结构面，如断层、层间错动带、软弱夹层、沉积间断面、大型接触破碎带等的分布和组合，控制了山体及工程岩体的破坏方式及滑动边界。三级结构面控制着岩体的破坏和滑移机理，常常是工程岩体稳定的控制性因素及边界条件，如小断层、大型节理、风化夹层、卸荷裂隙等。四级结构面可以将岩体切割成各种形状和大小的结构体，如数米至数十米的节理、片理、劈理等，是岩体结构研究的重点问题之一。五级结构面是指延展性极差的微小裂隙，主要影响岩块的力学性质。

（2）结构面的形态

自然界中结构面的几何形状是非常复杂的，大体上可分为四种类型。

平直：包括大多数层面、片理和剪切破裂面等。

波状：如具波痕的层面、轻度揉曲的片理、呈舒缓波状的压性及压扭性结构面等。

锯齿状：如多数张性或张扭性结构面。

不规则状：结构面曲折不平，如沉积间断面、交错层理及沿原有裂隙发育的次生结构面等。

一般用起伏度和粗糙度表征结构面的形态特征。起伏度是衡量结构面总体起伏的程度。粗糙度是结构面表面的粗糙程度，大致可分为极粗糙、粗糙、一般、光滑和镜面五个等级。结构面的抗剪强度随粗糙度减小而降低。

（3）结构面的间距

结构面间距是指同一组结构面的平均间距。它反映了岩体的完整性，它决定了岩体变形和破坏的力学机制。在生产实践中，经常用结构面的间距表征岩体的完整程度。目前，国内外对结构面间距的分级很不一致。表 19-4-1 是我国水电部门推荐的节理间距分级情况。

节理间距分级　　　　　　　　　　　　　　　　表 19-4-1

分级	I	II	III	IV
间距（m）	>2	0.5~2	0.1~0.5	<0.1
描述	不发育	较发育	发育	极发育
完整性	完整	块状	碎裂	破碎

（4）结构面的连续性

结构面的连续性，或称贯通性和延展性，是指结构面在其走向和倾斜线上的长短程度。结构面在一定尺寸岩体中的贯通性有三种情况：非贯通的、半贯通的和贯通的。岩体中结构面的连续性不同时，其力学性质及破坏机制也不同。

（5）结构面的张开度及充填情况

结构面的张开度是指结构面两壁间的垂直距离。结构面的张开度可分为四级：

密闭的小于 0.2mm；

微张的在 0.2~1.0mm 之间；

张开的在 1.0~5.0mm 之间；

宽张的大于 5.0mm。

密闭结构面的力学性质，取决于岩石成分及结构面的粗糙程度。总体是张开的结构面，其两侧壁之间有时保持点接触，其抗剪强度较完全张开者要大。当结构面完全张开时，其抗剪强度取决于充填物及胶结情况。结构面内夹有软弱物质时，其强度显著降低。结构面间常见的充填物质成分有黏土质、砂质、角砾质、钙质及石膏质沉淀物和含水蚀变矿物（如叶蜡石、滑石）等，其相对强度的次序为：钙质≥角砾质>砂质≥石膏质>含水蚀变矿物≥黏土。结构面经胶结后强度会提高，其中以铁或硅质胶结的强度最高，泥质、易溶盐类胶结的强度低，抗水性差。未胶结的充填物强度低，充填物厚度不同时，结构面的变形和强度也不同。

软弱夹层是指在坚硬的岩层中夹有强度低、泥质或炭质含量高、遇水易软化、延伸较长和厚度较薄的软弱岩层，以及断层破碎带、层间错动带或裂隙充填的泥质岩层等。

软弱夹层的特性：软弱夹层的物理力学性质与其物质组成、颗粒大小、含水量及起伏度等多种因素有关。有人将软弱夹层分为四类，即软岩夹层、碎块夹层、碎屑夹层、泥化夹层，其中软岩夹层常见的有黏土岩、松散的泥灰岩、石膏层、碳质条带、斑脱岩等。它们易风化、浸水崩解、膨胀或溶解，其强度及变形时间效应明显。

泥化夹层：黏土岩类岩石经一系列地质作用变成塑泥的过程称为泥化。泥化的标志是其天然含水量不小于塑限。因此，泥化夹层具有结构松散、黏粒含量高、含水量大、密度小、强度低（泥化带的摩擦系数通常只有 0.2 左右）、变形大等特点，是软弱夹层中性质最差的一类，对岩体的抗滑稳定常起控制作用。

3. 结构面的力学性质

（1）结构面的变形特征

结构面的应力、应变关系复杂，根据其变形曲线，可归纳为脆性破坏变形和塑性破坏变形。

（2）结构面的强度特征

岩体结构面的强度总小于其侧岩强度。它的抗拉强度很低，特别是没有充填物的结构面，在一定范围内，可认为没有抗拉强度；有填充物的结构面，其抗拉强度与充填物性质有关。结构面的抗剪强度的大小取决于其上下盘的表面形态，且与结构面的填充物质有关。

张性结构面多粗糙、起伏，抗剪强度较高；扭性结构面多光滑、平直，抗剪强度很低。按粗糙度在结构面上的力学效应来看，镜面的抗剪强度最低，粗糙的抗剪强度较高，且与面上起伏不平的情况有关。

（二）结构体的类型和特征

由数组结构面切割而成的岩石块体，称为结构体。自然界中结构体的形状非常复杂，常见的形状有立方体、锥体、菱面体、板状、柱状及楔状等六种，如图 19-4-1 所示。有时由于岩体强烈变形和破坏，也可形成片状、碎块等形状。

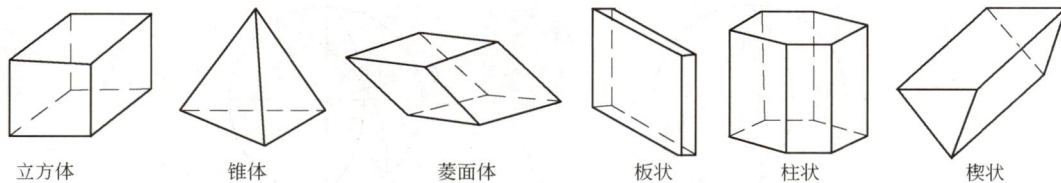

| 立方体 | 锥体 | 菱面体 | 板状 | 柱状 | 楔状 |

图 19-4-1 结构体的形状

结构体大小由结构面组数及各组间距决定。巨大岩块组成的岩体不易变形，在地下结构中还能发挥有利的成拱和锁合作用；很小的岩块可能引起类似土的潜在破坏形式，可能产生流动破坏，由不连续岩体通常出现的平移或倾倒破坏变为圆弧旋转型破坏。

尽管结构体的形状大小相同，当其产状不同时，在同一工程部位有不同的稳定性；当产状相同而处于不同的工程部位时，稳定性也不同。如位于隧道拱顶的楔状结构体，当刃角朝下时，比刃角朝上更稳定；水平板状结构体在重力作用或垂直节理切割下，处于拱顶部位时不稳定，处于边墙部位稳定。在坝基下平卧的板状结构体，稳定性较差，但当竖直埋藏于坝基之下，稳定性则大为增加，甚至可以不必作为一个结构体的稳定性问题来研究。虽然竖直埋藏的平板状结构体，在坝基下是稳定的，但它在坝肩斜坡上并倾向河谷，稳定性就很差，此时平卧的板状结构体的稳定性则较高。

定量表示块体大小的指标有块度和体积节理数等。我国坝基岩体分类及地下室围岩分类，均按块度大小将岩体从完整到破碎分为 4 级。即完整（大于 1.00m）、较完整（1.00~0.30m）、完整性差（0.30~0.01m）和破碎（小于 0.01m）。根据体积节理数 J_v（裂隙数/m³）对块体大小分为 5 类，即巨型块体（$J_v < 1/m^3$）、大块体（1~3/m³）、中型块体（3~10/m³）、小块体（10~30/m³）、碎块体（>30/m³）。

二、赤平极射投影等结构面的图示方法

岩体结构的图解分析，在实践中多采用赤平极射投影来进行。下面着重介绍赤平极射投影的基本原理及作图方法，最后通过边坡岩体稳定分析示例来说明岩体稳定性的评价要点。

（一）赤平极射投影的原理

赤平极射投影，是利用一个球体作投影工具（见图 19-4-2），通过球心作一平面 ESWN（叫赤平面）

作为投影平面。极射就是从球体的一个端点F发出射线，如FP，F称为极点，P为球体上的一个质点。由极点F向P发出的射线必然交于赤平面于M点，M就是P点在赤平面的投影。实际上，赤平极射投影是把点、线、面的位置投影到球面上，然后再把它们投影到赤平面上，化立体为平面。目前，我国在工程地质实际应用中，习惯采用上半球作球面投影，从下半球球极（F）发出射线的方法，投影上半球的物体。

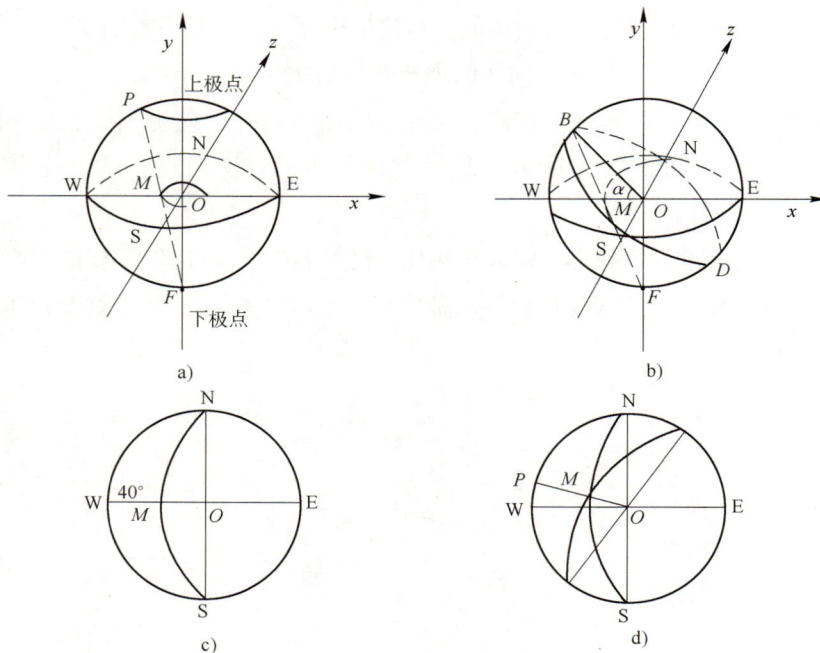

图 19-4-2　点、线、面的赤平极射投影

1. 点的投影

如图 19-4-2a）所示的M点即为P点在赤平面上的投影。P点在球面上绕南北轴旋转一周，它的投影点M也绕O点旋转一周。

2. 线的投影

如图 19-4-2b）所示OB为通过球心的直线，它与赤平面夹角为α，OB线在赤平面上的投影为OM。从图中可以看出，MO的方向与OB线的倾向一致。OM线段的长度随夹角α的大小而变化，α角越大，OM线越短，反之，越长。当$\alpha = 90°$时，$OM = 0$，即为O点。当$\alpha = 0°$时，$OM = O$W。因此，赤道大圆的半径可以表示空间线段的倾角。

3. 面的投影

如图 19-4-2b）所示NBSD为一通过球心的倾斜平面，它与球面的交线为一个大圆。自F极点仰观上半球NBS面，其赤平投影为NMS圆弧。将赤平面从球体中取出来，即如图 19-4-2c）所示。从图可知：NS的方向代表NBSD面的走向；MO的方向代表该面的倾向；同线的投影一样，WM线的长短反映面的倾角。倾角的刻度是自 W（或 E）至O点刻度为 0°~90°。

图 19-4-2d）为两个相交的倾斜平面，MO为两倾斜平面交线的投影。

（二）赤平极射投影的制图方法

从上述可知，利用赤平极射投影，可以把空间线段或平面的产状化为平面来反映。并且，可以在投影图上简便地确定它们之间的夹角、交线和组合关系。如果已知结构面的产状，就可以用赤平极射投影的作图方法来表示。常用的投影网是预先制好的吴氏投影网，如图 19-4-3 所示。

如已知一结构面的走向为 N40°E，倾向 SE，倾角 40°，制图的步骤如下：

（1）首先将透明纸蒙在吴氏投影网上，在透明纸上作一与投影网相同的圆（称基圆），并标出 EWSN 方位及方位角分度（见图 19-4-4a）。

（2）经过圆心绘 N40°E 的方向线与基圆交于 A、C 两点。AC 的方向即代表结构面的走向。

（3）转动透明纸使 AC 与投影网的南北轴相重合（见图 19-4-4b），然后在（W）O 线上找到倾角为 40°的一点 B〔结构面倾向北西或南西时，倾角应从（E）O 线上找〕，描绘通过 B 点的经线得 ABC 圆弧，这就是该结构面的赤平极射投影。

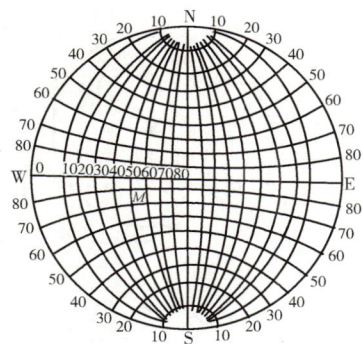

图 19-4-3 吴氏投影网

（4）将透明纸从吴氏网上取下来，并旋转还原到 N 极朝上，就得到如图 19-4-4c）所示的投影图。

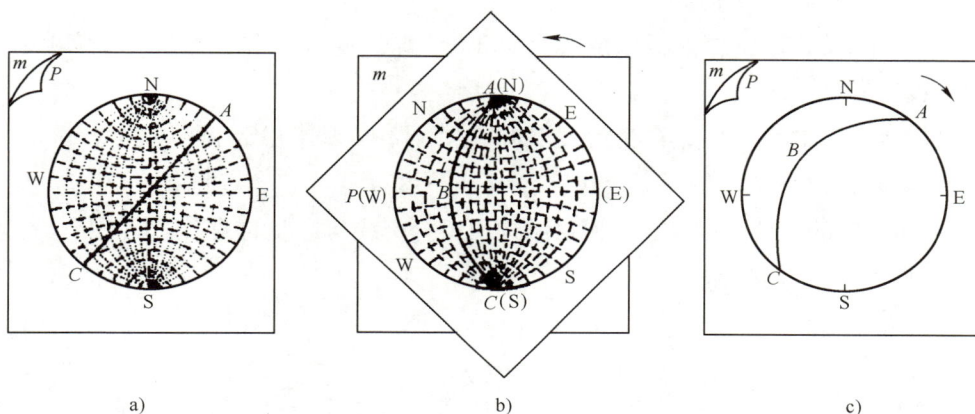

a)   b)   c)

图 19-4-4 结构面的赤平投影

同理，如有一已知的结构面投影图，可以利用投影图判读其走向、倾向和倾角。

【例 19-4-1】 一个产状接近水平的结构面在赤平面上的投影圆弧的位置：

    A. 位于大圆和直径中间   B. 靠近直径

    C. 靠近大圆   D. 不知道

解 当结构面为水平时，在吴氏网赤平面上的投影正好落在大圆上，当结构面倾角逐渐增大时，其在吴氏网赤平面上的投影表现为逐渐由靠近大圆的圆弧向靠近大圆直径方向的圆弧发展，当岩层结构面直立时，为一通过圆心的直径线。

答案： C

三、根据结构面和临空面的关系进行稳定分析

（一）一组结构面的分析

（1）当结构面的走向与边坡的走向一致，二者倾向相反时，如图 19-4-5a）所示，弧 AMC 为边坡的投影，J_1 为结构面，在赤平极射投影图上，边坡投影弧与 J_1 投影弧相对，属于稳定结构。

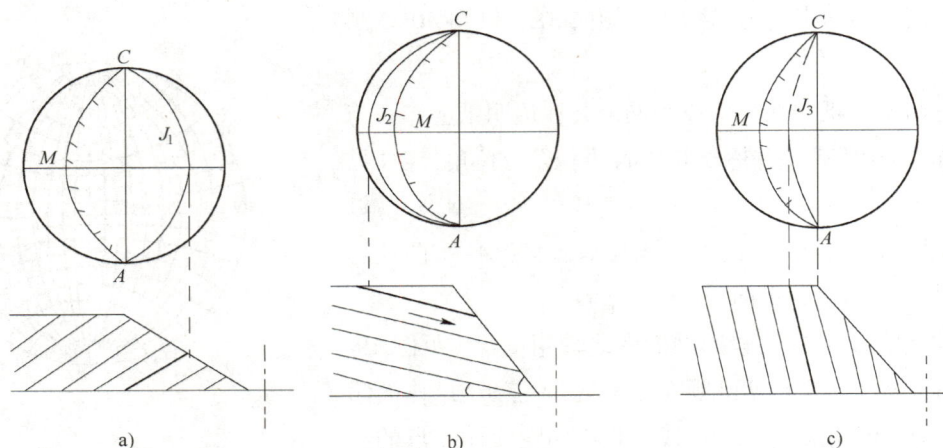

图 19-4-5　一组结构面的产状与边坡稳定分析图

（2）结构面J_2与边坡面走向、倾向均相同，但其倾角小于坡角（见图 19-4-5b），结构面投影弧位于边坡投影弧之外，属于不稳定结构。

（3）结构面J_3与坡面AC倾向相同，倾角大于坡角（见图 19-4-5c），结构面投影弧位于边坡投影弧之内，属于基本稳定结构。

若软弱面与边坡面走向斜交时，当交角大于 40°时，可视为基本稳定结构。

（二）两组结构面的分析

由两组结构面控制的边坡稳定性，主要对结构面组合交线与边坡的关系进行分析，一般有五种情况，如图 19-4-6 所示。

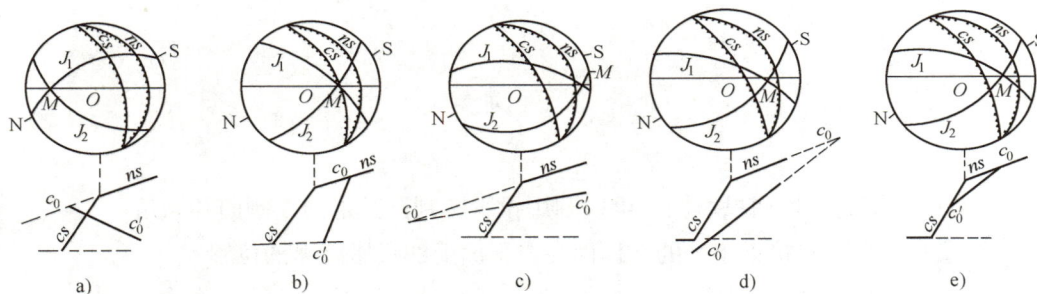

图 19-4-6　结构面组合交线与边坡稳定

1. 最稳定结构

在图 19-4-6a）中，两结构面J_1、J_2的交点M在赤平极射投影图上位于边坡面投影弧cs（人工边坡）及ns（天然边坡）的对侧，说明组合交线MO的倾向与边坡倾向相反（即倾向坡里），所以没有发生顺层滑动的可能性，属最稳定结构。

2. 稳定结构

在图 19-4-6b）中，结构面的交点M与坡面在同一侧，但在开挖坡面投影弧cs的内侧，说明结构面组合交线的倾角大于坡角，故属稳定结构。

3. 较稳定结构

在图 19-4-6c）中，结构面交点M与坡面处于同侧，但位于天然边坡投影弧ns的外部，说明结构面交线倾向与坡面倾向一致，但倾角小于天然坡角，在坡顶无出露点，因而也比较稳定，应属较稳定结构。

4. 较不稳定结构

在图 19-4-6d）中，结构面交点 M 与坡面处于同侧，但位于边坡投影弧 cs 与 ns 之间，说明结构面交线的倾角小于开挖坡角而大于天然坡角，并在坡顶上有出露点 c_0，一般是不稳定的。但在特殊情况下，例如在坡顶的出露点 c_0 距开挖坡面较远，结构面交线在开挖边坡上没有出露，而插于坡脚以下，对结构体具有一定的支撑作用，属于较不稳定的边坡。

5. 不稳定结构

图 19-4-6e）是图 19-4-6d）的一般情况，结构面组合交线在两种坡面都有出露（c_0 及 c_0'），属不稳定结构。

由三组以上结构面组成的边坡，其分析的基本原理与两组结构面一样。但应选择其中最不利的交点来进行分析。如在判断稳定性时，要选择交线倾角最大，而又小于坡角的点来分析。并应在各组结构面的物质组成、延展性、张开程度、充填胶结情况、平整光滑程度等特征基本相同的情况下进行分析。如果它们各不相同，则应根据各组结构面的不同特征进行综合分析，先判断出对边坡稳定性有直接影响的两组结构面，然后以此两组结构面为依据来判断边坡稳定性。

【例 19-4-2】 以下岩体结构条件，不利于边坡稳定的情况是：

　　A. 软弱结构面和坡面倾向相同，软弱结构面倾角小于坡角

　　B. 软弱结构面和坡面倾向相同，软弱结构面倾角大于坡角

　　C. 软弱结构面和坡面倾向相反，软弱结构面倾角小于坡角

　　D. 软弱结构面和坡面倾向相反，软弱结构面倾角大于坡角

解　此题考查的是边坡的平面破坏条件，顺倾边坡的滑动破坏主要取决于边坡倾角、软弱结构面倾角以及结构面的摩擦角三者之间的大小关系，结构面倾角小于边坡倾角是边坡发生平面滑动破坏的基本条件之一，由此可见，应选择 A。

答案： A

（三）结构体滑移方向的分析

当边坡受两组结构面 J_1 和 J_2 切割，其稳定性受结构面控制时，先作结构面赤平极射投影图（见图 19-4-7），标出它们的倾向线（AO 和 BO）及结构面组合交线（CO），则滑动方向必为三者之一。

（1）若结构面的交线 CO 在两个倾向线之间（见图 19-4-7a），则组合交线 CO 为滑动方向。这时两组结构面都是滑动面。

（2）若结构面的交线 CO 在两个倾向线之外，则其中一条倾向线为滑动方向。如图 19-4-7b）所示 AO 是滑动线，即沿结构面 J_1 的倾向线滑动，这时，结构面 J_2 仅起切割面的作用。

（3）若结构面的交线和一条倾向线重合，如图 19-4-7c）所示 CO 与 AO 重合，则重合线就是滑动方向。这时，结构面 J_1 是主要滑动面，而结构面 J_2 则为不稳定结构体滑动时摩阻力较小的依附面。

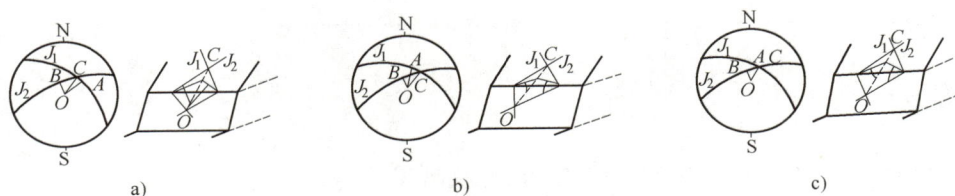

图 19-4-7　不稳定结构体的滑动方向

习　题

19-4-1　结构面按其成因可分为（　　　）三种类型。

A. 原生结构面、构造结构面、次生结构面

B. 构造结构面、次生结构面、层间错动面

C. 次生结构面、沉积间断面、断层面

D. 原生结构面、构造结构面、假整合面

19-4-2　在赤平极射投影图上反映四种结构面的产状（见图），其中（　　　）为水平结构面。

A. A1A　　　　　　B. A2A　　　　　　C. A3A　　　　　　D. A4A

19-4-3　如赤平极射投影图上SMN结构面（见图），其倾向是（　　　）。

A. W　　　　　　B. E　　　　　　C. S　　　　　　D. N

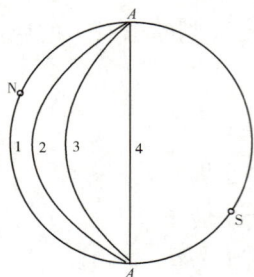

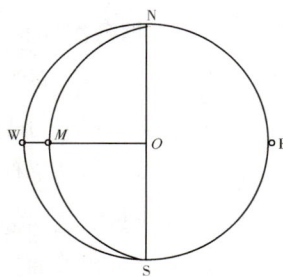

题 19-4-2 图　　　　　　　　　　题 19-4-3 图

19-4-4　在赤平极射投影图上，可知结构面的走向与边坡走向一致，其中边坡最不稳定的情况是（　　　）。

A. 结构面与边坡坡面倾向相反

B. 结构面与边坡坡面倾向相同，结构面倾角>边坡坡角

C. 结构面与边坡坡面倾向相同，结构面倾角<边坡坡角

D. 结构面与边坡坡面倾向相同，结构面倾角=边坡坡角

19-4-5　岩体的稳定性主要取决于（　　　）。

A. 组成岩体的岩石化学性质

B. 组成岩体岩石的物质成分

C. 岩体内的各种结构面的性质及对岩体的切割程度

D. 岩体内被切割的各种岩块的力学性质

第五节　动　力　地　质

一、地震

地震是由地球的内力作用而产生的一种地壳的振动现象。

（一）地震波的传播

地震从震源向四周传播的弹性波叫地震波。地震波包括体波和面波，地震时通过地壳岩体在介质内

部传播的纵波和横波，总称为体波；体波到达地面后激发的次生波，称为面波。它只限于沿着地球表面传播，如图 19-5-1 所示。

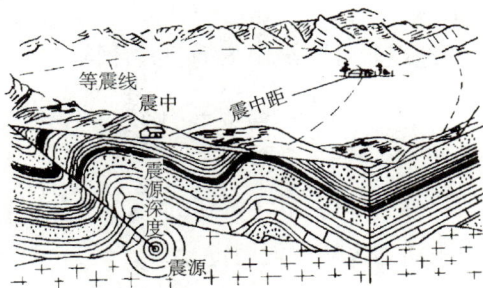

图 19-5-1　地震波的传播与运动形式示意图

地震波的传播以纵波速度最快，横波次之，面波最慢，一般情况是当横波和面波到达时，地面发生猛烈震动，建筑物也通常都是在这两种波到达时开始破坏。主要原因是：地震发生时，由震源发出的地震波传至地表岩土体，迫使其振动，由于表层岩土体对不同周期的地震波有选择放大作用，并以某种周期的波选择放大得特别明显、突出，这种周期即为该岩土体的卓越周期。卓越周期的实质是波的共振，即当地震波的振动周期与地表岩土体的自振周期相同或相近时，由于共振作用而使地表振动加强。地震时地基岩土体及建筑物各自的振动周期相等或相近时，也将引起共振，使建筑物振动的振幅加大，并遭受破坏。

（二）地震震级

地震震级是按震源释放能量的多少来划分的地震大小等级，放出能量越多，震级越大。一个 1 级地震的能量相当于 $2×10^6$ J，震级每增加一级，能量增加 30 倍左右。

震级一般采用里氏震级标准，其计算方法是取距震中 100km 处标准地震仪所测到的地震波最大振幅值的对数，振幅值以 μm 计算，其表达式为

$$M = \lg A \tag{19-5-1}$$

式中：M ——震级；

　　　A ——地震波最大振幅值（μm）。

如最大振幅为 10mm 即 10 000μm，它的对数值是 4，故震级定为 4 级。而实际上，震级一般是根据任意震中距、任意型号的地震仪的记录经修正后求得的。

（三）地震烈度

地震烈度是根据人感觉和地面建筑物遭受破坏的程度来划分地震大小的等级，它同震级大小、震源深度、震区地质条件及震中距离有关。同级地震，浅源地震较深源地震对地面的破坏性要大，烈度也更大。同是一次地震，离震中越近，破坏越大，反之则小。按地震烈度相同的地点连接起来的线叫等震线，震中点的烈度称为震中烈度。对于浅源地震，震级与震中烈度有如下关系

$$M_s = 0.58I + 1.5 \tag{19-5-2}$$

式中：M_s ——震级；

　　　I ——震中烈度。

地震的基本烈度是指某一地区在今后的一定期限内（在我国一般考虑 100 年或 50 年左右），可能遭遇的地震影响的最大烈度。它实质上是中长期地震预报在防震、抗震上的具体估量。目前抗震强度的验

算和防震措施的采取都是以基本烈度为基础，并根据地质、地形条件及建筑物的重要性按抗震设计规范作适当的调整。经过调整后的烈度称为设计烈度。

（四）近震与远震

近震是距震中小于 1 000km 的地震。其震级用下列公式计算

$$M_{\mathrm{L}} = \lg A_{\mathrm{u}} + R(\Delta) \tag{19-5-3}$$

式中：M_{L} ——震级；

A_{u} ——记录到的水平地动位移（单振幅）（μm）；

$R(\Delta)$ ——起算函数，随震中距离和仪器性能而定。

远震是震中距大于 1 000km 的地震，其震级用下列公式计算

$$M_{\mathrm{s}} = \lg \left(\frac{A_{\mathrm{u}}}{T}\right)_{\max} + \sigma(\Delta) \tag{19-5-4}$$

式中：M_{s} ——根据面波求得的震级；

T ——相应于 A_{u} 的振幅；

$\sigma(\Delta)$ ——面波震级的起算函数。

世界地震主要集中分布在环太平洋地震带、阿尔卑斯-喜马拉雅地震带、洋脊和裂谷地震带及转换断层地震带上。

（五）断裂活动与地震的关系

大量事实表明地下断层活动引起地震，而地震作用又可产生地表断层。绝大多数的浅源地震与活动断层密切相关。根据我国大陆地震地质研究，两者之间有以下关系：

（1）绝大多数的强震的震中坐落于活动的大断裂上或其附近。

（2）许多破坏性强震（一般大于 6.5 级或 7 级，如 2008 年 5 月 12 日汶川大地震高达 8.0 级）的形成都与当地主要断裂走向一致，甚至大体重合。

（3）曾经发生过多次强烈地震的大断裂，大都为切过震源破裂位置的深大断裂。

（4）我国绝大多数强烈地震的极震区和等震线的延长方向与当地大断裂的走向一致。

断层活动是否伴生地震，主要取决于断层的运动方式。当断层活动方式是一种蠕动，即相对稳定的滑动时，一般不伴有破坏性地震。当断层活动方式是一种黏滑，即断层两盘互相黏住时，使滑动受阻，当应力积累到等于或大于摩擦力时，断层两盘发生突然的相对错动时，便会发生地震。

（六）活动断裂的分类和识别及对工程的影响

活动断层是指现今仍在活动着的断层，或是近期曾有过活动，不久的将来可能活动的断层。后一种情况也可称为潜在活断层。《岩土工程勘察规范》（GB 50021—2001）（2009 年版）规定：在全新地质时期（一万年）内有过地震活动或近期正在活动的断层定为全新活动断裂；对其中近 500 年来发生过不小于 5 级地震的断裂，或在未来 100 年内可能发生不小于 5 级地震的断裂，称为发震断裂。

1. 活动断裂的分类

（1）根据断层面位移方向与水平面的关系，可将活断层划分为倾滑断层与走滑断层。倾滑断层又可分为逆断层和正断层，走滑断层即平移断层，又可分为左旋断层和右旋断层。

（2）按断层的主次关系，又可将活断层分为主断层、分支断层和次级断层。对于逆断层和正断层来说，次级断层主要产生在上盘，而平移断层很少有次级断层伴生。

（3）按活断层的活动方式基本分两种：一种是以地震方式产生间歇性地突然滑动，这种断层称地震

断层或黏滑型断层（又称突发型活断层）；另一种是沿断层面两侧岩层连续缓慢地滑动，称蠕变断层或蠕滑型断层。

2. 活断层的识别标志

1）活断层的地质、地貌和水文地质识别标志

（1）错断晚更新世（Q_3）以来地层的即为活断层，如保留在最新沉积物中的地层错开，是鉴别活断层的最可靠依据。

（2）活断层的断层带（面）一般都由未胶结的松散的破碎物质所组成，是鉴别活断层的地质特征之一。

（3）伴随有强烈地震发生的活断层，强震过程中沿断裂带常出现地震断层陡坎和地裂缝，是鉴别活断层的重要依据之一。

（4）两种截然不同的地貌单元直线相接的部位，其一侧为断陷区，另一侧为隆起区，如高耸的山区突然转为平原、盆地，并有平直的新鲜的断层陡崖、断层三角面等，即为活断层的分布地段。

（5）走滑型的活断层，常使一系列的河流、沟谷向一个方向同步移错（见图 19-5-2）时，即可作为确定活断层位置和错动性质的佐证；山脊、山谷、阶地和洪积扇等的错开，也是鉴别走滑型活断层的标志。

（6）活动断裂在地貌上若为深切的直线形河谷，晚更新世以来形成的阶地发生错位，同一级阶地的高程在断层两侧明显不同。

（7）在活动断裂带上滑坡、崩塌和泥石流等工程动力地质现象常呈线形密集分布。

图 19-5-2　几条河流同步移错

（8）活动断裂带常有串珠状泉水、沼泽、湖泊、火山、残丘、洼地；呈定向断续线状分布的盐碱地、芦苇地、跌水、植被。但应与其他识别标志结合考虑。

（9）由于活断层一般比较深，地下水在循环交替过程中能携带深部的某些化学成分，主要表现为某些微量元素会显著增加，如氡、氦、硼、溴等。因此，也可根据地下水中这些微量元素的异常，探测活断层。

（10）沿活断层带具有重力和磁力异常。

2）活断层的历史地震、历史地表错断识别标志

（1）历史上有关地震和地表错断的记录是识别活断层的证据。如历史上记录的中、强震震中位置的分布，晚更新世以来的古地震遗迹断裂长度及地表错断距离等。

（2）活断层错断古建筑物、古陵墓、古城堡等，如明代万里长城已查明在宁夏石嘴山红果子沟有两处错断。

3）活断层的微震测量和地形变识别标志

目前我国已使用密集的地震台网，测定微震震中位置来探测活断层的位置、断层两盘的相对活动性、震源参数等，实现微震监测。

采用重复精密水准测量和三角测量获取地形变证据，能判定无震的蠕滑断层或突发的地震断层的活动性。通过区域水准测量及台站流动短水准测量所反映的垂直形变，可以探求活断层不同地段的两旁相对升降活动的趋势和幅度。利用三角网复测所得水平变形资料，可探求活断层的走滑趋势和幅度、主压应力方向。

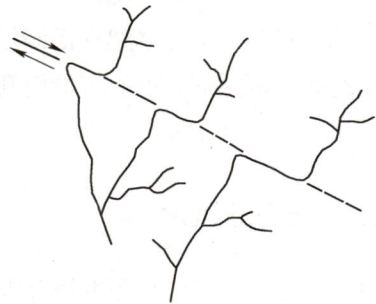

【例 19-5-1】下面几种现象中，能够作为活断层的标志是：

    A. 强烈破碎的断裂带   B. 两侧地层有牵引现象的断层

    C. 河流凸岸内凹   D. 全新世沉积物被错断

解 其他现象是断层存在的标志，全新活动断裂为全新世（一万年）以来有过活动的断裂，错断的全新世沉积物是活断层的重要标志。

答案： D

3. 活断层对工程的影响

活断层对工程建筑物的影响表现为两个方面：一方面是由于蠕变型活断层，当相对位移速率较大时，地面错动使地基产生不均匀下沉，直接损害跨越该断层修建的建筑物，有些活断层错动时附近有伴生的地面变形，也会影响到邻近的建筑物。另一方面是伴有强烈的地震发生的突发型活断层，错断距离一般较大，将使较大范围内的建筑物遭受破坏。

因此，在活断层分布地区进行工程建筑选址时，一般应避开全新活断层，如高坝、核电站这类重要的永久性建筑物，不能修建在活断层附近，避开距离应根据断裂等级而定。铁路、运河、桥梁等线性工程必须跨越活断层时，也应尽量使其大角度相交，并应避开主断层。所修建的建筑物应采用与之相适应的建筑形式和结构措施。

二、岩石的风化

由于温度、大气、水和生物等因素的影响，岩石发生物理和化学变化，在原地破碎分解，称为风化作用。

（一）风化作用的类型

风化作用按因素的不同，可分为物理风化、化学风化两大类型（有时还分出生物风化）。

1. 物理风化作用

引起岩石物理风化作用的主要因素是温度的变化、水的冻融和可溶盐结晶胀裂、岩石释重、植物根劈等。以物理风化为主的地区，风化深度一般不超过 10~30m，最厚 60m。

2. 化学风化作用

岩石在水溶液和大气以及生物的分泌物、遗体腐烂后分解的一些物质等的作用下，在原地发生化学变化，逐渐破坏并产生新矿物的过程叫化学风化作用。引起化学风化作用的主要因素是水和氧。化学风化作用主要有溶解作用、水化作用、水解作用、碳酸化作用、氧化作用等几种方式。

化学风化作用在温暖、潮湿的地区最为活跃。化学风化作用使岩石矿物破坏后形成两部分产物：一部分是能溶于水的可迁移物质，包括各种易溶盐类、K^+、Na^+ 的氢氧化物和少部分难溶的物质（如 Si^{4+}、Al^{3+}、Fe^{3+} 等的氧化物），另一部分是堆积于原地的残积物，如石英颗粒和硅、铝、铁的化合物如高岭石、蛋白石、铝土矿和褐铁矿等。化学风化为主地区风化深度一般为 30~50m，最厚可达 100m。

【例 19-5-2】最有利于化学风化的气候条件是：

    A. 干热   B. 湿热   C. 寒冷   D. 冷热交替

解 温度较高、湿度较大的南方地区是化学风化作用占主导作用的地区，因此湿热环境是化学风化作用的最有利气候条件。

答案： B

（二）风化作用的影响因素

1. 岩石性质

岩石性质包括岩石的矿物成分、结构和构造，是风化作用的内在因素。岩石在风化带中的稳定性，主要是由其中所含矿物的抗风化能力决定的。矿物按抗风化能力强弱大致可分为稳定矿物（石英、白云母等）、较稳定矿物（正长石、酸性斜长石、角闪石、辉石、方解石等）和不稳定矿物（黑云母、橄榄石、基性斜长石、石膏、黄铁矿等）。

2. 气候

控制气候的主要因素是降雨量和气温。在寒冷的极地和高山及气候干燥地区，雨量小，植被稀少，以物理风化作用为主，岩石风化后多为棱角状的碎屑残积物；在湿热气候区，雨量充沛，气温高，植被繁茂，化学风化作用强烈，岩石风化分解彻底，往往发育较厚的土壤层。

【例 19-5-3】 在荒漠地区，风化作用主要表现为：

  A. 被风吹走 B. 重结晶 C. 机械破碎 D. 化学分解

解 风化作用类型分为物理风化作用、化学风化作用和生物化学风化作用。在荒漠地区，由于水分参与极少，气候干燥，温差变化大，因此化学分化和生物化学风化作用微弱或不发生，岩石主要由于温差变化带来的岩石热胀冷缩因其岩石的机械破碎的物理风化。风化作用与风的地质作用属于两个概念，不能混淆。

答案：C

3. 地质构造

在构造变动强烈地区、褶皱核部、断层破碎带及侵入岩接触带，裂隙较发育，为水、空气及生物等进入岩石内部提供良好的通道，能促使风化作用向岩石内部纵深发展，因而岩石风化强烈。球状风化就是经风化作用后，岩石表面变成球形或椭球形的现象。

4. 地形

地形的陡缓对岩石风化有一定的影响，地形起伏大、陡峭、切割深的地区，岩石易遭受风化，且以物理风化作用为主，风化产物不易保存且很薄。地形起伏较小的缓坡地带，则以化学风化作用为主，岩石遭受风化分解较彻底，风化产物易保留且厚度较大。

【例 19-5-4】 下列地质条件中，对风化作用影响最大的因素是：

  A. 岩体中的断裂发育情况   B. 岩石的硬度

  C. 岩石的强度   D. 岩石的形成时代

解 风化作用是使岩石机械破碎、物质成分和结构发生改变的过程，但岩石中的断裂发育使得各类风化营力（温度、水、生物等）更易使岩石风化进程加快。

答案：A

（三）岩石的风化程度

1. 岩石风化程度的判断

根据岩石的颜色、矿物成分、破碎程度、强度的变化来判断岩石的风化程度强弱。

2. 岩石风化程度分级

岩石风化程度，共分为 5 级，见表 19-5-1。

岩石风化程度分级表　　　　　　　　　　　　　　　表 19-5-1

风化程度分级	主 要 特 征				
	颜色与光泽	结构与构造	矿物成分	破碎程度	强度
未经风化	所有矿物及其胶结物的颜色都是新鲜的	保持原有结构、构造	矿物成分未变	除构造裂隙外，肉眼见不到其他裂隙	岩石原有的强度
轻微风化	岩石颜色稍比新鲜岩石暗淡，仅裂隙面附近部分矿物变色	结构、构造未变	沿裂隙面稍有风化现象或有水锈	发生少数风化裂隙，但不易与新鲜岩石区别	比新鲜岩石略低，但不易区别
中等风化	表面和裂隙面大部分变色，但断口仍保持新鲜岩石特点	结构、构造大部分完好	沿裂隙面出现次生矿物	风化裂隙发育，完整性较差	抗压强度仅为新鲜岩石的 1/3～2/3
严重风化	岩石颜色改变，仅岩块断口中心仍保持原有颜色	结构、构造大部分破坏	易风化矿物均已风化变质，形成次生矿物	岩体呈干砌块石状，岩块上裂纹密布，疏松易碎，完整性很差	抗压强度仅为新鲜岩石的 1/3 左右
极严重风化	岩石完全变色，光泽消失，黑云母变为蛭石	结构、构造完全破坏，仅外观保持原岩的状态，矿物晶粒失去了胶结联系，石英松散成砂粒	除石英晶粒外，其余矿物大部分风化变质，形成次生矿物	用手可折断、捏碎	很低

3. 岩石风化程度分带

岩石的风化是由表及里，地表部分受风化作用的影响最显著，由地表往下风化作用的影响逐渐减弱以至消失，直至过渡到不受风化影响的新鲜岩石，因此从工程地质的角度，在风化剖面的不同深度上，一般把风化岩层自下而上相应于风化程度分级划分 5 个带：未经风化带、轻微风化带、中等风化带、严重风化带、极严重风化带。

4. 残积物（Q^{el}）

地表岩石经过风化作用残留于原地未经搬运的松散堆积物称为残积物，其物质组成主要为物理风化形成的碎屑物、化学风化形成的难溶物和生物风化形成的土壤。残积物的特点是：残积物中的碎屑物质大小不均，棱角明显，无分选、无层理；在成分上与基岩有密切联系，由表往里逐渐过渡到基岩，风化程度上部深下部浅，质地不均，空隙发育，结构疏松，强度和稳定性较差。

残积物不连续地覆盖在地壳基岩上形成的一层薄的外壳，称为风化壳。风化壳的结构在垂直方向上具有明显的分带性，但层与层之间是逐渐过渡的。一个发育完全的风化壳从上向下依次为土壤层、黏土矿物为主的残积层、角砾状碎屑残积物（半风化岩石）和基岩。

三、流水、海洋、湖泊、风的侵蚀、搬运和沉积作用

（一）流水的侵蚀、搬运和沉积作用

地表流水可分为暂时性流水和经常性流水（河流）两类。

1.暂时性流水的地质作用

（1）洗刷作用及坡积层（Q^dl）

大气降水或冰雪融化后，在倾斜的坡地上，形成面（片）状水流，沿整个山坡坡面漫流，把覆盖在坡面上的风化破碎物质冲洗到山坡下部，这个过程称洗刷作用。片流侵蚀及搬运的物质，一部分直接或间接流入江河，一部分在缓坡或坡脚处堆积下来，形成坡积物。它们围绕坡地边缘分布，形似衣裙的花边，故称坡积裙。

坡积裙的颗粒分选性及磨圆度差，一般无层理或层理不清楚，组成物质上部多为较粗的岩石碎屑，靠近坡角常为细粒粉质黏土和黏土组成，并夹有大小不等的岩块。坡积物最厚可达几十米。其组成物质结构松散，空隙率高，压缩性大，抗剪强度低，在水中易崩解。当坡积层下伏基岩倾角较陡，坡积物与基岩接触处为黏性土，而又有地下水沿基岩面渗流时，则易发生滑坡。在坡积物上修筑建筑物时，应注意地基的不均匀下沉问题，应查明其厚度及物理力学性质，正确评价建筑物的稳定问题。

【例 19-5-5】坡积物的结构特征具有：

    A. 棱角分明   B. 磨圆很好   C. 磨圆一般   D. 分选较好

解 坡积物是斜坡坡面流水携带到坡脚形成的沉积物，由于搬运距离近，磨圆度较差，其物质组成棱角明显，分选性较差。

答案：A

（2）冲刷作用及洪积层（Q^pl）

地表流水逐渐向低洼沟槽中汇集，水量渐大，携带的泥沙石块也渐多，侵蚀能力加强，使沟槽向更深处下切，同时使沟槽不断变宽，这个过程称为冲刷作用。冲刷作用使地面进一步遭到破坏，形成很多冲沟。

集中暴雨或积雪骤然大量融化，都会在短时间内形成巨大的地表暂时流水，一般称为洪流。洪流流出沟口时，坡度减小，水流散开，动能很快降低，所携带的大量泥沙石块沉积下来，形成洪积层。从外貌看洪积层多呈扇形，称洪积扇。洪积扇多位于沟谷进入山前平原、山间盆地、流入河流处。

洪积层常发育在干旱、半干旱地区，并常与坡积层、冲积层交互沉积在一起，形成山麓的坡积-洪积裙和山前洪积-冲积倾斜平原。

【例 19-5-6】洪积扇发育的一个必要条件是：

    A. 物理风化为主的山区   B. 化学风化为主的山区

    C. 常年湿润的山区   D. 常年少雨的山区

解 洪积扇位于山前山谷出口处，山谷坡面沟底分布的物理风化产物在强降雨形成的洪流冲出沟口后因水流失去沟壁的约束而散开，坡度和流速突然减小，搬运物迅速沉积下来形成的扇状堆积地形，称为洪积扇。因此物理风化的山区是形成洪积扇的一个重要条件。

答案：A

2.河流的侵蚀、搬运和沉积作用

河流的侵蚀作用、搬运作用和沉积作用在整条河流上同时进行，相互影响。在河流的不同段落上，三种作用进行的强度并不相同，常以某一种作用为主。

（1）侵蚀作用

河流的侵蚀作用包括机械侵蚀和化学溶蚀两种，前者最为普遍，只有在可溶岩地区，河流溶蚀作用才比较明显。按其方向可分为下蚀和侧蚀，下蚀也称纵向侵蚀，向河源方向侵蚀，向下切割河床，使河谷变窄、变深，破坏河底；侧蚀也称横向侵蚀，向河岸方向侵蚀，使河流变宽、变弯，破坏原有河岸。下蚀和侧蚀是同时进行的，但河流上游以下蚀为主，下游以侧蚀为主。

①下蚀作用：河流的下蚀作用是指河水及其所携带的沙砾对河床岩石撞击、磨蚀或溶蚀，致使河床受侵蚀切割而逐渐破坏加深。下蚀的强弱取决于流速、流量的大小，河流含砂量的多少及组成河床的岩石的软硬。流速、流量越大，下蚀作用越强；组成河床的物质越坚硬、裂隙越少，下蚀作用越弱。

下蚀作用在河流的源头表现为河谷不断地向分水岭方向扩展延伸，使河流增长，这种现象称为向源侵蚀。当某一条河流向源侵蚀，切断另一条河流上游，使水汇入时称为河流袭夺现象。如图 19-5-3 所示。

②侧蚀作用：河流侧蚀是指河水对河岸的冲刷破坏，从而使河床变弯、变宽。河流产生侧蚀的原因，一是因为原始河床不可能完全笔直，一处微小的变曲都将使河水主流线（最大流速各点的连线）不再平行河岸，致使变曲程度愈来愈大；二是河流中的各种障碍物，如浅滩，也能使主流线改变方向。这样在河床弯曲范围内形成横向环流。环流的表面水流流向凹岸，使凹岸不断被冲刷掏空、垮落。侵蚀下来的物质又被环流底层的水流带向凸岸或下游，在适当的地方堆积起来。横向环流作

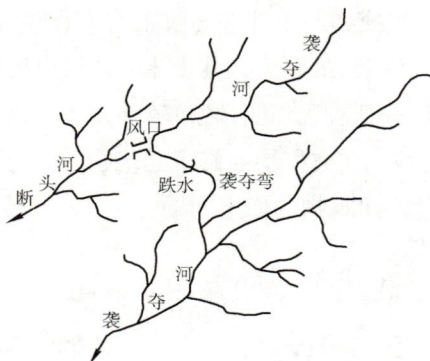

图 19-5-3　河流袭夺现象图

用结果使凹岸不断遭受破坏、后退形成陡岸，而凸岸不断堆积，形成缓坡，结果使河谷越来越宽，越来越弯，形成河曲，这种凹岸侧蚀与凸岸堆积不断地向下游扩展，如图 19-5-4 所示，当河曲发展到一定程度，同侧上下游两个相邻弯曲之间的距离越来越小，洪水冲开狭窄地段，河水由新冲开的河道流动，称河流裁弯取直现象。

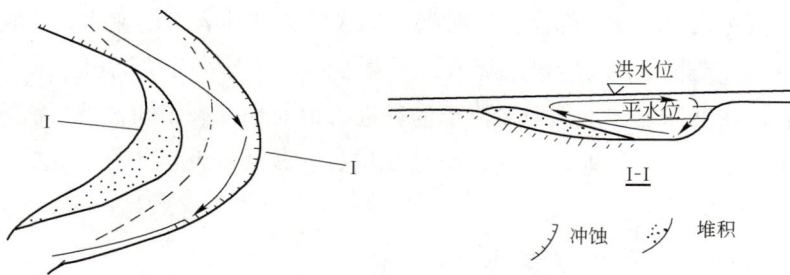

图 19-5-4　河流侧蚀和沉积

【例 19-5-7】河流下游的地质作用主要表现为：

　　A. 下蚀和沉积　　　　　　　　　　B. 侧蚀和沉积

　　C. 溯源侵蚀　　　　　　　　　　　D. 裁弯取直

解　河流的下游河道坡度较缓，河流携带物质的能力降低，主要表现为侧蚀和沉积作用。

答案： B

残余的河曲两端逐渐淤塞、断流，脱离河床而形成特殊形状的牛轭湖。当湖中水分逐渐蒸发，将发展成为沼泽，遗留的河床称为古河道。

（2）搬运作用

流水搬运的方式主要为物理搬运和化学搬运两种类型。物理搬运又可分为悬运、跃运和推运三种方式。悬运是较小的颗粒在流水中呈悬浮状态向下游搬运。悬运的物质数量最大，例如黄河每年的悬运量可达 6.72 亿 t。跃运是颗粒在水流冲击作用下，跳跃前进。推运是颗粒在水流冲击作用下，沿河床滚动或滑动。

化学搬运的距离最远，水中各种离子和胶体颗粒多被搬运到湖、海中，当条件适合时，在湖、海中产生沉积。

（3）沉积作用和冲积层（Q^{al}）

流速降低使河流携带的物质沉积下来称沉积作用，河流的沉积物称冲积层。由于河流在不同的地段流速降低的幅度不同，各处形成的沉积层就具有不同的特点。在山区，河流底坡陡、流速大，沉积作用较弱，河床中冲积层多为巨砾、卵石和粗砂。当河流由山区进入平原时，流速骤然降低，大量物质沉积下来，形成冲积扇。

（二）海洋的侵蚀、搬运和沉积作用

1. 海洋的侵蚀作用

海水侵蚀作用的动力包括三个方面：海水运动、化学作用和生物作用。海水运动起机械剥蚀作用，主要发生在海岸地区。

（1）海水运动作用

海水运动有四种形式：海浪、潮汐、洋流和浊流。

海浪对于滨岸的破坏作用，主要是水体的冲击和利用海水中卷动着的石块、泥沙以撞击、磨蚀等方式进行的。

潮流主要作用于外滨带海区。特别是大潮，其影响深度可以超过 100m，搅起海底泥沙，甚至引起海水的浑浊。潮流速度一般约为 1m/s，落潮时的底流速度还可超过这个数字。这时在水底的沙面上引起冲刷，常常蚀出许多深浅不同的沟。

洋流主要发生在大洋水体表层，向深部流速逐渐降低。它对洋底峡谷或凸起的地方只能进行微弱的冲刷。

浊流是一种特殊的局部性海水流动，它是一股被沙泥搅和的水团在清澈的海水中运动。暴风浪、潮流、地震及火山作用等都能引起浊流。目前普遍认为海底峡谷的成因，是浊流冲刷作用的结果。

（2）化学作用

海水对滨岸的溶蚀作用在碳酸盐岩石地区较为强烈。海浪的压力及生物的综合作用增加了溶蚀能力，结果在滨岸岩石上蚀出许多洞穴。

（3）生物作用

滨岸地区有许多生物能适应汹涌的波涛而生活，它们是一些钻孔生物，钻进石灰岩及泥质岩石中，对防波堤有很大的破坏力。由于海浪不断地削平这些孔道，生物便极力将它钻得更深，从而加速了滨岸的破坏。

2. 海水的搬运作用

海水对物质的搬运方式可以分为机械搬运及化学搬运（溶运）两种。

（1）海浪的搬运作用

海浪是海水搬运作用的主要动力。由大陆进入海洋的物质，首先由波浪进行淘洗，使细粒物质处于悬浮状态。随着底流及洋流源源不断地输向浅海或深海，较粗的物质则留在浅水地带，继续往复运动，在运动中互相撞磨而变细，产生新的悬浮物。其中发生了分选作用及磨细作用。

（2）潮流的搬运作用

潮流动力在开阔的大洋上作用不甚明显，涌潮浪引起的涡动可使大量碎屑处于悬浮状态，退潮时的急流把它们带向海中。

（3）洋流的搬运作用

洋流对于海洋来说应视为最重要的运动，但在地质意义上，较之波浪、潮流等却处于次要地位。洋流虽然具有远程搬运的特点，但是搬运力是十分弱小的，使深海区的沉积速度极为缓慢。

（4）浊流的搬运作用

浊流具有强大的搬运力，由于动力大、紊流强烈，在其搬运物中包含着砾石及岩块，可使大量沙级碎屑呈悬浮状态，搬运距离上千公里。但它在时间上和空间上都是局部发育的。其搬运量也因时因地而异。

3. 海水的沉积作用

海洋盆地是地壳表面相对最低凹地区，陆地的风化剥蚀产物总的运动趋势是移向海洋。所以沉积作用是海水地质作用的主要方式。

（1）沉积物质来源

海洋沉积物主要来源于大陆，其次是火山物质、生物和宇宙物质。海岸带沉积物是复杂多样的，包括岩块、砾石、沙、泥质物、珊瑚、生物贝壳碎片等碳酸盐沉积物。其中以碎屑沉积物为主，并常夹杂着动物和植物残骸。在海岸带沉积物中还常见水平层理、斜层理和交错层理。

（2）滨岸带的沉积作用

滨岸带处于各处强度的波浪作用之中，是水动力最强烈的区域，潮汐作用使它反复淹没或露出海面，岩屑不断地被波浪驱使着滚来滚去。涨潮时带来的泥沙铺盖在大片海滩上，退潮时，残余的海水汇成网状细流冲刷出许多沟道，然后干涸。沉积物中常有浅海生物残壳和陆地生物活动的遗迹。

海岸带长期在海水的侵蚀、搬运和沉积作用下，逐渐形成了诸如海蚀崖、海蚀柱、海蚀穴、坡切台、海岸阶地、海滩、沙堤、沙坝、沙咀等多种地貌形态。

（三）湖水的地质作用

湖水与海水一样，处于不断运动之中。湖水动力也有波浪、潮流、湖流和浊流等机械动力和存在于湖水中的化学动力和生物动力。在机械动力方面，由于湖泊比海洋小得多，水也浅得多，所以湖水动力比海洋小得多。

1. 机械侵蚀和沉积作用

在湖浪冲蚀之下，湖滨上开始出现湖蚀洞穴、湖蚀凹槽，随着湖浪冲蚀作用的继续，洞穴、凹槽扩大，湖蚀崖出现并扩大、后退，形成波切台和波筑台。这一过程在大湖滨看得很清楚，如在鄱阳湖滨多处可见。湖浪冲蚀湖滨的产物，以及入湖河流带来的物质，被退流、岸流、湖流、浊流带至湖滨外、湖湾、湖中心等地沉积。可见湖水的各种动力对湖盆的冲蚀作用及产物的搬运作用与海洋中相同，只是规模较小。

2. 化学沉积作用

按气候的干湿，将湖水化学沉积作用分为两种：

（1）潮湿气候区湖水化学沉积作用

由于潮湿气候区雨量充沛，化学和生物化学风化作用剧烈，不仅易溶的如 K、Na、Ca、Mg 等组成的盐类，可呈离子状态被水搬至湖内，就是较难溶的如 Fe、Mn、Al、Si、P 等组成的盐类也能形成离子或胶体溶液被搬至湖中。前者由于溶解度大，难于在本区的湖中进行沉积而会继续被搬运，以至直达海洋；后者则成为湖水化学沉积的主要物质来源。

（2）干旱气候区湖水化学沉积作用

干旱气候区的湖水，很少向外流泻，主要消耗在蒸发上，因此，流水和地下水带来的盐分，年复一年地留在湖中，湖水盐度逐渐增加，以致淡水湖逐渐变成咸水湖甚至盐湖。

3. 湖水生物沉积作用

湖水生物沉积作用，主要发生在潮湿气候区，湖水中，生长着极为丰富的生物。当大量低等生物尸体和湖泥一起堆积在湖底时，在缺氧和富含 H_2S 的环境中，有机质经过细菌分解，形成含 C（40%~50%）、H_2（6%~7%）、O_2（34%~44%）及 NO（<6%）的沥青质，它分散在湖泥的细小颗粒间，形成各种不同颜色的胶冻状态的黏泥，称为腐泥。腐泥经干馏后可得到焦炭、煤气和石油以及有机酸和维生素等产物。

（四）风的侵蚀、搬运和沉积作用

风是大气运动的一种形式。它是由于地表热量分布不均，出现气压差和空气由高压区向低压区流动而产生的。风力是干旱气候环境（年降雨量 250mm 以下）的主要地质营力。

当风沿松散无植被地面运行时，紊动气流将地面物质吹起，并携带着前进，这种呈面状活动的挟砂气流称风沙流。风沙流中含有各种粒径的砂、粉尘和气溶胶，流动的砂是风蚀和风积作用的重要因素，粉砂是形成黄土的主要来源。各种气溶胶对环境产生重要的影响。

1. 风蚀作用

风蚀作用主要靠风压力及挟带的碎屑物沿地表摧毁、磨损地面岩石、松散沉积物等。

风蚀作用包括吹蚀和磨蚀两种方式。吹蚀作用（或吹扬）是指风本身在流动时，由于风的迎面冲击力和因紊流及滑流产生的上举力，使地面松散碎屑物或基岩风化产物吹起，或剥离原地的作用。吹蚀作用的主要对象是干燥的粉砂级和黏土级碎屑。磨蚀作用是被风吹扬起的碎屑物质，在沿地表运动时，对地面岩石碰撞和磨蚀。实验证明：高速跃移的沙粒可推动大于其直径 6 倍、重量 200 倍的沙粒。一般来说，距地面 0.5~1.5m 高度范围内，（沙暴即发生在此高度内），尤其是 10cm 高度范围内风吹扬起的沙、砾石数量最多，磨蚀作用最强。

风蚀作用使各种不同岩石、泥沙块体发生崩解和破碎，形成各种风蚀地貌，如风棱石、蜂窝石、风石洞、石蘑菇、风蚀残丘、风蚀洼地、风蚀谷和风城等。

2. 风的搬运作用

风的搬运作用表现为风沙流。风的搬运方式有悬移、跃移和蠕移三种形式。

（1）悬移。为细小的沙粒悬浮于空气中被搬运。悬移的颗粒称为悬移质，其大小一般在 0.25mm 以下。悬移质可高达几千米。搬运距离可达 2 000km 以上。

（2）跃移。即沙粒以跳跃方式被搬运。其搬运高度很小，大多数跃移的沙粒在距地面 30cm 以下。

（3）蠕移。是指沙粒和细砾石沿地面徐徐移动或滚动。

风的搬运强度取决于风速的大小。风速小于 4m/s（起沙风速）时，风的搬运力不显著；当风速大于 4m/s 可搬运 0.25mm 以下粒径的沙粒；风速小于 5m/s 时，粉砂可被垂直抬升到三千多米的高空。一般来说，被风吹扬起的沙颗粒大小和风速成正比。随着风速增大，被搬运颗粒的直径也增大。十二级大风（风速大于 33.5m/s）时，可搬运巨大的砾石。

总的来说，风的搬运力不大，但因风沙流是面状运动，故搬运量是巨大的。如现代陆地上面积达几千万平方公里的沙漠和近 300 万平方公里的风成黄土，就是近 200 万年的风力搬运而来的。

风的搬运作用具有分选性，并且风运物在搬运途中，和地面及风运物彼此之间不断碰撞摩擦，颗粒被磨圆、磨细和磨光。

3.风的沉积作用

随着风力的减小或前进中的风沙流在遇障碍物（植物、山体、凸起的地面或建筑物）时，就会因受阻而产生涡漩或减速，使其动能降低而发生堆积，形成堆积物及各种风积地貌。风积物主要有两类：风成沙和风成黄土。

另外，气候干旱、缺少植被、地面裸露地区，在风的地质作用下形成荒漠。按地面物质的组成，荒漠又分为岩漠、砾漠、沙漠和泥漠。

四、滑坡、崩塌、岩溶、泥石流、土洞和塌陷、活动沙丘等不良地质现象的成因、发育过程和规律及其对工程的影响

（一）滑坡

滑坡是指斜坡上的岩、土体在重力作用下，沿着斜坡内部一定的连续贯通的破裂面（称滑动面或滑动带），整体向下滑动的过程和现象。

1.滑坡的组成要素

一个发育完全、比较典型的滑坡通常由以下几个要素组成（见图 19-5-5）。

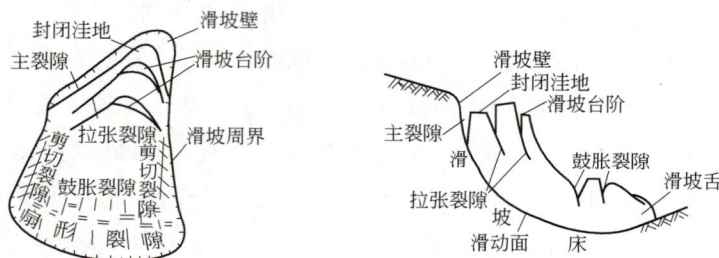

图 19-5-5 滑坡平面、剖面形态特征

（1）滑坡体。脱离斜坡体向下滑动的那部分岩、土体。

（2）滑坡周界。滑坡体和周围没有滑动部分的分界线。

（3）滑动面（带）。滑坡体向下滑动的界面，是滑坡体与其下部稳定不动的岩土体之间的分界面。有些滑坡没有明显的滑动面，而是形成软塑状的岩、土体，厚度数厘米至数米，叫滑动带。

（4）滑坡床。滑动面以下稳定不动的岩土体。

（5）滑坡壁。滑坡体后部与母体断开处形成的陡壁。常呈圈椅状地貌。

（6）滑坡台地。由于多次滑坡或各段滑坡体滑动速度的差异，滑坡体上形成阶梯状的台地。

（7）滑坡舌。滑坡体前缘形如舌状向前伸出的部分叫滑坡舌。滑坡舌的隆起部分叫滑坡鼓丘。

（8）滑坡裂隙。滑坡体各部分向下滑动速度不同，受力不均匀，形成一系列不同性质的裂隙。在滑坡前缘，因滑坡体下滑受阻土体隆起而形成的鼓张裂隙，其方向垂直于滑动方向。在滑坡体后缘受拉力作用形成平行于滑坡壁的弧形拉张裂隙。在滑坡体两侧，因滑坡体与滑坡床的相对位移而形成剪切裂隙，常伴生有羽毛状裂隙。在滑坡前缘，因滑坡体向两侧扩散形成放射状的裂隙，为扇形裂隙。

其中滑动面（带）是滑坡形成的关键要素。滑动面的埋藏深度在很大程度上决定了滑坡体的规模。

滑动面一般有直线形、折线形、圈椅形、阶梯形等，其形状直接控制着滑坡体的稳定状态，是滑坡稳定性分析、灾害预测预报、工程处理的重要依据。

【例 19-5-8】 下列现象中，不是滑坡造成的是：

A. 双沟同源地貌　　　　　　　　　B. 多条冲沟同步弯转

C. 马刀树　　　　　　　　　　　　D. 河流凸岸内凹

解　滑坡体由于地表水流的侵蚀作用而在其边缘常出现双沟同源地貌；由于滑坡体缓慢下滑，表面生长的树木表现出马刀形状，其弯曲凸面朝向滑坡下滑方向。河流凸岸产生内凹，表明在河流侧蚀很弱的部位出现河岸滑塌。

受地层岩性或地质构造控制，在地表流水侵蚀作用下呈多条冲沟同步弯转。

答案： B

2. 滑坡的形成条件

（1）地形地貌

一般山地的缓坡地段，由于地表水流动缓慢，易于渗入地下，因而有利于滑坡的形成和发展。山区河流的凹岸易被流水冲刷和淘蚀，当黄土地区高阶地前缘坡脚被地表水侵蚀和地下水浸润，这些地段常易发生滑坡。

（2）地层岩性

地层岩性是滑坡产生的物质基础。软弱的地层岩性，在水和其他外营力作用下，因强度降低而易形成滑动带，从而具备了产生滑坡的基本条件。

（3）地质构造

滑坡沿断裂破碎带往往成群成带分布。各种软弱结构面（如断层面、岩层面、节理面、片理面及不整合面等）控制了滑动面的空间展布及滑坡的范围。

（4）水文地质条件

地下水进入滑坡体增加了滑体的重量，滑体在地下水的浸润下抗剪强度降低。地下水位上升产生的静水压力对上覆不透水岩层产生浮托力，降低了抗滑力，造成斜坡失稳。另外，地下水与周围岩体长期作用会改变岩土的性质和强度，容易引发滑坡。

（5）人类活动

人工开挖边坡或在斜坡上部加载，改变了斜坡的外形和应力状态，增大了滑体的下滑力，减小了斜坡的支撑力，从而引发滑坡。

3. 滑坡的发育过程及规律

滑坡的发育是一个缓慢的变化过程，通常将滑坡发育过程划分为三个阶段。

（1）蠕动变形阶段

由于各种因素的影响，斜坡岩土体强度逐渐降低或斜坡内部剪切应力不断增加，使斜坡的稳定状态受到破坏。斜坡内较软弱的岩土体首先因抗剪强度小于剪切应力而发生变形，当变形发展至坡面便形成断续的拉张裂缝。变形进一步发展，后缘裂缝加宽，并出现小的错断，滑体两侧的剪切裂缝也相继出现，坡脚附近的岩土体被挤出。此时滑动面基本形成，但未全部贯通。当变形继续发展，后缘裂缝进一步加宽，错距不断增大，两侧的剪切裂缝贯通，斜坡前缘的岩土体受推挤而鼓起，并出现大量鼓胀裂缝，滑坡出口附近渗水浑浊时，滑动面全部贯通，斜坡岩土体开始沿滑动面整体向下滑动。

（2）滑动破坏阶段

滑动面贯通后，滑坡开始整体作向下滑动。此时滑坡后缘迅速下陷，滑壁明显出露，有时形成滑坡阶地。滑体上的树林形成醉汉林，建筑物严重变形倒塌。随着滑体向前滑动，滑坡体向前伸出形成滑坡舌，并使前方道路、建筑物遭受破坏或被掩埋。发育在河谷岸坡的滑坡，或堵塞河流，或迫使河流弯曲转向。

（3）压密稳定阶段

滑坡体在滑面摩擦阻力的作用下，最终要停止下来。停止后，在重力作用下，滑坡体上的松散岩土体逐渐压密，地表裂缝被充填，滑动面附近的岩土体强度由于压密，固结程度提高。当滑坡坡面变缓，滑坡前缘无渗水，滑坡表面植被重新生长时，说明滑坡基本稳定。

（二）崩塌

陡坡上的岩体或土体在重力作用下，突然脱离母体向下崩落的现象称为崩塌。崩塌的过程表现为岩土体顺坡猛烈地翻滚、跳跃，相互撞击，最后堆积于坡角形成岩堆。崩塌的主要特征是脱离母岩塌落速度快、发生突然，下落过程中崩塌体的整体性遭到破坏，崩塌的垂直位移大于水平位移，具有崩塌前兆的不稳定岩土体称为危岩。

1. 崩塌运动的形式

崩塌的运动形式主要有两种：一种是脱离母岩的岩块或土体以自由落体的方式而坠落，另一种是脱离母岩的岩体顺坡滚动而崩落。

2. 崩塌的形成条件

（1）地形地貌条件

崩塌多发生于坡度大于 55°、高度大于 30m、坡面凹凸不平的陡峻斜坡上。

（2）岩性条件

块状、厚层状的坚硬脆性岩石常形成较陡峻的边坡，若构造节理或卸荷裂隙发育且存在临空面，则极易形成崩塌。由非均质的互层岩石组成的斜坡，岩体稳定性差，常发生崩塌。若软岩在下，硬岩在上、下部软岩风化剥蚀后，上部坚硬岩体常发生大规模的倾倒式崩塌；含有软弱结构面的厚层坚硬岩石组成的斜坡，若软弱结构面的倾向与坡向相同，极易发生大规模的崩塌。由单一均质岩石、页岩或泥岩组成的边坡极少发生崩塌。

（3）地质构造条件

在地质构造复杂、新构造运动强烈的地区，断层、节理、褶皱发育。这些结构面，将斜坡岩体切割成不连续的块体，岩体破碎，为崩塌的发生创造了有利条件。

（4）水文地质条件

充满裂隙的地下水及其流动对潜在的崩塌体产生静水压力和动水压力，也可以对潜在崩塌体产生浮托力。地下水降低了潜在崩塌体与稳定岩体之间的抗拉强度，也使裂隙充填物的抗剪强度在水的软化作用下大大降低。这些都使边坡上的潜在崩塌体更易于失稳。

（5）地震及振动

地震、人工爆破和列车运行时产生的振动可诱发崩塌。

（6）人类活动

修建铁路或公路、采石、露天开矿等大型工程开挖常使自然边坡的坡度变陡，从而诱发崩塌。如工程设计不合理或施工措施不当，更易产生崩塌。

3.滑坡崩塌的工程危害

滑坡、崩塌是最为严重的山区道路地质灾害。大型滑坡、崩塌能掩埋摧毁路基，中断行车，造成人员伤亡。滑坡、崩塌堆积物可使水库淤积加剧，缩短水库寿命，甚至威胁大坝安全。河流沿岸特别是峡谷地段，多为滑坡崩塌的密集发生地区，对航运影响很大。它们还能造成破坏农田、摧毁建筑物等灾害。

（三）岩溶

岩溶（喀斯特）是地下水和地表水对可溶性岩石以溶蚀作用为主，所形成的各种地质现象的总称。

1.岩溶的形成条件

（1）具有可溶性的岩石（碳酸盐类岩石、硫酸盐类岩石和氯化盐类岩石）：这是岩溶发育的基本条件。

（2）可溶岩具有透水性：这是岩溶发育的必要条件，主要取决于可溶岩中的裂隙和孔隙，尤以裂隙为主。裂隙的存在为地表水的下渗提供了良好的通道，利于岩溶的发育。

（3）具有溶蚀能力的水：这是岩溶发育的外因。水对碳酸盐类岩石的溶解能力主要取决于水中侵蚀性 CO_2 的含量。其溶蚀过程为：$CaCO_3+H_2O+CO_2 \rightarrow Ca^{2+}+2HCO_3^-$。

（4）循环交替的水流：通过水的运动，可以不断地将溶解下来的物质带走，同时又能不断地提供新的有侵蚀性的水，使岩溶不断地进行。

2.岩溶的发育规律

（1）岩溶的发育具有垂直分带性

在厚度为百米、数百米质纯的可溶岩中，在受当地岩溶侵蚀基准面的控制下，岩溶发育随着深度的增加及地下水的动力特征，可划分为四个带：垂直岩溶发育带、水平和垂直岩溶交替发育带、水平岩溶发育带和深部岩溶发育带，如图 19-5-6 所示。

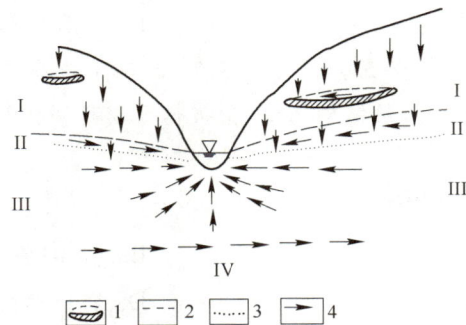

图 19-5-6　岩溶垂直分带示意图

1-上层滞水；2-地下水最高水位线；3-地下水最低水位线；4-地下水流向

①垂直岩溶发育带（Ⅰ）：位于地表以下，最高地下水位以上的包气带，大气降水通过各种裂隙深入岩层中后，主要做垂直运动，因此以近垂直岩溶形态发育为主要形式，如溶蚀漏斗、落水洞和竖井等。

②水平和垂直岩溶交替发育带（Ⅱ）：位于地下水最高和最低水位之间的季节循环带，地下水位上升时期，地下水呈水平方向流动；而水位下降时期，地下水做垂直方向运动，因此这一带的岩溶形态有垂直的落水洞，也有近水平方向的溶洞。

③水平岩溶发育带（Ⅲ）：位于地下水最低水位以下及地方性侵蚀基准面以上的水平循环带，该带地下水主要做水平方向运动，故岩溶发育主要有溶洞、暗河、地下湖泊等。此外，河谷底部水流以承压方式自下向上排泄于河床之中，在河床下部可有呈放射状的岩溶分布。

④深部岩溶发育带（Ⅳ）：在当地岩溶侵蚀基准面以下，地下水向更远更低的区域运动，同时其循环交替的强度变弱，岩溶的发育亦减弱，主要分布为溶隙和溶孔。

（2）岩溶发育受岩层组合的控制

岩层组合是指可溶岩层与非可溶岩层的比例和相互组合关系。在非可溶岩地区不会发育岩溶，在质纯的石灰岩中岩溶就很发育。在可溶岩与非可溶岩相间区岩溶呈带状分布。

（3）岩溶分布受地质构造控制

断层和裂隙是地下水在岩层中流动的良好通道，特别是区域性的断裂，对岩溶发育常起控制作用。然而，不同力学性质的断层，其岩溶发育的部位也不相同，如压性断层本身阻水，因而岩溶不发育，但其上盘往往岩体较破碎，故岩溶较发育；张拉断层，其断裂带裂隙多而呈张开状态，故张拉断层带岩溶十分发育。

另外，在褶皱的核部和转折部位，因多是张拉裂隙，常是岩溶最发育的地带；而褶皱的翼部岩溶发育相对较弱。

（4）岩溶发育的成层性

地壳常常处于间歇性的上升或下降阶段。由于地壳抬升，岩溶侵蚀基准面相对下降，地下水为适应基准面的下降而进行垂向溶蚀，从而产生垂直的管道，如漏斗、落水洞；当地壳上升到一定阶段并处于相对稳定时期时，地下水则向地表河谷方向运动，从而发育成近水平的廊道，如地下河；若地壳再次上升和进而相对稳定，就会相应地形成另一高程上的垂直和水平的岩溶洞穴。如此反复，就在可溶岩厚度大、裂隙发育、地下水径流量大的地区，形成多个不同高程的溶洞层，溶洞层上老下新，往往可与该区的河谷阶地或剥蚀面相对比。相反，由于地壳间歇性下降，也可形成各层分布的溶洞，但溶洞下老上新。

【例 19-5-9】 在相同岩性与水文地质条件下，有利于溶洞发育的构造条件是：

　　A. 气孔状构造　　　　　　　　　　B. 层理构造

　　C. 褶皱构造　　　　　　　　　　　D. 断裂构造

解　断层和裂隙是地下水在岩层中流动的良好通道，特别是断裂和区域性断裂，对岩溶发育起控制性作用。气孔状构造和层理构造属于岩层结构构造，褶皱构造较断裂构造对岩溶发育的控制性相对较弱。

答案： D

【例 19-5-10】 下列条件中不是岩溶发育的必需条件为：

　　A. 岩石具有可溶性　　　　　　　　B. 岩体具有透水结构面

　　C. 具有溶蚀能力的水　　　　　　　D. 岩石具有软化性

解　具有可溶性岩石、可溶岩体具有透水性及具有循环交替的溶蚀能力的水是岩溶发育的三个必要条件。

答案： D

3. 岩溶对工程的影响

（1）岩溶渗漏问题

渗漏问题是岩溶地区修建水库的主要工程地质问题。岩溶通道和洞穴，使透水性加大且不均一，常成为水库渗漏的主要通道。

（2）岩溶地基稳定性问题

①地基不均匀下沉：在覆盖型岩溶区，下伏石芽、溶沟、落水洞、漏斗等造成基岩面起伏较大，当其上部有性质不同、厚度不等的土层分布时，在建筑物附加荷载作用下，致使地基不均匀下沉，或因桩柱不可靠而导致建筑物倾斜、开裂、倾倒及破坏。

②地表塌陷：在地基主要受力层范围内，如有溶洞、暗河、土洞等，在自然条件下，或因建筑物的

附加荷载、抽排地下水等因素作用，产生洞顶坍塌，引起地面沉陷、开裂，使地基突然下沉，导致建筑物破坏。

③地基滑动：在裸露型岩溶区，当基础砌置在溶沟、溶隙、落水洞、漏斗附近时，有可能使基础下岩体沿倾向临空的软弱结构面产生滑动，引起建筑物破坏。

④地基承载力不足：在覆盖型岩溶区，上覆松软土强度较低，或建筑荷载过大，引起地基发生剪切破坏，导致建筑物的变形和破坏。

（3）岩溶区地下工程中的洞室稳定和涌水问题

①岩溶对洞壁的影响：若洞底或附近有较大洞穴、暗河存在时，则可能引起塌陷或基础悬空、突水；若洞底为松散堆积物，则应注意洞底发生鼓凸现象。

②岩溶对洞顶的影响：由于裂隙的切割、地下水的活动，以及洞顶、侧壁上的灰化沉积物的存在，还有洞壁内溶隙、洞穴中的充填物，可引起落石、塌方或突水、涌砂的事故。

③涌水问题：当洞室在地下水循环带开挖时，若挖穿积水大溶洞或暗河通道，就会发生集中突水，并伴随涌泥、涌砂现象。

（四）泥石流

泥石流是含有大量泥沙石块等固体松散物质的有很大破坏力的洪流。

1.泥石流的形成条件

泥石流形成必须具备丰富的松散固体物质、足够的突发性水源和陡峻的地形三个基本条件。

（1）松散固体物质

地质条件决定了松散固体物质的来源及其是否丰富。泥石流强烈发育的地区，都是地质构造复杂、岩石风化破碎严重、新构造运动活跃、地震频发、构造断裂发育、崩塌滑坡灾害多发的地段。这样的地段岩石破碎，为泥石流的形成提供了丰富的物质来源。此外，人为采石、采矿弃渣及滥伐山林造成山坡水土流失等，往往会产生大量碎屑物质，也为泥石流提供大量的物质来源。

（2）地形条件

泥石流总是发生在地势陡峻、纵坡降较大的山岳地区。

典型的泥石流流域可划分为形成区、流通区和堆积区三个区段。如图19-5-7所示。形成区地形多为三面环山一面出口的圈椅状，中心比较开阔，周围山高坡陡，岩石破碎，植被生长不良，有利于聚积周围山坡上的碎屑物和水；中游流通区多为狭窄而深切的峡谷或冲沟，谷壁陡峻而纵坡降大，为泥石流的排泻提供了强大的动能；下游为平坦开阔的山前平原或河谷阶地，便于碎屑物堆积。泥石流在此处堆积后形成扇形、锥形或带形的堆积体。典型的地貌形态为洪积扇。

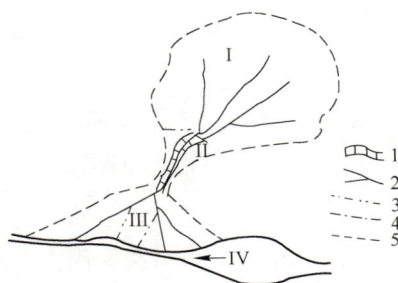

图 19-5-7　典型泥石流流域示意图

I-泥石流形成区；II-泥石流流通区；III-泥石流堆积区；IV-泥石流堵塞河流形成的湖泊；1-峡谷；2-有水沟床；3-无水沟床；
4-分区界线；5-流域界线

（3）水源条件

水不仅是泥石流的组成部分，也是固体物质的搬运介质，泥石流的形成必须有强烈的地表径流，这是爆发泥石流的动力条件。地表径流主要来源于暴雨、冰雪融水、高山湖泊、水库溃决等。

2.泥石流对工程的影响

灾害性泥石流具有爆发突然，来势凶猛，冲击力强，冲淤变幅大，主流摆动速度快、幅度大等特点，其危害方式主要有冲刷、冲击、磨蚀和淤埋。

（五）土洞和塌陷

土洞是因地下水或地表水流入地下土体内，将颗粒间可溶成分溶滤、带走细小颗粒，使土体被掏空成洞穴形成的。空洞的不断发展而导致地面塌陷。在覆盖型岩溶地区，由于水动力条件的变化，常在上覆土层内形成空洞。由于土洞较岩溶洞穴发育速度快，分布密度大，所以它往往较溶洞危害要大得多。

1.成因机制

土洞和地面塌陷系地下水活动所致。其成因机制，以潜蚀机制最为普遍，此外尚有真空吸蚀和气爆等机制。

（1）潜蚀机制

所谓潜蚀是指地下水在渗流过程中，由于渗透压力（或称动水压力）的作用，使碳酸盐岩溶洞裂隙中的充填物被携走，在土层中产生土洞。随着土洞的不断扩大，其顶板不足以形成天然平衡拱而不断塌落，最终在地表形成碟形洼地或塌陷坑。

潜蚀机制一般产生在基岩岩溶水与上覆松散土体中的孔隙水有强水力联系的地段。

（2）真空吸蚀机制

相对密闭的岩溶水，由于抽水等原因地下水位大幅度下降，尤其在承压岩溶水条件下，当地下水位低于覆盖层底板时，地下水面以上的洞穴成为"真空腔"。此时真空腔内的水面如同吸盘一样，强有力地抽吸覆盖层底板的土体，使其逐渐被吸蚀掏空而形成土洞。随着地下水位下降，真空腔内外压差效应不断加剧，而使土洞不断扩展，最终可导致突发地面塌陷。真空吸蚀一般发生在覆盖层隔水性好且分布较均匀的地段。在碳酸盐岩残积黏土（红黏土）分布较厚的地区，地面塌陷多因真空吸蚀所致。

（3）气爆机制

气爆机制一般也是产生在密闭的岩溶水地段，但它与真空吸蚀机制的不同之处是岩溶水呈无压状态，岩溶洞穴中地下水面以上有相当大的空间。由于地下水位不断抬升，水面以上的空气受到压缩而呈"高压"状态。当大气压达到一定程度时，就冲破上覆土体而突发地面塌陷。

由以上三种形成机制分析可知，前者属于渗透压力的作用，后两者则是大气压差的作用。

2.产生条件

土洞和地面塌陷的产生，与岩溶区特定的岩性、地质结构、水文地质和地形地貌条件有关。

（1）覆盖层岩性及其厚度

土洞和地面塌陷的分布，受第四系松散覆盖层的岩性和厚度控制。一般认为，含砂量较高的土体，尤其是砂类土因临界水力梯度较小，容易产生土洞和地面塌陷；亲水性强抗水性差的黏性土地段也可形成土洞。

产生地面塌陷的地段第四系覆盖层厚度较小。据对我国南方岩溶地面塌陷的统计，大多数地面塌陷区的覆盖层厚度小于 10m。一般情况是：厚度小于 10m 者塌陷严重，10~30m 者塌陷数量较少，而厚度大于 30m 者塌陷可能性则很小。

（2）碳酸盐岩中的岩溶发育

碳酸盐岩中的岩溶洞隙，是容纳覆盖层塌陷物质的空间，也是渗透水流运移塌陷物质的通道。因而碳酸盐岩浅部开口岩溶的发育，是地面塌陷产生的基础。

（3）地下水活动

地下水渗流及其水动力条件的变化，是土洞和地面塌陷形成的动力因素。在地下水径流集中而强烈的主径流带，一般是土洞和地面塌陷产生的敏感区。

（4）地形地貌条件

具备上述条件的河流低阶地或地形低洼处，是有利于地面塌陷的地形地貌条件。

岩溶地区河谷地带的低阶地处，一般岩溶十分发育，岩溶水与河水水力联系密切，受河水位频繁的涨落变化，地下水位也不断变化，地下水循环交替强烈。且覆盖层往往为较薄的松散砂土和粉土，易发生潜蚀，因此河床两侧易产生地面塌陷。

（六）活动沙丘

1. 成因

由于地面凹凸不平，存在着许多障碍物，如地面草丛、建筑物等，于是在风力作用下，在障碍物前后形成不规则的沙堆。它们的规模视障碍物大小而定，可从高度不足一米到高达数米。

沙堆的出现改变了近地表气流的动力结构，尤其是沙堆的背风坡形成的涡流，经久不息地促使风积作用进行。风沙流在涡流之间发生堆积，并且不断地加高这些堆积物，形成沙丘。沙丘是不稳定的堆积体，在风力地质作用之下，推移质和跃移质顺风向运动，引起沙丘的移动。

2. 沙丘移动的特点

沙丘移动是在风力作用下沙粒运动的总和。其运动过程主要表现为方向、方式和速度三个方面。

（1）移动方向

沙丘的移动方向取决于有一定延续时间的起沙风的合成风向。起沙风的合成风向，在大气环流影响下，随地区和季节而不同，所以沙丘移动方向也有很大变化，在通常情况下，风积地貌形态可反映一个主要风向。在不同风向相互作用下，沙丘形态和移动方向会发生复杂的变化。因此，在防风固沙林带的配置上应加以注意。

（2）移动方式

沙丘移动方式可分为一线前进式和来回摆动式。前者终年保持不断向前移动，后者则往复前进和后退。

（3）移动速度

沙丘移动的速度受风向频率、风速、水分、植被、沙丘形态、沙丘高度、排列密度和沙粒粒径等多种因素的影响。它们之间的主要关系如下：

①沙丘移动速度与风向频率及风速的平方成正比，与其本身高度成反比。

②沙丘移动速度与沙丘间距成正比。

③含水量小的与裸露的沙丘移动较快。

④地面平坦地区，沙丘移动较快。

3. 沙丘对工程的危害

以对道路工程的危害为例，见表19-5-2。

风沙对道路工程的危害 表 19-5-2

名称	基 本 特 征		对行车的危害
沙埋	风沙流所携带的大量沙粒遇到路基障碍时，停积下来，埋没路基和轨道，影响车辆正常运行，称为沙埋现象。其形式一般呈沙堆状态	舌状沙埋 沙丘或风沙流呈舌状向前延伸，掩埋路基不长，约数米至数十米，高出路面数十厘米至 2~3m，多发生在风口地带或防护措施局部破坏地方	形成迅速，对车辆运行危害大
		片状沙埋 掩埋路基地段较长，约数百米至数公里	对行车安全影响不大，一般仅灌满道床或掩埋螺栓及轨道，但消除沙害较困难
		综合沙埋 主要由流动沙体和沙丘向线路上移动而形成，又称堆状沙埋	因为能对它预测和及时防御，故对行车安全危害较小
风蚀	在风沙的直接冲击下，构成路基的沙粒或土体颗粒被风吹走，路基出现风蚀削低、掏空和坍塌现象，从而引起路基宽度和高度不足，甚至枕木外露、轨节悬空。风蚀程度与风力、风向、路基形式、填料组成及防护措施有关。如粉砂结构较紧密，细砂本身不具黏结力等，故细砂受风的吹蚀程度较粉砂严重		应采取相应防护措施，否则仍将影响行车
磨蚀	气流中沙粒在运动中具有较大的能量，对机车车辆、通信设备等进行撞击和磨耗，产生一些不良影响		使信号模糊不清，影响通信线路的强度，同时还产生风沙电

习　题

19-5-1　地震烈度与震级的关系，正确的说法是（　　　）。

    A. 震级与烈度的大小无关

    B. 震级越低，烈度越大

    C. 震级越高，烈度越大

    D. 烈度的大小与震级、震源深浅、地质构造及震中距离有关

19-5-2　地震与地质构造关系密切，一般强震易发生在（　　　）。

    A. 背斜轴部

    B. 节理发育地区

    C. 活断裂的端点、交汇点等应力集中部位

    D. 向斜盆地内

19-5-3　按断层活动方式可将活动断层分为（　　　）两类。

    A. 地震断层、蠕变断层　　　　　　　　B. 黏滑断层、逆断层

    C. 正断层、蠕滑断层　　　　　　　　　D. 地震断层、黏滑断层

19-5-4　下面几种识别活断层的标志中，其中（　　　）不能单独作为活断层的识别标志。

    A. 伴有强烈地震发生的断层

    B. 山区突然转为平原，并直线相接的地方

    C. 两山之间的沟谷

D. 第四纪中、晚期的沉积物被错断

19-5-5 经大气降水淋滤作用，一部分风化产物被流水带走，而另一部分破碎物质未经搬运，仍堆积在原处则称此为（　　）。

    A. 洪积物　　　　　　B. 冲积物　　　　　　C. 残积物　　　　　　D. 坡积物

19-5-6 片流作用将山坡上的松散物质冲洗至缓坡处或山坡坡脚处形成的堆积物是（　　）。

    A. 冲积物　　　　　　B. 坡积物　　　　　　C. 洪积物　　　　　　D. 残积物

19-5-7 在海洋的侵蚀作用中，对滨岸带破坏作用最强烈的是海水运动四种形式中的（　　）。

    A. 海浪　　　　　　　B. 潮汐　　　　　　　C. 洋流　　　　　　　D. 浊流

19-5-8 风蚀作用包括吹蚀和磨蚀两种方式。其中吹蚀作用的主要对象是（　　）。

    A. 干燥的粉砂级和黏土级碎屑　　　　　　B. 砾石层

    C. 粗砂层　　　　　　　　　　　　　　　D. 软弱基岩面

19-5-9 斜坡上的岩土体在重力作用下沿一定面整体向下滑动的过程和现象是（　　）。

    A. 崩塌　　　　　　　B. 泥石流　　　　　　C. 滑坡　　　　　　　D. 岩堆

19-5-10 从地形、岩性、地质构造条件分析，（　　）的斜坡，不易形成崩塌。

    A. 地形陡峭，裂隙发育的块状、厚层状坚硬脆性岩石

    B. 由非均质的互层岩石组成的坡度在 55°以上高度在 30m 以上的山坡

    C. 软弱结构面的倾向与坡向相同，并受节理切割，有临空面的高陡岩层

    D. 单一均质岩石，节理不发育

19-5-11 在可溶岩中，若在当地岩溶侵蚀基准面的控制下，岩溶的发育与深度的关系是（　　）。

    A. 随深度增加而增强　　　　　　　　　　B. 随深度增加而减弱

    C. 与深度无关　　　　　　　　　　　　　D. 随具体情况而定

19-5-12 促使泥石流发生的决定性因素为（　　）。

    A. 地势陡峻、纵坡降较大的山区　　　　　B. 地质构造复杂岩石破碎

    C. 短时间内有大量水的来源　　　　　　　D. 崩塌滑坡灾害多

19-5-13 土洞按其产生的条件，有多种成因机制，其中以（　　）最为普遍。

    A. 潜蚀机制　　　　　　　　　　　　　　B. 溶蚀机制

    C. 真空吸蚀机制　　　　　　　　　　　　D. 气爆机制

19-5-14 土洞和塌陷发育最有利的地质环境是（　　）。

    ①含碎石的亚沙土层；②地下水径流集中而强烈的主径流带；③覆盖型岩溶发育强烈地区；④岩溶面上为坚实的黏土层。

    A. ①④　　　　　　　B. ①②③　　　　　　C. ②③　　　　　　　D. ①②④

19-5-15 沙丘移动速度受风向频率、风速、水分、植被、沙丘高度和沙粒粒径等多种因素的影响。下面几种看法中（　　）是不正确的。

    A. 沙丘移动速度与风速的平方成正比　　　B. 沙丘移动速度与其本身高度成反比

    C. 地面平坦地区的沙丘移动速度较快　　　D. 含水量小的和裸露的沙丘移动较慢

第六节 地 下 水

地下水是埋藏在地表以下岩、土体空隙中各种状态的水，它是地球上水体的重要组成部分。地下水与大气降水、地表水之间的不断相互转化，构成自然界的水循环。

地下水是重要的天然资源，也是地质环境组成部分之一。地下水对工程建筑物会产生许多危害，例如，降低地基土的承载力，引起地面塌陷、岩溶、滑坡等不良地质病害。因此对地下水的研究非常重要。

一、渗透定律

地下水在岩土空隙中的流动称为渗流（渗透）。由于地下水在岩土的空隙中的运动极其复杂，在工程实践中需要对地下水流加以简化，用假想的模型代替真实的水流，即不考虑渗流途径的迂回曲折，只考虑主流流向；不考虑岩层的颗粒骨架，假想水流充满空隙和颗粒骨架占有的全部空间。为了使这种假想的水流能正确反映真实水流情况，必须符合：对同一过水断面，假想水流的流量等于通过该断面的真实水流的流量；作用于任意面积上的假想水流的压力等于真实水流的压力；假想水流在任意体积内所受的阻力和真实水流所受的阻力相同。

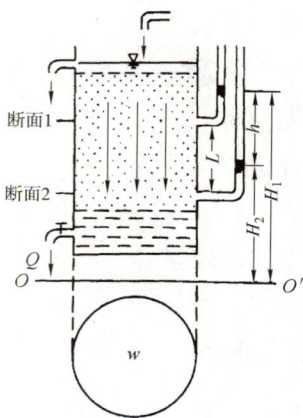

图 19-6-1 达西试验示意图

地下水在岩土空隙中渗流时，水的质点作有序、互不混杂的流动，称层流运动。水的质点作无序、互相混杂的流动，称紊流运动。水在渗流场内运动，各个运动要素（水位、流速、流向等）不随时间改变时称为稳定流，运动要素随时间改变时称为非稳定流。

（一）线性渗透定律（达西定律）

1856 年，法国水利学家达西通过大量的试验，取得线性渗透定律。试验是在装有砂的圆筒中进行的（见图 19-6-1）。水由筒的上端加入，流经砂柱，由下端流出。上游用溢水设备控制水位，使试验过程中的水头始终保持不变。在圆筒的上下端各设一根侧压管，分别测定上下两个过水断面的水头，下端出口处设管嘴以测定流量。根据试验结果得到下列关系式

$$Q = kWI \qquad (19-6-1)$$

式中：Q ——渗流量（出口处流量，即单位时间内通过砂柱各过水断面的渗流量）（m^3/d 或 cm^3/s）；

$\quad\ W$ ——过水断面面积（相当于砂柱横断面面积）（m^2 或 cm^2）；

$\quad\ h$ ——水头损失（$h = H_1 - H_2$，即上下游过水断面的水头差）（m 或 cm）；

$\quad\ L$ ——渗流距离（上下游过水断面的距离）（m 或 cm）；

$\quad\ k$ ——渗透系数（m/d 或 cm/s）；

$\quad\ I$ ——水力坡度（相当于 h/L，即水头差除以渗流距离），表示水头的变化特征。

由水力学知，通过某一断面的流量 Q 等于流速 v 与过水断面面积 W 的乘积，即

$$Q = Wv \qquad (19-6-2)$$

式中：v ——渗流速度（m/d）。

据此，达西定律可表示如下

$$v = k \cdot I \qquad (19-6-3)$$

式（19-6-3）表明，渗流速度与水力坡度的一次方成正比，故达西定律又称为线性渗透定律。在天然条件下，地下水的实际流速很小，绝大多数情况下，地下水运动符合线性渗透定律，因此达西定律的适用范围很广。它不仅是水文地质定量计算的基础，还是定性分析各种水文地质过程的重要依据。但在岩石的洞穴及大裂隙中的地下水运动多属于非层流运动。

（二）非线性渗透定律（哲才定律）

当地下水在宽大的空隙中以相当快的速度运动时，呈现紊流运动。此时，渗透服从哲才定律

$$v = k \cdot I^{1/2} \qquad (19-6-4)$$

式中：　k ——紊流时的含水层渗透系数。

式（19-6-4）表明渗透速度与水力坡度的1/2次方成正比。

二、地下水的赋存、补给、径流、排泄规律

（一）地下水的赋存

1.地下水的赋存形式

水在地表以下岩土空隙中以各种不同的形式存在着。按其物理力学性质的不同，可分为气态水、吸着水、薄膜水、毛细管水、重力水、固态水等。

（1）气态水。它和空气一起充填在非饱和的岩土孔隙中。它可由湿度相对大的地方向湿度相对小的地方移动。岩土温度降低到露点时，气态水便凝结成液态水。

（2）吸着水。被分子力吸附在岩土颗粒周围形成极薄的水膜称为吸着水。其吸附力可超过一万个大气压力，故又称为强结合水。该水的密度比普通水大一倍左右，可以抗剪切，但不传递静水压力，−78℃时仍不结冰。在外界土压力作用下，吸着水不能移动，但当超过105℃时，才能将吸着水排除。黏性土仅含吸着水时呈现为固体状态。砂土也可含有极微量的吸着水。

（3）薄膜水。受分子力的作用包围在吸着水外面的一薄层水称为薄膜水，也称为弱结合水。其厚度大于吸着水的厚度。薄膜水在外界土压力下可以变形，可以由膜相对厚处向薄处移动，其抗剪强度较小，因蒸发薄膜水可由土中逸出地表。

黏性土和黏土质岩石的一系列物理力学性质都与薄膜水有关。

（4）毛细管水（非结合水）。由于毛细管力支持充填在岩土毛细孔隙和毛细裂隙中的水称为毛细管水。它同时受毛细管力和重力的作用，当毛细管力大于水的重力时，毛细管水就上升。因此，地下水面以上普遍形成一层毛细管水带。毛细管水能垂直上下运动，能传递静水压力。

（5）重力水。在重力作用下，能在岩土孔隙中运动的水称为重力水，即常称的地下水。它不受分子力的影响，可以传递静水压力。重力水又称为自由水。

（6）固态水。指常压下当岩土体温度低于零度时，岩土孔隙中的液态水（甚至气态水）凝结成的冰（冰夹层、冰锥、冰晶体等），称为固态水。固态水在土中起到胶结作用，形成冻土，提高了土的强度。但解冻后土的强度往往低于冻结前的强度。因为岩土孔隙中的液态水转变为固态水时其体积膨胀，使土的孔隙增大，结构变得松散，故解冻后的土压缩性增大，其强度降低。

2. 岩土的水理性质

岩土的水理性质是指与地下水的赋存和运移有关的岩土性质。主要包括含水性、给水性和透水性。

（1）表示含水性的方法是采用容水度和持水度。

容水度是指岩土空隙完全被水充满时的含水量，即岩土空隙中所能容纳的最大的水的体积与岩土体积之比，以小数或百分数表示。

持水度是指在重力作用下，岩土体空隙中所保持的水的体积与岩土体积之比。

（2）给水性是指饱和岩土体在重力作用下，能自由排出一定水量的性能，用排水度（排出水的体积与岩土体积之比）表示。

（3）透水性是指岩土体允许水透过的性能，用渗透系数表示。

岩土的透水性取决于岩土中空隙的大小、多少和连通程度。一般来说，岩土中空隙大而多、连通程度好的，具有良好的透水性；空隙小而少、连通程度差的，透水性弱或不透水。岩土按其透水性的好坏，可分为透水、半透水的和不透水三类。

一般将正常水力梯度下，饱水、透水并能给出一定水量的岩土层称为含水层。将正常水力梯度下不透水或透水相对微弱的岩土层称为隔水层。有时也将弱透水层称为滞水层。隔水层可以含水甚至饱水（如黏土），也可以不含水（如致密的岩石）。

含水层的形成必须具备以下条件：有较大且连通的空隙；与隔水层组合形成储水空间，以便地下水汇集不致流失；要有充分的补水来源。

【例 19-6-1】 粉质黏土层的渗透系数一般在：

    A. 1cm/s 左右   B. 10^{-2}cm/s 左右

    C. 10^{-4}cm/s 左右   D. 10^{-5}cm/s 左右

解 各类岩土层的渗透系数差异巨大，而黏土层、粉质黏土层渗透系数小，一般在 10^{-5}cm/s 左右；粉土渗透系数一般在 10^{-4}cm/s 左右；中砂渗透系数一般在 10^{-2}cm/s 左右；卵砾石、漂石渗透系数一般在 1cm/s 左右。

答案： D

（二）地下水的补给、径流、排泄规律

1. 地下水的补给

地下水的补给是指含水层自外界获得水量的作用过程。其补给来源主要有大气降水、地表水、含水层之间补给及人工补给等。

（1）大气降水补给。大气降水补给是地下水的主要补给来源。但大气降水补给地下水的数量与降水性质、植物覆盖、地形、地质构造、包气带厚度及岩石的透水性等密切相关。一般来说，时间短的暴雨对补给地下水不利，而连绵细雨能大量补给地下水。

（2）地表水的补给。当地表水的水位高于地下水位时，地表水补给地下水。

（3）含水层之间补给。深部与浅层含水层之间的隔水层若受断裂构造的影响，使地下含水层发生水力联系时，或隔水层为弱透水层时，地下水便会由水位高的含水层流向低水位的含水层。

（4）人工补给。如灌溉水、工业及生活废水排入地下，专门人工方法增加地下水量的补给等。

2. 地下水的径流

地下水由补给区流向排泄区的过程叫径流。地下水的径流包括径流方向、径流速度、径流量。其中径流方向和径流速度取决于补给区与排泄区的相对位置与高差。含水层的补给条件越好、透水性越强，则径流条件越好。一般山区地势陡峻，地下水的水力坡度比平原大，所以地下水的径流条件优于平原。径流条件好的含水层的水质较好。地下水的埋藏条件决定地下水的径流类型，潜水属于无压流动，承压水属于有压流动。

3. 地下水的排泄

地下水的排泄方式有蒸发、以泉的形式溢出或直接排入地表水、含水层之间排泄及人工排泄等。

蒸发排泄与地下水的埋深、气候条件、岩性有关。在干旱、半干旱地区地下水蒸发强烈，常是地下水排泄的主要形式。泉是地下水的天然露头，又是地下水排泄的主要方式之一。按照补给含水层的性质可将泉水分为上升泉和下降泉两类。上升泉排泄承压水，下降泉排泄潜水。

当地下水位高于河水位时，地下水可泄入河流。当两个含水层之间发生水力联系时，地下水可从一个含水层排泄到另一个含水层。抽取地下水作生活供水、基坑排水等为人工排泄地下水。

三、地下水埋藏分类

地下水按埋藏条件可分为包气带水、潜水和承压水三种类型，按含水层的空隙性质又可分为孔隙水、裂隙水、岩溶水，见表19-6-1。

地 下 水 分 类 表　　　　　　　　表 19-6-1

地下水的基本类型	亚 类			水头的性质	补给区与分布区的关系	动 态 特 征	成 因
	孔隙水	裂隙水	岩溶水				
包气带水	土壤水、局部隔水层上的上层滞水、多年冻土带水、沼泽水	基岩风化壳（黏土裂隙）中季节性存在的水	垂直渗入带中季节性及经常性存在的水	无压水	补给区与分布区一致	受季节变化影响，一般为暂时性水	基本上是渗入形成，局部凝结形成
潜水	坡积、洪积、冲积、湖积、冰碛和冰水沉积物中的水；当经常出露或接近地表时，成为沼泽水、沙漠和海滨沙丘水	基岩上部裂隙、破碎带中的水	裸露岩溶化岩层中的水	常常为无压水	补给区与分布区一致	受气象因素变化影响明显，一般水位升降决定地表水的渗入和蒸发	是渗入形成
承压水	松散沉积物构成的向斜和盆地——自流盆地中的水、松散沉积物构成的单斜和山前平原——自流斜地中的水	构造盆地、向斜、单斜岩层中层状裂隙水、构造断裂带及不规则裂隙中的深部水	构造盆地或向斜、单斜岩溶化岩层中的水	承压水	补给区与分布区不一致	受气候影响不明显、稳定，水位的升降决定于水压的传递	渗入和构造形成

（一）包气带水

包气带水处于地表面以下、潜水位以上的包气带岩土层中，主要靠大气降水和地表水的补给，与大气圈关系密切，易蒸发或逐渐下渗到潜水中进行排泄。包气带水的主要特征是受气候控制，季节性明显，变化大，雨季水量多，旱季水量少，甚至干涸。包气带水对工程建筑有一定影响。

（二）潜水

潜水是埋藏在地表以下第一个连续稳定的隔水层以上，具有自由水面的重力水。如图 19-6-2 所示。一般存在于第四系松散堆积物的孔隙中，形成孔隙水，也可以充填于基岩的裂隙和溶洞中，形成裂隙潜水和岩溶潜水。

潜水的补给来源主要是大气降水、地表水、深层地下水及凝结水。大气降水和地表水可直接渗入补给，成为潜水的主要补给来源。在大多数情况下潜水的补给区和分布区是一致的，因而某些水文要素的变化能很快影响潜水的变化，潜水的水质也易受到污染。

潜水的自由水面称潜水面。潜水面上的任一高程称该点的潜水位。一般情况下，潜水面是一个倾斜面，在重力作用下，总是由水位高处向水位低处流动，形成潜水的径流。其流速取决于潜水面的坡度和岩土空隙的大小。潜水面的形状主要受地形控制，基本与地形一致，但比地形平缓。另外，潜水面的形状也与含水层的透水性及隔水层底板的形状有关。在潜水流动的方向上，含水层的透水性增强或含水层厚度增大的地方，潜水面就变得平缓。隔水层底板隆起处，潜水厚度减小。

潜水面常以潜水等水位线图来表示，如图 19-6-3 所示。潜水等水位线图是绘制在地形图上的，表示潜水面上标高相等各点的连线图。利用潜水等水位线图可以确定潜水的流向、潜水的埋藏深度、潜水与地表水的关系、计算潜水的水力坡度、确定泉和沼泽的位置、推断含水层的透水性好坏、含水层厚度变化，并可确定给水和排水工程的位置等。

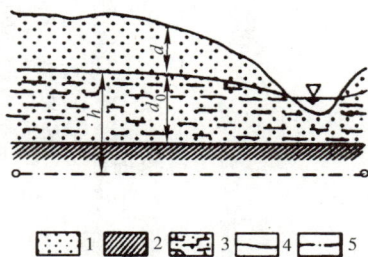

图 19-6-2　潜水埋藏示意图

1-砂层；2-隔水层；3-含水层；4-潜水面；5-基准面；
d-潜水的埋藏深度；d_0-含水层厚度；h-潜水位

图 19-6-3　潜水等水位线图及埋藏深度图

1-地形等高线；2-等水位线；3-等埋深线；4-潜水流向；5-沼泽区；
6-埋深 0~2m 区；7-埋深为 2~4m 区；8-埋深大于 4m 区

潜水流向——垂直于等水位线，由高等水位线指向低等水位线的方向。

潜水的水力坡度——在流动方向上，取任意两点的水位高差，除以该两点间在平面上的实际距离，即为此两点间的平均水力坡度。

潜水的埋藏深度——某一点的地形标高与该点潜水位之差。根据各点的埋藏深度值，可绘制潜水埋藏等深线图（见图 19-6-3）。

潜水的排泄有三种方式：以泉的形式出露地表、直接排入地表水和通过蒸发逸入大气。此外，在一定条件下，还可通过透水通道或弱透水层向邻近的承压含水层排泄。

潜水的补给、径流和排泄的无限往复组成了潜水的循环。

（三）承压水

地表以下充满两个稳定隔水层之间具有承压性质的重力水称为承压水。其上的隔水层称承压顶板，下面的隔水层称为承压底板。由于隔水层顶板的存在，一般能明显地分出补给区、承压区和排泄区。补给区大多是含水层出露地表部分，位置比承压区和排泄区高。承压区是隔水层顶板以下被水充满的含水层部分，排泄区为承压水流出地表或流向潜水的部分。当打穿顶板时，所见水位称初见水位，若地下水位上升到含水层顶板以上某一高度稳定不变时的水位称承压水位，若承压水位高出地表，水便溢出或喷出，称其为自流水。承压水位与隔水顶板之间的距离称为水头。由于承压水的补给区和排泄区不一致，故承压水的水位、水质、水量及水温等受水文气象因素的影响较小。

基岩地区的承压水的形成主要决定于地质构造条件，即在适宜的条件下，孔隙水、裂隙水和岩溶水均可形成承压水。最适宜形成承压水的构造是向斜盆地（见图 19-6-4）和单斜构造（见图 19-6-5）。

向斜储水构造又称承压盆地，它有明显的补给区、径流区和排泄区。单斜储水构造又称承压斜地，其形成是含水层岩性发生相变或尖灭，或含水层被断层所切。

承压水位面是一个势面，承受一定的静水压力。这个面可以与地面极不吻合。承压水面在平面图上用承压水等水压线图表示。该图是承压水面上高程相等各点的连线图，如图 19-6-6 所示。图上应附有地形等高线和顶板等高线。从该图上可判断承压水的流向、承压水位埋藏深度、承压水头的大小等。

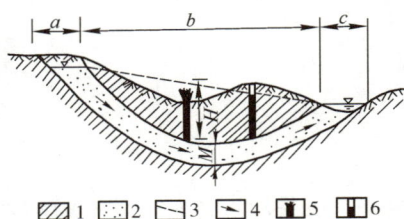

图 19-6-4　承压盆地示意图

1-隔水层；2-含水层；3-承压水位线；4-流向；
5-自流井；6-井；a-补给区；b-径流区；c-排泄区

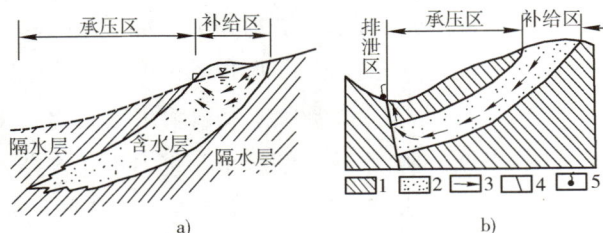

图 19-6-5　承压自流斜地

1-隔水层；2-含水层；3-流向；4-断层；5-泉

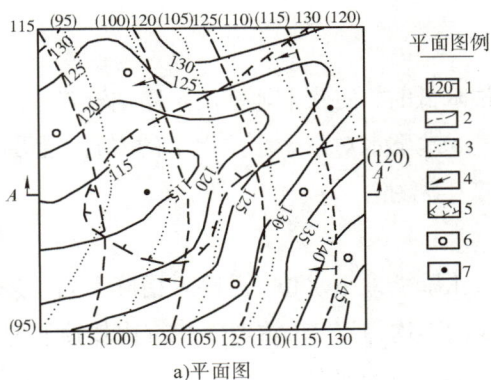

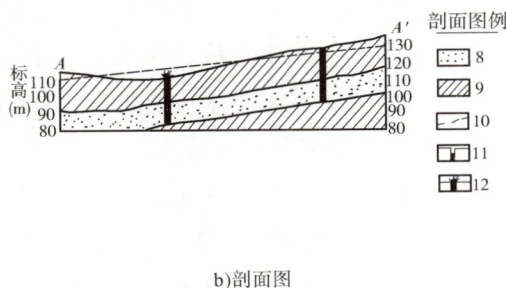

a)平面图　　　　　　　　　　　　　　　b)剖面图

图 19-6-6　承压水等水压线图

1-地形等高线（m）；2-等侧压水位线（m）；3-含水层顶板等高线（m）；4-地下水流向；5-承压水自溢区；6-钻孔；7-自喷孔；8-含水层；
9-隔水层；10-侧压水位线；11-钻孔；12-自喷孔

承压水的主要补给取决于埋藏条件。若承压含水层的补给区出露在地表时，补给来源多为大气降水的入渗；若补给区位于河床或湖沼地带时，则主要补给来源是地表水体；如果承压水位低于潜水位时，潜水可以通过断裂带或弱透水层的"天窗"等通道补给承压水。

承压水的径流条件主要取决于补给区和排泄区的高差、两者的距离及含水层的透水性，特别是构造的开启程度。含水层的透水性越强，补给区和排泄区的距离越近，水位高差越大，构造挠曲程度越小时，承压水的径流条件就越通畅，水交替也越强烈。反之，径流就缓慢，水交替就微弱。承压水径流条件的好坏，水交替的强弱，决定了水的矿化度高低和水质的好坏。

承压水的排泄有几种形式：在排泄区有潜水时，可直接排入潜水；当水文网切入含水层时，承压水就以泉（或泉群）的形式进行排泄，这种泉叫上升泉。承压水还可通过导水断层排泄于地表。

【例 19-6-2】 下列地层中，能够形成含水层的是：

　　A. 红黏土层　　　　　　　　　　B. 黄土层

　　C. 河床沉积　　　　　　　　　　D. 牛轭湖沉积

解　在正常水力梯度下，饱水、透水并能给出一定水量的岩土层称为含水层。含水层的形成必须具备以下条件：有较大且连通的空隙，与隔水层组合形成储水空间，以便地下水汇集不致流失；要有充分的补水来源。红黏土、牛轭湖沉积物空隙细小，是隔水层；黄土由于垂直裂隙发育不易形成储水空间；河床沉积物颗粒粗大，孔隙较大，富含水，可以形成含水层。

答案： C

【例 19-6-3】 地下水按其埋藏条件可分为：

　　A. 包气带水、潜水和承压水三大类

　　B. 上层滞水、潜水和承压水三大类

　　C. 孔隙水、裂隙水和岩溶水三大类

　　D. 结合水、毛细管水、重力水三大类

解　地下水按埋藏性质分为包气带水、潜水和承压水三种类型。上层滞水是包气带中隔水层之上的局部饱水带；结合水、毛细管水、重力水是地下水存在的形式；岩土体空隙分为裂隙、孔隙和溶隙，分别形成裂隙水、孔隙水和岩溶水。

答案： A

四、地下水对工程的影响

地下水对建筑工程的不良影响主要有：①地下水位降低时，使软土地基产生固结沉降；②不合理的地下水流动会诱发某些土层出现流砂现象和机械潜蚀；③地下水对位于水位以下的岩石、土层和建筑物基础产生浮托作用；④某些地下水对钢筋混凝土基础产生腐蚀。

（一）地下水下降引起软土地基沉降

在沿海软土地层中进行深基础施工时，往往需要人工降低地下水位。若降水措施不当，会使周围地基土层产生固结沉降，轻者造成邻近建筑物或地下管线的不均匀沉降；重者使建筑物基础下的土体颗粒流失，甚至掏空，地面塌陷，导致建筑物开裂、陷落，危及安全使用。

（二）动水压力产生流砂和潜蚀

流砂是指松散细颗粒土被地下水饱和后，在动水压力作用下的悬浮流动现象。流砂可使基础发生滑移、不均匀下沉、基坑坍塌、基础悬浮等破坏，一般是突然发生的，对岩土工程危害很大。

如果地下水渗流产生的动水压力小于土颗粒的有效重度 γ'，即渗流水力坡度小于临界水力坡度，虽然不会发生流砂现象，但是土中细小颗粒仍有可能穿过粗颗粒之间的孔隙被渗流带走。时间长了，在土层中将形成管状空洞，使土体结构破坏，强度降低，压缩性增加。这种现象称为机械潜蚀，将影响建筑工程的稳定。

（三）地下水的浮托作用

当建筑物基础底面位于地下水位以下时，地下水对基础底面产生静水压力，即产生浮托力。如果基础位于粉土、砂土、碎石土和节理裂隙发育的岩石地基上，则按地下水位100%计算浮托力；如果基础位于节理裂隙不发育的岩石地基上，则按地下水位50%计算浮托力；如果基础位于黏性土地基上，其浮托力较难确切地确定，应结合地区的实际经验考虑。

（四）承压水对基坑的作用

当深基坑下部有承压含水层时，必须分析承压水头是否会冲毁基坑底部的不透水层，形成基坑突涌，通常用压力平衡概念进行验算，如图19-6-7所示。检算公式为

$$\gamma_w H = \gamma M \tag{19-6-5}$$

式中：M ——基坑开挖后不透水层厚度（m）；

H ——承压水头高于含水层顶板的厚度（m）；

γ ——土的重度（kN/m³）；

γ_w ——水的重度（kN/m³）。

当 $M < \gamma_w H/\gamma$ 时，基坑可能发生突涌。因此需要保证土层有必要的厚度，应满足 $M > HK\gamma_w/\gamma$，防止基坑突涌。K 为安全系数。图19-6-7b）为抽水降低承压水头情况。

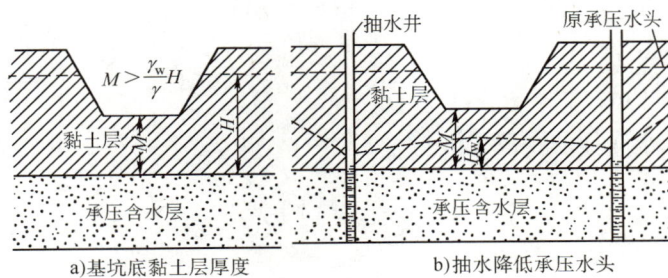

图 19-6-7　基坑底部最小不透水层厚度

此外，还需考虑地下水对钢筋混凝土的腐蚀。

五、地下水向集水构筑物运动的计算

井是垂向取水构筑物，按揭露地下水的类型分为潜水井和承压水井。按揭露含水层的完整程度和进水条件可分为完整井与非完整井。还可组合成潜水完整井、承压水完整井及潜水非完整井、承压水非完整井四种形式，如图19-6-8~图19-6-11所示。

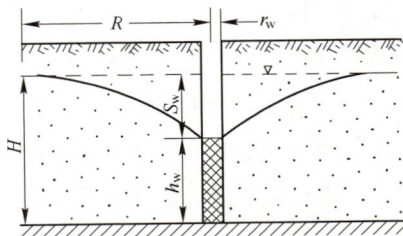

图 19-6-8　潜水完整井

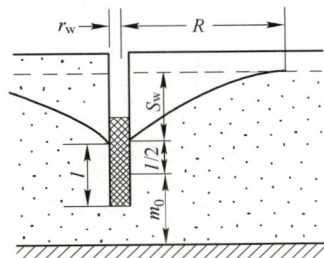

图 19-6-9　潜水非完整井

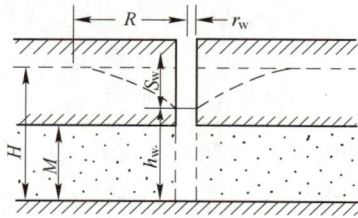

图 19-6-10　承压水完整井

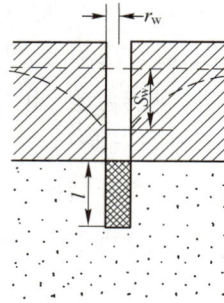

图 19-6-11　承压水非完整井

现仅以地下水向完整井的稳定流动为例作一介绍。

（1）潜水井的涌水量计算

法国水利学家裴布依，首先应用达西定律研究了含水层在均质、等厚、广泛分布、隔水底板水平、地下水处于稳定流的条件下，呈层流运动地缓慢流向完整井的运动规律，并通过试验取得了潜水井的涌水量计算公式为

$$Q = 1.366k \frac{H^2 - h_w^2}{\lg R - \lg r_w}$$

$$(19-6-6)$$

式中：　Q ——井涌水量（m³/d）；

　　　　H ——潜水层厚度（m）；

　　　　h_w ——动水位至隔水底板的距离（m）；

　　　　r_w ——井半径（m）；

　　　　R ——影响半径（m）；

　　　　k ——渗透系数（m/d）。

R 值可根据抽水试验或查表求得，也可根据试验公式 $R = 2S_w\sqrt{Hk}$ 算出。

（2）承压水井的涌水量计算

$$Q = 2.73k \frac{MS_w}{\lg R - \lg r_w}$$

$$(19-6-7)$$

式中：　M ——承压含水层厚度（m）；

　　　　S_w ——井内水位降深。

R 值可根据抽水试验或查表求得，也可按经验公式 $R = 10S_w\sqrt{K}$ 算出，其他符号同前。

承压水井抽水时产生的降落漏斗不在含水层中，而是在隔水顶板范围内，如图 19-6-8 所示。

【例 19-6-4】 为查明包气带浅层的渗透性，通常采用的现场测试方法为：

　　A. 降水试验　　　　　　　　　　　　B. 抽水试验

　　C. 渗水试验　　　　　　　　　　　　D. 压水试验

解　降水试验是对降低地下水位进行的降水工程试验；抽水试验是在饱和含水层内进行用于确定岩土地层渗透系数及地下水位随时间变化特征时进行的水文地质现场试验；对于岩石地层，为测定其渗透性或为判定注浆试验前后岩层渗透性变化而进行压水试验，以获取岩层单位吸水量参数；渗水试验主要用于包气带非饱和土层的渗透性试验，表现出低水头压力的特点，以免高压水流带走包气带浅层地层细颗粒，影响渗透性测试精度。

答案： C

六、地下水的化学成分和化学性质

（一）地下水的化学成分

地下水是化学成分十分复杂的天然溶液。组成地壳的 87 种稳定元素中，在地下水中已发现 70 余种。地下水中主要的气体成分有 O_2、N_2、CO_2 和 H_2S，主要的离子成分有 K^+、Na^+、Ca^{2+}、Mg^{2+}、Cl^-、SO_4^{2-}、HCO_3^-。此外，地下水中还有 NH_4^+、Fe^{2+}、Fe^{3+}、Al^{3+}、NO_2^-、NO_3^- 等，以及众多的微量元素。

（二）地下水的化学性质

1. 酸碱度（pH 值）

地下水的酸碱度常以 pH 值表示。pH 值是水的氢离子浓度以 10 为底的负对数值，即$pH = -lg(H^+)$。当$[H^+]$为 10^{-7} 时，$pH = 7$，说明水为中性；$pH < 7$，为酸性；$pH > 7$，为碱性。地下水多呈弱酸性、中性和弱碱性，pH 值一般在 6.5~8.5 之间。

据 pH 值，地下水可分为五类（见表 19-6-2）。

地下水按 pH 值分类

表 19-6-2

分类	强酸性水	弱酸性水	中性水	弱碱性水	强碱性水
pH 值	<5.0	5.0~6.4	6.5~8.0	8.1~10.0	>10.0

2. 矿化度（M）

存在于地下水中的离子、分子与化合物的总含量称矿化度，以g/L或mg/L为单位。矿化度通常以在105~110℃下将水蒸干后所得的干涸残余物之重量表示，也可利用阴阳离子和其他化合物含量之总和概略表示矿化度，但其中重碳酸根离子含量只取一半计算。据国家《生活饮用水卫生标准》，要求矿化度小于1g/L。

据矿化度把地下水分为五类（见表 19-6-3）。

地下水按矿化度分类

表 19-6-3

分类	淡水	微咸水	咸水	盐水	卤水
矿化度（g/L）	<1	1~3	3~10	10~50	>50

【例 19-6-5】 每升地下水中以下成分的总量，称为地下水的总矿化度：

    A. 各种离子、分子与化合物   B. 所有离子

    C. 所有阳离子   D. Ca^+、Mg^+离子

解 地下水中各种离子、分子与化合物的总量称矿化度，以 g/L 或 mg/L 为单位。

答案： A

3. 硬度

地下水的硬度是指水中所含钙、镁离子的数量。硬度可分为总硬度、暂时硬度和永久硬度。

总硬度是水中 Ca^{2+}、Mg^{2+}的总量，暂时硬度指水加热沸腾后所损失的 Ca^{2+}、Mg^{2+}含量。此时仍保持在水中的 Ca^{2+}、Mg^{2+}含量称永久硬度。因此，总硬度等于暂时硬度与永久硬度之和。

硬度表示的方法常见的有两种，即mmol/L和德国度。1mmol/L等于 2.8 德国度，1 德国度相当于7.1mg/L Ca^{2+}或4.3mg/L Mg^{2+}。生活饮用水水质标准规定水的硬度以 $CaCO_3$ 的mg/L表示，要求小于450mg/L。

根据总硬度将地下水分为五类（见表 19-6-4）。

分 类		极软水	软水	微硬水	硬水	极硬水
总硬度	mmol/L	<1.5	1.5~3.0	3.0~6.0	6.0~9.0	>9.0
	德国度	<4.2	4.2~8.4	8.4~16.8	16.8~25.2	>25.2

七、地下水对建筑材料腐蚀性判别

（一）腐蚀类型

硅酸盐水泥遇水硬化，并且形成 $Ca(OH)_2$、水化硅酸钙 $CaOSiO_2 \cdot 12H_2O$、水化铝酸钙 $CaOAl_2O_3 \cdot 6H_2O$ 等，这些物质往往会受到地下水的腐蚀。根据各种化学腐蚀所引起的破坏作用，将腐蚀类型分为以下三种。

1. 结晶类腐蚀

如果地下水中的 SO_4^{2-} 离子的含量超过规定值，SO_4^{2-} 离子将与混凝土中的 $Ca(OH)_2$ 起反应，生成二水石膏结晶体 $CaSO_4 \cdot 2H_2O$，它再与水化铝酸钙发生化学反应，生成水化硫铝酸钙（又称水泥杆菌）。由于水泥杆菌结合了许多结晶水，而其体积比化合前增大很多，约为原体积的 221.86%，这样在混凝土中产生很大的内应力，而使其结构遭到破坏。

2. 分解类腐蚀

地下水中含有 CO_2 和 HCO_3^-，CO_2 与混凝土中的 $Ca(OH)_2$ 作用，生成碳酸钙沉淀

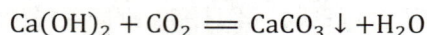
$$Ca(OH)_2 + CO_2 = CaCO_3 \downarrow + H_2O$$

由于 $CaCO_3$ 不溶于水，它可填充混凝土的孔隙，在混凝土周围形成一层保护膜，能防止 $Ca(OH)_2$ 的分解，但是当地下水中的 CO_2 的含量超过一定数值，而 HCO_3^- 离子的含量过低时，则超量的 CO_2 再与 $CaCO_3$ 反应，生成重碳酸钙 $Ca(HCO_3)$，并溶于水，即

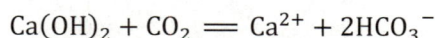
$$Ca(OH)_2 + CO_2 = Ca^{2+} + 2HCO_3^-$$

上述这种反应是可逆的，当 CO_2 含量增加时，平衡被破坏，反应向右进行，固体 $CaCO_3$ 继续分解；当 CO_2 含量变少时，反应向左移动，固体 $CaCO_3$ 即沉淀析出。如果 CO_2 和 HCO_3^- 的浓度平衡时，反应就停止。所以，当地下水中 CO_2 的含量超过平衡时所需的数量时，混凝土中的 $CaCO_3$ 就被溶解而受腐蚀，这就是分解类腐蚀。超过平衡浓度的 CO_2 叫侵蚀性 CO_2。地下水中侵蚀性的 CO_2 越多，对混凝土的腐蚀越强。地下水流量、流速都很大时，CO_2 易补充，平衡难建立，因而腐蚀加快。另一方面，HCO_3^- 离子含量越高，对混凝土腐蚀性越弱。

如果地下水的酸度过大，即 pH 值小于某一数值，那么混凝土中的 $Ca(OH)_2$ 也会分解，特别是当反应生成物为易溶于水的氯化物时，对混凝土的分解腐蚀更强烈。

3. 结晶分解复合类腐蚀

当地下水中 Mg^{2+}、NH_4^+、Cl^-、SO_4^{2-}、NO_3^- 离子含量超过一定含量时，与混凝土中的 $Ca(OH)_2$ 发生一系列反应，例如

$$MgSO_4 + Ca(OH)_2 = Mg(OH)_2 + CaSO_4$$

$$MgCl_2 + Ca(OH)_2 = Mg(OH)_2 + CaCl_2$$

$Ca(OH)_2$ 与镁盐作用的生成物中，除 $Mg(OH)_2$ 不易溶解外，$CaCl_2$ 则易溶解于水，并随之流失；硬

石膏 $CaSO_4$ 一方面与混凝土中的水化铝酸钙反应

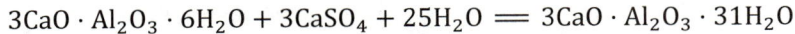

$$3CaO \cdot Al_2O_3 \cdot 6H_2O + 3CaSO_4 + 25H_2O = 3CaO \cdot Al_2O_3 \cdot 31H_2O$$

另一方面硬石膏遇水生成二水石膏

$$CaSO_4 + H_2O = CaSO_4 \cdot 2H_2O$$

二水石膏结晶时，体积膨胀，破坏混凝土结构。

（二）腐蚀性评价标准

根据各种化学腐蚀所引起的破坏作用，将 SO_4^{2-} 离子的含量归纳为结晶类腐蚀性的评价指标；将侵蚀性 CO_2、HCO_3^- 离子和 pH 值归纳为分解类腐蚀性的评价指标；而将 Mg^{2+}、NH_4^+、Cl^-、SO_4^{2-}、NO_3^- 离子的含量作为结晶分解类腐蚀性的评价指标。同时，在评价地下水对建筑结构材料的腐蚀性时，必须结合建筑场地所属的环境类别。建筑场地根据气候区、土层透水性、干湿交替和冻融交替情况区分为三类环境，见表 19-6-5。

混凝土腐蚀的场地环境类别　　　　　　　　　　　　　　　　表 19-6-5

环境类别	气候区	土 层 特 性	干 湿 交 替		冰 冻 区（段）
I	高寒区 干旱区 半干旱区	直接临水，强透水土层中之地下水，或湿润的强透水土层	有	混凝土不论在地面或地下，无干湿交替作用时，其腐蚀强度比有干湿交替作用时相对降低	混凝土不论在地面或地面下，当受潮或浸水时；并处于严重冰冻区（段）、冰冻区（段）、或微冰冻区（段）
II	高寒区 干旱区 半干旱区	弱透水土层中的地下水，或湿润的强透水土层	有		
	湿润区 半湿润区	直接临水，强透水土层中的地下水，或湿润的强透水土层	有		
III	各气候区	弱透水土层	无		不冻区（段）
备注	当竖井、隧洞、水坝等工程的混凝土结构一面与水（地下水或地表水）接触，另一面又暴露在大气中时，其场地环境分类应划分为 I 类				

【例 19-6-6】存在干湿交替作用时，侵蚀性地下水对混凝土的腐蚀强度比无干湿交替作用时：

　　　A. 相对较低　　　　B. 相对较高　　　　C. 不变　　　　D. 不一定

解　有干湿交替作用时，侵蚀性地下水对混凝土的腐蚀强度比无干湿交替作用时相对较高，反之则相对较低。

答案：B

根据各种化学腐蚀所引起的破坏作用，将评价标准分为以下三类，见表 19-6-6～表 19-6-8。

结晶类腐蚀评价标准　　　　　　　　　　　　　　　　表 19-6-6

腐 蚀 等 级	SO_4^{2-} 在水中含量（mg/L）		
	I 类环境	II 类环境	III 类环境
无腐蚀性	<250	<500	<1 500
弱腐蚀性	250~500	500~1 500	1 500~3 000
中腐蚀性	500~1 500	1 500~3 000	3 000~6 000
强腐蚀性	>1 500	>3 000	>6 000

分解类腐蚀评价标准　　　　　　　　　　　　　　　表 19-6-7

腐蚀等级	pH 值		侵蚀性 CO_2（mg/L）		HCO_3^-（mmol/L）
	A	B	A	B	A
无腐蚀性	>6.5	>5.0	<15	<30	>1.0
弱腐蚀性	6.5~5.0	5.0~4.0	15~30	30~60	1.0~0.5
中腐蚀性	5.0~4.0	4.0~3.5	30~60	60~100	<0.5
强腐蚀性	<4.0	<3.5	>60	>100	

10　A——直接临水或强透水土层中的地下水或湿润的强透水土层
　　　B——弱透水层的地下水或湿润的弱透水土层

结晶分解复合类腐蚀评价标准（单位：mg/L）　　　　　　　表 19-6-8

腐蚀等级	Ⅰ 类 环 境		Ⅱ 类 环 境		Ⅲ 类 环 境	
	Mg^{2+}、NH_4^+	Cl^-、SO_4^{2-}、NO_3^-	Mg^{2+}、NH_4^+	Cl^-、SO_4^{2-}、NO_3^-	Mg^{2+}、NH_4^+	Cl^-、SO_4^{2-}、NO_3^-
无腐蚀性	<1 000	<3 000	<2 000	<5 000	<3 000	<10 000
弱腐蚀性	1 000~2 000	3 000~5 000	2 000~3 000	5 000~8 000	3 000~4 000	10 000~20 000
中腐蚀性	2 000~3 000	5 000~8 000	3 000~4 000	8 000~10 000	4 000~5 000	20 000~30 000
强腐蚀性	>3 000	>8 000	>4 000	>10 000	>5 000	>30 000

习　　题

19-6-1　依据达西（Darcy）定律计算地下水的流量时，其渗流速度与水力坡度的（　　　）成正比。

　　A. 2 次方　　　　　　　　B. 1 次方　　　　　　　C. 1/2 次方　　　　　　　D. 2/3 次方

19-6-2　按埋藏条件可将地下水分为（　　　）三大类。

　　A. 潜水、孔隙水、裂隙水　　　　　　　B. 包气带水、潜水和承压水

　　C. 承压水、岩溶水、孔隙水　　　　　　D. 裂隙水、包气带水、岩溶水

19-6-3　开挖基坑时，土层出现流沙现象一般是由（　　　）引起的。

　　A. 承压水对基坑的作用　　　　　　　　B. 地下水产生的动水压力

　　C. 地下水产生的静水压力　　　　　　　D. 开挖基坑坡度过陡

19-6-4　根据各种化学腐蚀所引起的破坏作用，将（　　　）离子的含量归纳为结晶类腐蚀性的评价指标。

　　A. HCO_3^-　　　　　　　　B. SO_4^{2-}　　　　　　　C. Cl^-　　　　　　　D. NO_3^-

19-6-5　在正常水力梯度下，饱水、透水并能给出一定数量重力水的岩层或土层，称为（　　　）。

　　A. 给水层　　　　　　　B. 含水层　　　　　　　C. 透水层　　　　　　　D. 隔水层

19-6-6　在潜水等水位线图上（见图）M 点的地下水埋藏深度是（　　　）。

　　A. 5m　　　　　　　　B. 10m　　　　　　　C. 15m　　　　　　　D. 20m

19-6-7　井是取水、排水构筑物，看图分析（　　　）为潜水完整井。

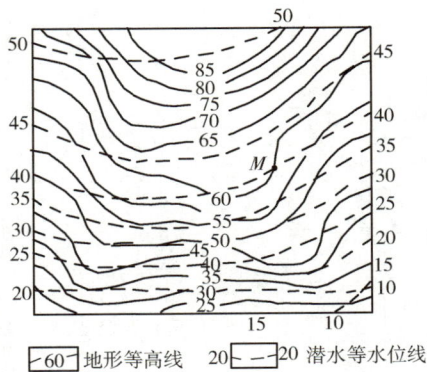

题 19-6-6 图

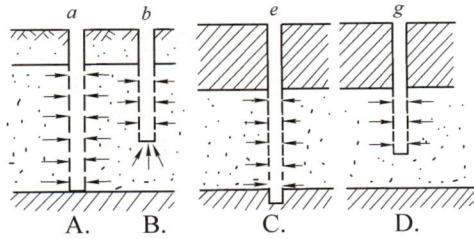

题 19-6-7 图

19-6-8 当地下水在岩土的空隙中运动时，其渗透速度随时间而变化，且水质点呈相互干扰的运动属于（　　）。

　　A. 层流运动的稳定流　　　　　　B. 层流运动的非稳定流

　　C. 紊流运动的非稳定流　　　　　D. 紊流运动的稳定流

第七节　岩土工程勘察

　　岩土工程勘察是工程建设的前期工作。它是运用地质、工程地质及有关学科的理论知识和各种技术方法，在建设场地及其附近进行研究，查明建筑场地的工程地质条件，分析存在的问题，作出岩土工程评价，为工程建筑的规划、设计、施工及运行提供可靠的依据。以保证建筑物的安全稳定、经济合理和正常使用。

一、勘察分级

　　按《岩土工程勘察规范》（GB 50021—2001）（2009 年版）规定，岩土工程勘察的等级，是由工程重要性等级、场地复杂程度等级和地基复杂程度等级三项因素决定的。首先应分别对三项因素进行分级，在此基础上进行综合分析，以确定岩土工程勘察的等级划分。

　　（一）工程重要性等级

　　根据工程规模和特征，以及由于岩土工程问题造成工程破坏或影响正常使用的后果，将工程重要性等级划分为三级（见表 19-7-1）。

工程重要性等级　　　　　　　　　　　　　　表 19-7-1

等　级	破坏后果	工程类型
一级	很严重	重要工程
二级	严重	一般工程
三级	不严重	次要工程

　　（二）场地复杂程度等级

　　场地复杂程度是由建筑抗震稳定性、不良地质现象发育情况、地质环境破坏程度、地形地貌条件和地下水五个条件衡量，也划分为三个等级（见表 19-7-2）。

场地复杂程度等级　　　　　　　　　　　　　　　表 19-7-2

场地条件	等级		
	一 级	二 级	三 级
建筑抗震稳定性	危险	不利	有利（或地震设防烈度≤6度）
不良地质现象发育情况	强烈发育	一般发育	不发育
地质环境破坏程度	已经或可能强烈破坏	已经或可能受到一般破坏	基本未受破坏
地形地貌条件	复杂	较复杂	简单
地下水	有影响工程的多层地下水、岩溶裂隙水或其他地质条件复杂需专门研究	基础位于地下水位以下	对工程无影响

注：一、二级场地各条件中只要符合其中任一条件者即可。

（三）地基复杂程度等级

地基复杂程度也划分为三个等级：

1. 一级地基

符合下列条件之一者为一级地基（复杂地基）：

（1）岩土种类多，很不均匀，性质变化大，需特殊处理；

（2）严重湿陷、膨胀、盐渍、污染的，以及其他情况复杂，需做特殊处理的岩土（多年冻土属勘察经验不足应列为一级地基）。

2. 二级地基

符合下列条件之一者为二级地基（中等复杂地基）：

（1）岩土种类多，性质变化较大，地下水对工程有不利影响；

（2）除上述规定以外的特殊性岩土。

3. 三级地基

符合下列条件者为三级地基（简单地基）：

（1）岩土种类单一、均匀、性质变化不大；

（2）无特殊性岩土。

（四）岩土工程勘察等级

综合上述三项因素的分级，即可划分岩土工程勘察的等级：

甲级　　　在工程重要性、场地复杂程度和地基复杂程度等级中，有一项或多项为一级；

乙级　　　除勘察等级为甲级和丙级以外的勘察项目；

丙级　　　工程重要性、场地复杂程度和地基复杂程度等级均为三级。

注：建筑在岩质地基上的一级工程，当场地复杂程度等级和地基复杂程度等级均为三级时，岩土工程勘察等级可定为乙级。

二、各类岩土工程勘察基本要求

岩土工程勘察的基本任务，是为工程的设计施工，以及岩土体治理加固等，提供地质资料和必要的技术参数，对有关的岩土工程问题作出评价，以保证设计工作的完成和顺利施工。

岩土工程勘察阶段与设计阶段划分一致，一般有可行性研究勘察、初步勘察和详细勘察三个阶段。对于场地条件复杂或有特殊要求的工程，宜进行施工勘察。在某些情况下，也可合并勘察阶段，或直接进行详细勘察。下面介绍对各类岩土工程勘察的基本要求。

（一）房屋建筑和构筑物

房屋建筑和构筑物的岩土工程勘察，应在搜集建筑物上部荷载、功能特点、结构类型、基础形式、埋置深度和变形限制等方面资料的基础上进行。其主要工作内容应符合下列规定：

（1）查明场地和地基的稳定性、地层结构、持力层和下卧层的工程特性、土的应力历史和地下水条件以及不良地质作用等；

（2）提供满足设计施工所需的岩土参数，确定地基承载力，预测地基变形性状；

（3）提出地基基础、基坑支护、工程降水和地基处理设计与施工方案的建议；

（4）提出对建筑物有影响的不良地质作用的防治方案建议；

（5）对于抗震设防烈度等于或大于 6 度的场地，进行场地与地基的地震效应评价。

（二）岸边工程

本节适用于港口工程、造船和修船水工建筑物以及取水构筑物等的岩土工程勘察。应着重查明下列内容：

（1）地貌特征和地貌单元交界处的复杂地层；

（2）高灵敏软土、层状构造土、混合土等特殊土和基本质量等级为Ⅴ级岩体的分布和工程特性；

（3）岸边滑坡、崩塌、冲刷、淤积、潜蚀、沙丘等不良地质作用。

（三）边坡工程

边坡工程勘察应查明下列内容：

（1）地貌形态，当存在滑坡、危岩和崩塌、泥石流等不良地质作用时，应符合《岩土工程勘察规范》（GB 50021—2001）（2009 年版）的要求；

（2）岩土的类型、成因、工程特性，覆盖层厚度，基岩面的形态和坡度；

（3）岩体主要结构面的类型、产状、延展情况、闭合程度、充填物、充水状况、力学属性和组合关系，主要结构面与临空面关系，是否存在外倾结构面；

（4）地下水的类型、水位、水压、水量、补给和动态变化，岩土的透水性、地下水的出露情况；

（5）地区气象条件（特别是雨期、暴雨强度），汇水面积、坡面植被，地表水对坡面、坡脚的冲刷情况；

（6）岩土的物理力学性质和软弱结构面的抗剪强度。

（四）基坑工程

本节主要适用于土质基坑的勘察。

（1）需进行基坑设计的工程，勘察时应包括基坑工程勘察的内容。在初步勘察阶段，应根据岩土工程条件，初步判定开挖可能发生的问题和需要采取的支护措施；在详细勘察阶段，应针对基坑工程设计的要求进行勘察；在施工阶段，必要时尚应进行补充勘察。

（2）基坑工程勘察的范围和深度，应根据场地条件和设计要求确定。勘察深度宜为开挖深度的 2~3

倍，在此深度内遇到坚硬黏性土、碎石土和岩层，可根据岩土类别和支护设计要求减少深度。勘察的平面范围宜超出开挖边界外开挖深度的 2~3 倍。在深厚软土区，勘察深度和范围应适当扩大。

（3）当场地水文地质条件复杂，在基坑开挖过程中需要对地下水进行治理（降水或隔渗）时，应进行专门水文地质勘察。

（4）当基坑开挖可能产生流砂、流土、管涌等渗透性破坏时，应有针对性地进行勘察，分析评价其产生的可能性及对工程的影响。当基坑开挖过程中有渗流时，地下水的渗流作用宜通过渗流计算确定。

（五）桩基础

桩基岩土工程勘察应包括下列内容：

（1）查明场地各层岩土的类型、深度、分布、工程特性和变化规律；

（2）当采用基岩作为桩的持力层时，应探明基岩的岩性、构造、岩面变化、风化程度，确定其坚硬程度、完整程度和基本质量等级，判定有无洞穴、临空面、破碎岩体或软弱岩层；

（3）查明水文地质条件，评价地下水对桩基设计和施工的影响，判定水质对建筑材料的腐蚀性；

（4）查明不良地质作用，可液化土层和特殊性岩土的分布及其对桩基的危害程度，并提出防治措施的建议；

（5）评价成桩可能性，论证桩的施工条件及其对环境的影响。

（六）地基处理

地基处理的岩土工程勘察应满足下列要求：

（1）针对可能采用的地基处理方案，提供地基处理设计和施工所需的岩土特性参数；

（2）预测所选地基处理方法对环境和邻近建筑物的影响；

（3）提出地基处理方案的建议；

（4）当场地条件复杂且缺乏成功经验时应在施工现场对拟选方案进行试验或对比试验，检验方案的设计参数和处理效果；

（5）在地基处理施工期间，应进行施工质量和施工对周围环境和邻近工程设施影响的监测。

三、勘探

岩土工程勘探常用的方法主要有坑探、钻探及地球物理勘探三种类型。其主要任务是确切查明地表以下地质情况，为深部取样、现场试验、长期地质观测提供条件。

（一）坑探

坑探是由地表向深部挖掘坑槽或坑洞，供勘查人员直接观察地质现象或进行试验。常用的坑探工程有探槽、试坑、浅井、竖井（斜井）、平硐和石门（平巷）。其中前三种为轻型坑探工程，后三种为重型坑探工程。不同坑探工程的特点和适用条件，列于表 19-7-3 中。

各种坑探工程的特点和适用条件　　　　　　　　　　　　　　　表 19-7-3

名　称	特　点	适　用　条　件
探槽	在地表深度小于 3~5m 的长条形槽子	剥除地表覆土，揭露基岩，划分地层岩性，研究断层破碎带；探查残坡积层的厚度和物质、结构
试坑	从地表向下，铅直的、深度小于 3~5m 的圆形或方形小坑	局部剥除覆土，揭露基岩；做载荷试验、渗水试验，取原状土样
浅井	从地表向下，铅直的、深度 5~15m 的圆形或方形井	确定覆盖层及风化层的岩性及厚度，做载荷试验，取原状土样

名　称	特　点	适 用 条 件
竖井（斜井）	形状与浅井相同，但深度大于15m，有时需支护	了解覆盖层的厚度和性质、风化壳分带、软弱夹层分布、断层破碎带及岩溶发育情况、滑坡体结构及滑动面等，布置在地形较平缓、岩层又较缓倾的地段
平硐	在地面有出口的水平坑道，深度较大，有时需支护	调查斜坡地质结构，查明河谷地段的地层岩性、软弱夹层、破碎带、风化岩层等；做原位岩体力学试验及地应力量测，取样；布置在地形较陡的山坡地段
石门（平巷）	不出露地面与竖井相连的水平坑道，石门垂直岩层走向，平巷平行岩层走向	了解河底地质结构，做试验等

【例 19-7-1】 为取得原状土样，可采用下列哪种方法：

A. 标准贯入器　　　　　　　　　　　B. 洛阳铲

C. 厚壁敞口取土器　　　　　　　　　D. 探槽中刻取块状土样

解　标准贯入器和洛阳铲取到的是扰动样，厚壁取土器取得的土样仍有一定的扰动。探槽中人工刻取土样可获得高质量的原状样。

答案：D

（二）钻探

在岩土工程勘察中，钻探是最常用的一种勘探手段。

1. 岩土工程钻探要求

（1）土层是岩土工程钻探的主要对象，应可靠地鉴定土层名称，准确判定分层深度，正确鉴别土层天然的结构、密度和湿度状态。

（2）岩芯采取率要求较高。一般岩石不应低于 80%，破碎岩石不应低于 65%。对工程建筑至关重要需重点查明的软弱夹层、断层破碎带、滑坡的滑动带等地质体和地质现象，为保证获得较高的岩芯采取率，应采用相应的钻进方法。

（3）钻孔水文地质观测和水文地质试验是岩土工程钻探的重要内容，借以了解岩土的含水性，发现含水层并确定其水位（水头）和涌水量大小，掌握各含水层之间的水力联系，测定岩土的渗透系数等。

（4）在钻进过程中，为了研究岩土的工程性质，经常需要采取岩土样。

2. 常用钻探方法

目前我国岩土工程钻探常用的钻探方法有冲击钻探、回转钻探、振动钻探等。

冲击钻探包括人力和机械两种类型。人力冲击钻探主要适用于黏性土、黄土、沙、砂卵石层及不太坚硬的岩层，而机械冲击钻探还可用于坚硬的岩层。

回转钻探也包括人力和机械（硬合金、钢粒、金刚石）钻探两种类型。其中硬合金钻探，岩芯采取率较高，孔壁整齐，钻孔弯曲小，孔深大，能钻任何角度的钻孔，便于工程地质试验岩芯、取样，但在坚硬岩层中钻进钻头磨损大，效率低。钢粒钻探，广泛应用于可钻性等级高的岩层，可取岩芯、取样，便于做工程地质试验，钻孔易弯曲，孔壁不太平整，钻孔角度不应小于 75%，岩芯采取率较低。金刚石钻探，钻进效率高，钻孔质量好，弯曲度小，岩芯采取率高，能钻进最坚硬的地层，机具设备较轻，消耗功率小，钻具磨损较少，钻进程序较简单，但它在较软和破碎裂隙发育地层中不适用，孔径较小，不便于做工程地质试验。

冲击回转钻探适用于各种岩土层，钻进适应性强，但孔深较浅。

振动钻探适用于黏性土、砂土、大块碎石土、卵、砾石层及风化基层，效率高，成本低，但孔深较浅。

冲击、回转、振动三者结合钻探，以各类土层为主，钻进适应性强，效率高，轻便，成本低，孔深较浅，结构较复杂。

目前，国内岩土工程钻探正逐渐朝着全液压驱动、仪表控制和钻探与测试相结合的方向发展。

（三）地球物理勘探

地球物理勘探简称物探，它是用专门的仪器来探测各种地质体物理场的分布情况，对获取的数据及绘制的曲线进行分析解释，用于划分地层、判定地质构造、水文地质条件及各种不良地质现象的一种勘探方法。应用于岩土工程勘察中的物探，称为"工程物探"。物探是一种先进的勘探方法，其优点是效率高、成本低、装备轻便，能从较大范围勘探地质构造及测定地层各种物理参数等。但其成果有时具有多解性，需要利用其他方法或适当配合钻探工作，因此物探方法具有一定的局限性。

物探方法的种类较多，主要有直流电法、交流电法、地震勘探、磁法勘探、重力勘探、声波测量、放射性勘探、测井等，但在岩土工程勘察中运用最普遍的是电阻率法和地震勘探法等。

四、取样

（一）土样的质量等级

土样质量实质上是土样的扰动问题。按照取样方法和目的，《岩土工程勘察规范》（GB 50021—2001）（2009 年版）对试样扰动程度划分为四个等级，见表 19-7-4。

由于目前在实际工程中不大可能对所取土样的扰动程度作详细的研究和定量的评价，只能对采取某一级别的土样所必须使用的器具和操作方法作出规定。另外，还需考虑土层特点、操作水平和地区经验来进行判断所取土样是否达到质量要求。

土试样质量等级　　　　　　　　　　　　　表 19-7-4

级　别	扰动程度	试验内容
I	不扰动	土类定名、含水率、密度、强度试验、固结试验
II	轻微扰动	土类定名、含水率、密度
III	显著扰动	土类定名、含水率
IV	完全扰动	土类定名

注：所谓不扰动，是指原位应力状态虽已改变，但土的结构、密度和含水率变化很小，能满足试验各项要求。

【例 19-7-2】　若需对土样进行颗粒分析试验和含水率试验，则土样的扰动程度最差可以控制到：

  A. 不扰动土　　　　　　　　　　　　　B. 轻微扰动土

  C. 显著扰动土　　　　　　　　　　　　D. 完全扰动土

解　现场采集的土试样质量分为 I 级不扰动土、II 级轻微扰动土、III 级显著扰动土和 IV 级完全扰动土。I 级不扰动土土样可以进行土类定名、含水率、密度、强度和固结试验，II 级轻微扰动土土样可以进行土类定名、含水率和密度试验，III 级显著扰动土土样可以进行土类定名和含水率试验，IV 级完全扰动土土样仅可以进行土类定名。

答案：C

（二）钻孔取土器及其适用条件

1.贯入式取土器

贯入式取土器取样时，采用击入或压入的方法将取土器贯入土中。这类取土器又可分为敞口取土器和活塞取土器两类。敞口取土器按取样管壁厚度分为厚壁、薄壁和束节式三种，活塞取土器又有固定活塞、水压固定活塞、自由活塞等几种。

贯入式取土器一般适用于采取相对较软的均匀细粒土。

2.回转式取土器

回转式取土器的基本结构与岩芯钻探的双层岩芯管相同，分为单动和双动两类。回转式取土器可采取较坚硬、密实的土类以至软岩的样品。单动型取土器适用于软塑~坚硬状态的黏性土和粉土、粉细砂土，土样质量1~2级。双动型取土器适用于硬塑~坚硬状态的黏性土、中砂、粗砂、砾砂、碎石土及软岩，土样质量亦为1~2级。

目前我国主要使用贯入式取土器。

（三）取样要求

（1）到达预计取样位置后，要仔细清除孔底浮土。孔底允许残留浮土厚度不能大于取土器废土段长度。清除浮土时，需注意不致扰动待取样的土层。

（2）下放取土器必须平稳，避免侧刮孔壁。取土器进入孔底时应轻放，以避免撞击孔底而扰动土层。

（3）贯入取土器力求快速连续，最好采用静压方式。如采用锤击法，应做到重锤少击，且应有导向装置，以避免锤击时摇晃。饱和粉、细砂土和软黏土，必须采用静压法取样。

（4）土样贯满取土器后，在提升取土器前应旋转2~3圈，也可静置约10min，以使土样根部与母体顺利分离，减少逃土的可能性。提升时要平稳，切忌陡然升降或碰撞孔壁，以免失落土样。

以上是贯入式取土器取样的基本要求。回转式取土器的操作要求与之有很大不同，在此不再叙述。

五、土工参数的统计分析

由于岩土体的非均质性和各向异性以及参数测定方法、条件与工程原型之间的差异等种种原因，岩土参数是随机变量，且变异性较大。故在进行岩土工程设计时，应在划分工程地质单元的基础上对有关参数作统计分析，了解各项指标的概率系数，确定其标准值和设计值。

由于土的不均匀性，对同一工程地质单元（土层）取的土样，用相同方法测定的数据通常是离散的，并以一定的规律分布，可以用频率分布直方图和分布密度函数来表示。为了简化上述表示，应采用统计特征值。常用的特征值可分两大类：一类是反映数据分布的集中情况或中心趋势的，它们被作为某批数据的典型代表；另一类是反映数据分布的离散程度的。

六、地基土的岩土工程评价

（一）地基变形及沉降预测

地基承受建筑物荷载之后，通常都要发生变形。根据建筑物结构特性和使用要求，地基变形量大小或不均匀变形应限制在一定范围之内。这个范围的界限叫地基变形允许值，它是保证建筑物安全和正常使用的最大变形值。

（二）地基强度及承载力确定

地基强度是指地基在建筑物荷重作用下抵抗破坏的能力。地基在同时满足变形和强度两个条件下，单位面积所能承受的最大荷载，称为地基承载力。地基承载力可分为地基承载力基本值（f_0）、地基承载力标准值（f_k）和地基承载力设计值（f）。

（三）特殊性土的评价

1. 湿陷性黄土

（1）湿陷性的判定

黄土的湿陷性，主要是利用现场采集的不扰动土试样，通过室内浸水压缩试验求得的湿陷系数，据以判定是否有湿陷性和自重湿陷性。

在一定压力下的室内压缩试验测定的湿陷系数δ_s应按下式计算

$$\delta_s = \frac{h_p - h'_p}{h_0} \tag{19-7-1}$$

式中：h_p——保持天然湿度和结构的土试样，加压至一定压力时下沉稳定后的高度；

h'_p——上述加压稳定后的土试样，在浸水作用下，下沉稳定后的高度；

h_0——土试样的原始高度。

当$\delta_s < 0.015$时，应定为非湿陷性黄土；

当$\delta_s \geq 0.015$时，应定为湿陷性黄土。

当基底压力大于300kPa时，宜按实际压力测定的湿陷系数值判定黄土湿陷性。

（2）场地湿陷类型和地基湿陷等级的划分

场地的湿陷类型，应按实测自重湿陷量或计算自重湿陷量判定。

当自重湿陷量≤7cm时，应定为非自重湿陷性黄土场地；

当自重湿陷量>7cm时，应定为自重湿陷性黄土场地。

地基湿陷程度，可根据基底下各土层累计的总湿陷量和计算自重湿陷量的大小等因素按表19-7-5判定。

湿陷性黄土地基的湿陷等级

表 19-7-5

湿 陷 类 型		非自重湿陷性场地	自重湿陷性场地	
计算自重湿陷量（cm）		$\Delta z_s \leq 7$	$7 < \Delta z_s \leq 35$	$\Delta z_s > 35$
总湿陷量Δs（cm）	$\Delta s \leq 30$	I（轻微）	II（中等）	—
	$30 < \Delta s \leq 60$	II（中等）	II或III	III（严重）
	$\Delta s > 60$	—	III（严重）	IV（很严重）

注：当总湿陷量$\Delta s \geq 60$cm，计算自重湿陷量$\Delta z_s \geq 30$cm，可判为III级；当总湿陷量30cm $< \Delta s < 50$cm，计算自重湿陷量7cm $< \Delta z_s < 30$cm时，可判为II级。

（3）黄土地基的承载力

含水量对湿陷性黄土的承载力有着强烈的影响，当含水量增大，土的抗剪强度迅速降低，承载力也会大幅度降低。

（4）黄土地基的变形

①黄土地基的变形性质。黄土地基存在湿陷和压缩两种不同性质的变形。对于湿陷性黄土，主要计

算地基受水浸湿后的湿陷变形。新近堆积黄土既存在湿陷变形，也存在较大的压缩变形。但新近堆积黄土的厚度不大，对一般建筑物，都需要进行部分或全部厚度的地基处理，故问题易于解决。对于饱和黄土和其他非湿陷性黄土，则主要应考虑地基的压缩变形。

②黄土地基变形的计算方法。有三种计算方法，即地基规范建议的分层总和法，地基固结沉降计算法和采用变形模量E_0计算法。

2. 湿陷性土

湿陷性土指的是除湿陷性黄土外，在我国分布很广的湿陷性碎石土、湿陷性砂土等。当对这种湿陷性土不能取试样进行室内湿陷性试验时，应采用现场载荷试验确定其湿陷性。在200kPa压力下浸水载荷试验的附加湿陷量，与承压板宽度之比，等于或大于0.023的土，应判定为湿陷性土。

有关湿陷性岩土地基的湿陷性等级及处理措施可参阅《岩土工程勘察规范》（GB 50021—2001）（2009年版）。

【例 19-7-3】 关于黄土的湿陷性判断，下列哪个陈述是正确的？

    A. 只能通过现场载荷试验

    B. 不能通过现场载荷试验

    C. 可以采用原状土样做室内湿陷性试验

    D. 可以采用同样密度的扰动土样的室内试验

解 黄土的湿陷性，主要是利用现场采集的不扰动土试样，通过室内浸水压缩试验求得的湿陷性系数，据以判定是否具有湿陷性或自重湿陷性。湿陷性土应采用现场载荷试验确定其湿陷性。黄土和湿陷性土是两类不同的土。

答案： C

3. 红黏土

颜色为棕红或褐黄，覆盖于碳酸盐岩系之上，其液限大于或等于50%的高塑性黏土，应判定为原生红黏土。原生红黏土经搬运、沉积仍保留其基本特征，且其液限大于45%的黏土，可判定为次生红黏土。

4. 软土

天然孔隙比大于或等于1.0，且天然含水率大于液限的细颗粒土，应判定为软土，包括淤泥、淤泥质土、泥炭、泥炭质土等。

5. 混合土

由细粒土和粗粒土混杂，且缺乏中间粒径的土，应定名为混合土。

当碎石土中粒径小于0.075mm的细粒土质量，超过总质量的25%时，应定名为粗粒混合土；当粉土或黏性土中粒径大于2mm的粗粒土质量，超过总质量的25%时，应定名为细粒混合土。

6. 填土

填土根据物质组成和堆填方式，可分为下列四类。

（1）素填土：由碎石土、砂土、粉土和黏性土等一种或几种材料组成，不含杂物或含杂物很少；

（2）杂填土：含有大量建筑垃圾、工业废料或生活垃圾等杂物；

（3）冲填土：由水力冲填泥沙形成；

（4）压实填土：按一定标准控制材料成分、密度、含水量，分层压实或夯实而成。

7. 多年冻土

含有固态水，且冻结状态持续2年或2年以上的土，应判定为多年冻土。

8.膨胀岩土

含有大量亲水矿物（蒙脱石、伊利石），湿度变化时有较大体积变化，变形受约束时，产生较大内应力的岩土，应判定为膨胀岩土。

9.盐渍岩土

岩土中易溶盐含量大于 0.3%，并且有溶陷、盐胀、腐蚀等工程特性时，应判定为盐渍岩土。

10.风化岩和残积土

岩石在风化作用下，其结构、成分和性质，已产生不同程度的变异，应定名为风化岩。已完全风化成土而未经搬运的，应定名为残积土。

11.污染土

由于致污物质侵入改变了物理力学性状的土，应判定为污染土。

习　题

19-7-1　某桥梁工程的地基土为砂黏土，工程重要性等级为三级，场地的地形、地貌与地质构造简单，则其岩土工程勘察等级应定为（　　）。

  A. 一级　　　　　　　　B. 二级　　　　　　　　C. 三级　　　　　　　　D. 可不定级

19-7-2　岩土工程勘察一般应包括哪几个阶段？（　　　）

  A. 可行性研究勘察、初步勘察和详细勘察阶段

  B. 初步勘察和详细勘察阶段

  C. 可行性研究勘察、详细勘察阶段

  D. 初步勘察阶段要求

19-7-3　对于抗震设防烈度等于或大于（　　　）的建筑物，应进行场地与地基的地震效应评价。

  A. 5 度　　　　　　　　B. 6 度　　　　　　　　C. 7 度　　　　　　　　D. 8 度

19-7-4　岩土工程勘探方法主要包括（　　　）。

  A. 坑探、钻探、地球物理勘探　　　　　　B. 钻探、地球物理勘探、触探

  C. 地球物理勘探、坑探、触探　　　　　　D. 地震勘探、钻探、坑探

19-7-5　若需对土样进行各种物理力学性质试验及定名，则土样的扰动程度应控制到（　　　）。

  A. 不扰动土　　　　　B. 轻微扰动土　　　　　C. 显著扰动土　　　　　D. 完全扰动土

第八节　原位测试技术

原位测试是指在勘查现场，在地基土层原来所处的位置基本保持其天然结构、天然含水量及天然应力状态下，对地层进行测试，以取得地层的工程力学性质指标的勘察技术。工程地质原位测试方法有多种，这里主要介绍载荷试验、十字板剪切试验、静力触探试验、圆锥动力触探试验、标准贯入试验、旁压试验、扁铲侧胀试验等。

一、载荷试验

（一）基本原理

载荷试验是在准备修建的建筑物地基上，放置一定规格的承压板，在其上逐渐增加荷载，测定每级荷载作用下地基的变形特性，从而评定地基的承载力，计算地基的变形模量，并预测实体基础的沉降量。

载荷试验包括平板载荷试验和螺旋板载荷试验。平板载荷试验是在岩土体原位，用一定尺寸的承压板施加竖向荷载，同时观测承压板沉降，测定岩土体承载力与变形特性。该方法又分为浅层平板载荷试验和深层平板载荷试验。浅层平板载荷试验适用于浅层上，深层平板载荷试验适用于埋深等于或大于3m和地下水位以上的地基土。螺旋板载荷试验是将螺旋板旋入地下预定深度，通过传力杆向螺旋板施加竖向荷载，同时测量螺旋板的沉降量，测定岩土体承载力与变形指标。螺旋板载荷试验适用于深层地基土或地下水位以下的地基土。

（二）试验装置

载荷试验的装置由承压板、加荷装置及沉降观测装置等部分组成。其中承压板一般为方形或圆形板；加荷装置包括压力源、载荷台架或反力架。加荷方式可采用重物加荷和油压千斤顶加荷两种方式。沉降观测装置有百分表、沉降传感器和水准仪等。

（三）载荷试验的基本技术要求

载荷试验的承压板，一般用刚性的方形或圆形板，其面积应为 2 500cm^2 或 5 000cm^2，目前工程上常用的是 70.7cm×70.7cm 和 50cm×50cm。对于均质密实的土如 Q$_3$ 老黏性土也可用 1 000cm^2 的承压板。但对于饱和软土层，考虑到在承压板边缘的塑性变形影响，承压板的面积不应小于 5 000cm^2。

载荷试验过程中出现下列现象之一时，即可认为土体已达到极限状态，应终止试验：

（1）承压板周围的土体有明显的侧向挤出或发生裂纹；

（2）在 24h 内，沉降速率不能达到相对稳定标准；

（3）荷载 p 增量很小，但沉降量 s 却急剧增大，p-s 曲线出现陡降阶段，或相对沉降 $s/b \geqslant 0.06$。

（4）本级沉降量大于前一级荷载沉降量的 5 倍，荷载与沉降曲线出现明显陡降，是载荷试验终结条件之一。

【例 19-8-1】现场载荷试验中，下列哪一情况可以作为试验终结的条件？

　　A. 连续 2h 内每小时沉降量小于 0.1mm

　　B. 某级荷载下 24h 内沉降速率不能达到稳定标准

　　C. 本级沉降量达到承压板直径的 1.5%

　　D. 沉降位移超过百分表读数范围

解 在某级荷载下 24h 内沉降速率不能达到相对稳定标准，是载荷试验终结条件之一。连续 2h 每小时沉降量小于 0.1mm，是沉降达到相对稳定标准，可施加下一级荷载的条件。本级沉降量大于前一级荷载沉降量的 5 倍，荷载与沉降曲线出现明显陡降，是载荷试验终结条件之一。

答案： B

（四）载荷试验资料的应用

载荷试验的主要成果为在一定压力下的 s-t 关系曲线以及 p-s 曲线。这些资料可以应用于确定地基土的临塑荷载 p_0、极限荷载 p_L，为评定地基土的承载力提供依据；估算地基土的变形模量 E_0 和基床反力系数 K_s。

显然，当建筑物基底附加压力小于或等于 p_0 时，地基土的强度是完全保证的，且沉降也较小。而当

基底附加压力大于 p_0 小于 p_L 时，地基土体不会发生整体破坏，但建筑物的沉降量较大。

二、十字板剪切试验

（一）试验的原理

十字板剪切试验是用插入软黏土中的十字板头，以一定的速率旋转，在土层中形成圆柱形破坏面，测出土的抵抗力矩，然后换算成土的抗剪强度。此法对较硬的黏性土和含有砾石、杂物的土不宜采用，否则会损坏十字板头。

这种方法测得的抗剪强度值，相当于试验深度处天然土层的不排水抗剪强度，在理论上它相当于三轴不排水抗剪的总强度，或无侧限抗压强度的一半（ $\varphi = 0$ ）。由于十字板剪切试验不需采取土样，特别对于难以取样的灵敏性高的黏性土，它可以在现场基本保持天然应力状态下进行扭剪。长期以来，十字板剪切试验被认为是一种较为有效的、可靠的现场测试方法，与钻探取样室内试验相比，土体的扰动较小，而且试验简便。

但在有些情况下已发现十字板剪切试验所测得的抗剪强度在地基不排水稳定分析中偏于不安全，对于不均匀土层，特别是夹有薄层粉细砂或粉土的软黏性土，十字板剪切试验会有较大的误差。因此将十字板抗剪强度直接用于工程实践时，要考虑到一些影响因素。

十字板剪切试验包括钻孔十字板剪切试验和贯入电测十字板剪切试验，其基本原理都是：施加一定的扭转力矩，将土体剪坏，测定土体对抵抗扭剪的最大力矩，通过换算得到土体抗剪强度值（假定 $\varphi = 0$ ）。假设土体是各向同性介质，即水平面的不排水抗剪强度 $(C_u)_h$ 与垂直面上的不排水抗剪强度 $(C_u)_v$ 相同： $(C_u)_v = (C_u)_h$ 。旋转十字板头时，在土体中形成一个直径为 D ，高为 H 的圆柱剪切破坏面。由于假设土体是各向同性的，因此，该圆柱剪切面的侧表面及顶底面上各点的抗剪强度相等，则旋转过程中，土体产生的最大抵抗扭矩 M 由圆柱侧表面的抵抗扭矩 M_1 和圆柱顶底面的抵抗扭矩 M_2 组成

$$M = M_1 + M_2 \tag{19-8-1}$$

（二）试验的仪器设备

野外十字板剪切试验的仪器为十字板剪切仪，目前国内有三种：开口钢环式、轻便式和电测式。方法分为钻孔式和压入式两种。

电测式十字板剪切仪轻便灵活，容易操作，试验成果也较稳定，目前已得到广泛应用。

（三）试验的适用范围和目的

十字板剪切试验适用于测定饱和软黏性土（ $\varphi = 0$ ）的不排水抗剪强度和灵敏度。其目的有：

（1）测定原位应力条件下软黏土的不排水抗剪强度 C_u ；

（2）估算软黏性土的灵敏度 S_t 。

（四）试验成果的应用

（1）估算地基允许承载力

对于内摩擦角等于零的饱和软黏土， C_u 值可用来估算地基允许承载力 $[R]$ 。

（2）预估桩的极限端阻力和极限侧摩擦阻力

欧美国家习惯用 C_u 预估黏性土特别是饱和软黏土中单桩的极限端阻力 q_p 和极限侧摩擦阻力 q_t 。

【例 19-8-2】 十字板剪切试验最适用的土层是：

    A. 硬黏土   B. 软黏土   C. 砂砾石   D. 风化破解岩石

解 十字板剪切试验是将十字板头插入软土中，以一定速率扭转，在土层中形成圆柱形破坏面，根据扭力大小确定软土的饱和不排水抗剪强度的一种试验方法。不适用于砂土、碎石类土及坚硬土体等。

答案： B

三、静力触探试验

（一）工作原理

静力触探是用静力将一定规格和形状的金属探头以一定的速率压入土层中，利用探头内的力传感器，通过电子量测仪表将探头的贯入阻力记录下来。由于贯入阻力的大小与土层的性质有关，因此通过贯入阻力的变化情况，可以达到了解土层的工程性质的目的。

静力触探的主要优点是连续、快速、精确；可以在现场直接测得各土层的贯入阻力指标；掌握各土层原始状态（相对于土层被扰动和应力状态改变而言）下有关的物理力学性质。这对于地基土层在竖向变化比较复杂，而用其他常规勘探手段不可能大密度取土或测试来查明土层变化；对于饱和砂土、砂质粉土以及高灵敏度软黏土层中钻探取样往往不易达到技术要求，或者无法取样的情况；用静力触探连续压入测试，则显出其独特的优越性。但是，静力触探也有不足之处：不能对土层进行直接的观察、鉴别；由于稳固的反力问题没有解决，测试深度不能超过80m；对于含碎石、砾石的土层和很密实的砂层一般不适合应用等。

（二）静力触探实验装置及主要技术要求

静力触探仪主要是由三部分组成：贯入装置（包括反力装置），其基本功能是可控制等速压贯入；另一部分是传动系统，目前国内外使用的传动系统有液压和机械的两种；第三部分是量测系统，包括探头、电缆和电阻应变仪（或电位差计自动记录仪）等。

（三）适用条件和成果应用

静力触探试验适用于黏性土、粉土和砂土，尤其是对地下水位以下及不易取样的松散土、淤泥质土体实用价值更大，可测定比贯入阻力、桩尖阻力、侧壁摩阻力和贯入时的空隙水压力。一般不适用于砾质土。

静力触探试验可以用于：

（1）根据贯入阻力曲线的形态特征或数值变化的幅度划分土层；

（2）估算地基土层的物理力学参数；

（3）评定地基土的承载力；

（4）选择桩基持力层、估算单桩极限承载力，判定沉桩可能性；

（5）判定场地地震液化势。

静力触探试验的主要成果有比贯入阻力—深度（$p_s\text{-}h$）关系曲线，锥尖阻力—深度（$q_c\text{-}h$）关系曲线，侧壁摩阻力—深度（$f_s\text{-}h$）关系曲线和摩阻比—深度（$R_f\text{-}h$）关系曲线。

四、圆锥动力触探试验

（一）工作原理和类型

动力触探试验是利用一定的锤击动能，将一定规格的探头打入土中，根据每打入一定深度的锤击数（或以能量表示）来判定土的性质，并对土进行粗略的力学分层，对地基土作出工程地质评价等的一种原位测试方法。通常以打入土中一定距离所需的锤击数来表示土的阻力。

动力触探装置有轻型、重型和超重型三种，由不同规格的落锤，探杆和圆锥形探头所组成。

圆锥动力触探的优点是设备简单、操作方便、工效较高、适应性广，并具有连续贯入的特性。对难以取样的砂土、粉土、碎石类土等，对静力触探难以贯入的土层，动力触探是十分有效的勘探测试手段。圆锥动力触探的缺点是不能采样对土进行直接鉴别描述，试验误差较大，再现性差。

（二）适用范围和目的

动力触探试验适用于强风化、全风化的硬质岩石、各种软质岩石及各类土。其目的如下。

（1）定性评价：评定场地土层的均匀性，查明土洞、滑动面和软硬土层界面，确定软弱土层或坚硬土层的分布，检验评估地基土加固与改良的效果。

（2）定量评价：确定砂土的孔隙比、相对密实度、粉土和黏性土的状态、土的强度和变形参数，评定天然地基土承载力或单桩承载力。

（三）成果及应用

动力触探试验的主要成果是锤击数和随深度变化的关系曲线，并据此对地基土特性进行评价。

（1）确定砂土及碎石土的密实度：北京市勘察院的研究结果表明，N_{10}（10kg 的锤击数）与砂土密实度有一定的对应关系。

（2）确定地基土的承载力和变形模量：可用N_{10}确定地基土的承载力标准值f_k。

（3）确定单桩承载力标准值R_k：重型动力触探试验对桩基持力层的锤击数$N_{63.5}$与打桩机最后若干锤的平均每锤贯入度之间有一定的相关关系，根据这种关系就可以确定打入桩的单桩承载力标准值R_k。

五、标准贯入试验

（一）原理和特点

标准贯入试验是利用规定重量的穿心锤从恒定的高度上自由下落，将一定规格的探头打入土中，根据贯入的难易程度判别土的性质。它仍属于动力触探类型，所不同的是其触探头不是圆锥形探头，而是标准规格的圆筒形探头（由两个半圆管合成的取土器），称为贯入器。贯入阻力用贯入土层中 30cm 的锤击数$N_{63.5}$表示，也称标贯击数。标准贯入试验采用的落锤重量 63.5kg，落距 760mm，钻杆直径 42mm。

（二）试验的范围和目的

标准贯入试验可用于砂土、粉土和一般黏性土，最适用于$N = 2\sim50$击的土层。其目的有：

（1）采取扰动土样，鉴别和描述土类，按颗粒分析结果定名；

（2）根据标准贯入击数$N_{63.5}$，利用地区经验，为砂土的密实度和粉土、黏性土的状态，土的强度参数，变形模量，地基承载力等作出评价；

（3）估算单桩极限承载力和判定沉桩可能性；

（4）判定饱和粉砂、砂质粉土的地震液化可能性及液化等级。

【例 19-8-3】标准贯入试验适用的地层是：

    A. 弱风化至强风化岩石   B. 砂土、粉土和一般黏性土

    C. 卵砾石和碎石类   D. 软土和淤泥

解 标准贯入试验适用于砂土、粉土和一般黏性土。圆锥动力触探试验适用于弱风化至强风化岩石、卵砾石、碎石类土及一般类土。软土和淤泥一般采用十字板剪切试验测试土的抗剪强度。

答案：B

六、旁压试验

（一）原理

旁压试验是通过旁压器在竖直的孔内加压，使旁压膜膨胀，并由旁压膜（或护套）将压力传给周围土体（或软岩），使其产生变形直至破坏，并通过量测装置测出施加的压力和土变形之间的关系，然后绘制应力-应变（或钻孔体积增量、或径向位移）关系曲线。根据这种关系对孔周所测土体（或软岩）的承载力、变形性质等进行评价。

根据将旁压器设置于土中的方法，旁压仪分为预钻式、自钻式和压入式三种。预钻式旁压仪一般需有竖向钻孔，自钻式旁压仪利用自转的方式钻到预定位置后进行试验，压入式旁压仪以静压方式压到预定试验位置后进行旁压试验。

（二）适用范围和目的

旁压试验适用于测定黏性土、粉土、砂土、碎石土、软质岩石和风化岩、软质岩石的承载力、旁压模量和应力应变关系等。

七、扁铲侧胀试验

（一）基本原理

扁铲侧胀试验（简称扁胀试验）是用静力（有时也用锤击动力）把一扁铲形探头贯入土中，达试验深度后，利用气压使扁铲侧面的圆形钢膜向外扩张进行试验。

（二）扁胀试验设备

扁铲形探头的尺寸为长 230~240mm、宽 94~96mm、厚 14~16mm。铲前缘刃角为 12°~16°，在扁铲的一侧面为一直径 60mm 的钢膜。探头可与静力触探的探杆或钻杆连接，对探杆的要求与静力触探相同。

和静载荷试验相对比，旁压试验有精度高、设备轻便、测试时间短等特点，但其精度受成孔质量的影响较大。扁胀试验适用于一般黏性土、粉土、中密以下砂土、黄土等，不适用于含碎石的土、风化岩等。扁胀试验成果可用于划分土类，求算静止侧压力系数、不排水抗剪强度、土的变形参数、水平固结系数、评定土的超固结比和用于侧向受荷桩的设计等方面。

习　　题

19-8-1　原位测试技术通常在岩土工程勘察（　　）阶段采用。

    A. 施工勘察　　　　　　　B. 初步勘察　　　　　　C. 详细勘察　　　　　　D. 选址勘察

19-8-2　下列试验方法中（　　）不属于原位测试。

    A. 十字板剪力试验、载荷试验　　　　　　　　B. 动力触探试验、旁压试验

    B. 静力触探试验、扁铲侧胀试验　　　　　　　D. 固结试验、重度试验

19-8-3　标准贯入试验可用于（　　）地层。

    A. 节理发育的岩石类　　　　　　　　　　　B. 砂土、粉土和一般黏性土

    C. 碎石类土　　　　　　　　　　　　　　　D. 软土

习题题解及参考答案

第一节

19-1-1 **解：** 从矿物的形态、解理、硬度这几方面来考虑，且滑石、石膏、方解石的硬度依次为 1 度、2 度、3 度，均小于 7 度。节理为构造成因，层理为沉积成因。断口无规则。

答案： D

19-1-2 **解：** 从矿物的物理性质及受力后的情况考虑。

答案： D

19-1-3 **解：** 花岗岩、酸性岩属于岩浆岩，黏土岩、碎屑岩属于沉积岩。

答案： A

19-1-4 **解：** 深成岩和浅成岩是按照火成岩在地壳中生成的深浅位置确定的类型。

答案： C

19-1-5 **解：** 沉积岩的物质成分，主要有碎屑矿物、黏土矿物、化学沉积矿物、有机质及生物残骸。

答案： B

19-1-6 **解：** 隐晶结构、显晶结构及斑状结构均为火成岩结构。

答案： A

19-1-7 **解：** 层理构造是沉积岩构造，片理构造、片状构造、条带状构造和眼球状构造是变质岩构造。

答案： B

19-1-8 **解：** 石英、白云母、黑云母、方解石属于各岩类共有矿物。

答案： A

19-1-9 **解：** 流纹构造和杏仁构造属于岩浆岩的构造，层理构造是沉积岩的构造。

答案： B

19-1-10 **解：** 主要与石灰岩含 $CaCO_3$ 遇盐酸分解密切相关。

答案： A

第二节

19-2-1 **解：** 褶皱构造的基本形态为背斜和向斜两种。平卧褶曲是按轴面所处状态的分类，倾伏褶曲是属于枢纽倾斜状态的分类。

答案： B

19-2-2 **解：** 水平与倾伏褶曲是褶曲按枢纽产状进行的分类。

答案： A

19-2-3 **解：** 剪节理、张节理属于按力学性质划分的构造节理类型。

答案： B

19-2-4 **解：** 走向断层、倾向断层和横断层是按断层走向与岩层走向之间关系的分类。

答案： A

19-2-5 **解：** 地层沉积顺序在正常情况下，自下向上应为奥陶系 O、志留系 S、泥盆系 D、石炭系

C 等，从图可知 O 与 C 地层之间有一风化壳，地层产状一致并缺失 S、D 地层。

答案： C

19-2-6 **解：** 根据上下地层在沉积层序及形成的年代上是否连续，产状是否一致来考虑。

答案： A

19-2-7 **解：** 沉积岩被岩浆岩穿插，由此判断岩浆岩侵入沉积岩。

答案： C

19-2-8 **解：** 根据岩浆岩与沉积岩层形成的先后顺序分析。

答案： A

19-2-9 **解：** 岩层空间位置是通过岩层产状的走向、倾向、倾角三要素确定的。

答案： D

19-2-10 **解：** 在断层符号中，长线表示走向，箭头线表示断层面倾向，双短齿线表示上盘移动方向，50°表示断层面的倾角。

图 B、C 不是断层的符号，图 A 为逆断层的符号。

答案： D

19-2-11 **解：** 国际上通用的地质年代单位是代、纪、世。

答案： A

第三节

19-3-1 **解：** 高山、中山、低山是依据海拔高度划分的，剥蚀残山是低山剥蚀的残山。

答案： A

19-3-2 **解：** 沙嘴和海滩为堆积地貌，牛轭湖是河流裁弯取直形成的。

答案： B

19-3-3 **解：** 弄清漫流、洪流、淋滤作用的概念及扇形地的形成特点。

答案： B

19-3-4 **解：** 基座阶地是堆积阶地和侵蚀阶地的中间形态，上叠阶地、内叠阶地均属堆积阶地。

答案： A

19-3-5 **解：** 洪积扇主要分布于山谷沟口处，河间地块是两条河流之间的高地，阶地为洪水期也不会被淹没的地方。

答案： A

19-3-6 **解：** 瀑布是河水由高陡斜坡突然跌落下来形成的。

答案： B

19-3-7 **解：** 戈壁滩也称砾漠，其地表以砾石或光秃的岩石露头为特点。

答案： B

19-3-8 **解：** 桂林地区主要分布石灰岩地层，并且岩溶发育。

答案： A

19-3-9 **解：** 终碛堤是冰川末端融化堆积的冰碛物形的向下游弯曲的弧形长堤。

答案： B

19-3-10 **解：** 黄土梁、黄土塬、黄土峁为侵蚀地貌，黄土堞、黄土陷穴为黄土潜蚀地貌。

答案： C

19-3-11　**解：**石窝、石河、石海为冻土地貌。

　　　　答案：A

19-3-12　**解：**长白山天池是一个火山口。

　　　　答案：C

19-3-13　**解：**根据成因分析，终碛堤、侧碛堤为冰川地质作用的沉积地貌。

　　　　答案：C

19-3-14　**解：**火山活动、构造运动在第四纪之前的地质时期也存在。

　　　　答案：C

第四节

19-4-1　**解：**结构面按成因可分为原生结构面、构造结构面和次生结构面三种类型。断层面、层间错动面为构造结构面，沉积间断面为原生结构面。

　　　　答案：A

19-4-2　**解：**在赤平投影图上，根据结构面圆弧倾角大小确定，倾角由外向内由 0° 到 90°。

　　　　答案：A

19-4-3　**解：**应根据 NMS 弧向圆心方向所指的方位进行判断。

　　　　答案：B

19-4-4　**解：**在赤平投影图上，根据结构面的圆弧与边坡圆弧的相互位置来考虑。

　　　　答案：C

19-4-5　**解：**岩石的化学性质、物质成分及其力学性质只反映岩石本身的性质，但岩体内的各种结构面的性质及结构面对岩体的切割程度是决定岩体稳定性的主要因素。

　　　　答案：C

第五节

19-5-1　**解：**同震级的地震，浅源地震较深源地震对地面产生的破坏性要大，烈度也就大。同一次地震，离震中越近，破坏性越大，反之则越小。

　　　　答案：D

19-5-2　**解：**活断层的端点、交汇点是应力集中部位，故为强震易发生地带。

　　　　答案：C

19-5-3　**解：**按断层活动方式可将活断层基本分为两类：地震断层或粘滑型断层（又称突发型活断层）和蠕变断层或称蠕滑型断层。

　　　　答案：A

19-5-4　**解：**伴随有强烈地震发生的活断层是鉴别活断层的重要依据之一；山区突然转为平原，并直线相接的地方，可作为确定活断层位置和错动性质的佐证；第四纪中、晚期沉积物中的地层错开，是鉴别活断层的最可靠依据。

　　　　答案：C

19-5-5　**解：**主要根据形成的破碎物质是否经过搬运来考虑，洪积物、冲积物、坡积物均经地表流水搬运沉积，残积物未经搬运而残留原地。

　　　　答案：C

19-5-6 **解**：冲积物为河流作用形成的，洪积物为山洪暴发后沉积形成的，残积物主要为大气降水对山体上的松散物质经淋滤作用将可溶物质带走，大部分固体物质仍存留在山体上，这些物质称为残积物。

答案：B

19-5-7 **解**：潮汐主要作用于外滨带海区，洋流主要发生在大洋水体表层，浊流是一种特殊的局部性海水流动。

答案：A

19-5-8 **解**：吹蚀作用使地面松散细粒碎屑物或基岩风化产物吹起或剥离原地。

答案：A

19-5-9 **解**：崩塌为斜坡上的岩土体在重力作用下突然塌落，并在山坡下部形成岩堆；泥石流是山区发生的含大量松散固体物质的洪流。

答案：C

19-5-10 **解**：块状、厚层状的坚硬脆性岩石常形成较陡峻的边坡，若构造节理或卸荷隙发育且存在临空面，则极易形成崩塌。由非均质的互层岩石组成的斜坡，由于差异风化，易发生崩塌。若软弱结构面的倾向与坡向相同，极易发生大规模的崩塌。

答案：D

19-5-11 **解**：与岩溶地区地下水的动力特征随深度增加而逐渐减弱有关。

答案：B

19-5-12 **解**：泥石流的形成必须有强烈的地表径流，这是爆发泥石流的动力条件。

答案：C

19-5-13 **解**：根据土洞最易发生在覆盖型岩溶地区来分析。

答案：A

19-5-14 **解**：应考虑土层性质和条件、地下水活动及覆盖层下岩石裂隙发育情况。

答案：B

19-5-15 **解**：含水量越大，植被越发育，沙丘越不易移动。

答案：D

第六节

19-6-1 **解**：达西定律为线性渗透定律。

答案：B

19-6-2 **解**：岩溶水、裂隙水和孔隙水属于按含水层的空隙性质划分的类型。

答案：B

19-6-3 **解**：流沙是松散细颗粒土被地下水饱和后，由于地下水流动而发生的。

答案：B

19-6-4 **解**：结晶类腐蚀主要是能生成水化硫铝酸钙，体积大，在混凝土中产生很大内应力，使结构遭受破坏。

答案：B

19-6-5 **解**：给水层是饱水、透水并在重力作用下能排出一定水量的岩土层，透水层是能透过水的岩土层，隔水层是不透水的岩层。

答案：B

19-6-6 解：M点的潜水埋藏深度是以该点地形标高（60m）减去潜水面标高（40m），即潜水埋藏深度为20m。

答案：D

19-6-7 解：按揭露地下水的类型，可分为潜水井和承压水井；按揭露含水层的完整程度，可分为完整井和非完整井。选项A、B为潜水井，选项C、D为承压井，且选项A为潜水完整井。

答案：A

19-6-8 解：先据水质点平行运动和相互干扰运动区分层流与紊流运动，再据渗透速度随时间不变化和变化区分稳定流与非稳定流。

答案：C

第七节

19-7-1 解：场地简单为三级，地基简单为三级，工程为三级。

答案：C

19-7-2 解：岩土工程勘察阶段与设计阶段基本一致，但对于场地条件复杂或有特殊要求的工程，宜进行施工勘察。在某些情况下，也可合并勘察阶段或直接进行详细勘察。

答案：A

19-7-3 解：5度属于次强震，6度属于强震，7度属于损毁震，8度属于破坏震。

答案：B

19-7-4 解：触探为原位测试方法，地震勘探为地球物理勘探的方法之一。

答案：A

19-7-5 解：I级不扰动土样满足定名和各种物理力学性质试验要求。

答案：A

第八节

19-8-1 解：原位测试在为建筑物提供具体设计参数的详细勘察阶段进行。

答案：C

19-8-2 解：固结试验、重度试验为室内试验项目。

答案：D

19-8-3 解：标准贯入试验采用圆筒形探头，遇坚硬碎石易损毁，对软土易将其水分挤出，故仅适用于选项B的各类土壤。

答案：B

第二十章　岩体力学与岩体工程

复 习 指 导

一、考试大纲

（一）"岩体力学"考试大纲

15.1　岩石的基本物理、力学性能及其试验方法

岩石的物理力学性能等指标及其试验方法　岩石的强度特性、变形特性、强度理论

15.2　工程岩体分级

工程岩体分级的目的和原则　工程岩体分级标准（GB 50218—94）简介

15.3　岩体的初始应力状态

初始应力的基本概念、量测方法简介、主要分布规律

（二）"岩体工程"考试大纲

17.1　岩体力学在边坡工程中的应用

边坡的应力分布、变形和破坏特征　影响边坡稳定性的主要因素　边坡稳定性评价的平面问题　边坡治理的工程措施

17.2　岩体力学在岩基工程中的应用

岩基的基本概念　岩基的破坏模式　基础下岩体的应力和应变　岩基浅基础、岩基深基础的承载力计算

考试大纲中第十五章为岩体力学与土力学，第十七章为岩体工程与基础工程，考虑到岩体力学与岩体工程关系密切，与土力学有较大区别，所以编写本教材时将岩体力学与岩体工程合并在一起，作为第二十章。为了便于考生自学本教程，下面结合考试大纲要求对考试内容和复习要点进行简单说明。

二、复习指导

复习本章时，首先要通读基本要求的全部内容，在此基础上重点掌握其中的基本概念、基本原理、基本理论及方法、基本试验方法、基本结论、基本知识的应用、传统认识和做法等，并能熟练运用基础考试手册中的表格和公式。作为基础考试部分，考题类型均为选择题（岩体力学为4道题，岩体工程为5道题），由于每题所允许答题时间有限，所以复习时一定注意不要偏重难度大及过于繁杂的知识，尤其是复杂的计算公式不必死记硬背，但要了解每个公式的推导过程及用途。要注重"基本"知识的记忆和理解，对于难度大及过于繁杂的知识，重点应掌握其中的基本概念、基本假设、基本思想、主要结论及如何应用即可，而其中所含的繁杂过程不必细究。

（一）岩体力学部分

1. 岩石的基本物理、力学性质及其试验方法

岩石作为一种特殊的工程材料，有着十分特殊的性质。它不同于任何传统的工程材料，如金属材料、混凝土材料、塑料等，与土也有着本质的区别。因此，岩石的物理、力学性质是岩体力学的最基本内容之一，应该进行认真复习。

（1）岩石的物理性质指标及其试验方法

本部分主要注意复习常见的物理性能指标的定义和测试方法，尤其是那些工程中常用的物理指标更应认真对待，比如密度、重度、相对密度、含水率和吸水率、软化系数、孔隙比、渗透系数、膨胀系数。注意掌握每个物理指标的确切定义及所反映的物理意义，了解岩石的物理性能指标的大概取值范围。另外，还应该注意区别岩石和岩体在渗透系数方面的区别。

（2）岩石力学性能指标及其试验方法

本部分是岩体力学最基本的内容，也是研究最为深入的部分，任何岩石工程都需要有关此方面的资料，因此，此部分内容为最重要的部分，应该加以重视。复习时着重以下几个方面：

①对常规岩石力学性质试验的内容和基本要求有一定的了解。例如，标准试件的尺寸和加工精度、加载速度等方面的具体要求。

②必须掌握岩石单轴抗压强度、弹性模量（或变形模量）、三轴抗压强度、抗拉强度等的确定方法和意义。

③了解岩石变形破坏过程中几个阶段的划分，每个阶段内岩石的变形破坏程度与物理机制。

④了解岩石全应力-应变关系曲线所反映的物理意义，特别是对峰后区岩石的力学性质应有清楚的认识。同时了解为什么采用普通试验机无法获得岩石的全应力-应变关系曲线的原因所在，以及解决此问题的有效方法。

⑤了解岩石应力-应变关系曲线峰前段的类型。

⑥掌握岩石在三向压应力作用下的变形与破坏规律，注意围压的作用。

⑦了解其他室内力学性质试验方法及强度的确定方法。

⑧了解岩石力学性质的影响因素及影响规律。

（3）岩石的强度准则

岩石的强度是评价岩石工程稳定性的重要指标，根据岩石的强度试验结果建立的强度准则是评价各种应力条件下岩石强度的重要公式，所以，必须掌握几种常用的岩石强度准则。包括每种强度准则的基本假设、强度指标的确定方法、适用范围等。

2. 岩体工程分类

岩体工程分类的主要目的是解决实际工程问题，因此在岩体工程中应用广泛，是从事岩土工程的科技人员必须掌握和了解的内容之一。本部分内容比较实用，所以应重点掌握国标的具体分类方法，比如分类指标及其确定方法、基本岩石质量指标的计算公式、岩体工程级别的划分参数范围、如何对基本质量指标进行修正等。同时对国际上的流行做法有一定的了解。

3. 初始地应力

初始地应力是引起所有岩石工程发生变形与破坏的基本荷载，任何岩石工程的设计与施工都必须首先掌握初始地应力的分布规律和作用方向。由于初始地应力场的复杂性，人们对它的了解还十分肤浅，但是至少应该了解初始地应力场的基本构成、影响因素、分布规律以及常用的现场实测方法的基本原理。

（二）岩体工程部分

1. 岩体力学在边坡工程中的应用

岩质边坡不同于普通的土质边坡，岩体中的结构构造是影响边坡稳定的最主要因素，因此，岩坡的破坏形式也与土坡有明显的不同。在复习本节内容时，应重点掌握岩质边坡的特点、稳定性影响因素、破坏形式、平面滑动和圆弧滑动的极限平衡分析方法及计算公式、滑动条件、边坡的加固与整治方法，对边坡的变形特点、多平面滑动和楔形滑动的稳定分析原理、基本假定等应有所了解。另外，尽管缺乏实测资料的验证，边坡的应力分布规律也是考试大纲中的要求内容之一，所以，复习时也应加以留意。

2. 岩体力学在岩基工程中的应用

岩基稳定也是岩体工程的重要课题，本部分内容主要包括岩基内的应力分布规律、岩基的沉降计算方法、岩基的破坏规律、岩基承载力的确定方法、坝基稳定性分析方法以及岩基的加固整治方法。其中应重点掌握岩基的沉降计算公式和有关参数的取值，岩基承载力的几种确定方法及相关要求，岩基加固与整治原理及常用方法。

第一节　岩石的基本物理、力学性质及试验方法

一、岩石力学、岩石和岩体的概念

岩体力学是研究岩体的力学性态的理论和应用的科学，具体而言，是研究岩石或岩体在外力作用下的应力状态、变形状态和破坏条件等力学性质的学科，它是解决所有岩石工程（即与岩石有关的工程）技术问题的理论基础。岩体力学的原名是岩石力学，随着人们对岩体认识水平的提高，岩石与岩体已有严格的区分，因而将岩石力学改为岩体力学更切合实际。但是，岩石力学的名词沿用已久，且使用普遍，因此，目前在实际使用中，岩石力学与岩体力学没有明确的区别。

美国科学院岩石力学委员会 1966 年给岩石力学下的定义是："岩石力学是研究岩石力学性能的理论和应用的科学，是探讨岩石对其周围物理环境中力场的反映的力学分支"。这个定义的含义相当广泛，"对其周围物理环境中力场的反映"的措辞说明了这一点。岩石属于固体，岩石力学应属于固体力学的范畴。

岩石是经过地质作用而天然形成的（一种或多种）矿物集合体，地壳的绝大部分都是由岩石构成。岩石通常按照其成因可分为三类：岩浆岩、沉积岩和变质岩。不同成因类型的岩石的物理力学性质是不同的。

岩浆岩是岩浆冷凝而形成的岩石。绝大多数的岩浆岩是由结晶矿物所组成，由非结晶矿物组成的岩石是很少的。由于组成岩浆岩的各种矿物的化学成分和物理性质较为稳定，它们之间的联结是牢靠的，因此岩浆岩通常具有较高的力学强度和均质性。

沉积岩是由母岩（岩浆岩、变质岩和早已形成的沉积岩）在地表经风化剥蚀而产生的物质，通过搬运、沉积和硬结成岩作用而形成的岩石。组成沉积岩的主要物质成分为颗粒和胶结物，颗粒包括各种不同形状及大小的岩屑及某些矿物，胶结物常见的成分为钙质、硅质、铁质以及泥质等。沉积岩的物理力学特性不仅与矿物和岩屑的成分有关，而且与胶结物的性质有很大的关系。例如，硅质、钙质胶结的沉积岩胶结强度较大，而泥质胶结的沉积岩和一些黏土岩强度就较小。另外，由于沉积环境的影响，沉积

岩具有层理构造，这就使得沉积岩沿不同方向表现出不同的力学性能。

变质岩是由岩浆岩、沉积岩、甚至变质岩在地壳中受到高温、高压及化学活动性流体的影响下发生变质而形成的岩石。它在矿物成分、结构构造上具有变质过程中所产生的特征，也常常残留有原岩的某些特点。因此，它的物理力学性质不仅与原岩的性质有关，而且与变质作用的性质及变质程度有关。

岩体是指一定范围内的天然岩石。岩体经受过各种不同构造运动的改造和风化次生作用的演化，所以在岩体中存在着各种不同的地质界面，这种地质界面称为结构面，这些结构面在力学上表现出一定的不连续性，因此在岩石力学中将其称为不连续面，例如，层理面、节理面、裂隙和断层等。由这些结构面所切割和包围的岩块体称为结构体或岩石。因此岩体就是由结构面（不连续面）和结构体（岩石）两种单元所组成的地质体。国内工程地质界称之为岩体结构，它是一个复杂的地质体。

由于岩体不但有微观的裂隙，而且还有层理、片理、节理以至于断层等宏观不连续面，因此岩体为不连续介质。除此之外，岩体还往往表现为各向异性或非均质。若岩石中含有水，它又表现为二相体，从这些方面来看，岩石力学又是固体力学与地质科学的边缘科学。

应该注意的是，岩石材料全部赋存于地质环境中，这些材料的自然特征决定了其形成的方式和后来作用于其上的地质作用。遭受多次应力变动的岩体，其性能取决于完整岩石材料的力学性质以及岩体中地质构造的不连续面的数量和性质。在这两类控制岩石力学性质的因素中，每类因素的相对重要程度主要取决于工程的规模与不连续面数量的关系和两者之间的相对方位关系。在一些情况下，岩体不连续面的影响是非常显著的，在某些情况下，岩体的性能就较多地取决于岩石本身的性质，这些都是岩石力学的特点。

二、岩石的基本构成和地质分类

岩石是自然界中各种矿物的集合体，是天然地质作用的产物，一般而言，大部分新鲜岩石质地均较坚硬致密，孔隙小而少，抗水性强，透水性弱，力学强度高。

岩石是构成岩体的基本组成单元。相对于岩体而言，岩石可看作是连续的、均质的、各向同性的介质。但实际上只要稍微深入研究，就不难发现岩石中也存在一些如矿物解理、微裂隙、粒间孔隙、晶格缺陷、晶格边界等内部缺陷，统称为结构面。因此，从微观上看，自然界中的岩石也是一种非均质、非连续的材料。

（一）岩石的基本构成

岩石的基本构成是由组成岩石的物质成分和结构两大方面来决定的。

1. 岩石的主要物质成分

岩石中主要的造岩矿物有正长石、斜长石、石英、黑云母、白云母、角闪石、辉石、橄榄石、方解石、白云石、高岭石、赤铁矿等。它们的含量因不同成因的岩石而异。岩石中矿物成分会影响岩石的抗风化能力、物理性质和强度特性。

矿物成分的相对稳定性对岩石的抗风化能力有显著的影响，各矿物的相对稳定性主要与其化学成分、结晶特征及形成条件有关。基性和超基性岩主要是由易于风化的橄榄石、辉石及基性斜长石组成，所以非常容易风化。酸性岩石主要由较难风化的石英、钾长石、酸性斜长石及少量暗色矿物（多为黑云母）组成，故其抗风化能力比起同样结构的基性岩要高。中性岩则居两者之间，变质岩的风化性状与岩浆岩类似。沉积岩主要由风化产物组成，大多数为原来岩石中较难风化的碎屑物或是在风化和沉积过程中新生成的化学沉积物，因此，它们在风化作用中的稳定性一般都较高。但是，矿物成分并不是决定岩石风化性状的唯一因素。因为岩石的形状还取决于岩石的结构和构造特征，所以不能将矿物抗风化的稳定性与岩石的抗风化性等同起来。

通常将造岩矿物的抗风化能力分为非常稳定、稳定、较稳定和不稳定四类，按其稳定性顺序列于表 20-1-1。

主要造岩矿物抗风化相对稳定性　　　　　　　　　　　　　　　　表 20-1-1

抗风化稳定性	非 常 稳 定 的		稳 定 的		较 稳 定 的			不 稳 定 的				
矿物名称	石英	锆长石	白云母	正长石	钠长石	酸性斜长石	角闪石	辉石	黑云母	基性斜长石	霞石	橄榄石	黄铁矿

新鲜岩石的力学性质主要取决于岩石的矿物成分和颗粒之间的连接。对于具有结晶连接的岩石，其矿物成分的影响要大一些。另外，岩石中矿物的坚硬程度和岩石的强度是两个既有联系而又有差异的概念。例如，即使组成岩石的矿物都是坚硬的，岩石的强度也不一定高，因为矿物之间的连接可能较弱。岩石中某些易溶物、黏土矿物、特殊矿物的存在，常使岩石物理力学性质复杂化。例如，石膏、芒硝、岩盐、钾盐等在水的作用下易被溶蚀，从而使岩石的孔隙度增大，结构变松，强度降低。黏土岩石中的蒙脱石遇水膨胀且强度降低。

2. 常见的岩石结构类型

岩石的结构是指岩石中矿物（及岩屑）颗粒相互之间的关系，包括颗粒的大小、形状、排列、结构连接特点及岩石中的微结构面。其中，以结构连接和岩石中的微结构面对岩石工程性质影响最大。

岩石中结构连接类型主要有两种，分别为结晶连接和胶结连接。

（1）结晶连接

岩石中矿物颗粒通过结晶相互嵌合在一起，这种连接使晶体颗粒之间紧密接触，故岩石强度一般较大，但随结构的不同而有一定的差异，如在岩浆岩和变质岩中，等粒结晶结构一般比非等粒结晶结构的强度大，抗风化能力强。在等粒结构中，细粒结晶结构比粗粒的强度高。在斑状结构中，细粒基质比玻璃基质的强度高。总而言之，晶粒越细，越均匀，玻璃质越少，则强度越高。

（2）胶结连接

胶结连接指颗粒与颗粒之间通过胶结物在一起的连接，如沉积碎屑岩，部分黏土岩。这种连接的岩石，其强度主要取决于胶结物及胶结类型。从胶结物来看，硅质、铁质胶结的岩石强度较高，钙质次之，而泥质胶结强度最低。

（3）岩石中的微结构面

岩石中的微结构面是指存在于矿物颗粒内部或矿物颗粒集合体之间微小的弱面及孔隙，它包括矿物的解理、晶格缺陷、晶粒边界、晶粒孔隙、微裂隙等。岩石中的微结构面通常很小，但是，它们对岩石工程性质的影响却是很大。首先，微结构面的存在将大大降低岩石的强度，这是由于这些缺陷的存在，易造成裂隙末端的应力集中，从而导致裂隙沿末端继续扩展，使岩石的强度降低；其次，缺陷能增大岩石的变形，但仅限于围压较低时，当围压较高时，微裂隙等缺陷将受压闭合，其影响相对减弱。

（二）岩石的地质成因分类

按照地质成因通常把岩石分为岩浆岩、沉积岩和变质岩三大类。不同成因的岩石具有不同的力学特性，因此，了解每种岩石的基本特征，对于分析岩石的工程性质十分有用。

1. 岩浆岩

岩浆岩是由岩浆冷凝后形成的岩石，按照冷凝时地质环境的不同，又可分为深成岩、浅成岩和喷出岩，每一类中又根据成分的不同进行具体的分类。它们在结构上有较大的差异，这种差异往往通过岩石的力学性质反映出来。

深成岩岩性比较均一，变化较小，岩体结构呈典型的块状结构，结构体多为六面体和八面体。颗粒均匀，多为粗-中粒结构，致密坚硬，孔隙较少，力学强度高，透水性较弱，抗水性较强，所以工程地质性质一般比较好。但深成岩的不足是易风化，风化层厚度较大。

浅成岩的成分一般与相应的深成岩相似，但其产状和结构都不相同，多为岩床、岩墙、岩脉等小侵入体，岩体均一性差，岩体结构常呈镶嵌式结构，而岩石多呈斑状结构和均粒-中细粒结构。细粒岩石强度比深成岩高，抗风化能力强，斑状结构岩石则差一些。与其他类型的岩体相比，浅成岩一般还是较好的，在岩石工程中应尽量加以利用。

喷出岩由于喷发时的条件和方式不同，使其组织结构和成分有较大的差异，岩性岩相变化十分复杂。总的来说，喷出岩是火山喷出的熔岩流冷凝而成，由于火山喷发的多期性，火山熔岩和火山碎屑往往相间，使喷出岩具类似层状的构造。另外，岩石中含有较多的玻璃及气孔、杏仁构造，岩石颗粒很细，多呈致密结构。总之，喷出岩的结构比较复杂，岩性不均一，各向异性显著，岩体的连续性较差，透水性较强，软弱夹层的软弱结构面比较发育，成为控制岩体稳定性的主要因素。

2. 沉积岩

沉积岩是由风化剥蚀作用和活火山作用形成的物质，在原地或被外力搬运，在适当条件下沉积下来，经胶结和成岩作用而形成的。其矿物成分主要是黏土矿物、碳酸盐和残余的石英长石等，具层理构造，岩性一般具有明显的各向异性。按形成条件及结构特点，又可分为火山碎屑岩、沉积碎屑岩、黏土岩、化学岩和生物化学岩等。

3. 变质岩

变质岩是在已有岩石的基础上，经过变质混合作用后形成的岩石。由于温度、压力的不同，则有高温变质、中温变质及低温变质，再加上作用力的不同，又有更多组合的变质混合条件。变质岩的性质与变质作用的特点及原岩的性质有关。其岩石力学性质差别很大，不能一概而论。但大多数常见的变质岩是经过重结晶作用，具有一定的结晶连接，结构较紧密，抗水性较强，孔隙较小，透水性弱，强度较高。但也有相反的情况，如变质岩中的片理及片麻理，往往使岩石的连接减弱，力学性质呈现各向异性，强度降低。

三、岩石的基本物理性能指标及其试验方法

岩石力学中研究的岩体，是由各种地质作用综合而成的地质体，它具有特殊的结构和不同于一般固体介质的力学性质。为了正确地掌握在外力作用下岩体的变形和破坏规律，对岩体的稳定性做出合乎实际的分析和评价，首先需要对岩石和岩体的物理力学性质、岩体结构特征有清楚的认识。

岩石的基本物理力学性质是岩体最基本、最重要的性质之一，也是整个岩体力学中研究最早、最完善的部分。用某种数值来描述岩石的某种物理性能，这些数值就是岩石的物理性能指标。在工程上常用到的物理性能指标主要有重度、相对密度、孔隙率、渗透系数等。

为了测定这些指标，一般都采用钻探的方法获得岩芯，在室内做试验，或者直接在天然和人工露头（探井、探洞）处采取岩样进行试验。选用岩样时应当考虑到它们对所研究地质单元的代表性，并尽可

能保持其天然结构。最好使用同一岩样逐次测定岩石的各种物理性能指标。下面分述岩石的几种主要的物理性质指标。

（一）岩石的质量指标

由于各种岩石所组成的矿物成分、结构构造和成岩条件的不同，岩石的物理性能差别很大。

1.岩石的密度

岩石的密度是指岩石试件的质量与试件的体积之比，即单位体积内岩石的质量。岩石一般由固相（由矿物、岩屑等组成）、液相（由充填于岩石孔隙中的液体组成）和气相（由孔隙中未被液体充满的剩余体积中的气体组成）所组成。很显然，这三项物质在岩石中所含的比例不同，矿物岩屑的成分不同，将会使密度发生变化。

（1）天然密度ρ

天然密度是指岩石在自然条件下，单位体积的质量。

$$\rho = \frac{m}{V} \quad (\text{g} / \text{cm}^3) \tag{20-1-1}$$

式中：m——岩石试件的总质量；

V——该试件的总体积。

（2）饱和密度ρ_{sat}

饱和密度是指岩石中的孔隙都被水充填时单位体积的质量。

$$\rho_{sat} = \frac{m_s + V_v\rho_w}{V} \quad (\text{g/cm}^3) \tag{20-1-2}$$

式中：m_s——岩石中固体的质量；

V_v——孔隙的体积；

ρ_w——水的密度。

（3）干密度ρ_d

干密度是指岩石孔隙中的液体全部被蒸发，试件中仅有固体和气体的状态下，其单位体积的质量。

$$\rho_d = \frac{m_s}{V} \quad (\text{g/cm}^3) \tag{20-1-3}$$

以上是三种不同条件下的最常用的密度参数。密度试验通常用称重法，即先测量标准试件的尺寸，然后放在感量精度为0.01g的天平上称重，并计算密度参数。饱和密度可采用48h浸水法或抽真空法使岩石试件饱和。而干密度的测试方法为先把试件放入108℃烘箱中，将岩石烘至恒重（一般约为24h），再进行称重试验。

密度参数是工程中应用最广泛的参数之一，通常应用密度参数计算岩体的自重应力。而计算岩体的自重应力时，往往将密度转化为重力密度（简称重度）。两者的区别在于后者与重力加速度有关，一般用γ表示，其采用的单位为kN/m³。

2.岩石的重度γ

岩石单位体积（包括岩石孔隙体积在内）的重量，称为岩石的重度。它和土的重度相类似，也可以分为干重度、湿重度和饱和重度等，但是这三者在数值上一般差别不大。

岩石的重度可表示为

$$\gamma = \frac{W}{V} \quad (\text{kN/m}^3) \tag{20-1-4}$$

式中：W——岩石的重量；

V ——岩石的体积。

岩石的重度取决于组成岩石的矿物成分、孔隙及含水的多少。当其他条件相同时，岩石的重度在一定程度上与它的埋藏深度有关。一般而言，靠近地表的岩石重度往往较小，而深层的岩石具有较大的重度。表 20-1-2 列出了某些岩石的重度值，以资参考。

各种岩石的重度、相对密度、孔隙率　　　　　　　　　　表 20-1-2

岩　石	重度（kN/m³）	相对密度	孔隙率（%）	岩　石	重度（kN/m³）	相对密度	孔隙率（%）
花岗岩	26~27	2.5~2.84	0.5~1.5	页　岩	20~24	2.57~2.77	5~20
粗玄岩	30~30.5		0.1~0.5	石灰岩	22~26	2.48~2.85	1~5
流纹岩	24~26		4~6	白云岩	25~26	2.2~2.9	0.5~1.5
安山岩	22~23	2.4~2.8	10~15	片麻岩	29~30	2.63~3.07	0.5~2
辉长岩	30~31	2.70~3.20	0.1~1.0	大理岩	26~27	2.60~2.80	0.1~0.5
玄武岩	28~29	2.60~3.30	5~25	石英岩	26.5	2.53~2.84	0.1~0.5
砂　岩	20~26	2.60~2.75	10~20	板　岩	26~27	2.68~2.76	0.1~0.5

岩石重度的大小，在一定程度上反映出岩石的力学性质的优劣。通常岩石重度越大，其力学性能越好，反之越差。

岩石力学计算中常需用到重度这一指标，通常以 γ 表示天然重度，以 γ_d 和 γ_{sat} 表示干重度和饱和重度。

3. 岩石的相对密度 d_s

岩石的干重量除以岩石的实体积（不包括孔隙体积）得到的单位干重度，与 4℃时水的重度 γ_w 之比，即为岩石的相对密度。

$$d_s = \frac{W_s}{V_s \cdot \gamma_w}$$
(20-1-5)

式中：d_s ——岩石的相对密度；

　　　W_s ——绝对干燥时体积为 V 的岩石重量；

　　　V_s ——岩石的实体体积（不包括孔隙体积）；

　　　γ_w ——水的重度，在 4℃时等于 10kN/m³。

岩石的相对密度可采用比重瓶法求得。首先，将岩石粉碎，并使岩粉通过直径为 0.16mm 的筛网筛选，然后，将其烘干至恒重，称出一定量的岩粉，将岩粉倒入已注入一定量煤油（或纯水）的比重瓶内，摇晃比重瓶将岩粉中的空气排出，静止 4h 后，由于加入岩粉使液面升高，读出其刻度，即加入岩粉后体积的增量；最后，必须测量液体的温度，修正由于液体温度的不同而造成的误差，按要求计算出岩石的相对密度。

岩石的相对密度取决于组成岩石的矿物的相对密度。显然，矿物的相对密度越大，则岩石的相对密度也越大，反之越小。例如，含有矿物相对密度较大的基性和超基性岩石，一般具有较大的相对密度，而含有矿物相对密度较小的酸性岩石，一般具有较小的相对密度。某些岩石的相对密度和密度见表 20-1-2。

（二）岩石的孔隙性

岩石的孔隙性是反映岩石中孔隙发育程度的指标。

1. 岩石的孔隙比 e

孔隙比是指孔隙的体积 V_v 与固体的体积 V_s 之比。其公式为

$$e = \frac{V_v}{V_s} \tag{20-1-6}$$

2. 岩石的孔隙率 n

孔隙率是指孔隙的体积与试件总体积的比值。其公式为

$$n = \frac{V_v}{V} \times 100\% \tag{20-1-7}$$

孔隙率分为开口孔隙率和封闭孔隙率，两者之和总称为孔隙率。由于岩石的孔隙主要是由岩石内的粒间孔隙和细微裂隙所构成，所以孔隙率是反映岩石致密程度和岩石质量的重要参数。一般来说，随着岩石孔隙率的增大，一方面削弱了岩石的整体性，使得岩石的容重和强度降低，透水性增大；另一方面由于孔隙的存在，又为各种风化营力打开了方便之门，加快风化速度，从而进一步增大透水性和降低岩石强度。图 20-1-1 表示几种碳酸盐类岩石的孔隙率与极限抗压强度的相关关系。可见，孔隙率愈大表示孔隙和细微裂隙愈多，岩石的抗压强度随之降低。

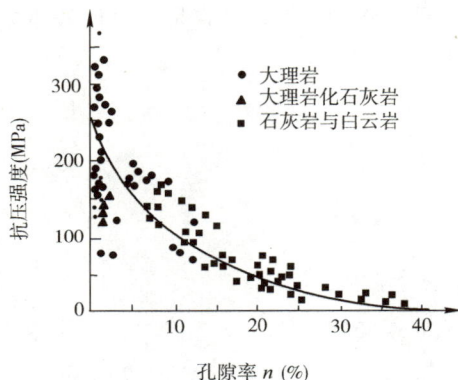

图 20-1-1 碳酸盐类岩石的抗压强度与孔隙率的关系

根据试件中三相体的相互关系，孔隙比与孔隙率存在着如下关系

$$e = \frac{n}{1-n} \tag{20-1-8}$$

孔隙性参数可利用特定的仪器使孔隙中充满水银而求得，但是，在一般情况下，可通过有关的参数推算而得。如

$$n = \frac{1-\gamma_d}{d_s \cdot \gamma_w} \tag{20-1-9}$$

由于岩石的孔隙主要是由岩石内的粒间孔隙和细微裂隙所构成，所以孔隙率也是判定岩石质量的重要物理性质指标。孔隙率越大，孔隙和细微裂隙也就越多，岩石的力学性质就越差；反之越好。某些岩石的孔隙率见表 20-1-2。

（三）岩石的水理性质

1. 岩石的含水率 w

岩石的含水率是指岩石孔隙中含水的质量与固体质量之比的百分数。

$$w = \frac{m_w}{m_s} \times 100\% \tag{20-1-10}$$

根据试件含水率的不同，可分成岩石在天然状态下的含水率和饱和状态下的含水率。其试验方法类

似于密度试验的方法，其区别在于必须求出所含水的质量。

岩石的含水率对于软岩来说是一个比较重要的参数。组成软岩的矿物成分中往往含有较多的黏土矿物，而这些黏土矿物遇水软化的特性，将对岩石的变形、强度有很大的影响。对于中等坚硬以上的岩石而言，其影响就显得并不重要。

2. 岩石的吸水率w_a

岩石在一定条件下吸收水分的性能称为岩石的吸水性。它取决于岩石中孔隙的数量、大小、开闭程度和分布情况。表征岩石吸水性的指标为吸水率。

岩石的吸水率是指岩石在常温常压条件下吸入水的质量与试件固体的质量之比。

$$w_a = \frac{m_{sat} - m_s}{m_s} \times 100\% \tag{20-1-11}$$

式中：m_{sat}——烘干岩样浸水 48h 后的总质量。

岩石吸水率的试验方法类似于饱和密度的试验方法，可通过饱和密度的试验，得到岩石的吸水率。岩石吸水率的大小，取决于岩石所含孔隙、裂隙的数量、大小、开闭程度及其分布情况，是一个间接反映岩石孔隙多少的指标，岩石的吸水率越大，表明岩石中的孔隙越大，数量越多，并且连通性越好，岩石的力学性质越差。与岩石的含水量一样，对于软岩它是一个比较重要的参数。部分岩石的吸水率见表 20-1-3。

部分岩石的吸水率 表 20-1-3

岩 石 名 称	吸水率（%）	岩 石 名 称	吸水率（%）
花岗岩	0.1~4.0	砾岩	0.3~2.4
闪长岩	0.3~5.0	砂岩	0.2~9.0
辉长岩	0.5~4.0	泥岩	0.7~3.0
玢岩	0.4~1.7	页岩	0.5~3.2
辉绿岩	0.8~5.0	石灰岩	0.1~4.5
安山岩	0.3~4.5	泥灰岩	0.5~3.0
玄武岩	0.3~2.8	白云岩	0.1~3.0
火山集块岩	0.5~1.7	片麻岩	0.1~0.7
火山角砾岩	0.2~5.0	花冈片麻岩	0.1~0.85
凝灰岩	0.5~7.5	千枚岩	0.5~1.8
板岩	0.1~0.3	大理岩	0.1~1.0

3. 岩石的渗透性

岩石的渗透性是指岩石在一定的水压力作用下，水穿透岩石的能力。它反映了岩石中孔隙的大小、方向及其相互连通的程度。长期以来有关渗流的研究基本上集中在孔隙介质中的渗流，对于裂隙介质中的渗流研究，则很不成熟。为了近似地分析裂隙岩体的渗流问题，假定它服从达西（Darcy）定律。按照这个定律，渗流流量与水力坡降成正比，即

$$q_x = k \frac{dh}{dx} A \quad (m^3/s) \tag{20-1-12}$$

式中：q_x——沿x方向水的流量；

h ——水头的高度；

A ——垂直于x方向的截面面积；

k ——岩石的渗透系数。

渗透系数的物理意义是介质对某种特定流体的渗透能力。因此，对于水在岩石中渗流来说，渗透系数的大小就取决于岩石的物理特性和结构特征。

就一般工程而言，所关心的是渗透系数k的大小。岩石的渗透系数可在现场和实验室内通过试验确定。室内试验的仪器和方法与土的渗透仪相类似，不过做试验时采用的压力差比做土的试验大得多。图20-1-2表示岩石室内渗透仪的结构和试验原理。试验时采用下式计算渗透系数

$$k = \frac{QL\gamma_{w}}{pA} \tag{20-1-13}$$

式中：Q ——单位时间内通过试样的水量（m^3）；

L ——试件长度（m）；

γ_{w} ——水的重度（kN/m^3）；

p ——试件两端的压力差（kPa）；

A ——试件的断面面积（m^2）。

径向渗透试验也是一种在室内测量岩石渗透系数的方法，它是将具有一定壁厚的圆筒状岩样置于压力水中（见图20-1-3a），则水经试样外壁径向渗入试样内孔，此时岩样处于受压状态，测定渗入内孔的流量Q；相反，如将压力水注入内孔，使水由内向外渗出（见图20-1-3b），此时岩样则处于受拉状态，同样需要测定注入内孔的补给压力水流量Q。以上这两种径向试验的渗透系数k值均可按下式计算。

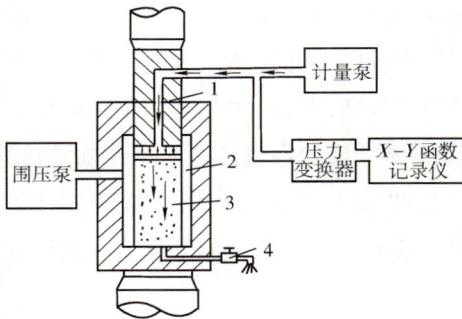

图 20-1-2　岩石渗透仪

1-注水管路；2-围压室；3-岩样；4-放水阀

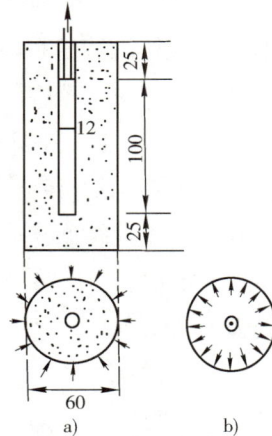

图 20-1-3　径向渗透试验示意图（尺寸单位：mm）

$$k = \frac{Q\gamma_{w}}{2\pi Lp} \ln \frac{R_2}{R_1} \tag{20-1-14}$$

式中：Q ——内孔渗出或注入的流量（m^3/s）；

p ——渗透水压强度（kPa）；

L ——内孔长度（m）；

γ_{w} ——水的重度（kN/m^3）；

R_1、R_2 ——分别为试样内外半径（m）。

　　由于试样受压状态和受拉状态所得的渗流量Q并不相同，因此由式（20-1-14）计算得出的这两种不同应力状态的渗透系数k显然也是不同的。这个差别对于研究岩体渗流状态时是不容忽视的，也就是说，岩体的渗透系数不仅受渗透水压强度p的影响，而且受应力状态所左右。部分岩石的渗透系数范围值示于表20-1-4，以供参考。

某些岩石的渗透系数　　　　　　　　　　　表 20-1-4

岩石名称	孔隙情况	渗透系数（cm/s）	岩石名称	孔隙情况	渗透系数（cm/s）
花岗岩	较致密、微裂隙	$1.1\times10^{-12}\sim9.5\times10^{-11}$	辉绿岩、玄武岩	致密	$<10^{-13}$
	含微裂隙	$1.1\times10^{-11}\sim2.5\times10^{-11}$			
	微裂隙及部分粗裂隙	$2.8\times10^{-9}\sim7\times10^{-8}$	砂岩	较致密	$10^{-13}\sim2.5\times10^{-12}$
石灰岩	致密	$3\times10^{-12}\sim6\times10^{-10}$			
	微裂隙、孔隙	$2\times10^{-9}\sim3\times10^{-6}$		孔隙较发育	5.5×10^{-6}
	空间较发育	$9\times10^{-5}\sim3\times10^{-4}$	页岩	微裂隙发育	$2\times10^{-10}\sim8\times10^{-9}$
片麻岩	致密	$<10^{-13}$	片岩	微裂隙发育	$10^{-9}\sim5\times10^{-8}$
	微裂隙	$9\times10^{-8}\sim4\times10^{-7}$	石英岩	微裂隙	$(1.2\sim1.8)\times10^{-10}$
	微裂隙发育	$2\times10^{-6}\sim3\times10^{-5}$			

　　就一般工程而言，所关心的是渗透系数K的大小。通常，渗透系数是利用径向渗透试验所得到。所谓径向渗透试验，是采用钻有一同轴孔的岩芯，使这空心圆柱体试件能够产生径向流动。当液体表面作用着恒定的压力时，使液体沿着岩石内的裂隙网流动，测得各系数，进而求得岩石的渗透系数。

　　岩石的渗透系数对于解决一些实际问题具有直接的意义。例如，将水、油或者气体泵入多孔隙的岩体中；为了能量转换而在地下洞室中储存液体，评价水库的不透水性，排除深埋洞室的渗水等等。但是，就渗透性而言，岩体的渗透系数远远大于岩石的渗透系数，岩体的渗透性也远远比岩石的渗透性重要，其原因是岩体中存在着的不连续面。表20-1-5列出了某些岩体的渗透系数范围值，与表20-1-4相比可以看出，岩体的渗透系数比岩石的渗透系数要大得多。所以，就解决实际工程问题而言，进行现场岩体的渗透性试验研究非常重要。

某些岩体的渗透系数　　　　　　　　　　　表 20-1-5

岩石名称	地质特征	渗透系数（cm/s）	岩石名称	地质特征	渗透系数（cm/s）
花岗岩	新鲜完整	$(5\sim6)\times10^{-2}$		小裂隙的	$1.4\times10^{-7}\sim2.4\times10^{-4}$
玄武岩		$(1.0\sim1.9)\times10^{-3}$	石灰岩	中裂隙的	3.6×10^{-3}
安山质玄武岩	小裂隙的	1.16×10^{-3}		大裂隙的	5.3×10^{-2}
	中等裂隙的	1.16×10^{-2}		大管道的	$4.0\sim8.5$
	大裂隙的	1.16×10^{-1}	泥质页岩	新鲜、微裂隙	3.0×10^{-4}
结晶片岩	新鲜的	$(1.2\sim1.9)\times10^{-2}$		风化、中等裂隙	$(4\sim5)\times10^{-4}$
	风化的	1.4×10^{-5}	砂岩	新鲜	$4.4\times10^{-5}\sim3\times10^{-4}$

岩 石 名 称	地 质 特 征	渗透系数（cm/s）	岩 石 名 称	地 质 特 征	渗透系数（cm/s）
凝灰质角砾岩		$(1.5\sim2.3)\times10^{-4}$	砂岩	新鲜、中等裂隙	8.6×10^{-3}
凝灰岩		$6.4\times10^{-4}\sim4.4\times10^{-3}$		具有大裂隙	$(0.5\sim1.3)\times10^{-2}$

（四）岩石的抗风化指标

岩石开挖后，由于片状剥落、水化、崩解、溶解、氯化、磨蚀和其他过程对岩石性质的影响，通常用以下三个指标来表征岩石的抗风化特性。

1. 软化系数η

岩石浸水后强度降低的性能为软化性。当岩石的大开型孔隙较多时，水易于进入，如岩石中含有较多的亲水性和可溶性矿物，就会使岩石颗粒间的连接被削弱引起强度降低，造成岩石软化。

通常用软化系数η作为表征岩石软化性的指标。软化系数是指岩石饱和单轴抗压强度σ_{csat}与干燥状态下的单轴抗压强度σ_{cd}的比值。

$$\eta = \frac{\sigma_{csat}}{\sigma_{cd}} \tag{20-1-15}$$

软化系数是一个不大于 1 的系数，该值越小，则表示岩石受水的影响越大。一般来说，软化系数$\eta > 0.75$的认为是软化性弱、抗水抗风化性和抗冻性强的岩石；而$\eta < 0.75$的则被认为是工程地质性质较差的岩石。部分岩石的软化系数见表20-1-6。

某些岩石的软化系数　　　　　　　　　　　　　　　　　　表 20-1-6

岩 石 名 称	软 化 系 数	岩 石 名 称	软 化 系 数
花岗岩	0.80~0.98	砂岩	0.60~0.97
闪长岩	0.70~0.90	泥岩	0.10~0.50
辉长岩	0.65~0.92	页岩	0.55~0.70
辉绿岩	0.92	片麻岩	0.70~0.96
玄武岩	0.70~0.95	片岩	0.50~0.95
凝灰岩	0.65~0.88	石英岩	0.80~0.98
石灰岩	0.68~0.94	千枚岩	0.70~0.95

岩石的软化系数较易测定，生产实践中特别是在水工建筑勘察中应用较广，还可利用它来间接评价岩石的抗风化性和抗冻性。

2. 岩石耐崩解性指数I_d

耐崩解性指数是通过对岩石试件进行烘干，浸水循环试验所得的指数。它直接反映了岩石在浸水和温度变化的环境下抵抗风化作用的能力。耐崩解性指数的试验是将经过烘干的试块（质量约为 500g，且分成 10 块左右），放入一个带有筛孔的圆筒内，使该圆筒在水槽中以20rad/min的速度，连续旋转10min，然后将留在圆筒内的岩块取出再次烘干称重。如此反复进行量测后，按下式求得耐崩解性指数

$$I_{d2} = \frac{m_r}{m_s} \times 100\% \tag{20-1-16}$$

式中：I_{d2}——经两次循环试验而求得的耐崩解性指数，该指数在 0~100%内变化；

　　　m_s——试验前试块的烘干质量；

m_r ——残留在圆筒内试块的烘干质量。

甘布尔（Gamble）认为，耐崩解性指数与岩石成岩的地质年代无明显的关系，而与岩石的密度成正比，与岩石的含水率成反比。

3. 岩石的膨胀性

含有黏土矿物的岩石，遇水后会发生膨胀现象。这是因为黏土矿物遇水促使其颗粒间的水膜增厚所致。因此，对于含有黏土矿物的岩石，掌握经开挖后遇水膨胀的特性是十分必要的。岩石的膨胀特性通常以岩石的自由膨胀率、岩石的侧向约束膨胀率、膨胀压力等来表述。

（1）岩石的自由膨胀率

岩石的自由膨胀率是指岩石试件在无任何约束的条件下浸水后所产生膨胀变形与试件原尺寸的比值。常用的有岩石的径向自由膨胀率V_D和轴向自由膨胀率V_H。这一参数适用于不易崩解的岩石。

$$V_H = \frac{\Delta H}{H} \times 100\% \, ; \quad V_D = \frac{\Delta D}{D} \times 100\% \tag{20-1-17}$$

式中：ΔH、ΔD ——分别为浸水后岩石试件轴向、径向膨胀变形量；

　　　　H、D ——分别为岩石试件试验前的高度、直径。

自由膨胀率的试验通常是将加工完成的试件进入水中，按一定的时间间隔测量其变形量，最终按式（20-1-17）计算而得。

（2）岩石的侧向约束膨胀率V_{HP}

与岩石自由膨胀率不同，岩石侧向约束膨胀率是将具有侧向约束的试件浸入水中，是岩石试件仅产生轴向膨胀变形而求得的膨胀率。其计算式如下

$$V_{HP} = \frac{\Delta H_1}{H} \times 100\% \tag{20-1-18}$$

式中：ΔH_1 ——有侧向约束条件下所测得的轴向膨胀变形量。

（3）膨胀压力

膨胀压力是指岩石试件浸水后，使试件保持原有体积所施加的最大压力。其试验方法类似于膨胀率试验，只是要求限制试件不出现变形而测量其相应的最大压力。

上述三个参数从不同的角度反映了岩石遇水膨胀的特性，进而可利用这些参数评价建造于含有黏土矿物岩体中的洞室的稳定性，并为这些工程的设计提供必要的参数。

以上所叙述的是岩石常用的指标。除此之外，有关影响岩石可钻性的岩石硬度、影响洞室冷、热流体的储存和地热回收的热传导性、热容量以及热膨胀系数等特性，由于这些指标对于建筑工程而言，并不十分重要，因此不在此做深入具体的介绍。

四、岩石的力学性质及其试验方法

岩石力学性质的含义包括两个方面：岩石的变形规律和强度特征。岩石的变形规律是指岩石在各种荷载作用下的变形规律，其中包括岩石的弹性变形、塑性变形、黏性流动和破坏规律，它反映了岩石的力学属性。岩石的强度是指岩石试件在荷载作用下开始破坏时的最大应力（强度极限）以及应力与破坏之间的关系，它反映了岩石抵抗破坏的能力和破坏规律。上述两方面的性质正是岩土工程师在岩石工程的设计和施工中最为关心的，因为它关系到岩石工程的稳定和变形。

研究岩石力学变形性质的目的就是确定岩石的本构关系或物理方程，并确定相应的力学参数。研究岩石强度性质的目的，是建立适应岩石特点的强度准则并确定有关参数。此外，岩石力学性质是岩体分

类的重要数据之一，是进行岩石工程设计必不可少的基础资料之一。由此可见，岩石力学性质的研究，是整个岩石力学研究的最重要的基础。

同其他材料一样，研究岩石力学性质的最好方法就是进行岩石力学性质试验。

岩石的力学性质取决于组成成分、结构特点、致密程度、新鲜程度、岩石种类等因素。相同名称的岩石可能因地理位置不同而出现很大差异，甚至同一个地点的岩石，其性质也可能相差很大，这是由于岩石组构的差异所造成的。

（一）岩石常规室内力学性质试验的内容及基本要求

1. 试验内容

虽然岩石的力学性质试验包括变形试验与强度试验两部分内容，但在大部分情况下，这两种试验往往密不可分，通常可以同时进行。例如，在单轴抗压试验时，从开始加载，到试件完全破坏，失去承载能力，整个试验过程中不仅能测量试件的变形，而且也能同时获得试件的单轴抗压强度。

实际岩石的受力状态十分复杂，因此为了解岩石在各种应力状态下的力学特性，必须通过各种室内试验研究岩石的力学性质。下面介绍目前常规室内力学性质试验的内容：

（1）弹性波传播速度测试。通过测量弹性波（包括纵波或 P 波、横波或 S 波）在岩石中的传播速度，计算岩石的动弹性变形参数（动弹性模量、动泊松比）。

（2）单轴抗压试验。测量岩石的应力与应变关系曲线和单轴抗压强度及残余强度，了解岩石的变形特性和强度大小，确定岩石的弹性变形参数（包括弹性模量、泊松比）。

（3）三轴抗压试验。测量岩石在三向压应力作用下的应力与应变关系曲线和三轴抗压强度及残余强度，确定岩石的强度参数（如峰值黏聚力和内摩擦角、残余黏聚力和内摩擦角）。

（4）单轴拉伸试验。测量岩石的单轴抗拉强度。

（5）劈裂试验（或称巴西试验）。通过间接方法测量岩石的抗拉强度。

（6）剪切试验。确定岩石的剪切强度。

2. 基本要求

（1）要求在同样的试验标准下，采用标准试件进行试验，以利于交流和比较。

这是因为岩石的性质不仅与试件的形状有关，而且也与试件的大小有关，即岩石材料存在着尺寸效应，例如，尺寸越大，岩石的强度会越小。为此，国际岩石力学与工程学会建议使用以下规格的标准试件。

压缩试验（包括单轴抗压试验和常规三轴抗压试验）采用圆柱形试件，试件直径为 50mm，高度为直径的 2.0~2.5 倍，试件两端面的不平整度不得大于 0.5mm，在试件的高度上直径或边长的误差不得大于 0.3mm，两端面垂直于试件轴线，最大偏差不得大于 0.25°。

劈裂试验采用薄圆盘形试件，试件直径为 50mm，厚度为直径的1/2。

斜面剪切试验采用圆柱形试件，试件直径为 50mm，高度与直径相等。

（2）试验时应保证试件内部的应力状态均匀分布，并属于简单应力状态。

（3）加载速度应非常缓慢，而且应尽可能采用等速度加载。

（二）岩石的单轴压缩试验

试验过程中试件内部的应力状态始终保持均匀的单向压应力状态，这是最简单的应力状态，所以此试验是最基本的力学性质试验，也是最常见的室内力学试验。

1. 试验设备与仪器

一般采用普通压力机或万能材料试验机，为了获得岩石的全应力与应变关系曲线，最好采用刚性试验机或电液伺服控制的刚性试验机。在加载过程中，为了连续测量试件所受的荷载和试件所产生的变形大小，通常还必须配备荷载传感器和位移计（如 LVDT 式位移计）以及必要的二次仪表和记录仪器（如应变仪、函数记录仪等）。

2. 测试内容

试验时主要测量试件所受的轴向荷载P和试件所产生的轴向变形ΔH及径向变形ΔD。试件的轴向应力σ_y和轴向应变ε_y以及径向应变ε_x可用以下公式计算

$$\sigma_y = \frac{4P}{\pi D^2} = \frac{P}{A} \tag{20-1-19}$$

$$\varepsilon_x = \frac{\Delta D}{D} \tag{20-1-20}$$

$$\varepsilon_y = \frac{\Delta H}{H} \tag{20-1-21}$$

以上式中：σ_y ——试件的轴向应力；

ε_y ——试件的轴向应变；

ε_x ——试件的径向应变；

P ——试件的轴向荷载；

D、H ——分别为试件的直径和高度。

也可以用电阻应变片直接测量试件的轴向应变ε_y和径向应变ε_x。

由于$\varepsilon_y = \varepsilon_1$，$\varepsilon_x = \varepsilon_2$（岩体力学中规定：压应力和压缩应变为正，拉应力和拉应变为负），所以体积ε_v应变为

$$\varepsilon_v = \varepsilon_y - 2\varepsilon_x \tag{20-1-22}$$

由此可以获得岩石的轴向应力—轴向应变关系曲线、轴向应力-径向应变关系曲线、轴向应变—径向应变关系曲线以及轴向应力—体积应变的关系曲线。

所谓岩石的单轴抗压强度是指岩石试件在无侧限条件下，受轴向压应力作用破坏时单位面积上所承受的荷载，即

$$\sigma_c = \frac{4P_{\max}}{\pi D^2} \tag{20-1-23}$$

式中：σ_c ——岩石的单轴抗压强度，有时也称作无侧限抗压强度；

$P_{\max}$ ——在无侧限条件下，试件破坏时的最大轴向荷载。

3. 岩石的变形与破坏

长期以来，岩石的变形与强度性质主要依靠普通材料试验机进行研究。但在实践中发现，进行岩石单轴抗压试验时，在应力达到岩石峰值抗压强度的瞬间，往往产生试件"爆裂"现象，以致很难测得接近及达到峰值时的应力-应变关系，更无法获得峰值后的任何信息。所以，人们以为岩石的应力-应变关系曲线只有峰前段。实际上，如图 20-1-4 所示，岩石不仅具有峰前段曲线。而且还具有峰后段曲线。当应力超过了岩石的极限强度以后，岩石并没有完全失去承载能力，仍然具有一定的强度，并随着塑性变形的增大，强度逐渐减小，最终达到岩石的残余强度（σ_r）。实际上岩石从开始破坏到完全失去其承载能力的过程，是一个渐进的过程，而不是突如其来的过程。以峰值强

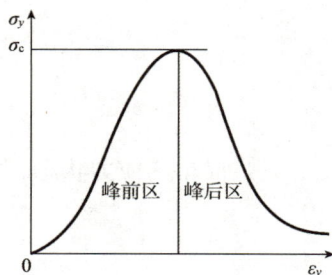

图 20-1-4　岩石的全应力与应变关系曲线

度对应的变形为界，整个曲线可划分为前后两个区域，分别称为峰前区和峰后区。通常把如图 20-1-4 所示的曲线称为岩石的全应力与应变关系曲线。

岩石具有峰后强度，这是岩石的一个重要特性。它表示岩石破坏以后，并不是完全失去承载能力，而是仍然具有一定的强度。在隧道洞壁上经常可以发现有的岩石已经非常破碎，但是隧道仍然稳定，不需要任何支护。因此，在岩石工程设计时，应充分利用岩石的这一特性，让岩石处于峰后区工作，这样既可以节省支护费用，降低工程造价，也不会影响岩石的稳定性。

造成岩石试件爆裂的原因主要是试验机的刚度比岩石试件的刚度相对较小所引起的。即试验机的刚度小于岩石试件峰后曲线的斜率，这可以从峰后变形过程中能量平衡的角度进行考察。

刚度 K 的定义如下

$$K = \frac{P}{\Delta H} \tag{20-1-24}$$

式中：ΔH ——沿力 P 方向的位移。

可见刚度即是引起单位位移所需之力。对于单一部件，由虎克定律及应力-应变的定义，式（20-1-24）可改写为

$$K = \frac{EA}{H} \tag{20-1-25}$$

式中： E ——部件材料弹性模量；

A、H ——分别为部件的截面面积和高度。

试验机的刚度 K_m 主要取决于机器受力部件的刚度、部件间的配合情况、油液的压缩性能等因素，可写成 $K_m = E_m A_m / H_m$（E_m、A_m、H_m 都为机器的折算等效值），通常只有 0.15~0.2MN/mm。而岩石试件的刚度 $K_r = E_r A_r / H_r$，一般达到 0.5MN/mm 以上。即一般情况下有 $K_r > K_m$。

下面通过试验过程中机器和岩石试件的压力位移关系及应变能的变化，来分析试件爆裂与不爆裂的条件。

加载时（见图 20-1-5），机器和试件都积蓄应变能。

机器的应变能

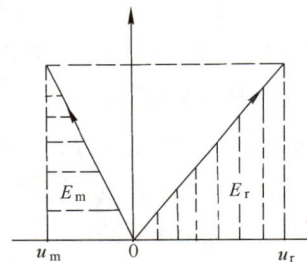

图 20-1-5　加载时岩石和机器的压力位移曲线与应变能

$$E_m = \frac{1}{2} P u_m = \frac{1}{2} P \frac{P}{K_m} = \frac{1}{2} \frac{P^2}{K_m} \tag{20-1-26}$$

岩石试件的应变能

$$E_r = \frac{P^2}{2K_r} \tag{20-1-27}$$

试件破裂的瞬间，E_r 大部分转化为裂缝扩展、声响、震动、热能等而消耗掉，E_m 也按一定方式释放。

图 20-1-6 为试件破裂后继续变形，机器释放能量，以及试件与机器两者刚度之间的关系。峰后区岩石的刚度（斜率）为负值，即 $dP/du = \tan(180° - \alpha_1) = -\tan\alpha_1$，而机器的刚度不变，为 $K_m = \tan(180° - \alpha_2) = -\tan\alpha_2$。

若在 A 点有一位移增量 Δu，则机器释放能量为

$$\Delta E_m = P \cdot \Delta u - \frac{1}{2} \Delta u \cdot \tan\alpha_2 \cdot \Delta u = P \cdot \Delta u - \frac{1}{2} \Delta u^2 |K_m| \tag{20-1-28}$$

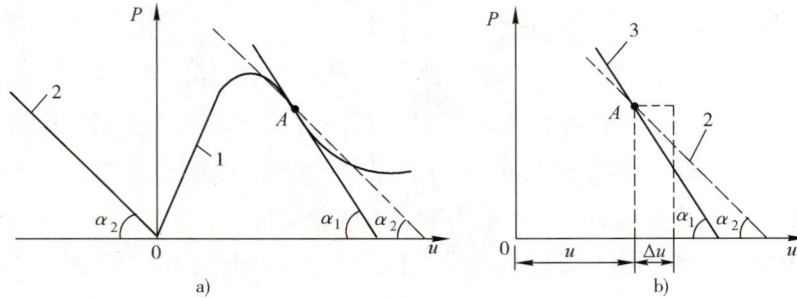

图 20-1-6　峰后区岩石与试验机的刚度分析比较

1-岩石压力-位移曲线；2-试验机压力-位移曲线；3-岩石曲线在A点的切线

使岩石试件继续平静地（不破裂）位移所需的能量为

$$\Delta E_r = P \cdot \Delta u - \frac{1}{2}\Delta u \cdot \tan \alpha_1 \cdot \Delta u = P \cdot \Delta u - \frac{1}{2}\Delta u^2 \left|\frac{dP}{du}\right| \tag{20-1-29}$$

显然，如果$\Delta E_m < \Delta E_r$，则岩石试件除了吸收机器释放的能量以外，尚需添加其他能量才能继续位移，故试件不可能爆裂。此时，$\tan \alpha_2 > \tan \alpha_1$，$\alpha_2 < \alpha_1$或得

$$|K_m| > \left|\frac{dP}{du}\right| \tag{20-1-30}$$

反之，如果$\Delta E_m > \Delta E_r$，则试件必爆裂。此时，$\tan \alpha_2 > \tan \alpha_1$，$\alpha_2 < \alpha_1$。可见，当峰后区机器刚度的绝对值小于岩石试件压力位移曲线斜率的绝对值，岩石试件即产生爆裂现象；反之，则不会产生。

据鲁梅尔（F Rummel）研究，试验机刚度并不影响峰值大小，只影响峰后区试件是否破裂。

从上面对爆裂条件的分析，可以发现克服爆裂现象的途径主要有提高试验机刚度，改变峰值前后的加载方式，通过伺服控制方式控制试件位移等。因此，为了获得岩石的全应力与应变关系曲线，人们开发研制了各种刚性试验机、复式加载试验机以及电液伺服控制的刚性试验机等，目前较为常用的主要是电液伺服控制的刚性试验机。

伺服控制试验机是试验全过程和数据采集都用电脑控制的现代化岩石力学试验机，性能先进，功能强大，但结构复杂，价格昂贵。图 20-1-7 为这种试验机闭环控制的简单系统图。液压系统的活塞按一定的指令推进，向试件施加压力。在加荷过程中，试件产生应变，它所承受的压力值和产生的位移值通过传感器并放大后形成反馈信号，与指令信号同时送入伺服控制器。

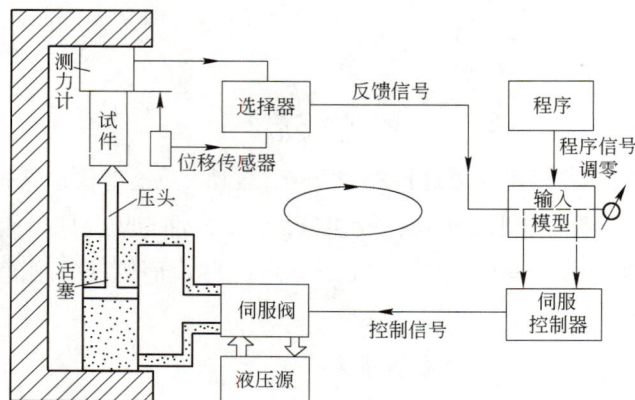

图 20-1-7　电液伺服试验机原理示意图

两者的差值即为控制信号，用来调整伺服阀，加大或减少加载装置的油液供给量，使试件位移速度始终控制在适当范围内，从而保证试件不爆裂，实现系统的闭环控制。

图 20-1-8 是伺服控制系统的基本原理图。设试验机活塞的行程为u_p，岩石试件变形为u_r，机器弹性变形为u_m，则

$$u_p = u_r + u_m \tag{20-1-31}$$

图 20-1-8　试验机试件系统的力学模型图

取对时间的导数，得

$$\frac{du_p}{dt} = \frac{du_r}{dt} + \frac{du_m}{dt} \tag{20-1-32}$$

岩石试件的压力-位移曲线为$P = f(u_r)$，试验机的位移为$u_m = f(u_r)/K_m$，代入式（20-1-32）得

$$\frac{du_p}{dt} = \frac{du_r}{dt} + \frac{1}{K_m}\frac{df(u_r)}{du_r}\cdot\frac{du_r}{dt} \tag{20-1-33}$$

整理得

$$\frac{du_r}{dt} = \frac{K_m}{K_m + f'(u_r)}\cdot\frac{du_p}{dt} \tag{20-1-34}$$

式中：$f'(u_r)$　——岩石的刚度。

在峰后区$f'(u_r)$为负值。在加载过程中，如机器刚度偏小，会有$K_m + f'(u_r) \ll K_m$，为了控制du_r/dt不过大（不爆裂），就必须使du_p/dt足够小，即和$K_m + f'(u_r)$相适应。这个动力平衡过程就是伺服机的控制原理和过程。

目前，对峰前区曲线的分类及其变形特征研究较多，资料也比较多。而对峰后区的变形特征则研究不够。下面将分别进行简要的讨论。

（1）峰前区岩石的变形特征

根据米勒（Miller，1965）对 28 种岩石的试验成果，可将峰值前应力与应变曲线划分为 6 类（见图 20-1-9）。

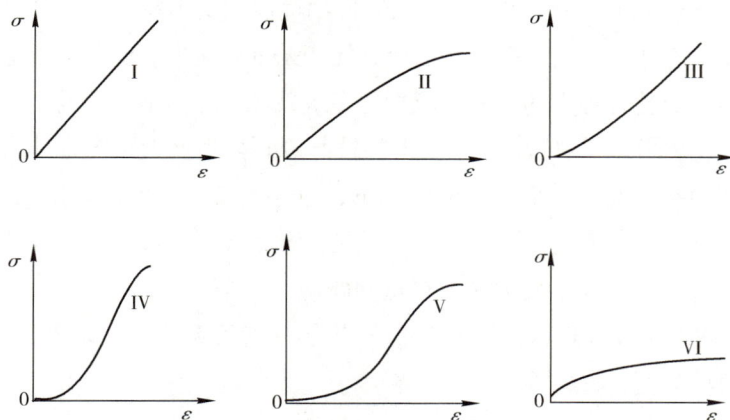

图 20-1-9　峰前区岩石的典型变形曲线类型（据 Miller，1964）

类型I（弹脆性）：表现为近似于直线关系的变形特征，直到发生突发性破坏、且以弹性变形为主，是玄武岩、石英岩、辉绿岩等坚硬、极坚硬岩类岩石的特征曲线。

类型II（弹塑性）：开始为直线，至末端则出现非线性屈服段。较坚硬而少裂隙的岩石，如石灰岩、砂砾岩和凝灰岩等常呈这种变形曲线。

类型Ⅲ（塑弹性）：开始为上凹型曲线，随后变为直线，直到破坏，没有明显的屈服段。坚硬而有裂隙发育的岩石如花岗岩、砂岩及平行片理加荷的片岩等常具这种曲线。

类型Ⅳ（塑弹塑性）：为中部很陡的 S 形曲线，是某些坚硬变质岩（如大理岩和片麻岩）常见的变形曲线。

类型Ⅴ（塑弹塑性）：是中部较缓的 S 形曲线，是某些压缩性较高的岩石如垂直片理加荷的片岩常见的曲线类型。

类型Ⅵ（弹黏塑性）：开始为一很小的直线段，随后就出现不断增长的塑性变形和蠕变变形，是盐岩等蒸发岩、极软岩等的特征曲线。

以上曲线中类型Ⅲ、Ⅳ、Ⅴ具有某些共性。如开始部分由于孔隙压密均为一上凹形曲线，当岩块微裂隙、片理、微层理等压密闭合后，即出现一直线段；当试件临近破坏时，则逐渐呈现出不同程度的屈服段。

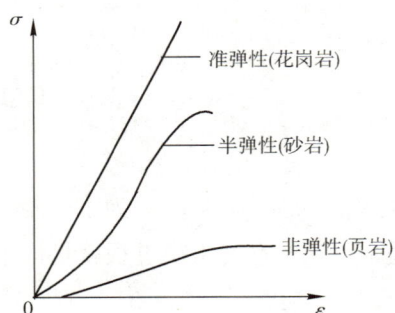

图 20-1-10　峰前区岩石应力-应变关系曲线的三种类型（Farmer，1968）

法默（Farmer，1968）根据岩块峰值前的应力-应变曲线，把岩石划分为准弹性、半弹性与非弹性的三类（见图 20-1-10）。准弹性岩石多为细粒致密块状岩石，如无气孔构造的喷出岩、浅成岩浆岩和变质岩等。这些岩石的应力-应变近似呈线性关系，具有弹脆性性质。半弹性岩石多为孔隙率低且具有较大内聚力的粗粒岩浆岩和细粒致密的沉积岩。这些岩石的变形曲线斜率随应力增大而减小。非弹性岩石多为黏聚力低、孔隙率大的软弱岩石、如泥岩、页岩、千枚岩等。其应力-应变曲线为缓"S"形。

此外，还有人将岩石的应力-应变关系曲线划分为"S"形、直线形和下凹形三类。

（2）峰值后岩石的变形与破坏特征

岩石峰值后阶段（峰后区）的变形特征的研究是随着刚性压力机和伺服机的研制成功才逐渐开展起来的，目前这方面的研究成果并不多。在这之前人们常用峰前区变形特征来表征岩石的变形性质，以峰值应力代表岩石的强度，超过峰值就认为岩石已经破坏，无承载能力。现在看来这是不符合实际的。因为岩体在漫长的地质年代中受各种力的作用，遭受过多次破坏，已不是完整的岩体了，其内部存在各种结构面。这样一种经受过破坏的裂隙岩体，其变形特性与岩石峰后区变形特征非常相似。试验研究和工程实践都表明，岩石即使在破裂且变形很大的情况下，也还具有一定的承载能力，即应力-应变曲线不与水平轴相交，在有侧向压力的情况下更是如此。因此，研究岩石变形的全过程曲线，特别是峰后区变形特征是近四十多年来岩石力学界十分关注的热点问题。

Wawersik（1968）通过试验发现，根据岩石的全应力-应变关系曲线，如图 20-1-11 所示，可以把岩石的破坏划分为以下两种类型：

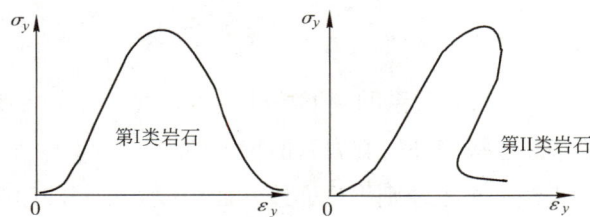

图 20-1-11　岩石全应力-应变关系曲线的两种类型

①第I类岩石（稳定断裂传播型）：峰后所储存的应变能不能使破裂继续发展，只有再增加外功才能使试件进一步破损，而且其承载能力相应降低，峰后岩石仍保持部分强度，因此，岩石的破坏可以控制，属于稳定型破坏。这类岩石峰后段曲线的斜率为负值。

②第II类岩石（非稳定断裂传播型）：在峰后段，即使外力不对试件做功，试件中所储存的能量也能使断裂继续发展，并最终导致整个试件的破坏。因此，岩石的破坏无法控制，属于非稳定型破坏。这类岩石峰后段曲线的斜率为正值，其脆性较大。

图 20-1-12 是大久保诚介等得出的几种岩石的全应力-应变关系曲线。

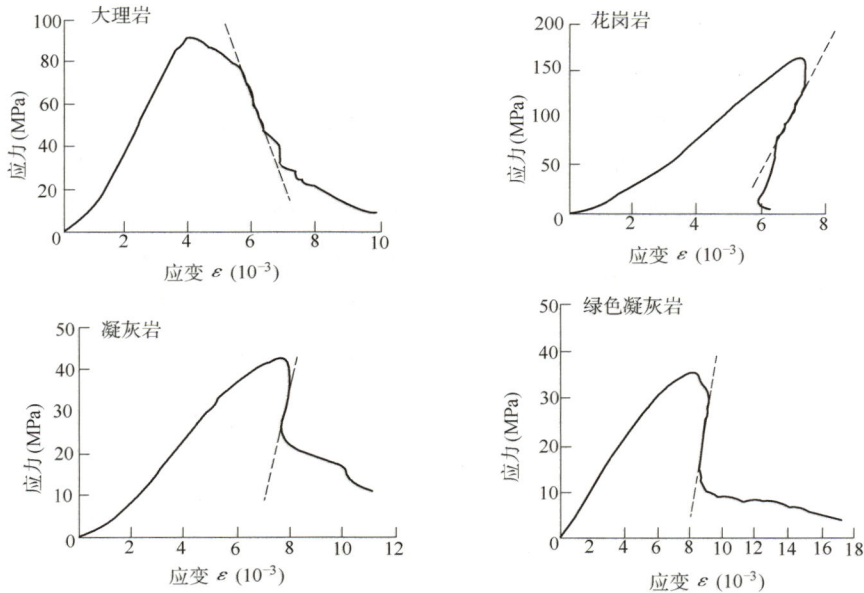

图 20-1-12　几种岩石的全应力-应变关系曲线（据大久保诚介等）

葛修润等人（1994）对此提出了不同的看法，他们根据在自己研制的电液伺服控制岩石试验机上进行的试验资料（见图 20-1-13），认为所谓的II形曲线只不过是人为控制造成的，实际上并不存在。据此提出了如图 20-1-14 所示的全应力-应变曲线模型，即在保持轴向应变率不变（即轴向应变控制）的情况下，绝大部分岩石的峰后区曲线位于过峰值点P的垂直线右侧。只不过随岩石脆性程度不同，曲线的陡度不同而已。越是脆性的岩石（如新鲜花岗岩、玄武岩、辉绿岩、石英岩等），其后区曲线越陡，即越靠近P点垂直线且曲线上有明显的台阶状。越是塑性大的岩石（如页岩、泥岩、泥灰岩、红砂岩等），峰后区曲线越缓（见图 20-1-14）。

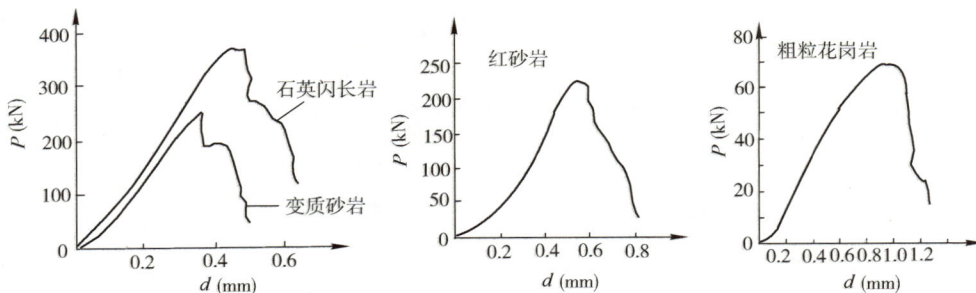

图 20-1-13　几种岩石的全应力-应变关系曲线（据葛修润等）

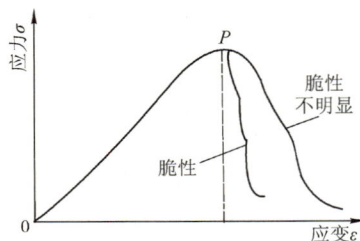

图 20-1-14　岩石全应力-应变关系曲线的新模型（据葛修润等）

（3）循环荷载作用条件下岩石的变形特征

岩石在循环荷载作用下的应力-应变关系，随加、卸荷方法及卸荷应力大小的不同而异。当在同一荷载下对岩石加、卸荷载时，如果卸荷点（P）的应力低于岩石的弹性极限（A），则卸荷曲线将基本上沿加荷曲线回到原点，表现为弹性恢复（见图 20-1-15）。但应当注意，多数岩石的大部分弹性变形在卸荷后能很快恢复，而小部分（10%~20%）须经一段时间才能恢复。这种现象称为弹性后效。

如果卸荷点（P）的应力高于弹性极限（A），则卸荷曲线偏离原加荷曲线，也不再回到原点，变形除弹性变形（ε_e）外，还出现了塑性变形（ε_p）（见图 20-1-16）。这时岩石的弹性模量E_e和变形模量E及可用下式确定

$$E_e = \frac{\sigma}{\varepsilon_e} \tag{20-1-35}$$

$$E = \frac{\sigma}{\varepsilon_e + \varepsilon_p} = \frac{\sigma}{\varepsilon} \tag{20-1-36}$$

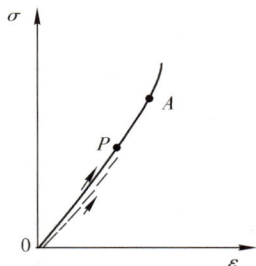

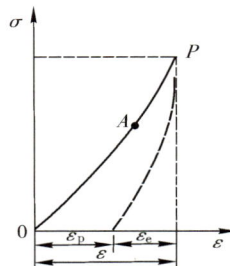

图 20-1-15　卸荷点在弹性极限点以下的应力-应变曲线　　图 20-1-16　卸荷点在弹性极限点以上的应力-应变曲线

在反复加、卸荷的条件下，可得到如图 20-1-17 所示的应力-应变曲线。由图可得到如下认识：①逐级一次循环加载条件下，其应力-应变曲线的外包线与连续加载条件下的曲线基本一致（见图 20-1-17a），说明加、卸荷过程并未改变岩石变形的基本习性，这种现象也称为岩石记忆。②每次加荷、卸荷曲线都不重合，且围成一环形面积，称为回滞环。③当应力在弹性极限以上某一较高位下反复加荷、卸荷时，由图 20-1-17b）可见，卸荷后的再加荷曲线随反复加、卸荷次数的增加而逐渐变陡，回滞环的面积变小。残余变形逐次增加，岩块的总变形等于各次循环产生的残余变形之和，即累积变形。④由图 20-1-17b）可知，岩块的破坏产生在反复加、卸荷曲线与应力-应变全过程曲线交点处。这时的循环加、卸荷-试验所给定的应力，称为疲劳强度。它是一个比岩石单轴抗压强度低且与循环持续时间等因素有关的值。

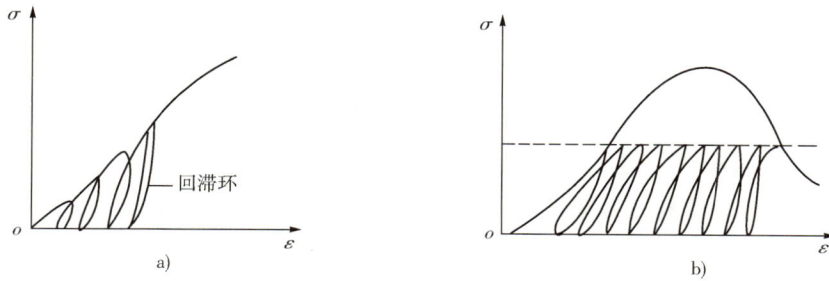

图 20-1-17　反复加荷、卸荷时的应力-应变曲线

4.在单向压缩荷载作用下试件的破坏形态

在荷载作用下,岩石试件的破坏形态是表现岩石破坏机理的重要特征。它不仅表现了岩石受力过程中的应力分布状态,同时还反映了不同试验条件对强度的影响。因此,岩石的破坏形态备受重视,据观察岩石在单向压缩应力作用下的主要破坏形态有以下两种情况。

(1)圆锥形破坏,其破坏形态如图 20-1-18a)所示。据分析这种破坏形态是由于试件两端面与试验机承压板之间摩擦力增大造成的。在试验加压过程中,试件的应力分布如图 20-1-19 所示。与承压板接触的两个三角形区域内为压应力,而其他区域内的表现为拉应力。由于试件端面与承压板之间的摩擦力,使试件端面部分形成了一个箍的作用,而这一作用随远离承压板而减弱,使其表现为拉应力。在无侧限的条件下,由于侧向的部分岩石可自由地向外变形、剥离,最终形成圆锥形破坏的形态。

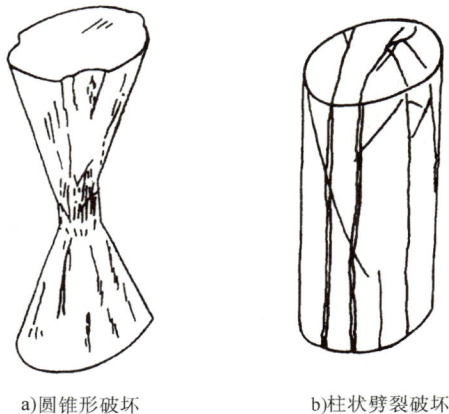

a)圆锥形破坏　　　b)柱状劈裂破坏

图 20-1-18　单轴压缩时的破坏形态

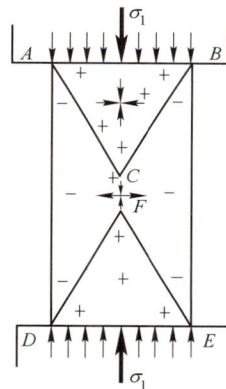

图 20-1-19　圆柱体试件内部的应力分布

(2)柱状劈裂破坏,其破坏形态如图 20-1-18b)所示。若采用有效方法消除岩石试件两端面的摩擦力,则试件的破坏形态成为柱状劈裂破坏。试件在破坏时,主要出现平行于试件轴线的垂直裂缝,使试件丧失了抵抗外力的能力。由于在试验过程中消除了试验机所给予的影响而形成了柱状劈裂破坏。因此,可以说柱状劈裂破坏试验是在单轴压缩应力作用下自身所固有的破坏特性的表现。

5.岩石的破坏过程

下面结合岩石的全应力-应变关系曲线分析在单向压应力作用下,岩石从开始变形,逐渐破坏,到最终失去承载能力的整个过程。根据岩石的变形,把全应力-应变关系

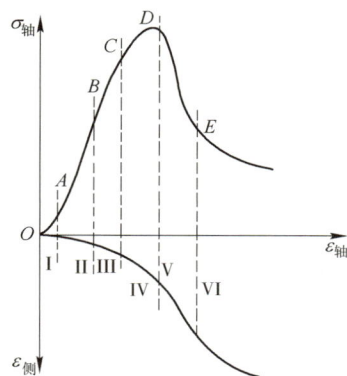

图 20-1-20　岩石应力-应变关系曲线的各个阶

曲线分成 6 个阶段（见图 20-1-20）。

各个阶段的特征和所反映的物理意义如下：

I——OA 段，应力缓慢增大，曲线朝上凹，这反映岩石试件内部原有裂隙逐渐被压缩闭合而产生非线性变形，不过，当荷载卸至零时，这部分变形仍会全部恢复，所以这一阶段仍属于弹性变形阶段。

II——AB 段，曲线基本上接近于直线，应力与应变呈线性关系，试件结构无明显变化，属于线弹性变形阶段。

III——BC 段，曲线开始从直线偏离，出现较小的非线性变形。除去荷载时，这部分变形不能完全恢复，即试件开始出现不可逆变形（或塑性变形）。试验证明，从 B 点开始，试件内开始出现一些孤立的平行于最大主应力方向的微裂隙，随着应力的增大，微裂纹的数量逐渐增多，这说明岩石的破坏已经开始。这正是岩石产生不可逆非线性变形的原因所在。

IV——CD 段，非线性变形继续增大，表明岩石内部裂纹形成速度加快，而且密度加大，在 D 点应力出现峰值，达到岩石的最大承载能力。

V——DE 段，随着变形的继续增大，岩石的承载能力开始降低，表现出应变软化的特征。在此阶段，岩石内部的微裂纹逐渐贯通，形成宏观裂纹，使岩石的强度逐渐降低。

VI——到达此阶段后，岩石沿宏观破裂面开始滑动，因此强度不再降低，但变形不断增大。此时岩石的强度为残余强度。

6. 岩石破坏过程中的体积变形

金属材料在压应力作用下，体积不会发生任何变化，只会发生形状的变化，所以泊松比等于 0.5。那么岩石材料在压应力作用下，体积是否也不会发生变化呢？如前所述，试件的体积应变可以通过式（20-1-22）计算。图 20-1-21 是岩石在压应力作用下的应力应变关系曲线对应图，其中图 20-1-21b）为体积应变与轴向应变的关系曲线。可以发现，在 B 点之前，岩石基本上处于弹性变形阶段，体积随应力的增大逐渐收缩，在 B 点体积减至最小。之后，横向应变速度开始大于轴向应变速度，体积开始增大，并随着塑性变形的发展，体积明显增大。由此可见，岩石在压应力作用下会产生体积变形，表现为先缩后胀。研究表明，体积开始增大的应力水平大约与图 20-1-20 中 B 点一致，即岩石开始出现塑性变形时将出现体积增大。这是因为岩石中开始出现大量新产生的微裂纹所致，随着裂纹数量的增加和裂纹的张开与贯通，岩石体积会越来越大。岩石体积增大（或膨胀）的现象称为扩容或剪胀，一般都认为这是裂隙开始出现或迅速扩展的标志，它是岩石材料的特有属性。

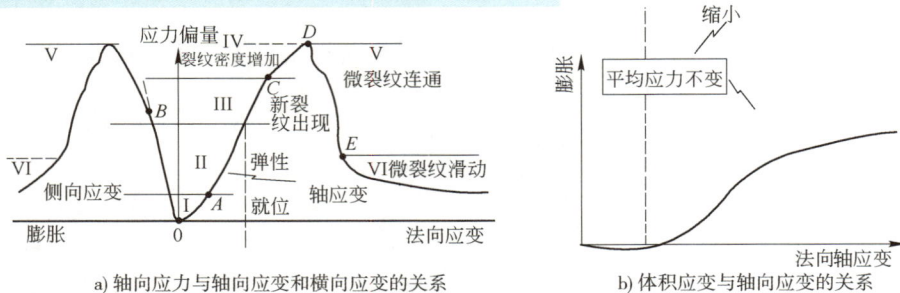

图 20-1-21　岩石的应力-应变关系曲线对应关系

【例 20-1-1】下列哪种现象可以代表岩石进入破坏状态？

　　A. 体积变小　　　　B. 体积增大　　　　C. 应力变小　　　　D. 应力增大

解　由岩石在压应力作用下的变形与破坏规律和特征可知，当应力超过了岩石的弹性极限后，由于内部微裂纹的产生和扩展，岩石的体积开始增大（即扩容），进入塑性变形阶段，这是岩石开始发生破坏的标志。

答案： B

7. 岩石变形参数的确定

根据各类应力-应变曲线，可以确定岩块的变形模量和泊松比等变形参数。

变形模量是指单轴压缩条件下，轴向应力与轴向应变之比。当岩石应力-应变为直线关系时，岩石的变形模量 E 为

$$E = \frac{\sigma_y}{\varepsilon_y} = \frac{P/A}{\Delta H/H} = \frac{PH}{A\Delta H} \tag{20-1-37}$$

这种情况下岩石的变形模量为一常量，数值上等于岩石应力-应变曲线峰前段直线的斜率，由于其变形多为弹性变形，所以又称为弹性模量。

如前所述，实际上岩石并非理想弹性材料，即使在峰前区，应力与应变关系曲线也并非直线，因此，不能采用上述方法确定弹性变形参数。为了便于在国际范围内进行比较与交流，国际岩石力学与工程学会（ISRM）建议用下列三种定义中的任一种，作为非线性弹性岩石的模量（见图 20-1-22）。

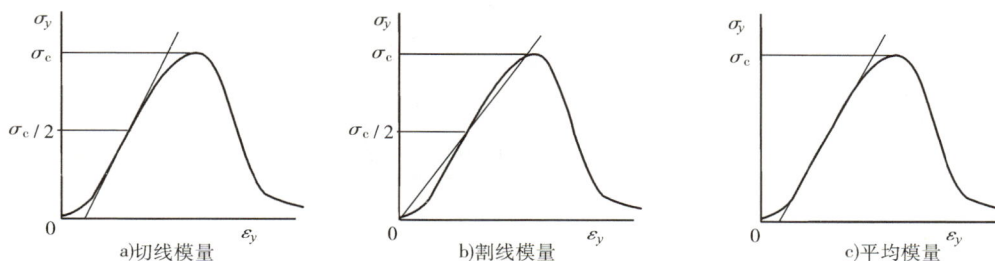

图 20-1-22　岩石变形模量的各种确定方法

（1）切线模量

如图 20-1-22a）所示，把应力水平等于1/2抗压强度时的切线斜率作为岩石的弹性模量。即

$$E = \left(\frac{\mathrm{d}\sigma_y}{\mathrm{d}\varepsilon_y}\right)_{\sigma_y=\frac{1}{2}\sigma_c} \tag{20-1-38}$$

（2）割线模量

如图 20-1-22b）所示，把应力水平等于1/2抗压强度时的割线斜率作为岩石的弹性模量。即

$$E = \left(\frac{\sigma_y}{\varepsilon_y}\right)_{\sigma_y=\frac{1}{2}\sigma_c} \tag{20-1-39}$$

（3）平均模量

如图 20-1-22c）所示，把应力-应变关系曲线峰前段近似于直线段的平均斜率作为岩石的弹性模量。

另外，有时也采用初始模量来表示岩石弹性模量，即用应力-应变关系曲线原点处的曲线斜率表示岩石的弹性模量。总之，采用上述众多方式中的任何一种都可以，应该结合行业习惯和工程的特殊要求确定采用哪一种表示方式，但是不管采用何种方式，都应该加以说明，以免引起误会。

岩石的泊松比也可以采用类似的方法由径向应变-轴向应变曲线确定，考虑到在弹性变形范围内径向应变-轴向应变曲线的非线性特征更为明显，一般近似地用该曲线直线段的平均斜率作为岩石的泊松比。

岩石的弹性模量值一般为 20~50GPa，约为软钢弹性模量（206GPa）的 10%~24%。表 20-1-7 列出了一些代表性岩石的变形参数。

岩 石 名 称	变形模量（GPa）	泊 松 比	岩 石 名 称	变形模量（GPa）	泊 松 比
花岗岩	5~10	0.2~0.3	片麻岩	1~10	0.22~0.35
流纹岩	5~10	0.1~0.25	千枚岩，片岩	1~8	0.2~0.4
闪长岩	7~15	0.1~0.3	板岩	2~8	0.2~0.3
安山岩	5~12	0.2~0.3	页岩	2~8	0.2~0.4
辉长岩	7~15	0.12~0.2	砂岩	1~10	0.2~0.3
辉绿岩	8~15	0.1~0.3	石灰岩	5~10	0.2~0.35
玄武岩	6~12	0.1~0.35	白云岩	4~8	0.2~0.35
石英岩	6~20	0.1~0.25	大理岩	1~9	0.2~0.35

试验研究表明，岩石的变形模量与泊松比常具有各向异性。当垂直于层理、片理等微结构面方向加荷时，变形模量最小，而平行微结构面加荷时，其变形模量最大。两者的比值，沉积岩一般为 1.08~2.055，变质岩为 2.0 左右。

除变形模量和泊松比两个最基本的参数外，还有一些从不同角度反映岩石变形性质的参数。如剪切模量（G）、弹性抗力系数（K）、拉梅常数（λ）及体积模量（K_v）等。根据弹性力学，这些参数与变形模量及泊松比之间有如下关系

$$G = \frac{E}{2(1+\mu)} \tag{20-1-40}$$

$$\lambda = \frac{E\mu}{(1+\mu)(1-2\mu)} \tag{20-1-41}$$

$$K_v = \frac{E}{3(1-2\mu)} \tag{20-1-42}$$

$$K = \frac{E}{3(1+\mu)R_0} \tag{20-1-43}$$

式中：R_0 ——地下洞室半径。

【例 20-1-2】下列哪种模量可以代表岩石的弹性模量和变形模量？

    A. 切线模量和卸载模量　　　　　　　B. 平均模量和卸载模量

    C. 切线模量和割线模量　　　　　　　D. 初始模量和平均模量

解　弹性模量和抗力系数的测试都需要测量岩石在给定应力下产生的变形，而抗力系数反映的是围岩抵抗外力引起变形的能力，工程中常采用钻孔环向加压法试验确定。本题中的四种试验都可以给出岩石的弹性模量。

答案：C

（三）岩石的三向压缩试验

地层中的岩石绝大多数都处在三向压应力的作用下，从某种意义上来说，岩石在三向压应力作用下的变形与强度特性是岩石本性的反映，因此显得更为重要。

三向压缩试验根据围压状态的不同，可分成真三轴试验（$\sigma_1 > \sigma_2 > \sigma_3$）（见图 20-1-23a）和在常围压下的压缩试验（$\sigma_1 > \sigma_2 = \sigma_3$）或称常规三轴抗压试验（见图 20-1-23b），此两者的区别在于围压。前者两个水平方向施加的围压相等，而后者不等。由于真三轴试验对试验机的特殊要求，使这种试验要花

费很大的人力、物力和财力，并且技术上也不成熟。而常规三轴试验要比真三轴试验容易得多，因此成为岩石力学中最常用的试验方法之一。

1. 常围压下的岩石三轴压缩试验

为了模拟三向受压状态，采用如图 20-1-24 所示的装置（三轴室）对试件施加三向压应力，加载方式如图 20-1-23b）所示，试件内的应力状态满足$\sigma_1 > \sigma_2 = \sigma_3$。即采用试验机对圆柱形试件施加轴向荷载，通过液体对试件施加围压。试验时，首先把经过加工的圆柱形岩石试件用乳胶或橡胶制成的隔离薄膜包裹起来，并将其置于高压容器中（三轴室），然后用液压施加按一定要求设定的各向均匀的液压（围压），围压达到设定值以后保持恒定不变，再通过试验机的千斤顶施加轴向荷载。随着轴向压力的逐渐增大，同时量测试件的轴向和横向变形，直至试件完全破坏。由于试件的两个方向应力相同，即$\sigma_2 = \sigma_3$，所以这种试验并不是真正的三向压缩试验，因此称为常规三轴抗压试验或假三轴试验。

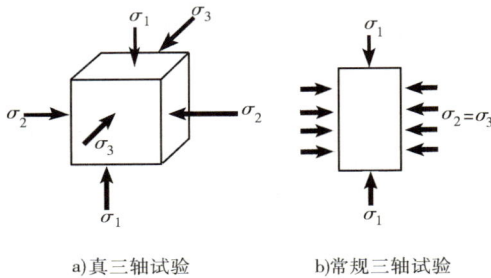

图 20-1-23　三轴试验加载示意图

a)真三轴试验　　b)常规三轴试验

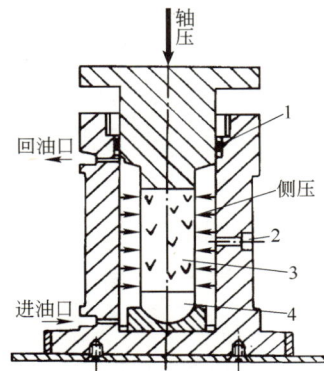

图 20-1-24　三轴试验压力室

1-密封圈；2-量测孔；3-岩石试件；4-球座

2. 三向受压时岩石的变形

根据三轴压缩试验的实测变形数据就可以绘出应力-应变的关系曲线，并可分析岩石的变形特性。图 20-1-25 为大理岩和花岗岩在三向压缩条件下的应力-应变关系曲线，纵坐标是主应力差$(\sigma_1 - \sigma_3)$，横坐标是轴向应变，围压的数据标在每条曲线旁。

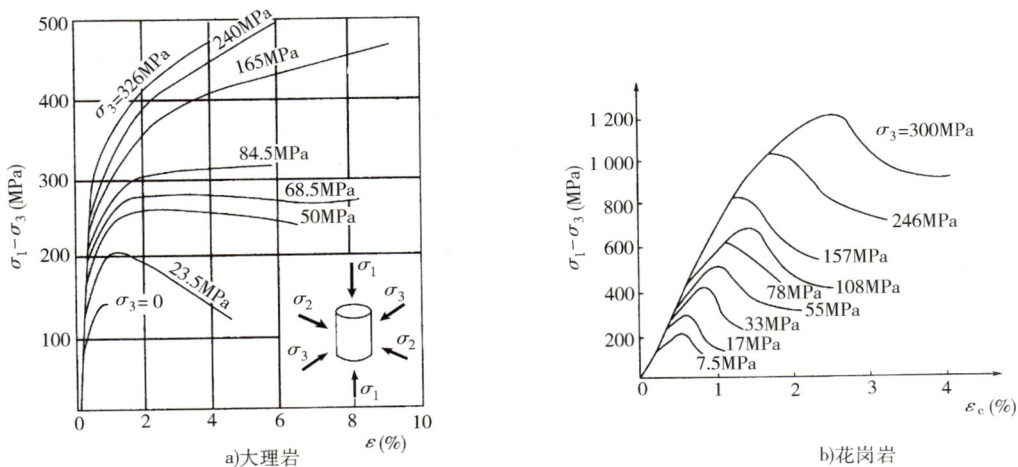

a)大理岩　　b)花岗岩

图 20-1-25　三向压应力作用下的应力与应变关系曲线

由图可见：

（1）在单向应力状态下，试件在变形不大的情况下就产生破坏，这种破坏称为脆性破坏，表现出通常所见到的岩石脆性特征。

（2）随着围压的增大，岩石在破坏以前的总应变量也随之增大，而且主要是塑性变形的变形量增大。当围压增大到一定范围以后，岩石变形就成为典型的塑性流动。这说明了岩石的变形和破坏的性质会随着应力状态的变化而变化。

（3）不论围压等于零，或是大于零，在岩石的应力与应变关系曲线的初始阶段都表现为近似直线关系，说明了当主应力差的数值在一定范围内，岩石的变形特征还是符合弹性阶段特征，而当主应力差超出了某一范围时，岩石变形才合乎塑性变形的特征。

（4）当围压较小时，岩石的体积变形与单向压缩条件下的变形规律相似，即在弹性变形阶段，随压应力的增大，体积逐渐减小，在塑性变形开始出现以后，试件的体积开始朝增大的方向发展，并逐渐增大，表现为剪胀。在三向压缩情况下，剪胀现象将随着围压的增大而逐渐减弱，当围压超过了某个值以后，剪胀现象将会消失。这是由于围压限制了试件的横向膨胀。

（5）随着围压的提高，岩石将由脆性材料逐渐变为延性材料，并像金属材料一样，表现出明显的塑性流动特征。因此，不能简单地说岩石属于脆性材料。

3. 三轴抗压强度

岩石在三向压缩荷载作用下，达到破坏时所能承受的最大应力称为岩石的三轴抗压强度。与单轴压缩试验相比，试件除受轴向压力外，还受侧向压力作用。侧向压力限制试件的横向变型，因而三轴试验是限制性抗压强度试验。

由三轴试验结果（见图 20-1-25）可以发现，岩石的三轴抗压强度会随着围压的提高而明显增大，当围压增大到一定程度以后，在应力-应变关系曲线上已没有明显的峰值，如果继续增大围压，那么岩石的强度会接近无限大，这就是地球深部岩石为什么不会发生破坏的原因所在。这是岩石材料的一个显著特点。通常三轴压缩试验的一个主要目的是确定岩石的强度准则（本章后面将会介绍），因此，需要

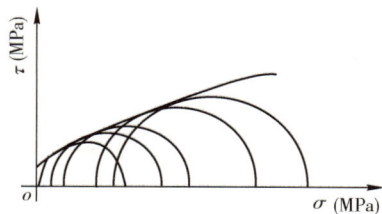

图 20-1-26　极限莫尔应力圆和包络线

对同种岩石进行不同围压下的压缩试验，测量每一个试件的三轴抗压强度，然后把所有这些试验得出的试件破坏时的莫尔应力圆绘制在同一个图中，如图 20-1-26 所示。由此可见，正应力越大，岩石的强度也越大。如图所示，如果绘出与所有极限莫尔应力圆相切的包络线，那么这条包络线就表示岩石的强度曲线，当岩石中的莫尔应力圆正好与此包络线相切时，表示此应力将使岩石发生破坏，包络线的左侧是敞开的，说明即使正应力为无穷大，包络线也不会与横轴相交。

三向压缩时，岩石的残余强度和屈服应力与围压的关系类似于峰值抗压强度。

4. 三向压缩时岩石的破坏形式

岩块在三轴压缩条件下的破坏形式大致可分为脆性劈裂、剪切及塑性流动三类，见表 20-1-8。但具体岩块的破坏方式，除了受岩石本身性质影响外，在很大程度上受围压的控制。由表 20-1-8 可知，随着围压的增大，岩块从脆性劈裂破坏逐渐向塑性流动过渡，破坏前的应变也逐渐增大。

三轴压缩时岩体破坏形式   表 20-1-8

达到破坏时的应变（%）	<1	1~5	2~8	5~10	>10
破坏形式	脆性破坏	脆性破坏	过渡型破坏	延性破坏	延性破坏
试件破坏的情况					
应力-应变曲线的基本类型					
破坏机制	张拉破裂	以张拉为主的破裂	剪切破裂	剪切流破裂	塑性流动

5. 真三轴压缩试验

这种试验是在三个方向上分别对试件施加不同大小的压应力，使试件内的应力状态为真正的任意三维压应力状态，且满足 $\sigma_1 > \sigma_2 > \sigma_3 > 0$，以模拟实际岩石的受压状态，因此，称为真三轴试验，加载方式如图 20-1-23a）所示。真三轴试验设备复杂，试验难度较大，目前还没有定型的试验设备。国内外先后研制过一些真三轴仪，例如，日本东京大学地震研究所的茂木清夫曾经研制了一台真三轴仪，并用此设备进行了大量试验，获得了许多非常有价值的成果，其中最主要的成果是揭示了中间主应力对岩石强度的影响。我国葛洲坝工程局设计院也曾经研制过一台三轴压力试验机。

（四）其他强度试验与测试

实际岩石的应力状态非常复杂，要确定岩石在各种应力状态下的极限强度，唯一的解决办法就是试验。前面介绍的单轴压缩和三轴压缩试验是研究岩石强度的两种最简单的试验方法。除此之外，还可以采用其他方法研究岩石的强度，比如单轴拉伸试验、劈裂试验、斜面剪切试验、直剪试验等，下面分别加以介绍。

1. 岩石抗拉强度的测试

岩石能够抵抗拉应力的最大能力叫抗拉强度。与单轴抗压强度相对应的是单轴抗拉强度，即岩石在单向拉应力作用下的极限强度。单轴抗拉强度必须通过单轴抗拉试验获得。然而，由于岩石为脆性材料，不能直接在试验机上进行拉伸，所以，试验时一般用黏结剂在试件端部分别黏结一个与试件直径相等的金属垫块（见图 20-1-27）后再进行拉伸。岩石的单轴抗拉强度为

图 20-1-27 单轴拉伸试验的岩石试件

$$\sigma_t = \frac{P_{max}}{A} \tag{20-1-44}$$

式中：σ_t ——岩石的单轴抗拉强度；

P_{max} ——试件被拉断时的荷载；

A ——试件的截面面积。

上述试验中试件的制作十分复杂，所以人们往往通过间接方法获得岩石的抗拉强度。劈裂试验（或称巴西试验）是最常用的试验，这是一种沿着圆饼状试件径向加载，使之劈裂，以求得抗拉强度的方法。因其简单易行，在国内外被广泛采用。加载方式如图 20-1-28 所示，在压力作用下，试件将沿着加载方

向发生劈裂，岩石的抗拉强度可通过下式计算

$$\sigma_t = \frac{2P_{max}}{\pi D l} \qquad (20-1-45)$$

式中：D、l ——分别为试件的直径和厚度；

P_{max} ——劈裂时的最大荷载。

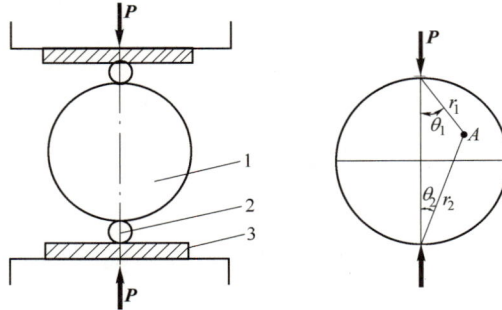

图 20-1-28　劈裂试验加载方式

1-试件；2-钢丝；3-承压板

这里应该引起注意的是，劈裂试验获得的抗拉强度并不是岩石的单轴抗拉强度，这是因为在劈裂试验时，试件内部的应力状态并非单向拉应力状态。由弹性力学原理可以推出劈裂试验时试件内部的应力状态为

$$\sigma_x = -\frac{2P}{\pi l}\left(\frac{\sin^2\theta_1\cos\theta_1}{r_1} + \frac{\sin^2\theta_2\cos\theta_2}{r_2}\right) + \frac{2P}{\pi D l} \qquad (20-1-46)$$

$$\sigma_y = -\frac{2P}{\pi l}\left(\frac{\cos^3\theta_1}{r_1} + \frac{\cos^3\theta_2}{r_2}\right) + \frac{2P}{\pi D l} \qquad (20-1-47)$$

$$\tau_{xy} = -\frac{2P}{\pi l}\left(\frac{\cos^2\theta_1\sin\theta_1}{r_1} + \frac{\cos^2\theta_2\sin\theta_2}{r_2}\right) \qquad (20-1-48)$$

其中，r_1、r_2、θ_1、θ_2 的含义如图 20-1-28 所示，σ_x、σ_y、τ_{xy} 表示试件内任意点的应力分量。当 $\theta_1 = \theta_2 = 0$，$r_1 + r_2 = D$ 时，在荷载作用线上（除荷载作用点附近外）

$$\sigma_x = \frac{2P}{\pi D l} \qquad (20-1-49)$$

$$\sigma_y = -\frac{8P}{\pi D l} + \frac{2P}{\pi D l} = -\frac{6P}{\pi D l} \qquad (20-1-50)$$

$$\tau_{xy} = 0 \qquad (20-1-51)$$

可见，破裂面上的应力状态属于拉-压应力（见图 20-1-29），由于岩石的抗拉强度远小于它的抗压强度，所以，在被压坏之前，试件首先被拉坏。即试件的破坏是在压应力作用下的拉裂破坏。

2.剪切试验

这种类型的试验是为了确定岩石的剪切强度。岩石的剪切强度是指岩石在一定的应力条件下（主要指压应力）所能抵抗的最大剪应力。目前常用的主要包括斜面剪切试验、直剪试验等。斜面剪切试验如图 20-1-30 所示，把试件置于楔形剪切仪中，并放在压力机上进行加压试验，则作用于剪切平面上的法向压力 N 和切向力 Q 可按下式计算

$$\left.\begin{array}{l} N = P(\cos\alpha + f\sin\alpha) \\ Q = P(\sin\alpha - f\cos\alpha) \end{array}\right\} \qquad (20-1-52)$$

式中：P ——压力机施加的总压力；

α ——试件倾角；

f ——圆柱形滚子与上下盘压板的摩擦系数。

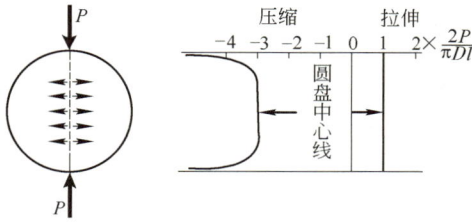

图 20-1-29　劈裂试验时破裂面上的应力状态

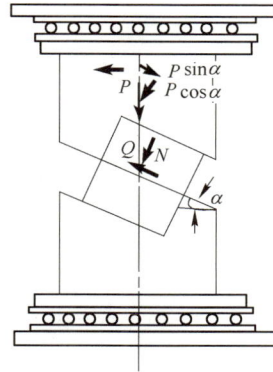

图 20-1-30　岩石的抗剪断试验

以试件剪切面积F除以上式，即可得到受剪切面上的法向应力σ和剪应力τ（试件受剪切破坏时，即为岩石的抗剪断强度）

$$\left. \begin{array}{l} \sigma = N/F = P(\cos\alpha + f\sin\alpha)/F \\ \tau = Q/F = P(\sin\alpha - f\cos\alpha)/F \end{array} \right\} \tag{20-1-53}$$

以不同的α值的夹具进行试验，一般采用α角度为 30°~70°（以采用较大的角度为好），分别按上式求出相应的σ及τ值，就可以在$\sigma-\tau$坐标纸上作出它们的关系曲线，如图 20-1-31a）所示。岩石的抗剪断强度关系曲线是一条弧形曲线，一般把它简化为直线形式（见图 20-1-31b）。这样，岩石的抗剪断强度τ与压应力σ之间就建立了如下关系式

$$\tau = \sigma\tan\varphi + c \tag{20-1-54}$$

式中：$\tan\varphi$——岩石的抗剪断摩擦系数；

　　　c——岩石的黏聚力。

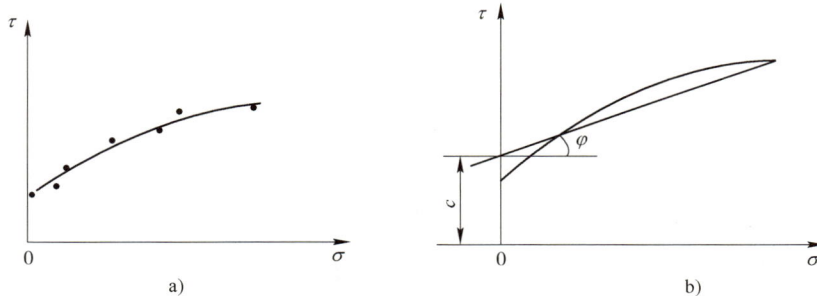

图 20-1-31　岩石的抗剪断σ-τ曲线

由于斜面座的角度调整范围有限，所以这种试验有很大的局限性。直剪试验是确定岩石剪切强度的最简单方法，但也有明显的缺点，主要是破坏面上的应力不均匀，岩石的破坏机理不十分清楚。

3. 点荷载试验

点荷载试验是在 20 世纪 70 年代发展起来的一种简便的现场试验方法。该试验方法最大的特点是可利用现场取得的任何形状的岩块，可以是直径为 5cm 的钻孔岩芯，也可以是开挖后掉落下的不规则岩块，不做任何岩样加工直接进行试验。该试验设备是一个极为小巧的设备，其加载原理类似于劈裂试验，不同的是劈裂试验所施加的是线荷载，而点荷载试验是施加的点荷载。该装置由一个手动油泵和一个液压千斤顶以及一对圆锥形加压头组成。这种小型点荷载仪为便携式，可带到现场试验，这正是点荷载试验被广泛采用的原因所在。其试验所得的强度指标值可作为岩石分级的一个指标，有时可代替单轴

抗压强度。点荷载试验所获得的强度指标用 I_s 表示，其值等于

$$I_s = P/D^2 \quad \text{(MPa)} \tag{20-1-55}$$

式中：　P ——试件破坏的极限荷载；

　　　　D ——荷载与施加点之间的距离。

国际岩石力学学会（ISRM）将直径为 5cm 的圆柱体试件径向加载点荷载试验的强度指标值 $I_{s(50)}$ 确定为标准试验值，其他尺寸试件的试验结果须根据以下公式进行修正

$$I_{s(50)} = kI_s \tag{20-1-56}$$

$$k = 0.271\,7 + 0.014\,54D \quad \text{（当} D \leqslant 55\text{mm 时）} \tag{20-1-57}$$

$$k = 0.754\,0 + 0.005\,8D \quad \text{（当} D > 55\text{mm 时）} \tag{20-1-58}$$

式中：　$I_{s(50)}$ ——直径为 50mm 的标准试件的点荷载强度指标值（MPa）；

　　　　I_s ——其他非标准试件的点荷载强度指标值（MPa）；

　　　　k ——修正系数；

　　　　D ——试件直径（mm）。

通过对大量试验数据的统计分析，提出了表征一个点荷载强度指标与岩石抗拉强度之间的关系如下

$$\sigma_t = 0.96P/D^2 \tag{20-1-59}$$

另外，岩石的单轴抗压强度与 $I_{s(50)}$ 的统计关系式已经有多个，下面是其中的一个。

$$\sigma_c = 22.82I_{s(50)}^{0.75} \tag{20-1-60}$$

由于点荷载试验的结果离散性较大，因此要求每组试验必须达到一定的数量，通常进行 15 个试件的试验，最终按其平均值求得其强度指数并推算出岩石的抗拉强度。最近，由于许多岩体工程分类中都把点荷载强度指数作为一个定量的指标，因此，有人建议采用直径为 5cm 的钻孔岩芯作为标准试样进行试验，使点荷载试验的结果更趋合理，且具有较强的可比性。

4. 弹性波传播速度测试

试验目的是测量弹性波在岩石中的传播速度，速度越快，说明岩石的致密程度和完整性越好。弹性波包括纵波和横波（或剪切波），波速分别用 v_p 和 v_s 表示，一般纵波大于横波。在室内测定岩石试件的弹性波速度一般采用超声波仪进行，其基本原理是利用两个探头，分别放置在圆柱形试件两端，一个为反射探头发射超声波，另一个为接收探头接收经试件传播过来的超声波，根据声波在试件中的传播时间和试件的长度，即可求出试件的平均波速。根据弹性波波速，可用下列公式计算岩石的动弹性模量和动泊松比

$$\mu_d = \frac{\left(\frac{v_p}{v_s}\right)^2 - 2}{2\left[\left(\frac{v_p}{v_s}\right)^2 - 1\right]} \tag{20-1-61}$$

$$E_d = \frac{v_p^2\gamma_0(1 + \mu_d)(1 - 2\mu_d)}{10g(1 - \mu_d)} \tag{20-1-62}$$

（五）岩石的流变性

岩石的流变性是指岩石变形随时间的延长而表现出来的类似黏滞流体流动方面的特性。

流体在流动过程中会显示出一种抗流动的特性，称为黏性。黏性的大小用黏性系数来表示。岩石并不是流体，但在变形随时间发展过程中也表现出相仿的黏性。由于各类岩石的黏性大小不同，其变形（或

应力）随时间发展而变化的速度也不一样，从而构成了不同的流变特性。

岩石的流变性可以通过试验的方法测定出来。常用的方法是蠕变试验和应力松弛试验两种。

在恒定应力或恒定应力差的作用下，变形随时间而增长的现象称为蠕变。蠕变试验就是在岩石试件上加一恒定荷载，观测其变形随时间的发展情况。根据试验数据绘制的应变-时间关系曲线，称为蠕变试验曲线，见图20-1-32。

当应变保持恒定时，应力随着时间的延长而降低的现象称为应力松弛。松弛试验的条件就是使试件的变形保持一恒定值，借此来观察荷载p随时间t的变化。试验所得的荷载-时间曲线称为松弛试验曲线，见图20-1-33。

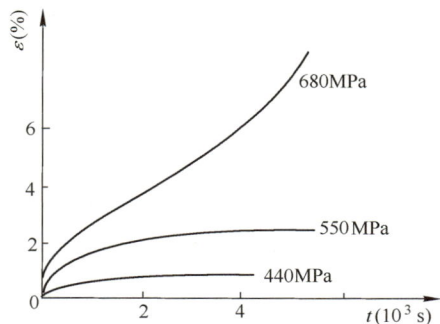

图20-1-32　石灰岩蠕变试验曲线

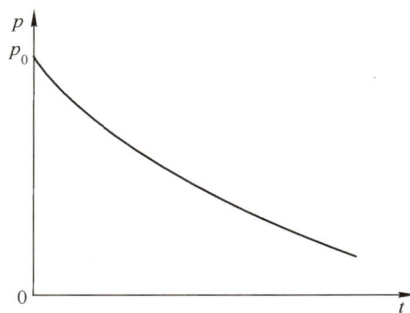

图20-1-33　松弛试验曲线（p_0-初始荷载）

加载或卸载时，弹性变形滞后于应力的现象称为弹性后效，这也属于岩石流变性的一种表现。在蠕变试验过程的卸载阶段可以观察到这种现象。

岩石的蠕变分为稳定蠕变与不稳定蠕变两类。

1.稳定蠕变

当作用在岩石上的恒定荷载较小时，初始阶段的蠕变速度极快，但随着时间的延长，岩石的变形趋近一稳定的极限值而不再增长，这就是稳定蠕变。

2.不稳定蠕变

当荷载超过某一临界值时，蠕变的发展将导致岩石的变形不断增长，直到破坏，这就是不稳定蠕变。它的发展过程可分为三个阶段，见图20-1-34。

（1）I——过渡蠕变阶段。在加载的瞬间有一个弹性变形ε_0，继而变形以较快的速度增长；随后蠕变速度逐渐降低，并过渡到等速蠕变阶段。如果在该阶段内卸载，则会出现瞬间的弹性恢复变形（PQ段），以及通过一段时间才能恢复的变形（QR段）。

（2）II——等速蠕变阶段。变形速度保持恒定，如果在该阶段内卸载，则不仅出现瞬间的弹性恢复变形（TU段）和弹性后效（UV段），还会有不可恢复的永久变形残留下来。

（3）III——加速蠕变阶段。变形速度急剧加快，此时岩石内裂隙迅速发展，促使变形加剧直至破坏。

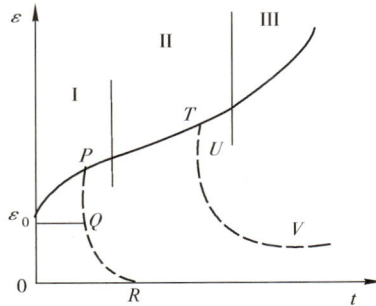

图20-1-34　蠕变的三个阶段

岩石蠕变发展的阶段性为监测和预报围岩破坏现象提供了一个可靠的判据。如果发现岩体某部分的位移速度开始由等速转入加速发展时，则表明破坏将要发生。如智利某矿的边坡在等速蠕变阶段内的岩体移动速度为0.025mm/d。到发生滑坡的24h前，位移速度增至7.0cm/d。临近滑坡时的位移速度达到15.0cm/d。

由于过载引起的蠕变发展会导致破坏，因此在处理岩石工程问题时要特别注重时间性，尽可能地加快工程进度。

（六）影响岩石力学性质的主要因素

大量试验证明，影响岩石的抗压强度和变形特性的因素很多，这些因素可分为两方面：一方面是岩石本身方面的因素，如矿物成分、结晶程度、颗粒大小、颗粒联结及胶结情况、密度、层理和裂隙的特性和方向、风化程度和含水量情况等；另一方面是试验方法上的因素，如试件大小、尺寸相对比例、形状、试件加工情况、加载速率和温度等。下面对一些主要因素作一简短的说明。

1. 矿物成分

不同矿物组成的岩石，具有不同的抗压强度，这是由于矿物本身的特点，不同的矿物有着不同的强度所致。即使相同矿物组成的岩石，也受到颗粒大小、连接胶结情况、生成条件的影响，它们的抗压强度也可相差很大。例如，石英是已知造岩矿物中强度较大的矿物，如果石英的颗粒在岩石中互相连接成骨架，则随着石英的含量的增加，岩石的强度也会增加。石英岩中石英颗粒成结晶状，所以石英岩的强度很大（可达 300MPa）。而在花岗岩中如果石英颗粒是分散的，未组成骨架，则即使石英含量的增加，对花岗岩强度的影响也相对地要小。而且，花岗岩中含有云母类的片状矿物以及在两个方向上有很发育的解理面的长石，使花岗岩具有隐蔽的软弱面，从而使强度降低。所以，花岗岩中这类矿物含量较多且颗粒较大时，对花岗岩的强度的影响就比较显著，成为决定花岗岩强度的主要因素。

2. 结晶程度和颗粒大小

一般而言，结晶岩石比非结晶岩石的强度高，细粒结晶的岩石比粗粒结晶的岩石强度高。如细晶花岗岩的强度能达到 250MPa，而粗晶花岗岩的强度只达到 120MPa；以粗晶方解石组成的大理岩强度为 80~120MPa，而晶粒为千分之几毫米组成的致密石灰岩的强度能达到 250MPa。

3. 胶结情况

对沉积岩来说，胶结情况和胶结物对强度的影响很大。硅质胶结的岩石具有很高的强度，例如，致密的砂岩和胶结物为硅质的砂岩，其强度都很高，有时可达 170MPa。石灰质胶结的岩石强度较低，如石灰质胶结的砂岩，其强度在 20~100MPa 之间。泥质胶结的岩石强度最低，软弱岩石往往属于这类。

4. 生成条件

在岩浆岩结构中，若其形成具有非结晶物质，则要大大降低岩石的强度。例如，细粒橄榄玄武岩的强度达到 300MPa 以上，而玄武质熔岩的强度却降低到 30~150MPa。生成条件影响强度的另一方面就是埋藏深度。例如，埋藏在深部的岩石强度比接近地表的岩石强度要高。这是由于埋藏越深，岩石受压越大，孔隙率越小，因而使岩石强度增加。

5. 风化作用

风化对岩石强度影响极大，例如，未风化的花岗岩的抗压强度一般超过 100MPa，而强风化的花岗岩的抗压强度可降至 4MPa。这是由于风化作用破坏了岩石的粒间联结和晶粒本身，从而使其强度降低。

6. 密度

岩石密度也常作为反映强度的因素，一般情况下，岩石的密度越大，其强度也越大。

7. 水的作用

水对岩石的抗压强度有显著的影响。当水侵入岩石时，水就顺着裂隙孔隙进入润湿岩石全部自由面上的每个矿物质颗粒。由于水分子的侵入从而削弱了粒间联系，使强度降低。其降低程度取决于孔隙和裂隙的状况、组成岩石的矿物成分的亲水性和含水量、水的物理化学性质等。因此，岩石受水饱和状态试件的抗压强度（湿抗压强度）和干燥状态试件的抗压强度是不同的，它们的比值称为软化系数，部分岩石的软化系数见表20-1-9。

某些岩石的干湿抗压强度及软化系数 表 20-1-9

岩 石 名 称	抗压强度（MPa）		软 化 系 数
	干抗压强度	饱和抗压强度	
花岗岩	40~220	25~205	0.75~0.97
闪长岩	97.7~232	68.8~159.7	0.60~0.74
辉绿岩	118.1~272.5	58~245.8	0.44~0.90
玄武岩	102.7~290.5	102~192.4	0.71~0.92
石灰岩	13.4~206.7	7.8~189.2	0.58~0.94
砂岩	17.5~250.8	5.7~245.5	0.44~0.97
页岩	57~136	13.7~75.1	0.24~0.55
黏土岩	20.7~59	2.4~31.8	0.08~0.87
凝灰岩	61.7~178.5	32.5~153.7	0.52~0.86
石英岩	145.1~200	50~176.8	0.96
片岩	59.6~218.9	29.5~174.1	0.49~0.80
千枚岩	30.1~49.4	28.1~33.3	0.69~0.96
板岩	123.9~199.6	72~149.6	0.52~0.82

8. 试件形状和尺寸

一般而言，圆柱形试件的强度高于棱柱形试件的强度，这是因为后者应力集中的缘故。而在棱柱形试件中，截面为六角形试件的强度要高于四角形，而四角形的又高于三角形，这种影响称为形态效应；岩石试件的尺寸越大，则强度越低，反之越高，这一现象称为尺寸效应。这是由于试件内分布着从微观到宏观的细微裂隙，它们是岩石破坏的基础。试件尺寸越大，细微裂隙越多，破坏的概率也增大，因而强度降低。根据霍克（Hoek）的研究发现，如图 20-1-35 所示，强度随着试件横断面增大而减小的规律性可用下式表示

$$\sigma_c = \sigma_{c50}\left(\frac{50}{d}\right)^{0.18} \tag{20-1-63}$$

式中：σ_{c50} ——直径 50mm 试件的单轴抗压强度；

　　　d ——实际试件的直径（mm）。

在图 20-1-36 中，可以看到岩石试件高径比h/d对岩石强度产生不同的影响。从曲线的特征中，明显地看出高径比在 2~3 时，岩石单轴抗压强度值已呈现趋于稳定的特性。可见取高径比为 2~3 时，对其强度来说是比较合理的。

据此，目前世界上几乎所有国家都采用直径为 5cm、高度为直径 2~3 倍的圆柱形试件进行岩石室内力学试验。这不仅考虑了不同尺寸、形态、高径比对其强度的影响，同时还考虑了岩石力学试验结果的可比性。

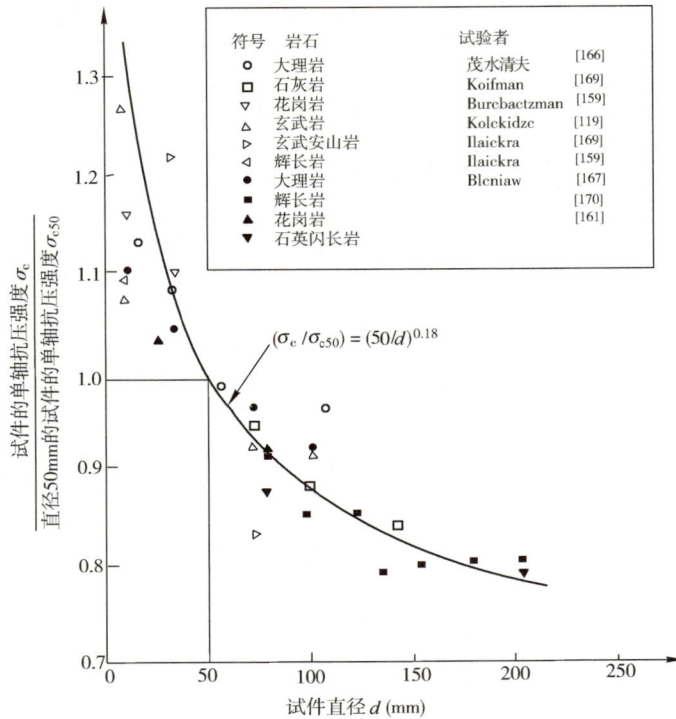

图 20-1-35　试件尺寸对完整岩石单轴抗压强度的影响（Hoek）

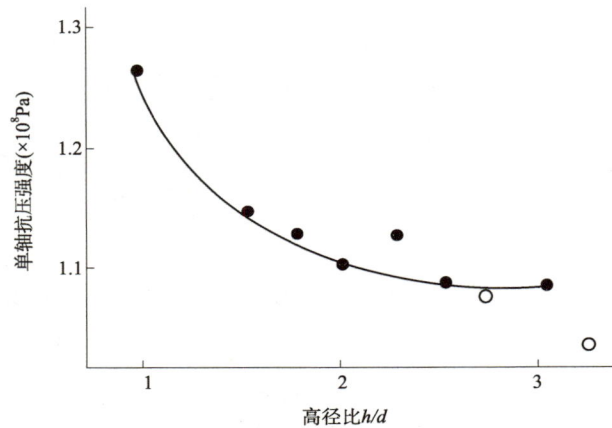

图 20-1-36　米祖霍（Mizuho）粗面岩单轴抗压强度与h/d的关系

9. 加载速率

加载速率越快，岩石的强度和弹性模量就越大；加载速率越慢，岩石的强度和弹性模量越小。这是因为快速加载具有动力的特性之故。国际岩石力学学会建议的加载速率为0.5~1MPa/s，一般从开始试验直至试件破坏的时间为 5~10min。

10. 温度

从工程建筑角度看，除了一些特殊项目，一般不需要研究温度对岩石力学性能的影响。因为按一般地温的深度变化规律看，深度每增加 100m，地温才会升高 3℃，这么小的温度变化幅度不会对岩石力学性能产生大的影响。一般来说，随着温度的增高，岩石的延性加大，屈服点降低，强度也相应降低。但是在常温至 100℃的范围内，这种变化并不十分明显。只有当温度很高时，上述影响才会显现出来。

11. 承压板对单轴抗压强度的影响

除了试件端面与试验机承压板之间的摩擦力影响试件的破坏形态外，承压板的刚度也影响试件端

面的应力分布状态。研究证明，当承压板刚度很大时，其接触面的应力
分布很不均匀，呈山字形，如图 20-1-37 所示。显然，这将影响整个试
件的受力状态。因此，有人建议试验机的承压板（或者动块）尽可能采
用与岩石刚度相接近的材料。避免由于刚度的不同而引起变形不协调造
成应力分布不均匀的现象，减小对强度的影响。

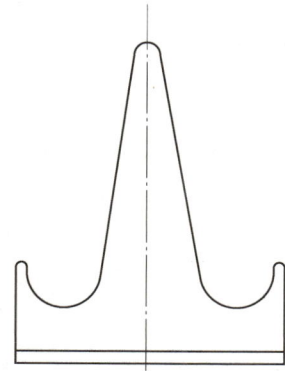

图 20-1-37　在刚性承压板之间
压缩时岩石端面的应力分布

（七）岩石的强度准则

岩石的基本问题之一是关于岩石的强度理论或破坏准则。在岩石工
程设计或岩石工程中常常需要确定岩石的强度，或对其强度进行校核。
目前，在有了电子计算机后，大量的岩土工程分析，常常将问题归结为
岩体强度，最后用以分析岩体的稳定。因此，建立岩石的强度准则是岩
石力学中最重要的研究内容之一。

在材料力学中知道，当物体处于简单的受力情况时，材料的危险点处于简单应力状态（如杆件的拉
伸和压缩处于简单应力状态，剪切处于纯剪状态等），则材料的强度可以由简单的试验来决定（单向抗
拉强度试验，单向抗压强度试验，纯剪试验等）。这时，强度条件的建立可以说没什么困难。但是岩石
在外荷作用下常常处于复杂的应力状态。岩石的强度及其在荷载作用下的性状与岩石的应力状态有着
很大的关系。在单向应力状态下表现为脆性的岩石，在三向应力状态下可以具有塑性性质，同时它的强
度也大大提高。在各向压缩的情况下，岩石能够承受很大的荷载，而没有可觉察到的破坏。

岩石破坏时所需满足的条件叫强度准则，或称为破坏条件，它也是判断岩石的应力与应变状态是否
安全的准则。岩石的强度准则取决于多种因素，如应力、温度、应变率、试件大小、应力梯度等，目前
岩石强度准则多只考虑应力的影响，其他因素的影响研究得很不够，故多未予考虑。

研究岩石的强度准则有经验性的和理论性的两种方法。前者根据大量试验结果，进行分析整理寻求
规律，以求得数学表达式。后者系从固体的基本物理性质来建立岩石的强度准则。

试件中任何一点的应力状态可以用三个主应力的大小表示。在某种σ_1、σ_2和σ_3的组合情况下材料发
生破坏。把这些引起破坏的点表示在主应力空间，便形成破坏面，有

$$f(\sigma_1, \sigma_2, \sigma_3) = 0 \tag{20-1-64}$$

上述的关系式即为强度准则（或破坏准则）。

经验性强度准则必须根据岩石的试验结果来建立，当岩石处于简单受力情况时，可通过简单试验分
析岩石的破坏规律。但是，岩石常常处于复杂的应力状态，岩石的强度及其在荷载作用下的性状与岩石
的应力状态有着很大的关系。例如，单向压应力作用下表现为脆性的岩石，在三向应力状态下具有延性
性质，同时强度也大大提高了。

1. 莫尔准则

莫尔准则是莫尔在 1900 年提出、并在岩石力学中应用最广的准则之一。该准则是建立在试验数据
的统计分析基础之上的。该准则假设：岩石不是在简单的应力状态下发生破坏，而是在不同的正应力和
剪应力组合作用下，才使其丧失承载能力。或者说，当岩石某个特定的面上作用着的正应力、剪应力达
到一定的数值时，随即发生破坏。莫尔同时对其破坏特征作了一些近似的假设。他认为：材料内某一点
的破坏主要决定于它的最大主应力和最小主应力，与中间主应力无关。这样就可研究平面应力状态，根
据用不同的大、小主应力比例求得的材料强度试验资料，在剪应力τ-法向应力σ平面上，绘制一系列的
莫尔应力圆（见图 20-1-38）。每一莫尔应力圆都反映一种达到破坏极限的应力状态。这种应力圆称为极

限应力圆。然后作出这一系列极限应力圆的包络线，叫作莫尔包络线。这条包络线代表材料的破坏条件或强度准则。在包络线上的所有点都反映材料破坏时的剪应力（即抗剪强度）与正应力的关系，即

$$\tau_f = f(\sigma) \tag{20-1-65}$$

这就是莫尔强度准则的普遍形式。由图 20-1-38 可知，莫尔强度包络线的主要特征为：在正应力较小的范围内，其曲线斜率较陡；而在较大的正应力作用下，其斜率将趋缓。

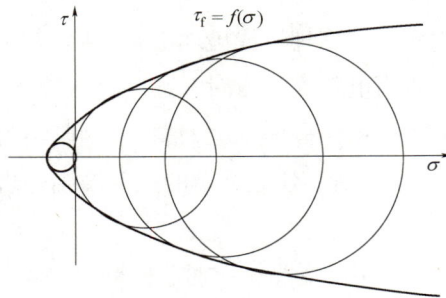

图 20-1-38　莫尔包络线

莫尔准则认为材料破坏形态和破坏面上剪应力的大小都取决于该面上的法向应力，是法向应力的函数。材料的破坏属于压剪破坏，在受拉区，为拉剪破坏。

包络线的形状与岩石的种类有关，需根据试验结果加以确定。在确定包络线的形状时，应满足下列要求：

（1）选择的曲线应该是单调曲线。

（2）曲线应对称于σ轴，这表示岩石在各种应力的极限强度情况下在共轭方向上的破坏状况。

（3）在σ从 0～∞ 的全部变化范围内，应满足 $d|\tau|/d_\sigma \geqslant 0$，而且，根据试验结果，该导数还应随着$\sigma$的增加而减小。

根据试验结果发现，包络线基本上可分为两种类型：

开放型——如砂岩、石灰岩和花岗岩等构造致密的岩石。

收缩型——多出现在孔隙率较高、比较疏松、压缩性较大的岩石中，如煤、黏土质页岩等。

通常为简单起见，多假设为直线、抛物线或双曲线等。一般而言，对于软弱岩石，可认为是抛物线，对于坚硬岩石，可认为是双曲线或摆线。当采用直线近似时，公式形式与下面介绍的库仑准则相同，但两者对破坏机理的解释并不同。

莫尔准则说明中间主应力不影响破坏强度，剪切破坏面方向与最大主应力成α角。如果掌握了某种岩石的强度包络线，即可对该类岩石的破坏状态进行评价。根据强度包络线的含意，只要作用在某种岩石上某个特定的作用面上的应力与包络线上的应力之相等时，该岩石即沿着特定的作用面产生宏观的断裂面而破坏。若用极限应力圆来表示的话，则极限应力圆上的某一点与强度包络线相切，即表示在该应力状态下，岩石发生破坏。

2. 库仑准则

该准则认为岩石的破坏属于压剪破坏，发生在某一称为破坏面上的平面上，剪切破坏力的一部分用来克服与正应力无关的黏聚力，使材料颗粒间脱离关系，另一部分用来克服与正应力成正比的摩擦力，使面间发生错动而最终破坏。库仑准则可表示为

$$|\tau| = c + \sigma \tan\varphi \tag{20-1-66}$$

其中，c是正应力等于 0 时的剪切强度，代表材料单位面积上的阻抗，称为黏聚力；φ是岩石的内摩擦角，取决于剪切面的粗糙程度，而岩石的粗糙程度主要与颗粒组成有关。库仑准则中参数的几何意义见图 20-1-39。

1883 年 Navier 对库仑公式（20-1-66）进行了补充，把公式中的剪应力和正应力分别用主应力表示。由如图 20-1-40 所示的三角关系可以得出

$$\sin \varphi = \frac{\dfrac{\sigma_1 - \sigma_3}{2}}{\dfrac{\sigma_1 + \sigma_3}{2} + c \cot \varphi} \tag{20-1-67}$$

整理后用主应力表示的库仑准则

$$\sigma_1 = \frac{2c \cos \varphi}{1 - \sin \varphi} + \sigma_3 \frac{1 + \sin \varphi}{1 - \sin \varphi} \tag{20-1-68}$$

破裂面与主平面之间的夹角为$2\alpha = 90° + \varphi$，即

$$\alpha = 45° + \frac{\varphi}{2} \tag{20-1-69}$$

破裂面一般为共轭面，如图 20-1-40 所示，可见，破裂面与最大主应力σ_1之间的夹角为$90° - \alpha = 45° - \varphi/2$，破裂面与最大主应力作用面（即最大主平面）的夹角为$45° + \varphi/2$。

上式中，由$\sigma_3 = 0$，得

$$\sigma_1 = \frac{2c \cos \varphi}{1 - \sin \varphi} = \sigma_c \tag{20-1-70}$$

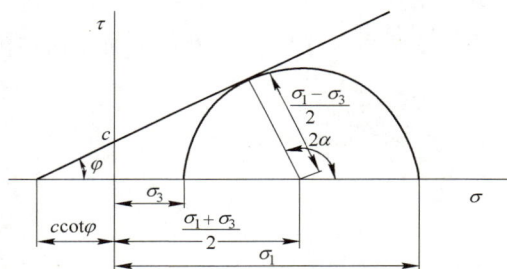

图 20-1-39　库仑准则及其参数的几何意义

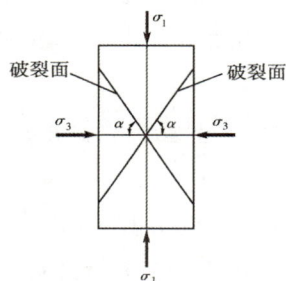

图 20-1-40　共轭破裂面（X 状节理的产生）

此为单轴抗压强度与黏聚力的关系。

由$\sigma_1 = 0$，得

$$\sigma_3 = -\frac{2c \cos \varphi}{1 + \sin \varphi} = \sigma_t$$

此为单轴抗拉强度与黏聚力的关系，试验结果表明，此式给出的抗拉强度远远大于岩石的实际强度，因此用此式计算出的岩石抗拉强度没有任何意义。这也同时说明，库仑准则不适用于岩石受拉的场合。

库仑准则的缺点和局限：

（1）当围压较大时，与试验结果出入较大；

（2）黏结力概念的物理意义不明确；

（3）没有考虑中间主应力的影响；

（4）实际岩石的破坏并非明显的剪切破坏；

（5）岩石受拉时不能用。

当采用直线型的包络线时，莫尔准则与库仑准则完全相同，所以也把直线型的莫尔准则称为莫尔-库仑准则，这是目前岩石力学中使用最广泛的准则。

下面介绍如何根据试验结果确定岩石的 c、φ 值。

首先把破坏准则式（20-1-68）改写成

$$\sigma_1 = b\sigma_3 + a$$

其中

$$a = \frac{2c\cos\varphi}{1-\sin\varphi} \qquad (20-1-71)$$

$$b = \frac{1+\sin\varphi}{1-\sin\varphi} \qquad (20-1-72)$$

由此可见，上式为一个最大主应力与最小主应力的线性关系式。如果把各种强度试验结果投影到 $\sigma_1 - \sigma_3$ 平面上，再用线性最小二乘法进行回归，可以得出 a 和 b，那么就可以根据下列公式计算出莫尔-库仑准则中的两个力学参数

$$\varphi = \arcsin\frac{b-1}{b+1} \qquad (20-1-73)$$

$$c = a\frac{1-\sin\varphi}{2\cos\varphi} \qquad (20-1-74)$$

【例 20-1-3】 按照莫尔-库仑强度理论，若岩石强度曲线是一条直线，则岩石破坏时破裂面与最大主应力面的夹角为：

A. 45° B. 45°−$\varphi/2$ C. 45°+$\varphi/2$ D. 60°

解 莫尔-库仑强度准则假设受压下岩石的破坏属于剪切破坏，破坏面的方向取决于两个主应力的大小关系和材料的内摩擦角如图 20-1-40 所示，理论上剪切破坏面与最大主应力作用面之间的夹角为 $45°+\frac{\varphi}{2}$。

注意此题中的最大主应力面并非标准用词，应为最大主应力作用面或最大主平面。

答案： C

3. Hoek-Brown 强度准则

Hoek-Brown 准则是在大量试验结果统计分析的基础上提出的经验型强度准则，可表述为

$$\sigma_1 = \sigma_3 + \sqrt{m_i\sigma_c\sigma_3 + \sigma_c^2} \qquad (20-1-75)$$

式中：σ_c ——岩石的单轴抗压强度；

m_i ——材料常数，可根据三轴试验结果通过回归分析后获得，当缺乏试验数据时，也可由 Hoek 给出的表 20-1-10 中查找近似值。

如图 20-1-41 所示，与莫尔-库仑准则不同，Hoek-Brown 准则不仅属于非线性强度准则，而且还能同时考虑岩石的剪切破坏和拉裂破坏，可用于任何应力条件下的强度计算。

当 $\sigma_1 = 0$ 时，由式（20-1-75）可得

$$\sigma_3 = \frac{\sigma_c}{2}\left(m_i - \sqrt{m_i^2+4}\right) = \sigma_t \qquad (20-1-76)$$

当 $\sigma_3 = 0$ 时，由式（20-1-75）可得 $\sigma_1 = \sigma_c$。

所以，可以看出，该准则能够准确地给出岩石的单轴抗拉强度和抗压强度，与试验结果的吻合程度较高，是目前最符合岩石强度特性的准则之一。

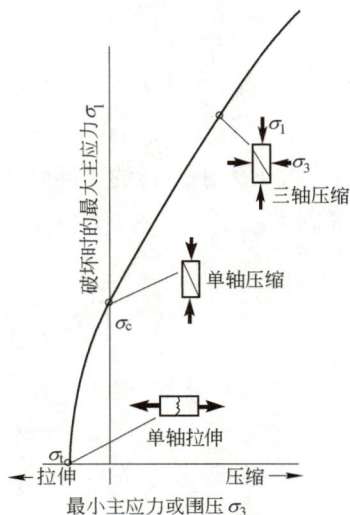

图 20-1-41 Hoek-Brown 准则

完整岩块的m_i值（括号内数字为估计值）　　　　　表 20-1-10

岩石类型	类	组	岩 石 组 织			
			粗粒	中粒	细粒	微粒
沉积岩	碎屑状		砾岩 （22）	砂岩 19	粉砂岩 9	黏土岩 4
				←硬砂岩→ （18）		
	非碎屑状	有机的		←白垩→ 7 ←煤→ （8-21）		
		碳酸盐	角砾岩 （20）	灰岩 （10）	灰岩 8	
		化学的		石膏石 16	硬石膏 13	
变质岩	非层状的		大理岩 9	角页岩 （19）	石英岩 24	
			混合岩 （30）	闪岩 31	糜棱岩 （6）	
	层状的		片麻岩 33	片岩 （10）	千枚岩 （10）	板岩 9
火成岩	浅色的		花岗岩 33		流纹岩 （16）	黑曜岩 （19）
			花岗闪长岩 （30）		英安岩 （17）	
			闪长岩 （28）		安山岩 19	
	暗色的		辉长岩 27	粗玄岩 （19）	玄武岩 （17）	
			苏长岩 22			
	喷出火成碎屑物		集块岩 （20）	角砾岩 （18）	凝灰岩 （15）	

4. 格里菲斯强度准则

格里菲斯准则是一个典型的理论性强度准则，它是根据试验观察到的物理现象建立并推导出的强度准则。格里菲斯准则的发展经过了几个阶段，因篇幅有限，下面只简单介绍一维和二维格里菲斯准则。

（1）一维格里菲斯准则

1921 年 Griffith 在研究脆性材料的破坏时发现，根据分子键之间的强度进行理论计算，得到的强度比强度试验结果高几个数量级。因此，他认为脆性材料的抗拉强度不是由分子键决定的，而是由材料中大量看不见的微小裂隙所控制。为此，他从单个裂隙的开裂条件开始研究脆性材料的强度准则。

Griffith 把问题抽象成如图 20-1-42 所示的形式，在无限板中有一个椭圆孔，无限远处作用有拉应力。他认为当微裂隙扩展形成新的表面，引起材料破坏时，系统中的表面能将增加，从而使系统的总能量减少，根据此条件推导出一维条件下的强度准则如下

$$\sigma = \sqrt{\frac{2E\gamma_s}{\pi a}} \tag{20-1-77}$$

式中：γ_s ——材料的表面比能；

　　　E ——材料的弹性模量。

上述准则适用于一维加载的理想脆性材料（不考虑尖端部分的塑性变形），它用扁椭圆代表裂隙，假设岩石是一个可逆的热力学过程，除了创造新的裂隙表面外没有其他的能量耗散，不考虑实际存在的尺寸效应，因此只能预计应力集中引起裂缝开展的点，而不能涉及其发展的传播轨迹，裂缝的开裂方向垂直于最大主应力方向。

（2）二维格里菲斯准则

如图 20-1-43 所示，将问题简化成二维空间的弹性体内的一个扁椭圆形的微裂隙，设微裂隙的短轴与最大主应力方向成 β 角。外力作用的结果使裂隙表面上每点的拉应力数值均不同。当裂隙方位变动时，最大拉应力值也随之变化，若此时最大拉应力的极值达到分子键的强度，则裂隙继续破裂，据此得出平面状态下的强度准则

$$\left.\begin{array}{ll} \sigma_1 + 3\sigma_3 \geqslant 0 \text{ 时} & (\sigma_1 - \sigma_3)^2 = 8\sigma_t(\sigma_1 + \sigma_3) \\ \sigma_1 + 3\sigma_3 < 0 \text{ 时} & \sigma_3 = -\sigma_t \end{array}\right\} \tag{20-1-78}$$

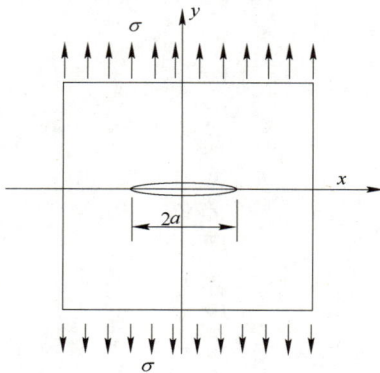

图 20-1-42　一维格里菲斯模型　　　　图 20-1-43　二维格里菲斯模型

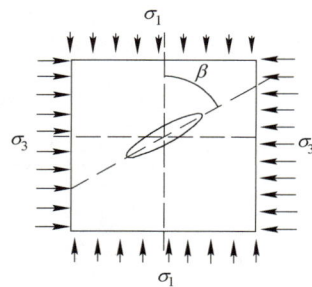

根据上述准则可知，在压应力作用下，最大拉应力并不发生在椭圆孔的端部，而是发生在与 x 轴成 δ 角的方位上，而且 δ 为

$$\delta = 2\beta - \frac{\pi}{2} \tag{20-1-79}$$

微裂隙扩展的方向与孔壁最大主应力方向垂直，这与一维时不同。

由二维准则可知，在单轴压缩时，$\sigma_3 = 0$，σ_1 的极限值为单轴抗压强度，所以得 $\sigma_c = 8\sigma_t$，可见，格里菲斯准则给出的脆性度比实际岩石小。

格里菲斯准则认为，不论何种应力状态，材料都是因裂纹尖端附近达到极限拉应力而断裂，即材料的破坏机理与应力状态无关，都是拉伸破坏。

格里菲斯准则的问题有以下几方面：

①没有考虑众多微裂隙的相互作用，只能作为单个二维裂隙开裂的条件，不能作为岩石的强度准则。

②在垂直压应力作用下，二维裂隙可能会闭合，裂隙面上可能会出现剪切力和法向力，即会出现摩擦，格里菲斯没有考虑这种情况。

③给出的 σ_c/σ_t 比实际小。

④只给出了裂隙开裂的方向，没有给出后续的扩展方向。

五、岩体的变形与强度试验

岩体是由结构面及其切割的岩块组成的,由于结构面的切割同时受地下水、天然应力等地质因素的影响,使岩体的力学性质与岩块有显著的差别。岩体的力学性质不仅取决于组成岩体的结构面与岩块的力学性质,还在很大程度上受控于结构面的发育及其组合特征,同时,还与岩体所处的地质环境条件密切相关。在一般情况下,岩体比岩块更易于变形,其强度也显著低于岩块的强度。不仅如此,岩体在外力作用下的力学属性往往表现出非均质、非连续、各向异性和非弹性的特点。所以,无论在什么情况下,都不能把岩体和岩块两个概念等同起来。另外,人类的工程活动都是在岩体表面或内部进行的。因此,研究岩体的力学性质比研究岩块的力学性质更重要、更具有实际意义。

岩体的力学性质,一方面取决于它的受力条件,另一方面还受岩体的地质特征及其赋存环境条件的影响。其影响因素主要包括组成岩体的岩石材料性质,结构面的发育特征及其性质和岩体的地质环境条件,尤其是天然应力及地下水条件。其中结构面的影响是岩体的力学性质不同于岩块力学性质的本质原因。实践表明:研究岩体的变形与强度性质是岩体力学的根本任务之一。虽然注册岩土工程师考试大纲中没有涉及此部分内容,然而近年来的考试中却多次出现了与此部分内容相关的考题,给考生造成了很大的困惑。鉴于此,本节将主要对岩体的变形与强度性质及其试验方法做简要介绍。

(一)岩体的变形性质

岩体变形是评价工程岩体稳定性的重要指标,也是岩体工程设计的基本准则之一。例如,在修建拱坝和有压隧洞时,除研究岩体的强度外,还必须研究岩体的变形性能。当岩体中各部分岩体的变形性能差别较大时,将会在建筑物结构中引起附加应力;或者虽然各部分岩体变形性质差别不大,但如果岩体软弱,抗变形性能差时,将会使建筑物产生过量的变形等。这些都会导致工程建筑物破坏或无法使用。

由于岩体中存在大量的结构面,结构面中还往往有各种填充物,因此,在受力条件改变时,岩体的变形是岩块材料变形和结构面变形的总和,而结构变形通常包括结构面闭合、填充物压密及结构体转动和滑动等变形。一般情况下,岩体的结构变形起着控制作用。目前,岩体的变形性质主要通过原位岩体变形试验进行研究。

原位岩体变形试验,按其原理和方法不同,可分为静力法和动力法两种。静力法的基本原理是:在选定的岩体表面、槽壁或钻孔壁面上施加法向荷载,并测定其岩体的变形值;然后绘制压力-变形关系曲线,计算出岩体的变形参数。根据试验方法不同,静力法又可分为承压板法、狭缝法、钻孔变形法、径向荷载法或水压洞室法及单(双)轴压缩试验法等。动力法是用人工方法对岩体发射(或激发)弹性波(声波或地震波),并测定其在岩体中的传播速度,然后根据波动理论求岩体的变形参数。根据弹性波激发方式的不同,又分为声波法和地震波法两种。本节主要介绍静力法及其参数确定方法。

1.承压板法

按承压板的刚度不同,承压板法可分为刚性承压板法和柔性承压板法两种,各类岩体均可采用刚性承压板法试验,完整和较完整岩体也可采用柔性承压板法试验。

刚性承压板法试验通常是在平巷中进行的,其装置如图 20-1-44 所示。先在选择好的具代表性的岩面上清除浮石,平整岩面。然后依次装上承压板、千斤顶、传力柱和变形测量表等。将洞顶作为反力装置,通过油压千斤顶对岩面施加荷载,并用百分表测量岩体变形值。

柔性承压板中心孔法采用钻孔轴向位移计进行深部岩体变形量测,孔深不应小于承压板直径的 6 倍。

试验点的选择应具有代表性,并避开大的断层及破碎带。受载面积可视岩体裂隙发育情况及加荷设备的出力大小而定,一般以 0.25~1.0m² 为宜。承压板尺寸应与受载面积相同并具有足够的刚度。试验时，先将预定的最大荷载分为若干级，采用逐级一次循环法加压。在加压过程中，同时测记各级压力（p）下的岩体变形值（W），绘制p-W曲线（见图 20-1-45）。岩体的变形可在垫板下面测定，也可在通过垫板中心的轴线上距垫板一定距离处量测。通过某级压力下的变形值，用如下的布辛涅斯克公式计算岩体的弹性模量E（MPa）：

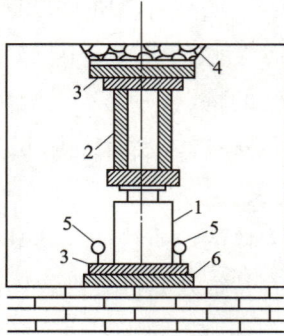

图 20-1-44　承压板变形试验装置示意图

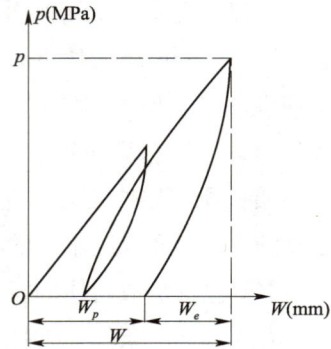

图 20-1-45　岩体的压力-变形（p-W）曲线

1-千斤顶；2-传力柱；3-钢板；4-混凝土顶板；5-百分表；6-承压板

$$E = I_0 \frac{(1-\mu^2)pD}{W} \tag{20-1-80}$$

式中：E ——岩体弹性（变形）模量（MPa），当以总变形W_0代入式中计算的为变形模量E_0，当以弹性变形W_e代入式中计算的为弹性模量E；

　　　　W ——岩体变形（cm）；

　　　　p ——按承压板面积计算的压力（MPa）；

　　　　I_0 ——刚性承压板的形状系数，圆形承压板取 0.785，方形承压板取 0.886；

　　　　D ——承压板直径或边长（cm）；

　　　　μ ——岩体泊松比。

柔性承压板法试验量测中心孔深部变形时，岩体弹性（变形）模量应分别按以下公式计算：

$$E = \frac{p}{W_z} K_z \tag{20-1-81}$$

$$K_z = 2(1-\mu^2)\left(\sqrt{r_1^2 + Z^2} - \sqrt{r_2^2 + Z^2}\right) - (1+\mu)\left(\frac{Z^2}{\sqrt{r_1^2 + Z^2}} - \frac{Z^2}{\sqrt{r_2^2 + Z^2}}\right) \tag{20-1-82}$$

式中：W_z ——深度为Z处的岩体变形（cm）；

　　　　Z ——测点深度（cm）；

　　　　K_z ——与承压板尺寸、测点深度和泊松比有关的系数。

当柔性承压板中心孔法试验量测到不同深度两点的岩体变形值时，两点之间岩体弹性（变形）模量应按下式计算：

$$E = \frac{p(K_{z1} - K_{z2})}{W_{z1} - W_{z2}} \tag{20-1-83}$$

式中：W_{z1}、W_{z2} ——深度分别为Z_1和Z_2处的岩体变形（cm）；

　　　　K_{z1}、K_{z2} ——深度分别为Z_1和Z_2处的相应系数。

当方形刚性承压板边长为 30cm 时，基准基床系数应按下式计算：

$$K_v = \frac{p}{W} \tag{20-1-84}$$

式中：K_v ——基准基床系数（kN/m³）；

$\quad p$ ——按方形刚性承压板计算的压力（kN/m³）；

$\quad W$ ——岩体变形（cm）。

2. 径向荷载试验

径向荷载试验的实质是在岩体中开挖一个圆筒形洞室，然后在这个洞室的某一段长度上施加垂直于岩体表面的均匀压力。压力可以用水压施加，称为水压法；也可用压力枕加压，称径向压力枕试验，在国外称为奥地利荷载试验。如图 20-1-46 所示，试验是靠一钢支承圆筒的四周的压力枕同步对其四周岩体施加荷载，造成洞中一定长度范围（一般为 2m）内的岩体产生径向压缩。施加的荷载要保持其变形在弹性范围内，径向位移的测定，不是在混凝土和岩面的接触面上，而是在岩体内部，大约在 15cm 的深处量测。变形模量可按弹性厚壁圆筒的条件计算（见图 20-1-47）。设岩体内任一点的位移为

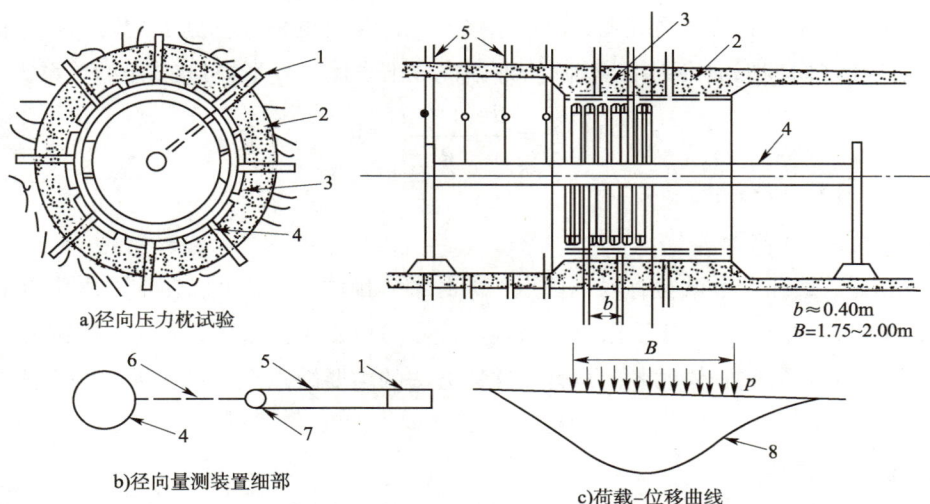

a)径向压力枕试验

b)径向量测装置细部

c)荷载-位移曲线

$b \approx 0.40m$
$B = 1.75 \sim 2.00m$

图 20-1-46　径向荷载试验装置

1-锚固点；2-混凝土衬砌；3-压力枕；4-钢筒；5-钢测杆；6-钢丝；7-测表；8-岩石弹性位移

$$u = \frac{1+\mu}{E_0} \times \frac{r_B^2}{r} p \qquad (20-1-85)$$

当混凝土圈有分布裂缝时，作用于岩体表面上的应力 $p = p_a$，则由式（20-1-85）得：

$$E_0 = \frac{1+\mu}{u} \times \frac{r_B^2}{r} p \qquad (20-1-86)$$

设 u_0 为岩体洞壁面的位移，当 $u = u_0$ 时可得：

$$E_0 = \frac{1+\mu}{u_0} \times r_B p \qquad (20-1-87)$$

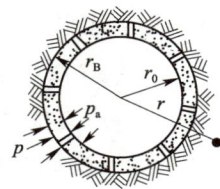

图 20-1-47　径向荷载试验的力学模型

应用岩体弹性抗力的概念，并设 K 为岩体的弹性抗力系数，则：

$$K = \frac{p}{u_0}, \quad u_0 = \frac{p}{K} \qquad (20-1-88)$$

根据式（20-1-87）和式（20-1-88）可得：

$$\frac{p}{K} = \frac{1+\mu}{E_0} r_B p \Rightarrow K = \frac{E_0}{(1+\mu)r_B} \qquad (20-1-89)$$

岩体的弹性抗力系数 K 随洞的半径大小而变化，半径越大，K 值越小。为使用方便，通常采用 $r_B = 100cm$ 时的抗力系数 K_0 表示。

因
$$\frac{K}{K_0} = \frac{100}{r_B}$$

故
$$K_0 = \frac{K r_B}{100} = \frac{p r_B}{100 \mu_0} \tag{20-1-90}$$

弹性抗力系数对于有内压力的隧洞衬砌是有意义的。因为围岩岩体具有一定的弹性，它被迫压缩以后，就会产生一定的弹性抗力。岩体的弹性抗力系数越大，则它能产生的弹性抗力也越大，这个弹性抗力对衬砌的稳定是有利的。假如岩体很软弱，没有弹性抗力，衬砌在过大的内压力作用下无阻碍地自由膨胀，则很快便会破裂。岩体的这个弹性抗力实际上是分担了一部分内压力，使衬砌所受的内压力减少，从而起到保护衬砌的作用。充分利用岩体的弹性抗力，就可以大大地减小衬砌的厚度，降低工程造价，或者说充分发挥衬砌的作用，对衬砌稳定有利。

3. 钻孔变形法（钻孔径向加压法）

钻孔变形法是利用钻孔膨胀计等设备，通过水泵对一定长度的钻孔壁施加均匀的径向荷载，同时测记各级压力下的钻孔径向变形u，利用厚壁圆筒理论推导出岩体的变形模量E与u的关系为：

$$E = \frac{dp(1+\mu)}{u} \tag{20-1-91}$$

式中：d——钻孔孔径（cm）；

$\quad\quad p$——计算压力（MPa）。

与承压板法相比，钻孔变形试验有以下优点：①对岩体扰动小；②可以在地下水位以下和相当深的部位进行测试；③试验方向基本上不受限制，而且试验压力可以达到很大；④在一次试验中可以同时测量几个方向的变形，便于研究岩体的各向异性。这种方法的主要缺点在于试验涉及的岩体体积小，代表性不强。

4. 狭缝压力枕荷载试验

本试验的实质是在岩体中切槽，把压力枕埋于槽内，并用水泥砂浆浇筑，使压力枕的两个面皆能很好地与槽的两侧岩面接触（见图20-1-48）。当压力枕施加荷载于岩面之后，施加的荷载大小可由压力表测定，而岩面的平均位移可通过从水泵（或油泵）打入压力枕中的水量（或油量）推算出来。即

$$V_s = \frac{fW}{2F} \tag{20-1-92}$$

式中：W——储水筒下降的水位；

$\quad\quad f$——储水筒的截面积；

$\quad\quad F$——压力枕表面积。

岩体的变形模量E_0为

$$E_0 = \frac{P(1-\mu^2)}{2a V_s} \tag{20-1-93}$$

式中：P——压力枕作用于岩面的总荷载；

$\quad\quad a$——圆形加载表面的半径。

如果狭缝压力枕试验如图20-1-49所示，在垂直岩壁上刻槽布置，则岩体变形模量的计算，可按布辛涅斯克的弹性理论求解。当测得位移已知时，变形模量为

$$E_0 = \frac{lp(1+\mu)}{4u_R}\left[1 + \frac{3-\mu}{1+\mu} + \frac{2(\rho^2-1)}{\rho^2+1}\right] \tag{20-1-94}$$

式中：p——压力枕施加的单位压力（MPa）；

l ——直槽宽度（近似以压力枕宽度代替）（cm）；

ρ ——计算参数，按下式计算：

$$\rho = \frac{2y + \sqrt{4y_0^2 + l^2}}{l}$$ (20-1-95)

式中：y_0 ——直槽的水平中心轴（x轴）到测点之间的距离（cm）；

u_R ——测点的位移（cm）。

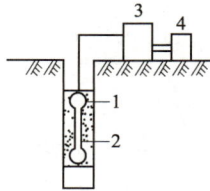

图 20-1-48　用水力压力枕做狭缝试验
1-水力压力枕；2-水泥砂浆；3-储水圆筒；4-水泵

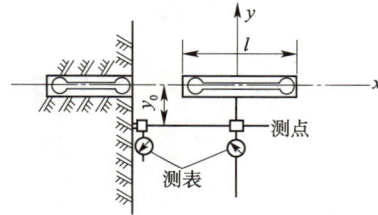

图 20-1-49　狭缝压力枕试验

（二）岩体的强度特性

岩体是由各种形状的岩块和结构面组成的地质体，因此其强度必然受到岩块和结构面强度及其组合方式（岩体结构）的控制。一般情况下，岩体的强度既不同于岩块的强度，也不同于结构面的强度。但是，如果岩体中结构面不发育，呈整体或完整结构时，则岩体的强度大致与岩块强度接近；或者如果岩体沿某一特定结构面滑动破坏，则其强度将取决于该结构面的强度。这是两种极端的情况，比较好处理。难办的是节理裂隙切割的裂隙化岩体强度确定问题，其强度介于岩块与结构面强度之间。

岩体强度是指岩体抵抗外力破坏的能力，和岩块一样，也有抗压强度、抗拉强度和剪切强度之分。对于裂隙岩体来说，其抗拉强度很小，工程设计上一般不允许岩体中有拉应力出现，加上岩体抗拉强度测试技术难度大，所以，目前对岩体抗拉强度的研究很少，主要研究岩体的剪切强度和抗压强度。

岩体内任一方向剪切面，在法向应力作用下所能抵抗的最大剪应力，称为岩体的剪切强度。通常又可细分为抗剪断强度、抗剪强度和抗切强度三种。抗剪断强度是指在任一法向应力下，横切结构面剪切破坏时岩体能抵抗的最大剪应力；在任一法向应力下，岩体沿已有破裂面剪切破坏所得最大应力称为抗剪强度，这实际上就是某一结构面的抗剪强度，剪切面的法向应力为零时的抗剪断强度称为抗切强度。

1. 原位岩体剪切试验及其强度参数确定

为了确定岩体的剪切强度参数，国内外开展了大量的原位岩体剪切试验，一般认为原位岩体剪切试验是确定剪切强度参数最有效的方法。日前普遍采用的方法是双千斤顶法直剪试验。该方法是在平巷中制备试件，并以两个千斤顶分别在垂直和水平方向施加外力而进行的直剪试验，其装置如图 20-1-50 所示。试件尺寸视裂隙发育情况而定，但其截面积不宜小于 50cm×50cm，试件高一般为断面边长的 $\frac{1}{2}$，如果岩体软弱破碎，则需浇筑钢筋混凝土保护罩。每组试验需 5 个以上试件，各试件的岩性及结构面等情况应大致相同，避开大的断层和破碎带，试验时，先施加垂直荷载，待其变形稳定后，再逐级施加水平剪力直至试件破坏。

通过试验可获取如下资料：①岩体剪应力（τ）-剪切位移（u）-曲线及法向应力（σ）-法向变形（W）曲线；②剪切强度曲线及岩体剪切强度参数（黏聚力、内摩擦角）值。

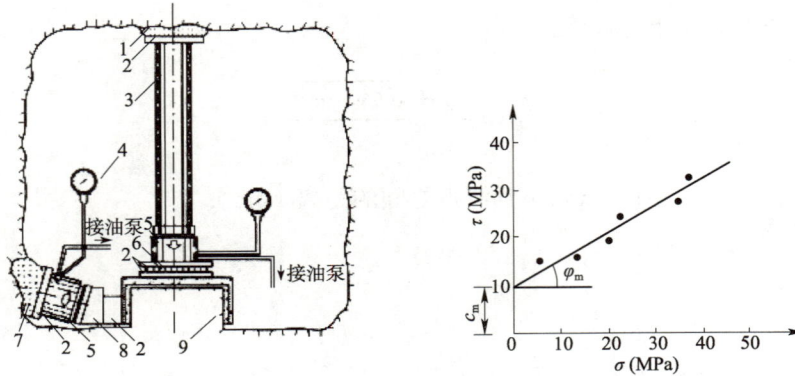

图 20-1-50　岩体剪切试验装置示意图

1-砂浆顶板；2-钢板；3-传力柱；4-压力表；5-液压千斤顶；6-滚轴排；7-混凝土后座；8-斜垫板；9-钢筋混凝土保护罩

2. 岩体的剪切强度特征

试验和理论研究表明：岩体的剪切强度主要受结构面、应力状态、岩块性质、风化程度及其含水状态等因素的影响。在高应力条件下，岩体的剪切强度较接近于岩块的强度，而在低应力条件下，岩体的剪切强度主要受结构面发育特征及其组合关系的控制。由于作用在岩体上的工程荷载多在 10MPa 以下，所以与工程活动有关的岩体破坏，基本上受结构面特征控制。

岩体中结构面的存在致使岩体一般都具有高度的各向异性。即沿结构面产生剪切破坏（重剪破坏）时，岩体剪切强度最小，近似等于结构面的抗剪强度；而横切结构面剪切（剪断破坏）时，岩体剪切强度最高；沿复合剪切面剪切（复合破坏）时，其强度则介于两者之间。因此，一般情况下，岩体的剪切强度不是一个单一值，而是具有一定上限和下限的值域，其强度包络线也不是一条简单的曲线，而是有

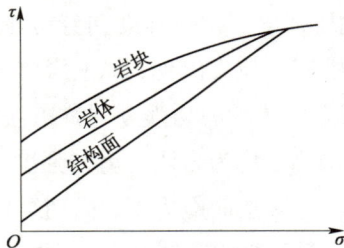

图 20-1-51　岩体剪切强度包络线示意图

一定上限和下限的曲线族。其上限是岩体的剪断强度，一般可通过原位岩体剪切试验或经验估算方法求得，在没有资料的情况下，可用岩块剪断强度来代替；下限是结构面的抗剪强度（见图 20-1-51）。当法向应力较低时，岩体强度变化范围较大，随着法向应力增大，范围逐渐变小。当法向应力高到一定程度时，包络线变为一条曲线，这时，岩体强度将不受结构面影响而趋于各向同性。

在强风化岩体和软弱岩体中，剪断岩体时的内摩擦角多在 30°~40°之间变化，黏聚力多在 0.01~0.5MPa 之间，其强度包络线上、下限比较接近，变化范围小，且其岩体强度总体上比较低。

在坚硬岩体中，剪断岩体时的内摩擦角多在 45°以上，黏聚力在 0.1~4MPa 之间。其强度包络线的上、下限差值较大，变化范围也大。在这种情况下，准确确定工程岩体的剪切强度困难较大。一般需依据原位剪切试验和经验估算数据，并结合工程荷载及结构面的发育特征等综合确定。

3. 裂隙岩体强度测定的现场三轴压缩试验

岩体的压缩强度也可分为单轴抗压强度和三轴压缩强度。目前，生产实际中，通常是采用原位单轴压缩和三轴压缩试验来确定。这两种试验也是在平巷中制备试件，并采用千斤顶等加压设备施加压力，直至试件破坏。根据破坏荷载来求岩体的单轴或三轴压缩强度。

在一个随机性节理的岩体中，破坏面位置的确定是有困难的，用现场岩体的三轴试验可以量测岩体的抗剪强度和破坏面的位置及形态，这时，破坏面将会沿着最弱的面破坏。这个面可以沿着已有的节理面产生，或者通过岩石本身破坏。破坏面的形态可以是沿着一个平直节理面，也可以由两组或三组的不同的节理方向组合而成锯齿状破坏面。现场三轴试验（见图 20-1-52）的试件一般为矩形块体，它是在试洞底板或洞壁的试验位置上，经过仔细刻凿和整平而成，使此矩形试件三边脱离原地岩体，而仅一边与岩体相连。试件受压面积的大小是根据施加压力作用的压力枕尺寸而定，长度（或高度）一般取 $h > 2a$。目前，现场三轴试验有采用矩形截面的试件，其大小可达 2.8m×1.40m×2.8m，试件的基地与岩体相连的面积为 2.8m×1.4m。

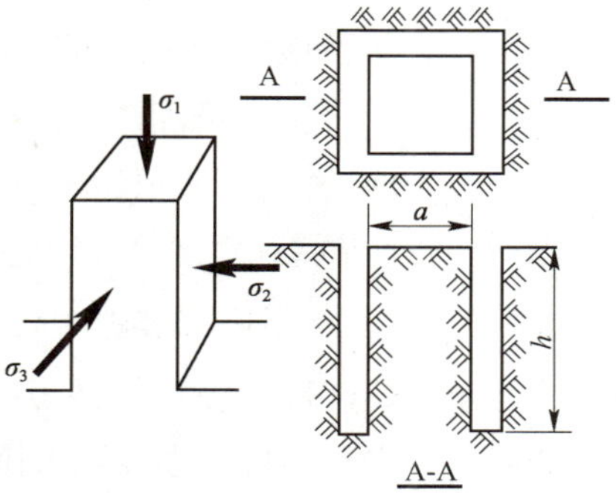

图 20-1-52　现场三轴试验的力学模型

试件备好后，把压力枕埋置在刻槽内，以便施加侧压力，而最大主应力是通过垂直千斤顶或压力枕施加的。在试验过程中测量和记录试件位移，从而测定应力-位移关系曲线。确定应力的比例极限值、屈服极限值和破坏极限值。

习　题

20-1-1　能直接给出岩石的弹性模量和弹性抗力系数的现场试验是（　　　）。

　　A. 承压板法试验　　　　　　　　　　B. 狭缝法试验

　　C. 钻孔环向加压法试验　　　　　　　D. 双轴压缩法试验

20-1-2　大部分岩体属于（　　　）。

　　A. 均质连续材料　　　　　　　　　　B. 非均质材料

　　C. 非连续材料　　　　　　　　　　　D. 非均质、非连续、各向异性材料

20-1-3　岩石的弹性模量一般指（　　　）。

　　A. 弹性变形曲线的斜率　　　　　　　B. 割线模量

　　C. 切线模量　　　　　　　　　　　　D. 割线模量、切线模量及平均模量中的任一种

20-1-4　岩石的割线模量和切线模量计算时的应力水平为（　　　）。

　　A. $\sigma_c/3$　　　　　　B. $\sigma_c/2$　　　　　　C. $3\sigma_c/5$　　　　　　D. σ_c

20-1-5　由于岩石的抗压强度远大于它的抗拉强度，所以一般情况下，岩石属于（　　　）。

　　A. 脆性材料　　　　　　　　　　　　B. 延性材料

　　C. 坚硬材料　　　　　　　　　　　　D. 脆性材料，但围压较大时，会呈现延性特征

20-1-6　岩体的强度小于岩石的强度主要是由于（　　　）。

　　A. 岩体中含有大量的不连续面　　　　B. 岩体中含有水

　　C. 岩体为非均质材料　　　　　　　　D. 岩石的弹性模量比岩体的大

20-1-7　岩体的尺寸效应指（　　　）。

　　A. 岩体的力学参数与试件的尺寸关系不大

　　B. 岩体的力学参数随试件的增大而增大的现象

　　C. 岩体的力学参数随试件的增大而减小的现象

D. 岩体的强度比岩石的小

20-1-8　剪胀（或扩容）表示（　　　）。

　　A. 岩石体积不断减小的现象

　　B. 裂隙逐渐闭合的一种现象

　　C. 裂隙逐渐张开的一种现象

　　D. 岩石的体积随压应力的增大逐渐增大的现象

20-1-9　剪胀（或扩容）发生的原因是（　　　）。

　　A. 岩石内部裂隙闭合引起的　　　　　　　　B. 压应力过大引起的

　　C. 岩石的强度太小引起的　　　　　　　　　D. 岩石内部裂隙逐渐张开和贯通引起的

20-1-10　岩石的抗压强度随着围压的增大（　　　）。

　　A. 而增大　　　　　　B. 而减小　　　　　　C. 保持不变　　　　　D. 会发生突变

20-1-11　劈裂试验得出的岩石强度表示岩石的（　　　）。

　　A. 抗压强度　　　　　　　　　　　　　　　B. 抗拉强度

　　C. 单轴抗拉强度　　　　　　　　　　　　　D. 剪切强度

20-1-12　格里菲斯准则认为岩石的破坏是由于（　　　）。

　　A. 拉应力引起的拉裂破坏　　　　　　　　　B. 压应力引起的剪切破坏

　　C. 压应力引起的拉裂破坏　　　　　　　　　D. 剪应力引起的剪切破坏

20-1-13　格里菲斯强度准则不能作为岩石的宏观破坏准则的原因是（　　　）。

　　A. 它不是针对岩石材料的破坏准则

　　B. 它认为材料的破坏是由于拉应力所致

　　C. 它没有考虑岩石的非均质特征

　　D. 它没有考虑岩石中的大量微裂隙及其相互作用

20-1-14　岩石的吸水率是指（　　　）。

　　A. 岩石试件吸入水的质量和岩石天然质量之比

　　B. 岩石试件吸入水的质量和岩石干质量之比

　　C. 岩石试件吸入水的质量和岩石饱和质量之比

　　D. 岩石试件天然质量和岩石饱和质量之比

20-1-15　已知某岩石饱水状态与干燥状态的抗压强度之比为 0.72，则该岩石（　　　）。

　　A. 软化性强，工程地质性质不良　　　　　　B. 软化性强，工程地质性质较好

　　C. 软化性弱，工程地质性质较好　　　　　　D. 软化性弱，工程地质性质不良

20-1-16　当岩石处于三向应力状态，且 σ_3 比较大的时候，一般应将岩石考虑为（　　　）。

　　A. 弹性体　　　　　　B. 塑性体　　　　　　C. 黏性体　　　　　　D. 完全弹性体

20-1-17　在岩石抗压强度试验中，若加载速率增大，则岩石的抗压强度（　　　）。

　　A. 增大　　　　　　　B. 减小　　　　　　　C. 不变　　　　　　　D. 无法判断

20-1-18　按照库仑强度理论，岩石破坏时破裂面与最大主应力作用方向的夹角为（　　　）。

　　A. 45°　　　　　　　　B. 45° + $\varphi/2$　　　　　C. 45° − $\varphi/2$　　　　　D. 60°

20-1-19　在岩石的含水率试验中，试件烘干时应将温度控制在（　　　）。

　　A. 90~105℃　　　　　B. 100~105℃　　　　　C. 100~110℃　　　　　D. 105~110℃

20-1-20 按照格理菲斯强度理论，脆性岩体破坏的主要原因是 （　　　）。

　　A. 受拉破坏　　　　B. 受压破坏　　　　C. 弯曲破坏　　　　D. 剪切破坏

20-1-21 在缺乏试验资料时，一般取岩石抗拉强度为抗压强度的 （　　　）。

　　A. 1/2~1/5　　　　B. 1/10~1/20　　　　C. 2~5 倍　　　　D. 10~50 倍

20-1-22 用格里菲斯理论评定岩坡中岩石的脆性破坏时，若靠近坡面作用于岩层的分布力为 P，岩石单轴抗拉强度为 R_t，则下列哪种情况下发生脆性破坏？ （　　　）

　　A. $P > 3R_t$　　　　B. $P > 8R_t$　　　　C. $P > 16R_t$　　　　D. $P > 24R_t$

20-1-23 在单向压应力作用下，坚硬岩石的破坏通常属于 （　　　）。

　　A. 劈裂破坏　　　　B. 弯曲破坏　　　　C. 塑性破坏　　　　D. 脆性破坏

20-1-24 某岩石的实测应力-应变关系曲线（峰前段）开始为上凹形曲线，随后变为直线，直到破坏，没有明显的屈服段，则该岩石为 （　　　）。

　　A. 弹性硬岩　　　　B. 塑性软岩　　　　C. 弹塑性岩石　　　　D. 塑弹性岩石

20-1-25 在岩石单向抗压试验中，试件高度与直径的比值 h/d 和试件端面与承压板之间的摩擦力在下列哪种组合下，最容易使试件呈现锥形破裂（　　　）。

　　A. h/d 较大，摩擦力很小

　　B. h/d 较小，摩擦力很大

　　C. h/d 的值和摩擦力的值都很大

　　D. h/d 的值和摩擦力的值都很小

20-1-26 岩石在破裂并产生很大变形的情况下（　　　）。

　　A. 不具有任何强度　　　　　　　　　B. 仍具有一定的强度

　　C. 只有一定的残余强度　　　　　　　D. 只具有很小的强度

20-1-27 岩石的吸水率是指（　　　）。

　　A. 岩石吸入水的质量与岩石试件体积之比

　　B. 岩石吸入水的质量与岩石试件的总质量之比

　　C. 岩石吸入水的体积与岩石试件的体积之比

　　D. 岩石吸入水的质量与岩石试件的固体质量之比

20-1-28 岩石的含水率表示（　　　）。

　　A. 岩石孔隙中含有水的体积与岩石试件的总体积之比

　　B. 岩石孔隙中含有水的质量与岩石试件固体质量之比

　　C. 岩石孔隙中含有水的体积与岩石试件的总质量之比

　　D. 岩石孔隙中含有水的质量与岩石试件的总体积之比

20-1-29 岩石的软化系数表示（　　　）。

　　A. 干燥状态下的单轴抗压强度与饱和单轴抗压强度之比

　　B. 干燥状态下的剪切强度与饱和单轴抗压强度之比

　　C. 饱和单轴抗压强度与干燥状态下的抗压强度之比

　　D. 饱和单轴抗压强度与干燥状态下的单轴抗压强度之比

第二节　岩体工程分类

一、工程岩体分类的目的与原则

由于影响岩体质量和其稳定性的因素很多，即使是同一个岩体，由于工程规模大小以及工程类型不同，对其也会有不同的要求及评价。因此，长期以来，国内外不少专家学者为探索从定性和定量两个方面来评价岩体的工程性质，并根据工程类型及使用目的来对岩体进行分类。这也是岩体力学中最基本的研究课题之一。

（一）岩体工程分类的目的

目前国内外在地下工程的设计与计算，主要还处于工程类比阶段，多数计算还处在根据各自的工程经验，提出经验公式，其中包括围岩压力的计算公式。这些经验公式大致可分为以下三类：

（1）通过大量的塌方调查，寻求各种不同地质条件与塌方高度的关系，换算为围岩压力，以经验公式的形式表达出来。

（2）通过大量支护结构物上的压力测量，寻求各种不同地质条件与支护上压力的关系，并以经验公式的形式表达出来。

（3）通过当前工程试验段量测其支护上的压力作为本工程设计之用。

经验的工程类比首先要求对围岩的工程地质状况加以区分，然后才能给出相应的经验公式或经验数据。因此首先要对围岩进行工程分类。

如果设计师设计过许多工程，而且也设计过其岩石条件与目前所考虑工程相类似的地下工程，并管理过这一工程的施工过程，那么进行设计决策就较有把握。相反，若无现成的实际经验，那么究竟按什么标准来检查自己所作决策是否合理？如何判断开挖跨度是否太大，已确定采用的锚杆究竟是太多还是过少呢？

答案存在于某种形式的岩体分类系统之中，这种系统能把已遇到的工程情况与别人遇到过的工程情况联系起来进行类比。这样的分类系统实际上起着一种桥梁作用，使设计师能够把从别的工程得来的一些实际经验，诸如开挖工程的岩石条件及支护方法等方面的经验与自己将要遇到的条件联系起来。

岩体工程分类就是按照岩体的物理力学性质、水理性质、完整性和初始应力状态以及岩石工程结构特点，根据大量实际工程经验的统计分析结果，对岩体质量进行分类或分级，以便工程技术人员能够根据不同质量的岩石，进行合理的工程布置或采取相应的处理加固措施，从而使工程做到既经济又安全。

岩体工程分类方法的基本目的主要包括：①将岩体分成形态类似的组；②对了解岩体特性提供可靠的依据；③对解决实际工程问题，提供必要的定量数据，以便进行岩石工程的规划和设计；④为所有关心岩石力学问题的科技人员，在学术交流上提供有效的共同基础。

根据用途不同，工程岩体分类有通用的分类和专门的分类两种。通用的分类是较少针对性、原则和大致分类，是供各学科领域及国民经济各部门笼统使用的分类。例如，水利水电工程须着重考虑水的影响，而对于修建在地下的大型工程来讲，须考虑地应力对岩体稳定性的影响。

总之，工程岩体分类是为一定的具体工程服务的，是为某种目的编制的，它的分类内容和分类要求是为分类目的而服务的。

（二）工程岩体分类的原则

为实现以上目的，所采用的分类法必须满足以下几个基本要求：

（1）确定分级的目的和使用对象。考虑适用于某一类工程、某种工业部门或生产领域，是通用的，还是为专门目的而编制的分类。

（2）分类应该是定量的，以便于用在技术计算和制定定额上。

（3）分类的级数应合适，不宜太多或太少，一般都分为五级，从工程实用来看，这是恰当的。

（4）工程岩体分类方法及步骤应简单明了，数字便于记忆，便于应用。

（5）以实测参数为基础，这些参数可在现场又快又省地测定。

（6）由于目的对象不同，考虑的因素也不同，各个因素应有各自的物理意义，并且还应该是独立的影响因素。一般来说，为各种工程服务的工程岩体分类必须考虑岩体的性质，尤其是结构面和岩块的工程质量，风化程度、水的影响，岩体的各种物理力学参数，地应力以及工程规模和施工条件等。在定量分类中，其指标量值的变化，都用几何级数来反映。

目前，在国际上，工程岩体分类的一个明显趋势是利用根据技术手段获取的"综合特征值"来反映岩体的工程特性，用它来作为工程岩体分类的基本定量指标，并力求与工程地质勘察和岩体测试工作相结合，用一些简洁的方法，迅速判断岩体工程性质的好坏，根据分类要求，判定类别，以便采取相应的工程措施。

（三）工程岩体分类的独立因素分析

进行工程岩体分类首先要确定影响岩体工程性质的主要因素，尤其是独立的影响因素。从工程观点来看，影响岩体工程性质的因素，起主导及控制作用的有如下几个方面。

1. 岩石材料的质量

岩石材料的质量，是反映岩石物理力学性质的依据，也是工程岩体分类的基础。从工程实践来看，主要表现在岩石的强度和变形性质方面。根据室内岩块试验，可以获得岩石的抗压、抗拉、抗剪和弹性参数及其他指标。应用上述参数来评价和衡量岩石质量的好坏，至今尚没有统一的标准，从国内外岩体分类的情况来看，目前都沿用室内单轴抗压强度指标来反映。除此之外，为便于现场获取资料，更为简便而准确的是在现场进行点荷载试验，它们的换算关系为 $\sigma_c = 24 I_s$（I_s 为点荷载强度指数）。

2. 岩体的完整性

岩体工程性质的好坏，基本上不取决于或很少取决于组成岩体的岩块的力学性质，而是取决于受到各种地质因素和各种地质条件影响形成的各种软弱结构面（简称节理）和其间的充填物质，即它们本身的空间分布状态，包括结构面的组数、间距及单位体积岩体中的节理数。他们直接削弱了岩体的工程性质。所以岩体完整性的定量指标是表征岩体工程性质的重要参数。

目前，在岩体分类中能定量地反映结构面影响因素的方法有二：一为结构面特征的统计结果，包括节理组数、节理间距、体积裂隙率以及结构面的粗糙程度及其充填物的状况，都是工程岩体分类应用的重要参数；二为岩体的弹性波（主要为纵波）的速度。纵波速度能综合反映岩体的完整性，所以弹性波速度也往往是工程岩体分类的一个重要参数。

风化作用，实质上是一种对结构面的影响。当工程处于地表，如边坡稳定、坝基、土木工程等，则必须考虑由于风化作用对岩体的影响；对地下工程，则可较少考虑。目前，在工程岩体分类中，往往只是定性地考虑风化作用的影响，缺乏有效的定量评价方法。

3. 水的影响

水对岩体质量的影响，主要表现为两个方面：一是使岩石及结构面充填物的物理力学性质恶化；二是沿岩体结构面形成渗透，影响岩体的稳定性。

就水对工程岩体分类的影响而言，尚缺乏有效的定量评价方法，一般使用定性与定量相结合的方法。

4. 地应力

对工程岩体分类来说，地应力是一个独立因素。但它难于测量，它对工程的影响程度也难于确定。在我国西南、西北高地应力地区，会出现有高地应力而产生的特殊问题。但在一般的工程岩体分类中，此因素考虑得较少。目前，对地应力因素往往只能在综合因素中反映，如纵波波速、位移量等。

5. 某些综合因素

在工程岩体分类中，一是用隧洞的自稳时间或塌落量来反映工程的稳定性；二是应用巷道顶面的下沉位移量来反映工程的稳定性。这些因素只是岩石质量、结构面、水、地应力等因素的综合反映。在有的岩体分类中，把它作为岩体分类以后的岩体稳定性评价来考虑。

综上所述，目前在工程岩体分类中，作为评价的独立因素只有岩石质量、岩体结构面和水的影响三项，地应力影响只能在综合因素中反映。

二、工程岩体代表性分类系统介绍

（一）按岩石质量指标 RQD（Rock Quality Designation）分类

岩石质量指标 RQD 由 Deere 于 1963 年提出，后来由他自己和其他人逐步完善。RQD 是以修正的岩芯采集率来确定的，岩芯采集率就是采取岩芯总长度与钻孔长度之比。而 RQD，即修正的岩芯采集率是选用完整的、其长度不小于 10cm 的岩芯总长度与钻孔长度之比，并用百分数表示，即

$$RQD = \frac{\sum l}{L} \times 100\% \tag{20-2-1}$$

式中： l ——长度大于 10cm 的岩芯单节长度；

　　　 L ——同一岩层中的钻孔长度。

工程实践说明，RQD 是一种比岩芯采集率更好的指标，它反映了岩体完整性的好坏，目前已被广泛应用于岩土工程，它具有简单、实用的特点。根据它与岩体质量之间的关系，可按 RQD 值的大小来描述岩体的质量，岩体分级标准见表 20-2-1。

按 RQD 大小的岩体工程分级　　　　　　　　　　　　　　表 20-2-1

等　级	RQD（%）	工 程 分 级	等　级	RQD（%）	工 程 分 级
I	90~100	极好的	IV	25~50	差的
II	75~90	好的	V	0~25	极差的
III	50~75	中等的			

（二）以弹性波（纵波）速度分类

弹性波在岩体中的传播，显然与在均质、各向同性及完整的岩石中不同，岩体中结构面的存在一方面使波速明显下降，而且会使其传播能量有不同程度的消耗，所以，弹性波的变化能反映岩体的结构特征和完整性。

日本池田和彦经过近 10 年的时间，对日本的大约 70 座铁路隧道进行了地质、施工以及声波测试结

果的调查，于 1969 年提出了日本铁路隧道围岩强度分类。首先它将岩质分成 A、B、C、D、E、F 共 6 类，再根据弹性波在岩体中的速度，将围岩强度分为 7 类（见表 20-2-2）。

日本铁路隧道围岩分类　　　　　　　　　　　　　表 20-2-2

围岩强度分类	岩　质						良好程度	备　　注
	A	B	C	D	E	F		
1	>5.0		>4.8	>4.2			好	1.开挖面有涌水时，分类要降一级
2	5.0~4.4		4.8~4.2	4.2~3.6				2.膨胀型岩石（蛇纹岩、变质安山岩、石墨片岩、凝灰岩、温泉余土）的弹性波速度值，要特别考虑这种情况其速度值小于4.0km/s，泊松比大于 0.3
3	4.6~4.0	4.8~4.2	4.4~3.8	3.8~2.8	>2.6		中等	
4	4.2~3.0	4.4~3.8	4.0~3.4	3.4~2.8	2.6~2.0			3.对风化岩层泊松比小于 0.3 时，分类要提高一级到两级
5	3.8~3.2	4.0~3.4	3.6~3.0	3.0~2.4	2.2~1.6	1.8~1.2		4.单位：km/s
6	<3.4	<3.6	<3.2	<2.6	<1.8	1.4~0.8	差	
7					<1.4	<1.0		

（三）节理岩体的 RMR 分类方法

该法是由南非科学和工业研究委员会（CSIR）的 Bieniawski 在 1976 年提出后经过多次修改，逐渐趋于完善的一种综合分类方法。当原来的 RMR 分类在实际应用中取得一些经验以后，Bieniawski 对自己的分类进行了修改，修改后的分类系统考虑以下 5 个基本分类参数（见表 20-2-3）：

1.完整岩石材料的强度

2.岩石质量指标（RQD）

3.节理间距

节理一词指的是所有不连续的结构面，它可能是节理、断层、层理面以及其他软弱面。

4.节理状况

这个参数考虑了节理宽度或开口宽度、连续性、表面粗糙度、节理面的状况（软或硬）以及所含的充填物等因素。

5.地下水状况

根据观察到的隧道涌水量、裂隙水压力与岩体主应力之比，或用对地下水条件的某个一般性的定性观测结果，来考虑地下水流对开挖体稳定性的影响。

RMR 分类系统采用对各个参数评分的方法，即对每一参数均按照表 20-2-3 所示规定逐一给出评分值，然后将各个参数的评分值相加，就得到岩体的总评分值。总评分值确定后，还必须按节理方位的不同作出适当修正（见表 20-2-4）。表 20-2-5 列出了各种不同总评分值的岩体类别、岩性描述及地下开挖体不加支护而能保持稳定的时间和岩体强度参数。表 20-2-4 的解释见表 20-2-6。另外，Bieniawski 还给出了隧洞未支护跨度的稳定时间与 RMR 分类指标的关系（见图 20-2-1），据此，只要确定了岩体的评分值，就可以估计在要求期限内岩体能够保证稳定的最大跨度值，或是给定跨度情况下，不支护时岩体能够稳定的时间。

节理岩体的 RMR 分类　　　　　　　　　　　　　　　　　　　　　　　　表 20-2-3

	完整岩石的强度（MPa）	点荷载强度	>10	4~10	2~4	1~2	此低值区最好采用单轴抗压强度		
1		单轴抗压强度	>250	100~250	50~100	25~50	5~25	1~5	<1
		评分	15	12	7	4	2	1	0
2	RQD 值（%）		90~100	75~90	50~75	25~50	<25		
	评分		20	17	13	8	3		
3	节理间距（cm）		>200	60~200	20~60	6~20	<6		
	评分		20	15	10	8	5		
4	节理状态		裂开面很粗糙，节理不连通，未张开，两壁岩石未风化	裂开面稍粗糙裂开宽度小于1mm，两壁轻度风化	裂开面稍粗糙裂开宽度小于1mm，两壁高度风化	裂开面夹泥厚度小于5mm 或裂开宽度1~5mm，节理连通	裂开面夹泥厚度大于5mm 或裂开宽度大于5mm，节理连通		
	评分		30	25	20	10	0		
5	地下水状况	隧洞中每10m 长段涌水量（L/min）	0	<10	10~25	25~125	>125		
		节理水压力/大主应力	0	0.0~0.1	0.1~0.2	0.2~0.5	>0.5		
		隧洞干燥程度	干燥	稍潮湿	潮湿	滴水	涌水		
		评分	15	10	7	4	0		

按节理产状修正评分值　　　　　　　　　　　　　　　　　　　　　　　　表 20-2-4

节理走向和倾向		非常有利	有利	一般	不利	非常不利
评分修正值	隧道	0	-2	-5	-10	-12
	地基	0	-2	-7	-15	-25
	边坡	0	-5	-25	-50	-60

RMR 岩体分类级别的含义　　　　　　　　　　　　　　　　　　　　　　表 20-2-5

分类级别	I	II	III	IV	V
质量描述	非常好的岩体	好岩体	一般岩体	差岩体	非常差的岩体
评分值	100~81	80~61	60~41	40~21	<20
平均稳定时间	5m 跨度 10 年	4m 跨度 6 个月	3m 跨度 1 星期	1.5m 跨度 5h	0.5m 跨度 10min
岩体黏聚力（kPa）	>300	200~300	150~200	100~150	<100
岩体内摩擦角（°）	>45	40~45	35~40	30~35	<30

节理走向和倾角对隧道开挖的影响　　　　　　　　　　　　　　　　　　表 20-2-6

走向垂直于隧道轴线				走向平行于隧道轴线		倾角 0°~20°无论什么走向
沿倾向掘进		反倾向掘进				
倾角 45°~90°	倾角 20°~45°	倾角 45°~90°	倾角 20°~45°	倾角 45°~90°	倾角 20°~45°	
非常有利	有利	一般	不利	非常有利	一般	不利

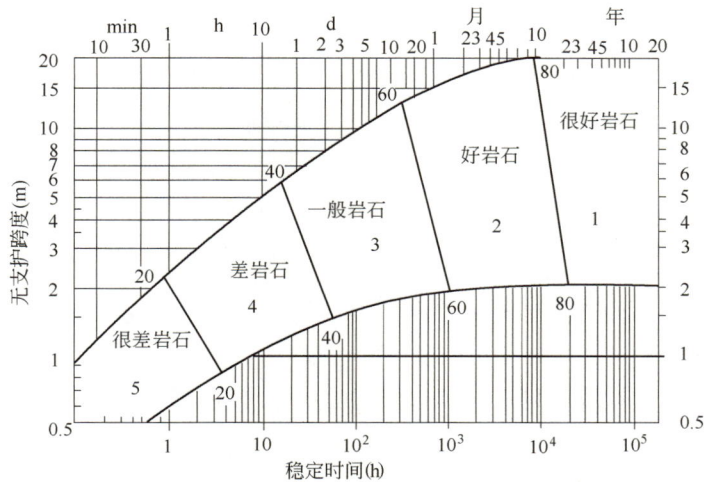

图 20-2-1 地下开挖体未支护跨度的稳定时间与 RMR 指标的关系

RMR 岩体分类方法十分重视岩体中结构面的影响,因此对岩体质量的评价比较符合工程实际情况。但是在地应力比较高的地区,最大主应力作用在节理表面上的角度对围岩稳定性的影响程度,往往比节理数量更重要,这时应力控制着岩体的变形与破坏,而 Bieniawski 在进行岩体评分时却未予以考虑,这就使 RMR 分类法的适用范围受到一定的限制。

(四)隧道质量指标 Q

挪威岩土工程研究所(Norwegian Geotechnical Institute)的 Barton、Lien 和 Lunde 等人,根据过去的地下开挖工程稳定性的大量实例,提出了确定岩体隧道开挖质量指标的方法,此指标 Q 的数值按下式计算

$$Q = \left(\frac{\text{RQD}}{J_n}\right) \times \left(\frac{J_r}{J_a}\right) \times \left(\frac{J_w}{\text{SRF}}\right) \tag{20-2-2}$$

式中:RQD ——Deere 的岩石质量指标;

J_n ——节理组数;

J_r ——节理粗糙度系数;

J_a ——节理蚀变影响系数;

J_w ——节理水折减系数;

SRF ——应力折减系数。

第一项比值(RQD/J_n)代表岩体结构的影响,可作为块度或粒度的粗略量度,其两个极值(100/0.5 和10/20)相差 400 倍。

第二项比值(J_r/J_a)表示节理壁或节理充填物的粗糙度和摩擦特性。这个比值对于直接接触的未蚀变粗糙节理是比较有利的。可以预计,这类节理面的强度将接近于峰值强度,一旦发生剪切错动,这个节理势必发生急剧的扩容,因而对隧道稳定性特别有利。

当岩石节理带有黏土质矿物覆盖层和含有充填薄层时,其强度显著降低。然而,如果出现了微小的剪切位移后,节理壁彼此接触到一起,则这种接触可能成为防止隧道最终破坏的重要因素。

第三项比值(J_w/SRF)由两个应力参数组成:

(1)SRF 为下列荷载的量度:

①开挖体通过断层带和含黏土岩层时所受的松散荷载;

②坚固岩石中的应力；

③不坚固的塑性岩石中的挤压荷载。

这样，可把 SRF 看成一个综合应力参数。

（2）J_w 为水压的一个量度。由于水压力使有效正应力降低，故水压对节理的抗剪强度起不利的作用。此外，在节理含黏土充填物的情况下，地下水可能起软化和冲刷作用。由于不能将这两个应力参数合并，所以用块间的有效法向应力表示，这是因为一般在高法向应力时抗剪强度较高。但是，有时候有效法向应力较高时，有时反而可能意味着岩体的稳定性较差。故此，比值（J_w/SRF）代表一个复杂的经验因数，称为主动应力。

这样，隧道质量指标Q可看成是只有三个参数的函数，这些参数是下列几个因素的粗略量度：

1.岩块尺寸（RQD/J_n）

2.岩块间的剪切强度（J_r/J_a）

3.主动应力（J_w/SRF）

为了把隧道质量指标与开挖体的形态和支护要求联系起来，又规定了一个附加参数，称为开挖体的当量尺寸（D_e），这个参数是将开挖体的跨度、直径或侧帮高度除以所谓的开挖体的支护比（ESR）而得来的，即

$$D_e = \frac{\text{开挖体的跨度、直径或高度}}{\text{开挖体的支护比}} \qquad (20\text{-}2\text{-}3)$$

开挖体支护比与开挖体的用途和它所允许的不稳定程度这两者有关。Barton 建议 ESR 采用表 20-2-7 中数据。

开挖体支护比表　　　　　　　　　　表 20-2-7

类　别	开 挖 工 程	ESR
A	临时性矿山巷道	3~5
B	永久性矿山巷道、水电站引水涵洞（不包括高水头涵洞）、大型开挖体的导洞、平巷和风巷	1.6
C	地下储存室、地下污水处理工厂、次要公路及铁路隧道、调压室、隧道联络道	1.3
D	地下电站、主要公路及铁路隧道、民防设施、隧道入口及交叉点	1.0
E	地下核电站、地铁车站、地下运动场、公共设施以及地下厂房	0.8

隧道质量指标Q与开挖体不支护而能保持稳定的当量尺寸D_e之间的关系如图 20-2-2 所示。根据Q值的大小把岩体分成 9 类，分别描述为异常差、极差、很差、差、一般、好、很好、极好、异常好。各个参数的详细分类标准示于表 20-2-8。

隧道质量指标Q详细分类标准　　　　表 20-2-8

项目及详细分类	数　值	备　注
1.岩石质量指标	RQD（%）	1.在实测或报告中，若 RQD≪（包括 0）时，则Q名义上取10 2.RQD 隔 5 选取就足够精确，如取 100、95、90…
（1）很差	0~25	
（2）差	25~50	
（3）一般	50~75	
（4）好	75~90	

项目及详细分类	数　值	备　注
（5）很好	90~100	
2.节理组数	J_n	
（1）整体性岩体，含少量节理或不含节理	0.5~1.0	
（2）一组节理	2	
（3）一组节理，再加些紊乱的节理	3	
（4）两组节理	4	1.对于巷道交叉口，取（$3J_n$）
（5）两组节理，再加些紊乱的节理	6	2.对于巷道入口处，取（$2J_n$）
（6）三组节理	9	
（7）三组节理，再加些紊乱的节理	12	
（8）四组或四组以上的节理，随机分布特别发育的节理，岩体被分成"方糖"块等	15	
（9）粉碎状岩石，泥状物	20	
3.节理粗糙度	J_r	
（1）节理壁完全接触		
（2）节理面在剪切错动 10cm 以前是接触的		
①不连续的节理	4	
②粗糙或不规则的波状节理	3	1.若有关的节理组平均间距大于 3m，J_r 按左行数值再加 1.0
③光滑的波状节理	2	
④带擦痕面的波状节理	1.5	2.对于具有线理且带擦痕的平面状节理，若线理指向最小强度方向，则可取 $J_r = 0.5$
⑤粗糙或不规则的平面状节理	1.5	
⑥光滑的平面状节理	1.0	
⑦带擦痕面的平面状节理	0.5	
（3）剪切错动时岩壁不接触		
①节理中含有足够厚的黏土矿物，足以阻止节理壁接触	1.0	
②节理含砂、砾石或岩粉夹层，其厚度足以阻止节理壁接触	1.0	
4.节理蚀变影响系数	J_a	
（1）节理完全闭合		如果存在蚀变产物，则残余摩擦角可作为蚀变产物的矿物学性质的一种近似标准
①节理壁紧密接触，坚硬、无软化、充填物不透水	0.75	
②节理壁无蚀变、表面只有污染物	1.0	
③节理壁轻微蚀变、不含软矿物覆盖层、砂砾和无黏土的解体岩石等	2.0	

项目及详细分类	数　值	备　注
④含有粉砂质或砂质黏土覆盖层和少量黏土细粒（非软化的）	3.0	
⑤含有软化或摩擦力低的黏土矿物覆盖层，如高岭土和云母。它可以是绿泥石、滑石和石墨等，以及少量的膨胀性黏土（不连续的覆盖层，厚度≤1~2mm）	4.0	
（2）节理壁在剪切错动10cm前是接触的		
①含砂砾和无黏土的解体岩石等	4.0	
②含有高度固结的，非软化的黏土矿物充填物（连续的厚度小于5mm）	6.0	
③含有中等（或轻度）固结的软化的黏土矿物充填物（连续的厚度小于5mm）	8.0	
④含膨胀型黏土充填物，如蒙脱石（连续的厚度小于5mm），J_a值取决于膨胀型黏土颗粒所占的百分数及含水率	8.0~12.0	
（3）剪切错动时节理壁不接触		
①含有解体岩石或岩粉及黏土的夹层［见关于黏土条件的第（2）②、（2）③和（2）④款］	6.0	
②含有解体岩石或岩粉及黏土的夹层［见关于黏土条件的第（2）②、（2）③和（2）④款］	8.0	
③含有解体岩石或岩粉及黏土的夹层［见关于黏土条件的第（2）②、（2）③和（2）④款］	8.0~12.0	
④由粉砂质或砂质黏土和少量黏土微粒（非软化的）构成的夹层	5.0	
⑤含有厚而连续的黏土夹层［见关于黏土条件的第（2）②、（2）③和（2）①款］	10.0~13.0	
⑥含有厚而连续的黏土夹层［见关于黏土条件的第（2）②、（2）③和（2）①款］	13.0~20.0	
⑦含有厚而连续的黏土夹层［见关于黏土条件的第（2）②、（2）③和（2）①款］		

5.节理水折减系数	J_w	水压力的近似值（kg/cm²）	备注
（1）隧道干燥或只有极少量的渗水，即局部地区渗流量小于5L/min	1.0	<1.0	1.（3）~（6）款的数值均为粗略值，如采取疏干措施，J_w可取大些
（2）中等流量或中等压力，偶尔发生节理充填物被冲刷现象	0.66	1.0~2.5	2.由结冰引起的特殊问题表中没有考虑
（3）节理无充填物，岩石坚固，流量大或水压高	0.5	2.5~10.0	
（4）流量大或水压高，大量充填物均被冲出	0.33	2.5~10.0	

项目及详细分类	数　值			备　注
（5）爆破时，流量特大或压力特高，但随时间增长而减弱	0.2~0.1		>10	
（6）持续不衰减的特大流量，或特高水压	0.1~0.05		>10	
6.应力折减系数	SRF			
（1）软弱区穿切开挖体，当隧道掘进时 SRF 开挖体可能引起岩体松动				
①含黏土或化学分解的岩石的软弱区多处出现，围岩十分松软（深浅不限）	10.0			
②含黏土或化学分解的岩石的单一软弱区（开挖深度小于50m）	5.0			
③含黏土或化学分解的岩石的单一软弱区（隧道深度大于50m）	2.5			1.如果有关的剪切带仅影响到开挖体，而不与之交叉，则 SRF 值减少25%~50%
④岩石坚固，不含黏土，但多处出现剪切带，围岩松散（深度不限）	7.5			2.对于各向应力差别较大的原岩应力场（若已测出的话），当 5≪σ_1/σ_3≪10 时，σ_c 减为 $0.8\sigma_c$，σ_t 减为 $0.8\sigma_t$，当 $\sigma_1/\sigma_3 > 10$ 时，σ_c 减为 $0.6\sigma_c$，σ_t 减为 $0.6\sigma_t$。这里 σ_c、σ_t 分别表示单轴抗压强度和抗拉强度（点荷载试验），σ_1、σ_3 分别为最大和最小主应力
⑤不含黏土的坚固岩石中单一的剪切带（开挖深度小于50m）	5.0			
⑥不含黏土的坚固岩石中单一的剪切带（开挖深度大于50m）	2.5			
⑦含松软的张开节理，节理很发育或像"方糖"块（深度不限）	5.0			
（2）坚固岩石，岩石应力问题	σ_c/σ_3	σ_t/σ_3	SRF	
①低应力，接近地表	>200	>13	2.5	
②中等应力	200~10	13~0.66	1.0	
③高应力，岩体结构非常紧密（一般有利于稳定，但对侧帮的稳定可能不利）	10~5	0.66~0.33	0.5~2	3.洞室埋深小于其跨度的情况很少，建议将 SRF 从 2.5 增至 5［见（2）①款］
④轻微岩爆（整体岩石）	5~2.5	0.33~0.16	5~10	
⑤严重岩爆（整体岩石）	<2.5	<0.16	10~20	
（3）挤压性岩石，在很高的应力影响下不坚固岩石的塑性流动	SRF			
①挤压性轻微的岩石压力	5~10			
②挤压性很大的岩石压力	10~20			
（4）膨胀性岩石，化学膨胀活性取决于水的存在与否				
①膨胀性轻微的岩石压力	5~10			
②膨胀性很大的岩石压力	10~20			

使用本表的补充说明

在估算岩体质量（Q）的过程中，除遵照表内备注栏的说明以外，尚需遵守下列原则：

①如果无法得到钻孔岩芯，则 RQD 值可由单位体积的节理数来估算，在单位体积中，对每组节理按每米长度计算其节理数，然后相加。对于不含黏土的岩体，可用简单的关系式将节理数换算成 RQD 值，如下

$$RQD = 115 - 3.3J_v \quad (近似值)$$

式中：J_v——每立方米的节理总数

②代表节理组数的参数 J_n 常常受页理、片理、板岩劈理或层理等的影响。如果这类平行的"节理"很发育，显然可视之为一个节理组，但如果明显可见的"节理"很稀疏，或者岩芯中由于这些"节理"偶尔出现个别断裂，则在计算 J_n 值时，视它们为"紊乱的节理"（或"随机节理"）似乎更为合适

③代表抗剪强度的参数 J_r 和 J_n 应与给定区域中最软弱的主要节理组或黏土充填的不连续面联系起来。但是，如果这些 J_r/J_n 值最小的节理组或不连续面的方位对稳定是有利的，这时，方位比较不利的第二组节理或不连续面有时可能更为重要，在这种情况下，计算 Q 值时要用后者较大的 J_r/J_n 值值。事实上，J_r/J_n 值值应当与最可能首先破坏的岩面有关

④当岩体含黏土时，必须计算出适用于松散荷载的因数 SRF。这时，完整岩石的强度并不重要。但是，如果节理很少，又完全不含黏土，则完整岩石的强度可能变成最弱的环节，稳定性完全取决于（岩体应力/岩体强度）之比。各向应力差别极大的应力场对于稳定性是不利的因素，这种应力场已在表中第 2 点关于应力折减因素的备注栏中作了粗略考虑

⑤如果现实的或将来的现场条件均使岩体处于水饱和状态，则完整岩石的抗压和抗拉强度应在饱和状态下进行测定。若岩体受潮或在饱和后即行变坏，则估计这类岩体的强度时应当更加保守一些

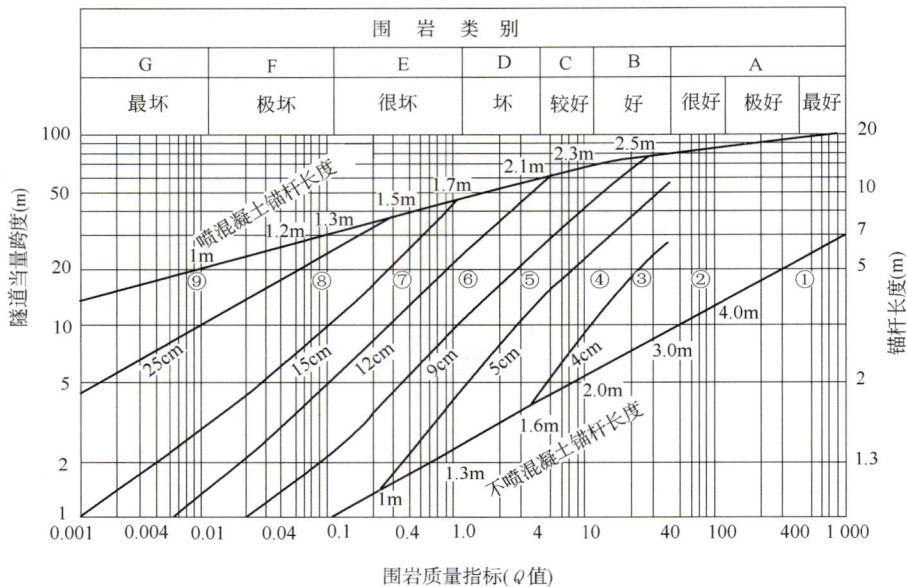

图 20-2-2　不支护的地下开挖体最大当量尺寸与 Q 值之间的关系

支护类型：①不支护；②喷混凝土；③锚杆；④锚杆及喷混凝土；⑤、⑥、⑦锚杆及钢纤维喷混凝土；⑧钢拱及锚杆；⑨模筑混凝土

　　RMR 岩体分类方法和隧道质量指标（Q）分类方法都考虑了足够的信息，足以对影响地下工程围稳定性的各种因素做出切实的综合评价，而且使用都很简便，可用于大多数岩石工程。前者较为重视岩体结构面的方位和倾角，但未考虑到岩体的应力。后者虽然不包括节理方位，但在评价节理粗糙度和蚀变影响因素时，却考虑了最不利节理组的特性，粗糙度和蚀变影响均代表了岩体的抗剪强度。两者都认为结构面方位和倾角的影响都远比通常预想的要小。RMR 和 Q 之间的关系可近似地表示为

$$RMR = 9\ln Q + 44 \tag{20-2-4}$$

　　由于 RMR 分类原是为解决坚硬节理岩体中浅埋隧道工程而发展起来的，所以在处理那些造成挤压、膨胀和涌水等极其软弱的岩体问题时，效果不好，应改用 Q 指标法。

三、我国工程岩体分级标准和分级的基本方法

（一）确定岩体基本质量

按定性、定量相协调的要求，最终定量确定岩体的坚硬程度与岩体完整性指数（K_v）。

岩体坚硬程度采用饱和岩石单轴抗压强度R_c表示。当无条件取得R_c时，亦可实测岩石的点荷载强度指数$I_{s(50)}$来进行换算（$I_{s(50)}$指直径50mm圆柱形试件径向加压时的点荷载强度），R_c与$I_{s(50)}$的换算关系如下

$$R_c = 22.82 I_{s(50)}^{0.75} \tag{20-2-5}$$

R_c与定性划分的岩石坚硬程度的对应关系，见表20-2-9。

R_c与定性划分的岩石坚硬程度的对应关系   表20-2-9

R_c（MPa）	>60	60~30	30~15	15~5	≤5
坚硬程度	硬质岩		软质岩		
	坚硬岩	较坚硬岩	较软岩	软岩	极软岩

岩体完整性指数K_v可根据弹性波速度测试方法确定

$$K_v = \left(\frac{v_{pm}}{v_{pr}} \right)^2 \tag{20-2-6}$$

式中：v_{pm} ——岩体的弹性波纵波速度（km/s）；

v_{pr} ——岩石的弹性波纵波速度（km/s）。

当现场缺乏弹性波测试条件时，可选择有代表性的露头或开挖面，对不同的工程地质岩组进行节理裂隙统计，根据统计结果计算岩体体积节理数J_v（条/m³）。

$$J_v = \sum_{i=1}^{n} S_i + S_0 \quad (i = 1, \cdots, n) \tag{20-2-7}$$

式中：J_v ——岩体体积节理数（条/m³）；

n ——统计区域内结构面组数；

S_i ——第i组结构面沿法向每米长结构面的条数；

S_0 ——每立方米岩体非成组节理条数。

J_v与K_v的对照关系见表20-2-10，K_v与岩体完整性程度定性划分的对应关系，见表20-2-11。

J_v与K_v对照表   表20-2-10

J_v（条/m³）	<3	3~10	10~20	20~35	≥35
K_v	>0.75	0.75~0.55	0.55~0.35	0.35~0.15	≤0.15

K_v与定性划分的岩体完整程度的对应关系   表20-2-11

K_v	>0.75	0.75~0.55	0.55~0.35	0.35~0.15	≤0.15
完整程度	完整	较完整	较破碎	破碎	极破碎

【例20-2-1】 测得岩体的纵波波速为 4 000m/s，岩块的纵波波速 5 000m/s，问岩体的完整性属于：

    A. 完整   B. 较完整   C. 完整性差   D. 较破碎

解 我国《工程岩体分级标准》（GB/T 50218—2014）采用岩体完整性指数K_v表示岩体的完整程度，K_v等于岩体纵波波速与岩石纵波波速比值的平方。据此，可以计算本题的岩体完整性指数如下：

$$K_v = \left(\frac{v_{pm}}{v_{rm}} \right)^2 = \left(\frac{4\,000}{5\,000} \right)^2 = 0.64$$

《工程岩体分级标准》（GB/T 50218—2014）第3.3.4条规定，岩体完整性指数与岩体完整程度的

对应关系，可按解表（规范中的表 3.3.4）确定。

例 20-2-1 解表

K_v 与岩体完整程度的对应关系

K_v	>0.75	0.75~0.55	0.55~0.35	0.35~0.15	≤0.15
完整程度	完整	较完整	较破碎	破碎	极破碎

据此可知，本题的岩体属于较完整岩体。

答案： B

（二）岩体基本质量分级

（1）岩体基本质量指标 BQ 按下式计算

$$BQ = 100 + 3R_c + 250K_v \tag{20-2-8}$$

式中：BQ——岩体基本质量指标；

    R_c——岩石单轴饱和抗压强度（MPa）。

注意，使用本式时应遵守下列限制条件：

当 $R_c > 90K_v + 30$ 时，应以 $R_c = 90K_v + 30$ 和 K_v 代入计算 BQ 值；

当 $K_v > 0.04R_c + 0.4$ 时，应以 $K_v = 0.04R_c + 0.4$ 和 R_c 代入计算 BQ 值。

（2）按计算所得的 BQ 值，与表 20-2-12 进行岩体基本质量分级。

表 20-2-12

岩体基本质量分级

岩体基本质量级别	岩体基本质量的定性特征	岩体基本质量指标（BQ）
I	坚硬岩，岩体完整	>550
II	坚硬岩，岩体较完整 较坚硬岩，岩体完整	550~451
III	坚硬岩，岩体较破碎 较坚硬岩，岩体较完整 较软岩，岩体完整	450~351
IV	坚硬岩，岩体破碎 较坚硬岩，岩体较破碎~破碎 较软岩，岩体较完整~较破碎 软岩，岩体完整~较完整	350~251
V	较软岩，岩体破碎 软岩，岩体较破碎~破碎 全部极软岩及全部极破碎岩	≤250

（三）地下工程岩体级别的确定

当有地下水，岩体稳定性受结构面影响，且有一组起控制作用，或工程岩体存在由强度应力比所表征的初始应力状态，地下工程岩体详细定级时，应对岩体基本质量指标 BQ 进行修正，并以修正后获得的工程岩体质量指标值，依据表 20-2-12 确定岩体级别。

地下工程岩体质量指标[BQ]，可按下式计算，其修正系数值，可分别按表 20-2-12~表 20-2-15 确定。

$$[BQ] = BQ - 100(K_1 + K_2 + K_3) \tag{20-2-9}$$

式中：[BQ]——地下工程岩体质量指标；

    K_1——地下工程地下水影响修正系数；

K_2 ——地下工程主要结构面产状影响修正系数；

K_3 ——初始应力状态影响修正系数。

对跨度不大于 20m 的地下工程，岩体自稳能力可按表 20-2-16 确定。当其实际的自稳能力与表 20-2-16 中相应级别的自稳能力不相符时，应对岩体级别做相应调整。对于跨度大于 20m 或特殊的地下工程岩体，除应按上述标准确定基本质量级别外，详细定级时，尚可采用其他有关标准中的方法，进行对比分析，综合确定岩体级别。

地下工程地下水影响修正系数K_1　　　　　　　　　　　　　　表 20-2-13

地下水出水状态	BQ				
	>550	550~451	450~351	350~251	≤251
潮湿或点滴状出水，$p \leqslant 0.1$或$Q \leqslant 25$	0	0	0~0.1	0.2~0.3	0.4~0.6
淋雨状或线流状出水，$0.1 < p \leqslant 0.5$或$25 < Q \leqslant 125$	0~0.1	0.1~0.2	0.2~0.3	0.4~0.6	0.7~0.9
涌流状出水，$p > 0.5$或$Q > 125$	0.1~0.2	0.2~0.3	0.4~0.6	0.7~0.9	1.0

注：1. p为地下工程围岩裂隙水压（MPa）。

2. Q为每 10m 洞长出水量（L/min·10m）。

地下工程主要结构面产状影响修正系数K_2　　　　　　　　　表 20-2-14

结构面产状及其与洞轴线的组合关系	结构面走向与洞轴线夹角<30° 结构面倾角 30°~75°	结构面走向与洞轴线夹角>60° 结构面倾角>75°	其他组合
K_2	0.4~0.6	0~0.2	0.2~0.4

初始应力状态影响修正系数K_3　　　　　　　　　　　　　　表 20-2-15

围岩强度应力比$\left(\dfrac{R_C}{\sigma_{max}}\right)$	BQ				
	>550	550~451	450~351	350~251	≤250
<4	1.0	1.0	1.0~1.5	1.0~1.5	1.0
4~7	0.5	0.5	0.5	0.5~1.0	0.5~1.0

地下工程岩体自稳能力　　　　　　　　　　　　　　　　　表 20-2-16

岩 体 级 别	自 稳 能 力
I	跨度≤20m，可长期稳定，偶有掉块，无塌方
II	跨度<10m，可长期稳定，偶有掉块； 跨度 10~20m，可基本稳定，局部可发生掉块或小塌方
III	跨度<5m，可基本稳定； 跨度 5~10m，可稳定数月，可发生局部块体位移及小、中塌方； 跨度 10~20m，可稳定数日至 1 个月，可发生小、中塌方

岩体级别	自稳能力
IV	跨度≤5m，可稳定数日至一个月； 跨度>5m，一般无自稳能力，数日至数月内可发生松动变形、小塌方、进而发展为中、大塌方。埋深小时，以拱部松动破坏为主；埋深大时，有明显塑性流动变形和挤压破坏
V	无自稳能力

注：1.小塌方：塌方高度小于3m，或塌方体积小于30m³。

2.中塌方：塌方高度3~6m，或塌方体积30~100m3。

3.大塌方：塌方高度大于6m，或塌方体积大于100m³。

（四）边坡工程岩体级别的确定

岩石边坡工程详细定级时，应根据控制边坡稳定性的主要结构面类型与延展性、边坡内地下水发育程度，以及结构面产状与坡面间关系等影响因素，对岩体基本质量指标BQ进行修正，并按获得的工程岩体质量指标值由表20-2-12确定岩体级别。

边坡工程岩体质量指标[BQ]，可按下列公式计算，其修正系数λ、K_4和K_5值，可分别按表20-2-17~表20-2-19确定。

$$[BQ] = BQ - 100(K_4 + \lambda K_5) \tag{20-2-10}$$

$$K_5 = F_1 \times F_2 \times F_3 \tag{20-2-11}$$

式中：　λ ——边坡工程主要结构面类型与延伸性修正系数；

K_4 ——边坡工程地下水影响修正系数；

K_5 ——边坡工程主要结构面产状影响修正系数；

F_1 ——反映主要结构面倾向与边坡倾向间关系影响的系数；

F_2 ——反映主要结构面倾角影响的系数；

F_3 ——反映边坡倾角与主要结构面倾角间关系影响的系数。

边坡工程主要结构面类型与延伸性修正系数λ　　　　表20-2-17

结构面类型与延伸性	修正系数λ
断层、夹泥层	1.0
层面、贯通性较好的节理和裂隙	0.9~0.8
断续节理和裂隙	0.7~0.6

边坡工程地下水影响修正系数K_4　　　　表20-2-18

边坡地下水发育程度	BQ				
	>550	550~451	450~351	350~251	≤250
潮湿或点滴状出水 $P_w < 0.2H$	0	0	0~0.1	0.2~0.3	0.4~0.6
线流状出水 $0.2H < P_w ≤ 0.5H$	0~0.1	0.1~0.2	0.2~0.3	0.4~0.6	0.7~0.9
涌流状出水 $P_w > 0.5H$	0.1~0.2	0.2~0.3	0.4~0.6	0.7~0.9	1.0

注：1.P_w为边坡内潜水或承压水头（m）。

  2.H为边坡高度（m）。

边坡工程主要结构面产状影响修正   表 20-2-19

序号	条件与修正系数	影响程度划分				
		轻微	较小	中等	显著	很显著
1	结构面倾向与边坡坡面倾向间的夹角（°）	>30	30~20	20~10	10~5	≤5
	F_1	0.15	0.40	0.70	0.85	1.0
2	结构面倾角（°）	<20	20~30	30~35	35~45	≤45
	F_2	0.15	0.40	0.70	0.85	1.0
3	结构面倾角与边坡坡面倾角之差（°）	>10	10~0	0	0~-10	≤-10
	F_3	0	0.2	0.8	2.0	2.5

注：表中负值表示结构面倾角小于坡面倾角，在坡面出露。

  对高度不大于 60m 的边坡工程岩体，可根据已确定的级别，按表 20-2-20 确定其自稳能力。对高度小于 60m 或特殊边坡工程岩体，除按上述方法确定[BQ]值外，尚应根据坡高影响，结合工程进行专门论证，综合确定岩体级别。

边坡工程岩体自稳能力   表 20-2-20

岩体级别	自稳能力
I	高度≤ 60m，可长期稳定，偶有掉块
II	高度<30m，可长期稳定，偶有掉块； 高度 30~60m，可基本稳定，局部可发生楔形体破坏
III	高度<15m，可基本稳定，局部可发生楔形体破坏； 高度 15~30m，可稳定数月，可发生由结构面及局部岩体组成的平面或楔形体破坏，或由反倾结构面引起的倾倒破坏
IV	高度<8m，可稳定数月，局部可发生楔形体破坏； 高度 8~15m，可稳定数日至 1 个月，可发生由不连续面及岩体组成的平面或楔形体破坏，或由反倾结构面引起的倾倒破坏
V	不稳定

注：表中边坡指坡角大于 70°的陡倾岩质边坡。

  【例 20-2-2】 某层状结构的岩体，结构面结合良好，实测岩石单轴饱和抗压强度$R_c = 80$MPa，单位岩体体积的节理数$J_v = 6$ 条／m³，按《工程岩体分级标准》（GB/T 50218—2014）确定该岩体的基本质量等级为：

  A. I级   B. II级   C. III级   D. IV级

  解 《工程岩体分级标准》（GB/T 50218—2014）中关于岩体级别是根据岩体基本质量指标 BQ 值和分级标准来划分的。其中，BQ 值根据岩石饱和单轴抗压强度R_c和岩体完整性系数K_v通过下式计算：

$$BQ = 100 + 3R_c + 250K_v$$

当 $R_c > 90K_v + 30$ 时，应以 $R_c = 90K_v + 30$ 和 K_v 代入计算 BQ 值；

当 $K_v > 0.04R_c + 0.4$ 时，应以 $K_v = 0.04R_c + 0.4$ 和 R_c 代入计算 BQ 值。

该标准第 3.4.3 条规定，岩体完整程度的定量指标，应采用岩体完整性指数（K_v），K_v 应采用实测值。当无条件取得实测值时，也可用岩体体积节理数（J_v），按照该标准表 3.4.3（即解表）确定对应的 K_v 值。

J_v 与 K_v 对照表　　　　　　　　　例 20-2-2 解表

J_v（条/m³）	<3	3~10	10~20	20~35	>35
K_v	>0.75	0.75~0.55	0.55~0.35	0.35~0.15	<0.15

由解表可知，$J_v = 6$ 时，$K_v = 0.66$，则：

$$BQ = 100 + 3 \times 80 + 250 \times 0.66 = 505$$

根据分级标准可知，Ⅱ级岩体的 BQ 值应为 451~550，因此，本题中岩体的基本质量等级为Ⅱ级。

答案： B

【例 20-2-3】我国现行《工程岩体分级标准》（GB/T 50218—2014）确定岩石的坚硬程度是按照：

　　A. 岩石的软化系数　　　　　　　B. 岩石的弹性模量

　　C. 岩石的单轴饱和抗拉强度　　　D. 岩石的单轴饱和抗压强度

解　《工程岩体分级标准》（GB/T 50218—2014）第 3.3.1 条规定：岩石坚硬程度的定量指标，应采用岩石饱和单轴抗压强度。

答案： D

（五）地基工程岩体级别的确定

地基工程岩体应按表 20-2-12 规定的岩体基本质量级别定级。地基工程各级别岩体基岩承载力基本值 f_0 可按表 20-2-21 确定。

基岩承载力基本值 f_0　　　　　　　　表 20-2-21

岩体级别	Ⅰ	Ⅱ	Ⅲ	Ⅳ	Ⅴ
f_0（MPa）	>7.0	7.0~4.0	4.0~2.0	2.0~0.5	≤0.5

四、我国建筑边坡岩体分类标准

《建筑边坡工程技术规范》（GB 50330—2013）中对边坡岩体的分类方法见表 20-2-22，主要根据边坡岩体的完整程度、结构面的结合程度与产状，将边坡工程岩体分为四类，并给出了各类岩体直立边坡的自稳能力。

岩质边坡的岩体分类　　　　　　　　表 20-2-22

边坡岩体类型	判定条件			
	岩体完整程度	结构面结合程度	结构面产状	直立边坡自稳能力
Ⅰ	完整	结构面结合良好或一般	外倾结构面或外倾不同结构面的组合线倾角>75°或<27°	30m 高的边坡长期稳定，偶有掉块
Ⅱ	完整	结构面结合良好或一般	外倾结构面或外倾不同结构面的组合线倾角 27°~75°	15m 高的边坡稳定，15~30m 高的边坡欠稳定

边坡岩体类型	判定条件			
	岩体完整程度	结构面结合程度	结构面产状	直立边坡自稳能力
II	完整	结构面结合差	外倾结构面或外倾不同结构面的组合线倾角>75°或<27°	15m 高的边坡稳定，15~30m 高的边坡欠稳定
	较完整	结构面结合良好或一般	外倾结构面或外倾不同结构面的组合线倾角>75°或<27°	边坡出现局部落块
III	完整	结构面结合差	外倾结构面或外倾不同结构面的组合线倾角 27°~75°	8m 高的边坡稳定，15m 高的边坡欠稳定
	较完整	结构面结合良好或一般	外倾结构面或外倾不同结构面的组合线倾角 27°~75°	8m 高的边坡稳定，15m 高的边坡欠稳定
	较完整	结构面结合差	外倾结构面或外倾不同结构面的组合线倾角>75°或<27°	8m 高的边坡稳定，15m 高的边坡欠稳定
	较破碎	结构面结合良好或一般	外倾结构面或外倾不同结构面的组合线倾角>75°或<27°	8m 高的边坡稳定，15m 高的边坡欠稳定
	较破碎（碎裂镶嵌）	结构面结合良好或一般	结构面无明显规律	8m 高的边坡稳定，15m 高的边坡欠稳定
IV	较完整	结构面结合差或很差	外倾结构面以层面为主，倾角多为 27°~75°	8m 高的边坡不稳定
	较破碎	结构面结合一般或差	外倾结构面或外倾不同结构面的组合线倾角 27°~75°	8m 高的边坡不稳定
	破碎或极破碎	碎块间结合很差	结构面无明显规律	8m 高的边坡不稳定

注：1.结构面指原生结构面和构造结构面，不包括风化裂隙。

2.外倾结构面系指倾向与坡面的夹角小于 30°的结构面。

3.不包含全风化基岩，全风化基岩可视为土体。

4.I 类岩体为软岩，应降为 II 类岩体；I 类岩体为较软岩且边坡高度大于 15m 时，可降为 II 类。

5.当地下水发育时，II、III 类岩体可根据具体情况降低一档。

6.强风化岩应划为 IV 类，完整的极软岩可划为 III 类或 IV 类。

7.当边坡岩体较完整、结构面结合差或很差、外倾结构面或外倾不同结构面的组合线倾角 27°~75°，结构面贯通性差时，可划为 III 类。

8.当有贯通性较好的外倾结构面时，应验算沿该结构面破坏的稳定性。

当无外倾结构面及外倾不同结构面组合时，完整、较完整的坚硬岩、较硬岩宜划为 I 类，较破碎的坚硬岩、较硬岩宜划为 II 类，完整、较完整的较软岩、软岩宜划为 II 类，较破碎的较软岩、软岩可划为 III 类。

确定岩质边坡的岩体类型时，由坚硬程度不同的岩石互层组成且每层厚度小于或等于 5m 的岩质边坡，宜视为由相对软弱岩石组成的边坡。当边坡岩体由两层以上、单层厚度大于 5m 的岩体组成时，可分段确定边坡岩体类型。

习　题

20-2-1　影响岩体基本质量的主要因素为（　　　）。

  A. 岩石类型、埋深

  B. 岩石类型、含水率、温度

  C. 岩体的完整性和岩石的强度

  D. 岩体的完整性、岩石强度、裂隙密度、埋深

20-2-2　我国现行《工程岩体分级标准》（GB/T 50218）中，岩石的坚硬程度确定是按照（　　　）。

  A. 岩石的饱和单轴抗压强度　　　　　　　B. 岩石的抗拉强度

  C. 岩石的变形模量　　　　　　　　　　　D. 岩石的黏结力

20-2-3　我国现行《工程岩体分级标准》（GB/T 50218）中，软岩表示岩石的饱和单轴抗压强度为（　　　）。

  A. 15~30MPa　　　　　B. <5MPa　　　　　C. 5~15MPa　　　　　D. <2MPa

20-2-4　我国现行《工程岩体分级标准》（GB/T 50218）中，岩体完整性确定是依据（　　　）。

  A. RQD　　　　　　　　　　　　　　　　B. 节理间距

  C. 节理密度　　　　　　　　　　　　　　D. 岩体完整性指数或岩体体积节理数

20-2-5　我国现行《工程岩体分级标准》（GB/T 50218）中，表示较完整岩体的完整性指数为（　　　）。

  A. 0.35~0.55　　　　　B. 0.15~0.35　　　　　C. >0.55　　　　　D. 0.55~0.75

20-2-6　我国现行《工程岩体分级标准》（GB/T 50218）中，岩体基本质量指标是由哪两个指标确定的？（　　　）

  A. RQD 和节理密度

  B. 岩石单轴饱和抗压强度和岩体的完整性指数

  C. 地下水和 RQD

  D. 节理密度和地下水

20-2-7　我国现行《工程岩体分级标准》（GB/T 50218）中，地下工程岩体详细分级时，是根据（　　　）对岩石基本质量进行修正的。

  ①地应力大小；②地下水；③结构面方位；④结构面粗糙度。

  A. ①④　　　　　　　B. ①②　　　　　　　C. ③　　　　　　　D. ①②③

20-2-8　在工程实践中，洞室围岩稳定性主要取决于（　　　）。

  A. 岩石强度　　　　　　　　　　　　　　B. 岩体强度

  C. 结构体强度　　　　　　　　　　　　　D. 结构面强度

20-2-9　某岩石的实测单轴饱和抗压强度 $R_c = 55$MPa，完整性指数 $K_v = 0.8$，野外鉴别为厚层状结构，结构面结合良好，锤击清脆有轻微回弹，按工程岩体分级标准确定该岩石的基本质量等级为（　　　）。

  A. I 级　　　　　　　B. II 级　　　　　　C. III 级　　　　　　D. IV 级

20-2-10　按照我国现行《工程岩体分级标准》（GB/T 50218），III 级岩体地下工程岩体自稳能力为

（　　　）。

  A. 跨度 10~20m，可基本稳定，局部可发生掉块或小塌方

  B. 跨度小于 10m，可长期稳定，偶有掉块

  C. 跨度小于 20m，可长期稳定，偶有掉块，无塌方

  D. 跨度小于 5m，可基本稳定

20-2-11　我国现行《工程岩体分级标准》（GB/T 50218）中，地下工程岩体详细定级时，什么情况下需要对岩体基本质量指标 BQ 进行修正？（　　　）

  A. 埋深较大，岩体较破碎

  B. 地下洞室跨度较大，围岩稳定性差

  C. 岩体中结构面较发育，埋深大

  D. 有地下水，岩体稳定性受结构面影响，且有一组起控制作用，或工程岩体存在由强度应力比所表征的初始应力状态

20-2-12　我国现行《工程岩体分级标准》（GB/T 50218）中，边坡工程岩体级别确定时，需要考虑的修正因素包括（　　　）。

  A. 结构面的结合程度

  B. 由强度应力比所表征的初始应力状态

  C. 主要结构面类型与延伸性

  D. 结构面的组数

20-2-13　我国现行《工程岩体分级标准》（GB/T 50218）中，地基工程岩体级别按照以下何种方式定级？（　　　）

  A. 采用与地下工程岩体详细定级相同的方式定级

  B. 按照岩体基本质量级别定级

  C. 采用与边坡工程岩体详细定级相同的方式定级

  D. 采用专门的方式定级

第三节　岩体的初始地应力状态

一、概述

  地层本身存在着应力场，岩体在天然状态下所存在的内在应力称为岩体的初始应力。它是未受到工程扰动的原岩体应力，亦称原岩应力。原岩应力是地下工程围岩变形、破坏的根本原因，相当于结构工程上的外荷载，但又不同于结构工程中的外荷载，它是从开挖前到最终结束一直对围岩起着作用，是所有地下工程的最原始资料。

  受岩石工程开挖等的影响，开挖区附近岩体中的应力将增大或减小，发生应力集中。如图 20-3-1 所示，在影响范围以内的原岩应力平衡状态被破坏后的岩体地应力状态称为次生应力，也叫诱发应力。

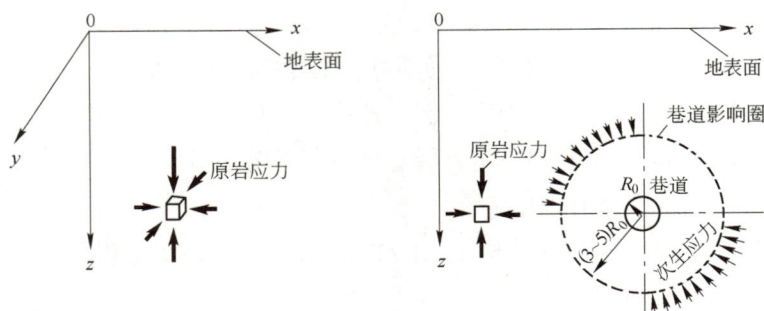

图 20-3-1　初始地应力与次生应力

产生地应力的原因是复杂的，至今尚不能十分清楚地分析。人们认识地应力是最近一百年的事情。瑞士地质学者海姆（Heim）通过观察大型越岭隧洞围岩的工作状态，首先提出地应力的概念。1905~1912年海姆假定岩体中有一个垂直应力和水平应力，并且认为垂直应力与上覆岩层重量有关系，水平应力与垂直应力相等。后来，金尼克在 1925~1926 年，根据弹性理论的分析，提出垂直应力等于 γH，水平应力等于 $\gamma H \mu/(1-\mu)$ 的理论，γ、μ、H 分别代表岩体重度、泊松比和深度。

1915 年瑞典人哈斯特（Hast N）首先在斯堪的那维亚半岛开创了岩体中地应力的测量工作，接着许多国家也先后开展了这项工作。经过实测证明，地层和岩体存在地应力是毫无疑问的；但垂直应力和水平应力的数值，至少应在 3000m 范围以内，海姆和金尼克的假说并不是地应力状态的普遍规律。而且人们对地应力规律的认识，至今还很肤浅，还不能通过计算获取，只能通过实测获得。因此，任意引用地应力会给理论分析带来错误的结论。

根据近三十年实测与理论分析证明，地应力是一个具有相对稳定的非稳定应力场，即岩体的原始应力状态是空间与时间的函数。但对于人类工程活动所涉及的那一部分地壳的岩体，以及工程活动期间内，除少数构造活动带外，时间上的变化可以不予考虑。

目前一般认为岩体的初始地应力主要是由岩体自重和地质构造运动所引起的，分别称为自重应力场和构造应力场，这两类应力场的基本规律有明显差异。地心与岩体之间有引力，由地心引力引起的应力习惯上都称为自重应力，或重力应力。地层中由于过去地质构造运动产生的和现在正在活动与变化的应力，统称为构造应力。这种应力往往呈现某种特殊分布规律，它决定着构造体系的形成和发展。

地层经历过地质史上的地质构造运动作用，所以地层具有断裂、褶曲、层间错动等构造现象，因此地层内部存在着构造上的残余应力，称为古构造应力，或构造残余应力。

某些地层又经受过或正在受着新构造运动的作用，在新构造运动中，引起地层升降、褶曲和断裂等应力，称为新构造应力。一般来说，新构造应力是引起当今构造地震应力的应力源。

此外，岩石在生成、风化和构造运动之后，由于构造和热力原因，在非均匀变形作用下，被封闭在岩体组织结构内的应力称为封闭应力。例如，岩浆岩在成岩过程中由于各种矿物颗粒的膨胀系数不同而在冷却中引起的应力，或当岩体所受外力作用去掉后，但由它而引起的并未恢复的应力等。

古构造应力、新构造应力和封闭应力统称为构造应力。

【例 20-3-1】关于地应力的分布特征，海姆（Haim）假说认为：

A. 构造应力为静水压力状态

B. 地应力为静水压力状态

C. 地表浅部的自重应力为静水压力状态

D. 地表深部的自重应力为静水压力状态

解　海姆假说认为地应力的铅直应力和水平应力相等，即处于静水压力状态。

答案： B

二、自重应力

地心对岩体的引力，使原岩体处于受力状态。由此原因而引起的岩体应力称为自重应力，它可以通过计算获得。计算的理论是建立在岩体是均匀连续介质的假定基础之上的。

如图 20-3-2 所示，在地表以下任一点的深度 H 处，岩体的垂直应力 σ_z 为（见图 20-3-2a）

$$\sigma_z = \gamma H \tag{20-3-1}$$

式中：γ ——岩体重度。

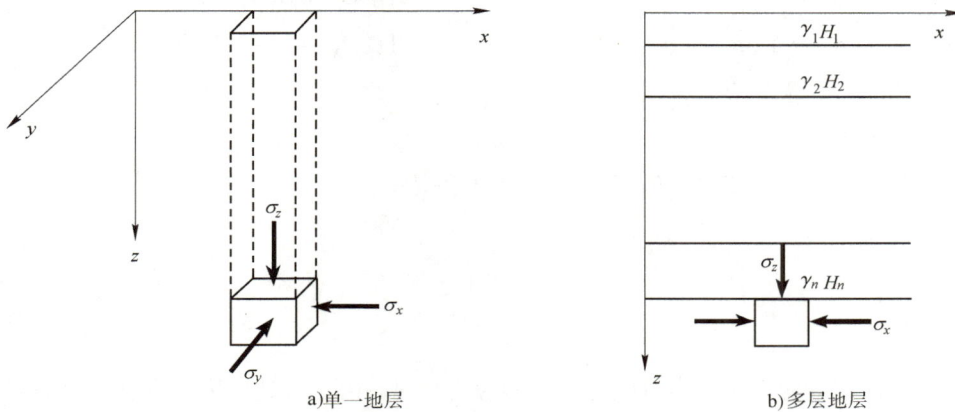

图 20-3-2　垂直应力计算方法

当埋深较小，且上覆岩层为多层不同岩石时，σ_z 为（见图 20-3-2b）

$$\sigma_z = \sum_{i=1}^{n} \gamma_i H_i \tag{20-3-2}$$

式中：γ_i ——上覆各层岩体重度；

H_i ——上覆各层岩体厚度。

岩体的水平应力为

$$\sigma_x = \sigma_y = \lambda \sigma_z \tag{20-3-3}$$

式中：λ ——侧压系数。

在半无限体情况下，单元体上的法向应力 σ_z、σ_x、σ_y 也就是主应力 σ_1、σ_2、σ_3。由于半无限体没有侧向变形的可能，所以沿任一水平方向，x 方向和 y 方向引起的变形总和都等于零。于是得

$$\varepsilon_x = \frac{1}{E}\left[\sigma_x - \mu(\sigma_y + \sigma_z)\right] = 0$$

$$\varepsilon_y = \frac{1}{E}\left[\sigma_y - \mu(\sigma_x + \sigma_z)\right] = 0$$

联立求解，得

$$\sigma_x = \sigma_y = \frac{\mu}{1-\mu}\sigma_z = \frac{\mu}{1-\mu}\gamma H \tag{20-3-4}$$

将式（20-3-4）与式（20-3-3）比较，则得侧压系数 λ 为

$$\lambda = \frac{\mu}{1-\mu} \tag{20-3-5}$$

这就是金尼克的结论。

岩石的泊松比μ通常在$0.10\sim0.35$之间，对坚硬岩石其值较小，对松软岩石其值较大。因此在自重应力场中侧压系数在$0.10\sim0.54$之间，而主要在$0.25\sim0.43$之间。但实测地应力证明，按式（20-3-5）来确定的侧压系数值，通常不符合实际情况。因此有人认为，只有在埋深较浅，并且未遭到较大构造变动的沉积地层，才比较符合实际情况。

当$\mu=0.5$时，得到$\lambda=1$，所以海姆观点是金尼克公式的一个特例。但这一观点也不能得到实践的证实。有人认为，在塑性岩体中以及极大深度地层，海姆观点比较接近实际。

【例 20-3-2】 已知均质各项异性岩体呈水平状分布，其水平向与垂直向的弹模比为$2:1$，岩石的泊松比为0.3，岩石的重度为γ，问深度h处的自重应力状态是：

A. $\sigma_x=\sigma_y=0.25\sigma_z$　　　　　　　B. $\sigma_x=\sigma_y=0.5\sigma_z$

C. $\sigma_x=\sigma_y=1.0\sigma_z$　　　　　　　D. $\sigma_x=\sigma_y=1.25\sigma_z$

解 层状岩体中的自重应力计算方法为：

竖向应力：$\sigma_z=\sum\gamma_i h_i$

水平应力：$\sigma_x=\sigma_y=\lambda\sigma_z=\dfrac{\mu}{1-\mu}\sigma_z=\dfrac{0.3}{1-0.3}\sigma_z=0.429\sigma_z$

答案： B

三、构造应力

构造应力分为古构造应力、新构造应力和封闭应力三种。由于构造应力的存在，使地应力分布在空间上呈现不均匀性，在时间上也不是常数，并造成地层中垂直应力和水平应力之间无明确的比例关系。这种关系只能通过实测获得，但实测本身也不能区分上述三种不同应力，还要通过地质构造的分析，加以判断。

（一）古构造应力

古构造应力是地质史上由于构造运动残留于岩体内部的应力，也称为构造残余应力。关于这个应力，目前还存在着极大分歧，因为有人根据应力松弛的观点，认为它已全部松弛不存在了。但是从应力松弛的观点解释这个问题，是明确的：如果岩石的松弛期大于从应力形成到现在的时间，可以认为应力的存在是必然的；反之，如果岩石的松弛期或者岩体中某种岩石的松弛期小于从应力形成到现在的时间，则可以认为，应力已被松弛掉。

（二）新构造运动应力

新构造运动应力是现今正在形成某种构造体系和构造型式的应力，也是导致当今地震和最新地壳变形的应力。

地震本身是新构造运动的一种表现。我国绝大多数地震是由新构造断裂运动引起来的。地震应力的特点是变化大，具有明显的时间性和突发性。在地震应力场中，常常具有较大的水平应力，地应力主轴方向亦不均匀，并能使地下工程围岩和衬砌发生相当大的剪应力和拉应力。拉应力会减小岩块间的摩擦力，这就是在地震中围岩产生纵向裂隙和破坏增多的原因。

随着地下工程埋深的增加和远离地震震源，地震作用对工程的影响将逐渐减小。这是由于岩体自重应力很大，地震应力相对较低，故使地下工程衬砌的强迫振动和自由振动都很小。根据计算，九级地震产生的地震围岩应力值，比震前应力值仅增加$15\%\sim20\%$。这个数值没有超过围岩应力计算值的误差范围。

（三）封闭应力

封闭应力是在各种地质因素长期作用下残存于结构内部的应力。但是对它的存在与解释还不一致。陈宗基教授认为：岩体中的各种颗粒，其刚度和温度系数各不相同，它们通过边界层连接，在历次构造运动中和温度应力场作用下，不断遭到复杂的加载和卸载过程。因此，岩体中存在着极不均匀的应力场。特别是在裂隙和裂纹的端部有更大的应力集中。在卸载过程中，由于各种颗粒的力学特性不同，其卸载特性各异。即使外力全部卸除，内部仍然出现非均匀的应力场，原来的强应变区，仍会继续变形。火成岩、变质岩的冷却过程，也会引起大的温度梯度，产生不均匀的内应力场。此外，在各种温度下，岩浆的物理化学变化过程也可能引起内部应力。由此可见，即使外力全部卸除后，从局部结构来看，岩体结构里仍然存在着内能，这个能量在介质里是连续被封闭的，叫作被封闭的能量；存在可以自我平衡的应力，叫封闭应力。如果从地壳内取出一块岩样，它虽然不再受外力影响，但内部被封闭的应力还未释放，仍然继续保留在岩样内，这种应力一般来说还不能通过现有的方法进行现场实际测定。

封闭应力也包括这类应力，当岩体结构受到外力作用后，其基体结构已产生塑性变形，而其内含物颗粒仍处于弹性状态的应力。

四、研究原岩应力的意义

在岩体内或在岩基上修造建筑物时，由于施工开挖，改变了岩体的边界条件，从而引起岩体应力的重分布，形成新的应力状态，这会产生岩体的变形或破坏。在岩体应力重分布的新情况下，再加上建筑物的各种荷载（如自重、水压力等），岩体内各质点的应力必然会随之而发生变化，这会导致新的破坏因素的出现。因此践中，进行岩体工程稳定性分析时，原岩应力是必需的基本资料。

原岩应力是客观存在的，问题在于工程设计中如何正确地认识它、适应它、甚至利用它，从而使工程达到既安全又经济的效果。

（一）原岩应力与地下洞室的关系

原岩应力与地下洞室的关系最为密切。地下洞室的开挖过程，实际上就是该处原岩应力的释放过程。由于岩体内的能量得到释放，形成新的应力状态，引起围岩的变形。洞室周边的应力与围岩较深部的应力相比，前者常处于不利的受力状态。如果这种应力状态超过岩体的强度条件，就可能发生破坏，甚至引起围岩的失稳。

在选择洞室轴线和断面形状时，就应该适应原岩应力的状况，使围岩处于一个比较有利的应力分布状态（如洞壁切向应力分布比较均匀，其数值又较小）。目前一般的做法是让洞室的轴线与最大水平主应力的方向一致。

在地下洞室断面选择时，如何应用天然应力的实测资料，这是一个尚待解决的重要课题。有人认为，在选择设计方案时，掌握水平应力与垂直应力的比值，比了解主应力的实际大小更为重要。例如，水平应力较大时，以采用高度小而宽度大的近似椭圆形的断面为宜；而垂直应力较大时，则宜采用高度大而宽度小的椭圆形断面。

对于圆形承压隧道，人们总是希望尽可能使隧洞横断面上的垂直初始应力与侧向水平初始应力大致相等。从理论上讲，此时围岩中的重分布应力比较均匀，围岩的稳定性最好。并且初始应力值达到一定数值时，岩体强度又较高。那么围岩将具有较大的承载能力可利用。在承压水工隧洞设计中是一个有利因素，可使岩体可以分担更多的内水压力，而衬砌可以减薄。

坚硬完整的岩体，如果天然应力很高，聚集着大量的能量。在地下洞室开挖过程中，围岩应力较大的部位被挤压到超过岩石的弹性限度，积聚的能量会突然释放出来，先是撕裂声，随即就是爆炸声，石片飞散，体积大者就地坠落，体积小者，则弹射出来，这就是岩爆现象。它不仅危及施工人员与设备的安全，并且给生产造成巨大损失。岩爆现象也可能不在洞室开挖以后当即出现，有时会延迟几个星期，甚至几个月才出现。这种现象虽然会随时间而减弱，但会长时间地延续，甚至几年不断。

强大的原岩应力是构成岩爆现象的决定性因素，因此，埋深较大的地下洞室，在设计和施工中应慎重对待，并采取一些防治措施。例如，注意导坑和洞室的断面形状，以避免强烈的应力集中区；衬砌以采用混凝土为宜，而不用砌石圬工和装配式结构；加强临时支护和危石的清理，认真观察围岩动态，如发现撕裂声，应立即撤离人员与机具，目前已有一些工程采用声发射仪进行探测。岩爆地段在开挖完成后，应立即进行衬砌浇筑，围岩不宜暴露时间过长，并尽可能采用早强混凝土和适当延迟拆模。

（二）原岩应力对地面工程的影响

在岩基上修筑大坝，由于基坑开挖的减荷作用，将会引起坑底岩体发生回弹隆起或坑壁岩层移动。这种岩体变形，在水平主应力较大，岩体中存在着接近于水平产状的软弱面时特别显著。这不仅使岩体的工程性质恶化，而且还会影响未来建筑物的受力状态和稳定。

五、地应力的影响因素

地壳浅部岩体地应力分布如此复杂，其基本原因在于它受到多种因素的影响，归纳起来大致有如下几个方面。

（一）地质构造对地应力的影响

地质构造对地应力的影响，主要表现在影响应力的分布和传递方面：

在静应力场中，断裂构造对地应力大小和方向的影响是局部的。

在同一构造单元体内，被断层或其他大结构面切割的各个大块体中的地应力大小和方向均较一致，而靠近断裂或其他分离面附近，特别是拐弯处、交叉处及两端，应力的大小和方向才有较大变化。

在活动断层附近和地震地区，地应力大小和方向都有较大变化。例如，唐山 7.8 级地震震发构造断层带总体走向为北东走向。其地震应力积累过程中的主导方向是近东西向的，一旦地震发生，断层带移动，近东西向的最大主应力（压应力）迅速释放。应力释放的大小，越靠近断裂带越大，越远则越小。因此主应力方向也显示出随时间而变化的现象，即靠近断裂带，偏离东西向的程度最大，距离越远，偏离度越小。但只要震源应力场不变，这种偏离状况不会持久，最终会恢复到近东西向的应力积累方向。

地质构造面与地应力方向关系，当现代应力场是继承地质史上的应力场时，一般在水平面内，最大主应力的方向常垂直于构造线。

（二）地形地貌和剥蚀作用对地应力的影响

地形地貌对地应力的影响是复杂的。首先，地形的起伏影响岩体内的自重应力，但这种地形的影响只是在地表下一定深度范围内较明显。如图 20-3-3 所示，山谷谷底的应力由于凹口的应力集中而很大。在均质岩层中（见图 20-3-3a），凹口的应力集中现象还比较规则，而在非均质岩层中，岩体中的应力变化会随岩性的变化而变得更复杂（见图 20-3-3b）。从理论上看，孤山的垂直应力应符合 γH 的规律，但从有限元计算中又发现在某一水平面上的地应力分布状态与地表形状不相适应的情况，如图 20-3-4a）所示，较陡的山体中间的 σ_v 小于其两侧的例子。此外如图 20-3-4b）所示，靠近山顶的截面，在山坡附近反而有较大的水平应力出现，并且在不同的高度上，其水平应力的分布亦有不相同的现象。

a)均质岩层

b)非均质岩层

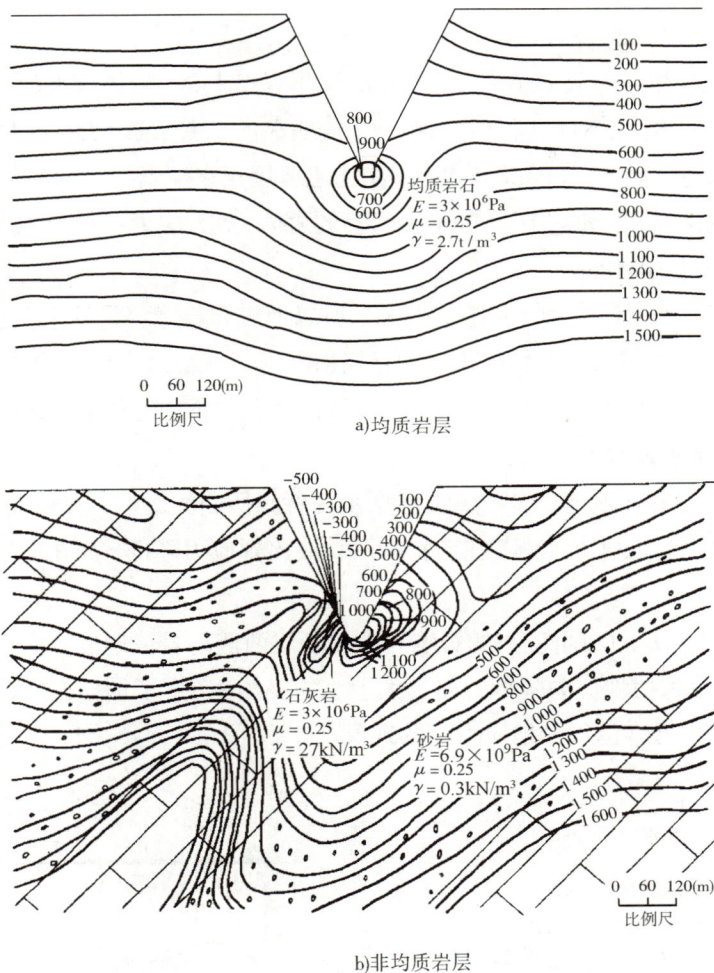

图 20-3-3　山谷的剪应力等值线

　　剥蚀作用对地应力有显著的控制作用。剥蚀前，地壳里存在一定水平应力；剥蚀后，由于岩体内的颗粒结构的变化和应力松弛赶不上这种变化，导致岩体内仍然存在着比现有地层厚度所引起的自重应力还要大得多的应力数值。所以剥蚀可以造成巨大的水平应力。为此，不能把实测得到的较大水平应力不加分析地一律归咎于构造应力。由构造作用与由剥蚀作用产生的水平应力的主要区别在于，由构造作用产生的水平应力具有明显的方向性；而由剥蚀产生的水平应力，按海姆假设条件，不具方向性。

　　图 20-3-5 显示了地形对岩体初始应力影响的另一特征。即在水平地表附近的地应力，其主应力几乎与地表平行，第一主应力为沿地面方向，与第二、第三主应力有较大差异；在深处，则呈静水压力状态（见图 20-3-5a）。斜坡的垂直方向上应力几乎为零。在斜坡上的局部上凸部位，其应力急剧减小，而在斜坡下凹地方则应力增大，在山谷的尖槽底下，现场应力会很大（见图 20-3-5b）。

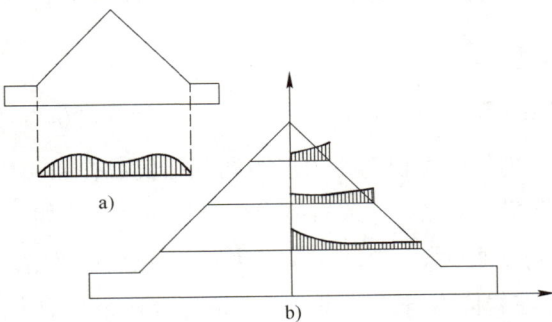

图 20-3-4　地貌对地应力的影响

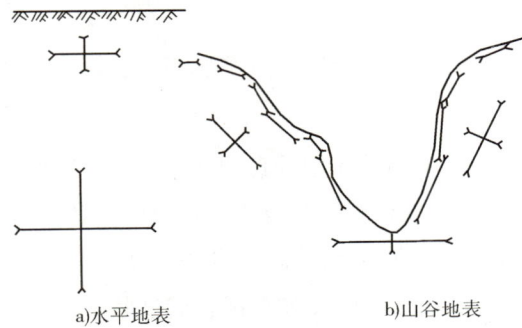

a)水平地表　　　　　b)山谷地表

图 20-3-5　地形对初始地应力的影响

（三）岩石力学性质对地应力的影响

岩体地应力是能量积累与释放的结果。从能量的积累观点来看，岩体应力的上限必然要受到岩体强度的限制。因此，岩石力学性质对地应力的影响是十分明显的。杰格尔（Jaeger J C）曾提出地应力与岩石抗压强度成正比的概念。但是，如果以弹性模量E为主要因素来探索二者的关系，则更具有重要意义。从实测资料来看两者的关系，例如，当$E = 50\text{GPa}$以上的岩体，最大应力一般为10~30MPa，而$E = 10\text{GPa}$以下的岩体应力很少超过10MPa。

这样，弹性模量较大的岩体有利于地应力积累，所以地震和岩爆容易发生在这些部位，而塑性岩体也易产生变形，不利于应力积累。在软硬相交和互层情况下，就会因变形不均匀而产生附加应力。

此外，软硬不同的岩石和重度不同的岩体，会使重力应力分布不均匀和出现塑性状态深度不等的现象。

（四）地质条件对自重应力的影响

地质构造对自重应力也有影响。如图20-3-6所示为背斜褶曲的影响，在褶曲两翼显示出应力增大，而在褶曲中部则应力降低。也可以推测，在向斜的两翼会出现应力降低，而在向斜核部显示出应力增大的现象。

如图20-3-7所示为断层对自重应力的影响。由于断层两侧的岩块形成了应力传递，使上大下小的楔体A产生了卸荷作用，致使地应力降低；而下大上小的楔体B产生了加荷作用，致使地应力升高。同时也产生了山峰处地应力低、沟谷处地应力高的现象。

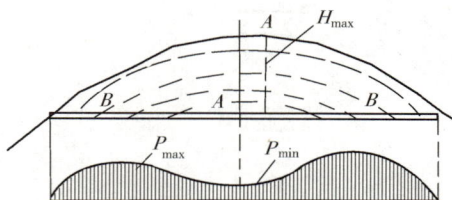

图 20-3-6　背斜褶曲对初始地应力的影响

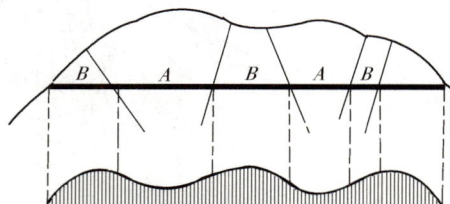

图 20-3-7　断层对初始地应力的影响

（五）温度对地应力的影响

岩体温度对地应力的影响表现在两个方面：地温梯度和岩体局部受温度的影响。

地温梯度的影响：各地区地温梯度不相同，但一般为3℃/100m，岩体的体膨胀系数约为$\beta = 10^{-5}$，而岩体的弹性模量一般为10GPa，因而岩体的温度应力约为

$$\sigma^{\text{T}} = 0.01H\alpha\beta E = 0.003H \quad \text{（MPa）} \tag{20-3-6}$$

可见，岩体温度应力为压应力，并随深度H的增加而增加。在相同深度情况下，温度应力仅为重力垂直应力的1/9左右，从这个意义来讲，有人认为岩体温度应力场可以忽略不计，但实际在许多情况下，温度应力是应当考虑的。

岩体温度应力场一般是静水压力场，即

$$\sigma_x^{\text{T}} = \sigma_y^{\text{T}} = \sigma_z^{\text{T}} = \sigma^{\text{T}} \tag{20-3-7}$$

它的三个主轴是互相垂直的任意三轴，因此，温度应力场也可以与重力应力场互相代数叠加。

岩体局部受温的影响：岩体局部寒热不均，会产生收缩和膨胀，导致岩体内部产生应力。例如，大块侵入体、岩流或小型岩脉、岩浆熔流都会使周围岩石受热而膨胀，冷却时又产生收缩。这样，就在岩体内造成一些成岩裂隙（如玄武岩的柱状节理等）。并且在岩体本身及其周围，保留部分残余热应力。

六、地壳浅部地应力的变化规律

由于地应力的非均匀性，以及地质、地形、构造和岩石物理力学性质等方面的影响，使得我们在概括原岩应力状态及其变化规律方面，遇到很大困难。不过从目前现有实测资料来看，3 000m 以内地壳浅层地应力的变化规律，大致可归纳如下几点（但是也应当指出，随着实测资料的不断增加，人们对地应力的认识，将会不断地得到深化）。

（一）地应力是个非稳定应力场

岩体中原始应力绝大部分是以水平应力为主的三向不等压的空间应力场。三个主应力的大小和方向是随着空间和时间而变化的，它是个非稳定应力场。

地应力的空间变化程度：就小范围而言，一个矿山或水利枢纽，都可以发现地方应力的大小和方向从一个地段到另一个地段是变化的。一般它的偏差系数可以达到 25%~50%。但就某地区整体而言，地应力的变化相差不大。

地应力的大小和方向在时间上的变化，就人类工程活动所延续的时间而言是缓慢的，可以不予考虑。但在地震活动区，它的变化仍相当大，应该引起注意。

（二）实测垂直应力σ_z基本等于上覆岩层重力γH

Brown 和 Hoek（1978 年）汇集了世界各地原岩应力的实测结果，经整理统计分析出原岩应力的一些重要规律，集中体现于图 20-3-8 中。有关垂直应力资料表明，在深度为 2 700m 范围内，σ_z呈线性增长，大致相当于按平均重度$\gamma = 27\text{kN/m}^3$计算出来的重力γH，见图 20-3-8。

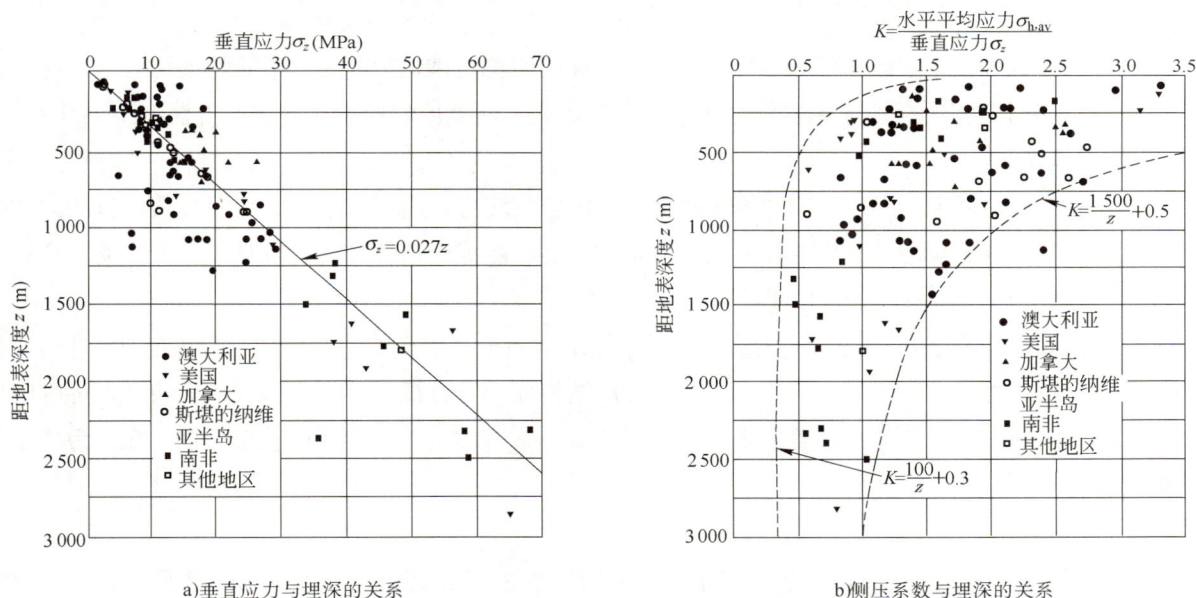

a)垂直应力与埋深的关系　　　　　　　　b)侧压系数与埋深的关系

图 20-3-8　实测原岩应力随埋深的分布规律

（三）水平应力普遍大于垂直应力

根据国内外实测资料统计，水平应力多数大于垂直应力，并且最大水平应力与实测垂直应力的比值，即侧压系数λ一般为 0.5~5.5，大部分在 0.8~1.2 之间，最大值有的达到了 30 或更大。

目前也常用两个水平应力的平均值$\sigma_{h,av}$与垂直应力σ_v的比值来表示侧压系数λ，此值一般为 0.5~5.0，大多数为 0.8~1.5。我国实测资料表明，该值在 0.8~3.0 之间，而大部分在 0.8~1.2 之间。

$\sigma_{h,av}/\sigma_v$的比值λ也是衡量地区地应力场特征的指标。该值是随着深度增加而增加，但不同地区存在

差异。从图 20-3-8b）中可以发现，侧压系数λ的变化范围大致如下

上限

$$\lambda = \frac{1\,500}{z} + 0.5 \tag{20-3-8}$$

下限

$$\lambda = \frac{100}{z} + 0.3 \tag{20-3-9}$$

当 $H = 500\text{m}$ 时，$\lambda = 0.5\sim3.5$；当 $H = 2\,000\text{m}$ 时，$\lambda = 0.35\sim1.25$。

从已有的资料来看也是这样，在深度不大的情况下（如小于 $1\,000\text{m}$），λ值很分散，并且数值较大；随着深度的增加，λ值的分散性变小，并且向趋于 1 的附近集中，这就是相应于前述海姆静水应力状态。

（四）原岩应力场为三向不等的压应力场

（1）原岩应力一般是三轴压应力状态，且受地表地形地貌、山川河流和构造影响，其分布往往十分复杂。

（2）三个主应力的大小一般互不相等，其中两个（近）水平主应力也不同，且最大水平主应力的方向与区域性构造行迹密切相关，往往是构造应力影响的结果。

（3）三个主应力的方向一般偏离铅垂或水平方向不大；引起偏离的主要原因是构造、岩层倾角或局部不均质影响。

七、原岩应力的分析方法

原岩应力是围岩变形、破坏的根本作用力，因此在围岩稳定理论分析中，不能随便地对原岩应力进行假设，而应当对工程所在地区原岩应力场进行充分研究。研究原岩应力场的主要方法有下列几种。

（一）结构面的力学分析法

一切结构行迹（褶皱、断层、节理等）都是在一定原岩应力作用下发生的，它们有其各自的力学特征。因此，如果能够根据它们的某些特征确切鉴别它们各自生成时所受应力的性质，就可以通过它们来了解该处岩体中应力的活动方式和方向。

地质力学着重鉴别各项构造行迹的力学性质。把结构面按其生成的力学机理划分为压性、张性、扭（剪）性、压性并扭性以及张性并扭性 5 类。通过对结构面力学特征及其组合形式的分析，就可确定岩体受力状态。国外亦有类似方法，通过测量节理面的方向来查明构造应力场的主轴方向，并认为这是一种良好的方法。

（二）构造应力场分析法

构造体系是在同一地区、同一动力作用方式下形成的许多不同形态、不同性质、不同次序、不同级别、但具有生成联系的构造要素组成的构造带，以及它们之间所夹的岩块或地块组合而成的总体。一个构造体系，可以当作一幅应变图像来看待，它反映一定形式的应力场，是一定方式的区域性构造运动的产物。

分析工程地段的应力状态，首先应进行区域性的调查研究，从分析构造体系入手，查明区域构造应力场的方向，其分析步骤如下：

找出地质体的压性构造行迹，即查明区域构造线——区域性挤压应力所形成的构造行迹的走向线，研究它们的变形类型、方位及展布特征。根据构造线就能找到区域最大压应力作用方向及区域构造应力场特征。

鉴定构造行迹的次序和等级。在寻找区域构造线时，应以第一次序的构造为准，方能准确分析区域构造应力场。

按各项构造行迹的力学性质、排列方式进行配套，把具有生成联系的构造行迹组合起来，确定构造体系的类型。这里应注意主次应力场的关系，应将次级构造行迹纳入相应的主应力场，概括为一次构造线所代表的构造体系。

由于地壳运动的多期性，每次构造运动的地应力的作用方式不同，一个地域各种构造行迹之间存在着复杂的相互关系。因此，需要对构造体系的复合或联合关系进行细致的分析。这里应注意根据复合关系确定最新构造体系，从而判断晚近期的构造应力场及活动的构造体系。

构造体系的研究，除了野外工作外，还需通过数学、力学工具对气力学本构关系进行研究。在进行区域构造应力场分析时，还要针对地下工程地段所处的构造部位进行具体分析，查明局部应力场的形态，判断其对岩体稳定性的影响。在局部应力场分析时，决不可脱离区域构造应力场的分析，否则可能得出错误的结论。

对构造体系进行鉴定以后，就可通过力学分析图对应力场进行力学分析，找出构造应力场。

（三）地应力实测与地质力学综合分析法

应用地质力学分析法分析构造应力场只是定性的方法。要取得地壳中现在原岩应力的大小和方向的定量资料，还必须进行实地测量。测试地点应在构造应力场分析的基础之上来布置。

对地应力实测资料应以统计的观点进行分析，少数几个测点还不能说明实际情况。有关地应力的实测方法将在本章后面介绍。

（四）地质构造和岩石强度理论估算分析法

这种方法是由安德森提出。它认为垂直应力是自重应力，并且是主应力之一，然后根据断层判断最大主应力方向。对于正断层，垂直应力为最大主应力（见图 20-3-9a）；对于逆断层，垂直应力为最小主应力（见图 20-3-9b）；对于平移断层，垂直应力是中间主应力，而最大主应力和最小主应力都是水平的，最大主应力与断层面交角小于 45°（见图 20-3-9c）。进而用岩石强度理论的莫尔包络线，估算水平应力大小。这种方法关键在于对水平应力值的估计问题。

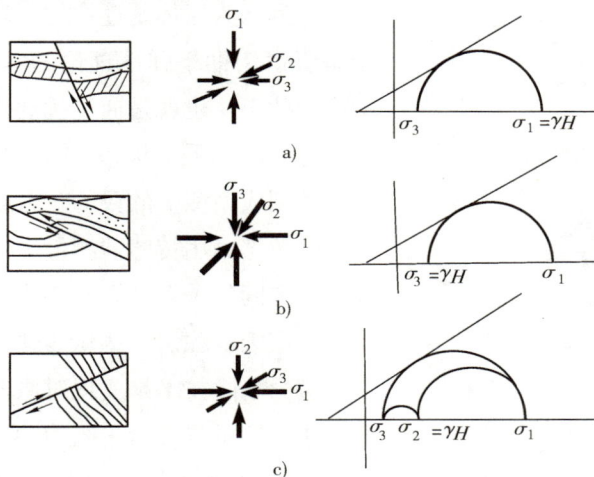

图 20-3-9　地应力估计分析法

（五）高应力区的定性观察法

通过岩芯取样发现，在高度受力的坚硬岩体中，岩芯往往破碎成薄圆片。这定性地说明岩体处于高应力带位置，因此若发现岩芯呈薄片状时，就可初步断定此处原岩应力较大。

八、原岩应力的现场实测方法

（一）岩体应力现场量测方法概述

岩体应力现场量测的目的是在于了解岩体中存在的应力大小和方向，从而为分析岩体工程的受力状态以及为支护及岩体加固提供依据，岩体应力量测还可以是预报岩体失稳破坏以及预报岩爆的有力工具。岩体应力量测可以分为岩体初始应力量测和地下工程应力分布量测，前者是为了测定岩体初始地应力场，后者则为测定岩体开挖后引起的应力重分布状况。从岩体应力现场量测的技术来讲，这两者并无原则区别。

岩体应力量测可以在钻孔中、露头上和地下洞室的岩壁上进行，也可以在地下工程中根据两点间的位移来进行反算而求得。通常应用较多的三种方法是应力解除法、应力恢复法和水压致裂法。每种方法都有不同的优点和缺点，可以相互取长补短。因为岩体应力存在于岩体中，是一种岩体内部的受力，并在受力过程中产生变形，这种变形大部分是可恢复的弹性变形，但也有部分是不可恢复的变形。所以，每一种应力量测技术都要扰动岩石，以便产生能够进行现场量测的"量"（大部分是测量位移值或应变值），然后根据一定的理论模式进行分析计算。为了量测岩体中某个位置的应力，就必须使用钻具钻孔或开挖，以便到达该测量点，这必然会扰动岩体。因此，对某个测点进行位移量测并根据某种理论模式进行计算以后，还必须根据开挖或钻进的方法和尺度，进行修正。如果某种应力量测方法的精确度误差能控制在 0.4MPa 以内，其结果通常被认为是令人满意的。

（二）应力解除法

应力解除法是目前岩体应力测量中最成熟、应用最广泛的方法。它既可量测洞室周围较浅部分的岩体应力（次生应力），又可量测岩体深部的应力（原岩应力）。它的基本原理是：当需要测定岩体中某点的应力状态时，人为地将该处的岩体单元与周围岩体分离。此时岩体单元上所受的应力将被解除，同时该单元体的几何尺寸也将产生弹性恢复。应用一定的仪器，测定这种弹性恢复的应变值或变形值，并且认为岩体是连续的、均质的、各向同性的弹性体，于是就可借助于弹性理论的解答来计算岩体单元原来所受的应力状态。也就是通过扰动打破原有的应力平衡状态，使应力达到新的平衡状态，间接测量此过程中力或者应力的效应，达到应力测量的目的。力或者应力的最常见效应是引起应变和位移，用传感器测量应变和位移，再根据应力和应变或位移之间的关系计算原岩应力。

1. 应力解除法的测量步骤

应力解除技术是实现对原岩应力扰动、开展实测的最普遍方法，测量步骤示于图 20-3-10。

（1）自地面或地下洞室围岩暴露面，用钻机钻进应力解除孔（俗称大孔）至原岩应力区。该地点应不受到除钻孔以外其他工程的影响（否则便成了洞室围岩内次生应力场的应力测量）。解除孔直径用 D 表示。

（2）磨平大孔孔底后，再同圆心地钻进小直径钻孔穿过

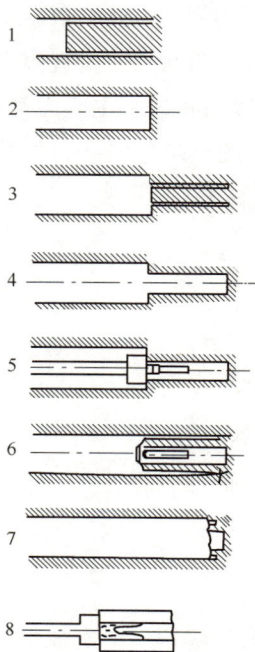

图 20-3-10　应力解除法测量地应力的步骤和原理示意图

1-套钻大孔；2-取岩芯并将孔底磨平；3-套钻小孔；
4-取小孔岩芯；5-粘贴元件测初读数；6-应力解除；
7-取岩芯；8-测终读数

待测点，该孔为测量用孔，直径用 d 表示。大、小孔应满足关系 $D = (3～5)d$。为尽可能减少大孔孔底的端部效应影响，测量断面与大孔孔底的距离不小于 $(2～3)D$。

（3）在测量孔内安装测量应变或位移的传感元件。

（4）用大直径（D）钻具对测量孔作取芯钻进，至超过测量孔孔底以后即可截断岩芯，实现应力解除。这一过程中岩芯在原岩应力作用下，经过钻进测量孔受到一次扰动并很快达到新的平衡状态。传感元件感受到的则是取芯钻进，直至卡断岩芯，即第二次扰动时应力场的效应。最终读数即为该次实测的原始数据。

应力解除法根据传感元件的类型和测量部位的不同可分为孔径变形法、孔壁应变法、孔底应变法（又可进一步划分为平面孔底法、锥形孔底法及球型孔底法）等。

2. 孔径变形法

孔径变形法是通过测量应力解除前后钻孔孔径的变化来测定岩体应力的，这种方法所使用的测量元件，称为钻孔变形计。由美国矿业局（USBM）首创和应用。中国科学院武汉岩土力学研究所研制的 36-2 型钻孔变形计与其属于同一类型，该变形计的直径为 32mm，适应的测量孔直径为 36mm。

这种方法要求在能取得完整岩芯的岩体中进行，一般至少要能取出达到大孔直径 2 倍长度的岩芯。因此在破碎和节理比较发育的岩体中、或在极高的原岩应力区岩芯发生"饼状"断裂的情况下不宜使用。

此方法要求取出足够长的完整岩芯，一方面是保障直径变化测量的可靠性，确保岩芯处于弹性状态，弹性理论才能使用；另一方面要用它测定岩石的弹性模量。

设应力解除时，用孔径变形计测出测量孔直径的变化量为 Δd，该变化量直接与圆孔截面上孔壁的径向位移有关。按弹性力学平面应变问题的解，圆孔孔径的变化量为

$$\Delta d = \frac{1 - \mu^2}{E} d\left[(\sigma_x + \sigma_y) + 2(\sigma_x - \sigma_y)\cos 2\theta + 4\tau_{xy}\sin 2\theta\right] \tag{20-3-10}$$

式中：σ_x、σ_y、τ_{xy} ——待确定的与钻孔垂直截面上的原岩应力分量。

由式（20-3-10）可知，至少要有 3 个不同方向上孔径变化的测量值，才能解出 3 个未知数的值。36-2 型变形计配置有 4 个不同方向的孔径变化测头。较多的测值可用于互检和取得最优解及作测量误差估计之用。

如果我们不能知道岩体中 3 个主应力中任意一个主应力的方向，那么钻孔轴的方向只能为任意方向。在这种情况下，为了测定一点的空间应力状态，就至少要在 3 个钻孔中进行孔径变形测量，且 3 个钻孔要尽可能交汇于一点（可以证明：不论在一个钻孔，或两个钻孔中，无论在多少个方向进行应力解除的孔径变形观测，都不能解出一点 6 个独立的应力分量）。所以采用孔径变形法测量原岩应力时，要获得一点的空间应力状态，必须在 3 个不同方向的钻孔中进行应力解除，这种方法也叫三孔交汇法，但工作量大是其一大缺点。

3. 孔壁应变法

孔壁应变测量法的优点是只需在一个钻孔中通过对孔壁应变的测量，即可完全确定岩体的六个空间应力分量，因此量测工作十分简便。

现假定在弹性岩体中钻一半径为 r_0 的圆形钻孔，如图 20-3-11 所示。钻孔前岩体中的原岩应力分量是：σ_x、σ_y、σ_z、τ_{xy}、τ_{yz}、τ_{zx}。钻孔后由于钻孔附近的应力发生变化，钻孔附近的应力不再保持岩体中原有的均匀应力场。

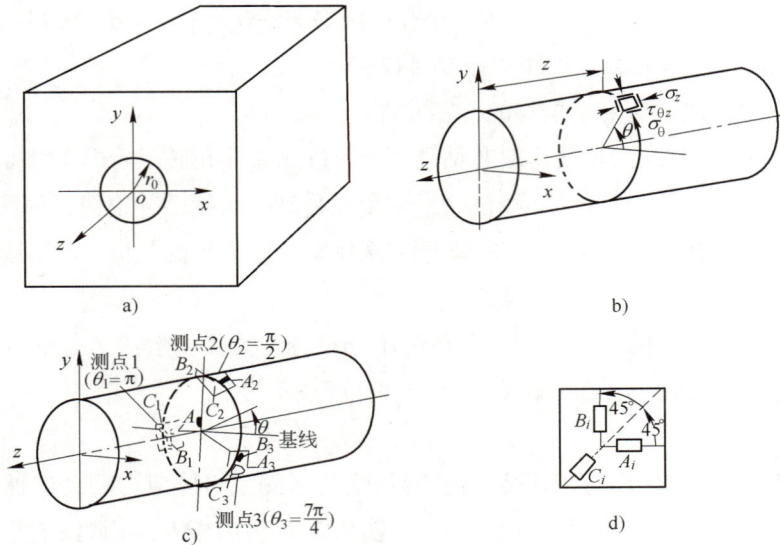

图 20-3-11 孔壁应变法原理示意图

为了方便起见，我们采用圆柱坐标系 r-θ-z 来表示钻孔孔壁各点的应力分量，如图 20-54b）所示。孔壁上坐标为 r_0、θ、z 的任意一点，其应力分量是 σ_z、σ_θ、$\tau_{\theta z}$，根据弹性力学可知，孔壁上的这些应力可以通过钻孔前岩体中的六个应力分量表示如下

$$\sigma_z = -\mu\left[2(\sigma_x - \sigma_y)\cos 2\theta + 4\tau_{xy}\sin 2\theta\right] + \sigma_z \tag{20-3-11}$$

$$\sigma_\theta = \sigma_x + \sigma_y - 2(\sigma_x - \sigma_y)\cos 2\theta - 4\tau_{xy}\sin 2\theta \tag{20-3-12}$$

$$\tau_{\theta z} = 2\tau_{yz}\cos\theta - 2\tau_{zx}\sin\theta \tag{20-3-13}$$

上式中的 3 个孔壁应力分量可在孔壁上直接测出，因此是已知量。上式右侧的 6 个原岩应力分量是所要求的未知应力。要确定这 6 个应力分量必须建立 6 个关系式。由式（20-3-11）~式（20-3-13）可以看出，每测定孔壁上一个点的应力，只能获得 3 个关系式。因此我们在孔壁上任选 3 个测点进行应力测量，这样就可建立 9 个关系式，然后再在其中挑选 6 个关系式，由此即可确定所求的 6 个未知应力。

上述 3 个测点位置是任选的，为方便起见，这 3 个测点，可选在同一圆周上，它们的角度分别是 $\theta_1 = \pi$，$\theta_2 = \pi/2$，$\theta_3 = 7\pi/4$，如图 20-3-11c）所示。这样，各个测点的应力分别为

第一测点（$\theta_1 = \pi$）

$$\sigma_{z_1} = -2\mu(\sigma_x - \sigma_y) + \sigma_z \tag{20-3-14}$$

$$\sigma_{\theta_1} = -\sigma_x + 3\sigma_y \tag{20-3-15}$$

$$\tau_{z\theta_1} = -2\tau_{yz} \tag{20-3-16}$$

第二测点（$\theta_2 = \pi/2$）

$$\sigma_{z_2} = 2\mu(\sigma_x - \sigma_y) + \sigma_z \tag{20-3-17}$$

$$\sigma_{\theta_2} = 3\sigma_x - \sigma_y \tag{20-3-18}$$

$$\tau_{z\theta_2} = -2\tau_{zx} \tag{20-3-19}$$

第三测点（$\theta_3 = 7\pi/4$）

$$\sigma_{z_3} = 4\mu\tau_{xy} + \sigma_z \tag{20-3-20}$$

$$\sigma_{\theta_3} = \sigma_x + \sigma_y + 4\tau_{xy} \tag{20-3-21}$$

$$\tau_{z\theta_3} = \sqrt{2}(\tau_{yz} + \tau_{zx}) \tag{20-3-22}$$

以上各式左侧的应力分量都是由应力测量来确定的。因此下面介绍各测点的应力量测原理和方法。

现在就以其中第i测点为例进行说明。为了测量第i测点的 3 个应力分量，我们必须在第i测点上布置 3 个应变元件（比如量测应变的电阻应变片）分别以A_i、B_i、C_i表示，如图 20-3-11d）所示。这些应变片的具体位置是：A_i、B_i应分别与第i测点的z和θ方向平行，而且A_i与B_i之间的夹角为$\pi/2$；元件C_i应放置在A_i与B_i之间的角平分线上。3 个应变片所测的应变值分别用ε_{Ai}、ε_{Bi}、ε_{Ci}表示，根据这 3 个应变值（这些应变以压为负，以拉为正）可直接由下式计算出测点的 3 个应力分量

$$\sigma_{z_i} = \frac{E}{2}\left(\frac{\varepsilon_{A_i} + \varepsilon_{B_i}}{1 - \mu} + \frac{\varepsilon_{A_i} - \varepsilon_{B_i}}{1 + \mu}\right) \tag{20-3-23}$$

$$\sigma_{\theta_i} = \frac{E}{2}\left(\frac{\varepsilon_{A_i} + \varepsilon_{B_i}}{1 - \mu} + \frac{\varepsilon_{B_i} - \varepsilon_{A_i}}{1 + \mu}\right) \tag{20-3-24}$$

$$\sigma_{z\theta_i} = \frac{E}{2}\left[\frac{2\varepsilon_{C_i} - (\varepsilon_{A_i} + \varepsilon_{B_i})}{1 + \mu}\right] \tag{20-3-25}$$

通过应力测量按照上述 3 个公式可确定孔壁上所选定的 3 个测点的 9 个应力分量。再通过式（19-3-14）~式（19-3-22）的联立求解，就可以获得原岩应力的 6 个应力分量，或者从 9 个公式中挑出 6 个方程，比如，由其中的 6 个方程整理求解如下

$$\sigma_x = \frac{1}{8}\left(3\sigma_{\theta_2} + \sigma_{\theta_1}\right) \tag{20-3-26}$$

$$\sigma_y = \frac{1}{8}\left(3\sigma_{\theta_1} + \sigma_{\theta_2}\right) \tag{20-3-27}$$

$$\sigma_z = \sigma_{z_1} + \frac{\mu}{2}\left(\sigma_{\theta_2} - \sigma_{\theta_1}\right) \tag{20-3-28}$$

$$\tau_{xy} = -\frac{1}{8}\left(\sigma_{\theta_1} + \sigma_{\theta_2} - 3\sigma_{\theta_3}\right) \tag{20-3-29}$$

$$\tau_{yz} = -\frac{1}{2}\tau_{z\theta_1} \tag{20-3-30}$$

$$\tau_{zx} = -\frac{1}{2}\tau_{z\theta_2} \tag{20-3-31}$$

孔壁应变法只用一个钻孔测三维应力，成本低，工作量小，速度快，精度高，但是对应变片的粘贴技术要求较高，且有防潮要求，要求岩体完整性好，并认为岩体为弹性体。为了减轻应变片的粘贴难度，目前已开发出一些称之为三轴应变计的专用传感元件。它由南非科学与工业研究委员会首先研制应用，国际岩石力学与工程学会制定的地应力测量建议方法中定名为 CSIR 型应变计。它是以 E R Leeman 为首于 1966 年开发成功并公之于世的第一种只需单孔并且一次就可测量三维应力的技术。其特点是依靠在测量孔壁上直接粘贴 3 组应变花，每组应变花有 3 个应变片，共计 9 个应变片来实现应变测量的。后来在此基础上，澳大利亚科学与工业研究院又首先开发出了空心包体式三轴应变计。它是在预制的环氧树脂外圆柱面上粘贴类似于 CSIR 元件上布置的应变花而成的。使用时由安装仪定向地将应变计推进至测量孔内，达到预定位置后，靠推力挤出储罐内的环氧树脂胶液，充满应变计外圆柱面与岩石孔壁之间的间隙，待胶液经数小时至数十小时完全固化后，便牢固地将应变计与岩石黏结在一起。应力解除时，岩芯的弹性恢复牵制着使应变计变形，为其上所有的应变片感受而取得原始测量数据。

空心包体应变计的好处是现场安装简便可靠、防水、防潮、成功率高、环氧树脂材料线弹性好，弹性模量低、变形量大，可将岩石的变形放大很多倍，能提高测量灵敏度和精确度。

（三）应力恢复法

应力恢复法一般在平硐壁面（也可在地表露头面）上进行。在岩面上切槽，岩体应力被解除，应变也随之恢复；然后在槽中再埋入液压枕，对岩体施加压力，使岩体应变恢复至应力解除前的状态；此时，液压枕施加的压力即为应力解除前岩体受到的应力，这一应力值实际上是平洞开挖后壁面处的环向应力。这是应用较早的一种应力测量方法。

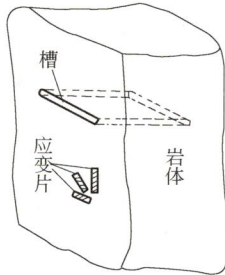

测量时应在岩体表面沿不同方向布置三个应变计，以便能够测量出岩体沿这三个不同方向的伸缩变形。先读出应变计的初始读数，然后，沿着与所测应力相垂直的方向开挖一窄长槽，如图 20-3-12 所示。挖槽后，槽壁上的岩体应力即被解除，此时岩体表面上的三个应变计的读数显然与挖槽前不同。其次将液压枕装于槽中，并逐渐增加液压枕的油压，使液压枕对槽壁逐渐施加压力，直到岩体表面上的三个应变计读数恢复到挖槽之前

图 20-3-12　应力恢复法示意图

的数值，此时液压枕施加于槽壁上的单位压力也就是槽壁上原有的法向应力（近似值）。

采用这种方法测定岩体应力可以不用岩体中的应力应变关系而直接得出岩体应力。但应当指出，如果槽壁不是岩体的主应力作用面，而在挖槽前的槽壁上存在剪应力，显然这种剪应力的作用在应力的恢复过程中并没有考虑进去，这就必然引起一定的误差。其次，如果应力恢复时岩体的应力与应变关系与应力解除前并不完全相同，这也必然影响测量的精度。

（四）水压致裂法

水压致裂法是近年来发展较快的能够测量地壳深部应力的唯一方法。它是利用可膨胀的橡胶封隔器在已知深度处封隔一段钻孔（见图 20-3-13），然后通过泵入流体对这段钻孔增压，同时记录压力随时间的变化曲线（见图 20-3-14）。根据孔壁岩石被压裂时的流体压力和使裂缝重新张开时的流体压力等参数，换算该试验段的水平地应力。

各特征压力的物理意义如下：

P_0——岩体内孔隙水压或地下水压力；

P_b——注入钻孔内液压将孔壁压裂时的初始压裂压力；

P_s——液体进入岩体内连续地将岩体劈裂的液压，称为稳定开裂压力；

P_{s0}——关泵后压力表上保持的压力，称为关闭压力。如果围岩渗透性大，该压力将逐渐衰弱；

P_{b0}——停泵后重新开泵将裂缝压开的压力，称为开启压力。

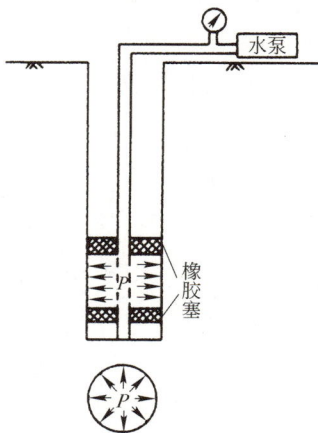

图 20-3-13　水压致裂法测量系统示意图

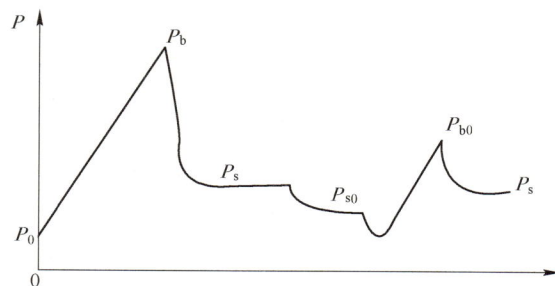

图 20-3-14　压裂过程中泵压变化及特征压力

由弹性力学原理可知，无限岩体内圆孔受原岩应力σ_1、σ_3和孔内的静水压力P_b作用情况下的钻孔围岩内切向应力可由下式计算

$$\sigma_\theta = \frac{1}{2}(\sigma_1 + \sigma_3)\left(1 + \frac{R_0^2}{r^2}\right) - P_b\frac{R_0^2}{r^2} - \frac{1}{2}(\sigma_1 - \sigma_3)\left(1 + \frac{3R_0^4}{r^4}\right)\cos 2\theta \qquad (20-3-32)$$

式中：P_b——孔内水压；

R_0——钻孔半径。

孔壁上的切向应力为（$r = R_0$）

$$\sigma_\theta = (\sigma_1 + \sigma_3) - P_b - 2(\sigma_1 - \sigma_3)\cos 2\theta \qquad (20-3-33)$$

$\theta = 0$时，切向应力最小，即

$$\sigma_\theta = 3\sigma_3 - \sigma_1 - P_b \qquad (20-3-34)$$

当孔壁发生破裂时，则有下述关系

$$\sigma_\theta = -\sigma_t \qquad (20-3-35)$$

此时成立的破裂条件为

$$3\sigma_3 - \sigma_1 - P_b = -\sigma_t$$

或

$$\sigma_1 = 3\sigma_3 - P_b + \sigma_t \qquad (20-3-36)$$

当孔隙内有孔隙水压力P_0时，上式可写为

$$\sigma_1 = 3\sigma_3 - P_0 - P_b + \sigma_t \qquad (20-3-37)$$

同时，孔壁开裂处在$\theta = 0$处，即在与σ_3垂直的面上。

若岩体在水压下已经开裂，岩体裂缝的扩展使水压由P_b下降至P_s，P_s称为稳定开裂压力。停泵后水压继续下降至P_{s0}，表示裂缝已经闭合，成为关闭压力。水泵重新加压使裂缝重新开裂的压力P_{b0}称为开启压力。则式（20-3-36）变为

$$\sigma_1 = 3\sigma_3 - P_{b0} - P_0 \qquad (20-3-38)$$

由式（20-3-37）、式（20-3-38）可得

$$\sigma_t = P_b - P_{b0} \qquad (20-3-39)$$

另外，在关闭压力P_{s0}这一特征点上，此时，孔壁已开裂，即$\sigma_t = 0$，所以，此时P_{s0}等于与裂隙面垂直的压力，亦即

$$\sigma_3 = P_{s0} \qquad (20-3-40)$$

至此，我们已经通过图20-3-11上的各个特征点压力及理论分析求得主应力及岩体抗拉强度值

$$\begin{cases} \sigma_3 = P_{s0} \\ \sigma_t = P_b - P_{b0} \\ \sigma_1 = 3\sigma_3 - P_b + \sigma_t \end{cases} \qquad (20-3-41)$$

水压致裂沿最小阻力路径发展，即在垂直与最小主应力方向的平面内发展。大量试验结果表明，无论垂直主应力的大小如何，钻孔壁上完整岩石的初始水压裂缝总是垂直的，而且垂直于最小水平主应力方向。

由此可见，水压致裂法不能确定岩体中一点的初始地应力的三个主应力，因此，通常假设$\sigma_z = \gamma H$

为初始地应力的一个主应力，方向为铅垂方向。然后与测量出的σ_1和σ_3进行比较，以确定三个主应力的顺序。

水压致裂法较理想的使用条件是：测量钻孔是铅垂的；铅锤自重应力不是最小主应力；岩体中的原生裂隙不发育，渗透性弱。当岩体中含水量大、渗透性强，有较大孔隙水压时，不能忽略它们的影响。

水压致裂法的特点主要有：

（1）测量深度不受限制、代表性好。目前，世界上实测最大深度已达 5 100m。

（2）操作方便。只通过液压泵向钻孔内注液压裂岩体，观测压裂过程中泵压、液量即可。

（3）测值直观。它可根据压裂时泵压（初始开裂泵压、稳定开裂泵压、关闭压力、开启压力）计算出地应力值，不需要复杂的换算及辅助测试，同时还可以求得岩体的抗拉强度。

（4）适应性强。这一方法不需要电磁测量元件，不怕潮湿，可在干孔及孔中有水条件下做试验，不怕电磁干扰，不怕振动。

另外，这种方法只能得出钻孔横截面方向的水平应力，但无法给出一点的空间应力状态。主应力方向难于准确确定也是一个主要缺点。

【例 20-3-3】 在地下某深度对含有地下水的较完整体进行应力测量，一般应选择下列哪种测试方法？

　　　　　　A. 孔壁应变法　　　　B. 孔径变形法　　　　C. 孔底应变法　　　　D. 表面应变法

解 四个选项都是地应力测量方法，其中孔壁应变法和孔底应变法以及表面应变法都需要在岩体表面上粘贴应变片，但在含有地下水的岩体表面粘贴应变片比较困难，无法保证测量质量。相反，孔径应变法是利用引伸计测量钻孔直径的变形，不受地下水的影响。

答案：B

习　题

20-3-1　初始地应力主要包括 （　　　）。

　　　　A. 自重应力　　　　　　　　　　　　　B. 构造应力

　　　　C. 自重应力和构造应力　　　　　　　　D. 残余应力

20-3-2　初始地应力指 （　　　）。

　　　　A. 未受开挖影响的原始地应力　　　　　B. 未支护时的围岩应力

　　　　C. 开挖后岩体中的应力　　　　　　　　D. 支护完成后围岩中的应力

20-3-3　构造应力的作用方向为 （　　　）。

　　　　A. 铅垂方向　　　　　　　　　　　　　B. 近水平方向

　　　　C. 断层的走向方向　　　　　　　　　　D. 倾斜方向

20-3-4　下列关于初始地应力的描述中，哪个是正确的？ （　　　）

　　　　A. 垂直应力一定大于水平应力

　　　　B. 构造应力以水平应力为主

　　　　C. 自重应力以压应力为主，亦可能有拉压力

　　　　D. 自重应力和构造应力分布范围基本一致

20-3-5　如果无条件测量而想估计岩体的初始地应力状态，则一般假设侧压力系数为下列哪一个值

比较好？（　　　）

　　　　　A. 0.5　　　　　　　B. 1.0　　　　　　　C. <1　　　　　　　D. >1

20-3-6　测定岩体中的初始地应力时，最常采用的方法是（　　　）。

　　　　A. 应力恢复法　　　　　　　　　　B. 应力解除法

　　　　C. 弹性波法　　　　　　　　　　　D. 模拟试验

第四节　岩体力学在边坡工程中的应用

一、概述

　　倾斜的地面称为坡或斜坡，露天矿开挖形成的斜坡构成了采矿区的边界，因此称为边坡；在铁路、公路建筑施工中所形成的路堤斜坡称为路堤边坡，开挖路堑所形成的斜坡称为路堑边坡。在水利、水电工程中开挖所形成的斜坡也称为边坡。因此，边坡在国民经济建设中具有重要的意义。

　　典型的边坡（斜坡）如图 20-4-1 所示，边坡与坡顶面相交的部位称为坡肩，与坡底面相交的部位称为坡趾或坡脚，坡面与水平面的夹角称为坡面角或边坡角，坡肩与坡脚间的高差为坡高。

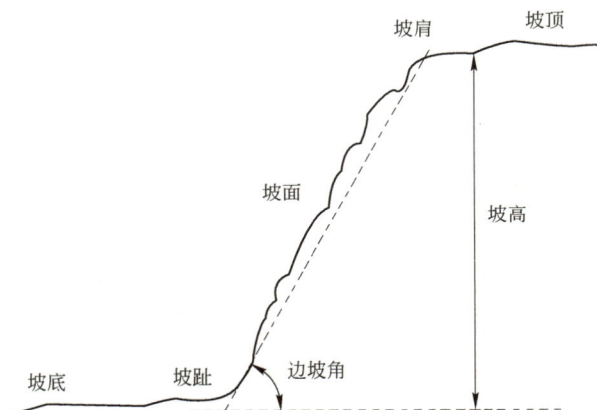

图 20-4-1　典型边坡示意图

　　边坡按成因可分为两类：自然边坡和人工边坡。

　　天然的山坡和谷坡是自然边坡，此类边坡是在地壳隆起或下陷过程中逐渐形成的。这类运动直至今天可能还在继续。然而，只要边坡位于侵蚀基准面以上，不论成因如何，它们都处于受剥蚀和被夷平的环境之中，开始风化、解体以至滑塌的过程，较大规模的破坏就是自然滑坡。

　　人工边坡就是人工使然的，这类边坡的几何参数可以人为控制。

　　边坡经常会遇到坡体的稳定问题。例如，在大坝施工过程中，坝肩开挖破坏了自然坡脚，使得岩体内部应力重新分布，常常发生岩坡的不稳定现象。又如在引水隧洞的进出口部位的边坡、溢洪道开挖的边坡、渠道的边坡以及公路、铁路、采矿工程等等都会遇到岩坡稳定的问题。如果岩坡应力过大或强度过低，则它可能处于不稳定的状态，一部分岩体向下或向外坍滑，这种现象称为滑坡。滑坡造成危害很大，为此在施工前，必须做好稳定分析工作。

由于边坡的破坏给人类和工程建设带来的危害在国内外不乏其例。在我国，由于特殊的自然地理和地质条件所制约，边坡地质灾害分布广泛、活动强烈、危害严重。可见，边坡变形破坏对人类工程、经济活动和生命财产的危害较大，所以它是工程地质学的主要课题之一，也是环境地质学和灾害地质学研究的重要内容。因此，正确认识各种边坡危岩体的成因、形成条件及运动规律等，对于采取切合实际的相应措施，以便避免或减轻其危害性，是工程中亟待解决的重要课题。

二、岩质边坡的特点

岩坡不同于一般土质边坡，这是由于土体和岩体有着完全不同的结构，它们的工程地质及水文地质以及力学性质差异显著。岩质边坡的特点是岩体结构复杂、断层、节理、裂隙互相切割，块体极不规则，因此岩坡稳定有其独特的性质。它同岩体的结构、容重和强度、边坡坡度、高度、岩坡表面和顶部所受荷载、边坡的渗水性能、地下水位的高低等有关。

岩坡内的结构面，尤其是软弱结构面的存在，常常是岩坡不稳定的主要因素。大部分岩坡在丧失稳定性时的滑动面可能有三种。一种是沿着岩体软弱岩层滑动；另一种是沿着岩体中的结构面滑动；最后，当这两种软弱面不存在时，也可能在岩体中滑动，但前面两种情况较多。在进行岩坡分析时，应当特别注意结构面和软弱夹层的影响。

软弱岩层，主要是黏土页岩、凝灰岩、泥灰岩、云母片岩、滑石片岩以及含有岩盐或石膏成分的岩层。这类岩层遇水浸泡后易软化，强度大大降低，形成软弱层。在坚硬的岩层中（如石英岩、砂岩等等）应当查明有无这类软弱夹层存在。

结构面，其中包括沉积作用的层面、假整合面、不整合面，火成岩侵入结构面以及冷缩结构面，变质作用的片理、构造作用的断裂结构面等。岩质边坡稳定分析时，应当研究岩体中应力场和各种结构面的组合关系。岩坡的滑动就是在应力作用下岩体破坏了平衡而沿着某种面（很可能是结构面）产生的。岩体的应力是由岩体重量、渗透压力、地质构造应力以及外界因素，如地震惯性力、风力、温度应力等所形成的边坡剪应力，这种剪应力超过结构面的抗剪强度就促使岩体沿着结构面滑动。有时沿某一结构面滑动，有时沿着多种结构面所组合的滑动面滑动，通常以后者为多数。

结构面中如夹有黏土或其他泥质充填物，则形成软弱结构面。地质构造作用形成的断裂和节理在地壳表层是最多的，这种结构面往往都夹有黏土或泥质充填物，遇水浸泡后，结构面中的软弱充填物就容易软化，强度大大降低，促使岩坡沿着结构面发生滑动。因此，岩坡分析中，对结构面特别是软弱结构面的类型、性质、组合形式、分布特征以及由各种软弱面切割后的块体形状等进行仔细分析是十分重要的。

三、岩质边坡应力分布特征

无论是天然斜坡，还是人工边坡，在形成过程中，岩体中地应力将发生重新分布，即相对于边坡形成之前出现所谓的二次应力状态。由于边坡岩体中原有的应力平衡状态被打破，岩体为适应这种新的应力状态，将发生一定的变形与破坏，以至酿成坡体失稳而引起多种危害。

通常采用现场地应力量测、光弹实验及数值分析等方法研究边坡岩体中的地应力特征。由有限元分析出来的边坡岩体中弹性应力的分布如图 20-4-2 所示。假设岩体为连续介质材料，属于各向同性均质体，并且不考虑边坡形成的时间效应，即边坡形成的时间短暂。据此，可以归纳出边坡岩体中地应力分布的特征如下。

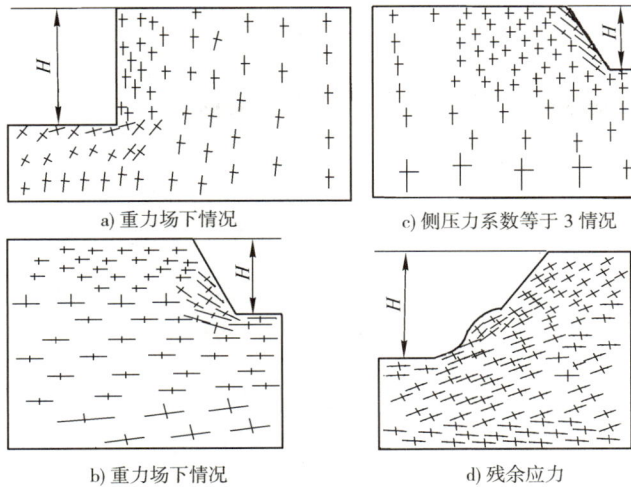

a) 重力场下情况　　　　c) 侧压力系数等于 3 情况

b) 重力场下情况　　　　d) 残余应力

图 20-4-2　边坡主应力矢量图（据有限元计算结果绘制）

（1）在边坡形成过程中，主应力迹线发生了明显偏转，表现为接近于临空面，其最大主应力方向趋于平行临空面，而最小主应力方向则与临空面垂直相交，如图 20-4-2 所示。

（2）在临空面附近（尤其是在坡脚处）出现应力集中现象。平行于临空面的最大主应力显著升高，在边坡表面达到最大值，向岩体内部逐渐降低。垂直于临空面的最小主应力明显降低，在边坡面附近降到最小，以至于变为零或转化为拉伸应力，向岩体内部逐渐升高，如图 20-4-2 所示。由此可见，临空面附近岩体中应力差最大，很容易发生剪切破坏。而主应力转为拉伸应力部分是出现拉裂破坏处。

（3）由于主应力迹线发生偏转，最大剪应力迹线也随之变为凹向临空面的弧形分布。

（4）在临空面附近，岩体近似处于单轴应力状态，向内部逐渐过渡为三轴应力状态。

（5）由图 20-4-3 可知，在坡顶和坡面岩体中的主应力部分为拉应力，其分布受变形模量 E 和泊松比 μ 强烈控制，尤以 μ 的影响最为显著。μ 越大，坡面和坡顶处的拉应力区也越大，而坡底则与之相反，如图 20-4-4 所示。如果这种拉应力值达到或超过岩体的抗拉强度时，则将发生拉裂破坏，而所形成的张拉裂隙端部将出现较大的应力集中，促使张拉裂隙进一步扩展，最终可能形成连续贯通破裂面，从而造成边坡岩体失稳。

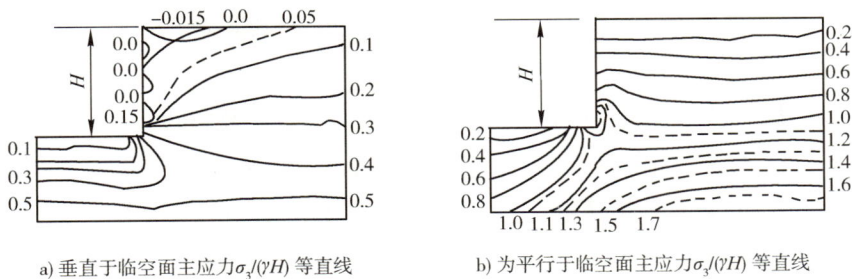

a) 垂直于临空面主应力 $\sigma_3/(\gamma H)$ 等直线　　　b) 为平行于临空面主应力 $\sigma_1/(\gamma H)$ 等直线

图 20-4-3　边坡主应力等值线图（据有限元计算结果绘制）

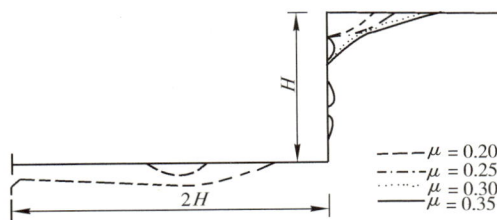

$---\mu = 0.20$
$---\mu = 0.25$
$\cdots\cdots\mu = 0.30$
$---\mu = 0.35$

$2H$

图 20-4-4　泊松比对边坡拉应力区分布的影响

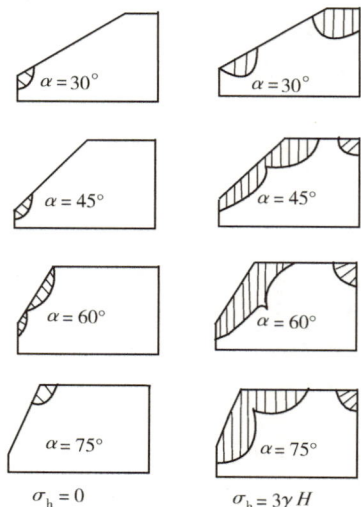

图 20-4-5　边坡拉应力区分布与水平残余
应力及坡脚的关系

（6）对比图 20-4-2a）与图 20-4-2d）可以看出，岩体中初始地应力状态，尤其是水平应力大小，对于边坡岩体中应力分布有很大的制约作用，主应力迹线的分布特征及主应力值的大小均因初始水平应力不同而有明显改变，其中坡脚应力集中区及拉应力区受的影响更大。

（7）图 20-4-5 表明，边坡边缘岩体中拉应力区的分布与水平残余应力及坡脚关系也较为密切，而受前者的影响最大。随着残余水平应力的逐渐增大，边缘拉应力区的范围也随之扩展，甚至从坡脚一直扩展到坡顶面。

【例 20-4-1】　工程开挖形成边坡后，由于卸荷作用，边坡的应力将重新分布，边坡周围主应力迹线发生明显偏转，在愈靠近临空面的位置，对于其主应力分布特征，下列各项中正确的是：

A. σ_1 愈接近平行于临空面，σ_2 则与之趋于正交

B. σ_1 愈接近平行于临空面，σ_3 则与之趋于正交

C. σ_2 愈接近平行于临空面，σ_3 则与之趋于正交

D. σ_3 愈接近平行于临空面，σ_1 则与之趋于正交

解　工程边坡形成后，临空面（包括坡顶和坡面以及坡底）附近的应力状态会发生明显变化，其中，最大主应力平行于临空面，最小主应力垂直于临空面。

答案：B

四、边坡岩体的变形与破坏

边坡形成后，由于坡体的主应力分布，使岩体原始平衡状态遭到破坏。在这种新的应力条件下，坡体将发生局部或整体性的变形和破坏，以达到新的平衡。

从边坡形成时起，边坡即处在不断的变化过程中，通过变形发展为破坏。其中稳定是相对的、暂时的，仅是在一定的条件下（地质环境中）存在着。

边坡变形破坏的发展历史可以是漫长的（如自然边坡和发展演化过程），或是短暂的（如人工边坡的形成），其发生条件和影响因素却常常相当复杂。尽管如此，边坡变形与破坏却始终决定于坡体本身所具有的应力特征和坡体抵抗变形破坏的能力，这两方面的相互关系和发展变化，是边坡发展演变的内在矛盾。而坡体中由于应力分布差异所出现的应力集中带，又有抵抗变形能力较弱的软弱面，当其在空间构成不利于稳定的组合时，则是以上矛盾发展变化的焦点。此处常常发展成为坡体中变形与破坏的控制面，它是研究工作中的重点部位。

岩质边坡的变形与破坏可分作变形和破坏两种形式。前者属于变形的范围，以坡体中未出现贯通性的破坏面为特点；而后者在坡体中已形成贯通性的破坏面，且以一定加速度发展位移为特征。

（一）边坡岩体的变形

边坡岩体在破坏之前，总要经历一定的变形作用。在坡体的局部区域，特别在坡面附近可能出现一定程度的破裂与错动，然而就整体而言，并未产生滑动破坏。

变形与破坏之间是一个发展的过程，其间存在着量与质转化的关系。近年来岩体破坏机制及蠕变理论的研究，已经充分揭示了它们之间存在的客观规律，为边坡岩体稳定研究奠定了理论基础。因此，必须研究岩体变形破坏的整个过程，并且重视这一演变过程中变形形式的研究。这对于定性地揭示坡体应力与结构强度的矛盾关系，鉴定现有条件下坡体的稳定情况，预测边坡岩体破坏的可能性是有重要意义的。边坡岩体的变形可以划分为松弛张裂和蠕动。

1. 松弛张裂

在边坡形成的初始阶段，往往在坡体中出现一系列与坡面近于平行的陡倾张开裂隙，使边坡岩体向临空方向张开。这种过程和现象称为松弛张裂（也称松动）。存在于坡体的这种张拉裂隙可以是应力重新分布产生的，也可以是沿原有的陡倾裂隙发育而成。外形略呈弧形弯曲，仅有张开而无明显相对滑移，张开度及分布密度由坡面向深处逐渐减弱。理论实践证明。仅有松弛张裂变形的坡体，其应力应变关系处于稳定破裂阶段或者减速蠕变阶段。由此，在保证坡体应力不会增加且结构强度不下降的条件下，其变形不会继续发展，坡体稳定性不会发生变化。松弛张裂主要有下列几种情况。

（1）回弹裂隙

在边坡形成后，由于侧向应力削弱，岩体向临空方向回弹，这种现象犹如木桶因松箍而掀缝一样，使原来被压紧的裂缝张开（见图 20-4-6）。很明显，因这种原因张开的裂隙的特点是愈近顶面，张开程度愈大，向深处或向坡里张开程度逐渐减小。

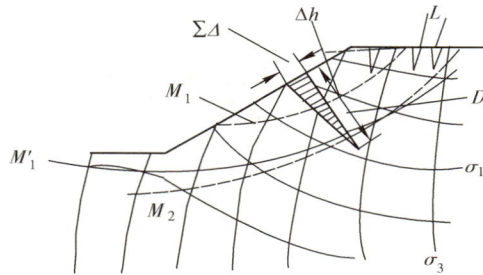

图 20-4-6　斜坡应力分布与剪变带

σ_1、σ_3-主应力迹线；M_1'-可能滑动面；M_1、M_2-最大剪应力迹线；$\sum\Delta$-坡面变形量；Δh-坡顶沉降量；D-剪变带；L-张裂隙

（2）坡面、坡顶张力带裂隙

在较陡边坡的坡面、坡顶拉应力区中，抗拉强度弱的岩体（如半岩质块体，表层风化岩体）以及具有与边坡走向近于平行的陡立软弱面的坡体，在坡面、坡顶拉应力作用下形成张开裂隙。这种裂隙主要分布在陡坡的前缘，不会深入到坡体内部。

（3）坡脚应力集中带的张裂隙

在坡脚应力集中带应力超过此处岩体或与坡面平行的软弱面的抗拉强度时，则产生与坡面近于平行的张拉裂隙。其分布从坡面向坡体内和向下方向逐渐稀疏、削弱。当坡体中有缓倾角软弱面时，在平行于坡面的最大主应力作用下产生平行坡面的剪应力，将使被分割的岩体沿软弱面向外滑移，而张裂隙向上逐渐尖灭或分支。

上述分析表明，卸荷裂隙的形成机制有可能是多种多样的。生产实践中，把发育这种岸边裂隙的坡体称之为边坡卸荷带（可称之为松动带），其深度通常用坡面与卸荷带内侧界线之水平间距来表示。

边坡的松弛张裂，一方面使岩体强度降低，另一方面使各种外营力更易深入坡体，增加了坡体内各种营力的活跃程度，它是边坡变形破坏的初始阶段。所以在边坡稳定性分析中划分卸荷带、确定卸荷带的范围和卸荷带中的坡体特征，对于评价边坡岩体的稳定性具有重要意义。

2. 蠕动

经松动后，边坡岩体在重力作用下向临空方向较长期的缓慢变形称之为边坡岩体的蠕动。研究表明，蠕动的形成机制为岩石的粒间滑动（塑性变形）或岩石裂纹微错，或由一系列裂隙扩展所致。它是在应力长期作用下，岩石内部的一种缓慢的调整性变形，实际上是岩石趋于破坏的一个演变过程。坡体中由自重应力引起的剪应力与岩体长期抗剪强度相比很低时，它只能使坡体减速蠕动；只有坡体应力值接近或超过岩体的长期抗剪强度时，坡体才可能进入加速蠕动。因此可以认为，坡体导致最终破坏总要经过一定过程，或非常短暂，或经过一个相当长的时间。按照岩体蠕动的特征，它大致可以分为两种基本类型：表层蠕动和深层蠕动。

（1）表层蠕动

边坡上部的岩体在重力的长期作用下，发生向临空方向的缓慢变形，构成一个剪变带，其位移由坡面向内逐渐降低直至消失，这便是表层蠕动。松散岩体及土质边坡中，这类蠕动十分明显，表现为当坡体剪应力足够产生滑动面之前，在剪变带内会缓慢发生塑性变形。

岩质边坡中的表层蠕动，常称为岩层末端挠曲现象，系指陡立层状结构面较发育的边坡岩体（页岩、片岩、灰岩等层状岩石或陡倾节理发育的花岗岩），在重力长期作用下，沿软弱面错动和局部破裂而成的挠曲现象，多发生于上述岩石和岩体所组成的边坡上。当软弱面愈密集，倾角愈陡且走向近于平行于坡面时发育尤甚。坡体表面蠕动使松动裂隙张开向纵深发展，由于挠曲使坡角应力集中加大，有时影响深度竟达数十米。

在重力作用下，由坡面蠕动所产生的挠曲与构造挠曲的区别在于：前者常沿软弱面两侧拉开，并出现张裂，层面两侧相对滑动方向为边坡上侧向下，而下侧向上滑动，其挠曲分布局限一定深度；而构造挠曲不具备以上性质。正确区分这两种不同成因挠曲的重要意义在于：经过重力长期作用形成的蠕动坡体仅具有较低的稳定性，常常要采取开挖或昂贵的工程处理措施，因此应引起重视。

（2）深层蠕动

深层蠕动主要发育在边坡下部或坡体内部。按照其形成机制的特点可分为软弱基座蠕动和坡体蠕动两类。

①软弱基座蠕动

坡体基座产状较缓并且具有一定的相对软弱岩层，在坡体上覆岩层重力作用下，致使基座部分向临空方向蠕动，并引起上覆坡体变形与解体，这是软弱基座蠕动的特征。当软弱基座塑性较大时，坡脚主要表现为向临空方向的蠕动和挤出，见图20-4-7；而当软弱基座具有一定脆性时，则可能通过密集的张拉破裂使软弱层错位变形，见图20-4-8。这两种变形方式都是由坡面逐渐向深处发展的。

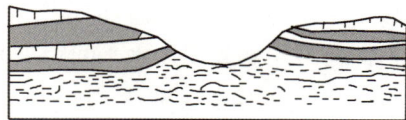

图 20-4-7　软弱基座的挤出

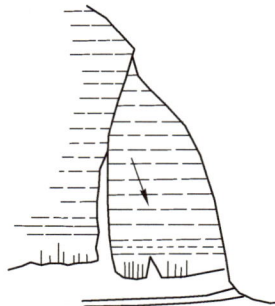

图 20-4-8　软弱基座蠕动引起上部脆性岩层的张裂

由于软弱基座的蠕动变形，将引起上覆坡体发生变形或解体。当上覆岩体具有一定柔性时，软弱层会出现"揉曲"，脆性层中会出现张拉裂隙；当上覆岩体整体呈脆性时，则可因软弱基座蠕动而产生不均匀沉陷，使上覆岩体破裂解体。

②坡体蠕动

坡体沿缓倾角的软弱结构面，向临空方向缓慢移动的现象，称为坡体蠕动。这种现象在卸荷裂隙较发育的具有缓倾角软弱面的坡体中比较普遍，通常是在蠕滑型裂隙基础上发育而成，见图20-4-9。

形成坡体蠕动的基本条件是坡体具有缓倾角软弱结构面并发育有其他陡倾裂隙。缓倾角软弱面（如夹泥）抗滑性能差，易在坡体重力作用下产生缓慢的移动变形，坡体易发生微量转动，使应力集中的转折处首先遭到破坏。图20-4-9充分反映了在蠕动转折处的破坏过程，首先出现的张拉羽裂将转折端切断（切角滑移阶段）；然后继续遭到破坏，形成次一级剪切面，并伴随有架空现象（次一级剪切面开始形成阶段）；再进一步发展，则形成连续滑面（滑面形成阶段），一旦滑面上的下滑力超过抗滑力，即导致坡体坍塌破坏。

图20-4-9　坡体蠕动

（二）边坡岩体的破坏

边坡岩体中出现了与外界贯通的破坏面，使被分割的岩体以一定的加速度脱离母体，称为边坡岩体的破坏。

自然边坡的形成过程往往比较缓慢，在坡体中应力的改变是渐变的，所以在发生破坏之前总要经过松动、蠕动等变形阶段，而人工边坡的破坏由于坡体应力的变化和附加荷载（如坝肩推力等）的出现可以较为迅速发生，因此可能出现两种情况。当迅速形成坡体应力超过边坡体极限强度，并足以构成贯通性破坏面时，边坡破坏便迅速发生，蠕动时间极短暂；反之，若应力小于坡体极限强度，而大于长期强度，在发生破坏之前总要经过一段较长时间的蠕动过程。此外，自然营力对坡体破坏的影响也很大。当某些营力突然加剧（如地震、孔隙水压力），可使一些原来并无明显蠕动迹象的边坡突然遭到破坏。

边坡的破坏形式很多，现将分别简述崩塌和滑坡。

1.崩塌

崩塌是岩质边坡破坏的一种形式。边坡前缘的部分岩体被陡倾角的破裂面分割，以突然的方式脱离母体，翻滚而下，岩块相互撞击破碎，最后堆积于坡脚而形成岩堆，称为崩塌（见图20-4-10）。其规模相差悬殊，可从大规模的山崩直至小型块石坠落。从形成机理分析，崩塌的形成在于坡体沿陡倾软弱结构面张裂的同时，坡脚岩体发生变形（如基座蠕动），使上部割裂岩体失去支持而发生翻倒。崩塌主要发生在55°以上陡坡的前缘边坡上。高而陡的边坡通常由陡倾角裂隙发展而成，或基座蠕动造成的沉陷解体形成。这些裂隙在表层蠕动的作用下进一步加深加宽，并促使坡脚主应力增高，使坡体蠕滑进一步加剧，下部支持力减弱，引起崩塌。故崩塌在高陡边坡上具有良好的发育条件。

由于崩塌形成的岩堆给后侧坡脚以侧向压力，再次发生崩塌的突破处将上移，所以崩塌具有在边坡上逐次后退，规模逐渐变小等发展趋势。

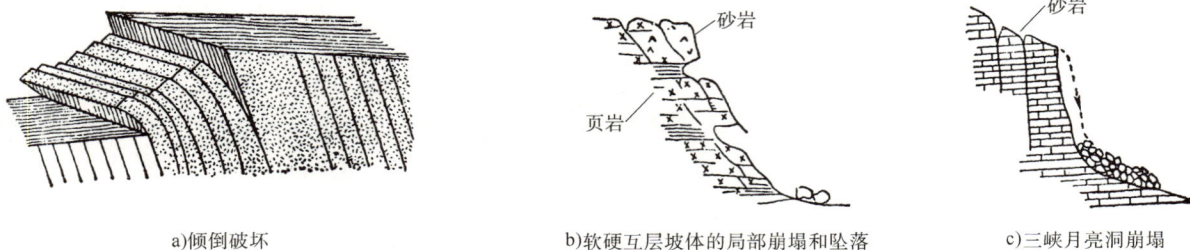

图 20-4-10　崩塌示意图

a)倾倒破坏　　　　　　　b)软硬互层坡体的局部崩塌和坠落　　　　　　　c)三峡月亮洞崩塌

剥落是组成边坡的岩石具有薄层状或页片状结构面，如页岩、片岩、强烈风化的片麻岩和劈理发育的粉砂岩等。由于这些岩石性质软弱、结构面密集，经受长期不断的风化作用，岩体呈片状破裂，当受雨水冲刷和其他外营力作用之下，边坡表部岩体呈片层状沿边坡表面剥落，堆积于坡脚。剥落现象一般规模小，速度缓慢，如果这种现象是单一的，没有其他因素的特殊影响，则不致造成严重的灾害。但对渠道或溢洪道的边坡应给予注意，因为剥落的碎屑物质堆积在坡脚会堵塞水流，可能引起其他不良现象。

2. 滑坡

滑坡是边坡上的岩土体在自然或人为因素的影响下失去稳定，沿一定的破坏面整体下滑的现象，是一种常见的边坡失稳而产生的地质灾害。要及时地识别滑坡，以确定边坡是否会发生滑坡，以及滑坡的存在，应首先了解滑坡的构造形态。

（1）滑坡的构造形态

通常一个比较典型的滑坡由滑坡体、滑动面、滑坡壁、滑坡裂隙、滑舌、滑坡鼓丘等几部分构造形态要素组成，见图 20-4-11。

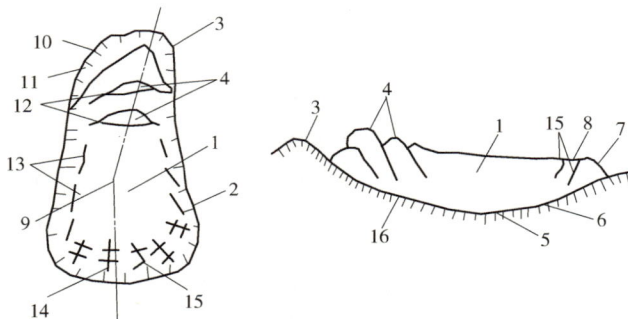

图 20-4-11　滑坡形态要素

1-滑坡体；2-滑坡周界；3-滑坡壁；4-滑坡台阶；5-滑动面；6-滑动带；7-滑坡舌；8-滑坡鼓丘；9-滑坡主轴；10-封闭洼地；11-剪切裂隙；12-张拉裂隙；13-羽状裂隙；14-扇状裂隙；15-鼓胀裂隙；16-滑坡床

①滑坡体。指边坡上沿滑动面向下滑动的岩土体，或者说是滑坡的整个滑动体。这部分岩土体虽然经受了滑动，但其内部还保持原有的层位关系，以及结构、构造、裂隙节理的特点。滑坡体的表面起伏不平，裂隙纵横；原有树木倾斜或倒伏，形成马刀树、醉汉林；封闭洼地积水或成沼泽，常长有喜水植物。滑坡体与周围不动岩土体的分界线，称为滑坡周界。

②滑动带（面）。滑坡体与其周围未滑动岩土体之间的分界面称为滑动面。滑坡体底部产生剪切、揉皱的，厚数厘米至数米的地带称为滑动带。滑动面以下稳定的岩土体称为滑坡床（滑床）。滑动面的形状随着边坡岩土体的成分和结构的不同而异，在均质黏性土和软岩中，滑动面接近于圆弧形；滑坡体如沿岩层层面或构造面滑移时，呈直线或折线形。滑坡面一般是由直线和圆弧复合而成，其后部经常呈弧形，前部呈近似于水平的直线。滑动面大多数是由黏土夹层或其他软弱岩层所组成，如页岩、泥岩、

千枚岩、片岩等，或者是由岩层面、裂隙节理面等组成。由于滑动时的摩擦，滑动面常是光滑的，有时可见滑动擦痕；滑动带中岩土十分破碎，而且通常是潮湿的，有的甚至达饱和状态，并在坡脚处常有泉水涌出。

③滑坡壁（滑坡后壁）。滑坡体滑落后，滑床上方未滑动部分岩土体所形成的弧形陡壁。实际上是滑动面在坡上出露的界面，有时在较新的滑坡后壁上可见到滑动擦痕。滑坡后壁左右呈弧形向前伸展呈"圈椅"状，平面上多呈椅状。

④滑坡台阶。滑坡体上由于各滑体滑落速度差异而形成的阶梯状台坎称滑坡台阶。一般呈反坡状。

⑤滑坡裂缝。滑坡体在滑动过程中，由于各部位的移动速度不均匀，在滑体内部或表面所产生的裂缝称为滑坡裂缝。按受力状况不同可分为滑体上的拉张裂缝、两侧的剪切裂缝、下部的鼓胀裂缝、扇形张裂缝等。

⑥滑坡舌。又称滑坡头，系指滑坡体最前部冲出滑床的部分。

⑦滑坡鼓丘。滑坡体在下滑的过程中，如果受到阻碍，便会形成隆起的小丘，即称滑坡鼓丘。

⑧主滑线（滑坡主轴）。滑坡体滑移速度最快部分的连线称之为主轴线。它代表了滑坡滑动的方向，可以是直线，亦可是折线。

应该指出，滑坡的典型构造形态只有新产生的滑坡或形成不久的滑坡才具备。发生时间较久的滑坡，由于水流冲刷、风化以及人为活动等因素的影响，使滑坡的地表形态遭受破坏，以致不易识别出来，但只要仔细调查，分析对比周围的地形地物，也可正确识别。

（2）滑坡的分类

对于岩质边坡的滑动破坏类型，不同的研究者根据各自的观点对滑动类型进行了划分。由于自然条件千变万化，滑坡的成因、形态、滑动的过程亦各有特点，了解滑坡分类，有助于滑坡的识别和治理。表20-4-1是根据滑坡岩土体的组成、滑动幅度、力学特性、滑体形态、滑体规模、滑体厚度、发展阶段等进行的分类。

滑 坡 的 分 类　　　　　　　　　　　　　　　　表 20-4-1

划 分 依 据	名 称 类 型	特 征 说 明
按滑坡面通过的岩层情况分	同类土滑坡	发生在层理不明显的均质黏性土或黄土中，滑动面均匀光滑
	顺层滑坡	沿岩层面或裂隙面滑动，或沿坡积体与岩基交界面及岩基间不整合面等滑动，大部分在顺倾向的山坡上
	切层滑坡	滑动面与岩层面相切，常沿顺向山外的一组断裂面发生，滑坡床多呈折线状，多分布在逆倾向岩层的山坡上
按滑坡体厚度分	浅层滑坡	滑坡体厚度在 6m 以内
	中层滑坡	滑坡体厚度 6~20m
	深层滑坡	滑坡体厚度超过 20m
按引起滑动的力学性质分	推移式滑坡	上部岩层滑动挤压下部产生变形，滑动速度较快，多具楔形环谷外貌，滑体表面波状起伏，多见于有堆积物分布的倾斜地段
	牵引式滑坡	下部先滑石上部失去支撑而变形滑动，一般速度较慢，多具上小下大的塔式外貌，横向张开裂隙发育，滑体表面多呈阶梯状或陡坎状，常形成沼泽地
按形成原因分	工程滑坡	由于施工开挖引起的滑坡。它包括：①工程新滑坡，由于山体开挖形成的滑坡；②工程复活古滑坡，久已存在的滑坡，由于山体开挖引起重新活动

划 分 依 据	名 称 类 型	特 征 说 明
按形成原因分	自然滑坡	由于自然地质作用形成的滑坡。它包括：①老滑坡，坡体上有高大的树木，残留部分环谷、断壁擦痕；②新滑坡，外貌清晰，断壁新鲜
按发生后的活动性质分	活滑坡	发生后仍在活动的滑坡。后壁及两侧有新鲜擦痕，体内有开裂、鼓起或前缘有挤出等变形迹象，其上偶有旧房遗址，幼小树木歪斜生长等
	死滑坡	发生滑动后已稳定，并已停止发展，一般情况下不可能重新活动，坡体上植被较茂盛，常有居民点
按滑坡体体积分	小型滑坡	<5 000m³
	中型滑坡	5 000~50 000m³
	大型滑坡	50 000~100 000m³
	巨型滑坡	>100 000m³

　　霍克（Hoek，1974）把岩体边坡破坏的主要类型分为圆弧破坏、平面破坏、楔体破坏和倾倒破坏四类。库特（Kuncr，1974）则将其分为非线性破坏、平面破坏及多线性破坏三类。这两种分类方法虽然不同，但都把滑动面的形态特征作为主要分类依据。从岩体力学的观点来看，岩体边坡的破坏不外乎剪切（即滑动破坏）和拉断两种形式。大量的野外调查资料及理论研究表明，除少数情况外，绝大部分岩体边坡的破坏均为滑动破坏。由于研究滑动破坏问题的关键在于研究滑动面的形态、性质及其受力平衡关系。同时，滑动面的形态及其组合特征不同，决定着要采用的具体分析方法的不同。因此、岩体边被破坏类型的划分，应当以滑动面的形态、数目、组合特征及边坡破坏的力学机理为依据。根据这些特征并参照霍克的分类方法，也可将岩体边坡破坏划分为平面滑动、楔形状滑动、圆弧形滑动及倾倒破坏四类，其中平面滑动又根据滑动面的数目划分出单平面滑动、双平面滑动与多平面滑动等几类，各类边坡破坏的主要特征如表20-4-2所示。前三类以剪切破坏为主，常表现为滑坡形式；第四类为拉断破坏，常以崩塌形式出现。

岩质边坡的破坏类型

表 20-4-2

类　型	亚　类	示　意　图	主　要　特　征
平面滑动	单平面滑动		一个滑动面，常见于倾斜层状岩体边坡中
			一个滑动面和一个接近铅直的张裂缝，常见于倾斜层状岩体边坡中
	同向双平面滑动		两个倾向相同的滑动面，下面一个为主滑动
	多平面滑动		三个或三个以上滑动面，常可分为两组，其中一组为主滑动面
楔形状滑动			两个倾向相反的滑动面，其交线倾向与坡向相同，倾角小于坡角且大于滑动面的摩擦角，常见于坚硬块状岩体边坡中

（中间跨列特征）滑动面倾向与边坡面基本一致，并存在走向与边坡垂直或接近垂直的切割面，滑动面的倾角小于边坡角且大于其摩擦角

类　型	亚　类	示　意　图	主　要　特　征
圆弧形滑动			滑动面近似圆弧形，常见于强烈破碎、剧风化岩体或软弱岩体边坡中
倾倒破坏			岩体被结构面切割成一系列倾向与坡向相反的陡立柱状或板状体，当为软岩时，岩柱向坡面产生弯曲；为硬岩时，岩柱被横向结构面切割成岩块，并向坡面翻倒

平面滑动是一部分岩体在重力作用下沿着某一软弱面（层面、断层、裂隙）的滑动，见图 20-4-12a），滑动面的倾角必大于该平面的内摩擦角。滑体平面滑动时不仅克服了底部的阻力，而且也克服了两侧的阻力。在软岩中（例如页岩），如果底部倾角远大于内摩擦角，则岩石本身的破坏即可解除侧边约束，从而产生平面滑动。而在硬岩中，如果不连续面横切坡顶，边坡上岩石两侧分离，则也能发生平面滑动。楔形滑动是岩体沿两组（或两组以上）软弱面滑动的现象，见图 20-4-12b）。在挖方工程中，如果两个不连续面的交线出露，则楔形岩体失去下部支撑作用而产生滑动。法国马尔帕塞坝的崩溃（1959 年）就是岩基楔形滑动的结果。圆弧滑动的滑动面通常呈弧形状，见图 20-4-12c），这种滑动一般产生于非成层的均质岩体中。按照滑动面形状对滑坡进行分类便于采用极限平衡方法对边坡进行稳定性分析。

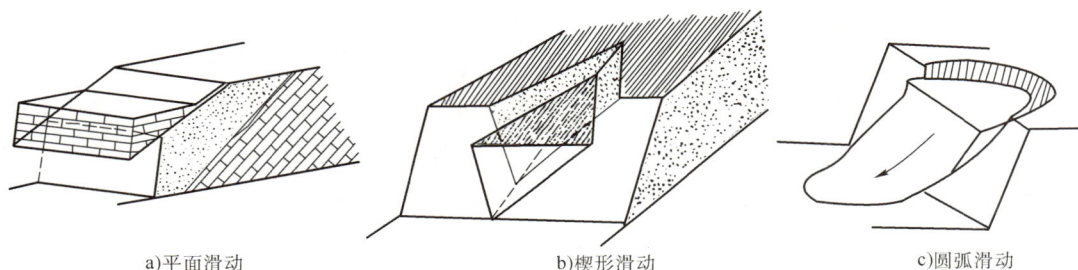

a)平面滑动　　　　　　　　b)楔形滑动　　　　　　　　c)圆弧滑动

图 20-4-12　岩石边坡滑坡类型示意图

岩坡的滑动过程有长有短，有快有慢，一般可分为三个阶段。初期是蠕动变形阶段，这一阶段中坡面和坡顶出现拉张裂缝并逐渐加长和加宽，滑坡前缘有时出现挤出现象，地下水位发生变化，有时会发出响声。第二阶段是滑动破坏阶段，此时滑坡后缘迅速下陷，岩体以极大的速度向下滑动，此一阶段往往造成极大的危害。最后是逐渐稳定阶段，这一阶段中，疏松的滑体逐渐压密，滑体上的草木逐渐生长，地下水渗出由浑变清等。

【例 20-4-2】对岩石边坡，从岩层面与坡面的关系上，下列哪种边坡形式最易滑动：

　　A. 顺向边坡，且坡面陡于岩层面

　　B. 顺向边坡，且岩层面陡于坡面

　　C. 反向边坡，且坡面较陡

　　D. 斜交边坡，且岩层较陡

　　解　此题考查的是层状岩质边坡破坏的条件，此类边坡破坏的主要类型有顺倾边坡的平面滑动破坏和反倾边坡的倾倒破坏。前者必须满足边坡的倾角大于岩层倾角的条件，后者则发生在岩层较陡的反倾岩质边坡中。此题中除了选项 A 外，其余三个选项均不是层状岩质边坡的破坏条件。

　　答案：A

五、影响边坡稳定性的工程地质因素

边坡变形的发生发展是极其错综复杂的，影响因素也很多。概括起来可以分为两个方面：

内在因素。包括地貌条件、岩石性质，岩体结构与地质构造等。这些因素的变化是十分缓慢的，它们决定边坡变形的形式和规模，对边坡的稳定性起着控制作用，是边坡变形的先决条件。

外在因素。包括水文地质条件，风化作用，水的作用、地震及人为因素等。这些因素的变化是很快的，但它只有通过内在因素，才能对边坡稳定性起着破坏作用，或者促进边坡变形的发生和发展。

边坡变形，实质上是内在和外在的各种因素综合作用的结果。因此，在分析边坡稳定时，应在研究各种单一因素的基础上，找出它们彼此间的内在联系，才能对边坡的稳定性做出比较正确的评价。

（一）地貌条件

地貌是由于地球内、外营力作用而形成的地表起伏形态。地貌条件决定了边坡形态，对边坡稳定性有直接影响。边坡的形态系指边坡的高度、坡角、剖面形态、平面形态以及边坡的临空条件等。对于均质岩坡，其坡度越陡，坡高越大则稳定性越差。对边坡的临空条件来讲，工程地质条件相类似的情况下，平面呈凹形的边坡较呈凸形的边坡稳定。此外，在边坡倾向与缓倾角结构面倾向一致的同向结构类型地段，边坡稳定性与边坡坡度关系不甚密切，而主要取决于边坡高度。

（二）岩石的性质

岩石性质的差异是影响边坡稳定的基本因素，就边坡的变形破坏特征而论，不同的地层岩组有其常见的变形破坏形式。例如，有些地层岩组中滑坡特别发育，这是与该地层岩石的矿物成分、亲水特性及抗风化能力等有关，如第三系红色页岩、泥岩、裂隙黏土；二叠系煤系岩组，以及古老的泥质变质岩系（千枚岩、片岩等）都是易滑地层岩组。其次，岩组特征对边坡的变形破坏有着直接影响，坚硬完整的块状或厚层状岩组，易形成高达数百米的陡立边坡，而在软弱地层的岩石中形成的边坡在坡高一定时，其坡度较缓。由某些岩石组成的边坡在干燥或天然状态下是稳定的，但一经水浸，岩石强度将大为减小，边坡出现失稳等，充分说明岩石对边坡的变形破坏有直接影响。

（三）岩体结构与地质构造

岩体结构类型、结构面性状及其与坡面的关系是岩质边坡稳定的控制因素。

结构面的倾角和倾向。含有缓倾斜结构面或由缓倾斜岩层组成的反倾边坡的稳定性较好，当反倾边坡中的结构面（或岩层的）倾角较大时，边坡的稳定性较差。含有缓倾斜结构面或由缓倾斜岩层组成的顺倾边坡的稳定性较差，当顺倾边坡中的结构面（或岩层）的倾角大于边坡的倾角时，边坡的稳定性较好。

结构面的走向。结构面走向与坡面走向之间的关系，决定了失稳边坡岩体运动的临空程度，当倾向不利的结构面走向和坡面平行时，整个坡面都具有临空自由滑动的条件，因此，对边坡的稳定性最为不利。

结构面的组数和数量。边坡受多组结构面切割时，切割面、临空面和滑动面较多，整个边坡变形破坏的自由度就大，组成滑动块体的机会也较大；结构面较多时，为地下水活动提供了较多的通道，显然地下水的出现，降低了结构面的抗剪强度，对边坡稳定不利。另外，结构面的数量影响到被切割岩块的大小和岩体的破碎程度，它不仅影响边坡的稳定性，而且影响到边坡的变形破坏的形式。

对边坡稳定性有影响的岩体结构还包括结构面的连续性、粗糙程度及结构面胶结情况、充填物性质和厚度等方面。

地质构造是影响岩质边坡稳定性影响的重要因素，它包括区域构造特点、边坡地段的褶皱形态、岩层产状、断层与节理裂隙的发育程度及分布规律、区域新构造运动等。在区域构造较复杂、褶皱较强烈、新构造运动较活跃区域，边坡的稳定性较差。边坡地段的褶皱形态、岩层产状、断层及节理等本身就是

软弱结构面，经常构成滑动面或滑坡周界，直接控制边坡变形破坏的形式和规模。对地质构造进行分析研究，是定性和定量分析评价边坡稳定性的基础。

（四）风化作用

风化作用，是各类岩石长期暴露地表，受到水文、气象变化的影响，发生的物理和化学作用。风化作用出现各种不良现象，如产生次生矿物，节理张开或裂隙扩大，并出现新的风化裂隙，岩体结构破坏，物理力学性质降低等。显然，风化作用边坡的稳定性大大降低，并对边坡变形的发生和发展起着促进作用。实际资料说明，岩石风化越深，边坡的稳定性越差，稳定坡角越小。

岩石的风化速度、深度和厚度应取决于一系列的因素，如岩石的性质，断裂的发育程度，水文地质动态，水文、气象，地形地貌及现代物理地质作用等。在同一地区由于岩石性质不同，风化程度也不同。如黏土质页岩比硬砂岩易风化，风化较深，风化层的厚度也较大，边坡角较小，根据某些地区自然边坡实际调查资料，黏土质岩组成的边坡坡角均缓于36°，而砂岩边坡则较陡。

断裂发育的破碎岩石带比裂隙少的岩石风化较深，风化厚度也较大，在几组断裂面交会处常形成袋状深化风化带，有些断裂面成为边坡变形的控制面。

具有周期性干湿变化地区（如水库水位变动区，地下水位季节变动带）的岩石易于风化，风化速度较快，边坡稳定性较差，而无干湿变化影响地区的岩石，风化速度较慢，边坡稳定性高，位于冲沟、河谷的岸坡，由于剥蚀冲刷作用强烈，风化层较薄，边坡坡角较陡，有的可达45°~50°以上边坡仍然稳定，而越接近山顶，风化层的厚度越大，边坡坡度也较缓，常见为15°~20°之间。以上说明风化作用对边坡稳定是不利的。

在这里必须指出，由于岩石性质、组织结构和完整性不一，以及各处风化因素的不同，风化带的厚度和分布状况都有极大的差别。同时，风化作用的强度随着岩石的埋深增大逐渐减弱的。所以，每一带之间并不见明显的分界线，而是具有过渡性的渐变特征。

此外，自然界的风化作用，总是在不停止地进行着，岩石性质和边坡的稳定性也在不断恶化，在研究风化作用对边坡稳定性的影响时，必须考虑这些特点和它们的发展趋势。

（五）水的作用

水对边坡稳定性有显著影响。它的影响是多方面的，包括软化作用、冲刷作用、静水压力和动水压力作用，还有浮托力作用等。

1. 水的软化作用

水的软化作用系指由于水的活动使岩土体强度降低的作用。对岩质边坡来说，当岩体或其中的软弱夹层亲水性较强，有易溶于水的矿物存在时，浸水后岩石和岩体结构遭到破坏，发生崩解泥化现象，使抗剪强度降低，影响边坡的稳定。对于土质边坡来说，遇水后软化现象更加明显，尤其是黏性土和黄土边坡。

2. 水的冲刷作用

河谷岸坡因水流冲刷而使边坡变高、变陡，不利于边坡的稳定。冲刷还可使坡脚和滑动面临空，易导致滑动。水流冲刷也常是岸坡崩塌的原因。此外，大坝下游在高速水流冲刷下形成冲刷坑，其发展的结果会使冲坑边坡不断崩落，以致危及大坝的安全。

3. 静水压力

作用于边坡上的静水压力主要有三种不同的情况：其一是当边坡被水淹没时作用在坡面上的静水压力；其二是岩质边坡张拉裂隙充水时的静水压力；其三是作用于滑体底部滑动面（或软弱结构面）上

的静水压力。

当边坡被水淹没，而边坡的表部相对不透水时，坡面上就承受一定的静水压力。由于该静水压力指向坡面且与其正交，所以对边坡稳定有利。在水库蓄水的条件下对库岸稳定性计算时应计入此静水压力。

岩质边坡中的张拉裂隙（或陡倾节理），如果因降雨或地下水活动使裂隙充水，则裂隙将承受静水压力的作用（见图 20-4-13）。该裂隙静水压力为（取单位宽度坡体）

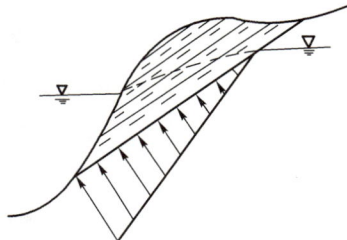

$$\rho_{\mathrm{w}} = \frac{1}{2}HL \cdot \rho_{\mathrm{w}} \cdot g \tag{20-4-1}$$

式中：H ——裂隙水的水头高；

L ——充水裂隙的长度；

ρ_{w} ——水的密度；

g ——重力加速度。

这一静水压力对边坡稳定是不利的，由于它的作用使边坡受到一个向着临空面的侧向推力，易发生失稳，雨季时一些边坡产生崩塌或滑坡，往往与裂隙静水压力的作用有关。

如果边坡上部为相对不透水的岩土体，则当河面水位上涨或水库蓄水时，地下水位上升，边坡内不透水岩土底面将受到静水压力作用，削减该结构面上的有效应力，从而降低了抗滑力，不利于边坡的稳定（见图 20-4-14）。显然，地下水位越高，则对边坡稳定越不利。当河水位或水库水位迅速消落时，由于地下水的滞后效应，结构面上存在较大的静水压力，易造成岸坡破坏。

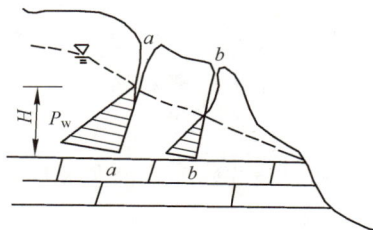

图 20-4-13　张裂隙中的静水压力　　　　图 20-4-14　静水压力削减结构面上的有效应力

4. 动水压力

如果边坡岩土体是透水的，地下水在其中渗流时由于水力梯度作用，就会对边坡产生动水压力。其方向与渗流方向一致，指向临空面，因而对边坡稳定是不利的。在河谷地带当洪水过后河水位迅速下降时，岸坡内可产生较大的动水压力，往往使之失稳。同样，当水库水位急剧下降时，库岸也会由于很大的动水压力而致失稳。

此外，地下水的潜蚀作用，会削弱甚至破坏土体的结构联结，对边坡稳定性也是有影响的。

5. 浮托力

处于水下的透水边坡，将承受浮托力的作用，使坡体的有效重量减轻，对边坡稳定不利。一些由松散堆积物组成库岸的水库，当蓄水时岸坡发生变形破坏，原因之一就是浮托力的作用。

【例 20-4-3】排水是提高岩石边坡稳定性的一个重要措施，主要表现在：

　　A. 渗漏量增大　　　　　　　　　　B. 水荷载减小

　　C. 应力方向改变　　　　　　　　　D. 总应力减小

解　边坡排水能够减小边坡岩土体中的孔隙水压力、滑面和张裂缝中的静水压力等，其中，孔隙水压力的减小可以提高边坡岩土体或滑面上的法向有效应力，从而提高边坡岩土体或滑面的抗剪强度；张裂缝中的地下水产生的静水压力会增大边坡的下滑力，因此，排水相当于减小了水荷载。

答案： B

（六）地震

地震对边坡稳定性的影响较大。强烈地震时由于水平力的作用，常引起山崩、滑坡等边坡破坏现象，国内外都有此大量实例。地震对边坡稳定性的影响，是因为水平地震力使法向压力削减和下滑力增强，促使边坡易于滑动（见图20-4-15）。此外，强烈的振动，使地震带附近岩土体结构松动，也给边坡稳定带来潜在威胁。

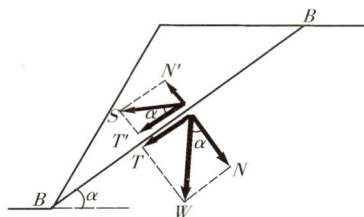

图 20-4-15　水平地震力S对边坡稳定性的影响

（七）人为因素

岩质边坡变形，除各种自然地质因素外，人为因素的影响也是比较显著的。

1. 爆破作用

爆破作用对岩质边坡稳定的影响与地震作用相类似，只是影响深度较小，范围不大。如果工程开挖，均采用洞室爆破（装药量为 500~1 400kg），爆破后，即在边坡上产生许多弧形裂缝，宽度约 1~50mm，并不断发展扩大，在爆破后 30min 左右，先后发生多处崩塌和滑坡。如福建某工程开挖明渠一次装药量为 4 500kg，爆破后发生了滑坡，这些实例均说明爆破对边坡稳定起着直接破坏作用。

2. 人工削坡

岩质边坡变形，多数是由于开挖没有考虑岩体结构的特点，或者切断了控制边坡稳定的主要结构面，形成滑动临空面，使边坡岩体失去支撑而发生变形的，多见于基坑、厂房隧洞进出口、路堑及渠道边坡的开挖。

3. 施工方法

在生产中，常常由于施工程序安排不当，排水不良，或者开挖没有考虑岩体结构特点等不适当的施工方法引起边坡破坏，如福建某工程由于施工方法不当，即在坡顶开挖进度慢，坡脚开挖进度快，形成倒坡；又在坡顶采用了所谓"水力冲挖"法，结果水流沿裂隙下渗，降低了夹泥层的抗剪强度，最终发生滑坡。

4. 工程作用

因修建了工程，破坏了自然稳定边坡的平衡状态或未考虑水文地质条件等自然因素而引起边坡破坏的实例不胜枚举。如水库蓄水后，地下水位壅高，或者原有边坡岩体内存在有不利于稳定的结构面和夹层时，由于水的作用，抗滑力将很快降低，最易发生边坡变形。

综上所述，影响边坡变形的因素是多种多样的。因此，对各处边坡的稳定性，必须做具体分析。同时应该指出，目前对某些因素如震动作用、水的作用等，只对一般现象有所了解，至于对边坡的危害程度、变化规律及其发展趋势等，尚难作出定量评价，还有待今后在生产实践中有所研究提高和论证。

【例 20-4-4】 在高应力条件下的岩石边坡开挖，最容易出现的破坏现象是：

　　A. 岩层弯曲　　　　B. 岩层错动　　　　C. 岩层倾倒　　　　D. 岩层断裂

解　岩石边坡开挖时常出现的破坏形式有顺层滑动破坏、楔形滑动破坏、倾倒破坏、圆弧滑动破坏。在高应力条件下，岩石容易发生变形和断裂，岩层弯曲指岩层倾角与坡面倾角相同的边坡开挖后坡面最前面岩层下滑弯曲的现象。因此，本题问的是破坏现象，高应力条件下的开挖破坏只有岩层断裂可选。

答案： D

六、边坡稳定性评价方法

在进行岩坡稳定性分析时，首先应当查明岩坡可能发生的滑动类型，然后对不同类型采用相应的分析方法。严格地说，岩坡滑动大多属空间滑动问题，但对只有一个平面构成的滑裂面或者滑裂面由多个平面组成而这些面的走向又大致平行者，且沿走向长度大于坡高时，则也可按平面滑动进行分析，其结果偏于安全方面。在平面分析中，常常把滑动面简化为圆弧、平面和折面，把岩体看作为刚体，按莫尔-库仑强度准则，对指定的滑动面进行稳定验算。

边坡稳定性分析是确定边坡是否处于稳定状态，是否需要进行加固与治理，防止其发生破坏的重要决策依据。

岩质边坡发生破坏是一种复杂的地质灾害过程，由于边坡内部结构的复杂性和组成岩石物质成分的不同，造成边坡破坏具有不同破坏模式。对于不同的破坏模式就存在不同的滑动面，因此应采用不同的分析方法和计算公式来分析其稳定状态。目前用于岩质边坡稳定性分析的方法大体上可分为定性分析方法和定量分析方法两大类。定性分析方法包括工程类比法和图解法（赤平极射投影法、实体比例投影法、摩擦圆法等），定量分析方法主要有极限平衡法、极限分析法（有限元法、离散元法等）及可靠度分析方法（蒙特卡洛法和随机有限元法等），其中极限平衡法是最简单、实用且应用最普遍的方法。

极限平衡法是只考虑滑动面上的极限平衡状态，而不考虑岩体的变形，即视岩体为刚体，根据滑体或滑体分块的力学平衡原理（即静力平衡原理）分析边坡各种破坏模式下的受力状态，以及用边坡滑体上的抗滑力和下滑力之间的关系来评价边坡的稳定性。极限平衡法又可细分成很多方法，目前常用的主要有 Fellenius 法（1936）、Bishop 法（1955）、Janbu 法（1954，1973）、Sarma 法（1979）、楔形体法、平面破坏计算法、传递系数法等。实际应用时，主要根据边坡的破坏类型选择相应的方法。

所有的极限平衡方法都有以下两个前提。

（1）滑动面上岩体的抗剪强度符合库仑准则，即

$$\tau = c + \sigma \tan \varphi \tag{20-4-2}$$

或

$$\tau = c' + (\sigma - u) \tan \varphi' \tag{20-4-3}$$

式中：c、c'——分别为滑动面的黏结力和有效黏结力；

$\quad$ φ、φ'——滑动面上的摩擦角和有效摩擦角；

$\quad$ σ、τ——作用于滑动面上的法向应力和剪应力；

$\quad$ u——滑动面孔隙水压。

（2）安全系数（或稳定系数）F_s 的定义为沿最危险滑动面作用的最大抗滑力（或力矩）与下滑力（或力矩）的比值。即

$$F_s = \frac{\text{抗滑力(或抗滑力矩)}}{\text{下滑力(或滑动力矩)}} \tag{20-4-4}$$

如果 $F_s > 1$，则沿着这个计算滑动面是稳定的；如果 $F_s < 1$，则是不稳定的；如果 $F_s = 1$，则说明这个计算滑动面处于极限平衡状态。

极限平衡法表面上看来是一种严格的定量评价方法，但是由于做了一些简化和假设，边界条件的确定和计算参数的取得还存在不少问题，因此，在实际工作中，常根据边坡的重要性及具体情况，用一个大于 1 的安全系数来保证计算的安全度。一般规定 $F_s = 1.1 \sim 1.5$，即要求计算所得斜坡或边坡的稳定安

全系数大于这个数字才是安全稳定的，否则边坡将是不安全的。

岩质边坡的稳定性，一般取决于软弱结构面的特点及其组合关系。进行稳定性分析应先确定可能的滑动面，即岩体中存在的软弱结构面。结构面越多，稳定性分析时就越困难。下面分别介绍几种分析方法。

（一）圆弧法岩坡稳定分析

对于均质的以及没有断裂面的岩坡，在一定的条件下可看作平面问题，用圆弧法进行稳定分析。圆弧法是最简单的分析方法之一。

在用圆弧法进行分析时，首先假定滑动面为一圆弧（见图 20-4-16），把滑动岩体看作为刚体，求滑动面上的滑动力及抗滑力，再求这两个力对滑动圆心的力矩。抗滑力矩 M_R 与滑动力矩 M_S 之比，即为该岩坡的稳定安全系数 F_s。

由于假定计算滑动面上的各点覆盖岩石重量各不相同，因此，由岩石重量引起在滑动面上各点的法向压力也不同。抗滑力中的摩擦力与法向应力的大小有关，所以应当计算出假定滑动面上各点的法向应力。为此可以把滑弧内的岩石均分为条形，用所谓条分法进行分析。

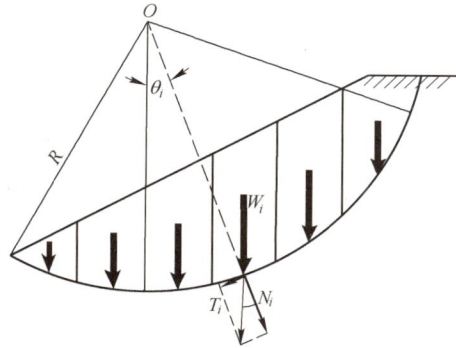

图 20-4-16　圆弧法岩坡稳定分析

如图 20-4-16 所示，把滑体分为 n 条，其中第 i 条传给滑动面上的重量为 W_i，它可以分解为两个力：一是垂直于圆弧的法向力 N_i，另一个是平行于圆弧的切向力 T_i，即为下滑力。由图可知

$$N_i = W_i \cos\theta_i \; ; \; T_i = W_i \sin\theta_i \tag{20-4-5}$$

N_i 通过圆心，其本身对岩坡滑动不起作用。但是它可使岩条滑动面上产生摩擦力 $N_i \tan\varphi_i$（φ_i 为该弧所在的岩体的内摩擦角），其作用方向与岩体滑动方向相反，故对岩坡起着抗滑作用。

此外，滑动面上的黏聚力 c 也是其抗滑作用的，所以，第 i 条岩条滑弧上的抗滑力为

$$R_i = c_i l_i + N_i \tan\varphi_i$$

因此，第 i 条产生的抗滑力矩为

$$(M_R)_i = (c_i l_i + N_i \tan\varphi_i)R \tag{20-4-6}$$

式中：　c_i ——第 i 条滑弧所在岩层的黏聚力；

　　　　φ_i ——第 i 条滑弧所在岩层的内摩擦角；

　　　　l_i ——第 i 条岩条的滑弧长度。

同样，对每一条岩条进行类似分析，可以得到总的抗滑力矩为

$$M_R = \left(\sum_{i=1}^{n} c_i l_i + \sum_{i=1}^{n} N_i \tan\varphi_i \right) R \tag{20-4-7}$$

而滑动面上总的下滑力矩为

$$M_S = \sum_{i=1}^{n} T_i R \tag{20-4-8}$$

将式（20-4-7）及式（20-4-8）代入安全系数式（20-4-4），得到假定滑动面上的安全系数为

$$F_s = \frac{\sum_{i=1}^{n} c_i l_i + \sum_{i=1}^{n} N_i \tan\varphi_i}{\sum_{i=1}^{n} T_i} \tag{20-4-9}$$

由于圆心和滑动面是任意假定的，因此要假定多个圆心和相应的滑动面作类似的分析、试算，从中

找到最小的安全系数，即为所求的安全系数，其对应的圆心和滑动面即为最危险的圆心和滑动面。

根据圆弧法的大量计算结果，有人已经绘制了如图 20-4-17 所示的曲线，该曲线表示当一定的任何物理力学性质时坡高与坡脚的关系。在图上，横轴表示坡角 α，纵轴表示坡高系数 H'，H_{90} 表示均质垂直岩坡的极限高度，用下式计算

$$H_{90} = \frac{2c}{\gamma} \tan\left(45° + \frac{\varphi}{2}\right) \tag{20-4-10}$$

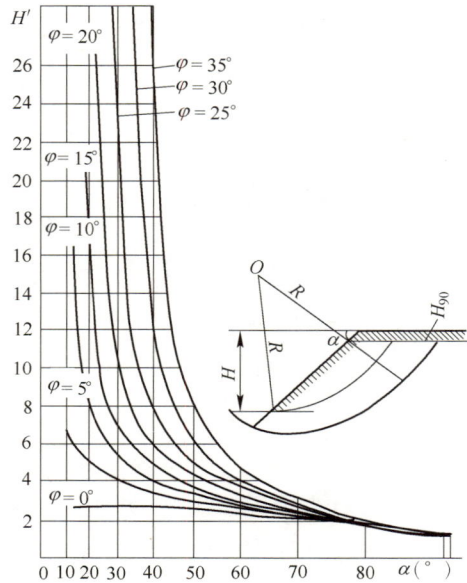

图 20-4-17　对于各种不同计算指标值的均质岩坡高度与坡角的关系曲线

利用这些曲线可以很快地决定坡高与坡脚，其计算步骤如下：

（1）根据岩体的性质指标 (c, φ, γ) 按式（20-4-10）确定 H_{90}。

（2）如果已知坡角，需要求坡高，则在横轴上找到已知坡角值的那点，自该点向上作一垂直线，相交于对应已知内摩擦角的曲线，得一交点，然后从这点作一水平线交于纵轴，求得 H'，将 H' 乘以 H_{90}，即得所要求的坡高 H

$$H = H' \cdot H_{90} \tag{20-4-11}$$

（3）如果已知坡高 H 需要确定坡角，则首先用下式确定 H'

$$H' = \frac{H}{H_{90}} \tag{20-4-12}$$

根据这个 H'，从纵轴上找到相应点，通过该点作一水平线相交于对应已知 φ 的曲线，得一交点，然后从该点作向下的垂直线交于横轴，求得坡角。

应该指出，在边坡上部经常出现张拉裂隙，滑体只能从坡角算到张拉裂隙处为止。

渗透压力对边坡的影响很重要，通过水文地质勘察，确定边坡内地下水位和流网（见图 20-4-18），根据地下水位和流网的等势位线，就能确定静水压力 u 和动水压力 D，根据 u 就可确定有效压力 N_i'，这时 $N_i' = N_i - u l_i$，所以式（20-4-13）应改写为

$$F_s = \frac{\sum\limits_{i=1}^{n} c_i l_i + \sum\limits_{i=1}^{n} N_i' \tan\varphi_i}{\sum\limits_{i=1}^{n} T_i'} \tag{20-4-13}$$

式中：T_i' ——第 i 条块重量及渗透压力的平面滑面的分量之和。

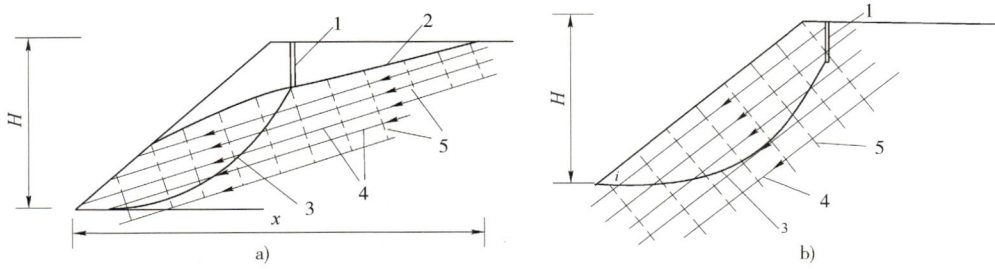

图 20-4-18 圆弧破坏的边坡内地下水流网图

1-张拉断裂；2-潜水面；3-滑面；4-假定流线；5-假定等势位线

（二）平面滑动岩坡稳定分析

1. 平面滑动的一般条件

岩坡沿着单一的平面发生滑动，一般必须满足下列 4 个几何条件（见图 20-4-19）。

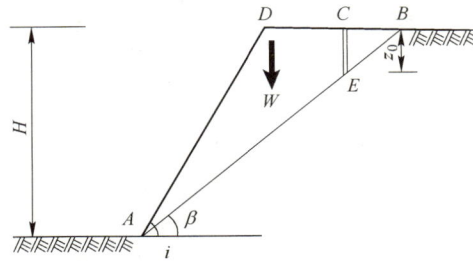

图 20-4-19 平面破坏的岩坡

（1）滑动面的走向必须与坡面平行或接近平行（约在±20°的范围内）；

（2）滑动面必须在边坡面露出，即滑动面的倾角β必须小于坡面的倾角i，即$\beta < i$；

（3）滑动面的倾角β必须大于该面的摩擦角φ，即$\beta > \varphi$；

（4）岩体中必须存在对于滑动阻力很小的分离面，以定出滑动的侧面边界。

2. 滑体沿单个滑面滑动时的稳定分析

如图 20-4-20 所示，岩坡坡顶水平，坡角为i，坡内具有倾角为β的软弱面AB，它造成岩坡的破坏面。楔体ABD沿此AB面剪切而下滑。

设岩体的容重为γ，则楔体ABD的重力W为

$$W = \frac{\gamma H^2}{2} \cdot \frac{\sin(i - \beta)}{\sin i \sin \beta} \qquad (20-4-14)$$

当滑面AB上具有黏结力c和内摩擦角φ时，沿AB方向的楔体ABD极限平衡为

$$\frac{cH}{\sin \beta} + W \cos \beta \tan \varphi - W \sin \beta = 0$$

将式（20-4-14）代入上式，得边坡高度为

$$H = \frac{2c}{\gamma} \cdot \frac{\sin i \cos \varphi}{\sin(i - \beta) \sin(\beta - \varphi)} \qquad (20-4-15)$$

该边坡的安全系数F_s为总抗滑力与总下滑力之比

$$F_s = \frac{\dfrac{cH}{\sin \beta} + W \cos \beta \tan \varphi}{W \sin \beta} \qquad (20-4-16)$$

在实际的观测中，顺层滑动的滑体一般都不是ABD楔体，而是$AECD$楔体。EBC楔体则仍保留在原处不动。这说明了当滑面上楔体滑动时，靠近滑体的后部产生张拉应力，使滑体后缘产生许多张拉裂缝

如CE。滑动时，将楔体ABD拉断，使CEB保留在原地。

从理论上推得，张拉裂缝的极限深度为

$$z_0 = \frac{2c}{\gamma} \tan\left(45° + \frac{\varphi}{2}\right) \tag{20-4-17}$$

当在岩坡上还附加有其他的作用力，如静水压力、动水压力、地震动力、附加荷载等，则岩坡分析更为复杂。这时，要相应地将此等附加力考虑进楔体的力系平衡中（见图 20-4-20）。在这种力学平衡计算之前，先做如下假设：

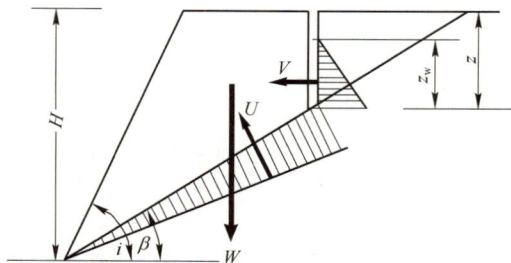

图 20-4-20　边坡上部具有张拉断裂的边坡计算图

（1）滑动面及张拉裂缝的走向平行于坡面走向。

（2）张拉裂缝垂直，其中充水深度为z_{w}。

（3）水沿张拉裂缝底进入滑动面渗漏，特别是在大气压力下进行渗透。这里，滑面在边坡内显示出水压力，张拉裂缝底与坡趾间的长度内水压力按线性变化至零（三角形分布），如图 20-4-20 所示。

（4）滑动块体重力W、滑动面上水压力U和张拉裂缝中水压力V三个均通过滑体的重心，换言之，假定没有使岩块转动的力矩，破坏只是由于滑动。一般而言，忽视力矩造成的误差可以忽略不计，但对于具有陡倾斜不连续面的陡边坡要考虑可能产生倾倒破坏。

（5）滑动面的抗剪强度符合库仑准则。

潜在滑动面上的安全系数，可按极限平衡条件求得。这时，安全系数等于总抗滑力与总下滑力之比，即

$$F_{\mathrm{s}} = \frac{cA + (W\cos\beta - U - V\sin\beta)\tan\varphi}{W\sin\beta + V\cos\beta} \tag{20-4-18}$$

其中

$$A = (H - z)\csc\beta$$

$$U = \frac{1}{2}\gamma_{\mathrm{w}}z_{\mathrm{w}}(H - z)\csc\beta$$

$$V = \frac{1}{2}\gamma_{\mathrm{w}}z_{\mathrm{w}}^2$$

对于上部边坡表面中的张拉断裂，有

$$W = \frac{1}{2}\gamma H^2\left\{\left[1 - \left(\frac{z}{H}\right)^2\right]\cot\beta - \cot i\right\} \tag{20-4-19}$$

当边坡的几何形状和张拉断裂中的水深为已知时，安全系数的计算是一简单的事情。可是，有时需要把一系列边坡几何形状、水的深度和不同抗剪强度的影响加以考虑，则上式的解法可能变得十分复杂。为了简化计算，方程式可以重新整理成下列无因次的形式

$$F_{\mathrm{s}} = \frac{\left(\frac{2c}{\gamma H}\right)P + [Q\cot\beta - R(P + S)]\tan\beta}{Q + RS\cot\beta} \tag{20-4-20}$$

其中

$$P = \left(1 - \frac{z}{H}\right)\csc\beta$$

$$Q = \left\{\left[1 - \left(\frac{z}{H}\right)^2\right]\cot\beta - \cot i\right\}\sin\beta$$

$$R = \frac{\gamma_w}{\gamma}\frac{z_w}{z}\frac{z}{H}$$

$$S = \frac{z_w}{z}\frac{z}{H}\sin\beta$$

P、Q、R和S皆是无因次的量，这意味着它们取决于几何形状，而不取决于边坡的大小。因此，在黏聚力$c = 0$的情况下，安全系数F_s不取决于边坡的大小。

【例20-4-5】已知岩石重度γ、滑面黏聚力c、内摩擦角φ，当岩坡按某一平面滑动破坏时，其滑动体后部可能出现的张裂隙的极限深度为：

A. $Z = \frac{2c}{\gamma}\tan\left(45° - \frac{\varphi}{2}\right)$ B. $Z = \frac{2c}{\gamma}\tan\left(45° + \frac{\varphi}{2}\right)$

C. $Z = \frac{c}{\gamma}\tan\left(45° - \frac{\varphi}{2}\right)$ D. $Z = \frac{c}{\gamma}\tan\left(45° + \frac{\varphi}{2}\right)$

解 平面破坏边坡坡顶中垂直张裂缝的极限深度可用下式计算：

$$Z = \frac{2c}{\gamma}\tan\left(45° + \frac{\varphi}{2}\right)$$

答案： B

【例20-4-6】以下岩体结构条件，不利于边坡稳定的情况是：

A. 软弱结构面和坡面倾向相同，软弱结构面倾角小于坡角

B. 软弱结构面和坡面倾向相同，软弱结构面倾角大于坡角

C. 软弱结构面和坡面倾向相反，软弱结构面倾角小于坡角

D. 软弱结构面和坡面倾向相反，软弱结构面倾角大于坡角

解 此题考查的是边坡的平面破坏条件，顺倾边坡的滑动破坏主要取决于边坡倾角、软弱结构面倾角以及结构面的摩擦角三者之间的大小关系，结构面倾角小于边坡倾角是边坡发生平面滑动破坏的基本条件之一。

答案： A

3. 滑体沿多个滑面滑动时的稳定分析

当滑动面由多个结构面组成时，滑动面则成为不规则曲面。采用极限平衡原理，对于这种含有自然界最为普遍的的滑动面的岩质边坡进行稳定性分析是一件十分困难的事情。因此，必须做必要的简化和假设。目前，我国铁路与工民建等专业习惯采用传递系数法，这种方法只在国内比较常用，在国外很少被采用。国外则采用萨尔玛法。

（1）传递系数法

采用这种方法，计算前应知道作用于预应力锚索桩上的土压力或滑坡推力，滑坡推力一般按传递系数法计算。这种方法适用于任意形状的滑面。

传递系数法假定：

①滑坡体不可压缩并作整体下滑，不考虑条块之间的挤压变形；

②条块之间只传递推力不传递拉力，不出现条块之间的拉裂；

③块间作用力（即推力）以集中力表示，它的作用线平行于前一块的滑面方向，作用在分界面的中点；

④顺滑坡主轴取单位长度（一般为 1.0m）宽的岩土体作计算的基本断面，不考虑条块两侧的摩擦力。

由图 20-4-21 可知，取第 i 条块为分离体，将各力分解在该条块滑面的方向上，可得下列方程

$$E_i - W_i \sin \alpha_i - E_{i-1} \cos(\alpha_{i-1} - \alpha_i) + [W_i \cos \alpha_i + E_{i-1} \sin(\alpha_{i-1} - \alpha_i)] \tan \varphi_i + c_i l_i = 0$$

由上式可得第 i 条块的剩余下滑力（即该部分的滑坡推力）E_i，即

$$E_i = W_i \sin \alpha_i - W_i \cos \alpha_i \tan \varphi_i - c_i l_i + \psi_i E_{(i-1)} \qquad (20-4-21)$$

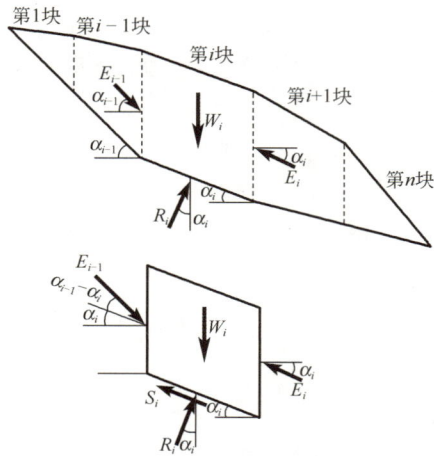

图 20-4-21 传递系数法图示

图 20-4-21 和式（20-4-21）中：

E_i ——第 i 块滑体剩余下滑力；

E_{i-1} ——第 $i-1$ 块滑体剩余下滑力；

W_i ——第 i 块滑体的重力；

R_i ——第 i 块滑体滑床反力；

ψ_i ——传递系数；

$$\psi_i = \cos(\alpha_{i-1} - \alpha_i) - \sin(\alpha_{i-1} - \alpha_i) \tan \varphi_i$$

c_i ——第 i 块滑体滑面上岩土体的黏聚力；

l_i ——第 i 块滑体的滑面长度；

φ_i ——第 i 块滑体滑面上岩土的内摩擦角；

α_i ——第 i 块滑体滑面的倾角；

α_{i-1} ——第 $i-1$ 块滑体滑面的倾角。

计算时从上往下逐块进行。按式（20-4-21）计算得到的推力可以用来判断滑坡体的稳定性。如果最后一块的 E_n 为正值，说明滑坡体是不稳定的；如果计算过程中某一块的 E_i 为负值或为零，则说明本块以上岩土体已能稳定，并且下一条块计算时按无上一条块推力考虑。

实际工程中，计算滑坡体的稳定性还要考虑一定的安全储备，选用的安全系数 F 应大于 1.0。在推力计算中如何考虑安全系数目前认识还不一致，一般采用加大自重下滑力，即 $FW_i \sin \alpha_i$ 来计算推力，从而式（20-4-21）变成

$$E_i = FW_i \sin \alpha_i - W_i \cos \alpha_i \tan \varphi_i - c_i l_i + \psi_i E_{i-1} \qquad (20-4-22)$$

式中，安全系数 F 一般取为 1.05~1.25，计算方法同前。如果最后一块的 E_n 为正值，说明滑坡体在要求的安全系数下是不稳定的；如果 E_n 为负值或为零，说明滑坡体稳定，满足设计要求。另外，如果计算断面中的逆坡，倾角 α_i 为负值，则 $W_i \sin \alpha_i$ 也是负值，因而 $W_i \sin \alpha_i$ 变成了抗滑力。在计算滑坡推力时，$W_i \sin \alpha_i$ 项就不应再乘以安全系数。

（2）Sarma 法

Sarma 法是 Sarma 于 1979 年在《边坡和堤坝稳定性分析》一文中提出的。其基本原理是：边坡破坏的滑体除非是沿一个理想的平面或弧面滑动，才可能做一个完整的刚体运动；否则，滑体必须先破裂成多个可相对滑动的块体，才可能发生滑动。即在滑体内部要发生剪切情况下才可能滑动。Sarma 法具有以下三个特点：

①可根据滑体的地质特征、结构面构造，对滑体进行按节理构造的斜分条及不等距分条，使各分条尽量接近实际风化岩体。

②可以较详尽地模拟侧面节理、断层造成的滑体强度特点。

③滑体滑动时，不仅滑动面上的各种力达到了极限平衡，而且侧面上的各种力也达到了极限平衡。Sarma 法也是采用分条的方式进行分析，图 20-4-22 是第 i 条的受力情况及几何模型。

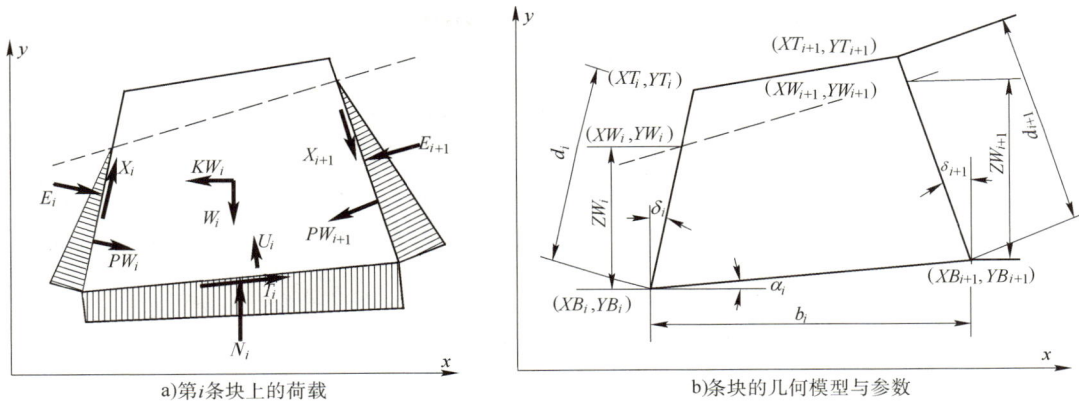

a)第 i 条块上的荷载　　　　b)条块的几何模型与参数

图 20-4-22　Sarma 法计算模型

由图 20-4-22 可知，每个分条上的作用力有：

①W_i：块体重力；

②KW_i：由于地震水平加速度所产生的在滑块中心的水平力；

③PW_i、PW_{i+1}：作用在滑块两个侧面上的水压力；

④E_i、E_{i+1}：作用在滑块两个侧面上的法向力；

⑤X_i、X_{i+1}：作用在滑块两个侧面上的剪切力；

⑥N_i：作用于滑块底面上的法向力；

⑦T_i：作用于滑块底面上的剪切力；

⑧d_i：条块 i 的侧面长度；

⑨b_i：条块 i 底面在水平面上的投影宽度；

⑩α_i：第 i 条块底面与水平面的夹角；

⑪δ_i、δ_{i+1}：分别为第 i 条块两侧面与垂直面的夹角。

块体的坐标及几何尺寸符号均标在图中，在此不再说明。

由图所示并根据各块体的平衡条件可推导整理得到

$$E_{i+1} = a_i - p_i K + E_i e_i \tag{20-4-23}$$

其中

$$a_i = Q_i[R_i \cos\varphi_{bi} + W_i \sin(\varphi_{bi} - \alpha_i) + S_{i+1} \sin(\varphi_{bi} - \delta_{i+1} - \alpha_i) - S_i \sin(\varphi_{bi} - \alpha_i - \delta_i)]$$

$$p_i = Q_i W_i \cos(\varphi_{bi} - \alpha_i)$$

$$e_i = Q_i[\cos(\varphi_{bi} - \alpha_i + \varphi_{si} - \delta_i) \sec\varphi_{si}]$$

$$Q_i = \sec(\varphi_{bi} - \alpha_i + \varphi_{si} - \delta_{i+1}) \cos\varphi_{s(i+1)}$$

$$R_i = (c_{bi} b_i \sec\alpha_i - U \tan\varphi_{bi})/F_s$$

$$S_i = (c_{si} d_i - PW_i \tan\varphi_{si})/F_s$$

$$S_{i+1} = [c_{s(i+1)} d_{i+1} - PW_{i+1} \tan\varphi_{s(i+1)}]/F_s$$

式中：　　　　c_{bi}、φ_{bi} ——分别为第 i 条块底面上的抗剪强度指标；

c_{si}、φ_{si}、$c_{s(i+1)}$、$\varphi_{s(i+1)}$ ——分别为第 i 条块两个侧面上的抗剪强度指标。

$$E_i = a_{i-1} - p_{i-1} K + E_{i-1} e_{i-1} \tag{20-4-24}$$

由此可得

当 $i = 1$ 时 $E_2 = a_1 - p_1 K$

当 $i = 2$ 时 $E_3 = a_2 - p_2 K + E_2 e_2$

......

由边界条件可知：$E_{n+1} = 0$，所以，水平地震加速度 K 可写成

$$K = \frac{a_n + a_{n-1}e_n + a_{n-1}e_{n-1}e_{n-2} + \cdots + a_1 e_{n-1}e_{n-2} + \cdots + e_2}{p_n + p_{n-1}e_n + p_{n-2}e_{n-1}r_{n-2} + \cdots + p_1 e_{n-1}e_{n-2} + \cdots + e_2}$$ (20-4-25)

计算安全系数时，首先假设安全系数 $F_s = 1$，用式（20-4-25）求解 K，此时为极限水平地震加速度 K_c。若 $K \neq 0$，则调整 F_s 值，且每次都令

$$c'_{bi} = c_{bi}/F_s, \quad c'_{si} = c_{si}/F_s, \quad \tan\varphi'_{bi} = (\tan\varphi_{bi})/F_s, \quad \tan\varphi'_{si} = (\tan\varphi_{si})/F_s$$

重新计算式（20-4-25）中各个参数，可得到一个新的 K 值，如此反复迭代计算，直至 K 值为 0，此时的 F_s 值即为无地震力时的边坡安全系数。

Sarma 法的特点是用极限加速度来描述边坡的稳定程度，它可以用于评价各种破坏模式下边坡的稳定性，如平面破坏、楔形体破坏、圆弧形破坏和非圆弧性破坏，而且它的条块分条是任意划分的，无需条块与边界垂直，从而可以对各种特殊的边坡破坏模式进行稳定性分析。但此法计算为迭代方式，因此计算比较复杂。

（三）楔形滑动岩坡稳定分析

前面所讨论的岩坡稳定分析方法，都是适用于走向平行或接近平行坡面的滑动破坏。前已说明，只要滑动破坏面的走向是在坡面走向的 ±20° 范围以内，则用这些分析方法就是有效的。本节讨论另一种滑动破坏，这时沿着发生滑动的结构软弱面的走向都交切于坡顶线，而分离的楔形体沿着两个这样的平面的交线发生错动，即楔形滑动，见图 20-4-23a）。

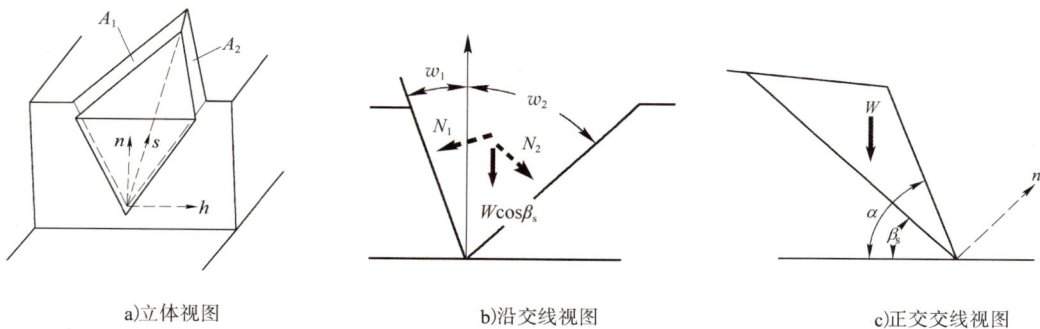

a)立体视图   b)沿交线视图   c)正交交线视图

图 20-4-23 楔形滑动图形

设滑动面 1 和滑动面 2 的内摩擦角分别为 φ_1 和 φ_2，黏聚力分别为 c_1 和 c_2，其倾角分别为 β_1 和 β_2，走向分别为 φ_1 和 φ_2，两滑动面的交线的倾角为 β_s，走向为 ψ_s，交线的法线 n 和滑动面之间的夹角分别为 ω_1 和 ω_2，楔形体重力为 W，W 作用在滑动面上的法向力分别为 N_1 和 N_2。楔形体对滑动的安全系数为

$$F_s = \frac{N_1 \tan\varphi_1 + N_2 \tan\varphi_2 + c_1 A + c_2 A}{W \sin\beta_s}$$ (20-4-26)

其中 N_1 和 N_2 可根据平衡条件求得

$$N_1 \sin\omega_1 + N_2 \sin\omega_2 = W \cos\beta_s$$ (20-4-27)

$$N_1 \cos\omega_1 = N_2 \cos\omega_2$$ (20-4-28)

从而可解得

$$N_1 = \frac{W \cos \beta_s \cos \omega_2}{\sin \omega_1 \cos \omega_2 + \cos \omega_1 \sin \omega_2} \tag{20-4-29}$$

$$N_2 = \frac{W \cos \beta_s \cos \omega_1}{\sin \omega_1 \cos \omega_2 + \cos \omega_1 \sin \omega_2} \tag{20-4-30}$$

其中

$$\sin \omega_i = \sin \beta_i \sin \beta_s \sin(\psi_s - \psi_i) + \cos \beta_i \cos \beta_s \qquad (i = 1,2)$$

如果忽略滑动面上的黏结力 c_1 和 c_2，并设两个面上的内摩擦角相同，都为 φ_j，则安全系数 F_s 为

$$F_s = \frac{(N_1 + N_2) \tan \varphi_j}{W \sin \beta_s} \tag{20-4-31}$$

根据式（20-4-29）和式（20-4-30），并经过简化得

$$N_1 + N_2 = \frac{W \cos \beta_s \cos \dfrac{\omega_2 - \omega_1}{2}}{\sin \dfrac{\omega_1 + \omega_2}{2}} \tag{20-4-32}$$

因而

$$F_s = \frac{\cos \dfrac{\omega_2 - \omega_1}{2} \tan \varphi_j}{\sin \dfrac{\omega_1 + \omega_2}{2} \tan \beta_s} = \frac{\sin \left(90° - \dfrac{\omega_2}{2} + \dfrac{\omega_1}{2}\right) \tan \varphi_j}{\sin \dfrac{\omega_1 + \omega_2}{2} \tan \beta_s} \tag{20-4-33}$$

不难证明，$\omega_1 + \omega_2 = \xi$ 是两个滑动面间的夹角，而 $90° - \omega_2/2 + \omega_1/2 = \theta$ 是滑动面底部水平面与这夹角的交线之间的角度（自底部水平面逆时针转向算起），因而得

$$F_s = \frac{\sin \theta}{\sin \dfrac{\xi}{2}} \left(\frac{\tan \varphi_j}{\tan \beta_s}\right) \tag{20-4-34}$$

或得

$$(F_s)_楔 = K(F_s)_平 \tag{20-4-35}$$

式中：$(F_s)_楔$ ——仅有摩擦力时的楔形体的抗滑安全系数；

$(F_s)_平$ ——坡角为 α、滑动面倾角为 β_s 的平面破坏的安全系数；

K ——楔体系数。

楔体系数取决于楔体的夹角 ξ 以及楔体的歪斜角 θ。图 20-4-24 上绘有对应于一系列 ξ 和 θ 的 K 值，可供使用。

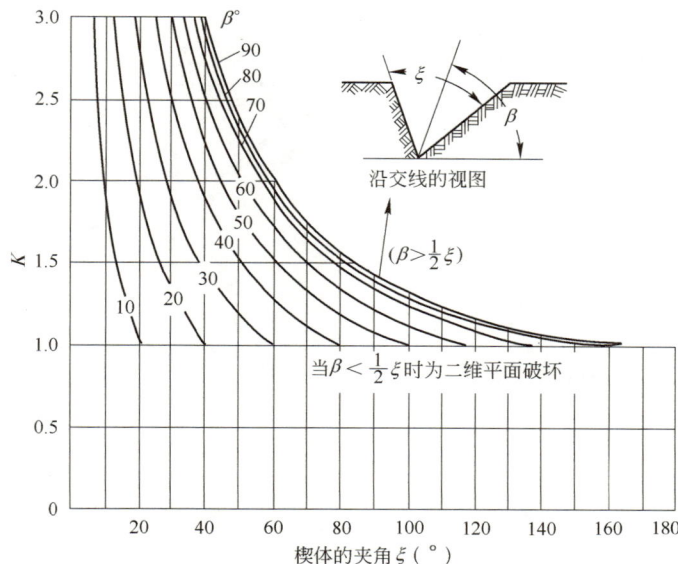

图 20-4-24　楔体系数 K 的曲线

七、岩质边坡的加固与治理

（一）整治原则

岩质边坡之所以失稳，一般认为是由于岩体下滑力增加，或是由于岩体抗滑力降低。因而岩质边坡的加固措施要针对这两方面的实际情形来改善边坡的安全系数。

整治滑坡大体原则上分两种情况：一是针对病因采取的措施，以制止滑动或控制滑坡发展为主；一是针对危害采取的措施，要经受住滑坡的作用或避开危害。两者均须对滑坡变形产生的基本条件、主要原因和变形过程了解清楚，然后才能针对病因采取整治措施。

滑坡整治总的原则是以预防为主，治理为辅，力求做到防患于未然。

（二）整治措施

针对不同情况，边坡变形破坏的防治措施大致可分为以下几类。

1. 支挡工程

支挡工程是改善边坡力学平衡条件，提高边坡抗滑力最常用的措施，主要有挡墙、抗滑桩、锚杆（索）和支撑工程等。

挡墙也叫挡土墙，是目前较普遍使用的一种抗滑工程。它位于滑体的前缘，借助于自身的重量以支挡滑体的下滑力，且与排水措施联合使用。按建筑材料和结构形式不同，有抗滑片石垛、抗滑片石竹笼、浆砌石抗滑挡墙、混凝土或钢筋混凝土抗滑挡墙等。挡墙的特点是结构比较简单，可以就地取材，而且能够较快地起到稳定滑坡的作用。但一定要把挡墙的基础设置于最低滑动面之下的稳固层中，墙体中应预留泄水孔，并与墙后的盲沟连续起来。

抗滑桩是用以支挡滑体的下滑力，使之固定于滑床的桩柱。它的优点是施工安全、方便、省时、省工、省料。且对坡体的扰动少，所以也是国内外广为应用的一种支挡工程。它的材料有木、钢、混凝土及钢筋混凝土等。施工时可灌注，也可锤击贯入。抗滑桩一般集中设置在滑坡的前缘部位，且将桩身全长的1/4～1/3埋置于滑坡面以下的稳固层中（见图20-4-25）。

锚杆（索）是一种防治岩质边坡滑坡和崩塌的有效措施。利用锚杆（索）上所施加的预应力，以提高滑动面上的法向应力，进而提高该面的抗滑力，改善剪应力的分布状况（见图20-4-26）。支撑主要用来防治陡峭边坡顶部的危岩体，防止其崩落。

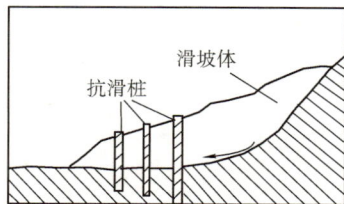

图 20-4-25　抗滑桩的布置

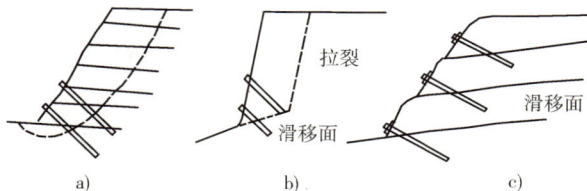

图 20-4-26　锚杆（索）的布置

2. 排水

边坡变形破坏常与水的作用有密切关系，因此要采取措施排除边坡地段的地表水和地下水，以消除或减轻水对边坡的危害作用。

首先要拦截流入被保护边坡区或滑坡地段的地表水流。应在边坡保护区或滑坡区外设置环形截水沟，将水流旁引。该截水沟的迎水面沟壁上应设置泄水孔，以排除部分地下水。在被保护的边坡区或滑坡体内，也应充分利用地形和自然沟谷，布置树枝状排水系统，以阻止地表水冲刷坡面和渗入地下。排水沟应用片石或混凝土铺砌。

排除地下水可使坡体的含水量及其中的孔隙水压力降低，以增强抗滑力和减小下滑力。排水的措施较多，有截水沟、盲沟、水平钻孔、盲洞、集水井等。

排水措施一般是与其他措施配合使用的。

3. 减荷反压

这一方法在滑坡防治中应用较广。减荷的目的在于降低坡体的下滑力，其主要的方法是将滑坡体后缘的岩土体削去一部分或将较陡的边坡减缓。但是单纯的减荷往往不能起到阻滑的作用。最好与反压措施结合起来，即将减荷削下的土石堆于边坡或滑体前缘的阻滑部位，使之既起到降低下滑力，又增加抗滑力的良好效果，这种措施对防治推动式滑坡效果较好。

4. 其他措施

其他措施指护坡、改善岩土性质、防御绕避等措施。

护坡是为了防止水流对边坡的冲刷或冲蚀；也可以防止坡面的风化。为了防止河水冲刷或海、湖、水库水的波浪冲蚀，一般修筑挡水防护工程（如挡水墙、防波堤、砌石及抛石护坡等）和导水工程（如导流堤、丁坝、导水边墙等）。为了防止易风化岩石所组成的边坡表面的风化剥落，可采用喷浆、灰浆抹面和浆砌片石等护坡措施。

改善岩土性质的目的，是为了提高岩土体的抗滑能力，也是防止边坡变形破坏的一种有效措施。常用的有化学灌浆法、电渗排水法等。它们主要用于岩土体性质的改善，也可用于岩体中软弱夹层的加固处理。

【例 20-4-7】对数百米陡倾的岩石高边坡进行工程加固时，下列措施中哪种是经济可行的？

    A. 锚杆和锚索　　　　　　　　　　B. 灌浆和排水

    C. 挡墙和抗滑桩　　　　　　　　　D. 削坡减载

解　解答此题需要了解各类支挡结构或工程措施的适用条件。灌浆的目的在于提高岩体的完整性，不能完全改变边坡的下滑趋势；排水有利于边坡的稳定，但只能作为辅助措施；挡墙和抗滑桩原则上仅适用于高度有限、缓倾斜边坡；对于高边坡而言，全部采用削坡减载成本太高，不经济。因此，高边坡最常用的加固措施应为锚杆和锚索。

答案：A

【例 20-4-8】排水对提高边坡的稳定性具有重要作用，主要是因为：

    A. 增大抗滑力　　　　　　　　　　B. 减小下滑力

    C. 提高岩土体的抗剪强度　　　　　D. 增大抗滑力，减小下滑力

解　排水后滑面上的静水压力消失，法向应力增大，抗滑力提高，同时下滑力减小。另一方面，排水后不仅滑面的抗剪强度提高，而且坡体内部岩土体的强度也会提高，但选项D所述才是最主要的原因。

答案：D

习　　题

20-4-1　岩质边坡的破坏形式可分为（　　　）。

    A. 岩崩和岩滑　　　　　　　　　　B. 平面滑动和圆弧滑动

    C. 圆弧滑动和倾倒破坏　　　　　　D. 倾倒破坏和楔形滑动

20-4-2 平面滑动时滑动面的倾角β与坡面倾角α的关系是 （　　　）。

A. $\beta = \alpha$　　　　　B. $\beta > \alpha$　　　　　C. $\beta < \alpha$　　　　　D. $\beta \geqslant \alpha$

20-4-3 平面滑动时滑动面的倾角β与滑动面的摩擦角φ的关系为 （　　　）。

A. $\beta > \varphi$　　　　　B. $\beta < \varphi$　　　　　C. $\beta \geqslant \varphi$　　　　　D. $\beta = \varphi$

20-4-4 岩石边坡的稳定性主要取决于 （　　　）。

①边坡高度和边坡角；②岩石强度；③岩石类型；④软弱结构面的产状及性质；⑤地下水位的高低和边坡的渗水性能。

A. ①④　　　　　B. ②③　　　　　C. ①②④⑤　　　　　D. ①④⑤

20-4-5 均匀的岩质边坡中，应力分布的特征为 （　　　）。

A. 应力均匀分布　　　　　　　　　　B. 应力向临空面附近集中

C. 应力向坡顶面集中　　　　　　　　D. 应力分布无明显规律

20-4-6 岩质边坡的圆弧滑动破坏，一般发生在 （　　　）。

A. 不均匀岩体　　　　　　　　　　　B. 薄层脆性岩体

C. 厚层泥质岩体　　　　　　　　　　D. 多层异性岩体

20-4-7 岩坡发生岩石崩塌破坏的坡度，一般认为是 （　　　）。

A. >45°时　　　　　B. >55°时　　　　　C. >75°时　　　　　D. 90°时

20-4-8 单一平面滑动破坏的岩坡，滑动体后部可能出现的张拉裂缝的最大深度为（　　　）（岩石重度γ，滑面黏聚力c，内摩擦角φ）。

A. $\dfrac{2c}{\gamma}\tan\left(45° + \dfrac{\varphi}{2}\right)$　　　　　B. $\dfrac{2c}{\gamma}\tan\left(45° - \dfrac{\varphi}{2}\right)$

C. $\dfrac{c}{\gamma}\tan\left(45° + \dfrac{\varphi}{2}\right)$　　　　　D. $\dfrac{c}{\gamma}\tan\left(45° - \dfrac{\varphi}{2}\right)$

20-4-9 按照滑坡的形成原因可将滑坡划分为 （　　　）。

A. 工程滑坡与自然滑坡

B. 牵引式滑坡与推移式滑坡

C. 降雨引起的滑坡与人工开挖引起的滑坡

D. 爆破震动引起的滑坡与地震引起的滑坡

20-4-10 使用抗滑桩加固岩质边坡时，一般可以设置在 （　　　）。

A. 滑动体前缘　　　　　　　　　　　B. 滑动体中部

C. 滑动体后部　　　　　　　　　　　D. 任何部位

20-4-11 已知岩质边坡的各项指标如下：$\gamma = 25\text{kN/m}^3$，坡角60°，若滑面为单一平面，且与水平面呈45°，滑面上$c = 20\text{kPa}$，$\varphi = 30°$，当滑动体处于极限平衡时的边坡极限高度为（　　　）。

A. 8.41m　　　　　B. 17.9m　　　　　C. 13.72m　　　　　D. 22.73m

20-4-12 岩质边坡发生倾倒破坏的最主要的影响因素是 （　　　）。

A. 裂隙水压力　　　　　　　　　　　B. 边坡坡度

C. 结构面的倾角　　　　　　　　　　D. 节理间距

20-4-13 岩质边坡发生曲折破坏时，一般是在下列哪种情况下？（　　　）

A. 岩层倾角大于坡面倾角　　　　　　B. 岩层倾角小于坡面倾角

C. 岩层倾角与坡面倾角相同　　　　　D. 岩层是直立岩层

20-4-14　防治滑坡的处理措施中，下列哪项所述不正确？（　　）

    A. 设置排水沟以防止地面水浸入滑坡地段

    B. 采用重力式抗滑挡墙，墙的基础底面埋置于滑动面以下的稳定土（岩）层中

    C. 对滑体采用深层搅拌法处理

    D. 在滑体主动区卸载或在滑体阻滑区段增加竖向荷载

第五节　岩体力学在岩基工程中的应用

一、岩基的基本概念

近年来，许多高层或大型建（构）筑物，其基础直接与岩基接触，即将岩层作为支撑建（构）筑物的地基。一般来说，岩基支撑一般的建（构）筑物是足够坚固的，但是对一些大型的和特殊的建（构）筑物来说，则远非所有情况下都能保证其稳固，因而提出了岩基稳定性的问题，必须对岩基的强度、变形和稳定性进行综合的考虑和研究。

作为建筑地基的岩石，除应确定岩石的地质名称外，尚应按表 20-2-9 划分岩石的坚硬程度，按表 20-2-11 划分岩体的完整程度。岩石的风化程度可分为未风化、微风化、中等风化、强风化和全风化。

岩石的坚硬程度应根据岩块的饱和单轴抗压强度按表 20-2-9 分为坚硬岩、较坚硬岩、较软岩、软岩和极软岩。当缺乏饱和单轴抗压强度资料或不能进行该项试验时，可在现场通过观察定性划分，划分标准可按表 20-5-1 确定。

岩石坚硬程度的定性划分　　　　　　　　　表 20-5-1

名称		定性鉴定	代表性岩石
硬质岩	坚硬岩	锤击声清脆，有回弹，振手，难击碎，基本无吸水反应	未风化~微风化的花岗岩、闪长岩、辉绿岩、玄武岩、安山岩、片麻岩、石英岩、硅质砾岩、石英砂岩、硅质石灰岩等
	较坚硬岩	锤击声较清脆，有轻微回弹，稍振手，较难击碎，有轻微吸水反应	①微风化的坚硬岩；②未风化~微风化的大理岩、板岩、石灰岩、白云岩、钙质砂岩等
软质岩	较软岩	锤击声不清脆，无回弹，较易击碎，轻微吸水后指甲可刻出印痕	①中等风化~强风化的坚硬岩或较坚硬岩；②未风化~微风化的凝灰岩、千枚岩、砂纸泥岩、泥灰岩等
	软岩	锤击声哑，无回弹，有凹痕，易击碎，浸水后手可掰开	①强风化的坚硬岩和较坚硬岩；②中等风化~强风化的较软岩；③未风化~微风化的页岩、泥质砂岩、泥岩等
极软岩		锤击声哑，无回弹，有较深凹痕，手可捏碎，浸水后可捏成团	①全风化的各类岩石；②各种半成岩

岩体完整程度应按表 20-2-11 划分为完整、较完整、较破碎、破碎和极破碎，当缺乏试验数据时可按表 20-5-2 确定。

岩体完整程度的划分　　　　　　　　　表 20-5-2

名称	结构面组数	控制性结构面平均间距（m）	代表性结构类型
完整	1~2	>1.0	整体状结构
较完整	2~3	0.4~1.0	块状结构
较破碎	>3	0.2~0.4	镶嵌状结构
破碎	>3	<0.2	碎裂状结构
极破碎	无序	—	散体状结构

硬质岩石主要有花岗岩、花岗片麻岩、闪长岩、玄武岩、石灰岩、石英砂岩、石英岩、大理岩、硅质砾岩等。这些岩石，其颗粒间内部的连接是以刚性连接（结合）的，主要通过结晶连接，连接得非常牢固。这些岩石在外部荷载作用下，其性状有如坚硬的弹性。岩石的饱和单轴极限抗压强度不小于30MPa。

软质岩石主要有页岩、黏土岩、千枚岩、绿泥石片岩、云母片岩等。这些岩石，其颗粒间内部的连接主要为结晶连接，也有部分为胶体连接或水胶连接的。其连接的牢固程度要比硬质岩石要差。这些岩石在外部荷载作用下其变形比硬质岩石要大得多，岩石的饱和单轴极限抗压强度小于30MPa。

在选择岩基时，一般应满足下列要求：

（1）岩基的承载力必须大于建（构）筑物的荷载要求度的要求和安全。

（2）岩基的最大沉降和差异沉降都必须比建（构）筑物要求的要小，以保证建（构）筑物不致因基础位移而损坏。

（3）岩基中的不良地质现象应该对建（构）筑物影响小，并且易于处理，以保证建（构）筑物的稳定和正常使用。

（4）必须评价建（构）筑物在施工过程中产生的不良工程地质现象对邻近建（构）筑物的影响，并要有措施来处理的可能。

（5）对建（构）筑物有潜在威胁或直接危害的不良地质现象地段，一般不允许选作建筑场地。当因特殊需要必须使用这类场地时，应采取可靠的整治措施。

总之，岩基工程的总体规划，应根据使用要求，地形地质条件合理布置。主体建筑的设置应保证在较好的地基上，尽量使地基条件与上部结构的要求相适应。

研究岩基工程一般从以下几个方面进行，即岩基岩体的应力和应变、岩基的破坏模式以及岩基的承载能力。

二、岩基内应力分布

研究岩基问题，首先要研究在外力作用下岩基中的应力分布。目前对岩基中的应力分布一般都基于弹性理论，将岩基视为半无限平面弹性体。这也是岩石力学发展的最基本的地基理论。

（一）集中荷载、线荷载作用下的岩基内应力

布辛涅斯克早在1885年就用弹性理论推导出了半无限体垂直边界面上在集中力作用下（见图20-5-1）的方程

$$\sigma_x = \frac{P}{2\pi x^2}[3\sin^4\theta\cos\theta - (1-2\mu)(1-\cos\theta)] \tag{20-5-1}$$

或

$$\sigma_x = \frac{P}{2\pi}\left[\frac{3x^2 z}{r^5} - (1-2\mu)\frac{1}{r(r+z)}\right] \tag{20-5-2}$$

$$\sigma_z = \frac{3P}{2\pi z^2}\cos^5\theta = \frac{P}{2\pi}\cdot\frac{3z^3}{r^5} \tag{20-5-3}$$

$$\tau_{xz} = \frac{3Px}{2\pi z^3}\cos^5\theta = \frac{P}{2\pi}\cdot\frac{3xz^2}{r^5} \tag{20-5-4}$$

$$\sigma_r = \frac{3P}{2\pi z^3}\cos^3\theta \tag{20-5-5}$$

$$\sigma_\theta = \frac{P}{2\pi z^2}(1-2\mu)(1-\cos\theta) - \sin^2\theta\cos\theta \tag{20-5-6}$$

式中：P ——垂直于边界面沿Oz轴作用的力；

z ——从半无限体界面算起的深度；

x ——所研究点到Oz轴的距离；

r ——所研究点到原点的距离；

σ_x ——在深度z处被θ所确定的点的水平径向应力；

σ_z ——在深度z处被θ所确定的点的垂直应力；

τ_{xz} ——在垂直平面和水平面上的剪应力；

σ_θ ——中间主应力（在矢径方向上）；

σ_r ——最小主应力（在通过矢径的垂直面上）。

当荷载为线荷载和在二维的情况下（见图 20-5-2），岩基内一点的应力为

$$\sigma_x = \frac{2p}{\pi z}\sin^2\theta\cos^2\theta \tag{20-5-7}$$

$$\sigma_z = \frac{2p}{\pi z}\cos^4\theta \tag{20-5-8}$$

$$\tau_{xz} = \frac{2p}{\pi z}\sin\theta\cos^3\theta \tag{20-5-9}$$

$$\sigma_r = \frac{2p}{\pi z}\cos^2\theta \tag{20-5-10}$$

$$\sigma_t = 0 \tag{20-5-11}$$

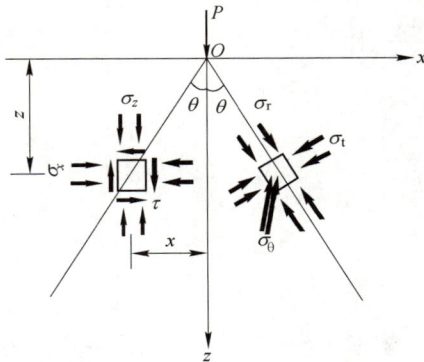

图 20-5-1　集中力作用下的岩基

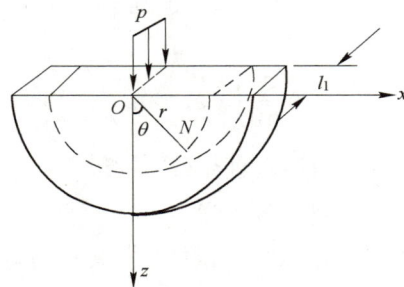

图 20-5-2　线荷载作用下的岩基

（二）圆形均布荷载作用下岩基内的应力分布

在圆形均布荷载p作用下，岩基表面以下M点深度z处的垂直压力σ_z（见图20-5-3）可按布辛涅斯克的解经过积分求得如下

$$\sigma_z = p\left\{1 - \frac{1}{\left[1 + \left(\frac{a}{z}\right)^2\right]^{3/2}}\right\} \tag{20-5-12}$$

式中：　a——圆形荷载面的半径。

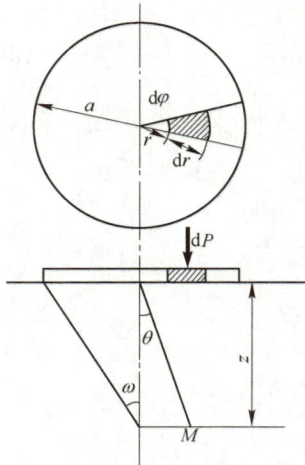

图 20-5-3　圆形均布荷载作用下的岩基

当$\sigma_z/p = 1$时，$a/z = \infty$；当$\sigma_z/p = 0.9$时，$a/z = 1.92$。由此可见，在均布压力为p的表面荷载作用下，附加应力σ_z是承载面积宽度与所求应力处深度之比的函数。例如，承载面积的半径a等于计算应力处的深度z的1.92倍时，在承载面积中心下深度为z处的垂直附加应力等于$0.9p$。

如果令z为任意值，例如，令$z = 1$cm时，那么，可以画出两个半径分别为1.92cm和1.38cm的圆面积。它们相应代表两种应力情况，即在承载面积中心下1cm处附加应力为$0.9p$和$0.8p$这两种情况下所需的承载面积。如果在$a = 1.92z$和$a = 1.38z$的这个半径之间的圆环内承载，那么，在圆心下垂直的附加应力为

$$\sigma_z = 0.9p - 0.8p = 0.1p \tag{20-5-13}$$

如果这个圆环中只有1/10的面积承载，那么，垂直附加应力等于$0.01p$。

（三）三角形垂直分布荷载作用下岩基内的应力分布

如图20-5-4所示，当岩基上承受三角形垂直分布荷载（以后简称为三角形垂直荷载）时，岩基中坐标为(x, y)的任一点应力可由弹性力学中的公式给出

$$\sigma_y = \frac{p_v}{\pi b}\left[(x - b)\arctan\frac{x - b}{y} - (x - b)\arctan\frac{x}{y} + \frac{bxy}{x^2 + y^2}\right] \tag{20-5-14}$$

$$\sigma_x = \frac{p_v}{\pi b}\left\{(x - b)\arctan\frac{x - b}{y} - y\ln[(x - b)^2 + y^2] - \right.$$

$$\left. (x - b)\arctan\frac{x}{y} + y\ln\left[(x^2 + y^2) - \frac{bxy}{x^2 + y^2}\right]\right\} \tag{20-5-15}$$

$$\tau_{xy} = \frac{p_v}{\pi b}\left(y\arctan\frac{x}{y} - y\arctan\frac{x - b}{y} - \frac{by^2}{x^2 + y^2}\right) \tag{20-5-16}$$

式中：　p_v——三角形垂直荷载中的最大荷载强度；

　　　　b——荷载分布宽度。

（四）三角形水平荷载作用下岩基内的应力分布

如图20-5-5所示，当岩基上承受三角形水平分布荷载时，岩基中坐标为(x, y)的任一点应力分量可由下列弹性力学公式进行计算

$$\sigma_y = \frac{p_h}{\pi b}\left[\frac{by^2}{x^2+y^2} + y\left(\arctan\frac{x-b}{y} - \arctan\frac{x}{y}\right)\right] \tag{20-5-17}$$

$$\sigma_x = \frac{p_h}{\pi b}\left[3y\left(\arctan\frac{x}{y} - \arctan\frac{x-b}{y}\right)\right] -$$

$$(x-b)\ln\left[\frac{(x-b)^2+y^2}{x^2+y^2} - \frac{by^2}{x^2+y^2} - 2b\right] \tag{20-5-18}$$

$$\tau_{xy} = -\frac{p_h}{\pi b}\left[(x-b)\left(\arctan\frac{x-b}{y} - \arctan\frac{x}{y}\right) + y\ln\frac{x^2+y^2}{(x-b)^2+y^2} - \frac{bxy}{x^2+y^2}\right] \tag{20-5-19}$$

式中：p_h ——三角形水平荷载的最大荷载强度。

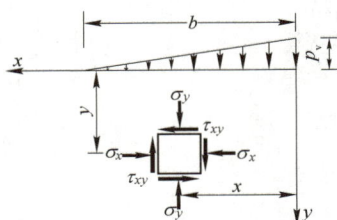

图 20-5-4　三角形垂直荷载作用下的岩基内应力计算　　图 20-5-5　三角形水平荷载作用下岩基的应力计算

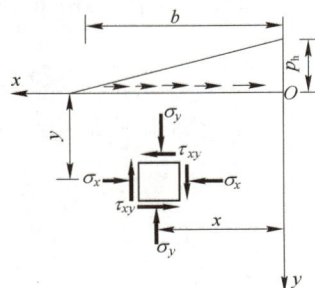

【例 20-5-1】 对一水平的均质岩基，其上作用三角形分布的垂直外荷载，下列所述的岩基内附加应力分布中，哪一个叙述是不正确的？

　　A. 垂直应力分布均为压应力

　　B. 水平应力分布均为压应力

　　C. 水平应力分布既有压应力又有拉应力

　　D. 剪应力既有正值又有负值

解 当岩基上承受三角形垂直分布荷载时，岩基中坐标为 x, y 的任一点应力可由弹性力学中的式（20-5-14）~式（20-5-16）给出，可以看出，垂直应力均为压应力，水平应力和剪应力既有正值又有负值。

答案： B

三、岩基上基础的沉降

岩基上基础的沉降主要是由于岩基内岩层承载后出现的变形引起的。对于一般的中小型工程来说，由于岩体的变形模量较大，所以引起的沉降变形较小。但是，对于重型结构或巨大结构来说，则产生变形较大。在对这类建（构）筑物来说，岩基变形有两个方面的影响：一个是在绝对位移或下沉量直接使基础沉降，改变了原设计水准的要求；另一个是因岩基变形各点不一，造成结构上各点间的相对位移。

计算基础的沉降可用弹性理论解法。对于几何形状、材料性质和荷载分布都是不均匀的基础，则用有限元法能比较准确地分析其沉降。

按弹性理论求解各种基础的沉降，仍采用布辛涅斯克的解来求之。当半无限体表面上被作用有一垂直的集中力 P 时，则在半无限体表面处（$z=0$）的沉降量 s 为

$$s = \frac{P(1-\mu^2)}{\pi E r} \tag{20-5-20}$$

式中： r ——计算点至集中荷载 P 处之间的距离；

E、μ ——分别为岩基的变形模量和泊松比。

如果半无限体表面上有分布荷载作用时，则可按积分法求出表面上任一点处的沉降量。

（一）圆形基础的沉降

当圆形基础为柔性时（见图 20-5-6），如果其上作用有均布荷载 p 和在基底接触面上没有任何摩擦力时，则基底反力也将是均匀分布的，并等于 p，这时，总荷载引起 m 点处表面的总沉降量为

$$s = 4p\frac{1-\mu^2}{\pi E}\int_0^{\frac{\pi}{2}}\sqrt{a^2 - R^2\sin^2\varphi}\,\mathrm{d}\varphi \tag{20-5-21}$$

在圆形基础地面中心（$R = 0$）的沉降量 s_0 为

$$s_0 = \frac{2(1-\mu^2)}{E}pa = \frac{2(1-\mu^2)}{\pi Ea}P \tag{20-5-22}$$

当 $R = a$ 时，在圆形基础底面边缘的沉降量 s_a 为

$$s_a = \frac{4(1-\mu^2)}{\pi E}pa \tag{20-5-23}$$

于是

$$\frac{s_0}{s_a} = \frac{\pi}{2} = 1.57$$

由此可见，圆形柔性基础当其承受均布荷载时，其中心沉降量为其边缘沉降量的 1.57 倍。

对于圆形刚性基础（见图 20-5-7），当作用有荷载 P 时，基底的沉降将是一个常量，但基底接触压力不是常量。也就是说，基础中心下岩基变形大于边缘处，形成一个下降漏斗，造成了荷载集中在基础边缘处的岩层上。

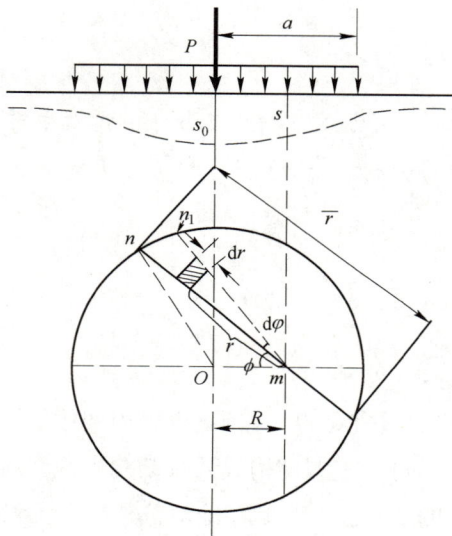

图 20-5-6 圆形基础沉降计算图

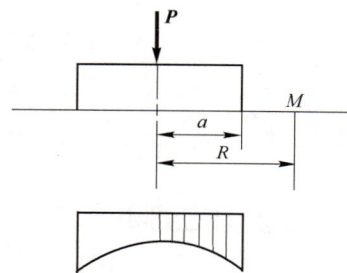

图 20-5-7 圆形刚性基础

圆形刚性基础的沉降量可按下式计算

$$s_0 = \frac{p(1-\mu^2)}{2aE} \tag{20-5-24}$$

在受荷面以外各点的垂直位移可用下式计算

$$s_R = \frac{p(1-\mu^2)}{\pi aE}\arcsin\frac{a}{R} \tag{20-5-25}$$

（二）矩形基础的沉降

对于矩形的绝对刚性基础，当其承受中心荷载P时，基础底面上的各点皆有相同的沉降量，但是沿着地基的压力是不等的。设p为均匀分布的外荷载，当基础的底面宽度为b，长度为a时，沉降量为

$$s = bp \frac{(1 - \mu^2)}{E} K_{const} \tag{20-5-26}$$

K_{const}为用于计算绝对刚性基础承受中心荷载时沉降值的系数，$K_{const} = f(a/b)$，可见表20-5-3。

各种基础的沉降系数K值表　　　　　　　　　　　　　　表20-5-3

受荷面形状	长宽比（a/b）	K_0	K_c	K_m	K_{const}
圆形		1.00	0.64	0.58	0.79
正方形	1.0	1.12	0.56	0.95	0.88
矩形	1.5	1.36	0.68	1.15	1.08
	2.0	1.53	0.74	1.30	1.22
	3.0	1.78	0.89	1.53	1.44
	4.0	1.96	0.98	1.70	1.61
	5.0	2.10	1.05	1.83	1.72
	6.0	2.23	1.12	1.96	
	7.0	2.33	1.17	2.04	
	8.0	2.42	1.21	2.12	
	9.0	2.49	1.25	2.19	
	10.0	2.53	1.27	2.25	2.72

如果边长为a的方形刚性基础，则其沉降值为

$$s = 0.88 ap \frac{(1 - \mu^2)}{E} \tag{20-5-27}$$

如果条形刚性基础，当其边宽度为a时，其沉降量为

$$s = 2.72 ap \frac{(1 - \mu^2)}{E} \tag{20-5-28}$$

对于矩形的柔性基础，当其承受中心均布荷载p时，基础底面上各点的沉降量皆不相同，但沿着基底的压力是相等的。当基础的底面宽度为b、长度为a时，基底中心的沉降量可按下式计算

$$s_0 = bp \frac{(1 - \mu^2)}{E} K_0 \tag{20-5-29}$$

式中：K_0——a，b的函数，其计算公式为

$$K_0 = \frac{1}{\pi} \left(\frac{a}{b} \ln \frac{\sqrt{a^2 + b^2} + b}{\sqrt{a^2 + b^2} - b} + \ln \frac{\sqrt{a^2 + b^2} + a}{\sqrt{a^2 + b^2} - a} \right) \tag{20-5-30}$$

K_0值列于表20-5-3。

当矩形柔性基础承受均布荷载时，其基底角点的沉降量为

$$s_c = bp \frac{1 - \mu^2}{E} K_c \tag{20-5-31}$$

式中，K_c值列于表20-5-3中。

对于边长为a的正方形柔性基础，其中心处的沉降量为

$$s_0 = ap\frac{1-\mu^2}{E}K_0 = 1.12ap\frac{1-\mu^2}{E} \qquad (20\text{-}5\text{-}32)$$

角点处的沉降量为

$$s_c = ap\frac{1-\mu^2}{E}K_c = 0.56ap\frac{1-\mu^2}{E} \qquad (20\text{-}5\text{-}33)$$

从上式可见，方形柔性基础底面中心的沉降量为边角沉降量的2倍。

对于柔性基础承受中心荷载时的平均沉降量为

$$s_m = bp\frac{1-\mu^2}{E}K_m \qquad (20\text{-}5\text{-}34)$$

式中：K_m——基础平均沉降系数，见表20-5-3。

四、岩基的破坏模式

岩体主要由岩块与节理裂隙及其充填物组成，并受到一定的地应力作用。在自然界中，岩体的成分和结构构造以及应力条件千变万化。在荷载作用下，它的破坏方式也是各种各样的。即使在同一种岩体中，荷载的大小也会产生不同的破坏形式。勒单尼曾研究过脆性无孔隙岩石地基在荷载作用下岩基发生破坏的模式（见图20-5-8）。

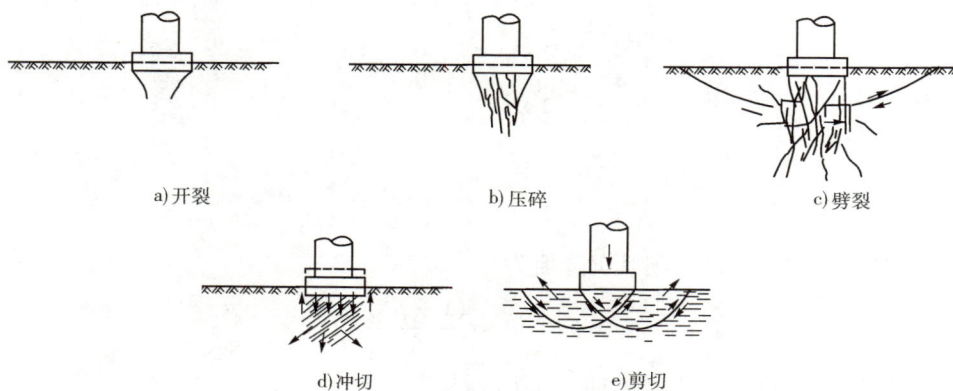

a) 开裂　　　b) 压碎　　　c) 劈裂

d) 冲切　　　e) 剪切

图 20-5-8　基脚岩体的破坏模式

图 20-5-8 是基脚下岩体发生破坏的一种模式。当基础底面荷载作用在地基岩体上时，基础会发生垂直变形即沉降，当沉降达到岩基的弹性极限时，岩基从基脚处开始产生裂缝。此时，岩基开裂，裂缝向深部发展（见图20-5-8a）。当基础底面荷载继续作用，岩基就进入岩体压碎破坏阶段（见图20-5-8b），压碎范围随着基底深部距离加大而减少，据试验观测，压碎范围近似倒三角形。在三角形压碎区内岩石开裂的裂缝大体上向深部延伸。当基础底面荷载继续增大，则基底下岩体的竖向裂缝加密且出现斜裂缝，并向更深部延伸，这时，进入劈裂破坏阶段（见图20-5-8c）。由于裂缝开裂使压碎岩体产生向两侧扩容的现象，导致基脚附近的岩体发生剪切滑移，滑体的位移将使基脚附近地面变形而破坏。

图 20-5-8d）是岩基中冲压破坏的模式。这种破坏模式多发生于多孔洞或多孔隙的脆性岩石中，如钙质或石膏质胶结的脆性砂岩、熔结胶结的火山岩、溶蚀严重或溶孔密布的可溶岩类等。这些岩体在外荷载作用下会遭受孔隙骨架破坏而引起不可恢复的沉降。这种破坏模式称其为冲压破坏。有时在一些易风化的岩石（如石灰岩、玄武岩、砂岩等）岩层中有风化页岩夹层，使岩体内存在着较为发育的纵横密布的张开节理，进而使岩基沿着竖向节理产生冲切破坏（见图20-5-9）。

图 20-5-8e）是岩基发生剪切破坏的模式，这种破坏多发生于低压缩性的具有塑性特点的岩体中，如页岩地基、黏土岩地基等。这种破坏常常在基础底面下的岩体处出现有压实楔体，而在其两侧岩体有弧线或直线的滑面，使滑体能向地面方向位移。直线滑面可以在风化岩体内产生（见图 20-5-10），这时，剪切面切断风化岩块。当岩基内有两组等于或大于直角的节理相交，则剪切面追踪此两组节理，形成基础下滑体的滑动面，而使岩基破坏（见图 20-5-10）。这也是较常见的剪切破坏模式。

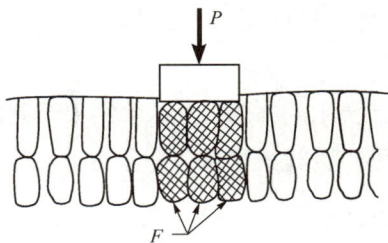

图 20-5-9　张开竖节理的风化沉积岩的冲切破坏

P-荷载；F-断裂位移岩块

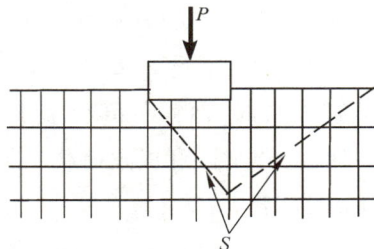

图 20-5-10　闭合竖节理的风化岩的剪切破坏

P-荷载；S-剪切面

五、岩基的承载能力

地基承受荷载的能力称为地基承载力。地基岩体的承载力就是指作为地基的岩体受荷后不会因产生破坏而丧失稳定，其变形量亦不会超过容许值时的承载能力。岩基承载力特征值是指静载试验测定的岩基变形曲线线性变形段内规定的变形所对应的压力值。影响地基岩体承载力的因素很多。它不仅受岩体自身物质组成、结构构造、岩体的风化破碎程度、物理力学性质的影响，而且还会受到建筑物的基础类型与尺寸、荷载大小与作用方式等因素的影响。

地基岩体的基本特点是强度高、抗变形能力强，其承载力值一般远高于土体，因而，在通常情况下采用天然地基岩体即能满足地基的承载力要求。但是，由于岩体中存在着各种结构面，导致其结构的不均一，进而又使其强度与变形性能不均一和强度弱化，导致某些部位的承载力不能满足要求而引起一系列不良的岩体力学问题，如岩基的不均匀沉降、应力集中引起的局部破坏、沿某些软弱结构面或夹层的剪切滑移等，在实际工作中一定要引起注意。

《地基规范》规定，确定岩基承载力特征值的方法为岩基载荷试验方法或根据室内岩石饱和单轴抗压强度计算的方法。另外，根据岩基破坏模式，也可通过理论计算确定，不过，这种方法具有很大的误差，只能用于初步设计阶段。比较准确的岩基承载力应通过试验确定。

（一）按现场荷载试验确定岩基承载力

《地基规范》规定，完整、较完整、较破碎岩石地基作为天然地基或桩基础持力层时，岩石地基承载力特征值可以按岩基载荷试验方法确定。

载荷板采用圆柱形刚性承压板，直径为 300mm。当岩石埋藏深度较大时，可采用钢筋混凝土桩，但桩周需采取措施以消除桩身与土之间的摩擦力。加载方式采用单循环加载，荷载逐级递增直到破坏，然后分级卸载。荷载分级为：第一级加载值为预估设计荷载的1/5，以后每级为1/10。加载后立即测读沉降量，以后每10min读数一次。当连续三次读数之差均不大于 0.01mm 时，可视为达到稳定标准，可加下一级荷载。

当出现下述现象之一时，即可终止加载：①沉降量读数不断变化，在 24h 内，沉降速率有增大的趋势；②压力加不上或勉强加上而不能保持稳定。

卸载时，每级卸载为加载时的 2 倍，如为奇数，第一级可为 3 倍。每级卸载后，隔 10min 测读一次，测读三次后可卸下一级荷载。全部卸载后，当测读到半小时回弹量小于 0.01min 时，即认为达到稳定。

岩基承载力特征值 f_a 按以下步骤确定：

（1）对应于 p-s 曲线上起始直线段的终点为比例界限。符合终止加载条件的前一级荷载为极限荷载。将极限荷载除以安全系数 3，所得值与对应于比例界限的荷载相比较，取小值。

（2）每个场地载荷试验的数量不应少于 3 个，取最小值作为岩基承载力特征值。

（3）岩基承载力特征值不需要进行基础埋深和宽度的修正。

荷载分级施加，同时量测沉降值，荷载应增加到不少于设计要求的 2 倍。由试验结果绘制的荷载与沉降关系曲线确定比例界限和极限荷载，曲线上起始直线段的终点为比例极限，符合终止加载条件的前一级荷载即为极限荷载。

对于破碎、极破碎的岩基承载力特征值，可根据地区经验取值，无地区经验时，可根据适合土层的平板载荷试验确定。

（二）按室内单轴抗压强度确定地基承载力

《地基规范》规定，对于完整、较完整和较破碎的岩石地基承载力特征值，可根据室内饱和单轴抗压强度按下式计算。

$$f_a = \psi_r f_{rk} \tag{20-5-35}$$

式中：f_a——岩基承载力特征值（kPa）；

$\quad\quad f_{rk}$——岩石饱和单轴抗压强度标准值（kPa）；

$\quad\quad \psi_r$——折减系数，根据岩体完整程度以及结构面的间距、宽度、产状和组合，由地区经验确定，

$\quad\quad\quad\quad$无经验时，对完整岩体可取 0.5，对较完整岩体可取 0.2~0.5，对较破碎岩体可取 0.1~0.2。

上述折减系数值未考虑施工因素及建筑物使用后风化作用的继续。对于黏土质岩，在确保施工期及使用期不致遭水浸泡时，也可采用天然湿度的试件，不进行饱和处理。

岩石饱和单轴抗压强度标准值 f_{rk} 计算中，岩样数量不应少于 6 个，岩样尺寸一般为 ϕ50mm×100mm，并进行饱和处理，f_{rk} 由以下公式统计确定

$$f_{rk} = \psi f_{rm} \tag{20-5-36}$$

$$\psi = 1 - \left(\frac{1.704}{\sqrt{n}} + \frac{4.678}{n^2} \right) \delta$$

式中：f_{rm}——岩石饱和单轴抗压强度平均值（kPa）；

$\quad\quad f_{rk}$——岩石饱和单轴抗压强度标准值（kPa）；

$\quad\quad \psi$——统计修正系数；

$\quad\quad n$——试样个数；

$\quad\quad \delta$——变异系数。

（三）根据岩体分级确定岩基承载力

《工程岩体分级标准》中给出了各级岩体的承载力基本值（见表 20-2-21），可根据岩体级别确定岩基承载力。

（四）岩基承载力的理论计算方法

地基岩体承载力的确定要考虑岩体在荷载作用下的变形破坏机理。岩基的变形不仅由岩体的弹性变形和塑性变形引起，而且还会沿某些结构面发生剪切破坏而引起较大的基础沉陷或基础滑移。因此，

岩基在荷载作用下其变形量的大小或破坏的方式受岩体自身结构条件、力学性质及受力情况等多方面因素制约。所以，针对不同的情况确定地基岩体承载力的方法也有所不同。由于岩体结构的复杂性，岩石地基承载力的理论研究进展缓慢，目前还没有取得令人满意的成果可用于实际岩石工程。下面介绍的几种计算方法都是比较近似的方法，因此计算结果只能作为参考。

1. 由岩体强度确定岩基极限承载力

古德曼（R E Goodman）曾对图 20-5-9 中各种基脚岩体破坏模式的岩基承载力的确定给出了计算原则。他认为图 20-5-8a）发展至图 20-5-8c）的破坏模式，在条形基脚下破碎岩石区（见图 20-5-11b）内的侧向膨胀引起其任一侧的岩体内发生辐射状裂缝。基脚岩体已遭到破坏后的破碎岩石强度如图 20-5-11a）中的破坏包络线 1 所示。而破坏较少的邻近区图 20-5-11b）中的B区，其岩体强度包络线 2 的强度高于破碎岩体强度包络线 1。在A区，由于岩体破裂和侧向扩容，给相邻岩体（B区）施压。这时，可以认为支承基脚岩体的最大水平应力是p_h，它可由相邻岩体（B区）的无侧限抗压强度来确定。这个应力给出了与基脚下破碎岩石的强度包络线相切的莫尔应力图的下限。由图 20-5-11a）可知，根据B区的强度包络线可确定p_h的大小。进而，根据破碎岩体的强度包络线，也就能求得承载力q_f的大小。从图 20-5-11 的破坏模式可认为，均质不连续岩体的承载力不会小于基脚周围岩体的无侧限抗压强度。而且可以把无侧限抗压强度取为承载力的下限。若已知岩体的内摩擦角和无侧限抗压强度，则承载力q_f可按下式确定

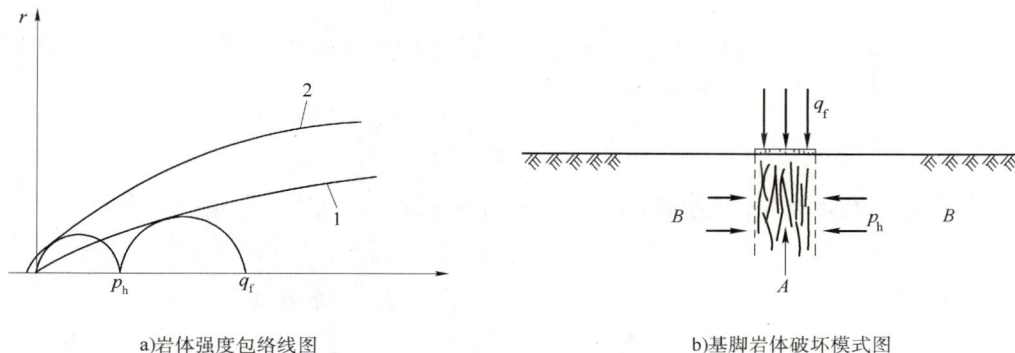

a)岩体强度包络线图　　　　　　　　　　　b)基脚岩体破坏模式图

图 20-5-11　基脚压碎岩体的承载力分析图

1-压碎后的岩体强度（A区）；2-岩体强度（B区）；A-压碎区；B-非压碎区

$$q_f = \sigma_c(N_p + 1) \tag{20-5-37}$$

其中

$$N_p = \tan^2\left(45° + \frac{\varphi}{2}\right) \tag{20-5-38}$$

2. 由极限平衡理论确定岩基的极限承载力

如前所述，基脚下的岩体存在剪切破坏面，使岩基出现楔形滑体。剪切面可为弧面和平直面，而在岩体中，大多数为近平直面形。因而在计算极限承载力时，皆采用平直剪切面的楔体进行稳定分析。

设在半无限体上作用着宽度为b的条形均布荷载q_f（见图 20-5-12），为了便于计算，作如下假设：破坏面由两个互相直交的平面组成；荷载q_f的作用范围很长，以致可以忽略平行于纸面的端部阻力；在承载平面上不存在剪力；对于每个楔体，可以采用平均的体积力。

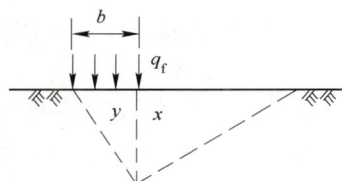

图 20-5-12　极限承载能力计算图

如果在承载压力q_f附近的表面上还作用有一个附加压力q，那么岩基的极限承载力可写为

$$q_f = 0.5\gamma b \tan^5\left(45° + \frac{\varphi}{2}\right) + 2c\tan\left(45° + \frac{\varphi}{2}\right)\left[1 + \tan^2\left(45° + \frac{\varphi}{2}\right)\right] + q\tan^4\left(45° + \frac{\varphi}{2}\right) \qquad (20-5-39)$$

令

$$N_r = \tan^5\left(45° + \frac{\varphi}{2}\right) \qquad (20-5-40)$$

$$N_c = 2\tan\left(45° + \frac{\varphi}{2}\right)\left[1 + \tan^2\left(45° + \frac{\varphi}{2}\right)\right] \qquad (20-5-41)$$

$$N_q = \tan^4\left(45° + \frac{\varphi}{2}\right) \qquad (20-5-42)$$

式（20-5-39）可写成

$$q_f = 0.5\gamma b N_r + cN_c + qN_q \qquad (20-5-43)$$

式中：N_r、N_c、N_q ——承载力系数，它们都是φ的函数。

由于破坏面是弯曲的，在x和y这两个楔体之间的边界上以及承载面上存在剪应力，因而，实际承载力系数较大，一般可按以下三个公式来确定承载力系数。

$$N_r = \tan^6\left(45° + \frac{\varphi}{2}\right) - 1 \qquad (20-5-44)$$

$$N_c = 5\tan^4\left(45° + \frac{\varphi}{2}\right) \qquad (20-5-45)$$

$$N_q = \tan^6\left(45° + \frac{\varphi}{2}\right) \qquad (20-5-46)$$

在$\varphi = 0°\sim45°$的范围内，这三个方程算出的系数值较为接近于精确解。对于方形或圆形的承载面来说，承载力系数有显著的变化，这时

$$N_c = 7\tan^4\left(45° + \frac{\varphi}{2}\right) \qquad (20-5-47)$$

【例 20-5-2】 在验算岩基抗滑稳定性时，下列哪一种滑移面不在假定范围内：

A. 圆弧滑面　　　　　　　　　　　　B. 水平滑面

C. 单斜滑面　　　　　　　　　　　　D. 双斜滑面

解　岩基抗滑稳定性验算时，一般假设岩基发生剪切破坏，并假设破坏面为平面(单平面或双平面)，不考虑曲面的破坏面。

答案：A

【例 20-5-3】 在确定岩基极限承载力时，从理论上看，下列哪一项是核心指标：

A. 岩基深度　　　B. 岩基形状　　　C. 荷载方向　　　D. 抗剪强度

解　岩基的破坏主要为剪切破坏，因此，从理论上看，极限承载力应该主要取决于岩体和结构面的抗剪强度。

答案：D

六、坝基岩体的抗滑稳定计算

实践表明，坚硬岩基滑动破坏的形式不同于松软地基。前者的破坏往往受到岩体中的节理、裂隙、断层破碎带以及软弱结构面的空间方位及其相互间的组合形态所控制。由于岩基中天然岩体的强度，主要取决于岩体中各软弱结构面的分布情况及其组合形式，而不决定于个别岩石块体的极限强度。因此，在探讨岩基的强度与稳定性时，首先应当查明岩基中的各种结构面与软弱夹层位置、方向、性质以及搞清它们在滑移过程中所起的作用。

岩体经常被各种类型的地质结构面切割成不同形状与大小的块体（结构体）。为了正确判断岩基中这些结构体的稳定性，必须考虑结构体周围滑动面与结构面的产状、面积以及结构体体积和各个边界面上的受力情况。

根据过去经验以及室内模型试验的情况来看，大坝失稳形式主要有两种情况：第一种情况是岩基中的岩体强度远远大于坝体混凝土强度，同时岩体坚固完整且无显著的软弱结构面，这时大坝的失稳多半是沿坝体与岩基接触处产生，这种破坏形式称为表层滑动破坏，如图 20-5-13 所示；第二种情况是在岩基内部存在着节理、裂隙和软弱夹层，或者存在着其他不利于稳定的结构面，在此情况下岩基容易产生如图 20-5-14 所示的深层滑动。除了上述两种破坏形式之外，有时还会产生所谓混合滑动的破坏形式，即大坝失稳时一部分沿着混凝土与岩基接触面滑动，另一部分则沿岩体中某一滑动面产生滑动，因此，混合滑动的破坏形式实际上是介于上述两种破坏形式之间的情况。为此，研究此岩基抗滑稳定就成为防止岩基破坏的重要课题之一。

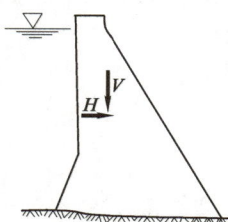

图 20-5-13　表层滑动

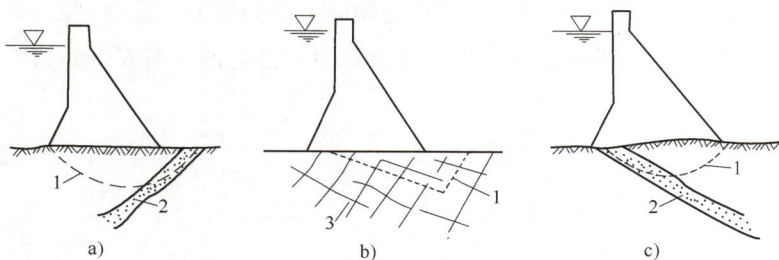

图 20-5-14　深层滑动

1-可能滑动面；2-软弱夹泥层；3-缓倾角裂隙

目前评价岩基抗滑稳定，一般仍采用安全系数方法。

（一）表层滑动稳定性计算

演算表层滑动的抗滑安全系数时，可按坝体受力情况，分别求出坝体沿岩基表层的抗滑力与滑动力，然后计算两者之比即为安全系数，得

$$F_s = \frac{f_0 V}{H} \tag{20-5-48}$$

式中：V——垂直作用力之和，包括坝基水压力（上扬压力）；

$\quad\quad H$——水平力之和；

$\quad\quad f_0$——摩擦系数。

在水工上，摩擦系数是将潮湿岩体的平面置于斜面上而求得的，一般为 0.6~0.8。

上式没有考虑坝基与岩面间的黏聚力。而且往往基础与岩面的接触面砌成台阶状，并用砂浆与基础黏结，因此基础面上的抗剪强度可采用库仑方程，这样式（20-5-48）将改写为

$$F_s = \frac{c_0 A + f_0 V}{H} \tag{20-5-49}$$

式中：c_0——接触面上的黏聚力或混凝土与岩石间的黏聚力；

$\quad\quad A$——底面积。

c_0、f_0 一般采用现场试验确定。

上述的安全系数分析方法只是一个粗略的分析，一直采用安全系数时往往取较大的值。近年来，考虑到坝基剪应力的变化幅度较大，因而将上式改写为

$$F_s = \frac{c_0 \gamma A + f_0 V}{H} \tag{20-5-50}$$

式中，$\gamma = \tau_m / \tau_{max}$即平均剪应力与下游坝址最大剪应力之比，一般采用0.5。

（二）深层滑动稳定性计算

1.单斜滑移面倾向下游时（见图 20-5-15a）

$$F_s = \frac{f_0(V \cos\alpha - U - H \sin\alpha) + cL}{H \cos\alpha + V \sin\alpha} \tag{20-5-51}$$

2.单斜滑移面倾向上游时（见图 20-5-15b）

$$F_s = \frac{f_0(V \cos\alpha - U + H \sin\alpha) + cL}{H \cos\alpha - V \sin\alpha} \tag{20-5-52}$$

3.双斜滑移面时（见图 20-5-15c）

在这种情况下，计算抗滑稳定时将双斜滑移面所构成的楔体△ABC划分为两个楔体，即分别为△ABD和△BCD，其中，△ABD是属于单斜滑移面向下滑移的模型。为了抵抗其下滑，可用抗力R将其支撑（见图 20-5-15d）。△BCD则属于滑移面倾向上游的模型，它受到△ABD楔体向下滑移的推力R（见图 20-5-15e）。按照力的平衡原理可以计算出双滑移面时的抗滑安全系数为

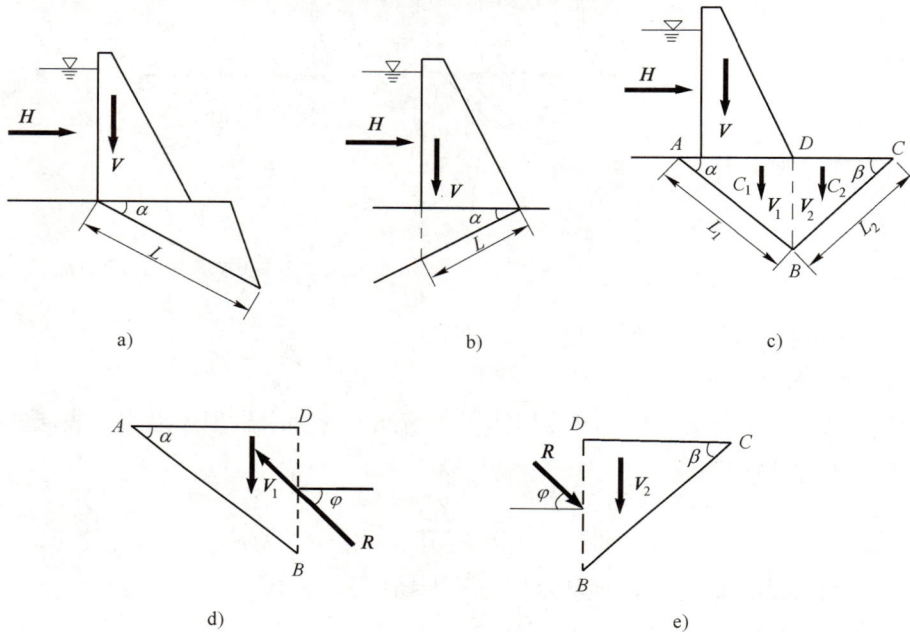

图 20-5-15 各种滑移面分布形式的抗滑稳定计算图

$$F_s = \frac{f_2[R \sin(\varphi + \beta) + V_2 \cos\beta]}{R \cos(\alpha + \beta) - V_2 \sin\beta} \tag{20-5-53}$$

$$R = \frac{H(\cos\alpha + f_1 \sin\alpha) + (V_1 + V_2)(\sin\alpha + f_1 \cos\alpha)}{\cos(\varphi - \alpha) - f_1 \sin(\varphi - \alpha)} \tag{20-5-54}$$

式中：f_1、f_2——AB和BC滑面上的摩擦系数；

φ——岩石的内摩擦角。

七、岩基的加固措施

建筑物的地基长期埋藏于地下，在整个地质历史中，它遭受了地壳运动的影响，使岩体存在着褶皱、

破裂和折断等现象，直接影响到建筑物地基的选用。对于等级要求高的建筑物来说，首先在选址时就应该尽量避开构造破碎带、断层、软弱夹层、节理裂隙密集带、溶洞发育等地段，将建筑物选在最良好的岩基上。但实际上，任何地区都难以找到十分完美的地质条件，都存在着或多或少的缺陷。因此，一般的岩基都需要有一定的人工处理，方能确保建筑物的安全。

1. 处理过的岩基应该达到如下的要求

（1）地基的岩体应具有均一的弹性模量和足够的抗压强度。

尽量减少建筑物修建后的绝对沉降量，要注意减少地基各部位出现的拉应力和应力集中现象，使建筑物不致遭受倾覆、滑动和断裂等威胁。

（2）建筑物的基础与地基之间要保证结合紧密，有足够的抗剪强度。

使建筑物不致因承受水压力、土压力、地震作用或其他推力，沿着某些抗剪强度低的软弱结构面滑动。

（3）如为坝基，则要求有足够的抗渗能力，使库体蓄水后不致产生大量渗漏，避免增高坝基扬压力和恶化地质条件，导致坝基不稳。

2. 为了达到上述的要求，一般采用如下处理方法

（1）当岩基内有断层、软弱带或局部破碎带时，则需将破碎或软弱部分，采用挖、掏、填（回填混凝土）的处理。

（2）改善岩基的强度和变形，进行固结灌浆以加强岩体的整体性，提高岩基的承载能力，达到防止或减少不均匀沉降的目的，固结灌浆是处理岩基表层裂隙的最好方法，它可使基岩的整体弹性模量提高1~2倍，对加固岩基有显著的作用。

（3）增加基础开挖深度或采用锚杆与插筋等方法以提高岩体的力学强度。

（4）如若为坝基，由于蓄水后会造成坝底扬压力和坝基渗漏。为此，在坝基上游灌浆，做一道密实的防渗帷幕，并在帷幕后加设排水孔或排水廊道，使坝基的渗漏量减少，扬压力降低，排除管涌等现象。帷幕灌浆一般用水泥浆或黏土浆灌注，有时也用热沥青浆灌注。

（5）开挖和回填是处理岩基的最常用方法，对断层破碎带、软弱夹层、带状风化带等较为有效。若其位于表层，一般采用明挖、局部的用槽挖或洞挖等，务必使基础位于比较完整的坚硬岩体上，如遇破碎带不宽的小断层，可采用"搭桥"的方法，以跨过破碎带。如基础下有宽度在 0.1~0.5m 内的裂隙时，可以用一部分钢筋混凝土板铺盖，以越过裂缝，或者用混凝土塞使压力传至两端。对一般张开裂隙的处理，可沿裂隙凿成宽缝，作键槽回填混凝土。

习　题

20-5-1　无论矩形柔性基础，还是圆形柔性基础，当受竖向均布荷载时，其中心沉降量比其他部位的沉降量（　　　）。

　　A. 大　　　　　　　B. 相等　　　　　　C. 小　　　　　　D. 小于或等于

20-5-2　从理论上确定岩基极限承载力时需要哪些条件？（　　　）

　　①平衡条件；②屈服条件；③岩石的本构方程；④几何方程。

　　A. ①　　　　　　　B. ③④　　　　　　C. ①②　　　　　D. ①④

20-5-3　确定岩基承载力的基本原则是（　　　）。

　　①岩基具有足够的强度，在荷载作用下，不会发生破坏；

②岩基只要求能够保证岩基的稳定即可；

③岩基不能产生过大的变形而影响上部建筑物的安全与正常使用；

④岩基内不能有任何裂隙。

A. ③   B. ①②   C. ②③   D. ①③

20-5-4 某岩基各项指标为：$\gamma = 25\text{kN/m}^3$，$c = 30\text{kPa}$，$\varphi = 30°$，若荷载为条形荷载，宽度 1m，则该岩基极限承载力理论值为（   ）。

A. 1 550kPa   B. 1 675kPa   C. 1 725kPa   D. 1 775kPa

20-5-5 若岩基表层存在裂隙，为了加固岩基并提高岩基承载力，应使用哪一种加固措施？（   ）

A. 开挖回填   B. 钢筋混凝土板铺盖

C. 固结灌浆   D. 锚杆加固

20-5-6 岩基内应力计算和岩基的沉降计算一般采用下面哪一种理论？ （   ）

A. 弹性理论   B. 塑性理论

C. 弹塑性理论   D. 弹塑黏性理论

20-5-7 采用现场原位加载试验方法确定岩基承载力特征值时，对于微风化岩石及强风化岩石，由试验曲线确定的极限荷载需要除以多大的安全系数？（   ）

A. 2.5   B. 1.4   C. 3.0   D. 2.0

20-5-8 岩基表层存在断层破碎带时，采用下列何种加固措施比较好？（   ）

A. 灌浆加固   B. 锚杆加固

C. 水泥砂浆覆盖   D. 开挖回填

20-5-9 若基础为方形柔性基础，在荷载作用下，岩基弹性变形量在基础中心处的值约为边角处的（   ）。

A. 1/2   B. 相同   C. 1.5 倍   D. 2.0 倍

20-5-10 计算岩基极限承载力的公式中，承载力系数N_γ，N_c，N_q，主要取决于下列哪一个指标？（   ）

A. γ B. C C. φ D. E

20-5-11 岩基上作用的荷载如果由条形荷载变化成方形荷载，会对极限承载力计算公式中的承载力系数取值产生什么影响？（   ）

A. N_r显著变化   B. N_c显著变化

C. N_q显著变化   D. 三者均显著变化

20-5-12 用极限平衡理论计算岩基承载力时，条形荷载下均质岩基的破坏形式一般假定为（   ）。

A. 单一平面   B. 双直交平面

C. 圆弧曲面   D. 螺旋曲面

20-5-13 在垂直荷载作用下，均质岩基内附加应力的影响深度一般情况是（   ）。

A. 1 倍的岩基宽度   B. 2 倍的岩基宽度

C. 3 倍的岩基宽度   D. 4 倍的岩基宽度

20-5-14 在验算岩基抗滑稳定性时，下列哪一种滑移面不在假定范围之内 （   ）。

A. 圆弧滑面   B. 水平滑面   C. 单斜滑面   D. 双斜滑面

习题题解及参考答案

第一节

20-1-1 **解**：承压板法试验是用千斤顶通过承压板向半无限岩体表面加载，测量岩体变形与压力，按布西涅斯克的各向同性半无限弹性表面局部受力公式计算岩体的变形参数（包括弹性模量和弹性抗力系数等）。狭缝法试验是指在岩体上凿一狭缝，将压力钢枕放入，再用水泥砂浆填实并养护到一定强度后，对钢枕加压，当测得岩体表面中线上某点的位移时，则求得岩体的弹性模量。钻孔环向加压法试验是通过在钻孔内给孔壁加压获得钻孔变形，以此来获得岩体的弹性模量和变形模量的一种试验方法。双轴压缩法试验通过给岩体两个正交方向加压测得岩体在双向受压条件下的变形特性及变形参数（弹性模量和泊松比）。

工程中岩体的弹性抗力系数一般采用隧洞变形试验获得，加压方式可分为径向液压枕法和水压法，之所以需要进行这种现场试验，主要原因在于岩体的不均匀、各向异性、尺寸效应突出的特点。如果这些特点不突出，或者在某些情况下这些特点带来的影响可以忽略不计，则完全可以用承压板法试验代替，不必进行这种要耗费大量资金和时间的试验。本题中强调的是岩石，而不是岩体，所以，岩体的上述特点可以不考虑。实际上，《工程岩体试验方法标准》（GB/T 50266—2013）第3.1.17条第5点还具体给出了采用方形刚性承压板法计算基准基床系数的公式，标准中说的基床系数与弹性抗力系数具有相似的含义，因此，正确答案应为A。

答案：A

20-1-2 **解**：不连续、非均质、各向异性、非弹性是岩体材料的主要特点，也是区别于其他人工材料的主要特征，选项D最全面。

答案：D

20-1-3 **解**：由于岩石并非完全的线弹性材料，弹性变形阶段岩石的应力与应变关系曲线并非直线，所以弹性模量不能采用传统方法进行计算，国际岩石力学学会建议采用割线模量，切线模量以及平均模量中任何一种来表示。

答案：D

20-1-4 **解**：计算割线模量或切线模量时，根据国际岩石力学学会的建议，应力水平应统一为岩石单轴抗压强度的1/2。

答案：B

20-1-5 **解**：岩石一般被认为是脆性材料，然而岩石在三向压应力下的变形破坏特征表明，当围压较大时，岩石在破坏前会产生很大的塑性变形，表现出类似于延性材料的变形特性，因此，选项D最全面。

答案：D

20-1-6 **解**：岩石与岩体的主要区别在于岩石中含有各种结构面，岩石是连续材料，岩体属于不连续材料，这些不连续面的存在是导致岩体强度降低的主要原因。

答案：A

20-1-7　**解**：岩体的强度或弹性模量等力学参数随试件尺寸的增大而减小，这是岩体特有的特性，尺寸效应指的就是这种现象。

答案：C

20-1-8　**解**：岩石在受压时，体积随压应力的增大而逐渐增大的现象叫剪胀。

答案：D

20-1-9　**解**：岩石在受压过程中，随着压应力的不断增大，内部会产生大量新裂纹，这些新裂纹随着应力的增大会逐渐张开、滑移与贯通，从而会导致体积增大。

答案：D

20-1-10　**解**：在三向压应力作用下，岩石的强度明显大于单向压应力条件下的强度，这是岩石的一个主要特点，围压越高，岩石的强度越大。

答案：A

20-1-11　**解**：由于劈裂试验时，破裂面上的应力状态为拉压应力状态，所以由此得出的强度不能称作单轴抗拉强度，一般称为抗拉强度。

答案：B

20-1-12　**解**：格利菲斯准则认为，不论岩石的应力状态如何，岩石的破坏都是由于微裂纹周边的拉应力超过了岩石的抗拉强度所致。

答案：A

20-1-13　**解**：岩石内部含有大量微裂纹、微孔隙，单个裂纹的开裂难于导致岩石的整体宏观破坏，格里菲斯准则只考虑单个的微裂纹，不考虑众多微裂纹之间的相互作用。

答案：D

20-1-14　**解**：此题考的是岩石吸水率的定义，即岩石饱和前后的质量比。

答案：B

20-1-15　**解**：根据岩石软化系数的大小可以区分岩石的软化性强弱和工程地质条件好坏，通常以 0.75 为界，大于 0.75 为弱，否则为强。

答案：A

20-1-16　**解**：根据岩石三轴压缩试验结果的分析可以发现，岩石的变形特性会随着围压的提高而逐渐发生改变，围压越大，岩石的塑性流动特征越明显，即随着围压的增大，岩石会由脆性逐渐变为延性材料。因此，选项 B 最合理。

答案：B

20-1-17　**解**：研究表明，岩石的强度会随着加载速率的增大而增大。

答案：A

20-1-18　**解**：库仑强度理论假设岩石的破坏为压应力作用下的剪切破坏，且剪切破坏面与最大主应力作用方向之间的夹角为 $45° - \varphi / 2$，应注意题中指的是主应力作用方向，并非主平面。

答案：C

20-1-19　**解**：测量岩石的密度、重度以及含水率时，一般都要求把试件放在 108℃恒温的烘箱中至少烘干 24h。

答案：D

20-1-20　**解**：格里菲斯认为，不论外界是什么应力状态，材料的破坏都是由于拉应力引起的拉裂破坏。因此，当岩层上的应力大于岩石单轴抗拉强度 8 倍时，边直以会发生特必破坏。

答案： A

20-1-21　**解：** 通常岩石的抗压强度是抗拉强度的 10~20 倍。

答案： B

20-1-22　**解：** 由格里菲斯强度准则可以推出岩石抗压强度是抗拉强度 8 倍的结论，格里菲斯准则认为岩石的破坏属于脆性破坏。因此，当岩层上的应力大于岩石的单轴抗拉强度 8 倍时，边坡会发生脆性破坏。

答案： B

20-1-23　**解：** 岩石为脆性材料，在单轴抗压试验中，硬岩的破坏形式一般为脆性破坏，不会发生其他形式的破坏。

答案： D

20-1-24　**解：** 此题要求考生对岩石变形特性有全面的了解，并对岩石应力-应变曲线的特征有一定的认识。一般弹性硬岩的应力-应变曲线为近似直线，而塑性软岩的应力-应变曲线比较平缓，本题中的曲线明显分为两部分，前部平缓，呈现塑性岩石特征，后部近似直线，呈现弹性硬岩特征，应属于塑弹性岩石。

答案： D

20-1-25　**解：** 试件 h/d 值越小，即试件越短，试件内部应力分布越不均匀。端面的摩擦力越大，对试件侧向膨胀的约束也越大。试件内部应力分布越不均匀，限制端面侧向膨胀的约束力越大，试件越容易发生锥形破裂。

答案： B

20-1-26　**解：** 从岩石的全应力与应变关系曲线可以看出，当应力超过了岩石的峰值强度以后，岩石虽然已经发生破坏，但仍具有一定的承载能力，而且随着塑性变形的增大，承载能力逐渐降低。显然，选项 B 最准确。

答案： B

20-1-27　**解：** 回答此问题必须清楚吸水率的定义，吸水率是指吸入水的质量与岩石固体质量之比。

答案： D

20-1-28　**解：** 岩石的含水率应为孔隙中水的质量与岩石固体质量之比，并不是体积比。

答案： B

20-1-29　**解：** 软化系数表示岩石遇水后强度降低的程度，因此应该是饱和单轴抗压强度与干燥条件下的单轴抗压强度之比。

答案： D

第二节

20-2-1　**解：** 岩体基本质量主要取决于岩石的坚硬程度和岩体的完整性，这也是《工程岩体分级标准》（GB/T 50218—2014）确定岩体基本质量的基本依据。标准第 4.2.1 条规定：岩石基本质量的定性特征，应由岩石坚硬程度及岩体完整程度组合确定。

答案： C

20-2-2　**解：**《工程岩体分级标准》（GB/T 50218—2014）第 3.3.1 条规定，岩石坚硬程度的定量指标应采用饱和单轴抗压强度。

答案： A

20-2-3 **解：**《工程岩体分级标准》（GB/T 50218—2014）中关于岩石坚硬程度的划分是根据岩石的饱和单轴抗压强度大小将岩石划分为坚硬岩、较坚硬岩、较软岩、软岩及极软岩，其划分标准界限分别为 60MPa、30MPa、15MPa、5MPa。

答案： C

20-2-4 **解：** 岩体的完整性主要取决于岩体中结构面的发育程度和数量多少，虽然节理间距和节理密度都可以反映岩体中的节理数量，但岩体完整性指数或单位体积岩体中含有的节理数更能全面反映岩体的完整性，因此，《工程岩体分级标准》（GB/T 50218—2014）第 3.3.2 条规定：岩体完整程度的定量指标，应采用岩体完整性指数。当天条件取得实测值时，也可采用岩体体积节理数。

答案： D

20-2-5 **解：** 国标中将岩体完整性划分成完整、较完整、较破碎、破碎及极破碎五个档次，划分界限分别为 0.75、0.55、0.35、0.15。

答案： D

20-2-6 **解：**《工程岩体分级标准》（GB/T 50218—2014）第 4.2.2 条规定：岩体基本质量指标，应根据分级因素的定量指标 R_c 的兆帕数值和 K_v 按式（4.2.2）计算。

答案： B

20-2-7 **解：** 我国岩石工程分级标准中，根据地应力大小、结构面方位和地下水三个因素对岩石基本质量指标进行修正，没有考虑结构面的粗糙度。

答案： D

20-2-8 **解：** 洞室围岩稳定性取决于多种因素，但最主要的还是岩体的强度，选项 B 以外的几个选项都比较片面。

答案： B

20-2-9 **解：** 此题需要考生对工程岩体分级标准的具体公式和各级岩体的指标范围有比较清楚的了解。岩石基本质量指标的计算公式为 $BQ = 100 + 3R_c + 250K_v = 465$。

根据岩体分级标准查表可知，属II级。

答案： B

20-2-10 **解：**《工程岩体分级标准》（GB/T 50218—2014）表 4.1.1 对III级岩体的描述为：跨度 10~20m，可稳定数日至一个月，可发生小至中塌方；跨度 5~10m，可稳定数月，可发生局部块体位移及小至中塌方；跨度小于 5m，可基本稳定。可见，只有选项 D 属于上述第三种情况。

答案： D

20-2-11 **解：**《工程岩体分级标准》（GB/T 50218—2014）第 5.2.1 条规定，地下工程岩体详细定级时，遇到 D 所列三种情况之一，需要对岩体基本质量指标 BQ 进行修正。

答案： D

20-2-12 **解：** 修订后的《工程岩体分级标准》（GB/T 50218—2014）中，将地下工程、边坡工程以及地基工程岩体的级别确定分开考虑，分别依据不同的修正因素进行修正，其中边坡工程岩体详细定级时，第 5.3.1 条规定，应根据控制边坡稳定性的主要结构面类型与延伸性、边坡内地下水发育程度以及结构面产状与坡面间关系等影响因素，对岩体基本质量指标

BQ 进行修正。

答案： C

20-2-13　**解：**《工程岩体分级标准》（GB/T 50218—2014）第 5.4.1 条规定，地基工程岩体级别应按照岩体基本质量级别定级。

答案： B

第三节

20-3-1　**解：** 初始地应力首先应包括自重应力场，其次，构造应力也是初始地应力的重要组成部分。

答案： C

20-3-2　**解：** 岩石工程开挖之前的原始应力状态为初始地应力。

答案： A

20-3-3　**解：** 地质构造运动引起的构造应力与地球的板块运动方向有关，因此，一般情况下为近水平方向。

答案： B

20-3-4　**解：** 由初始地应力场的分布规律可知，在地壳浅部，最大主应力一般作用于近水平方向，与构造应力的作用方向相近，而且地下岩体处于三向受压状态，一般不会出现拉应力。构造应力是由于地球的板块构造运动引起的近水平向应力，主要作用于地壳浅部，而自重应力的分布范围则更广。

答案： B

20-3-5　**解：** 初始地应力的分布规律往往非常复杂，当缺乏实测资料时，人们只能假设初始地应力为自重应力，这样侧压系数一般不会超过 0.5。

答案： A

20-3-6　**解：** 目前应力解除法是地应力量测方法中最可靠、应用最广泛的方法。

答案： B

第四节

20-4-1　**解：** 岩质边坡的破坏类型很多，划分方式多样，圆滑滑动、平面滑动、楔形滑动是根据破坏面形状的分类。所以除了选项 A 以外，其他三个选项都不对。

答案： A

20-4-2　**解：** 只有当滑动面的倾角小于边坡倾角时，滑动面才可能与坡面相交发生滑动，这是平面滑动破坏的一个基本条件。

答案： C

20-4-3　**解：** 只有当滑动面的倾角大于滑动面的摩擦角时，才可能克服滑面上的摩擦力。

答案： A

20-4-4　**解：** 岩坡的稳定主要取决于边坡的几何形状、岩石的强度、结构面的产状及性质、地下水的分布等因素，与岩石的类型关系不大。

答案： C

20-4-5　**解：** 均质边坡中，临空面附近的应力集中程度较高，并非只限于坡顶。选项 B 更全面、准确。

答案： B

20-4-6　**解**：圆弧破坏一般发生在非成层的均质岩体中，或者极破碎、强风化的软弱岩体中，选项中与发生条件最接近的应为 C。这是因为泥质岩体比较软弱，层厚较大时，也可近似地看成均质岩体。

　　答案：C

20-4-7　**解**：崩塌破坏的基本条件是边坡较陡，一般认为边坡倾角大于 55° 才可能发生崩塌破坏。

　　答案：B

20-4-8　**解**：回答此题需要记住张裂缝极限深度的计算公式，正确公式应为选项 A。

　　答案：A

20-4-9　**解**：滑坡的分类方式很多，本题问的是根据滑坡发生原因进行分类，选项 B 为根据受力机制的划分，选项 C 和 D 都不全面。

　　答案：A

20-4-10　**解**：抗滑桩是防止边坡滑动的支挡结构，放在滑坡体的中上部及后部时，其支挡作用会大打折扣，一般情况下，尽可能放在前缘。

　　答案：A

20-4-11　**解**：平面滑动破坏边坡的极限高度可由以下公式计算，将有关参数代入后，根据所得结果判断正确答案。

$$H = \frac{2c}{\gamma} \frac{\sin i \cos \varphi}{\sin(i-\beta)\sin(\beta-\varphi)} = \frac{2\times20}{25} \times \frac{\sin 60° \cos 30°}{\sin(60°-45°)\sin(45°-30°)} = 17.91\text{m}$$

　　答案：B

20-4-12　**解**：倾倒破坏主要是由于反倾岩层的倾角过大所致。

　　答案：C

20-4-13　**解**：根据破坏的特点可知，只有岩层平行于坡面时，才会发生曲折破坏，所以应选择 C。

　　答案：C

20-4-14　**解**：上述的四个答案中，第三个答案明显有问题。对滑体采用深层搅拌法处理，虽然可以增加滑体的整体性，但并没有改变滑动面的受力状况，起不到防止滑坡的作用，因此不正确。

　　答案：C

第五节

20-5-1　**解**：柔性基础受到竖向的均布荷载作用时，由于基础的刚度较小，所以不同部位的沉降是不同的，很显然，中心部位的沉降应大于边缘的沉降。

　　答案：A

20-5-2　**解**：采用理论方法计算岩基承载力时，一般假定岩体处于极限平衡状态，这样就需要岩体的屈服条件。同时，基础岩体也必须处于平衡状态，理应满足平衡方程。几何方程和本构关系则主要用于变形计算。

　　答案：C

20-5-3　**解**：岩基作为建筑物的基础，首先应能承受上部的所有荷载，同时还应保证不会因为本身的变形而影响上部建筑物的正常使用。

　　答案：D

20-5-4　**解**：此题需要记住地基承载力的理论计算公式，$q_f = 0.5\gamma b N_\gamma + c N_c + q N_q$，其中的承载力

系数分别为：$N_\gamma = \tan^6\left(45° + \dfrac{\varphi}{2}\right) - 1$，$N_c = 5\tan^4\left(45° + \dfrac{\varphi}{2}\right)$，$N_q = \tan^6\left(45° + \dfrac{\varphi}{2}\right)$，将相关参数代入后，根据所得数值选择正确答案。注意附加应力 q 为 0，公式的最后一项为 0。

答案： B

20-5-5 **解：** 这几种方法均可用于岩基加固，但使用条件有所区别。一般对于表层破碎带可采用常用的挖填法，或用锚杆增加结构强度，对于表层裂隙，固结灌浆方法对提高岩基承载力效果明显。

答案： C

20-5-6 **解：** 目前岩基的应力和变形计算仍然采用传统的弹性理论。

答案： A

20-5-7 **解：** 对于本题所描述的情况，规范规定安全系数取 3.0。

答案： C

20-5-8 **解：** 对于这种情况，可供选择的加固措施较多，但考虑到基础的稳定非常重要，所以最好的办法应该是比较彻底的治理办法，开挖回填显然满足此原则。

答案： D

20-5-9 **解：** 方形柔性基础中心处和角点处的沉降计算公式分别为

$$s_0 = 1.12\alpha P\frac{1-\mu^2}{E}, \quad s_c = 0.56\alpha P\frac{1-\mu^2}{E}$$

对比后可以得出，基础中心处的值约为边角处的 2 倍。

答案： D

20-5-10 **解：** 岩基承载力的理论计算公式中的三个承载力系数计算公式都与内摩擦角有关。

答案： C

20-5-11 **解：** 对于方形或圆形的承载面，岩基承载力的理论计算公式中的三个承载力系数中，只有 N_c 有显著变化，其他系数没有变化。

答案： B

20-5-12 **解：** 基脚下的岩体存在剪切破坏面，使岩基出现楔形滑体。剪切面可为弧面和直平面，而在岩体中，大多数为近平直面形。因而在计算极限承载力时，皆采用平直剪切面的楔体进行稳定分析。

答案： B

20-5-13 **解：** 此题与岩基的关系不大，考的是一般基础。地基沉降计算深度的下限，取地基附加应力等于自重应力的 20% 处。因此，根据竖向荷载作用下地基内附加应力的理论计算公式可以计算得出（也可根据附加应力系数分布表查找获得），满足这一条件的埋深为基础宽度的 2 倍。

答案： B

20-5-14 **解：** 岩基抗滑稳定演算时，一般分浅层滑动和深层滑动，滑动面都假设为平面，所以，圆弧滑面不在假设范围之内。

答案： A

附录一

注册土木工程师（岩土）执业资格考试
专业基础考试大纲（下午段）

十、土木工程材料

10.1　材料科学与物质结构基础知识

材料的组成：化学组成　矿物组成及其对材料性质的影响

材料的微观结构及其对材料性质的影响：原子结构　离子键金属键　共价键和范德华力　晶体与无定形体（玻璃体）

材料的宏观结构及其对材料性质的影响

建筑材料的基本性质：密度　表观密度与堆积密度　孔隙与孔隙率

特征：亲水性与憎水性　吸水性与吸湿性　耐水性　抗渗性　抗冻性　导热性强度与变形性能　脆性与韧性

10.2　材料的性能和应用

无机胶凝材料：气硬性胶凝材料　石膏和石灰技术性质与应用

水硬性胶凝材料：水泥的组成　水化与凝结硬化机理　性能与应用

混凝土：原材料技术要求　拌和物的和易性及影响因素　强度性能与变形性能

耐久性-抗渗性、抗冻性、碱-骨料反应　混凝土外加剂与配合比设计

沥青及改性沥青：组成、性质和应用

建筑钢材：组成、组织与性能的关系　加工处理及其对钢材性能的影响　建筑钢材和种类与选用

木材：组成、性能与应用

石材和黏土：组成、性能与应用

十一、工程测量

11.1　测量基本概念

地球的形状和大小　地面点位的确定　测量工作基本概念

11.2　水准测量

水准测量原理　水准仪的构造、使用和检验校正　水准测量方法及成果整理

11.3　角度测量

经纬仪的构造、使用和检验校正　水平角观测　垂直角观测

11.4　距离测量

卷尺量距　视距测量　光电测距

11.5　测量误差基本知识

测量误差分类与特性　评定精度的标准　观测值的精度评定　误差传播定律

11.6 控制测量

平面控制网的定位与定向　导线测量　交会定点　高程控制测量

11.7 地形图测绘

地形图基本知识　地物平面图测绘　等高线地形图测绘

11.8 地形图应用

地形图应用的基本知识　建筑设计中的地形图应用　城市规划中的地形图应用

11.9 建筑工程测量

建筑工程控制测量　施工放样测量　建筑安装测量　建筑工程　变形观测

十二、职业法规

12.1 我国有关基本建设、建筑、房地产、城市规划、环保等方面的法律法规

12.2 工程设计人员的职业道德与行为准则

十三、土木工程施工与管理

13.1 土石方工程　桩基础工程

土方工程的准备与辅助工作　机械化施工　爆破工程　预制桩、灌注桩施工　地基加固处理技术

13.2 钢筋混凝土工程与预应力混凝土工程

钢筋工程　模板工程　混凝土工程　钢筋混凝土预制构件制作　混凝土冬、雨季施工　预应力混凝土施工

13.3 结构吊装工程与砌体工程

起重安装机械与液压提升工艺　单层与多层房屋结构吊装　砌体工程与砌块墙的施工

13.4 施工组织设计

施工组织设计分类　施工方案　进度计划　平面图　措施

13.5 流水施工原理

节奏专业流水　非节奏专业流水　一般的搭接施工

13.6 网络计划技术

双代号网络图　单代号网络图　网络计划优化

13.7 施工管理

现场施工管理的内容及组织形式　进度、技术、全面质量管理　竣工验收

十四、结构力学与结构设计

14.1 结构力学

14.1.1 平面体系的几何组成

几何不变体系的组成规律及其应用

14.1.2 静定结构受力分析与特性

静定结构受力分析方法　反力　内力的计算与内力图的绘制　静定结构特性及其应用

14.1.3 静定结构位移

广义力与广义位移　虚功原理　单位荷载法　荷载下静定结构的位移计算　图乘法　支座位移和温度变化引起的位移　互等定理及其应用

14.1.4 超静定结构受力分析及特性

超静定次数　力法基本体系　力法方程及其意义　等截面直杆刚度方法　位移法基本未知量　基本体系基本方程及其意义　等截面直杆的转动刚度　力矩分配系数与传递系数　单结点的力矩分配　对称性利用　超静定结构位移　超静定结构特性

14.1.5 结构动力特性与动力反应

单自由度体系　自振周期　频率　振幅与最大动内力　阻尼对振动的影响

14.2　结构设计

14.2.1 钢筋混凝土结构

材料性能：钢筋　混凝土

基本设计原则：结构功能　极限状态及其设计表达式　可靠度

承载能力极限状态计算：受弯构件　受扭构件　受压构件　受拉构件　冲切　局压　疲劳

正常使用极限状态验算：抗裂　裂缝　挠度

预应力混凝土：轴拉构件　受弯构件

单层厂房：组成与布置　柱　基础

多层及高层房屋：结构体系及布置　剪力墙结构　框-剪结构　框-剪结构设计要点

抗震设计要点；一般规定　构造要求

14.2.2 钢结构

钢材性能：基本性能　结构钢种类

构件：轴心受力构件　受弯构件　拉弯和压弯构件的计算和构造

连接：焊缝连接普通螺栓和高强螺栓连接　构件间的连接

14.2.3 砌体结构

材料性能：块材　砂浆　砌体

基本设计原则：设计表达式

承载力：抗压　局压

混合结构房屋设计：结构布置　静力计算　构造

房屋部件：圈梁　过梁　墙梁　挑梁

抗震设计要点：一般规定　构造要求

十五、岩体力学与土力学

15.1 岩石的基本物理、力学性能及其试验方法

岩石的物理力学性能等指标及其试验方法

岩石的强度特性、变形特性、强度理论

15.2 工程岩体分级

工程岩体分级的目的和原则

工程岩体分级标准（GB 50218—94）简介

15.3 岩体的初始应力状态

　　初始应力的基本概念　量测方法简介　主要分布规律

15.4 土的组成和物理性质

　　土的三相组成和三相指标　土的矿物组成和颗粒级配　土的结构

　　黏性土的界限含水率　塑性指数　液性指数

　　砂土的相对密实度　土的最佳含水率和最大干密度

　　土的工程分类

15.5 土中应力分布及计算

　　土的自重应力　基础底面压力　基底附加压力　土中附加应力

15.6 土的压缩性与地基沉降

　　压缩试验　压缩曲线　压缩系数　压缩指数　回弹指数　压缩模量　载荷试验

　　变形模量　高压固结试验　土的应力历史　先期固结压力　超固结比

　　正常固结土　超固结土　欠固结土

　　沉降计算的弹性理论法　分层总和法　有效应力原理　一维固结构论　固结系数固结度

15.7 土的抗剪强度

　　土中一点的应力状态　库仑定律　土的极限平衡条件　内摩擦角　黏聚力

　　直剪试验及其适用条件　三轴试验　总应力法　有效应力法

15.8 特殊性土

　　软土　黄土　膨胀土　红黏土　盐渍土　冻土　填土　可液化土

15.9 土压力

　　静止土压力、主动土压力和被动土压力

　　朗肯土压力理论　库仑土压力理论

15.10 边坡稳定分析

　　　土坡滑动失稳的机理　均质土坡的稳定分析　土坡稳定分析的条分法

15.11 地基承载力

　　　地基破坏的过程　地基破坏形式

　　　临塑荷载和临界荷载　地基极限承载力　斯肯普顿公式　太沙基公式　汉森公式

十六、工程地质

16.1 岩石的成因和分类

　　主要造岩矿物　火成岩、沉积岩及变质岩的成因及其分类

　　常见岩石的成分、结构、构造及其他主要特征

16.2 地质构造和地史概念

　　褶皱形态和分类　断层形态和分类　地层的各种接触关系

　　大地构造概念　地史演变概况和地质年代表

16.3 地貌和第四纪地质

　　各种地貌形态的特征和成因　第四纪分期

16.4 岩体结构和稳定分析

岩体结构面和结构体的类型和特征

赤平极射投影等结构面的图示方法

根据结构面和临空面的关系进行稳定分析

16.5 动力地质

地震的震级、烈度、近震、远震及地震波的传播等基本概念 断裂活动和地震的关系

活动断裂的分类和识别及对工程的影响

岩石的风化

流水、海洋、湖泊、风的侵蚀、搬运和沉积作用

滑坡、崩塌、岩溶、土洞、塌陷、泥石流、活动沙丘等不良地质现象的成因、发育过程和规律及其对工程的影响

16.6 地下水

渗透定律 地下水的赋存、补给、径流、排泄规律

地下水埋藏分类

地下水对工程的各种作用和影响 地下水向集水构筑物运动的计算 地下水的化学成分和化学性质

水对建筑材料腐蚀性的判别

16.7 岩土工程勘察与原位测试技术

勘察分级 各类岩土工程勘察基本要求 勘探 取样 土工参数的统计分析

地基土的岩土工程评价

原位测试技术：载荷试验 十字板剪切试验 静力触探试验

圆锥动力触探试验 标准贯入试验 旁压试验 扁铲侧胀试验

十七、岩体工程与基础工程

17.1 岩体力学在边坡工程中的应用

边坡的应力分布、变形和破坏特征

影响边坡稳定性的主要因素 边坡稳定性评价的平面问题 边坡治理的工程措施

17.2 岩体力学在岩基工程中的应用

岩基的基本概念 岩基的破坏模式

基础下岩体的应力和应变

岩基浅基础、岩基深基础的承载力计算

17.3 浅基础

浅基础类型 刚性基础 独立基础 条形基础 筏板基础 箱形基础

基础埋置深度 基础平面尺寸确定 地基承载力确定 深宽修正 下卧层验算

地基沉降验算 减少不均匀沉降损害的措施

地基、基础与上部结构共同工作的概念

浅基础的结构设计

17.4 深基础

深基础类型 桩与桩基础的类型

单桩的荷载传递特性　单桩竖向承载力的确定方法
群桩效应　群桩基础的承载力　群桩的沉降计算
桩基础设计

17.5　地基处理

地基处理目的　地基处理方法分类　地基处理方案选择
各种地基处理方法的加固机理、设计计算、施工方法和质量检验

附录二

注册土木工程师（岩土）执业资格考试专业基础考试
（下午段）配置说明

土木工程材料	7 题
工程测量	5 题
职业法规	4 题
土木工程施工与管理	5 题
结构力学与结构设计	12 题
岩体力学与土力学	7 题
工程地质	10 题
岩体工程与基础工程	10 题

合计 60 题，每题 2 分。考试时间为 4 小时。

上、下午总计 180 题，满分为 240 分。考试时间总计为 8 小时。